Gesamtverzeichnis des deutschsprachigen Schrifttums (GV) 1700 – 1910

Bearbeitet unter der Leitung von
Hilmar Schmuck und Willi Gorzny
Bibliographische und redaktionelle Beratung:
Hans Popst und Rainer Schöller

17

Blat - Boc

K · G · Saur München · New York · London · Paris 1980

Redaktion:

Monika Eichler, Ursula Geier, Robert Mittelstaedt, Sabine Nebinger, Hildegard Roßberg, Hermann Schrott, Brigitte Semmler, Eva von Troschke, Helga Werner, Gabriele Winter

CIP-Kurztitelaufnahme der Deutschen Bibliothek

Gesamtverzeichnis des deutschsprachigen Schrifttums :
(GV). – München, New York, London, Paris : Saur.
Bd. 1 – 6 bearb. unter d. Leitung von Peter Geils
u. Willi Gorzny.
ISBN 3-598-30000-X

1700 – 1910 / bearb. unter d. Leitung von Hilmar Schmuck u. Willi Gorzny. Bibliograph. u. red. Beratung: Hans Popst u. Rainer Schöller

NE: Schmuck, Hilmar [Bearb.]

17. Blat – Boc. – 1980.

Techn. Realisierung und Druck: Norbert Gärtner, Mainz-Kastel
Binden: Karl Schaumann, Darmstadt
Printed in the Federal Republic of Germany
ISBN 3-598-30000-X (Gesamtwerk)

Blatchford, Robert
Blatchford, Rob., Briefe a. Schulze u. Genossen, s.: Wright, Henry.

Blatchford, R: Soz. Briefe an Schulze u. Genossen, s.: Wright, H.

Blatchford, im Reiche der Freiheit. (Merrie England.) Briefe üb. den Socialismus. Aus dem Engl. v. Wright. Wien 898.

Blatchford, Rob., im Reiche der Freiheit. (Merrie England.) Briefe üb. den Socialismus. Aus dem Engl. frei übers. v. Henry Wright. Neue [Tit.-]Ausg. v. „Wright, Soziale Briefe". gr. 8. (XII, 228 S.) Wien 899. Wiener Volksbuchh. n. 1.—

Blater, Josef
Blater, Jos.: Flüssigkeits-, Getreide- und Kubikmaß-Tabellen der europäischen Länder... Neustadt-Leipzig 1886 (Beil. zu Nr 6, 1886 des Jllustrirten Anzeigers für Contor und Bureau)

Blater, Jos., Hilfs-Tafeln zur präcisen und schnellen Berechnung der einfachen Zinsen zu jedem beliebigen Procentsatze und verlangter Anzahl Tage aus allen unbeschränkt grossen Capitalien, mit ausführlichster Gebrauchsanweisung, nebst allen dazu erforderl. Beispielen. Für den Gebrauch bei Conto-Corrent-Rechnungen, An- und Verkauf von Effecten etc. auf das vortheilhafteste verwendbar. 4. (15 S.) Wien 887, (Hölder.) *

—— Napiertafel, enthaltend die 9 Vielfachen aller Zahlen vermittelst Zusammensetzen der dazu erforderl. Stäbchen zur bequemeren und rascheren Ausführung von Multiplicationen und Divisionen mit Gebrauchsanweisung. Hrsg. nach Angabe von A. Steinhauser in Wien. Mit Text. 12. gr. 8. (4 S.) Mainz 886, (Frey.) In Futteral *

—— Napiertafel, enth. die 9 Vielfachen aller Zahlen vermittelst Zusammensetzen d. dazu erforderl. Stäbchen z. bequemeren u. rascheren Ausführg v. Multiplicationen u. Divisionen m. Gebrauchsanweisg. Hrsg. nach Angabe v. A Steinhauser. 12. Mit Text. 8. (4) Mainz 86, (F Schöningh). In Futteral. n. 1. --

—— Tafel der Viertel-Quadrate aller ganzen Zahlen von 1 bis 200 000, welche die Ausführung von Multiplikationen, Quadrirungen und das Ausziehen der Quadratwurzel bedeutend erleichtert und durch vorzügl. Correctheit fehlerlose Resultate verbürgt. gr. 4. (16, 205 S.) Wien 887, Hölder. *

Blath, die Blutlaus, ihr Auftreten u. ihre Vertilgung. gr. 8. (20 S. m. 1 farb. Taf.) Magdeburg 809. Faber. n.n. — 75

Blath, die Wolkenbildung über der norddeutschen Tiefebene, s. Abhandlungen des naturwissenschaftl. Vereins zu Magdeburg.

Blath, L. Die Bedeutung des naturwissenschaftlichen Unterrichts für die Ausbildung auf dem Gymnasium. Erster Teil. 31 S. Progr. Domg. *Magdeburg* 1884.

Blath, Ludwig
Blath, Ludw., aus der Heimat. Erzählgn. u. Skizzen vom Südharz. (III, 320 S.) 8. Osterwieck (909). A. W. Zickfeldt. 2.50; geb. 3. --

Blath, Ludwig [Prof. Dr.]: Über das Sehen mit beiden Augen, die Tiefenanschauung und ein neues Stereoskop mit rotierenden Prismen '(D. R. P. 80337, Okt. 1894)' nebst seiner Verwendg im Unterricht u. in d. Augenheilkunde. Magdeburg, kgl. Hofbuchdr. v. C. Friese, 1896; 23 S. 4.
Magdeburg, k. Dom-G, OP 1896 (242)

Bláthy, Otto T. Vielzügige Schachaufgaben. 2. verm. Aufl. 8. (82 S. m. Diagrammen.) Lpz. 890, Veit u. Comp. * 2 —

Blatspiel, Chr. Lbr.. s. 1) *Méthode* pour copier. 2) Geheimnisse, Rauch- u. Schnupftabake.

Blatt, s.a. Aargauerblatt

Blatt, s.a. Anzeige-Blatt

Blatt, s.a. Frag—und Anzeige—Blatt

Blatt, s.a. Frag-und Kunschafts-Blatt

Blatt, s.a. Intelligenz-Blatt

Blatt, s.a. Kreisblatt

Blatt, s.a. Kreis-u. Lokalblatt

Blatt, s.a. Lokalblatt

Blatt, s.a. Luzerner-Blatt

Blatt, s.a. Neumünsterblatt

Blatt, s.a. Oberaargauer-Blatt

Blatt, s.a. Regierungs-Blatt

Blatt, s.a. Schweizer-Blatt

Blatt, s.a. See- und Suhrentalerblatt

Blatt, s.a. Tageblatt

Blatt, s.a. Wochenblatt

Blatt, s.a. Wynentaler-Blatt

Blatt, s.a. Zeitungsblatt

Aargauer Blatt
(3) Aarauer Kurier (5) 4. 4. 1848—30. 6. 1849 (6) 4° (7) wöchentlich 2 × (8) Aarau: Salomon Landolt (10) Salomon Landolt (11) Major Billo (12) linksfreisinnig, antiklerikal (14) Be: L.

Blatt, Das, f. Alle. 1. J. Juli '11—Juni '12. 52 Nrn. (Nr 1: 16 m. Abb.) 35,5×26,5 cm. Berl., Verl. „Das Blatt f. Alle". d. Nr — 20 d

Blatt für Arbeiter. Hrsg. von Christern. Hamburg 1846. (Nur 1 Vierteljahr.)

Blatt, Das Bayerische. – Augsburg : 1879.

Blatt, Berliner. – Berlin: 1. X. 1897 - 30. XII. 1933.

— das Berliner interessante. Der Welten-Bummler Red.: Paul Sörrensen. 5. u. 6. Jahrg. 1909 u. 1910 à 52 Nrn. (832 u. 832 S. m. Abbildgn.) 33×23 cm. Berlin Berliner Central-Verlag. à Jahrg. 5. 20
Bisher u. d. T.: Weltenbummler, d.

— Das Berliner interessante. Der Welten-Bummler. Red.: Paul Sörrensen, seit '12 Hans Bodenstedt. 6—8. J. '10—12 je 52 Nrn. (Je Nr 1: 16 m. Abb.) 33×23 cm. Berl., Verl.-Gesellsch. Berlin. viertelj. 1.30; einz. Nrn — 10 d

Blatt, Berner, s.a. Berner-Blatt.

Berner Blatt: Das Berner Blatt
(1) Eine Wochenschrift für Helvetien (5) 4. 1. 1800—30. 3. 1800 (6) 8° (7) Wochenblatt (8) Bern: Johann Anton Ochs, Verleger (10) Joh. Rud. Wyß (12) Oppositionsblatt gegen die neue Ordnung (13) BGSZ: 107, 973: zur Charakterisierung des Blattes v. Das Berner Blatt Nr. 1, 4. 1. 1800 (14) Be: L, S, St (15) Der Herausgeber J. R. Wyß, Pfarrer in Münchenbuchsee, verfaßte eine Anzahl politischer Blätter und gemeinnütziger Flugschriften. Mitarbeiter am Alpenrosen-Almanach. Griechenlieder.

Berner-Blatt
(2) Berner Blatt und Anzeiger der Stadt Bern (ab Herbst 1866) (4) Berner Tagespost (5) Probenummern am 19. und 26. 8. 1863; 1. 9. 1863—Ende 1868 (6) 2° (7) wöchentlich 3×; die späteren Jge. wöchentlich 6× (8) Bern: Konrad & Allemann, J. Konrad (ab 3. 1. 1865), J. Allemann (ab 18. 7. 1865) (9) Chutz (10) Konrad und Allemann, Th. Beck (ab 18. 2. 1868) (11) J. Allemann, Th. Beck (ab 27. 12. 1867), Arnold Lang (ab 1. 6. 1868); lt. Berner Tagespost Nr. 236, v. 4. 10. 1872 gehörte auch Prof. Gust. Vogt anfänglich der Redaktion an (12) fortschrittlich (13) BGSZ: 793; Zur Geschichte des Blattes v. Berner Tagespost Nr. 236, 4. 10. 1872 — zum Programm v. Berner-Blatt Nr. 64, 28. 5. 1864; Gilg, P.: Die demokratische Bewegung im Kt. Bern (Archiv Hist. Vereins des Kts. Bern 42, 1953, p. 366 ff.) (14) Be: L, St (15) Dem Gründungskomitee gehörten an: Prof. Gustav Vogt, Prof. Leuenberger, Dr. Joh. Wyttenbach, u. a.

Blatt, das blaue. Internationaler Anzeiger f. Philatelie u. Ansichtskartenwesen. Organ f. Gelegenheitsmarken- u. Siegelmarken-Sammler. Organ des Bundes deutscher Ansichts-Postkarten-Sammler-Vereine usw. Vereinigt m. der Monatsschrift Weltall. 6. Jahrg. 1904. 24 Nrn. (à ca. 12 S.) gr. 4. Stolberg, P. Mathes. n. 2. 50 vierteljährlich n. — 70
Bildet d. Fortsetzg zu: Zentral-Blatt f. Ansichtskarten-Sammler.

— dasselbe. Organ f. Gelegenheitsmarken- u. Siegelmarken-Sammler. Organ des Weltall, Centralverband f. Ansichtskartensammler usw. Vereinigt m. der Monatsschrift „Weltall" u. m. „Centralblatt f. Ansichtskartensammler". Red.: Fr. Jos. Hoever. 7. u. 8. Jahrg. 1905 u. 1906. à 24 Nrn. (à ca. 12 S.) Lex.-8. Ebd. à Jhrg. n. 2. 80; vierteljährlich n. — 75

Blatt, das blaue. Internat. Anzeiger f. Philatelie u. Ansichtskartenwesen. Organ f. Gelegenheitsmarken- u. Siegelmarken-Sammler. Organ d. „Weltall", Centralverband f. Ansichtskartensammler usw. Vereinigt m. der Monatsschrift „Weltall" u. m. „Centralblatt f. Ansichtskartensammler". Red.: Conr. Herzog. 9. u. 10. Jahrg. 1907 u. 1908 à 24 Nrn. (à ca. 16 S.) Lex. 8. Eschweiler, C. Hertzog. à Jahrg. nnn 3. 20
Nicht durch den Buchhandel zu beziehen.

Blatt, d. bunte. Zeitschrift f. d. Familie. Hrsg.: V Chiavacci. Red.: A Parreyss. 1. Jahrg. 1895. 36 Hfte. 4° (27. Hft. 32 m. Abbildgn u. 1 Taf.) Wien (IX, Frankgasse 1), Administration d. Wiener Bilder. Postfrei n.n. 8 —; einz. Hfte n.n. — 20
Erscheint nicht weiter.

Blatt, zur Chronik von Riga, (v. Jh. Eph. Berens), gr. 4. Riga 780, (Hartknoch in Leipz.) 4 gr. Dass. v. d. Verf. ins Französ. übersetzt. Ebd. 780. 4 gr.

Blatt, Das Deutsche. – Berlin: 1886 - 30. IX. 1908.
(NA von: N a c h r i c h t e n , Berliner Neueste).
Fortges. u. d. T.: Z e i t u n g , Berliner Allgemeine.

Blatt, Deutsches. – Hamburg : 1890-1907.
Fortges. u. d. T.: B l ä t t e r , Deutsch-soziale.

— deutsches. (Deutsch-soziale Blätter.) Red.: Geo. Haase. 19. Jahrg. 1905. 104 Nrn. (1480 S.) Lex.-8 Hamburg, Reichsverband der deutschsozialen Partei. n. 7. 50

Blatt, Deutsches. – Berlin: (?) - 1908.
Fortges. u. d. T.: Z e i t u n g , Berliner Allgemeiner.

Blatt, dieses, der Familie zur Unterhaltung u. Belehrung unter Mitwirkung der beliebtesten Autoren. 1. Jahrg. Oktbr. 1892—Septbr. 1893. 52 Lfgn. (ca. 2 Bog. m. Abbildgn.) gr. 4. Berlin, A. Weichert. à Lfg. — 10
Erschien nicht weiter.

Blatt, dies, gehört der Hausfrau! Zeitschrift für die Angelegenheiten des Haushaltes. Redact.: Fr. Neugebauer. 1. Jahrg. Juli 1886—Juni 1887. 52 Nrn. (Bog.) gr. 4. Berlin, Expedition.

Blatt, dies, gehört der Hausfrau! Zeitschrift f. die Angelegenheiten des Haushaltes. Red.: Fr. Neugebauer. 2. Jahrg. 1.—3. Quartal. Juli 1887—März 1888. 39 Nrn. (B.) gr. 4. Berlin, Expedition. à Quartal — 75

— dasselbe. 2. Jahrg. 4. u. 5. Quartal. April—Septbr. 1888. 26 Nrn. (B.) gr. 4. Ebd. à Quartal 1. —

— dasselbe. 3. 4. Jahrg. Oktbr. 1888—Septbr. 1890. à 52 Nrn. (à 1½—2 B.) gr. 4. Berlin, Schirmer. à Jahrg. 4. —

Blatt, dies, gehört d. Hausfrau. Zeitschrift f. d. Angelegenheiten d. Haushaltes. Red.: F Neugebauer. 1. Jahrg. Juli 1886—Juni 1887. 52 Nrn. (B) 4. Berl., Schirmer. 3. — || 2. Jahrg. Juli 1887—Septbr 1888. 65 Nrn. 4. — || 3—5. Jahrg. Octbr 1888—Septbr 1891. à 52 Nrn. à Jahrg. 5. —

Blatt, dies, gehört der Hausfrau. Zeitschrift f. die Angelegenheiten d. Haushaltes. Red.: Frz. Neugebauer. 6. bis 8. Jahrg. Oktbr. 1891—Sept. 1894. à 52 Nrn. (2 Bog. m. Abbildgn. u. jährlich 12 farb. Handarbeitstaf., Schnittbog. od. farb. Modebildern.) gr. 4. Berlin, F. Schirmer. à Jahrg. n. 5. —

— dasselbe. 9. Jahrg. Oktbr. 1894—Septbr. 1895. 52 Nrn. (2 Bog. m. Abbildgn. u. jährl. 12 farb. Handarbeitstaf., Schnittbog. od. farb. Modebildern.) gr. 4. Ebd. n. 5. 60

— dies, gehört d. Hausfrau! Zeitschr. f. d. Angelegenheiten d. Haushaltes. Red.: Frz. Neugebauer. 10. u. 11. Jahrg. Oktbr. 1895—Septbr. 1897. à 52 Nrn. (à ca. 20 S.) M. Abb. u. jährl. 12 farb. Handarbeitstaf., Schnittbog. od. farb. Modebild. gr. 4. Ebd. à Jahrg. n. 5. 60

— dasselbe. 12. u. 13. Jahrg. Oktbr. 1897—Septbr. 1899. à 52 Nrn. (à ca. 20 S.) gr. 4. M. 4 Gratisbeilagen: Aus aller Welt — Für alle Welt! (26 Nrn.) — D. Blatt d. Kinder. (12 Nrn.) — Romanbibliothek. (52 Nrn.) — D. Blatt d. jungen Mädchen. (12 Nrn.) Ebd. à Jahrg. n. 5. 60
Kann auch vierteljährlich bezogen werden.

— dies, gehört d. Hausfrau! Zeitschrift f. d. Angelegenh. d. Haushaltes, sowie f. Mode, Kindergarderobe, Wäsche u. Handarbeiten. Red.: F Neugebauer. 11—15. Jahrg. Oktbr 1896—Septbr 1901 à 52 Nrn. Mit Abb. u. jährlich 12 farb. Handarbeitstaf., Schnittbog. od. farb. Modebildern. Mit 4 Gratisbeil. 4° (à Jahrg. ca 1200 in 4° u. 8°) Ebd. à Jahrg. 5.60

— dies, gehört d. Hausfrau! Zeitschrift f. d. Angelegenh. d. Haushaltes, sowie f. Mode, Kindergarderobe, Wäsche u. Handarbeiten. Mit 5 Monats-Beil. Red.: M Folticineano (M Folti) u., v. 18. Jahrg. an, A Hoffmann. 16—19. Jahrg. Oktbr 1901—Septbr 1905 je 52 Hefte. (1. Heft. 32 m. Abb.) 4° Berl., Ullstein & Co. Viertelj. 1.75; einz. Hefte — 15 d

— dies, gehört der Hausfrau! Zeitschrift f. die Angelegenheiten des Haushaltes, sowie f. Mode, Kindergarderobe, Wäsche u. Handarbeiten. Monats-Beilagen: Das Blatt der Kinder. — Das Blatt der jungen Mädchen. — Schnittmusterbogen. — Handarbeitsvorlagen. — Lehrkurse f. moderne Handarbeiten. Red.: Ad. Hoffmann. 18. u. 19. Jahrg. Oktbr. 1903—Septbr. 1905. à 52 Hefte. (à ca. 32 S.) 4. Berlin [F. Schirmer]. Ullstein & Co. à Jhrg. n. 7. —

— dasselbe. Zeitschrift f. Haushalt, Mode, Kindergarderobe, Wäsche u. Handarbeiten m. den Gratis-Beilagen: Das Blatt der Kinder. — Doppelseitige Schnittmusterbogen. u. Handarbeitsbogen. Red.: Ad. Hoffmann. 20. u. 21. Jahrg. Oktbr. 1905—Septbr. 1907. à 52 Hefte. (à ca. 32 u. 8 S. in gr. 8.) 4. Berlin, Ullstein & Co. à Jhrg. n. 7. —

— dies, gehört d. Hausfrau! Zeitschr. f. Haushalt, Mode, Kindergarderobe, Wäsche u. Handarbeiten m. d. Gratis-Beil.: Das Blatt d. Kinder. — Schnittmusterbog. u. Handarbeitsbog. Red.: Ad. Hoffmann. 21. J. Oktbr'06—Septbr'07. 52 Hefte. (1860) 33×24 cm. Berl., Ullstein & Co. Viertelj. 1.75; einz. Hefte — 15 || 22—24. J. '07—'10. Viertelj. 2.40; einz. Hefte — 20 d

— Dies, gehört d. Hausfrau! Red.: Ad. Hoffmann 25—27. J. Okt. '10—Sept. '13. 52, 53, 52 Hefte. (26. J., 1. Heft: 29 u. 11 u. Das Blatt d. Kinder. Nr 1: 8 in gr8° m. Abb. u. 1 Musterbog.) 33×24,5 cm. Ebd. viertelj. 2.40; einz. Hefte — 20 d

Emmenthaler Blatt
v. Wochenblatt des Emmenthals.

Engadiner Blatt
v. Fögl d'Engiadina.

Blatt, allgemeines Erholungs-, Zeitverkürzungs- u. Unterhaltungs-, ein neues Lesecabinet, von interessanten Geschichten rc. 1s Heft. gr. 8. Leipz. Joachim. 811.

Blatt, ein, der Erinnerung an den verstorbenen Archidiac. Bürger in Torgau nebst zwei Beilagen. Torgau 869. Jacob. gr. 8. (25 S.) 7½ ngr.

Blatt, Ein, der Erinnerung gewidmet der k. u. k. Armee anlässlich der Enthüllung des Denkmales weil. Sr. Kaiserl. Hoheit Feldmarschall Erzherzog Albrecht ... Wien 1898. V: *Mörk von Mörkenstein, Ludwig.* (EB)

Blatt. Ein B' der Erinnerung an Herrn Pfarrer Fridolin Zweifel-Meyer. Seinen Freunden in Dankbarkeit gewidmet. [Mit Porträt-Tafel.] 8. Basel 1894.

Blatt, das erste, der Bibel. Eine Auslegg. der Schöpfungsgeschichte nach 1. Mose, Kap. 1 f. die Jugend u. ihre Freunde. gr. 16. (224 S.) Cleveland, O. 875. (Philadelphia, Schäfer & Koradi.) geb. n. 1. 60

Blatt, das erste, der Bibel. Eine Auslegung der Schöpfungsgeschichte nach 1. Mose Kap. 1. für die Jugend und ihre Freunde. gr. 16. (224 S.) Cleveland, O. 879. (Philadelphia, Schäfer und Koradi.) geb. *

Blatt: Das Blatt der Familie
v. Züricher Post.

Blatt: Das Blatt der Familie. Frauen-Zeitung
v. Rorschacher Wochenblatt.

Blatt, Fliegend, als Beylage zu der Schrift: Die Sophisterey in Ehstland. 1787. V: *Kotzebue, August Friedrich Ferdinand von.* (JL)

Blatt, fliegendes. Nr. 1—7. (à ⅓ Bog.) 8. Gera 849—50, (Illgen's Erben.) à Nr. 1 Ngr. Thlr.
Auch unter den Titeln:
Nr. 1. Der Sieg der Deutschen über die Dänen.
" 2. Der Kampf und Sieg bei Ockernförde.
" 3. Die Erstürmung der düppeler Schanzen durch die Sachsen und Baiern.
" 4. Streiflichter aus den düppeler Schanzen.
" 5. Der Freiheits-Kampf der Magyaren (Ungarn) gegen die Oesterreicher.
" 6. Die Siegeskämpfe der Ungarn über die Oesterreicher in den Schlachten bei Gödöllő, Gran und Komorn.
" 7. Gottfried Kinkel's Rede vor dem Assisenhof des Schwurgerichts zu Cöln, am 2. Mai 1850.

Blatt (Ein fliegendes). Kurze Uebersicht der finanziellen Lage Oesterreichs mit Bezug auf die drohende Kriegsgefahr. Von D . . . . d. 8°. Berlin, Schneider, 1854.

Blatt, e. fliegendes. Uebers. d. finanz. Lage Oesterreichs m. Bez. auf d. droh. Kriegsgefahr. 8. (14) Berl. 54, Weber. — 3

Fliegendes Blatt Nr. 55. Christenpflichten zur Weihnachtszeit. Verlag von Herm. Beyer, Druck von Th. Hentzschel, Leipzig. (K.-G. Teschen, 29. December 1896, § 36 Pr.-G.)
Prag: Urbaneck 1897?

Blatt, Ein fliegendes, zur Jubelfeier der silbernen Hochzeit Ihrer k. u. k. Majestäten Franz Joseph und Elisabeth. Wien 1879. V: *Lützow, Carl von.* (Hdschr. Katalog d. Bibl. der Akademie der bild. Künste, Wien.)

Blatt, ein fliegendes, zu dem Hannoverschen Katechismus-Streit von einem Nicht-Theologen. Göttingen 862. Rente. gr. 8. (29 S.) 3¾ ngr.

— fliegendes, des Kränzchens der vereinigten Städte Rostock, Bützow u. Güstrow. Red.: C. Mohrmann. Güstrow 861. Opitz & Co. in Comm. 8. (8 lith. S.) nn. 2½ ngr.

— fliegendes, für den Krieger beim Ausmarsch. 8. (6 S.) Ingolstadt 870, (Krüll'sche Universitäts-Buchh.)

— fliegendes, aus Mecklenburg. Ein Hahn mit Senfsauce. Hamburg 861. O. Meißner. 8. (16 S.) n. 2½ ngr.

Blatt, Fliegendes, von einem Verschollenen. 2. Ausg. Zürich 1846. V: *Follen, Adolph Ludwig.* (Cat. d. Stadtbibl. Zürich. Zürich 1864—97.)

Blatt, fliegendes, von e. Verschollenen. 2., aufs 4fache verm. Ausg. Lex.-8. Zürich 846, Orell, F. u. Comp. n. ⅓ ℛ

Fliegendes Blatt über die Wahlen zum Volkshause. Ein Neujahrs-Wunsch. 8 S. 8°.

— fliegendes, als Zustimmung und Nachtrag zu der von Patow'schen Beleuchtung der vorgeschlagenen Zolltarifs-Veränderungen von L. K(ühne.) Lex.-8. (15 S.) Berlin 850, Decker'sche geheime Ober-Hofbuchdr.

Blatt: Das Blatt der Frau
v. Solothurner Zeitung (III).

Blatt, Freies. – Würzburg: 1.X.1885 - 1886.
Fortges. u.d. T.: L a n d e s z e i t u n g , Bayerische.

— freies hygieinisches. Fachblatt und Organ des hygiein. Vereins „Oesterreich". Periodische Zeitschrift f. naturgemässe Gesundheits- u. Krankenpflege. Red.: Chrph. v. Hartungen. 1. Jahrg. 1888. 12 Nrn. (B.) gr. 4. Wien 888. Administration, I, Seilerstätte 2. (F. Lang.) n. 3. 50

— dasselbe. Volksverständl. Zeitschrift f. naturgemässe Gesundheits- u. Krankenpflege. Organ d. hygiein. Vereines „Oesterreich" u. d. hygiein. Vereines in Stuttgart. Hrsg. u. Chefred.: Chr. v. Hartungen. Fachred.: J. Fodor. 2. 3. Jahrg. 1889. 1890. à 12 Nrn. (B.) gr. 4. Wien, (Szolinski). à Jahrg. n. 3. 50

Blatt, freies hygiein. Volksverständl. Zeitschrift f. naturgemässe Gesundheits- u. Krankenpflege. Nebst Beilage: Curorte-Zeitung. Hrsg. u. Chefred.: C v. Hartungen. Fachred.: J Fodor. 1—3. Jahrg. 1888—1890. à 12 Nrn. (1¼ B.) 4. Wien, (Szelinski). à Jahrg. n.n. 3. 50

— freies hygieinisches. Volksverständliche Zeitschrift f. naturgemässe Gesundheits- u. Krankenpflege. Organ d. hygiein. Vereines „Oesterreich" in Wien u. d. hygiein. Vereines in Stuttgart. Hrsg. u. Chefred.: Chrph. v. Hartungen. Fachred.: Jul. Fodor. 4. Jahrg. 1891. 12 Nrn. (Bog.) gr. 4. Wien. (Arco, G. Georgi.) n.n. 3. 50

— dasselbe. Organ d. hygiein. Vereines „Oesterreich" zur Förderg. gemeinverständl. Gesundheitspflege in Wien. Hrsg. u. Chefred.: Chrph. v. Hartungen. Fachred.: Max Vogel. 5. u. 6. Jahrg. 1892. 1893. à 12 Nrn. (Bog.) gr. 8. Riva. (Arco, G. Georgi.) à Jahrg. n.n. 3. 50

— dasselbe. Volksverständliche Zeitschrift f. naturgemäße Gesundheits- u. Krankenpflege, f. social-hygiein., sittl. Fortschritt, d. h. f. Humanität. Organ des hygiein. Vereines „Oesterreich" zur Förderg. gemeinverständl. Gesundheitspflege in Wien u. des Naturheilvereines f. den Reichenberger Handelskammerbez. m. dem Sitze in Reichenberg. Hrsg. u. Chefred.: Chrph. v. Hartungen. Fachred.: Max Vogel. 7. Jahrg. 1894. 12 Nrn. (Bog.) gr. 8. Ebd. n.n. 3. 50

— freies hygieinisches. Volksverständl. Zeitschrift f. naturgem. Gesundheits- u. Krankenpflege, f. social-hygiein., sittl. Fortschritt, d. h. f. Humanität. Organ d. hygiein. Vereines „Oesterreich" z. Förderg. gemeinverständlicher Gesundheitspflege. Hrsg. u. Chefred.: Chrph. v. Hartungen. Fachred.: Max Vogel, B. Mutschlechner. 8. Jahrg. 1895. 12 Nrn. (Bog.) gr. 8. Riva. Arco (G. Georgi). n.n. 3. 50

— freies hygienisches. Illustrierte Monatsschrift f. Gesundheitspflege u. physikalisch-diätet. (arzneilose) Heilweise. Hrsg. v. Boden. 40., neue Folge. 1. Jahrg. 1902. 12 Hfte. gr. 8. (à ca. 24 S.) Leipzig, Dr. Boden. n. 4. —
Bisher u. d. T.: Natur- u. Volksarzt. d.

— freies hygienisches. Illustrierte Monatsschrift f. Gesundheitspflege u. physikalisch-diätet. Heilweise. Organ des Verbandes der Naturheilvereine Württembergs. Hrsg. v. Boden. Verantwortlich: Boden. Neue Folge. 2.—5. Jahrg. 1903—1906. à 12 Hefte. (à Jhrg. IV, 240 S.) gr. 8. Leipzig, Dr. Boden. à Jhrg. n. 4. —

— freies hygienisches. Illustrierte Monatsschrift f. Gesundheitspflege u. physikalisch-diätet. Heilweise Gegründet 1889. Hrsg. v. Boden. Verantwortlich Boden. Neue Folge. 6.—9. Jahrg. 1907—1910 à 12 Hefte.(à ca.20S.)gr.8.Eilenburg,Dr.Boden. à Jahrg.4.—
Erschien bis '08 in Lpzg.

— Freies hygienisches. Illustr. Monatsschr. f. Gesundheitspflege u. physikal.-diätet. Heilweise. Gegründet 1889. Hrsg. v. Boden. Verantwortl.: Boden. N. F. 9. J. '10. 12 Hefte. (1. Heft: 20) gr8° Eilenbg. Stuttg., Dr. Boden. halbj. 2 —; einz. Hefte — 35

— gemeinnütziges, f. gebild. Leser aus allen Ständen f. 1811. 12 Hefte. Herausg. v. Dr. Ruer. Gießen, Tasché. 1 ℔ 16 Kr

Blatt. Ein B' aus der Geschichte Luzern's. Glarus 1830 s.a. [Troxler, Ignaz Paul Vital].

Blatt, Ein, aus der Geschichte Luzerns, oder die Umwälzung des Freistaats im Jahr 1814. Glarus 1830. V: *Troxler, Ign. Paul Vital.* (AarK) (Cat. d. Stadtbibl. Zürich. Zürich 1864—97.)

— e., aus der Geschichte des Stundismus in Rußland, v. Christophilos, s.: Hefte zum Christlichen Orient. Nr. 6.

Blatt. Ein B' aus der Geschichte des Kantons Zürich, oder die Unruhen am Zürichsee im Jahre 1795. 3. vermehrte und verbesserte Aufl. 8. Glarus 1831.
Die früheren Aufl. s. u. d. T.: Geschichte von den politischen Bewegungen im Kanton Zürich, vom Jahr 1795.

Blatt, Ein, auf Vrony's Grab. Bremen 1871. V: *Spyri, Johanna.* (Cat. d. Stadtbibl. Zürich. Zürich 1864—97.)

—— ein, auf Vrony's Grab von J. S. 1. und 2. Aufl. 8. (33 S.) Bremen 871. (Barmen, Klein.) *

— dasselbe. 3. Aufl. 8. (32 S.) Bremen 872. Müller's Verl. n. — 40

Blatt, das, hat sich gewendet. Lustsp. v. Schröder. 8. Lpz. Schneider. (a. Link.) 790.

— — dass. 8. Lpz. Fleischer. 786.

Blatt, Das, der Hausfrau. Oesterr.-ungar. Zeitschrift für Angelegenheiten des Haushaltes. Hrsg. v. Friedrich Schirmer. 1. Jg. 1890-91. H. 1-23.
Wien: Rubinstein 1891. 552 S. 4°.

Blatt, Das, der Hausfrau. Oesterr.-ungar. Zeitschrift für Angelegenheiten des Haushaltes. Red. von Friedrich Schirmer. 2. Jahrg. 1891—92. Heft 1—2. Gr.-4. (S. 1—48) à —.15
Wien: Schirmer.

Blatt, Das, der Hausfrau. Oesterr.-ungar. Zeitschrift für Angelegenheiten des Haushaltes. Red. von Friedrich Schirmer. 2. Jahrg. 1891-92. Heft 3—5. Gr.-4. (S. 49—120) à —.15

Blatt, Das, der Hausfrau. Oesterr.-ungar. Zeitschrift für Angelegenheiten des Haushaltes. Red. von Friedrich Schirmer. 2. Jahrg. 1891—92. Heft 20. Gr.-4. (S. 457—480) à —.15

Blatt, Das, der Hausfrau. Oesterr.-ungar. Zeitschrift für Angelegenheiten des Haushaltes. Red. von Friedrich Schirmer. 5. Jahrgang 1894—95. Heft 1.—6. Gr.-4. (S. 1—144) à —.15

Blatt, Das, der Hausfrau. Oesterr.-ungar. Zeitschrift für Angelegenheiten des Haushaltes. Red. von Friedrich Schirmer. 5. Jahrgang 1894—95. Heft 7—9. Gr.-4. (S. 145—216) à —.15

Blatt, Das, der Hausfrau. Oesterr.-ungar. Zeitschrift für Angelegenheiten des Haushaltes. Red von Friedrich Schirmer. 6. Jahrgang 1895—96 Heft 22. Gr.-4. (S. 509—532) à —.15

Blatt, das, d. Hausfrau. Oesterr.-ungar. Zeitschrift f. Angelegenheiten d. Haushaltes, sow. f. Mode, Kindergarderobe, Wäsche u. Handarbeiten. M. Gratis-Beilage: D. Blatt d. Kinder. Red. v. Frau Regine Ulmann. 7. Jahrg. Oktbr. 1896—September 1897. 26 Hfte. (à ca. 32 S. m. Abb. u. 4 S. in gr. 8.) gr. 4. Berlin, F. Schirmer. à Hft. — 25

— dasselbe. Mit Gratis-Beilagen: Aus aller Welt — f. alle Welt! — Romanbibliothek z. Blatt d. Hausfrau. — D. Blatt d. jungen Mädchen. — D. Blatt der Kinder. E. Schnittmusterbog. u. Handarbeitsvorlagen. 8. u. 9. Jahrg. Oktbr. 1897—Septbr. 1899. à 26 Hfte. (à ca. 32 S. m. Abb. u. 8 S. in gr. 8.) gr. 4. Ebd. à Hft. — 25

Blatt, das, der Hausfrau. Oesterr.-ungar. Zeitschrift f. die Angelegenheiten des Haushaltes, sowie f. Mode, Kindergarderobe, Wäsche u. Handarbeiten. Monats-Beilagen: Das Blatt der Kinder. — Das Blatt der jungen Mädchen. — Schnittmusterbogen. — Handarbeitsvorlagen. — Lehrcurse f. moderne Handarbeiten. Red. v. Frau Regine Ulmann. 10.—13. Jahrg. Oktbr. 1899—Septbr. 1903. à 52 Hfte. gr. 4. (à ca. 32 S. m. Abbildgn. u. 8 S. in gr. 8.) Berlin, F. Schirmer. à Jahrg. n. 8. 80

— dasselbe. Zeitschrift f. die Angelegenheiten des Haushaltes, sowie f. Mode, Kindergarderobe, Wäsche u. Handarbeiten. Red.: M. Folticineano. 14. u. 15. Jahrg. Oktbr. 1899—Septbr. 1901. 52 Nrn. Mit Abbildgn. u. jährlich 12 farb. Handarbeitstaf., Schnittbog. od. farb. Modebildern. gr. 4. (à ca. 24 S. u. 8 S. in gr. 8.) Mit Gratisbeilagen: Das Blatt der Kinder. (12 Nrn.) — Das Blatt der jungen Mädchen. (12 Nrn.) Ebd. à Jahrg. n. 5. 60

— dasselbe. Monats-Beilagen: Das Blatt der Kinder. — Das Blatt der jungen Mädchen. — Schnittmusterbogen. — Handarbeitsvorlagen. — Lehrkurse f. moderne Handarbeiten. Red.: M. Folticineano. 16. u. 17. Jahrg. Oktbr. 1901—Septbr. 1903. à 52 Hfte. gr. 4. (à ca. 32 S. m. Abbildgn. u. 8 S. in gr. 8.) Ebd. à Jahrg. n. 7. —; vierteljährlich 1. 75; einzelne Hfte. — 15

— das, der Hausfrau. Oesterr.-ungar. Zeitschrift f. die Angelegenheiten des Haushaltes, sowie f. Mode, Kindergarderobe, Wäsche u. Handarbeiten. Monats-Beilagen: Das Blatt der Kinder. — Das Blatt der jungen Mädchen. — Schnittmusterbogen. — Handarbeitsvorlagen. — Lehrkurse f. moderne Handarbeiten. Red. v. Frau Regine Ulmann. 14. u. 15. Jahrg. Oktbr. 1903—Septbr. 1905. à 52 Hefte. (à ca. 32 S. m. Abbildgn.) 4. Berlin, F. Schirmer. à Jhrg. n. 8. 80

— dasselbe. Zeitschrift f. Haushalt, Mode, Kindergarderobe, Wäsche u. Handarbeiten m. den Gratis-Beilagen: Das Blatt der Kinder. — Das Blatt der jungen Mädchen. — Doppelseitige Schnittmusterbogen u. Handarbeitsbogen. Red. v. Frau Regine Ulmann. 16. Jahrg. Oktbr. 1905—Septbr. 1906. 52 Hefte. (à ca. 32 u. 8 S. in gr. 8. m. Abbildgn.) 4. Berlin. Wien, F. Schirmer. n. 8. 60

— d., d. Hausfrau. Oesterr.-ungar. Zeitschr. Zeitschr. f. Haushalt, Mode, Kindergarderobe, Wäsche u. Handarbeiten m. d. Gratis-Beil.: Das Blatt d. Kinder. — Handarbeitsbog. u. doppelseit. Schnittmusterbog. Red. v. Frau Regine Ulmann. 17. J. Oktbr '06—Septbr '07. 52 Hefte. (1. Heft. 32 m. Abb.) 33×24 cm. Wien. Berl., Ullstein & Co. Viertelj. 2.20 ‖ 18—20. J. 07—10. Viertelj. 2.40; einz. Hefte — 20 d

— Das, d. Hausfrau. Red.: Regine Ulmann. 21—23. J. Okt. '10—Sept. '13 je 52 Hefte. (Je 1. Heft: 32 u. 12 u. Das Blatt d. Kinder. Nr 1: 8 in gr8° m. Abb. u. 1 Musterbog.) 33×24,5 cm. Berl., Ullstein & Co. viertelj. 2.40; einz. Hefte — 20 d

— das, der Hausfrau! Red.: Frau Regine Ullmann. 24. Jahrg. Oktbr. 1909—Septbr. 1910. 52 Hefte. (1. Heft. 30, VI u. XIV S. u. Das Blatt der Kinder. Nr. 1. 8 S. in gr. 8 m. Abbildgn. u. 1 Musterbog.) 33×24,5 cm. Berlin, Ullstein & Co. 9. 60

Blatt. Historisches B' von K. Tiber dem zweyten. Auch dieser hat gelebt. 8. *o. O. u. J.* [180].
Mutmasslicher Verfasser: Johannes Tobler [1732—1808].

Blatt: Das humoristische Blatt
v. Anzeiger (Ag I), Anzeiger für die Städte Aarau, Zofingen, Aarburg und Umgebung. Anzeiger für den Bezirk Zofingen und die umliegenden Kantone.

[Umschlagt.:] Das 104. Blatt aus dem Register des Thorschreibers von Jerusalem v. J. 27 mit der Meldung Jesu u. a. aramäisch u. dtsch. (Hrsg.: Bruesselbach, Pfarrer a. D.) *Crefeld: Commv. v. G. A. Hohns [1891].* (5 Bl.) 8.
— Palästina-Funde. No 1. [97. 1840

— das illustrirte. Extra-Ausg. Gedenkblatt an Hamburgs Schreckenstage. Red.: Hugo Dusedann. Fol. (8 S. m. Abbildgn.) Berlin 892. R. Klinger. — 10

Blatt: Das illustrierte Blatt der Erfindungen und Entdeckungen
v. Tagblatt für die Kantone Luzern, Uri, Schwyz, Unter- u. Obwalden und Zug.

*Blatt, Illyrisches, Zum Nutzen u. Vergnügen. Klgft., 1823—25. Quart.

Blatt: Das interessante Blatt
v. Express, Züricher Post.

Blatt, das interessante. Illustrirte Zeitung. Hrsgbr.: S. Auspitzer. Redact.: A. Eurich. 1.—3. Jahrg. 1882—1884. à Jahrg. 52 Nrn. (à Nr. 3 Bog. mit Illustr.) Fol. Wien, Administration. à Jahrg.

Blatt, das interessante. Illustrirte Zeitung. Herausg. S. Auspitzer. Red. von A. Eurich. IV. Jahrg. 1886. 26 Hfte. fol. (12—24. Hft. S. 265—576.) Wien, Administration. à fl. — 20.

Blatt, das interessante. Illustr. Zeitung. Herausgeber S. Auspitzer. Red. von A. Eurich. V. Jahrg. 1887. 26 Hfte. Fol. (1.—13. Hft.) Wien, Administration. à fl. —.20.

Blatt, das interessante. Illustr. Zeitung. Herausgeber S. Auspitzer. Red. von A. Eurich. V. Jahrg. 1887. 26 Hefte. Fol. (14.—26. Heft.) Wien, Administration. à fl. —.20.

Blatt, das interessante. Illustr. Zeitung. Herausgeber S. Auspitzer. Red. v. A. Eurich. VI. Jahrg. 1888. 52 Nrn. Wien, Administration. Fol. fl. 5.40, halbjährig fl. 2.70, vierteljährig fl. 1.35.

Blatt, Das interessante. Illustr. Zeitung. Herausgeber S. Auspitzer. Red. v. A. Eurich. VIII. Jahrgang 1889. 52 Nrn. Fol. 5.40, halbjährig 2.70, vierteljährig 1.35
Wien: Administration des „Interessenten Blattes".

— das interessante. Hrsg.: S. Auspitzer. Red.: A. Eurich. 9. Jahrg. 1890. 52 Nrn. (4 B. mit Abbildgn.) Fol. Wien, Administration. n. 12. —

Blatt, Das interessante. Illustrirte Zeitung. Herausgeber: S. Auspitzer. Redigirt von A. Eurich. 9. Jahrg. 1891. Fol. Nr. 40. Pro 4. Quartal 1.35

Blatt, d. interessante. Hrsg.: S Auspitzer. Red.: A Eurich. 10—13. Jahrg. 1891—1894 à 52 Nrn. (4 B. m. Abbildgn.) Fol. Wien (I. Schulerstr. 14), Administr. à Jahrg. 12 — ‖ 14. Jahrg. 1895. 14 —

Blatt, d. interessante. Hrsg.: S. Auspitzer. Red.: A. Eurich. 14. u. 15. Jahrg. 1895—1896. à 52 Nrn. (à ca. 20 S. m. Abb.) Fol. Wien (I, Schulerstr. 14), Administration. à Jahrg. n. 14. —
Redakteur des 15. Jahrg. war Othmar Swoboda.

— d. interessante. Hrsg.: S Auspitzer. Red.: O Swoboda u. F Jaworzik. 15—19. Jahrg. 1896—1900 à 52 Nrn. Fol. (1896. Nr. 1. 24 m. Abb.) Wien (I, Schulerstr. 14), Administr. à Jahrg. 14 —

— Das interessante kleine. 1. J. Okt. '11—Sept. '12. 30 Hefte. (1—5. Heft: 120 m. Abb.) gr8° Dresd., RH Dietrich. je — 10 d fF
Fortsetzg v. Heimat u. Fremde.

Blatt, das, des Kaufmanns. Neuheiten. Hrsg. v. Osw. Möbius. Schriftleiter: Ernst Schwartz. Red.: Vikt. Stern. 9. Jahrg. 1906. 24 Nrn. (à ca. 24 S.) Lex.-8. Wien (III/2), Geschäftsstelle. Postfrei n. 4. —
Vergl.: Neuheiten.

— das, des Kaufmanns m. „Neuheiten". Der Nahrungsmittel- u. Kolonialwarenhandel. Eisenwaren-Haus u. Küchengeräte-Zeitg. Hrsg. v. Osw. Möbius Schriftleiter: H. Ernst Schwartz. Red.: Ed. Pietschmann. 10. Jahrg. 1907. 52 Nrn. (à ca. 16 S.) Lex. 8 Wien, O. Maass Söhne. 6. —
Fortsetzg., s.: Wochenschrift, kaufmännische.

— ein, aus Livlands Kirchengeschichte. Nach actenmäßigen Quellen u. eigener Anschauung. Neuwied 867. Heuser. gr. 8. (27 S.) n. 5 ngr

Blatt, Das Kleine. – München : 1887.

Blatt, Constitutionelles. – Kempten (zuerst in Lindau): 1.IV.1849 - 1852.
Vorh. u.d.T.: Zeitung, Allgäuer.
Fortges. u.d.T.: Zeitung, Allgäuer.

Blatt, Constitutionelles, aus Böhmen. – Prag : 1848-1852.

— landwirthschaftliches, von J. Heinrich. 1. Jahrg. 861. 5 Nrn. (à 1 Bgn.) Nordhausen, Büchting in Comm. 4. n. 12½ ngr

— landwirthschaftliches, von J. Heinrich. 2. Jahrg. 1862. 12 Nrn. (½ Bog.) 4. Nordhausen, (Büchting.) *
Die Fortsetzung erschien unter dem Titel: Aue, goldene.

— landwirthschaftliches, des Provinzialvereins für das Herzogth. Arenberg-Meppen und die Grafschaften Bentheim und Lingen. Redact.: Wilh. Peters. 1.—6. Jahrg. 1862—67. à Jahrg. 12 Nrn. (Bog.) gr. 8. Osnabrück, (Rackhorst'sche Buchh.) à Jahrg. *

— landwirthschaftliches, des Provinzialvereins für das Herzogth. Arenberg-Meppen u. die Grafschaften Bentheim u. Lingen. Red.: Wilh. Peters. 4—9. Jahrg. 1865—1870. à 12 Nrn. (à 1 Bgn.). Osnabrück, (Rackhorst.) gr. 8. 4—8.: à n. 20 ngr; 9.: n. 22½ ngr

— landwirthschaftliches, d. Provinzialvereins f. das Herzogth. Arenberg-Meppen u. die Grafschaften Bentheim u. Lingen. Red.: Wilh. Peters. 10. Jahrg. 1871. 12 Nrn. (B.) gr. 8. Osnabrück, (Rackhorst.) n. 2. —

— dass. — 11. Jahrg., s. Zeitschrift für Cultur des Moor- und Haidebodens.

Blatt, Ein, wider die Langeweile, nebst einer wöchentlichen Anzeige der merkwürdigsten Berlinischen Neuigkeiten. Berlin 1785. V: *Wegener, Carl Friedrich.* (KY) (ML)

— wider die Langeweile, 8. Berl. 785. Hartmann. 1 ℳ

— d., f. deut. Lehrer. Organ f. deut. Volksschullehrer. Red.: OF Zimmermann. 1. Jahrg. Apr.—Dezbr 1904. 18 Nrn. (Nr. 1. 4) Fol. Weisswasser, O Dold Nf. Viertelj. 1.25
Fortsetzg war nicht zu erhalten.

— das lose. Festzeitung zum deutsch-sozialen Parteitag zu Leipzig, Pfingsten, 17.—19. Mai 1891. gr. 4. (8 S. m. Abbildgn. u. 1 Bilderbogen.) Leipzig 891. [G. Uhl.] H. Beyer. n. — 20

Blatt, Luzerner, s. Luzerner-Blatt.

— das neue; e. Wochenschrift, herausg. v. Th. Hnr. Fischer u. ..., Lieffers, 8. Braunschw. 790, 91.

Blatt, Das neue. Ein illustrirtes Familien-Journal.
Vorh. u. d. T.: Illustrirtes Familien-Journal.
Leipzig 1854 ff.

—— das neue. Ein illustr. Familien-Journal. Redact.: Paul Lindau. 1. und 2. Jahrg. 1870 und 1871. à Jahrg. 52 Nrn. (à 2 Bog. mit eingedr. Holzschn.) gr. 4. Leipzig, Payne. à Jahrg.

—— dass. — Redact.: Frz. Hirsch. 3.—5. Jahrg. 1872—1874. à Jahrg. 52 Nrn. (à 2 Bog. mit eingedr. Holzschn.) gr. 4. Ebendas. à Jahrg.

— das neue. Ein illustr. Familien-Journal. Red.: Frz. Hirsch. (4.) Jahrgang 1873—1876. à 52 Nrn. (à 2 B. m. eingedr. Holzschn.) gr. 4. Leipzig, Payne. à Jahrg. 6. —

—— das neue. Ein illustrirtes Familien-Journal. Redact.: Frz. Hirsch. (6.—10. Jahrg.) 1875—1879. à Jahrg. 52 Nrn. (à 2 Bog. mit eingedr. Holzschn.) gr. 4. Leipzig, Payne. à Jahrg. *

— das neue. Ein illustr. Familien-Journal. Red.: Frz. Hirsch. 10—13. Jahrg. 1879—1882. à 52 Nrn. (2 B. m. eingedr. Holzschn.) gr. 4. Leipzig. Payne. à Jahrg n 6 40

— das neue. Ein illustr. Familienjournal. Red.: Frz. Hirsch. (13—16.) Jahrg. 1883—1886. à 52 Nrn. (2 B. m. eingedr. Holzschn.) gr. 4. Leipzig 883. Payne. à Jahrg. n. 6. 40

— das neue. Ein illustr. Familien-Journal. (17.—20.) Jahrg. 1887—1890. à 52 Nrn. (2 B. mit eingedr. Holzschn.) gr. 4. Leipzig-Reudnitz, Payne. à Jahrg. n. 6. 40

— das neue. Ein illustr. Familien-Journal. Hrsg. v. Frz. Hirsch. 21.—25. Jahrg. Oktbr. 1889—Septbr. 1894. à 52 Nrn. (2½ Bog.) gr. 4. Leipzig, A. H. Payne. à Jahrg. n. 6. 40
Berichtigung: 17.—20. Jahrg. = Oktbr. 1885—Septbr. 1889.

— d. neue. E. illustr. Familien-Journal. Hrsg. v. Frz. Hirsch. 26. Jahrg. Oktbr. 1894—Septbr. 1895. 52 Nrn. (à ca. 20 S.) gr. 4. Leipzig, A. H. Payne. à Jahrg. n. 6. 40

— dasselbe. 27. Jahrg. Oktbr. 1895—Septbr. 1896. 52 Nrn. (à ca. 20 S.) gr. 4. Ebd. à Jahrg. n. 6.40; in Hftn. (m. Musikbeil. u. Payne's Conversationslexikon) à n. — 40

— dasselbe. M. Beiblatt: Neueste Pariser Moden. 28.—30. Jahrg. Oktbr. 1896—Septbr. 1899. à 52 Nrn. (à ca. 16 S.) gr. 4. Ebd. à Jahrg. n. 6. 40; in Hftn. (m. Musikbeil. u. Payne's Conversationslexikon) à n. — 40

— das neue. Ein illustr. Familien-Journal. Red.: Frz. Hirsch. Mit Beiblatt: Neueste Pariser Moden. 31. Jahrg. Oktbr. 1899—Dezbr. 1900. 65 Nrn. gr. 4. (à ca. 16 S.) Leipzig, A. H. Payne. n. 8. —

— dasselbe. 32. Jahrg. 1901. 52 Nrn. gr. 4. (à 16 S.) Ebd. n. 6. 40

— dasselbe. Mit Beiblatt: Echo der Gerichtssäle. 33. Jahrg. 1902. 52 Nrn. gr. 4. (à ca. 24 S.) Ebd. n. 6. 40

— das neue. Ein illustr. Familien-Journal. Red.: Frz. Hirsch. 34.—37. Jahrg. 1903—1906. à 52 Nrn. (VIII, 832; VIII, 832; VI, 832 u. VI, 832 S.) 4. Leipzig, A. H. Payne. à Jhrg. n. 6. 40

— das neue. Ein illustr. Familien-Journal. Red.: Frz Hirsch. 38.—41. Jahrg. 1907—1910 à 52 Nrn. (à Jhrg VI, 1248 S.) 32,5×23,5 cm. Leipzig, A. H. Payne. à Jahrg. 6.40; einschl. Bestellgeld 7. 80

— Das neue. Ein illustr. Familien-Journal. Red.: Frz Hirsch 41—43. J. '10—12 je 52 Nrn. ('12, Nr 1: 16 u. 8) 32,5×23,5 cm. Lpzg, AH Payne. viertelj. 1.60; einschl. Bestellgeld 1.95; einz. Nrn —15; m. Versicherg—20 d

Das Neue Blatt: 1905?–1910?
Independent semi-monthly. Circulation: 1910, 700. Edited & published by C. F. William Riedel. Highland, IL

Blatt, Das neue illustrierte. Brünn: Burkhart 1891 –

Blatt, Das neue illustrirte. Redigirt von Ignatz Burkart. Jahrgang 1892. Nr. 45. 4. (S. 727 bis 742) Brünn: Burkhart. à —.05

— d. neue illustr. Hrsg.: I Burkart. Jahrg. 1893. 52 Nrn. 4° (Nr. 1. 10) Brünn, W Burkart. 5.20; einzelne Nrn — 10 || Jahrg. 1894. 7 — || Jahrg. 1895. 6.40; einz. Nrn — 12

Blatt, Das neue illustrirte. Redigirt von Ignatz Burkhart. III. Jahrgang. 1894. 4. Nr. 49. (S. 781—796.) Vierteljährig —.80, halbj. 1.60 Ganzjährig 3.20. Einzelne Nummern —.06

Blatt, Das neue illustrirte. Redigirt von Ignatz Burkhart. III. Jahrgang. 1894. 4. Nr. 50.—51. (S. 797—828.) Vierteljährig —.80, halbj. 1.60 Ganzjährig 3.20. Einzelne Nummern à —.06

— d. neue illustr. Hrsg.: Ign. Burkart. Red.: Ed. Burkart. 4. Jahrg. 1895. 52 Nrn. (à ca. 20 S.) gr. 4. Brünn, W. Burkart. n. 6. 40; einz. Nrn. n. — 12

— dasselbe. 5. u. 6. Jahrg. 1896—1897. à 52 Nrn. (à ca. 16 S. u. 8 S in gr. 8.) gr. 4. Ebd. à Jahrg. n. 8. —

— dasselbe. 7. Jahrg. 1898. 52 Nrn (à ca. 16 S. u. 8 S. in gr. 8.) gr. 4. Ebd. n. 9. 60
Kann auch vierteljährlich bezogen werden.

— das neue illustrierte. Hrsg.: Ign. Burkart. Red.: Ed. Burkart. 8.—11. Jahrg. 1899—1902. à 52 Nrn. gr. 4. (à ca. 16 S. u. 16 S. in gr. 8.) Brünn, W. Burkard. (Nur direkt.) à Jahrg. n. 8. —

— das neue illustrirte. Red.: Eduard Burkart. 13. Jahrg. 1904. 52 Nrn. (836 u. 832 S.) gr. 4. Brünn, W. Burkart. (Nur direkt.) à Jhrg. n. 8. —; erm. Pr. n. 4. —
Erscheint nicht mehr.

Blatt: Neues republikanisches Blatt
③ Neues helvetisches Tagblatt (v. sub 15) ④ Der neue Schweizerische Republikaner ⑤ 8. 1. 1800—12. 3. 1800 ⑥ 4° ⑦ täglich 2 Nummern ⑧ Bern: Gruner & Geßner ⑩ Escher und Usteri ⑪ Hauptredaktor: Usteri; parlamentarischer Berichterstatter: Escher ⑫ helvetisch gesinnt, aber nicht ohne Kritik ⑬ BGSZ: 107, 205, 369, 973 ⑭ Be: L, S, St ⑮ Das Blatt wurde einen Tag nach dem Staatsstreich vom 7. 1. 1800 gegründet. Dieses Ereignis bewirkte eine momentane Unterbrechung im Erscheinen des «Neuen helvetischen Tagblattes», das in der Folge nur noch unregelmäßig erschien und am 16. 4. 1800 einging.

Seeländer Blatt: Neues Seeländer Blatt
⑤ 1856—1857 ⑥ 4° ⑦ wöchentlich 3× ⑧ Aarberg: Blau & Bangerter, Joh. Bangerter ⑩ die Buchdrucker ⑫ unterstützt die zwischen den Parteien vermittelnde Fusionsregierung Berns ⑬ BGSZ: 973 ⑭ Be: L.

Solothurner Blatt: Neues Solothurner Blatt
① Organ der Solothurnischen Oppositionspartei ④ Solothurner Anzeiger (II) ⑤ 24. 7. 1887—30. 12. 1894 (Nr. 152) ⑥ 2° ⑦ wöchentlich 3×; wöchentlich 6× (1888—1889) ⑧ Solothurn: Burkard & Frölicher, Buchdruckerei Union (seit 29. 7. 1891) ⑨ Sonntagsblatt: Illustriertes Unterhaltungsblatt (1893—1894; 4°) ⑪ Siegfried Misteli (1861—1910), Fürsprecher; Walter von Arx (1852—1922), Professor; Wilhelm Rust (1849—1913), Stadtbibliothekar ⑫ oppositionell-liberal ⑬ BGSZ: 1060; Wyß: Politische Presse Solothurn (1955) ⑭ So: Z, St; Be: L ⑮ Das scharf oppositionell eingestellte Blatt wurde nach dem solothurnischen Bankkrach vom Jahre 1887 gegründet.

Blatt, O b e r a a r g a u e r , s. O b e r a a r g a u e r - B l a t t .

O e f f e n t l i c h e s Blatt für die allgemeinen im General-Gouvernement des Mittelrheins erscheinenden Verordnungen welche gesetzliche Kraft haben. Jg. 1814, Nr.1–56. Coblenz.

Oltner Blatt
v. Oltner Bote (sub 15).

Blatt für Patent-, Muster- und Zeichenwesen. Hrsg. vom Kaiserlichen Patentamt. Jg. 1. 1894/95 ff. Berlin.
Erg. Bd zu Jg. 1901: G e s c h ä f t s t ä t i g k e i t, Die, des Kaiserlichen Patentamts und die Beziehungen des Patentschutzes zu der Entwicklung der einzelnen Industriezweige Deutschlands in den Jahren 1891—1900.

— für Patent-, Muster- u. Zeichenwesen. Hrsg. vom kaiserl. Patentamt. 1. Jahrg. Oktbr. 1894—Dezbr. 1895. hoch 4. Berlin, C. Heymanns Verl. n. 6. —
Erscheint in zwanglosen Nrn.

— f. Patent-, Muster- u. Zeichenwesen. Hrsg. v. kaiserl. Patentamt. 2.—4. Jahrg. 1896—1898. à 12 Nrn. (à ca. 28 S.) hoch 4. Berlin, C. Heymann's Verl. à Jahrg. n. 6. —

— für Patent-, Muster- u. Zeichenwesen. Hrsg. v. kaiserl. Patentamt. 5.—8. Jahrg. 1899—1902. hoch 4. (XII, 869; XVII, 424; XIII, 829 u. XIV, 296 S.) Berlin, C. Heymann. à Jahrg. n. 6. —
Mit dem Jahrg. 1903 erhöht sich der Preis auf n. 8. — f. d. Nabra.

— für Patent-, Muster- u. Zeichenwesen. Hrsg. vom kaiserl. Patentamt. 9. Jahrg. 1903. (à ca. 16 S.) hoch 4. Berlin, C. Heymann. n. 6. —

— dasselbe. Hrsg. vom kaiserl. Patentamt. 10.—12. Jahrg. 1904--1906. (à ca. 80 S.) Lex.-8. Ebd. à Jhrg. n. 8. —

— dasselbe. Sachregister f. die J. 1894—1903, nebst e. Anh., enth. e. Register üb. die in den Jahrgängen 1877 bis 1894 des „Patentblatts" veröffentlichten ausländ. Gesetze u. internationalen Verträge. Bearb. u. hrsg. vom kaiserl. Patentamt. (117 S.) hoch 4. Ebd. 904. n. 4. —

— für Patent-, Muster- u. Zeichenwesen. Hrsg. v. kaiserl. Patentamt. 13.—16. Jahrg. 1907—1910. (à ca. 24 S.) Lex. 8. Berlin, C. Heymann. à Jahrg. 8. —

— dasselbe. Sachregister f. d. J. 1904—1907. Bearb. u. hrsg. im kais. Patentamt. (80 S.) Lex. 8. Ebd. 907. 3. —

— f. Patent-, Muster- u. Zeichenwesen. Hrsg. v. kais. Patentamt. 16—18. J. '10—12. ('12, Nr 1: 24) Lex8° Berl., C Heymann. je 8 —; einz. Nrn d. Bog. — 20 d

— patriotisches, auf 1788. 12 Stcke u. 1789. 13—48 Stck. 8. Wien 789. Hörling. 2 fl 12 kr

Blatt, Reußisches. – Gera : 1849 (Nr.1 - 49).

Blatt, Das rothe. Novellen, Erzählungen und Schnurren. Berlin [Regensburg] 1791. V: *Armbruster, Joh. Mich.* (Ky) (MGT) (Wr)

Blatt, das rothe, Novellen, Erzähll. u. Schnurren, (von J. M. Armbruster). 8. Regensb. 791. Montag u. W. 10 kr

— das rothe; e. Zeitschrift, (v. A. W. Schreiber). 16 Heft. 8. Regensb. 791. Montag u. W. 10 kr

Blatt, Das rothe, eine Dekadenschrift. Coblenz Jahr VI [1798]. H: *Görres, Johann Joseph von.* (GGr)

S a t y r i s c h e s B l a t t a u f d i e R e i f r ö c k e etc. *Will* exc. Mit R e i m e n. Qu.-Fol. (1 Mk. Heberle, Cöln, vor 1875; jetzt theurer!)

— das, für Schulen; e. Wochenschr., (v. H. W. D. Bräß). 2 Stcke. 8. Braunschw. 792, 93. Schulbuchh. 18 kr

Blatt, Ein S c h w e i z e r , s. S c h w e i z e r - B l a t t , Ein.

Blatt, S e e t h a l e r , s. S e e - und Suhren t h a l e r b l a t t .

Simmenthaler Blatt
① sowie Organ der Herdebuchgesellschaft der Simmenthaler Alpenfleckviehrasse des bern. Oberlandes - Anzeiger für das bern. Oberland - Organ für den Bienenzüchter-Verein des Amtsbezirks Nieder-Simmenthal. Organ der freisinnig-demokratischen Politik (ab 2. 3. 1910) ② Simmenthaler Blatt und Simmenthaler Viehzüchter (28. 12. 1898—1899) ③ Der Simmenthaler Viehzüchter ④ Anzeiger für die Amtsbezirke Nieder- und Obersimmenthal; Obersimmenthaler ⑤ 7. 2. 1895—30. 12. 1914 ⑥ 2° ⑦ halbwöchentlich ⑧ Wimmis: W. Ilg & Cie.: später W. Ilg ⑨ Aus Berg und Thal. Auch Beilage der «Schweizer Chronik, Helvetia und Gruß aus der Heimat», ferner ab 1898 der Neuen Berner Zeitung (II). Heimatklänge (1. 1. 1896—Ende 1914). Simmenthalervieh-Züchter (Titel der Probenummer: Simmenthaler-Viehzüchter; 15. 12. 1904—29. 12. 1909). Anzeiger von Nieder- und Obersimmenthal. Wochenblatt. Der inländischen Auflage des «Simmenthaler Blattes» beigegeben ⑪ W. Ilg, G. Anker, Notar, Zweisimmen, P. Ehrsam, Fürsprech, Spiez (2. 3. 1910—8. 10. 1910), Karl Schneider (4. 1. 1911—29. 3. 1911) ⑫ freisinnig ⑬ BGSZ: 973 ⑭ Be: L, St ⑮ Bei Eingehen des Blattes wird der Nachrichtendienst vom «Anzeiger für die Amtsbezirke Nieder- und Obersimmenthal» übernommen.

Solothurner Blatt
⑤ 1. 1. 1831—28. 12. 1861 ⑥ 4° 2° (1861) ⑦ Wochenblatt; wöchentlich 2× (ab 1837) ⑧ Solothurn: Ludwig Vogelsang (1831, Nr. 1—3; ab Nr. 11, 1832), Franz Jos. Gaßmann (1831, ab Nr. 4), Franz Vogelsang-Graff (ab Nr. 27, 1834), Gaßmann, Sohn (ab Nr. 29, 1835), Josef Tschan (ab Nr. 3, 1837), Josef Gaßmann, Sohn (ab Nr. 1, 1840) ⑨ Verhandlungen des solothurnischen Großen Raths, resp. des Kantonsrathes v. Solothurn (1831—1843) ⑩ die Drucker und in den letzten 2 Jahrgängen die Verlagsbuchhandlung Jent & Gaßmann in Solothurn ⑪ Peter Felber, später Chefredaktor der NZZ (1835—16. 6. 1849), Franz Kruttner (1848), Johann Baptist Reinert, Regierungsrat (1848), Josef Burki, Oberrichter (1849 und 1856—1860), Wilhelm Vigier, später Landammann (1851—1852), Conrad Reinert (1852 und 1856—1860), Friedrich Schenker, Regierungsrat (1860—1861) ⑫ liberal ⑬ BGSZ: 406, 617, 1059; 1060; Lechner, Ad.: Conrad Reinert; Walter v. Arx: Franz Krutter, p. 109—114: Historische Mitteilungen (Oltner Tagblatt) 1953, Nr. 8; Wyß: Politische Presse Solothurn (1955) ⑭ So: Z, St; Be: L; O: S ⑮ Erste politische Zeitung des Kantons Solothurn. Sie war das Organ der alt-liberalen «grauen» Regierungspartei, darauf der «grauen» Opposition. Seit 1835 auch offizielle Anzeigen.

Blatt der Sou-Kollekte für die Zambesi-Mission
⑤ März 1899—April 1915 ⑥ 8° ⑦ Quartalschrift ⑧ Genf: W. Kündig & Fils (März 1899—September 1906 ?), Albert Kündig (? März 1909—April 1915) ⑩ Genfer Zambesi-Kommission, Präsident: Edouard Favre ⑭ Be: L ⑮ Französische Ausgabe: Bulletin — Sou du Zambèze.

Thuner Blatt
Thuner Blatt und Allgemeiner Anzeiger für Stadt und Land
v. Thuner Wochenblatt.

— e. trauriges, deutscher K o l o n i a l g e s c h i c h t e. [Aus: „D. Echo".] 8. (12 S.) Berlin 898. (J. H. Scherer.) — 20

Blatt, Trierisches Offizielles. – Trier: 25.III.1803 - 25.III.1804.
Vorh. u.d. T.: A n k ü n d i g e r , Der Trierer.
Fortges. u.d. T.: J o u r n a l des Saar-Departements.

Unser Blatt : July 1872 → ?

Weekly. Contains entertaining literature, wit and humor; illustrated by Joseph Keppler. Quarto, each issue 8 pages. Edited by W. Stängel, & published by Theodor Schrader & Co.
St. Louis, MO

Unser Blatt : 1878?—1889?

Monthly. Organ of Ancient Order of United Workmen. Small folio, each issue 8 p. Circulation: 1881, 1925; 1885, 1450. Edited & published by B. Loewenbach & Son.
Milwaukee, WI

— dasselbe. Neue Folge d. Leipziger Korrespondenz-Blattes. Jahrg. 1893. II—IV. Quartal. 18 Nrn. (Bog.) gr. 4. Ebd. Vierteljährlich n.n.n. — 80; postfrei n.n.n. 1. —

— u n s e r. Hrsg. v. d. Vereinigg „Daheim" in Berlin. Red.: G Volger. 1. Jahrg. 1. Quartal. 8 Nrn. 4° (26) Berl., Exped. „Unser Blatt". n.n.n. — 50 ‖ 2—4. Qu. Neue Folge d. Leipziger Korrespondenz-Blattes. 18 Nrn. n.n.n. 2.40; postfrei n.n.n. 3 — ‖ Jahrg. 1894. 24 Nrn. n.n.n. 3.20; postfrei n.n.n. 4—
Erschien 1894 u. 1895 1—3. Qu. in München.

— unser. N. F. d. Leipz. Korrespondenz-Blattes. Org. f. folg. Vereine: Allgem. Vereinigg. deutscher Buchhandlungsgehilfen, Vereinigg. d. rhein. Buchhandlungsgehilfen, mitteldeutsche Buchhandlungsgehilfen-Vereinigg. rc. Red.: Werner Jeschke. Jahrg. 1896. 24 Nrn. (Bog.) gr. 4. München. Berlin, Geschäftsstelle. n. 3. 20

— dasselbe. Jahrg. 1897. 24 Nrn. (Bog.) gr. 4. Leipzig, C. F. Müller. n. 3. 20
Vom II. Quartal ab Red. Emil Thomas, d. Vereinsnachrichten D. Schönwandt.

— unser. Illustrierte Wochenschrift f. Haus u. Familie. Red.: Chr. Kruger. Aug. 1904—Juli 1905. 52 Nrn. (à ca. 16 S.) 4. Charlottenburg, Verlagsanstalt Krebs & Co. à Nr. n. — 10

— dasselbe. Red.: C. Schulz. 2. Jahrg. Aug. 1905 bis Septbr. 1906. 80 Nrn. (à ca. 16 S.) 4. Ebd. à Nr. n. — 10

— Unser. Excelsior! Red.: Ada v. Krusenstjerna. 4. J. '12. 12 Nrn. (Nr 1—8: 80) 8° Kass., (E Röttger). postfreinn 2—d

Blatt, Urner, s. Urnerblatt.

— ein, aus d. neuesten Verwaltungsgeschichte Sachsens, od.: die Angelegenheiten der Chemnitz-Riesaer Zehnthalerscheine vor das Tribunal der öffentl. Meinung gebracht von einem Unbetheiligten. (Karl Biedermann.) (32 S.) Mannheim 848, Bassermann. (Leipzig, Biedermann.) n. 1/6 ₰

Blatt, volkswirthschaftliches f. den Kanton Graubünden. Organ für Land-, Forst- u. Alpwirthschaft und das Gewerbewesen. Red.: Prof. F. Anderegg. 1880. 24 Nummern in-4°. Chur, Chr. Senti. 1880! Per Jahr 2 —

Blatt, volkswirthschaftliches, für den Kant. Graubünden. Organ für Land-, Forst- und Alpwirthschaft und das Gewerbewesen. Red.: Prof. F. Anderegg. 1881. 24 Nummern in-4°. Chur, Chr. Senti. 1881! Pro Jahr 2 —

Blatt, Das, der Wohlthätigkeit. Eine Wochenschrift für hamburgische Bürger und ihre Hausgenossen zur Erholung nach der Arbeit. Hamb. 1806—1808. H (1—3): *Breiss, Peter.* (4): *Curio, Johann Karl Daniel.* (schr I, 386)

Blatt, Wynentaler, s. Wynentaler-Blatt.

Blatt, Zofinger, s. Zofinger-Blatt.

Blatt, F. J., Méthode complette de Clarinette, par appr. à jouer de cet instrument av. facilité et perfection. Avec 48 Exercises. III Cah. Fol. Mayence 829. Schott fils. 4 ₰

Blatt, F. T. — Lehrbuch zur richtigen Erlernung des Gesanges, vorzüglich für den Choralgesang, für Schüler an Gymnasien, Haupt- und Volks-Schulen, so wie auch für die Lehrer derselben, bearbeitet von — —. Prag. 1855. Lith. von Ed. Sandtner. (52 S. gr. 8.) geh.

Blatt, *Gerson* Kleine Beiträge zur slavischen Lautlehre. I. Über k paragogicum, vorzüglich in den Mundarten der polnischen Sprache. II. Einiges zur Epenthesis. 8 (29 S.). Ober-G. *Brody* 1895.
Progr.

Blatt, G., kleine Beiträge z. slav. Lautlehre. gr. 8. Brody 895. F. West. n. 1. —
I. Über k paragogicum, vorzügl. i. d. Mundarten d. poln. Sprache. II. Einiges z. Epenthesis. (29 S.)

Blatt, H., Emendationen zu Silius Italicus. Berlin. Schul-/Univ.-Schrift 1867

Blatt, Jürgen, s. Betrachtr. über d. Frage: Wie d. Bauernstande. s.a. Briefe über d. Niederlegung.

– Briefe über die Niederlegung der adelichen Güter und über die neulich herausgekommene Bemerkungen über Angeln. (Verf.: Jürgen Bladt.)
Flensburg & Leipzig: Korten 1793. 96 S. 8°

– s. Münztabellen

– s.a. Niederlegung d. Domainen

Ueber die Niederlegung der Domainen und Landgüter, in den Herzogthümern Schleswig und Holstein, und über die damit verbundenen wirklichen und scheinbaren Vortheile. [Von Jürgen Blatt und Otto Benedikt Janeke.] Flensburg, Schleswig und Leipzig 1790. 8°.

Niederlegung (Ueber die) der Domainen und Landgüter in den Herzogthümern Schleswig und Holstein (von J. Blatt oder O. B. Janeke?). 8°. Flensburg 1791 (Hammerich in Altona).

Blattan: Verpflegswesen und Aufgaben aus dem Verpflegsdienste im Krieg, s. Blattan, Hugo.

Blattan, Hugo, Aufmarsch, Vorrückung u. Kampf e. Armee. An e. frei angenommenen Beispiele besprochen. Mit 4 Beilagen. (VII, 232 S.) gr. 8. Budapest 905. (Wien, L. W. Seidel & Sohn). n.n. 4. 60

Blattan, Hugo, taktisches Skizzenbuch u. Befehlstechnik. Zusammengestellt nach d. neuesten Bestimmgn. der massgeb. Dienstbücher. qu. Fol. (18 S. m. 9 autogr. Taf., 2 Oleaten u. 1 Karte.) Szegedin 902. (Wien, L. W. Seidel & Sohn.) n. 3. 20

— Verpflegswesen u. Aufgaben aus dem Verpflegsdienste im Kriege. Abgeleitet aus der mehrtäg. Operation e. Corps, unter besond. Berücksicht. der Ausübg. des Verpflegsdienstes bei der Truppe. Für Truppenofficiere dargestellt. Mit 3 Beilagen. (VIII, 132 S.) gr. 8. Szeged (Szegedin) 903. (Wien, L. W. Seidel & Sohn.) n. 3. 20

Blattau, Joh. Jac.

Blattau, Jh. Jac., s. Saettler, J. C., Monita ad Parochos aliosque sacerdotes etc. — Statuta Synodalia.

Blättche, Et, s. Blätter, Kölnische.

Blättchen, Das, s. Anzeiger, Erfurter Allgemeiner.

Blättchen, acht, zur Einlage in Briefe. Bremen 869. Verlag d. Tractathauses. 32. (64 S.) n. 1 ngr.

Blättchen, Ein musikalisches, zur Zeit für Alle, die nicht musikalisch sind. Von Franz Xaver Glöggl. Linz 1810.

Blatter, A., s.: Jahrbücher, appenzellische.

Blatter, August: Die Thätigkeit Melanchthons in den Unionsversuchen 1539—41. Bern 1899. 153 S. 8°.
Bern. Phil. Diss. 1898/99.

Blatter, Jak.: Die Entwicklg d. gegenseit. Hülfe bei Krankh. m. bes. Würdigg d. Gesetzesvorlage üb. d. Kranken- u. Unfallversicherg v. 13. 6. '11, s: Zeitfragen, Sozialpolitische, d. Schweiz.

— Normalstatuten f. d. schweiz. Krankenkassen nach d. Vorschriften d. Bundesgesetzes üb. d. Kranken- u. Unfallversicherg v. 13. 6. '11. (16) kl8° Zür., (Buchh. d. schweiz. Grütlivereins) '12. — 50

Blätter, s.a. Saal-Blätter

Blätter: 1863ff

Weekly. Edited & published by Henry Hoiser. Chicago, IL

— Herausgegeben vom Central - Vereine der Stenographen des österreichischen Kaiserstaates zu Wien. X. Jahrgang 1869. N. F. 24 Nrn. 8. (à ½ Bgn. und 16 Seiten autographirter Beilage. Stenographische Klassiker-Ausgabe. I. Schiller. Uebertragen von Karl Faulmann.) Wien, Rospini. 4 fl.

— Monatsschrift für Offiziere aller Waffen. Red. von *H. Hungerbühler*. 1894. (12 Nos). Nr. 1. Gr. in-8⁰. 40, 48 S. Frauenfeld, J. Huber's Verlag. Jährlich 10 —

Aarauer Blätter
v. Aarauer Nachrichten

Blätter f. d. Abteilgsunterr. Monatsschr. z. Förderg d. österr. Landschulwesens. Hrsg. u. Schriftleiter: Rud. E Peerz. (5. J.)'08. Folge 50. 12 Nrn. (Nr 2. 24) Lex 8° Laib., (I v. Kleinmayr & F Bamberg). 4 — d
Fortsetzg war nicht zu erhalten.

Blätter für den deutschen Adelstand, von v. Pfeilschifter, s. Zuschauer, der, am Main rc.

— akademische. Organ für wissenschaftl. Behandlung der neueren deutschen Nationallitteratur und ihrer Geschichte [16. Jahrh. bis Gegenwart]. Hrsg. von Otto Sievers. 1. Jahrg. 1884. 12 Hefte. gr. 8. (à Heft 64 S.) Braunschweig, Schwetschke und Sohn. *
Nicht weiter erschienen.

— akadem. Verbands-Organ d. Vereine deut. Studenten. Hrsg. u. Red.: WL Schreiber. 1. Jahrg. Apr. 1886—März 1887. 24 Nrn. (B.) 4. Berl., G Nauck. n. 10. — || 2. u. 3. Jahrg. Apr. 1887—März 1889. à Jahrg. n. 6. — || 4. u. 5. Jahrg. Apr. 1889—März 1891. à Jahrg. n. 4. —

— akademische. Verbands-Organ der Vereine deutscher Studenten. Hrsg. u. Red.: W. L. Schreiber. 6. Jahrg. April 1891—März 1892. 24 Nrn. (1—1½ Bog.) gr. 4. Berlin, (G. Nauck). n. 4. —

— dasselbe. Hrsg. u. Red.: H. v. Petersdorff. 7. Jahrg. April 1892—März 1893. 24 Nrn. (1—1½ Bog.) gr. 4. Ebd. n. 4. —

— dasselbe. Hrsg. u. Red.: Otto Eichler. 8. Jahrg. April 1893—März 1894. 24 Nrn. (1—1½ Bog.) gr. 4. Ebd. n. 4. —

— dasselbe. Hrsg. u. Red.: Wendland. 9. Jahrg. April 1894—März 1895. 24 Nrn. (1—1½ Bog.) gr. 4. Ebd. n. 4. —

— akademische. Verbands-Organ d. Vereine deutscher Studenten. Hrsg. u. Red.: Wendland. 10.—12. Jahrg. Apr. 1895—März 1898. à 24 Nrn. (à 12 S.) gr. 4. Berlin (G. Nauck). à Jahrg n. 4. —

— dasselbe. Zeitschr. d. Kyffhäuser-Verbandes d. Vereine deutscher Studenten. Hrsg. u. Schriftleiter: Paul Baecker. 13. Jahrg. April 1898—März 1899. 24 Nrn. (à 12 S.) gr. 4. Ebd. n. 4. —
Kann auch halbjährlich bezogen werden. — Herausgeber d. 12. Jahrgangs war Karl Hoßlich.

— akademische. Zeitschrift des Kyffhäuser-Verbandes der Vereine deutscher Studenten. Hrsg.: Paul Baecker. Red.: Otto Hötzsch. 14.—17. Jahrg. April 1899—März 1903. à 24 Nrn. gr. 4. (à ca. 16 S.) Berlin (G. Nauck). à Jahrg. n. 4. —; einzelne Nrn. n. — 30

— akademische. Zeitschrift des Kyffhäuser-Verbandes der Vereine deutscher Studenten. Hrsg.: Paul Baecker. Red.: Otto Hötzsch. 18.—21. Jahrg. April 1903—März 1907. à 24 Nrn. (IV, 428; IV, 440; IV, 420 u. II, 440 S.) 4. Berlin (G. Nauck). à Jhrg. n. 4. —

— akademische. Zeitschrift des Kyffhäuser-Verbandes der Vereine deutscher Studenten. Schriftleitg.: Bergsträßer. 22.—25. Jahrg. April 1907—März 1911. à 24 Nrn. (22.—24. Jahrg. 410, 420 u. 390 S.) 31,5×23,5 cm. Berlin, Liebheit & Thiesen. à Jahrg. 4. —

— Akademische. Zeitschr. d. Kyffhäuser-Verbandes d. Vereine deut. Studenten. Schriftleitg: Bergsträsser, v. 27. J. an: Karl Kormann. 25—27. J. Apr. '10—März '13 je 24 Nrn. (27. J., Nr 1: 16) 31,5×23,5 cm. Berl., Liebheit & Th. viertelj. 1 —; einz. Nrn — 30 d

— akademische. Org. d. siebenbürg.-sächs. Hochschüler. Red.: Ernst Buchholzer. 1. Jahrg. Septbr. 1896—Juni 1897. 10 Nrn. (à 12 S.) gr. 4. Hermannstadt, W. Kraft. n.n. 3. —

— dasselbe. 2. u. 3. Jahrg. Septbr. 1897—Aug. 1899. à 12 Nrn. (à 12 S.) gr. 4. Ebd. à Jahrg. n.n.n. 3. —

— dasselbe. Organ der siebenbürgisch-sächsischen Hochschüler. Schriftleiter: Geo. Barthmes. 4. u. 5. Jahrg. Septbr. 1899—Aug. 1901. à 12 Nrn. gr. 4. (à ca. 10 S.) Hermannstadt, W. Krafft. à Jahrg. n.n.n. 3. —
Nicht mehr durch den Buchhandel zu beziehen.

(F) Akademische Blätter. Organ der siebenbürgisch-sächsischen Hochschüler. Redigirt von Georg Barthmes. VI. Jahrgang. 1901. Hermannstadt. 1901. Krafft. 4°. erscheint in 12 Nrn. Halbj. K 1.50, compl. K 3.—

(F) Akademische Blätter. Organ der siebenbürgisch-sächsischen Hochschüler. 7. Jahrg. 4°. erscheint in 12 Nrn. Hermannstadt: W. Kraft: 1902. kompl. K 3.—

(F) Akademische Blätter. Organ der siebenbürgisch-sächsischen Hochschüler. 8. Jahrg. 1903/1904. 4°. erscheint in 72 Nrn. kompl. K 4.—

Akademische Blätter. Offiz. Organ d. freien Studentenschaft zu Breslau. Neue Folge d. bisherigen Breslauer Akademischen Mitteilungen. Jg. 1, Nr 1. (Breslau: Schenkalowsky 1908.) 4° (09. 8,8) 2

— Akademische. Wochenschr. f. d. akad. Leben in Breslau u. d. Provinz. Verantwortl. i/V.: W Finsterbusch. 3. u. 4. J. '10 u. '11 je 34 Nrn. ('11, Nr 1: 8) Lex8° Bresl. (II, Teichstr. 15a), Breslauer akadem. Verl. W Finsterbusch. je 5 —; einz. Nrn — 15
Fortsetzg s: Hochschul-Rundschau, Breslauer.

— Akademische, f. Turnen u. Sport. Hrsg.: A Mallwitz. J.'11/12. 24 Nrn. Liebenw., Geschäftsstelle d. Körperkultur. viertelj. ca 1 —

— des schwäbischen Albvereins. 1. u. 2. Jahrg. 1889. 1890. à 6 Nrn. (B.) gr. 4. Stuttgart, Kohlhammer. à Jahrg. 1. 50

— d. schwäb. Albvereins. Schriftleiter: E Nägele. 3. Jahrg. 1891. 8 Nrn. (2B.) 4° Stuttg., W Kohlhammer. 1.50 || 4. Jahrg. 1892. 12 Nrn 3 — || 5. Jahrg. 1893. 3.50 || 6. u. 7. Jahrg. 1894 u. 1895. à Jahrg. 3 —

— d. schwäb. Albvereins. Hrsg.: Nägele. 7.—10. Jahrg. 1895—1898. à 12 Nrn. (à 16 S. m. Abb.) gr. 4. Tübingen (G. Schnürlen). à Jahrg. 3. —

— des schwäbischen Albvereins. Hrsg. v. E. Nägele. 11.—14. Jahrg. 1899—1902. à 12 Nrn. gr. 4. (à ca. 40 Sp. m. Abbildgn.) Tübingen (G. Schnürlen). à Jahrg. n. 3. —; einzelne Nrn. n.n. — 25

— des schwäbischen Albvereins. Hrsg.: E. Nägele. 15. bis 18. Jahrg. 1903 1906. à 12 Nrn. (à ca. 40 Sp. m. Abbildgn.) Lex.-8. Tübingen (G. Schnürlen). à Jhrg. n. 3. —

— des schwäbischen Albvereins. Hrsg. u. verantwortlich: E. Nägele. 19.—22. Jahrg. 1907—1910 à 12 Nrn. (à ca. 32 Sp. u. 8 S. m. Abbildgn.) Lex. 8. Tübingen (G. Schnürlen). à Jahrg. 3. —

— d. schwäb. Albvereins. Hrsg. u. verantwortl.: E Nägele. 22—24. J. '10—12 je 12 Nrn. (400, 424, 432 Sp. u. 108, 116, 108 S. m. Abb.) Lex8° Tüb., (G Schnürlen). je 3 —; einz. Nrn nn — 25 d

Blätter von Aleph bis Kuph. Leipz. 1803. V: *Kanne, Joh. Arnold.* (MGT)

Alldeutsche Blätter. Mainz/Berlin, seit 1890.

— alldeutsche. Mitteilungen d. allgemeinen deutschen Verbandes. Red.: Johs. Fründt. 4. Jahrg. 1894. 52 Nrn. (à ca. 1 Bog.) gr. 4. Berlin, (Thormann & Götsch). n. 4. —
Der 1.—3. Jahrg. erschienen u. d. T.: Mitteilungen des allgemeinen deutschen Verbandes. 1891 - 1893.

— alldeutsche. Mitteilgn. d. alldeutschen Verbandes. Red.: Ad. Lehr. 5.—8. Jahrg. 1895—1898. à 52 Nrn. (à 4 S.) gr. 4. Berlin (Thormann & Goetsch). à Jahrg. n. 4. —; f. Nichtmitglieder n. 6. —
Kann auch vierteljährlich bezogen werden.

Blätter, alldeutsche. Hrsg. v. Alldeutschen Verbande. Red.: Paul Samassa. 9.—12. Jahrg. 1899—1902. à 52 Nrn. gr. 4. (à ca. 8 S.) Berlin (Thormann & Goetsch). à Jahrg. n. 4. —; f. Nichtmitglieder vierteljährlich 1. 50
Die Jahrgg. 9 u. 10 sind v. A. Lehr redigiert.

— alldeutsche. Hrsg. vom Alldeutschen Verbande. Red.: Paul Samassa. 13.—16. Jahrg. 1903—1906. à 52 Nrn. (à ca. 8 S.) 4. Berlin (Thormann & Goetsch). à Jhrg. n. 4. —; f. Nichtmitglieder n. 6. —

— alldeut. Hrsg. v. Alldeut. Verbande. Red.: Paul Samassa, seit 09: Graf E zu Reventlow. 16—19. J. 06—9 je 52 Nrn. (Nr 1. 8) 31×24 cm. Berl. Mainz, Geschäftsstelle. Je 4 —; f. Nichtmitglieder viertelj. 1.50 d 6H

— alldeutsche. Hrsg. v. Alldeutschen Verbande. Red.: Graf E. zu Reventlow. 17.—20. Jahrg. 1907—1910 à 52 Nrn. (444, 448, 448 u. 452 S.) 31×24 cm. Berlin (Thormann & Goetsch). à Jhrg. 4. ; f. Nichtmitgl. 6. —

Blätter, alldeutsche. Red.: A. Wilke. 52 Nrn. 4. Mainz, Vermögensverwaltung des Alldeutsch. Verbandes. 1910. Vierteljährl. 1. 50.

Blätter aus dem Allgäu. Hrsg. von Dr. F. Kaim. Jg. 1, Nr 1. Kempten: Kemptener Tag- u. Anzeigeblatt 1910. 4° [illegible]

— aus dem Allgäu. Hrsg. v. F. Kaim. 1. Jahrg. 1910. 12 Nrn. (100 S. m. Abbildgn.) 35×26 cm. Kempten, Verlag „Blätter aus dem Allgäu". 2. —
Erscheint nicht mehr.

Blätter, Allgemeine deutsche, für Kanarienzucht. Jg. 1 – Leipzig: M. Bröse 1891 –
Vorh. u. d. T.: Deutsche Kanarien-Zeitung Jg. 1–14. 1884–97.

— allg. deut., f. Kanarienzucht, s.a. Kanaria.

— allgemeine deutsche, f. Kanarienzucht. Officielles Organ des Verbandes mitteldeutscher Kanarienzüchtervereine etc. Central-Organ f. österreichisch-ungar. Kanarienzüchter. Hrsg. v. Max Bröse unter Mitwirkg. hervorrag. Fachschriftsteller. 4. Jahrg. 1894. 16 Nrn. (Bog.) hoch 4. Nebst Beilage: Die Vogelwelt. 12 Nrn. (Bog.) Leipzig, Verlag „Naturfreund". n. 2. —

— allgem. deutsche, f. Kanarienzucht. Offic. Organ d. Verbandes mitteldeutscher Kanarienzüchtervereine etc. Central-Organ f. österr.-ungar. Kanarienzüchter. Hrsg. v. Max Bröse unt. Mitwirkg. hervorrag. Fachschriftsteller. 5. Jahrg. 1895. 16 Nrn. (Bog.) hoch 4. Leipzig-Volkmarsdorf, M. Bröse. n. 2. —

— dasselbe. 6.—8. Jahrg. 1896—1898. à 18 Nrn. (à ca. 12 S.) 4. Nebst Beilage: Die Vogelwelt. 12 Nrn. (Bog.) Ebd. à Jahrg. n. 2. —

— allg. deut., f. Kanarienzucht u. Deut. Kanarienzeitg. 15. Jahrg. 1898. 18 Nrn. 4° (Nr. 1 u. 2. 3 u. 4) Nebst Beil.: Die Vogelwelt. 12 Nrn. (Nr. 1. 4) Ebd. 2 — || 17. Jahrg. 1900. 12 Nrn. 1 —
Betr. d. 16. Jahrg. war Antwort nicht zu erhalten.

— allg. deutsche, f. Kanarienzucht u. Deutsche Kanarienzeitung. Blätter f. deutsche Kanarien-Züchter. Officielles Organ des süddeutschen Kanarienzüchter-Bundes etc. 17. Jahrg. 1900. 12 Nrn. 4. (à ca. 4 S.) Nebst Beilage: Die Vogelwelt. 12 Nrn. (à ca. 4 S.) Leipzig-Volkmarsdorf, M. Bröse. 1. —

— allgem., f. Stenotachygraphie. Nebst Beilagen: Vorwärts! u. „Mussestunden", stenotachygraph. Unterhaltungsblatt. 1. u. 2. Jahrg. 1896—1897. à 12 Nrn. (à ca. 32 S.) gr. 8. Augsburg (Oblatterwallstr. 26), A. Pfeiler. à Jahrg. n.n. 4. 25
Kann auch halbjährlich für n.n. 2. 25 u. vierteljährlich für n.n. 1. 10 bezogen werden.

Blätter, altdeutsche, v. Mor. Haupt u. Heinr. Hoffmann. 2 Bde. à 4 Hfte. gr. 8. Leipzig, Brockhaus. [1. (27¼ B.) 835, 36. * 2⅙ Thlr., 2. (25⅛ B.) 837—40. * 2⅓ Thlr.] *

—— Altenburger, wöchentl. Mittheilungen f. d. Herzogthum Sachsen-Altenburg. Hrsg. v. Conon v. d. Gabelentz, J. C. Huth u. G. Jacobs. 1. Jahrg. 1830. Octbr.—Dec. 2. J. 1831. gr. 4. Altenburg, Schnuphase. [830. 8 Gr., 31. 1 Thlr. 8 Gr.]

—— dies. Hrsg. v. Gust. Jacobs. 3—5. Jahrg. 1832—34. à 52 Nrn. gr. 4. Ebds. à J.

Blätter, altenburger. Zur freien Besprechung der Fragen der Gegenwart. Redakt.: J. Gersdorf und R. Schneider. 1. Jahrg. 1848. April—Decbr. 82 Nrn. (à ½ — 1 Bog.) gr. 4. Altenburg, Schnuphase'sche Buchh. **

Blätter des Murrgauer Altertums-Vereins, s. Blätter des Altertums-Vereins für das Murrthal und Umgebung.

BLÄTTER DES ALTERTUMS-VEREINS FÜR DAS MURRTHAL UND UMGEBUNG.
Gratisbeilage zum „Murrthalboten", Amtsblatt für den Oberamts-Bezirk Backnang. Redigiert vom Ausschuss des Vereins.
Nr. 1—28. Backnang, den 16. August 1884 — Backnang, den 24. Januar 1896. Druck von Fr. Stroh. (Ohne bes. Titelblatt.) 4°.

BLÄTTER DES MURRGAUER ALTERTUMS-VEREINS.
Gratisbeilage zum „Murrthalboten", Amtsblatt für den Oberamts-Bezirk Backnang.
Nr. 29—31. Backnang, den 31. Juli 1896. — Backnang, den 27. Februar 1901. (Ohne bes. Titelblatt.)
Nr. 32. Backnang, den 1. Mai 1902.
Nr. 33—34. Backnang, den 1. Mai 1904. — Backnang, den 1. Oktober 1905.

BLÄTTER DES MURRGAUER ALTERTUMS-VEREINS.
Gratisbeilage zum „Murrtal-Boten", Backnanger Tagblatt, Amtsblatt für den Oberamts-Bezirk Backnang.
Nr. 35. Backnang, den 1. März 1906. (Backnang. Druck u. Verlag von Fr. Stroh.) (Ohne bes. Titelblatt.)
Nr. 36. Backnang, den 1. Mai 1908. (ib. —.)
Nr. 37. Backnang, den 1. Juni 1909. (ib. —.)
Nr. 38. Backnang, den 21. Mai 1910. (ib. —.)
Nr. 39. Backnang, den 31. März 1911. (ib. —.)

— der Andacht und Erbauung für Jungfrauen der gebildetern Stände (von W. Mair). 16. München 835. Jaquet. 3/4 ℛ

Blätter d. Andacht u. Erbauung f. Jungfrauen d. gebildetern Stände. 8. (7 B.) Augsburg 840, Jaquet's Vrlsh.

— für häusliche Andacht und Erbauung, allen Ständen gewidmet v. M. Fr. Wlh. Reinhard u. Wlh. Naumann. 1r Bd. 1s — 3s Hft. gr. 8. Leipzig 837, 38. Schumann. à ⅓ ℛ (1. 1. – 3.: 1 ℛ)

Blätter f. d. Angelegenheiten d. Frankenwald-Turngaues, unter Verantwortlichkeit v. A. Haack, Jg. 2—15, 19, Helmbrechts 1908—1921, 1924, 8°. 10 Bde.

Blätter für die Angelegenheiten des bayerischen Turner-Bundes. Unter Verantwortlichkeit von K. Scharrer. 3—7. Jahrg. 1865—1869. à 12 Nrn. (à 1 Bgn.) Nürnberg, (v. Ebner.) 8. Jeder Jahrg. n. 20 ngr.

—— dass. — Unter Redaction von J. Gernert und Rud. Lion. 8.—10. Jahrg. 1870—1872. à Jahrg. 12—18 Nrn. (à ½—1 Bog.) gr. 8. Hof, (Grau und Comp.) à Jahrg. *

— dasselbe. Red.: Jos. Dorn. 11—14. Jahrg. 1873—76. à ca. 20 Nrn. (à ½—1 B.) gr. 8. Ebend. à Jahrg. 3. —

— für die Angelegenheiten des bayerischen Turner-Bundes. Organ f. das gesammte bayer. Turnwesen. Red.: Jos. Dorn. 15—20. Jahrg. 1877—1882. à ca. 12 Nrn. (à ½—1 B.) gr. 8. Hof, Grau & Co. à Jahrg. n. 3. —

— für die Angelegenheiten d. bayer. Turnerbundes. [XII. deutscher Turnkreis.] Organ f. das gesammte bayer. Turnwesen. 21—24. Jahrg. 1883—1886. à ca. 12—15 Nrn. (à ½—1 B.) gr. 8. Hof, Lion. à Jahrg. 3. —

— für die Angelegenheiten d. bayer. Turnerbundes [XII. deutscher Turnkreis]. Organ f. das gesamte bayer. Turnwesen. 25.—28. Jahrg. 1887—1890. à ca. 12 bis 15 Nrn. (à ½—1 B.) gr. 8. Hof, Lion. à Jahrg. n. 3. —

— für die Angelegenheiten des bayerischen Turnerbundes [XII. deutscher Turnkreis]. Organ f. das gesamte bayer. Turnwesen. Leiter: Paul Häublein. 29.—32. Jahrg. 1891—1894. gr. 8. Nürnberg. (Hof, R. Lion.) à Jahrg. 3. —
Erscheint in zwanglosen Nrn.

— f. d. Angelegenheiten d. bayer. Turnerbundes. [XII. deutscher Turnkreis.] Organ f. d. ges. bayer. Turnwesen. Leiter: Paul Häublein. 33.—36. Jahrg. 1895—1898. à ca. 10—15 Nrn. (à ca. 1½ Bog.) gr. 8. Nürnberg (Hof, R. Lion). à Jahrg. 3. —

— für d. Angelegenheiten des bayerischen Turnerbundes (XII. deutscher Turnkreis). Organ f. das gesamte bayer. Turnwesen. Verantwortlich: Paul Häublein. 37.—39. Jahrg 1899—1901. à ca. 10—15 Nrn. gr. 8. (à ca. 16 S.) Nürnberg. (Hof, R. Lion.) à Jahrg. 3. —

— f. d. Angelegenh. d. bayer. Turnerbundes (XII. deut. Turnkreis). Verantwortlich: P Häublein. 39—43. Jahrg. 1901—5 je ca 10—15 Nrn. (Nr. 1. 12) 8° Nürnberg, Bayer. Turnerbund. (Nur dir.) Je 2 — d

— für die Angelegenheiten des bayerischen Turnerbundes. (XII. deutscher Turnkreis). Organ für das gesamte bayer. Turnwesen. Verantwortlich: Paul Häublein. 41.—44. Jahrg. 1903—1906. 12, 12, 14 u. 13 Nrn. (IV, 310; IV, 382; IV, 342 S. mit 25 Abbildgn. u. 3 Taf. u. IV, 358 S. m. 1 Abbildg. u. 1 Taf.) 8. Nürnberg, Bayer. Turnerbund. (Nur direkt.) à Jhrg. n. 2. —

Blätter für die Angelegenheiten des Bayerischen Turnerbundes. (12. deutscher Turnkreis.) Hof—Nürnberg.
Jg. 4—5. 1866—67, Jg. 7—30. 1869—92, Jg. 32—51. 1894—1913.
Forts. s. Der Bayerische Turner.

Blätter, Anhaltische, 1r Jahrg. 1827. 4. Dessau, Ackermann.

— Anhaltische, für bürgerliches Leben, Schule, Kunst u. Wissenschaft. Ein unparteiisches Organ. Jahrg. 1867—1869. à 104 Nrn. (à 1 Bgn.). Dessau, Neubürger. Fol. Jeder Jahrg. n. 1 ₰ 10 ngr

— zur Anlage und Verschönerung von ländlichen Gebäuden u. Gärten. 1e Lfrg. kl. Fol. (Mit 8 Vignetten u. 8 Steintaf.) Lissa 838. Günther. ⅓ ₰ — 2e Lfrg. (Mit 8 Steintaf.) kl. Fol. Ebd. 839. ⅓ ₰

Blätter, Ansbachische. Nr. 1-33 [34?] 1792. H: *Wekhrlin, Wilhelm Ludwig.* (ML) (Böhm, Wekhrlin. München 1893, S. 277.)

—— für gerichtliche Anthropologie. Für Aerzte und Juristen, von J. B. Friedreich. 1. und 2. Jahrg. à 5 Hefte und 3. Jahrg. 1. und 2. Heft. Lex.-8. Erlangen 850, Enke's Vrlgsb. [1. J. 1. (68 S.) * 10 Ngr., 2. (55 S.) * 8 Ngr., 3. (84 S.) * 12 Ngr., 4. (59 S.) * 10 Ngr., 5. (80 S.) * 12 Ngr. (1. Jahrg. * 1 Thlr. 22 Ngr.) 2. J. (470 S.) à Heft * 12 Ngr. 3. J. 1. 2. Heft (à 80 S.) à * 12 Ngr.] *

— für gerichtliche Anthropologie. Für Aerzte u. Juristen v. J. B. Friedreich. 5 Hfte. Lex. 8. (1: 68 S. — 2: 55 S. — 3: 84 S. — 4: 59 S. — 5: 80 S.) Erlangen 850, Enke. (1. u. 4. Hft. à n. ⅓ ₰ 2. Hft. n. 8 ngr 3. u. 5. Hft. à n. 12 ngr n. 1 ₰ 22 ngr — 2. Jahrg. 1851. 5 Hfte. — 3. Jahrg. 1852. 6 Hfte. Lex. 8. (1851: 399 S. 1852 à Hft. 80 S.) Ebd. à Hft. n. 12 ngr (cmplt. n. 6 ₰ 4 ngr)

—— dass. — 4—6. Jahrg. 1853—55. à Jahrg. 6 Hefte. Lex.-8. (à Heft 80 S.) Ansbach, Junge. à Jahrg. *

—— dass. — 7. Jahrg. 1856. (6 Hefte à 80 S.) Lex.-8. Nürnberg, Korn. *

— — 7. u. 8. Jahrg. 1857 u. 58. à 6 Hefte (à 5 Bgn.). Nürnberg, Korn. gr. 8. Jedes Heft n. 12 ngr

—— für gerichtliche Anthropologie. Für Aerzte und Juristen von J. B. Friedreich. 8—12. Jahrg. 1857—61. à Jahrg. 6 Hefte. (à 80 S.) Lex.-8. Nürnberg, Korn'sche Buchh. [à Heft * 12 Ngr.] à Jahrg. *

— für gerichtliche Anthropologie. Für Aerzte u. Juristen von J. B. Friedreich. 9—13. Jahrg. 1859—62. à 6 Hfte. (à 5 Bgn.) Nürnberg, Korn. gr. 8. Jedes Heft n. 12 ngr
Fortsetzung f. Friedreich's Blätter für gerichtliche Medicin.

—— dass. — Generalregister über die ersten 10 Jahrgänge. (1850—1859.) gr. 8. (43 S.) Ebendas. 860. *

Blätter am goldenen Apfel. Zur St. Johannisfeier 1824 gesammelt und für die auswärtigen BBr als Ms. vertheilt. Dresden: Gärtner [1824]. 16 S. 8° [Umschlagtit.]

[Dasselbe.] Zweiter Jahreswuchs zur St. Johannesfeier 1825 gesammelt, und f. d. BBr als Ms. vertheilt. Ebendas. [1825]. 16 S. 8°
Lieder u. Gedichte, Toaste.

— apologetische, aus der lutherischen Kirche. Unter Mitarbeit mehrerer Diener der luther. Kirche, hersg. von L. Feldner. 1—3. Heft (à 4—5 Bgn.). Erlangen 865, 66. Deichert. gr. 8. Jedes Heft n. 8 ngr

—— apologet., a. d. luth. Kirche. Hrsg. v. L. Feldner. 2. u. 3. Hft. 8. Erl., Deichert. n. — 17 (1—3.: n. — 25)
2. Hft. (82) 65. n. — 8 ‖ 3. Hft. (68) — 9

— für Aquarien- u. Terrarien-Freunde. Schriftleitung: Bruno Dürigen. 1. Bd. 1890. 24 Nrn. (1¼ B. m. Abbildgn.) gr. 8. Magdeburg, Creutz. n. 3. —

— für Aquarien- u. Terrarien-Freunde. Schriftleitung: Bruno Dürigen. 2. u. 3. Bd. 1891. 1892. à 24 Nrn. (¾ Bog. m. Abbildgn.) gr. 8. Magdeburg, Creutz. à Bd. n. 3. —

— dasselbe. 4. u. 5. Bd. 1893. 1894. à 24 Nrn. (¾ Bog. m. Abbildgn.) gr. 8. Ebd. à Bd. n. 4. —

Blätter f. Aquarien- u. Terrarien-Freunde. Schriftleitg.: Bruno Dürigen. 6. u. 7. Bd. 1895—1896. à 24 Nrn. (à ca. 12 S m. Abb. u. Taf.) gr. 8. Magdeburg, Creutz. à Bd. n. 4. —
Der 7. Bd. ist von W. Weltner herausgegeben.

— dasselbe. Hrsg. v. E. Bade. 8. u. 9. Jahrg. 1897—1898. à 24 Nrn. (à ca. 12 S. m. Abb. u. Taf.) gr. 8. Ebd. 897. à Jahrg. n. 4. —
Kann auch halbjährlich bezogen werden.

— für Aquarien- u. Terrarien-Freunde. Illustr. Halbmonats-Schrift f. die Interessen der Aquarien- u. Terrarienliebhaber. Schriftleitung: W. Sprenger. 10.—12. Jahrg. 1899—1901. à 24 Nrn. gr. 8. (VIII, 352 S. m. Abb. u. 12 Taf.; VI, 316 S. m. Abb. u. 7 Taf. u. VI, 334 S. m. Abb. u. 11 Taf.) Magdeburg, Creutz. à Jahrg. n. 5. —
Der 10. Jahrg. ist v. E. Bade, d. 11. v. W. Jagodzinski redigiert. Fortsetzung u. d. T.:

— für Aquarien- u. Terrarien-Kunde. Illustrierte Halbmonats-Schrift f. die Interessen der Aquarien- u. Terrarienliebhaber. Hrsg. u. red. v. E. Bade. 13. Jahrg. 1902. 24 Hfte. gr. 4. (VI, 286 S. m. Abb. u. 2 Taf.) Ebd. n. 8. —; vierteli. n. 2. —; einz. Hfte. n. — 50

— für Aquarien- u. Terrarien-Kunde. Illustrierte Halbmonats-Schrift f. die Interessen der Aquarien- u. Terrarienliebhaber. Hrsg u red. v. E Bade. 14 u. 15. Jahrg 1903 u. 1904. à 24 Hefte. (VI, 348 u. VI, 384 S. m. Abbildgn. u. je 2 Taf.) gr. 4. Magdeburg, Creutz. à Jhrg. n. 8. —

— dasselbe. Illustrierte Wochen-Schrift f. die Interessen der Aquarien- u. Terrarienkunde. Hrsg. u. Schriftleitg. v Walt. Köhler. 16. u. 17. Jahrg. 1905 u. 1906. à 52 Hefte. (XII, 520 u. XI, 522 S.) 4. Ebd. à Jhrg. n. 8. —

— f. Aquarien- u. Terrarien-Kunde. Illustr. Wochen-Schrift f. die Interessen der Aquarien- u. Terrarienkunde. Hrsg. u. Schriftleitg. v. Walt. Köhler. 18. Jahrg. 1907. 52 Hefte. (à ca. 12 S.) 30,5×21,5 cm. Magdeburg, Creutz. 8. —

— dasselbe vereinigt m. Natur u. Haus. Illustr. Wochenschrift f. die Interessen der Aquarien- u. Terrarienkunde. Organ zahlr. Aquarien- u. Terrarien-Vereine Deutschlands. Hrsg. v. W. Wolterstorff. 19.—21. Jahrg. 1908—1910 à 52 Nrn. (XIV, 784; XII, 844 u. X, 860 S.) Lex. 8. Stuttgart, F. Lehmann. à Jhrg. 8. —
„Natur u. Haus“ wurde hiermit vereinigt.

— f. Aquarien- u. Terrarienkunde vereinigt m. Natur u. Haus. Hrsg. v. W Wolterstorff. 21—23. J. '10—12 je 52 Nrn. (10, 860; 11, 860; 16, 850 m. Abb. u. 5, 4, 4 Taf.) Lex8° Stuttg., JEG Wegner. viertelj. 2—; einz. Nrn. — 30
„Natur u. Haus“ wurde hiermit vereinigt.

— a. d. Arbeit d. freien kirchlich-soz. Konferenz. Red.: E Böhme. 2. Jahrg. 1899. 12 Nrn. 4° (Nr. 1, 8) Berl., Selbstverl. d. Konferenz. 1.50 ‖ 3. Jahrg. 1900. Red. i. V.: R Grützmacher. 2 —
Bisher u. d. T.: Aus d. Arbeit d. freien kirchlich-soz. Konferenz. — Nicht durch d. Buchh. zu beziehen.

Blätter für soziale Arbeit. Organ d. „Deutschen Verbandes d. Jugendgruppen u. Gruppen f. soziale Hilfsarbeit“ u. d. „Zentralvereins f. Arbeiterinteressen“, Sitz Berlin. Jg. 1-11. [Mehr nicht ersch.] — Karlsruhe: Braun 1909-19. 4°
4. 1912-7. 1915 als Beil. zu „Neue Bahnen“ ersch.

— für soziale Arbeit. Organ des „Zentralvereins f. Arbeiterinneninteressen“, Sitz Berlin; der Jugendgruppe Darmstadt des allgemeinen deutschen Frauenvereins; des Diakonievereins „Arbeiterinnenfürsorge“ E. V., Dieringhausen (Bez. Cöln) usw. Schriftleitung: Elisab. Altmann-Gottheiner. 1. u. 2. Jahrg. 1909 u. 1910 à 12 Nrn. (à 8 S.) Lex. 8. Karlsruhe, G. Braun'sche Hofbuchdr. à Jahrg. 1. 50

— f. soziale Arbeit. Hrsg. v. Elisab. Altmann-Gottheiner. 2—4. J. '10—12 je 12 Nrn. ('12, Nr 1 u. 2: 16) Lex8° Karlsr., G Braun'sche Hofbdr. je 1.50; einz. Nrn — 20 d

Blätter, archäologische, aus Millstatt in Kärnten. Hrsg. v. der k. k. Central-Commission f. Kunst- u. histor. Denkmale. (12 Taf. m. 2 Bl. Text.) Lex.-8. Wien 878. (A. Schroll & Co.) n.n. 4. —

— für Architektur und Kunsthandwerk. Leiter: Wilh. Rettig. 1. Jahrg. Mai 1888 — April 1889. 24 Nrn. mit ca. 120 Lichtdr.-Taf. (à Nr. 1—2 Bog. mit eingedr. Illustr. und 7 Taf.) gr. 4. Berlin, Braun und Comp. *
Vierteljährlich *

Blätter für Architektur u. Kunsthandwerk. Leiter: Wilh. Rettig u. P. Graef. 2. Jahrg. 1889. 12 Nrn. (à ca. 1 B. mit eingedr. Illustr. u. Taf.) Mit 120 Lichtdr.-Taf. gr. 4. Berlin, Braun & Co. n. 24. —

— dasselbe. Leiter: P. Graef. 3. Jahrg. 1890. 12 Nrn. m. ca. 120 Lichtdr.-Taf. gr. 4. (Nr. 1: $^1/_2$ B. m. eingedr. Illustr. u. 10 Taf.) Ebd. n. 24. —

— für Architektur u. Kunsthandwerk. Leitung: Paul Graef. 4.—7. Jahrg. 1891 — 1894. à 12 Nrn. m. ca. 120 Lichtdr.-Taf. gr. 4. (à Nr. ca. 1 Bog. m. Illustr. u. Tafeln.) Berlin, J. Becker. à Jahrg. n. 24. —

— f. Architektur u. Kunsthandwerk. Leitg.: Paul Graef. 8.—11. Jahrg. 1895—1898. à 12 Nrn. (à ca. 8 S. m. Ill. u. 10 Lichdr.-Taf) gr. 4. Berlin, J. Becker. à Jahrg. 24. —; einz. Nrn. 3. —
Kann auch vierteljährlich bezogen werden.

— für Architektur u. Kunsthandwerk. Leitung: Paul Graef. 12.—15. Jahrg. 1899—1902. à 12 Nrn. m. 120 Lichtdr.-Taf. gr. 4. (104, 96 u. 92 S.) Berlin [M. Oldenbourg]. M. Spielmeyer. à Jahrg. n. 24. —; einzelne Nrn. 3. —

Blätter f. Architektur u. Kunsthandwerk. J. 01—5. Jetzt: Berl., Verl. d. Blätter f. Architektur.

— für Architektur u. Kunsthandwerk Leitung: Paul Graef. 16.—19. Jahrg. 1903—1906. à 12 Nrn. m. 120 Lichtdr.-Taf. (à Nr. ca. 8 u. 8. S. m. Abbildgn. u. 10 Taf.) 4. Berlin [M. Spielmeyer]. Verlag d. Blätter f. Architektur u. Kunsthandwerk. à Jhrg. n. 24. —

— für Architektur u. Kunsthandwerk. Leitung: Paul Graef. 20.—23. Jahrg. 1907—1910 à 12 Nrn. m. jährl. 120 Lichtdr.-Taf. (à Nr. ca. 16 u. 4 S. m. Abbildgn.) 34,5×27 cm. Berlin, Verl. der Blätter f. Architektur. à Jahrg. 24. —

— f. Architektur u. Kunsthandwerk. Schriftleitg: Paul Graef. 23—25. J. '10—12 je 12 Nrn. ('10: 190; '11: 150 m. Abb. u. je 120 Taf.) 35×27,5 cm. Berl., Verl. d. Blätter f. Architektur. viertelj. 6 —; einz. Nrn 3 —

— aus d. Archiv d. Toleranz u. Intoleranz. 1r Bd., 4 Hefte. 8. Lübeck 797. Bohn. 2 ℛ𝓈

— a. d. Archiv d. Toleranz u. Intoleranz. 1r Bd. 4. Lief. 8. Lübeck, Iiemann u. C. 797. (à 12 gr.)

— über schweizerische Armenerziehung. Zunächst enthaltend die Verhandlungen der ostschweizer. Armenerzieher, nebst Mittheilungen über neue Stiftungen auf diesem Gebiete. 8. (173 S.) St. Gallen 852, Huber und Comp. *

Blätter für die städtische Armen- und Waisenpflege. Amtl. Organ d. Armen-Deputation u. d. Waisenrates d. Stadt Düsseldorf. Jg. 1, No 1. Düsseldorf 1907: Städt. Druckerei. 4° [F.] (a. 3743 3

—— für Armenpflege und Wohlthätigkeit. Organ des Vereins gegen Verarmung in Berlin. Jahrg. 1873. 10 Nrn. (ca. 1½ Bog.) gr. 8. Berlin, Dümmler's Verlag. *

—— für das Armenwesen. Redakt.: Leube. (1. und 2. Jahrg.) 1848 und 1849. à 52 Nrn. (½ Bog.) Mit Beilagen. 4. Stuttgart, Metzler'sche Buchh. à Jahrg. **

— f. das Armenwesen. Red.: Leube. (1 u. 2. Jahrg.) 1848 u. 1849. à 52 Nrn. 4. (½ Bog.) Stuttgart, Metzler. — Red.: Leube u. C. Riecke. (3—5.) Jahrg. 1850—1852. à 52 Nrn. 4. (½ Bog.) Stuttgart. (Neff.) à Jahrg. baar n. n. ⅔ ß

— für das Armenwesen. Red.: Leube und C. Riecke. 6—11. Jahrg. 1853—58. à 52 Nrn. (à ½—1 Bgn.) Stuttgart (Neff). 4. Jeder Jahrg. nn. 20 ngr

Blätter fur Armenwesen. 1853-1900. 4° Stuttgart 1853-1900

Blätter f. d. Armenwesen. Hrsg. v. Landesverbande f. Wohlthätigkeit in Steiermark. Red.: H Reicher u. E Mischler. 1. Jahrg. Oktbr 1896—Septbr 1897. 10 Nrn. 8° (200) Graz, (Leuschner & L.). 3.70 ‖ 2. Jahrg. 1897/98. (232), 3. Jahrg. 1898/99. (252) u. 4. Jahrg. 1899/1900 à 10 Nrn. à Nr — 40

— dasselbe. Unter Mitwirkg. v. Heinr. Reicher u. Ernst Mischler geleitet v. Conr. Rupprecht. 4. Jahrg. 1899/1900. u. 5. Jahrg. 1900/1901. à 10 Hfte. gr. 8. (VII, 352 u. VI, 274 S.) à Jahrg. n. 4. —

— dasselbe. Unter Mitwirkg. von Joh. v. Feyrer u. Ernst Mischler geleitet von H. Bachmann. 6. u. 7. Jahrg. 1901/1902 u. 1902/1903. à 10 Nrn. gr. 8. (IV, 158 S. u. 7. Jahrg. Nr. 1—5. 79 S.) à Jahrg. n. 4. —

— f. das Armenwesen. Hrsg. vom Landesverbande f. Wohltätigkeit in Steiermark. Unter Mitwirkg. von Joh. v. Feyrer u. Ernst Mischler geleitet v. Loth. Neuwirth. 8.—10. Jahrg. 1903/1904. 1904/1905 u. 1905/1906. à 10 Nrn. (IV, 174; IV, 172 u. IV, 126 S.) Lex.-8. Graz (Leuschner & Lubensky). à Jhrg. n. 4. —

— für das Armenwesen. Hrsg. vom Landesverbande f. Wohltätigkeit in Steiermark. Unter Mitwirkg. von Joh. v. Feyrer u. Ernst Mischler geleitet v. Loth. Neuwirth. 11.—14. Jahrg. 1906/07—1909/10 à 10 Nrn. (à ca. 10 S.) Lex. 8. Graz, Leuschner & Lubensky. à Jahrg. 4. —

Blätter für das Armenwesen. 1908-11. 4° Leipzig 1908-11

Allgemeine Armenanstalt. **Blätter** für das hamburgische Armenwesen. 1–4. 1893-1896.

— f. d. Armenwesen u. Jugendfürsorge. Hrsg. v. Landesverb. f. Wohltätigk. in Steiermark. Schriftleiter: Loth. Neuwirth, seit '11: Jos. Görl. 14—16. J. '10—12 je 10 Nrn. ('12 Nr 1: 24) gr8° Graz, Leuschner&L. je 3 —; einz. Nrn — 40 d

Artistische Blätter der Verzierung und Verschönerungskunst gewidmet. Bd. 1–2 1800—1803. Leipzig, bey Friedrich August. Mit kol. Kupfern. 4°.

— artistische, d. Verzierungs- u. Verschönerungskunst geweiht. 2 Bde od. 8 Hfte à 10 Kpf. gr. 4. Leipzig, 1800—1804. (H. Fritzsche). à Hft 4. — 32. —

— artistische, d. Verzierungs- u. Verschönerungskunst gewidmet. 2 Bde zu 4 Stcken. Fol. Leipz. 806. Leo. (à Stck. 4 ß) 32 ß Französ.: Portefeuille des artistes, ou collection de desseins et des plans etc. 2 Vols. Ders. Pr.

Atlantische Blätter: 1850 - Nov. 1879?

Weekly, published as Sunday edition of NEW YORKER ABEND-ZEITUNG, 1852–74. Title varies: ATLANTISCHE BLÄTTER UND NEW YORKER KLADDERADATSCH, 1875?–1879; NEW YORKER KLADDERADATSCH, 1879. Circulation: 1875, 1500 (est.); 1878, 4450. Edited & published by Frederick Rauchfuss, 1875–79.
New York, NY

—— atlantische, und New-Yorker Kladderadatsch. Redact.: Edm. Remack. 12. Jahrg. 1862. 52 Nrn. (Bog. mit eingedr. Holzschn.) Imp.-Fol. New-York. (Philadelphia, Schäfer und Koradi.) *

—— für Autographen- und Portraitsammler. Hrsg. und redig. von Alfr. Moschkau. 1.—3. Jahrg. 1877—1879. à Jahrg. 12 Nrn. (½ Bog.) gr. 4. Leipzig, L. Senf. à Jahrg. *

—— bad. akadem. Wochenschrift f. d. Interessen d. Hochschulen zu Freiburg, Heidelberg u. Karlsruhe. 2. Jahrg. Mai 1890—Apr. 1891. 32—36 Nrn. (B.) 4. Freib. i/B., Fehsenfeld. n. 4. —
Erscheint als Fortsetzg zu: Freiburger akad. Blätter

—— badische akademische. Wochenschrift f. die Interessen der Hochschulen zu Freiburg, Heidelberg u. Karlsruhe. 2. Jahrg. Mai 1890—April 1891. 32—36 Nrn. (Bog.) gr. 4. Ebd. * 4 —
Nicht weiter erschienen.

Blätter, Bairische, für Stenographie, s. Blätter, Bayerische, für Stenographie.

Blätter für wissenschaftliche Balneologie Beilage zur »Wiener Medizinischen Wochenschrift.« Unter Mitleitung des Dr. Seegen. Verantworl. Redakteur: Dr. L. Wittelshöfer. Nr. 1. Wien. 1855. Schnellpressendruck von A. Pichler's Wwe. und Sohn.

Blätter für wissenschaftliche Balneologie. Beilage zur Wiener medizinischen Wochenschrift. Unter Mitleitung des Dr. Segen. Verantwortl. Redakteur Doktor L. Wittelshöfer. Nr. 2. Wien 1855. Schnellpressendruck von A. Pichler's Witwe und Sohn. (S. 9—16. 4.)

—— baltische, redig. v. J. L. Klein. 3. Jahrg. 1838. 208 Nrn. (½ Bog.) gr. 4. Wismar, Schmidt u. v. Cossel's Rathsbuchh. *
1. u. 2. Jahrg., s. Blüthen, baltische.

— baltische. Stralsunder Sonntagsblatt. Red.: H. Büchler. 1. Jahrg. Octbr. 1880 — Septbr. 1881. 52 Nrn. (B.) gr. 4. Stralsund, Bremer in Comm. n. 5. —
Nicht weiter erschienen.

— Baltische, für Literatur, Kunst u. Theater. Hrsg. unter Mitwirkg. v. Falkson, Jachmann, Alex. Jung, Rosenkranz, Ludw. Walesrode u. A. 1. Jahrg. 1848. 104 Nrn. gr. 4. (½ B.) Königsberg, Samter. n. 4 ß

Blätter, Baltische, für Musik. (Beil. der „Rigaschen Zeitung".) Riga 1907.

— Bamberger. Offiz. Organ d. bayer. Musik-Feste. 1. Jahrg. Nr. 1. Juni 1894. Fol. (4) Bamb., Handels-Dr. u. Verlagsh. 2 —
Nur diese 1 Nr. erschien als Probenummer. — Fortsetzg ist nicht erschienen.

Basler Blätter
v. Schweizer Grenzpost und Tagblatt der Stadt Basel.

Basler Blätter: Basler Fliegende Blätter
v. Schweizerische Fliegende Blätter.

Blätter des Obwaldnerischen Bauernvereins
v. Obwaldner Volksfreund.

— vom Baume der Wahrheit. 8. Wien 834. Pichler's sel. Wittwe. ¼ ß

Blätter, Bayerische ...
— bair., f. Stenographie. Red.: R Lautenhammer. 44. u. 45. Jahrg. 1894 u. 1895 à ca. 12 Nrn. 8° (1894. Nr. 1. 10) Mit Beiblatt: Stenograph. Lesebibliothek. 26. u. 27. Jahrg. 1894 u. 1895 à 12 Nrn. (Nr. 1. 8). Ebd. à Jahrg. n.n. 3—; ohne Beiblatt n.n. 2 —

— bairische, für Stenographie. Organ d. Gabelsberger Stenographen-Zentral-Vereins z. München u. d. bair. Landesverbandes. Red.: Roder. Lautenhammer. 45.—48. Jahrg. 1895—1898. à ca. 12 Nrn. (à ca. $^1/_2$ Bog.) gr. 8. M. Beiblatt: Stenograph. Lesebibliothek. 27.—30. Jahrg. 1895—1898. à 12 Nrn. (à ca. $^1/_2$ Bog.) München (M. Kellerer). à Jahrg. n.n. 3.—; ohne Beiblatt n.n. 2. —

— bairische, f. Stenographie. Organ des Gabelsberger Stenographen-Zentral-Vereines zu München u. des bair. Landesverbandes. Red.: Roder. Lautenhammer. 49.—52. Jahrg. 1899—1902. à 12 Nrn. gr. 8. (à ca. 8 S.) Mit Beiblatt: Stenographische Lesebibliothek. 34. Jahrg. 1902. 12 Nrn. (à ca. 8 S.) München (M. Kellerer). à Jahrg. n. 3. —; ohne Beiblatt n. 2. —

— bairische, für Stenographie. Organ des Gabelsberger Stenographen-Zentral-Vereines zu München u. des bair. Landesverbandes. Red.: Lautenhammer 53.—56. Jahrg. 1903—1906 à 12 Nrn. (à 8 S.) Mit Beiblatt: Stenographische Lesebibliothek. Red.: Ant. Huber. 35.—38. Jahrg. 1903—1906 à 12 Nrn. (à 8 autogr. S.) gr. 8. München (M. Kellerer). à Jhrg. n. 3. —; ohne Beiblatt n. 2. —

— bayr., f. Stenographie. (Gabelsb.) Red.: Lautenhammer, seit '07: Kennerknecht. 56. u. 57. J. '06 u. 7 je 12 Nrn. (Nr 1. 8) Mit Beibl.: Stenogr. Lesebibliothek. Red.: Ant. Huber. 38. u. 39. J. '06 u. 7 je 12 Nrn. (Nr 1. 8) gr8° Münch., (M Kellerer). 3 —; ohne Beibl. 2 — || 58. u. 59. J. '08 u. 9. (Ohne Beibl.) Je 1.50

— bayerische, f. Stenographie. Organ des Gabelsberger Stenographen-Zentral-Vereins zu München, des bayer. Landesverbandes u. des bayer. Lehrerbundes „Gabelsberger" u. der Kreisverbände Oberbayern u. Oberpfalz. Red.: D. Kennerknecht. 57.—60. Jahrg. 1907—1910. à 12 Nrn. (IV, 100; IV, 128; IV, 132 u. IV, 136 S.) gr. 8. München, M. Kellerer. à Jahrg. 1. 50

— Bayerische, f. Stenographie. (Gabelsb.) Red.: D Kennerknecht. 60—62. J. '10—12 je 12 Nrn. ('12, Nr 1: 12) Lex8° Münch., M Kellerer's V. je 1.50 (Pt.)

— bayer., f. Stenotachygraphie. Hrsg. v. bayer. Verband. Red.: F. Thoma. Jahrg. 1896. 12 Nrn. (à ca. $^1/_2$ Bog.) gr. 8. Augsburg (H. 205), Fr. Kaupert. n. 2. —

— dasselbe, Fortsetzg., s.: Blätter, süddeutsche, f. Stenotachygraphie.

—— Bayreuther. Monatschrift des Bayreuther Patronatvereines, unter Mitwirkung Rich. Wagner's redig. von H. v. Wolzogen. 1. und 2. Jahrg. 1878 und 1879. à Jahrg. 12 Nrn. gr. 8. (à Nr. ca. 28 S.) Bayreuth, Patronatverein. à Jahrg. * Für die Mitglieder des Vereins

—— Bayreuther. Monatsschrift d. Bayreuther Patronatsver., unter Mitwirkg R. Wagner's red. v. H v. Wolzogen. 1. Jahrg. 1878. 12 Nrn. 8. (Nr. 1. 28) Chemn., Schmeitzner. n. 20. —; f. Mitglieder d. Ver. gratis. Fortsetzg wird nur v. d. Patronatsver. an d. Mitglieder versandt.

— Bayreuther. Monatsschrift des Bayreuther Patronatvereines, unter Mitwirkung Rich. Wagner's red. von H. v. Wolzogen. 1—3. Jahrg. 1878—1880. à 12 Nrn. gr. 8. (à Nr. ca. 28 S.) Bayreuth, Giessel. à Jahrg. n. 5. —

—— Bayreuther. Monatsschrift des Bayreuther Patronatvereines. Unter Mitwirkung Rich. Wagner's redig. von Hans v. Wolzogen. 3.—5. Jahrg. 1880—1882. à Jahrg. 12 Hefte. gr. 8. (à Heft 32 S.) Bayreuth, (Giessel.) à Jahrg. * 1.—5. Jahrg. zusammen *

Blätter, Bayreuther. Zeitschrift zur Verständigung über die Möglichkeiten einer deutschen Kultur. Redig. und hrsg. von Hans v. Wolzogen. 6. Jahrg. 1883. 12 Hefte. gr. 8. (à Heft 32 S.) Bayreuth, (Giessel.) *

— Bayreuther. Monatsschrift, unter d. Red. v. H. v. Wolzogen hrsg. v. Allgemeinen Richard Wagner-Verein. 7.—13. Jahrg. 1884—1890. à 12 Stücke. gr. 8. (à Stück ca. 32 S.) Bayreuth. (Leipzig, Leede.) à Jahrg. n. 8. —

— Bayreuther. Monatschrift, unter der Red. von Hans v. Wolzogen hrsg. vom Allgemeinen Richard Wagner-Verein. 14.—16. Jahrg. 1891—1893. à 12 Stücke. (à ca. 2 Bog.) gr. 8. Bayreuth. (Leipzig, C. F. Leede.) à Jahrg. n. 8. —; f. Mitglieder d. Vereins n. 6. —

— dasselbe. Deutsche Zeitschrift, im Geiste Richard Wagner's hrsg. v. Hans v. Wolzogen. (Mittheilungen d. Verwaltungsrathes der Bayreuther Bühnenfestspiele u. d. Allgemeinen Richard Wagner-Vereines.) 17. Jahrg 1894. 12 Stücke. (à ca. 2 Bog.) gr. 8. Ebd. n. 8. — f. Vereinsmitglieder n. 6. —

— Bayreuther. Deutsche Zeitschrift, im Geiste Rich. Wagner's hrsg. v. Hans v. Wolzogen. (Mittheilgn. d. Verwaltungsrathes d. Bayreuther Bühnenfestspiele u. d. Allgem. Richard Wagner-Vereines.) 18.—21. Jahrg. 1895—1898. Je 12 Stücke. (à ca. 40 S.) gr. 8. Bayreuth. (Leipzig, C. F. Leede.) à Jahrg. n.n. 8. —; f Vereinsmitglieder n.n. 6. —

— Bayreuther. Deutsche Zeitschr. im Geiste Richard Wagner's, hrsg. v. Hans v. Wolzogen. (Mittheilungen des Verwaltungsrathes der Bayreuther Bühnenfestspiele u. des Allgemeinen Richard-Wagner-Vereines.) 22.—25. Jahrg. 1899—1902. à 12 Stücke. gr. 8. (368, 370, 396 u. 360 S. m. je 1 statist. Beil. [à ca. 1 Bg.]) Bayreuth. (Leipzig, C. F. Leede.) à Jahrg. n.n. 8.—; f. Vereinsmitglieder à Jahrg. n.n. 6. —

— Bayreuther. Deutsche Zeitschrift im Geiste Rich. Wagner's, hrsg. v. Hans v. Wolzogen. (Mitteilungen des Verwaltungsrates der Bayreuther Bühnenfestspiele u. des Allgemeinen Richard Wagner-Vereines.) 26. bis 29. Jahrg. 1903—1906. à 12 Stücke. (IV, 320; IV, 336; IV, 348 u. IV, 328 S.) gr. 8. Bayreuth (Leipzig, C. F. Leede). à Jhrg. n.n. 8. —; f. Vereinsmitglieder n.n. 6. —

Blätter, Bayreuther. Deutsche Zeitschrift im Geiste Richard Wagner's, hrsg. von Hans v. Wolzogen. (Mitteilgn. d. Verwaltungsrates der Bayreuther Bühnenfestspiele u. des Allgem. Richard Wagner-Vereines.) 30.—33. Jahrg. 1907—1910 à 12 Stücke. (320, 326, 336 u. 324 S.) gr. 8. Bayreuth. Leipzig, C. F. Leede. à Jahrg. 8.—; f. Vereinsmitglieder nn 6. —

— Bayreuther. Deut. Zeitschr. im Geiste Richard Wagner's, hrsg. v. Hans v. Wolzogen. 33—35. J. '10—12 je 12 Stücke. (324, 336, 336 m. statist. Beil.) gr8° Bayreuth. Lpzg, Breitk. & H. 8 —; f. Vereinsmitgl. nn 6 —

—— zur Beförderung einer allgem. deutschen Erziehung. Hrsg. von dem allgem. Lehrerverein im meißner Hochlande. Redakt.: Joh. Chr. Ferd. Rentzsch. 1. Jahrg. 1848. Juli — Decbr. 26 Nrn. ($^1/_2$ Bog.) 4. — Mit dem Beiblatt: Hohnsteiner Blätter. Wochenblatt für den Amtsbezirk Hohnstein mit Lohmen. Redakt.: Joh. Chr. Ferd. Rentzsch. 1. Jahrg. 1848. Juli — Decbr. 26 Nrn. ($^1/_2$ Bog.) 4. Neustadt. Leipzig, Rein'sche Buchh. (Jedes * 20 Ngr.) * Vgl.: Blätter, hohnsteiner.

— zur Bekämpfung des Kurpfuschertums, Fortsetzung, s.: Volksblatt, hygienisches.

— zur Belehrung und Erbauung für katholische Christen. Im Vereine mit mehreren kathol. Geistlichen herausg. von Fr. Pösl. 1r Jahrg. 1835. 52 Numm. 4. Passau 835. Pustet's Buchh. (Winkler). $^5/_8$ ₰ — 2r — 5r Jahrg. 1836 — 39. Herausg. von M. Liedl. Ebd. 837 — 39. à Jahrg. $^5/_8$ ₰

—— zur Belehrung u. Erbauung f. kathol. Christen. Im Vereine mit mehr. kathol. Geistlichen hrsg. 1—8. Jahrg. 1835—42. 4. Passau, Pustet. *

1. Jahrg. v. 1. Juli 1835—30. Juni 1836, hrsg. v. Fr. Pösl. (52 Nrn. ½ B.) * 15 Gr.
2. — „ 1. „ 1836—30. „ 1837, „ v. M. Liebl. (52 Nrn. ½ B.) * 15 Gr.
3. — „ 1. „ 1837—30. „ 1838, „ v. demſ. (52 Nrn. ½ B.) * 15 Gr.
4. — „ 1. „ 1838—30. „ 1839, „ v. demſ. (52 Nrn. ½ B.) * 15 Gr.
5. — „ 1. „ 1839—31. Dec. 1839. „ v. demſ. (25 Nrn. ½ B.) * 7½ Gr.
6. — „ 1. Jan. 1840—31. „ 1840. „ v. demſ. (52 Nrn. ½ B.) * 15 Gr.
7. — 1841, hrsg. v. Anzenberger. (104 Nrn. ½ B.) * 1 Thlr. 8 Gr.
8. — 1842, „ „ Friedr. Pösl. 12 Hfte. * 1 Thlr.

—— z. Belehrung u. Erbauung f. kathol. Christen. Hrsg. v. Friedr. Pösl. 9. Jahrg. 1843. 12 Hfte. gr. 8. Passau 843, Pustet'sche Buchh. *

1—8. Jahrg. 1835—42. Ebendaſ. * 5 Thlr. 23 Ngr.

— zur Belehrung u. Unterhaltung f. die Armee u. deren Freunde. Red. v. Frdr. Teicher. 3. Jahrg. 1876. 30 Nrn. (B.) hoch 4. Eichstätt, Krüll. n. 4. 80

— zur Belehrung u. Unterhaltung für die Armee u. deren Freunde. Red. von Frdr. Teicher. 4. u. 5. Jahrg. 1877 u. 1878. à 48 Nrn. (B.) hoch 4. Eichstätt. Krüll. à Jahrg. n. 5. —

—— dass. — 6. Jahrg. 1879. 2 Nrn. (Bog.) hoch 4. Ebendaſ.

— zur Belehrung und Unterhaltung für den Unteroffizier und Einjährig-Freiwilligen aller Waffen. Hrsg. u. red. v. F. Teicher. Jhrg. 1—5. Passau 1874–1878. 4°

Blätter zur Belehrung und Unterhaltung für den Unteroffizier und Einjährig-Freiwilligen aller Waffen. Hrsgbr. und Redact.: Friedr. Teicher. 2. Jahrg. 1875. 86 Nrn. (Bog.) hoch 4. Passau, (Waldbauer'sche Buchh.) *

Jahrg. 1874 erschien im Selbstverlage.

— für Belletristik. Theoretisch-kritisches Organ zur Förderung der schönen Wissenschaften. Redig. von Ludw. Lang. 1. Jahrg. 1855. 24 Nrn. (à ½ Bgn.) Regensburg, Pustet. gr. 8. 21 ngl

Belletristische Blätter: Jan. 1, 1867—Aug. 1868.
Literary weekly. Edited & published by Julius Leopold Willibald Winkler.
Baltimore, MD

Belletristische Blätter: 1875.
Sunday edition of St. Louis Volksblatt.
St. Louis, MO

— belletristische, von Sacher-Masoch. 1. Jahrg. April 1880—März 1881. 52 Nrn. (1½ B.) gr. 4. Budapest, Expedition. n. 12. —

Nicht weiter erschienen.

—— belletristische, aus Rußland. Aus dem Feuilleton der St. Petersburger Zeitung gesammelt und hrsg. von Clem. Friedr. Meyer. 1—3. Jahrg. Lex.-8. (VIII und 615 S., VI und 577 S. und IV und 471 S.) St. Petersburg 853—55. (Leipzig, Voß.) à Jahrg. **

— bergrechtliche. Beilage zur „österr. Zeitschrift f. Berg- u. Hüttenwesen". Vierteljahrsschrift, hrsg. u. red. v. Ludw. Haberer. 1. Jahrg. 1906. 4 Hefte. (à ca. 72 S.) gr. 8. Wien, Manz. n. 5. 25

— bergrechtliche. Beilage zur „Österr. Zeitschr. f. Berg- u. Hüttenwesen". Vierteljahrsschrift, hrsg. u. red. v. Ludw. Haberer. 2.—5. Jahrg. 1907—1910 à 4 Hefte. (à ca. 64 S.) gr. 8. Wien, Manz. à Jahrg. 5. 25

Blätter, Bergrechtliche. Beilage z. „Österr. Zeitschr. f. Berg- u. Hüttenwesen". Vierteljahrsschr., hrsg. u. red. v. Ludw. Haberer. 5—7. J. '10—12 je 4 Hefte. ('12, 1. u. 2. Heft: 128) gr8° Wien, Manz. je 5.25

Berliner Blaetter fuer Botanik, Gaertnerei und Landwirthschaft.
1870, etc. 4°.→

—— Berliner, für Botanik, Gärtnerei und Landwirthschaft. Organ der Gesellschaft der Gartenfreunde Berlins. 5. Jahrg. 1876. 12 Nrn. (Bog.) gr. 4. Berlin, (Bohne.) *

Jahrg. 1875 erschien u. d. T.: Blätter, Berliner, für Gärtnerei.

— Berliner, für Botanik, Gärtnerei u. Landwirthschaft. Organ der Gesellschaft der Gartenfreunde Berlins. Red.: Klar u. Thiele. 6—8. Jahrg. 1877—1879. à 12 Nrn. (B.) gr. 4. Nebst Gratis-Beigabe d. Schreibkalenders f. Landwirthschaft u. Gartenbau. Berlin, Bohne in Comm. à Jahrg. n. 6. —

—— Berliner, fliegende. 1. Jahrg. (Octbr. 1873—Septbr. 1874.) 52 Nrn. (Bog. mit eingedr. Holzschn.) gr. 4. Berlin, E. Meyer.

— Berliner fliegende. Red.: Rud. Menger. 1. Jahrg. 1876. 52 Nrn. (B. m. eingedr. Holzschn.) gr. 4. Berlin, Berliner Buchh. (A. Krause) in Comm. n. 6. 40

Nicht weiter erschienen.

— dasselbe. Neue Folge. 1. Suppl.-Bd. Ueber die genossenschaftl. Holzungsrechte u. Holzgerichte im alten Amte Medingen, Fürstenth. Lüneburg, wie in den vormals hannov. Erblanden überhaupt. Eine histor. Betrachtg. v. Seidensticker. gr. 4. (60 S.) Ebend. 872. n. 2. 40

Berliner freistudentische Blätter. Hrsg. im Auftr. d. Freistudent. Organisationen von Groß-Berlin v. Verband ehem. Berliner Freier Studenten. Jg. 1, No 1. (Berlin: Druckerei f. Bibliophilen) 1908. 8° [illegible]

— Berliner, f. Gärtnerei u. Landwirthschaft. Beiblatt zur „deutschen Reichs-Offerten-Zeitg." Jahrg. 1872. 12 Nrn. (2 B.) Mit Beilagen. Fol. Berlin 872. (Grieben.) n. 5. —

— Jahrg. 1873—1875. à 12 Nrn. (2 B.) Mit Beilagen. Fol. Ebend. à Jahrg. n. 6. —

cf.: Blätter, Berliner, f. Botanik,

— Berliner gemeinnütz., zur Beförderung d. Moralität, auf d. J. 1802—6. 5 Bde. 4. Berl. 803—7. Maurers B. (à 1 rß 12 gl) 7 rß 12 gl.

— Berliner humoristische, s.a. Reise-Zeitung.

— Berliner humoristische. 1. Jahrg. April—Dezbr. 1905. 89 Nrn. (à ca. 12 S. m. Abbildgn.) Lex.-8. Berlin W. Osterwald. n. 5. 40

Erscheinen nicht mehr.

Berliner Jungliberale Blätter. Hrsg. v. Vorstand d. Ver. d. Nationallib. Jugend zu Berlin. Jg. 1, No 1. (Berlin 1907: J. S. Preuß.) 4° [Kopft. J.] [illegible]

—— Berliner, für naturgemässe Lebensweise. Organ des deutschen akadem. Vereins für harmon. Lebensweise. Redact.: Max Klein. 1. Jahrg. Juli 1881—Juni 1882. 12 Nrn. (Bog.) gr. 8. Berlin, (Bohne.) *

Blätter, Berliner, für naturgemässe Lebensweise. Organ d. deutschen akadem. Vereins für harmon. Lebensweise. Red.: Max Klein. 2. Jahrg. 1882. 12 Nrn. (B.) gr. 8. Berlin, Bohne in Comm. n. 2. —

Fortsetzung erschien u. d. T.: Vegetarische Rundschau.

BERLINER BLÄTTER FÜR NATURGEMÄSSE LEBENSWEISE.
Jahrg. 1881. 1882. Berlin 1882. Selbstverlag des Mitherausgebers: Otto Rabe, Berlin N., Schönhauserallee 161a. 8°.

—— Berliner, für Münz-, Siegel- und Wappenkunde. 1.—12. Heft oder 1.—4. Bd. gr. 8. (à Heft ca. 128 S. mit Kpfr.- und Stnt. in Tondr.) Berlin 862—68, F. Schneider. à Heft * 1 Thlr. 10 Ngr. *

Bildet die Fortsetzung von: Zeitschrift für Münz-, Siegel- und Wappenkunde, s. diese.

—— Berl., f. Münz-, Siegel- u. Wappenkde. 1—6. Hft. 8. (884 m. 24 K.) Berl. 62—64, Weber. à n. 1. 10

— Berliner, für Münz-, Siegel- u. Wappenkunde. 6—15. Heft. Mit lith. u. Kpfrtaff. Berlin 866—70. Weber. gr. 8. (2. Bd.: VI, S. 257—398; 3. Bd.: VIII, 380 S. u. 16 Taff.; 4. Bd.: IV, 380 S. u. 13 Taff.; 5. Bd.: VIII, 384 S. u. 13 Taff.) Jedes Heft n. 1 ₰ 10 ngr

—— dass. — 16.—18. Heft oder 6. Bd. gr. 8. Ebendas. 871,72. [16. Heft. (S. 1—128 mit 3 Kpfrtaf.) *ℳ 4.; 17. Heft. (S. 129—240 mit 3 Stat.) *ℳ 4,50.; 18. Heft. (VIII, S. 241—391 mit 1 Stat.) *ℳ 5,50.] *
1.—13. Heft. Ebendas. *ℳ 48.

— dasselbe. 18. Hft. [6. Bd. 3. Hft.] gr. 8. (VIII u. S. 241—391 m. 1 Steintaf.) Ebend. 878. n. 5. 50; (1—18.: 74. 50)

—— berliner, für Schule und Erziehung. Hrsg. und redig. von Ed. Bonnell, Mor. Fürbringer, Wilh. Thilo. 1. Jahrg. 1860. Octbr. — Decbr. 13 Nrn. (½ Bog.) und 2. Jahrg. 1861. 52 Nrn. (à ½ Bog.) Mit: Monatliche Correspondenz zwischen Schule und Haus. 1860. 3 Nrn. (½ Bog.) und 1861. 12 Nrn. (½ Bog.) Mit Schul-Intelligenz-Blatt. Lex.-8. Berlin, Mohr und Comp. [1. Jahrg. * 22½ Ngr., 2. * 3 Thlr.] *

— — 2—5. Jahrg. 1861—64. à 52 Nrn. (à ½ Bgn.) Mit: Monatliche Correspondenz zwischen Schule u. Haus. 2—5. Jahrg. à 12 Nrn. (à ½ Bgn.) Berlin, Kastner & Co. Lex.-8. Jeder Jahrg. n. 3 ₰;
Monatl. Correspondenz allein n. 20 ngr

—— dass. — 6. und 7. Jahrg. 1865 und 1866. à Jahrg. 52 Nrn. (½ Bog.) Mit: Monatliche Correspondenz zwischen Schule und Haus. 7. und 8. Jahrg. à 12 Nrn. (½ Bog.) Lex.-8. Berlin, Prausnitz. à Jahrg. *
Monatliche Correspondenz einzeln à Jahrg. *

— Berliner stenographische. Unterhaltungsblatt f. Stolzesche Stenographen u. solche, die es bleiben wollen. Red.: A. Hohn. Jahrg. 1886. 12 Nrn. (à 1—2 B.) 8. Berlin, Hohn. n. 2. 50

— Berliner stenographische. Unterhaltungs- u. Anzeige-Blatt d. Verbands Wilh. Stolze'scher Stenographen. Red.: A. Hohn. 2.—4. Jahrg. 1887—1889. à 12 Nrn. (à 1—2 B.) 8. Berlin, Hohn. à Jahrg. n. 2. 50

— dasselbe. 5. Jahrg. 1890. 12 Nrn. (à 1—2 B.) 8. Ebd. n. 3. —

— Berliner stenographische. Unterhaltungs- u. Anzeige-Blatt d. Verbandes Wilh. Stolze'scher Stenographen. 6. u. 7. Jahrg. 1891. 1892. à 12 Nrn. (à 1—2 Bog) 8. Berlin, A. Hohn. à Jahrg. n. 3. —

— Berlinische, herausg. v. J. E. Biester s.a. Monatsschr., Berl.

— Berlinische, von Biester. 4 Bde. 8. Berlin, Braun. 797—9.

— — deren Fortsetz. f. neue Berlin. Monatsschr.

—— Berlinische, f. deutsche Frauen. Eine Wochenschrift. Hrsg. v. Fr. Bar. de la Motte Fouqué. 52 Hfte. gr. 16. (à 4—5 B.) Berlin 829, Maurer.

Berner Blätter (I)

⑤ 1854 ⑦ Wochenblatt ⑧ Bern: C. Rätzer ⑩ Franz von Erlach, Fürsprecher ⑬ Berner Zeitung (V) Nr. 175, 27. 6. 1854; Oberländer Anzeiger Nr. 76, 25. 6. 1854 ⑮ Die Blätter bringen regelmäßige Mitteilungen über das Auswanderungswesen.

Berner Blätter (II)

① Organ der Liberalen zur Besprechung städtischer und kantonaler Angelegenheiten ⑤ 1875 ⑥ 4° ⑦ erschien »in zwanglosen Nummern« ⑧ Bern. Jent & Reinert ⑪ F. Hofer, Fürsprech ⑫ freisinnig ⑬ BGSZ 973 ⑭ Be: L.

—— Bernische, f. Landwirthsch., Wald- u. Gartenbau. Red.: A. Fellenberg-Ziegler. 6—12. Jahrg. à 26 Nrn. (½ B.) 8. Bern 51—58, Huber u. Co. à n. 1. —

—— ernische, für Landwirthschaft. Organ der im J. 1759 gegründeten ökonom. Gesellschaft des Kantons Bern und redig. von einem Komite derselben. Für das Redaktionskomite: A. v. Fellenberg-Ziegler. 13.—20. Jahrg. 1859—66. à Jahrg. 52 Nrn. (½ Bog.) gr. 4. Bern, (Huber und Comp.) à Jahrg. *

— Bernische, für Landwirthschaft. Hersg. von der oekonomischen Gesellschaft d. Kantons Bern. Für die Red.: A. v. Fellenberg-Ziegler. 19—23. Jahrg. 1865—1869. à 52 Nrn. (à 1 Bgn.). Bern, Huber & Co. in Comm. 4. Jeder Jahrg. n. 1 ₰ 20 ngr

—— dass. — Hrsg. von der ökonom. Gesellschaft des Kantons Bern. Redact.: A. v. Fellenberg-Ziegler. 23.—28. Jahrg. 1869—1874. à Jahrg. 52 Nrn. (Bog.) gr. 4. (Ebendas.) à Jahrg. *

—— bernische, für Landwirthschaft. Hrsg. von der oekonom. Gesellschaft des Kantons Bern. Redact.: v. Niederhäusern. 29.—33. Jahrg. 1875—1879. à Jahrg. 52 Nrn. (à ½—1 Bog.) gr. 4. Bern, (Huber und Comp.) Jahrg. 1876—1878 à *
Jahrg. 1879 *

—— bernische, für Landwirthschaft. Hrsg. von der oekonom. Gesellschaft des Kantons Bern. Redact.: R. Häni. 34.—38. Jahrg. 1880—1884. à Jahrg. 52 Nrn. (à Nr. ½—1 Bog.) gr. 4. Bern, (Huber und Comp.) à Jahrg. *

Blätter, Bernische, für Landwirthschaft. Organ der ökonom. Gesellschaft des Kantons Bern, des kantonalen solothurn. landwirthschaftl. Vereins der ökonom. Gesellschaft des Sensebezirks [Freiburg] rc. Redact.: Rud. Häni. 39.—42. Jahrg. 1885—1888. à Jahrg. 52 Nrn. (Bog.) gr. 4. Bern, (Huber und Comp.) à Jahrg. *

— Bernische, f. Landwirthschaft. Organ der ökonom. Gesellschaft d. Kantons Bern, d. kantonalen solothurn landwirthschaftl. Vereins, der ökonom. Gesellschaft des Sensebezirks [Freiburg] rc. Red.: Rud. Häni. 41. 42. Jahrg. 1887. 1888. à 52 Nrn. (B.) gr. 4. Bern, Wyß. à Jahrg. n. 5. 60

— dasselbe. 43. 44. Jahrg. 1889. 1890. à 52 Nrn. (B.) gr. 4. Ebd. à Jahrg. n. 6. 40

— Bernische, f. Landwirthschaft. Organ der ökonom. u. gemeinnütz. Gesellschaft d. Kantons Bern, d. kantonalen solothurn. landwirthschaftl. Vereins, der ökonom. Gesellschaft d. Sensebezirks [Freiburg] u. d. landwirthschaftl. Vereins Murten. Red.: Rud. Häni. 45. u. 46. Jahrg. 1891. 1892. à 52 Nrn. (Bog.) gr. 4. Bern, K. J. Wyß. à Jahrg. n. 6. 40

— dasselbe. Red.: G. Flückiger. 47. u. 48. Jahrg. 1893. 1894. à 104 Nrn. (½ Bog.) Fol. Ebd. à Jahrg. postfrei n. 7. 25

— Bernische, f. Landwirthschaft. Org. d. ökonom. u. gemeinnütz. Gesellschaft d. Kantons Bern rc. Red: G. Flückiger. 49. u. 50. Jahrg. 1895—1896. à 104 Nrn. (à 1—1½ Bog) Fol. Bern, K. J. Wyß. à Jahrg. n. 4. 25

—bernische, für Landwirtschaft. Red. v. *G. Flükkiger*. 51. Jahrg. 1897. 104 Nos. In-fol. Bern, K. J. Wyss. **1897** Jährlich 4 —

— dasselbe, Fortsetzg., s.: Bauer, d. Schweizer.

— bernische, f. Landwirthschaft, Wald- u. Gartenbau. Red. F. Alb. v. Fellenberg-Ziegler. 1—14. Jahrg. 1847—60. 26 Nrn. (½—1 B.) gr. 8. Bern, Huber u. C. d. Jahrg. 1. —

Blätter: Bernische Blätter für Landwirthschaft, Wald- und Gartenbau

① Mittheilungs- und Verhandlungsblatt der bernischen Ökonomischen Gesellschaft (4. 1. 1856—27. 12. 1861). Zeitung für das Landvolk. Organ der Ökonomischen und gemeinnützigen Gesellschaft des Kantons Bern (27. 3. 1953 cont.) ② Bernische Blätter für Landwirthschaft (2. 1. 1875—15. 12. 1896). Der Schweizer Bauer und Bernische Blätter für Landwirthschaft (18. 12. 1896—2. 1. 1901). Der Schweizer Bauer (5. 1. 1901 cont.) ③ Wochenblatt für Landwirthschaft und Gartenbau ⑤ 16. 1. 1849 (cont.) ⑥ 8° (16. 1. 1849—28. 12. 1860), 4° (11. 1. 1861—17. 12. 1892), 2° (20. 12. 1892 cont.) ⑦ alle 14 Tage (16. 1. 1849—19. 12. 1862), Wochenblatt (2. 1. 1863—10. 12. 1892), wöchentlich 3× (3. 1. 1893—30. 12. 1911), wöchentlich 3× (4. 1. 1912 cont.) ⑧ Haller'sche Buchdruckerei (B. F. Haller) (16. 1. 1849—18. 12. 1855). K. J. Wyß (4. 1. 1856—12. 6. 1917), K. J. Wyß Erben (14. 6. 1917—30. 8. 1920), Verbandsdruckerei AG (4. 1. 1912 cont.) ⑨ Bernische Blätter für Milchwirthschaft. Beilage zu den bernischen Blättern für Landwirthschaft und Organ des Verbands bernischer Interessenten für Milchwirtschaft und Käseindustrie (6. 1. 1883—27. 12. 1884. 4°. Wochenblatt, Red.: Rudolf Häni, Bern); Milch-Industrie. Organ für Molkereiwesen (1885—26. 12. 1891. 4°. Wochenblatt, Red.: Prof. J. Anderegg. Bern): Schweizerische Bauernzeitung (Juli 1901 cont., Monatsbeilage); Sonntagsblatt des Schweizer Bauer (7. 1. 1905 cont., 4°, Wochenbeilage); Schweizer. landwirtschaftliche Marktzeitung (4. 1. 1911 cont., Wochenbeilage); Milchwirtschaftliche Rundschau (28. 6. 1922—31. 12. 1937. 2°. Wochenbeilage, Red.: P. Tribolet); Hauswirtschaftliche Mitteilungen (31. 10. 1923—15. 2. 1928, 2°, Wochenbeilage); Technik in der Landwirtschaft (5. 7. 1926—1939. 2°. Monatsbeilage, Red.: Stiftung Trieur, Brugg); Für Haus und Garten (22. 2. 1928—15. 6. 1932, 2°, Wochenbeilage); Für Auto-Interessenten (13. 5. 1928—1930, 2°, unregelmäßig); Der Geflügelhof (1928—1930, 2°, unregelmäßig); Der Berner Imker (1928—?, 2°, unregelmäßig); Illustrierter Schweizer Bauer (1930—1933, 2°, jährlich 2—6×); Obstbau und Obstverwertung (1932—1933, 2°, unregelmäßig); Die Landfrau. Offizielles Organ des Verbandes bernischer Landfrauenvereine (V.B.L.) und des Vereins ehemaliger Schwandschülerinnen (22. 6. 1932—16. 1. 1935). Offizielles Organ des Verbandes bernischer Landfrauenvereine und der Vereine ehemaliger Schülerinnen von Schwand, Waldhof, Brienz, Uttewil und Worb (9. 2. 1938 cont.), (22. 6. 1932 cont., 2°, Wochenbeilage, Red.: Marie Renfer 1932—1935, Gertrud Lüthard, Burgdorf 1935, Dr. Erika Siegenthaler, Bern 1936 cont.); Genossenschaft und Genossenschafter (1937—1939, 2°, Monatsbeilage); Wald und Holz (1937—1939, 2°. Monatsbeilage); Milchwirtschaft (10. 1. 1938 cont., 2°, Wochenbeilage, Red.: P. Tribolet); Viehzucht und Alpwirtschaft (1939—1940, 2°, Monatsbeilage) ⑩ Bernische Ökonomische Gesellschaft (1856—1935). Verlagsgesellschaft »Schweizer Bauer« (1936 cont.) ⑪ Wilhelm von Fellenberg (16. 1. 1849—18. 12. 1855), Apotheker Guthnick (16. 1. 1849—18. 12. 1855), Fr. Albert v. Fellenberg-Ziegler (4. 1. 1856—27. 12. 1861, 6. 1. 1866—26. 12. 1874), Pfr. R. Schatzmann. Vechingen (3. 1. 1862—29. 12. 1865), Prof. D. v. Niederhäusern, Bern (2. 1. 1875—27. 3. 1880), Nat.-Rat Rudolf Häni, Rütti (3. 4. 1880—25. 6. 1892), Gottfried Flückiger, Oberburg (2. 7. 1892—19. 9. 1908), Dr. Gebhard Heeb (8. 4. 1903—30. 8. 1905), A. Hanselmann (5. 6. 1907—31. 10. 1908), Jakob Stalder, Bern (4. 11. 1908—27. 5. 1931), Dr. H. Altherr (4. 1. 1912—30. 12. 1915), Karl Schneider (1. 8. 1916—26. 4. 1920), Nationalrat H. Stähli (5. 1. 1921—30. 11. 1921), Dr. W. Pauli (7. 12. 1921—30. 1. 1929), Ernst Ryf (4. 1. 1929—14. 10. 1935), Werner Augsburger (2. 9. 1931 cont), A. Bikle (15. 12. 1937 cont.) ⑫ politisches Organ erst vom Redaktionsantritt G. Flückigers (2. 7. 1892) an. Die Zeitung vertritt die politischen Interessen der Bauernschaft der gesamten Schweiz. (Seit 1921 Bauern- und Bürgerpartei) ⑬ Bernische Blätter für Landwirthschaft, Jubiläumsnummer 1846—1896, Nr. 57, 17. 7. 1896; Festschrift zur Jahrhundertfeier. Der Schweizer Bauer 1846—1946, Bern 1946 ⑭ Bs: WA (1850, 1870, 1911—1913, 1917—1921, 1939 cont.); Be: L; Zh: Z (1863—1870) ⑮ Seit 1. 10. 1934 der Fachteil in der in Tiefdruck erscheinenden illustrierten Freitagsnummer.

—— bibliograph., der Preß-Zeitung: Allgem. Bibliographie u. Recensionen-Verzeichniß. 1. Jahrg. 1840. 104 Nrn. (¼ Bog.) Nebst Beiln. gr. Lex.-8. Leipzig, Weber. *
Register d. Autoren u. Verleger hierzu. gr. Lex.-8. (5 halbe B.) Ebds. Rl. * 10 Gr.

BLÄTTER für Bibliophilen. Bibliographie der Sexualwissenschaft. Hrsg. von Willy Schindler. Heft 1—4 (nicht mehr erschienen). Wilmersdorf-Berlin, Willy Schindler (!) Verlag (1907—8). 8°. (à Mk. 1.—.)
U. a.: Kind, Dr. Alfred: Die Bedeutung der erotischen Weltliteratur für die Sexualforschung. — Ders.: Zur Psychologie des Obszönen. — Ders.: Friedrich S. Krauss. — Hans Ostwald: Erotische Volksunterhaltung. — Ernst Klein: Franz von Bayros. — Ders.: Casanova. — Ders.: Moderne deutsche Erotica. — Heinrich Conradt: Lesbierinnen. — Dr. Alfred Semerau: Anthoine de la Sale. — Zahlreiche Bücherbesprechungen, besonders von Eroticis und sexualwissenschaftl. Werken. — Mittheilungen und Berichte über Prozesse, Confiscationen, Denunciationen u. s. w.

Blätter für Bibliophilen. Hrsg. von Willy Schindler. Jg. 1, H. 1. 1908. Berlin: W. Schindler (1908). 8° (08. 1107)

—— für Bienenzucht, Haus- und Landwirthschaft. 1874. 12 Nrn. (½ Bog.) 8. Kempten, Feuerlein.

— dasselbe. Red.: S. Baumann. 2. Jahrg. 1875. 12 Nrn. (½ B.) gr. 8. Neuburg, kathol. Erziehungsverein. n.n. —02

—— dass. — 3. und 4. Jahrg. 1876 und 1877. à Jahrg. 12 Nrn. (½ Bog.) gr. 8. Donauwörth, Buchh. des kathol. Erziehungs-Vereins. à Jahrg. *

—— dass. — Organ des Kreis-Bienenzüchter-Vereins von Schwaben und Neuburg. Redact.: S. Baumann. 5. und 6. Jahrg. 1878 und 1879. à Jahrg. 12 Nrn. (½ Bog.) gr. 8. Ebendas. à Jahrg. *

—— für Bienenzucht, Haus- und Landwirthschaft. Organ des Kreis-Bienenzüchter-Vereins von Schwaben und Neuburg. Redact.: S. Baumann. 7.—9. Jahrg. 1880—1882. à Jahrg. 12 Nrn. (à Nr. ½ Bog.) gr. 8. Donauwörth, Buchh. des kathol. Erziehungsvereins. à Jahrg. *
Nicht weiter erschienen.

—— f. Bienenzucht, Haus- u. Landwirtschaft. Organ d. Kreis-Bienenzüchter-Ver. v. Schwaben u. Neuburg. Red.: S Baumann. 8. u. 9. Jahrg. 1881 u. 1882. à 12 Nrn. (½ B.) 8. Donauw., Auer. à Jahrg. n. 1. —
Erscheint nicht mehr.

— für Bildung. 1. Jahrg. Juli—Decbr. 1840. 26 Nrn. hoch 4. (B.) St. Gallen, Scheitlin & Zollikofer. n. ¾ ₰

— für weibliche Bildung. Unter Mitwirkung v. (Ferd.) Seinecke hrsg. v. H. H. Friedländer u. R. Schornstein. 1. Jahrg. 1848. 4 Hfte. gr. 8. Elberfeld, Baedeker. — Unter Mitwirkung von (Ferd.) Seinecke hrsg. von H. H. Friedländer, R. Schornstein u. M. Kabisch. 2. Bd. 4 Hfte. Lex. 8. Ebd. 850. (à n. 2 ₰) n. 4 ₰

Blätter für weibliche Bildung. Unter Mitw. v.... hrsg. v. H. H. Friedländer u. R[ichard] Schornstein. Bd 1. 2. — Elberfeld (1: ... u. Iserlohn): Bädeker 1849–50. 8°

— biographische. Vierteljahrsschr. f. lebensgeschichtl. Kunst u. Forschg. Unt. ständ. Mitwirkg. v. Mich. Bernays, F. v. Bezold, Alois Brandl etc. hrsg. v. Ant. Bettelheim. 1. Bd. 4 Hfte. gr. 8. (VI, 480 S. m. 4 Bildn.) Berlin 895. E. Hofmann & Co. n. 12. —; einz. Hfte. n. 3. 50; erm. Pr. n. 10. —; geb. 11. 50

— dasselbe. Zeitschr. f. lebensgeschichtl. Kunst u. Forschung. 2. Bd. 6 Hfte. gr. 8. (VI, 472 S.) Ebd. n. 12. —; einz. Hfte. n. 2. 40; erm. Preis n. 10. —; geb. 11. 50
Die Fortsetzg. erschien u. d. Titel: „Biograph. Jahrbuch u. deutscher Nekrolog bei G. Reimer.

Biographische Blätter. Jahrbuch für lebensgeschichtliche Kunst und Forschung. Unter ständiger Mitwirkung v. Michael Bernays, F. von Bezold u. a. hrgg. v. Anton Bettelheim. Bd. 1—2. Berlin. 1895—96. 8°.

— biograph. Jahrb. f. lebensgeschichtl. Kunst u. Forschg. Hrsg. v. A Bettelheim. 2. Bd. 7 Hfte. 8° (472) Berl. 96. E Hofmann & Co. 7.50; geb. 8.50; einz. Hfte 1.50
Die Fortsetzg bildet: Jahrbuch, biograph, u. deut. Nekrolog.

—— biographische, aus deutscher Geschichte. Hrsg. von G. von Glasenapp. 1. Bd. 6 Hefte. gr. 8. (à Heft 64—170 S. mit Portr.) Berlin 879, Militaria.

—— u. Blümchen für fleißige Kinder zum Nachzeichnen. 1—3. Hft. (à 12 Bl.) gr. 16. Leipzig 840, D. Klemm. à 10 Ngr.

—— und Blümchen für fleißige Kinder zum Nachzeichnen. 2. Abdr. gr. 16. (72 Stnt.) Leipzig 850, D. Klemm.

— u. Blüthen. Taschenbuch in einem einzigen Jahrgange. Herausgeg. von F. W. Gubitz. (Mit 12 Holzschn.-Blätt.) 16. Berlin 841, Vereinsbuchh. 2 ₰

Blätter und Blüthen. Eine schweizerische Wochenschrift für Familie und Haus. Red. von W. Kempin und Th. Wirz. I. Jahrgang. Wöchentlich eine Nummer von 4 S. in-4°. Zürich, J. Hallauer. 1881? Pro Quart. 1 50

Blätter & Blüthen

① Chronik für Handwerk und Gewerbe – Archiv des Schweizerischen Armenerzieher-Vereins – Central-Organ der Schweizerischen Militär-Sanitätsvereine – Organ des Schweizerischen Zentral-Vereins vom rothen Kreuz – Correspondenzblatt wohlthätiger und gemeinnütziger Gesellschaften (?—1882—29. 12. 1883). Wochenblatt für Fraueninteressen und Volkswohl (27. 9. 1885—29. 12. 1885) ② Der Philanthrop (7. 1. 1882—29. 12. 1885) ④ Die Philantropin (?) ⑤ 1881—29. 12. 1885 ⑥ 4° (1881—20. 6. 1885); 2° (28. 6. 1885—29. 12. 1885) ⑦ alle 14 Tage (?—1882—16. 6. 1883); Wochenblatt (30. 6. 1883—1885) ⑧ Dielsdorf: Fr. Hirs-Knecht (?—21. 1. 1882—4. 2. 1882—?, 21. 4. 1883—31. 5. 1884); Aarau: H. R. Sauerländer (? — 19. 7. 1882 — 7. 10. 1882); Zürich-Hottingen: Heinrich Zürcher (28. 10. 1882 — 7. 4. 1883); Uster: A. Diggelmann (7. 6. 1884—15. 11. 1885); Zürich: J. Diggelmann (29. 11. 1885—25. 11. 1885), Rindermarkt 26/Spiegelgasse 29 (29. 11. 1885—29. 12. 1885) ⑩ Walther Kämpin ⑪ Walther Kämpin, Prof. Th. Wirz (?—1882—1. 6. 1882), Pfr. J. Schüepp (21. 4. 1883—9. 5. 1885), Dr. med. Gustav Kuster (1884—20. 8. 1885), Cornelia März (16. 5. 1885—29. 12. 1885) ⑭ Be: L; Zh: Z ⑮ Seit dem 29. 11. 1885 Beilage zum »Zürcher Intelligenzblatt« (II) und zur »Eidgenössischen Wehrzeitung«.

— u. Blüten. Ein Stamm- u. Erinnerungs-Buch. qu. 12. (24 S. m. farb. Illustr.) München 892. Nürnberg, Th. Stroefer. Kart. n. 1. 50; geb. in Leinw. n. 2. —

Blätter und Blüten, gesammelt von der Redaktion der Abendschule. V6. StL. 1900.

— u. Blüten. Ein Blumen-Malbuch. gr. 4. (11 farb. u. 11 schw. S. ohne Text.) Nürnberg (901). Th. Stroefer. 1.50

Blätter und Blüten. Kleine Unterhaltungsbibliothek für Stenographen. Nr. 1: Der erste Toast. Von Alf[red] Hartmann; ... 4: Grausames Unrecht. Gut abgeführt. Von H[ermann] Bebie. Hrg. von Hermann Bebie..., Wetzikon bei Zürich [und] H. Schumann ... Berlin N 31. II + 4 mal 16 S. 8. [1903.] [per Heft fr. —. 15, zus. geb. —. 60]

— u. Blüten. Kleine Unterhaltungsbibliothek f. Stenographen. Nr. 1–4. (à 16 S.) gr. 16. Wetzikon 903. (Leipzig, J. H. Robolsky.) à n. — 10
1. Der erste Toast. Humoreske. Von Alf. Hartmann.
2. Ein Totenfest im Urwald. Aus der Erzählg. „Der weisse Falke". — Wetterpropheten. Von Ant. Oborn.
3. Geprellt. Erzählung aus der Hochstaplerwelt. Von Adf. Höllerl. — Aus dem Borne der Erfahrung v. J. C. H.
4. Grausames Unrecht. — Gut abgeführt. Von H. Bebie.

Blätter und Blüten: 1904–1918.
Serial published by Abendschule. Short stories and articles of general interest to family.
St. Louis, MO

Blätter und Blüten. [Aufgestempelt: Berlin: Adressen- u. Bücher-Verl.] [1907.] (31 S.) 8°

—— und Blüthen des heiligen Ehestandes für Jungfrauen und junge Frauen zur Beförderung des häuslichen Glückes. Offene Briefe von Severus Sincerus. 16. (125 S.) Bleicherode 877, [Busch.] Niehoff. * ℳ 1.; geb. *

—— u. Blüthen d. heil. Ehestandes f. Jungfrauen u. junge Frauen z. Beförderg d. häusl. Glückes. Offene Briefe v. Severus Sincerus. 16. (125) Lpzg 77, Otto u. K. n. 1. —; geb. n. 1. 50

Blätter, Blüthen u. Früchte s.a. Spenden aus dem Archiv des Sonntagsvereins.

—— Blüthen u. Früchte. 3 Bdchn. 8. (53 B.) Berlin 837, Heymann.
Erschien in anderm Verlage bereits 1832 unt. d. Tit.: Spenden a. d. Archive d. Sonntagsvereins, vgl. diese.

— Blüthen u. Früchte des menschl. Geistes 2c. v. Knüppel. 8. Görlitz, Anton. 793.

— u. Blüthen, auf das Grab lieber Angehörigen gestreut v. E. J. in S. 12. (IV, 96 S.) Solothurn 880. (Buchdr. Union.) n. — 70

Blätter und Blüthen vom Lebensbaume. Gesammelt am Rosenhügel und in Jurjaves für seine liebe Frau von J. F. v. H. Gratz, 1856. Als Manuskript gedr. (51 S. 8.)

— u. Blüten deutscher Poesie. Eine Sammlg. der schönsten lyr. Gedichte, ausgewählt v. Frauenhand. 12. (96 S.) Leipzig 889. Fock. geb. m. Goldschn. n. 1. —

Blätter und Blüthen deutscher Poesie und Kunst. Ein Album sinniger Betrachtung gewidmet. Mit 12 Stahlst. nach Zeichnungen von W. Georgy u. C. Hartmann. Leipzig 862. Brandstetter. 4. (VIII, 116 S.) n. 5 ₰; geb. n. 6 ₰ 20 ₰.

—— und Blüthen deutscher Poesie und Kunst. Ein Album sinniger Betrachtung gewidmet. 2. Aufl. 4. (V und 128 S. mit 15 Stahlst. nach Zeichnungen von W. Georgy und C. Hartmann.) Leipzig 867, Brandstetter. geb. mit Goldschn. *

Blätter und Blüthen deutscher Poesie und Kunst. Ein Album, sinniger Betrachtung gewidmet. Mit 15 Stahlst. nach Zeichnungen von W. Georgy und C. Hartmann. 3. Aufl. 4. (V, 128 S.) Leipzig 872, Brandstetter. geb. mit Goldschn. *

—— aus Bad Boll für seine Freunde. Verf.: Pfarrer Blumhardt. 1. Jahrg. 1873. Juli—December. 24 Nrn., und 2. Jahrg. 1874. 52 Nrn. (à Nr. ½ Bog.) Bad Boll bei Göppingen, Selbstverlag. Jahrg. 1873. ** Jahrg. 1874. **

— Bremische, herausg. von K. Th. Oelrichs und H. D. Wartermeyer. 1s — 5s Hft. gr. 8. Bremen 835, 36. Geisler. 1¾ ₰ (Einz. 1s, 2s à ¼ ₰, 3s 5/12 ₰, 4s ⅓ ₰, 5s ½ ₰)

— Breslauer, s. Bote. der Breslauer.

Blätter und Briefe von E ... C ... Aachen 1884. V: *Croon-Mayer*, *Emma*. (Mitth. d. Verlagsbuchh.)

— u. Briefe v. E. C. 8. (76 S.) Aachen 884. (Mayer.) n. 1. 50

Blätter aus der Brieftasche Alexis des Wanderers. Altenb. 1820. V: *Förster*, *Leberecht Gotthelf*. (GGr) (Ky)

Blätter aus der Brieftasche Alexis des Wanderers. 8. Altenburg, Hahn. 820.

Blätter aus d. Brieftasche Alexis des Wanderers (Lebr. G. Försters). 8. Ronneb. 820. 2e A. 831. Weber, 1 ₰ 12 ₰.

Blätter aus d. Brieftasche eines Spielers, des Grafen Eduards di Passaro. 8. Leipz. Joachim. 813.

—.aus dem Buche der Vorzeit, von G. Schilling, (oder Schillings Schriften. 45r Theil.) 8. Dresden, Arnold. 818.

— für Bücherfreunde. Periodische Uebersicht üb. die Neuerscheingn. der Litteratur. Hrsg.: Jul. R. Haarhaus. 1. u. 2. Jahrg. Juni 1901—Mai 1903. (à ca. 8 Hfte.) 4. (à ca. 40 S. m. Abbildgn.) Leipzig, F. Volckmar. à Hft. — 20

— für Bücherfreunde. Periodische Übersicht üb. die Neuerscheingn. der Literatur. Hrsg.: Jul. R. Haarhaus u. seit Juni 1906: G. Korczewski. 3.—6. Jahrg. Juni 1903—Mai 1906. à 6 Hefte. (à ca. 40 S. m. Abbildgn.) Lex.-8. Leipzig, F. Volckmar. à Hft. — 10

— für Bücherfreunde. Illustr. period. bersicht üb. die Neuerscheingn. der Literatur. Hrsg.: Paul Schikowsky. 7.—10. Jahrg. Juni 1907—Mai 1911 à 6 Hefte. (7.—9. Jahrg. IV, 380; IV, 336 u. IV, 320 S.) Lex. 8. Leipzig, F. Volckmar. à Heft — 15

— f. Bücherfreunde. Illustr. period. Übersicht üb. d. Neuerscheingn d. Lit. Hrsg.: Paul Schikowsky. 10—12. J. Juni '10—Mai '13 je 6 Hefte. (10. J.: 4, 316; 11. J.: 4, 296; 12. J. 1. Heft: 48 m. Abb.) Lex8 Lpzg, F Volckmar. d. J. † 1.50 d

Bukowiner kaufmännische Blätter. 1909. V. Jahrg. Festschrift aus Anlaß der Eröffnung und Einweihung des neuen Handels- und Gewerbekammerpalais. Lex.-8°. (ill. 86 S.) * K 1.20
Czernowitz: Pardini 1909.

— Bukowiner landwirthschaftliche. Zeitschr. f. d. Gesammtinterr. d. Land- u. Forstwirthschaft, d. Gartenbaues, sow. d. einschläg. Industrien. Offic. Organ d. Landescultur-Vereines f. d. Herzogth. Bukowina. M. Monatsbeilagen in rumän. u. ruthen. Sprache. Hrsg. v. Emil Baier u. Neumann Weber. 1. Jahrg. 1897. 24 Nrn. (à ca. 20 S. m. Abb.) gr. 4. Czernowitz (H. Pardini). n. 6. —

—— Bukowiner pädagogische. Organ des Bukowiner Landes-Lehrervereins. Redact.: Joh. Hlibowicki. 8.—12. Jahrg. 1880—1884. à Jahrg. 12 Nrn. (Bog.) 8. Czernowitz, Administration. à Jahrg. **

—— Bukowiner pädagogische. Organ des Bukowiner Landes-Lehrervereins. Redact.: Joh. Hlibowicki. 13.—16. Jahrg. 1885—1888. à Jahrg. 12 Nrn. (Bog.) 8. Czernowitz, Administration. à Jahrg. **

Blätter, Bukowiner pädagogische. Organ des Bukowiner Landes-Lehrervereins. Red.: J. Hlibowicki. 14.—18. Jahrg. 1886—1890. à Jahrg. 12 Nrn. (Bog.) 8. Czernowitz, Administration. à Jahrg. n.n. 4. —

—— Bukowiner Pädagogische. Organ des Bukowiner Landes-Lehrervereines. Hrsgbr.: Demeter Isopescul. 17.—20. Jahrg. 1889—1892. à Jahrg. 12 Nrn. (Bog.) 8. Czernowitz, Verlag d. Landes-Lehrervereines. à Jahrg. ** 6 —

— Bukowiner pädagogische. Organ des Bukowiner Landes-Lehrervereines. Hrsg.: Demeter Isopescul. Red.: Jos. Wotta. Red.-Comité: Nicolai Ieremievici u. Nik. Szkurhan. 22. Jahrg. 1894. 24 Nrn. (à ca. 1½ Bog.) gr. 8. Czernowitz, (R. Schally). n. 6. —

— Bukowiner pädagogische. Organ d. Bukowiner Landes-Lehrervereines. Hrsg.: Demeter Isopescul. Red.: Jos. Wotta, Nicolai Ieremievici u. Nik. Szkurhan. 23.—26. Jahrg. 1895–1898. à 24 Nrn. (à ca. 1 Bog.) gr. 8. Czernowitz (R. Schally). à Jahrg. n. 6. —

— Bukowiner pädagogische. Hrsg. u. Red.: Jos. Wotta. Red. f. Aufsätze in rumän. Sprache: Joh. Nutu, f. die in ruthen. Sprache: Nik. Szkurhan. 27. —30. Jahrg. 1899—1902. à 24 Nrn. gr. 8. (VI, 384; VII, 392; VII, 384 u. VII, 388 S.) Czernowitz, H. Pardini. à Jahrg. n. 3. —

Blätter: Bunte Blätter
v. Berner Tagblatt (III)

Bunte Blätter : Jahrgang 1—2, Mar. 1877—Mar. 22, 1879.

Literary weekly. Family Journal for Entertainment and Education. For supplement, see Der Anzeiger. Quarto, each issue 8—12 pages. Edited & published by Albert von Degen.
Baltimore, MD

Bunte Blatter; ein Famblatt z Unterhaltung u Belehrung. 2v in 1. Balt. 1877-78.

Blätter, bunte. Interessante Unterhaltungsschrift f. alle Stände. 60 Lfgn. gr. 4. (à 2 B.) Dresden 884. A. Wolf. à — 10

— bunte. hoch 4. (8 farb. Taf. mit Text.) Leipzig 889. Fr. Pfau. cart. n. — 50

— bunte. Gaben der Freundschaft in Bild u. Wort. 16. (12 farb. S.) Leipzig 890. Baldamus, Sep.-Cto. cart. mit Goldschn. — 60

— bunte. 4. (12 S. m. farb. Abbildgn. u. deutschen u. französ. Unterschriften.) Eßlingen (892). J. F. Schreiber. Kart. n. — 80

Blätter. Bunte Blaetter. [Heft 1.] Stefan von Gacki, Jonas Fraenkel, Franz René Thiessing, Anna Rajchman, Hans Bloesch, Ernst Schiller. (Umschlagszeichnung von Paul Klee.) [32 S.] 8. Bern, (Benteli & Cie., Juni) 1900. [fr. 2. —]
(... in 150 numerierten Exemplaren ... gedruckt; *Nr 86.*)

Blätter. Bunte Blaetter. Heft 2. Jonas Fraenkel, Stefan von Gacki, Anna Rajchmann, Franz René Thiessing, Anna Schapire. Wilhelm Ochsenbein. Titelblatt [*d. i.* Umschlagszeichnung] von Anna Haug. [36 S.] 8. Bern, A. Benteli & Co., Januar 1901. [fr. 2. —]

— bunte. 2. Hft. gr. 8. (30 S.) Bern 901. A. Benteli. n. 2. —
Das 1. Hft. erschien im Verlag v. Stefan v. Gacky, Paris, 88 Boulevard du Port Royal; weitere Hefte erscheinen nicht.

— bunte. 1903. Illustrierter Familien-Kalender f. das deutsche Haus. 4. (94 S. m. 1 Farbdr.) Dresden, Guido Thost. — 40

— bunte, 1905. Illustrierter Familien-Kalender f. das deutsche Haus. (76 S. m. 1 farb. Taf.) Lex.-8. Dresden, G. Thost. — 75

— bunte. Künstler-Steinzeichngn. aus dem Künstlerbund Karlsruhe. (10 farb. Bl. u. 1 Titelbl.) 4. Leipzig (905). B. G. Teubner. In Leinw.-Mappe n. 12. —; in 2 Kartonmappen zu je 5 Bl. à n. 5. —; einzelne Bl. n. 1. —

— dasselbe. (III.) (5 farb. Bl.) 4. Ebd. (905). In Umschlag n. 5. —

Blätter, Bunte. Zur Erinnerung an die Grundsteinlegung der Herz-Jesu-Kirche ... in Bregenz. Von einer Bregenzerin ... Bregenz 1906. V: *Findler, Friederike.* (margr)

— bunte. Hrsg. v. E. Ahnert u. A. Schramm. 1.—4. Jahrg. 1907—1910 à 12 Hefte. (IV, 490; IV, 480; IV, 484 u. IV, 480 S. m. Abbildgn. u. 25, 18, 16 u. 14 Taf.) gr. 8. Wolfenbüttel, Heckner. à Jahrg. 6. —

— Bunte. Hrsg. v. E Ahnert u. A Schramm. 4—6. J. '10—12 je 12 Hefte. ('12, 1. Heft: 40 m. Abb. u. 2 Taf.) gr8° Wolfenb., Heckner. je 6 —; einz. Hefte — 60

— bunte. Leichte Malvorlagen. [Aus: „Das deutsche Malbuch".] (8 [4 farb.] Bl.) Lex. 8. Mainz (909). J. Scholz. — 50

— bunte, aus Alt-Heidelberg. 2. Aufl. qu. 4. (17 Taf. in Lichtdr. m. 29 Bildern.) Heidelberg 887. Meder. In Mappe. n. 5. —

— bunte, f. d. Buchgewerbe, s.: Blätter, bunte, aus der Schriftgiesserei Genzsch & Heyse, Hamburg.

— bunte, enthaltend launige Erzählungen aus d. wirkl. Welt, f. Leser mit u. ohne Brille. 8. Quedlinb. Basse. 811.

Blätter, Bunte, Erzählungen, Schwänke, Reimereyen u. Dramen ... Berlin 1795. V: *Fülleborn, Georg Gustav.* (EE)

Blätter, bunte, Erzähl., Schwänke ic. v. C. Justus. 8. Berl. Nauck. 795.

— bunte, aus der Schriftgiesserei Genzsch & Heyse in Hamburg. (Vierteljahrshefte f. das Buchgewerbe.) Jahrg. 1905 u. 1906. à 4 Hefte. (à ca. 16 Sp. m. Abbildgn. u. 7 Beilagen.) Lex.-8. Hamburg, Genzsch & Heyse. (Nur direkt.) à Jhrg. n. 1. —

— bunte, aus der Schriftgiesserei Genzsch & Heyse in Hamburg. (Bunte Blätter f. das Buchgewerbe.) 3. Bd. Jahrg. 1907. 4 Hefte. (à ca. 24 Sp. m. Abbildgn. u. Beilagen. 12 S.) Lex. 8. Hamburg, Genzsch & Heyse. (Nur direkt.) Unberechnet.

— bunte, v. d. Berliner Gewerbe-Ausstellung 1896. Text v. A. M. Konrad. qu. Lex.-8. (10 farb. Taf. m. 9 S. Text.) Berlin 896. M. Pasch. 1. —

— bunte, aus Heidelberg. qu. 4. (16 Bl. in Lichtdr.) Heidelberg 886. Meder. In Segeltuch-Mappe. n. 5. —

Bunte Blätter für die Kleinen : Jan. 1896?—1923?

Monthly. Organ of Die Allgemeine Deutsche Evangelisch-Lutherische Synode von Wisconsin und anderen Staaten. Sub-title: Ein illustrirtes Monatsblatt für kleine lutherische Christen. Quarto, each issue 4 pages; illustrated.
Edited by the Rev. J. F. G. Harders, 1906?—Sept. 1907; by F. F. [or, C. F.] Dornfeld, Oct.—Dec. 1907; by the Rev. H. P. Nommensen, Jan. 1908—1923? Published for the Synod, by the Northwestern Publishing House. Milwaukee, WI

—— bunte, für den norddeutschen Landwirth. 1. Sammlung. gr. 8. (IV, 115 S.) Kiel 884, Biernatzki. **

Blätter, Bunte, a. d. Gossnerschen Mission. (Mit Abb.) 8° Berl.-Friedenau, Buchh. d. Gossnerschen Mission.je — 10 d
An d. Ufern d. Ganges. (23) ('10)
Aus d. Wäldern d. Santhals. (24) '10.
Hahn, Ferd.: Harkhu, d. Aussätzige. (19 m. Abb.) ('12)
Kommt, ich will Euch etwas erzählen! (30) '10.
Lange: Eine Reise im Distrikt m. Weib u. Kind. (26) ('11)
Lorbeer, Frau H: Frauenleben u. Frauenelend am hl. Ganges. (24) ('11)
Rotte, Thdr: Ein Besuch in Darbhanga. (24 m. Abb.) ('12)
Wagner, Paul: Wenn d. Palása blüht. (22 m. Abb.) ('12)

— bunte, aus Natur u. Leben. Mit Beiträgen v. K. Barth, L. Bechstein, Hoppe, Fr. Rückert u. A. (Gedichte.) 16. (108 S.) Memmingen 847, Besemfelder. 1/3 ℛ

— bunte, aus Natur und Leben. 2. (Titel-) Aufl. Memmingen (847) 856. Besemfelder. 16. (102 S.) 7 1/2 ℊℊ

— bunte, Satiren, Einfälle u. Gemälde. 8. Neuburg u. Aarheim. (Joachim in Leipz.) 10 ℊℊ

Blätter, Bunte, zur flüchtigen Unterhaltung ... 2. Ausg. Quedlinburg 1827. V: *Ahlefeld, Charlotte Sophie Louise Wilhelmine von geb. von Seebach.* (EE)

Blätter, bunte, z. flüchtigen Unterhaltung aus d. Reiche d. Wirklichkeit u. d. Phantasie, von d. Verfasserin der „Erna, Felicitas ꝛc." 2e Ausg. 8. Quedl. 827, Basse.

— bunte, a. aller Welt. 1—36. Bl. (Je 1 farb. Bl. m. Text auf d. Umschl.) 37×28 cm. Dresd., Römmler & J. Je nn — 50 d
Beckert, Fritz: Im Burggarten. ('09.) [15.] ‖ Bol, Ferd.: Jakobs Traum. ('09.) [7.] ‖ Correggio, Antonio Allegri da: Die hl. Nacht. ('09.) [27.] ‖ Dolci: Die hl. Cäcilie. ('09.) [29.] ‖ Dyck, Antonius van: Prinz Wilhelm II. v. Oranien u. s. Gemahlin Maria Stuart. ('09.) [36.] ‖ Hals, Frans: Die sing. Knaben. ('09.) [3.]; Der junge Mann m. d. Schlapphut. ('09.) [20.] ‖ Hanken, Willy: Bewegte See. ('09.) [16.] ‖ Hobbema, Meindert: Die Wassermühle. ('09.) [22.] ‖ Hols, Joh. D: Morgen. ('09.) [13.]; Im Schatten. ('09.) [14.] ‖ d'Hondecoeter, Melch.: Der Pfau. ('09.) [30.] ‖ Hooch, Pieter de: Die Vorratskammer. ('09.) [11.] ‖ Liotard, Jean Etienne: Das Chocoladenmädchen. ('09.) [8.] ‖ Mengs, Ant. Raph.: Amor e. Pfeil schleifend. ('09.) [12.] ‖ Michelangelo da Caravaggio: Der Falschspieler. ('09.) [21.] ‖ Mor, Antonis: Prinz Wilhelm I. v. Oranien. ('09.) [28.] ‖ Ostade, Adrian van: Bauernschänke. ('09.) [33.] ‖ Raffaello Santi: Die sixtin. Madonna. ('09.) [1.] ‖ Rembrandt van Rijn: Der Architekt. ('09.) [34.]; Die Nachtwache. ('09.) [25.]; Saskia. ('09.) [5.]; Die Staalmeesters. ('09.) [2.] ‖ Reni, Guido: Christus m. d. Dornenkrone. ('09.) [26.] ‖ Rubens: Die Flucht n. Aegypten. ('09.) [10.] ‖ Ruisdael, Jac. van: Die Mühle v. Wijk bei Duurstede. ('09.) [6.]; Der Wasserfall. ('09.) [23.] ‖ Steen, Jan: Die Liebeskranke. ('09.) [18.]; Das St Niklasfest. ('09.) [19.] ‖ Tiziano Vecelli: Der Zinsgroschen. ('09.) [4.] ‖ Velde d. J., Willem van de: Der Kanonenschuss. ('09.) [32.] ‖ Vermeer van Delft, Jan: Der Brief. ('09.) [9.]; Briefles. Mädchen am off. Fenster. ('09.) [31.]; Der Maler im Atelier. ('09.) [24.] ‖ Werff, Adriaen van der: Die Verstossg d. Hagar. ('09.) [17.] ‖ Wouwerman, Philips: Der Scheck vor d. Schmiede. ('09.) [35.]

— Bunte, a. aller Welt. 37—68. Blatt. (Je 1 Bl. in Farbdr. m. Text auf d. Umschl.) 37×27,5 cm. Dresd., Römmler & J. Generalvertrieb: Berl., M Herzberg. je 1 —
Batoni, Pompeo: Die büss. Magdalena. ('11) [52] ‖ Bonifazio Veronese: Die Findg Moses. ('12) [58] ‖ Cignani, Graf Carlo: Joseph u. Potiphar's Weib. (10) [45] ‖ Dolci, Carlo: Christus, Brot u. Wein segnend. ('11) [50] ‖ Dou, Gerrit: Betender knieender Einsiedler. ('12) [66] ‖ Dyck, A van: Kinder Karls I. ('11) [55] ‖ Eeckhout, Gerbrandt van d.: Jakobs Traum. ('12) [67] ‖ Feddersen, Hans Pet.: Nordfries. Landschaft. ('10) [42] ‖ Graff Ant.: Selbstbildn. ('12) [60] ‖ Hals, Frans: Der lust. Zecher. ('12) [59] ‖ Holbein d. J., Hans: Bildn. d. Morette. ('12) [63]; Die Madonna d. Bürgermeisters Meyer. ('11) [49] ‖ Kauffmann, Angelika: Weibl. Bildn. als Vestalin. ('11) [51] ‖ Koninck, Salom.: Der Einsiedler. ('10) [46] ‖ Lorrain, Claude: Flucht n. Aegypten. ('10) [44] ‖ Lotto, Lorenzo: Maria m. d. Jesusknaben. ('11) [54] ‖ Maes, Nicol.: Träumerei. ('10) [41] ‖ Metsu, Gabr.: Der Geflügelverkäufer. ('12) [61] ‖ Palma d. ä., Jacobo: Jakob u. Rahel einander begrüss. ('12) [64] ‖ Raffael: Madonna della Sedia. ('10) [40] ‖ Rembrandt van Rijn: Samson an d. Hochzeitstafel, Rätsel aufgeb. ('12) [57] ‖ Rotari, Graf P: Brustbild d. büss. Magdalena. ('11) [53] ‖ Rubens, PP: Die beiden Söhne d. Künstlers. ('11) [56] ‖ Slingelandt, Pieter Cornelisz van: Überreichg e. Hahnes. ('10) [38] ‖ Steen, Jan: Das Bohnenfest. ('10) [37] ‖ Ter Borch, Gerard: Eine Dame m. ihrer Magd. ('10) [43]; Die Lautenspielerin. ('10) [39] ‖ Tizian: Der Herzog v. Atri. ('12) [68] ‖ Vecchio, Palma: Die 3 Schwestern. ('10) [48] ‖ Venne, Adriaen van de: Bauernfastnacht. ('12) [65] ‖ Vogel, CL: Zwei sitz. Knaben. ('10) [47] ‖ Wereschtschagin, Wassili: Napoleon I. im Kreml, d. Brand Moskaus betracht. ('12) [62]

— dass. Sonderausgabe. 1—4. (Je 4 Farbdr. m. Text auf d. Umschl.) 37,5×28 cm. Ebd. je 3.50
Kuntz, Gust. Adf. ('10) [1] ‖ Richter, Adrian Ludw. ('10) [2] ‖ Thamm, Adf. ('10) [3] ‖ Zorn, Anders Leonard. ('11) [4]

— Bunte, a. Württemberg u. Hohenzollern. Ausstellgs-Katalog d. schwäb. Landesausstellg f. Reise- u. Fremdenverkehr '12. Hrsg. v. d. württemberg.-hohenzoller. Vereinigg f. Fremdenverkehr unter Schriftleitg v. Gust. Ströhmfeld. (94 m. z. Tl farb. Abb.) 8° Stuttg., H Wildt ('12). —50

— burschenschaftl. Red.: GH Schneider. 1. u. 2. Jahrg. 1887 u. 1888. à 24 Nrn. (à 1—2 1/2 B.) 4. Berl., C Heymann's V. à Jahrg. n. 10. —

— burschenschaftliche. Red.: G. H. Schneider. 1. Jahrg. 1887. 24 Nrn. (à 1—2 1/2 B.) hoch 4. Berlin, Bataky. n. 7. —

— dasselbe. 2. 3. Jahrg. 1888. 1889. à 24 Nrn. (ca. 2 B.) gr. 4. Berlin, C. Heymann's Verl. à Jahrg. n. 10. —

— dasselbe. 4. Jahrg. Winter-Sem. 1889/90. 12 Hfte. (2 B.) 4. Ebd. n. 5. —

— dasselbe. 4. Jahrg. Sommer-Sem. 1890. 12 Hfte. (à 3 bis 4 B. m. Abbildgn.) 4. Ebd. n. 8. —

— dasselbe. 5. Jahrg. Winter-Sem. 1890/91. 12 Hfte. (à 3—4 B. m. Abbildgn.) 4. Ebd. n. 8. —

— burschenschaftliche. Red.: G. H. Schneider 5. Jahrg. Sommer-Sem. 1891. 12 Nrn. (à 3—4 Bog m. Abbildgn.) 4. Berlin. [C. Heymanns Verl.] W. Baensch n. 8. —

— dasselbe. 6. Jahrg. Winter-Sem. 1891/92. 12 Nrn. (à 3—4 Bog. m. Abbildgn.) 4. Ebd. n. 8. —

— dasselbe. 6. Jahrg. Sommer-Sem. 1892. 12 Nrn. (à 3—4 Bog. m. Abbildgn.) 4. Ebd. n. 8. —

— dasselbe. 7. Jahrg. Winter-Sem. 1892/93. 12 Nrn. (à 3—4 Bog. m. Abbildgn.) 4. Ebd. n. 8. —

— dasselbe. 7. Jahrg. Sommer-Sem. 1893. 12 Nrn (à 3—4 Bog. m. Abbildgn.) 4. Ebd. n. 8. —

— dasselbe. 8. Jahrg. Winter-Sem. 1893/94. 12 Nrn. (à 3—4 Bog. m. Abbildgn.) 4. Ebd. n. 8. —

— dasselbe. 8. Jahrg. Sommer-Sem. 1894. 13 Nrn. (à 3—4 Bog. m. Abbildgn.) 4. Ebd. n. 8. —

— burschenschaftliche. Red.: G. H. Schneider. 9.—11. Jahrg. Winter-Sem. 1894/95—Sommer-Sem. 1897. à 24 Nrn. (à 32 S. m. Abb.) gr. 4. Berlin, W. Baensch. n. 16. —

— dasselbe. 12. Jahrg. Winter-Sem. 1897/98. 12 Nrn. (à ca. 24 S. m. Abb.) gr. 4. Ebd. n. 8. —

— burschenschaftliche. Hrsg. u. Schriftleiter: Hugo Böttger. 12. Jahrg. Sommer-Sem. 1898. 12 Nrn. gr. 4. (à ca. 24 S. m. Abbildgn.) Berlin, C. Heymann's Verl. n. 7. —

— dasselbe. 13. Jahrg. Winter-Sem. 1898/99 u. Sommer-Sem. 1899. 24 Nrn. gr. 4. (à ca. 24 S. m. Abbildgn.) Ebd. n. 14. —

— dasselbe. 14.—16. Jahrg. Winter-Sem. 1899/1900. 1900/1901. 1901/1902 u. Sommer-Sem. 1900. 1901. 1902. à Jahrg. 24 Nrn. gr. 4. (à 24 S. m. Abbildgn.) Ebd. à Jahrg. n.n. 10. —

— dasselbe. Haupt- u. Sachregister zum 1.—15. Jahrg. (1887—1900). Hrsg. v. Hugo Böttger. (V, 107 S.) 4. Ebd. 905. n.n. 6. —

— dasselbe. 17. Jahrg. Winter-Sem. 1902/03. 12 Nrn. gr. 4. (à ca. 24 S. m. Abbildgn.) Ebd. n.n. 5. —
Jahrgg. 9—12 jetzt Ebd.

— burschenschaftliche. Hrsg. u. Schriftleiter: Hugo Böttger. 17.—21. Jahrg. Sommer-Sem. 1903—Winter-Sem. 1906/07. à Sem. 12 Nrn. (à ca. 24 S. m. Abbildgn.) 4. Berlin, C. Heymann. à Semester n.n. 5. —

— burschenschaftliche. Hrsg. u. Schriftleiter: Hugo Böttger. 21.—25. Jhrg. Sommer-Sem. 1907 bis Winter-Sem. 1910/11. à Sem. 12 Nrn. (à 24 S. m. Abb.) Lex. 8. Berlin, C. Heymann. à Sem. nn 5. —

— Burschenschaftliche. Hrsg. u. Schriftleiter: Hugo Böttger. 24. J., Sommer-Sem. '10; 25. u. 26. J., Winter-Sem. '10/12 u. Sommer-Sem. '11 u. '12 u. 27. J., Winter-Sem. '12/13 je 12 Nrn. (26. J., Sommer-Sem. '12, Nr 1: 24 m. Abb.) Lex8° Berl., C Heymann. je nn 5 —; einz. Nrn nn — 50 d

—— für Calligraphen, Lithographen, Graveure, Schildermaler etc. qu. 4. (10 Bl.) Lissa 845, Günther.
Aus: Ornamentenbuch, kleines.

— für Calligraphen, Lithographen, Graveure, Schildermaler u. s. w. 10 (lith.) Blätter mit den verschiedenartigsten Schriftgattungen etc. (Aus d. kl. Ornamentenbuche besond. abgedr.) 2. Aufl. qu. 4. Lissa 847, Günther. 1/3 ℛ

—— für Calligraphen, Lithographen, Graveure, Firmenschreiber, Stickerinnen etc. 11 (lithogr.) Bl. mit den verschiedenartigsten Schriftgattungen etc. 3. Aufl. qu. 4. Lissa 855, Günther.

—— Chemnitzer pädagogische. Redact.: D. Kühnert. Jahrg. 1869. 26 Nrn. (à 1/2 Bog.) Fol. Chemnitz, (Hein.) *

—— dass. — 3. und 4. Jahrg. 1870 und 1871. à Jahrg. 26 Nrn. (à 1/2 Bog.) Fol. Chemnitz, (May's Buchh.) à Jahrg. *

— dasselbe. Red.: J. Seibel. 5—8. Jahrg. 1872—1875. à 36 Nrn. (B.) gr. 4. Ebend. à Jahrg. n. 4. —

—— Chemnitzer pädagogische. Redact.: J. Seidel. 8. Jahrg. 1875. 36 Nrn. (à 1/2—1 Bog.) gr. 4. Chemnitz, (May's Buchh.) *
Nicht weiter erschienen.

Blätter, christliche, Jahrg. 1840—42. 8.

Blätter: Christliche Blätter nach dem Bedürfniss der Zeit
v. Christliches Sonntags-Blatt nach dem Bedürfnis der Zeit.

Blätter, christliche, f. Christenthum u. Christenfreuden. Herausg. v. J. F. Bahnmaier. Jahrg. 1819. gr. 8. Tübing., Laupp. 21 ℊℊ

— christlich-pädagogische. Monatsschrift f. Religionsunterricht u. Jugendseelsorge. Eigentum d. „Wiener Katecheten-Vereines". Hrsg. vom Wiener Katecheten-Verein. Red. v. W. Jaksch. 30.—33. Jhrg. 1907 bis 1910. à 12 Nrn. (340, 340, 380 u. 380 S.) gr. 8. Wien (H. Kirsch). à Jhrg. nn 4. —

— Christlich-pädagogische. Monatsschr. f. Relig.-Unterr. u. Jugendseelsorge. Hrsg. v. Wiener Katecheten-Verein. Red. v. W Jaksch. 33—35. J. '10—12 je 12 Nrn. (44, 380; 44, 380; 44, 384) gr8° Wien, (H Kirsch). je nn 4 — d

— christlich-pädagogische, f. die österr.-ungar. Monarchie. Hrsg. u. Red.: Joh. Panholzer. 1—5. Jahrg. 1878—1882. à 24 Nrn. (à 1—1 1/2 B.) gr. 8. Wien, (Steckler). à Jahrg. n. 4. —

— christlich-pädagogische, f. die österreichisch-ungarische Monarchie. Hrsg. u. Red.: Joh. Panholzer. 6—9. Jahrg. 1883—1886. à 24 Nrn. (à 1—1 1/2 B.) gr. 8. Wien, Edm. Schmid. à Jahrg. n. n. 4. —

— christlich-pädagogische, f. die österreich.-ungarische Monarchie. Hrsg. u. Red.: J. Panholzer. 10.—13. Jahrg. 1887—1890. à 24 Nrn. (à 1—1 1/2 B.) gr. 8. Wien, (Steckler). à Jahrg. n.n. 4. —

Blätter, christlich-pädagogische, f. d. österreichisch-ungar. Monarchie. Begründet von Joh. Panholzer. Organ u. Eigenthum des „Wiener Katecheten-Vereines", zugleich Organ des „kathol. Landes-Lehrervereines f. Oberösterreich" 2c. Hrsg. u. Schriftleiter: Emerich Holzhausen. 23.—25. Jahrg. 1900—1902. à 24 Nrn. gr. 8. (à ca. 16 S.) Wien (H. Kirsch). à Jahrg. n.n. 4. —

— christlich-pädagogische, f. die österreichisch-ungarische Monarchie. Begründet v. Joh. Panholzer. Organ u. Eigentum des „Wiener Katecheten-Vereines", zugleich Organ des „kathol. Landes-Lehrervereines f. Oberösterreich" usw. Hrsg. u. Schriftleiter: Emerich Holzhausen. 26. u. 27. Jahrg. 1903 u. 1904. à 24 Nrn. (à ca. 20 S.) gr. 8. Wien (H. Kirsch). à Jhrg. n.n. 4. —

Blätter, christlich-pädagogische, für die österreichisch-ungarische Monarchie. Begründet v. Joh. Panholzer. Organ u. Eigentum des „Wiener Katecheten-Vereines" usw. Hrsg. u. Schriftleiter: Rob. Perkmann. 28. u. 29. Jahrg. 1905 u. 1906. à 24 Nrn. (à ca. 24 S.) Lex.-8. Wien (H. Kirsch). à Jhrg. n.n. 4. —

— christlich-pädagog., f. d. österr.-ungar. Monarchie. Begründet v. Joh. Panholzer. Red.: Joh. Ev. Pichler. Hrsg. u. Schriftleiter: Rob. Perkmann. 29. u. 30. J. '06 u. 7 je 24 Nrn. (316 u. 328) Lex 8° Ebd. Je nn 4 — d

– dass.
Forts. u. d. T.: Christlich-pädagogische Blätter.

Blätter (Christlich-sociale). Katholisch-sociales Centralorgan., 1. Jhrg. gegr. von J. S. Schings, 1868, Aachen, — 24. Jhrg., 1891.

—— christlich-sociale. Beiträge zur Lösung der socialen Frage nach christl. Auffassung. Redig. und hrsg. von J. P. Schings und Nic. Schüren. 1.—4. Jahrg. März 1868—1871. à 10 und 12 Nrn. (à 2 Bog.) Lex.-8. Aachen, Jacobi und Comp. à Jahrg. *

—— dass. — Organ der christlich-socialen Partei. Redig. und hrsg. von Jos. Schings. 5.—7. Jahrg. 1872—1874. à Jahrg. 26 Nrn. (à 1—2 Bog.) hoch 4. Aachen. (Würzburg, Woerl.) à Jahrg. *
Jahrg. 1875 im Selbstverlag des Herausgebers in Aachen (Barth).

—— christlich-sociale. Katholisch-sociales Central-Organ. Redact.: Jos. Schings. 8. und 9. Jahrg. 1875 und 1876. à Jahrg. 52 Nrn. (Bog.) gr. 4. Aachen, (Barth.) à Jahrg. *

— christlich-sociale. Katholisch-sociales Central-Organ, gestiftet von Jos. Schings. Red.: Alois Ant. Führer. 10. Jahrg. 1877. 52 Nrn. (B.) gr. 4. Aachen, Barth. n. 6. —

—— dass. — Redact.: Arn. Bongartz. 11. und 12. Jahrg. 1878 und 1879. à Jahrg. 26 Nrn. (à 2 Bog.) gr. 8. Neuß. (Aachen; Barth.) à Jahrg. *

—— christlich-sociale. Katholisch-sociales Central-Organ. Redact.: Arn. Bongartz. 13.—17. Jahrg. 1880—1884. à Jahrg. 26 Nrn. (à Nr. 2 Bog.) gr. 8. Neuß, Gesellschaft für Buchdruckerei. à Jahrg. *

— christlich-soz., Fortsetzg. s. a. Kultur. soz.

Blätter (Christl.-sociale). Beiträge zur Lösung der socialen Frage nach christlicher Auffassung. Red. u. hrsg. v. J. P. Schings. 1. Jhrg. März 1868—April 1869. 10 Nrn. Aachen, Jacobi u. Co. 5. Jhrg. Organ der christl.-socialen Partei. 26 Nrn. Ibd. 28. Jhrg. 1895.

— Dänische, 2 Stcke. gr. 8. Alt. 795, 96, Hammerich. 20 ℊℊ

Davoser Blätter
(1) Wochenblatt für die Landschaft Davos, das Prättigau, das Albulathal und das Engadin (1. 7. 1874—9. 11. 1878). Curzeitung und Fremdenliste (16. 11. 1878—23. 12. 1882 ?). Verkehrorgan für Ragaz, Prättigau, Davos und Engadin (? 3. 11. 1894—1901) (3) Davoser Fliegende Blätter (5) 1. 7. 1874—1901 (weiterhin als Fremdenblatt erscheinend, hier nur bis 1901 behandelt) (6) 4° (7) Wochenblatt (8) Basel: Bürgin & Moos (1. 7. 1874—24. 9. 1874). Schweighausersche Buchdruckerei (1. 10. 1874—26. 2. 1881); Davos: Richter & Kleindt (5. 3. 1881—11. 6. 1881), Hugo Richter (18. 6. 1881—1895 ?), Richtersche Buchdruckerei (? 1900—30. 3. 1901), Buchdruckerei Davos AG (6. 4. 1901—28. 12. 1901) (11) Hans Müller (1. 7. 1874—26. 12. 1874), Friedrich Karrer (6. 1 1875—1882 ?), H. Sack (? 1900—1901) (12) neutral; enthält eine Wochenschau, die auch den politischen Ereignissen in der Landschaft Davos Beachtung schenkt. Seit 1902 nur noch Fremdenblatt (13) Aus den Jugendjahren der «Davoser Blätter». «Davoser Blätter» Nr. 15—22/23, 13. 4. 1901—8. 6. 1901 (14) Be: L (15. 7. 1874—1882, 3. 11. 1894, 19. 1. 1895, 1897—1901) (15) Englische und französische Ausgaben: The Courier for Ragaz, Prättigau, Davos and the Engadine; Courrier de Davos.

Blätter, Davoser. Curzeitung und Fremdenlisto. Zehnter Jahrgang. 1881. Wöchentlich eine Nummer in-4°. Davos, Hugo Richter's Buchhandlung. 1881. Pro Quartal für die Schweiz 4 —

Davoser Blätter [1889–94, Kurzeitung und Fremdenliste]. Verkehrs-Organ für Ragaz, Prättigau, Davos und Engadin. XVIII.—XXVII. Jahrg. 1889—98. Davos 1889—98. (19413—21, 21254)

Davoser Blätter für 1899. Davos. 4°. (21428)

Davoser Blätter: Davoser Fliegende Blätter
④ Davoser Blätter ⑤ 1872—Frühjahr 1874 ⑥ 4° ⑦ Wochenblatt ⑧ Basel (lithographiert) ⑪ M. H. Wirth (Redaktor und Zeichner) ⑫ humoristisch-satirisches Blatt ⑬ Aus den Jugendjahren der «Davoser Blätter». «Davoser Blätter» Nr. 15—22/23, 13. 4. 1901—8. 6. 1901.

Fliegende Blätter, Davoser. Mit vielen Illustrationen. Erscheint alle 8 Tage. 4. Davos. (Autographirt). 1873.

Blätter, declamator. Hrsg. v. FW Wulff. Red.: M Bauer. 1. Jahrg. 1877. 12 Nrn. (B.) 4. Hamb., Exped. 4. —

—— declamatorische. Hrsg. von Fr. Willibald Wulff. Redact.: Mor. Bauer. 1. Jahrg. 1877. 12 Nrn. (Bog.) Lex.-8. Hamburg, Mor. Glogau jun. *
Nicht weiter erschienen.

—— demokratische. Redakt: Eman. Deutsch. (1.) Jahrg. 1849. Juli—Decbr. 26 Nrn. (Bog.) gr. 4. Breslau, (Schulz und Comp.) *

—— demokratische. Zeitschrift für polit. und sociale Fragen, hrsg. von S. Kokosky. 1. und 2. Jahrg. 1871 und 1872. à Jahrg. 10 Nrn. (à 2 Bog.) gr. 8. Königsberg, Braun und Weber. à Jahrg. *

Blätter, Demokratische. – Berlin: 1884 - 1886.

— demokratische. Begründet v. A. Phillips u. Jul. Lenzmann. Red.: Geo. Ledebour. 2. Jahrg. 1885. 52 Nrn. (B.) gr. 4. Berlin, H. S. Hermann. 8. —

— Deutsche. 2 Stck. 8. Görlitz, Anton. 795. (à 8 gr.)

Blätter, Deutsche. – Altenburg (sp. in Leipzig): 14. X. 1813 - 15. VI. 1816.

Blätter, Deutsche. Amsterdam 1813—16. H: *Brockhaus, Friedrich Arnold.* (ErschDL)

— deutsche, herausgegeben von Woltmann. 1r u. 2r Jahrgang. gr. 8. Berlin, Realschulbuchh. 813. u. 14. (à 4 Rthlr. 12.)

— deutsche, herausg. v. K. L. v. Woltmann. 1r u. 2r Jahrg. gr. 8. Berl. 813 u. 14, Reimer. 9 ℔

— Deutsche, 1e Folge, v. 14. Oct. 1813 bis Ende März 1815. 6 Bde. 2e Folge, v. April 1815 bis Mai 1816. 3 Bde. 8. Leipz. 813—16. Brockhaus. (à 1 ℔ 8 gr) 11 ℔ Alle 9 Bände zusammen genommen 7 ℔ 12 gr

— — Neue Folge. 1r—3r Bd. 8. Ebend. 815—16. (à 1 Rthlr. 8 gr.)

— dieselben, welche gemäß hohen Befehls in Freyburg fortgesetzt wurden. 4. Freyburg, Herder. 814.

Blätter, Teutsche, für das Jahr 1814 in 2 Abtheilungen ... Freyburg 1814. H: *Rotteck, Carl Wenzel von.* (Ky) (MGT)

— Deutsche. Zeitschrift für das deutsche Volk. Redakteur: C. G. v. Puttkammer. (1. Jahrg.) 1845. April—Decbr. 9 Hefte. gr. 4. (Mit 9 Kunst-Beilagen.) Berlin 845, v. Puttkammer. 1½ ℔

—— deutsche. Hrsg. von dem Ausschusse des deutschen Vereins zu Leipzig und in dessen Auftrage durch Alex. Göschen, Mor. Haupt, Jul. Klee. 1. Jahrg. 1848. August—Decbr. 65 Nrn. und 2. Jahrg. 1849. 312 Nrn. (½ Bog.) gr. 4. Leipzig, Jurany. [1. Jahrg. * 1 Thlr. 6 Ngr., 2. Jahrg. * 4 Thlr.] *

Deutsche Blätter : Mar. 1853.
Edited & published by Ferdinand Richter.
St. Louis, MO

— deutsche. Literarisch-politisches Wochenblatt. Herausg. von Berth. Auerbach. Jahrg. 1863 u. 64. à 52 Nrn. (à ½ Bgn.) Leipzig, Keil. gr. 4. Jeder Jahrg. n. 1 ℔ 18 ngr
f. Abonnenten der Gartenlaube n. 24 ngr

—— deutsche. Beigabe zur Gartenlaube. Hrsg. von Berth. Auerbach. Jahrg. 1863 und 1864. à Jahrg. 52 Nrn. (½ Bog.) gr. 4. Leipzig, Keil. à Jahrg. *

— deutsche. Literarisch-politisches Sonntags-Blatt. Jahrg. 1865—1867. à 52 Nrn. (à ½ Bgn.). Leipzig, Keil. gr. 4. Jeder Jahrg. n. 24 ngr

— — Literarisch-politische Feuilleton-Beilage zur Gartenlaube. Red.: Alb. Fränkel. Jahrg. 1868—1870. à 52 Nrn. (à ½ Bgn.). Ebend. gr. 4. Jeder Jahrg. n. 24 ngr

— deutsche. Literar.-polit. Feuilleton-Beilage zur Gartenlaube. Red.: Alb. Fränkel. Jahrg. 1871—1876. à 52 Nrn. (½ B.) gr. 4. Leipzig, Keil. à Jahrg. n. 2. 40
Nicht weiter erschienen.

Blätter, Deutsche. Eine Monatsschrift ...,
Vorh. u. d. T.: Monatsblätter für innere Zeitgeschichte.

—— deutsche. Eine Monatsschrift für Staat, Kirche und sociales Leben. Unter Mitwirkung namhafter Staatsmänner, Theologen, Historiker und Pädagogen hrsg. von G. Füllner. 1871, Octbr.—Decbr. 3 Hefte. (4 Bog.) gr. 8. Gotha, F. A. Perthes. *

—— dass. — Jahrg. 1872 und 1873. à Jahrg. 12 Hefte. Lex.-8. (à Heft 64—72 S.) Ebendas. à Jahrg. *

—— dass. — Begründet von G. Füllner. Unter Mitwirkung namhafter Staatsmänner, Theologen, Historiker und Pädagogen hrsg. von C. F. Wyneken. Jahrg. 1874. 12 Hefte. Lex.-8. (à Heft 64—72 S.) Ebendas. *
Sind an die Stelle von Gelzer's „Monatsblätter" und Hoffmann's „Deutschland" getreten.

Blätter, deutsche. Eine Monatsschrift für Staat, Kirche und sociales Leben. Begründet von G. Füllner. Unter Mitwirkung namhafter Staatsmänner, Theologen, Historiker und Pädagogen hrsg. Jahrg. 1875. 12 Hefte. Lex.-8. (à Heft 75 S.) Gotha, F. A. Perthes. *
Nicht weiter erschienen.

Deutsche Blätter : 1873—
Weekly. Large quarto, each issue 20 pages. New York NY

— deutsche. Organ f. allgemeine Volksbildg. Hrsg. L. Overzier. 1. Jahrg. 1874. 52 Nrn. (B.) gr. 4. Cöln 874. Lengefeld'sche Buchh. n.n. 10. --

—— deutsche. Illustrirte Zeitschrift zur Unterhaltung und Belehrung. 1.—3. Jahrg. 1877—1879. à Jahrg. 60 Nrn. (à 16 S.) Dresden, Dietrich. à Jahrg. *
In 30 Heften à 30 Pf.

— deutsche. Illustrirte Zeitschrift zur Unterhaltung u. Belehrung. 3—5. Jahrg. 1879—1882. à 60 Lfgn. (2 B. m. eingedr. Holzschn.) Dresden, Dietrich. à Jahrg. n. 6. —

—— dass. — 5. Jahrg. 1881/82. 60 Nrn. (à Nr. 2 Bog. mit eingedr. Holzschn.) gr. 4. Ebendas. *
Nicht weiter erschienen.

DEUTSCHE BLÄTTER. [Jg. 4, vielleicht schon Jg. 3:]
Politisch-literarische Monatshefte. Hrsg. von Hans Nicolaus Krauß. Jg. 1–4. Eger 1887–1890. 8°

Marbach

Es erschienen: Jg. 1–3 mit jährlich 12 Nummern, Januar bis Dezember; Jg. 4, Nr. 1–3/4, Januar bis März/April 1890.

Blätter, Deutsche, Monatshefte, herausgegeben von Hans R. Krauß, III. Jahrg. 1889. Nr. 1. Gr.-8. apart Wien: Amonesta 1889. --.20

— deutsche. Politisch-literar. Monatshefte, hrsg. v. H. R. Krauß. 4. Jahrg. 1890. 12 Hfte. gr. 8. (1. Hft. 48 S.) Eger. (Leipzig, Friedrich.) n. 7. —; à Hft. n. — 60

— deut. Polit.-literar. Monatshefte, hrsg. v. HN Krauss. 4 Jahrg. Jan.—März 1890. 3 Hfte. 8. (1. Hft. 46) Eger, Krauss. n. 1. 75; à Hft. n. — 60
Verschmolzen m.: Der Zeitgenosse.

— deutsche, für Blech-Arbeiter. Organ für die techn. und materiellen Interessen der Flaschner, Klempner, Spengler, Blechner. Redact.: F. Stoll jun. 1.—3. Jahrg. 1872—1874. à Jahrg. 12 Nrn. (Bog.) Fol. Ludwigsburg, Neubert. à Jahrg. *

— deutsche, für Blech-Arbeiter. Organ für die technischen und materiellen Interessen der Flaschner, Klempner, Spengler, Blechner. Redact.: F. Stoll jun. 4. Jahrg. 1875. 12 Nrn. (à 1—2 Bog.) Fol. Stuttgart. (Ludwigsburg, Neubert'sche Buchh.) *

— dass. — Illustrirte Zeitung für Blechindustrie. Organ des Vereins deutscher Blecharbeiter. Redact.: F. Stoll jun. 5.—8. Jahrg. 1876—1879. à Jahrg. 24 Nrn. (à 2 Bog. mit eingedr. Holzschn.) Fol. (Ebendas.) à Jahrg. *

— deutsche, für Blecharbeiter. Illustrirte Zeitung f. Blechindustrie. Organ d. Vereins deutscher Blecharbeiter. Red.: F. Stoll jun. 6—10. Jahrg. 1877—1881. à 24 Nrn. (2 B. m. eingedr. Holzschn.) Fol. Stuttgart. Ludwigsburg, Neubert in Comm. à Jahrg. n. 5. —

— dasselbe. 11. Jahrg. 1882. 36 Nrn. (2 B. m. eingedr. Holzschn.) Fol. Ebend. n. 5. 50

— deutsche, f. Blecharbeiter. Illustrirte Zeitung f. Blechindustrie. Organ d. Vereins deutscher Blecharbeiter. Red.: F. Stoll. 12. u. 13. Jahrg. 1883 u. 1884. à 36 Nrn. (2 B. m. eingedr. Holzschn.) Fol. Stuttgart. Ludwigsburg, (Neubert). à Jahrg. n. 5. 50
cf.: Zeitung, illustrirte, f. Blechindustrie.

— deutsche, für Blecharbeiter. 14. Jahrg., s. Zeitung, illustrirte, für Blechindustrie.

— deutsche, aus Böhmen. 1. Hft. gr. 8. Reichenberg 889. (Prag, H. Dominicus.) n. — 80
Vermischte Schriften v. Jos. Hanf. (88 S.)

— dasselbe. 2. Hft. Hrsg. v. Jos. Hanf. 8. (20 S.) Prag 891. H. Dominicus. n. — 80

— deutsche, aus Böhmen. 1. u. 2. Heft. Hrsg. von Jos. Hanf. gr. 8. (88; 20 S.) Prag 889,92, (Dominicus). à Heft * — 80

DEUTSCHE GEOGRAPHISCHE BLÄTTER. Herausgegeben von der Geographischen Gesellschaft in Bremen durch deren Schriftführer M. LINDEMAN. Fortsetzung der Mittheilungen des früheren Vereins für die Deutsche Nordpolarfahrt. Jahrg. I. (Mit Karten.) Bremen 1877. Comm. von G. A. v. Halem. 8°.
Dazu gehörig als Beilage: Geographische Gesellschaft in Bremen. Westsibirische Forschungsreise 1876 unter Führung von Dr. O. Finsch. Catalog der Ausstellung ethnographischer und naturwissenschaftlicher Sammlungen. Mit erläuternden Bemerkungen von O. FINSCH. Bremen 1877. Druck von Diercksen & Wichlein. Jahrg. II. (Mit Karten.) ib. 1878. —

— dass. — Hrsg. von der Geograph. Gesellschaft in Bremen. Neue Folge der Mittheilungen des bisher. Vereins für die deutsche Nordpolfahrt. 3. Jahrg. 1879. 1. Heft. gr. 8. (48 S.) (Ebendas.) *
Nicht weiter erschienen.

— deutsche geographische. Hrsg. von der Geograph. Gesellschaft in Bremen. Neue Folge der Mittheilungen des bisher. Vereins für die deutsche Nordpolarfahrt. Redact.: W. Wolkenhauer. 3. Bd. 2. und 3. (Schluss-)Heft. gr. 8. (S. 49—192 mit 1 chromolithogr. Karte.) Bremen 880, (v. Halem.) à Heft * ℳ 2. *

— dasselbe, hrsg. durch M. Lindemann u. W. Wolkenhauer. 4. u. 5. Bd. à 4 Hfte. gr. 8. (à Hft. 84 S. m. 1 lith. u. color. Karte.) Ebend. 881. 82. à Bd. n. 8. —

— deutsche geographische. Hrsg. v. der Geograph. Gesellschaft in Bremen. Neue Folge der Mittheilgn. d. früheren Vereins f. die deutsche Nordpolarfahrt. Red.: M. Lindemann. 6—8. Bd. à 4 Hfte. gr. 8. (à Hft. 104 S. m. 1 lith. Karte.) Bremen 883—886. (v. Halem.) à Bd. n. 8. —

— deutsche geographische. Hrsg. von der Geograph. Gesellschaft in Bremen durch M. Lindeman. 8.—11. Bd. à 4 Hefte. gr. 8. (à Heft ca. 100 S. mit Karten.) Bremen 885, (v. Halem.) à Bd. *

— deutsche geographische. Hrsg. v. der Geograph. Gesellschaft in Bremen durch M. Lindeman. 10.—13. Bd. à 4 Hfte. gr. 8. (à Hft. ca. 100 S. m. Karte.) Bremen 887—890. (v. Halem.) à Bd. n. 8. —

Blätter, deutsche geographische. Hrsg. v. der Geograph. Gesellschaft in Bremen durch M. Lindeman. 14.—17. Bd. à 4 Hfte. gr. 8. (à Hft. ca. 100 S.) Bremen 891—894. (G. A. v. Halem.) à Bd. n. 8. —; einzelne Hfte. à n. 2. —

— deutsche geographische. Hrsg. v. d. Geograph. Gesellschaft i. Bremen durch M. Lindemann. 18. Bd. 4 Hfte. gr. 8. (422 S. m. 3 Karten.) Bremen 895. (G. A. v. Halem.) n. 8. —; einz. Hfte n. 2. —

— dasselbe. Hrsg.: A. Oppel u. W. Wolkenhauer. 19.—21. Bd. à 4 Hfte. gr. 8. (248, 306 u. 312 S.) Ebd. 896—898. à Bd. n. 8. —

— deutsche geographische. (Begründet 1877 durch M. Lindemann.) Hrsg. v. der Geograph. Gesellschaft in Bremen durch A. Oppel u. W. Wolkenhauer. 22.—25. Bd. à 4 Hfte. gr. 8. (à ca 70 S.) Bremen 899—902. (G. A. v. Halem). à Bd. n. 8. —

— deut. geograph. (Begründet durch M Lindeman.) Hrsg. v. d. Geograph. Gesellsch. in Bremen durch A Oppel u. W Wolkenhauer. 24—28. Bd je 4 Hefte. (188, 250 m. 1 Karte, 185, 212 m. 19 Taf. u. 268) 8° Brem., (F Leuwer) '01/05. Je 8 —; einz. Hefte 2 —

— deutsche geographische. (Begründet 1877 durch M. Lindeman.) Hrsg. v. der Geogr. Gesellschaft in Bremen durch A. Oppel u. W. Wolkenhauer. 28.—29. Bd. à 4 Hfte. (185 S., 212 S. m. 8 Taf., 268 S. u. 239 S. m. 8 Taf.) gr. 8. Bremen 903—905. (F. Leuwer.) à Bd. n. 8. —

— deutsche geographische. (Begründet 1877 durch M. Lindeman.) Hrsg. v. der Geograph. Gesellschaft in Bremen durch A. Oppel u. W. Wolkenhauer. 30 bis 33. Bd. à 4 Hfte. (IV, 175 S. m. 1 Karte; IV 265; IV, 178 u. IV, 275 S.) gr. 8. Bremen 907—10 F. Leuwer. à Bd. 8. —

— Deutsche geographische. (Begründet durch M Lindeman.) Hrsg. v. d. Geograph. Gesellsch. in Bremen durch A Oppel u. W Wolkenhauer. 33—35. Bd je 4 Hefte. (33. Bd: 275; 34. Bd: 130) gr8° Bremen, F Leuwer '10—12. je 8 —; einz. Hefte 2 —

— deutsche, für Haus, Hof und Garten, s.a. Frauenpost, Neue deutsche

— deutsche, für Haus, Hof und Garten. Mittheilungen aus der Praxis nebst Orig.-Beiträgen aus der Feder tüchtiger Fachschriftsteller aus allen Ländern. Hrsg. von Fr. Wendt. 1. und 2. Jahrg. 1875 und 1876. à Jahrg. 24 Nrn. (Bog.) gr. 4. Berlin, (Lorentz.) à Jahrg. *
Nicht weiter erschienen.

Blätter, Deutsche, für Literatur und Leben.
Vorh. u. d. T.: Deutsche Theeblätter. München 1839.

Blätter, deutsche, für Litteratur u. Leben. Herausg. durch F. von Elsholtz, A. von Maltitz u. F. Aug. von Zu-Rhein unter Mitwirkung viel. Gelehrten. 1840. 12 Hfte. gr. Lex.-8. München, Franz. n. 4 ß

— Deutsche, für Poesie, Literatur, Kunst u. Theater, herausg. v. K. Schall u. K. v. Holtei. 1r Jahrg. 1823. gr. 4. Breslau, Graß, B. u. C.

— deutsche, für Protestanten u. Katholiken. Histor.-polit. Zeitschrift (den Münchner historisch-polit. Blättern entgegengesetzt). Heft 1—7. (Weiter nichts erschienen.) gr. 8. Heidelb. 1839—41. Winter. 3 Thlr. 20 ngr. — 7 fl. 24 kr.

— deutsche, für Protestanten und Katholiken. Eine historisch-politische Zeitschrift in zwanglosen Heften. Neue Folge. 1. Heft. gr. 8. Heidelberg 840, Winter. $\frac{7}{12}$ ß — 2. Heft. 841.

Blätter, Deutsche, für Schnellschrift,
Vorh. u. d. T.: Blätter, Deutsche, für Stenographie.

— deutsche, f. Schnellschrift. (Neue Folge der deutschen Blätter f. Stenographie.) Zeitschrift des Stenographenvereins Gabelsberger zu Berlin. Geleitet v. Adf. Zuckertort. 27. Jahrg. 1894. 12 Nrn. (à ca. $1\frac{1}{2}$ Bog.) gr. 8. Berlin, (G. Schuhr). n. 3. —
s. 1885 (in Bd. XXIII): Blätter, deutsche, f. Stenographie. Der ebenfalls m. 27. Jahrg. bezeichnete Jahrg. 1885 derselben ist nur z. Tl. erschienen.

— deutsche, f. Schnellschrift. (N. F. d deutschen Blätter f. Stenographie.) Zeitschr. d. Stenographenvereins Gabelsberger z. Berlin. Gegr. v. Adf. Zuckertort. Hrsg.: E. Uhl. 28. u. 29. Jahrg. 1895—1896. à 12 Nrn. (à ca. $1\frac{1}{2}$ Bog.) gr. 8. Berlin (G. Schuhr). à Jahrg. n. 3. —

— deutsche, f. Stenographie. Red. v. E. Gantter. Jahrg. 1875 u. 1876. à 12 Nrn. (à $\frac{1}{2}$—$\frac{3}{4}$ B.) Mit Beiblatt: Concordia. (1. u. 2.) Jahrg. 1875 u. 1876. à 12 Nrn. ($\frac{1}{4}$ B.) gr. 8. Elberfeld, Fasbender in Comm. à Jahrg. n. 3. —; ohne Beiblatt n. 2. —; Beiblatt apart n. 1. 25

—— deut., f. Stenographie. 7. Jahrg. 12 Nrn. (à $\frac{1}{2}$—$\frac{3}{4}$ B.) 8. Elberf. 75. (Fröhling.) n. 2. —; m. Beiblatt: Concordia 12 Nrn. ($\frac{1}{4}$ B.) n. 3. —; Beiblatt ap. n. 1. 25

—— deutsche, für Stenographie. Hrsg. vom Gabelsberger Stenographen-Verein zu Elberfeld. 17. Jahrg. 1875. 12 Nrn. (à $\frac{1}{2}$—$\frac{3}{4}$ Bog.) gr. 8. Elberfeld. (Berlin, Klönne und Müller.) *
Mit Beiblatt: Konkordia. 1. Jahrg. 1875. 12 Nrn. ($\frac{1}{4}$ Bog.) *
Beiblatt allein *

—— dass. — Redig. von E. Gantter. 18. Jahrg. 1876. 12 Nrn. (à $\frac{1}{2}$—$\frac{3}{4}$ Bog.) gr. 8. (Ebendas.) *
Mit Beiblatt: Konkordia. 2. Jahrg. 1876. 12 Nrn. ($\frac{1}{4}$ Bog.) *
Beiblatt allein *

—— dass. — Hrsg. vom Stenographen-Verein „Gabelsberger" in Berlin. Redact.: Adf. Zuckertort. 19. und 20. Jahrg. 1877 und 1878. à Jahrg. 12 Nrn. (à $\frac{1}{2}$—$\frac{3}{4}$ Bog.) gr. 8. Berlin, (Klönne und Müller.) *
Mit Beiblatt: Konkordia. Redig. von E. Gantter. 3. und 4. Jahrg. 1877 und 1878. à Jahrg. 12 Nrn. ($\frac{1}{4}$ Bog.) à Jahrg. *
Beiblatt allein *

—— dass. — Organ der Verbände ostdeutscher und rheinisch-westfäl. Stenografen, sowie der Stenografenvereine zu Hannover und Neustadt a. H. Hrsg. vom Stenografenverein „Gabelsberger" zu Berlin. Redact.: Adf. Zuckertort. 21. Jahrg. 1879. 12 Nrn. (à 1—2 Bog.) gr. 8. (Ebendas.) *
Mit Beiblatt: Konkordia. Stenograph. Unterhaltungsblatt. 5. Jahrg. 1879. 12 Nrn. (à $\frac{1}{4}$—$\frac{1}{2}$ Bog.) *
Mit Beiblatt: Die Debatte. Uebungsblatt zur Einführung in die stenographische Praxis. 1. Jahrg. 1879. 12 Nrn. (à $\frac{1}{4}$—$\frac{1}{2}$ Bog.) *
Beiblätter allein à *

—— deutsche, für Stenographie. Organ der Verbände ostdeutscher und rheinisch-westfäl. Stenografen, sowie des Stenografenvereins zu Hannover. Hrsg. vom Stenografenverein „Gabelsberger" zu Berlin. Redact.: Adf. Zukertort. 22. Jahrg. 1880. 12 Nrn. (à Nr. 1—2 Bog.) Mit den Beiblättern: Konkordia. Stenografisches Unterhaltungsblatt. 6. Jahrg. 12 Nrn. (à Nr. $\frac{1}{4}$—$\frac{1}{2}$ Bog.) und: Die Debatte. Uebungsblatt zur Einführung in die stenograf. Praxis. 2. Jahrg. 12 Nrn. (à Nr. $\frac{1}{4}$—$\frac{1}{2}$ Bog.) gr. 8. Berlin, (Klönne und Müller.) *
Mit Konkordia oder Debatte *
Hauptblatt allein *
Konkordia und Debatte *
Konkordia oder Debatte *

—— dass. — Redact.: Adf. Zukertort und Ferd. Schrey. 23. Jahrg. 1881. 12 Nrn. (à Nr. 1—2 Bog.) Mit den Beiblättern: Konkordia. Stenograf. Unterhaltungsblatt. 7. Jahrg. 12 Nrn. (à Nr. $\frac{1}{4}$—$\frac{1}{2}$ Bog.) und: Die Debatte. Uebungsblatt zur Einführung in die stenograf. Praxis. 3. Jahrg. 12 Nrn. (à Nr. $\frac{1}{4}$—$\frac{1}{2}$ Bog.) gr. 8. Ebendas. *
Mit Konkordia oder Debatte *
Hauptblatt allein *
Konkordia und Debatte *
Konkordia oder Debatte *

—— dass. — Organ der Verbände ostdeutscher, rheinisch-westfäl. und braunschweigisch-hannover. Stenographen etc. Unter Mitwirkung von Schrey, Heinrich und Thiele, redig. von Adf. Zukertort. 24.—26. Jahrg. 1882—1884. à Jahrg. 12 Nrn. (à Nr. 1—2 Bog.) Mit den Beiblättern: Konkordia. Stenograph. Unterhaltungsblatt. 8.—10. Jahrg. à Jahrg. 12 Nrn. (à Nr. $\frac{1}{4}$—$\frac{1}{2}$ Bog.) und: Die Debatte. Uebungsblatt zur Einführung in die stenograph. Praxis. 4.—6. Jahrg. à Jahrg. 12 Nrn. (à Nr. $\frac{1}{4}$—$\frac{1}{2}$ Bog.) gr. 8. Berlin, Issleib. à Jahrg. *
Mit Konkordia oder Debatte à *
Hauptblatt allein à *
Konkordia oder Debatte à *

—— deutsche, für Stenographie. Organ der Verbände rheinisch-westfäl. und braunschweigisch-hannover. Stenographen etc. Unter Mitwirkung von Schrey und Thiele redig. von Adf. Zukertort. 27. Jahrg. 1885. 12 Nrn. (à Nr. 1—2 Bog.) Mit den Beiblättern: Konkordia. Stenograph. Unterhaltungsblatt. 11. Jahrg. 12 Nrn. (à Nr. $\frac{1}{4}$—$\frac{1}{2}$ Bog.) und: Die Debatte. Uebungsblatt zur Einführung in die stenograph. Praxis. 7. Jahrg. 12 Nrn. (à Nr. $\frac{1}{4}$—$\frac{1}{2}$ Bog.) gr. 8. Berlin, Issleib. *
Mit Konkordia oder Debatte *
Hauptblatt allein *
Konkordia oder Debatte allein *
Nicht weiter erschienen.

— deutsche, f. Stenographie, s.: Blätter, deutsche, f. Schnellschrift.

— Deutsche, aus Thüringen. 1—3. Jahrg. 1849—1851. à 104 Nrn. gr. 4. Jena, Frommann. à Jahrg. n. 1 ß 2 ngl

Blätter, deutsche, zur Unterhaltung und Belehrung. Dresden 1880—81. 4.

— deutsche, f. erziehenden Unterricht. Unter Mitwirkg. v. Bartholomäi, Baumert, Bochmann u. A. hrsg. v. Frdr. Mann. Jahrg. 1874. 24 Nrn. (à 1—2 B.) gr. 8. Mit Beilage: Pädagogisches Anzeigeblatt. ($\frac{1}{2}$ B.) Langensalza, Beyer & Söhne. n. 4. —

— dasselbe. 2. u. 3. Jahrg. 1875 u. 1876. à 24 Nrn. (B.) gr. 8. Mit Beilage: Pädagogisches Anzeigeblatt. ($\frac{1}{2}$ B.) Ebend. à Jahrg. n. 5. —

— deutsche, für erziehenden Unterricht. Unter Mitwirkung v. C. Andreä, Ballauf, Barth ꝛc. hrsg. v. Frdr. Mann. 4. Jahrg. 1877. 24 Nrn. (à 1—$1\frac{1}{2}$ B.) gr. 8. Langensalza, Beyer & Söhne. n. 5. —

— dasselbe. 5—9. Jahrg. 1878—1882. à 52 Nrn. ($1\frac{1}{2}$ B.) gr. 4. Ebend. à Jahrg. n. 6. 40

— deutsche, f. erziehenden Unterricht, hrsg. v. Frdr. Mann. 10—13. Jahrg. 1883—1886. à 52 Nrn. ($1\frac{1}{2}$ B.) gr. 4. Langensalza, Beyer & Söhne. à Jahrg. n. 6. 10

— deutsche, f. erziehenden Unterricht. Hrsg. v. Frdr. Mann. 14.—17. Jahrg. 1887—1890. à 52 Nrn. (1½ B.) gr. 4. Langensalza, Beyer & Söhne. à Jahrg. n. 6.40

— deutsche, f. erziehenden Unterricht. Nebst Monatsbeilage: Vom Büchertisch. Hrsg. v. Frdr. Mann. 18.—21. Jahrg. 1891—1894. à 52 Nrn. (2 Bog.) gr. 4. Langensalza, Beyer & Söhne. à Jahrg. n. 6.40

— deutsche, f. erzieh. Unterricht. Hrsg. v. Frdr. Mann. 22.—25. Jahrg. 1895—1898. à 52 Nrn. (à ca. 20 S.) Nebst Monatsbeilage: Vom Büchertisch. gr. 4. Langensalza, H. Beyer & Söhne. à Jahrg. n. 6.40
Kann auch vierteljährlich bezogen werden.

Blätter, deutsche, f. erziehenden Unterricht. Hrsg. v. Frdr. Mann. 26.—29. Jahrg. 1899—1902. à 52 Nrn. Nebst Monatsbeilage: Vom Büchertisch. gr. 4. (à ca. 12 u. 4 S.) Langensalza, H. Beyer & Söhne. à Jahrg. n. 6.40

— deutsche, f. erziehenden Unterricht. Hrsg. v. Frdr. Mann. 30. Jahrg. 1903. 39 Nrn. Nebst Monatsbeilage: Vom Büchertisch. (IV, 814 S.) gr. 4. Langensalza, H. Beyer & Söhne. n. 6.40

— dasselbe. 31.—34. Jahrg. Oktbr. 1903—Septbr. 1907. à 52 Nrn. Nebst Monatsbeilage: Vom Büchertisch (IV, 436; IV, 442 u. IV, 460 S.) 4 Ebd. à Jhrg. n. 6.40

— deutsche, f. erziehenden Unterricht. Hrsg. v. Frdr. Mann. 35.—38. Jhrg. Oktbr. 1907 bis Septbr. 1910. à 52 Nrn. Nebst Monatsbeilage: Vom Büchertisch. (à ca. 12 u. 4 S.) 32,5×23,5 cm. Langensalza, H. Beyer & Söhne. à Jhrg. 6.40

— Deutsche, f. erziehenden Unterricht. Gegründet u. 35 Jahre geleitet v. Frdr. Mann. Schriftleitg: Mann. 38. u. 39. J. Okt. '10—Sept. '12 je 52 Nrn. Nebst Monatsbeil.: Vom Büchertisch. (4, 546, 48; 4, 528, 48) 32,5×23 cm. Langens., H Beyer & S. viertelj. 1.60

— Deutsche, welche gemäß hohen Befehls in Freiburg fortgesetzt wurden. 1) Kriegs- u. polit. Nachrichten. 2) Patriot. Erhebungen. gr. 4. Freiburg 814. Herder. 1 ℳ (Gräffer u. Schmidl in Wien). 3 ℳ

— — für den Zeichen- u. gewerblichen Berufsunterricht. 1901-07. St. Gallen 1901-07

— deutsche, für Zeichen- und Kunstunterricht. 1898-1900. Danzig 1898-1900

— deutsche, f. Zeichen- u. Kunstunterricht. Mitteilungen des Landesvereines preuss., f. höh. Lehranstalten geprüfter Zeichenlehrer. Hrsg. v. dessen Vorstand. Verantwortlicher Leiter: W. Grunewald. 5.—7. Jahrg. 1900—1902. à 12 Nrn. Lex.-8. (272, 204 S. m. 8 Taf. u. 277 S.) Bochum (O. Hengstenberg). à Jahrg. n. 6.—

Blätter, deutsche, f. Zeichen- u. Kunstunterricht Mitteilungen des Landesvereines preuss., für höhere Lehranstalten geprüfter Zeichenlehrer. Hrsg. v. dessen Vorstand. Verantwortlicher Leiter: W. Grunewald. 8. u. 9. Jahrg. 1903 u. 1904. à 12 Nrn. (à ca. 16 S. m. Abbildgn.) Lex.-8. Bochum (O. Hengstenberg.) à Jahrg. n. 6.—

— dasselbe. 10. u. 11. Jahrg. 1905 u. 1906. à 24 Nrn. (1906, IV, 412 S.) Lex.-8. Ebd. à Jhrg. n. 6.—

— deutsche, f. Zeichen- u. Kunst-Unterricht. Organ des Landesvereins preuss., f. höh. Lehranstalten geprüfter Zeichenlehrer (E. V.) u. des Landesvereins preuss., f. höh. Lehranstalten geprüfter Zeichenlehrerinnen. Red.: K. Gattwinkel. 12—15. Jahrg. 1907—1910 à 24 Nrn. (à ca. 18 S.) Lex. 8. Berlin, C. Hause. à Jhrg. 6.—

— Deutsche, f. Zeichen- u. Kunst-Unterr. Red. '10: K Gattwinkel, '11: O Schultz, '12: G Kuhn. 15—17. J. '10—12 je 24 Nrn. (8, 446; 8, 434; 8, 412 m. Abb. u. 2 Taf.) Lex8° Berl., C Hause. je 7 —

—— deutsch-evangelische. Zeitschrift für den gesammten Bereich des deutschen Protestantismus, in Verbindung mit Bierling, Dorner, Dümmler etc. hrsg. von W. Beyschlag und A. Wolters. 1. Jahrg. Juli—Decbr. 1876. 6 Hefte (à 5 Bog.) gr. 8. [Berlin, Rauh.] Halle, Strien's Verlag. *

— deutsch-evangelische. Zeitschrift für den gesammten Bereich des deutschen Protestantismus, in Verbindung mit Bierling, Dorner, Dümmler etc. hrsg. v. W. Beyschlag u. A. Wolters. 2—7. Jahrg. 1877—1882. à 12 Hfte. (5 B.) gr. 8. Halle, Strien. à Jahrg. n. 12. —

— deutsch-evangelische. Zeitschrift f. den gesammten Bereich d. deutschen Protestantismus, in Verbindg. m. Bierling, Dorner, Dümmler etc. hrsg. v. Willib. Beyschlag. 8—11. Jahrg. 1883 1886. à 12 Hfte. (ca. 5 B.) gr. 8. Halle, (Strien). à Jahrg. n. 12. —

— deutsch-evangelische. Zeitschrift für den gesammten Bereich d. deutschen Protestantismus, begründet von W. Beyschlag u. A. Wolters in Verbindung mit Bierling, Dorner, Dümmler etc. u. hrsg. v. W. Beyschlag. 12. bis 15. Jahrg. 1887—1890. à 12 Hfte. (ca. 5 B.) gr. 8. Halle (Strien). à Jahrg. n. 12. —

— deutsch-evangelische. Zeitschrift f. den gesammten Bereich des deutschen Protestantismus, begründet v. W. Beyschlag u. A. Wolters, in Verbindg. m. Bierling, Dorner, Dümmler etc. u. hrsg. v. Willib. Beyschlag. 16.—19. Jahrg. 1891—1894. à 12 Hfte. (ca. 5 Bog.) gr. 8. Halle, (E. Strien). à Jahrg. n. 12. —

— dasselbe. General-Register zu Jahrg. I—XV. gr. 8. (38 S.) Ebd. 891. Unentgeltlich.

— deutsch-evangelische. Zeitschrift f. d. ges. Bereich d. deutschen Protestantismus, begr. v. W. Beyschlag u. A. Wolters, in Verbindg. m. Bierling, Dorner, Dümmler etc. u. hrsg. v. Willib. Beyschlag. 20.—23. Jahrg. 1895—1898. à 12 Hfte. (à. ca. 5 Bog.) gr. 8. Halle (E. Strien). à Jahrg. n. 12. —
Kann auch vierteljährlich bezogen werden.

— deutsch-evangelische. Zeitschrift f. den gesammten Bereich des deutschen Protestantismus, begründet v. W. Beyschlag u. A. Wolters in Verbindg. m. Bierling, Dorner, Dümmler etc. u. hrsg. v. Willib. Beyschlag. 24. u. 25. Jahrg. 1899 u. 1900. à 12 Hfte. gr. 8. (IV, 868 u. IV, 864 S.) Halle, E. Strien. à Hft. 1. —

— dasselbe. Zeitschrift f. d. gesammten Bereich des deutschen Protestantismus, begründet u. bis 1900 hrsg. v. Willib. Beyschlag. Fortgesetzt u. in Verbindg. m. vielen Freunden hrsg. v. Erich Haupt, Wilh. Kahl u. Alb. Hackenberg. 26. Jahrg. Der neuen Folge 1. Jahrg. 1901. à 12 Hfte. u. Generalregister z. 16.—25. Jahrg. gr. 8. (IV, 866 S. m. 1 Bildnis u. 16 S.) Ebd. à Hft. n. 1. —

— dasselbe. 27. Jahrg. Der Neuen Folge 2. Jahrg. 1902. 12 Hfte. gr. 8. (IV, 878 S.) Ebd. à Hft. n. 1. —

— deutsch-evangelische. Zeitschrift f. den gesamten Bereich des deutschen Protestantismus, 1876 begründet u. bis 1900 hrsg. v. Willib. Beyschlag. Fortgesetzt u. in Verbindg. m. vielen Freunden hrsg. v. Erich Haupt, Wilh. Kahl u. Alb. Hackenberg. 28.—31. Jahrg. Der Neuen Folge 3.—6. Jahrg. 1903—1906. à 12 Hefte. (IV, 886; IV, 862; IV, 858 u. IV, 858 S.) gr. 8. Halle, E. Strien. à Jhrg. n. 12. —

— deutsch-evangelische. Zeitschrift f. den gesamten Bereich des deutschen Protestantismus, 1876 begr. u. bis 1900 hrsg. v. Willib. Beyschlag. Fortgesetzt u. in Verbindg. m. vielen Freunden hrsg. v. Erich Haupt, Wilh. Kahl u. Alb. Hackenberg. 32. u. 33. Jhrg. Der neuen Folge 7. u. 8. Jhrg. 1907 u. 1908. à 12 Hfte. (IV, 863 u. IV, 863 S.) gr. 8. Halle. Groß-Salze, E. Strien. à Hft. 1. —
Erscheinen nicht mehr.

— deutschnationale. Organ d. Ortsgruppe Leipzig u. Monatspläne d. Zweigver. d. deutschnationalen Handlgsgehilfen-Verb., Hamburg. Verantwortlich: Frz Schilbach. 4—7. J. '07—9 je 12 Nrn. (Nr 1—8.68) 31,5×23 cm. Lpzg, Deutschnationaler Handlgsgehilfen-Verb. Halbj. 1 — d

— Deutschnationale. Organ d. Ortsgruppe Leipzig u. Monatspläne d. Zweigvereine d. deutsch-nationalen Handlgsgehilfen-Verb. Hamburg. Verantwortl.: Hans Kanitz, seit '12: Max Nitzsche. 7—9. J. '10—12 je 12 Nrn. ('12, Nr 1: 12) Lex8° Lpzg, Deutschnationaler Handlungsgehilfen-Verb. je 2 — d

— deutsch-soziale. Organ der deutsch-sozialen Partei, s.a. Correspondenz, antisemitische.

— deutsch-soziale. Hrsg. v. Max Liebermann von Sonnenberg. Begr. v. Thdr. Fritsch. 10.—13. Jahrg. 1895—1898. à 52 Nrn. (à ca. 12 S.) gr. 4. Leipzig, H. Beyer. à Jahrg. n. 6. —
Kann auch vierteljährlich bezogen werden. — Auch u. d. Titel: Correspondenz, antisemitische.

— deutsch-soziale. Hrsg. von Max Liebermann v. Sonnenberg. Begründet v. Thdr. Fritsch. Schriftleiter: L. Hogrefe. 14. Jahrg. 1899. 52 Nrn. gr. 4. (à ca. 12 S.) Leipzig. Berlin, Deutschnationale Buchh. u. Verlags-Anst. n. 6. —

— dasselbe. 15. u. 16. Jahrg. 1900 u. 1901. à 52 Nrn. gr. 4. (à ca. 12 S.) Ebd. à Jahrg. n. 6. —

— dasselbe. 17. Jahrg. 1. Viertelj. Jan.—März 1902. 13 Nrn. gr. 4. (à ca. 12 S.) Ebd. n. 1. 50

— dasselbe. 17. Jahrg. 2.—4. Viertelj. April—Dezbr. 1902. 39 Nrn. gr. 4. (à ca. 12 S.) Ebd. n. 6. —
A. u. d. T.: Correspondenz, antisemitische.

— deutsch-soziale. Hrsg. v. Max Liebermann v. Sonnenberg. Begründet v. Theod. Fritsch. Schriftleiter: L. Hogrefe. 18. Jahrg. 1903. 52 Nrn. (à ca. 12 S.) gr. 4. Berlin [Deutschnationale Buchh. u. Verlagsanstalt]. Hamburg. Reichsverband d. deutschsozialen Partei. n. 8. —
Auch u. d. T.: Correspondenz, antisemitische.

— dasselbe. Begründet v. Theod. Fritsch. Hrsg. von Max Liebermann v. Sonnenberg. (Deutsches Blatt.) Red.: Geo. Haase. 19. u. 20. Jahrg. 1904 u. 1905. à 104 Nrn. (1486 u. 1252 S.) gr. 4. Hamburg [Hanseat. Druck- u. Verlags-Anstalt]. Reichsverband d. deutschsozialen Partei. à Jhrg. n. 7. 50
Die antisemitische Correspondenz ist hiermit vereinigt.

— Deutsch-soziale. Hrsg.: M. Liebermann von Sonnenberg. 20. u. 21. Jahrg. 1906/07. je 104 Nos. Lex.-8. Hamburg, Hanseat. Druck- u. Verlagsanstalt. Vierteljährl. 1. 20.

Blätter, Deutsch-soziale. Hrsg.: M. Liebermann von Sonnenberg. 22. Jhrg. 1908. 104 Nrn. Lex.-8. Hamburg, Reichsverband der deutsch-sozialen Partei. Vierteljährl. 1. 20.

— deutsch-soziale. Schriftl.: H. Haase u. A. Götting. 24. Jahrg. 1909. 104 Nrn. Lex.-8. Hamburg, Reichsverband d. deutsch-sozialen Partei. Vierteljährl. 1. 50.

— Deutsch-soziale. (Deut. Bl.) Schriftleiter: H Haase u. A Götting. 25. u. 26. J. '10 u. '11 je 104 Nrn. ('11, Nr 1: 8) 31×23,5 cm. Hambg, Reichsverb. d. deutschsoz. Partei. viertelj. 1.20; einz. Nrn — 20 ‖ 27. J. '12. viertelj. nn 1.50; einz. Nrn — 20 d

Blätter, Deutsch-soziale. – Hamburg : 1907-1913.
Vorh. u. d. T.: Blatt, Deutsches.
Fortges. u. d. T.: Blätter, Deutschvölkische.

Blätter, Deutschvölkische. – Hamburg : 1907-1913.
Vorh. u. d.T.: Blätter, Deutsch-soziale.

Blätter a. d. evang. Diakonieverein, 1. Jahrg., s.: Frauen-Hilfe.

— a. d. evang. Diakonieverein. Hrsg.: Zimmer. 2. Jahrg. April 1898—März 1899. 12 Nrn. (à 12 S.) gr. 4. Berlin-Zehlendorf, Ev. Diakonieverein. n. 2. —

— aus dem evangelischen Diakonieverein. Schriftleiter: Zimmer. 3.—6. Jahrg. 1899—1902. à 12 Nrn. 4. (à ca. 12 S.) Berlin-Zehlendorf, Ev. Diakonieverein. à Jahrg. n. 2. —

— aus dem evangelischen Diakonieverein. Schriftleiter: Zimmer. 7.—10. Jahrg. 1903—1906. à 12 Nrn. (104. 92, 98 u. 132 S.) 4. Berlin-Zehlendorf, Ev. Diakonieverein. à Jhrg. n. 3. —

— aus dem evangelischen Diakonieverein. Schriftleiter: Großmann. 11.—14. Jhrg. 1907—1910. à 12 Nrn. (112, 108, 138 u. 160 S.) Lex. 8. Berlin-Zehlendorf, Ev. Diakonieverein. à Jhrg. 3. —

— a. d. evang. Diakonieverein. Schriftleiter: Grossmann. 14. u. 15. J. '10 u. '11 je 12 Nrn. (160, 156) Lex8° Berl.-Zehlend., Ev. Diakonieverein. je 2 — ‖ 16. J. '12. (192) nn 3 — d

— für deutsche Dichtung. Red. von Bernh. Endrulat. Jahrg. 1859. 52 Nrn. (à 1 Bgn.) Hamburg, Würger. 4. n. 2 Thlr 20 ngr.

Blätter für deutsche Dichtung. Wien 1893—95. H: *Hammer, Wilhelm Arthur.* (EB)

— für deutsche Dichtung. Jahrbuch d. Vereines f. deutsche Litteratur: „Ostarichi" u. der „Lit. Dreibund". Red.: Herm. Cl. Kosel. Jahrg. 1893. 12 Nrn. (à ca. 1 Bog.) 8. Wien. (Leipzig, Literar. Anstalt, A. Schulze.) n. 5. —

— dasselbe. 2. Jahrg. 1894. 12 Nrn. (à ca. 1 Bog.) 8. Ebd. n. 4. —

— f. deutsche Dichtung. Jahrbuch d. Vereines f. deutsche Literatur: „Ostarrichi". Red.: Emil Hofmann. 3. Jahrg. 1895. 12 Nrn. (à ca. 16 S.) 8. Wien. (Leipzig, Literar. Anstalt, A. Schulze.) n. 4. —

—— für Dilettanten mit Zeichnungs-Beilagen. Fachblatt für Laubsäge-, Einlege-, Schnitz-Arbeiten, Holzmalerei, Spielwaaren und Erzeugnisse verwandten Industriewesens. Redact.: Mor. Helly. 1.—5. Jahrg. Octbr. 1880—Septbr. 1885. à Jahrg. 12 Nrn. (Bog. mit je 2 Stnt.) hoch 4. Wien, Stockinger und Morsack. 1.—4. Jahrg. à * 5. Jahrg. *

—— für Dilettanten mit Zeichnungs-Beilagen. Fachblatt für Laubsäge-, Einlege-, Schnitz-Arbeiten, Holzmalerei, Spielwaaren und Erzeugnisse verwandten Industriewesens. Redact.: Jos. Bachl. 6.—8. Jahrg. Octbr. 1885—Septbr. 1888. à Jahrg. 12 Nrn. (Bog. mit je 2 Stnt.) 4. Wien, Stockinger und Morsack. à Jahrg. *

— für Dilettanten mit Zeichnungs-Beilagen. Fachblatt f. Laubsäge-, Einlege-, Schnitz-Arbeiten, Holzmalerei, Spielwaaren u. Erzeugnisse verwandten Industriewesens. 7.—10. Jahrg. Oct. 1886—Sept. 1890. à 12 Nrn. (B. mit je 2 Steintaf.) 4. Wien, Stockinger & Morsack. à Jahrg. n. 4. 50
Erscheinen vorläufig nicht weiter.

— diplomatische, für Genealogie und Staatenkunde. Zeitblatt für die höheren Stände. Redacteur: Freiherr L. v. Zedlitz in Berlin. 1r Jahrg. 1837. Juli — Decbr. 52 Numm. ($^1/_2$ Bg.) gr. 4. Leipzig, Gebr. Reichenbach. n. $2^1/_2$ ₰, herabges. Pr. n. $1^1/_3$ ₰

Dithmarscher Blätter. Druck und Verlag von F. Pauly. Heide. Jg 1863. 4°.

— Dithmarscher, f. Deutsche u. Schleswig-Holsteinische Zustände. Jahrg. 1850. 52 Nrn. gr. 4. ($^1/_2$ B.) Heide, Pauly. $1^2/_3$ ₰

— dramaturgische, s. a. Bühnen-Genossenschaft, deutsche.

— dramaturg., v. L. Tieck s. a. Morgenzeitung, Dresd., Beilage.

— Dramaturgische, s. a. J. W. Schreiber.

— Dramaturgische, s. a. Zimmermann.

Blätter, dramaturgische, 1—5. Qrtl. 8. Frkft. Eßlinger. 780.

Blätter, Dramaturgische.
Frankfurt 1788—89. H: *Schreiber, Alois Wilhelm.* (EE) (Kn) (Ky) (MGT)

— dramaturgische, (v. A. W. Schreiber) 6 Bdchen. 8. Frankf. a. M. 788, 89. Eichenberg. 4 ₰

— dramaturgische. Ein Organ zur Förderung und Hebung der dramat. Poesie und ihrer Darstellung durch die Schauspielkunst. Hrsg. von H. Th. Rötscher. 1. Jahrg. 1865. 4 Hefte. 4. (1. Heft 68 S. mit 1 Stnt.) Dresden, Meinhold und Söhne.

— dramaturgische. Eine Monatsschrift. Hrsg. von Otto Hammann u. Wilh. Henzen. 1. Jahrg. 1877. 12 Hfte. (8 B.) gr. 8. Leipzig, Dürr'sche Buchh. 18. —

— dasselbe. Eine Zeitschrift für die Interessen der deutschen Bühne. Hrsg. von Otto Hammann u. Wilh. Henzen. (2 u. 3.) Jahrg. 1878 u. 1879. à 24 Nrn. ($1^1/_2$ B.) Lex.-8. Leipzig, Foltz. à Jahrg. n. 16. —

— dass. — Eine Zeitschrift für die Interessen der deutschen Bühne. Hrsg. von Otto Hammann und Wilh. Henzen. 2. Jahrg. 1878. 24 Nrn. (à $1^1/_2$ Bog.) Lex.-8. Leipzig, Mentzel. *

— dass. — Organ für deutsche Theater. Hrsg. und redig. von Wilh. Henzen. 3. Jahrg. 1879. 24 Nrn. (à $1^1/_2$—2 Bog.) Lex.-8. Leipzig, Folz. *

— dass. 1. Jahrg. 4. Qu. Oktbr—Dezbr 1898. 18 Nrn. 4° (Nr. 1. 4) Berl., S Cronbach. 1,50 || 2. Jahrg. 1899. 52 Nrn. 6 —
Erscheinen nicht mehr.

— dramaturgische. Org. d. deutschen Bühnen-Vereins. (Beibl. z. Magazin f. Litteratur.) Red.: Rud. Steiner. 1. Jahrg. 1898. 52 Nrn. (à 4 S.) gr. 4. Weimar, E. Felber. n. 6. —
Kann auch vierteljährlich bezogen werden.

— dramaturgische. Organ des deutschen Bühnen-Vereins. (Beiblatt zum Magazin f. Litteratur.) Hrsg. von Rud. Steiner. 2. Jahrg. 1899. 52 Nrn. gr. 4. (à ca. 4 S.) Berlin, S. Cronbach. n. 6. —

— dramaturgische. Monatsschrift f. das gesamte Theaterwesen. Begründet v. Karl-Ludwig Schröder. Red.: Frz. Schamann. 1. Jahrg. 1905. 12 Nrn. (264 S.) gr. 8. Wien (M. Lechner & Sohn). n. 6. —
Erscheinen nicht mehr.

Blätter, Dramaturgische, und Bühnenrundschau.
Vorh. u. d. T.: Bühnengenossenschaft, Deutsche.
Forts. u. d. T.: Bühnengenossenschaft, Deutsche.

— dramaturgische u. Bühnen-Rundschau. Offizielles Organ d. Genossenschaft deutscher Bühnen-Angehöriger. Red. von R. Löwenfeld. 17. Jahrg. (der „Deutschen Bühnen-Genossenschaft"). 1888. 52 Nrn. gr. 4. (Nr. 1: 4 B.) Berlin, Günther & Sohn. Vierteljährl. n. 4. —

— dresdner, f. Schulen. 4. Leipz. Dyk. 804.
Schreibp.

— Dresdner, f. Geflügelzucht, Kleintierzucht u. Tiersport. Red.: Arno Merkel. 41.—44. Jhrg. 1907 bis 1910. à 52 Nrn. (à ca. 8 S.) 42×27,5 cm. Mit Beiblatt: Wochenblatt f. Land- u. Hauswirtschaft. (à 4 S. m. Abb.) 30,5×22 cm. Reichenbach, J. G. Koch. à Jhrg. 3. —

— Dresdner, f. Geflügelzucht, Kleintierzucht u. Tiersport. Red.: Arno Merkel. 44. u. 45. J. '10 u. '11 je 52 Nrn. ('11, Nr 1—16: 132) 42×27,5 cm. Reichenb., J G Koch. viertelj. — 75 d
Das Beibl. erscheint seit 1. 1. '11 nicht mehr.

— Dresdener student. Hrsg. v. d. Dresdener Freien Studentensch. Schriftleiter: Frdr. Hager. 1. J. Okt. '12—Sept. '13. 52 Nrn (Nr 1: 12) gr8° Dresd., A Dressel. halbj. 3 —; einz. Nrn — 20

Blätter der Ehre, Liebe und Treue. Einem Wohlthätigkeitszwecke am Vermählungstage Sr. k. k. apostolischen Majestät gewidmet von J. B. J. 8. (30 S.) Wien. Druck von Keck und Pierer. 1854.

— für Elektro-Homöopathie. Eine neue Wissenschaft, entdeckt durch den Grafen Caesar Mattei. Vom Grafen C. Mattei autoris. deutsche Ausg. der Nouvelle science médicale. Redact.: M. Steindl. 1.—4. Jahrg. 1881—1884. à Jahrg. 24 Nr. (Bog.) hoch 4. Regensburg, (Mans.) à Jahrg. *

— dasselbe. 4—6. Jahrg. 1884—1886. à 24 Nrn. (B.) hoch 4. Ebend. à Jahrg. n.n. 6. —

— für Elektro-Homöopathie. Eine neue Wissenschaft, entdeckt durch den Grafen Caesar Mattei. Vom Grafen C. Mattei autoris. deutsche Ausg. d. Nouvelle science médicale. Red.: M. Steindl. 7. Jahrg. 1887. 24 Nrn. (B.) hoch 4. Regensburg, (Verlags-Anstalt). n. 5. 20

— dasselbe. 8.—10. Jahrg. 1888—1890. à 24 Nrn. (B.) hoch 4. Ebd. à Jahrg. n. 5. 60

— für Elektro-Homöopathie. Eine neue Wissenschaft, entdeckt durch den Grafen Caesar Mattei. Vom Grafen C. Mattei autoris. deutsche Ausg. der Nouvelle science medicale. Red.: M. Steindl. 11.—14. Jahrg. 1891—1894. à 24 Nrn. (Bog.) hoch 4. München u. Regensburg, (Nationale Verlags-Anstalt). à Jahrg. n. 5. 60

— für Elektro-Homöopathie. E. neue Wissenschaft, entdeckt d. d. Grafen Caesar Mattei. Red.: M. Steindl. 15. Jahrg. 1895. 24 Nrn. (Bog.) hoch 4. Regensburg, J. Habbel. n.n.n. 5,60

— dasselbe. Red.: Ferd. Nickl. 16.—18. Jahrg. 1896—1898. à 12 Nrn. (à ca. 12 S.) Lex.-8. Ebd. à Jahrg. n 4. 80
Kann auch halbjährlich bezogen werden.

— für Elektro-Homöopathie. Eine neue Wissenschaft, entdeckt durch den Grafen Caesar Mattei. Red.: Ferd. Nickl. 19. Jahrg. 1899. 12 Nrn. Lex.-8. (140 S.) Regensburg, J. Habbel. n. 4. 80

— dasselbe. Red.. Ferd. Nickl. 20.—22. Jahrg. 1900—1902. à 12 Nrn. Lex.-8. (106, 98 u. 96 S.) Ebd. à Jahrg. n. 3. 50

— für Elektro-Homöopathie. Red.: Ferd. Nickl. 23. u. 24. Jahrg. 1903 u. 1904. à 12 Nrn. (96 u. 102 S. m. 2 u. 6 Abbildgn.) Lex.-8. Regensburg, J. Habbel. à Jhrg. n. 3. 50
Erscheinen nicht mehr.

— für Elektrotechnik. 1900—1902. Red.: Bauch. à 12 Nrn. gr. 4. (à ca. 16 S. m. Abbildgn.) Potsdam Geschäftsstelle der Zeitschrift f. Elektrotechnik u Maschinenbau. à Jahrg. n. 3.—
Erscheint nicht mehr.

Blätter, elektrotechnische, mit Supplement für das gesamte Beleuchtungswesen. Monats-Zeitschrift. 1. Jahrg. Gr. in-4°. Bern, Administration. Jährlich 4 —; Weltpostverein 5 —
1896

— elektrotechnische, m. Suppl. f. d. ges. Beleuchtungswesen. Monats-Zeitschrift. 1. Jahrg. 1896. Deutsche u. französ. Ausg. (Revue de l'électricité.) à 12 Nrn. (à 8 S.) gr. 4. Bern (Marktgasse 59), Verlag d. elektrotechn. Blätter. Jede Ausg. n.n. 4.—; beide zus. n n. 7. 20

Blätter, elektrotechnische, mit Supplement für das gesamte Beleuchtungswesen. Monats-Zeitschrift. 2. Jahrg. 1897. Gr. in-4°. Bern, Administration. Jährlich 4 —; Weltpostverein 5 —

Blätter, Ellwanger landwirthschaftliche. Zugleich Organ für landwirthschaftliche Fortbildungsschulen. Red.: Walcher. (1.) Jahrg. 1858. 24 Nrn. (à ½ Bgn. m. Beilagen.) Ellwangen, Heß. 4. 1 Thlr.

— Ellwanger landwirthschaftliche. Zugleich Organ f. landwirthschaftliche Fortbildungsschulen. Red.: E. Süskind. (2.) Jahrg. 1859. 24 Nrn. (à ½ Bgn. m. Beilagen.) Ellwangen, Heß. 4. 24 ngr.

— — (3.) Jahrg. 1860. — (4.) Jahrg. 1861. Red.: Gröninger. à 26 Nrn. (à ½ Bgn. m. Beilagen.) Ebend. 4. Jeder Jahrg. 1 Thlr.

Blätter: Elsaß-Lothringische Blätter — Bulletin d'Alsace-Lorraine
④ Questions d'Alsace-Lorraine - Elsaß-Lothringische Zeitfragen (Annemasse, France) ⑤ 15. 10. 1917—Dezember 1917 ⑥ 8° ⑦ monatlich 2× ⑧ Bern: Willi Wälchli ⑨ H.-E. Droz ⑩ für den Anschluß von Elsaß-Lothringen an Frankreich ⑭ Ge: P (Nr. 1 und 2/3).

Engadiner Blätter — L'Engiadinais
v. Engiadinais.

— Englische, herausg. v. L. A. Schubart u. A. 12 Bde, mit Kpf. gr. 8. Erlang. 793—803. (Heyder). (à 1 Thlr. 16 gr.) 20 Thlr.

— Englische, herausg. v. Schubart. m. K. 12 Bde. gr. 8. Erlangen, Walther. 793—803. (à 1 Rthlr. 16 gr.)

— entomologische. Internationale Monatsschrift f. die Biologie der Käfer Europas unter besond. Berücksicht. der Forstentomologie. Journal coléoptérique international. Hrsg. v. H. Bickhardt, unter Mitwirkg. v. Karl Eckstein, C. Hennings, W. Hubenthal u. a. 5. u. 6. Jhrg. 1909 u. 1910. à 12 Nrn. (à ca. 32 S. m. Abb.) gr. 8. Berlin, F. Pfennigstorff. à Jhrg. 6.—
Der 5. Jhrg. erschien noch in Nürnberg.

— Entomologische. Internat. Monatsschr. f. d. Biol. d. Käfer Europas unter bes. Berücks. d. Forstentomol. Journal coléoptérique internat. Hrsg. v. H Bickhardt. 6. u. 7. J. '10 u. '11 je 12 Nrn. (Nr 1: 24 m. 1 Bildn.) gr8° Berl., F Pfennigstorff. je 6 — ‖ 8. J. '12. 7 —

Blätter, entomologische, aus der Schweiz I. Zürich 1871.

Blätter f. handelsrechtl. Entscheidungen. VIII. IX. 2 Bde. Zürich 1889—90. 8°.

—— für christl. Erbauung, von protestant. Freunden. Redact. R. R. Fischer. Jahrg. 1842—47. à 52 Nrn. (½ B.) gr. 4. Leipzig. (Otto Klemm.) à *

—— dass. in Bänden. 1—9. Bd. 12. Ebds. 842—46. à Bd. * 15 Ngr. *
Bd. 1—6. in herabges. Preise à * 10 Ngr.

Blätter für christliche Erbauung von protestant. Freunden. Red. R. R. Fischer. 10. Bd. 1847. 12. (IV u. 311 S.) Leipzig, O. Klemm. n. ½ Thlr.

— für christliche Erbauung von protestant. Freunden. Red. R. R. Fischer. 1847 u. 1848, à 52 Nrn. gr. 4. (½ B) Leipzig, O. Klemm. à n. ⅔ Thlr.

—— für christliche Erbauung von protestant. Freunden. Redakt.: R. R. Fischer und M. A. Zille. Jahrg. 1848—50. à 52 Nrn. (½ Bog.) (12—17. Bd.) gr. 4. Leipzig, O. Klemm. (12. und 13. Bd. à * 10 Ngr., 14—17. Bd. à * 15 Ngr.) *
Die Jahrgänge 1849 und 1850 wurden von M. A. Zille allein redigirt.

— für häusliche Erbauung, unter Mitwirkung des Herrn Hüffell und mit Beiträgen v. Herrn Kirchenr. Sonntag u. a. Gelehrten herausg. von C. Schmezer. 1r u. 2r Jahrg. 3 Bde. 1834 u. 35. Lex.-8. Karlsruhe, Müller. (1r J. 3⅓ Thlr., 2r J. 2¼ Thlr.) 5 7/12 Thlr. — 3r Jahrg. 3r Bd. 1836—37. 52 Numm. Ebd. 836. ⅝ Thlr. (Alle 3 Bde. zusammen 3 Thlr.)

— der Erinnerung. Gesammelt und herausgeg. aus dem Nachlaß des Majors Friedrich v. Luck. 8. Berlin 845, Al. Duncker. ½ Thlr.

—— einige, der Erinnerung. Gesamm. u. hrsg. aus dem Nachlaß des Majors Friedr. v. Luck. (Gedichte.) 8. (7⅛ B.) Berlin 845, A. Duncker.

Blätter der Erinnerung. Für handschriftl. Eintraggn. der Freunde u. Gäste. qu. Lex.-8. (34 S. m. farb. Abbildgn. u. eingedr. Text.) München 890. Nürnberg, Th. Stroefer. Geb. m. Goldschn. n. 6. 50

— d Erinnerung. (Schreibalbum.) qu. gr. 8. (48 S. m. z. Tl. farb. Bild.) Nürnberg 895. Th. Stroefer. Geb. in Leinw. m. Goldschn. 7. 50

— der Erinnerung. Ein Buch d. Freundschaft. (96 S. m. Titelbild.) 8. Lengerich (908). Bischof & Klein. Geb. in Leinw. 1. 25

—— d. Erinnerg an d. 50jähr. Amtsjubil. d. Superint. Roth. 8. (40) Hirschb. 65, (Wandel.) n. — 5

—— der Erinnerung an das 50jährige Amtsjubiläum des Superint. a. D. Pastor Roth. Am 8. Novbr. 1865. 8. (40 S.) Hirschberg 866, (Wesener.) *

— der Erinnerung an die Anwesenheit Sr. Königl. Hoheit des Kronprinzen von Preußen im Regierungsbezirke Aachen gewidmet. 8. Aachen 834. Mayer. ¼ Thlr.

Blätter der Erinnerung an den Bau und die Eröffnung des neuen Hauses der Gesellschaft der Musikfreunde in Wien 1870.

— der Erinnerung an Oberkonsistorialrat Dr. Friedrich v. Braun, Stadtdekan in Stuttgart, geb. in Kirchheim u. T. den 18. XI. 1850, entschlafen u. beerdigt in Jerusalem den 31. V. 1904. (30 S. m. Bildnis.) 8. Stuttgart 904. J. F. Steinkopf. n. — 30

Blätter der Erinnerung für die Brüder der Loge Pyramide [in Plauen] von G[ust.] H[einr.] L[eonh.] H[eubner]. (Ms. f. Frmr.) [H. 1—4.] Plauen: Neupert in Comm. 1859—1878. 8°

[1.] 63 S. 1859; 2. IV, 75 S. 1866.
[3.] Nebst Gesch. d. Frmrei i. O. v. Plauen v. K. F. Höckner. 123 S. 1876.

[4.] [U. d. Tit.:] Aus d. Vermächtn. e. Heimgegangenen. Blätter d. Erinnerung an ... G. H. L. Heubner ... 70 S. 1878.
Recens z. H. 1: Bh. 8 (1860) S. 22; FZ. 14 (1860) S. 48; z. H. 2: Bh. 9 (1866) S. 84; FZ. 20 (1866) S. 83—84; z. H. 3: Bh. 20 (1877) S. 46.
Tt. 2351. Gedichte u. Reden.

Blätter der Erinnerung an das Burggrafenamt ... Meran 1886. H: *Vintler, Hans von & Ignaz Vinzenz Zingerle.* (Margr)

— der Erinnerung an die fünfzigjährige Dauer der Niederrheinischen Musikfeste. Cöln 1868.

— der Erinnerg. an Pastor Ludw. Doll, † a. 28. Mai 1883 z. Neukirchen b. Moers. Predigten u. Ansprachen, a. Begräbnißtage geh., m. vorausgeschicktem kurzen Lebensabriß des Vollendeten. gr. 8. (81 S.) Neukirchen bei Moers 883. Missionsbuchh. Stursberg & Co. n. — 25

Blätter der Erinnerung an die Doppelfeier des Freimaurer-Institutes. Zum Jubelfeste des 125jährigen Bestehens in Dresden-Friedrichstadt und zur Einweihung des Neubaues in Dresden-Striesen am 28. und 29. Juni 1899. Dresden [1899]: Meinhold & S. 34 S. 4° [Umschlagtit.]
Einen Festbericht enthaltend.

Blätter der Erinnerung an den seligen Kirchenrath Dr. C. F. W. Fabri zu Würzburg. Würzburg 866. Stuber. gr. 8. (42 S.) n. 6 ngr.

Blätter der Erinnerung an die Fahnenweihe des Bürger-Corps zu Graz am 15 September 1861. Gesammelt und herausgegeben vom Bürgercorps-Caplan Richard Peinlich. 8. (83 S.) Graz. Kienreich. 50 kr.

Blätter der Erinnerung an die Feier des 50jahrigen Amtsjubiläums des Herrn Antistes Dr. Georg Finsler. Bern 1896s.a.(Finsler, Rud[olf]).

Blätter der Erinnerung an die Feier des 50jährigen Amtsjubiläums des Herrn Antistes Dr. Georg Finsler 1896. Bern 1896. V: *Finsler, Rudolph.* (Cat. d. Stadtbibl. Zürich. Zürich 1864—97.)

— zur Erinnerung an die Feier der Enthüllung d. Göthe-Monumentes zu Frankfurt a/M. Am 22. Octbr. 1844. gr. 4. (Mit Göthe's Portr., 7 lithogr. Ansichten nebst 16 lith. Facsimiles v. Göthe u. Herder.) Frankfurt a/M. 846, Mettenius. n. 1 ℛ 10 ngr

Blätter der Erinnerung an Carl Fierz-Landis. Zürich 1892 s.[Hardmeyer-Jenny, Jacob].

— d. Erinnerung, d. Freunden d. Stadt Halle gewidmet. 18 Heft. m. illum. K. Halle; Kümmel. 809.

Blätter der Erinnerung an ... den ... Prinzen Friedrich August Ernst, Herzog zu Sachsen. [1847.] V: *Zechel, Moritz.* (Bein I, 1, S. 507)

—— d. Erinnerg an Preussens König Friedrich Wilh. III. 8. (47) Berl. 53, Kühling. — 6

—— der Erinnerung an Preußens König Friedrich Wilhelm III. 8. (47 S. mit 1 Holzschn.) Berlin 853, Vereins-Buchh.

Blätter der Erinnerung [aus der Geschichte der Zunft zu Safran]. Zürich [1892]. V: *Schulthess, Friedrich.* (Cat. d. Stadtbibl. Zürich. Zürich 1864—97.)

—— zur Erinnerung an d. Heilquelle zu Flinsberg. 1834. qu. gr. 8. (5 lith. Ansichten, 1 lith. Karte d. Umgebn. in gr. 4. u. 3/4 B. Text incl. Musikbeil.) Glogau, (Heymann.)

— zur Erinnerung an die Heilquelle zu Flinsberg 1834. Mit 5 Ansichten und 1 Karte. gr. 4. Glogau 834. (Prausnitz.) 1 1/6 ℛ, jetzt 2/3 ℛ

— der Erinnerung an den Heimgang d. am 30. Apr. 1891 zu Düsseldorf im Herrn entschlafenen Adalbert Natorp. gr. 8. (30 S.) Düsseldorf 891. L. Voß & Co. n. — 50

Blätter der Erinnerung an Adolf Helfferich. Zusammengestellt von J. H. Cannstadt 1894. V: *Helfferich, J.* (Berlzu 1916, I, 269)

Blätter der Erinnerung an Adolf Helfferich. Cannstadt 1894. H: *Hartmann, Julius.* (Erman & Horn, Bibliogr. d. dtsch. Universitäten. 2. Leipzig u. Berl. 1904.) (Kat. d. ständ. Bibl. Stuttgart 1907. S. 581.)

Blätter der Erinnerung an Alexander von Humboldt. Gesammelt von ***. Berlin 1860. (VI, 221 S. 8°. [Humboldt-Sammlung.]

— der Erinnerung an Alex. v. Humboldt. Gesammelt von ***. Berlin 860. Hasselberg. 16. (VI, 221 S.) 24 ngr.

Blätter zur Erinnerung an Fanny Hünerwadel, gewiedmet ihren Verwandten und Freunden. Aarau 1855. H: *Fröhlich, Albert Emanuel.* (ABJP)

— zur Erinnerung an Joseph Josenhans, Missionsinspektor. Geboren 9. Febr. 1812. Gestorben in Leonberg 25. Dezbr. 1884. Beerdigt 28. Dezbr. 1884. gr. 8. (29 S.) Stuttgart 885. J. F. Steinkopf. n. — 30

— d. Erinnerg. a. d. Jubel-Feier d. 25jähr. Bestehens d. kgl. Lehrerseminars z. Löbau i. S. v. 26.—28. V. 1898, hrsg. v. Festausschuss. gr. 8. (74 S. m. Abb.) Löbau 898. J. G. Walde. — 90

— der Erinnerung an das 300jährige Jubiläum d. Collegiums bei St. Anna in Augsburg am 3. u. 4. Dezbr. 1882. gr. 8. Augsburg 883. Rieger. n.n. — 60
Vorwort. Festpredigt v. Stählin. Rede v. Schreiber. (XII, 36 S.)

— der Erinnerung an das 50jährige Jubiläum der preußischen Kolonie Zillerthal im J. 1887. Hrsg. vom Festausschuß. gr. 8. (36 S.) Schmiedeberg 887. Sommer. n. — 50

Blätter der Erinnerung an d. Jubiläum v. Cl. Harms, z. Feier seines Amtsantritts zu Kiel vor 25 Jahren, am 4. Adventssonntag 1841. In Verbind. mit mehreren Freunden gesamm. u. hrsg. v. J. Dorner. gr. 8. (2 B.) Kiel 842, Universität-Buchh. Thlr. *

—— der Erinnerung an Prälat v. Kapff, Stiftsprediger und Oberkonsistorialrath in Stuttgart. Geboren den 22. Oktbr. 1805. Gestorben den 1. Septbr. 1879. Beerdigt den 3. Septbr. 1879. gr. 8. (48 S.) Stuttgart 879, J. F. Steinkopf.

Blätter der Erinnerung an den am 29. Nov. 1902 in Rheydt verstorbenen Hauptlehrer August Kremer. *Rheydt: W. R. Langewiesche 1903.* (12 S.) 8° [F.]. 104. 168 S

Blätter der Erinnerung an Richard Lauxmann, Stadtpfarrer an d. Stiftskirche zu Stuttgart. Gebor. in Schönaich den 8. Aug. 1834. Gestorben in Stuttgart den 20. Jan. 1890 gr. 8. (32 S.) Stuttgart 890. J. F. Steinkopf. — 30

—— d. Erinnerung an die letzten Lebenstage d. am 18. Febr. 1546 zu Eisleben selig entschlaf. Dr. Mart. Luther. 8. (¾ B.) Eisenberg 846, Schöne'sche Buchh. 1½ Ngr. M. L's. Bildn.

Blätter der Erinnerung an Sr. Gn. J(oseph) B(urkard) Leu, Propst und Professor am Lyceum und der Theologie (°*Umschlag:* an Sr. Gnaden Propst und P' Jos. B' Leu sel.), aus der Trauerfeier der Studirenden in Luzern (gegeben Donnerstag den 9. März.... Propst Leu als Mensch und Lehrer, Gedächtnissrede und zwei poetische Vorträge. Mit Portrait in Photographie). 8. Luzern 1865.

—— zur Erinnerung an den verewigten Rektor der lateinischen Schule zu Nürtingen M. Heinrich Planck. gr. 8. (28 S.) Tübingen 874, Fues'sche Sortimentsb. *

— zur Erinnerung (an das Riesengebirge). qu. 12. (20 farb. S.) Warmbrunn 892. M. Leipelt. n. 2. —

— der Erinnerung an Johann Anton Rohn, Pfarrer v. Rohrdorf, Dekan d. Kapitels Regensberg u. päpstl. Kämmerer. Der kathol. Geistlichkeit der Diöcese Basel-Solothurn, zunächst des Aargauischen Kapitels Regensberg gewidmet von einem Mitgliede dieses letzteren. [Aus: „Vaterland".] gr. 8. (61 S.) Luzern 880. Räber. n. — 80

—— der Erinnerung an die im Septbr. 1883 in Wien abgehaltene kirchliche Säcularfeier der Rettung Wiens aus der Türkennoth im J. 1683. 8. (V, 149 S.) Wien 883, (Mayer und Comp.) *

— der Erinnerung an Christian Friedrich v. Schmid, Doctor der Phil. u. Theol., Prof. ꝛc. gr. 8. (52 S.) Tübingen 852, Osiander. n. 4 ngr

Blätter der Erinnerung an den besonders auch um die Verherrlichung der hl. Hildegardis . . . hochverdienten weil. Pfr. Ludw. Schneider . . . Mainz 1867. V: *Schmelzeis, Joh. Philipp.* (Ky)

—— der Erinnerung an den besonders auch um die Verherrlichung der heil. Hildegardis und durch Förderung des Choralgesangs hochverdienten weil. Pfar. Ludw. Schneider von seinem Dienstnachfolger (Schmelzeis). gr. 16. (96 S.) Mainz 867, Kirchheim. *

— der Erinnerung an den vollendeten Garnisonsprediger Schwelzer. 8. (46 S.) Ludwigsburg 883. Neubert. n. — 60

— der Erinnerung an Pastor Carl Seeger, † am 3. Septbr. 1889 zu Repelen bei Moers. Mitteilungen aus seinem Leben, v. seiner Krankheit u. seinem Heimgang nebst den am Begräbnistage u. am Sonntag hernach zu seinem Gedächtnis gehaltenen Predigten u. Ansprachen. gr. 8. (56 S.) Emden 889. Gerhard. n. — 30

Blätter der Erinnerung an Julius Stursberg, weil. Inspektor d. Waisen- u. Missionsanst. in Neukirchen. Neukirchen, Kr. Moers: Stursberg 1909. 76 S. 8° (10. 5718 B

Blätter der Erinnerung an Julius Stursberg, weil. Inspektor d. Waisen- u. Missionsanstalt in Neukirchen. 2. Aufl. Neukirchen, Kr. Mörs: Stursberg 1910. 77 S. 8° (10. 7014

—— zur Erinnerung an den Tag der Confirmation. Nach dem Entwurf des Prof. Dr. Fr. Wanderer in Farbendr. hrsg. vom Verein für christl. Kunst in der evangel. Kirche Bayerns. Fol. (1 Bl.) Nürnberg 886, Ballhorn.
Preis für 10 Exempl. in Umschlag *

— zur Erinnerung an den Tag der Confirmation. Nach dem Entwurf d. Fr. Wanderer in Farbendr. hrsg. vom Verein f. christl Kunst in der evangel. Kirche Bayerns. Fol. (10 Bl.) Nürnberg 886. v. Ebner. n. 2. —

Blätter der Erinnerung an V. Trinks, Herz. Sachsen-Meining. Apellationsgerichtsrath. Den Freunden des Entschlafenen gewidmet vom Verfasser. Hildburghausen 1868. V: *Trinks, Carl Frdr. Gfr.* (ADB 46, 424)

—— der Erinnerung an den von uns geschiedenen hochwürd. Hrn. Domcapitular Peter Hyacinth Trost. gr. 8. (2 B.) Aachen 845, Mayer.

—— der Erinnerung an das eidgenössische Turnfest in Zürich abgehalten den 23. und 24. Aug. 1840. gr. 8. (20 S.) Zürich 840, (Schultheß.)

— zur Erinnerung an den Übergang der Schalksburgherrschaft vom Haus Zollern an das Haus Württemberg, den 3. XI. 1403. (VI, 174 S. m. 28 Abbildgn.) gr. 8. Stuttgart 904. (Balingen, W. Wagner.) n. 2. 20

— d. Erinnerg an Stiftsprediger Prälat D. G Weitbrecht (1840—1911). 1. Trauerfeier in d. Stiftskirche. 2. Feier am Grabe. (40 m. Bildn.) 8° Stuttg., JF Steinkopf ('11). — 50 d

—— der Erinnerung an den treuen Gottesknecht Hrn. Johannes Wiesinger, königl. Dekan und Stadtpfarrer in Würzburg, heimgegangen am 4. April 1886. 1. und 2. Aufl. gr. 8. (16 S.) Nürnberg 886, Raw'sche Buchh. *

—— der Erinnerung an Friedrich Biel, Cand. theol. gr. 8. (48 S.) Ansbach 854, Gummi's Buchh. *

—— d. Erinnerg an F. Ziel. 8. (48) Münch. 54. Beck. n. — 6

— d. Erkenntnis. 8° (43) Lpzg 92. Stuttg., Hobbing & B. — 80; geb. 1.50

! — d. Erkenntnis. Jetzt: Lpzg, Th. Fritsch. — 50; geb. 1

Blätter, Erneuerte vaterländische, für den österreichischen Kaiserstaat. Wien 1816—20. H: *Sartori, Franz.* (ErschDL)

— erneuerte vaterländische, für den österreichischen Kaiserstaat auf das Jahr 1817. Wien, Schaumburg u. C.

— erneuerte vaterländische, f. d. österr. Kaiserstaat, bereichert durch d. Chronik d. österr. Literat. u. deren Intelligenzblatt, auf d. J. 1820. 8. Wien 821, Schaumburg u. C.

Blätter, Erzgebirgische. 1. Heft. Schneeberg 1793. V: *Peck, Adolph Lobegott.* (MS)

— Erzgebirgische, 12 Stcke. 4. Dresd. 793. Arnold. 1 ₰

— Erzgebirgische. 12 Stck. 4. Dresden, Arnold. 796.

—— erzgebirgische. Redakt.: Mor. Tenzler. Jahrg. 1848. April — Decbr. 30 Nrn. (Bog.) 4. Freiberg, Reinmann'sche Buchh. *

Blätter für christliche Erziehung in Schule und Haus, Forts. u. d. T.: Schulblätter, Hessische.

— für christliche Erziehung in Schule u. Haus. 1. u. 2. Jahrg. 1889. 1890. à 24 Nrn. (B.) gr. 4. Mainz, Haas. à Jahrg. n. 3. 60

— für christliche Erziehung in Schule u. Haus. 3. u. 4. Jahrg. 1891. 1892. à 24 Nrn. (Bog.) hoch 4. Mainz, J. P. Haas. à Jahrg. n. 3. 60
Fortsetzung s.: Schulblätter, hessische.

— für deutsche Erziehung. 3. Jahrg. der deutschen Schulreform. Monatsschrift f. die Gebildeten aller Stände. Hrsg.: Arth. Schulz. Schriftleitung: Johs. Nickol. 3. Jahrg. 1901. 12 Hfte. 4. (à ca. 14 S.) Berlin-Friedrichshagen. (Leipzig, L. Fernau.) n. 4. —

— dasselbe. Führende Zeitschrift f. Neuordng. des deutschen Unterrichts- u. Erziehungswesens nach den Fordergn. der Natur u. auf dem Grunde deutschen Volkstums. Hrsg.: Arth. Schulz. Schriftleitung: Johs. Nickol. 4. Jahrg. 1902. 12 Nrn. 4. (à ca. 16 S.) Ebd. n. 4. —
Vergl.: Schulreform, d. deutsche.

— für deutsche Erziehung. Hrsg.: Arth. Schulz. Schriftleitung: Johs. Nickol. 5.—8. Jahrg. 1903—1906. à 12 Nrn. (à Jahrg. 192 S.) gr. 8. Friedrichshagen-Berlin, Verlag der Blätter f. deutsche Erziehg. à Jhrg. n. 4. —

— f. deut. Erziehg. Hrsg.: Arth. Schulz. 8—11. J. '08—9 je 12 Nrn. (192, 196, 192, 192) gr8° Birkenwerder, Verl. d. Blätter f. deut. Erziehg. Viertelj. 1 — d
1906 erschien in Friedrichshagen.

— f. deut. Erziehung. Zeitschr. d. Gesellsch. f. deut. Erziehg u. d. Bundes hess. Schulreformer. Hrsg. u. verantwortl.: Arth. Schulz. 12—14. J. '10—12 je 12 Hefte. (192, 184, 168) gr8° Birkenwerder, Verl. d. Blätter f. deut. Erziehg. viertelj. 1 — d

—— über häusl. Erziehung, eine Zeitschrift für Eltern und deren Stellvertreter. Hrsg. von mehreren Schulmännern. 1. Jahrg. April—Decbr. 1856. 9 Nrn. (Bog.) gr. 8. Berlin 856, Bernhardt und Comp. * —

—— für häusliche Erziehung und praktischen Unterricht. Eine Zeitschrift für Eltern und Lehrer. Hrsg. von Lauckhard. Jahrg. 1867. 24 Nrn. (Bog.) hoch 4. Jena, F. Mauke.

Blätter für Erziehung und Unterricht. Herausg. von einem Vereine von Jugendfreunden. Redig. von H. Reitzenbeck. 1—4. Jahrg. 1855—58. à 4 Hefte (à ca. 3 Bgn.). Salzburg, Glonner. gr. 8. Jeder Jahrg. n. 21 ngr

— für Erziehung und Unterricht. Red. von Heinr. Reitzenbeck. 5—7. Jahrg. 1859—61. à 4 Hfte. (à 3 Bgn.) Salzburg, Mayr. gr. 8. Jeder Jahrg. n. 24 ngr.

— für Erziehung u. Unterricht. Hersg. vom „deutschen pädagogischen Vereine in Prag." Redig. von A. Wiechovsky. 1. Jahrg. 20 Nrn. (à 1 Bgn.). Prag 870. Dominicus in Comm. Lex.-8. n. 1 ₰ 10 ngr.

— für Erziehung u. Unterricht. Hrsg. vom „deutschen pädagogischen Vereine in Prag." Red. v. A. Wiechovsky. 2. Jahrg. 1871. 52 Nrn. (à ½—1 B.) Lex.-8. Prag, Tempsky.. n. 4. —

Blätter für Erziehung und Unterricht. Hrsg. vom „deutschen pädagogischen Vereine in Prag. Redig. von A. Wiechovsky. 3. Jahrg. 1872. 52 Nrn. (à ½—1 Bog.) gr. 8. Prag. (Dominicus.) *
—— dass. — Redact.: Jos. Heinrich und Jos. Slansky. 4. Jahrg. 1873. 52 Nrn. (à ½—1 Bog.) gr. 8. Ebendas. *
—— dass. — Redact.: A. Wiechovsky. 5. Jahrg. 1874. 52 Nrn. (à ½—1 Bog.) gr. 8. Ebendas. *

— dasselbe. 6. Jahrg. 1875. 52 Nrn. (à ½—1 B.) gr. 8. Ebend. 875. n. 7. —

—— dass. — 7. und 8. Jahrg. 1876 und 1877. à Jahrg. 52 Nrn. (à 1—4 Bog.) gr. 8. Prag, Tempsky. à Jahrg. *
Nicht weiter erschienen.

Blätter f. Erziehung u. Volksbildung, Rhein.-Westfälische, eine Zeitschrift. Redakteur: Joh. Hast. 1. Jahrg. 1842. Juli—December. 26 Numm. (Bogen.) Lex.-8. Münster 842, Hast u. Riese. n. 1¼ ₰ — NB. Sind nur einige Bogen erschienen.

—— für Erziehung u. Volksbildung, rheinisch-westfälische, eine Zeitschrift. Redakt.: Joh. Hast. 1. Jahrg. 1842. Juli—December. 26 Nrn. (Bog.) Lex.-8. Münster, [Theissing.] *

Blätter, Europäische, oder das Interessanteste aus Litteratur und Leben für die gebildete Lesewelt. Zürich 1824—25. H: *Menzel, Wolfg.* (Bibliogr. d. Schweiz. Landeskunde. Bern 1892 ff. Ib.)

— Europäische, od. d. Interessanteste aus Literat. u. Leben f. d. gebild. Lesewelt. 1824, 1s u. 2s Quartal 2 Rthlr. 12 gr. u. 1825, 4 Quart. 5 Rthlr. gr. 8. Baden. (Zürich, Geßner.)

Blätter: Europäische Blätter
① oder das Interessanteste aus Literatur und Leben für die gebildete Lesewelt ⑤ 1824 und 1825 (1. Hälfte) ⑥ 8° ⑦ Wochenblatt ⑧ Zürich ⑩ Geßnersche Buchhandlung, Zürich ⑪ Follen und List ⑭ Zh: Z.

— europäische. Jahrg. 1834. 4 Quartale u. Jahrg. 1825. 1s u. 2s Quart. Jahrg. 1824. 5 ₰, J. 1825. 2½ ₰ NB. so ist der Titel im 1. Thle. S. 284 abzuändern.

— evang.-christl., gesammelt, geordnet, erweitert u. berichtigt von C. A. Dann. 1s Heft. (Einleitungsblätter). 8. Stuttg. 817. Steinkopf. 6 gr. 2s Hft. Neujahrsblätter in 2 Abthl. 8. Ebd. 18 gr. 3s Hft. (Passions- u. Osterblätter). 8 gr. 4s Hft. (Himmelfahrts- u. Pfingstblätter). Ebd. 821. 12 gr. Alle 4 Hefte 1 ₰ 20 gr.

— Dessen 2s Heft. Neujahrsblätter in 2 Abthl. 8. Ebend. 818.

Blätter, Evangelisch-christliche. Stuttgart 1818-30. H: *Dann, Christoph Adam.* (winer)

Blätter, evangel.-christl. 2c., von C. A. Dann. 5s Heft. A. u. d. T.: Beherzigungen eines Predigers u. Seelsorgers, allen seiner Seelsorge anvertrauten Herzen dargelegt in drei noch ungedruckten Parabeln des gründl. Schriftforschers u. eifrigen Verkündigers des Reichs Gottes, des theuren vollendeten Herrn Antistes Heß u. einigen dadurch veranlaßten Bemerkk. über den Geist unserer Zeit, 8. Stuttg. 830. Steinkopf. 6 gr.

Blätter, evangelische, redig. und herausg. von Fr. Busch. 1r — 3r Jahrg. 1832—34. gr. 4. Riga 832—34. Frantzen. (à J. 3 ₰) 9 ₰, Velinp. 12 ₰

—— evangelische. Hrsg. im Auftrage der evangel. Conferenz für das Großherzogth. Hessen. Redact.: Carl Will. Jahrg. 1862 und 1863. à Jahrg. 52 Nrn. (½ Bog.) gr. 4. Darmstadt, Will. à Jahrg. *

—— evangelische. Hrsg. im Auftrage der vereinigten evangel. Conferenzen von beiden Hessen. Redact.: H. Foltz. 13. Jahrg. 1876. 52 Nrn. (Bog.) Fol. Ebendas. *

—— dass. — Redact.: Büttel. 14. Jahrg. 1877. 52 Nrn. (½ Bog.) gr. 4. Mainz (Diemer.) *

—— dass. — Redact.: Büttel. 15. Jahrg. 1878. 52 Nrn. (½ Bog.) gr. 4. Mainz. Prickarts. *

—— dass. — Redact.: Wilh. Wiener. 16. Jahrg. 1879. 52 Nrn. (½ Bog.) gr. 4. Ebendas. *

—— evangelische. Hrsg. im Auftrage der vereinigten evangel. Conferenzen von beiden Hessen. Redact.: Wilh. Wiener. 17. Jahrg. 1880. 52 Nrn. (à Nr. ½ Bog.) gr. 4. Mainz, Prickarts. *
Nicht weiter erschienen.

Blätter, evang. Mitteilungen an die Mitglieder und Freunde der Evang. Gesellschaft der Kantone St. Gallen und Appenzell. Gr. 8°. Pro No. 8 S. (Jährlich 12 Nrn.) St. Gallen. Buchh. d. Evang. Gesellschaft. **1899**

Blätter, evangelische. Organ d. evangel. Gesellschaft d. Kantone St. Gallen u. Appenzell. Red.: K. Linder. Neue Folge. 7. u. 8. Jhrg. 1909 u. 1910. à 12 Nrn. (à 8 S.) gr. 8. St. Gallen, Buchh. d. ev. Gesellsch. à Jhrg. 1.—

— Evangelische. Organ d. ev. Gesellsch. d. Kantons St Gallen u. Appenzell. Red.: K Linder, seit '11: W Schlatter. N. F. 8—10. J. '10—12 je 12 Nrn. ('12, Nr 1: 8) grs° St Gall., Buchh. d. ev. Gesellsch. je 1 — d

— evangelische, aus beiden Hessen. Hrsg. im Auftrage der vereinigten evangel. Conferenzen v. beiden Hessen. Jahrg. 1875 u. 1876. à 52 Nrn. (B.) Fol. Mainz, Kunze's Nachf. à Jahrg. n. 6. —

— evangelische, für die unirte Kirche der Pfalz. 1—4. Jahrg. 1854—57. redig. von Ebrard. — 5. Jahrg. 1858. redig. von Thelemann. à 52 Nrn. (à ½ Bgn.) Landau, Kaußler. gr. 4. Jeder Jahrg. n. 1 Thlr

—— evangelische, für die unirte Kirche der Pfalz, redig. von Ebrard. 4—8. Jahrg. 1857—61. à Jahrg. 52 Nrn. (½ Bog.) gr. 4. Landau, Kaußler. à Jahrg. *
1—3. Jahrg. Ebendas. 1854—56. * 3 Thlr.

—— evangelische, für die unirte Kirche der Pfalz, redig. von Scherer. 9.—13. Jahrg. 1862—66. à Jahrg. 52 Nrn. (½ Bog.) gr. 4. Landau, Kaußler. à Jahrg. *

— evangelische, f. junge Männer in Rußland. Hrsg.: A. Findeisen. Hrsg. im Auftrage des St. Petersburger evang. Jünglings- u. Männer-Vereins. 4.—6. Jahrg. 1900—1902. à 12 Nrn. hoch 4. (à ca. 10 S. m. Abb.) St. Petersburg (Neue Isaaksstr. 24), Redaktion. à Jahrg. n.n. 2.50

— evangelische, f. junge Männer in Rußland. Hrsg.: H. Findeisen. Hrsg. im Auftrage des St. Petersburger evang. Jünglings-Vereins. 7.—10. Jahrg. 1903—1906. à 12 Nrn. (à ca. 16 S.) Lex.-8. St. Petersburg (Konnogwardeiski Pr. 4), Redaktion. à Jhrg. n n. 2.50

— evangelische, f. junge Männer in Rußland. Hrsg: Fehrmann. Hrsg. im Auftrage des St. Petersburger evang. Vereins junger Männer. 11.—14. Jhrg. 1907 bis 1910. à 12 Nrn. (150, 158, 152 u. 148 S.) Lex. 8. St. Petersburg (Konnogwardeiski Per. 4), Redaktion. à Jhrg. nn 2.50

— Evangelische, f. junge Männer in Russld. Hrsg.: Fehrmann. 14—16. J. '10—12 je 12 Nrn. (146, 144, 148 m. Abb.) Lex8° St Petersbg (Nowo-Issaakiewskaja 24), Redaktion. je nn 2.50 d

— evangelische, vom Mittelrhein. Herausg. im Auftrage der evangel. Conferenz f. das Großherzogth. Hessen. Red.: Carl Will. Jahrg. 1862—64. à 52 Nrn. (à ½ Bgn.) Darmstadt, Will. 4. Jeder Jahrg. n. 1 Thlr 6 ngr

Evangelisch-Lutherische Blätter: Jahrgang 1—8, June 1883—May 1891

Lutheran monthly, published in the interests of the Bethlehem-Waisenhaus, by the Evangelisch-Lutherische-Conferenz von New Orleans; this Conference was part of Der Südliche Distrikt der Deutschen Evangelisch-Lutherischen Synode von Missouri, Ohio und anderen Staaten. Subtitle: Zum Besten des Bethlehem-Waisenhauses. Small folio, each issue 4 pages; illustrated sparingly. Edited & published by the Rev. P. Roesener, June 1883—Dec. 1889; by the Rev. G. J. Wegener, Jan. 1890—May 1891. New Orleans, LA

Blätter, Evangelisch-reformierte, Vorh. u. d. T.: Blätter, Evangelisch-reformierte aus Österreich.

— ev.-reformirte. Organ z. Förderg d. internat. Verkehrs d. ev.-reform. Kirche. Red.: JGA Szalatnay. 2—5. Jahrg. 1892—1895 à 11 Nrn. 4° (Nr. 1. 12) Prag. Ebd. à Jahrg. 4 —

— evangel.-reformirte. Organ z. Förderg d. Internat. Verkehrs d. ev.-reform. Kirche. Red.: JGA Szalatnay. 6. Jahrg. 1896. 11 Nrn. 4° (Nr. 1. 12 m. 1 Abb.) Prag. Kuttelberg, JGA Szalatnay. 4 —
Erscheinen nicht mehr.

— ev.-reformirte, a. Österreich. Organ z. Förderg d. internat. Verkehrs d. ev.-reform. Kirche. Red.: JGA Szalatnay. 1. Jahrg. 1891. 11 Nrn. (2 B.) 4° Kuttelb., JGA Szalatnay. 4 —

—— evangelisch reformirte, aus Österreich. Ein Organ zur Förderung des internationalen Verkehrs der evang.-reform. Kirche. Redact.: J. G. A. Szalatnay. 1. und 2. Jahrg. 1891 und 1892. à Jahrg. ca. 12 Nrn. (à Nr. 2 Bog.) hoch-4. Kuttelberg, Verlag der ev. reformirten Blätter. à Jahrg. * 4 —

Familiengeschichtliche Blätter. Zeitschrift zur Förderung der Familiengeschichtsforschung für Adel und Bürgerstand. Hrgg. v. Otto v. Dassel. 4°
Bd. 1 umfassend Jg. 1—3, 1903—05. Döbeln ⟨Sachsen⟩. 1906.
Bd. 2 umfassend Jg. 4—5, 1906—07. ebd. 1908.
Bd. 3 umfassend Jg. 6—7, 1908—09. Schwerin i. Meckl. 1909.
Jg. 8, 1910 ff. Leipzig. 1911 ff.

— Familiengeschichtliche. Monatsschr. z. Förderg d. Familiengeschichtsforschg. Gegründet v. O v. Dassel. Hrsg. v. d. Dassel-Stiftg b. d. Zentralstelle f. deut. Personen- u. Familiengesch. Hrsg.: Armin Tille, Schriftleitg: Ernst Devrient u. WO v. Arnswaldt, Red. v. 10. J. an: Ed. Heydenreich. 9. u. 10. J. '11 u. '12 je 12 Nrn. ('12: 8, 211 m. Abb. u. 2 [1 farb.] Taf.) 31×23,5 cm. Lpzg, HAL Degener. je 11—; Liebh.-Ausg. auf Büttenpap. 16 —; f. Mitgl. d. Zentralstelle je nnn 8 —, bezw. nnn 13 —; einz. Nrn 1.50 d

Familiengeschichtliche Blätter für adelige u. bürgerliche Geschlechter. Hrsg. von Freunden d. Familiengesch. (unter Leitung von Otto v. Dassel, Hauptm. in Dresden. Organ d. Archivs f. deutsche Familiengesch.) Jg. 1, No 1—2. *(Dresden 1903: E. Töding in Reichenbach i. Schl.)* 4° [F.] [illegible]

— farblose. Nr. 1—12. 1848. Aug.—.... gr.4. (à ½ B.) Jena, Schreiber. n. ⅙ Thlr; einzelne Nrn. n. 1 ngr

— f. d. Feierstunden. Illustr. Unterhaltungsblatt f. Jedermann. Jahrg. 1893. 52 Nrn. (2 B.) 4° Berl., OE Nagel. à Nr. — 10
Erscheinen nicht mehr.

— Felliner. Herausg. von Frdr. Dsirne und Johs. Meyer. 1. (Liefg.) Dorpat 859. Gläser. gr. 8. (94 S.) 18 ngr

— fidele. Wiener humorist. Zeitschrift. Red.: Paul Heller. 1. Jahrg. 1899. 26 Hfte. gr. 4. (à 16 S. m. z. Tl. farb. Abbildgn.) Wien (IV, Margarethenstr. 25), Expedition. à Hft. — 25

— fidele. Wiener humorist. Zeitschrift. Red.: P Heller. 1. Jahrg. 1899. 26 Hfte. 4° (1—11. Hft. 176 m. z. Tl farb. Abb.) Wien (IX, Alserstr. 20), A Garleutner. à Hft — 25
Fortsetzg war nicht zu erhalten.

(F) Fidele Blätter. Farbig illustrirte Wiener humoristische Zeitschrift. Herausgegeben von Heinrich Schwartz. Redigirt von Martin Mühsam. I. Jahrgang 1899. Wien. 1899. Verlag der Fidelen Blätter. 4°. erscheint in 26 Heften.
Einzelne Hefte fl. —.15, viertelj. fl. —.90

— als Fidibus für Raucher. Von einem Raucher. 16. (19 S.) Wien 878. Neidl. n. — 20

— für das bayerische Finanzwesen. Ein Organ f. die Interessen der gesamten Finanzverwaltg. im Königr. Bayern, sowie f. die m. der Gebührenbewertg. betrauten Gerichts- u. Verwaltungsbehörden. Hrsg. v. J. Krapp. 1. u. 2. Bd. Jahrg. 1893. 1894. à 20 Nrn. (Bog.) gr. 8. München, C. H. Beck. à Bd. n. 6. —

— f. d. bayerische Finanzwesen. E. Org. f. d. Interessen d. ges. Finanzverwaltg. im Königr. Bayern, sow. f. die m. d. Gebührenbewertg. betrauten Gerichts- u. Verwaltungsbehörden. Hrsg. v. J. Krapp. 3.—6. Bd. Jahrg. 1895—1898. à 20 Nrn. (Bog.) gr. 8. München, C. H. Beck. à Jahrg. n. 6. —

— für das bayerische Finanzwesen. Ein Organ f. die Interessen der gesamten Finanzverwaltg. im Königr. Bayern, sowie f. die m. der Gebührenbewertg. betrauten Gerichts- u. Verwaltungsbehörden. Hrsg. v. Vornkeller. 7.—10. Bd. Jahrg. 1899—1902. à 20 Nrn. (Bog.) gr. 8. München, C. H. Beck. à Jahrg. n. 6. —

— für das bayerische Finanzwesen. Ein Organ für die Interessen der gesamten Finanzverwaltg. im Königreich Bayern, sowie f. die m. der Gebührenbewertg. betrauten Gerichts- u. Verwaltungsbehörden. Hrsg. v. Vornkeller. 11.—14. Bd. Jahrg. 1903—1906. à 20 Nrn. (II, 827; II, 330; II, 331 u. II, 330 S.) gr. 8. München, C. H. Beck. à Jhrg. n. 6. —

— für das bayerische Finanzwesen. Ein Organ f. die Interessen d. gesamten Finanzverwaltg. im Königr. Bayern, sowie f. die m. der Gebührenbewertg. betrauten Gerichts- u. Verwaltungsbehörden. Hrsg. v. Vornkeller. 15.—18. Bd. Jhrg. 1907—1910. à 20 Nrn. (II, 331; II, 333; II, 334 u. II, 835 S.) gr. 8. München, C. H. Beck. 15. u. 16. Bd. à 6.—; 17. u. 18. Bd. à 7. —

— f. d. bayer. Finanzwesen. Hrsg. v. Vornkeller. 18—20. Bd, J. '10—12 je 20 Nrn. (335, 336, 337) gr8° Münch., OH Beck. je 7 — d

Blätter, Fliegende. Von J. B. L. [Unser Planet 1836, Nr. 107.] S. A. V: *Lyser, Joh. Peter.* (Friedr. Hirth: J. P. Lyser. München u. Leipzig 1911. S. 555)

— fliegende. Zur Erinnerung für Katholiken, zur Beherzigung für Nicht-Katholiken. I. Die Sakramente der Taufe u. der Buße. — Ablaß. Beichte. Beichtsiegel. gr. 8. Mainz 845, Kirchheim, Schott u. Thielmann. 1¾ ngl

— fliegende. 1.—3. Bd. à 24 Numm. (Bog.) M. Holzschn. gr. 4. München 845, 46, Braun u. Schneider. à n. 2 ℔ — einzelne Numm. ⅛ ℔

—— dies. 3—5. Bd. (J. 1846. 2. u. 1847. 1. u. 2. Sem.) od. Nr. 49—120. (à 1 B.) gr. 4. Ebds. à Bd. 2 Thlr. Einzelne Nrn. 3¾ Ngr.

— fliegende. Red.: Casp. Braun u. Frdr. Schneider. 4—16. Bd. (1847—1852.) od. Nr. 73—384. gr. 4. (à 1 B. m. eingedr. Holzschn.) München, Braun u. Schneider. à Bd. od. 24 Nrn. 2 ℔; cart. à n. 2¼ ℔; in Engl. Einband à n. 2 ℔ 18 ngl

—— fliegende. Redakt.: Casp. Braun und Friedr. Schneider. 6—15. Bd. oder Nr. 121—360. (à 1 Bog. mit eingedr. Holzschn.) gr. 4. München 848—52, Braun und Schneider. à Bd. 2 Thlr. 1—5. Bd. Ebendas. 1845—47. 10 Thlr.

—— fliegende. Redakt.: Casp. Braun und Friedr. Schneider. 16—25. Bd. oder Nr. 361—600. (Bog. mit eingedr. Holzschn.) gr. 4. München 852—56, Braun und Schneider. à Bd. 2 Thlr. 1—15. Bd. Ebendas. 1845—52. 30 Thlr.

—— fliegende. Redig. von Casp. Braun und Friedr. Schneider. 26—35. Bd. oder Nr. 601—860. (Bog. mit eingedr. Holzschn.) gr. 4. München 857—61, Braun und Schneider. à Bd.

Blätter, fliegende. Redact.: Casp. Braun und Friedr. Schneider. 36.—40. Bd. (à 26 Nrn.) oder Nr. 861—990. (Bog. mit eingedr. Holzschn.) gr. 4. München 862—64, Braun und Schneider. à Bd.

—— dass. — Redact.: Casp. Braun und Ed. Ille. 41.—46. Bd. (à 26 Nrn.) oder Nr. 991—1146. (Bog. mit eingedr. Holzschn.) gr. 4. Ebendas. 864—67. à Bd.

—— fliegende. Redact.: Kasp. Braun und Ed. Ille. 47.—61. Bd. à Bd. 26 Nrn. oder Nr. 1147—1536. (Bog. mit eingedr. Holzschn.) gr. 4. München 868—74, Braun und Schneider. à Nr. 30 Pf.; à Bd. (ℳ 6,50.) ℳ 6,70.; à Jahrg.

—— fliegende. Redact.: Kasp. Braun und Ed. Ille. 62. und 63. Bd. oder Jahrg. 1875. 52 Nrn. (Bog. mit eingedr. Holzschn.) gr. 4. München, Braun und Schneider. à Nr. 30 Pf.; à Bd. à Jahrg.

—— dass. — Redact. Kasp. Braun. 64.—67. Bd. oder Jahrg. 1876 und 1877. à Jahrg. 52 Nrn. (Bog. mit eingedr. Holzschn.) gr. 4. Ebendas. à Nr. 30 Pf.; à Bd. ℳ 6,70.; à Jahrg.

—— dass. — Redact.: J. Schneider. 68.—71. Bd. oder Jahrg. 1878 und 1879. à Jahrg. 52 Nrn. (Bog. mit eingedr. Holzschn.) gr. 4. Ebendas. à Nr. 30 Pf.; à Bd. ℳ 6,70.; à Jahrg.

—— fliegende. Redact.: J. Schneider. 72.—81. Bd. oder Jahrg. 1880—1884. à Jahrg. 52 Nrn. (Bog. mit eingedr. Holzschn.) gr. 4. München, Braun und Schneider. à Bd. à Jahrg.

—— dass. — Kalender für 1884 und 1885. 1. und 2. Jahrg. 8. (à Jahrg. 112 S.) Ebendas. à Jahrg. *

—— dass. — Kalender. 3. Jahrg. u. fg., s. Fliegende Blätter-Kalender, Münchener.

Blätter, fliegende. Redact.: J. Schneider. 82.—89. Bd. oder Jahrg. 1885—1888. à Jahrg. 52 Nrn. (Bog. mit eingedr. Holzschn.) gr. 4. München, Braun und Schneider. à Bd. à Jahrg. * Einzeln à Nr.

—— fliegende. Redact.: J. Schneider. 90.—97. Bd. oder Jahrg. 1889—1892. à Jahrg. 52 Nrn. (à Nr. 1—1½ Bog. m. Abbildgn.) gr. 4. Münch., Braun u. Schneider. à Bd. * 6 70 à Jahrg. * 13 40; einzeln à Nr. — 30; Auch in 14 Heften à * 1 —

— fliegende. Red.: J. Schneider. 94.—101. Bd. od. Jahrg. 1891—1894. à Jahrg. 52 Nrn. (à 1—1½ Bog. m. Abbildgn.) gr. 4. München, Braun & Schneider. à Bd. n. 6. 70; einzelne Nrn. à — 30; auch in 14 Hftn. à n. 1. —
Berichtigung zu Bd. XXV: Jahrg. 1887—1890 = 86.—93. Bd.

— fliegende. Red.: J. Schneider. 102.—109. Bd. od. Jahrg. 1895—1898. à 52 Nrn. (à 8—12 S. m. Abb.) gr. 4. München, Braun & Schneider. à Bd. n. 6. 70; einz. Nrn. — 30; auch in 14 Hftn. à n. 1. —

— fliegende. Red.: J. Schneider. 110.—117. Bd. od. Jahrg. 1899—1902. à 52 Nrn. gr. 4. München, Braun & Schneider. à Bd. n. 6. 70; einzelne Nrn. — 30; auch in 26 Hftn. zu n. — 50
110. (VI, 300 S. m. Abb.) — 111. (VI, 312 S. m. Abb.)
112. (IV, 312 S. m. Abb.) — 113. (VI, 312 S. m. Abb.)
114. (VI, 312 S. m. Abb.) — 115. (VI, 324 S. m. Abb.)
116. (VI, 312 S. m. Abb.) — 117. (VI, 312 S. m. Abb.)

Blätter, fliegende. Red.: J. Schneider. 118.—125. Bd. od. Jahrg. 1903—1906. à 52 Nrn. (VI, 320; VI, 312; VI, 312; VI, 312; VI, 324; VI, 312; VI, 312 u. VI, 312 S. m. Abbildgn.) Lex.-8. München, Braun & Schneider. à Bd. n. 6. 70; einzelne Nrn. — 30; auch in 26 Heften à n. — 50

— fliegende. Red.: J. Schneider. 126.—133. Bd. Jhrg. 1907—1910. à 52 Nrn. (VI, 312; VI, 312; VI, 328; VI, 312; VI, 316; VI, 316; VI, 332 u. VI, 316 S. m. Abb.) Lex. 8. München, Braun & Schneider. à Bd. 7.—; einz. Nrn. — 30; auch in 26 Hftn à — 50

— Fliegende. Red.: J Schneider, Osk. Lechner. 132—137. Bd od. J. '10—12 52 Nrn. (136. Bd, Nr 1—3: 40 m. Abb.) Lex8° Münch., Braun & Sohn. viertelj. 3.50; einz. Nrn — 30; auch in je 26 Heften zu — 50 d

Fliegende Blätter: Jahrgang 1, no. 1—52, Aug. 17, 1846—Oct. 2, 1847.
Weekly. Contains short stories and sketches, articles on political, social and literary questions, poetry, altogether a paper of quality; probably ceased publication because of lack of financial support and absence of advertising. Large quarto, each issue 12—16 pages; with each issue 4 lithographs. Edited & published by Emil Klauprecht. Printed in "Office of Klauprecht und Menzel's Lithographie."
Cincinnati, OH

Fliegende Blätter. Nr. 6. 13. 14. 15. 18. 22. 23. 27. 32. 33. Druck von J. F. Starcke. Je 2 Bl. 8°.
Flugblatt. Berlin 31. Dez. 1848.

— fliegende. Nr. 1. Volksbewaffnung. 1 Bl. in gr. 4. Berlin 848, Schneider & Co. n. ⅙ ngl

— fliegende. Beiträge zu den Fragen d. Tages. Nr. 1. Ueber die Thronfolge in Preußen [Der Prinz v. Preußen ist für den constitutionellen Thron unmöglich] nebst einigen Bemerkungen üb. die Stellung des Militairs. Von C. Schlivian. gr. 8. (8 S.) Berlin 848, Stargardt. 1½ ngl

Blätter (Fliegende). Wöchentlich „mehrere Male". Hrsg. von Ferd. Behrend. Breslau 1848. 6 Nrn.

Fliegende Blätter: 1848 -?
Edited & published by Julius Helmich.
New York, NY

Fliegende Blätter: 1883/—1900/
Roman Catholic monthly. Cincinnati, OH

—— fliegende. Neue Volksmelodien für Schule und Haus. Hrsg. von F. Magerstädt. 1. und 2. Heft. 8. (16 S.) [Erfurt 886, Weingart.] Leipzig, Siegismund und Volkening. à Heft **

— fliegende. Neue Volksmelodien f. Schule u. Haus. Hrsg. v. F. Magerstädt. 3.—7. Hft. 8. (S. 17—56.) Leipzig 889. 890. Siegismund & Volkening. à n. — 5

— fliegende. Neue Volksmelodien f. Schule u. Leben. Hrsg. v. F. Magerstädt. 8.—11. Hft. gr. 8. (S. 57—88.) Leipzig 890—892. Siegismund & Volkening. à n. — 5

Blätter. Fliegende B'. Humoristische Wochenschrift. Jahrg. 2000. Fastnachts-Nummer 1904. ([Mit:] Beiblatt der Fliegenden B'. F'-N'. No. 1904. Blatt 1. Band 300. Basel, den 30. Februar 1904.) 8 + *Beibl.* 4 S. 4. (Basel, Gasser & Cie.)

Blätter, Fliegende, aus Anhalt. Forts. u.d.T.: Blätter, Neue fliegende, aus Anhalt

— fliegende, aus Anhalt. Nr. 1—7. gr. 8. (56 S.) Deßau 848, Fritsche. (à n. 1/24 ℛ) n. 8 3/4 ngr

— fliegende, für den Aufbau Zions in der Diaspora. Herausg.: Hennig. Jahrg. 1862. 12 Nrn. (à 1/2 Bgn.) Brieg. (Berlin, Beck.) gr. 8. n. 8 ngr

Blätter, Fliegende, aus Bayern. Nördlingen 1857. H: *Brater, Carl.* (Russell VIII, 1038)

—— fliegende, aus Bayern. I. (Heft.) A. u. d. T.: Die münchener Professoren-Berufungen und die Ultramontanen. Von einem bayer. Protestanten. gr. 8. (28 S.) Nördlingen 856(57,) Beck'sche Buchh.

— fliegende, aus Bayern. I—III. Nördlingen 857. Beck. gr. 8. geh. Jede Nr. 5 ngr
I. Die Münchener Professoren-Berufungen und die Ultramontanen. Von einem bayerischen Protestanten. (28 S.)
II. Besoldungsnoth und Verwaltungsreform. (23 S.)
III. Deutschland und Dänemark im April 1857. (31 S.)

— fliegende, zur Beurtheilg. der Verfassg. der evangel. Kirche Augsburg. Confession im Elsaß u. Deutsch-Lothringen. 1—3. Hft. gr. 8. (20, 28 u. 24 S.) Straßburg 871. Treuttel & Würtz. à n. — 40

Blätter: Fliegende Blätter vom Bodensee
Ⓢ 7.4.1845—? Ⓖ 8° Ⓣ unregelmäßig Ⓑ Kreuzlingen-Belle-Vue: Verlags- und Sortiment-Buchhandlung zu Belle-Vue Ⓓ radikal; Kritik an der deutschen Verfassung, für den deutschen Zollverein und eine deutsch-katholische Nationalkirche Ⓓ BGSZ: 1128, p. 170 (erwähnt 13 Nummern) Ⓗ Be: L (Nr. 1—2, 7.4.1845—1.5.1845).

— fliegende, als offener Brief aus dem Rauhen Hause zu Horn bei Hamburg v. J. H. Wichern, Vorsteher des Rauhen Hauses. 12 Numm. (Bog.) gr. 8. Hamburg 845, Agentur des Rauhen Hauses. 1/3 ℛ

— dies. 2. Serie. 12 Numm. (Bog.) gr. 8. Ebd. 845. 1/3 ℛ

— dies. 3. Serie. 24 Numm. (Bog.) gr. 4. Ebd. 846. n. 2/3 ℛ

— fliegende, für die Deutsch-Katholiken u. ihre Freunde von einem aufgeklärten Laien. I. Das Papstthum. gr. 8. Darmstadt 845, Kern. à 1/24 ℛ

—— fliegende, f. (!) d. Deutsch-Katholiken u. ihre Freunde von einem aufgeklärten Laien. I. II. gr. 8. (à 1 B.) Darmstadt 845, Kern. à 1 1/4 Ngr.

Blätter, Fliegende, über Fragen des Tages. III. Die Censurfrage. Berlin 1843. V: *Puchta, Georg Friedr.* (cb)

—— fliegende, für Fragen d. Tages. (Nr.) 1—6 gr. 8. Berlin 843, Besser, Vrlsh. *
(Nr:) 1. Die Ehescheidungsfrage. (2 1/4 B.) 7 1/2 Ngr.
" 2. Partheinahme der Regierung. (1 1/2 B.) * 5 Ngr.
" 3. Die Censurfrage. (1 1/4 B.) * 5 Ngr.
" 4. Zeitungen, Oberschlosform, öffentliche Meinung. (2 1/4 B.) * 5 Ngr.
" 5. Das Vertrauen. Correspondenz. Ein Gespräch. Aufruf an den Journalismus. (1 1/2 B.) * 5 Ngr.
" 6. Zur vergleichenden Politik. Die engl. Verfassung u. ihr „it works well!" (2 1/4 B.) * 5 Ngr.

— fliegende, f. Freunde d. Toleranz, Aufklär. u. Menschenverbesser. 1s—4s Stck. Leipz. Barth.

— fliegende f. Freunde d. Toleranz zc. 6 Hefte. 8. Dessau, Gel. Handl. 783. 84.

— fliegende, f. Freunde d. Toleranz, Aufklärung u. Menschenverbesserung, (v. G. N. Fischer), für 1783, 84. à J. 4 Stcke. 8. Dessau. 1s—4s Stck. 783. (Braunschw., Vieweg). 1 ℛ

— fliegende, f. Freunde d. Wahrheit u. Aufklärung. 8. Riga 792. Hartknoch in Leipz. 8 gr

— fliegende, der Gegenwart. Eine Ergänzung zu allen Zeitungen. Red.: Ed. Brockhaus. Jahrg. 1859. Juli—Decbr. 26 Nrn. — 2. Jahrg. 1860. 52 Nrn. (à 1—1 1/2 Bgn.) Leipzig, Brockhaus. gr. 4. vierteljährl. n. 26 ngr; einzelne Nrn. n. 2 ngr

—— fliegende, aus dem Rauhen Hause z. Horn bei Hamburg. Enth. Mittheilungen üb. alle dem Gebiete d. innern Mission angehör. Bestrebungen zc. (Hrsg.: J. H. Wichern.) 1—4. Serie. gr. 4. Horn bei Hamburg, Agentur des Rauhen Hauses. [1. u. 2. à 12 Nrn. (Bog.) 845 à * 1/3 Thlr., 3. u. 4. à 24 Nrn. (Bog.) 46, 47. à * 2/3 Thlr.] *

— fliegende, aus dem Rauhen Hause zu Horn bei Hamburg. Enthaltend Mittheilungen üb. alle dem Gebiete der innern Mission angehörigen Bestrebungen. Hrsg.: J. H. Wichern. 4—6. Serie. Jahrg. 1847—1849. à 24 Nrn. gr. 8. (Bog.) Hamburg, Agentur d. Rauhen Hauses. 4 u. 5. Serie à n. 2/3 ℛ 6. Serie 1 ℛ

— dies. Organ des Centralausschusses für innere Mission der deutschen evangel. Kirche. Hrsg.: J. H. Wichern. 7-9. Serie. Jahrg. 1850-1852. à 24 Nrn. gr. 8. (B.) Ebd. à Serie 1 ℛ — Mit Beiblatt der fliegenden Blätter aus dem Rauhen Hause. Volksblatt f. innere Mission. 1—4. Jahrg. 1850—1852. à 24 Nrn. gr. 8. (1/2 Bog.) à 1 1/4 ℛ Das Beiblatt allein à 1/4 ℛ

— fliegende, aus dem Rauhen Hause zu Horn bei Hamburg. Organ des Centralausschusses für die innere Mission der deutschen evangelischen Kirche. Herausgbr.: Wichern. X—XV. Serie. (Jahrg. 1853—58.) à 24 Nrn. (à 2 Bgn.) Mit: Beiblatt der Fliegenden Blätter aus dem Rauhen Hause. Volksblatt für innere Mission. 4—9. Jahrg. 1853—58. à 12 Nrn. (à 1 Bgn.) Hamburg, Agentur des Rauhen Hauses. gr. 8. Jeder Jahrg. 1 ℛ; das Beiblatt allein jeder Jahrg. 7 1/2 ngr

— fliegende, aus dem Rauhen Hause zu Horn bei Hamburg. Organ des Central-Ausschusses für die innere Mission der deutschen evangelischen Kirche. Herausgbr. J. H. Wichern. XVI—XXI. Serie. Jahrg. 1859—64. à 12 Nrn. (à 2 Bgn.) Mit: Beiblatt der fliegenden Blätter aus dem Rauhen Hause. Volksblatt für innere Mission. Herausgbr. J. H. Wichern. 10—15. Jahrg. 1859—64. à 12 Nrn. (à 1 Bgn.) Hamburg, Agentur d. Rauhen Hauses. gr. 8. Jeder Jahrg. 1 ℛ; das Beiblatt allein 10 ngr

— fliegende, aus dem Rauhen Hause zu Horn bei Hamburg. Organ d. Central-Ausschusses für die innere Mission der deutschen evangel. Kirche. Hersg.: Wichern. 22—27. Serie. Jahrg. 1865—1870. à 12 Nrn. (à 2 Bgn.). Hamburg, Agentur d. Rauhen Hauses. 8. Jeder Jahrg. 1 ℛ

— — Beiblatt dazu. 15. Jahrg. 1864. A. u. d. T.: Geschichten u. Bilder aus der inneren Mission. 15. Folge. (12 Bgn. mit Holzschn.). Ebend. 865. 8. 10 ngr

— — Beiblatt dazu u. d. T.: Volksblatt für innere Mission. Herausgbr.: Wichern. 16—21. Jahrg. 1865—1870. à 12 Nrn. (à 1 Bgn. m. Holzschn.) Ebend. 8. Jeder Jahrg. 10 ngr

— fliegende, aus dem Rauhen Hause zu Horn bei Hamburg. Organ d. Central-Ausschusses f. die innere Mission der deutschen evangel. Kirche. Hrsg. v. Wichern. 28—33. Serie. Jahrg. 1871—1876. à 12 Nrn. (2 B.) gr. 8. Hamburg, Agentur d. Rauhen Hauses. à Jahrg. 3. —; Beiblatt dazu: Volksblatt f. innere Mission. Hrsg: Wichern. 22—27. Jahrg. 1871—1876. à 12 Nrn. (B. m. eingedr. Holzschn.) à Jahrg. 1. —

—— fliegende, aus dem Rauhen Hause zu Horn bei Hamburg. Organ des Central-Ausschusses für die innere Mission der deutschen evangel. Kirche. Hrsgbr.: Wichern. 32.—34. Serie. Jahrg. 1875—1877. à Jahrg. 12 Nrn. (à 2 Bog.) gr. 8. Hamburg, Agentur des Rauhen Hauses. à Jahrg. *
Beiblatt dazu: Volksblatt für innere Mission. Hrsgbr.: Wichern. 26.—28. Jahrg. 1875—1877. à Jahrg. 12 Nrn. (Bog. mit eingedr. Holzschn.) à Jahrg. *
—— dass. — 35. Serie. Jahrg. 1878. 12 Nrn. (à 2 Bog.) gr. 8. Ebendas. *
Beiblatt dazu: Volksblatt für innere Mission. Hrsgbr.: Wichern. 29. Jahrg. 1878. 12 Nrn. (Bog. mit eingedr. Holzschn.) *
—— dass. — Hrsgbr.: Wichern und Friedr. Oldenberg. 36. Serie. Jahrg. 1879. 12 Nrn. (à 2—2½ Bog.) gr. 8. Ebendas. *
Beiblatt dazu: Volksblatt für innere Mission. Hrsgbr.: Wichern. 30. Jahrg. 1879. 12 Nrn. (Bog. mit eingedr. Holzschn.) *

—— fliegende, aus dem Rauhen Hause zu Horn bei Hamburg. Organ des Central-Ausschusses für die innere Mission der deutschen evangel. Kirche. Hrsgbr.: J. Wichern und Friedr. Oldenberg. 37. und 38. Serie. Jahrg. 1880 und 1881. à Jahrg. 12 Nrn. (à Nr. 2—2½ Bog.) gr. 8. Hamburg, Agentur des Rauhen Hauses. à Jahrg. *
Beiblatt: Geschichten und Bilder zur Förderung der innern Mission. à Jahrg. 12 Nrn. (Bog. mit eingedr. Holzschn.) à Jahrg. *

—— dass. — Hrsgbr.: Friedr. Oldenberg, Baur und J. Wichern. 39.—41. Serie. Jahrg. 1882—1884. à Jahrg. 12 Nrn. (à Nr. 2 Bog.) gr. 8. Ebendas. à Jahrg. *
Beiblatt: Geschichten und Bilder zur Förderung der innern Mission. à Jahrg. 12 Nrn. (Bog. mit eingedr. Holzschn.) à Jahrg. *

— fliegende, aus dem Rauhen Hause zu Horn bei Hamburg. Organ d. Central-Ausschusses f. die innere Mission der deutschen evangel. Kirche. Hrsg. v. Friedr. Oldenberg, Baur u. J. Wichern. 40—43. Serie. Jahrg. 1883—1886. à 12 Hfte. (3 B.) gr. 8. Hamburg, Agentur d. Rauhen Hauses. à Jahrg. n. 3. —; Beiblatt dazu 34—37. Jahrg. 1883—1886 à 12 Nrn. (B. m. eingedr. Holzschn.) à Jahrg. n. 1. 20

— fliegende, aus dem Rauhen Hause zu Horn bei Hamburg. Organ d. Central-Ausschusses f. die innere Mission der deutschen evangel. Kirche. Hrsg. v. F. Oldenberg, Baur u. J. Wichern. 44.—47. Serie. Jahrg. 1887—1890. à 12 Hfte. (2 B.) gr. 8. Hamburg, Agentur d. Rauhen Hauses. à Jahrg. n. 3. —; Beiblatt dazu, 38.—41. Jahrg. 1887—1890. à 12 Nrn. (B. m. eingedr. Holzschn.) à Jahrg. n. 1. 20

— fliegende, aus dem Rauhen Hause zu Horn bei Hamburg. Organ d. Central-Ausschusses f. die innere Mission der deutschen evangel. Kirche. Hrsg. v. Oldenberg, Baur u. Wichern. 48.—51. Serie. Jahrg. 1891—1894. à 12 Hfte. (à 2—3 Bog.) gr. 8. Hamburg, Agentur d. Rauhen Hauses. à Jahrg. n. 4. —; Beiblatt dazu, 42.—45. Jahrg. 1891—1894 à 12 Nrn. (Bog. m. eingedr. Holzschn.) à Jahrg. n. 1. 20

— dass. General-Reg. z. Jahrg. 1844/45—1890. Bearb. v. JT Brandt. 8° (115) Ebd. 91. 1.60
Vgl.: Geschichte u. Bilder z. Förderg d. inneren Mission.

— fliegende, a. d. Rauhen Hause z. Horn b. Hamburg. Organ d. Central-Ausschusses f. d. inn. Mission d. deutschen evang. Kirche, hrsg. v. Lindner, Baur u. Wichern. 52.—55. Serie. Jahrg. 1895—1898. à 12 Hfte. (à ca. 3 Bog.) gr. 8. Hamburg, Agentur d. Rauhen Hauses. à Jahrg. n. 4. —

— fliegende, aus dem Rauhen Hause zu Hamburg-Horn. Organ des Central-Ausschusses f. die innere Mission der deutschen evang. Kirche. Begründet v. J. H. Wichern, hrsg. v. Lindner, Hesekiel u. Mart. Hennig. 56.—59. Jahrg. 1899—1902. à 12 Hfte. gr. 8. (à ca. 48 S.) Hamburg, Agentur des Rauhen Hauses. à Jahrg. n. 4. —

— fliegende, aus dem Rauhen Hause zu Hamburg-Horn. Organ des Central-Ausschusses f. die innere Mission der deutschen evangel. Kirche. Begründet v. J. H. Wichern, hrsg. v. Lindner, Hesekiel u. Mart. Hennig. 60—62. Jahrg. 1903—1905. à 12 Hefte. (VIII, 472; VI, 472 u. VII, 464 S.) 8. Hamburg, Agentur des Rauhen Hauses. à Jhrg. n. 4. —
Fortsetzg.. s.: Mission, die innere. im evangel. Deutschland.

— dasselbe. Beiblatt, s.: Geschichten u. Bilder zur Förderung der inneren Mission.

— flieg., a. Hesssen u. Nassau. Jahrg. 1894. Nr. 1 u. 2. 8° (28) Giess., K Krebs. — 25; Subskr.-Pr. f. 3 Hfte à — 20
Fortsetzg ist nicht erschienen.

— fliegende, d. Geselligkeitsvereines „Deutscher Hort". 12. Wien 892. (Lesk & Schwidernoch.) n. — 25
Die Valuta-Regulirung in Österreich. Vortrag, geh. am 28. Jänner 1892 v. Wenzel Schober. (41 S.)

— fliegende, gegen die Jesuiten. s. a. Campanella.

—— fliegende, gegen die Jesuiten. Von Campanella. I. Von den gerühmten literar. Verdiensten d. Jesuiten. gr. 8. (1½ B.) Berlin 845, Springer. *

—— dasselbe. II. Die Jesuiten u. ihr Erziehungs- u. Bildungssystem. gr. 8. (1½ B.) Ebds. 845. *

—— dasselbe. III. Die geheimen Instructionen d. Jesuiten. gr. 8. (1½ B.) Ebds. 845. *

— fliegende, f. d. Jugend. 1. Bd. Jahrg. 1849. 24 Nrn. gr. 4. (B. m. eingedr. Holzschn.) Stuttgart, E. Hallberger. 2 ₰

Blätter, Fliegende, ausgegeben am 12. Juni. Hamburg 1863. V: *Römer, August Peter Christian* [?]. (A)

Fliegende Blätter des Kinder-Rettungs-Vereins. Bl. 1. Berlin: Kinder-Rettungs-Verein 1908. 8° [illegible]

—— fliegende, für katholische Kirchen-Musik. Für Deutschlands Volksschullehrer, sowie für Chorregenten, Organisten und Freunde der Musik hrsg. unter Mitwirkung mehrerer Musiker von Frz. Witt. 1. und 2. Jahrg. 1866 und 1867. à Jahrg. [illegible] Nrn. (Bog. mit Musikbeil. 1 B.) hoch 4. Regensburg, Pustet. à Jahrg.

—— fliegende, für katholische Kirchen-Musik. Für Deutschlands Volksschullehrer, sowie für Chorregenten, Organisten und Freunde der Musik hrsg. unter Mitwirkung mehrerer Musiker von Frz. Witt. 3.—6. Jahrg. 1868—1871. à Jahrg. 12 Nrn. (Bog.) hoch 4. Mit Beilagen. Regensburg, Pustet. à Jahrg. *
—— dass. — Zugleich Organ des allgemeinen deutschen Cäcilien-Vereines. Redact.: Frz. Witt. 7.—9. Jahrg. 1872—1874. à Jahrg. 12 Nrn. (Bog.) hoch 4. Ebendas.
7. und 8. Jahrg. à *
9. Jahrg. *
—— dass. — 1. Jahrg. 3. unveränd. Aufl. Textausg. ohne Musikbeilagen. Lex.-8. (52 S.) Ebendas. 870. *

— dasselbe. 9—11. Jahrg. 1874—1876 à 12 Nrn. (B.) hoch 4. Ebend. à Jahrg. n. 2. —

— fliegende, für katholische Kirchen-Musik. Zugleich Organ d. „Cäcilien-Vereins für alle Länder deutscher Zunge". Red.: Frz. Witt. 12—17. Jahrg. 1877—1882. à 12 Nrn. (à 1—1½ B.) Mit Musikbeilagen. hoch 4. Regensburg, Pustet. à Jahrg. n. 2. —

— fliegende, f. katholische Kirchen-Musik. Zugleich Organ d. „Cäcilien-Vereines f. alle Länder deutscher Zunge". Red.: Frz. Witt. 18—21. Jahrg. 1883—1886. à 12 Nrn. (à 1—2 B.) Mit Musikbeilagen. hoch 4. Regensburg, Pustet. à Jahrg. n. 2. —

— fliegende, f. katholische Kirchen-Musik. Zugleich Organ d. „Cäcilien-Vereines f. alle Länder deutscher Zunge". Red.: Frdr. Schmidt. 22.—25. Jahrg. 1887—1890. à 12 Nrn. (à 1—2 B.) Mit Musikbeilagen. hoch 4 Regensburg, Pustet. à Jahrg. n. 2. —

— fliegende, f. katholische Kirchen-Musik. Offizielles Organ d. allgemeinen „Cäcilienvereines f. die Diözesen Deutschlands, Österreich-Ungarns u. der Schweiz" Red.: Frdr. Schmidt. 26.—29. Jahrg. 1891—1894 à 12 Nrn. (Bog.) Mit Musikbeilagen. hoch 4. Regensburg, F. Pustet. à Jahrg. n. 2. —

— fliegende, f. kathol. Kirchen-Musik. Offiz. Organ d. allgem. Cäcilienvereines f. d. Diözesen Deutschlands, Österreich-Ungarns u. d. Schweiz. Red.: Frdr. Schmidt. 30.—33. Jahrg. 1895—1898. à 12 Nrn. (à ca. 12 S.) M. Musikbeilagen. hoch 4. Regensburg, F. Pustet. à Jahrg. n. 2. —

— fliegende, f. katholische Kirchen-Musik. Offizielles Organ des allgem. Cäcilienvereins f. die Diözesen Deutschlands, Österreich-Ungarns u. der Schweiz. Red.: Frdr. Schmidt. 34. Jahrg. 1899. 12 Nrn. Mit Musikbeilagen. Lex.-8. (à ca. 12 S.) Regensburg, F. Pustet. n. 2. —

Fortsetzung s.: Cäcilienvereinsorgan.

— dasselbe, Beilage. s.: Vereins-Katalog.

— fliegende, dem französ. Kriegs- u. Revolutionswesen gewidm. 12 Hefte. 8. Hannov. 794. Hahn. 4 ℛ

— fliegende, u. sonstige Liederlichkeiten. Hrsg. am 40. Stiftungstage d. Gabelsberger Stenographen-Vereins zu Leipzig, am 4. Juli 1886. Nr. 2. gr. 4. (8 S. m. Illustr.) Leipzig 887. (E. Haberland.) — 30

—— fliegende, und sonstige Liederlichkeiten. Hrsg. am 40. Stiftungstage des Gabelsberger Stenographen-Vereins zu Leipzig, am 4. Juli 1886. Nr. 2. gr. 4. (8 S. mit Illustr.) Leipzig 887, (Zehl.)

— fliegende, für Musik. Wahrheit über Tonkunst und Tonkünstler. Von dem Verf. der „Musikalischen Briefe". 1. u. 2. Bd. à 8 Hefte u. 3. Bd. 1. 2. Heft. Leipzig 853—57. Baumgärtner. Lex.-8. (1. Bd.: IV, 402 S.; 2. Bd.: IV, 507 S.; 3. Bd.: 112 S.) (1.: 3 ℛ 24 ngr; 2.: 4 ℛ; 3.: 27 ngr) 8 ℛ 21 ngr

Sind nicht fortgesetzt worden.

— fliegende, über Politik. 1s Heft: Europa u. d. Revolutionen. 8. Leipz. 832. Weidmann. 16 gr

Fliegende Blätter für deutsche Politik. I. Adelsbüchlein oder ungehaltne Reden eines Abgeordneten über die Pairie. A. 1. Kann eine Pairie in Deutschland geschaffen werden? Der kleine Adel. A. 2. Kann eine Pairie in Deutschland geschaffen werden? Der hohe Adel. Berlin, J. Trautwein, (J. Guttentag), 1850. 32 S. 8°.

Blätter, fliegende, des tirolischen Radetzky-Vereins. 12 (lith. u. color.) Erinnerungsblätter aus den Jahren 1848—1850. Innsbruck (860.) (F. Rauch.) gr. 4. 1 ℛ 18 ngr

— fliegende, üb. Reform d. Kirchen-Baues zur Verwirklichung der wahrhaft christlich-menschlichen Religion im 19. Jahrh. 8. (32 S.) Berlin 876. Rubenow in Comm. — 15

—— fliegende, gegen Rom. Nr. 1—5. gr. 8. (à 1 B.) Rudolstadt 845, Fröbel. à

— fliegende, für den Soldaten. Red.: C. A. Sonnewald. N. 1. 2. (à 8 S.) Stuttgart 857. Sonnewald. 8. Jede Nr. ⅓ ngr

— fliegende, f. Stadt u. Land üb. Homöopathie, s. a. Hahnemannia.

—— fliegende, für Stadt und Land über Homöopathie von Arth. Lutze. 1—4. Jahrg. 1858—61. à Jahrg. 24 Nrn. (½ Bog.) gr. 8. Cöthen. (Dessau, Neubürger.) à Jahrg. * -

— fliegende, f. Stadt u. Land üb. Homöopathie v. Arth. Lutze. 2—7. Jahrg. 1859—64. à 24 Nrn. (à ½ Bgn.) Cöthen, Verlag d. Lutze'schen Klinik. 8. Jeder Jahrg. 22½ ngr

— fliegende, für Stadt u. Land über Homöopathie von Arth. Lutze. 8—13. Jahrg. 1865—1870. à 24 Nrn. (à ½ Bgn.). Cöthen, Verlag der Lutze'schen Klinik. 8. Jeder Jahrg. n. 17 ngr

— fliegende, f. Stadt u. Land üb. Homöopathie [Hahnemannia], begründet v. Arth. Lutze. Red. v. F. Katsch u. Thomä. 14—16. Jahrg. 1871—1873. à 24 Nrn. (½ B.) 8. Cöthen, Verl. d. Lutze'schen Klinik. à Jahrg. n. 1. 70

— dasselbe. Red.: F. W. Franz. 17—19. Jahrg. 1874—1876 à 24 Nrn. (½ B.) 8. Ebend. à Jahrg. n. 2. —

— fliegende, für Stadt u. Land über Homöopathie [Hahnemannia], begründet v. Arth. Lutze. Red.: Fr. Wilh. Franz. 20. Jahrg. 1877. 24 Nrn. (½ B.) gr 8. Köthen, (Schettler's Verl.). n. 2. 40

Blätter, fliegende, für Stadt u. Land über Homöopathie [Hahnemannia], begründet von Arth. Lutze. Red.: Aug. Stollberg. 21 u. 22. Jahrg. 1878 u. 1879. à 24 Nrn. (½ B.) gr. 8. Köthen, (Schettler's Verl.) à Jahrg. n. 2. 40

— dasselbe. Red.: E. A. Lutze. 23—25. Jahrg. 1880—1882. à 24 Nrn. (½ B.) gr. 8. Ebend. à Jahrg. n. 2. 40

— fliegende, f. Stadt u. Land üb. Homöopathie [Hahnemannia], begründet v. Arth. Lutze. Red.: Paul Lutze. 26. Jahrg. 1883. 1. Quartal. 6 Nrn. (½ B.) gr. 8. Köthen, (Schettler's Verl.). n. — 60

Erscheint vom 1. April 1883 an nicht mehr.

— fliegende, f. Stenographen. (System Stolze-Schrey.) 5.—8. Jahrg. 1899—1902. à 12 Nrn. gr. 4. (à 8 S. m. Abbildgn.) Berlin, Frz. Schulze. à Jahrg. n. n. 5. —

— fliegende, f. Stenographen. (System Stolze-Schrey.) 9.—12. Jahrg. 1903—1906 à 12 Nrn. (à 8 S. m. Abbildgn.) Lex.-8. Berlin, Frz. Schulze. à Jhrg. n. n. 5. —

— fliegende, f. Stenographen. (System Stolze-Schrey.) 13.—16. Jahrg. 1907—1910 à 12 Nrn. (à Jahrg. 96 S. m. Abbildgn.) 30,5×28 cm. Berlin, Frz. Schulze. à Jahrg. nn 5. —

— Fliegende, f. Stenographen. (Syst. Stolze-Schrey.) 16—18. J. '10—12 je 12 Nrn. ('12, Nr 208: 8 m. Abb.) 30,5×23 cm. Berl., Frz Schulze. halbj. nn 2.50

— fliegende, zum 9. Stiftungsfest d. „Palm" (Buchhandlungsgehülfen-Verein). Red.: Hans Franke. 1. Bd. Nr. 1. gr. 4. (1½ B. m. eingedr. Holzschn.) München 883. (Gollner bei Bruckmann's Verl.) n n. — 60

—— fliegende, aus Süddeutschland. I.: Wo liegt die Ausgleichung der österreichisch-preußischen Gegensätze? gr. 8. (81 S.) Frankfurt a. M. 866, Winter. *

Blätter, fliegende, aus d. Tagebuche eines hess. Geistlichen, betreff. die gegenwärtigen Spaltungen u. Kämpfe innerhalb d. christlichen Kirche Deutschlands. gr. 8. (½ B.) Darmstadt 845, Diehl. Thlr.

— fliegende, f. Tagesfragen des deutschen Volksschulwesens. Nr. 1.: Ein Wort üb. die gegenwärtigen Fortbildungsanstalten f. Schullehrer von einem Schulmanne. gr. 8. (16 S.) Nürnberg 852, v. Ebner. 3 ngr.

— fliegende, für Tagesfragen des deutschen Volksschulwesens. Nr. 2.: Die Gebrechen der bisherigen Bildung des weiblichen Geschlechts u. der Weg zur Heilung. Von F. v. Reinödl. Nürnberg 855. v. Ebner. gr. 8. (48 S.) 4 ngr.

—— flieg., f. Tagesfr. d. deut. Volksschulwesens. Nr. 1—3. 8. Nürnb. (Münch., Weydner.) — 11
Jacobi, F, üb. d. Prinzip d. Erziehg. (44) 56. — 4
Reinödl, F v., d. Gebrechen d. bish. Bildg d. weibl. Geschlechts. (48) 54. — 4
Wort, e., üb. d. Fortbildungsanst. f. Schullehrer. (16) 52. — 3

Fliegende Blätter für die Deutsche Turnkneipe, hrsg. v. Witt, Nr. 1, 2 u. 4, Leipzig 1887/88, 8°.

Blätter, Fliegende, über das Verhältniss der Judenfrage zu Norddeutschland, Norwegen u. dem deutschen Protestantismus. Hamb. 1844. V: *Cohn, Eduard.* (schr)

Fliegende **Blätter** für politische Volksbildung. Von mehreren Volksfreunden. 8°.
Nr. 6: Können und sollen wir die Verfassung der Nordamerikanischen Freistaaten auf Deutschland übertragen. (Erlangen.) [1848.]

Blätter, die fliegenden, des XVI. und XVII. Jahrh., in sogenannten Einblatt-Drucken mit Kpfrst. und Holzsch.; zunächst aus dem Gebiete der politischen und religiösen Caricatur. Aus den Schätzen der ulmer Stadtbibliothek wort- und bildgetreu hrsg. von J. Scheible. 16. (334 S. und 88 Stnt. in 8., 4. und Fol.) Stuttgart 850, Scheible. Thlr.

Blätter der Flora. München, im Verlage des Herausgebers (Dr. *Klebe?*). 1824. 8°. Ppb.
3 Bll., 136 S.

Blätter (Flüchtige) eines Heimatlosen. Von H. J. G. 8⁰. Hottingen-Zürich, Volksbuchhandlung, 1879.

Blätter z. Förderg d. Esperanto. 1. Folge. (4) 31,5×24,5 cm. Lpzg, Esperanto-Propaganda-Instituto ('12).
100 Stück 1.50 d

— zur Förderung der Knabenhandarbeit in Österreich. Für Schule u. Haus. Hrsg. v. dem Vereine zur Errichtg. u. Erhaltg. unentgeltl. Knabenbeschäftigungs-Anstalten in Wien. Leiter: Rud. Petzel. 3.—5. Jahrg. 1892—1894. à 4 Nrn. (à ca. ½ Bog.) gr. 8. Wien, V/2, Einsiedlergasse 25, Verlag d. Vereins.
à Jahrg. n. 1.20; f. Mitglieder des Vereins n. — 60

— z. Förderg. d. Knabenhandarbeit in Österreich. F. Schule u Haus. Hrsg. v. d. Vereine f. Knabenhandarbeit i. Österr. (früher „Verein z. Errichtg. u. Erhaltg. unentgeltl. Knabenbeschäftigungs-Anstalten" in Wien). Leiter: Rud. Petzel. 6.—9. Jahrg. 1895—1898. à ca. 4 Nrn. (à ca. 1½ Bog.) gr. 8. Wien (x, 1, Erlachplatz 10. II), Verlag d. Vereins.
à Jahrg. n. 1.20; f. Mitgl. d. Vereins unentgeltlich.

— zur Förderung der Knabenhandarbeit in Österreich. Für Schule u. Haus. Hrsg. v. dem Vereine f. Knabenhandarbeit in Oesterreich (früher „Verein zur Errichtg. u. Erhaltg. unentgeltl. Knabenbeschäftigungs-Anstalten in Wien"). Leiter: Rud. Petzel. 10.—13. Jahrg. März 1899—Jan. 1903. à 4 Nrn. gr. 8. (à 8 S.) Wien (X, 3, Senefeldergasse 31), Verein f. Knabenhandarbeit. à Jahrg. n. 1.—;
f. Mitglieder des Vereins unentgeltlich.

— zur Förderung der Knabenhandarbeit in Österreich. Für Schule u. Haus. Hrsg. v. dem Vereine f. Knabenhandarbeit in Österreich (früher „Verein zur Errichtg. u. Erhaltg. unentgelt. Knabenbeschäftigungs-Anstalten in Wien"). Leiter: Rud. Petzel. 14.—17. Jahrg. 1903—1906. 5, 4, 4 u. 4 Nrn. (44; 32; 32 u. 40 S.) gr. 8. Wien (X, 3, Senefeldergasse 31), Verein f. Knabenhandarbeit. à Jhrg. n. 1.20;
f. Mitglieder des Vereins unentgeltlich.

— zur Förderg. d. Knabenhandarbeit in Österreich. Für Schule u. Haus. Hrsg. v. dem Vereine f. Knabenhandarbeit in Österreich (früher „Verein zur Errichtg. u. Erhaltg. unentgeltl. Knabenbeschäftigungs-Anst. in Wien"). Leiter: Rud. Petzel. 16.—21. Jahrg. 1907—1910. 5, 5, 4 u. 4 Nrn. (52, 40, 36 u. 32 S.) gr. 8. Wien (X/1, Senefeldergasse 31), Verein f. Knabenhandarbeit. à Jahrg. 1.20; f. Mitglieder des Vereins unentgeltlich.

— z. Förderg d. Knabenhandarbeit in Österr. Hrsg. v. d. Vereine f. Knabenhandarbeit in Österr. Leiter: Rud. Petzel. 21—23. J. '10—12 je ca 4 Nrn. ('12, Nr 1: 12) gr8° Wien (X/1, Senefeldergasse 31), Verein f. Knabenhandarbeit. je 1.20; f. Mitgl. unentgeltl.

Blätter, Forstliche. Zeitschrift für Forst- und Jagdwesen. Herausg. ... von J. Th. Grunert. H. 1—16. — Herausg. von J. Th. Grunert und O. V. Leo. Neue Folge. Jhg. 1—5. — Suppl.-Bd. 1—2., Suppl.-Heft 3. — Herausg. von J. Th. Grunert u. B. Borggreve. Jhg. 14—26. = Dritte Folge. Jhg. 1—13. 1877—89. — Herausg. von B. Borggreve. Jhg. 27—29. = 3. Folge. Jhg. 14—16. 1890—92. Berlin 1860—92. gr. 8.

— forstliche. Zeitschrift f. Forst- u. Jagdwesen. Herausg. unter Mitwirkung der Lehrer der Königl. Preuß. höheren Forstlehranstalt zu Neustadt-Eberswalde u. anderer Fachmänner u. Gelehrten von Jul. Thdr. Grunert. 1.—3. Heft. (à 16 Bgn. m. lith. Taf.) Berlin 860—61. J. Springer. gr. 8. Jedes Heft n. 1 ₰ 15 ngr.

—— forstliche. Zeitschrift für Forst- und Jagdwesen. Hrsg. unter Mitwirkung der Lehrer der Königl. Preuß. höheren Forstlehranstalt zu Neustadt-Eberswalde und anderer Fachmänner und Gelehrten von Jul. Thdr. Grunert. 4.—14. Heft. gr. 8. (à Heft ca. 250—265 S. mit Stnt.) Berlin 862—67, Springer's Verlag. à Heft * 1 Thlr. 15 Ngr. *
Erscheint vom 15. Heft ab im Verlag von Rümpler in Hannover.

— forstliche. Zeitschrift für Forst- u. Jagdwesen. Herausg. unter Mitwirkung der Lehrer der Königl. Preuß. höheren Forstlehranstalt zu Neustadt-Eberswalde u. anderer Fachmänner u. Gelehrten von Jul. Thdr. Grunert. 9—14. Heft (à ca. 15 Bgn. mit lith. Taff.). Berlin 865—68. J. Springer. gr. 8. Jedes Heft n. 1 ₰ 15 ngr.

—— forstliche. Zeitschrift für Forst- und Jagdwesen. Hrsg. unter Mitwirkung von Fachmännern und Gelehrten von Jul. Thdr. Grunert. 15. und 16. Heft. gr. 8. (IV, 260; IV, 250 S. mit mehreren eingedr. Holzschn.) Hannover 868,69, Rümpler. à Heft *ℳ 4,50. *
—— dass. — Hrsg. von Jul. Thdr. Grunert und Ottomar Vict. Leo. Neue Folge. 1.—3. Jahrg. à Jahrg. 12 Hefte. gr. 4. (à Heft 32—36 S.) Leipzig 872—74, Schmidt und Günther. à Jahrg. *
—— dass. — Neue Folge. 1. Suppl.-Bd.: Ueber die genossenschaftl. Holzungsrechte und Holzgerichte im alten Amte Medingen, Fürstenth. Lüneburg, wie in den vormals hannover. Erblanden überhaupt. Eine histor. Betrachtung von dem Forstmstr. Seidensticker. gr. 4. (60 S.) Ebendas. 872. *
—— dass. — Neue Folge. 2. Suppl.-Bd.: Ueber die Einrichtung der Forststatistik von Ottomar Vict. Leo. gr. 4. (24 S.) Ebendas. 873. *
—— dass. — 3. Suppl.-Heft. gr. 4. (66 S.) Ebendas. 874. *

—— forstliche. Zeitschrift für Forst- und Jagdwesen. Hrsg. von Jul. Thdr. Grunert und Ottomar Vict. Leo. Neue Folge. 4. Jahrg. 1875. 12 Hefte. gr. 4. (à Heft 32 S.) Leipzig, [Schmidt und Günther.] H. Voigt. *
—— dass. — 5. Jahrg. 1876. 12 Hefte. hoch 4. (à Heft 32 S.) Leipzig, H. Voigt. *

—— forstl. Zeitschrift f. Forst- u. Jagdwesen. Hrsg. v. J Th Grunert u. OV Leo. Neue Folge. 13—17. Jahrg. 1876—1880 à 12 Hfte. (4 B.) 4. Lpzg, H Voigt. à Jahrg. n. 18.—

—— forstl. Zeitschrift f. Forst- u. Jagdwesen. Hrsg. v. JT Grunert u. B Borggreve. 18—22. [3. Folge. 5—9.] Jahrg. 1881—1885. à 12 Hfte. (4 B.) 4. Berl., Parey. à Jahrg. n. 18 —

—— dass. — 18.—21. [3. Folge 5.—8.] Jahrg. 1881—1884. à Jahrg. 12 Hefte. (à Heft 4 Bog.) gr. 4. Leipzig, Greßner und Schramm. à Jahrg. *

—— forstliche. Zeitschrift für Forst- und Jagdwesen. Hrsg. von Jul. Thdr. Grunert und Bern. Borggreve. 22.—25. [3. Folge 9.—12.] Jahrg. 1885—1888. à Jahrg. 12 Hefte. (à Heft 4 Bog.) gr. 4. Berlin, Parey. à Jahrg. *

—— forstliche. Zeitschrift für Forst- u. Jagdwesen. Hrsg. v. Bern. Borggreve. 26.—28. Jahrg. [3. Folge 13.—15. Jahrg.] 1889—1891. à Jahrg. 12 Hefte. (à Heft 4 Bog.) gr. 4. Berl., Parey. à Jahrg. * 16 —

—— dass. — j. h. hrsg. v. Frz. Krichler. 29. Jahrg. [3. Folge 16. Jahrg.] 1892. I. Sem. 6 Hefte. (à Heft 4 Bog.) gr. 4. Münch., Pohl. * 8 —
Erscheint nicht mehr.

—— dass. — Sach- u. Autoren-Register üb. die sämmtl. bisher erschienenen 14 Jahrgänge, 1877—1890, der 3. Folge. Zusammengestellt v. F. Esser. gr. 4. (47 S.) Berl. 891, Parey. * 3 —

Blätter, forstliche. Wöchentliche Rundschau auf dem Gebiete der Forstwirtschaft u. Forstwissenschaft. Hrsg. v. Ant. Bühler. 1. Jahrg. Juli—Dezbr. 1901. 26 Nrn. hoch 4. (à ca. 8 S.) Tübingen, G. Schnürlen. n. 8. —
Fortsetzung u. d. T.: Neue forstliche Blätter

—— forstliche, f. Würtemberg, s. a. Widenmann, W. v.

Forstliche Blätter für Würtemberg. Hrsg. v. W. Widenmann. - Tübingen. H. 1-8. 1828-1842. H. 7/8 a. u. d. T.: Zusammenstellung der in Würtemberg vom Jahr 1821 bis Ende 1841 in Forst- und Jagdsachen gegebenen Gesetze und Verwaltungsvorschriften als 1. bzw. 2. Fortsetzung des Handbuchs der würtembergischen Forstgesetzgebung von J. G. Schmidlin. - (M. n. ersch.)

— forstliche, für Würtemberg. Herausgeg. von W. v. Widenmann. VIII. Heft. — A. u. d. T.: Zusammenstellung der in Würtemberg vom Jahr 1834 bis zum Ende des Jahres 1841 in Forst- u. Jagdsachen gegebenen Gesetze u. Verwaltungs-Vorschriften, als 2. Fortsetz. des Handbuchs der württemb. Forstgesetzgebung von J. G. Schmidlin, bearb. von F. A. Tscherning. Mit einer Vorrede von v. Widenmann. gr. 8. Tübingen 842, Fues. $1^5/_{12}$ ℛ

— für die Fortbildung des Lehrers u. der Lehrerin. Halbmonatsschrift m. besond. Berücksicht. der Bedürfnisse der jüngeren Lehrerwelt. Hrsg. v. Wolffgarten, Johs. Meyer, Alfr. Pottag. 1.—4. Jahrg. Oktbr. 1907—Septbr. 1911. à 24 Hefte. (1.—3. Jahrg.: XX, 1204; XIV, 1184 u. XIV, 1176 S.) Lex. 8. Berlin, Gerdes & Hödel. à Jahrg. 8. —

— f. d. Fortbildg d. Lehrers u. d. Lehrerin. Halbmonatsschr. m. bes. Berücks. d. Bedürfn. d. jüngeren Lehrerwelt. Hrsg. v. (Wolffgarten, Johs Meyer) Alfred Pottag. 4. J. Okt. '10 —Sept. '11. 24 Hefte. (1. Heft: 64) Lex8° Berl., Union, Zweigniederlassg. ‖ 5. J. 1. Viertelj. Okt.—Dez. '11. 6 Hefte; viertelj. 2 —: einz. Hefte — 50 d

— dass. 5. J. 2—4. Viertelj. Apr.—Dez. '12. 18 Hefte. (7—24. Heft: 8 u. 289—1007) Lex8° Ebd. viertelj. 2 —; einz. Hefte — 50
Für Jan.—März '12 nicht erschienen.

— fortschrittliche, früh „Frankfurter Stenographen-Ztg". Central-Organ f. d. inn. Fortentwickelg. u. äuss. Verbreitg. d. Gabelsberger'schen Stenographie. Organ d. Stenographen-Verbandes „Gabelsberger" f. Hessen u. Nassau sow. vieler Vereine d. In- u. Auslandes. Geleit. unt. Mitwirkg. v. Karl Barthel, Kurt Schmidt, Rod. Ad. Mann u. Karl Hock. Nebst Beiblättern: Wissenschaftl. Fachblatt, D. Redezeichner u. Unterhaltungsblatt. 5. Jahrg. 1898. 12 Nrn. (à ca. 2 Bog.) gr. 8. Barmen (H. Klein). n.n. 3. —
Bisher u. d. T.: Stenographen-Zeitung, Frankfurter.

— fortschrittliche (stenografische Lehrerzeitung), früher „Frankfurter Stenografen-Zeitung". Hauptzeitschrift f. die innere Fortentwickelg. u. äussere Verbreitg. der Gabelsberger'schen Schnellschrift. Organ des Stenografen-Verbandes „Gabelsberger" f. Hessen u. Nassau, sowie vieler Vereine des In- u. Auslandes. Geleitet unter Mitwirkg. v. Karl Hock, Karl Mosbach, K. Döpfer, H. Pötters, Eug. Firner v. Ad. Mann. Nebst Beiblättern: Wissenschaftliches Fachblatt, Der Redezeichner u. Unterhaltungsblatt. 6.—9. Jahrg. 1899 —1902. à 12 Nrn. gr. 8. (à ca. 2 Bog.) Lennep. (Barmen, H. Klein.) à Jahrg. n.n. 3. —
Erscheint nicht mehr.

Frankfurter Blätter für Familien-Geschichte. Jg. 1, H. 1. Frankfurt a. M.: K. Kiefer 1908. 4° [F.] 108. 8413

— Frankfurter, f. Familien-Geschichte. Hrsg. v. Karl Kiefer. 3. Jhrg. 1910. 12 Hfte. (à ca. 16 S. m. Taf.) 32,5×23,5 cm. Frankfurt a/M. (Schulstr. 10), K. Kiefer. nn 12. —

— Frankfurter, f. Familien-Geschichte. Hrsg. v. Karl Kiefer. 3. J. '10. 12 Hefte. (16, 192 m. 12 Taf.) 32,5×23,5cm. Frankf.M. (Schulstr. 10), Verl. d. Blätter. nn 12 — ‖ 4. u. 5. J. '11 u. '12. (Je 16, 192 m. je 12 Taf.) je nn 13.75

—— fränkische. Redakt.: Herm. Wimmer. 1. Jahrg. 1848. Juli—Decbr. 24 Nrn. (½ Bog. mit eingedr. Holzschn.) Mit der Beilage: Der nürnberger Trichter. 24 Nrn. (½ Bog.) gr. 4. Nürnberg, [Fr. Campe.]
Dem 1. Quartale dieser Zeitschrift war noch eine Beilage u. d. T.: Akademische Gedenkblätter, welche einzeln zu 6 Ngr. abgegeben wurden, beigefügt. — Die Fortsetzung, s. Trichter, nürnberger.

— Fränkische. Red.: Herm. Wimmer. 1. Jahrg. 1848. Juli—Septbr. 12 Nrn. (½ B. m. eingedr. Holzschn.) Mit d. Beilagen: Der Nürnberger Trichter. 12 Nrn. (½ B.) u.: Akademische Gedenkblätter. (à 1 Bl. m. Holzschn. u. 1 Stahlst.) gr. 4. Nürnberg, Expedition. $1^1/_2$ ℛ Einzelne Nrn. d. Akademischen Gedenkblätter 6 ℊ — 1. Jahrg. 1848. Octbr.—Decbr. 12 Nrn. (½ B. m. eingedr. Holzschn.) Mit der Beilage: Der Nürnberger Trichter. 12 Nrn. gr. 4. (½ B.) Ebd. 27 ℊ

— fränkische, für Geflügel- u. Vogelzucht. Zugleich Correspondenzblatt f. alle naturwissenschaftl. Liebhabereien u. Landwirthschaft. Mit in den Text gedr. Abbildungen. Hrsg. v. Max Poeßl. 1. Jahrg. Mai—Decbr. 1879. 16 Nrn. (à 1—1½ B.) Fol. Bayreuth. Weiden, Taubald in Comm. n. 6. —

Blätter: Französische Blätter
⑤ 1. 6. 1796—15. 10. 1796 ⑥ 8° ⑦ unregelmäßig. Lt. Ankündigung mindestens jährlich 8×; 4 Hefte erschienen ⑧ Basel: Georg Jakob Decker ⑩ Georg Jakob Decker ⑪ Georg Jakob Decker ⑫ revolutionsfreundlich, vertritt den offiziellen Standpunkt der Pariser Regierung (Direktorium) ⑬ Bs: U ⑮ Soll der Verbreitung politischer und wissenschaftlicher Literatur des revolutionären Frankreich in Deutschland dienen. Auszüge aus politischen und wissenschaftlichen Neuerscheinungen in deutscher Übersetzung. Literaturkritik. Chronologische Übersicht über die wichtigsten Zeitereignisse.

Blätter für kunstsinnige Frauen. 1889 und 90. Nr. 1-6 4° Berlin 1889. 90

—— Frauendorfer. Red.: E Fürst. Jahrg. 1851—55. à 52 Nrn. (B.) 4. Passau. (Frauend., Verl. d. Frauend. Bl.) à *n.* 1. 15

—— des badischen Frauenvereins. Hrsg. von dem Centralcomité. Redact.: Sachs. 1.—7. Jahrg. Oktbr. 1876—Septbr. 1883. à Jahrg. 24 Nrn. (à Nr. ½—¾ Bog.) gr. 8. Karlsruhe, (Braun'sche Hofbuchh.) 1.—6. Jahrg. à * 7. Jahrg. *

— dasselbe. Red.: G. Wirth u. Sachs. 8—10. Jahrg. Oktbr. 1883—Septbr. 1886. à 24 Nrn. (½ B.) gr. 8. Ebend. à Jahrg. n. 1. 20

—— des badischen Frauenvereines. Hrsg. von dem Centralkomite. Redact.: Sachs. 10.—13. Jahrg. Oktbr. 1885—Septbr. 1889. à Jahrg. 24 Nrn. (à Nr. ½ Bog.) gr. 8. Karlsruhe, (Braun'sche Hofbuchh.) à Jahrg. **

— des badischen Frauenvereins. Red.: Sachs. 12. —14. Jahrg. Oktbr. 1887—Septbr. 1890. à 24 Nrn. (½ B.) gr. 8. Karlsruhe, (Braun). à Jahrg. n.n. 1. 20

— dasselbe. 15. Jahrg. Oktbr. 1890—Septbr. 1891. 24 Nrn. (à 1/2—3/4 B.) gr. 8. Ebd. n.n. 2. —

— des badischen Frauenvereines. Hrsg. v. dem Centralkomite des bad. Frauenvereines. Red.: Sachs. 16. —18. Jahrg. Oktbr. 1891—Septbr. 1894. à 24 Nrn. (à ca. 3/4 Bog.) gr. 8. Karlsruhe, (G. Braun). à Jahrg. n. 2. —

— d. bad. Frauenvereins. Hrsg. v. d. Centralkomité d. badischen Frauenvereines. Red.: Sachs. 18. Jahrg. 5. Quartal Oktbr.—Dezbr. 1894. 6 Nrn. gr. 8. (S. 249 —322 u. 8 S.) Karlsruhe (G. Braun.) — 50

— dasselbe. 19. u. 20. Jahrg. 1895—1896. à 24 Nrn. (à ca. 12 S.) gr. 8. Ebd. à Jahrg. 2. —

— dasselbe. 21. u. 22. Jahrg. 1897—1898. à 24 Nrn. (à ca. 12 S.) gr. 8. Ebd. à Jahrg. n. 1. 20

— des badischen Frauenvereines. Hrsg. v. dem Centralcomité des bad. Frauen-Vereins. Red.: Sachs. 23.—25. Jahrg. 1899—1901. à 24 Nrn. gr. 8. (à ca. 12 S.) Karlsruhe (G. Braunsche Hofbuchdruckerei). à Jahrg. n.n. 1. 20

— dasselbe. 26. Jahrg. 1902. à 24 Nrn. (à ca. 12 S.) Ebd. n.n. 1. 50

— des badischen Frauenvereins. Hrsg. v. dem Zentralkomitee des bad. Frauenvereins. Red.: Sachs. 27.—30. Jahrg. 1903—1906. à 24 Nrn. (IV, 528 u. 8; IV, 606 u. 68; IV, 482 u. 64 u. IV, 420 u. 58 S.) gr. 8. Karlsruhe (G. Braunsche Hofbuchdr.) à Jhrg. n.n. 1. 50

— d. bad. Frauenver. Hrsg. v. d. Zentralkomitee. Red.: Sachs u., seit 08: Müller. 30—33. J. '06—9 je 24 Nrn. (Nr 1. 20 u. 8) gr8° Karlsr., (G Braun'sche Hofbuchdr.). Je nn 1.50: einz. Nrn † — 15 d

— d. bad. Frauenvereins. Hrsg. v. d. Zentralkomitee d. bad. Frauenvereins. Red.: Müller. 34—36. J. '10—12 je 24 Nrn. ('11: 240) Lex8° Karlsr., G Braun'sche Hofbdr. je nn 1.50; einz. Nrn † — 15 d

— des bayerischen Frauenvereins vom Roten Kreuz. Hrsg. vom Central-Comité des bayer. Frauenvereins vom Roten Kreuz. Red.: M. Speck. 1. u. 2. Jahrg. April 1901 — März 1903. à 12 Nrn. gr. 8. (à ca. 24 S.) München, Seitz & Schauer. à Jahrg. n. 1. —

— des bayerischen Frauenvereins vom Roten Kreuz. Hrsg. vom Zentralkomitee des bayer. Frauenvereins vom Roten Kreuz. Red.: Frhr. v. Tautphoeus u. C. G. Schauer. 3.—6. Jahrg. April 1903—März 1907. à 12 Nrn. (à ca. 24 S.) gr. 8. München, Seitz & Schauer. à Jhrg. n. 1. —

— d. bayer. Frauenver. v. Roten Kreuz. Hrsg. v. Zentralkomitee. Red.: Frhr v. Tautphoeus (u. CG Schauer). 6—8. J. Apr. 06—März 09 je 12 Nrn. (7. u. 8. J. 356 u. 204) gr8° Augsbg, Gebr. Reichel. Je 1 — || 9. J. '09/10. (279) 1.50 d
Erschien bis z. 7. J. in München.

— des bayerischen Frauenvereins vom Roten Kreuz. Hrsg. v. Zentralkomitee des bayer. Frauenvereins v. Roten Kreuz. Red.: Frhr. v. Tautphoeus. 8.—10. Jhrg. April 1910—März 1911. à 12 Nrn. (356, 276 u. 280 S.) gr. 8. Augsburg, Gebr. Reichel. à Jhrg. nn 1. 50

— d. bayer. Frauenvereins v. Roten Kreuz. Hrsg. v. Zentral-Komitee. Verantwortl.: Frhr v. Tautphoeus, v. 12. J. an: Kopp. 10—12. J. Apr. '10—März '13 je 12 Nrn. (10. J.: 264) 30,5×23 cm. Augsbg, Gebr. Reichel. je nn 1.50 d

Freiämter Blätter
v. Bremgartuer Wochenblatt.

—— Freiburger akademische. 1. Jahrg. 1889. 32—36 Nrn. gr. 4. (à Nr. ca. 10 S.) Freib. i. Br., Fehsenfeld. * 3 —
Fortsetzung u. d. T. Badische akademische Blätter

— Freiburger, f. Wandern u. Reisen, Verkehrswesen, Touristik etc. Schriftleiter: O. Haffner. 1. Jahrg. April 1906—März 1907. 27 Nrn. (IV, 224 S. m. 99 Abbildgn.) 4. Freiburg i/B., F. P. Lorenz. n. 2. —; geb. n. 3. —

— Freiburger, f. Wandern u. Reisen, Fortsetzg., s.: Wandern u. Reisen.

—— freie, hrsg. von Adf. Glaßbrenner. Illustrirte politisch-humorist. Zeitung. Jahrg. 1848. Mai — Decbr. 50 Nrn. (Bog. mit eingedr. Holzschn.) gr. 4. Berlin, Simion. *

— freie. Nr. 1 u. 2. gr. 8. (16 u. 8 S.) Erfurt 848, Körner. (1. n. 2 [illegible] — 2. 1½ [illegible]) 3⅓ [illegible]

Blätter, Freie. – Köln: 29.X.1848 - 7.I.1849.
Vorh. u.d. T.: Volksblätter, Freie.

Blätter (Freie). Offenbach, 11. März – 21. April 1848. 12 Nrn.

Freie Blätter: 1851?—?
Johnson ("German Forty-Eighters in Davenport") records this title as follows: From 1847 to 1851 he [Jens Peter Stibolt] was a 'Latin Farmer' in Missouri and co-editor of FREIE BLÄTTER, a very radical abolitionist weekly in Alton, Illinois. Alton, JI

Freie Blätter: Jahrgang 1—2, Mar. 18, 1851—Mar. 5, 1853?
Weekly. Sub-title: Ein Organ für religiöse Aufklärung. Illustrated with portraits. For Freethinkers; bitter attacks on established churches. Quarto, each issue 8 pages. Edited & published by Franz Schmidt. Jahrgang 1, no. 1—8, pp. 1—24, also reprinted as "Zweite Auflage." Editor states that the original edition consisted of 1000 copies, later increased to 1500; it was soon out of print, and a "Neuer Abdruck" was made, omitting the headline, advertisements, and small "Notizen." St. Louis, MO

Freie Blätter: 1873—?
Weekly. Chester, IL

Freie Blätter: 1876?—1882?
Independent weekly. Circulation: 1880, 400. Edited & published by Franz Klein, 1876—82. Ste Genevieve, MO

Freie Blätter: 1889?—1892?
Weekly. Circulation: 1890, 585. Edited & published by David Seifert. Clinton, MA

Freie Blätter: 1891?—1892?
Weekly. Edited & published by Frantz Klein. Festus, Mo

—— freie, für Bayern u. Deutschland, hrsg. v. K. H. Hermes. I. Hft. gr. 8. (6 B.) Bayreuth 851, Grau.

— freie deutsche. Wochenschrift f. Politik, Wissenschaft u. Kunst. Red.: Joh. Bumüller. 1. Jahrg. März 1901—Febr. 1902. 52 Nrn. gr. 4. (à ca. 12 S.) Ravensburg, C. A. Bertsche. Postfrei n. 8. 80

— dasselbe. (2.) Jahrg. 1. Viertelj. Jan.—März 1902. 13 Nrn. gr. 4. (160 S) Ravensburg. (Augsburg, Lampart & Co.) n. 2. —
Fortsetzung s. u. d. T.: Jahrhundert. das zwanzigste.

— freie deut. Jetzt: Münch., Verl. d. 20. Jahrh.

—— freie, aus Göttingen. Redakt.: A. Bock. 1. Jahrg. 1848. April — Juni. 25 Nrn. (½ Bog.) gr. 4. Göttingen, Vandenhoeck und Ruprecht. *

Blätter, Freie pädagog., s.a. Zentralblatt f. pädagog. Literatur.

—— freie pädagogische. Unter Mitwirkung von F. Christ, H. Deinhardt, Chr. Gläsel ꝛc. Hrsg. von A. Chr. Jessen. Jahrg. 1866 und 1867. à Jahrg. 52 Nrn. (Bog.) gr. 8. Wien, Pichler's Wwe. und Sohn. à Jahrg.

— freie pädagogische. Herausg. von A. Chr. Jessen. 1—4. Jahrg. 1867—1870. à 52 Nrn. (à 1 Bgn.). Wien, Pichler. gr. 8. Jeder Jahrg. 2 [illegible] 20 [illegible]

—— dass. — Hrsg. von A. Chr. Jessen. 3.—5. Jahrg. 1869—1871. à Jahrg. 52 Nrn. (à 1/2—1 Bog.) gr. 8. Mit Beilage: Zentralblatt für die pädagog. Literatur. Hrsg. von A. Chr. Jessen. 1.—3. Jahrg. 1869—1871. à Jahrg. 12 Nrn. (Bog.) gr. 8. Ebendas. à Jahrg. *
Die Beilage apart à Jahrg. *

— dasselbe. 6. u. 7. Jahrg. 1872 u. 1873. à 52 Nrn. (B.) gr. 8. Ebend. à Jahrg. n. 8. —

— dasselbe. 8—10. Jahrg. 1874—1876. à 52 Nrn. (à 1/2—1 B.) gr. 8. Ebend. à Jahrg. n. 10. —

— freie pädagogische. Hrsg. von A. Chr. Jessen. 11—16. Jahrg. 1877—1882. à 52 Nrn. (à 1/2—1 1/2 B.) gr. 8. Wien, Pichler's Witwe & Sohn. à Jahrg. n. 10. —

— freie pädagogische. Hrsg. v. A. Chr. Jessen. 17—20. Jahrg. 1883—1886. à 52 Nrn. (B.) Mit Gratisbeilage: Wegweiser durch die pädagog. Literatur. 9—12. Jahrg. à 12 Nrn. (à 1/2—1 B.) gr. 8. Wien, Pichler's Wwe. & Sohn. à Jahrg. n. 10. —

— freie pädagogische. Hrsg. v. A. Chr. Jessen. 21.—24. Jahrg. 1887—1890. à 52 Nrn. (Bog.) Mit Gratisbeilage: Wegweiser durch die pädagog. Literatur. 13.—16. Jahrg. à 12 Nrn. (à 1/2—1 B.) gr. 8. Wien, Pichler's Wwe. & Sohn. à Jahrg. n. 10. —

— freie pädagogische. Hrsg. v. A. Chr. Jessen. 25.—28. Jahrg. 1891—1894. à 52 Nrn. (1 1/2 Bog.) gr. 8. Wien, A. Pichler's Wwe. & Sohn. à Jahrg. n. 10. —

— freie pädagogische. Hrsg. v. A. Chr. Jessen. 29. Jahrg. 1895. 52 Nrn. (à ca. 1 Bog.) gr. 8. Wien, A. Pichler's Wwe. & Sohn. n. 10. —

Freie Blätter und Presse: Oct. 1858--?
Weekly. La Porte, IN

— freihändlerische. Hrsg. vom Verein zur Förderung der Handelsfreiheit. 1—9. Hft. gr. 8. Berlin 879—81. Simion. n. 9. 10

1. Deutschlands Getreide-Verkehr mit dem Auslande. (19 S.) n. — 50
2. Die Getreidezölle in der Tarif-Commission. (35 S.) n. — 80
3. Der Zolltarif-Entwurf nach den Beschlüssen des Bundesraths. Mit einer vergleich. Zusammenstellung der neu beantragten u. der jetzt besteh. Zollsätze. (47 S.) n. — 80
4. Die Holzzölle in der Tarif-Commission. (26 S.) n. — 60
5. Der Rohkupferzoll. Eine Episode aus der Schutzzöllnerei. (35 S.) n. — 80
6. Die Eisen-Industrie u. die Eisen-Enquête. Von F. C. Philippson. (155 S.) n. 3. —
7. Der Steuerreform-Plan für das Deutsche Reich. Von E. Fitger. (64 S.) n. 1. —
8. Die Besteuerung der indirecten Einfuhr. Historische u. krit. Untersuchungen, nebst einem Anh. über die Schifffahrtsbegünstigungen in Frankreich. Von Th. Barth. (64 S.) n. 1. —
9. Die deutsche Textil-Industrie u. die neue Zollpolitik. Von Max Weigert. (28 S.) n. — 60.

Blätter, freihändlerische. Hrsg. vom Verein zur Förderung der Handelsfreiheit. 7.—11. Heft. gr. 8. Berlin, Simion. *

Inhalt:

Heft 7. Fitger, E., der Steuerreform-Plan für das Deutsche Reich. (64 S.) 880. *M 1.
» 8. Barth, Th., die Besteuerung der indirecten Einfuhr. Historische und kritische Untersuchungen, nebst einem Anhang über die Schifffahrtsbegünstigungen in Frankreich. (64 S.) 880. *M 1.
» 9. Weigert, Max, die deutsche Textil-Industrie und die neue Zollpolitik. (28 S.) 881. * 60 Pf.
» 10. Barth, Th., die Erhöhung der Holzzölle. Kritische Untersuchung. (37 S.) 881. * 80 Pf.
» 11. Broemel, M., die deutschen Holzzölle vor 1865. Ein Beitrag zur Charakteristik der neuesten Wirthschaftspolitik und ihrer Vertreter. (42 S.) 881. *M 1.

— freihändlerische. Hrsg. vom Verein zur Förderg. der Handelsfreiheit. 10. u. 11. Hft. gr. 8. Berlin 883. Simion. n. 1. 80 (1—11.: n. 10. 90)

10. Die Erhöhung der Holzzölle. Kritische Untersuchg. v. Th. Barth. (37 S.) n. — 80
11. Die deutschen Holzzölle vor 1865. Ein Beitrag zur Charakteristik der neuesten Wirthschaftspolitik u. ihrer Vertreter. Von M. Broemel. (42 S.) n. 1. —

— f. evang. Freiheit u. kirchl. Fortschritt. Evang. Gemeindebl. N. F. In Verbindg m. Bickel, Veesenmeyer, Philippi u. Beckmann hrsg. v. Encke. Verantwortl.: W Veit u. Encke. 32. J. '12. 52 Nrn. (Nr 1: 8) Lex8° Wiesb., E Behrend. viertelj. — 60 d
Bisher u. d. T.: Gemeindeblatt, Evangelisches.

— freimüthige, f. Alle, die nicht geneigt sind, am Gängelbande des modernen Radicalismus zu laufen. gr. 8. (IV u. 39 S.) Leipzig 849, Dyk. 1/6 ₰

Blätter, Freymüthige, für Teutsche in Beziehung auf Krieg, Politik und Staatswirthschaft. Eine Zeitschrift ... Berlin 1815—18. H: *Cölln, Georg Friedrich Wilibald Ferd. von.* (Ky) (MGT)

— freimüthige, f. Deutsche, in Beziehung auf Krieg, Politik u. Staatswissenschaft, (v. Fr. v. Cölln). 1s—8s Hft. 8. Berl. 815, 16. Dunker u. H. 3 ₰ (einzeln à Heft 20 gr)

— Dies. freimüthige liter., für Deutsche in Beziehung auf Krieg, Politik u. Staatswissenschaft. Herausg. von Fr. v. Cölln. 9s—12s Heft. gr. 8, Berl. 816. Maurers B. (à 20 gr) 3 ₰ 8 gr

— Dies. für d. J. 1817—19, jeder in 12 Heften. gr. 8. Ebd. à J. 8 ₰ (einzeln à H. 20 gr) 24 ₰

Blätter, Freimüthige, über Gebrauch und Einrichtung des Karlsbades ... Leipzig 1818. V: *Löhr, Johann Andreas Christian.* (Ky) (MGT) (NN)

— freimüthige, über Gebrauch u. Einrichtung d. Karlsbades, für Kurgäste u. für Karlsbader selbst, von Irgend Jemand. 8. Lpz. 819. Er. Fleischer. 16 gr

— freymüthige, über Gebrauch u. Einrichtung des Karlsbades, für Kurgäste, und für Karlsbader selbst, von Irgent Jemand. 8. Leipzig. G. Fleischer. 820.

Blätter, F r e i m ü t h i g e liter., für Deutsche in Beziehung auf Krieg ..., s. B l ä t t e r, Freimüthige, f. Deutsche...

—— freymüthige, üb. Theologie u. Kirchenthum. Hrsg. v. W. A. Pflanz. 1—3. Bd. à 3 Hfte. gr. 8. Rotweil 830—32, Herder. à Bd.
1. Bd. unt. Verantwortlichk. d. Verlhdlg. herausg. v. ein. Gesellsch.

—— dies. Hrsg. v. W. A. Pflanz. 4—7. Bd., od. neuer Folge 1—4. Bd. à 3 Hfte. Jahrg. 1833, 34. gr. 8. Stuttgart, Neff. à J.

—— freimüthige, üb. Theologie u. Kirchenthum. Hrsg. v. W. A. Pflanz. (8—23., od. neuer Folge 5—20. Bd. à 3 Hfte.) Jahrg. 1835—42. gr. 8. Stuttgart, Neff. à J. *

Freimüthige Blätter über Theologie und Kirchenthum. Herausgegeben von W. A. Pflanz. 1838. H. 2. Stuttgart, Neff 1838. 208 S. 8.
A. u. d. T. Der römische Stuhl und die kölner Angelegenheit, Erörterungen von Katholiken, welche festhalten an dem Grundsatze des h. Augustinus: In necessariis unitas .... 2. Aufl. Stuttgart 1838.

— freimüthige, über Theologie und Kirchenthum. Herausg. von W. A. Pflanz. (20.—28., od. neuer Folge 15.—31. Bd. à 3 Hefte.) Jahrg. 1841—1846. gr. 8. Stuttgart 841—46, Neff. à Jahrg. n. 4 3/4 ₰

—— freimüthige, üb. Theologie u. Kirchenthum. Hrsg. von W. A. Pflanz. (24—27., od. neue Folge 21—24. Bd.) 1843 u. 44. à 12 Hfte. gr. 8. Stuttgart, Neff. à 3. *

—— friedliche, für die protestantische Gemeinde. Hrsg. von Löfflad. 2. Jahrg. April 1876—März 1877. 52 Nrn. (½ Bog.) gr. 4. Braunsberg, (Peter's Buchh.) *
Nicht weiter erschienen.

—— friedl., f. d. protest. Gemeinde. Hrsg. v. Löfflad. 2. Jahrg. April 1876—März 1877. 52 Nrn. (½ B.) 4. Braunsb. Königsb., Strübig. n. 5. —

—— für gerichtliche Medicin, Friedreich's. Fortges. von E. Buchner. Jhg. 14—21. — Herausg. von E. Buchner, C. v. Hecker u. C. Klinger. Jhg. 22—30. Nürnberg 1861—79.

—— für gerichtliche Medicin und Sanitätspolizei, Friedreich's, herausg. von C. v. Hecker u. C. Klinger. Jhg. 31—32. — Herausg. von C. v. Hecker von J. v. Kerschensteiner. Jhg. 33—36. — Herausg. von J. v. Kerschensteiner. Jhg. 37—42. — Herausg. von O. Messerer. Jhg. 43—45. Nürnberg 1880—94. 8.

Blätter, F ü n f z i g polit., s. A u f s ä t z e . polit.

Blätter für G e f ä n g n i ß k u n d e . Organ des Vereins der deutschen Strafanstatsbeamten, hrsg. von dessen Ausschuß (von Bd. 2 an:) red. von G. Ekert (u.a., zuletzt :) von Schwandner. Bd. 1-45. Heidelberg 1845 - 1911. 46 Bde.
Gen. Reg. zu Bd. 1-26. Bearb. von O. Wirth u. H. Denzner. 1893. (Angeb. an Bd. 27).

—— für Gefängnisskunde. Organ des Vereins der deutschen Strafanstaltsbeamten, hrsg. von dessen Ausschuss. (1. Bd.) 5 Hefte. gr. 8. (XLII und 487 S.) Heidelberg 864,65, (Weiss.) [1.—3. Heft à * 15 Ngr., 4. und 5. Heft à * 10 Ngr.] *

— für Gefängnisskunde. Organ des Vereins der deutschen Strafanstaltsbeamten. Unter Mitwirkung d. engeren Vereins-Ausschusses redig. von G. Ekert. 1—4. Bd. Heidelberg. Weiss. gr. 8. (à 5—6 Hefte à 4—6 Bgn.) n. 8 ₰ 8 ngr

Separathefte:
Die Strafanstalten Deutschlands. (72 S.) n. 10 ngr
Jahresbericht über Zustände u. Ergebnisse d. Zellengefängnisses Bruchsal während d. J. 1865. (92 S.) n. 13 ngr
Jahresbericht über Zustände u. Ergebnisse d. Zellengefängnisses Bruchsal während d. J. 1867. (98 S.) n. 15 ngr
Rommel, über den Begriff der Strafanstalts-Arbeit u. die Beibehaltung der Zuchthausstrafe in dem Entwurf d. norddeutschen Strafgesetzes. Zwei Fragen begutachtet. (52 S.) n. 7 ngr

—— dass. — Unter Mitwirkung des engeren Vereins-Ausschusses redig. von G. Ekert. 2. Bd. 6 Hefte. gr. 8. (IV und 486 S. mit 1 Tab. in qu. Fol.) (Ebendas.) 866,67. *

—— dass. — 2. Bd. Separatheft. A. u. d. T.: Die Strafanstalten Deutschlands. gr. 8. (72 S.) (Ebendas.) 866. *

—— dass. — 3. Bd. 4 Hefte. gr. 8. (VIII und 300 S. mit 1 Tab. in gr. Fol.) (Ebendas.) 867. [1. Heft * 12 Ngr., 2.—4. Heft à * 10 Ngr.] *

—— dass. — Sep.-Heft. A. u. d. T.: Jahresbericht über Zustände und Ergebnisse des Zellengefängnisses Bruchsal während des J. 1865. gr. 8. (92 S.) Ebendas. 867. *

—— für Gefängnisskunde. Organ des Vereins der deutschen Strafanstaltsbeamten. Unter Mitwirkung des engeren Vereins-Ausschusses hrsg. von G. Ekert. 3. Bd. 5. Heft. gr. 8. (IV, S. 301—412.) Heidelberg 868, (Weiss.) *

—— dass. — 4. Bd. 6 Hefte. gr. 8. Ebendas. [1. Heft. (S. 1—98.) 868. * M 1,50.; 2. Heft. 1. und 2. Hälfte. (S. 99—186; 187—282.) 869. à Hälfte * M 1,20.; 3. Heft. (S. 283—378.) * M 1,20.; 4. Heft. (S. 379—486.) * M 1,20.; 5. Heft. (S. 487—644.) * M 1,60.; 6. Heft. (V, S. 645—715.) 870. * M 1.] *

—— dass. — 4. Bd. Separatheft: Jahresbericht über Zustände und Ergebnisse des Zellengefängnisses Bruchsal während des J. 1867. gr. 8. (98 S.) Ebendas. 869. *

—— dass. — 4. Bd. Extraheft: Ueber den Begriff der Strafanstalts-Arbeit und die Beibehaltung der Zuchthausstrafe in dem Entwurf des norddeutschen Strafgesetzes. Zwei Fragen begutachtet von Rommel. gr. 8. (52 S.) Ebendas. 870. *

—— dass. — 5. Bd. 5 Hefte. gr. 8. Ebendas. 871. [1. Heft. (III, 96 S. mit 2 Stnt.) * M 1,50.; 2. Heft. (111 S.) * M 1,50.; 3. Heft. (116 S.) * M 1,50.; 4. Heft. Zugleich 2. Separatheft, enth. den Jahresbericht des Zellengefängnisses Bruchsal für 1869. (95 S.) * M 1,20.; 5. Heft. (VII, 80 S.) * M 1,20.] *

—— dass. — 6. Bd. 4 Hefte. gr. 8. Ebendas. 872. [1. Heft. (XVI, 104 S.) * M 1,50.; 2. Heft. (112 S. mit 1 Stnt.) * M 1,50.; 3. Heft. (IV, 84 S.) * M 1,20.; 4. Heft. (IV, 66 S.) * M 1.] *

—— dass. — 7. Bd. 4 Hefte. gr. 8. Ebendas. 872,73. [1. Heft. (88 S.) * M 1,20.; 2.—4. Heft. (à 96 S.) à Heft * M 1,40.] *

—— dass. — 8. Bd. 5 Hefte. gr. 8. Ebendas. 873. [1. Heft. (S. 1—96.) * M 1,40.; 2. Heft. (S. 97—171.) * M 1.; 3. Heft. (96 S.) * M 1,60.; 4. Heft. (S. 172—244.) * M 1,20.; 5. Heft. (96 S.) * M 1,40.] *

— dasselbe. 8. Bd. gr. 8. (480 S.) Ebend. 874. n. 6. 60

—— dass. — 9. Bd. 5 Hefte. gr. 8. Ebendas. 874. [1. Heft. (S. 1—111.) * M 1,50.; 2. Heft. (S. 118—240.) * M 1,50.; 3. Heft. (S. 241—336.) * M 1,40.; 4. Heft. (S. 337—454.) * M 1,50.; 5. Heft. (S. 455—522.) * M 1.] *
1.—9. Bd. * M 38,90.

—— für Gefängnisskunde. Organ des Vereins der deutschen Strafanstalts-Beamten. Unter Mitwirkung des engern Vereins-Ausschusses redig. von Gustav Ekert. 9. Bd. 6. und 7. Heft, enth. die Jahresberichte des Männerzuchthauses Bruchsal für 1873 und der Gefangenenanstalten in Wolfenbüttel für 1874. gr. 8. Heidelberg 875, (Weiss.) [6. Heft. (S. 523—538.); 7. Heft. (133 S.)] *

—— dass. — 10. Bd. 7 Hefte. gr. 8. (Ebendas.) 875. [1. und 2. Heft. (VIII, S. 1—144.) * M 3.; 3. und 4. Heft. (S. 145—320.) * M 3.; 5. und 6. Heft. (S. 321—520.) * M 3.; 7. Heft: Jahresbericht des Männerzuchthauses Bruchsal für 1874. (VIII, 72 S.) * M 1,20.] *

—— dass. — 11. Bd. 6 Hefte. gr. 8. (Ebendas.) [1.—4. Heft. (S. 1—332.) 876. * M 5.; 5. Heft. (S. 333—420.) 877. * M 1,50.; 6. Heft, enth. den Jahresbericht des Männerzuchthauses Bruchsal für 1875. (V, 72 S.) 877. * M 1,20. *

—— dass. — 12. Bd. 5 Hefte. gr. 8. (Ebendas.) [1.—3. Heft. (S. 1—280.) 877. à Heft * M 1,50.; 4. Heft. (S. 281—360.) 878. * M 1,30.; 5. Heft, enth. den Jahresbericht des Männerzuchthauses Bruchsal für 1876. (VI, 80 S.) 878. * M 1,40.] *

— dasselbe. 12. Bd. gr. 8. (360 u. VI, 80 S.) Ebend. 878. n. 7. 20

—— dass. — 13. Bd. 5 Hefte. gr. 8. (Ebendas.) [1. und 2. Heft (VIII, S. 1—208.) 878. * M 3.; 3. und 4. Heft. (S. 209—340.) 878. * M 2.; 5. Heft, enth. den Jahresbericht des Männerzuchthauses Bruchsal für 1877. (72 und Beilage 13 S.) 879. * M 1,40.] *
1.—9. Bd. 1.—5. Heft. (Ebendas.) 1864—74. * M 64,80.

—— für Gefängnisskunde. Organ des Vereins der deutschen Strafanstalten. Redig. von Gust. Ekert. 14. Bd. 5 Hefte. gr. 8. Heidelberg, Weiss' Verlag. [1. und 2. Heft. (S. 1—204 mit 19 Stnt.) 880. * M 3,50.; 3. Heft. (S. 205 258.) 880. * M 1.; 4. und 5. Heft. (IV, S. 259—420 mit 2 lithogr. Plänen.) 881. * M 2,75.] *

— dasselbe. 15. Bd. 1—4. Hft. gr. 8. (VIII, 356 S.) Ebend. 880—82. n. 5. 50

—— dass. — 16. Bd. 4 Hefte. gr. 8. Ebendas. 883. [1. und 2. Heft. (S. 1—192.) * M 2,75.; 3. und 4. Heft. (S. 193—395.) * M 2,75.] *

—— dass. — 17. Bd. 4 Hefte. gr. 8. Ebendas. [1.—3. Heft. (IV, S. 1—296.) 883. * M 4,25.; 4. Heft. (IV, S. 297—402 mit 2 Stnt.) 884. * M 1,80.] *

—— dass. — 18. Bd. 4 Hefte. gr. 8. Ebendas. 884. [1. und 2. Heft. (S. 1—218.) * M 3.; 3. und 4. Heft. (IV, S. 219—436, 16.) à Heft * M 1,50.] *

—— dass. — 19. Bd. 4 Hefte. gr. 8. Ebendas. [1. und 2. Heft. (IX, S. 1—152.) 884. *ℳ 2,50.; 3. und 4. Heft. (S. 155—298 mit 4 lithogr. Plänen.) 885. *ℳ 2.] *

—— für Gefängnisskunde. Organ des Vereins der deutschen Strafanstaltsbeamten. Redig. von G. Ekert. 19. Bd. 5. Heft. gr. 8. (IV, S. 301—398.) Heidelberg 885, Weiss' Verlag. *
1.—4. Heft. Ebendas. 1884,85. *ℳ 4.50.

— dasselbe. 20. Bd. gr. 8. (IV, 422 S.) Ebend. 885. 86. n. 6. 50

—— dass. — Beigabe: Grundsätze für den Bau und die Einrichtung von Zellengefängnissen. Beschlüsse der Commission, welche in der Versammlung des Vereins der deutschen Strafanstaltsbeamten zu Wien am 20. Septbr. 1883 zur Ausarbeitung dieser Normalbedingungen niedergesetzt wurde. Lex.-8. (VII, 52 S. mit 26 Taf.) Ebendas. 885. *

—— dass. — 21. Bd. 5 Hefte. gr. 8. (IV, 482 S.) Ebendas. 886,87. *

—— dass. — 22. Bd. 4 Hefte. gr. 8. (VII, 448 S. mit 1 Taf.) Ebendas. 887. *

— dasselbe. 23. Bd. 4 Hfte. gr. 8. (X, 374 u. 31 S.) Ebd. 888. 889. n. 6. —

—— dass. — 23. Bd. Sep.-Heft: Die Vereins-Fürsorge zum Schutz für entlassene Gefangene in ihrer geschichtlichen Entwickelung während der letzten hundert Jahre von Fuchs. gr. 8. (IV, 128 S.) Ebendas. 888. *

— dasselbe. 24. Bd. 4 Hfte. gr. 8. (III, 420 S.) Ebd. 889. n. 6. —

— dasselbe. 25. Bd. 2 Hfte. gr. 8. (III, 232 S.) Ebd. 889. 890. n. 3. 20

— dasselbe. 25. Bd. 1. Sonderheft. gr. 8. (VII, 248 S. m. Portr.) Ebd. 890. n. 3. 50

— dasselbe. 25. Bd. 2. Sonderheft. gr. 8. (IV, 63 S.) Ebd. 890. n. 1. —

— für Gefängnisskunde. Organ d. Vereins der deutschen Strafanstaltsbeamten. Red. v. Gust. Ekert. 26. Bd. 6 Hfte. gr. 8. (V, VI, 832 S.) Heidelberg 891. 892. G. Weiss' Verl. n. 6. —

— dasselbe. Red. v. Osk. Wirth. 27. Bd. 6 Hfte. gr. 8. (XX, 490 S.) Ebd. 893. n. 6. 40

— dasselbe. 28. Bd. 1.—4. Hft. gr. 8. (300 S.) Ebd. n. 4. 60

— dasselbe. General-Register zu Bd. 1—26. Bearb. v. O. Wirth u. H. Denzner. Hrsg. v. der Red. d. Vereinsorgans als Sep.-Hft. zu Bd. 27 der Blätter f. Gefängnisskunde. gr. 8. (V. 118 S.) Ebd. 893. n. 2. 50

— f. Gefängnisskunde. Organ d. Vereins d. deutschen Strafanstaltsbeamten. Red. v. Osk. Wirth. 28. Bd. Sonderheft. gr. 8. (XXXIX, 150 S.) Heidelberg 894. G. Weiss, Verl. n. 2. 50

— dasselbe. 29. Bd. 6 Hfte. gr. 8. (V, 466 S. m. 10 Taf.) Ebd. 895. n. 7. —

— dasselbe. 30. Bd. 6 Hefte. gr. 8. (IV, 462 S.) Ebd. 896. 97. n. 6. —

— dasselbe. 31. Bd. 6 Hefte. gr. 8. (550 S. u. 1 Plan.) Ebd. 897. n. 6. —

— dasselbe. 32. Bd. 1.—4. Hft. gr. 8. (S. 1—339.) Ebd. 898. n. 4. —

— für Gefängnisskunde. Organ des Vereins der deutschen Strafanstaltsbeamten. Red. v. Osk. Wirth. 32. Bd. 5. u. 6. Hft. gr. 8. (V, XXXXIX S. u. 341—480.) Heidelberg 898. Kassel, G. Weiss, Verl. n. 2. 50; (32. Bd. kplt.: n. 6. 50)

— dasselbe. Red. von v. Engelberg. 33. Bd. 6 Hfte. u. Sonderheft. gr. 8. (IV, 525 S. u. Sonderheft VII, 71 S.) Ebd. 899. n. 9. 20

— dasselbe. 34. Bd. 6 Hfte. gr. 8. (IV, 548 S.) Ebd. 900. n. 8. —

— dasselbe. 35. Bd. 6 Hfte. gr. 8. (IV, 524 S.) Ebd. 901. n. 8. 50

— dasselbe. 35. Bd., Sonderheft. (Verhandlungen u. Beschlüsse der Vereinsversammlg. in Nürnberg.) gr. 8. (210 S.) Kassel 901. G. Weiss. n. 3. —

— dasselbe. 36. Bd. 6 Hfte. gr. 8. (IV, 506 u. 70 S.) Ebd. 902. n. 9. 50

— für Gefängniskunde. Organ des Vereins der deutschen Strafanstaltsbeamten. Red. von v. Engelberg. 37.—39. Bd. à 6 Hfte. u. 40. Bd. 1. u. 2. Hft. gr. 8. Heidelberg, C. Winter Verl. n. 38 —
37. (572 S. m. 1 Tab.) Cassel 903. n. 10. 50
38. (IV, 626 S.) Cassel 904. n. 10. 50
39. (IV, 502 S.) 905. n. 9. 50
40. Hft. 1 u. 2. (S. 1—484 m. 1 Taf.) 906. n. 7. 50

— für Gefängniskunde. Organ des Vereins der deutschen Strafanstaltsbeamten e. V. Red. von v. Engelberg. 40. Bd. 3. Hft. u. 41.—44. Bd. gr. 8. Heidelberg, C. Winter, Verl. 39. 50
40. III. (IV u. S. 480—692) 908. 2.50 (kplt. 10. —)
41. 2 Hfte. (IV, 427 S.) 907. 6. —
42. 3 Hfte. (IV, 707 S.) 908. 8. —
43. 3 Hfte. (IV, 744 S.) 909. 10. 50
44. 3 Hfte. (V, 851 S.) 910. 12. 50

Blaetter für Gefängniskunde.
Generalregister zu Bd 1—40 bearb. von *Engelberg*. Heidelberg 1907. 8°.

— f. Gefängniskunde. Red. von v. Engelberg, v. 44. Bd an v. Schwandner. 43—46. Bd je 3 Hefte. gr8° Heidelbg, Carl Winter. 40.50
43. (744 m. 1 Bildn.) '09. 10.50 ‖ 44. (851) '10. 12.50 ‖ 45. (709) '11. 9 — ‖ 46. (4, 619 m. Abb.) '12. 8.50

— dass. 45. Bd. Sonderheft. 8° Ebd.
Vorschläge zu e. Entwurf e. Reichsgesetzes üb. d. Vollzug d. gerichtl. erkannten Freiheitsstrafen. (6, 45) '11. nn 1.30

— f. Gefängniswesen. Organ des Vereines der Verwaltungsbeamten der österreich. Strafanstalten u. Gerichtshofgefängnisse. Red. v. Ant. Marcovich. 1. u. 2. Hft. (237 u. VII, 208 S.) gr. 8. Wien 909. 10. C. Konegen. à 4. —

— f. Gefängniswesen. Red. v. Ant. Marcovich. 2. u. 3. Heft. gr8° Wien, C Konegen.
2. (7, 208) '10. 4 — ‖ 3. (8, 120) '11. 3 —

—— für Geflügelzucht. Im Auftrage der Geflügelzüchter-Vereine zu Dresden, Görlitz, Altenburg und unter Mitwirkung anerkannter Fachmänner hrsg. von Jul. Braun. Jahrg. 1867. Juli bis Decbr. 12 Nrn. (à ½ Bog.) gr. 4. Dresden, (Heinrich.) *

—— für Geflügelzucht. Im Auftrage der Geflügelzüchter-Vereine zu Dresden, Görlitz, Altenburg und unter Mitwirkung anerkannter Fachmänner hrsg. von Jul. Braun. Jahrg. 1868. 24 Nrn. (à ½ Bog.) gr. 4. Dresden, (Heinrich.) *

—— dass. — Im Interesse deutscher Geflügelzüchter-Vereine und unter Mitwirkung anerkannter Fachmänner auf dem Gebiete der Geflügelzucht hrsg. von Jul. Braun. Jahrg. 1869. 24 Nrn. (Bog.) gr. 4. Dresden, Meinhold und Söhne. *

—— dass. — Organ sämmtl. deutschen Geflügelzüchter-Vereine. Redig. von Jul. Braun. Jahrg. 1870 und 1871. à Jahrg. 24 Nrn. (Bog.) gr. 4. Ebendas. à Jahrg. *

—— dass. — Central-Organ sämmtl. deutschen Geflügelzüchter-Vereine. Redig. von Jul. Braun. Jahrg. 1872—1875. à Jahrg. 24 Nrn. (Bog.) gr. 4. Ebendas. Jahrg. 1872—1874 à *
Jahrg. 1875 *

—— für Geflügelzucht. Central-Organ sämmtl. deutschen Geflügelzüchter-Vereine und des ersten österreich. Geflügelzucht-Vereins in Wien. Redig. von Jul. Braun. 10.—12. Jahrg. 1876—1878. à Jahrg. 24 Nrn. (à 2 Bog.) Fol. Dresden, Meinhold und Söhne. à Jahrg. *

—— dass. — 13. Jahrg. 1879. 52 Nrn. (Bog.) Fol. Ebendas. *

Blätter f. Geflügelzucht. Central-Organ d. Clubs deutscher u. österreichisch-ungar. Geflügelzüchter, der deutschen Geflügelzüchter-Vereine 2c. Red. v. A. Voelckerling. 23. u. 24. Jahrg. 1889. 1890. à 52 Nrn. (2 B. m. Illustr.) Fol. Dresden, (Meinhold & Söhne).
à Jahrg. n. 8. —

—— dass. — 26. Jahrg. 1892. 52 Nrn. (à Nr. 2 Bog. m. Illustr.) Fol. Dresd., Verlag des Blattes für Geflügelzucht. ⁊ 6 —
Jahrg. 1891 erschien im Verlage d. Redakteurs.

— f. Geflügelzucht. 26. Jahrg. 1892. 52 Nrn. (2 B. m. Illustr.) Fol. Dresd., O & R Becker. 6.40 ‖ 27. Jahrg. 1893. 6.80 ‖ 28. u. 29. Jahrg. 1894 u. 1895. à Jahrg. 4 —
Vom 1. Juli 1892 an ist der Preis auf 1.50 f. d. Quartal ermässigt.

— dasselbe. 29. Jahrg. Ausg. f. Österreich-Ungarn. Red.: S. Gironcoli. Verantwortl. Red.: R. Wandel. 1. Jahrg. Apr.—Dezbr. 1895. 39 Nrn. (à 8 S. m. Abb.) Fol. Ebd. n. 3. —

— f. Geflügelzucht. Central-Organ f. d. Landesverband sächs. Geflügelzüchtervereine, d. Verbandes rhein. Geflügelzüchterver. 2c. Red.: Rud. Kramer. 29.—32. Jahrg. 1895—1898. à 52 Nrn. (à 8 S. m. Ill.) Fol. Dresden, O. & R. Becker. à Jahrg. n. 4. —
Kann auch vierteljährlich bezogen werden. — Der 32. Jahrg. ist von Ernst Wilh. Schneider redigiert.

— f. Geflügelzucht. Red.: R Kramer u., seit 1898, EW Schneider. 30—34. Jahrg. 1896—1900 à 52 Nrn. Fol. (Nr. 1. 8 m. Abb.) Dresd., EA Trapp. à Jahrg. 4 —

— f. Geflügelzucht. 33.—36. Jahrg. 1899—1902. à 52 Nrn. Fol. (à ca. 8 S. m. Abbildgn.) Dresden, H. Schultze. à Jahrg. n. 4. —
Die Jahrgg. 33—35 sind v. E. W. Schneider redigiert.

— f. Geflügelzucht. (Red.: EW Schneider.) 35. u. 36. Jahrg. 1901 u. 2 je 52 Nrn. (1901. Nr. 1 u. 2. 16) Fol. Reichenb., JG Koch. Viertelj. 1 — d
Fortsetzg u. d. T.:

— für Geflügelzucht, Kleintierzucht u. Tiersport. 37. u. 38. Jahrg. 1903 u. 1904. à 52 Nrn. (1904. 416 S. m. 22 Abbildgn.) Fol. Dresden. [H. Schultze.] Reichenbach i. V., J. G. Koch. à Jhrg. n. 4. —

— dasselbe. Red.: E. Schneider. 39. u. 40. Jahrg. 1905 u. 1906. à 52 Nrn. (430 u. 418 S. m. Abbildgn.) Fol. Reichenbach, J. G. Koch. à Jhrg. n. 3. —
Erschien bis Oktb. 1905 noch in Dresden.

— aus der Gegenwart, s.a. Welt u. Zeit. — auch Zeit, die neue.

— aus der Gegenwart. Eine Zeitschrift f. Unterhaltung u. Belehrung aus den Gebieten d. Wissenschaft, Kunst, Industrie u. d. öffentl. Lebens. Hrsg. v. Ludw. Meyer. Neue Folge. 3—9. Jahrg. 1846—1852. à 52 Nrn. gr. 4. (1—1½ Bog.) Leipzig, Baumgärtner. à Jahrg. n. 4 ℛ (siehe: Zeit, neue.)

—— aus der Gegenwart. Eine Zeitschrift für Unterhaltung und Belehrung aus den Gebieten der Wissenschaft, Kunst, Industrie und des öffentl. Lebens. Hrsg. von Ludw. Meyer. Neue Folge. 3 — 7. Jahrg. 1848 — 52. à 52 Nrn. (à 1 — 1½ Bog.) Mit Abbildungen. gr. 4. Leipzig, Baumgärtners Buchh. à Jahrg. *
Der 1. und 2. Jahrg. erschien u. d. T.: Die neue Zeit. Ebendas. 1846 und 1847 und kosten beide * 8 Thlr.

—— a. d. Gegenwart. Zeitschr. f. Unterh. u. Belehrg a. d. Geb. d. Wiss., Kunst, Ind. u. d. öff. Lebens. Red.: L Meyer. N. F. 6—8. Jahrg. à 52 Nrn. (à 1—1½ B.) 4. Lpzg 51—53, Baumgärtner. à n. 4. —

— zur Gegenwart. In zwanglosen Heften. Von Herrmann-Teut. 1—3. Hft. Kiel 859. Schröder & Co. gr. 8. (50 S.) n. 10 ℊ
1. u. 2. Hft. à n. 3¾ ngr.; 3. Hft. n. 2½ ngr.

—— für Israels Gegenwart u. Zukunft. Monatsschrift f. Besprechung religiös. u. socialer Zustände der Juden. Hrsg. von R. Bellson. 1. Jahrg. 1845. 12 Hfte. Berlin. (Grobe.) *

—— dies. Im Verein mit mehreren Theologen u. Freunden des alten Bundes-Volkes. Hrsg. v. Dems. 2. Jahrg. 1846. 12 Hfte. 8. Berlin, C. A. Wolff. *

Blätter der Gegenwart für sociales Leben
(5) Dezember 1844—Juli 1845 (6) 8° (7) Monatsblatt (April 1845 keine Nummer) (8) Vevey: L. Alex. Michod; Lausanne: L. Alex. Michod (11) W. Marr, Lausanne; Mitarbeiter: Herm. Döleke (12) anarchistisch (Kreis der deutschen Handwerkervereine) (1) Drahn: Die Presse der Anarchisten deutscher Zunge. »Zeitungswissenschaften« 1929 HBLS I, S. 356; Generalbericht der Herren A. Favre und D. J. U. Lardy in: Generalbericht an den Staatsrath von Neuchâtel (1846) (4) Ge: P (5) In der Juli-Nr. 1845 heißt es: »Wir haben den Entschluß gefaßt, unserm Blatte eine größere Verbreitung als bisher zu geben, und es wird von nun an durch alle Postämter und soliden Buchhandlungen zu beziehen sein ...« — Nach dem Bericht von Favre-Lardy zählte die Zeitung 500 Abonnenten. — Wilhelm Marr wurde am 23. 7. 1845 aus der Waadt ausgewiesen. Er verließ Lausanne am 12. 8. 1845.

Blätter, aus d. Gegenwart f. nützl. Unterhalt. (u.) wissenschaftl. Belehrung. 1—3. Jahrg. 1830—32. Hrsg. v. A. Diezmann. à 104 Nrn. (½ B.) Mit Abbildn. gr. 4. Leipzig, Industrie-Comptoir. à
Beim 1. u. 2. Jahrg. ist kein Herausgeber genannt.

— aus d. Gegenwart, für nützliche Unterhaltung u. wissenschaftl. Belehrung. 1r — 3r Jahrg. 1830—32. Mit Abbildd. gr. 4. Leipz. 830. Industr.-Compt. à J. 4 ℛ (Mit d. Leipz. Modezeitung vereint nur 2 ℛ 12 ℊ)

— aus der Gegenwart, für nützl. Unterhaltung, oder (Welt und Zeit). Herausg. v. A. Diezmann. 4r — 11r Jahrg. Mit Abbildungen. gr. 4. Leipzig 833 — 40. Industrie-Comptoir. (à J. n. 3 ℛ) 24 ℛ (1r — 3r J. jetzt 5 ℛ)

—— dass. Forts., s. (Welt u. Zeit.)

—— für Geist, Gemüth und Vaterlandskunde, s.a. Wochenblatt, siebenbürger.

Blätter für Geist, Gemüth und Vaterlandskunde. (Gratisbeilage zur Kronstädter Zeitung und zum Satellit.) Druck und Verlag von J. Gött. 8. 1854!

Blätter für Geist, Gemüth und Vaterlandskunde. (Beilage zur Kronstädter-Zeitung.) XIII. Jahrg. Unter Verantwortung des Verlegers. Gedruckt und im Verlag in Joh. Gött's Buchdruckerei kl. 4. (2 spaltig.) 1856!

Blätter für Geist, Gemüth und Vaterlandskunde. (XIV. Jahrg.) Unter der Verantwortung des Verlegers. Gedr. und im Verlag in Johann Gött's Buchdruckerei. kl. 4. Erscheint jeden Mittwoch. 1856!

Blätter für Geist, Gemüth und Vaterlandskunde. 15. Jahrg. Druck, Verlag und Verantwortung des Johann Gött in Kronstadt. 1857!

Blätter für Geist, Gemüth und Vaterlandskunde. XVI. Jahrgang. Gedruckt und im Verlag von *Joh. Gött's* Buchdr. in *Kronstadt*. Unter Verantw. des Verlegers.
Erscheint in **Kronstadt**, jeden Samstag, in kl. Fol. Ohne Preis-Angabe.

— für Gemäldekunde von Thdr. v. Frimmel. 1. Bd. 10 Hfte. (XXIII, 188 S. m. Abbildgn. u. 1 Taf.) Lex.-8. Wien 904. 905. (Gerold & Co.) n. 11. — geb. in Leinw. n. 12. 50

— dasselbe. 2. Bd. 10 Hfte. u. Register. (202 S. m. Abb. u XVIII S.) Lex.-8. Ebd. 905. 906. n. 14. 80

— dasselbe. 3. Bd. 1.—5. Hft. (S. 1—88 m. Abbildgn. u. 1 farb. Taf.) Lex.-8. Ebd. 906. n. 5. 80

— dasselbe. Beilage. 1. Lfg. (S. 1—20.) Lex.-8. Ebd. 905. n. 1. —

— für Gemäldekunde von Thdr. v. Frimmel. 3. Bd. 6.—10. Hft. u. Register. (S. 89—200 m. Abb. u. XX S.) Lex. 8. Wien 906. 07. [Gerold & Co.] F. Malota. 9.50 (Kplt. 15. 80)

— dasselbe. 4. Bd. 10 Hefte u. Register. (222 S. m. Abb. u. 2 Taf. u. XXII S.) Lex. 8. Ebd. 907. 908. 18.50

— dasselbe. 5. Bd. 1.—7. Hft. (S. 1—140 m. Abb.) Lex. 8. Ebd. 909. 12. —

— f. Gemäldekunde, hrsg. v. Th. v. Frimmel. 6. u. 7. Bd je 10 Hefte m. 1 Beil. (6. Bd, 1. Heft: 24 m. Abb.) Lex8° Wien, F Malota. je 12.50; einz. Hefte 1.70

— dasselbe. Beilage. I. Bd. 1905—1910. 2.—6. Lfg. (III u. S. 21—174.) Lex. 8. Ebd. 907—910. 10.50 (I. Bd. kplt.: 11. 50)

— für die Gemeindebeamten. Organ des Vereins sächs. Gemeindebeamten. Red.: Richter. 12. u. 13. Jahrg. 1887/88. 1888/89. à 12 Nrn. (B.) 4. Leipzig, (Roßberg). à Jahrg. n.n. 1. 80

— f. d. Gemeindebeamten. Org. d. Vereins sächs. Gemeindebeamten. Hrsg.: D. Verein sächs. Gemeindebeamten. Red.: Lampe. 20. u. 21. Jahrg. 1895—1896. 4. Leipzig (H. Schlag, Nachf.) à Jahrg. n. 1. 50

— dasselbe. 22. Jahrg. 1897. 4. Ebd. n. 2. —

Blätter für d. Gemeindebeamten. Organ d. Vereins sächs. Gemeindebeamten. Red.: Lindner. 23. Jahrg. Jan.—Septbr. 1898. 23 Nrn. gr. 8. (386 S.) Leipzig (H. Schlag Nachf.). n. 2. —

— dasselbe. 24. u. 25. Jahrg. Oktbr. 1898—Septbr. 1900. à ca. 12 Nrn. gr. 8. (à 16 S.) Ebd. à Jahrg. n. 2. —

Blätter für Gemeinde- und Corporations-Verwaltung. (Hrsg. v. Kröner.) 22. Jg. Kirchheim u. T.: Osswald 1893. [Fortges. u. d. Tit.:]

Württembergische Gemeindezeitung

Blätter: Gemeinnützige Blätter
v. Wypentaler-Blatt.

Blätter, Gemeinnützige. Halberstadt.
Vorh. u.d.T.: Blätter, Halberstädtische gemeinnützige.
Forts. u.d.T.: Blätter, Neue gemeinnützige.

GEMEINNÜTZIGE BLÄTTER. EINE WOCHENSCHRIFT ZUM BESTEN DER ARMEN VON DER LITTERARISCHEN GESELLSCHAFT ZU HALBERSTADT.
Jahrg. 1. Bd. 1-2 — Jahrg. 2. Bd. 1-2. Halberstadt (1788—1790.) Gedruckt bey Johann Heinrich Mevius. 8°.
Jahrg. 3. Bd. 1-2. ib. (1790—1791.) Gedruckt bey Delius Wittwe.

— gemeinnützige, (v. G. R. Fischer). 1r—3r Jahrg. 1788—91. u. neue gemeinn. Blätter, (fortges. v. C. F. W. Augustin), für 1791—1800. 10 Jahrgg. 8. Halberst. (W. Nauck in Leipz.)

— gemeinnützige. 5 Jahrg. 8. Halberst. (Sommer, Lpz.) 790—94.

Blätter, gemeinnützige, e. Zeitschrift zur Belehrung u. Unterhalt., herausg. v. Frz. G. F. Schläger. 1r—7r Jahrg. 1825—31. 4. Hameln. (Hannov., Helwing). à J. 4 rß

— gemeinnützige, zur Beförderung d. Bergbaues u. Hüttenbetriebes hrsg. v. A. v. Klipstein. 1. Hft. gr. 4. (VI u. 110 S.) Frankfurt a.M. 849, Heyer. (Leipzig, Fr. Fleischer.) n. 1 rß

Blätter, Gemeinnützige, zur Belehrung und Unterhaltung.
Jg. 1803 u.d.T. Blätter, Gemeinnützige, für Sächs. Vaterlandsfreunde.
Jg. 1804 ff.: Blätter, Gem., für Freunde des Vaterlandes

— gemeinnützige, zur Belehrung u. Unterhaltung. 1r—12r J. 1801—12. v. W. F. Schubert u. A. 4. Neust., Wagner. à J. 2 rß

— gemeinnützige, z. Belehrung u. Unterhaltung. 8r—11r Jahrg. od. 1810—813. 4. Neustadt, Wagner. (à 2 Rthlr.)

— gemeinnützige, f. Deutschland. 1—3. Jahrg. 1835—37. M. Kart. u. Kpfrn. gr. 4. Gießen, [Heyer's Verl.] à 1 Thlr.
1. u. 2. J. redig. v. G. Seibel, 3. J. v. W. Heyer.

— gemeinnutzige, zur Förderung des Bergbaues und Hüttenbetriebes hrsg. von A. v. Klipstein. 2. Heft. gr. 4. (VII und 124 S. mit 1 chromolithogr. bergmännisch-geognost. Karte in qu. Imp.-Fol.) Giessen 859, Ricker. *
1. Heft. Frankfurt a. M. 1849. (Leipzig, F. Fleischer.) * 1 Thlr.

— gemeinnützige, z. Förderg. d. Bergbaues u. Hüttenbetriebes, hrsg. von A. v. Klipstein. 3. Hft. Mit 1 Uebersichtskarte. gr. 4. (VIII, 44 S.) Giessen 886. Ricker. n. 2. — (1—3.: n. 9. 50)

– gemeinnützige, für Freunde des Vaterlandes, s.a. Blätter, Gemeinnützige, zur Belehrung und Unterhaltung

Blätter, gemeinnützige, f. Fr. des Vaterlandes e. Wochenschr. v. Schubert f. 804 u. 5. 8. Leipzig, Joach. (804 2 Thlr. 805. 4 Thlr.) Rthlr.

— gemeinnützige, für Gewerbetreibende. Herausg. vom Danziger Gewerbeverein. Redig. von A. Fr. Clebsch. 1r — 4r Jahrg. 1837 — 40. à 24 Numm. (1/2 Bg.) 8. Danzig, Homann. (à n. 2/3 rß) 2 2/3 rß

— gemeinnützige, für Gewerbtreibende und Landwirthe. Hrsg. vom danziger Gewerbeverein. Redig. v. A. Fr. Clebsch. 7. u. 8. Jahrg. 1843, 44. à 24 Nrn. (1/2 B.) gr. 8. Danzig. (Homann's Kunst- u. Buchh.) à J. *
1—6. Jahrg. 1837—42. Ebendas. à J. * 20 Ngr.

— gemeinnützige, für Gewerbtreibende und Landwirthe. Herausgeg. vom Danziger Gewerbeverein. Redigirt von A. Fr. Clebsch. 5.—10. Jahrg. 1841—1846. à 24 Numm. (1/2 Bogen.) Mit Titelvign. gr. 8. Danzig, Homann. à n. 2/3 rß

— gemeinnützige, f. Groß-Frankfurt. Zeitschrift f. soz. Heimathkunde. Hrsg.: W. Kobelt. 1. Jahrg. Juli—Dezbr. 1899. 6 Nrn. gr. 8. (120 S.) Frankfurt a/M. (Börsenstraße 19.) Geschäftsstelle. n. 1. —

— gemeinnütz., f. Gross-Frankfurt. Zeitschrift f. soz. Heimathkde. Hrsg.: W Kobelt. 1. Jahrg. Juli—Dezbr 1899. 6 Nrn. 8° (Nr. 1. 16) Frankf. a/M., R Hülsen. 1.20

— dasselbe. Zugleich Mitteilgn. des Verbandes f. Volksvorlesgn. im Main- u. Rheingebiet. Hrsg.: W. Kobelt. 2. u. 3. Jahrg. 1900 u. 1901. à 12 Nrn. gr. 8. (à 296 S.) Ebd. n. 2. —
Fortsetzung u. d. Titel: Gemeinnützige Blätter für Hessen u, Nassau

— gemeinnützige, zum Behuf d. Handels u. Kunstfleißes u. Gewerbe. Nr. 1—10. 4. Hamb.) (Herold jun.) 5 ℛ

– gemeinnützige, z. Behuf d. Handels u. Kunstfleißes u. Gewerbe. No. 1-10. 4. Hamburg: Vollmer.

— gemeinnützige, zunächst f. d. Königr. Hannover. Eine Zeitschr. z. Belehr. u. Unterhalt.; hrsg. v. Frz. Georg Ferd. Schläger. 4—10. Jahrg. 1828—34. à 12 Hfte. 4. Hameln. (Hannover, Helwing.) à J.
1—3. Jahrg. 1825—27. Ebendas. à 4 Thlr.

— gemeinnützige, f. Hessen u. Nassau. Zeitschrift f. soz. Heimatkunde. Zugleich Mitteilgn. d. Verbandes f. Volksvorlesgn. i. Main- u. Rheingeb. Organ d. Provinzial- u. Bezirksvereine z. Förderg. d. Arbeiterwohnungswesens u. zur Bekämpfg. d. Schwindsuchtsgefahr. Hrsg.: W. Kobelt. 4. Jahrg. 1902. 12 Nrn. gr. 8. (à ca. 24 S.) Frankfurt a/M. (Börsenstr. 19.) Geschäftsstelle. n.n.n. 2. —; einz. Nrn. n.n. — 20
Nicht durch den Buchhandel zu beziehen.

Blätter, gemeinnützige, f. Hessen u. Nassau. Zeitschrift f. soziale Heimatkunde. Zugleich Mitteilgn. des rhein.-main. Verbandes f. Volksvorlesgn. u. verwandte Bestrebgn. Organ der Prov.- u. Bez.-Vereine zur Förderg. des Arbeiterwohnungswesens u. zur Bekämpfg. der Schwindsuchtsgefahr. Red.: W. Kobelt. 7. u. 8. Jahrg. 1905 u. 1906. à 12 Nrn. (à ca. 32 S.) gr. 8. Frankfurt a/M. (Börsenstr. 20 II), Verlag der „Gemeinnütz. Blätter f. Hessen u. Nassau". à Jhrg. n. 3. —

— gemeinnützige, f. Hessen u. Nassau. Zeitschrift f. soziale Heimatkunde. Zugleich Mitteilgn. des rhein.-main. Verbandes f. Volksbildg. Organ d. Prov.- u. Bez.-Vereine zur Förderg. des Arbeiterwohnungswes. u. zur Bekämpfg. der Schwindsuchtsgefahr. Hrsg. u. Red.: W. Kobelt. 9.—12. Jhrg. 1907—1910. à 12 Nrn. (à ca. 36 S.) 8. Frankfurt a/M. (Jordanstr. 19), Verlag d. „Gemeinnütz. Blätter f. Hessen u. Nassau". à Jhrg. 3. —

— Gemeinnützige, f. Hessen u. Nassau. Zeitschr. f. soz. Heimatkde. Hrsg.: W Kobelt. Verantwortl. f. d. Mitteilgn d. Vereins f. Förderg d. Arbeiter-Wohngswesens seit '12: F Wetzlar. 12—14. J. '10—12 je 12 Nrn. ('12, Nr 1: 36) gr8° Frankf.M. (Jordanstr. 19), Verl. d. „Gemeinnütz. Blätter f. Hessen u. Nassau". je 3 —; einz. Nrn — 25 d

— gemeinnützige, für Niederbaiern s.a. G. Wahrmuth.

— gemeinnützige, für Niederbayern, v. Wahrmuth. 1r Jahrg. 4. Straub. Heigl. 8o5.

Blätter, Gemeinnützige, für Schwarzburg-Sondershausen. Sondershausen 1806. H: *Ludloff, Friedrich Carl.* (MGT)

– gem. f. sächs. Vaterlandsfreunde, s.a. Blätter, gemeinnützige, zur Belehrung und Unterhaltung

Blätter, Gemeinnützige, für Sächsische Vaterlandsfreunde. 1803—06. H: *Schubert, Wilhelm Friedrich & Ernst August Ludwig von Teubern.* (MGT)

— gemeinnützige, f. sächs. Vaterlandsfr. Wochenschr. v. W. F. Schubert u. von Teubern. Jahrg. 1803. 12 Hefte. 8. Ronneburg, Schumann.

— gemeinnützige, für Wissenschaft, Schule und Leben, herausg. von D. Fränkel. 1r Jahrg. 1835. Oct.—Dec. Nr. 1. —13. gr. 4. Deßau 835. Neubürger. 2/3 ℛ

— d. Genius des Zeitalters gew. s.a. Launen, Erzählung. 2r.

— d. Genius d. Zeitalters geweiht, (v. A. W. Schreiber). 8. Bremen 794. Fr. Wilmanns in Frankf. 16 gr

Blätter für Genossenschaftswesen (Associationen). Volkswirtschaftl. u. statistisch. Als Organ der Anwaltschaft deutscher Erwerbs- u. Wirtschaftsgenossenschaften hrsg. von Schulze-Delitzsch. Jhrg. 1861—62 à 10 Nrn. gr. 4°. Leipzig. Jhrg. 1863—64. à 12 Nrn. gr. 4°. Leipzig, Keil. Jhrg. 1865. 24 Nrn. Jhrg. 1866—1883. à 52 Nrn. Jhrg. 1884, hrsg. von F. Schneider. Seit 1885 Organ des Allg. Verbandes deutscher Erwerbs- u. Wirtschaftsgenossenschaften. Begründet von Schulze-Delitzsch. Hrsg. von der Anwaltsschaft. Red. F. Schenk. Jhrg. 1889—1895. Red. von Dr. Crüger.

— für Genossenschaftswesen. [Innung der Zukunft 13—17. Jahrg.] Organ d. allgemeinen Verbandes deutscher Erwerbs- u. Wirthschafts-Genossenschaften. Hersg. von Schulze-Delitzsch unter Mitwirkung von Parisius-Gardelegen u. F. Schneider. Jahrg. 1866—1870. à 52 Nrn. (à ½ Bgn.). Leipzig, Keil. gr. 4. Jeder Jahrg. n. 1 ℛ 10 ngr
Vgl.: Innung, die, der Zukunft.

Blätter für Genossenschaftswesen. [Innung der Zukunft 15.—21. Jahrg.] Organ des allgemeinen Verbandes deutscher Erwerbs- und Wirthschafts-Genossenschaften. Hrsg. von Schulze-Delitzsch unter Mitwirkung von Parisius-Gardelegen und F. Schneider. Jahrg. 1868—1874. à Jahrg. 52 Nrn. (à ½—1 Bog.) gr. 4. Leipzig, Keil. Jahrg. 1868—1871. à * Jahrg. 1872—1874. à *

Blätter für Genossenschaftswesen. [Innung der Zukunft 22. Jahrg.] Organ des allgemeinen Verbandes deutscher Erwerbs- und Wirthschafts-Genossenschaften. Hrsg. von Schulze-Delitzsch unter Mitwirkung von Parisius-Gardelegen und F. Schneider. Jahrg. 1875—1879. à Jahrg. 52 Nrn. (à ½—1 Bog.) gr. 4. Leipzig, Keil. à Jahrg. *

—— f. Genossenschaftswesen. [Innung d. Zukunft 23—27. Jahrg.] Hrsg. v. Schultze-Delitzsch. Jahrg. 1876—1880. à 52 Nrn. (à ½—1 B.) 4. Lpzg, Keil. à Jahrg. n. 4. 50

— für Genossenschaftswesen. [Innung der Zukunft 24. Jahrg.] Organ d. allgemeinen Verbandes deutscher Erwerbs- u. Wirthschafts-Genossenschaften. Hrsg. v. Schulze-Delitzsch, unter Mitwirkung v. Parisius-Gardelegen u. F. Schneider. Jahrg. 1877—1882. à 52 Nrn. (à ½—1 B.) gr. 4. Leipzig, Keil. à Jahrg. n. 4. 50

—— für Genossenschaftswesen. [Innung der Zukunft 27.—31. Jahrg.] Organ des Allgemeinen Verbandes deutscher Erwerbs- und Wirthschafts-Genossenschaften. Hrsg. von Schulze-Delitzsch, unter Mitwirkung von Parisius-Gardelegen und F. Schneider. Jahrg. 1880—1884. à Jahrg. 52 Nrn. (à Nr. ½—1 Bog.) gr. 4. Leipzig, Keil's Nachf. à Jahrg. *

— für Genossenschaftswesen [Innung der Zukunft 30. Jahrg.]. Organ d. Allgemeinen Verbandes deutscher Erwerbs- u. Wirthschafts-Genossenschaften. Hrsg. v. Schulze-Delitzsch, F. Schneider u. F. Schenk. Jahrg. 1883—1886. à 52 Nrn. (à ½—1 B.) gr. 4. Leipzig, Keil. à Jahrg. n. 4. 50

Blätter für Genossenschaftswesen. [Innung der Zukunft 32.—35. Jahrg.] Organ des Allgemeinen Verbandes deutscher Erwerbs- und Wirthschafts-Genossenschaften. Begründet von Schulze-Delitzsch. Hrsg. von der Anwaltschaft. Redact.: F. Schenck. Jahrg. 1885—1888. à Jahrg. 52 Nrn. (à Nr. ½—1 Bog.) gr. 4. Leipzig, Keil's Nachf. à Jahrg. *

Blätter für Genossenschaftswesen. [Innung der Zukunft. 36.—38. Jahrg.] Organ des Allgemeinen Verbandes deutscher Erwerbs- und Wirthschafts-Genossenschaften. Begründet v. Schulze-Delitzsch. Redact.: Crüger. Jahrg. 1889—1891. à Jahrg. 52 Nrn. (à Nr. 1—1½ Bog.) gr. 4. Lpz., Keil's Nachf. à Jahrg. * 6 —

— für Genossenschaftswesen. [Innung der Zukunft. 38.—41. Jahrg.] Organ d. Allgemeinen Verbandes deutscher Erwerbs- u. Wirthschafts-Genossenschaften. Begründet von Schulze-Delitzsch. Hrsg. v. dem Anwalte. Red.: Crüger. Jahrg. 1891—1894. à 52 Nrn. (à 1—1½ Bog.) gr. 4. Berlin, J. Guttentag. à Jahrg. n. 6.—; einzelne Nrn. à n. — 20

— f. Genossenschaftswesen. [Inng. d. Zukunft. 42.—45. Jahrg.] Organ d. Allgem. Verb. deutscher Erwerbs- u. Wirthschafts-Genossenschaften. Begr. v. Schulze-Delitzsch. Hrsg. v. d. Anwalte. Red.: Crüger. Jahrg. 1895—1898. à 52 Nrn. (à ca. 12 S.) gr. 4. Berlin, J. Guttentag. à Jahrg. n. 6.—; einz. Nrn. — 20
Kann auch halbjährlich bezogen werden.

— f. Genossenschaftswesen. [Innung der Zukunft 46.—49. Jahrg.] Org. des Allgem. Verbandes deutscher Erwerbs- u. Wirthschafts-Genossenschaften. Begründet v. Schulze-Delitzsch. Hrsg. u. red. v. dem Anwalte Hans Crüger. Jahrg. 1899—1902. à 52 Nrn. gr. 4. (IX, 518; VIII, 524; VIII, 516 u. VIII. 524 S.) Berlin, J. Guttentag. à Jahrg. n. 6.—; einz. Nrn. n. — 20

— dasselbe, Sachregister, s.a. Jäger, Hugo.

— — Sachregister der Innung der Zukunft (1854-65) u der Blätter für Genossenschaftswesen (1866-1900). Bearbeitet von H Jaeger. (103 S) 4° Berlin 1901

— für Genossenschaftswesen. [Innung der Zukunft 53. Jahrg.] Organ des Allgemeinen Verbandes deutscher Erwerbs- u. Wirtschaftsgenossenschaften. Begründet v. Schulze-Delitzsch. Hrsg. u. red. v. dem Anwalte Hans Crüger. Jahrg. 1903—1906. à 52 Nrn. (à ca. 12 S.) 4. Berlin, J. Guttentag. à Jhrg. n. 6. —

Blätter für Genossenschaftswesen. [Innung d. Zukunf 54.—57. Jhrg.] Organ d. Allgemeinen Verbandes deutscher Erwerbs- u. Wirtschafts-Genossenschaften. E. V Begründet v. Schulze-Delitzsch. Hrsg. u. red. v. dem Anwalte Hans Crüger. Jhrg. 1907—1910. à 52 Nrn. (à ca 16 S.) 31,5×23,5 cm. Berlin, J. Guttentag. à Jhrg. 6. —

— f. Genossenschaftswesen. [Inng d. Zukunft 57—59. J.] Begründet v. Schulze-Delitzsch. Hrsg. u. red. v. Hans Crüger. J. '10—12 je 52 Nrn. (8, 956; 6, 844; 6, 896) 31,5 23,5 cm. Berl., J Guttentag. je 6 —; einz. Nrn — 20 d

— für Gersten-, Hopfen- u. Kartoffelbau. Monatsschrift, hrsg. v. der Rohstoffabtheilg. des Institutes f. Gährungsgewerbe in Berlin. Im Auftr. des Institutes f. Gährungsgewerbe in Berlin hrsg. v. M. Delbrück, C. v. Eckenbrecher, Th. Remy. Schriftleitg.: Th. Remy. 1. Jahrg. 1899. 12 Nrn. gr. 8. (IV, 500 S.) Berlin, P. Parey. n. 4. —

— dasselbe, zugleich Organ des staatl. Versuchskornhauses in Berlin. Hrsg. v. M. Delbrück, C. v. Eckenbrecher, J. F. Hoffmann, Th. Remy. Schriftleitg.: Th. Remy. 2. Jahrg. 1900. 12 Nrn. gr. 8. (IV, 488 S. m. Abb.) Ebd. n. 4. —

— dasselbe. 3. Jahrg. 1901. 11 Nrn. gr. 8. (400 S.) Ebd. n. 4. —
Mit Hft. 11 ist das Erscheinen eingestellt.

Blätter, gesammelte, v. Tr. Wellentreter (J. E. A. Heinroth). 2 Thle. 8. Leipz. 818. (Brockhaus). 3 ₰ 8 gr u. 3r Thl. 8. Ebd. 820. 1 ₰ 16 gr

— gesammelte, v. Tr. Wellentreter (v. J. C. A. Heinroth.) 2 Thle. 8. Leipzig, Gledirsch. 818.

— Derselben 3r Thl. 8. Ebend, 820.
(1r u. 2r sind unzertrennbar.)

— gesammelte, v. El. (Fürstin Eleonore zu Reuß.) 16. (VIII und 189 S.) Berlin 867, Hertz. *
geb. mit Goldschn. *

Blätter, gesammelte, von El. (Fürstin Elenore zu Reuß.) Berlin 868. Hertz. 16. (VIII, 139 S.) n. 20 ngr; geb. n. 1 ₰

— gesammelte, in Sachen des Regierungsraths a. D. v. Ehrenberg u. des Kaufmanns Kracrügge in Erfurt. gr. 8. (24 S.) Rudolstadt 847, Renovanz. — 2. Aufl. gr. 8. Ebd. 847. 3 ngr

Blätter, Gesammelte, aus Wilhelms Papieren. Dresden 1825. V: *Tittmann*. (Heis)

— gesammelte, aus Wilhelms Papieren. (Sentenzen). 8. Dresden 826, Arnold.

— gesammelte, über das Gall'sche Weinbereitungs-Verfahren, als Mittel: stets, auch in den ungünstigsten Jahren, mehr u. bessern Wein, als bisher zu erzeugen. (Separat-Abdrücke aus dem „Das Neueste u. Nützlichste" Beiblatt zum „Trier'schen Anzeiger"). Trier 854. Gall in Comm. 4. (14 Bl.) n. 10 ngr

— gesangspädagogische, s.a. Klavierlehrer, der.

— Gesangspädagogische- Organ der Kunstgesangs-Kommission des musikpädagogischen Verbandes. Schriftleitung: Cornelie v. Zanten. Anna Morsch. [Beiblatt zum Klavier-Lehrer.] Jahrg. 1 ff. Berlin 1906 ff.

Gesangspädagogische Blätter. Organ d. Kunstgesangs-Kommission d. Musikpädag. Verbandes. Schriftleitung: Cornelie v. Zanten [&] Anna Morsch. Jg. 1, H. 1. (Berlin: M. Wolff) 1906. 8° [J. u. Ant.] [illegible]

— für die Geschichte d. sächsischen Armee, s.: Kamerad, der.

— für bernische Geschichte, Kunst u. Altertumskunde. Red.: Gust. Grunau. 1. Jahrg. 1905 4 Hefte (323 S. m. Abbildgn. u. Taf.) gr. 8. Bern, G. Grunau. n. 3. 20

— dasselbe. Hrsg. v. Gust. Grunau unter Mitwirkg des histor. Vereins des Kantons Bern, des histor. Vereins v. Biel, des Vereins zur Förderg. des bern. histor. Museums usw. 2. Jahrg. 1906. 4 Hefte. (IV, 323 S. m. Abbildgn.) gr. 8. Ebd. n. 3. 20

— für bernische Geschichte, Kunst- u. Altertumskunde. Hrsg. v. Gust. Grunau unter Mitwirkg. des histor. Vereins des Kantons Bern, des histor. Vereins v. Biel, des Vereins zur Förderg. des bern. histor. Museums usw. 3.—6. Jahrg. 1907—1910 à 4 Hefte. (à ca. 90 S. m. Abbildgn.) gr. 8. Bern, G. Grunau. à Jahrg. 4. 80

— f. bernische Gesch., Kunst u. Altertumskde. Hrsg. v. Gust. Grunau. 6—8. J. '10—12 je 4 Hefte. (4, 358; 4, 352; 4, 346 m. Abb. u. Taf.) gr8° Bern, G Grunau. je 4.80; einz. Hefte 1.75

(Blätter für Geschichte und Heimatskunde der Grafschaft Glatz. [1.] Glatz 1906: Arnestus-Dr.) 8°
(Die Grafschaft Glatz. Zeitschrift d. Glatzer Gebirgsvereins. 1906, Anh.) A 18. 10911

BREISGAUVEREIN SCHAU' INS LAND. Blätter für Geschichte Sagen Kunst u. Naturschönheiten des Breisgau's.
Jahrg. VIII. 1881. ib. —

Blätter zur Geschichte der zürcherischen Schulsynoden 1834—84 . . . Zürich 1884. V: *Hunziker, Otto*. (Cat. d. Stadtbibl. Zürich. Zürich 1864—97.)

Blätter: Geschichtliche und staatswissenschaftliche Blätter von Hofwyl
Ⓢ 1841 (1 Heft) Ⓖ 8° Ⓑ Bern Ⓗ Emanuel v. Fellenberg Ⓚ Ch: K.

Blätter für Gesundheitspflege. Hsggb. von der Gesellschaft der Aerzte des Kts. Zürich. Redaction: Prof. Dr. O. Wyss. (26 Nrn.) 4. Zürich, David Bürkli. 1872 ff 2. —

—— für Gesundheitspflege. Dem Volke gewidmet von der Gesellschaft der Aerzte des Kantons Zürich. Redact.: Osk. Wyß. 1.—8. Jahrg. 1872—1879. à Jahrg. 25 Nrn. (Bog.) hoch 4. Zürich, (Meyer und Zeller.) à Jahrg. *

— für Gesundheitspflege. Dem Volke gewidmet von der Gesellschaft der Aerzte des Kantons Zürich. Red.: Osk. Wyß. 6—11. Jahrg. 1877—1882. à 26 Nrn. (B.) hoch 4. Zürich, (Meyer & Zeller). à Jahrg. n.n. 2. 50

— für Gesundheitspflege. Dem Volke gewidmet v. der Gesellschaft der Aerzte d. Kantons Zürich. Red.: Osk. Wyß. 12—14. Jahrg. 1883—1885. à 26 Nrn. (B.) hoch 4. Zürich. (Meyer & Zeller.) à Jahrg. n.n. 2. 50

—— dass. — Redact.: Gust. Custer. Neue Folge. 1. Jahrg. 1886. 26 Nrn. (Bog.) hoch 4. (Ebendas.) *

—— dass. — Neue Folge. 2. und 3. Jahrg. 1887 und 1888. à Jahrg. 26 Nrn. (Bog.) hoch 4. (Ebendas.) à Jahrg. **

— f. Gesundheitspflege. Zeitschr. f. Gesundheits- u. Erziehungspflege. Org. d. Alb. Neumann'schen Institutes f. Stotterer u. Stammler rc. Hrsg.: Alb. Neumann. Red.: Paul Müller. 1. Jahrg. Aug. 1895 b. Juli 1896. 12 Nrn. (à ca. 6 S.) gr. 4. Leipzig (Ferd. Rhodestraße 1) 895. A. Neumann's Verl. Postfrei n. 5. —

Blätter für Gesundheitspflege u. Naturheilkunde, Jg. 1. *Halle a. S.: F. Ullrich 1902.* 4° [Z.]

—— für Gewerbe, Technik und Industrie. Hrsg. von dem Directorium der Leipziger polytechn. Gesellschaft. Redig. von H. Hirzel. Neue Folge. 1. und 2. Bd. à Bd. 24 Nrn. (Bog.) 8. Leipzig 866,67, Quandt und Händel. à Bd. *

—— für Gewerbe, Technik und Industrie. Hrsg. von dem Directorium der Leipziger polytechn. Gesellschaft. Neue Folge. 3.—5. Bd. 1869—1871. à 24 Nrn., und 6. Bd. 1872. 20 Nrn. (Bog. mit eingedr. Holzschn.) 8. Leipzig, Leiner. à Jahrg. *
Fortsetzung s. Gewerbe-Zeitung, neue deutsche.

Glarner Blätter
① für Unterhaltung und Belehrung ⑤ 1863—1864 ⑥ 4° ⑦ Wochenblatt
⑧ Glarus: Jakob Vogel ⑩ Jakob Vogel ⑪ Jakob Vogel ⑫ Gl: L (Jg. 1864)
⑮ Gratisbeilage zum verschollenen Tagblatt des Kantons Glarus.

(F.G.L.) Gresslers pädagogische Blätter. H. 1. Langensalza: F.G.L. Gressler 1906. 8° [Z.]

Blätter, griffologische. Gemeinfassliches über das philosoph. Ur- oder Grund-Prinzip der Welt, verfasst von Friedrich Capræz in Bern. Gr. in-8°. Bern, Selbstverlag. Erscheint in unregelmässigen Zwischenräumen. 1882. à Nr. — 20

—— grüne. Aus dem Engl. des „Green leaves" übers. Nach der 6. Aufl. des Orig. 16. (III und 72 S.) Bremen 862, (Setzer.) 7½ Ngr.; cart. mit Goldschn. *

— grüne, f. Kunst u. Volkstum. 1.—6. Hft. 8. Berlin, G. H. Meyer. à — 15
1. Litteratur-Jugend v. heute. Eine Fastenpredigt. Von Fritz Lienhard. (28 S.) 901.
2. Wilhelm Raabe. Ein Vortrag, geh. im Berliner Verein zur Förderg. der Kunst. Von Adf. Bartels. (21 S.) 901.
3. Deutsch-evangelische Volksschauspiele. Anregungen von Fritz Lienhard. (24 S.) 901.
4. Der kleine Heinrich. Ein Waisenknabe aus dem Westen u. e. Ansiedlergestalt aus der deutschen Ostmark. Zur Erläutg. e. sozial-pädagog. u. nationalen Aufgabe des deutschen Volkes. Von Heinr. Sohnrey. 1. Zehntaus. (29 S.) 901.
5. Gustav Theodor Fechner u. die durch ihn erschlossene Weltanschauung. Vortrag, geh. am 100. Geburtstage des Philosophen. Von Willy Pastor. (19 S.) 901.
6. Offener Brief an den Bürgermeister e. deutschen Kleinstadt. Von O. Schwindrazheim. (48 S.) 901.

— grüne, f. Kunst u. Volkstum. 7.—12. Hft. 8. München, G. Müller. à n. — 15
7. Das deutsche Pfarrhaus u. die Volkskunst. Von Rob. Mielke. (15 S.) Berlin 904.
8. Heimatkunst. Ein Wort zur Verständigg. Von Adf. Bartels. (20 S.) Berlin 904.
9. Heimat u. Volksschauspiel. Von Ernst Wachler. 2. verb. Aufl. (30 S.) Berlin 904.
10. 11. 33 Lieder aus des Knaben Wunderhorn. Von L. Achim v. Arnim u. Clem. Brentano. (42 S.) Berlin 904.
12. Adolf Pichlers Leben u. Schaffen. Von S. M. Prem. (43 S.) 905.

— grüne, f. Kunst u. Volkstum. 12 Hefte. 8° Münch., G Müller. Subskr.-Pr. 1.20; Einzelpr. je — 15 d
Arnim, LA v., u. C Brentano: 33 Lieder a. d. Knaben Wunderhorn. (42) '04. [10.11.]
Bartels, A: Heimatkunst. Ein Wort z. Verständigg. (20)'04. [8.] | Wilh. Raabe. Vortr. (21) Berl.'01. [2.]
Lienhard, F: Litt.-Jugend v. heute. Fastenpredigt. (28) Berl. 01. [1.] | Deutsch-ev. Volksschauspiele. Anreggn. (24) Berl.'01. [3.]
Mielke, R: Das deut. Pfarrhaus u. d. Volkskunst. (15) '04.) [7.]
Pastor, W: Gustav Theodor Fechner u. d. durch ihn erschloss. Weltanschaug. Vortr. (19) Berl.'01. [5.]
Prem, SM: Adolf Pichlers Leben u. Schaffen. (43)'05. [12.]
Schwindrazheim, O: Offener Brief an d. Bürgermeister e. deut. Kleinstadt. (48) Berl.'01. [6.]
Sohnrey, H: Der kl. Heinrich. Ein Waisenknabe a. d. Westen u. e. Ansiedlergestalt a. d. deut. Ostmark. Zur Erläuterg e. sozial-pädagog. u. nationalen Aufg. d. deut. Volkes. (29) Berl.'01. [4.]
Wachler, E: Heimat u. Volksschausp. 2. Afl. (30)'04. [9.]

— für das bayerische Gymnasialschulturnwesen. Red.: Haggenmüller. 1. u. 2. Jahrg. Oktbr. 1889 —Septbr. 1891. à 6 Nrn. gr. 8. (Nr. 1 : 8 S.) München, Lindauer. à Jahrg. n. 1. 50

— für das bayerische Gymnasialschulturnwesen. Red.: Haggenmüller. 3.—5. Jahrg. Oktbr. 1891—Septbr. 1894. à 6 Nrn. (à ca. ½ Bog.) gr. 8. München, (J. Lindauer). à Jahrg. n. 1. 50

— für das bayerische Gymnasialschulturnwesen. Red.: Haggenmüller. 6. u. 7. Jahrg. Oktbr. 1894 b. Septbr. 1896. à 6 Nrn. (à ca. 12 S.) gr. 8. Ebd. 895. à Jahrg. n. 1. 50

— dasselbe, Fortsetzg., s.: Blätter f. d. bayer. Gymnasialturnwesen.

— f. d. Gymnasial-Schulwesen, hrsg. v. bayer. Gymnasiallehrerver. Repertorium zu Bd 1—36 = Jahrg. 1865—1900, sowie üb. d. Generalversammlgsberichte d. bayer. Gymnasiallehrerver. (1—20). Bearb. v. E Brand. (155) 8° Münch., J Lindauer'01. L. 4 —

— dass., red. v. J Melber. 37—41. Bd je 6 Doppelhefte. (752, 720, 760, 720 u. 784) 8° Ebd.'01-05. Je 10 —

— für das Gymnasial-Schulwesen, hrsg. vom bayer. Gymnasiallehrerverein, red. v. Joh. Melber. 39.–42. Bd. à 6 Doppelhefte. (XVII, 760 S. m. 2 Taf. u. 2 Kart.; XIV, 720; XVIII, 784 u. XVIII, 697 S.) gr. 8. München 903—906. J. Lindauer. à Bd. n. 10. —

— f. d. Gymnasial-Schulwesen, hrsg. v. bayer. Gymnasiallehrerver., red. v. Joh. Melber. 42—45. Bd je 6 Doppelhefte. (42.43: 697 u. 15, 712 m. 1 Tab.) gr8° Münch., J Lindauer'06—9. Je 10 —

— f. d. Gymnasial-Schulwesen, hrsg. v. bayer. Gymnasiallehrerver., red. v. Thdr Preger. 46—48. Bd je 6 Doppelhefte. (1. u. 2. Heft je ca 80) gr8° Münch., J Lindauer '10—12. je 10 —; einz. Hefte 2 —

— für das bayerische Gymnasialschulwesen, redig. von W. Bauer u. G. Friedlein. 1—6. Bd. à 10 Hefte (à 2—3 Bgn.). Bamberg 865—70. Buchner in Comm. gr. 8. Jeder Bd. n. 1 *rf* 24 *ngr.*

— für das bayerische Gymnasialschulwesen, red. v. W. Bauer u. G. Friedlein. 7—10. Bd. à 10 Hfte. (à 2—3 B.) gr. 8. Bamberg 870—74. München. Lindauer in Comm. à Jahrg. n. 5. 40

— dasselbe. 11. u. 12. Bd. à 10 Hfte. (à 2—3 B.) gr. 8. Ebend. 875. 76. à Bd. n. 7. —

— für das bayerische Gymnasialschulwesen, red. v. A. Deuerling. 17. u. 18. Bd. à 10 Hfte. (à 2—3 B.) gr. 8. Ebend. 881. 82. à Bd. n. 6. —

— für das bayerische Gymnasialschulwesen, red. v. A. Deuerling u. Adf. Roemer. 19—22. Bd. à 10 Hfte. 8. (à Hft. ca. 64 S.) München 883—886. Lindauer. à Bd. n. 6. —

— für das bayerische Gymnasialschulwesen, red. v. A. Roemer. 23.—26. Bd. à 10 Hfte. gr. 8. (à Hft. 64 S.) Ebd. 887—890. à Bd. n. 6. —

— für das bayerische Gymnasialschulwesen, hrsg. v. bayer. Gymnasiallehrervereine, red. v. Adf. Roemer. 27.—29. Bd. à 10 Hfte. gr. 8. (à Hft. ca. 64 S.) Ebd. 891—893. à Bd. n. 6. —
Fortsetzung u. d. T.: Blätter für das Gymnasialschulwesen.

—— für das bayerische Gymnasial- und Real-Schulwesen. Redig. von W. Bauer und A. Kurz. 12.—15. Bd. à 10 Hefte (à 2—3 Bog.) gr. 8. München 876—79, Lindauer'sche Buchh. à Bd. *

— für das bayerische Gymnasial- u. Realschulwesen, red. v. W. Bauer u. A. Kurz. 13—16. Bd. à 10 Hfte. (à 2—3 B.) gr. 8. München 877—80. Lindauer. à Bd. n. 7. —
Fortsetzung davon:
Blätter für das bayerische Gymnasialschulwesen.

Blätter für das bayerische Gymnasialturnwesen. (Organ des bayer. Gymnasialturnlehrervereins.) Hrsg. v. H. Haggenmüller. München. Jg. 1—24. 1889—1912.
Ab Jg. 20: Blätter f. d. Turnwesen an den bayer. Mittelschulen.

— f. d. bayerische Gymnasialturnwesen. Red.: Hans Haggenmüller. 8. u. 9. Jahrg. Oktbr. 1896 b. Septbr. 1898. à 6 Nrn. (à ca. 12 S.) gr. 8. Ebd. à Jahrg. n. 1. 50
Bisher u. d. T.: Blätter f. d. bayer. Gymnasialschulturnwesen.

— f. das bayerische Gymnasialturnwesen. Red.: Haggenmüller. 10.—13. Jahrg. Oktbr. 1898—Septbr. 1902. à 6 Nrn. gr. 8. (à ca. 12 S.) München (H. Korff's Nachf.). à Jahrg. n. 1. 50

— für das bayerische Gymnasialturnwesen. Red.: Haggenmüller. 14.—17. Jahrg. Novbr. 1902—Oktbr. 1906. à 6 Nrn. (à Jhrg. 60 S.) 8. München. (M. Beckstein.) à Jhrg n. 1. 50

— dasselbe. 18. Jahrg. Novbr. 1906—Oktbr. 1907. 12 Nrn. (160 S.) 8. Ebd. n. 3. —

— für das bayerische Gymnasial-Turnwesen. Schriftleiter: Haggenmüller. 19. Jhrg. Oktbr. 1907 bis Septbr. 1908. 12 Nrn. (à ca. 8 S.) 8. München (M. Beckstein). 3. —
Fortsetzg., s.: Blätter f. d. Turnwesen an bayerischen Mittelschulen.

Blätter aus dem Hain. Gedichte. Straßburg 1836. V: *Lamey, Aug.* (GGr) (Mitth. A. Rosenbaum.)

—— aus dem Hain. (Gedichte u. dramat. Fragmente.) gr. 12. (4⅔ B.) Straßburg 836, Treuttel u. Würtz.

— Halberstädtische; herausg. v. C. F. W. Augustin, f. d. J. 1823, e. Wochenschrift. Halberst., (Helm). 1 ℛ 8 gGr

— Halberstädtische gemeinnützige, herausg. v. d. litt. Gesellsch. zu Halberstadt, (G. N. Fischer). 1r—3r Jahrg. 1785—88. 8. Halberst. Fortsetz. s. oben Blätter, gemeinnützige.

Blätter, Halberstädtische Gemeinnützige, zum Besten der Armen; ... Halberstadt 1785—88. H: *Fischer, Gottlob Nathanael.* (Ky) (ML)

— halbmonatl. Heidelberger, z. Unterhaltg. f. Jedermann. Red.: Thdr. Groos. 1. Jahrg. Juli 1895 b. Juni 1896. 24 Hfte. (à ca. 3 Bg.) gr. 8. Heidelberg, vorm. Weiß' Sort. n. 10. —; einz. Hfte. n. — 75

— Hamburger literarische u. kritische, redig. von F. Niebour u. L. Wienbarg. J. 1843—1846. à 156 Numm. gr. 4. Hamburg. (Herold.) Nestler u. M. (Ist die Fortsetz. der „Börsenhalle".) à n. 10 ℛ

— Hamburger literarische u. kritische. Red.: François Arnold Wille u. F. Niebour. Jahrg. 1847—1850. à 156 Nrn. gr. 4. (B.) Hamburg. (Kittler. — Herold.) à Jahrg. n. 10 ℛ — Red. v. F. Niebour. Jahrg. 1851 u. 1852. à 104 Nrn. gr. 4. (B.) Ebd. à 7 7/12 ℛ

—— hamburger literarische und kritische. Redakt.: François Arnold Wille und F. Niebour. Jahrg. 1848—52. Hamburg, (Kittler. — Heroldsche Buchh.) [Jahrg. 1848—50 à 156 Nrn. à Jahrg. * 10 Thlr., Jahrg. 1851 und 1852. à 104 Nrn. à Jahrg. * 7 Thlr. 15 Ngr.] *
Letztere beiden Jahrgänge wurden von F. Niebour allein redigirt. —

— Hamburger literarische und kritische. 29—33. Jahrg. 1853—57. Redig. von F. Niebour. — 34. Jahrg. 1858. Redig. von F. L. Hoffmann. à 104 Nrn. (à 1 Bgn.) Hamburg. (Kittler. — Nolte u. Köhler. — Würger.) Jeder Jahrg. n. 7 ℛ 15 ngr

—— dass. — Redig. von A. F. M. Kümpel. 35. Jahrg. 1859. Nr. 1—18. (Bog.) gr. 4. Hamburg. (Leipzig, Wagner.) *
Sind nicht fortgesetzt worden.

— Hamburgische, herausg. von Aug. Campe. 1r Jahrg. 1834. 52 Numm. gr. 4. Hamburg 834. A. Campe. 4 ℛ

— hamburgische, f. Naturkunde. Zeitschrift f. den elementaren naturwissenschaftl. Unterricht. Hrsg. vom hamburg. Lehrerverein f. Naturkunde. Red.: K. Fabel. 1. Jahrg. Juni—Dezbr. 1908. 7 Hefte. (à ca. 16 S.) gr. 8. Hamburg, H. Kampen. à Heft — 15
Erscheinen nicht mehr.

— für Handel und Industrie. Herausg. von A. Schiebe und Chr. Noback. 1r u. 2r Jahrg. 1836 u. 37. gr. 4. Leipzig, O. Wigand. 1r J. 2 ℛ, 2r J. 3⅓ ℛ — 3r J. 1838. Herausg. C. F. W. Lorenz. Mit d. wöchentl. Beil.: Die Handelsschule. gr. 4. Ebd. 3⅓ ℛ

— für den Harz und dessen Umgegend. Zur Unterhaltung und Belehrung. (Fortsetzung des Harz-Boten.) 1r Jahrg. 1840. 12 Hfte. 4. Halberst. u. Wernigerode. Lindequist u. Schönrock. 1 ℛ

Blätter für den Harzgau-Turnverband, Kr. IIIc, Nr. 1—58, 1893—1906, Quedlinburg, 4°. 2 Bde.

— vom Deutschen Hause. Nr. 2—4. Lex.-8. Brünn, Verlag des Vereins „Deutsches Haus". 2. 10
2. Festschrift zur Eröffng. des Deutschen Hauses in Brünn am 17., 18. u. 19. Mai 1891. (Geschichtl. Darstellg. d. Entstehg. d. Deutschen Hauses i. Brünn.) V. Gust. Trautenberger. (45 S. m. Abb. u. Grundr. u. 1 Titelb. i. Lichtdr.) 891. 1. 50
3. Thätigkeits-Bericht üb d. J. 1891, erstatt. v. Obmann Fr. dr. Wanniek bei der am 6. Novbr. 1892 stattgehabten Vollversammlg. d. Vereines „Deutsches Haus" i. Brünn. (9 S.) 892. — 30
4. Dasselbe üb. d. J. 1892, erstatt. am 22. X. 1893. (8 S.) — 30
Nr. 1 s. u. d. T.: Vorträge, geh. im Mähr. Gewerbe-Museum betr. d. Ausschmückung d. zu erbauenden Deutschen Hauses in Brünn.
5.—11. Ebd. 894—898. n.n. 3. 29.

Nr. 1 s. u. d. T.: Vorträge, geh. im Mähr. Gewerbe-Museum betr. d. Ausschmückg d. zu erbauenden Deut. Hauses in Brünn.

— v. Deutschen Hause. Nr. 5—11. Lex.-8 Brünn, Verlag d. Vereins „Deutsches Haus". n.n. 8. 20
5. Zur Einführg. — Meister Schwoiser u. s. Kunst. Vortrag, geh. am 20. Decbr. 1892 im großen Festsaal d. Deutschen Hauses v. Gust. Trautenberger. (21 S. m. Bildnis.) 894. — 60
6. Thätigkeits-Bericht üb. d. J. 1893, erstattet v. Frdr. Wannieck b. d. am 8. April 1894 stattgeh. Vollversammlg. des Vereines „Deutsches Haus" in Brünn. (5 S.) 894. — 30
7. Jung Diether's Heimkehr. E. Sonnwend-Geschichte a. d. J. 488 n. Chr. Erzählg. v. Guido List. (20 S.) 894. 1. 50
8. Thätigkeits-Bericht üb. d. J. 1894, erstatt. v Frdr. Wannieck b. d. am 12. Mai 1895 statigeh. Vollversammlg. des Vereines „Deutsches Haus" in Brünn. (9 S.) 895. — 15
9. dasselbe, üb. d J. 1895, erstatt. am 8. Mai 1896. — Vortrag v. Max Ritter v. Proskowetz üb. s. Reise um d. Erde. Geh. am 6 Jänner 1896 im großen Festsaale d. Deutschen Hauses in Brünn. (21 S) 896. n.n - 34
10. dasselbe, üb. d. J. 1896, erstatt. v. Frdr. Wannieck bei d. a. 7. Juli 1897 stattgeh. Vollversammlg. d. Vereines „Deutsches Haus" in Brünn. (16 S.) 897. n. — 20
11. dasselbe, üb. d. J. 1897, erstatt. a. 4. Juni 1898. (10 S.) 898. n. — 20

Blätter für Haus u. Schule, s.: Rundschau, allgemeine pädagogische.

— f. Haus- u. Kirchenmusik, unt. Mitwirkg. namhafter Musikschriftsteller u. Komponisten hrsg. v. Ernst Rabich. 1. u. 2 Jahrg. 1897—1898. à 12 Nrn. (à ca. 20 S. Text u. 10 S. Musik.) gr. 4. Langensalza, H. Beyer & Söhne. à Jahrg. n. 6. —
Kann auch halbjährlich bezogen werden.

— für Haus- u. Kirchenmusik, unter Mitwirkg. v. Eug. d'Albert, Blumenthal, Ign. Brüll u. A., hrsg. v. Ernst Rabich. 3.—6. Jahrg. 1899—1902. à 12 Nrn. gr. 4. (à ca. 16 S. u. Musikbeilagen.) Langensalza, H. Beyer & Söhne. à Jahrg. n. 6. —

— für Haus- u. Kirchenmusik, unter Mitwirkg. v. Eug. d'Albert, Blumenthal, Ign. Brüll u. A., hrsg. v. Ernst Rabich. 7. u. 8. Jahrg. 1903 u. 1904. à 12 Nrn. (IV, 140; IV, 188 u. Musikbeilage 72 u. 98 S.) gr. 4. Langensalza, H. Beyer & Söhne. à Jhrg n. 6. —

— dasselbe, unter Mitwirkg. namhafter Musikschriftsteller u. Komponisten hrsg. v. Ernst Rabich. 9.—11. Jahrg. Oktbr. 1904—Septbr. 1907. à 12 Nrn. (9. Jhrg. IV, 200 u. Musikbeilage 100 S.) 4. Ebd. à Jhrg. n. 6. —

— für Haus- u. Kirchenmusik, unter Mitwirkg. namhafter Musikschriftsteller u. Komponisten hrsg. v. Ernst Rabich. 12.—15. Jhrg. Oktbr. 1909—Septbr. 1911. à 12 Nrn. (à ca. 16 S. m. 1 Bildnis u. Musikbeilage.) 31,5×23 cm. Langensalza, H. Beyer & Söhne. à Jhrg. 6. —

— f. Haus- u. Kirchenmusik. Hrsg. v. Ernst Rabich. 15. u. 16. J. Okt. '10—Sept. '12 je 12 Nrn. (4, 196; 4, 192 u. 96 bezw. 98 S. Notenbeil.) 31,5×23 cm. Langens., H Beyer & S. halbj. 3 —

— für Haus- u. Landwirthschaft, s.: Lehrer-Zeitung, preußische.

Blätter für Haus- und Landwirthschaft
v. Senn-Barbieux' St. Galler Handels-Zeitung. Schweizerische Freie Volkszeitung.

— für Haus- u. Landwirtschaft, Sport u. Gesundheitspflege, s.: Zeitung, allgemeine, s. Bienenzucht.

Blätter, Heilbronner. – Heilbronn : 1866.

Blätter der Heilung : Jahrgang 1—6, Dec. 15, 1899—Feb. 15, 1906.

Monthly. Organ of Christliche Katholische (Universelle) Kirche [The Christian Catholic Church in Zion]. Sub-title: Ein Monatsblatt zur Ausbreitung des Reiches Gottes. Published in English, under title LEAVES OF HEALING, and in Dutch editions. Place of publication varies: Zion City, Ill., July 15, 1903—Feb. 15, 1906. Large quarto, each issue 32 pages; illustrated, including portraits. Edited by the Rev. John Alex. Dowie, & published by Zion Publishing House (Chicago; later at Zion City). 1899—1906. Chicago, IL

—— für Heilwissenschaft. Hrsg. von G. L. Ditterich. 4 Jahrgg. 1870—1873. gr. 4. 1.—3. Jahrg. à 26 Nrn. (IV, 208; IV, 204; IV, 204 S.) 4. Jahrg. 24 Nrn. (IV, 192 S.) München, Expedition der Blätter für Heilwissenschaft. à Jahrg. *
Auf Nr. 21—24 des 4. Jahrg. ist Dr. J. P. Ullersperger als Redacteur genannt. — Nicht weiter erschienen.

— für Heilwissenschaft. Red.: L. Ditterich. 1. Jahrg. 1870. 26 Nrn. (à 1 Bgn.). München, Exped. der medizin.-chirurg. Zeitung. 4. n. 2 ₰ 10 ngr

— für Heilwissenschaft. Red.: L. Ditterich. 2—4. Jahrg. 1871—1873. à 26 Nrn. (B.) gr. 4. München 871. Exped. der medizin.-chirurg. Zeitung. à Jahrg. n. 7. —

Blätter zur Heimatskunde. Liest. 1872—76. V: *Birmann*, *Mart.* (Cat. d. Stadtbibl. Zürich. Zürich 1864—97.)

Blätter zur Heimatkunde von Baselland. Liestal s. [Birmann, Martin].

Blätter für Heimatkunde aus dem Entlebuch
v. Entlebucher-Anzeiger.

BLÄTTER FÜR GOTHAISCHE HEIMATHSKUNDE. Beiblatt zu den „Gothaer Neuesten Nachrichten". Gemeinsames Organ der Vereinigung für Gothaische Geschichte und Alterthumsforschung, des Naturwissenschaftlichen Vereins, des Entomologen-Vereins, des Vereins „Aquarium" und des Schulmuseums zu Gotha.
Nr. 1—21. 4. März — 31. Dezember 1896. Gotha. Th. Herm. Wechsung (Nachf.). fol.
Nr. 1—14. 23. Januar — 11. September 1897. ib. —

— heitere, red. u. hrsg. v. Adf. Hatsek. Mitred.: Wilh. W. Schönmann. 1. Jahrg. Oktbr. 1894 —Septbr. 1895. 52 Nrn. (Bog. m. Abbildgn.) gr. 4. Budapest. (Wien, Rob. Weis.) n. 8. —

Blätter, Heitere. Redigirt und herausgegeben von Adolf Hatsek. II. Jahrg. 1895. 52 Nrn. 4. 4.— Pro I. Quartal 1.—, Nr. 2—3 —.10
Wien: Weiss 1895?

— heraldisch-genealogische, f. adelige u. bürgerliche Geschlechter. Monatsschrift zur Pflege der Heraldik, Genealogie, Sphragistik, Epitaphik, Diplomatik, Numismatik u. Kulturgeschichte. Hrsg. u. red. von H. Th. v. Kohlhagen. 1. Jahrg. April 1904—März 1905. 12 Nrn. (à ca 16 S. m. Abbildgn. u. Taf.) Lex.-8. Bamberg, Handelsdruckerei u. Verlagsh. n. 10. —

— dasselbe. 2. Jahrg. April—Dezbr. 1905. 9 Nrn. (à ca. 16 S. m. Abbildgn. u. Taf.) Lex.-8. Ebd. n. 7. 50

— dasselbe. Hrsg. v. L. Oelenheinz u. H. v. Kohlhagen. Organ des „St. Michael", Verein deutscher Edelleute zur Pflege der Geschichte u. Wahrg. historisch berechtigter Standesinteressen. 3. Jahrg. 1906. 12 Nrn. (à ca. 16 S. m. Abbildgn. u. Taf.) Lex.-8. Ebd. n. 10. —

— heraldisch-genealogische, f. adelige u. bürgerliche Geschlechter. Monatsschrift zur Pflege d. Heraldik, Genealogie, Sphragistik, Epitaphik, Diplomatik, Numismatik u. Kulturgeschichte. Hrsg. v. L. Oelenheinz u. H. v. Kohlhagen. Organ d. „St. Michael", Verein deutscher Edelleute zur Pflege d. Geschichte u. Wahrg. historisch berechtigter Standesinteressen. 4. Jhrg. 1907. 12 Nrn. (à ca. 16 S. m. Abb. u. Taf.) Lex. 8. Bamberg (Handels-Druckerei u. Verlagsh.). 10. —

— dasselbe. Hrsg. von H. v. Kohlhagen u. L. Oelenheinz. 5.—7. Jhrg. 1908—1910. à 12 Nrn. (à ca. 16 S.) Lex. 8. Pforzheim, Pforzheimer General-Anz. à Jhrg. 10. —
Jahrg. 1908 u. 1909 erschienen in Coburg.

Blätter, Heraldisch-genealogische, f. adel. u. bürgerl. Geschlechter. Schriftleitg: W Vogt, H v. Kohlhagen u. Lor. M Rheude. Jan.—Juni '11. 6 Nrn. (Nr 1—4: 160) Lex8° Papierm., Gebr. Vogt. 8 —
Ist m. d. Archiv f. Stamm- u. Wappenkde verschmolzen worden.

Hesperische Blätter. Nachgelassene Schriften. Berlin 1857. 8°.

Blätter, Hessische. – Melsungen: 1872 - 1874.

Hessische Blätter: 1887?—1897.

Weekly. Place of publication varies: Cleveland, Ohio, 1887—89. Merged with HESSEN-DARMSTÄDTER ZEITUNG. Circulation: 1890, 5200; 1985, 5200. Edited & published by J. E. Müller, 1887—89; by Voelcker Bros., 1890—97. New York, NY

— hessische, f. Volkskunde, hrsg. im Auftrage der hess. Vereinigg. f. Volkskunde v. Adf. Strack. 1. Bd. 1902. 3 Hfte. gr. 8. (290 S.) Leipzig, B. G. Teubner. n. 7. 60

— hessische, f. Volkskunde, hrsg. im Auftrage der hess. Vereinigg. f. Volkskunde v. Adf. Strack. 2.—4. Bd. à 3 Hefte. gr. 8. Leipzig, B. G. Teubner. n. 22. 80
2. (IV, 248 u. 182 S.) 903. n. 11. 60.
3. (IV, 204 S.) 904. n. 5. 20. — 4. (224 S.) 905. n. 6. —.

— dasselbe (begründet v. Adf. Strack), hrsg. im Auftrage der hess. Vereinigung für Volkskunde v. Karl Helm u. Hugo Hepding. 5. Bd. 1. Heft. (VII, 64 S. m. 1 Bildn.) gr. 8. Ebd. 906. n. 2. —

— hessische, f. Volkskunde (begründet v. Adf. Strack), hrsg. im Auftrage der hess. Vereinigg. f. Volkskunde v. Karl Helm u. Hugo Hepding. 5. Bd. 2. u. 3. Heft u. 6—9. Bd. à 3 Hefte. gr. 8. Leipzig, B. G. Teubner. 27. 60
5. II. III. (65—192 S. m. 2 Taf.) 906. 4. 40
6. (IV, 208 u. XV S.) 907. 6. 40
7. (IV, 208 S.) 908. 5. 60
8. (IV, 210 S.) 909. 5. 60
9. (VII, 224 S.) 910. 5. 60

— **Hessische, f. Volkskunde** (begründet v. Adf Strack), hrsg. v. Karl Helm. 9—11. Bd je 3 Hefte. gr8° Lpzg, BG Teubner. 19 —
9. (224) '10. 5.60 ‖ 10. (220, 12) '11. 5.80 ‖ 11. (3, 240, 24, 25) '12. 7.60

Blätter: Hidigeigei's Lustige Blätter
② Humoristisches Wochenblatt ⑤ 1891—1895 ⑥ 4° ⑦ Wochenblatt ⑧ Wädenswil: A. Stutz (1891—1894); Zürich ⑩ A. Stutz, Wädenswil (1891—1894), A. Munk, Zürich (1895) ⑮ Nach dem Katalog von Zh: Z. Die Exemplare wurden ausgeschieden.

— hippologische; e. Zeitschrift f. veredelte Pferdezucht. Herausg. vom Grafen v. Holmer. 1r Bd. 6 Hefte. gr. 8. Kiel 833. (832). Schwers Wwe. (Hamb., J. G. Herold). 3 ℛ 12 gℊ

— hippologische. Eine Zeitschr. f. veredelte Pferdezucht. Hrsgeb.: Graf v. Holmer. 1—10. Jahrg. 1833—42. gr. 8. Kiel. (Hamburg, Perthes-Besser u. Mauke.) [J. 1. in 24 Hftn. od. 4 Bdn. * 7 Thlr., hrbgf. Pr. * $4^2/_3$ Thlr.; 2. in 3 Bdn. * $6^1/_3$ Thlr., hrbgf. Pr. * $4^5/_{24}$ Thlr.; 3. in 2 Bdn. od 52 Nrn. * $5^2/_3$ Thlr., hrbgf. Pr. * $3^{19}/_{24}$ Thlr.; 4—10. à 52 Nrn. (80 Bog.) à J. * $5^2/_3$ Thlr.] *
Jahrg. 1—3. zusamm. genomm. hrbgf. Pr. * 9 Thlr. 12 Gr.

— hippologische, Herausgeber: Graf v. Holmer. 9.—14. Jahrg. 1841—1846. à 52 Numm. (80 Bog.) gr. 8. Kiel 841—46. (Hamburg, Perthes-Besser u. Mauke.) à n. $5^2/_3$ ℛ
Mit dem hippologischen Beiblatt. à n. $8^2/_3$ ℛ

— hippologische. Hrsg.: Graf v. Holmer. 15—20. Jahrg. 1847—1852. à 52 Nrn. gr. 8. (Bog.) Kiel. (Hamburg, Perthes-Besser & Mauke.) à Jahrg. n. $5^2/_3$ ℛ 1848—1851. Mit d. hippolog. Beiblatt à Jahrg. n. $8^2/_3$ ℛ

— hippologische. Central-Organ für die Interessen der Pferdezucht in Oesterreich. Hrsgbr.: C. Fortwängler. Redact.: Leop. Bergmann. 6. und 7. Jahrg. 1868 und 1869. à Jahrg. 52 Nrn. (Bog.) Mit Beilagen. Fol. Wien, (Schlieper.) à Jahrg. *
1.—5. Jahrg. s. Sport, — Fortsetzung s. Sportblatt.

Historisch-biographische Blätter. Industrie, Handel u. Gewerbe. Hrsg. u. Red. Julius Eckstein. (Bd 1–3 in je 15 Lfgen.) 1897–1900 [mehr nicht erschienen]. *Berlin: Eckstein 1897–1900.* 3 Bde gr. 2°
[1.] 1897. Vorw. von Prof. Dr. Max Haushofer. 1897.
[2.] 1898/99. Vorw. von M. Haushofer. 1899.
[3.] 1900. Vorw. von Prof. Heinrich Köhler. 1900. [os. 1979

Blätter, Historisch-biographische.
[1.] Hauser & Sobotka, Wien. 1901. Wien
[2.] Aktiengesellschaft Mix & Genest, Telephon- und Telegraphen-Werke, Berlin. 1904. Berlin

Blätter, historisch-biograph, f. Industrie, Handel u. Gewerbe, s. Van den Bergh's Margarinegesellschaft.

— historische, od. Charakterzüge aus d. Leben K. Napoleons 2c. 8. Leipz. 806. Schladebach. 10 gℊ mit Kpf. 2 ℛ

BLÄTTER, Historische. Hrsg. von Heinrich Fortmann. Jahrg. I—V (soviel ersch.?). Hamburg 1826 ff. 8°. (10 Mk. Schaper, Hannover, 1904:)
In diesen Blättern ist neben zahlr. anderen Aufsätzen hauptsächlich eine ausführliche und eingehende Geschichte u. Kulturgeschichte Hamburgs enthalten.

— historische, u. Anekdoten, (v. Chr. A. Vulpius). 1e Samml. 8. Berl. 800. Gädicke. (Henning in Greiz). 16 gℊ

Blätter und Anekdoten, Historische. Weimar 1800. V: *Vulpius, Christian August.* (Ky) (MGa)

— historisch-genealogische. Suppl. zur deutschen Adels-Chronik. 1. Jahrg. 1887/88. 4 Hfte. gr. Fol. Mit Wappenabbildgn. Stuttgart, Stöckhardt. n. 1. 20

Historisch-kirchenrechtliche Blätter für Deutschland. Von J. Ellendorf. Bd. 1–3, H. 1–4. (Mehr nicht ersch.) Berlin 1840–42

Blätter, historisch-politische, f. d. kathol. Deutschland, hrsg. v. G. Phillips u. G. Görres. 1—10. Bd. (1. u. 2. à 6 Hfte., 3—10. à 12 Hfte.) (od. Jahrg. 1838—42. à 2 Bde.) gr. 8. München, Literar.-artist. Anstalt. [J. 838. * $5^1/_3$ Thlr., 39—42. à * $7^1/_3$ Thlr.] * Thlr.

— histor.-politische, f. das katholische Deutschland. Hrsg. von G. Philipps u. G. Görres. 11—20. Bd. à 12 Hfte. (od. Jahrg. 1843—47. à 2 Bde.) gr. 8. München, Literar.-artist. Anstalt. à J. *
1—10. Bd. od. Jahrg. 1838—42. Ebendas. * 34 Thlr.

— „Historisch-politische, für das kathol. Deutschland. (Cf. Phillips. Görres) deren 10-12r Jahrgg. 1847—49, je 2 Bände à 12 Halbmonatshefte. gr. 8. München, v. Cotta's Anstalt. pr. Jahrgg. $7^1/_3$ Thlr. — 12 fl.

— historisch-politische für das katholische Deutschland, hrsg. von G. Phillips und G. Görres. (Jahrg. 1848—52. oder) 21—30. Bd. à 12 Hefte. (à ca. 64 S.) gr. 8. München, Literarisch-artistische Anstalt. à Jahrg. *
Die vier letzten Bände wurden von Görres allein herausgegeben. — Der 1—16. Bd. werden jetzt zu * 1 Thlr. 10 Ngr. à Bd. abgegeben.

— historisch-politische, für das katholische Deutschland, s. Phillips, G.

Blätter, historisch-politische, für das katholische Deutschland, red. von Edm. Jörg u. Frz. Binder. 45—54. Bd. Jahrg. 1860—64. à 24 Hefte. (à 5 Bgn.) München, Literar.-artist. Anstalt in Comm. gr. 8. Jeder Jahrg. n. 7 ℛ 5 ngr.
Fortsetzung von Philipps u. Görres histor.-polit. Blättern.

— dass. — 2. Register zu Bd. 35—50 von Pius Bonif. Gams. gr. 8. (167 S.) (Ebendas.) 865. *

— historisch-politische, für das katholische Deutschland, redig. von Edm. Jörg u. Frz. Binder. 55—66. Bd. Jahrg. 1865—1870. à 24 Hefte (à 5—6 Bgn.). München, Literar.-artist. Anst. in Comm. gr. 8. Jeder Jahrg. n. 7 ℛ 5 ngr.

—— historisch-politische, für das katholische Deutschland, redig. von Edm. Jörg und Frz. Binder. 61.—74. Bd. Jahrg. 1868—1874. à Jahrg. 24 Hefte. gr. 8. (à Heft ca. 80—88 S.) München, (Literar.-artist. Anstalt.) à Jahrg. *

—— historisch-politische, für das katholische Deutschland, hrsg. von Edm. Jörg und Frz. Binder. 75.—84. Bd. oder Jahrg. 1875—1879. à Jahrg. 24 Hefte. gr. 8. (à Heft 80—96 S.) München, (Literar.-artist. Anstalt.) à Jahrg. *

— dasselbe. 3. Register zu Bd. 51 bis 81 [1868—1878] v. Pius Bonif. Gams. gr. 8. (106 S.) Ebend. 879. n. 3. 50

—— historisch-politische, für das katholische Deutschland, hrsg. von Edm. Jörg und Frz. Binder. 85.—94. Bd. oder Jahrg. 1880—1884. à Jahrg. 24 Hefte. gr. 8. (à Heft ca. 100 S.) München, (Literar.-artist. Anstalt.) à Jahrg. *

—— historisch-politische, für das katholische Deutschland, hrsg. von Edm. Jörg und Frz. Binder. 95.—102. Bd. oder Jahrg. 1885—1888. à Jahrg. 24 Hefte. gr. 8. (à Heft ca. 80 S.) München, (Literarisch-artist. Anstalt.) à Bd. *

— Register zu Bd. 1—34. Register zu Bd. 35—50. Register zu Bd. 51—81. (21 Bde.) 8. München 1886—1894.

—— historisch-politische, für das katholische Deutschland, hrsg. von Edm. Jörg u. Frz. Binder. 103.—110. Bd. od. Jahrg. 1889—1892. à Jahrg. 24 Hefte. gr. 8. (à Heft ca. 80 S.) Münch., (Literarisch-artist. Anstalt). Bd. 103 u. 104 à * 10 75; Bd. 105—110 à ** 9 —

— historisch-politische, f. das katholische Deutschland, hrsg. v. Edm. Jörg u. Frz. Binder. 107.—114. Bd. od. Jahrg. 1891—1894. à 24 Hfte. gr. 8. (à Hft. ca. 80 S.) München, (Literarisch-artist. Anstalt). à Bd. n.n. 9. —

— dasselbe. 4. Register zu Bd. 82 bis 111 (1878—1893) v. Frz. Binder. gr. 8. (III, 108 S.) Ebd. 893. n.n. 3. —

— historisch-politische, f. d. kathol. Deutschland, hrsg. v. Edm. Jörg u. Frz. Binder. 115.—122. Bd. od. Jahrg. 1895—1898. à 24 Hfte. (à 5 Bog.) gr. 8. München (Literar.-artist.-Anstalt.) à Bd. n.n. 9. —; einz. Hfte. n. 1. —

— historisch-politische, f. das katholische Deutschland, hrsg. v. Frz. Binder. 123.—130. Bd. od. Jahrg. 1899—1902. à 24 Hfte. gr. 8. (926, 917, 916, 920, 922, 927, 948 u. 930 S.) München (Literar.-artist. Anstalt). à Bd. n.n. 9. —; einz. Hfte. n. 1. —

— historisch-politische, f. das katholische Deutschland, hrsg. v. Frz. Binder u. Geo. Jochner. (Eigentum der Familie Görres.) 131.—138. Bd. od. Jahrg. 1903—1906. à 24 Hfte. (131.—134. Bd. 960, 956, 932 u. 936 S.) 8. München (Literarisch-artist. Anstalt). à Bd. n.n. 9. —

— dasselbe. 5. Register zu Bd. CXII—CXXX (1893—1902) v. Frz. Binder. (III, 71 S.) gr. 8. Ebd. 903. n.n. 2. —

— historisch-politische, f. das katholische Deutschland, hrsg. v. Frz. Binder u. Geo. Jochner. (Eigentum der Familie Görres.) 139.—146. Bd. od. Jhrg. 1907 bis 1910. à 24 Hfte. (IV, 955; IV, 969; IV, 1127; IV, 906; IV, 953; IV, 974; IV, 955 u. IV, 977 S.) 8. München, Th. Riedel. à Bd. nn 9. —

— Historisch-politische, f. d. kathol. Deutschld, hrsg. v. Frz Binder u. Geo. Jochner. (Eigentum d. Familie Görres.) 145—150. Bd od. J. '10—12 je 24 Hefte. (12, 962; 12, 980; 12, 948; 12, 952; 12, 948; 12, 948) 8° Münch., Th. Riedel. d. Bd nn 9 —; einz. Hefte 1 — d

— Hofwyler. Eine Vierteljahrsschrift für Erziehung u. Unterricht. In Verbindung mit deutschen u. schweizer. Schulmännern hrsg. v. W. B. Mönnich, 1848. 4 Hfte. gr. 8. Jena, Hochhausen. n. 2 ₰

—— hohnsteiner. Wochenblatt für den Amtsbezirk Hohnstein mit Lohmen. Redakt.: Joh. Chr. Ferd. Rentzsch. (2. Jahrg.) 1849. 52 Nrn. (½ Bog.) Mit dem Beiblatt: Blätter zur Beförderung einer allgem. deutschen Erziehung. (2. Jahrg.) 1849. 52 Nrn. (½ Bog.) gr. 4. Pirna. Leipzig, Rein'sche Buchh. (Jedes * 1 Thlr. 10 Ngr.) *

1. Jahrg., s. Blätter zur Beförderung einer allgem. deutschen Erziehung.

Blätter von dem Holz des Lebens ... in Lieder und Verse gefasset ... Berlin 1812. V: *Albinus, Carl Heinrich.* (zu)

— homiletische, kritische, f. angehende Prediger. 9 Hefte. 1s bis 4s (v. G. A. L. Hanstein u. G. W. Sucro). gr. 8. Stendal 791—98. Franzen u. Gr. 6 ₰ 2 gr 1s Suppl.-Heft. gr. 8. Ebd. 800. 12 gr

– neue homiletisch critische. Von Hanstein u. Pischon. 12. Jahrg. zu 4 Heft. Ebd. 1799–1810. 8°

Blätter, Homiletisch-Kritische, für Kandidaten des Predigtamts und angehende Prediger. Stendal 1791—93. H: *Hanstein, Gottfried August Ludwig & Georg Wilh. Sucro.* (Ky) (MGT) (Winer)

—— humoristische, s. a. Klik. K.

Blätter: Humoristische Blätter
s. a. Die Welt.

—— humoristische, redig. v. Theod. v. Kobbe. 1. Jahrg. 1838. April — Dec. 40 Nrn. u. 2—4. J. 1839 u. 40. à 52 Nrn. (½ Bog.) J. $18^{41}/_{42}$ (20½ B.) gr. 8. Oldenburg, Schulzesche Buchh. [J. 1. * 1¼ Thlr., 2. u. 3. à * 1⅔ Thlr., 4. * 1 Thlr.] *

— humoristische, herausgeg. von Theodor von Kobbe. Mit Beiträgen von Emilie d'Estrées, Gellert, Karl Mayer, Peter von Kobbe, Rud. Kulemann, Dr. Pfeiffer, Prott, Stahr u. mehreren Ungenannten. 4.—6. Jahrg. (1841—1843.) gr. 8. Oldenburg 841—845, Schulzesche Buchhandlg. (W. Berndt.) à n. 1 ₰

—— humoristische. Mit den Beilagen: „Neue Fliegende" und „Der Interessenschutz". Hrsg. und redig. von B. Spitzer. 8.—12. Jahrg. 1880—1884. à Jahrg. 52 Nrn. (à Nr. 3 Bog.) Fol. und gr. 4. Wien, Administration. à Jahrg. *

Blätter, humoristische. Redact.: Adph. Braun. 1. Jahrg. 1884. 52 Nrn. (Bog. mit Illustr.) gr. 4. Berlin, (C. Barthel Verlag.)

— humoristische. Red.: Adph. Braun. 1. Jahrg. 1884. 52 Nrn. (B. m. Illustr.) gr. 4. Berlin 884. Braun & Co. 4. —

— humorist. Red.: F Schmidt. 8—12. Jahrg. 1891—1895 à 52 Nrn. (B. m. Abbildgn.) Berl., J Becker. à Jahrg. 4 —

—— humoristische. Redact.: Frz. Schmidt. 9. Jahrg. 1892. 52 Nrn. (Bog. m. Abbildgn.) Berl., Braun u. Comp. * 4 —

— humoristische. Red.: Frz. Schmidt. 12.—14. Jahrg. 1895—1897. à 52 Nrn. (à 8—12 S. m. Abb.) gr. 4. Berlin, J. Becker. à Jahrg. n. 4. —; einz. Nrn. — 10

Auch u. d. T.: „Der Schelm". Weiter nicht erschienen.

— humorist. Red.: F Schmidt. 13. u. 14. Jahrg. 1896 u. 1897 à 52 Nrn. 4° (1896. Nr. 1. 8 m. Abb.) Berl., M Oldenbourg. à Jahrg. 4 —; einz. Nrn — 10

Auch u. d. T.: „Der Schelm". — Mit: Uns. Gesellschaft verschmolzen.

Blätter: Humoristische bunte Blätter
v. Schweizerische Lustige Blätter.

— humoristische fliegende. Jahrg. 1893. 1894. à 52 Nrn. (à ca. 1½ Bog. m. Abbildgn.) gr. 4. Berlin, G. E. Nagel. à Jahrg. n. 5. 20

— — u. fliegende. Jahrg. 1895. 52 Nrn. (à 12 S. m. Abb.) gr. 4. Berlin, G. E. Nagel. n. 4. 80

— — dasselbe, s.a. Welt, lustige.

— humoristische, für Kopf u. Herz, v. Jakob ***f. (Bischof). 16 Quart. 8. Nürnb. 799.

— humoristische, f. Gabelsberger'sche Stenographen. 1. Jahrg. 1894. 12 Nrn. (Bog. m. Abbildgn.) gr. 4. Neustadt a/H., W. Marnet. n. 4. —

— humorist., f. Gabelsberger'sche Stenographen. 2.—5. Jahrg. 1895—1898. à 12 Nrn. (Bog. m. Abb.) gr. 4. Neustadt a/H., W. Marnet à Jahrg. n. 4. —

— humoristische, f. Gabelsbergersche Stenographen. 6.—9. Jahrg. 1899—1902. à 12 Nrn. gr. 4. (à 8 S. m. Abb.) Neustadt a/H., W. Marnet. à Jahrg. n. 4. —

— humoristisch politische. Nr. 1—3. gr. 8. (à 8 S.) Speyer 871. Lang. à — 10

— 100, künstler. Zeichenvorlagen. 20×29 cm. Reutl., (Ensslin & L.) ('11). † 1.40

— für klinische Hydrotherapie u. verwandte Heilmethoden, hrsg. v. Wilh. Winternitz unter Mitwirkg. bewährter Fachmänner. 1. Jahrg. Mai bis Dezbr. 1891. 8 Hfte. (à 1—2 Bog.) gr. 8. Wien, F. Deuticke. n. 6. —; einzelne Hfte. à n. 1. —

— dasselbe. 2.—4. Jahrg. 1892—1894. à 12 Hfte. à) 1—2 Bog.) gr. 8. Ebd. à Jahrg. n. 10. —; einzelne Hfte. à n. 1. —

— f. klin. Hydrotherapie u. verw. Heilmethoden, hrsg. v. Wilh. Winternitz unt. Mitwirkg. bew. Fachmänner. 5.—8. Jahrg. 1895—1898. à 12 Nrn. (à ca. 20 S. m. Abb.) gr. 8. Wien (F. Deuticke). à Jahrg. n.n. 10. —; einz. Nrn. n.n. 1. —

— für klinische Hydrotherapie u. verwandte Heilmethoden, hrsg. v. Wilh. Winternitz unter Mitwirkg. bewährter Fachmänner. 9.—12. Jahrg. 1899—1902. à 12 Nrn. gr. 8. (VIII, 303; VIII, 308; X, 332 u. X, 280 S.) Wien (F. Deuticke). à Jahrg. n.n. 10. —; einz. Nrn. n.n. 1. —

— für klinische Hydrotherapie u. verwandte Heilmethoden. Hrsg v. Wilh. Winternitz unter Mitwirkg. bewährter Fachmänner. Red.: Jos. Brik. 13.—16. Jahrg. 1903—1906. à 12 Nrn. (268, 258, 260 u. 260 S.) Lex.-8. Wien (F. Deuticke.) à Jhrg. n.n. 10. —

— für klinische Hydrotherapie u. verwandte Heilmethoden. Hrsg. v. Wilh. Winternitz unter Mitw. bewährter Fachmänner. Red.: Jos. Brik. 17. u. 18. Jhrg. 1907 u. 1908. à 12 Nrn. (à ca. 24 S.) Lex. 8. Wien (F. Deuticke). à Jhrg. nn 10. —
Fortsetzg., s. Monatsschrift f. die physikalisch-diätetischen Heilmethoden.

— hygienische. Offizielles Organ der deutschen Gesellschaft zur Bekämpfg. des Kurpfuschertums. Hrsg. v. Carl Reissig. 1. u. 2. Jahrg. Oktbr. 1904—Septbr. 1906. à 12 Nrn. (200 u. 196 S.) gr. 8. Berlin, E. Grosser. à Jhrg. n. 1. 50

Blätter, hygienische. Offiz. Organ d. deutschen Gesellschaft zur Bekämpfg. des Kurpfuschertums. Hrsg. v. Carl Reissig. 3. u. 4. Jhrg. Oktbr. 1906—Septbr. 1908. à 12 Nrn. (à ca. 24 S.) gr. 8. Berlin, E. Grosser.
Erscheinen nicht mehr. à Jhrg. 1. 50

— f. Hymnologie. Hrsg. v. A Fischer. 1. Jahrg. 1882. 12 Nrn. (B.) 8. Gotha, FA Perthes. n. 1. — || 2. u. 3. Jahrg. 1884 u. 1885. Hrsg. v. A Fischer u. J Linke. à 12 Nrn. (B.) Altenb., Hille. à Jahrg. n. 4. —

— für Hymnologie. In Verbindg. m. namhaften Männern der Wissenschaft u. der kirchl. Praxis hrsg. v. Alb. Fischer. 1. Jahrg. 1883. 12 Nrn. (B.) gr. 8. Gotha. F. A. Perthes. n. 1. —

— dasselbe. Hrsg. v. Alb. Fischer u. Johs. Linke. (2—4.) Jahrg. 1884—1886. à 12 Nrn. (B.) gr. 8. Altenburg, Hiller. à Jahrg. n. 4. —

— für Hymnologie. Unter Mitwirkg. v. Achelis, Bachmann, Bode etc. hrsg. v. A. Fischer u. J. Linke. (5.) Jahrg. 1887. 12 Nrn. (B.) gr. 8. Altenburg, Hiller. n. 4. —

— für Hymnologie. Unter Mitwirkung von Achelis, Bachmann, Bode etc. hrsg. von Alb. Fischer und Johs. Linke. (3.—5.) Jahrg. 1885—1887. à Jahrg. 12 Nrn. (Bog.) gr. 8. Altenburg, (Schnuphase'sche Hofbuchh.) à Jahrg. *

— f. Hymnologie. Hrsg. v. A Fischer u. J Linke. 4. u. 5. Jahrg. 1886 u. 1887. à 12 Nrn. (B.) 8. Kahla, Beck. à Jahrg. n. 4. — 6. u. 7. Jg. 1888 u. 1889. à Jahrg. n.n. 5. —

— dasselbe. (6. 7.) Jahrg. 1888. 1889. à 12 Nrn. (B.) gr. 8. Kahla. (Altenburg, Schnuphase.) à Jahrg. n. 5. —

— für Hymnologie. Unter Mitwirkung von Achelis, Bachmann, Bode etc. hrsg. v. Alb. Fischer u. Johs. Linke. 7.—10. Jahrg. 1889—1892. à Jahrg. 12 Nrn. (Bog.) gr. 8. Kahla. (Altenb., Schnuphase.) à Jahrg. * * 5 —

— für Hymnologie. In Verbindg. m. d. namhaftesten Hymnologen aller Länder hrsg. v. Johs. Linke. 8. Jahrg. 1894. 12 Nrn. (Bog.) gr. 8. Kahle, F. Beck. n. 5. —
Erschienen in den J. 1890—1893 nicht.

— hymnologische, für die deutsch reformirte Schweiz. Redact.: H. Weber. 1.—5. Jahrg. 1880—1884. à Jahrg. 6 Nrn. (à Nr. ½—¾ Bog.) gr. 8. Zürich, Herzog's Verlag. Jahrg. 1880—1883 à * Jahrg. 1884 *

— hymnologische, für die deutsche reformirte Schweiz. Redact.: H. Weber. 6.—9. Jahrg. 1885—1888. à Jahrg. 6 Nrn. (à Nr. ½—¾ Bog.) gr. 8. Zürich, Herzog. à Jahrg.

— hymnologische, f. die deutsche reformirte Schweiz. Redact.: H. Weber. 10. Jahrg. 1889. 6 Nrn. (à Nr. ½—1 Bog.) gr. 8. Zür., Leemann. * 1 50

Blätter, Hyppologische, s. Blätter, Hippologische.

— Jenaische, für Geschichte und Reform des deutschen Universitätswesens, insbesondere des Studentenlebens, sowie für deutsche National- u. Staats-Pädagogik Herausg. von Carl Herm. Scheidler. H. 1—4. Jena 1859—60. gr. 8.

— jenaische, für Geschichte und Reform des deutschen Universitätswesens, insbesondere des Studentenlebens, sowie für deutsche National- und Staats-Pädagogik. Hrsg. von Carl Herm. Scheidler. 1—4. Heft. gr. 8. Jena 1859, Mauke. (à Heft 15 Ngr.) *

Inhalt:

Heft 1., 2. Scheidler, Carl Herm., deutscher Studentenspiegel. Als Beitrag zu einer innern, von den Studenten selbst ausgehenden Reform des akademischen Lebens und Studiums. 2 Abthlgn. 2., völlig umgearb. und sehr verm. Ausg. (VIII und 319 S.)

" 3. — zur Turn- und Wehrkunst. Ein Hand- und Lehrbuch bei Vorträgen über akademische Militärgymnastik. Nebst einer Geschichte der Fechtkunst und der jenaischen Wehrschaft vom J. 1814. (XII und 196 S.)

" 4. — akademisches Schiller- und Fichte-Buch. 1. und 2. Abthl.: Schiller und Jena. Nebst Analecten und Miscellen. (VIII und 130 S.)

— illustr., s.a. Wochen-Zeitung, neue illustr.

— illustrirte. Wochenschrift für Haus und Familie. 1. Jahrg. 1886/87. 52 Nrn. (à Nr. 2 Bog.) gr. 4. [Berlin, W. Kulicke und Comp.] Breslau, Schottländer. *

— illustrirte. Wochenschrift f. Haus u. Familie. 2. Jahrg. 1887/88. 52 Nrn. (2 B.) gr. 4. Berlin, Kulicke & Co. n. 4. —

— dass. — 2. und 3. Jahrg. 1887/88 und 1888/89. à Jahrg. 52 Nrn. (à Nr. 2 Bog.) gr. 4. Breslau, Schottländer. à Jahrg. *

Blätter, illustrirte. Wochenschrift für Haus u. Familie. Red.: K. Teschner. 3. Jahrg. 1888/89. 52 Nrn. (2 B.) gr. 4. Breslau, Schlesische Verlagsanstalt. n. 4. —

— dasselbe. Red.: Osk. Wilda. 4. u. 5. Jahrg. Octbr 1889—Septbr. 1891. à 52 Nrn. (2 B.) gr. 4. Ebd à Jahrg. n. 4. —

— illustrirte. Wochenschrift f. Haus u. Familie. Red.: Osk. Wilda. 6.—8. Jahrg. Octbr. 1891—Septbr. 1894. à 52 Nrn. (2 Bog.) gr. 4. Breslau, Schles. Verlags-Anstalt. à Jahrg. n. 4. —

— illustrirte. Wochenschr. f. Haus u. Familie. Red.: Osk. Wilda. 8.—13. Jahrg. 1894—1899. à 52 Nrn. (à 16 S.) gr. 4. Breslau, Schles. Buchdruckerei 2c. à Jahrg. n. 4. —; einz. Nrn. — 10
Kann auch vierteljährlich bezogen werden.

— illustrierte. Wochenschrift f. Haus u. Familie. Red.: Osk. Wilda. 14. u. 15. Jahrg. Oktbr. 1899—Septbr. 1901. à 52 Nrn. Nebst Beilagen à 13 Nrn.: 1. Der Kinderfreund. 2. Die Küche. 3. Die Mode. 4. Das Möbel. gr. 4. (à ca. 16 u. 4 S.) Breslau, Schles. Buchdruckerei 2c. à Jahrg. n. 4. —; einz. Nrn. — 10
Fortsetzung s.: Wochen-Zeitung, neue illustr.

Blätter: Illustrierte Fliegende Blätter
v. Schweizerische Fliegende Blätter.

— illustrierte, f. naturgemäße Fußbekleidung. Hrsg. von Bernh. Pessel. 1. Jahrg. 1888. 6 Nrn. gr. 8. (à Nr. ca. 80 S. m. Tafeln.) Glauchau, (Peschke). ** 3 —
Erscheint nicht mehr.

— illustrirte, zu kathol. Gebetbüchern. 1845 u. 1846. à 2 Lfgn. gr. 8. (à Lfg. 3 Blätt. in Gold- u. Farbendruck.) Aachen, Wengler. [1845 à L. * 1/6 Thlr., 46. à L. * 1/5 Thlr.] *

Blätter, illustrirte, zu kathol. Gebetbüchern. 3—8. Lfrg. 8. (19 lithochrom. Bl.) Aachen 847. 48, (Leipzig) Wengler. 3—5.: à n. 1/3 ℳ — 6.: n. 6 ngr — 7—8.: à n. 12 ngr (1—8.: n. 2 2/3 ℳ)

— illustrirte, f. Geist u. Gemüth. Kleine Ausg. der Familien-Zeitg. (1.) Jahrg. 1873. 17 Hfte. (ca. 5 B. m. eingedr. Holzschn.) Fol. Stuttgart, Schönlein. à Hft. — 30

Blätter, Mährisch illustrirte. 1890. 52 Nrn. 4. Vierteljährig zum Abholen —.70, unter Streifband —.90. Aparte Nummer —.6
Brünn: Nitsch 1890!

— illustr. nützliche. Zeitschrift für die gesammten prakt. Bedürfnisse u. Interessen des tägl. Lebens, insbesondere für Gartenbau, Blumenzucht im Zimmer, Gesundheitspflege, Land- u. Hauswirthschaft, überhaupt Mittheilgn. aus d. Gebiete der angewandten Naturwissenschaften 2c. Hrsg. u. Red.: Otto Pfeiffer. Mitred.: H. Wilhelm. 7.—10. Jahrg. 1891—1894. à 12 Nrn. (1 1/4 Bog.) Lex.-8. Wien, (C. Teufen). à Jahrg. n.n. 4.—
Frühere Jahrge. s. u. d. T.: Naturfreund, der.

Blätter, illustr. nützliche. Zeitschrift f. d. ges. prakt. Bedürfnisse u. Interessen d. tägl. Lebens, insbes. f. Gartenbau, Blumenzucht i. Zimmer, Gesundheitspflege, Land- u. Hauswirthschaft, überhaupt Mittheilgn. a. d. Gebiete d. angew. Naturwiss. 2c. Hrsg. u. Red.: Otto Pfeiffer. 11.—14. Jahrg. 1895—1898. à 12 Nrn. (à ca. 24 S.) Lex.-8. Wien (C. Teufen). à Jahrg. n.n. 4.—

— illustrirte nützliche. Zeitschrift f. die gesammten prakt. Bedürfnisse u. Interessen des tägl. Lebens, insbesondere f. Gartenbau, Blumenzucht im Zimmer, Gesundheitspflege, Land- u. Hauswirthschaft usw. Hrsg. u. Red.: Otto Pfeiffer. 15.—18. Jahrg. 1899—1902. à 12 Nrn. Lex.-8. (à 24 S.) Wien (Hernals, Bergsteiggasse 9). O. Pfeiffer. à Jahrg. n. 4. —

— illustrierte nützliche. Zeitschrift f. die gesamten prakt. Bedürfnisse u. Interessen des tägl. Lebens, insbesondere f. Gesundheitspflege, Land- u. Hauswirtschaft, Gartenbau, Blumenzucht im Zimmer 2c. Hrsg. u. Red.: Otto Pfeiffer. 19.—22. Jahrg. 1903—1906 à 12 Nrn. (III, 284; III, 288; III, 288 u. III, 288 S.) Lex.-8. Wien (XVII/1 Hernals, Bergsteiggasse 9). O. Pfeiffer. à Jhrg. 4. —

— illustrierte nützliche. Zeitschrift f. die gesamten prakt. Bedürfnisse u. Interessen des tägl. Lebens, insbesondere f. Gesundheitspflege, Land- u. Hauswirtschaft, Gartenbau, Blumenzucht im Zimmer usw. Hrsg. u. Red.: Otto Pfeiffer. 23.—26. Jahrg. 1907—1910. à 12 Nrn. (220, 220, 220 u. 240 S.) Lex. 8. Wien (XVII/1, Geblergasse 41), O. Pfeiffer. à Jahrg. 4. —

— Illustrierte nützliche. Zeitschr. f. d. gesamten prakt. Bedürfn. u. Interessen d. tägl. Lebens. Hrsg. u. Red.: Otto Pfeiffer. 26—28. J. '10—12 je 12 Nrn. ('12, Nr 1: 32) Lex8° Wien (XVII/1, Geblergasse 41). O Pfeiffer. je 4 — d

Blätter, Illustrirte praktische. Redacteur W. Richter. IV. Jahrg. 1892. 24 Nrn. 4. 3.—
Hietzing: Bial & Freund 1892!

— illustr. praktische, f. den Gartenbau, f. Feld-, Haus- u. Bienenwirthschaft. Organ des Vereines der Gärtner u. Gartenfreunde in Hietzing. Hrsg. u. red. v. W. Richter. 6. Jahrg. 1894. 24 Nrn. (à ca. 2 Bog.) gr. 4. Wien, (Bial & Freund). n. 6. —

— illustr. praktische, f. d. Gartenbau, f. Feld-, Haus- u. Bienenwirthschaft. Org. d. Vereines d. Gärtner u. Gartenfreunde in Hietzing. Hrsg. u. red. v. W. Richter. 7.—9. Jahrg. 1895—1897. à 24 Nrn. (à 12 S.) gr. 4. Wien (Bial & Freund). à Jahrg. n. 6. —

Zofinger Blätter: Illustrierte Zofinger Blätter
v. Neue Zofinger Zeitung.

— f. Industrie u. Gewerbe. Red. v. F Müller. 1. Jahrg. März 1883—Febr. 1884. 52 Nrn. (2 B.) Fol. Nürnb. Jena, Mauke. n. 12. —
Erscheint nicht mehr.

— unterhaltenden u. belehr. Inhalts f. jung u. alt, s.a. Zehnpfennigbibliothek, Regensburger.

— unterhaltenden u. belehrenden Inhalts f. Jung u. Alt. Hrsg. v. A. W. Mit 1 Titelbilde (in Stahlst.). 8. (279 S.) Regensburg 887. Verlags-Anstalt. 1. 60

— vermischten Inhalts 16, s.a. Fränk. Unterh. 2c

Blätter vermischten Inhalts. Oldenb. 1787—97. H: *Kruse, Karsten.* (MGT)

Blätter, Inländische. 4 Probeblätter von Dec. 1813; Jahrgang 1814. 52 Nrn. [Riga]; 1817. Nr. 1—12. H: *Sonntag, Carl Gottlob.* (GGr) (R-N)

— Interessante, f. Alle. Red.: Carl Weber, f. d. 8. J.: Frz Schmid-Breitenbach. 7. u. 8. J. Okt. '11—Sept. '13 je 26 Hefte. (7. J.: 340) 37,5x27 cm. Stuttg., C Weber & Co. d. Heft — 10 d

— dass. Mit Beibl.: Der Erzähler. Red.: Th. Lohmüller. 7. J. Okt. '11—Sept. '12. 26 Hefte. (1. Heft: 14 m. Abb. u. 16 in Lex8°) 37,5×27 cm. Ebd. d. Heft — 20; Ausg. m. Unfallversicherg — 30 d

Blätter, Italienische. Berlin 1898. V: *Riegel, Hermann.* (Berl)

— für die Jugend. Hrsg.: Frdr. v. d. Heydt. 1. Jahrg. Mai bis Decbr. 1851. 8 Hfte. gr. 12. (à 1 B.) Elberfeld, Schmachtenberg. n. 16 ngr

— für die Jugend zur Unterhaltung, Bildung des Geistes und Verbreitung nützlicher Kenntnisse herausg. in Verbindung mit Lehrern von G. L. Armbrust. 1. Bd. 12 Liefgn. (à 3 Bgn.) Hannover 858. (Celle, Schulze.) gr. 12. n. 1 ℛ 10 ngr

— für die Jugend zur Unterhaltung, Bildung des Geistes u. Verbreitung nützlicher Kenntnisse herausg. in Verbindung mit Lehrern v. G. L. Armbrust. 2. Bd. 12 Liefgn. (à 48 S. u. 1 lith. Taf.) Hannover 859. (Celle, Schulze.) 12. n. 1 ℛ 10 ngr

Blätter für die Jugend zur Unterhaltung 2c. 3. Bd. 12 Lfgn. Mit Abbild. gr. 12. Hannover 860, Armbrust.

Jugendamt. Blätter für die hamburgische öffentliche Jugendfürsorge. 1–22. 1902-1923.

— jungliberale. (Nationalliberale Jugend.) Monatsschrift des Reichsverbandes der Vereine der nationalliberalen Jugend. Verantwortlich: Curt Köhler. 7. bis 9. Jhrg. 1907—1909 je 12 Nrn. (à ca. 16 S.) (32,5 ×24 cm. Köln (Gereonsdriesch 7), Geschäftsstelle des Reichsverbandes d. Vereine d. nationalliberal. Jugend.
Vergl.: Jugend, nationalliberale. à Jhrg. 3. —

Assal, Ch. und Oemler, L. (Herausgeber): „Blätter für Jurisprudenz, Polizey und Cultur in Deutschland", 1. Jahrgang (12 Hefte): Jena 1801 (Leipzig: Joachim); 2. Jahrgang, nebst 4 Supplementheften für das Jahr 1801: Tübingen 1802.

—— juristische. Hrsgbr. und Redact.: Max Burian, Lothar Johanny. 1.—5. Jahrg. 1872—1876. à Jahrg. 12 Hefte. gr. 4. (à Heft ca. 72 S.) Wien, Expedition. à Jahrg. *

Juristische Blätter. Eine Wochenschrift. Hrsg. von Max Burian u. Loth. Johanny (zuletzt:) von Rob. Schindler u. Edm. Benedict. Jg. 3-27. Wien 1874 - 98. fol.

— juristische. Hrsg. u. Red.: Max Burian, Lothar Johanny. 5. Jahrg. 1876. 12 Hfte. gr. 4. (1. Hft. 72 S.) Wien, Hölder in Comm. n. 20. —

—— dass. — 6.—8. Jahrg. 1877—1879. à Jahrg. 52 Nrn. (à 1—1½ Bog.) gr. 4. Ebendas. à Jahrg. *

—— juristische. Hrsgbr. und Redact.: Max Burian, Lothar Johanny. 9.—13. Jahrg. 1880—1884. à Jahrg. 52 Nrn. (à Nr. 2 Bog.) 4. Wien, Administration. à Jahrg. **

Blätter, juristische. Hrsg. u. Red.: Rob. Schindler u. Edm. Benedikt. 20. u. 21. Jahrg. 1891. 1892. à 52 Nrn. (Bog.) gr. 4. Wien. (Leipzig, Literar. Anstalt, A. Schulze.) à Jahrg. n. 20. —

— für Justiz und Verwaltung im Großherzogthum Baden. Herausgeg. von Mayer, Rettig, Ruef u. Trefurt in Freiburg. 1. u. 2. Jahrg. 8. Hfte. gr. 8. Freiburg 840, 41, (Emmerling, Universitätsbuchh. à n. 2⅔ ℛ — (Mehr ist nicht erschienen.)

— justizdienstl. Bureaubl. f. d. Praxis bei d. Gerichten, Rechtsanwälten u. Notariaten. Hrsg. v. Wilh. Dennler, A Wansch, Max. Kahn. Red.: A Wansch. 1. J. Juli '06—Juni '07. 24 Nrn. (Nr 1. 16) Lex 8° Münch. (Löwengrube 18), Selbstverl. d. Schriftleitg. Viertelj. 2.30 d

— justizdienstliche. Bureaublatt f. die Praxis bei den Gerichten, Rechtsanwälten u. Notariaten. Organ zur Vertretg. der Fach- u. Standesinteressen deutscher Justizbeamten. Hrsg. v. Wilh. Dennler, A. Wansch, Max. Kahn. Red.: A. Wansch. 1. Jahrg. Juli—Dezbr. 1906. 12 Nrn. (à ca. 16 S.) Lex.-8. München, Süddeutscher Zeitschriften-Verlag. n. 4. 60

— justizdienstliche. Bureaublatt f. die Praxis bei den Gerichten, Rechtsanwälten u. Notariaten. Organ zur Vertretg. der Fach- u. Standesinteressen deutscher Justizbeamten. Hrsg. v. J. Wolffing, A. Wansch, Max Kahn. Red.: A. Wansch. 2. Jhrg. Juli—Dezbr. 1907. 12 Nrn. (176 S.) Lex. 8. München (Löwengrube 18), Selbstverlag der Schriftleitung. 4. 60

Blätter, justizdienstliche. Bureaublatt f. die Praxis bei den Gerichten, Rechtsanwälten u. Notariaten. Organ zur Vertretg. der Fach- u. Standesinteressen deutscher Justizbeamten. Hrsg. v. W. Dennler, A. Wansch, M. Kahn. Red.: A. Wansch. 1. Jahrg. 2. Halbj. Jan. — Juni 1907. 12 Nrn. (Nr. 19. 16 S.) Lex.-8. Straubing, C. Attenkofer. Vierteljährlich 2. 30.

Blätter, justizdienstliche. Red.: A. Wansch. 2. Jahrg. Juli 1907—Juni 1908. 24 Nrn. (Nr. 1. 16 S.) Lex.-8. Straubing, C. Attenkofer. Vierteljährlich 2. 30. 1907.

— für Kaninchenzucht. Zeitschrift f. Züchter, Händler u. Liebhaber. Organ d. Vereins Hildesheimer Kaninchenzüchter. Hrsg. v. C. Rasch. Jahrg. 1874. 24 Nrn. (½ B.) 4. Hildesheim, Gerstenberg. n. 2. —

— dasselbe. 2. u. 3. Jahrg. 1875 u. 1876 à 24 Nrn. (½ B.) gr. 4. Ebend. à Jahrg. n. 3. —

—— für Kaninchenzucht. Zeitschrift für Züchter, Händler und Liebhaber. Organ des Vereins Hildesheimer Kaninchenzüchter, des Kaninchen-(Lapin-)Züchter-Vereins in Nürnberg, des Vereins für Kaninchenzucht in Darmstadt und des ersten oesterreich. Vereins für Kaninchenzucht in Wien. Hrsg. von C. Rasch. 3. Jahrg. 1876. 24 Nrn. (½ Bog.) gr. 4. Hildesheim, Gerstenberg'sche Buchh. *
Nicht weiter erschienen.

— für Kanzel-Beredsamkeit. Unter Mitwirkung von Anselm Ricker, F. E. Krönes, Ant. Kerschbaumer, Frdr. Baumgarten, Al. Hebenstreit. Red. v. Ant. Steiner. 1—3. Bd. à 10 Hfte. (6 B.) gr. 8. Wien 880—82. Kirsch. à Bd. n. 7. 40

— für Kanzel-Beredtsamkeit. Unter Mitwirkg. v. Anselm Ricker, F. E. Krönes, Ant. Kerschbaumer 2c. red. v. Ant. Steiner. 4—7. Bd. à 10 Hfte. (6 B.) gr. 8. Wien 883—86. Kirsch. à Bd. n. 7. 20

— für Kanzel-Beredsamkeit. Unter Mitwirkg. v. A. Ricker, F. E. Krönes, A. Kerschbaumer 2c. Red. v. A. Steiner. 8.—11. Bd. à 10 Hfte. (6 B.) gr. 8. Wien 887—890. Kirsch. à Bd. n. 7. 20

— für Kanzel-Beredsamkeit. Unter Mitwirkg. v. Anselm Ricker, F. E. Krönes, Ant. Kerschbaumer 2c. Red. v. Ant. Steiner. 12.—15. Bd. 1892—1895. à 10 Hfte. (à ca. 5 Bog.) gr. 8. Wien, H. Kirsch. à Bd. n. 7. 20

— f. Kanzel-Beredsamkeit. Unt. Mitwirkg. v. Anselm Ricker, Ant. Kerschbaumer, Al. Hebenstreit. Red. v. Ant. Steiner. 16.—18. Bd. 1896—1898. à 10 Hfte. (à ca. 5 Bog.) gr. 8. Wien, H. Kirsch. à Bd. n. 7. 20

— für Kanzel-Beredsamkeit. Unter Mitwirkg. v. Anselm Ricker, O. S. B., Ant. Kerschbaumer, Frz. Ser. Gutjahr, Jos. Schwarz. Red. v. Ant. Steiner. 19.—23. Bd. 1899—1903. à 10 Hfte. gr. 8. (à X, 800 S.) Wien. H. Kirsch. à Jahrg. n. 7. 20

— f. Kanzel-Beredsamkeit. Unter Mitwirkg. v. Ant. Kerschbaumer, Frz. Ser. Gutjahr, Jos. Schwarz.: Red. v. Ant. Steiner. 24.—26. Bd. 1904—1906. à 10 Hfte. (XII, 788; X, 810 u. XII, 788 S.) gr. 8. Wien, H. Kirsch. à Bd. n. 7. 20

— dasselbe. Unter Mitwirkg. v. Gerard Diessel, C. Ss. R., Frz. Ser. Gutjahr, Tezelin Halusa, O. Cist., sowie zahlr. anderer hochwürd. Mitarbeiter red. v. Ant. Steiner. Inhaltsverzeichnis zu Jahrg. I–XXV. (69 S.) gr. 8. Ebd. 906. n 2.—

— für Kanzel-Beredsamkeit. Red. v. Jos. Minichthaler. 27.—30. Bd. 1907—1910. à 10 Hefte. (XII, 720, 72; X, 718, 176; X, 720, 79 u. X, 728, 71 S.) gr. 8. Wien, H. Kirsch. à Jahrg. 7.20

— f. Kanzel-Beredsamkeit. Chrysologus. Hrsg. v. Berlage. Mit e. Zugabe: Abhandlgn u. Aufsätze a. d. Geb. d. Homiletik u. Katechetik. 31. u. 32. J. Okt. '10—Sept. '12 je 12 Hefte.(32.J., 1.Heft: 104) gr8° Wien, H Kirsch. je 7.20 d

— dass. Hrsg. v. Berlage u. Minichthaler. Mit 2 Zugaben: 1. Abhandlgn u. Aufsätze a. d. Gebiete d. Homiletik u. Katechetik. 2. Predigten u. Ansprachen a. bes. Anlässen, spez. f. österr. Verhältn. 33. J. Okt. '12—Sept. '13. 12 Hefte. (1. Heft: 80, 8 u. 4) gr8° Ebd. 6—

Blätter von Karl L. 1824—29. Rostock 1836. 2. Aufl. 1840. V: *Lappe, Carl.* (ADB)

Blätter aus Kärnten. Klgft., Leon, 1875—81. Folio. 7 Jgg. (Vom Juli 1877 u. d. Titel: „Blätter für die Alpenländer Österreichs".)

— aus Cassel. Jahrg. 1847. Octbr.—Decbr. 26 Nrn. gr. 4. (B.) Jahrg. 1848. 104 Nrn. gr. 4. (B.) Cassel, Hotop. 2 1/2 ℳ

Blätter, Casseler, s. Beobachter, Der, oder Casseler Blätter.

Blätter, Cassel'sche, für Geist und Herz. – Kassel : 1831 - 1835. Fortges. u. d. T.: Beobachter, Der oder Casseler Blätter.

—— katechetische. Hrsg. und redig. von Frz. Walk. 1.—5. Jahrg. 1875—1879. à Jahrg. 24 Nrn. (Bog.) 4. Dingolfing, Russy. à Jahrg. *

—— katechetische. Hrsg. und redig. von Frz. Walk. 6. Jahrg. 1880. 24 Nrn. (Bog.) 4. Dingolfing, Russy. *

—— dies. Mit dem rhein. Kirchenblatt zusammengenommen à J. *
Vgl.: Kirchenblatt, rheinisches.

—— dass. — Zeitschrift für Religionslehrer. Zugleich Korrespondenzblatt des Katecheten-Vereines unter dem Schutze des sel. Petrus Canisius. Hrsg. und redig. von Frz. Walk. 7. Jahrg. 1881. 24 Nrn. (Bog.) 4. Ebendas. *

—— dass. — 8. Jahrg. 1882. 24 Nrn. (Bog.) 4. Dingolfing. (Landshut, Krüll'sche Buchh.) *

— katechetische. Zeitschrift f. Religionslehrer. Zugleich Korrespondenzblatt d. Katecheten-Vereines unter dem Schutze d. sel. Petrus Canisius. Hrsg. u. red. v. Frz. Walk. 9. Jahrg. 1883. 26 Nrn. (B.) 4. Eichstätt. (Hornik.) n. 2.—

— dasselbe. 10—12. Jahrg. 1884—1886. à 24 Nrn. (B.) 4. Kempten, Kösel. à Jahrg. n. 2. 40

— katechetische. Zeitschrift f. Religionslehrer. Zugleich Korrespondenzblatt d. Canisius-Katechetenvereines. Red. Frz. v. Sal. Walk. 13.—15. Jahrg. 1887—1889 à 24 Nrn. (B.) 4. Kempten, Kösel. à Jahrg. n. 2. 40

— dasselbe. 16. Jahrg. 1890. 52 Nrn. (B.) 4. Ebd. n. 2. 40; in 6 Hftn. à n. —40

— katechetische. Zeitschrift f. Religionslehrer. Zugleich Korrespondenzblatt des Canisius-Katechetenvereines. Red.: Frz. v. Sal. Walk. 17.—20. Bd. Jahrg. 1891—1894. à 12 Hfte. (2 Bog.) 4. Kempten, J. Kösel. à Jahrg. n. 2. 40; à Hft. n. —20

— katechetische. Zeitschr. f. Religionslehrer. Zugl. Korrespondenzblatt d. Canisius-Katechetenvereines. Red.: Frz. Walk. 21.—24. Bd. Jahrg. 1895—1898. à 12 Hfte. (à 16 S.) 4. Kempten, J. Kösel. à Jahrg. n. 2. 40; à Hft. n. —20

— katechetische, Zeitschrift f. Religionslehrer. Zugleich Korrespondenzblatt des Canisius-Katechetenvereins. Red.: Frz. Walk. 25. Bd. Jahrg. 1899. 12 Hfte. 4. (192 S.) Kempten, J. Kösel. 2. 40

— dasselbe. Organ des Münchener KatechetenVereins. Red. v. Ant. Weber. Neue Folge. 1.—3. Jahrg. (Der ganzen Folge 26.—28. Jahrg.) 1900—1902. à 12 Hfte. 4. (632, 664 u. 336 S.) Ebd. à Jahrg. n. 3.60; einz. Hfte. à n. —30

— katechetische. Organ des Münchener Katecheten-Vereins. Hrsg. v. Ant. Weber. Neue Folge. 4.—7. Jahrg. (Der ganzen Folge 29.—32. Jahrg.) 1903—1906. à 12 Hfte. (à Jhrg. 336 S.) Lex.-8. Kempten, J. Kösel. à Jhrg. n. 3. 60

— katechetische. Organ des Münchener Katecheten-Vereins. Hrsg. v. Jos. Göttler u. Heinr. Stieglitz. Neue Folge. 8.—11. Jahrg. (Der ganzen Folge 33.—36. Jhrg.) 1907—1910. à 12 Hefte. (à Jahrg. VIII, 336 S.) Lex. 8. Kempten, J. Kösel. à Jahrg. 4.—

— Katechetische. Organ d. Münchener Katecheten-Vereins. Hrsg. v. Jos. Göttler u. Heinr. Stieglitz. N. F. 11—13. J. (Der ganzen Folge 36—38. J.) '10—12 je 12 Hefte. (7, 336, 216; 8, 340, 188; 8, 340, 172) Lex8° Kempt., J Kösel. je 4 — d

— katechetische, f. katechetische Theorie u. Praxis. Hrsg. v. Frz. Walk. 1. u. 2. Jahrg. 1875 u. 1876 à 24 Nrn. (B.) hoch 4. Dingolfing, Russy. à Jahrg. n. 2. —

— katechetische, für katechet. Theorie u. Praxis. Hrsg. v. Frz. Walk. 3—7. Jahrg. 1877—1881. à 24 Nrn. (B.) hoch 4. Dingolfing, Russy. à Jahrg. n. 2. —

— dasselbe. 8. Jahrg. 1882. 24 Nrn. (B.) 4. Dingolfing. (Landshut, Krüll.) n. 2. —

—— katholische, eine religiöse Zeitschr. aus Süddeutschland. 1. u. 2. Jahrg. 1839 u. 40. Oder d. allgem. Kirchenzeitung f. Deutschland u. d. Schweiz, 6. u. 7. Jahrg. Hrsg. v. einigen kathol. Geistlichen u. Laien. à 12 Hfte. gr. 8. Zürich, (Höhr.) à J.

Blätter: Katholische Blätter (Lu)
① Allgemeine Kirchen-Zeitung für Deutschland und die Schweiz ⑤ 15. 1. 1839—30. 6. 1839 (12 Nummern) ⑥ 8° ⑦ alle 14 Tage vorgesehen ⑧ Luzern: J. Huwyler & Comp. ⑨ vielleicht Prof. theol. J. A. Fischer ⑩ freisinnig-kirchliche Richtung ⑪ BGSZ: 1028 ⑫ Lu: Z ⑬ Ursprünglich vorgesehener Titel «Katholische Blätter für Deutschland und die Schweiz», so in der «Allgemeinen Kirchen-Zeitung für Deutschland und die Schweiz» 1838, Nr. 52.

— katholische. Eine Zeitschrift für alle Stände. In Vereinigung mit andern Geistlichen der Erzdiözese Köln redigirt mit Unterstützung von A. J. Binterim, von G. Bayerle. 1. Jahrg. 1845. 12 Hefte. gr. 4. Köln u. Düsseldorf 845, Neschütz u. Comp. 1 1/2 ℳ — 2. Jahrg. 1846. 12 Hefte. gr. 4. Redakt.: L. Schwann. Neuß, Schwann. 1 1/2 ℳ

— katholische. Eine Zeitschrift für alle Stände. Red. v. W. Prisac. 3. u. 4. Jahrg. 1847 u. 1848. à 12 Hfte. gr. 4. Cöln u. Neuß, Schwann. à 1 1/2 ℳ — Mit dem Rheinischen Kirchenblatt zusammen genommen à n. 2 ℳ

Katholische Blätter, Red. M. Enzenhofer, Herausg. Kathol. Centr. Verein, Druck Joh. Huemer's Witwe. 4. 2spaltig. Wöchentlich 2mal, 2 fl. jährlich. 1853!

Katholische Blätter. Herausgegeben vom katholischen Central-Verein in Linz. Redakteur Michael Enzenhofer. Druck von Joh. Huemer's Witwe. 1854!

Katholische Blätter. Herausgegeben vom kathol. Centralverein in Linz. Redakteur: Michael Enzenhofer. Druck von Huemer. 4. 2spaltig. Wochentlich zweimal. 2 fl. und 3 fl. 20 kr. jährlich. 1855 f

—— katholische. Hrsg. vom kathol. Central-Verein in Linz. Redig. von Mich. Enzenhofer. 9—13. Jahrg. 1857—61. à Jahrg. 104 Nrn. (½ Bog.) gr. 4. Linz, (Danner). à Jahrg.* †
1—8. Jahrg. Ebendas. 1849—56. à Jahrg. * 3 Thlr. 3¾ Ngr.'

— katholische. Hrsg. vom kathol. Central-Verein in Linz. Redig. von Mich. Enzenhofer, Springl und Edtl. 14.—19. Jahrg. 1862—67. à Jahrg. 104 Nrn. (½ Bog.) gr. 4. Linz, (Danner.) à Jahrg. *

— Katholische, J. 1873—77, Sachreg., s: Kathol., Der.

Blätter: Katholische Blätter (So)
① Organ des schweizerischen Vereins freisinniger Katholiken ④ Der Katholik ⑤ Nr. 1 (zugleich Probenummer) vom 18. 1. 1873—29. 12. 1877 (Nr. 52) ⑥ 8° ⑦ Wochenblatt ⑧ Olten: Buchdruckerei des «Volksblatt vom Jura» ⑨ Zu-Jg. 5 (1877): Katholisches Archiv Nr. 1—5 ⑩ Peter Dietschi, Professor ⑪ Peter Dietschi, Otto Haßler, Pfarrer in Olten; Mitarbeiter: Dr. Eduard Herzog, Bischof; Paulin Gschwind, Pfarrer in Starrkirch ⑫ christliche Wochenschrift mit vielen kirchenpolitischen Nachrichten ⑭ So: Z; Lu: Z.

Katholische Blätter, 4. u. 5. Jahrg. Olten 1876 u. 1877. 2 Bde. 8.

— katholische, zur Belehrung und Erbauung. Redakteur: Dr. Anzenberger. 7. Jahrg. 1841. 104 Numm. (½ Bog.) Mit Titelvign. gr. 4. Passau 841, Pustet'sche B. n. 1½ ℛ

— dies. 8. 9. Jahrg. Herausgeg. von Fr. Pösl. 1842, 1843, à 12 Hefte. Mit Titelvign. gr. 8. Passau 842, Pleuger; Pustet'sche Buchh. à n. 1 ℛ

Blätter: Katholische Blätter für Deutschland und die Schweiz
v. Katholische Blätter (Lu).

— katholische, aus Franken. Red. v. P. Dinkel u. M. Stöcher. 1—3. Jahrg. 1850—1852. à 12 Hfte. oder 52 Nrn. gr. 8. (B.) Bamberg, Züberlein. à Jahrg. n. 2 ℛ

— katholische, aus Franken. Redig. von P. Dinkel u. M. Stöcher. (4.) Jahrg. 1853. 52 Nrn. (à 1 Bgn.) Bamberg, Züberlein. gr. 8. n. 2 ℛ

— — Herausg. von einem Vereine katholischer Priester. Red.: J. Hofmann. (5.—7.) Jahrg. 1854—56. à 52 Nrn. (à 1 Bgn.) Bamberg, Züberlein. gr. 8. Jeder Jahrg. n. 2 ℛ

— katholische, für Glaube, Freiheit u. Gesittung. Hrsg. v. Katholiken-Vereine in Linz. Red.: Albert v. Pflügl. 1—3. Jahrg. 1849—1851. à 104 Nrn. gr. 4. (½ B.) Linz, Ebenhöch in Comm. à Jahrg. n. 2 ℛ

— katholische, für Literatur, s. Sion.

Blätter, Katholische Schweizer-, s. Schweizer-Blätter, Katholische.

— katholische, für Stadt und Land. Herausg. von F. M. Kampmann. 1. Jahrg. 1853. 52 Nrn. (à ½ Bgn.) Düsseldorf, Kampmann. gr. 8. n. 1 ℛ 10 ℊ

—— katholische, aus Tyrol. 1—5. Jahrg. 1843—47. à 12 Hfte. oder 52 Nrn. (Bog.) gr. 8. Innsbruck, Wagner'sche Buchh. à J. *

— katholische, aus Tirol. [5. u. 6. Jahrg.] 1847 u. 1848. à 12 Hfte. oder 52 Nrn. gr. 8. (B.) Mit Beilagen. Innsbruck, Wagner. à Jahrg. n. 2½ ℛ — [7—10. Jahrg.] 1849—1852. 8. Jahrg. Red.: B. Kometer. 9. u. 10. Jahrg. Red.: M. Huber. à 24 Hfte. od. 204 Nrn. gr. 4. (B.) Mit Beilagen. Ebd. 1849—1851 à n. 3 ℛ 26 ℊ 1852 n. 3 ℛ

—— katholische, aus Tirol. (6—10. Jahr.) 1848—52. à 12 Hefte oder 52 Nrn. (1—2 Bog.) Mit Beilagen. gr. 8. Innsbruck, Wagner'sche Buchh. [6. Jahrg. * 2 Thlr. 15 Ngr., 7—9. à * 3 Thlr. 26 Ngr., 10. * 3 Thlr.] *
Der 8. Jahrg. wurde von B. Kometer, der 9. und 10. Jahrg. von M. Huber redigirt. — 1—5. Jahrg. 1843—47. Ebendas. à Jahrg. * 2 Thlr. 15 Ngr.

— katholische, aus Tirol. Red.: M. Huber. 11—14. Jahrg. 1853—56. à 12 Hefte od. 52 Nrn. (à 1—2 Bgn.) Mit Beilagen. Innsbruck, Wagner. gr. 8. Jeder Jahrg. n. 3 ℛ

— — Red.: Dom. Linser. 15. Jahrg. 857. 12 Hefte oder 52 Nrn. (à 1—2 Bgn.) Mit Beilagen. Ebend. gr. 8. n. 3 ℛ

— katholische, aus Tirol. Red.: Domin. Linser. 16—19. Jahrg. 1858—61. à 12 Hefte od. 52 Nrn. (à 1½ B.) Innsbruck, Wagner. gr. 8. Jeder Jahrg. n. 3 ℛ

—— katholische, aus Tirol. Redact.: Domin. Linser. 20. und 21. Jahrg. 1862 und 1863. à Jahrg. 36 Nrn. (à 1½ Bog.) gr. 8. Innsbruck, Wagner'sche Universitäts-Buchh. à Jahrg. *

— — Red.: Ludw. Rapp. 22. Jahrg. 1864. 36 Nrn. (à 1½ Bgn.) Ebend. gr. 8. n. 2 ℛ

— katholische, aus Tirol. Red.: Ludw. Rapp. 23—28. Jahrg. 1865—1870. à 36 Nrn. (à 1½ Bgn.). Innsbruck, Wagner. gr. 8. Jeder Jahrg. n. 2 ℛ

— für junge Kaufleute. Hrsg.: Wilh. Schack. Schriftleitung: Walth. Graef. 1. Jahrg. Septbr.—Dezbr. 1904 4 Hfte. (64 S.) 8. Hamburg, Deutschnationaler Handlungsgehilfen-Verband. n. 1. 10

Blätter für junge Kaufleute. Hrsg.: Wilh. Schack. Schriftleitung: Rich. Döring. 2. u. 3. Jahrg. 1905 u. 1906. à 12 Hfte. (à 16 S.) 8. Hamburg, Deutschnationaler Handlungsgehilfen-Verband. à Jhrg. n. 3. —

— für junge Kaufleute. Hrsg.: Wilh. Schack. Schriftleitung: Max Warming. 4.—7. Jahrg. 1907—1910. à 12 Hefte. (IV, 200; IV, 196; IV, 192 u. IV, 192 S.) 8. Hamburg, Buchh. des deutschnationalen Handlungsgehilfen-Verbandes. à Jahrg. 3. —

— f. junge Kaufleute. Schriftleitg: Max Warming, seit '11: Frdr. Frahm. 7—9. Bd. J. '10—12 je 12 Hefte. ('12, 1. Heft: 16) 8° Hambg, Buchh. d. deutschnationalen Handlgsgehilfen-Verb. je 4 —; einz. Hefte — 35 d

—— kaufmännische. Fachschrift für Kaufleute, insbesondere für die Interessen der Handlungsgehülfen. Hrsgbr.: Geo. Hiller. 1. Jahrg. 1881. 24 Nrn. (Bog.) Fol. [Leipzig, Liebernickel.] Gloeckner. *

— dasselbe. 2. Jahrg. 1882. 1. u. 2. Quartal. 12 Nrn. Fol. Ebend. n. 2. —

— dasselbe. 2. Jahrg. 1882. 3. u. 4. Quartal. 26 Nrn. (B.) Fol. Ebend. n. 4. —

— kaufmännische. Fach- u. Zeitschrift f. Kaufleute, Hauptorgan sämtl. kaufmänn. Vereine Deutschlands, d. Verbands deutscher Handlungsgehülfen u. d. Verbands reisender Kaufleute Deutschlands. 3—6. Jahrg. 1883—1886. à 52 Nrn. (à 1—2 B.) Fol. Leipzig, Gloeckner. à Jahrg. n. 4. —

— kaufmännische. Fachschrift f. den gesamten Kaufmannsstand. Hauptorgan sämtl. kaufmänn. Vereine Deutschlands. Red.: A. Schmidt. 7.—10. Jahrg 1887—1890. à 52 Nrn. (à ca. 2 B.) Fol. Leipzig Glöckner. à Jahrg. n. 8. —

— kaufmännische. Fachschrift f. den gesamten Kaufmannsstand. Red.: Aug. Schmidt. 11. u. 12. Jahrg. 1891. 1892. à 52 Nrn. (à ca. 2 Bog.) Fol. Leipzig, G. A. Gloeckner. à Jahrg. n. 8. —

— dasselbe. Schriftleitung: W. Mertens. 13. Jahrg. 1893. 52 Nrn. (à ca. 2 Bog.) Fol. Ebd. n. 8. —
Fortsetzung, s.: Wochenschrift, deutsche kaufmännische.

— Kaufmännische, z. Belehrg u. Unterhaltg. Verantwortl.: Geo. Wendisch, seit '12: Johs Buschmann. 3—5. J. '10—12 je 12 Nrn. ('12, Nr 1: 16 m. Abb.) Lex8° Lpzg, Verband deut. Handlgsgehülfen. halbj. 1 — d

— Keilhauer. Red.: Vikt. Nagel. 1. Jahrg. Juni—Dezbr. 1905. 6 Nrn. (80 S m. 1 Taf.) gr. 8. Leipzig (Inselstr. 12), Thalacker & Schöffer. n. 2. —

— dasselbe. Schriftleiter: B. Thalacker. 2. Jahrg. 1906. 12 Nrn. (116 S. m. Abbildgn.) gr. 8. Ebd. n. 2. —

— Keilhauer. Schriftleiter: Geo. Zeising. 3.—6. Jhrg. 1907—1910. à 12 Nrn. (114, 104, 80 u. 100 S.) gr. 8. Leipzig (Inselstr. 12), Thalacker & Schöffer. 1907 u. 08 à 2.—; 1909 u. 10 à 2.50

— Keilhauer. Schriftleiter: Geo. Zeising. 6—8. J. '10—12 je 12 Nrn. ('12, Nr 1: 10) gr8° Lpzg (Inselstr. 12), Thalacker & Schöffer. je 2.50

— Kieler, eine Zeitschrift z. Erhaltung, Erweiterung und Stärkung des vaterländischen Sinnes, herausg. v. Dahlmann, Falk, Twesten u. Welcker. 1r Bd. in 3 Heften. gr. 8. Kiel, Academ. Buchh. 815.

— Kieler, e. Zeitschrift zur Erhaltung, Erweiterung u. Stärkung d. vaterländ. Sinnes, herausg. v. Dahlmann, Falk, Twesten, Welcker u. A. 1r—5r Bd. gr. 8. Kiel 815—17. 12 ₰ 8 gr. Dies. f. 1819, 4 Hefte. gr. 8. Hamb., Perthes u. B. 5 ₰

— Kieler, eine Zeitschrift, zur Erhaltung, Erweiterung des vaterländischen Sinnes. Herausg. v. Berger, Cramer, Dahlmann, Falk, Hegewisch, Heinrich, u. s. w. 2r—3r Bd. gr. 8 Kiel, Akademische Buchh. 816—18. (2r u. 3r Bd. 4 Rthl. 21 Gr. 4r u. 5r Bd. mit 1 Karte, 6 Rthl. 18 Gr.)

Kieler Blätter hrgg. von einer Gesellschaft Kieler Professoren. (Red. v. Friedrich Christoph Dahlmann u. a.) 8°.
Bd. 1—5. Kiel. 1815—18.
(Bd. 6—7) für 1819. Bd. 1—2. ebd. 1819.

— dass. Forts. s. Beyträge, Kieler

— f. d. ev. Kindergottesdienst. Hrsg. v. E Barck. 1. u. 2. J. Apr. '07—März '09 je 12 Nrn. (Je 48) 8° Hdlbg, Ev. Verl. — 75 d ÖF

—— für bayerische Kirchengeschichte. Redact.: Volkmar Wirth. 1. Jahrg. Oktbr. 1887—Septbr. 1888. 12 Nrn. (Bog.) gr. 8. Rothenburg o. T., Peter. *

—— für bayerische Kirchengeschichte. Redact.: Volkmar Wirth. 2. u. 3. Jahrg. Oktbr. 1888—Septbr. 1890. à Jahrg. 12 Nrn. (Bog.) gr. 8. Rothenburg o. T., Peter. à Jahrg. * 3 —
Nicht weiter erschienen.

— für württembergische Kirchengeschichte. Beilage zum Evangel. Kirchen- u. Schulblatt f. Württemberg. Red.: D. Herrmann. 1. Jahrg. 1886. 12 Nrn. (B.) gr. 4. Stuttgart. Greiner & Pfeiffer. n. 2. —

— f. württembergische Kirchengeschichte. Beilage zum Evangel. Kirchen- u. Schulblatt f. Württemberg. Red. D. Herrmann. 2.—5. Jahrg. 1887—1890. à 12 Nrn (B.) gr. 4. Stuttgart, Greiner & Pfeiffer. à Jahrg. n. 2.—

— f. württemberg. Kirchengeschichte. Beilage z. Ev. Kirchenblatt f. Württemberg. Red.: W Stahlecker. 6—10. Jahrg. 1891—1895 à 12 Nrn. 4° (Nr. 1. 8) Stuttg., Greiner & Pf. à Jahrg. 2 —

— dasselbe. N. F. Hrsg. v. Frdr. Keidel. Jahrg. 1897. 4 Hfte. (à 8 Bog.) gr. 8. Stuttgart, M. Holland n. 3. —
Jahrg. 1896 ist nicht erschienen.

— dasselbe. N. F. 2. Jahrg. 1898. 4 Hfte. (à ca. 8 Bog.) 8. Ebd. n. 3. —

— für württembergische Kirchengeschichte. Neue Folge. Hrsg. v. Frdr. Keidel. 3. u. 4. Jahrg. 1899 u. 1900. à 4 Hfte. gr. 8. (IV, 192 u. III, 192 S.) Stuttgart, Holland & Josenhans. à Jahrg. n. 3. —

— dasselbe. 5. u. 6. Jahrg. 1901 u. 1902. à 4 Hfte. gr. 8. (à ca. 48 S.) Stuttgart (Christophstr. 26.) Chr. Scheufele. à Jahrg. n. 3. —

— für württembergische Kirchengeschichte. Neue Folge. Hrsg. v. Frdr. Keidel. 7.—10. Jahrg. 1903—1906. à 4 Hfte. (III, 196; III, 192; III, 192 u. III, 192 S.) gr. 8. Stuttgart (Christophstr. 26), Chr. Scheufele. à Jhrg. n. 3. —

— für württembergische Kirchengeschichte. Neue Folge. Hrsg. v. Frdr. Keidel. 11.—14. Jahrg. 1907—1910. à 4 Hefte. (à Jahrg. IV, 192 S.) 8. Stuttgart (Christophstr. 26), Chr. Scheufele. à Jahrg. 3. —

— f. württemb. Kirchengeschichte. N. F. Hrsg. v. Frdr. Keidel. 14—16. J. '10—12 je 4 Hefte. (Je 4, 192) 8° Stuttg. (Christophstr. 26), Chr. Scheufele. je 3 — d

— für Kirchenmusik. Red.: Theob. Kretschmann. Jahrg. 1892. 12 Nrn. (½ Bog.) gr. 4. Wien, Helios. n. 4. —; m. musikal. Rundschau n. 10. —

—— für Kirchenmusik und Männergesang, redig. von Karl Höfler. 1. und 2. Jahrg. 1869 und 1870. à Jahrg. 12 Nrn. (Bog.) gr. 8. Wien, Pichler's Witwe und Sohn. à Jahrg.

Blätter, Kirchhoff's technische. Wochenschrift. Jg. 1—12. 1901—1912, Nr 3. Berlin

— kirchliche, in zwanglosen Hftn. Hrsg. v. F. Köhle u. F. Süskind. 1. Jahrg. 1847. 1. Hft. 8. (82 S.) Stuttgart, Becher. 12 ngr

—— kirchliche. Hrsgbr.: Fr. Wilh. Jul. Schröder. (1.) Jahrg. 1851. 24 Nrn. (Bog.) gr. 8. Elberfeld, Bädeker. *

—— kirchl. Hrsg.: FWJ Schröder. (1.) Jahrg. 24 Nrn. (B.) 8. Iserl. 51, Bädeker. n. — 24

—— kirchliche. Redact.: Edgar Bauer. 1.—3. Jahrg. 1870—1872. à Jahrg. 52 Nrn. (à ½—¾ Bog.) gr. 4. Altona [Hannover], Bauer. à Jahrg. *

— kirchliche. Red.: Edgar Bauer. 1. Jahrg. 1870. 52 Nrn. (à ½—¾ Bgn.). Altona, (Mentzel.) 4. n. 2 ₰ 12 ngr

— kirchliche, aus d. ev. Landeskirche A. B. i. d. siebenb. Landesteilen Ungarns. Evangelische Wochenschrift f. d. Glaubensgenossen all. Stände. Red.: Jos. Josephi. 1. u. 2. Jahrg. Mai 1897—April 1899. à 52 Nrn. (à ca. 12 S.) gr. 4. Hermannstadt (W. Krafft). à Jahrg. n.n.n. 6. —
Kann auch halbjährlich bezogen werden.

— kirchliche, aus der ev. Landeskirche A. B. in den siebenb. Landesteilen Ungarns. Evang. Wochenschrift f. die Glaubensgenossen aller Stände. Red.: Hans Wagner. 3.—5. Jahrg. Mai 1899—April 1902. à 52 Nrn. gr. 4. (à ca. 8 S.) Hermannstadt (W. Krafft). à Jahrg. n.n.n. 6. —
Nicht mehr durch den Buchhandel zu beziehen.

(F) Kirchliche Blätter aus der ev. Landeskirche A.C. in den siebenb. Landesteilen Ungarns. 6. Jahrg. 1902. Lex.-8°. erscheint in 52 Nrn. compl. K 6.– Hermannstadt: Krafft. 1902

Blätter, Kirchlich-soziale. Red.: Mumm. 4. u. 5. Jahrg. 1901 u. 1902. a 12 Nrn. gr. 4° (a ca. 8 S.) Berlin (Buchh. der Berliner Stadtmission). a Jahrg. n. 2.–; einz. Nrn. n –20.
Früher u. d. T.: Blätter aus der Arbeit der freien kirchlich-sozialen Konferenz.

— kirchlich-soziale. Schriftleitung: Reinh. Mumm. 6.—9. Jahrg. 1903—1906. à 12 Nrn. (à 8 S.) 4. Berlin (Vaterländ. Verlags- u. Kunstanstalt). à Jhrg. n. 2. —

— kirchlich-soziale. Schriftleitung: Reinh. Mumm. 10.—13. Jahrg. 1907—1910. à 12 Nrn. (à ca. 8 S.) 33,5×25 cm. Berlin, Buchh. der sozialen Geschäftsstelle f. das ev. Deutschland. à Jahrg. 2. —

— Kirchlich-soziale. Schriftleitg: Reinh. Mumm. 13—15. J. '10—12 je 12 Nrn. ('12, Nr 1: 12) 33,5×25 cm. Berl., Buchh. d. soz. Geschäftsstelle f. d. ev. Deutschld. halbj. 1 —; einz. Nrn — 20 d

Blätter, Kissinger. 1895 - 1903. Vorh.u.d.T.: Tagesfragen.
Fortges.u.d.T.: Tagesfragen (Kissinger Blätter).
s.a. A u f s ä t z e üb. musikalische Tagesfragen.

— f. Kleingartenbau. Hrsg. v. Verein z. Förderg d. Kleingartenbaues. Schriftleitg: B Cronberger. 5—7. J. '10—12 je 12 Nrn. ('12, Nr 1: 16 m. Abb.) 8° Frankf.M., Verl. d. Blätter f. Kleingartenbau. je 1.50 d

Blätter für Knaben-Handarbeit. 1887-1900. Bremen, Leipzig 1887-1900

— für Knaben-Handarbeit. Organ des Deutschen Vereins f. Knaben-Handarbeit u. des sächs. Landesverbandes zur Förderg. des Handfertigkeits-Unterrichts. Hrsg. v. W. Götze. 8. Jahrg. 1894. 12 Nrn. (à ca. 1½ Bog. m. Fig.) gr. 8. Leipzig, Schenkendorfstr. 61, Dr. W. Götze. n.n. 3. —

— f. Knaben-Handarbeit. Organ d. Deutschen Vereins f. Knaben-Handarbeit u d. sächs. Landesverbandes z. Förderg. d. Handfertigkeits-Unterrichts. Hrsg. v. W. Götze. 9.—11. Jahrg. 1895—1897. à 12 Nrn. (à ca. 20 S. m Fig.) gr. 8. Leipzig (An d. Pleiße 2e), Dr. W. Götze. à Jahrg. n n. 3. —

— dasselbe. 12. Jahrg. 1898. 12 Nrn. (à ca 20 S. m. Fig.) gr. 8. Leipzig, Frankenstein & Wagner. n.n. 3. —

— für Knaben-Handarbeit. Organ des Deutschen Vereins f. Knaben-Handarbeit u. des sächs. Landesverbandes zur Förderg. des Handfertigkeits-Unterrichts rc. Hrsg. v. Pabst. 13.—15. Jahrg. 1899—1901. à 12 Nrn. gr. 8. (288, 308 u. 288 S. m. Abbildgn.) Leipzig, Frankenstein & Wagner. à Jahrg. n. 3. —
Der 13. Jahrg. ist v. E. v. Schenkendorff redigiert.

— dasselbe. Zeitschrift des deutschen Vereins f. Knaben-Handarbeit, des sächs. Landesverbandes zur Förderg. des Handfertigkeits-Unterrichts usw. Hrsg. v. Pabst. 16. Jahrg. 1902. 12 Nrn. gr. 8. (288 S. m. Abbildgn.) Ebd. n. 3. —

— für Knaben-Handarbeit. Zeitschrift des deutschen Vereins f. Knaben-Handarbeit, des sächs. Landesverbandes zur Förderg. des Handfertigkeits-Unterrichts usw. Hrsg. v. A. Pabst. 17.—20. Jahrg. 1903—1906. à 12 Nrn. (288, 288, 284 u. 240 S. m. Abbildgn.) gr. 8. Leipzig, Frankenstein & Wagner. à Jhrg. n. 3. —

Blätter f. Knaben-Handarbeit. Zeitschr. d. dtschn. Vereines f. Knaben-Handarbeit, des sächs. Landesverbandes zur Förderg. d. Handfertigkeits-Unterrichts usw. Schriftleitung: A. Pabst. 21.—24. Jahrg. 1907—1910. à 12 Nrn. (à ca. 24 S. m. Abb.) gr. 8. Leipzig, Frankenstein & Wagner. à Jahrg. 3. —

— f. Knaben-Handarbeit u. Werkunterr. Schriftleitg: A Pabst. 24. u. 25. J. '10 u. '11 je 12 Nrn. ('11, Nr 1: 24 m. Abb.) gr8° Lpzg, Frankenstein & W. 3 —
Fortsetzg s: Arbeitsschule, Die.

Blätter, Kölnische. – Köln: 1860 - 1869.
Vorh. u. d. T.: V o l k s h a l l e, Deutsche.
Fortges. u. d. T.: V o l k s z e i t u n g, Kölnische.

— einige, zur Kolonialfrage. gr. 8. (41 S.) Berlin 884. Dümmler's Verl. — 75

— f. innere Kolonisation. Offiz. Organ d. Gesellsch. f. innere Kolonisation u. d. Gesellsch. f. Kolonisation im Inlande, Frhr. v. Henneberg u. Genossen. Red.: H Dreger. 1. Jahrg. 1887/88. 24 Nrn. (1¼ B.) 4. Berl., Gesellsch. f. Kolonisation im Inlande, W., Linkstr. 17. n. 6. —
Erscheint nicht mehr.

— kommunalpolitische. Archiv f. die Angelegenheiten der Selbstverwaltungskörper in Stadt u. Land. Hrsg. v. e. Ausschuß rhein. Stadtverordneten. Red.: O. Thissen. 1. Jahrg. 1910. 12 Nrn. (à ca. 32 Sp.) Lex. 8. Köln, J. B. Bachem. 6. —

Blätter, Kommunalpolitische. Hrsg. v. e. Ausschuss rhein. Stadtverordneten. Red.: Otto Thissen. 1—3. J. '10—12 je 12 Nrn. (Je 384 Sp.) Lex8° Köln, JP Bachem. viertelj. 1.50

— Königsberger humoristische u. satirische, nebst e. Beilage: Königsberger Spaziergänge, hrsg. von Henr. Starke u. Herm. Sallmayer. 1. Hft. gr. 8. (18 S.) Königsberg 872. Braun & Weber. n. — 25

Blätter, Konstitutionelle, aus dem Allgäu. – Kempten: 1848-1853.
Fortges. u. d. T.: Z e i t u n g, Allgäuer.

— konstitutionelle, aus Schwarzburg. Jahrg. 1849. Januar bis März. 26 Nrn. 4. (½ B.) Rudolstadt, Renovanz. n. 17 Ngr. Die Fortsetzung unter dem Titel: Konstitutionelle Blätter für Stadt u. Land. Jahrg. 1849. April bis Decbr. 78 Nrn. gr. 4. (½ B.) — 2. Jahrg. 1850. 104 Nrn. gr. 4. (½ B.) Ebd. Vierteljährlich n. ⅓ Thlr

— konstitutionelle, für Stadt und Land. 1. und 2. Jahrg. 1849. April—December. 78 Nrn. und 1850. 104 Nrn. (à ½ Bog.) gr. 4. Rudolstadt, Renovanz. (Vierteljährlich * 10 Ngr.)

Blätter der Korruption aus unserer Zeit. (Anonymes Pamphlet.) 8°. 16 S. Ohne Angabe des Druckers und Verlegers. (Erschien in drei verschiedenen Ausgaben.)
Fuchs no. 59: „Diese Broschüre enthält einen angeblich authentischen Briefwechsel zwischen dem Bamberger kgl. Apellationsgerichtsdirektor von Kiliani, Lolas Kammerjungfer Babette Strebel aus Bayreuth, Lola Montez und Rittmeister von Hugenport, Schwiegersohn des Kiliani. Kiliani soll beabsichtigt haben, die Kammerjungfer der Lola Montez zu heiraten, um eine Präsidentenstelle zu erlangen."

— für Kostümkunde. Historische u. Volks-Trachten. Nach authent. Quellen in Stahl gestochen v. verschiedenen Künstlern. 1. u. 2. Hft. Fol. (à 12 color. Stahlst. u. 2 S. Text.) Berlin 874. 75. Lipperheide. à 4. 50
Fortsetzung, s.: Doepler, C. E., Blätter f. Kostümkunde.

— f. Kostümkunde. Histor. u. Volks-Trachten. Hrsg. v. CE Doepler u. A v. Heyden. 2—10. Hft. 4. (108 col. Bl. m. Text.) Berl. 75—80, Lipperheide. || 1. Hft. 2. Afl. (12 Bl.) 77. à 4. 50

Blätter für Kostümkunde. Historische und Volks-Trachten. Neue Folge ... Unter Mitwirkung von Otto Brausewetter, Ludwig Burger, C. E. Doepler, Alois Greil, Friedrich Hiddemann, Vinc. St.-Lerche, Jean Lulvès, Franz Meyerheim, B. Nordenberg, Bernhard Plockhorst, Rudolph Schick, Norbert Schroedl, Franz Skarbina, Paul Thumann, Joseph Watter, Carl Werner, Constantin von Wietersheim u. a. herausgegeben von A. von Heyden. Berlin. Franz Lipperheide 1876—1891.
4 Bde. 4°.
1. 1876—1878: XL + 34 + 43 + 43 + 44 + 47 + 39 S. m. 71 Holzschn.; 72 Taf.
2. 1881: X + 208 S. m. 28 Holzschn.; 72 Taf.
3. 1887: X + 185 S. m. Holzschn.; 72 Taf.
4. 1891: XXIII + 86 S. (S. 55—56 übersprungen); 38 Taf.
Die Taf. in kol. Holzschn., die ersten 24 in kol. Stahlstich.
Bd. 4 verloren.

— für Kostümkunde. Historische und Volkstrachten. Nach authent. Quellen in Stahl gestochen von verschiedenen Künstlern. 1. Heft. 2. Aufl. 1876; 2. Heft. 1. und 2. Aufl. Fol. (24 Bl. in Stahlst. und color. und 4 S. Text.) Berlin 875,78, Lipperheide. à Heft

— dass. — Neue Folge, 1. Heft [1.—12. Bl. (in Stahlst. und color.)] Nach Aquarellen und mit einem beschreibenden Texte von Carl Emil Doepler. 1. und 2. Aufl. hoch 4. (84 S.) Ebendas. 876,79.

— dass. — Neue Folge, 2. Heft [13.—24. Bl. (in Stahlst. und color.)] Nach Aquarellen von C. E. Doepler, Jean Lulvès und Franz Meyerheim. Mit beschreibendem Texte. hoch 4. (48 S.) Ebendas. 876.

—— dass. — Neue Folge. 3.—8. Heft. [25.—96. Bl. in Holzschn. und color.] Unter Mitwirkung von G. Benczúr, Otto Brausewetter, C. Breitbach, Ad. Burger, L. Burger, J. Ehrentraut, W. Gentz etc. hrsg. von A. v. Heyden. hoch 4. (43; 43; 47; 39 S.; XL, S. 1—28; S. 29—68.) Ebendas. 877—79. à Heft *

—— für Kostümkunde. Historische Volkstrachten. Unter Mitwirkung von Otto Brausewetter, C. Breitbach, Adf. Burger etc. hrsg. von A. v. Heyden. Neue Folge. 9.—14. Heft. [97.—168. Bl. (Holzschn. und color.)] hoch 4. (1. Bd. S. 64—186; 2. Bd. X, S. 187—206, 1—66.) Berlin 880—84, Lipperheide. à Heft ℳ 4.50.

—— f. Kostümkunde. Histor. u. Volks-Trachten. Hrsg. v. A v. Heyden. Neue Folge. 15—18. Hft. [169—216. Blatt] in col. Holzschn.). 4. (3. Bd. 67—158) Berl. 86—88. Lipperheide. à 4. 50

— für Kostümkunde. Historische u. Volkstrachten. Unter Mitwirkg. v. K. Ahrendts, Otto Brausewetter, C. Breitbach etc. hrsg. v. A. v. Heyden. Neue Folge. 19.—21. (Schluss-)Hft. (217.—252. Blatt in kolor. Holzschn.) hoch 4. (4. Bd. XXIII, 86 S.) Berlin 888—890. F. Lipperheide. à 4. 50

— Krähwinkler, oder bildl. Darstellung verschied. doppelsinniger deutscher Redensarten u. Sprüchwörter. 1s Heft, 8 Bl. qu. 8. Nürnb. 822. (Eichhorn). 12 gr ill. 16 gr

Blätter aus Krain. Beilage zur Laibacher Zeitung. 1ter Jahrg. Redakteur: F. Bamberg. Druck und Verlag von Ignaz v. Kleinmayr und F. Bamberg in Laibach. Erscheint in 4. 2spaltig. 1857 ?

Blätter aus Krain. Beilage zur Laibacher Zeitung. II. Jahrg. Verantw. Red. *F. Bamberg*. Druck und Verl. von *Ignaz v. Kleinmayr* & *F. Bamberg* in *Laibach*.
Erscheint in **Laibach**, jeden Samstag, ½ Bogen in 4°. 2-spalt.

Blätter für den häuslichen Kreis
v. Schweizer Frauen-Zeitung.

Blätter für den häuslichen Kreis. (Große Ausg. des Buchs für Alle. Jahrg. 1868. 18 Hefte. gr. 4. (1. Heft 48 S. mit eingedr. Holzschn.) Stuttgart 867,68, Schönlein. à Heft

—— für den häuslichen Kreis. [Große Ausg. des Buchs für Alle.] Jahrg. 1869. 18 Hefte. gr. 4. (à Heft 40 S. mit eingedr. Holzschn.) Stuttgart, Schönlein. à Heft 50 Pf.

—— dass. — Zur Unterhaltung und Belehrung. Jahrg. 1870. 18 Hefte. gr. 4. (à Heft 48 S. mit eingedr. Holzschn.) Ebendas. à Heft 50 Pf.

—— dass. — Zur Unterhaltung und Belehrung Jahrg. 1871. 17 Hefte. Fol. (à Heft ca. 48—60 S. mit eingedr. Holzschn.) Ebendas. à Heft 50 Pf.

—— dass. — Illustrirte Zeitung zur Unterhaltung und Belehrung für Jedermann. Jahrg. 1872. 18 Hefte. Fol. (à Heft ca. 48 S. mit eingedr. Holzschn.) Ebendas. à Heft 50 Pf.

Blätter für Kriegsverwaltung. Eine Zeit- und Streitschrift. Hsggb. im Auftrage eines Vereins schweizer. Offiziere von E. Hegg, Stabshptm. 1. Jahrg. 1873. (12 Nrn.) gr. 8. Bern, J. Allemann. 4. 20

Blätter für Kriegsverwaltung. Eine Zeit- uud Streitschrift. Hsggb. im Auftrage eines Vereins schweizer. Offiziere von E. Hegg, Stabshptm. 2. Jahrg. 1874. (12 Nrn.) gr. 8. Bern, J. Allemann. 4. 20

— für Kriegsverwaltung. Eine Zeit- u. Streitschrift. Hrsg. im Auftrage e. Vereins schweizer. Offiziere v. Hauptmann E. Hepp. 1. Jahrg. 1873. 12 Nrn. (1—2 B.) 4. Bern, Huber & Co. n. 4. 80

— dasselbe. 2. Jahrg. 1874. 12 Nrn. (1—2 B.) 4. Ebend. n.n. 5. —

— dasselbe. 3. u. 4. Jahrg. 1875 u. 1876 à 12 Nrn. (à 2—2½ B.) gr. 8. Ebend. à Jahrg. n. 6. 75

— für Kriegsverwaltung. Eine Zeit- u. Streitschrift. Hrsg. im Auftrage eines Vereins schweizer. Offiziere v. E. Hegg. 5. Jahrg. 1877. 12 Nrn. (à 2—2½ B.) gr. 8. Bern, (Huber & Co.). n. 6. 75

— dasselbe. 6—10. Jahrg. 1878—1882. à 12 Nrn. (à 2—2½ B.) gr. 8. Ebend. à Jahrg. n. 5. 35

Blätter für Kriegsverwaltung. 1878. Bern. (Basel, Georg.) Per Jahr für die Schweiz 5 —
1878 für das Ausland 6 50

Blätter für Kriegsverwaltung. 1879. Bern. (Basel, Georg.) Per Jahr für die Schweiz 5 —
1879 f. d. Ausland 6 50

— für Kriegsverwaltung. Organ d. schweizer. Verwaltungsoffiziers-Vereins. Red.: E. Hegg, E. Tritten, Fr. Liechti. 11—14. Jahrg. 1883—1886. à 12 Nrn. (1½ B.) gr. 8. Bern, (Huber & Co.). à Jahrg. n. 5. 35

— für Kriegsverwaltung. Organ d. schweizer Verwaltungsoffiziers-Vereins. Red.: Fr. Liechti 15.—18. Jahrg. 1887—1890. à 12 Nrn. (1½ B.) gr. 8 Bern, (Huber & Co.). à Jahrg. n. 5. 35

— für Kriegsverwaltung. Organ d. schweizer. Verwaltungsoffiziers-Vereins. Red.: Fr. Liechti. 19.—22. Jahrg. 1891—1894 à 12 Nrn. (1½ Bog.) gr. 8. (24 S.) Bern, (H. Körber) à Jahrg. n. 5. 35

— f. Kriegsverwaltung. Organ d. schweizer. Verwaltungsoffiziers-Vereins. Red.: Fr. Liechti. 23. u. 24. Jahrg. 1895—1896. à 12 Nrn. (à ca. 24 S.) gr. 8. Bern (H. Körber). à Jahrg. n. 5. 35

— dasselbe. Red.: Fr. Liechti (unt. Mitwirkg. e. Red.-Kommission). 25. u. 26. Jahrg. 1897—1898. à 12 Nrn. (à ca. 24 S.) gr. 8. Ebd. à Jahrg. n. 5. 40

— für Kriegsverwaltung. Organ des schweizer. Verwaltungsoffiziers-Vereins. Red.: Liechti. 27.—30. Jahrg. 1899—1902. à 12 Nrn. gr. 8. (à ca. 24 S.) Bern (H. Körber). à Jahrg. n. 5. 40

— für Kriegsverwaltung. Organ des schweizer. Verwaltungsoffiziers-Vereins. Red.: Liechti. 31.—34. Jahrg. 1903 - 1906. à 12 Nrn. (288, 288, 292 u. 288 S.) gr. 8. Bern (H. Körber). à Jhrg. n. 5. 40

Blätter f. Kriegsverwaltg. Organ d. schweiz. Verwaltgsoffiziers-Ver. Red.: Liechti, seit '07: E Oesch. 34—37. J. '06—9 je 12 Nrn. (Nr 1. 24) gr 8° Zür., Fachschriften-Verl. Je 5.40

— f. Kriegsverwaltung. Organ d. schweiz. Verwaltgsoffiziers-Vereins. Red.: E Oesch. 38—40. J. '10—12 je 12 Nrn. ('12, Nr 1 u. 2: 48) 8° Zür., Fachschriftenverl. je 4.80; halbj. 2.80

Blätter für Kriegswesen und Kriegswissenschaft. Redakt.: Fr. Scholl. 1. Jahrg. Juni — Decbr. 1856. 18 Nrn. (Bog.) gr. 8. Darmstadt, Diehl.

—— für Kriegswesen und Kriegswissenschaft. Redig. von Fr. Scholl. 2. und 3. Jahrg. 1857 und 58. à Jahrg. 24 Nrn. (Bog.) gr. 8. Darmstadt, Diehl. à Jahrg.
1. Jahrg. 1856. Juli — December. Ebendas. * 1 Thlr. 15 Ngr.

Blaetter für Kriegswesen und Kriegswissenschaft. Hrsg. von F. L. Scholl. Jhrg. 1—3, 1856 bis 1858. Dresden 1857—1858.

—— für Kriegswesen, Kriegswissenschaft und Kriegsgeschichte. Neue Militär-Zeitung. Hrsg. von einer Gesellschaft deutscher Offiziere. Redig. von Fr. Scholl. 4. Jahrg. 1859. 52 Nrn. (à 1—1½ Bog. mit eingedr. Holzschn.) gr. 4. Darmstadt, Diehl.
Sind nicht fortgesetzt worden.

— für politische Kritik im Verein mit mehreren deutschen u. schweizer. Staatsmännern hrsg. v. Bluntschli. 1. Bd. 6 Hfte. gr. 8. München 848, Kaiser in Comm. n. 1 ℛ Einzelne Hfte. à n. 1/6 ℛ

— krit. Eine Samml. v. Beurtheilungen d. wichtigsten philosoph. Schriften jetziger Zeit. gr. 8. Berl. 811. (Sander). 1 ℛ

— kritische. Eine Sammlung von Beurtheilung d. wichtigsten philosoph. Schriften jetziger Zeit. gr. 8. Berl. R. Societätsbuchh. 811.

Blätter (Kritische). Hrsg. von German Mäurer und Ferdinand Braun. (A. u. d. T.: Pariser Horen.) gr. 8°. Leipzig, E. O. Weller, 1848.

—— kritische. (Pariser Horen.) Hrsg. von German Mäurer und Ferd. Braun. gr. 8. (320 S.) Leipzig 849, Weller. *

— kritische. Red.: Fr. Wilh. Levysohn. 1. Jahrg. 1861. Octbr.—Decbr. 3 Nrn. (à 1—2 Bgn.) Grünberg, Levysohn. gr. 4. n. 5 ngr.

— — 2—4. Jahrg. 1862—64. à 26 Nrn. (à ½—1 Bgn.) Ebend. gr. 4. Jeder Jahrg. n. 20 ngr.

— kritische. Red.: Fr. Wilh. Levysohn. 4. u. 5. Jahrg. 1864 u. 1865. à 26 Nrn. (à ½—1 Bgn.). Grünberg, Levysohn. 4. Jeder Jahrg. n. 20 ngr.

— kritische, enth. gelehrte Anzeigen d. neuesten Bücher v. 1790—93. 8. Königsb., Hartung. 3 ℛ

— kritische, z. Beurtheilung d. Bewegungen uns. Zeit auf dem Gebiete des religiösen, politischen u. socialen Lebens, d. Wissenschaft u. Kunst v. Standpunkte des Christenthums. Herausg. v. Th. Rottels u. F. J. Rottels. Jahrg. 1846. 12 Hfte. gr. 8. Neuß 846, Schwann. n. 4 ℛ

— kritische, zur Beurtheilung der Bewegungen unserer Zeit auf dem Gebiete des religiösen, politischen u. socialen Lebens, d. Wissenschaft u. Kunst, vom Standpunkte d. Christenthums. Hrsg. v. Th. Rottels u. F. J. Rottels. 2. Jahrg. 1847. 12 Hfte. gr. 8. (60 S.) Cöln u. Neuß, Schwann. 3⅓ ℛ — 3. Jahrg. 1848. 12 Hfte. gr. 8. Coblenz, Hergt. n. 2⅔ ℛ

—— kritische, zur Beurtheilung der Bewegungen unsrer Zeit auf dem Gebiete des religiösen, polit. und socialen Lebens, der Wissenschaft und Kunst, vom Standpunkte des Christenthums. Hrsg. von Th. Rottels und F. J. Rottels. 3. Jahrg. 1848. 12 Hefte. (à ca. 3 Bog.) gr. 8. Coblenz, Hergt. *
Der 1. und 2. Jahrg. 1846 und 1847 erschienen in der Schwannschen Vrlgsb. in Neuß und kosten * 7 Thlr. 10 Ngr.

—— kritische, d. Börsen-Halle. Redig. v. C. F. Wurm. 1. Jahrg. 1830. July—Dec. 26 Nrn. (B.) 2—5. J. 1831—1834. à 52 Nrn. (B.) gr. 4. Hamburg, (A. Campe; Herold.) [830. 1 Thlr. 18 Gr., 31—34. à 8 Thlr. 16 Gr.]

— krit., d. Forst- u. Jagdwissenschaft, in Verbind. mit mehrern Gelehrten herausg. v. W. Pfeil. 1r u. 2r Bd. à 2 Hefte. gr. 8. Berl. 822—25. Nicolai. 5 ℛ 3r—6r Bd. à 2 Hefte. gr. 8. Leipz. 825—32. Baumgärtner. (3r Bd. 1s, 2s H. à 20 ℊ 4r Bd. 1s H. 1 ℛ 4 ℊ 2s H. 20 ℊ 5r Bd. 1s H. 1 ℛ 2s 20 ℊ 6r Bd. 1s 1 ℛ 4 ℊ 2s 20 ℊ) 7 ℛ 12 ℊ

— kritische, für Forst- und Jagdwissenschaft, in Verbindung mit mehreren Forstmännern und Gelehrten herausg. von W. Pfeil. 7r—14r Bd. à Bd. 2 Hfte. gr. 8. Leipz. 833—40. Baumgärtner. (VII. 1s 2s à 1 ℛ, VIII. 1s 1⅙ ℛ, VIII. 2s u. IX. 1s 2s 3 ℛ, X. 1s 2s 2⅓ ℛ, XI. 1s 2s 2⅙ ℛ, XII. 1s 2s 2⅙ ℛ, XIII. 1s 1⅓ ℛ, XIII. 2s 1 ℛ, XIV. 1s 2s à 1⅙ ℛ) 17½ ℛ

— kritische, für Forst- u. Jagdwissenschaft, in Verbindung mit mehreren Forstmännern u. Gelehrten herausgeg. von W. Pfeil. 15.—22. Bd. à 2 Hfte. u. 23. Bd. 1. Hft. gr. 8. Leipzig 841—46, Baumgärtners Buchh. 15. Bd. 2⅓ ℛ, 16. Bd. 2⅓ ℛ 17. Bd. 1. 1⅓ ℛ 2. 1⅙ ℛ 18. Bd. 2⅓ ℛ 19. Bd. 2½ ℛ 20. Bd. 2 ℛ 11 ngr 21. Bd. 2½ ℛ 22. Bd. 1. 2. u. 23. Bd. 1. à 1⅓ ℛ

Blätter, kritische, f. Forst- u. Jagdwissenschaft, in Verbindg. m. mehr. Forstmännern u. Gelehrten hrsg. v. W. Pfeil. 23. Bd. 2. Hft. 24—31. Bd. à 2 Hfte. u. 32. Bd. 1 Hft. Mit Kupfertaf. gr. 8. (à Hft. 260—290 S.) Leipzig 847—52, Baumgärtner. 23. Bd. 2. Hft. —29. Bd. 1. Hft. à Hft. 1⅓ ℛ 29. Bd. 2. Hft. 1 ℛ 12 ngr 30—31. Bd. u. 32. Bd. 1. Hft. à Hft. 1⅓ ℛ (1—32, 1: 43 ℛ 22 ngr)

—— kritische, für Forst- und Jagdwissenschaft, in Verbindung mit mehreren Forstmännern und Gelehrten hrsg. von W. Pfeil. 31—37. Bd. à 2 Hefte und 38. Bd. 1. Heft. gr. 8. Leipzig, Baumgärtners Buchh. [31. (VIII und 535 S.) 852., 32. (X und 331 S.) 853., 33. (VIII und 534 S.) 853., 34. (VIII und 536 S.) 854., 35. (VIII und 536 S.) 855., 36. (VIII und 530 S.) 855., 37. (VIII und 530 S.) 38. 1. Heft (IV und S. 1—208.) 856. à Heft 1 Thlr. 10 Ngr.]

—— kritische, für Forst- und Jagdwissenschaft, in Verbindung mit mehreren Forstmännern und Gelehrten hrsg. von W. Pfeil. 38—41. Bd. à 2 Hefte und 42. Bd. 1. Heft. gr. 8. Leipzig, Baumgärtner's Buchh. [38. Bd. (VIII und 585 S.) 857., 39. Bd. 1. (IV und 267 S. mit 1 Stnt.) 39. Bd. 2. (IV und 268 S. mit 2 Stnt.) 857., 40. Bd. (VIII und 576 S.) 858., 41. Bd. (VIII und 535 S.) 859., 42. Bd. 1. (IV und 268 S.) 859. à Heft 1 Thlr. 10 Ngr.] à Bd.

— kritische, f. Forst- u. Jagdwissenschaft, begründet von W. Pfeil, fortgesetzt in Verbindung mit mehreren Forstmännern u. Gelehrten von H. Nördlinger. 42—47. Bd. à 2 Hefte (à 17 Bgn.) Leipzig 859—64. Baumgärtner. gr. 8. Jedes Heft 1 ℛ 10 ngr.

—— kritische, für Forst- und Jagdwissenschaft begründet von W. Pfeil, fortgesetzt in Verbindung mit mehreren Forstmännern und Gelehrten von H. Nördlinger. 44. Bd. 2. Heft bis 50. Bd. à 2 Hefte. gr. 8. (à Heft ca. 266—286 S. mit eingedr. Holzschn.) Leipzig 862—68, Baumgärtner's Buchh. à Bd.

—— kritische, für Forst- und Jagdwissenschaft, begründet von W. Pfeil, fortgesetzt in Verbindung mit mehreren Forstmännern und Gelehrten von H. Nördlinger. 51. und 52. Bd. à 2 Hefte. gr. 8. (IV, 267; IV, 268; IV, 268; IV, 255 S. mit eingedr. Holzschn.) Leipzig 870, Baumgärtner's Buchh. à Heft * ℳ 4.; à Bd. *

Blätter, Kritische, für die Geschichte der Epidemien und pestartigen Krankheiten ... Arnstadt und Rudolstadt 1805. H: *Horsch, Philipp Joseph.* (KY) (MGT)

— krit., für d. Gesch. d. Epidemien u. pestart. Krankheiten. 1s Hft. 8. Rudolst. 805. (Arnst., Hildebrandt). 12 ℊ Hbg. Pr. 6 ℊ

— kritische, f. d. Gesch. d. Epidemien rc. 1s Heft. 8. Rudolst. Klüger. 805.

Kritische Blätter civilistischen Inhalts. In zwanglosen Heften von Alois Brinz. Nr. 1 – 4. Erlangen 1852–53

— kritische, für Literatur und Kunst. Unter Mitwirkung von Schmidt-Weißenfels herausg. und redig. von J. L. Kober. 1. Jahrg. October—December 1857. 13 Nrn. u. 2. Jahrg. 1858. 52 Nrn. (à 1½—2 Bgn.) Prag, Kober u. Markgraf. gr. 8. Vierteljährlich n. 1 ℛ 10 ngr.

—— kritische, für Literatur und Kunst. Unter Mitwirkung von Schmidt-Weißenfels hrsg. und redig. von J. L. Kober. 1. Jahrg. 1857—58. (4 Bde. oder Quartale à 13 Nrn. à 1½—2 Bog.) gr. 8. Prag, Kober. ** 5 Thlr. 10 Ngr. Herabges. Pr. *
Sind nicht fortgesetzt worden.

—— kritische, für wissenschaftliche und praktische Medicin. Hrsg. von A. Goeschen. 1. Jahrg. 1866. 52 Nrn. (à 1—1½ Bog.) und 2. Jahrg. 1867. 1. Semester 26 Nrn. gr. 4. Leipzig, Fr. Fleischer. Halbjährlich *

— kritische, f. die gesamten Sozialwissenschaften. Bibliographisch-krit. Zentralorgan. Hrsg. v Herm. Beck in Verbindg. m. Hanns Dorn u. Othmar Spann. 1. u. 2. Jahrg. 1905 u. 1906 à 12 Hefte. (LI, 894 u. LXIV, 1212 S.) gr. 8. Dresden (O. V. Böhmert). à Jahrg. n. 24.—

— krit., f. d. ges. Sozialwiss. Bibliographisch-krit. Zentralorgan. Hrsg. v. Herm. Beck (in Verbindg m. Hanns Dorn u. Othmar Spann). 2. u. 3. J. 06 u. 7 je 12 Hefte. (1. Heft. 48 u. 50) gr8° Dresd., OV Böhmert). Je 24 —; einz. Hefte 2.50

– dass. Fortges. u.d.T.: Blätter für die gesamten Sozialwissenschaften.

— kulinarische. Monatsschrift für internationale Nahrungsmittelkunde, Kochkunst u. Ernährungshygiene. Red.; Rich. Gollmer. Mai 1904—April 1905. 12 Nrn. (à ca. 60 S. m. Abbildgn.) 4. Berlin, C. H. O. Lange. n. 6.— Erscheinen nicht mehr.

—— zur Kunde d. Literatur d. Auslandes. 1—5. Jahrg. 1836—40. gr. 4. Stuttgart u. Augsburg, Cotta'sche Bh. à 3. * 1. u. 2. Jahrg. redig. v. Gust. Pfizer, 3—5. J., v. Ed. Widenmann.

BLÄTTER ZUR NÄHEREN KUNDE WESTFALENS. (Beilage zum Central-Volksblatte.)
Nro. 1—6. 1861. (Ohne bes. Titelblatt. Gedr. bei H. R. Stein in Arnsberg.) 4°.

BLÄTTER ZUR NÄHEREN KUNDE WESTFALENS. Im Auftrage des historischen Vereins zu Arnsberg herausgegeben von J. S. Seibertz.
(I)—III. Jahrg. 1862—1864.*) Arnsberg. Gedr. bei H. R. Stein. 8°.
IV—IX. Jahrg. 1866—1871.**) Meschede. A. Harmann. 8°.
X. Jahrg. 1872. Im Auftrage des historischen Vereins zu Arnsberg herausgegeben von C. Tücking und H. Brieden. ib. —

BLÄTTER ZUR NÄHEREN KUNDE WESTFALENS. Organ des historischen Vereins für das Herzogthum Westfalen. Herausgegeben durch K. Tücking.
XI—XIX. Jahrg. 1873—1881. ib. —

— zur näheren Kunde Westfalens. Organ des histor. Vereins für das Herzogth. Westfalen. Hrsg. durch K. Tücking. 14—16. Jahrg. 1876—1878. à 4 Hfte. gr. 8. (à Hft. ca. 80 S.) Meschede, Harmann. à Jahrg. n.n 1. 75

—— zur näheren Kunde Westfalens. Organ des histor. Vereins für das Herzogth. Westfalen. Hrsg. von K. Tücking. 17.—21. Jahrg. 1879—1884. 8. (64; 104; 90; 76; 78 S.) Meschede, (Harmann.) à Jahrg. ** 1 75
1.—16. Jahrg. (Ebendas.) 1866—78. à Jahrg. **.ℳ 1.75.

—— zur näheren Kunde Westfalens. Organ des histor. Vereins für das Herzogthum Westfalen. Hrsg. v. K. Tücking. 18.—22. Jahrg. 1880—1884. à Jahrg. 4 Hefte. gr. 8. (à Heft 24—28 S.) Meschede, Harmann. à Jahrg. *

Blätter zur Kunde des Preussischen Staats und seiner Verfassung. Berlin 1803. H: *Rambach, Friedrich Eberhard* & *Frdr. Matthias Gottfr. Cramer.* (Ky) (MGT) (NN)

— z. Kunde des Preuß. Staats u. s. Verf. 16 Stck. Berl. Hinburg. 804.

— zur Kunde d. Preuß. Staats u. seiner Verfassung. (Von Fr. Eb. Rambach u. Fr. Cramer.) 16 Stck. 8. Berl. 804. (Reimer). 16 gr.

BLÄTTER FÜR DIE KUNST. Hrsg. von Carl August Klein [F. 2ff: Begründet von Stefan George. Hrsg. von Carl August Klein]. F. 1–11/12. Berlin 1892/93–1919. 8°

Diesch 2633
Schlawe I — Marbach

Es erschienen: F. 1, 1892/93; F. 2, 1894/95; F. 3, 1896; F. 4, 1897/99; F. 5, 1900/01; F. 6, 1902/03; F. 7, 1904; F. 8, 1908/09; F. 9, 1910; F. 10, 1914; F. 11/12, 1919.
Jede Folge enthält 5 Bde (F. 3, Bd I/II–V; F. 11/12, Bd I–X), F. 5ff: in einem Buch.

Blätter für die Kunst. Eine Auslese aus den Jahren 1892—98. Berlin 1899. H: *George, Steph.* & *Carl Aug. Klein.* (Berl)

— f. d. Kunst. E. Auslese a. d. J. 1892—98. gr. 8. (176 S.) Berlin 899. G. Bondi. n. 8. —

— für die Kunst. Eine Auslese aus den J. 1898—1904. (Begründet v. Stef. George. Hrsg. v. Carl Aug. Klein.) (2. Bd.) (176 S.) gr. 8. Berlin 904. G. Bondi. n. 8. —; geb. n. 4. 50

— für die Kunst. Eine Auslese aus den J. 1904—1909. (Begründet v. Stef. George. Hrsg. v. Carl Aug. Klein.) (3. Bd.) (176 S.) gr. 8. Berlin 909. G. Bondi. 3.—; geb. 4. 50

— für Kunst, Industrie und Handel. Hauptredakt. W. G. W. Blumenbach und R. Fürst. 1r Jahrg. 1834. April—Juni. 36 Numm. gr. 4. Wien, Gollinger. 1⅔ ℳ

Blätter für Kunst und Literatur
v. Neue Zürcher-Zeitung.

—— f. Kunst in d. Mode. Hrsg. v. A Thiel. 1. Jahrg. 1883. 12 Hfte. Fol. (à Hft. 16 m. H. u. 1 Modenbild.) Münch., Exped. n. 20. —; einz. Hefte. à n. 2. — Erscheint nicht mehr.

— für Kunst, Wissen und Antike. Theater, Musik, bildende Kunst, Poesie, Literatur, Alterthumskunde, Heraldik, Numismatik etc. Jahrg. 1866. 52 Nrn. (Bog.) 4. Wien, Expedition. *

—— für Kunstgewerbe unter Mitwirkung bewährter Fachmänner hrsg. und redig. von Valentin Teirich. 1.—3. Bd. à 12 Hefte. Fol. (à Heft 8 S. mit 4 Holzschntaf., theilweis color., und 1 Stnt. in Imp.-Fol.) Wien 871—74, v. Waldheim. à Heft * ℳ 1,50.; à Bd. *

— für Kunstgewerbe unter Mitwirkg. bewährter Fachmänner hrsg. u. red. von Valentin Teirich. 2—5. Bd. à 12 Hfte. Fol. (8 S. m. 4 Holzschntaf., wovon 1 color., u. e. Steintaf. in Imp.-Fol.) Wien 873—76. v. Waldheim. à Hft. n. 1. 50

— für Kunstgewerbe. Begründet von V. Teirich, unter Mitwirkung bewährter Fachmänner red. v. Jos. Storck. 6—11. Bd. à 12 Hfte. Fol. (à Hft. ca 8 S. m. 5 lith. u. chromolith. Taf.) Wien 877—82. v. Waldheim. à Hft. 1. 50

— für Kunstgewerbe. Begründet v. V. Teirich, unter Mitwirkg. bewährter Fachmänner red. v. Jos. Storck. 12—15. Bd. à 12 Hfte. Fol. (à Hft. ca. 8 S. m. 5 Taf.) Wien 883—86. v. Waldheim. à Hft. 1. 50

— für Kunstgewerbe. Organ des Wiener Kunstgewerbe-Vereins. Unter Mitwirkg. bewährter Fachmänner red. v. J. Storck. 16.—19. Bd. à 12 Hfte Fol. (à Hft. ca. 8 S. m. 4—6 Taf.) Wien 887—890 v. Waldheim. à Hft. 1. 25

Blätter für Kunstgewerbe. Organ d. Wiener Kunstgewerbe-Vereins. Unter Mitwirkg. bewährter Fachmänner red. v. Jos. Storck. 20.—23. Bd. à 12 Hefte. Fol. (à Hft. ca. 6 S. m. Tafeln.) Wien 891—894 R. v. Waldheim. à Hft. 1. 25.

— f. Kunstgewerbe. Organ d. Wiener Kunstgewerbe-Vereins. Unt. Mitwirkg. bew. Fachmänner red. v. Jos. Storck. 24.—26. Bd. à 12 Hfte. Fol. (à Hft. ca. 4 S. m. Taf.) Wien 895/97. R. v. Waldheim. à Hft. 1.25

— dasselbe. Red. v. Bruno Bucher. 27. Bd. 12 Hfte. (à ca. 20 S. m. Abb. u. Taf.) gr. 4. Ebd. 898. à Hft. 1.25 (Kplt. geb.: 17.—)

Erscheinen nicht mehr.

— f. Kunsttechnik. Organ z. Verbreitg techn. Kenntnisse f. Künstler, Maler, Radierer etc. Hrsg. v. E Berger. 1894. Nr. 1. Münch. (Schreudolphstr.), E Berger. Jährlich 6 — *Nur Nr. 1 erschien, welche dann vom Hrsg. a. d. Handel gezogen wurde. — Die Fortsetzg u. d. T.: Beiträge z. Entwicklungsgeschichte d. Kunsttechnik war nicht zu erhalten.*

— für Kunsttechnik. Organ zur Verbreitg. techn. Kenntnisse f. Künstler, Maler, Radierer &c. Im Vereine m. Fachgenossen hrsg. v. Ernst Berger. 1894. Nr. 1. München, A. Buchholz. Jährlich n. 6. — Nur Nr. 1 erschien, welche dann vom Hrsg. aus dem Handel gezogen wurde.

— kurzschriftliche, (Gabelsberger). Schriftleiter: Carl Hempel. Offizielle Zeitschrift der Berliner Vereinigg. f. Gabelsbergersche Stenographie. 5.—7. Jahrg. 1892—1894. à 12 Nrn. (1/2 Bog.) gr. 8. Aachen, (A. Jacobi & Co.). à Jahrg. n. 1.50
f.: Centralblatt, wissenschaftliches, f. Stenographie u. Schriftkunde

Blätter, kurzschriftliche, (Gabelsberger). Schriftleiter: Karl Hempel. Offiz. Zeitschrift d. Berliner Vereinigg. f. Gabelsbergersche Stenographie. 8.—11. Jahrg. 1895—1898. à 12 Nrn. gr. 8. (à Nr. ca. 8 S.) Aachen (A. Jacobi & Co.). à Jahrg. n. 1.50

— kurzschriftliche (Gabelsberger). Schriftleiter: Karl Hempel. Offizielle Zeitschrift der Berliner Vereinigg. f. die Einheitsstenographie Gabelsberger. 12. u. 13. Jahrg. 1899 u. 1900. à 12 Nrn. gr. 8. (à ca. 8 S.) Aachen (A. Jacobi & Co.) à Jahrg. n. 1.50

— dasselbe. 14. u. 15. Jahrg. 1901 u. 1902. à 12 Nrn. gr. 8. (à ca. 8 S. m. Abb.) Ebd. à Jahrg. n. 2.—

— kurzschriftliche (Gabelsberger). Schriftleiter u. Hrsg.: Karl Hempel. Organ der Vereinigg. zur Verbreitg. der Einheitsstenographie Gabelsberger. 16. Jahrg 1903. 12 Nrn. Nebst Beiblättern: „Lesehalle Gabelsberger" u. „Die Debatte" je 4 Nrn. (à ca. 8 u. 8 S. m. Abbildgn.) gr. 8. Aachen (A. Jacobi & Co.) n. 3.—
Erscheinen nicht mehr.

— kurzschriftliche, aus dem Buchenlande. Zeitschrift zur Verbreitg. u. Förderung der deutschen Geschwindschreibkunst (System Gabelsberger), Organ des Bukowinaer Stenographen-Vereines „Gabelsberger". Unter Mitwirkg. v. Kunstgenossen geleitet von Fritz Schneikart. Febr. 1906—Jan. 1907. 12 Nrn. (à ca. 8 S.) gr. 8. Eisenau. (Czernowitz, H. Pardini.) n. 4.—

— kurzschriftliche, aus dem Buchenlande. Zeitschrift zur Verbreitg. u. Förderg. der deutschen Geschwindschreibkunst (System Gabelsberger), Organ d. Bukowinaer Stenographen-Vereines „Gabelsberger". Unter Mitwirkg. v. Kunstgenossen geleitet v. Fritz Schneikart. 2. Jahrg. 1907. 5 Nrn. (à ca. 8, 8 u. 4 S.) gr. 8. Eisenau. (Czernowitz, H. Pardini.) 2.—
Erscheinen nicht mehr.

— a. d. deut. Landerziehgsheimen. Hrsg. v. Alfr. v. Salten. gr8° Lpzg-Marienhöhe, Nationale Kanzlei.
Marseille: Erziehgsschule Schloss Bischofstein (b. Lengenfeld u. St., Eichsfeld), gegründet '08. (41 m. 2 Taf.) '12 [1] 1—

— für Landeskunde von Nieder-Oesterreich. Hrsg. vom Vereine für Landeskunde von Nieder-Oesterreich in Wien. 1. Jahrg. 1865. Red.: Hippolyt Tauschinski. — 2. Jahrg. 1866. Red.: M. A. Becker. à 12 Nrn. (à 1½ Bgn.). Wien, Beck. Lex.-8. Jeder Jahrg. n. 2 ℳ

„Blätter für Landwirthschaft und Industrie, herausgegeben von der k. k. Kärnthnerischen Gesellschaft zur Beförderung der Landwirthschaft und Industrie", 1 Heft, Klagenfurt 1831.

Blätter für Landwirtschaft u. Industrie. Klgft., v. Kleinmayr, 1831—1839. 4 Hefte.

Blätter f. Land- u. Volkswirthsch. Hrsg. v. F Cupr. 1. Jahrg. 4 Hfte. (à 125) 8. Prag 59, (Dominicus.) n. 1. 10

— für Land- und Volkswirthschaft mit besonderer Rücksicht auf Oesterreich. Herausg. von Frz. Cupr. 1. Jahrg. 1858. 4 Hefte. (à 4—5 Bgn.) Prag. (Dominicus.) gr. 8. Jedes Heft n. 10 ngr

Blätter: Landwirtschaftliche Blätter
v. Der Schweizerbote aus dem Frickthal.

—— landwirthschaftliche. Hrsg. vom landwirthschaftl. Central-Ausschusse in Innsbruck. Redact.: Ludw. Graf. 1.—7. Jahrg. 1873—1879. à Jahrg. 24 Nrn. (Bog.) gr. 4. Innsbruck, Wagner'sche Universitäts-Buchh. à Jahrg. **

— landwirthschaftliche. Hrsg. vom landwirthschaftl. Central-Ausschusse in Innsbruck. Red.: Ludw. Graf. 5—10. Jahrg. 1877—1882. à 24 Nrn. (B.) gr. 4. Innsbruck, Wagner. à Jahrg. n.n. 3.—

— landwirthschaftliche. Hrsg. vom landwirthschaftl. Central-Ausschusse in Innsbruck. Red.: Ludw. Graf. 11. u. 12. Jahrg. 1883 u. 1884. à 24 Nrn. (B.) gr. 4. Innsbruck, Wagner. à Jahrg. n.n. 3.—

— landwirthschaftliche. Amtliches Organ d. landwirthschaftl. Centralvereins f. den Reg.-Bez. Cassel u. d. Casseler Fischerei-Vereins, hrsg. v. der Direktion d. landwirthschaftl. Centralvereins f. den Reg.-Bez. Cassel unter Red. v. W. Gerland. Mit e. wöchentl. Gratis-Beilage: „Illustr. Sonntagsblatt". 1.—4. Jahrg. 1891—1894. à 52 Nrn. (à 1—1½ Bog.) gr. 4. Cassel. Jena, H. Pohle. à Jahrg. n.n. 5.—

— landwirthschaftliche. Amtl. Organ d. landwirthschaftl. Centralvereins f. d. Reg.-Bez. Cassel u. d. Casseler Fischerei-Vereins, hrsg. v. d. Direktion d. landwirthschaftl. Centralvereins f. d. Reg.-Bez. Cassel unt. Red. v. W. Gerland. M. 2 wöchentl. Gratis-Beilagen: Illustr. Sonntagsblatt u. Verkaufsangabezettel. 5.—6. Jahrg. 1895—1896. à 52 Nrn. (à ca. 12 S.) gr. 4. Cassel. Jena, H. Pohle. à Jahrg. n.n. 5.—

— dass. Hrsg. v. d. Vorstand d. Landw.-Kammer f. d. Reg.-Bez. Cassel unter Red. v. W Gerland. Mit d. wöchentl Gratis-Beil.: Illustr. Sonntagsbl., Verkaufsangabezettel u. Getreidepreisangabekarte. 7. Jahrg. 1897. 52 Nrn. 4° (Nr. 1. 8 u. 4) Cass., Gebr. Schneider. nn 5—
Fortsetzg erscheint u. d. T.: Mitteilungen, landw., jedoch nicht im Buchh.

—— landwirthschaftliche, für das mährisch-schlesische Gebirge. Organ des land- und forstwirthschaftlichen Bezirks-Vereins zu Friedland und des teßthaler landwirthschaftlichen Fortbildungs-Vereins zu Reitendorf. 11.—15. Jahrg. 1880—1884. à Jahrg. 12 Nrn. (Bog.) 4. Friedland a. d. M. Administration. à Jahrg. **

—— landwirthschaftliche, für das mährisch-schlesische Gebirge. Organ des land- und forstwirthschaftl. Bezirks-Vereins zu Friedland und des teßthaler landwirthschaftl. Fortbildungs-Vereins zu Reitendorf. 16.—19. Jahrg. 1885—1888. à Jahrg. 12 Nrn. (Bog.) Fol. Friedland a. d. M., Administration. à Jahrg. **

— landwirthschaftliche, für das mährisch-schlesische Gebirge. Organ des land- und forstwirthschaftl. Bezirks-Vereins zu Friedland und des teßthaler landwirthschaftl. Fortbildungs-Vereins zu Reitendorf. 17.—20. Jahrg 1886—1889. à Jahrg. 12 Nrn. (Bog.) Fol. Friedland a. d. M., Administration. à Jahrg. n.n. 4.—

—— landwirthschaftliche, des Hauptvereins für das Fürstenth. Osnabr. Redact.: Wilh. Winkelmann. 13.—18. Jahrg. 1862-67. à Jahrg. 24 Nrn. (Bog.) gr. 4. Osnabrück, (Rackhorst'sche Buchh.) à Jahrg. *

— landwirthschaftliche, des Hauptvereins für das Fürstenthum Osnabrück. Redact.: Wilh. Winkelmann. 19. und 20. Jahrg. 1868 und 1869. à Jahrg. 26 Nrn. (Bog.) gr. 4. Osnabrück, (Rackhorst'sche Buchh.) à Jahrg. *
Fortsetzung s. Zeitung, landwirthschaftliche.

— landwirthschaftliche von Hofwyl, s.a. Fellenberg E. v.,

— landwirthschaftl., von Hofwyl; herausg. v. P. Em. v. Fellenberg. 1s—5s Heft. Mit 28 Kpft. gr. 8. Aarau 808—17. Sauerländer. 5 ß 14 ℋ

— landwirthschaftliche, für das Fürstenth. Osnabrück. Hrsg. v. W. Göriz. 1. Jahrg. Juli bis Decbr. 1850. 16 Nrn. gr. 8. (1/2 B.) Mit Lith. u. Holzschn. Osnabrück, Kissling. n. 1/6 ß — 2. Jahrg. 1851. 52 Nrn. gr. 8. (1/2 B.) Ebd. n. 2/3 ß

— landwirthsch., f. d. Fürst. Osnabrück. Red.: W Winkelmann. 17—20. Jahrg. à 24 Nrn. (B.) 4. Osnabr. 66—69, (Rackhorst.) à n. 1. —

— landwirthschaftliche, für Schwaben und Neuburg. Redact.: Redermayr. 1.—6. Jahrg. 1862—67. à Jahrg. 52 Nr. (1/2 Bog.) gr. 8. Augsburg, (Schmid's Verlag.) à Jahrg. *
Der 6. Jhrg. wurde von Geis redigirt.

Blätter, landwirthschaftliche, für Schwaben und Neuburg. Redact.: Schaffert. 7.—13. Jahrg. 1868—1874. à Jahrg. 52 Nrn. (à 1/2 Bog.) gr. 8. Augsburg, (Schmid's Verlag.) 7.—9. Jahrg. à *
10.—13. Jahrg. à *

— landwirthschaftliche, f. Schwaben u. Neuburg. Red.: Fr. Schaffert. 14. Jahrg. 1875. 52 Nrn. (1/2 B.) gr. 8. Augsburg, (Schmid's Verl.) n. 1. 60.

— Landwirtschaftliche, f. Siebenbürgen. Hrsg. v. d. Oberverwaltg d. siebenbürgisch-sächs. Landwirtschaftsvereines. Red.: Mart. Roth u. Aug. Schuster. 40. J. '12. 52 Nrn (Nr 1: 16) 32×24 cm. Hermannst., W Krafft. nnn 5 — d

Landwirtschaftlich-historische Blätter. Eine Monatsschrift hrgg. v. Max Güntz. Jg. 1—11. Weimar. 1902—12. 8°

— landwirtschaftlich-historische. Eine Monatsschrift, begründet u. hrsg. v. Max Güntz. Organ der „Gesellschaft f. Geschichte u. Literatur der Landwirtschaft". 9. Jahrg. 1910. 12 Nrn. (IV, 88 u. 24 S.) gr. 8. Weimar (Erfurterstraße 30 III), Expedition. 2. —

— Landwirtschaftlich-historische. Eine Monatsschr., begründet u. hrsg. v. Max Güntz. 9—11. J. '10—12 je 12 Nrn. ('12, Nr 1: 8) gr8° Weimar. (Lpzg, Inselstr. 12, Thalacker & Schöffer.) viertelj. — 50; einz. Nrn — 20 d

— für das Leben. Hrsg. von Jul. Werner. 1. Jahrg. 1864. April bis Decbr. 89 Nrn. (Bog.) gr. 4. Leipzig, Werner. Vierteljährlich

— des Lebens. 100 zweiseit. Traktate erweckl. Inhalts. 8. Barmen (901). Verlag „Des Königs Botschaft". — 30

Blätter für Freies Religiöses Leben: Jahrgang 1—21, July 1856—June 1877.
Monthly. "Free Thought" in character. Place of publication varies: San Francisco, July 1874—June 1877. Octavo, each issue 16—24 pages; title-page and contents, 4 pages. Edited & published by Friedrich Schünemann-Pott, July 1856—June 1877 [associate editor: Georg Ludwig Eduard Schröter]. Printed by B. G. Stephan & Co., July 1856—June 1874; by Wentzel, Hüfner, Golly & Co., July 1874—June 1877. Philadelphia, PA

— Lebensheimer, f. naturgemässe Erziehung in Schule u. Haus. Die Hygiene (früher in Bern erschienen). Organ des Lebensheimer Erziehungsvereins. Schriftleitung: Pet. Johs. Thiel. Mit-Schriftleiter: A. Meyer-Wellentrup. 2. Jahrg. März 1899—Febr. 1900. 12 Nrn. gr. 4. (à ca. 16 S. m. Abbildgn.) Elberfeld (Baedeker). n. 4. —
Vergl.: Erziehungsblätter, Lebensheimer.

— für Lebensmagnetismus. Organ f. die Verbreitg. u. Interessen des Lebensmagnetismus. Begründet u. hrsg. v. H. R. Paul Schroeder. 1. Jahrg. Oktbr. 1899—März 1900. 14 Nrn. gr. 8. (à ca. 16 S.) Leipzig, A. Strauch. n. 3. —
Infolge Ablebens d. Herausgebers eingegangen.

— f. preuss. Lehrerbildung. Schriftleitg: H Hoffmeister. 3—5. J. Apr. '10—März '13 je 12 Nrn. (3. J.: 468; 4. J.: 404) gr8° Hann., C Meyer. viertelj. 1.50 d
Den 2. J. s. u. d. T.: Mitteilungen d. Landesvereins preuss. Lehrerbildner.

— Leipziger, über Erziehung und Unterricht. Eine Zeitschrift für Eltern und Lehrer zur Verständigung über die vornehmsten Grundsätze der modernen Pädagogik. Herausg. von E. J. Hauschild. 1—3. Jahrg. 1855—57. à 8 Hefte (à 2 Bgn.) Leipzig, Roßberg. gr. 8. Jeder Jahrg. n. 1 ß
Sind nicht fortgesetzt worden.

— Leipziger, für Geflügelzucht. Organ des Verbandes mitteldeutscher Vereine für Vogelkunde, Vogelschutz, Geflügel- und Vogelzucht. Redact.: H. E. F. Weber. 1. und 2. Jahrg. 1876 und 1877. à Jahrg. 52 Nrn. (Bog.) und 3. Jahrg. Jan.—März 1878. 13 Nrn. (Bog.) 4. Leipzig, E. W. Fritzsch. à Jahrg. *

— dass. — Redact.: E. W. Fritzsch. 3. Jahrg. April—Dezbr. 1878. 39 Nrn. (Bog.) 4. Leipzig, H. Voigt. *
Nicht weiter erschienen.

— Leipziger, f. Nahrungsmittel-Hygiene. Populärwissenschaftl. Wochenschrift f. öffentl. Gesundheitspflege. Hrsg. u. red. v. H. Dege. 1. Jahrg. Okt. 1885—Sept. 1886. 52 Nrn. (2 B.) gr. 4. Leipzig, Dürselen. n. 6. —

— Leipziger, für Nahrungsmittel-Hygiene. Populärwissenschaftl. Wochenschrift für öffentl. Gesundheitspflege. Unter Mitwirkung von Fachmännern hrsg. und redig. von Herm. Dege. 1. Jahrg. Oktbr. 1886—Septbr. 1887. 52 Nrn. (à Nr. 2 Bog.) gr. 4. Leipzig, Dürselen. *

— dasselbe. Red.: Cracau. 2. Jahrg. Oktbr. 1886—Sept. 1887. 52 Nrn. (B.) gr. 4. Ebd. n. 6. —
Fortsetzg. s.: Wochenschrift f. Nahrungsmittel u. Kochkunst.

— Leipziger, für Pädagogik. Herausg. vom pädagog. Vereine in Leipzig. 1. Bd. Jahrg. 1867. — 2. Bd. Jahrg. 1868. Red.: Panitz. — 3. Bd. Jahrg. 1869. Red.: K. Richter. — 4. Bd. Jahrg. 1870. Red.: J. Beeger. à 6 Hefte (à 3 Bgn.). Leipzig, Brandstetter. gr. 8. Jeder Bd. n. 1 ß 20 ngr.

— Leipziger, f. Pädagogik. Hrsg. v. pädagog. Verein zu Leipzig. 5. u. 6. Bd. od. Jahrg. 1871 u. 1872. à 6 Hfte. (à 3 B.) gr. 8. Leipzig, Brandstetter. à Bd. n. 5. —

— dass. — 7. Bd. oder Jahrg. 1873. [I. Semester.] 3 Hefte. (à 3 Bog.) gr. 8. Ebendas. (* ℳ 2,50.) *
Nicht weiter erschienen.

— Leipziger pikante. Illustrirte humoristisch-satyr. Wochenschrift. Redact.: Karl Egger. 1. Jahrg. 1884. 52 Nrn. (à Nr. 1 1/2 Bog.) gr. 4. Leipzig, Hermsdorf. **
Nicht weiter erschienen.

— f. nützl. Lectüre 1s, s. Fr. Unterh. 5s

— Lichtenhofer. 21—23. Jahrg. Neueste Folge. 10—12. Jahrg. 1847—1849. à 12 Nrn. gr. 4. (B.) Nürnberg. (Recknagel.) à Jahrg. n. 2/3 ß

— Lichtenhofer. Organ des landwirthschaftlichen Maximilians Instituts zu Lichtenhof bei Nürnberg. Red. u. herausg. von C. Kellermann. 32—34. Jahrg. oder Neueste Folge 21—23. Jahrg. 1860—62. à 12 Nrn. (à 1—1 1/2 Bgn. m. Holzschn.) Lichtenhof. (Nürnberg, Korn.) 4. Jeder Jahrg. n. 24 ngr.

— Lichtenhofer. Organ des landwirthschaftl. Maximilians-Instituts zu Lichtenhof bei Nürnberg. Redig. und hrsg. von C. Kellermann. 34.—39. Jahrg. oder Neueste Folge 23.—28. Jahrg. 1862—67. à Jahrg. 12 Nrn. (à 1—1½ Bog. mit eingedr. Holzschn.) 4. Lichtenhof. (Nürnberg, Korn'sche Buchh.) à Jahrg. *

— der Liebe und Freundschaft. Eine Sammlung der besten Stammbuchs-Aufsätze, gewählt aus den vorzügl. deutschen Dichtern. kl. 16. Wien 835. Haas. 1/6 ℛ

Blätter aus Liebe zur Wahrheit geschrieben. O. O. 1772. V: *Schmettow, Woldemar Hermann Graf.* (ML)

— vom Lindenhofe zu Neinstedt am Harz. Hrsg. v. Kobelt. 2—4. Jahrg. Oktbr. 1882—Septbr. 1885. à 4 Nrn. (à 1—2 B.) gr. 8. Neinstedt. (Quedlinburg, Vieweg.) à Jahrg. n.n. 1. —

— vom Lindenhofe zu Neinstedt am Harz. Hrsg. v. Kobelt. 1. Jahrg. Oktbr. 1881—Septbr. 1882. 4 Nrn. (à 1—2 B.) gr. 8. Neinstedt. (Quedlinburg, Vieweg.) n. 1. —

—— vom Lindenhofe zu Neinstedt am Harz. Hrsg. von Kobelt. 5.—7. Jahrg. Octbr. 1885—Septbr. 1888. à Jahrg. 4 Nrn. (à Nr. 1—2 Bog.) 8. Neinstedt. (Quedlinburg, Vieweg's Buchh.) à Jahrg. **

Blätter vom Lindenhofe zu Neinstedt am Harz. Hrsg. v. Kobelt. 8.—9. Jahrg. 1887—1890. à 3—4 Nrn. (à 1—2 B.) 8. Neinstedt. (Quedlinburg, Vieweg.) à Jahrg. n.n. 1. —

— litterarische, s. a. allgem. Anzeiger.

— literarisches, s. a. Anzeiger, literarischer.

— litterarische. Hrsg. v. F. Evers u. A. Kohl. 1. Jahrg. Juli 1889—Juni 1890. 12 Nrn. (½ B.) gr. 4. Goslar, F. Evers' Selbstverlag (durch L. Koch). n. 2. 50

Blätter, litterarische. Zeitschrift für moderne Poesie. Hrsg. von Frz. Evers u. Alb. Kohl. 2. Jahrg. Oktbr. 1890—Septbr. 1891. 12 Hefte. (à Heft 4—5 Bog.) hoch 4. Augsb., Gebr. Reichel. 12 — Einzeln à Heft 1 20

Nicht weiter erschienen.

— Literar. d. Börsenhalle, Herausg. von G. v. Hoßtrup, redig. v. F. Niebour u. Rath Ludwig. Jahrg. 1826—27. gr. 4. Hamburg. B. Hofmann.

— literarische, d. Börsenhalle. Herausg. v. G. v. Hoßtrup. Redig. v. F. Niebour u. Ludwig, 1r—4r Jahrg. 1826—29. à 6 ℛ 5r—7r J. 1830—32. mit d. Beiblatt: kritische Blätter d. Börsenhalle. 1r—3r Jahrg. gr. 4. Hamb., (Herold, a. Campe). à J. 10 ℛ

— literarische, der Börsen-Halle, Herausg. von Gerh. v. Hoßtrup. Redig. von Fr. Niebour u. Rath Dr. Ludwig. 8r u. 9r Jahrg. 1833 u. 34. Mit der Beilage: Kritische Blätter der Börsen-Halle, redig. von C. F. Wurm. — 4r u. 5r Jahrg. gr. 4. Hamb., (Herold; Perthes, Besser u. Maucke.) 10 ℛ Die kritischen Blätter auch einzeln à 3⅔ ℛ (bei Aug. Campe.) — Fortsetzung unt. d. Tit.: Blätter, literarische und kritische, der Börsen-Halle. Herausg. u. redig. von Odigen. 10r—16r Jahrg. 1835—40. gr. 4. Ebd. (Ebd.) à J. n. 10 ℛ

Blätter: Literarische Bunte Blätter
v. Berner Landes-Zeitung.

Blätter: Literarische Blätter für das In- und Ausland
⑤ Januar 1853—1855 ⑥ 4° ⑦ Wochenblatt ⑧ Basel: Christian Krüsi (Januar 1853—Juni 1853), J. W. Baur sel. Erben (Juli 1854—1855) ⑩ Bureau für technische Literatur, Basel, später Basel und Leipzig ⑪ Beiträge von: H. Beecher-Stowe, F. Gerstäcker, Karl Gutzkow, F. W. Hackländer, Heinrich Heine, Edgar Poe, Emil Souvestre ⑫ radikal; enthält politische Artikel, Ende 1853 eine regelmäßige politische Chronik ⑭ Bs: U (1855); Be: L (1853—1854).

— literarische, für das In- und Ausland. 1. Jahrg. 1853. 52 Nrn. (à 1½ Bgn.) Nebst: General-Anzeiger für die Schweiz u. die benachbarten Staaten (wöchentlich 1—2 Nrn.). Basel, Bureau für technische Literatur. 4. 1 ℛ 18 ngr

—— literar., f. d. In- u. Ausl. 1. Jahrg. 52 Nrn. (B.) 4. Bas. 53. (Erf., Otto's V.) 1. 15

Blätter, literar. u. krit., d. Börsen-Halle. Redig. v. F. Niebour u. (C. F. C.) Ludwig. Hrsg. v. Gerh. v. Hoßtrup u. Sohn. 10—16. Jahrg. 1835—40. à 150 Nrn. (Bog.) gr. 4. Hamburg, (Heroldsche Buchh.) à * Thlr.
Fortsetzung, s. Börsen-Halle. — 1—9. Jahrg. 1826—34. Ebendas. * 76 Thlr. 18 Gr.

Blätter: Litterarische Blätter für die katholische Schweiz
v. Nidwaldner Volks-Blatt.

Blätter für Literatur und Kunst, Oesterreichische —. (Beilage zur Oesterr. kaiserl. Wiener Zeitung.) Redakteur Dr. Leopold Schweitzer. Druck und Verlag der Edl. von Ghelen'schen Erben. gr. 4. 3spaltig. Jeden Montag. 1 fl. halbjährig. 1854 f

— liturgische, für Mecklenburg. Redig. v. Th. Kliefoth. 1845 u. 1846, à 12 Numm. gr. 8. Rostock, Stiller'sche Hofbuchh. à n. 20 ngl

Blätter zu dem Lorbeerkranz eines »Verschollenen«; eine fromme Neujahrsgabe ... Zürich 1846. V: *Ruge, Arnold & Carl Heinzen.* (CLzür Forts. III)

— lose. Dichtungen v. F. 16. (39 S.) Stuttgart 871. Scheible in Comm. — 75

—— lose. Ernstes u. Heiteres a. d. „Münchener flieg. Blättern" m. d. dazu gehör. Illustr., in stenograf. Schrift übertr. u. hrsg. v. A Trachbrodt. 4. (64) Lpzg 82, F Geissler. n. 4. —; geb. n. 5. 50

— lose. Ernstes u. Heiteres aus den „Münchener fliegenden Blättern" mit den dazu gehörigen Illustr., in stenograf. Schrift übertr. u. hrsg. v. Arno Trachbrodt. gr. 4. (VII, 64 S.) Leipzig 882. Uhlig. n. 4. —; geb. n. 5. 50

—— lose. Humoresken und Plaudereien von Max v. der Weser. 8. (87 S.) Hannover 884, Weichelt. *

Lose Blätter: 1887t—1892t
Humorous weekly. Edited & published by Max Jaegerhuber.
New York, NY

BLÄTTER, Lose. Humoristische Hochzeitszeitung. Samstag, d. 9. Juni 1894. Verfaßt v. Hugo Kühnel in Engelberg. Druck von W. Krommers Witwe in Freudenthal, o. J. (1894). 8°.
Beschlagnahmt.

— lose. Red.: E Nagel. 5. Jahrg. April—Dezbr 1899. 39 Nrn. 4° (Nr. 14. 16 m. Abb.) Berl., GE Nagel. 3.90 ‖ 6. Jahrg. 1900. 52 Nrn. 5.20; einz. Nrn — 10
Frühere Jahrgänge erschienen bei W Gebauer in Charlottenburg. — Auch u. d. T.: Deutschland, d. humorist. — Welt, heitere. — Welt, lustige.

— lose. Nagel's humorist. flieg. Blätter. Red.: E. Nagel. 6. u. 7. Jahrg. (1900 u. 1901). à 52 Nrn. gr. 4. (à ca. 16 S. m. Abbildgn.) Ebd. à Jahrg. 5. 20; einzelne Nrn. — 10
Fortsetzung s.: Welt, lustige.

Blätter, lose, aus Abazia. Mit 82 (nach des Verf. Federzeichnungen autotyp.) Illustr. (Von Erzherzog Ludwig Salvator.) gr. 4. (IV, 90 S.) Wien 886, Hölzel. cart. *

— lose, aus Antwerpen. Illustrirte Weltausstellungs-Ztgn. Hrsg. v. der Compagnie de Publicité Internationale, unter Red. v. R. Corneli. Jahrg. 1885. Fol. (Nr. 1. 3 B.) Berlin 885. Baensch. n.n. 12. 50

Blätter, Lose, zur Erinnerung an den Landtag 1851. Gesammelt von einem Kammer-Schreiber. O. O. V: *Nar, Carl.* (BMarsch 1058)

— lose, aus dem Geheimarchive der russischen Regierung. Ein aktenmäßiger Beitrag zur neuesten Geschichte der russ. Verwaltung u. Beamten-Corruption. 1. u. 2. Aufl. 8. (VI, 160 S.) Leipzig 882. Duncker & Humblot. n. 3. 20

Blätter, Lose, aus der Geschichte des Waisenhauses zu Dresden. [Dresden 1871.] V: *Teucher.* (Kat. d. stat. Bureaus. Dresden 1890.)

Blätter, Lose, aus Indien. Batavia 1897—99. V: *Bastian, Adolph.* (Berl)

Lose Blätter im Interesse der Frauenfrage. Nr 1-14. [Mehr nicht ersch.] — Dresden: Reisel (4 ff.: Tittmann) [1892-1895]. 8°

1. Meißner, Marie: Entspricht das Gretchen im Faust d. deutschen Frauenideale? [1892.] 14 S.
2. Stritt, Marie: Weibliche Schwächen. [1892.] 24 S.
3. Gamper, Adele: Armut u. Wohlthätigkeit. 1892. 18 S.
4. Dose, Cäcilie: Moderne Frauentypen in d. russ. Litteratur. 1892. 15 S.
5. Bülow v. Dennewitz, [Gertr.] [Pseud.: Gisela v. Streitberg]: Taceat mulier in ecclesia. 1892.
6. Stritt, Marie: Frauenlogik. 1892. 16 S.
7. Gamper, Wilh.: D. Frauenfrage u. d. Christentum. 1893.
8. Stritt, Marie: Die Frau gehört ins Haus. 1893. 16 S.
9. Gamper, Adele: Die zukünftige Stellung d. deutschen Frau im Recht. 1894.
10. Schohl, Natalie: D. Gemeinsamkeitsidee im Lichte d. Vergangenheit, Gegenwart und Zukunft. [1894.] 19 S.
11. Schirmacher, Käthe: Der internationale Frauencongreß in Chicago 1893. [1894.] 24 S.
12. Stritt, Marie: D. Bestimmung des Mannes. 1894. 24 S.
13. Meißner, Marie: D. Liebeslied der neuen Zeit. Frauenliebe u. Leben. [1895.] 18 S.
14. Stritt, Marie: D. Frauenfrage d. oberen Zehntausend. (1898.)

Lose **Blätter** vom Jubelfest der Marianischen Männer-Kongregation zu Aachen 1906. Gesammelt u. zsgest. von Rektor [Josef] Janssen. Aachen: La Ruelle 1907. 38 S. 8° [illegible]

— lose, üb. Cavalleristisches. 8° (148) Steinach 1900. (Wien, LW Seidel & S.) 1.60

— lose, vom Künstlerfest der Jubiläums-Ausstellung am 17. Juni 1886. 4. (21 Bl. m. Illustr.) Berlin 886. R. Kühn. — 60; auf Büttenpap. n. 2. —; auf chines. Pap. 2. 50

Lose **Blätter** gesammelt nach dem Leben von H. v. P. *Reichenbach i. Schles.: R. Hoefers Nachf. 1901.* (36 S.) 8° [F.] [illegible] 2

— lose, aus der Satteltasche e. Pilgerin. (O. v. B.) (221 S.) 8. Hamburg 906. O. Meissner's Verl. n. 3. —; geb. in Leinw. n. 4. —

B. (F. B.), Lose Blätter für Schifffahrttreibende. Hamburg 1826. 8°.

— lose, aus dem Tagebuche e. Hannoveraners in der ewigen Stadt. Von Ultramontanus (S. Hüppering.) gr. 8. (82 S.) Hildesheim 900. L. Steffen. n. 1. —

— lose, aus dem Tagebuche meines Herzens; denen gewidmet die es verstehen. Von G. W. S. (Gedichte.) 8. (95 S.) Hamburg 840, (Tramburg's Erben.) *

— lose, a. meinem ungeschriebenen Tagebuche. Von Baron L. 3. Afl. 8° (96) Berl. 93, F Bannenberg. 1 —

— lose, aus meinem ungeschriebenen Tagebuche. Von Baron L. 3. Aufl. 8. (96 S.) Berlin 893. Eckes & Co., Märkische Volkszeitung. n. 1. —

— lose, aus Ungarn und Oesterreich. 8. (50 S.) Hamburg 860, Expedition der deutschen Schaubühne. [Leipzig, Keil.] * *

— lose, a. Ungarn u. Oesterr. 8. (50) Hamb. 60. (Lpzg, Leiner.) n.n. — 7½

Blätter: Lose Blätter des V. C. S. Zürich
⑤ Januar 1905—? ⑥ 8° ⑧ Zürich (?) ⑨ Verein Christlicher Studenten, Zürich ⑩ Be: L (Nr. 1).

— lübeckische. Sonntagsblatt der lübecker Zeitung. Redig. von Aug. Sartori. 1. Jahrg. 1859. Febr.—Decbr. 48 Nrn. (Bog.) gr. 4. Lübeck, (v. Rohden'sche Buchh.) *

— dass. — 2. und 3. Jahrg. 1860 und 61. Redig. von demselben. Ebendas. à Jahrg. *

— Lübeckische. Sonntagsblatt der Lübecker Zeitung. Redig. von Aug. Sartori. 4.—9. Jahrg. 1862—67. à Jahrg. 52 Nrn. (Bog.) gr. 4. Lübeck, (v. Rohden'sche Buchh.) à Jahrg. *

— Lübeckische. 10.—26. Jahrg. 1868—1884. à Jahrg. 104 Nrn. (à Nr. ½—1 Bog.) gr. 4. Lübeck, (Gläser.) à Jahrg. *

— Lübeckische. 27.—30. Jahrg. 1885—1888. à Jahrg. 104 Nrn. (à Nr. ½—1 Bog.) gr. 4. Lübeck, (Gläser.) à Jahrg. *

— Lübeckische. 28.—32. Jahrg. 1886—1890. à Jahrg. 104 Nrn. (à Nr. ½—1 Bog.) gr. 4. Lübeck, (Gläser). à Jahrg. n. 12. —

— lübeckische. 34. Jahrg. 1892. 52 Nrn. (624 S.) gr. 4. Lübeck, (Schmersahl). * 8 —

— Lüneburger. (1. u. 2. Bd.) Hrsg. v. Wilh. Frdr. Volger. gr. 8. Lüneburg (902). H. König. à 3.—
1. (VIII, 147 S. m. 2 Taf. u. 1 Bildn.)
2. (VIII u. S. 148—353 m. Abb.)

Blätter: Lustige Blätter
s.a. Tageblatt für Schaffhausen.

BLÄTTER, Lustige. Berlin, Dr. Eysler & Co. Jahrg. 26 Nr. 20, 26 u. 27. — Jahrg. 28 Nr. 28 (Bade-Nummer). 8°.
Verb. d. Ldg. I Berlin 38 J. 738/11 u. 38 J. 501/13.

—— lustige. Zur Erheiterung trüber Stunden. 1. und 2. Aufl. 16. (93 S.) Leipzig 877,78, Wölfert. *

—— lust. Hrsg.: O Eysler. Red.: (H Harberts, P v. Schönthan u.) A Moszkowski. 1. u. 2. Jahrg. 1886/88. à 52 Nrn. (2 B. m. z. Thl. farb. Illustr.) Fol. Berl., Verl. d. lust. Blätter. à Jahrg. 12.— ‖ 4. Jahrg. 1889. 52 Nrn. n. 7. 50 ‖ 5. Jahrg. 1890. n. 6.—

—— lustige. Hrsgbr.: Otto Eysler. Redact.: Harbert Harberts. 1. Jahrg. 1886/87. 52 Nrn. (à Nr. 2 Bog. mit zum Theil farb. Illustr.) Fol. Hamburg, Verlag der Lustigen Blätter. *

—— dass. — Hrsgbr.: Otto Eysler. Redact.: P. v. Schönthan und Alex. Moszkowski. 2. Jahrg. 1887. 52 Nrn. (à Nr. 2 Bog. mit zum Theil farb. Illustr.) Fol. Berlin, Expedition, SW., Friedrichstr. 35. *

— lustige. Red.: A. Moszkowski. 5. Jahrg. 1890. 52 Nrn. (2 B. m. z. Th. farb. Illustr.) gr. 4. Berlin, Verlag d. lust. Blätter. n. 6.—

— lustige. Red.: Alex. Moszkowski. 6. u. 7. Jahrg. 1891. 1892. à 52 Nrn. (2 Bog. m. z. Th. farb. Illustr.) gr. 4. Berlin, Verlag d. lust. Blätter. à Jahrg. n. 6.—

— dasselbe. Humoristische Wochenschrift. Red.: Alex. Moszkowski, Max. Kraemer. 8. Jahrg. 1893. 1. Vierteljahr Jan.—März. 13 Nrn. (2 Bog. m. z. Tl. farb. Abbildgn.) gr. 4. Ebd. n. 1.50

— dasselbe. 2.—4. Vierteljahr. Apr.—Dezbr. 39 Nrn. (2 Bog. m. z. Tl. farb. Abbildgn.) gr. 4. Ebd. Vierteljährlich n. 2.—; einzelne Nrn. —20

— dasselbe. Red.: Alex. Moszkowski, Max. Kraemer, A. Gottwald. 9. Jahrg. 1894. 52 Nrn. (2 Bog. m. z. Tl. farb. Abbildgn.) gr. 4. Ebd. n. 8.—

— lustige. Humorist. Wochenschrift. Chefred.: Alex. Moszkowski. 10.—13. Jahrg. 1895—1898. à 52 Nrn. (à Nr. 2 Bog. m. z. Tl. farb. Abb.) gr. 4. Berlin, Verlag d. lust. Blätter. à Jahrg n. 8.—; einz. Nrn. n. —20
Kann auch vierteljährlich bezogen werden.

— lustige. Red.: Alex. Moszkowski, L. Wulff. 14.—17. Jahrg. (1899—1902). à 52 Nrn. gr. 4. (à ca. 16 S. m. z. Tl. farb. Abbildgn.) Berlin, Verlag der lust. Blätter. à Jahrg. n. 8.—; einzelne Nrn. —20

— lustige. Red.: Alex. Moszkowski, L. Wulff. 18. Jahrg. (1903.) 52 Nrn. (à ca. 24 S. m. z. Tl. farb. Abbildgn.) gr. 4. Berlin, Verlag der lust. Blätter. n. 8.—

— dasselbe. Chefred.: Alex. Moszkowski. Red.: Gust. Hochstetter. Max Brinkmann. Für Oesterreich-Ungarn verantwortlich: Jos. Mautner. 19.—21. Jahrg. 1904—1906. à 52 Nrn. (à ca. 20 S. m. z. Tl. farb. Abbildgn.) 4. Ebd. à Jhrg. n. 9.—

— lustige. Red.: Alex. Moszkowsky, Rud. Presber, Gust. Hochstetter, Paul Kraemer. Chefred.: Alex. Moszkowski. Für Österreich-Ungarn verantwortlich: Jos. Mautner. 22.—25. Jahrg. 1907—1910. à 52 Nrn. (à ca. 20 S. m. z. Tl. farb. Abbildgn.) 32×25 cm. Berlin, Verlag der Lust. Blätter. à Jahrg. 10.—

— Lustige. Chefred.: Alex. Moszkowski. Für Österr.-U. verantwortl.: Jos. Mautner, seit '11 Walt. Goldschmiedt. 25. u. 26. J. '10 u. '11 je 52 Nrn. ('11, Nr 1: 36 m. z. Tl farb. Abb.) 32×25 cm. Berl., Verl. d. Lust. Blätter. viertelj. 2.50; einz. Nrn —25 ‖ 27. J. '12. viertelj. 2.75; einz. Nrn —25 d

Luzerner Blätter
v. Luzerner Zeitung (III).

— lyrische. Hrsg. v. Herm. Rollett. (1. Jahrg.) 12 Hfte. gr. 8. Ulm 847, Müller. n. 3 ₰ — Einzelne Hfte. à n. 1/3 ₰

Blätter, lyrische. Halbmonatsschrift f. Lyrik u. Kritik. Hrsg. u. Red: Gust. Willgeroth. 1. u. 2. Jahrg. Oktbr. 1897—Septbr. 1899. à 24 Nrn. (Bog.) 8. Wismar, Willgeroth & Menzel. à Jahrg. n. 6.—
Kann auch vierteljährlich bezogen werden.

— lyrische. Halbmonatsschrift f. Lyrik u. Kritik. Hrsg. u. Red.: Gust. Willgeroth. 3. Jahrg. Oktbr. 1899—Septbr. 1900. 8. 24 Nrn. (Bog.) Wismar, Willgeroth & Menzel. n. 6.—

— dasselbe. 4. u. 5. Jahrg. Oktbr. 1900—Septbr. 1902. à 24 Nrn. (Bog.) 8. (Nr. 1. 16 S.) Ebd. à Jahrg. n. 7.—

— lyrische. Halbmonatsschrift f. Lyrik u. Kritik. Red.: Gust. Willgeroth. 6. Jahrg. Oktbr.—Dezbr. 1902. 6 Nrn. (à ca. 8 S.) gr. 8. Wismar, Willgeroth & Menzel. 1.75
Erscheinen nicht mehr.

Blätter, Magdeburg-Halberstädt. Halle 1801. H: *Barkhausen, Heinrich Ludwig Wilibald* & *Ludwig Heinrich Jacob.* (ErschDt.)

— Magdeburgische, gemeinnütz., verschied. Materien rc. 4 Bde. 8. Magdeb. 790, 91. Scheidhauer. 4 ₰

Blätter, Mährische, für Stenographie. Organ der Gabelsberger Stenografen-Vereine: Brünn und Sternberg, hrsg. vom deutschen Gabelsberger Stenografen-Vereine zu Brünn. Redig. von Othmar Weinbrenner. 17.—21. Jahrg. 1880—1884. à Jahrg. 12 Nrn. (à Nr. 6 S.) 8. Brünn, Administration. à Jahrg. **

— malakozoologische, s.a. Pfeiffer's, L: Malakozool. Blätter.

— malakozoologische. Als Fortsetzung der Zeitschrift für Malakozoologie. Herausg. von K. Th. Menke und L. Pfeiffer. 1—5. Bd. (à 20 Bgn.) Cassel 854—58. Fischer. 8. Jeder Bd. n. 2 ₰ 15 ngr

—— malakozoologische, für 1857—61. Als Fortsetzung der Blätter für Malakozoologie. Hrsg. von Carl Thdr. Menke und Louis Pfeiffer. 4.—8. Bd. à Bd. 20 Bog. Mit Stnt. gr. 8. Cassel, Fischer. à Bd. *

— — für 1862—64. Als Fortsetzung der Zeitschrift für Malakozoologie. Herausg. von Louis Pfeiffer. 9—11. Bd. à 20 Bgn. Mit Steintaf. Ebend. gr. 8. Jeder Jahrg. n. 2 ₰ 15 ngr

— malakozoologische, für 1865—1869. Als Fortsetzung der Zeitschrift für Malakozoologie. Hrsg. von Louis Pfeiffer. 12—16. Bd. (à 20 Bgn. mit lith. Taff.). Cassel. Fischer. gr. 8. Jeder Bd. n. 2 ₰ 15 ngr

— malakozoologische, f. 1870—1873. Als Fortsetzg. der Zeitschrift f. Malakozoologie. Hrsg. v. Louis Pfeiffer. 17—20. Bd. (20 B.) Mit Steintaf. gr. 8. Kassel, Fischer. à Bd. n. 7. 50

— dasselbe. Hrsg. v. Louis Pfeiffer u. W. Kobelt. 21—23. Bd. 8. (à Hft. 80 S. m. Steintaf.) Ebend. 873—76. à Bd. n. 10.—

—— malakozoologische. Als Fortsetzung der Zeitschrift für Malakozoologie. Hrsg. von Louis Pfeiffer. 23. und 24. Bd. gr. 8. (XV, 251 S. mit 2 Taf.; VIII, 185 S. mit 3 Taf.) Kassel 876,77, Fischer. à Bd. *

—— dass. — Fortgesetzt von S. Clessin. 25. Bd. gr. 8. (VIII, 199 S. mit 8 Taf.) Ebendas. 878. *

—— dass. — Hrsg. von S. Clessin. Neue Folge. 1. und 2. Bd. [Der ganzen Reihe 26. und 27. Bd.] gr. 8. (XI, 203 S. mit 15 Taf.) Ebendas. 879. à Bd. *

— dasselbe. Hrsg. v. S. Clessin. Neue Folge. 1—5. Bd. gr. 8. (à Hft. 80 S. m. 2 Stein- u. 1 Kpfrtaf.) Ebend. 879—82. à n. 10. —

— malakozoologische. Als Fortsetzg. der Zeitschrift f. Malakozoologie. Hrsg. v. S. Clessin. Neue Folge. 6—9. Bd. gr. 8. (à Hft. 64 S. m. 3 Steintaf.) Kassel 883—85. Fischer. à Bd. n. 10. —

—— malakozoologische. Als Fortsetzung der Zeitschrift für Malakozoologie. Hrsg. von S. Clessin. Neue Folge. 8.—10. Bd. gr. 8. Kassel, Fischer. [8. Bd. (XI, 196 S. mit 10 Taf.) 886; 9. Bd. (180 S. mit 3 Taf.) 886; 10 Bd. (183 S. mit 4 Taf.) 887.] à Bd. *

— malakozoologische. Hrsg. v. S. Clessin. Neue Folge. 10. 11. Bd. gr. 8. (à Hft. ca. 64 S.) Cassel 887. 889. Fischer. à Bd. n. 10. —

—Mansfelder, s.a. Grössler, H.: Mitteilgn. a. Eisleb. Kirchenbüchern.

MANSFELDER BLÄTTER. Mitteilungen des Vereins für Geschichte und Altertümer der Grafschaft Mansfeld zu (später: in) Eisleben. [a])
Herausgegeben von HERMANN GRÖSSLER.
Jahrg. 1. 1887. Eisleben 1887. Selbst-Verlag des Vereins. In Kommission bei O. Mähnert. 8°. — Jahrg. 2. 1888. ib. 1888. — Jahrg. 3. 1889. ib. 1889. Selbstverlag des Vereins. — Jahrg. 4. 1890. (Mit Tafeln.) ib. 1890. — Jahrg. 5. 1891. (Mit 1 Tafel.) ib. 1891. — Jahrg. 6. 1892. ib. 1892. — Jahrg. 7. 1893. ib. 1893. — Jahrg. 8. 1894. ib. 1894. — Jahrg. 9. 1895 (Mit 1 Tafel.) ib. 1895. — Beilage zu Jahrg. 9, mit d. Titel: Mansfelder Münzen im Besitze des Vereins für Geschichte und Altertümer der Grafschaft Mansfeld zu Eisleben. Beschrieben von HERMANN GRÖSSLER. ib. 1896. Druck von Ernst Schneider. — Jahrg. 10. 1896. ib. 1896. Selbstverlag des Vereins. — Jahrg. 11—17. 1897—1903. ib. 1897—1903. — Jahrg. 18. 1904. (Mit Tafeln.) ib. 1904. — Jahrg. 19. 1905. (Mit 3 Tafeln.) ib. 1905. — Jahrg. 20. 1906. (Mit 4 Tafeln.) (Beilage: Inhaltsverzeichnis der „Mansfelder Blätter", Jahrg. XI.—XIX.) ib. 1906. — Jahrg. 21. 1907. (Mit Tafeln.) ib. 1907. — Jahrg. 22. 1908. (Mit Tafeln.) ib. 1908. — Jahrg. 23.[1]) 1909. ib. 1909. —
Herausgegeben vom Schriftleitungs-Ausschuss: Pastor KÖNNECKE, Prof. Dr. LEERS, Mittelschullehrer BLÜMEL.
Jahrg. 24. 1910. (Mit Tafeln.) ib. 1910. —
Herausgegeben vom Schriftleitungs-Ausschuss: Professor Dr. LEERS und Mittelschullehrer BLÜMEL.
Jahrg. 25. 1911. (Mit 9 Tafeln.) ib. 1911. — Jahrg. 26. 1912. ib. 1912. —

— dasselbe, 9. Jahrg., Beilage, s.: Größler, Herm., Mansfelder Münzen.

Blätter, Märkische. – Hattingen : 1849-1885.
Fortges. u.d.T.: Zeitung, Hattinger.

—— märkische, für das gesammte Turnwesen. Amtl. Organ der märk. Turnerschaft. Redact.: Wilh. Angerstein. Jahrg. 1866. April bis Decbr. 18 Nrn. (½ Bog.) gr. 4. Berlin, Akademische Buchh. Vierteljährlich

— für Maschinenbau. 1900—1902. Red.: Bauch. à 12 Nrn. gr. 4. (à ca. 16 S. m. Abbildgn.) Potsdam Geschäftsstelle der Zeitschrift f. Elektrotechnik u. Maschinenbau. à Jahrg. n. 3. —

— für Maschinenbau, Fortsetzg., s.: Zeitschrift f. Elektrotechnik u. Maschinenbau.

— des Bremer Mäßigkeits-Vereins. (1. u. 2. Jahrg.) 1847 u. 1848. à 12 Nrn. gr. 4. (B.) Bremen, Heyse in Comm. à n. ⅓ ₰

— des Osnabrücker Mäßigkeits-Vereins. Zu Rath und That. 1. Jahrg. 1840. 12 Numm. (Bog.) 4. Hannover 841, Hahn'sche Hofbuchh. n. ⅓ ₰

Mathematisch-Naturwissenschaftliche Blätter. Organ d. Verbandes mathemat. u. naturwiss. Vereine an Deutschen Hochschulen. Jg. 1, No 1. *Berlin: (Selbstverl. d. Verbandes) 1904.* 4°

— mathematisch-naturwissenschaftliche. Organ des Verbandes mathemat. u. naturwissenschaftl. Vereine an deutschen Hochschulen. Red.: P. Oestreich. 1. Jahrg. 1904. 12 Nrn. (176 S.) Lex.-8. Berlin. (Leipzig, B. G. Teubner.) n. 3. —

— dasselbe. Schriftleiter: W. Lietzmann, f. Verbandsnachrichten Frz. Schwuchow. 2. u. 3. Jahrg. 1905 u. 1906. à 12 Nrn. (à ca. 16 S. m. Fig.) Lex.-8. Ebd. à Jhrg. n. 3. —

— mathematisch-naturwissenschaftliche. Zeitschrift des Arnstädter Verbandes mathemat. u. naturwissenschaftl. Vereine an dtschn. Hochschulen. Schriftleiter: W. Lietzmann, f. Hochschul- u. Verbandsnachrichten W. v. der Seipen. 4.—7. Jahrg. 1907—1910. à 12 Nrn. (VI, 216; VI, 192; VI, 194 u. VI, 204 S. m. Fig.) Lex. 8. Berlin. Leipzig, B. G. Teubner. à Jahrg. 3. —

— Mathematisch-naturwissenschaftliche. Schriftleiter: W v. d. Seipen. 7—9. J. '10—12 je 12 Nrn. ('12, Nr 1: 16 m. Fig.) Lex8° Berl. Lpzg, BG Teubner. je 3 —

— aus der Mathilde Zimmer-Stiftung. Jg. 7ff.—(Gräfenhainichen 1908ff.: Schulze; später: Potsdam: Vereinsdruckerei.) 4°
Anfang u. d. T.: Das Töchterheim.

— Mecklenburgische. Herausg. von V. A. Huber. 1r Bd. 8. Parchim 834, 35. Hinstorff. 2⅔ ₰

— Mecklenburgische. Red.: Türk. 1. Jahrg. 1847. April bis Decbr. 39 Nrn. gr. 8. (B.) Rostock, Stiller in Comm. n. 2¼ ₰

—— für gerichtliche Medicin und Sanitätspolizei, s.a. Friedreich's Blätter etc.

—— für Medizinal-Gesetzgebung etc., s. Presse, Wiener medizinische.

— medicinische. Wochenschrift f. die gesammte Heilkunde. Red. v. Max Neuburger. 25. Jahrg. 1902. 52 Nrn. (à ca. 16 S.) Imp.-4. Wien. (Leipzig, Buchh. G. Fock.) n. 20. —

— medicinische. Wochenschrift f. die gesammte Heilkunde. Hrsg. u. red. v. J. Nevinny u. J. Meisels. 26.—29. Jahrg. 1903—1906. à 52 Nrn. (à ca. 16 S.) 4. Wien. (Leipzig, Buchh. G. Fock.) à Jhrg. n 20. —
Jahrg. 26 ist v. M. Neuburger, 27 u. 28 v. J. Legel red.
1905 m. d. Beil.: Halbmonatsschrift f. Haut- u. Harnkrankh. od. Halbmonatsschrift f. Frauen- u. Kinderkrankh. 28 —
Bisher u. d. T.: Wiener medizinische Blätter

— medicinische. Wochenschrift f. die gesammte Heilkunde. Organ des Zentralverbandes der Balneologen Österreichs. Hrsg u. red. v. S. Klein u. J. Meisels. 30.—33. Jahrg. 1907—1910. à 52 Nrn. (à ca. 12 S.) 33×25,5 cm. Wien. Leipzig, Buchh. G. Fock. à Jahrg. 20. —

— dass. Halbmonatsschr. f. d. gesamte Heilkde. Red. v. E Holtler u. J Meisels, seit '12 v. J Nevinny u. J Meisels. 34. u. 35. J' '11 u. '12 je 24 Nrn. (284, 282) 33×25,5 cm. Ebd. je 16 —

— medizinisch-kritische, in Hamburg, hrsg. u. red. v. Geo. Deycke u. Hans Much. I Bd. 6 Hefte. (1. Heft. 79 S.) gr. 8. Hamburg 910. L. Gräfe & Sillem. 12. —

(F) Meggendorfer Blätter. Farbig illustrirte Zeitschrift für Humor und Kunst. Ausgabe für Oesterreich-Ungarn. Heft-Ausgabe. XIII. Jahrgang. 1901. Redacteur: Robert Mohr. Wien. 1901. [In Comm. R. Mohr.] Lex.-8°. erscheint in 26 Heften. vierteljähr. K 3.60

(F) Meggendorfer Blätter. Zeitschrift für Humor und Kunst. 55. Bd. Lex.-8°. erscheint in 52 Nummern † kompl. K 16.–
Wien: Mohr 1903‡

Blätter, Meiszener. – Meissen: 4.I.1848 - 31.XII.1879.
Vorh. u.d. T.: Wochenblatt, Meiszener gemeinnütziges.
Fortges. u.d. T.: Tageblatt, Meißener.

—— mennonit. Hrsg. v. J Mannhardt. 1—11. Jahrg. à 6 Nrn. (à 1—2 B.) 4. Danz. 54—64, Ziemssen. à n. — 20 ‖ 12. Jahrg. à 10 Nrn. 65. n. — 15

—— mennonit. Hrsg. v. J Mannhardt. 13—17. Jahrg. à 10 Nrn. (B.) 4. Danz. 66—70, Ziemssen. à n. — 20

—— Mennonitische. Hrsg. von H. van der Smissen. 32.—34. Jahrg. 1885—1887. à Jahrg. 12 Nrn. (Bog.) gr. 4. Altona, Prediger van der Smissen's Selbverlag. à Jahrg. *

— mennonitische. Hrsg. v. H. van der Smissen. 33. 34. Jahrg. 1886. 1887. à 12 Nrn. (B.) gr. 4. Altona, (Harder's Verl.). à Jahrg. n. 2. —

—— dass. — 1888. I. Semester, hrsg. von H. van der Smissen und H. G. Mannhardt. 24 Nrn. (Bog.) gr. 4. Ebendas. *

—— dass. — 1888. II. Semester, hrsg. von H. van der Smissen. 24 Nrn. (Bog.) gr. 4. Ebendas. *

— dasselbe. 35.—37. Jahrg. 1888—1890. à 24 Nrn. (B.) gr. 4. Ebd. à Jahrg. n. 3. —

Blätter, mennonitische. Unter Mitwirkg. v. Frau C. R. A. Brons, B. Brons jr., Cramer u. A. hrsg. v. H. van der Smissen. 38.—40. Jahrg. 1891—1893. à 24 Nrn. (Bog.) gr. 4. Altona, (Harder's Sort.). à Jahrg. n.n. 3. —

— dasselbe. 41. Jahrg. 1894. 12 Nrn. (Bog.) gr. 4. Ebd. n.n. 2. —

— mennonitische. Unt. Mitwirkg. v. Frau C. R. A. Brons, B. Brons jr., Cramer u. A. hrsg. v. H. van der Smissen. 42.—45. Jahrg. 1895—1898. à 12 Nrn. (Bog.) gr. 4. Altona (Harder's Sort.). à Jahrg. n n. 2. —
Kann auch halbjährlich bezogen werden.

— mennonitische. Unter Mitwirkg. v. Frau A. Brons, B. Brons jr., Cramer u. A. Hrsg. u. red. v. H. van der Smissen. 46.—49. Jahrg. 1899—1902. à 12 Nrn. gr. 4. (à ca. 8 S. m. Abbildgn.) Altona (J. Harder Sort.) à Jahrg. n.n. 2. —

— mennonitische. Unter Mitwirkung v. B. Brons jr., Cramer, H. G. Mannhardt u. A. hrsg. u. red. v. H. van der Smissen. 50.—53. Jahrg. 1903—1906. à 12 Nrn. (106, 102, 108 u. 100 S. m. Abbildgn.) 4. Altona (J. Harder Sort.). à Jhrg. n.n. 2. —

— mennonitische. Unter Mitwirkg. v. B. Brons jr., Cramer, H. G. Mannhardt u. A. hrsg. u. red. v. H. van der Smissen. 54.—57. Jahrg. 1907—1910. à 12 Nrn. (à ca. 8 S.) 30,5×23 cm. Altona, J. Harder Sort. à Jahrg. nn 2. —

— Mennonitische. Hrsg. v. H van d. Smissen. 57—59. J. '10—12 je 12 Nrn. ('12, Nr 1: 8) 30,5×24 cm. Altona, J Harder Sort. halbj. nn 1 — d

— mennonitische, zur Belehrung u. christlichen Erbauung zunächst für Mennoniten. Im Verein mit Mehreren herausg. von J. Mannhardt. 1—5. Jahrg. 1854—58. à 6 Nrn. (à 1—1½ Bgn.) Danzig. (Kabus.) gr. 4. Jeder Jahrg. n. 20 ngr

— mennonitische, zur Belehrung und christlichen Erbauung zunächst für Mennoniten. Im Verein mit Mehreren herausg. von J. Mannhardt. 6—10. Jahrg. 1859—63. à 6 Nrn. (à 1—2 Bgn.) Danzig, Ziemssen in Comm. 4. Jeder Jahrg. n. 20 ngr

—— dass. — 8. Jahrg. 1861. 6 Nrn. (à 1—2 Bog.) gr. 4. Danzig, (Anhuth.) **

—— mennonitische, zur Belehrung und christlichen Erbauung zunächst für Mennoniten. Im Verein mit Mehreren hrsg. von J. Mannhardt. 9. Jahrg. 1862. 6 Nrn. (à 1 — 2 Bog.) gr. 4. Danzig, (Anhuth.) *

—— dass. — 10.—14. Jahrg. 1863—67. à Jahrg. 6—10 Nrn. (à 1—2 Bog.) gr. 4. Danzig, (Ziemssen.) à Jahrg. *

—— mennonitische, zur Belehrung und christlichen Erbauung zunächst für Mennoniten. Im Verein mit Mehreren hrsg. von J. Mannhardt. 15.—21. Jahrg. 1868—1874. à Jahrg. 9 Nrn. (Bog.) gr. 4. Danzig, (Ziemssen's Buchh.) [Kaiserslautern, Tascher.] à Jahrg. *

— dasselbe. Fortgesetzt v. J. u. H. van der Smissen. 22. Jahrg. 1875. 12 Nrn. (B.) gr. 4. Kaiserslautern, Tascher in Comm. n. 1. 50

— dasselbe. 23. Jahrg. 1876. 12 Nrn. (B.) gr. 4. Ebend. n. 2. —

— mennonitische, zur Belehrung u. christlichen Erbauung zunächst f. Mennoniten. Begründet v. J. Mannhardt. Fortgesetzt v. J. u. H. van der Smissen. 24—29. Jahrg. 1877—1882. à 12 Nrn. (B.) gr. 4. Kaiserslautern. Tascher in Comm. à Jahrg. n. 2. —

— mennonitische, zur christlichen Erbauung und Mittheilung v. gemeindlichen Nachrichten zunächst f. Mennoniten. Begründet v. J. Mannhardt. Fortgesetzt v. H. van der Smissen. 30 — 32. Jahrg. 1883—1885. à 12 Nrn. (B.) gr. 4. Kaiserslautern, (Tascher). à Jahrg. n. 2. —

Blätter (Menschenfreundliche), oder praktische Beiträge zur Volksbeglückungslehre. Hrsg. von Ludw. Gall. Trier 1828. (nur ein Heft publicirt worden.)

—— für Menschenwohl. I. Ueber die Grundquellen des menschlichen Elends. 16. (78 S.) Erlangen 868, (Besold.) *

Blätter, Merkantilische.

Sorau und Leipzig 1799—01. H: *Sinapius, Joh. Chn.* (CBH)

Blätter, Merseburger. – Merseburg: 1.I.1827 - 6.IV.1847.
Fortges. u.d. T.: Kreis-Blatt, Merseburger.

Blätter des Stuttgarter Mietervereins. 1900-05. 4° Stuttgart 1900-05

Blätter, Militärische.

— — Minerva oder Sammlung militär. Aufsätze im philos., histor. u. scientifischer Hinsicht. Hrsg. von Rouvroy. H. 1—4. Pirna 1805.

— militärische, e. Zeitschrift, herausg. von F. W. von Mauvillon. 1r—7r Jahrg. 1820—26. gr. 8. Essen, Bädeker. à J. 7 rℬ 12 gℊ Hbg. Pr. à J. 3 rℬ

— — Mitteilungen. Hrsg. v. J. v. Xylander u. L. Kretschmer. Bd 1—4. Mit Taf. München 1828—1830.

— militärische. In Verbindung mit Mehreren herausg. von R. del'Homme de Courbiere. 1—7. Bd. à 6 Hfte. (à 2—3 Bgn.) Berlin 859—61. Wagner. (Stilke & van Muyden.) gr. 8. Jeder Bd. n. 1 rℬ

— militärische. In Verbindung mit Mehreren hrsg. von R. de l'Homme de Courbiere. 1. Bd. 1. Heft. 1. und 2. Aufl., 2. Heft. 1. und 2. Aufl., und 3—6. Heft. und 2—7. Bd. gr. 8. Berlin, Wagner. [1. Bd. (209 S.) 859. 60., 2—7. Bd. à Bd. 6 Hefte. (à ca. 32 S.) 860. 61.] à Heft * 5 Ngr. *

— — 4—6. Jahrg. 1862—64. à 52 Nrn. (à 1 Bgn.) Berlin, Stilke & v. Muyden. gr. 4. Jeder Jahrg. n. 4 ℛ

— dass. — Redig. von R. de l'Homme Courbiere. 6. und 7. Jahrg. 1864 und 1865. à Jahrg. 52 Nrn. (Bog.) Imp.-4. Berlin, Stilke und v. Muyden. à Jahrg. *

— dass. — 8. Jahrg. 1866. 52 Nrn. (Bog.) Imp.-4. Ebendas. *

— dass. — 9. Jahrg. 1867. 24 Hefte. (à 3—5 Bog.) gr. 8. Berlin, Schlesier. *

— militärische. 10. und 11. Jahrg. 1868 und 1869, oder 19.—22. Bd. à 6 Hefte. (à 6 Bog.) gr. 8. Berlin, Expedition. [Schlesier.] à Jahrg. *

— dass. — Redact.: G. v. Glasenapp. 12. und 13. Jahrg. 1870 und 1871 oder 23.—26. Bd. à 6 Hefte. (à 6 Bog.) gr. 8. Ebendas. à Jahrg. *

— dass. — Hrsg. von G. v. Glasenapp. 14. Jahrg. 1872, oder 27. Bd. 6 Hefte und 28. Bd. 1.—3. Heft. (à Heft 6 Bog.) Ebendas. *

— dass. — Redig. und hrsg. von Oberst v. Held. 14. Jahrg. 1872. 28. Bd. 4.—6. Heft. (Octbr.—Decbr. 1872.) gr. 8. (à ca. 6 Bog.) Berlin, Peters. [Schlesier.] *

— dass. — 15. und 16. Jahrg. 1873 und 1874, oder 29.—32. Bd. à 6 Hefte. (à ca. 6 Bog.) Ebendas. à Jahrg. *

Militär. Blätter. Red. v. G. v. Glasenapp. Bd. 19—28. Berl. 1868—72. (10 Bde.) — Forts.: Neue militär. Blätter. Red. v. dems. Bd. 2—5. Berlin 1872—74. (4 Bde.) 14 Bde.
(Bd. 1 ist m. Bd. 28 d. Milit.-Bl. zusammengeb.)

— — Inhaltsverzeichnis zu Bd 18—28 der „Militärischen" und zu Bd 1—19 (1872—1881) der Neuen milit. Blätter. o. O. u. J. 23 S.

— — Inhaltsverzeichnis zu Bd 18—28 (1867 bis 1872) der „Militärischen" und zu Bd 1—8 (1872—1876) der Neuen milit. Blätter. Berlin 1876. 47 S.

— — Monatsschrift. Hrsg. von A. L. v. Massenbach. Bd 1—5. Mit Kpf. Berlin 1785—1787.

— militärisch-politische, hrsg. in Verbindg. m. der militär. u. polit. Korrespondenz. Red. u. Hrsg.: v. Hellfeld. 1. Jahrg. 1. Vierteljahr Jan.—März 1893. 9 Nrn. gr. 4. (152 S.) Berlin, [W. Baensch]. Leipzig, W. Friedrich. 4. 50

— dasselbe. 2.—4. Vierteljahr. Apr.—Dezbr. 1893. 78 Nrn. gr. 4. (à Nr. ca. 10 S.) Ebd. Vierteljährlich 4. 50

— dasselbe. Monatsschrift, hrsg. in Verbindg. m. d. militär. u. polit. Korrespondenz. Red.: H. v. Gersdorff. 2. Jahrg. 1894. 12 Hfte. (à ca. 5 Bog.) gr. 8. Leipzig, W. Friedrich. n. 10. —

— militärisch-politische. Monatsschrift, hrsg. i. Verbindg. m. d. militär. u. polit. Korrespondenz. 3. Jahrg. 1895. 12 Hfte. (à ca. 5 Bog.) gr. 8. Leipzig, W. Friedrich. n. 10. —; einz. Hfte. n. 1. —
Erscheinen nicht mehr.

— für Mission. Unter Beihülfe mehrerer Pastoren herausg. vom evangel.-luther. Zweigmissions-Verein zu Werdau [Königr. Sachsen.] Red.: Härting. Jahrg. 1864. 9 Nrn. (à ¼ Bgn.) Werdau. (Leipzig, Klinkhardt.) n. 2 ngr.

— für Mission. Unter Beihülfe mehrerer Pastoren hrsg. vom evangel.-luther. Zweigmissions-Verein zu Werdau (Königreich Sachsen). Redact.: Härting. Jahrg. 1864. 9 Nrn. (¼ Bog.) gr. 8. Werdau, Schreiber'sche Buchh. *

— für Mission. Unter Beihülfe mehrerer Pastoren hersg. vom evangel.-luther. Zweigmissions-Verein zu Werdau [Königr. Sachsen]. Red.: Härting. Jahrg. 1865—70. à 9 Nrn. (à ¼ Bgn.). Leipzig, (Klinkhardt.) 8. Jeder Jahrg. n. 2 ngr.

— für Mission. Begonnen in Verbindg. m. dem evang.-luth. Zweigmissions-Verein zu Werdau hrsg. v. mehreren Pastoren. Mit Beiblatt. Red.: Härting u. Gärtner. 1874—1876. à 6 Nrn. (½ B.) gr. 8. Leipzig, Buchh. d. Vereinshauses. à Jahrg. n. — 80

— für Mission. Begonnen in Verbindung mit dem evangelisch-luther. Zweig-Missionsvereine zu Werdau [Königr. Sachsen], hrsg. v. mehreren Pastoren. Red.: Härting u. Gärtner. Jahrg. 1877—1882. à 6 Nrn. (B.) 4. Leipzig, Buchh. d. Vereinsh. in Comm. à Jahrg. n. — 40

— f. Mission. Begonnen in Verbindg m. d. ev. luth. Zweig-Missionsver. zu Werdau [Königr. Sachsen], hrsg. v. mehr. Pastoren. Red.: Härting, Gärtner u. Hardeland. Jahrg. 1881—1885. à 6 Nrn. (B.) 4. Lpzg. Wallmann. à Jahrg n. — 40

— für Mission. Hrsg. vom evangelisch-luther. Hauptmissionsverein im Königr. Sachsen. Red.: Hardeland. Jahrg. 1883—1886. à 6 Nrn. (B.) 4. Leipzig, (Buchh. d. Vereinshauses). à Jahrg. n. — 40

— für Mission. Hrsg. vom evangelisch-luther. Hauptmissionsverein im Königr. Sachsen. Red.: Hardeland. Jahrg. 1887—1890. à 6 Nrn. (B.) 4. Leipzig, (Buchh. d. Vereinshauses). à Jahrg. n. — 40

— für Mission. Hrsg. vom evangelisch-luther. Hauptmissionsverein im Königr. Sachsen. Redact.: Hardeland. Jahrg. 1889—1892. à Jahrg. 12 Nrn. (à Nr. ½ Bog.) 4. Zittau. (Lpz., Wallmann.) à Jahrg. * — 40

— für Mission. Nebst Beiblatt. Hrsg. vom evangelisch-luther. Hauptmissionsverein im Königr. Sachsen. Jahrg. 1891. 6 Nrn. (Bog.) 4. Leipzig, (H. G. Wallmann). n. — 40

— dasselbe. Red.: Hardeland. Jahrg. 1892—1894. à 12 Nrn. (½ Bog.) 4. Zittau. (Leipzig, H. G. Wallmann.) à Jahrg. n. — 40

— f. Mission. Hrsg. v. evang.-luther. Hauptmissionsverein i. Königr. Sachsen. Red.: Hardeland. Jahrg. 1895—1898. à 12 Nrn. (à ½ Bog.) 4. Zittau. (Leipzig, H. G. Wallmann.) à Jahrg. n. — 40

— für Mission. Hrsg. vom evangelisch-luther. Hauptmissionsverein im Königr. Sachsen. Red.: Hardeland. Jahrg. 1899—1902. à 12 Nrn. 4. (à 4 S. m. Abbildgn.) Zittau. (Leipzig, H. G. Wallmann.) à Jahrg. n. — 40

— für Mission. Hrsg. vom evangelisch-luther. Hauptmissionsverein im Königr. Sachsen. Red.: Hardeland. Jahrg. 1903—1906. à 12 Nrn. (à ca. 4 S. m. Abb.) gr. 8. Zittau. (Leipzig, H. G. Wallmann.) à Jhrg. n. — 40

— für Mission. Hrsg. vom evangelisch-luther. Hauptmissionsverein im Königr. Sachsen. Red.: Hardeland. Jahrg. 1907—1910. à 12 Nrn. (à ca. 4 S. m. 1 Bildn.) gr. 8. Zittau. (Leipzig, H. G. Wallmann.) à Jahrg. — 40

— f. Mission. Hrsg. v. ev.-luther. Hauptmissionsverein im Kgr. Sachsen. Red.: Hardeland. J. '10—12 je 12 Nrn. ('12, Nr 1: 4 m. 1 Bildn.) gr8° Zitt. (Lpzg, HG Wallmann.) je — 40 d

— für äußere und innere Mission im Sinne der lutherischen Kirche ausgesandt aus dem Großherzogthum Hessen. Nr. 1. u. 2. Darmstadt 863. (Leipzig, Naumann.) gr. 8. n. 7 ngr.

Inhalt: 1. Eine Weckstimme in Angelegenheit der Heidenbekehrung. (24 S.) n. 1 ngr. — 2. Ueber die Vereinigung luther. Christen mit anderen Confessionen im Werk der Heidenbekehrung. (87 S.) n. 6 ngr.

— für die evangelische Mission unter Israel. Hrsg. v. P. E. Gottheil. (1—3.) Jahrg. 1850—1852. à 12 Nrn. gr. 8. (1/2 B.) Nürnberg, Raw in Comm. à Jahrg. n. n. 1/3 ℛ

— für die evangelische Mission unter Israel. Herausg. von P. E. Gottheil. 4—8. Jahrg. 1853—57. à 12 Nrn. (à 1/2 Bgn.) Cannstadt, Bosheuyer. gr. 8. Jeder Jahrg. n. 10 ngℛ

— für innere Mission. Red.: Schmidt. (1. u. 2. Jahrg.) 1851 u. 1852. à 12 Liefrgn. gr. 8. (1/2 B.) Greiz. (Gera, Kanitz.) à Jahrg. n. 1/3 ℛ

—— für innere Mission. Redig. von Schmidt. (2. und 3.) Jahrg. à Jahrg. 12 Lfgn. (à 1/4—1/2 Bog.) gr. 8. Greiz 852—53. (Gera, Kanitz.) à Jahrg. *

— — (4. u. 5.) Jahrg. 1854 u. 55. à 24 Liefgn. (à 1/4—1/2 Bgn.) Greiz. (Henning.) gr. 8. Jeder Jahrg. n. 8 ngℛ

—— f. inn. Mission. Red.: Schmidt. (5.) Jahrg. 24 Lfgn. (1/2 B.) 8. Greiz 55, Hentze. (?) n. — 8

— für innere Mission. Herausg. durch den Badischen Landesverein f. innere Mission. Red. Ernst Fink. 4—9. Jahrg. 1853—58. à 26 Nrn. (à 1/2 Bgn.) Karlsruhe, Braun. gr. 8. Jeder Jahrg. nn. 20 ngℛ

— für innere Mission, herausg. durch den Badischen Landesverein für innere Mission. Red.: Ernst Fink. 10. Jahrg. 1859. 26 Nrn. (à 1/2 Bgn.) Karlsruhe, Braun in Comm. gr. 8. nn. 20 ngr

Blätter für Innere Mission. Hrsg. vom Provinzial-Ausschuß f. Innere Mission in d. Prov. Sachsen. Jg. [1.] Magdeburg: Prov.-Ausschuß f. Innere Mission 1905. 8° [J.] [o4. 13303 3]

— für innere Mission im Großherzogth. Baden. Red. v. Mühlhäußer. Jahrg. 1851 u. 1852. à 52 Nrn. gr. 8. (1/2 B.) Karlsruhe, Braun. à Jahrg. n. 2/3 ℛ

– für Innere Mission in Bayern, s.a. Blätter, Puckenhofer.

—— für Innere Mission in Bayern. Organ der Konferenz für innere Mission in Bayern. Hrsg. von Kahl. 1. Jahrg. Der früheren „Puckenhofer Blätter" 36. Jahrg. 1886. 24 Nrn. (à Nr. 1/2 Bog.) gr. 8. Rothenburg o. T., (Peter.) *

— für innere Mission in Bayern. Organ d. Landesvereins f. innere Mission in Bayern. Hrsg. v. Kahl, Bühlmayer, Reindel. 2.—5. Jahrg. Der früheren „Puckenhofer Blätter" 37.—40. Jahrgang 1887—1890. à 24 Nrn. (1/2 B.) gr. 8. Rothenburg o/T., (Peter). à Jahrg. n. 1.20

— für innere Mission in Bayern. Organ des Landesvereins für innere Mission in Bayern. Hrsg. von F. Reindel. 6.—9. Jahrg. Der früheren „Puckenhofer Blätter" 41.—44. Jahrg. 1891—1894. à 24 Nrn. (1/2 Bog.) gr. 8. Rothenburg o/T., (Peter). à Jahrg. n. 1.20

— f. inn. Mission i. Bayern. Organ d. Landesvereins f. inn. Mission i. Bayern. Hrsg. v. H. Scholler. 10.—13. Jahrg. D. früh. „Puckenhofer Blätter" 45.—48. Jahrg. 1895—1898. à 24 Nrn. (à 1/2 Bog.) gr. 8. Rothenburg o/T. (Peter.) à Jahrg. n. 1.20

— für innere Mission in Bayern. Organ des Landesvereins f. innere Mission in Bayern. Hrsg. von H. Scholler. 14.—17. Jahrg. Der früh. „Puckenhofer Blätter". 49.—52. Jahrg. 1899—1902. à 24 Nrn. gr. 8. (à 8 S. m. Abb.) Rothenburg o/T. (J. P. Peter.) à Jahrg. n.n. 1.20

— für innere Mission in Bayern. Organ des Landesvereins f. innere Mission in Bayern. Hrsg. v. H. Scholler. 18.—21. Jahrg. Der früheren „Puckenhofer Blätter" 53.—56. Jahrg. 1903—1906. à 24 Nrn. (à 8 S.) 8. Rothenburg o/T., (J. P. Peter). à Jhrg. n.n. 1.20

— für inn. Mission in Bayern. Organ d. Landesvereins f. innere Mission in Bayern. Hrsg. v. H. Scholler. 22.—25. Jahrg. Der früheren „Puckenhofer Blätter". 57.—60. Jahrg. 1907—1910. à 24 Nrn. (à Jahrg. IV, 192 S.) 8. Rothenburg o/T. (J. P. Peter). à Jahrg. nn 1.20

— f. innere Mission in Bayern. Hrsg. v. Scholler, seit '12 v. Meiser. 25—27. J. Der früheren „Puckenhofer Blätter" 60—62. J. '10—12 je 12 Nrn. ('12, Nr 1: 8) Lex8° Rothenbg o/T., (JP Peter). je nn 1.20 d

Blätter für die Mitglieder des Wissenschaftlichen Central-Vereins. Nr 1. Berlin 1909: (Loewenthal). 4° [09. 13364 7]

Blätter für Mode und Handarbeit
v. Die Welt.

—— f. Moden. Techn. Org. f. Bekleidgsgewerbe u. Fabrikation. Red. v. A Döll. 1. Jahrg. 12 Nrn. (B. m. K.) 4. Gotha 53, Conrad. n. 4. —

— für Moden. Technisches Organ für Bekleidungsgewerbe und Fabrikation. Herausg. unter Leitung u. Redaktion von Alb. Döll. 1. Jahrg. 1853. 12 Nrn. (à 1 Bgn. Text mit 2 lith. u. color. Modenkpfrn., lith. Musterzeichnungen u. Stoffmustern in Farbendr. in 4. u. Fol.) Gotha, Hellfarth. 4. n. 4 ℛ

— moderne. Wochenschrift der Gesellschaft für modernes Leben. Red.: Jul. Schaumberger. 1. Jahrg. Apr.—Decbr. 1891. 39 Nrn. (1 1/2 Bog.) gr. 4. München, Münchner Handelsdruckerei u. Verlagsanstalt, M. Poeßl. n. 3.90
Erschien nicht weiter.

— moderne, f. Musik, Kunst u. Litteratur. Hrsg.: Walt. Roos. 1. Jahrg. Febr. 1901—Jan. 1902. 52 Nrn. hoch 4. (à ca. 16 S.) Frankfurt a/M., Moderne Verlagsgesellschaft. n. 12.—; einzelne Nrn. —30
Erscheinen nicht mehr.

— monatliche, v. Baum des Lebens. 3 Thle. 4. Berl. 732—33.

— des deutschen Monistenbundes. Hrsg.: Heinr. Schmidt. Juli—Dezbr. 1906. 6 Nrn. (100 S.) gr. 8. Brackwede (Dr. W. Breitenbach). n. 1.20

— d. deut. Monistenbundes. Hrsg.: Heinr. Schmidt. 1. u. 2. Bd. Juli '06—Dezbr '07. 18 Nrn. (308, 16, 12, 16 u. 8) gr8° Brackw. Berl., Verl. d. deut. Monistenbundes. Halbj. 1.20; einz. Nrn — 30; in 1 L.-Bd 10 — d

— des dtschn. Monistenbundes. Hrsg.: Heinr. Schmidt. 2. u. 3. Jahrg. 1907 u. 1908. à 12 Nrn. (à ca. 32 S.) 8. Brackwede. Berlin, Verlag d. deutschen Monistenbundes. à Jahrg. 2.40
Fortsetzg., s.: Monismus, der.

—— Münchener dramaturgische, verbunden mit Allgemeiner Literatur-, Kunst- und Musik-Zeitung. Hrsgbr. und Redact.: H. v. Basedow. 1. Jahrg. 1887. [24 Nrn.] gr. 8. München, Fritsch. [*M 6.—.]
Nur 2 Nrn. erschienen. — Forts. s. Fortschritt, der. Zeit- und Streitschrift für Literatur.

—— Münchener humoristische. Redact.: Ludw. Schuh. 1.—3. Jahrg. 1885/86, 1887 und 1888. à Jahrg. 52 Nrn. (Bog. mit Illustr.) gr. 4. München, (Franz' Verlag.) à Jahrg. *

— Münchener humoristische. Red.: L. Schuh. 2.—5. Jahrg. 1887—1890. à 52 Nrn. (B. m. Illustr.) gr. 4. München, (Franz' Verl.). à Jahrg. n. 7.60

—— Münchener humorist. Red.: L Schuh. 1—5. Jahrg. 1885/90. à 52 Nrn. (B. m. Illustr.) 4. Münch., Schuh & Co. à Jahrg. n. 7.60

—— Münchener humoristische. Redact.: Ludw. Schuh. 4.—7. Jahrg. 1889—1892. à Jahrg. 52 Nrn. (1 Bog. m. Illustr.) gr. 4. Münch., Schuh u. Comp. à Jahrg. * 7 60

— Münchener humoristische. Red.: Ludw. Schuh. 12.—19. Bd. Jahrg. 1891—1894. à 52 Nrn. (à ca. 1 Bog. m. Illustr.) gr. 4. München, (G. Franz' Verl.). à Jahrg. n. 7.60

— Münchener humoristische. Red.: Ludw. Schuh. 20.—26. Bd. Jahrg. 1895—1898. à 52 Nrn. (Bog. m. Ill.) gr. 4. München (G. Franz' Verl.). à Jahrg. n. 7. 60
Kann auch halbjährlich bezogen werden.

— Münchener humoristische. Red.: Ludw. Schuh. 28.—35. Bd. od. Jahrg. 1899—1902. à 52 Nrn. gr. 4. (à 8 S. m. Abbildgn.) München (G. Franz' Verl.) à Jahrg. n. 7. 60

— Münchener humoristische. Red.: Ed. Waas u. seit 1906: Hans Geis. 36.—43. Bd. od. Jahrg. 1903—1906. à 52 Nrn. (à ca. 8 S. m. Abbildgn.) Lex.-8. München (G. Franz' Verl.) à Jhrg. n. 7. 60

— Münchener humoristische. Red.: Hans Geis. 44. bis 51. Bd. od. 23.—26. Jhrg. 1907—1910. à 52 Nrn. (à 8 S. m. z. Tl. farb. Abb.) Lex. 8. München, G. Schuh & Co. à Jhrg. 4. —

— Münchener humoristische. Red.: Hans Geis. 50—55. Bd od. 26—28. J. '10—12 je 52 Nrn. (52. Bd, Nr 1: 8 m. z. Tl farb. Abb.) Lex8° Münch., G Schuh & Co. viertelj. 1 —; einz. Nrn — 15 d

Blätter, Münchener kunsttechnische. Jg. 1—5. 1904/05—1908/09 u. 7—16. 1910/11—1919/20. München
(Beil. zu: Werkstatt der Kunst = w $\frac{2a}{13}$)

— Münchner, für Stenographie, s.a. Blätter, Stenograph.

— Münchner, für Stenographie. Organ des Gabelsberger Stenographen-Centralvereins zu München. Neue Folge. 19. und 20. Jahrg. 1869 und 1870. à Jahrg. 12 Nrn. (à $\frac{1}{2}$—$\frac{3}{4}$ lithogr. Bog.) Mit Beiblatt: Stenographische Lesebibliothek. 1. und 2. Jahrg. à 12 Nrn. (à $\frac{1}{4}$ Bog.) 8. München, (Franz'sche Buchh.) à Jahrg. *
Beiblatt apart à Jahrg. *

— Münchener, f. Stenographie. Organ d. Gabelsberger Stenographen-Centralvereins zu München. Red.: Buchert. 21—25. Jahrg. 1871—1875. à 12 Nrn. (à $\frac{1}{2}$—$\frac{3}{4}$ lith. B.) Lex.-8. Mit Beiblatt: Stenographische Lesebibliothek. 3—7. Jahrg. à 12 Nrn. ($\frac{1}{4}$ B.) Lex.-8. München, (Franz.) à Jahrg. n. 4. —
das Beiblatt apart n. 1. 40

— dasselbe. 26. Jahrg. 1876. 12 Nrn. (à $\frac{1}{2}$—$\frac{3}{4}$ lith. B.) Mit Beiblatt: Stenographische Lesebibliothek. 8. Jahrg. 1876. 12 Nrn. ($\frac{1}{4}$ lith. B.) Lex.-8. Ebend. n. 4. 40.

— Münchener, für Stenographie. Organ d. Gabelsberger Stenographen-Centralvereins zu München. 27—32. Jahrg. 1877—1882. à 12 Nrn. (à $\frac{1}{2}$—$\frac{3}{4}$ lith. B.) Mit Beiblatt: Stenographische Lesebibliothek. 9—14. Jahrg. 1877—1882. à 12 Nrn. ($\frac{1}{4}$ lith. B.) Lex.-8. München, Franz. — Kellerer in Comm. à Jahrg. n.n. 3. 45; ohne Beiblatt n.n. 2. 25; Beiblatt ap. n.n. 1. 25

Blätter, Münchener, f. Stenographie. Organ d. Gabelsberger Stenographen-Centralvereins zu München. 33—36. Jahrg. 1883—1886. à 12 Nrn. (à $\frac{1}{2}$—$\frac{3}{4}$ lith. B.) Mit Beiblatt: Stenographische Lesebibliothek. 15—18. Jahrg. 1883—1886. à 12 Nrn. ($\frac{1}{4}$ lith. B.) Lex.-8. München 883. (Kellerer's Buchh.) à Jahrg. n.n. 3. 50; ohne Beiblatt n.n. 2. 25; Beiblatt ap. n.n. 1. 25

— Münchener, f. Stenographie. Organ d. Gabelsberger Stenographen-Central-Vereins zu München u. d. bayr. Gesamtvereines. 37.—40. Jahrg. 1887—1890. à 12 Nrn. (à $\frac{1}{2}$—$\frac{3}{4}$ lith. B.) Mit Beiblatt: Stenographische Lesebibliothek. 19.—22. Jahrg. 1887—1890. à 12 Nrn. ($\frac{1}{4}$ lith. B.) Lex.-8. München, (Kellerer). à Jahrg. n.n. 3. 50; ohne Beiblatt n.n. 2. 25; Beiblatt ap. n.n. 1. 25

— Münchener, f. Stenographie. Organ d. Gabelsberger Stenographen-Zentral-Vereines zu München u. d. bair. Gesamtvereines. 41. Jahrg. 1891. 12 Nrn. (à $\frac{1}{2}$—$\frac{3}{4}$ lith. Bog.) Mit Beiblatt: Stenographische Lesebibliothek. 23. Jahrg. 1891. 12 Nrn. ($\frac{1}{4}$ lith. Bog.) Lex.-8. München, (M. Kellerer). n.n. 3. —;
ohne Beiblatt n.n. 2. —
Fortsetzung u. d. T.:
Blätter für Stenographie.

— für Münzfreunde. Beilage zum numismat. Verkehr. Redig. von C. G. Thieme. 1—6. Jahrg. 1865—1870. à 4 Nrn. (à 1 Bgn.). Mit Beilagen u. „Numismat. Verkehr." Leipzig, Thieme & Fuchs. 4. Jeder Jahrg. n. 1 ₰ 10 ngr

— für Münzfreunde. Redig. von C. G. Thieme. 2. Jahrg. 1866. 4 Nrn. (Bog.) Mit Beilagen und „Numismat. Verkehr." gr 4. Leipzig, (Serig'sche Buchh.) *
Vgl.: Blätter für Münzkunde.

— für Münzfreunde. Beilage zum numismat. Verkehr. Red. v. C. G. Thieme. 7—9. Jahrg. 1871—73. à 4 Nrn. (B.) Mit lith. Beilagen u. „numismat. Verkehr". gr. 4. Leipzig, Thieme. à Jahrg. n. 4. —

— dasselbe. 10. Jahrg. 1874. 4 Nrn. (B.) Mit Steintaf. u. Beilagen. gr. 4. Ebend. n. 5. —

— für Münzfreunde. Numismatische Zeitg. Organ d. Münzforscher-Vereins. Red. v. H. Grote. 11. u. 12. Jahrg. 1875 u. 1876. à 8 Nrn. (B.) Mit Steintaf. u. Beilagen. gr. 4. Ebend. à Jahrg. n. 6. —

— für Münzfreunde. Numismatische Zeitung. Organ d. Münzforscher-Vereins. Hrsg. v. H. Grote. 13—18. Jahrg. 1877—1882. à 8 Nrn. (à $\frac{1}{2}$—1 B.) Mit 4 Steintaf. u. Beilagen. gr. 4. Leipzig, Thieme. à Jahrg. n. 6. —

— dass. — 18.—20. Jahrg. 1882—1884. à Jahrg. 8 Nrn. (à Nr. $\frac{1}{2}$—1 Bog. mit jährlich 4 lithogr. Taf.) gr. 4. Ebendas. à Jahrg. *

— für Münzfreunde. Numismatische Zeitg. Organ d. Münzforscher-Vereins. Hrsg. v. Jul. u. Alb. Erbstein. 20—22. Jahrg. 1884—1886. à 8 Nrn. (à $\frac{1}{2}$—1 B. m. jährlich 4 Taf.) gr. 4. Leipzig, C. G. Thieme. à Jahrg. n. 6. —

— für Münzfreunde. Correspondenzblatt d. deutschen Münzforscher-Vereins. Hrsg. v. Jul. u. Alb. Erbstein. 23.—26. Jahrg. 1887—1890. à 8 Nrn. (à $\frac{1}{2}$ bis 1 B. m. jährlich 4 Taf.) gr. 4. Leipzig, C. G. Thieme. à Jahrg. n. 6. —

Blätter f. Münzfreunde. Correspondenzblatt d. deut. Münzforscher-Ver. u. Vereinsorgan d. numismat. Gesellsch. zu Dresden. Hrsg. v. J Erbstein. 27—31. Jahrg. 1891—1895 à 8 Nrn m. jährlich 4 Taf. 4° (1891. Nr. 1. 6) Nebst: Numismat. Verkehr à 4 Nrn. (Nr. 1 u. 2. 22) Lpzg, GG Thieme. à Jahrg. 6 —

— f. Münzfreunde. Correspondenzblatt d. deutschen Münzforscher-Vereins u. Vereinsorg. d. numismat. Gesellschaft zu Dresden. Hrsg. v. Jul. Erbstein. 31.—33. Jahrg. 1895—1898. à 8 Nrn. (à $\frac{1}{2}$—1 Bog. m. jährl. 4 Taf.) gr. 4. Nebst: Numismat. Verkehr. à 4 Nrn. (à 1—$1\frac{1}{2}$ Bog.) Leipzig, C. G. Thieme. à Jahrg. n. 6. —

— f. Münzfreunde. Numismatische Monatschrift. Zeitschrift f. Münz- u. Medaillenkunde. Begründet 1865 v. E. G. Gersdorf. Hrsg. u. Schriftleiter: H. Buchenau. 33.—37. Jahrg. 1898—1902. à 12 Nrn. gr. 4. (à ca. 8 S. m. Lichtdr.-Taf.) Mit: Numismatischer Verkehr. Dresden, C. G. Thieme. à Jahrg. 5. —

— für Münzfreunde. Numismatische Monatsschrift. Zeitschrift f. Münz- u. Medaillenkunde. Begründet 1865 v. E. G. Gersdorf. Hrsg. u. Schriftleiter: H. Buchenau. 38.—41. Jahrg. 1903—1906. à 12 Nrn. m. etwa 4 Lichtdr.-Taf. (à 8 S. m. Abbildgn.) Mit: Numismatischer Verkehr. 4 Nrn. (à 32 S.) Lex.-8. Dresden, C. G Thieme. à Jhrg. n. 5. —

— für Münzfreunde. Monatschrift f. Münz- u. Medaillenkunde. Begr. 1865 v. E. G. Gersdorf. Organ des numismat. Vereins zu Dresden u. d. bayer. numismat. Gesellschaft in München. Hrsg. u. Schriftleiter: H. Buchenau. 42.—45. Jahrg. 1907—1910. à 12 Nrn. m. jährl. etwa 6 Lichtdr.-Taf. (à Jahrg. 186 S. m. Abbildgn.) Lex. 8. Mit: Numismatischer Verkehr. 4 Nrn. 8. Dresden, C. G. Thieme. à Jahrg. 6. —

— f. Münzfreunde. Monatsschr. f. Münz- u. Medaillenkde. Begründet v. EG Gersdorf. Hrsg. u. Schriftleiter: H Buchenau. 45—47. J. '10—12 je 12 Nrn m. etwa 6 Taf.) ('12, Nr 1 [fortlauf. Nr 383]: 12 m. Abb. u. 2 Taf.) Lex8° Mit: Numismat. Verkehr. 4 Nrn. (Nr 1 [fortlauf. Nr 197]: 72) 8° Dresd., CG Thieme. je 6 —

—— für Münzkunde. Journal numismatique de Hannovre. Hrsg. v. H. Grote. 1—4. Bd. à 4 Hfte. Mit Stnt. gr. 4. Leipzig 834—39, (Hahn'sche Verlagsh.) [1. * 2 Thlr., 2—4. à * 2⅔ Thlr.] *

— für Münzkunde. Hannoversche numismatische Zeitung. Herausg. von H. Grote. (1r Jahrg.) Nr. 1.—12. Mit Abbildd. 26 Numm. gr. 4. Leipzig 834, 35. (Hahn.) 2 ₰ — 2r Jahrg. Oct. 1835. 24 Numm. gr. 4. Ebd. 836. $2\frac{2}{3}$ ₰ — Jahrg. 1835. 1s, 2s Hft. Nr. 1.—11. 2e Aufl. 837. n. $1\frac{1}{2}$ ₰ — 3r Bd. 3s, 4s Hft.: Journal numismatique de Hannovre. Heft 1. u. 2. (Nr. 1.—12.) n. $1\frac{1}{3}$ ₰ — 4r Bd. 1s u. 2s Hft. (Mit Steintaf.) 838, 39. $2\frac{2}{3}$ ₰

—— ders. Beil.-Hft. Stammtafeln d. europäischen Regentenhäuser seit d. letzten drei Jahrh. Mit vorzugsweiser Rücksicht auf d. Theilungen in Linien u. die Nähe d. Verwandtschaftsgrade, u. mit Angabe d. unt. jedem Regenten geprägten Münzsorten. gr. 8. (16 Blätter u. besond. Titelbl.) Ebds. 836. *

— für Münzkunde. Journal numismatique de Hannovre. Herausgeg. v. H. Grote. 4. Bd. 3.—6. (Schluß-) Heft. Mit lithogr. Taf. gr. 4. Hannover 840—44. (Hahn.) 3. 4. n. $1\frac{1}{3}$ ₰ — 5. 6. $1\frac{1}{3}$ ₰

—— für Münzkunde. Redig. von C. G. Thieme. 1. Jahrg. 1865. 4 Nrn. (Bog.) Mit Beilagen und „Numismat. Verkehr." gr. 4. Leipzig, (Serig'sche Buchh.) *

— für Musik u. Literatur. 1.—5. Jahrg. 1841—1845 à 52 Numm. (½ Bog.) gr. 8. Hamburg, Schuberth u. Comp. n. $1\frac{1}{3}$ ₰ — 6. Jahrg. s. Musikzeitung, Kleine-

—— f. Musik, Theater u. Kunst. Red. v. LA Zellner. 1. Jahrg. 104 Nrn. (B.) Fol. Wien 55, Spina's Nf. n. 6. 7½ || 2—4. Jahrg. Wien 56—58, Haslinger. à n. 5. 20 || 5. Jahrg. Wien 59, Klemm. n. 6. 20 || 6. Jahrg. 60. n. 5. 10
cf. Blätter f. Theater, Musik u. Kunst.

— für Musik, Theater und Kunst. Redig. u. herausg. von L. A. Zellner. 1. Jahrg. 1855. 104 Nrn. (à 1 Bgn.) Wien, Keck u. Pierer. Fol. n. 5 ₰ 10 ngr

— — 2. Jahrg. 1856. 104 Nrn. (à 1 Bgn.) Wien, Tendler u. Co. Fol. n. 5 ₰ 10 ngr

— — 3. u. 4. Jahrg. 1857 u. 58. à 104 Nrn. (à 1 Bgn.) Wien. Haslinger in Comm. Fol. Jeder Jahrg. n. 5 ₰ 10 ngr

— für Musik, Theater und Kunst. Red. u. herausg. von L. A. Zellner. 5. Jahrg. 1859. 104 Nrn. (à 1 Bgn.) Wien, Leo in Comm. Fol. n. 6 ₰ 20 ngr

—— dass. — 5. und 6. Jahrg. 1859 und 60. à Jahrg. 104 Nrn. (½ Bog.) Fol. Wien, (Selch's Buchh.) [5. Jahrg. * 6 Thlr. 20 Ngr., 6. * 5 Thlr. 20 Ngr.] *
Fortsetzung s. Blätter f. Theater, Musik u. Kunst.

— musikalische. Kritische Skizzen aus der Musikwelt. Hrsg. v. C. D. Graue. 1. Jahrg. 1887. Jan.—April. 17 Nrn. (¼ B.) gr. 8. Bremen, (Hampe). n.n. 1.70

—— dass. — 2. Jahrg. 1888. [1. Septbr. 1887—1. Mai 1888.] 34 Nrn. (à Nr. ¼ Bog.) gr. 8. Ebendas. **
Erscheint nur in den angegebenen 8 Monaten. — Preis für 4 Monate ** ℳ 1.70.

– musikalische nebst Litteratur-Anzeiger, s.a. Musikzeitung, Leipziger

— musikalische, nebst Litteratur-Anzeiger. Organ f. die Gesamt-Interessen der musikal. Welt. Begründet u. hrsg. v. Alfr. Michaelis. 1. u. 2. Jahrg. 1891 u. 1892. à 12 Nrn. (Bog. m. Musikbeilage.) gr. 4. Heidelberg. (Leipzig-Reudnitz, R. Michaelis.) à Jahrg. n. 4. —
Nicht weiter erschienen.

—— musikalisch-liturgische, s.a. Rinck, Chrst. Heinr.

Musikliterarische Blätter. Organ z. Förderung d. musikal. Produktion aller Völker. Fachbl. f. Komponisten ... Jg. 1, No 1. *Wien: Pazdirek & Co. (1903).* 4°

Blätter, musikliterarische. Organ zur Förderg. der musikal. Produktion aller Völker. Fachblatt f. Komponisten, Musikverleger, Musikalienhändler, Musikdirigenten u. Konzertvirtuosen. Red.: Otto Keller. 1. Jahrg. Dezbr. 1903 - Novbr. 1904. 36 Nrn. (à ca. 12 S.) gr. 4. Wien, Verlag des „Universal-Handbuch der Musikliteratur". n.n. 8. —

— dasselbe. Schriftleiter: Frz. Pazdirek. 2. Jahrg. 1905 12 Nrn. (à 12 S.) 4 Ebd. n. 4. —; Ausg B. m. Notenbeilage n. 8.

— musikliterarische. Illustr. Monatsschrift. Organ zur Förderg. der musikal. Produktion aller Völker. Fachblatt f. Komponisten, Musikschriftsteller, Musikverleger, Musikalienhändler, Musikdirigenten u. konzertier. Künstler. Chefred.: Vict. Lederer. Stellvertreter: Adf. Neumann. 4. Jahrg. 1907. 12 Nrn. (à ca. 36 S.) 34×26 cm. Wien (II/2, Praterstr. 54), A. Kohlfürst. 5. —

— musikliterar. Organ z. Förderg d. musikal. Produktion aller Völker. Chefred.: Vict. Lederer. Stellvertreter: Adf Neumann. 4. J. '07. 12 Nrn. (Nr 1. 44) 34×26 cm. Wien, Verlag d. musiklit. Blätter. 5 —; einz. Nrn — 50
Vom 3. J. '06 erschienen nur 3 Nrn. — Fortsetzg s. u. d. T.: Zeitschrift, Wiener, f. Musik.

— musikpädagogische. Org. f. d. Interessen d. musikal. Unterrichtswesens, f. Dirigenten, Organisten u. d. Musikleben d. Gegenwart. Hrsg. v. Karl Zuschneid. 1. Jahrg. Oktbr. 1896—Septbr. 1897. 12 Nrn. (à ca. 16 S.) hoch 4. Quedlinburg, Ch. F. Vieweg. n. 4. —

— dasselbe. 2. Jahrg. Oktbr. 1897—Septbr. 1898. 24 Nrn. (à ca. 12 S.) hoch 4. Ebd. n. 6. —
Kann auch vierteljährlich bezogen werden.

— Musikpädagogische. Vereinigte Zeitschr.: Der Klavier-Lehrer. — Gesangspädagog. Blätter. Begründet v. Emil Breslaur. Red.: Anna Morsch. 34. J. '11. 24 Nrn. (Nr 1: 20) Lex8° Berl., Verl. „Der Klavierlehrer". viertelj. 1.50; einz. Nrn — 40 || 35. J. '12. halbj. 4 —; viertelj. nn 2 —; einz. Nrn — 40
Fortsetzg v.: Klavierlehrer, Der.

— für christliche Mystik. Hrsg. zum Zwecke der Verbreitg. u. des Studiums der Schriften älterer u. neuerer christl. Mystiker; zur Gründg. u. Erhaltg. e. „Vereins zur Pflege christl. Mystik" u. zur Förderg. der persönl. Bekanntschaft u. e. freundschaftl. Verkehrs der Mitglieder untereinander. 1.—3. Jahrg. 1904—1906. à 4 Nrn. (à ca 32 S) Lex.-8. Lorch, K. Rohm. à Jhrg. n. — 80

— f. christl. Mystik. 3—5. J. '06—8 je 4 Nrn. (Nr 1. 32 m. 2 Taf.) Lex8° Lorch, K Rohm. Je — 80 || 6. J. '09. 1.20 d

— f. christliche Mystik. Hrsg. z. Zwecke der Verbreitg. u. des Studiums der Schriften älterer u. neuerer christl. Mystiker; zur Gründg. u. Erhaltg e. „Vereins zur Pflege christl. Mystik“ u. zur Förderg. der persönl. Bekanntschaft u. e. freundschaftl. Verkehrs der Mitglieder untereinander. 6. Jahrg. 1909. 4 Nrn. (à ca. 16 S.) Lex. 8. Lorch, K. Rohm. 1. 20

— f. christl. Mystik. 7. J. '10. 4 Nrn. (Nr 1 u. 2: 36) Lex8° Lorch, K Rohm. 1.20 d öF

— namenlose. Illustrirte Zeitung für Kunst, Literatur u. Unterhaltung. Chefred.: Louis v. Selar Edler v. Sztankovits. 1—4. Jahrg. 1877—1880. à 52 Nrn. (B. m. chemitvp. Abbildungen.) gr. 4. Berlin. Leipzig, Friedrich. à Jahrg. n. 12. —

—— namenlose. Illustrirte Zeitung für Kunst, Literatur und Unterhaltung. Chefredact.: Louis v. Selar. 1. Jahrg. 1877. 52 Nrn. (Bog. mit chemitvp. Abbild.) gr. 4. Berlin, C. Mecklenburg. *

—— dass. — Illustrirte Zeitung für die elegante Welt. Chefredact.: Louis v. Selar. 2. Jahrg. 1878. 52 Nrn. (à 1—1½ Bog. mit chemitvp. Abbild.) Imp.-4. Berlin, Expedition. *

—— dass. — 3. Jahrg. 1879. 52 Nrn. (à 1—1½ Bog. mit chemitvp. Abbild.) Imp.-4. Berlin. (Leipzig, Friedrich.) *

—— namenlose. Illustrirte Zeitung für die elegante Welt. Chef-Redact.: Louis Selar, Edler v. Sztankovits. 4.—6. Jahrg. 1880—1882. Jan.—März. à Jahrg. 52 Nrn. (à Nr. 1—1½ Bog. mit chemitvp. Abbild.) Imp.-4. Berlin, Expedition. à Jahrg. *

Nicht weiter erschienen.

— närrische. Red.: Herm. Walden. 1. Jahrg. 1848. Nr. 1 u. 2. gr. 8. (à 8 S. m. eingedr. Holzschn.) Breslau, Kern. (à 1½ ngr) 3 ngr

—— närrische. Humoristisch-satyr. Carneval-Almanach zum mardi-gras 1848. Hrsg. von Herm. Walden. gr. 16. (VI und 322 S.) Grimma 848, Verlags-Comptoir. *

— aus Nassau. Deutschen Landleuten u. Weinbauern gewidmet von Wilh. Albrecht. 1.—3. Heft. 16. Wiesbaden 843—45. (Siegen, Friedrich'sche Verlagsb.) à n. 6¼ ngr

Blätter aus Nassau. Deutschen Landleuten und Weinbauern gewidmet von Wilhelm Albrecht. 2., unveränderte Aufl. H. 1.2. Wiesbaden: Schellenberg 1846.

— aus Nassau. Deutschen Landleuten u. Weinbauern gewidmet v. Wilh. Albrecht. 4. Hft. (160 S.) Wiesbaden 847, Friedrich in Comm. n. 6 ngr (1—4: 24¾ ngr)

—— aus Nassau. Wochenschrift zur Besprechung der Zeitfragen auf dem Gebiete der Kirche und der Schule. Hrsgbr.: C. H. Brückmann. 1. Jahrg. April — Decbr. 1856. 39 Nrn. (Bog.) gr. 4. Limburg. (Wiesbaden, Friedrich's Vrlgsh.) *

— aus Nassau. Deutschen Landleuten u. Weinbauern gewidmet v. Adf. Klaas. 6. Hft. 8. (VII, 135 S.) Wiesbaden 873. Rodrian. n. 1. 40; (1—4. u. 6.: n. 3. 80)

Blätter, nationalliberale. Deutsche Stimmen. Polit. Wochenschrift, hrsg. vom Centralbureau der nationalliberalen Partei. Schriftleitung: Arnold Nagel. 20.—22. Jahrg. 1908—1910. à 52 Nrn. (IV, 576; IV, 444 u. IV, 504 S.) 31,5×24 cm. Berlin, Buchh. d. Nationalliberalen Partei. à Jahrg. 6. —

Bisher u. d. T.: Stimmen, deut.

— Nationalliberale. Deut. Stimmen. Polit. Wochenschr., hrsg. v. Centralbureau d. Nationalliberalen Partei. Schriftleitg: Arnold Nagel, seit '11: Karl Trucksäss. 22—24. J. '10—12 je 52 Nrn. (12, Nr 1 u. 2: 24) 31,5×23,5 cm. Berl., Reichsverl. viertelj. 1.50 d

— naturhistorische, zur Belehr. u. Unterhaltung für die Jugend, mit 12 Kpf. qu. 8. Ulm, J. Ebner. 10 gl ill. 1 rß

— naturhistorische, colorirte u. schwarze Abbildd. in Folio mit kurzen faßl. Beschreibb. d. Gegenstände. 2 Hefte. Braunschw. 814. Spehr. 1 rß 12 gl

— f. Naturschutz. Red. v. Hans Sammereyer u. Rud. Zimmermann (Nr 1) u. Walt. Benecke (v. Nr 2 an) Nr 1 u. 2 = 1. J. Mai u. Nov. '10. (40 u. 40 m. Abb.) gr8° Berl., W Benecke. (Lpzg, O Maier.) je 1 — ‖ Nr 3—10 = 2. J. '11. (40, 48, 48, 24, 16, 16, 16 u. 16 m. Abb. u. Taf.) Nr 3—7 je 1 —; 8—10 je — 60 ‖ Nr 11—22 = 3. J. '12. (20, 20, 20, 28, 24, 24, 24, 24, 24, 24, 24 u. 24 m. Abb. u. Taf.) 6 —; einz. Nrn — 60 d (Nr 1 in Antiqua.)

Blätter für Naturschutz. Organ d. Bundes z. Erhaltung d. Naturdenkmäler aus d. Tier- u. Pflanzenreiche. Unter verantwortl. Red. von Hans Sammereyer u. Rudolf Zimmermann. Jg. 1, Nr 1. Berlin & Wien: Bund 1910. 8° [illegible]

Blätter, Neue. – Oldenburg: 4.I.1843 - 28.XII.1851.

— Neue. Hrsg. u. Red.: Carl Einstein u. Hegener. März—Sept. '12. 12 Hefte. (102 m. Abb.) 32,5×24 cm. Hellerau, E Baron. (3 —) 5 —; geb. n 7 —; einz. Hefte (— 25) — 45

Erschien zuerst in Berlin.

— dass. 2. Folge. Hrsg.: Hegner. Okt. '12—Sept. '13. 12 Hefte. (1. Heft: 75) kl8° Ebd. 8.50; einz. Hefte — 75

—— neue fliegende s. a. Blätter, humoristische.

—— neue fliegende. Redact.: Adb. Platzer. 2. Jahrg. 1875. 52 Nrn. (Bog. mit eingedr. Holzschn.) gr. 4. Wien, [Klič und Spitzer.] Spitzer.

—— dass. — Redact.: Berth. Spitzer. 3. und 4. Jahrg. 1876 und 1877. à Jahrg. 52 Nrn. (Bog. mit eingedr. Chemigr.) gr. 4. Ebendas. à Heft 60 Pf.; à Jahrg.

—— dass. — 5. und 6. Jahrg. 1878 und 1879. à Jahrg. 52 Nrn. (Bog. mit eingedr. Chemigr.) gr. 4. Wien, Spitzer. à Heft 60 Pf.; à Jahrg.

1. Jahrg., s. Fliegende, neue.

Blätter, Neue fliegende. Humoristisches Familienblatt. XX. Jahrg. Cplt. 4. (416 S.) 4.—
Einbanddecke: Volks-Advocat u. Rechtsfreund -.50
— Haus- und Geschäfts-Briefsteller —.50

Wien: Dabeskow

Blätter, Neue fliegende Herausgeber u. Redacteur: B. Spitzer. XX. Jahrg. 1892. Complet. 4. (416 S.) In Lwd. geb. 5.40

Blätter, Neue fliegende Herausgeber u. Redacteur: B. Spitzer. XXI. Jahrg. 1893. 17 Hefte. 4. (3. Heft. S. 57—80) à —.30
Aufbewahrungs-Mappe zum dto. 20. Jahrgange —.50
Einbanddecke zum dto. 20. Jahrgange —.80

Blätter, Neue fliegende Herausgeber und Redacteur: B. Spitzer. XXII. Jahrg. 1894. 3. Heft. 4. (S. 49—72) —30
— — XXI. Jahrg. 1893. Complet. 4. (416 S.) 3.—, in Lwd. geb. 4.20
Einbanddecke zum XXI. Jahrg. —.80

Blätter, Neue fliegende Herausgeber und Redacteur: B. Spitzer. XXII. Jahrg. 1894. 4. Heft. 4. (S. 73—96) —30

Blätter, Neue fliegende Herausgeber und Redacteur: B. Spitzer. XXII. Jahrg. 1894. 7. Heft. 4. (S. 145—167) —.30

Blätter, Neue fliegende Herausgeber und Redacteur: B. Spitzer. XXII. Jahrg. 1894. 8. Heft. 4. (S. 169—192) —.30

Blätter, Neue fliegende. Herausgeber und Redacteur: B. Spitzer. XXII. Jahrg. 1894. 10. Heft. 4. (S. 217—240) —.30

Blätter, Neue fliegende Herausgeber und Redacteur: B. Spitzer. XXII. Jahrg. 1894. 11. Heft. 4. (S. 241—264) —.30

Blätter, Neue fliegende Herausgeber und Redacteur: B. Spitzer. XXII. Jahrg. 1894. 16. Heft. 4. (S. 353—376) —.30

Blätter, Neue fliegende Herausgeber und Redacteur: B. Spitzer. XXII. Jahrg. 1894. 17. Heft. 4. (S. 377—412) —.30

—— neue fliegende, aus Anhalt. Ein Oppositionsblatt. Nr. 1 und 2. (à ½ Bog.) gr. 8. Cöthen 848, Schettler. à Nr. *

— neue forstliche. Wöchentliche Rundschau auf dem Gebiete der Forstwirtschaft u. Forstwissenschaft. Hrsg. u. red. v. Ant. Bühler. 2. Jahrg. 1902. 52 Nrn. hoch 4. (à ca. 8 S.) Ebd. n. 6.—

— neue forstliche. Wöchentliche Rundschau auf dem Gebiete der Forstwirtschaft u. Forstwissenschaft. Begründet v. Ant. Bühler. 3. u. 4. Jahrg. 1903 u. 1904. à 52 Nrn. (à Jhrg. 416 S.) hoch 4. Tübingen, G. Schnürlen. à Jhrg. n. 6.—

— dasselbe. Organ der Vereinigung akademisch geprüfter Privat- u. Kommunal-Forstbeamten. Begründet v. Ant. Bühler. 5. Jahrg. 1905. Jan.—Juni. 26 Nrn. (216 S.) 4. Ebd. n. 3.—
Erscheinen nicht mehr.

— neue freimüthige liter., herausg. v. Fr. v. Cölln. Jahrg. 1820. 16—48 (u. letztes) Heft. gr. 8. Berl., Th. Enslin. 1 ₰ 12 K

Blätter, Neue gemeinnützige. Halberstadt 1791—1800. H: *Augustin, Christian Friedrich Bernhard.* (Ky) H: *Fischer, Gottlob Nath.* (ML)

Blätter, Neue gemeinnützige. Halberstadt.
Vorh. u. d. T.: Gemeinnützige Blätter.
Forts. u. d. T.: Gemeinnützige Unterhaltungen.

NEUE GEMEINNÜTZIGE BLÄTTER. EINE WOCHENSCHRIFT ZUM BESTEN DER ARMEN. HERAUSGEGEBEN VON DER LITTERARISCHEN GESELLSCHAFT ZU HALBERSTADT.
Jahrg. 1. Bd. 1-2 — Jahrg. 2. Bd. 1-2. Halberstadt, 1791—1792. 8°. Gedruckt bey Delius Wittwe.
Jahrg. 3. Bd. 1-2 — Jahrg. 10. Bd. 1. ib. 1793—1800. Gedruckt bey Delius Wittwe und Heinrich Matthias.

Blätter, neue Hamburger, redig. v. Dr. Gläser. 1. Jahrg. 1841. October—December. gr. 4. Hamburg 841, 42, Nestler u. Melle. n. ¾ ₰

— dies. 2.—4. Jahrg. 1842—1844. u. 5. 6. Jahrg. 1845, 1846. Redakt.: C. v. Bönningshausen. à 52 Numm. (Bog.) gr. 4. Ebend. à n. 3 ₰

—— neue hamburgische. Redact.: C. von Bönninghausen. Jahrg. 1843—47 à 52 Nrn. (Bog.) gr. 4. Hamburg, Nestler u. Melle. à J. *

— neue, Hamburgische. Red.: C. v. Bönninghausen. 7. Jahrg. 1847. 52 Nrn. gr. 4. (B.) Hamburg, Nestler u. Melle. n. 3 ₰

— neue homiletische, v. Janisch, Pischon u. Wilmsen. 1r—12r J. à 4 Stcke u. 13r J. 1s, 2s Stck. gr. 8. Stend. 799—810. Franzen u. Gr. 25 ₰ Register vom 1n bis 22n Bd., (v. J. F. Schilke). gr. 8. Ebd. 810. 9 K

— neue homiletisch-kritische,
s. a. Blätter, Homiletische critische

— neue homiletisch critische, s. a. Blätter, Homiletische kritische, für angehende Prediger.

Blätter, Neue homiletisch-kritische. Stendal 1799—1812. H: *Hanstein, Gottfried August Ludwig, Johann Carl Pischon & Friedrich Philipp Wilmsen.* (Winer)

Blätter, Neue inländische. [Dorpat] 4. Aug. — Ende 1817. H: *Rambach, Friedrich Eberhard.* (GGr) (R-N)

(F) Neue interessante Blätter. 1. Jahrg. 1905. Lex.-8°. erscheinen in 28 Heften à K —.25
Wien: Daberkow 1905?

— neue interessante. Red.: C. Weber, f. Österreich-Ungarn: Heinr. Bayer. 1. Jahrg. Aug. 1905—Juli 1906. 28 Hfte. (768 S. m. Abbildgn.) Lex.-8. Stuttgart. [Verlag der „Neuen interessanten Blätter"]. C. Weber & Co. à Hft. n —20

— dasselbe. Jahrg. 1907. (Septbr. 1906—Aug. 1907.) 28 Nrn. (à ca. 16. S. m. Abbildgn.) Fol. Stuttgart, C. Weber & Co. n. 5.60

— neue interessante. Red.: Carl Weber. 3.—5. Jhrg. 1908—1910. (Oktbr. 1907—Septbr. 1910.) à 52 Nrn. (à ca. 10 S.) 37,5×25,5 cm. Stuttgart, Verlag der neuen interessanten Blätter. à Jhrg. 2.60

—— neue, f. Kaninchenzucht. Zeitschrift zur Förderg. der Schlachtkaninchenzucht in Deutschland ꝛc. Hrsg. v. Paul Waser. 1. u. 2. Jahrg. 1891 u. 1892. 1. Jahrg. 39 Nrn. (Bog.); 2. Jahrg. 52 Nrn. (Bog.) 4. Schöneberg-Berl. W, Expedition. à Jahrg. * 3.60

— neue, f. Kaninchenzucht. Zeitschrift zur Förderg. der Kaninchenzucht in Deutschland, zur Vermittelg. f. Kauf, Verkauf u. Tausch v. Zuchtkaninchen, sowie zur Verwertg. v. Fleisch, Fellen u. Wolle. Organ der Vereine in Annaberg, Breslau, Burgstädt ꝛc. Red. [1. Jahrg.] P. Waser; [2. u. 3. Jahrg.] J. Lehmann. 1.—3. Jahrg. 1891—1893. à 52 Nrn. (Bog.) 4. Wildpark, Expedition. à Jahrg. n. 3.60
Fortsetzung u. d. T.:

— neue, f. Kaninchen- u. Geflügelzucht. Zeitschrift z. Hebg u. Förderg d. Kaninchen- u. Geflügelzucht in Deutschland, z. Vermittelg f. Kauf, Verkauf u. Tausch, sowie z. Verwertg aller einschläg. Produkte. Red.: J Lehmann. 4. u. 5. Jahrg. 1894 u. 1895 à 52 Nrn. 4° (Nr. 1. 8) Ebd. à Jahrg. 3.60

Blätter, neue, f. Kaninchen- u. Geflügelzucht. Zeitschrift z. Hebg. u. Förderg. der Kaninchen- u. Geflügelzucht i. Deutschland, z. Vermittelg. f Kauf, Verkauf u Tausch, sow. z. Verwertg. aller einschläg. Produkte. Organ d. Vereine in Annaberg, Breslau, Burgstädt ꝛc. Red.: J. Lehmann. 5.—8. Jahrg. 1895 - 1898. à 52 Nrn. (Bog.) gr. 4. Wildpark, Expedition. à Jahrg. n. 3.60
Kann auch vierteljährlich bezogen werden.

— neue, f. Kaninchen- u. Geflügelzucht, Fortsetzung s.: Kaninchenzüchter, der.

— neue kaufmännische. Internat. Centralorgan f. selbständ. Kaufleute. Red.: G. Wolf. 1. Jahrg. 1896. 12 Hfte. gr. 4. (162 S.) Leipzig (F. E. Fischer). n. 3.—
Die ersten 3 Quartale sind von H. Wolf redigiert.

— dasselbe. Jahrg. 1897. 12 Hfte. (à ca. 15 S. m. Abb.) gr. 4. Ebd. n. 3.—

— neue Kieler. Herausgeg. von Herrm. Carstens. 1843. Oct.—Decbr. 6 Hfte. gr. 8. Kiel 843, Schwers. n. 1 ℛ — dies. 1844. 1. Quartal. 6 Hfte. gr. 8. Ebend. n. 1 ℛ

—— dies. Hrsg. von Dems. 1843. Octbr.—Decbr. 6 Hfte. u. 1844. 1—3. Quartal. (à circa 12—15 B.) in 6 Hften. gr. 8. Ebds. à Quart. * 1 Thlr. *

—— dies. Hrsg. von Dems. 1844. 4. Quart. 6 Hfte. gr. 8. Kiel. [Grädener.] *

— dies. Herausgeg. v. Karl Lorentzen. 1844. 2.—4. Quartal. à 6 Hfte. gr. 8. Ebend. à n. 1 ℛ — dies. f. 1845. 24 Hfte. gr. 4. Ebend. Bünsow. n. $4^2/_3$ ℛ

—— neue litterarische. Officielles Organ d. litterar. Gesellschaft Psychodrama u. Zeitschrift f. Freunde zeitgenöss. Litteratur. Hrsg. von Franziskus Hähnel. I. Jahrg. 1892/93. (12 Nrn.) (à Nr. ¾ Bog.) gr. 8. Brem., (Kühtmann). * 3 —

— neue litterarische. Zeitschrift f. Freunde zeitgenöss. Litteratur. Hrsg. v. Franziskus Hähnel. 1. u. 2. Jahrg. Oktbr. 1892—Septbr. 1894. à 12 Nrn. (à ca. 1 Bog.) gr. 8. Bremen, J. Kühtmann. à Jahrg. n. 3. —

— neue litterar. Zeitschrift f. Freunde zeitgenöss. Litt. Hrsg. v. F Hähnel. 1. u. 2. Jahrg. Oktbr 1892—Septbr 1894 à 12 Nrn. 8° (Nr. 1. 16) Brem. Brnschw., OA Schwetschke & S. à Jahrg. 3 —

— dasselbe. Begründet v. Franziskus Hähnel. Hrsg. v. Heinr. Stümcke. 3. Jahrg. Oktbr. 1894—Septbr. 1895. 12 Nrn. (à ca. 1 Bog.) gr. 8. Berlin, E. Rentzel. n. 4.—

— neue litterarische. Zeitschr. f. Freunde zeitgenöss. Litteratur. Begr. v. Franziskus Hähnel. Hrsg. v. Heinr. Stümcke. Red.: Paul Bornstein. 4. Jahrg. 1. Sem. Oktbr. 1895—März 1896. 6 Nrn. (à ca. 2 Bog.) gr. 8. [Braunschweig, C. A. Schwetschke & Sohn.] Berlin, S. Cronbach. n. 2. —
Von Nr. 3 ab Hrsg. u. Red.: Willy Rath.

— dasselbe. Nebst Vierteljahrsbeilage: „Mittheilgn. d. Allgem. deutschen litterar. Gesellschaft". Hrsg. v. geschäftsführ. Vorstande. Red.: Franziskus Hähnel. 4. Jahrg. 2. Sem. April—Septbr. 1896. 6 Nrn. (à ca. 2 Bog. nebst Romanbeil.) gr. 8. Ebd. n. 3. —; einz. Hfte. n. — 50

— dass., Beilage s.: Psychodramenwelt.

— dasselbe. Hrsg.: Rich. Wrede. Chefred.: Frdr. v. Oppeln-Bronikowski. 5. Bd. Oktbr. 1896—März 1897. 6 Hfte. (à 2 Bog.) gr. 8. Ebd. n. 3. —; einz. Hfte. n. — 50

— dass. Sep.-Asg. d. „Monatsschrift f. neue Litt. u. Kunst". Red. u. Hrsg.: P Bornstein. Jahrg. 1896/97. 3. u. 4. Qu. Apr.—Septbr 1897. 6 Hfte. 8° (7. Hft. 72) Ebd. 3 —
Nur noch u. d. T.: Monatsschrift f. neue Litt. u. Kunst.

— neue, f. Literatur u. Kunst. Red.: Hugo Heller. 1. Jahrg. 1907. 10 Nrn. (à ca. 12 S. m. Abb.) Lex. 8. Wien, H. Heller & Co. 3. —
Erscheinen nicht mehr.

— Neue, f. Literatur u. Kunst, Fortsetzg, s: Kunst- u. Buchschau, Wiener.

Blätter, neue, für Literatur, Musik und Kunst. Bibliographisch-krit. Monatsschrift. [Organ für Bibliotheksvorstände, Lehrer und Literaturfreunde.] Hrsg. und redig. von Raim. A. Königsberger. 1. Jahrg. 1878. 12 Nrn. (½ Bog.) gr. 8. Wien, Graeser. *
Nicht weiter erschienen.

Blätter, neue Lübeckische. 1r—6r Jahrg. 1835—40. à 52 Numm. gr. 4. Lübeck, v. Rohden'sche Buchh. à J. n. $2^1/_2$ ℛ

— neue Lübeckische. 7.—12. Jahrg. 1841—1846 à 52 Numm. gr. 4. Lübeck, v. Rohden. à Jahrg. $2^1/_2$ ℛ

—— dass. — General-Uebersicht über den Inhalt der ersten 10 Jahrgänge 1835—1844. gr. 4. Ebds. 845. *

— neue Lübeckische. 13—18. Jahrg. 1847—1852. (15. u. 17. Jahrg. Red. C. Dettmer.) à 52 Nrn. gr. 4. (B.) Lübeck, v. Rohden. à Jahrg. n. $2^1/_2$ ℛ

— neue Lübeckische. 19—24. Jahrg. 1853—58. (à 1 Bgn.) Lübeck, v. Rohden. gr. 4. Jeder Jahrg. n. 2 ℛ 15 Ngr

— neue lustige. Hrsg.: W. Borsodi. Red.: A. Lauterböck. Jahrg. 1888. 24 Nrn. (3 B.) gr. 4. Wien, Administration, III. Radetzkystr. 12. n. 4. —

Blätter, Neue militärische. Redigirt und herausgegeben von G. v. Glasenapp. 1872—1892. 1.—47. Bd. Inhalts-Verzeichniss der militärischen Blätter (Bd. 18—28) und der neuen militärischen Blätter (Bd. 1—19). (49 Bde.) 8. Berlin 1872—1895.

—— neue militärische. Redig. und hrsg. von G. v. Glasenapp. 1. Jahrg. (Octbr. 1872—Juni 1873.) 1. und 2. Bd. à 6 Hefte. gr. 8. (à Heft 96—128 S., theilweis mit Stnt., 1 lithogr. Taf. in qu. Fol.) Berlin, Expedition der Neuen Militärischen Blätter. à Bd. * ℳ 12. *

—— dass. — 2. und 3. Jahrg. (Juli 1873—Decbr. 1874.) 3.—5. Bd. à 6 Hefte. gr. 8. (à 96—128 S.) Ebendas.
3. und 4. Bd. à *
5. Bd. *

—— neue militärische. Redig. und hrsg. von G. v. Glasenapp. 4.—8. Jahrg. 1875—1879. 6.—15. Bd. à Bd. 6 Hefte. gr. 8. (à Heft ca. 80—112 S.) Berlin, Expedition. à Bd. *

Blätter, neue militärische. Redig. und hrsg. von G. v. Glasenapp. 9.—13. Jahrg. 1880—1884. 16.—25. Bd. à Bd. 6 Hefte. Lex.-8. (à Heft ca. 96 S.) Berlin, Expedition. à Bd. *

— neue militärische. Red. u. hrsg. von G. v. Glasenapp. 12. Jahrg. 1883. 22—29. Bd. à 6 Hfte. Lex.-8. (à Hft. ca. 96 S.) Potsdam 883—86. Expedition. à Bd. n. 16. —

—— neue militärische. Redig. und hrsg. von G. v. Glasenapp. 14.—16. Jahrg. 1885—1888. 26.—33. Bd. à 6 Hefte. Lex.-8. (à Heft ca. 96 S.) Potsdam, Expedition. à Bd. *

—— neue militärische. Redig. u. hrsg. v. G. v. Glasenapp. 17.—20. Jahrg. 1889—1892. 34.—41. Bd. à 6 Hefte. Lex.-8. (à Heft ca. 90 S.) [Berl.], Dievenow, Exped. à Bd. * 16 —

— neue militär. Red. u. hrsg. v. G v. Glasenapp. 20—22. Jahrg. 1891—1893. 38—43. Bd à 6 Hfte. 8° (38. Bd. 1. Hft 91) (Dievenow u.) Berl., Exped. ‖ 23. u. 24. Jahrg. 1894 u. 1895. 44—47 Bd. Geleitet v. H v. Berge. à Bd 16 —

— neue militärische. Begr. von G. v. Glasenapp. Red.: A. v. Lom. 24.—27. Jahrg. 1895—1898. 46.—53. Bd. à 6 Hfte. (à ca. 6 Bog.) Lex.-8. Berlin, Exped. à Bd. n. 16. —
Der 24. Jahrg. ist noch von H. v. Berge redigiert.

Blätter, neue militärische. Begründet von G. v. Glasenapp. Red.: A. v. Lom. 28. Jahrg. 1899. 54. Bd. 6 Hfte. Lex.-8. (à ca. 90 S.) Berlin, R. Schröder. n. 16. —

— dasselbe. 55. Bd. 6 Hfte. Lex.-8. (à ca. 90 S.) Ebd. n. 12. —

— dasselbe. 29. Jahrg. 1900. 56. u. 57. Bd. à 6 Hfte. Lex.-8. (IV, 576 u. 576 S.) Ebd. à Bd. n. 12. —

— dasselbe. Zeitschrift f. Armee u. Marine. Begründet v. G. v. Glasenapp. 30. Jahrg. 1901. 58. u. 59. Bd. 24 Hfte. Lex.-8. (à ca. 48 S.) Ebd. n. 24. —

— dasselbe. Monatsschrift f. Armee u. Marine, begründet von G. v. Glasenapp. Red.: R. v. Lom. 31. Jahrg. 1. Halbj. Jan.—Juni 1902. 60. Bd. 6 Hfte. Lex.-8. (à ca. 96 S.) Ebd. n. 12. —

— dasselbe. Wochenschrift f. Armee u. Marine. Begründet von G. v. Glasenapp. Red.: A. v. Lom. 31. Jahrg. 2. Halbj. Juli—Dezbr. 1902. 26 Nrn. gr. 4. (à ca. 18 S.) Ebd. n. 12. —

— neue militärische. Wochenschrift f. Armee u. Marine. Begründet von G. v. Glasenapp. Red.: v. Cochenhausen. 32.—35. Jahrg. 1903—1906. 62.—69. Bd. Je 26 Nrn. (IV, 280; IV, 303; IV, 315; IV, 292; IV, 282; VI, 202; VI, 394 u. VI, 207 S.) 4. Berlin, Risel's deutsche Centrale f. Militärwissenschaft. à Bd. n. 12. —
Die Jahrgg. 32—34 sind v. A. v. Lom redig.

— neue militärische. Wochenschrift f. Armee u. Marine. Begr. 1859. Neue Folge hrsg. von G. v. Glasenapp im J. 1872. Red.: le Juge. 36.—39. Jahrg. 1907—1910. 70.—77. Bd. à Jahrg. 52 Nrn. (à ca. 12 S.) 30,5×22,5 cm. Berlin, Verlag der Grenzboten. à Jahrg. 16. —

— dass. Red.: F Roeder. 53. J. (n. F. 40. J.) 1. Halbj. Jan. —Juni '11. 12 Nrn. 31,5×23,5 cm. Ebd. viertelj. 4 —; einz. Nrn 1 — d

— dass. Infanterist. Halbmonatshefte. Hrsg. u. Schriftleitg: Fritz Roeder. 1. (d. ganzen Folge 53.) J. 2. Halbj. Juli —Dez. '11. 12 Nrn ('11 vollst.: 396 u. 20) u. 2. (d. ganzen Folge 54.) J. 1. Halbj. Jan.—Juni '12. 12 Nrn. (2. J.: 220) 31,5×23 cm. Ebd. viertelj. 1 —; einz. Nrn — 30 d Of

— neue philatelistische, zur Wahrung der Sammler vor Fälschungen. Unter Betheiligung grosser Sammler u. Händler hrsg. v. Max Böhne. 1. Jahrg. Octbr. 1879 – Septbr. 1880. 8 Nrn. (1/2 B.) Lex.-8. Leipzig, O. Friedlein in Comm. n. 2. —

— neue poetische. Halbmonatsschrift f. Dichtkunst u. literar. Unterhaltg. Redact.: Ernst Roeder. 5. u. 6. Jahrg. 1890 u. 1891. à Jahrg. 24 Nrn. (à Nr. ca. 1 Bog.) gr. 8. Dresd., [Pierson.] Heinze. à Jahrg. 6 —
Vom Jahrg. 1892 an vereinigt mit dem Deutschen Dichterheim.

— neue poet. Halbmonatsschrift f. Dichtkunst u. literar. Unterhaltg. Red.: E Roeder. 6. Jahrg. 1891. 24 Nrn. (3/4 B.) 8° Dresd. Wien, Administr. d. Dichterheim. 6 —
Vereinigt m. d. deut. Dichterheim.

— neue protestantische, für das evangelische Oesterreich. Hrsg. und redig. von Theodor Haase. 1. Jahrg. 1865. 52 Nrn. (Bog.) 4. Bielitz, Zamarski und Fröhlich. *

— neue protestantische, für das evangelische Oesterreich. Hrsg. und redig. von Pfr. Thdr. Haase. 4. und 5. Jahrg. 1868 und 1869. à Jahrg. 52 Nrn. (Bog.) Mit Beilagen. gr. 4. Bielitz, (Zamarski und Fröhlich.) à Jahrg. *

— neue Schlesische, für Unterhaltung, Kunst und Literatur. Redig. von Hnr. v. Seelen. 1r Jahrg. 1835. Juli — Decbr. 26 Numm. gr. 4. Breslau 835. H. Richter. 2 ₰ — 2r Jahrg.

— dies. Redact.: Theod. Brand. 2. u. 3. Jahrg. 1836 u. 37. à 52 Nrn. (Bog.) Mit literar. Beiln. u. Intelign. gr. 4. Breslau, Friedländer. à J. *

... — 3r u. 4r Jahrg. 1837 u. 38. Redakt. Thdr. Brand. gr. 4. Ebd.. Friedländer. (à 4 ₰) 8 ₰

Blätter: Neue schweizerische humoristische fliegende Blätter
④ Humoristische fliegende Blätter ⑤ 1897—1917 ⑥ 4° ⑦ Wochenblatt
⑧ Zürich: A. Tschopp ⑧ Zürich-Riesbach: Fr. Thiele-Wenger, O. Knape
⑫ deutsches Witzblatt ⑭ Zh: Z.

— neue sibyllinische, ein Traumbüchlein f. Personen aus allen Ständen, v. Sibylla Sperenza. 12. (5⅓ B.) Braunschweig 830, [Horneyer.]

— neue sibyllinische, ein Traumbüchlein für Personen aus allen Ständen, v. Sibylla Sperenza. 12. Braunschw. 831. Verlags-Compt. 9 K

– n e u e spiritualistische, Vorh. u. d. T.: B l ä t t e r, spiritualistische

— neue spiritualistische. Hrsg. u. red. v. B. Cyriax. 6.—8. Jahrg. 1888—1890. à 52 Nrn. (1/2 B.) gr. 4. Berlin, (Siegismund). à Jahrg. n.n. 8. —

— neue spiritualistische. Hrsg. u. red. v. B. Cyriax. 9.—12. Jahrg. 1891—1894. à 52 Nrn. (1/2 Bog.) gr. 8. Berlin. (Leipzig, O. Mutze.) à Jahrg. n. 8. —

— neue spiritualistische. Hrsg. u. red. v. B. Cyriax. 13.—16. Jahrg. 1895—1898. à 52 Nrn. (à ca. 4 S.) gr. 4. Berlin (K. Siegismund). à Jahrg. n. 8. —
Kann auch vierteljährlich bezogen werden. — Vom 3. Quart. d. 14. Jahrg. ab von E. Kolbe redigiert.

— neue spiritualistische, Fortsetzg., s.: Zeitschrift für Spiritismus.

Blätter, Neue, für Stadt und Land. – Oldenburg /Oldb. 1836 - 1851.
Vorh. u. d. T.: L e s e f r ü c h t e.

— neue, für Stadt u. Land. 1. u. 2. Jahrg. 1843 u. 44. à 104 Nrn. (1/2 Bog.) gr. 4. Oldenburg, Stalling. [1. Jahrg. *1⅚ Thlr. 2. J. * 2⅓ Thlr.] *

— neue, f. Stadt u. Land. Red.: H. Rüder. 8. Jahrg. 1850. 104 Nrn. gr. 4. (1/2 B.) Oldenburg, Stalling. n. 2⅓ ₰ — (9.) Jahrg. 1851. 52 Nrn. gr. 4. (1/2 B.) Ebd. n. 1 ₰

— neue, aus Süddeutschland für Erziehung und Unterricht. [Zugleich Ergänzungshefte zum württemberg. Schulwochenblatt.] Hrsg. unter Mitwirkung namhafter Pädagogen von C. Burk und C. Hory. 1.—3. Jahrg. 1872—1874. à Jahrg. 4 Hefte. (à 4—5 Bog.) gr. 8. Stuttgart, Belser's Verlag. 1. Jahrg. * 2. und 3. Jahrg. à *

— dasselbe. 2—5. Jahrg. 1873—1876. à 4 Hfte. (à 4—5 B.) gr. 8. Ebend. à Jahrg. n. 4. 50

— neue, aus Süddeutschland für Erziehung u. Unterricht. [Zugleich Erziehungshefte zum württemberg. Schulwochenblatt.] Hrsg. von C. Burk u. G. Pfisterer. 6—11. Jahrg. 1877—1882. à 4 Hfte. (ca. 5 B.) gr. 8. Stuttgart, Belser. à Jahrg. n. 4. 50

— neue, aus Süddeutschland f. Erziehung u. Unterricht. [Zugleich Ergänzungshefte zum württemberg. Schulwochenblatt.] Hrsg. v. C. Burk u. G. Pfisterer. 12—15. Jahrg. 1883—1886. à 4 Hfte. (ca. 5 B.) gr. 8. Stuttgart, Belser. à Jahrg. n. 4. 50

— neue, aus Süddeutschland f. Erziehung u. Unterricht. [Zugleich Ergänzungshefte zum württemberg. Schulwochenblatt.] Hrsg. v. C. Burk u. E. Gundert. 16.—19. Jahrg. 1887—1890. à 4 Hfte. (ca. 5 B.) gr. 8. Stuttgart, Belser. à Jahrg. n. 4. 50
s.: Schulwochenblatt, württembergisches.

— neue, aus Süddeutschland f. Erziehung u. Unterricht. [Zugleich Ergänzungshefte zum württemberg. Schulwochenblatt.] Hrsg. v. Burk u. E. Gundert. 20.—23. Jahrg. 1891—1894. à 4 Hfte. (ca. 5 Bog.) gr. 8. Stuttgart, Ch. Belser. à Jahrg. n. 4. 50

— neue, a. Süddeutschland f. Erziehung u. Unterricht. (Zugl. Ergänzungshefte z. württemberg. Schulwochenblatt.) Hrsg. v. Burk u. Gundert. 24—27. Jahrg. 1895—1898. à 4 Hfte. (à ca. 4 Bog.) gr. 8. Stuttgart, Ch. Belser. à Jahrg. n. 4. 50

— neue, aus Süddeutschland f. Erziehung u. Unterricht. (Zugleich Ergänzungshefte zum württemb. Schulwochenblatt.) Hrsg. v. Burk u. Gundert. 28.—31. Jahrg. 1899—1902. à 4 Hfte. gr. 8. (IV, 276; IV, 280; IV, 260 u. IV, 276 S.) Stuttgart, Ch. Belser. à Jahrg. n. 4. 50

— neue, aus Süddeutschland f. Erziehung u. Unterricht. (Zugleich Ergänzungshefte zum württemberg. Schulwochenblatt) Hrsg. v. Burk u. Gundert. 32. u. 33. Jahrg. 1903 u. 1904. à 4 Hefte, (IV, 260 u. IV, 284 S.) gr. 8. Stuttgart, Ch. Belser. à Jhrg. n. 4. 50

— dasselbe. Begründet 1872 von C. v. Burk, hrsg. unter Mitwirkg. namhafter Schulmänner v. Herm. Mosapp. 34. u. 35. Jahrg. 1905 u. 1906. à 6 Hefte (IV, 384 u. IV, 384 S. m. 1 Porträt) 8. Ebd. à Jhrg. n. 4. 50

— neue, aus Süddeutschland f. Erziehung u. Unterricht. (Zugleich Ergänzungshefte zum württemberg. Schulwochenblatt.) Begründet 1872 von C. v. Burk, hrsg. unter Mitwirkg. namhafter Schulmänner v. Herm. Mosapp. 36.—39. Jhrg. 1907—1910. à 6 Hfte. 8. (384, 374, 374 u. 380 S.) 8. Stuttgart, Ch. Belser. à Jhrg. 4. 50

— Neue, a. Süddeutschld f. Erziehung u. Unterr. (Zugl. Ergänzgshefte z. württemb. Schulwochenbl.) Begründet v. C v. Burk, hrsg. v. Herm. Mosapp. 39—41. J. '10—12 je 6 Hefte. (Je 380) 8° Stuttg., Ch. Belser. je 4.50; einz. Hefte — 90 d

— neue, aus meinem Tagebuche in den Hochlanden. Von 1862 bis 1882. (Von Victoria, Königin v. England.) Mit Allerhöchster Autorisation aus dem Engl. übertr. v. Eufemia Gräfin Ballestrem. gr. 8. (XII, 372 S. m. 5 eingedr. Holzschn. u. 8 Porträts.) Stuttgart 884. Deutsche Verlags-Anstalt. n. 8. —; geb. n.n. 10. —

— neue, für die Volksschule ... Vorh. u. d. T.: Blätter für die Volksschule der Herzogthümer Bremen ...

—— neue, für die Volksschule der Herzogth. Bremen und Verden und des Landes Hadeln. 1. Jahrg. 1861. 4 Hefte. 8. (1. Heft 80 S.) Stade, Steudel. **

—— neue, für die Volksschule der Herzogth. Bremen und Verden und des Landes Hadeln. Hrsg. unter Redact. von J. v. Garlen, H. A. Hadeler und C. Hahn. 2.—5. Jahrg. 1862—66. à Jahrg. 4 Hefte. 8. (à Heft ca. 80—90 S.) Stade, Steudel. à Jahrg. **

— neue, für die Volksschule der Herzogth. Bremen u. Verden u. des Landes Hadeln. Herg. von H. A. Hadeler, C. Hahn u. A. Wölber. 4—9. Jahrg. 1865—1870. à 4 Hefte (à 5 Bgn.). Stade, Schaumburg in Comm. 8. Jeder Jahrg. n. 25 ngr.

— neue, f. die Volksschule der Herzogth. Bremen u. Verden u. d. Landes Hadeln. Hrsg. v. H. A. Hadeler, C. Hahn, H. Stacke, A. Wölber, A. Peters. 10—13. Jahrg. 1872—1875. à 4 Hfte. 8. (à Hft. ca. 96 S.) Stade, Schaumburg in Comm. à Jahrg. n.n. 2. 50

—— neue, für die Volksschule der Herzogthümer Bremen und Verden und des Landes Hadeln. Hrsg. von H. A. Hadeler, H. Nack, A. Wölber, A. Peters. 13.—17. Jahrg. 1875—1879. à Jahrg. 4 Hefte. 8. (à Heft 80 S.) Stade, (Schaumburg.) à Jahrg. **

—— neue, für die Volksschule der Herzogthümer Bremen und Verden und des Landes Hadeln. Hrsg. von H. A. Hadeler, H. Nack, A. Wölber, A. Peters. 18.—22. Jahrg. 1880—1884. à Jahrg. 4 Hefte. 8. (à Heft 80 S.) Stade, (Schaumburg.) à Jahrg. **

— neue, f. die Volksschule der Herzogtümer Bremen u. Verden u. d. Landes Hadeln. Hrsg. v. H. Nack, H. A. Hadeler, A. Wölber, A. Peters. 23. Jahrg. 1885. 4 Hfte. (5 B.) 8. Stade, (Schaumburg). n. 2. 50

— neue, f. die Volksschule der Herzogtümer Bremen, Verden u. d. Landes Hadeln. Hrsg. v. H. Nack, H. A. Hadeler u. A. Wölber. 24.—28. Jahrg. 1886—1890. à 4 Hfte. (5 B.) 8. Stade, (Schaumburg). à Jahrg. n.n. 2. 50

— neue, f. die Volksschule der Herzogtümer Bremen u. Verden u. des Landes Hadeln. Hrsg. v. H. Nack, H. A. Hadeler u. A. Wölber. 29. Jahrg. 1891. 4 Hfte. (5 Bog.) 8. Stade, (F. Schaumburg). n.n. 2. 50

— dasselbe. Hrsg. v. H. Nack u. A. Wölber. 30. u. 31. Jahrg. 1892. 1893. à 4 Hfte. (5 Bog.) 8. Ebd. à Jahrg. n.n. 2. 50

— dasselbe. Hrsg. v. H. Nack, A. Wölber u. H. Brünjes. 32. Jahrg. 1894. 4 Hfte. (5 Bog.) 8. Ebd. n.n. 2. 50

— neue, f. d. Volksschule d. Herzogtümer Bremen u. Verden u. d. Landes Hadeln. Hrsg. v. H. Nack, A. Wölber u. H. Brünjes. 33.—36. Jahrg. 1895—1898. à 4 Hfte. (à ca. 5 Bog.) 8. Stade (F. Schaumburg). à Jahrg. n.n. 2. 50

— neue, f. die Volksschule der Herzogtümer Bremen u. Verden u. des Landes Hadeln. Hrsg. im Auftrage des Bez.-Lehrervereins Stade v. H. Breuer, H. Brünjes, J. Rathje, Jahrenhusen, Harms. 37.—40. Jahrg. 1899—1902. à 4 Hfte. 8. (à ca. 80 S.) Stade (F. Schaumburg). à Jahrg. n.n. 2. 50

— neue, für die Volksschule der Herzogtümer Bremen u. Verden u. des Landes Hadeln. Hrsg. im Auftrage des Bez.-Lehrervereins Stade v. H. Breuer, H. Brünjes, Rathje, Harms, Koch. 41.—44. Jahrg. 1903—1906 à 4 Hefte. (à ca. 80 S.) 8. Stade (F. Schaumburg). à Jhrg. n.n. 2. 50

— neue, f. die Volksschule der Herzogtümer Bremen u. Verden u. des Landes Hadeln. Hrsg. im Auftrage des Bez.-Lehrervereins Stade v. Koch, Breuer, Brünjes, Rathje, Harms. 45—48. Jahrg. 1907—1910. à 4 Hfte. (IV, 296; IV, 296; IV, 292 u. IV, 284 S.) 8. Stade, F. Schaumburg. à Jhrg. nn 2. 50

— Neue, f. d. Volksschule d. Herzogtt. Bremen u. Verden u. d. Landes Hadeln. Hrsg. v. (Koch) Deden, Breuer, Brünjes, (Rathje, Harms), Scholvin. 48—50. J. '10—12 je 4 Hefte. ('12, 1. Heft: 80) 8° Stade, F Schaumburg. je nn 2.50 d

—— neue Wiener, für Pferdezucht und Sport. Offizielles Organ der 6. Section [für Pferdezucht] der k. k. Landwirthschafts-Gesellschaft in Wien und des Sport-Verein in Baden. Hrsg. von C. Mayr und L. Ramschak. 1. Jahrg. 1875. 52 Nrn. (Bog.) (Ebendas.) *
Nicht weiter erschienen.

— neue zerstreute. Aus d. Gegenwart u. für die Gegenwart. 1. Bdchn. gr. 8. (IV u. 74 S.) Dresden 848, Naumann. n. 8 ngr

— neuphilologische. Organ des Cartell-Verbandes neuphilolog. Vereine deutscher Hochschulen. Schriftleiter: Körner u. Arth. Byhan. 1. Jahrg. 1894. Jan.—Oktbr. 9 Hfte. (à ca. $1^1/_2$ Bog.) gr. 8. Leipzig-Reudnitz, M. Hoffmann. n. 2. 25

— dasselbe. Schriftleiter: E. Michael u. Arth. Byhan. 2. Jahrg. Oktbr. 1894—Septbr. 1895. 12 Hfte. (à ca. $1^1/_2$ Bog.) gr. 8. Ebd. n. 3. —

— neuphilologische. Organ d. Cartell-Verbandes neuphilolog. Vereine deutscher Hochschulen. Schriftleiter: Michael. 3.—6. Jahrg. Oktbr. 1895—Septbr. 1899. à 12 Hfte. (à ca. 2 Bog.) gr. 8. Leipzig-Reudnitz, A. Hoffmann. à Jahrg. n. 3. —; einz. Hfte. n. — 30
Kann auch halbjährlich bezogen werden. — Redakteur d. 3. Jahrg.: Michael; d. 4. Jahrg.: L. Mack; d. 5. Jahrg.: O. Heck, d. 6. Jahrg.: Hugo Hertel.

— neuphilologische. Organ des Cartell-Verbandes neuphilolog. Vereine deutscher Hochschulen. Schriftleitung: M. Goldschmidt. 7. u. 8. Jahrg. Oktbr. 1899—Septbr. 1901. à 12 Hfte. gr. 8. (à ca. 32 S.) Leipzig-R., A. Hoffmann. à Jahrg. n. 3. —

— neuphilologische. Organ des Cartell-Verbandes neuphilolog. Vereine dtschr. Hochschulen (Weimarer Cartellverband). Schriftleitung: M. Goldschmidt. 14.—18. Jahrg. Oktbr. 1906—Septbr. 1911. à 12 Hefte. (14.—17. Jahrg. VIII. 440; VIII, 480; VII, 456 u. VII, 476 S.) 8. Leipzig-Reudnitz, A. Hoffmann. à Jahrg. 8. —

— Neuphilologische. Schriftleitg: M Goldschmidt. 18—20. J. Okt. '10—Sept. '13 je 12 Hefte. ('12, 1. Heft: 32) 8° Lpzg-R., A Hoffmann. halbj. 1.50; einz. Hefte — 30

New Yorker Lustige Blätter: Jahrgang 1—4, no. 6, Sept. 1892—Oct. 13, 1895†
Supplement, weekly, to New Yorker Sonntags-Nachrichten. Sub-title: Gratis-Beilage der New Yorker Sonntags-Nachrichten. Not all issues dated; first seen: Jahrgang 3, no. 3, Sept. 23, 1894. Large quarto, each issue 8 pages; illustrated, including cartoons.
New York, NY

— Niederrheinische, Westphäl., s. Th. W. Aschenberg u. setze hinzu: (Hamm, Wundermann).

„Niederschlesische Blätter", Eine Wochenschrift, herausgegeben von . . . Büttner u. . . . Gärtner. 1. und 2. Jahrgang, Breslau 1801, 1802 (Buchhelster).

Blätter, Niederschlesische. Eine Wochenschrift. 1. Jahrg. Glogau 1805. H: *Büttner*. (MGT)

Blätter, Nordalbingische, eine Zeitschrift für Gebildete. Bd. 1, Heft 1—6. Hamburg 1820. H: *Hinsche, Nicolaus Daniel*. (MGT)

— Nordalbingische, Zeitschrift f. Gebild. v. Winfried. 1r Bd. in 6 Heften. 8. Hamb. 820. Herold. 2 ₰

— nordalbingische, eine Zeitschrift in zwanglosen Heften, hrsg. v. Heinr. Hansen. 1. Hft. gr. 8. (5 B.) Eckernförde 842. (Altona, Schlüter.) *

Nordalbingische Blätter. Nr. 1. August 1859. — Altona: Hartig in Comm. 1859. 8°

Blätter, Norddeutsche. Berlin 1844. H: *Köppen, H. L.* (EB)

— norddeutsche. Eine Monatsschrift f. Kritik, Literatur u. Unterhaltung. 1. u. 2. Bd. à 6 Hfte. gr. 8. Berlin 844, 45, Rieß. [1. Bd. • 3 Thlr., 2. Bd. • 2½ Thlr.] *

— norddeutsche, für Stenographie. Hrsg. vom Gabelsberger Stenographen-Centralverein zu Oldenburg. 5.—7. Heft. 1863—65. à Jahrg. 12 Nrn. (½ lithogr. Bog.) gr. 8. Oldenburg, (Schulze'sche Buchh.) à Jahrg. * *

— — Als Organ d. norddeutschen Gabelsberger-Stenographen-Bundes hersg. vom Gabelsberger-Stenographen-Verein zu Hannover. 8—12. Heft oder Jahrg. 1866—1870. à 12 Nrn. (à ½ Bgn.). Hannover, Schulze in Comm. 8. Jeder Jahrg. n. 20 ngr.

— norddeutsche, f. Stenographie. Als Organ d. norddeutschen Gabelsberger-Stenographen-Bundes hrsg. vom Gabelsberger-Stenographen-Verein zu Hannover. 13. Hft. od. Jahrg. 1871. 12 Nrn. (½ lith. B.) gr. 8. Hannover, Schulze in Comm. n. 2. —

Blätter, norddeutsche, f. Stenographie. Organ d. Verbandes westfälisch-rheinischer Stenographen u. d. Stenographen-Vereins Gabelsberger zu Berlin. Hrsg. vom Gabelsberger Stenographen-Verein zu Elberfeld. Jahrg. 1874. 12 Nrn. (lith. B.) gr. 8. Elberfeld, Langewiesche in Comm. n. 1. 50

— nordische, 1s u. 2s Stck. gr. 8. Leipzig, Steinacker. 803. (à 12 gr.)

— nordische. Eine Wochenschrift für Wissenschaft, Kunst, Literatur und bildende Unterhaltung in der Familie. Redig. von Fr. W. Wulff. 1. Jahrg. October—December 1857. 13 Nrn. (à 1 Bgn.) Hamburg, Fr. Schuberth in Comm. gr. 4. n. 22½ ngr.

Blätter, nordische. Eine Wochenschrift für Wissenschaft, Kunst, Literatur und bildende Unterhaltung in der Familie. Redig. von Fr. Willibald Wulff u. Fr. J. Kruger. 2. Jahrg. 1858. 52 Nrn. (à 1 Bgn.) Ebend. gr. 4. n. 3 ₰

— nordische, für die Chemie s.a. Scherer, A. N.

NORDISCHE BLÄTTER FÜR CHEMIE. Herausgegeben von Alex. Nic. Scherer. 1 vol., 8vo. Halle, 1817. *Followed by:*
Allgemeine nordische Annalen der Chemie für die Freunde der Naturkunde und Arzneiwissenschaft insbesondere der Pharmacie, Arzneimittellehre, Physiologie, Physik, Mineralogie und Technologie im russischen Reiche. Herausgegeben von Alex. Nic. Scherer. 7 vols. (II–VIII), 8vo. St. Petersburg, 1819–'22. *Followed by:*
Magazin für die neuesten Erfahrungen, Entdeckungen und Berichtungen im Gebiete der Pharmacie, mit Hinsicht auf physiologische Prüfung und practisch bewährte Anwendbarkeit der Heilmittel, vorzüglich neuentdeckter Arzneistoffe in der Therapie. Herausgegeben von G. F. Hänle [*from* 1829, *by* P. L. Geiger]. 36 vols., 8vo. Carlsruhe, 1823–'31 ‖
From 1829–'31 *also under the title:* Magazin für Pharmacie und Experimental-Kritik. *United in* 1832 *with* Archiv des Apotheker-Vereins im nördlichen Teutschland, *forming the* Annalen der Pharmacie, *q. v.*

— Nürnberger, f. öffentl. Leben, Literatur u. Kunst, hrsg. v. R. O. Spazier. 1830. Juli—Decbr. 62 Nrn. (½ B.) gr. 4. Nürnberg, Riegel u. Wießner.

— dies. (mit d. Zusatz:) literar. Zeitschrift aus u. für Süd-Deutschland. 2. Jahrg. 1831. 156 Nrn. (½ B.) gr. 4. Ebds.

— nürnberger, für Theater, Kunst, Mode u. geselliges Leben. Neue Folge der „Bühnenwelt". Unter Redakt. von W. A. Lieboldt u. Geo. Winter. 1844. 156 Nrn. (½ Bog.) Nebst d. Beilage: Bühnenwelt. 26 Nrn. (½ Bog.) gr. 4. Nürnberg, Winter. *
Vgl. Bühnenwelt.

Blätter, Oberammergauer. Hrsgbr.: R. Calwer. Englischer Teil, redig. v. Kalm. Französischer Teil, redig. v. Mouth. Saison 1890. (In 20 Heften od. 4 Serien.) 1. Serie. 1.—5. Heft. gr. 4. (80 S. in deutscher, engl. u. franz. Sprache m. Illustr.) Münch., Administration der Oberammergauer Blätter. geb. in 1 Bd. 3 50
Nicht weiter erschienen.

— Oberlausitzer, redig. von Herm. Just. 2r u. 3r Jahrg. 1833, 34. gr. 4. Zittau, Birr u. Nauwerk. à J. 1⅓ ₰

— Oberlausitzer, z. Beförderung d. vaterländ. Gemeinsinnes. Hrsg. v. Herm. Just. 1—3. Jahrg. 1832—34. à 104 Nrn. u. Beiln. gr. 4. Zittau, [Birr u. Nauwerck.] à J.

— Oberlausitzer, zur Beförderung d. vaterländ. Gemeinsinnes. Herausg. v. H. Just. 1r Jahrg. 1832. 104 Nrn, Mit Beilagen. gr. 4. Zittau, Taubert. 1 ₰ 8 gl

Blätter, Oberndörfer, für Bienenzucht. Verein für Förderung der Bienenzucht in Schwaben. Oberndorf a. Wertach 1874.

Blätter vom Oberrhein. – Freiburg : 1889.
Vorh. u. d. T.: Courier, Neuer Oberrheinischer.

— oberrhein., f. erzieh. Unterricht. Hrsg. unter Mitwirkg v. Freunden d. Herbartschen Pädagogik in Baden u. Elsass-Lothringen. Red. z. Z. v. F Krönlein. 1. u. 2. Jahrg. 1894 u. 1895 à 12 Hfte. 8° (1894 1. Hft 86) Freib. i/B. Emmend., A Dölter. à Jahrg. 4 —

— oberrheinische, f. erziehenden Unterricht. Hrsg. unter Mitwirkg. v. Freunden der Herbartschen Pädagogik in Baden u. Elsass-Lothringen. Red. z. Z. v. Frdr. Krönlein. 1. Jahrg. 1894. 12 Hfte. (à ca. 2 Bog.) gr. 8. Freiburg i/B., F. Krönlein's Selbstvorl. n. 4. —

— oberrhein., f. erzieh. Unterricht. Red.: Frdr. Krönlein. III. u. IV. Jahrg. 1896—1897. à 12 Nrn. (Bog.) gr. 8. Emmendingen, Druck- u. Verlagsgesellsch. vorm. A. Dölter. à Jahrg. n. 4. —
Weiter nicht erschienen.

— odontologische. Umschau üb. den Fortschritt in der Zahnheilkunde, unter Mitwirkg. e. Reihe Mitarbeiter hrsg. v. Hans Albrecht. 6. u. 7. Jahrg. April 1901—März 1903. à 24 Nrn. gr. 8. (à ca. 18 S.) Berlin. (Leipzig, Reichenbach.) à Jahrg. n. 5. —

— odontologische Umschau üb. den Fortschritt in der Zahnheilkunde, unter Mitwirkg. e. Reihe Mitarbeiter hrsg. v. Hans Albrecht. 8 Jahrg. April 1903—März 1904. 24 Nrn. (à ca. 32 S. m. Abbildgn.) gr. 8. Berlin (N. 24, Oranienburgerstr. 38), Waarenhaus f. zahnärztl. u. zahntechn. Bedarf. n. 8. —

— dasselbe. Vereinsorgan des Vereins hess. Zahnärzte. 9. u. 10. Jahrg. April 1904 - März 1906. à 12 Nrn. (à ca. 16 S. m. Abbildgn.) gr. 8. Ebd. à Jhrg. n. 3 —

Blätter, Oldenburgische.

Oldenburg 1787 ff. H: *Halem*, *Gerhard Anton von* & *andere*. (ErschDL)

— oldenburgische. Redig. v. C. F. Strackerjan. Jahrg. 1835—42. à 52 Nrn. (Bog.) 4. Oldenburg, Schulzesche Bh. à J. *

— Oldenburgische. Red. v. C. F. Strackerjan. 24.—29. Jahrg. 1840—1846. 4. Oldenburg, Schulze. 24. u. 25. J. à n. 2 ℛ 26.—29. J. à n. $1^1/_2$ ℛ

— oldenburgische. Hrsg.: Strackerjan. Jahrg. 1845—47. à 52 Nrn. (Bog.) 4. Oldenburg, Schulzesche Buchh. [1. u. 2. J. à * $1^1/_2$ Thlr., 3. J. * 2 Thlr.] *

— Oldenburgische. Hrsg.: G. Strackerjan. Jahrg. 1847 u. 1848. à 52 Nrn. 4. (Bog.) Oldenburg, Schulze. à Jahrg. n. 2 ℛ

Blätter für zwischenstaatliche Organisation
v. Die Friedens-Warte.

— aus Prevorst. Originalien u. Lesefrüchte für Freunde des innern Lebens, mitgetheilt von d. Herausgeber d. Seherin v. Prevorst, (J. Kerner). 1e—3e Samml. gr. 12. Karlsr. 831, 32. Braun. 2 ℛ 4 ℊ

— aus Prevorst. Originalien und Lesefrüchte für Freunde des innern Lebens, mitgetheilt von d. Herausg. der „Seherin von Prevorst" (J. Kerner). 4e—12e Samml. gr. 12. Karlsruhe 833—39. Braun. (à $^3/_4$ ℛ) $6^2/_4$ ℛ (1e S. $^3/_4$ ℛ, 2e S. $^2/_3$ ℛ, 3e — 12e S. à $^3/_4$ ℛ) 1e—12e S. $8^{11}/_{12}$ ℛ 12e S. auch Stuttgart 839. Ebner u. Seubert. $^3/_4$ ℛ 8e u. 9e S. auch Brodhag in Stuttgart. $^1/_2$ ℛ

— dies., hrsg. v. dems. 8—11. Samml. gr. 12. (à 10 B.) Stuttgart 836—38, [Scheible, Rieger u. Sattler.] à 18 Gr.

— Fortsetzung, s. Mägikon.

— ostdeutsche. Hrsg. von H. Röckner. Jahrg. 1864. Octbr. bis Decbr. 13 Nrn. ($^1/_2$ Bog.) gr. 4. Danzig, Kafemann. *

— osterländische. Jahrg. 1845—47. à 104 Nrn. ($^1/_2$ B.) 4. Ebds. à J. *

— Osterländische. Verantw. Red. Ferd. Philippi. 1847. 104 Nrn. gr. 4. ($^1/_2$ B.) Grimma, Verlags-Comptoir. n. $1^1/_3$ ℛ

—— und Figaro, e. heitere Zusammenstell. v. Altem u. Neuem, Fremden u. Eigenem, hrsg. v. Spiritus Asper d. Jüng. 2. Jahrg. 1834. 104 Nrn. ($^1/_2$ B.) Nebst Beiwagen. Grimma, Verlagscompt. f. Volksunterr. 2c. Ebds.

— osterländische, u. Figaro, eine heit. Zusammenstell. von Altem u. Neuem, Fremdem u. Eignem, hrsg. v. † Spiritus Asper d. Jüngern. Redact.: Ferd. Philippi. Jahrg. 1835—42. à 156 Nrn. ($^1/_2$ Bog.) incl. d. Beil.: Beiwagen. Neue u. frisch gelegte Ameiseneier aus aller Herren Länder, od.: Wie sieht's in d. Welt aus? 4. Grimma, Verlags-Comptoir. à J. *

— Osterländische, u. Figaro, eine heitere Zusammenstellung von Altem und Neuem, Fremdem und Eignem, herausgeg. von Spiritus Asper dem Jüngern. Redacteur: Ferd. Philippi. Jahrg. 1841—1846 à 156 Numm. ($^1/_2$ Bog.) incl. der Beilage: Beiwagen 2c. Neue und frischgelegte Ameiseneier aus aller Herren Ländern, od.: Wie sieht's in der Welt aus? M. Titelvign. 4. Grimma 841—46, Verl.-Compt. à n. $1^1/_3$ ℛ

— Osterländische, für Landes-, Natur- u. Gewerbkunde. Jahrg. 1818 u. 19. Herausg. v. Spiritus Asper: (Fr. F. Hempel). 4. Altenb., (Schnuphase). à J. 2 ℛ 4 ℛ Hbg. Pr. 1 ℛ

— Dies. herausg. von d. Secretären d. naturforschenden Gesellschaft. Jahrg. 1820, 21. 4. Ebd. Hahn. 5 ℛ 16 ℊ

— Osterländische, f. öffent. Leben, gesell. Unterhalt. u. Opposition, hrsg. v. Spiritus Asper d. Jüng. 1 Jahrg. 1833. 1 Vierteljahrg. 20 Nrn. ($^1/_2$ B. in gr. 4.) Mit d. Beil.: Der aufricht. u. unpart. Zeitungsbote, od. wöchentl. Berichte d. Osterländ. Blätter über das, was in d. Welt vorgeht. 12 Nrn. ($^1/_4$ B. in br. gr. 16.) Beide redig. v. Fr. Rob. Lippert. Dresden, (Arnold.)

— dies. 2—4. Vierteljahrg. April—Dec. (gr. 4.) Mit d. Beil.: Der aufricht. u. unpart. Zeitungsbote, od. polit. Ameiseneyer aus aller Herrn Länder. 137 Nrn. u. Intelligenzbl. (br. gr. 16.) Ebds.

— Osterländische, für öffentl. Leben, gesellige Unterhaltung und Opposition; herausg. von Spiritus Asper dem Jüngern. 1r Jahrg. 1833. Mit der Beilage: Der aufrichtige und unpartheiische Zeitungsbote 2c., redig. v. Fr. Rob. Lippert. gr. 4. Leipzig, Arnold. $1^1/_3$ ℛ — 2r Jahrg. 1834, unt. d. T.: Osterländ. Blätter u. Figaro, eine heitere Zusammenstellung von Altem u. Neuem, Fremdem und Eigenem; herausg. v. Spirit. Asper d. Jüng. 104 Numm. Nebst Beiwagen. Grimma 834. Verl.-Compt. $1^1/_3$ ℛ — Jahrgg. 1835—40. à 156 Numm. Redig. von Fd. Philippi. Mit der Beilage: Neue und frisch gelegte Ameiseneyer aus aller Herren Länder, oder: Wie sichts in der Welt aus? 4. Ebd. (à J. n. $1^1/_3$ ℛ) $10^2/_3$ ℛ

— österr., f. Geflügel-, Vogel- u. Kaninchenzucht, sowie Brieftaubenwesen. (Früher: „Der Thierzüchter".) Schriftleiter: S Gironcoli. Hrsg.: F Schmidt. Verantwortlich: F Zöttl. 5. u. 6. Jahrg. 1899 u. 1900 à 24 Nrn. 4° (Nr. 1. 8) Wien (VII, Kaiserstr. 10), Administr. à Jahrg. postfrei 4 —
Bisher u. d. T.: Tierzüchter. d.

— österr., f. Geflügel-, Vogel- u. Kaninchenzucht, Fortsetzg. s.: Haus u. Hof.

— Oesterreichische, für Literatur u. Kunst. Nebst einem Beiblatte: Mittheilungen zu Geschichte, Geographie, Statistik und Naturkunde. Herausgeber und Red.: D. A. Ad. Schmidl. 1.—3. Jahrg. 1844—1846. à 104 Numm. (Bog.) gr. 4. Wien. (Schaumburg u. Comp.) 1. 2. à u. $10^2/_3$ ℛ — 3. Jahrg. 156 Numm. n. 12 ℛ

Blätter, Oesterreichische — für Literatur und Kunst. (Beilage zur Wiener Zeitung.) Redakteur: Dr. Leop. Schweitzer. Druck und Verlag der Edlen v. Ghelen'schen Erben. 4. 3spaltig. Jeden Montag. 2 fl jährlich 1855‡

Blätter, Oesterreichische — für Literatur und Kunst. (Beilage zur österreichisch-kaiserl Wiener-Zeitung.) Verantw. Redakteur: Dr. Leop. Schweitzer. Druck und Verlag der Edl. v. Ghelen'schen Erben. 4. 3spaltig. Erscheint jeden Samstag Morgens. 1856‡

Blätter, Oesterr. für Literatur und Kunst. (Beilage zur Oesterr.-Kaiserl. Wiener Zeitung.) 1857. Redakteur: Dr. Leop. Schweitzer. Dr und Verlag der Edlen v. Ghelen'schen Erben. Erscheint in Wien, jeden Samstag eine Nr. Fol. 3spaltig. (8.)

— Oesterreichische, für Literatur, Kunst, Geschichte, Geografie, Statistik u. Naturkunde. Hrsg. u. Red.: A. Adolf Schmidl. 4. Jahrg. 1847. 312 Nrn. Roy. 4. (½ B.) Wien, Schaumburg & Co. n. 12 ngr

—— österr., f. Stenographie. 2. Jahrg. 8 Lfgn. (1—2 B.) 8. Wien 60. (Lpzg, Wartig.) n.n. 1. 20 ‖ Red.: Stenzinger. 3. Jahrg. 61. n. 1. 10 ‖ N. F. 1. Jahrg. 1862. Juli—Dec. 12 Nrn. u. 2. Jahrg. 1863. 24 Nrn. (à ¾ B.) Sem. n.n. 1. 10 ‖ Jahrg. 1864 u. 65. Red.: C Falkbeer. à n.n. 2. 20

— österreichische, für Stenographie. Erste mit beweglichen Typen gedruckte stenograph. Zeitschrift herausg. vom Central-Vereine der Stenographen des österreichischen Kaiserstaates zu Wien. 1—3. Jahrg. 1859—61. à 8 Liefgn. (à 1—2 Bgn.) Wien, (Rospini.) 8. Jeder Jahrg. nn. 1 Thlr 10 ngr.

—— österreichische, für Stenographie. Redact.: Stenzinger. Neue Folge. Juli bis Dezbr. 1862. 12 Nrn. (à ¾ Bog.) gr. 8. Wien, Rospini. **

—— dass. — Neue Folge. Jahrg. 1863. 24 Nrn. (Nr. 13—36.) (à ¾ Bog.) gr. 8. Ebendas. **

— österreichische, für Stenografie. Herausg. vom Gabelsberger Stenografen-Centralvereine zu Wien. 6—8. Jahrg. 1864—1866. Red.: C. Falkbeer. — 9. Jahrg. 1867. Red.: L. Conn. — 10—12. Jahrg. 1868—1870. Red.: C. Faulmann. à 24 Nrn. (à ½ Bgn. mit Beilage: Stenografische Klassiker-Ausgabe. à 24 Nrn. à 1 Bgn.). Wien, Klemm in Comm. gr. 8. Jeder Jahrg. n. 2 Thlr 20 ngr; die Beilage apart n. 1 Thlr 10 ngr.

—— dass. — Hrsg. vom Centralverein der Stenographen des österreich. Kaiserstaats. Redact.: L. Conn. 9. Jahrg. 1867. 24 Nrn. (oder Nr. 109—132.) (à ¾ lithogr. Bog.) gr. 8. Wien. Leipzig, Wartig. **

— österreichische, f. Stenografie. Organ der Stenografen-Vereine zu Wien, Linz, Prag, Salzburg, Klagenfurt, Wels & Ried. Red.: C. Zeplichal. 13. Jahrg. 1871. 24 Nrn. (½ lith. B.) gr. 8. Mit Beilage: Der praktische Stenograf. 1. Jahrg. 1871. 24 Nrn. (½ lith. B.) gr. 8. Wien, Klemm in Comm. n.n. 8. —; die Beilage n.n. 4. —

— dasselbe. Red.: C. Falkbeer u. Aug. Nusko. 14—16. Jahrg. 1872—1874. à 24 Nrn. (½ lith. B.) Mit Beilage: Der praktische Stenograf. 2—4. Jahrg. 1872—1874. à 24 Nrn. (½ lith. B.) gr. 8. Ebend. à Jahrg. n.n. 8. —; die Beilage apart: n.n. 4. —

— dasselbe. Red.: F. R. Bayer. 17. Jahrg. 1875. 12 Nrn. (½ lith. B.) Mit Beilage: Der prakt. Stenograph. 12 Nrn. (½ lith. B.) gr. 8. Wien, (Klemm.) n. 5. —

— dasselbe. 18. Jahrg. 1876. 12 Nrn. (à ½—¾ autogr. B.) Mit Beiblatt: Der prakt. Stenograph. 12 Nrn. (½ autogr. B.) gr. 8. Wien, Altmann. n. 5. —

— österreichische, für Stenografie. Organ d. Gabelsberger Stenografen-Centralvereines u. des akadem. Stenografen-Vereines in Wien, dann der Stenografen-Vereine in Aussig, Brüx, Dux etc. Red.: Const. Nosko. 19—23. Jahrg. 1877—1881. à 12 Nrn. (à ½—¾ lith. B.) Mit Beiblatt: Der prakt. Stenograf. 12 Nrn. (½ lith. B.) gr. 8. Wien, Hölder. à Jahrg. n. 5. —

—— dass. — 24.—26. Jahrg. 1882—1884. à Jahrg. 12 Nrn. (à Nr. ½—¾ lithogr. Bog.) Wien, Zwierzina. à Jahrg. *

—— österreich., f. Stenographie. Organ d. Gabelsberger Stenografen-Central-Vereines in Wien, dann d. Stenografen-Vereine in Asch, Brüx, Dux etc. Red.: C Noske. 27. Jahrg. 1885. 12 Nrn. (B.) 8. Wien. (E Schmid). n 4 —

— österreichische, f. Stenografie. Organ d. Gabelsberger Stenografen-Central-Vereines in Wien, dann der Stenografen-Vereine in Asch, Brüx, Dux etc. Red.: Const. Nosko. 27. u. 28. Jahrg. 1885 u. 1886. à 12 Nrn. (autogr. B.) gr. 8. Wien. (Leipzig, Robolsky.) à Jahrg. n. 4. —

—— österr., f. Stenografie. Organ d. Gabelsberger Stenografen-Central-Ver. in Wien etc. Red.: C Noske u. Weizmann. 28. u. 29. Jahrg. 1886 u. 1887. à 12 Nrn. (autogr. B.) 8. Wien, Perles. à Jahrg. n. 4. — ‖ 30—32. Jahrg. 1888—1890 à Jahrg. n. 3. 40

— österreichische, f. Stenografie. Organ d. Gabelsberger Stenografen-Central-Vereins in Wien, dann d. Stenografen-Vereine in Asch, Brüx, Dux etc. Red.: C. Noske. 29. Jahrg. 1887. 12 Nrn. (autogr. B.) gr. 8. Wien. (Leipzig, Robolsky.) n.n. 4. —

— dasselbe. 30. Jahrg. 1888. 12 Nrn. (autogr. B.) gr. 8. Wien, (Perles). n. 3. 30

— dasselbe. Red.: C. Weitzmann. 31. 32. Jahrg. 1889. 1890. à 12 Nrn. (B.) gr. 8. Ebd. à Jahrg. n. 3. 40

— österreichische, f. Stenografie. Organ des Gabelsberger-Stenografen-Centralvereins in Wien ꝛc. Red.: Karl Weizmann. 33.—36. Jahrg. 1891—1894. à 12 Nrn. (Bog.) gr. 8. Nebst Beilage: Stenographische Lesehalle. 3.—6. Jahrg. à 12 Nrn. (Bog.) Wien, (M. Perles). à Jahrg. n. 4. —

— österr., f. Stenografie. Organ d. Gabelsberger Stenografen-Centralvereines in Wien ꝛc. Red.: Karl Weizmann. 37.—40. Jahrg. 1895—1898. à 12 Nrn. (à ca. 1 Bog.) gr. 8. Nebst Beilage: Stenograf. Lesehalle. 7.—10. Jahrg. à 12 Nrn. (à ca. 1 Bog.) Wien (Bermann & Altmann). à Jahrg. n. 4. —

(F) Oesterreichische Blätter für Stenographie. Organ des Wiener Gabelsberger-Stenographen-Centralvereines und des Damen-Centralvereines „Gabelsberger“ in Wien etc. etc. Redigirt von Karl Weizmann. XLI. Jahrgang. Wien. 1899. Bermann & Altmann. Gr.-8°. erscheint in 12 Nrn. compl. fl. 2.—

Die separat paginirte Beilage: „Stenographische Lesehalle“ bildet einen integrirenden Bestandtheil.

(F) Oesterreichische Blätter für Stenographie. Organ des Wiener Gabelsberger-Stenographen-Centralvereines und des Damen-Centralvereines „Gabelsberger“ in Wien etc. etc. Redigirt von Karl Weizmann. XLII. Jahrgang. Wien. 1900. Bermann & Altmann. Gr.-8°. erscheint in 12 Nrn. compl. K 4.—

Die separat paginirte Beilage: Stenographische Lesehalle“ bildet einen integrirenden Bestandtheil.

(F) Oesterreichische Blätter für Stenographie. Organ des Wiener Gabelsberger-Stenographen-Centralvereines und des Damen-Centralvereines „Gabelsberger“ in Wien etc. etc. Redigirt von Karl Weizmann. XLIII. Jahrgang. Wien. 1901. Bermann & Altmann. Gr.-8°. erscheint in 12 Nrn. compl. K 4.—

Die separat paginirte Beilage: „Stenographische Lesehalle“ bildet einen integrirenden Bestandtheil.

— österreichische f. Stenographie. Organ des Wiener Gabelsberger Stenographen-Centralvereines ꝛc. Red.: Karl Weizmann. 41.—44. Jahrg. 1899—1902. à 12 Nrn. (à ca. 16 S.) Nebst Beilage: Stenographische Lesehalle. 14. Jahrg. 12 Nrn. (à ca. 16 S.) gr. 8. Wien (Manz). à Jahrg. n. 4. —

Blätter, österreichische, f. Stenographie. Organ d. Wiener Gabelsberger Stenographen-Zentralvereins usw. Hrsg.: Gabelsberger Stenographen-Zentralverein in Wien. Red.: Adf. W. Liebscher u. seit 1906: Karl Weizmann. 45.—48. Jahrg. 1903—1906 à 12 Nrn. (à ca. 16 S.) Nebst Beilage: Stenographische Lesehalle. 15.—18. Jahrg. à 12 Nrn. (à ca. 16 S.) gr. 8. Wien (Manz). à Jhrg. n. 4. —

Blätter, österreichische, f. Stenographie. Organ d. Wien. Gabelsberger Stenographen-Zentralvereins usw. Hrsg.: Gabelsberger-Stenographen-Zentralverein in Wien. Red.: Alois Manitschek. 49. u. 50. Jahrg. 1907 u. 1908 à 12 Nrn. (à ca. 8 S.) Nebst Beilage: Stenographische Lesehalle. 20. Jahrg. 12 Nrn. (à ca. 16 S.) gr. 8. Wien, (Manz.) à Jahrg. 4. —

— österreichische, für Faulmann'sche Stenographie. Red. v. Jul. Schufinsky. 1. 2. Jahrg. Novbr. 1887 bis Octbr. 1889. à 12 Nrn. (³/₄ B.) gr. 8. Wien, (Bermann & Altmann). à Jahrg. n.n. 3. —

— östorr., f. Faulmann'sche Stenographie. Red. v. Jul. Schufinsky. M. d. Beilage: D. stenograph. Schule. Hrsg.: Karl Müller. 9.—11. Jahrg. 1896—1898. à 12 Nrn. (ca. ¹/₂ Bog.) gr. 8. Ebd. à Jahrg. n.n. 3. —

— österreichische, f. Faulmann'sche Stenographie. Hrsg.: Carl Hossmann. Schriftleiter: Konr. Richter. Red. v. Adalb. Singer. Mit der Beilage: Die Stenographie-Schule. 12.—15. Jahrg. 1899—1902. à 12 Nrn. gr. 8. (à ca. 12 S.) Wien (VI, Gumpendorferstr. 4), Centralverein f. Faulmann'sche Stenographie. à Jahrg. n.n. 2. 70

— österreichische, für Faulmannsche Stenographie. Hrsg.: Karl Hossmann. Red.: Konr. Richter. Mit der Beilage: Stenographie-Schule. 16.—19. Jahrg. 1903—1906 à 12 Nrn. (1905 u. 1906: 256 u. 248 S.) gr. 8. Wien (A. Bermann). à Jhrg n.n. 2. 60

— österreichische, f. Faulmann'sche Stenographie. Organ des Central-Vereins f. Faulmann'sche Stenographie in Wien sowie des I. Breslauer-Arbeiter-Stenographen-Vereins „Phonographia", des Faulmannschen Stenographenclubs in Aspang usw. Hrsg.: Harl Hossmann. Red.: Konr. Richter. Mit der Beilage: Stenographie-Schule. 20.—23. Jahrg. 1907—1910. à 12 Nrn. (1909 u. 10: 400 u. 283 S.) gr. 8. Wien, (A. Bermann.) à Jahrg. nn 2. 60

— Österreichische, f. Faulmann'sche Stenographie. Hrsg.: Karl Hossmann. Red.: Konr. Richter. Mit d. Beil.: Stenographie-Schule. 23—25. J. '10—12 je 12 Nrn. ('12, Nr 1: 8 u. 8) gr8° Wien, (A Bermann) je nn 2.60

Blätter, österreichische, für Stenographie-Typendruck sammt autogr. Beilage. Neue Folge. 1865. 7. Jahrg. 24. Nrn. gr. 8. (à 1 Bg.) Wien, Rospini in Comm. 4 fl.

—— österreichisch-ungarische, für Geflügel- und Kaninchenzucht, dann für Bienen- und Fischzucht, Sing- und Ziervögel-Pflege. Organ des Ersten österreich. Geflügelzucht-Vereines in Wien und der Section für Geflügel- und Kaninchenzucht des landwirthschaftl. Vereines für das nordöstl. Böhmen in Johnsdorf bei Starkstadt. Chef-Redact.: Friedr. Baron Bibra. Hrsgbr.: Joh. Nowotny. 1. Jahrg. April — Decbr. 1878. 18 Nrn. (à 1 Bog.) Fol. Wien. (Dresden, Schönfeld's Verlagsh.) *

—— dass. — Organ für Züchter, Oekonomen und Händler. Hrsgbr.: Joh. Nowotny. Redact.: Friedr. Baron Bibra, Aimé v. Wouwermans, Cölestin M. Schachinger, A. Pauly. 2. Jahrg. 1879. 24 Nrn. (à 1—3 Bog.) Fol. (Ebendas.) *

—— österr.-ungar., für Geflügel- und Kaninchenzucht. Hrsgbr.: J. F. Nowotny. 3.—5. Jahrg. 1880—1882. à Jahrg. 48 Nrn. (à Nr. 2—2¹/₂ Bog.) Fol. Wien, (Frick.) à Jahrg. * Fortsetzung u. d. T.: Geflügel-Zeitung, allgemeine.

— s.a. Geflügel-, Kaninchen-, Fisch- u. Bienen-Züchter, der praktische.

— oesterreichisch-ungarische militärische. 1—3. Jahrg. 1874—1876. à 2 Bde. à 6 Hfte. Lex.-8. (à Hft. 64 S.) Teschen, Prochaska. pro Bd. n.n. 8. —

— österreichisch-ungarische militärische. 4. Jahrg. 1877. 2 Bd. à 12 Hfte. Lex.-8. (à Hft. 42 S.) Teschen, Prochaska. pro Bd. n.n. 8. —
Nicht weiter erschienen.

Blätter f. d. Ostmark-Turngau in Nieder-Österreich, Jg. 1—21, 1885 bis 1905, Stockerau, Gr.-8°. 15 Bde.

— pädagogische s.a. Fatscheck.

— pädagog., s. auch Mönch.

—— pädagogische, s.a Männich, W. B.

— Pädagogische, herausgeg. von d. Berliner Schullehrer-Verein. 1r Bd. 1s H. gr. 8. Berlin 826, Enslin.

— pädagogische, herausg. v. d. Berlin. Schullehrer-Verein. 1r Bd. 1s—3s Heft. gr. 8. Berl. 827—29. Th. Enslin. 2 ₰ 8 ℊ

— pädagogische, I. Die hauptsächl. Mängel der gewöhnl. Methode des Unterrichts in den alten Sprachen. Einladungsschrift. (Von Dr. K. H. W. Völcker.) gr. 8. Gießen 836. Heyer, Vater. ¹/₈ ₰

—— pädagog. Hrsg. v. H Kern. 1. Jahrg. 12 Hfte. (à 48) u. 2. Jahrg. 1—6. Hft. 8. Cob. 53. 54, JG Riemann. ‖ 2. Jahrg. 7—12. Hft. u. 3. u. 4. Jahrg. à 12 Hfte. Halle 54—56, Schmidt. à Jahrg. n. 2. —

— pädagogische. Herausg. für die Volksschullehrer des Kantons Graubünden von S. Zuberbühler, M. Caminada u. J. Schlegel. 1. Jahrg. Chur 860. Grubenmann. 8. (104 S.) n. 6 ngr.

—— pädagogische. Hrsg. für die Volksschullehrer des Kantons Graubünden von S. Zuberbühler, M. Caminada und J. Schlegel. 1. Jahrg. 8. (104 S.) Chur 860, [Gsell.] *

— — Herausg. von S. Zuberbühler u. M. Caminada. 2. Jahrg. Ebend. 861. 8. (164 S.) n. 8 ngr.

— — Herausg. für Lehrer und Schulfreunde. Von S. Zuberbühler. 3. Jahrg. St. Gallen 862. Scheitlin & Zollikofer. gr. 8. (V, 146 S.) n. 12 ngr.

Pädagogische Blätter. Begr. v. C. Kehr. Gotha-Berlin. 1—23. 1872—94. 25—50. 1896—1921.

— pädagogische. Organ des kathol. Lehrervereins in Bayern. Red.: Ed. Gutensohn. I. Jahrgang. Oktbr. 1893—Septbr. 1894. 24 Nrn. (Bog.) gr. 4. München, (V. Höfling's Buchdr.). n. 2. —
Nur durch die Post zu beziehen.

— pädagogische. Vereinigg. d. „Schweizer. Erziehungsfreundes" u. d. „Pädagog. Monatsschrift". Org. d. Vereins kathol. Lehrer u. Schulmänner d. Schweiz u. d. schweizer. kathol. Erziehungsvereins. Red.-Kommission: F. X. Kunz, H. Baumgartner, J. Stößel ec. Chef-Red.: Cl. Frei. 5. Jahrg. 1898. 24 Nrn. (à ca. 2 Bog.) gr. 8. Einsiedeln, Eberle & Rickenbach. n. 5. —

— pädagogische. Vereinigung des „Schweiz. Erziehungsfreundes" u. der „Pädagog. Monatsschrift". Organ des Vereins kath. Lehrer u. Schulmänner der Schweiz u. des schweizer. kath. Erziehungsvereins. Red.-Kommission: F. X. Kunz, H. Baumgartner, J. Stößel u. a. Chef-Red.: Cl. Frei. 6.—9. Jahrg. 1899—1902. à 24 Hfte. gr. 8. (à ca. 32 S.) Einsiedeln, Eberle & Rickenbach. à Jahrg. 5. —

— pädagogische. Vereinigung des „Schweiz. Erziehungsfreundes" u. der „Pädagog. Monatsschrift". Organ des Vereins kath. Lehrer u. Schulmänner der Schweiz u. des schweizer. kathol. Erziehungsvereins. Red.-Kommission: F. X Kunz, H. Baumgartner, J. Stößel u. a. Chef-Red.: Cl. Frei. 10. Jahrg. 1903. 24 Nrn. (840 S. m. Bildnissen.) gr. 8. Einsiedeln, Eberle & Rickenbach. n. 4.

— dasselbe. Red.-Kommission: F. X. Kunz u. Jak. Grüninger, Jos. Müller u. Clem. Frei. Chef-Red.: Cl. Frei 11.—13. Jahrg. 1904—1906. à 52 Nrn. (848, 842 u. 868 S. m. Bildnissen.) gr. 8. Ebd. à Jhrg. n. 4. —

— pädagogische. Vereinigung des „Schweizer. Erziehungsfreundes“ u. der „Pädagog. Monatsschrift“. Organ d. Vereins kathol. Lehrer u. Schulmänner d. Schweiz u. des schweizer. kathol. Erziehungsvereins. Red.-Kommission: Keiser, Paul Diebolder u. Wilh. Schayder u. a. Chef-Red.: Clem. Frey. 14.—17. Jahrg. 1907—1910. à 52 Nrn. (VIII, 832; VIII, 860; VIII, 848 u. VIII, 840 S.) gr. 8. Einsiedeln, Eberle & Rickenbach. à Jahrg. 3.60

— pädagog. Organ d. kathol. Lehrerver. in Bayern u. d. kathol. Lehrerinnenver. in Bayern. Beilagen: „Literar. Ratgeber“ u. „Die kathol. Lehrerin“. Red.: Eduard Gutensohn. 14—17. J. '06—9 je 24 Nrn. (824, 824, 810 u. 280 u. Beilagen.) Lex 8° Münch., V Höfling. Je 2.40

— Pädagogische. Vereinigg d. „Schweiz. Erziehgsfreundes“ u. d. „Pädag. Monatsschr.“. Chef-Red.: Clem. Frei. 17—19. J. '10—12 je 52 Nrn. (840, 840, 872 m. je 4 Beil.) gr8° Einsied., Eberle & R. je 3.60 d

— pädagogische. Organ des kathol. Lehrervereins in Bayern (e. V.) u. des kathol. Lehrerinnenvereins in Bayern (e.V.). Regelmässige Beilagen: „Literarischer Ratgeber“ u. „Die kathol. Lehrerin“. Schriftleiter: Eduard Gutensohn, Leiter der pädag. Rundschau: Quirin Kohlhepp. 18. Jahrg. 1910. 24 Nrn. (VI, 296 S.) Lex. 8. München, V. Höfling. 2.40

— dass. Organ d. kathol. Lehrervereins in Bayern. Schriftleiter: Quirin Kohlhepp, seit '12 2. Schriftleiter: Ferd. Feldigl. 19. u. 20. J. '11 u. '12 je 36 Nrn. ('12, Nr 1: 12) Lex8° Ebd. je 3 —

Blätter, pädagogische, für Elsaß-Lothringen. Unter Mitwirkung von mehreren Seminardirectoren, Schulinspectoren, Seminarlehrern und anderen Schulmännern. Hrsg. von Gust. Schuster. 1.—5. Jahrg. 1875—1879. à Jahrg. 24 Nrn. (Bog.) Lex.-8. Straßburg, Bensheimer. à Jahrg. *

— pädagogische, für Elsaß-Lothringen. Hrsg. unter Mitwirkung bewährter und erfahrener Schulmänner. 6. Jahrg. 1880. 24 Nrn. (Bog.) Lex.-8. Straßburg. (Mannheim, Bensheimer.) *
Nicht weiter erschienen.

— pädagog., f. Elsass-Lothringen. Hrsg. v. G Schuster. 2—6. Jahrg. 1876—1880. 24 Nrn. (B.) 8. Strassb., Heinrich u. S. à Jahrg. n. 6. —

Blätter: Pädagogische Blätter von Hofwyl
Korrigieren: Ⓢ 1843.

— pädagogische, für Lehrerbildung und Lehrerbildungsanstalten. Unter Mitwirkung einer Anzahl Schulmänner hrsg. von C. Kehr. 1. und 2. Bd. 5 Hefte und 3. Bd. 6 Hefte. gr. 8. (656; 600; 600 S. mit 1 lithogr. und color. Karte in qu. 4.) Gotha 872—74, Thienemann. à Heft * ℳ 2. *

— pädagogische, für Lehrerbildung und Lehrerbildungsanstalten. Unter Mitwirkung einer Anzahl Schulmänner hrsg. von C. Kehr. 1875—1879. 4.—8. Bd. à 6 Hefte. gr. 8. (III, 588; 620; 588; 640; 672 S.) Gotha, Thienemann. à Heft * ℳ 2.; à Bd. *

— pädagogische, für Lehrerbildung u. Lehrerbildungsanstalten. Unter Mitwirkung einer Anzahl Schulmänner hrsg. v. C. Kehr. 1877—1882. 6—11. Bd. à 6 Hfte. gr. 8. (à Hft. 104 S.) Gotha, Thienemann. à Hft. n. 2. —

— pädagogische, f. Lehrerbildung u. Lehrerbildungsanstalten. Unter Mitwirkg. e. Anzahl Schulmänner hrsg. v. C. Kehr u. G. Schöppe. Jahrg. 1883—1886. 12—15. Bd. à 6 Hfte. gr. 8. (à Hft. ca. 116 S.) Gotha, Thienemann. à Hft. n. 2. —

— pädagogische, f. Lehrerbildung u. Lehrerbildungsanstalten. Unter Mitwirkg. e. Anzahl Schulmänner begründet v C. Kehr, hrsg. v. G. Schöppa. Jahrg. 1887 bis 1890. 16.—19. Bd. à 6 Hfte. gr. 8. (à Hft. ca. 100 S.) Gotha, Thienemann. à Hft. n. 2. —

Blätter, pädagogische, f. Lehrerbildung u. Lehrerbildungsanstalten. Unter Mitwirkg. e. Anzahl Schulmänner begründet v. C. Kehr, hrsg. v. G. Schöppa. Jahrg. 1891—1894. 20.—23. Bd. à 6 Hfte. gr. 8. (à Hft. ca. 100 S.) Gotha, E. F. Thienemann's Verl. à Hft. n. 2. —

— pädagogische, f. Lehrerbildg. u. Lehrerbildungsanst. Unt. Mitwirkg. e. Anzahl Schulmänner begründet v. C. Kehr, hrsg. v. G. Schöppa. Jahrg. 1895—1897. 24.—26. Bd. à 6 Hfte. (à ca. 100 S.) gr. 8. Gotha, E. F. Thienemann's Verl. à Hft n. 2 —

— dasselbe. Hrsg. v. K. Muthesius. Jahrg. 1898. 27. Bd. 12 Hfte. (à ca. 60 S.) gr. 8. Ebd. à Hft. n. 1. —

— pädagogische, f. Lehrerbildung u. Lehrerbildungsanstalten. Unter Mitwirkg. e. Anzahl Schulmänner begründet v. C. Kehr, hrsg. v. K. Muthesius. 28.—32. Bd. Jahrg. 1899—1903. à 12 Hfte. gr. 8. Gotha, E. F. Thienemann. à Hft. n. 1. —
28. (VIII, 728 S. m. 2 Taf.) — 29. (VIII, 600 S. m. 2 Taf.)
30. (VIII, 600 S. m. 2 Taf.) — 31. (VIII, 604 S. m. 2 Taf.)

Blätter, pädagogische, f. Lehrerbildung u. Lehrerbildungsanstalten. Ergänzungs-Heft. Verzeichnis der größeren Abhandlgn. u. Berichte aus den ersten 26 Bdn. 1872—1897, bearb. v. K. Angermeyer. gr. 8. (64 S.) Gotha 899. E. F. Thienemann. n. 1. —

— dasselbe. 2. Ergänzungshft. Bericht üb. die 1. Hauptversammlg. des Landesvereins preuß. Lehrerbildner, erstattet v. dem Schriftführer des Vereins Daerr. gr. 8. (46 S.) Ebd. 901. n. 1. —

— pädagogische, f. Lehrerbildung u. Lehrerbildungsanstalten. Unter Mitwirkg. e. Anzahl Schulmänner begründet v. C. Kehr, hrsg v. Karl Muthesius. 33.—35. Bd. Jahrg. 1904—1906. à 12 Hfte. (VIII, 576; VIII, 580 u. VIII, 580 S.) gr. 8. Gotha, E. F. Thienemann. à Hft. n. 1. —

— dasselbe. 3. Ergänzungsheft. Lex.-8. Ebd. 904. n. 1. —
Zum Universitätsstudium der Volksschullehrer. Gutachtliche Äußergn. deutscher Hochschullehrer, erbeten u. veröffentlicht. Von B. Hofmann. (44 S.)

— pädagogische, f. Lehrerbildung u. Lehrerbildungsanstalten. Unter Mitwirkg. e. Anzahl Schulmänner begründet v. C. Kehr, hrsg. v. Karl Muthesius. 36.—39. Bd. Jahrg. 1907—1910. à 12 Hefte. (VIII, 602; VIII, 600; VIII, 612 u. X, 602 S.) gr. 8. Gotha, E. F. Thienemann. à Jahrg. 12. —

— dass. Zeitschr. f. Lehrerbildg u. Schulaufsicht. 40. u. 41. J. '11 u. '12 je 12 Hefte. (664 m. 1 Taf.; 672 m. 1 Beil.) gr8° Ebd. d. Heft 1 — d

— pädagogische, aus der deutschen Ostmark. Abhandlungen u. Vorträge aus dem Gesamtgebiet der Pädagogik. In zwanglosen Heften hrsg. v. H. Schwochow. 1.—5. Heft. gr. 8. Lissa, F. Ebbecke. n. 4. 60
1. Heimat u. Schule. Anregungen, Winke u. Vorschläge zur prakt. Ausgestaltg. des heimatkundl. Prinzips. Von H. Schwochow. (52 S.) 906. n. — 80
2. Die Simultanschule in der Ostmark, ihre historische Entwicklung u. ihr gegenwärtiger Stand. Eine schulpolit. Studie. Von G. Lange. (52 S.) 905. n. — 80
3. Die Lehrerinnenfrage. Von Walth. Hardt. (58 S.) 905. n. — 80
4. Das erste Schuljahr bei fremdsprachigen Kindern. Von Paul Schwarz. 2., verm. u. verb. Aufl. (98 S.) 905. n. 1. 20
5. Schulgesundheitspflege u. Schulkrankheiten. Nach modernen wissenschaftl. Anschauungen dargestellt. Von S. Scherbel. (60 S. m. Abbildgn.) 906. n. 1. —

— pädagogische, aus der deutschen Ostmark. Abhandlungen u. Vorträge aus dem Gesamtgebiet der Pädagogik. In zwanglosen Heften hrsg. v. H. Schwochow. 6.—8. Heft. gr. 8. Lissa, O. Eulitz. 1. 90

Hardt, Walt., der Lehrermangel nach seinen Ursachen u. Wirkungen. Beitrag zu der gleichen Verbandsaufg. des deutschen Lehrervereins f. die Geschäftsperiode 19 6—1908. (57 S.) 907. (6. Heft) 1. —

Romus, K., Heimatsgefühl u. naturgeschichtlicher Unterricht. Nach e. auf der ersten Versammlg. des Posener Prov.-Lehrer-Vereins f. Naturkunde geh. Vortrage. (21 S.) 907. (7. Heft.) — 40

Schwochow, H., die deutschen Ansiedlungen in der Prov. Posen nach ihrer geschichtlichen Entwicklung u. ihrem gegenwärtigen Stande m. besond. Berücksicht. des Ansiedlungsdorfes Golenhofen. Mit 5 Abb. (34 S.) 908. (8. Heft) — 50

— dasselbe. 4. Heft. gr. 8. Lissa. Breslau, F. Goerlich. 1.20; geb. 1. 60

Das erste Schuljahr bei fremdsprachigen Kindern. Von Paul Schwarz. 3., verm. u. verb. Aufl. (108 S.) 908.

— Pädagogische, a. d. deut. Ostmark. Abhandlgn u. Vorträge a. d. Gesamtgebiet d. Pädagogik. 9. Heft. gr8° Lissa, O Eulitz.

Gutsche: Die Posener Volks- u. Mittelsch. (39) ('11) [9] — 50

—— pädagogische, mit besond. Rücksicht auf das gesammte Schulwesen der thüringschen Staaten. Hrsg. von Herm. Kern. (1. und 2.) Jahrg. 1853 und 1854. à Jahrg. 12 Hefte. gr. 8. Coburg, Riemann'sche Hofbuchh. à Jahrg. *

Das 2. Semester des 2. Jahrg. erschien in dem Verlage von Schmidt in Halle.

— — 2. Jahrg. 1854. 2. Semester. 6 Hefte. — 3. u. 4. Jahrg. 1855 u. 56. à 12 Hefte. (à 3 Bgn.) Halle, Schmidt. gr. 8. Jeder Jahrg. n. 2 ℛ

— einige, aus d. Papieren e. prakt. Erziehers, (v. Fr. Wächtler). 8. Halle 791. Hendel. 16 ℋ

— pastoral-theologische, herausg. von A. F. C. Vilmar. 1—8. Bd. Jahrg. 1861—64. à 12 Hfte. (à 3—4 Bgn.) Stuttgart, S. G. Liesching. gr. 8. Jedes Heft n. 6 ngr.

— pastoral-theologische, hersg. von A. F. C. Vilmar. 9—12. Bd. Jahrg. 1865 u. 66. à 12 Hefte (à 3—4 Bgn.). Stuttgart, S. G. Liesching. (Gütersloh, Bertelsmann.) gr. 8. Jedes Heft n. 6 ngr

— patriotische. Red.: A. Wellmann. Jahrg. 1849. 52 Nrn. Imp. 4. (Bog.) Stettin, Effenbart's Erbinn. n. 2 ℛ

— patriotische. Nr. 1—9. (à 2 S.) Speyer 870. Lang. 8. Jede Nr. ⅓ ngr

— patriotische, von u. für Deutschland, v. Gottl. Müller. 2 Thle. gr. 8. Wien 803. Schaumburg u. C. 2 ℛ

— Patriotische, f. Freunde gesetzl. Ordnung. Herausg. von J. A. K. Schröter. 1.—4. Jahrg. 1843—1846, à 104 Num. (½ B.) gr. 4. Leipzig, Literar. Museum. à n. 1⅓ ℛ

Periodische Blätter: 1883—1884?

Roman Catholic monthly. Cincinnati, OH

Periodische Blätter zur Besprechung d. großen religiösen Fragen der Gegenwart. Herausgeg. v. Martin Jos. Scheeben. Regensburg, Pustet, 1872—1882, gr. 8°, 11 Bde, à Bd. 576 S. u. 2 Mk. (ermäß. Pr.)

— periodische, zur wissenschaftlichen Besprechung der großen religiösen Fragen der Gegenwart. Hrsg. v. M. J. Scheeben. 1—5. Jahrg. 1872—1875. à 12 Hfte. gr. 8. (à Hft. 52 S.) Regensburg, Pustet. à Jahrg. 3. 60

Blätter, periodische, zur wissenschaftlichen Besprechung der großen religiösen Fragen der Gegenwart. Hrsg. v. M. J. Scheeben. 6—11. Jahrg. 1877—1882. à 12 Hfte. (3 B.) gr. 8. Regensburg, Pustet. à Jahrg. 3. 60

—— periodische, zur wissenschaftlichen Besprechung der großen religiösen Fragen der Gegenwart. Hrsg. von M. J. Scheeben. 9.—12. Jahrg. 1880—1883. à Jahrg. 12 Hefte. (à Heft 3 Bog.) gr. 8. Regensburg, Pustet. à Jahrg.

Nicht weiter erschienen.

PERIODISCHE BLÄTTER DER GESCHICHTS- UND ALTERTHUMS-VEREINE ZU CASSEL, DARMSTADT, FRANKFURT A. M., MAINZ UND WIESBADEN.

№. 1—4. Ausgegeben im Mai 1853 — Februar 1854. (Ohne bes. Titelblatt.) 8°

PERIODISCHE BLÄTTER DER GESCHICHTS- UND ALTERTHUMS-VEREINE ZU KASSEL. DARMSTADT, FRANKFURT, MAINZ UND WIESBADEN.

Jahrg. 1854. (№. 1—4.) Herausgegeben vom Vorstand des Vereins zur Erforschung der Rheinischen Geschichte und Alterthümer in Mainz. Mainz 1855. Druck von Reuter und Wallau. 8°

PERIODISCHE BLÄTTER DER GESCHICHTS- UND ALTERTHUMS-VEREINE ZU KASSEL, DARMSTADT, FRANKFURT, MAINZ UND WIESBADEN.

Jahrg. 1856. (№. 9—12.) Herausgegeben von dem Ausschusse der Gesellschaft für Frankfurts Geschichte und Kunst. Frankfurt am Main 1857. Druck von C. Adelmann. 8°.

Blätter, Periodische, der Geschichts- und Alterthums-Vereine zu Kassel, Darmstadt, Frankfurt a. M. und Wiesbaden. Jhg. 1854—60. Mainz 1855—61. 8. . . (b.)

PERIODISCHE BLÄTTER DER GESCHICHTS- UND ALTERTHUMS-VEREINE ZU KASSEL, DARMSTADH, FRANKFURT A. M. UND WIESBADEN.

№. 1—4. Ausgegeben im Mai 1857 — Januar 1858. (Ohne bes. Titelblatt.) 8°

PERIODISCHE BLÄTTER DER GESCHICHTS- UND ALTERTHUMS-VEREINE ZU KASSEL, DARMSTADT, MAINZ, WIESBADEN UND FRANKFURT.

Jahrg. 1855. (№. 5—8.) Herausgegeben von dem Vorstand des historischen Vereins für Nassau in Wiesbaden. Wiesbaden 1855. Druck von Wilhelm Gustav Riedel. 8°

PERIODISCHE BLÄTTER DER GESCHICHTS- UND ALTERTHUMSVEREINE ZU KASSEL, DARMSTADT UND WIESBADEN.

№. 5—8. Ausgegeben im Mai 1858 — Januar 1859. (Ohne bes. Titelblatt.) 8°

PERIODISCHE BLÄTTER DER GESCHICHTS- UND ALTERTHUMSVEREINE ZU KASSEL, DARMSTADT UND WIESBADEN.

№. 13—16. Ausgegeben im April 1860 — Januar 1861. (Ohne bes. Titelblatt.) 8°

PERIODISCHE BLÄTTER DER GESCHICHTS- UND ALTERTHUMSVEREINE ZU KASSEL, WIESBADEN UND DARMSTADT.

№. 9—12. Ausgegeben im April 1859 — Januar 1860. (Ohne bes. Titelblatt.) 8°

PERIODISCHE BLÄTTER FÜR DIE MITGLIEDER DES VEREINS FÜR HESSISCHE GESCHICHTE UND LANDESKUNDE.

№. 1—4. Ausgegeben im Juli 1845 — Ende November 1845. (Ohne bes. Titelblatt.) 8°.

PERIODISCHE BLÄTTER FÜR DIE MITGLIEDER DER BEIDEN HISTORISCHEN VEREINE DES KURFÜRSTENTHUMS UND DES GROSSHERZOGTHUMS HESSEN.*)

№. 1—24. Ausgegeben im Mai 1846 — Januar 1852. (Ohne bes. Titelblatt.) 8°.

— periodische, f. Realienunterricht u. Lehrmittelwesen. Hrsg. v. der Gesellschaft „Lehrmittelcentrale" in Wien. Organ des Lehrerclubs f. Naturkunde in Brünn. Geleitet v. Rob. Neumann. VI. u. VII. Jahrg. Oktbr. 1900—Septbr. 1902. à 6 Hfte. gr. 8. (à ca. 48 S. m. Abbildgn. u. Taf.) Tetschen, O. Henckel. à Jahrg. n.n. 5. —

— dasselbe. VIII. Jahrg. Oktbr. 1902—Septbr. 1903. 6 Hfte. gr. 8. (à ca. 48 S. m. Abbildgn. u. Taf.) Nebst: Jugendschriften-Warte, Organ der vereinigten deutschen Prüfungsausschüsse f. Jugendschriften. Hrsg. vom Hamburger Prüfungsausschuss f. Jugendschriften. I. V.: Herm. L. Köster. Red.: Heinr. Wolgast. 10. Jahrg. 12 Nrn. 4. (à ca. 4 S.) Ebd. n.n. 5. —; einzelne Hfte. n. 1. —

— periodische, f. Realienunterricht u. Lehrmittelwesen. Organ der Gesellschaft Lehrmittel-Zentrale in Wien u. des Lehrerklubs f. Naturkunde in Brünn. Geleitet v. Rob. Neumann u. Jul. Fischer. IX Jhrg. Oktbr. 1903—Septbr. 1904. 6 Hefte. (VI, 288 S. m. Abbildgn.) gr. 8. Nebst: Jugendschriften-Warte, Organ d. vereinigten deutschen Prüfungsausschüsse f. Jugendschriften. Hrsg. vom Hamburger Prüfungsausschuss f. Jugendschriften. I. V.: Herm. L. Köster. Red.: Heinr. Wolgast, 11. Jahrg. 12 Nrn. (à ca. 4 S.) 4. Tetschen [O. Henckel]. Wien, Akadem. Verlag. à Jhrg. n.n. 5. —; geb. n.n. 6. 50

— dasselbe. Geleitet v. Jul. Fischer u. Rob. Neumann. Nebst: Jugendschriftenrundschau. X. u. XI. Jahrg. 1905 u. 1906. à 6 Hefte. (à VI, 288 S. m. Abbildgn.) Lex.-8. Ebd. à Jhrg. n.n. 5. —; geb. n.n. 6. 50

— periodische, f. Realienunterricht u. Lehrmittelwesen. Organ der Gesellschaft Lehrmittel-Zentrale in Wien u. des Lehrerklubs f. Naturkunde in Brünn. In Verbindg. m. Jul. Fischer u. Rob. Neumann geleitet v. I. Kraus. Nebst: Jugendschriftenrundschau. 12. u. 13. Jahrg. 1907 u. 1908. à 6 Hefte. (à ca. 48 S. m. Abbildgn.) Lex. 8. Wien, Akadem. Verlag.
Erscheinen nicht mehr. à Jahrg. nn 5. —

— periodische, f. naturkundlichen u. mathematischen Schulunterricht. Hrsg. unter Mitwirkg. hervorrag. Fachleute v. Rob. Neumann. 1. Jahrg. 1894. 8 Hfte. gr. 8. (à Hft. ca. 36 S. m. Abbildgn. u. Taf.) Znaim, Fournier & Haberler. n. 5. —

— period., f. naturkundlichen u. mathemat. Schulunterricht. Hrsg. unt. Mitwirkg. hervorrag. Fachleute v. Rob. Neumann. 2.—5. Jahrg. 1895—1898. à 8 Hfte. (à 3—4 Bog. m. Abb. u. Taf.) gr. 8. Znaim, Fournier & Haberler. à Jahrg. n. 5. —

—— period., d. Ver. f. bild. Kunst in Cassel. 1. Jahrg. Sept.—Dec. 1860. 4 Nrn. (B.) 8. Cass., Kay. n. — 5

— periodische, des Vereins für bildende Kunst in Cassel. Jahrg. 1860. Septbr.—Decbr. 4 Nrn. (à ½ Bgn.) Cassel, Krieger in Comm. gr. 8. n. 5 ngr.

PERIODISCHE BLÄTTER DER HESSISCHEN VEREINE FÜR GESCHICHTS-, LANDES- U. ALTERTHUMSKUNDE ZU KASSEL, DARMSTADT UND MAINZ.
№. 1—4. Ausgegeben im April 1852 — Januar 1853. (Ohne bes. Titelblatt.) 8°

Blätter, Pestalozzische s. a. J. Niederer.

—— Pestalozzi'sche. Hrsg. von Ramsauer und Zahn. 1. Heft Memorabilien J. Ramsauer's. 8. (0⅞ Bog.) Elberfeld 847 [Wesel, Bagel.]

— Pestalozzi'sche. Herausg. v. Ramsauer u. Zahn. 1. Hft. Memorabilien J. Ramsauer's. 8. (6¾ B.) Elberfeld 847, Rhein. Schulbuchhdlg. n. ⅓ ß

—— Pestalozzische, für Menschen- u. Volkserziehung, s. Niederer, J.

PEST-OFNER Blätter für das christliche Volk in Stadt und Land. Verl. Wilhelm Hummel u. Johann Nep. Fellermayer. Pest 1869-1870. Fortsetzung: Ungar. Volksbote.

—— Dr. Ludwig Pfeiffer's, für 1873—1878. [Bis 1876:] Organ der deutschen Malakozoologischen Gesellschaft. Als Fortsetzung ... Herausg. von L. Pfeiffer u. W. Kobelt (letzter fällt von 1874 an weg), von 1878 an: Fortges. von S. Clessin. Bd. 21—25. Kassel 1873—78. 8. — Neue Folge. Bd. 1. 2. 1879—80. Ebda. 8.

— über Pferde u. Jagd. Hrsg.: C. H. Vogler. 1. Jahrg. 1852. 52 Nrn. gr. 8. (à 1—2 B.) Berlin, Asher & Co. in Comm. n. 4 ß

— über Pferde und Jagd. Herausgeber: C. H. Vogler. 2—7. Jahrg. 1853—58. à 52 Nrn. (à 1—2 Bgn.) Berlin, Asher u. Co. in Comm. gr. 8. Jeder Jahrg. n. 4 ß

— über Pferde und Jagd. Herausg.: C. H. Vogler. 8. u. 9. Jahrg. 1859 u. 60. à 52 Nrn. (à 1—2 Bgn.) Berlin, Asher & Co. in Komm. gr. 8. Jeder Jahrg. n. 4 ß

Blätter üb. Pferde u. Jagd. Herausg. v. C. H. Vogler. Jahrg. 1—12 à 2 Bd. Berl. 1852—63.

—— für Pferdezucht. Beilage zum „Oesterreichisch-ungar. Sportblatt". Officielles Organ der 6. Section [für Pferdezucht] der k. k. Landwirthschafts-Gesellschaft in Wien, des Sport-Verein in Baden und der Gesellschaft zur Prämiirung gut dressirter Campagnepferde. Hrsg. von C. von Szent-Iványi. 1. und 2. Jahrg. 1876 und 1877. à Jahrg. 52 Nrn. (Bog.) gr. 4. Wien, (Faesy und Frick.) à Jahrg. *
Nicht weiter erschienen.

— für Pferde-Zucht u. Central-Organ für hippologische Vereine, Gestütswesen, Pferdedressur, Händler etc. 7. Jahrg. Neue Folge 1. Jahrg. 24 Nrn. (à 1 Bgn.). Leipzig 870. Leiner. gr. 4. n. 2 ß.
Fortsetzung von „das Roß etc."

—— f. Pferde-Zucht u. Central-Organ f. hippolog. Vereine etc. 8. Jahrg. N. F. 2. Jahrg. 24 Nrn. (B.) 4. Lpzg 71, Leiner. n. 7. —
cf. Pferde-Zeitung, deutsche.

—— f. Pflanzenfreunde. Schriftleitg: U Dammer. 1. Bd. Oktbr 1890—Septbr 1891. 24 Nrn. (1½ B. m. Abbildgn.) 8. Magdeb., Creutz. n. 3. —

—— f. Pflanzenkunde. Schriftleitung: Udo Dammer. 1. Bd.: Octbr. 1890—Septbr. 1891. 24 Nrn. (238 S.) gr. 8. Magdeb., Creutz. * 3 —
Nicht weiter erschienen.

Blätter zur Pflege d. höheren Lebens. Es werde Licht. Hrsg. unter Mitwirkg. zahlreicher Freunde e. höheren Weltanschaug. v. Paul Frömsdorf. Enth. Berichte aus dem Gebiete der Theosophie, Metaphysik, höheren Naturwissenschaft, des Magnetismus, des Spiritualismus, der Religionswissenschaft u. der occulten Philosophie nebst Nachrichten üb. die Tätigkeit theosoph. Gesellschaften. 1. Jahrg. April 1903—März 1904. 12 Nrn. (92 S.) gr. 4. Schweidnitz, Theosoph. Verlag (P. Frömsdorf). n. 1.60
1. Jahrg., Nr. 1 erschien u. d. T.: Es werde Licht.

— dasselbe. Hrsg. v. Paul Frömsdorf. 2. u. 3. Jahrg. April 1904—März 1906. à 12 Nrn. (à ca. 24 S.) gr. 8. Ebd. à Jhrg. 3. —

— dasselbe. Monatsschrift f. Seelen- u. Geistesleben. (Okkulte Wissenschaft u. Theosophie.) Hrsg. v. Paul Frömsdorf unter Mitwirkg. zahlreicher Mitarbeiter. 4. Jahrg. April 1906—März 1907. 12 Nrn. (à ca. 24 S.) gr. 8. Lorch, K. Rohm. n. 3. —

— zur Pflege des höheren Lebens. Monatsschrift f. Seelen- u. Geistesleben. (Okkulte Wissenschaft u. Theosophie.) Hrsg. v. Paul Frömsdorf, Frdr. Schwab, Karl Rohm unter Mitwirkg. zahlreicher Mitarbeiter. 5. Jhrg. Oktbr. 1907—Septbr. 1908. 12 Nrn. (à ca. 20 S.) gr. 8. Lorch, K. Rohm. 3. —

— z. Pflege persönlichen Lebens, hrsg. v. Johs. Müller. 1. Jahrg. Septbr. 1897 bis August 1898. 4 Hfte. (à ca. 4 Bog.) gr. 8. Schliersee, Johs. Müller. n.n.n. 3. —

— z. Pflege persönl. Lebens, hrsg. v. J Müller. 1—3. Jahrg. Septbr 1897—Aug. 1899 à 4 Hfte. 8° (1. Hft. 64) Schliersee. Lpzg, Verl. d. grünen Hefte. à Jahrg. nnn 3 —
Nicht durch d. Buchh. zu beziehen.

Blätter zur Pflege persönlichen Lebens hrsg. von Dr. Johannes Müller, [Mainberg b. Schonungen]. 2 Bde. ⟨Öffentl. Ausg.⟩ Bd 1. 3. Aufl. München: C. H. Beck [1898]. 8° [J.] [07. 1394]

— z. Pflege persönl. Lebens, hrsg. v. Johs Müller. 4—15. Bd je 4 Hefte. (4, 284; 4, 288; 4, 256; 4, 280, 4, 244; 4, 252; 4, 236; 4, 260; 4, 208; 4, 212; 4, 220; 4, 220) gr8° Mainberg, Verl. d. Grünen Blätter '01—12. je 3.40; L m. G n 4.30; einz. Hefte 1 — d
Bd 4—6 tragen keinen Verlagsort. Bd 7 erschien in Leipzig.

— zur Pflege persönlichen Lebens, hrsg. v. Johs. Müller. 2 Bde. (Öffentliche Ausg.) (Neue [Titel-]Ausg.) gr. 8. München, C. H. Beck. à n. 4. —; geb. in Leinw. n. 5. —
I. 3. Aufl., 8.—12. Taus. (XII, 280 S.) [902] (904).
II. 2. Aufl., 7.—10. Taus. (VIII, 292 S.) [903] (904).

— zur Pflege persönlichen Lebens, hrsg. v. Johs. Müller. 1. Bd. 3. Aufl. 1. öffentl. Ausg. 8.—12. Taus. gr. 8 (XII, 280 S.) Leipzig (902). Verlag der Grünen Blätter. n. 4. —; geb. in Leinw. n.n. 5. —

Pharmakologische Blätter zur Mittheilung und Besprechung des Neuesten und Wissenswerthesten aus dem Gebiete der Arzneimittellehre... Hrsg.von Karl Josef Meyer. Bd (1), N.F.H.1, gbd.

Güns: Reichard 1840 - 1842

JB 6.164

—— philatelistische. Organ für die Gesammt-Interessen der Briefmarkenkunde. Hrsg. von einem Vereine von Philatelisten. Redact.: Th. Kohlmann. 1. Jahrg. 1874. 12 Nrn. (½ Bog.) 4. Leipzig, (Wartig.)

— philologische, 1s u. 2s Heft. gr. 8. Bresl. 816—18. Holäufer. à 12 gl 1 rß

—— physiatrische. Vierteljahrsschrift für Naturheilkunde und zur Mitarbeit bei den nöthigen Reformen auf den Gebieten der Krankheitslehre (Aetiologie und Pathologie), der Heilkunde (Therapie) und der Gesundheitserhaltungslehre (Hygiene) hrsg. von Wilh. Meinert. Jahrg. 1867. 4 Hefte. br. 8. (1. Heft 64 S.) Dresden, (Weiske.) 1 *

—— physiatrische. Fortschritte auf dem Gebiete der physikalisch-diätet. Heilmethoden, in zwanglosen Heften hrsg. von H. Lahmann. 1. und 2. Heft. gr. 8. (52; 42 S.) Stuttgart 888, Zimmer. à Heft *
Subscr.-Pr. für Heft 1— 4 *

—— physiatrische. Fortschritte auf dem Gebiete der physikalisch-diätet. Heilmethoden, in zwanglosen Heften. Hrsg. v. H. Lahmann. 3. u. 4. Heft. gr. 8. (38; 56 S.) Stuttg. 889,90, Zimmer. à Heft * 1 50; * 3 —
1. u. 2. Heft. Ebd. 1888. * 3 —.

— phytographische, herausg. v. Hoffmann. 1r Jahrg. 1803. Mit Kpf. gr. 8. Götting., Schröder. 2 rß 20 gl

— polemische, herausg. v. Verf. der Schrift: Der Erzbischof von Köln, seine Principien und Opposition. 1e—3e Samml. gr. 8. Leipzig 838. (Engelmann.) (Lemgo, Meyer'sche Hofbuchh.) 1 11/12 rß

Blätter über Politik. 1833. V: *Kind*, *Karl Theodor* (pseud. *Theobald Krohn*). (Schmidt, Gallerie 1840, S. 107) (Zeitschr. f. Büch. 1923, S. 80)

Blätter für deutsche Politik und deutsches Recht. (Von C. Frantz.) gr. 8. Augsburg 873—80, Haugg.

—— f. deut. Politik u. deut. Recht. Nr. 1—7. 8. Münch., lit. Instit. v. Dr. Huttler. n. 5. 50
1. Frantz, C, d. nationallib. Rechtseinheit u. d. Reichsgericht (50) 73. n. — 60
2. — was soll in Elsass-Lothringen werden? (32) 74. n. — 40
3. — Bismarckianismus u. Friedericianismus. (34) 74. n. — 40
4. — d. Bankerott d. herrsch. Staatsweisheit. (71) 74. n. 1. —
5. — d. Nationalliberalismus u. d. Judenherrschaft. (64) 74. n. 1. —
6. — d. Genesis d. Bismarck'schen Aera u. ihr Ziel. (39) 74. n. — 60
7. — d. preuss. Intelligenz u. ihre Grenzen. (94) 74. n. 1. 80

—— für deutsche Politik und deutsches Recht. Nr. 8—12. gr. 8. [München.] Augsburg 875, Literar. Institut von Dr. M. Huttler.

Inhalt:
Nr. 8. 9. Bauer, Edg., die orientalische Frage und der europäische Frieden. (171 S.) ℳ 2.
" 10. Perrot, F., die moderne Wirthschaftsgesetzgebung und die sogenannte sociale Frage. (65 S.) 80 Pf.
" 11. Ein Wort über bürgerliche Freiheit und Rechtsschutz in Preußen. Von einem rheinpreuß. Juristen. (35 S.) 50 Pf.
" 12. Frantz, Const., Philosophismus und Christenthum. (48 S.) ℳ 1.
Nr. 1—7. Ebendas. 1874. *ℳ 5,40.

Blätter für deutsche Politik und deutsches Recht. Neue Folge. 8°.
Nr. 1: Aufruf zur Begründung einer föderativen Partei. Von Constantin Frantz. München. 1875. 8°.

Blätter für deutsche Politik u. deutsches Recht. Neue Folge. Nr. 1. gr. 8. München 876. liter. Institut v. Dr. Huttler. — 50
Aufruf zur Begründung e. föderativen Partei. Von Const. Frantz. (48 S.)

— über Politik und konstitutionelles Leben. 1s Sträußchen: Deutschland, Griechenland, Preußen ꝛc. (von Theob. Krohn). 8. Altenburg 833. Litteratur-Compt. 5/12 rß

—— über Politik u. konstitution. Leben. 1. Sträußch. Deutschland, Griechenland, Preußen ꝛc. (Von † Theob. Krohn. [Theob. Kind.]) 8. (5 B.) Altenburg 833, [Pierer.]

Blätter, Politische. Leipzig 1795. V: *Dyk*, *Johann Gottfr.* (Ky)

Blätter: Politische Blätter (p. 178)
Neuer Text: ⑤ 28. 7. 1800 (1 Nr. von 100 Seiten) ⑥ 8° ⑦ vorgesehen: unregelmäßig ⑧ Bern: H. Geßner, Buchhändler (Verleger) ⑩ Bernhard Friedrich Kuhn, Mitglied des großen Rates der helvetischen Republik ⑬ BGSZ: 107, 973; Klages (Zeitschriften) Nr. 9 ⑭ Be: S ⑮ Buchhändler Geßner schreibt in Heft 1: «Von diesen politischen Blättern erscheint in ungezwungenen Heften, und ohne sich an eine bestimmte Zeit zu binden, die Fortsetzung ...» Das Heft enthält die 2. vermehrte und verbesserte Auflage von Kuhns Schrift «Über das Einheitssystem und den Föderalismus als Grundlagen einer künftigen helvetischen Staatsverfassung», und ist daher nur bedingt zu den Periodica zu rechnen.

Blätter: Politische Blätter
⑤ 1800 ⑧ Bern ⑩ Kuhn ⑬ BGSZ: 107, 973.

Blätter: Politische Blätter zur Aufklärung des aargauischen Volkes über die Frage der Totalrevision der Staatsverfassung
v. Aaargauer Nachrichten.

— politisch-kirchliche. Jahrg. 1850. 104 Nrn. Imp. 4. (½ B.) Mit Kunstbeilagen. Darmstadt, v. Auw. n. 2 rß

BLÄTTER für Polizey u. Kultur für 1801—3 (hrsg. von Aug. Chrn. Heinr. Niemann). Tübingen 1800 (!). (In Hamburg, Commerz-Bibl., u. in Schleswig, Provinzial-Bibl.)
Anon.-Lex. I. p. 244 (nach Kayser).

Blätter für Polizei und Kultur. (Hrgg. v. August Niemann.)
Jg. 1801. Tübingen. 1801. Supplementstücke zu Jg. 1801. ebd. 1803. 8°.
Jg. 1802—1803. ebd. 1802—3. 8°.
Jeder Jahrgang enthält 2 Bände.
Jg. 1799—1801 mit der Beilage: Schleswig-Holsteinische Chronik, in je 8 Nummern.

— für Polizei u. Kultur für 1801 bis 1803, herausg. (v. A. Chr. H. Niemann). 3 Jahrgg. à 12 Hefte. 8. Tübing., v. Cotta. à J. 4 rß 8 gl

— pommersche, für die Schule u. ihre Freunde. Hrsg. v. Thdr. Hauffe. 1—6. Jahrg. 1877—1882. à 24 Nrn. (B.) gr. 8. Stettin, Brandner. à Jahrg. n. 4. —

— pommersche, f. die Schule u. ihre Freunde. Hrsg. v. Thdr. Hauffe, Bethe, Königk, Schultz. 7—10. Jahrg. 1883—1886. à 24 Nrn. (B.) gr. 8. Stettin, Brandner. à Jahrg. n. 4. —

— pommersche, f. die Schule u. ihre Freunde. Hrsg. v. Adf. Sielaff. 11. Jahrg. 1887. 24 Nrn. (B.) gr. 8. Stettin, [Brandner]. Burmeister's Buchh. n. 4. —

— dasselbe. Hrsg. v. L. Bredow. 12. Jahrg. 1888. 24 Nrn. (B.) gr. 8. Ebd. n. 4. —

— dasselbe. Hrsg. v. C. Tolle. 13. Jahrg. 1889. 24 Nrn. (B.) gr. 8. Ebd. n. 4. —

— dasselbe. Hrsg. v. W. Backhaus. 14. Jahrg. 1890. 52 Nrn. (½ B.) gr. 8. Ebd. n. 5. —

— pommersche, f. die Schule u. ihre Freunde. Vereinsblatt d. Provinzial-Lehrerverbandes ꝛc. Hrsg. v. W. Backhaus. 15. Jahrg. 1891. 52 Nrn. (Bog.) gr. 8. Stettin, J. Burmeister. n. 5. —

— dasselbe. 16.—18. Jahrg. 1892—1894. à 52 Nrn. (Bog.) gr. 8. Ebd. à Jahrg. n. 6. —

— pommersche, f. d. Schule u. ihre Freunde. Vereinsblatt d. pommerschen Provinzial-Lehrer-Vereins, d. Pestalozzi-Vereins, d. Wilhelm-Augusta-Stiftg. u. d. Sterbekasse d. Prov. Pommern. Red.: W. Backhaus. 19.—22. Jahrg. 1895—1898. à 52 Nrn. (Bog.) gr. 4. Stettin, J. Burmeister. à Jahrg. n. 6. —
Kann auch vierteljährlich bezogen werden. — Redakt. d. 22. Jahrg. ist H. Juds.

— pommersche, f. die Schule u. ihre Freunde. Vereinsblatt des pommerschen Prov.-Lehrer-Vereins, des Pestalozzi-Vereins, der Wilhelm-Augusta-Stiftg. u. der Sterbekasse der Prov. Pommern. Red.: H. Juds. 23.—26. Jahrg. 1899—1902. à 52 Nrn. gr. 4. (à 8 S.) Stettin, J. Burmeister. à Jahrg. n. 6. —

— pommersche, f. die Schule u. ihre Freunde. Vereinsblatt des pommerschen Prov.-Lehrer-Vereins, des Pestalozzi-Vereins, der Wilhelm-Augusta-Stiftg. u. der Sterbekasse der Prov. Pommern. Red.: H. Juds. 27.—30. Jhrg. 1903—1906. à 52 Nrn. (à ca. 8 S.) 4. Stettin, J. Burmeister. à Jhrg. n. 6. —

— pommersche, f. die Schule u. ihre Freunde. Vereinsblatt des pommerschen Prov.-Lehrer-Vereins, des Pestalozzi-Vereins, der Wilhelm-Augusta-Stiftg. usw. der Prov. Pommern u. des pommerschen Fortbildungsschulvereins. Schriftleitung: H. Kasten. Monatliche Beilagen: Bücherschau u. Jugendschriften-Warte. 31.—34. Jahrg. 1907—1910 à 52 Nrn. (746; VIII, 430; VIII, 468 u. VIII, 536 S.) 32,5×24 cm. Stettin, J. Burmeister. à Jahrg. 6. —

— Pommersche, f. d. Schule u. ihre Freunde. Schriftleitg: H Kasten u. E Zühlsdorff. Monatl. Beil.: Bücherschau u. Jugendschriften-Warte. 34—36. J. '10—12 je 52 Nrn. (526, 556, 484) 32,5×24 cm. Stett., J Burmeister.
viertelj. 1.50; einz. Nrn — 20 d

—— pomologische. Monatsschrift für Pomologie, Wein-, Gemüse-, Hopfenbau und Kellerwirthschaft. [In deutscher und böhmischer Sprache.] Redact.: K. Horáček. 1. und 2. Jahrg. 1871 und 1872. à Jahrg. 12 Nrn. (Bog.) gr. 8. Prag, (Rziwnatz.) à Jahrg. *

—— dass. — Monatsschrift für Pomologie, Wein-, Gemüse-, Hopfenbau-, Gehölz- und Samencultur und Kellerwirthschaft. Redact.: K. Horáček jun. 8. Jahrg. 1878. 12 Nrn. (Bog.) gr. 8. Ebendas. *

Blätter für Post und Telegraphie. Zeitschrift d. höh. Post- u. Telegraphen-Beamten. Früher 'Im Zeichen d. Verkehrs'. Jg. 1, No 19. Berlin: R. Dietze 1906. 4° [F.] [o4. 3196

Blätter für Post und Telegraphie. [Seit Jg. 8. 1912/13 mit Ausg. B. bezeichnet.] Monatlich zweimal. Jg. 2. 1906/07 ff. Berlin
(Jg. 1912/13 u. 1913/14 mit Beil.: Telegraphen- und Fernsprech-Technik; = u $\frac{130}{25}$)

Postalische Blätter. Ill. Zeitschrift f. Unterhaltung u. Belehrung. Zentralorgan f. d. geselligen Zwecke d. Post- u. Telegraphenunterbeamten-Ver. Hrsg.: Paul Dumstrey. Jg. 1, 2, H. 1–20. [Mehr nicht erschienen.] Berlin-Charlottenburg: O. Rominger 1906–07. 2 Bde 4° [F.] [o4. 11676

Blätter, postalische. Illustr. Zeitschrift f. Unterhaltg u. Belehrg. Zentralorgan f. die gesell. Zwecke der Post- u. Telegraphenunterbeamten-Vereine. Red.: Paul Dumstrey. 2. Jahrg. 1907. 24 Nrn. (à ca. 8 S.) 30,5×27,5 cm. Berlin, Verlag der postal. Blätter. 2. —

Blätter, Prager pikante, vom 25. März 1882.
Verboten vom L.-G. Prag, 25. März 1882. § 516.
vom 1. April 1882. Nr. 4.
L.-G. Prag, 5. April 1882. § 516.
vom 7. April 1882. Nr. 5.
L.-G. Prag, 12. April 1882. § 516.
vom 15. April 1882. Nr. 6.
L.-G. Prag, 18. April 1882. § 516.
vom 16. September 1882. Nr. 8.
L.-G. Prag, 19. September 1882. § 516.

— prähistorische. Unter Mitwirkg. v. Forschern u. Freunden der prähistor. Wissenschaft hrsg. v. J. Naue. 1. Jahrg. 1889. 6 Nrn. gr. 8. (V, 96 S. m. 9 Taf.) München, (Literarisch-artist. Anstalt). n. 3. —

— dasselbe. 2. Jahrg. 1890. 6 Nrn. (B. m. Taf.) gr. 8. Ebd. n. 3. —

— prähistorische. Unter Mitwirkg. v. Forschern u. Freunden d. prähistor. Wissenschaft hrsg. v. Jul. Naue. 3.—6. Jahrg. 1891—1894. à 6 Nrn. (Bog. m. Taf.) gr. 8. München, (Literar.-artist. Anstalt). à Jahrg. n. 3. —

— prähistorische. Unt. Mitwirkg. v. Forschern u. Freunden d. prähistor. Wissenschaft hrsg. v. Jul. Naue. 7.—10. Jahrg. 1895—1898. à 6 Nrn. (à Bog. m. Taf.) gr. 8. München (Literar.-artist. Anstalt). à Jahrg. n. 3. —

— prähistorische. Unter Mitwirkg. v. Forschern u. Freunden der prähistor. Wissenschaft hrsg. v. Jul. Naue. 11.—14. Jahrg. 1899—1902. à 6 Nrn. gr. 8. (II, 96 S. m. 8 Taf.; II, 96 S. m. 10 Taf.; II, 96 S. m. 9 Taf. u. II, 96 S. m. 9 Taf.) München (Literar.-artist. Anstalt). à Jahrg. n. 3. —

Blätter, prähistorische. Unter Mitwirkg. v. Forschern u. Freunden der prähistor. Wissenschaften hrsg v. Jul. Naue. 15.—18. Jahrg. 1903—1906. à 6 Nrn. (à ca. 16 S. m. Taf.) gr. 8. München (Literarisch-artist. Anstalt). à Jhrg. n. 3. —

— prähistorische. Unter Mitwirkg. v. Forschern u. Freunden der prähistor. Wissenschaften hrsg. v. Jul. Naue. 19. Jahrg. 1907. Nr. 1. (16 S. m. 1 Taf.) gr. 8. München, (Literarisch-artist. Anstalt.) — 50
Erscheinen nicht mehr.

— prähistor. Hrsg. v. Jul. Naue. 18. u. 19. J. 06 u. 7 je 6 Nrn. (Nr 1. 16 m. 2 Taf.) gr8° Münch., (T Riedel). Je 3 — 6F
Vom J. '07 ist nur Nr 1 erschienen.

Prähistorische Blätter. Unter Mitwirkung von Forschern und Freunden der prähistorischen Wissenschaft herausgegeben ... München, Verlag der Redaktion der „Prähistorischen Blätter." 1890—1897.
2.—9. Jahrgang 8°.
II 1890: IV + 96 + 4 S. m. 14 Abb.; 8 Taf.
III 1891: IV + 96 S. m. 4 Abb.; 8 Taf.
IV 1892: IV + 96 S.; 9 Taf.
V 1893: IV + 96 S.; 9 Taf.
VI 1894: IV + 96 S. m. 10 Abb.; 20 Taf.
VII 1895: IV + 96 S. m. 1 Abb.; 11 Taf.
VIII 1896: IV + 96 + 19 S. m. 3 Abb.; 12 Taf.
IX 1897: Tit., 94 S., 1 Bl. m. 1 Abb.; 9 Taf.
1. Jg. 1889.

— praktische, f. Pflanzenbau u. Pflanzenschutz. Organ der kgl. bayer. agrikulturbotan. Anstalt in München u. des Verbandes bayer. Landwirtschaftslehrer. (Zugleich neue Folge der prakt. Blätter f. Pflanzenschutz.) Unter Mitwirkg. zahlreicher Fachgelehrter u. Praktiker hrsg. v. L. Hiltner. 1.—4. Jahrg. (Der ganzen Reihe 6.—9. Jahrg.) 1903—1906. à 12 Hefte. (IV, 146; IV, 160; IV, 148 u. IV, 144 S. m. Abbildgn.) gr 8. Stuttgart, E Ulmer. à Jhrg. n. 3. —

— praktische, f. Planzenbau u. Pflanzenschutz. Organ der kgl. bayer. agrikulturbotan. Anstalten in München u. des Verbandes bayer. Landwirtschaftslehrer. (Zugleich neue Folge der prakt. Blätter f. Pflanzenschutz.) Unter Mitwirkg. zahlreicher Fachgelehrter u. Praktiker hrsg. v. L. Hiltner. 5.—8. Jahrg.. (Der ganzen Reihe 10.—13. Jahrg.) 1907—1910. à 12 Hefte. (IV, 144; IV, 144; IV, 164 u. IV, 156 S. m. Abb.) gr. 8. Stuttgart, E. Ulmer. à Jahrg. 3. —

— Praktische, f. Pflanzenbau u. Pflanzenschutz. (Zugl. n. F. d. prakt. Blätter f. Pflanzenschutz.) Hrsg. v. L Hiltner. 8—10. J. (Der ganzen Reihe 13—15. J.) '10—12 je 12 Hefte. (4, 156; 4, 148; 4, 156 m. Abb.) gr8° Stuttg., E Ulmer. Je 3 — d

— prakt, f. Pflanzenschutz. E. Ratgeber f. Landwirte, Forstleute, Gärtner u. and Pflanzenzüchter. J. Verbindg. m. Fachmännern u. Praktikern hrsg. von Carl Frhr. v. Tubeuf. 1. Jahrg. 1898. 12 Hfte. (1/2 Bog. m. Abb.) gr. 8. Stuttgart, E. Ulmer. n. 2. —

— praktische, f. Pflanzenschutz. Organ der kgl. bayer. Station f. Pflanzenschutz u. Pflanzenkrankheiten. Ein Ratgeber f. Landwirte, Obstzüchter u. Winzer, Gärtner u. Forstleute. Unter Mitwirkg. hervorrag. Gelehrter u. Praktiker hrsg. v. J. E. Weiß. 2.—5. Jahrg. 1899—1902. à 12 Hfte. gr. 8. (à Jahrg. IV, 96 S. mit Abbildgn.) Stuttgart, E. Ulmer. à Jahrg. n. 2. —

-- dass. Forts. u. d. T.: Blätter, Praktische, für Pflanzenbau und Pflanzenschutz.

—— praktische, aus der Schule für deutsche Schulen. Von einem Vereine prakt. Lehrer. 1. Heft: Seelenlehre. Körperlehre. gr. 8. (68 S.) Freiberg 852, Craz und Gerlach.

— praktische, aus der Schule für deutsche Schulen. Von einem Vereine praktischer Lehrer. 2. Heft: Die Kunst, Gedanken zu sammeln und zu ordnen. Nebst Literaturbericht und bezüglichen Recensionen. Freiberg 853. Craz u. Gerlach. gr. 8. (54 S.) 6 ngr

Blätter f. administrative Praxis, zunächst in Bayern. Hrsg. von *Karl Brater.* 15 Bde. u. Reg.-Bd. zu 1—10. (Zus. 16 voll.). Nördlingen, Beck, 1851—65. 8°. Eleg. Hfrzbde.

Erschien noch Bd. 16—19. (Vergriffen!)

— Forts. m. d. Tit.: *Blätter f. administrative Praxis u. Polizeigerichtspflege, zunächst in Bayern.* Hrsg. von *Aug. Luthardt.* Bd. 30—37 u. Haupt-Reg. zu Bd. 21—30 (in 9 voll.). Ebd. 1880—87. 8. Eleg. Hfrzbde.

Blätter für administrative Praxis zunächst in Bayern. Mit Einschluß der gesammten Policei- u. Finanzverwaltung. Hrsg. v. Karl Brater. 1. Bd. 6 Hfte. 2. Bd. 1—3. Hft. gr. 8. (I: IV u. 482 S. II: S. 1—248.) Nördlingen 851. 52, Beck. (à Heft 1/2 rf) 3 rf

—— für administrative Praxis zunächst in Bayern. Hrsg. von Carl Brater. 2. Bd. 6 Hefte. gr. 8. (S. IX und 502 S.) Nördlingen 852—53, Beck'sche Buchh.

1. Bd. Ebendas. 1851. 2 Thlr.

—— dass. — 3—6. Bd. (Jahrg.) 1853—56. à 26 Nrn. (Bog.) gr. 8. Ebds. à Bd. 2 Thlr.

—— dass. — Beilagenheft zu Bd. 4. A. u. d. T.: Sammlung von principiellen Erlassen der Staatsbehörden und von Präjudicien auf dem Gebiete der Verwaltung. Jahrg. 1854. 6 Hefte. gr. 8. (305 S.) Ebds.

— — Hauptregister zu Bd. I—IV. Ebend. 854. 8. (LXIX S.) n. 10 ngr

Beilage dazu, s. Sammlung von prinzipiellen Erlassen &c.

—— dies. Beil. zu Bd. 4. = Samml. v. princ. Erlassen d. Staatsbeh. u. v. Präj. auf d. Geb. d. Verw. 8. (305) Ebd. 55. n. 2. — || Beil. zu Bd. 5. = Samml. etc. 2. Jahrg. (220) 55. 56. — 26 || Beil. zu Bd. 6. = Samml. etc. 4. Jahrg. 1856. (231) 1. 4 1/2 || Beil. zu Bd. 7. = Samml. etc. 5. Jahrg. 1857. Bearb. v. J Rau. (383) 1. 18 || Beil. zu Bd. 8. = Samml. etc. 6. Jahrg. 1858. (288) 1. 4 1/2 || Beil. zu Bd. 9. = Samml. etc. 7. Jahrg. 1859. (257) 1. — || Beil. zu Bd. 10. = Samml. etc. 8. Jahrg. 1860. (272) 1. 2 || Beil. zu Bd. 11. = Samml. etc. 9. Jahrg. 1861. (180) — 21 || Beil. zu Bd. 12. = Samml. etc. 10. Jahrg. 1862. (273) 1. 5 || Reg. zu Bd. 1—4. (48) 54. *n.* — 10 || Reg. zu Bd. 1—10. (148) 61. *n.* — 20

—— dass. — Beilagenheft zu Bd. 5. A. u. d. T.: Sammlung von principiellen Erlassen der Staatsbehörden und von Präjudicien auf dem Gebiete der Verwaltung. Jahrg. III. 1855. 2 Hefte. gr. 8. (XII und 220 S.) Ebds.

—— dass. — Beilagenheft zu Bd. 6. A. u. d. T.: Sammlung von principiellen Erlassen der Staatsbehörden und von Präjudicien auf dem Gebiete der Verwaltung. IV. Jahrg. 1856. 1. Heft. gr. 8. (S. 1—60.) Ebds.

Blätter für administrative Praxis. Hrsg. von Carl Brater. 7—11. Bd. (Jahrg.) 1857—61. à Bd. 26 Nrn. (Bog.) gr. 8. Nördlingen, Beck'sche Buchh. à Bd. 2 Thlr.

1—6. Bd. Ebendas. 1851—56. 12 Thlr.

—— dass. — Beilagenheft zu den Bdn. 6—11. A. u. d. T.: Sammlung von prinzipiellen Erlassen der Staatsbehörden und von Präjudizien auf dem Gebiete der Verwaltung. 4. Jahrg. 1856. 2. und 3. Heft, 5. Jahrg. 1858. 4 Hefte mit einem Hauptregister zu Jahrg. 1—5., 6. Jahrg. 1858. 2 Hefte, 7. Jahrg. 1859. 2 Hefte, 8. Jahrg. 1860. 2 Hefte und 9. Jahrg. 1861. 1. Heft. gr. 8. Ebendas. [4. Jahrg. 2. und 3. Heft. (VIII und S. 61—231.) 2. Heft 15 Ngr., 3. Heft 12 Ngr., 5. Jahrg. (VIII und 383 S.) 1. Heft 12 Ngr., 2. Heft 15 Ngr., 3. Heft 5 Ngr., 4. Heft 16 Ngr., 6. Jahrg. (VII und 288 S.) 1. Heft 7 1/2 Ngr., 2. Heft 27 Ngr., 7. Jahrg. (VII und 257 S.) 1. Heft 12 Ngr., 2. Heft 18 Ngr., 8. Jahrg. 1. Heft. (103 S.) 12 Ngr., 2. Heft. (VI und S. 104—272.) 20 Ngr., 9. Jahrg. 1. Heft. (80 S.) 9 Ngr.]

5. und 6. Jahrg. bearb. von J. Rau, 7. und 8. Jahrg. bearb. von H. Schunck, 9. Jahrg. bearb. von C. Brater.

—— dass. — Beilagenheft zu Bd. 11. A. u. d. T.: Sammlung von prinzipiellen Erlassen der Staatsbehörden und von Präjudizien auf dem Gebiete der Verwaltung. 9. Jahrg. 1861. Bearb. von H. Schunck. 2. Heft. gr. 8. (VI und S. 81—180.) Ebendas. 862.

— — Hauptregister zu Band 1—10. Ebend. 861. gr. 8. (148 S.) n. 20 ngr

Beilage dazu, s. Sammlung von prinzipiellen Erlassen &c.

Blätter für administrative Praxis und Polizeigerichtspflege. Hrsg. von A. Luthardt. 12.—17. Bd. (Jahrg.) 1862—67. à Bd. 26 Nrn. (Bog.) gr. 8. Nördlingen, Beck'sche Buchh. à Bd.

—— dass. — Beilagenheft zu Bd. 12. A. u. d. T.: Sammlung von principiellen Erlassen der Staatsbehörden und von Präjudizien auf dem Gebiete der Verwaltung und Polizei. Hrsg. von K. Brater. 10. Jahrg. 1862. 1. Heft. gr. 8. (104 S.) Ebendas. 862.

—— dass. — Beilagenheft zu Bd. 12. A. u. d. T.: Sammlung von principiellen Erlassen der Staatsbehörden und von Präjudizien auf dem Gebiete der Verwaltung. 10. Jahrg. 1862. Bearb. von H. Schunck. 2. Heft. gr. 8. (VI und S. 105—273.) Ebendas. 864. *

Blätter für administrative Praxis und Polizeigerichtspflege. Hrsg. von Aug. Luthardt. 18.—24. Bd. Jahrg. 1868—1874. à Jahrg. 26 Nrn. (Bog.) gr. 8. Nördlingen, Beck'sche Buchh. à Jahrg.

—— dass. — Jahrg. 1872. Beilagenband: Die Verfassungs-Urkunde des Königr. Bayern und die Verfassungsedicte in ihrem gegenwärtigen Bestande. Wortgetreuer Abdr. des noch geltenden ursprüngl. Textes mit Anführung der späteren Zusätze und Aenderungen. Hrsg. von Karl Brater. 4. Aufl. mit Rücksicht auf die deutschen Reichsgesetze bearb. von Geo. Pfeil. gr. 8. XX, 316 S.) Ebendas. Subscr.-Pr. *M 2,60; Einzel-Pr. *

—— dass. — Hauptregister zu Bd. XI—XX. Hrsg. von Aug. Luthardt. gr. 8. (152 S.) Ebendas. 871. *

Blätter für administrative Praxis und Polizeigerichtspflege. Hrsgbr.: A. Luthardt. 25.—29. Bd. Jahrg. 1875—1879. à Jahrg. 26 Nrn. (Bog.) gr. 8. Nördlingen, Beck'sche Buchh. à Jahrg. *

—— dass. — Beilagebd. zu Jahrg. 1878: Die Grenzen der civilgerichtlichen und administrativen Zuständigkeit nach den Erkenntnissen des Competenzconfliktsenates am obersten Gerichtshofe in Bayern. Von C. L. H. Matthäus. gr. 8. (XVI, 224 S.) Ebendas. *M 3.; Einzelpr. *

Blätter für administrative Praxis und Polizeigerichtspflege. Hrsgbr.: A. Luthardt. 30.—34. Bd. Jahrg. 1880—1884. à Jahrg. 26 Nrn. (Bog.) gr. 8. Nördlingen, Beck'sche Buchh. à Jahrg. *

— dasselbe. Jahrg. 1880. Beilageband. gr. 8. Ebend. 880 n. 4. —

Erläuterungen zu der in Bayern geltenden Sozialgesetzgebung. Bearb. von A. Reger. (VI, 349 S.) Einzelpr. n. 5. —

—— dass. — Beilagebd. zum Jahrg. 1880: Erläuterungen zu der in Bayern geltenden Sozialgesetzgebung. Bearb. von A. Reger. gr. 8. (VI, 349 S.) Ebendas. 881. *

Einzelpr. *

— dasselbe. Hauptregister zu Bd. XXI—XXX. gr. 8. (201 S.) Ebend. 881. n. 4. —

—— für administrative Praxis und Polizeigerichtspflege. Hrsgbr.: A. Luthardt. 35.—38. Bd. Jahrg. 1885—1888. à Jahrg. 26 Nrn. (Bog.) gr. 8. Nördlingen, Beck'sche Buchh. à Jahrg. *

Blätter für administrative Praxis u. Polizeigerichtspflege. Hrsgbr.: A. Luthardt. 39.—42. Bd. Jahrg. 1889—1892. à Jahrg. 26 Nrn. (Bog.) gr. 8. Münch., Beck. à Jahrg. 6 —

—— dass. — Hauptregister zu Bd. XXXI—XL. Hrsg. von Aug. Luthardt. gr. 8. (107 S.) Ebd. 891. * 3 —

Blätter f. administrative Praxis u. Polizeigerichtspflege. Hrsg.: A. Luthardt. 41.—44. Bd. Jahrg. 1891—1894. à 26 Nrn. (Bog.) gr. 8. München, C. H. Beck. à Bd. n. 6 —

Blätter f. administrative Praxis u. Polizeigerichtspflege. Hrsg.: A Luthardt. 41—43. Bd. Jahrg. 1891—1894 à 26 Nrn. (B.) 8° Münch., CH Beck. || 45. Bd. Jahrg. 1895. Hrsg.: M v. Seydel u. K Krazeisen. à Jahrg. 6 —

Blätter für administrative P r a x i s . Bd 46 –

— dasselbe. 46.—48. Bd. Jahrg. 1896—1898. à 12 Nrn. (à ca. 42 S.) gr 8. Ebd. à Jahrg. n. 6.—

Blätter f. administrative Praxis. Hrsg.: Karl Krazeisen. 49.—52. Bd. 1899—1902. à 12 Nrn. gr. 8. IV, 446; IV, 438; IV, 417 u. IV, 424 S.) München, C. H. Beck. à Bd. n. 6. —
Bis inkl. Bd. 51 von M. v. Seydel mitherausgegeben.

Blätter f. administrative Praxis. Hrsg.: Karl Krazeisen. 53.—56. Bd. 1903—1906. à 12 Nrn. (IV, 420; IV, 421; IV, 425 u. IV, 388 S.) 8. München, C. H. Beck. à Jhrg. n. 6. —

— f. administrative Praxis. Hrsg.: Karl v. Krazeisen. 56—58. Bd 56—8 je 12 Nrn. (388, 422 u. 422) 8° Münch., CH Beck. Je 6 — || 59. Bd 59. (424) 7 — d

— f. administrative Praxis. Hrsg.: Karl v. Krazeisen. 57.—60. Bd. 1907—1910 à 12 Nrn. (IV, 422; IV, 422; III, 424 u. IV, 443 S.) 8. München, C. H. Beck. Bd. 57. 58 à 6.—; Bd. 59. 60 à 7. —

Blätter f. administrative Praxis. Hrsg.: Karl v. Krazeisen. 60—62. Bd, '10—12 je 12 Nrn u. Reg. (4, 443; 4, 409; 4, 426) 8° Münch., CH Beck. je 7 — d

Blätter f. soziale Praxis in Gemeinde, Vereinen u. Privatleben. Hrsg. v. N Brückner. I. u. 2. Jahrg. 1893 u. 1894 à 52 Nrn. 4° (Nr. 1. 12) Frankf. a/M. Berl., C Heymann's V. à Jahrg. 10 — || 3. Jahrg. 1. Quartal. Jan.—März 1895. Hrsg. v. I Jastrow. 13 Nrn. 2.50
Mit d. Sozialpolit. Centralblatt vereinigt u. d. T.: Soziale Praxis.

— für soziale Praxis in Gemeinde, Vereinen u. Privatleben. Unter Mitwirkg. hervorrag. Fachmänner hrsg. v. N. Brückner. 1. Jahrg. 1893. 52 Nrn. (à 1—1½ Bog.) gr. 4. [Frankfurt a/M., J. Baer & Co.] Berlin, Siemenroth & Worms. n. 10. —

— dasselbe. 2. Jahrg. 1894. 52 Nrn. (à 1—1½ Bog.) gr. 4. Berlin, Siemenroth & Worms. n. 10. —

— f. sociale Praxis i. Gemeinde, Vereinen u. Privatleben. Zugl. Organ d. Verb. deutscher Gewerbegerichte. Hrsg. v. J. Jastrow. 3. Jahrg. 1. Quartal Jan. bis März 1895. 13 Nrn. (à ca. 12 S.) gr. 4. [Berlin, C. Heymann's Verl.] Leipzig, Duncker & Humblot. n. 2. 50

— dasselbe, Fortsetzg., verein. m. „Sozialpolit. Centralblatt", s.: Sociale Praxis.

— a. d. Prediger-Seminar zu Hofgeismar. 1—5. J. '05—9 je 2 Nrn. (20, 20; 28, 24; 28, 20; 22, 22 u. 39) 8° Kass., F Lometsch. Je nn 1.50 || 6. J. '09. (48) † 2 — d

Blätter aus dem Prediger-Seminar zu Hofgeismar. (Hrsg.: A. Klingender, Studiendir.) Jg. 1. (Kassel 1903: E. Röttger.) 8° [F.] [illegible]

— aus dem Prediger-Seminar zu Hofgeismar. 4.—7. Jahrg. 1907—1910 à 2 Nrn. (1909: 48 S.) 8. Cassel, F. Lometsch. à Jahrg. 2. —

— a. d. Prediger-Seminar zu Hofgeismar. 7. J. 2 Nrn. (18 u. 20) 8° Cass., F Lometsch '10'12. † 2 — d

—— protest., f. d. ev. Oesterr. 1. Jahrg. 1863. Apr.—Dec. 39 Nrn. (B.) 4. Wien, Fromme. n. 2. 15

—— protestantische, für das evangelische Oesterreich. Hrsg. unter Mitwirkung von Buschbeck, Haase, Hönel etc. Redact.: C. Zlocha. 1. Jahrg. 1863. April bis Decbr. 39 Nrn. (Bog.) gr. 4. Wien, Tendler und Comp. *

—— dass. — Hrsg. von Fischer, Lipsius, Porubszky, Witteus. 2. Jahrg. 1864. 52 Nrn. (Bog.) Ebendas. *

Protestantische Blätter für das evang. Österreich. Wien, 1863-1869. – (2, 10)

—für Psychiatrie, herausg. von J. B. Friedreich und G. Blumröder. 1s u. 2s Hft. Lex.-8. Erlangen 837. Palm u. Enke (à 5/6 rthl) 1⅔ rthl

—— Puckenhofer, hrsg. v. (J Schunck) M Knoell. 1—10. Jahrg. à 26 Nrn. (½ B.) 4. Erl. 51—60, Deichert. || Hrsg. v. Kleinknecht. 11—14. Jahrg. à 12 Nrn. (B.) 8. 61—64. à n. — 12 || 15. Jahrg. 65. n. — 10

—— Puckenhofer. Hrsg.: Heydrich u. Ströbel. 16—20. Jahrg. à 12 Nrn. (B.) 8. Erl. 66—70, Deichert. à n. — 10

—— Puckenhofer. Hrsg.: Heydrich u. Ströbel. 21. Jahrg. 12 Nrn. (B.) 8. Erl. 71, Deichert. n. 1. — || 22—25. Jahrg. 72—75. à n. 1. 40

—— Puckenhofer, für das Volk, hrsg. von Jul. Schunck. 1—6. Jahrg. 1851—1856. à Jahrg. 26 Nrn. (½ Bog.) gr. 4. Erlangen, Blaesing. à Jahrg. *

— — Herausg. von M. Knoell. 7. u. 8. Jahrg. 1857 u. 58. à 24 Nrn. (à ½ Bgn.) Ebend. gr. 4. 7.: n. 12 ngr; 8.: n. 10 ngr

— Puckenhofer, für das Volk. 9—11. Jahrg. 1859—61. Red.: Marc. Knoll. —12—14. Jahrg. 1862—64. Red.: Kleinknecht. à 12 Nrn. (à 1 Bgn.) Erlangen, Deichert. gr. 8. Jeder Jahrg. n. 12 ngr.

— Puckenhofer, für das Volk zum Dienste der innern Mission. 15—19. Jahrg. 1865—1869. Red.: Kleinknecht. — 20. Jahrg. 1870. Herausgbr.: Heydrich u. Ströbel. à 12 Nrn. (à 1 Bgn.). Erlangen, Deichert. 8. Jeder Jahrg. n. 10 ngr.

— Puckenhofer, f. das Volk zum Dienste der innern Mission. Hrsg.: Heydrich u. Ströbel. 21. Jhrg. 1871. 12 Nrn. (B.) gr. 8. Erlangen, Deichert. n. 1. —

— dasselbe. 22—24. Jahrg. 1872—1874. à 12 Nrn. (B.) gr. 8. Ebend. à Jahrg. n. 1. 40

—— Puckenhofer, für das Volk. Organ der Conferenz für innere Mission. Hrsg. von Ranke. 25. Jahrg. 185. 24 Nrn. (½ Bog.) gr. 8. Erlangen, Deichert. *

—— dass. — Organ der Conferenz für innere Missio in Bayern. Hrsgbr.: Ranke. 26.—28. Jahrg. 1876—1878 à Jahrg. 24 Nrn. (½ Bog.) gr. 8. Ebendas. Jahrg. 1876 u. 1877 à * Jahrg. 1878 *

—— dass. — Hrsgbr.: Kahl. 29. Jahrg. 1879. 24 Nrn. (½ Bog.) gr. 8. Fürth, Ott. *

—— Puckenhofer, für das Volk. Organ der Conferenz für innere Mission in Bayern. 30.—34. Jahrg. 1880—1884. à Jahrg. 24 Nrn. (à Nr. ½ Bog.) gr. 8. Fürth, Ott. à Jahrg. *

—— Puckenhofer, für das Volk. Organ der Conferenz für innere Mission in Bayern. Hrsg. von Kahl. 35. Jhrg. 1885. 24 Nrn. (à Nr. ½ Bog.) gr. 8. Rothenburg o. T. (Peter.) *
Fortsetzung s. Blätter für Innere Mission in Bayern.

— radirte, nach Handzeichnungen von Göthe, herausg. von C. A. Schwerdgeburth. Fol. Magdeb. 837. Mazzucchi. 3/4 ℛℓ

— u. Ranken. Eine Auslese geistl. Lieder zur Erbauung u. beschaul. Einkehr. gr. 16. (79 S.) Ebd. 889. geb. m. Goldschn. * 1 —

Blätter, Ratzeburgische Literarische. Jahrgang 1808. Lübeck. 4. Jahrg. 1809. Lübeck. Jahrg. 1810. Ratzeburg. H: *Reinhard, Carl von, J. E. F. Dietz* & *L. Nauwerk.* (Hitzig)

— Ratzeburgische literar., 1r Jahrg. 4. Lübeck 808. (Aschenfeldt). 2 ℛℓ 6 gℓ

— Ratzeburgische, litterar. rc. 1r Jahrg. 4. Lübeck, Niemann u. C. 808.

RAVENSBERGER BLÄTTER FÜR GESCHICHTS-, VOLKS- UND HEIMATSKUNDE.
Unter Mitwirkung des Historischen Vereins für die Grafschaft Ravensberg.
Jahrg. I. 1901. Bielefeld 1901. Druck und Verlag des „Bielefelder General-Anzeiger(s)" (E. Gundlach A.-G.) 4°. — Jahrg. II. 1902. ib. 1902. — Jahrg. III. 1903. ib. 1903. —
Herausgegeben im Auftrag des Historischen Vereins für die Grafschaft Ravensberg. Jahrg. IV. 1904. ib. 1904. — Jahrg. V. 1905. ib. 1905. —

RAVENSBERGER BLÄTTER FÜR GESCHICHTE, VOLKS- UND HEIMATSKUNDE.
Herausgegeben im Auftrag des Historischen Vereins für die Grafschaft Ravensberg. Jahrg. VI. 1906. ib. 1906. — Jahrg. VII. 1907. ib. 1907. —
Herausgegeben im Auftrag des Historischen Vereins für die Grafschaft Ravensberg, sowie des Minden-Ravensbergischen Hauptvereins für Heimatschutz und Denkmalpflege.
Jahrg. VIII. 1908. ib. 1908. — Jahrg. IX. 1909. ib. 1909. — Jahrg. X. 1910. ib. 1910. — Jahrg. XI. 1911. ib. 1911. — Jahrg. XII. 1912. ib. —

— für das bayerische Realschulwesen. Hrsg. durch den Verein v. Lehrern an techn. Unterrichtsanstalten Bayerns, red. v. A. Kurz. 1. u. 2. Bd. Jahrg. 1881 u. 1882. à 5 Hfte. gr. 8. (à Hft. ca. 32 S. m. 1 Steintaf.) München, Rieger. à Bd. n. 5. —
Erschien früher u. d. T.: Blätter für das bayer. Gymnasial- u. Real-Schulwesen.

— für das bayerische Realschulwesen. Hrsg. durch den Verein v. Lehrern an techn. Unterrichtsanstalten Bayerns, red. v. A. Kurz. 3—6. Bd. Jahrg. 1883—1886. à 5 Hfte. gr. 8. (à Hft. ca. 40 S. m. Steintaf.) München, Augsburg, Rieger. à Jahrg. n. 5. —

— für das bayerische Realschulwesen. Hrsg. durch den Verein v. Lehrern an techn. Unterrichtsanstalten Bayerns, red. v. A. Kurz u. H. Vogel. 7.—10. Bd. Jahrg. 1887—1890. à 5 Hfte. gr. 8. (à Hft. ca. 50 S.) München. (Augsburg, Rieger.) à Bd. n. 5. —

— für das bayerische Realschulwesen. Hrsg. durch den Verein v. Lehrern an techn. Unterrichtsanstalten Bayerns, red. v. A. Kurz u. H. Vogel. 11. u. 12. Bd. Jahrg. 1891. 1892. à 5 Hfte. gr. 8. (à Hft. ca. 48 S.) München. (Augsburg, M. Rieger.) à Jahrg. n. 5. —

— dasselbe, red. v. A. Kurz. 13. Bd. Jahrg. 1893. 5 Hfte. gr. 8. (à Hft. ca. 48 S.) Ebd. n. 5. —
Fortsetzung s.: Zeitschrift, bayerische, f. Realschulwesen.

— für Rechtsanwendung. Unter Mitwirkg. v. Karl Ditheldêr u. Th. Engelmann hrsg. v. Karl Gareis. Alphabetisches u. systemat. Register üb. die Bde. 61—70 u. die Ergänzungsbde. 14 u. 15. (III, 135 S.) gr. 8. Nürnberg 903. U. E. Sebald n. 8. —
Vergl.: Seuffert's, J. A., Blätter f. Rechtsanwendung.

— für Rechtsanwendung, zunächst in Bayern, s. a. Seuffert, J. A.

— für Rechtsanwendung zunächst in Bayern, hrsg. v. Joh. Adam Seuffert u. Christ. Carl Glück. 1—7. Bd. od. Jahrg. 1836—42. gr. 8. Erlangen, Palm u. Enke. [1. u. 2. (à 52 Nrn. ½ Bog.), 3—7. (à 26 Nrn. Bog.) à * 2 Thlr.] *
Den 1. Bd. gab J. A. Seuffert allein heraus. Zum 1—5. Bd. gehört ein systemat. Register. (2 B.)

— für Rechtsanwendung zunächst in Bayern, hrsg. v. Joh. Ad. Seuffert. 8—12. Bd. Jahrg. 1843—47. à 26 Nrn. (Bog.) gr. 8. Erlangen, Palm u. Enke. à Bd. * 2 Thlr. *
1—7. Bd. Jahrg. 1836—42. Ebendas. à J. * 2 Thlr.

— für Rechtsanwendung zunächst in Bayern. Red.: J. A. Seuffert. 12—17. Bd. Jahrg. 1847—1852. à 26 Nrn. gr. 8. (Bog.) Erlangen, Palm & Enke. à n. 2 ℛℓ

— dass. — Ergänzungsblätter zu den Blättern für Rechtsanwendung zunächst in Bayern von J. A. Seuffert. Jahrg. 1847 und 1849, oder zu Bd. 12 und 14. à 6 Nrn. (Bog.) gr. 8. Erlangen, Palm und Enke. *

— dass. — Alphabetisches und systemat. Register über die ersten 10 Bde. (Jahrg. 1836—45.) dieser Zeitschrift. gr. 8. Ebds. 840. *

— für Rechtsanwendung zunächst in Bayern. Red.: J. A. Seuffert. 18—23. Jahrg. 1853—58. à 26 Nrn. (à 1 Bgn.) Erlangen, Palm u. Enke. gr. 8. Jeder Jahrg. n. 2 ℛℓ

— dass. — Ergänzungsblatt. 1. Jahrg. März — Decbr. 1854. 8 Nrn. (Bog.) gr. 8. Ebds. *

— dass. — 2. und 3. Jahrg. 1855 und Jahrg. 1856. à Jahrg. 6 Nrn. (Bog.) gr. 8. Ebds. à Jahrg. *

— dass. — in Verbindung mit Chrn. Carl Glück und Carl Friedr. Dollmann, hrsg. von Joh. Adam Seuffert. Alphabet. und systemat. Register über die Bde. 11—20. gr. 8. (282 S.) Ebds. 856. *

— — Ergänzungsblatt. Jahrg. 1853. 6 Nrn. (à 1 Bgn.) n. 12 ngr — 1854. 8 Nrn. n. 21 ngr — 1855 u. 56. à 6 Nrn. à n. 16 ngr Ebend. gr. 8. n. 2 ℛℓ 5 ngr

— dass. — Ergänzungsblätter. Jahrg. 1857 und 61. à Jahrg. 6 Nrn. (Bog.) gr. 8. Ebendas. à Jahrg. *

— für Rechtsanwendung zunächst in Bayern. Red.: Steppes. 24—29. Jahrg. 1859—64. à 26 Nrn. (à 1 Bgn.) Erlangen, Palm & Enke. gr. 8. Jeder Jahrg. n. 2 ℛℓ

— — Ergänzungsblätter. Jahrg. 1860. 61. u. 64. à 6 Nrn. (à 1 Bgn.) Ebend. gr. 8. Jeder Jahrg. n. 16 ngr

— — Alphabetisches und systematisches Register über die Bde. I—V der neuen Folge. Bd. XXI—XXV der gesammten Folge. Ebend. 861. gr. 8. (140 S.) n. 20 ngr

— für Rechtsanwendung zunächst in Bayern. Hrsg. von Friedr. Steppes. 27.—31. Bd. Neue Folge. 6.—10. Bd. à 26 Nrn. (Bog.) gr. 8. Erlangen 862—66, Palm und Enke. à Bd. *

— dass. — Ergänzungsblatt zum 29. Bde. 6 Nrn. (Bog.) Ebendas. 864. *

— — Alphabetisches u. systematisches Register über die Bände 1—10 der neuen Folge, Bd. 21—30 der gesammten Folge. Ebend. 868. 8. (251 S.) n. 1 ℛℓ 6 ngr

— — Beilagenheft: Repertorium zu den Landtagsverhandlungen über die bayerische Civilprozeßordnung vom 29. April 1869, bearb. von Jul. Juch u. Max Hutter u. hrsg. von Frdr. Steppes. Ebend. 870. 8. (X, 158 S.) n. 24 ngr

— für Rechtsanwendung zunächst in Bayern, gegründet von Joh. Adam Seuffert und Chrn. Carl Glück. In Verbindung mit Ch. C. Glück und C. Fr. v. Dollmann hrsg. von Fr. Steppes, fortges. von K. Hettich. Neue Folge. 18—19. Bd. Der gesammten Folge 38.—39. Bd. gr. 8. Erlangen 868—74, Palm und Enke.
à Bd. von 26 Bog. mit Register *

— dass. — Beilagenheft zu Bd. 34 [der neuen Folge Bd. 14.]: Repertorium zu den Landtagsverhandlungen über die bayerische Civilprozeßordnung vom 29. April 1869, bearb. von Jul. Juch und Mar. Hutter und hrsg. von Friedr. Steppes. gr. 8. (X, 158 S.) Ebendas. 869. *

— dass. — Alphabetisches und systematisches Register über die Bde. 11—15 der neuen Folge, Bd. 31—35 der gesammten Folge und den Ergänzungsbd. zu Bd. 31 und 32. [Bd. 11 und 12 der neuen Folge.] gr. 8. (162 S.) Ebendas. 871. *

— dass. — Ergänzungsblätter zu Bd. 39. gr. 8. (3 Bog.) Ebendas. 874. *

Blätter f. populäre Rechtskunde f. Männer u. Frauen aller Stände. Hrsg. v. **Raschke.** Berlin 900. Jeder Bd. v. 12 Heften

— für volksthümliche Rechtskunde. Eine Wochenschrift mit Intelligenzblatt für literar., urist., landwirthschaftl. u. gewerbl. Geschäftsanzeigen. Herausg.: Hnr. Gralchen. (1. u. 2. Jahrg.) 1845, 46. à 52 Numm. Lex.-8. Leipz. (O. Klemm.) à n. 2 ℛ

— für Rechtspflege im Bezirk d. Kammergerichts. Hrsg. v. Perl u. Ludw. Wreschner I. Redact.: L. Wreschner. 1. u. 2. Jahrg. 1890 u. 1891. à Jahrg. 12 Nrn. (à Nr. 1—1½ Bog.) 4. Berl., Siemenroth u. Worms. à Jahrg. * 8 —

— für Rechtspflege im Bezirke d. Kammergerichts. Hrsg. v. Perl u. L. Wreschner. Red.: L. Wreschner. Jahrg. 1890. 12 Nrn. (B.) 4. Berlin, Skrzeczek. n. 3. —

— f. Rechtspflege im Bez. d. Kammergerichts. Hrsg. v. Perl u. L Wreschner I. 2. Jahrg. 1892. 12 Nrn. (à 1—1½ B.) 4° Berl., Siemenroth & Tr. 8 — ‖ 3. u. 4. Jahrg. 1892 u. 1893. à Jahrg. 4 —

— dasselbe. 3.—5. Jahrg. 1892—1894. à 12 Nrn. (à 1—1½ Bog.) 4. Ebd. à Jahrg. n. 4. —

— f. Rechtspflege i. Bez. d. Kammergerichts. Org. f. d. Veröffentlichgn. d. Anwalts-Kammer z. Berlin. Hrsg. v. Perl u. Ludw. Wreschner I. 6.—9. Jahrg. 1895—1898. à 12 Nrn. (à 1½—2 Bog.) gr. 4. Berlin, Siemenroth & Troschel. à Jahrg. n. 4. —

— für Rechtspflege im Bezirk des Kammergerichts. Organ f. die Veröffentlichgn. der Anwalts-Kammer zu Berlin. Hrsg. v. Perl u. Ludw. Wreschner I. 10. u. 11. Jahrg. 1899 u. 1900. à 12 Nrn. gr. 4. (104 u. XII, 112 S.) Berlin [Siemenroth & Troschel]. F. Vahlen. à Jahrg. n. 4. —

— dasselbe. Register f. die Jahrg. I—X (1890 bis einschließlich 1899). A. Alphabetisches Register. — B. Quellenregister. — C. Vorträge, Abhandlgn. 2c. gr. 4. (58 S.) Berlin 900. [Siemenroth & Troschel.] F. Vahlen. n. 1. 50; geb. in Leinw. n. 2. 50

— dasselbe. 12. u. 13. Jahrg. 1901 u. 1902. à 12 Nrn. gr. 4. (V, 124 u. VII, 120 S.) Berlin, F. Vahlen. à Jhrg. n. 4. —; einzelne Nrn. n. — 50

— für Rechtspflege im Bezirk des Kammergerichts. Organ f. die Veröffentlichgn. der Anwalts-Kammer zu Berlin. Hrsg. v. Perl u. Ludw. Wreschner I. 14.—17. Jahrg. 1903—1906. à 12 Nrn. (VIII, 120; VIII, 108; VIII, 120 u. VIII, 112 S.) Lex.-8. Berlin, F. Vahlen. à Jhrg. n. 4. —

— für Rechtspflege im Bezirk des Kammergerichts. Organ f. die Veröffentlichgn. der Anwalts-Kammer zu Berlin. Hrsg. v. Perl u. Ludw. Wreschner I. 18.—21. Jahrg. 1907—1910. à 12 Nrn. (VII, 128; VII, 108; VII, 128 u. VII, 120 S.) Lex. 8. Berlin, F. Vahlen. à Jahrg. 5. —

— f. Rechtspflege im Bezirk d. Kammergerichts. Hrsg. v. Perl u. Ludw. Wreschner I. 21—23. J. '10—12 je 12 Nrn. (7, 120; 7, 136; 7. 136) Lex8° Berl., F Vahlen. je 5 — d

— für Rechtspflege in Thüringen und Anhalt unter Mitwirkung der HH. G. Emminghaus, Heerwart, Heimbach hrsg. von Reinhold Schmid. 1—3. Bd. (Jahrg.) 1854—56. à 12 Nrn. (à 2 Bog.) gr. 8. Jena, Frommann. à Jahrg. *
Vgl.: Vollert.

— — herausg. von J. Chr. Hotzel. 3—5. Bd. (Jahrg.) 1856—58. à 12 Nrn. (à 2 Bgn.) Ebend. gr. 8. Jeder Bd. n. 2 ℛ 20 ngr.

— — Beilagehefte dazu, s. Groß, — Hotzel, — Vollert.

— dass. — Beilageheft 3., s. Hotzel, J. Chr.

— dass. — Beilageheft 4., s. Planitz, v. der.

— dass. — Alphabetisch geordnetes Sachregister I. Die 5 ersten Bde. umfassend. gr. 8. (32 S.) Ebendas. 859. *
Vom 7. Bd. an ist G. Emminghaus nicht mehr als Mitherausgeber genannt.

— für Rechtspflege in Thüringen und Anhalt unter Mitwirkung 2c. herausg. von J. Chr. Hotzel. 6—8. Bd. Jahrg. 1859—61. à 12 Nrn. (à 2 Bgn.) Jena, Frommann. gr. 8. Jeder Jahrg. n. 2 ℛ 20 ngr.

— — 9—11. Bd. Jahrg. 1862—64. à 6 Hfte. (à 4 Bgn.) Ebend. gr. 8. Jeder Jahrg. n. 2 ℛ 20 ngr.

— — Ergänzungsheft zum 9. Bd. Jahrg. 1862. Ebend. 862. gr. 8. (VI, 54 S.) 15 ngr.

— — Alphabetisch geordnetes Sachregister. I. u. II. Die Bde. I—X umfassend. Ebend. 859, 64. gr. 8. (32; 16 S.) I.: n. 8 ngr.; II.: n. 4 ngr.

— dass. — 10.—14. Bd. Jahrg. 1863—67. à Bd. 6 Hefte. gr. 8. (à Heft ca. 64 S.) Ebendas. à Bd. *
Beim 14. Bde. ist A. Vollert als Herausgeber genannt.

— für Rechtspflege in Thüringen und Anhalt hrsg. von A. Vollert. 15.—20. Bd. Jahrg. 1868—1873. à Jahrg. 6 Hefte. gr. 8. (à Heft 64—80 S.) Jena, Fr. Frommann. à Jahrg. *

— — Ergänzungsheft: A. u. d. T.: Spruchpraxis des Appellationsgerichts zu Eisenach. Mitgetheilt von C. Reblina. 2. Heft. Ebend. 870. gr. 8. (2 Bll., 44 S.) n. 12 ngr.

— — Alphabetisches Sachregister zum 1—15. Bd. Unter theilweiser Zugrundelegung der für die ersten 10 Bände bereits vorhandenen Register bearb. von Langbein. Ebend. 869. gr. 8. (56 S.) 7½ ngr.

— dass. — unter Berücksicht. der Reichsgesetzgebung und der jurist. Literatur. Hrsg. von A. Vollert. Neue Folge 1. Bd. Der ganzen Folge 21. Bd. 6 Hefte. gr. 8. (à Heft 80—96 S.) Ebendas. 874. *

— für Rechtspflege in Thüringen und Anhalt, unter Berücksichtigung der Reichsgesetzgebung und der jurist. Literatur hrsg. von A. Vollert. Neue Folge. 2.—4. Bd. Der ganzen Folge 22.—24. Bd. à Bd. 4 Hefte. gr. 8. (à Heft 96 S.) Jena 875—77, F. Frommann. à Jahrg. *

— dass. — Hrsg. von A. Vollert und O. Jacobs. Neue Folge. 5. und 6. Bd. Der ganzen Folge 25. und 26. Bd. à Bd. 4 Hefte. gr. 8. (à Heft 80—96 S.) Ebendas. 878, 79. à Jahrg. *

— für Rechtspflege in Thüringen und Anhalt, unter Berücksicht. der Reichsgesetzgebung und der jurist. Literatur hrsg. von O. Bretschneider. Neue Folge. 7.—11. Bd. Der ganzen Folge 27.—31. Bd. à Bd. 4 Hefte. gr. 8. (à Heft 96 S.) Jena 880—84, F. Frommann. à Bd. *

— für Rechtspflege in Thüringen u. Anhalt, unter Berücksicht. der Reichsgesetzgebg. u. der jurist. Literatur hrsg. v. O. Bretschneider. Neue Folge. 10—13. Bd. Der ganzen Folge 30—33. Bd. à 4 Hfte. gr. 8. (1. Hft. 96 S.) Jena 883—86. Pohle. à Bd. n. 10. —

— für Rechtspflege in Thüringen u. Anhalt, unter Berücksicht. der Reichsgesetzgebg. u. der jurist. Literatur hrsg. v. H. Brückner. Neue Folge. 14.—17. Bd. Der ganzen Folge 34.—37. Bd. à 4 Hfte. gr. 8. (à Hft. ca. 96 S.) Jena 887–890. Pohle. à Bd. n. 10. —

— für Rechtspflege in Thüringen u. Anhalt, unter Berücksicht. der Reichsgesetzgebg. u. der jurist. Literatur hrsg. v. H. Brückner. Neue Folge. 18. Bd. Der ganzen Folge 38. Bd. 4 Hfte. gr. 8. (à Hft. ca. 96 S.) Jena 891. H. Pohle. n. 10. —

— dasselbe. Hrsg. v. R. Schulz. Neue Folge. 19.—21. Bd. Der ganzen Folge 39.—41. Bd. à 4 Hfte. gr. 8. (à Hft. ca. 96 S.) Ebd. 892—894. à Bd. n. 10. —

Blätter f. Rechtspflege i. Thüringen u. Anhalt, hrsg. v. R. Schulz u. A. Unger. N. F. 22.—25. Bd. D. ganzen F. 42.—45. Bd. à 4 Hfte. à ca. 6 Bog.) gr. 8. Jena 895—898. H. Pohle. à Bd. n. 10. —
Der 22. Bd. ist von Schulz allein herausgegeben.

— für Rechtspflege in Thüringen u. Anhalt, hrsg. von A. Unger. Der ganzen Folge 46.—49. Bd. Neue Folge 26.—29. Bd. à 4 Hfte. gr. 8. Jena, H. Pohle. à Bd. n. 10. —
46. (VIII, 338 u. 88 S. Register.) — 47. (VIII, 370 S.) — 48. (VIII, 464 S.) — 49. (VIII, 280 u. 102 S.)

— f. Rechtspflege in Thüringen u. Anhalt, hrsg. v. A Unger. Der ganzen Folge 48—52. Bd. Neue Folge 28—32. Bd je 4 Hefte. (52. Bd. 24, 288, 128 u. 6) 8° Jena, H Pohle 01-05. Je 10 — d

— für Rechtspflege in Thüringen u. Anhalt, hrsg. v. A. Unger. Der ganzen Folge 50.—53. Bd. Neue Folge 30.—33. Bd. à 4 Hfte. (52. Bd. XXIV, 288, 128 u. VI S) gr. 8. Jena 903—906. H. Pohle. à Bd. n. 10. —

— für Rechtspflege in Thüringen u. Anhalt, hrsg. v. B. Sammer. Der ganzen Folge 54.—57. Bd. Neue Folge. 34.—37. Bd. à 4 Hefte. (VIII, 444; VIII, 440; VIII, 536 u. VIII, 544 S.) gr. 8. Jena 907—10. H. Pohle. à Bd. 10. —

— f. Rechtspflege in Thüringen u. Anhalt, hrsg. v.V Sammer. Der ganzen Folge 57—59. Bd. N. F. 37—39. Bd je 4 Hefte. (37. Bd: 7, 312 u. 232) gr8° Jena, H Pohle '10 —12. je 10 — d

— für zürcherische Rechtsprechung. Neue Folge der schweizer Blätter f. handelsrechtl. Entscheidgn. Red.: H. Wächter u. E. Schurter. 1. Bd. 1902. 26 Nrn. gr. 8. (à ca. 16 S.) Zürich, Art. Institut Orell Füssli. n. 8. —
Vergl.: Blätter, schweizer, f. handelsrechtl. Entscheidgn.

— für zürcherische Rechtsprechung. Neue Folge der schweizer Blätter f. handelsrechtl. Entscheidgn. Red.: H. Wächter u. E. Schurter. 2. u. 3. Bd. 1903 u. 1904. à 26 Nrn. (401 u. 401 S.) gr. 8. Zürich, Art. Institut Orell Füssli. à Bd. n. 8. —

— dasselbe. Red.: H. Wächter in Verbindg. m. andern Mitgliedern des zürcher Obergerichts. 4. u. 5. Bd. 1905 u. 1906. à 24 Nrn. (397 u. 400 S.) gr. 8. Ebd. à Bd. n. 8. —

— für zürcherische Rechtsprechung. Neue Folge der Schweizer Blätter f. handelsrechtl. Entscheidgn. Red.: H. Wächter in Verbindg. m. andern Mitgliedern des zürcher. Obergerichts. 6.—9. Bd. 1907—1910 à 24 Nrn. (à ca. 16 S.) gr. 8. Zürich, Art. Institut Orell Füssli. à Bd. 8. —

— f. zürcher. Rechtsprechung. N. F. d. Schweizer Blätter f. handelsrechtl. Entscheidgn. Red.: H Wächter. 9—11. Bd '10—12 je 24 Nrn. ('11, Nr 1 : 16) gr8° Zür., Art. Instit. Orell Füssli. je 8 —; einz. Nrn 1 —

—— für populäre Rechtswissenschaft. Sammlung gemeinverständl. und leichtfassl. Abhandlungen aus dem Civil- und Straf-Recht. Hrsg. von Gust. Freudenstein. 1. und 2. Bd. à Bd. 8 Hefte. gr. 8. (à Heft ca. 60—70 S.) Minden 882,83, Bruns' Verlag. à Heft * ℳ 1. à Bd. *

Blätter für vergleichende Rechtswissenschaft und Volkswirtschaftslehre. Review of Comparative Law and Polit. Economy. Revue de Droit et d'Économie Politique Comparés. Revista de Jurisprudencia y Economia polit. comparadas. Organ d. Internat. Vereinigung f. vergleich. Rechtswiss. u. Volkswirtschaftslehre. Hrsg. von Dr. Felix Meyer, Kammerger.R. in Berlin. Jg. 1, No 1. Berlin: R. v. Decker 1905. 4° [06. 3510

— für vergleichende Rechtswissenschaft u. Volkswirtschaftslehre. Organ der internationalen Vereinigg. f. vergleich. Rechtswissenschaft u. Volkswirtschaftslehre in Berlin, hrsg. v. Fel. Meyer. 1. u. 2. Jahrg. April 1905—März 1907. à 12 Nrn. (603 u. 527 S.) Lex.-8. Berlin, R. v. Decker. à Jhrg. n. 20. —

— für vergleichende Rechtswissenschaft u. Volkswirtschaftslehre. Organ der internationalen Vereinigg. f. vergleich. Rechtswissenschaft u. Volkswirtschaftslehre in Berlin, hrsg. v. Fel. Meyer. 3.—6. Jhrg. April 1907—März 1911 à 9 Nrn. (à Jhrg. VIII, 288 Sp.) Lex. 8. Berlin, R. v. Decker. à Jahrg. 10. —

Blätter f. vergleich. Rechtswissenschaft u. Volkswirtschaftslehre. Hrsg. v. Fel. Meyer. 6—8. J. Apr. '10—März '13 je 9 Nrn. (Je 8, 287 Sp.) Lex8° Berl., R v. Decker. je 10—

—— für Reform des Sanitätswesens, s. Wochenschrift, Wiener medizinische.

—— reformirende, zur Bildung einer Ethik. Hrsg. vom Vereine „spiriter Forscher" in Budapest. 1. und 2. Jahrg. 1878 und 1879. à Jahrg. 12 Hefte (à 2 Bog.) gr. 8. Budapest, (Tettey und Comp.) à Jahrg. *

Blätter. Einiche Blätter aus den Reise-Tabletten eines Schweizerschen Geistlichen. Zürich 1790 s.a.[Tobler, Johannes].

— einige, aus d. Reisetabletten e. Schweizer. Geistlichen, (v. J. Tobler). gr. 8. Zürich 790. Orell. 6 gl

Blätter aus dem africanischen Reise-Tagebuch einer Dame. 2 Bde. Braunschweig 1849. V: *Schwartz, Marie Esperance von.* (Frz. Brümmer, Lex. der dtschn. Dichter. 6. Aufl. Leipzig 1913 ff. VI, 369.) (Hdschr. Mitth. von Friedr. Müller, München.)

—— aus dem africanischen Reise-Tagebuche einer Dame. 2 Thle. (1. Algerien. 2. Tunis.) 8. (XIV und 843 S.) Braunschweig 849, Vieweg und Sohn. *

— für Religion u. Erziehung, unter Mitwirkung einiger evangel. mennonit. Prediger u. andrer Freunde hersg. von Carl Harder. 1. Bd. oder Jahrg. 1868. 12 Hefte (à 2 Bgn.). Neuwied. Heuser in Comm. gr. 8. n. 2 ₰

—— für Religion und Erziehung, unter Mitwirkung einiger evangel. mennonit. Prediger und andrer Freunde hrsg. von Carl Harder. 1. Bd. oder Jahrg. 1868. 12 Hefte. (à 2 Bog.) gr. 8. Neuwied. (Elbing, Meißner.) *

—— dass. — 2. und 3. Bd. (oder Jahrg. 1869 und 1870). à Bd. 12 Hefte. (à Heft 2 Bog.) gr. 8. Elbing, Meißner. à Heft * 60 Pf.; à Bd. *

Rendsburger Blätter. Red. v. A. Römer. Nr. 1—12. Rendsburg, Dienstag den 4. Juli bis Sonnabend den 29. Juli 1848. Fol. Bei: Rendsburger Tageblatt. 1848. Fol.

Blätter, Recensirende, im Gebiete der Militair- und insbesondere Genie-Wissenschaften. Für das k. k. Ingenieur-, Mineur- und Sappeur-Corps. 1. Liefg. März 1847. (Mit 1 Tafel.) (Lithographirt.) Fol. Wien 1847.

— Rheinische, Jahrg. 815—17. gr. 8. Wiesbaden, Schellenberg. à Jahrg. 4 ₰ 12 gl 13 ₰ 12 gl

Blätter, Rheinische. – Wiesbaden: 2.VII.1816 - 30.IX.1820.

—— Rheinische, f. Erziehung u. Unterr., mit besond. Berücksicht. d. Volksschulwesens. Hrsg. v. F. A. W. Diesterweg. 4 Bde. à 4 Hfte. 8. Schwelm 827—29, Scherz. à Bd. 2 Thlr.

—— dass. Neue Folge. 1—10. Bd. à 3 Dpplhfte. Jahrg. 1830—34.) gr. 8. Essen, Bädeker. à J.

—— rheinische, f. Erziehung u. Unterricht, mit besond. Berücksicht. d. Volksschulwesens. Hrsg. v. F. A. W. Diesterweg. Neue Folge. 11—26. Bd. à 3 Doppelh., od. Jahrg. 1835—42. gr. 8. Essen, Bädeker. à J. *

—— rheinische, f. Erziehung u. Unterricht, mit besond. Berücksichtigung des Volksschulwesens, hrsg. v. F. A. W. Diesterweg. Jahrg. 1843—47 od. Neue Folge 27—36. Bd. à 3 Doppelhefte. gr. 8. Essen, Bädeker. à J. *

Neue Folge 1—26. Bd. od. Jahrg. 1830—42. Ebendas. Bd. 1—20, wenn mehrere zusammen genommen à J. * 1 Thlr. 15 Ngr. Bd. 21—26. * 8 Thlr.

— Rheinische, f. Erziehung u. Unterricht m. besond. Berücksichtigung d. Volksschulwesens. Hrsg. v. F. A. W. Diesterweg. Jahrg. 1847—1852. 35—46. Bd. der neuen Folge, à 3 Hfte. gr. 8. (à ca. 120 S.) Essen, Bädeker. à Jahrg. n. $2^{2}/_{3}$ ℛ

— rheinische, für Erziehung und Unterricht mit besonderer Berücksichtigung des Volksschulwesens. Herausg. von F. A. W. Diesterweg. Jahrg. 1853—57. oder 47—56. Bd. der neuen Folge. (Jeder Bd. à 3 Hefte, à 6—8 Bgn.) Essen, Bädeker. gr. 8. Jeder Jahrg. n. 2 ℛ 20 ngl

— — (Jahrg. 1858.) Neueste Folge. 1. 2. Bd. à 3 Hefte (à 6 Bgn.). Köln, Expedition. (Leipzig, Baensch.) gr. 8. n. 2 ℛ 20 ngl

—— dass. — Jahrg. 1858—60 oder 1—6. Bd. der neuesten Folge. à Jahrg. 6 Hefte. gr. 8. (à Heft ca. 100 S.) Köln, Expedition. à Jahrg. *

—— dass. — Jahrg. 1861 oder 7. und 8. Bd. der neuesten Folge. 6 Hefte. gr. 8. Frankfurt a. M., Hermann'sche Buchh. *

— rheinische, für Erziehung und Unterricht. Herausg. von Adf. Diesterweg. Jahrg. 1859—64. (oder 3.—14. Bd. der neuesten Folge.) à 6 Hfte. (à 6 Bgn.) Frankfurt a. M., Hermann'sche Buchhdlg. gr. 8. Jeder Jahrg. n. 2 ℛ 20 ngr

—— rheinische, für Erziehung und Unterricht. Hrsg. von Adph. Diesterweg. Jahrg. 1862—66. (9.—18. Bd. der neuesten Folge.) à Jahrg. 6 Hefte. gr. 8. (à Heft ca. 100 S.) Frankfurt a. M., Hermann'sche Buchh. à Jahrg. *

— rheinische, für Erziehung u. Unterricht. Im J. 1827 begründet von Adph. Diesterweg. Unter Mitwirkung namhafter Pädagogen fortgeführt von Wichard Lange. Jahrg. 1865—1870. [15—26. Bd. der neuesten Folge.] à 6 Hefte (à 6—8 Bgn.). Frankfurt a. M., Hermann. gr. 8. Jeder Jahrg. n. 2 ℛ 20 ngr

—— rheinische, für Erziehung und Unterricht. Im J. 1827 begründet von Adph. Diesterweg. Unter Mitwirkung namhafter Pädagogen fortgeführt von Wichard Lange. Jahrg. 1868—1874. à Jahrg. 6 Hefte. (à Heft 6—8 Bog.) gr. 8. Frankfurt a. M., Diesterweg. à Jahrg. *

— rheinische, f. Erziehung u. Unterricht. Im J. 1827 begründet v. Adph. Diesterweg. Unter Mitwirkg. namhafter Pädagogen fortgeführt v. Richard Lange. Jahrg. 1871—1876. à 6 Hfte. (à 6—8 B.) gr. 8. Frankfurt a/M., Diesterweg. à Jahrg. n. 8. —

Blätter, rheinische, für Erziehung u. Unterricht. Im Jahre 1827 begründet von Adph. Diesterweg. Unter Mitwirkung namhafter Pädagogen fortgeführt von Wichard Lange. Jahrg. 1877—1882. à 6 Hfte. (à 6—8 B.) gr. 8. Frankfurt a/M., Diesterweg. à Jahrg. n. 8. —

— rheinische, f. Erziehung u. Unterricht. Organ f. die Gesammtinteressen d. Erziehungswesens. Im J. 1827 begründet v. Adph. Diesterweg. Unter Mitwirkg namhafter Pädagogen fortgeführt v. Wichard Lange u. Rich. Köhler. Jahrg. 1883—1886. à 6 Hfte. (à 6—8 B.) gr. 8. Frankfurt a/M., Diesterweg. à Jahrg. n. 8. —

—— rheinische, für Erziehung und Unterricht. Organ für die Gesamtinteressen des Erziehungswesens. Im J. 1827 begründet von Adph. Diesterweg. Von 1866 bis 1884 hrsg. von Wichard Lange. Unter Mitwirkung namhafter Pädagogen fortgeführt von Rich. Köhler. 59.—61. Jahrg. 1885—1888. à Jahrg. 6 Hefte. (à Heft 6—8 Bog.) gr. 8. Frankfurt a. M., Diesterweg. à Jahrg. *

— rheinische, f. Erziehung u. Unterricht. Organ f. die Gesamtinteressen d. Erziehungswesens. Im J. 1827 begründet v. A. Diesterweg u. v. demselben fortgeführt bis 1866; fortgesetzt v. W. Lange von 1867 bis 1884, v. R. Köhler von 1885 bis 1887; nunmehr hrsg. v. F. Bartels. 61.—64. Jahrg. 1887—1890. à 6 Hfte. (à 6—8 B.) gr. 8. Frankfurt a/M., Diesterweg. à Jahrg. n. 8. —

— rhein., f. Erziehg u. Unterricht. Organ f. d. Ges.-Interessen d. Erziehungswesens. Im J. 1827 begründet v. A Diesterweg; nunmehr hrsg v. F Bartels. 65—69. Jahrg. 1891—1895 à 6 Hfte. (à 6—8 B.) 8° Frankf. a/M., M Diesterweg. à Jahrg. 8 —

— rhein., f. Erziehung u. Unterricht. Organ f. d. Gesamtinteressen d. Erziehungswesens. Im J. 1827 begr. v. Adph. Diesterweg u. v. dems. fortges. b. 1866; fortges. v. Wichard Lange v. 1867—1884, v. Rich. Köhler v. 1885—1887; nunmehr hrsg. v. Frdr. Bartels. 69.—72. Jahrg. 1895—1898. à 6 Hfte. (à ca. 6 Bog) gr. 8. Frankfurt a/M., M. Diesterweg. à Jahrg. n. 8. —

— rheinische, f. Erziehung u. Unterricht. Organ f. die Gesamtinteressen des Erziehungswesens. Im J. 1827 begründet v. Adph. Diesterweg u. v. demselben fortgeführt bis 1866; fortgesetzt v. Wichard Lange von 1867 bis 1884, v. Rich. Köhler von 1885 bis 1887, nunmehr hrsg. v. Frdr. Bartels. 73. Jahrg. 1899. 6 Hfte. gr. 8. (IV, 576 S.) Frankfurt a/M., M. Diesterweg. n. 8. —

— dasselbe. 74.—76. Jahrg. 1900 - 1902. à 12 Hfte. gr. 8. (IV, 578; IV, 594 u. IV, 605 S. m. 1 Bildnis.) Ebd. à Jahrg. n. 8. —; einzelne Hefte n. 1. —

Erscheint nicht mehr.

— dasselbe. Generalregister zu Jahrg. 1870—1901 m. Schlagwörterverzeichnis. gr. 8. (47 S.) Ebd. 902. n. — 50

— rheinische, für Wein-, Obst- u. Gartenbau, red. v. R. Goethe. 1. Jahrg. 1879. 12 Hfte. (B. m. eingedr. Holzschn.) gr. 8. Strassburg, Schultz & Co. n. 5. —

— romantische, (v. Chr. A. Vulpius). 8. Leipz. 795. Jacobäer. (Xpe-in Xltona), 16 ℛ

BLÄTTER, Romantische (4 theilweise etwas freie Novellen von *Chrn. Aug. Vulpius*). Leipzig, Jacobäer, 1798. 8°. (1 Mk. 40 Pfg. W. H. Kühl, Berlin, c. 1883.)

Tit., 1 Bl. Vorr. u. 258 S. — Inh.: 1. Rinaldo u. Serena. 2. Die Hamadryade. 3. Rosa Fiori. 4. Felix u. Isabella. Das Anon.-Lex. I. p. 245 hat die Jahrzahl „1795" (nach Engelmann u. Kayser).

— romantische, von Fr. W. Carove. 8. Eisenach, Bärecke. 818.

—— ronneburger, z. Belehrung rc., s. Hofmeister, Abo. (I.)

Rorschacher Blätter
v. Rorschacher Zeitung (II).

Blätter für den Ruhrturngau d. Kr. VIIIb d. D. T., hrsg. v. Gauturnrat, Jg. 1909—1915, Essen-Ruhr, 8°. 7 Bde.

— russisch-baltische. Beiträge zur Kenntniß Rußlands u. seiner Grenzmarken. In zwanglosen Hftn. 1. Hft. gr. 8. (VII, 85 S.) Leipzig 886. Duncker & Humblot. n. 1. 80

— russisch-baltische. Beiträge zur Kenntniß Rußlands u. seiner Grenzmarken. In zwanglosen Heften. 2.—4. Hft. gr. 8. Leipzig, Duncker & Humblot. n. 6. 40 (1—4.: n. 8. 20)
2. (V, 86 S.) 887. n. 1. 80
3. (VII, 140 S.) 887. n. 2. 80
4. (III, 99 S.) 888. n. 1. 80

Blätter von der Saale. – Jena.: 3.I. 1850 – 31.XII.1871.
Vorh. u.d.T.: Wochenblätter, Privilegirte Jenaische.
Fortges. u.d.T.: Zeitung, Jenaische.

— sächsische nationale. Wochenschrift f. polit. u. soziale Interessen, Wissenschaft, Kunst u. Unterhaltg. Red.: Frdr. Calebow, vom 1. IV. an Johs. Brüss. 1. u. 2. Jahrg. Oktbr. 1909—Septbr. 1911. à 52 Nrn. (à ca. 24 S.) gr. 8. Dresden, [F. E. Boden.] Nationall. Dtsch. Reichsverein. à Jahrg. 5. —

— dass. Mitteilgn d. nationalliberalen deut. Reichsvereins zu Dresden. Red.: Johs Brüss. J. '12. 52 Nrn. (Nr 1: 6) gr8° Ebd. viertelj. 1.25; einz. Nrn — 15

Blätter aus Salzburg für Erziehung und Unterricht. Herausgegeben von einem Vereine von Jugendfreunden. Redigirt von Heinrich Reitzenbeck. Erstes Quartalheft. Salzburg. 1855. Druck und Verlag der Duyle'schen Buchdruckerei. (S. 1 bis 56. 8.)

Blätter aus Salzburg für Erziehung und Unterricht. Herausgegeben von einem Vereine von Jugendfreunden. Redigirt von Heinrich Reitzenbeck. Zweites Quartalheft. Salzburg. 1855. Druck und Verlag der Duyle'schen Buchdruckerei. (S. 59—100. 8.)

Blätter aus Salzburg für Erziehung und Unterricht. Herausgegeben von einem Vereine von Jugendfreunden. Redigirt von Heinrich Reitzenbeck. Drittes Quartalheft. Salzburg, 1855. Druck und Verlag der Duyle'schen Buchdruckerei. (S. 101—148. 8)

Blätter aus Salzburg für Erziehung und Unterricht. Herausgegeben von einem Vereine von Jugendfreunden. Redigirt von Heinrich Reitzenbeck. Viertes Quartalheft. Salzburg, 1855. Druck und Verlag der Duyle'schen Buchdruckerei. (S. 149—196 8.)

Blätter aus Salzburg für Erziehung und Unterricht. Herausgegeben von einem Vereine von Jugendfreunden. Redigirt von Heinrich Reitzenbeck. Zweiter Jahrgang. Erstes Quartalheft. (54 S. u. 2 Bl. 8.)
1856

Blätter aus Salzburg für Erziehung und Unterricht. Herausgegeben von einem Vereine von Jugendfreunden. Redigirt von Heinrich Reitzenbeck. 2ter Jahrg. 2tes Quartalheft. Salzburg, 1856. Druck und Verlag der Duyle'schen Hofbuchdruckerei. (52 S. 8.)

Blätter, aus Salzburg, für Erziehung und Unterricht. Herausgegeben von einem Vereine von Jugendfreunden. Redigirt von Heinrich Reitzenbeck. 2ter Jahrg. 3tes Quartalheft. Salzburg, 1856 Druck und Verlag der Duyle'schen Hofbuchdruckerei. (52 S. 8.)

Blätter aus Salzburg für Erziehung und Unterricht. Herausgegeben von einem Vereine von Jugendfreunden. Redigirt von Heinrich Reitzenbeck. 2. Jahrg. 4tes Quartalheft. Salzburg, 1856. Druck und Verlag der Duyle'schen Hofbuchdruckerei. (S. 53—100 u. Titelblatt. 8.) Schluß des 2. Jahrg.

— St. Andreasberger, f. Kanarienzucht u. -Handel. Hrsg. vom St. Andreasberger Kanarienzüchter-Verein. 1. Jahrg. Septbr. 1883—Aug. 1884. 12 Nrn. (à 1/2—1 B.) gr. 8. St. Andreasberg. Duderstadt, Haensch. n. 2. —

—— dass. — 2. Jahrg. 1884. 12 Nrn. (à Nr. 1/2—1 Bog.) gr. 8. Ebendas. *

—— St. Andreasberger, für Kanarienzucht und Handel. Hrsg. vom St. Andreasberger Kanarienzüchter-Verein. 3. Jahrg. 1885. 12 Nrn. (à Nr. 1/2—1 Bog.) gr. 8. St. Andreasberg. Duderstadt, Haensch. *

Blätter, St. Andreasberger, für Kanarienzucht und Handel. Hrsg. vom St. Andreasberger Kanarienzüchter-Verein. 4. Jahrg. 1886. 24 Nrn. (à Nr. 1/2—1 Bog.) gr. 8. Ebendas. *

— St. Andreasberger, für Kanarienzucht u. Handel Hrsg. v. St. Andreasberger Kanarienzüchter-Verein 5.—7. Jahrg. 1887—1889. à 36 Nrn. (1/2—3/4 B.) gr. 8. St. Andreasberg. Duderstadt, Haensch. à Jahrg. n. 3. —

— St. Andreasberger, f. Kanarienzucht- u. Handel. Organ vieler Kanarienzüchter-Vereine. 18.—20. Jahrg. 1900—1902. à 24 Nrn. gr. 4. (à ca. 8 S.) Göttingen, F. Haensch. (Nur direkt). à Jahrg. n. 3.—

— St. Andreasberger, f. Kanarienzucht u. Handel. Organ vieler Kanarienzüchter-Vereine. 21.—23. Jahrg. 1903—1905. à 24 Nrn. (à ca. 8 S.) 4. Göttingen, F. Haensch. (Nur direkt) à Jhrg. n. 3. —

Blätter, St. Galler, s. St. Galler-Blätter.

– St. Galler, zur Unterhaltung und Belehrung, s. Blätter, St. Galler, für häusliche Unterhaltung und literarische Mittheilungen.

—— St. Galler, für häusliche Unterhaltung und literarische Mittheilungen, s. a. St. Galler-Blätter.

— St. Galler, für häusliche Unterhaltung und literarische Mittheilungen. Jahrg. 1853—58. à 52 Nrn. (à 1 Bgn.) St. Gallen, Scheitlin u. Zollikofer. Fol. Jeder Jahrg. n. 1 ♃

— St.-Galler, zur Unterhaltung und Belehrung. Jahrg. 1859—62. à 52 Nrn. (à 1 Bgn.) St. Gallen, Scheitlin & Zollikofer. Fol. Jeder Jahrg. 24 ngr.

— satyrische, v. Janus Erenive. 4 Bde. 8. Hamburg, Vollmer. (à 1 Rthlr. 8 gr.)

Satirische Blätter. 1799—1801
s. Satirischer Almanach.

— satyrische, von Fr. C. Weisser. 2 Thle. mit K. 8. Leipz. Dyk. 813.

— für Säuglingsfürsorge. Hrsg. v. der Zentrale f. Säuglingsfürsorge in Bayern (e. V.). Schriftleitung: Eug. Doernberger. 1. Jahrg. Oktbr. 1909—Septbr. 1910. 6 Hefte.) (II, 202 S.) gr. 8. München, E. Reinhardt. 3. —

— f. Säuglingsfürsorge. Hrsg. v. d. Zentrale f. Säuglingsfürsorge in Bayern. Schriftleitg: Eug. Doernberger. 2. J. Okt. '10—Sept. '11. 6 Hefte. (226) gr8° Münch., E Reinhardt. 3 —; einz. Hefte — 60 ‖ 3. J. Okt. '11—Sept. '12. 12 Hefte. (4, 369 u. 4) 6 —; einz. Hefte—60 d

Schaffhauser Blätter

① Wahlspruch: Wahrheit in der Liebe ⑤ 24. 12. 1859—29. 12. 1860 ⑥ 8° ⑦ Wochenblatt ⑧ Schaffhausen: Brodtmann'sche Druckerei ⑪ F. Zehnder ⑬ BGSZ: 1053 ⑭ Sh: St; B: L ⑮ Zweck der Blätter war die unparteiische Darstellung der Schaffhauser Ereignisse und die Hebung des vaterländischen Geistes. Sie brachten vor allem Mitteilungen aus dem kirchlichen Leben.

BLÄTTER, Scherzhafte, für Frohsinn u. muntere Laune. Wien 1805. 8°. 206 S. (1 Mk. 50 Pfg., J. Taussig, c. 1905.)

— Schlesische, f. Unterhaltung, Kunst u. Literatur. Herausg. von Th. Brand. Jahrg. 1827, 28. 4. Breslau, Leukart. 1r J. 4 rß 2r J. m t Beilag. 4 rß 8 gr J. 1829—31. gr. 4. Ebd., Aderholz. J. 1829. 4 rß 4r J. 1830. 4 rß 5r u. 6r J. 1831, 32. Redig. v. Fr. Mehwald. à 5 rß

— Schlesische, f. Unterhalt., Kunst u. Lit. Redig. v. Th. Brand. 2—4. Jahrg. 1828—30. à 52 Nrn. (B.) Mit Vign. Nebst Beiln. gr. 4. Breslau, Leuckart. à J.

— dies. 5. u. 6. Jahrg. 1831, 32, redig. v. Fr. Mehwald. Nebst Anzeiger. gr. 4. Breslau, Aderholz. [831. (104 Nrn. B.), 32. (156 Nrn. ½ B.)] à J. Thlr.
1. Jahrg. 1827. Ebendas. 4 Thlr.

— schleswig-holsteinische. Hrsg. v. C. Helberg. 1—9. Bd. à 6 Hfte. 8. Schleswig 835—40. (Dessau, Aue.) à Bd. *

Blätter, Schleswig-Holsteinische, für 1835—40, oder 1r—9r Bd. à 6 Hfte. 8. Schleswig 836—40. (Altona, Aue.) (à Bd. n. $1^1/_2$ rß) $13^1/_2$ rß

Schleswig-Holsteinische Blätter. Organ der liberalen Partei in den Herzogthümern. Kiel. 1864. Fol.
Fortsetzung siehe: Kieler Zeitung. 1864 ff.

— schleswig-holsteinische, für Geflügelzucht. Hrsg. im Auftrage des schleswig-holstein. Vereins für Geflügelzucht „Fauna" vom Vorstande. 1. und 2. Jahrg. 1878/79 und 1879/80. à Jahrg. 12 Nrn. (à ½—¾ Bog.) gr. 8. Kiel. (Dresden, Schönfeld's Verlagsh.) à Jahrg. *

— schleswig-holsteinische, für Geflügelzucht. Hrsg. im Auftrage des schleswig-holstein. Vereins für Geflügelzucht „Fauna" vom Vorstande. 3. Jahrg. 1880/81. 12 Nrn. (à Nr. ½ Bog.) gr. 8. Kiel. (Dresden, Schönfeld's Verlagsh.) *

— dass. — Hrsgbr.: Der schleswig-holstein. Verein für Geflügelzucht. Redact.: Heinr. Kähler. 4. Jahrg. 1882. 12 Nrn. (à Nr. ½ Bog.) gr. 8. (Ebendas.) *

— dass. — Organ des schleswig-holstein. Zentralvereins für Geflügelzucht. Hrsg. und redig. von Heinr. Kähler. 5. und 6. Jahrg. 1883 und 1884. à Jahrg. 12 Nrn. (à Nr. ½ Bog.) gr. 8. (Ebendas.) à Jahrg. *

— schleswig-holsteinische, für Geflügelzucht. Organ des schleswig-holstein. Zentralvereins für Geflügelzucht. Hrsg. und redig. von Heinr. Kähler. 7.—10. Jahrg. 1885—1888. à Jahrg. 12 Nrn. (à Nr. ½ Bog.) gr. 8. Kiel. (Dresden, Schönfeld's Verlagsh.) à Jahrg. *

— schleswig-holsteinische, f. Geflügelzucht, Hauswirtschaft u. Tierschutz. Organ d. schleswig-holstein. Zentralvereins f. Geflügelzucht u. d. Hamburg-Altonaer Vereins f. Geflügelzucht. Red.: H. Kähler. 11. u. 12. Jahrg. 1889. 1890. à 12 Nrn. (B.) hoch 4. Ebd. à Jahrg. n. 1. 20

— schleswig-holsteinische, f. Geflügelzucht, Hauswirtschaft u. Tierschutz. Organ d. schleswig-holstein. Zentralvereins f. Geflügelzucht u. d. Hamburg-Altonaer Vereins f. Geflügelzucht. Red.: Heinr. Kähler. 13.—15. Jahrg. 1891—1893. à 12 Nrn. (Bog.) hoch 4. Kiel. (Dresden, G. Schönfeld's Verl.) à Jahrg. n. 1. 20

— dasselbe. 16. Jahrg. 1894. 12 Nrn. (Bog.) hoch 4. Ebd. n. 1. 50

— schleswig-holstein., f. Geflügelzucht, sonst. Kleintierzucht, Hauswirtschaft u. Tierschutz. Org. d. schleswig-holstein. Zentralvereins f. Geflügelzucht, d. Hamburg-Altonaer Ver. f. Geflügelzucht etc. Red.: Heinr. Kähler. 17.—20. Jahrg. 1895—1898. à 12 Nrn. (à ca. 10 S. m. Abb.) hoch 4. Kiel. (Dresden, G. Schönfeld.) à Jahrg. n. 1. 50

— schleswig-holstein., f. Geflügelzucht. Monatsschrift f. Geflügel-, Vogel-, sonst. Kleintierzucht u. Tierschutz. Hrsg. v. schleswig-holstein. Zentral-Ver. f. Geflügelzucht. Schriftleitg: T Doormann. 21. u. 22. Jahrg. 1899 u. 1900 à 12 Nrn. 4° (Nr. 1. 8 m. 1 Abb.) Ebd. à Jahrg. 1.50

— schleswig-holstein., f. Geflügelzucht. Monatsschrift f. Geflügel-, Vogel-, sonst. Kleintierzucht u. Tierschutz. Schriftleitg: T Doormann. 23—25. Jahrg. 1901—3 je 12 Nrn. (1901. Nr. 1. 12 m. 1 Abb.) 4° Kiel (Fläm. Str. 7), Geschäftsstelle. Je unn 1.50 d ö H

Blätter, Schleswig-Holsteinische, für Polizey und Cultur. Kiel 1799—1800. H: *Niemann, August Christian Heinrich.* (WÖ) (Schles) (ADB)

— Schleswig-Holsteinische, für Polizei u. Kultur als Fortsetzung d. Schlesw.-Holstein. Provinzialberichte. Jahrg. 1799 u. 1800, jeder von 6 Stcken. 8. (Hammerich in Altona). à 5 rß 16 gr 11 rß 8 gr

— dass. Forts. u. d. T.: Blätter für Polizei u. Kultur.

— für die christliche Schule s. a. Schulblatt, schweizerisches evangelisches.

— für die christliche Schule. Hersg. von Lehrern u. Freunden derselben. 1—5. Jahrg. 1866—1870. à 24 Nrn. (à ½—1 Bgn.). Bern, Mann & Baeschlin in Comm. 8. Jeder Jahrg. n. 20 ngr.

— f. d. christl. Schule. 6—8. Jahrg. à 26 Nrn. (à ¾—1 B.) 8. Schaffh. 71—73, Mann. à n. 2. 40 ‖ 9. u. 10. Jahrg. 74. 75. à n. 4. —

— für die christliche Schule. Hrsg. v. Lehrern u. Freunden derselben. 6. u. 7. Jahrg. 1871 u. 1872. à 26 Nrn. (à ¾—1 B.) gr. 8. Bern, Mann & Bäschlin in Comm. à Jahrg. n. 2. 40

— dasselbe. 8. u. 9. Jahrg. 1873 u. 1874. à 26 Nrn. (à ¾—1 B.) gr. 8. Ebend. à Jahrg. n. 4. —

— dasselbe. Red.: R. Feldmann. 10. u. 11. Jahrg. 1875 u. 1876. à 26 Nrn. (B.) Bern, Huber & Co. in Comm. à Jahrg. n. 4. —

— für die christliche Schule. Hrsg. von Lehrern u. Freunden derselben. Red.: R. Feldmann. 12—17. Jahrg. 1877—1882. à 26 Nrn. (B.) gr. 8. Bern, Huber & Co. in Comm. à Jahrg. n. 4. —

— für die christliche Schule. Hrsg. v. Lehrern u. Schulfreunden. Red.: Chr. Joß u. Joh. Howald. 18—21. Jahrg. 1883—1886. à 52 Nrn. (½ B.) gr. 4. Bern, (Huber & Co.). à Jahrg. n. 4. —

— für die christliche Schule. Organ d. Evangel. Schulvereins der Schweiz. Red.: J. Howald. 22.—25. Jahrg. 1887—1890. à 52 Nrn. (¾ B.) Lex.-8. Bern, (Huber & Co.). à Jahrg. n. 4. —

— für die christliche Schule. Organ d. Evangel. Schulvereins der Schweiz. Redact.: J. Howald. 24. u. 25. Jahrg. 1889 u. 1890. à Jahrg. 52 Nrn. (à Nr. ¾ Bog.) Lex.-8. Bern, (Körber). à Jahrg. * 4 —
Fortsetzung s. u. d. T.: Schulblatt, schweizerisches evangelisches.

— aus der Schule an das Elternhaus. Hrsg. von den Lehrerkonferenzen d. Schulinspektionsbezirks Borna. In zwanglosen Nrn. gr. 8. (Nr. 1: ½ B.) Borna 887. Noske. à n. — 5

— für Schule und Haus, s.a Schulblatt für das Großherzogthum Hessen.

— für Schule und Haus. Hrsg. vom deutsch-amerikanischen Lehrerverein von New-York und Umgegend. Jahrg. 1860. 26 Nrn. (Bog.) gr. 8. New-York. (Philadelphia, Schäfer und Koradi.) *

Blätter f. Schulgesundheitspflege u. Kinderschutz. Korrespondenzblatt der schweiz. Gesellschaft f. Schulgesundheitspflege. — Feuilles d'hygiène scolaire et revue de la protection de l'enfance. Beilage zur schweiz. Lehrerzeitg. Red.: Kraft. 1. Jahrg. 1903. 6 Nrn. (158 S. m. Abbildgn.) gr. 8. Zürich, Art. Institut Orell Füssli. n. 1.20

Fortsetzung u. d. T.:
— Schweizerische, f. Schulgesundheitspflege und Kinderschutz

— f. die Schulpraxis, s.a. Lehrer-Zeitung, preußische.

— für die Schulpraxis, zugleich Organ des Vereins bayer. Lehrerbildner. Begründet v. J. Böhm, hrsg. v. A. Fritz. 21. Jahrg. 1910. 12 Hefte. (V, 360 S. m. Abb. u. 3 Taf.) gr. 8. Ebd. 4. —

— f. d. Schulpraxis. Begründet v. J Böhm, hrsg. v. A Fritz. 21—23. J. '10—12 je 12 Hefte. (5, 360; 424; 392 m. Abb. u. 2, 4, 1 Taf.) Lex8° Nürnbg, F Korn. je 4 —; einz. Hefte — 60 d

— für die Schulpraxis in Volksschulen u. Lehrerbildungsanstalten. Unter Mitwirkg. v. Schulmännern hrsg. v. J. Böhm. 1. Jahrg. 1890. 6 Hfte. gr. 8. (1. Hft. 40 S.) Nürnberg, Korn. n. 3. —

— für die Schulpraxis in Volksschulen u. Lehrerbildungsanstalten. Zugleich Organ d. Vereins der Lehrer an den bayer. Lehrer- u. Lehrerinnen-Bildungsanstalten. Unter Mitwirkg. v. Schulmännern hrsg. v. Joh. Böhm. 2.—5. Jahrg. 1891—1894. à 6 Hfte. gr. 8. (à Hft. ca. 40 S.) Nürnberg, F. Korn. à Jahrg. n. 3. —

— f. d. Schulpraxis i. Volksschulen u. Lehrerbildungsanstalten. Zugl. Organ f. d. Verein d. Lehrerpersonals a. d. bayer. Lehrer- u. Lehrerinnen-Bildungsanstalten. Unt. Mitwirkg v. Schulmännern hrsg. v. Joh. Böhm. 6.—10. Jahrg. 1895—1899. à 6 Hfte. (à ca. 5 Bog.) gr. 8. Nürnberg, F. Korn. à Jahrg. n. 3. —; einz. Hfte. n. — 50

Seit 1898 auch Organ f. d. freie Vereinigung f. philosoph. Pädagogik (Gruppe Bayern).

Blätter für d. Schulpraxis in Volksschulen u. Lehrerbildungsanstalten. Zugleich Organ f. den Verein des Lehrerpersonals an den bayer. Lehrer- u. Lehrerinnen-Bildungsanstalten, ferner für die freie Vereinigg. für philosoph. Pädagogik (Gruppe Bayern). Unter Mitwirkg. v. Schulmännern, hrsg. v. Joh. Böhm. 11. u. 12. Jahrg. 1900 u. 1901. à 6 Hfte. gr. 8. (384 u. VIII, 383 S.) Nürnberg, F. Korn. à Jahrg. 3. —

— dasselbe. Unter Mitwirkg. v. Schulmännern begründ. v. J. Böhm, hrsg. v. J. G. Vogel. 13. Jahrg. 1902. 6 Hfte. gr. 8. (VIII, 368 S.) Ebd. n. 3. —; einzelne Hfte. n. — 60

— für die Schulpraxis in Volksschulen u. Lehrerbildungsanstalten. Zugleich Organ f. den Verein des Lehrpersonals an den kgl. bayer. Lehrer- u. Lehrerinnen-Bildungsanstalten. Unter Mitwirkg. v. Schulmännern begründet v. J. Böhm, hrsg. u. red. v. J. G. Vogel. 14. u. 15. Jahrg. 1903 u. 1904. à 6 Hfte. (VIII, 352 u. VIII, 352 S.) gr. 8. Nürnberg, F. Korn. à Jhrg. n. 3. —

— dasselbe. 15. u. 16. Jahrg. 1905 u. 1906. à 6 Hfte. (VIII, 388 u. VIII, 372 S.) gr. 8. Ebd. à Jhrg. n. 4. —

— f. d. Schulpraxis in Volkssch. u. Lehrerbildgsanst. Begründet v. J Böhm, hrsg. u. red. v. JG Vogel. 17. u. 18. J. '06 u. 7 je 6 Hefte. (372 m. 1 Bild u. 2 Musikbeil. u. 340 m. Abb.) Lex8° Nürnbg, F Korn. Je 4 —; einz. Hefte — 75 || 19. u. 20. J. '08 u. 9 je 12 Hefte. (12, 290 u. 11, 288 m. Abb.) Je 4 —; einz. Hefte — 40

— für die Schulpraxis in Volksschulen u. Lehrerbildungsanstalten. Zugleich Organ f. den Verein des Lehrpersonals an den kgl. bayer. Lehrer- u. Lehrerinnen-Bildungsanstalten. Unter Mitwirkg. v. Schulmännern begründet v. J. Böhm, hrsg. u. red. v. J. G. Vogel. 18.—20. Jahrg. 1907—1909. à 12 Hefte. (VII, 360; IX, 290 u. IX, 288 S.) gr. 8. Nürnberg, F. Korn. à Jahrg. 4. —

Fortsetzung u. d. T.:
– für die Schulpraxis.

— für das gesammte Schulwesen des hannoverschen Landes. Redakt.: Hummel. Nr. 1—50. (à ½ Bog.) gr. 4. Göttingen 848, Dieterich'sche Buchh. *

— für höheres Schulwesen. In Verbindg. m. zahlreichen Standesgenossen hrsg. v. Frdr. Aly. 1—3. Jahrg. 1884—1886. à 12 Nrn. (2 B.) hoch 4. Grünberg, Weiss Nachf. à Jahrg. n. 6. —

— für höheres Schulwesen. Organ f. die Interessen der höheren Schulen u. d. höheren Lehrstandes. In Verbindg. m. zahlreichen Standesgenossen hrsg. v. F. Aly. 4. u. 5. Jahrg. 1887. 1888. à 12 Nrn. (2 B.) hoch 4. Grünberg, Weiss Nachf. à Jahrg. n. 6. —

— dasselbe. Hrsg. v. Steinmeyer. 6. u. 7. Jahrg. 1889. 1890. à 12 Nrn. (2 B.) hoch 4. Ebd. à Jahrg. n. 6. —

Blätter für höheres Schulwesen. Organ f. die Interessen der höheren Schulen u. d. höheren Lehrstandes. Hrsg. v. Steinmeyer. 8. Jahrg. 1891. 12 Nrn. (à ca. 2 Bog.) hoch 4. Grünberg. Leipzig, G. Strübig. n. 6. —

— dasselbe. 9. Jahrg. 1892. 24 Nrn. (à ca. 2 Bog.) hoch 4. Ebd. n. 6. —

— dasselbe, m. der Gratis-Beilage „Litteraturblatt f. höhere Schulen". 10. Jahrg. 1893. 24 Nrn. (à ca. 2 Bog.) hoch 4. Ebd. n. 6. —

— dasselbe. 11. Jahrg. 1894. 12 Nrn. (à ca. 2 Bog.) hoch 4. Ebd. n. 6. —

— f. höh. Schulwesen. In Verbindg. m. e. grossen Zahl v. hervorrag. Fachgelehrten ganz Deutschlands. Hrsg. v. F. Hornemann. 12. Jahrg. 1895. 12 Nrn. (à ca. 20 S.) hoch 4. [Leipzig, G. Strübig] Berlin, Rosenbaum & Hart. à Jahrg. n. 6. —

— dasselbe. Mit Beiträgen von Abicht, Barkhausen, Bender etc. Hrsg. v. Geroken. 13.—15. Jahrg. 1896—1898. à 12 Nrn. (à ca 16 S.) hoch 4. Ebd. à Jahrg. n. 6. —

Kann auch vierteljährlich bezogen werden. — Jahrg. 1896 wurde zu Anfang noch von Huther mitredigiert.

— für höheres Schulwesen. Mit Beiträgen v.: Aly, Bünger, Busse u. a. Hrsg. v. Ritter. 16.—19. Jahrg. 1899—1902. à 12 Nrn. hoch 4. (IV, 192; IV, 196; IV, 200 u. IV, 200 S.) Berlin, Rosenbaum & Hart. à Jahrg. n. 6. —

Bis z. 18. Jahrg. v. Gercken herausgegeben.

— für höheres Schulwesen. Mit Beiträgen v.: Aly, Bünger, Busse u. a. m. Hrsg. v. Ritter. 20. Jahrg. 1903. 12 Nrn. (IV, 192 S.) hoch 4. Berlin, Rosenbaum & Hart. n. 6. —

— dasselbe. Organ f. die Interessen der höheren Schulen u. des höheren Lehrerstandes. Mit Beiträgen v.: Aly, Bünger, Busse u. a. m. Hrsg. v. Ritter. 21. Jahrg. 1904. 12 Nrn. (IV, 192 S.) hoch 4. Ebd. n. 6. —

— dasselbe. Hrsg. v. Ritter. 22. Jahrg. 1905. 12 Nrn. (IV, 192 S.) Lex.-8. Ebd. n. 6.—

— dasselbe. Monatsschrift zur Förderg. der Interessen des akademisch gebildeten deutschen Lehrerstandes. Hrsg. v. Ritter. 23. Jahrg. 1906. 12 Nrn. (IV, 192 S.) Lex.-8. Ebd. n. 6.—

— für höheres Schulwesen. Monatsschrift zur Förderg. der Interessen des akademisch gebildeten deutschen Lehrerstandes. Hrsg. v. Ritter. 24. Jahrg. 1907. 12 Nrn. u. 25. Jahrg. 1908. Jan.—März. 3 Nrn. (1907: IV, 192 S.) Lex. 8. Berlin, Rosenbaum & Hart. à Jhrg. 6.—

— dasselbe. Wochenschrift f. die Interessen des deutschen Philologenstandes. Hrsg. v. Ritter u. Rich. Eickhoff. 25. Jahrg. 2—4. Viertelj. April—Dezbr. 1908. 39 Nrn. (IV, 576 S.) Lex. 8. Ebd. 10.50

— dasselbe. 26. u. 27. Jahrg. 1909 u. 1910 à 52 Nrn. (IV, 608 u. IV, 524 S.) Lex. 8. Ebd. à Jahrg. 12.—

— f. höheres Schulwesen. Wochenschr. f. d. Interessen d. deut. Philologenstandes. Hrsg.: (Ritter u.) Rich. Eickhoff. 27—29. J. '10—12 jo 52 Nrn. (524, 536, 608) Lex8° Berl., Friedberg & M. vierteli. 3 —; einz. Nrn — 30

— aus dem Schwarzburgbund. Akademische Vierteljahrsschrift. Im Auftrage des Schwarzburgbundes unter Mitarbeit v. Lueken u. Hoerner hrsg. v. C. Schönfelder. 1. u. 2. Jahrg. Oktbr. 1909—Septbr. 1911 à 4 Hefte. (1 Jahrg. IV, 156 S.) gr. 8. Leipzig, P. Eger. à Jahrg. 1.50

— schwarze. Mittheilungen üb. Verbrechen, Strafrecht u. Strafgerichtsverfahren d. Gegenwart u. Vorzeit. Von Friedr. Steinmann. 1. Thl. 1. Lfg. Lex.-8. (8 B.) Wesel 843, Bagel.

Blätter aus der Sächsischen Schweitz. Pirna 1805. H: *Siegfried, Johann Samuel, Chn Ludwig Noack & C. F. W. Wenzel.* (MGT)

Schweizer Blätter
v. Bauernzeitung (Be).

Blätter, Schweizer, s. Schweizerblätter.

Blätter: Schweizerische Blätter
Ⓖ 1804 wählte Zschokke für die in Basel zur Verteilung gelangende Ausgabe des »Schweizerboten« den Titel »Schweiz. Blätter«, um der Zensur zu entgehen. — v. Gysin: Zensur und Pressefreiheit in Basel (Basel 1944), p. 52.

Blätter: Schweizerische Bunte Blätter
v. Schweizerische Lustige Blätter.

— schweizer., f. Elektrotechnik u. d. ges. Beleuchtungswesen. 2. Jahrg. 1897. Deutsche u. franz. Ausg. (Revue d'électricité.) à 12 Nrn. (à 8 S.) gr. 4. Bern (Marktgasse 59), Administration. n.n. 9.60; jede Ausg. all. n.n. 6.40

1. Jg. u. d. T.: Blätter, Elektrotechnische

— dasselbe. 3. Jahrg. 1898. à 24 Nrn. (à 8 S.) gr. 4. Ebd. n.n. 10.—; jede Ausg. all. n.n. 6.50

— schweizerische, f. Elektrotechnik u. das gesamte Beleuchtungswesen. Red.: Siegfr. Herzog. 4.—7. Jahrg. 1899—1902. Deutsche u. französ. Ausg. (Revue d'électricité.) à 24 Nrn. gr. 4. (Deutsche u. französ. Ausg. à Nr. 10 S.) Bern, Polytechn. Verlagsanstalt. à Jahrg. n. 9.60; jede Ausg. allein n. 6.—

— schweizerische, f. Elektrotechnik u. das gesamte Beleuchtungswesen. Red.: Siegfr. Herzog u. Eman. Gaillard. 8. Jahrg. 1903. Deutsche u. französ. Ausg. (Revue d'électricité.) Je 24 Nrn. (Deutsche u. französ. Ausg. (à ca. 8 S. m. Abbildgn.) gr. 4. Bern. Polytechn. Verlagsanstalt. n 9.60; jede Ausg. allein n. 6.
Nicht mehr im Buchhandel.

— schweizerische, für handelsgerichtliche Entscheidungen. Red.: J. Gossweiler u. A. Goll. 1. Bd. Jahrg. 1882. 26 Nrn. (B.) gr. 8. Zürich. Orell, Füssli & Co. n. 8.—

— schweizer, f. handelsrechtliche Entscheidungen. Red.: J. Gossweiler u. A. Goll. 2—5. Bd. Jahrg. 1883—1886. à 24 Nrn. (B.) gr. 8. Zürich, Orell Füssli & Co. Verl. à Jahrg. n. 8.—

— schweizer, f. handelsrechtliche Entscheidungen. Red.: J. Gossweiler. 6.—9. Bd. Jahrg. 1887—1890. à 24 Nrn. (B.) gr. 8. Zürich, Orell Füssli & Co. Verl. à Bd. n. 8.—

— schweizer, f. handelsrechtliche Entscheidungen. Red.: J. Gossweiler. 10. Bd. Jahrg. 1891. 24 Nrn. (Bog.) gr. 8. Zürich, Art. Inst. Orell Füssli Verl. n. 8.—

— dasselbe. Register z. Bd. I—X, Jahrg. 1882—1891. Ausgearb. v. Thdr. Weiss. gr. 8. (56 S.) Ebd. 898. n. 3.50

— dasselbe. Red.: Schoch u. Bindschedler. 11.—13. Bd. Jahrg. 1892—1894. à 24 Nrn. (Bog.) gr. 8. Ebd. à Bd. n. 8.—

— schweizer, f. handelsrechtliche Entscheidgn. Red.: Schoch u. Bindschedler. 14.—17. Bd. Jahrg. 1895—1898. à 24 Nrn. (Bog.) gr. 8. Zürich, Art. Institut Orell Füssli, Verl. à Jahrg. n. 8.—
Seit 1897 ist Schoch allein Redakteur.

Blätter, schweizer, f. handelsrechtliche Entscheidungen. Red.: Schoch. 18.—20. Bd. Jahrg. 1899—1901. à 24 Nrn. gr. 8. (à ca. 12 S.) Zürich, Art. Institut Orell Füssli. à Jahrg. n. 8.—; einz. Nrn. n. 1.—
Fortsetzung s.: Blätter f. zürcher Rechtsprechung.

— schweizer, f. handelsrechtliche Entscheidgn. Systematisches u. alphabet. Register zu Bd. XI bis XX, Jhrg. 1892—1901. Unter Mitwirkg. v. Harry Rahn ausgearb. v. Hans Tobler. (122 S.) gr. 8. Zürich 908. Art. Institut Orell Füssli. 8.—

— schweizerische, f. Erziehung u. Unterricht. 1. Jahrg 1840. 26 Nrn. (Bog.) Mit Intelligenzbl. u. Beilagen. gr. 4. Zürich 840, Meyer u. Zeller.

— schweizerische, f. Ex Libris-Sammler. Feuilles suisses pour collectionneurs d'ex libris. Hrsg. v. Eman. Stickelberger unter Mitarbeit v. S. E. Karl Emich Graf zu Leiningen-Westerburg, Ludw. Gerster, Edmond des Robert u. a. 1. Jahrg. Novbr. 1901 —Septbr. 1902. 6 Nrn. hoch 4. (XI, 96 S. m. Abbildgn. u. z. Tl. farb. Beilagen.) Zürich, F. Amberger. n.n. 4.50

— dasselbe. Red.: Eman. Stickelberger. 2. Jahrg. Novbr. 1902—Septbr. 1903. 6 Nrn. hoch 4. (à ca. 16 S. m. Abbildgn. u. 1 Taf.) Ebd. n. 4.80

— schweizerische, f. Ex Libris-Sammler. Feuilles suisses pour collectionneurs d'ex libris. Red.: Eman. Stickelberger. 3. Jahrg. 1904. 6 Nrn. (XIV, 132 S. m. Abb. u. 3 Taf.) hoch 4. Zürich, F. Amberger. n.n. 10.—
Erscheinen nicht mehr.

Blätter: Schweizerische Fidele Blätter
Ⓢ 1. 1. (?) 1899—29. 9. 1900 (?) Ⓕ 4° (vergrößert 17. 2. 1900) Ⓩ Wochenblatt
Ⓥ Zürich: A. Markwalder Ⓗ A. Markwalder Ⓓ A. Markwalder Ⓑ Be: L.

Blätter: Schweizerische Fliegende Blätter

① Humoristische Wochenschrift (1884 ?—28. 12. 1905). Älteste schweizerische humoristische Wochenschrift (11. 1. 1906—3. 2. 1916). Älteste humoristische Wochenschrift (10. 2. 1916—21. 12. 1916) ② Basler Fliegende Blätter (1. 6. 1901—28. 12. 1905), Schweizerische Fliegende Blätter (4. 1. 1906—3. 2. 1916), Züricher Fliegende Blätter (10. 2. 1916—2. 3. 1916), Illustrierte Fliegende Blätter (6. 3. 1916—1930) ③ Humoristische Bunte Blätter (Fusion mit Nr. 22, 1929) ⑤ 1884—1930 ⑥ 4° (vergrößert 10. 2. 1910) ⑦ Wochenblatt (1884—11. 1. 1918), alle 14 Tage (31. 1. 1918—Juli 1919, 1922—1930) monatlich 2× (15. 8. 1919—1921) ⑧ Basel: Thiele (?—1891), K. J. Wyß (1892—um 1898), E. Ehrich (um 1900—23. 10. 1902), Witwe J. J. Rudin (30. 10. 1902—6. 11. 1902), Gasser & Cie. (13. 11. 1902—3. 2. 1910); Zürich: A. Neff (10. 2. 1910—19. 12. 1912, 1. 1. 1914—20. 1. 1916), Johann Steinmann (26. 12. 1912—25. 12. 1913). Drucker und Druckort seit 1916 nicht mehr genannt. Wahrscheinlich mit Ausnahme des »Beiblattes« in Deutschland gedruckt ⑨ Beiblatt der Schweizerischen Fliegenden Blätter [(1884 ?—15. 10. 1929, 4°, vergrößert 10. 2. 1910, Wochenbeilage, später alle 14 Tage bezw. monatlich 2× wie die Zeitschrift selbst); Basel: Chr. Krüsi's Söhne (1884 ?—27. 7. 1901), Druckerei des Basler Anzeigers (1. 8. 1901—9. 10. 1902), Witwe J. J. Rudin (16. 10. 1902—6. 10. 1902), Gasser & Cie. (13. 11. 1902—6. 11. 1902); Zürich: Emil Rüegg (10. 2. 1910—15. 10. 1929); Neuer Titel: Beiblatt der Illustrierte Fliegende Blätter und der Humoristische Bunte Blätter (1. 1. 1928—15. 10. 1929)]; Für Familie und Haus (1906—1910, 4°, vergrößert 10. 2. 1910) ⑩ Heinrich Duthaler (um 1890—1892), Braun & Co. (Anfang 1892), Fritz Hosch (um 1896—25. 11. 1902), Gasser & Cie. (1. 1. 1903—30. 4. 1905, 10. 1. 1907—3. 2. 1910), A. Godelmann-Hänger (6. 5. 1905—7. 12. 1905), Fr. Theinert (14. 12. 1905, 4. 1. 1906—3. 1. 1907), K. Thoms (21. 12. 1905—28. 12. 1905), A. Neff, Zürich (10. 2. 1910—19. 12. 1912, 1. 1. 1914—1915 ?), Johann Steinmann (26. 12. 1912—25. 12. 1913), F. Brehse ? (Verleger) (1916—1930) ⑪ Heinrich Duthaler (um 1890—Anfang 1896), Fritz Hosch (Februar 1896—25. 12. 1902), K. Thoms (21. 6. 1904—1905), Fr. Theinert (16. 1. 1907—3. 2. 1910), A. Neff, Zürich (10. 2. 1910—19. 12. 1912, 1. 1. 1914—20. 1. 1916), Johann Steinmann (26. 12. 1912—25. 12. 1913), J. Brehse (wahrscheinlich nur das Beiblatt redigierend) (1916—1930) ⑫ neutral, verliert seit ungefähr 1909 den Charakter einer schweizerischen Zeitschrift ⑬ Bs: U (1892—1893); Be: L (1892, 1894—1898, 1900—1930).

— schweiz. flieg. Humorist. Wochenschrift. Red.: G Kloetzsch. Jahrg. 1891. 52 Nrn. (B. m. Abbildgn.) 4° Basel, Exp. || Jahrg. 1892 u. 1893. Red.: H Duthaler. à Jahrg. 5.80 || Jahrg. 1894 u. 1895. Red.: F Hosch. à Jahrg. n.n. 6 —

— schweizerische fliegende. Humoristische Wochenschrift. Red.: Hch. Duthaler. Jahrg. 1891. 1892. à 52 Nrn. (Bog. m. Abbildgn.) gr. 4. Bern, (H. Körber). à Jahrg. n. 5. 80

— schweiz. fliegende. Humorist. Wochenschrift. Red.: Fritz Hosch. Jahrg. 1895. 52 Nrn. (Bog. m. Abb.) gr. 4. Bern (H. Körber). n.n. 6. —

— schweizerische, f. Gemeinnützigkeit. Organ d. schweiz. gemeinnütz. Gesellsch. Red.-Kommission: R. Wachter, A. Wild. 49. Jhrg. 1910. 4 Hfte. (1. Hft. 72 S.) 8. Zürich. [Gebr. Leemann & Co.] A. Richter. 5. —

Blätter, schweizerische, für Gesundheitspflege. Redigirt von G. Custer etc. Jahrg. 1–14, N. F. Jahrg. 1—10. Zürich 1872—95. 4.

Blätter, schweizerische für Gesundheitspflege. Dem Volke gewidmet v. der Gesellschaft der Aerzte d. Kantons Zürich. Red.: Gust. Custer. Neue Folge. 1. Jahrg. 1886. 26 Nrn. (B.) hoch 4. Zürich. (Meyer & Zeller.) n. 4. —

Blätter, schweizerische, für Gesundheitspflege, redigirt von Dr. *Gustav Custer*. II. Jahrg., 1887. 24 Nrn. Zürich, Expedition David Bürkli. Jährlich 4 —

— schweizerische, für Gesundheitspflege. Redigirt von Dr. *Gustav Custer*. Neue Folge. 3. Jahrg., 1888. Gr. in-4°. Zürich, D. Bürkli. Jährl. 4 —

— schweizerische, f. Gesundheitspflege. Dem Schweizervolke gewidmet v. der Gesellschaft der Aerzte d. Kantons Zürich. Red.: G. Custer. Neue Folge. 2.—5. Jahrg. 1887—1890. à 26 Nrn. (B.) hoch 4. Zürich. (Basel, Amberger's Verl.) à Jahrg. n. 5. —

— schweizerische, f. Gesundheitspflege. Dem Schweizervolke gewidmet von der Gesellschaft der Aerzte d. Kantons Zürich. Redact.: Gust. Custer. Neue Folge. 4.—7. Jahrg. 1889—1892. à Jahrg. 26 Nrn. (Bog.) Lex.-8. Zür., Expedition d. Schweizer. Blätter f. Gesundheitspflege. à Jahrg. * 5 —

Blätter, schweizerische, für Gesundheitspflege. Red. von *G. Custer*. Neue Folge. 4. Jahrg. 1889. 26 Nrn. Gr. in-8°. Basel, Amberger's Verlag. Jährlich 6 25

Blätter, Schweizer., für Gesundheitspflege. Dem Schweizervolke gewidmet von der Gesellschaft der Aerzte des Kts. Zürich. Red. von *G. Custer*. Neue Folge. 5. Jahrg. 1890. (24 N°). N° 1. Gr. in-8°. 16 S. Zür., David Bürkli. Jährl. 4 —
1890 Für's Ausland Mk. 5 —

Blätter, Schweizerische, für Gesundheitspflege. Dem Schweizervolke gewidmet von der Gesellschaft der Aerzte des Kantons Zürich. Neue Folge, VI. Jahrg. 1891. (24 N°). Red. von *G. Custer*. N° 1. Gr. in-8°. 16 S. Zürich, David Bürkli. Jährlich 4 — Für's Ausland Mk. 5 —

Blätter, Schweizerische, für Gesundheitspflege. Dem Schweizervolke gewidmet von der Gesellschaft der Aerzte des Kantons Zürich. Neue Folge. 7. Jahrg. 1892. (24 N°.) Red. von *G. Custer*. N° 1. Gr. in-8°. 16 S. Zürich, David Bürkli. Jährlich 4 — Fürs Ausland Mk. 5 —

Blätter, Schweizerische, für Gesundheitspflege. Dem Schweizervolke gewidmet von der Gesellschaft der Aerzte des Kantons Zürich. Neue Folge. 8. Jahrg. 1893. (24 N°s). Red. von *G. Custer*. N° 1. Gr. in-8° . 16 S. Zürich, David Bürkli. Jährlich 4 —; Fürs Ausland Mk. 5 —

Blätter, Schweizerische, für Gesundheitspflege. Dem Schweizervolke gewidmet von der Gesellschaft der Aerzte des Kantons Zürich. Neue Folge. 9. Jahrg. 1894. (24 N°s). Red. von *G. Custer*. N° 1. Gr. in-8°. 16 S. Zürich, David Bürkli. Jährlich 4 —; Fürs Ausland Mk. 5 —

— schweizerische, f. Gesundheitspflege. Zugleich Korrespondenzbl. f. örtl. Gesundheitsbehörden. Dem Schweizervolke gewidmet v. der Gesellschaft der Aerzte d. Kantons Zürich. Red.: Gust. Custer. Neue Folge. 6.—9. Jahrg. 1891—1894. à 26 Nrn. (Bog.) gr. 8. Zürich. (Basel, Amberger's Verl.) à Jahrg. n. 5. —

Blätter, schweizerische, f. Gesundheitspflege. Zugl. Korrespondenzblatt f. örtl. Gesundheitsbehörden. Dem Schweizervolke gewidm. v. d. Gesellschaft d. Aerzte d. Kantons Zürich. Red.: Gust. Custer. N. F. 10.—13. Jahrg. 1895—1898. à 26 Nrn. (à ca. 12 S.) gr. 8. Zürich, Th. Schröter. à Jahrg. n. 5. —

— schweizerische, für Gesundheitspflege. Red.: *G. Custer*, Neue Folge. 11. Jahrg. 26 N°s. Gr. in-8°. Basel, H. Amberger's Verlag. 4 —
1896

—schweizer., für Gesundheitspflege. Red.: *G. Custer*. Neue Folge. 12. Jahrg. 1897. 26 N°s. Gr. in-8°. Basel, H. Amberger's Verlag. 4 —

Blätter, schweizer., für Gesundheitspflege. Red. *G. Cubster*. N. F. Jg. 13. 1898. 26 Nos. Gr. in-8°. Basel, H. Ambergers Verlag. **1898** 4 —

— schweizerische, f. Gesundheitspflege. Zugleich Korrespondenzbl. f. örtl. Gesundheitsbehörden. Dem Schweizervolke gewidmet v. der Gesellschaft d. Aerzte des Kantons Zürich. Red.: Gust. Custer. Neue Folge. 14.—17. Jahrg. 1899—1902. à 24 Nrn. gr. 8. (à ca. 12 S.) Zürich, Th. Schröter. à Jahrg. n.n. 5. —

— schweizerische, f. Gesundheitspflege. Korrespondenzblatt f. örtl. Gesundheitsbehörden. Dem Schweizervolke gewidmet v. der Gesellschaft der Aerzte des Kantons Zürich. Red.: Gust. Custer. Neue Folge. 18.—21. Jahrg. 1903—1906. à 24 Nrn. (à ca. 12 S.) Lex.-8 Zürich, E. Richter. à Jhrg. n.n. 6.—

— schweiz., f. Gesundh.-Pflege. Red.: Gust. Custer, seit '08: Carl Ronggli. N. F. 21—24. J.'06—9 je 24 Nrn. (Nr 1. 12) Lex8° Zür., A Richter. Halbj. 2.50 d

— schweizerische, f. Gesundheitspflege, sowie Korrespondent f. örtl. Gesundheitsbehörden. Chef-Red. G. Custer. 25. Jhrg. 1910. 24 Nrn. (à ca. 16 S. Lex. 8. Zürich, G. Meyer. 5.6(

— Schweizerische, f. Gesundheitspflege. Chef-Red.: G Custer. 25. J. '10. 24 Nrn. (Nr 1—5: 76) Lex8° Zür., A Richter. halbj. 2.80 || 26. u. 27. J. '11 u. '12. je 6 — d

Blätter, schweizer., für Knabenhandarbeit. Le Travail manuel scolaire. Organ des schweiz. Vereins zur Förderung des Handarbeitsunterrichts. Red.: *F. Oertli.* IV. Jahrg. 1899. 12 N°. Gr. 8°. (N° 1. 16 S. m. Abbildgn.) Zürich V Administration. Pro Jahr 2 50 f. Deutschl. Mk. 2 50

Blätter, schweiz., für Knabenhandarbeit. Le Travail manuel scolaire. Organ des schweiz. Vereins zur Förderung des Handarbeitsunterrichts. Red.: Ed. Oertli. V. Jahrg. 1900. 12 Nrn. 8°. (No. 1. 16 S. u. 1 Beil.) Zürich V, Administration. Pro Jahr 2 50, für Deutschland Mk. 2 50

— schweizerische f. Knabenhandarbeit. Le travail manuel scolaire. Organ des schweiz. Vereins zur Förderg. des Handarbeitsunterrichtes. Red.: Ed. Oertli u. A. Grandchamp. 4.—7. Jahrg. 1899—1902. gr. 8. à 12 Nrn. Zürich, Schweizer. Verein f. Knabenhandarbeit. à Jahrg. n. 3.— 4. (VI, 176 S. m. 20 Taf.) — 6. (IV, 176 S. m. 21 Taf.) — 6. (IV, 160 S. m. 22 Taf.) — 7. (IV, 116 S.) m. 20 Taf.)

— schweizerische, f. Knabenhandarbeit. Le travail manuel scolaire Organ des schweiz. Vereins zur Förderung des Handarbeitsunterrichtes Red.: Ed. Oertli u. A. Grandchamp. 8.—10. Jahrg. 1903—1906. à 12 Nrn. (à ca. 12 S. m. Taf.) gr. 8. Zürich (V, Seefeldstr. 3). (A. Tschopp.) à Jhrg. n.n. 3. —

— schweizerische, f. Knabenhandarbeit. Le travail manuel scolaire. Monatsschrift des schweiz. Vereins zur Förderg. des Handarbeitsunterrichtes. Red.: Ed. Oertli u. J. Magnenat. 12.—15. Jahrg. 1907—1910. à 12 Nrn. (à ca. 12 S. m. Taf.) gr. 8. Zürich (V, Reitgasse 3), (A. Tschopp). à Jahrg. nn 3. —

— Schweizerische, f. Knabenhandarbeit, Le travail manuel scolaire. Red.: Ed. Oertli u. J Magnenat. 15—17 J. '10—12 je 12 Nrn. ('12, Nr 1: 20 m. 2 Taf.) gr8° Zürich (V, Kreuzstr. 54), (A Tschopp). je † nn 3 —

— dass. Suppl. gr8° Zürich (V, Forchstr. 88), E Oertli.
Reimann, Edw.: Das schmückende Gestalten in d. Holzarbeiten. Lehrgänge f. d. Unterr. im Schnitzen. Suppl. (18 u. 32 m. farb. Abb.) ('12) 1.50

Schweizerische Blätter für Kynologie. N° 1.

Inhalt: Die Ausstellung d. engl. St. Bernhard-Club. — Vorstands-Sitzung d. S. K. G. v. 13. Dez. 1885 in Olten. — Briefe aus Sumatra. — Mittheilungen v. österr. Hundezucht-Verein.

1886

— N° 2.

Inhalt: Briefe aus Sumatra. — Die Otterjagd mit Hunden. 1886

Schweizerische Blätter für Kynologie. N° 4.

Inhalt: Von der Stammbuchkommission der S. K. G. revidirte Rassenkennzeichen des St. Bernhardshundes. — Die Otterjagd mit Hunden (Schluss). 1886

Schweizerische Blätter für Kynologie. N° 5.

Inhalt: Zu den Briefen aus Sumatra. — S. K. G. Generalversammlung am 21. Februar 1886 in Olten. — Schweiz. St. Bernhardshunde. — Maasse und Gewichte englischer Bernhardiner-Puppies. 1886

— N° 6.

Inhalt: Der Gordonsetter. — Verschiedenes. — Briefkasten. 1886

Schweizerische Blätter für Kynologie. N° 7.

Inhalt: Der Gordonsetter (Schluss). — Hundesport und Bernhardinerpoints. — Ein Hundeprozess. — Griffon. — Korthals u. s. w.

1886

Blätter: Schweizerische Lustige Blätter
① Farbig illustrierte Wochenschrift für Witz und Humor (16. 7. 1910—31. 12. 1910) ② Schweizerische Bunte Blätter (2. 4. 1910—19. 2. 1916), Humoristische bunte Blätter (26. 2. 1916—Nr. 22, 1919) ④ Illustrierte Fliegende Blätter (B2) (Fusion) ⑤ 1. 6. 1892—Nr. 22, 1919 ⑥ 4° (vergrößert 8. 5. 1909) ⑦ Monatlich 2× (1. 6. 1892—um 1899. 15. 8. 1919—Nr. 22, 1919), Wochenblatt (um 1900—Nr. 9, 1918), alle 14 Tage (Nr. 10, 1918—Nr. 15, 1919) ⑧ Zürich: G. Kirsten (1. 6. 1892—um 1899), Hans Frey (um 1900—1. 5. 1909), Emil Rüegg & Cie. (8. 5. 1909—Nr. 22, 1919) ⑨ Beiblatt der Schweiz. Lustigen Blätter (um 1900—26. 3. 1910); Beiblatt der Schweiz. Bunte Blätter (2. 4. 1910—26. 2. 1916); Beiblatt der Humoristische Bunte Blätter (4. 3. 1916—15. 4. 1918); Beiblatt der Illustrierte Fliegende Blätter und der Humoristische Bunte Blätter (1. 6. 1918—15. 10. 1919 ?) ⑩ M. Brehse (1. 6. 1892—1. 5. 1909), A. Neff (8. 5. 1909—29. 1. 1916), J. Brehse (Februar 1916—Nr. 22, 1919) ⑪ die Herausgeber ⑫ neutral, verliert seit ungefähr 1909 den Charakter einer schweizerischen Zeitschrift ⑭ Be: L (1900—1919).

— schweizerische militärische. Zeitschrift f. Artillerie u. Genie. Chefred.: F. C. Bluntschli. — Monatsschrift f. Offiziere aller Waffen. Chefred.: H. Hungerbühler. Jahrg. 1891—1894. à 12 Hfte. gr. 8. (à Hft. ca. 100 S.) Frauenfeld, J. Huber's Verl. à Jahrg. n. 9. 20
Einzel-Ausgaben, vgl.: Monatsschrift für Offiziere aller Waffen. — Zeitschrift für Artillerie und Genie.

— schweizerische militärische. Zeitschr. f. Artillerie u. Genie. Chefred.: F. C. Bluntschli. — Monatsschrift f. Offiziere aller Waffen. Chefred.: H. Hungerbühler. Jahrg. 1895—1898. à 12 Hfte. (à ca. 100 S. m. Taf. u. Kart.) gr. 8. Frauenfeld, J. Huber's Verl. à Jahrg. n. 9. 20

— schweizerische militärische. Zeitschrift f. Artillerie u. Genie. Chefred.: F. C. Bluntschli. — Monatsschrift f. Offiziere aller Waffen. Chefred.: K. Fisch. Jahrg. 1899—1902. à 12 Hfte. gr. 8. Frauenfeld, Huber & Co. à Jahrg. n. 9. 20
1899. (VII, 464 S. m. Fig. u. 8 Beil. u. VII, 576 S. m. Kart.)
1900. (VIII, 472 S. m. Abb. u. 4 Beil. u. VII, 592 S. m. Abb. u. Kart.)
1901. (VIII, 504 S. m. Abb. u. Taf. u. VI, 592 S. m. Abb. u. Kart.)
1902. (VIII, 492 S. m. Abb. u. Taf. u. VIII, 636 S. m. Abb. u. Kart.)

Schweizerische Militärische **Blätter**. [Abt. 1. 2.] 1900. Frauenfeld: J. Huber 1900. 8°
[1] = Zeitschrift, Schweizerische, f. Artillerie & Genie. Hrsg. von Oberst F. C[arl] Bluntschli. Jg. 36.
[2] = Monatsschrift, Schweizerische, f. Offiziere aller Waffen. Unter Mitw. höh. Offiziere ... hrsg. von Oberst H[ugo] Hungerbühler u. Oberstlt. i. G. K. Fisch. Jg. 12.
[06. 1718

— schweizerische militärische. Zeitschrift f. Artillerie u. Genie. Red.: F. C. Bluntschli. — Monatsschrift f. Offiziere aller Waffen. Red.: H. Hungerbühler. Jahrg. 1903—1906. à 12 Hfte. (VIII, 492 u. VII, 548; VIII, 480 u. VII, 663; VIII, 472 u. VII, 720 u. VIII, 504 u VIII, 659 S. m. Abbildgn.) gr. 8. Frauenfeld, Huber & Co. à Jhrg. n. 9. 20

— schweizerische militärische. Zeitschrift f. Artillerie u. Genie. Red.: Habicht. — Monatschrift f. Offiziere aller Waffen. Red.: H. Hungerbühler. Jahrg. 1907—1910. à 12 Hefte. (VIII, 1180; VIII, 1149; VIII, 1184 u. VIII, 1155 S. m. 18, 14, 8 u. 6 Taf.) gr. 8. Frauenfeld, Huber & Co. à Jahrg. 10. —

— Schweizerische militärische. Zeitschr. f. Artill. u. Genie. Red.: Habicht. — Monatschr. f. Offiziere aller Waffen. Red.: Hungerbühler. J. '10—12 je 12 Hefte. ('12, 1. Heft: 48 u. 48) gr8° Frauenf., Huber & Co. je 10 —

Blätter (schweizerische) **für Ornithologie.** Organ der schweizer. ornithol. Vereine. Red.: Ferd. Wirth. IV. Jahrg. 1880. 24 Nrn. in-4°. Zug, Druck und Expedition von Elsner. Per Jahr 3 60
1880

— (schweizerische) für Ornithologie. Organ der schweiz. ornitholog. Vereine. Red.: Ferd. Wirth. V. Jahrgang, 1881. 24 Nummern in-4°. Zug, Druck und Expedition von Elsner.
1881 Pro Jahr 3 60

Blätter, schweizerische, **für Ornithologie.** Organ der schweizer. ornitholog. Vereine. Herausgeg. von Ferd. Wirth in Zug. Monatlich 2 Nummern in-4°. Expedition: Buchdruckerei Elsener in Zug.
1884 Preis pro Jahr für die Schweiz 3 60
für das Ausland 4 40

Schweizer. Blätter für Ornithologie. X. Jahrg. Red. *Ferd. Wirth.* Erscheinen wöchentlich m. d. Gratisbeilage: Schweizer. Blätter für Kynologie. In-4°. Zürich, Ulrich & Cie. im Berichthaus.
1886 jährl. 4 —

Schweizerische Blätter für Ornithologie. N° 1.

Inhalt: Bastardbrieftauben u. andere Feldtauben im Kampfe mit einem Habicht in den Lüften. — Künstl. Bebrütung in Egypten. — Grünfutter für Kanarien u. verwandte Vögel im Winter. — Züge aus d. Vogelleben. — Zur Kaninchenzucht. — Nachrichten a. d. Vereinen.
1886

— N° 2.

Inhalt: Hühnerhabicht, Astur palumbarius, Linné. — Ueb. Kanarienbastardzucht. — Kleine ornithologische Mittheilung von Luzern. — Bienen u. Vögel. **1886**

— N° 3.

Inhalt: Hühnerhabicht, Astur palumbarius, Linné, v. *C. Friderich.* — Plauderei über Harzer-Kanarien. — Die Aufzucht d. Stubenkücken.
1886

Schweizerische Blätter für Ornithologie. N° 4.

Inhalt: Hühnerhabicht, Astur palumbarius, Linné. — Wie füttert man die Hühner. — Zur Kanarienzucht. **1886**

Schweizerische Blätter für Ornithologie. N° 5. Mit dem Beiblatt: **Schweizer. Blätter für Kynologie.** N° 3.

Inhalt: Hühnerhabicht, v. *C. G. Friderich* (Schluss). — Der Meisenmord in Pruntrut. — Zur Kaninchenzucht. — Monatsregeln für den Geflügelhof. — Der erste internationale kynologische Kongress. — Die Otterjagd mit Hunden. — Programm der Hunde-Ausstellung in Wien. — Verschiedenes. — Zwingernachrichten.
1886

— N° 6.

Inhalt: Allgemeines über unsere schweizerische Vogelwelt. — Geflügel-Statistik der Schweiz. — Monatsregeln für den Geflügelhof (Februar). **1886**

— N° 7.

Inhalt: Die Wasseramsel. — Unsere gefiederten Gäste. — Warum und wie soll man einen Hühnerhof anlegen? — Etwas über die Titelsucht. — Krankheits- u. Sektionsberichte.
1886

Schweizerische Blätter für Ornithologie. N° 8.

Inhalt: Unsere gefiederten Gäste (Forts.) — Warum und wie soll man einen Hühnerhof anlegen? (Forts.) — Zur Geflügel-Statistik. — Zur Hühnerhaltung. — Etwas über die Befruchtung der Hühnereier. **1886**

— N° 9.

Inhalt: Die Würger. — Unsere gefiederten Gäste (Fortsetz.) — Warum und wie soll man einen Hühnerhof anlegen? (Schluss). — Nachrichten aus den Vereinen. **1886**

— N° 10.

Inhalt: Willkommengruss den Staaren. — Unsere gefiederten Gäste (Forts.) — Die Würger (Schluss). — Erwiderung über die Befruchtung der Hühnereier. — Das Yokohamahuhn. Monatsregeln für den Geflügelhof. — Poolhüttenjagd in Ostfriesland. **1886**

— N° 11.

Inhalt: Die neue Fischbrutanstalt. — Unsere gefiederten Gäste (Forts.) — Prämiirung durch die „Cypria". — Noch einmal die Kalkbeine der Hühner. — Poolhüttenjagd in Ostfriesland (Schluss). — Nachrichten aus d. Vereinen.
1886

— N° 12.

Inhalt: Unsere gefiederten Gäste (Schluss). — Praktische Winke für die Brut-Saison. — Anmuth der Natur und Freuden des Vogel- und Eiersammlers. — Zum Vogelfang. — Ein Hühnerbericht aus dem Appenzellerlande. **1886**

Schweizerische Blätter für Ornithologie. N° 13.

Inhalt: Praktische Winke für die Brutsaison (Schluss). — Anmuth der Natur (Schl.) — Prämiirungsliste der zweiten allg. Geflügelausstellung in Luzern u. s. w. **1886**

Blätter, Schweizerische, für Ornithologie und Kaninchenzucht. Redaction: *F. Wirth* u. *E. Beck-Corrodi*. XIX. Jahrg. (52 Nos). No 1. Gr. in-4°. 8 S. Zürich, Expedition. Jährlich 4 50 **1895**

— schweizer., f. Ornithologie u. Kaninchenzucht. Org. d. schweizer. ornitholog. Zentralvereins, d. schweizer. Kanarienzüchter-Vereins, sow. d. Vereine v. Zürich, Basel, Winterthur etc. Red.: Ferd. Wirth u. E. Beck-Corrodi. 19.—21. Jahrg. 1895—1897. à 52 Nrn. (Bog.) gr. 4. Zürich, Buchdruckerei Berichthaus (durch Fäsi & Beer). à Jahrg. n. 5. —

— dasselbe. Red.: E. Beck-Corrodi unt. Mitwirkg. d. Gründers dies. Blätter, F. Wirth. 22. Jahrg. 1898. 52 Nrn. (à ca. 2 Bog. m. Abb.) gr. 4. Ebd. à Jahrg. n.n.n. 6. —

—— schweizerische schulgeschichtliche, [im Anschluß an die „Geschichte der schweiz. Volksschule"] hrsg. im Auftrage der schweiz. permanenten Schulausstellung in Zürich von O. Hunziker. In zwanglosen Heften. 1. Jahrg. 1. Heft. gr. 8. (IV, 86 S.) Zürich 884, Schultheß. *

—— schweizerische schulgeschichtliche [im Anschluß an die „Geschichte der schweizer. Volksschule"], hrsg. im Auftrage der schweizer. permanenten Schulausstellung in Zürich von O. Hunziker. In zwanglosen Heften. 1. Jahrg. 2. Heft. gr. 8. (IV, 78 S.) Zürich 884, Schultheß. *
1. Heft. Ebendas. 1884. *ℳ 1.—. — Nicht weiter erschienen.

— schweizerische, f. Schulgesundheitspflege u. Kinderschutz. Korrespondenzblatt der schweiz. Gesellschaft f. Schulgesundheitspflege. — Feuilles suisses d'hygiène scolaire et revue de la protection de l'enfance. Organ de la société suisse d'hygiène scolaire. Beilage zur schweizer. Lehrerzeitg. Red.: Kraft. 2. u. 3. Jahrg. 1904 u. 1905. 6, bzw. 9 Nrn. (164 u. 168 S.) gr. 8. Ebd. à Jhrg. n. 1.20

— dasselbe. Red.-Komitee: Erismann, Geiser, Zollinger u. a. 4. Jahrg. 1906. 10 Nrn. (172 S. m. Abbildgn.) gr. 8. Ebd. n. 1.20

Blätter, schweizer., f. Schulgesundheitspflege u. Kinderschutz. Revue suisse d'hygiène scolaire et de protection de l'enfance. Korrespondenzblatt der schweiz. Gesellschaft f. Schulgesundheitspflege. — Organe de la société suisse d'hygiène scolaire. Beilage zur schweizer. Lehrerzeitg. Red.-Komitee: Erismann, F. Zollinger, X. Wetterwald u. a. 5.—8. Jahrg. 1907—1910. à 10 Nrn. (à ca. 16 S.) gr. 8. Zürich, Art. Institut Orell Füssli. 1907 u. 08 à 1.20; 1909 u. 10 à Jahrg. 2. —

— Schweizerische, f. Schulgesundheitspflege u. Kinderschutz. Revue suisse d'hygiène scolaire et de protection de l'enfance. Beil. z. schweiz. Lehrerzeitg. 8—10. J. '10—12 je 10 Nrn. ('12, Nr 1: 16 u. 4) gr8° Zür., Art. Instit. Orell Füssli. 2 —; einz. Nrn nn — 30

— schweizerische, f. erziehenden Unterricht. Red.: Th. Wiget. Der „Bündner Seminarblätter" 7. Jahrg. 1888/89. 10 Nrn. (2 B.) gr. 8. Frauenfeld, Huber. n. 3. —

— dasselbe. 8. Jahrg. Fortgesetzt v. G. Wiget u. P. Conrad. 1889/90. 10 Nrn. (2 B.) gr. 8. Ebd. n. 3. —
s.: Seminarblätter, Bündner.

— schweizerische, f. erziehenden Unterricht. Der „Bündner Seminarblätter" IX. Jahrg. Hrsg. v. Gust. Wiget u. Paul Conrad. Jahrg. 1890/91. 10 Nrn. (2 Bog.) gr. 8. Frauenfeld, Huber. n. 3. —

— schweiz., f. erzieh. Unterricht, Fortsetzg., s.: Seminar-Blätter, Bündner.

Blätter: **Schweizerische Blätter für Wirtschafts- und Socialpolitik** (später: Sozialpolitik)
(2) Schweizerische Zeitschrift für Volkswirtschaft und Sozialpolitik (1917—1928), Schweizerische Zeitschrift für Betriebswirtschaft und Arbeitsgestaltung (1929—1944), Der Ausgleich — Schweizerische Zeitschrift für sozialethische Wirtschaftsgestaltung (Nov. 1944—1946), Ausgleich und Steigerung — Schweizerische Zeitschrift für sozialethische Wirtschaftsgestaltung (Nov. 1946—August 1948) (5) Juli 1893—August 1948 (6) 8° (7) Halbmonatsschrift (8) Bern: Michel & Büchler (1893/94), Steiger & Cie. (1895—1899), C. Sturzenegger (1900—1902), Scheitlin, Spring & Cie. (1903—1910), Scheitlin & Co. (1911—1916), Steiger (1917—1944); Zürich: J. Hagmann (1944—1946); Siebnen: E. und M. Kälin (1946); Zürich: Paul Leuenberger (1948) (9) Socialpolitische Gesetzgebung (1895); Die ethische Bewegung (1896—1898, Red.: Gustav Meier, Zürich); Socialpolitisches Archiv (1899—1903) (11) Otto Wullschleger (1893—1894), Dr. Georg Adler, Basel (1895), Redaktionskommission (1895—1896), A. Drexler (1896—1897), Dr. Hans Müller (1897—1898), Prof. Dr. Naum Reichesberg, Bern (1899—1927), Prof. Dr. Hans Töndury, Genf-Bern (1928 ff.), Edmund Ernst, Zürich. Mitarbeiter der ersten Zeit: Dr. A. Brüstlein, Dr. C. Decurtins, Dr. Numa Droz, Bundesrat Emil Frey, Dr. Traugott Geering, Dr. A. Oncken, usw. (12) sozialpolitisch (14) Zh: Z.

— schweizerische, f. Wirtschafts- u. Socialpolitik. Halbmonatsschrift, red. v. O. Wullschleger. I. Jahrg. Juli—Dezbr. 1893. 12 Nrn. (à ca. 2 Bog.) gr. 8. Basel, Dr. H. Müller. portofrei n. 6. —

— dasselbe. 2. Jahrg. 1894. 24 Nrn. (à ca. 2 Bog.) gr. 8. Ebd. portofrei n. 12. —
26*

— schweizer., f. Wirtschafts- u. Socialpolitik. Halbmonatsschrift, m. e. Beilage: „Sozialpolit. Archiv d. Schweiz". Unt. Mitwirkg. hervorrag. Fachmänner d. In- u. Auslandes hrsg. v. Geo. Adler. 3. Jahrg. 1895. 24 Nrn. (à ca. 4 Bog.) gr. 8. Bern, Steiger & Co. n. 12. —

— dasselbe. M. Beilage: „Socialpolit. Gesetzgebg.", red. v. E. Frey, T. Geering, K. Geiser etc. 4. Jahrg. 1896 24 Nrn. (à ca. 2 Bog.) gr. 8. Ebd. 12. —

— dasselbe, red. v. A. Drexler u. (v. 1. Juli 1897 an) v. Hans Müller. M. Beilage: „Die ethische Beweg.". Mitteilgn. v. Gust. Maier. 5. u. 6. Jahrg. 1897—1898. à 24 Nrn. (à ca. 3 Bog.) gr. 8. Ebd. à Jahrg. n. 12. —
Kann auch halbjährlich bezogen werden

Blätter, schweiz., f. Wirtschafts- u. Socialpolitik. Halbmonatsschrift m. Beil.: Socialpolit. Archiv. Red.: W Reichesberg. 7. u. 8. Jahrg. 1899 u. 1900 à 24 Hfte. 8° (1900. 784) Bern, C Sturzenegger. à Jahrg. 12 —

— schweizerische, f. Wirtschafts- u. Socialpolitik. Halbmonatsschrift m. Beilage: „Socialpolitisches Archiv". Red.: N. Reichesberg. 7.—10. Jahrg. 1899—1902. à 24 Hfte. gr. 8. (à ca. 32 S.) Bern, Scheitlin, Spring & Co. à Jahrg. n. 10. —; vierteljährlich 3. —

Blätter, schweizerische, f. Wirtschafts- u. Socialpolitik. Halbmonatsschrift m. Beilage: „Socialpolitisches Archiv". Red.: N. Reichesberg. 9. Jahrg. 1901. 24 Hfte. gr. 8. (1. Hft. 36 S.) Bern, C. Sturzenegger. 10 —; Vierteljährlich 3. —

— schweizerische, f. Wirthschafts- u. Socialpolitik. Halbmonatsschrift m. Beilage: „Socialpolitisches Archiv". Red.: Reichesberg. 10. Jahrg. 1902. 24 Hefte. gr. 8. Bern, Sturzenegger. Vierteljährl. 3. —

— schweizerische, f. Wirtschafts- u. Sozialpolitik. Halbmonatsschrift m. Beilage: „Sozialpolitisches Archiv". Red.: N. Reichesberg. 11.—14. Jahrg. 1903—1906. à 24 Hefte. (VIII, 776; VIII, 780; VIII, 752 u. VIII, 778 S.) gr. 8. Bern, Scheitlin, Spring & Co. à Jhrg. n. 10. —; vierteljährlich n. 3. —

— schweizerische, f. Wirtschafts- u. Sozialpolitik. Halbmonatsschrift. Red.: N. Reichesberg. 15—18. Jhrg. 1907—1910 à 24 Hefte. (1910: 884 S.) gr. 8. Bern, Scheitlin & Co. à Jhrg. 10. —; vierteljährlich 3. —

— Schweizerische, f. Wirtschafts- u. Sozialpolitik. Halbmonatsschr. Red.: N Reichesberg. 18—20. J. '10—12 je 24 Hefte. ('10: 8, 7, 768) gr8° Bern, Scheitlin & Co. je 10 —; viertelj. 3 — d

— sechs, nach Werken von Lucas Cranach, mit Erläuterungen in Beziehung auf seine Schrift: Lucas Cranach des Aelteren Leben und Werke, hrsg. von Chrn. Schuchardt. (1. Heft.) gr. Fol. (6 Kpfrt. mit 2 S. Text.) Weimar 851. Leipzig 858, (Brockhaus.) * * 3 Thlr.; chines. Pap. * * Abdr. vor der Schrift * * 4 Thlr.; chines. Pap. * * Auf chines. Papier und auf Cartons gelegt. * *

— dass. — 2. Heft. gr. Fol. (6 Kpfrt. mit 2 S. Text.) (Ebendas.) 858. * * 3 Thlr.; chines. Pap. * * Abdr. vor der Schrift auf chines. Pap. und auf Cartons. * *

— 16, Zeichnungs-Vorlagen, s. Zeichnungs-Vorlagen.

Blätter für Seemannsmission. Org. d. dt. Seemannsmission. Jg. 1ff. Hambg 1892ff.

— für Seemanns-Mission. Org. d. deutschen Seemannsmission. E. Quartalsschrift. Unt. Mitwirkg. v. Berufsarbeitern hrsg. v. F. M. Harms u. J. Jungclaussen. 5.—7. Jahrg. 1896—1898. à 4 Hfte. (à ca. 24 S.) gr. 8. Hamburg. Berlin (Buchh. d. Ostdeutschen Jünglingsbundes). à Jahrg. n. 1. —

— für Seemanns-Mission. Organ der deutschen Seemannsmission. Unter Mitwirkg. v. Berufsarbeitern hrsg. v. F. M. Harms u. J. Jungclaussen. 8. u. 9. Jahrg. 1899 u. 1900. à 4 Hfte. gr. 8. (à ca. 24 S.) Hamburg (Berlin, Buchh. des Ostdeutschen Jünglingsbundes.) à Jahrg. n. 1. 50

— dasselbe. 10. u. 11. Jahrg. 1901 u. 1902. à 6 Hfte. gr. 8. (à ca. 24 S.) Harpen. (Berlin, Buchh. des ostdeutschen Jünglingsbundes.) à Jahrg. 1. 50
Der 10. Jahrg. erschien in Bordesholm.

— für Seemanns-Mission. Organ der deutschen Seemannsmission. Unter Mitwirkg. v. Berufsarbeitern hrsg. v. F. M. Harms u. J. Jungclaussen. 12. Jahrg. 1903. 6 Hefte. (à ca. 24 S.) gr. 8. Harpen (Berlin, Buchh. des ostdeutschen Jünglingsbundes.) n. 1. 50

— dasselbe. Unter Mitwirkg. v. Berufsarbeitern hrsg. v. J. Jungclaussen, F. M. Harms u. R. Münchmeyer. 13.—15. Jahrg. 1904—1906. à 6 Hefte. (à ca. 24 S.) 8. Bordesholm. Ebd. à Jhrg. n. 1. —

— für Seemanns-Mission. Organ der deutschen Seemannsmission. In Verbindg. m. F. M. Harms u. R. Münchmeyer. Hrsg. v. W. Thun. 16.—19. Jahrg. 1907—1910 à 4 Hefte. (à Jahrg. 96 S.) gr. 8. Altona. Berlin, Buchh. des ostdeutschen Jünglingsbundes. à Jahrg. 1.—; m. der Beilage: Der rechte Kurs 2. —

— f. Seemannsmission. In Verbindg m. FM Harms u. R Münchmeyer hrsg. v. W Thun. 19—21. J. '10—12 je 4 Hefte. ('12, 1. Heft: 16 m. Abb.) gr8° Altona, Berl., Buchh. d. ostdeut. Jünglingsbundes. je 1 —; m. d. Beil.: Der rechte Kurs je 2 —; einz. Hefte — 20 d

— sibyllinische, herausg. von Jo. Festenberg. 1s Hft. 8. Dresden 833. (Grimmer.) 1/6 ₰

— sibyllinische, oder Anweisung aus der deutschen Spielkarte in kurzer Zeit und ohne fremde Hülfe wahrsagen zu lernen. Ein Beitrag zur Unterhaltung in geselligen Kreisen und einsamen Stunden, wie auch ein Rathgeber für Liebende und Verliebte und Neugierige im Allgemeinen. 8. (46 S.) Weimar 854, Jansen und Comp.

— sibyllin., od. Anw. a. d. deut. Spielkarte wahrsagen zu lernen. 8. (46) Weim. 54. (Berl., Mode's V.) — 7½

— sibyllinische, gesell. Freude gewidmet v. Cornelius. 8. Leipz. 821. Ind.-Compt. 8 gr

— sibyllinische, des Magus im Norden (J. G. Hamanns), nebst mehrern Beilagen, herausg. v. Fr. Cramer. Mit Hamanns Portr. 8. Leipz. 819. Brockhaus. 2 ₰

— aus A. Hendschel's Skizzenbuch [Photographie-Ausg]. 3 Thle. (à 50 Bl.); jeder Theil auch in 2 Serien (à 25 Bl.). gr. 4. Frankfurt a. M. 884, Hendschel.
à Thl. in Cambr.-Mappe *
à Serie in Cambr.-Mappe *
Einzeln à Bl. (Nr. 1—150) *
Vgl.: Hendschel, Ernst und Scherz und Lose Blätter in Photographie, sowie: Aus A. Hendschel's Skizzenbuch (Lichtdr.-Ausg.).

— slavische. Illustrirte Monatshefte für Literatur, Kunst und Wissenschaften, für öffentl. und gesellschaftl. Leben, für Länder- und Völkerkunde, für Geschichte, Belletristik etc. der slav. Völker. Unter Mitwirkung von hervorragenden Schriftstellern und Künstlern hrsg. und redig. von Abel Lukšić. 1. Jahrg. 1865. 12 Hefte. (à 3½—4 Bog. mit eingedr. Holzschn.) Lex.-8. Wien, Czermak. *

— dass. — Zeitschrift für die Gesammt-Interessen des Slaventhums. Hrsg. und redig. von Abel Lukšić. 2. Jahrg. 1866. 24 Nrn. (à 1½—2 Bog.) Lex.-8. Wien, Lukšić. *

Blätter f. Sonntagsschulen. Nr. 1—18. gr. 16. (à 8 S.) Kropp 887. Buchh. „Eben-Ezer". f. 100 Explre. v. 1 Nr. n. — 80; f. 1000 Explre. n. 6. —

— des württembergischen Sonntagsschulverbandes. Hrsg. v. württemberg. Sonntagsschulverband unt. Leitg. v. Ris. 1. Jahrg. Novbr. 1906—Oktbr. 1907. (à ca. 16 S.) 8. Stuttgart (Holland & Josenhans). n. — 60

— des württembergischen Sonntagsschulverbandes. Hrsg. v. Th. Dehlinger. Nr. 2—5. (20, 20, 24 u. 28 S.) 8. Stuttgart, 907—09. (Holland & Josenhans.) à — 25

— d. württemb. Sonntagsschulverbandes. Hrsg. v. Th. Dehlinger. Nr 5—7. (Je 28) 8° Stuttg., (Holland & J.) '09—11. je — 25 d

— soziale. Hrsg. vom sozialen Klub zu Leipzig. 1. Heft. 8. (16 S.) Leipzig 849, (Weller.)

Blätter, Sozialistische. – Berlin: 1873 - 1875.

Blätter (Socialpolitische). Zur Unterhaltung und Belehrung für die deutschen Arbeiter. 1.–3. Jhrg. Berlin, C. Ihring's Nachfolger, 1873-75.

— f. Sozialreform, s.: Losert, A.

— für die gesamten Sozialwissenschaften. Bibliographisches Zentralorgan. Neue Folge der krit. Blätter f. die gesamten Sozialwissenschaften. Hrsg.: Herm. Beck. 3.—6. Jahrg. 1907—1910 à 12 Hefte. (1908 u. 1909: 192, 918 u. 168, 836 S.) gr. 8. Berlin, Bibliograph. Zentral-Verlag. à Jahrg. 24. —

— f. d. gesamten Sozialwissenschaften. Bibliograph. Zentralorgan. Hrsg. v. Herm. Beck. Seit '11 red. v. Otto Waldschütz; f. Österr.-U. verantwortl.: Vict. Ritter v. Klarwill. 6—8. J. '10—13 je 12 Hefte. ('12, 1. Heft: 88) Lex8° Berl., Bibliograph. Zentral-Verl. je 24 —; einz. Hefte 2.50

— für aeltere Sphragistik. Hrsg. von der k. k. Central-Commission zur Erforschung und Erhaltung der Kunst- und historischen Denkmale. Redig. von Karl Lind. gr. 4. (XIX S. und 26 Stnt.) Wien 878, (Gerold's Sohn.) *
Nicht weiter erschienen.

— staatswirthschaftliche. Herausg. v. Herzog. 1s—4s Heft. 8. Stuttg. 820—22. Sattler. (1s H. 9 gr 2s 8 gr 3s 9 gr 4s 8 gr) 1 ₰ 10 gr

— Staatswirthschaftliche, herausgeg. von Herzog, 3s u. 4s Heft. 8. Stuttg. 821 u. 22, Hoffmann. 3s H. 9 gr. 4s H. 8 gr.

—— staatswirthschaftliche, hrsg. v. L. W. Klemm. 1—6. Hft. gr. 8. Stuttgart, J. F. Steinkopf. [1. (4¼ B.) 2. u. 3. (10¾ B.) 842., 4. (4½ B.) 43. à ⅓ Thlr., 5. (8½ B. u. 1 Stnt.) 44. ½ Thlr., 6. (8¾ B.) 45. 12½ Ngr.]

—— f. Stadt u. Land. Red.: H Ruder. (9.) Jahrg. 52 Nrn. (½ B.) 4. Oldenb. 51, Stalling's V. n. 1. —

— aus der Stadtmission. Red.: Ernst Evers. 14. Jahrg. 1892. 12 Nrn. (Bog.) gr. 8. Berlin, Buchh. der Berliner Stadtmission. n. 1. —

— aus der Stadtmission. Red.: Ernst Evers. 21.—24. Jahrg. 1899—1902. à 12 Nrn. gr. 8. (à 16 S.) Berlin, Buchh. d. Berl. Stadtmission. à Jahrg. n. 1. —

— a. d. Stadtmission. Red.: E Evers u., seit 1904, C Nicklas. 23—27. Jahrg. 1901—5 je 12 Nrn. (Nr. 1. 16) 8° Berl., Vaterländ. Verl.- u. Kunstanst. Je 1 — d

— aus der Stadtmission. Red.: Curt Nicklas. 26.—28. Jahrg. 1903—1905 à 12 Nrn. (à ca. 16 S.) 8. Berlin, Vaterländische Verlags- u. Kunstanstalt. à Jhrg. n. 1. —
Jhrg. 1903 ist noch von Ernst Evers redig.

— a. d. Stadtmission. Red.: Curt Nicklas. 29—31. J. '06—8 je 12 Nrn. (Nr 1. 16) 8° Berl., Vaterländ. Verl.- u. Kunstanst. Je 1 — d
Fortsetzg s. u. d. T.: Stadtmission, d.

— für Stenographie. Vorh. u. d. T.: Münchener Blätter für Stenographie.

— für Stenographie. Organ d. Gabelsberger Stenographen-Zentral-Vereines zu München u. d. bair. Gesamtvereines. Red.: Roder. Lautenhammer. 42. u. 43. Jahrg. 1892. 1893. à 12 Nrn. (½ Bog.) Mit Beiblatt: Stenographische Lesebibliothek. 24. u. 25. Jahrg. 1892. 1893. à 12 Nrn. (½ lith. Bog.) Lex.-8. Ebd. à Jahrg. n.n. 3. —; ohne Beiblatt n.n. 2. —
Fortsetzung u. d. T.:
Bairische Blätter für Stenographie.

—— für Stenographie aus Böhmen. Hrsg. vom deutschen Gabelsberger Stenographen-Verein zu Prag. Redact.: S. Bleyer. 1.—4. Jahrg. 1864—67. à Jahrg. 12 Nrn. (lithogr. Bog.) gr. 8. Prag, (Calve'sche Universitäts-Buchh.) à Jahrg. *

—— für Stenographie aus Böhmen. Hrsg. vom deutschen Gabelsberger Stenographen-Verein zu Prag. Redact.: S. Bleyer. 5. Jahrg. 1868. 12 Nrn., und 6. Jahrg. 1869. 4 Nrn. (lithogr. Bog.) gr. 8. Prag, (Calve'sche Universitäts-Buchh.) à Jahrg. *
Wurden mit Oesterreich. Blätter für Stenographie vereinigt.

— stenographische. Organ f. den Gabelsberger-Stenographen-Central-Verein in München. Nr. 1—9. 8. (122 lith. S.) München 849. 50, Franz. (à ⅙ ₰) 1½ ₰

—— stenographische. Organ des Gabelsberger-Stenographen-Central-Vereins in München. Nr. 1—9. 8. (121 lith. S.) München 850—51, Franz. à Nr. 3¾ Ngr.

— dies. Zeitschrift u. Lesebibliothek hrsg. v. dem Gabelsberger-Stenographen-Centralverein in München. Neue Folge. 1. Jahrg. 1851. ca. 8 Nrn. (B.) 8. Ebd. — Zeitschrift d. Gabelsberger-Stenographen-Centralvereins in München. Neue Folge. 2. Jahrg. 1852. ca. 8 Nrn. 8. (Bog.) Ebd. à Jahrg. n. 1½ ₰

— stenographische. Zeitschrift des Gabelsberger-Stenographen-Centralvereins in München. Neue Folge. 3—8. Jahrgang. 853—58. à 8 Nrn. (à 1—2 lith. Bgn. m. Beilagen.) München, (Franz.) 8. Jeder Jahrg. nn. 1 ₰

— stenographische. Zeitschrift des Gabelsberger-Stenographen-Centralvereins in München. Neue Folge. 9—14. Jahrg. 1859—64. à 12 Nrn. (à 1 Bgn.) Mit Beilagen. München, (Franz.) 8. Jeder Jahrg. n. 1 ₰ 10 ngr

—— stenographische. Zeitschrift des Gabelsberger-Stenographen-Centralvereins in München. Neue Folge. 12.—17. Jahrg. 1862—67. à Jahrg. 12 Nrn. (à ¾—1 lithogr. Bog.) Mit Beilagen. 8. München, (Franz.) à Jahrg. *
Vom 15. Jahrg. an ist Jul. Juch als Redakteur genannt.

—— stenographische. Zeitschrift des Gabelsberger Stenographen-Central-Vereins in München. Redact.: Jul. Juch. Neue Folge. 18. Jahrg. 1868. 12 Nrn. (à ¾—1 lithogr. Bog.) Mit Beilagen. 8. München, (Franz'sche Buchh.) *

—— stenographische. Jahrbuch für die Interessen der Stenographie Frz. Xav. Gabelsbergers. Hrsg. von Friedr. Ludw. Thdr. Mundt. Serie II. 8 Nrn. (lithogr. Bog.) 8. Berlin 861, (Grieben.) *

—— stenographische. Organ des Haupt-Verbandes Arends'scher Stenographen. Hrsg. vom Verbands-Vorstande. Redact.: A. Dietze und Frz. Richter. 6.—8. Jahrg. 1885—1887. à Jahrg. 12 Nrn. (à Nr. ½ Druck- und ¾ autogr. Bog.) gr. 8. Berlin, Expedition. (E. Gaillard.) à Jahrg. *

—— stenograph. Organ d. Haupt-Verbandes Arends'scher Stenographen. Red.: A Dietze u. F Richter. 7—9. Jahrg. 1886—1888. à 12 Nrn. (½ B. m. Beilagen.) 8. Erfurt. (Lpzg, Robolsky.) à Jahrg. *n.n.* 4. —
Nur direct zu beziehen.

—— stenographische. Monatsschrift d. Hauptverbandes Arends'scher Stenographen. 10.—13. Jahrg. 1889—1892. à Jahrg. 12 Hefte. (à Heft 8 S. u. 8 S. monogr. Beilagen.) 8. Berl., (Gaillard). à Jahrg. * 4 —

— stenograph. Monatsschrift d. Hauptverbandes Arendsscher Stenographen. Hrsg. v. Verbandsvorstande. Schriftleitg: H Rösener. 12—16. Jahrg. 1891—1895 à 12 Nrn. 8° (Nr. 1. 16) Berl. (Lessingstr. 82), Exped. à Jahrg. 4 —
Mit dieser Zeitschrift wird v. J. 1896 an die: „Freie stenograph. Presse" verschmolzen.

— stenographische. Monatsschrift des Hauptverbandes Arendsscher Stenographen. Hrsg. vom Verbandsvorstande. Schriftleitung: H. Rösener. 15. Jahrg. 1894. 12 Nrn. (Bog.) gr. 8. Berlin N., Fehrbellinerstr. 47, I, A. Besch. n. 4. —

Blätter, stenographische. Monatsschrift d. Hauptverbandes Arendsscher Stenographen. Hrsg. v. Verbandsvorstande. Schriftleit.: H. Rösener. 16. Jahrg. 1895. 12 Nrn. gr. 8. (144 u. 48 S.) Magdeburg (Tischlerbrücke 18). Th. Brünecke. n. 4. —

— stenograph. Monatsschrift d. Hauptverbandes Arends'scher Stenogr. Hrsg. v. Verbandsvorstande. Schriftleiter: P Hirsch u. W Engelbrecht. 17—19. Jahrg. 1896—1898 à 12 Nrn. 8° (1897 u. 1898. 184 u. 196) Berl., C Hause. à Jahrg. 3 —
Erschienen bis 1897 in Berlin, dann in Magdeburg. — Erscheinen nicht mehr.

— stenograph.. Fortsetzg., s.: Stenograph, d. Arendssche.

— stenographische. Monatliche Unterhaltungsschrift. Red. v. Ernst Mollenhauer. 6.—9. Jahrg. 1903—1906 à 12 Nrn. (à Jahrg. 96 autogr. S.) gr. 8. Liegnitz, Dr. v. Kunowski. à Jhrg. n.n. 1. —; als Beilage des Nationalstenograph od. der Jugendwarte n.n. — 60

— stenographische. Monatliche Unterhaltungsschrift. Red. v. Ernst Mollenhauer. 10.—13. Jahrg. 1907—1910. à 12 Nrn. (à 8 autogr. S.) gr. 8. Liegnitz, Dr. v. Kunowski. à Jahrg. nn 1. —; als Beilage des Nationalstenograph nn — 60

— Stenographische. Monatl. Unterhaltgsschr. Schriftleiter: Ernst Mollenhauer. 13—15. J. '10—12 je 12 Nrn. ('12, Nr 1 u. 2: 16 autogr. S.) gr8° Liegn., Dr. v. Kunowski. je nn 1 —; als Beil d. Nationalstenogr. nn — 60

—— stenographische, aus Breslau. Unter Mitwirkung von Freunden der Stenographie nach Stolze, redig. und hrsg. von F. G. Hedwig. 1. Jahrg. April 1854 — März 1855. 12 Nrn. (à 1—1½ lithogr. Bl.) 8. Breslau 855, Gosohorsky's Buchh. **

Blätter, stenographische, aus Breslau. Redig. im Verein für Stenographie nach Stolze. 8.—12. Jahrg. 1862—66. à Jahrg. 12 Nrn. (lithogr. Bog.) 8. Breslau, (Gosohorsky'sche Buchh.) à Jahrg. *

— stenographische, aus Breslau. Organ des ostdeutschen Stenographenbundes. Redig. im Stolze'schen Stenographen-Verein von Adam. 11—15. Jahrg. 1865—1869. à 12 Nrn. (à 1 Bgn.). Breslau, Gosohorsky in Comm. 8. Jeder Jahrg. n. 1 ℛ

— — Zeitschrift des Gabelsberger Stenographen-Central-Vereins in München. Red.: Jul. Juch. Neue Folge. 15—18. Jahrg. 1865—1868. à 12 Nrn. (à 1 Bgn.). Mit Beilagen. München, (Franz.) 8. Jeder Jahrg. n. 1 ℛ 10 ngr.
Fortsetzung hiervon, s. „Blätter, Münchner, für Stenographie."

— stenographische aus Breslau. Red. im Stolze'schen Stenographen-Verein. 16—22. Jahrg. 1870—76. à 12 Nrn. (lith. B.) 8. Breslau, Gosohorsky in Comm. à Jahrg. n. 3. —

— stenographische, aus Breslau. Organ d. ostdeutschen Stenographenbundes, red. im Stolze'schen Stenographen-Verein durch Adam. 23. Jahrg. 1877. 12 Nrn. (lith. B.) 8. Breslau, (Gosohorsky). n. 3. —

—— dass. — 24. und 25. Jahrg. 1878 und 1879. à Jahrg. 12 Nrn. (lithogr. Bog.) Breslau. (Hannover, Schulbuchh.) à Jahrg. **
Wird nicht fortgesetzt.

—— stenografische, aus Ober-Oesterreich. Hrsg. vom Gabelsberger Stenografen-Verein in Linz. Redact.: Ed. Scheuba. 1.—3. Jahrg. 1862—64. à Jahrg. 12 Nrn. (1/2 lithogr. Bog.) gr. 8. Linz, (Haslinger.) à Jahrg. *

— — aus Ober-Oesterreich. Herausg. vom Gabelsberger Stenographen-Vereine in Linz. Red.: M. Himmelbauer. 4—9. Jahrg. 1865—1870. à 12 Nrn. (à 1/2—1 Bgn.). Linz, (Haslinger.) gr. 8. Jeder Jahrg. n. 24 ngr.

— stenographische, aus Österreich. Fachliche Monatsschrift zur Vertretg. u. Verbreitg. der Gabelsbergerschen Stenographie. Mit der Beilage: „Stenographische Lesestunden". Hrsg. u. Red.: Karl Ludw. Weizmann. 2. u. 3. Jahrg. 1909 u. 1910. à 12 Nrn. (à ca. 16 u. 16 S. in 8.) gr. 8. Wien, Manz. 2. Jahrg. 4.—; 3. Jahrg. 5.—

— Stenographische, a. Österr. Monatsschr. z. Vertretg u. Verbreitg d. Gabelsb. Stenogr. Mit d. Beil.: „Stenograph. Lesestunden". Hrsg. u. Red.: Karl Ludw. Weizmann. 3. J. '10. 12 Nrn. (Nr 1: 20 u. 16 in 8°) gr8° Wien (I, Wollzeile 12), Karl Ludw. Weizmann. 4 —; 4. ;u. 5. J. '11 u. '12. je 5 — d

Blätter, stenographische, aus Rheinland und Westphalen. Redig. von W. Cramer. 1. Jahrg. 1859. 12 Nrn. (1/2 lithogr. Bog.) 8. Mülheim a. d. R., Roymann. *
Vgl.: Courier, stenographischer.

— stenographische, aus Tirol. Herausg. vom tiroler Stenographen-Verein. Jahrg. 1863 u. 64. à 8 Nrn. (à 1 Bgn.) Innsbruck, (Wagner.) gr. 8. Jeder Jahrg. n. 1 ℛ 2 ngr.

— — aus Tirol. Herausg. vom tiroler Stenographen-Verein. Red.: Andr. Ziegler. Jahrg. 1865—1870. à 8 Nrn. (à 1 Bgn.). Innsbruck, (Wagner.) 8. Jeder Jahrg. n. 1 ℛ 2 ngr.

—— stenographische, aus Tirol. Hrsg. vom tirolischen Stenographen-Verein. Redact.: Andr. Ziegler. 7. und 8. Jahrg. 1868 und 1869. à Jahrg. 8 Nrn. (lithogr. Bog.) und Jahrg. 1870. 12 Nrn. (lithogr. Bog.) gr. 8. Innsbruck, (Wagner'sche Universitäts-Buchh.) à Jahrg. *

—— dass. — 10.—13. Jahrg. 1871—1874. à Jahrg. 12 Nrn. (à Nr. 1/2—1 lithogr. Bog.) gr. 8. (Ebendas.) à Jahrg. *

—— stenografische, aus Tirol. Hrsg. vom tirol. Stenografen-Verein. Redact.: Andr. Ziegler. 14.—17. Jahrg. 1875—1878. à Jahrg. 12 Nrn. (à 1/2—1 lithogr. Bog.) gr. 8. Innsbruck, Wagner'sche Buchh. à Jahrg. *

— stenografische, aus Tirol. Hrsg. vom tirol. Stenografen-Verein. Red.: Andr. Ziegler. 18—21. Jahrg. 1877—1882. à 12 Nrn. (à 1/2—1 lith. B.) gr. 8. Innsbruck, Wagner. à Jahrg. n. 3. 20

— stenographische, aus Tirol. Hrsg. vom tirol. Stenographenverein zu Innsbruck. 22—25. Jahrg. 1883—1886. à 12 Nrn. (à 1/2—1 lith. B.) gr. 8. Innsbruck, Wagner. à Jahrg. n. 3. 20

— stenographische, aus Tirol. Hrsg. v. tirol. Stenographenverein zu Innsbruck. 26.—29. Jahrg. 1887 bis 1890. à 12 Nrn. (à 1/2—1 lith. B.) gr. 8. Innsbruck, Wagner. à Jahrg. n. 3. 20

— stenographische, aus Tirol. Hrsg. vom tirol. Stenographenverein zu Innsbruck. 30. u. 31. Jahrg. 1891. 1892. à 12 Nrn. (à ca. 1 Bog.) gr. 8. Innsbruck, Wagner. à Jahrg. n. 3. 20

— dasselbe. 32. Jahrg. 1893. 12 Nrn. (à ca. 1 Bog.) gr. 8. Ebd. n. 2. 40

— dasselbe. Red.: M. Hechfellner. 33. Jahrg. 1894. 12 Nrn. (à ca. 1 Bog.) gr. 8. Ebd. n. 3. —

—— stenographische, aus Westfalen. Hrsg. von Jos. Jessing. Jahrg. 1865 und 1866. à Jahrg. 12 Nrn. (1/2 lithogr. Bog.) 8. Münster, (Regensberg.) à Jahrg.

—— aus der Michael-David'schen Stiftung in Hannover. gr. 8. (IV, 80 S.) Hannover 870. (Brandes.) *

Blätter, Stuttgarter. – Stuttgart : 1857.

—— süddeutsche, für Geflügelzucht. Eigenthum des bayer. Vereins für Geflügelzucht in München. Organ für Vogel- und Geflügelzucht rc. Redact.: Frz. v. Ginkel. 6.—8. Jahrg. 1881—1883. à Jahrg. 24 Nrn. (Bog.) gr. 4. München, (J. A. Finsterlin.) à Jahrg. *

—— süddeut., f. Geflügelzucht. Red.: F v. Ginkel. 7—10. Jahrg. 1882—1885. à 24 Nrn. (B.) 4. Münch., Arnold & K. à Jahrg. n. 3. —

— Süddeutsche, f. Kirche u. freies Christentum. (52. u. 53. J. d. „Süddeut. evang.-protestant. Wochenbl.") Hrsg. v. Fr. Rohde u. (P Glaue) R Marx. J. '11 u. '12 je 52 Nrn. (400, 416) 31,5×23,5 cm. Heidelbg, Ev. Verl. viertelj. 1 —; einz. Nrn — 10 d
Fortsetzg v.: Kirchenblatt, Evangelisch-protestantisches.

— süddeutsche, für Kunst, Literatur und Wissenschaft. Red.: Arn. Schloenbach. (1.) Jahrg. 1857. 104 Nrn. (à 1/2 Bgn.) Mannheim, Frisch. 4. n. 3 ℛ 14 ngr.

— — Red.: Geo. Frisch. 2. Jahrg. 1858. 52 Nrn. (à 1/2 Bgn.) Ebend. 4. Vierteljährlich n. 26 ngr.

Blätter, Süddeutsche politische. – Stuttgart: 1827-1867.

— süddeutsche, f. Stenotachygraphie. Offiz. Org. d. bayer. u. d. südwestd. Stenotachygraphen-Verbandes. M. 2 Beilagen hrsg. v. bayer. Verbande. Verantwortl.: F. Thoma. 2. u. 3. Jahrg. 1897—1898. à 12 Nrn. (Bog.) gr. 8. Ebd. à Jahrg. n.n. 2. 40

— süddeutsche, f. Stenotachygraphie. Organ des süddeutschen Stenotachygraphenbundes 2c. Mit 2 Beilagen: „Die Zukunft“ u. „Unterhaltungsbeilage“, hrsg. vom bayer. Stenotachygraphen-Verbande. Red.: Karl Lang. 4.—6. Jahrg. 1899—1901. à 12 Nrn. gr. 8. (à ca. 8, 4 u. 4 S.) Augsburg (H. 205), Fr. Kaupert. à Jahrg. n.n.n. 2.40
Nicht durch den Buchhandel zu beziehen.

— süddeutsche, f. höhere Unterrichtsanstalten m. Einschluß der Kunstschulen u. der höheren Mädchenschulen. Unter Mitwirkg. hervorrag. Vertreter der Wissenschaft u. des höheren Schulamts hrsg. v. Karl Erbe. 1. Jahrg. Juli—Dezbr. 1893. 12 Nrn. (à ca. 2 Bog. m. Abbildgn.) gr. 4. Stuttgart. P. Neff. n. 6. —

— dasselbe. 2. Jahrg. 1894. 24 Nrn. (à ca. 2 Bog. m. Abbildgn.) gr. 4. Ebd. n. 12. —

— süddeutsche, f. höh. Unterrichtsanstalten m. Einschluß d. Kunstschulen u. d. höh. Mädchenschulen. Unt. Mitwirkg. hervorrag. Vertreter d. Wissenschaft u. d. höh. Schulamts hrsg. v. Karl Erbe. 3. Jahrg. 1895. 24 Nrn. (à ca. 2 Bog. m. Abb.) gr. 4. Stuttgart, P. Neff, Verl. n. 12. —

Blätter, süddeutsche, f. höh. Unterrichtsanstalten m. Einschluss d. Kunstschulen u. d. höh. Mädchenschulen. Unt. Mitwirkg. hervorrag. Vertreter d. Wissenschaft u. d. höh. Schulamts hrsg. v. Karl Erbe. 4. u. 5. Jahrg. 1896—1897. à 12 Hfte. (à ca. 1½—2 Bog.) gr. 8. Stuttgart, P. Neff, Verl. à Jahrg. n. 6. —
Weiter nicht erschienen.

— aus Süddeutschland für das Volks-Erziehungs- und Volks-Unterrichts-Wesen. Unter der Redaktion von Pfarrer Bührer, Diak. Eisenlohr, Diak. Märklin, Pfarrer Stockmayer. 1r — 4r Jahrg. 1837 — 40. à 4 Hfte. gr. 8. Stuttgart, Köhler. (à Jahrg. n 1 ß) 4 ß

— aus Süddeutschland, für das Volks-Erziehungs- u. Volks-Unterrichts-Wesen. Unter d. Redaktion v. Bührer, Eisenlohr, Stockmayer. 7—10. Jahrg. 1843—46. à 4 Hfte. gr. 8. Stuttgart, Köhler. à J. *
1—6. Jahrg. 1837—42. Ebendas. à J. * 1 Thlr.

— aus Süddeutschland für das Volks-Erziehungs- und Volks-Unterrichts-Wesen. Unter der Redakt. von Bührer, Eisenlohr, Stockmayer. 11. Jahrg. 4 Hefte. gr. 8. Stuttgart 847, Heinr. Köhler. *
1—10. Jahrg. 1837—46. Ebendas. à Jahrg. * 1 Thlr.

— aus Süddeutschland für das Volks-Unterrichts-Wesen. Unter d. Red. v. Bührer, Eisenlohr, Stockmayer. XI. Jahrg. 4 Hfte. gr. 8. Stuttgart 847, Köhler. n. 1 ß (1—11: 11 ß)

Blätter aus dem Tagebuche eines Früh-Vollendeten. Winterthur 1823 s.a. (Müller, Salomon).

— aus d. Tagebuche e. Frühvollendeten (Sal. Müller's). Herausg. v. G. C. Steiner. 8. Winterth. 823. Steiner. 1 ß 6 Kr

— aus d. Tagebuche e. Frühvollendeten (Sal. Müllers). 8. Winterthur 824, Steiner.

— aus unseres Herrgotts Tagebuch. Für stille Leute gesammelt v. e. Menschensohn. (202 S.) 8. Berlin (904). Wilmersdorf, A. Kobler. Geb. in Halbldr. n. 5. —

— aus unseres Herrgotts Tagebuch. 904. (KVB 33.) Jetzt: Dresden-Loschwitz, M. Menzel. Erm. Pr. 3.—; geb. 4.—

Blätter aus dem Tagebuche eines blinden Knaben. Wien, 1857. Dr. von M. Auer. (108 S. und drei Briefe, Autographien von Gottsched, Jean Paul (Friedrich Richter) und Gellert.)

Blätter aus dem Tagebuche eines blinden Knaben. Wien 1857. V: *Grohmann, August.* (EB)

Blätter aus dem Tagebuche eines Hannoverschen Offiziers aus den Jahren 1848 und 1849. Hannover 1876. V: *Knigge, Freih. von.* (Löwe, Bibl. d. Hann. u. Braunschw. Geschichte. Hannover 1908. S. 101.)

— aus dem Tagebuche eines hannoverschen Offiziers aus den J. 1848 und 1849. gr. 8. (104 S.) Hannover 876, Helwing'sche Verlagsh. *

— aus dem Tagebuche eines Physiognomikers. Hrsg. von Mara L..... 8. (272 S.) Leipzig 848, Hinrichs'sche Buchh.

— aus dem Tagebuche eines Pietisten, Gedichte, Briefe und Miscellen. Zur Lehre und Warnung für Pietisten und Nicht-Pietisten, herausg. von den Verfass. „der kritischen Glossen zum Hallischen Missionsber.“ gr. 8. Leipzig 834. Lehnhold. 1/6 ß

— aus d. Tagebuche e. Hallischen Pietisten, Gedichte, Briefe u. Miscellen. Zur Lehre u. Warnung f. Pietisten u. Nicht-Pietisten, hrsg. v. d. Verf. d. „Kritischen Glossen z. Hall. Missionsbericht.“ gr. 8. (2½ B.) Leipzig 834, Lehnhold.

— aus dem Tagebuche e. Straßburgers während der Belagerung in den Monaten Aug. u. Septbr. 1870. gr. 8. (74 S.) Altona 870. Verlags-Bureau. n. 1. —

— aus dem Tagebuche der Königin Victoria. Nach dem engl. Orig. bearb. 8. (VIII, 159 S.) Parchim 868, Heuss.

Blätter aus dem Tagebuche der Königin Victoria, während des Aufenthaltes der königlichen Familie in den Hochlanden von 1848 bis 1861 nebst Auszügen aus demselben Tagebuche über frühere Besuche in Schottland, Touren in England und Irland und Seefahrten. Autorisirte deutsche Ausg. gr. 8. (XIV, 217 S. mit eingedr. Holzschn. und 5 Holzschntaf.) Braunschweig 868, Vieweg und Sohn. *

— für Taubstumme. Redig. von Herm. Wagner. 1. Jahrg. 1853. 13 Nrn. (à ½ Bgn.) n. 6 ngr — 2. 3. Jahrg. 1854, 55. à 26 Nrn. (à ½ Bgn.) Ludwigsburg, Rast. (Riehm.) 8. Jeder Jahrg. n. 12 ngr

Blätter für Taubstumme. Redig. von Herm. Wagner. 4—6. Jahrg. 1856—58. à 26 Nrn. (à ½ Bgn.) Ludwigsburg, Riehm. 8. Jeder Jahrg. n. 12 ngr

— für Taubstumme. Red. von Herm. Wagner. 7—10. Jahrg. 1859—62. à 26 Nrn. (à ½ Bgn.) Ludwigsburg, Riehm. 8. Jeder Jahrg. n. 12 ngr

Blätter für Taubstumme. Red. von Herm. Wagner. 11. u. 12. Jahrg. 1863 u. 64. à 26 Nrn. (à ½ Bgn.) Schwäb. Gmünd, (Schmid.) 8. Jeder Jahrg. n. 12 ngr

— für Taubstumme. Redig. v. Herm. Wagner. 13—18. Jahrg. 1865—1870. à 24 Nrn. (à ½ Bgn.). Schwäb. Gmünd, (Schmid.) 8. Jeder Jahrg. n. 12 ngr

— für Taubstumme. Red. v. Herm. Wagner. 19. Jahrg. 1871. 24 Nrn. (½ B.) 8. Schwäb. Gmünd, (Schmid.) n. 1. 20

— dasselbe. 20. Jahrg. 1872. 24 Nrn. (½ B.) 8. Ebend. n. 1. 50

— dasselbe. Red. v. Wilh. Hirzel. 21—23. Jahrg. 1873—1875. 24 Nrn. (½ B.) 8. Ebend. à Jahrg. n. 1. 50

— für Taubstumme. Hrsg. von Wilh. Hirzel. 23.—27. Jahrg. 1875—1879. à Jahrg. 24 Nrn. (½ Bog.) 8. Schw.-Gmünd, (Schmidt'sche Buchh.) à Jahrg. *

— für Taubstumme. Hrsg. von Wilh. Hirzel. 28.—32. Jahrg. 1880—1884. à Jahrg. 24 Nrn. (à Nr. ½ Bog.) 8. Schw.-Gmünd, (Schmidt'sche Buchh.) à Jahrg. *

— für Taubstumme. Hrsg. von Wilh. Hirzel. 33.—36. Jahrg. 1885—1888. à Jahrg. 24 Nrn. (à Nr. ½ Bog.) 8. Schwäb.-Gmünd, (J Roth.) à Jahrg. *

— für Taubstumme. Hrsg. v. W. Hirzel. 35.—38. Jahrg. 1887—1890. à 24 Nrn. (½ B.) 8. Schw. Gmünd, (J. Roth). à Jahrg. n. 1. 50

Blätter für Taubstumme. Hrsg. v. Wilh. Hirzel. 39. u. 40. Jahrg. 1891. 1892. à 24 Nrn. (½ Bog.) 8. Schw. Gmünd. (Stuttgart, J. Roth.) à Jahrg. n. 1. 50

— f. Taubstumme. Hrsg. v. Wilh. Hirzel. 44.—46. Jahrg. 1896—1898. à 24 Nrn. (à ½ Bog.) gr. 8. Schw. Gmünd (J. Roth). à Jahrg. n. 1. 50

— für Taubstumme. Hrsg. v. Tr. Fr. Streich. 47.—50. Jahrg. 1899—1902. à 24 Nrn. gr. 8. (à ca. 8 S.) Schw. Gmünd (J. Roth). à Jahrg. n.n. 1. 50

— für Taubstumme. Hrsg. v. Herm. Griesinger. 51.—54. Jahrg. 1903—1906 à 12 Nrn. (à ca. 16 S. m. Abbildgn.) 8. Schw. Gmünd (J. Roth). n.n. 1. 50
Jhrgg. 51. 52 sind v. Tr. Fr. Streich; 53 v. J. B. Beck hrsg.

— für Taubstumme. Monatsschrift zur Erbauung, Belehrg. u. Unterhaltg. gebildeter Gehörloser. Mit Mitteilgn. vom württemb. Taubstummenverein, v. einzelnen Taubstummen u. aus Taubstummen-Anstalten. Evangelische Ausg. Hrsg. v. Herm. Griesinger. 55.—57. Jahrg. 1907—1909. à 12 Nrn. (à ca. 16 S. m. Abbildgn.) 8. Schw. Gmünd, (J. Roth.) à Jahrg. nn 1. 50

— f. Taubstumme. (Monatsschr. z. Erbaug, Belehrg u. Unterhaltg gebildeter Gehörloser.) Evang. Ausg. Hrsg. v. Herm. Griesinger. 58. u. 59. J. '10 u. '11 je 12 Nrn. (11, Nr 1: 16 m. Abb.) 8° Schw. Gmünd, (J Roth). je nn 1.50 | 60. J. '12. 1.80 d

— für Taubstummenbildung. Hrsg. v. E. Walther u. F. Töpler. 1. Jahrg. Octbr. 1887—Decbr. 1888. 30 Nrn. (B.) gr. 8. Berlin, Staude. n. 10. —

— dasselbe. 2. 3. Jahrg. 1889. 1890. à 24 Nrn. (B.) gr. 8. Ebd. à Jahrg. n. 8. —

— für Taubstummenbildung. Hrsg. v. E. Walther u. F. Töpler. 4. Jahrg. 1891. 24 Nrn. (Bog.) gr. 8. Berlin, E. Staude. n. 8. —

— dasselbe. Hrsg. v. Ed. Walther. 5.—7. Jahrg. 1892 bis 1894. à 24 Nrn. (Bog.) gr. 8. Ebd. à Jahrg. n. 8. —

— f. Taubstummenbildung. Hrsg. v. Ed. Walther. 8. u. 9. Jahrg. 1895—1896. à 24 Nrn. (à ca. 1 Bog.) gr. 8. Berlin, E. Staude. à Jahrg. n. 8. —

— dasselbe. 10. u. 11. Jahrg. 1897—1898. à 24 Nrn. (Bog.) gr. 8. Ebd. à Jahrg. n. 10. —
Kann auch vierteljährlich bezogen werden.

— für Taubstummenbildung. Hrsg. v. Ed. Walther. 12.—15. Jahrg. 1899—1902. à 24 Nrn. gr. 8. (à ca. 16 S.) Berlin, E. Staude. à Jahrg. n. 10. —

— für Taubstummenbildung. Hrsg. von Eduard Walther. 16.—19. Jahrg. 1903—1906 à 24 Nrn. (à VIII, 384 S.) Lex.-8. Berlin, E. Staude. à Jhrg. n. 10. —

— für Taubstummenbildung. Begründet v. Eduard Walther. Hrsg. u. red. v. Gust. Wende. 20—23. Jahrg. 1907—1910. à 24 Nrn. (à ca. 16 S.) Lex. 8. Berlin, E. Staude. à Jahrg. 10. —

— f. Taubstummenbildung. Begründet v. Eduard Walther. Hrsg. u. red. v. Gust. Wende. 23—25. J. '10—12 je 24 Nrn. (Je 3, 384) gr8° Berl., E Staude. viertelj. 2.50

— für Taubstummen- und Blindenwesen. (Beiblatt zur allgemeinen Schul-Zeitung.) Redakt.: Carl Zimmermann. Jahrg. 1850. 12 Nrn. (½ Bog.) gr. 4. Darmstadt, v. Auw. *

— vom Taunus. Illustr. Monatshefte. Jahrg. 1898. 12 Nrn. (Bog.) gr. 8. Bad Homburg, G. Sauerbrey. n. 4. 80

— technische, s.a. Kirchhoff.

— technische. Vierteljahrschrift des deutschen Ingenieur- und Architekten-Vereines in Böhmen. Redig. von Friedr. Kick. Unter Mitwirkung des Redactionscomités. 1. und 2. Jahrg. 1869 und 1870. à Jahrg. 4 Hefte. Lex.-8. (à Heft ca. 60—70 S. mit Stnt. in qu. 4.) Prag, (Calve'sche Universitäts-Buchh.) à Jahrg. *

— technische. Vierteljahrsschrift d. deutschen polytechn. Vereins früher deutschen Ingenieur- u. Architekten-Vereines in Böhmen red. v. Frdr. Kick unter Mitwirkg. d. Redactionscomité's. 3—7. Jahrg. 1871—1874. à 4 Hfte. Lex.-8. (à Hft. 80 S. m. eingedr. Holzschn. u. Steintaf. in qu. 4.) Prag, Calve in Comm. à Jahrg. n. 12. —

— technische. Vierteljahrsschrift des deutschen polytechnischen Vereines in Böhmen. Redig. von Friedr. Kick. Unter Mitwirkung des Redact.-Comités. 7. Jahrg. 1875. 4 Hefte. gr. 8. (à Heft 80—88 S. mit eingedr. Holzschn. und Stnt. in qu. 4. und qu. Fol.) Prag, (Calve'sche Hofbuchh.) *

— dass. — Redig. von Eman. Czuber, unter Mitwirkung der Mitglieder des Redact.-Comités. 8.—11. Jahrg. 1876—1879. à Jahrg. 4 Hefte. gr. 8. (à Heft 64—76 S. mit Stnt.) (Ebendas.) à Jahrg. *

— technische. Vierteljahrschrift des deutschen polytechn. Vereines in Böhmen, redig. von Eman. Czuber, unter Mitwirkung der Mitglieder des Redactions-Comités. 12.—16. Jahrg. 1880—1884. à Jahrg. 4 Hefte. gr. 8. (à Heft 60 S. mit 2 Stnt.) Prag, (Calve'sche Universitäts-Buchh.) à Jahrg. *

— technische. Vierteljahrsschrift des deutschen polytechn. Vereines in Böhmen. Redig. von Eman. Czuber unter Mitwirkung der Mitglieder des Redactions-Comités. 17. Jahrg. 1885. 4 Hefte. gr. 8. (à Heft ca. 64 S. mit eingedr. Fig. und Taf.) Prag, (Calve'sche Hof- und Universitäts-Buchh.) *

— dass. — Redig. von Ed. Maiss unter Mitwirkung der Mitglieder des Redactions-Comités. 18.—20. Jahrg. 1886—1888. à Jahrg. 4 Hefte. gr. 8. (à Heft 64—80 S. mit Taf.) (Ebendas.) à Jahrg. *

— technische. Vierteljahrschrift d. deutschen polytechn. Vereines in Böhmen. Red. v. Ed. Maiss unter Mitwirkg. der Mitglieder d. Redactions-Comité's. 19. bis 21. Jahrg. 1887—1889. à 4 Hfte. gr. 8. (à Hft. ca. 80 S. m. Taf.) Prag, (Calve). à Jahrg. n. 12. —

— technische. Vierteljahrsschrift d. deutschen polytechn. Vereines in Böhmen. Red. unter Mitwirkg. der Mitglieder d. Redactionscomités: J. Benischek, M. Fuchs, H. Gollner u. A. v. Frz. Stark. 22.—26. Jahrg. 1890—1894. à 4 Hfte. gr. 8. (à Hft. ca. 80 S. m. Taf.) Prag, (J. G. Calve). à Jahrg. n. 12. —; einzelne Hfte. à n. 4. —

— technische. Vierteljahrsschrift d. deutschen Polytechn. Vereines i. Böhmen. Red. unt. Mitwirkg. d. Mitglieder d. Red.-Comités: M. Fuchs, H. Gollner u. A. v. Frz. Stark. 27.–29. Jahrg. 1895—1897. à 4 Hfte. (à ca. 50 S. m. Fig. u. Taf.) gr. 8. Prag (J. G. Calve). à Jahrg. n. 12.—

— technische. Vierteljahrsschrift des deutschen polytechn. Vereins in Böhmen. Red. unter Mitwirkg. d. Mitglieder des Red.-Comités: E. Brand, J. Deistler, R. Doerfel u. a., v. Frz. Stark. 30.—34. Jahrg. 1898—1902. à 4 Hfte. gr. 8. (à Jahrg. ca. 200 S. m. Taf.) Prag (J. G. Calve). à Jahrg. n. 12.—

— technische. Vierteljahrsschrift des deutschen polytechn. Vereines in Böhmen. Red. unt. Mitwirkg. der Mitglieder des Red.-Comités: E. Brand, Rud. Doerfel, Karl Járay u. a. v. Frz. Stark. 35.–37. Jahrg. 1903—1905 à 4 Hefte. (35. Jahrg. IV, 176 S. m. Fig. u. 2 Taf.) Lex.-8. Prag (J. G. Calve). à Jhrg. n. 12.—

— dasselbe. Red. v. Frz. Stark unter Mitwirkung des Red.-Komitees. 38. Jahrg. Novbr. 1906–Oktbr. 1907. 4 Hefte. (à ca. 32 S. m. Fig. u. Taf.) Lex.-8. Ebd. n. 12.—

— technische. Vierteljahrsschrift des deutschen polytechn. Vereins in Böhmen. Red. v. Karl Jaray unter Mitwirkg. des Red.-Komitees. 39.—42. Jahrg. 1907—1910. à 4 Hefte. (1907: IV, 208 S. m. Abbildgn. u. 7 Taf.) Lex. 8. Prag, J. G. Calve. à Jahrg. 12.—

— Technische. Zeitschr. (Vierteljahrsschr.) d. deut. polytechn. Vereins in Böhmen. Red. v. Karl Jaray. 42—44. J. '10—12 je 4 Hefte. (43. u. 44. J.: 6, 263; 4, 229 m. Abb. u. 7 bezw. 12 Taf.) Lex8° Prag, JG Calve. je 12 —

— d. Deut. Theaters. Geleitet v. Fel. Hollaender u. Arth. Kahane. Hrsg. v. Deut. Theater. Aug. '11—Juli '12. 19 Nrn. (Nr 1: 16) gr8° Berl., E Reiss. 6 —; einz. Nrn — 30

— für Theater, Musik und Kunst. Red.: L. A. Zellner. 7—10. Jahrg. 1860—64. à 104 Nrn. (à 1 Bgn.) Wien, Sommer. (F. Klemm.) Fol. Jeder Jahrg. n. 5 *Rf* 10 *ngr*
Fortsetzung der Blätter für Musik, Theater u. Kunst.

—— für Theater, Musik und Kunst. Redig. und hrsg. von L. A. Zellner. 7. Jahrg. 1861. 104 Nrn. (Bog.) Fol. Wien, Sommer. (Wien, F. Klemm.) *
Vgl.: Blätter für Musik, Theater und Kunst.

—— für Theater, Musik und Kunst. Redakt.: L. A. Zellner. 8.—13. Jahrg. 1861, 1863—67. à Jahrg. 104 Nrn. (Bog.) Fol. Wien, Sommer. (Wien, F. Klemm.)
8.—10. Jahrg. à * 5 Thlr. 10 Ngr.; 11.—13. Jahrg. à *

Blätter für Theater, Musik und Kunst. Red. A. L. Zellner. 14. Jahrg. (104 Nr. ½ Bogn.) Fol. Wien. (F. Klemm.) 8 fl. 1868

— für Theater, Musik und Kunst. Redig. von Zellner. 15. Jahrg. (104 Nr. ½ B.) Folio. Wien. (F. Klemm.) 9 fl. 1869

— für Theater, Musik u. Kunst. Red.: Ludw. Oppenheimer. 16. Jahrg. 1870. 104 Nrn. (à 1 Bgn.). Wien, (Klemm.) Fol. n. 6 *Rf* 8⅓ *ngr*
Vergl.: Zellner's Blätter für Theater &c.

— für Theater, Musik u. Kunst. Red.: Ludw. Oppenheimer. 17. Jahrg. 1871. 104 Nrn. (B.) Fol. Wien, (Klemm.) n. 18. 85

— dasselbe. 18. Jahrg. 1872. 104 Nrn. (B.) Fol. Ebend. 18 —

— dasselbe. 19. Jahrg. 1873. 104 Nrn. (B.) Fol. Ebend. n.n. 20. —

— für Theater, Musik und bildende Kunst. Redacteur: L. A. Zellner. 13. Jahrg. 1867. 104 Nr. (à ½ Bg.) hoch gr. 4. Wien, Ferd. Klemm. 8 fl. Mit Postzusendung 9 fl. 40 kr.

— theologische, v. Augusti. 1r Jahrg. 4s Qrtl. u. 2r Jahrgang 1s und 2s. gr. 8. Gotha, Perthes. 796. 97. (à 12 gr.)

— theologische, z. Beleuchtg. d. Gegenwart. Hrsg. v. Alfr. Horning. 1.—33. Hft. u. Suppl. z. 32. Hft. (à ½—2 Bog.) gr. 8. Straßburg 894—897. (J. Noiriel.) à n. — 20

— dasselbe, verein. m. d. Monatsblatt f. Christen unveränd. Augsb. Konf. 5. Jahrg. (N. F.) 1898. 12 Hfte. (à ca. 20 S.) gr. 8. Ebd. n. 2. 40

Blätter, theologische, zur Beleuchtung d. Gegenwart, vereinigt m. dem Monatsblatt für Christen unveränderter Augsburger Konfession, hrsg. v. Alfr. Horning. 6.—9. Jahrg. (Neue Folge.) 1899—1902. à 12 Hfte. gr. 8. (IV, 226; IV, 236; IV, 232 u. IV, 228 S.) Straßburg, J. Noiriel. à Jahrg. n. 2. 40

— theologische, zur Beleuchtung der Gegenwart, vereinigt m. dem Monatsblatt für Christen unveränderter Augsburger Konfession, hrsg. von Alfr. Horning. 10.—13. Jahrg. Neue Folge. 1903—1906 à 12 Hefte. (IV, 228; IV, 232; IV, 236 u. IV, 236 S.) gr. 8. Straßburg, J. Noiriel. à Jhrg. n. 2. 40

— theologische, zur Beleuchtung der Gegenwart, vereinigt m. dem Monatsblatt f. Christen unveränderter Augsburger Konfession, hrsg. v. Alfr. Horning. 14.—17. Jahrg. Neue Folge. 1907—1910. à 12 Hefte. (IV, 236; IV, 244; IV, 236 u. IV, 236 S.) gr. 8. Straßburg, J. Noiriel. 1907 u. 08 à Jahrg. 2. 40; 1909 u. 10 à 1. 60

Blätter, Theologische, z. Beleuchtg d. Gegenwart, vereinigt m. d. Monatsbl. f. Christen unveränd. Augsb. Konfession, hrsg. v. Alfr. Horning. 17—19. J. N. F. '10—12 je 12 Hefte. (4, 236; 4, 224; 4, 232) gr8° Strassbg i/E. (Buldungstr. 11), K Staat. je nn 1.60 d

— therapeutische. Organ f. prakt. Aerzte. Unter Mitwirkg. hervorrag. Fachmänner red. v. Jos. Nevinny u. Heinr. Paschkis. Jahrg. 1893. 12 Nrn. (à ca. 2 Bog.) gr. 4. Wien, (A. Hölder). n. 4.—

— Thurgauer, f. Landwirthschaft. Organ d. thurg. landwirthschaftl. Vereins. Red.: Büchi. Jahrg. 1875 u. 1876 à 26 Nrn. (½ B.) gr. 4. Frauenfeld, Huber. à Jahrg. n. 4. —

— Thurgauer, für Landwirthschaft. Organ d. thurgauischen landwirthschaftl. Vereins. Red.: Büchi. Jahrg. 1877—1882. à 26 Nrn. (½ B.) gr. 4. Frauenfeld, Huber. à Jahrg. n. 4. —

Blätter, Thurgauer, für Landwirthschaft. Organ des thurgauischen landwirthschaftl. Vereins. Redact.: Büchi. Jahrg. 1880—1884. à Jahrg. 26 Nrn. (à Nr. ½ Bog.) gr. 4. Frauenfeld, Huber. à Jahrg. *

—— Thüringische, für Feldbau, Wiesenbau, Viehzucht und landwirthschaftl. Betrieb. Hrsg. von Herm. Franz. Jahrg. 1874. 26 Nrn. (Bog.) gr. 4. Weimar, (Böhlau.) *

—— thüringische, für Feldbau, Wiesenbau, Viehzucht und landwirthschaftlichen Betrieb. Hrsg. von Herm. Franz. Jahrg. 1875—1878. à Jahrg. 24 Nrn. (Bog.) gr. 4. Weimar, (Böhlau.)
Jahrg. 1875—1877 à ** *M* 3.; Jahrg. 1878 **
(1. und 2.) Jahrg. 1873 und 1874. ** *M* 5.50. Jahrg. 1879 vgl. Zeitung, landwirthschaftliche.

—— Tiroler landwirthschaftliche. Organ der Landes-Anstalt in S. Michele a. d. E. Hrsg. von der Direktion der Anstalt, redig. von E. Mader. 1.—3. Jahrg. 1882—1884. à Jahrg. 12 Nrn. (Bog.) 4. S. Michele, Verlag der landwirthschaftl. Anstalt. à Jahrg. **

—— tiroler landwirthschaftliche. Offizielles Organ der 1. Section des tiroler Landes-Culturrathes. 5.—8. Jahrg. 1885—1888. à Jahrg. 24 Nrn. 4. (à Nr. 8—12 S.) Bozen, Wohlgemuth'sche Buchh. à Jahrg. **

—— tiroler landwirthschaftliche. Amtliches Organ der 1. Sektion d. Tiroler Landes-Kulturrathes. 8.—11. Jahrg. 1889—1892. à Jahrg. 24 Nrn. (à Nr. 8—12 S.) S. Michele. (Bozen, Wohlgemuth). à Jahrg. ** 2 —

— Tiroler landwirthschaftliche. Amtliches Organ der I. Section des Tiroler Landes-Kulturrathes. Hrsg. v. der landw. Landes-Lehranstalt u. Versuchsstazion in S. Michele unter Mitwirkg. der landw. Landes-Anstalt in Rothholz. Schriftleiter: C. Mader. 10.—13. Jahrg. 1891—1894. à 24 Nrn. (à 1—1½ Bog.) gr. 4. Bozen, (A. Auer & Co.). à Jahrg. n. 2. —

— Tiroler landwirthschaftliche. Amtl. Organ d. I. Section d. Tiroler Landes-Kulturrathes u. d. Anwaltschaftsverb. d. Spar- u. Darlehns-Kassenvereine n. Raiffeisen. Hrsg. v. d. landw. Landes-Lehranst. u. Versuchsstation i. S. Michele unt. Mitwirkg. d. landw. Landes-Anst. in Rothholz. Schriftleiter: C. Mader. 14. Jahrg. 1895. 24 Nrn. gr. 4. à Nr. 1—1½ Bog.) Bozen (A. Auer & Co.). n. 2. —

— dasselbe. Schriftleiter: C. Mader. 15.—17. Jahrg. 1896—1898. à 24 Nrn. (à ca. 12 S.) gr. 4. Ebd. à Jahrg. n. 1. 60
Der 17. Jahrg. ist von Mader u. E. Binder herausgegeben.

— Tiroler landwirtschaftliche. Amtliches Organ der I. Section des Tiroler Landes-Kulturrathes u. des Anwaltschaftsverbandes der Spar- u. Darlehens-Kassenvereine nach Raiffeisen. Hrsg. v. der landw. Landes-Lehranstalt u. Versuchsstation in S. Michele unter Mitwirkg. der landw. Landes-Anstalt in Rothholz. Schriftleiter: K. Mader u. E. Binder. 18. u. 19. Jahrg. 1899 u. 1900. à 24 Nrn. gr. 4. (à ca. 12 S.) S. Michele. (Bozen, A. Auer & Co.) à Jahrg. n. 1. 60

Blätter, Tiroler landwirtschaftliche. Amtliches Organ der I. Section des Tiroler Landes-Kulturrathes. Hrsg. von der landw. Landes-Lehranstalt u. Versuchsstation in S. Michele unter Mitwirkg. der landw. Landes-Anstalt in Rothholz. Beilage: Genossenschaftsblatt. Schriftleiter: K. Mader u. F. Pausler. 20. u. 21. Jahrg. 1901 u. 1902. à 24 Nrn. gr. 4. (à ca. 12 S. m. Abb.) Ebd. à Jahrg. n. 2. 80

Blätter, Tiroler landwirtschaftliche. Amtliches Organ d. I. Sektion des Tiroler Landes-Kulturrates. Hrsg. v. der landwirtsch. Landes-Lehranstalt u. Versuchsstation in S. Michele unter Mitwirkg. der landw. Landes-Anstalt in Rotholz. Beilage: Genossenschaftsblatt. Schriftleiter: F. Pausler u. J. Schindler. 22.—25. Jahrg. 1903—1906. à 24 Nrn. (à ca. 24 S. m. Abbildgn.) Lex.-8. S. Michele. (Bozen, A. Auer & Co.) à Jhrg. n. 2. 80

— Tiroler landwirtschaftliche. Amtliches Organ der I. Sektion des Tiroler-Landes-Kulturrates. Hrsg. v. der landw. Landes-Lehranst. u. Versuchsstation in S. Michele unter Mitwirkg. der landw. Landes-Anstalt in Rotholz. Beilage: Genossenschaftsblatt. Schriftleiter: F. Pausler u. J. Schindler. 26.—28. Jahrg. 1907—1909. à 24 Nrn. (à ca. 16 S.) Lex. 8. S. Michele. (Bozen, A. Auer & Co.)
Nicht mehr im Buchhandel. à Jahrg. 2. 80

[Kopft.:] [J.] Tironische fliegende Blätter. Festblatt gewidmet den Theilnehmern am v. Deutschen Stenographentage vom Wiener Festausschusse. *Wien: (Dr. u. K. Prochaska, Teschen) 1895.* (12 S.) 1 Bd 4. [illegible]

Blätter: Toblerische Blätter
Ⓢ Bei den 1783 bei Joh. Caspar Füeßli in Zürich erschienenen «Blättern» handelt es sich nicht um eine Zeitschrift.

Blätter, Toggenburger, für Heimatkunde,
s. Toggenburger-Blätter für Heimatkunde.

—— touristische. Rundschau auf dem Gebiete der Alpenkunde und Touristik. Redig. von Jos. Rabl. Hrsgbr.: A. Cohn. 2. Bd. Jahrg. 1877/78. 12 Hefte (à 3½—4 Bog.) gr. 8. Stuttgart, Richter und Kappler. *
Nicht weiter erschienen.

Blätter, Triester pikante. Nr. 4 vom 13. Februar 1884.
Verboten von L.-G. Triest, 18. Februar 1894. §§ 305. 516.

— Tübinger, s. J. H. F. Autenriech.

— Tübinger. Schriftleit.: E. Nägele. I. Jahrg. April 1898 bis März 1899. 4 Nrn. (à ca. 28 S. m. Abb.) hoch 4. Tübingen, J. J. Heckenhauer. n. 2. —

— Tübinger. Schriftleitung: E. Nägele. II.—V. Jahrg. April 1899—März 1903. à 4 Nrn. hoch 4. (IV, 48; IV, 68; IV, 60 u. IV, 56 S. m. Abbildgn. u. Taf.) Tübingen, J. J. Heckenhauer. à Jahrg. n. 2. —

— Tübinger. Schriftleitung: E. Nägele. 6.—9. Jahrg. 1903/1904—1906/1907 à 4 Nrn. (à ca. 16 S. m. Abbildgn.) Lex.-8. Tübingen, J. J. Heckenhauer. à Jhrg. n. 2. —

— Tübinger. Schriftleitung: E. Nägele. 10. Jahrg. 1907/8. 4 Nrn. (à ca. 16 S. m. Abbildgn.) Lex. 8. Tübingen, J. J. Heckenhauer. 2. —

— Tübinger. Hrsg. v. Eug. Nägele. 11—13. J. '08—11. (48, 64, 58 m. Abb.) Lex8° Tüb., (JJ Heckenhauer) ('10'11'12). je 2 — d

TÜBINGER BLÄTTER. Herausgegeben im Auftrage des Bürgervereins von EUGEN NÄGELE.
Jahrg. I. 1898. (Mit 1 Tafel.) Tübingen. Verlag des Bürgervereins. 4°. — Jahrg. II. 1899. (Mit 1 Tafel.) ib. — Jahrg. III. 1900. (Mit 1 Tafel.) ib. — Jahrg. IV. 1901. ib. — Jahrg. V. 1902. ib. — Jahrg. VI. 1903. (Mit Tafeln.) ib. — Jahrg. VII—X. 1904—1907 [1]). ib. — Jahrg. XI. 1908/09. ib. — Jahrg. XII. 1909/10. (Mit Abbildungen.) ib. — Jahrg. XIII. 1911. (Mit Abbildungen.) ib. — Jahrg. XIV. 1912. (Mit Abbildungen.) ib. —

— Tübinger rc. s. Autenrieth, J. H. F., u. J. G. F. Bohnenberger.

Tübinger Blätter für Naturwissenschaft und Arzneykunde. Hrsg.v. J(ohann) H(einrich) F(erdinand) v. Authenrieth u. J(ohann) G(ottlieb) F(riedrich) v. Bohnenberger. Bd 1/1-3, 2/1-3. gbd.

Tübingen: Osiander 1815-1816

Blätter, Tübinger, für Naturwissenschaften und Arzneikunde, herausg. von Autenrieth und Bohnenberger. Tübingen 1815—17. 3 Bde. Vollst. ——

—— für das 3. deutsche Turnfest. Hrsg. von Geo. Hirth und Ed. Strauch. 1863. 12 Nrn. und Ergänzungs-Nr. (à 1—1½ Bog. mit eingedr. Holzschn.) gr. 4. Leipzig, Keil. *

—— — Ergänzungs-Nr. (1½ Bgn.) Ebend. 864. gr. 4. 2½ ngr.
— lose, aus Ungarn und Oesterreich. Hamburg 860. Expedition d. deutschen Schaubühne. 8. (50 S.) nn. 7½ ngr.

Blätter f. d. Hellweg-Märkischen Turngau, Organ d. Gauturnrats, Nr. 1 bis 92, Nr. 114—193, Nr. 195—210, Lütgendortmund 1889—1921, 1922 bis 1924, Gr.-8°. 6 Bde.

Blätter für den Märkischen Turngau d. Kr. VIIIa d. D. T. (früh.: Rundschreiben f. d. Märkischen Turngau), Jg. 1884—1915 Iserlohn, 1919 Hagen i. W., 4° u. 8°. 7 Bde.
(1888, 1916—1918 fehlen).

Blätter f. d. Münsterländer Turngau, Amtsblatt d. Gauturnrats, Nr. 1 u. folg., v. 1895 ab, 4° u. 8°. 7 Bde.

Blätter f. d. Turngau Oberösterreich-Salzburg, hrsg. v. Gauturnrate, 8°.
Nr. 1—40 1883—1889, Salzburg.
Nr. 41—145 1890—1904, Linz. 7 Bde.

Blätter f. d. Ostwestfälischen Turngau, Amtsblatt d. Gauturnrats, Nr. 1 bis 109, 1890—1921, Paderborn, 4°. 5 Bde.

Blätter für das Turnwesen an den bayerischen Mittelschulen (früh.: Blätter f. d. bayerische Gymnasialturnwesen), Ztschr. d. Ver. d. Fachturnlehrer a. d. bayerischen Mittelschulen, hrsg. v. Hans Haggenmüller, Jg. 1—26 1889—1915, München, 8°. 5 Bde.

— für das Turnwesen an den bayerischen Mittelschulen. Zeitschrift des Vereins der Fachturnlehrer an den bayer. Mittelschulen. Schriftleiter: Haggenmüller. 20. Jahrg. Oktbr. 1908—Septbr. 1909. 12 Nrn. (à ca. 8 S.) 8. München, (M. Beckstein.) 3. —
Vergl.: Blätter f. das bayerische Gymnasial-Turnwesen.

— f. d. Turnwesen an d. bayer. Mttlsch Schriftleiter: Haggenmüller. 23. J. '12. 12 Nrn. (Nr 1 u. 2: 16) 8° Münch., (M Beckstein). 3 —
21. u. 22. J. waren nicht zu erhalten.

Blätter für das Turnwesen im III. Deutschen Turnkreis, hrsg. v. d. Berliner Turnrate, Jg. 1 Nr. 1—6 1865, Berlin, 8°.

— Ukermärkische. 16 Qrtl. 8. Prenzl. Realschulbuchh. 790.

— Ukermärkische, 16 Quartal. 8. Prenzl. 796. (Berl., Reimer). 12 gl

Blätter, Ukrainische. – Wien (o.J.).

— ungarische botanische. Hrsg.: Arpád Degen. Red.: Károly Flatt Alföldi. Hauptmitarbeiter: Lajos Thaisz. (In ungar. u. deutscher Sprache.) 1.—5. Jahrg. 1902 bis 1906. à 12 Nrn. (1. u. 2. Jahrg XIX, 396 S. m. 4 Abbildgn. u. 6 Taf. u. XX, 356 S. m. 4 Abbildgn. u. 6 Taf.) gr. 8. Budapest (Leipzig, M. Weg). à Jhrg. n.n. 10. —

— ungarische botanische. Hrsg. u. Red.: Arpád Degen. Hauptmitarbeiter: Lajos Thaisz u. István Györffy. (In ungar. u. deutsch. Sprache.) 6.—9. Jhrg. 1907—1910 à 12 Nrn. (XVI, 328; XVI, 318; XVI, 304 u. XIX, 414 S. m. 9, 10, 4 u. 11 Taf.) gr. 8. Budapest. Leipzig, M. Weg. à Jahrg. nn 10. —

— Ungarische botanische. Hrsg. u. Red.: Arpád Degen. (In ungar. u. deut. Spr.) 9—11. J. '10—12 je 12 Nrn. (10. J., Nr 1—3: 106 m. 1 Taf.) gr8° Budapest. Lpzg, M Weg. je nn 10 —

— unpatentirte, über das Zürcher Medicinalwesen. Von einem Patentirten. 1.: Das neue Irrenhaus. gr. 8. (16 S.) Zürich 851, Meyer & Zeller. 3 ngr

— unterhaltende u. belehrende, über gemeinnützige Gegenstände d. Natur, d. Kunst u. des Menschenlebens. Jahrg. 1813. 8. Zerbst, Füchsel. (Kummer). 3 rß 12 gl

— unterhaltende u. belehrende, für den Handelsstand, herausgeg. von C. G. Gotthold. 1. 2. Jahrg. 1842, 1843. à 48 Numm. (Bog.) 4. Arnst. 842, 43, Meinhardt. à n. 1 rß

— unterhaltende und belehrende, für den Handelsstand. Hrsg. von C. G. Gotthold. (3.) Jahrg. 1848. 52 Nrn. (Bog.) 4. Arnstadt, Meinhardt. •
1. und 2. Jahrg. Ebendas. 1842—43. à Jahrg. * 1 Thlr.

Blätter zur Unterhaltung
v. Schweizerischer Volksfreund aus Basel. Der Volksbote (Fr).

—— für angenehme Unterhaltung. 1—4. Jahrg. 1830 Oct.—1834 Sept. à 52 Nrn. (B.) Mit Stndr. 4. Burg, Otto. à J.

— für angenehme Unterhaltung. 1r u. 2r Jahrg. 1831 Oct. bis 1832 Sept. 52 Numm. Mit Steindr. 4. Burg. Otto. 2 1/6 rß — 3r Jahrg. 1833 und 4r Jahrg. 1834. 4. Ebd. (à 2 1/6 rß) 4 1/3 rß

Blätter zur angenehmen und nützlichen Unterhaltung
① Eine nicht überflüssige Monathschrift. Herausgegeben von Jakob Schweizer, Pfarrer in Embrach, Cantons, Zürich ③ Gemeinnütziges Wochenblatt zur Bildung und Unterhaltung ⑤ Januar 1802 ⑥ 8° ⑦ Monatsblatt ⑧ Zürich: Johann Caspar Näf ⑩ Johann Jakob Schweizer ⑪ Johann Jakob Schweizer ⑫ Opposition gegen die helvetische Regierung ⑬ BGSZ: 107 (p. 69, 206—208), 836; Paul Wernle: Der Schweizerische Protestantismus in der Zeit der Helvetik, Bd. II, p. 154—173; Klages (Zeitschriften), Nr. 13 ⑭ Zh: Z.

Blätter zur Unterhaltung und Beförderung der Cultur
⑤ September 1808—1809 ⑥ 8° ⑦ jährlich 3× ⑧ Basel: Samuel Flick ⑩ Samuel Flick ⑪ Klages (Zeitschriften) Nr. 33 ⑭ Be: S ⑮ Neben ökonomischen und belletristischen Artikeln auch politische, z. B. »Über Englands Nationalschuld«, »Waren die Deutschen jemals ein Volk und ist es wahrscheinlich, daß sie wieder eins werden«.

— der Unterhaltung und Belehrung für die Jugend, bearb. und herausg. von einem Freunde und Lehrer der Jugend. 1e u. 2e Abtheil. 8. Elberfeld 837. Becker. à 1 gl

— zur Unterhaltung und Belehrung aus dem Gebiete der Poesie, der Geschichte und Länderkunde. Eine Rheinische Zeitschrift, redigirt von K. Geib. 1r Jahrg. 1834. 156 Numm. gr. 4. Neustadt an d. Haardt. (Heidelb., Engelmann.) 4 rß

Blätter zur Unterhaltung und Belehrung für alle Stände
v. Das Echo vom Moléson.

Blätter für Unterhaltung und Belehrung des Volkes
v. Der Freimüthige (SG II).

— zur Unterhaltung u. Erheiterung. Redakt.: M. Kretschmar. (1. Jahrg.) 1846. 52 Numm. (B.) mit artist. Beilagen. 4. Leipzig 846, R. O. Schulze. n. 1 1/3 rß

— für Unterhaltung, Häuslichkeit, Familienglück u. Bürgerwohl. Redig. von Dr. Kobitz. 1r Jahrg. 1838. (93 Numm. à 1/4 Bg.) Mit 9 Stahlstichen. gr. Lex.-8. Berlin, Löhmann. (Leipzig, Polet.) n. 1 rß — ders. 2r Jahrg. 1839. 156 Numm. Mit 12 Stahlst. ꝛc. gr. Lex.-8. Ebd. n. 1 1/2 rß

— für Unterhaltung, Häuslichkeit, Familienglück u. Bürgerwohl. Verantwortl. Redakt.: Dr. Kobitz. 3.—5. Jahrg. 1840—1842. . . . 6.—9. Jahrg. 1843—1846. Mit à 12 Stahlstichen. gr. Lex.-8. Berlin. (Leipzig, Brauns.) à n. 2 rß

— f. literar. Unterhaltung, s.a. Conversationsblatt.

— für literar. Unterhaltung; herausg. unter Verantwortlichkeit d. Verlagshandlung. (Forts. d. Conversat.-Blatts ꝛc.) Jahrg. 1826. Juli—Dec. u. J. 1827—32. gr. 4. Leipz., Brockhaus. (1826 5 rß 1827—29 à 10 rß 1830—32 à 12 rß) 71 rß

—— für literarische Unterhaltung. Jahrg. 1828—34. Mit viel. Beiln. gr. 4. Leipzig, Brockhaus. [828, 29. (à ca. 300 Nrn. 1/2 B.) à J. 10 Thlr., 30—34. (à ca. 365 Nrn. 1/2 B.) à J. 12 Thlr.]
Diese Zeitschrift erschien zuerst unt. d. T.: „Literarisches Wochenblatt." 6 Bde. od. Jahrg. 1818—20. (1—5. Bd. hrsg. v. Aug. v. Kotzebue, 6. Bd. v. Fr. Arn. Brockhaus.) Hrbgs. Pr. 12 Thlr., einzeln à Bd. 4 Thlr. — Von 1821—Juni 1826 führte sie d. T.: „Literarisches Conversationsblatt." Hrsg. unt. Verantwortlichkeit d. Verlhdlg. Hrbgs. Pr. 25 Thlr., einzeln à J. 10 Thlr. Beide Folgen zusammengen. 32 Thlr. Seit Juli 1826 hat sie obigen T. erhalten. — J. 1826, Juli—Dec. 5 Thlr., 27. 10 Thlr. Ebendas.

—— für literarische Unterhaltung. Jahrg. 1835 — 42. Hrsg.: Heinr. Brockhaus. à 365 Nrn. (1/2 Bog.) Mit vielen Beiln. gr. 4. Leipzig, Brockhaus. à J. *

— für literarische Unterhaltung. Jahrg. 1841—1846. Herausgeber: Hnr. Brockhaus. 363 Numm. (1/2 Bog.) Mit vielen Beilagen. gr. 4. Leipz. 841—46, Brockhaus. à n. 12 rß

Blätter f. literarische Unterhaltg. Hrsg.: Heinr. Brockhaus. 1847 u. 1848 365 u. 366 Nrn. gr. 4. — 1849—1851 à 312 Nrn. gr. 4. (1/2 B.) — Jahrg. 1852. 12 Hfte. od. 52 Nrn. gr. 4. (à 3 B.) Leipzig, Brockhaus. à Jahrg. n. 12 rß

— für literarische Unterhaltung. Herausg. von Herm. Marggraf. Jahrg. 1853—58. à 52 Nrn. (à 3 Bgn.) Leipzig, Brockhaus. gr. 4. Jeder Jahrg. n. 12 rß

Blätter für literarische Unterhaltung. Jahrg. 1857. Redig. von Heinr. Brockhaus und Jahrg. 1858—61. Redig. von Ed. Brockhaus. à Jahrg. 52 Nrn. (à 3 Bog.) oder 12 Hefte. gr. 4. Leipzig, Brockhaus. à Jahrg. Thlr. *

Blätter für literarische Unterhaltung. Herausg. von Herm. Marggraff. Jahrg. 1859—64. à 52 Nrn. (à 3 Bgn.) Leipzig, Brockhaus. gr. 4. Jeder Jahrg. n. 12 rß

— für literarische Unterhaltung. Herausg. von Rud. Gottschall. Jahrg. 1865—1870. à 52 Nrn, (à 2 Bgn.). Leipzig, Brockhaus. 4. Jeder Jahrg. n. 10 rß

— für literarische Unterhaltung. Hrsg. v. Rud. Gottschall. Jahrg. 1871—1876 à 52 Nrn. (2 B.) oder 12 Hfte. 4. Leipzig, Brockhaus. à Jahrg. n. 30. —

— für literarische Unterhaltung. Hrsg. von Rud. v. Gottschall. Jahrg. 1877—1882. à 52 Nrn. (2 B.) gr. 4. Leipzig, Brockhaus. à Jahrg. 30 —

— für literarische Unterhaltung. Hrsg. von Rud. v. Gottschall. Jahrg. 1883—1886. à 52 Nrn. (2 B.) gr. 4. Leipzig, Brockhaus. à Jahrg. n. 30. —

— für literarische Unterhaltung. Hrsg. v. Rud. v. Gottschall u. Frdr. Bienemann. Jahrg. 1887—1890. à 52 Nrn. (2 B.) gr. 4. Leipzig, Brockhaus. à Jahrg. n. 30. —

— für literarische Unterhaltung. Hrsg. v. Frdr. Bienemann. Jahrg. 1891. 52 Nrn. (2 Bog.) gr. 4. Leipzig, F. A. Brockhaus. n. 30. —

— dasselbe. Red.: Karl Heinemann. Jahrg. 1892—1894. à 52 Nrn. (2 Bog.) gr. 4. Ebd. à Jahrg. n. 30. —; einzelne Nrn. n.n. — 60

— f. literarische Unterhaltung. Red.: Karl Heinemann. Jahrg. 1895—1898. à 52 Nrn. (à Nr. ca. 2 Bog.) gr. 4. Leipzig, F. A. Brockhaus. à Jahrg. n. 30. —; einz. Nrn. n.n. — 60
Kann auch vierteljährlich bezogen werden.

Erscheinen nicht mehr.

Blätter, E. R. Grafen von Vargas vermischte. Berlin 1793—94. V: *Grosse, Carl.* (EE) (MGT)

Blätter für Vaterland und Gemeindewohl
(5) sollte 1801 erscheinen (7) wöchentlich 2× (8) Luzern: Xaver Meyer (13) BGSZ: 1028 (15) Das Programm dieser Zeitschrift wurde im «Helvetischen Volksfreund» und im «Republikaner nach liberalen Grundsätzen» publiziert; die Zeitschrift selber erschien nicht.

— vaterländische; (herausg. v. J. F. Roth u. A.) 14 Stcke. 8. Nürnb. 791. Sir. 12 kr

— vaterländische, herausg. v. Aloys Schreiber. gr. 8. Heidelb. 812. Weber. 12 kr

Blätter: Vaterländische Blätter
(5) 7. 1. 1816—18. 10. 1817 (6) 8° (7) Wochenblatt (8) Schaffhausen: Hurter'sche Buchdruckerei (12) politisch-literarische Wochenschrift (13) BGSZ: 1052, 1053 (14) Sh: S; Lu: Z (15) Die Vaterländischen Blätter wurden wegen einer Notiz über das Antichristentum der Franzosen und der Deutschen durch Beschluß des Kirchenrats für eine Zeit lang suspendiert und erschienen nicht mehr.

Blätter, Vaterländische. – Karlsruhe : 1849.

Vaterländische **Blätter**. Eine Gabe für Schleswig-Holstein. Bornheim. 1864. 4° k.

— vaterländische, den Bewohnern d. Niederrheins gewidmet. Herausg. von Th. J. J. Lenzen, J. B. Wilhelmi u. A. 8 Hefte oder 2 Bde. gr. 8. Düsseld. 814. (Dänzer). 2 Thlr (bei Schreiner). 5 Thlr

Blätter, Vaterländische, für den Oesterreich. Kaiserstaat ... Wien 1803—20. II: *Armbruster, Johann Michael,* später: *Sartori, Franz.* (ErschDL) (MGT)

— vaterländische, f. den östreichischen Kaiserstaat. 8 Jahrg. in 12 Heften. 4. Wien, Degen. (Schaumburg und Comp.) 808—815. (à 8 Rthlr.)

— vaterländische, f. den östreich. Kaiserstaat. 8 Jahrgg. à 12 Hefte. 4. Wien 808—820. (Schaumburg u. Comp.) à J. 6 Thlr

— vaterländische, zum Nutzen u. Vergnügen. 12 Stcke, mit Kpf. 4. Bresl. 797. Gehr. 2 Thlr

Blätter, Vaterländische, für das Herzogthum Westphalen. Arnsberg u. Giessen 1811. H: *Ruer, Jul. Wilh.* (Call)

— vaterländische, für d. Herzogthum Westphalen. 1r Jahrg., 12 Hefte. 8. Gießen 811. Tasché. 2 Thlr 12 kr

— vaterstädtische. Altes u. Neues aus Lübeck. Illustrierte Unterhaltungsbeilage der lübeck. Anzeigen. Red.: W. Dahms. Jahrg. 1905 u. 1906 à 52 Nrn. (VI, 220 u. VI, 214 S. m. 1 Taf.) 4. Lübeck, Gebr. Borchers. Geb. à Jhrg. n.n. 5. —

— vaterstädtische. Altes u. Neues aus Lübeck. Illustrierte Unterhaltungsbeilage der lübeck. Anzeigen. Red.: W. Dahms. Jahrg. 1907—1910. à 52 Nrn. (208, 208, 212 u. 212 S.) 34,5×25 cm. Lübeck, Gebr. Borchers. Geb. à Jahrg. nn 5. —

— Vaterstädtische. Altes u. Neues a. Lübeck. Illustr. Unterhaltgsbeil. d. lübeck. Anzeigen. Red.: W Dahms. J. '10 u. '11 je 52 Nrn. (8, 212 u. 7, 212) 34,5×25 cm. Lüb., Gebr. Borchers. L je 4 —; auf Kunstdr.-Pap. je nn 5 —; einz. Nrn. † — 15 d

— dass. J. '12. (Lübeckisches Jahrb. '12.) Jan.—Sept. '12. 39 Nrn. (8, 156) 34,5×25 cm. Ebd. L 3 —; auf Kunstdr.-Pap. 4 —; einz. Nrn † — 15 d

BLÄTTER DES BADISCHEN VEREINS FÜR VOLKSKUNDE.
Heft 1. Freiburg im Breisgau 1905. Friedrich Ernst Ehrenfeld. 8°.
Heft 2—7. ib. 1905—1908. —

— des badischen Vereins für Volkskunde. Hrsg. v. F. Pfaff. Jahrg. 1905 u. 1906 à 2 Hefte. (XII u. S. 1—72) 8. Freiburg i/B., F. E. Fehsenfeld à Jhrg. n. 1. —

— des badischen Vereins f. Volkskunde. Hrsg. v. F. Pfaff. 3—5. Heft. (S. 83—120 m. Abbildgn.) 8. Freiburg i/B. 906. 07. F. E. Fehsenfeld. 1. 50
Nicht mehr im Buchhandel..

— des Hamburgischen Vereins gegen das Branntweintrinken. Des Volkes Freund, des Branntweins Feind. Herausgeg. von C. H. Stern. 1. Jahrg. 1841. Novbr. rc. 12 Numm. (Bog.) gr. 4. Hamburg 841, Bödecker. n. 1/2 Thlr

— des hamburgischen Vereins gegen das Branntweintrinken. Red. v. C. de Chapeaurouge. 1—7. Jahrg. 1842—48. à 12 Nrn. 8. (B.) Hamburg, Bödecker in Comm. à n. 1/3 Thlr

Blätter des Vereines für Landeskunde von Niederösterreich. Redigiert von Anton Mayer. Neue Folge. 1.—19. Jahrgang. 1867—1895. Register zu den Blättern des Vereines für Landeskunde von Niederösterreich, Jahrgänge 1865—1880. (Alte Folge: Blätter für Landeskunde von Niederösterreich, Jahrgänge 1865 und 1866. Neue Folge: Blätter des Vereines für Landeskunde von Niederösterreich, Jahrgänge 1867—1880. 1.—14. inclusive.) (29 Bde.) 8. Wien 1867—1895.

Blätter des Vereines für Landeskunde von Niederösterreich. Redigiert von Dr. Anton Mayer. (Fortsetzung.) Register: Jahrgänge 1881—1885. Mit der Reihe der Aufsätze in den Jahren 1881—1890 nach Autoren und Materien geordnet. — Neue Folge. 30.—35. Jahrgang. 1896—1901. — Festschrift zum Jahrgange 1898. (8 Bde.) 8. Wien 1893. 1896—1901.

— des Landwirthschaftl. Vereins im Fürstenthum Waldeck. Redig. v. d. Direction des Landwirthschaftl. Vereins. 1. Jahrg. (Apr.—Decbr. 1844.) u. 2. Jahrg. 1846. gr. 8. (Mit 1 Steindr.) Arolsen, Speyer. b n. 1 2/3 Thlr

— des landwirthschaftlichen Vereins im Fürstenthum Waldeck. 3—8. Jahrg. 1847—1852. à 12 Nrn. 8. (B.) Arolsen. (Speyer.) à Jahrg. n. 1 Thlr

— des landwirthschaftlichen Vereins im Fürstenthum Waldeck. (9—14.) Jahrg. 1853—58. à 12 Nrn. (à 1 Bgn.) Mengeringhausen. (Arolsen, Speyer.) 4. Jeder Jahrg. n. 1 Thlr

— des landwirthschaftlichen Vereins im Fürstenthum Waldeck. (15—20.) Jahrg. 1859—64. à 12 Nrn. (à 1 Bgn.) Mengeringhausen. (Arolsen, Speyer.) 4. Jeder Jahrg. n. 1 Thlr

Blätter des landwirthschaftlichen Vereins im Fürstenth. Waldeck. Redact.: Telgmann. (18.—23.) Jahrg. 1862—67. à Jahrg. 12 Nrn. (Bog.) 4. Mengeringhausen. (Arolsen, Speyer.) à Jahrg. *
Jahrg. 1863—67 wurden von Engelhardt redigirt.

— des nationalen Vereines für Deutschland, veröffentlicht durch den Vorort dieses Vereines. 1. Jahrg. 1848. 52 Nrn. gr. 4. (1/2 B.) Cassel, Hotop. 1 Thlr

BLÄTTER DES VEREINS FÜR URGESCHICHTE UND ALTERTHUMSKUNDE in den Kreisen Siegen, Olpe, Wittgenstein und Altenkirchen. Herausgegeben vom Vereinsvorstande. (Für die Redaction verantwortlich: M. SCHENCK.) №. 1 — №. 15. Siegen, 26. März 1880 — 24. April 1886. (Mit 1 Karte. — Ohne bes. Titelblatt. — Siegen, Druck von C. Buchholz, später: Druck von W. Vorländer.) 8°.

—— vereinigte frauendorfer. (Allgem. deutsche Gartenzeitung, Obstbaumfreund, Bürger- u. Bauern-Zeitung.) Hrsg. v. der prakt. Gartenbaugesellschaft in Bayern. Redact.: Joh. Evang. Fürst. Jahrg. 1844—47 à 52 Nrn. (Bog.) gr. 4. Passau. (Pustet'sche Buchh.) à J. *

Bildet die Fortsetzung d. allgem. deutschen Gartenzeitung, des Obstbaumfreundes u. der Bürger- u. Bauern-Zeitung. Vgl. diese.

—— vereinigte frauendorfer. Allgemeine deutsche Gartenzeitung, Obstbaumfreund, Bürger- und Bauernzeitung. Hrsg. von der prakt. Gartenbaugesellschaft in Bayern. Redakt.: Eug. Fürst. Jahrg. 1848—52. à 52 Nrn. (Bog. mit Holzsch.) gr. 4. Frauendorf. (Landshut, Krüll'sche Universitätsbuchh.) à Jahrg. * 1 Thlr. 15 Ngr. *

Die Jahrgänge 1848 und 1849 wurden von der Pustet'schen Buchh. in Passau commissionsweise geliefert. —

— vereinigte Frauendorfer. Allgemeine deutsche Gartenzeitung, Obstbaumfreund, Bürger- u. Bauernzeitung. Herausg. von der praktischen Gartenbaugesellschaft in Bayern. Red.: Eug. Fürst. Jahrg. 1853—55. à 52 Nrn. (à 1 Bgn.) Landshut, Krüll in Comm. gr. 4. Jeder Jahrg. n. 1 *ß* 15 *ngl*

— — Jahrg. 1856—58. à 52 Nrn. (à 1 Bgn. mit Holzschn. im Text.) Passau, Expedition. gr. 4. Jeder Jahrg. n. 1 *ß* 15 *ngl*

—— vereinigte frauendorfer. Allgemeine deutsche Gartenzeitung, Obstbaumfreund, Bürger- und Bauernzeitung. Hrsg. von der prakt. Gartenbaugesellschaft in Bayern. Redig. von Eug. Fürst. Jahrg. 1857—61. à Jahrg. 52 Nrn. (Bog. mit eingedr. Holzschn.) gr. 4. Passau, [Keppler's Verlag.] à Jahrg. *

—— vereinigte Frauendorfer. (Allgemeine deutsche Gartenzeitung, Obstbaumfreund, Bürger- und Bauernzeitung.) Hrsg. von der prakt. Gartenbaugesellschaft in Bayern. Redact.: Eug. Fürst. Jahrg. 1862—67. à Jahrg. 52 Nrn. (Bog.) gr. 4. Frauendorf, Verlag der Frauendorfer Blätter. à Jahrg. *

—— vereinigte Frauendorfer. [Allgemeine deutsche Gartenzeitung, Obstbaumfreund, Bürger- und Bauernzeitung.] Hrsg. von der prakt. Gartenbaugesellschaft in Bayern. Redact.: Eug. Fürst. Jahrg. 1868—1874. à Jahrg. 52 Nrn. (Bog.) gr. 4. Frauendorf, Verlag der Frauendorfer Blätter.
Jahrg. 1868—1872. à *
Jahrg. 1873 und 1874. à *

Blätter, Vereinigte Frauendorfer. (Allg. deutsche Gartenzeitung, Obstbaumfreund, Bürger- u. Bauern-Zeitung.) Herausg. von der prakt. Gartenbaugesellschaft in Bayern. Passau 1844—1849, Landshut 1850—61, Frauendorf 1862—95. gr. 4.

— der Vergangenheit u. Gegenwart. Eine Monatsschrift für Unterhaltg. u. Belehrg. Red.: Louis Oeser. 7—10. Jahrg. 1847—1850. u. 11 u. 12. od. Neue Folge. 1. u. 2. Jahrg. 1851 u. 1852. à 12 Nrn. 4. (à 1½ Bog. m. 3 Lith.) Mit 1 Lith. in Fol. als Prämie. Neusalza, Oeser. à Jahrg. (für Sachsen 18 *ngl*) 24 *ngl*

— der Vergangenheit und Gegenwart. Eine Monatsschrift für Unterhaltung und Belehrung. Red.: L. Oeser. 13—16. Jahrg. Neue Folge. 3—6. Jahrg. 1853—56. à 12 Nrn. (à 1½ Bgn. Text mit 2 Lithogr. u. vierteljährlich 1 lith. Extrablatt.) Neusalza, Oeser. 4. Jeder Jahrg. 24 *ngl*; color. 1 *ß* 12 *ngl*

Blätter, Vergelbte; ein Tagebuch aus früherer Zeit. Berlin 1872. V: *Georg Prinz von Preussen.* (Cat. d. Stadtbibl. Zürich. Zürich 1864—97.)

— vergelbte, e. Tagebuch aus früherer Zeit. br. 8. (58 S.) Berlin 872. Hertz. n. 1. —

Blätter aus den Verhandlungen der 24. Versammlung deutscher Philologen und Schulmänner in Heidelberg. Leipzig 1865. 41 S. 4°

BLÄTTER, Verlohrene, zur Unterhaltung des Witzes und Verstandes. Aus der Französ. Litteratur. 2 Thle. Mit 2 Kpfrn. Libau, bei Joh. Dan. Friedrich. 1792. 8°. Selten! 232 u. 240 SS.

Enth. u. a.: Das wunderbare Abentheuer, od. der glückliche Liebhaber. — Das Dorffrühstück, od. die Abentheuer der Unschuld. — Dem Andenken Diderot's (1713 bis 84). etc.

— verlorne, zur Unterhaltung d. Witzes u. Verstandes, aus d. französ. Litt. 2 Thle. 8. Liebau 792. (Leipz., Rein). 1 *ß*

Blätter, Vermischte. Dresden 1790. V: *Becker, Wilh. Gottlieb.* (Kläbe, Neuestes gel. Dresden. Leipzig 1796.)

Blätter: Vermischte Blätter
① Eine Quartalschrift von Georg Geßner ⑤ März 1809—Ende 1809 (4 Hefte) ⑥ 4° ⑦ Quartalschrift ⑧ Zürich: David Bürkli ⑪ Georg Geßner ⑭ Be: L ⑮ Die Zeitschrift enthält neben Geßners religiösen Beiträgen auch Schriften J. C. Lavaters aus dessen Nachlaß.

— vermischte, zur Gymnasialreform. Eigenes u. Fremdes, hrsg. v. H. Köchly. Lex. 8. (IV u. 185 S.) Leipzig 847, Arnold. 1 *ß* — 2. Hft. Einzelberichte des Gymnasialvereins zu Dresden. Nr. I—XVII. gr. 8. (192 S.) Ebd. 848. 1 *ß* — 3. Hft., enth. Nr. XVIII bis XX der Einzelberichte u. den Hauptbericht d. Gymnasialvereins zu Dresden. gr. 8. (XII u. S. 193—268.) Ebd. 848. ½ *ß* (1—3.: 2½ *ß*)

—— für Verstand u. Herz. Ausgewählte Erzählungen, Novellen, Legenden, Gedichte, Mährchen, Reiseberichte, Anekdoten, Schwänke, Räthsel, Charaden u. Gesellschaftsspiele ꝛc., f. Erwachsene u. die reifere Jugend. 8. (24 B.) Augsburg 844. (v. Jenisch u. Stage'sche Buchh.)

— für Vertrauensärzte der Lebensversicherung. Hrsg. vom Verband deutscher Lebensversicherungsgesellsch. Verantwortlich: Zahnbrecher. 1. Jhrg. 1910. 6 Hefte. (à ca. 16 S.) gr. 8. München, (M. Rieger.) 2. —

— f. Vertrauensärzte d. Lebensversicherg. Hrsg. v. Verb. deut. Lebensversichergsgesellsch. Verantwortl.: Zahnbrecher. 1. J. '10. 6 Hefte. (Jo 16) gr8° Münch., Verb. deut. Lebensversichergs-Gesellsch. 2 — δ11

—— für Verwaltung. Hrsg. von L. Richter. 1. und 2. Heft. gr. 8. Oederan 853—54, Schlesinger. à Heft *

— — Neue Folge. 1—5. Heft. Dresden 855—58. Adler u. Dietze. gr. 8. (S. 1—360.) Jedes Heft n. 10 *ngl*

—— des böhmischen Vogelschutz-Vereines in Prag. Redact.: Wlad. Schier. 1.—3. Jahrg. Febr. 1880 bis Juni 1884. gr. 8. (IV, 192; IV, 192; 132 S. mit eingedr. Illustr. und Karten.) Prag, Reinwart. Herabges. Pr. * 4 80

Nicht weiter erschienen.

Blätter für Volksaufklärung. (Hrsg. von d. 'Gesellschaft f. Volksaufklärung' (Geschäftsstelle: Berlin C. 54.)) [Aufgestempelt: Oranienburg: Orania-Verl.] 1908. 8°

Blätter f. Volksaufklärung. Monatsschr. d. Gesellschaft f. Volksaufklärg. u. ihrer Ortsgruppen. Hrsg. u. Schriftleiter: Reinh. Gerling. 21 u. 22. Jahrg. 1909 u. 1910 à 12 Nrn. (à ca. 24 S.) gr. 8. Oranienburg, Orania-Verlag. à Jahrg. 4. —

Vergl.: Heilkunst, neue.

— f. Volksaufklärung. Monatsschr. d. Gesellsch. f. Volksaufklärg u. ihrer Ortsgruppen. Schriftleiter: Reinh. Gerling. 22. u. 23. J. '10 u. '11 je 12 Nrn. (23. J.: 290) gr8° Oranienbg, Orania-Verl. 4 —

— dass. (Gesundheitspflege. Psychol. Menschenkenntnis. Erziehgsreform.) Monatsschr. d. Gesellschaften f. Volksaufklärg u. d. Ulrich v. Hutten-Bundes. Schriftleiter: Reinh. Gerling. 24. J. '12. 12 Nrn. (286) gr8° Ebd. 4 —

Blätter für Volksbibliotheken und Lesehallen. Hrsg. von A. Graesel, seit 1904 von E. Liesegang. [Zweimonatlich.] Jg. 1—20 u. N. F. Jg. 1. Leipzig 1900—1920. (Forts. durch: Bücherei und Bildungspflege = w $\frac{29}{13}$)

1912—1920 mit Beilage (beigebunden): **Mitteilungen** der Vereinigung bibliothekarisch arbeitender Frauen E. V. [Zweimonatlich]

Erg. H. 1. Reyer, E: Kritische Studien zum volkstümlichen Bibliothekswesen der Gegenwart. 1905

Erg. H. 2. Otten, Bennata: Die deutschen Volksbibliotheken und Lesehallen in Städten über 10 000 Einwohner. 1910

Erg. H. 3. Otten, Bennata: Bibliothekstechnischer Ratgeber für Volksbibliotheken, Lesehallen und verwandte Büchereien mit Bibliographie der Fachliteratur von 1900—1912. 1913

— für Volksbibliotheken u. Lesehallen. Beiblatt zum Contralblatt für Bibliothekswesen. Hrsg. unter ständ. Mitwirkg. zahlr. Fachgenossen v. A. Graesel. 1.—3. Jahrg. 1900—1902. à 12 Nrn. gr. 8. (IV, 216; VIII, 200 u. X, 210 S.) Leipzig, O. Harrassowitz. à Jahrg. n. 4. —

— für Volksbibliotheken u. Lesehallen. Hrsg. unt. ständ. Mitwirkung zahlreicher Fachgenossen v. Erich Liesegang. 4.–7. Jahrg. 1903—1906 à 12 Nrn. (XII, 224; VIII, 206; VIII, 216 u. VIII, 216 S. m. 3 Taf.) gr. 8. Leipzig, O. Harrassowitz. à Jhrg. n. 4. —
Der 4. Jahrg. ist von A. Graesel hrsg.

— dasselbe. I. Ergänzungsheft. gr. 8. Ebd. n. — 60
Kritische Studien zum volkstümlichen Bibliothekswesen der Gegenwart. Von E. Reyer. (32 S. m. Fig.) 905.

Ergänzungshefte zu d. Blättern für Volksbibliotheken und Lesehallen. 1. Leipzig: O. Harrassowitz 1905. 8° [05. 7109

— für Volksbibliotheken u. Lesehallen. Hrs. unter ständ. Mitwirkg. zahlreicher Fachgenossen v. Erich Liesegang. 8.—11. Jahrg. 1907—1910. à 12 Nrn. (VIII, 216; VIII, 228; VIII, 210 u. VIII, 204 S.) gr. 8. Leipzig, O. Harrassowitz. à Jahrg. 4. —

— dasselbe. II. Ergänzungsheft. gr. 8. Ebd. 910. 3.20
Die deutschen Volksbibliotheken u. Lesehallen in Städten üb. 10000 Einwohner. Von Bennata Otton. Mit e. Einleitg. v. G. Fritz. (VIII, 104 S.)

— f. Volksbibliotheken u. Lesehallen. Hrsg. v. Erich Liesegang. 11—13. J. '10—12 je 12 Nrn. (8, 204; 8, 204; 8, 218) gr8° Lpzg, O Harrassowitz. je 4 —

Blätter für Volksbildung
⑤ 31. 12. 1846 (Probenummer)—1. 7. 1847 ⑥ 4° ⑦ Wochenblatt ⑧ Altstätten: Rudolf Unteregger ⑩ Karl Völker ⑬ BGSZ: 1047 ⑭ Zh: Z.

— für christlichen Volksgesang. Hrsg.: R. Horath. Nr. 1—16. (à 4 S.) gr. 8. Solingen (904—906). (Barmen, E. Müller.) à n. — 10

— für Volksgesundheitspflege. Gemeinverständliche Zeitschrift. Organ des deutschen Vereins f. Volks-Hygiene. Hrsg.: Bödiker, Graf Douglas, v. Leyden, Rubner. Schriftleitung: K. Beerwald, G. Kautz, Spitta. 1. Jahrg. Oktbr. 1900—Dezbr. 1901. 30 Nrn. hoch 4. (VII, 480 S.) München, R. Oldenbourg. n. 6. —

— dasselbe. 2. Jahrg. 1902. 24 Hfte. hoch 4. (VI, 384 S.) Ebd. n. 4. 80; einzelne Nrn. n. — 25

— für Volksgesundheitspflege. Gemeinverständliche Zeitschrift. Organ des deutschen Vereins für Volks-Hygiene. Hrsg.: Bödiker, Graf Douglas, v. Leyden, Rubner. Schriftleitung: K. Beerwald, G. Kautz, Ficker. 3.—5. Jahrg. 1903—1905 à 24 Hefte. (à Jahrg. VI, 384 S.) Lex.-8. München [R. Oldenbourg]. Berlin Deutscher Verlag f. Volkswohlfahrt (durch Thormann & Goetsch). à Jhrg. n. 4. 80

Blätter für Volksgesundheitspflege. Gemeinverständliche Zeitschrift. Organ des deutschen Vereins f. Volks-Hygiene. Mit Vierteljahrs-Beilage: „Gesundheitsgemäße Bekleidg." Hrsg.: Bödiker, Graf Douglas, v. Leyden, Rubner. Schriftleitung: K. Beerwald, G. Kautz, Ficker. 6. Jahrg. 1906. 24 Hefte. (288 S.) Lex.-8. Berlin, Deutscher Verlag f. Volkswohlfahrt (durch Thormann & Goetsch). n. 4. —

— für Volksgesundheitspflege. Gemeinverständliche Zeitschrift. Organ des deutschen Vereins f. Volks-Hygiene. Hrsg.: Graf Douglas, F. Bumm, Schmidtmann, Rubner. Schriftleitung: K. Beerwald, G. Kautz, Ficker. 7.—10. Jahrg. 1907—1910. à 12 Hefte. (à Jahrg. VI, 288 S. m. Abb.) Lex. 8. Berlin, Deutscher Verlag f. Volkswohlfahrt. à Jahrg. 4. —

— f. Volksgesundheitspflege. Gemeinverständl. Zeitschr. Hrsg.: F Bumm, Graf Douglas, M Kirchner, Rubner. Schriftleitg: K Beerwald, Ph. Ficker, G Kautz. 10—12. J. '10—12 je 12 Hefte. ('12: 8, 288) Lex8° Berl., Deut. Verl. f. Volkswohlfahrt. je 4 —; einz. Hefte nn — 50 d

— f. Volkskultur. Halbmonatschr. f. Erziehg, Bildg u. Leistg. Schriftleitg: Paul Samuleit. J. '11. 24 Nrn. (8, 483 m. Abb.) gr8° Schönebg-Berl., Fortschritt. 2.40; einz. Nrn — 20 ‖ J. '12. (8, 568 m. Abb.) viertelj. 1 —; einz. Nrn — 20 d

BLÄTTER ZUR BAYRISCHEN VOLKSKUNDE.
I. Reihe. Altbayrische Volksbotanik. Eine Skizze von HEINRICH MARZELL in München. Dokumente zur pfälzischen Volkskunde. Von ALBERT BECKER (Zweibrücken). Glaube und Brauch im Stall. Von Lehrer KARL SPIEGEL. Über Fragebogenarbeit. Von O. BRENNER. Alte Medizin in der Gegenwart. Von SCHMUTZER, Waldheim i. S. (O. O. o. Dr. ohne bes. Titelbl.) 8°.

Blätter zur bayrischen Volkskunde. Reihe 1. o. O. [1909]. 8° [11. 16479

BLÄTTER FÜR HESSISCHE VOLKSKUNDE.
Herausgegeben im Auftrage der Vereinigung für hessische Volkskunde. (Redaktion: Prof. Dr. STRACK.)
Jahrg. I. (Vom 1. April 1899 bis zum 1. April 1900.) Giessen 1900. Brühl'sche Universitäts-Buch- und Steindruckerei (Pietsch Erben). fol.
Jahrg. II. 1900. Nr. 1—4. ib. —
Herausgegeben im Auftrage der Vereinigung für Hessische Volkskunde (Abteilung des Oberhessischen Geschichtsvereins).
Jahrg. III. 1901. Nr. 1—3. ib. —.

— für Pommersche Volkskunde. Monatsschrift f. Sage u. Märchen, Sitte u. Brauch, Schwank u. Streich, Lied, Rätsel u. Sprachliches in Pommern. Hrsg. v. O. Knoop u. A. Haas. 1. u. 2. Jahrg. Oktbr. 1892—Septbr. 1894. à 12 Nrn. (Bog.) gr. 8. Stettin, J. Burmeister. à Jahrg. n. 4. —

— f. Pommersche Volkskunde. Monatsschrift f. Sage u. Märchen, Sitte u. Brauch, Schwank u. Streich, Lied, Rätsel u. Sprachliches in Pommern. Hrsg. v. O. Knoop u. A. Haas. 3.—6. Jahrg. Oktbr. 1894 b. Septbr. 1898. à 12 Nrn. (Bog.) gr. 8. Labes (Stettin, J. Burmeister). à Jahrg. n. 4. —

— für Pommersche Volkskunde. Monatsschrift f. Sage u. Märchen, Sitte u. Brauch, Schwank u. Streich, Lied, Rätsel u. Sprachliches in Pommern. Hrsg. v. O. Knoop u. A. Haas. 7.—10. Jahrg. Oktbr. 1898—Septbr. 1902. à 12 Nrn. gr. 8. (à 16 S.) Labes. (Stettin, J. Burmeister.) à Jahrg. n. 4. —
Erscheinen nicht mehr.

Blätter für die Volksschule der Herzogth. Bremen und Verden und des Landes Hadeln. Redakt.: Cammann, Rodop, (Rosenbrock) und Wiebusch. 1—3. Jahrg. 1849—51. à 4 Hefte. 8. Stade, Schaumburg. à Jahrg. Thlr. *

—— für freies Volksthum. Redakt.: Sanders. 1. Jahrg. 1848. Juli—Decbr. 26 Nrn. (à ½—1 Bog.) gr. 4. Neustrelitz, Barnewitz. *

Blätter für Volkswirtschaft
v. Oberländisches Volksblatt.

— volkswirtschaftliche. Zugleich Mitteilgn. des deutschen volkswirtschaftl. Verbandes. Hrsg.: Heinz Potthoff. 2. Jahrg. 1903. 12 Nrn. (à ca. 12 S.) hoch 4. Berlin [F. Siemenroth]. C. Heymann. n. 6. —
Den 1. Jahrg. s. u. d. T.: Mitteilungen d. deut. volksw. Verbandes.

— dasselbe. 3. Jahrg. 1904. 24 Nrn. (à ca. 16 S.) hoch 4. Ebd. n. 8. —

— dasselbe. Schriftleitung: Herm. Edw. Krueger. 4. u. 5. Jahrg. 1905 u. 1906 à 24 Nrn. (à ca 16 S.) 4. Berlin, C. Heymann. à Jhrg. n. 8. —
Der 4. Jhrg. ist noch v. H. Potthoff redig.

— volkswirtschaftliche. Zugleich Mitteilgn. des deutschen volkswirtschaftl. Verbandes (E.V.) Im Auftrage des Vorstandes hrsg. u. red. v. Herm. Edw. Krueger. 6—9. Jahrg. 1907—1910. à 24 Nrn. (à ca. 16 S.) 31×22 cm. Berlin, C. Heymann. à Jhrg. 8. —

— Volkswirtschaftliche. Hrsg. u. red. v. Herm. Edwin Krueger. 9. u. 10. J. '10 u. '11 je 24 Nrn. ('11, Nr 1: 20) 30,5×21,5cm. Berl., CHeymann. halbj.4—; einz. Nrn nn—50

— dass. 11. J. '12. 24 Nrn. (Nr 1: 16) 30,5×21,5 cm. Berl., Eckstein's biograph. Verl. 12 —; einz. Nrn 1 —

VOLKSWIRTSCHAFLICHE BLÄTTER. Zugleich: Mitteilungen des Deutschen Volkswirtschaftlichen Verbandes.
SYSTEMATISCHES GENERALREGISTER. Jahrg. I—X. 1902—1911.
Im Auftrage des Vorstandes herausgegeben von Dr. phil. HERMANN ED' KRUEGER. Berlin-Wien-London. Verlag für Fachliteratur, G. m. b. H

Blätter, Vorläufige, von den Verhandlungen der schweizerischen Gesellschaft der Erziehung. [Lenzburg] 1808. V: *Schulthess, Joh.* (Cat. d. Stadtbibl. Zürich. Zürich 1864—97.)

—— der Wahrheit. Eine Monatsschrift für zeitgemäße Mittheilungen aus der Natur und dem Menschenleben. Hrsg. von Carl Schöpffer. 1. Bd. 12 Hefte. (à 64 S.) gr. 8. Cassel 854, Hotop.
einzelne Hefte

— für christliche Wahrheit. In zwanglosen Nrn. Nr. 1—4. (à 1 Bgn.) Ulm 861—63. Krick in Comm. gr. 8. Jede Nr. n. 1 ngr.

— für höhere Wahrheit. s. Meyer, J. D.

—— waidmännische fliegende. Redact.: F. v. der Decken. 1. Jahrg. Octbr. 1890—Septbr. 1891. 24 Nrn. (à Nr. 1½ Bog. m. Illustr.) gr. 4. Berl., Haasenstein u. Vogler. * 6 —
Fortsetzung, s. Gesellschaft, unsere.

Blätter aus dem Waisenhaus: 1883?—1885?
Lutheran monthly. Edited by Friedrich Lutz, later by J. G. Reinbold.
Andrews, JA

— aus dem Walde. Zeitschrift des niederösterr. Forstvereines. Organ des niederösterreich. Forstvereines u. des niederösterr. Landesaufforstungs-Komitees. Red. v. Gust. Eisenmenger. 31.—33. Jahrg. 1904—1906 à 6 Nrn. (à ca. 16 S.) Lex.-8. Wien (W. Frick).
à Jhrg. n.n. 6. —
Vergl.: Mitteilungen des niederösterreich. Forstvereines.

— aus dem Walde. Zeitschrift des niederösterr. Forstvereines. Organ des niederösterreich. Forstschulvereines u. des niederösterreich. Landesaufforstungs-Komitees. Red. v. Osw. Horst. 34—37. Jahrg. 1907—1910. à 6 Nrn. (à ca. 20 S.) Lex. 8. Wien, W. Frick. à Jhrg. 6. —

— a. d. Walde. Zeitschr. d. niederösterr. Forstvereines. Red. v. Osw. Horst, seit '12 v. Joh. Langhans. 37. u. 38. J. '10 u. 11 je 6 Nrn u. 39. J. '12, 4 Nrn. ('12, Nr 1: 24 m. 1 Bildn. u. 1 Kte.) Lex8° Wien, W Frick. je 6 — d

— aus der Walliser Geschichte. Hrsg. vom geschichtsforsch. Verein v. Oberwallis. I. Bd. 1.—4. Jahrg. u. II. Bd. 1.—6. Jahrg. gr. 8. Sitten. Brig, Geschichtsforsch. Verein v. Oberwallis. (Nur direkt.)
à Jahrg. n.n. — 80
I. 1. 1889. (110 S.) — 2. 1890. (S. 111—206.) — 3. 1891. (S. 207—302.) — 4. 1892. (S. 303—398 m. 1 Plan.) 894. — 5. (X u. S. 399—478.) 895.
II. 1. 1896. (S. 1—96.) 897. — 2. 1897. (S. 97—192.) 897. — 3/4. 1898—1899. (S. 193—304.) 899. — 5. 1900. (S. 305—384.) 901. — 6. 1901. (X u. S. 385—467.) 901.

Blätter aus der Walliser-Geschichte. Hrg. vom Geschichtsforschenden Verein von Oberwallis. Band 2. (Jahrg. 1—6, 1896—1901.) [Mit 1 Tafel und 2 Stammtafeln.] IV + X + 467 S. 8. Sitten, Kleindienst & Schmid, 1091 (1897—1901). (Jahrg. 1, 2, 3/4, 5, 6 à fr. 1. —)
Jahrg. 5, 1900. 1901. II S. + S. 305—384.
Jahrg. 6, 1901. 1901. IV + X S. + S. 385—467.

Blätter aus der Walliser-Geschichte. Hrg. vom Geschichtsforschenden Verein von Oberwallis. Band 3. (Jahrg. 1—5, 1902—1906.) [Mit 4 Tafeln.] IV + X + 468 S. 8. Sitten, Peter Pfefferle, (1902—) 1907. (*pro Jahrg.* à fr. 1.—)
Jahrg. 1, 1902. II S. + S. 1—100. 1902.
Jahrg. 2, 1903. IV S. + S. 101—196. 1903.
Jahrg. 3, 1904. IV S. + S. 197—291. 1904.
Jahrg. 4, 1905. [Mit 4 Tafeln.] IV S. + S. 293—388. 1905.
Jahrg. 5, 1906. IV + IV + X S. + S. 389—468. 1906 (*Bandtitel: 1907).

— aus der Walliser-Geschichte. Hrsg. vom geschichtsforsch. Verein v. Oberwallis. III. Bd. 1. u. 2. Jahrg. 1902 u. 1903. (196 S.) gr. 8. Sitten 902 u. 903. Brig, Geschichtsforsch. Verein v. Oberwallis. (Nur direkt.)
à Jhrg. n.n. — 80

— aus der Walliser Geschichte. Hrsg. v. geschichtsforsch. Verein in Oberwallis. III. Bd. 3—5. Jahrg. 1904—1906. (XI u. S. 197—468.) gr. 8. Sitten 904—06. Brig, Geschichtsforsch. Verein v. Oberwallis. (Nur direkt.)
à Jhrg. nn 1. —

— dasselbe. IV. Bd. 1. Jahrg. 1909. (96 S.) Brig 909. Geschichtsforsch. Verein v. Oberwallis. (Nur direkt.)
Postfrei nn 1. 50

Blätter aus der Walliser-Geschichte. Hrg. vom Geschichtsforschenden Verein von Oberwallis. Band 4. Jahrg. 1, 1909. II + 96 S. 8. Brig, Tscherrig & Tröndle, 1909. [fr. 1. —]

— a. d. Walliser Gesch. Hrsg. v. geschichtsforsch. Ver. in Oberwallis. IV. Bd. 2. J. '10. (97—212) gr8° Brig, Geschichtsforsch. Ver. v. Oberwallis '11. (Nur dir.) postfrei 1.50 d

— aus meinem Wanderbuche. 1.—3. Sträußchen. gr. 12. Altenb. 831: Liter.-Compt. à 8 gr.

—— aus meinem Wanderbuche. 1—3. Sträußchen. gr. 12. (8 B.) Altenburg 831, [Pierer.] à

— Warendorfer, f. Orts- u. Heimatskde. Extra-Beilage z. „Neuen Emsboten". Red.: H Schumacher. 1. Jahrg. 1902. 6 Nrn. (24) 4° Warendf, J Schnell. ‖ 2—4. Jahrg. 1903—5 je 12 Nrn. (Je 48) Je 1 — d

— Warendorfer, f. Orts- u. Heimatskunde. Hrsg. unter Mitwirkg. des Vereins f. Orts- u. Heimatskunde im Kreise Warendorf. Extra-Beilage zum „Neuen Emsboten". Red..: Hub. Schumacher. Jahrg. 1903—1906. à 12 Nrn. (à Jhrg. 48 S.) Lex.-8. Warendorf, J. Schnell.
à Jhrg. n. 1. —

— Warendorfer, f. Orts- u. Heimatskunde. Hrsg. unter Mitwirkg. des Vereins f. Orts- u. Heimatskunde im Kreise Warendorf. Extra-Beilage z. „Neuen Emsboten". Red.: Hub. Schumacher. Jahrg. 1907—1910 à 12 Nrn. (à 4 S.) Lex. 8. Warendorf, J. Schnell. à Jhrg. 1. —

— Warendorfer, f. Orts- u. Heimatskde. Extra-Beil. z. „Neuen Emsboten". Red.: Hub. Schumacher. J. '10—12 je 12 Nrn. (48, 48 u. '12, Nr 1: 4) Lex8° Warend., J Schnell. d. J. 1 — d

— Weisskirchener forstliche. Hrsg. in Gemeinschaft mit dem Lehrkörper v. Herm. Reuss. I. u. II. Heft. Lex.-8. Wien, W. Frick. n.n. 9. 20
I. Festschrift zur Feier des 50jährigen Bestandes d. mähr.-schles. höheren Forstlehranstalt Aussee — Eulenberg — Mähr. Weisskirchen. (IV, 337 S. m. 2 Abbildgn. im Text u. 3 Bildnissen.) Brünn 902. n.n. 4. 70
II. (V, 189 S) 903. n.n. 5. —

— z. Weitergeben v. deut. Ver. geg. d. Missbrauch geist. Getränke. Hrsg. v. W Bode. 1. u. 2. Jahrg. Oktbr 1894—Septbr 1896 à 4 Nrn. 4° (Nr. 1. 8) Hildesh., (Gerstenberg).
à Jahrg. — 50

— zum Weitergeben v. deutschen Verein geg. d. Mißbrauch geistiger Getränke. Im Austr. hrsg. v. dessen Geschäftsführ. Wilh. Bode. 1. u 2. Jahrg. Oktbr. 1894 b. Septbr. 1896. à 4 Nrn. (Bog.) 4. Hildesheim, Mäßigkeits-Verlag. à Jahrg. n. — 50

— z. Weitergeben. Vom deut. Ver. geg. d. Misbr. geist. Getränke. Hrsg. v. W Bode u., v. 6. Jahrg. an, E Just. 3—6. Jahrg. Oktbr 1896—Septbr 1900 à 8 Nrn. 8° (Nr. 9 u. 10. 16) Hildesh.. Mässigkeits-Verl. à Nr — 05

— z. Weitergeben. Vom deut. Ver. geg. d. Missbr. geist. Getränke. Hrsg. v. E Just u., seit 1902, v. E Vöhl. Nr. 41 u. 42. Oktbr u. Dezbr 1900. (Je 16) 8° Berl., Mässigkeits-Verl. || 2. Serie. 1901 u. 2 je 8 Nrn. (Nr. 1—4. Je 8) Je — 50; einz. Nrn — 05 d
Erschienen noch in Hildesheim.

— dasselbe. Im Auftrage hrsg. v. dem Geschäftsführer i. V.: E. Vöhl. 2. Serie. 1902. 8 Nrn. gr. 8. (à 8 S.) Ebd. — 50

— zum Weitergeben. Hrsg. vom Mäßigkeits-Verlag des deutschen Vereins gegen den Mißbrauch geist. Getränke (E. V.). Schriftleiter: J. Gonser. 3.–6. Reihe 1903—1906. à 8 Nrn. (à 8 S.) gr. 8. Berlin, Mäßigkeits-Verlag. à Serie n. — 50

— zum Weitergeben. Hrsg. vom Mäßigkeits-Verein des Vereins gegen den Mißbrauch geist. Getränke (E.V.) Schriftleiter: J. Flaig. 7—10. Reihe. 1907—1910. à 12 Nrn. (à 8 S.) gr. 8. Berlin, Mäßigkeits-Verlag. à Jhrg. — 60

— z. Weitergeben. Hrsg. v. Mässigk.-Verl. d. deut. Vereins geg. d. Missbr. geist. Getränke. Schriftleiter: J Flaig. 10—12. Reihe. '10—12 je 12 Nrn. (d. Nr: 8) gr8° Berl., Mässigk.-Verl. je — 60; einz. Nrn — 05 d

Blätter f. alle Welt, Lpz. G. Fleischer, 804. Juli bis Dezembr.

—— westdeutsche. Wochenschrift für Rheinland und Westfalen. Hrsg. von Levin Schücking. 1. Jahrg. 1858. Januar bis März. 13. Nrn. (à 1—1 1/2 Bog.) gr. 4. Bonn. (Düsseldorf, Gestewitz.) * * —

—— dass. — Hrsg. von Levin Schücking und O. v. Schorn. 1. Jahrg. 1858. April bis Decbr. 39 Nrn. (à 1— 1/2 Bog.) Mit artistischen Beilagen. gr. 4. Düsseldorf, [Gestewitz.] * *

— westdeutsche. Wochenschrift für geselliges Leben, Literatur und Kunst. Herausg. von Levin Schücking u. Otto v. Schorn. 1. Jahrg. 1858. April—Decbr. 39 Nrn. (à 1—1 1/2 Bgn.) Mit artist. Beilagen. Düsseldorf, Zintgraff u. Co. 4. Vierteljährlich n. 22 1/2 ngr

Westliche Blätter: Jahrgang 1, no. 1--52, Oct. 19, 1851--Oct. 10, 1852.

Weekly. Sub-title: Ein Organ für schöne Literatur, Kunst und Wissenschaft. Large quarto, each issue 8 pages; paged continuously. Edited by Emil Klauprecht & Fenner von Fenneberg. Published by Schmidt, Storch und Co.
Cincinnati, OH

Westliche Blätter: Apr. 1859--1912.

Sunday edition of ABEND-ANZEIGER: Title varies: SONNTAGSBLATT DES ANZEIGER DES WESTENS; SONNTAGSBLATT DES ABEND-ANZEIGER; other slight variations. The volume numbering would indicate that no. 1 appeared in April 1859; Börnstein, editor, says in his letters in the daily edition, that "Ausserdem aber gründete ich als Beiblatt meines Journals ein belletristisches Sonntagsblatt, WESTLICHE BLÄTTER, damals noch eine neue Erscheinung." Hofacker states that Börnstein took it over in 1850 ... engaged the well known novelist, Otto Ruppius, to edit the belletristic supplement of the Sunday edition. "Beilage" issued. Circulation: 1870, 7000 (est.); 1880, 11,750; 1890, 21,600.
St. Louis, MO

Westliche Blätter: Jahrgang 1, no. 1, May 1859—?
Sunday edition of LOUISVILLE ANZEIGER, edited by Otto Ruppius.
Louisville, KY

Westliche Blätter: Mar. 1862—?

Weekly. Frequently confused with the preceding similar title. It is believed that Otto Ruppius brought this journal from Louisville, Kentucky, that only a few issues were published, and that it was absorbed into the Sunday edition of ANZEIGER DES WESTENS. The editor of the issue seen is not given, but it is published by A. S. & H. Börnstein.
St. Louis, MO

Westliche Blätter: Jahrgang 1--54, no. 39, Nov. 5, 1865—June 29, 1919.

Sunday edition of TÄGLICHES CINCINNATIER VOLKSBLATT. Sub-title: (Sonntagsblatt des Cincinnati Volksblatt.) Sind eine der Unterhaltungs-Lektüre gewidmete Zeitschrift — Romane und Erzählungen, Novelletten, Gedichte, Räthsel, Anekdoten, geschichtliche Aufsätze, Reiseschilderungen, Mode-Artikel, sowie Aufsätze populärer Naturwissenschaften, Literatur, und humoristischen Inhalts. Contains also some telegraphic news. Circulation: 1875, 400 (est.); 1880, 21,000; 1890, 23,000; 1900, 23,400; 1905, 26,000; 1910, 32,100; 1911, 42,750. Jubiläums-Ausgabe: Jahrgang 41, no. 32 [ganze Nummer 2114], May 6, 1906. 32 pages.
Cincinnati, OH

— westliche, für Unterhaltung, Kunst, Literatur u. Leben. Redakt. Louis Lax. 1r Jahrg. 1837. Juli — Dec. 104 Numm. (1/2 Bg.) Nebst literar. Anzeiger. gr. 4. Aachen 837. Mayer. (Brüssel, Mayer u. Somerhausen.) 4 ℳ

— einige wichtige, zur Zeitgeschichte. — V. de Mars: Von d. republican. Gewalthabern, den Parteien, der Reaction u. den Prätendenten in Frankreich. — Saint René Taillandier: Beweis, daß in Deutschland nicht bloß die Romantiker Apostaten sind, sondern auch die Hegelingen. gr. 8. (20 S.) Stuttgart 848, Neff. 1/6 ℳ

— Wiener. Red.: M. Letteris. Jahrg. 1851. 52 Nrn. Nebst Beilagen. gr. 4. (B.) Wien. (Jasper, Hügel & Manz.) n. 5 1/3 ℳ

— Wiener- für katholische Kirchenmusik. (Jahrg. I. red. von Josef Böhm und Carl Hausleithner. Jahrg. II von Joseph Böhm.) Wien 1879. 80.

— Wiener medizinische. Zeitschrift für die gesammte Heilkunde. Hrsg. v. Wilh. Schlesinger. Red.: G. A. Egger. 1. Jahrg. 1878. 52 Nrn. (à 1/2 bis 2 B.) Imp.-4. Wien. (Braumüller). n. 16. —

— dasselbe. 2—5. Jahrg. 1879—1882. à 52 Nrn. (à 1 1/2 bis 2 B.) Imp.-4. Ebend. à Jahrg. n. 20. —

— Wiener medizinische. Zeitschrift f. die gesammte Heilkunde. Hrsg. v. Wilh. Schlesinger. Red.: G. A. Egger u. A. Eurich. 6—9. Jahrg. 1883—1886. à 52 Nrn. (à 1 1/2 – 2 B.) Imp.-4. Wien, (Braumüller). à Jahrg. n.n. 20. —

— Wiener medizinische. Zeitschrift f. die gesammte Heilkunde. Hrsg. v. W. Schlesinger. Red.: A. Eurich. 10.—13. Jahrg. 1887—1890. à 52 Nrn. (à 1 1/2 – 2 B.) Imp.-4. Wien, (Braumüller). Mit directer Postversendung à Jahrg. n.n. 20. —

— Wiener medizinische. Zeitschrift f. die gesammte Heilkunde. Hrsg. v. Wilh. Schlesinger. 14.—17. Jahrg. 1891—1894. à 52 Nrn. (à 1 1/2—2 Bog.) Imp.-4. Wien, (W. Braumüller). Mit direkter Postversendg. à Jahrg. n.n. 20. —
Vom 2. Quartal 1894 ab hrsg. v. Berthold Beer.

— Wiener medizinische. Wochenschr. f. d. ges. Heilkunde. Hrsg. v. Sigm. Fränkel. 18. u. 19. Jahrg. 1895—1896. à 52 Nrn. (à 1 1/2—2 Bog.) Imp.-4. Wien. Administration. à Jahrg. n. 20. —

— Wiener medizin. Wochenschrift f. d. ges. Heilkde. Hrsg. v. S Fränkel. 19. Jahrg. 1896. 53 Nrn. 4° (846) Wien. (Lpzg, Bh. G Fock.) || 20—23. Jahrg. 1897—1900 à 53 Nrn à Jahrg. 20 —

— dasselbe. 20. u. 21. Jahrg. 1897—1898. à 52 Nrn. (à 1 1/2—2 Bog.) Imp.-4. Wien (F. Deuticke). à Jahrg. n. 20. —
Kann auch halbjährlich bezogen werden.

— Wiener medicinische. Wochenschrift f. die gesammte Heilkunde. Red. v. Ferd. Kornfeld. 22.—24. Jahrg. 1899—1901. à 52 Nrn. Imp.-4. (à ca. 20 S.) Ebd. à Jahrg. n. 20. —
Die Jahrgge. 22 u. 23 sind v. S. Fränkel redig.; Fortsetzung s.: Blätter, medicin.

— Wiener photographische. Hrsg. vom Camera-Club in Wien. Red.: F. Schiffner. 1. Jahrg. 1894. 12 Nrn. (à ca. 1 1/2 Bog. m. Abbildgn. u. Taf.) Lex.-8. Wien, (R. Lechner's Sort.). n. 14. 40

— Wiener photographische. Hrsg. v. Camera-Club i. Wien. Red.: F. Schiffner. 2. Jahrg. 1895. 12 Nrn. (à ca. 1 Bog. m. Abb. u. Taf.) Lex.-8. Wien (R. Lechner's Sort.). n. 14. 40

BLÄTTER, Wiener pikante. Wochenschrift. Wien, 1878, Nr. 20 § 64.
— — 1879, Nr. 16 § 303, Nr. 20 § 64, Nr. 44 § 516, Nr. 51 § 516
— — 1880, Nr. 39 § 516.
— — 1884, Nr. 9 § 516.
— — 1889, Nr. 18 § 303.
— — 1893, Nr. 37 § 516.
Sämmtlich vom L.-G. Wien verboten.

—— Wiener, für Stenografie. Hrsgbr. und Redact.: L. Conn. 1. Jahrg. 1870. 24 Nrn. (½ Bog.) gr. 8. Mit Beilage: Stenografische Klassikerausgabe. 24 Nrn. (Bog.) 16. Wien, (Klemm.) **
Beilage apart **

Blätter, Wiener technologische. Jg. 1. 1880/81. Wien

Blaetter, Wilmersdorfer. Mitteilungen aus d. Gebiete d. städt. Verwaltung. Hrsg. vom Magistrat d. Stadt Deutsch-Wilmersdorf [Jg. 15 ff.:] Berlin-Wilmersdorf. Jg. 12 ff. Dt. Wilmersdorf [Jg. 15 ff.:] Berlin-Wilmersdorf 1909 ff. 8°

—— für Wirthschaft und Haus. Zur Belehrung und Unterhaltung. Mit erläut. Abbildungen (in eingedr. Holzschn.). 7. Jahrg. 1874. 48 Nrn. (à 1—1½ Bog.) 4. Leipzig, Löwenstein's Verlag. *

— f. Wirtschafts- u. Socialpolitik. Halbmonatsschrift m. e. Beilage „Socialpolitisches Archiv der Schweiz". Herausg. von *G. Adler*. 3. Jahrg. Gr. in-8°. 24 Nos. N° 1. 40 u. 16 S. Basel, Dr. H. Müller. 1895 Vierteljährlich 3 —

— für Wirtschafts- u. Socialpolitik. Halbmonatsschrift m. Beilage: Socialpolit. Archiv. Red.: *N. Reichesberg*. VII. Jahrg. 1899. Gr. 8°. 24 Nos. (No. 1. 36 S.) Bern, Steiger & Co.
Vierteljährlich 3 —; Deutschl. Mk. 3 —

— für kirchliche Wissenschaft u. Praxis hersg. unter Mitwirkg. d. Clerus der Diöcese Paderborn. Red.: Rintelen. 1. Jahrg. 1867. April—Dezbr. 9 Nrn. (à 1½—2 Bgn.). Paderborn, Schöningh. 4. n. 17 ngr

— — 2. u. 3. Jahrg. 1868 u. 1869. à 12 Nrn. (à 1½ Bgn.). Ebend. 4. Jeder Jahrg. n. 22½ ngr

— für kirchliche Wissenschaft u. Praxis. Gemeinschaftliches Organ f. den Clerus der Diöcesen Paderborn, Fulda, Hildesheim. Red.: Rintelen. 4—9. Jahrg. 1870—1875 à 12 Nrn. (1½ B.) gr. 4. Paderborn, Schöningh.
à Jahrg. n. 2. 25

Blätter für Wissenschaft und Kunst v. Das Vaterland (Lu).

—— für Wissenschaft, Kunst und Leben aus der katholischen Schweiz. Hrsg. von einem Verein schweizer. Literaten. 1. und 2. Jahrg. 1869 und 1870. [Katholische Schweizer-Blätter 11. 12. Jahrg. oder neue Folge 2. Bd.] à Jahrg. 12 Nrn. (à 3—4 Bog.) gr. 8. Luzern, Gebr. Räber. à Jahrg. *
Fortsetzung s. Schweizer-Blätter.

—— wissenschaftliche, aus der Veitel Heine Ephraim'schen Lehranstalt (Beth Ha-Midrasch) in Berlin. 1. Samml. Lex.-8. (XXIX und 251 S. mit 1 Stnt.) Berlin 862, (Asher und Comp.) *

— witzige. Red.: Konr. Astfalck. Oktbr—Dezbr '09. 13 Nrn. (Nr 1. 20 m. z. Tl farb. Abb.) Lex 8° Berl., Verlag C Marfels. 1.80; einz. Nrn — 15

—Witzige. Red.: Konr. Astfalck. Hrsg.u.Red. f.Oesterr.-U.: Jos. Böhm. 2. J. '10, 52 Nrn u. 3. J., 1. Viertelj. Jan.—März '11, 13 Nrn. ('11, Nr 1: 20 m. z. Tl farb. Abb.) Lex8° Berl., Verl. C Marfels. viertelj. 1.80; einz. Nrn — 15 ‖ 3. J., 2—4. Viertelj. 39 Nrn. (Nr 14: 20 m. z. Tl farb. Abb.) viertelj. 2.50; einz. Nrn — 20

Blätter: Wöchentliche Blätter zur Unterhaltung und Belehrung v. Der aufrichtige und wohlerfahrne Schweizerbote (Ag).

Blätter, Wörishofer. Red.: L. Viereck. 2. Jahrg. 1891. 24 Nrn. (2 Bog.) hoch 4. München, Verlag der Wörishofer Blätter, L. Viereck. Vierteljährlich n. 1. —; vom 1. Apr. ab auch in Wochennummern vierteljährl. 1. 50

— dasselbe. Aelteste period. Druckschrift auf dem Gebiete des Kneipp'schen Naturheilverfahrens. — Seit Mitte 1891 vereinigt m. der Monatsschrift: „Die Gesundheit, Organ der bayer. Naturheilvereine. Illustrirte Zeitschrift f. das gesammte moderne Naturheilverfahren". 3. u. 4. Jahrg. 1892. 1893. à 52 Nrn. (Bog.) 4. Ebd.
à Jahrg. n. 6.—; Halbmonatsausg. n. 5. —

— dasselbe. Mit der hygien. Gratisbeilage: „Die Gesundheit". Illustr. Zeitschrift f. das gesammte moderne Naturheilverfahren. Red.: Katz. 5. Jahrg. 1894. 52 Nrn. (Bog.) 4. Ebd. n. 6. —; Halbmonatsausg. n. 5. —

— Wörishofer. Aelt. period. Druckschrift a. d. Gebiete d. Kneipp'schen Naturheilverfahrens. Ill. Zeitschrift f. d. ges. mod. Naturheilverfahren. Red.: Katz, f. d. lokalen Thl.: Vera Waibel. 6. u. 7. Jahrg. 1895—1896. à 52 Nrn. (à ca. 1 Bog.) München, Verlag d. Wörishofer Blätter. à Jahrg. n. 6. —
Redakteur f. d. nichtärztl. Tl. d. Jahrg. 1896: H. Hofmann.

— Dasselbe. Hrsg. unt. freundl. Mitwirkg. hervorrag. Naturheilärzte u. Fachschriftsteller. Red.: Max Poeßl. Aerztl. Red.: Katz. 8. u. 9. Jahrg. 1897—1898. à 52 Nrn. (à ca. 2 Bog.) 4. Ebd. à Jahrg. n. 6. —
Kann auch vierteljährlich bezogen werden. — Aerztl. Redakteur f. d. 9. Jahrg.: Walser.

Blätter, Wörishofer. Aelteste period. Druckschrift auf dem Gebiete des Kneipp'schen Heilverfahrens. Wochenschrift f. das gesamte moderne Naturheilverfahren, f. naturgemäße Lebensweise u. f. Volkswirtschaft. Hrsg. unter Mitwirkg. hervorrag. Naturheilärzte u. Fachschriftsteller v. F. Hellwag. Aerztl. Red.: Walser. 10. u. 11. Jahrg. April 1899—März 1901. à 52 Nrn. gr. 8. (à ca. 1 Bog.) München, Verl. d. Wörishofer Blätter. à Jahrg. n. 6. —

— Wörishofer, Fortsetzg. s.: Gesund u. glücklich.

Blätter, Würtembergische, s. Verhandlungen, Die, auf dem Würtemberg. Landtage.

— zehn, zu Hebels alleman. Gedichten, s. Sophie Reinhard.

— zehn, für d. Toilette. Eine Samml. von Mustern. 4. Kopenh. 814. Bonnier. (Leipz., Wienbrack). 12 gr

— für den Zeichen- u. gewerbl. Berufsunterricht. Organ d. Verbandes schweiz. Zeichen- u. Gewerbeschullehrer. Chefred.: Pupikofer. 16. Jahrg. 1891. 12 Nrn. (à ca. 1½ Bog. m. Illustr. u. Beilagen.) gr. 8. St. Gallen, (Huber & Co.). n. 4. —

— dasselbe. 17.—19. Jahrg. 1892—1894. à 24 Nrn. (à ca. 1½ Bog. m. Illustr. u. Beilagen.) gr. 8. Ebd.
à Jahrg. n. 4. —
s. Bd. XXV: Blätter f. den Zeichenunterricht an Volks-, Mittel- u. gewerbl. Berufsschulen.

— für den Zeichen- und gewerbl. Berufunterricht. Organ des Verbandes schweiz. Zeichen- u. Gewerbeschullehrer. 20. Jahrg. 1895. 24 Nos. Gr. in-8°. N° 1. 16 S. m. 1 Beil. St. Gallen, Huber & Co. 5 —

— f. d. Zeichen- u. gewerbl. Berufsunterricht. Org. d. Verb. schweiz. Zeichen- u. Gewerbeschullehrer. 20.—22. Jahrg. 1895—1897. à 24 Nrn. (à ca. 1 Bog. m. Beilage.) gr. 8. St. Gallen (Fehr). à Jahrg. n.n. 5. —

— dasselbe. Org. d. Verb. z. Förderg. d. Zeichen- u. gewerbl. Berufsunterr. i. d. Schweiz. Chef-Red.: O. Pupikofer. 23. Jahrg. — Revue suisse de l'enseignement professionnel. Réd. en Chef: Léon Genoud. (5me année.) 1898. 24 Nrn. (à ca. 2 Bog. m. Fig. u. Taf.) gr. 8. Ebd. n.n. 5. —

— für den Zeichen- u. gewerbl. Berufsunterricht. Organ des Verbandes zur Förderg. des Zeichen- u. gewerbl. Berufsunterrichts in der Schweiz. Chef-Red.: O. Pupikofer. 24.—27. Jahrg. — Revue suisse de l'enseignement professionnel. Réd. en Chef: Léon Genoud. (6me—9me année.) 1899—1902. à 24 Nrn. 4. (à ca. 20 S. m. Abbildgn.) St. Gallen (Fehr). à Jahrg. n.n. 5. —

— f. den Zeichen- u. gewerblichen Berufsunterricht. Organ des Verbandes schweiz. Zeichen- u. Gewerbeschullehrer. Chef.-Red.: Ulr. Gutersohn. — Revue suisse de l'enseignement professionel. Réd.: Léon Genoud. 28.—31 Jahrg. 1903—1906. à 24 Nrn. (IV, 196; IV, 204; IV, 216 u. IV, 192 S. m. 8, 12, 14 u. 2 Taf.) Lex.-8. St. Gallen (Fehr). à Jhrg. n.n. 5. — 1903 v. O. Pupikofer, 1904 u. 1905 v. H. Volkart redig.

Blätter f. d. Zeichen- u. gewerblichen Berufsunterricht. Organ d. Verbandes schweiz. Zeichen- u. Gewerbeschullehrer. Chef-Red.: Ph. Ritter. Red.: Phil. Ritter u. E. Wuffli. Revue suisse de l'enseignement professionel. Red.: Léon Genond, Kuster. 32—35. Jahrg. 1907—1910 à 24 Nrn. (204, 204, 216 u. 215 S. m. Abb. u. 7, 11, 30 u. 27 Taf.) Lex. 8. St. Gallen, (Fehr.) à Jhrg. nn 5. —

Blätter f. d. Zeichen- u. gewerbl. Berufsunterr. Chef-Red.: Ph. Ritter. Red.: Phil. Ritter u. E. Wuffli. Revue suisse de l'enseignement professionel. Red.: partie franç. C Schlaepfer, partie italienne P Andreoli. 35—37. J. '10—12 je 24 Nrn. ('12, Nr 1: 8 m. Abb. u. Taf.) Lex8° St Gall., (Fehr). je nn 5 —

— für den Zeichenunterricht an niedern u. höhern Schulen. Organ d. Vereins zur Förderg. d. Zeichenunterrichts. Red.: H. Weissbrodt. 1. u. 2. Jahrg. 1875. u. 1876. à 4 Nrn. (à 1½—2 B.) gr. 8. Frauenfeld, Huber. à Jahrg. n. 2. —

— für den Zeichenunterricht an niedern u. höhern Schulen. Organ des Vereins zur Förderung des Zeichenunterrichts. Red.: U. Schoop. 3. u. 4. Jahrg. 1877 u. 1878. à 4 Nrn. (à 1½—2 B.) gr. 8. Frauenfeld. Huber. à Jahrg. n. 2. —

Blätter für den Zeichenunterricht an niedern u. höhern Schulen. Organ des Vereins zur Förderung des Zeichenunterrichts. Red.: U. Schoop. 5—8. Jahrg. 1879—1882. à 6 Nrn. (à 1—1½ B.) gr. 8. Frauenfeld, Huber. à Jahrg. n. 2. 50

— für den Zeichenunterricht an niedern u. höhern Schulen. Organ d. Vereins zur Förderg. d. Zeichenunterrichts. Red.: U. Schoop. 9. u. 10. Jahrg. 1883 u. 1884. à 6 Nrn. (à 1—1¼ B.) gr. 8. Frauenfeld, Huber. à Jahrg. n. 2. 50

—— für den Zeichenunterricht an Volks-, Mittel- und gewerblichen Berufsschulen mit Berücksicht. des kunstgewerblichen Unterrichts. Organ des Vereins zur Förderung des Zeichenunterrichts. 11. Jahrg. Juli 1886—Juni 1887. 12 Nrn. (à Nr. 1—1¼ Bog.) gr. 8. St. Gallen, (Huber und Comp.) * 3 20

—— für den Zeichenunterricht an Volks-, Mittel- u. gewerblichen Berufsschulen, m. Berücksicht. d. kunstgewerblichen Unterrichts. Organ des Vereins zur Förderung d. Zeichenunterrichts. Chefredact.: Pupikofer. 12.—15. Jahrg. 1887—1890. à Jahrg. 12 Nrn. (à Nr. 1—1¼ Bog. m. farb. Beilagen.) gr. 8. St. Gallen, (Huber u. Comp.). à Jahrg. * 3 20
Fortsetzung u. d. T.:
Blätter für den Zeichen-u. gewerbl. Berufsunterricht.

Blätter der Zeit. – Braunschweig: 3. X. 1848 - 25. III. 1855.
Vorh. u. d. T.: Blätter der Zeit für das bewaffnete Volk.

—— der Zeit. Redakt.: F. Biermann. 1—3. Jahrg. 1848. April—Decbr. 117 Nrn. (½ Bog.) und Jahrg. 1849 und 1850. à 156 Nrn. (Bog.) gr. 4. Braunschweig, (G. C. E. Meyer sen.) à Jahrg. *

— der Zeit. Red.: C. ter Meer. 3. Jahrg. 1849. 52 Nrn. Fol. (B.) Aachen, ter Meer. n. n. 2 ₰

Blätter der Zeit für das bewaffnete Volk. – Braunschweig: 1.IV.1848 - 2. X. 1848.
Fortges. u. d. T.: Blätter der Zeit.

– — Zellner's, für Theater, Musik und bildende Kunst. 15. Jahrgang 1869. 104 Nrn. Fol. (à ½ Bg.) Wien, Ferd. Klemm's Sep.-Conto. 8 fl. Mit Postzusendung 9 fl. 40 kr

— Zerstreute, von e. kathol. Geistlichen. 1r Bd. gr 8. Stuttgart 826, v. Cotta.

Blätter, Zerstreute, von H. Gr. H. Wien 1850. V: *Haugwitz, Heinrich Graf*[?]. (EB)

Blätter, Zerstreute, zur Belehrung und Unterhaltung für Frauenzimmer ... Breslau 1804. V: *Gürnth, Christine Dorothea geb. Hentschel.* (MGT) (Schl)

— zerstreute, z. Belehr. u. Unterhalt. f. Frauenz. v. Amalien. 8. Bresl. Korn d. ält. 804.

— zerstreute, aus dem Fremdenbuche Sr. Hoheit d. Prinzen Gsohnas, gesammelt, gefunden u. gebunden v. seinen zerstreuten Verehrern. qu. gr. 8. (93 S. m. Abbildgn.) Wien 893. (Leipzig, Literar. Anstalt, A. Schulze.) Kart. n. 4. —

— zerstreute, zur Unterhaltung, f. Amalia.

— für Zuckerrübenbau. Zeitschrift f. die Kultur der Zuckerrübe u. ihre Verwerthg. in der Landwirthschaft. In Verbindg. m. F. Albert, H. Bodenbender, H. Briem u. A. hrsg. v. Carl Hager. 1. Jahrg. 1894. 26 Nrn. (à ca. 1½ Bog. m. Abbildgn.) gr. 8. Berlin, (R. Kühn). n. 5. —
Bandausg., s. u. d. T.: Jahrbuch f. Zuckerrübenbau.

— f. Zuckerrübenbau. Zeitschrift f. d. Kultur d. Zuckerrübe u. ihre Verwerthg. f. d. Landwirthschaft. I. Verbindg. m. F. Albert, H. Bodenbender, H. Briem u. A. hrsg. v. Carl Hager. 2.—5. Jahrg. 1895—1898. à 24 Nrn. (à ca. 1 Bog.) gr. 8. Berlin (R. Kühn's Verl.). à Jahrg. n. 5. —

— für Zuckerrübenbau. Zeitschrift f. die Kultur der Zuckerrübe u. ihre Verwerthg. in der Landwirthschaft. In Verbindg. m. F. Albert, H. Briem, B. Brukner hrsg. v. Carl Hager. 6.—9. Jahrg. 1899—1902. à 24 Nrn. gr. 8. (à Jahrg. 384 S.) Berlin (R. Friedländer & Sohn). à Jahrg. n. 5. —; f. das Ausland portofrei à Jahrg. n. 6. 50

— für Zuckerrübenbau. Zeitschrift f. die Kultur der Zuckerrübe u. ihre Verwertg. in der Landwirtschaft. In Verbindg. m. F. Albert, H. Briem, B. Brukner hrsg. v. Alb. Bartens. 10.—13. Jahrg. 1903—1906. à 24 Nrn. (392, 384, 384 u. 384 S.) gr. 8. Berlin, (R. Friedländer & Sohn). à Jhrg. n. 5. —
Der 10. Jahrg. ist von Carl Hager hrsg.

— für Zuckerrübenbau. Zeitschrift f. die Kultur der Zuckerrübe u. ihre Verwertg. in der Landwirtschaft. In Verbindg. m. F. Albert, H. Briem, B. Brukner u. a. hrsg. v. Alb. Bartens. 14—17. Jahrg. 1907—1910 à 24 Nrn. (à ca. 16 S.) gr. 8. Berlin, R. Friedländer & Sohn. à Jhrg. 5. —

— f. Zuckerrübenbau. Hrsg. v. Alb. Bartens. Verantwortl.: Alb. Bartens. 17—19. J. '10—12 je 24 Nrn. ('12, Nr 1 u. 2: 34 m. Abb.) gr8° Berl., R Friedländer & S. je 5 — d

Blätter der Zukunft. Paris 1846. 8 Nrn.

Züricher Blätter: Züricher Fliegende Blätter
v. Schweizerische Fliegende Blätter.

— zwanglose, für Literatur u. gesellige Unterhaltung. Nr. 1. gr. 8. (16 S.) Leipzig 882. Beyer. n. — 10

Blätter, Zwanglose, für Oberösterreich. Steyr 1848. H: *Schindler, Alex. Jul.* Red: *Arming, Friedr. Wilh.* (EB)

Blätter, Zwanglose, in 7 Prisen. Zürich 1882. V: *Locher, Frdr.* (Cat. d. Stadtbibl. Zürich. Zürich 1864—97.)

— f. Zwangserziehg u. Fürsorge. VI. Bd. 1. Heft. (148) gr8° Wien, C Konegen '09. 8 —
Bisher nicht im Buchh. Bd I—III, 1. Heft erschienen u. d. T.: Mitteilungen d. Ver. d. Beamten d. österr. Landes- u. sonst. öffentl. Zwangsarbeits- u. Besserungsanst.; Bd III, 2. Heft bis Bd V u. d. T.: Mitteilungen d. Ver. f. Zwangserziehg u. Fürsorge.

— für Zwangserziehung u. Fürsorge. Organ des Vereines f. Zwangserziehg. u. Fürsorge. VI. Bd. 1. Hft. u. VII. Bd. (148 u. 152 S.) gr. 8. Wien 910. C. Konegen. à 8. —
Vergl.: Mitteilungen d. Vereines f. Zwangserziehung u. Fürsorge.

— f. Zwangserziehung u. Fürsorge. 7. u. 8. Bd. gr8° Wien, C Konegen. 7 —
7. (152) '10. 8 — 8. (4, 196) '11. 4 —

Blätter-Kalender, Münchener fliegender, für 1884 und 1885. 1. und 2. Jahrg. gr. 8. (à 112 S. mit eingedr. Holzschn.) München, Braun und Schneider. à Jahrg. *

Loge zur Harmonie im Or. Chemnitz. Gesang zum Johannis-Fest am 23. Juni 1901. [Von Friedr. Herm. Geidel; komp. von A. Blättermann.] [Chemnitz 1901: Tetzner & Zimmer.] 1 Bl. 8° [Umschlagtit.]
„Maurer's Johannislied." Ohne Noten: „Johannistag voll Licht und Glanz, . . ."

Blattern, die, oder volksthüml. Belehrg. über rationelle Behandlung der echten Blattern unter Abwendung der Lebensgefahr. Nach den Principien der Schroth'schen Naturheillehre v. dem Verf. des Buches „Der menschliche Körper in Wohlsein u. Krankheit". Mit dem Portr. d. Joh. Schroth. (Neue Ausg.) 8. (23 S.) Freiwaldau 890. Blažek. n. — 75

Blattern, die, od. volkstüml. Belehrg. üb. rationelle Behandlg. der echten Blattern unter Abwendg. der Lebensgefahr. Nach den Prinzipien der Schroth'schen Naturheillehre v. dem Verf. des Buches „Der menschl. Körper in Wohlsein u. Krankheit". (Neue Aufl.) (23 S. m. 1 Bildnis.) 8. Freiwaldau-Gräfenberg (909). A. Blažek. — 50

[J.] Blattern und Schutzpockenimpfung. Denkschr. z. Beurtheilg d. Nutzens d. Impfgesetzes v. 8. Apr. 1874 u. z. Würdigg der dagegen gerichteten Angriffe. Bearb. im Kais. Gesundheitsamte. M. 1 Abb. im Text u. 7 Taf. *Berlin: J. Springer 1896.* (1 Bl., III, 192 S., 7 Taf. u. Tab.) 1 Bd 8. (96. 7048

Blattern u. Schutzpockenimpfung. Denkschrift z. Beurtheilg. d. Nutzens d. Impfgesetzes v. 8. Apr. 1874 u. z. Würdigg. d. dageg. gericht. Angriffe. Bearb. i. kaiserl. Gesundheitsamte. 2. Aufl. gr. 8. (III, III, 194 S. m. 1 Abb. u. 7 Taf.) Berlin 896. J. Springer. Kart. n. — 80

Blattern und Schutzpockenimpfung. Denkschrift z. Beurtheilung d. Nutzens d. Impfgesetzes vom 8. April 1874 u. z. Würdigung d. dagegen gerichteten Angriffe. Bearb. im Kais. Gesundheitsamte. 3. Aufl. Mit 1 Abb. im Text u. 6 Taf. *Berlin: J. Springer 1900.* (IV, 196 S.) 8° [J.] (00. 775

Aus vergilbten Blättern'. Zeitgenöss. Beiträge z. Geschichte von anno Neun. Akten zu Tirols Jahrhundertfeier. Nach Originalaufschreibungen hrsg. von Heinrich v. Wörndle. Innsbruck: Wagner in Comm. 1909. VI, 114 S. 8° (09 11731

Blatterpfropfen, über das, (v. K. F. A. Hentschel). 8. Bresl. 795. W. G. Korn. 8 gr.

BLÄTTGEN, Das, der Liebe für junge Eheleute, welche eine glückliche Ehe führen wollen. Mit TKpf. Hymenshayn, im Jahr der Liebe (ca. 1800). 12°.
Bibl. Bülov. II, Abth. 4, S. 144; Weller, fing. Dr.

Blattkalender f. 1861 auf Naturpap. Wien, Lienhart. 20 kr.
— — f. 1861 auf einer Seite gedr. Ebd. 16 kr.
— — f. 1861 auf weißem Lackpap. Ebd. 24 kr.
— — f. 1861 französisch. Ebd. 20 kr.
— — f. 1861 auf lackirt. Pap. mit Stäbchen. Ebd. 50 kr.
— — — — im Rahmen. Ebd. 80 kr.
— — f. 1861. Wien, Pfautsch & Voß. 16 kr.

Blattkalender, 1862 u. 1863 auf Lackpapier. kl. 4. Wien, Lienhart. à 24 kr.
— — 1862 u. 1863. 8. Ebds. à 20 kr.
— — Derselbe auf Lackpapier mit Metallstäbchen. Ebds. 50 kr.
Derselbe in braunem Rahmen. Ebds. 80 kr.
— — auf 1 Seite gedruckt (2 Blatt.) kl. 4. Ebds. 16 kr.
— — 1862 u. 1863, französisch. 8. Ebds. à 20 kr.
— — für das Jahr 1862. 16. Wien, Pfautsch. 16 kr.
— — Derselbe 1863. 16. Ebds. 16 kr.

— — für das Jahr 1863. 1 Bl. kl. Fol. deutsch. Wien, Lienhart. 20 kr.
— — Derselbe französisch. Ebds. 20 kr.
— — 1 Blatt gr. 8. lackirt. Ebds. 24 kr.
— — 1 Blatt in Fol. zum Aufziehen auf einer Seite. Ebds. 16 kr.

Blatt-Kalender für das Jahr 1866. kl. 4. Wien, Pfautsch. 20 kr.
— — für 1866. 4. Brünn, Winiker. 16 kr.
— — Derselbe Deutsch. 1 Bl. kl. Fol. Wien, Lienhart. 20 kr.
— — Derselbe französisch. Ebds. 20 kr.
— — Derselbe lackirt. Ebds. 24 kr.
— — Derselbe zum Aufziehen auf einer Seite. Ebds. 16 kr.

Blatt-Kalender für 1867. ¼ Bg. Wien, Lienhart. Deutsch 20 kr. französisch 20 kr., zum Aufziehen auf 1 Seite 16 kr., auf Lackpapier 24 kr. mit Holzrahmen zum Aufstellen 70 kr.
— für das Jahr 1867. 12. Wien, Voß. 20 kr.

Blatt-Kalender, f. 1867. kl. 4. Wien. Tendler & Comp. (Carl Fromme.) 15 kr.

— — für 1868. 1 Bl. kl. 4. Wien, Fromme 15 kr.
(?.) für 1868, deutsch. 1 Bl. kl. 4. Wien, Lienhart. 20 kr.
— — Derselbe französisch. Ebds. 20 kr.
— — Derselbe zum Aufziehen auf 1 Seite. Ebds. 16 kr.
— — Derselbe auf Lackpapier. Ebds. 24 kr.
— — Derselbe dto. mit Holzrähmchen. Ebds. 70 kr.

Blatt-Kalender für 1869. 2seitig auf 1 Blatt. kl. quer 4. Wien. Fromme. 15 kr.
— — Derselbe 1seitig auf 2 Blättern. kl. quer 4. Ebds. 15 kr.
— — für das Jahr 1869. 1 Blatt. kl. 4. Wien, Lienhart. 20 kr.
— — Derselbe. Französisch. kl. 4. Ebds. 20 kr.
— — Derselbe. Zum Aufziehen auf einer Seite. kl. 4. Ebds. 16 kr.
— — Derselbe. Auf Lackpapier. kl. 4. Ebds. 24 kr.
— — Derselbe. Mit Holzrähmchen. kl. 4. Ebds. 70 kr.

— für 1870. Zweiseitig auf 1 Blatt. kl. 4. Wien, Fromme. 15 kr.

Blatt-Kalender für 1870. kl. 4. Deutsch. Wien, Lienhart. 20 kr

— — für das Jahr 1870. kl. 4. Wien, Ueberreuter (Salzer.) 10 kr. quer Fol. 10 kr., quer 4. 12 kr., gr. Fol. 12 kr.

Blatt-Kalender für das Jahr 1871. 1 Bl. kl. 4. Wien, Lienhart. 20 kr.
— — Derselbe. Französisch. 1 Bl. kl. 4. Ebds. 20 kr.
— — Derselbe. Zum Aufziehen auf einer Seite. 1 Bl. kl. 4. Ebds. 16 kr.
— — Derselbe. Auf Lackpapier. 1 Bl. kl. 4. Ebds. 24 kr.
— — Derselbe. Mit Holzrähmchen. kl. 4. Ebds. 70 kr.
— — Derselbe 1871. Zweiseitig auf 1 Blatt. Wien, Fromme. 15 kr.
— — Derselbe einseitig auf 2 Blättern zum Aufziehen. Ebds. 15 kr

Blatt-Kalender, böhmisch. Zweiseitig auf 1 Blatt 10 kr.
— Derselbe. Einseitig auf 2 Blatt zum Aufziehen 10 kr.
— Derselbe. Aufgezogen mit Stempel-Scalen auf dem inneren Deckel 80 kr. ord.
Wien: Jacob Dirnböck 1881.

— Ungarisch. Zweitig auf 1 Blatt 20 kr.
— Derselbe. Einseitig auf 2 Blatt zum Aufziehen.
— Derselbe. Aufgezogen mit Stempel-Scalen. 36 kr.
Wien: Jacob Dirnböck 1881

— — Mit Holzrahmen 60 kr.
Wien: Jg. Linhart 1882

— — Auf Lackpapier 24 kr.
Ebd.

Blattkalender für 1883. zweiseitig 16 kr.
— — einseitig 16 kr.
— — aufgezogen zum Hängen 22 kr.
— — aufgezogen zum Stellen 24 kr.
Graz: „Leykam-Josefsthal" 1882

Blatt-Kalender für 1883. (1 Blatt) 20 kr.
Wien: Jg. Linhart 1882

— pro 1884. Graz, „Leykam-Josefsthal". Auf Carton zweiseitig 16 kr., einseitig roh 16 kr., aufgezogen zum Stellen 24 kr.

Blattkalender für 1884. (1 Bl.) Wien, Ign. Linhart. 20 kr., zum Aufziehen auf einer Seite 16 kr, auf Lackpapier 24 kr., mit Holzrahmen 60 kr.

Blattkalender f. 1885. Wien, Ign. Lienhart. Zweiseitig auf 1 Blatt 20 kr., zum Aufziehen auf einer Seite 16 kr, aufgesp 30 kr., auf Lackpapier 24 kr., mit Holzrähmchen 50 kr.

Blatt-Kalender für 1886. Wien, Ign Lienhart. Zweiseitig auf 1 Blatt 20 kr., zum Aufziehen auf einer Seite 16 kr., aufgespannt 30 kr., auf Lackpapier 24 kr., m. Holzrähmchen 50 kr.

Blattkalender pro 1887, einseitig. Graz, „Leykam". Roh fl. —.16.
— zum Stellen fl. —.25.
— für 1887. Wien, Perles. fl. —.16.
— in ungarischer Sprache pro 1887. VII. Jahrg. Ebd. fl. —.20.
— für 1887. Wien, Lienhart. Zweiseitig auf 1 Blatt fl. —.20.
— zum Aufziehen auf einer Seite. Ebd. fl. —.16.
— aufgespannt. Ebd. fl. —.30.
— auf Kreidecarton. Ebd. fl. —.24.
— mit Holzrähmchen. Ebd. fl. —.50.
— pro 1887. Französisch. Wien, Fromme. Zweiseitig auf Einem Blatt fl. —.20.
— Einseitig auf zwei Blatt zum Aufziehen. Ebd. fl. —.20.

— für 1888. Zweiseitig auf 1 Blatt. Wien, Lienhart, fl. —.20.
— — zum Aufziehen auf einer Seite. Ebd. fl. —.16.
— — aufgespannt. Ebd. fl. —.30.
— — auf Kreidecarton. Ebd. —.24.
— — mit Holzrähmchen. Ebd. fl. —.50.

Blatt-Kalender, auf Goldfacetten-Cartonpapier, doppelseitig —.20
Wien: Engel 1890

Blatt-Kalender für 1890. Zweiseitig auf 1 Blatt —.20
— — zum Aufziehen auf einer Seite —.16
— — aufgespannt —.30
— — auf Kreidecarton —.24
— — mit Holzrähmchen —.50
Wien: Lienhart

Blatt-Kalender für 1891. Zweiseitig auf 1 Blatt —.20
— — zum Aufziehen auf einer Seite —.16
— — aufgespannt —.30
— — auf Kreidecarton —.24
— — mit Holzrähmchen Ebd. —.60

Blatt-Kalender für 1892. Zweis. auf 1 Bl. —.20
— — zum Aufziehen auf einer Seite —.16
— — aufgespannt —.30
— — auf Kreide-Carton —.24
— — mit Holzrähmchen Ebd. —.60

Blatt-Kalender für 1893. Zweis. auf 1 Bl. —.20
— — zum Aufziehen auf einer Seite —.16
— — aufgespannt —.30
— — auf Kreide-Carton —.24
— — mit Holzrähmchen Ebd. .60

Blatt-Kalender für 1894. Mit färbiger Einfassung. Zweiseitig auf einem Blatt —.20
— — zum Aufziehen auf einer Seite —.16
— — aufgespannt —.30
— — auf Kreide-Carton —.24
— — mit Holzrähmchen Ebd. —.50

Blatt-Kalender f. 1895. 16. (4 S.) Wien, M. Perles. n. — 32

Blatt-Kalender für 1896. Mit färbiger Einfassung. Zweiseitig auf einem Blatt —.20
— — zum Aufziehen auf einer Seite —.16
— — mit Metallschienen zum Hängen —.30
— — auf Kreide-Carton —.24
— — mit Holzrämchen —.50
Graz: Leuschner & Lubensky

Blatt-Kalender f. 1896. 16. (4 S.) Wien, M. Perles. n. — 32

Blatt-Kalender für 1897. Mit färbiger Einfassung. Zweiseitig auf einem Blatte —.20
— — zum Aufziehen auf einer Seite —.16
— — aufgespannt —30
— — mit Metallschienen zum Hängen —.30
— — auf Kreide-Carton —.24
Wien: Lienhart 1896

— — **Aufgezogen zum Stellen** —.26
Graz: Verlag „Leykam" 1898

Blatt-Kalender für 1898. Mit färbiger Einfassung. Zweiseitig auf einem Blatte —.20
— — zum Aufziehen auf einer Seite —.16
— — aufgespannt —.30
— — mit Metallschienen zum Hängen —.28
Wien: Lienhart 1897

Blatt-Kalender für 1899. Mit färbiger Einfassung. Zweiseitig auf einem Blatte — 20
Wien: Ig. Lienhart

Blattkalender, einseitig
— Derselbe, aufgezogen zum Stellen
Graz: Verlagsbuchh. Leykam 1909

Blattkalender, einseitig
— Derselbe. Aufgezogen, zum Stellen
Graz: Verlagsbuchhandlung „Leykam" 1910

Blattkalender, bequemster — für 1858 Wien. Dr. und Verlag der typogr.-literar.-artist. Anstalt von L. C. Zamarski, Karl Dittmarsch und Komp. (2 Bl. 12.)

—— bequemster, für 1861. Wien, typ. lit. artist. Anstalt. 15 kr.

Blatt-Kalender, bequemster, für 1862. Wien, Typogr. lit. art. Anstalt. 15 kr.

—— bequemster, für das Jahr 1863, Wien, typ. lit. art. Anstalt. 15 kr.

Blatt-Kalender, bequemster, für das Jahr 1864. kl. 8. Wien, typ. lit. art. Anstalt. 15 kr.

Blatt-Kalender, bequemster, für das Jahr 1865. kl. 8. Wien, typ.-lit.-art. Anstalt. 15 kr.

— — bequemster, für das J. 1866. kl. 8. Wien, lit.-art. Anstalt. 15 kr.

Blatt-Kalender, bequemster, für das Jahr 1867. 12 Wien, liter. artist. Anstalt v. C. Dittmarsch. 15 kr.

Blatt-Kalender, bequemster, für das Jahr 1868. 12. Wien, Dittmarsch Sep.-Conto. 15 kr.

— — bequemster für das Jahr 1869. 1 Blatt 11. 4. Wien, liter.-art. Anstalt von C. Dittmarsch. 15 kr.
— — Derselbe Zweitig. Ebds. 15 kr.
— — Derselbe Weita auf 2 Blättern. Ebds. 15 kr.

Blatt-Kalender, bequemster für 1871. Wien, lit.-art. Anstalt C. Dittmarsch). 15 kr.

Blatt-Kalender, bequemster, für 1880. gr. 16. (4 S.) Wien, Perles. n. — 32

Blatt-Kalender für die Brieftasche pro 1883. IX. Jahrg. 12. 16 kr. Wien: Perles 1882.

— für die Brieftasche pro 1884. X. Jahrg. Wien, Moritz Perles. 16 kr.

— für die Brieftasche pro 1885. XI. Jahrg. Wien, Moritz Perles. 16 kr.

— f. d. Brieftasche, pro 1886. XII. Jahrg. Wien, Moritz Perles 16 kr.

Blatt-Kalender für die Brieftasche pro 1888. XIV. Jahrgang in ungarische Sprache. Ebd. fl. —.16.

Blattkalender für die Brieftasche, pro 1890. XVI. Jahrg. Wien: Perles. —.16

Blatt-Kalender für die Brieftasche pro 1891. XVII. Jahrg. —.16

Blattkalender für die Brieftasche pro 1892. XVIII. Jahrg —.16

Blatt-Kalender für die Brieftasche pro 1893. XIX. Jahrgang —.16

Blatt-Kalender für die Brieftasche pro 1894. XX. Jahrgang —.16

Blattkalender für die Brieftasche pro 1895, XXI. Jahrgang —.16

Blatt-Kalender für die Brieftasche pro 1896. XXII. Jahrgang —.16

Blatt-Kalender für die Brieftasche pro 1897, XXIII. Jahrgang —.16

Blatt-Kalender für die Brieftasche pro 1898. XXIV. Jahrgang. —.16

Blatt-Kalender für die Brieftasche pro 1899, XXV. Jahrgang —.16

Blattkalender für die Brieftasche pro 1903. XXIX. Jahrgang K —.25

Blattkalender für die Brieftasche für 1909. XXXV. Jahrg. K —.25

Blattkalender für die Brieftasche. 1910. XXXVI. Jahrg. K —.25

Blattkalender f. d. Brieftasche in ungar. Sprache pr. 1882. II. Jahrg. 20 kr. Wien: Perles 1881.

Blattkalender für die Brieftasche in ungarischer Sprache pro 1883. 20 kr.

Blatt-Kalender für die Brieftasche in ungarischer Sprache pro 1890. X. Jahrgang —.20

Blatt-Kalender für die Brieftasche pro 1892. XII. Jahrg. in ungarischer Sprache —.20

— Derselbe in ungarischer Sprache pro 1893. XIII. Jahrgang —.20

— Derselbe in ungarischer Sprache pro 1894. XIV. Jahrgang —.20

— Derselbe in ungarischer Sprache pro 1896. XVI. Jahrgang —.20

— Derselbe in ungarischer Sprache pro 1897, XVII. Jahrgang —.20

— Derselbe in ungarischer Sprache pro 1897. XVIII. Jahrgang —.20

Blatt-Kalender für die Brieftasche (in ungarischer Sprache) pro 1899. XIX Jahrg. .20

Blatt- oder Brieftaschenkalender, auf das Jahr 1883. 15 kr.

Blattkalender, Deutscher, s. Blattkalender, Fromme's deutscher.

Blatt-Kalender
— Französisch. Zweiseitig auf 1 Blatt 20 kr.
Derselbe. Einseitig auf 2 Blättern zum Aufziehen 20 kr.
Wien: Jacob Dirnböck 1881.

Blatt-Kalender, Fromme's, für 1882. Zweiseitig auf 1 Blatt. kl. 4. 16 kr. Wien: Karl Fromme.

— Fromme's für 1884. Wien, Carl Fromme. Zweiseitig auf 1 Blatt. 16 kr., derselbe einseitig auf 2 Blatt zum Aufziehen 16 kr., aufgezogen mit Stempel-Scalen auf den inneren Deckel 30 kr.

— Fromme's, f. 1885. Wien, Carl Fromme. Zweiseitig auf 1 Blatt 16 kr., derselbe einseitig auf 2 Blatt zum Aufziehen 16 kr., aufgezogen mit Stempel-Scalen auf dem inneren Deckel 30 kr..

Blattkalender, böhmisch, Fromme's, für 1883. Zweiseitig auf 1 Blatt. 16 kr.
— — Derselbe einseitig auf 2 Blatt zum Aufziehen. 16 kr.
— — Derselbe aufgezogen mit Stempelscalen auf dem inneren Deckel. 30 kr.
Wien: Carl Fromme 1882.

— böhmisch. Zweiseitig auf 1 Blatt. Ebd. fl. —.16.
— Derselbe. Einseitig auf 2 Blatt zum Aufziehen. Ebd. fl. —.16.
— Derselbe. Aufgezogen mit Stempel Scalen auf dem inneren Deckel. Ebd. fl. —.25. 1887.

— Fromme's böhmischer, pro 1888, zweiseitig auf 1 Blatt. Ebd. fl. —.16.
— — Derselbe. Einseitig auf 2 Blatt z. Aufziehen. Ebd. fl. —.16.
— — Derselbe. Aufgezogen mit Stempel-Scalen auf dem inneren Deckel. Ebd. fl. —.25.

Derselbe, böhm. 9. Jahrg. 1890. Zweiseitig auf 1 Blatt. Format 11×14 *cm* —.16
Derselbe. Einseitig auf 2 Blatt z. Aufziehen —.16
Derselbe. Aufgezogen, mit Stempel-Scalen auf dem inneren Deckel —.25

Blatt-Kalender, Fromme's böhm. 10. Jahrg. 1891. Zweiseitig auf 1 Blatt. Format 11×14 *cm* —.16
Derselbe. Einseitig auf 2 Blatt zum Aufziehen —.16
Derselbe. Aufgezogen mit Stempel-Scalen auf dem inneren Deckel * —.25

Blatt-Kalender, Fromme's böhm., pro 1893. 12. Jahrgang. Zweiseitig auf einem Blatt. Format 11×14 *cm* —.16
Derselbe. Eins. auf 2 Bl. zum Aufziehen —.10
Derselbe. Aufgezogen, mit Stempel-Scalen auf dem inneren Deckel —.25

Blatt-Kalender, Fromme's böhm., pro 1894. 15 Jahrgang. Zweiseitig auf einem Blatt, Format 11×14 *cm* —.16
Derselbe. Eins. auf 2 Bl. zum Aufziehen —.16
Derselbe. Aufgezogen, mit Stempel-Scalen auf dem inneren Deckel —.25

Blatt-Kalender, Fromme's böhmischer, pro 1896. 15. Jahrgang. Zweiseitig auf einem Blatte. Format: 11×14 *cm* —.16
Derselbe. Einseitig auf 2 Bl. z. Aufziehen —.16
Derselbe. Aufgezogen mit Stempel-Scalen auf dem inneren Deckel —.25

Blatt-Kalender, Fromme's, pro 1897; böhm. 16. Jahrg. Zweiseitig auf 1 Blatt. Format 11×14 *cm* —.16
Derselbe. Einseitig auf 2 Blatt zum Aufziehen —.16
Derselbe. Aufgezogen mit Stempel-Scalen auf dem inneren Deckel —.25

Blatt-Kalender, Fromme's, pro 1898, böhm. 17. Jahrg. Zweiseitig auf einem Blatt. Format 11×14 *cm* —.16

Blatt-Kalender, Fromme's böhm. 18. Jahrgang. 1899. Zweiseitig auf einem Blatte. Format 11×14 *cm* —.16
Derselbe. Einseitig auf zwei Blatt zum Aufziehen —.16
Derselbe. Aufgezogen mit Stempel-Scalen auf dem inneren Deckel —.25

Blattkalender, Fromme's deutscher . . .
Blatt-Kalender, deutsch, zweiseitig auf 1 Blatt 16 kr.
Wien: Carl Fromme 1882.

— **Fromme's deutscher, f. d. J. 1886. Wien, Carl Fromme. Zweiseitig auf einem Blatt. 16 kr., einseitig auf zwei Blatt zum Aufziehen. 16 kr., aufgezog. mit Stempel-Scalen auf d. inneren Deckel 30 kr.**

— Fromme's, für das Jahr 1887, deutsch. Ebd. Zweiseitig auf Einem Blatt. Format 11 × 14 Cm. Ebd. fl. —.16.
— Derselbe. Einseitig auf 2 Blatt zum Aufziehen. Ebd. fl. —.16.
— Derselbe. Aufgezogen mit Stempel-Scalen auf dem inneren Deckel. Ebd. fl. —.25.

Blatt-Kalender, Fromme's deutscher, pro 1888, zweiseitig auf einem Blatt. Format 11×14 Centimeter. Wien, Fromme. fl. —.16.
— — Derselbe. Einseitig auf 2 Blatt z. Aufziehen. Ebd. fl. —.16.
— Derselbe. Aufgezogen mit Stempel-Scalen auf dem inneren Deckel. Ebd. fl. —.25.

Blatt-Kalender, Fromme's deutscher. 24. Jahrg. 1890. Zweiseitig auf 1 Blatt. Format 11×14 *cm* —.16
Derselbe. Einseitig auf 2 Blatt z. Aufziehen —.16
Derselbe. Aufgezogen, mit Stempel-Scalen auf dem inneren Deckel —.25
Derselbe. Elegante Ausgabe auf feinem Carton, in fünffarbigem Druck —.36

Blattkalender, Frommes. Deusch. 25. Jahrg. 1891. Zweiseitig auf einem Blatt. Format 11×14 *cm* —.16
Derselbe. Einseitig auf 2 Blatt z. Aufziehen —.16
Derselbe. Aufgezogen mit Stempel-Scalen an den inneren Deckel —.25

Blatt-Kalender, Fromme's Deutscher. 26. Jahrgang. 1892. Zweiseitig auf 1 Blatt. Format: 11×14 *cm* —.16
Derselbe. Einseitig auf 2 Bl. z. Aufziehen —.16
Derselbe. Aufgezogen mit Stempel-Scalen auf dem inneren Deckel —.25

Blatt-Kalender, Fromme's deutscher. 27. Jahrgang. 1893. Zweiseitig auf 1 Blatt Format: 11×14 *cm* —.16
Derselbe. Einseitig auf 2 Blatt zum Aufziehen —.16
Derselbe. Aufgezogen mit Stempel-Scalen auf dem inneren Deckel —.25

Blatt-Kalender, Fromme's, 1894, deutsch. 28. Jahrg. Zweiseitig auf 1 Blatt. Format: 11×14 *cm* —.16
Derselbe. Einseitig auf 2 Blatt zum Aufziehen —.16
Derselbe. Aufgezogen mit Stempel-Scalen auf dem inneren Deckel —.25

Blatt-Kalender, Fromme's Deutscher. 1895. 29. Jahrg. Zweiseitig auf 1 Blatt. Format: 11×14 *cm* —.16
Derselbe. Einseitig auf zwei Blatt zum Aufziehen —.16
Derselbe. Aufgezogen, mit Stempel-Scalen auf dem inneren Deckel —.25
Derselbe. Elegante Ausgabe auf Carton, in vielfarbigem Druck —.36

Blatt-Kalender, Fromme's deutscher, pro 1896. 30. Jahrgang. Zweiseitig auf einem Blatte. Format: 11×14 *cm* —.16
Derselbe. Einseitig auf 2 Bl. z. Aufziehen —.16
Derselbe. Aufgezogen mit Stempel-Scalen auf dem inneren Deckel —.25
Derselbe. Elegante Ausgabe auf Carton in vierfarbigem Drucke —.36

Blatt-Kalender, Fromme's, pro 1897; deutsch. 31. Jahrg. Zweiseitig auf 1 Blatt. Format 11×14 *cm* —.16
Derselbe. Einseitig auf 2 Blatt zum Aufziehen —.16
Derselbe. Aufgezogen mit Stempel-Scalen auf dem inneren Deckel —.25

Blatt-Kalender, Fromme's, pro 1898; deutsch. 32. Jahrg. Zweiseitig auf 1 Blatt. Format 11×14 *cm* —.16

Blatt-Kalender, Fromme's deutscher. 33. Jahrgang. 1899. Zweiseitig auf einem Blatte. Format 11×14 *cm* —.16
Derselbe. Einseitig auf zwei Blatt zum Aufziehen —.16
Derselbe. Aufgezogen mit Stempel-Scalen auf dem inneren Deckel —.25

Blatt-Kalender, Deutsch. 37. Jahrg. Zweiseitig auf 1 Blatt. Format 11×14 *cm* K —.20
— Einseitig auf 2 Blatt zum Aufziehen K —.20
— Aufgezogen mit Stempel-Skalen auf dem inneren Deckel K —.40
Wien: Fromme 1902.

Blattkalender, deutsch. 1906. Zweiseitig auf 1 Blatt. Format 11×14 *cm* K —.20
— Einseitig auf 2 Blatt zum Aufziehen K —.20
— Aufgezogen mit Stempelskalen auf dem inneren Deckel K —.40

— französisch, Fromme's, zweiseitig auf 1 Blatt. 20 kr.
Wien: Carl Fromme 1882.

— Fromme's französischer, pro 1888, zweiseitig auf einem Blatt. Ebd. fl. —.20.
— — Derselbe. Einseitig auf 2 Blatt z. Aufziehen. Ebd. fl. —.20.

Derselbe, französ. 18. Jahrg. 1890. Zweiseitig auf einem Blatt. Format 11×14 *cm* —.20
Derselbe. Einseitig auf 2 Blatt z. Aufziehen —.20

— — Französisch. 19. Jahrg. 1891. Zweiseitig auf einem Blatt. Format 11×14 *cm* —.20
Derselbe. Einseitig auf 2 Blatt zum Aufziehen —.20

— — Fromme's franz., pro 1893. 21. Jahrgang. Zweiseitig auf einem Blatte. Format 11×14 *cm* —.20

— Fromme's franz., pro 1894. 22. Jahrgang. Zweiseitig auf einem Blatte. Format 11×14 *cm* —.20
Derselbe. Einseitig auf zwei Blatt zum Aufziehen —.20

— — Französ. 1895. 23. Jahrg. Zweiseitig auf einem Blatt. Format 11×14 *cm* —.20
Derselbe. Einseitig auf zwei Blatt zum Aufziehen —.20

Blatt-Kalender, Fromme's französ., pro 1896. 24. Jahrgang. Zweiseitig auf einem Blatte. Format: 11×14 *cm* —.20
Derselbe. Einseitig auf 2 Bl. z. Aufziehen —.20

Blatt-Kalender, Fromme's, pro 1897; französ. 25. Jahrg. Zweiseitig auf 1 Blatt. Format 11×14 *cm* —.20
Derselbe. Einseitig auf 2 Blatt zum Aufziehen —.20

Blatt-Kalender, Fromme's französ. 27. Jahrgang. 1899. Zweiseitig auf einem Blatte. Format 11×14 *cm* —.20
Derselbe. Einseitig auf zwei Blatt zum Aufziehen —.20

— ungarisch, Fromme's, zweiseitig auf 1 Blatt 20 kr. 1882.

— Fromme's ungarischer, zweiseitig auf 1 Blatt. Ebd. fl. —.16.
— — Derselbe. Einseitig auf 2 Blatt z. Aufziehen. Ebd. fl. —.16.
— — Derselbe. Aufgezogen mit Stempel-Scalen. Ebd. fl. —.25.
1887.

Derselbe, ungar. 9. Jahrg. 1890. Zweiseitig auf 1 Blatt. Format 11×14 *cm* —.16
Derselbe. Einseitig auf 2 Blatt z. Aufziehen —.16
Derselbe. Aufgezogen, mit Stempel-Scalen —.25

— — Ungarisch. 10. Jahrg. 1891. Zweiseitig auf 1 Blatt. Format 11×14 *cm* —.16
Derselbe. Einseitig auf 2 Blatt zum Aufziehen —.16
Derselbe. Aufgezogen mit Stempel-Scalen —.25

— — Fromme's ungar., pro 1893. 12. Jahrgang. Zweiseitig auf einem Blatt. Format 11×14 *cm* .16
Derselbe. Einseitig auf zwei Blatt zum Aufziehen .16
Derselbe. Aufgezogen mit Stempel-Scalen —.25

— — Fromme's ungar., pro 1894. 13. Jahrgang. Zweiseitig auf einem Blatt. Format 11×14 *cm* —.16
Derselbe. Einseitig auf zwei Blatt zum Aufziehen —.16
Derselbe. Aufgezogen mit Stempel-Scalen — 25

Blatt-Kalender, Fromme's ungarischer, pro 1896. 15. Jahrgang. Zweiseitig auf einem Blatte. Format: 11×14 *cm* —.16
Derselbe. Einseitig auf 2 Bl. z. Aufziehen —.16
Derselbe. Aufgezogen mit Stempel-Scalen —.25

Blatt-Kalender, Fromme's, pro 1897; ungar. 16. Jahrg. Zweiseitig auf 1 Blatt. Format 11×14 *cm* —.16
Derselbe. Einseitig auf 2 Blatt zum Aufziehen —.16
Derselbe. Aufgezogen mit Stempel-Scalen auf dem inneren Deckel —.25

Blatt-Kalender, Fromme's, pro 1898, ungar. 17. Jahrg. Zweiseitig auf einem Blatt. Format 11×14 *cm* —.16

Blatt-Kalender, Fromme's ungar. 18. Jahrg. 1899. Zweiseitig auf einem Blatte. Format 11×14 *cm* —.16
Derselbe. Einseitig auf zwei Blatt zum Aufziehen —.16
Derselbe. Aufgezogen mit Stempel-Scalen —.25

Blatt-Kalender, Ungar. 22. Jahrg. Zweiseitig auf 1 Blatt. Format 11×14 *cm* K —.20
— Einseitig auf 2 Blatt zum Aufziehen K —.20
— Aufgezogen mit Stempel-Skalen 1902. K —.40

Blattkalender, ungarisch. 1906. Zweiseitig auf 1 Blatt. Format 11×14 *cm* K —.20
— Einseitig auf 2 Blatt zum Aufziehen K —.20
— Aufgezogen mit Stempelskalen K —.40

— — Interessante, der, für 1888. Illustrirtes Jahrbuch für alle Stände. Herausgegeben von S. Auspitzer. Redigirt von Richard Groner. 8°. (228 S.) Wien, Administration des interessanten Blattes. fl. —.60.

Blatt-Kalender, Kleiner, auf färbigem Carton. 1882, 20 kr.
Prag: Fuchs 1881.

Blatt-Kalender, Kleiner, pro 1883. 20 kr.

– kleiner. Auf färbig. Carton. Prag, Ign. Fuchs. 20 kr. Ins. 1884.

Blatt-Kalender, Leykam's, für das Jahr 1893.
1seitig, roh —.16
— — aufgezogen zum Stellen —.25
Graz: Leykam 1892.

Blattkalender, Leykam's, für das Jahr 1894.
Einseitig roh —.16
— — Aufgezogen, zum Stellen —.25

Blattkalender, Leykam's, für das Jahr 1895.
Einseitig roh —.16
— — Aufgezogen, zum Stellen —.25

Blattkalender, Leykam's für das Jahr 1896.
Einseitig roh —.16
— — Aufgezogen, zum Stellen —.25

Blattkalender, Leykam's, für das Jahr 1897.
Einseitig roh —.16
— — Aufgezogen, zum Stellen —.25

Blattkalender, Leykam's, für das Jahr 1898.
Einseitig roh —.16
— — Aufgezogen, zum Stellen —.25

Blatt-Kalender, Leykam's, für das Jahr 1899.
Einseitig, roh —.16

Blatt- und Portemonnaie-Kalender 1887 (böhmisch oder deutsch). Perl-Kalender 1887 (Büchel-Format böhmisch oder deutsch). Prag, J. Otto. Eleg. brosch. mit Goldschnitt fl. —.20, geb. in vergoldeter Metalldecke fl. —.36.

Blättle, Das vom Oberrhein. – Freiburg i. Br.: 1.I.1889 - 28.IV.1889. Vorh. u. d. T.: Courier, Oberrheinischer.

Blaettler. Caspar Blaettler, Papier-Fabrikant in Rotzloch, Kanton Unterwalden. (Nekrolog [von] D D .) 8. Thun 1873.

Blättler, A: Manna in d. Wüste od. d. Geheimnis d. hl. Eucharistie in zusammenhäng. Vorträgen. 2 Bde. 8° Ravnsbg, F Alber (01). 3.60; geb. 5.80 d
1. Die hl. Eucharistie als Sakrament u. als Opfer. (302)
2. Die hl. Eucharistie als Seelenspeise u. als Vorbild uns. Lebens. (260)

Blättler, A., Manna in der Wüste od. das Geheimnis der hl. Eucharistie in zusammenhängenden Vorträgen dargestellt. 2 Bde. 8. Ravensburg (901). Dorn. n. 3.60
1. Die hl. Eucharistie als Sakrament u. als Opfer. (VIII, 302 S.)
2. Die hl. Eucharistie als Seelenspeise u. als Vorbild unseres Lebens. (IV, 260 S.)

Blättler, J[oseph]. Karte von Schwarzenberg und nächste Umgebung. Gezeichnet von J. B', Lehrer. Masstab 1:12.500. 1 Bl. fol., zus.-gefaltet mit Titel 8. Bern, Kümmerly & Frey, [1904]. [fr. —.80]
Titel auf dem Blatt: Sch' und nächste U'. Gez' von J. B', L'. Masstab 1:12500. 252/547 mm. Bern, H. K' & F'. — *Rückseite des Bl. mit Ansichten und Übersichtskarte.*

Blattmann, Alphons [Heinrich], von Wädensweil [Kt. Zürich]: Mikroskopisch-anatomische Darstellung der Centralorgane des Nervensystems bei den Batrachiern mit besonderer Berücksichtigung von Rana esculenta. Zür. F. Schulthess 1850. 3 Bl., 91 S. 8°.
Zürich, Med. Diss. v. 9. März 1850.

— u. Seitz, Handbuch der gesammten Augenheilkunde, s.: Desmarres, L. A.

Blattmann, Arnold, Assistenzarzt am Kantonsspital in Glarus [von Richtersweil, Kt. Zürich]: Zwei Fälle von Insufficienz der Pulmonal-Arterien-Klappen. Glarus V. Schmid Dr. 1887. 62 S., 1 Bl. 8°.
Zürich, Med. Diss. [v. 10. Jan. 1888].

Blattmann, Bonaventura, O. S. F., die Ablässe des III. Ordens des hl. Franziskus. Nach zuverläss. Quellen zusammengestellt. gr. 16. (32 S.) Regensburg 899. A. Coppenrath's Verl. n. —20

— s. a. Orden, der dritte, des hl. Franziskus.

Blattmann, Bonaventura, der 3. Orden des hl. Franziskus. Ein Regel- u. Gebetbuch für die Mitglieder des 3. Ordens. 4., verb. Aufl. (VI, 331 S. m. Titelbild.) gr. 16. Regensburg 904. A. Coppenrath's Verl.
Geb. in Leinw. n n. 1.60

Blattmann, Bonaventura, der hl. Raßo. Ein christl. Heldenleben aus der Ritterzeit. 16. (XIV, 291 S.) Stuttgart 892. J. Roth. n. 1.—

Blattmann, Bonaventura: Regelbüchl. f. Mitglieder d. 3. Ordens v. hl. Franziskus. 2. Afl. (65) 16° Regensbg, A Coppenrath's V.
Geb. — 40 d

Blättmann: Handbuch der gesammten Augenheilkunde, s. Blattmann, Alphons

Blattner: Rechtsverhältnisse der Mitglieder in der Erwerbs-u. Wirtschaftsgenossenschaft..., s. Blattner, Emil

Blattner, A[nna]. L'Education des jeunes Filles dans les Ecoles Secondaires et Normales en France. 27 p. 8.
36. Jahresbericht über das Lehrerinnenseminar und Töchterinstitut Aarau. Schuljahr 1908/1909. ... Aarau, H. R. Sauerländer & Co., 1909. (Beilage.)

Blattner, Carl [aus Aarau]: Über die neueren Resultate der Diphtherie-Behandlung der chirurg. Klinik in Zürich mit bes. Berücksichtigung der Serumtherapie. Jena 1898. 88 S. 8°. Mit Tab.
Zürich. Med. Diss. 1898/99.

Blattner, E[mil]. Lehrbuch der Elektrotechnik. 2 Teile. 8. Burgdorf, C. Langlois & Cie., 1908—1909.
Teil 1. Mit 221 in den Text gedruckten Figuren. X + 348 S. 1908. [geb. fr. 8.75]
Teil 2. Mit 317 in den Text gedr' Fig' [und 1 Tafel]. X + 391 S. 1909. [geb. fr. 11.40]

Blattner, E: Lehrb. d. Elektrotechnik. I. Tl. 2. Afl. (10, 318 m. Fig.) 8° Bern, KJ Wyss '12. L 7 —

Blattner, E., beschreib. Notizen üb. e. Anzahl bemerkenswerte Elektricitätswerke i. d. Schweiz, s.: Wyssling, W.

Blattner, Emil, von Ermatingen ([Kt.] Thurgau): Der optische Nutzeffekt der Glühlichtlampen. Frauenfeld J. Huber Dr. 1886. 40 S. 8°.
Zürich, Phil. Diss. [v. 6. März 1886].

Blattner, Emil [aus Aarau]: Die Rechtsverhältnisse der Mitglieder in der Erwerbs- und Wirtschaftsgenossenschaft nach schweizerischem Obligationenrecht und ausländischen Gesetzgebungen. Aarau 1899. 187 S. 8°.
Bern. Jur. Diss. 1899/1900.

Blattner, Emil, die Rechtsverhältnisse der Mitglieder in der Erwerbs- u. Wirtschaftsgenossenschaft nach schweizer. Obligationenrecht u. ausländ. Gesetzgebgn. Diss. gr. 8. (VIII, 187 S.) Aarau 899. (H. R. Sauerländer & Co.) n. 2.40

Blattner, Eugen, Assistenzarzt a. Konstanz a. B.: Aus d. Kgl. Univ.-Kinderklinik München. Vorstand: Prof. Dr. M. Pfaundler. Ueber ein neues Hautphänomen bei Säuglingen. (Mit 1 Abb.) München 1907: C. Wolf & Sohn. (19 S., 1 Taf.) 8°
München, Med. Fak., Ref. v. Bauer, Diss. v. 19. Dez. 1907
[Geb. 25. Nov. 76 Konstanz; Wohnort: Konstanz; Staatsangeh.: Baden; Vorbildung: Gymn. Konstanz Reife Juli 95; Studium: München 2, Freiburg i. B. 5, Berlin 2, München 5 S.; Coll. 19. Dez. 07; Approb. 24. März 03.]

Blattner, Fritz. Zur Lehre von der ausgedehnten Thrombose der Aorta. Aus der pathologisch-anatomischen Anstalt Basel.... Diss. Med. Basel. 45 S. 8. Basel, Kreis & Co., 1910.

Blattner, H., s.: Idiotikon, schweizerisches.

Blattner, H.: Ueber die Mundarten des Kantons Aargau. (Grenzen; Eintheilung; Phonetik.) Vocalismus der Schinznacherma.... Brugg, Buchdr. „Effingerhof", 1890: 80 S. u. 1 Kart. 8°
Leipzig. Phil. Fak., Inaug.-Diss. v. 4. Aug. 1890

Blattner, H., über die Mundarten d. Kantons Aargau. [Grenzen, Eintheilung, Phonetik.] Vocalismus der Schinznacherma. gr. 8. (80 S. m. 1 Karte.) Brugg 890. (Leipzig, Fock.) n. 2.50

(Blattner, Hermann, und Jahn, Victor.) Festspiel zum Aargauischen Kantonalschützenfest 1902 in Brugg (29. Juni bis 8. Juli, von Hermann Blattner und Viktor Jahn). Teil 1: Auf dem Berg! (Vorspiel); Teil 2: Aargauische Phantasien...; Teil 3: Am Schützenfest! (Nachspiel). 35 S. 8. Brugg, «Effingerhof», 1902. (fr. —.50 [jetzt fr. —.70])

Blattner, Herm., de neu Herr Pfarer. Ein Stücklein in 3 Aufzügen. (Aargauer Mundart.) (46 S.) gr. 8. Bern 902. K. J. Wyß. n. —80

Blattner, Karl: Englisch. s: Metoula-Sprachführer.

Blattner, Karl, s.: Methode Toussaint-Langenscheidt, russisch.

– Russisch, s. Metoula-Sprachführer.

Blattner, Karl, Taschenwörterbuch der russischen u. deutschen Sprache, s.a. Langenscheidt's Taschenwörterbücher.

Methode Toussaint-Langenscheidt. Taschenwörterbuch der russischen u. deutschen Sprache. Mit Angabe d. Aussprache nach d. phonet. System d. Methode Toussaint-Langenscheidt. Von Karl **Blattner.** T. 1. Berlin-Schöneberg: G. Langenscheidt (1906). 8°
[Nebent.:] ... Karmannyj slovar' russkago i nĕmeckago jazykov ... Sostavil Karl Blattner. Č. 1.
(Langenscheidts Taschenwörterbuch f. Reise, Lektüre, Konversation ...) [04. 3878

Blattner, K. Taschenwörterbuch der russ. und deutschen Sprache. Mit Angabe der Aussprache nach dem phonetischen System der Methode Toussaint-Langenscheidt. Bd 1. 2. Berlin-Schöneberg 1906. 1910.
Bd 1. Russisch-Deutsch. Bd 2. Deutsch-Russisch. 2. Aufl.

Blattner, Karl, Taschenwörterbuch der russischen und deutschen Sprache. M. Angabe d. Aussprache nach d. phonet. System d. Methode Toussaint-Langenscheidt. Tl 1. 2. Berlin-Schöneberg, St. Petersburg (1906. 1910). 8°.
[Auch m. russ. Tit.]

Blatz, Frdr., Einführung in die deutsche Grammatik an Lesestücken zur Vorbereitg. auf die Reiseprüfg. des Seminaristen, sowie auf die einfache u. die erweiterte Wiederholungsprüfg. des Lehrers. gr. 8. (V, 210 S.) Karlsruhe 900. J. Lang. n. 2. 40; geb. n.n. 2. 90

Blatz, Friedrich: Über eo biduo, eo triduo an Stellen wie Caesar Bell. civile I.,41, ibid. 18, ibid. 87, und Cicero ad Atticum IV. 1, §.6. Grammatische Bemerkungen. 37 S.
Progr. Offenburg 1861

Blatz, Friedrich: Excursus in Taciti Annales. VI. 16. 72 S.
Progr. Offenburg 1856.

Blatz, Frdr., neuhochdeutsche Grammatik m. Berücksicht. der historischen Entwickelung der deutschen Sprache für angehende u. wirkliche Lehrer. gr. 8. (XXX, 880 S.) Tauberbischofsheim 879. Lang. n. 11 60

Blatz, Friedr. neuhochdeutsche Grammatik mit Berücksicht. der histor. Entwickelung der deutschen Sprache. 2. theilweise verb. und verm. Aufl. gr. 8. (XXX, 912 S.) Tauberbischofsheim 880, Lang. * 12 —

[F.] Neuhochdeutsche Grammatik m. Berücks. d. histor. Entwickelg d. Deutschen Sprache. Von Friedrich **Blatz**, Grossh. Bad. Geheimerat. 3. Aufl. Bd 1. 2. (In 18 Lfgn.) *Karlsruhe: J. Lang 1895. 96.* 2 Bde 8.
1. Einl. Lautlehre. Wortlehre. 1895. (XI, 856 S.)
2. Satzlehre '(Syntax)'. 1896. (1 Bl., XVII, 1314 S.) [54. 7889

— neuhochdeutsche Grammatik m. Berücksicht. der histor. Entwicklung der deutschen Sprache. 3., völlig neubearb. Aufl. in 2 Bdn. 2. Subscr.-[Titel-]Ausg. gr. 8. Ebd. [895. 896.] 899. 900. n. 12. 80; geb. n. 16. 60
1. (XI, 856 S.) — 2. (XVII, 1314 S.)
Erschien auch in 18 Lfgn. à n. — 80.

—— neuhochdeutsche Schulgrammatik für höhere Lehranstalten. gr. 8. (VIII, 286 S.) Ebendas. 881. * 1 60

Blatz, Friedr., neuhochdeutsche Schulgrammatik für höhere Lehranstalten. 3. veränd. Aufl. gr. 8. (VI, 360 S.) Tauberbischofsheim 888, Lang. geb. ** 2 50

— neuhochdeutsche Schulgrammatik f. höhere Lehranstalten. 5., etwas gekürzte Aufl. gr. 8. (VII, 351 S.) Ebd. 893. n. 2. 20; geb. n. 2. 50

— neuhochdeutsche Schulgrammatik f. höhere Lehranstalten. 6. Aufl. gr. 8. (VII, 351 S.) Ebd. 901. n. 2. 20; geb. n.n. 2. 60

Blatz, Frdr., neuhochdeutsche Schulgrammatik für höhere Lehranstalten. 7. Aufl., neubearb. v. Eug. Stulz. (VIII, 276 S. m. 10 Fig.) 8. Karlsruhe 905. J. Lang. Geb. n. 2. 50

BLATZBECKER, ALEXANDER AUGUST. Beiträge zur Kenntnis des Benzylisoxylols. (Jena) Bonn, 1876. Diss.

Blatzheim, H.: Hunnenbrief, s. Nebel, J. [Komp.]

Blatzheim, Hans: Kann derjenige, welcher nicht selbst Besitzer, sondern nur Stellvertreter des dritten Besitzers einer Sache ist, durch constitutum possessorium den Besitz der Sache weiter übertragen? Unter besonderer Berücksichtigung der Streitfrage, ob zum constitutum possessorium eine causa detentionis erforderlich ist. *Bonn 1898: Hauptmann.* (63 S.) 8°
Erlangen, Jur. Diss. v. 16. Dez. 1897

Blau, Berliner. Kleine Beiträge zur großstädt. Tagesgeschichte v. Münchhausen junior. 8. (VIII, 96 S.) Hagen 881. Risel & Co. cart. n. 3. —; geb. n. 4. —

Blau und Roth, Berliner;
eine periodische Volksschrift, ... Berlin 1795.
V: *Seyfried, Heinrich Wilhelm.* (MGT) (ML)

BLAU, Dr. med. Familienglück. Berlin, Wilhelm Axt (um 1910). 8°.
Verb. d. Ldg. I Berlin 38 J. 738/11.

Blau, die Grundbedingungen körperlicher Schönheit, prakt. Anleitg. f. Alle, denen darin liegt, Jugendfrische bis in ein hohes Alter zu bewahren u. sich vor schädl. Einflüssen zu schützen, m. besond. Beziehg. auf Conservirg. u. Pflege der Haut, der Haare, der Zähne u. der Nägel, auf Grund mehr als 50-jähr. Erfahrg. zusammengestellt u. bearb. Hrsg. v. der Hygien. Gesellschaft zu Dresden, Blau & Co. gr. 8. (40 S.) Dresden 886. Legler. n. — 50

Blau, ... Haus- u. Reise-Apotheke, od. kurze u. deutliche Anweisung, die von Unterzeichnetem gewissenhaft u. heilkräftig bereiteten homöopath. Heilmittel gleich selbst anwenden u. alle Krankh. im ersten Entstehen zu heben u. schon ausgebildete Leiden ohne Arzt heilen zu können, mit Angabe dersen. Krankheiten, wo auch das kalte Wasser mit Nutzen gebraucht werden kann. 8. (VIII u. 207 S.) Zeitz 847, Webel. 2/3 ₰

Blau, homöopathischer Haus- und Reise-Arzt, oder kurze und deutliche Anweisung alle Krankheiten im ersten Entstehen heben und schon ausgebildete Leiden schnell und sicher ohne Arzt heilen zu können. Neue verb. Ausg. der früher (1847) erschienenen Haus- und Reise-Apotheke. br. 8. (XIII und 235 S.) Zeitz 855(56,) Webel'sche Buchh.

Blau, der kleine Haus- u. Reisearzt. Wie erreicht man e. hohes u. gesundes Alter u. zwar das höchste v. Gott uns zugedachte Greisenalter? beantwortet nach mehr als 60jähr. Erfahrg. in seinem 89. Lebensjahre. Wegweiser f. Nichtärzte zur erfolgreichen Behandlg. aller Krankheiten, auch der gefahrvollsten, wie der Entzündgn., der Halsbräune, der Diphtheritis ꝛc., durch erprobte Heilmittel der modernen Heilmethoden, der Homöopathie u. d. Natur- od. Wasserheilverfahrens, nebst Anweisg. zur ersten Hilfe bei plötzl. Unglücksfällen. 5., verm. Aufl. Neu bearb. nach den Intentionen d. Verf. v. A. Lell. 8. (VII, 232 S.) Leipzig 892. (O. Mutze.) n. 3. —; geb. n. 4. —

Blau, Miscellen zur alten Geographie I.–III. [Zeitschrift für allgemeine Erdkunde.] Berlin o. J.

Blau: Santalmir, s. Blau, Peter

—— die sichere Selbstheilung aller geheimen Krankheiten. Das Ergebniß einer 54jähr. Praxis. 20. Aufl. 8. (47 S.) Berlin 886, Parrisius. * 1 —

Blau, die Sommer- und Winter-Badekuren oder die Homöopathie in Verbindung mit der Hydropathie. Naumburg 859. Garcke. (Tauerschmidt.) 8. (32 S.) n. 5 ngr.

Blau: De vera notione libertatis humanae, s. Blau, Felix Anton

—— d. einf. Verfahren Rheumatismus u. Gicht zu verhüten. 8. (15) Bresl. 52, Fürst. — 5

—— das einfachste Verfahren Rheumatismus und Gicht zu verhüten und alle rheumat. und gichtischen Kopf- Zahn- Gesichtsschmerzen ꝛc. zu heilen. Für Nichtärzte. 8. (15 S.) Schweidnitz 852, (Fürst.)

Blau, wie erreicht man ein hohes und gesundes Alter und zwar das höchste uns Menschen von Gott zugedachte Greisenalter? Eine Frage, beantwortet im 82. Lebensjahre nach 54jähr. Ausübung des allopath., homöopath. und hydropath. oder Naturheilverfahrens, nebst einer genauen Anweisung für Nichtärzte zur Verhütung aller gefahrvollen Erkrankungen, sowie zur Selbstheilung akuter und chron. und aller geheimen Leiden, insbesondere der Schwächezustände des Körpers und Geistes, welche durch Jugendfehler, viele Säfteverluste, durch geist. Ueberanstrengung ꝛc. entstanden sind und wodurch so vielen Menschen ihr Lebensglück verkürzt wird und sie zu früh das Zeitliche verlassen müssen. 3. verb. Aufl. 8. (XXI, 408 S. mit Portr. in Lichtdr.) Dresden 885, (Legler.) cart. * 3 —

Blau, A., Brückenbau, s.: Tolkmitt, G., Bauaufsicht u. Bauführung.

Blau, A.: De Aristarchi discipulis, s. Blau, Aug.

Blau, Albert: Über substituierte Benzaldehyde. 24 S. Diss. TH Wien 1903.

Blau, Alb., über die Entstehung u. Verbreitung der Tuberkulose im weiblichen Genitaltrakte. (Aus der Klinik Chrobak u. dem Paltauf'schen Institute f. allgemeine u. experimentelle Pathologie in Wien.) (95 S.) gr. 8. Berlin 909. S. Karger. 3. —

Blau, Alb., e. Fall v. Myosarcoma striocellulare renis. Diss. gr. 8. (62 S.) Königsberg 898. (W. Koch.) n. 1. —

Blau, Albert: Ein Fall von Myosarcoma striocellulare renis. *Königsberg i. Pr. 1898: M. Liedtke.* (62 S.) 8°
Königsberg. Med. Diss. v. 6. Aug. 1898

Blau, Albr.: Blätter a. e. Luftschiffers Tageb. (144 m. Abb.) kl8° Berl., P Cassirer '12. 3 —; geb. 4 —

Blau, Armin: James Thomson's 'Seasons'. Eine genet. Stiluntersuchung. (Berlin: Mayer & Müller 1910.) IX, 149 S. 8°
Berlin, Phil. Diss. v. 13. Juli 1910, Ref. Brandl
[Geb. 27. Juni 77 Verbó; Wohnort: Hamburg; Staatsangeh.: Ungarn; Vorbildung: Neues Gymn. Würzburg Reife Juni 00; Studium: Berlin 8 S.; Rig. 3. Febr. 10.] [U 10. 132

Blau, Aug., s.: Bibliotheca philologica.

Blau, Aug., de Aristarchi discipulis. gr. 8. (78 S.) Jena 883. (Dabis.) n. 1. 20

Blau, Aug., de Aristarchi discipulis. Dissertatio philologica. gr. 8. (78 S.) Jena 883, (Deistung's Buchh.) 1 20

Blau, Aug., Index zu Otto Böhtlingks indischen Sprüchen, s.: Abhandlungen f. die Kunde d. Morgenlandes.

[Blau,] Bernhard Adolph. Die Wiederkunft Christi und die Lösung der Lebensrätsel vernunftgemäss erkennbar. Von Bernhard Adolph. 56 S. 8. Bern, Selbstverlag des Verfassers, 1910. [fr. —. 70]

Blau, Bruno, die Kriminalität der deutschen Juden. (15 S.) 8. Berlin 906. L. Lamm. n. — 50

— Kriminalstatistische Untersuchung der Kreise Marienwerder u. Thorn, s.a. Abhandlungen des kriminalistischen Seminars an der Universität Berlin. II. 2.

Kriminalstatistische Untersuchung der Kreise Marienwerder und Thorn. Zugl. e. Beitrag z. Methodik kriminalist. Untersuchungen. Von Bruno Blau. *Berlin: J. Guttentag 1903.* (67 S.) 8°
— Abhandlungen d. kriminalist. Seminars an d. Univ. Berlin. N. F. Bd 2, H. 2. [03. 1904 3

Blau, Bruno, Verantwortlichkeit f. fremdes Verschulden nach dem bürgerlichen Gesetzbuch. (XII, 52 S.) gr. 8. Berlin 902. F. Siemenroth. n. 1. 40

Blau, C. E. G., Helga. Große Oper in 3 Akten. (V, 49 S.) 8. Dresden 905. E. Pierson. n. 1. —

Blau, Carl, aus Livland, Experimentelle Untersuchungen über die Entstehung von Geräuschen in den Arterien, bei Verletzung derselben.
Preisschrift Dorpat 1874.

Blau, Chr. Fr., Formenlehre d. griech. Sprache f. d. ersten u. zweiten Cursus d. grammat. Unterrichts. 8. (13¼ B.) Nordhausen 830, Köhne.
Hieraus ist besonders abgedruckt: Grundlinien d. griech. Accentenlehre. (1½ B.) 2 Gr. — Die Conjugationen d. griech. Sprache. (6½ B.) 6 Gr. — Die Declinationen d. griech. Sprache. (6¼ B.) 6 Gr.

Blau, Chr. Fridr., de genuina eorum verborum indole, quibus Paulus epistolam ad Titum scriptam praefatur, commentatio. 8maj. (40 S.) Langensalza 847, Bürger. *

Blau, Chr(istian.) Benj. G(ottgetreu) (geb. Schmiedefeld in Thür. 7. 12. 1815): De combustionibus. Berolini (1841). (27 S.) 8°
Berlin, Med. Diss. v. 10. Sept. 1841

Blau, Christophorus Fridericus Liborius, s. Blau, Friedrich

Blau, E., s.: Chronik, volkswirthschaftliche, von Oesterreich-Ungarn.

Blau, E.: Die Mechanik fester Körper, s. Blau, Ernst

Blau, Ed., Worther, s.: Massenet, J.

Blau, Edmund: Studien über Methyl-p-Oxydesoybenzoine. 37 S. Diss. TH Wien 1905.

Blau Edmund. Studien über Methyl-p-Oxydesoxybenzoine. S. 114. Hb. 68 vgr.
Separatabdruck

Blau, Emanuel (Hrsg.), s.a. Chronik, Volkswirthschaftliche, von Oesterreich-Ungarn.

Blau, Erhardt, nothwend. Hilfsbuch f. Tuchmacher, Zeuchmacher u. Weber. Resolvirungs-Tabelle. Eine sorgfältige Berechnung, wie viel z. Kette od. Aufzug nach verschied. Ellenmaßen sowohl bei geleimtem als ungeleimtem Streichgarn gebraucht wird, nebst einer Scheer-Tabelle fl. 16. Crimmitzschau 846. (Leipzig, Thomas.) n. 8 ngl

Blau, Ernst, die Mechanik fester Körper. Lehrbuch in elementarer Darstellg. f. höhere techn. Fachschulen u. zum Selbstunterricht, nebst e. Sammlg. von 250 aufgelösten Beispielen. (VII, 263 S. m. 210 Abbildgn.) Lex.-8. Hannover 905. Dr. M. Jänecke. n. 6. —; geb. n. 6. 60

Blau, Ernst: Maschinelle Streckenfördergn. [Aus: „Kohle u. Erz".] (20 m. Fig. u. 1 Taf.) 8° Kattow., Phönix-Verl. ('12). 2 —

Blau, Ernst Otto Friedrich Hermann, s. Blau, Otto

Blau, F.: De ambitu terrae, ab Eratosthene et Posidonio diversis numeris definito. 11 S.
Progr. Nordhausen 1930.

Blau, F.: Üb. d. moral. Bildung des Menschen, s. Blau, Felix Anton

Blau, F., Geschichte der Entstehung und Entwickelung des Amts der röm. Praefecti Praetorio I. Pr. 1860. 26 S. 4°. 1.20

Blau, F.: Wegweiser durch d. Weihnachts-Literatur, s. Blau, Friedrich

Blau, Felix Anton (Hrsg.), s. Beyträge zur Verbesserung des äussern Gottesdienstes in der katholischen Kirche.

– s. Bilderverehrung

Blau, Fel. Ant., († d. 23. Dec. 1798.) über d. moral. Bildung d. Menschen. 8. Frankf. a. M. 795. Eichenberg. 21 gl

— s. Geschichte kirchl. Unfehlbarkeit.

— Kritik d. seit d. französ. Revolution in Frankreich gemachten Relatives-Verordnn. 8. Straßb. 797. Levrault. 10 gr.

Blau, Felix Anton, Programma de vera notione libertatis humanae quod anno universitatis Moguntinae jubilaeo edidit. Mainz (Andr. Crass) 1784. 102 S., z. gr. Tl. dtsch. (6.50) 2874

— Theses selectae de sacramentis. 8. Mainz 791.

Blau, Friedrich
Blau, F., Görlitz, s.a. W a n d e r b i l d e r, europäische.

Blau, Friedrich: Görlitz. Herausgegeben von der Riesengebirgsvereinssection Görlitz. Mit 16 Bildern von J. W e b e r, mit Benutzung von Photographien von Robert S c h o l z in Görlitz und einer Orientirungskarte. (Europäische Wanderbilder. No. 136 u. 137.) Zürich [1888]. 36 S. 8°.

Blau, Friedrich: Die deutschen L a n d s k n e c h t e . 2. Abdr. Görlitz (1. Aufl. 1881.) 1882. 8°

Blau, Friedr., die deutschen Landsknechte. Ein Kulturbild. Mit 52 (eingedr.) Holzschn., 5 photolithogr. Taf. nach A. Dürer, H. Holbein, V. Solis, Jost Amman u. A. und einem Titelbilde (in Holzschn.) nach Hans Holbein. 1. und 2. Abdr. Lex.-8. (VIII, 144 S.) Görlitz 882, Starke. *M 6.; geb. * 8 —

Blau, F., die deutschen Landsknechte. 2. Abdr. Lex.-8. Görlitz 882. Stettin, Nagel.

Blau, Chr[istophorus] Fridericus Liborius: *De praefectura praetoriana ab Hadriano ejusque successoribus ad summum fastigium potentiae elata. 11 Bl. 2°
Halle-Wittenberg, Phil. Diss. v. 29. Jan. 1856
Geb. [Nordhausen 1. 5. 1830].
Vom Verf. ersch. deutsch: Geschichte der Entstehung und Entwickelung des Amts der röm. Präfecti Prätorio. 1. Görlitz 1860. 26 S. 4° Realschul-Progr.

Blau, Friedr., Wegweiser durch die Weihnachts-Literatur für das J. 1854. 8. (64 S.) Halle 854, Delbrück. Thlr.

Blau, Frdr. K: Holzschnittechnik. (55 m. Abb. u. 1 farb. Taf.) 8° Strassbg, JHE Heitz ('12). 2 — d

Blau, Fritz
— Über das αβ-Dipiperidyl. S. 101. IIb. 847 . . . . vgr.
Separatabdruck

— Über die trockene Destillation von pyridincarbonsauren Salzen: 1. Destillation von picolinsaurem Kupfer. S. 98. IIb. 894 . . . . vgr.
Separatabdruck

— Über die Einwirkung von Brom auf chlorwasserstoffsaure Salze und ein Verfahren zur Bestimmung der beiden Halogene nebeneinander. S. 105. IIb. 838 . vgr.
Separatabdruck

— Zur Kenntnis des Salizylaldehyds. S. 106. IIb. 132 . . . . vgr.
Separatabdruck

— Über neue organische Metallverbindungen. Ein Beitrag zur Kenntnis der Metalliake. 1. Mitteilung. S. 107. IIb. 767 . . . . vgr.
Separatabdruck

— Neuerungen beim gebräuchlichen Verbrennungsverfahren (mit 1 Textfigur). S. 98. IIb. 476 . . . . vgr.
Separatabdruck

— Notiz zur Darstellung von Mono- und Di-Brompyridin. S. 98. IIb. 291 . . vgr.
Separatabdruck

— Verfahren zur Bestimmung des Stickstoffes in organischen Substanzen (mit 2 Textfiguren). S. 101. IIb. 867 . . . . vgr.
Separatabdruck

Blau Fritz: Versuche uber die Einwirkung von Natriummethylat auf einige Brombenzole. S. 94. II. 770 . . . . vgr.
Separatabdruck

Blau, Georg, aus Halle a. S.: **Oxydation von Ammoniakderivaten mit Permangansäure.** *Halle a. S. 1903: H. John.* (67 S.) 8°
Halle, Phil. Diss. v. 1903

Blau, Heinr., Thomas Chatterton. Tragödie in 4 Akten. 2. Aufl. 8. (111 S.) London 887, Hirschfeld Brothers. * 1 —

Gautama. Dramat. Gedicht in 5 Akten von H e i n r i c h **Blau**. *London: Th. Wohlleben; Leipzig: K. F. Koehler 1896.* (144 S.) 8° [F.] [03. 3910

Lieder eines Enttäuschten und andere Gedichte von H e i n r i c h Blau. *Berlin-Eberswalde & Leipzig: S. Dyck (1901).* (69 S.) 8° [03 4017 11

Blau, H: Lieder eines Enttäuschten u. and. Gedichte. (70) 8° Ebersw. ('01). Lpzg, CF Tiefenbach. 2 — d

Blau, Heinr., Lieder eines Enttäuschten u. andere Gedichte. (70 S.) 8. Eberswalde (901). Verlag Jung-Deutschland. n. 2. —

— San-Lin, s.: Holländer, Vict.

Blau, J.: Vom B r i s i l t a b a k . . ., s. B l a u , Jos.

Blau, Johann
Blau J.: Über den Tridecylalkohol. S. 113. IIb. 1037 . . . . vgr.
Separatabdruck

BLAU, Johann: Über den Tridecylalkohol. — 1904. 26 Bl. Diss. Graz, Univ.

Blau, Johannes, aus Halle a./S.: Vergleichend-anatomische U n t e r s u c h u n g der schweizerischen Juncus-Arten. Mit 4 Tafeln. Zürich 1904. 82 S. 8°. [2. IX. 04.]
Zürich. Phil. Diss. II. S. 1904/1905.

Blau, Johannes. Vergleichend-anatomische Untersuchung der schweizerischen Juncus-Arten. Diss. Phil. [II.] Univ. Zürich. [Mit 4 Tafeln.] 82 S. 8. Zürich, F. Lohbauer, 1904.

Blau, Jos., vom Brisiltabak u. seiner Bedeutung im Volksleben d. Böhmerwaldgegend um Neuern. (15 S.) Lex.-8. Wien 905. (Gerold & Co.) n. 1. —

Blau, J., Vom Brisiltabak und seiner Bedeutung im Volksleben der Böhmerwaldgegend um Neuern. [Aus dem III./IV. Heft des XI. Jahrg. der „Zeitschrift für österr. Volkskunde" abgedruckt.] Gr.-8°. (15 S.) † K 1.—

Blau, Jos.: Sankt Leonhard u. s. Dachreiter, s: Sammlung gemeinnütz. Vorträge.

— die Spitzenklöppelei in Neuern (Böhmerwald). Mit 4 Fig.-Taf. u. 6 Textabbildgn. (16 S.) Lex.-8. (Ebd. 905. n. 1. —

— Todtenbretter in der Gegend v. Neuern., Neumark u. Neukirchen. Mit 5 Textabbildgn. u. 1 Fig.-Taf. (16 Abbildgn.). (27 S.) Lex.-8. Ebd. (904.) n. — 50
3 Sonderabdrucke aus: „Ztschr. f. öst. Volkskde."

Blau Isidor: Beiträge zur Geschichte des Deutschen Reiches während der Hussitenkriege. Diss. Wien, Univ. 1907 PN 2308 970

Blau, K.F.: Geschichte der Königlichen Ritter-Akademie. Fortsetzung. 44 S.
Progr. Liegnitz R. 1842.

Blau, K.F.: Gesch. d. K. Ritterakademie im Zeitalter Friedr. d.Gr. 42 S.
Progr. Liegnitz R. 1840.

Blau, K.F.: Gesch. d. K. Ritterakademie im Zeitalter Friedrich d. Gr., Forts. von 1787 - 1795. 49 S.
Progr. Liegnitz R. 1841.

Blau, Karl: Das Automobil, s.a. Aus Natur u. Geisteswelt 166.

Das Automobil. Eine Einführung in Bau u. Betrieb d. modernen Kraftwagens. Von Ingen. Karl Blau. Leipzig: B.G. Teubner 1907. (VII, 120 S.) 8° [F.]
= Natur, Aus, u. Geisteswelt. Bdch. 166. [07. 19068

— Chauffeurkurs, s: Praxis, Technische.

Blau, L.: B e r i c h t üb. d. Leistgn. in d. Ohrenheilkunde, s. B l a u , Louis

Blau, L.: Z. E i n l . in d. hl. Schrift, s. B l a u , Ludw.

Blau, Louis, s: Archiv f. Ohrenheilkde.

Blau, Louis. Bericht üb. die Leistungen in der Ohrenheilkunde während der J. 1888 u. 1889. 8. (VII, 239 S.) Lpz. 890, O. Wigand. * 3 —

Blau, Louis, Bericht üb. die Leistungen in der Ohrenheilkunde während der J. 1890 u. 1891. gr. 8. (V, 294 S.) Leipzig 892. O. Wigand. n. 4. —

Blau, Louis, Bericht üb. d. Leistgn. i. d. Ohrenheilkunde währ. d. J. 1892—1894. 8. (V, 201 S.) Leipzig 896. O. Wigand. n. 3. —

— dasselbe währ. d. J. 1895 u. 1896. 8. (VII, 220 S.) Ebd. 898. n. 3. —

Blau, Louis, Bericht üb. die neueren Leistungen in der Ohrenheilkunde. 5. Bericht. (1897—1900.) (V, 330 S.) gr. 8. Leipzig 902. S. Hirzel. n. 4. —

Blau, Louis, Bericht üb. die neueren Leistungen in der Ohrenheilkunde. 6. Bericht. (1901 u. 1902.) (V, 283 S.) gr. 8. Leipzig 904. S. Hirzel. n. 4. —

— dasselbe. 7. Bericht. (1903 u. 1904.) (V, 348 S.) 8. Ebd. 906. n. 4. —

Blau, Louis, Bericht üb. die neueren Leistungen in der Ohrenheilkunde. 8. u. 9. Bericht (1905 u. 1906 u. 1907 u. 1908). (V, 314 u. V, 316 S.) 8. Leipzig 907. 909. S. Hirzel. à 4. —

— Bericht üb. d. neueren Leistgn in d. Ohrenheilkde. 10. Bericht ('09 u. '10). (7, 312) 8° Lpzg, S Hirzel '11. 4 —

Blau, Louis, Diagnose u. Therapie bei gefahrdrohenden Krankheitssymptomen. gr. 8. (XI, 512 S.) Berlin 874. Oliven. n. 10. —

Blau, Louis, Diagnose und Therapie bei gefahrdrohenden Krankheitssymptomen. 2. verm. u. verb. Aufl. gr. 8. (VIII, 541 S.) Leipzig 883, Denicke's Verlag. * 10 —

Blau, L., Diagnose und Therapie bei gefahrdrohenden Krankheitssymptomen. 2. Aufl. gr. 8. Leipzig 883, Felix. *

— s.: Encyklopädie der Ohrenheilkunde.

— d. Erkrankgn. d. Gehörorganes b. Masern u. b. Influenza, s.: Vorträge, klin., a. d. Gebiete d. Otologie.

Blau, Louis: L e h r b u c h der Ohrenheilkunde für Ärzte und Studirende, s. J a c o b s o n , Louis.

Blau, Louis (geb. Berlin 11. 9. 1848): Einiges Pathologisch-Anatomisches über den Gebärmutterkrebs. Berlin (1870). (44 S.) 8°
Berlin, Med. Diss. v. 11. Juli 1870

Blau, Ludwig

Blau, Ludw., Bibliographie der Schriften Wilhelm Bachers, nebst e. hebräischen Sach- u. Ortsnamen-Register zu seinem sechsbändigen Agadawerke, zu Ehren seines 60. Geburtstages hrsg. (64 S.) gr. 8. Frankfurt a/M. 910. J. Kauffmann. nn 1.50

**— Die jüd. Ehescheidg u. d. jüd. Scheidebrief. 1. u. 2. Tl. gr8° Strassbg, KJ Trübner. 4.10
1. (80) '11. 1.60 | 2. (116 u. 2 Faksms.) '12. 2.50**

**Blau, Ludw., üb. den Einfluss des althebräischen Buchwesens auf die Originale u. auf die ältesten Handschriften der Septuaginta, des Neuen Testaments u. der Hexapla. (9 S.) gr. 8. Berlin 903. (Frankfurt a/M., J. Kauffmann.) n. — 80
Sonderabdruck aus: „Festschrift zum 70. Geburtstage A. Berliner's".**

Blau, Ludw., zur Einleitung in die hl. Schrift. gr. 8. (VII, 129 S.) Budapest 894. (Strassburg, K. J. Trübner, Verl.) n. 3. —

— s.: Josef ibn Kaspi, R., sehn Schriften.

— s.: Mechiltha.

— s.: Modona's, Leo, Briefe u. Schriftstücke.

Blau, Ludw., Studien zum althebräischen Buchwesen u. zur biblischen Litteratur- u. Textgeschichte. 1. Thl. Studien zum althebr. Buchwesen u. zur bibl. Litteraturgeschichte. gr. 8. (III, IV, 203 S.) Strassburg 902. K. J. Trübner. n. 4.50

Blau, Ludw. Masoretische Untersuchungen. gr. 8. (61 S.) Strassb. i. E. 891, Trübner Verlag. * 2 —

Das altjüdische Zauberwesen v. Dr. Ludwig Blau, Prof. ... zu Budapest. *Strassburg i. E.: K. J. Trübner 1898.* (VIII, 167 S.) 1 Bd 8. (98. 20608

Blau, Max Friedrich [aus Görlitz]: Zur Alexiuslegende. ... (Aus: Germania, Jahrg. 33.) Wien, Verl. d. Verf. Druck v. Carl Gerold's Sohn, 1888; 2 Bl. + 39 S. 8°
Leipzig, Phil. Fak., Inaug.-Diss. v. 22. Aug. 1888

Blau, O: Das Dorf ohne Männer. Dramat. Scherz. (96) 8° Lpzg-Raschw., B Volger '12. 2 —; geb. 2.50

Blau, Oskar, a. Berlin: Ueber die Temperaturmaxima der Sporenkeimung und der Sporenbildung, sowie die supramaximalen Tötungszeiten der Sporen der Bakterien, auch derjenigen mit hohen Temperaturminima. Marburg 1905 [übergeklebt, darunter:] Jena: G. Fischer 1905. (49 S.) 8° ¶ (Aus: Centralblatt für Bakteriologie, Parasitenkunde und Infektionskrankheiten Abt. 2, Bd 15.)
Marburg, Phil. Fak., Ref. Meyer, Diss. v. 22. Aug. 1905
[Geb. 13. Febr. 77 Berlin; Wohnort: Berlin; Staatsangeb.: Preußen; Vorbildung: Luisenstädt. Oberrealsch. Berlin Reife O. 98; Studium: Berlin 8, Marburg 2 S.; Rig. 24. Mai 05.]

Blau, Otto, Annalen bosnischer Kirchengeschichte bis 1244. Görlitz 1872.

Blau. Otto: Arabien im sechsten Jahrhundert. Eine ethnographische Skizze. (Zeitschrift der Deutschen Morgenländischen Gesellschaft. Bd. 23. S. 559—592.) Leipzig 1869. 34 S.
an: Blau: Die Wanderung der sabäischen Volksstämme im 2. Jahrhundert n. Chr. 1868. 8°.

— — Die Herren von Sophene und deren Münzen. [S.A. aus dem IX. Bande der „Numismatischen Zeitschrift" 1877].

Blau, O., Trapezunter Komnenaten. [Berl. Blätter für Münz-, Siegel- u. Wappenkunde, 11, 12 (IV, 2, 3).]

Blau, O., Восточныя монеты Музея Императорскаго Общества Исторiи и Древностей въ Одессѣ. Die orientalischen Münzen des Museums der Kaiserlichen Historisch-Archäologischen Gesellschaft zu Odessa. Odessa 1876.

Blau, Otto, Montenegro. [Aus Rotteck u. Welckers Staatslexicon.] o. O. u. J.

Blau, Otto, Münzen des Odrysenfürsten Sadok. [S.A. aus dem IV. Bande der „Numismatischen Zeitschrift" 1872.]

Blau, Otto, Zur kypriotischen Münzkunde. [S.A. aus dem V. Bande der „Numismatischen Zeitschrift" 1873.]

— — Nachlese orientalischer Münzen. [S.A. aus dem VIII. Bande der „Numismatischen Zeitschrift" 1876.] [Wien 1876.]

Blau, Ernestus Otto Fridericus Hermannus: De numis Achaemenidarum aramaeo-persicis. Lipsiae: Vogel 1855. 18 S., 2 Taf. 8° (4°)
Halle-Wittenberg, Phil. Diss. v. [14. Mai] 1855
Geb. Nordhausen 21. 4. 1828. V.
Verf. wurde ohne Prüfung in absentia promoviert.

**Blau, Ernst Otto Friedrich Hermann (Nordhausen), De numis Achaemenidarum Aramaeo-Persicis. Halle-Lpz. (F. C. W. Vogel) 1855. 18 S., 2 Tfln. Abb. u. Biogr. (M.: A. Liborius.) (3.—) 2873
Gew.: Emil Roediger.**

Blau, Otto, Die Elymaeischen Pyraethen und ihre Münzen. [S.A. aus dem IX. Bande der „Numismatischen Zeitschrift" 1877.]

Blau, Otto, Reisen in Bosnien und der Hertzegowina. Topographische und pflanzengeographische Aufzeichnungen. Mit 1 (chromolithogr.) Karte (in Imp.-Fol.) und Zusätzen von H. Kiepert. gr. 8. (IX, 231 S. mit 1 Holzschntaf.) Berlin, 877, D. Reimer. *

Blau, [O.], Reisen im Orient. [A. aus Zeitschrift für allgemeine Erdkunde Band X.] [Berlin 1861.]

Blau, Otto [aus Serajewo]: Ueber sogenannte fötale Rhachitis. . . . Berlin, Buchdr. v. Gustav Schade (Otto Francke) (1889); 31 + 1 S. 8° Berlin, Med. Fak., Inaug.-Diss. v. 1. Jun. 1889

Blau, O., bosnisch-türkische Sprachdenkmäler, s. Abhandlungen für die Kunde des Morgenlandes.

Blau, Otto: Die Wanderung der sabäischen Völkerstämme im 2. Jahrhundert n. Chr. Nach arabischen Sagen und Ptolemäus. (Zeitschrift der Deutschen Morgenländischen Gesellschaft. Bd. 22. S. 654—673.) Leipzig 1868. 20 S., 2 Krt. 8°.

Blau, Otto: Sisaqs Zug gegen Juda aus dem Denkmal bei Karnak erläutert. Nebst einem Operationsplan. ([S.-A.] Zeitschrift der Deutschen Morgenländischen Gesellschaft. Bd. 15. 1861.) Leipzig 1861. 18 S., 1 Krt. 8°.

Blau, Otto, commercielle Zustände Persiens. Aus den Erfahrungen einer Reise im Sommer 1857 dargestellt. Lex.-8. (XII und 272 S.) Berlin 858, Decker'sche geheime Ober-Hofbuchdruckerei.

Blau, Paul, s.: Am Wegsaum.

Blau, Paul, Bergsegen. Gedanken u. Gedichte aus den Bergen. Buchschmuck v. Albr. Biedermann. (148 S.) 8. Hamburg (906). Agentur des Rauhen Hauses. Kart. n. 3.—; geb. in Leinw. n. 4.—

— **Die drei Briefe des Johannes, s.: Wort, das, des Heils. II. Ser.**

— Geist u. Natur. Versuch e. Darstellg d. Grundlinien christl. Weltanschaug. (7, 200) 8° Berl., Trowitzsch & S. '10. 3.20; L 4 — d

— **Paul Gerhardt**, der Sänger der evangelischen Kirche, e. Gedenkbüchlin zur 300jährigen Wiederkehr seines Geburtstages. (24 S. m. Abb.) 8. Berlin (907). Deutsche Sonntagsschul-Buchh. p — 15

— Unser Glaube. 16 Predigten, im Anschluss an d. apostol. Glaubensbekenntn. u. Dr. Martin Luthers Erklärg dazu geh. (4, 151) 8° Hambg, Ag. d. Rauhen H. '11. L 2.80 d

Blau, Paul, d. Gleichnis v. verlorenen Sohn, in fünf Predigten ausgel. gr. 8. (40 S.) Wittenberg 806. P. Wunschmann. — 60

Blau, Paul, Herz u. Herz vereint zusammen. Eine Mitgabe f. christl. Brautleute. (16 S.) gr. 8. Hamburg (910). Agentur des Rauhen Hauses. p — 10

Blau, Paul, Imago Dei. 3 Vorträge. gr. 8. (64 S.) Berlin 900. (F. Zillessen). n. — 60

Blau, Paul, die Jünglingsgestalten der Heiligen Schrift. Der männl. Jugend zu Vorbild und Warnung nach der Bibel gezeichnet. 8. (V, 194 S.) Karlsruhe 887, Evangel. Schriftenverein. cart. * ℳ 1.50.; geb. * 2 —

Blau, Paul, die Jünglingsgestalten der Heiligen Schrift. Der männl. Jugend zur Vorbild. u. Warng. nach der Bibel gezeichnet. [Aus: „Bundesbote".] 2., verm. Aufl. gr. 8. (VII, 196 S.) Karlsruhe 894. Evangel. Schriftenverein. Geb. in Leinw. n. 2. —

— **d. Jünglingsgestalten** d. hl. Schrift. D. männl. Jugend z. Vorbild u. Warng. n. d. Bibel gezeichnet. 3. Aufl. gr. 8. (VII, 196 S.) Karlsruhe 896. Evang. Schriftenverein. Geb. in Leinw. n. 2. —

— **die Jünglingsgestalten** der heiligen Schrift. Der männl. Jugend zu Vorbild u. Warng. nach der Bibel gezeichnet. 4. Aufl. gr. 8. (VII, 196 S.) Karlsruhe 902. Ev. Schriftenverein. Geb. in Leinw. n. 2. —

Kaiser und Kaiserin. Ein Gedenkblatt z. Silbernen Hochzeit d. Kaiserpaares von Paul **Blau**, Hofpred. in Wernigerode. Hamburg: Agentur d. Rauhen Hauses 1905. (16 S.) 8° [Umschlagt. F.]

— **Kaiser u. Kaiserin.** Ein Gedenkblatt zur silbernen Hochzeit des Kaiserpaares. (16 S. m. Abbildgn. 8. Ebd. (906). n. — 15
Ladenpreis aufgehoben.

— **Lebensrätsel.** 8 apologet. Abhandlgn. üb. Leid, Tod u. Sünde. (80 S.) 8. Ebd. 910. 1. —

— Lebensziele. Wegweiser zu kraftvollem Werden. (78) 8° Ebd. ('12). 1 —; geb. 1.80 d

— **Liebe um Liebe.** E. Geleitwort f. unsere weibl. Jugend. (16 S.) 8. Ebd. (910). — 10; bessere Ausg. gr. 8. — 20

— dasselbe, s.a. **Bausteine zum Aufbau des evang. Gemeindelebens.**

— die **innere Mission** an u. unter den Gebildeten. (Anh. zur Denkschrift der Thüringer Konferenz f. i. M. f. d. J. 1903.) Referat, geh. auf der Thüringer Konferenz für innere Mission in Altenburg am 7. X. 1903. (49 S.) 8. Erfurt 903. (Arnstadt, Verlagsbureau.) n. — 60

— Die innere Mission an u. unter d. Gebildeten. (Anh. z. Denkschrift d. Thüringer Konferenz f. i. M. 1903.) Referat. (49) 8° Erf. '03. (Gotha, Verl.-Bureau.) — 60 d

— die **Seele** u. ihr Heil. 3 Vorträge f. Gebildete. gr. 8. (60 S.) Berlin 901. Trowitzsch & Sohn. — 70

— Prakt. Seelsorge in Einzelbildern a. ihrer Arbeit. 1—3. Taus. (8, 342) gr8° Ebd. ('12). 4.20; L 5 — d

Sehet, welch ein Mensch! 3 Vorträge f. Gebildete von P[aul] **Blau**, Pastor am Augustahospital. *Berlin: Trowitzsch & Sohn 1902.* (68 S.) 8° [F.]

— von der christlichen **Sorglosigkeit** als dem schönsten Vorrecht der Kinder Gottes, s.a. **Predigt-Hausschatz**, evangelischer.

Von der christlichen Sorglosigkeit als dem schönsten Vorrecht der Kinder Gottes. Ev. Matth. 6, 24—34. Pred. von P[aul] **Blau**, Pastor zu Berlin. *Halle a. S.: E. Strien [1899].* (12 S.) 8° [F.]
= Predigt-Hausschatz, Evangelischer. No 29.

— **Treue um Treue.** Ein Geleitwort f. unsere männliche Jugend. (16 S.) 8. Hamburg (910). Agentur. d. Rauhen Hauses. — 10; bessere Ausg. gr. 8. — 20

— dasselbe, s.a. **Bausteine zum Aufbau des evang. Gemeindelebens.**

— **Und dann?** 10 bibl. Betrachtgn. üb. die persönl. Vollendg. Nebst e. Anh.: Ist Christus wirklich auferstanden? (VII, 125 S.) 8. Berlin 907. Trowitzsch & Sohn. 2.—; geb. in Leinw. 2.80

— Und dann? 10 bibl. Betrachtgn üb. d. persönl. Vollendg. Nebst Anh.: Ist Christus wirkl. auferstanden? 2. Afl. (7, 125) 8° Berl., Trowitzsch & S. '11. 2 —; L 2.80 d

Blau, Paul, welche Aufgaben erwachsen d. evangelischen Verkündigung aus dem gesteigerten Erkenntnisbedürfnis der Gemeinden? Referat, erstattet auf der kirchl. Konferenz der Kurmark zu Potsdam. (20 S.) gr. 8. Potsdam 903. Stiftungsverlag. n. — 40

— **„Wenn ihr Mich kennet —".** Religiöse Vorträge f. ernste Frager unter den Gebildeten. Mit Vorrede v. E. Dryander. gr. 8. (IX, 180 S.) Berlin 903. Trowitzsch & Sohn. n. 2.40; geb. in Leinw. n. 3.25

— **„Wenn ihr Mich kennetet —".** Religiöse Vorträge f. ernste Fragen unter den Gebildeten. Mit Vorrede von E. Dryander. 2., neubearb. Aufl. (IX, 189 S. 8. Berlin 907. Trowitzsch & Sohn. n. 2.40; geb. in Leinw. n. 3.25

— „Wenn ihr Mich kennetet —". Relig. Vorträge f. ernste Frager unter d. Gebildeten. 4. Afl. (9, 189) 8° Ebd. '12. 2.40; L 3.25 d

— Wie begegnen wir d. Gefahren d. modernen Weltanschaug f. d. religiös-sittl. Leben, s: Kirchlich-positiv.

— Das Wort vom Kreuz. 3 Predigten. (30) 8° Pos., Ev. Vereinsbh. ('12). — 30 d

Letzte Worte. Abschiedsansprachen, geh. beim Scheiden aus Wernigerode. Von Paul Blau, Gen.Superint. (Berlin: Christl. Zeitschriftenverein [1910].) 24 S. 8° A 11.5109

— Letzte Worte. Abschiedsansprachen. (24 S.) gr. 8. Berlin (910). Schriftenvertriebsanstalt. — 50

Blau, Peter

Blau, Pt., Adolfine, Gräfin v. Roor. 2 Bde. 8. Leipz. 803 u. 804. Kühn. 2 ℛ

BLAU, Hugolin's, Stadtorganisten zu Yps, Morgenläufe und Abendruhe. 2 Bdchn. Mit 1 (freien) TKpf. Leipzig, Sommer in Commiss., 1802. 8°.
158 u. 160 Seiten. — Zahm.

— des Stadtorganisten Hugolius zu Yps Morgenläufe, 2 Thle. 8. Leipz. 803. (W. Rauck). 1 ℛ 8 gr

— Cantalmir. 8. Leipz. 805. Kühn. 18 gr

Blau, Sal.
—— des Wand'rers Gabe. 8. (11½ B.) Thorn 842, Lambeck. *

Blau, Sal., der Unschuld Kampf und Sieg. Ein exegetisch-krit. Versuch über das Hohe Lied. 8. Thorn 842, Lambeck n. ½ ℛ

Blauauge; e. Mährchen aus d. Morgenlande. (v. H. A. O. Reichard). 8. Leipz. 779. Weygand. 8 gr

Blauauge, ein Mährchen aus Morgenland. Leipzig 1780. V: *Reichard, Heinrich August Ottocar.* (MGT) »1779« (Ky)

Blaubach, B., das hohe Lied. Uebersetzt und erläutert. gr. 16. (51 S.) Berlin 855, (Nelte.) **

Blaubart. Heroische Oper in 3 A. n. d. Frz. v. Schmieder 8. Altona. Bechtold. 802.

Blaubart. Ein Märchen für artige Kinder. Mit 5 bunten (lith.) Bildern. Leipzig 870. Loewe. 4. (4 S.) 7½ ngr

Blaubart, der, in der Bretagne, eine schauerliche Erzählung. Herausg. von Elise S. 8. Weimar 834. Tand 1 ℛ

Blaubart, Ritter, ein Ammenmährchen von Peter Leberecht, 8. Berlin, 797. C. Nicolai. 15 sgl.

Blaubart, Ritter, Ammenmährchen in 5 Acten von P. Lebrecht. (L. Tieck). 8. Berlin. (Sommer in Leipz.) 797.

Blaubarts 7 Frauen u. and. wunderbare Gesch. (v. Anatole France), s: Bibliothek Hans Bondy.

Blauberg, F.: De origine febrium . . ., s. Nicolai, E.H. (Praes.)

Blauberg, Magnus [Magister aus Moskau (Russl.)]: Ueber die Mineralbestandtheile der Säuglingsfäces bei natürlicher und künstlicher Ernährung während der ersten Lebenswoche . . . München, Druck v. R. Oldenbourg, 1897; 31 S., 1 Bl. 8.
Berlin, Med. Fak., Inaug.-Diss. v. 13. Juli 1897

Blauberg, Magnus, experiment. u. krit. Studien üb. Säuglingsfäces b. natürl. u. künstl. Ernährg. M. bes. Berücksicht. d. Mineralbestandtheile u. Untersuchungsmethoden. gr. 8. (V, 120 S.) Berlin 897. A. Hirschwald. n. 3. —

Blaubeuren, s.a. Geognostische Karten (Württemberg.)

Blaubeuren [Schlagwort]

Blaubeuren. Karte v. Blaubeuren u. Umgebung. 1 : 200,000. Lith. gr. Fol. Tübingen 890. Fues. n. 1. 40; auf Leinw. n. 2. —

Blaubeuren u. Umg., s.: Alb, schwäb., Karte.

Blaubuch, das. Wochenschrift f. öffentl. Leben, Literatur u. Kunst. Hrsg. von H. Ilgenstein u. H. Kienzl. Verantwortlich: H. Ilgenstein. 1. Jahrg. 1906. 52 Nrn. (XIX, 2048 S.) gr. 8. Berlin, Concordia. n. 16. —

Blaubuch, das. Wochenschrift f. öffentl. Leben, Lit. u. Kunst. Hrsg. v. H Ilgenstein, (A Kalthoff) u. H Kienzl. Verantwortlich: H Ilgenstein. 1. J.'06. 52 Nrn. (Nr 1.54) gr8° Berl., Verl. d. Blaubuch. Viertelj. 3.50; einz. Nrn — 30 d

Blaubuch, das. Wochenschrift f. öffentl. Leben, Literatur u. Kunst. Begr. v. Alb. Kalthoff. Hrsg. v. Heinr. Ilgenstein. Verantwortlich: i. V. Walth. Nissen, f. Österreich-Ungarn: Adf. Schlesinger. 2—5. Jg. 1907—1910 à 52 Nrn. (1626, 1549, 1253 u. 1247 S.) gr. 8. Berlin, Verl. der Wochenschrift das Blaubuch. à Jhrg. 14. —

Blaubuch, Das. Wochenschr. f. öffentl. Leben, Lit. u. Kunst. Begründet v. Alb. Kalthoff. Hrsg. v. Heinr. Ilgenstein. Verantwortl.: i. V. Walth. Nissen, f. Österr.-U.: Adf Schlesinger. 5. u. 6. J. '10 u. '11 je 52 Nrn. ('10: 1247) gr8° Berl., Verl. d. Wochenschrift Das Blaubuch. viertelj. 3.50; einz. Nrn — 30 d
Fortsetzg s: Gegenwart, Die.

Blaubuch, d. Gemeinde Gabelbach. Betrifft d. Annektierg. Ägyptens durch d. Generalbevollmächtigten Adolf Höhn v. Greiz. (Von Heinr. Schäffer.) 8. (12 S.) Ilmenau 898. (F. Fleischer — P. Schulze.) n.n. — 25

Blaud, (P.,) neue Untersuchungen üb. d. Croup od. die Laryngo-tracheitis. Aus d. Französ. mit Zusätzen, Anmerkk. und e. literär. Skizze dieser Krankheit, von A. Clemens. gr. 8. Frankfurt 826, Sauerländer.

Blauefeldt, M., rechtliche Vertheidigung in pct. des ihm angeschuldigten Meineids. gr. 8. Kiel 831. Bünsow. 5/12 ℛ

Blauel: Schwimmender Lastkrahn von 40 000 kg Tragfähigkeit. Berlin 1885

Blauel, Carl, approb. Arzt aus Breslau: Über das Reiskörperhygrom der Bursa subdeltoidea. *Tübingen: H. Laupp 1898.* (14 S.) 8° ¶ (Aus: Beiträge zur klinischen Chirurgie, Bd 22, H. 3.)
Tübingen, Med. Diss. v. 1898

Blauel, Carl, Dr., Assistenzarzt d. chirurg. Klinik zu Tübingen: Die Resektion des tuberkulosen Kniegelenkes und ihre Resultate auf Grund von 400 Operationen an der v. Brunsschen Klinik. *Tübingen 1904: H. Laupp jr.* (60 S.) 8° ¶ [Aus: Beiträge zur klinischen Chirurgie Bd 42, H. 1.]
Tübingen, Med. Hab.-Schr. v. 1904
(Nicht für den Austausch)

BLAUEL, J.C.A.: Über den, den Mangel des Holzes, besonders des Eichenholzes, am besten ersetzenden Lerchenbaum (Pinus Larix), nebst Anweisung zur Holzzucht, insbesondere die Lerchen und mit 2 Anhängen über die Weymouthskiefer (Pinus Strobus) und einen neu erfundenen Regolpflug mit Rißdazu. - Ilmenau, Weimar 1830. 75 S., 1 Abb.

Blauel, J. C. A., über den, den Mangel d. Holzes, besond. d. Eichenholzes, am besten ersetzend. Lerchenbaum (Pinus Larix), nebst Anweis. z. Holzzucht, insbes. d. Lerchen, u. m. 2 Anhn. üb. d. Weymouthskiefer (Pinus Strobus) u. e. neu erfund. Reolpflug mit Riß dazu. gr. 8. (5 B. u. 1 Stndr.) Ilmenau 830, Voigt.

Blauel, Joh. Pet. Carl (Celle), De restitutione in integrum minorum ex causa individua majoribus proficua. Diss. jur. Göttingen (J. Ch. Dieterich) 31. XII. 1779. 32 S. (4.80) 2875
Gewidmet: Ernst Aug. v. Schlepegrell, Thedel Friedr. v. Walmoden, Fried. Esaias v. Pufendorf.

Blauert, Jul., s.: Verzeichnis der Rektoren, Lehrer u. Lehrerinnen an den Berliner Gemeinde-Schulen.

Blauert, Paul, das Kinderfest im Dienste der Erziehung, s.a. Erziehung. 1. Hft.

Blauert, Paul. Das Kinderfest im Dienste der Erziehung. Ein altes deutsches Maienfest. [Mit Abbildungen und Melodien.] IV + 54 S. 8. Bern, Gustav Grunau, 1908. [fr. 1. 25]
Erziehung. Pädagogische Arbeiten hrg. von Dr. Ernst Schneider.... Heft 1.

Blauert, Paul, Ein altes deutsches Maienfest, Bern 1908, 54 S., 8°.

Blauert, Walt.: Die Kaffeeküche mit d. dazu gehör. Erfrischgs-Getränken. (130) 16° Gotha, P Hartung ('12). L 2.50

Blaufuss, A, Ad Herodiani rerum Romanarum scriptoris libros V. et VI. observationes. Diss. 1898. 68 S. 1.25

Blaufuss, Hans, römische Feste u. Feiertage nach den Traktaten üb. fremden Dienst (Aboda zara) in Mischna, Tosefta, Jerusalemer u. babylon. Talmud. Progr. (40 S.) 8. Nürnberg 909. (J. L. Schrag.) 1. —

Blaufuss, Hans: Römische Feste und Feiertage nach d Traktaten über fremden Dienst ⟨Aboda zara⟩ in Misc na, Tosefta, Jerusalemer und babylonischem Talmu Nürnberg 1909: Stich. 40 S. 8°
Nürnberg, k. Neues G P 1909* [S 09. 25

Blaufuss, Hans: Götter, Bilder und Symbole nach den Traktaten über fremden Dienst ⟨Aboda zara⟩ in Mischna, Tosefta, Jerusalemer und babylonischem Talmud. Nürnberg 1910: Stich. 51 S. 8°
Nürnberg, k. Neues G P 1910* [S 10. 30

Blaufuss, Jakob Wilhelm

* **BLAUFUSS.** — Abgenöthigte Antwort auf Gottlieb Friedrich Amandus Trautmanns, beyder Rechten Doctoranden u. Jurispracticum alhier (sic!), abgenöthigte. Vertheidigung des artigen Geschlechtes, nebst einer Zueignungsschrift an eben denselben. Hrsg. v. M. *Jacob Wilhelm Blaufus.* O. O. u. J. (Jena, Marggraf, 1747). 4°. 31 S.

Blaufuß, Jak. Wlh., († d. 8. Juli 1758.) verm. Beitrr. zur Erweiter. d. Kenntniß seltener Bücher. 2 Thle. 8. Jena 753—56. Melchior. 18 K

* **BLAUFUSS,** Jac. Wilh. (Theol. Dr. et Philosoph. Prof. extraord., † 3. Juni 1758 zu Jena, 53 J. alt). — Zwo Scherzreden, unter welchen die Erste die Vorzüge des Frauenzimmers vor den Mannspersonen in der Beredsamkeit, die Andere aber die Vorzüge der Mannspersonen vor dem Frauenzimmer in der Galanterie den witzigen Menschenfreunden anpreiset, in der teutschen Gesellschaft in Jena gehalten, und auf Verlangen einiger Liebhaber der schönen Wissenschaften zum Druck befördert, von M. *Jacob Wilhelm Blaufus* (!). JENA, verlegts Georg Michael Marggraf, 1745. 4°. 48 S. (24 Mk., zus. mit den 4 folgenden Schriften, Emil Hirsch, München, 1907:)
„B. gehörte zum Gottsched-Kreise und spricht in der ersten Rede wiederholt über die literarische Bedeutung der „Schwartzinn, der Freundin Opizens" und der Gottschedinn."

— Versuche in d. Dichtkunst. gr. 8. Jena 755. Melchior. 8 K

— s. Aug. Joach. Wolf, Schediasma.

Blaufuss, Johannes

Blaufuss, Joannes *Jacobus* [Castellensis]: Ad Herodiani rerum Romanarum scriptoris libros V. et VI. observationes ... Erlangae, typ. F. Junge Typogr. Aulae Reg. Bavar. et Univ., 1893; 68 S., 1 Bl. 8.
Erlangen, Phil. Fak., Inaug.-Diss. v. 1893

Blaufuss, Ioa., de originibus evangelii quod vocatur secundum Matthaeum. Progr. (48 S.) 8. Nürnberg 905. (J. L. Schrag.) n. 1. —

De originibus Evangelii quod vocatur secundum Matthaeum. — Scrips. Dr. Joannes Blaufuss, G.-P. — 1905, Norimbergae, J. L. Stich. — P. 3—48.

Blauhorn, Jos., das Recht der Rohölgewinnung in Oesterreich. Die das Gebiet d. Rohölgewinng. regelnden Gesetze u. Verordngn. sowie die hierauf bezughab. oberst- u. verwaltungsgerichtl. Entscheidgn., gesammelt, bearb. u. hrsg. 1. Bd. Die Gesetze u. Ministerial-Verordngn. (X, 1508.) gr. 8. Berlin 910. Schöneberg, Verlag f. Fachliteratur. 6. —

Blauhorn, J., Das Recht der Rohölgewinnung in Oesterreich. Die das Gebiet der Rohölgewinnung regelnden Gesetze und Verordnungen sowie die Entscheidungen. 2 Bde. Berlin, 1910—1911. 272 S

Blauke, B. (Red.), s. Geflügel-Freund, Der.

Blaukopf, J.: Zur Geschichte der Erbauung des neuen Stadttheaters in Czernowitz. Czernowitz: Schally 1905.

Blaul, Friedrich, s.a. Blaul, G. Friedr.

Blaul, Friedr., Aza, s.a. Familien-Bibliothek für's deutsche Volk.

Blaul, Friedrich. Aza, der Peruaner. Dt-ev Jugend-bibl. StL. 1890.

Der ewige, und sein Liebling in München (von *Friedrich Blaul*). München 1831.
Anon.-Lex. VI. p. 229 (nach Soergel, Ahasver-Dichtungen. Leipzig 1905. S. 162).

—— alte und neue Geschichten, s. Jugend- und Volksbibliothek, deutsche.

Blaul, Fr., Glatteis, s.: Kinder-Bibliothek, kolorierte.

Blaul, Frdr., Glaubenstreue od. D. Wallonen i. d. Pfalz, s.a. Jugend- u. Volksbibliothek, deutsche.

Blaul, Frdr., Glaubenstreue oder die Wallonen in der Pfalz. Erzählung für die Jugend und das Volk. 2 Thle. Speyer 860. Neidhard. 8. (211 S.) 15 ngr.

Blaul, Friedrich
Glaubenstreue oder Die Wallonen in der Pfalz. Erzählung. 1 Holzschnitt.
Stuttgart: Steinkopf 1874. 136 S. 8°

Blaul, Friedr., heimwärts. Lieder und Gedichte. 8. (VII, 313 S. mit dem Lichtdr.-Bildnisse des Verf.) Kaiserslautern 886, Gotthold's Verlag. geb. mit Goldschn. *

—— der Kaiserdom zu Speier. Führer und Erinnerungsbuch. 5 Lfgn. Lex.-8. (120 S. mit 14 Stahlst., 1 Grundriß des Domes in Stahlst. und in den Text gedr. Holzschn.) Neustadt a. d. H. 860, Gottschick's Buchh. *
Prachtausg. in gr. 4. *

— d. Knabe i. Ledersack u. a., s.: Barth, Chrn. Gtlieb.

Blaul, Friedr., Confirmations-Andenken. 50 verschiedene Blätter in gr. 4. In schönem Farbendruck (mit Vignetten in Holzschn.). 3. Aufl. Landau 853. Kaußler in Comm. 22½ ngr

Blaul, F, Confirmat.-Andenken. 5. Afl. 4. (50 Hlzschntf.) Land. 60, Kaussler. — 22½

Blaul, Friedr., Confirmations-Andenken. 5. Aufl. gr. 4. (50 Holzschntaf. in Buntdr. mit Text.) Landau 866, Kaußler. In Couvert.

Blaul, Friedr., Confirmations-Andenken. 50 verschiedene Blätter in Farbendr. 6. Aufl. gr. 4. Landau 873, Kaußler. *

— d. Kreuz. E. span. Geschichte, s.a. Familien-Bibliothek für's deutsche Volk.

[F.] Das Kreuz. — Eine spanische Geschichte. Zwei Erzählgn v. Fr. Blaul, † Dekan. *Barmen: H. Klein [1895].* (70 S.) 1 Bd 8.
— Familien-Bibliothek für's deutsche Volk. No 125. [94. 2596

— Thürmers Lottchen. Novelle. 8. (41 S.) Ebendas. 886. geb. ** — 50
Aus: Novellenkranz, besonders abgedruckt.

— Novellenkranz. Geschichten u. Träume. 8. (IV, 223 S. m. 1 Holzschntaf.) Kaiserslautern 885. A. Gotthold's Verl. geb. m. Goldschn. n. 4. —

— Robert Plank, der verlorene Sohn, s.: Familien-Bibliothek für's deutsche Volk.

Blaul, F., die Rache ist mein, ich will vergelten, s.: Familien-Bibliothek für's deutsche Volk.

Blaul, F., der Stiefsohn, s.a. Jugend- und Volksbibliothek, deutsche.

Blaul, Friedr., der Stiefsohn. Erzählung für die Jugend u. das Volk. 12. (116 S.) Speyer 847, Neidhard. ¼ ℛ

— Träume u. Schäume vom Rhein. In Reisebildern aus der Rheinpfalz. 2., verm. Aufl. gr. 8. (VII, 563 S. m. 1 Chromolith.) Kaiserslautern 882. A. Gotthold's Verl. n. 7. —; geb. m. Goldschn. n. 9. —; Velinausg. auf weißem Pap. geb. n. 10. —

Blaul, Frdr., Träume u. Schäume vom Rhein. In Reisebildern aus Rheinbayern u. den angrenz. Ländern. Aus den Papieren e. Müden. 8. Aufl. (881 S.) 8. Kaiserslautern 910. A. Gotthold. 4.50; geb. in Leinw. 6. —

Blaul, G. Friedr., s.a. Blaul, Friedrich

Blaul, G. Fr., Andachtsbuch für evangel. Christen. gr. 12. Speier 836, Neidhard's Buchh. ⅓ ℛ, Velinp. ⅚ ℛ

Blaul, G. Friedr., Andachtsbuch f. evangel. Christen. (Neue Ausg.) gr. 12. (7⅙ B. u. Titvign.) Speier 842, Neidhard's Buchh.

—— Aza, der Peruaner-Knabe. Erzähl. f. die Jugend u. das Volk. gr. 12. (4⅔ B.) Speier 842, Neidhard's Buchh.

— Bilder aus München. gr 12. Heidelberg 834. (Winter.) ⅚ ℛ — 2e Aufl. 8. Speier 837. Neidhard's Buchh. ⅚ ℛ

— die Julinacht auf St. Helena. Phantasiebild (Gedicht) 16. Speier 835. Kolb. 1/12 ℛ

—— die Julinacht auf St. Helena. Phantasiebild. (Gedicht.) 16. (¼ B.) Speier 835, [Neidhard's Buchh.]

—— 50 Confirmations-Andenken. 2. Aufl. in Gold- u. Farbendr. gr. 4. Landau 845. (Kaußler.) *

— 50 Confirmations-Andenken. 2. Aufl. in Gold- und Farbendruck. gr. 4. Landau 846. (Kaußler.) n. ⅚ ℛ

—— geistliche Lieder. gr. 12. (2 B. u. Titvign.) Speier 838, Neidhard's Buchh. *

— geistl. Lieder. 8. Speier 839. Neidhard's Buchh. n. 1/6 ℛ

— der Jugend Lust u. Lehre in neuen Fabeln, Mährchen und Erzählungen. gr. 8. (Mit fein. Holzschn.) Kempten 846, Dannheimer. geb. ⅞ ℛ

—— das Musikfest, Rheinbaierische Novelle. gr. 12. (9⅓ B.) Heidelberg 832, Winter.

— das Musikfest. Novelle. 2e Ausg. gr. 12. Speier 836. Neidhard's Buchh. ⅚ ℛ

— die drei Fürstensöhne Napoleon II., Heinrich V., Otto I. Lyrische Trilogie. gr. 12. Speier 835. Neidhard's B. ¼ ℛ

— Robert Plank, der verlorene Sohn. Erzählung für die Jugend u. das Volk. gr. 12. Speier, Landau u. Grünstadt 840. Neidhard's Buchh. ¼ ℛ

— die Rache. Erzählung für die Jugend und das Volk. gr. 12. Speier, Landau u. Grünstadt 840. Neidhard'sche B. ¼ ℛ

—— das Reformationswerk in d. Pfalz. Historische Denkschrift z. 300jähr. Jubelfeier d. pfälzischen Kirchen-Verbesserung am 3. Jan. 1846. Nebst e. Ueberblick d. ferneren Geschichte d. evangel. Kirche in d. Pfalz. gr. 8. (3⅝ B.) Speier 846, Neidhard's Buchh. *

Blaul, (G.) Friedr., der Stiefsohn. Erzählung für die Jugend und das Volk. 12. (116 S.) Speyer 847, Neidhard's Buchh.

Blaum, Ernst (Hrsg.), s. Aufnahmen der ersten Klasse der Landesbaugewerkschule Darmstadt.

Blaum, K., s. Abhandlungen, staatswissensch. Strassburg. 24. Heft.

Blaum, Kurt, das Geldwesen der Schweiz seit 1798, s.a. Abhandlungen aus d. staatswiss. Seminar zu Strassburg i/E.

Blaum, Kurt [Fritz Johannes], a. Straßburg: Das Geldwesen der Schweiz seit 1798. Straßburg 1908: K. J. Trübner. (72 S.) 8° (Erscheint vollst. als: Abhandlungen aus dem staatswissenschaftlichen Seminar zu Straßburg i. E. H. 24.)
Straßburg, Rechts- u. staatswiss. Fak., Ref. Knapp, Diss. v. 22. Febr. 1908
[Geb. 10. April 84 Straßburg i. E.; Wohnort: Straßburg; Staatsangeh.: Elsaß-Lothringen; Vorbildung: Lyzeum Straßburg Reife 03; Studium: Straßburg 1, Kiel 1, Straßburg 5 S.]

Blaum, Kurt (Hrsg.), s. Handbuch für den Akademischen Turnbund.

Blaum, R: Die Nassbagger u. d. Baggereihilfsgeräte, s: Paulmann. M.

Blaum, Rud., englische Grammatik und Uebungsbuch für höhere Schulen. 8. (VIII, 6 und 180 S.) Straßburg 877, Trübner. cart. *

Blaum, R., engl. Grammatik u. Übungsbuch f. höh. Schulen. I. Abtlg.: Grammatik. II. Abtlg.: Übungsbuch. 8. Aufl. 8. (X, 243 S.) Straßburg 896. K. J. Trübner, Verl. n. 2.25; geb. n. 2.50

Blaum, Rud. Quaestionum valerianarum specimen. Pars I. De Valerii Maximi dicendi genere. Pars II. Adnotationes criticae. 50 S. Progr. Lyz. *Strassburg* 1876.

Blaum, Rud., quaestionum Valerianarum specimen. gr. 4. (50 S.) Strassburg 876. Trübner. n. 1. 80

Blaumeyer, Karl, approb. Arzt aus St. Wendel (Rheinpreußen): Über die Ätiologie des Scorbuts. *Straßburg i. E. 1904: C. Müh & Co.* (27 S.) 8°
Straßburg, Med. Diss. v. 1903

Blaunfeldt, Maximilian Franciscus
Offenes Sendschreiben an den Herrn Ministerpräsidenten von Bismarck-Schönhausen in Berlin und den Herrn Minister des Auswärtigen von Mensdorff-Pouilly in Wien, oder: Wie man im Herzogthum Schleswig Amt und Vermögen jetzt erwirbt. Ein schwarzer Rahmen zu dem düsteren Gemälde schleswigscher Zustände v. M[aximilian] F[ranciscus] **Blaunfeldt.** Kopenhagen. 1865. 8°

⊙ Das schleswigsche Sprachrescript vertheidigt wider die Angriffe des Herrn Conferenzraths Raasløff v. Maximilian Franciscus Blaunfeldt. Kopenhagen. 1863. 8°.

Staatsrechtliche Stellung des Herzogthums Schleswig und Einfluss einer Aufhebung der bisherigen administrativen Verbindung dieses Herzogthums mit Holstein auf schleswigsche Zustände v. Maximilian Franciscus **Blaunfeldt.** Kopenhagen, Juli 1848. 8°.

Briefwechsel der Brüder Ambrosius und Thomas **Blaurer**, 1509–1548 (1: 1509–1567). Hrsg. von d. Bad. Hist. Komm., bearb. von Traugott Schieß. Bd 1–3. Freiburg i. Br.: Fehsenfeld 1908–12. 8°
1. 1509–Juni 1538. 1908. 2. Aug. 1538–Ende 1548. 1910. 3. 1549–1567. 1912.

Blaurock, Annie Specht-
s. Specht-Blaurock.

Blaurock, Ferdinand Julius Jacob

Blaurock, Ferd. Jul. Jacob (Arenshagen/Pomm.), De nervorum sensuum defectu. Diss. anatom.-pathol. Bln. (Feister & Elsersdorff) 21. IV. 1828. 22 S., mit Biogr. (M.: S. C. E. Böhm.) (3.50) 2876
Oppon.: Friedr. Kessler, Wilh. Sinsteden, Valent. Wesche. — Gew.: F. A. Schulz, J. L. Arnold.

Blaurock, R. Bemerkungen zu dem lateinischen Unterricht auf der Obertertia des Gymnasiums. 21 S. Progr. G. *Marienwerder* 1883.

Blaurock, R., De oratione quae in Soph. Oedipo Rege v. 216—275 exstat observationes criticae. Diss. 1876. 89 S. 4°. 1.20

Blaurock, *Richard* [Prof. Dr.]: Rede, gehalten bei der Vorfeier des Geburtstages Sr. Majestät des Kaisers am 26. Januar 1895. Marienwerder, Druck d. Kgl. Hofbuchdr. R. Kanter, 1895; 1—4 S. 4.
Marienwerder, k. G, P 1895 (36)

Blaurbckel, Dintenfaß e. allz. parat seyenden Brieffecret. 8. Halle, Hemmerde u. Schw. 745.

Volleingeschancktes Tintenfäszl eines allezeit parat leyenden Brieff Secretary, gefüllt mit kohlruszrabenpechschwarzer Tinten wider unsre Feind etc. etc. von R. D. Vito Blauroeckello (J. J. Schwabe.) Kufstein. 1745. 8o.
Satire gegen die Schweizer Bodmer, Breitinger etc. s. Flögel Gesch. der kom. Lit. III. S. 525, Vgl. Gervinus IV. S. 611.

Blauschmidt, Christ.

Blauschmidt, Chr., himml. Seelenschatz, mit Kpf. 12. Leipz., (W. Rauck). 5 *K*

Blauschmidt, Christ., himmlischer Seelenschatz. m. K. 12. Leipz. Sommer.

Blausee. Der B' im Kandertale, C! Bern, Eisenbahnstation Frutigen. [Illustrierter Prospekt.] IV + 16 S. quer-8. Bern, Steiger, [1904].

Blaustein, Arthur

Blaustein, Arth., die Entstehung der gewerkschaftl. Arbeiterbewegung im deutschen Sattlergewerbe, s.a. **Abhandlungen, volkswirtsch., d. bad. Hochschulen.**

Blaustein, Arthur, Dr.: Die Entstehung der gewerkschaftlichen Arbeiterbewegung im Deutschen Sattlergewerbe. Mit Tabellen. *Tübingen & Leipzig: J. C. B. Mohr 1902.* (VI, 139 S.) 8° ¶(= Volkswirtschaft. Abhandl. d. Badischen Hochschulen, Bd 6, H. 3.)
Heidelberg, Phil. Diss. v. 1902
(Nur in beschränkter Zahl für den Austausch)

Blaustein, Arth.: Des Kaufmanns tägl. Ratgeber. (133) 8° Berl., H Hillger ('12). — 75 d

Blaustein, Arth., der Student in der politischen Entwicklung Deutschlands seit den Freiheitskriegen. (80 S.) 8. München-Gern 909. Buchh. Nationalverein. — 50

— **Von der Uneinigkeit der Liberalen bei den Reichstagswahlen 1867—1910.** Mit 2 Tab. u. 1 Diagr. Vor- u. Nachwort v. W. Ohr. (88 S.) gr. 8. Ebd. 911. — 75

— **Wegweiser f. die Reichstagswahl,** s.a. **Hillger, Herm.**

Hillgers Wegweiser für die Reichstagswahl. Hrsg. von Dr. Arthur **Blaustein** u. Hermann Hillger. Berlin, Leipzig: H. Hillger 1907. (159 S.) 8° [F.] [07. 13874

Blaustift

Die Räuber von Fritz Schiller. Vom Dir. Blaustift u. Dramaturgen Dr. Parode. *Berlin: Kühling & Güttner [1894].* (24 S.) 8° [F.]
= Karnevals-Possen. No 7. [94. 10731

Blaustrumpf, der, od. Breitings Abentheuer u. lustige Streiche. 3 Bde. 8. Hamb. 803. (Herold jun.) 4 ℳ 4 *K*

Blaustrumpf, der, oder Breitings Abenteuer und lustige Streiche. 3 Bde. 8. Hamburg, Vollmer. 803.

BLAUSTRUMPF, der, oder Breitings Abenteuer und tolle Streiche. 3 Bde. Hamburg und Mainz 1804. 8°. (6 Mk. 50 Pfg. Alfred Lorentz, Lpz., 1905.)

* **BLAUSTRUMPF,** M. Leberecht, Vier possierliche Gedichte, als I. Eines Wittenbergischen Edelmanns Poetische Abschilderung des gewöhnlichen Studenten-Lebens; II. Eines Höllischen Passagiers Lobgedichte auf das eingeführte Pursicalische Karbatschen-Klatschen . . . . zum Druck befördert von M. — —, Halbehrwürdigen Mitgliede der Froschmäusler-Gesellschaft. Schönstädt, 1746. 4°. 24 S. (In Berlin 2 Expll.: Yk 8796; B. Dz. 2764. 4°.)

Blavatskaja, Elena Petrovna

Blavatsky, H. P., Bedingungen zur Aufnahme in okkulte Schulen, s.a. **Bibliothek, okkultistische. I.**

Bedingungen zur Aufnahme in okkulte Schulen von H. P. Blavatsky [Elena Petrovna **Blavatskaja**]. Berlin: P. Raatz [1906]. (17 S.) 8°
— **Bibliothek,** Okkultistische. Bd 1. [06. 4376

Blavatsky, HP, s: Befähigung z. Chelaschaft.

— **Offener Brief an die christliche Kirche.** (19 S.) gr. 8. Berlin (906). P. Raatz. n. — 80

Offener Brief an die Christliche Kirche. Von H. P. Blavatsky [Elena Petrovna **Blavatskaja**]. Berlin: P. Raatz [1907]. (19 S.) 8° [07. 18307

— **secret doctrine, s.: Deinhard, Ludw., d. Geheimlehre.**

Esoterik. Nachgelassene Schriften von H. P. Blavatsky [Elena Petrovna **Blavatskaja**]. Aus d. Engl. d. 1. Aufl. übers. von Robert Froebe, Dr. phil. (In 6 Lfgen. Vorr.: Annie Besant.) Leipzig: Lotos-Verl. [1906]. (XX, 594 S.) 8°
— **Blavatskaja**: Die Geheimlehre [The secret doctrine]. Bd 3. [07. 415

Die Esoterik der Evangelien. Von H. P. Blavatsky [Elena Petrovna **Blavatskaja**]. Aus d. Engl. Berlin: P. Raatz 1906 (1907). (27 S.) 8° [07. 18398

— **Fremdwörterbuch f. Okkultisten u. Theosophen.** (Theosoph. Glossarium.) Übersetzung. (63 S.) gr. 8. Leipzig 910. M. Altmann. — 80

Blavatsky, H. P., d. Geheimlehre (The secret doctrine), d. Vereinigg. v. Wissenschaft, Religion u. Philosophie. A. d. Engl. d. 3. Aufl. übers. v. Rob. Froebe. (In ca. 20 Lfgn.) 1.—5. Lfg. gr. 8. (S. 1—480.) Leipzig 897—898. W. Friedrich. à n. 3. —

Blavatsky, H. P., die Geheimlehre (The secret doctrine), die Vereinigung v. Wissenschaft, Religion u. Philosophie. Aus dem Engl. der 3. Aufl. übers. v. Rob. Froebe. 6.—17. Lfg. gr. 8. (1. Bd. Kosmogenesis XXVII u. S. 481—740 u. 2. Bd. Anthropogenesis. XVII, 842 S.) Leipzig 898—901. W. Friedrich. à n. 3.—; (2 Bde. kplt.: n. 51.—; geb. in Halbfrz. n. 57.—)

Die Geheimlehre ⟨The Secret Doctrine⟩. Die Vereinigung von Wissenschaft, Religion u. Philosophie von H. P. Blavatsky [Elena Petrovna **Blavatskaja**]. Übers. von Robert Froebe, Dr. phil. Bd 1–3. Leipzig: W. Friedrich (3: Lotos-Verl.) (1900–06). 3 Bde 8°
1. Kosmogenesis. Aus d. Engl. d. 3. Aufl. übers. 1900.
2. Anthropogenesis. Aus d. Engl. d. 3. Aufl. übers. 1901.
3 = Blavatsky: Esoterik. Nachgelassene Schriften. Aus d. Engl. d. 1. Aufl. übers. 1906. [07. 414

— **die Geheimlehre.** (The secret doctrine.) Die Vereinigg. v. Wissenschaft, Religion u. Philosophie. Aus dem Engl. übers. v. Rob. Froebe. III. Bd. Esoterik. Nachgelassene Schriften. Aus dem Engl. der 1. Aufl. übers. (XX, 594 S.) Lex.-8. Leipzig (906). Lotus-Verlag. n. 18. —; geb. in Halbfrz. n. 21. —
Erschien auch in 6 Lfgn. à n. 3. — Bd. I u. II jetzt Leipzig, M. Altmann. 898—901. n. 51. —; geb. n. 57. —

— **D. Geheimlehre. III. Esoterik. 906. (KBL 33.) Jetzt: Leipzig, Theosoph. Verlagshaus.**

— **Theosophisches Glossarium.** Eine Ergänzg. zum Schlüssel zur Theosophie. Autoris. Übersetzg. (63 S.) 8. Leipzig 908. M. Altmann. — 80

Blavatsky, H. P., die Grundlage der indischen Mystik, bestehend in Auszügen aus dem Buch der goldenen Lehren. Übers. v. **Frz. Hartmann.** 8. (XIII, 46 S.) Leipzig 893. W. Friedrich. n. 3. —

— kurzgefasster Grundriss der Geheimlehre. Zusammengesetzt v. Frz. Hartmann. 8. (VII, 190 S.) Ebd. 899. n. 3. —

— Haben die Tiere Seelen? Philosophische Abhandlg. Aus dem Engl. (70 S.) 8. Berlin (905). P. Raatz. n. 1. —

Haben die Tiere Seelen? Philos. Abhandlung von H. P. Blavatsky [Elena Petrovna Blavatskaja]. Aus d. Engl. Berlin: P. Raatz [1906]. (70 S.) 8°
Die Übers. erschien zuerst im 'Theosophischen Leben'. [06. 4584

— in den Höhlen u. Dschungeln Hindostans. Autoris. deutsche Ausg. gr. 8. (VIII, 359 S. m. 1 Taf.) Ebd. 899. n. 6. —; geb. n. 7. 50

— Höllen-Träume. Aus dem Engl. übers. v. Jul. Sylvester. (187 S.) 8. Ebd. 908. 1.60; geb. 2. 40

Isis entschleiert [Isis unveiled]. Ein Meisterschlüssel zu d. alten u. modernen Mysterien, Wissenschaft u. Theologie von H. P. Blavatsky [Elena Petrovna Blavatskaja]. (Einzig autor. deutsche Ausg.) Aus d. (Engl. d.) 6. Aufl. übers. von A. K. u. R. W. Bd 1. Leipzig: Lotus-Verl. [1907]. 4°(8°) [08. 3

— Die entschleierte Isis. Ein Meisterschlüssel zu den Geheimnissen alter u. neuer Wissenschaft u. Theologie. Aus der 6. engl. Aufl. ins Deutsche übertragen v. A. K. u. R. W. 2 Bde. (LIII, 628 u. VIII, 649 u. LXXVIII S. m. 1 Taf.) Lex.8. Leipzig 907—09. Theosoph. Verlagshaus. à Bd. 21.—; geb. n 24.—; auch in 14 Liefgn. à 3. —

— Die Jüngerschaft, s.: Vorträge, geisteswissenschaftliche.

Blavatsky, H. P., s.: Lotusblüthen.

— indische Mystik. Die Stimme der Stille. Ausgewählte Bruchstücke aus dem „Buche der goldenen Lehren". Ins Deutsche übertr. v. Frz. Hartmann. 8. (XV, 120 S.) Leipzig 902. Lotus-Verlag. n. 3. —; geb. n. 4. —

Blavatsky, H. P., Indische Mystik. 902. (KBL 31.) Jozt: Leipzig, Theosoph. Verlagshaus.

— Okkultismus u. okkulte Künste, s.a. Bibliothek, okkultist.

Okkultismus und okkulte Künste. Von H. P. Blavatsky [Elena Petrovna Blavatskaja]. Aus d. Engl. Berlin: P. Raatz [1907]. (31 S.) 8°
— Bibliothek, Okkultistische. Bd 3. [07. 11396

— Schlüssel zur Theosophie. Erklärung der Ethik, Wissenschaft u. Philosophie. Aus dem Engl. übers. v. Ed. Herrmann. gr. 8. (224 S.) Leipzig 893. W. Friedrich. n. 5. —

— Der Schlüssel zur Theosophie. Eine Auseinandersetzg. in Fragen u. Antworten üb. Ethik, Wissenschaft u. Philosophie, zu deren Studium die theosoph. Gesellschaft begründet worden ist. Neue, einzig autoris. Aufl. (IX, 251 S.) gr. 8. Leipzig 907. M. Altmann. 5.—; geb. n 6. 50

— s.: Urgeschichte, die der Menschheit.

— Rätselhafte Volksstämme. Einzige autoris. deutsche Ausg. v. Arth. Weber. (XII, 255 S. m. Bildnis.) gr. 8. Leipzig (908). [Verl. des Theosoph. Wegweisers.] Jaeger. 6. —

Blavatsky, H.P., s. Blavatskaja, Elena Petrovna

Blavignac, le christianisme à Genève depuis Saint Pierre jusqu'à présent. 2. édit. revue et augm. VIII et 180 pp. pet.-in-8. Genève et Bâle, H. Georg. 1872? 5. —

Blavignac, études sur Genève depuis l'antiquité jusqu'à nos jours. 2. édition, revue et augmentée. XII et 354 pp. in-pt. 8. Genève et Bâle, H. Georg. 1872? 7. —
Tiré à petit nombre sur papier vergé. — La 1re édition a parue dans le feuilleton du „Courrier de Genève."

Blavignac, le moyen de parvenir, œuvre contenant la raison de ce qui a été, est et sera, avec démonstrations certaines et accessoires selon la rencontre des effets de la vertu. Etude historique et littéraire. 2. édit revue et augm. 128 pp. in-gr. 12. Genève et Bâle, H. Georg. 5. —
Tiré à 150 exemplaires. 1872?

Blavignac, J. D., histoire de l'architecture sacrée du IVme au Xme siècle dans les anciens évêchés de Genève, Lausanne et Sion. Lausanne 853. (Leipsic, R. Weigel.) 8. (XXI, 438 S., 1 lith. Karte u. 36 lith. Taf., m. Atlas dazu 4 Bl. u. 82 lith. Taf. in qu. Fol.) n. 20 ℳ

Blavignac, J. D. Histoire de l'architecture sacrée du quatrième au dixième siècle dans les anciens évêchés de Genève, Lausanne et Sion. Text und Atlas mit 74 Tafeln. Paris, Leipzig, London 1853. 8°.

Blawney. s. Blamey, auch Blaney.

Blawis, C., s.: Beyer, C.

Blaydes, Fredericus Henricus Marvell

Blaydes, Fred. H. M., LL. D., adversaria in Aeschylum, scrips. ac coll. B. gr. 8. (V, 356 S.) Halle 895. Buchh. d. Waisenhauses. n. 8. —

Blaydes, Freder. H. M., adversaria critica in Aristophanem. gr. 8. (V, 128 S.) Halle 899. (Buchh. des Waisenhauses). n. 3. —

— adversaria critica in Euripidem. gr. 8. (VII, 544 S.) Ebd. 901. n. 10. —

— adversaria critica in Sophoclem, scripsit ac collegit B. gr. 8. (IV, 290 S.) Ebd. 899. n. 6. —

Blaydes, Fredericus H. M. Adversaria in comicorum graecorum fragmenta, scripsit ac collegit F. H. M. B. Pars I. secundum editionem Meinekianam. gr. 8. (VI, 250 S.) Halle a. S. 890, Buchh. d. Waisenhauses. * 5 —

— adversaria in comicorum graecorum fragmenta, scrips. et coll. B. Pars II. Secundum editionem Kockianam (Lipsiae, 1880—1888, III. vol.) gr. 8. (VIII, 360 S.) (Ebd.) 896. n. 7. —; (I. u. II.: n. 15. —)

Blaydes, Fred. H. M., adversaria in tragicorum graecorum fragmenta, scripsit ac collegit B. gr. 8. (VII, 423 S.) Halle 894. Buchh. des Waisenhauses. n. 8. —

— adversaria in Herodotum. gr. 8. (VII, 160 S.) Ebd. 901. n. 3. 80

Adversaria in varios poetas Graecos et Latinos scr. ac coll. Fredericus H[enr.] M. Blaydes. *Halis Sax.: In Orphanotr. libraria 1898.* (XI S., 2 Bl., 392 S.) 1 Bd 8. [98. 6030

— adversaria in varios poetas graecos ac latinos, scrips. ac coll. B. gr. 8. (VIII, 202 S) (Ebd.) 898. n. 4. —

Blaydes, Freder. H. M., M. A., Adversaria in Thucydidem. (III, 90 S.) gr. 8. Halle 903. Buchh. des Waisenhauses. n. 1. 80

— Analecta comica graeca. (III, 352 S.) gr. 8. Ebd. 905. n. 6. 80

Blaydes, Freder. HM: Analecta tragica graeca. (156) gr8° Halle, (Bh. d. Waisenh.) 06. 3 —

Blaydes, Freder. H. M., Miscellanea critica. (IV, 268 S.) gr. 8. Halle 907. (Buchh. des Waisenhauses). 5. —

— spicilegium Aristophaneum. gr. 8. (III, 136 S.) Ebd. 902. n. 3. —

— Spicilegium Sophocleum. Commentarium perpetuum in septem Sophoclis fabulas continens. (III, 529 S.) gr. 8. Ebd. 903. n. 10. —

— spicilegium tragicum observationes criticas in tragicos poetas graecos continens. gr. 8. (III, 263 S.) Ebd. 902. n. 6. —

Blayer, Prof. S., Stenografische Schreibhefte nach Gabelsbergers System. Ein Hilfsmittel, in kürzester Zeit stenograph. schreiben und lesen zu lernen. 7. Aufl. 6. Hefte. gr. 4. Prag. Calve. 1868.

— — Lesebuch zu denselben. 1. Heft. kl18°. 5. verb. Aufl. Ebd. 60 Kr. 2. Heft. kl18°. 4. verb. Aufl. 1868.

Blayney, Lord, Reise durch Spanien u. Frankreich, während sein. Gefangenschaft in d. Jahren 1810—814. Aus d. Engl. gr. 8. Leipz. Expedit. d. Minerva. 815. Rthlr.

Blayney, Benjamin

Blayney, Benj., n. Vers. üb. d. Weissag. Daniels v. d. 70 Wochen. m. Anhang. a. d. Engl. gr. 8. Halle, Gebauer. 777. 8o.

Blayney, Benjamin. Neuer Versuch über die Weissagung Dan. IX, 20-27, aus dem Engl. übers. Halle 1797. Ü: *Schulz, Johann Chph Friedrich.* (stri) (HS)

Blayney, Thomas Lindsey, Danville ⟨Kentucky⟩: Thomas Moore, ein irischer Dichter. Eine Untersuchung über den irisch-gälischen Charakter und dessen Widerspiegelung in Thomas Moores Leben und Werken. Borna-Leipzig 1906: R. Noske. (XV, 152 S.) 8° [J.]
Heidelberg, Phil. Fak., Ref. Hoops, Diss. v. 5. Febr. 1906
[Geb. 3. Dez. 73 Lebanon, Kentucky, Vereinigte Staaten; Wohnort: Heidelberg; Staatsangeh.: Vereinigte Staaten; Vorbildung: Centre College, Danville Ver. St. Reife O. 94; Studium: Göttingen 4, Genf 1, Grenoble 1, Göttingen 1, Heidelberg 3 S.; Rig. 20. Juli 04.]

Blaze, Elzerne

— der Jäger, s. Franzosen, die, der neuesten Zeit.

Blaze, Elzerne, der franz. Soldat unter Napoleon. Humorist. Schilderung des militair. Lebens während der Feldzüge, in der Garnison und Caserne; nebst Bemerkungen über die Sitten u. Gebräuche verschied. Nationen Europa's. Aus d. Franz. 2 Thle. 8. Leipzig 839. Kollmann. $2^1/_4$ ₰

Blaze de Bury, Baronin, Falkenburg. 3 Bde. 8. (1076) Brem. 51. (Lpzg, Haessel.) 3. —

Blaze de Bury, Baronin, Falkenburg. Eine Erzählung vom Rheinlande. 3 Bde. 8. (1: VIII u. 396 S. 2: IV u. 340 S. 3: IV u. 340 S.) Bremen 851, Schlodtmann. 3 ₰

—— Reise durch Deutschland, Oesterreich und Ungarn während der Ereignisse von 1848 und 1849. Aus dem Franz. frei übertr. von L. v. Alvensleben. gr. 8. (X und 208 S.) Weimar 851, Voigt.

Blazejczyk, Thomas: Ein Fall von Gravidität bei doppeltseitiger Zerstörung der Ovarien durch Kystome. *Greifswald 1898: J. Abel.* (32 S.) 8°
Greifswald, Med. Diss. v. 13. Aug. 1898

Blazejewski, Ferdinand

Am Kreuz.' Erinnerungen an den † Pfarrer Ferdinand Blazejowski in Borken. Hrsg. z. Besten d. Gemeinschafts-Schwesternhauses in Vandsburg. (Von Ernst Klein, Pfarrer zu Lichtenrade b. Berlin.) *Vandsburg (Westpr.): Gemeinschafts-Schwesternhaus 1901.* (XX, 80 S.) 8° [G.] [09. 8380]

Blažek, A., Adreßbuch des politischen Bezirkes Freiwaldau, umfassend die Gerichtsbezirke Freiwaldau, Jauernig, Weidenau und Zuckmantel. Gr. 8. (160 S.) In Lnwd. geb. 1.50, nur fest und baar.
Freiwaldau: Blažek 1896!

Blažek, A., Wegmarkierungen im mährisch-schlesischen Sudeten-Gebirge. 4. Aufl. (22 S. m. farb. Fig.) kl. 8. Freiwaldau (904). A. Blažek. n. — 85

Blažek, Conr.

Blažek, C., der abgestorbene Adel der preussischen Prov. Schlesien, s.: Siebmacher's, J., grosses u. allgemeines Wappenbuch.

Blažek, Conr., d. mähr. Adel, s.: Kadich, Heinr. Edler v.

Blažek, C., der Adel von Oesterreich.-Schlesien, s. Siebmacher's, J., grosses und allgemeines Wappenbuch.

– preussische Grafen und Freiherren, s. Siebmacher's, J.: Grosses und allgemeines Wappenbuch.

Blažek, C, s.: Siebmacher's, J, Wappenbuch (im Katalog 1886/90).

Blažek, Frant., theoreticko-praktická nauka o harmonii pro školu a dům. gr. 8. (X und 862 S.) Prag 865,66, Kober. *

Blažek, Gabriel

— Über die partiellen Differentialgleichungen der durch Bewegung von Linien entstandenen Flächen. S. 31. II. 186 . . . . —.20
Separatabdruck

Blažek, Gabr., Entwurf einer Theorie der Meeresströmungen. gr. 8. (27 S. mit 3 eingedr. Holzschn. und 1 chromolithogr. Karte.) Prag 876, (Dominicus.) *
Aus: Archiv mathematiky a fysiky, besonders abgedruckt.

Blažek, Gabr., Transformation und Berechnung einiger bestimmten Integrale. Lex.-8. (25 S.) Wien 864, (Gerold's Sohn.) *
Aus: Sitzungsberichte der k. Akademie der Wissenschaften, besonders abgedruckt.

— Transformation und Berechnung einiger bestimmten Integrale S. 50. II. 60 . . . —.40
Separatabdruck

Blažek Gabriel: Über Volumsbestimmungen mit Zuziehung der Schwerpunktstheorie. S. 46. II. 342 . . . . —.20
Separatabdruck

Blažek M. a Bartoš Fr., Mluvnice jazyka českého. I. Theil: Formenlehre. 8. unveränderte Auflage. Brünn 1882. K. Winkler. Preis, 1 fl.

Blazekovic, Fr., Die Krankheiten des Herzens unserer Haustiere. (71 S.) Leipzig 82. (Dürselen, Wiesbaden.) M. 3.—

Blažekovic, Fr., die Krankheiten des Herzens unserer Hausthiere, speciell des Pferdes, s.a. Vorträge für Thierärzte.

Blazekovic F.: Die Krankheiten d. Herzens unserer Hausthiere, speciell d. Pferdes. Jena 1882. 71 S.
(Vorträge f. Thierärzte. Ser. 5 H. 4/5). 327.

— Lehrbuch der Veterinär-Augenheilkunde f. den Unterricht u. praktischen Gebrauch. gr. 8. (266 S.) Wien 882—84. (Seidel & Sohn.) n. 7 20

—— Lehrbuch der Veterinär-Augenheilkunde für den Unterricht und prakt. Gebrauch. 3 Hefte. gr. 8. (266 S.) Wien 883,84, (Seidel und Sohn.) à Heft ℳ 2,40. 7 20

— — Lehrbuch der Veterinär-Augenheilkunde. 3 Hefte. Wien 87. Seidel & Sohn. à Heft M. 2.40, kompl. M. 19.20

Blažeković, Karl v., Hauptm. (Major) im Reg. Chronik des k. k. 31. L.-Inft.-Reg., gegenwärtig: Grossherzog Friedrich Wilhelm von Mecklenburg-Strelitz. Auf Befehl des Reg.-Commando bearbeitet. gr. 8. Wien und Fiume 1867—1869.

Blasery, Specimen pathologiae methodo Stahliana. 4. Franck.

BLAZEVIC, Franciscus: Acta Romanorum pontificum ad propagationem fidei christianae in Bosa tempore propriorum terrae principum spectantia. — (1906) 153 Bl. 4° (Handschr.) Diss. Wien Univ. Diss. 875

Blazewicz, Theoktist, theoret.-praktische Grammatik der dacoromanischen, das ist: d. moldauischen od. wallachischen Sprache, nach ganz neuen Grundsätzen u. ein. leichtfaßl. Methode bearb. gr. 8. (10⅞ B.) Lemberg 844, Winiarz. *

*Blažič, Franc. Kratka povestnica Goriške nadškofije. V Celovcu, (typ. Blaznik in Laibach!), 1853. 82 S. (Blažič ist Pseud. für Stefan Kociančič.)

Blazinkle, Emil Rob., s.: Robert, Emil.

Blazzary, Christus Gesänge f. Christusfreunde. 8. Augsb. Stve. 788.

* BLAZZO, Castell, eine Romanze (in 6 Büchern). Regensburg, Montag, 1789. 8°.
Burleskes Opus, in Bürger's u. Blumauer's Geschmack. 70 S. (incl. 3 Bll. Vorst.). Lat. Lett. Der Pseud. unterzeichnet die Widm. an die „Hochwohlgeb. Frau Amalia Mirabella (vermaehlte CHristallina Felicia, geb. Salamandrin von Radiante": „Geträumt im Bauche des Wallfisches am 1 sten Marientage 1789." „Don Eduard Padmanaba". (Fehlt bei Weller.)

Bleby, Heinr., der Negeraufstand auf Jamaica oder Todeskämpfe des Sclaventhums. (Ein Seitenstück zu Onkel Tom's Hütte.) Actenmäßige Darstellung der Bedrückungen, Ungerechtigkeiten, Verfolgungen und Grausamkeiten gegen die Sclaven und ihre weißen Beschützer. Nach einem 17jähr. Aufenthalte auf Jamaica als Augenzeuge geschildert. Nach dem Engl. frei bearb. von L. v. Alvensleben. 8. (IV und 281 S. mit 4 Stnt.) Weimar 855, Voigt.

Bleby, Henry, die gestohlenen Kinder. Eine Erzählg. nach authent. Quellen. Frei nach dem Engl. von Marie Schweitzer. gr. 16. (125 S.) Waiblingen 874. (Stuttgart, Liesching & Co.) n. — 75

Blech u. Pech, allerhand, in Bild u. Wort. Ein Gegengift f. Langeweile, bereitet v. Damian Dalberich, Aphothecarius laureatus. 8. (136 m. Illustr.) Lpzg 86. RBauer. n. 2.—: geb. n. 3.—

Blech und Pech, allerhand, in Bild und Wort. Ein Gegengift für Langeweile, bereitet von Damian Dalberich, Apothecarius laureatus. gr. 8. (136 S. mit 240 Illustr.) Leipzig 886, Unflad. *M 2.—; geb. * 3 —

Blech, der Herr ist mein Licht u. mein Heil. Predigten. gr. 8. (VIII, 222 S.) Düsseldorf 873. Schaub. n. 3. —

Blech: De N.T. praerogativa . . . , s. Blech, Wilh.Phil.

Blech, A., der Friede Gottes. Vorlesung am 9. Febr. 1858 gehalten. gr. 8. (32 S.) Danzig 858, (Homann's Kunst- und Buchh.) Thlr.

Blech, A. F. Geschichte der siebenjähr. Leiden Danzigs v. 1807—1814. 2 Bd. 8. Berlin 1815. 10,00.

Blech, A. F., Geschichte d. siebenjährigen Leidens d. Stadt Danzig. 2 Bde. 8. Berl. Maurerische Buchh. 815.

Blech, A. F., Lehrbuch d. Erdbeschreib. f. Schulen zc. gr. 8. Königsb. 810. N. A. 818. Unzer. 1 Thlr 8 gr

— Lehrbuch d. allgem. Weltgeschichte, f. höhere u. niedere Schulen zc. in 2 Abtheill. 8. Königsb. 808. Unzer. 1 Thlr

— Schreiben an den Hrn. Hofr. Hufeland, dessen Erinnerungen, u. besond. d. Nachträge betreffend. gr. 8. Danzig 818. Krause. (Leipz., Kummer). 6 gr

— deutsche Sprachlehre f. Schulen zc. 8. Königsb. 808. Unzer. 12 gr

Blech, Blasius Alexander s. Caviezel, Hartm[ann]. Una charta da B' A' Blech. Cuera 1890.

Blech, C., Ph. Melanchthon am Rhein, s.: Für die Feste u. Freunde d. Gustav-Adolf-Vereins.

Blech, C., am Tage der Trauerfeier f. Kaiser Friedrich. Predigt, geh. zu Düsseldorf am 24. Juni 1888. gr. 8. (11 S.) Düsseldorf 888. Voß & Co. n. — 20

Blech, E.: Tractatio de mutationibus unguium morbosis, s. Blech, Ernst Philipp Eduard

Blech, E. Ph., De aeris dephlogisticati usu in asphyxia. 29 pp. Gott. 8°. 1784

EPHRAIM PHILIPP BLECH, Lobrede auf Herrn Gottfried Reyger, in der ausserordentlichen öffentlichen Versammlung der Naturforschenden Gesellschaft zu Danzig am 2. April 1789. gehalten. Danzig, mit Müllerschen Schriften. 4°.

EPHRAIM PHILIPP BLECH, Rede bey der Gedächtnissfeyer Hevelii den 28. Januar 1787. gehalten. Danzig, gedruckt bei Joh. Eman. Friedr. Müller. 4°.

Blech, Ernst, neue Bahnen d. geistlichen Amts. Vortrag, geh. auf der Danziger Pastoralkonferenz. 12. (31 S.) Leipzig 891. H. Bredt. n. — 30

Blech, Ernst, o alte Burschenherrlichkeit? Drama in 5 Akten. (110 S.) kl. 8. Leipzig 907. Verlag f. Literatur, Kunst u. Musik. 2.—; geb. n 3. —

Blech, Ernst, das älteste Danzig, s.a. Gedanensia. 7.

Das älteste Danzig von Ernst Blech, Archidiakonus zu St. Katharinen. Danzig: L. Saunier 1903. (218 S.) 8° [F.]
— Gedanensia. Bdch. 7.

Blech, Ernst, Danzig als Kunststätte. Im Auftrage des Vereins zur Erhaltung der Bau- u. Kunstdenkmäler in Danzig. (67 S.) gr. 8 Danzig 904. L. Saunier. n. — 80

Festschrift zur Zweihundertjahr-Jubelfeier der Evangelischen Kirche des Spend- und Waisenhauses zu Danzig. Von Ernst Blech. Danzig: Ev. Vereinsbuchh. 1903. (44 S.) 8° [F.] 10

— Fort m. der Säbelmensur! Ein ernstes Wort an Deutschlands studier. Jugend. Ein Wort f. die Schlägermensur, gegen die Säbelmensur. (16 S.) kl. 8. Ebd. 907. — 40

— altchristliche Glaubensboten in Westpreußen, s.a. Hefte zur westpreußischen Kirchengeschichte. 1. Hft.

Altchristliche Glaubensboten in Westpreußen. Von E[rnst] Blech-Danzig. Danzig: Ev. Vereinsbuchh. [1904]. (20 S.) 8° [F. u. Ant.]
— Hefte z. westpreußischen Kirchengeschichte. H. 1.

— Pfarramtsideal, dargestellt seinen Amtsbrüdern u. der denk. Gemeinde. 8. (XV, 267 S.) Ebd. 891. n. 3. —; geb. n. 4. —

Blech, E., Stand-Entwicklung als Universal-Methode f. alle Zwooko, s.a. Bibliothek, photograph. Nr. 12.

Stand-Entwicklung als Universal-Methode für alle Zwecke. Von E[rnst] Blech. Mit 2 Abb. im Text. Berlin: G. Schmidt 1900. (VI, 95 S.) 8°
— Bibliothek, Photographische. No 12.

Stand-Entwicklung als Universalmethode für alle Zwecke. Von E[rnst] Blech. 2., durchges. Aufl. Mit 3 Abb. Berlin: G. Schmidt 1905. (VI, 95 S.) 8°
— Bibliothek, Photographische. Bd 12.

— Gottes Verkehr m. der geistigen Welt. Neun Aufsätze zur Verständigg. m. den Suchenden in der gebildeten Welt. gr. 8. (VIII, 138 S.) Ebd. 893. n. 1. 60

Blech, Ernst Philipp Eduard

Blech, Ern. Philipp. Eduard (geb. Danzig Sept. 1791): De mutationibus unguium morbosis. Berolini (1816). (22 S.) 4°
Berlin, Med. Diss. v. 7. März 1816

Blech, E., Tractatio de mutationibus unguium morbosis, accedit tabula aenea. gr. 4. Berl. 816. Dümmler. 8 gl.

ERNST PHILIPP EDUARD BLECH, Joachim Wilhelm v. Weickhmann. Eine Gedächtnissrede gehalten in der ausserordentlichen öffentlichen Versammlung der naturforschenden Gesellschaft zu Danzig am 18. September 1819. Danzig, gedruckt bei Carl Heinrich Eduard Müller. 4°.

Blech, F.: Tractatio de mutationibus unguium morbosis, s. B l e c h , Ernst Philipp Eduard

Blech, G. Ph., „Σὺ εἶ ὁ ἐρχόμενος, ἢ ἕτερον προσδοκῶμεν;" Specimen exegeticum. 4maj. Gedani 841. (Kabus.) n. 1/4 ߩ

Blech, Gotthilf [aus Berlin]: Beitrag zur Statistik der Carcinome ... Berlin, Druck v. M. Oldenbourg, 1891; 38 S. 8.
Erlangen, Med. Fak., Inaug.-Diss. v. 1891

Blech, J. (Hrsg.), s. M i ß v e r s t ä n d n i s , Das große.

Blech, Karl Ad., s. P a s c a l's sämmtliche Schriften.

Blech, Leo

Aglaja. Oper in 1 Act. Text von D[avid] Kunhardt. Musik von Leo **Blech**. [Textbuch.] Aachen: Naus [1893]. 31 S. 8° A 12. 10391

Alpenkönig und Menschenfeind. In 3 Aufz. nach F. Raimund von Richard Batka. Musik von Leo Blech. Op. 14. Vollst. Klav.Ausz. mit deutschem Text bearb. von Egon Pollak. *Berlin: E. Bote & G. Bock (1903).* (211 S.) 4° [04. [illegible]

Alpenkönig und Menschenfeind. In 3 Aufz. nach F[erdinand] Raimund von Richard Batka. Musik von Leo **Blech**. [Textbuch.] Berlin: Bote & Bock [1900]. 71 S. 8° A 12. 10344

Das war ich! Dorfidylle in 1 Aufz. nach Johann Hutt von Richard Batka. Musik von Leo **Blech**. (Textbuch.) Berlin: Bote & Bock [1902]. 34 S. 8° [11. 11332

Das war ich. Dorfidylle in 1 Aufz. nach Joh. Hutt von Richard Batka. Musik von Leo Blech. (Op. 12.) Vollst. Klavier-Ausz. mit deutschem Text bearb. von Egon Pollak. *Berlin: E. Bote & G. Bock [1903].* (109 S.) 4° [illegible]

Versiegelt. Komische Oper in 1 Akt nach Raupach von Richard Batka u. Pordes-Milo. Musik von Leo **Blech**. Op. 18. Textbuch. Berlin: Harmonie [1908]. 56 S. 8° [11. 3831

Blech, Ph.W.: Das R e i c h Gottes . . . , s. B l e c h , Wilh. Phil.

Blech, Wilh. Phil.

Blech, W. Ph., G r a m m a t i k der hebräischen Sprache, mit besond. Berücksicht. des Selbstunterrichts. gr. 8. (XVI und 182 S. mit 2 Tab. in gr. 4. und qu. Fol.) Danzig 864, Anhuth. *

Blech, W. Ph., der Läuterungskampf der evangel. Kirche. Predigt am heil. Reformationsfeste den 20. Sonntag nach Trin. gehalten. 8. (14 S.) Danzig 848, (Kabus.) **.

Blech, W. Ph., der reiche Mann u. arme Lazarus. Predigt üb. Luc. 16, 19—31. 8. (1 B.) Danzig 844, Kabus.

Blech, Wilh. Phil.: De Novi Testamenti praerogativa, commentatio exegetica. 8 S.
Progr. Danzig 1858.

—— das Reich Gottes auf Erden, in Geschichten des alten und neuen Testaments, mit kurzen Anmerkgn. hrsg. 8. (248 S.) Danzig 851, Anhuth. *

Blech, W. P., das Reich Gottes auf Erden in Geschichten des Alten und Neuen Testaments, mit kurzen Anmerkungen hrsg. 2., durchges. und verm. Aufl. 8. (IV und 227 S.) Danzig 857, Anhuth. * 6 Ngr.; geb. * *

Blech, W. Ph., das Reich Gottes auf Erden in Geschichten des Alten und Neuen Testaments, mit kurzen Anmerkungen. 3., von Neuem durchgesehene und verm. Aufl. 8. (IV, 227 S.) Danzig 871, Anhuth. geb. *

Blech, Ph. W., das Reich Gottes auf Erden in Geschichten des alten und neuen Testaments. Mit kurzen Anmerkungen und einem Anhang hrsg. 5. von neuem durchges. und verm. Aufl. 8. (IV, 203 S.) Danzig 885, Saunier's Buchh. * — 80
geb. ** 1 —

—— d. ewigen Schätze Israels. Predigt üb. Römer 9, 4. 5. 8. (1 B.) Danzig 845, Kabus.

—— das S e n d s c h r e i b e n an die Hebräer in 50 kurzen Wochenpredigten erläutert. 7 Lfgn. gr. 8. (III und 812 S.) Danzig 865, (Anhuth.) **

—— erläuternde U e b e r s i c h t der Offenbarung St. Johannis, zur Erinnerung an die Bibelstunden zu St. Annen, im J. 1863 und 64 gehalten. gr. 8. (47 S.) Danzig 864, (Anhuth.) * –

B l e c h a r b e i t e r, der. Hrsgbr.: Carl Pataky. 1. Jahrg. Oct. 1881 — Sept. 1882. 12 Nrn. (Bog. mit Illustr.) gr. 4. Berlin. Pataky. * 2 50

—— dass. — 2. Jahrg. Oct. 1882—April 1883. 7 Nrn. (Bog.) gr. 4. Ebendas. * 1 25
Die Fortsetzung bildet: deutsche K l e m p n e r - Z e i t u n g.

Blechen, Johann Wilhelm (Altena/Westf.), Dissert. differentias juris Romani & German. in successione conjugum et dissortium liberorum. Präs. Joh. Pet. Ludewig. Halle (Chph. Andr. Zeitler) 4. X. 1714. 64 S. (5.—) 2877
Gewidmet: Moritz Casimir Grf. z. Bentheim-Teklenburg.
— — Dasselbe. Halle (J. H. Grunert) 1739. 2878

Blecher: Eine A n t w o r t auf d. Einwände geg. d. Gelübde . . ., s. B l e c h e r , Friedrich

Blecher, Alfred [aus Rinteln]: Über die Empfindung des Widerstandes ... Berlin, C. Vogt's Buchdr., *1893;* 41 S. 8.
Berlin, Med. Fak., Inaug.-Diss. v. 12. Mai 1893

Blecher, C., die Lehre v. der Gnadenwahl. Ein Beitrag z. Verständnis des 11. Artikels der Konkordienformel, m. bes. Berücksicht. der Lehrstellg. d. Missouri-Synode. gr. 8. (V, 189 S.) Gütersloh 902. C. Bertelsmann. n. 2,25; geb. n. 3.—

Blecher, Carl, Lehrbuch der Reproduktionstechnik. Mit ausschliessl. Berücksicht. der auf photograph. Grundlagen beruh. Methoden zur ein- u. mehrfarb. Wiedergabe v. Bildern durch Druck. I. Bd. (Einleitg. u. theoret. Tl.) Mit 190 Abb. im Text u. 9 Beilagen. 6 Hefte. (XVII, X, 349 u. II S.) Lex. 8. Halle 908. 09. W. Knapp. 12.—; geb. in Leinw. n 18. —

— Die Verwendg d. Zinks f. d. lithogr. Druck u. d. Verfahren v. Strecker. (60 m. Fig.) 8° Ebd. '06. 2 —

Blecher, Friedrich

Eine Antwort auf die Einwände gegen das Gelübde im Jugend-Bund für Entschiedenes Christentum. (Verl. F. **Blecher**.) *(Bielefeld 1890: Siedhoff.)* (48 S.) 8° [F.] [illegible] 6

Blecher, F., eine A n t w o r t auf die Einwände gegen das Gelübde im Jugend-Bund f. entschiedenes Christentum. gr. 8. (48 S. m. 1 Fig.) Bielefeld 899. Berlin-Friedrichshagen, Jugendbund-Verlag. n n. — 25

Die Arbeit der Komiteen in dem Jugend-Bund für Entschiedenes Christentum. Frei bearb. u. zsgest. aus P. Berners &c. Schriften von F[riedr.] **Blecher**. *Bielefeld: Blecher [1900].* (100 S.) 8° [F.] [illegible]

Blecher, Fidr., s.a. B i l d e r aus dem Jugend-Bund für entschiedenes Christentum.

Blecher, [Friedrich]. Bilder aus dem Jugend-Bund für Entschiedenes Christentum in aller Welt, ein Werkzeug in Gottes Hand zur Gewinnung der Jugend für Christus und die Kirche, zugleich Geschichte dieser weltweiten Bewegung. Meist nach Originalberichten hrg. von Prediger B', Sekretär des deutschen Verbandes. Mit einem Nachwort von P. Fr(ancis) E[dward] Clark, D. D., Präsident des J.-B.-Weltbundes. [Illustriert.] 300 S. 8. Friedrichshagen bei Berlin, Jugendbund-Verlag, 1905. [M. 1.50]

Darin S. 87—91: In der Schweiz. Von Sekretär Ch[arles] Briquet (in Genf) *u.* Ein Sonntag-Morgen in Genf. Von P. Dr. F(rancis) E[dward] Clark.

'Für Christus und die Kirche!' Die Arbeit d. Komiteen in d. Jugend-Bund f. Entschiedenes Christentum. Frei bearb. u. zsgest. aus P. Berners u. s. w. Schriften von F. **Blecher**. *Bielefeld: Selbstverl. [1899]; (Buchdr. d. Schreiberhau-Diesdorfer Rettungsanst.)* (100 S.) 8° [F.] ... 1901 6

— für Christus u. die Kirche! Zeugnisse u. Urteile von Pastoren üb. den Jugendbund f. entschiedenes Christentum. (64 S.) 8. Friedrichshagen b. Berlin 906. Jugendbund-Verlag. n. — 20

Blecher, Friedrich (Hrsg.), s. C l a r k , D. Francis E.: Jugend-Gebetsversammlungen in Theorie und Praxis.

— s.: Ist das Tanzen Sünde?

Sieben Jahre Jugendbund für Entschiedenes Christentum in Deutschland. (Verf.: [Friedrich] Blecher, Pastor.) *Friedrichshagen bei Berlin: Selbstverl. [1902].* (112 S.) 8° [F.] ... 03. 14

Blecher, F. (Hrsg.), s. Die J u g e n d - H i l f e .

— eine kirchliche Notwendigkeit ist der Jugendbund f. entschiedenes Christentum. 2. Aufl. gr. 8. (12 S.) Friedrichshagen-Berlin (901). Jugendbund-Verlag. — 05

Zeugnisse und Urteile von Pastoren über den Jugendbund für Entschiedenes Christentum. ⟨Zsgest. von d. Sekr. d. deutschen J.-B.-Verbandes, Pred. [Friedrich] **Blecher**-Friedrichshagen.⟩ Friedrichshagen: Jugendbund 1906. (64 S.) 8° [F.] ... 06. 17096

Blecher, Geo.: Das Zunftwesen in Bingen. (Progr.) (36) gr8° Bing., (Gebr. Inderwiesen) '11. 1 —

Blecher, Georg

Blecher, Geo., de extispicio capita tria, s.a. **Versuche u. Vorarbeiten, religionsgeschichtliche. II, 4.**

Blecher, Georgius, Rosbacensis: De extispicio capita tria. Cap. II. III. (Gissae): Ricker 1905. (S. 204—245.) 8° ¶ (Ersch. vollst. ebenda als: Religionsgeschichtl. Versuche u. Vorarbeiten, Bd 2, Heft 4.)

Gießen, Phil. Fak., Ref. Dieterich, Diss. v. 1. Mai 1905

[Geb. 12. Jan. 80 Ober-Roßbach; Wohnort: Ober-Roßbach; Staatsangeh.: Hessen; Vorbildung: Gymn. Darmstadt Reife O. 99; Studium: Heidelberg 3, Gießen 5 S.; Rig. 14. Febr. 03.]

De extispicio capita tria scripsit et imaginibus illustr. Georgius **Blecher**, accedit de Babyloniorum extispicio Caroli Bezold supplementum (Einige Bemerkungen z. babylon. Leberschau). Gissae: A. Toepelmann 1905. (75, 7 S.) 8°
= **Versuche**, Religionsgeschichtl., u. Vorarbeiten. Bd 2, H. 4. ... 05. 6136

Blecher, Hermann (Hrsg.), s. M o n a t s s c h r i f t , Internationale, zur Erforschung des Alkoholismus.

Blechindustrie *s. Flaschnerei.*

Blechinger, Edm., Salvira's Leben i. Diesseits u. i. d. Sphären. 1. Sonnenzirkel. Medium. geschrieben. 8. (VIII, 218 S.) Leipzig (896). O. Mutze. n. 3. —; geb. n. 3. 60

Blechmann, Bernhard

Blechmann, Bernh., ein Beitrag zur Anthropologie der Juden. Inaugural-Dissertation. gr. 8. (64 S. mit 1 Tab.) Dorpat 882, (Schnakenburg's Verlag.) 1 50

Blechner, Heinrich

Blechner, Heinr., Wiener Novellen. 1—3. Aufl. 8. (255 S.) Wien 878. Perles. n. 3. —

Blechner, Heinr., Wiener Novellen. 3. Aufl. 8. (255 S.) Wien 878, Perles. *

1. und 2. Aufl. erschienen im Selbstverlag.

SCHMUL-LEEB-KOHN. (Roman von *Heinrich Blechner.*) Wien 1891.

Anon.-Lex. V. p. 263 (nach Eisenberg, Das geistige Wien. Wien 1893. I, 41).

—— der Sohn des Staatskanzlers. Historischer Roman. 2 Bde. 8. (773 S.) Wien 878, Zamarski.

Blechner, Heinrich (Hrsg.), s. Z e i t s c h r i f t , Allgemeine, für Spiritus- und Presshefe- Industrie, Cognac-, Liqueur- und Essig-Fabrikation.

Blechschmidt's, Ant. Nepomuk, Lobrede auf Gabelsberger's göttliche Redezeichenkunst. Humoristisch-satyr. Vortragsscene m. kom. Intermezzos, zur Aufführg. in stenograf. Vereinen u. zur heiteren Lektüre f. Stenografen aller Systeme. gr. 8. (16 S. m. 1 autogr. Taf.) Frankfurt a/M. 894. Jaeger's Verl. n. — 60

Blechschmidt, Carl, *Cooper. und Religionslehrer.* Das Gebet der Kinder, welches durch die Wolken zum Vater im Himmel dringet. Ein Gebetbuch der lieben Jugend geweiht, von —. VI., gänzl. umgearbeit. und verm. Aufl. *Wien, Jak. Wallner's* Verlag. Buchdr. von *C. Gerold's S.* 256 S. 16°.

Blechschmidt, Eugen R., aus Säckingen a. Rh.: Ueber einen Fall von Lebercirrhose mit Milztumor in jugendlichem Alter. *Freiburg i. B.: Speyer & Kaerner 1901.* (44 S.) 8°
Freiburg i. B., Med. Diss. v. 1901

Blechschmidt, Fr. Chr., Ideen zur Verbesserung der Stellung des Advokatenstandes im Königreiche Sachsen, als Petition der hohen Ständeversammlung überreicht. gr. 8. Leipzig 839. (Tauchnitz jun.) 1/3 ℛ︎

Blechschmidt, H., die Wunder der Dungkraft oder der rationellste Pflanzenbau. Einfache u. practische Culturanweisungen für das trefflichste Gedeihen der wichtigsten Feld- u. Gartenfrüchte, oder: Von dem leichtesten Boden pro Morgen jährlich über 400 Thlr. an Fruchtertrag zu erzielen. Finsterwalde 860. (Lübben, Winckler.) 12. (IV, 134 S.) n. 10 ngr.

Blechschmidt, H., die Wunder der Dungkraft oder der rationellste Pflanzenbau. Einfache practische Anweisungen u. Recepte für das trefflichste Gedeihen der wichtigsten Feld- u. Gartenfrüchte. Gründlicher Nachweis dem Boden die höchsten Erträge abzugewinnen. 2. verm. u. verb. Aufl. Lübben 868. (Leipzig, Matthes.) 8. (IV, 122 S.) n. 10 ngr.

Blechschmidt, Heinrich (Hrsg.), s. J a h r e s b e r i c h t des Geschichts- und altertumsforschenden Vereins zu Schleiz.

Blechschmidt, H, s.: Jahresbericht d. vogtländ. altertumsforsch. Ver. zu Hohenleuben.

Blechschmidt, P: Der letzte Faschingstag, s: Karnevals-Bühne.

— Die schleierhafte Lilly, s: Meissner's Vereinsbühne.

Bleckede [Schlagwort]

Bleckede, s.: P r e u s s e n , Messtischblätter.

[F.] **Blecken,** Ferdinand [Rechtspraktikant in München]: Das Alimentationsrecht der an der Ehescheidung unschuldigen Frau ... München, J. Schweitzer, 1895; 2 Bl., 49 S. 8.
Erlangen, Jur. Fak., Inaug.-Diss. v. 1895

Blecken, Franz

Blecken, Frz., der Geisterstrumpf. Spiritistische Posse in 3 Akten. 8. (72 S.) Berlin (899). M. Böhm. 2. —

Bleckmann, Evangelisten-Fahrten durch Nordböhmerland, s.a. **Sammlung kleiner Volksschriften. Nr. 32.**

Evangelisten-Fahrten durch Nordböhmerland. Ein Beitrag z. Verständnis u. Wachstum d. Los von Rom-Bewegung von Pfarrer Bleckmann in Zwothau. *Barmen: D. B. Wiemann 1900.* (88 S.) 8° [J.]
— Sammlung kleiner Volksschriften. No 32.

Bleckmann, F.: De inscriptionibus quae leguntur in vasculis Rhodiis, s. Bleckmann, Fridericus

Bleckmann, Felix, approb. Arzt aus Steele a. d. Ruhr ⟨Kr. Essen⟩: Aus d. med. Klinik zu Kiel. Ueber primären Echinococcus der Pleura. *Kiel 1901: P. Peters.* (43 S.) 8°
Kiel, Med. Diss. v. [24. Juli] 1901

Bleckmann, Fridericus, Hannoveranus: De inscriptionibus quae leguntur in vasculis Rhodiis. Gottingae 1907: Dieterich. (44 S.) 8° ¶(= „De commercio quod erat inter civitates Graecas saeculis III et II a. Chr. quaestiones epigraphicae selectae" pars prior; der Rest erscheint später.)
Göttingen, Phil. Fak., Ref. Busolt-Schwartz, Diss. v. 10. Mai 1907
[Geb. 25. Febr. 83 Hannover; Wohnort: Hannover; Staatsangeh.: Preußen; Vorbildung: Leibnizsch. Hannover Reife O. 01, Ergänzungsprüfung Lyzeum I Hannover M. 01; Studium: Göttingen 10 S.; Rig. 15. Nov. 06.]

Bleckmann, Wilh., Die Rechtsnachfolge bei der Nacherbschaft. Göttingen 1905. 8°. Göttingen, Jur. Diss. v. (1906).

Bleckwenn, Ludwig

Bleckwenn, Ludw., über die Cysten des Ligamentum uteri latum. Inaugural-Dissertation. gr. 8. (45 S.) Göttingen 878, (Vandenhoeck und Ruprecht's Verlag.) *

Bleckwenn, Ludwig, prakt. Arzt zu Hannover: Zwei seltene Herzverletzungen. Hannover 1908: Schlüter. (35 S.) 8°
Göttingen, Med. Fak., Ref. Kaufmann, Diss. v. 29. Juli 1908
[Geb. 12. März 78 Hannover; Wohnort: Hannover; Staatsangeh.: Preußen; Vorbildung: Lyzeum II Hannover Reife O. 99; Studium: Tübingen 1, Berlin 2, Göttingen 1, Kiel 4, Rostock 1 S.; Coll. 15. Juli 08; Approb. 20. Juli 06.]

Bleckwenn, Wilhelm, Referendar a. Burgdorf i. H.: Die Rechtsnachfolge bei der Nacherbschaft. Göttingen 1905: W. F. Kaestner. (68 S.) 8°
Göttingen, Jur. Fak., Ref. Regelsberger, Diss. v. 22. Jan. 1906
[Geb. 8. Juni 83 Burgdorf; Wohnort: Burgdorf; Staatsangeh.: Preußen; Vorbildung: Gymn. Celle Reife M. 01; Studium: München 1, Freiburg i. B. 1, Berlin 1, München 1, Göttingen 2 S.; Rig. 2. Nov. 05.]

Blécourt, J. J. de, Fünflingsgeburten. Ein Fall v. Fünflingsgeburt, beobachtet von B. Nebst e. Beschreibg. des Präparats, u. e. Casuistik u. analyt. Übersicht v. 27 Fällen v. Fünflingsgeburt, hrsg. v. G. C. Nijhoff. (In holländ. u. deutscher Sprache.) (75 S. m. 17 Abbildgn.) 4. Groningen 904. J. B. Wolters. n. 11. 50

Bledau [Schlagwort]
Bledau, s.: Preussen. Messtischblätter.

Bledow, L., s. W. Lewis, 50 auserlesene Schachpartieen.

Bledow, L., und O. v. Oppen, Stamma's hundert Endspiele. Nach der 2., verb. Ausg. von 1745 bearb. Mit einem Anhange. br. 8. (VI und 250 S.) Berlin 856, Veit und Comp. *

Bledow, L., Correspondenz-Partien gesammelt u. erläutert. 2. bedeutend verm. Aufl. Hrsg. v. M. Lange. gr. 8. (VI, 138 S.) Leipzig 872. Veit & Co. n. 3. —

Bledow, L., die zwischen dem Berliner u. Posener Klub durch Correspondenz gespielten Schach-Partieen, mit Anmerk. und Varianten, nebst einer Sammlung von 50 anderen Correspondenz-Partieen. gr. 8. Berlin 843, Veit u. Co. n. 2/3 ℳ

— s. Schachzeitung.

Błędowski, Ryszard. Beiträge zur Kenntniss der Bonellia viridis ⟨Rol.⟩ und der Phylogenie einiger Coelhelminten. (Diss. Phil. Bern.) 69 S. 8. Wloclawek, Braci Piotrowskich, 1910.

Bleeck, Alfred W. G., a. Calcutta: Die Jadeitlagerstätten in Upper Burma. Berlin: J. Springer 1907. (27 S., 2 Taf.) 4° ¶(Aus: Zeitschrift f. prakt. Geologie 1907 H. 11.)
München, Phil. Fak., Ref. v. Groth, Diss. v. 22. Nov. 1907
[Geb. 14. Nov. 83 Calcutta (Brit.-Indien); Wohnort: Straßburg; Staatsangeh. Britisch-Indien; Vorbildung: Neues Gymn. Darmstadt Reife O. 03; Studium: Bergakad. Clausthal 5, Univ. München 2, Bergakad. Clausthal 2 S.; Rig. 22. Nov. 07.]

BLEECK, JOAN. CHR., De foetus in caput versione diss. inaug. Kilia. 1823. 4. P.

Bleeck, Ludwig
Bleeck, L., s.: Jahrbuch amerikanischer Eisenbahnen.

Bleeck, Ludwig [aus Berlin]: Das Augsburger Interim in Strassburg ... (Enth. nur: Verhandlungen Strassburgs mit Karl V. über d. Annahme d. Interims bis z. Kölner Abschied. '(Juni bis Sept. 1548.)') Berlin, gedr. in d. kgl. Hofbuchdr. v. E. S. Mittler & Sohn, 1893; 37 S., 1 Bl. 8.
Berlin, Phil. Fak., Inaug.-Diss. v. 26. Sept. 1893

Bleeck, Siegfried
Bleeck, Siegfr., die Majestätsbeleidigg. im geltenden deutsch. Strafgesetz, s.a. Abhandlungen des kriminalist. Seminars an der Universität Berlin. VI, 1.

Die Majestätsbeleidigung im geltenden deutschen Strafgesetz ⟨Strafgesetzbuch v. 20. Febr. 1876 – Gesetz v. 17. Febr. 1908⟩. Von Siegfried Bleeck. Berlin: Guttentag 1909. VI, 86 S. 8°
(Abhandlungen d. kriminalist. Seminars an d. Univ. Berlin. N. F. Bd 6, H. 1.)

Bleecker-Miller, d. englische Recht u. d. röm. Recht als Erzeugnisse indogerman. Völker. Vortrag. New York 882.

Bleek, Bertha, Strumpfberechnung. Leitfaden f. den Handarbeitsunterricht. Für d. Schulgebrauch zusammengestellt. 8. (16 S.) Minden (900). J. Bleek. n. — 20

Bleek, Friedrich

— Beiträge zur Einleitung u. Auslegung d. heil. Schrift. 1. Bdchn. A. u. d. T.: Beiträge z. Evangelien-Kritik. gr. 8. Berlin 846, Reimer. 1 1/3 ℳ

— Beiträge zur Evangelienkritik. Berlin 1846. 8.

— s. Jak. Böhme, vom Ganf u. Streit.

Bleek, Fr., der Brief an d. Hebräer, erläut. durch Einleit., Uebersetz. u. fortlauf. Commentar. 1. Abthl. — A. u. d. T.: Versuch e. vollständ. Einleit. in d. Brief an d. Hebräer. gr. 8. (31¼ B.) Berlin 828, Dümmler.

Bleek, Fr., der Brief an die Hebräer, erläut. durch Einleitung, Uebersetzung und fortlaufenden Commentar. 2e Abthlg., die Uebersetzung und den Commentar enthaltend. 1e Hälfte. Kap. I.—IV., 13. gr. 8. Berlin 836. Dümmler. 2½ ℳ — 1e Abthlg. 2 ℳ s. Thl. I. S. 286.

Bleek, Fr., der Brief an die Hebräer, erläut. durch Einleitung, Uebersetzung und fortlaufenden Commentar. 2. Abtheil., die Uebersetz. und den Commentar enthaltend, 2. Hälfte Kap. IV, 14—XIII, nebst Registern üb. den ganzen Commentar. gr. 8. Berlin 840, Dümmler. 4½ ℳ Compl. 9 ℳ

Bleek, Friedr., Comment. über den Brief an die Hebräer. Berlin 1828—40. 3 Bde. 8.

Bleek, Friedr., Einleitung in die heilige Schrift. 1. Thl. A. u. d. T.: Einleitung in das Alte Testament. Hrsg. von Joh. F. Bleek und Ad. Kamphausen. Mit Vorwort von Carl Imman. Nitzsch. gr. 8. (XX und 834 S.) Berlin 860, G. Reimer.

— — 2. Thl. A. u. d. T.: Einleitung in das Neue Testament. Herausg. von Joh. Frdr. Bleek. Ebend. 862. gr. 8. (XIV, 800 S.) 3 ℳ 15 ngr

Bleek, Frdr., Einleitung in die heilige Schrift. 1. 2. Thl. Berlin, G. Reimer. gr. 8. Jeder Thl. 3 ℛ 15 ngr
1. Thl.: Einleitung in das alte Testament. Herausg. von Johs. Bleek u. Adf. Kamphausen. Mit Vorwort von C. Imman. Nitzsch. 2. Aufl. 865. (XXIV, 844 S.). — 3. Aufl. 870. (XVI, 850 S.)
2. Thl.: Einleitung in das Neue Testament. Herausg. von Johs. Frdr. Bleek. 2. Aufl. 866. (XVI, 808 S.)

Bleek, Friedr., Einleitung in die heilige Schrift. 2 Thle. gr. 8. Berlin, G. Reimer.
Inhalt:
Thl. 1. Einleitung in das alte Testament. Hrsg. von Johs. Bleek und Adf. Kamphausen. 3. Aufl. besorgt von Adf. Kamphausen. (XVI, 850 S.) 870. ℳ 10,50.
» 2. Einleitung in das neue Testament. 3. Aufl. besorgt von Wilh. Mangold. (XII, 924 S.) 875. ℳ 13,50.

Bleek, Friedr., Einleitung in die heilige Schrift. 1. Thl.: Einleitung in das Alte Testament. Hrsg. von Johs. Bleek und Adf. Kamphausen. 4. Aufl., nach der von A. Kamphausen besorgten 3. bearb. von J. Wellhausen. gr. 8. (VIII, 662 S.) Berlin 878, G. Reimer.

Bleek, Friedr., Einleitung in die heilige Schrift. 2 Thle. gr. 8. Berlin 886, G. Reimer. ℳ 24.—; geb. * 29 —
Inhalt:
Thl. 1. Einleitung in das Alte Testament von F. B. Hrsg. von Johs. Bleek und Adf. Kamphausen. 5. Aufl., besorgt von J. Wellhausen. (VIII, 634 S.) ℳ 10.50.; geb. *ℳ 13.—.
» 2. Einleitung in das Neue Testament. 1. und 2. Aufl., hrsg. von Johs. Friedr. Bleek. 4. Aufl., besorgt von Wilh. Mangold. (XV, 1035 S.) ℳ 13.50.; geb. *ℳ 16.—.

Bleek, Frdr., Einleitung in die Heilige Schrift. 1. Tl. Einleitung in das Alte Testament. Hrsg. v. Johs. Bleek u. Adf. Kamphausen. 6. Aufl., besorgt v. J. Wellhausen. gr. 8. (VIII, 632 S.) Berlin 893. G. Reimer. 10. 50; geb. in Halbfrz. n. 13. —

Bleek, Friedrich, Einleitung in das Alte Testament. Herausgegeben von Joh. F. Bleek und Ad. Kamphausen. Mit Vorwort von Carl Immanuel Nitzsch. [= Bleek, Friedrich, Einleitung in die Heilige Schrift. Theil I.] Berlin 1860.
— Dasselbe. 3. Auflage, besorgt von Adolf Kamphausen. Berlin 1870.
— Dasselbe. 4. Auflage, bearbeitet von J. Wellhausen. Berlin 1878.

— Einleitung in das N. T., herausg. von J. F. Bleek. Berl. 1862. 8.

Ad audiendam orationem de effato Domini nostri Iesu Christi Matth. XI 11—14 pro aditu muneris professoris ordinarii in facultate theol. ev. d. XVII Sept. ... habendam ... invitat Fridericus **Bleek** ... — Inest emendatio loci Genes. XLIX 19. 20. falsa verborum distinctione corrupti. Bonnae, typ. C. Georgii 1831. 8 S. 4.

—— synoptische Erklärung der drei ersten Evangelien. Hrsg. von Heinr. Holtzmann. 2 Bde. gr. 8. (1. Bd. VIII und 540 S., 2. Bd. VIII und 524 S.) Leipzig 861(62,) Engelmann. à Bd. 2 Thlr. 15 Ngr.

—— der Hebräerbrief erklärt. Hrsg. von Karl Aug. Windrath. gr. 8. (VI, 512 S.) Elberfeld 868, Friderichs. *

Solemnia natalitia ... Friderici Wilhelmi III d. III Aug. ... ab universitate Fridericia Wilhelmia Rhenana ... celebranda ... indicit D. Fridericus **Bleek,** ord. theol. ev. h. t. decanus. — Insunt de libri Geneseos origine atque indole historica observationes quaedam contra Bohlenium. Bonnae, typ. C. Georgii 1836. 1 Bl., 38 S. 4.
Enth. zugleich d. Preisaufgaben f. d. J. 1836—37 und in einem später ausgegebenen Anhang (= S. 35—38; [*Kopft.*] Iudicia quinque ordinum ... de certaminis litt. eventu a. 1836 ...) d. Ergebnisse d. Preisbewerbung d. J. 1835—36

— Vorlesungen über die Apokalypse. Herausg. von Th. Hossbach. Berlin 862. G. Reimer. gr. 8. (VII, 367 S.) 1 ℛ 20 ngr

—— Vorlesungen über die Briefe an die Kolosser, den Philemon und die Ephesier. Hrsg. von Friedr. Nitsch. gr. 8. (XII und 308 S.) Berlin 865, G. Reimer.

— Vorlesungen üb. Colosser, Philemon u. Ephesor. herausg. v. Lic. Fr. Nitzsch. Berlin 1865. 8.

Bleek, Hermann

Bleek, Herm., die Grundlagen d. Christologie Schleiermachers. D. Entwicklg. d. Anschauungsweise Schleiermachers b. z. Glaubenslehre, m. bes. Rücksicht a. s. Christologie dargest. gr. 8. (VII, 288 S.) Freiburg i/Br. 898. J. C. B. Mohr. n. 3. 60

Bleek, Hermannus [cand. theol., Winterburgensis]: Theses theologicae ... ad licentiati in theologia evangelica honores impetrandos ... Bonnae, typ. C. Georgi, typogr. acad., *1892;* 2 Bl. 8.
Bonn, Ev.-theol. Fak., Thes. v. 30. Juli 1892

Bleek, Joh. F. (Hrsg.), s. Bleek, Friedrich: Einleitung in das Alte Testament.

Bleek, Kurt Leo Walter van der
s.a. Walter, Kurt Leo. Lit. 1984?

Bleek, Kurt Leo Walter van der (Hrsg.), s. Arndt, Ernst Moritz: Um Flandern und Brabant.

Bleek, L., s. Bleeck, Ludwig

Bleek, Oskar: Die Dauerformeln in den Urkunden Ottos I. bis III. in ihrer Bedeutung für die Geltungsdauer der Urkunden. Greifswald 1907: J. Abel. (62 S.) 8°
Greifswald, Phil. Fak., Ref. Bernheim, Diss. v. 28. Jan. 1907
[Geb. 30. Jan. 81 Bütow; Wohnort: Greifswald; Staatsangeh.: Preußen; Vorbildung: Gymn. Köslin Reife O. 99; Studium: Berlin 2, Halle 2, Marburg 1, Greifswald 2 S.; Rig. 21. Dez. 06.]

Bleek, Philippus Christianus (geb. am 18 Apr. 1828 in Berlin): De amputationis methodi per loborum confirmationem peractae commodis ... Bonnae, form. C. Georgii (1851). 2 Bl., 26 S., 1 Bl. 8.
Bonn, Med. Fak., Diss. v. 14 Aug. 1851

Bleek, Theodor: Aus d. chirurg. Abt. d. Friedr.-Wilh.-Stifts zu Bonn. Chefarzt: Bunge. Ueber renale Massenblutungen. Ein Beitr. z. Frage d. einseitigen Nephritis. Tübingen 1908: Laupp. 50 S. 8° ¶ (Aus: Beiträge z. klin. Chirurgie. Bd 61, H. 2.)
Bonn, Med. Diss. v. 24. Dez. 1908, Ref. Garrè
[Geb. 2. Okt. 83 Estancia Leruas, Argentinien; Wohnort: Bonn; Staatsangeh.: Preußen; Vorbildung: Städt. Gymn. Bonn Reife O. 02; Studium: Bonn 5, Berlin 1, Bonn 4 S.; Coll. 30. Juni 08; Approb. 7. Mai 08.] [U 09. 326

Bleek, W.H.J.
— — The Concord, the Origin of Pronouns, and the Formation of Classes or Genders of Nouns. [Proceedings of the Ethnological Society.] o. O. u. J.

Bleek, W. H. J., Formenlehre der lateinischen Sprache zum ersten Unterrichte. 8. (V und 67 S.) Heidelberg 863, J. C. B. Mohr.

Bleek, W. H. J., Reineke Fuchs in Afrika. Fabeln u. Märchen der Eingeborenen. Nach Orig.-Handschriften der Grey'schen Bibliothek in der Kap-Stadt und anderen authent. Quellen. 8. (XXXV, 183 S.) Weimar 870. Böhlau. n. 3. —

—— über den Ursprung der Sprache. Hrsg. mit einem Vorwort von Ernst Haeckel. gr. 8. (72 S. mit 1 Stnt.) Weimar 868, Böhlau. *

Bleek, Walt. van d.: Giordano Bruno-Goethe u. d. Christusproblem. Naturwissensch. u. Bibel. (192) 8° Berl., W Borngraeber '11. 2 —

Bleek, Wilhelm

Bleek, Guilelmus (geb. am 8 März 1827 in Berlin): De nominum generibus linguarum Africae australis, Copticae, Semiticarum aliarumque sexualium ... Bonnae, form. C. Georgii (1851). IV, 60 S., 1 Bl. 8.
¶ Erschien zugleich selbständig bei Marcus in Bonn.
Bonn, Phil. Fak., Diss. v. 6 Aug. 1851

Bleek, Guil., de nominum generibus linguarum Africae australis, Copticae, Semiticarum aliarumque sexualium. gr. 8. (IV u. 60 S.) Bonnae 851, Marcus. n. 12 ngr

Bleek, Wilh., Über africanische Sprachenverwandtschaft. (A. aus den Monatsber. d. der Geographischen Gesellschaft in Berlin. Neue Folge. Band X. 1853.)

Bleeker, P., Atlas ichthyologique des Indes Orientales Neerlandaises. 20 Livr. gr. Fol. (Mit ill. Stnt.) Amsterdam 862—65, Fred. Müller. à Lfg. * * 5 Thlr. 20 Ngr. * *

Bleeker, P., Atlas ichthyologique des Indes orientales Néerlandaises. Publié sous les auspices du gouvernement colonial Néerlandais. Livr. 21—25. Fol. (5. Bd. S. 97—152; 6. Bd. S. 1—100 mit chromolithogr. Taf. 205—300.) Amsterdam 870,71, Fred. Muller. à Lfg. ** ℳ 17. **
Livr. 1—20. Ebendas. 1862—65. ** ℳ 240.

Bleeker, P., atlas ichtyologique des Indes orientales Néerlandaises. Livr. 27—30. Fol. (Vol. VI. S. 141—172 m. 12 Chromolith. u. Vol. VII. S. 1—80 m. 36 Chromolith.) Amsterdam 875. 76. Müller. à Livr. n.n. 17. 50

Bleeker, P., Sur les espèces insulindiennes de famille des cirrhitéoïdes. Publiée par l'Académie royale néerlandaise des sciences. 4. (19 S.) Amsterdam 874, van der Post. *

Bleeker, P., mémoire sur les chromides marines ou pomacentroïdes de l'Inde archipélagique. (Aus: Natuurkundige Verhandelingen der Hollandsche Maatschappij der Wetenschappen.) 4. (168 S.) Harlem 877. Erven Loosjes. n. 5. 80

—— Mémoire sur les sciénoïdes et les sillaginoïdes de l'Inde archipélagique. Publié par l'Académie royale néerlandaise des sciences. 4. (76 S.) Amsterdam 874, van der Post. *

— poissons et pêches, s.: Recherches sur la faune de Madagascar.

— révision des espèces Indo-Archipélagiques du groupe des Apogonini. [Aus: „Naturkundige Verhandelingen d. Hollandsche Maatschappij der Wetenschappen."] gr. 4. (105 S.) Haarlem 874. Loosjes Erben. n. 4. —

—— Révision des espèces indo-archipélagiques du groupe des epinephelini et de quelques genres voisins. Publiée par l'Académie royale néerlandaise des sciences. 4. (184 S.) Amsterdam 874. van der Post. *

— révision des espèces insulindiennes de la famille des Symacéoïdes. gr. 4. (21 S. m. 3 Chromolith.) Ebend. 874. n.n. 2. 50

Bleeker, P., over eenige nieuwe soorten van Notopterus van den indischen Archipel. Met 5 (lith. u. color.) afbeeldingen (in gr. 4. u. qu. Fol.). Breslau u. Bonn 854. (Bonn, Weber.) gr. 4. (1 Bl., 14 S.) n. 1 ℳ
Aus Nova Acta Academiae Caesar. Leopold-Carol. Vol. XXIV.

Bleeker, Petr., Musei Hamburgensis species piscium novae, s. Abhandlungen aus dem Gebiete der Naturwissenschaften.

Bleekrode, Sal. Abrah., Commentationis medicae inaug. Pars I., sistens Palaeologiam regulae therapeuticae: similia similibus curantur. 8 maj. Gröningen 835. van Boekeren. (Leipzig, Barth.) 1⅓ ℳ

Blees (W.), Die Schachtbohrarbeiten im schwimmenden Gebirge im Concessionsfelde Rheinpreußen bei Homberg. (Preußische Zeitschr., Bd. 11.) Berlin 1863. 4.

Bleese, J. C. G., das christliche Kirchenjahr. Friedeberg (855.) (Landsberg, Volger u. Klein.) (1 Bgn. in Fol.) nn. 3 ℳ

Bleeser, Hermann (Hrsg.), s. Pfarr-Almanach für Berlin und die Provinz Brandenburg.

—— alphabetisches Verzeichniß der Kirch- und Schulorte und der evangelischen Geistlichen in der Prov. Brandenburg. Mit Benutzung amtl. Quellen hrsg. 1886. 2. Thl. zum Verzeichniß der evangel. Pfarrstellen. gr. 8. (76 S.) Ebendas. 887. * 1 20

Bleeser, H., Verzeichniß der evangelischen Geistlichen in der Prov. Brandenburg. (Mit Benutzg. amtl. Quellen hrsg. Novbr. 1892.) gr. 8. (55 S.) Berlin 893. (G. Nauck.) n. 2. 50

— s.a. Verzeichniß der evangelischen Pfarrstellen in der Prov. Brandenburg.

Bleeser, Herrm., Verzeichniß der evangelischen Pfarrstellen in der Prov. Brandenburg. Mit Benutzung amtl. Quellen hrsg. 1886. 1. Thl. gr. 8. (VIII, 146 S.) Berlin 887, (Deutsche Evangel. Buch- und Traktat-Gesellschaft.) geb. * 4 70

[5.] Verzeichniss der evangelischen Pfarrstellen in der Provinz Brandenburg. M. Benutzg amtl. Quellen hrsg. v. H[erm.] Bleeser, Konsist.-Sekr. Neue Ausg. — Nov. 1894. *Berlin: Selbstv. d. Hrsg.; (Dr. v. J. Windolf 1894).* (VI S., 1 Bl., 188 S., 1 Bl.) 1 Bd 8. [96. 3511]

BLEI, Die Sehnsucht. Komödie in 3 Akten. Wien 1899. 8°. (3 Mk. Emil Hirsch, München, 1907.)
Als Manuskript gedruckt. Nicht im Handel.

Blei, Franz

Blei, Frz., Biographie Galiani's, s.: Beiträge, Berner, z. Geschichte d. Nationalökonomie.

Blei, Frz., der König Candaules, s.: Gide, André.

Blei, Frz., die rechtschaffene Frau. Drama in 3 Akten. 8. (47 S.) Berlin 893. Bibliograph. Bureau. n. 1. —

— d. rechtschaffene Frau. Drama. 8° (47) Berl. 93, E Ebering. 1 —

Blei, F. Die rechtschaffene Frau. Drama in 3 Akten. 2. Ausg. In-8°. 47 S. Zürich, E. Speidel. 1 — 1895?

— Von amoureusen Frauen, s.a. Kultur, die. 6. Bd.

Von amoureusen Frauen von Franz Blei. Mit 15 Vollbild. Berlin: Bard, Marquardt & Co. [1906]. (67 S.) 8°
= Kultur, Die. Bd 6. [06. 4180]

BLEI, Von amoureusen Frauen. Mit Illustrationen (in Vollbildern). (Berlin 1908.) 12°. V—67 S. (Gebd. Mk. 1.50.)
„Ein wundervoller Essay in einer Sprache voll herber Schönheit, das Ganze reizend ausgestattet mit Portraits von Margarete v. Valois, Brantôme, Casanova, Katharina v. Medici, Maria Stuart, Ninon de Lenclos, Marion Delorme, Lady Hamilton, George Sand und Alfred de Musset." (Dr. Kindt.)

Blei, F. Abbé Galiani und seine Dialogues sur le commerce des blés (1770). In-8°. 101 p. Bern. These. 1895?

— s.: Gärten, blühende, des Ostens.

— Karl Henckell. E. moderner Dichter. Studie. gr. 8. (16 S.) Zürich 895. Verlags-Magazin. n. — 50

— s.: Hyperion.

BLEI, Prinz Hypolit und andere Essays. Leipzig, Insel-Verlag, 1903. (Druck von Spamer, Lpz.) Kl.-4°. Origlwd. (Mk. 6.—) (4,50 Mk. Bernh. Liebisch, Lpz., 1906.)
Beardsley. E. T. A. Hoffmann. Ninon de Lenclos etc.
— — Dasselbe. Luxusausgabe. (Vergriffen.)

— s.: In memoriam Oscar Wilde.

BLEI, Das Lesebuch der Marquise, ein Rokokobuch. München, Hans v. Weber, 1908. 8°. II u. 144 S. Mit 8 z. T. handkolorierten Vollbildern, vielen Rahmen, Vignetten usw. von Constantin Somoff auf Van Geldern (800 numerierte Exemplare) in goldgepreßtem roten Maroquinbande. (Preis ungefähr 25 Mark, Luxusausgabe auf Japan (höchstens 50 Expl.) ungefähr 50 Mark.)
„Unbedeutend, aufgewärmter Abhub von der Rokokotafel." (Dr. Kindt.)

— s.: Litteratur-Pasquille, deutsche.

— Das Lustwäldchen. Galante Gedichte aus der deutschen Barockzeit. Gesammelt u. hrsg. 1. u. 2. Aufl. (Je 127 S.) 8. München 907. H. v. Weber. (Urspr. Pr. 3.—; geb. 4. 50; Vorzugsausg. geb. 10. —)

Das Lustwäldchen. Galante Gedichte aus d. deutschen Barockzeit. Gesammelt u. hrsg. von Franz Blei. 3. Aufl. München: v. Weber 1908. 127 S. 8°

— Das Lustwäldchen. Galante Gedichte a. d. deut. Barockzeit. Gesammelt u. hrsg. 9—10. Afl. (127) 8° Berl. ('12). Wien, R Lechner & S. ('12). 3 —; geb. 4 — d
In Deutschland beschlagnahmt!

Blei, Frz., das Lustwäldchen. Jetzt: Berlin, Verlag Neues Leben W. Borngräber.

— Novalis, s.a. Literatur, die. 6. Bd.

Novalis von Franz Blei. Mit 1 Lichtdr., 1 Faks. u. 8 Vollbild. Berlin: Bard, Marquardt & Co. [1904]. (63 S.) 8°
= Literatur, Die. Bd 6.

Blei, Franz (Hrsg.), s. Die Opale.

— Die Puderquaste. Ein Damen-Brevier. Aus den Papieren des Prinzen Hippolyt. (208 S.) 8. Ebd. 909. 4.50; in Pappbd. 5.40; Luxusausg. 15. —

— Die Puderquaste. Damen-Brevier. Aus d. Papieren d. Prinzen Hippolyt. (3. Afl.) (239 m. Abb.) 8° Münch., G Müller '12. 4 —; kart. 5 —; Perg. 10 —; Luxusausg. 20 —

— Félicien Rops, s.a. Kunst, die. 47. Bd.

Blei, Fr. Félicien Rops. Mit 21 Vollbildern. Kl. 8° Berlin, Brandus, o. J.

Félicien Rops von Franz Blei. Mit 17 Vollbild. (Berlin): Bard, Marquardt & Co. [1906]. (61 S.) 8°
= Kunst, Die. Bd 47.

Félicien Rops. Von Franz Blei. Mit 17 Vollbild. 2. Aufl. Berlin: Marquardt & Co. (1908). (61 S.) 8°
= Kunst, Die. Bd 47.

Blei, Frz: Vermischte Schriften. 1—3. Bd. kl8° Münch., G Müller '11. geb. je 4 —; Luxusausg. je 15 —
1. Erdachte Geschehnisse. 10 Studien. (272) ‖ 2. Gott u. d. Frauen. Ein Traktat. (294) ‖ 3. Das Rokoko. Variationen üb. e. Thema. (315)

— 5 Silhouetten in e. Rahmen. J. J. Bodmer, Wieland, Heinse, H. P. Sturz, C. Ph. Moritz, s.a. Literatur, die. 13. Bd.

Fünf Silhouetten in einem Rahmen. J. J. Bodmer, Wieland, Heinse, H. P. Sturz, C. Ph. Moritz. Von Franz Blei. Mit 13 Vollbild. u. 2 Faks. Berlin: Bard, Marquardt & Co. [1904]. (72 S.) 8°
= Literatur, Die. Bd 13.

— Thea. 1 Akt Komödie. 8. (88 S.) Berlin 895. Deutsche Schriftsteller-Genossenschaft. n. 1. —

— der dunkle Weg. Eine tragische Farce in 3 Akten. (77 S.) 8. Leipzig 906. J. Zeitler. n. 1. 20

— die galante Zeit u. ihr Ende, s.a. Literatur, die. 13. Bd.

Die galante Zeit und ihr Ende. Piron, Abbé Galiani, Rétif de la Bretonne, Grimod de la Reynière, Choderlos de Laclos von Franz Blei. Mit 1 Heliograv., 1 Faks. u. 10 Vollbild. Berlin: Bard, Marquardt & Co. [1904]. (79 S.) 8°
= Literatur, Die. Bd 3.

BLEI, Franz (Dr. phil. in München, geb. 18. Jan. 1871 zu Wien), Die galante Zeit und ihr Ende. Piron, Abbé Galiani, Rétif de la Bretone, Grimod de la Reynière, Choderlos de Laclos. Mit 1 Heliogravüre, 1 Faksimile u. 10 Vollbildern in Tonätzung. Berlin Bard, Marquardt et Co. (190*). Breit-12°. Verzierter Orig.-Carton. — *A. E.:* Gedr. in Leipzig bei Poeschel & Trepte. (Mk. 1,25; in echt Pergament gebd. 2,50.)
Bildet Bd. 3 von: Die Literatur. Sammlung illustrierter Einzeldarstellungen. Hrsg. von Georg Brandes. — Ueber den Abbé Galiani erschien von Blei bereits 1895 eine Einzeldarstellung.

BLEI, Franz, Die galante Zeit und ihr Ende. (Band III von: Die Literatur, herausgeg. von Georg Brandes). Berlin, Bard, Marquardt u. Co., o. J. (1905).
Hierin S. 28—43: Rétif de la Bretonne. Mit Porträt in Tonätzung. — Dühren no. 124.

Blei, Franz (Hrsg.), s. Der Zwiebelfisch

Bleialf [Schlagwort]
Bleialf, s.: Preussen. Messtischblätter.

Bleibe

— Am Meeresstrande und haltet Euch herunter zu den Niedrigen. 2 Erzählungen für Jung und Alt. In-12°, 45 S. Basel, Spittler. — 25
1883?

Bleibe in Jesu. Gedanken über das selige Leben der Gemeinschaft mit dem Sohne Gottes. Nach dem Engl. von A. M. 8. (XII, 194 S.) Basel 883, Spittler. * 1 20

Bleibe in Jesu. Gedanken über das sel. Leben der Gemeinschaft mit dem Sohne Gottes. Nach dem Engl. von A. M. 2. Aufl. 8. (206 S.) Basel 885, Spittler. * 1 20
geb. * 2 —
3. und folgende Auflagen, s. Murray, A.!

Bleibe in ihm! Nachfeier in der Woche nach dem heil. Abendmahl. Dargeboten v. N. N. 12. (41 S.) Hamburg 892. Ev. Buchh. (F. Trümpler). n. — 50

Bleibet bei Ihm! 4 (chromolithogr.) Karten mit Bibelsprüchen. 16. Leipzig 882, Böhme. — 60

Bleibet in meiner Liebe. Die Feier der ersten heil. Communion der Kinder. 8. (16 S.) Paderborn 871, Junfermann'sche Buchh. *

Bleibet in meiner Liebe. Gebetbüchlein f. fromme Christen. Von e. Pfarrer der Erzdiöz. Köln. 16. (VIII, 280 S. m. farb. Titel u. 1 Stahlst.) M. Gladbach (899). A. Riffarth. Geb. 1. —

Bleibet treu eurem kath. Glauben, s.a. Volksbibliothek, kath. II. 18.

Bleibet treu eurem kath. Glauben. Ein ernstes Mahnwort an d. reif. Jugend u. an d. kathol. Volk. (99) 16° Ravensbg, F Alber ('03). — 40 d

Bleibetreu, Geo.: Glaubenskompass. Taschenbüchl. z. Befestigg u. Verteidigg d. kathol. Grundwahrh. (200) kl8° Dülmen, A Laumann ('12). L 1 — d

— Stehe fest im kathol. Glauben! Mitgabe f. d. a. d. Schule entlass. Jugend. (71) 12,2×7,8 cm., Ebd. ('11). — 20 d

Bleibetreu, Georg [Pseud.], s. Bals, Heinrich

Bleibfest, Treugott. Ein Lesebrief an alle braven Preußen, die das Herz auf'm rechten Fleck haben, in Stadt und Dorf und auch, die im Busch alleine wohnen. Druck von C. G. Brandis. 2 Bl. 4.
Flugblatt. Berlin, 18. Mai 1849.

Bleibimhaus, Ferd., Schul-Grammatik d. latein. Sprache z. Gebr. f. alle Classen, in e. faßl. u. d. Unterr. erleichternden Form d. Darstellung. M. e. Vorw. v. J. C. Orelli. gr. 8. (44 B.) Zürich 832, Orell, Füßli u. Comp.

Bleibinhaus, J.: Die Hasselmann'sche Imprägnier-Methode, s. Weiß, J.E.

Bleibt mir mein Auserwählter treu? &c. 8. (8 S.) Budapest: Natali 1897? —.10

Bleibtraum, Versuche in Gedichten. m. K. Augsburg, Burglen. 799.

Bleibtreu: Politische Arithmetik, s. Bleibtreu, L.K.

Bleibtreu: Kritische B e i t r ä g e zu Napoleons's Feldzügen, s. B l e i b t r e u , Karl

Bleibtreu: B i b l i o t h e k d. ges. Handelswissensch., s. A n d r e e

Bleibtreu, C.: Amiens-St. Quentin, s. B l e i b t r e u , Karl

Bleibtreu, C.: T h e i l u n g s l e h r e . . . , s. B l e i b t r e u , Ludwig

Bleibtreu, Carl, s. B l e i b t r e u , Karl

Bleibtreu, Conrad, s. B l e i b t r e u , Konrad

Bleibtreu, Fritz, die Kunst, Wetten unbedingt zu gewinnen. Eine Anleitg., Wetten richtig anzusetzen, die Gewinnchancen zutreffend zu berechnen u. e. Sammlg. v. Wetten, die man unbedingt gewinnen muß. (78 S.) 8. Dresden (907). F. Casper & Co. 2. —

Bleibtreu, Fürchtegott, s. Evangelisch oder römisch?

Bleibtreu, Geo., und Ludw. Pietsch, Geschichte der deutschen Freiheitskämpfe in Bildern. Mit erläut. Text. (In 10 Lfgn.) 1. Lfg. gr. Fol. (2 Holzschntaf. und 6 S. Text.) Berlin 868, F. Duncker. *

Bleibtreu, Geo., für die Hochzeit. Ein prakt. Ratgeber f. Brautleute, Eltern u. Hochzeitsgäste. (154 S.) 8. Hamm (908). Breer & Thiemann. 2.—; geb. in Leinw. 3. —

Bleibtreu, Georg

— Simultanschule od. konfessionelle Schule? (30 S.) 8. Memmingen 906. J. Feiner. — 40

Bleibtreu, Gottfr., die Geisterseherin. (Das verkannte Medium.) Ein spiritist. Roman, wahren Begebenheiten nacherzählt. (48 S.) 8. Leipzig (910). M. Spohr. — 80

— Ist e. fortdauernder Verkehr mit unseren Toten möglich? Eine spiritist. Studie. (49 S.) 8. Ebd. 909. 1. —

Bleibtreu, Gustav

Bleibtreu, Gust., die deutsche Freiheit und was davon zu hoffen steht. Eine kurze gemeinverständl. Geschichtserzählung unserer polit. Wiedergeburt. gr. 8. (39 S.) Bonn, 848. (Köln, J. G. Schmitz.) *.

Bleibtreu, Gustav, Allgemeine Hülfs-Kassen für Arbeiter mit gesetzlicher Beitragspflicht der Arbeitgeber und Arbeiter. gr. 8°. Berlin 1849.

I n d u s t r i e und Proletariat. Ein Wort zur Beherzigung an Deutschlands Industrielle. Geschrieben am 1. Nov. 1848 v. Gustav Bleibtreu. –Frankfurt am Main. 1848. 8°

Des Maurers Zeichen. Allen Freimaurer-Logen brüderlich gewidmet von Gust. **Bleibtreu.** Köln o. J.: Clouth. 2 Bl. 8° [Umschlagtit.]
Lied ohne Noten.

Bleibtreu, H., neuester Schnellrechner oder Faulenzer und Rechnenknecht in Reichsmünze nach Mark und Pfg. von ⅛—1000 Stück in Kilo, Meter, Liter, Pfund u. s. w. Sofortige Antwort auf jede beliebige Frage. Ein zuverläss. Ausrechner beim Ein- und Verkauf für Jedermann. Nebst Vergleichstabelle der alten Maaße und Gewichte mit den neuen, und Zinstabellen. gr. 8. (34 S.) Bremen 885, Haake. * — 60

Bleibtreu, Hermann (geb. am 11 Aug. 1855 in Züllchow bei Stettin): Beiträge zur Kenntniss organischer Thioverbindungen . . . Bonn, Univ.-Buchdr. v. C. Georgi 1879. 33 S., 1 Bl. 8.
Bonn, Phil. Fak., Diss. v. 11 Aug. 1879

Bleibtreu, Hermann (Bonn)
Ueber Coumarin.
[In: Annalen d. Chemie u. Pharmacie, Bd 59 (1846) 177.]
Dr. phil. Giessen 22.12.1846.

Bleibtreu, J. (Hrsg.), s.a. P e r s i e n

Bleibtreu, J., Persien. Das Land der Sonne u. des Löwen. Aus den Papieren e. Reisenden hrsg. Mit 60 Abbildgn., grossentheils nach photogr. Aufnahmen, u. 1 (farb.) Karte. [Illustr. Bibliothek der Länder- u. Völkerkunde.] gr. 8. (IX, 212 S.) Freiburg i/B. 894. Herder. n. 6. —; geb. in Leinw. n. 8. —

Bleibtreu, J.C., H a n d b u c h d. Münz-, Maß- u. Gewichtskunde etc., s. B i b l i o t h e k d. gesamten Handelswissenschaften.

Bleibtreu, Joh. Wilh. (Frankf. a.M., Arzt in Gelnhausen)
Disputatio inauguralis medica sistens Foeminam febre quartana liberatam.
Giessae [25.] Aug. 1707: Joh. R. Vulpius. 20 S. 4°
pro acquirendis in medicina summis honoribus et privilegiis doctoralibus.

Bleibtreu, Karl

Bleibtreu, Carl, Amiens-St. Quentin. Illustriert v. Chr. Speyer. 8. (111 S.) Stuttgart (902). C. Krabbe. n. 1. —; geb. in Leinw. n. 2. —

Bleibtreu, Carl, Amiens—St. Quentin. Illustriert von Chr. Speyer. 2. Aufl. (111 S.) gr. 8. Stuttgart (903). C. Krabbe. n. 1. —; geb. in Leinw. n. 2. —

— die Große Armee. Zu ihrer Jahrhundertfeier. 1. Bd. 1805—1806—1807. Austerlitz—Jena—Friedland. (III, 286 S.) 8. Ebd. 906. n. 3. —; geb. in Leinw. n. 4. —

Bleibtreu, Carl (Karl), die Große Armee. Zu ihrer Jahrhundertfeier. 2.—4. Bd. 8. Stuttgart, C. Krabbe. 11.50; geb. 14. 50
2. 1809. Regensburg—Aspern—Wagram. (IV, 302 S.) 907. 4.—; geb. 5. —
3. 1812. Smolensk—Moskau—Beresina. (IV, 224 S.) 908. 3.—; geb. 4. —
4. 1808—1814. 1813—1815. Talavera—Lützen—Leipzig—Waterloo. (IV, 308 S.) 909. 4.50; geb. 5. 50

— Aspern. Eine Schlachtdichtg. Illustrationen v. Ed. Thoeny. gr. 8. (220 S.) München 902. A. Langen. n. 5. —; geb. n. 6. 50

— Aspern. Eine Schlachtdichtg. Illustrationen v. Eduard Thoeny. Wohlf. Ausg. 2. u. 3. Taus. (234 S.) gr. 8. München 904. A. Langen. n. 3. —; geb. n. 4. —

— Aspern u. Wagram in neuer Beleuchtung, nebst neuen Verlustdetails der Napoleon'schen Kriege. gr. 8. (42 S.) Wien 902. L. W. Seidel & Sohn. n. 1. 60
Sonderabdruck aus: „Danzer's Armee-Zeitung".

— **Die Auskunftei.** Roman. 2. Aufl. (472 S.) München 910. G. Müller. 5.—; geb. n 6. 50

— Beaumont. Illustriert v. Chr. Speyer. (106 S. m. Abbildgn. u. 1 Karte.) 8. Stuttgart (905). C. Krabbe. n. 1. —; geb. in Leinw. n. 2. —

Bleibtreu, Karl. Die Befreiungskriege. Historische Studie. (Aus:) „Bleibtreu. Geschichte und Geist der europäischen Kriege unter Friedrich dem Grossen und Napoleon". III. Thl. 8. Leipzig 1893.

Bleibtreu, Karl (geb. am 2 Febr. 1857 auf d. Alaunhütte 'Auf der Hardt' Bürgerm. Vilich Kr. Bonn): Beiträge zur Kenntniss der Einschlüsse in den Basalten mit besonderer Berücksichtigung der Olivinfels-Einschlüsse ... Bonn, Druck v. J. F. Starcke in Berlin 1883. 36 S., 1 Bl. 8.
¶ Sonderabdr. d. ersten beiden Bogen einer gleichbetitelten Abh., die vollständig in d. Zeitschr. d. Deutschen geol. Ges. XXXV 1883 S. 489 ff. erschien.
Bonn, Phil. Fak., Diss. v. 11 Aug. 1883

— Kritische Beiträge zu Napoleon's Feldzügen. Nochmals Napoleon'sche u. Moltke'sche Strategie. Stärken u. Verluste in Napoleon'schen Feldzügen. Nochmals Aspern u. Wagram. (40 S.) gr. 8. Wien 903. L. W. Seidel & Sohn. n. 1. 50

Bleibtreu, Karl, krit. Beiträge z. Geschichte d. Krieges 1870—71. gr. 8. (VIII, 418 S.) Jena 896. H. Costenoble. n. 8. —; geb. n. 10. —

— Belfort. Die Kämpfe von Dijon bis Pontarlier. Illustriert v. Chr. Speyer. 1. u. 2. Aufl. 1.—20. Taus. gr. 8. (à 88 S.) Stuttgart (901. 902). C. Krabbe. n. 1. —; geb. in Leinw. n. 2. —

— Belfort. Die Kämpfe v. Dijon bis Pontarlier. 3. Afl. (88 m. Abb. u. 1 Kte.) 8° Stuttg., C Krabbe ('11). 1 —; L 2 — d

— Ruy Blas, s.: Hugo, Vict.

— H. P. Blavatzky u. die Geheimlehre. Sep.-Ausg. des III. Bds. v. Bleibtreu: „Vertreter des Jahrhunderts". (141 S.) gr. 8. Leipzig 904. [F. Luckhardt] M. Altmann. n. 3. —

Bleibtreu, Karl, Lord Byron. [Lord Byrons letzte Liebe. Drama in 5 Akten. — Seine Tochter. Drama in 5 Akten.] 8. (VIII, 249 S.) Leipzig 886, Friedrich. * 8 —

Byron der Übermensch, sein Leben u. s. Dichten. Von Karl Bleibtreu. *Jena: H. Costenoble [1897].* (263 S.) 8° [F.] [04. 10968

— Das Byron-Geheimnis. (182) 8° Münch., G Müller '12. 3 — d

Bleibtreu, K, Christentum u. Staat. 8° (44) Lpzg 98. Jena, H Costenoble. 1 —

Bleibtreu, Karl, Christentum u. Staat. gr. 8. (44 S.) Leipzig 893. W. Friedrich. n. 1. —

Colombey. Von Carl Bleibtreu. Ill. von Chr. Speyer. *Stuttgart: C. Krabbe [1903].* (99 S.) 8° [F.] [04. 4815

— Colombey. Illustriert von Chr. Speyer. (99 S. mit 1 Karte.) 8. Stuttgart (904). C. Krabbe. n. 1. —; geb. in Leinw. n. 2. —

Bleibtreu, Karl. Cromwell bei Marston Moor. Ein Schlachtbild. 8. (98 S.) Lpz. 889, W. Friedrich. * 1 —

— Cromwell bei Marston Moor. (127 S.) 8. Berlin (904). R. Eckstein Nachf. n. 1. —

— Deutschld u. Engld, s.a. Bücher d. Türme.

— Deutschland u. England. (289 S.) 8. Berlin (909). K. Curtius. 3.50; geb. 4. 50

Deutschland und England. Von Karl Bleibtreu. 2. Aufl. Berlin: Curtius (1909). 239 S. 8° [09. 10718

[Bleibtreu, Karl], Dies irae. Erinnerungen eines französischen Offiziers an die Tage von Sedan. [Verf. Carl Bleibtreu] Stuttgart 1882. 8°.

Bleibtreu, Karl

Dies irae. Erinnerungen eines franz. Offiziers an Sedan. Neue verb. (2.) Aufl.
Stuttgart: Krabbe 1884. VIII.120 S. 8°

Bleibtreu, K., Dies irae. Erinnerungen e. französ. Offiziers an Sedan. Illustr. v. R. Haug. Neubearb. Volksausg 8. (108 S.) Stuttgart 888. Krabbe. n 1. —

— Dies irae. Erinnerungen e. französ. Offiziers an Sedan. Illustr. v. Rob. Haug. Neubearb. Volksausg. 2. Aufl. 8. (108 S.) Stuttgart 894. C. Krabbe. n. 1. —

— Dies irae. Erinnergn. e. franz. Offiziers a. Sedan. Ill. v. Rob. Haug. 3. Aufl. 8. (108 S.) Stuttgart 898. C. Krabbe. n. 1. —; geb. in Leinw. n. 2. —

— Dies irae. Erinnerungen e. französ. Offiziers an Sedan. Illustriert v. Rob. Haug. 4. u. 5. Aufl. gr. 8. (à 108 S.) Stuttgart (899. 902). C. Krabbe. n. 1. —; geb. in Leinw. n. 2. —

— Dies irae. Erinnerungen e. französ. Offiziers an Sedan. Illustriert von Rob. Haug. 5. Aufl. (46.—50. Taus.) (108 S.) gr. 8. Stuttgart (904). C. Krabbe. n. 1. —; geb. in Leinw. n. 2. —

— Dies irae. Erinnerungen e. franz. Offiziers an Sedan. Jllustr. v. Rob. Haug. 6. Aufl. (51.—55. Taus.) (108 S. m. 1 Karte.) 8. Stuttgart 908. C. Krabbe. 1.—; geb. in Leinw. 2. —

— Dies irae. Erinnergn e. französ. Offiziers an Sedan. 6. Afl. (108 m. 1 Kte.) 8° Stuttg., C Krabbe ('12). 1 —; L 2 — d

— der große Dreyfuß-Schwindel. Ein Beitrag zur Psychologie des Pansemitismus. gr. 8. (III, 136 S.) Berlin 899. C. A. Schwetschke & Sohn. n. 2. —

Bleibtreu, K., Der grosse Dreyfuss-Schwindel. Ein Beitrag zur Psychologie des Pansemitismus. gr. 8. (III, 136 S.) Berlin, C. A. Schwetschke & Sohn. 1900 2. —

— Düppel-Alsen. Illustriert v. Chr. Speyer. (160 S. m. 1 Karte.) 8. Ebd. (906). n 2. —; geb. in Leinw. n. 3. —

— die Edelsten der Nation. Komödie in 3 Akten. 8. (203 S.) München 901. A. Langen. n. 2. 50; geb. n. 3. 50

Das Ende. Erinnerungen e. franz. Generalstabs-Offiziers an d. Armee von Chalons von Carl Bleibtreu. Ill. von Chr. Speyer. Stuttgart: Krabbe [1908]. 91 S. 8° [09. 3393

— Das Ende. Erinnerungen e. französ. Generalstabs-Offiziers an die Armee v. Chalons. Illustriert v. Chr. Speyer. (91 S. m. 1 Karte.) 8. Ebd. (909.) 1.—; geb. in Leinw. 2. —

—— die Entscheidungsschlachten des europäischen Krieges 18.. 3 Thle. gr. 8. Leipzig 888, Friedrich. * 4 50
Inhalt:
Thl. 1. Die Schlacht bei Bochnia. 1.—3. Aufl. (64 S. mit Karte. * ℳ 1.50.
" 2. Die Schlacht bei Belfort. (44 S. mit Karte.) * ℳ 1.—.
" 3. Die Schlacht bei Chalons. (101 S. mit 2 Karten.) * ℳ 2.—.

— Die Entscheidungsschlachten des europ. Krieges. 1. Tl. Die Schlacht v. Bochnia. Mit Karte. 4. [Titel-]Aufl. (64 S.) 8. Leipzig [888.] 907. O. Gracklauer. 1. —

— der Erbe. Soziales Schauspiel in 4 Akten. 8. (III, 70 S.) Ebd. 889. n. 1. —

— Erbrecht. Psycholog. Roman. 8. (209 S.) Jena 895. H. Costenoble. n. 3. —; geb. n.n. 4. —

— ein Faust der That. Tragödie in 5 Akten. 8. (IV, 159 S.) Ebd. 889. n. 3. —

Bleibtreu, Karl. Feldherrnbilder. (Cromwell und Wellington.) 8. Leipzig (1890).

Der russische Feldzug 1812. Studie von Karl Bleibtreu. Mit 2 Karten. 2. Aufl. Jena: H. Costenoble [1893]. (146 S.) 8° [F.] [07. 14564 2

— der russische Feldzug 1812. Studie. gr. 8. (143 S. m. 2 Karten.) Leipzig 893. W. Friedrich. n. 3. —

— d. russ. Feldzug 1812. Studie. 2. [Titel-]Aufl. gr. 8. (146 S.) Ebd. (893) 897. n. 2. —

! – Der russ. F e l d z u g 1812. Jetzt: Leipzig: O. Gracklauer.

Bleibtreu, Karl. Der russische Feldzug 1812. Studie. 2. Aufl. Jena [1907]. 8°.

Ein Freiheitskampf in Siebenbürgen. Kulturhist. Roman von Karl Bleibtreu. *Jena: H. Costenoble [1896].* (269 S.) 8° [F.] [04. 472

Die Freimaurer von Karl Bleibtreu. o. O. [ca 1902].
Behandelt Cagliostro u. dessen Halsband-gesch. Es steht nicht fest, ob das Werk im Druck erschienen ist.
[L. 25 (1902) S. 70.]

— Friedrich d. Gr. bei Kolin, s.a. Universal-Bibliothek 5098.99.

— Friedrich der Große bei Collin. [18. Juni 1757.] Eine Studie. 8. (186 S.) Berlin 888. F. Luckhardt. n. 3. —

Friedrich der Große bei Kolin. Eine Schlachtendichtung von Karl **Bleibtreu**. Leipzig: Reclam [1900]. 152 S. 8°
(Universal-Bibliothek 5098 5099.) [09. 11270

— s.a. **Friedrich der Grosse im Lichte seiner Werke.**

— Friedrich d. Gr. im Lichte sr Werke, s.a. Aus d. Gedankenwelt gr. Geister.

Friedrich der Große im Lichte seiner Werke. Ein Seelenbild von Karl **Bleibtreu**. Stuttgart: R. Lutz [1908]. (329 S.) 8°
= **Gedankenwelt**, Aus d., grosser Geister. Bd 8. [08. 414

Bleibtreu, Karl. Friedrich der Grosse und die Revolution. Kritische Historie. (Aus:) „Bleibtreu. Geschichte und Geist der europ. Kriege unter Friedrich dem Grossen und Napoleon." 1. Th. 8. Leipzig 1893.

— Gedankenübertragung beim großen Generalstabe. gr. 8. (51 S. m. 1 eingedr. Skizze.) Leipzig 899. W. Friedrich. n. — 50

(B) — Gedankenübertragung beim gr. Generalstab. 899. (KVB 31). Jetzt: Leipzig, M. Altmann.

— Byrons Geheimnis. Drama in 5 Akten. 8. (108 S.) Zürich 900. Th. Schröter. n. 1. 60

— Byrons Geheimnis. Drama. 8° (108) Zür. 1900. Lpzg, T Schröter. 1.60

Bleibtreu, Karl. Das Geheimniß von Wagram u. andere Studien. 8. Dresd. 887. Lpz., W. Friedrich. * 3 —

— das Geheimniß v. Wagram u. andere Studien. 8. (241 S.) Dresden 887. Pierson. n. 3. —

— Geist. Geschichte e. Mannheit. (618 S.) 8. München 906. G. Müller. n. 7. —; geb. n. 8. 50

Der Genie-Kaiser und die Welt. Zur Centenarfeier d. Krönung Napoleons von Carl **Bleibtreu**. Berlin: R. Eckstein Nachf. [1905]. (224 S.) 8° [07. 10467 11

— der Genie-Kaiser u. die Welt. Zur Centenarfeier der Krönung Napoleons. 2. Aufl. (224 S.) 8. Berlin (905). R. Eckstein Nachf. n. 2. —

— Geschichte u. Geist der europäischen Kriege unter Friedrich dem Großen u. Napoleon. Kritische Historie. 4 Bde. gr. 8. Ebd. 892. n. 12. —
1. Friedrich der Große u. die Revolution. (VII, 167 S.) n. 3. —
2. Die napoleon. Kriege um die Weltherrschaft. (VII, 208 S.) n. 3. —
3. Die Befreiungskriege. (IX, 228 S.) n. 4. —
4. Wellington. (VII, 104 S.) n. 2. —

Bleibtreu. Geschichte und Geist der europäischen Kriege unter Friedrich dem Grossen und Napoleon. Kritische Historie. I. Friedrich der Grosse und die Revolution. — II. Die napoleonischen Kriege um die Weltherrschaft. — III. Die Befreiungskriege. — IV. Wellington. (4 Bde.) 8. Leipzig 1893.

!– G e s c h i c h t e und Geist der europ. Kriege. Jetzt: Leipzig: O. Gracklauer.

— Geschichte der Kriegskunst im 19. Jahrh., s.a. Jahrhundert, das deutsche, in Einzelschriften. 8. Abth.

Bleibtreu, Carl. Geschichte der Kriegskunst im neunzehnten Jahrhundert. (Aus: „Das Deutsche Jahrhundert in Einzelschriften". Abth. VIII.) 8. Berlin 1901.

— **Geschichte der englischen Literatur.** 2 Bde. gr. 8. Leipzig 887, Friedrich. *ℳ 15.—.; geb. *
Inhalt:
Bd. 1. Die Renaissance und Klassicität. (X, 367 S.) *ℳ 6.—.; geb. *ℳ 7.20.
„ 2. Das 19. Jahrhundert. (VIII, 584 S.) *ℳ 9.—.; geb. *ℳ 10.30.

— **Geschichte der englischen Litteratur im 19. Jahrh.** 2. verb. Aufl. gr. 8. (VIII, 584 S.) Ebendas. 888. *

— Gesch. d. deut. National-Lit. v. Goethes Tode bis z. Gegenwart, hrsg. v. Geo. Gellert. 2 Tle in 1 Bde. (192 u. 197 m. Bildnissen.) 8° Berl., W Herlet '12. L 3 — d

— Gesch. d. Reiterattacken. (449) 8° Berl., A Schall ('11). 5 —; geb. 6 — d

— z. Geschichte d. Taktik u. Strategie. M. 11 Karten. 8. (XVI, 495 S.) Berlin 897. Schall & Grund. n. 6. —; geb. n. 8. —

Bleibtreu, Karl. Zur Geschichte der Taktik und Strategie. (Mit 11 Karten.) 8. Berlin (1898).

Zur Geschichte der Taktik und Strategie von Karl **Bleibtreu**. Mit 11 Karten. 2. Ausg. Berlin: A. Schall 1901. (XVI, 495 S.) 8° [F.] [07. 14965 2

Bleibtreu, Carl (Hrsg.), s. G e s e l l s c h a f t , Die.

— schlechte Gesellschaft. Realistische Novellen. 8. (X, 496 S.) Leipzig 885. Friedrich. n. 6. —; geb. n. 7. —

— Götzen. Parodieen. gr. 8. (54 S.) Ebd. 887. n. 1. —

[Anm. u. F.] Gravelotte. D. Kämpfe um Metz. Von Carl **Bleibtreu**. Ill. v. Ch. Speyer. *Stuttgart: C. Krabbe [1898].* (110 S., 1 Bl.) 1 Bd 8. [98. 4567

— Gravelotte. Die Kämpfe um Metz. Illustriert v. Ch. Speyer. 2. u. 3. Aufl. 16.—25. Taus. gr. 8. (à 110 S.) Stuttgart (899. 901). C. Krabbe. n. 1. —; geb. in Leinw. n. 2. —

— Gravelotte. Die Kämpfe um Metz. Illustriert v. Chr. Speyer. 3. Aufl. 26.—30. Taus. (119 S.) gr. 8. Stuttgart (903). C. Krabbe. n. 1. —; geb. in Leinw. n. 2. —

— Größenwahn. Pathologischer Roman. 3 Thle. in 2 Bdn. 8. (V, 301; 227; 621 S.) Ebendas. 888. *
Vgl.: Herbst, Mag.

— Größenwahn. Patholog. Roman. 2. (Titel-)Aufl. 3 Thle. in 2 Bdn. 8. (VII, 301; 227 u. 621 S.) Jena (888) 896. H. Costenoble. n. 8. —; geb. n.n. 10. —

— Das Halsband der Königin. Tragikomödie in 9 Bildern. gr. 8. (152 S.) Ebd. 890. * 3 —

— Das Heer, s.a. Gesellschaft, Die.

Das Heer. Von Karl **Bleibtreu**. Frankfurt a. M.: Rütten & Loening (1910). 187 S. 8°
(Die Gesellschaft. Bd 37/38.) [11. 5130

— der Heilskönig. Schauspiel in 5 Akten. (200 S.) gr. 8. Leipzig 903. [F. Luckhardt] O. Gracklauer. n. 2. —

— Heldenringen. Die Schlachten des 19. Jahrh. Der Heroica 2., verb. Aufl. (III, 144 S.) 8. Stuttgart (910). C. Krabbe. 2.—; geb. in Leinw. 3. —

— Heroica. 8. (139 S.) Ebd. 890. n. 2. —; geb. n. 3. —

Bleibtreu, Karl: Heroica. 2. Aufl. 1910
s. Bleibtreu: Heldenringen.

— aus Norwegen's Hochlanden, s.a. Kürschner's, Jos., Bücherschatz.

—— aus Norwegens Hochlanden. Drei Novellen. [Auch ein Culturkämpfer. Wie's im Liede heißt. Unter den Gletschern.] 8. (IX, 150 S.) [Berlin 883, Auerbach.] Leipzig, Unflad. * 1 80

Aus Norwegens Hochlanden. Wie's im Liede heißt. Unter d. Gletschern. 2 Novellen von Karl Bleibtreu. Mit Ill. von W. Roegge. *Berlin. Eisenach, Leipzig: H. Hillger [1903].* (108 S.) 8° [F.]
= Bücherschatz, Kürschners. No 379. [04. 11139

— Vor 50 Jahren. Das Volksheer im amerikan. Bürgerkrieg. Eine zeitgemässe Historie. (11, 223 m. 1 Kte.) gr8° Bas., B Schwabe & Co. '12. 3.60

Bleibtreu, C., s. Jahrhundert, Das Deutsche.

— zur Jahrhundertfeier der großen Revolution. gr. 8. (71 S.) Berlin 889. S. Fischer Verl. n. 1. 50

— Bei Jena u. and. Novellen, s: Reclam's Novellen-Bibliothek.

— Bei Jena u. and. Novellen, s.: Universal-Bibliothek 4810.

— der Imperator. [Napoleon 1814.] gr. 8. (IV, 452 S.) Ebd. 891. n. 6. —; geb. n.n. 7. —

— dasselbe. 2. (Titel-) Aufl. 8. (X, 452 S. m. 1 Karte.) Ebd. 893. n. 6. —

— d. Imperator. (Napoleon 1814.) 3. [Titel-]Aufl. 8. (IX, 452 S. m. 1 Karte). Ebd. (893) 896. n. 4. —; geb. n. 5. —

— der Imperator. (Napoleon 1814). (400 S.) 8. Berlin (905). R. Eckstein Nachf. n. 3. —

— Kaiser u. Dichter. s.: Universal-Bibliothek.

— der Kampf ums Dasein der Literatur. gr. 8. (XXIII, 116 S.) Leipzig 888. Friedrich. n. 2. —

— dasselbe. 2., verb. Aufl. gr. 8. (XXI, VIII, 116 S.) Ebd. 890. n. 2. —

— d. Kampf b. Mars la Tour. 12. (120 S.) Berlin 897. Schall & Grund. n. — 50; erh. Pr. n. — 75

Bleibtreu, K. Der Kampf bei Mars la Tour. Berlin 1898. 120 S.

— Karma, s.: Universal-Bibliothek.

— Kein Glück. Romant. Liebe. 2 Erzählgn a. napoleon. Zeit. (96 m. Abb.) 8° Stuttg., C Krabbe ('11). 1 —; L 2 — d

— die Kommune. Illustriert v. Chr. Speyer. (287 S. m. 1 Plan.) 8. Stuttgart (905). C. Krabbe. n. 3. —; geb. in Leinw. n. 4. —

Königgrätz. Von Carl Bleibtreu. Ill. von Chr. Speyer. *Stuttgart: C. Krabbe [1902].* (189 S.) 8° [F.] [03. 894

— Königgrätz. Illustriert v. Chr. Speyer. 1. u. 2. Aufl. (1.—20. Taus.) (Je 189 S.) gr. 8. Ebd. (903). n. 2. —; geb. in Leinw. n. 3. —

—— Kraftkuren. Realistische Novellen. 8. (378 S.) Ebendas. 885.

— der deutsch-französische Krieg in Schlachtenschilderungen. Illustriert v. Chr. Speyer. 3 Bde. 8. Ebd. (905). Geb. in Leinw. n. 22. 50
1. Bis zur Krisis. (XVI, 88, 100, 90, 99, 127 u. 123 S. mit 6 Kartentaf.)
2. Die Katastrophe. (VII, 119, 106, 135, 108 u. 109 S. mit 5 Kartentaf.)
3. Frankreichs Todeskampf. (VII, 100, 129, 110, 88 u. 126 S. m. 5 Kartentaf.)

Bleibtreu, Karl. Die napoleonischen Kriege um die Weltherrschaft. Kritische Historie. (Aus:) „Bleibtreu. Geschichte und Geist der europ. Kriege unter Friedrich dem Grossen und Napoleon." II. Thl. 8. Leipzig 1893.

—— Kriegstheorie u. Praxis. Studien. gr. 8. (III, 99 S.) Ebd. 892. * 1 20

— Langensalza u. der Mainfeldzug. Illustriert v. Chr. Speyer. (172 S. m. 1 Karte.) Ebd. (906.) n. 2. —; geb. in Leinw. n. 3. —

Bleibtreu, Karl, Langensalza und der Mainfeldzug. Ill. von Chr. *Speier.* Stuttgart [1906.] 8°.

Bleibtreu, K, Lebensbilder a. d. Gesch. d. christl. Kirche vor u. nach d. Reformat. 16. (203) Duisb. 55, Ewich. n. — 8

— freie Liebe. 8 (422 S.) [Berlin 897. H. Storm.] Leipzig, C. F. Tiefenbach. n. 5. —; geb. n. 6. —

Bleibtreu, Carl, ein Lied v. der deutschen Treue. Beiträge zum komm. Jubiläum der Befreiungskriege. Ist das Desertieren der Sachsen bei Leipzig zu rechtfertigen? Die angebl. Opfer d. Rheinbundes f. Napoleon. Die „patriot." Ausreden üb. den Sachsenverrat bei Leipzig. (49 S. m. Bildnis.) gr. 8. Leipzig (906). Deutscher Kampf-Verlag. n. 1. 20

— kosmische Lieder. 12. (60 S.) Ebd. 890. n. 1. —

—— Lieder aus Tirol. 12. Berl. 885. Lpz., W. Friedrich.

— Lieder aus Tirol. 12. (56 S.) Berlin 885. Steinitz. n. 1. -

— Die Lösung der Shakespeare-Frage. Eine neue Theorie. 2., durch e. Einleitg. verm. Aufl. (XVI, 174 S.) gr. 8. Leipzig (909). Th. Thomas. 2. —
1. Aufl. (VIII, 174 S.) 907. 3.—

— Le Mans. Illustriert v. Chr. Speyer. gr. 8. (110 S.) Stuttgart (902). C. Krabbe. n. 1. —; geb. in Leinw. n. 2. —

— Mars la Tour — Vionville. Illustriert v. Chr. Speyer. (127 S.) gr. 8. Stuttgart (904). C. Krabbe. n. 1. —; geb. in Leinw. n. 2. —

— Mars la Tour-Vionville. Illustriert v. Chr. Speyer. 2. Aufl. (16—20. Taus.) (128 S. m. 1 Karte.) 8. Stuttgart (910). C. Krabbe. 1.—; geb. in Leinw. 2. —

— Marschälle, Generale, Soldaten Napoleons I., s.a. Veröffentlichungen des Vereins der Bücherfreunde. 8. Jahrg. 4. Bd.

[F.] Marschälle, Generale, Soldaten Napoleons I. Von Carl Bleibtreu ... *Berlin: A. Schall (1899).* (2 Bl., 464 S.) 1 Bd 8.
= Verein d. Bücherfreunde. Jg VIII. [No] 4. [-9. 7-97

— Marschälle, Generale, Soldaten Napoleons I. 2. [Titel-]Aufl. (III, 464 S.) 8. Berlin [899] 908. A. Schall. 4.—; geb. 5. —

Massenmord. Eine Zukunftsschlacht von Karl Bleibtreu. Leipzig: W. Friedrich [1893]. (48 S.) 8° [F.] [03. 1640

— der Militarismus im 19. Jahrh., s.a. Am Anfang des Jahrhunderts. 4. Hft.

Der Militarismus im 19. Jahrhundert. Von Carl Bleibtreu. *Berlin: Aufklärung 1901.* (60 S.) 8° [F.]
— Anfang, Am, des Jahrhunderts. H. 4. [03. 6398

— Napoleon I. 8. (VII, 245 S.) Dresden 889. Pierson. n. 3. —

—— Napoleon bei Leipzig. Eine Studie. Nebst einem Anhang: Ideen zur Entwickelung des europäischen Gleichgewichts. 1. und 2. Aufl. 8. (V, 158 S.) Berlin 885, Luckhardt. *

— Napoleon bei Leipzig. Ein Gedenkbuch zu den Jahrestagen der Völkerschlachten bei Leipzig vom 16.—18. X. 1813. 3. völlig umgearb. u. verm. Aufl. (354 S.) gr. 8. Leipzig (904) [F. Luckhardt]. Th. Thomas. n. 5. —; geb. in Leinw. n. 6. —

Bleibtreu, Karl
Der Nibelunge Not. Aventiure.
Berlin: Auerbach 1884. XX.226 S. 8°

— d. Nibelunge Not. E. Aventiure. 8. (XX, 226 S.) Berlin 884. J. Gnadenfeld & Co. n. 3. —

— Die „Offensiv-Invasion" geg. Engld. Eine Phantasie. (70) 8° Berl., Schall & R. (07). 1 —

— Die „Offensiv-Invasion" gegen England. (70 S.) 8. Berlin (909). Schall & Rentel. 1. —

Bleibtreu, K., „Die Offensiv-Invasion" gegen England. (70 S.) 8. Berlin. Schall & Rentel. 1910 1. -

— Orléans. Illustriert v. Chr. Speyer. gr. 8. (100 S.) Stuttgart (900). C. Krabbe. n. 1. —; geb. in Leinw. n. 2. —

— Orleans. Illustriert v. Chr. Speyer. 2. Aufl. 16. bis 20. Taus. (100 S.) gr. 8. Stuttgart (903). C. Krabbe. n. 1. —; geb. in Leinw. n. 2. —

— Orleans. 3. Afl. (104 m. 1 Kte.) 8° Ebd. '12. 1 —; L 2 — d

—— Paradoxe der conventionellen Lügen. 6. Aufl. gr. 8. (IV, 104 S.) Berlin 888, Steinitz. *
1.—5. Aufl., s. Paradoxe der conventionellen Lügen.

[Ant. u. F.] Paris 1870—1871. Von Carl Bleibtreu. Ill. v. Chr. Speyer. *Stuttgart: C. Krabbe [1898].* (196 S.) 1 Bd 8. [99. 1179

— Paris 1870—1871. Illustriert v. Chr. Speyer. 1. u. 2. Aufl. gr. 8. (à 196 S.) Ebd. (899. 902). n. 2. —; geb. in Leinw. n. 3. —

— Paris 1870—71. 3. Afl. (210 m. Abb. u. 1 Kte.) 8° Ebd. ('11). 2 —; L 3 — d

— Preußen gegen Europa. Friedrich der Große 1757. 2. Taus. (III, 288 S.) 8. Berlin 907. G. Stilke. 3. 50

— die Propaganda der That. Sozialer Roman. 8. (125 S.) Leipzig 890. Friedrich. n. 2. —

— zur Psychologie der Zukunft. gr. 8. (292 S.) Ebd. 890. n. 4. —

—— Rache. Auferstanden. Zwei Dramen. 8. (94 S.) Ebd. 890. * 1 50

Bleibtreu, Karl, Revolution der Literatur. gr. 8. (VI, 101 S.) Leipzig 886. Friedrich. n. 1. —

—— dass. — 2. verb. und verm. Aufl. (XXXIV, 95 S.) 1886; 3. verb. und verm. Aufl. gr. 8. (XXIII, 95 S.) Ebendas. 887. *

— St. Privat. Illustriert v. Chr. Speyer. (123 S. m. 2 Karten.) 8. Ebd. (904). n. 1. —; geb. in Leinw. n. 2. —

— St Privat. 2. Afl. (124 m. 2 Ktnskizzen.) 8° Ebd. ('12). 1 —; L 2 — d

—— Schicksal. Schauspiel in 5 Akten. gr. 8. (112 S.) Ebendas. 888. *

Bleibtreu, K. Die Schlacht bei Belfort. Mit 1 Krt. 2. Aufl. Leipzig 1888. 44 S.

— — Die Schlacht von Bochnia. Mit 1 Krt. 2. Aufl. Leipzig 1888. 64 S.

— die Schlacht v. Bochnia. Ein Zukunfts-Bild. 4. (Titel-) Aufl. gr. 8. (64 S. m. 1 Karte.) Ebd. 894. n. 1. —

Die Schlachten um Metz 1870. Von Carl Bleibtreu. Metz: Lupus 1910. 138 S. 8° [10. 13142

— Die Schlachten um Metz 1870. (188 S.) 8. Metz. 910. Metzer Stadt- u. Schlachtfeldverlag. 2. —

— Schlachtenbilder. Mit 4 Karten. gr. 8. (VI, 64; 44 u. IV, 101 S.) Ebd. 889. n. 3. —

!— Schlachtenbilder. Jetzt: Leipzig: O. Gracklauer

Bleibtreu, Karl, Gunnlaug Schlangenzunge. Eine Inselmär. 1. Aufl. (271 S.); 2. Aufl. 8. (IV, 271 S.) Berlin 879, Schleiermacher. * M 3.; geb. **

— Sedan. Illustriert v. Chr. Speyer. (185 S. m. 2 Karten.) 8. Ebd. (905). n. 2. —; geb. in Leinw. n. 3. —

— der wahre Shakespeare. „Das neue Shakespeare-Evangelium". „Shakespeare." Tragikomödie in 5 Akten (176 S.) gr. 8. München 907. G. Müller. n. 3. —; geb. n. 4. 50

— Der wahre Shakespeare. 2. Aufl. (49 S.) gr. 8. München 907. G. Müller. 1. —

Bleibtreu, Carl, Marschall Soult, Napoleons grösster Schüler. gr. 8. (193 S. m. Skizzen u. 1 Bildnis.) Berlin 902. A. Schall. n. 3. —; geb. n. 4. —

— Spicheren. 1. u. 2. Afl. (109 m. Abb.) 8° Stuttg., C Krabbe (08). 1 —; L. 2 — d

— Straßburg. Ein Tagebuch der Belagrg. Illustriert v. Chr. Speyer. (90 S. m. 1 Karte.) 8. Stuttgart (910). C. Krabbe. 1. —; geb. in Leinw. 2. —

— Napoleon'sche u. Moltke'sche Strategie. gr. 8. (85 S.) Wien 902. (L. W. Seidel & Sohn.) n. 1. —
Sonderabdruck aus: „Danzer's Armee-Zeitung".

—— lyrisches Tagebuch. 1. und 2. verm. Aufl. 8. (IV, 165 S.) Berlin 885, H. Steinitz.

Bleibtreu, Karl. Strategische Taktik der Schlachten. Mit Berücksichtigung des Burenkrieges. 8. Zürich und Leipzig 1900.

— Strateg. Taktik d. Schlachten. Mit Berücks. d. Burenkrieges. 8° (109) Zür. 1900. Lpzg, T Schröter. 1.20

Bleibtreu, Karl, der Traum. Aus dem Leben des Dichterlords. 16. Berlin 880. Leipzig Oesterwitz Nachf. * geb. *

—— der Traum. Aus dem Leben des Dichterlords. 16. (XII, 446 S.) Berlin 880, Schleiermacher. * 5 — geb. * 6 —

—— Vaterland. Drei Dramen. 8. Leipzig 887, Friedrich. *
Inhalt:
Harold der Sachse. Drama in 5 Akten. (S. 1—141.) — Der Dämon. Tragödie in 5 Akten. (S. 143—294.) — Volk und Vaterland. Sociales Schauspiel in 5 Akten. (S. 295—417.)

— der Verrath v. Metz. Illustriert v. Chr. Speyer. 1. u. 2. Aufl. 8. (à 109 S.) Stuttgart (901. 902). C. Krabbe. n. 1. —; geb. in Leinw. n. 2. —

— Der Verrath von Metz. Illustriert von Chr. Speyer. 2. Auflage 8. Stuttgart (1903).

— der Verrath v. Metz. Illustriert v. Chr. Speyer. 3. Aufl. (21.—25. Taus.) (109 S.) gr. 8. Ebd. (903). n. 1. —; geb. in Leinw. n. 2. —

— Der Verrat v. Metz. Illustriert v. Chr. Speyer. 8. Aufl. (26—30. Taus.) (109 S. m. 1 Karte.) 8. Ebd. (908.) 1.—; geb. in Leinw. 2. —

— die Verrohung der Literatur. Ein Beitrag zur Haupt- u. Sudermännerei. (108 S.) gr. 8. Berlin 903. Schall & Rentel. n.n. 1. 50

— die Vertreter des Jahrhunderts. 3 Bde. gr. 8 Leipzig 904. [F. Luckhardt.] Th. Thomas. n. 18. —; geb. n. 21. —
1. (IV, 359 S.) n. 7. 50; geb. n. 8. 50
2. (IV, 343 S.) n. 7. 50; geb. n. 8. 50
3. Theosophie. (141 S.) n. 3. —; geb. n. 4. —

— Die Vielzuvielen. Roman. 1—4. Aufl. (à 436 S.) 8. München 909. G. Müller. 5.—; geb. n 6. 50

Bleibtreu. Vivat Fridericus! Psychologische Schlachtendichtungen. Berlin (1904).

— Vivat Fridericus! Psychologische Schlachtdichtgn. 1. u. 2. Bd. 8. Berlin, A. Schall. à n. 4. —; geb. à n. 5. —
1. Von Lowositz bis Leuthen. (307 S.) (905.)
2. Von Zorndorf bis Torgau. (326 S.) 905.

Vivat Fridericus! Psycholog. Schlachtdichtungen. Von Karl Bleibtreu. Bd 1. Berlin: A. Schall [1905]. 8° [J.]
— Verein d. Bücherfreunde. [Jg. 14, 2.]

— die Völkerschlacht bei Leipzig. Ein Gedenkbuch zu den Jahrestagen der Völkerschlachten bei Leipzig vom 16.—18. X. 1813. 4. völlig umgearb. u. verm. Aufl. (v. „Napoleon bei Leipzig"). (287 S. m. 1 Kartenskizze.) gr. 8. Leipzig 902. Th. Thomas. n. 3. 60; geb. n. 4. 50

Die Völkerschlacht bei Leipzig. Ein Gedenkbuch zu d. Jahrestagen d. Völkerschlachten bei Leipzig v. 16. bis 18. Okt. 1813. Von Carl Bleibtreu. 4. völlig umgearb. u. verm. Aufl. Leipzig: Th. Thomas 1907. (287 S.) 8° [J.]

BLEIBTREU, Karl. Von Robespierre zu Buddha. Leipzig (1890). Lex.-8°. 301 S.
Enthält u. a.: »Die große Sünde«, über Liebe, Ehe, Monogamie usw.

— von Robespierre zu Buddha. gr. 8. (III, 301 S.) Leipzig (899). W. Friedrich. n. 5. —; geb. n. 6. —

Ⓑ — Von Robespierre zu Buddha. 899. (ℬℬ 31.) Jetzt: Leipzig, M. Altmann.

— deutsche Waffen in Spanien. 8. (VIII, 307 S.) Berlin 885. Eisenschmidt. n. 4. —

— deutsche Waffen i. Spanien. M. Anh: Kein Glück. Kriegsnovelle a. Napoleon. Zeit. 2. Aufl. 8. (VIII, VIII, 382 S.) Berlin 897. R. Eisenschmidt. n. 4. —

— die Wahrheit üb. 1870. gr. 8. (76 S.) München 901. (Leipzig, H. Dege.) n. 1. —

Carl Bleibtreu. Die Wahrheit über 1870. München: Deutsch-Franz. Rundschau 1901. (75 S.) 8° [Umschlagt.]

— die Wahrheit üb. „Mars la Tour". Mit Berücksicht. des neuen französ. Generalstabswerks. Anh.: Neues üb. Wörth, Spichern. Sedan. (153 S.) gr. 8. Berlin 905. A. Schall. n. 2. 80

— letzte Wahrheiten. 8. (IV. 204 S.) Ebd. 892. n. 3. —

— Letzte Wahrheiten. Leipzig 1894. 8°. 204 S.
Über Monogamie, freie Liebe, Von den Moralbegriffen u. a.

— Waterloo. Eine Schlachtdichtg. Mit 1 Karte. gr. 8. (458 S.) München 902. A. Langen. n. 5.—; geb. n. 6. 50.

— Waterloo. Eine Schlachtdichtg. Mit 1 Karte. Wohlf. Ausg. 2. u. 3. Taus. (467 S.) gr. 8. München 904. A. Langen. n. 3. —; geb. n. 4. —

— Weißenburg. Illustriert v. Chr. Speyer. 1. u. 2. Aufl. (1.—20. Taus.) (à 88 S.) gr. 8. Stuttgart (903). C. Krabbe. n. 1. —; geb. in Leinw. n. 2. —

Bleibtreu, Karl. Wellington. Historische Studie. (Aus:) „Bleibtreu. Geschichte und Geist der europäischen Kriege unter Friedrich dem Grossen und Napoleon". IV. Theil. 8. Leipzig 1893.

— Wellington bei Talavera. (27./28. VII. 1809.) (187 S.) 8. Berlin (904). R. Eckstein Nachf. n. 2.

— Welt u. Wille. Gedichte. 8. (VII, 241 S.) Dessau 886. Baumann. n. 4. —; geb. n. 5. —

Die Weltbefreier. Schweizer Schauspiel in 5 Akten von Karl Bleibtreu. Zürich: Verl.-Magazin 1894 (1895). (168 S.) 8° [J.]

*— Weltbrand. Roman. Berl., CA Schwetschke & S. ca 3 —

—— Weltgericht. Tragödie in 5 Akten. 8. (IV, 199 S.) Leipzig 888, Friedrich. *

—— Wer weiß es? Erinnerungen eines französ. Offiziers unter Napoleon I. 3.—5. Aufl. 8. (186 S.) Berlin 884, Steinitz und Comp. * 2 —

—— wer weiß es? Erinnerungen eines französ. Offiziers unter Napoleon I. 5. Aufl. [Wohlfeile Ausg.] 8. (186 S.) Berlin 888, Steinitz. *

Wer weiß es? Erinnerungen e. franz. Offiziers unter Napoleon I. von Carl Bleibtreu. 6., vollst. umgearb. Aufl. Berlin: H. Steinitz 1904. (94 S.) 8° [J.]

Bleibtreu, K., dramatische Werke. 3 Bde. 8. (249, 294 u. 307 S.) Leipzig 889. Friedrich. n. 7. —
Vgl.: Litteratur, moderne realistische. — Merian, Hans.

Bleibtreu, Karl, wie verwerte ich meine Schreibkenntnisse u. erziele damit hohen Nebenverdienst? Ein prakt. Ratgeber f. diejenigen, welche e. gute Handschrift besitzen u. ihr Einkommen erhöhen wollen! Weitere Bücher od. Ausgaben nicht nötig. Sie können sofort f. sich tätig werden! (64 S.) 8. Leipzig (910). H. Beyer. 1. —

— der böse Wille des Militarismus. gr. 8. (112 S.) Leipzig 899. W. Friedrich. n. 1. 50

Ⓑ — Der böse Wille d. Militarismus. 899. (ℬℬ 31.) Jetzt: Leipzig, M. Altmann.

Woerth. Von Carl Bleibtreu. Ill. von Ch. Speyer. Stuttgart: C. Krabbe [1899]. (96 S.) 8°

— Woerth. Illustriert v. Ch. Speyer. gr. 8. (96 S.) Stuttgart (900). C. Krabbe. n. 1 —; geb. in Leinw. n. 2. —

— Woerth. Illustriert v. Chr. Speyer. 3. Aufl. (26—30. Taus.) (96 S. m. 1 Karte.) 8. Stuttgart (908). C. Krabbe 1.—; geb. in Leinw. 2. —

— „d. Zar-Befreier". E. Wort f. Volkswehr geg. steh. Heer. 8. (XX, 154 S.) Stuttgart 898. J. H. W. Dietz Nachf. n. 2. —

Bleibtreu, Konrad

Bleibtreu, Konr., Lebensbilder aus der Geschichte der christlichen Kirche vor und nach der Reformation. Umgearb. Abdr. aus dem Sonntags-Blatt für innere Mission in Rheinland u. Westphalen. Duisburg (855.) Ewich. gr. 16. (203 S.) n. 8 ngr

Bleibtreu, L.: Polit. Arithmetik, s. Bleibtreu, L.K.

Bleibtreu, L.: Denkwürdigkeiten aus den Kriegsbegebenheiten bei Neuwied, s. Bleibtreu, Leopold

Bleibtreu, L.: Lehrbuch d. niedern u. höhern Arithmetik ..., s. Bleibtreu, Ludwig

Bleibtreu, L.K.

— s. Anleit. z. italien. Buchhalten.

Bleibtreu, L. C., polit. Arithmetik. Anleitung zur Kenntniß und Uebung aller im Staatswesen vorkommenden Berechnungen. Ein Handbuch für Staatsbeamte u. Geschäftsmänner. 2. Abtheilung. gr. 8. Heidelberg 845, 46, C. F. Winter. à n. 1 ₰ - 2 ₰

Bleibtreu, L. C., politische Arithmetik. Anleitung zur Kenntniß u. Uebung aller im Staatswesen vorkommenden Berechnungen. Ein Handbuch für Staatsbeamte u. Geschäftsmänner. 2., verb. Aufl. Heidelberg (Leipzig) 853. C. F. Winter. gr. 8. (XII, 456 S.) n. 1 ₰ 20 ngr

L. C. Bleibtreu, Polit. Arithmetik. Ein Handbuch f. Steuerbeamte. Hei! 1857.

— s. Bergern, erster Unterricht in der Chemie.

Bleibtreu, L. C., Handbuch der Contor-Wissenschaft. 1. Abdr. (58 B.) 835. * 4½ Thlr., 2. Abdr. Lex.-8. (58¼ B.) Karlsruhe 838, Groos. *

Bleibtreu, L. C., Handbuch der Münz-, Maaß- und Gewichtskunde, s. Bibliothek der gesammten Handelswissenschaften.

Bleibtreu, L. C., Handbuch der Münz-, Mass-, Gewichts- und Usanzen-Kunde und des Wechsel- und Bankwesens europäischer und aussereuropäischer Länder und Städte für Banquiers, Kaufleute, Fabrikanten, Handelsschulen, Beamte etc. Mit einer Abhandlung über die Börse, über Börsenhandel und Börsengeschäfte. 2. Aufl. Unter Mitwirkung bewährter Fachmänner neu bearb. von L. F. Huber. 8 Lfgn. gr. 8. (IV, 412 S.) Stuttgart 878, Maier. à Lfg. * ℳ 1. *

Bleibtreu L K, Handbuch der Münz-, Mass- u Gewichtskunde u des Wechsels-, Staatspapier-, Bank- und Aktienwesens europäischer und aussereuropäischer Länder und Städte. Stuttgart 1863

—— Handelslexikon für den contoristischen Gebrauch. Mit besond. Berücksichtigung des allgemeinen deutschen Handelsgesetzbuches bearb. gr. 8. (496 S.) Stuttgart 865, Metzler's Verlag.

— französ. Handlungsbriefe, s. Lesebuch.

Bleibtreu, L. C.: „Lehrbuch der Handelswissenschaft", Karlsruhe 1830; Neuauflage 1847.

Bleibtreu, L. K., Lehrbuch d. Handelswissenschaft. Zum Gebrauche b. Vorlesn. u. z. Selbststud. gr. 8. (39 B.) Karlsruhe 831, Groos. Thlr.

Bleibtreu, L. C., die Lehre von den Wechseln mit Hinweisung auf bestehende Gesetze. Erlangen 860. Enke. Lex. 8. (VI, 138 S.) n. 22 ngr.

Bleibtreu, L. C., Mercantilpraxis. Anleitung zur kaufmänn. Geschäftsführung. Zum Gebrauch bei Vorlesungen und zum Selbststudium. Lex.-8. (XV und 414 S.) Karlsruhe 847, Groos. *

— die Visirkunst, oder theoretisch-praktische Anleitung zum Visiren der Fässer. Mit 1 Steintaf. gr. 8. Karlsruhe 833. Groos. ½ ₰

— Wirthschaftslehre für den Fabrikanten u. Handwerker. Aus Auftrag Großherzogl. Ministeriums des Innern für die Gewerbschulen des Großherzogth. Baden bearb. gr. 8. Karlsruhe 837. Artist. Institut. (Gebr. Gutsch in Lörrach.) ½ ₰

—— Zweck u. Einrichtung d. Lebensversicherungsanstalten. Für Jedermann faßl. dargest. gr. 8. (5 B.) Karlsruhe 832, Groos.

Bleibtreu, Leopold. Denkwürdigkeiten aus den Kriegsbegebenheiten bei Neuwied von 1792 bis 1797 etc. 8. Bonn 1834.

Bleibtreu, Leop., Denkwürdigkeiten aus d. Kriegsbegebenheiten bei Neuwied von 1792—1797, in übersichtlichem Zusammenhange mit gleichzeit. Kriegsereigniss. in den Rhein- u. Niederlanden ec.; nebst Beilagen, darstellend die Belagerung u. Gefechte von Mainz ec., die standhafte Behauptung Ehrenbreitsteins u. a. gleichzeit. Begebenheiten, mit besond. Beziehung auf das hierbei rühmlich betheiligte kurkölnische Regiment und a. Reichstrupp. gr. 8. Köln 834. (Du Mont-Schaub.) n. 1 ₰

Bleibtreu, Leopold: (Aus dem physiolog. Institut zu Bonn.) Ueber die Grösse des Eiweissumsatzes bei dem Menschen.... Bonn, Univ.-Buchdr. v. Carl Georgi, 1887; 2 Bl. + 35 S. + 1 Bl. 8°. Bonn, Med. Fak., Inaug.-Diss. v. 4. März 1887.

Bleibtreu, Leopold, (aus dem physiolog. Institut zu Bonn.) Ueber die Grösse des Eiweissumsatzes bei dem Menschen. Diss. Bonn 1887, Emil Strauss. 8°. 35 S.

Bleibtreu, Leopold (Hrsg.), s. Krankenhaus. – Das Evangelische Krankenhaus, Cöln.

Bleibtreu, Ludwig

Bleibtreu, Ldw. II., († d. 22. Nov. 1825.) Darstell. d. Sternenhimmels, od. Anweisung zur Kenntniß d. Gestirne. Mit 3 Abbildd. in Steindr. 8. Frankf. a. M. 823. (Gebhardt in Grimma). 1 ₰ 6 gr

— Darstellung d. Sternhimmels od. Anweisung zur Kenntniß d. Gestirne. Mit 3 Abbild. in Steindr. 8. Frankfurt 823, H. Willmans.

Bleibtreu, (L.) Lehrbuch d. niedern u. höhern Arithmetik, mit vollständ. Anleit. z. einfachen u. zusammengesetzten Wechselrechnung. gr. 8. Frankfurt 826, Andreä.

Bleibtreu, L., Methode d. Flächeninhalt u. d. Construct. jed. Figur a. d. Seiten und Winkeln z. berechn. m. K. 8. Wiesbad. Schellenberg. 810.

— neue u. leichte Methode, d. Flächeninhalt u. d. Construktion jeder Figur aus d. Seiten u. Winkeln zu berechnen. Mit 1 Kpf. 8. Wiesb. 810. Schellenberg. 10 gr

— Theilungslehre, oder ausführl. Anleit., jede Grundfläche auf die zweckmäß. Art für d. Benutzung u. nach allen Verhältnissen geometrisch zu theilen. Mit 8 Steindr. 8. Frankf. 819. H. Wilmanns. 1 ₰ 4 gr

Bleibtreu, Ldw. I., Versuch in Gedichten. 8. Wien 799. (Augsb., Bürglen). 9 gr

—. die arithmetische Wunder-Sammlung merkwürd. Zahlenergebnisse u. unterhalt. Aufgaben. gr. 12. Frankfurt 823, Varrentrapp.

Bleibtreu, Marie

—— Pater Lacordaire's Leben und Wirken. 8. (IV, 248 S.) Freiburg i. Br. 873, Herder'sche Verlagsh.

Bleibtreu, Marie, neuer Mundkoch oder genaueste Anweisung, die verschiedenartigsten Speisen schmackhaft und wohlfeil zuzubereiten. 8. (64 S.) Reutlingen 865, Fleischhauer und Spohn.

Bleibtreu, Marie, neuer Mundkoch od. genaueste Anweisg., die verschiedenartigsten Speisen schmackhaft u. wohlfeil zuzubereiten. gr. 16. (64 S.) Reutlingen 872. Fleischhauer & Spohn. — 20

Bleibtreu, Max, Register, s.: Archiv f. die gesammte Physiologie.

Bleibtreu, Max: Aus d. patholog. Institut zu Bonn. Über die histologischen Vorgänge bei Resorption von Fremdkörpern aus dem Unterhautzellgewebe. – Über die Resorption von Blutextravasaten..... Bonn, Univ.-Buchdr. v. Carl Georgi, 1890; 33 + 1 S. 8°.
Bonn, Med. Fak., Inaug.-Diss. v. 7.März 1890.

Bleibtreu, Walther
Bleibtreu, Walth., das Geheimnis der Frömmigkeit u. die Gottmenschheit Christi, s.a. Beiträge zur Förderung christlicher Theologie. X. 1.

Das Geheimnis der Frömmigkeit und die Gottmenschheit Christi. Ein Beitrag z. Deutung d. Schlusses von 1. Tim. 3. Von Lic. Walther Bleibtreu, Pfarrer in Bonn. Gütersloh: C. Bertelsmann 1906. (48 S.) 8° [F.]
= Beiträge z. Förderung christl. Theologie. Jg. 10, H. 1, [1.]

Bleibtreu, Walther, die drei ersten Kapitel des Römerbriefs, ausgelegt. gr. 8. (VI, 162 S.) Göttingen 884, Vandenhoeck und Ruprecht's Verlag. * 3 —

— die evangelische Lehre v. der sichtbaren u. unsichtbaren Kirche. (S. 52—94.) gr. 8. Tübingen 903. J. C. B. Mohr. n. 2. —
Sonderabdruck aus: „Theol. Arbeiten a. d. rhein. wiss. Prediger-Ver."

Bleibtreu, Walth., s.: Stavgaard-Petersen, C., das Buch der Jugend.

Bleibtrev, Gvalthervs (geb. am 1 März 1853 in Beuel bei Bonn): Theses theologicae ... ad obtinendvm gradvm licentiati S. S. theologiae ... Bonnae, typ. C. Georgi (1877). 6 S. 8.
Bonn, Ev.-theol. Fak., Thes. v. 4 Aug. 1877

Vom Großen zum Größeren! Vorwärts und Aufwärts! Predigt über Hebr. 13, 20 z. christl. Weihe d. Schiller-Feier, geh. 1905 von Lic. Walther Bleibtreu, Pfarrer in Bonn. Bonn 1905: E. Eisele. (14 S.) 8° [F.]

— vom Großen zum Größeren! Vorwärts u. Aufwärts. Predigt üb. Hebr. 13, 20 zur christl. Weihe der Schiller-Feier, geh. am Sonntage Misericordias Domini, den 7. V. 1905. (14 S.) 8. Bonn (905). (L. Röhrscheid) n.n. — 15

Bleich: Gesetzgebung für Müller ..., s. Bleich, C.W.

Bleich: d. Lokal-Polizei-Verordnungen f. d. Polizeibez. d. Stadt Posen, s. Bleich, E.

Bleich: Zwei Prozesse in der Grossloge Royal York in Berlin, s. Bleich, Karl Wilh.

Bleich: Ueber den naturgeschichtlichen Unterricht in den höheren allgemeinen Bildungsanstalten.
Progr. Krotoschin 1853.

Bleich, B. A., der Hausirer oder auf dunklen Pfaden. Roman aus der Neuzeit. 30 Lfgn. gr. 8. (1440 S.) Berlin 876, Grosse. à Lfg. 30 Pf.

— Mädchenjäger od. die Geheimnisse e. Heirathsbüreau. Roman aus der neuesten Zeit. 30 Lfgn. gr. 8. (1438 S.) Ebend. 874. 75. à — 30

Bleich, C. W., die preußische allgemeine Deposital-Ordnung vom 15. Septbr. 1783, nebst der Verordnung vom 18. Juli 1849 mit Motiven und den dazu ergangenen erläuternden, ergänzenden und abändernden Bestimmungen. gr. 8. (XV und 181 S.) Berlin 851, Hempel. *

— Gesetzgebung für Müller und Mühlenbesitzer, s.a. Gesetzgebung.

— Gesetzgebung für Müller und Mühlenbesitzer. Eine Sammlung der auf die Anlage und den Betrieb aller Arten von Mühlen bezüglichen, in Preußen geltenden Gesetze u. Bestimmungen bis auf die neueste Zeit. Ein nützlicher Rathgeber für jeden Müller und Mühlenbesitzer. Ebend. 855. br. 8. (XVI, 168 S.) n. 20 ngr

Bleich, C. W., Handbuch für Gerichtsvollzieher. Eine Sammlung sämmtl. das Amt der Gerichtsvollzieher betr. Gesetze des deutschen Reichs und Preußens mit ergänz. und erläut. Anmerkungen. gr. 8. (VII, 279 S.) Berlin 881, Möser. * 4 50
geb. 5 50

— Leitfaden für die juristischen Prüfungen u. den Vorbereitungs-Dienst der Referendarien in Preußen. 8. (78 S.) Ebend. 880. geb. n. 1. 50

Bleich, C. W., Leitfaden f. die juristischen Prüfungen u. den Vorbereitungs-Dienst der Referendarien in Preußen. 2. Aufl. 8. (79 S.) Berlin 883. Moeser. n. 1. —

Bleich, E., die Lokal-Polizei-Verordnungen für den Polizeibezirk der Stadt Posen. Im Auftrage des Hrn. Pol.-Präs. Staudy zusammengestellt. 8. (VIII, 131 S.) Posen 882, (Merzbach.) * 1 50

Bleich, Eduard: Der Erste Vereinigte Landtag in Berlin 1847. T. 1—4. Berlin 1847

Bleich, E., s.a. Verhandlungen d. verein. ständischen Ausschusses.

— Verhandlungen des im Jahre 1848 zusammenberufenen vereinigten Ständischen Ausschusses. 4 Bde. Berlin 1848. 8.

—s. Verhandlungen des zum 2. Apr. 1848 zusammenberuf. Verein. Landtages. — Verhandlungen der Versammlung zur Vereinbarung der Preuß. Staatsverfassung.

Bleich, Erich: Der mährische Feldzug Friedrich II. 1741/42. *Berlin 1901: R. Sieble.* (44 S.) 8° [F.]
Rostock, Phil. Diss. v. [13. Dez.] 1900

Bleich, Frdr., Einflusslinien u. Grösstmomente statisch unbestimmter durchlaufender Balken. Mit besond. Rücksichtnahme auf die Berechng. v. Kranlaufbahnen. (10 S. m. 7 Fig.) Lex. 8. Leipzig 910. W. Engelmann.
Sonderabdruck aus „Der Eisenbau". — 50

— s.: Eisenbau, der.

— Der Wettbewerb um d. Bau e. Rheinstrassenbrücke in Köln, s: Mehrtens, Geo. Christoph.

Bleich, Georg Heinrich. Abdrücke eines vollständigen Kartenspieles auf Silberplatten gestochen von Georg Heinrich Bleich. Herausgegeben von ... Carl Förster. München 1881, G. Schuh.
Tit., 1 Bl., III S., 38 Taf. 8°.
Zuschreibung an Bleich unzutreffend. Eher kommt Heinrich Göding aus Braunschweig (1531—1606) für das im späten 16. Jahrh. entstandene Kartenspiel in Frage.

Bleich, Julius
Bleich, Jul.: Frachtenrechner f. sämtl. Dezimal-Münz-Systeme. (94) qu. kl8° Berl.-Schöneberg, R Jacobsthal & Co. '06. 3 —

Bleich, Jul., Frachtenrechner f. sämtliche Dezimal-Münz-Systeme. (IV, 94 S.) qu. kl. 8. Berlin 906. C. Regenhardt. n. 3. —

Bleich, Jul., Lohn-Berechnungs-Tabellen für sämmtl. Decimal-Münz-Systeme und jeden Zeitabschnitt im Monat. 1. Aufl. (100 S.) 1882. * ℳ 2.; 2. Aufl. gr. 8. (III, 100 S.) Berlin 882, H. S. Hermann. * 1 50

Bleich, Jul., Lohn-Berechnungs-Tabellen f. sämmtl. Decimal-Münz-Systeme u. f. jeden Zeitabschnitt i. Monat. 3. Aufl. gr. 8. (III, 100 S) Berlin 895. H. S. Hermann. 1. 50

Bleich, Jul., Lohn-Berechnungs-Tabellen f. sämmtliche Decimal-Münz-Systeme u. f. jeden Zeitabschnitt im Monat. 4. Aufl. gr. 8. (III, 100 S.) Berlin 890. H. S. Hermann. 1. 50

Bleich, J., Tabellen zur Berechnung der von versicherungspflichtigen Mitgliedern zu leistenden Beiträge zu den organisirten Krankenkassen auf Grund des Reichsgesetzes vom 15. Juni 1883. gr. 8. (8 S.) Berlin 887. H. S. Hermann. n. — 50

— Tabellen zur Bestimmung der Contraction u. Zugfestigkeit von Probestäben von 19,5 bis 20,05 mm Durchmesser. gr. 8. (III, 82 S.) Leipzig 890. Engelmann. n. 2. —; geb. n. 2. 40

Bleich, Karl Wilhelm

Bleich, Carolus Guilelmus: Dectrina furtorum servilium jure Romano. Bidgosiae 1857: Gruenauer. 42 S. 8°

Halle-Wittenberg, Jur. Diss. v. 6. Juni 1857

Geb. [Lobsens (Kr. Wirsitz) 20. 4. 1823]

Zwei Processe in der Grossloge Royal-York in Berlin. Eine Zeichnung des Zustandes dieser Loge im letzten Viertel dieses Jahrhunderts. Als Beitrag zur Gründung der deutschen National-Grossloge. [Von Karl Wilh. Bleich.] Als Ms. gedr. [Berlin 1885: Ehrichs.] 126 S. 8° [Umschlagtit.]

vf. MitthR. 1885—1886 S. 71— 75.

Tt. 1035 a. Betr. die Ausschliessung der Brr K. G. A. Woywod u. K. W. Bleich.

Bleich, Karl Wilh.: Verzeichniss der Bücher-Sammlung..., s. Verzeichniss der Bücher-Sammlung...

Bleich, Otto (Hrsg.), s. Solidarität.

Bleich, Otto *(geb. Kosten in Pos. 9. 8. 1844)*: Ueber den Zusammenhang geistiger Störung und somatischer Erkrankung. Breslau (1869). (40 S.) 8°

Breslau, Med. Diss. v. 15. Nov. 1869

Bleich, P., Tagesordnung e. Kindes, od. Anleit., wie sich ein Kind vom frühen Morgen bis in die Nacht zu verhalten hat. 2., mit Gebethen f. d. Jugend verm. Aufl. 16. (1 B.) Wien 831, Mechitaristen-Congreg.-Buchh.

Bleich, Peter, Anekdoten-Buch für die Jugend, od. Samml. von 150 klein. Erzählungen, witzigen Einfällen, drolligen Antworten ꝛc., zur Erheiterung u. Belustigung. 12. (2½ B. u. Ttlkpfr.) Wien 838, Grund.

Bleich, Pet., Anleit. zu einem anständ. Betragen f. d. Jugend. 16. Wien 843. (Mayer u. Co.) n. ⅛ ₰

— Anweisung zum Gebrauche der allgem. Rechentafel, wodurch die vier Rechnungsarten auf vierfache Weise gründlich u. sicher erlernt werden. Mit Tabellen. Wien 838. Mayer u. Comp. ½ ₰

— das Brot. Eine belehrende Erzählung für d. Jugend, vorzüglich für Stadtkinder als passendes Prüfungsgeschenk. 12. (2 B. u. Ttlkpfr.) Wien 838, Grund.

Bleich, Peter, neuester Declamations-Salon für die Jugend. Eine Sammlung passender Gedichte für Kinder von 5 bis 12 Jahren zum mündl. Vortrage bei öffentlichen Prüfungen, häuslichen Unterhaltungen u. a. m. gr. 12. Wien 840. Mayer u. Comp. ⅓ ₰

— neuestes Declamirbuch f. die Jugend, oder Sammlung verschiedener Gedichte zu Gedächtniß- und Vortragsübungen. 8. ...835. (Leipzig, Fr. Fleischer.) ⅓ ₰

— neuestes Declamir-Buch für die Jugend, oder Samml. verschiedener Gedichte zum Gebrauche bei den gewöhnl. Gedächtniß- u. Vortragsübungen in deutschen Schulen. 2., bedeut. verm. Aufl. 12. (4½ B. u. Ttlkpfr.) Wien 837, Grund.

Bleich, P, gelobt sei Jesus Christus in Ewigkeit. Amen! Sechs Erz. 16. (64) Gmund. 61. (Wien, Kirsch.) n. — 4

Bleich, Pet., Gelobt sei Jesus Christus in Ewigkeit. Amen! Erstes Severinus-Büchlein. Sechs Erzählungen aus dem wirklichen Leben. gr. 16. (64 S.) Gmunden 861. (Wien, Mechitaristen-Congregations-Buchh.)

— Glückwünsche und Gratulationsbriefe zu Geburts- und Namensfesten und zum neuen Jahre, nebst einigen Prüfungsreden. 3e bedeut. verm. Aufl. gr. 12. Wien 839. Mayer u. Comp. ⅓ ₰

— Glückwünsche u. Gratulations-Briefe zu Geburts- und Namensfesten u. zum neuen Jahre, nebst einigen Prüfungsreden u. Gelegenheitsgedichten. 4. verm. Aufl. 16. Wien 843, Mayer u. Co. ⅓ ₰

Bleich, Peter, Glückwünsche und Gratulations-Briefe zu Geburts- und Namensfesten und zum neuen Jahre nebst Prüfungsreden und Gelegenheits-Gedichten. Mit einem Anhange von Glückwünschen in italien. und französ. Sprache. 5. Aufl. (VIII und 135 S.) 1852. * 10 Ngr. und 6., bedeutend verm. Aufl. 16. (VII und 160 S.) Wien 850, Mayer und Comp. *

Bleich, Peter, Lehrer ꝛc., Glückwünsche und Gratulations-Briefe zu Geburts- u. Namensfesten u. zum neuen Jahre, nebst Prüfungsreden und Gelegenheits-Gedichten. Mit einem Anhange von Glückwünschen in ital. u. franz. Sprache. 7. bed. vermehrte u. veränderte Aufl. 12. (158 S.) Wien, Mayer & Comp. 1860 52 kr.

— Glückwünsche und Gratulations-Briefe zu Geburts- und Namensfesten und zum neuen Jahre, nebst Prüfungsreden und Gelegenheitsgedichten. Mit einem Anh. von Glückwünschen in italienischer u. französischer Sprache. 7., bedeutend verm. u. veränd. Aufl. Wien 861, Mayer & Co. 16. (VI, 158 S.) 12 ngr.

— Räthselbuch für die Jugend, od. Sammlung von 500 Räthseln zur Unterhaltung. 12. (4½ B.) Wien 837, Grund.

Bleich, Peter, Singbuch für die Jugend an Haupt- und Unter-Realschulen. 2. veränd. u. bedeutend verm. Aufl. 8. (77 S.) Wien, Mayer & Comp. 1864 40 kr.

Bleich, Pet., Singbuch für die Jugend an Haupt- u. Unter-Realschulen. 2. veränd. u. bedeutend verm. Aufl. Wien 860. Mayer & Co. gr. 8. (VI, 78 S.) n. 8 ngr.

Bleich, Wilhelm

[F.] Vereinfachte deutsche Rechtschreibung und richtige Aussprache. Von W[ilhelm] Bleich, Gymnas.-Oberl. a. D. *Berlin: M. Schildberger 1896.* (42 S.) 1 Bd 8. [96. 4333]

Bleich, Wilh., die Regeln der Orthographie u. Interpunction übersichtlich dargestellt u. zunächst f. den Schulgebr. bestimmt. 2. Ausg. gr. 8. (VIII u. 40 S.) Krotoschin 847. Breslau, Hirt in Comm. n. 6 ngr.

Der Deutsche Schreibzopf und dessen notwendige Beseitigung. Von W[ilhelm] Bleich, Gymn.Oberl. a. D. *Berlin: C. Regenhardt (1900).* (35 S.) 8° [F.] [00. 1149]

Bleichen und Appretiren, das, der Leinwand. Nach den neuesten in Irland eingeführten Methoden. Beschrieben von einem Praktiker. Aus dem Engl. Leipzig 862. Haessel. 16. (VIII, 119 S.) 18 ngr.

Bleichen u. Waschen, das, d. verschied. Zeugarten, nach d. neuesten u. bewährtesten Erfindungen u. Methoden, nebst Beschreib. d. neuesten Wasch- u. Rollmaschinen. Mit 12 Abbildd. in Steindr. 8. Quedlinburg 826, Basse.

Bleichenberg, Otto v., s.: Peregrinus, Silvius, itinerarium in terram sanctam.

Bleicher et Faudel, Matériaux pour une étude préhistorique de l'Alsace. 1re publication. gr. 8. (100 S. mit 16 Stnt.) Colmar 878, (Barth.) * 3 20

— dass. — 2e publication. gr. 8. (105 S. mit 5 Stnt.) (Ebendas.) 879. * 2 80

3e publication, s. Faudel et Bleicher.

— matériaux pour une étude préhistorique de l'Alsace, s.a. Faudel.

Bleicher: Volksversicherung, s. Bleicher, Heinrich

Bleicher: V o r s c h r i f t e n üb. die Ausbildung der Juristen in Baden . . . , s. B l e i c h e r , Herm.

Bleicher, Alfred: Die Wirkungen der Arbeiterschutzgesetzgebung im Königreich Sachsen. ⟨Eine nationalökonomisch-statist. Untersuchung als Beitrag z. Kritik d. bestehenden Gesetzgebung in Deutschland.⟩ Oelsnitz i. V. 1908: Götze. 175 S. 8°
Heidelberg, Phil. Diss. v. 20. Nov. 1908, Ref. Gothein
[Geb. 22. Okt. 84 Oelsnitz i. V.; Wohnort: Oelsnitz; Staatsangeh.: Sachsen; Vorbildung: Realgymn. Plauen i. V. Reife O. 03; Studium: Leipzig Handelshochsch. 4, Tübingen 5, Heidelberg 1 S.; Rig. 21. Febr. 08.] [U 09. 1987

Bleicher, C., biblische u. jüdische pragmatische Geschichte. Seit Erschaffg. der Welt bis zur gegenwärt. Zeit. (In 3 Bdn.) 1. Bd. Seit Erschaffg. der Welt bis zur Zerstörg. des 2. Tempels. 1. Hft. (In hebr. Sprache.) 8. (S. 1—32.) Wien 893. (Leipzig, Literar. Anstalt, A. Schulze.)
Infolge Ablebens des Verfassers erschien nur das 1. Heft.

Bleicher, Friedr., Interessen-Zeiger für Rechnungs-Beamte, Banquiers, Capitalisten und Geschäftsleute, in welchem leicht, schnell und sicher die Zinsenbeträge von Capitalien zu ¼—1000 Thlr. nach 3—6 pro Cent auf 1—120 Tage neben den jährl. Zinsen zu finden sind, nebst besond. Zinsentabellen für Sparcassen ꝛc., welche einen Zinsfuß von 3⅓ pro Cent haben. qu. gr. 4. (70 S.) Plauen 861, Neupert. * 20 Ngr.; cart.

Bleicher, Friedr., Interessen-Zeiger für Rechnungs-Beamte, Banquiers, Capitalisten und Geschäftsleute, in welchem leicht, schnell und sicher die Zinsenbeträge von Capitalien zu ⅓ Thlr. bis 1000 Thlr. nach 3, 3½, 4, 4½, 5, 5½ und 6 pro Cent auf 1 bis 120 Tage neben den jährl. Zinsen zu finden sind, nebst besond. Zinsentabelle für Sparcassen ꝛc., welche einen Zinsfuß von 3⅓ pro Cent haben. 2. Aufl. qu. gr. 4. (70 S.) Plauen 864, Neupert. 12 Ngr.; cart.

Bleicher, G., Essai de géologie comparée des Pyrénées, du plateau central et des Vosges. 8. (Mit 4 color. und schw. Taf.) Colmar 870. [Basel, Schneider.] *

—— De la reproduction chez les êtres organisés inférieurs. 4. (58 S.) Strassburg 869. [Basel, Schneider.]

Bleicher, H.: B e i t r ä g e zur Armenstatistik, s. B l e i c h e r , Heinrich

Bleicher, H. Über die Eigentümlichkeiten der städtischen Morbilitäts- und Mortalitätsverhältnisse. Budapest 1897.

Bleicher, H.: G r u n d r i ß der Theorie der Zinsrechnung, s. B l e i c h e r , Heinrich

Bleicher, H. Immobiliarfeuerversicherung. (S. A.) 1893.

Bleicher, Heinrich
Bleicher, H. Beiträge zur Armenstatistik, s. Flesch, Beiträge zur Kenntnis d. Armenwesens in Frankfurt a. M.

Bleicher, H.: B e i t r ä g e zur Kenntnis des Armenwesens in Frankfurt am Main, s. F l e s c h , Karl

**Bleicher, H.* Beiträge zur Statistik der Stadt Frankfurt a. M. 4. Heft. Frankfurter Krankheitstafeln 1900. Frankfurt a. M. 1900.

—— Statistische Beschreibung der Stadt Frankfurt am Main u. ihrer Bevölkerung, s.a. Beiträge zur Statistik der Stadt Frankfurt a. M.

Bleicher, Heinrich: Statistische Beschreibung der Stadt Frankfurt am Main und ihrer Bevölkerung. Th. 1. Die äussere Vertheilung der Bevölkerung. Mit einem Stadtplane im Massstabe 1:10000 und drei weiteren Beilagen. Th. 2. Die innere Gliederung der Bevölkerung. Mit 9 geographischen Beilagen, mehreren Textzeichnungen und einem alphabetischen Sachregister. (Beiträge zur Statistik der Stadt Frankfurt am Main. Neue Folge. Heft 1. Th. 1. 2.) Frankfurt a. M. 1892 u. 1895. 2 Bde. 160, LVII; 288, LXXXXV S. 4°.

— die Bewegung der Bevölkerung (in Frankfurt a/M.) im J. 1891, insbesondere Studien üb. die Wanderungen, s.: Beiträge zur Statistik der Stadt Frankfurt a/M.

Bleicher, Heinr.: Encyklopädie d. Elementar-Mathematik, s: Weber, Heinr.

Bleicher, Heinr., Grundriss der Theorie der Zinsrechnung. gr. 8. (VII, 75 S. mit Tabellen.) Berlin 888, Springer. *

Bleicher, H., In welcher Richtung lässt sich das Material der Krankenkassen statistisch verwerten? (Referat, geh. in der Konferenz der Städte-Statistiker zu Lübeck 1903.) Fol. Frankfurt 1893.

Bleicher, H., Frankfurter Krankheitstafeln, s.: Beiträge zur Statistik der Stadt Frankfurt a/M. 4. Hft.

Bleicher, Heinrich: Allgemeine Methoden der Zinsrechnung. Ein Beitrag zur politischen Arithmetik . . . . *Berlin, Druck v. G. Bernstein*, 1887; 1 Bl. + 37 S. 8°
München, Staatswirtsch. Fak., Inaug.-Diss. v. 1887

Bleicher, Heinrich, allgemeine Methoden der Zinsrechnung. Ein Beitrag zur politischen Arithmetik. Diss. München 1887. A. Buchholz. 8°. 37 S.

Bleicher, Heinr., die Schülerzählung vom 30. XI. 1900, s.a. Beiträge zur Statistik der Stadt Frankfurt am Main. 5. Hft.

Die Schülerzählung vom 30. November 1900. Mit 1 graph. Taf. Bearb. von d. Dir. d. Statist. Amtes Prof. Dr. H. Bleicher. *Frankfurt a. M.: J. D. Sauerländer in Komm. 1903.* (37, CXI S.) 4°(8°) [F.]
— Beiträge z. Statistik d. Stadt Frankfurt a. M. N. F. H. 5. (03. 648,

— Volksversicherung, s.a. Zeitfragen, volkswirtschaftliche. 208.

Bleicher, Heinr., „Volksversicherung". Ein Beitrag zur Versicherungspolitik. gr. 8°. Berlin, D. Simion Nachf., 1904. (Volkswirtschaftliche Zeitfragen, Heft 208.)

Bleicher, H., Civilstand in Frankfurt a. M., s. Beiträge.

Bleicher, Hermann
Bleicher, Herm., die Vorschriften üb. die Ausbildung der Juristen in Baden, auf Grund der landesherrl. Verordng. vom 17. XI. 1899 u. der Verordng. des Justizministeriums vom 21. XI. 1899 unter Beifügg. sonst. einschläg. Bestimmgn. erläutert. 8. (VI, 98 S.) Karlsruhe 900. G. Braun'sche Hofbuchdr. Kart. n. 2.—

Bleicher, Herm., die Vorschriften üb. die Ausbildung der Juristen in Baden, auf Grund der landesherrl. Verordng. vom 17. XI. 1899 (in der Fassg. der landesherrl. Verordng. vom 27. VIII. 1903) unter Beifügg. aller sonst. einschläg. Bestimmgn. erläutert. 2., neubearb. u. erweit. Aufl. (VIII, 138 S.) 8. Karlsruhe 904. G. Braun'sche Hofbuchdr. n. 3.—

Bleicher, J., Friedhofklänge, s.a. Friedhofklänge.

Bleicher, J, Friedhofklänge. Samml. v. 52 vierst. Männerchören. 16. (84) Stuttg. 52, Metzler. n. — 15

Bleicher, Joseph: **Schulflora** von Ingolstadt und Umgebung. Anleitung zur Bestimmung d. meisten wild wachsenden Samenpflanzen. T. 1. *Ingolstadt (1899): A. Ganghofer.* (48 S.) 8°
Ingolstadt, k. humanist. G, P 1899*

Bleicher, Joseph, Prof.: **Schulflora** von Ingolstadt und Umgebung. Anleitung zur Bestimmung d. meisten wild wachsenden Samenpflanzen. T. 2. *Ingolstadt 1901: A. Ganghofer.* (S. I—XII, 49—87.) 8° ¶ [Forts. d. P-Beil. 1899.]
Ingolstadt, k. humanist. G, P 1901*

Bleicher, V.: Wichtige W o r t e z. Aufrechthaltung . . . , s.a. B l e i c h e r , W.

Bleicher, W., wichtige Worte z. Aufrechthaltung d. Ruhe, Zufriedenheit u. des Glücks eines Staats. gr. 8. Ulm 818. Ebner. 2 K

Bleicher, Vinzenz s.a. B l e i c h e r , W.

Bleicher, Vinzenz, Geistesfunken zur Entflammung für Frieden, Wahrheit und Recht in Haus, Kirche und Staat. Für Katholiken u. Protestanten. 8. Ulm 843. (Stettin'sche Buchh.) n. 1⅙ ꞵ

Bleicher, W., s.a. B l e i c h e r , Vinzenz

Bleicher, W., Geistesfunken z. Entflammung f. Frieden, Wahrheit u. Recht rc. Ein Schärflein zur Beförderung der nothwendigen Restauration (!) der Kirche J. Christi f. Katholiken u. Protest. 8. Ulm 1844, Stettin's B. 1⅙ Thlr. — 2 fl.
Dieses Buch scheint Compilationsarbeit zu seyn. Ueber seinen Werth oder Unwerth ist uns weder ein Urtheil bekannt, noch sind wir desselben je selbst ansichtig geworden.

Bleicher, W.: Wichtige W o r t e z. Aufrechthaltung . . . , s.a. B l e i c h e r , V.

Bleicher, W., wichtige Worte zur Aufrechthaltung der Ruhe, Zufriedenheit u. des Glücks eines Staats. gr. 8. Ulm, Ebner. 818.

Bleichert, Adolf, & Co.: Drahtseilbahnen usw. Leipzig 1901 (1904) u. [1908]

Bleichert, Adolf, & Co.: Elektrohängebahnen. Leipzig-Gohlis. (1903) u. 1910

Bleichert, Adolf, & Co.: Fábrica especial para la construción de vias aereas de Bleichert. (Spanisch.) Leipzig (1894)

Bleichert, Adolf & Co: Jhren Gönnern und Freunden anläßlich der Inbetriebnahme ihrer neuen Fabrikanlagen (Festschrift). Leipzig-Gohlis (1910)

Bleichert, Adolf & Co.: Neue patentirte Klappweiche für Hängebahnen. Leipzig-Gohlis und Wien (1896)

Bleichert, Adolf & Co.: Bleichert's neuestes Laufwerk für Seilbahnwagen mit Klemmbacken-Kupplungsapparat Automat. Leipzig-Gohlis (1903)

Bleichert, Adolf, & Co.: Prospekte über Transportanlagen usw. (1910 ?) ff. Leipzig

Bleichert, Adolf, & Co.: Seil- und Kettenförderungen. Rangieranlagen. Leipzig [1909]

Bleichert, Adolf, & Co.: Neue Seilkupplung für Tragseile bei Drahtseilbahnen. Leipzig-Gohlis 1902

Bleichert, Adolf, & Co.: Specialfabrik für den Bau von Bleichert'schen Drahtseilbahnen. Leipzig (1894)

Bleichert, Adolf, & Co.: Verlade-Anlagen und Krane. Leipzig (1910 ?)

Bleichert, Adolf, & Co.: Verlade-Vorrichtungen usw. Leipzig-Gohlis 1904

Bleichert, Max
Die Entwicklung und das Arbeitsgebiet der Firma A d o l f B l e i c h e r t & C o., Leipzig-Gohlis. Von Max Bleichert . . . — (Leipzig 1908: Weber.) 21 S. 4° [Umschlagt.]

Bleichkunst, Vollständige, nebst Chaptals Beschreibung einer Methode, durch Dämpfe zu bleichen . . . Aus dem Franz. . . . Leipzig 1802. V: *Orcilly, R.* (Engoec)

Bleichkunst, vollst., v. Orcilly u. Chaptal. herausgeg. von Eschenbach. m. K. gr. 8. Leipz. Hinrichs. 802.

Bleichmann, M[oische]. Über Herzverletzungen ⟨Abbinden des Herzohres bei Verletzungen⟩. Diss. Med Basel. 36 S. 8. Basel, Friedrich Reinhardt, 1908.

Bleichrode, J., s.: Bücher, die fünf, Moses.

Bleichrode, J., Siddur Sephath Emeth. Gebetbuch f. Schule, Synagoge u. Haus. Unter Mitwirkg. namhafter Schulmänner bearb. 8. Herausgabe: 9—12. Tausd. Mit neuen Typen u. verstärkten Vokalen. (435 S.) 8. Rödelheim 908. S. Lehrberger & Co. Geb. 1. —

Bleichrode, J: Siddur Sephath Emeth. Gebetb. f. Schule, Synagoge u. Haus. 0. Herausgabe. (435) 8° Rödelheim '11. Frankf.M., M Lehrberger & Co. geb. nn (— 75) 1 — ‖ 4. Afl. (435) '12. geb. 1 — d

Bleichrode, Isidor [auf d. hebr. Tit.: Abraham Isaak ben Elieser], aus Stettin: Maimonides' Commentar zum Tractat Sanhedrin Abschnitt IV—V. Arab. Urtext mit verbess. hebr. Uebers., deutscher Uebers. u. Anmerkungen. *Berlin 1904: H. Itzkowski.* (26, 11 S.) 8° ¶ (Auch mit hebr. Titel.)
Gießen, Phil. Diss. v. 1904

Bleichröder, Bernhard: Die Kreuzofferte. Hamburg 1909: Gente. 48 S. 8°
Rostock, Jur. Diss. v. 31. Aug. 1909, Ref. Matthiaß
[Geb. 28. Jan. 85 New-York; Wohnort: Hamburg; Staatsangeh.: Hamburg; Vorbildung: Gymn. Altona Reife O. 04; Studium: Göttingen 1, Freiburg i. B. 1, München 1, Kiel 5 S.; Rig. 14. Juli 09.] [U 10. 3828

Bleichröder, F., Untersuchungen üb. den Magensaftfluss, s.: Strauss, H.

Bleichröder, Fritz, approb. Arzt aus Berlin: Aus d. Klinik d. Hrn Prof. Mendel zu Berlin. Ein Fall von Tetanus traumaticus, behandelt mit Injectionen von Hirnemulsion. *Kiel 1900: H. Fiencke.* (23 S.) 8°
Kiel, Med. Diss. v. [13. Juni] 1900

Bleichrodt: Ueber die V e r b i n d u n g des Kochofens mit dem Stubenofen . . ., s. B l e i c h r o d t , Wilhelm Günther

Bleichrodt, A., die Algebra, nebst ihrer Anwendung, zum Selbstunterricht für Anfänger in d. Mathematik rc. Mit 1 Kpf. 8. Frankf. a. M. 807.
NB. Wer ist Verleger dieses Buches?

Bleichrodt, G.: Theoretisch-praktische A b h a n d l u n g über die Ursachen der Feuchtigkeit . . . , s. B l e i c h r o d t , Wilhelm Günther

Bleichrodt, Rhold., Gedichte. 12. (VI, 76 S.) Berlin 879, Haack. *

Bleichrodt, Rhold., Hermannfried, der letzte König der Thüringer. Eine Tragödie in 5 Acten. gr. 8. (69 S.) Berlin 881, Haack. * 1 50

Bleichrodt, Wilhelm Günther
— theoretisch-prakt. Abhandlung üb. d. Ursachen d. Feuchtigkeit in d. Gebäuden, u. Angabe d. Mittel, diese Uebel zu entfernen. Nebst Erfahrungen üb. d. zweckmäßige Construction d. Abtritte, so wie üb. d. Bau d. Schornsteine, Oefen rc. Mit 1 Steindr. 8. Ilmenau 824, Voigt.

Bleichrodt, Wilh. Günther, theoret.-prakt. Abhandl. üb. d. Ursachen d. Feuchtigkeit in d. Gebäuden. Nebst Notizen u. Erfahrn. üb. d. zweckmäß. Construction d. Abtritte, so wie üb. d. Bau d. Schornsteine, Oefen u. Feuerungsanlagen überhaupt. 2., verm. u. verb. Aufl. M. 1 lith. Taf. in Fol. 8. (6 B.) Ilmenau 829, Voigt.

Bleichrodt, Wilh. Günther, theoret.-prakt. Abhandlung üb. d. Ursachen d. Feuchtigkeit in den Gebäuden, üb. Schwamm, Salpeterfraß u. Angabe d. Mittel, diese Uebel aus den Gebäuden zu entfernen. Nebst Notizen rc. üb. Abtritte, Schornsteine, Oefen u. Feuerungsanlagen. 3., sehr verm. Aufl. M. 1 lith. Taf. 8. (9½ B.) Weimar 839, Voigt.

Bleichrodt, Wilh. Günth., theoretisch-prakt. Abhandlung üb. die Ursachen der Feuchtigkeit in den Gebäuden, üb. Schwamm, Salpeterfraß, Rauch u. Abtrittsgeruch, u. Angabe der Mittel, diese Uebel zu entfernen u. ihnen vorzubeugen. 4., verm. Aufl. 8. (18½ B. u. 6 Taf.) Weimar 843, Voigt.

— Andeutungen zur Geschichte und Kunst der Landschaftsmalerei, mit besond. Beziehung auf die Malerei in Aquarell oder mit durchsichtigen Wasserfarben. Für Dilettanten in der Kunst u. Freunde e. angenehmen u. nützlichen Beschäftigung. Mit 1 lithogr. Federzeichnung. 8. Weimar 836. Voigt. ½ ꞵ

Bleichrodt, Wilh. Günther (Hrsg.), s.a. B e i t r ä g e zur landwirthschaftlichen Bauwissenschaft.

– Beiträge zur landwirthschaftlichen Bauwissenschaft. 2 Hfte. 4. 825 u. 27. (Leipzig, Dörffling.) 1 1/3 ₰

Bleichrodt (W. G.), Beiträge zur landwirthschaftlichen Bauwissenschaft. Heft 1 u. 2. Nordhausen 1825—27. 4.

Bleichrodt, (Wilh. Günther,) Beiträge z. landwirtschaftl. Bauwissenschaft. 1s u. 2s Heft. Mit 5 Steintaf. gr. 4. Nordhausen 826 u. 827, Landgraf. à 16 gr.

— das Kloster Göllingen in Thüringen, malerisch, geschichtl. u. antiquarisch. Mit 3 lithogr. Abbildd. gr. 4. Sangerhausen 838. Dittmar (jetzt Robland). 1 ₰

— Handbuch für d. architektonischen Zeichenunterricht u. für d. Verfert. d. Baurisse u. Bauanschläge, nebst Holzberechnungstabellen u. Abhandl. üb. Kenntniß u. Anwend. d. Baumaterials, über Fuhr- u. Arbeitslöhne rc. Mit 4 Taf. in Steindr. gr. 8. Ilmenau 823, Voigt.

—— Handbuch f. d. architekton. Zeichnungs-Unterr. u. f. d. Verfertigung d. Baurisse u. Bauanschläge. Nebst Holzberechnungs-Tabn. u. Abhandln. üb. Kenntniß u. Anwend. d. Baumaterials, üb. Fuhr- u. Arbeitslöhne rc. 2., verm. Aufl. M. 7 lith. Taf. gr. 8. (19 B.) Ilmenau 829, Voigt.

– Handbuch für den architekton. Zeichnungs-Unterricht und für die Verfertigung der Baurisse u. Bauanschläge. Nebst Holzberechnungs-Tabb. und Abhandlungen über Kenntniß u. Anwendung des Baumaterials, über Fuhr- u. Arbeitslöhne rc. 3e unveränd. Aufl. Mit 7 lithogr. Taf. gr. 8. Weimar 838. Voigt. 1 ₰

—— Handbuch für den architekton. Zeichnungsunterricht u. für d. Verfertigung der Baurisse u. Bauanschläge. Nebst Holzberechnungs-Tabellen u. Abhandlungen üb. Kenntniß u. Anwendung d. Baumaterials rc. 4., verm. u. verb. Aufl. gr. 8. (20 B. u. 9 Stnt.) Weimar 843, Voigt.

—— der wohlfeilste u. holzersparendste Kochheerd u. Bratofen f. kleine u. große Haushaltn.; geprüft, abgebildet u. beschrieben. M. 1 Planotaf. kl. Fol. (3 B.) Weimar 840, Voigt.

—— architektonisches Lexikon, od. allgem. Real-Encyclopädie d. gesammt. architekton. u. dahin einschlag. Hilfswissenschaften. Zum richt. Verstehen u. Würdigen aller bauwissenschaftl. Kunstausdrücke, Wörter u. Begriffe. Nach d. gegenwärt. Zustande d. Wissenschaften bearb. 3 Bde. Mit Ttlkpfr. u. erläut Holzschnitten. gr. 8. Ilmenau, Voigt.
1. Bd. A—E. (36 1/2 B.) 830. 3 Thlr. — 2. F—P. (34 1/2 B.) 830. 3 Thlr. — 3. Q—Z. (19 B.) 831. 2 Thlr.

– architekton. Lexikon, oder allgemeine Real-Encyclopädie der gesammten architekton. und dahin einschlagenden Hülfswissenschaften. Nach dem gegenwärtigen Zustande der Wissenschaft bearb. 2e umgearb., mit mehreren Artikeln u. Zusätzen verm. und vornehml. zum Gebrauche der Bauhandwerker in 1 Bd. reducirte wohlf. Aufl. Mit 2 Kpfr.- u. 1 Steintaf. und vielen erläut. Holzschn. gr. 8. Weimar 840. Voigt. 3 1/2 ₰

Bleichrodt's W.G.: Meisterexamen, s. Werkstatt, Die, Gründling

Bleichrodt's, W. G., Meister-Examen der Maurer u. Zimmerleute. Ein Nachschlagebuch f. die Praxis nach den neuesten Konstruktionsgebräuchen u. Erfahrgn. u. Wiederholungsunterricht f. Innungs-Kandidaten u. Bauschul-Abiturienten, zur Vorbereitg. f. die Prüfg. 4., völlig umgearb. u. verm. Aufl., zusammengestellt u. hrsg. v. Paul Gründling. Mit e. Atlas, enth. 16 Taf. (in Fol.) m. üb. 600 Fig. gr. 8. (XIV, 261 S.) Weimar 892. B. F. Voigt. 9. —

—— das Meister-Examen d. Maurer u. Zimmerleute in d. deutschen Bundesstaaten, vorzugsweise in Preußen u. Baiern. Nebst e. vollständ. Anleit., sich dazu gehörig vorzubereiten. M. 60 in den Text eingedr. Holzschn. gr. 8. (23 B.) Weimar 841, Voigt.

Bleichrodt, Wlh. Günther, das Meister-Examen der Maurer u. Zimmerleute in den deutschen Bundesstaaten, vorzugsweise in Preußen und Baiern. Nebst einer vollständigen Anleitung, sich dazu gehörig vorzubereiten. Mit 60 in den Text eingedruckten Koch'schen Holzschnitten. gr. 8. Weimar 842, Voigt. 1 1/3 ₰

Bleichrodt, Wilh. Günther, das Meister-Examen der Maurer und Zimmerleute in den deutschen Bundesstaaten, vorzugsweise in Preußen und Bayern. Nebst einer vollständ. Anleit., sich dazu gehörig vorzubereiten. 2., umgearb. und verm. Aufl. 8. (XVI und 352 S. mit eingedr. Holzschn.) Weimar 848, Voigt.

Bleichrodt, W. G., das Meister-Examen der Maurer und Zimmerleute in den deutschen Bundesstaaten. Nebst einer vollständigen Anleitung, sich dazu gehörig vorzubereiten. Nach des Verfassers Tode in 3. völlig umgearb., verm. und verb. Aufl. hrsg. von A. W. Hertel. gr. 4. (VIII und 110 S. mit 14 Stnt. in 4.) Weimar 859, Voigt.

— Ruinen u. Ansichten auf u. an d. Kiffhäuser-Gebirg, der Finne u. Hainlerde in Nord-Thüringen. 1e Lief. 10 rad. Bl. mit Erklär. 4. Nordhausen 822, Landgraf.

— üb. d. Verbindung d. Kachelofens mit d. Stubenofen, oder Anweisung, mittelst e. gewöhnl. Ofenfeuers 2 Stuben zu erwärmen rc. Mit 1 Kupfertaf. 8, Sondershausen 822, Voigt.

—— über d. Verbindung d. Kochofens mit d. Stubenofen, od. Anweis. mittelst e. gewöhnl. Ofenfeuers zwei Stuben zu erwärmen, u. dabei d. Koch-Bedürfniß e. Haushaltung zu bestreiten. Nebst e. Abhandl. üb. d. Theorie d Wärme in Bezug auf d. Bau d. Stubenöfen. 2., verm. Aufl. m. 2 großen lith. Taf. 4. (6 B.) Ilmenau 829, Voigt.

Bleichsucht, die, u. ein durch vielfache Erfahrungen bewährtes sicheres Mittel dagegen. Für Aerzte u. Nichtärzte. 8. Leipzig 838. Lauffer. 1/4 ₰

Bleicken: Beurtheilung d. Gesetzes . . ., s. Bleicken, Bleick

Bleicken: der Handel auf altruistischer Grundlage, s. Bleicken, P.

Bleicken, Bleick

Bleicken, B. Zur Beurtheilung d. Gesetzes betr. die Erwerbs- u. Wirthschaftsgenossenschaften vom 1. Mai 1889. gr. 8. (18 S.) Altona-Ottensen 890, (Kiel, Eckardt). * — 40

Bleicken, B., zur Beurtheilung d. Gesetzes betr. die Erwerbs- u. Wirthschaftsgenossenschaften vom 1. Mai 1889. gr. 8. (18 S.) Altona-Ottensen 890. (Kiel, Homann.) n. — 40

Bleicken, B.: Zur Beurteilung des Gesetzes betreffend die Erwerbs- und Wirtschaftsgenossenschaften vom 1.Mai 1889. Alt-Ottensen 1909.

Bleicken, B., das evangelische Christenthum u. das heidnisch-römische Recht. Schreiben an den Hrn. Pastor Kreusler in Hamburg. gr. 8. (79 S.) Hamburg 894. (Herold's Verl.) n. 1. —

Eingabe an den Reichskanzler Fürsten Bismarck. Betrifft: Das Grundprinzip des einzuführenden deutschen Volks-Rechts. Von B. Bleicken. Kiel, im September 1888. 4°.

— Eingabe an die städtischen Kollegien in Altona betr. Bildung e. Bau- u. Wohnungsgenossenschaft in Gemäßheit d. Gesetzes vom 1. Mai 1889. gr. 8. (22 u. 3 S.) Altona 890. (Harder's Verl.) n. — 40

— das Grundprinzip d. einzuführenden deutschen Volks-Rechts. (Eingabe an den Reichskanzler Fürst Bismarck.) Lex.-8. (17 S.) Kiel 888. (Biernatzki.) n. — 60

Bleicken, B., der Real-Credit u. die politische Gemeinde, s.a. Zeitfragen des christl. Volkslebens.

Bleicken, d. Real-Credit u. d. polit. Gemeinde. Heilbronn 882.

Bleicken, B., Reich oder Staat. Eine historisch-polit. Betrachtung. gr. 8. (IV, 56 S.) Hamburg 877, Oemler. *

Schreiben an Herrn Reichskanzler, Grafen von Caprivi betreffend vorbereitende Massregeln für die Einführung eines einheitlichen deutschen Volksrechts. Von B. Bleicken. (Altona. 1892.) 4°.

Bleicken, B., Schreiben an Se. Exc. den Hrn. Staatssekretair Dr. Nieberding betr.: Unsere nationale Rechtsentwicklung auf dem sozialen Lebensgebiete! gr. 8. (40 S.) Altona 898. (Berlin, Puttkammer & Mühlbrecht.) n. — 80

—— die Vereinigung der Städte Altona und Ottensen und der umliegenden ländlichen Ortschaften zu einer Gesammtgemeinde in social-polit. Beziehung. gr. 8. (36 S.) Altona 883, Harder. * — 50

Unser Deutsches Volksrecht! Eigenthum oder Ehe? Ein Wort aus d. deutschen Volke an d. deutschen Erb-Kaiser Wilhelm II von B[leick] Bleicken, Rechtsanwalt. Altona [1897]: P. Meyer; [Kiel: Verl. von Lipsius & Tischer]. (52 S.) 8° [Umschlagt. H.] [es. 1967 8

Bleicken, J., dritter od. vierter Fall, e. Beitrag zur Kasuslehre der Verben. (III, 97 S.) gr. 8. Hamburg 907. C. Boysen. 1.20

Bleicken, P., D. Handel a. altruistischer Grundlage. Hrsg. v. Max Rieck. gr. 8. (XII, 128 S.) Leipzig 898. Freund & Wittig. n. 2.60

Bleier, Hugo, aus Wien, ehem. Assistent am chem. Universitätslaboratorium Zürich: Über Triacylhydroxylamine. Braunschweig 1905. VIII + 76 S. 8°. [14. XI. 05.]
Zürich. Phil. Diss. II. S. 1905/1906.

Bleier, Hugo. Über Triacylhydroxylamine. Diss. Phil. [II.] Univ. Zürich. VIII + 75 S. 8. Braunschweig, Friedrich Vieweg & Sohn, 1905.

Bleier, Karl: Die Technik Rob. Brownings in seinen 'dramatischen Monologen'. Marburg 1910: Koch. 112 S. 8°
Marburg, Phil. Diss. v. 29. April 1910, Ref. Viëtor
[Geb. 26. März 85 Marburg a. L.; Wohnort: Marburg; Staatsangeh.: Preußen; Vorbildung: Oberrealsch. Marburg Reife O. 04; Studium: Marburg 3. Berlin 1, Marburg 7 S.; Rig. 28. Juli 09.] [U 10. 3346

Bleier, Leopold: Aus d. chemischen Institut d. Universität Breslau. Ueber die Einwirkung von Aethylendiamin auf Trimethylenbromid und Benzylchlorid. *Breslau 1899: R. Galle.* (60 S.) 8°
Breslau, Phil. Diss. v. 3. Juni 1899

Bleier, Otto, Neue gasometr. Methoden u. Apparate. M. 188 i. d. Text gedr. Holzschn. n. eig. Zeichngn. gr. 8. (X, 321 S.) Wien 898. Spielhagen & Schurich. n. 7. —

— Über die Molekulargröße und Dampfdichte des Schwefels. 1. Abhandlung (mit 5 Textfiguren) S. 109. IIb 465 . . . . vgr.
Separatabdruck

Bleier Otto und Kohn Leopold: Über ein allgemein verwendbares Verfahren der Dampfdichtebestimmung unter beliebigem Drucke. 1. Mitteilung (mit 2 Textfiguren). S. 108. IIb. 220 . . . . vgr.
— — — 2. Mitteilung (mit 2 Textfiguren). S. 108. IIb. 619 . . . . vgr.
Separatabdruck

Bleiglasur, Die, des irdenen Küchengeschirrs. Hannover 1794. V: *Ebell, Gg Aug.* (EB)

Bleiker, C. A., Evangeliumsgedichte. 7 Deklamationen. 12. (29 S.) Witten 894. Buchh. der Stadtmission. — 25

Bleiker, C. A., Evangeliums-Gedichte, Fortsetzg., s.: Evangeliums-Gedichte.

— u. and. Evangeliums-Gedichte. II. u. III. Hft. 12. (à 32 S.) Witten 896. Buchh. d. Stadtmission. à n. — 25

Bleile, Jos., Beiträge zur Kaltwasserheilkunde nach ärztlichen, u. eigenen Erfahrungen in zwei Abtheilungen. Mit einem Anh., als 3. Abth., enth.: Nutzen u. Gebrauch der kalten Bäder, nach Paskal Jos. Ferro. Von den herrl. Wirkungen des kalten Badens etc. nach John Floyer etc. 12. (XXIV u. 382 S.) Kempten 852, Dammheimer. ⅔ ₰

v. Bleileben, Ritter Hans, der irrende Geist etc., s. Bibliothek von Ritter-, Räuber- und Criminalgeschichten, 2r Bd.

Blei-Merkblatt. Bearb. im kaiserl. Gesundheitsamte. (2 S.) 31,6×15,8 cm. Berlin (900). J. Springer. n. — 10; 10 Stück n. — 50

Bleisch, O., s.: Brauer- u. Mälzer-Kalender f. Deutschland u. Oesterreich.

— s.: Zeitschrift f. das gesamte Brauwesen.

Bleisch, Curt [aus Strehlen]: Zur Kenntnis der Spicularzellen und Calciumoxalatidioblasten, sowie der Blattanatomie der Welwitschia. . . . Strehlen, T. Erler's Buchdr., 1891; 50 S., 1 Bl., 1 Taf. 8°
Rostock. Phil. Fak., Inaug.-Diss. v. [9. Dez.] 1890

Bleisch, Eduardus (Josephus Ludovicus) (*geb. Nimptsch [27.] 1. 1813*): De amygdalinio. Vratislaviae (1838). (26 S.) 8°
Breslau, Med. Diss. v. 29. Nov. 1838

Bleisch, Ernst *Adolf Wilhelm* [aus Magdeburg]: Zum Ring Heinrich Wittenweilers ... Halle a. S., Hofbuchdr. v. C. A. Kaemmerer & C., 1891; 60 S., 1 Bl. 8.
Halle, Phil. Fak., Inaug.-Diss. v. [23. Dez.] 1891

Bleisch, Johann Andreas, De armatis legibus. Präs. Aug. v. Leyser (Nudersdorf). Wittenberg (E. G. Eichsfeld) 6. VI. 1748. 20 S., tlw. dtsch. (4.50) 2881

Bleisch, Johannes *Georg* [Arzt aus Striegau in Schles.]: Aus d. chirurg. Klinik zu Greifswald. Casuistisches über Carcinoma Penis unter bes. Berücks. der dabei auftret. Stauungserscheingn in d. Harnwegen ... Greifswald, Druck v. J. Abel. 1897; 24 S. 8.
Greifswald, Med. Fak., Inaug.-Diss. v. 27. Juli 1897

Bleisch, Max (*geb. Strehlen in Schles. 6. 2. 1856*): Ueber Laesionen des herniösen Darmes und ihre Behandlung. Breslau 1879. (29 S.) 8° [*Im Buchhandel 1879 bei Koebner in Breslau.*]
Breslau, Med. Diss. v. 26. Febr. 1879

Bleisch, Nicolai, Kurländer, Beitrag zur Lehre vom Typhusfieber. Eine vergleichend-klinische Untersuchung. Diss. Dorpat. 8°. 68 pp. mit 3 Tabellen. 1867.

Bleisch, Paul, Bilder aus Ilmenaus Vergangenheit. (VIII, 276 u. IX S. m. Vollbildern.) gr. 8. Ilmenau 910. A. Schröter's Verl. 4.—; geb. in Leinw. n 4.50

— Rud. Heusinger, Rob. Riehm u. C. Kahle, Bad Ilmenau in Thüringen. Ein Handbuch f. Kurgäste, Touristen u. Radfahrer. II. Ausg. Neu bearb. v. Blaisch u. Heusinger. (H. Kahle's Führer durch Ilmenau u. Umgebg.) Mit 1 (farb.) Umgebungs- u. 1 (farb.) Thüringerwaldkarte. (128 S. m. Taf.) 8. Eisenach (910). Hofbuchdr. Eisenach H. Kahle. 1.25

Bleisteiner, Georg: Bevölkerungsdichte in Nord- und Mittelschwaben. pg. 3-40, Tabellen pg. 3-30 und 1 Dichtekarte. 8°. Rackl & Lochner.
Progr. Augsburg 1907/08.

Bleisteiner, Georg, a. Nürnberg: Bevölkerungsdichte in Nord- und Mittelschwaben. Augsburg 1908: Rackl & Lochner. (40 S. Text, 30 S. Tab., 1 Karte.) 8°
Erlangen, Phil. Fak., Ref. Pechuel-Loesche, Diss. v. 22. Juni 1908
[Geb. 19. Jan. 69 Nürnberg; Wohnort: Augsburg; Staatsangeh.: Bayern; Vorbildung: Gymn. Nürnberg Reife 88; Studium: Erlangen 6, Tübingen 2 S.; Rig. 7. Mai 08.]

Bleisteiner, Georg: Die Entwickelung Bayerns im 19. Jahrhundert. pg. 3 bis 10. 8°. Rackl & Lochner.
Progr. Augsburg 1905/06.

Bleistift, der erste. Zeichenbuch. (16 S. m. Abbildgn. ohne Text m. Pausen.) qu. 16. Hannover (901). A. Molling & Co. n. — 15

Der Bleistift und seine Vorgänger. (A. W. F a b e r , Stammhaus in Stein bei Nürnberg.) — (Berlin: Eckstein [1910].) 54 S. 4° [Kopft.] (Dt. Industrie, dt. Kultur. 8, 10.) 1. 38 A.

Bleivergiftung in hüttenmännischen und gewerblichen Betrieben. Ursachen und Bekämpfung. VI. Teil. Protokoll über die Expertise betreffend die Farbenfabriken und die Betriebe mit Anstreicher-, Lackierer- und Malerarbeiten. Lex.-8°. (XII, 55 S.)
Wien: Hölder 1907 K 2.—

Bleivergiftungen in hüttenmännischen u. gewerblichen Betrieben. Ursachen u. Bekämpfg. Hrsg. vom k. k. arbeitsstatist. Amt im Handelsministerium. I.—IV. Tl. 4. Wien, A. Hölder. n. 8. 80
I. Bericht üb. die Erhebgn. in Blei- u. Zinkhütten. (VIII, 51 S. m. 28 Taf. u. 5 Plänen.) 905. n. 2. 60
II. Bericht üb. die Erhebgn. in Bleiweiss- u. Bleioxydfabriken. Mit 33 Bildern u. 4 Plänen. (VIII, 37 S.) 905. n. 2 60
III. Protokoll üb. die Expertise betr. die Blei- u. Zinkhütten. (X, 31 S.) 906. n. 1. 80
IV. Protokoll üb. die Expertise betr. die Bleiweiss- u. Bleioxydfabriken. (X, 38 S.) 906. n. 1. 80

Bleivergiftungen in hüttenmännischen u. gewerblichen Betrieben. Ursachen u. Bekämpfg. Hrsg. vom k. k. arbeitsstatist. Amt im Handelsministerium. V—VII. Tl. 32×24 cm. Wien, A. Hölder. à 1. 80
V. Bericht üb. Erhebgn. in Farbenfabriken u. in Betrieben m. Anstreicher-, Lackierer- u. Malerarbeiten. (V, 45 S.) 907.
VI. Protokoll üb. die Expertise, betr. die Farbenfabriken u. die Betriebe m. Anstreicher-, Lackierer- u. Malerarbeiten. (XII, 55 S.) 907.
VII. A. Bericht üb. die Erhebgn. in Buch-, Steindruckereien etc. u. in Schriftgiessereien. B. Protokoll üb. die Expertise, betr. die Buch-, Steindruckereien etc. u. die Schriftgiessereien. (VI, 78 S.) 909.

Bleiweis, Dr Bericht an den k. k. Statthalter von Krain, Gustav Grafen von Chorinsky, über ein Bastardkalb von Hirsch und Kuh. S 13. 161 Ngr.
Separatabdruck

Bleiweis, Johann Ritter von Torsteniski

Bleiweis J.: Practisches Heilverfahren bei den gewöhnlichsten innerlichen Krankheiten d. Pferdes ... Wien 1838. 322 S.

Bleiweis, Joh., prakt. Heilverfahren bei den gewöhnlichsten innerlichen Krankheiten des Pferdes, nach den Grundsätzen der prakt. Thierarzneischule in Wien. 2e verm. u. verb. Aufl. gr. 8. Wien 840. (Braumüller u. Seidel.) n. 1⅓ ₰

Bleiweis, Joh., prakt. Heilverfahren bei den gewöhnlichsten innerl. Krankheiten d. Pferdes, nach den Grundsätzen d. prakt. Thierarzneischule in Wien. 3., verm. Aufl. gr. 8. (24½ B.) Wien 843, Braumüller u. Seidel.

Bleiweis, Joh., practisches Heilverfahren bei den gewöhnlichsten innerl. Krankheiten des Pferdes nach den Grundsätzen der pract. Thierarzneischule in Wien. 4. Aufl. gr. 8. (XV und 350 S.) Wien 847, [Braumüller.]

Bleiweis, Joh., practisches Heilverfahren bei den gewöhnlichsten innerlichen Krankheiten des Pferdes. 5. verb. Aufl. Wien 854. Braumüller. gr. 8. (VI, 367 S.) 1 ₰ 12 ngr

B l e i w e i s Joh. D. Slovenischer Kalender auf das Jahr 1853. (Koledarčik slovenski za navadno leto 1853.) Laibach, Jos. Blasnik 1852. 8.

Bleiweiss, Johann, s. B l e i w e i s , Johann Ritter von Torsteniski

Bleiweiss, R., Lehrgang f. den Schreibunterricht in der Schule. Eingehend dargelegt u. m. wörtlich ausgeführtem, auf Jahrgänge u. Wochen verteiltem Schreibstoff versehen. Mit 2 lith. Taf. gr. 8. (73 S.) Königsberg u. Leipzig 885. Strübing's Verl. n. — 80

Bleiweiss, R., Lehrgang f. den Schreibunterricht in der Schule. Eingehend dargelegt u. m. wörtlich ausgeführtem, auf Jahrgänge u. Wochen verteiltem Schreibstoff versehen. Neue (Titel-)Ausg. gr. 8. (73 S. m. 2 lith. Taf.) Leipzig 891. H. Bredt. n. — 80

Blell, Carl

Blell, C., die doppelte Buchführung in vereinfachter Form f. Apotheker. gr. 8. (66 S.) Halle 875. Buchh. d. Waisenh. n. 1. 50

Blell, C., die doppelte Buchführung in vereinfachter Form f. Apotheker. 2., gänzlich umgearb. u. verm. Aufl. gr. 8. (89 S. m. 8 Formularbltn.) Magdeburg 901. Faber'sche Buchdr. Kart. u. in Mappe n. 6. —

Blell, E. und J. E. Schacht, Preise von Arzneimitteln, s. Schacht, J. E.

Blell, Eduard. Experimentelles über Immunisierung mit Cholera-nukleoproteïd. Diss. Phil. Bern. ([Sep.-Abdr. aus:] «Zeitschrift für Hygiene und Infektionskrankheiten» [Band 55].) *Kopftitel:* ⟨Aus dem Institut zur Erforschung der Infektionskrankheiten in Bern. Direktor: Prof. Dr. [Ernest] Tavel.⟩ 49 S. 8. Leipzig, Veit & Comp., 1906.

Blembel, Alexander, aus Hamburg: Ueber Monobrom-Methylheptenon und seine Derivate. *Göttingen 1901: E. A. Huth.* (67 S.) 8°
Göttingen, Phil. Diss. v. [6. Nov.] 1901

Blembel, Alex., über Monobrom-Methylheptenon u. seine Derivate. Diss. gr. 8. (67 S.) Göttingen 901. (Vandenhoeck & Ruprecht.) n. 1. 60

Blemer, M., neue Methode, Kindern Deutsch, Französ. u. Russisch spielend lesen zu lernen. 4. Leipz. 789. Breitkopf u. H. 1 ₰ 16 gr

Nicephori Blemmydae curriculum vitae et carmina nunc primum ed. Aug. Heisenberg. Praecedit diss. de vita et scriptis Nicephori Blemmydae. *Lipsiae: In aedibus B. G. Teubneri 1896.* (CX S., 1 Bl., 136 S.) 1 Bd 8. (Bibliotheca script. Graec. et Rom. Teubneriana.) [96. 5491]

Blenck, E., Die Jugend- und Volksspiele in den deutschen Städten im Jahre 1893, 2 S., 8°.

Blenck E, Nekrologe. Lebensbilder von 16 im Jahr 1893 verstorbenen Jüngern und Freunden der Statistik. (u.a. F v Steinbeis) 4° Berlin 1894

Blenck, E: Die Thätigkeit der deutschen Gesellschaft zur Rettung Schiffbrüchiger in den Jahren 1865—1891. Berlin 1892

Blenck, Emil

Blenck, E., statist. Beitrag, s. a. Foerster, W., u. P. Lehmann, d. veränderl. Tafeln d. astronom. u. chronolog. Theils d. preuß. Normalkalenders.

Blenck, E. Statistischer Beitrag zu den veränderlichen Tafeln des preussischen Normalkalenders für 1899. Berlin 1898.

Blenck, E., das königl. statistische Bureau in Berlin beim Eintritte in sein 9. Jahrzehnt. gr. 8. (V, 190 S.) Berlin 885, Verlag des k. statist. Bureaus. *
Aus: Zeitschrift des k. preuss. statist. Bureaus, besonders abgedruckt.

Das königliche statistische Bureau während der Jahre 1885 bis 1896. Von E[mil] Blenck. Berlin K. stat. Bur. 1898. (VIII, 120 S.) 8°
Aus: Zeitschrift d. Kgl. preuß. stat. Bureaus. Jg. 1897 [98. 1336 4]

Das Königliche Statistische Bureau im ersten Jahrhundert seines Bestehens, 1805 bis 1905. Hrsg. von E[mil] Blenck, Präs. Berlin: Statist. Bureau 1905. (XII, 271 S.) 4°
= Festschrift d. Kgl. Preuß. Statist. Bureaus. T. 1. [05. 7764]

Blenck, E., das königl. statistische Bureau im ersten Jahrhundert seines Bestehens 1805—1905. (140 S. m. 1 lith. Taf.) 4. Berlin 905. (Verlag des königl. statist. Landesamts.) n. 4. —
Sonderabdruck aus: „Ztschr. d. königl. preuss. statist. Landesamts."

Blenck, E., Die Ergebnisse der Ermittelung des Ernteertrages i. preuss. Staate für 1887. Berl. 1888. V C

Blenck, E., Genealogie der europäischen Regentenhäuser für 1885. Unter Benutzung amtl. Quellen hrsg. Neue Folge. 13. Jahrg. gr. 8. (37 S.) Berlin 884, Verlag des k. statist. Bureaus. ** 1 50

Frühere Jahrg., s. Engel, Ernst.

— **Genealogie** der europäischen Regentenhäuser für 1885 und 1886. Unter Benutzung amtl. Quellen hrsg. Neue Folge. 14. und 15. Jahrg. gr. 8. (à Jahrg. 37 S.) Ebendas. à Jahrg. **

— Genealogie der europäischen Regentenhäuser f. 1885. Unter Benutzg. amtl. Quellen hrsg. Neue Folge. 15. Jahrg. gr. 8. (37 S.) Ebend. 886. n.n. 1. 50

Blenck, E., Genealogie der europäischen Regentenhäuser f. 1888—1891. Unter Benutzg. amtl. Quellen hrsg. Neue Folge. 16.—19. Jahrg. gr. 8. (à 41 S.) Berlin 887—889. Verl. d. k. statist. Bureaus. à Jahrg. n.n. 1. 50

Blenck, E., Genealogie der europäischen Regentenhäuser f. 1892—1895. Unter Benutzg. amtl. Quellen hrsg. Neue Folge. 20.—23. Jahrg. gr. 8. (à 41 S.) Berlin 891—894. Verlag d. k. statist. Bureaus. à Jahrg. n.n.n. 1. 50

— Genealogie d. europ. Regentenhäuser. Unt. Benutzg. amtl. Quellen hrsg. N. F. 24. Jahrg. gr. 8. (41 u. Nachtrag 1 S.) Ebd. 895. n.n.n. 1. 50

— dasselbe. N. F. XXVI. Jahrg. gr. 8. (41 S.) Ebd. 897. n.n.n. 1. 50

Blenck, E., Genealogie der europäischen Regentenhäuser. Unter Benutzung amtl. Quellen hrsg. Neue Folge. XXVIII—XXX. Jahrg. gr. 8. (41, 41 u. 42 S.) Berlin 899—901. Verlag d. k. statist. Bureaus. à n.n.n. 1. 50

— dasselbe. XXXI. Jahrg. gr. 8. (42 S.) Ebd. 902. n. 2. —

— Genealogie der europäischen Regentenhäuser. Unter Benutzg. amtl. Quellen hrsg. Neue Folge, XXXII. u. XXXIII. Jahrg. (43 u. 44 S.) gr. 8. Ebd. 903. 904. à n.n.n. 1. 50

— dasselbe. Neue Folge XXXIV u. XXXV. Jahrg. (44 u. 47 S.) 8. Ebd. 905. 906. à n. 2. —

Blenck, E., Genealogie der europäischen Regentenhäuser. Unter Benutzg. amtl. Quellen hrsg. Neue Folge. 36—39. Jahrg. (47 S.; 48 S.; 48 S. u. Nachtr. 1 Bl. u. 50 S.) 8. Berlin 907—10. Verlag des königl. statist. Landesamts. à 2. —

Blenck, E: Geneal. d. europ. Regentenhäuser. N. F. 38—40. J. (je ca 50) 8° Berl., Verl. d. kgl. statist. Landesamts '09—11. je 2 — d

Fortsetzg s: Genealogie.

Blenck, E. (Hrsg.), s. Correspondenz, Statistische.

— populäre Mittheilungen zum astronom. u. chronolog. Theile d. k. preuß. Normalkalenders, s.: Foerster, W.

— Populäre Mitteilungen zum astronom. u. chronolog. Teile des preuß. Normalkalenders, s.: Lehmann, P.

— die veränderlichen Tafeln des astronom. u. chronolog. Theils des preuß. Normalkalenders, s.: Foerster, W.

— Die veränderlichen Tafeln des usw. preuß. Normalkalenders, s.: Lehmann, P.

— Verzeichniss der im J. 1885 im Königr. Preussen abzuhaltenden Märkte und Messen, nebst einer Uebersicht der wichtigeren Märkte und Messen der anderen Staaten des Deutschen Reiches und Zollgebietes. Unter Benutzung amtl. Quellen hrsg. Neue Folge. 13. Jahrg. gr. 8. (VII, 179 S.) Ebendas. 884. ** 6 —

Frühere Jahrg., s. Engel, Ernst.

— **Verzeichniss** der in den J. 1886 und 1887 im Königr. Preussen abzuhaltenden Märkte und Messen, nebst einer Uebersicht der wichtigeren Märkte und Messen der anderen Staaten des Deutschen Reiches und Zollgebietes. Unter Benutzung amtl. Quellen hrsg. Neue Folge. 14. und 15. Jahrg. gr. 8. (VII, 179; V, 179 S.) Berlin, Verlag des k. statist. Bureaus. à Jahrg. **

— **Verzeichniß** der in den J. 1888 und 1889 im Königr. Preußen abzuhaltenden Märkte und Messen, nebst einer Uebersicht der wichtigeren Märkte und Messen der anderen Staaten des Deutschen Reiches und Zollgebietes. Unter Benutzung amtl. Quellen hrsg. Neue Folge. 16. und 17. Jahrg. gr. 8. (à Jahrg. V, 179 S.) Ebendas. à Jahrg. **

— Verzeichniß der i. d. J. 1890—1893 im Königr. Preußen abzuhaltenden Märkte u. Messen, nebst e. Übersicht der wichtigeren Märkte u. Messen der anderen Staaten d. Deutschen Reiches u. Zollgebietes. Neue Folge. 18.—21. Jahrg. gr. 8. (VI, 175 S.) Berl. 889—92, Verlag d. k. statist. Bureaus. à Jahrg. ** 6 —

— **Verzeichniß** der in d. J. 1892, 1893, 1894, 1895 im Königr. Preußen abzuhaltenden Märkte u. Messen, nebst e. Uebersicht der wichtigeren Märkte u. Messen der anderen Staaten d. Deutschen Reiches u. Zollgebietes. Unter Benutzg. amtl. Quellen hrsg. Neue Folge. 20.—23. Jahrg. gr. 8. (à VI, 175 S.) Berlin 891—894. Verlag d. k. statist. Bureaus. à Jahrg. n.n.n. 6. —

— Verzeichniß d. i. d. J. 1896, 1897 u. 1898 i. Königr. Preußen abzuhalt. Märkte u. Messen, nebst e. Übersicht d. wichtig. Märkte u. Messen d. and. Staaten d. Deutschen Reiches u. Zollgebietes. Unt. Benutzg. amtl. Quellen hrsg. N. F. 24.—26. Jahrg. gr. 8. (VII, 175 u. Nachträge VI S.; VI, 174 S.; VI, 174 S.) Berlin 895—897. Verlag d. k. statist. Bureaus. à n.n.n. 6. —

— **Verzeichniß** der i. d. J. 1900, 1901, 1902 u. 1903 im Königr. Preußen abzuhaltenden Märkte u. Messen, nebst e. Übersicht der wichtigeren Märkte u. Messen der anderen Staaten des Deutschen Reiches u. Zollgebietes sowie der nördl. Schweiz. Unter Benutzg. amtl. Quellen hrsg. Neue Folge, XXVIII.—XXXI. Jahrg. gr. 8. (VI, 176; VI, 176; VII, 176 u. VII, 182 S.) Berlin 899—902. Verlag des k. statist. Bureaus. à n.n.n. 6. —

— **Verzeichniß** der in d. J. 1904—1907 im Königr. Preußen abzuhaltenden Märkte u. Messen, nebst e. Übersicht der wichtigsten Märkte u. Messen der anderen Staaten des Deutschen Reiches u. Zollgebietes, der Grenzprovinzen Hollands sowie der nördl. Schweiz. Unter Benutzg. amtl. Quellen hrsg. Neue Folge. XXXII bis XXXV. Jahrg. (VII, 179; VII, 184; VII, 187 u. VII, 191 S.) 8. Berlin 903—906. Verlag des k. statist. Landesamts. à n. 8. —

— **Verzeichnis** der in d. J. 1908—1911 im Königr. Preußen abzuhaltenden Märkte u. Messen, nebst e. Übersicht der wichtigeren Märkte u. Messen der anderen Staaten des Deutschen Reiches u. Zollgebietes, der Grenzprovinzen Hollands sowie der nördl. Schweiz. Unter Benutzg. amtl. Quellen hrsg. Neue Folge. 36—39. Jahrg. (VII, 193 S.; VII, 193 S.; VII, 202 u. Nachträge II, VII, III u. III u. VII, 206 S.) 8. Berlin 907—10. Verlag des königl. statist. Landesamts. à 8. —

— **Verz. d. im J. '12 im Kgr. Preussen abzuhalt. Märkte u. Messen, nebst e. Übersicht d. wichtigeren Märkte u. Messen d. and. Staaten d. Deut. Reiches u. Zollgebietes, d. Grenzprovv. Hollands sowie d. nördl. Schweiz. N.F. 40. J. (7, 209) 8° Berl., Verl. d. kgl. statist. Landesamts '11.** † 8 — d

Fortsetzg s: Verzeichnis.

Blenck, Emil: Die Volkszählung vom 1. Dezember 1885 in Preussen und deren endgültige Ergebnisse. ([S.-A.] Zeitschrift des Königlich Preussischen Statistischen Büreaus. Jahrg. 1888.) Berlin 1888. 52 S. 4°.

Blenck, E. (Hrsg.), s. Zeitschrift des Königlich Preussischen Statistischen Bureaus.

— s.: Zeitschrift des königl. preuss. statistischen Landesamts.

Blencke, August

Blencke, Aug., über orthopädische Apparate. gr. 8. (14 S.) München 900. Seitz & Schauer. n. — 80
Sonderabdruck aus: „Deutsche Praxis".

— die balneologische Behandlung der Skrophulose, s.a. Archiv f. Balneother. u. Hydrotherapie. II. 2.

Die balneologische Behandlung der Skrophulose. Von Dr. A[ugust] Blencke ... *Halle a. S.: C. Marhold 1899.* (39 S.) 1 Bd 8.
= Archiv d. Balneotherapie u. Hydrotherapie. Bd II. H. 2. [99. 1860 3]

Blencke, August [aus Calbe an d. Saale]: Ein Beitrag zur Kenntnis des Verhältnisses zwischen Placenta und Entwickelung der Frucht ... Würzburg, P. Scheiner's Buchdr., 1895; 41 S. 8.
Würzburg, Med. Fak., Inaug.-Diss. v. 1895

Blencke, A: Die orthopäd. Lit., s.: Hoffa, Alb.

Blencke, Fr.: Die Trennung d. Schönen ..., s. Blencke, Fritz

Alumnatverein. Die Erziehung zur Selbsterziehung. [Unterz.:] Fr[iedr.] **Blencke.** o. O. u. J. 2 Bl. 4° [Kopftit.]
Ziele u. Wege für die Erziehung des Charakters.

Die Erziehungsgrundsätze des Alumnatvereins. Von [Fr.] Blencke. o. O. u. J. 7 S. 8°. [Kopftit.]

Alumnatverein. Die Pädagogik des Comenius und ihre Anwendung in den Alumnaten. [Unterz.:] Fr[iedr.] **Blencke.** [Aachen] o. J.: [Verl.- u. Dr. Ges.] 2 Bl. 4° [Kopftit.]

Blencke, [Fritz]: Die Einweihung des neuen Realschulgebäudes. (Umschlagtitel: Die Feier der Einweihung.) S. 14—25. 4. Progr.
Realschule i. E. *Hamm* 1906

Blencke, Fritz, Alfred Krupp, s.a. **Volksbücher,** biograph.

[F.] Alfred Krupp. Von Dr. Fritz Blencke. M. 27 Abb. *Leipzig: R. Voigtländer 1898.* (127 S., 1 Portr., 5 Taf.) 1 Bd 8.
= Volksbücher, Biographische. No 23—27. [98. 11695]

Blencke, Fr., die Trennung d. Schönen vom Angenehmen in Kant's Kritik der ästhetischen Urteilskraft. Zugleich e. Verteidigg. Kant's gegen den Vorwurf, dass er lediglich Form-Ästhetiker im heutigen Sinne sei. gr. 8. (57 S.) Leipzig 889. Fock. n. 1. 20

Blencke, Fritz [aus Neuwied a/Rh.]: Die Trennung des Schönen vom Angenehmen in Kants Kritik der ästhetischen Urteilskraft. — Zugleich eine Verteidigung Kants gegen den Vorwurf, dass er lediglich Form-Ästhetiker im heutigen Sinne sei. ... Neuwied, Heuser's Buchdr. (Louis Heuser), 1889; 2 Bl. + 57 + 1 S. 8°
Strassburg, Phil. Fak., Inaug.-Diss. v. 1889

Blencke, Fr[itz], Dr.: Die Verbindung des Linearzeichnens mit dem stereometrischen Unterricht auf Untersekunda. *Essen 1901: C. W. Haarfeld.* (16 S.) 4°
Essen, OR, P 1901 (537)

Blenda. Romantisches Heldengedicht in fünf Gesängen nach dem Schwedischen [des Lor. Hammarsköld]. Kiel 1841 B: *Bentzen, Pet. Chn.* (A) (Mitth. A. Rosenbaum.)

Blenda. Romantisches Heldengedicht in fünf Gesängen nach dem Schwedischen [von Erik Johan Stagnetius]. Kiel 1841. B: *Bentzen, Pet. Chn.* [Lor. Hammarskjöld nur Hgbr. der Schriften von Stagnetius laut: Samlaren Årgång i Uppsala 1880. S. 96.] (Hdschr. Mitth. von Prof. Dr. Paul Jürges-Rostock, 17. VII. 1926.)

Blenda. Romant. Heldengedicht in fünf Gesängen. N. d. Schwed. gr. 8. (5¾ B.) Kiel 841, Schwers'sche Buchh. *

Blender [Schlagwort]

Blender. Roggenhofer, Geo., Panorama vom Blender bei Kempten. 2 Blatt. Photolith. qu. schmal Fol. Kempten 891. J. Kösel. n. 1. 50

Blendermann, B., s. Blendermann, Mt. Burch.

Blendermann, C. H., der Angriff des Hrn. Pastor Dulon auf die St. Stephanigemeinde in Bremen beleuchtet. gr. 8. (16 S.) Bremen 850, Heyse.

Blendermann, C. H., Beiträge zur Verständigung über die Lehre der in der bremischen reformirten Kirche geltenden Bekenntnißschriften. 1. und 2. Heft. (Versöhnungslehre. — Die Lehre von der Sünde und vom Zorne Gottes.) gr. 8. (80 S.) Bremen 852. 53, Heyse's Verlag.

—— das gute Recht der reformirten Kirche gegen Hrn. Pastor Dulon. gr. 8. (19 S.) Bremen 851, Heyse.

Blendermann, Hermann

Blendermann, Herm. (Ludw.) (geb. Rablinghausen bei Bremen 25. 3. 1858): Beiträge zur Kenntniss der Bildung und Zersetzung des Tyrosins im Organismus. Berlin (1882). (38 S.) 8°
Berlin, Med. Diss. v. 30. Jan. 1882

Blendermann, Ludwig, appr. Arzt a. Bremen: Ein atypischer Fall von Raynaud'scher Krankheit. Lichtenhain 1904: F. L. Seifert. (15 S.) 8°
Jena, Med. Fak., Ref. Stintzing, Diss. v. 7. Aug. 1904
[Geb. 30. Juni 78 Bremen; Heimatsort: Bremen; Staatsangeb.: Bremen; Vorbildung: Gymn. Bremen Reife O. 99; Studium: Göttingen 1, Tübingen 5, Leipzig 3 S.; Coll. 1. Juli 04; Approb. 9. März 04.]

***Blendermann,* Mt. Burch.,** († d. 11. Apr. 1789.) nonnulla de prothoeria in psalmos. 8. Kiel 770. Bossiegel. 4 gr

Blendermann, B., de protheoria in Psalmos. 8. Kilon. Bossiegel. 771.

Blendheim, das Fräulein v.; od. Großmuth u. Liebe. Lstsp. 8. Dessau, Gel. Handl. 782.

Blendheim, des jungen, Klagen im Schattenreich, (von Chr. G. Contius). 8. Dresd. 780. Gerlach. 10 gr

Blendinger (Red.), s. Sonntagsblatt, Evangelisches, aus Bayern.

Blendinger, Konr., Erweis von Jesu Messiaswürde für Christen und Juden. Nürnberg 855. Raw. gr. 8. (20 S.) n. 2 ngr

Blendinger, Konr., Ist Jesus, der Israelite, siegreich wieder von den Todten erstanden, und lebt er im Himmel zur Rechten Gottes als der ewige und allmächtige König der Welt; oder aber haftet noch immer an ihm die Schmach des Henkertodes? Beantwortet u. in's Licht gestellt für Jedermann, besonders aber für das jüdische Volk. Mit einem Anh.: „Ueber die dermalige Religion des jüdischen Volks." Nürnberg 863. Raw. 8. (15 S.) n. 2 ngr.

— für das jüdische Volk, bezüglich seines bisherigen Zustandes u. seiner Erwartungen. Vorgelegt aus Mose's u. der Propheten heil. Schriften von einem evang. Pfarrer. kl. 8. Nürnberg 843, Raw'sche B. 1/12 ꝛ

Blendinger, Conr., Zion! Siehe dein König kommt zu dir. Aufruf zur Buße und Bekehrung an die ganze Christenheit in allen Confessionen und zugleich an das jüdische Volk in allen Ländern. gr. 8. (88 S.) Nürnberg 860, Raw'sche Buchh.

Blendinger, Rudolf, Dr. med., appr. Arzt aus Gleisenau: Chondroide Geschwulst aus der Gegend der Glandula submaxillaris. *Würzburg 1900: Verlagsdruckerei.* (22 S.) 8°
Würzburg, Med. Diss. v. 1900

Blendinger, Wilhelm, aus Gleisenau: Das Cribrum der Säugetiere. Leipzig 1904: W. Engelmann. (27 S.) 8° ¶(Aus: Morpholog. Jahrbuch Bd 32 H. 3.)
Erlangen, Phil. Fak., Ref. Fleischmann u. Solereder, Diss. v. 14. März 1904
[Geb. 20. Febr. 78 Gleisenau b. Haßfurt; Staatsangeh: Bayern; Vorbildung: Altes Gymn. Würzburg bis Herbst 97; Studium: Tierärztl. Hochsch. München 8, Erlangen 2 S.; Rig. 14. März 04.]

Blendung, die; aus d. Französ. v. J. P. S. (Ih. Ph. Schurin). 8. Bayr. 759. Mit h. T. 767. Lübeck. 6 ꝛ

Blendungen, welche zum Bewerfen mit Bomben für die Schiessübungen des Bombd. Corps im Jahre 1842 erbaut wurden. (1 Blatt Lithographie.) (Donation Liechtenstein.) Fol. (Wien 1842.)

Blendwerk, Das. Singspiel nach Marmontel und Gretry. Münster [Gotha] 1781. V: *Rothmann, Johann Nepomuk.* (Kn) (GGr)

Blendwerk, das, Komische Oper. 8. Gotha, Ettinger. 781.

Blendwerk, das, der neumod. Aufklärung in d. Religion. Ein Fragment. 8. Jena 789. Gröker. 2 ꝛ

Blendwerk, Entdecktes, der zu Frankfurt und Leipzig gedruckten Verdrehung des Westphälischen Friedensschlusses art. 5 § 31 und art. 17 § 4—7. Regensburg 1758. V: *Kraus [Krauss], Johann Baptist.* (ML)

Blendwerk, Das, nach Marmontels fausse magie, mit beybehaltener Gretryscher Musik. Gotha 1780. V: *Meyer, Friedrich Ludwig Wilhelm.* (MGT) »1781« (Ky)

Blengini di Torricella, C. A., Handbuch der Fechtkunst (vereinfachte Methode Blengini) f. Florett, Degen, italienischen Säbel, Säbel gegen Bajonett, Säbel zu Pferd gegen Säbel u. Lanze (nebst allgemein gültigen Bestimmungen f. Fechtturniere). Mit erklär. Abb. n. e. Überblick üb. die Entwicklg. der Fechtkunst. (112 S.) 8. Bremen 909. (F. Leuwer.) nn 3.—

Blenhard, Hermann

Blenhard, Herm., die „Gerissenen" od.: „Woher haben Sie Ihren Reichtum?" 10 Antworten v. Millionären, die m. nichts angefangen haben. Gesammelt u. hrsg. (III, 141 S.) 8. Berlin 907. Boll & Pickardt. 2.—

Blenk, Daniel [cand. med. aus Hindelang]: Ein Fall von erworbener Scheidenatresie. Beitrag z. Casuistik d. erworbenen Scheidenatresien ... München, Buchdr. v. M. Ernst, 1893; 17 S. 8.
München, Med. Fak., Inaug.-Diss. v. 1893

Blenk, Fr., der Brief an die Hebräer, erläutert ꝛc. 2e Hälfte. Kap. IV, 14 — XIII, nebst Registern über den ganzen Commentar. gr. 8. Berlin 840. Dümmler. 4½ ꝛ (compl. 9 ꝛ)

BLENKE, H., De sponsalibus. Von den Verlobungen. Harderovici 1702. 8°.
Mit 2 holländ. Gedichten. (12 Sgr. Bielefeld 37. no. 51.)

Blenke, Rud, Neuwied u. seine Umgebung, s.: Wirtgen, Ph.

Blenke, Rud. Der Laacher See und seine vulkanische Umgebung. 18 8. Progr. Neuwied 1879.

Blenke, Rud., der Laacher See und seine vulkan. Umgebung. Ein Führer für die Besucher des vulkan. Maifeldes. 12. (III, 83 S.) Neuwied 880, Heuser's Verlag. geb. * 1 20

Blennerhasset, Charlotte, s. Blennerhassett, Charlotte

Blennerhassett, Charlotte, Lady, Gabriele d'Annunzio, s.a. Essays, moderne, zur Kunst u. Litteratur.

Gabriele d'Annunzio von Lady (Dr.) [Charlotte] Blennerhassett. (*Berlin: Gose & Tetzlaff 1901.*) (65 S.) 8° [F.]
— Essays. Moderne, z. Kunst u. Litteratur. II. 8/9. [01. 604

— Chateaubriand, s. Blennerhassett: Romantik u. die Restaurationsepoche in Frankreich.

— die Jungfrau v. Orleans, s.a. Frauenleben. IX.

Die Jungfrau von Orleans von Charlotte Lady **Blennerhassett**. Mit 5 Kunstdr. Bielefeld & Leipzig: Velhagen & Klasing 1906. (226 S.) 8°
— Frauenleben. 9. [07. 4031

Maria Stuart, Königin von Schottland. 1542–1587. Nach d. neuesten Forschungen u. Veröffentlichungen aus Staatsarchiven dargest. Von Charlotte Lady **Blennerhassett**, geb. Gräfin v. Leyden. Kempten & München: Kösel 1907. V, 380 S. 8° [09. 14018 II

— Marie Antoinette, Königin v. Frankreich, s.a. Frauenleben. II

Marie Antoinette, Königin von Frankreich. Von **Charlotte** Lady **Blennerhassett**. Mit 5 Kunstdr. *Bielefeld & Leipzig: Velhagen & Klasing 1903.* (180 S.) 8° [F.]
— Frauenleben. 2. [04. 2930

Marie Antoinette, Königin von Frankreich. Von Charlotte Lady **Blennerhasset**. Mit 5 Kunstdr. 2. Aufl. Bielefeld & Leipzig: Velhagen & Klasing 1907. (180 S.) 8° [F.]
— Frauenleben. 2. [08. 10307

— John Henry Kardinal Newman. Ein Beitrag zur religiösen Entwicklungsgeschichte der Gegenwart. (VII, 271 S. m. 1 Lichtdr.-Bildnis.) gr. 8. Berlin 904. Gebr. Paetel. n. 7.—; geb. in Halbfrz. n. 9.—

— Chateaubriand. Romantik u. die Restaurationsepoche in Frankreich. (Weltgeschichte in Karakterbildern, hrsg. v. Frz. Kampers, Seb. Merkle u. Mart. Spahn. 5. Abtlg. Die neueste Zeit.) Lex.-8. (140 S. m. 60 Abbildgn.) Mainz 903, München, Kirchheim. In Leinw. kart. n. 4.—

Blennerhasset, Lady, geb. Gräfin Leyden, Frau v. Staël, ihre Freunde u. ihre Bedeutung in Politik u. Litteratur. 3 Bde. Mit Namenregister. gr. 8. Berlin 887—889. Gebr. Paetel. n. 31.—
1. (VIII, 521 S. m. 1 Lichtdr.-Portr.) n. 12.—
2. (472 S.) n. 10.—. — 3. (XIV, 509 S.) n. 9.—

Blennerhassett, Charlotte Lady, geb. Gräfin v. Leyden: Streiflichter. (259) gr8° Berl., Gebr. Paetel '11. 5—; L 6 — d

Blennerhassett, Lady, geb. Gräfin Leyden, Talleyrand. Eine Studie. gr. 8. (VII, 572 S.) Berlin 894. Gebr. Paetel. n. 12.—; geb. in Halbfrz. n. 14.—

Blensdorf, O.: Rhythmische Schattenspiele zur Aufführung in Schule und Haus mit Anleitung zur Darst. Elberfeld. 4°
1. Frohe Jugend.

Blensdorf, O.: Rhythmische Tanzspiele für Wandervögel u. junge Leute. Elberfeld. 3 Hfte 4°
1. Am Waldbrunnen. — Ballspiel.
2. Die Wasserträgerinnen.
3. Sommerabend.

Blenz, F. (Hrsg.), s. Schulzeitung, (Allgemeine) Thüringische.

Blenz, Wilh. Alex.

Blenz, Wih. Alex., Spruchbuch f. Schulen. 8. Berl. 815. Späthe. (Leipz., Köhler). 4 ₰

Blenz, Wilh. Alex., Spruch-Buch f. Schulen. Eine Vorbereit. z. Religions- u. Pflichtenlehre. In 3 Lehrgängen. 2. Aufl. 8. (6 B.) Berlin 822. (Bunzlau, Appun.)

Blenz, Wilh. Alex., Spruch-Buch f. Schulen. Eine Vorbereit. z. Religions- u. Pflichtenlehre. In 3 Lehrgängen. 3., verb. Aufl. gr. 12. (4¼ B.) Berlin 835, Schroeder.

Blepsidemus oder Nicolais literarischer Liebesbrief. Ein Drama in 5 Aufz. Leipzig 1803. V: *Kanne, Johann Arnold.* (MGT) (GGr)

Blepsidemus; od. Nikolaus literar. Liebesbriefe. Ein Drama in 5 Aufz. 8. Lüneb. Herold u. W. 803.

Blersch, Franz [app. Arzt aus Oepfingen]: Ein interessanter Fall von Interkularstaphylom [!] ... München, Druck v. V. Höfling, 1893; 17 S., 1 Taf. 8.
München, Med. Fak., Inaug.-Diss. v. 1893

Blersch, Jos., Kardinal Lavigerie, e. populäre Biographie. Aus dem Franz. Lesur's u. Petit's frei übers. Mit e. Anh. d. Übersetzers. gr. 8. (VII, 224 S. m. Bildnis.) Stuttgart 893. Strecker & Moser. n. 2. 50

Blersch, [Josef], Prof.: Die stilistische Bedeutung des französischen Substantivs. *Rottweil 1901: M. Rothschild.* (S. 3—24.) 4°
Rottweil, k. G, P 1901 (645)

Blesch, Erhard: Restitution der Pfalz und Beziehungen Karl Ludwigs zu England. ... Heidelberg, Univ.-Buchdr. v. J. Hörning, 1891; 2 Bl., 55 S. 8°
Heidelberg, Phil. Fak., Inaug.-Diss. v. [31. Jul.] 1890

Bleschko, Alfred

— **Die gesundheitlichen Schäden der Prostitution und deren Bekämpfung. Nach einem auf d. General-vers. d. Verbandes fortschrittlicher Frauenvereine gehaltenen Vortrage. (2. Aufl.) — Berlin: Loewenthal 1904. 20 S. 8°**

Blesen, Franz Adolph (Judicii aulici Worm. advoc. ord.)
Dissertatio inauguralis juridica de jurisdictione principis regentis in fratres apanagiatos.
Giessae 31. März 1748: Eb. Henr. Lammers. (4), 32 S. 4°
pro licentia summos in utroque jure honores capessendi.

Blesen, Franz Adolph (Judicii aulici Worm. advoc. ord.)
Dissertatio inauguralis juridica de jurisdictione principis regentis in fratres apanagiatos. Ed. altera.
Giessae 1756. 32 S. 4°

Blesensis, Petri (Pet. v. Blois)
— — Opusculum de distinctionibus in canonum interpretatione adhibendis, sive, ut auctor voluit: Speculum juris canonici, ed. * Th. A. Reimarus. 8. maj. Berolini 1837. Reimer. 1 Thlr. — 1 fl. 48 kr.

Blesensis, Petri, Opusculum de distinctionibus in canonum interpretatione adhibendis, sive, ut auctor voluit, speculum juris canonici, e codice manuscripto, olim Frid. Lindebrogii, nunc Bibliothec. publ. Hamburgensis descriptum edid. Dr. Theoph. Aug. Reimarus. Edit. princeps. 8 maj. Berolini 838. Reimer. 1 ₰

Bleser, Ed. de, Rome et ses monuments, guide du voyageur catholique dans la capitale du monde chrétien. gr. 8. (VIII und 512 S. mit 51 lithogr. Plänen in gr. 8. und Fol.) Mainz 868, Kirchheim. *

Bleser, Gustav [aus Würzburg]: Über Cystadenoma testis... Würzburg, Druck d. Stahel'schen k. Hof-Buchdr., 1894; 27 S. 8.
Würzburg, Med. Fak., Inaug.-Diss. v. 1894

Bleser, Ludovicus Ios. ⟨geb. am 5 Juli 1810 in Treis a. d. Mosel⟩: De varietate febrilis typi ex caussa una eademque, sc. ex vitae morbique conditionum conflictu prodeunte ... Bonnae, typ. C. & F. Krüger 1843. 3 Bl., 67 S., 1 Bl. 8.
Bonn, Med. Fak., Diss. v. 8 Febr. 1843

Bleß, Hedw., Erzählungen u. Märchen in Schweizer Mundart, s. Müller, Louise.

Bleske. Considérations sur les langues, qui se traitent dans nos collèges; quelques gallicismes vis-à-vis de leurs germanismes. Emden, G., 1863. 16 S. 4.

Bleske, Friedrich

Bleske, Friedr., Elementarbuch der lateinischen Sprache. Formenlehre, Lesebuch u. Vocabularium. Hannover 858. Meyer. gr. 8. (VIII, 196 S.) n. 12 ₰

Bleske's F., Elementarbuch der lateinischen Sprache. Formenlehre, Uebungsbuch und Vocabularium. Für die unterste Stufe des Gymnasialunterrichts bearb. von Alb. Müller. gr. 8. (X und 150 S.) Hannover 868, Meyer. *

Bleske's, F., Elementarbuch der lateinischen Sprache. Formenlehre, Uebungsbuch und Vocabularium. Für die unterste Stufe des Gymnasialunterrichts bearb. von Alb. Müller. 3. Aufl. 1871. * ℳ 1., und 4. Aufl. gr. 8. (X, 177 S.) Hannover 875, Meyer. *
geb. **

Bleske's, F., Elementarbuch der lateinischen Sprache. Formenlehre, Uebungsbuch u. Vocabularium. Für die unterste Stufe des Gymnasialunterrichts bearb. v. Alb. Müller. 5. Aufl. gr. 8. (X, 178 S.) Hannover 877. Meyer. n. 1. 50

Bleskes, F., Elementarbuch der latein. Sprache. Formenlehre, Übungsbuch und Vokabularium. Für die unterste Stufe des Gymnasialunterrichts bearb. von Alb. Müller. 6. Aufl. (IX, 180 S.) 1880. * ℳ 1,60.; 7. Aufl. gr. 8. (X, 180 S.) Hannover 883, Meyer. * 2 —

Bleske, F., Elementarbuch der lateinischen Sprache. Formenlehre, Übungsbuch u. Vokabularium. Für die unterste Stufe d. Gymnasialunterrichts bearb. v. A. Müller. 9., verb. Aufl. gr. 8. (VIII, 173 S.) Hannover 890. C. Meyer. n. 1. 80; geb. n. 2. 20

— dasselbe. 2. Tl.: In Quinta. Bearb. v. H. Müller. gr. 8. (VII, 179 S.) Ebd. 889. n. 1. 80

— dasselbe. 3. Tl.: Quarta. De viris illustribus. Latein. Lesebuch nach Nepos, Livius, Curtius. Bearb. v. H. Müller. gr. 8. (XI, 128 S.) Ebd. 890. n. 1. 60; geb. n. 2. —
Vgl.: Müller, Hans. Uebungsb. z. Uebers. a. d. Deutschen ins Lat. f. Quarta.

Bleske's, F., Elementarbuch d. latein. Sprache. Formenlehre, Übungsbuch u. Vokabularium. F. d. unterste Stufe d. Gymnasialunterr. bearb. v. Alb. Müller. 11. Aufl. gr. 8. (VIII, 148 S.) Hannover 897. C. Meyer. n. 1. 40; geb. n. 1. 80

Bleske's, F., Elementarbuch der lateinischen Sprache. Formenlehre, Uebungsbuch u. Vokabularium. 2. Tl.: Quinta. Bearb. v. Hans Müller. 2, verb. Aufl. (VIII, 179 S.) gr. 8. Hannover 906. C. Meyer. n. 1. 20; geb. n. 1. 60

Bless, Friedrich, Referendar: Die Beleidigung von Personengesamtheiten und von Einzelpersonen durch eine Gesamtbezeichnung. Halle a. S. 1909: John. 85 S. 8°
Rostock, Jur. Diss. v. 15. Okt. 1909, Ref. Wachenfeld
[Geb. 20. Sept. 83 Schneidemühl; Wohnort: Steglitz; Staatsangeh.: Preußen; Vorbildung: Gymn. Marienwerder Reife O. 03; Studium: Straßburg 1, Berlin 5 S.; Rig. 30. Juni 09.] [U 10. 3829

Bless, Gerhardt
In höchster Gefahr. Eine Erzählung f. d. Jugend von Gerhardt Bleß. *Berlin: A. Weichert [1901].* (32 S.) 8° [J.]
— Indianer- u. Volksbibliothek. 368.

Blessen, (J.) L. (U.): „Ueber Gewerbs-Ordnungen und Gewerbe-Freiheit", Berlin, Posen und Bromberg 1832. — Vorh.: Com. Bibl. Hamburg.

Blessig, C., Gedichte. gr. 8. Nürnb. 839. (Fr. Campe.) 1½ ℛ

Blessig, C., römische Ritornelle. Gesammelt und hrsg. 8. (XII und 83 S. mit einer Musikbeilage in qu. Fol.) Leipzig 860, Hirzel. *

Blessig, Ernst, e. morphologische Untersuchung üb. die Halswirbelsäule der Lacerta vivipara Jacq. Lex.-8. (25 S. m. 1 Steintaf.) Dorpat 885. (Karow.) n. 1. 50

Blessig, Jean Laur., s. Blessig, Johann Lorenz

Blessig, Johann Lorenz

Blessig, Jh. Lor., († d. 17. Febr. 1816.) z. würdigen Andacht d. Christen beim heil. Abendmahl. 8. Straßb. 784. Treuttel u. W. 8 gr Schreibp. 12 gr

— — dasselbe m. Stöbers Communionb. 2 Thle. 8. Ebend. 784.

— s. 1) Beispiele d. Guten. 2) Beiträge zu e. Exempelbuch.

Blessig, Jean Laur. Einige Bemerkungen über den Geist des Protestantismus. Aus dem Französischen. Leipzig 1807. Ü: *Semler, J. Chn.* (KY) (NN)

— einige Bemerkk. üb. den Geist d. Protestantismus. A. d. Französ. (v. J. Chr. Semler). Anh. z. F. W. Reinhards Pred. am Reformationsf. 1807. gr. 8. Leipz. 808. Hartknoch. 3 gr

— das Bild des frommen Mannes. Gedächtnißpr. auf J. G. Hebeisen. Mit histor. Erläuterungen. 8. Straßb. 804.

Blessig, Joh. Lorenz (Hrsg.), s. Bürgerfreund, Der.

— de censu Davidico pesteq. secuta etc. 4. Strassb. 788. Acad. B. 6 gr

— kleine Straßburger Chronik. Mit Kpf. gr. 8. Straßb. 782. Treuttel u. W. 12 gr

— s. Cleanthes: Hymnen.

— discours sur la paix des peuples et la liberté etc. 4. Strassb. 802. Treuttel u. W. 4 gr grand pap. 6 gr

— Gedächtnißrede auf Jh. Jak. Oberlin. gr. 8. Straßb. 807.

— Gedächtnißrede auf J. E. M. Portalis. 8. Straßb. 808. König. 5 gr Dies. in französ. Spr. 8. Ebd. 808. 5 gr

— Gedächtnißrede auf Fr. Jak. Reuchlin. 8. Straßb. 788. Acad. B. 5 gr

— und Haffner neues Gesangbuch z. Beförderung der häusl. u. öffentl. Andacht ꝛc. 8. Strasburg, König. 808.

— s. Gesangbuch, Straßburg.

— Communion- u. Confirmationsreden in der Neuen-Kirche zu Straßburg u. in Familienkreisen gehalten. Nach s. Tode herausg. von K. F. Fritz. 8. Straßb. (816). (Kayserſche B. in Leipz.) 18 gr

Blessig, J. L., Communion- u. Confirmationsreden in der Neuen-Kirche zu Straßburg u. in Familienkreisen gehalten. 8. Straßb. (Leipz., Gleditsch in Comm.) (ohne Jahrz.) 819.

— Leben des D. Jh. Ph. Beykert. 8. Straßb. 787.

— s.a. Leben d. Grafen v. Medem.

Blessig, Johann Lorenz: Leben des Grafen Johann Friedrich von Medem nebst seinem Briefwechsel hauptsächl. mit der Frau Kammerherrin von der Recke, seiner Schwester. Th. 1.2. — Straßburg: Akademische Buchh. 1792. XXVI, 193 und XXXV, 168 S.

— Ordinationsrede, d. 22. Juni 1799, nebst Erklärung d. angeh. Prediger. 8. Straßb. 797.

— drei Osterpredigten über Scheiden u. Wiederfinden im Unsterblichkeitslande. gr. 8. Straßb. 802. König. 6 gr

— Panegyricus regi nostro Ludovico XVI. etc. dicatus. 4 maj. Strassb. 785. Acad. B. 4 gr

Blessig, Jh. Lor., Predigten beim Eintritt des 19n Jahrhunderts. 8. Straßb. 808. 2e Aufl. 816.

Blessig, (Joh. Lor.) nachgelassene Predigten auf alle Sonn- u. Festtage d. Jahres. 2 Thle. gr. 8. Straßburg 826, Heitz. (Leipzig, Gleditsch.)

— nachgelassene Predigten auf alle Sonn- u. Festtage d. Jahres. 2 Thle. gr. 8. Straßb. 826. Heitz. (Leipz., Kayser's Buchh.) 2 ℛ 8 gr

— zwei Predigten, durch Christum wird mir Glück in aller Ewigkeit. 8. Straßb. 788. Acad. B. 4 gr

— Rede bei d. Beerdigung d. Marsch. v. Sachsen. gr. 8. Straßb. 777. Hilscher. 4 gr

— Rede am Friedensfeste 1783. gr. 8. Straßb. 784. Acad. B. 4 gr

— Rede b. d. Grabe des Freyh. v. Medem. 8. Strasburg, König. 779.

— Rede bei d. Straßb. Jubiläum 1781, mit histor. Erläuterungen. gr. 8. Straßb.

— zwei Reden bei d. Grabe d. Frhr. Jh. Fr. v. Medem, nebst dessen Leben. 8. Straßb. 778. König. 8 gr

— Reformationspredigt, über die Verbind. d. Religion mit den Pflichten des bürgerl. Lebens; mit histor. Erläuterungen. 8. Straßb. 792. Heitz.

— s. Frz. v. Reinhard: Predigt am Reformationsfeste

Blessig, Jo. L., Zur praktischen Seelenlehre. Straßb. 4°. 1783

— z. prakt. Seelenlehre, bei d. Tode e. meiner Zuhörer. 8. Straßb. 785. Acad. B. (Hinrichs in Leipz.) 9 gr

— Sermon sur la réformation, p. Reinhardt; trad. de l'allemand. 8. Strasb. König. 808.

— über Unglauben, Aberglauben u. Glauben ꝛc.; e. Rede. Straßb. 786. König. 4 gr

— was haben wir als Christen zu fürchten, zu hoffen u. zu thun, in den neuen Zeiten? 7 Hefte. gr. 8. Straßb. 802—8. König. 2 ℛ 16 gr Schrbp. 3 ℛ 12 gr

Blessig, R., De retinae textura disquisitiones microscopicae. Diss. Dorpat. 8°. 86 pp. mit einer lithographirten Tafel. 1855

Blessin, G: Liturg. Handb. 2. Afl. (S. 1, Sp. 2—48 u. S. 49) 19×21,5 cm. Chicago, Wartburg Publishing House (o. J.). in L-Deckel nn 1 — d

Blessing & Votteler: Catalog über landwirthschaftliche Maschinen und Geräthe. Reutlingen (1897?)

Blessing & Votteler: Special-Catalog über Obstmühlen, Obst- und Weinpressen. Reutlingen 1893, 1896

Blessing, A: Ill. Katalog über Dampfmaschinen usw. Zuffenhausen (Württemberg) (1897?)
Nebst: Preis-Liste (1897?)

Blessing, Bernh., in der Heimat des Erlösers. Erinnerungen an die Württemberger Heiliglandfahrt. (IV, 168 S.) 8. Ravensburg (906). F. Alber. n. 1. 60

— nach Lourdes,
— Reisebilder u. Klosterbilder,
— eine Romfahrt,
} s.: Volksbibliothek, katholische.

Blessing, Geo.: Zur Bakteriol. u. antibakteriellen Therapie d. Pyorrhoea alveolaris, s: Sammlung v. Vorträgen aus usw. Zahnheilkde.

— Das zahnärztl. Physikum. Repetitorium f. Studierende. (8, 189) 8° Wiesb., JF Bergmann '11. L u. durchsch. 5 —

— Pyorrhoea alveolaris, s: Sammlung v. Vorträgen aus usw. Zahnheilkde.

— Das zahnärztl. Staatsexamen. Repetitorium f. Studierende. (11, 363 m. Abb.) gr8° Wiesb., JF Bergmann '12. L 8.60

Blessinger, H., die elektrische Beleuchtung industrieller Anlagen einschliesslich aller Theile in Theorie u. Praxis f. Nicht-Elektrotechniker. Mit zahlreichen Abbildgn. im Text. gr. 8. (140 S.) Kiel 892. Lipsius & Tischer. n. 2. 70

Blessington, Marguerite Countess of

— Bekenntnisse eines alten Junggesellen. Uebersetzt von R. Z. Ende. gr. 12. Berlin 837. Asher. $1^1/_2$ ℛ — dass. mit 6 Bildnissen, nach Zeichnungen von Parris von den ersten Künstlern Englands gestochen. n. $2^2/_3$ ℛ

Blessington, Countess Margarethe, Country quarters, siehe: Collection of British authors. Vol. 183. 184.

— Lionel Deerhurst, siehe: Bibliothek, Europäische, 126. 131—133. Bd.

Blessington, Lady, kleine Erzählungen, s. Erzählungen.

— die Freunde. Roman. Aus dem Engl. von Herm. Franz. 2 Bde. 8. Leipzig 840, Berger. $1^1/_2$ ℛ

— die beiden Freunde. Aus d. Engl. übertragen v. Dr. Herm. Franz. 8. Zeitz 837. Schieferdecker. $2^1/_3$ ℛ

v. Blessington, Countes, the two Friends, a Novel. gr. 8. Brüssel 835. Wahlen. (Frankfurt, Fr. Wilman's Sortim.-Buchh.) $1^1/_2$ ℛ

—— der Frühling einer Schönen, Gedicht, s. Frühling.

— Gedichte, deutsch von Ende; s. Edelstein und Perle.

— die Gouvernante. Roman aus der Gesellschaft. Nach d. Engl. v. F. Steger. 2 Bde. 8. Braunschw. 840. Leibrock. 3 ℛ

— die Lebenslotterie. A. d. Engl. v. W. du Rol. 3 Thle. 8. Braunschweig 846, Leibrock. 4 ℛ

— Marmaduke Herbert, siehe: Bibliothek, Europäische, 150—153. Bd.

— Marmaduke Herbert, siehe: Collection of British authors. Vol. 123. 124.

— Memoiren einer Kammerfrau, s.a. Bibliothek, Europäische, 102—104. Bd.

— Memoiren einer Kammerfrau. Aus d. Engl. v. A. Kretzschmar. 1. u. 2. Thl. 8. Grimma 846, Verlags-Compt. à n. $^1/_2$ ℛ

—— memoires of a femme de chambre, } s. Collection.
—— Meredith,

—— Meredith. Aus d. Engl. v. W. F. L. Petri. 3 Thle. 8. ($51^3/_4$ B.) Braunschweig 844, Leibrock.

— die Opfer der Gesellschaft. Aus d. Engl. übersetzt. In 3 Bdn. 8. Leipzig 837. Kirchner u. Schwetschke. $3^1/_4$ ℛ

— der Rebell von Man, histor. Erzählung aus d. letzten Zehntel des 16. Jahrh. Aus d. Engl. von Fr. Lubojatzky. 3 Thle. gr. 12. Grimma 840. Verlags-Compt. $3^1/_2$ ℛ

— Romane u. Novellen. 1. Thl. A. u. d. T.: Strathern. Eine Novelle. A. d. Engl. übers. v. Ernst Eisenhaus. 1. Bd. 16. Mannheim 846, Hoff. $^1/_8$ ℛ

—- Romane und Novellen. 2—12. Bdchn. (4 Bde.) Strathern. 2—12. Bdchn. 16. (1. Bd. S. 129—395., 2. 403 S., 3. 408 und 4. 355 S.) Mannheim 847, Hoff. à Bdchn. $3^3/_4$ Ngr. 1
1. Bdchn. Ebendas. 1846. $3^3/_4$ Ngr.

—— Strathern, s. Collection.

— Strathern, oder Freier auf Reisen. A. d. Engl. v. W. F. L. Petri. 4 Bde. 8. Braunschweig 845, Leibrock. $5^1/_2$ ℛ

—— Wanderungen in Italien. A. d. Engl. v. Amalie Winter. 2 Thle. 8. ($38^1/_2$ B.) Leipzig 841, Kollmann.

Bleßmann, Fr., Wolfenbüttler Schulliederbuch, s.: Pardall, H.

Blessmann, Johann Christian

BLESSMANN, Joh. Chrn. („bestallter Adjunct des königl. Universitäts-Tanzmeisters zu Göttingen"), Characteristische Englische Tänze, mit zugehörigen Touren, und einer Unterweisung in den nothwendigsten Regeln des englischen Tanzes, verfasst von —. (Hrsg. von D. Friedr. Wilh. Weis.) Erste und Zweyte Sammlung. Mit 24 Tafeln choregraph. Zeichngn. Dabei befindlich die zugehörige Musik der einzelnen Stimmen: Violine, Violino I, II, Violoncello, Corno I, II, Oboe I, II, Flauto traverso I, II. Lübeck, verlegts Christian Iversen und Comp., 1777. Qu.-kl. 8°. Text und 10 Hefte Musik in 11 cart. Bdchn. in gemeinsam. Carton. Selten! (12 Mk. Theod. Bertling, Danzig, 1891.)

Bleßmann, M., durch Nacht z. Licht, s.: Vom Jahrmarkt d. Lebens.

Herr Major Blesson und sein Wirken als interimistischer Commandeur am 14. Juni. — Die Bürger- und Urwähler-Versammlung des 27. Bezirks. Druck von W. Fähndrich u. Comp. 1 Bl. Fol.
Flugblatt. Berlin, 20. Juni 1848.

Blesson: Über Magnetismus und Polarität ..., s. Blesson, Ludwig

Blesson, Johann Ludwig Urba(i)n, s. Blesson, Ludwig

Blesson, Louis, s. Blesson, Ludwig

Blesson, Ludwig

Blesson, (Louis,) Befestigungskunst für alle Waffen. 1r Bd. A. unt. d. T.: Feld-Befestigungskunst. Nach d. Französ. d. Hecquet. Mit 5 Kupfertaf. 8. Berlin 821, Schlesinger.

Blesson, J. Louis Urb., Befestigungskunst f. alle Waffen. 1r Bd. Auch u. d. T.: Feld-Befestigungskunst. Nach d. Französ. d. Hecquet. Mit 5 Kpft. 8. Berl. 825. Schlesinger. 3 ℛ 12 g/
2r Bd. Auch u. d. T.: Große Befestigungskunst f. alle Waffen. 1e Abthl. Mit 6 Kpft. 8. Ebd. 830. 3 ℛ 12 g/

Blesson, J. Louis Urb., Befestigungskunst f. alle Waffen. 2. Bd. — A. u. d. T.: Grosse Befestigungskunst f. alle Waffen. 1. Abthl. Vorträge, gehalten auf d. K. P. Allg. Kriegsschule. 8. ($31^1/_2$ B. u. 6 Kpfrt. in qu. gr. Fol.) Berlin 830, Schlesinger.
1. Bd. Ebendas. 1821. 3 Thlr. 12 Gr.

Blesson, (Joh.) Louis (Urban), Befestigungskunst f. alle Waffen. 3. Bd. — A. u. d. T.: Geschichte d. Belagerungskrieges, od. d. offensiven Befestigungen. Eine Skizze. M. 2 Stnt. gr. 8. ($19^1/_4$ B.) Berlin 835, Schlesinger'sche Bh.
1. u. 2. Bd. Ebendas. 1821, 30. 7 Thlr.

— Beitrag zur Geschichte des Festungskriegs in Frankreich im Jahre 1815, oder Tagebuch eines Ingenieuroffiziers über d. Belagerung von Maubeuge, Landrecies, Marienbourg, Philippeville, Rocroy, Givet u. Charlemont ꝛc. M. Plän. aller genannt. Festungen ꝛc. gr. 8. Berl. 813. Duncker u. H. 3 Rthlr.

Blesson's, L., Beitrag zur Geschichte des Festungskriegs in Frankreich im Jahr 1815, oder Tagebuch eines Ingenieuroffiziers üb. d. Belagerung von Maubeuge, Landrecies, Marienbourg, Philippeville, Rocroy, Givet u. Charlemont ꝛc. Mit Planen aller genannten Festungen ꝛc. gr. 8. Berlin, Duncker und Humblot. 818.

Blesson, L(udwig). Betrachtungen über die Befugniß des Militairs an politischen Angelegenheiten des Vaterlandes Theil zu nehmen. Berlin 1811. 116 S. 8.

— Betrachtt. über die Befugnisse des Militärs, an polit. Angelegenheiten des Vaterlandes Theil zu nehmen. 8. Berl. 821.

—— Betrachtungen üb. mehr. Gegenstände d. Kriegs-Philosophie, s.a. Betrachtungen.

Blesson, L. Betrachtungen über mehrere Gegenstände der Kriegsphilosophie, welche die Aufmerksamkeit unserer Zeitgenossen verdienen. Geschrieben im Jahre 1825. Aus den Papieren eines Generals herausgegeben von L. Blesson. (VI. 291) 8. M. 2 Plän. Berlin 1835. 5,00.

— die Bewässerung der Straßen Berlins, s. Baeyer, J. J.

Blesson, L(ouis), die Bürgerwehr, in Berlin vom 2. bis 15. Juni, s.a. Bürgerwehr.

(Blesson, L.) Die Bürgerwehr in Berlin v. 2. 15. Juni 1848. (112) 8. M. 2 Plän. Berlin 1848. 2,00.

(Blesson, Johann Ludwig Urbain.) Die berliner Bürgerwehr. Drei Hefte (2. 4. 10.) des Soldatenfreundes. Jahrgang 19. Berlin 1851, 52. 8.

Blesson, L. (Red.), s. Bürgerwehr-Zeitung.

— Geschichte der großen Befestigungskunst. Eine Skizze. Mit 1 Kpft. gr. 8. Berl. 830. Schlesinger. 20 Gr.

Blesson, L. Geschichte der grossen Befestigungskunst. (IV. 137) 8. M. 1 Taf.. Berlin 1831. 2,50.

Blesson, L. Geschichte des Belagerungskrieges oder der offensiven Befestigungen. (XXI. 283) 8. Berlin 1835.

— über Gewerks-Ordnungen u. Gewerbefreiheit. 8. Berl., Posen u. Bromb. 832. Mittler. 8 Gr.

Blesson, J. L. U.: Histoire de la guerre des Alliés contre la France en 1813 et 14. 4°.– Berl. 1824.

— die Lehre vom graphischen Defilement. Mit 2 Kpft. 8. Berl. 828. Schlesinger. 18 Gr.

Blesson. Ueber Magnetismus und Polarität der Thoneisensteine und über deren Lagerstätte in Oberschlesien und den Baltischen Ländern. Berlin. 1816. 8.

— über Magnetismus u. Polarität d. Thon-Eisensteine u. über deren Lagerstätte in Ober-Schlesien u. den Baltischen Ländern. 8. Berl. 817. Schlesinger. 16 Gr.

—— Militair-Literatur-Zeitung, s.a. Militair-Lit.-Zeitung.

Militär-Literatur-Zeitung. Gegründet von C. v. Decker und L. Blesson. (Fortsetzung.) Jahrg. 77—85. (9 Bde.) 4. Berlin 1896—1904.

— s. Napoleons Feldzug.

— die Renten-Versicherungs-Anstalten und deren Bedeutung für Mit- und Nachwelt. gr. 8. Berlin, Posen u. Bromberg 840. Mittler. 2/3 Rthlr.

Blesson, (J.) Louis, (Urb.), die Renten-Versicherungs-Anstalten u. deren Bedeutung für Mit- und Nachwelt. 2. Aufl. gr. 8. Berlin 841, Mittler. 2/3 Rthlr.

(Blesson, L.) Offenes Sendschreiben an die Mitglieder des Preuß. Hauses der Abgeordneten von einem Freiwilligen d. J. 1813. Berlin 1860. 8°. (Verm. Jähns.)

Blesson, (Louis). Der wahre Soldatengeist. Berlin 1840. 16 S. 8.

—— Suum cuique oder Beleuchtung der Schrift: Der Kriegsminister in der letzten Krisis. Von einem preuß. Patrioten gr. 8. (48 S.) Berlin 851, Schneider und Comp. *

Blesson, L, Suum cuique od. Beleuchtg d. Schrift: Der Kriegsminist. in d. letzten Krisis. 8. (48) Berl. 51, Weber. n. — 5

Blesson, Louis, Suum cuique od. Beleuchtung der Schrift: Der Kriegsminister in der letzten Krisis. Von einem Preußischen Patrioten. gr. 8. (48 S.) Berlin 852, Schneider & Co. n. 1/6 Rthlr.

—— Uebersicht d. Befestigungskunst. Als Leitf. z. Ausarbeit. v. Heften u. z. Ersparung aller Dictate in Vorträgen. Nach d. Befestigungskunst f. alle Waffen bearb. 2. Hft. Große Befestigung. 8. (5¼ B.) Berlin 834, Schlesinger.
1. Hft. Ebendas. 1827. 10 Gr.

— s. Zeitschrift für Kunst, Wissenschaft u. Geschichte des Krieges.

Blest, Pollchron; Sonn- u. Feyertagspredigten. 4. Augsb. Wolf. 716.

Bletry oder die unbekannte Leiche, s. Gerichtshalle.

Bleudorn, Julius [pr. Arzt aus Treptow a. Rega]: Beiträge zur Aetiologie des Fruchttodes in der Geburt . . . Marburg, Buchdr. Fr. Sömmering, 1889; 31 + 1 S. 8°
Marburg, Med. Fak., Inaug.-Diss. v. [4. Jul.] 1889

(Bleuel, Georg [Forstpraktikant]): Ueber den Einfluß des Streuentzugs auf die Massen-Produktion des Holzes in Rotbuchenbeständen des Spessarts. (1. Th. v.: „Ueber . . . Massen- u. Güte-Produktion . . .") Würzburg, Steib'sche Druckerei, 1891; 41 S. 8°
München, Staatswirtsch. Fak., Inaug.-Diss. v. 1891

v. Bleuel, Jh. Hnr. Reichs-Frhr., († d. 21. Sept. 1807.) s. Samml. geogr.-statist. Beiträge,

Bleul, Reichsfreiherr v. Sammlung der geographisch-statistischen und hierarchisch-publicistischen Beyträge über das vormalige Erzstift und nunmehrige Herzogthum Salzburg. 8. Salzburg 1806.

Bleuland, Jan
— descriptio Musei anatom. Acad. Rheno-Trajectinae. 4 maj. Utrecht 826. Altheer. (Fr. Fleischer in Lpz.) 4 Rthlr.

Bleuland, Jan: Experimentum anatomicum, quo arteriolarum lymphaticarum existentia probabiliter adstruitur... 36 S., gbd., 1 Taf.

Lugduni Batavorum: Honkoop 1784

JB 777

Bleuland, J, experimentum anatomicum. 4 maj. Leyden 785, (Luchtmans). 18 Gr.

— Icon tunicae villosae intestini duodeni. 4 maj. Utrecht 790. (Weidmann in Leipz.) 1 Rthlr. 8 Gr.

Bleuland, (J.,) Icones anatom.-patholog. partium corporis humani, quae in descriptio Musei acad. Rheno-Traject. inveniuntur. Fasc. I. 4 maj. Utrecht 826, Altheer. (Lipsiae, Fr. Fleischer.)

— Icones anatom. physiolog. partium corporis humani et animalium, quae in descriptione Musei acad. Rheno-Traject. inveniuntur. Fasc. I et II. 4. Utrecht 827. Altheer. (Leipz., Fr. Fleischer). 6 Rthlr.

— observ. anatom. medicae de sana et morbosa oesophagi structura; c. fig. 4 maj. Leyd. 785. (Luchtmans). 2 Rthlr.

— Rede zur Empfehlung des Andenkens an H. D. Gaubius. Aus d. Latein. v. J. H. Scheller. 8. Stend. 794. Franzen u. Gr. 2 Gr.

— anatom. u. medicin. Schriften über einige Krankheiten d. Verdauungswerkzeuge. Aus d. Latein. 8. Bresl. 801. J. F. Korn. 10 Gr.

Bleuland, Jan: Tractatus de difficili aut impedito alimentorum ex ventriculo in duodenum progressu, observationibus clinicis atque tabulis anatomico-pathologicis illustratus. 144 S., gbd., 4 Taf.

Lugduni Batavorum: Honkoop 1787

JB 1.856

— de difficili aut impedito alimentor. ex ventric. in duodenum processu etc. 4maj. Leyd. 788. (Luchtmans). 2 ₰

— vasculorum in intest. tenuium tunicis subtilior. anatom. oper. detegend. 4 maj. Düsseld. 797. Dänzer. 2 ₰ 6 gl

Bleule, Mathilde, im stillen Hafen, — der Küster v. Monaghan, — die Rose der Algonquin, } s.: Familien-Bibliothek.

Bleuler, R. Zimmermann und G. Schönholzer. Drei Reden gehalten bei der feierlichen Einsetzung des Hrn. Pfarrer G. Schönholzer in der Kirche zu Neumünster am 5. Juli 1891. (Nach stenographischer Aufnahme.) In-8°. 17 S. Zürich, Verlag des Stenograph. Bureau. 1891? — 25

Bleuler (Hrsg.), s. Zeitschrift für die schweizerische Artillerie.

Bleuler, E: Dementia praecox od. Gruppe d. Schizophrenien, s: Handbuch d. Psychiatrie.

— Die Psychoanalyse Freuds. Verteidigg u. krit. Bemerkgn. [Aus: „Jahrb. f. psychoanalyt. u. psychopatholog. Forschgn".] (110) gr8° Wien, F Deuticke '11. 2.50

Bleuler, Eugen

Bleuler, Eug., Affektivität, Suggestibilität, Paranoia. (144 S.) gr. 8. Halle 906. C. Marhold. n. 3. —

Bleuler, E.: Alkohol in öffentlichen Anstalten und in der Wohltätigkeit. Ein Vortrag. Internat. Mschr. z. Bekämpf. der Trinksitten. 207—275 u. 311—314. Basel. 1894. Sep.-Abdr. 8°. 11 S. Basel. 1895.

Bleuler, Eug., Alkohol in öffentl. Anstalten u. i. d. Wohlthätigkeit. Vortrag. Hrsg. v. Verein z. Bekämpfg. d. Alkoholgenusses. 8. (11 S.) Basel 895 (Spalenvorst. 14), Schriftstelle d. Internat. Ver. z. Bekämpfg. d. Alkoholgenusses. n.n. — 10

Bleuler, Eugen. Alkohol in öffentlichen Anstalten und in der Wohlthätigkeit. Ein Vortrag. [Neudruck.] II + 14 S. 8. Basel, Schriftstelle des Alkoholgegnerbunds (Fr. Reinhardt, [1901]). fr. —. 10
Alkoholgegnerbund. (Internationaler Verein zur Bekämpfung des Alkoholgenusses.) [Flugschriften.] Nr. 18.

Bleuler, Eugen. Alkohol in öffentlichen Anstalten und in der Wohltätigkeit. Ein Vortrag. Neue, durchgesehene Aufl. 5.—6. Tausend. IV + 12 S. 8. Basel, Schriftstelle des Alkoholgegnerbundes (Friedrich Reinhardt, VII. [19]06). fr. —. 10
[Alcoholgegnerbund.... Flugschriften.] Nr. 18.

— D. allgem. Behandlung d. Geisteskrankheiten. (Erweit. Antrittsvorles.) gr. 8. (46 S.) Zürich 898. Meyer & Zeller. n. — 80

Bleuler, E: Die allg. Behandlg. d. Geisteskrankh. 8° (46) Zür. 98. E Rascher. — 80

Bleuler, E[ugen]. Zur Behandlung Gemeingefährlicher. Von Dr. med. E. B',... Zürich-Burghölzli. 8.
In: Monatsschrift für Kriminalpsychologie und Strafrechtsreform, ... hrg. von ... Gustav Aschaffenburg... Jahrg. 1. Heft 2. Heidelberg, Winter, 1904. (M. 2. —.) S. 92—99.

Bleuler, E., s.a. Dulden.

Bleuler, E[ugen]. «Dulden». Aus der Lebensbeschreibung einer Armen. Hrg. von Prof. E. B', Direktor der Irrenanstalt Burghölzli in Zürich. 55 S. 8. München, Ernst Reinhardt, (1910). [M. —. 50]

— unbewusste Gemeinheiten. Ein Vortrag. (40 S.) gr. 8. München 905. E. Reinhardt. n. — 50

— dasselbe. 2. Aufl. (3.—5. Tauf.) (36 S.) gr. 8. Ebd. 906. n. — 50

— s.: Jahrbuch f. psychoanalyt. u. psychopathol. Forschgn.

— Die Lehre v. Verbrecher. [Aus: „Aerztl. Monatsschr."] gr. 8. (11 S.) Leipzig 896. H. Hartung & Sohn. n. — 50

— Die Lehre v. Verbrecher. 8° (11) Lpzg 96, H Hartung & S. — 50

Bleuler, Eug., und Karl Lehmann, zwangsmässige Lichtempfindungen durch Schall und verwandte Erscheinungen auf dem Gebiete der andern Sinnesempfindungen. gr. 8. (VII, 96 S. mit 2 Tab.) Leipzig 881, Fues's Verlag. * 3 —

— D. geborene Verbrecher. E. krit. Studie. gr. 8. (IV, 89 S.) München 896. J. F. Lehmann's Verl. n. 4. —

[Bleuler, Eugen.] Wie soll man Trinker behandeln und heilen? 8 S. 8. [Burghölzli-Zürich, Druckerei der Irrenheilanstalt, 1903.] [fr. —. 05]

Bleuler, E[ugen]. Wie soll man Trinker behandeln und heilen? 8 S. 8. (Basel, Schriftstelle des Alkoholgegnerbundes, Friedr. Reinhardt, VI. [19]06.) (fr. —. 05)
[Alcoholgegnerbund.... Flugschriften.] Nr. 44.

Bleuler, H.: Artilleristische Notizen..., s. Bleuler, Hermann

Bleuler, H. Rede gehalten bei der Beerdigung von K. Kappeler. Zürich 1888.

(Bleuler, [Hans Conrad].) Mittheilungen über Entstehung und Entwicklung der Kirchgemeinde Neumünster, zusammengestellt im Auftrage der Gemeinnützigen Gesellschaft von ihrem Chronikschreiber. Mit einer Vorbemerkung des Gesellschaftsaktuars J J[acob] Schälchli. [Mit 1 Tafel und 1 Vignette.] 4. Zürich 1875.

[Bleuler, Hermann.] Chronologische Aufzählung der für die schweizerische Artillerie wichtigeren Momente (1802–1875) s. [Bürkli-Meyer, Adolf.] Die Schweizer im Dienste der holländisch-ostindischen Compagnie. (Zürich.)

(Bleuler, H[ermann].) Bericht über die Studien und Versuche für Neubewaffnung der Artillerie 1901—1903. 61 S. 8. Bern, Haller, 1903.

Bleuler, H.: Kenntnis von Material... der schweiz. Artillerie, s. Wild, L.

(Bleuler, H.) Artilleristische Notizen über die Belagerung von Straßburg 1870. Frauenfeld 1871. 8°. (Aus: Zeitschr. für schweiz. Art.)

Bleuler, Johann Ludwig s. Zschokke, E[mil]. Die Rheingegenden. Schaffhausen — Zschokke, Em[il]. Voyage pittoresque des bords du Rhin. (Strasbourg.)

Bleuler (L.). — Collection des costumes de la Suisse et de ses pays limitrophes, d'après *F. Junghans*, par *L. Bleuler* à *Schaffhouse*, s. d. (vers 1810). In-18 carré (99 s. 92).
Titre et 24 planches à plusieurs personnages, gravés et coloriés. Il y a 53 costumes dont 33 de femmes. L'avant-dernière planche donne un costume de la Forêt-Noire; la dernière, un costume du Tyrol.

— Malerische Reise von Freiburg in Brisgau...
Album ou Voyage pittoresque pris sur la route de Freiburg par la forêt noir (*sic*), Donaueschingen jusqu'à Schaffhouse. Publié par *L. Bleuler* à *Schaffhouse* en Suisse. In-4° oblong.
14 pl. dont 13 en couleurs (la 13e est en noir).

— Souvenirs de la Suisse. *Schaffhouse*, *L. Bleuler*. *S. d.* (v. 1820), petit in-f° oblong.
Titre et 35 pl. en coul. gravées à l'aquatinte. 26 pl. en noir d'après *Weber*, *Biff*, *Hurlimann*, *Le Grand*, etc.

Bleuler, L., et Federly, Voyage pittoresque des bords du Rhin, dessiné. ... Gravé par Hurlimann, Hemely etc.; et accompagné d'un texte explicatif trad. librement sur le ms. allemand de E. Zschokke, par C. F. Girard. Schafhouse [1845?] 8. (Hr. Mus.)

— Vues pittoresques de la Suisse — Picturesque views of Switzerland — Malerische Ansichten der Schweiz. Publiées par *Louis Bleuler, au Château de Laufen*, près de la chute du Rhin à *Schaffhouse*, en Suisse. (Vers 1830.) In-4° oblong.
Vignette de titre (Erable près de la chapelle de St-Anne à Trons), et 21 planches à l'aquatinte, gravées par *J. Hurlimann*, *Weber*, la plupart non signées.

Bleuler, Louis s. Bleuler, Johann Ludwig.

Bleuler, Richard, von Riesbach [Kt. Zürich]: Klinische Beobachtungen über Pneumonie. Zür. Zürcher u. Furrer Dr. 1865. 52 S. 8°.
Zürich, Med. Diss. [v. 1. März 1865].

Bleuler, W: Die Organisation d. Zürcher Effektenbörse u. d. Entwurf z. neuen Börsengesetz, s: Mitteilungen a. d. handelswissenschaftl. Seminar d. Univ. Zürich.

Bleuler-Hausheer, S., der Elternmörder Furrer, seine That und seine Begnadigung. Ein Beitrag zur Frage der Todesstrafe. gr. 8. (82 S.) Winterthur 864. (Zürich, Verlags-Magazin.) *

Bleuler-Hüni, C[onrad]. Das Etzelwerk. Vortrag gehalten ... am 1. Dezember 1903 vor ... der Kaufmännischen Gesellschaft Zürich. 8.
Ausg. A: 30. Jahresbericht der Zürcher Handelskammer.... 1903. Zürich, Selbstverlag der Z' H' (Buchdr. Berichthaus), 1904. (Anhang:) S. 33—64.
Ausg. B: sep. 32 S. Zürich, Berichthaus, 1903.

Bleuler-Hüni, C[onrad]. Die Versorgung des Kts. Zürich mit elektr. Kraft, unter besonderer Berücksichtigung der projektierten Wasserwerkanlagen am Rhein und am Etzel. Vortrag, gehalten in der Delegiertenversammlung des Handwerks- & Gewerbevereins des Kantons Zürich am 4. Oktober 1903 in Wetzikon. 45 S. 8. Zürich, Dr. der Neuen Zürcher Zeitung, 1903.

Bleuler-Hüni, C. Die Wasserrechtsverhältnisse an der Linth, am Löntsch und an den Quellenbächen im Unterland und Vorschläge zu deren Verbesserung. Glarus 1887. fol.

Bleuler-Waser, Hedwig. Zur Diskussion der Grundfragen (einer neuen sexuellen Ethik). 8.
In: «Mutterschutz». Zeitschrift zur Reform der sexuellen Ethik.... Jahrg. 1. 1905. Heft 7. Frankfurt a/M., J. D. Sauerländer. M. —. 60. S. 279—284.

Bleuler-Waser, Hedwig. Das Fest des Fischerkönigs. Ein dramatisches Spiel zur Sommerfahrt des Lesezirkels Hottingen nach der Ufenau und Rapperswyl. 46 S. 8. Zürich, Verlag des Lesezirkels Hottingen, 1901. [fr. 1.—]

[Bleuler]-Waser, Hedwig: Wir Frauen gegen den Alkohol. Ansprache, geh. a. 3. schweizer. Abstinententag. 3.-5. Taus. — Basel: Alkoholgegnerbund [1902]. 14 S. 8° (Alkoholgegnerbund. [Flugschriften.] Nr 15.)
1. Aufl. nicht ermittelt.
6.-8. Tausd. [1904].
9.-12. Tausd., neue durchges. Aufl. [1906].

(Bleuler-Waser, Hedwig:) Ein Frauen- und Volksfeind. (Hrsg. v. Schweiz. Bund abstinenter Frauen.) — Zürich: Bachmann-Gentsch [1908]. 12 S. 8°

Bleuler-Waser, Hedwig. Die Früchtekinder und der böse Zwerg. Jugendspiel in vier Akten. [Mit Noten.] 34 S. 8. Zürich, Berichthaus, 1903.
Ausg. A: [fr. —. 30]
Ausg. B: [Mit illustriertem Umschlag.] [fr. —. 50]

Bleuler-Waser, Hedw., die Früchtekinder u. der böse Zwerg. Jugendspiel in 4 Akten. (34 S.) schmal gr. 8. Zürich 903. (Hofer & Co.) n. — 30
m. farb. Titel n.n. — 50

— dasselbe. (Uebersetzung der beiden Dialektszenen ins Schriftdeutsche.) (10 S.) schmal gr. 8. Ebd. 903. — 40

Bleuler-Waser, Hedw.: Die Früchtekinder u. d. böse Zwerg. Jugendspiel. (30) 8° Hambg. (Deutschlds Grossloge II) ('11). — 40 d

Bleuler-Waser, Hedwig. Ueber Ricarda Huch. [Mit Porträt-Tafel.] 39 S. 8. Berlin und Leipzig, Verlag der Frauen-Rundschau, Schweizer & Co., [1904]. (M. —. 50)

— Jugenderziehg u. Alkoholfrage. Vortr. (15) gr8° Berl. '04. Schönbg-Berl., Verl. Lebensreform. — 25

— Jungmädchenart, s: Flugschrift d. Dürer-Bundes.

Bleuler-Waser, Hedw., Leben u. Taten des Lesezirkels Hottingen. Von seiner Geburt bis zu seinem 25. Altersjahre 1882—1907 erzählt. (V, 199 S. m. 29 Beilagen.) gr. 8. Zürich 907. Lesezirkel Hottingen.
Geb. in Leinw. nn 8. —

Bleuler-Waser, Hedwig. Leben und Taten des Lesezirkels Hottingen(-Zürich) Von seiner Geburt bis zu seinem 25. Altersjahre, 1882—1907, erzählt von H' Bl'-W', hrg. und verlegt von ihm selber. ([Mit] Vignetten [gezeichnet von] Carl Rösch in Diessenhofen, [22 Tafeln und 7] Faksimilebeilagen.) VIII + 199 S. kl.-4. Zürich (Druck: Dr. Gustav Grunau, Bern), im Jahr 1907. [geb. für Mitgl. fr. 5.—, im Buchh. 10.—]

— D'Pfarrwahl z' Nientike. Dialektspiel. (22) 8° Aar., HR Sauerländer & Co. '13. — 60 d

Bleuler-Waser, Hedwig. Von Pflanzen, Tieren und Menschen. Ein Büchlein für Kinder vom 8. bis 12. Altersjahr. Zusammengestellt von Dr. H' B'-W', illustriert von Margarete Goetz.... Hrg. vom schweiz. Verein abst. Lehrer und Lehrerinnen. 1.—40. Tausend. 24 S. quer-8. Bern, Gustav Grunau, [1910]. [fr. —. 10]

Bleuler-Waser, Hedwig. De Strit ums Rütli. Dramatische Szene. (Aufgeführt an der Sommerfahrt des Lesezirkels Hottingen an den Vierwaldstättersee am 29. Juni 1902.) 15 S. 8. Zürich, Verlag des Lesezirkels Hottingen, 1902. [fr. —. 60]

Bleuler-Waser, Hedw., Ein neues Stück vom alten Kasperl. Illustriert v. Spyridon Sartoris. (80 S.) 8. Bern 911. G. Grunau. Geb. in Halbleinw. 2. —

— Weihnachtsspiele, s.a. **Schatzgräber, der. 52.**

Bleuler-Waser, Hedwig. Weihnachtsspiele. Hrg. vom Dürer-Bunde. 39 S. 8. München, Georg D.W. Callwey, [1910]. (M. —. 10)
(Der Schatzgräber. Hrg. vom Dürerbund. Nr. 52.)

Bleumer, H: Up mien Bessova sienen Hof. (152) 8° Papenbg. H Rohr ('12). L 2 — d

Bley: Britische u. deutsche Handelspolitik, s. Bley, Fritz

Bley, A., Eigla-Studien. (Recueil de travaux publiés par la faculté de philosophie et lettres de l'université de Gand.) (IX, 253 S.) gr. 8. Gand 909. Gent, E. van Goethem. nn 10. 80

Bley, Andr. Chn. (Nordhausen), De oratoriae genuina natura et indole. Präs. Joh. Dav. Dietrich (Quedlinburg). Wittenberg (Schroeder) 20. XII. 1724. 16 S. (4.—) 2889

Bley, C. H., neues, bereits bewährtes, einfaches u. leicht verständliches System der doppelten Buchhaltung m. fortlaufend allgemeiner, specieller u. vergleichender Vermögens- u. Betriebs-Uebersicht. Allgemeiner Thl., bearb. f. Geschäftsbetriebe v. weniger umfangreicher, v. umfangreicher u. von grosser bis unbegrenzter Ausdehng. gr. 4. (VII, 192 S.) Gera 889. C. H. Bley. geb. n. 7. 50

Bley, F., botanisches Bilderbuch für Jung und Alt, s. Bley, Franz

Bley, F., an's Herz d. Heimath, s. Bley, Fritz

Bley, Franz

Bley, Frz., botanisches Bilderbuch f. Jung u. Alt. 2 Tle. M. erläut. Text v. H. Berdrow. kl. 4. (XII, 96 S. u. 24 Taf. u. VIII, S. 97—192 u. 24 Taf.) Berlin [G. Schmidt]. Leipzig, F. Hirt & Sohn. Kart. à 4. 50

[F.] Botanisches Bilderbuch für Jung und Alt v. Franz Bley. M. erläut. Text v. H[erm.] Berdrow. Tl 1. 2. *Berlin: G. Schmidt 1897. 98.* 2 Bde 8.
1. Umfassend d. Flora d. ersten Jahreshälfte. 210 Pflanzenbilder in Aquarelldr. auf 24 Taf. 1897. (XI, 96 S., 24 Taf.)
2. Umfassend d. Flora d. zweiten Jahreshälfte. 210 Pflanzenbilder in Aquarelldr. auf 24 Taf. 1898. (VIII, 97—192 S., 24 Taf.) [98. 10315

(B) Bley, Frz., botanisches Bilderbuch. (KBL 31.) Jetzt: Bibliogr. Anstalt A. Schumann.

— Pomologisches Bilderbuch f. jung u. alt. Aquarelle u. Texte. (14 farb. Taf. m. 32 S. Text.) 19,5×29,5 cm. Gera 910. F. v. Zezschwitz. 4. 90

Die Flora des Brockens gemalt u. beschr. v. Franz Bley. Nebst e. naturhist. u. geschichtl. Skizze d. Brockengebietes (v. H[erm.] Berdrow). M. 9 Chromolith. Taf. *Berlin: Gebr. Borntraeger 1898.* (46 S., 9 Taf.) 1 Bd 8. [97. 433

— Die Flora d. Brockens, gemalt u. beschrieben. Nebst e. naturhistor. u. geschichtlichen Skizze d. Brockengebietes. 2. Aufl. gr. 8. (46 S. m. 9 farb. Taf.) Berlin 898. Gebr. Borntraeger. Geb. in Leinw. n. 3. —

Bley, Frz., die heimische Pflanzenwelt, in wichtigen Vertretern dargestellt. (2 Kurse à 3 Lfgn.) 1. Kurs. 1. Lfg. schmal hoch-4. (12 farb. Taf.) Mit Text. gr. 8. (II, 16 S.) Berlin 890. Hagelberg. (Leipzig, Köhler's Baar-Sort.) n. 2. 70; f. d. complete Werk: 75 Taf. n. 16. --

— Trauerspiele in der Tierwelt, s.: Projektions-Vorträge.

Bley, Fritz

Bley, F: Die alldeut. Bewegg u. d. Niederlande, s.a. Kampf, d., um d. Deutschtum.

[F.] Die alldeutsche Bewegung und die Niederlande. Von Fritz Bley. *München: J. F. Lehmann 1897.* (72 S.) 1 Bd 8.
— Kampf, Der, um das Deutschtum. H. 11. [97. 4146

Bley, Fritz, die Buren im Dienste der Menschheit. Vortrag, geh. im großen Musikvereins-Saale zu Wien, am 2. II. 1900, bei der v. deutschen Bürgern Wien's veranstalteten Buren-Sympathie-Kundgebg. gr. 8. (31 S.) Wien (900). F. Schalk. n. — 75

— u. Ant. Hoffmann, der Burenkrieg in Bild u. Wort. 1.—34. Aufl. gr. 4. (à 32 S.) München (901. 902.) J. F. Lehmann's Verl. n. 1. —

Circe. Roman von Fritz Bley. Dresden & Leipzig: Pierson 1892. 343 S. 8° A 12. 1358

Bley, Fritz, Circe. Roman. 8. (343 S.) Dresden 893. E. Pierson. n. 5. —; geb. n. 6. —

! Bley, F: Circe 91/95; Die Schwestern. Jetzt: Berl., Verl. Berlin-Wien.

[F.] Durch! Aus dem Leben des Königlich Preussischen Generals der Kavallerie Heinrich, Rudolf, Eduard, Wilhelm, Gottschalk v. Rosenberg. Von Fritz Bley. *Berlin: F. Fontane & C. 1897.* (IX S., 1 Bl., 258 S., 1 Portr.) 1 Bd 8. [97. 3720

— Durch! A. d. Leben d. kgl. preuß. Generals d. Kavallerie Heinrich, Rudolf, Eduard, Wilhelm, Gottschalk v. Rosenberg. 1. u. 2. Aufl. gr. 8. (XII, 258 S. m. Abb. u. Bildn.) Berlin 897/98. F. Fontane & Co. n. 5. —; geb. n. 6. 50; Lux.-Ausg. 7. 50

Bley, Fritz: Das Genie in demokrat. Erbpacht, s.a. Wertung.

Das Genie in demokratischer Erbpacht? Von Fritz Bley. Buchschmuck von Franz Staßen. Leipzig: Eckardt (1910). 21 S. 8° [Umschlagt.] (Wertung. 1910, H. 6.) [11. 414

— u. Max Grabein, britische u. deutsche Handelspolitik. Ein Mahnwort in ernster Stunde. gr. 8. (23 S.) Berlin (899). W. Süsserott. — 50

Bley, Fritz, an's Herz der Heimath! Erzählung. Mit 1 (lithogr.) Titelbilde von P. Janssen. 8. (V, 307 S.) Düsseldorf 888, Voß und Comp. * 5 —

Bley, F: Hochlandminne. Lieder a. Alt-Tirol. (254) 8° Berl., E Fleischel & Co. '02. 3 —; geb. 4 — d

— Hochlandminne. Lieder aus Alt-Tirol. 8. (VII, 254 S.) Berlin 902. F. Fontane & Co. n. 3. —; geb. n. 4. —

[F.] Horridoh! Waidmannsbilder u. Lieder v. Fritz Bley. *Berlin: F. Fontane & C. 1896.* (2 Bl., 155 S.) 1 Bd 8. [96. 1049

— der Kernpunkt der Polengefahr. gr. 8. (15 S.) Berlin 901. Gose & Tetzlaff. — 20
Sonderabdruck aus: „Deutsche Zeitschrift".

Bley, Fritz, moderne Kunst. Studien zur Kunstgeschichte der Gegenwart ꝛc. gr. 4. Leipzig 884. Gera, Koehler.
Ausg. mit Kpfrn. auf weißem Pap. *
Ausg. mit Kpfrn. auf chines. Pap. *

—— moderne Kunst. Studien zur Kunstgeschichte der Gegenwart unter besond. Berücksicht. der münchener, berliner und pariser Ausstellungen im J. 1883. gr. 4. (VI, 160 S. mit Illustr. in Holzschn., Radirung und Heliogravure.) Leipzig 884, Seemann. geb. * 20 —
Ausg. mit Kpfrn. auf chines. Papier * 25 —

— deutsche Pionierarbeit in Ostafrika. gr. 8. (VII, 140 S.) Berlin 891. P. Parey. n. 3. —

Bley, Fritz, die Schwestern v. Mbusini. Geschichtlicher Roman. (237 S.) 8. Dresden 904. E. Pierson. n. 2. 50 geb. n. 3. 50

(B) Die Schwestern v. Mbusini. 904. (KBL 33.) Jetzt: Berlin, Verlag Berlin-Wien.

— Südafrika niederdeutsch! s.a. Kampf, d., u. d. Deutschtum.

[F.] Südafrika niederdeutsch! Von Fritz Bley ... *München: J. F. Lehmann 1898.* (72 S.) 1 Bd 8.
— Kampf, Der, um das Deutschtum. H. 17. [98. 6760

Bley, Fritz. Südafrika Niederdeutsch. Der Kampf um das Deutschtum series, no. 17. Munich, 1899.

Bley, F.: Die Weltstellung des Deutschtums, s.a. Kampf, Der, um das Deutschtum.

Bley, Fritz: Die Weltstellung des Dtm. — Mchn.: Lehmann 1897. 48 S. (Der Kampf um das Dtm. H. 1.)

— s.: Zeitfragen.

Bley, Frz.: Pomologisches Bilderbuch ..., s. Bley, Franz

Bley, Georg F., Die Thurmuhr des Berliner Rathhauses, gebaut 1870 von Johann Mannhardt in München. Halle a. S. 1894.

Bley, Geo. F., wozu dient dem Schiffer das Chronometer? Gemeinverständliche Abhandlg. üb. die Hilfsmittel der Nautik. [Aus: „Journal d. Uhrmacherkunst".] gr. 8. (24 S. m. Fig.) Halle 893. W. Knapp. n. — 60

Bley, J. C. H., Beitrag zur Anschlussfrage der niederländischen Nordbahn an die hannoversche Westbahn. gr. 8. (36 S.) Oldenburg 862, (Schulze'sche Buchh.) *

Bley, J. C. H., Beitrag zur Handelspolitik der Niederlande und die Behandlung deutscher Schiffe in holländischen Häfen. gr. 8. (48 S.) Oldenburg 860, (Schulze'sche Buchh.) *

Bley, J. C. H., die Politik der Niederlande in ihren Beziehungen zu Japan. gr. 8. (59 S.) Oldenburg 855, Schulze'sche Buchh. Thlr. *

Bley, Josef, a. Coblenz, z. Zt. Medizinalpraktikant am Allgemeinen Krankenhaus Mannheim: Aus der Frauenklinik zu Gießen. Beitrag zur Lehre der Retroflexio uteri gravidi incarcerata. Mannheim 1908: H. Haas. (34 S.) 8°

Gießen, Med. Fak., Ref. Pfannenstiel, Diss. v. 3. Juli 1908

[Geb. 2. Aug. 82 Coblenz; Wohnort: Mannheim; Staatsangeh.: Preußen; Vorbildung: Realgymn. Coblenz Reife O. 02; Studium: Bonn 2, Kiel 1, Bonn 2, München 2. Berlin 1. Gießen 2 S.; Coll. 6. Mai 07; Approb. 30. April 08.]

Bley, Ludwig Franz

Bley, Ludw. Frz., Archiv d. Pharmacie, s. Archiv.

Bley, Ldw. Frz., die neuen Preuss. u. Sächs. Arznei-Taxen, gewürdigt aus dem Standpunkte rationeller Pharmacie, nebst Bemerkk. über Arznei-Taxen überhaupt u. e. Vorschlage zu e. Arznei-Taxe, dem jetzigen Standpunkte d. Medicin u. Pharmacie etc. Mit Berücksicht. d. Geiger'schen u. Razen'schen Grundsätze. gr. 4. Leipz. 1833. (1832). Cnobloch. 1 Thlr.

Bley, Ludw. Franz, und H. Wackenroder, über die Ausbildung der Pharmaceuten, s. Wackenroder.

Bley, L(udw.) F(ranz), und G. F. Walz, neue Denkschrift über die nothwendigen Reformen der pharmaceut. Verhältnisse in Deutschland insbesondere in den Staaten, in welchen sich der norddeutsche und der süddeutsche Apothekerverein verbreitet hat. Im Auftrage des Directoriums dieser Vereine verfasst. gr. 8. (03 S.) Hannover 851, Hahn'sche Hofbuchh. * -

– s. F i s c h e r , Julius Wilhelm Christian: Handbuch der pharmaceutischen Praxis . . .

Ludw. Franz Bley Fortschritte und neue Entdeckungen im Gebiete der Chemie und Pharmacie und der damit verbundenen Hülfswissenschaften. [*Etiam sub titulo*: Versuch einer wissenchaftlichen Würdigung der Chemie und Pharmacie auf ihrem jetzigen Standpuncte oder Beleuchtung der Frage: Was haben diese Wissenschaften seit Ende des 18. Jahrhunderts geleistet.] 1. Bd. 1—4. Heft. 2. Bd. 1. 2. Heft. Halle 1834—1836. 8.

—— Fortschritte u. neue Entdeckungen im Gebiete d. Chemie u. Pharmacie u. d. damit verbund. Hülfswissensch. f. Chemiker, Apotheker etc. I. Abthl. — A. u. d. T.: Versuch e. wissenschaftl. Würdigung d. Chemie u. Pharmacie auf ihr. jetz. Standpuncte, od. Beleuchtung d. Frage: Was haben diese Wissenschn. seit Ende d. 18. Jahrh. geleistet? Zugleich als Beitr. z. Gesch. dies. Wissenschn. 1. Bd. 1. u. 2. Hft. gr. 8. (12 u. 10 B.) Halle 834, 85, Kümmel. à Hft. 18 Gr., Schrbp. 20 Gr., Vlnp. Thlr.

Bley, Ludw. Franz, Fortschritte u. Entdeckungen im Gebiete d. Chemie u. Pharmacie u. d. damit verbund. Hülfswissensch. f. Chemiker, Apotheker, Techniker etc. 1. u. 2. Bd. à 4 Hfte. — A. u. d. T.: Versuch ein. wissenschaftl. Würdigung d. Chemie u. Pharmacie auf ihren jetzigen Standpuncten, od. Beleucht. d. Frage: Was haben diese Wissenschaften seit Ende d. 18. Jahrh. geleistet? Zugleich als Beitr. z. Geschichte dieser Wissenschaften. 1. u. 2. Bd. à 4 Hfte. gr. 8. Halle, Kümmel. [1. (40¾ B.) 835., 2. (34½ B.) 838. à 3 Thlr.]

Bley, Ldw. Frz., das Leben und Wirken von Rud. Brandes in besond. Beziehung auf seine Verdienste um die Pharmacie u. den Apotheker-Verein in Norddeutschland geschildert. gr. 8. Hannover 844, Hahn'sche Hofbuchh. ⅓ Thlr.

— die Nothwendigkeit der Vertretung der Pharmacie bei den Medicinal-Behörden. Mit e. Nachschrift Seitens des Directoriums des Apotheker-Vereins im nördl. Deutschland. (Abdruck aus d. Archiv d. Pharmacie.) gr. 8. Lemgo 838. Meyersche Hofbuchh. ⅓ Thlr.

Bley, Ludw. Frz., Taschenbuch f. Aerzte, Chemiker u. Badereisende, die Bestandtheile u. phys. Eigenschaften d. vorzügl. Mineralquellen Deutschlands, d. Schweiz u. angränz. Länder nach d. neuesten u. besten Analysen ders. enthalt. M. e. Vorw. v. J. B. Trommsdorff. gr. 12. (21½ B.) Leipzig 831, Cnobloch.

—— die Zuckerbereitung aus Runkelrüben, in ihrer Bezieh. zur deutschen Landwirthschaft. 1. Aufl. (7⅞ B.) 830. ⅝ Thlr., 2., mit Rücksicht auf d. neuesten Erfahrn. verm. Ausg. Nebst e. Anh. üb. d. grosssprech. Anpreisungen d. geheimnissvollen Zier-Hahnewald-Arnoldi'schen Runkelrüben-Zuckerfabrication, v. Frz. Wilh. Schweigger-Seidel. In d. 2. Ausg. verm. m. e. Nachschreiben, d. Erwiderungen d. Gegner betreff., als Schlusswort in dieser Sache. M. 2 Kpfrt. u. e. Preiscourant d. Bähr'schen Maschinen-Modelle. gr. 8. (14 B.) Halle 836, Anton.

Bley, Oscar [aus Alt-Festenberg in Schles.]: Ist es gerechtfertigt eine Coniunctivitis follicularis von einer C. granulosa zu trennen? . . . Greifswald, Druck v. J. Abel, 1891; 26 S. 8°

Greifswald, Med. Fak., Inaug.-Diss. v. 16. Jun. 1891

Bley, Paul [Assistenzarzt an d. Kgl. Psychiatr. Klinik in Greifswald]: Was ist geisteskrank nach deutschem Recht? . . . Greifswald, Druck v. J. Abel, 1894; 27 S. 8.

Greifswald, Med. Fak., Inaug.-Diss. v. 5. Nov. 1894

Bleyenstein, H. B., die Historie unsers Heilandes Jesu Christi, aus d. vier Evangelisten zusammengetragen u. zum Besten d. Jugend in Fragen gebracht. 8. Basel 822. Schweighäuser. 1 K

Bleyer, s.: Handbuch des österreich. Automobil-Club.

Bleyer, Alfred: † Professor Dr. Emerich Pantl. Nachruf. 1 Bl. 8.

Progr.

Bleyer, A[lfred]: † Professor Christian Purner. Nachruf. S. 18 bis 20. 8. **Progr.** K. k. Staats-Gymn. *Innsbruck* 1906.

Bleyer, Alfred: Giulio Carcanos Romane und Prosanovellen. S. 1—27. 8. **Progr.** K. k. Staats-Gymn. *Innsbruck* 1902.

Bleyer, Ed.

Bleyer, E., s. a. Macht, die geistliche, des Papstes.

Bleyer, Ed., Die geistliche Macht des Papstes u. die weltgeschichtliche Bedeutung ihres neuerdings angekündigten Sturzes. St. Gallen, Scheitlin u. Zollikofer, 1850, 8°, 19 S., 40 Pf.

Bleyer, Ernst

Festrede zur Feier des hundertjährgen Bestehens der Städte-Ordnung geh. am 19. Nov. 1908 vom Stadtverordn.-Vorsteher Dr. [Ernst] Bleyer. Elbing: Sannier 1908. 12 S. 8° (09. 3073) 10

Bleyer, Ernst, Magenepithel u. Magendrüsen der Batrachier. Inaugural-Dissertation. gr. 8. (33 S.) Königsberg 874. (Leipzig, Kessler.) n. 1. 20

Bleyer, Josef

Bleyer, Jos., das bayerische Disziplinargesetz f. richterliche Beamte vom 26. III. 1881 in der seit dem 1. I. 1909 geltenden Fassung. Textausg. m. Anmerkgn. (VI, 164 S.) kl. 8. München 910. C. H. Beck. Geb. in Leinw. 2.50

— Das bayerische Fischereigesetz vom 15. VIII. 1908 nebst der Landesfischereiordnung vom 23. III. 1909 u. den sonstigen Vollzugsvorschriften. Handausg. m. Erläutergn. (VIII, 288 S.) 8. München 909. J. Schweitzer Verl. Geb. in Leinw. 5. 40

— Das bayer. Fischereigesetz v. 15. 8. '08, nebst d. Landesfischereiordng v. 23. 3. '09 u. d. sonst. Vollzugsvorschriften. Handausg. m. Erläutergn. 2. Afl. (Schweitzer's Handausg. m. Erläutergn.) (8, 310) 8° Münch., J Schweitzer V. '12. L 5.60 d

— Sammlung v. Staatsverträgen üb. Angelegenheiten der Rechtspflege u. der Justizverwaltung. Textausg. m. alphabet. Sachregister. (XII, 339 S.) kl. 8. München 910. C. H. Beck. Geb. in Leinw. 3. 50

Bleyer, S., Lesebuch zu den stenografischen Schreibheften nach Gabelsbergers Sistem. 1. Heft. 860. — 2. Aufl. 861. — 3. verb. u. verm. Aufl. Prag 861. Lehmann. 8. (44 lith. S.) n. 10 ngr.

Bleyer, S, Leseb. zu d. stenogr. Schreibheften. 1. Hft. 3. Afl. 8. (44) Prag 61, Calve. *n.* — 10 || 2. Hft. (64) *n.* — 16

Bleyer, S., Lesebuch zu den stenographischen Schreibheften nach Gabelsbergers Sistem. 1. Heft. 1—3., verb. Aufl. 8. (44 lithogr. S.) Prag 861, Lehmann. Thlr. *

— — 2. Heft. Ebend. 861. 8. (64 lith. S.) n. 16 ngr.

Bleyer, S., Lesebuch zu den stenografischen Schreibheften nach Gabelsberger's System. 1. Hft. 5. verb. Aufl. Prag 868. Calve in Comm. 8. (44 S.) n. 12 ngr.

Bleyer, S., Lesebuch zu den stenographischen Schreibheften nach Gabelsberger's System revid. von C. Lang. 1. Heft. 6. verb. Aufl. 8. (44 S.) Prag 870, Calve'sche Universitäts-Buchh. *

—— Lesebuch zu den stenografischen Schreibheften nach Gabelsberger's System. 1. Thl. 7. im Auftrage des deutschen Stenografenvereins zu Prag von J. Guckler revid. und verb. Aufl. 8. (32 lithogr. S.) Ebendas. 877. *
—— dass. — 2. Thl. 6. Aufl. 8. (64 lithogr. S.) Ebendas. 871. *

— stenografische Schreibhefte nach Gabelsberger's Sistem. Ein Hilfsmittel in kürzester Zeit stenografisch schreiben u. lesen zu lernen. 1—5. Heft. (à 12 lith. S.) Prag 859, 60. Calve in Comm. qu. 4. Jedes Heft n. 6 ngr.

—— stenogr. Schreibhefte. 6 Hfte. qu. 4. Ebd. n. 1. 12
1. u. 2. Hft. (à 12) 59. à n. – 8 || 3. u. 4. Hft. (à 12) 60. à n. – 8 || 5. Hft. (12) 60. n. – 8 || 6. Hft. (16) 61. n. – 8

— — 6. Heft. Prag 862. Lehmann. qu. 4. (16 lith. S.) n. 8 ngr.

—— stenografische Schreibhefte nach Gabelsberger's System. Ein Hilfsmittel in kürzester Zeit stenographisch schreiben und lesen zu lernen. 6 Hefte. 7., verb. Aufl. qu. 4. (à 12—16 autograph. S.) Prag 867, (Calve'sche Universitäts-Buchh.) à Heft * 5 Ngr. *

— stenografische Schreibhefte nach Gabelsberger's System. Ein Hülfsmittel in kürzester Zeit stenographisch schreiben u. lesen zu lernen. 6 Hfte. (à 12—16 S.). 7. verb. Aufl. Ebend. 868. qu. 4. Jedes Heft n. 5 ngr.

—— stenographische Schreibhefte nach Gabelsberger's System. Ein Hilfsmittel in kürzester Zeit stenografisch schreiben und lesen zu lernen. 5 Hefte. 9. verb. Aufl. qu. 4. (à 12 lithogr. S.) Prag 871, Calve'sche Universitäts-Buchh. à Heft * 50 Pf. *

Bleyer, S., Stenographische Schreibhefte nach Gabelsberger's System. Ein Hilfsbuch, in kürzester Zeit stenographisch schreiben und lesen zu lernen. 6 Hefte. qu. 4. Prag 871,72, Calve'sche Hofbuchh. [1. und 2. Heft. 10. Aufl. (à 12 S.); 3.—5. Heft. 9. Aufl. (à 12 S.); 6. Heft. 10. Aufl. (16 S.)] à Heft * 50 Pf. *

Bleyer-Heiden, G., Schlangenfauna Deutschlands. Eine Schilderg. der in Mitteleuropa leb. Schlangenarten. gr. 8. (VIII, 88 S. m. 10 Illustr.) Weimar 891. B. F. Voigt. 2. —

Bleyhoeffer, Bruno, die schwere Artillerie des Feldheeres (Fußartillerie). Mit 8 Karten, 21 Skizzen u. 21 Bildern. (VI, 288 S.) gr. 8. Berlin 905. R. Eisenschmidt. n. 5. 75; geb. n. 6. 75

Bleyhoeffer, Mitwirkung der Fußartillerie beim Angriff e. befestigt. Feldstellung, s. a. Beiheft z. Militär-Wochenblatt. 1902. Hft. 10.

Mitwirkung der Fußartillerie beim Angriff einer befestigten Feldstellung. Von Bleyhoeffer, Oberlt. im Garde-Fußart.-Reg. (Mit 2 Skizzen.) *Berlin: E. S. Mittler & Sohn 1902.* (S. 483–507.) 8° [F.]
— Militär-Wochenblatt. 1902, Beiheft 10, [2.]

— praktische Winke f. die Aufnahmeprüfung zur Kriegsakademie u. f. das Verhalten während des Besuches derselben. (V, 123 S. m. Titelbild.) 8. Berlin 908. C. Duncker. Geb. in Leinw. n. 2. —

Bleyhoeffer, Frid. Gust. (geb. Blecken bei Gumbinnen 4. 4. 1841): De hepatis cirrhosi. Berolini (1865). (32 S.) 8°
Berlin, Med. Diss. v. 8. Apr. 1865

Bleyhoeffer, Julius Adolph. (geb. Blecken bei Gumbinnen 6. 9. 1834): Degenerationis hepatis specimen exquisitum. Berolini (1859). (32 S.) 8°
Berlin. Med. Diss. v. 5. Aug. 1859

Bleyle, Karl

Lernt lachen. Aus 'Also sprach Zarathustra' von Friedrich Nietzsche frei zsgest. u. f. Alt- u. Baritonsolo, gem. Chor u. gr. Orchester komp. von Karl Bleyle. Op. 8. [Textbuch.] Leipzig: Kistner [1908]. 7 S. 8°

Bleyleben, Hans von, oder der irrende Geist bey Töplitz, eine Geistergeschichte, vom Verfasser der eisernen Jungfrau, mit Kupfern, 8. Prag, 797. Barth. 20 sgl.

Bleyleben, Hans v., od. d. irrende Geist b. Töplitz, m. K. 2 Thle. 8. Prag, Barth. 797—99.

Bleyler, Franz, Referendar a. Metz: Das Zurückbehaltungsrecht nach dem Rechte des Bürgerlichen Gesetzbuches unter besonderer Berücksichtigung seiner geschichtlichen Entwickelung. Berlin 1905: E. Streisand. (96 S.) 8° [F.]
Rostock, Jur. Fak., Ref. Bernhöft, Diss. v. 20. Juni 1905
[Geb. 23. Febr. 81 Straßburg i./E.; Wohnort: Metz; Staatsangeh.: Preußen; Vorbildung: Gymn. Altkirch; Studium: München, Bonn, Berlin, Heidelberg, Straßburg; Rig. 29. Okt. 04.]

Bleymüller, Hans: Erntespiel, s: Dorfbühne, Die.

— Teuer erkauft! Roman. 2 Tle in 1 Bde. (134 u. 222) 8° Berl., Schriftenvertriebsanst. ('12). L 2 — d

Bleymüller, Johann Andreas, De valido societatis firmamento. Disp. jur. Erfurt (J. H. Grosch) 10. V. 1701. 28 S. (5.—) 2890

Bleysteiner, Georg

Der Richard Wagner-Taumel. Ein Mahnruf gegen d. Verfall d. Künste. Von Wilhelm Hoffmann [d. i. Georg Bleysteiner]. Leipzig: Siegismund & Volkening 1804. 54 S. 8°

**Bleysteiner, Geo.: Kaiser Wilhelm d. Gr. od. Deutschlds Einigg 1870/71. Lpzg, Freya-Verl. (?) ca 3 —

Bleysteiner, Geo., aus großer Zeit. Ausführl. militär. Schilderg. des deutsch-französ. Krieges 1870 u. 71 v. s. Anfang bis z. s. Ende u. a. allen s. Schauplätzen, im Zusammenhange m. d. polit. Ereignissen d. Wiederaufrichtung d. Reichs u. der Pariser Wirren n. gleichzeit. Quellen dargest. E. deutsches Volksbuch. gr. 8. (XVI, 816 S.) Augsburg 896. M. Rieger. n. 4. —; geb. in Leinw. n. 5. —

Blezinger, Edmund [app. Arzt aus Hall]: Ein Beitrag zur Casuistik der Verletzungen der Scheide ... Tübingen, F. Pietzcker, 1893; 20 S. 8.
Tübingen, Med. Fak., Inaug.-Diss. v. 1893

Blezinger, Ottmar, a. Crailsheim, Med.-Prakt. u. Assistent d. Klinik: Aus d. Med. Klinik in Tübingen. Klinische Beobachtungen über lokale Asphyxie mit besonderer Berücksichtigung der Knochenveränderungen. Tübingen: F. Pietzcker 1907. (20 S., 2 Taf.) 8°
Tübingen, Med. Fak., Ref. Romberg, Diss. v. 26. Febr. 1908
[Geb. 10. März 83 Crailsheim; Wohnort: Crailsheim; Staatsangeh.: Württemberg; Vorbildung: Gymn. Heilbronn Reife M. 01; Studium: Tübingen 5, Kiel 1, Berlin 2, Tübingen 3 S.; Coll. 1. Aug. 07; Approb. 1. Febr. 08.]

Blezinger, Robert, a. Crailsheim: Über die Einwirkung von Schwefelkohlenstoff und Ätzkali auf Acetondicarbonsäureester. Erlangen 1908: Junge & Sohn. (64 S.) 8°
Erlangen, Phil. Fak., Ref. Paal-Fischer, Diss. v. 19. Juni 1908
[Geb. 12. Mai 78 Crailsheim; Wohnort: Crailsheim; Staatsangeh.: Württemberg; Vorbildung: Gymn. Schwäb. Hall Reife 96; Studium: Erlangen 10 S.; Rig. 6. Mai 08.]

Blezinger, Th.

Blezinger, T: Umsatz-Tage-Buch d. Apotheke. 2. Aufl. Fol. (79) Schw. Hall 09, (W German's V.). Geb. in L. 4.20
Die 1. Afl. s. u. d. T.: Umsatz-Tage-Buch.

Blezinger, Theodor [aus Hall in Württemb.]: Ueber Irisin. E. Beitr. z. Kenntniss d. Kohlehydrate d. Irideen ... Schw. Hall, Buchdr. v. E. Schwend, 1892; 20 S. 8.
Erlangen, Phil. Fak., Inaug.-Diss. v. 1892

Blezinger, Thdr., üb. Irisin. Ein Beitrag zur Kenntniss der Kohlehydrate der Irideen. Diss. gr. 8. (20 S.) Schwäb.-Hall 893. W. German. n. — 80

Blich, Julius: Über die Oxydation von Stickoxydluftgemischen und ihre Löslichkeit in Alkalilauge. 1910. VI, 64 S. 8°
¶ Ausz. in: Zeitschrift f. angewandte Chemie. Jg. 23, 2. S. 2017 ff.
Dresden, Dr.-Ing.-Diss. v. 21. 12. 1909

Blicher, Steen Steensen: Erinnerungen e. Reise auf die Westküsten Holsteins . . . , s. Blicher: Nordseebilder

Blicher, Steen Steensen, Samle og nyn Noveller. 1—6. Deel. 8. (. . 256. 272. 287 u. 269 S.) Kopenhagen 847, Reitzel. (à n. 17 ngr) 3 ℔ 13 ngr

Blicher, Steen Steensen [Bearb.]
Die Juden auf Hald.
s. Kruse, L.: Le Dragon rouge. 1831.

Blicher, S. S., Mesmerische Liebe. Novelle. — Das Mädchen v. Rhodos. A. d. Dän. übertr. v. L. Kruse. 8. (18½ B.) Leipzig 832, Kollmann.

Blicher, S. S., Nordseebilder. Erinnerungen e. Reise auf d. Westküsten Holsteins, Schleswigs u. Jütlands v. Hamburg bis Skagen. A. d. Dän. 8. (8 B.) Kiel 841, Schwers'sche Buchh.

— Novellen, s.a. **Welt**, die belletristische.

Blicher, Steen Steensen, Novellen. A. d. Dän. übertr. v. H. Zeise. 2 Bde. 8. (27 B.) Altenburg 840, Pierer.

Blicher, St. St.: 14 Tage in Jütld. s.a. Bibliothek d. Gesamtlit. 2134.35.

Vierzehn Tage in Jütland (Fjorten Dage in Jylland). Novelle von St(een) St(eensen) **Blicher**. Aus d. Dän. übers. von Gertrud Daub. Mit e. Vorbemerkung u. d. Bilde d. Verf. Halle a. S.: Hendel [1900]. IV, 138 S. 8°
(Bibliothek d. Gesamtliteratur d. In- u. Auslandes. Nr 2134. 2135.) [illegible]

Blicher-Clausen, J.
— Onkel Franz. Roman. Einzige berecht. Uebersetzg. aus dem Dän. v. Pauline Klaiber. (249 S.) 8. München 903. A. Langen. n. 2. 50; geb. in Leinw. n. 3. 50

Blicher-Clausen, J., Inga Heine, s.: Engelhorn's allgemeine Roman-Bibliothek. XVII. 23.

Blicher-Clausen, J., Kjeld. Die Geschichte e. Strassenmalers. (172 S.) 8. Stuttgart 904. A. Juncker. n. 2.50

— Sonja, s.: Engelhorn's allgemeine Roman-Bibliothek.

Blichfeldt, Hans Frederik: On a certain class of groups of transformations in space of three dimensions. *(Berkeley, California [1900]: Needham Brothers.)* (61 S.) 8°
Leipzig, Phil. Diss. v. [8. Apr.] 1900

Blick s.a. Blick / Blicke

Blick s.a. Blicke

Blick, ein, auf Antwerpen u. Deutschlands nächste Zukunft, nebst e. prophet Mission von Visus Invisus u. seinem getreuen Collegen Invisibilis. gr. 8. Leipzig 833. Andrä. ⅙ ℔

Blick, ein, in die heutige Anwaltschaft hinein. [Aus: „Höhgauer Erzähler".] Vom Verf. neu durchgesehen u. erweitert. gr. 8. (38 S.) Heidelberg 894. (G. Weiß' Verl.) n. — 80

— dasselbe, s.a. Beck, Franz August

Blick, ein, auf die k. k. österreich. Armee, besond. die Infanterie. Von Epimenides. 1. und 2. unveränd. Aufl. gr. 8. (V, 26 S.) Darmstadt 883, Zernin. * 1 —
Aus: Allgemeine Militär-Zeitung, besonders abgedruckt.

Blick, Ein aufrichtiger, in das Innere der Teutschen Stadt- und Landschulen . . . Straubingen 1802. V: *Müller, Franz Xaver.* (MGT)

— e. aufrichtiger in d. Innere d. deutsche Stadt- u. Landschulen in Bayern. 8. Straub. v. Schmild. 802.

— e. aufrichtiger, in d. Innere d. deutschen Stadt- u. Landschulen in Baiern. 8. Straub. 802. (Schorner). 4 gl

Blick auf Revals Denkmäler der Vorzeit und Gegenwart. Reval 1848. V: *Paucker, Carl Jul. Albert.* (R-N)

Blick auf den Domsplatz. Hamb. 1837. V: *Geffcken, Johannes.* (Schr)

Blick, ernster, in das zukünftige Leben oder das Reich der Geister (vom sel. Pfr. Kast.) gr. 8. Würzburg 1818, Stahel'sche B. 1⅓ Thlr. — 2 fl. 24 kr.

— ernster, ins künftige Leben oder d. Reich der Geister, (von Jos. Kast). 8. Würzb. 818. (Strecker). 1 ℔

Blick, Ernster, in das künftige Leben, oder das Reich der Geister. Würzburg 1819. V: *Kast, Joseph.* (MGT) (Mp) »1818« (Ky) (Th)

Blick, ernster, ins künftige Leben od. d. Reich der Geister. 8. Würzburg, Stahel (in Comm.) 819.

— erster, in die Natur, eine Belehrung über die wichtigsten Gegenstände der Naturerscheinungen für die Jugend. Mit 22 ill. Kpf. 8. Nürnb. 816. Zeh. 18 gl

Blick, ein, in die Freimaurerei, d. Orden und Loge.
Leitartikel im ultramontanen „St. Odilienblatt" Rixheim 1881. Nr. 50.

Blick in das Geheimnis des Rathschlusses Gottes über die Menschheit. Strassburg 1810. V: *Salzmann.* (Döll)

— in d. Geheimniß d. Rathschl. Gottes üb. d. Menschh. ausgeführt, v. Anf. d. Welt b. z. Jahre 8000, m. Tabel. gr. 8. Straßb. Silbermann. (Kummer in Leipz.) 810.

— in d. Geheimniß d. Rathschlusses Gottes über d. Menschheit ausgeführt, v. Anf. d. Welt bis z. J. 8000, mit 7 Tabb. d. 7 Jahrtausende. gr. 8. Straßb. 810. (Treuttel u. W.) 3 ℔ 12 gl (Leipz., Kummer). 1 ℔ 12 gl Die Tabellen apart 7 gl

— e., in d. Geisteswerkstatt Rich. Wagners. Von e. alten geistl. Freunde d. Meisters v. Bayreuth, z. Erinnerg an dessen Schwanengesang — d. Parzival. (25) 8° Berl., A Böhler '04. (Lpzg. L Fernau.) — 80

Blick, e., in die Geisteswerkstatt Richard Wagners. Von e. alten geistl. Freunde des Meisters v. Bayreuth, zur Erinnerg. an dessen Schwanengesang — den Parzival. (25 S.) 8. Berlin 904. [A. Böhler.] Nagel & Durthoff. n. — 80

— geographischer, auf den Verlust, den Deutschland an Kurfürstenthümern rc. erlitten haben würde. 8. Frankf. a. M. 795. Jäger. 3 gl

Blick, Ein, auf die Geschichte der Buchdruckerkunst. Berlin 1840. V: *Friedländer, Emil Gottlieb.* (KONER)

Blick (Ein) in die Geschichte der französischen Finanzverwaltung. 8°. s. l. s. a.

Blick, Ein, in die Geschichte des Kgl. Bayer. Generalstabes 1620—1792 und 1792—1892. München 1892. V: *Staudt.* (BMARSCH 291)

Blick, Ein, auf die Geschichte der Stadt Halle. Halle 1867. V: *Hertzberg, Gustav Friedrich.* (STADTBIBLBERLIN XII, S. 207)

Blick, ein, auf die Geschichte der Stadt Halle. 16. (31 S.) Halle 867, Buchh. des Waisenhauses. *

Blick, ein, auf die Geschichte der Stadt Halle. Halle 868. Buchhdlg. des Waisenhauses. 16. (31 S.) n. 2½ ngr

Blick auf die Geschichte des Burgundischen Reichskreises ... [Nürnberg 1796.] V: *Kayser, Albert Chph.* (MGT)

— auf die Geschichte der Schützengesellschaft in Leipzig; nebst Beschreibung des feierl. Einzugs d. Gesellschaft in d. neue Schützenhaus am 29. Mai 1833. .. Leipzig, Glück. 1/12 ß

Blick, ein, in d. Geschichte d. Zettelbanken in Europa u. auf die Errichtung e. Nationalbank in Baiern. gr. 8. Nürnberg 822, Riegel u. W. Rthlr.

Blick auf Gesinnung und Streben in den Jahren 1764–1778. Aus einem Briefwechsel dreier Offiziere der Potsdammer Garnison. Herausgegeben von Caroline Baronin de la Motte Fouqué. Stuttg. u. Tüb. 1830. 8.

—— auf Gesinnung u. Streben in d. J. 1774—1778. Aus e. Briefwechsel dreier Offiziere d. Potsdammer Garnison. Hrsg. v. Caroline Bar. de la Motte Fouqué. 8. (7 B.) Stuttgart 830, Cotta.

—— ein, auf d. gegenwärt. Gestaltung Sachsens, in Bezieh. auf Staat, Kirche u Wissensch. gr. 8. (1½ B.) Braunschweig 831, Vieweg.

Der gläubige Blick auf Jesum, Ebr. 12, V. 2, welcher in seiner Leidens- und Todesgestalt zu sehen ist; für Leute, die gerne wissen und erfahren wollen, was ein Erlöser sey, um selige Menschen in Zeit und Ewigkeit zu werden und zu bleiben. Schleswig. 1784. 8°

Blick, e., in Gottes Heils- u. Rettungswege. Eine Gabe f. Kinder u. Kinderfreunde. 12. (79 S.) Elberfeld (901). Buchh. des Erziehungs-Vereins. Kart. n. — 30

Blick, ein, zum Himmel am Feste d. Himmelfahrt uns. Hrn. Jesus Christus. Eine Primizpredigt geh. d. 28. Mai 1835. (Von Chrstph. Schmidt.) 8. Augsburg, Wolff'sche Buchh.

Blick über das abgelaufene Jahr. Gott streng gegen andere, gütig gegen uns. O. O. 1794. V: *Komploier, Albert.* (BIBLPORT)

Blick. – Ein Blick auf d. Jahr 1826 (1827, 1828, 1832, 1833, 1834) in Beziehung auf Leipzig, s. Becker, Gottfried Wilhelm

—— ein, auf d. Jahr 1832 in Bezieh. auf Leipzig. (Von G. W. Becker.) 8. (2¾ B.) Leipzig 833, Fest.

— ein, auf das Jahr 1832, in Beziehung auf Leipzig. 8. Leipz. 833. Fest'sche Buchh. 1/8 ß — dass. auf d. J. 1833. 8. Ebd. 834. 1/8 ß — dass. auf d. J. 1834. 8. Ebd. 835. Güns. 1/8 ß

BLICK, Der, ins Jenseits. Eine prickelnde Geschichte. Mit Illustrationen. (c. 1900.) (1 Mk. 50 Pfg. Reinhold Klinger, Berlin, 1905.)

Blick, e., auf das heutige Jerusalem. 16. (16 S.) Breslau 887. (Dülfer.) n. — 10

Blick, ein, in das Innere der österreichischen Armee. Von einem k. k. österreichischen Offizier. Leipzig 861. O. Wigand. gr. 8. (45 S.) 7½ ngr.

— ein, in die Kinderwelt. Leporello-Album. qu. 4. (6 farb. Taf. m. eingedr. Text, auf Pappe.) Berlin 893. Friedrichs & Co. Kart. n. — 50

— e., in d. Kinderwelt. Leporello-Album. 4° (6 farb. Taf. m. Text, auf Pappe.) Berl. 93, A Weichert. Kart. — 50 *Vergriffen.*

Blick, ein, hinter die Coulissen. Eine Erzählung für Alt und Jung frei nach dem Engl. von M. K.-G. 16. (318 S. mit eingedr. Holzschn.) Basel 878, Spittler. *

— ein, hinter die Kulissen. 8. (88 S.) Hamburg 884. Evangel. Buchh. n. — 30

Blick, e., hinter die Kulissen. (3. Aufl.) (64 S. m. Abbildgn.) 8. Hamburg 908. Ev. Buchh. — 25

§ **BLICK,** Kurzer, in die geheimen Machinationen der Mönche. Regensburg 1802. 8°.

— auf die Lage von Europa. Geschrieben im Juni 1840. 8. Heidelberg 840. Winter. 5/12 ß

— in d. geheim. Machinationen d. Mönche. 8. Regensb. 802. (Krüll in Landsh.) 4 gl

Blick, e., in e. afrikan. Mädchenanstalt, s. a. Missions-Traktate, kleine.

— in eine afrikanisch. Mädchenanstalt. Von M. E. »Missionstraktate, Kleine.« (16 S.) Basel 1897. Missionsbuchh. —.04

Blick, mathematischer, auf unsere Zeit. 8. (¼ lith. Bog.) (Bingen 818, Halenza's Buchh.)

Blick, ein, in den Rationalismus unserer Tage. Replik auf das u. d. T.: „Wie steht's um Euch u. was thut Noth?" erschienene Sendschreiben eines alten evangel.-protestant. Pfarrers an viele seiner Amtsbrüder dieser Zeit. gr. 8. Mainz 845, Faber'sche Buchh. n. ¼ ß

— ein, in den Rationalismus unsrer Tage. Replik auf das Sendschreiben e. (angeblich) alten evangel. Pfarrers an s. Amtsbrüder: „Wie steht's um euch und was thut Noth?"*) gr. 8. Mainz 1846, Faber. ¼ Thlr. — 24 kr.

Blick. Ein B' in das Parteiwesen des Kantons Genf von Einem Eidgenossen. 8. Genf 1864.

Blick, Ein prüfender, auf die neuesten inneren Staatseinrichtungen der Reichsstadt Nürnberg ... O. O. 1801. V: *Holzschuher von Harrlach, Rud. Christoph Carl Siegmund.* (WILL)

— e., i. d. Reductionen von Paraguay, s. a. Flugschriften, kathol., z. Wehr u. Lehr'.

Ein Blick in die Reductionen von Paraguay von A. H. *Berlin: Germania (1895).* (94 S.) 8° [F.]
= Flugschriften. Kathol., z. Wehr u. Lehr. No 98 99. [oo. 131,3

Blick auf Rückblick. Lond. 1860. V: *Szechenyi, Stefan Graf.* (CHARMWEG 105)

Blick, Ein, auf den anonymen »Rückblick«, welcher . . . 1857 in Wien erschien. London [Leipzig] 1859. 3. Aufl. 1861. V: *Széchenyi, Stephan Graf.* (Bibl. d. ev. Landeskirche in Siebenb. Hermannst. 1889.) (KU) (Klüpfel) (KA)

Blick, ein, auf den anonymen „Rückblick" welcher für einen vertrauten Kreis, in verhältnissmässig wenigen Exemplaren im Monate Octbr. 1857, in Wien erschien. Von einem Ungarn. 8. (VIII und 514 S.) London 859, (Williams und Norgate.)

—— auf Sachsen u. seine ständ. Verfassung im J. 1830. gr. 8. (3¼ B.) Leipzig 831, Wienbrack.

Blick auf die Schanzen No. 1. 2, 3, 4 bei Düppel, aufgenommen von Gammelmark (Broacker) durch das Perspectiv vom Ingenieur-Lieutenant Diener. Berlin, S. Schropp (L. Beringuier) o. J. Qu.-Fol.

Blick in den Kanton Schwyz, in seine Lage und gegenwärtigen Verhältnisse. Luzern 1852. V: *Räber, J. A.* (Cat. d. Stadtbibl. Zürich. Zürich 1864—97.)

Blick, ein, in den faulen Sumpf des Pietistenthums. Hrsg. zur Warnung für d. „sündige Welt". Eine wahre Geschichte, nebst ein. Anhang pietistischer Anekdoten. 8. (5¼ B.) Bern 842, Jenni, Sohn.

Blick, Ein, in das gefährliche Treiben der Judensippschaft. Von einem Deutschen. Augsburg 1851. V: *Scharff-Scharffenstein, Herm. von.* (HThPP)

— auf die Ueberschwemmung von Ofen und Pesth im März 1838. Gedicht. In Russischer Sprache. gr. 8. Wien 838. Wenedikt'sche Buchh. 1/8 ℛ

Blick um dich her, Jokos. Moros. (Wlh. Anschell.) Tantalus d. Weisen, Himmel- u. Höllenfahrt. Eine höchst tragische Geschichte a. dem mythol. Alterthume in 44 Kapiteln. 8. Schöning 809. Franzen u. Gr. in Stendal.

Blick um dich her, Jokos. Moros. Tantalus des Weisen, Himmel- u. Höllenfahrt. Eine höchst tragische Geschichte a. dem mythol. Alterthume. 8. Stendal, Franzen und Grosse. 812.

Blick, Unser, in die Zukunft. [Dresden 1897.] V: *Kolbe, Carl.* (wolfstieg I, 224)

Blick, Ein, in die Urwelt und Gegenwart . . . [Egeln 1901.] V: *Calmberg, Carl.* (Berl)

Blick, ein — in die Verhältnisse der Reichenberger Tuchmacherzunft im Jahre 1856. Buch- und Steindruckerei von Rud. Gerzabek in Reichenberg. (11 S. 8.)

— e., auf d. volkswirtschaftl. Verhältnisse Italiens. 8° (43) Stuttg. 94, C Grüninger. 1 —

Blick, ein, auf Schlesiens Wassersnoth. Zwei Familienbriefe aus Schlesien. Zum Besten der unglücklichen Armen Schlesiens hrsg. gr. 8. (8 S.) Leipzig 854, (Dürr'sche Buchh.)

Blick. Ein wehmüthiger B' auf die sinkende Moralität. Zürich 1810 s.a. N[ägeli]. C[onrad].

Blick, Ein wehmütiger, auf die sinkende Moralität der minderjährigen Jugend des Kantons Zürich . . . Zürich 1810. V: *Nägeli, Conr.* (BSchwLk V, 10a) (Cat. d. Stadtbibl. Zürich. Zürich 1864—97.)

—— ein, in die Werkstätte der Geheimbünde, s.a. Compaß für das katholische Volk.

Ein **Blick** in die Werkstätte der Geheimbünde. Von einem Verbannten. Würzburg: Woerl 1877. 47 S. 8° (Compass f. d. kathol. Volk. 54.)

Blick, Der, in die Zukunft. Musikalischer Prolog am Wahlfeste von Maximilian Franz. Münster 17?? V: *Rothmann, Johann Nepomuk.* (GGr) (MGT)

—— ein, in die Zukunft oder Weissagungen des Papstes Gregor XVI. kurz vor seinem Tode niedergeschrieben und die Weltgeschicke dieses und des nächsten Jahrh. enth. Aus dem Italien. des Federigo Baroldo. Ins Deutsche übertragen von Chrysostomus Wahrlieb. 8. (16 S.) Nürnberg 848, Endter'sche Buchh. **

— ein, in die Zukunft! Die Consequenzen der Moral der Lehre Jesu, f. die Gesellschaft, so wie auch auf die Natur angewandt, als Beweisführung: daß der Entwickelungsgang der Erde durch die geistige Entwickelung des menschl. Geschlechts bedingt wird, oder: daß der menschl. Geist die Natur beherrscht. Als Schlüssel zu d. Werke: Ob Wahrheit!? Ob Täuschung!? 8. (32 S.) Berlin 850, Logier in Comm. n. 1/6 ℛ

—— ein, in die Zukunft. Betrachtungen über die polit., geograph. und militär. Verhältnisse Oesterreich-Ungarns und Russlands mit Bezug auf einen Krieg. gr. 8. (55 S.) Kaschau 877, Werfer. *

— ein, in die Zukunft. Die beste Methode, nach welcher man sich selbst u. Anderen die Zukunft enthüllen kann. Aus Großmutters Raritätenkästchen herausgekramt v. Hans Neugier. 16. (8 S.) Gera-Untermhaus. Leipzig 882. L. Naumann in Comm. n. — 10

Blick, Ein, in d. Zukunft, v. Divinator. (64) gr8° Wien, LW Seidel & S. '12. 1 —

Blick auf die Zukunft im Himmel; in Predigten. Nördlingen [Leipzig] 1805. V: *Beck, Johann Renatus Wilhelm.* (MGT)

—— e., in Schlesw.-Holsteins Zukunft. 8. (16) Hamb. 51, Richter. — 2½

—— ein, in Schleswig-Holsteins Zukunft. gr. 8. (16 S.) Hamburg 851, Volks-Buchhandlung in St. Pauli.

— e., i. d. Zukunftsstaat, s.: Produktion u. Konsum i. Sozialstaat.

— ein, in die inneren Zustände des preuß. Staates, nebst einer Analyse der „Vier Fragen" eines Ostpreußen u. kurzer Kritik vier seiner Gegner. gr. 8. Berlin 841, Plahn'sche Buchh. (L. Nitze.) n. 1/6 ℛ

Blick, Blicke.

– s.a. Blick

– s.a. Blicke

— auf Europa, an e. schönen Sommerabend. 8. Frankf. a. M. 796. Jäger. 6 ℛ

— auf Jesus Christus den Gekreuzigten. 12. Münch. 2e A. 812. Giel. 1 gr

— auf Europens gegenwärt. Lage. 8. Frkf. a. M. 797. Dietz. 8 gr

— in das Landleben, (v. Eberh. Frdr. Frhrn. v. Gemmingen). Zürich 1752.

— a. d. franz. Staatsumwälz. s. Guillaume vollst. Samml. rc. 3r Thl.

— auf Frankreichs Zukunft. gr. 8. Wien 796. Schaumburg u. C. 8 gr

Blicke s.a. Blick

Blicke, s.a. Blick / Blicke

Blicke in die vierjährige Amtsführung des gewesenen Pfarrers von Urnäsch, Johann Heinrich Schiess. St. Gallen 1838 s. (Schiess, Johann Heinrich).

Blicke auf den Anblick des Bodens im Königreich Würtemberg. [Leipzig 1813.] V: *Pahl, Johann Gottfried.* (MGT)

Blicke in die Apokalypse. Basel 1857. V: *Steinheil, G.* (zu)

Blicke in die Apokalypse. Basel 857. Bahnmaier. gr. 8. (88 S. u. 1 Tab. in Fol.) n. 10 ngr

— in das Arbeitsfeld der inneren Mission während der J. 1853 und 1854. Zugleich als 2. Bericht des Central-Ausschusses für die innere Mission der deutschen evangel. Kirche. Hamburg 855. Agentur des Rauhen Hauses. gr. 8. (VII, 184 S.) n. 7 1/2 ngr

— — während der J. 1855 und 1856. Zugleich als 3. Bericht des Central-Ausschusses für die innere Mission der deutschen evangel. Kirche, im Auftrag desselben verfaßt von K. L. Biernatzki. Hamburg 857. Agentur d. Rauhen Hauses in Comm. gr. 8. (2 Bl., 171 S.) n. 7 1/2 ngr
Vgl.: Bericht, erster, über die Wirksamkeit rc.

Blicke auf zukünftige Begebenheiten aber keine Prophezeiungen geschrieben im April 1801, zum Theil erfüllt im Juni 1806 ... Leipzig 1806. V: *Bülow, Adam Heinr. Dietr. von.* (BrMm) (Ky) (MGT)

— auf zukünft. Begebenheiten, aber keine Prophezeihungen, (von H. v. Bülow). 8. Leipz. 806. Fr. Fleischer. 16 gr

Blicke auf die Bestimmung des Menschen in Lehrgedichten. 16. (223 S. m. 1 Holzschn.) Schaffhausen 849, Schalch. 7 ngr m. Goldschn. u. in Etui 14 ngr geb. u. in Etui 11 ngr in Engl. Einb. m. Goldschn. 19 ngr

Blicke in das Gebiet menschl. Betriebsamkeit, oder ABC der Handwerker u. Gewerbe. Ein Lesebuch zur Unterhaltung u. nützl. Belehrung für fleißige Kinder. Mit 25 ill. Abbildd. 8. Nürnberg 835. Renner u. Comp. 1/2 rß

Blicke in e. indisches Christendorf. [Nach dem Engl.] br. 8. (30 S.) Basel 876. Missionsbuchh. n. — 15

— ernste, in Zeit und Ewigkeit. gr. 16. (4 S.) Dülmen 879, Laumann'sche Buchh. *

Blicke, Ernsthafte, auf die Moralität der fränkischen Regierung. Cairo [Nürnberg] 1799. V: *Wiessner, L. C.* (wr)

— erste, auf d. sichtbare Welt. Bilderbuch f. Kinder. 8. Lpz. 808. P. Vogel. 1 rß 16 gr

— erste, in d. weibl. Wirkungskreis, ein Bilderbuch rc. 3 Thle., mit Kpf. 12. Leipz. 802—4. Gev. 4 rß

Blicke auf Europa oder der Zustand dieses Erdtheils in den J. 1804. 1811. 1815 und 1822 ... Leipz. 1822. V: *Bergk, Johann Adam.* (MGT) (NN)

— in die Familie von der Verfasserin der Mutterfreuden und Muttersorgen. 1—3. Heft. gr. 8. (172 S.) Leipzig 860, O. Wigand. [1. und 2. Heft à * 6 Ngr., 3. Heft * 8 Ngr.] *

Blicke, Einige, in die Finanz- und Geldverhältnisse des österr. Staates. O. O. 1851. V: *Wessenberg, Ign. Hnr. Freih. v.* (Mitth. Dr. H. Friedjung.)

— flüchtige, auf die den Kammern d. Königr. Sachsen unter dem 19. Juli 1850 vorgelegten Gesetzentwürfe, eine revidirte Verfassungsurkunde u. ein Wahlgesetz betreffend. Von einem Conservativen. 8. (IV u. 72 S.) Grimma 850, Verlags-Comptoir. n. 1/3 rß

— flüchtige, auf die in den Kammern des Königr. Sachsen unter dem 19. Juli 1850 vorgelegten Gesetzentwürfe, eine revidirte Verfassungsurkunde und ein Wahlgesetz betreffend. Von einem Conservativen. 8. (III und 72 S.) Grimma 851, Verlags-Comptoir. 6

— flüchtige, auf d. den Kammern d. Kön. Sachsen vorgel. Gesetzentw., e. rev. Verfassungsurk. u. e. Wahlges. betr. 8. (72) Wurz. 51, Verl.-Compt. n. — 10

Blicke, Flüchtige, auf die letzten vierzig Jahre des vierten Jahrhunderts der Buchdruckerkunst. Berlin 1840. V: *Unger, Carl.* (cb)

— flüchtige, auf die letzten vierzig Jahre des vierten Jahrhunderts der Buchdruckerkunst. Zum Besten des bei der vierten Säcularfeier in Berlin zu gründenden Gutenberg-Fonds. gr. 8. Berlin 840. Duncker u. Humblot. n. 1/6 rß

Blicke, Flüchtige, auf die Pädagogik der Vergangenheit und Gegenwart. Leisnig 1858. V: *Bechert, G.* (Kat. d. stat. Bureaus. Dresden 1890.)

Blicke, Freymüthige, des Philosophen ins Mönchswesen. O. O. 1779. V: *Hübner, Lorenz.* (MGT)

— freymüthige, eines Priesters auf den großen Reformator. 8. Eversoll. 788.

— fromme, auf die, Gott wohlgefällige, Familie von Nazareth, als Lebensmuster für alle Stände aller Zeiten. Herausg. v. Th. U. J. K... 16 Bdchn. Jes. Christus. 12. Landsh. 819. Storno. 6 gr

Blicke, fromme, auf die Gott wohlgefällige Familie v. Nazareth. Aus Sailer's Schrftn. 3 Bdchn. 12. Landsh. 1820. (Storno.) Jaquet in M. 2/3 Thlr. — 1 fl. 12 kr.

Blicke und Gedanken des edlen Menschen beim Scheiden des Jahres. Eine Rede am Schlusse des Jahres 1787, gehalten in der Magdeburgischen Loge [Ferdinand] z. Glückseligkeit] von Br. G. Magdeburg 1788. V: *Gurlitt, Johann Gottfried.* (Kl 1077b) (wolfstieg II, 775)

Blicke auf Gegenwart und Zukunft. [Baden?] 1848. V: *Oschwald, Ambros.* (BSCHWLK V 5, 1/2) (Cat. d. Stadtbibl. Zürich. Zürich 1864—97.)

Blicke in die Geheimnisse der Natur-Weisheit denen Herren von Dalberg Herdern und Kant gewidmet. Berlin und Leipzig 1787. V: *Jung, Johann Heinrich genannt Stilling.* (schstr S. 76)

— in d. Geheimnisse d. Naturwissenschaft, dem Hrn. v. Dalberg u. Andern gewidmet. 8. Berl. 787. Rottmann. 12 gr

Blicke in d. Geisterwesen v. einem unbefangenen Denker. 8. Leipz. Mittler. 805.

— in d. Geisterwesen, v. e. unbefang. Späher ꝛc. 8. Leipz. 805. Mittler. 16 gr

„Gemeinnützige Blicke für Gewerbtreibende und Landwirthe", herausgegeben von dem Danziger Gewerbvereine, 1.—4. Jahrgang, Danzig 1836—1840 (Homann).

— einige, in die Geschichte v. Frankreich im Jahre 1770. 8. Augsburg 790. Rieger. 1 gr

Blicke in Ulms Gesch. u. Gegenwart. 8° (48 m. Abb.) Ulm 97, (L Frey). Mit G. 1 —

Blicke in Ulms Geschichte und Gegenwart. Stuttgart 1898: Süddeutsch. Verl.-Inst. (48 S.) 8° [J.]

Blicke in Ulms Geschichte u. Gegenwart. (Der 51. Hauptversammlg. des evangel. Vereins der Gustav-Adolf-Stiftg. gewidmet.) gr. 8. (48 S. m. Abbildgn.) Ulm 898. (L. Frey.) Mit Goldschn. n. 1. —

— auf die Geschichte u. den gegenwärtigen Zustand d. Dorpater Hülfsvereins. 8. (62 S.) Dorpat 872. Schnakenburg. n. 1. 20

Blicke des Glaubens und der Hoffnung der Christen. Nebst einem Anhang zur Belehrung über den Geist der Zeit. Solingen 1852. V: *Husgen, Frdr.* (zu)

— des Glaubens und der Hoffnung der Christen. Nebst einem Anhang zur Belehrung über den Geist der Zeit. gr. 12. (40 S.) Solingen 852, (Pfeiffer.) •

— üb. d. Grab. (Angebl. v. J. G. H. Feder.) 8. Offenb. 790. Brede. 12 gr

Blicke jenseits d. Grabes s. a. Wohnungen, üb. die, d. Seelen.

— jenseits des Grabes. 3. Abtheil. (Mit einem Anhange.) Basel 841. (Neukirch.) n. 5/6 ₰ (1.—3.: 2 1/3 ₰)

— auf Frankreichs jetzige Greuel. (Von A. W. Hupel.) 8. Riga 791. (Hartknoch in Leipz.) 4 gr

Blicke in die Harmonie der Menschenwelt. Hamburg 1810. V: *Holmann, F.* (KI)

Blicke in indisches Heidentum. (Was mir e. alte Kuhglocke erzählt hat. Bilder aus dem ind. Missionsleben. Eine Prophezeihg. aus Heidenmund. Verstoßen v. Mutter u. Heimat.) (24 S. m. Abbildgn.) kl. 8. Basel 906. Basler Missionsbuchh. n. — 10

— in die Heiden- u. Christenwelt: Die Karenen. — Die Tyroler aus dem Zillerthale bei ihrem Eintritt in die Provinz Schlesien. Mit 2 Abbildg. gr. 12. Berlin 838. Wohlgemuth. (Leipzig, Köhler.) à 1 1/2 gr

— heitere, auf Sachsens Zukunft. gr. 8. Dresd. 814. Arnold. 2 gr

Blicke auf den Hergang u. den Geist des trientiner Concils. Für das deutsche Christenvolk geschrieben v. ein. Protestanten. gr. 8. (3 1/4 B.) Leipzig 840, Orthaus.

— in das Herz unsers theuern in Gott ruhenden Königs Friedrich Wilhelm des Vierten. Halle 861. Petersen in Comm. gr. 8. (31 S.) 3 ngr.

Blicke in Herz und Welt. Von d. Verf. von »Schild und Pfeil«. Bremen 1891. V: *Abbot, Caroline L.* (FB)

Blicke in Herz u. Welt. Von dem Verf. von „Schild u. Pfeil". 8. (IX, 223 S.) Bremen 891. C. E. Müller. n. 3. —; geb. n.n. 4. 20

— dasselbe. 2. Aufl. 8. (VII, 222 S.) Ebd. 894. n. 3. —; geb. n.n. 4. 20

Blicke, Einige, in die Herzen der Lasterhaften. Hamb. 1784. V: *Kuehl, Gottlob Timotheus Michael.* (KY) (schr)

— auf einige Hülfquellen f. Hamburgs zu Grunde gerichtete Bürger. 8. Hamb. 815. (Campe).

— in das Jenseits. Biblische Betrachtgn. üb. die letzten Dinge v. D. N(iethhammer). 8. (IV, 206 S.) Stuttgart 891. Buchdr. d. Evang. Gemeinschaft. n. 1. —; geb. n. 1. 60

Blicke in das Innere der Prälaturen ... [Gotha] 1790. V: *Bauer, Franz Nicolaus.* (ADB) 1794—98 *Pezzl, Joseph.* (Kat. der Bibl. der Stadt Elbing. Elbing 1893. I, 80.)

— in d. Innere d. Prälaturen oder Klöster-Ceremonien im 18n Jahrh. in Briefen, (v. Frz. Nik. Baur). 1s u. 2s Bdchn. Mit 1 Kpf. 8. Gotha 794, 99. (Ettinger). 2 ₰ 12 gr

Blicke, kritische, auf die Finanzpolitik d. deutschen Reichskanzlers v. e. Unparteiischen. gr. 8. (38 S.) Dessau 883. (Leipzig, F. Duncker.) n. — 60

— auf die Kunstausstellung des Jahres 1817. 8. Landsh. 817. Krüll. 3 gr

Blicke, auf d. Kunstausstell. zu München v. J. 1817 8. (München, Fleischmann, in C.) 818. Krüll.

— in das Gebiet der Künste u. d. prakt. Philosophie, (v. Fr. Rochlitz). 8. Gotha 796. Perthes. 16 gr

Blicke auf Deutschlands Lage, seit d. Wiener Congress, u. auf d. neuesten Volksbewegungen. 16. (24 1/4 B.) Schleiz 830, (Richel.)

Blicke auf die deutschen Lande. Eine Beilage zu jedem Volkskalender auf das Jahr 1834. Straßburg 1832. 16 S. 8.

Anonym: „Blicke auf die Landescultur in Bayern, nebst Anhang über den schädlichen Einfluß des Laudemialwesens auf dieselbe", München 1828 (Lentner).

Blicke in den badischen Landtag von 1842. 8. Schaffhausen 843, Hurter. 1/2 ₰

— auf unsern Landtag 1835. Von e. Badenschen Bürger. gr. 8. Baden 835. (Karlsruhe, Marx.) 1/6 ₰

Blicke auf den würtembergischen Landtag von 1815 bis 1817. Berlin 1818. V: *Weishaar, Jac. Fr. v.* (Heyd)

— auf d. Würtemberg. Landtag v. 1815—17. gr. 8. Berl. 818, Reimer. 10 gGr

Blicke ins Leben der Königin Agnes von Ungarn. Aarau s. [Aebi, Joseph Ludwig].

Blicke auf Karl Wilhelm Müllers Leben, Charakter und Verdienste um Leipzig. Leipzig 1801. V: *Höpfner, Albr.* (ADB 22, 643)

— auf K. W. Müller's Leben, Charakter u. Verdienste um Leipzig. gr. 8. Leipz. 801. Beygang. 20 gGr Velinp. 1 Rthl 6 gGr

—— auf das Leben, die Zeit u. Regierung Friedrich August's des Gerechten, Königs von Sachsen, als Vorw. zu dem Feste der Weihe Seines am 7. Juni 1843 in Dresden zu enthüllenden Monumentes. (Von C. B. Dietrich.) Nebst lith. Portr. m. Facsim. u. den Abbild. d. Ehrenpforten zu Dresden u. Hellendorf ꝛc. am 7. Juni 1815. gr. 8. (1¼ B.) Dresden 843, Pietzsch u. Comp.

— in d. Meinungsleben d. Völker. gr. 8. Leipzig 827, Taubert.

Anonym: „Blicke in das Meinungsleben der Völker", 2. Auflage, Leipzig 1831. — Vorh.: Preuß. Staatsbibliothek Berlin.

Blicke auf Menschen oder auffallende Scenen aus dem Menschenleben ... Erster Theil. Magdeburg 1792. H: *Wagner, Joh. Christian.* (GGr) »1793. V: *Giesecke, Johann Chr.*« (Ky)

— auf Menschen, oder auffall. Scenen aus d. Menschenleben ꝛc., (v. Jh. Chr. Giesecken). 1r Thl. 8. Magdeb. 793. Verf. 1 Rthl 12 gGr

— auf Menschen. 1r Thl. 8. Magdeburg, Giesecke. 795.

Blicke in das Menschenleben. Von C. Kaschau. 1823. V: *Csaky, Em. Graf.* (WBL 3/39) (BiblPort)

—— merkwürdige, in die Zukunft von einem nun verewigten Laien. 16. (8 S.) Schwäbisch Hall 840, Pfeiffer.

— ins Morgenland; Geschichten u. Mährchen. 8. Leipz. 793. Rein. 8 gGr

— einige, in d. Natur, n. Sander. 12. Grätz, Ferstl. 804.

—— in die Natur. 200 col. Bilder f. die erste Jugend. 4. (5 B. Text.) Eßlingen 842. [Stuttgart, Schreiber u. Schill.]

— auf die Natur u. die Menschen ꝛc., s. a. Chr. Tr. H. Hahn, Weltbeobachtt.

Blicke auf die Natur und den Menschen ... Leipzig 1795. V: *Hahn, Chn Traugott Herm.* (MGT)

— auf d. Natur u. d. Menschen ꝛc. (n. Tit. v. Hahns Weltbeobacht.) gr. 8. Leipz. Griesshammer. 795.

— auf d. menschl. Natur, s. a. K. L. M. Müller.

Blicke auf die menschliche Natur, nach la Bruyere und Rousseau. Leipzig 1798—1800. V: *Müller, Carl Ludwig Methusalem.* (ErschDL) (MGT) (NN) »1799—1800« (ErGr)

— auf die Niederlande u. Belgien. Mit den Bildnissen des Marschalls Gérard u. des Generals Chassé. 8. Meißen 833. Klinkicht u. Sohn. n. 1/12 Rthl

Blicke in der Stadt Oldenburg Vergangenheit und Zukunft. Oldenburg 1853. V: *Lasius, Elise.* (EngG) (Ky)

—— in der Stadt Oldenburg Vergangenheit und Zukunft. gr. 8. (20 S. mit 1 lithogr. Plane in Fol.) Oldenburg 853, Schulze'sche Buchh.

Blicke auf Paris von einem Augenzeugen. Altenburg 1805. V: *Murhard, Johann Carl Adam.* (Ky) (MGT)

— auf Paris, v. e. Augenzeugen (Fr. Murhard). 8. Altenb. 805. Schnuphase. 1 Rthl 6 gGr

Blicke der Phantasie in die Nähe und Ferne. 3 Erzählungen von Ph. Kron. 8. Berlin, Schade. 818.

— philosophische, s. Heinzelmann.

Blicke, Poetische, in das Landleben. Zyrich 1752. V: *Gemmingen, Eberhard Friedrich Freiherr von.* H: *Bodmer, Johann Jacob.* (Ky) (vetter)

Blicke, praktische, in d. Leben d. Künstler u. Handwerker. Herausgeg. von G. Pillwein. 2 Abtheil. 8. Linz 824. (Wien, Tendler u. v. M.)

Blicke auf die juristische Praxis, in Beziehung auf das künftige Gesetzbuch für Deutschland. Auch u. d. Titel. das neue Gesetzbuch u. d. Kunst. gr. 8. Marb. 817. (Krieger). 20 gGr

Blicke auf die juristische Praxis, in Beziehung auf das künftige Gesetzbuch für Deutschland ... Marburg 1818. V: *Schweikart, Ferdinand Carl.* (EngJ) (Ky)

Prüfende Blicke auf die den sächsischen Ständen am 1. März 1831 vorgelegte Verfassungs-Urkunde v. E. W. Aus der Sachsenzeitung abgedr. Leipzig, (Böhme.) 831. 8. (3 Gr.)

—— prüfende, auf d. den sächs. Ständen am 1. März 1831 vorgel. Verfassungs-Urkunde v. C. W. A. d. „Sachsenzeitung" abgedr. 8. (2¼ B.) Leipzig 831, Hartmann.

Blicke eines deutschen Publicisten auf die künftige Abfassung des Germanischen Staatenbundes ... Frankft. a. M. 1814. V: *Schwarzenau, Ludwig Friedr. von.* (HS) (Ky)

— eines deutschen Publicisten auf d. künftige Abfassung des germanischen Staatenbundes. 8. Frankfurt, Andreä. 814.

— eines deutschen Publicisten auf d. künftige Abfassung des germanischen Staatenbundes. 8. Frankf. 815. Andreä. 8 gGr

—— ins Reich der Gnade, s. Krummacher, Fr. Wilh.

Blicke in die römische Republik ... Schaffhausen 1856. V: *Bresciani, Antonio.* (margr)

— in die römische Republik, oder: Die freiwillig Verbannten und Lionello. Fortsetzung des „Juden von Verona." Nach der Civiltà cattolica deutsch bearb. Schaffhausen 856. Hurter. br. 8. (4 Bl., 372 S.) 1 ℛ

—— in d. röm. Republik, od.: Die freiw. Verbannten u. Lionello. 2. Afl. 8. (618) Schaffh. 60, Baader. 1. 6

—— in die römische Republik, oder: Die freiwillig Verbannten u. Lionello. Fortsetzung des „Juden von Verona." Nach der Civiltà cattolica deutsch bearb. 2., durchgeseh. Aufl. 8. (VIII und 618 S.) Schaffhausen 860, Hurter'sche Buchh.

— auf d. französ. Revolution. Aus d. Französ. 8. Zürich 795. Orell. 8 gr

— auf Rheinbaiern u. Baden in den Bewegungen der neuesten Zeit. Zugleich als Leitfaden f. Zeitungsleser. 8. (20 S.) Dresden 849. Leipzig, Matthes in Comm. n. 2 ngr

Blicke auf Rheinbaiern und Baden in den Bewegungen der neuesten Zeit. Dresden, Kömpler 1849. 20 S. 8.

Blicke eines Sachsen auf dessen König. Sommer 1814. V: *Varnhagen von Ense, Carl August.* (Hdschr. Mittheilung Hofrat Dr. August Fournier. Wien.)

— auf Sachsen, seinen König u. sein Volk. 8. Germanien 814. (Lucius in Braunschweig). 10 gr

Blicke auf Sachsen, seinen König und sein Volk und deren beyderseitiges Verhältniss. Zur Beherzigung seiner Mitbürger von einem Sachsen. 8. Germanien, im zweyten Jahre der Welt Erlösung. (1815.)

— auf Sachsen u. seine ständische Verfassung im J. 1830. gr. 8. Leipz. 831. Wienbrack. 9 gr

— in die Schöpfung. Nebst 1 lith. Abbildg. 8. (78 S.) Zwickau 849, Verein zur Verbreitg v. Volksschriften. n. 4 ngr

—— in d. Schöpfg. 2. Afl. 8. (88) Zwick. 53, Döhner. — 7½

—— in die Schöpfung. 2., verm. Aufl. 8. (88 S. mit 1 Stnt.) Zwickau 853, Verlagsbuchhandlung des Volksschriften-Vereins.

— schwache, in d. Reich d. Wahrheit. 8. Tübingen 827, Fues. (Leipzig, Kummer.)

— in den Spiegel des prophet. Worts. J. N. J. 8. Frankfurt a/M. 846, Brönner. n. 1/12 ℛ

—— in den Spiegel des prophet. Worts. J. N. J. 8. (28 S.) Frankfurt a. M. 847, Brönner. *

Blicke auf die merkwürdigsten europäischen Staaten am Schlusse des Jahres 1796. [Halle 1797.] V: *Voss, Chn Daniel.* (MGT)

Blicke in das Ständewesen und in die Entwickelung der Landes- und Gutshoheit in Holstein. Kiel 1816. V: *Rüder, Friedr. August.* (Ky) (MGT) »1817« (schles)

— in das Ständewesen und in die Entwickelung der Landes- und Gutshoheit in Holstein. gr. 8. Kiel, akad. Buchh. 817.

— in d. Ständewesen u. in die Entwickelung der Landes- u. Gutshoheit in Holstein. gr. 8. Kiel 817. Hesse. 1 ℛ 8 gr

— einige, in die Statuten der allgemeinen Rentenanstalt zu Stuttgart. 8. Stuttgart 838. Köhler. 1/6 ℛ

Blicke auf die Mecklenburgische Steuerfrage angesichts der Landtags-Verhandlungen von 1860 und der gegenwärtigen Lage der Elbzollfrage. Rostock 1861. V: *Prosch, Carl Frdr. Wilh.* (Kat. d. Bibl. d. dtsch. Reichstages. Berl. 1882.)

—— auf d. mecklenb. Steuerfrage. 8. (112) Rost. 61, Kuhn. n. — 16

— auf die Mecklenburgische Steuerfrage Angesichts der Landtags-Verhandlungen von 1860 und der gegenwärtigen Lage der Elbzollfrage. Von dem Verf. der Schrift: „Ueber die Grundübel des Mecklenburgischen Steuerwesens und die Mittel zu deren Heilung." Rostock 861. Leopold. gr. 8. (112 S.) n. 16 ngr

— in das Alte und Neue Testament. Eine Beurtheilung und Widerlegung der Schrift: Die Verfluchungen. gr. 8. Bremen 841. Heyse. n. 1/2 ℛ

— in d. Theorie u. Praxis d. jetz. Arzneiwissensch. als Einleit. z. e. Abhandl. üb. d. Blutlass. v. M. D. 8. Chemnitz, Maucke. 792.

— in d. Theorie u. Praxis d. jetzigen Arzneiwissenschaft, als Einleit. zu e. Abhandl. über d. Blutlassen, v. M. D. 8. Chemnitz 792. (Starke). 5 gr

—— in das Thierleben in Aufzeichnungen und Anekdoten. Für gebildete Leser aller Stände. 1. und 2. Lfg. gr. 16. (VII und S. 1—224.) Stuttgart 854(55.) [Leipzig, C. F. Winter'sche Vrlgsh.] à Lfg. 7½ Ngr.

— in das Thierleben in Aufzeichnungen und Anekdoten. Für gebildete Leser aller Stände. 1. u. 2. Liefg. Stuttgart 855. J. B. Müller. (Leipzig, C. F. Winter.) gr. 16. (224 S.) 15 ngr

—— in die Traum- und Geisterwelt. Erzählungen und Thatsachen von der Nachtseite der Natur, über Träume, Ahnungen, Vampyre und das Gespenst des Alpes. 16. (VIII und 83 S. mit Titlkpfr.) Leipzig 854, Voigt. *
Wurde bereits 1852 u. d. T.: Das Gespenst des Alpes 2c. ausgegeben.

— auf den dermaligen Türkenkrieg, zur Belehrung u. Unterhaltung für Zeitungsleser. Nebst color. Abbild. d. neuen türkischen Militärs. 8. Meißen ... Klinkicht u. Sohn. n. 1/12 ℛ

— auf d. Unterr. nach Katechism. als f. Erbauungsb. f. Landpredig.

— auf den sittl.-religiösen Unterricht, f. Erbauungsbuch für Landprediger.

Blicke in die Urwelt und die Geschichte des Lebens an der Erdoberfläche. Neuwied und Leipzig 1872. 8.

— in die Urwelt u. die Geschichte d. Lebens an der Erdoberfläche. Allen Gebildeten gewidmet. 8. (99 S.) Neuwied 872. Heuser. 1. 80

Blicke in das evangelische Vereinshaus zu Winterthur. Winterthur 1895—96. V: *Ninck, Johann.* (zuwzür 1910)

Evangelisches Vereinshaus zu Winterthur. Blicke in das.... (Bericht) No. 4 (vom Herbst 1898 bis) Pfingsten 1901. [Illustriert.] IV + 16 S. 8.

Blicke in die Vergangenheit und Gegenwart der Stadt und Pfarrgemeinde Wyl. (Im Monat Mai 1843. Euer Kirchenmitbürger N. N..) 8. (Gedruckt... in Frauenfeld.)

— in die Vergangenheit, Gegenwart und Zukunft. Auf Grund der Offenbarung Johannes Cap. 11, 19 bis zum Ende. Nebst einer Einleitung u. einem Anhang. Elberfeld 866. (Bädeker.) gr. 8. (71 S.) n. 10 ngr.

Blicke in die Vergangenheit, Gegenwart und Zukunft zur richtigen Beurtheilung der preußischen Forderungen in Schleswig-Holstein, u. zur Beherzigung an alle aufrichtigen Vaterlandsfreunde, insbesondere an die demnächst einzuberufenden Landtags-Abgeordneten in den Elbherzogthümern gerichtet. Von e. kleinstaatlichen Großdeutschen. Frankfurt a. M. 865. Baist in Comm. gr. 8. (16 S.) n. 2 ngr.

— des Vertrauens nach Oben, in 7 Gebeten u. Abwendung der epidem. Cholera-Krankheit, von K. H. H*******ch. Mit Titelkpfr. 8. Prag 831. v. Mayregg. 1/12 ℔

Blicke auf die alten Völker Germaniens von der Donau bis zur Ostsee. Breslau 1821. 8.
 ist: Archiv f. alte Geogr., Gesch. u. Alterth. Bd. 1. . . . . (D.)

Blicke auf die alten Völker u. Städte d. östl. Germaniens . . . s. Archiv f. alte Geographie, Geschichte u. Alterthümer etc. . .

Blicke durch den Vorhang des gegenwärtigen Auftritts. 5776. o. O. [1776]. 8 Bl. 8° [Umschlagtit.]
Selten. Üb. die Hoffnung auf Unsterblichkeit.

— auf d. neuentdeckten Weg z. Tempel d. Unsterblichkeit. 1s Heft. Mit 1 color. Kpf. gr. 8. Bresl. 803. Barth. (Holäufer). 16 gl.

Blicke auf das Königreich Westphalen. [Leipzig 1809.] V: *Pahl, Johann Gottfried.* (MGT)

— in indisches Witwenleben. 2. u. 3. Aufl. 8. (à 48 S. m. Abbildgn.) Basel 899. 901. Missionsbuchh. n. —15

Blicke in ind. Witwenleben. 5. Afl. (48 m. Abb.) 8° Bas., Basler Missionsbh. '11. —15 d

— üb. Baierns äußere Wohlfahrt, (v. Jh. Mor. Babo). 8. o. O. 78.

— in die Zeit nach der Schrift. (1. und 2.) Jahrg. Advent 1848—Advent 1850. à 52 Nrn. (½ Bog.) Bremen, Heyse. à Jahrg. *

— in die Zeit nach der Schrift. (1—4.) Jahrg. 1848—1850. Hrsg.: A. Toel. Jahrg. 1851 u. 1852. à 52 Nrn. gr. 4. (½ B.) Bremen, Heyse. à Jahrg. n. 1 ℔

— in die Zeit nach der Schrift. Herausgbr.: A. Toel. (5—7.) Jahrg. 1853—55. à 52 Nrn. (à ½ Bgn.) Bremen, Heyse. gr. 4. Jeder Jahrg. n. 1 ℔

— auf die Zukunft, od. Prophezeiungen auf d. Jahre 1838, 1839, 1840 rc. A. d. hinterlass. Papieren e. 90jähr. Greises rc. 2. Aufl. 8. (⅓ B.) Leipzig 838, Glück.

— in die Zukunft oder Geschichte eines frommen und erleucht. Priesters in den J. 1828—1830. Metrisch dargestellt von K... C... 12. (48 S. mit 1 Stnt.) Einsiedeln 848, Gebr. Benziger.

— in die Zukunft, oder die Kunst aus den Karten künftige Ereignisse vorherzusagen. Letzte Bekenntnisse der berühmten Kartenschlägerin Lenormand, welche Napoleons Glanz und Sturz, die Julirevolution, den Sturz Ludwig Philipps rc. deutlich vorhersah. 16. (48 S.) Schwäbisch Hall 851(52), Haspel'sche Buchh. *

— in d. Zukunft, od. d. Kunst a. d. Karten künft. Ereignisse vorhersusagen. 3. Afl. 16. (48) Schw. Hall 55. (Stuttg., Fischhaber.) n. — 5

— in die Zukunft, oder die Kunst, aus den Karten künftige Ereignisse vorherzusagen. Letzte Bekenntnisse der berühmten Kartenschlägerin Lenormand. 2. und 3. Aufl. 16. (48 S.) Schwäb. Hall 855, Haspel'sche Buchh. *

— in die Zukunft. Wahrsagungen traditionell in der Familie Le Sort, aufbewahrt u. von der Herausgeberin veröffentlicht. Berlin 865. (Breslau, Kern.) 8. (16 S.) 3 ngr.

— in d. Zukunft, d. Geiste unsrer Zeit angemessen. 8. Oldenb. 799. (Fr. Fleischer in Leipz.) 3 gl. Schrbp. 4 gl.

Blicke in die Zukunft unserer Christenheit im Lichte des Wortes Gottes. Von einem Freunde der Weissagung. 8. (46 S.) Basel, 880 (Spittler.) *

— in die enthüllte Zukunft. Enth.: Die neueste Punktirkunst, die Kunst des Kartenschlagens, neuestes Heirathswürfelspiel, untrügl. Karten-Orakel, Orakel der Ringelblume, der Prophet der Liebe, das Blei- und Eier-Gießen, die Deutung der hauptsächlichsten Träume. 1.—3. Aufl. gr. 16. (80 S.) Dresden 876—78, Kaufmann Verlag.

— in die enthüllte Zukunft. Enthaltend: Die neueste Punktirkunst, die Kunst des Kartenschlagens, neuestes Heirathswürfelspiel, untrügl. Karten-Orakel, Orakel der Ringelblume, der Prophet der Liebe, das Blei- und Eier-Gießen, die Deutung der hauptsächlichsten Träume. 4.—7. Aufl. 12. (III, 80 S.) Dresden 879—82, Kaufmann's Verlag.

— in die Zukunft aller Länder der Welt, oder denkwürdige Prophezeihungen über die Zukunft unserer ernsten Tage. Nach einem höchst seltenen, uralten latein. Manuscript von Antonio Tasso. Reutlingen 854. Rupp u. Baur. 12. (27 S.) 3 ngr.

— auf die Zukunft u. Republikaner. Rede in der Bürgerversammlung (zu Gotha) gehalt. am 21. Juni 1848. (Von Hermann.) gr. 8. (16 S.) Gotha 848, Hennings in Comm. 2 ngr.

— auf den gegenwärt. Zustand von Europa, letzter Zuruf an die Fürsten deutscher Abkunft. 8. Germanien 805. (Kiel, Hesse). 1 ℔ 8 gl.

— auf den gegenwärtigen politischen Zustand von Europa, letzter Zuruf an die Fürsten deutscher Abkunft. 8. Germanien. (Academ. Buchhdl. in Kiel.) 805.

Blickfeuer. 1. Jahrg. 1887/88. 52 Nrn. (Bog. mit Illustr.) Imp.-4. Berlin, (Leipzig, O. Kunath.) Nicht weiter erschienen.

Blickle G., Blätter der Erinnerung an meine 25jährige Tätigkeit als Schultheiss der Gemeinde Winterlingen. (52 S) Balingen 1910

Blickle, Wendelin, zur Methodenfrage im Katechismusunterricht. (IV, 50 S.) gr. 8. Kempten 909. J. Kösel. 1. —

Bliden, Scheye Elias (geb. Sagaren in Russl. 15. 5. 1850): Beiträge zur physiologischen Wirkung des Aufenthalts in comprimirter Luft. Berlin (1881). (31 S.) 8°
Berlin, Med. Diss. v. 14. Mai 1881

Blieck, Levinus de. Untersuchungen über das Wesen und die Aetiologie der Flecknieren (Nephritis fibroplastica) der Kälber. Diss. Vet.-Med. Bern. Mit 3 Tafeln. (Sonderabdruck aus dem Archiv für wissensch. u. prakt. Tierheilkunde. Bd. 32. 1906.) IV + 54 S. 8. Berlin, L. Schumacher, 1906.

Blied, Jakob
Blied, Jak., 28 deutsche Choräle mit Orgel-Begleitung nebst 150 Vor- und Zwischenspielen nach Motiven aus denselben. Op. 11. qu. 4. (IV, 47 S.) [Köln und Neuss.] Düsseldorf 874, Schwann.

Blied, Jakob, Hosianna! Sammlung mehrstimmiger Kirchenlieder für Kinderstimmen, enth. 30 Lieder zum Gebrauche bei den Festen des kathol. Kirchenjahres. Op. 10. gr. 16. (VI, 56 S.) Cöln und Neuß 874, Schwann's Verlag.

Blied, Jak., Hosianna! Sammlung 2- u. 3 stimm. Kirchenlieder f. Kinderchor. Zum Gebrauche bei den Festen des kathol. Kirchenjahres. Op. 10. 5. Aufl. Bearb. v. Aug. Wiltberger. (IV, 108 S.) 8. Düsseldorf (909). L. Schwann. 1. —

Blied, Jak., Liederbuch für Volksschulen. 1. u. 2. Hft. 8. Leipzig 877. Merseburger. n. 1. —
1. Für einklassige Schulen u. für die Unter- u. Mittelstufe mehrklassiger Schulen. (IV, 60 S.) n. — 40
2. Für die Oberstufe mehrklassiger Schulen. (IV, 108 S.) n. — 60

Blied, Jak., Liederbuch f. Volksschulen. 2. Hft. 2. Aufl. Für die Oberstufe mehrklass. Schulen. 8. (IV, 108 S.) Leipzig 899. C. Merseburger. n. — 60

— 5 Motetten für vierstimmigen Männerchor. Op. 35. Lex.-8. (16 S.) Neuwied 878. Heuser's Verl. — 60

Blied, Jak., fünf Motetten für vierstimmigen Männerchor. Op. 35. Lex.-8. (16 S.) Neuwied 879, Heuser'sche Verlagsh.

Blied, Jak., Vater Rhein. Mehrstimmiges Liederbuch f. deutsche Männer-Chöre. Op. 45. 8. (VII, 400 S.) Düsseldorf 883. Schwann. n. 1. 80; geb. n. 2. 50

— Vater Rhein. Liederbuch f. deutsche Männerchöre. Op. 45. 2. Aufl., bearb. v. Aug. Wiltberger. 8. (VII, 417 S.) Ebd. 897. n. 1. 80; geb. in Leinw. n. 2. 50

—— Sammlung mehrstimmiger Männerchöre. Für den Gesangunterricht an Seminarien und höhern Schulen. Op. 37. 1. Abthl. 8. (IV, 108 S.) Düsseldorf 879, Schwann. *

Blied, Jak., Sammlung mehrstimmiger Männerchöre. Für den Gesangunterricht an Seminarien und höheren Schulen. Op. 37. 2. Abthl. 2 Hefte. 8. (S. 1—352.) Düsseldorf 880, Schwann'sche Verlagsh. à Heft * 80 Pf. *

—— dass. — 3. Abthl. 8. (III, S. 353—508.) Ebendas. 881. *

Blied, Jak., Sammlg. mehrstimm. Männerchöre. Für d. Gesangunterr. a. Seminarien u. höh. Schulen. Op. 37. II. Abtlg. 1. Hft. 5. Aufl. 8. (XII u. S. 105—232.) Düsseldorf 896. L. Schwann. n. — 80

— Sammlung mehrstimmiger Männerchöre. Für den Gesangunterricht an Seminarien u. höheren Schulen. op. 37. 1. u. 3. Abtlg. 5. Aufl., bearb. v. Aug. Wiltberger. 8. Düsseldorf, L. Schwann. à n. — 80
1. (105 S.) (901.) — 3. (III u. S. 355—522.) (902.)

Blied, Jak., Sammlung mehrstimmiger Männerchöre. Für den Gesangunterricht an Seminarien u. höheren Schulen Op. 37. I. Abtlg. u. II. Abtlg. 1. u. 2. Hft. 6. Aufl., bearb. v. Aug. Wiltberger. (VIII, 106 S., VI, S. 107 bis 234 u. VIII, S. 235 - 354.) 8. Düsseldorf 903 bis 906. L. Schwann. à n. — 80

— Sammlung mehrstimmiger Männerchöre. Für den Gesangunterricht an Seminarien u. höheren Schulen. Op. 37. I. Abtlg. u. II. Abtlg. 1. u. 2. Heft. 7. Aufl., bearb. v. Aug. Wiltberger. (VIII, 106 S. VIII, u. S. 107 —234 u. VIII u. S. 235—354.) 8. Ebd. (907. 08.) à — 80

Blied, Jak.: Sammlg mehrstimm. Männerchöre. Für d. Gesangunterr. an Seminarien u. höh. Schulen. op. 37. 2. Abtlg. I. u. II. Heft u. 3. Abtlg. bearb. v. Aug. Wiltberger. 8° Düsseld., L Schwann. d
2, I. 8. Afl. (8 u. 107—234) ('11) — 80 ‖ II. 8. Afl. (8 u. 235—354) ('12) — 80 ‖ 3. 7. Afl. (8 u. 355—522) ('11) 1 —

— 16 Wandtafeln m. gradlinigen Figuren f. den Zeichenunterricht in Elementarschulen, s.: Klein, F.

— Zeichenunterricht in der Elementarschule s.a. Klein.

Blied, Jul.: Sammlung mehrstimmiger Männerchöre, s. Blied, Jakob

Bliedner, Arno

Bliedner, A., Biologie u. Poesie in der Volksschule, s.a. Magazin, pädagogisches. 220. Hft.

Biologie und Poesie in der Volksschule. Von Dr. A[rno] Bliedner in Eisenach. *Langensalza: H. Beyer & Söhne 1904.* (62 S.) 8°
= Magazin, Pädagogisches. H. 220. [illegible]

Bliedner, A., Flora v. Eisenach. Für Schulen u. zum Selbstunterrichte. 8. (XII, 295 S.) Eisenach 892. H. Kahle. Kart. n.u. 3. 50

Bliedner, A., Zur Erinnerung an Karl Volkmar Stoy, s.a. Magazin, pädagogisches.

Zur Erinnerung an Karl Volkmar Stoy. Von Dr. A[rno] Bliedner. *Langensalza: H. Beyer & Söhne 1898.* (15 S.) 8°
= Magazin, Pädagogisches. H. 112. [illegible]

— Feier z. 25. Wiederkehr d. Sedantages. gr. 8. (16 S.) Langensalza 895. H. Beyer & Söhne. n. — 20

Bliedner, A., üb. Fremdwörter in der deutschen Sprache. Vortrag, geh. im Volksbildungsverein zu Eisenach am 3. Febr. 1886. 8. (24 S.) Eisenach 886. Kahle. n. — 30

Bliedner, A., einige Gedanken üb. „staatsbürgerliche Erziehung", s.a. Magazin, pädagogisches.

Einige Gedanken über 'staatsbürgerliche Erziehung.' Von Dr. A[rno] Bliedner, Schulrat. Langensalza: Beyer 1910. 16 S. 8°
(Pädagogisches Magazin. H. 408.) [illegible]

Bliedner, A., Goethe u. die Urpflanze. Mit 4 Taf. Abbildgn. gr. 8. (IV, 75 S.) Frankfurt a/M. 901. Literar. Anstalt. n. 2. 25

Goethe und die Urpflanze von Dr. A[rno] Bliedner. Mit 4 Taf. *Frankfurt a. M.: Rütten & Loening 1901.* (IV, 75 S.) 8° [illegible]

— das Jus u. die Schule, s.a. Magazin, pädagog.

Das Jus und die Schule. Von Dr. A[rno] Bliedner. *Langensalza: H. Beyer & Söhne 1900.* (21 S.) 8°
= Magazin, Pädagogisches. H. 145. [illegible]

Bliedner, A., das erste Lesebuch, s. Rein, W.

Bliedner, A., Lesebuch für das 3. Schuljahr, s. Rein, W.

— Magister Röller, s.a. Magazin, pädagogisches.

Magister Roller. Leben e. Originals. Von A[rno] Bliedner. Anh.: Rollers 'Abendschule' nebst einigen pädag. Sentenzen aus s. übrigen Dichtungen. Langensalza: Beyer 1908. [illegible] S. 8°
(Pädagogisches Magazin. H. [illegible]) [illegible]

— Schiller, e. pädagog. Studie, s.a. Magazin, pädagog.

Schiller. Eine pädag. Studie v. Dr. A[rno] Bliedner in Eisenach. *Langensalza: H. Beyer & Söhne 1896.* (1 Bl., 66 S.) 1 Bd 8.
= Magazin, Pädagogisches. H. 78. [illegible]

—— Schiller-Lesebuch. Sammlung poet. und pros. Lesestücke im Anschlusse an ausgewählte Meisterwerke Schillers und an seine Biographie. Für höhere Lehranstalten. gr. 8. (XVI, 275 S.) Dresden 883, Bleyl und Kaemmerer. *

— Schulfeier z. Kaisers Geburtstag. gr. 8. (10 S.) Eisenach 895. (H. Brunner). — 25

— Schulfeier zur 25. Wiederkehr d. Sedantages. gr. 8. (16 S.) Langensalza 895. H. Beyer & Söhne. n. — 20

— Karl Volkmar Stoy u. d. pädag. Universitätsseminar. gr. 8. (XII, 360 S.) Leipzig 886. Langensalza, H. Beyer & Söhne. n. 5. 20;
ermäss. Preis n. 3. —; geb. n. 4. —

—— Karl Volkmar Stoy und das pädagogische Universitätsseminar. gr. 8. (XII, 360 S.) Leipzig 886, Reichardt Verlag. *

— Und die Schule verlangt auch das Wort! Eine Entgegng. auf „Haeckels Welträtsel", s.: Zur Pädagogik der Gegenwart. 1. Hft.

— D. Wartburgstadt i. Pflanzenschmucke. Botan. Ausflüge i. Eisenachs Umgebg. 8. (VII, 78 S.) Eisenach 898. H. Kahle. Kart. n. 1. —

— Zaunkönig u. der Bär. Dramatisiertes Märchen in 4 Aufzügen f. Schüleraufführgn. gr. 8. (18 S.) Hildburghausen (901). F. W. Gadow & Sohn. n. — 40

Bliedner, August: Zur E r i n n e r u n g an Karl Volkmar Stoy, s. B l i e d n e r, Arno

Bliedner, Ernst, aus Eisenach: Philosophie der Mathematik bei Fries. *Coburg 1904: A. Roßteutscher.* (41 S.) 4° [F.]
Jena, Phil. Diss. v. (12. Dez.) 1903

Bliedner, [Ernst], Dr.: Philosophie der Mathematik bei Fries. Coburg 1904: A. Roßteutscher. (S. 1 - 41.) 4° [F.] • [Erschien auch als Diss. von Jena.]
Coburg, herz. OR Ernestinum OP 1904 (818)

Bliedtner, Ernst, Elementar-Buch d. deutschen Einheitsstenographie (System Gabelsberger). Hrsg. im Auftr. d. Gabelsberger'schen Stenographen-Vereins z. Halle a/S. N. d. Beschlüssen d. Wiener Stenographentags bearb. 3., verb. u verm. Aufl. Nebst Übertragungsaufgaben. gr. 8. (32 u 7 S) Halle 898. H. Schroedel. n. — 80

Elementar-Buch der Deutschen Einheitsstenographie ⟨System Gabelsberger's⟩. Hrsg. im Auftr. d. Gabelsberger'schen Stenogr.-Ver. zu Halle a. S. von Ernst **Bliedtner**. Nach d. Beschlüssen d. Wiener Stenographentags bearb. 4. verb. u. verm. Aufl. *Halle a. S.: H. Schroedel 1899.* (43 S.) 8° [F.] (99. 10446

Bliedtner, Ernst, Elementar-Buch der deutschen Einheitsstenographie (System Gabelsberger's). Für den Unterricht in Schulen u. Vereinen (f. den Selbstunterr. u. Unterrichtsleiter Erläutergn. in e. bes. Heftchen) bearb. 1. Tl.: Schul- u. Verkehrsschrift. Neubearbeitung auf Grund der Beschlüsse des Berliner Stenographentages vom 3. bis 6. VIII. 1902. 12.—17. Taus. 12. (32 S.) Halle 902. H. Schroedel. n. — 25

Bliedtner, Ernst, Elementar-Buch der deutschen Einheitsstenographie (System Gabelsberger's). Für den Unterricht in Schulen u. Vereinen sowie zum Selbstunterricht bearb. 1. Tl.: Schul- u. Verkehrsschrift. Neubearbeitung auf Grund der Beschlüsse des Berliner Stenographentages vom 3.—6. VIII. 1902. 18.—23. Taus. (48 S.) 12. Halle (903). H. Schroedel. n. — 40

— Elementar-Buch d. Gabelsberger'schen Stenographie. M. e. Anh. gr. 8. (82 S.) Halle 896. (E. Anton.) n.n. — 75; Erläutergn. (38 S.) n.n. — 50

Elementar-Buch der Gabelsberger'schen Stenographie von Ernst **Bliedtner**, Lehrer. Mit e. Anh. [Nebst] Erläuterungen. Halle a. S.: Gabelsb. Stenogr.-Ver. (1890). 2 Bde 8° [F.] (95. 3761 3

— dasselbe. Hrsg. im Auftrage d. Gabelsberger'schen Stenographen-Vereins z. Halle a/S. N. d. Beschlüssen d. Wiener Stenographentags bearb. 2., verb. u. verm. Aufl. gr. 8. (82 S) Halle 897. H. Schroedel. — 75; Erläutergn. (VII, 43 S.) n. — 50

Bliedtner, *Max* Ewald [app. Arzt aus Kirchsteitz]: Aus d. Laboratorium d. pharmakognost. Sammlung in Kiel. Beitrag zur Kenntnis der Wirkung des Lobelin. . . . Kiel, Druck v. A. F. Jensen, 1891; 14 S., 1 Bl. 8°
Kiel, Med. Fak., Inaug.-Diss. v. [11. Apr.] 1891

Bliedung, August (Gottfr. Friedr. Wilh.) (geb. Lingen in Hann. 23. 10. 1857): Ein Fall von acuter gelber Leberatrophie. Berlin (1882). (30 S.) 8°
Berlin, Med. Diss. v. 26. Jan. 1882

Bliesterning, L., der Reg.-Bez. Minden. Heimatskunde für Schule u. Haus. Mit einer (lith. u. color.) Uebersichtskarte des Regierungsbezirks. 8. (58 S.) Minden 880. Leipzig, Dürr'sche Buchhandlung. n. — 30

Bliesterning, L., der Reg.-Bez. Minden. Heimatskunde für Schule und Haus. 8. (58 S. mit 1 lithogr. und color.) Übersichtskarte des Regierungsbezirks.) Minden 880, Hufeland. *

Bliemchen, Partikularist, aus Dresden in Bayreuth. Mit (eingedr.) Illustr. von A. Reinheimer. 1.—9. Aufl. gr. 8. (32 S.) Leipzig 882.83. Reißner. *

—— Partikularist, aus Dresden in London. Mit (eingedr.) Federzeichnungen von O. Gerlach, Ad. Reinheimer u. A. 1. und 2. Aufl. gr. 8. (92 S.) Ebendas. 884. *

—— s. Memoiren.

—— Partikularist, in Paris. Mit (eingedr.) Federzeichnungen von O. Cavelli. 4.—6. Aufl. gr. 8. (72 S.) Leipzig 880,82, [Glaser und Garte.] Reißner. *

—— Partikularist, aus Dresden in Paris. Mit (eingedr.) Federzeichnungen von A. Reinheimer und O. Cavelli. 7. Aufl. gr. 8. (64 S.) Leipzig 884, Reißner. *

—— in der Schweiz. Mit (eingedr.) Federzeichnungen von Adf. Reinheimer. 1.—7. Aufl. gr. 8. (96 S.) Ebendas. 881. *

— in der Schweiz. Mit (eingedr.) Federzeichngn. v. Adf. Reinheimer. 7. Aufl. gr. 8. (96 S.) Ebend. 883. n. 1. —

Bliemchen, Particularist, auf der Pariser Weltausstellung. Illustrirt von O. Cavelli. 1.—3. Aufl. 8. (69 S. mit eingedr. Chemityp.) Leipzig 878, Glaser und Garte. *

— auf der Pariser Weltausstellung. Illustrirt von O. Cavelli. (3. Aufl.) 8. (69 S. mit eingedr. Chemityp.) Ebend. 879. n. 1. —

Bliemchen, Particularist, auf d. Pariser Weltausstellg. 4. Afl. 8. (72 m. H.) Lpzg 80. Glaser u. G. n. 1. —

Bliemchen-Kalender 1889. Hrsg. von Gust. Schumann. Illustr. von Otto Gerlach, Arth. Lewin u. A. 1. und 2. Aufl. 8. (96 S.) Leipzig 888, Hirschfeld. *

Bliemetzrieder, Franz, s.a. B l i e m e t z r i e d e r, Franz Plazidus

Das Generalkonzil im großen abendländischen Schisma von Franz **Bliemetzrieder**. *Paderborn: F. Schöningh 1904.* (XII, 348 S.) 8° (04. 11683 3

Abt Ludolfs von Sagan [**Ludolphus** abbas Saganensis] Traktat Soliloquium scismatis. Von Dr. Franz **Bliemetzrieder**. Brünn: Selbstverl. 1905. (90 S.) 8°
Aus: Studien u. Mitteilungen aus d. Benediktiner- u. d. Cistercienser-Orden (06. 8048 2

BLIEMETZRIEDER, Franz: Raimund von Capua und Caterina von Siena zu Beginn des großen Schismas. — 1910. S 231—273. Diss. Graz, Univ.

Bliemetzrieder, Franz Plazidus, s.a. B l i e m e t z r i e d e r, Franz

Bliemetzrieder, Frz. Pl., das Generalkonzil im grossen abendländischen Schisma. (XII, 348 S.) Lex.-8. Paderborn 904. F. Schöningh. n. 8. —

Bliemetzrieder, Frz. Pl., literarische Polemik zu Beginn des grossen abendländ. Schismas, s.a. Publikationen des österreich. historischen Instituts in Rom. I.

Bliemetzrieder, F. Pl., Literarische Polemik zu Beginn des großen abendländischen Schismas. [Publikationen des Österr. histor. Instituts in Rom. Bd. I.] Gr.-8°. (XII, 146 S. mit zwei Tafeln) K 12.—
Wien: Tempsky 1909?

Literarische Polemik zu Beginn des grossen abendländischen Schismas. (Kardinal Petrus Flandrin, Kard. Petrus Amelii, Konrad v. Gelnhausen.) Ungedr. Texte u. Untersuchungen hrsg. von Dr. Franz Pl[azidus] **Bliemetzrieder**, Privatd. Mit 2 Taf. Wien: Tempsky; Leipzig: Freytag 1910. XII, 98, 140 S. 8°
(Publikationen d. Österr. Hist. Instituts in Rom. Bd 1.) 10. 572

Bliemetzrieder, Fr. Pl[acidus]. Ein kanonistischer Traktat für das Pisaner Konzil (1409). Text und Untersuchungen. Diss. Dokt. Theol. Freiburg in der Schweiz. 94 S. 8. Graz, Selbstverlag des Verfassers (Universitätsbuchdr. « Styria », Graz), 1902.

—

Bliesbrücken [Schlagwort]
Bliesbrücken, s.: Geologische Karten (Elsass-Lothringen).

Bliesener, Karl (geb. Rügenwalde 26. 1. 1847): Ueber Febris recurrens. Berlin (1873). (32 S.) 8°
Berlin, Med. Diss. v. 9. Juli 1873

Bliesener, R., d. abdominale Radikaloperation bei entzündl. Adnexerkrankung [Aus: „Monatsschr. f. Geburtshülfe u. Gynäkologie".] gr. 8. (57 S.) Berlin 896. S. Karger. n. 1. 50

Bliesener, Robert [app. Arzt]: Ueber entzündliche Veränderungen des Rückenmarkes nach Einwirkung von Ätmitteln ... München, J. F. Lehmann, 1892; 27 S. 8.
München, Med. Fak., Inaug.-Diss. v. 1892

Bliesenick, Hermann [aus Berlin]: Über die Obliteration der Siebröhren. ... Berlin, Druck v. W. Pormetter, 1891; 63 S., 1 Taf. 8°
Erlangen, Phil. Fak., Inaug.-Diss. v. 1891

Blieske: Der schwarze Dragoner. Vaterländ. Festspiel a. d. Zeit d. Befreigskriege. (72) 8° Berl., Schriftenvertriebsanst. '12. 1 — d

Blieske, Pet. (Stargard), **De verborum obligationibus et de duobus reis constituendis.** Disp. jur. **Präs. Joh. Schack. Greifswald** (Dan. Benj. Starck) 5. IV. 1710. 8 S. (3.50) 2892

Blieske, W., Soli Deo Gloria! Das geistliche Leben in den Missions-Hilfsvereinen der Prov. Posen, als Festschrift zum 25jähr. Bestehen d. Missions-Hilfsvereins „An der Märkisch-Posenschen Grenze" den lieben Missionsfreunden nah u. fern dargeboten. gr. 8. (184 S.) Berlin 892. Buchh. der Berliner evangel. Missionsgesellschaft. Geb. in Leinw. n. 2. 50

Blies-Zeitung. – Neunkirchen/Saar: 1.VII. 1860 - 1879.
Fortges. u.d. T.: Saar-und Blies-Zeitung.

Bliets, Alfred, approb. Arzt aus Plauen i. V.: **Aus d. Frauenheilanstalt d. Herren Prof. Menge u. Kroenig. Ueber operative Sterilisierung der Frau bei Prolaps-Behandlung im Anschluss an die Alexander-Adams[!]-Operation.** *Leipzig 1901: B. Georgi.* (55 S.) 8°
Leipzig, Med. Diss. v. (26. Juli) 1901

Blietz, Carl, Leben. Gedichte. (III, 89 S.) 8. Dresden 908. E. Pierson. n. — 75; geb. n. 1. 75

— Wechselnde Sterne. Liebes-Leben u. -Leiden, Gedichte, Aphorismen. (55 S.) 8. Diessen 904. J. C. Huber. n. 2. —

Bliggenstorfer, Th[eodor]. Des couleurs et de la lumière. Conseils pratiques pour débutants peintres, dessinateurs, chromistes, et tous ceux, qui se servent des couleurs pour représenter des objets et des sujets vus ou imaginés. [Avec 1 planche.] 22 p. 8. Zurich, Art. Institut Orell Füssli, [1901]. [fr. 2. —]

Bligh, W., Reise in d. Südmeer; nebst Frz. v. Sürville's Reise dahin. Aus d. Engl. mit Anmerkk. v. G. Forster. Mit Kpf. u. 1 Karte. gr. 8. Berl. 793. Voß. 1 ℛ 4 gℛ (vgl. Magazin merkw. Reisebeschreibb. v. Forster. 5r u. 9r Bd.)

Bligh, W., Reise in d. Südsee. u. Sürville's Reise dsgl. a. d. Engl. m. Anmerk. v. Forster. gr. 8. Berlin, Voß. 793.

Blikle, W. und R., neueste Zinstafel für die Bank- und Geschäftswelt. Deutsch, französisch, englisch, italienisch. qu. 8. (IX, 72 S.) Balingen 886. Stuttgart, (Paulus.) cart. *

Blikle, W. & R., neueste Zinstafel f. d. Bank- u. Geschäftswelt. Deutsch, französisch, englisch, italienisch. qu. 8. (IX, 72 S.) Balingen 886. (Stuttgart, Ullrich.) cart. n. 2. 40

Blikslager, Georg
Der Ostfriese in seinen Sprichwörtern und Redensarten. Von Georg **Blikslager.** (Vortrag.) Emden & Borkum: Haynel 1910. 43 S. 8° 10. 13815

Blim-Blim! v. Hansgerta. (31 S. m. Abbildgn.) 8. Wien 907. G. Szelinski. 1. —

Blimcher, drei, aus Frankfort. Scherzhafte Gedichte in jüd., Frankfurter und Sachsenhäuser Dialekt. 3. Aufl. 8. (16 S.) Hanau 865, König's Verlag. *

Blimcher, drei, aus Frankfort. Scherzhafte Gedichte in jüd., Frankfurter und Sachsenhäuser Dialekt. Nebst einem Anhang humorist. Vorträge in hochdeutscher Mundart. 6. Aufl. 8. (82 S.) Frankfurt a. M. 883, Fucke-Metz.

Blimcher, drei, aus Frankfort. Scherzhafte Gedichte in jüd., Frankfurter und Sachsenhäuser Dialekt. Nebst einem Anhang humorist. Vorträge in hochdeutscher Mundart. 7. Aufl. 8. (82 S.) Frankfurt a. M. 887, Fucke-Metz.

Blin, J. B., Missionspredigten, auch zum Gebrauche auf die Sonn- und Festtage des Kirchenjahres eingerichtet und hrsg. Deutsch bearb. von Adelb. Holm. 1. und 2. Thl. 8. (XI und 420 S.) Regensburg 856, Manz. à Thl. 15 Ngr.

Blin, J. B., Missionspredigten, auch zum Gebrauche auf die Sonn- und Festtage des Kirchenjahres eingerichtet u. hrsg. Deutsch bearb. von einem kathol. Geistlichen. 3—8. (Schluß-) Thl. 8. Regensburg, Manz. [3. (230 S.) 857., 4. (215 S.) 858., 5. (224 S.) 858., 6. (208 S.) 859., 7. und 8. (427 S.) 860.] à Thl. 15 Ngr.
1. und 2. Thl. Ebendas. 1856. 1 Thlr.

Blinckmann, Th., Gegen die Selektenschulen. Anh.: Offenes Schreiben an Herrn Dr. Rode. Hrsg. von e. Anzahl Hamburger Lehrer. Hamburg (1904). 8°.

Blinckmann, Th., gegen die Selektenschulen. Anh.: Offenes Schreiben an Hrn. Dr. Rode, Mitglied der Bürgerschaft. Hrsg. v. e. Anzahl Hamburger Lehrer. (46 S.) gr. 8. Hamburg (905). (C. Boysen). n. — 40

Blind u. doch sehend. Nach dem Holl. v. F. F. (16 S.) 8. Bonn (909). F. Schergens. — 10

Blind vor Liebe. 2. A. O. O. 1896. V: *Hittmair, Rudolph.* (Kürschners Litt.-Kal. 24, 594.)

Blind (Red.), s. Die Bienenpflege.

Blind: Geschichte d. republ. Partei in England, s. Blind, Carl

Blind, August
Blind, Aug.: Aufg. z. Gebr. beim Rechenunterr., s.: Schellen.

Blind, August [app. Arzt aus Strassburg i. E.]: Beitrag zur Aetiologie der Uterusruptur während der Schwangerschaft und unter der Geburt ... Strassburg i. E., Buchdr. C. Gœller, 1892; 48 S., 1 Bl., 1 Taf. 8.
Strassburg, Med. Fak., Inaug.-Diss. v. 1892

Blind, August [Prof. Dr.]: Einleitung in die Handelsgeographie. Köln, Buchdr. v. J. B. Heimann, 1894; 3—44 S. 4.
Köln, R '(HB)' u. Handelskl., OP 1894 (405)

Blind, Aug., moderne Handels- u. Verkehrsgeographie unter besond. Berücksicht. der Handelswege u. Verkehrsmittel der Gegenwart. Ein Leitf. zur Ergänzg. geogr. Lehrbücher sowie z. Selbstunterricht. Auf Grundl. der neuesten Forschgn. u. statist. Angaben nach neuer Methode bearb. (Dr. Ludw. Huberti's mod. kaufmänn. Bibliothek.) gr. 8. (XVI, 144 S.) Leipzig (901). Dr. L. Huberti. Geb. in Leinw. n. 2. 75

Blind, A: Moderne Handels- u. Verkehrsgeogr. unter bes. Berücks. d. Handelswege u. Verkehrsmittel d. Gegenwart. (144) 8° Lpzg, Verl. d. mod. kaufm. Bibliothek (01). L. 2.75

Blind, Aug., Lehrbuch d. Erdkunde, s.: Klein, H. J.

— Lehrbuch d. Geometrie f. höh. Lehranst., s.: Rumpen, Herm.

Blind, Aug., Lehrbuch der Gleichungen d. II. Grades [quadratische Gleichungen] m. e. Unbekannten. Sammlung v. 1650 Zahlen-, Buchstaben- u. Textaufgaben grossenteils in vollständig gelöster Form, erläutert durch 872 Erklärgn. u. 53 Fig. Nebst Resultaten der ungelösten Aufgaben. Für das Selbststudium u. zum Gebrauche an Lehranstalten bearb. nach System Kleyer. gr. 8. (VIII, 497 S.) Stuttgart 891. J. Maier. n. 10. —

— Leitf. f. d. vorbereit. geometr. Unterricht, s.: Rumpen, H.

— Mass-, Münz- u. Gewichtswesen, s.a. Sammlung Göschen 283.

Maß-, Münz- und Gewichtswesen von Dr. Aug. Blind. Leipzig: Göschen 1906. 139 S. 8°
(Sammlung Göschen. 283.) A11.13311

— Materialien, s.: Schellen.

Blind, August (geb. am 1 Mai 1852 in Bonn): Ueber die Potenzsummen der unter einer Zahl m liegenden und zu ihr relativ primen Zahlen ... Bonn, Univ.-Buchdr. v. C. Georgi 1876. 2 Bl., 37 S., 1 Bl. 8.
Bonn, Phil. Fak., Diss. v. 13 Mai 1876

Blind, C. An historical and literary inquiry into the development of the epistolary literature of England. Köln, R., 1860. 14 S. 4.

Blind, C(arl), s. Blind, Karl

Blind, Caspar: *De Britannorum epistolographia. 41 S. 4° (2°)
Halle-Wittenberg, Phil. Diss. v. 18. Mai 1860
Geb. [Erkrath (Kr. Düsseldorf) 12. 11. 1828]

Blind, Edmund [app. Arzt aus Strassburg i. E.]: Mitteilungen über eine Untersuchung der Schädelformen der elsässischen Bevölkerung in alter und neuer Zeit ... Strassburg i. E., Buchdr. C. & J. Göller, 1897; 30 S., 1 Bl. 8.
Strassburg, Med. Fak., Inaug.-Diss. v. 1897

Blind, E., die Schädelformen im Schorbacher Beinhause, s.a. Beiträge zur Anthropologie Els.-Lothr. 3. II.

Die Schädelformen im Schorbacher Beinhause. Von Dr. med. Edmund Blind. Mit 1 Abb., 7 Taf. u. 1 Karte. *Strassburg: K. J. Trübner 1902.* (S. 63-86.) 4°
— Beiträge z. Anthropologie Elsass-Lothringens. II. 3. (+)

Blind, Edm., D. Schädelformen d. elsäss. Bevölkerg., s.a. Beiträge z. Anthropologie Elsass-Lothringens.

Die Schädelformen der elsässischen Bevölkerung in alter und neuer Zeit. E. anthropol.-histor. Studie üb. siebenhundert Schädel aus d. elsässischen Ossuarien v. Dr. med. Edmund Blind. M. e. Vorw. v. G[ustav] Schwalbe. Hierzu 10 Taf. u. 1 Kt. *Strassburg: K. J. Trübner 1898.* (VIII, 107 S., 2 Bl., 10 Taf., 1 Kt.) 1 Bd 4.
— Beiträge z. Anthropologie Elsass-Lothringens. H. 1.

Blind, Hugo [aus Genf]: Ueber Nasenbildung bei Neugeborenen. Anthropologische Studie. (Aus d. anthropolog. Institut zu München.) ... München, k. Hof- u. Univ.-Buchdr. v. Dr. C. Wolf & Sohn, 1890; 41 S. 4°
München, Phil. Fak., Inaug.-Diss. v. 1890

Blind, Karl

⊙ Deutschland und die schleswig-holsteinische Frage. Ein Sendschreiben an Herrn John M'Adam in Glasgow v. Karl Blind. ⟨Aus dem Engl. übers. u. wieder abgedruckt aus dem „Nordstern".⟩ Hamburg. 1862. 8°

— zur Geschichte der republikanischen Partei in England. gr. 8. (25 S.) Berlin 873. Stilke. n. — 50

Blind, K., Grammatik der englischen Sprache m. Uebungs-Beispielen f. Realschulen u. höhere Lehranstalten. 1. Thl. Die Formenlehre. gr. 8. (IV, 187 S.) Köln 872. Du Mont-Schauberg. n. 2. 20

— Kossuth und Rußlands Umtriebe. 12. (23 S.) Wien 868, Hilberg.

Blind, Karl, Lücken in Garibaldi's Denkwürdigkeiten. 8. (41 S.) Dresden 888, Ehlermann. *
Aus: Magazin für die Litteratur des In- und Auslandes, besonders abgedruckt.

⊙ (Flugblätter des Vereins „Deutsche Einheit u. Freiheit" in England. Nr. 11.)
Sie sollen zusammenbleiben ewig und ungetheilt. Eine kurze Darstellung der Zustände in Schleswig-Holstein v. Karl Blind. ⟨Übers. a. d. Engl.: „They shall remain together: an outline of the state of things in Schleswig-Holstein."⟩ Hamburg. 1861. 8°

— Preußens Verdienste um Deutschland im 19. Jahrh. Festrede zur Vorfeier d. Geburtstages Sr. Maj. d. Königs u. Kaisers Wilhelm I., geh. am 20. März 1875 in der Aula der Realschule 1. Ordng. zu Köln. gr. 8. (13 S.) Köln 875. Römke & Co. n. — 50

Blindage nach der Einrichtung eines doppelten Geschützstandes, versucht bei den Schiessübungen des k. k. Bombardier-Corps im Jahre 1841. (1 Blatt mit 4 Zeilen Erklärung.) (Lithographiert vom Feuerwerker Joh. Pinsker.) (Donation Liechtenstein.)
Fol. (Wien 1841.)

Blinde, der, Schausp. in 5 A. v. J. v. Soden, 8. Ronneburg, Schumann. 798.

Blinde, Der, vom Berg. Philosophische Unterhaltungen. O. O. [1791]. V: *Nelis, v.* (Cat. d. Stadtbibl. Zürich. Zürich 1864—97.)

Blinde, die, aus Liebe, a. d. Franz. d. Gräfin Beauharnois. 8. Hamb. Neuß. 782.

Blinde, der, und das Muttersöhnchen. 2 Erzählungen von K. Mächler. 8. Berlin, Stubr. 820.

Blinde, Der Sehende, Von seiner Blindheit befreyet, Und Gantz sehend gemacht. ... Ingolstatt 1749. V: *Nansé, Nicolaus.* (Jes)

— d. sehende, Nachspiel des Herrn le Grand. 8. Nürnb. (Andreä in Frkft.) 756.

Blinde, Der sehende; ein Lustspiel in einem Akt. Dresden 1777. V: *Seifried, Carl Heinrich.* (Ky) (MGT)

Blinde, Der sehende; ein Lustspiel in einem Akt. Dresden 1777. V: *Le Grand*. B: *Seyfried, Carl Heinrich*. (Zeitschr. f. Büch. 1923, S. 80)

— — dasselbe. 8. Dresd. Hilscher. 777.

— der, u. d. Taube. Lustsp. nach d. Fr. d. d'Arlen. 8. Schw. Bödner. 794.

— der verstellte, nach le Grand. 8. Berl. Sander. 779.

Blinde, Der verstellte. Lustspiel in 1 Akt. Berlin 1780. V: *Meyer, Friedrich Ludwig Wilhelm*. (MGT)

Blinde, die. — Versuchung. Zwei Novellen v. B. v. S. S. 8. (V, 216 S.) Dresd. 891, Pierson. * 2 —

Blinde, der, am Wege od. 87 Jahre ohne Gott. Lebensgeschichte e. geretteten Trinkers. gr. 8. (11 S.) Neumünster (899). Vereinsbuchh. G. Ihloff & Co. n. — 10

Blindekuh, die. Lustsp. in 1 Aufz. nach d. Franz. d. Hrn. Dancourt. 8. Dresd. Walter. 778.

Blinden, die beiden, s.a. Handwerksgeselle, der.

Blinden, die beiden, Oper in 3 Akten, von Franz v. Holbein. gr. 8. Rudolstadt, Hofbuchh. 812.

Blinden, d. zwey, von Toledo. Oper in 1 Aufz. 8. Wien, Wallishauser. 806.

Blindenbildung, Die, und die Taubstummenbildung im allgemeinen und insbesondere im Kanton Zürich. [Zürich 1893.] V: *Kull, Gotthilf*. (Berl)

Blinden-, Idioten- u. Taubstummen-Bildungswesen, das. Beiträge zur Heilpädagogik in zwanglosen Ausgaben. Hrsg. v. H. Merle, H. Sengelmann, H. Söder. 1. Bd. Mit 1 Titelbild v. Samuel Heinicke. 8. (XII, 376 S.) Norden 887. Soltau. n. 4. —; geb. n. 4. 75

Blindenfreund, der. Zeitschrift für Verbesserung des Looses der Blinden. [Organ der Blindenanstalten, der Blindenlehrer-Congresse u. d. Vereins zur Beförderung der Blindenbildung.] Unter Mitwirkung vieler Blindenlehrer, Aerzte u. Blinden hrsg. u. red. v. W. Mecker. 1. Jahrg. 1881. 10 Nrn. (B.) gr. 8. Düren. Hamel. n. 5. —

— dasselbe. 2. Jahrg. 1882. 12 Nrn. (B.) gr. 8. Ebend. n. 5. —

Blindenfreund, der. Zeitschrift f. Verbesserg. d. Looses der Blinden. [Organ der Blindenanstalten, der Blindenlehrer-Congresse u. d. Vereins zur Beförderg. der Blindenbildg.] Unter Mitwirkg. vieler Blindenlehrer, Aerzte u. Blinden hrsg. u. red. v. W. Mecker. 3.—6. Jahrg. 1883—1886. à 12 Nrn. (B.) gr. 8. Düren, Hamel. à Jahrg. n. 5. —

Blindenfreund, der. Zeitschrift f. Verbesserung d. Looses der Blinden. [Organ der Blindenanstalten, der Blindenlehrer-Congresse u. d. Vereins zur Beförderg. der Blindenbildung.] Hrsg. u. red. v. W. Mecker. 7.—10. Jahrg. 1887—1890. à 12 Nrn. (B.) gr. 8. Düren, Hamel. à Jahrg. n. 5. —

Blindenfreund, der. Zeitschrift f. Verbesserg. d. Looses der Blinden. [Organ der Blindenanstalten, der Blindenlehrer-Congresse u. d. Vereins zur Förderg. der Blindenbildg.] Unter Mitwirkg. vieler Blindenlehrer, Aerzte u. Blinden hrsg. u. red. v. W. Mecker. 11.—14. Jahrg. 1891—1894. à 12 Nrn. (Bog.) gr. 8. Düren, Hamel. à Jahrg. n. 5. —

Blindenfreund, der. Zeitschrift f. Verbesserg. d. Looses d. Blinden. [Organ d. Blindenanst., der Blindenlehrer-Congresse u. d. Vereins z. Förderg. d. Blindenbildg.] Unt. Mitwirkg. vieler Blindenlehrer, Aerzte u. Blinden hrsg. u. red. im Verein m. Büttner u. Mell v. W. Mecker. 15.—18. Jahrg. 1895—1898. à 12 Nrn. (à ca 1 Bog.) gr. 8. Düren, Hamel'sche Buchdr. à Jahrg. n. 5. —

Der Jahrg. 1895 ist von Mecker allein herausgegeben.

Blindenfreund, der. Zeitschr. f. Verbesserg. des Loses der Blinden. (Organ der Blindenanstalten, der Blindenlehrer-Kongresse u. des Vereins zur Förderg. der Blindenbildg.) Begründet u. bis Septbr. 1898 hrsg. v. Wilh. Mecker. Fortgeführt v. Brandstaeter, Lembcke, Mell u. Mohr. 19.—22. Jahrg. 1899—1902. à 12 Nrn. gr. 8. (à ca. 16 S.) Düren, Hamel'sche Buchdr. (Nur direkt.) Postfrei à Jahrg. n.n. 5. 60

Blindenfreund, der. Zeitschrift f. Verbesserg. d. Loses der Blinden. Organ der Blindenanstalten, der Blindenlehrer-Kongresse u. des Vereins zur Förderung der Blindenbildg. Gegründet u. bis Septbr. 1898 hrsg. v. Wilh. Mecker. Fortgeführt v. Brandstaeter, Lembcke, Mell u. Mohr. Hauptleiter: Mohr. 23.—26. Jahrg. 1903—1906. à 12 Nrn. (252, 267, 248 u. 292 S.) gr. 8. Düren, Hamel'sche Buchdr. (Nur direkt.) Postfrei à Jhrg. n.n. 5. 60

Blindenfreund, der. Zeitschrift f. Verbesserg. des Loses der Blinden. Organ der Blindenanstalten, der Blindenlehrer-Kongresse u. des Vereins zur Förderg. der Blindenbildg. Gegründet u. bis Septbr. 1898 hrsg. v. Wilh. Mecker. Fortgeführt v. Brandstaeter, Lembcke, Mell u. Mohr. 27.—30. Jahrg. 1907—1910. à 12 Nrn. (IV, 292; IV, 310; IV, 288 u. IV, 218 S.) gr. 8. Düren, Hamel'sche Buchdr. (Nur direkt.) Postfrei à Jhrg. nn 5. 60

Blindenfreund, Der. Zeitschr. f. Verbesserg d. Loses d. Blinden. Gegründet u. bis Septbr 1898 hrsg. v. Wilh. Mecker. Fortgeführt v. Brandstaeter, Lembcke, Mell u. Mohr. 30—32. J. '10—12 je 12 Nrn. ('11: 240) gr8° Dür., Hamel'sche Bdr. (Nur dir.) postfrei je nn 5.50

Blindenunterricht, der. Vorträge üb. Wesen, Methode u. Ziel des Unterrichtes in der Blindenschule, geh. v. Lehrpersonen des k. k. Blinden-Erziehungs-Institutes in Wien, hrsg. vom Direktor Alex. Mell. (VIII, 254 S. m. 62 Abbildgn.) gr. 8. Wien 910. A. Pichler's Wwe. & Sohn. 4. 20

Ostpreußische **Blinden-Unterrichtsanstalt** und Graf Bülow von Dennewitz'sches Blindenstift zu Königsberg i. Pr. Erbaut 1909. (Königsberg. 1910.) Quer-Fol. [Umschlagt.]

[5.] Der Moon'sche **Blinden-Verein** in Berlin und seine Arbeit ... *Berlin: Dr. v. Th. Hennig (1894).* (12 S.) 1 Bd 8.

Blinden-, Idioten- und Taubstummenwesen, das, herausgegeben von Merle u A. I. Norden 1887

Blindermann, M. [aus Odessa]: Über die neueren Behandlungsmethoden der Kehlkopfschwindsucht unter besonderer Berücksichtigung der in der Heidelberger ambulatorischen Klinik für Kehlkopf-, Rachen- und Nasenkranke erzielten Resultate .... Heidelberg, Carl Winter's Universitätsbuchh., 1887; 32 S. 8°

Heidelberg, Med. Fak., Inaug.-Diss. v. [26. Okt.] 1887

Blindheit u. Betrügerey. Lustsp. 8. Thal Ehrenbreitstein, Gebra. 788.

Blindheit und Betrügerey. Lustspiel. Thal Ehrenbreitstein 1789. V: *Buri, Ernst Carl Ldw. Ysenburg von.* (Ky)

Blindow, einige neue Eigenschaften d. Dreiecks. Fraustadt.
Schul-/Univ.-Schrift 1864.

Blindow, Carl H. L., Christus, der Fürst des Lebens. Vortrag, geh. am 18. Febr. 1894 im evang. Vereinshaus. gr. 8. (16 S.) Friedenau-Berlin 894. Buchh. der Goßner'schen Mission. n.n. — 10

Blindow, (Rob.) Emil (geb. Fraustadt in Posen 10. 9. 1859): Über Darmruptur. Berlin (1885). (31 S.) 8°
Berlin, Med. Diss. v. 2. März 1885

Blindow, Frieda, ein bunter Strauss. Erträumtes, Erdachtes. (88 S.) 8. Leipzig 906. Modernes Verlagsbureau. 1. —

Ein bunter Strauss. Erträumtes, Erdachtes von Frieda **Blindow**. Berlin-Leipzig: C. Wigand 1906. (36 S.) 8° [F.] (08. 5744

Blindow, Hans: Die Gültigkeit der Bestimmungen der vom Bundesrate beschlossenen Verkehrsordnung für die deutschen Eisenbahnen. Ohlau 1910. 8°
Breslau, Jur. Diss. v. (1910).

Blindow, Rob. Die Proteinstoffe. 35 S. Progr. *Fraustadt* 1884.

Blindow, Rob. Emil, s. Blindow, Emil

Blindow, Robertus Theodorus Aemilius: In welchem Punkt einer gegebenen Curve muss sich ein leuchtender Körper befinden, um auf einer, ebenfalls gegebenen Oberfläche die grösste Masse des Lichts auszuströmen.
Halle-Wittenberg, Phil. Diss. v. 13. Aug. 1847
Geb. [Berlin 15. 4. 1825]
Ms. fehlt. — Der deutsche Tit. nach Sohncke's Referat, im Diplom lateinische Fassung: De loco unde ex lucente in curva data mobili puncto plurimum lucis in superficiem datam effunditur. — Verf. erlebte die Diplomerneuerung 1897 als Realgymnasialprofessor a. D. in Fraustadt, und das 60 jährige Dr.-Jubiläum 1907 in Berlin-Tempelhof.

Blink, H., der Rhein in den Niederlanden, s.a. Forschungen zur deutschen Landes- u. Volkskunde.

Blink, H.: Der Rhein in den Niederlanden. Mit einer Karte. Stuttgart 1889. 70 S.
= Forschungen zur deutschen Landes- und Volkskunde. Bd. 4. Heft 2. 8°.

Blink, H. [aus Amsterdam]: Wind- und Meeresströmungen im Gebiet der kleinen Sunda-Inseln .... Stuttgart, E. Schweizerbart'sche Verlagsh. (E. Koch), 1887; 1 Bl. + 58 S. u. 1 Taf. 8°.
Strassburg, Phil. Fak., Inaug.-Diss. v. 1887.

Blinkenberg, C. S., Sokrates' anklager i Xenophons erindringer om Sokrates. Gel. 1889. 27 S. 1.—

Blinkenberg, Chr.
Archäologische Studien von Chr. **Blinkenberg**. Mit Unterstützung d. Carlsbergfonds hrsg. *Kopenhagen: Gyldendal; Leipzig: O. Harrassowitz 1904.* (128 S.) 8° (04. 13433

Blinkoff, Chaim. Beiträge zur Kenntnis kondensierter Uranylverbindungen. Diss. Phil. Bern. 46 S. 8. Bern, Stämpfli & Cie., 1906.

Blinkoff-Talnowsky, Etja-Sonja. Ueber Protylin. Diss. Med. Bern. 16 S. 8. Bern, H. v. Kamp-Berger, 1909.

Bliomberis; ein Rittergedicht in 12 Gesängen, von J. v. Alxinger. gr. 8. Leipz. Göschen. 802.
Schreibp.
Velinp.

— e. Ritterroman von Florian, a. d. Franz. v. e. Frauenzimmer. 8. Leipz. Joachim.

BLISCHKE, Carl (Binnig): Ein Beitrag zur therapeutischen Anwendung des Natrium paracresotinicum.- München: Kastner & Callwey 1912. 60 S.
13.7.1890 - Chr 1890/91,17; U 12.6369 Diss. Ingolst.-Landsh.-Mchn.

Blisnjanskaja, Grunia. Zur Entwickelungsgeschichte der menschlichen Lungen: Bronchialbaum, Lungenform. Diss. Med. Univ. Zürich. Mit 22 Figuren [auf 1 Doppel-Tafel]. *Kopftitel:* Aus dem anatomischen Institute der Universität Zürich. 59 S. 8. Zürich, J. F. Kobold-Lüdi, 1904.

Bliss, B.: Konkurrenz, s. Bliss, Paul

Bliß, P. P., u. Ira D. Sankey, einige evangelische Hymnen u. gottesdienstliche Gesänge, gebraucht in den evangelischen Versammlungen von Herren D. L. Moody u. Ira D. Sankey. Deutscher Text mit den Orig.-Melodien. 1. u. 2. Hft. gr. 8. (à 8 S.) New-York 876. (Philadelphia, Schäfer & Koradi.) n. — 40

Bliß, Paul, ein lustiger Abend, s.: Vereinstheater.

Bliß, Paul, Aphrodite, s.: Weichert's Wochen-Bibliothek.

Bliß, Paul, e. Badescherz, s.: Album f. Liebhaber-Bühnen.

— der erste Ball. Der arme Mann, s.a. Welt, alle.

Der erste Ball. Der arme Mann. 2 humorist. Erzählungen von Paul Bliss. *Berlin: A. Weichert [1900].* (46 S.) 8° [F.]
= Welt. Alle. Bd 6. (08. 1173

Bliss, Paul: Bauernblut, s.a. Kürschner's Bücherschatz 683.

Bauernblut. Roman von Paul **Bliß**. Berlin, Leipzig: Hillger [1909]. 112 S. 8°
(Kürschners Bücherschatz. Nr 683.) (09. 13511

— 100 Mark Belohng u. Anderes. Novelletten u. Humoresken. 8° (88) Berl. 97, J Gnadenfeld & Co. 1 —

— 100 Mark Belohnung u. Anderes. Novelletten u. Humoresken. schmal 8. (88 S.) Berlin 897. R. Taendler. n. 1. —

— Das böse Blut, s.a. Weichert's Wochen-Bibliothek. — Welt, alle.

Das böse Blut. Erzählung von Paul **Bliss**. *Berlin: A. Weichert [1900].* (S. 80–96.) 8° [F.]
= Wochen-Bibliothek. Weicherts. Bd. 95, (a.) (08. 847

— Junges Blut. Bilder a. d. modernen Leben. 8° (244) Berl. 1900. Lpzg. J Cotta Nf. 2.50

— junges Blut. Bilder aus dem modernen Leben. 8. (III, 244 S.) Berlin (900). Leipzig, H. Lautenschläger. n. 2.50

— leichtes Blut, s.: Weichert's Wochen-Bibliothek.

— u. Wilh. Thal, eine Bombenkur, s.a. Liebhaber-Bühne, neue.

Eine Bombenkur. Schwank in 1 Akt von Paul **Bliß** u. Wilhelm Thal [d. i. Lilienthal]. *Landsberg a. W.: Volger & Klein [1903].* (16 S.) 8° [F.]
= Liebhaber-Bühne, Neue. No 78. (04. 17300

— Ein Bombenrausch, s.: Danner's, G., Herren-Bühne.

— Ehen werden im Himmel geschlossen, s.: Scenen, kurze.

— Um Ehre u. Leben. Grossstadtbild. (179) 8° Charlottenbg, E Beyer ('11). 2.50; L 3.50 d

— Er kann nicht nein sagen, s: Mehrakter.

— Es lebe d. Liebe. Lust. Geschichten. (125 m. Bildn.) kl8° Berl., Weber-Haus '10. (Erloschen. Komm.: Volckmar.) 1 —; geb. 1.50 u. 2 — d
Zum Tl verramscht an Alfr. Richter, Halle a/S., Röpziger Str. 193 I.

Bliss, Paul s. Familienbibliothek, Schweizer. Nr. 41.

Bliss, Paul s. Familienbibliothek, Schweizer. Nr. 68.

— Der neue Feuerwehrhauptmann, s: Meissner's Vereinsbühne.

— Eine kluge Frau, s: Szenen, Kurze.

— seine Frau. Roman. (128 S.) 8. Mülheim a/R. (905). J. Bagel. n. — 80

— Frauenklugheit, s: Bühne, Moderne.

— Frauenliebe, s.a. Bibliothek, interessante.

— dasselbe, s.a. Viktoria-Bibliothek. 16. Bd.

— Frauenliebe. Novellen u. Humoresken. (104 S.) 8. Berlin (903). Globus Verlag. n. — 80

— der alte Freund, s.: Album f. Liebhaber-Bühnen.

— die beste Freundin, s.a. Bloch's, Ludw., Sammlung v. Zwie- u. Dreigesprächen. 30. Hft.

Die beste Freundin. Dramat. Scherz (f. 1 Herrn u. 2 Damen) von Paul Bliß. *Berlin: E. Bloch [1903].* (15 S.) 8° [F.]
— Sammlung, Ludwig Blochs, von Zwie- und Dreigesprächen. H. 30.

— Gute Freundinnen, s.a. Bloch's, Ludw., Sammlg. v. Zwie- u. Dreigesprächen.

Gute Freundinnen. Ein Zwiegespräch für 2 Damen von Paul Bliss. *Berlin: E. Bloch (1898).* (11 S.) 8° [F.]
= Sammlung, Ludwig Blochs, von Zwie- u. Dreigesprächen. H. 4.

— zum Frieden! Roman aus der Gegenwart. 8. (283 S.) Dresden 890. E. Pierson. n. 3. —

— verbotene Frucht, s.a. Bloch's, Ed., Theater-Korresp.

Verbotene Frucht. Lustspiel in 1 Akt. Von Paul Bliss. *Berlin: E. Bloch (1903).* (32 S.) 8° [F.]
— Theater-Korrespondenz, Eduard Blochs. No 324.

— Frühlingsrausch. Roman. (108 S.) 8. Berlin (903). Globus Verlag. n. — 80

— Beim Fünfminutenbrenner od.: Liebe macht erfinderisch, s: Bloch's, Ludw., Sammlg v. Zwie- u. Dreigesprächen.

— für einander bestimmt, s.a. Bloch's, Ludw., Sammlg. von Zwie- u. Dreigesprächen. 13. Hft.

Für einander bestimmt. Zwiegespräch f. 1 Dame u. 1 Herrn von Paul Bliss. *Berlin: E. Bloch (1899).* (12 S.) 8° [F.]
= Sammlung, Ludwig Blochs, v. Zwie- u. Dreigesprächen. H. 13.

— auf Freiers Füßen, s.a. Bloch's, Ludw., Sammlung von Zwie- u. Dreigesprächen. 29. Hft.

Auf Freiers Füßen. Dramat. Scherz (f. 2 Herren u. 1 Dame) von Paul Bliß. *Berlin: E. Bloch [1903].* (15 S.) 8° [F.]
— Sammlung, Ludwig Blochs, von Zwie- u. Dreigesprächen. H. 29.

— Gefangen, s.a. Bloch's, L. Sammlg v. Zwie- u. Dreigesprächen.

Gefangen. Ein Zwiegespräch für zwei Herren von Paul Bliss. *Berlin: E. Bloch (1898).* (11 S.) 8° [F.]
= Sammlung, Ludwig Blochs, von Zwie- u. Dreigesprächen. H. 3.

— Das Geheimnis, s: Scherze u. Szenen, Kleine Dramatische.

— ein verbotener Genuß, s.a. Scenen, kurze. Nr. 7.

Ein verbotener Genuss. Zwiegespräch f. 1 Dame u. 1 Herrn von Paul Bliss. *Mühlhausen i. Th.: G. Danner [1901].* (10 S.) 8° [F.]
— Scenen, Kurze, f. 2 oder mehr Personen. No 7.

Die erste Gesellschaft u. andere Humoresken von Paul Bliß. *Berlin: Globus Verl. [1903].* (136 S.) 8° [F.]

— Giftzähne, s.a. Liebhaber-Bühne, neue. Nr. 68.

Giftzähne. Lustsp. in 1 Akt von Paul Bliss. *Landsberg a. W.: Volger & Klein [1899].* (19 S.) 8° [F.]
= Liebhaber-Bühne, Neue. No 68.

— Der Glücksstifter, s: Bloch's, Ludw., Damen-Bühne.

— Der Goldsucher, s.: Lustspiele Nr. 8.

— Stille Helden. Roman aus e. jungen Ehe. (287 S.) 8. Berlin (908). Verlag Continent. 3.—; geb. 4.—

— Der Herr im Hause, s. Album f. Liebhaber-Bühnen.

— Brennende Herzen, s.: Vereinstheater.

— junge Herzen, s.: Enßlin's Roman- u. Novellenschatz.

— Der Herzenbrecher, s: Album f. Liebhaber-Bühnen.

— Der Herzenbrecher, s.: Danner's, G., Damen-Bühne.

— auf der Hochzeitsreise u. andere Humoresken. (186 S.) 8. Berlin (903). Globus Verlag. n. — 80

— aus hartem Holz, s.a. Kürschner's, Jos., Bücherschatz.

Aus hartem Holz. Roman von Paul Bliß. Berlin, Eisenach, Leipzig: H. Hillger [1904]. (112 S.) 8° [F.]
— Bücherschatz, Kürschners. No 427.

— Junggesellen-Freiheit, s.a. Bloch's, Ludw., Sammlg. v. Zwie- u. Dreigesprächen. 15. Hft.

Junggesellen-Freiheit. Zwiegespräch f. 2 Herren von Paul Bliss. *Berlin: E. Bloch (1899).* (10 S.) 8° [F.]
= Sammlung Ludwig Blochs, v. Zwie- u. Dreigesprächen. H. 15.

— Der Kavalier, s.: Scenen, kurze.

— Gold. Ketten, s: Weichert's Wochen-Bibliothek.

— Kleider machen Leute, s.a. Bloch's, L, Sammlg v. Zwie- u. Dreigesprächen.

Kleider machen Leute. Zwiegespräch für eine Dame u. einen Herrn von Paul Bliss. *Berlin: E. Bloch (1898).* (11 S.) 8° [F.]
= Sammlung, Ludwig Blochs, von Zwie- u. Dreigesprächen. H. 6.

— Der Konfusionsrat, s.: Scenen, kurze.

Bliß, B., Konkurrenz, s.: Album f. Liebhaber-Bühnen.

— s.: Kühling's, A., Declamationshalle.

— Künstlerblut, s.: Enßlin's Roman- u. Novellenschatz.

— Ein teurer Kuss, s: Scherze u. Szenen, Kleine dramatische.

— Landratten od.: Die Stimme des Herzens, s.: Meißner's Vereinsbühne.

— ein Lebemann, s.a. Bibliothek Eros. 9.

Ein Lebemann. Kleine Liebesgeschichten von Paul Bliß. *Berlin: C. M. A. Müller & Co. [1902].* (96 S.) 8°
— Eros, Bibliothek. Bd 9.

Blinde Liebe u. andere Humoresken von Paul Bliß. *Berlin: Globus Verl. [1903].* (109 S.) 8° [F.]

— junge Liebe. Böses Blut, s.a. Welt, alte.

— junge Liebe. Kleine Geschichten. 8. (III, 162 S.) Frankfurt a/M. 896. A. Vaternahm. n. 2. —

Junge Liebe. Erzählung von Paul Bliss. *Berlin: A. Weichert [1900].* (48 S.) 8° [F.]
= Welt, Alte. Bd 10.

— Lothar's 1. Liebe, s: Bühne, Moderne.

— Minnas heimliche Liebe, s.a. Bloch's, Ludw., Sammlung v. Zwie- u. Dreigesprächen. 28. Hft.

Minnas heimliche Liebe. Dramat. Scherz f. 2 Damen von Paul Bliß. *Berlin: E. Bloch [1903].* (14 S.) 8° [F.]
— Sammlung, Ludwig Blochs, von Zwie- u. Dreigesprächen. H. 28.

— Unglückliche Liebe, s.a. Album f. Liebhaber-Bühnen.

Unglückliche Liebe. Schwank in 1 Akt von Paul Bliss. *Berlin: Kühling & Güttner [1895].* (14 S.) 8° [F.]
— Album f. Liebhaber-Bühnen. No 330.

Liebesopfer. Schauspiel in 3 Akten von Paul Bliß. Als Ms. gedr. (Berlin: J. Räde [1904].) (64 S.) 8° [F.]

— Das hohe Lied. Roman. (188 S.) 8. Berlin (900). R. Taendler. 2.—; geb. 3.—

— ein modern. Mädchen, s.a. Bloch's, Ludw., Sammlg. v. Zwie- u. Dreigesprächen. 14.

Ein modernes Mädchen. Dramat. Scherz f. 2 Damen u. 1 Herrn von Paul Bliss. *Berlin: E. Bloch (1899).* (12 S.) 8° [F.]
= Sammlung, Ludwig Blochs, v. Zwie- u. Dreigesprächen. H. 14.

— Um e. Mann, s.: Danner's, G., Damen-Scenen.

— e. ganzer Mann. Roman. 8. (296 S.) Frankfurt a/M. (896). A. Baternahm. n. 3.—

— Mann u. Weib, s.a. Collection Tiefenbach.

— Mann u. Weib, Novellen. (Umschlagzeichng. v. Rich. Scholz.) 8. (III, 179 S.) Leipzig 896. A. Dieckmann. n. 2.—; geb. n. 3.—

— Manöverfreuden, s.: Meißner's Vereinsbühne.

— Marotte, s.: Lustspiele.

— e. probates Mittel, s.a. Album f. Liebhaber-Bühnen.

[F.] Ein probates Mittel. Schwank in 1 Aufz. v. Paul Bliss. *Berlin: Kühling & Güttner [1892].* (20 S.) 1 Bd 8.
= Album f. Liebhaber-Bühnen. No 281.

— Eine tolle Nacht, s.: Thalia.

— Noblesse oblige, s.a. Thalia Nr. 99.

Noblesse oblige. Lustspiel in 1 Akt von Paul Bliss. *Mühlhausen i. Th.: G. Danner [1903].* (36 S.) 8° [F.]
— Thalia. 99.

— „Nur f. Damen", s.: Damenbühne.

Blisz, Paul, auf Amors Pfaden, s.a. Bibliothek Eros. 8.

BLISZ, P., Auf Amors Pfaden. 7 kleine (zahme) Liebesgeschichten. Berlin, o. J. (c. 1900). 96 S. 8°.
R. Zinke's (Dresden) Septr.-Auction 1907, no. 1154.

Auf Amors Pfaden. Kleine Liebesgeschichten von Paul Bliß. *Berlin: C. M. A. Müller & Co. [1902].* (96 S.) 8°
— Eros, Bibliothek. Bd 8.

Bliß, Paul, Amors Pfeile. Elf lust. Liebesgeschichten. (128 S.) 8. Berlin (903). Globus Verlag. n. —80

— Die Plättgräfin, s.: Weichert's Wochen-Bibliothek.

— Der Probekandidat, s: Szenen, Kurze.

— Ein lust. Raubmord, s: Album f. Liebhaber-Bühnen.

— Das Rendezvous, s: Scherze u. Szenen, Kleine dramatische.

— Ein Scheidungsgrund, s.: Lustspiele.

— (Umschl.: Bliha) „Scherz u. Ernst", s: Aus Heimat u. Fremde.

— Schule d. Liebe, s.a. Bibliothek, naturalistische.

[F.] Schule der Liebe. Lustige Gesch. v. Paul Bliss. *Berlin: H. Steinitz [1898].* (158 S., 1 Bl.) 1 Bd 8.
— Bibliothek, Naturalistische. Bd 22.

— Schule der Liebe. Lustige Geschichten. (128 S.) 8. Berlin (904). H. Steinitz. n. 1.—

— Schwerenöter, s.a. Volger's Vereinsbühne. Nr. 1.

Schwerenöter. Schwank in 1 Akt von Paul Bliß. (Landsberg a. W.: Volger & Klein [1904].) (20 S.) 8° [F.]
— Vereins-Bühne, Volger's. No 1.

— Sie löst ihm d. Zunge, s: Bloch's, Ludw., Sammlg v. Zwie- u. Dreigesprächen.

— Stille Sieger. Schauspiel in 4 Akten. (88 S.) 8. Berlin (907). H. Schildberger. 2.—

— Der einzige Sohn. Eine kluge Frau, s.: Engelin's Roman- u. Novellenschatz.

— der verlorene Sohn. Berliner Sittenbild. 8. (124 S.) Berlin 892. Freund & Jeckel. n. 2.—

— D. verlorene Sohn. Berliner Sittenbild. 3. Tauf. gr. 8. (131 S.) Frankfurt a/M. 897. A. Baternahm. n. 1.—

— Soldaten-Minna, s.: Vereinstheater.

— Sorgenbrecher, s.: Universal-Bibliothek.

— Der kalte Strahl, s: Bühne, Moderne.

— ein toller Streich, s.: Siebenburg's Sammlung von Einaktern.

— Strohwitwer, s: Bloch's, Ludw., Sammlg v. Zwie- u. Dreigesprächen.

— Meine ersten Stunden. Lose Blätter. 8. (223 S.) Berl. 892. Jacobsthal. * 1 50

— sonnige Stunden. 15 Humoresken. (112 S.) 8. Berlin (903). Globus Verlag. n. —80

— Sturm in der Ehe, s.a. Hochzeits-Album. 19. Heft.

Sturm in der Ehe. Dramat. Scherz ... von Paul Bliss. Mühlhausen i. Th.: G. Danner [1907]. (16 S.) 8° [F.]
— Hochzeits-Album. H. 19.

— Alte Sünden, s.: Lustspiele.

— meine ersten Sünden. Lose Blätter. 8. (223 S.) Berlin 892. R. Jacobsthal. n. 1.50

— Sündengeld, s.a. Bibliothek, naturalistische.

[F.] Sündengeld. E. moderne Gesch. v. Paul Bliss. *Berlin: H. Steinitz (1897).* (127 S.) 1 Bd 8.
— Bibliothek, Naturalistische. Bd VIII.

— Sündengeld. Eine moderne Geschichte. (Umschlag: Geschichten. 4.—6. Tauf.) (Naturalistische Bibliothek.) (127 S.) 8. Berlin (904). H. Steinitz. n. 1.—

— Die Thalertöchter. Roman. (199 S.) 8. Berlin (907). H. Schildberger. 3.—

Paul Bliss: Die Thalertöchter. Roman. (Der Roman armer Mädchen. 2. Aufl.) Berlin: Schildberger [1907]. 199 S. 8°

— Ein alter Trick, s: Bloch's, Eduard, Theater-Korrespondenz.

— Egons Trick, s.: Lustspiele Nr. 11.

— Auf dem Turnerball, s.: Meißner's Vereinsbühne.

— In falschem Verdacht od. Ende gut, alles gut, s.: Album f. Liebhaberbühnen.

— Das Versuchskarnickel, s.: Scenen, kurze.

— Der schmale Weg. Roman. (192 S.) 8. Berlin 909. A. Goldschmidt. 3.—; geb. in Leinw. 4.—

— Auf verbotenen Wegen, s.: Lustspiele.

— Dämon Weib, s.a. Bibliothek, naturalistische.

[F.] Dämon Weib. Erzählg v. Paul Bliss. *Berlin: H. Steinitz (1897).* (127 S.) 1 Bd 8.
— Bibliothek, Naturalistische. Bd 15.

— Der neue Wein, s: Aus Heimat u. Fremde.

— Weltkinder. Gedichte. (VIII, 64 S.) 12. Berlin 903. Leipzig, L. W. Siebenburg. n. 2.—; ermäß. Pr. n. 1.—; geb. n. 1.50

— Wenn man verliebt ist, s.: Danner's, G., Damen-Scenen.

— Wer zuletzt lacht . . .!, s.a. Thalia.

Wer zuletzt lacht ...! Lustspiel in 1 Akt von Paul Bliß. Mühlhausen i. Th.: G. Danner [1907]. (36 S.) 8° [F.]
= Thalia. 138.

— Wie Frauen lieben. Novellen. (176 S. m. Bildnis.) 8. Berlin (907). F. Harnisch & Co. 2.—

Paul Bliß. Wie Frauen lieben. Novellen. (2. Aufl.) Berlin: Harnisch [um 1908] 169 S. 8°

— ein Wiedersehen, s.a. Scenen, kurze. Nr. 8.

Ein Wiedersehen. Zwiegespräch f. 1 Herrn u. 1 Dame von Paul Bliss. Mühlhausen i. Th.: G. Danner [1901]. (8 S.) 8° [F.]
= Scenen, Kurze, f. 2 oder mehr Personen. No 8.

— des Übels Wurzel, s.a. Collection Tiefenbach.

— Des Übels Wurzel. Roman. 8. (269 S.) Leipzig 897. A. Dieckmann. n. 2 —; geb. n. 3. —

Zeitgenossen. Komödie in 3 Akten von Paul Bliß. Als Ms. gedr. Berlin: J. Räde [um 1905]. (68 S.) 8° [F.]

Blisse, Rud., Katechismus f. die Wehrmannschaften der Provinzialstädte u. d. platten Landes. Ein Leitfaden zum Selbstunterricht in der Führung des Gewehrs, des Säbels u. der Pike, Unterweisung in den Commandos u. im regelrechten Exerciren. 24. (44 S.) Crossen 848, Range. 1/12 ₰

Blistain, Vicomtesse de, Oberst Durville, s.: Roman- u. Novellenschatz. I. Jahrg. 7. Bd.

Blisz, Paul, s. Bliss, Paul

Blitstein, Max [pr. Arzt]: Zur Physiologie der Kotbildung. . . . Königsberg i. Pr., Buch- u. Steindr. E. Erlatis (1890); 24 S. + 2 Bl. 8°
Königsberg. Med. Fak., Inaug.-Diss. v. 29. März 1890

Blitstein, M., zur Physiologie der Kotbildung. Inaug.-Diss. gr. 8. (24 S.) Königsberg i/Pr. 890. (Koch.) n. — 80

v. Blittersdorf, Frhr., Einiges aus der Mappe. gr. 8. (IV u. 92 S.) Mainz 849, Kupferberg. 1/2 ₰

Blittersdorff, v., Einiges aus der Mappe. gr. 8. (IV und 92 S.) Mainz 849, Kupferberg.

Blittersdorff, Frhr v.: Feldartillerietabellen f. Feldhaubitzbatterien 98. '09. Anh.: Die neuen Schiessregeln f. d. Feldartill. Auszugsweise u. erläuternd bearb. (43 u. 27) 16° Strassbg, (Heinrich'sche Bh.) '11. L u. Pappbd nn — 70 d

— dass. 3. Afl. Unter Berücks. d. Winkervorschr. v. 12.12.'11 u. d. „Feldpionierdiensts aller Waffen" v. 12. 12. '11. Anh.: Schiessanweisg. (44 m. Fig.) 16° Ebd. nn — 70 d

— Feldartillerietabellen f. Kanonenbatterien. (34 m Abb.) Nebst: Die neuen Schiessregeln f. d. Feldart. Auszugsweise u. erläuternd bearb. (27) 16° Ebd. '11. L nn — 60 d

— dass. 3. Afl. unt. Berücks. d. neuen Winkervorschr. v. 12. 12. '11 u. d. „Feldpionierdiensts aller Waffen" v. 12. 12. '11. Anh.: Schiessanweisg. (45 m. Fig.) 16° Ebd. '12. nn — 60 d

— Geschützexerziertaschenb. Ausbildg am unbespannten Geschütz (2. Tl d. Exerzier-Reglements) (nur f. fahr. Kanonenbatterien), d. Munitionsersatz (Nr 441—460 d. Exerzier-Reglements), d. Gebr. d. Armeefernsprechers, d. Gebr. d. Richtkreises f. d. Feldartill. (109) 16° Ebd. '12. nn — 60 d

Blittersdorff, Philipp, Reichsfreih. v., k. und k. Oberlieut. Kurzer Abriss der Geschichte der Herrn und Reichs-Freiherrn von Blittersdorff. 4. (Ohne Druckort 1897.)

Blittersdorff, Phpp. Frhr. v., Staub. Skizzen u. Novellen. 8. (171 S.) Linz (901). Oesterreich. Verlagsanst. n. 2. —

Blittersdorff, Philipp Frhr. v., Staub. Skizzen u. Novellen. (171 S.) 8. Linz (904). O.-ö. Buchdruckerei- u. Verlagsgesellschaft. n. 2. 40; geb. in Leinw. n. 3. —

Blitz, Der. Zeitschr. f. gekürzte Schrift (Parlaments- u. Geschäftsstenogr.). Hrsg. v. Stenographenverb. Stolze-Schrey. Nebst: Die Debatte u. Der Übgsabend (20. J.). Red.: Liedloff. J. '12. 12 Nrn. (Nr 1: 8 u. 8 autogr. S. u. 8S.) gr8° Berl., Buchh. d. Stenogr.-Verb. Stolze-Schrey. 2.50

Blitz, die Pflichten u. Obliegenheiten d. Dorfschulzen, od. treuer Rathgeber f. dens. in allen Vorfällen, die in seinen Wirkungskreis gehören. Nebst e. kurzen Anleit. z. Abfassung v. Berichten, Protokollen u. dgl. m. 8. (6½ B.) Nordhausen 831, Fürst.

Blitz, Adolf, approb. Arzt aus Leer: Über Heilung von Stauungspapillen. *Berlin 1899: G. Schade.* (25 S.) 8°
Kiel, Med. Diss. v. [17. Aug.] 1899

Blitz, E: Kritische und praktische Notizen zur Pharmacopoea Germanica. Erfurt 1878

Blitz, Eduard
Blitz, Ed., praktische Anleitg. z. Behandlg. d. Schreiblese- u. d. Anschauungsunterr. wie d. Lesestücke f. d. 1. Classe. Auf Grundlage d. Fibeln v. K. Karl Kummer etc., Geo. Ulrich etc., Eman. Reichelt, Jos. Heinrich bearb. Mit 10 Zeichenvorlagen f. d. Anschauungsunterr. gr. 8. (XVI, 276 S.) Wien u. Prag 895. F. Tempsky. — Leipzig, G. Freytag. n. 3. —

Blitz, Hans, Neues aus e. kleinen Garnison, s.a. Geschichten, intime.

Neues aus einer kleinen Garnison. Von Hans Blitz. *(Berlin: Berliner Roman-Verl. [1904].)* (48 S.) 8° [Umschlagt. F.]
= Geschichten, Intime. 7.

Blitz, Henry
— Qualitative Analyse unorganischer Substanzen. Leipzig, 1899. 8vo. Ill.

Blitz, Hugo, die allgemein geistig-sittliche Fortbildg. unserer schulentlassenen männl. Volksjugend in obligatorischen Jugendvereinen. Ein Reformvorschlag. 2. [Titel-]Aufl. (III, 73 S.) gr. 8. Lüneburg [901] (907.) G. Daur. 1. —

Die allgemein geistig-sittliche Fortbildung unserer schulentlassenen männlichen Volksjugend in obligatorischen Jugendvereinen. Ein Reformvorschlag von Hugo Blitz. 2. Aufl. Lüneburg: G. Daur [1908]. (73 S.) 8° [F.]

Blitz, Hugo: Glaube u. Heimat. Predigt üb. Matth. 10, 32 u. 33 unter Bezugnahme auf Karl Schönherrs Drama „Glaube u. Heimat". (11) 8° Osnabr., GE Lückerdt '11. — 30 d

— Lebensmut. Gedichte. (215) kl8° Ebd. '13. Pappbd 2.80 d

Blitz, Richard: Aus d. Augusta-Viktoria-Krankenhause zu Schöneberg. Die Hautmikrosporie. Berlin 1909: Ebering. 28 S. 8°
Berlin, Med. Diss. v. 3. Aug. 1909, Ref. Hildebrand
[Geb. 10. Aug. 84 Berlin; Wohnort: Berlin; Staatsangeh.: Preußen; Vorbildung: Friedrich-Wilhelms-Gymn. Berlin Reife O. 03; Studium: Berlin 10 S.; Coll. 7. Juni 09; Approb. 3. Juni 08.] [U 09. 31

Blitz, Wilhelm, Referendar in Hamburg: Ueber die Ansprüche des Betrogenen aus dem Betruge beim Vertragsabschlusse. (Nach gemeinem Recht.) *Greifswald 1898: J. Abel.* (50 S.) 8°
Greifswald, Jur. Diss. v. 1898

Blitzableiter, der, e. kl. physikal. Unterhaltung f. allerlei Leser, v. R. K. 8. Kempten 810, Dannheimer. 2 gr.

Blitze zur Beleuchtung der organisatorischen Donnerkeile Seraphus des Ersten. Köln 862. Assenheimer & Co. in Comm. 8. (21 S.) n. 5 ngr.

Blitze, Donner u. Stimmen. Zeugnisse d. Wahrheit an d. christl. Volk. Monats-Blatt. Red.: H Geyer. 1. u. 2. Jahrg. 1891 u. 1892 à 12 Nrn. (¼ B.) 8° Hamb., HW Lebsten. à Jahrg. 1.50
Erscheinen nicht mehr.

Blitze von d. goldenen Kalbe mit Zimaleths (Jh. Jak. Du Roit) Notaten. 8. Dessau 803. Tänzer. 1 ₰

Blitze von dem goldenen Kalbe mit Timaleths Notaten. Germanien [Dessau] 1804. V: *Du Toit, Johann Jacob.* (BGE I³ 381)

Blitze, zündende, Anekdoten u. Witze in Wort u. Bild. 1—3. Sammlg. 12. (à 48 S. m. eingedr. Holzschn.) Mühlheim 883. Bagel. à — 80

Blitz-Fahrplan. Asg. f. Baden. Sommer 1900 u. Winter 1900/01. 12° (62 u. 64) Stuttg., Greiner & Pf. à — 15

— Asg. f. Württemberg. Sommer 1900 u. Winter 1900/01. 12° (59 u. 61) Stuttg., Greiner & Pf. à — 15

— Ausg. f. Württemberg. Sommer 1901. 12. (62 S.) Stuttgart, Greiner & Pfeiffer. — 15

— dasselbe. Winter 1902/03. (Giltig vom 1. X. bis 30. IV.) 12. (65 S.) Ebd. — 20

— Ausg. f. Württemberg. Sommer 1905 u. Winter 1905/6. (Je 70) 8° Stuttg., Greiner & Pf. Je — 20

— Ausg. f. Württemberg. Winter 1906/07. (Giltig v. 1. X. bis 30. IV.) (75 S. m. 1 Karte.) kl. 8. Stuttgart, Greiner & Pfeiffer. n. — 20

— Ausg. f. Württemb. Sommer '09 u. Winter '09/10. (101 bezw. 95 m. je 1 Karte.) kl8° Stuttg., Greiner & Pf. Je — 20

— Ausg. f. Württemberg. Sommer 1910. (Gültig v. 1. V. bis 30. IX.) (108 S. m. 1 Karte.) kl. 8. Stuttgart, Greiner & Pfeiffer. — 20

— Ausg. f. Württemberg. Sommer '12. (104) kl8° Stuttg., Greiner & Pf. — 25

Blitz-Fahrplan. Nach amtl. Quellen bearb. u. hrsg. Ausg. f. Baden. Sommer 1901. 12. (65 S.) Stuttgart, Greiner & Pfeiffer. — 15

Blitz-Fahrplan, Ausg. Zürich. Winter 1902/1903. 8. (57 S.) Zürich, Art. Institut Orell Füssli. — 30

— Ausg. Zürich. Sommer 1905 u. Winter 1905/6. (64 u. 60 m. je 1 Karte.) 8° Zür., Art. Instit. Orell Füssli. Je — 30

— Ausg. Zürich. Winter 1906/1907. (75 S. m. 1 Karte.) kl. 8. Zürich, Art. Institut Orell Füssli. n. — 50

— Ausg. Zürich. Sommer '09 u. Winter 09/10. 19. u. 20. Ausg. (81 u. 83 m. je 1 Karte.) kl8° Zür., Art. Instit. Orell Füssli. Je nn — 40

— Ausg. Zürich. Sommer 1910. Gültig v. 1. V. bis 30. IX. 21. Ausg. (108 S. m. 1 eingedr. Karte.) kl. 8. Zürich, Art. Institut Orell Füssli. nn — 40

— Ausg. Zürich. Sommer '12 u. Winter '12/13. 25. u. 26. Ausg. (Je 100 m. 1 Kte.) kl8° Zür., Art. Instit. Orell Füssli. je nn — 40

— badischer. Winter 1902/03. Giltig vom 1. X. bis 30. IV. 12. (64 S. m. 1 Karte auf dem Umschlag.) Emmendingen, Druck- u. Verlags-Gesellschaft vorm. Dölter. — 20

Blitz-Fahrplan, bad. Sommer 1905 u. Winter 1905/6. (68 u. 65 m. je 1 Karte auf d. Umschl.) 8° Emmend., Druck- u. Verl.-Gesellsch. vorm. Dölter. Je — 20

Blitz-Fahrplan, badischer. Winterdienst 1906/07. Giltig vom 1. X. bis 30. IV. (65 S. m. 1 Karte auf dem Umschlag.) 8. Emmendingen, Druck- u. Verlags-Gesellschaft vorm. Dölter. n. — 25

Blitz-Fahrplan, bad. Sommerdienst '09 u. Winterdienst '09/'10. (63 m. 1 Karte.) 8° Emmend., Druck- u. Verl.-Gesellsch. vorm. Dölter. Je — 25

Blitz-Fahrplan, badischer. Sommerdienst 1910. Giltig vom 1. V. bis 30. IX. (68 S. m. 1 Karte.) 8. Emmendingen, Druck- u. Verlags-Gesellschaft vorm. Dölter. — 25

Blitz-Fahrplan, Badischer. Winterdienst '12/13. (68 m. 1 Kte.) kl8° Emmend., Druck- u. Verl.-Gesellsch. vorm. Dölter. — 25

— für Bayern. Ausg. f. München. Winterdienst ab 1. X. 1902. Nach amtl. Mitteilgn. unter Berücksicht. sämtl. wicht. Anschlüsse nach allen Richtgn. Deutschlands. 8. (38 S.) München, A. Bruckmann. n. — 20

— für Bayern. Ausg. f. München. Sommerdienst 1904. Nach amtl. Mitteilgn. unter Berücksicht. sämtl. wicht. Anschlüsse nach allen Richtgn. (48 S. m. 1 eingedr. Karte.) 8. München, A. Bruckmann. n. — 20

— f. Leipzig. Sommer 1899. 12° (12 u. 2 in 8°) Lpzg, W Möschke. — 10

Erscheint nicht mehr.

— d. kgl. sächs. Staatsb. u. sämtl. wicht. Anschlüsse nach allen Richtgn Deutschlds. Sommer 1900 u. Winter 1900/01. 12° (à 72 m. 1 Karte.) Dresd. (gr. Plauensche Str. 21), M & R Zocher. à — 20

— der kgl. sächs. Staatsbahnen u. sämtlicher Linien Nordböhmens, sowie aller wichtigen Anschlüsse Deutschlands u. Oesterreichs. Winter-Ausg. 1902/3. schmal 8. (76 S. m. 1 Karte.) Dresden, M. & R. Zocher. — 20

— d. kgl. sächs. Staatsbahnen. Sommer 1905 u. Winter 1905/6. (Je 128 m. 2 Kart.) 8° Dresd., M & R Zocher. Je — 25

— der kgl. sächs. Staatsbahnen, enth. auch sämtl. Linien v. Thüringen, des Harzes, des Riesengebirges u. v. Nordböhmen, sowie alle wichtigen Anschlüsse Deutschlands u. Oesterreichs. Winter-Ausg. 1906/7. (128 S. m. 2 Karten.) kl. 8. Dresden, M. & R. Zocher. n. — 25

— d. kgl. sächs. Staatsb., enth. auch sämtl. Linien v. Thüringen, d. Harzes, d. Riesengebirges u. v. Nordböhmen, sowie alle wicht. Anschlüsse Deutschlds u. Oesterr.'s Sommer-Ausg. '09 u. Winter-Ausg. '09/10. (144 bezw. 122 u. 12 m. je 2 Kart.) 8° Dresd., M & R Zocher. Je 25 —

— der kgl. sächsischen Staatsbahnen, enth. auch sämtl. Linien v. Thüringen, des Harzes, des Riesengebirges u. v. Nordböhmen, sowie alle wicht. Anschlüsse Deutschlands u. Österreichs. Nach amtl. Mitteilgn. zusammengestellt. Sommer-Ausg. 1910. (148 S. m. 2 Kart.) 8. Dresden. M. & R. Zocher. — 25

Blitz-Fahrplan d. kgl. sächs. Staatsbahnen, enth. auch sämtl. Linien v. Thüringen, d. Harzes, d. Riesengebirges u. v. Nordböhmen, sowie alle wicht. Anschlüsse Deutschlds u. Oesterr. Winter-Ausg. '11/12. (72 m. 2 Ktn.) kl8° Dresd., M & R Zocher — 30

Blitz-Fahrplan, zeigt im Nu jede Strecke.... Ausgabe Zürich. Sommer 1901. IV + 64 S. 8. Zürich, Art. Institut Orell Füssli, Abteilung Blitz-Verlag. fr. —. 30

Blitzfahrplan. Blitz-Fahrplan, zeigt im Nu jede Strecke.... Ausgabe Zürich. Winter 1901/1902. IV + 64 S. 8. Zürich, Art. Institut Orell Füssli, Abteilung Blitz-Verlag. fr. —. 30

Blitz-Fahrplan, zeigt im Nu jede Strecke.... Ausgabe Zürich. Sommer 1902. IV + 64 S. 8. Zürich, Art. Institut Orell Füssli, Abteilung Blitz-Verlag. fr. —. 30

Blitz-Fahrplan, zeigt im Nu jede Strecke.... Ausgabe Zürich. Winter 1902/1903. IV + 64 S. 8. Zürich, Art. Institut Orell Füssli, Abteilung Blitz-Verlag. fr. —. 30

Blitz-Fahrplan, zeigt im Nu jede Strecke.... Ausgabe Zürich. Sommer 1903. IV + 68 S. 8. Zürich, Art. Institut Orell Füssli, Abteilung Blitzverlag. fr. —. 30

Blitz-Fahrplan, zeigt im Nu jede Strecke.... Ausgabe Zürich. Winter 1903/1904. [Mit] Eisenbahnkarte.... IV + 72 S. 8. Zürich, Art. Institut Orell Füssli, Abteilung Blitzverlag. fr. —. 30

A. Hartleben's Wiener Blitz-Fahrpläne. Mai 1899. Wien. 1899. Hartleben. 1 Tafel 22×101 *cm.* Gefalzt fl. —.10

Blitz-Führer. 23 Nrn. 16. Freiburg i/B. 906. F. P. Lorenz. à n. — 20
Breitnau-Steig (südl. Schwarzwald). Ein prakt. Führer. Mit e. Umgebungskarte. (15 S.)
Freiburg im Breisgau. Ein prakt. Führer durch die Stadt. Mit e. Stadtplan. (43 S.)
Furtwangen im badischen Schwarzwald. Ein prakt. Führer. Mit e. Umgebungskarte. (18 S.)
Glotterbad im bad. Schwarzwald. Ein prakt. Führer. Mit e. Umgebungskarte. (14 S.)
Heidelberg. Ein prakt. Führer durch Stadt u. Schloss. Mit 2 Plänen (Stadt u. Schloss). (88 S.)
Hinterzarten (bad. Schwarzwald). Ein prakt. Führer. Mit e. Umgebungskarte. (18 S.)
Höllentalbahn, die. (Freiburg—Neustadt—Donaueschingen.) Ein prakt. Führer. Mit e. Karte u. e. Profil der Bahnlinie. (41 S.)
Kandel, der, im badischen Schwarzwald. Ein prakt. Führer. Mit e. Umgebungskarte. (16 S.)
Karlsruhe. Ein prakt. Führer durch die Stadt. Mit e. Stadtplan. (27 S.)
Kirnhalden, Bad. (Bad. Schwarzwald.) Ein prakt. Führer. Mit e. Umgebungskarte. (18 S.)
Königsfeld im badischen Schwarzwald. Ein prakt. Führer. Mit e. Umgebungskarte. (1. S.)
Oberkirch im Renchtal, badischer Schwarzwald. Ein prakt. Führer. Mit e. Umgebungskarte. (16 S.)
Odenwaldbahn, die, Mosbach—Mudau. Ein Führer für Einheimische u. Fremde. Mit 16 Abbildgn. u. 1 Kärtchen. (30 S.)
Oppenau im Renchtal. Ein prakt. Führer durch die Stadt. Mit e. Umgebungskarte. (16 S.)
Plättig, Kurhaus. (Nördl. Schwarzwald.) Ein prakt. Führer. Mit e. Umgebungskarte. (19 S.)
St. Blasien (Schwarzwald). Ein prakt. Führer. Mit e. Umgebungskarte. (16 S.)
St. Märgen im Schwarzwald. Ein prakt. Führer. Mit e. Umgebungskarte. (16 S.)
Schauinsland, der. (Gasthaus u. Pension zur Halde.) Ein prakt. Führer. Mit e. Umgebungskarte. (16 S.)
Schwarzwald, der. Ein prakt. Führer. Mit e. Übersichtskarte, auf welcher 8 Höhenwege eingezeichnet sind. (41 S.)
Schwenningen am Neckar. Ein prakt. Führer durch den Ort. Mit e. Ortsplan u. e. Umgebungskarte. (20 S.)
Strassburg im Elsass. Ein prakt. Führer durch die Stadt. Mit e. Stadtplan. (34 S.)
Thurner, der. Ein prakt. Führer. Mit e. Karte. (16 S.)
Todtmoos. Todtmooser Spaziergänge u. Ausflüge. Ein prakt. Führer. Mit e. Umgebungskarte u. einem Alpenpanorama. (11 S.)

Blitz-Führer. 11 Nrn. 16. Freiburg i.B., F. P. Lorenz.
Badenweiler. Ein prakt. Führer durch den Kurort u. seine Umgebg. Mit e. Umgebungskarte u. 6 Abb. (87 S.) 908. — 30
Bad Boll (bei Bonndorf) im bad. Schwarzwald. Ein prakt. Führer. (15 S. m. Abbildgn. u. 1 farb. Karte.) 908. — 20
Bonndorf im bad. Schwarzwald. Ein prakt. Führer. Mit 1 (farb.) Umgebungskarte u. Abb. (20 S.) 909. — 20
Hinterzarten (Bruderhalden.) Ein prakt. Führer. Mit 1 Umgebungskarte. (Neue Aufl.) (15 S. mit 1 Abbildg.) 907. — 20
Honnef. Ein prakt. Führer durch Stadt u. Umgebg. Mit 1 Umgebungskarte. (29 S.) 906. — 20
Kaiserstuhl, der. Ein prakt. Führer. Mit e. (farb.) Umgebungskarte u. Abbildgn. (22 S.) 908. — 20
Kandern im bad. Schwarzwald. Ein prakt. Führer. Mit e. (farb.) Umgebungskarte u. Abbildgn. (20 S.) (910.) — 20
Lenzkirch (bad. Schwarzwald). Ein prakt. Führer. (16 S. m. Abbildgn. u. 1 farb. Karte.) 908. — 20
Todtnauberg (bad. Schwarzwald). Mit Benützg. des vom Verschönerungsverein Todtnauberg hrsg. Führers. Mit e. (farb.) Umgebungskarte. (Gasthaus u. Pension zum Engel.) (16 S. m. Abbildgn.) 907. — 20
— dasselbe. (Gasthof u. Pension zum Sternen.) (16 S. m. Abbildgn.) 907. — 20
Wiedener Eck (Gasthof u. Pension.) Ein prakt. Führer. Mit e. (farb.) Umgebungskarte. (16 S. m. Abbildgn.) 907. — 20

Blitz-Führer. 5 Nrn. 16° Freiburg B., FP Lorenz. je — 20
Kandern im bad. Schwarzwald. (20 m. Abb. u. 1 farb. Kte.) ('10) ‖ Menzenschwand (Bad Schwarzwald). Hrsg. v. Hotel u. Kurhaus „Adler" in Menzenschwand. (16 m. Abb. u. 2 [1 farb.] Kte.) ('12) ‖ Schluchtbahn, Die. (Hoch-Vogesen.) Von Münster i. E. n. d. Schlucht. (23 m. Abb u. 1 farb. Kte.) ('12) ‖ Schollach bei Neustadt im bad. Schwarzwald. (14 m. Abb. u. 1 Kte.) ('12) ‖ Villingen im bad. Schwarzwald. (29 m. Abb. u. 1 Kte.) ('12)

— dass. Badenweiler. (87 m. Abb. u. 1 Karte.) 16° Ebd. '08. — 30

Blitz-Führer Paris, s.: Guide éclair.

Blitzgefahr, die. Nr. 1: Mitteilungen und Ratschläge betr. die Anlage von Blitzableitern für Gebäude. Hrsg. im Auftrage des Elektrotechn. Vereins. 1.—3. unveränd. Abdr. gr. 8. (36 S.) Berlin 886, Springer. *

Blitzgefahr, die. Nr. 1. Mitteilungen u. Ratschläge betr. die Anlage v. Blitzableitern f. Gebäude. Hrsg. im Auftrage d. Elektrotechn. Vereins. 4. Abdr. gr. 8. (36 S.) Berlin 886. Springer. n. — 60

Blitzgefahr, die. Nr. 2. Einfluß der Gas- u. Wasserleitungen auf die Blitzgefahr. Hrsg. im Auftrage d. elektrotechnischen Vereins von Friedr. Neesen. gr. 8. (43 S.) Berl. 891, Springer. * — 80
Nr. 1. Ebd. 1886. * — 60.

Die **Blitzgefahr**. Nr. 2. Einfluss der Gas- und Wasserleitungen auf die Blitzgefahr. Herausgegeben im Auftrage des Elektrotechnischen Vereins von Friedrich Neesen. 2. unveränderter Abdruck. Berlin. 1891. Julius Springer, München. R. Oldenbourg 8°.

Blitz-Plan v. München. Hrsg. v. d. Verlagsanstalt „Blitz" G. m. b. H., München. hoch 4. (9 farb. Pläne.) Mit Text. gr. 8. (VIII, 141 S.) München 898. (C. Fritsch.) Geb. in Leinw. in gr. 8. n. 2. —

Blitz-Plan von München. Hrsg. v. d. Verlagsanst. 'Blitz' G. m. b. H. München ... *(München: E. Mühlthaler, Kunstdr. 1898.)* (VIII, 140 S., 9 Pl.) 1 Bd 8. [98. 19343

Blitz-Posttarif. Post- u. Telegramm-Tarife 1909. Gebühren u. Vorschriften f. das deutsche Reichspostgebiet, Bayern, Württemberg u. Ausland. (48 S.) 8. München, A. Bruckmann. — 50

Die **Blitzschäden** an weichgedeckten Gebäuden und ihre Verminderung durch Anlage von Blitzableitungen. Kiel. 1908. 8°

Einige merkwürdige Blitzschlage. 1) Aus einem Briefe an einen hier Studirenden, aus Zurich vom 22. Mai 1822. 2) Aus den Zeitungen. (Aus Annalen der Physik, Bd. 71, St. 2, Jahr 1822, St. 6.)

Blix, Martin, aus Stockholm: Über das Borimid $B_2(NH)_3$ und seine Stellung unter den verwandten anorganischen Verbindungen. *Berlin (1902): G. Schade.* (34 S.) 8°
Berlin, Phil. Diss. v. 9. Aug. 1902

Blixén, Carlos, Deutschland in Uruguay. Vortrag, geh. in der Abteilg. Berlin-Charlottenburg d. deutschen Kolonial-Gesellschaft am 8. IV. 1907. (28 S.) 8. Berlin 907. H. Paetel. — 60

Abteilung Berlin-Charlottenburg d. Deutschen Kolonial-Gesellsch. Carlos **Blixén**, Gesandschaftssekr. Deutschland und Uruguay. Vortrag geh. in d. Abt. Berlin-Charlottenburg ... 1907. Berlin: H. Paetel 1907. (28 S.) 8° [Umschlagt.] [c3. [illegible]

Blixen Finecke, prakt. Skandinavismus. A. d. Dän. v. C Dirckinck Holmfeld. 8. (24) Kopenh. 57. (Lpzg, Brockhaus' S.) — 7½

Blixen-Finecke, praktischer Skandinavismus. Aus dem Dän., mit Vorwort von C. Dirckinck Holmfeld. 8. (24 S.) Kopenhagen 857. (Leipzig, Lorck.)

Blizard, William Sir (Mitarb.), s. Abhandlungen von der Heilung der Thränenfistel. . .

Blizard, (William, Sir): Von einer neuen Methode die Thränenfistel zu behandeln. (A new Method of treating the fistula lachrymalis. Dt.) 8 S. (S. 103 - 110). Leipzig: 1784

s.: Abhandlungen von der Heilung der Thränenfistel und den neuesten dazu vorgeschlagenen Operationsmethoden.

JB 4.216

Blizard, William, (Sir): Vorschläge zur Verbesserung der Hospitäler und anderer mildthätigen Anstalten. (Suggestions for the improvement of hospitals, and other charitable institutions. Dt.) (Übers.) mit Zusätzen von J(ohann) A(braham) Albers. 128 S., gbd.

Jena: Akademische Buchhandlung 1799

JB 5.378

Blizard, W., Vorschläge z. Verbesserg der Hospitäler. Aus d. Engl. von Jh. Abr. Albers. gr. 8. Jena 790. (Hennings in Neisse). 9 gl

Bloebaum, Carl, approb. Arzt aus Cöln: **Aus d. Frauenklinik d. Universität Bonn. Ueber Cranioclasie.** *Bonn 1902: P. Bieberstein.* (31 S.) 8°
Bonn, Med. Diss. v. 5. Juli 1902

Bloebaum, Friedr.

Bloebaum, F: Syphilis in Nase, Rachen, Ohr u. Auge u. d. Behandlg derselben, insbes. d. Chromwassercur. 8° (52) Neuw. 97. Lpzg, E Fiedler. 1.20

Syphilis in Nase, Rachen, Ohr und Auge u. d. Behandlg ders. insbes. d. Chromwassercur v. Dr. med. F[riedr.] Bloebaum in Koeln ... *Neuwied a. Rh., Berlin, Leipzig: Heuser 1897.* (51 S.) 1 Bd 8.

Bloebaum, F., Syphilis in Nase, Rachen, Ohr u. Auge u. d. Behandlg. ders., insbes. d. Chromwassercur. gr. 8. (52 S.) [Neuwied 897. Heuser's Verl.] Leipzig, M. Spohr. 1. 20

Blobel, A., praktischer Rathgeber für Auswanderer nach Amerika. Nach eigenen Anschauungen und den besten Hülfsquellen bearb. 8. (IV, 68 S.) Berlin 870, Bergmann.

Blobel, Ernst, a. Leipzig: **Untersuchungen über den Wirkungswert von schwefelsaurem Ammoniak und Chilesalpeter als Düngemittel.** Leipzig 1908: E. Stephan. (100 S.) 8°
Leipzig, Phil. Fak., Ref. Kirchner-Beckmann, Diss. v. 13. März 1908
[Geb. 24. Okt. 79 Leipzig; Wohnort: Leipzig-Reudnitz; Staatsangeh.: Sachsen; Studium: Leipzig 9 S.]

Blobel, Gf., († d. 12. Apr. 1809.) zwei f. den Bürger u. Landmann wichtige Abhandll. gr. 8. Budissin 792. (Fr. Fleischer in Leipz.) 4 gl

— Beweis, daß die Meinung, der Krieg sei ein Strafgericht Gottes, für Züchtigung d. Menschheit gesandt. gr. 8. Leipz. 808. Steinacker. 3 gl

— die Beweise, daß die Meinung, der Krieg sey ein Strafgericht Gottes 2c. gr. 8. Leipzig, Steinacker. 808.

— Erbhuldigungspredigt zu Königsbrück über Spr. Salomonis 14, V. 34. 8. Dresd. 796. Walther. 2 gl

Blobel, Hermann Paul, s. Blobel, Paul

Blobel, Osc.: **Klein Herta's Weihnachtstraum. Ein Wintermärchen a. d. Bergen.** (23 m. farb. Abb.) 31×23 cm. Nürnbg, Th. Stroefer ('11). geb. 3 — d

Blobel, Paul

Blobel, *Hermann* Paul [aus Seifersdorf b. Sorau]: Versuche über Transfusion mit dem von Blutegeln gesogenen Blute und über die Verwendung frisch bereiteten Egeldecoctes zur Transfusion ... Greifswald, Druck v. J. Abel, 1892; 35 S. 8.
Greifswald, Med. Fak., Inaug.-Diss. v. 16. März 1892

Blobel, Viktor

Handlungsgehilfen-Forderungen zur Verbesserung des Handelsgesetzbuches. (Verf.: Viktor **Blobel**.) Hamburg: Deutschnat. Handlungsgehilfen-Verband 1909. 64 S. 8°
(Schriften des D. H. V. Bd 42.) A 11 4916

Bloch, Frl. Blanca, s.: Waldow, B.

Bloch: Die Einwirkung d. Schweinesperre in Oberschlesien ..., s. Bloch, D.

Bloch, s.: Entwurf eines Grundrisses vom Herodianischen Tempel.

Bloch: D. mosaisch-talmudische Erbrecht, s. Bloch, Moses

Bloch: Das Gewerbegericht, s. Bloch, Alfred

Bloch: Kinder-Schaubühne, s. Bloch, Eduard

Bloch, das Nothwendigste zu ein. fromm. Leben 2c. 8. Kempten, Kösel. 790.

Bloch, de psaltarum s. cantorum ortu in eccl. christ. Hafn. 1711. 4.

Bloch: Johann Balthasar Schuppius, s. Bloch, K.E.

Bloch, die Sittenlehre der Jesuiten m. Belegen aus ihren Werken. Vorträge, geh. im Metzer Zweigverein d. evangel. Bundes. gr. 8. (45 S.) Metz 889. (Deutsche Buchhandlg.) n. — 50

„Zur Weihe des Hauses". Fest-Zeichnung zum 18. Nov. 1900 von Bloch. Bayreuth 1900: Mühl. 12 S. 8°
Abgedr. in: BayrBbl. 1 (1900—1901) S. 170 bis 180.
Üb. d. Aufgaben d. Frmrei f. d. Gegenwart.

„Zur Weihe des Hauses der Loge „zur Kette" in München. Fest-Zeichnung zum 18. November 1900 von Bloch. Bayreuth 1900: Mühl. 12 S. 8°. [Umschlagtit.]

Bloch: Der nationale Zwist u. d. Juden in Oesterreich, s. Bloch, J.S.

Bloch, A.: Zur Anwendung d. Ratenges., s. Bloch, Alfred

Bloch, A., phoenicisches Glossar. gr. 8. (64 S.) Berlin 890. Mayer & Müller. n. 2. 50

Bloch, Adolph Friedrich

Bloch, Ad. F., s. J. Baronio, Plastik.

Bloch, Adolph Friedrich (Übers., Comm.u.Hrsg.):

s.: Brera, Valer(iano) Luigi: Medizinisch-praktische Vorlesungen über die Natur und Heilung der Contagien... (De'Contagi e della cura de'loro effetti... Dt.) Halberstadt: 1822

JB 5.139

Bloch, Adolph Friedrich (Hrsg.), s. Hall, Marshall: Handbuch der Diagnostik.

– s. Johnson, J.: Untersuch.

BLOCH, Alfred

(F) Zur Anwendung des Ratengesetzes. (Die Mittel der Civilprocessordnung zur Bekämpfung des illegitimen Ratenhandels.) Von Dr. Alfred Bloch. Separatabdruck aus der „Allgemeinen österreichischen Gerichts-Zeitung." Wien. 1899. Manz. Gr.-8°. 39 S. fl. —.40

Bloch, Alfred: Beispiele von Schriftsätzen im Civilprocess... s. Neumann-Ettenreich, Robert R. v.

— dasselbe, s.: Vittorelli, Paul v.

Bloch, Alfred, appr. Arzt aus Kattowitz: **Casuistischer Beitrag zur Pathologie der Geschwülste der dura mater.** *München 1900: Kastner & Lossen.* (30 S.) 8°
München, Med. Diss. v. 1900

Bloch, das Gewerbegericht. Gesetz vom 27. XI. 1896, in historisch-dogmat. u. exeget. Darstellung, sowie in Vergleichung mit dem deutschen Gewerbegerichtsgesetze. Wien 898.

[F.] Das Gewerbegericht. Gesetz v. 27. Nov. 1896 R. G. Bl. Nr. 218 in histor.-dogmat. u. exeget. Darstellg, sowie in Vergleichg m. d. deutschen Gewerbegerichtsges. M. e. Anh. enth. d. einschlägigen Gesetze u. Verordngn. Bearb. v. Dr. Alfred Bloch, k. k. Landesgerichtsr. *Wien & Leipzig: M. Breitenstein 1899.* (2 Bl., 140 S.) 1 Bd 8.

Bloch, A. und Frank, F., Normen über die internationalen Rechtsbeziehungen auf dem Gebiete des Zivil- und Strafrechtes und über den Rechtshilfeverkehr mit dem Auslande. Gr. 8°. Erscheint in 15 Lieferungen à K 1.60

Bloch, Alfr., u. Fel. Frank, Normen üb. die internat. Rechtsbeziehungen auf dem Gebiete des Zivil- u. Strafrechtes u. üb. den Rechtshilfeverkehr m. dem Auslande. (XV, 1119 S.) gr. 8. Wien 910. Manz. 19.60; auch in 14 Lfgn. à 1.40

— das Recht der Handelsangestellten nach den jüngsten Regierungsentwürfen. Vortrag, geh. in der Privatversammlg. der Wiener jurist. Gesellschaft am 6. II. 1901. gr. 8. (48 S.) Wien 901. Manz. n. 1.—
Sonderabdruck aus: „Allgem. österr. Gerichts-Zeitg."

Bloch, A., u. Frank, F., Internat. Rechtsbeziehgn. auf d. Geb. d. Zivil- u. Strafrechts. 2—8. Liefg. Wien, Manz. 1910 Je 1. 40.

Bloch, A., u. Frank F., Internat. Rechtsbeziehgn. auf d. Geb. d. Zivil- u. Strafrechts. 9—12. Lfg. Wien, Manz. 1910 Je 1. 40.

Bloch, Alfr., römische Rechtsgeschichte, s.: Hellfron, Ed.

Bloch, A., Schriftsätze, siehe Neumann—Ettenreich.

Bloch, A., Schriftsätze, siehe Vittorelli.

— der richterliche Vormund. Ein Beitrag zum Capitel „Kinderschutz". gr. 8. (27 S.) Ebd. 900. n. —80
Sonderabdruck aus: „Allgem. österr. Gerichts-Zeitg."

Bloch, Ant., Chronotaxis scriptor, div. Pauli. 8. maj. Flensburg. (Christiani in Schlesw.) 782.

***Bloch,* Ant.,** Chronotaxis scriptor. div. Pauli. 8 maj. Flensb. 782. Korte: 17 K

Bloch, Armand [cand. phil.]: Neue Beiträge zu einem Glossar der phoenicischen Inschriften. Erster Theil: א–כ... (Vollst. ersch. im Verl. v. Mayer & Müller, Berlin, 1890; 64 S.) Berlin, *Druck v. G. Zahn & H. Baendel, Kirchhain N.-L.*, 1890; 45 S., 1 Bl. 8°
Leipzig, Phil. Fak., Inaug.-Diss. v. [25. Okt.] 1890

Bloch, Armand, approb. Arzt aus Biesheim ⟨O.-Els.⟩: Über Manuelle Placentarlösung bei recht- und frühzeitigen Geburten. Casuistik aus d. Straßb. geburtshülfl. Klinik u. Poliklinik von 1898—1902. *Straßburg i. E.: J. Singer 1903.* (46 S.) 8°
Straßburg, Med. Diss. v. 1903

Bloch, Arthur, approb. Arzt aus Mainz: Metastatische Eiterungen als Folge von Bronchialerkrankungen. *München 1903: C. Wolf & Sohn.* (36 S.) 8°
München, Med. Diss. v. 1903

Bloch, B.: Die geschichtlichen Grundlagen ..., s. Bloch, Bruno

Bloch, B., der preussisch-österreichische Krieg im J. 1866 und der Luxemburgische Conflict im J. 1867. Kurzgefasste Geschichte in Versen. 8. (22 S.) Breslau 867, (Schletter'sche Buchh.) *

Bloch, B: Üb. Wesen u. Behandlg d. Diathesen, s: His, W.

Bloch, Beer, Ein Wort zu seiner Zeit, vorgetragen in der Synagoge zu Weitentrebetitsch im Saazer Kreise in Böhmen am 20. Jan. 1833, nebst e. Vorworte. gr. 8. Prag 833. Enders. 1/3 ß

Bloch, Bruno. Die geschichtlichen Grundlagen der Embryologie im Altertum. Diss. Med. Basel. ([Sep.-Abdr. aus:] Nova Acta. [Abhandlungen der Kaiserl. Leop.-Carol. Deutschen Akademie der Naturforscher. Band] 82. Nr. 3.) III S. + S. 217—268 ⟨55 S.⟩. 4. Halle a. d. S., Ehrhardt Karras. 1904.

Bloch, Bruno, die geschichtlichen Grundlagen der Embryologie bis auf Harvey, s.a. Acta, nova, academiae usw. naturae curiosorum. 82. Bd.

Bloch, Bruno. Die geschichtlichen Grundlagen der Embryologie bis auf Harvey. Von B' B', Assistenzarzt ... zu Basel. S. 215—334 ⟨120 S.⟩. 4. Halle a. S., Ehrhardt Karras; Comm. Wilh. Engelmann, Leipzig, 1904. [M. 6. —]
Nova Acta. Abh[andlungen] der Kaiserl. Leop.-Carol. Deutschen Akademie der Naturforscher. Band 82. Nr. 3.

Bloch, Bruno. Die Grundzüge der älteren Embryologie bis Harvey. (Nach einem in der Naturforschenden Gesellschaft zu Basel gehaltenen Vortrage.) 8.
In: Zoologische Annalen. Zeitschrift für Geschichte der Zoologie. Hrg. von Dr. Max Braun.... Band 1, Heft 1. Würzburg, A. Stuber, 1904. S. 51—73.

Bloch, Dr. **Bruno,** Dozent für Dermatologie an der Universität Basel: Zur Lehre von den Dermatomykosen. Klinisch-epidemiologische und experimentell-biologische Beiträge. ⟨Aus der dermatologischen Abteilung der medizinischen Klinik in Basel⟩ Wien und Leipzig 1908. 64 S. und fünf Tafeln. 8°. S.-A. aus dem Archiv für Dermatologie und Syphilis. Bd. 93, Heft 1—2.
Basel. Hab.-Schr. 1908/09.
Nicht für den Austausch.

Bloch, Bruno, die Sporotrichose, s.a. Klinik, medizinische. 1909. Beiheft 8/9.

Bloch, B., Die Sporotrichose. [Beihefte zur medizinischen Klinik. V. Jahrg. Heft 8/9.] Gr.-8°. (Ill. Pag. 180—202 mit 1 Tafel) K 2.40
Wien: Urban & Schwarzenberg 1909.

Bloch, C., Aufgaben für Erfinder. Eine Sammlg. v. Erfindungsproblemen, deren richt. Lösung e. lohn. Verwertung verspricht. 8. (155 S.) Berlin 901. H. Steinitz. n. 2.—

— dasselbe. Eine Sammlg. v. Erfindungsproblemen, deren richt. Lösg. e. lohn. Verwertg. verspricht, sowie v. Ratschlägen zur Erlangg. u. Verwertg. patentamtl. Schutztitel. Nebst e. Anh., enth. das Patent- u. Gebrauchsmuster-Gesetz u. e. Liste der eingetragenen Patentanwälte. 2. verm. Aufl. 8. (288 S.) Ebd. 902. Geb. in Leinw. n.n. 6.—

Bloch, C., Aufgaben f. Erfinder. Eine Sammlg. v. Erfindungsproblemen, deren richt. Lösg. e. lohn. Verwertg. verspricht, sowie v. Ratschlägen zur Erlangg. u. Verwertg. patentamtl. Schutztitel. Nebst e. Anh., enth. das Patent- u. Gebrauchsmuster-Gesetz u. eine Liste der eingetragenen Patentanwälte. 3. verm. [Titel-] Aufl. (288 S.) 8. Berlin [902] 903. H. Steinitz. Geb. in Leinw. n. 3.—

Bloch, C.: Das Empyem der Highmorshöhle, s. Bloch, Calman

Bloch, C.: Das Leben uns. Heilandes, s. Bloch, Carl

Bloch, C., praktischer Lehrgang der ungar. Sprache, s. Ballagi.

— wie erlangt u. verwertet man e. Patent-, Gebrauchsmuster-, Warenzeichen- u. Muster-Schutz? Nebst Patentgesetz v. 7. IV. 1891 — Gebrauchsmusterschutzgesetz v. 1. VII. 1891 — Warenzeichengesetz v. 12. V. 1894 — Musterschutzgesetz v. 11. I. 1876. gr. 8. (92 S.) Ebd. (901). n. 1.—

Bloch, C., wie erlangt u. verwertet man e. Patent-, Gebrauchsmuster-, Warenzeichen- u. Muster-Schutz? Nebst Patentgesetz vom 7. IV. 1891 — Gebrauchsmusterschutzgesetz v. 1. VII. 1891 — Warenzeichengesetz vom 12. V. 1894 — Musterschutzgesetz v. 11. I. 1876 — Patentanwaltsgesetz v. 21. V. 1900. 2. verm. u. verb. Aufl. (103 S.) 8. Berlin (907). H. Steinitz. 1.—

Bloch, C. E., Studien über Magen-Darmkatarrh bei Säuglingen. (S. 783—794.) gr. 8. Berlin 903. S. Karger. n. 2.—

— Anatomische Untersuchungen über den Magen-Darmkanal des Säuglings. (S. 121—174.) gr. 8. Ebd. (903). n. 1. 50
2 Sonderabdrucke aus: „Jahrb. f. Kinderheilkde."

Bloch, Calman. Das Empyem der Highmorshöhle, m. specieller Berücksichtigung v. 26 im Ambulatorium d. Hrn. Privatdoc. Dr. P. Michelson beobachteten Krankheitsfällen. Diss. gr. 8. (42 S.) Königsb. i. Pr. 890, (Koch). * 1 —

Bloch. Calman: Das Empyem der Highmorshöhle mit specieller Berücksichtigung von 26 im Ambulatorium des Herrn Dr. P. Michelson, Privatdocenten an der Universität zu Königsberg, beobachteten Krankheitsfällen. . . . Königsberg i. Pr., Druck v. M. Liedtke, 1890; 43 S. + 2 Bl. 8°
Königsberg, Med. Fak., Inaug.-Diss. v. 14. März 1890

Bloch, Carl, s.a. Ballagi.

Bloch, Carl, s.a. Bloch, Karl

Bloch, Carl. aus Breslau: Über Derivate des Ortho-Chlorbenzhydroxamsäurechlorids. Breslau Th. Schatzky Dr. 1896. 53 S., 1 Bl. 8°.
Zürich, Phil. Diss. [v. 30. Sept. 1896].

Bloch, Carl, das Leben unseres Heilandes. 23 Kpfr.-Ätzgn. nach den Orig.-Gemälden in der Schloss-Kirche zu Frederiksborg. gr. Fol. (1 Bl. Text.) Berlin 891. R. Schuster. In Leinw.-Mappe. n. 30. —

Bloch, D. Einwirkg. d. Schweinesperre i. Oberschlesien a. d. Ernährungsverhältnisse d. Industriearbeiter. E. sozial-hygien. Studie. gr. 8. (20 S.) Breslau 898. Preuß & Jünger. n. — 60

Bloch, D[avid]. Basilea-Marsch, für Pianoforte componirt von D. B'. Op. 18. Zur Erinnerung an die Gewerbeausstellung 1901 in Basel. [Mit illustriertem Titel. — Ausg.] für Piano. 5 S. 4. Basel, Max Pohl, [1901]. für Piano fr. 1. —, Militair-etc. musik 1. 35
In: Neues Schweizer Tanz-Album. Basel...(1904). [N°1.]

[F.] Bloch, David [aus Rodalben (Pfalz)]: Herder als Aesthetiker ... Berlin, Mayer & Müller, 1896; 48 S., 1 Bl. 8.
Würzburg, Phil. Fak., Inaug.-Diss. v. 1896

Bloch, E.: Gründlicher Einblick in das geheimnisvolle Wunder der Naturkräfte, s. Bloch, Emil

Bloch, E.: Zur Kenntnis des Ortho-Oxydiphenyls ..., s. Bloch, Ernst

Bloch, E., die Ohrenheilkunde im Kreise der medicinischen Wissenschaften. Akademische Antrittsrede, geh. am 26. VII. 1899, zugleich Programm zur Eröffng. der Universitäts-Ohrenklinik. gr. 8. (16 S.) Jena 900. G. Fischer. n. — 50

Bloch, E.: Deutsches Reichsstaatsrecht, s. Bloch, Eduard

Bloch, Eduard

Bloch's, Ed., Album der Bühnen-Costüme. Mit erläuterndem Texte von F. Tietz. 2 Bde. (à 8 Liefgn.) Berlin 859, 60. Lassar. gr. 4. Jeder Bd. (à 24 lith. Bl. in Farbendr.) n. 6 ₰; einzelne Liefgn. à n. 1 ₰ 15 ngr; einzelne Bl. à n. 15 ngr.

Bloch, Ed., e. sehr delicater Auftrag, s.: Bloch's, Ed., Theater-Correspondenz.

Bloch, Ed., Bluetten. 8. (127 S.) Berlin 863, Lassar's Buchh. *

Bloch, Ed., Bossard und dessen gerechtfertigte praktische Menschenkunde, hervorgerufen durch die Angriffe seiner und seiner Lehre Feinde, nebst Berichten über die zu Berlin am 16. März und zu Cöln am 1. März d. J. gehaltenen rc. Vorträge, sowie einer ausführlichen Biographie Bossard's. 8. (13 S.) Berlin 853, Lassar's Separat-Conto. *

—— Charivari, s.a. Charivari.

—— Charivari. Album f. kom. Deklam. 8. (188) Ebd. 65. n. — 12

Bloch's, Ed., Dilettanten-Bühne. Nr. 1—54. br. 8. Berlin 857—61, Lassar's Buchh. à Nr. 7½ Ngr. Thlr.

Inhalt:

Nr. 1. Salingré, H., des Friseurs letztes Stündlein. Soloscherz mit Gesang. (14 S.)
» 2. —— Pietsch im Verhör! Berliner Genrebild mit Gesang. 1—4. Aufl. (14 S. mit ill. Titelbilde in Holzschn.)
» 3. Bloch, Ed., wie zwei Tropfen Wasser! Lustspiel in 1 Akt. Nach einem französ. Stoffe bearb. (28 S.)
» 4. Angely, Louis, Paris in Pommern, oder die seltsame Testaments-Klausel. Vaudeville-Posse in 1 Act und mit bekannten Melodieen versehen. 4. Aufl. (31 S.)
» 5. Hahn, A., Komiker und Soubrette, oder: Extemporirt! Quodlibet in 1 Akt. Musik von A. Conradi. (19 S.)
» 6. Pohl, Emil, Sachsen in Preußen, oder: Wir nehmen auch Ausländer! Genrebild mit Gesang und Tanz in 1 Akt. (23 S.)
» 7. Weirauch, A., sein Herz ist in Potsdam. Posse mit Gesang in 1 Akt. Musik von A. Lang. (31 S.)
» 8. Jacobson, E., Meine Tante — Deine Tante! Schwank mit Gesang und Tanz in 1 Akt. Musik von A. Lang. (16 S.)
» 9. —— Verwandlungen, oder: Für Jeden Etwas! Dramatischer Scherz in 1 Akt. (15 S.)
» 10. Wehl, Feodor, Romeo auf dem Büreau. Schwank in 1 Akt mit Benutzung eines englischen Stoffes. (31 S.)
» 11. —— ein Bräutigam, der seine Braut verheirathet. Lustspiel in 1 Akt. (24 S.)
» 12. Jacobson, E., Faust und Gretchen. Dramatischer Scherz mit Gesang in 1 Akt. Musik von A. Lang. (23 S. mit 1 ill. Titelbilde in Holzschn.)
» 13. Elz, Alex., er ist nicht eifersüchtig. Lustspiel in 1 Akt. (29 S.)
» 14. Scribe, (Eug.), mein Glücksstern! Lustspiel in 1 Akt. Deutsch von C. Schilvian. (31 S.)
» 15. Görner, C. A., wie man Landluft genießt. Scherz mit Gesang in 1 Akt. (22 S.)
» 16. Winterfeld, A. v., wenn Frauen weinen. Lustspiel in 1 Akt. Frei nach dem Französ. (29 S.)
» 17. Jacobson, E., bei Wasser und Brod. Dramatischer Scherz mit Gesang in 1 Akt. Musik von B. Röder. (16 S.)
» 18. Görner, C. A., Französisch. Lustspiel in 1 Akt. (26 S.)
» 19. Linderer, Robert, Pietsch in: Robert der Teufel. Burleske Solo-Scene mit Gesang. Nach Levassor. (13 S.)
20. Angely, Louis, das Fest der Handwerker. Komisches Gemälde aus dem Leben in 1 Akt. Als Vaudeville bearb. 3. Aufl. (31 S.)
» 21. Salingré, H., besorgt und aufgehoben! Vaudeville-Posse in 1 Akt. Musik von H. Hauptner. (22 S.)
» 22. Angely, Louis, List und Phlegma. Vaudeville-Posse in 1 Akt. 3. Aufl. (29 S.)
» 23. Smidt, Heinr., unter'm Regenbogen, oder: Einer überrascht den Andern. Lustspiel in 1 Akt. (23 S.)
» 24. Pleßner, E. L., eine halbe Stunde Aufenthalt. Schwank in 1 Akt. (17 S.)
» 25. Schneider, Louis, der Kurmärker und die Picarde 1815. Genrebild in 1 Akt. (13 S. mit lithogr. und ill. Titelbilde.)
» 26. Görner, C. A., Sperling und Sperber. Schwank in 1 Akt. (31 S.)
» 27. Karl, L., eine anonyme Ohrfeige. Lustspiel in 1 Akt. Nach dem Französ. (24 S.)
» 28. Horn, Geo., glückliche Flitterwochen. Schwank in 1 Akt. (16 S.)
» 29. Linderer, Rob., wen heirathen? oder: Wer die Wahl hat, der hat auch die Qual. Soloscherz. (12 S.)
» 30. Bloch, Ed., er hat den Spleen. Schwank in 1 Akt. (22 S.)
» 31. Moser, G. v., er soll dein Herr sein! Lustspiel in 1 Akt. (24 S.)
» 32. Ring, Max, Dichter und Wäscherin. Orig.-Lustspiel in 1 Akt. (24 S.)
» 33. Dohm, E., das erste Debut. Solo-Scherz mit Gesang. 3. Aufl. (14 S.)
» 34. Feldmann, A., ein Steckenpferd. Lustspiel in 1 Akt. (19 S.)
» 35. Bloch, Ed., spiele nicht mit Schießgewehr! Posse in 1 Akt. (24 S.)
» 36. Jacobson, E., Lady Beefsteak. Schwank in 1 Akt. Musik von A. Lang. (18 S.)
» 37. Moser, G. v. eine kleine Mondfinsterniß. Lebensbild in 1 Akt. (16 S.)
» 38. Hahn, A., Mamsell Uebermuth. Posse in 1 Akt. (24 S.)
» 39. Hübner, Paul, ein Lügner, der die Wahrheit spricht. Schwank in 1 Akt. Nach dem Französ. (23 S.)
» 40. Gumbert, Ferd., bis der Rechte kommt! Liederspiel in 1 Akt. (31 S.)
» 41. Pohl, Emil, seine Dritte! oder: Amerika und Spandau. Schwank mit Gesang in 1 Akt. Musik von A. Conradi. (31 S.)
» 42. Hopf, A., ein Freier in Lebensgefahr. Schwank in 1 Akt. (16 S.)
» 43. Moser, G. v., wie denken Sie über Rußland? Lustspiel in 1 Akt. (23 S.)
» 44. Lichterfeld, F., zu schön! Lustspiel in 1 Akt. Nach dem Französ. (18 S.)
» 45. Wehl, F., und G. Horn, eine glühende Kohle. Lustspiel in 1 Akt. (27 S.)
» 46. Jacobson, E., wer zuletzt lacht. Schwank mit Gesang in 1 Akt. Musik von A. Conradi. (23 S.)
Nr. 47. Cohnfeld, A., die Rückkehr des Landwehrmanns, oder: Der Kurmärker und die Picarde. (2. Thl.) Genrebild mit Gesang und Tanz in 1 Akt. Musik von Riede. (15 S.)
» 48. Henée, Rud., Ehestands-Exercitien. Solo-Scherz. 3. Aufl. (7 S.)
» 49. Salingré, H., Jettchens Liebe und Kabale. Orig.-Posse mit Gesang in 1 Akt. Musik von A. Lang. (31 S.)
» 50. Moser, G. v., ein moderner Barbar. Lustspiel in 1 Akt. (20 S.)
» 51. Stettenheim, Jul., die letzte Fahrt, oder: Eine vergessene Geschichte. Liederspiel in 1 Akt. Musik von A. Conradi. (22 S.)
» 52. Schneider, Louis, die Unglücklichen. Lustspiel in 1 Akt nach A. v. Kotzebue. (29 S.)
» 53. Winterfeld, A. v., die lieben Schwiegereltern. Lustspiel in 1 Akt. (30 S.)
» 54. Wehl, Feod., die Tante aus Schwaben. Lustspiel in 1 Akt. (22 S.)

— Dilettanten-Bühne. Nr. 55—168. br. 8. Berlin 862—67, Lassar's Buchh. à Nr. $7\frac{1}{2}$ Ngr.

Inhalt:

Nr. 55. Dohm, E., ihr Retter. Schwank mit Gesang in 1 Akt. Musik von A. Conradi. (35 S.)
„ 56. Kessel, Carl v., nur Pflichten — keine Rechte! Lustspiel in 1 Akt. (24 S.)
„ 57. Jacobson, E., Lehmann's Jugendliebe. Schwank mit Gesang in 1 Akt. Nach einer französischen Idee. Musik von A. Conradi. (19 S.)

Nr. 58. Salingré, H., nur keinen Miethskontrakt! Orig.-Posse mit Gesang in 1 Akt. Musik von A. Lang. (36 S.)
„ 59. Pohl, Emil, acht Tage vernünftig. Lustspiel in 1 Akt. (23 S.)
„ 60. Hahn, Rud., Rieke und Pieke, oder: Am Schornstein. Komisches Genrebild mit Gesang in 1 Akt. Musik von A. Conradi. (20 S.)
„ 61. Moser, G. v., ich werde mir den Major einladen. Lustspiel in 1 Akt. Nach dem Französ. 3. Aufl. (26 S.)
„ 62. Reinicke, Ad., Feuer in der Mädchenschule. Lustspiel in 1 Akt. Nach dem Französ. (24 S.)
„ 63. Görner, C. A., Gustchen vom Sandkrug. Solo-Scherz. 2. Aufl. (12 S.)
„ 64. Salingré, H., hundert Thaler Belohnung. Posse mit Gesang in 1 Akt. Nach einem vorhandenen Stoffe. (20 S.)
„ 65. Moser, G. v., jedem das Seine, oder das häusl. Gleichgewicht. Lustspiel in 1 Akt. (20 S.)
„ 66. Bloch, Ed., sein Onkel und ihre Tante, oder Ehestands-Differenzen. Lustspiel in 1 Akt. (15 S.)
„ 67. Schlesinger, Sigm., mit der Feder! Dramolet in 1 Akt. (16 S.)
„ 68. Henrion, P., die Liebesdiplomaten. Lustspiel in 1 Akt. Nach einer Idee des Wanderbuch. (28 S.)
„ 69. Belly, G., Monsieur Hercules. Posse in 1 Akt. 2. Aufl. (20 S.)
„ 70. Kläger, W., der Präsident. Orig.-Lustsp. in 1 Akt. (20 S.)
„ 71. Belly, G., Werther und Lotte, oder Nachtwächters Erdenwallen. Posse mit Gesang in 1 Akt. Musik von A. Conradi. (20 S.)
„ 72. Bloch, Ed., eine Kokette. Lustspiel in 1 Akt. Nach dem Italien. (18 S.)
„ 73. Moser, G. v., Moritz Schnörche oder eine unerlaubte Liebe. Schwank in 1 Akt. Nach einer französ. Idee. 1.—3. Aufl. (24 S.)
„ 74. Schlesinger, Sigm., die Gustel von Blasewitz. Dramatisirte Anekdote in 1 Akt. (16 S.)
„ 75. Hopf, A., halb Sieben! Solo-Scherz mit Gesang. Musik von A. Conradi. (14 S.)
„ 76. Moser, G. v., aus Liebe zur Kunst, oder ein Singspiel. Posse mit Gesang in 1 Akt. Musik von A. Conradi. (20 S.)
„ 77. Bloch, Ed., und Rob. Linderer, Promenaden-Bekanntschaften oder dreizehn bei Tische. Lustspiel in 1 Akt. (20 S.)
„ 78. Schlesinger, Sigm., nicht schön! Lustspiel in 1 Akt. (24 S.)
„ 79. Ein gebildeter Hausknecht. Des Werkes 3. und letzter Thl. Posse mit Gesang in 1 Akt. Musik von verschied. Componisten. (20 S.)
„ 80. Bacano, C. M., zwei vom Theater. Conversations-Schwank in 1 Akt. (16 S.)
„ 81. Schlesinger, Sigm., der Graf aus dem Buche. Lustspiel in 1 Akt. (23 S.)
„ 82. Mautner, E., während der Börse. Lustspiel in 1 Akt. (18 S.)
„ 83. Pohl, Emil, Jeremias Grille. Posse mit Gesang in 1 Akt. (26 S.)
„ 84. Schlesinger, Sigm., wenn man nicht tanzt. Lustspiel in 1 Akt. (23 S.)
„ 85. Berla, A., der Strohwittwer. Posse mit Gesang in 1 Akt. Musik von A. Conradi. (20 S.)
„ 86. Moser, G. v., ein Stoff von Gerson. Lustspiel in 1 Akt. (20 S.)
„ 87. Schlesinger, Sigm., mein Sohn. Lustspiel in 1 Akt. (26 S.)
„ 88. Pohl, Emil, ein flotter Bursche von der Flotte, oder: Krieg mit Dänemark. Schwank mit Gesang in 1 Akt. Musik von A. Conradi. (26 S.)
„ 89. Hahn, R., 15 Minuten vor'm Scheidungs-Termin. Genrebild mit Gesang in 1 Akt. Musik von A. Conradi. (13 S.)
„ 90. Pohl, Emil, eine Sylphide außer Dienst. Posse mit Gesang in 1 Akt. Musik von A. Conradi. (27 S.)
„ 91. Hahn, R., im Vorzimmer Sr. Excellenz. Lebensbild in 1 Akt. (10 S.)
„ 92. Linderer, Rob., welche Lust Soldat zu sein! Solo-Scene. (11 S.)
„ 93. Jacobson, E., seine bessere Hälfte, oder: der Feuertod. Posse mit Gesang in 1 Akt. Musik von A. Conradi. (15 S.)
„ 94. Dohm, E., komm her! Dramatischer Scherz in 1 Akt. (11 S.)
„ 95. Böttcher, Carl, Zuave Lehmann. Genrebild mit Gesang und Tanz in 1 Akt. Musik von G. Michaelis. (10 S.)
„ 96. Hahn, R., ein Don Juan aus Familien-Rücksichten. Schwank mit Gesang in 1 Akt. Musik von A. Conradi. (16 S.)
„ 97. Putlitz, G. zu, über's Meer. Lustspiel in 1 Akt. (29 S.)
„ 98. Blum, Carl, die Mäntel oder: der Schneider in Lissabon. Lustspiel in 1 Akt. 2. Aufl. (32 S.)
„ 99. Hirsch, Arn., so paßt's! oder: Eine Tour aus dem Contretanz. Lustspiel in 1 Akt frei nach dem Französ. (28 S.)
„ 100. Jacobson, E., Backfische, oder: Mädchen-Pensionat. Posse mit Gesang und Tanz in 1 Akt. Musik von G. Michaelis. (26 S. mit 1 lithogr. und ill. Titelbild.)

Bloch's, Ed., Dilettanten-Bühne ꝛc.

Nr. 101. Roger, dir wie mir! Schwank in 1 Akt. (16 S.)
„ 102. Drost, W., eine Tasse Thee. Lustspiel in 1 Akt. Nach dem Französ. 1.—4. Aufl. (21 S.)
„ 103. Belly, G., und C. Löffler, guten Abend, Herr Fischer! oder: der Vampyr. Vaudeville-Burleske in 1 Akt. Musik von W. Telle. (24 S.)
„ 104. Schlesinger, Sigm., am Freitag. Lustspiel in 1 Akt. (22 S.)
„ 105. Hahn, Rud., Parquet-Loge Nr. 3. Komische Solo-Scene. (11 S.)
„ 106. Drost, W., ich esse bei meiner Mutter. Lustspiel in 1 Akt. Nach dem Französ. (20 S.)
„ 107. Wollmann, H., einer aus der Gerichts-Zeitung. Schwank in 1 Akt. (24 S.)
„ 108. Heiter, E., ein Ehrenwort, oder: Er kennt den Dienst! Posse mit Gesang in 1 Akt. Musik von A. Conradi. (30 S.)
„ 109. Mylius, Otto, stille Liebe mit Hindernissen. Posse mit Gesang in 1 Akt. Musik von A. Lang. (22 S.)
„ 110. Böhm, Mart., Nettchen und Jettchen. Dramatischer Scherz in 1 Akt. (15 S.)
„ 111. Genée, Rud., die Einquartirung. Genrebild mit Gesang in 1 Akt. 2. Aufl. (20 S.)
„ 112. Drost, W., um Mitternacht. Dramatischer Scherz in 1 Akt. Frei nach dem Französ. (15 S.)
„ 113. Trautmann, P. F., Don Juan in Wiesbaden. Schwank in 1 Akt. (24 S.)
„ 114. Sanftleben, G., und C. Thalburg, Orpheus auf der Oberwelt. Burleske mit Gesang und Tanz in 1 Akt. Musik von G. Michaelis. (21 S.)
„ 115. Böhm, Mart., die Solo-Posse. (Seitenstück zu Saphir's „Solo-Lustspiel.") Solo-Scherz. (12 S.)
„ 116. Bahn, A., ein Nachmittag im Lager. Vaudeville in 1 Akt. 2. Aufl. (18 S.)
„ 117. Drost, W., ein Zimmer mit 2 Betten, oder Wem gehört die Frau? Posse in 1 Akt. Nach dem Französ. (13 S.)
„ 118. Hahn, Rud., Nachtigall und Nichte. Posse in 1 Akt. (18 S.)
„ 119. Pohl, Emil, Herr Meidinger und sein Contrabaß. Schwank mit Gesang in 1 Akt. Musik von A. Conradi. (30 S.)
„ 120. Böhm, Mart., das Milchmädchen. Lustspiel in 1 Akt. (16 S.)
„ 121. Floto, Wilh., das Sonntagsräuschchen. Orig.-Lustspiel in 1 Akt. (28 S.)
„ 122. Hahn, Rud., erste Coulisse links. Posse mit Gesang in 1 Akt. (15 S.)
„ 123. Hasenrath, Recept gegen Schwiegermütter. Lustspiel in 1 Akt. Nach dem Span. des Don Manuel Juan Diana. (28 S.)
„ 124. Drost, W., Heymann Levy auf der Alm. Komisches Genrebild mit Gesang in 1 Akt. (13 S.)
„ 125. Hutt, J., das war ich! oder: die böse Nachbarin. Schwank in 1 Akt. 2. Aufl. (30 S.)
„ 126. Heiberg, J. L., Emiliens Herzklopfen. Solo-Scene mit Gesang für eine Dame. (10 S.)
„ 127. Müller v. Königswinter, Wolfg., sie hat ihr Herz entdeckt. Lustspiel in 1 Akt. (30 S.)
„ 128. Schröder, F., auf Alsen. Genrebild mit Gesang in 1 Akt. Musik von Th. Hauptner. (19 S.)
„ 129. Heigel, Carl, Angenommen! Lustspiel in 1 Akt. (19 S.)
„ 130. Salingré, H., ein Königreich für einen Sohn! Posse mit Gesang in 1 Akt. Musik von Th. Hauptner. (23 S.)
„ 131. Henrion, Poly, ein unschuldiger Diplomat. Lustspiel in 1 Akt. (28 S.)
„ 132. Paul, C. A., Carlchen's erste Liebe. Posse in 1 Akt. (24 S.)
„ 133. Hesse, A. W., (Wages), das Lorle, oder: Ein Berliner im Schwarzwald. Liederspiel in 1 Akt. (24 S.)
„ 134. Uhde, H., Plauder-Stunden. Lustspiel in 1 Akt. Frei nach dem Französ. (22 S.)
„ 135. Hahn, Rud., ein alter Dienstbote. Genrebild in 1 Akt. (19 S.)
„ 136. Uhde, H., am Klavier. Lustspiel in 1 Akt. Nach dem Französ. (27 S.)
„ 137. Angely, L., das Ehepaar aus der alten Zeit. Posse mit Gesang in 1 Akt. 2. Aufl. (23 S.)
„ 138. Herrmann, B. A., ein bengalischer Tiger, oder: der weiße Othello. Posse in 1 Akt. Nach dem Französ. (28 S.)
„ 139. Günther. — Lott' ist todt. Posse mit Gesang in 1 Akt. Text und Musik von L. Günther. (24 S.)
„ 140. Uhde, H., ein ungeschliffener Diamant. Lustspiel in 1 Akt. Nach dem Engl. (22 S.)
„ 141. Angely, L., die Hasen in der Hasenhaide, oder: Alle fürchten sich. Liederspiel in 1 Akt. Musik von N. Isouard. (32 S.)
„ 142. Uhde, H., der Weg durch das Fenster. Lustspiel in 1 Akt. Nach dem Französ. (32 S.)
„ 143. Hahn, Rud., eine Berliner Bonne. Posse mit Gesang in 1 Akt. (13 S.)
„ 144. Roquette, Otto, Waldeinsamkeit. Lustspiel in 1 Akt. 2. Aufl. (Neue Bearbeitung.) (24 S.)

Bloch's, Ed., Dilettanten-Bühne ꝛc.

Nr. 145. Moser, G. v., wenn man Whist spielt, oder: Der dritte Mann. Lustspiel in 1 Akt. (31 S.)
„ 146. Angely, L., sieben Mädchen in Uniform. Vaudeville in 1 Akt. 3. Aufl. (33 S.)
„ 147. Bahn, A., sein Freund Babolin. Lustspiel in 1 Akt. (32 S.)
„ 148. Günther, L., ein alter Tänzer. Vaudeville in 1 Akt. (32 S.)
„ 149. Bahn, A., eine Partie Piquet. Lustspiel in 1 Akt. Nach dem Französ. 2. Aufl. (24 S.)
„ 150. Gumbert. — Die Kunst, geliebt zu werden. Liederspiel in 1 Akt. Text und Musik von Ferd. Gumbert. 2. Aufl. (20 S.)
„ 151. Wichert, E., ihr Taufschein. Lustspiel in 1 Akt. (30 S.)
„ 152. Jacobson, E., Singvögelchen. Liederspiel in 1 Akt. Musik von Th. Hauptner. (23 S.)
„ 153. Uhde, H., die schöne Müllerin. Lustspiel in 1 Akt. Nach dem Französ.: „La meunière de Marly" par Mélesville. (32 S.)
„ 154. Salingré, H., Preußen in Sachsen. (Fortsetzung von E. Pohl's: „Sachsen in Preußen.") Posse mit Gesang in 1 Akt. Musik von R. Bial. (14 S.)
„ 155. Reich, A., die Sprechstunde. Schwank in 1 Akt. (23 S.)
„ 156. Moser, G. v., Leiden junger Frauen. Lustspiel in 1 Akt. (27 S.)
„ 157. Jacobson, E., Becker's Geschichte, oder: Am Hochzeitstage. Liederspiel in 1 Akt. Musik von A. Conradi. (17 S.)
„ 158. Uhde, H., ein Herr und eine Dame. Lustspiel in 1 Akt. Nach dem Französ. (27 S.)
„ 159. Kotzebue, A. v., der grade Weg der beste. Lustspiel in 1 Akt. Neue, umgearb. Aufl. (24 S.)
„ 160. Moser, G. v., vernachlässigt die Frauen nicht! Lustspiel in 1 Akt. (23 S.)

„ 161. Anders, R. J., Blumen-Käthchen. Komische Solo-Scene. (9 S.)
„ 162. Angely, L., Klatschereien. Posse mit Gesang in 1 Akt. (29 S.)
„ 163. Jahn, A., Maske für Maske. Lustspiel in 1 Akt. Nach Jünger frei bearb. (24 S.)
„ 164. Nesmüller, J. F., die Zillerthaler. Liederspiel in 1 Akt. (28 S.)
„ 165. Kotzebue, A. v., die Zerstreuten. Lustspiel in 1 Akt. Neue, umgearb. Aufl. (19 S.)
„ 166. Haber, S., Salon pour la coupe des cheveux. Posse mit Gesang in 1 Akt. Musik von R. Bial. (18 S.)
„ 167. Salingré, H., das Gespenst um Mitternacht. Posse in 1 Akt. Nach einer Hackländerschen Novelle. (12 S.)
„ 168. Hahn, R., zum grünen Esel. Schwank in 1 Akt. 3. Aufl. (24 S.)
Ausgabe in Bdn. à 6 Nrn. à Bd. * 1 Thlr.

—— dass. — Nr. 1. 16. 17. 19. 20. 22. 25. 31. 43. br. 8. Berlin 862—67, Lassar's Buchh. à Nr. $7\frac{1}{2}$ Ngr.

Inhalt:
Nr. 1. Salingré, H., des Friseurs letztes Stündlein. Solo-Scherz mit Gesang. 2. Aufl. (15 S. mit 1 lithogr. Titelbilde.)
„ 16. Winterfeld, A. v., wenn Frauen weinen. Lustspiel in 1 Akt. Nach dem Französ. 2. Aufl. (24 S.)
„ 17. Jacobson, E., bei Wasser und Brod. Posse mit Gesang in 1 Akt. Musik von B. Röder. 3. Aufl. (16 S.)
„ 19. Linderer, Rob., Pietsch in: Robert der Teufel. Burleske Solo-Scene mit Gesang. Nach Levassor. 2. Aufl. (12 S.)
„ 20. Angely, Louis, das Fest der Handwerker. Vaudeville. 7. Aufl. (32 S. mit lithogr. und ill. Titelbilde.)
„ 22. —— List und Phlegma. Posse mit Gesang in 1 Akt. 5. Aufl. (28 S.)
„ 25. Schneider, Louis, Kurmärker und Picarde. Genrebild mit Gesang und Tanz in 1 Akt. 2. Aufl. (13 S. mit lithogr. und ill. Titelbild.)
„ 31. Moser, G. v., er soll Dein Herr sein! Lustspiel in 1 Akt. 4. Aufl. (22 S.)
„ 43. —— wie denken Sie über Rußland? Lustspiel in 1 Akt. 2. Aufl. (23 S.)

Bloch's, Ed., Dilettanten-Bühne. Nr. 1—3., 6., 8., 10., 11., 13., 15., 16., 18., 24—26., 28., 29., 37., 38., 41., 43., 45., 48., 50., 62., 63., 65., 67., 69., 70., 75., 76., 79., 83., 85., 89., 101., 112., 117., 118., 121., 123., 127, 138., 152., 167., 169—216. gr. 16. Berlin, Lassar's Buchh. Jeder Nr. Ausg. in Bänden à 6 Nrn. à Bd. *

Inhalt:
Nr. 1. Salingré, H., des Friseurs letztes Stündlein. Solo-Scherz mit Gesang. 5. Aufl. (13 S. mit 1 lithogr. Titelbilde: Th. Reusche in 6 Charakteren dieses Solo-Scherzes darstellend.) 871.
„ 2. —— Pietsch im Verhör. Berliner Genrebild mit Gesang in 1 Akt. Musik von W. Sasse. 10. Aufl. (13 S. mit color. Titelbilde in Holzschn.) 868.
„ 3. Bloch, Ed., wie zwei Tropfen Wasser. Lustspiel in 1 Akt. 3. Aufl. (26 S.) 868.
„ 6. Kotzebue, A. v., die Rosen des Herrn v. Malesherbes. Ländliches Gemälde in 1 Akt. 9. umgearb. Aufl. (23 S.) 874.
„ 8. Jacobson, E., meine Tante — deine Tante! Schwank mit Gesang in 1 Akt. Musik von A. Lang. 2. Aufl. (16 S.) 872.
„ 10. Wehl, Feod., Romeo auf dem Bureau. Schwank in 1 Akt. 3. Aufl. (28 S.) 870.
„ 11. —— ein Bräutigam, der seine Braut verheirathet. Lustspiel in 1 Akt. 3. Aufl. (23 S.) 868.
„ 13. Elz, Alex., er ist nicht eifersüchtig. Lustspiel in 1 Akt. 8. Aufl. (26 S.) 869.
„ 15. Görner, C. A., wie man Landschaft genießt. Schwank mit Gesang in 1 Akt. Musik von A. Conradi. 2. Aufl. (23 S.) 873.
„ 16. Winterfeld, A. v., wenn Frauen weinen. Lustspiel in 1 Akt. Nach dem Französ. 7. Aufl. (24 S.) 871.
„ 18. Görner, C. A., Französisch! Lustspiel in 1 Akt. 2. Aufl. (23 S.) 870.
„ 24. Bleßner, C. L., eine halbe Stunde Aufenthalt, oder: im Wartesalon zweiter Klasse. Schwank in 1 Akt. 3. Aufl. (18 S.) 872.
„ 25. Wilken, H., zwei von der Nadel. Schwank mit Gesang in 1 Akt. (16 S.) 871.
„ 26. Görner, C. A., Sperling und Sperber. Schwank in 1 Akt. 4. Aufl. (29 S.) 868.
„ 28. Horn, Geo., glückliche Flitterwochen. Schwank in 1 Akt. 3. Aufl. (16 S.) 868.
„ 29. Linderer, Rob., wen heirathen? oder: Wer die Wahl, hat die Qual. Solo-Scherz. 3. Aufl. (12 S.) 870.
„ 37. Moser, G. v., eine kleine Mondfinsterniß. Lebensbild in 1 Akt. 4. Aufl. (16 S.) 869.
„ 38. Bahn, A., Mamsell Uebermuth. Posse in 1 Akt. 4. Aufl. (29 S.) 873.
„ 41. Pohl, Emil, seine Dritte. Liederspiel in 1 Akt. Musik von A. Conradi. 5. Aufl. (30 S.) 873.
„ 43. Danne, Auguste, de lütt Heckenros. En gemüthlichen plattdütschen Snack in 1 Akt. (19 S.) 874.
„ 45. Wehl, F., und G. Horn, eine glühende Kohle. Lustspiel in 1 Akt. 2. Aufl. (30 S.) 872.
„ 48. Gené, Rud., Ehestands-Exercitien. Solo-Scherz. 4. Aufl. (8 S.) 869.
„ 50. Moser, G. v., ein moderner Barbar. Lustspiel in 1 Akt. 5. Aufl. (29 S.) 870.
„ 62. Förster, Reinicke, Feuer in der Mädchenschule. Lustspiel in 1 Akt. Nach dem Französ. 8. Aufl. (30 S.) 873.
„ 63. Görner, C. A., Gustchen vom Sandkrug. Solo-Scherz. 3. Aufl. (12 S.) 872.
„ 65. Moser, G. v., Jedem das Seine oder das häusliche Gleichgewicht. Lustspiel in 1 Akt. 4. Aufl. (20 S.) 870.
„ 67. Jahn, A., zwischen Thür und Angel. Salon-Plaudereien in 1 Akt. Nach A. von Musset frei bearb. (17 S.) 871.
„ 69. Helmerding, C., drei Zeitungs-Annoncen. Posse in 1 Akt. (13 S.) 872.
„ 70. Hillern, Wilhelmine v., ein Autographensammler. Charakterbild in 1 Akt. (19 S.) 874.
„ 75. Hopf, A., halb Sieben, oder aus dem Souffleurkasten. Solo-Scherz mit Gesang. Musik von A. Conradi. 3. Aufl. (15 S.) 873.
„ 76. Cappilleri, Wilh., Ultimo. Schwank in 1 Akt. (25 S.) 874.
„ 79. Ein gebildeter Hausknecht. Posse mit Gesang in 1 Akt. 5. Aufl. (21 S.) 869.
„ 83. Pohl, E., Jeremias Grille. Posse mit Gesang in 1 Akt. Musik von A. Conradi. 4. Aufl. (29 S.) 873.
„ 85. Berla, A., der Strohwittwer. Posse mit Gesang in 1 Akt. (20 S.) 873.
„ 89. Hahn, R., fünfzehn Minuten vor'm Scheidungs-Termin. Genrebild mit Gesang in Akt. Musik von A. Conradi. 3. Aufl. (13 S.) 872.
„ 101. Roger [Ant. Ascher], dir wie mir oder dem Herrn ein Glas Wasser. Lustspiel in 1 Akt. 3. Aufl. (16 S.) 869.
„ 112. Drost, W., um Mitternacht. Dramatischer Scherz in 1 Akt. Nach dem Französ. 4. Aufl. (15 S.) 872.

Bloch's, Ed., Dilettanten-Bühne etc.
Nr. 117. Kotzebue, A. v., die Uniform des Feldmarschalls Moltke. Schwank in 1 Akt. Neue umgearb. Aufl. (20 S.) 874.
„ 118. Wilhelm, A., eine Jugendliebe. Lustspiel in 1 Akt. (20 S.) 873.
„ 121. Reich, A., ein Tischgast. Schwank in 1 Akt. (20 S.) 871.
„ 123. Fastenrath, Recept gegen Schwiegermütter. Lustspiel in 1 Akt. Nach dem Span. des Don Manuel Juan Diana. 2. Aufl. (30 S.) 872.
„ 127. Löwe, H., das verwöhnte Kind. Lustspiel in 1 Akt. (28 S.) 872.
„ 138. Bauermeister, M., Silberblumen oder ein Jubelpaar. Genrebild in 1 Akt. (13 S.) 873.
„ 152. Körner, Theod., die Sühne. Trauerspiel in 1 Akt. (23 S.) 874.
„ 167. Salingré, J., ein blauer Montag. Schwank in 1 Akt. (27 S.) 873.
„ 169. Paul, C. A., bleib' bei mir. Komisches Liederspiel in 1 Akt. Musik von A. Conradi. (16 S.) 868.
„ 170. Bahn, A., des Uhrmachers Hut. Lustspiel in 1 Akt. Frei nach Girardin bearb. 3. Aufl. (28 S.) 868.
„ 171. Angely, L., die Weihnachts-Präsente. Schwank in 1 Akt. 2. Aufl. (24 S.) 868.
„ 172. Heinrich, H., ein musikalischer Polterabendscherz. Burleske in 1 Akt. Musik von Demselben. (12 S.) 868.
„ 173. Schütz, Friedr., Gegenseitig. Lustspiel in 1 Akt. (24 S.) 868.
„ 174. Jahn, A., der Lügner und sein Sohn. Posse in 1 Akt. Nach dem Französ. 2. Aufl. (26 S.) 868.
„ 175. Müller, Arth., eine ländliche Verlobungs-Anzeige. Liederspiel in 1 Akt. Musik von A. Conradi. (17 S.) 868.
„ 176. Hahn, R., Lieschen vor'm Spiegel. Solo-Scene. (9 S.) 868.
„ 177. Wehl, F., ein modernes Verhängniß. Schwank in 1 Akt. 3. Aufl. (21 S.) 868.
„ 178. Salingré, H., die Afrikanerin in Kalau. Parodistische Posse mit Gesang in 1 Akt. Musik von A. Conradi. (13 S.) 868.
„ 179. Hahn, R., auf Posten am Weihnachts-Abend. Genrebild mit Gesang in 1 Akt. Musik von Th. Hauptner. (14 S.) 868.
„ 180. Wehl, F., man soll den Teufel nicht an die Wand malen. Lustspiel in 1 Akt. 3. Aufl. (22 S.) 868.
„ 181. Reich, Adf., Chassepot oder Zündnadel? Orig.-Schwank in 1 Akt. (18 S.) 868.
„ 182. Salingré, H., Einberufen! oder: Mit Gott für König und Vaterland. Posse mit Gesang in 1 Akt. Musik von R. Bial. (17 S.) 868.
„ 183. Mylius, O., Röschen und ihr Pieymatz. Solo-Scene mit Gesang. (11 S.) 868.
„ 184. Böhm, Mart., seine Frau läßt sich rasiren. Orig.-Lustspiel in 1 Akt. (16 S.) 868.
„ 185. Hübner, P., unglückliche Familienverhältnisse. Posse mit Gesang in 1 Akt. Musik von W. Mannstädt. (19 S.) 868.
„ 186. Winterfeld, A. v., sie kommt nicht! Solo-Scene. (9 S.) 868.
„ 187. Denecke, A. F., eine brillante Verlegenheit. Lustspiel in 1 Akt. Frei nach dem Französ. (23 S.) 869.
„ 188. Salingré, H., hier wird warm gespeist! Posse mit Gesang in 1 Akt. Musik von A. Lang. (24 S.) 869.
„ 189. Kotzebue, A. v., die gefährliche Nachbarschaft, oder: Schneider Fips. Posse in 1 Akt. Neue umgearb. Aufl. (23 S.) 869.
„ 190. Uhde, H., Eine muß heirathen! Lustspiel in 1 Akt. (18 S.) 869.
„ 191. Stettenheim, Jul., ungebetene Gäste. Posse mit Gesang in 1 Akt. Musik von A. Lang. (17 S.) 869.
„ 192. Henrion, Poly, für nervöse Frauen. Dramatische Kleinigkeit in 1 Akt. (17 S.) 869.
„ 193. Paul, C. A., er muß tanzen! Orig.-Lustspiel in 1 Akt. (22 S.) 870.
„ 194. Hahn, R., die silberne Hochzeit, oder: In's Knopfloch. Schwank mit Gesang in 1 Akt. Musik von A. L'Arronge. (16 S.) 870.
„ 195. Bauermeister, M., das alte und das neue Jahr, oder: Am Sylvesterabend. Dramatischer Scherz in 1 Akt. (12 S.) 870.
„ 196. Hahn, R., die Picarde in Berlin, oder Kurmärker und Picarde. [2. Thl.] Genrebild mit Gesang in 1 Akt. Musik von A. Conradi. (12 S.) 870.
„ 197. Kotzebue, A. v., das Landhaus an der Heerstraße. Schwank in 1 Akt. Neue umgearb. Aufl. (20 S.) 870.
„ 198. Die lebendig todten Eheleute. Posse in 1 Akt. Neue Bearbeitung. (14 S.) 870.
„ 199. Kotzebue, A. v., die Comödiantin aus Liebe. Lustspiel in 1 Akt. Neue umgearb. Aufl. (32 S.) 870.
„ 200. Salingré, H., vom norddeutschen Reichstage. Posse mit Gesang in 1 Akt. Musik von R. Bial. (17 S.) 870.
„ 201. Görlitz, Carl, Subhastirt! Schwank mit Gesang in 1 Akt. Musik von G. Michaelis. (29 S.) 870.
„ 202. Kotzebue, A. v., der Verschwiegene wider Willen oder Commissions-Rath Frosch. Posse in 1 Akt. Neue umgearb. Aufl. (22 S.) 870.
„ 203. Floto, Wilh., die Friedenstifter. Schwank in 1 Akt. (27 S.) 870.
„ 204. Bahn, A., ein Recept für Neuvermählte. Lustspiel in 1 Akt. 3. Aufl. (29 S.) 870.

Bloch's, Ed., Dilettanten-Bühne rc.

Nr. 205. Salingré, H., 7½procentige Rumänier. Posse in 1 Akt. (20 S.) 872.
- 206. Bauermeister, M., bei Bismarck. Schwank in 1 Akt. (14 S.) 872.
- 207. Böhm, M., Mädchen und Jäckchen. Liederspiel in 1 Akt. Musik von R. Bial. (18 S.) 872.
- 208. Müller, Hugo, im Stuben-Arrest. Lustspiel in 1 Akt. Nach dem Französ. (18 S.) 872.
- 209. Jonas, Robert, Vater Kurmärker und Mutter Pikarde, oder: Nach 56 Jahren. Genrebild in 1 Akt. (14 S.) 872.
- 210. Waldstein, Max, das Herz der Gräfin. Lustspiel in 1 Akt. (22 S.) 872.
- 211. Moser, G. v., Splitter und Balken. Lustspiel in 1 Akt. (20 S.) 872.
- 212. Salingré, H., sechs Mädchen und kein Mann. Posse mit Gesang in 1 Akt. Musik von R. Bial. (20 S.) 872.
- 213. Wolterek, F., ein Wechsel. Genrebild in 1 Akt. (14 S.) 872.
- 214. Görlitz, C., die Jugendfreundin oder: Ein Ehemann in der Kur. Schwank mit Gesang in 1 Akt. Musik von G. Michaelis. (20 S.) 872.
- 215. Hahn, R., Fromm und weltlich. Posse mit Gesang in 1 Akt. Musik von A. Conradi. (21 S.) 872.
- 216. Noack, F., Männertreue, oder: So sind sie alle! Dramatischer Scherz in 1 Akt. (17 S.) 872.

Bloch's Ed., Dilettanten-Bühne. Nr. 2., 13., 14., 16., 21., 30., 46., 47., 52., 61., 64., 66., 68., 71., 73., 74., 84., 86., 91., 92., 100., 101., 102., 115., 124., 125., 132., 136., 150., 155., 159., 165., 168., 180., 181., 182., 186., 190. 8. Berlin, Lassar's Buchh. à Nr. *

Inhalt:

Nr. 2. Salingré, H., Pietsch im Verhör. Berliner Genrebild mit Gesang in 1 Akt. Musik von W. Gasse. Mit Titelbild (Holzschntaf.). 11.—13. Aufl. (14 S.) 870—76.
- 13. Anders, R. J., Hirsch in der Tanzstunde. Posse mit Gesang in 1 Akt. Musik von L. Storch. (12 S.) 876.
- 14. Körner, Thdr., der grüne Domino. Lustspiel in 1 Akt. Neue Ausg. Für Dilettanten-Bühnen eingerichtet. (19 S.) 878.
- 16. —— die Braut. Lustspiel in 1 Akt. Neue Ausg. Für Dilettanten-Bühnen eingerichtet. (20 S.) 878.
- 21. Salingré, H., Bär und Bassa. Burleske mit Gesang in 1 Akt. Nach Carl Blum's Vaudeville neu bearb. Musik von R. Bial. (19 S.) 876.
- 30. Bloch, Ed., er hat den Spleen. Schwank in 1 Akt. 3. Aufl. (23 S.) 879.
- 46. Böhm, M., und O. Mylius, Täuberich und Täubchen. Posse mit Gesang in 1 Akt. Musik von F. Jäger. (22 S.) 876.
- 47. Winterfeld, A. v., Ringsum Küsse! Solo-Scherz [für eine Dame]. (10 S.) 876.
- 52. Hahn, Rud., Pikante Lokal-Nachrichten. Schwank in 1 Akt. (28 S.) 876.
- 61. Kleist, G., sicher bei Damen. Lustspiel in 1 Akt. (22 S.) 877.
- 64. Geber, Felix, im schwarzen Frack. Schwank in 1 Akt. (31 S.) 878.
- 66. Bloch, Ludw., dekorirt. Lustspiel in 1 Akt. (17 S.) 879.
- 68. Paul, C. A., Er schläft! Schwank in 1 Akt. (24 S.) 877.
- 71. Busse, Hugo, auf der Post-Station. Posse mit Gesang in 1 Akt. Musik von Fel. Jäger. (19 S.) 877.
- 73. Böhm, Mart., eine Weihnachts-Ueberraschung. Genrebild in 1 Akt. (19 S.) 877.
- 74. Mylius, O., Ihr Leopold! oder ein süßes Verhältniß. Soloscherz mit Gesang [für eine Dame]. Musik von Mich. Thiele. (12 S.) 876.
- 84. Winterfeld, A. v., Es lebe der Kaiser! Militairisches Genrebild in 1 Akt. (18 S.) 877.
- 86. Knauff, Marie, Onkel Don Juan. Lustspiel in 1 Akt. (22 S.) 877.
- 91. Paul, C. A., Martha's Polterabend. Scherz in 1 Akt. (11 S.) 877.
- 92. Linderer, Rob., Welche Lust Soldat zu sein! Solo-Scene für einen Herrn. 2. und 3. Aufl. (12 S.) 876,77.
- 100. Jacobson, E., Backfische, oder ein Mädchen-Pensionat. Posse mit Gesang in 1 Akt. Musik von G. Michaelis. 3. Aufl. (24 S.) 878.
- 101. Hahn, Rud., des Theaterdieners Töchterlein. Schwank in 1 Akt. (15 S.) 877.
- 102. Körner, Thdr., die Gouvernante. Posse in 1 Akt. Neue Ausg. Für Dilettanten-Bühnen eingerichtet. (22 S.) 878.
- 115. Böhm, Mart., die Solo-Posse. [Seitenstück zu Saphir's „Solo-Lustspiel".] 3. Aufl. (11 S.) 878.
- 124. Drost, W., Heymann Levy auf der Alm. Genrebild mit Gesang in 1 Akt. Musik von Fel. Jäger. 2. Aufl. (16 S.) 879.
- 125. Schönfeld, Ernst, die Bräutigamsschau. Posse in 1 Akt. Nach einer älteren Idee bearb. (18 S.) 878.

Bloch's, Ed., Dilettanten-Bühne rc.

Nr. 132. Haber, Siegm., Frau Fortuna. Schwank mit Gesang in 1 Akt. Musik von Fel. Jäger. (19 S.) 877.
- 136. Herrmann, Wilh., die Tochter aus der ersten Ehe. Posse in 1 Akt. (25 S.) 878.
- 150. Hahn, Rud., Peter in der Fremde. Liederspiel in 1 Akt. Musik von Fel. Jäger. (27 S.) 877.
- 155. Schönfeld, Ernst, wie man sich irren kann. Posse in 1 Akt. Nach einer älteren Idee bearb. (10 S.) 878.
- 159. Hahn, R., im Schlafrock. Schwank in 1 Akt. (15 S.) 876.
- 165. Haber, Siegm., der Maskenball. Burleske in 1 Akt. (16 S.) 876.
- 168. Hübner, P. G., eine gebildete Köchin. Posse mit Gesang in 1 Akt. Musik von Fel. Jäger. (20 S.) 876.
- 180. Girndt, Otto, nicht Ursache. Scherz in 1 Akt. (19 S.) 877.
- 181. Reich, Adph., Chassepot oder Zündnadel? Schwank in 1 Akt. 3. Aufl. (20 S.) 878.
- 182. Körner, Thdr., deutsche Treue. Drama in 1 Akt. Neue Ausg. Für Dilettanten-Bühnen eingerichtet. (21 S.) 878.
- 186. Winterfeld, A. v., Sie kommt nicht! Solo-Scene für einen Herrn. 2. Aufl. (8 S.) 879.
- 190. Paul, C. A., aus dem Hausfrauen-Verein. Schwank in 1 Akt. (15 S.) 876.

Bloch's, Ed., Dilettanten-Bühne. Nr. 5., 12., 26., 27., 31., 33., 79., 93., 106., 110., 112., 141., 142., 149., 153., 156., 189., 217.—224. 8. Berlin, Lassar's Buchh. à Nr. *

Inhalt:

Nr. 5. Bahn, A. v., Komiker und Soubrette auf Reisen. Schwank mit Gesang in 1 Akt. Musik von A. Conradi. 2. Aufl. (21 S.) 884.
- 12. Jacobson, Ed., Faust und Gretchen. Scherz mit Gesang in 1 Akt. (19 S.) 881.
- 26. Berthold-Filhés, L., auf dem Gipfel des Glücks. Lustspiel in 1 Akt. (13 S.) 884.
- 27. Paul, C. A., Strikende Schmiede. Solo-Charakter-Scene. (11 S.) 880.
- 31. Silber, Ernst, die verlegten Schlüssel. Lustspiel in 1 Akt. (25 S.) 881.
- 33. Dohm, Ernst, das erste Debut. Solo-Scherz [für eine Dame]. 4. Aufl. (12 S.) 882.
- 79. Ein gebildeter Hausknecht. Posse mit Gesang in 1 Akt. 6. Aufl. (21 S.) 882.
- 93. Paul, C. A., Briefträgers Lust und Leid. Solo-Scene für einen Herrn. (10 S.) 881.
- 106. Linderer, Ed. Seifen-Fritze, oder Blaue Augen. Posse mit Gesang in 1 Akt. Musik von F. Jäger. (20 S.) 880.
- 110. Böhm, Mart., Nettchen und Jettchen. Dramatischer Scherz in 1 Akt. 2. Aufl. (14 S.) 882.
- 112. Müller-Saalfeld, Ferd., die Lorbeeren des Herrn v. Moser. Lustspiel in 1 Akt. (26 S.) 883.
- 141. Angely, L., die Hasen in der Hasenhaide, oder Alle fürchten sich. Liederspiel in 1 Akt. Musik von N. Isouard. 2. und 3. Aufl. (32 S.) 883.
- 142. Bauermeister, Max. Soldatenliebe. Schwank in 1 Akt. (14 S.) 884.
- 149. Berthold-Filhés, L., Blumensprache. Genrebild in 1 Akt. (16 S.) 884.
- 153. Uhde, H., die schöne Müllerin. Lustspiel in 1 Akt. Nach dem Französ. 2. Aufl. (32 S.) 884.
- 156. Bauermeister, Max, Frisch! fromm! froh! frei! Turner-Soloscherz für einen Herrn. (8 S.) 883.
- 189. Kotzebue, A. v., die gefährliche Nachbarschaft oder Schneider Fipps. Posse in 1 Akt. Neue umgearb. Aufl. (22 S.) 882.
- 217. Bauermeister, Max, der erste Ball. Soloscene für eine Dame. (8 S.) 884.
- 218. Gerold, A., das Wiedersehen. Genrebild in 1 Akt. (12 S.) 884.
- 219. Berthold-Filhés, L., der photographirte Kanonier. Solo-Scherz für eine Dame. (8 S.) 884.
- 220. Bauermeister, Max, der Herr Lieutenant. Solo-Scene für einen Herrn. (8 S.) 884.
- 221. Schmithof, C., der Liebesbrief oder Mädchenrache. Kaffeeklatsch in 1 Akt. (14 S.) 884.
- 222. Bauermeister, Max, Hurrah, die Marine! Solo-Scene. Musik von Alb. Lortzing. (10 S.) 884.
- 223. Paul, C. A., ein deutscher Reichs-Fechtbruder. Solo-Scherz mit Gesang [für einen Herrn]. Musik von G. Steffens. (11 S.) 884.
- 224. Bauermeister, Max, zwei Schachspieler. Dramatischer Scherz in 1 Akt. (11 S.) 884.

Bloch's, Ed., Dilettanten-Bühne. Nr. 12. 14. 16. 27. 30. 31. 33. 61. 64. 66. 68. 71. 73. 79. 84. 86. 91—93. 100—102. 106. 110. 115. 124. 125. 132. 136. 150. 155. 180. 182. 186. 189. 8. Berlin 877—82. Lassar. à n. —90

12. Faust und Gretchen. Scherz mit Gesang in 1 Akt von Ed. Jacobson. (19 S.)
14. Der grüne Domino. Lustspiel in 1 Akt von Thdr. Körner. Neue Ausg. Für Dilettanten-Bühnen eingerichtet. (19 S.)
16. Die Braut. Lustspiel in 1 Akt von Thdr. Körner. Neue Ausgabe. Für Dilettanten-Bühnen eingerichtet. (20 S.)
27. Strikende Schmiede. Solo-Charakter-Scene von C. A. Paul. (11 S.)
30. Er hat den Spleen. Schwank in 1 Akt von Ed. Bloch. 3. Aufl. (23 S.)
31. Die verlegten Schlüssel. Lustspiel in 1 Akt von Ernst Silber. (25 S.)
33. Das erste Debut. Solo-Scherz [für eine Dame] von Ernst Dohm. 4. Aufl. (12 S.)
61. Sicher bei Damen. Lustspiel in 1 Akt von G. Kleist. (22 S.)
64. Im schwarzen Frack. Schwank in 1 Akt von Felix Geber. (31 S.)
66. Dekorirt. Lustspiel in 1 Akt v. Ludw. Bloch. (17 S.)
68. Er schläft! Schwank in 1 Akt von C. A. Paul. (24 S.)
71. Auf der Post-Station. Posse mit Gesang in 1 Akt von Hugo Busse. Musik von Fel. Jäger. (19 S.)
73. Eine Weihnachts-Ueberraschung. Genrebild in 1 Akt von Mart. Böhm. (19 S.)
79. Ein gebildeter Hausknecht. Posse mit Gesang in 1 Akt. 6. Aufl. (21 S.)
84. Es lebe der Kaiser! Militärisches Genrebild in 1 Akt von A. v. Winterfeld. (18 S.)
86. Onkel Don Juan. Lustspiel in 1 Akt von Marie Knauff. (22 S.)

91. Martha's Polterabend. Scherz in 1 Akt von C. A. Paul. (11 S.)
92. Welche Lust Soldat zu sein! Solo=Scene für einen Herrn von Rob. Linderer. 3. Aufl. (12 S.)
93. Briefträgers Lust u. Leid. Solo=Scene von C. A. Paul. (10 S.)
100. Backfische oder ein Mädchen=Pensionat. Posse mit Gesang in 1 Akt von E. Jacobson. Musik von G. Michaelis. 3. Aufl. (24 S.)
101. Des Theaterdieners Töchterlein. Schwank in 1 Akt von Rud. Hahn. (15 S.)
102. Die Gouvernante. Posse in 1 Akt von Thdr. Körner. Neue Ausgabe. Für Dilettanten=Bühnen eingerichtet. (22 S.)
106. Seifen=Fritze, oder Blaue Augen. Posse mit Gesang in 1 Akt von Ed. Linderer. Musik von F. Jäger. (20 S.)
110. Nettchen und Jettchen. Dramatischer Scherz in 1 Akt von Mart. Böhm. 2. Aufl. (14 S.)
115. Die Solo=Posse. [Seitenstück zu Saphir's „Solo=Lustspiel".] Solo=Scherz von Mart. Böhm. 3. Aufl. (11 S.)
124. Heymann Levy auf der Alm. Genrebild mit Gesang in 1 Akt von W. Drost. Musik von Felix Jäger. 2. Aufl. (16 S.)
125. Die Bräutigamsschau. Posse in 1 Akt. Nach einer älteren Idee bearb. v. Ernst Schönfeld. (18 S.)
132. Frau Fortuna. Schwank mit Gesang in 1 Akt von Siegm. Haber. Musik von Felix Jäger. (19 S.)
136. Die Tochter aus der ersten Ehe. Posse in 1 Akt von Wilh. Herrmann. (25 S.)
150. Peter in der Fremde. Liederspiel in 1 Akt von Rud. Hahn. Musik von Felix Jäger. (27 S.)
155. Wie man sich irren kann. Posse in 1 Akt. Nach einer älteren Idee bearbeitet von Ernst Schönfeld. (10 S.)
180. Nicht Ursache. Scherz in 1 Akt von Otto Girndt. (19 S.)
182. Deutsche Treue. Drama in 1 Akt von Thdr. Körner. Neue Ausgabe. Für Dilettanten=Bühnen eingerichtet. (21 S.)
186. Sie kommt nicht! Solo=Scene für einen Herrn von A. v. Winterfeld. 2. Aufl. (8 S.)
189. Die gefährliche Nachbarschaft oder Schneider Fipps. Posse in 1 Akt von A. v. Kotzebue. Neue umgearb. Aufl. (22 S.)

Bloch's, Ed., Dilettanten=Bühne. Nr. 1, 17, 39, 48, 89, 94, 120, 139, 178, 190, 225—239. 8. Berlin, Lassar's Buchh. à Nr. *

Inhalt:

Nr. 1. Salingré, H., des Friseurs letztes Stündlein. Solo=Scherz mit Gesang. 6. Aufl. (13 S. mit 1 Titelbilde, die 6 Charaktere dieses Solo=Scherzes darstellend.) 886.
" 17. Jacobson, Ed., bei Wasser und Brod. Posse mit Gesang in 1 Akt. 5. Aufl. (18 S.) 887.
" 39. Hübner, Paul, ein Lügner, der die Wahrheit spricht. Schwank in 1 Akt. Nach dem Französ. 2. Aufl. (23 S.) 886.
" 48. Genée, Rud., Ehestands=Exercitien. Solo=Scherz. 5. vom Verf. durchges. und verb. Aufl. (11 S.) 888.
" 89. Hahn, Rud., 15 Minuten vor'm Scheidungs=Termin. Genrebild mit Gesang in 1 Akt. Musik von A. Conradi. 4. Aufl. (15 S.) 886.
" 94. Dohm, Ernst, Komm her! Dramat. Scherz in 1 Akt. 2. Aufl. (15 S.) 888.
" 120. Böhm, Mart., das Milchmädchen. Lustspiel in 1 Akt. 2. Aufl. (17 S.) 886.
" 139. Günther, L., Lott' ist tot. Posse mit Gesang in 1 Akt. 2. Aufl. (26 S.) 888.
" 178. Salingré, H., die Afrikanerin in Kalau. Parodist. Posse mit Gesang in 1 Akt. Musik von A. Conradi. 2. Aufl. (11 S.) 885.
" 190. Paul, C. A., aus dem Hausfrauen=Verein. Schwank in 1 Akt. 2. Aufl. (14 S.) 888.
" 225. Wilhelm, Marie, der Frühschoppen. Dramat. Scherz in 1 Akt. (16 S.) 885.
" 226. Paul, C. A., Ihr Tänzer. Dramat. Scherz in 1 Akt. (12 S.) 885.
" 227. Köhler, Wilh., Heiraths=Candidaten. Dramat. Kleinigkeit in 1 Akt. (12 S.) 885.
" 228. Paul, C. A., ein ander Städtchen, ein ander Mädchen. Schwank in 1 Akt. (19 S.) 885.
" 229. Schoch, Carl, das Ehe=Pantöffelchen. Dramat. Scherz in 1 Akt. (11 S.) 885.
" 230. Ramann, A. M. B., eine Wunderkur. Lustspiel in 1 Akt. (26 S.) 886.
" 231. Bonacina, G. D., blinder Feuerlärm. Lustspiel in 1 Akt. (19 S.) 886.
" 232. Linderer, Rob., Nord und Süd. Operette in 1 Akt. Musik von Rich. Thiele. (34 S.) 886.
" 233. Höppner, Gust., Hans im Glück. Schwank in 1 Akt. (26 S.) 886.
" 234. Kolbe, Thdr., ein Silberhochzeits=Morgen. Schwank in 1 Akt. (19 S.) 886.
" 235. Streckfuß, G., Aug' um Auge, Zahn um Zahn! Schwank in 1 Akt. (25 S.) 886.
" 236. Ruppert, Paul, Rentier Dickchen als Turner, oder eine Radikal=Kur. Turnerische Posse in 1 Akt. (16 S.) 887.
" 237. Helm, Feodor, Sein Lieblingsgericht. Lustspiel in 1 Akt. (15 S.) 887.

Nr. 238. Anders, R. J., Lohengrin oder eine Opernprobe in Tirschtiegel. Parodist. Posse mit Gesang in 1 Akt. Musik von R. Thiele. (30 S.) 888.
" 239. Bulla, Const., der Pfefferkuchenmann. Schwank in 1 Akt. (25 S.) 888.

Bloch's, Ed. Dilettanten=Bühne. Nr. 157, 240—242. 8. Berl., Lassar. à Nr. * — 90
157. Fiedler, Otto. Von Jahr zu Jahr. Neujahrs=Festspiel in 1 Aufzuge. (13 S.) 891.
240. Plening, E. Die neue Feuerwehr. Lustspiel in 1 Akt. (18 S.) 890.
241. Fritz, G. Idealisiert. Lustspiel in 1 Akt. (21 S.) 891.
242. Wild=Queisner, Rob. Auf dem Rade. Schwank in 1 Akt. (30 S.) 891.

Bloch's, Ed., Dilettanten=Bühne. Nr. 29, 157, 228, 240—243. 8. Berlin, E. Bloch. à n. — 90
29. Bei Mutter Grün. Komische Gerichts=Scene in 1 Akt v. C. Böffler. 2. Aufl. (13 S. m. 1 Bild.) 894.
157. Von Jahr zu Jahr. Neujahrs=Festspiel in 1 Aufzuge v. Otto Fiedler. (13 S.) 891.
228. Ein Familientag. Lustspiel in 1 Akt v. F. Rüdiger. (28 S.) 894.
240. Die neue Feuerwehr. Lustspiel in 1 Akt v. E. Plening. (18 S.) 890.
241. Idealisiert. Lustspiel in 1 Akt v. G. Fritz. (21 S.) 891.
242. Auf dem Rade. Schwank in 1 Akt von Rob. Wild-Queisner. (30 S.) 891.
243. Tropfen im Kranz. Lustspiel in 1 Akt v. Ludw. Stave. (16 S.) 893.

Bloch's, Ed., Dilettanten=Bühne. Nr. 231 u. 247. 8. Berlin, E. Bloch. à n. — 90
231. Der Brautkranz. Lustspiel in 1 Akt. Von M. Paar. (43 S.) (894.)
247. Die Tarokpartie. Lustspiel in 2 Scenen f. die erwachsene Jugend. Von Marie Ille=Beeg. (31 S.) München 898.

Bloch's, Ed., Dilettanten=Bühne. Nr. 37, 225 u. 244—46. 8. Berlin, E. Bloch. à n. — 90
37. Dienstmädchen u. Conducteur od. am Omnibus. Genrebild m. Gesang i. 1 Akt von R. Hahn. (16 S.) 897.
225. D. Eckensteher Nante im Verhör. Kom. Scene von Frdr. Beckmann. (14 S.) 897.
244. D. Walzerkönig. Posse in 1 Akt v. Frdr. Pommer. (18 S.) Marienburg 898.
Nr. 244 als Nachtrag zu Bd. XXVII d. Bücher=Lexikons hier mitaufgenommen.
245. Herr Dame. Posse in 1 Akt von Mart. Böhm. (10 S.) 898.
246. Sein Mädchen. Dramat. Scherz i. 1 Akt von C. Baumgartner. 3. Aufl. (19 S.) 898.

—— Er hat seine Frau compromittirt! s. Bloch's, Ed., Theater=Gartenlaube.

[F.] Haupt-Führer durch den Theaterverlag Eduard Bloch ... *Berlin: E. Bloch [1896?].* (2 Bl., 227 S.) 1 Bd 8. [96. 8364

Haupt-Führer durch den Theaterverlag Eduard **Bloch**. 9. Ausg. Berlin: E. Bloch (1906). (XVI, 492 S.) 8° [0. 14:9

— s.a. Humor, Witz u. Laune.

Bloch's, E, Humor, Witz u. Laune, od.: Tres faciunt collegium. 32. (159) Grimma 52. (Berl., Lassar.) — 12¼; cart. — 15

Bloch's, Eduard, Kasperl=Theater. Nr. 3—9. 16. Berlin, E. Bloch. à — 50
Ille=Beeg, Marie, Kasperl als Galgenvogel. In 2 Aufzügen. (29 S.) (909.) (Nr. 9.)
— Kasperl vor Gericht. (24 S.) (909.) (Nr. 8.)
— Kasperl im Königsgarten. (23 S.) (908.) (Nr. 5.)
— Kasperl u. die Märchen. (23 S.) (908.) (Nr. 3.)
— Kasperl in Not. (22 S.) (908.) (Nr. 6.)
— Kasperl, Tod u. Teufel. (23 S.) (908.) (Nr. 4.)
— Kasperl als Zauberer. (20 S.) (908.) (Nr. 7.)
Nr. 1 u. 2 bilden: Bloch's, Ludw., Kindertheater Nr. 100 u. 125.

Bloch's Kinder=Schaubühne. Berlin 863, 864. Lassar. 8. Jede Nr. n. 10 ngr
Nr. 1.: Die Linden=Fee. Dramatisirtes Kindermärchen in 6 Bildern. Von E. Ebeling und B. Filhés. Mit (lith. u. color.) Titelbild. (30 S.)
Nr. 2.: Klein Zaches, oder die 3 goldenen Haare. Phantastisches Zauberspiel in 4 Bildern von C. Thalburg. Mit (lith. u. color.) Titelbild. (32 S.)
Nr. 3.: Dornröschen. Dramatisirtes Kindermärchen in 7 Bildern von E. Ebeling u. B. Filhés. Mit (lith. u. color.) Titelbild. (32 S.)

Bloch, E., Kinder-Schaubühne. Berlin 868. Lassar. gr. 16. Jede Nr. 10 ngr.
4. Hesse, A. W., Weihnachten. Dramatisches Gemälde in 1 Akt. Mit (lith. u. color.) Titelbild. (32 S.)
5. Stresow, C., die drei Waisen. Weihnachts-Genrebild in 1 Akt. Mit (lith. u. color.) Titelbild. (16 S.)

Bloch's, E, Kinder-Schaubühne. Nr. 6. 8° Berl. 90, E Bloch. 1 —
Die Henne m. d. goldenen Eiern. Kinderkomödie v. O Seibmann. (23)

— **Kinder-Schaubühne.** Nr. 7. 8. Ebd. 898. n. 1. —
König Drosselbart. Kinderkomödie in 4 Bildern von Marie Adelmi. (71 S.)

Bloch, Eduard (Hrsg.), s. K o b n e r : Deutsches Reichsstaatsrecht

Bloch, Eduard: Der kaufmännische Lehrvertrag. *München: J. Schweitzer 1898.* (IV, 44 S.) 8° [F.]
Tübingen, Jur. Diss. v. 1898

Bloch, Ed., D. kaufmännische Lehrvertrag. A. Grund d. Handelsgesetzbuches v. 10. V. 1897 u. d. bürgerl. Gesetzbuches f. d. Deutsche Reich systemat. dargest. gr. 8. (IV, 44 S.) München 898. J. Schweitzer Verl. n. — 60

—— sein Onkel und ihre Tante, s. Bloch's Dilettantenbühne.

—— Original-Deklamatorium. Humoristische und ernste Vorträge in Poesie und Prosa. 1. und 2. Lfg. 8. (94 S.) Berlin 861, Lassar's Buchh. à Lfg. * 5 Ngr. Thlr. *

—— Original-Deklamatorium. Humoristische und ernste Vorträge in Poesie und Prosa. 3. — 16. Lfg. 8. (1. Bd. S. 96—234 und 2.—4. Bd. à 177—186 S.) Berlin 862—68, Lassar's Buchh. à Lfg. * 6 Ngr. *
Lfg. 1 und 2. Ebendas. 1861, kosten jetzt ebenfalls à Lfg. * 6 Ngr.

— Original-Deklamatorium. Humoristische u. ernste Vorträge in Poesie u. Prosa. 9—21. Liefg. (à ca. 3 Bgn.). Ebend. 866—70. 8. Jede Liefg. n. 6 ngr.

—— Original-Deklamatorium. Humoristische und ernste Vorträge in Poesie und Prosa. 17.—24. Lfg. 8. (40; 42; 46; 43; 41; 36; 39; 41 S.) Berlin 869—72, Lassar's Buchh. à Lfg. * 60 Pf. *

— — 1. Liefg. 3. Aufl. Ebend. 869. 8. (43 S.) n. 6 ngr.
Der Preis der 2—8. Liefg. ist jetzt ebenfalls à n. 6 ngr.

—— dass. — 1. Lfg. 3. Aufl.; 2. Lfg. 4. Aufl.; 3. Lfg. 2. Aufl.; 4. Lfg. 5. Aufl. 8. (43; 34; 34; 34 S.) Ebendas. 870. à Lfg. * 60 Pf. *

Bloch, Ed., Original-Declamatorium. Humoristische u. ernste Vorträge in Poesie u. Prosa. 2—4. u. 22—24. Lfg. 8. (à 34 S.) Berlin 872. 74. Lassar. à n. — 60
2. 4. Aufl. — 3. 2. Aufl. — 4. 5. Aufl.

Bloch's, Ed., Original-Deklamatorium. Humoristische u. ernste Vorträge in Poesie u. Prosa. 5. 6. 7. 9. 12. 14. 18. 20. 23—26. Lfg. 8. (à 33 S.) Berlin 877—82. Lassar. à n. — 60
3. 5. 6. 2. Aufl. — 7. 3. Aufl. — 9. 6. Aufl. — 12. 2. Aufl. — 14. 5. Aufl. — 18. 2. Aufl. — 20. 4. Aufl. — 23. 3. Aufl. — 24. 2. Aufl.

—— dass. — 7., 8., 9., 12., 14., 15., 20., 23. und 24 Lfg. 8. (à Lfg. 33 S.) [7. Lfg. 3. Aufl.; 8. Lfg. 2. Aufl.; 9. Lfg. 6. Aufl.; 12. Lfg. 2. Aufl.; 14. Lfg. 5. Aufl.; 15. Lfg. 2. Aufl.; 20. Lfg. 4. Aufl.; 23. Lfg. 3. Aufl.; 24. Lfg. 2. Aufl.] Ebendas. 881. à Lfg. *

—— Original-Deklamatorium. Humorist. u. ernste Vorträge. 8. 12. 14. 15. 18. 20. 23. 24. 26—28. Lfg. 8. (à 33) Ebd. 81—85. à n. — 60
8. 12. 15. 24. 2. Afl. — 14. 5. Afl. — 18. 20. 4. Afl. — 23. 3. Afl.

—— Original-Deklamatorium. Humoristische und ernste Vorträge in Poesie und Prosa. 25. Lfg. 8. (33 S.) Lassar's Buchh.

—— dass. — 3., 6., 11., 17.—19., 21. Lfg. [3. Lfg. 4. Aufl.; 6. Lfg. 3. Aufl.; 11. Lfg. 2. Aufl.; 17. Lfg. 3. Aufl.; 18. Lfg. 4. Aufl.; 19. Lfg. 2. Aufl.; 21. Lfg. 2. Aufl.] 8. (à Lfg. 33 S.) Ebendas. 886,88. à Lfg. *

— Original-Deklamatorium. Humoristische u. ernste Vorträge in Poesie u. Prosa. 29.—32. Lfg. 8. (à 33 S.) Ebd. 888—890. à n. — 60

—— Original-Deklamatorium. Humoristische u. ernste Vorträge in Poesie u. Prosa. 32.—35. Lfg. gr. 8. (33; 33; 32; 34 S.) Ebd. 889—91. à Lfg. * — 60

— Orig.-Deklamatorium. Humorist. u. ernste Vorträge, sowie Gespräche in Poesie u. Prosa. 33—41. Lfg. 8° (à 30—40) Ebd. 90—94. à — 60

— **Original-Deklamatorium. Humoristische u. ernste Vorträge, sowie Gespräche in Poesie u. Prosa. 33.—41. Lfg. 8. (33, 32, 34, 41, 40, 41, 39, 40, 40 S.) Ebd. 891—893. à n. — 60**

— Original-Deklamatorium. Humorist. u. ernste Vorträge sow. Gespräche in Poesie u. Prosa. 9., 33. u. 42.—46. Lfg. 8. Ebd. à n. — 60
9. 7. Aufl. (42 S.) 897. — 33. 2. Aufl. (34 S.) 897. — 42. (40 S.) 896. — 43. (33 S.) 898. — 44. (42 S.) 898. — 45. (41 S.) 898. — 46. Vortrags-Komödien. (Psychodramen.) (38 S.) 898.

Bloch's, E, Orig.-Deklamatorium. 34., 36. u. 47—51. Lfg. 8° Berl., E Bloch. Je — 60 d
34.36. 2. Afl. (32 u. 41) (1897.98.)
47. Poyssl, L Frhr v.: Was z. Lachen. Humorist. Vers-G'schichtl'n. (37) (03.)
48.49. Metz, J: Gedichte. (88) (03.)
50. Hallbauer, P: Mei Begasus. Humorist. u. Gelegenh.-Gedichte in sächs. Mundart, nebst e. Anh.: Travestien klass. Dichtgn. (Neue Ausg.) (48) Dresd.-Blasew.'02.
51. Wiener, J: Mein Vater ist e. kl. Mannchen. Ostpreuss. u. and. Vortragsgedichte. (45) (04.)

Bloch, E: Deut. Reichsstaatsrecht, s.a. **Sammlung Kobner.**

Bloch, Ed., deutsches Reichsstaatsrecht. 4. Aufl., s.a. K o b n e r.

Deutsches Reichsstaatsrecht. Von Eduard Bloch, Rechtsanw. in München. 4. Aufl. *München: A. Buchholz 1900.* (VI, 251 S.) 8°
— Kobner, Sammlung. Bd 2. [oi. 388, 11

Bloch, E, Deutsches Reichsstaatsrecht. 5. verb. Aufl. (VI, 255 S.) gr. 8. München '04. A. Buchholz. 4. 20; geb. 4. 80.
Sammlung Kobner 2. Bd.

Bloch's, Ed., komische Solo-Scenen mit Pianoforte-Musik. Nr. 1—5. gr. 4. Berlin 865,66, Lassar's Buchh. à Nr. 15 Ngr.

Inhalt:

Nr. 1. Salingré, H., Margarethe. Musik von A. Lang. (8 S.)
„ 2. Linderer, Rob., Frau Martha in der Oper Martha. Musik von A. Conradi. (8 S.)
„ 3. —— der schöne Meyer. Musik von A. Conradi. (8 S.)
„ 4. Jacobson, E., Narziß im Frack. Musik von A. Conradi. (8 S.)
„ 5. Günther, L., Pietsch in der Afrikanerin. (8 S.)

—— Theater-Gartenlaube. Begründet von W. Friedrich. Fortgesetzt unter Mitwirkung von C. A. Görner, Th. Gaßmann, E. Helmerding ꝛc. Nr. 1—152. gr. 8. Berlin 869—72, Lassar's Buchh. à Nr. *

Inhalt:

Nr. 1. Friedrich, W., ein Stündchen in der Schule. Vaudeville in 1 Akt. Nach Lockroy. 7.—12. Aufl. (28 S.)
„ 2. —— der Weg durch's Fenster. Lustspiel in 1 Akt. Nach Scribe. 5. Aufl. (19 S.)
„ 3. —— wer ißt mit? Vaudeville in 1 Akt. Nach Desaugiers. 8. Aufl. (14 S.)
„ 4. —— Fräulein Gattin. Lustspiel in 1 Akt. Nach Lefranc. 9. Aufl. (20 S.)
„ 5. —— nur Hindernisse, oder: Blind geladen! Schwank in 1 Akt. Nach Brisebarre. 3. Aufl. (16 S.)
„ 6 —— mein Nachbar im Omnibus, oder: Der Weinreisende. Schwank in 1 Akt. Nach Dugard. 4. und 5. Aufl. (20 S.)
„ 7. —— der Häßliche. Schwank in 1 Akt. Nach Dumanoir. 2. Aufl. (17 S.)

Bloch's, Ed., Theater-Gartenlaube ꝛc.
Nr. 8. Friedrich, W., die Schauspielerin. Lustspiel in 1 Akt. Nach Fournier. 5. Aufl. (20 S.)
„ 9. —— Dornen und Lorbeer, oder: Das ungekannte Meisterwerk. Drama in 2 Akten. Nach Lafont. 6. Aufl. (31 S.)
„ 10. —— die Gefangenen der Czarin. Lustspiel in 2 Akten. Nach Bayard. 4. Aufl. (26 S.)
„ 11. —— Lorenz und seine Schwester. Posse mit Gesang in 1 Akt. 5. Aufl. (19 S.)
„ 12. —— die Blutrache, oder: Rinaldo Rinaldini. Posse in 1 Akt. Nach Dumanoir. 5. Aufl. (16 S.)
„ 13. —— die Töchter Lucifer's. Zauberposse mit Gesang in 5 Akten. 5. Aufl. (39 S.)
„ 14. —— die weibliche Schildwache. Vaudeville in 1 Akt. 8. Aufl. (18 S.)
„ 15. —— Doctor Robin. Characterbild in 1 Akt. Nach Premaray. 5.—12. Aufl. (22 S.)
„ 16. —— ein unbekannter Beschützer. Lustspiel in 1 Akt. Nach Scribe. 3. Aufl. (19 S.)

17. —— reich an Liebe, oder: Wer borgt mir zwei Gulden? Posse in 1 Akt. 7. Aufl. (17 S.)
18. —— Herr Dunst, oder: Ein armer Millionär. Posse mit Gesang in 2 Akten. 4. Aufl. (26 S.)
19. —— Memoiren zweier Neuvermählten. Lustspiel in 1 Akt. Nach Clairville. 5. Aufl. (14 S.)
20. —— Oskar, oder: Der ungetreue Gatte. Lustspiel in 3 Akten. Nach Scribe. 4. Aufl. (27 S.)
21. —— zwei Herren und ein Diener. Posse mit Gesang in 1 Akt. Nach Goldoni. 4. Aufl. (20 S.)
22. —— das Fräulein vom Hause. Lustspiel in 2 Akten. 4. Aufl. (16 S.)
23. —— ein Zimmer zu zwei Betten. Burleske in 1 Akt. Nach dem Französ. 8. Aufl. (8 S.)
24. —— die Volksvertreter auf Urlaub, oder: Liberal und conservativ. Posse in 3 Akten. 2. Aufl. (26 S.)
25. —— ein weißer Othello. Posse in 1 Akt. Nach Brisebarre. 7.—10. Aufl. (23 S.)
26. —— der Findling, oder: Unverhofft! Characterbild in 3 Akten. Nach George Sand. 3. Aufl. (31 S.)
27. —— die Dorf-Politiker. Posse mit Gesang in 1 Akt. Nach Clairville. 2. Aufl. (13 S.)
28. —— der persische Shawl. Schwank in 1 Akt. Nach A. Dumas. 4. Aufl. (15 S.)
29. Uhde, H., das große Loos. Posse in 1 Akt. (12 S.)
(Ursprünglich bildete Nr. 29: Gänschen von Buchenau. Nach Bayard von W. Friedrich.)
30. Friedrich, W., ein Roman zwischen Eheleuten. Lustspiel in 1 Akt. 4. Aufl. (19 S.)
31. —— Heil dir, mein Vaterland! oder: Prätendent und Protector. Lustspiel in 1 Akt. Nach Bayard. 2. Aufl. (16 S.)
32. —— Räuberanführer, oder: Hymen's Bande. Lustspiel in 2 Akten. Nach Dumont. 2. Aufl. (22 S.)
33. —— zart und grob. Lustspiel in 2 Akten. Nach George Sand. 5. Aufl. (24 S.)
34. —— der Zigeunerhäuptling. Charakterbild mit Gesang in 2 Akten. Nach Beyrat. 6. Aufl. (21 S.)
35. —— Ueberraschungen. Lustspiel in 1 Akt. Nach Scribe. 7. Aufl. (18 S.)
36. —— drei Farben, oder: Der Westenmann. Lustspiel in 3 Akten. Nach Desnoyer. 5. Aufl. (24 S.)
37. —— der Spielzeughändler. Schauspiel in 1 Akt. Nach Melesville. 4. Aufl. (19 S.)
38. —— drei Feen, oder: Die Jagd nach dem Glück. Lustspiel in 2 Akten. Nach Bayard. 2. Aufl. (23 S.)
39. —— Börsen-Speculationen, oder: Eine Laune. Lustspiel in 1 Akt. Nach A. v. Musset's: „Un caprice". 5. Aufl. (16 S.)
40. —— Jacquard, der Menschenfreund, oder: Der Weber von Lyon. Charakterbild in 2 Akten. Nach Fournier. (22 S.)
41. —— Alles für meinen Sohn! oder: Der Engländer im Seebade. Lustspiel in 2 Akten. Nach Bayard. 7. Aufl. (21 S.)
42. —— Zahnschmerz aus Sympathie, oder: Die Frau mit dem Stelzfuße. Schwank in 1 Akt. 5. Aufl. (16 S.)
43. —— guten Morgen, Herr Fischer! Operette in 1 Akt. Nach Lockroy. 12. Aufl. (32 S.)
44. —— mit einander aufgewachsen. Schwank in 1 Akt. Nach Fournier. 3. Aufl. (18 S.)
45. —— Hans und Hanne. Operette in 1 Akt. Musik von E. Stiegmann. 6.—10. Aufl. (18 S.)
46. —— Schein und Wahrheit, oder: Der Puff. Lustspiel in 5 Akten. Nach Scribe. 2. Aufl. (42 S.)
47. —— die zerbrochene Tasse, oder: Ich liebe Sie! Lustspiel in 1 Akt. Nach Vermond. 3. Aufl. (16 S.)
48. —— eine Parthie Piquet. Lustspiel in 1 Akt. Nach Fournier. 4. Aufl. (14 S.)
49. —— die beiden Gelehrten, oder: Romulus. Lustspiel in 1 Akt. Nach A. Dumas. (18 S.)

Bloch's, Ed., Theater-Gartenlaube 2c.

Nr. 50. Friedrich, W., weiße Haare — junges Herz, oder: Ein alter prächtiger Knabe. Lustspiel in 1 Akt. Nach H. Murger. 2. Aufl. (14 S.)
51. —— nur ein Silbergroschen! Schwank in 1 Akt. Nach Clairville. 6. Aufl. (11 S.)
52. —— des Uhrmachers Hut. Lustspiel in 1 Akt. Nach Girardin. 3. Aufl. (14 S.)
53. Reinold, C., Mördergrube, oder: Pietsch im Wachsfiguren-Cabinet. Posse mit Gesang in 1 Akt. Musik von F. Keitmann. 4.—6. Aufl. (21 S.)
54. —— drunter und drüber! oder: Der Uhrmacher aus Kyritz. Posse in 1 Akt. Nach dem Engl. 5. Aufl. (11 S.)
55. —— die Fee des Merlinsquell. Lustspiel in 1 Akt. Nach Octave Feuillet. 3. Aufl. (15 S.)
56. Herrmann, B. A., der Ball des Gefangenen. Lustspiel in 1 Akt. (15 S.)
57. Gaßmann, Th., der Kammerdiener, oder: Ein Ehecontract. Lustspiel in 1 Akt. Nach Scribe. 3. Aufl. (17 S.)
58. Ellmenreich, A., das Rebhuhn, oder: Ich heirathe meine Frau. Lustspiel in 1 Akt. 4. Aufl. (20 S.)
59. Gaßmann, Th., Plauderstunden. Lustspiel in 1 Akt. Nach dem Französ. 5. Aufl. (12 S.)
60. Ellmenreich, A., ein unglücklicher Liebhaber. Lustspiel in 2 Akten. (26 S.)
61. Bernard, C., eine Liebe mit Dampf. Schwank in 1 Akt. Nach dem Französ. 2. Aufl. (12 S.)
62. Starke, G., Mamsell Rosa, oder: Die Rückkehr aus der Stadt. Liederspiel in 1 Akt. 4. Aufl. (12 S.)
63. Gaßmann, Th., homöopathisch. Lustspiel in 1 Akt. Nach Lefranc. 2. Aufl. (18 S.)
64. Bernard, C., der erste Kranke, oder: Ein Jünger Aesculap's. Lustspiel in 1 Akt. Nach dem Französ. (16 S.)
65. Moltke, M., Großmütterchen, oder: Ein vortreffliches Herz. Lustspiel in 1 Akt. (16 S.)
66. Der Maltheser, oder: Gute Miene zum bösen Spiel. Schauspiel in 1 Akt. Nach Scribe von Charlotte B. (18 S.)
67. Friedrich, W., ein alter Junggeselle. Charakterbild in 2 Akten. Nach Oct. Feuillet. 2. Aufl. (20 S.)
68. Starke, G., er hat seine Handschuhe vergessen! Schwank in 1 Akt. (14 S.)
69. Gaßmann, Th., ein weißes Haar. Lustspiel in 1 Akt. Nach Oct. Feuillet. 4. Aufl. (11 S.)
70. Ristori, Adelaide, die glücklichen Eifersüchtigen. Lustspiel in 1 Akt. Nach dem Italien. 3. Aufl. (9 S.)
71. Meizner, C., die Maskerade im Dachstübchen. Schwank in 1 Akt. 3. Aufl. (23 S.)
72. Keitel, G., vor Thorschluß. Lustspiel in 1 Akt. (20 S.)
73. Gaßmann, Th., der kleine Rekrut, oder: Schnelles Avancement. Liederspiel in 1 Akt. Musik von A. Conradi. 4. Aufl. (15 S.)
74. Brink, E., die Wunder des Magnetismus, oder: Nashorn und Schnabel. Posse in 1 Akt. (24 S.)
75. Bernard, C., Studentenstreiche, oder: Der 29. Februar. Schwank in 1 Akt. (14 S.)
76. Görner, C. A., Weiberthränen wirken auf Christen, Juden, Heiden, Türken! Lustspiel in 1 Akt. Nach Giraudin. 6. und 7. Aufl. (24 S.)
77. —— ein Toiletten-Geschichtchen. Lustspiel in 1 Akt. (18 S.)
78. —— der — am Nagel. Schwank in 1 Akt. (18 S.)
79. —— er bringt seine Tante durch. Schwank in 1 Akt. (17 S.)
80. —— das Ohrläppchen, oder: Der Esel in der Löwenhaut. Lustspiel in 1 Akt. Nach dem Französ. (18 S.)
81. —— ein Schwiegersohn unter Aufsicht. Posse in 1 Akt. 4. Aufl. (16 S.)
82. —— ein kleiner Commis-Witz, oder: Bankier und Tänzerin. Posse in 1 Akt. 3. Aufl. (17 S.)
83. —— Pomponettchen und Pompadour, oder: Vornehme Leute. Lustspiel in 1 Akt. Nach dem Französ. 2. Aufl. (18 S.)
84. —— Gräfin Höckerchen. Lustspiel in 1 Akt. (19 S.)
85. —— der Türke Neumann. Burleske in 1 Akt. 2. Aufl. (18 S.)
86. —— die Heirath durch einen Hut, oder: Chapeau de Paris. Schwank in 1 Akt. (11 S.)
87. —— meine Nichte und mein Bär. Posse in 3 Akten. (25 S.)
88. —— eine Räubergeschichte, oder: Der Mord in der Kohlmessergasse. Posse in 1 Akt. Nach dem Französ. 5. Aufl. (17 S.)
89. Rosen, Fr., ein Haus-Kreuz. Lustspiel in 1 Akt. (17 S.)
90. Görner, C. A., er macht eine Wasserfahrt. Lustspiel in 1 Akt. 3. Aufl. (17 S.)
91. Augustsohn, die Wittwe von zwanzig Jahren. Schwank mit Gesang in 1 Akt. (14 S.)
92. Starke, G., der Universal-Erbe. Posse mit Gesang in 2 Akten. Musik von A. Conradi. 4. Aufl. (22 S.)
93. Herrmann, B. A., am Kamin. Lustspiel in 1 Akt. (9 S.)

Bloch's, Ed., Theater-Gartenlaube 2c.

Nr. 94. Gaßmann, Th., zur Miethe beim Bedienten. Vaudeville in 1 Akt. 3. Aufl. (16 S.)
95. Herrmann, Wilh., Cartouche im Frack. Lustspiel in 1 Akt. 2. Aufl. (13 S.)
96. Gaßmann, Th., nur platonisch! Schwank in 1 Akt. Nach dem Engl. 2. Aufl. (16 S.)
97. —— Gefahr im Verzuge. Lustspiel in 2 Akten. (34 S.)
98. Böle, H., der Lockvogel, oder: Dieses Landhaus ist zu verkaufen! Lustspiel in 1 Akt. Nach dem Französ. 2. Aufl. (19 S.)
99. Herrmann, B. A., Welche? oder: Vis-à-vis. Lustspiel in 1 Akt. (12 S.)
100. Pleuing, Th., Hund und Katze. Lustspiel in 1 Akt. (11 S.)
101. Friedrich, W., Jean und Lucas, oder: Ungleiche Brüder. Schwank in 1 Akt. (14 S.)
102. Rosen, Fr., taub muß er sein! Lustspiel in 1 Akt. Nach Desforges. 2. Aufl. (18 S.)
103. Friedrich, W., Oeffentlichkeit und Mündlichkeit, oder: Ein gebildeter Barbier. Schwank in 1 Akt. (12 S.)
104. Gaßmann, Th., die Schuld einer Frau, oder: Eine Verirrung. Schauspiel in 3 Akten. Nach Girardin. (20 S.)
105. Herrmann, B. A., eine Berliner Schwiegertochter. Posse mit Gesang in 1 Akt. (13 S.)
106. Gaßmann, Th., Nein! Dramatischer Scherz in 1 Akt. Nach dem Dän. (10 S.)
107. Friedrich, W., der Ehestifter. Schwank in 1 Akt. Nach dem Französ. (12 S.)
108. —— Mädchenpfiffe. Genrebild in 1 Akt. Nach dem Französ. (12 S.)
109. Julius, Louis, der Stellvertreter. Lustspiel in 1 Akt. Nach dem Französ. 2. Aufl. (16 S.)
110. Görner, C. A., Jettchen am Fenster, oder: Man soll von seinem Nächsten nur das Beste reden! Solo-Scherz. 7. Aufl. (15 S.)
111. Gaßmann, Th., ich bitte um's Wort! oder: Ausreden lassen! Dramatischer Scherz in 1 Akt. Nach dem Französ. (16 S.)
112. Hoffmann, H., geheime Liebesbriefe. Lustspiel in 1 Akt nach Schücking. (18 S.)
113. Salingré, H., ein alter Commis. Posse mit Gesang in 1 Akt. Musik von A. Bial. (19 S.)
114. Jacobson, E., Kammerkätzchen. Schwank mit Gesang in 1 Akt. Musik von A. Lang. (15 S.)
115. Helmerding, C., eine Weinprobe. Posse mit Gesang in 1 Akt. Musik von A. Bial. (18 S.)
116. Jahn, A., erlauben Sie, gnädige Frau! Lustspiel in 1 Akt. Nach Labiche. (18 S.)
117. —— das Zündholz zwischen zwei Feuern. Lustspiel in 1 Akt. Nach M. Honoré. (15 S.)
118. Uhde, H., Gott sei Dank, der Tisch ist gedeckt! Genrebild in 1 Akt. Nach Léon Gozlan's „Dieu merci, le couvert est mis!" (12 S.)
119. Reinicke, Ed., aus der komischen Oper, oder: Die Arbeiten des Hercules. Lustspiel in 1 Akt. Nach „Le serment d'Horace". (15 S.)

- 120. Salingré, H., Spillike in Paris. Komische Soloscene mit Gesang. Musik von R. Bial. (13 S.)
- 121. Görlitz, C., eine vollkommene Frau. Lustspiel in 1 Akt. (20 S.)
- 122. Stavenow, B., Carl August's Revanche, oder: Der Herzog und sein Hofsattler. Liederspiel in 1 Akt. (22 S.)
- 123. Hollpein, H., telegraphische Depeschen. Lustspiel in 1 Akt. (19 S.)
- 124. Hahn, R., Senora Pepita, mein Name ist Meyer! Schwank mit Gesang in 1 Akt. 4. Aufl. (20 S.)
- 125. Born, R., Frauenwitz. Lustspiel in 1 Akt. (30 S.)
- 126. Bauermeister, M., die vier Temperamente. Soloscherz [für einen Herrn]. (12 S.)
- 127. Berting, L., ein Trauring, oder: Lyrisch und Dramatisch. Lustspiel in 1 Akt. (24 S.)
- 128. Salingré, H., guter Mond, du gehst so stille! Posse mit Gesang in 1 Akt. (28 S.)
- 129. Bauermeister, M., Anna, die Probir-Mamsell. Solo-Scherz [für eine Dame]. (11 S.)
- 130. Karwe, R., ein Billet von Pauline Lucca. Dramatischer Scherz mit Gesang in 1 Akt. (14 S.)
- 131. Wilken, H., fünf Minuten Berliner! Schwank mit Gesang in 1 Akt. (14 S.)
- 132. Franke, Guido, gesegnete Mahlzeit! Dramatischer Scherz in 1 Akt. (13 S.)
- 133. Helmerding, L., ein vergessener Ballgast oder vier Uhr Morgens. Schwank in 1 Akt. (16 S.)
- 134. Bauermeister, M., eine alte Schachtel. Solo-Scene [für eine Dame]. (10 S.)
- 135. —— Veit, der Zigeuner. Charakter-Soloscene mit Gesang [für einen Herrn]. (10 S. mit lithogr. und color. Costümbild.)

Bloch's, Ed., Theater-Gartenlaube ꝛc.

- Nr. 136. Heigel, Karl, des Kriegers Frau. Solo-Scene [für eine Dame]. (12 S.)
- 137. Elsner, Osk., die Wacht am Rhein. Dramatisches Gedicht in 1 Akt. (19 S.)
- 138. Wichert, Ernst, das eiserne Kreuz. Lebensbild in 1 Akt. (22 S.)
- 139. Moser, G. v., der Bojar, oder: Wie denken Sie über Rumänien? Schwank in 1 Akt. (22 S.)
- 140. Bauermeister, M., reelle Absichten. Dramatischer Scherz in 1 Akt. (10 S.)
- 141. Wichert, Ernst, in Feindes Land. Kriegs-Genrebild in 1 Akt. (22 S.)
- 142. Stettenheim, Jul., ein gefälliger Mensch. Posse in 1 Akt. (13 S.)
- 143. Genée, Elise, Infanterie und Kavallerie. Schwank in 1 Akt. Nach einer Novelle bearb. (14 S.)
- 144. Jonas, R., Vermischtes. Posse mit Gesang in 1 Akt. Musik von R. Bial. (18 S.)
- 145. Bloch, Ed., er hat seine Frau compromittirt! Schwank in 1 Akt. Nach dem Französ.: „J'ai compromis ma femme!" Frei bearb. (24 S.)
- 146. Belly, Geo., im Zauber-Salon, oder die räthselhafte Erscheinung. Burleske mit Gesang in 1 Akt. Musik von R. Bial. (21 S.)
- 147. Müller, Hugo, Onkel Moses. Charakterbild in 1 Akt. (19 S.)
- 148. Bauermeister, M., eine kleine Unart. Dramatischer Scherz in 1 Akt. (13 S.)
- 149. Moser, G. v., Hypothekennoth. Lustspiel in 1 Akt. (29 S.)
- 150. Kellner, Aug., auf der Eisenbahn, oder: Im Coupé erster Klasse. Bluette in 1 Akt. Nach dem Französ. (14 S.)
- 151. Hübner, P., Kaffeeklatsch. Komische Scene mit Gesang. (13 S.)
- 152. Helmerding, Karl, so muß es kommen! Schwank mit Gesang in 1 Akt. Musik von R. Bial. (18 S.)

Die früher u. d. T. „Theater des Auslandes" erschienene Sammlung ist hiermit vereinigt.

Bloch, Ed., Theater-Gartenlaube. Begründet v. W. Friedrich. Fortgesetzt unter Mitwirkg. v. C. A. Görner, Th. Gaßmann, C. Helmerding ꝛc. Nr. 1. 6. 15. 25. 29. 45. 53. 76. 136—152. 8. Berlin 871—73. Lassar. à n. 1. —

1. Ein Stündchen in der Schule. Vaudeville in 1 Akt. Nach Lockroy v. W. Friedrich. 12. Aufl. (28 S.)
6. Mein Nachbar im Omnibus, od.: der Weinreisende. Schwank in 1 Akt. Nach Dugard v. W. Friedrich. 5. Aufl. (20 S.)
15. Doctor Robin. Charakterbild in 1 Akt. Nach Premarey v. W. Friedrich. 12. Aufl. (2 S.)
25. Ein weißer Othello. Posse in 1 Akt. Nach Brisebarre v. W. Friedrich. 10. Aufl. (23 S.)
29. Das große Loos. Posse in 1 Akt v. H. Uhde. (12 S.)
45. Hans u. Hanne. Operette in 1 Akt v. W. Friedrich. Musik v. E. Stiegmann. 10. Aufl. (18 S.)
53. Mördergrube, od. Pietsch im Wachsfiguren-Cabinet. Posse m. Gesang in 1 Akt v. C. Reinold. Musik v. F. Kettmann. 6. Aufl. (21 S.)
76. Weiberthränen wirken auf Christen, Juden, Heiden, Türken! Lustspiel in 1 Akt. Nach Siraudin v. C. A. Görner. 7. Aufl. (24 S.)
136. Des Kriegers Frau. Solo-Scene [f. e. Dame] v. Karl Heigel. (12 S.)
137. Die Wacht am Rhein. Dramatisches Gedicht in 1 Akt v. Osk. Elsner. (19 S.)
138. Das eiserne Kreuz. Lebensbild in 1 Akt v. Ernst Wichert. (22 S.)
139. Der Bojar, od.: Wie denken Sie üb. Rumänien? Schwank in 1 Akt von G. v. Moser. (22 S.)
140. Reelle Absichten. Dramatischer Scherz in 1 Akt v. M. Bauermeister. (10 S.)
141. In Feindes Land. Kriegs-Genrebild in 1 Akt v. Ernst Wichert. (22 S.)
142. Ein gefälliger Mensch. Posse in 1 Akt v. Jul. Stettenheim. (13 S.)
143. Infanterie u. Kavallerie. Schwank in 1 Akt. Nach e. Novelle bearb. v. Elise Genée. (14 S.)
144. Vermischtes. Posse m. Gesang in 1 Akt v. R. Jonas. Musik v. R. Bial. (18 S.)
145. Er hat seine Frau compromittirt! Schwank in 1 Akt. Nach dem Französ.: „J'ai compromis ma femme!" frei bearb. v. Ed. Bloch. (24 S.)
146. Im Zauber-Salon, od. die räthselhafte Erscheing. Burleske m. Gesang in 1 Akt v. Geo. Belly. Musik v. R. Bial. (21 S.)
147. Onkel Moses. Charakterbild in 1 Akt v. Hugo Müller. (19 S.)
148. Ein kleiner Unart. Dramatischer Scherz in 1 Akt v. M. Bauermeister. (13 S.)
149. Hypothekennoth. Lustspiel in 1 Akt von G. v. Moser. (29 S.)
150. Auf der Eisenbahn, od.: Im Coupé erster Klasse. Bluette in 1 Akt. Nach dem Franz. v. Aug. Kellner. (14 S.)
151. Kaffeeklatsch. Komische Scene m. Gesang v. P. Hübner. (13 S.)
152. So muß es kommen! Schwank m. Gesang in 1 Akt v. Karl Helmerding. Musik v. R. Bial. (18 S.)

Bloch's, Ed., Theater-Gartenlaube. Nr. 2. 3. 7. 12. 17. 21. 23. 34. 40. 43. 75. 85. 88. 115. 118. 120. 121. 126. 132 u. 151. gr. 8. Berlin 877—82. Lassar. à n. 1. —

2. Mein Mann liest. Lustspiel in 1 Akt von C. A. Paul. (20 S.)
3. Kadetten-Launen. Liederspiel in 1 Akt von Rud. Hahn. Musik von Fel. Jäger. (28 S.)
7. Eine schwere Sitzung. Lustspiel in 1 Akt von C. A. Paul. (19 S.)
12. Schach u. matt. Lustspiel in 1 Akt von H. Carlos-Duchow. (22 S.)
17. Wer weiß, wozu das gut ist. Schwank in 1 Akt von A. v. Kotzebue. Neue umgearb. Aufl. (21 S.)
21. Prosit Neujahr! oder der Onkel schläft. Posse in 1 Akt von L. Angely. [Neu bearb.] (26 S.)
23. Der Verstorbene. Posse in 1 Akt von M. Tenelli. (20 S.)
34. Nicht um eine Million. Dramatischer Scherz in 1 Akt von C. A. Paul. (14 S.)
40. Die Neujahrsnacht eines deutschen Schullehrers. Genrebild in 1 Akt von L. v. Saville. (18 S.)
43. Engel u. Satan. Lustspiel in 1 Akt von Leopold Günther. (27 S.)
75. Nur eine einzige Tochter. Schwank in 1 Akt. Nach Graf Fredro aus dem Poln. f. die deutsche Bühne frei bearb. von L. v. Saville. (32 S.)
85. Einer von der Feuerwehr. Solo-Scene [f. einen Herrn] von C. A. Paul. (12 S.)
88. Schildwach, Tod u. Teufel. Posse in 1 Akt. Nach einer älteren Idee bearb. von Ernst Schönfeld. (17 S.)
115. Aus einer Verlegenheit in die andere. Schwank in 1 Akt von Carl Helmerding. (28 S.)
118. Im Dienst. Schwank in 1 Akt von N. J. Anders u. A. Oppenheim. (20 S.)
120. Spillike in Paris. Solo-Scherz m. Gesang [f. einen Herrn] von H. Salingré. 2. Aufl. (14 S.)
121. Im Wartesalon vierter Klasse. Posse m. Gesang in 1 Akt von Rud. Hahn. Musik von G. Steffens. (11 S.)
126. Die vier Temperamente. Solo-Scherz [f. einen Herrn] von M. Bauermeister. 2. Aufl. (13 S.)
132. Gesegnete Mahlzeit! Dramatischer Scherz in 1 Akt von G. Franke. 2. Aufl. (18 S.)
151. Zum Tode verurtheilt. Dramatische Scene in 1 Akt von C. A. Paul. (10 S.)

Bloch's, E, Theater-Gartenlaube. Nr. 11, 12. 17. 34. 43. 71. 85. 120. 126. 132. 152—159. 8. Berl., Lassar. à n. 1. —
Bauermeister, M, d. vier Temperamente. Solo-Scherz [f. e. Herrn]. 2. Afl. (13) 82.
Berthold-Ling, Liebes-Orakel. Solo-Scene. (10) 84.
— d. Rechte. Solo-Scene. (11) 84.
— d. Tante Rath. Solo-Scene, (10) 84.
Carlos-Duchow, H, schach u. matt. Lustspiel. (22) 82.
Franke, G, gesegnete Mahlzeit. Dramat. Scherz. 2. Afl. (13) 82.
Günther, L, Engel u. Satan. Lustspiel. (27) 82.
Herhold, L, Katzenjammer. Solo-Scene [f. e, Herrn]. (11) 84.
— Sie photographirt. Lustspiel. (14) 84.
Kotzebue, A v., wer weiss, wozu das gut ist. Schwank. Neue Afl. (21) 82.
Paul, CA, Einer v. d. Feuerwehr. Solo-Scene [f. e, Herrn]. (12) 82.
— nicht um e. Million. Dramat. Scherz, (14) 82.
— im Wein ist Wahrheit. Liederspiel. (16) 85.
Reichenau, A v., d. neue Bursche. Dramat. Genrebild. (14) 85.
— Gastfreundschaft. Dramat. Genrebild. (12) 85.
— Rosenketten. Dramat. Genrebild. (14) 85.

—— Theater-Gartenlaube. Nr. 12., 17., 34., 43., 71., 85., 120., 126., 132., 152.—156. gr. 8. Berlin, Lassar's Buchh. à Nr. * 1 —

Inhalt:

Nr. 12. Carlos-Duchow, H., Schach und matt. Lustspiel in 1 Akt. (22 S.) 882.
" 17. Kotzebue, A. v., wer weiß, wozu das gut ist. Schwank in 1 Akt. Neue umgearb. Aufl. (21 S.) 882.
" 34. Paul, C. A., nicht um eine Million. Dramat. Scherz in 1 Akt. (14 S.) 882.
" 43. Günther, Leop., Engel und Satan. Lustspiel in 1 Akt. (27 S.) 882.
" 71. Herhold, Ludw., Katzenjammer. Solo-Scene [für einen Herrn]. (11 S.) 884.
" 85. Paul, C. A., einer von der Feuerwehr. Solo-Scene [für einen Herrn]. (12 S.) 882.
" 120. Salingré, H., Spillike in Paris. Solo-Scherz mit Gesang [für einen Herrn]. 2. Aufl. (14 S.) 882.
" 126. Bauermeister, Max, die vier Temperamente. Solo-Scherz [für einen Herrn]. (2. Aufl.) (13 S.) 882.
" 132. Franke, G., Gesegnete Mahlzeit! Dramat. Scherz in 1 Akt. 2. Aufl. (13 S.) 882.
" 152. Helmerding, C., So muß es kommen! Schwank mit Gesang in 1 Akt. (18 S.) 884.
" 153. Herhold, Ludw., sie photographirt. Lustspiel in 1 Akt. (14 S.) 884.
" 154. Berthold-Ling, der Tante Rath. Solo-Scene. (10 S.) 884.
" 155. —— Liebes-Orakel. Solo-Scene. (10 S.) 884.
" 156. —— der Rechte. Solo-Scene. (11 S.) 884.

—— Theater-Gartenlaube. Nr. 11, 49, 55, 135, 139, 143, 157—162. gr. 8. Ebendas. à Nr. *

Inhalt:

Nr. 11. Paul, C. A., Im Wein ist Wahrheit! Liederspiel in 1 Akt. Musik von R. Thiele. (16 S.) 885.
" 49. —— Turners Brautfahrt. Solo-Scene für einen Herrn. (9 S.) 888.
" 55. —— die Jagd nach einem Musketier. Lustspiel in 1 Akt. (15 S.) 888.
" 135. Bauermeister, M., Peti der Zigeuner. Charakter-Solo-Scene mit Gesang für einen Herrn. 2. Aufl. (11 S. mit Kostümbild.) 886.
" 139. Moser, G. v., der Bojar, oder: Wie denken Sie über Rumänien? Schwank in 1 Akt. 2. Aufl. (12 S.) 887.
" 143. Genée, E., Infanterie und Kavallerie oder eine gemischte Ehe. Schwank in Akt. 2. Aufl. (14 S.) 888.
" 157. Reichenau, Auguste v., der neue Bursche. Dramat. Genrebild in 1 Akt. (14 S.) 885.
" 158. —— Rosenketten. Dramat. Genrebild in 1 Akt. (14 S.) 885.
" 159. —— Gastfreundschaft. Dramat. Genrebild in 1 Akt. (12 S.) 885.
" 160. Köhne, William, die Gedankenleser. Lustspiel in 1 Akt. (15 S.) 886.
" 161. Ramann, A. M. B., Junker Georg. Histor. Charakterbild in 1 Akt. (24 S.) 888.
" 162. Schönfeld, Ernst, das Turnerfest. Schwank mit Gesang in 1 Akt. Musik von R. Thiele. (14 S.) 888.

Bloch's, Ed., Theater-Gartenlaube. Nr. 49. 55. 81. 143. 161—163. gr. 8. Berlin, Lassar. à Nr. n. 1. —
49. Turners Brautfahrt. Solo-Scene f. 1 Herrn v. C. A. Paul. (9 S.) 888.
55. Die Jagd nach e. Musketier. Lustspiel in 1 Akt v. C. A. Paul. (15 S.) 888.
81. Schwiegerpapa! oder In Sachen Schultze. Posse in 1 Akt. Nach dem Französ. v. H. Salingré u. C. A. Görner. 5., neubearb. Aufl. v. „Ein Schwiegersohn unter Aufsicht". (18 S.) 889.
143. Infanterie u. Kavallerie oder e. gemischte Ehe. Schwank in 1 Akt von Elise Genée. 2. Aufl. (14 S.) 888.
161. Junker Georg. Histor. Charakterbild in 1 Akt v. A. M. B. Ramann. (24 S.) 888.
162. Das Turnerfest. Schwank m. Gesang in 1 Akt v. E. Schönfeld. Musik v. R. Thiele. (14 S.) 888.
163. Müller u. Schulze auf der Jagd. Posse in 1 Akt v. C. A. Paul. (11 S.) 889.

—— Theater-Gartenlaube. Nr. 35, 81, 102, 163, 164. gr. 8. Ebd. à Nr. * 1 —
35. Wild-Queisner, Rob. Wer trägt die Pfanne fort? Schwank in 1 Akt. (16 S.) 891.
81. Salingré, H. u. C. A. Görner. Schwiegerpapa! od. In Sachen Schultze. Posse in 1 Akt. Nach dem Französ. 5. neubearb. Aufl. v. „Ein Schwiegersohn unter Aufsicht". (18 S.) 889.
102. Hübner, P. Ein Pistolen-Duell, oder Auf Tod u. Leben. Schwank m. Gesang in 1 Akt. (16 S.) 891.
163. Paul, C. A. Müller u. Schulze auf d. Jagd. Posse in 1 Akt. (11 S.) 889.
164. Piening, E. Am Geburtstage des Kaisers. Lustspiel in 1 Akt. (16 S.) 891.

— Theater-Gartenlaube. Nr. 35, 102, 131, 164. gr. 8. (à ca. 16 S.) Ebd. à n. 1. —
35. Wer trägt die Pfanne fort? Schwank in 1 Akt v. Rob. Wild-Queisner. 894.
102. Ein Pistolen-Duell, od.: Auf Tod u. Leben. Schwank m. Gesang in 1 Akt v. P. Hübner. 894.
131. Am Weihnachtsabend. Charakterbild in 1 Akt v. Gust. Höppner. (13 S.) 894.
164. Am Geburtstage d. Kaisers. Lustspiel in 1 Akt v. E. Piening. 890.

— Theater-Gartenlaube. Nr. 1, 152 u. 165. gr. 8. Ebd. à n. 1. —
1. E. Stündchen i. d. Schule. Liedersp. i. 1 Akt. Nach Lockroy v. W. Friedrich. Musik v. Rich. Thiele. 13. Aufl. (28 S.) 896.
152. So muß es kommen! Schwank m. Ges. i. 1 Akt. von Carl Helmerding. Musik v. R. Bial. 2. Aufl. (19 S.) 895.
165. Am Ende. Scene i. 1 Aufz. von Marie v. Ebner-Eschenbach. (21 S.) 893.

—— Theater-Correspondenz. Nr. 1—50. qu. 4. Berlin, 869—74, Lassar's Buchh. Verklebt. à Nr. *

Inhalt:

Nr. 1. Görlitz, Carl, das erste Mittagessen. Lustspiel in 1 Akt. 1.—6. Aufl.
" 2. Wilken, H., Elzevir. Genrebild mit Gesang in 1 Akt. Musik von R. Bial.
" 3. Brentano, Fr., Herr Petermann geht zu Bette. Schwank mit Gesang in 1 Akt. Musik von A. Lang.
" 4. Jacobson, E., 1733 Thlr. 22½ Sgr. Posse mit Gesang in 1 Akt. Musik von A. Lang.
" 5. Müller, Hugo, im Wartesalon erster Klasse. Lustspiel in 1 Akt. 10.—15. Aufl.
" 6. Görner, C. A., Englisch! Lustspiel in 1 Akt. 10. Aufl.
" 7. Wilbrandt, Adf., Unerreichbar. Lustspiel in 1 Akt. (40 S.)
" 8. Jahn, A., ein Ehemann in der Wolle. Posse in 1 Akt nach „Un mari dans du coton" frei bearb. (24 S.)
" 9. Floto, Wilh., das Sonntagsräuschchen. Lustspiel in 1 Akt. 2. Aufl. (42 S.)
" 10. Moser, G. v., Kaudel's Gardinenpredigten. Lustspiel in 1 Akt. 1. und 2. Aufl. (38 S.)
" 11. Schlesinger, Sigm., mit der Feder. Dramolet in 1 Akt. 2. Aufl. (23 S.)
" 12. Bloch, Ed., ein sehr delicater Auftrag. Lustspiel in 1 Akt. Nach „Chez une petite dame" frei bearb. (30 S.)
" 13. Schneider, Louis, Kurmärker und Picarde. Genrebild mit Gesang in 1 Akt. 9. Aufl. (18 S.)
" 14. Müller, Hugo, Duft. Lustspiel in 1 Akt. (29 S.)
" 15. Belly, G., Monsieur Herkules. Posse in 1 Akt. 8.—10. Aufl. (23 S.)
" 16. Töpfer, Carl, nehmt ein Exempel dran! Lustspiel in 1 Akt. 3. Aufl. (39 S.)
" 17. Haber, S., ein Stündchen im Comptoir. Posse mit Gesang in 1 Akt. Musik von A. Conradi. 3. Aufl. (34 S.)
" 18. Müller von Königswinter, Wolfgang, sie hat ihr Herz entdeckt. Lustspiel in 1 Akt. 3. Aufl. (43 S.)
" 19. Herrmann, B. A., er weiß nicht was er will. Schwank in 1 Akt. (28 S.)
" 20. Braun, C., nette Miether. Schwank in 1 Akt. (18 S.)

Bloch's, Ed., Theater-Correspondenz &c.

Inhalt:

Nr. 21. Moser, G. v., und A. L'Arronge, Papa hat's erlaubt. Schwank mit Gesang in 1 Akt. Musik von R. Bial. (46 S.)
" 22. Berg, O. F., unter dem Siegel der Verschwiegenheit. Scherz in 1 Akt. (32 S.)
" 23. Pohl, E., und A. Langer, eine verfolgte Unschuld. Posse mit Gesang in 1 Akt. Musik von A. Conradi. (29 S.)
" 24. Görner, C. A., schwarzer Peter. Schwank in 1 Akt. 4. Aufl. (46 S.)
" 25. Claar, Emil, Simson und Delila. Original-Lustspiel in 1 Akt. (29 S.)
" 26. Arnau, Thdr., das Stiftungsfest, oder Heute Abend im Gesangverein. Schwank in 1 Akt. (25 S.)
" 27. Salingré, H., das Gespenst um Mitternacht. Posse in 1 Akt. 4. Aufl. (16 S.)
" 28. Hahn, Rud., Nachtigall und Nichte. Posse in 1 Akt. (28 S.)
" 29. Friedrich, W., Gänschen von Buchenau. Lustspiel in 1 Akt. Nach Bayard. 14. Aufl. (45 S.)
" 30. Mylius, O., das liederliche Kleeblatt. Genrebild mit Gesang in 1 Akt. Musik von A. Conradi. (14 S.)
" 31. Görner, C. A., eine möblirte Wohnung. Posse in 1 Akt. 5. Aufl. (42 S.)
" 32. Noack, F., nur nicht fluchen! Lustspiel in 1 Akt. Nach dem Französ. (21 S.)
" 33. Hillern, Wilhelmine v., guten Abend. Dramatischer Scherz in 1 Akt. (20 S.)
" 34. Salingré, H., für's Theater laß ich mein Leben! Schwank mit Gesang in 1 Akt. Musik von R. Bial. (21 S.)
" 35. Herrmann, B. A., ein bengalischer Tiger, oder der weiße Othello. Posse in 1 Akt. Nach dem Französ. (44 S.)
" 36. Moser, G. v., aus Liebe zur Kunst. Singspiel in 1 Akt. Musik von A. Conradi. 5. Aufl. (29 S.)
" 37. Saville, L. v., die Dienstboten oder am häuslichen Heerd. Schwank in 1 Akt. (21 S.)
" 38. Pohl, Emil, Sachsen in Preußen. Genrebild mit Gesang in 1 Akt. Musik von A. Conradi. 7. Aufl. (29 S.)

„ 39. Stavenow, B., der Herr Studiosus C. Krüger. Lustspiel in 1 Akt. Nach L. Schücking's Novelle frei bearb. (32 S.)
„ 40. Bürger, Hugo, nur nicht romantisch! Dramatischer Scherz in 1 Akt. (17 S.)
„ 41. Uhde, H., Gott sei Dank, der Tisch ist gedeckt. Genrebild in 1 Akt. Nach L. Gozlan's „Dieu merci, le couvert est mis". 2. Aufl. (21 S.)
„ 42. Schröder, Jul., zu Befehl, Herr Lieutenant. Schwank in 1 Akt. (32 S.)
„ 43. Helmerding, C., eine Weinprobe. Posse mit Gesang in 1 Akt. Musik von R. Bial. 2. Aufl. (29 S.)
„ 44. Mylius, O., der einzige junge Mann im Dorfe. Komische Solo-Scene. (11 S.)
„ 45. Hirthe, C., ein Tag in Saarbrücken, oder der Franzose in der Mausefalle. Humoristisches Kriegsbild mit Gesang in 1 Akt. Musik von Fel. Jäger. 2. Aufl. (28 S.)
„ 46. Moser, G. v., ein amerikanisches Duell. Lustspiel in 1 Akt. (35 S.)
„ 47. Friedrich, W., zwei Herren und ein Diener. Posse mit Gesang in 1 Akt nach Goldoni. Musik von Fel. Jäger. 5. Aufl. (49 S.)
„ 48. Görner, C. A., das Salz der Ehe. Schwank in 1 Akt. (37 S.)
„ 49. Pohl, Emil, Zahnschmerzen. Schwank mit Gesang in 1 Akt. (36 S.)
„ 50. Friedrich, W., und W. Drost, ein Zimmer mit zwei Betten, oder: Wem gehört die Frau? Posse in 1 Akt. Nach dem Französ. 5. Aufl. (15 S.)

— Theater-Correspondenz. Nr. 51—133. 8. Ebendas. à Nr. *

Inhalt:

Nr. 51. Jacobson, E., Singvögelchen. Liederspiel in 1 Akt. Musik von Th. Hauptner. 3. Aufl. (33 S.) 875.
„ 52. Calmberg, Adf., Wer ist der Herr Pfarrer? Lustspiel in 1 Akt. 2. Aufl. (29 S.) 875.
„ 53. Hahn, Rud., am Omnibus. Genrebild mit Gesang in 1 Akt. Musik von Fel. Jäger. (16 S.) 875.
„ 54. Bernard, C., Studentenstreiche, oder humoristische Studien. Schwank in 1 Akt. 4. Aufl. (29 S.) 875.
„ 55. Förster, der Freund der Frauen. Lustspiel in 1 Akt. Nach dem Französ. (36 S.) 875.
„ 56. Moser, G. v., Wie denken Sie über Rußland? Lustspiel in 1 Akt. 5. Aufl. (36 S.) 875.
„ 57. Roger [Ant. Ascher], Dir wie mir, oder: dem Herrn ein Glas Wasser! Lustspiel in 1 Akt. 5.—9. Aufl. (20 S.) 875—79.
„ 58. Kotzebue, A. v., die Zerstreuten. Lustspiel in 1 Akt. 5. umgearb. Aufl. (28 S.) 878.
„ 59. Reuter, C., ein fideles Gefängniß, oder der Prozeß. Schwank in 1 Akt. (22 S.) 875.
„ 60. Görner, C. A., wie drei Musikanten ihre Zeche bezahlen. Posse in 1 Akt. 3. Aufl. (34 S.) 875.
„ 61. Elz, Alex., er ist nicht eifersüchtig. Lustspiel in 1 Akt. 10. Aufl. (40 S.) 875.
„ 62. Genée, Rud., Durch! Lustspiel in 1 Akt. 3. Aufl. (36 S.) 875.
„ 63. Kläger, W., der Präsident. Lustspiel in 1 Akt. 3. Aufl. (32 S.) 875.
„ 64. Mylius, O., beim Standesbeamten. Komisches Genrebild in 1 Akt. (20 S.) 875.
„ 65. Löwinkamm, Roman, die seltsame Wette. Lustspiel in 1 Akt. Nach dem Französ. (40 S.) 875.
„ 66. Schlesinger, Sigm., wenn man nicht tanzt. Lustspiel in 1 Akt. 2. Aufl. (34 S.) 875.
„ 67. Hahn, Rud., zum grünen Esel. Schwank in 1 Akt. 5. Aufl. (36 S.) 875.
„ 68. Kotzebue, A. v., der grade Weg ist der beste. Lustspiel in 1 Akt. Neue umgearb. Aufl. (39 S.) 875.
„ 69. Hahn, Rud., im Vorzimmer Seiner Excellenz. Lebensbild in 1 Akt. 2. Aufl. (20 S.) 875.
„ 70. Schlesinger, Sigm., die Gustel von Blasewitz. Dramatisirte Anekdote in 1 Akt. 2. Aufl. (23 S.) 875.
„ 71. Dohm, Hedwig, vom Stamme der Asra. Lustspiel in 1 Akt nach dem Span. des José de Larra. (64 S.) 876.
„ 72. Lindau, Paul, der Zankapfel. Schwank in 1 Akt. (36 S.) 876.
„ 73. Cohnfeld, A., die Rückkehr des Landwehrmanns, oder Kurmärker und Picarde 2. Thl. Genrebild mit Gesang in 1 Akt. (19 S.) 876.
„ 74. Kalisch, D., und G. v. Moser, Sonntagsjäger, oder: Verplefft! Posse mit Gesang in 1 Akt. Musik von A. Conradi. (46 S.) 876.
„ 75. Dorn, W., die beiden Helden. Dramatischer Scherz in 1 Akt. Nach einem älteren Stoffe von Marsano frei bearb. (23 S.) 876.
„ 76. Jacobson, E., wer zuletzt lacht. Schwank mit Gesang in 1 Akt. 2. Aufl. (40 S.) 876.
„ 77. Mylius, O., Robert und Bertram. Posse mit Gesang in 1 Akt. Musik von Fel. Jäger. (21 S.) 876.
„ 78. Moser, G. v., ein Stoff von Gerson. Lustspiel in 1 Akt. 2. Aufl. (32 S.) 876.
„ 79. Friedrich, W., der Weg durch's Fenster. Lustspiel in 1 Akt. Nach Scribe. 5. Aufl. (52 S.) 876.
„ 80. Eckstein, Ernst, der Besuch im Carcer. Humoreske in 1 Akt. (39 S.) 876.

Bloch's Ed., Theater-Correspondenz ꝛc.

Nr. 81. Hirthe, C., auf Vorposten bei Metz. Militairischer Schwank mit Gesang in 1 Akt. (14 S.) 876.
„ 82. Schmidt-Cabanis, Rich., irren ist menschlich. Lustspiel in 1 Akt. Nach dem Französ. bearb. (40 S.) 876.
„ 83. Uhde, H., eine muß heirathen. Lustspiel in 1 Akt. 2. Aufl. (21 S.) 876.
„ 84. Friedrich, W., Köck und Guste. Posse in 1 Akt. 3. Aufl. (47 S.) 876.
„ 85. Wehl, F., man soll den Teufel nicht an die Wand malen. Lustspiel in 1 Akt. 4. Aufl. (40 S.) 876.
„ 86. Berthold, L. [B. Filhés], Berglust. Lustspiel in 1 Akt. (32 S.) 876.
„ 87. Hahn, Rud., ein Paar Ballschuhe. Dramatischer Scherz in 1 Akt. Nach einer französ. Idee. (23 S.) 876.
„ 88. Schneider, Louis, die Unglücklichen. Lustspiel in 1 Akt. Nach A. v. Kotzebue. 2. Aufl. (46 S.) 876.
„ 89. Salingré, H., Besorgt und aufgehoben. Posse mit Gesang in 1 Akt. Musik von Th. Hauptner. 3. Aufl. (34 S.) 876.
„ 90. Friedrich, W., Wer ißt mit? Liederspiel in 1 Akt. Musik von E. Stiegmann. 10. Aufl. (39 S.) 877.
„ 91. Banville, Théodore de, Gringoire. Charakterbild in 1 Akt. Deutsch von A. v. Winterfeld. (42 S.) 877.
„ 92. Kotzebue, A. v., der Schauspieler wider Willen oder die Seelenwanderung. Schwank in 1 Akt. Neu umgearb. Aufl. (32 S.) 876.
„ 93. Bauermeister, M., Kutschke auf Vorposten. Humoristisch-militärische Soloscene mit Gesang. 2. Aufl. (11 S.) 876.
„ 94. Girndt, Otto, letzte Liebe. Genrebild in 1 Akt. (29 S.) 876.
„ 95. Najac, Emile de, ein Afrika-Reisender. Plauderei in 1 Akt. Deutsch von A. v. Winterfeld. (21 S.) 876.
„ 96. Görlitz, Carl, ein Frühstücksstündchen. Schwank in 1 Akt. (38 S.) 876.
„ 97. Mylius, O., der Verschwender, oder Valentin und Rosa. Genrebild mit Gesang in 1 Akt. Nach F. Raimund's Verschwender bearb. (18 S.) 877.
„ 98. —— Eulenspiegel. Posse mit Gesang in 1 Akt. Musik von F. Jäger. (19 S.) 877.
„ 99. Görlitz, Carl, eine vollkommene Frau. Lustspiel in 1 Akt. 3. Aufl. (31 S.) 877.
„ 100. Kettel, G., drei Frauen und keine. Posse in 1 Akt. (51 S.) 877.
„ 101. Görner, C. A., eine Räubergeschichte. Posse in 1 Akt. Nach dem Französ. 8. Aufl. (50 S.) 877.
„ 102. Anno, Ant., im Theater-Bureau. Schwank in einem Akt. 3. Aufl. (31 S.) 877.
„ 103. Hübner, P., Kaffeeklatsch. Genrebild in 1 Akt. (18 S.) 877.
„ 104. Moser, G. v., Hector. Schwank in 1 Akt. (41 S.) 877.
„ 105. —— der Schimmel. Lustspiel in 1 Akt. (39 S.) 877.
„ 106. Putlitz, Gust. zu, das Herz vergessen. Lustspiel in 1 Akt. 3. Aufl. (58 S.) 878.
„ 107. Drost, W., eine Tasse Thee. Lustspiel in 1 Akt. Nach dem Französ. 8. Aufl. (32 S.) 878.
„ 108. Moser, G. v., Moritz Schnörche. Posse in 1 Akt. 7. Aufl. (40 S.) 878.
„ 109. Winterfeld, A. v., wenn Frauen weinen. Lustspiel in 1 Akt. Nach dem Französ. 10. Aufl. (46 S.) 878.
„ 110. Reich, Adf., Dr. Kranich's Sprechstunde. Schwank in 1 Akt. 2. Aufl. (34 S.) 878.
„ 111. Uhde, H., am Klavier. Lustspiel in 1 Akt. Nach dem Französ. 3. Aufl. (42 S.) 878.
„ 112. Rosen, Jul., ein Knopf. Lustspiel in 1 Akt. 2. Aufl. (28 S.) 878.
„ 113. Grans, Heinr., Regen und Sonnenschein. Lustspiel in 1 Akt. Nach „La pluie et le beau temps" frei bearb. (39 S.) 878.
„ 114. Hutt, J., Das war ich! oder die böse Nachbarin. Schwank in 1 Akt. 5. Aufl. (50 S.) 878.
„ 115. Paul, C. A., Carlchen's erste Liebe. Posse in 1 Akt. 3. Aufl. (41 S.) 878.
„ 116. Schlivian, C., mein Glücksstern. Lustspiel in 1 Akt. Nach Scribe. 3. Aufl. (54 S.) 878.
„ 117. Müller, Hugo, an die Luft gesetzt. Posse in 1 Akt. Nach dem Engl. (37 S.) 878.
„ 118. Sontag, Carl, Frauen-Emancipation. Schwank in 1 Akt. 2. Aufl. (41 S.) 878.
„ 119. Hauptner, Th., mein Trompeter für immer! Singspiel in 1 Akt. Text und Musik. (26 S.) 878.
„ 120. Hahn, Rud., der erste April. Schwank in 1 Akt. (18 S.) 878.
„ 121. Helbig, Fr., nach Göthe. Lustspiel in 1 Akt. (30 S.) 878.
„ 122. Heyworth, John, Bädeker's Reisehandbuch. Schwank in 1 Akt. (29 S.) 878.
„ 123. Staritz, L., Blondine und Brünette. Dramatischer Scherz in 1 Akt. Nach einer ältern Idee. (23 S.) 878.
„ 124. Salingré, H., 300 Mark Belohnung. Posse mit Gesang in 1 Akt. Musik von Fel. Jäger. 2. Aufl. (35 S.) 878.
„ 125. Lenz, J. R., Schreckwirkungen. Posse in 1 Akt. (39 S.) 878.
„ 126. Dohm, Hedw., die Ritter vom goldenen Kalb. Lustspiel in 1 Akt. (50 S.) 879.
„ 127. Salingré, H., Einberufen! oder: Mit Gott für König und Vaterland. Posse mit Gesang in 1 Akt. Musik von R. Bial. 3. neu bearb. Aufl. (26 S.) 879.
„ 128. Paul, C. A., eine Whistpartie unter Damen. Genrebild in 1 Akt. (23 S.) 879.
„ 129. Bloch, Ed., Sein Onkel und Ihre Tante oder Ehestands-Differenzen. Lustspiel in 1 Akt. 4. Aufl. (22 S.) 879.
„ 130. Mylius, O., der vergnügte Angler. Komische Soloscene mit Gesang. Musik von Edgar Faber. (10 S.) 879.

Bloch's Ed., Theater-Correspondenz ꝛc.

Nr. 131. Hahn, Rud., eine Hochzeitsreise. Schwank in 1 Akt. Nach einer engl. Novelle bearb. (38 S.) 879.
„ 132. —— eine Rekrutirung in Krähwinkel, oder die drei Helden. Posse in 1 Akt. Nach einer älteren Idee bearb. (38 S.) 879.
„ 133. Belly, Geo., Werther und Lotte, oder Nachtwächters Erdenwallen. Posse mit Gesang in 1 Akt. Musik von Ludw. Bloch. 3. Aufl. (34 S.) 879.

—— Theater-Correspondenz. Nr. 134—183. 8. Ebendas. à Nr. *

Nr. 134. Henrion, P., die Liebesdiplomaten. Lustspiel in 1 Akt. 2. Aufl. (44 S.) 880.
„ 135. Karl, L., eine anonyme Ohrfeige. Lustspiel in 1 Akt. Nach dem Französ. 2. Aufl. (43 S.) 880.
„ 136. Mylius, O., stille Liebe mit Hindernissen, oder der Herr Gerichtsschreiber. Posse mit Gesang in 1 Akt. Musik von A. Lang. 2. Aufl. (38 S.) 880.
„ 137. Moser, G. v., ich werde mir den Major einladen. Lustspiel in 1 Akt. Nach dem Französ. 4. Aufl. (40 S.) 880.
„ 138. Blumenthal, Osc., Paula's Geheimniß. Dramatischer Scherz in 1 Akt. (41 S.) 880.
„ 139. Salingré, H., Nimrod. Posse mit Gesang in 1 Akt. Musik von R. Bial. 3. Aufl. (36 S.) 880.
„ 140. Friedrich, W., Guten Morgen, Herr Fischer! Operette in 1 Akt. Nach Lockroy. Musik von E. Stiegmann. 13. Aufl. (30 S.) 880.
„ 141. Moser, G. v., Er soll dein Herr sein! Lustspiel in 1 Akt. 6. Aufl. (38 S.) 880.
„ 142. Jacobson, E., seine bessere Hälfte. Posse mit Gesang in 1 Akt. Musik von A. Conradi. 2. Aufl. (27 S.) 880.
„ 143. Turgenjew, Iwan, die Erbtheilung. Lustspiel in 1 Akt. Autoris. Bühnenbearbeitung von Joh. G. Salomon. (50 S.) 880.
„ 144. Friedrich, W., die Blutrache. Posse in 1 Akt. Nach dem Französ. 6. Aufl. (43 S.) 880.

Bloch's Ed., Theater-Correspondenz ꝛc.

Nr. 145. Thun, Ed., der überzählige Rittmeister. Lustspiel in 1 Akt. (37 S.) 880.
„ 146. Rissert, Jul., Hänschen. Lustspiel in 1 Akt. (31 S.) 881.
„ 147. Gottheil, Walther, die Politik der Liebe. Schwank in 1 Akt. (33 S.) 881.
„ 148. Jacobson, E., Aennchen vom Hofe. Schwank mit Gesang in 1 Akt. Musik von G. Michaelis. (36 S.) 881.
„ 149. Mylius, O., zweierlei Tuch. Militärischer Schwank mit Gesang in 1 Akt. Musik von Fel. Jäger. (21 S.) 881.
„ 150. Gottheil, Walther, hier ist eine Wohnung zu vermiethen. Schwank in 1 Akt. (20 S.) 881.
„ 151. Kneiff, J., 's Lieserl. Liederspiel in 1 Akt. Musik von G. Michaelis. (32 S.) 881.
„ 152. Hauptner, Thdr., die verwandelte Katze. Singspiel in 1 Akt. Text und Musik. (42 S.) 881.
„ 153. Koß, Rich., English Lessons. Schwank in 1 Akt. (58 S.) 881.
„ 154. Böhm, Mart., Manöver-Abenteuer. Posse in 1 Akt. (34 S.) 881.
„ 155. Putlitz, Gust. zu, Badekuren. Lustspiel in 1 Akt. 5. Aufl. (49 S.) 882.
„ 156. Moser, G. v., jedem das Seine, oder das häusliche Gleichgewicht. Lustspiel in 1 Akt. 5. Aufl. (37 S.) 882.
„ 157. Paul, C. A., das Lesekränzchen. Schwank in 1 Akt. (20 S.) 882.
„ 158. Mylius, O., die Wette, oder: Hier geht er hin, da geht er hin! Posse mit Gesang in 1 Akt. Nach Fritz Reuter. (22 S.) 882.
„ 159. Moser, G. v., ein moderner Barbar. Lustspiel in 1 Akt. 6. Aufl. (49 S.) 882.
„ 160. Görner, C. A. der Türke Neumann. Posse in 1 Akt. 4. Aufl. (48 S.) 882.
„ 161. Lehmann, Ernst, der Wohlthätigkeitskuß. Lustspiel in 1 Akt. (26 S.) 882.
„ 162. Drost, W., um Mitternacht. Dramatischer Scherz in 1 Akt. Nach dem Französ. 5. Aufl. (24 S.) 883.
„ 163. Engelhardt, E. Makart. Schwank in 1 Akt. (28 S.) 883.
„ 164. Stein, Emil, telephonisch verbunden. Lustspiel in 1 Akt. (22 S.) 883.
„ 165. Berthold-Filhés, L., auf der Flucht. Lustspiel in 1 Akt. (37 S.) 883.
„ 166. Bauermeister, Max, Laura am Klavier. Solo-Scene. (10 S.) 883.
„ 167. Berteck, John, der blaue Atlasschuh. Lustspiel in 1 Akt. (36 S.) 883.
„ 168. Moser, G. v., Leiden junger Frauen. Lustspiel in 1 Akt. 2. Aufl. (43 S.) 883.
„ 169. Bauermeister, Max, ein flotter Student. Soloscherz mit Gesang. (10 S.) 883.
„ 170. Berthold-Filhés, L., ein Braut-Examen. Lustspiel in 1 Akt. (28 S.) 883.
„ 171. Bauermeister, Max, eine lustige Turnerfahrt. Schwank in 1 Akt. (22 S.) 884.
„ 172. Reichel, Eug., Aberglaube. Lustspiel in 1 Akt. (27 S.) 884.
„ 173. Görner, C. A., Sperling und Sperber. Schwank in 1 Akt. (50 S.) 884.
„ 174. Meixner, C., die Maskerade im Dachstübchen. Posse in 1 Akt. 4. Aufl. (35 S.) 884.
„ 175. Friedrich, W., reich an Liebe oder wer borgt mir 5 Mark? Posse in 1 Akt. 8. Aufl. (46 S.) 884.
„ 176. Berthold, L., und E. Ling, zu jung. Lustspiel in 1 Akt. (39 S.) 884.
„ 177. Moinaux, Jules, Er muß taub sein! Schwank in 1 Akt. Deutsch von D. E. Malten. Einzig rechtmäßige Uebersetzung. 3. Aufl. (37 S.) 884.
„ 178. Berthold-Filhés, L., vier Herzen und ein Schlag. Lustspiel in 1 Akt. (29 S.) 884.
„ 179. Köster, Alb., der Massenmord oder das tieftraurige Ritterfräulein. Fastnachts-Burleske in 1 Akt. (Citaten-Komödie.) (16 S.) 884.
„ 180. Cormon und Grangé. English spoken here. Schwank in 1 Akt. Deutsch von A. Winter. Einzig rechtmäßige Uebersetzung. (40 S.) 884.
„ 181. Hahn, Rud., Präsentirt das Gewehr! Posse mit Gesang in 1 Akt. Musik von G. Steffens. (16 S.) 884.
„ 182. Müller, Arth., auf dem Exercierplatz. Schwank in 1 Akt. (24 S.) 884.
„ 183. Salingré, H., was sich die Kaserne erzählt. Militärisches Genrebild in 1 Akt. Musik von G. Steffens. (28 S.) 884.

—— dass. — Nr. 1., 5., 6., 7., 10., 15., 21., 26., 35 und 36. 8. Berlin, Lassar's Buchh. à Nr. *

Inhalt:

Nr. 1. Görlitz, Carl, das erste Mittagessen. Lustspiel in 1 Akt. 13. Aufl. (32 S.) 878.
„ 5. Müller, Hugo, im Wartesalon erster Klasse. Lustspiel in 1 Akt. 20. Aufl. (31 S.) 877.
„ 6. Görner, C. A., Englisch! Lustspiel in 1 Akt. 17. Aufl. (38 S.) 878.
„ 7. Wilbrandt, Adf., Unerreichbar. Lustspiel in 1 Akt. 2. Aufl. (43 S.) 877.
„ 10. Moser, G. v., Kaudel's Gardinenpredigten. Lustspiel in 1 Akt. 5. Aufl. (43 S.) 877.
„ 15. Belly, G., Monsieur Herkules. Posse in 1 Akt. 14. Aufl. (38 S.) 877.
„ 21. Moser, G. v., und A. L'Arronge, Papa hat's erlaubt. Schwank mit Gesang in 1 Akt. Musik von R. Bial. 3. Aufl. (55 S.) 877.
„ 26. Arnau, Thdr., das Stiftungsfest, oder: Heute Abend im Gesangverein. Schwank in 1 Akt. 2. Aufl. (26 S.) 879.
„ 35. Herrmann, B. A., ein bengalischer Tiger oder der weiße Othello. Posse in 1 Akt. Nach dem Französ. 7. Aufl. (50 S.) 879.
„ 36. Moser, G. v., aus Liebe zur Kunst. Singspiel in 1 Akt. Musik von A. Conradi. 8. Aufl. (33 S.) 879.

—— dass. — Nr. 1., 2., 4., 5., 8., 11., 12., 14., 15., 17., 18., 20., 21., 27., 28., 29., 30., 41., 42., 43., 45., 48., 50., 51., 56., 60., 61., 72., 80., 104., 105., 108., 112. 8. Berlin, Lassar's Buchh. à Nr. * 2 —

Inhalt:

Nr. 1. Görlitz, Carl, das erste Mittagessen. Lustspiel in 1 Akt. 14.—19. Aufl. (33 S.) 879—81.
„ 2. Willen, H., Elzevir. Genrebild mit Gesang in 1 Akt. Musik von R. Bial. 2. Aufl. (36 S.) 884.
„ 4. Jacobson, E., 1733 Mark 75 Pfennig. Posse mit Gesang in 1 Akt. Musik von A. Lang. 4. Aufl. (32 S.) 884.
„ 5. Müller, Hugo, im Wartesalon erster Klasse. Lustspiel in 1 Akt. 21. Aufl. (31 S.) 881.

Bloch's, Ed., Theater-Correspondenz ꝛc.

Nr. 8. Jahn, A., ein Ehemann in der Wolle. Posse in 1 Akt. Nach dem Französ. frei bearb. 2. Aufl. (24 S.) 884.
„ 11. Schlesinger, Sigm., mit der Feder. Lustspiel in 1 Akt. 3. Aufl. (26 S.) 881.
„ 12. Bloch, Ed., ein sehr delikater Auftrag. Lustspiel in 1 Akt. Nach dem Französ. 2. Aufl. (32 S.) 884.
„ 14. Müller, Hugo, Dust. Lustspiel in 1 Akt. 3. Aufl. (32 S.) 884.
„ 15. Belly, G., Monsieur Herkules. Posse in 1 Akt. 15.—20. Aufl. (38 S.) 878—82.
„ 17. Haber, S., ein Stündchen im Comptoir. Posse mit Gesang in 1 Akt. 10. Aufl. (40 S.) 881.
„ 18. Müller v. Königswinter, Wolfg., sie hat ihr Herz entdeckt. Lustspiel in 1 Akt. (Neue Aufl.) (48 S.) 884.
„ 20. Braun, C., nette Miether. Schwank in 1 Akt. 5. Aufl. (32 S.) 880.
„ 21. Moser, G. v., und A. L'Arronge, Papa hat's erlaubt. Schwank mit Gesang in 1 Akt. Musik von R. Bial. 4.—9. Aufl. (56 S.) 878—84.
„ 27. Salingré, H., das Gespenst um Mitternacht. Posse in 1 Akt. 8. Aufl. (16 S.) 884.
„ 28. Hahn, Rud., Nachtigall und Nichte. Posse in 1 Akt. 5. Aufl. (31 S.) 881.
„ 29. Friedrich, W., Gänschen v. Buchenau. Lustspiel in 1 Akt. Nach Bayard. 20. Aufl. (56 S.) 880.
„ 30. Mylius, O., das liederliche Kleeblatt. Genrebild mit Gesang in 1 Akt. Musik von A. Conradi. 5. Aufl. (16 S.) 883.
„ 41. Uhde, H., Gott sei Dank, der Tisch ist gedeckt! Genrebild in 1 Akt. Nach Léon Gozlan's „Dieu merci, le couvert est mis!“ 4. Aufl. (24 S.) 880.
„ 42. Schröder, Jul., Zu Befehl, Herr Lieutenant! Schwank in 1 Akt. 2. Aufl. (35 S.) 881.
„ 43. Helmerding, C., eine Weinprobe. Schwank mit Gesang in 1 Akt. Musik von R. Bial. 8. Aufl. (32 S.) 881.
„ 45. Hirthe, E., ein Tag in Saarbrücken oder der Franzose in der Mausefalle. Humoristisches Kriegsbild mit Gesang in 1 Akt. Musik von Felix Jäger. 3. Aufl. (28 S.) 884.
„ 48. Görner, C. A., das Salz der Ehe. Schwank in 1 Akt. 5. Aufl. (41 S.) 880.
„ 50. Friedrich, W., ein Zimmer mit zwei Betten, oder wem gehört die Frau? Posse in 1 Akt. Nach dem Französ. 8. Aufl. (17 S.) 880.
„ 51. Jacobson, E., Singvögelchen. Liederspiel in 1 Akt. Musik von Thdr. Hauptner. 4. Aufl. (37 S.) 881.
„ 56. Moser, G. v., Wie denken Sie über Rußland? Lustspiel in 1 Akt. 8. Aufl. (40 S.) 880.
„ 60. Görner, C. A., wie drei Musikanten ihre Zeche bezahlen. Posse in 1 Akt. 5. Aufl. (38 S.) 880.
„ 61. Elz, Alex., er ist nicht eifersüchtig. Lustspiel in 1 Akt. 13. Aufl. (45 S.) 880.
„ 72. Lindau, Paul, der Zankapfel. Schwank in 1 Akt. 3. Aufl. (36 S.) 884.
„ 80. Eckstein, Ernst, der Besuch im Carcer. Humoreske in 1 Akt. 2. Aufl. (39 S.) 883.
„ 104. Moser, G. v., Hector. Schwank in 1 Akt. 3. Aufl. (41 S.) 880.
„ 105. —— Schimmel. Lustspiel in 1 Akt. 2. Aufl. (39 S.) 881.
„ 108. —— Moritz Schnörche. Posse in 1 Akt. 10. Aufl. (40 S.) 881.
„ 112. Rosen, Jul., ein Knopf. Lustspiel in 1 Akt. 3. Aufl. (28 S.) 884.

—— Theater-Correspondenz. Nr. 1, 2, 4. 5. 8. 9. 11. 12. 14. 15. 17. 21. 28. 30. 38. 42—44. 51. 72. 78. 80. 105. 108. 146—192. 8. 8. Ebd. à n. 2. —

Bauermeister, M, Laura am Klavier. Solo-Scene. (10) 83.
— e. flotter Student. Soloscherz m. Gesang. (10) 83.
— e. lust. Turnerfahrt. Schwank. (22) 84.
Belly, G, Monsieur Herkules. Posse. 21. Afl. (38) 85.
Berthold, L, u. E Ling, zu jung. Lustspiel. (39) 84.
Berthold-Filhés, L, e. Braut-Examen. Lustspiel. (28) 83.
— auf d. Flucht. Lustspiel. (37) 83.
— vier Herzen u. e. Schlag. Lustspiel. (29) 84.
Bloch, E, e. sehr delikater Auftrag. Lustspiel. 2. Afl. (32) 84.
Böhm, M, Manöver-Abenteuer. Posse. (34) 81.
Cormon u. Grangé, english spoken here. Schwank. Deutsch v. A Winter. (40) 84.
Drost, W, um Mitternacht. Dramat. Scherz. 5. Afl. (24) 83.
Eckstein, E, d. Besuch im Carcer. Humoreske. 2. Afl. (39) 83.
Engelhardt, E, Makart. Schwank. (28) 83.
Floto, W, d. Sonntagsräuschchen. Lustspiel. 6. Afl. (48) 85.
Friedrich, W, reich an Liebe od. wer borgt mir 5 Mark. Posse. 8. Afl. (46) 84.
— Lorenz u. s. Schwester. Posse. 9. Afl. (46) 85.
Görlitz, d. erste Mittagessen. Lustspiel. 19. Afl. (32) 81.
Görner, CA, Sperling u. Sperber. Schwank. (50) 84.
— d. Türke Neumann. Posse. 4. Afl. (48) 82.
Gottheil, W, d. Politik d. Liebe. Schwank. (33) 81.
— hier ist e. Wohnung zu vermiethen. Schwank. (20) 81.
Griesheim, P van, Spottvogel in d. Schlinge. Lustspiel. (36) 85.
Haber, S, e. Stündchen im Komptoir. Posse. 10. Afl. (40) 81.
Hahn, R, Nachtigal u. Nichte. Posse. 5. Afl. (31) 81.
— präsentirt d. Gewehr! Posse. (16) 84.
Hauptner, T, d. verwandelte Katze. Singspiel. (42) 81.
Helmerding, C, e. Weinprobe. Schwank. 8. Afl. (32) 81.
Hirthe, E, e. Tag in Saarbrücken od. d. Franzose in d. Mausefalle. Humorist. Kriegsbild. 8. Afl. (26) 84.
Jacobson, E, Aennchen vom Hofe. Schwank. (36) 81.
— 1733 Mark 75 Pfennig. Posse. 4. Afl. (32) 84.
— d. kleine Schlange. Schwank. (32) 85.
— Singvögelchen. Liederspiel. 4. Afl. (27) 81.
Jahn, A, e. Ehemann in d. Wolle. Posse. 2. Afl. (34) 84.
Kneisl, 's Lieserl. Liederspiel. (32) 81.
Koss, R, english Lessons. Schwank. (56) 82.
Köster, A, d. Massenmord od. d. tieftraurige Ritterfräulein. Fastnachts-Burleske. (16) 84.
Lehmann, E, d. Wohlthätigkeitskuss. Lustspiel. (26) 82.
Lindau, P, d. Zankapfel. Schwank. 2. Afl. (36) 84.
Linderer, R, Zankteufelchen. Liederspiel. (48) 85.
Meixner, A, d. Maskerade im Dachstübchen. Posse. 4. Afl. (55) 84.
Moinaux, J, er muss taub sein! Schwank. 3. Afl. (27) 84.
Moser, G v., e. mod. Barbar. Lustspiel. 6. Afl. (49) 83.
— Jedem d. Seine, od. d. häusl. Gleichgewicht. Lustspiel. 5. Afl (37) 82.
— Leiden junger Frauen. Lustspiel. 9. Afl. (43) 83.
— d. Schimmel. Lustspiel. 2. Afl. (39) 81.
— Moritz Schnörche. Posse. 10. Afl. (40) 81.
— e. Stoff v. Gerson. Lustspiel. 3. Afl. (32) 85.
— u. A L'Arronge, Papa hat's erlaubt. Schwank. 9. Afl. (56) 84.
Müller, A, auf d. Exercierplatz. Schwank. (24) 84.
Müller, H, Duft. Lustspiel. 3. Afl. (32) 84.
— im Wartesalon erster Klasse. Lustspiel. 21. Afl. (21) 81.
Müller v. Königswinter, W, sie hat ihr Herz entdeckt. Lustspiel Neue Afl. (46) 84.
Mylius, O, d. liederl. Kleeblatt. Genrebild. 5. Afl. (16) 83.
— d. einzige junge Mann im Dorfe. Kom. Solo-Scene. 2. Afl. (13) 85.
— zweierlei Tuch. Militär. Schwank. (21) 81.
— d. Wette, od.: Hier geht er hin, da geht er hin! Posse. (22) 82.
Paul, CA, d. Lesekränzchen. Schwank. (20) 82.
Perteck, J, d. blaue Atlasschuh. Lustspiel. (30) 83.
Pohl, E, Sachsen in Preussen. Genrebild. 8. Afl. (32) 85.
— d. Schulreiterin. Lustspiel. (48) 85.
Putlitz, G zu, Badekuren. Lustspiel. 5. Afl. (49) 82.
— Brandenburg. Erobergn. Lustspiel. (40) 85.
Ramann, AMB, Mondscheingeschichten. Lustspiel. (32) 85.
Reichel, E, Aberglaube. Lustspiel. (27) 84.
Rosen, J, e. Knopf. Lustspiel. 3. Afl. (28) 84.
Salingré, H, d. Gespenst um Mitternacht. Posse. 8. Afl. (16) 84.
— was sich d. Kaserne erzählt. Militär. Genrebild. (28) 84.
Saville, L v., d. Dienstboten od. am häusl. Heerd. Schwank. 3. Afl. (24) 85.
Schlesinger, S, m. d. Feder. Lustspiel. 3. Afl. (26) 81.
Schröder, J, zu Befehl, Herr Lieutenant! Schwank. 2. Afl. (35) 81.
Stein, E, telephonisch verbunden. Lustspiel. (22) 83.
Weissenthurn, JF v., e. Mann hilft dem andern. Lustspiel. Neue Bearbeitg. (36) 85.
Wilhelmi, A, Einer muss heirathen! Orig.-Lustspiel. (37) 85.
Wilken, H, Elzevir. Genrebild. 2. Afl. (28) 84.

—— Theater-Correspondenz Nr. 1, 7, 9, 15, 17, 20—24, 29, 31, 37, 38, 41, 42, 44, 60, 61, 77, 78, 99, 101, 104, 108, 110, 117, 127, 132, 139, 140, 184—222. 8. Ebendas. à Nr. *

Inhalt:

Nr. 1. Görlitz, Carl, das erste Mittagessen. Lustspiel in 1 Akt. 20. Aufl. (32 S.) 886.
„ 7. Wilbrandt, Adf., Unerreichbar. Lustspiel in 1 Akt. 3. Aufl. (45 S.) 888.
„ 9. Floto, Wilh., das Sonntagsräuschchen. Lustspiel in 1 Akt. 6. Aufl. (48 S.) 885.
„ 15. Belly, G., Monsieur Herkules. Posse in 1 Akt. 21. Aufl. (38 S.) 885.
„ 17. Haber, S., ein Stündchen im Comptoir. Posse mit Gesang in 1 Akt. 11. Aufl. (40 S.) 888.
„ 20. Braun, C., nette Mieter. Schwank in 1 Akt. 6. Aufl. (22 S.) 888.
„ 21. Moser, G. v., und A. L'Arronge, Papa hat's erlaubt. Schwank mit Gesang in 1 Akt. Musik von R. Bial. 10. Aufl. (56 S.) 888.
„ 22. Berg, O. F., unter dem Siegel der Verschwiegenheit. Lustspiel in 1 Akt. 2. Aufl. (37 S.) 887.
„ 23. Pohl, Emil, eine verfolgte Unschuld. Posse mit Gesang in 1 Akt. Musik von A. Conradi. 2. Aufl. (34 S.) 887.
„ 24. Görner, C. A., schwarzer Peter. Schwank in 1 Akt. 8. Aufl. (53 S.) 886.
„ 29. Friedrich, W., Gänschen von Buchenau. Lustspiel in 1 Akt. Nach Bayard. 21. Aufl. (55 S.) 887.
„ 31. Görner, C. A., eine möblirte Wohnung. Posse in 1 Akt. 6. Aufl. (47 S.) 886.
„ 37. Saville, L. v., die Dienstboten oder am häuslichen Heerd. Schwank in 1 Akt. 3. Aufl. (24 S.) 885.
„ 38. Pohl, Emil, Sachsen in Preußen. Genrebild mit Gesang in 1 Akt. Musik von A. Conradi. 8. Aufl. (32 S.) 885.
„ 41. Uhde, H., Gott sei Dank der Tisch ist gedeckt! Genrebild in 1 Akt. Nach dem Französ. 5. Aufl. (24 S.) 886.
„ 42. Schröder, Jul., Zu Befehl Herr Lieutenant! Schwank in 1 Akt. 3. Aufl. (34 S.) 887.
„ 44. Mylius, O., der einzige junge Mann im Dorfe. Komische Solo-Scene mit Gesang. 2. Aufl. (13 S.) 885.
„ 60. Görner, C. A., wie drei Musikanten ihre Zeche bezahlen. Posse in 1 Akt. 7. Aufl. (39 S.) 887.
„ 61. Elz, Alex., er ist nicht eifersüchtig. Lustspiel in 1 Akt. 14. Aufl. (45 S.) 888.
„ 77. Mylius, O., Robert und Bertram. Posse mit Gesang in 1 Akt. Musik von Felix Jäger. 2. Aufl. (21 S.) 886.
„ 78. Moser, G. v., ein Stoff von Gerson. Lustspiel in 1 Akt. 3. Aufl. (32 S.) 885.
„ 99. Görlitz, C., eine vollkommene Frau. Lustspiel in 1 Akt. 5. Aufl. (31 S.) 888.
„ 101. Görner, C. A., eine Räubergeschichte oder der Mord in der Kohlmessergasse. Posse in 1 Akt. Nach dem Französ. 10. Aufl. (50 S.) 887.
„ 104. Moser, G. v., Hektor. Schwank in 1 Akt. 4. Aufl. (41 S.) 886.
„ 108. —— Moritz Schnörche. Posse in 1 Akt. 11. Aufl. (40 S.) 888.
„ 110. Reich, Adf., Dr. Kranich's Sprechstunde. Schwank in 1 Akt. 3. Aufl. (34 S.) 887.
„ 117. Müller, Hugo, an die Luft gesetzt. Posse in 1 Akt. 2. Aufl. (37 S.) 888.
„ 127. Salingré, H., Einberufen! oder mit Gott für König und Vaterland. Posse mit Gesang in 1 Akt. Musik von R. Bial. 4. Aufl. (24 S.) 886.
„ 132. Hahn, Rud., eine Rekrutirung in Krähwinkel oder die drei Helden. Posse in 1 Akt. Nach einer älteren Idee bearb. 4. Aufl. (38 S.) 887.
„ 139. Moser, G. v., der Bojar, oder wie denken Sie über Rumänien? Schwank in 1 Akt. 2. Aufl. (24 S.) 888.
„ 140. Friedrich, W., Guten Morgen, Herr Fischer. Operette in 1 Akt. Nach Lockroy. Musik von E. Stiegmann. 14. Aufl. (56 S.) 888.
„ 184. Wilhelmi, A., Einer muß heirathen! Orig.-Lustspiel in 1 Akt. (37 S.) 885.
„ 185. Putlitz, G. zu, Brandenburgische Eroberungen. Lustspiel in 1 Akt. (40 S.) 885.

Bloch's, Ed., Theater-Correspondenz ꝛc.

Nr. 186. Linderer, Rob., Zankteufelchen. Liederspiel in 1 Akt. Musik von Thdr. Kolle. (48 S.) 885.
„ 187. Weißenthurn, J. F. v., ein Mann hilft dem andern. Lustspiel in 1 Akt. Neue Bearbeitung. (36 S.) 885.
„ 188. Pohl, Emil, die Schulreiterin. Lustspiel in 1 Akt. (48 S.) 885.
„ 189. Griesheim, P. van, Spottvogel in der Schlinge. Lustspiel in 1 Akt. (36 S.) 885.
„ 190. Friedrich, W., Lorenz und seine Schwester. Posse mit Gesang in 1 Akt. 9. Aufl. (46 S.) 885.
„ 191. Jacobson, E., die kleine Schlange. Schwank mit Gesang in 1 Akt. (32 S.) 885.
„ 192. Ramann, A. M. B., Mondscheingeschichten. Lustspiel in 1 Akt. (32 S.) 885.
„ 193. Stobitzer, Heinr., Funken unter der Asche. Lustspiel in 1 Akt. (32 S.) 886.
„ 194. Linderer, Rob., der schönste Mann im Regiment. Singspiel in 1 Akt. Musik von Rich. Thiele. (40 S.) 886.
„ 195. Pohl, Emil, vom landwirthschaftlichen Ball oder Offiziere und Juristen. Lustspiel in 1 Akt. (56 S.) 886.
„ 196. Griesheim, P. van, der Lehrsatz des Pythagoras. Lustspiel in 1 Akt. (28 S.) 886.
„ 197. Linderer, Rob., unsere Marine. Posse mit Gesang in 1 Akt. Musik von Rich. Thiele. (42 S.) 886.
„ 198. Köhler, Geo., alte Briefe. Lustspiel in 1 Akt. (35 S.) 886.
„ 199. Görner, C. A., vor dem Balle. Scherz mit Gesang in 1 Akt. Musik von Fel. Jäger. 3. Aufl. (13 S.) 886.
„ 200. Hahn, Rud., aus guter Familie. Genrebild in 1 Akt. 2. Aufl. (35 S.) 886.
„ 201. Dunkland, Fritz, Sympathie. Dramatischer Scherz in 1 Akt. (29 S.) 886.
„ 202. Bleß, L., ein junges Ehepaar. Lustspiel in 1 Akt. (21 S.) 887.
„ 203. Jacobson, E., der Nachbar zur Linken. Liederspiel in 1 Akt. Musik von A. Conradi. (34 S.) 887.
„ 204. Sommer, Jul., ein Strafrapport oder der Einjährig-Freiwillige. Orig.-Lustspiel in 1 Akt. (58 S.) 887.
„ 205. Labiche, E., und Ed. Martin, eine rasche Hand. Schwank in 1 Akt. Deutsch von P. Helm. 2. Aufl. (34 S.) 887.
„ 206. Arnold, Hans, Geburtstagsfreuden. Schwank in 1 Aufzug. 2. Aufl. (30 S.) 885.
„ 207. Putlitz, Gust. zu, Das Schwert des Damokles. Schwank in 1 Akt. 5. Aufl. (27 S.) 888.
„ 208. —— die alte Schachtel. Lustspiel in 1 Akt. 2. Aufl. (43 S.) 888.
„ 209. Moser, G. v., die Sünderin. Lustspiel in 1 Akt. (36 S.) 888.
„ 210. Heyse, Paul, unter Brüdern. Lustspiel in 1 Akt. (49 S.) 888.
„ 211. Moser, G. v., die Versucherin. Lustspiel in 1 Akt. (56 S.) 888.
„ 212. Rosen, Jul., Mamas Augen. Lustspiel in 1 Akt. (33 S.) 888.
„ 213. Stobitzer, Heinr., Sein Geheimmittel. Lustspiel in 1 Akt. (29 S.) 888.
„ 214. Bauermeister, Max, Er macht Visite. Lustspiel in 1 Akt. (27 S.) 888.
„ 215. Sedlmayer, Fridolin oder der Gang nach dem Eisenhammer oder das Gasthaus „zum frommen Knecht". Fastnachtskomödie in 1 Akt. (21 S.) 888.
„ 216. Baumann, Alex., das Versprechen hinterm Herd. Singspiel in 1 Akt. (40 S.) 888.
„ 217. Clement, Lothar, die Prüfung. Lustspiel in 1 Akt. (30 S.) 888.
„ 218. Sakken, Fritz v., im Reiche der Mütter. Lustspiel in 1 Akt. (38 S.) 888.
„ 219. Wiczorowsky, Geo., Feuer im Krähwinkler Turnverein oder der neue Brandmeister. Posse mit Gesang in 1 Akt. (29 S.) 888.
„ 220. Clement, Loth., anonyme Briefe. Lustspiel in 1 Akt. (34 S.) 888.
„ 221. Ebner, Ad., die Pläne der Tanten. Lustspiel in 1 Akt. (28 S.) 888.
„ 222. Paul, C. A., Soldatentreue. Schwank in 1 Akt. (26 S.) 888.

— Theater-Korrespondenz. Nr. 1. 7. 20—24. 39. 40. 60. 61. 99. 101. 102. 108. 110. 117. 127. 132. 139. 140. 193—227. 8. Ebd. à n. 2. —

Anno, A, im Theater-Bureau. Schwank. 4. Afl. (31) 89.

Arnold, H, Geburtstagsfreuden. Schwank. 2. Afl. (30) 85.

Bauermeister, M, er macht Visite. Lustspiel. (27) 88.

Baumann, A, d. Versprechen hinterm Herd. Singspiel. (40) 88.

Berg, OF, unter d. Siegel d. Verschwiegenheit. Lustspiel. 2. Afl. (27) 87.

Braun, C, nette Mieter. Schwank 6. Afl. (22) 88.

Clement, L, anonyme Briefe. Lustspiel. (34) 88.

— d. Prüfg. Lustspiel. (30) 88.

Dunkland, E, Sympathie. Dramat. Scherz. (29) 86.

Ebner, A, d. Pläne d. Tanten. Lustspiel. (28) 88.

Elz, A, er ist nicht eifersüchtig. Lustspiel. 14. Afl. (45) 88.

Friedrich, W, Gänschen v. Buchenau. Lustspiel. 21. Afl. (55) 87.

— guten Morgen, Herr Fischer. Operette. 14. Afl. (50) 88.

Fulda, L, Frühling im Winter. Lustspiel. (37) 89.

Görlitz, C, e. vollkommene Frau. Lustspiel. 5. Afl. (31) 89.

— d. erste Mittagessen. Lustspiel. 20. Afl. (32) 86.

Görner, CA, vor d. Balle. Scherz m. Gesang. 3. Afl. (18) 86.

— wie 3 Musikanten ihre Zeche bezahlen. Posse. 7. Afl. (39) 87.

— schwarzer Peter. Schwank. 8. Afl. (58) 86.

— e. Räubergeschichte od. d. Mord in d. Kohlmessergasse. Posse. Nach d. Franz. 10. Afl. (50) 87.

Griesholm, P van, d. Lehrsatz d. Pythagoras. Lustspiel. (28) 86.

Haber, S, e. Stündchen im Comptoir. Posse m. Gesang. 11. Afl. (40) 88.

Hahn, R, aus guter Familie. Genrebild. 2. Afl. (35) 86.

— e. Rekrutirg in Krähwinkel od. d. 3 Helden. Posse. 4. Afl. (38) 87.

Heyse, P, unter Brüdern. Lustspiel. (49) 88.

Jacobson, E, d. Nachbar zur Linken. Liederspiel. (34) 87.

Köhler, G, alte Briefe. Lustspiel. (35) 86.

Labiche, E, u. E Martin, e. rasche Hand. Schwank. Deutsch v. P Halm. 2. Afl. (34) 87.

Linderer, R, d. schönste Mann im Regiment. Singspiel. (46) 86.

— uns. Marine. Posse m. Gesang. (42) 86.

Moser, G v., d. Bojar, od. wie denken Sie üb. Rumänien? Schwank. 2. Afl. (21) 88.

— Moritz Schnörche. Posse. 11. Afl. (40) 88.

— d. Sünderin. Lustspiel. (36) 88.

— d. Versucherin. Lustspiel. (56) 88.

— u. A L'Arronge, Papa hat's erlaubt. Schwank m. Gesang. 10. Afl. (56) 88.

Müller, H, an d. Luft gesetzt. Posse. 2. Afl. (37) 88.

Paul, CA, Soldatentreue. Schwank. (26) 88.

Pless, L, e. junges Ehepaar. Lustspiel. (21) 87.

Pohl, E, v. landwirthschaftl. Ball, od. Offiziere u. Juristen. Lustspiel. (56) 86.

— e. verfolgte Unschuld. Posse m. Gesang. 2. Afl. (34) 87.

Putlitz, G zu, d. alte Schachtel. Lustspiel. 2. Afl. (43) 88.

— d. Schwert d. Damokles. Schwank. 5. Afl. (27) 88.

Reich, A, Dr. Kranich's Sprechstunde. Schwank. 3. Afl. (34) 87.

Rosen, J, Mama's Augen. Lustspiel. (33) 88.

Sakken, F v., im Reiche d. Mütter. Lustspiel. (38) 88.

Salingré, H, einberufen! od. m. Gott f. König u. Vaterland. Posse m. Gesang. 4. Afl. (24) 86.

Schröder, J, zu Befehl Herr Lieutenant! Schwank. 3. Afl. (35) 87.

Sedlmayer, Fridolin od. d. Gang nach d. Eisenhammer od. d. Gasthaus z. frommen Knecht. Fastnachtskomödie. (21) 88.

Sommer, J. Villa Goldlack. Orig.-Schwank. (38) 90.

— e. Strafrapport od. d. Einjährig-Freiwillige. Orig.-Lustspiel. (58) 87.

Stobitzer, H, Funken unter d. Asche. Lustspiel. (32) 86.

— sein Geheimmittel. Lustspiel. (20) 88.

Trautmann, PF, e. Feind d. Mode. 2. Afl. (37) 89.

Wallner, F, d. dritte Kopf. Posse. (33) 89.

Wiczorowski, G, Feuer im Krähwinkler Turnverein od. d. neue Brandmeister. Posse m. Gesang. (29) 88.

Wilbrandt, A, unerreichbar. Lustspiel. 3. Afl. (45) 88.

— Theater-Correspondenz. Nr. 7. 17. 20—23. 29. 49. 60. 61. 99. 101. 102. 108. 110. 117. 132. 139. 140. 202—222. 224—227. Ebd. à Nr. n. 2. —

Inhaltsübersicht in alphabet. Ordnung:

Anno, A., im Theater-Bureau. Schwank in 1 Akt. 4. Aufl. (31 S.) 889. (Nr. 102.)

Arnold, H., Geburtstagsfreuden. Schwank in 1 Aufzug. 2. Aufl. (30 S.) 885. (Nr. 206.)

Bauermeister, M., er macht Visite. Lustspiel in 1 Akt. (27 S.) 888. (Nr. 214.)

Baumann, A., das Versprechen hinterm Herd. Singspiel in 1 Akt. (40 S.) 888. (Nr. 216.)

Berg, O. F., unter dem Siegel der Verschwiegenheit. Lustspiel in 1 Akt. 2. Aufl. (27 S.) 887. (Nr. 22.)

Braun, E., nette Mieter. Schwank in 1 Akt. 6. Aufl. (22 S.) 888. (Nr. 20.)

Clement, Loth., anonyme Briefe. Lustspiel in 1 Akt. (34 S.) 888. (Nr. 220.)

— die Prüfung. Lustspiel in 1 Akt. (30 S.) 888. (Nr. 217.)

Ebner, A., die Pläne der Tanten. Lustspiel in 1 Akt. (28 S.) 888. (Nr. 221.)

Elz, A., er ist nicht eifersüchtig. Lustspiel in 1 Akt. 14. Aufl. (45 S.) 888. (Nr. 61.)

Friedrich, W., Gänschen von Buchenau. Lustspiel in 1 Akt. Nach Bayard. 21. Aufl. (55 S.) 887. (Nr. 29.)

— guten Morgen, Herr Fischer. Operette in 1 Akt. Nach Lockroy. Musik v. E. Stiegmann. 14. Aufl. (50 S.) 888. (Nr. 140.)

Fulda, L., Frühling im Winter. Lustspiel in 1 Akt. (37 S.) 889. (Nr. 224.)

Görlitz, C., eine vollkommene Frau. Lustspiel in 1 Akt. 5. Aufl. (31 S.) 889. (Nr. 99.)

Görner, C. A., wie drei Musikanten ihre Zeche bezahlen. Posse in 1 Akt. 7. Aufl. (39 S.) 887. (Nr. 60.)

— eine Räubergeschichte oder der Mord in der Kohlmessergasse. Posse in 1 Akt. Nach dem Französ. 10. Aufl. (50 S.) 887. (Nr. 101.)

Haber, S., ein Stündchen im Comptoir. Posse mit Gesang in 1 Akt. 11. Aufl. (40 S.) 888. (Nr. 17.)

Hahn, R., eine Rekrutirung in Krähwinkel od. die drei Helden. Posse in 1 Akt. Nach e. älteren Idee bearb. 4. Aufl. (38 S.) 887. (Nr. 132.)

Heyse, P., unter Brüdern. Lustspiel in 1 Akt. (49 S.) 888. (Nr. 210.)

Jacobson, E., der Nachbar zur Linken. Liederspiel in 1 Akt. Musik von A. Conradi. (34 S.) 887. (Nr. 203.)

Labiche, E., u. E. Martin, eine rasche Hand. Schwank in 1 Akt. Deutsch v. P. Helm. 2. Aufl. (34 S.) 887. (Nr. 205.)

Moser, G. v., der Bojar od. wie denken Sie über Rumänien? Schwank in 1 Akt. 2. Aufl. (24 S.) 888. (Nr. 139.)

— Moritz Schnörche. Posse in 1 Akt. 11. Aufl. (40 S.) 888. (Nr. 108.)

— die Sünderin. Lustspiel in 1 Akt. (36 S.) 888. (Nr. 209.)

— die Versucherin. Lustspiel in 1 Akt. (56 S.) 888. (Nr. 211.)

— u. A. L'Arronge, Papa hat's erlaubt. Schwank m. Gesang in 1 Akt. Musik v. R. Bial. 10. Aufl. (56 S.) 888. (Nr. 21.)

Müller, Hugo, an die Luft gesetzt. Posse in 1 Akt. (2. Aufl.) (37 S.) 888. (Nr. 117.)

Paul, C. A., Soldatentreue. Schwank in 1 Akt. (26 S.) 888. (Nr. 222.)

Pleß, L., ein junges Ehepaar. Lustspiel in 1 Akt. (21 S.) 887. (Nr. 202.)

Pohl, E., eine verfolgte Unschuld. Posse m. Gesang in 1 Akt. Musik v. A. Conradi. 2. Aufl. (34 S.) 887. (Nr. 23.)

Putlitz, G. zu, die alte Schachtel. Lustspiel in 1 Akt. 2. Aufl. (43 S.) 888. (Nr. 208.)

— das Schwert d. Damokles. Schwank in 1 Akt. 5. Aufl. (27 S.) 888. (Nr. 207.)

Reich, A., Dr. Kranich's Sprechstunde. Schwank in 1 Akt. 3. Aufl. (34 S.) 887. (Nr. 110.)

Rosen, Jul., Mama's Augen. Lustspiel in 1 Akt. (33 S.) 888. (Nr. 212.)

Sakken, F. v., im Reiche d. Mütter. Lustspiel in 1 Akt. (38 S.) 888. (Nr. 218.)

Schröder, Jul., zu Befehl Herr Lieutenant! Schwank in 1 Akt. 3. Aufl. (35 S.) 887. (Nr. 49.)

Sedlmayer, Fridolin od. der Gang nach dem Eisenhammer od. das Gasthaus „zum frommen Knecht". Fastnachtskomödie in 1 Akt. (21 S.) 888. (Nr. 215.)

Sommer, J., Villa Goldlack. Orig.-Schwank in 1 Akt. (38 S.) 890. (Nr. 226.)

— ein Strafrapport od. der Einjährig-Freiwillige. Orig.-Lustspiel in 1 Akt. (58 S.) 887. (Nr. 204.)

Stobitzer, H., sein Geheimmittel. Lustspiel in 1 Akt. (20 S.) 888. (Nr. 213.)

Trautmann, P. F., ein Feind der Mode. Posse in 1 Akt. 2. Aufl. (37 S.) 890. (Nr. 227.)

Wallner, Frz., der dritte Kopf. Posse in 1 Akt. (33 S.) 889. (Nr. 225.)

Wiczorowski, G., Feuer im Krähwinkler Turnverein od. der neue Brandmeister. Posse mit Gesang in 1 Akt. (29 S.) 888. (Nr. 219.)

Wilbrandt, A., unerreichbar. Lustspiel in 1 Akt. 3. Aufl. (45 S.) 888. (Nr. 7.)

— Theater-Korrespondenz. Nr. 102, 223—251. 8. Ebd. à Nr. * 2 —

102. Anno, Ant. Im Theater-Bureau. Schwank in 1 Akt. 4. Aufl. (31 S.) 889.

223. Clement, Lothar. Kavallerie-Einquartierung, oder Der Erzengel. Posse in 1 Akt. (38 S.) 888.

224. Fulda, Ludw. Frühling im Winter. Lustspiel in 1 Akt. (37 S.) 889.

225. Wallner, Frz. Der dritte Kopf. Posse in 1 Akt. (33 S.) 889.

226. Sommer, Jul. Villa Goldlack. Orig. Schwank in 1 Akt. (38 S.) 889.

227. Trautmann, P. F. Ein Feind der Mode. Posse in 1 Akt. 2. Aufl. (37 S.) 889.

228. Stuckenbrock, A. Im wunderschönen Monat Mai. Singspiel in 1 Akt. (25 S.) 890.

229. Putlitz, Gust. zu. Liebe im Arrest. Dramatischer Scherz in 1 Akt. (23 S.) 890.

230. Linderer, Rob. Unsere Ulanen. Liederspiel in 1 Akt. Musik von Rich. Thiele. (52 S.) 890.

231. Putlitz, Gust. zu. Der Brockenstrauß. Dramatischer Scherz in 1 Akt. 2. Aufl. (42 S.) 890.

232. Wild-Queisner, Rob. Als Ordonnanz. Schwank in 1 Akt. (39 S.) 890.

233. Hirthe, E. Der Hausschlüssel oder kalt gestellt! Lustspiel in 1 Akt. (32 S.) 890.

234. Jonas, Rob. Wer? Orig.-Lustspiel in 1 Akt. (40 S.) 890.

235. Kläger, Heinr. Der Ehrenpokal, oder die Deputation. Posse in 1 Akt (nach e. vorhandenen Stoff). (32 S.) 890.

236. Sauer, J. A. Ein Toiletten-Geheimnis, oder Du bist blaß, Luise! Lustspiel in 1 Akt. (41 S.) 890.

237. Jonas, Rob. Gift! Lustspiel in 1 Akt. (37 S.) 890.

238. Görlitz, Carl. Madame Flott. Posse in 1 Akt. (42 S.) 890.

239. Silesius, J. Sie weint. Lustspiel in 1 Akt. [Nach M. Bauermeister.] (30 S.) 890.

240. Treptow, Leon. Schelmenstreiche, oder „Fix — fertig — abgemacht!". Lustspiel in 1 Akt. (55 S.) 890.

241. Moser, Gust. v. Die neue Gouvernante. Lustspiel in 1 Akt. (46 S.) 890.

242. Belly, G. Bädeker. Schwank m. Gesang in 1 Akt nach e. Idee der Flieg. Blätter. (32 S.) 890.

243. —— u. P. Henrion. Hohe Gäste, oder Excellenz u. Elefant. Schwank in 1 Akt. (40 S.) 890.

244. Girndt, Otto. Endlich. Lustspiel in 1 Akt. (34 S.) 890.

245. Caro, Carl. Die Burgruine. Lustspiel in 1 Akt. (43 S.) 891.

246. Ebner-Eschenbach, Marie von. Ohne Liebe. Lustspiel in 1 Akt. (39 S.) 891.

247. Wilsch, M. Unterm Pantoffel. Singspiel in 1 Akt. Musik v. Th. Leprez. (33 S.) 891.

248. Arnold, Hans. Zwei Friedfertige. Schwank in 1 Akt. (43 S.) 891.

249. Cohnitz, Geo. Das Modell. Lustspiel in 1 Akt. (31 S.) 891.

250. Jacobson, E. Becker's Geschichte, oder Am Hochzeitstage. Liederspiel in 1 Akt. Musik v. Aug. Conradi. (25 S.) 891.

251. Freund, Jul. Sportgeschichten. Posse in 1 Akt. (35 S.) 891.

— Theater-Korrespondenz. Nr. 228—272. 8. Ebd. à n. 2.—

Inhaltsübersicht in alphabetischer Ordnung:

Arnold, H., zwei Friedfertige. Schwank in 1 Akt. (42 S.) 891. (Nr. 248.)
Belly, G., Bädeker. Schwank m. Gesang in 1 Akt nach e. Idee der Flieg. Blätter. (32 S.) 891. (Nr. 242.)
— u. P. Henrion, hohe Gäste, oder Excellenz u. Elefant. Schwank in 1 Akt. (40 S.) 891. (Nr. 243.)
Caro, Carl, die Burgruine. Lustspiel in 1 Akt. (43 S.) 891. (Nr. 245.)
Cohnitz, Geo., das Modell. Lustspiel in 1 Akt. (31 S.) 891. (Nr. 249.)
Ebner-Eschenbach, Marie v., ohne Liebe. Lustspiel in 1 Akt. (39 S.) 891. (Nr. 246.)
Elster, O., das Wachtgespenst od. auf der Hauptwache. Schwank in 1 Akt. Scenisch eingerichtet v. E. M. Mauthner. (33 S.) 893. (Nr. 252.)
Flachs, A., der erste Patient. Schwank in 1 Akt. (29 S.) 894. (Nr. 264.)
Freund, Jul., Sportgeschichten. Posse in 1 Akt. (35 S.) 891. (Nr. 251.)
Girndt, Otto, Endlich. Lustspiel in 1 Akt. (34 S.) 891. (Nr. 244.)
Görlitz, Carl, Madame Flott. Posse in 1 Akt. (42 S.) 891. (Nr. 238.)
Günther, A., in Hemdsärmeln. Schwank in 1 Akt. (32 S.) 893. (Nr. 253.)
Henrion, P., hohe Gäste, s.: Belly, G.
Hirthe, E., der Hausschlüssel od. kalt gestellt! Lustspiel in 1 Akt. (32 S.) 891. (Nr. 233.)
Jacobson, E., Beckers Geschichte, oder: Am Hochzeitstage. Liederspiel in 1 Akt. Musik v. Aug. Conradi. (25 S.) 891. (Nr. 250.)
Jonas, Rob., Gift! Lustspiel in 1 Akt. (37 S.) 891. (Nr. 237.)
— Wer? Orig.-Lustspiel in 1 Akt. (40 S.) 891. (Nr. 234.)
Kadelburg, Gust., in Civil. Schwank in 1 Akt. (46 S.) 893. (Nr. 259.)
Kläger, Heinr., der Ehrenpokal, od. die Deputation. Posse in 1 Akt [nach e. vorhandenen Stoff]. (32 S.) 891. (Nr. 235.)
Linderer, Rob., unsere Ulanen. Liederspiel in 1 Akt. Musik v. Rich. Thiele. (52 S.) 891. (Nr. 230.)
Misch, M., unterm Pantoffel. Singspiel in 1 Akt. Musik v. Th. Leprez. (33 S.) 891. (Nr. 247.)
Misch, Rob., die Massagekur. Schwank in 1 Akt. (44 S.) 893. (Nr. 257.)
— der sechste Sinn, s.: Moser, Gust. v.
Moser, Gust. v., fünf Dichter. Lustspiel in 1 Akt. (40 S.) 893. (Nr. 254.)
— die neue Gouvernante. Lustspiel in 1 Akt. (46 S.) 891. (Nr. 241.)
— u. Rob. Misch, der sechste Sinn. Schwank in 1 Akt. (36 S.) 893. (Nr. 255.)
— u. T. v. Trotha, ein Husarenstreich. Lustspiel in 1 Akt. (58 S.) 894. (Nr. 269.)
— — nur kein Lieutenant! Lustspiel in 1 Aufzuge. (48 S.) 894. (Nr. 265.)
— — militärfromm. Genrebild in 1 Aufzug. (57 S.) 893. (Nr. 261.)
Riemann, Karl, eingeschlossen! Lustspiel in 1 Aufzuge. (42 S.) 894. (Nr. 263.)
Putlitz, Gust. zu, der Brockenstrauß. Dramatischer Scherz in 1 Akt. 2. Aufl. (42 S.) 891. (Nr. 231.)
— Liebe im Arrest. Dramatischer Scherz in 1 Akt. (23 S.) 891. (Nr. 229.)
— ein Ständchen. Dramatischer Scherz in 1 Akt. 2. Aufl. (28 S.) 893. (Nr. 258.)
Sauer, F. A., ein Toiletten-Geheimnis, od.: Du bist blaß, Luise! Lustspiel in 1 Akt. (41 S.) 891. (Nr. 236.)
Schacht, Ed., eingeschneit. Lustspiel in 1 Akt. (34 S.) 894. (Nr. 266.)
Silesius, F., (G. Kruse), sie ist stumm. Orig.-Lustspiel in 1 Akt. (44 S.) 894. (Nr. 267.)
— sie weint. Lustspiel in 1 Akt. [Nach M. Bauermeister.] (38 S.) 891. (Nr. 239.)
— heimliche Zusammenkünfte. Orig.-Schwank in 1 Akt. (45 S.) 894. (Nr. 270.)
Sonnemann, A., überrascht! Lustspiel in 1 Akt. (32 S.) 893. (Nr. 256.)
Spaettgen, Doris Freiin v., unsere Mädchen. Lustspiel in 1 Aufzuge. Bühneneinrichtung nach der Aufführg. des herzogl. Hoftheaters in Coburg. (34 S.) 894. (Nr. 272.)
Stein, Leo, sein erster Rausch. Lustspiel in 1 Akt. (48 S.) 894. (Nr. 271.)
Stuckenbrock, R., im wunderschönen Monat Mai. Singspiel in 1 Akt. Musik v. Frz. Roßner. (25 S.) 891. (Nr. 228.)
Tihamér, Almási, nach zwei Jahren. Lustspiel in 1 Akt. Deutsch v. Jos. Jarno. (38 S.) 893. (Nr. 260.)
Treptow, Leon, Schelmenstreiche, od.: „Fix — fertig — abgemacht!" Lustspiel in 1 Akt. (55 S.) 891. (Nr. 240.)
Trotha, T. v., ein Husarenstreich, — nur kein Lieutenant!, — militärfromm, } s.: Moser, Gust. v.
Wichert, E., Post festum. Lustspiel in 1 Akt. (44 S.) 894. (Nr. 262.)
— als Verlobte empfehlen sich —. Lustspiel in 1 Aufzuge. (29 S.) 894. (Nr. 268.)
Wild-Queisner, Rob., als Ordonnanz. Schwank in 1 Akt. (32 S.) 891. (Nr. 232.)

— Theater-Korrespondenz. Nr. 53 u. 273—304. 8. Ebd. à n. 2.—

Inhaltsübersicht in alphabet. Ordnung:

Bergen, Alex., Kleine Mißverständnisse. Lustsp. in 1 Akt. M. d. Einrichtg. d. kgl. Schauspielhauses in Berlin übereinstimm. Ausg. (42 S.) 895. (Nr. 282.)
Bourset, A., Turnerschwänke. Posse m. Ges. in 1 Akt. (35 S.) 896. (Nr. 289.)
Clement, Loth., D. Postkarte. Lustsp. in 1 Aufz. (33 S.) Leipzig 896. (Nr. 291.)
Diehl, Ludw., Einquartierung im Pensionat. Lustsp. in 1 Aufz. (34 S.) 898. (Nr. 300.)
Döckers, Osc., Auf d. Sängerfest. Schwank in 1 Akt. (25 S.) 895. (Nr. 277.)
Francke, Aug. u. Max Kaufmann, „Spleen." Schwank in 1 Akt. nach e. vorhand. Stoff. (20 S.) 896. (Nr. 284.)
Freytag-Loringhoven, Alex., D. Preisstück. Dramat. Scherz in 1 Akt. (27 S.) 898. (Nr. 301.)
Fulda, Ludw., Fräulein Wittwe. Dramat. Scherz in 1 Aufz. (39 S.) 896. (Nr. 287.)
— D. Wunderkind. Lustsp. in 1 Aufz. (35 S.) 896. (Nr. 280.)
Grabowsky, Wenzel, Ihre erste Liebe. Lustsp. in 1 Akt. (43 S.) 896. (Nr. 288.)
Heyden, E., Karoline Schultze. Schwank in 1 Akt. (41 S.) 895. (Nr. 270.)
Höcker, Paul Osk., D. Weihnachts-Ronde. Schwank in 1 Akt. (34 S.) 898. (Nr. 303.)
Jacobson Ed., u. Jean Kren, Gesindeball. Schwank in 1 Akt. (32 S.) 895. (Nr. 275.)
Kaiser, Geo., Tantalus od. hungrige Liebe. Schwank in 1 Aufz. (33 S.) 897. (Nr. 297.)
Klitscher, G., O diese Silberhochzeit. Lustsp. in 1 Akt. (41 S.) 898. (Nr. 304.)
Koninski-Weiß, M., Große Reinemachen. Schwank in 1 Akt. Nach e. Humoreske d. „Lahrer hink. Boten". (32 S.) 897. (Nr. 298.)
— Sie spart. Lustsp. in 1 Akt. (41 S.) 897. (Nr. 295.)
Kren, Jean, u. Alfr. Schönfeld, Papa's Sommerreise. Posse in 1 Akt. (35 S.) 896. (Nr. 292.)
Markow, Alexis, D. Frauenbund. Schwank in 1 Aufz. m. Benutzg. e. vorhand. Stoffes. (27 S.) 895. (Nr. 280.)
— Das Schweigen. Lustsp. in 1 Aufz. n. d. Russ. (22 S.) 895. (Nr. 274.)
Moser, G. v., D. Generalin. Lustsp. in 1 Aufz. (38 S.) 895. (Nr. 279.)
— E. kleine Mondfinsternis. Lustsp. in 1 Akt. 2. Aufl. (27 S.) 897. (Nr. 53.)
Schlack, E., Die Krebse. Operette in 1 Akt. Text v. S. Musik v. Rhold. Ehrke. (49 S.) 898. (Nr. 302.)
Schmelter, Frz., E. Kostümprobe. Schwank in 1 Aufz. (36 S.) 896. (Nr. 290.)
Schönfeld, Alfr., u. H. J. Giers, Der Sang an Aegir. Lustsp. in 1 Aufz. (42 S.) 895. (Nr. 281.)
Schütz, Fr., Seine Hoheit. Schwank in 1 Aufz. (34 S.) 897. (Nr. 294.)
Schütz, A. L., u. Eug. Siegwart, Hamlet's Geist. Schwank in 1 Akt. (30 S.) 895. (Nr. 283.)
Skowronnek, Rich., Die stille Wache. Schwank in 1 Aufz. (27 S.) 895. (Nr. 273.)
Strecker, Karl, Tanzstunde. Lustsp. in 1 Akt. (40 S.) 897. (Nr. 296.)
Trützschler, Hub. v., u. Otto Praeger, D. Manöverbraut. Lustsp. in 1 Aufz. (Bühneneinricht. d. Hoftheaters in Hannover.) (54 S.) 896. (Nr. 293.)
Wild-Queisner, Rob., D. Herr von oben. Schwank in 1 Akt. (31 S.) 895. (Nr. 278.)
— Sie schnarcht. Lustsp. in 1 Akt. (40 S.) 897. (Nr. 299.)
Wohlbrück, Olga, Besonderer Umstände halber. Lustsp. in 1 Aufz. (49 S.) 896. (Nr. 285.)

— Theater-Korrespondenz. Nr. 1, 220 u. 305—327. 8. Ebd. à n. 2.—

Inhaltsübersicht in alphabetischer Ordnung:

Bauermeister, Max, das vierte Gebot. Zeitbild m. Gesang in 1 Akt. (31 S.) (902.) (Nr. 325.)
Bliß, Paul, verbotene Frucht. Lustspiel in 1 Akt. (32 S.) 902. (Nr. 324.)
Braune, Edm., der kleine Moltke. Lustspiel in 1 Aufzuge (nach e. vorhand. Stoffe). (48 S.) (902.) (Nr. 318.)
Clement, Loth., eine lustige Studentenzeit od. Anonyme Briefe. Lustspiel in 1 Akt. 2. Aufl. (32 S.) (901.) (Nr. 220.)
Elisabeth, P. T., der eingeschlossene Waffenrock. Lustspiel in 1 Akt. 8. (19 S.) 901. (Nr. 314.)
Görlitz, Carl, das erste Mittagessen. Lustspiel in 1 Akt. 25. Aufl. (34 S.) (901.) (Nr. 1.)
Kistner, A., keine Hochzeitsreise. Lustspiel in 1 Akt. 2. Aufl. (51 S.) (902.) (Nr. 322.)
Klaeger, Heinr., Tante Mollig od.: Das Verbrechen des Rittmeisters. Schwank in 1 Akt. (31 S.) (902.) (Nr. 319.)
Koninski-Weiß, M., es spukt. Lustspiel in 1 Akt. (34 S.) (902.) (Nr. 326.)
— Heimlich verlobt. Lustspiel in 1 Akt. (33 S.) (900.) (Nr. 308.)
— Herzlich willkommen! Schwank in 1 Akt. 8. (22 S.) (900.) (Nr. 311.)
— Die Krone des Hauses. Lustspiel in 1 Akt. (38 S.) (902.) (Nr. 321.)

— Küchenkoller. Schwank in 1 Akt. (27 S.) (900.) (Nr. 310.)
— Neueste Nachrichten. Schwank in 1 Aufzuge. (33 S.) (902.) (Nr. 327.)
— Lord Neumann in Behandlung. Schwank in 1 Akt. (35 S.) 899. (Nr. 305.)
Laufs, A., die Naturheilmethode. Schwank in 1 Akt. (32 S.) (901.) (Nr. 316.)
Laufs, Carl, ein Dummerjungenstreich. Schwank in 1 Akt. (32 S.) (900.) (Nr. 309.)
— Auf Schleichpatrouille. Posse in 1 Akt. (26 S.) (900.) (Nr. 312.)
Müller, Hans, wodurch bereiten wir anderen e. Freude? od.: Quintus Horatius Flaccus. Lustspiel in 1 Akt. (40 S.) 902. (Nr. 323.)
Nicolai, K. E., Manöverfreuden. Schwank in 1 Aufzug. (52 S.) (900.) (Nr. 307.)
Schreckenbach, Paul, nur keine Leidenschaft. Lustspiel in 1 1 Aufzug. (22 S.) 902. (Nr. 320.)
Spalke, E., nur kein Radler! Schwank in 1 Akt. (26 S.) (901.) (Nr. 315.)
Trotha, Thilo v., die Richtige. Komödie in 1 Aufzuge. (36 S.) (899.) (Nr. 306.)
— So keck kann nur e. Lieutnant sein! Schwank in 1 Aufzug. gr. 8. (23 S.) 895. (Nr. 313.)
Wiesen, B., eine kleine Gefälligkeit. Lustspiel in 1 Akt. (27 S.) (901.) (Nr. 317.)

— Theater-Korrespondenz. Nr. 37 u. 328—345. 8. Ebd. à n. 2.—
Benedix, Roder., die Dienstboten. Lustspiel in 1 Aufzuge. (41 S.) (905.) (Nr. 37.)
Tritt an die Stelle der früheren Nr. 37.
Biller, jun., William, Schwiegermama. Lustspiel in 1 Akt. (43 S.) (903.) (Nr. 339.)
Kadelburg, Gust., das schwache Geschlecht. Schwank in 1 Akt. (40 S.) (903.) (Nr. 337.)
— das Pulverfaß. Schwank in 1 Akt. (48 S.) (903.) (Nr. 336.)
Kette, Herm., der Artillerist in der Küche. Schwank in 1 Akt. 2. Aufl. (50 S.) 903. (Nr. 335.)
Klitscher, Gust., Apothekerschnaps. Schwank in 1 Akt. (38 S.) (902.) (Nr. 329.)
Koninski-Weiß, M., die Stadtverordnetenwahl. Kleinstadtbild in 1 Aufzuge. (38 S.) (903.) (Nr. 338.)
— der Studiengenosse. Schwank in 1 Aufzuge. (32 S.) (903.) (Nr. 333.)
Laufs, A., ein kochender Ehemann od. Küchenchemie. Schwank in 1 Akt. (50 S.) (903.) (Nr. 332.)
— „Wie Karl der Große!" Posse in 1 Akt. (40 S.) (906.) (Nr. 345.)
— ihr Romanheld. Schwank in 1 Akt. (38 S.) (903.) (Nr. 334.)
Lehnhard, Paul R., auf der Vogelwiese. Schwank in 1 Akt. (29 S.) (905.) (Nr. 342.)
Maurey, Max, die Empfehlung. Komödie in 1 Akt. Deutsch bearb. v. Ludw. Wolff. (22 S.) (904.) (Nr. 340.)
Millowitsch, Wilh., der Giftmord. Schwank in 1 Akt nach e. A. v. Winterfeldschen Humoreske m. Genehmigg. der Verlagshandlg. Neufeld & Henius in Berlin. (41 S.) (903.) (Nr. 331.)
Rey, Chr., ein Don Juan wider Willen. Schwank in 1 Akt. (48 S.) (905.) (Nr. 343.)
Ostrodt, H. v., der Weihnachtsstorch. Schwank in 1 Akt. (38 S.) (906.) (Nr. 344.)
Quedenfeldt, Gust., Lumpenlies'l. Singspiel in 1 Akt, m. Einlagen v. Anna Maria Witte. Musik v. Rich. Meienreis. (21 S.) (905.) (Nr. 341.)
Riecke, Osc., Hans Witt u. seine Braut. Lustspiel in 1 Aufzuge. (32 S.) (102.) (Nr. 330.)
Rosenthal-Bonin, H., ein Reisender, wie er sein soll. Lustspiel in 1 Aufzuge. 2. Aufl. (26 S.) (902.) (Nr. 328.)

— Theater-Korrespondenz. Nr. 346—357 u. 359. kl. 8. Ebd. Jede Nr. 2.—
Brown, Curtis, Mutterchens Nerven. Schwank in 1 Akt. Deutsch v. H. Raabe. (31 S.) (907.) (Nr. 346.)
Greber, Jul., der Eintagsleutnant. Schwank in 1 Aufzug. (55 S.) (909.) (Nr. 353.)
Hanoum, Kerimé, Hofluft. (Kla.) Lustspiel in 1 Akt. (41 S.) (907.) (Nr. 347.)
Koninski-Weiß, M., das Amtsjubiläum. Schwank in 1 Aufzug. (38 S.) (908.) (Nr. 351.)
— Ein anspruchsloser Mensch. Schwank in 1 Aufzug. (35 S.) (908.) (Nr. 350.)
Laufs, A., ein Denkzettel.' Schwank in 1 Akt. (57 S.) (909.) (Nr. 355.)
— Stütze der Hausfrau. Schwank in 1 Akt. (58 S.) (907.) (Nr. 348.)
— Was will er nur? Schwank in 1 Akt. (38 S.) (908.) (Nr. 352.)
Lunzer, Fritz, der geleimte Liebhaber. Schwank in 1 Akt. (28 S.) (907.) (Nr. 349.)
Neal, Max, u. Hans Reis, Ehechen. Lustspiel in 1 Akt. (68 S.) (909.) (Nr. 357.)
Persich, Geo., Seemanns-Abenteuer. Lustspiel in 1 Aufzuge. (41 S.) (909.) (Nr. 356.)
Stener, Jos., ihr Trauring. Schwank in 1 Akt. (48 S.) (909.) (Nr. 354.)
Steiner, O., die Verlobung vor der Tür. Schwank. (21 S.) (910.) (Nr. 359.)
Nr. 358 ist noch nicht erschienen.

Bloch's, Eduard, Theater-Korrespondenz. Nr 358—372. kl8° Berl., E Bloch. je 2 — d
Alexis: Das verschwundene Katzenfell. Schwank. (36) ('12) [371]
Bliss, Paul: Ein alter Trick. Lustsp. (32) ('10) [358]
Dennstedt, M: Der Schreckschuss. Militär. Schwank. (53) ('11) [363]
Girndt, Otto: Seine Schwester. Lustsp. (33) ('11) [364]
Helmerding, C: 3 Zeitgs-Annoncen. Posse. (31) ('11) [362]
Knief, H: Sie setzt sich d. Hut auf. Schwank. (19) ('11) [365]
Laufs, A: Ein angenehmer Besuch. Schwank. (50) ('10) [360]
— Der Gedankenleser. Schwank. (37) ('12) [369]
— Die Tugend-Probe. Lustsp. (31) ('11) [367]
— Wo wohnt er denn? Schwank. (37) ('12) [370]
Müller-Rastatt, Carl: Paul. Lustsp. (54) ('11) [361]
Neal, Max: Der Einbrecher. Schwank (nach e. älteren Idee). (33) ('11) [366]
Steiner, O: Die Verlobg vor d. Tür. Schwank. (24) ('10) [359]
Tannheim, Hans Wern.: Gebrüder Luftikus. Posse. (39) ('12) [372]
Wiesen, V (G Riesen): Du Unschuldsengel! Lustsp. (24) ('12) [368]

Bloch, Ed., Universal-Encyclopädie für Gesellschaft und Conversation. Album für gemüthl. Zirkel im Gesellschaftszimmer wie in freier Natur, im Concert- wie im Ballsaale, insbesondere für Gentlemans, welche geselligen Kreisen die wahre geistige Würze zu geben wünschen, nebst Anleitung sich in der Gesellschaft und den Damen gegenüber unentbehrlich zu machen. 16. (VIII und 433 S. mit 1 Stahlst.) Grimma 851, Verlags-Comptoir. *

—— Universal-Encycl. f. Gesellschaft u. Conversation. 16. (433) Wurz. 51, Verl.-Compt. — 7½

—— Volks-Theater. Nr. 1—28. gr. 8. Berlin 864—67, Lassar's Buchh. * 20

Inhalt:

Nr. 1. Adrienne Lecouvreur. Drama in 5 Akten. Nach Scribe und Legouvé frei bearb. von Heinr. Grans. 2., sorgfältig revid. Aufl. (62 S.) * 22½ Ngr.
" 2. Schlesinger, Sigm., der Hausspion. Orig.-Lustspiel in 2 Akten. (38 S.) * 15 Ngr.
" 3. Frauenkampf. Lustspiel in 3 Akten. Nach Scribe von Olfers. 2. Aufl. (46 S.) * 20 Ngr.
" 4. Die Erzählungen der Königin von Navarra. Lustspiel in 5 Akten. Nach Scribe und Legouvé von Ebeling und Reinhard. 2. Aufl. (78 S.) * 22½ Ngr.
" 5. Wichmann, P. B., Cora, das Kind des Pflanzers. Schauspiel in 5 Akten und 1 Vorspiel. Nach dem Französ. (56 S.) * 22½ Ngr.
" 6. Salingré, H., Berliner Kinder. Orig.-Posse in 4 Akten. Musik von Th. Hauptner. (64 S.) * 20 Ngr.
" 7. Montjoye, der Mann von Eisen. Lebensbild in 5 Akten. Nach Octave Feuillet bearb. und mit einem neu hinzu gedichteten 5. Akt versehen von E. M. Bacano. (77 S.) * 25 Ngr.
" 8. Scribe, das Glas Wasser. Lustspiel in 5 Akten. Deutsch bearb. von A. Cosmar. 2. Aufl. (64 S.) * 25 Ngr.
" 9. Müller, Arth., gute Nacht, Hänschen! Lustspiel in 5 Akten. (48 S.) * 22½ Ngr.
" 10. Bahn, A., ein kleiner Dämon. Lustspiel in 3 Akten. Nach dem Französ. (42 S.) * 22½ Ngr.
" 11. Müller, Arth., das Wichtel oder ein guter Hausgeist. Volksstück in 5 Akten. (47 S.) * 25 Ngr.
" 12. Hahn, Rud., er ist Baron! Posse mit Gesang in 3 Akten. Musik von Th. Hauptner. (32 S.) * 20 Ngr.
" 13. Salingré, H., Abtheilung V. Zimmer IV. für Bagatellsachen, oder: Vor Gericht. Genrebild mit Gesang in 3 Abthlgn. Musik von W. Casse. (17 S.) * 15 Ngr.
" 14. Kneisel, Rud., die Lieder des Musikanten. Volksstück mit Gesang in 5 Akten. Musik von Ferd. Gumbert. (55 S.) * 25 Ngr.
" 15. Moser, G. v., eine Frau, die in Paris war. Lustspiel in 3 Akten. (40 S.) * 25 Ngr.
" 16. Elz, Alex., Müller und Miller. Lustspiel in 3 Akten. 2. Aufl. (35 S.) * 25 Ngr.
" 17. Müller, Arth., der Fluch des Galilei. Trauerspiel in 5 Akten. (55 S.) * 22½ Ngr.
" 18. Jacobson, E., Humor verloren — Alles verloren! Posse mit Gesang in 3 Akten. Musik von H. Bossenberger. (53 S.) * 25 Ngr.
" 19. Müller, Arth., ein Ritt in's deutsche Reich. Lustspiel in 5 Akten. (40 S.) * 25 Ngr.
" 20. Jahn, A., Richelieu's erster Waffengang. Lustspiel in 2 Akten. Nach dem Französ. (42 S. mit ill. und lithogr. Titelbild.) * 25 Ngr.
" 21. Salingré, H., B. 17. Posse mit Gesang in 3 Akten. * 15 Ngr.
" 22. Mélesville, sie ist wahnsinnig. Drama in 2 Akten. Nach dem Französ. frei bearb. von A. Jahn. (39 S.) * 22½ Ngr.
" 23. Thomas, L., er muß auf's Land. Lustspiel in 3 Akten. Nach dem Französ. * 25 Ngr.
" 24. Salingré, H., Nimrod. Posse mit Gesang in 1 Akt. Musik von R. Bial. (19 S.) * 15 Ngr.
" 25. —— wenn die Preußen heimwärts ziehn. Schwank mit Gesang in 1 Akt. Musik von R. Bial. (15 S.) * 15 Ngr.
" 26. Müller, Hugo, im Wartesalon erster Klasse. Lustspiel in 1 Akt. 4. Aufl. (16 S.) * 15 Ngr.
" 27. Salingré, H., im Wartesalon dritter Klasse. Posse mit Gesang in 1 Akt. Musik von R. Bial. (13 S.) * 15 Ngr.
" 28. Haber, S., ein Stündchen auf dem Comptoir. Posse mit Gesang in 1 Akt. Musik von H. Bossenberger. (21 S.) * 15 Ngr.

— Volks-Theater. Nr. 27—45. gr. 8. Berlin 868—73, Lassar's Buchh. *

Inhalt:

Nr. 26. Hollpein, Heinr., er experimentirt. Lustspiel in 1 Akt. (13 S.) *ℳ 1,50.
" 27. Salingré, H., ein Wartesalon dritter Klasse. Posse mit Gesang in 1 Akt. Musik von R. Bial. (13 S.) *ℳ 1,50.
" 28. Bauermeister, M., lebende Bilder. Familiengemälde in 1 Akt. Nebst Anleitung zur Stellung von lebenden Bildern. (23 S.) *ℳ 1,50.
" 29. Angely, L., von Sieben die Häßlichste. Lustspiel in 3 Akten und 1 Vorspiel. 3. Aufl. (55 S.) *ℳ 2,80.
" 30. Jahn, A., Marie-Anne, oder ein Weib aus dem Volke. Schauspiel in 5 Akten. Nach Dennery frei bearb. (56 S.) *ℳ 2,80.
" 31. Wollheim, Undine, oder: Eine verlorene Seele. Romantisches Zauberspiel mit Gesang in 4 Akten und 1 Vorspiel. Musik von C. Stiegmann. (64 S.) *ℳ 2,50.
" 32. Winterfeld, A. v., der Winkelschreiber. Lustspiel in 4 Akten. (39 S.) *ℳ 2,80.
" 33. Müller, Arth., wie geht's dem Könige? Lustspiel in 5 Akten. (55 S.) *ℳ 2,25.
" 34. Berthold, L. [Bertha Filhés], er hat etwas vergessen. Genrebild in 1 Akt. (14 S.) *ℳ 1,50.
" 35. Salingré, H., durch's Schlüsselloch! Posse mit Gesang in 1 Akt. Musik von R. Bial. (16 S.) *ℳ 1,50.
" 36. Görlitz, Carl, nur französisch! Original-Lustspiel in 5 Akten. (63 S.) *ℳ 2,50.
" 37. Töpfer, Carl, der Pariser Taugenichts. Lustspiel in 4 Akten. Nach dem Französ. 2. Aufl. (43 S.) *ℳ 3.
" 38. Bahn, A., man sucht einen Erzieher. Charakterbild in 2 Akten. Nach dem Französ. 3. Aufl. (40 S.) *ℳ 2,50.
" 39. Wilbrandt, Adf., der Graf von Hammerstein. Historisches Schauspiel in 5 Akten. (91 S.) *ℳ 3.
" 40. Schütz, Friedr., Täuschung auf Täuschung. Geschichtliches Schauspiel in 5 Akten. (51 S.) *ℳ 2,80.
" 41. Wichert, Ernst, der Narr des Glücks. Lustspiel in 5 Akten. (70 S.) *ℳ 2,80.
" 42. Moser, G. v., und W. Drost, eine kranke Familie. Posse in 3 Akten. (47 S.) *ℳ 2,80.
" 43. Müller, Hugo, der Diplomat der alten Schule. Original-Lustspiel in 3 Akten. (38 S.) *ℳ 3.
" 44. Tenelli, M., die Mönche. Lustspiel in 3 Akten. (46 S.) *ℳ 3.
" 45. Wichert, Ernst, ein Schritt vom Wege. Lustspiel in 4 Akten. (66 S.) *ℳ 3.

— Volks-Theater. Nr. 46—49. gr. 8. Ebendas. 875. *

Inhalt:

Nr. 46. Müller, Arth., die Verschwörung der Frauen. Lustspiel in 5 Akten. (57 S.) *ℳ 4.
" 47. Müller, Hugo, gewonnene Herzen. Volksstück mit Gesang in 3 Akten. Musik von R. Bial. (50 S.) *ℳ 3.
" 48. Paul, C. A. [B. Schelden], der Bucklige oder die Macht der Arbeit. Original-Schauspiel in 4 Akten. (44 S.) *ℳ 3.
" 49. Salingré, H., Pech-Schulze. Original-Posse mit Gesang in 3 Akten. Musik von A. Lang. (61 S.) *ℳ 4.

— dass. — Nr. 16: Müller und Miller. Lustspiel in 2 Akten von Alex. Elz [A. F. Stein]. 3. Aufl. gr. 8. (85 S.) Ebendas. 876. *

Bloch's, Ed., Volks-Theater. Nr. 14. 24. 50—54. 8. Berlin 880—82. Lassar. n. 26. —

14. Die Lieder des Musikanten. Volksstück m. Gesang in 5 Akten von Rud. Kneisel. Musik von F. Gumbert. 2. Aufl. (55 S.) n. 3. —
24. Muttersegen, oder die Perle von Savoyen. Schauspiel m. Gesang in 5 Akten. Nach dem Franz. von W. Friedrich. 2. Aufl. (57 S.) n. 4. —
50. Sodom u. Gomorrha. Schwank in 4 Akten von Frz. v. Schönthan. (54 S.) n. 4. —
51. Der Zugvogel. Schwank in 4 Akten von Gust. v. Moser u. Frz. v. Schönthan. (65 S.) n. 4. —
52. Unsere Soldaten. Posse in 5 Akten von G. Braun u. E. Hildebrand. (40 S.) n. 3. —
53. Von Stufe zu Stufe. Lebensbild m. Gesang in 6 Bildern von Hugo Müller. (51 S.) n. 4. —
54. Die beiden Reichenmüller. Posse m. Gesang in 4 Akten von Ant. Anno. (68 S.) n. 4. —

Bloch's, Ed., Volkstheater. Nr. 50—56. gr. 8. Berlin, Lassar's Buchh. *

Inhalt:

Nr. 50. Schönthan, Frz. v., Sodom und Gomorrha. Schwank in 4 Akten. (54 S.) 880. *ℳ 4.
" 51. Moser, Gust. v., und Frz. v. Schönthan, der Zugvogel. Schwank in 4 Akten. (65 S.) 881. *ℳ 4.
" 52. Braun, G., und E. Hildebrand, unsere Soldaten. Posse in 5 Akten. (40 S.) 881. *ℳ 3.
" 53. Müller, Hugo, von Stufe zu Stufe. Lebensbild mit Gesang in 6 Bildern. (51 S.) 881. *ℳ 4.
" 54. Anno, Ant., die beiden Reichenmüller. Posse mit Gesang in 4 Akten. (68 S.) 882. *ℳ 4.
" 55. Stinde, J., und G. Engels, ihre Familie. Volksstück mit Gesang in 3 Akten. (59 S.) 883. *ℳ 3.
" 56. L'Arronge, A., und G. v. Moser, der Registrator auf Reisen. Posse mit Gesang in 3 Akten. (70 S.) 883. *ℳ 4.

— Volks-Theater. Nr. 42. 55—57. gr. 8. Ebend. n. 15. —

42. Eine kranke Familie. Posse in 3 Akten von Gust. v. Moser. 2. Aufl. (49 S.) 883. n. 4. —
55. Ihre Familie. Volksstück m. Gesang in 3 Akten v. J. Stinde u. G. Engels. (59 S.) 883. n. 3. —
56. Der Registrator auf Reisen. Posse m. Gesang in 3 Akten v. A. L'Arronge u. G. v. Moser. (70 S.) 883. n. 4. —
57. Der Schriftstellertag. Lustspiel in 3 Akten v. Heinr. Heinemann. (80 S.) 885. n. 4. —

Bloch's, Ed., Volks-Theater. Nr. 3, 57, 58. gr. 8. Ebendas. *

Inhalt:

Nr. 3. Putlitz, Gust. zu, spielt nicht mit dem Feuer. Lustspiel in 3 Akten. 3. Aufl. (53 S.) 887. *ℳ 4.—.
" 57. Heinemann, Heinr., der Schriftstellertag. Lustspiel in 3 Akten. (80 S.) 885. *ℳ 4.—.
" 58. Müller, Hugo, und Emil Pohl, Heydemann und Sohn. Lebensbild mit Gesang in 7 Bildern. (67 S.) 888. *ℳ 3.—.

Bloch's, Ed., Volks-Theater. Nr. 60. gr. 8. Berlin 898. E. Bloch. 2. —

D. selige Blasekopp. Orig.-Posse m. Ges. i. 3 Akten (4 Bildern) u. e. Vorspiele. Von Rud. Kneisel. Musik v. Louis Brandt. (63 S.)

Bloch, Emil, gründlicher Einblick in die geheimnißvollen Wunder der Naturkräfte. Populäre Naturwissenschaft zur Selbstbelehrung. In anziehender u. leicht faßlicher Form für den denkenden Mann, die wißbegierige Jugend, sowie auch für die gebildete Damenwelt bearb. Augsburg 865. Schlosser in Comm. gr. 8. (VIII, 96 S.) n. 12 ngr.

Bloch, Em., die sogenannte nasale Form d. Bronchialasthma, s.: Sammlung klinischer Vorträge.

Bloch, E., Die Methode der centripetalen Pressionen u. d. Diagnose der Stapesfixation. (S.-A. a. Knapp-Moos' Zeitschr. f. Ohrenheilkde., Bd. 25.) Wiesbaden (J. F. Bergmann) 1893 (1894). 44 S. (4.50) 2894

Bloch, Em.: Musterbeispiele samt Ausarbeitg f. d. studier. Jugend. Vorbereitg f. schriftl. Prüfgsarbeiten. Griechisch f. d. 3. Gymnasialkl. (66) 8° Wien, M Perles '12. 1.20 d

— dass. A. Latein f. d. 1. u. 2. Kl. 8° Ebd. '12. d
1. Kl. (72) 1 — ‖ 2. Kl. (124) 1.80

— dass. Mathematik f. d. 1. Gymnasial- u. Realschulkl. (75 m. Fig.) 8° Ebd. '12. 1.20 d

— die Pathologie u. Therapie der Mundatmung. gr. 8. (X, 140 S.) Wiesbaden 889. Bergmann. n. 3. 60

Bloch, Ernst: Kritische Erörterungen über Rickert und das Problem der modernen Erkenntnistheorie. Ludwigshafen a. Rh. 1909: Baur. 80 S. 8°
Würzburg, Phil. Diss. v. 22. Okt. 1909, Ref. Külpe
[Geb. 8. Juli 86 Ludwigshafen a. Rh.; Wohnort: Ludwigshafen; Staatsangeh.: Bayern; Vorbildung: Gymn. Ludwigshafen Reife Juli 05; Studium: München 3, Würzburg 3 S.; Rig. 25. Juli 08.] [U 10. 4379

Bloch, Ernst [aus Berlin]: Aus d. geburtshilfl. Poliklinik d. kgl. Charité zu Berlin. Zur Kenntniss der Nabelschnurbrüche ... Berlin, L. Schuelers Buchdr., *1895;* 30 S., 1 Bl. 8.
Berlin, Med. Fak., Inaug.-Diss. v. 15. Febr. 1895

Bloch, Ernst, aus Basel: Zur Kenntnis des Ortho-Oxydiphenyls und einiger Derivate. Basel G. Wolf Dr. 1896. 26 S., 3 Bl. 8°.
Zürich, Phil. Diss. [v. 26. Mai 1896].

MASKENBALL, Der grosse X'sche, mit allen seinen Vorkommnissen .... (von *Ernst Bloch*). Grimma 1851.
Anon.-Lex. V. p. 203 (nach Kayser). — Sehr rar!

Bloch, Ernst [aus Rosenberg (Schl.)]: Die Operationsmethoden der Fibrome der Schädelbasis und des Siebbeins ... Würzburg, Druck v. F. Fromme, 1894; 28 S., 1 Bl. 8.
Würzburg, Med. Fak., Inaug.-Diss. v. 1894

Bloch, Ernst [aus Weiden]: Aus d. pharmakolog. Institut zu Würzburg. Zur Physiologie des Blutes ... Würzburg, Druck d. Bonitas-Bauer'schen k. b. Hofbuchdr., 1895; 21 S. 8.
Würzburg, Med. Fak., Inaug.-Diss. v. 1895

Bloch, Ernst: Alfred Werner's Theorie des Kohlenstoffatoms und die Stereochemie der carbocyclischen Verbindungen. 158 S., 3 Taf.
Diss. TH Wien 1903.

Alfred Werners Theorie des Kohlenstoffatoms und die Stereochemie der karbocyklischen Verbindungen. Von Dr. **Ernst Bloch**. Mit 48 Fig. u. 3 Taf. *Wien & Leipzig: C. Fromme 1903.* (IV, 88 S.) 8° [09. 14933

Bloch, Ernst Theodor, s. B l o c h , Theodor

Bloch, Franz, aus Koppenow: Ueber die Einwirkung des Wassers auf anorganische Salze. *Heidelberg 1903: K. Rößler.* (42 S.) 8°
Heidelberg, Naturw.-math. Diss. v. 1903

Bloch, Franz: Die Entwicklung des königl. Heimfallrechtes im böhmischen Landrechte bis z. J. 1497.
Diss. Prag 1905/06.

Bloch, Frz., die Entwicklung des königl. Heimfallsrechtes im böhmisch-mährischen Landrecht, s.a. **Studien**, Prager, aus dem Gebiete der Geschichtswissenschaft. 14. Heft.

Die Entwicklung des königlichen Heimfallsrechtes im böhmisch-mährischen Landrecht von Dr. Franz **Bloch**. Prag: Rohliček & Sievers 1909. 74 S. 8°
(Prager Studien aus d. Geb. d. Geschichtswissenschaft. H. 14.) [09. 17034

– dasselbe, s.a. S t u d i e n , Prager, d. Geschichtswissenschaft. 14. H.

Bloch, Franz [app. Arzt aus Emmendingen i. B.]: Ein Fall von Luxatio obturatoria femoris inveterata. . . . Freiburg i. B., Univ.-Buchdr. v. Chr. Lehmann, 1890; 28 S. + 1 Bl. 8°
Freiburg i. B., Med. Fak., Inaug.-Diss. v. 1890

Bloch, G., vollständige Anleitung zu Gold- und Silberlegirungen mit praktischen Aufgaben und pünktlichen Erklärungen und den dazu für verschiedene Farben und Karate passenden Legir-Tabellen nebst einer techn. Anleitung zum Schmelzen, Scheiden, Vergolden rc., sowie zu den im Geschäfte vorkommenden kaufmännischen Rechnungen. gr. 8. (91 S.) Pforzheim 858, (Flammer.) 1

Bloch, G, vollst. Anl. z. Gold- u. Silberlegirgn m. prakt. Aufg. 8. (91) Pforzh. 58. (Strassb., Schauenburg.) n. 1. 20

Bloch, G., vollständige Anleitung zu Gold- u. Silber-Ligirungen nach Gramms u. Milligramms. m. prakt. Aufgaben u. pünktl. Erklärgn. u. den dazu f. verschiedene Farben u. Karate erfordl. Ligir-Tabellen, nebst e. techn. Anleitg. zum Schmelzen, Scheiden, Vergolden rc., sowie zu den im Geschäfte vorkomm. kaufmänn. Rechngn., darunter die Vergleichgn. d. neuen Gewichtes, Maßes u. Preises mit dem alten. gr. 8. (47 S.) Pforzheim 872. (Riecker.) n. 5. –

— Les origines du sénat Romain. Recherches sur la formation et la dissolution du sénat patricien. Diss. 1883. 884 S. 6.—

Bloch, G., De decretis functorum magistratuum ornamentis. — De decreta adlectione in ordinis functorum magistratuum usque ad mutatam Diocletiani temporibus rem publicam accedit appendix epigraphica. Diss. 1883. 178 S. 4.50

Bloch, Gilbert, Bilder a. d. Ambassadorenherrschaft i. Solothurn (1554—1791) u. d. Einfall d. Franzosen (1798). gr. 8. (136 S.) Biel 898. A. Rüfenacht. n. 1. 50

Bloch, Gilbert, livre de lecture à l'usage des écoles de commerce, des écoles industrielles et des cours de perfectionnement professionnel. (VII, 394 S.) 8. Biel 904. A. Rüfenacht. Geb. n.n. 3. 50

Bloch, Gilbert, die Reform der französischen Orthographie im Anschluss an die Petition Havet, professeur am Collège de France, an die Académie française. gr. 8. (IV, 234 S.) Biel 893. (Aarau, H. R. Sauerländer & Co.) n. 3. 20

Bloch, Hedwig, prakt. Arzt, frühere Assistentin der medizinischen Klinik Basel: Ueber den Einfluss der Menstruation bei verschiedenen internen Erkrankungen. Karlsruhe i. B. 1910. 24 S. und drei Doppeltafeln. 8°.
Basel. Med. Diss. 1909/10.

Bloch, Hedwig. Über den Einfluss der Menstruation bei verschiedenen internen Erkrankungen. Diss. Med. Basel. [Mit 3 Tafeln.] 24 S. 8. Karlsruhe i. B., Geschwister Moos, 1910.

Bloch, Heinrich, approb. Arzt aus Herlisheim a. d. Zorn: Beitrag zur Bakterienflora der Straßburger Wasserleitung. *Straßburg i. E. 1903: C. Müh & Co.* (30 S.) 8°
Straßburg, Med. Diss. v. 1903

Bloch, Heinrich, prakt. Arzt a. Schlettstadt: Zur Casuistik der Entwicklungsfehler der weiblichen Genitalien. Straßburg i. E. 1907: C. & J. Goeller. (56 S.) 8°
Straßburg, Med. Fak., Ref. Fehling, Diss. v. 10. Mai 1907
[Geb. 16. Jan. 77 Hochfelden, Landkr. Straßburg; Wohnort: Schlettstadt i. Els.; Staatsangeh.: Elsaß-Lothringen; Vorbildung: Gymn. Schlettstadt Reife M. 98; Studium: Straßburg 10 S.; Coll. 7. März 07; Approb. 24. Dez. 04.]

Bloch, Heinr., die Quellen des Flavius Josephus in seiner Archäologie. gr. 8. (X, 169 S.) Leipzig 879. Teubner. n. 4. —

Bloch Heinrich: Die Quellen des Josephus Flavius in den zehn anderen Büchern seiner jüdischen Altertümer. Diss. Wien, Univ.
II. 1878 PN 105 647

Bloch, Henr. (geb. Meseritz 1808): De usu atque efficacia aquae frigidae. Berolini (1839). (29 S.) 8°
Berlin, Med. Diss. v. 10. Jan. 1839

Bloch, Henri L . Les auteurs du programme. (Adalbert) Stifter: Der Waldsteig; Granit; — Gottfried Keller: Kleider machen Leute. In Auszügen. Mit verbindendem Text und Anmerkungen hrg. 95 p. 8. Paris, Ch. Delagrave, [1904]. [fr. 1. —]
Cours de langue allemande. Conforme aux Instructions ministérielles du 31 Mai 1902 et à l'Arrêté du 3 Août 1903.

Bloch, Hermann

Bloch, Herm., die elsässischen Annalen der Stauferzeit, s.a. **Regesten** der Bischöfe v. Strassburg. I, 1.

Die Elsässischen Annalen der Stauferzeit. Eine quellenkrit. Einl. zu d. Regesten d. Bischöfe von Straßburg von Hermann **Bloch**. Mit e. Anh. von Ernst Polaczek u. 13 Taf. Innsbruck: Wagner 1908. (XIII, 209 S.) 4°
— **Regesten** d. Bischöfe von Straßburg. Bd 1. [08. 4703

— s.: Annales Marbacenses.

Bloch, H: Ein karoling. Bibliotheks-Katalog a. Kloster Murbach, s.a. Festschrift, Strassb., z. 46. Versammlg deut. Philologen u. Schulmänner.

Bloch, Herm., e. karolingischer Bibliotheks-Katalog aus Kloster Murbach. gr. 8. (S. 257—285.) Strassburg 901. K. J. Trübner. n. 1. —
Sonderabdruck aus „Strassb. Festschrift z. 46. Versammlg. deutscher Philologen u. Schulmänner".

Bloch, Hermann [aus Schaky (Russland)]: Ueber elektromotorische Erscheinungen am bebrüteten Hühnerei . . . . Königsberg, 1888; 34 S. + 1 Bl. 8°
Königsberg, Med. Fak., Inaug.-Diss. v. 29. März 1888

B l o c h , H e r m a n n , über elektromotorische Erscheinungen am bebrüteten Hühnerei. Diss, Königsberg i. Pr. 1888, Graefe & Unzer, 8°. 34 S.

Bloch, Herm., Forschungen zur Politik Kaiser Heinrichs VI. in den J. 1191—1194. gr. 8. (VII, 105 S.) Berlin 892. B. Behr's Verl. n. 2. —

— Geistesleben im Elsass zur Karolingerzeit. Mit Vignetten v. L. Schnug. gr. 4. (31 S.) Strassburg (902). J. Noiriel. n. 3. —
Sonderabdruck aus „Illustr. elsäss. Rundschau".

Bloch, Herm.: Die staufischen Kaiserwahlen u. d. Entstehg d. Kurfürstentums. Forschgn. (17, 380) gr8° Lpzg, BG Teubner '11. 12 —

Bloch, Hermann [aus Berlin]: Untersuchungen zur Geschichte Kaiser Heinrichs VI. in den Jahren 1191—1194. . . . (Theil I.) Berlin, P. Stankiewicz' Buchdr., *1891;* 42 S., 1 Bl. 8°
Berlin, Phil. Fak., Inaug.-Diss. v. 8. Aug. 1891

Bloch, Hugo, General-Register, s.: Jahresbericht üb. etc. class. Altertumswiss.

Bloch, J.
– Das I. Auftreten d. Syphilis . . . , s. Bloch, Iwan

Bloch, J.: Ausflüge in d. Umgeg. v. Berlin, s. Bloch, Johann

Bloch, I.: Der Buchhalter in d. Brusttasche, s. Bloch, Jos.

Bloch, J.: Les chemins de fer russes, s. Bloch, Jean

Bloch, J.: Die embryonale Entwicklung . . . , s. Bloch, Isaak

Bloch, J.: Hühnerzucht f. d. Landwirth, s. Bloch, Julius

Bloch, J., s. Mann u. Weib.

Bloch, J.: Methodik des Violinspiels, s. Bloch, Josef

Bloch, J.: Rund um Berlin, s. Bloch, Johs.

Bloch, I.: Illustriertes Spielbuch für Kinder, s. Bloch, Ida

Bloch, J. S., der Arbeiterstand bei den Palästinensern, Griechen u. Römern. Vortrag, am 12. Aug. 1882 vor den Arbeitern der Locomotiv-Fabriken in Floridsdorf u. am 28. Aug. 1882 vor den Eisen-, Metall- u. deren Hilfsarbeitern Wiens u. Niederösterreichs im Saale des Gasthofes „zum grünen Jäger", V. Bezirk in Wien geh. gr. 8. (32 S.) Wien 882. D. Löwy. n. — 40

Bloch, J. S., Beiträge zur Einleitung in die talmudische Literatur. 1. Thl. A. u. d. T.: Einblicke in die Geschichte der Entstehg. der talmud. Literatur. 8. (X, 139 S.) Wien 884. J. Pollak. n. 1. 80

Bloch, JS, hellenist. Bestandtheile im bibl. Schriftthum. 8. (59) Lpzg 78, A Krüger. n. 1. 50

Bloch, J. S., hellenistische Bestandtheile im biblischen Schriftthum. Eine krit. Untersuchung über Abfassung, Charakter und Tendenzen, sowie die Ursachen der Kanonisirung des Buches Esther. gr. 8. (VII, 59 S.) Leipzig 878, Mentzel. *
Aus: Jüdisches Literaturblatt, besonders abgedruckt.

— hellenistische Bestandtheile im biblischen Schriftthum. Eine kritische Untersuchung über Abfassung, Charakter u. Tendenzen, sowie die Geschichte der Kanonisirung des Buches Esther. 2., m. vielen Nachträgen verm. Aufl. gr. 8. (XI, 92 S.) Ebend. 882. n. 1. 20

—— Jean Bodin, ein französischer Staatsmann und Rechtslehrer, ein Vorläufer Lessings aus dem 16. Jahrh. Vortrag, am 29. Jan. 1881 im Saale der Handelsakademie zu Prag gehalten. gr. 8. (26 S.) Frankfurt a. M. 881. (Wien, D. Löwy.) *
Aus: Populär-wissenschaftliche Monatsblätter, besonders abgedruckt.

Bloch, J. S., die Juden in Spanien. Eine histor. Skizze. In Bruchstücken vorgetragen im historischen Seminar der Münchener Universität. gr. 8. (IV, 135 S.) [Leipzig 875, Leiner.] Breslau, Schletter'sche Buchh. *

—— Quellen und Parallelen zu Lessing's „Nathan". Vortrag, am 31. Jänner 1880 im Saale der Handels-Akademie zu Prag gehalten. 8. (VII, 80 S.) Wien 880, (Gottlieb.) *

— Quellen u. Parallelen zu Lessing's „Nathan". Vortrag, am 31. Jänner 1880 im Saale der Handels-Akademie zu Prag geh. 2. unveränd. Aufl. 8. (80 S.) Ebend. 882. n. 1. —

— Zur Reform des Heimats- u. Armenrechts. 8⁰. Wien 1854.

Bloch, J. S., Socialhistorisches zum Heimats- und Armenrecht. 8⁰. Wien 1884.

—— Studien zur Geschichte der Sammlung der althebräischen Literatur. gr. 8. (VII, 160 S.) Breslau 876, [Skutsch.] Hepner's Verlag. *

— Studien zur Geschichte der Sammlung der althebr. Literatur. 2. Aufl. 8. (160 S.) Ebend. 882. n. 1. 60

Bloch, JS, a. d. Vergangenheit f. d. Gegenwart. Social- u. literarhistor. Vorträge u. Essays. 8. (258) Wien 86, Daeubler. n. 2. —

— aus der Vergangenheit f. die Gegenwart. Social- u. literarhistor. Vorträge u. Essays. gr. 8. (258 S.) Wien 886. Engel. n. 2. —

— der nationale Zwist u. die Juden in Oesterreich. gr. 8. (92 S.) Wien 886. Gottlieb. n. 1. —

Bloch, Jacobus (*geb. Breslau 24. 1. 1812*): De vestimentis morborum causis atque remediis nec non de iis, quae civitatis legibus circa eadem sunt instituenda. Vratislaviae (1842). (36 S.) 8⁰
Breslau, Med. Diss. v. 31. Okt. 1842

Bloch, **Jano, specim. oper. Metochitae, inscr. Ὑπομνηματισμοι etc. 8. Kopenh. 790. Müller. 18 ℋ**

— s. Th. Metochitae, *Ἀνεκδοτα* nonnulla

Bloch, Ida, illustriertes Spielbuch f. Kinder. Unterhaltende u. belustig. Spiele u. Beschäftiggn. f. kleine Kinder im Zimmer, sowie im Freien. gr. 8. (VIII, 122 S. m. 140 Text-Abbildgn. u. 3 Buntbildern.) Leipzig 891. Spamer. n. 3. 50; cart. n. 4. —

Bloch, Ida, illustriertes Spielbuch f. Kinder. Unterhaltende u. belustig. Spiele u. Beschäftiggn. f. kleine Kinder im Zimmer sowie im Freien. 2., verm. Aufl. Bearb. von Alban v. Hahn u. Frau Anna Dedekind. Mit 158 Text-Abbildgn. u. 3 Buntbildern. gr. 8. (VIII, 146 S.) Leipzig 902. O. Spamer. n. 3. —; geb. in Leinw. n. 3. 60

Bloch, Ida, illustriertes Spielbuch f. Kinder. Unterhaltende u. belustig. Spiele u. Beschäftiggn. f. kleine Kinder im Zimmer sowie im Freien. 3. Aufl. Bearb. von Alban v. Hahn u. Frau Anna Dedekind. Mit 158 Text-Abbildgn. u. 3 Buntbildern. (VIII, 146 S.) 8. Leipzig 906. O. Spamer. n. 3. —; geb. in Leinw. n. 3. 50

Bloch, Ida, illustriertes Spielbuch f. Kinder. Unterhaltende u. belustig. Spiele u. Beschäftiggn. f. kleine Kinder im Zimmer sowie im Freien. 4. Aufl. Bearb. v. Alban v. Hahn u. Frau Anna Dedekind. Mit 158 Text-Abbildgn. u. 8 Buntbildern. (VIII, 146 S.) 8. Leipzig (909). O. Spamer. 3. —; geb. in Leinw. 3. 50

Bloch, Ida: Illustr. Spielb. f. Kinder. Spiele u. Beschäftiggn f. kl. Kinder im Zimmer sowie im Freien. Bearb. v. Alban v. Hahn u. Anna Dedekind. 5. [Tit.-]Afl. (8, 146 m. Abb. u. 3 farb. Bild.) 8⁰ Lpzg, O Spamer ['09] '13. L 3.50 d

Bloch, Jean, les chemins de fer russes. Recettes et dépenses d'exploitation, prix de revient des transports et mouvement des marchandises. Fol. (IV, 72 Sp. m. vielen Tab., lith. u chromolith. Curven-Taf. u. Karten in Fol. u. gr. Fol.) Varsovie 875. (Berlin, Ernst & Korn.) n. 45. —

Bloch, Ign.: Generalreg., s: Zentralblatt, Chemisches.

Bloch, Ignaz: Elektrolyse von Estersalzen ungesättigter und hydroxylierter Dicarbonsäuren mit Kaliumacetat. 1902. 55 S. 8⁰
München, Dr.-Ing.-Diss. v. 21. 12. 1901

Bloch, Johann von

Bloch, Joh., Ausflüge in die Umgegend von Berlin. Ein Rathgeber für den Besuch aller zu Sommerausflügen geeigneten Orte im näheren und weiteren Umkreise. 8. (48 S. mit 1 lithogr. Karte in gr. Fol.) Berlin 866, Schropp'sche Landkhdlg. *

Beschreibung des Kriegsmechanismus. Von Johann v. Bloch. *Berlin: Puttkammer & Mühlbrecht 1899.* (xxxii, 669 S., 114 Taf.) 1 Bd 4.(8.)
= Bloch, J. v.: Der Krieg. Bd i. [99. 481]

Die ökonomischen Erschütterungen und materiellen Verluste des Zukunftkrieges. Von Johann v. Bloch. *Berlin: Puttkammer & Mühlbrecht 1899.* (viii, 578 S., 84 Taf.) 1 Bd 4.(8.)
= Bloch, J. v.: Der Krieg. Bd iv. [99. 4881]

Bloch, J v: Die wahrscheinl. polit. u. wirtschaftl. Folgen e. Krieges zw. Grossmächten. 8° (105) Berl. 01, Akadem. Verl. f. soc. Wiss. 1.50

Bloch, Johann von. Die wahrscheinlichen politischen und wirthschaftlichen Folgen eines Krieges zwischen Grossmächten. IV + 106 S. 8. Berlin-Bern, John Edelheim, 1901. [M. 1.50]

— **der Krieg. Uebersetzung d. russ. Werkes d. Autors: Der zukünft. Krieg in seiner techn., volkswirthschaftl. u. polit. Bedeutg. 6 Bde. Lex.-8. Berlin 899. Puttkammer & Mühlbrecht.** n. 40. —
1. Beschreibung des Kriegsmechanismus. (XXXII, 669 S. m. Abbildgn. u. Taf.) n. 8. —
2. Der Landkrieg. (IX, 751 S. m. Abbildgn., Karten u. Taf.) n. 8. —
3. Der Seekrieg. (VII, 448 S. m. Abbildgn.) n. 6. —
4. Die ökonomischen Erschütterungen u. materiellen Verluste des Zukunftskrieges. (VIII, 578 S. m. Abbildgn., graph. Darstellgn. u. Taf.) n. 8. —
5. Die Bestrebungen zur Beseitigung des Krieges. — Die politisch. Konflikts-Ursachen u. die Folgen der Verluste. (VIII, 603 S. m. Abbildgn. u. Taf.) n. 6. —
6. Der Mechanismus des Krieges u. seine Wirkungen. — Die Frage v. intern. Schiedsgericht. (XII, 360 S.) n. 4. —

— **der Krieg d. Zukunft. Auszug aus dem gleichnam. russisch. Werke, m. Genehmigg. des Verf. hrsg. v. Mitgliedern des Münchener Komitees f. Kundgebgn. zur Friedens-Konferenz. gr. 8. (VIII, 71 S.) Berlin 899. Vita.** n. — 60

— d. zukünftige Krieg in seiner technischen, politischen u. volkswirthschaftl. Bedeutung, s. Bloch: Der Krieg.

— **Zur gegenwärt. Lage in China. 8° (40) Berl. 1900, Akadem. Verl. f. soc. Wiss.** nn — 75

— **zur gegenwärtigen Lage in China. Eine politisch-wirtschaftl. Studie. gr. 8. (40 S.) Berlin 900. Dr. J. Edelheim.** n.n. — 75

Der Landkrieg. Von Johann v. Bloch. *Berlin: Puttkammer & Mühlbrecht 1899.* (ix, 751 S., 50 Taf.) 1 Bd 4.(8.)
= Bloch, J. v.: Der Krieg. Bd ii. [99. 4880]

Der Mechanismus des Krieges und seine Wirkungen. Die Frage vom internat. Schiedsgericht. Von Johann v. Bloch. *Berlin: Puttkammer & Mühlbrecht 1899.* (xii, 360 S.) 1 Bd 4.(8.)
= Bloch, J. v.: Der Krieg. Bd vi. [99. 480]

Der Seekrieg. Von Johann v. Bloch. *Berlin: Puttkammer & Mühlbrecht 1899.* (vii, 448 S., 60 Taf.) 1 Bd 4.(8.)
= Bloch, J. v.: Der Krieg. Bd iii. [99. 1861]

— **die Unmöglichkeit, den Verwundeten auf dem Schlachtfelde Hilfe zu bringen. Nach Angaben des russ. Werkes: Der Krieg. gr. 8. (89 S. m. Abbildgn.) Berlin 899. Puttkammer & Mühlbrecht.** n. — 80

— von Berlin nach dem Spreewalde. Ein Reisehandbuch. gr. 16. (40 S. nebst 1 lithogr. Karte in Imp.-Fol.) Berlin 867, Schropp'sche Landkhdlg.

— **Wirkungen der modern. Feuerwaffen. Nach Angaben des russ. Werkes: Der Krieg. gr. 8. (42 S. m. Abbildgn.) Ebd. 899.** n. — 80

Bloch, Joh. (Hrsg.), s. Central-Blatt für den gesammten Preßverkehr Deutschlands.

Bloch, Johs., rund um Berlin. Unsere Vororte u. ihre Zukunft. I. II. 12. Berlin, C. Zieger Nachf. Kart. à n. — 50
I. Nördliche Hälfte. (58 S.) 893.
II. Südliche Hälfte u. weitere Anschlüsse. (74 S.) 893.

Bloch, Jos.

Bloch, Is., der Buchhalter in der Brusttasche oder die Quintessenz des Buchhaltens zum Selbstunterrichte. 1. Heft, enth. die Theorie der einfachen Buchhaltung. 16. (28 S.) Prag 862, (Silber.)

Bloch, Joseph, a. Wilkowiszky: **Die Entwickelung des Unendlichkeitsbegriffs von Kant bis Cohen. Berlin 1907: C. Rosen. (70 S.) 8°**
Erlangen, Phil. Fak., Ref. Hensel, Diss. v. 20. Juni 1907
[Geb. 14. Sept. 71 Wilkowiszky (Russ.-Polen); Wohnort: Berlin; Staatsangeh.: Preußen; Vorbildung: Kneiphöfisches Gymn. Königsberg Reife O. 90; Studium: Königsberg 4, Berlin 10 S.; Rig. 10. Juni 07.]

Methodik des Violinspiels und Violinunterrichts von Joseph Bloch, Prof. in Budapest. Mit 75 Abb. u. 550 Notenbeispielen. Deutsche Übers. von Prof. Dr. Géza Molnár. Straßburg i. E.: Süddeutscher Musikverl. (1903). (xvi, 381 S.) 8° [16. 4031]

Bloch, Jos., Methodik des Violinspiels u. Violinunterrichts. Mit 75 Abb. u. 550 Notenbeispielen. Deutsche Übersetzg. v. Géza Molnár. (XVI, 381 S.) gr. 8. Strassburg (904). Süddeutscher Musikverlag. n. 4. —

Bloch, Josef (Red.), s. Monatshefte, Sozialistische.

Bloch, Josef, aus Grussenheim ⟨Ob.Els.⟩: **Die samaritanisch-arabische Pentateuchübersetzung, Deuteronomium I—XI, mit Einleitung und Noten.** ***Berlin: M. Poppelauer 1901.*** **(43, 64 S.) 8°** ¶(Teil d. eingereichten Arbeit.)
Strassburg, Phil. Diss. v. 1901

Bloch, J[oseph] S[amuel], Rabbiner [von Kobylin, Preussen]: Studien zur Geschichte der Sammlung der althebräischen Literatur. Breslau H. Skutsch 1876. 4 Bl., 160 S. 8°.
[Zürich, Phil. Diss. v. 18. Dec. 1875].

Bloch, Joseph Samuel (Hrsg.), s.a. Wochenschrift, Österreichische.

Bloch's, Jos. S., österr. Wochenschrift. Zentralorgan f. die gesamten Interessen des Judentums. 24—27. Jahrg. 1907—1910. à 52 Nrn. (880, 928, 928 u. 920 S.) 32,5×24 cm. Wien (IX/1, Hahngasse 15), Administration. à Jhrg. 16. 60

Bloch's, Jos. S, österr. Wochenschrift. Zentralorgan f. d. gesamten Interessen d. Judentums. 27. u. 28. J. '10 u. '11 je 52 Nrn. ('11, Nr 1: 20) 32,5×24 cm. Wien (II/I Praterstr. 9), Administration. halbj. nn 8.30 || 29. J. '12. halbj. nn 8.50 d

Bloch, Isaak, aus Zürich: Aus dem zoologischen und vergleichend-anatomischen Laboratorium beider Hochschulen in Zürich. Die embryonale Entwickelung der Radula von Paludina vivipara. [S. A. aus: Jenaische Zeitschrift für Naturwissenschaft. Bd 30. N. F. 23. S. 350—392, mit Tafel XIX—XX a]. Jena G. Fischer 1896. 45 S., 3 Taf. 8°.
Zürich, Phil. Diss. [v. 13. Juni 1896].

Bloch, I[saak]. Biographische Notizen über Alexander Moritzi ⟨1806—1850⟩. Mit 2 Illustrationen [Tafeln] s. Lang, Arnold. Alexander Moritzi, Ein schweizerischer Vorläufer Darwins.

Bloch, Judith: Über cystische Tumoren der Mamma. Freiburg i. B.: Hammerschlag & Kahle 1910. 39 S. 8°
Freiburg i. B., Med. Diss. v. 1910, Ref. Kraske
[Geb. 24. Juli 84 Wilna; Wohnort: Freiburg i. B.; Staatsangeh.: Rußland; Vorbildung: Marien-Gymn. Wilna Reife 01; Studium: Bern 7, Freiburg i. B. 3 S.; Rig. 8. April 10.] [U 10. 955

Bloch, Julius

Bloch, Jul., Enten, Gänse u. Tauben als Nutzgeflügel. Anleitung zur rationellen u. rentabeln Zucht v. Wassergeflügel u. Tauben. Mit zahlr. Abb. v. Rassetieren. (156 S.) 8. Aarau 909. E. Wirz. Geb. in Leinw. 2. —

Bloch, Jul., illustriertes Hühnerbuch. Anleitung zu e. rationellen u. rentablen Hühnerzucht. Mit 86 Rassebildern auf Kunstdruckpap. u. 21 Abb. im Texte. (VIII, 146 S.) 8. Aarau 907. E. Wirz. Geb. in Leinw. n. 3. —

Bloch, Jul., Hühnerzucht f. den Landwirth. Ein kurzer Leitfaden, wie auf d. Lande Hühnerzucht nutzbringend betrieb. werden kann. 4. (84 S. m. Abb.) Aarau 901. E. Wirz. n. — 50

— **illustriertes Kaninchenbuch. Anleitg. zu e. rationellen u. rentablen Kaninchenzucht. Mit 26 Rassebildern auf Kunstdr.-Pap. u. 17 Abbildgn. im Texte. (VII, 122 S.) 8. Ebd. 905.** Geb. in Leinw. n. 2. —

Bloch, Jul: Illustr. Kaninchenb. Anleitg z. rationellen u. rentablen Kaninchenzucht. 2. Afl. (7, 163 m. Abb. u. Tafeln.) 8° Aar., E Wirz '12. L 2.80 d

— Neuere Kaninchenrassen. Ihre Zucht, Pflege u. Bewertg. Mit 15 Rassebildern auf Kunstdr.-Pap. (44 S.) 8. Ebd. 910. 1.—

Bloch, J., rationelle Kaninchenzucht. Kurze Anleitg. für Nebenerwerb u. Produktion v. „Billig Fleisch". gr. 8. (II, 46 S.) Aarau 900. E. Wirz. n. —50

— rationelle Kaninchenzucht. Kurze Anleitg. f. Nebenerwerb u. zur Produktion v. „Billig Fleisch". 2, verm. u. verb. Aufl. (56 S.) 8. Ebd. 905. n. —50

Bloch, Iwan, s. a.: Dühren, Eug.

— das erste Auftreten der Syphilis (Lustseuche) in der europäischen Kulturwelt. Gewürdigt in seiner weltgeschichtl. Bedeutg., dargestellt nach Anfang, Verlauf u. voraussichtl. Ende. Vortrag, geh. in der staatswissenschaftl. Vereinigg. zu Berlin am 12. XI. 1903. (35 S.) gr. 8. Jena 904. G. Fischer. n. —60

— Beiträge zur Aetiologie der Psychopathia sexualis. Mit e. Vorrede v. Alb. Eulenburg. 1. u. 2. Tl. gr. 8. Dresden, H. R. Dohrn. n. 17.—
1. (XVI, 272 S.) 902. n. 7.—. — 2. (XVIII, 400 S.) 903. n. 10.—

— Beitr. z. Aetiol. d. Psychopathia sexualis. 1. Tl. (272) 8° Dresd.'02. Lpzg. Leipz. Verl. 7 — II 2. Tl. (400) 08. 10 —

— s: Bibliothek, Sexualpsychologische.

Bloch, Jwan [app. Arzt aus Delmenhorst (Oldenb.)]: Über den Einfluss von Jod, Thyrojodin, Thyraden auf den Stoffwechsel ... Würzburg, P. Scheiner's Buchdr., 1896; 46 S. 8.
Würzburg, Med. Fak., Inaug.-Diss. v. 1896

— die geschichtliche Entwickelung d. wissenschaftl. Krankenpflege, s.a. Klinik, Berliner.

Die geschichtliche Entwickelung der wissenschaftlichen Krankenpflege. Von Dr. Iwan Bloch in Berlin. *Berlin: Fischer 1899.* (30 S.) 8°
= Klinik, Berliner. II. 130.

Neue Forschungen über den Marquis de Sade und seine Zeit. Mit bes. Berücks. d. Sexualphilosophie de Sade's auf Grund d. neuentdeckten Orig.-Ms. s. Hauptwerkes 'Die 120 Tage von Sodom'. Von Dr. Eugen Dühren [d. i. Iwan Bloch]. Mit mehreren bisher unveröffentl. Briefen u. Fragm. *Berlin: M. Harrwitz 1904.* (XXXII, 488 S.) 8°

— zur Geschichte der wissenschaftlichen Krankenpflege (Hypurgie), s.: Spezial-Katalog d. Gesamtlitteratur über Krankenpflege.

DÜHREN, Dr. Eugen (d. i. Dr. med. *Iwan Bloch* in Charlottenburg, geb. 8. April 1872 zu Delmenhorst), Das Geschlechtsleben in England mit besonderer Beziehung auf London. 3 Thle. Charlottenburg, Berlin, 1900, 1903. Gr. 8°. (Mk. 30—.) (25 Mk., Orig.-Lwd. 30 Mk., einzeln à 10 Mk., Rich. Bertling, Dresden, 1907; 20 Mk., cplt., Max Harrwitz, Berlin, 1904.)
Thl. 1: Die beiden Erscheinungsformen des Sexuallebens. Die Ehe und die Prostitution. VIII, 445 S. — Thl. 2 u. 3: Der Einfluss äusserer Faktoren auf das Geschlechtsleben (u. a. in Thl. 2, Seite 336—481: Die Flagellomanie). VIII, 481 S.
— — Dasselbe. Liebhaber-Ausgabe. 3 Bde. Charlottenburg 1901 und Berlin 1903. Kl. Folio. (50 Mk.)
Nur in 100 num. Expll. gedr. Mit d. handschriftlichen Namenszug des Verfassers.

Das Geschlechtsleben in England mit bes. Beziehung auf London. Von Dr. Eugen Dühren [d. i. Iwan Bloch]. T. 1–3. *Charlottenburg: H. Barsdorf* (2. 3: *Berlin: M. Lilienthal*) *1901–03.* 3 Bde 8°
1. Die beiden Erscheinungsformen d. Sexuallebens. Die Ehe u. d. Prostitution. 1901.
2. 3. Der Einfluß äußerer Faktoren auf d. Geschlechtsleben in England. 1903.
= Studien z. Geschichte d. menschl. Geschlechtslebens. 2–4.

BLOCH, Iwan. Das Geschlechtsleben des Mannes. Mit mehr. Illustr. Sonderabdruck aus »Mann u. Weib«, herausgegeben v. R. Koßmann u. J. Weiß. 8°. 22 S.

Die sexuelle Osphresiologie. Die Beziehungen d. Geruchssinnes u. d. Gerüche z. menschl. Geschlechtsthätigkeit. Von Dr. Albert Hagen [d. i. Iwan Bloch]. 2. Aufl. Berlin: H. Barsdorf 1906. (IV, 288 S.) 8°
= [Bloch]: Studien z. Gesch. d. menschl. Geschlechtslebens. Erg. Bd.

— Die Perversen, s.a. Problem, das sexuelle.

— die Perversen, s.a. Zeitfragen, moderne. Nr. 6.

Die Perversen. Von Dr. med. Iwan Bloch in Berlin. Berlin: Pan-Verl. [1905]. (42 S.) 8° [F.]
= Zeitfragen, Moderne. No 6.

Die Praxis der Hautkrankheiten. Unna's Lehren f. Studierende u. Ärzte zsgefaßt u. dargest. von Dr. Iwan Bloch, Berlin. Mit e. Vorw. von Dr. P[aul] G[erson] Unna. Mit 92 Abb. Berlin, Wien: Urban & Schwarzenberg 1908. (XII, 698 S.) 8°

Bloch, J., s. Problem, das sexuelle.

— Die Prostitution, s: Handbuch d. gesamten Sexualwiss.

DÜHREN, Dr. Eugen (d. i. Dr. med. *Iwan Bloch*), Rétif de la Bretonne, der Mensch, der Schriftsteller, der Reformator. Berlin 1906 (,) Verlag von Max Harrwitz. Gr. 8°. (Br. Mk. 10—, eleg. gebd. 12—.) (9 Mk., wie neu im Orig.-Lwdbd., Adolf Weigel, c. 1908.)
XVII—515 S., 1 S. Druckanzeige. Lat. Lett.
— — Dasselbe. Luxusausgabe, in nur 100 nummerierten Exemplaren auf Büttenpapier hergestellt mit dem historischen Porträt *Rétifs* in Original-Radierung. (Mk. 20—.)
Herrn Fedor von Zobeltitz, dem tatkräftigen und erfolgreichen Förderer der Bibliophilie in Deutschland, gewidmet.

Rétif-Bibliothek. Verzeichnis d. franz. u. deutschen Ausg. u. Schriften von u. über Rétif de la Bretonne, unter Mitw. von Max Harrwitz hrsg. von Dr. Eugen Dühren (Iwan Bloch). Suppl. zu des Verf. Werk: 'Retif der Mensch, d. Schriftsteller, d. Reformator'. Berlin: M. Harrwitz 1906. (42 S.) 8°

DÜHREN, Dr. Eugen (d. i. Dr. med. *Iwan Bloch*, Spezialarzt für Haut- und Sexualleiden in Charlottenburg, geb. zu Delmenhorst 8. April 1872), Der Marquis de Sade u. seine Zeit. Beitrag zur Cultur- und Sittengeschichte des 18. Jahrhunderts mit besonderer Beziehung auf die Lehre von der Psychopathia sexualis. (Auch titulo: Studien zur Geschichte des menschlichen Geschlechtslebens. I.) Berlin und Leipzig, Barsdorf, 1900. Gr. 8°. (Mk. 10—.) (6 Mk. M. Edelmann, Nürnb., 1906.)
Inhalt: I. Das Zeitalter des Marquis de Sade. II. Das Leben des Marquis de Sade. III. Die Werke des Marquis de Sade. IV. Theorie u. Geschichte des Sadismus.
Verboten v. L.-G. Laibach, 24. II. 1900. §§ 303, 305, 316; Kr.-G. Königgrätz, 15. III. 1901. § 302, 303, 305, 316.
— — Dasselbe. 2. Aufl. Ebd. 1900. Gr. 8°. 502 S. (Mk. 10—.) (7 Mk. 50 Pfg., Orig.-Lwd., Adolf Weigel, 1909; 7 Mk. 50 Pfg. H. Hugendubel, München, c. 1908.)
— — Dasselbe. 3. vollständig durchgesehene und vermehrte Auflage. Ebd. 1901. Gr. 8°. 537 S. (Mk. 10—.) (7 Mk. 50 Pfg., wie neu, Max Perl, Berlin, 1904.)
— — Dasselbe. Dieselbe Auflage. Liebhaber-Ausgabe. Kl.-Fol. Imit. Büttenpap. (25 Mk., br., unbeschn., Adolf Weigel, 1909:)
Von dieser bereits vergriffenen Liebhaber-Ausgabe wurden nur 100 Exemplare gedruckt.
— — Dasselbe. 4. Aufl. Ebd. 1906. Gr. 8°. 544 S. (Br. Mk. 10—, gebd. 11,50.)
— — Französ. Uebersetzg.: *Duehren*, Eug., Le Marquis de Sade et son temps, trad. par Dr. A. Weber-Riga. Avec une préface d' O. Uzanne: L'idée de Sadisme et l'érotologie scientifique. Berlin 1901. 8°. IV et 501 pp. (Mk. 10—.) (6 Mk. Taussig, Prag, 1909; 6 Mk. 50 Pfg. H. Hugendubel, München, 1908.)

— Das Sexualleben uns. Zeit in s. Beziehgn z. modernen Kultur. 1—3. Afl. (823 bezw. 829) gr8° Berl., L Marcus '07. II 4—6., um e. Anh. verm. u. m. Namen- u. Sachreg. verseh. Afl. (840 u. 19) '08. II 7—9., um e. Anh. verm. Afl. (12, 850 u. 19) '09. Je 8 —; geb. je 9.50

— Das Sexualleben unserer Zeit in seinen Beziehungen zur modernen Kultur. 41—60. Taus. 7. bis 9., um e. Anh. verm. Ster.-Aufl. (XII, 850 u. XIX S.) gr. 8. Berlin 909. L. Marcus. 8.—; geb. 9.50
2. u. 3. Aufl. (XII, 829 S.) 907. — 4.—6. Aufl. (XII, 840 u. XIX S.) 908. 8.—; geb. 9.50

Studien zur Geschichte des menschlichen Geschlechtslebens. Von Dr. Eugen Dühren [d. i. Iwan Bloch]. 1. *Berlin & Leipzig: H. Barsdorf 1900.* 8°

Bloch, Iwan, der Ursprung der Syphilis. Eine medizin. u. kulturgeschichtl. Untersuchung. 1. Abtlg. gr. 8. (XIV, 313 S.) Jena 901. G. Fischer. n. 6.—

— Der Ursprung d. Syphilis. 2. Abtlg. (11 u. 314—765) gr8° Jena, G Fischer '11. 11 — (1 u 2: 17 —)

— — Der Ursprung der Syphilis. Eine medizin. u. kulturgeschichtl. Untersuchung. 2 Bde. Jena, G. Fischer, 1901—1911. 8°. XII, 313 S.; XI, 765 S.

Das Versehen der Frauen in Vergangenheit und Gegenwart u. d. Anschauungen d. Aerzte, Naturforscher u. Philosophen darüber. Von Gerhard v. Welsenburg [d. i. Iwan Bloch]. Mit 10 Abb. Leipzig: H. Barsdorf 1899. (IV, 183 S.) 8° (08. 1318)

Bloch, K. E., Johann Balthasar Schuppius. Nach seinem Leben u. seinen Schriften. I. Das Leben. Berlin 863. Quaas in Comm. gr. 4. (38 S.) n. 20 ngr.

Bloch, Karl [wirkl. Name] s.a. B a l l a g i, Karoly [Pseud.]

Bloch, Karl, s.a. B l o c h, Carl

Bloch, Karl [approb. Arzt]: Zur Casuistik der Schussverletzungen .... München, Druck v. M. Ernst (vorm. Georg Pollner), 1888; 62 S. 8°
München, Med. Fak., Inaug.-Diss. v. 1888

Bloch, Konrad A., bacc. jur. utr., Zürich: Über Organschaft und die rechtliche Stellung der sogen. Verbandsorgane. *Affoltern a. A. 1904: J. Weiß.* (78 S.) 8°
Leipzig, Jur. Diss. v. 1904

Bloch, L.: A l k e s t i s - S t u d i e n, s. B l o c h, Leo

Bloch, L.: B e i t r a g z. Kenntniss d. Aneurysmen, s. B l o c h, Louis

Bloch, L.: D a m e n - B ü h n e, s. B l o c h, Ludwig

Bloch, L.: Der E i n f l u ß der Kurvenformen, s. B l o c h, Leopold

Bloch, L, u. R Zandy: Elektrotechn. Winke f. Architekten u. Hausbesitzer. (4, 151 m. Abb.) 8° Berl., J Springer '11. L 2.80

Bloch, Leo, Alkestis-Studien. Lex.-8. (52 S. m. 14 Abbildgn. u. 1 Taf.) Leipzig 901. B. G. Teubner. n. 2.—
Sonderabdruck aus: „Neue Jahrbb. f. d. klass. Altertum, Geschichte u. deutsche Litteratur."

Bloch, Leo: Röm. Altertumskde, s.a. Sammlung Göschen 45.

Römische Altertumskunde von Dr. Leo Bloch. Mit 8 Vollbild. 3., verb. Aufl. Leipzig: Göschen 1906. 173 S. 8°
(Sammlung Göschen. 45.) (11. 1430) II

— Beschreibung des Innenschmuckes der Villa Madama zu Rom. 10 (farb.) Lichtdr.-Taf. qu. gr. Fol. (8 Bl. Text.) Dresden 900. Leipzig (Gilbers). In Mappe n.n. 12. —
Sonderabdruck aus: „Theob. Hofmann, Raffael in seiner Bedeutung als Architekt".

— Zur Frage der lateinischen Stilübungen, s.: S c h u l a u f s a t z, der, unserer Achtjährigen.

Bloch, Leo, die zuschauenden Götter in den rotfigurigen Vasengemälden des malerischen Stiles. gr. 8. (72 S.) Leipzig 888, Fock. *

Bloch, Leo: Die zuschauenden Götter in den rotfigurigen Vasengemälden des malerischen Stiles .... München, k. Hof- u. Universitätsbuchdr. v. Dr. C. Wolf & Sohn, 1888; 1 Bl. + 72 S. + 2 Bl. 8°
Leipzig, Phil. Fak., Inaug.-Diss. v. 9. Jul. 1888

— Soz. Kämpfe im alten Rom, s.a. Aus Natur u. Geisteswelt 22.

Soziale Kämpfe im alten Rom. Von Leo Bloch. 2. Aufl. Leipzig: B. G. Teubner 1908. (IV, 150 S.) 8° [F.]
= Natur, Aus, u. Geisteswelt. Bdch. 22. (08. 10853)

— die ständischen u. sozialen Kämpfe in der römischen Republik, s.a. Aus Natur u. Geisteswelt.

Bloch, Leo, Die ständischen und sozialen Kämpfe in der römischen Republik. 8°. Leipzig, Teubner, 1900. (Aus: „Natur u. Geisteswelt", Bd. 22.) 2. Aufl. Ebd. 1908.

— d. Kult u. d. Mysterien v. Eleusis, s.a. Sammlung gemeinverständl. wissenschaftl. Vorträge.

[F.] Der Kult und die Mysterien von Eleusis. Von Dr. Leo Bloch, Privatd. an d. Univ. Zürich. *Hamburg: Verlagsanst. u. Dr. A.-G. 1896.* (41 S.) 8.
= Sammlung gemeinverständl. wiss. Vorträge. N. F. Ser. 11. H. 257. (97. 19

Bloch, Leo: Griechischer Wandschmuck. Archäologische Untersuchungen zu attischen Reliefen. München Verlagsanstalt f. Kunst u. Wissensch. 1895. 2 Bl., 73 S. m. Abbildgen. 8°.
Zürich, Phil. Fac., Habilitationsschrift.

Bloch, Leopold: Der Einfluss der Kurvenform auf die Wirkungsweise des Synchronmotors. Mit 34 Abb. 1903. VIII, 76 S. 8°
¶ Auch bei Enke in Stuttgart u. als: Sammlung elektrotechn. Vorträge. Bd 5, H. 7/8.
Karlsruhe, Dr.-Ing.-Diss. v. 14. 3. 1903

Bloch L, der Einfluss der Kurvenform auf die Wirkungsweise des Synchronmotors. (36 S) (Sammlung elektrotechnischer Vorträge V, 7. 8) Stuttgart 1904

Grundzüge der Beleuchtungstechnik. Von Dr.-Ing. L[eopold] Bloch, Berlin. Mit 41 Fig. Berlin: J. Springer 1907. (VIII, 157 S.) 8° (07. 14993

Bloch, Leopold: Die gegenwärtigen elektrischen L i c h t q u e l l e n, s. M o n a s c h, Berthold

Bloch, Leopold, prakt. Arzt aus Strassburg i. E.: Ueber habituelle Luxation des Ellenbogens. *Strassburg i. E. 1900: C. & J. Goeller.* (32 S.) 8°
Strassburg, Med. Diss. v. 1900

Bloch, Leopold [aus Zürich]: Schwimmblase, Knochenkapsel und Weber'scher Apparat von Nemachilus barbatulus Günther. Jena 1900. 2 Bl. 63 S. 2 Taf. und 12 Fig. im Text. 8°. (Die Tafeln fehlen in den Tauschexemplaren.)
Zürich. Phil. Diss. II, S 1899/1900.

B l o c h, Louis, der Bau der menschlichen Placenta, s. B e i t r ä g e zur pathologischen Anatomie und allgemeinen Pathologie.

Bloch, Louis, med. pract. von Winterthur [Kt. Zürich]: Beitrag zur Kenntniss der Aneurysmen. Mit Benutzung aller Fälle, welche auf der chirurgischen Klinik in Zürich in den Jahren 1870—1881 dem Herrn Professor Dr. Rose zur Beobachtung kamen, mit Einschluss der Fälle aus dessen Privatpraxis. '(8 lithographirte Tafeln mit 13 Abbildungen)'. Zür. J. Schabelitz Dr. 1881. 111 S., 8 Taf. 8°.
Zürich, Med. Diss. [v. 10. März 1881].

Bloch, Louis, Beitrag zur Kenntniss der Aneurysmen. Mit Benutzung aller Fälle, welche auf der chirurg. Klinik in Zürich in den Jahren 1870—1881 dem Hrn. Prof. Dr. Rose zur Beobachtung kamen, m. Einschluss der Fälle aus dessen Privatpraxis. Inaugural-Dissertation. Mit 8 lith. Taf. m. 13 Abbildgn. gr. 8. (111 S.) Zürich 881. (Verlags-Magazin.) n. 2. 40

Bloch, Ludwig

Bloch's, Ludw. Damen-Bühne. Nr. 1 u. 2. 8. Berl., Lassar. à Nr. * 1 50
1. Steiner, Olga. Eine Frage an das Schicksal. Lustspiel in 1 Akt. (18 S.) 890.
2. — In der Damen-Konditorei oder: Eroberungen. Schwank in 1 Akt. (15 S.) 890.

Bloch's, L, Damen-Bühne. Nr. 1—12. 8° Berl., E Bloch. à 1.50
Arendt-Morgenstern, O, e. Freundschaftstag. Lustspiel. (21) 94. [Nr. 9.]
Knitschke, M, Fräulein Doktor. Lustspiel. (22) 94. [Nr. 4.]
— d. Tante a. d. Provinz. Schwank. (18) 91. [Nr. 3.]
Kretschmer, E, d. Geheimnis d. Kränzchenschwester. Lustspiel. (16) 94. [Nr. 7.]
Krieg, C, d. Mädchen v. Lande. Schwank. (30) 95. [Nr. 12.]
— postlagernd. Schwank. (28) 94. [Nr. 5.]
— liebe Verwandte. Lustspiel. (21) 94. [Nr. 8.]
Rüdiger, F, alles verkehrt! Lustspiel. (22) 94. [Nr. 6.]
Steiner, O, in d. Damen-Konditorei od.: Erobergn. Schwank. (15) 90. [Nr. 2.]
— sie dichtet. Schwank. (26) 95. [Nr. 11.]
— e. Frage an d. Schicksal. Lustspiel. (18) 90. [Nr. 1.]
— d. Geheimnis d. Schlosses od. d. neueste Mode. Lustspiel. (23) 94. [Nr. 10.]

Bloch's, Ludw., Damen-Bühne. Nr. 1—10. 8. Berlin, E. Bloch. à n. 1.50

1. Eine Frage an das Schicksal. Lustspiel in 1 Akt v. Olga Steiner. (18 S.) 890.
2. In der Damen-Konditorei od.: Eroberungen. Schwank in 1 Akt v. Olga Steiner. (15 S.) 890.
3. Die Tante aus der Provinz. Schwank in 1 Akt v. Marie Knitschke. (18 S.) 891.
4. Fräulein Doktor. Schwank in 1 Akt v. Marie Knitschke. (22 S.) 894.
5. Postlagernd. Schwank in 1 Akt v. Carl Krieg. (28 S.) 894.
6. Alles verkehrt! Lustspiel in 1 Aufzuge v. F. Rüdiger. (22 S.) 894.
7. Das Geheimnis der Kränzchenschwester. Lustspiel in 2 Aufzügen v. Elis. Kretschmer. (16 S.) 894.
8. Liebe Verwandte. Lustspiel in 1 Akt v. Carl Krieg. (21 S.) 894.
9. Ein Freundschaftstag. Lustspiel in 1 Akt v. Olga Arendt-Morgenstern. (21 S.) 894.
10. Das Geheimnis des Schlosses od. die neueste Mode. Lustspiel in 1 Akt v. Olga Steiner. (23 S.) 894.

Bloch's, Ludw., Damen-Bühne. Nr. 11—26. 8. Berlin, E. Bloch. à n. 1.50

11. Sie dichtet. Schwank in 1 Aufzug v. Olga Steiner. (20 S.) 895.
12. D. Mädchen v. Lande. Schwank i. 1 Akt v. Karl Krieg (20 S.) 895.
13. Die Zeitungs-Braut. Dramat. Scherz v. Marie Landmann. (28 S.) 896.
14. Im Damenheim. Lustsp. i. 1 Akt v. Olga Steiner. (27 S.) 896.
15. E. Damenkomitee-Sitzg. Schwank in 1 Akt v. Edela Rüst. (24 S.) 896.
16. Feuer, Wasser, Kohle. Humorist. Küchendrama i. 1 Aufz. v. G. Margot. (17 S.) 896.
17. Im Hause d. Künstlerin. Lustspielscene v. Olga Steiner. (14 S.) 896.
18. Heiratskandidatinnen od. Wie junge Mädchen lieben. Lustsp. i. 1 Akt v. Olga Steiner. (27 S.) 896.
19. Drei Tanten auf einmal! Schwank i. 1 Aufz. v. G. Margot. (19 S.) 897.
20. Der Frühschoppen. Dramat. Scherz i. 1 Akt v. Marie Wilhelm. 2. Aufl. (18 S.) 897.
21. Doch annektiert. Lustsp. i. 1 Aufz. v. Ebeling-Gran. (20 S.) 897.
22. Wem galt das Ständchen? Lustsp. i. 2 Akten v. Fides Dörflinger. (16 S.) 897.
23. D. Herr Klavierlehrer. Schwank i. 1 Aufz. v. Paul A. Kirstein (24 S.) 897.
24. Unsere Männer. Plauderei i. 1 Akt f. 5 Damen v. Olga Steiner. (17 S.) 898.
25. E. Rundreise-Geschenk. Schwank i. 1 Akt f. 6 Damen v. Olga Steiner. (19 S.) 898.
26. Frauenwitz od. Zwei Liebespärchen. Lustsp. i. 1 Akt f. 3 Damen v. Olga Steiner. (20 S.) 898.

Bloch's, Ludw., Damen-Bühne. Nr. 6 u. 27—34. 8. Berlin, E. Bloch. à n. 1.50

6. Alles verkehrt. Lustspiel in 1 Aufzuge. Von F. Rüdiger. 2. Aufl. (23 S.) (899.)
27. O dieses Berlin. Lustspiel in 1 Akt. Von Olga Steiner. (20 S.) (899.)
28. Das Fräulein Köchin. Ein Zukunftsscherz. Von Marie Ille-Beeg. (23 S.) München 898.
29. Ein kleiner Unart. Dramatischer Scherz in 1 Akt. Von M. Bauermeister. (2. Aufl.) (15 S.) (900.)
30. Ich kündige ihr. Schwank in 1 Aufzug. Von Olga Steiner. (17 S.) (900.)
31. Unsere Dienstboten. Scherz in 1 Akt. Von Carl Krieg. (17 S.) (900.)
32. Nur nicht heiraten. Lustspiel in 1 Akt. Von Olga Steiner. (19 S.) (901.)
33. Glück. Lustspiel in 3 Akten. Von L. Berg. (30 S.) Frankfurt a/M. 894.
34. Aus dem Hausfrauen-Verein. Schwank in 1 Akt. Von C. A. Paul. 3. Aufl. (16 S.) (902.)

Bloch's, Ludw., Damen-Bühne. Nr. 35—39. 8. Berlin, E. Bloch. à n. 1.50

35. Eine Prahl-Bekanntschaft. Schwank in 1 Akt. Von Hedw. Höpfner. (20 S.) (903.)
36. Ein Morgenkaffee. Schwank in 1 Akt. Von Carl Krieg. (16 S.) (903.)
37. Das große Los. Posse in 1 Akt. Von H. Uhde. 3. Aufl. (16 S.) (905.)
38. Die Winterfreuden. Ein Festspiel in 1 Aufzug. Von Ernst Georgy. (13 S.) (905.)
39. Die Männerfeindinnen. Schwank in 1 Akt. Von Fritz Lunzer. (19 S.) (906.)

Bloch's, Ludw., Damen-Bühne. Nr. 40—44. 8. Berlin, E. Bloch. à 1.50

John, Ida, wenn Tantchen verreist. Humoristische Aufführg. m. Gesang in 1 Aufzuge. (30 S.) (907.) (Nr. 43.)

Koninski-Weiß, M., glänzende Erfolge. Schwank in 1 Aufzug. (21 S.) (909.) (Nr. 44.)

Lehnhard, Paul R., Emils Seitensprünge. Lustspiel in 1 Akt. (16 S.) (907.) (Nr. 41.)

Lunzer, Fritz, im Heiratsbureau Fortuna. Schwank in 1 Akte. (15 S.) (906.) (Nr. 40.)

— Die Zwillingsschwestern. Schwank in 1 Akt. (17 S.) (907.) (Nr. 42.)

Bloch's, Ludw., Damen-Bühne. Nr 45—54. kl8° Berl., E Bloch. je 1.50 d

Berthold-Filhés, L: Auf d. Flucht. Lustsp. 2. Afl. (28) ('09) [45]

Bliss, Paul: Der Glücksstifter. Schwank. (22) ('10) [50]

Krauss, Gust.: Tante Trine. Karneval-Schwank. (24) ('10) [49]

Krieg, Carl: Sie kann kochen. Schwank. (16) ('10) [46]

— Die dumme Liese. Schwank. (19) ('12) [54]

— Die ausgesperrte Minna. Schwank. (17) ('10) [48]

Range, Otto: Der Pompadour. Lustsp. (14) ('10) [47]

Rayle, Marga: In d. Geisterstunde. Lustsp. (25) ('11) [53]

Schmithof, E: Der Liebesbrief od. Mädchenrache. Kaffeeklatsch. 3. Afl. (16) ('10) [51]

Steiner, Olga: Füttre d. Bestie. Lustsp. (24) ('11) [52]

Bloch, L., dekorirt, s. Bloch's, Ed., Dilettanten-Bühne.

— Gallerie lebender Bilder. 1.—3., 5., 8., 10.—20. Lfg. 16. Ebd. 894. à n. 1.—

1. Gut Heil! Eine Reihenfolge leb. Bilder m. verbind. Worten v. R. J. Anders. 2. Aufl. (12 S.)
2. Liebe u. Phantasie. Reihenfolge leb. Bilder m. Prolog u. begleit. Worten in der Form e. Zwiegesprächs v. Jos. Fleck. 2. Aufl. (18 S.)
3. Dem Nächsten zur Wehr, Gott zur Ehr! Eine Reihenfolge leb. Bilder aus dem Feuerwehr-Leben m. verbind. Worten v. R. J. Anders. 2. Aufl. (12 S.)
5. Im Traum vergangener Zeiten. Eine Reihenfolge leb. Bilder m. verbind. Worten v. Frdr. Pautsch. 2. Aufl. (13 S.)
8. Von der Wanderschaft bis zum eignen Herd. Eine Reihenfolge leb. Bilder m. verbind. Worten v. Frdr. Pautsch. 2. Aufl. (13 S.)
10. Liebestraum u. Wirklichkeit. Gegensätze in e. Reihenfolge leb. Bilder m. verbind. Worten v. W. Drost. 2. Aufl. (13 S.)
11. Aus dem Gesangverein. Eine Reihenfolge leb. Bilder m. verbind. Worten v. R. J. Anders. 2. Aufl. (16 S.)
12. Liebeswerke der Barmherzigkeit. Eine Reihenfolge leb. Bilder m. verbind. Worten v. R. J. Anders. 2. Aufl. (20 S.)
13. Märchen-Bilderbuch v. Olga Morgenstern. Dichtung zu leb. Bildern, m. genauer Anweisg. zur Aufstellg. u. geeigneter Musik-Begleitg. (53 S. m. 1 Fig.)
14. Drei Jahre im bunten Rock. Eine Reihenfolge leb. Bilder m. verbind. Worten v. Rob. Wild-Queisner. (17 S.)
15. Die Post. Reihenfolge lebend. Bilder m. Prolog u. begleit. Worten v. Jul. Raabe. (21 S.)
16. Vaterländische Gedenktage im Januar. Reihenfolge leb. Bilder m. verbind. Dichtg. v. J. Steinbeck. (16 S.)
17. Deutschlands Heer, Deutschlands Ehr'. Reihenfolge leb. Bilder m. verbind. Dichtg. v. Rob. Wild-Queisner. (17 S.)
18. Gut Schlauch! Reihenfolge leb. Bilder m. verb. Dichtg. v. E. Piening. (17 S.)
19. Sedan. Reihenfolge leb. Bilder m. Prolog u. begleit. Text v. Carl Kindermann. (19 S.)
20. Singe, wem Gesang gegeben. 8 leb. Bilder, nebst erläut. Dichtg. f. e. Gesangverein v. E. Piening. (19 S.)

Lfg. 4, 7 u. 9 sind u. d. T.: Bloch's, Ludw., Militär-Festmappe Hft. 1, 4 u. 11 (s. in Bd. XXV.), Lfg. 6 überhaupt noch nicht erschienen.

— Gallerie lebender Bilder. 21.—32. Lfg. Ebd. à n. 1.—

21. Durch Rauch u. Flammen. Reihenfolge 5 leb. Bilder z. Aufführg. b. Feuerwehrfestlichkeiten v. Otto Eugau. 12. (14 S.) 895.
22. A. Deutschlands großer Zeit. Reihenfolge leb. Bild. m. Prolog, begleit. Text u. Epilog v. Carl Cassau. 12. (16 S.) 895.
23. Soldatenleben i. Kriege. Festsp. i. 5 leb. Bild. m. Prolog u. verbind. Text v. Jul. Raabe. 12. (18 S.) 895.
24. D. militär. vier Jahreszeiten. Reihenfolge 8 leb. Bilder m. verbind. Dichtg. v. R. Wild-Queisner. 12. (20 S.) 895.
25. Kaiserproklamation. Drei leb. Bilder m. verbind. Text v. Carl Cassau. 12. (11 S.) 896.
26. D. Turners Wahlspruch. E. Cyclus leb. Bilder f. Turnvereine m. verbind. Text u. Musik v. Wilh. Eick. 12. (8 S.) Marienburg 893.
27. „Unser Jahn". Festdichtg. m. leb. Bildern. Zur 50. Jubelfeier d. Barmer Turnvereins v. Rud. Herzog. gr. 8. (16 S.) 896.
28. Bunte Bilder a. Deutschlands großer Zeit. Festsp. i. 5 leb. Bild. m. Prolog u. verbind. Text v. Jul. Raabe. 12. (18 S.) 896.
29. Kaiser Weißbarts Lebenslauf. Festdichtg. i. 6 leb. Bild. m. verbind. Text, Prolog u. Epilog v. Karl Glabisch. 12. (19 S.) 897.
30. Unterm Weihnachtsbaum. Festsp. i. 5 leb. Bild. m. verbind. Text v. J. Steinbeck. 2. Aufl. 12. (13 S.) 897.
31. D. Rad i. Wort u. Bild. Festspiel i. 12 Bild. m. Prolog u. verbind. Text v. Otto Voges. 12. (22 S.) 898.
32. Dornröschen. E. allegorisch-patriot. Festspiel m. 4 leb. Bildern v. Erich zu Schirfeld. 12. (19 S.) 898.

— Galerie lebender Bilder. 33. u. 34. Lfg. 8. Ebd. à n. 1.—

33. Die Samariterin in Krieg u. Frieden. Eine Reihenfolge leb. Bilder m. verbind. Text u. Musikbegleitg. Von Karl Emmrich. (19 S.) (903.)
34. Die Feuerwehr. Eine Reihenfolge v. 10 leb. Bildern, frei nach Schillers Glocke. Von Alphons Paul. 2. Aufl. (16 S.) (904.)

— Galerie lebender Bilder. 35. Lfg. 8. Ebd. 1.—

Das Ziehbilderbuch. Eine Aufführg. v. der Jugend f. die Jugend. Von Olga Steiner. (24 S.) (907.)

— Galerie lebender Bilder. 36—38. Lfg. kl8° Ebd. je 1 — d
Fortsetzg u. d. T.: Galerie lebender Bilder.
Franzotti, Fel.: Der gestiefelte Kater. Weihnachtsaufführg. (18) ('10) [37]
Lange, Emil: Auf d. Schlachtfelde. (14) ('08) [36]
Schram, A: Wo man singt . . . . Volkslieder u. Lieder d. Volkes. Mit Gesang. (19) ('12) [38]

Bloch's, Ludw., Herren-Bühne. Nr. 1—28. 8. Berlin, E. Bloch. à 1. 50

1. Der Deserteur. Posse m. Gesang in 1 Akt v. Max Reichardt. Musik v. Alex. Jobow. (23 S.) 890.
2. Zierbein als Freier. Dramatischer Scherz in 1 Akt v. C. A. Paul. (12 S.) 890.
3. Er war Soldat. Schwank in 1 Akt v. Rob. Wild-Queisner. (17 S.) 890.
4. Unverhofft kommt oft, od. Glück im Unglück. Schwank in 1 Akt v. C. A. Paul. (13 S.) 890.
5. Eine Instruktionsstunde bei verschlossener Thür. Militärischer Schwank in 1 Akt v. Rob. Wild-Queisner. (17 S.) 890.
6. Reiff-Reiflingen u. sein Bursche, od. Die letzten 6 Mark. Schwank m. Gesang in 1 Akt v. Rob. Wild-Queisner. (20 S.) 891.
7. Vorm Feuerwehrtag. Lustspiel in 1 Akt v. Oswald Berghänel. (16 S.) 891.
8. Am Stammtisch. Posse m. Gesang in 1 Akt. Nach e. älteren Stoffe v. R. Elbe. (19 S.) 891.
9. Das Löffelfest, od. Im letzten Biwak. Militärisches Genrebild m. Gesang u. Tanz in 1 Akt v. Rob. Wild-Queisner. (16 S.) 891.
10. Am Sedantage. Militärisches Genrebild in 1 Akt v. Rob. Wild-Queisner. (16 S.) 891.
11. Die Dorfschule. Fastnachts-Posse in 1 Akt nach e. älteren Stoffe v. W. Dorn. (16 S.) 893.
12. Fauler Zauber. Scherz in 1 Akt v. Paul A. Kirstein. (15 S.) 893.
13. Ein Strafenjubiläum. Militärschwank in 1 Akt v. Carl Krieg. (23 S.) 894.
14. Ein Stündchen Lieutenant! Militärischer Schwank in 1 Akt v. F. Scholz. (15 S.) 894.
15. Landwehrmanns Weihnacht. Genrebild m. Gesang in 1 Akt v. Adf. Hoffmann. (12 S.) 894.
16. Beim Kantinenwirt. Militärposse m. Gesang in 1 Akt v. Max Reichardt. (28 S.) 894.
17. Ein kaufmännisches Genie. Lustspiel in 1 Akt. Frei nach dem Franz. bearb. v. L. Oskar. (21 S.) 894.
18. Der letzte Rock. Schwank in 1 Akt v. Carl Krieg. (25 S.) 894.
19. Die unbekannte Schöne. Lustspiel in 1 Akt v. Frz. Wagen. (21 S.) 894.
20. Immer schneidig! Militärischer Schwank in 1 Akt v. Rob. Wild-Queisner. (15 S.) 894.
21. Dumm, dümmer, am dümmsten. Militärischer Schwank in 1 Akt v. Rob. Wild-Queisner. (14 S.) 894.
22. Die neue Extrahose. Schwank in 1 Akt v. Carl Krieg. (19 S.) 894.
23. Eine Felddienstübung. Militärischer Schwank in 1 Akt v. Rob. Wild-Queisner. (14 S.) 894.
24. Kasernendienst in Kamerun. Militärisches Genrebild in 1 Akt v. Rob. Wild-Queisner. (13 S.) 894.
25. In Großstadtluft. Schwank in 1 Akt v. Carl Krieg. (30 S.) 894.
26. Sorgen macht Sorgen. Posse in 1 Aufzuge v. Arno Tänzer. (22 S.) 894.
27. O, diese Rangen! Schwank aus der Schulstube in 1 Akt. (26 S.) 894.
28. Eine fidele Wachtstube. Militär-Schwank in 1 Akt v. Carl Krieg. (29 S.) 894.

Bloch's, Ludw., Herren-Bühne. Nr. 29—49. 8. Berlin, E. Bloch. à n. 1. 50

29. Meister Pech u. s. Lehrbub. Humorist. Scene m. Gesang v. Hans Wurst. (19 S.) 895.
30. D. poet. Unteroffizier. Militär. Schwank i. 1 Akt v. Rob. Wild-Queisner. (21 S.) 895.
31. Der Hund beißt. Burleske i. 1 Aufz. v. Constant. Brunner. 2. Aufl. (26 S.) 896.
32. E. lustige Skatpartie. Burleske i. 1 Akt v. R. Lenau. Seitenstück zu „e. Kaffeeklatsch" v. Paul Hübner. (16 S.) 896.
33. Förster u. Soldat od. Durch Kalauer gewonnen. Humorist. Scene m. Gesang v. Emil Lange. (11 S.) Leipzig 893. (Nr. 33 als Nachtrag zu Bd. XXVII d. Bücher-Lexikons hier mitaufgenommen.)
34. Er ist mondsüchtig. Schwank i. 1 Akt v. Otto Trendles. (30 S.) 896.
35. D. dunkle Wache. Militärschwank i. 1 Akt v. Carl Krieg. (20 S.) 896.
36. Geprellte Schlauberger. Schwank i. 1 Akt v. Carl Krieg. (24 S.) 896.
37. Ein toller Stubenarrest. Militär. Posse i. 1 Aufz. v. Fr. Schilp. (17 S.) 897.
38. Nach Zapfenstreich. Schwank in 1 Aufz. v. Fr. Schilp. (14 S.) 897.
39. E. Turnerstückchen. Schwank in 1 Aufz. v. Hect. Sylvester. (18 S.) 897.
40. Aus d. Flammen gerettet. Charakterbild f. d. Feuerwehr in 1 Aufz. v. Hect. Sylvester. (19 S.) 897.
41. E. Braut aus Verlegenheit. Schwank in 1 Akt v. Carl Krieg. (23 S.) 897.
42. Ausgehoben od. Der Soldat. Lustsp. in 1 Aufz. v. G. Margot. (17 S.) 897.
43. Auf Posten. Plauderei in 1 Aufz. v. G. Margot. (16 S.) 897.
44. Auf d. Scheibenstande. Militär. Genrebild m. Gesang in 1 Akt v. Alfr. Freitag. (16 S.) 898.
45. Versichert. Schwank in 1 Akt v. Karl Pauli. (20 S.) 898.
46. D. neue Galathee. Künstler-Scherz in 1 Akt v. P. Grasemann. (19 S.) 898.
47. Heilig-Abend. Genrebild in 1 Akt v. P. Grasemann. (20 S.) 898.
48. D. Extra-Stiefel. Militärschwank in 1 Akt v. Carl Krieg. (18 S.) 898.
49. E. Briefbekanntschaft. Kom. Scene f. 3 Herren v. Otto Schlüter. (14 S.) 898.

— Herren-Bühne. Nr. 50—57. 8. Ebd. à n. 1. 50

50. Münchhausen od.: Je toller, je besser. Komisches Singspiel in 1 Akt. Von Louis Kreymann. (23 S.) (899.)
51. Soldaten-Hunger. Militär-Schwank in 1 Akt. Von Carl Krieg. (16 S.) 899.
52. Das Radfahrer-Kleeblatt. Schwank in 1 Akt. Von Otto Trendles. (27 S.) (900.)
53. Ein Polizei-Genie. Schwank in 1 Akt. Von Frz. Treller. (31 S.) (900.)
54. Das Schwanenlied des Komikers. Dramolet in 1 Aufzug. Von Ant. Tschechow. Im Original betitelt „Kalchas". Aus dem Russ. übersetzt von Louise Flachs-Fokschaneanu. (13 S.) (901.)
55. Ein Sommerfrischler. Burleske in 1 Aufzug. Von Ant. Tschechow. Bearb. v. Adf. Flachs. (13 S.) (901.)
56. Reingefallen. Schwank in 1 Aufzug. Von Heinr. Schmitt. (18 S.) (901.)
57. Auf dem Gauturnfest. Schwank m. Gesang in 2 Aufzügen. Von Emil Tapper. (27 S.) (901.)

— Herren-Bühne. Nr. 58—63. 8. Ebd. à n. 1. 50

58. Ein zweiter Salomo. Komische Gerichtsszene in 1 Akt. Von Karl Pauli. (16 S.) (904.)
59. Herr Sanftleben. Schwank in 1 Akt. Von Adrien Bely u. Leon Miral. (19 S.) (904.)
60. Müller u. Schulze auf der Jagd. Posse in 1 Akt. Von C. A. Paul. 2. Aufl. (18 S.) (905.)
61. Ein Stündchen auf dem Schöffengericht. Komisches Genrebild m. Gesang in 1 Akt. Von A. Bourjet. (2. Aufl.) (16 S.) (906.)
62. Ein wirksames Mittel. Schwank in 1 Akt. Von Geo. Lorange. (24 S.) (906.)
63. Der dumme Stoffel. Schwank in 1 Akt. Von Carl Schwienhorst. (24 S.) (906.)

— Herren-Bühne. Nr. 14 u. 64—69. kl. 8. Ebd. à 1. 50

Kette, Herm., Neumann od. Schulze? Schwank in 1 Akt. (22 S.) (909.) (Nr. 68.)
Krieg, Carl, ein Stündchen Leutnant. Militär-Schwank in 1 Akt. (Neudr.) (22 S.) (908.) (Nr. 14.)
Lunzer, Fritz, ein Guß v. oben. Schwank in 1 Akt. (16 S.) (909.) (Nr. 67.)
— Ein ruhiges Nachtquartier. Posse in 1 Akt. (14 S.) (908.) (Nr. 65.)
Mar, Max, der Meisterdieb. Diebeskomödie in 1 Akt. (30 S.) (909.) (Nr. 69.)
Neumann-Hofer, Annie, der nächste Tag. Schwank in 1 Akt. (29 S.) (907.) (Nr. 64.)
Paul, C. A., nicht um e. Million! Dramatischer Scherz. 2. Aufl. (17 S.) (910.) (Nr. 66.)

— Herren-Bühne. Nr 69—74. kl8° Ebd. je 1.50 d
Krieg, Carl: Die Nebenbuhlerin. Schwank. (23) ('12) [73]
Laufs, A: Frauenstimmrecht. Posse. (26) ('12) [74]
Löffler, C: Bei Mutter Grün. Komische Gerichtsszene. (16) ('11) [72]
Paul, CA: Nicht um e. Million! Dramat. Scherz. 2. Afl. (17) ('10) [69]
Steiner, Olga: Freie Zeche. Schwank (m. Benutzg e. älteren Idee). (21) ('11) [70]
Treuholz, Kurt: Der Spreeathener. Wasserschwank. (28) ('11) [71]

— Kinder-Theater. Nr. 1—30. 16. Ebd. à n. — 50

1. Die Belohnung. Ein Spiel f. Kinder in 1 Aufzuge von C. v. Langen. (12 S.) 891.
2. Der Eierdieb. Komödie f. Kinder in 1 Aufzuge von Chr. v. Schmid. (21 S.) 891.
3. Der Freundin Geburtstag. Ein Spiel f. Kinder in 1 Aufzuge von C. v. Langen. (11 S.) 891.
4. Nannettens Rache. Ein Spiel f. Kinder in 1 Aufzuge von C. v. Langen. (14 S.) 891.
5. Die Geburtstagsfee. Festspiel in 1 Aufzuge v. Rob. Wild-Queisner. Zur Geburtstagsfeier in der Familie. (Mit e. Schluß-Abänderg. f. d. Kaisers Geburtstag.) (12 S.) 891.
6. Till Eulenspiegel. Ein Spiel f. Knaben in 1 Aufzuge von C. v. Langen. (17 S.) 893.
7. Der Peter in der Fremde. Schwank in 3 Akten v. Marie Krone. (16 S.) 893.
8. Die Versetzung. Schwank f. Kinder in 1 Aufzuge v. Olga Steiner. (15 S.) 893.
9. Brüderchen u. Schwesterchen. Schwank f. 2 Kinder in 1 Aufzuge v. Olga Steiner. (13 S.) 893.
10. Abergläubig. Lustspiel f. Kinder in 1 Akt v. Olga Steiner. (19 S.) 893.

11. Kinderreigen. Festspiel f. Kinder in 1 Akt v. Julie Thiel. (18 S.) 893.
12. Lieb Vaterland, magst ruhig sein! Patriotische Festaufführg. u. Reigen von C. v. Langen. (22 S.) 893.
13. Kleine Fehler. Lustspiel f. Knaben in 1 Akt v. Karl Cassau. (16 S.) 894.
14. Zum Hochzeitstage der Eltern. Festspiel f. Kinder in 1 Akt v. Karl Cassau. (9 S.) 894.
15. Zur Weihe v. Mütterchens Geburtstag. Festspiel f. Kinder in 1 Akt v. Karl Cassau. (9 S.) 894.
16. Die Heinzelmännchen. Ein Märchenfestspiel f. Kinder in 1 Akt v. E. Piening. (15 S.) 894.
17. Kaiser-Geburtstagsparade. Festspiel in 1 Aufzuge v. Alb. Tholuch. (11 S. m. 1 Skizze.) 894.
18. Weihnachtsenglein. Ein Festspiel f. Kinder in 2 Aufzügen v. Julie Thiel. (16 S.) 894.
19. Im Märchenwalde. Weihnachtsbild f. Kinder in 1 Aufzuge v. Marie Kalla. (12 S.) 894.
20. Der Dank des Gnomenkönigs. Ein Spiel f. Kinder in 3 Aufzügen v. Therese Hohenadel. (15 S.) 894.
21. Die verdeckte Schüssel. Spiel in 3 kurzen Aufzügen. Nach e. Gedichte v. E. Hackland-Rheinländer. (11 S.) 894.
22. Die Schneewichtel. Ein Winterspiel f. Kinder in 1 Akt von Marie v. d. Marwitz. (18 S.) 894.
23. Der kluge Onkel. Ein Lustspiel f. Kinder in 2 Akten von Marie v. d. Marwitz. (17 S.) 894.
24. Die kleinen Hausgeister. Ein Lustspiel f. Kinder in 2 Akten von Marie v. d. Marwitz. (18 S.) 894.
25. Eingeregnet. Posse f. Kinder in 1 Akt v. Marie v. d. Marwitz. (13 S.) 894.
26. „Mutter u. Kind"-Spiel. Schwank f. Kinder in 1 Akt v. Edm. Braune. (16 S.) 894.
27. Das Kochen. Schwank f. Kinder v. 6—13 Jahren v. Edm. Braune. (15 S.) 894.
28. Auf der Parade. Schwank f. Kinder in 1 Akt v. Edm. Braune. (10 S.) 894.
29. 30. Dramatisierte Kinder-Charaden. Von Edm. Braune. 1. u. 2. Hft. (à 10 S.) 894.

— Kinder-Theater. Nr. 31—66. 12. Ebd. à n. —50

Inhaltsübersicht in alphabet. Ordnung:

Busch, Regine, Schneeweißchen u. Rosenrot. Dramat. Märchen in 3 Aufz. (25 S.) 898. (Nr. 63.)
Ebeling-Grau, d. Tannenfee. Weihnachtsmärchenspiel. (19 S.) 898. (Nr. 61.)
— in der Weihnachtsstube. Puppenfestspiel f. Kinder. (16 S.) 898. (Nr. 66.)
Göritz, E., d. Arbeit u. d. Stein d. Weisen. Orig.-Märchen in 3 Bildern. (18 S.) 895. (Nr. 33.)
Johl, Karl, allein Gott in d. Höh sei Ehr'. Kinder-Weihnachtsspiel f. Schule u. Haus in 4 Aufz. (28 S.) 896. (Nr. 45.)
— Heil, großer Kaiser, Dir! Kinder-Schauspiel in 4 Aufz. (27 S.) 896. (Nr. 44.)
— aus uns. großen Zeit. Kinder-Schausp. in 4 Aufz. 2. Aufl. (32 S.) 896. (Nr. 42.)
Kutschke, M., Großväterchens Geburtstag. Kom. Scene f. Kinder. (12 S.) 898. (Nr. 49.)
Kronoff, Frida, Besenfrieder. E. Spiel f. Kinder in 1 Aufz. (12 S.) 898. (Nr. 54.)
— das Erntefest. Sommerfestspiel. (12 S.) 898. (Nr. 55.)
— Faulinchen. E. Spiel f. Kinder in 1 Aufz. (17 S.) 898. (Nr. 57.)
— Goldhärchen. E. Frühlingsfestspiel. (18 S.) 898. (Nr. 62.)
— Prosit Neujahr! E. Märchenspiel in 1 Aufz. (13 S.) 898. (Nr. 65.)
— Knecht Ruppracht u. d. Zwerge. E. Weihnachtsfestspiel. (15 S.) 898. (Nr. 61.)
— Junker Uebermut. Weinlesefestspiel f. Kinder in 1 Aufz. (16 S.) 898. (Nr. 56.)
— d. Weihnachtspost. Ein Spiel f. Kinder in 1 Aufz. (8 S.) 898. (Nr. 60.)
— d. Weihnachtstraum. Kurzes Stücklein f. Kinder in 1 Aufz. (8 S.) 898. (Nr. 59.)
— d. Wunderkur. E. Spiel f. Kinder in 1 Aufz. (18 S.) 898. (Nr. 58.)
Margot, G., Blaubart. E. Kinder-Komödie in 3 Bildern. (23 S.) 896. (Nr. 39.)
Margot, G., Hänsel u. Gretel. Märchenbild in 4 Bild. f. d. Jugend bearb. (21 S.) 895. (Nr. 32.)
— d. König im Bade. Knabenkomödie in 3 Bild. (22 S.) 897. (Nr. 46.)
— d. falsche Prinz. Märchenspiel in 4 kurzen Bild. f. d. Knabenbühne. (30 S.) 898. (Nr. 52.)
— d. Springwurzel. Komödie in 3 kurzen Bild. f. d. Knabenbühne. (24 S.) 898. (Nr. 51.)
— Weihnachtsschäfchen. Kinderkomödie. (12 S.) 896. (Nr. 40.)
— d. Wolf u. d. 7 Geißlein. Märchenspiel in 3 kurzen Bild. (21 S.) 896. (Nr. 43.)
Reinboth, A., d. heilige Nacht. Kurzes Weihnachts-Krippenspiel. (13 S.) 896. (Nr. 41.)
Schmidt, Henriette, 2 deutsche Knaben i. J. 1870. Schauspiel in 3 Bild. (20 S.) 895. (Nr. 34.)
— d. Wunderglöckchen. E. Märchensp. in 3 Aufz. (22 S.) 895. (Nr. 31.)
Schomburg, A., d. neue Erzieherin. E. kleines Stückchen z. Aufführen in 3 Aufz. (24 S.) 898. (Nr. 53.)
Schultze, A., unüberlegte Wünsche. Märchen-Lustspiel in 1 Akte. (21 S.) 897. (Nr. 30.)
Sontowsky, Johanna, d. kleinen Schatzgräber. Dramat. Märchen in 1 Aufz. (18 S.) 896. (Nr. 36.)
Taubert, Marie, das Buch unt. d. Kissen. Märchenspiel, anlehnend a. d. Märchen v. Andersen: „Der kleine Tuck". (27 S.) 897. (Nr. 47.)
— d. Heilquelle. Märchenspiel. (18 S.) 896. (Nr. 37.)
— Rübezahl, Märchenspiel in 2 Aufz. (28 S.) 896. (Nr. 38.)
Thiel, Julie, König Drosselbart. Dramat. Märchen in 5 Scenen. 2. Aufl. (21 S.) 895. (Nr. 35.)
Weckl, Fr., Weihnachtsmärchen. Aufführg. in 2 Akten. (15 S.) 898. (Nr. 50.)

— Kinder-Theater. Nr. 67—92. gr. 16. Ebd. à n. —50

Inhaltsübersicht in alphabetischer Ordnung:

Detlof, Martha, Weihnachtszauber. Festspiel in 3 Bildern. (24 S.) (901.) (Nr. 87.)
Dörflinger, Fides, das Wunder der Krippe. Ein Weihnachtsfestspiel in 3 Aufzügen. (16 S.) (901.) (Nr. 86.)
Ebeling, E., Katzenschule. Eine lust. Kinder-Komödie. (20 S.) (902.) (Nr. 90.)
Ebeling-Grau, des Winters Gabe. Weihnachtsfestspiel. (15 S.) (900.) (Nr. 77.)
Groß v. Trockau, A. J., der Christbaum der Gnomen. Weihnachtsspiel. (10 S.) (900.) (Nr. 82.)
— das Schwesterlein. Weihnachtsspiel. (12 S.) (900.) (Nr. 81.)
— der Zug zur Krippe. Weihnachtsspiel. (10 S.) (900.) (Nr. 80.)
Hahn, Alice v., das arme u. das reiche Lieschen. Weihnachtsspiel in 3 Aufzügen. (16 S.) (902.) (Nr. 91.)
Hase, E., Weihnachtsbilder. Aufführung m. 4 leb. Bildern zur Bescherg. (8 S.) (901.) (Nr. 84.)
Ille-Beeg, Marie, Aschenbrödel. Dramatisches Märchenspiel. (17 S.) München 898. (Nr. 73.)
— Dornröschen. Märchenspiel. (15 S.) München 898. (Nr. 76.)
— die Galloschen des Glücks. Lustspiel. (20 S.) München 898. (Nr. 75.)
— die goldne Gans. Kleines Lustspiel in 4 Akten. (21 S.) München 898. (Nr. 68.)
— Hanswurstel bei der Gräfin. Posse in 2 Akten. (S. 19—32.) München 898. (Nr. 71.)
— die Lenzesboten. Ein Frühlingsspiel. (S. 19—28.) München (898). (Nr. 70.)
— Rotkäppchen. Märchenspiel. (14 S.) München 898. (Nr. 72.)
— Schneekönigin u. Maikönigin. Ein Maifestspiel f. die Schuljugend. (16 S.) München 898. (Nr. 67.)
— Schneewittchen. Märchenspiel. (18 S.) München 898. (Nr. 74.)
— ein Weihnachtsabend. (S. 17—32.) München (898). (Nr. 69.)
Lehnert, Fritz, A-B-C-Schützen. Dramatischer Scherz. Ursprüngliche Aufführung f. 13 bezw. mehr Knaben nebst Einrichtg. f. nur 7 Knaben. (18 S.) (902.) (Nr. 92.)
Müller, Hedw., Weihnacht im Reich der Unterirdischen. Ein Märchenspiel. (36 S.) (900.) (Nr. 83.)
Piening, E., der Waisen Weihnachtsengel. Weihnachts-Aufführg. (8 S.) (902.) (Nr. 89.)
Sintenis, F., Märchenkranz. Dramatische Scene. 8. (23 S.) Frankfurt a/M. 895. (Nr. 85.)
Stemann, Toni, der Weihnachtsbaum. Weihnachtsmärchen. (11 S.) (900.) (Nr. 79.)
— die Winterfee. Weihnachtsmärchen. (10 S.) (900.) (Nr. 78.)
Taubert, Marie, der Wichtel Weihnachtslohn. Märchenspiel in 2 Aufzügen m. Benutzg. e. Grimm'schen Märchens. (26 S.) (901.) (Nr. 88.)

Bloch's, Ludw., Kinder-Theater. Nr. 93—111. kl. 8. Berlin, E. Bloch. à n. —50

Ebeling-Grau, im Weihnachtswald. Märchenspiel m. Gesang u. Tanzreigen. (32 S.) (905.) (Nr. 104.)
— drei Wünsche. Ein lust. Weihnachtsmärchenspiel. (24 S.) (903.) (Nr. 98.)
Eichbaum, Helmy, ein Weihnachtsscherz. Weihnachtsspiel f. Kinder in 2 Aufzügen. (15 S.) (904.) (Nr. 101.)
Hochstein, Mart., die Herstellung u. Einrichtung des Kasperle-Theaters, m. erläuternden Illustr. (18 S.) (904.) (Nr. 100.)
Hoffmann-Teuplitz, Frz., unsere Matrosen. Festspiel m. Gesang u. Reigen. Zur Aufführg. an jedem Schulfeste geeignet. (31 S.) (905.) (Nr. 106.)
Machts, K., Knecht Ruprecht. Ein lust. Versspiel f. die Kleinen nebst e. Begrüßungsgedicht. (19 S.) (906.) (Nr. 109.)
Matzdorf, Paul, Sechse kommen durch die ganze Welt. Märchenspiel (14 S.) (905.) (Nr. 105.)
Metz, Josefa, im Himmelhaus. Ein Kinderspiel m. Gesang. Orig.-Musik v. Bogumil Zepler. (16 S.) (904.) (Nr. 103.)
— auf dem Spielplatz. Lustiges Stücklein m. Gesang. Orig.-Musik v. Bogumil Zepler. (18 S.) (904.) (Nr. 102.)
Peters, P., Kalif Storch. Ein Märchenspiel nach W. Hauff in 4 Aufzügen. (18 S.) (903.) (Nr. 95.)
— das Waldhaus. Märchenspiel nach dem Grimmschen Märchen in 3 Aufzügen. (20 S.) (903.) (Nr. 96.)
Risch, Paul, Weihnachtspüppchen. Lustiges Weihnachtsspiel. (12 S.) (906.) (Nr. 107.)
Schumm, Max, Kinderstreiche der Berliner Range. Burleske in 1 Akt. (19 S.) (903.) (Nr. 94.)
Schütze, W. J., Christnacht. Krippenspiel, zur Aufführg. bei öffentl. Schulfeiern, in Vereinen u. bei Einbeschergn. eingerichtet. (21 S.) (903.) (Nr. 99.)
Steiner, Olga, die erste Uhr. Lustspiel in 1 Akt. (26 S.) (903.) (Nr. 97.)
Taubert, Marie, das Weihnachtsmännlein. Märchenspiel in 1 Akt. (29 S.) (906.) (Nr. 108.)
Werkmeister, E., Weihnachtsmann in Nöten, od.: Warum der Weihnachtsmann dies Jahr beinahe zu spät gekommen wäre. Lustiges Weihnachtsstück in 2 Aufzügen. (32 S.) (906.) (Nr. 111.)
Widezinska, Karin, Weihnacht bei Winterschläfern. Weihnachtsspiel in 1 Akt. (21 S.) (902.) (Nr. 93.)
Ziegler, Hertha, Pechvogel u. Glückskind. Märchen nach Rich. Leander. (29 S.) (906.) (Nr. 110.)

— Kinder-Theater. Nr. 112—133. kl. 8. Ebd. à —50
Angres, Regina, fröhliches Fest. Ein Kinderspiel zum Weihnachts- od. Osterfest. (16 S.) (908.) (Nr. 127.)
Ausfeld, Anna, vor Christkinds Geburtstag. Heiteres Weihnachtsspiel. (15 S.) (908.) (Nr. 112.)
— Die beste Gabe. Lustiges Weihnachtsstückchen. (16 S.) (908.) (Nr. 114.)
— Artige Kinder. Lustiges Weihnachtsstück. (14 S.) (908.) (Nr. 115.)
— Die Prämie. Heiteres Weihnachtsspiel. (16 S.) (908.) Nr. 113.)
— Das Strickzeug. Lustiges Weihnachtsspiel f. die Kleinen. (12 S.) (908.) (Nr. 116.)
Berg, Clara, im Hühnerhof. Kinderspiel. (14 S.) (909.) (Nr. 135
Dörflinger, Fides, Tannenbäumchens Los. Weihnachtsspie in 3 Akten. (22 S.) (907.) (Nr. 123.)
Gerbrandt, M., klein Aschenputtel. Kinderspiel zum Weihnachtsfest. (30 S.) (908.) (Nr. 129.)
Ille-Beeg, Marie, Fratzrusius. Weihnachts-Lustspiel in 3 Akten. (29 S.) (907.) (Nr. 117.)
Konti, A., Katz u. Maus. Tier-Komödie f. Kinder in 3 Akten. (20 S.) (908). (Nr. 124.)
Marsala, Lilli, Weihnachtsgaben. Weihnachts-Festspiel in 1 Bild. (12 S.) (907). (Nr. 120.)
— Das Weihnachtslied. Festspiel in 1 Aufz. (13 S.) (908). (Nr. 126.)
— Weihnachtsmorgen bei Frau Holle. Festspiel in 1 Aufz. (14 S.) (909). (Nr. 132.)
— Weihnachtsschmuck. Lustiges Spiel f. kleine Kinder. (15 S.) (907). (Nr. 121.)
Maul, Elise, die Weihnachtsboten. Bescherungs-Festspiel. (10 S.) (907). (Nr. 122.)
Pinschof, Anna, die Froschbraut. Märchen f. Kinderaufführgn. (24 S.) (908). (Nr. 128.)
— Der Froschkönig. Märchenspiel nach Grimm. (15 S.) (907). (Nr. 119.)
Pocci, Frz., Kasperle Larifari. Spiel f. das Kasperle-Theater. (Neu bearb.) (23 S.) (908). (Nr. 125.)
Steiner, Olga, Putzelchen u. Pumpine. Märchenspiel m. Gesang u. Tanz. (28 S.) (907). (Nr. 118.)
Turner-Lembcke, W., Pack schlägt sich, Pack verträgt sich. Historisches Lustspiel in 1 Aufzug. (24 S.) (909). (Nr. 131.)
Werkmeister, E., der dicke Weihnachtsmond. Lustiges Sternenspiel in 3 Aufzügen. (30 S.) (908.) (Nr. 130)

Bloch's, Ludw., Kinder-Theater. Nr 134—145. Berl., E Bloch. je — 50 d
Angres, Regina: Märchenzauber. Kinderspiel z. Weihnachtsabend (10) ('12) [143]
— Max u. Moritz' Weihnachtsfahrt. Kinderspiel z. Weihnachtsabend. (18) ('11) [139]
Borée, Alb.: Die Wunschzettel. Kinderspiel. (28) ('11) [138]
Fründ (Umschl.: Freund), Hugo: Heinzelmann u. Heinzelfrau. Heiteres Weihnachtsfestspiel. (13) ('12) [144]
Hünemohr, M: Rübezahl gratuliert d. Kaiser. Patriot. Festspiel. (18) ('09) [134]
Klingsporn, K: Auf Besuch bei Kaisers. Festspiel z. 27. 1. f. d. Unterst. (19) ('11) [141]
— Hans auf Reisen. Patriot. Festspiel f. d. Unterst. (11) ('11) [140]
— Der kleine Luftschiffer. Patriot. Festspiel f. d. Unterst. (11) ('11) [142]
Reichenbach, Karoline: Die heimtück. Kuckucksuhr. Lust. Pantomime. (11) ('10) [137]
Schöning, Martha: Zensurentag od. Der Lügenpeter u. seine Strafe. Lust. Märchenspiel. (29) ('10) [136]
Werkmeister, E: Das verirrte Weihnachtspüppchen. Weihnachtsspiel (m. Reigen u. Gesang). (52) ('12) [145]
Zblewski, E: Wie d. Hase zu seinen langen Ohren kam. Lust. Spiel m. Hasenreigen. (22) ('10) [135]

Bloch's, Ludw., Militär-Festmappe f. vaterländische Gedenktage, Soldatenfeste u. Kriegervereine. 1.—12. Hft. 8. Berlin 888—890. Lassar. à n. 1.—
1. Das Volk in Waffen. Eine Reihenfolge leb. Bilder m. verbind. Worten v. J. Steinbeck. (15 S.)
2. Soldat u. Bauer. Genrebild in 1 Aufzuge nach e. A. v. Winterfeld'schen Vorlage von C. F. v. Schlichtegroll. (17 S.)
3. Prologe zur Fahnenweihe u. zum 18. Januar, dem Tage der Schilderhebung d. deutschen Kaisers. (18 S.)
4. Die Franzosen bei uns u. wir bei ihnen. Eine Reihenfolge leb. Bilder m. verbind. Worten v. J. Steinbeck. (15 S.)
5. Heil dem Kaiser! Festspiel zur Feier d. Geburtstages Sr. Maj. d. Kaisers u. Königs v. J. Steinbeck. (14 S.)
6. Prologe zum Sedanfest. (20 S.)
7. Die Krieger der Hohenzollern. Militärisches Festspiel von Carl Felix v. Schlichtegroll. (12 S.)
8. Prologe zu Stiftungsfesten von Kriegervereinen. (23 S.)
9. Prologe zur Grundsteinlegung und Enthüllung von Kaiser-, Krieger- u. Sieges-Denkmälern. (18 S.)
10. Prologe zum Geburtstag Sr. Maj. des Kaisers. (18 S.)
11. Wir von der Kavallerie. Eine Reihenfolge leb. Bilder mit verbind. Worten von Fr. Paustka. (10 S.)
12. Reden u. Ansprachen in Prosa. Zu halten bei der Gelegenheit des Geburtstages Sr. Maj. des Kaisers Wilhelm II. v. M. Bauermeister. (20 S.)

Bloch's, Ludw., Militär-Festmappe f. vaterländische Gedenktage, Soldatenfeste u. Kriegervereine. 13.—37. Hft. 8. Berlin, E. Bloch. à n. 1.—
13. 15. Waffen-Tänze u. -Reigen von E. v. Langen. 1. u. 2. Abtlg. (31 u. 36 S.) 890.
14. Vater Kutschke in Metz, od. Kaisers Geburtstag. Patriotisches Genrebild in 1 Akt v. J. Steinbeck. (13 S.) 890.
16. Heimkehr aus dem Kriege, od.: Das Herz auf dem rechten Fleck. Dramatische Kleinigkeit in 1 Aufzuge v. Berth. Filhés. (26 S.) 892.
17. Der Veteran d. Regiments. Militärisches Festspiel insbesondere zur Feier v. Regiments-Jubiläen u. zu ähnl. Anlässen v. N. J. Anders. (30 S.) 892.
18. Ordre ist Schnarchen, od.: Das Liebesmahl. Militärischer Schwank in 1 Akt v. Rob. Wild-Queisner. (30 S.) 892.
19. Wenn die Bombe platzt. Militärischer Schwank in 1 Akt v. Rob. Wild-Queisner. (31 S.) 893.
20. Seine Braune od. der Pferdeoberst. Militärischer Schwank in 1 Akt v. Rob. Wild-Queisner. (29 S.) 893.
21. Im Briefkasten. Militärischer Schwank in 1 Akt. v. Rob. Wild-Queisner. (31 S.) 893.
22. Ein blauer Teufel od. „Altbayer u. Picarde". Genrebild m. Gesang als Gegenscene zu „Kurmärker u. Picarde" v. Max Stieler. (21 S.) 893.
23. Ein ander Städtchen, e. ander Märchen. Schwank in 1 Akt v. C. A. Paul. 2. Aufl. (28 S.) 893.
24. Halt, werda! Lustspiel in 1 Akt v. P. B. Wichmann. (22 S.) 893.
25. Der Schlappermentstag. Schwank in 1 Akt v. Rob. Wild-Queisner. (20 S.) 893.
26. Gefreiter Bröske. Schwank in 1 Aufzuge v. F. Lanz. (20 S.) 894.
27. Der Kompagnieball. Dramatischer Scherz in 1 Akt v. Fritz Engel. (12 S.) 894.
28. Die Liebeserklärung des Rekruten, od.: 5 Minuten Berliner. Schwank m. Gesang in 1 Akt v. H. Wilken. (14 S.) 894.
29. Hurra Germania! Koloniales Festspiel zur Feier des Geburtstages Sr. Maj. Kaiser Wilhelm II. in 1 Zuge v. J. Steinbeck. (19 S.) 894.
30. Die 3 Wünsche. Ein patriot. Festspiel m. Gesang in 1 Akt. Dichtung u. Musik v. Otto Fromm. (32 S.) 894.
31. Die Vorstandswahl im Kriegerverein. Posse in 1 Akt v. N. J. Anders. (37 S.) 894.
32. Ein Ständchen in der Kaserne. Schwank in 1 Aufzuge. (30 S.) 894.
33. Alte Soldaten. Militärischer Schwank in 1 Akt v. Rob. Wild-Queisner. (23 S.) 894.
34. Eine lustige Instruktionsstunde. Soldatenschwank in 1 Akt v. Karl Wilhelm. (19 S.) 894.
35. Dramatischer Prolog zum Geburtstage Sr. Maj. d. Deutschen Kaisers v. Adf. Müller-Angelo. — Der Zukunftsbarbier des Soldaten. Humoristische Aufführung v. Arth. Michulla. (19 S.) 894.
36. Kaiserwetter. Schwank in 1 Akt v. Alfr. Schmasow. (38 S.) 894.
37. Zum 27. Januar. Kaiser-Prologe v. Karl Felix v. Schlichtegroll. (22 S.) 894.

Bloch's, Ludw., Militär-Festmappe f. vaterländ. Gedenktage, Soldatenfeste u. Kriegervereine. Nr. 38—46 u. 48—60. 8. Berlin, E. Bloch. à n. 1.—
38. Soldatenliebe. Schwank in 1 Akt v. M. Bauermeister. 2. Aufl. (18 S.) 895.
39. E. mod. Küchenfee od. d. Liebesmahl in d. Küche. Militär. Genrebild in 1 Akt v. Rob. Wild-Queisner. (25 S.) 895.
40. E. militär. Erfinder. Genrebild in 1 Akt v. Rob. Wild-Queisner. (30 S.) 895.
41. Ans Vaterland, ans teure, schließ dich an. Festsp. in 1 Aufzuge v. Herm. Jahn. (33 S.) 895.
42. Am 18. Januar. Festsp. v. Wilh. Melzer. — Die neue Kaserne. Schwank in 1 Akt von Rob. Wild-Queisner. (40 S.) 896.
43. Endlich erwischt. Charakterbild in 1 Akt a. d. letzten Kriege u. e. wahren Begebenheit v. Hans Gesner. (36 S.) 896.
44. Barbarossa. Kyffhäuser-Festspiel v. Rich. Landau. Ausg. f. Vereins-Aufführgn. (18 S.) 896.
45. Das Losungswort od. Kaiser u. Reich. Festspiel v. Rich. Warmer. (38 S.) 896.
46. Dienstfrei. Kaisergeburtstags-Schwank in 1 Akt v. Frz. Grote. (18 S.) 896.
48. Tölpel als Offiziersbursche. Humorist. Episode m. Gesang v. Emil Lange. (16 S.) 896.
49. Auf Patrouille. Kriegs-Scene m. Gesang in 2 Abthlgn. v. Emil Lange. (15 S.) Leipzig 893.
Nr. 49 als Nachtrag hier mitaufgenommen.
50. Wenn die Krieger heimwärts ziehn. Schwank m. Gesang in 1 Akt v. H. Salingré, neu bearb. v. Hugo Busse. Musik v. R. Bial. 2. Aufl. (20 S.) 896.
51. Die schnarchende Ordonnanz. Schwank in 1 Aufz. frei n. d. Franz. von Demetr. Schrutz. (21 S.) 896.
52. Des Königs Rock. Festsp. in 1 Aufz. v. Fritz Gilsow. (11 S.) 897.
53. E. militär. Theater-Aufführg. Kaiser-Geburtstags-Schwank in 1 Akt von Walth. Gericke. (31 S.) 897.
54. Zum Sergeanten befördert. Schwank in 3 Aufz. Von Vaserin. (23 S.) 897.
55. Einquartirung. Posse m. Gesang in 1 Akt v. Otto Matthes. (III, 19 S.) Sommerfeld 897.
56. „Mobil". Schwank in 1 Akt von Otto Matthes. (15 S.) Sommerfeld 897.
57. Vorschriftsmäßig. Lustsp. in 1 Akt v. Rob. Wild-Queisner. (32 S.) 897.

58. Unt. d. Kaiserlinde od. Deutschlands Ehrentag. E. patriot. Bild m. Musik in 1 Aufzuge von Gust. Burwig. (15 S.) 898.
59. D. Jagd nach e. Musketier. Lustsp. in 1 Akt v. C. A. Paul. 2. Aufl. (22 S.) 898.
60. D. Mieze u. ihr Vice. Militär. Schwank in 1 Akt von Fritz Kühne. (16 S.) 898.

— Militär-Festmappe f. vaterländ. Gedenktage, Soldatenfeste u. Kriegerver. 10., 14. u. 42—61. Hft. 8° Ebd. à 1 —
Baserin: Zum Sergeanten befördert. Schwank. (23) 97. [54.]
Burwig, G: Unter d. Kaiserlinde od. Deutschlds Ehrentag. Patriot. Bild m. Musik. (15) 98. [58.]
Gericke, W: Eine militär. Theater-Aufführg. Kaiser-Geburtstags-Schwank. (31) 97. [53.]
Gesner, H: Endlich erwischt. Charakterbild a. d. letzten Kriege. (36) 96. [43.]
Grote, F: Dienstfrei. Kaisergeburtstags-Schwank. (18) 96. [46.]
Güssow, F: Des Königs Rock. Festspiel. (11) 97. [52.]
Hacke, H: Der Traum d. Invaliden. Patriot. Festspiel. (24) 94. [61.]
Kühne, F: Die Mieze u. ihr Vice. Militär. Schwank. (16) 98. [60.]
Landau, R: Barbarossa. Kyffhäuser-Festspiel. Asg. f. Ver.-Aufführgn. (18) 96. [44.]
Lange, E: Eine Einquartierg bei Sedan. Genre-Bild. (24) Lpzg 86. [47.] | Auf Patrouille. Kriegs-Scene m. Gesang. (15) Lpzg 93. [49.] | Tölpel als Officiersbursche. Humorist. Episode m. Gesang. (10) 96. [48.]
Matthes, O: Einquartierg. Posse m. Gesang. (19) Sommerf. 97. [55.] | „Mobil". Schwank. (15) Sommerf. 97. [56.]
Melzer, W: Am 18. Januar. Festspiel. — Wild-Queisner, R: Die neue Kaserne. Schwank. (40) 96. [42.]
Paul, CA: Die Jagd nach e. Musketier. Lustspiel. 2. Afl. (22) 98. [59.]
Prologe z. Geburtstag Sr. Maj. d. deut. Kaisers. 3. Afl. (30) 99. [10.]
Salingré, H: Wenn d. Krieger heimwärts ziehn. Schwank m. Gesang, neu bearb. v. H Busse. Musik v. R Bial. 2. Afl. (29) 96. [50.]
Schrutz, D: Die schnarch. Ordonnanz. Schwank frei nach d. Franz. (21) 96. [51.]
Steinbeck, J: Vater Kutschke in Metz od. Kaisers Geburtstag. Patriot. Genrebild. 3. Afl. (16) 97. [14.]
Warmer, R: Das Losgewort od.: Kaiser u. Reich. Festspiel. (38) 96. [45.]
Wild-Queisner, R: Die neue Kaserne, s.: Melzer, W: Am 18. Januar. — Vorschriftsmässig. Lustspiel. (32) 97. [57.]

Bloch's, Ludw., Militär-Festmappe f. vaterländische Gedenktage, Soldatenfeste u. Kriegervereine. 10., 47. u. 61.—66. Hft. 8. Berlin, E. Bloch. à n. 1.—
10. Prologe zum Geburtstag Sr. Maj. des deutschen Kaisers. 3. Aufl. (30 S.) 899.
47. E. Einquartierung b. Sedan. Genre-Bild in 1 Akt v. Emil Lange. (24 S.) Leipzig 886.
61. Der Traum des Invaliden. Patriotisches Festspiel in 1 Aufzuge. Von Heinr. Hacke. (24 S.) (894.)
62. Ein Sonntagnachmittag in der Kaserne. Pantomime. Von Bogislaw Maschke. — Manöver im Ballsaal. Cotillontour. Von Herm. Schönrock. (14 S.) (900.)
63. III. Seebataillon, 2. Compagnie. Zeitbild in 1 Aufzuge. Von Rich. Wilde. (27 S.) (901.)
64. Die Höllenmaschine in der Kaserne. Schwank in 1 Akt. Von A. Freytag. (19 S.) (901.)
65. Auf der Etappenstation Yangtsun. Große, international-patriot., ostasiat. Ensemble-Scene m. Gesang nach bekannten Melodien u. Pa-le-ko. (24 S.) (901.)
66. Die Seemannsbraut. Burleske m. Gesang in 1 Akt. Von Max Koch. Musik v. Rich. Thiele. (39 S.) (901.)

— Militär-Festmappe f. vaterländische Gedenktage, Soldatenfeste u. Kriegervereine. 67.—82. Heft. 8. Ebd. à n. 1.—
Anno, A., Königsgrenadiere. Zeitbild in 1 Aufzug. (24 S.) [870.] (903.) (Alte Nr. 71.)
Freytag, Alfr., der bestrafte Quartierwirt. Ein lust. Manöverstreich in 1 Akt. (27 S.) (903.) (Nr. 67.)
Hirthe, E., ein Kuß od. Die Marine siegt. Lustspiel in 1 Akt. (16 S.) (903.) (Nr. 74.)
Krieg, Carl, unser Extra-Mantel. Militärschwank in 1 Akt. (19 S.) (905.) (Nr. 80.)
— die dunkle Kammer. Manöverscherz in 1 Akt. (22 S.) (904.) (Nr. 77.)
— in Herrn Leutnants Rock. Schwank in 1 Akt. (20 S.) (903.) (Nr. 72.)
— Mutterns Futterkiste. Kasernenscherz in 1 Akt. (19 S.) (906.) (Neue Nr. 70.)
— der hungrige Rekrut. Kasernenbild in 1 Akt. (19 S.) (904.) (Nr. 78.)
Linderer, Rob., bei der Gaslaterne! Genrebild m. Gesang in 1 Akt. Musik v. Th. Hauptner. (15 S.) [879. 880.] (903.) (Alte Nr. 70.)
Lunzer, Fritz, eine Sprechstunde beim Stabsarzt. Posse in 1 Akt. (21 S.) (906.) (Nr. 81.)
— das Spuk-Quartier. Posse in 1 Aufzug. (24 S.) (906.) (Nr. 82.)
Plening, E., am Geburtstage des Kaisers. Lustspiel in 1 Akt. 2. Aufl. (22 S.) (904.) (Nr. 75.)
Rudorf, W., auf Zivil-Versorgung. Schwank in 1 Akt nach e. älteren Stoffe. (30 S.) (906.) (Neue Nr. 71.)
Schlichtegroll, Carl Fel. v., 12 Prologe zur Feier des Allerhöchsten Geburtstages Sr. Maj. des Deutschen Kaisers. (28 S.) (903.) (Nr. 68.)
Stern, R., die drei Krummstiefel. Humoristisches Singspiel. (16 S.) (903.) (Nr. 69.)
Wulle, Frdr., Volldampf voraus! Festspiel zu Kaisers Geburtstag. (16 S.) (903.) (Nr. 73.)
Wurmb, Eckart v., der falsche Feldwebel. Kaiser-Geburtstagsschwank in 1 Aufzuge. (28 S.) (904.) (Nr. 76.)
— Rosa, die Feldwebelbraut. Kaisergeburtstagsschwank in 1 Aufzug. (24 S.) (905.) (Nr. 79.)

Bloch's, Ludw., Militär-Festmappe f. vaterländische Gedenktage, Soldatenfeste u. Kriegervereine. 83—93., 95. u. 96. Heft. 8. Berlin, E. Bloch. à 1.—
Freytag, Hans Alfr., eine Flasche Kujawiak. Militärischer Schwank in 1 Akt. (15 S.) (907). (Hft. 86.)
Krieg, Karl, ein unverhofftes Abendessen. Soldatenschwank in 1 Akt. (21 S.) (908). (Hft. 88.)
— Ausrücken. Militärschwank in 1 Akt. (20 S.) (907). (Hft. 84.)
— Glüh-Würmchen. Schwank. (18 S.) (910). (Hft. 95.)
— Der Kasernen-Don Juan. Schwank. (15 S.) (910). (Hft. 96.)
— Die verpaßten Meyer. Militärhumoreske m. Gesang in 1 Akt. (18 S.) (909). (Hft. 92.)
— Eine Mohrenwäsche. Militärschwank in 1 Akt. (17 S.) (908). (Hft. 86.)
— Das geplatzte Trommelfell. Militärhumoreske in 1 Akt. (16 S.) (909). (Hft. 91.)
Kurs, Alice, die Generalprobe in der Kaserne. Patriotisches Lustspiel zum Geburtstage Sr. Maj. des Kaisers. (27 S.) (907). (Hft. 85.)
— Ein Markstein im Leben. Festspiel zum (50.) Geburtstag S. M. des Kaisers. (28 S.) (909). (Hft. 89.)
Lunzer, Fritz, seine Kusine. Militärische Burleske in 1 Akt. (16 S.) (909). (Hft. 90.)
Maschke, Bogis, Urlaubsstreiche. Stumme Pantomime. (10 S.) (906). (Hft. 83.)
Schlichtegroll, C. F. v., Kaiser Geburtstags-Prologe, vorwiegend in derb-gemütlichem Kasernenton geh., unter besond. Berücksicht. der einzelnen Waffengattgn. (26 S.) (909). (Hft. 93.)

— Militär-Festmappe f. vaterländ. Gedenktage, Soldatenfeste u. Kriegervereine. 87. u. 93—104. Heft. 8° Ebd. je 1 — d
Assmus, W: Nach d. Kompagnieball. Humoreske. (26) ('12) [103]
Cronau, Alb.: General York bei Tauroggen. Festspiel. (26) ('12) [101]
Dietrich, Fritz: Vom Pflug z. Schwert. Schausp. a. d. Zeit d. Befreigskriege. (34) ('12) [104]
Heuer-Rathenow, Walth.: Der doppelte Feldwebel. Schwank. (17) ('09) [94]
Hillert, Ernst: Schattenbilder a. d. Manöverleben. 30 leb. Bild. auf d. Leinwand. (21) ('11) [98]

Kreymann, Louis: Beim Soldatenliebchen. Schwank. (27) ('10) [97]
Krieg, Carl: Glüh-Würmchen. Schwank. (18) ('10) [95]
— Der Kasernen-Don Juan. Schwank. (15) ('10) [96]
— Eine Mohrenwäsche. Schwank. (17) ('08) [87]
— Die Wichsschachtel. Schwank. (18) ('11) [99]
Reiffenstein, Curt: Die 1. Instruktionsstunde. Schwank. (20) ('12) [102]
Schlichtegroll, CF v.: Kaisers Geburtstags-Prologe, vorwieg. in derb-gemütl. Kasernenton geh., unter bes. Berücks. d. einz. Waffengattgn. (26) ('09) [93]
Schmieden, Alfr.: Der Schlump-Schütze. Schwank. (20) ('12) [100]

Bloch's, Ludw., Sammlung neuer Ansprachen u. Tischreden in Prosa. 1.—5. Hft. 12. Berlin 889. Lassar. à n. 1. 20
1. Zu Fastnacht u. Sylvester, zur Karnevals-, Faschings- u. Neujahrsfeier. 2., verm. Ausg. (47 S.)
2. Für Verlobung u. Polterabend, grüne, silberne u. goldene Hochzeiten. 2., verm. Aufl. v. Linderer's Hochzeits- u. Tischreden. (82 S.)
3. In der Familie u. im frohen Kreise. (83 S.)
4. Zu Stiftungsfesten u. Ehrentagen d. Vereins u. dessen Mitglieder. (71 S.)
5. Für Vereins-Sitzungen, gesellige Abende im Verein u. Kneip-Abende. (69 S.)

— Sammlung neuer Ansprachen u. Tischreden in Prosa. 6.—9. Bdchn. gr. 16. Ebd. à n. 1. 20
6. An vaterländischen Festtagen u. zur Begrüßung v. Behörden. (78 S.) 890.
7. Ansprachen, Tischreden u. Trinksprüche in Prosa f. Gesang-Vereine u. musikal. Gesellschaften v. Rob. Wild-Queisner. (80 S.) 893.
8. Ansprachen u. Tischreden in Prosa für freiwillige Feuerwehren u. Turnvereine v. Rob. Wild-Queisner. (88 S.) 893.
9. Für die Fidelitas u. den Schluß der offiziellen Tafel v. Alwin Römer. (73 S.) 894.

— Sammlg. neuer Ansprachen u. Tischreden in Prosa. 1., 3., 7. u. 10.—26. Bdchn. gr. 16. Ebd. à n. 1. 20
1. F. d. Fest- u. Freudentage d. Jahres. 3., veränd. u. verm. Aufl. (121 S.) 898.
3. In d. Familie. 2., veränd. Aufl. (61 S.) 897.
7. F. Gesang-Vereine u. musikal. Gesellschaften. 2., verm. Aufl. (88 S.) 897.
10. Zu Vereins-Festtagen f. Berufs- u. Fachvereine sow. zu Ehrentagen d. Mitglieder. (69 S.) 896.
11. F. Lehrer u. Lehrerinnen. (84 S.) 896.
12. Zur Nachfeier d. Hochzeit. Von d. Flitterwochen b. z. Diamant-Hochzeit. (84 S.) 896.
13. F. Einweihungs- u. Schlußfeierlichkeiten. (82 S.) 896.
14. Im Kreise ländl. Arbeiter. Von Carl Cassau. (66 S.) 896.
15. Im Kreise städt. Arbeiter. (67 S.) 896.
16. Für Sportkreise. Von Carl Cassau. (82 S.) 897.
17. Für Militär- u. Krieger-Vereine. Von Carl Cassau. (89 S.) 897.
18. Bei Spiel u. Tanz. (80 S.) 897.
19. In Privatgesellschaften. 2., verm. Aufl. (74 S.) 897.
20. Auf d. Damen! (107 S.) 898.
21. Von Damen zu sprechen. (93 S.) 898.
22. Zum Geburtstage d. Kaisers. (109 S.) 898.
23. In gemeinnütz. Vereinen. (95 S.) 898.

24. In d. Gemeinde u. a. Behörden. (94 S.) 898.
25. Kneip- u. Kommers-Reden m. beigefügten Erläutergn. des Komments. (93 S.) 898.
26. Humorist. Reden a. d. Mann im Beruf. (90 S.) 898.

— dasselbe. 27. Bdchn. 12. Ebd. n. 1.20
Hoch die Damen! Toaste auf die Damen. (80 S.) (900.)

— Sammlung neuer Ansprachen u. Tischreden in Prosa. 2. u. 14. Bdchn. 8. Ebd. à n. 1.20
2. Für Verlobung, Polterabend u. Hochzeit. 4. verm. Aufl. (88 S.) (900.)
14. In ländlichen Verhältnissen. 2. verm. Ausg. (XXIV, 66 S.) (900.)

– Sammlg v. Zwie- u. Dreigesprächen. 1—17. Hft. 8° Ebd. à — 60
Augustus: Aber Fritz! Dramat. Scherz. (9) 98. [1.]
Bliss, P: Für einander bestimmt. Zwiegespräch f. 1 Dame u. 1 Herrn. (12) 99. [13.] ‖ Gute Freundinnen. Zwiegespräch f. 2 Damen. (11) 98. [4.] ‖ Gefangen. Zwiegespräch f. 2 Herren. (11) 98. [3.] ‖ Junggesellen-Freiheit. Zwiegespräch f. 2 Herren. (10) 99. [15.] ‖ Kleider machen Leute. Zwiegespräch f. 1 Dame u. 1 Herrn. (11) 98. [6.] ‖ Ein modernes Mädchen. Dramat. Scherz f. 2 Damen u. 1 Herrn. (12) 99. [14.]
Braune, E: Irene. Zwiegespräch f. 1 Herrn u. 1 Dame. (12) 98. [5.] ‖ Eine Liebeserklärg. Zwiegespräch f. 1 Dame u. 1 Herrn. (10) 98. [7.] ‖ Othello Müller. Zwiegespräch f. 1 Dame u. 1 Herrn. (14) 98. [10.] ‖ Mamsell Neugier. Zwiegespräch f. 2 junge Damen. (18) 98. [8.] ‖ Mit „Rad" u. That. Zwiegespräch f. 1 Herrn u. 1 Dame. (16) 98. [9.] ‖ Theklas Geheimnis. Zwiegespräch f. 2 junge Damen. (11) 98. [11.]
Ebeling-Filhes: Ihr Tagebuch. Dramat. Scherz. (19) 99. [16.]
Gülde, O: Dreimal genullt. Scherz-Scene. (22) 98. [2.]
Hoepfner, H: Die Sonne u. d. Mond. Ehekomödie. (14) 1900. [17.]
Möller, M: Der Vereinsausflug. Humorist. Aufführg f. 3 Damen. (13) 98. [12.]

Bloch's, Ludw., Sammlg. v. Zwie- u. Dreigesprächen. 1.—12. Hft. 8. Berlin 898. E. Bloch. à n. — 60
1. Aber Fritz! Dramat. Scherz in 1 Aufz. von Augustus. (9 S.)
2. Dreimal genullt. Scherz-Szene von O. Gülde. (22 S.)
3. Gefangen. E. Zwiegespräch f. 2 Herren von Paul Bliß. (11 S.)
4. Gute Freundinnen. E. Zwiegespräch f. 2 Damen von Paul Bliß. (11 S.)
5. Irene. Zwiegespräch f. e. Herrn u. e. Dame v. Edm. Braune. (12 S.)
6. Kleider machen Leute. Zwiegespräch f. e. Dame u. e. Herrn von Paul Bliß. (11 S)
7. E. Liebeserklärung. Zwiegespräch f. 1 Dame u. 1 Herrn von Edm. Braune. (10 S.)
8. Mamsell Neugier. Zwiegespräch f. 2 junge Damen von Edm. Braune. (18 S.)
9. Mit „Rad" u. That. Zwiegespräch f. e. Herrn u. e. Dame von Edm. Braune. (16 S.)
10. Othello Müller. Zwiegespräch f. e. Dame u. e. Herrn von Edm. Braune. (14 S)
11. Theklas Geheimnis. Zwiegespräch f. 2 junge Damen von Edm. Braune. (11 S.)
12. Der Vereinsausflug. Humorist. Aufführg. f. 3 Damen von Mathilde Möller. (13 S.)

— Sammlung v. Zwie- u. Dreigesprächen. 13.—26. Hft. 8. Ebd. à n. — 60
13. Für einander bestimmt. Zwiegespräch f. 1 Dame u. 1 Herrn. Von Paul Bliß. (12 S.) (899.)
14. Ein modernes Mädchen. Dramatischer Scherz f. 2 Damen u. 1 Herrn. Von Paul Bliß. (12 S.) (899.)
15. Junggesellen-Freiheit. Zwiegespräch f. 2 Herren. Von Paul Bliß. (10 S.) (899.)
16. Ihr Tagebuch. Dramatischer Scherz. Von Ebeling-Filhes. (19 S.) (899.)
17. Die Sonne u. der Mond. Ehekomödie. Von Hedwig Hoepfner. (14 S.) (900.)
18. Der erste Zwist. Flitterwochenintermezzo f. 1 Herrn u. 2 Damen. Von E. v. Pannewitz. (10 S.) (901.)
19. Um e. Kuß. Zwiegespräch f. 1 Herrn u. 1 Dame. Von Edm. Braune. (12 S.) (901.)
20. Heimliche Liebe. Ein Zwiegespräch f. 2 junge Damen. Von Edm. Braune. (10 S.) (901.)
21. Nach dem Examen. Ein Zwiegespräch f. 1 Herrn u. 1 Dame. Von Edm. Braune. (16 S.) (901.)
22. Suschens Gardinenpredigt. Zwiegespräch f. 1 Dame u. 1 Herrn. Von Edm. Braune. (18 S.) (901.)
23. Der erste Rausch in der Ehe. Zwiegespräch f. 1 Dame u. 1 Herrn. Von Edm. Braune. (10 S.) (902.)
24. Vielliebchen od.: J'y pense! Zwiegespräch f. 1 Dame u. 1 Herrn. Von Edm. Braune. (11 S.) (902.)
25. Ehemannspflichten anno 2000. Ein Gesellschaftsscherz f. 2 Damen od. 1 Herrn u. 1 Dame. Von E. v. Pannewitz. (8 S.) (902.)
26. Einst, jetzt u. später. Eine Dienstbotenkomödie f. 3 Damen. Von Hedw. Hoepfner. (21 S.) (902.)

— Sammlung v. Zwie- u. Dreigesprächen. 27.—38. Hft. 8. Ebd. à n. — 60
Bliß, Paul, die beste Freundin. Dramatischer Scherz f. 1 Herrn u. 2 Damen. (15 S.) (903.) (Hft. 30.)
— auf Freiers Füßen. Dramatischer Scherz f. 2 Herren u. 1 Dame. (15 S.) (903.) (Hft. 29.)
— Minnas heimliche Liebe. Dramatischer Scherz f. 2 Damen. (14 S.) (903.) (Hft. 28.)
Borgstede, Else v., um e. Kochrezept. Kaffeeklatsch-Scene. (8 S.) (902.) (Hft. 27.)
Goslich, Marie, Witwenball in der Laubenkolonie od. Schiller als Heiratsvermittler. Berliner Burleske. (10 S.) (905.) (Hft. 35.)
Helmerding, C., ein vergessener Ballgast od. vier Uhr morgens. Schwank in 1 Akt (f. 1 Herrn u. 1 Dame). 2. Aufl. (32 S.) (906.) (Hft. 38.)
Kind, Frz., ach, der Verein! Humoristische Familienszene m. Gesang. (16 S.) (903.) (Hft. 33.)
Kohlmetz, Herm., wenn Frauen sprechen. Eine heitere Plauderei f. 1 Herrn u. 1 Dame. (8 S.) (906.) (Hft. 36.)
Metz, Josefa, das letzte Rendezvous. Humoristische Szene. (8 S.) (905.) (Hft. 34.)
Schoch, Carl, das Ehe-Pantöffelchen. Dramatischer Scherz in 1 Akt (f. 1 Herrn u. 1 Dame). 2. Aufl. (16 S.) (906.) (Hft. 37.)
Steiner, Olga, die erste Gesellschaft. Lustspiel in 1 Akt. (19 S.) (904.) (Hft. 32.)
Werner, Auguste, die Reform-Ehe. Dramatischer Scherz f. 1 Herrn u. 2 Damen. (27 S.) (903.) (Hft. 31.)

— Sammlung v. Zwie- u. Dreigesprächen. 39—41. Heft. 8. Ebd. à — 60
Raché, Hennie, Töff-Töff. Lustspiel in 1 Akt (f. 1 Herrn u. 3 Damen.) (30 S.) (906). (Hft. 39.)
Schönfeld, Ernst, wie man sich irren kann. Posse in 1 Akt. Nach e. älteren Idee bearb. 2. Aufl. (15 S.) (907). (Hft. 41.)
Steiner, Olga, ein moderner Damenkaffee. Komisches Intermezzo bei e. Damenkaffee f. 2 Damen. (7 S.) (907). (Hft. 40.)

— Sammlg v. Zwie- und Dreigesprächen. 42—50. Heft 8°. Ebd. je — 60 d
Bliss, Paul: Beim Fünfminutenbrenner od.: Liebe macht erfinderisch. Dramat. Szene f. 1 Herrn u. 1 Dame. (12) ('12) [47]
— Strohwitwer. Dramat. Scherz f. 2 Herren u. 1 Dame. (14) ('12) [49]
— Sie löst ihm d. Zunge. Dramat. Scherz f. 2 Herren u. 1 Dame. (13) ('12) [48]
Borgstede, Else v.: Der Festkuchen. Schwank (Lustsp. f. 1 Herrn, 2 Damen). (16) ('11) [43]
— Gegengift. Lustsp. (f. 2 Herren, 1 Dame). (15) ('10) [42]
Laufs, A: Der einzige Ausweg. Lustsp.-Scene m. Tanz f. 1 Herrn u. 1 Dame. (16) ('12) [46]
— Der ausgesperrte Ehemann. Drastischer Scherz f. 1 Herrn u. 1 Dame od. 2 Herren od. 2 Damen. (10) ('12) [50]
Moser, E: Der Gratulant. Scherzhafte Gerichtsszene. (15) ('11) [45]
Steiner, Olga: Meines Bruders Bruder. Lustsp. (f. 2 Herren, 1 Dame). (21) ('11) [44]

Bloch M. Beiträge zur Theorie der Resultantensysteme, welche bei der Bestimmung des grössten gemeinschaftlichen Theiles zweier ganzen Functionen einer Variabeln auftreten. 1892. 4. Math. Diss. Giessen

Bloch, M.: Das mosaisch-talmud. Besitzrecht, s. Bloch, Moses

Bloch, M.: D. Blasenmole, s. Bloch, Marcus

Bloch, M.: Gemüthsklänge, s. Bloch, Moritz

Bloch, M. Kaufmann und kaufmännischer Verkehr im schweizerischen Obligationenrecht. In-8°. 66 S. Bern. These. 1897?

Bloch, M., Tabelle sämmtl. Augenkrankheiten, nach dem Systeme des Prof. Edlen v. Rosas, synoptisch dargest. Real-Fol. Wien 837. Beck. 7 gr

Bloch, M.: Tabelle sämmtlicher Augenkrankheiten nach dem Systeme des Herrn Professors (Anton) Edlen von Rosas synoptisch dargestellt. 1 Bl., gbd.

Wien: typ. Pichler 1840 (?)

JB 4.750

Bloch, Marcus, die Blasenmole, in wissenschaftlicher und praktischer Beziehung. gr. 8. (52 S.) Freiburg i. Br. 869, Wagner'sche Buchh. *

Bloch, Marcus Elieser

Bloch, Mark. Elies., Abhandl. v. Erzeugung d. Eingeweidewürmer u. den Mitteln wider dieselben. Mit 10 Kpf. gr. 4. Berl. 782. Hesse. (Petsch; auch Stuhr). 14 gr

— Abhandl. v. Erzeugung d. Eingeweidewürmer &c. m. K. gr. 4. Berl. Hesse. (Müller.) 782.

Bloch, M. Elies., medicin. Bemerkung. n. Abhandl. v. Pyrmont. Augenbr. 8. Berlin, Himburg. 774.

Bloch, Mark. Elies., († d. 6. Aug. 1799.) medicin. Bemerkk., nebst e. Abhandl. v. Pyrmonter Augenbrunnen. 8. Berl. 774. (Reimer). 10 gl.

Bloch, M. E., Ichthyologie etc. XII T. av. 432 fig. culum. Fol. Berl. et Leips. Beygang. Rthlr. 1
Holl. P. 2

Bloch, Marcus Elieser.
Ichthyologie, ou Histoire naturelle générale et particulière des poissons. ... Berlin 1785—97. Ü: *Thiébault de Laveaux, J. C.* (BrMm)

Bloch, Marcus Elieser: Ichthyologie ou histoire naturelle, générale et particulière des poissons. Partie 1 - 6, gbd., Abb.

P.1 - 3: Berlin: de la Garde 1785 - 1786
P.4 - 6: { Berlin: de la Garde / Paris: Didot / Londres: White } 1787 - 1788

JB 6.338

— Ichthyologie, ou histoire nat. des poissons. XII Vols. av. fig. gr. Fol. Berl. 785 — 87. N. Ausgabe. Mit 216 Kpf. 793 — 95. (Schlesinger). 300 Rthl. le même in VI Vols. gr. 8. av. 216 Planch. (ibid.) 25 Rthl.

— Ichthyologie ou histoire nat. des Poissons. 12 Vol. av. fig. fol. pet. Berl. Quien. 795—97. 1
gr. Fol. P. F. 2
— — P. V. 3

— — le même. Vol. I—VI. gr. 8. av. fig.

Bloch M. E.: Allgemeine Naturgeschichte d. Fische. 12 Th. (6 Vol.). Berl. 1782-95, à c. 150-200 S. 4°.
(Fællestit. mgl.; Særtit.: 1-3. Oeconom. Naturgesch. d. Fische Deutschlands. 3 Th. 1782-84. — 4-12. Naturgesch. d. ausländischen Fische. 9 Th. 1785-95).
— (Atlas). (4 Vol.). 108 + 324 kol. Tvl. Tv.-Fol.

— Naturgesch. d. Fische. 12 Thle. gr. 4. m. K. in Fol. Berlin, Realschulbuchhandl. (à 15 Rthlr.) 1

— — dasselbe m. franz. Text. Prachtausgabe. Ebendas. 3

— — dasselbe Text u. Kupfr. in Fol. Ebend. 2

— — dasselbe Text in 4. K. in Fol.

— — dasselbe in gr. 8. 1r bis 6r Bd.

— — dasselbe in gr. 8. 1r — 6r. B. m. franz. Text.

Bloch, Mark Elieser, Naturgeschichte der Fische. Th. 1—12. Berlin 1782—95. 4.
1—3. Theil, deutsche . . . . (D.)

— Naturgesch. d. ausländl. Fische. 9 Thle. in allgem. Natur. Gesch. 4—12r.

Bloch, Marcus Elieser. Oeconomische Naturgeschichte der Fische Deutschlands; und: Naturgeschichte der ausländischen Fische. 7 Bde. und 3 Bde. Kupfer. Berlin 1782—1783. 4° und Fol.

— Naturgeschichte d. Preuß. Fische, sind im 1n Thle. d. größern W.

— — ökonom. Naturgeschichte der Fische. 12 Bde. 4. mit Kpfrn. in Fol. Ebenderselbe. und der Preis 1

— — ditto — Dasselbe Werk in 5 Bänden. 8. Mit 91 illum. Kupfern. Ebenderselbe und der Preis

— ökon. Naturgesch. d. Fische Deutschl. 3 Thle., und d. Ausländ. Fische 2 Thle. m. K. gr. 8. Leipzig, Böhme.

— ökonom. Naturgeschichte der Fische Deutschlands. 12 Thle. gr. 4. Mit 432 Kpf. in Fol. Berl. 781 — 95. (Schlesinger, Pauli, Reimer). 180 Rthl. Hbg. Pr. 90 Rthl. Dass. französisch Histoire générale et partic. des poissons. 240 Rthl. Prachtausg. Imp.-Fol. Ebd. 300 Rthl. Dass. in gr. 8. 6 Bde. Mit 216 ill. Kpfn. Ebd. 783 — 87. 25 Rthl.

— Systema Ichthyologiae, 8. maj. Berl. Realschulbuchh. in Commiss.
Schreibp.
Velinp.

— systema ichthyologiae, post obitum auctoris absolvit, J. Gl. Schneider. Mit 110 Kpf. 8. maj. Berl. 801. (Schlesinger). 10 Rthl.

— traité de la génération des vers etc. trad. de l'Allem. av. planch. gr. 8. Strassb. 789. Treuttel u. W. 1 Rthl. 4 gl.

Bloch, Martin [aus Berlin]: Beiträge zur Pathologie der spastischen Spinalparalyse. ... Berlin, Buchdr. v. Gustav Schade (Otto Francke) (1889); 44 S. + 1 Bl. 8°
Berlin, Med. Fak., Inaug.-Diss. v. 23. Aug. 1889

Bloch, Martin [aus Berlin]: Beiträge zur Theorie der Resultantensysteme, welche bei der Bestimmung des grössten gemeinschaftlichen Teilers zweier ganzen Funktionen einer Variablen auftreten ... Berlin, Druck v. P. Stankiewicz' Buchdr., 1892; 2 Bl., 30 S., 1 Bl. 4.
Giessen, Phil. Fak., Inaug.-Diss. v. 1892

Bloch, Mathilde, deutsch-türkisches Wörterbuch, s.: Selel, Thdr.

Bloch, Max
[F.] Die Einwirkung der Schweinesperre in Oberschlesien auf die Ernährungsverhältnisse der Industriearbeiter. E. soz.-hygien. Studie v. Dr. [Max] Bloch, prakt. Arzt, Beuthen O/S. *Breslau: Preuss & Jünger 1898.* (29 S.) 1 Bd 8. [98. 10387

Bloch, Moritz [wirkl. Name], s. Ballagi, Mór [Pseud.]

Bloch, Mor., unentbehrliches Ergänzungs-Wörterbuch d. ungar. u. deutsch. Sprache, mit Inbegriff d. Fremdwörter u. original.-ungar. Redensarten. Eine nöthige Vervollständigung zu allen bisher erschien. Wörterbüchern &c. In 2 Thln. 8. Pesth 846, 47, Geibel. n. 1½ Rthl.

Bloch, Mor., Gemüthsklänge. Gedichte. 16. (86 S.) Budweis 881. Hansen in Comm. n. 1. —

— ausführliche theoret.-prakt. Grammatik der ungarischen Sprache für Deutsche, nebst einer Auswahl von Beispielen nach der Interlinear-Methode und Uebungsaufgaben zum Uebersetzen aus dem Deutschen in's Ungarische. gr. 8. Ebend. 842. geb. n. 1½ Rthl. — 2. völlig umgearb. Aufl. gr. 8. Ebend. 846. n. 1½ Rthl.

— ungar. Lesebuch als Uebungs- u. Ergänzungsbuch zu allen ungar. Grammatiken. A. u. d. T.: Schönheiten der ungarischen Sprache u. Literatur. Zur Bild. d. besseren Geschmacks in Styl u. Vortrag. gr. 8. (20¾ B.) Pesth 845, Geibel. *

Bloch, Moriz. Synthesen einiger Chromonderivate. Diss. Phil. Bern. 46 S. 8. Berlin, A. W. Schade, 1901.

— neues vollständ. Taschenwörterbuch der ungar. u. deutschen Sprache, zum Gebrauche für alle Stände. Mit Anwendung der neuesten Orthographie u. Aufnahme aller neu gebildeten ungarischen Wörter. (2 Bde.) Deutsch-ungarischer Theil. 1. Hälfte. 8. Ebend. 843. pro 2 Bde. n. 3 Rthl.

— neues vollständ. Taschenwörterbuch der ungarischen u. deutschen Sprache, zum Gebr. f. alle Stände. Mit Anwend. d. neuesten Orthogr. u. Aufnahme aller neu gebildeten ungar. Wörter. Deutsch-ungarischer Theil. 2 Bde. 8. (... B.) Pesth 844, Geibel. *

Bloch, Mor., neues vollständiges Taschenwörterbuch der ungarischen und deutschen Sprache, zum Gebrauche für alle Stände. Mit Anwendung der neuesten Orthographie und Aufnahme aller neu gebildeten ungarischen Wörter. A. u. d. T.: Uj kimeritö magyar-német és német-magyar zsebszótár, minden rangnak használatára etc. 2., verb. und verm. Aufl. 2 Bde. 8. Pesth, Geibel's Vrlgs.-Expedition. [1. (430 S.) 847. 2. (336 S.) 848.] *

— neues vollständiges Taschenwörterbuch der ungarischen u. deutschen Sprache, zum Gebrauche f. alle Stände. Mit Anwendung der neuesten Orthographie u. Aufnahme aller neu gebildeten ungarischen Wörter. Uj kimeritö magyar-német és német-magyar zsebszótár, minden rangnak használatára etc. 2. verb. u. verm. Aufl. 2 Bde. Deutsch-Ungarischer u. Ungarisch-Deutscher Theil. 8. (430 u. 336 S.) Ebd. 847. 48. n. 3 Rthl.

Bloch, Moritz. Neuere Untersuchungen über die Einwirkung des Äthers auf Hämoglobin und rote Blutkörperchen während der Narkose an Menschen und Kaninchen. Diss. Med. Bern. [Mit Figuren.] *Kopftitel:* Aus der chirurgischen Abteilung des ... P.-D. Dr. [Carl] Arnd. Inselspital Bern. 37 S. 8. Leipzig, F. C. W. Vogel, 1908.

Bloch, Moses, Das mosaisch-talmudische Besitzrecht. gr. 8. (IV, 60 S.) Budapest 897. (Frankfurt a/M., J. Kaufmann.) n. 1. 25

Das mosaisch-talmudische Besitzrecht von Prof. Moses **Bloch.** Budapest 1897: (Alkalay, Pressburg). II, 60 S. 8°
(Jahresbericht d. Landes-Rabbinerschule in Budapest. 20.)

Bloch, Moses, das mosaisch-talmudische Erbrecht. gr. 8. (VIII, 70 S.) Budapest 890. (Leipzig, Fock.) n. 2. —

Bloch, M., die Ethik in der Halacha. gr. 8. (VII, 96 S.) Budapest 886. (Leipzig, O. Schulze.) *

Bloch, M. Die Ethik d. Halacha. gr. 8. Lpz., 886. Berl., Felber. * 2 50

Bloch, Mos., die **Institutionen des Judenthums,** nach der in den talmud. Quellen angegebenen geschichtl. Reihenfolge geordnet u. entwickelt. 1. Bd. 1. Thl. (In hebr. Sprache.) gr. 8. (XXI, 273 S.) Wien 879. (Brünn, Epstein — Leipzig, O. Schulze.) n. 6. —

—— **die Institutionen des Judenthums, nach der in den talmud. Quellen angegebenen geschichtl. Reihenfolge geordnet und entwickelt. 1. Bd. 2. Thl. (In hebr. Sprache.) gr. 8. (IV, 290 S.) Przemyśl 884. (Brünn, Epstein.)** *
1. Bd. 1. Thl. (Ebendas.) 1879. *ℳ 6.

— das mosaisch-talmudische **Polizeirecht.** gr. 8. (48 S.) Budapest 879. (Leipzig, O. Schulze.) n. 1. 50

Das mosaisch-talmudische Strafgerichtsverfahren von Rabb. Moses **Bloch,** Prof. Budapest 1901: (Alkalay, Pressburg). 71 S. 8°
(Jahresbericht d. Landes-Rabbinerschule in Budapest. 24.)

Bloch, Moses, der Vertrag nach mosaisch-talmudischem Rechte. gr. 8. (X, 108 S.) Budapest 893. (Leipzig, G. Fock.) n. 3. —

Die Vormundschaft nach mosaisch-talmudischem Rechte von Prof. Moses **Bloch.** Budapest 1904: A. Alkalay & Sohn, Pressburg. (42 S.) 8°
— **Jahresbericht** d. Landes-Rabbinerschule in Budapest 27.

Bloch, Moses, die **Civilprocess-Ordnung** nach mosaisch-rabbinischem Rechte. gr. 8. (IV, 108 S.) Budapest 882. (Leipzig, O. Schulze.) n. 3. —

Bloch, N., le manuel du citoyen et des droits de l'homme. gr. 16. (XI, 54 S.) Luxemburg 871, Schamburger.

Bloch, N. J., Auctarium animadversionum in Orationem Ciceronis pro S. Roscio Amerino. 4. Havniae, Schubothe. 816.

Bloch, O. Volapük als Verständigungsmittel. Wesen, Ziele u. Bau der Weltsprache. Im Auftrage des Berliner Weltsprachevereins erläutert. 8. (22 S.) Berl. 889, Siegismund. * — 30

Bloch, O. D., s. *Hermippus,* **incerti autoris christ.**

Bloch, Oskar
Bloch, Osc., **vom Tode. Eine gemeinverständl. Darstellg. (Die deutsche Ausg. besorgte Pet. Misch.) 2 Bde. (VIII, 568 u. 871 S.) gr. 8. Stuttgart (908. 09). Charlottenbg., A. Juncker. 15.—; in 2 Halbperg.-Bdn. 18.—; auch in 12 Lfgn. à 1. 20**

Vom Tode. Eine gemeinverständl. Darstellung von Dr. Oskar **Bloch,** Prof., Kopenhagen. (Die deutsche Ausg. besorgte Dr. Peter Misch.) Bd 1. 2. Berlin, Stuttgart, Leipzig: Juncker [1909]. 8°
2. Ausführl. Mitteilungen über d. Tod einzelner Personen. Literaturverzeichnis.

Bloch, Osc. (geb. Neisse 28. 7. 1856): Untersuchungen über die Verzweigung fleischiger Phanerogamen-Wurzeln. Berlin 1880. (22 S.) 8°
¶ Aus: Verhandlungen d. botan. Vereins d. Prov. Brandenburg Jg 22 1880
Berlin, Phil. Diss. v. 11. Juni 1880

Bloch, O[tto], prakt. Arzt: **Beiträge zur Kohlenoxydvergiftung nach dem Material der II. medizinischen Klinik zu Berlin** ⟨Geh. Med.-Rat Prof. Dr. Gerhardt⟩. ***Leipzig 1902: B. Georgi.*** (29 S.) 8°
Leipzig, Med. Diss. v. (1. Juli) 1902

Bloch, P.: Vom Glauben u. Wissen, s. Bloch, Philipp

Bloch, Paul [aus Ratibor pr. Arzt in Berlin]: Statistisch-casuistischer Beitrag zur Lehre von den Abducenslähmungen. . . . Berlin, Druck v. G. Schenck, K. Hofbuchh., 1891; 2 Bl., 53 S., 1 Bl. 8°
Berlin, Med. Fak., Inaug.-Diss. v. 21. März 1891

Bloch, Paul. Variation und Wortwiederholung als Stilmittel bei Hartmann von Aue. Diss. Phil. I. Univ. Zürich. 104 S. 8. Zürich, Gebr. Leemann & Co., 1906.

Bloch, Philipp, **Charakteristik u. Inhaltsangabe des Moreh Nebuchim, s.: Schriften, hrsg. v. der Gesellschaft zur Förderung der Wissenschaft des Judentums.**

— Prof. Rohling's Falschmünzerei auf talmudischen Gebiet. 8. (IV, 31 S.) Posen 876. Merzbach. — 60

Bloch, Php., die Generalprivilegien der polnischen Judenschaft. [Erweit. u. verb. Sonderabdr. aus: „Zeitschr. d. histor. Gesellsch. f. d. Prov. Posen".] gr. 8. (120 S.) Posen 892. J. Jolowicz. n. 2. 50

Bloch, Phpp., **Geschichte der Entwickelung der Kabbala u. der jüdischen Religionsphilosophie, kurz zusammengefasst. [Aus: „Winter u. Wünsche, die jüd. Litteratur seit Abschluss des Kanons".] gr. 8. (V, 166 S.) Trier 894. S. Mayer.** n. 3. 25

— **Geschichte der rabbinischen Litteratur, s.: Winter, J., u. Aug. Wünsche, die jüdische Litteratur seit Abschluss des Kanons.**

Bloch, Phpp., vom Glauben und Wissen. Saadiah's Emunoth we-Deoth. [Einleitung und Kosmologie.] Aus dem Hebr. des Jehudah ibn Tibbon, mit Benutzung einer älteren hebr. Paraphrase übers. und erläut. gr. 8. (III, 101 S.) München 879, Th. Ackermann. *

Bloch, Ph.: Dr. H Graetz, s. a. Graetz, H, Gesch. d. Juden.

Bloch, Philipp, Heinrich **Graetz. Ein Lebens- u. Zeitbild.** (VIII, 119 S.) gr. 8. Posen 904. (Philipp.) n. 2. 50; geb. n. 3. 75
Sonderabdruck aus: „Monatsschr. f. Gesch. u. Wissensch. d. Judentums".

Bloch, Phpp. Die ersten Culturbestrebungen der jüdischen Gemeinde Posen unter preussischer Herrschaft. Lex.-8. (25 S.) Breslau 887, (Posen, Jolowicz). * 1 —
Aus: Jubelschrift zum 70. Geburtstage des Prof. Dr. H. Graetz, besonders abgedruckt.

Bloch, Philippus *(geb. Tworog bei Gleiwitz 30. 5. 1841):* De notione dei, qualis e totius systematis connexu Aristoteli enascatur. Vratislaviae (1865). (52 S.) 8°
Breslau, Phil. Diss. v. 28. Juli 1865

Bloch, Phpp., Predigt gehalten zum Jahresschluß 5632 [1872] und zu der gleichzeitig erfolgten Einweihung der neu eingeführten Orgel im Tempel der Brüder-Gemeinde. gr. 8. (8 S.) Posen 872, Heine.

—— **die Willensfreiheit von Chasdai Kreskas. [5. Abschnitt des 2. Traktates aus dessen „Gotteslicht".] Nach handschriftl. Material revid., übers. und erläutert. gr. 8. (IV, 42 S. und hebr. Text 12 S.) München 879, Th. Ackermann.** *

Bloch, R.: De Pseudo-Luciani amoribus, s. Bloch, Robert

Bloch, Reinhold, appr. Arzt aus Freiburg i. B.: **Aus d. Ohren- u. Kehlkopfklinik zu Rostock. Beiträge zur Morphologie des menschlichen Hammers.** Mit 2 Doppeltaf. u. 3 Textfig. ***Wiesbaden: J. F. Bergmann 1900.*** (25 S.) 8° ¶ (Aus: Zeitschrift f. Ohrenheilkunde, 38.)
Rostock, Med. Diss. v. [15. Febr.] 1901

Bloch, Richard [pr. Arzt aus Posen]: Zur Therapie der Atresia ani. . . . Greifswald. Druck v. Julius Abel. 1890; 32 S. 8°
Greifswald, Med. Fak., Inaug.-Diss. v. 28. Febr. 1890

Bloch, Rob.
— **Tud ön magyarul? (Sprechen Sie ungarisch?), s: Koch's Sprachführer, Booch-Árkossy.**

Bloch, Rob.: Wie mache ich schnell Karriere? Wegweiser f. jeden Kaufmann, Beamten u. Angestellten. (38) 8° Dresd. ('12). (Lpzg, O Maier.) 2.20

Bloch, Robert, die Pseudo-Luciani amoribus, s.a. Dissertationes philologicae Argentoratenses selectae. XII, 8.

Bloch, Robertus, Argentoratensis: De Pseudo-Luciani Amoribus. Straßburg: K. J. Trübner 1907. (50 S.) 8° ¶[Erscheint vollst. als: „Dissertationes philologicae Argentoratenses selectae" Bd 12.]
Straßburg, Phil. Fak., Ref. Keil-Reitzenstein, Diss. v. 28. Juli 1906
[Geb. 10. Juli 84 Straßburg i. E.; Wohnort: Straßburg; Staatsangeh.: Elsaß-Lothringen; Vorbildung: Oberrealsch. u. Lyzeum Straßburg Reife M. 02; Studium: Straßburg 8 S.]

Bloch, S.

— S., Der Arbeiterstand bei den Palästinensern, Griechen und Römern. Gal. 1882. 40 S. 1.20

Bloch, S.: Der Existenzkampf, s. Bloch, Siegfried

Bloch, S., das Meter-System f. Selbstlernende u. zum Unterricht an Schulen. sowohl f. die Hand d. Lehrers, als auch d. Schülers praktisch zusammengestellt. gr. 16. (16 S.) Budapest 875. Lauffer. n. — 20

—— der Schlüssel der einfachen und doppelten Buchführung. Leichtfasslichste Methode für Selbstunterricht, Schule, sowie zur Einrichtung und Führung der Geschäftsbücher; practisch anwendbar bei jeder Unternehmung. Neueste abgekürzte Art. gr. 8. (83 S.) Budapest 878, (Grimm.) *

Bloch, S. N. J., s. Bloch, Siörn N. J.

Bloch, Salomo (geb. Breslau Nov. 1814): De tarantismo. Berolini (1839). (44 S.) 8°
Berlin, Med. Diss. v. 11. Nov. 1839

Bloch, Sarra, a. Vilna ⟨Rußland⟩: Peroneussehnenluxation. Berlin 1907: Berliner Druckerei- u. Verlagsgesellsch. (26 S.) 8°
Berlin, Med. Fak., Ref. Hildebrand, Diss. v. 12. Juli 1907
[Geb. 8. Mai 84 Vilna, Rußland; Wohnort: Vilna; Staatsangeh.: Rußland; Vorbildung: Gymn. Vilna Reife O. 01; Studium: Halle 1, München 1, Berlin 8 S.; Rig. 8. Juni 07.]

Bloch, Siegfried, a. Offenbach a. M.: Über Additionen mit den höheren Oxyden des Stickstoffs an ungesättigte Ketone und 1—3 Diketone. München 1905: V. Höfling. (84 S.) 8°
München, Phil. Fak., Ref. v. Baeyer, Diss. v. 12. Juli 1905
[Geb. 10. Aug. 82 Offenbach a. M.; Wohnort: Offenbach; Staatsangeh.: Hessen; Vorbildung: Gymn. Offenbach a. M. Reife O. 00; Studium: München 10 S.; Rig. 19. Mai 05.]

Bloch, Siegfried, Medizinalprakt.: Casuistischer Beitrag zur Lehre von der Darminvagination. Leipzig 1910: Lehmann. 26 S. 8°
Leipzig, Med. Diss. v. 8. Jan. 1910, Ref. Curschmann
[Geb. 2. Mai 82 Silberhütte; Wohnort: Berlin; Staatsangeh.: Bayern; Vorbildung: Gymn. Fürth Reife Juli 00; Studium: München Jura 6, Med. 9, Berlin 1 S.; Coll. 29. Jan. 09; Approb. 2. März 10.] [U 10. 2943

Bloch, Sigfr., Beobachtungen aus dem Leben erfahrener Kaufleute. (40 S.) 8. Zürich 909. Rascher & Co. 1.50

Bloch, Sigfr., die Entwicklungstendenzen u. Betriebsformen im Tuchhandel der Stadt Zürich, s.a. Studien, Züricher volkswirtschaftl. 4. Hft.

Bloch, Siegfried. Die Entwicklungstendenzen und Betriebsformen im Tuchhandel der Stadt Zürich. Ein Beitrag aus der Gegenwart von Sigfried B'. [Mit 1 Tafel.] VIII + 189 S. 8. Zürich, Ed. Rascher's Erben, 1904. [fr. 6. 50]
Züricher volkswirtschaftliche Studien. Hrg. von Heinr[ich] Herkner. Heft 4.

— Der Existenzkampf. (Das prakt. Leben.) Soziale Bilder aus der Gegenwart. (IV, 125 S.) gr. 8. Zürich (Bolleystr. 34) 910. Taunus-Verlag. 4.—

Bloch, Siegfried. Der Existenzkampf. ⟨Das praktische Leben.⟩ Soziale Bilder aus der Gegenwart von Sigfried B'. IV + 125 S. 8. Zürich, Turnus-Verlag, 1910. [fr. 5.—]

Bloch, Siegmund: Alfred Meissners Jugenddichtung. Phil. Diss. Prag 1908/09.

Bloch, Sim., la Régénération, s. Régénération.

Bloch, Siörn N. J.

Bloch, Siörn N. J., Auctarium animadversionum in orationem Ciceronis pro S. Roscio Amerino. 4. Havniae 814. Schubothe. 6 ß

— s. Cicero, Epist. sel. et piccol. Orat. sel.

— über e. merkwürd. Erscheinung in der Literatur, oder zweite Beleuchtung d. Matthiä'schen Kritik, die Aussprache des Altgriech. betreff. gr. 8. Altona 832. Hammerich. 9 ß

— Schütsii indicem latinitatis Ciceronianae spicilegio ex orationibus praesertim pro S. Roscio Amerino, pro lege Manilia, et in Catilinam locupletavit. Pr. 1828. 17 S. 4°. —.90

— Revision d. v. d. neuern deutschen Philologen aufgestellten oder vertheid. Lehre v. d. Aussprache d. Altgriech. Ein Beitr. z. sichern Bestimmung derselben. gr. 8. Alt. 826. Hammerich. 1 ℳ 16 ß

— criticarum in Theophrasti Characteres observationum specimen. 4. Kopenh. 813. Schubothe. 7 ß

Bloch, S. N. J., Spuria nonnulla in orationibus Ciceronis ex indiciis internis arguuntur. Accod. corollarium de lacuna in orat. pro S. Roscio Amerino cap. XLV. Pr. 1827. 19 S. 4°. —.90

Bloch, S. N. J., Theophrasti Charact., vide Theophrast.

— s. Thrigge, J. P.: Res Cyrenensium.

Bloch, Sophie, Wärme u. Massage. Eine schmerzlose neue Behandlungsart insbes. bei akuten u. chron. Katarrhen der Atmungs- u. Verdauungsorgane, sowie bei Rheuma, Gicht, Nervenübeln. (111 S.) 8. Stuttgart 909. Th. Mädelin. 1.—; geb. 1.40

Bloch, Sören
[Scheibe, J. A. — Bloch, Sören]. Sören Knudsens Heldengeschichte. Oder, eine gelehrte Streitschrift von den Zweykämpfen. Aus dem Dänischen übersetzt [von J. A. Scheibe]. Kopenhagen, F. Chr. Mumme, 1756. 94 S. —

Bloch, Theodor [Dr.]: Über das Gṛhya- und Dharmasūtra der Vaikhānasa ... Leipzig, Druck v. G. Kreysing, 1896; Bl., 46 S. 8.
Leipzig, Phil. Fak., Hab.-Schr. v. 27. Juli 1896

Bloch, Thdr., üb. d. Gṛhya- u. Dharmasūtra d. Vaikhānasa. (Habilitationsschrift.) gr. 8. (46 S.) Leipzig 896. O. Harrassowitz. n. 1.60

Bloch, *Ernst* Theodor: Vararuci und Hemacandra. E. Beitr. z. Kritik u. Gesch. d. Prakrit-Grammatik ... [Aus: Zeitschr. f. vergl. Sprachforsch., Bd 33.] Gütersloh, Druck v. C. Bertelsmann, 1893; 48 S., 1 Bl. 8.
Leipzig, Phil. Fak., Inaug.-Diss. v. [14. Okt.] 1893

Bloch, W. (Hrsg.), s. Charivari, W. Bloch's (sp.: Felix Bloch's) für Theater, Musik und dramatische Literatur.

Bloch, W. (Hrsg.), s. Theater-Vereins-Zeitung für die Preußischen und Nordischen Bühnen.

Bloch, W.: Die Wirkungen des Mobiliar-Pfandverkaufes nach bürgerlichem Gesetzbuche..., s. Bloch, Wilhelm

Bloch, Waldem., Theater-Wespen. 1. Heft. Die Claque in den königl. Theatern zu Berlin. Genrebilder in 5 Rahmen. gr. 8. (29 S.) Berlin 858, (Geelhaar.) *

Prøve af en Lærebog i Middelalderens Historie af Waldemar Antonius **Bloch.** (Haderslev. 1860.) 8°. Gymn.-Progr.

Bloch, Walth., s.: Hebbel-Kalender.

Bloch, Werner. Das Niederlassungsrecht der Schweizer nach internem Bundesrecht. Separatabdruck aus der Zeitschrift für Schweizerisches Recht, N. F. [Band] 23. 80 S. 8. Basel, Helbing & Lichtenhahn, 1904.
(Aus einer von der juristischen Fakultät zu Basel genehmigten Doktordissertation.)

Bloch, Wilhelm [app. Arzt aus Gailingen '(Baden)']: Über Ohrblutungen bei Verletzung der grossen Gefässe m. bes. Berücks. d. Sinus caroticus ... Freiburg i. B., Buchdr. H. Epstein, 1896; 41 S. 8.
Freiburg i. B., Med. Fak., Inaug.-Diss. v. 1896

Bloch, Wilhelm, aus Berlin: Die Wirkungen des Mobiliar-Pfandverkaufes nach Bürgerlichem Gesetzbuche. *Kirchhain N.-L. 1902: M. Schmersow.* (90 S.) 8°
Würzburg, Jur. Diss. v. 1902

Bloch, Wilh., die Wirkungen des Mobiliar-Pfandverkaufes nach bürgerlichem Gesetzbuche. Diss. gr. 8. (90 S.) Kirchhain 902. (Berlin, B. Behr's Verl.) n. 2. 50

Bloch, Willy, a Bernstadt ⟨Schlesien⟩: Über Extragenitale Syphilisinfektion an den Lippen. Borna-Leipzig 1905: R. Noske. (36 S.) 8°
Würzburg, Med. Fak., Ref. v. Leube, Diss. v. 7. Juni 1906
[Geb. 27. Juni 80 Bernstadt; Wohnort: Bernstadt; Staatsangeh.: Preußen; Vorbildung: Gymn. Kreuzburg O.-S. Reife O. 00; Studium: Breslau 2, Berlin 3, Würzburg 4 S.; Coll. 10. Mai 05; Approb. 28. Febr. 05.]

Bloch-Unna, Die Praxis der Hautkrankheiten. Gr.-8°. (ill. XII, 698 S.) K 21.60, geb. K 24.—
Wien: Urban & Schwarzenberg 1907.

Bloch-Wunschmann, Walth., s: Hebbel, Friedrich. Ein Lebensbuch. — Hebbel-Forschungen.

Bloch-Wunschmann, Walther (Hrsg.), s. I c h weiß Bescheid in Berlin.

Blocher: D. gegenwärtige S t a n d der Hypothekar-Statistik, s. B l o c h e r , Hermann

Blocher, E: Die Baumwollspinnerei, dargestellt für die Arbeiter. Basel und Mülhausen 1881

Blocher, E., die Baumwollspinnerei dargestellt für die Arbeiter. 8. (IV, 97 S.) Basel 881. Detloff. cart. n. 1. —

(Blocher, Eduard.) [Recension von:] Betrachtungen über das geschichtliche Recht der deutschen Sprache im bernischen Jura. Von einem Deutschjurassier (E[mil] F G[arraux]). Bern ... 1904. 8°. (Sonder-Abdruck aus «Alemannia», Neue Folge. Band 5, Heft *1*, 2.) II S. + S. 156—159. 8. [Freiburg im Breisgau, Fr. Ernst Fehsenfeld, 1904.]

Blocher, Eduard: Das Elsass u. d. Zweisprachigkeit, s.a. **Sonntagspredigten f. freie Deutsche.**

Blocher, Eduard, das Elsaß u. die Zweisprachigkeit, s.a. **V o r t r ä g e , sprachwissenschaftliche. 2. Hft.**

Blocher, Eduard: Das Elsaß und die Zweisprachigkeit. — Lpg: Leipziger Verlagsbuchhandlung [1909]. 16 S. (Sprachwissenschaftl. Vorträge. H. 2)

B l o c h e r , Eduard. Das Elsass und die Zweisprachigkeit, von (Pfarrer) E' B', Zürich. 16 S. 8. Leipzig, Verlag Deutsche Zukunft, (1909). (M. —. 40)
(Sprachwissenschaftliche Vorträge. Hrg. von Alfred Bass. Heft 2.)

B l o c h e r , Eduard. Die Entstehung der französischen Schweiz. Zur Erklärung der Stellung der deutschen Sprache in der Eidgenossenschaft und in den einzelnen Ständen. (Sonderabdruck [aus:] Deutsche Erde.... Jahrg. [6,] 1907, Heft *5*.) II S. + S. 169—171. 4 (Gotha, Justus Perthes.)

B l o c h e r , Eduard. Das deutsche Lied in welschem Gewand. Von E' B', reformiertem Pfarrer in Sitten.... (Sonderabdruck aus den Preussischen Jahrbüchern.... Band 119, Heft 1. Januarheft 1905.) II S. + S. 17—39. 8. (Berlin, Georg Stilke, 1905.)

B l o c h e r , Eduard. Die Nationalitäten in der Schweiz. (Sonderabdruck aus den Preussischen Jahrbüchern, hrg. von Hans Delbrück. Band 140, Heft 3.) II S. + S. 470—480. 8. (Berlin, Georg Stilke, 1910.)

B l o c h e r , Eduard. Deutsche Ortsnamen in Welschwallis. 4.
In: Deutsche Erde.... Jahrg. 4, 1905. Heft 2. Gotha, Justus Perthes. S. 55—56.

— u. Emil Garraux, deutsches Ortsnamenbüchlein f. die Westschweiz. (24 S. m. 1 farb. Karte.) 8. Zürich 907. A. Bürdeke. — 40

B l o c h e r , Eduard, und G a r r a u x , Emil. Deutsches Ortsnamenbüchlein für die Westschweiz. Mit einer Karte. (Sonderabdruck aus der Zeitschrift: Deutsche Erde. ... hrg. von Paul Langhans. [Jahrg. 5,] 19 6.) IV + 24 S. 8. Zürich und Leipzig, Th. Schröters Nachf., 1907. fr. —. 50
[F l u g s c h r i f t Nr. 2. Hrg. vom Deutschschweizerischen Sprachverein.]

B l o c h e r , Eduard. Anton von Rivarol und die deutsche Sprache. 8.
In: Wissenschaftliche Beihefte zur Zeitschrift des Allgemeinen Deutschen Sprachvereins. V. Reihe. Heft 32.... Berlin, Verlag des Allg' D' Sp' ⟨F. Berggold⟩, 1910. [M. —. 30.] S. 37—42.

B l o c h e r . E[duard]. Der Rückgang der deutschen Sprache in der Schweiz. (A.) 8. (Berlin 1900.)

B l o c h e r , Eduard. Über Schädigungen der Schüler durch Fremdsprachenunfug. (Sonderabdruck [aus:] Pädagogisches Archiv. Monatsschrift für Erziehung, Unterricht und Wissenschaft... [Jahrg. 52, Heft 10].) II S. + S. 551—557. 8. (Leipzig, Quelle & Meyer, [1910].)

Blocher, Eduard. Aus dem Sprachleben des Wallis. (Sonder-Abdruck aus «Alemannia», Neue Folge. Band 5, Heft 1/2.) II S. + S. 88—114. 8. [Freiburg im Breisgau, Fr. Ernst Fehsenfeld, 1904.]

Blocher, Eduard. Die Sprachverhältnisse im Bernischen Jura. (Sonderabdruck [aus:] Deutsche Erde.... Jahrg. [5,] 1906, Heft *1*.) II + 2 S. 4. (Gotha, Justus Perthes.)

Blocher, Eduard. Der gegenwärtige Stand des Deutschtums in den Kantonen Waadt und Genf nach der Volkszählung von 1900. (Sonderabdruck [aus:] Deutsche Erde.... Jahrg. [5,] 1906, Heft *4*.) II S. + S. 125—127. 4. (Gotha, Justus Perthes.)

B l o c h e r , Eduard. Der gegenwärtige Stand des Deutschtums im Wallis. ⟨Mit Sonderkarte 6 (Entworfen von Paul Langhans).⟩ 4.
In: Deutsche Erde. [Jahrg. 3,] 1904, Heft 3. (Gotha, Justus Perthes.) S. 73—77.

— Zweisprachigkeit, s.a. **M a g a z i n , pädagogisches.**

B l o c h e r , Eduard. Zweisprachigkeit. Vorteile und Nachteile. (Sonder-Abdruck aus Reins Encyklopädischem Handbuch der Pädagogik. 2. Aufl.) 15 S. 8. Langensalza, Hermann Beyer & Söhne, 1909. (M. —. 20)
Pädagogisches Magazin, Heft 385.

Blocher, H., s. Travail de nuit.

Blocher, Hermann
Blocher, H.: Die Alkoholfrage in ihrem Verhältnis zur Arbeiterfrage. Alkoholgegnerbund. Intern. Ver. zur Bekämpf. des Alkoholgenusses. Nro. 30. 8°. Basel. 1895.

Blocher, Herm., die Alkoholfrage in ihrem Verhältnis zur Arbeiterfrage. Ein Vortrag. 12.—14. Taus. dieser Ausg. 8. (22 S.) Basel (898). Schriftstelle des Alkoholgegnerbundes (durch F. Reinhardt). n. — 08

Blocher, H: Die Alkoholfrage in ihrem Verhältnis z. Arbeiterfrage. Vortr. 15. u. 16. Taus. (22) 8° Bas., Schriftstelle d. Alkoholgegnerbundes (durch F Reinhardt) (1898). — 10 d

B l o c h e r , Dr. H. Die Alkoholfrage in ihrem Verhältnis zur Arbeiterfrage. Leopoldshöhe 1899. 24 S. 8°. Mk. —.08.

B l o c h e r , Hermann. Die Alkoholfrage in ihrem Verhältnis zur Arbeiterfrage. Ein Vortrag (gehalten ... 1895 ...). 12.—14. Tausend dieser Ausgabe. 24 S. 8. Basel, Schriftstelle des Alkoholgegnerbundes (Fr. Reinhardt, [1902]). fr. —. 10
A l k o h o l g e g n e r b u n d . ⟨Internationaler Verein zur Bekämpfung des Alkoholgenusses.⟩ [Flugschriften.] Nr. 30.

Blocher, Herm., die Alkoholfrage in ihrem Verhältnis zur Arbeiterfrage. Ein Vortrag. 17—20. Tauf. (22 S.) 8. Basel (907). Schriftstelle des Alkoholgegnerbundes. — 10

Blocher, Herm.: Die Alkoholfrage in ihrem Verhältn. z. Arbeiterfrage. Vortr. 21—23. Taus. (22) 8° Bas., Schriftstelle d. Alkoholgegnerbundes ('12). — 10 (Pp.) d

— u. J. Landmann, die Belastung des Arbeiterbudgets durch den Alkoholgenuss. Eine sozialstatist. Studie auf dem Gebiete der Alkoholfrage. (54 S.) gr. 8. Basel 903. F. Reinhardt. n. 1. —

Blocher, Herm., wider unsern E r b f e i n d. Aussprüche derer, die ihn erkannt. (Alkoholfrage.) gr. 8. (110 S.) Basel 892. (A. Geering.) n. — 80

— wider unsern E r b f e i n d! Aussprüche hervorrag. Männer üb. die Alkoholfrage, gesammelt. 2., stark verm. Aufl. 8. (208 S.) Basel (901). F. Reinhardt. n. 2. —; geb. 2.40

Blocher, H. (Red.), s. Monatsschrift, Internationale, zur Bekämpfung der Trinksitten.

Blocher, Herm., s.: Monatsschrift, internationale zur Erforschung des Alkoholismus.

Blocher, Hermann [aus Meiringen]: Der gegenwärtige Stand der Hypothekar-Statistik. Basel 1898. 107 S. 8°.
Basel. Phil. Diss. 1898/99.

— die Trinksitten u. die Socialdemokratie. Ein Wort der Erwiderung an Hrn Kautsky, s.a. Flugschriften-Sammlung d. internationalen Monatsschrift zur Bekämpfung der Trinksitten.

Blocher, Herm., Die Trinksitten und die Socialdemokratie. Ein Wort der Erwiderung an Herrn Kautsky. (Aus: „Intern. Monatsschrift zur Bekämpfung der Trinksitten.") Flugschriften-Sammlung der Intern. Monatsschrift zur Bekämpfung der Trinksitten, Nr. 3. gr. 8°. Bremerhaven, Chr. G. Tienken, 1892.

Blocher, H[ermann]. Wie gewinnen wir die klassenbewusste Arbeiterschaft? [Neudruck.] 8 S. 8. (Basel, Schriftstelle des Alkoholgegnerbundes, Fr. Reinhardt, [1902].) (fr. —. 05)
[Alcoholgegnerbund. Flugschriften.] Nr. 33.

Blöchlinger, C. F. v., s. Blöchlinger vom Bannholz, Carl Friedrich

Blöchlinger, Karl, merkwürdige übernatürliche Ereignisse aus dem Leben berühmter Personen. gr. 8. (IV, 174 S.) Leipzig 901. O. Mutze. n. 3.—; geb. n. 4.—

Blöchlinger vom Bannholz, Carl Friedr., Chevalier Jean de Baillou, erster Director des k. k. Hof-Naturalien-Cabinets zu Wien und Oberstlieutenant in der Artillerie. Ein Beitrag zur Geschichte der Gelehrten, der Kunst und der Erfindungen. gr. 8. (VIII, 52 S.) Wien 868, Schlieper. *

Baillou. — Blöchlinger vom Bannholz, Carl. k. k. Rittmeister im k. k. Kriegsarchive. Der Oberstlieutenant Chevalier de ..... und die Entstehung des k. k. Hof-Naturalien-Cabinets. (Separat-Abdruck aus der „Oesterr. militär. Zeitschrift" 1864. 3. Bd.) 8. Wien 1864.

Blochmann: D. Aufnahme letztwill. Verordngn. n. altpreuss. Recht, s. Blochmann, R.

Blochmann, Bericht über das Lehrlingswesen, dem thüring. Städtetage am 14. Oct. 1876 in Weimar erstattet. gr. 8°. Jena, E. Frommann, 1876.

Blochmann: Handlex. zu d. Reichsjustizges., s. Blochmann, R.

Blochmann, Aug. (Dresden), Aër in venis causa mortis. Diss. med. Lpz., 18. VII. 1843. Dresden (Blochmann). 32 S. (4.—) 2896
Gewidmet: Carl Just. Blochmann, Friedr. Wilh. Munckelt.

Blochmann, (C.,) Gertha von Stallmene; Drama in 5 Akt. Mit e. Vorwort v. Fouqué. 8. Danzig 822, Alberti.

Blochmann, C. E. E.: Begleitungen zum Leben, s. Blochmann, Chr. Ehrenfr. Lebr.

Blochmann, C(arl) J(ustus), s. Blochmann, Karl Justus

Blochmann, Chr. Ehrenfr. Lebr., Begleitungen zum Leben, oder Versuche im Dichten u. Denken. 8. Königsb. 811. Unzer. 1 Rthl. 8 gr.

Blochmann, Chr. Ehrenfr. Lebr., s. Geschichte, Vaterländ.

Blochmann, Eduard, appr. Arzt a. Offenbach a./M.: Aus dem pathologischen Institute zu Kiel. Ein Fall von Myxom des linken Vorhofs. Kiel 1904: H. Fiencke. (27 S.) 8°
Kiel, Med. Fak., Ref. Heller, Diss. v. 21 Dez. 1904
[Geb. 22. Sept. 75 Offenbach a./M.; Wohnort: Königsberg i. Pr.; Staatsangeh.: Preußen; Vorbildung: Kgl. Friedrichskollegium Königsberg i. Pr. Reife O. 96: Studium: Königsberg 11 S.; Coll. 29. Sept. 04; Approb. 13. Aug. 02.]

— Ehrenfried Lebrecht (Lauban), De divisionis pactorum nuptialium in simplicia et mixta origine auctoritateque praesenti. Diss. jur. Präs. Martin Gottlieb Pauli. Wittbg. (C. Ch. Dürr) 29. IV. 1771. 24 S. (4.50) 2899

Christian Scrivers Leben v. Ernst Ehrenfried Blochmann. Siehe in: Schatzkammer der christlichen Kirche Bd. 1. (Scriver's Gotthold's Siech- u. Siegesbette Th. 1). Dresden. 1834. 8°.

Blochmann, F., über eine neue Haematococcusart. Habilitationsschrift. gr. 8. (22 S. mit 2 chromolithogr. Taf.) Heidelberg 886, C. Winter's Universitäts-Buchh. *
Aus: Verhandlungen des naturhistorisch-medicinischen Vereins zu Heidelberg, besonders abgedruckt.

Blochmann, F., über eine Metamorphose der Kerne in den Ovarialeiern und über den Beginn der Blastodermbildung bei den Ameisen. gr. 8. (4 S.) Heidelberg 884, C. Winter's Universitäts-Buchh. *
Aus: Verhandlungen des naturhistorisch-medicinischen Vereins zu Heidelberg, besonders abgedruckt.

Blochmann, F., die mikroskopische Pflanzen- u. Thierwelt d. Süsswassers, s.: Kirchner, Osc.

—— über die Reifung der Eier bei Ameisen und Wespen. Lex.-8. (32 S. mit 1 chromolithogr. Doppeltaf.) Heidelberg 886, C. Winter's Universitäts-Buchh. *
Aus: Festschrift des naturhistorisch-medicinischen Vereins zu Heidelberg, besonders abgedruckt.

Blochmann, Friedrich
Blochmann, F: Die Brachiopoden d. schwed. Südpolarexped., s: Ergebnisse, Wissenschaftl., d. schwed. Südpolarexped.

Blochmann, F., Die Epithelfrage b. Cestoden u. Trematoden. Vortrag, geh. a. d. VI. Jahresversammlg. d. deutschen zoolog. Gesellschaft zu Bonn. gr. 4. (III, 12 S. m. 8 Fig., 2 farb. Taf. u. 2 Bl. Erklärgn.) Hamburg 896. L. Gräfe & Sillem. n. 5.—

Blochmann, F., ist die Schutzpockenimpfung m. allen notwendigen Kautelen umgeben? Erörtert an e. m. Verlust des einen Auges verbund. Falle von Vaccineübertragg. (VII, 81 S. m. 2 Taf.) gr. 8. Tübingen 904. F. Pietzcker. n. 2. 40

— Untersuchungen üb. den Bau der Brachiopoden. Imp.-4. (V, 66 S. m. Atlas v. 7 Taf. u. 8 Bl. Erklärgn.) Jena 892. G. Fischer. n.n. 25.—

Blochmann, Frdr., Untersuchungen üb. den Bau der Brachiopoden. 2. Thl. Die Anatomie v. Discinisca lamellosa (Broderip) u. Lingula anatina Brugière. Mit e. Atlas v. 12 lith. Taf. u. 14 Abbildgn. im Text. Imp.-4. (S. 67—124 u. 26 S. Erklärgn.) Jena 900. G. Fischer. n. 30.—
Thl. I. Ebd. 892. n.n. 25.—.

Blochmann, G.: Beiträge zur Geschichte der Gasbeleuchtung, s. Blochmann, G. M. S.

Blochmann, G. F. Rud., Karl Justus Blochmann. Ein Bild seines Lebens u. Wirkens, unter Benutzg. der hinterlassenen Schriften entworfen. gr. 8. (VII, 63 S.) Dresden 886. Tittmann. n. 2.—

Blochmann, G. F. Rudolf: Ueber die electromotorischen Kräfte von Ketten mit gemischten Salzlösungen. . . . Leipzig, Johann Ambrosius Barth, 1889; 21 + 1 S. + 1 Bl. u. 1 Taf. 8°
Leipzig, Phil. Fak., Inaug.-Diss. v. 19. März 1889

Blochmann, G. M. S., Beitrag zur Geschichte der Gasbeleuchtung (Im Selbstverlag des Verfassers.) Dresden 1871. 8°.

Blochmann. G. M. S., Beiträge zur Geschichte der Gasbeleuchtung gesammelt u. zusammengestellt gr. 8. (VIII, 124 S. m. e. Steintaf.) Dresden 871. (Schönfeld.) n. 3. —

Blochmann, G. M. S., Beiträge zur Geschichte der Gasbeleuchtung gesammelt und zusammengestellt. gr. 8. (VIII, 124 S. mit 1 Stnt.) Dresden 871, (v. Zahn's Verlag.) *

— 5 Vorträge üb. Beleuchtung f. Gasconsumenten gr. 8. (VI, 61 S.) Dresden 873. (v. Zahn.) n. 1. —

Blochmann, H., Lehrbuch d. Chemie u. Mineralogie, s.: Baenitz, C.

Blochmann, H. A.

— prakt. Anleitung zur ökonom. Buchführung. Nach einem einfachen u. übersichtlichen Plane. gr. Fol. Dresden 837. (Leipzig. Fr. Fleischer.) n. $1\frac{1}{3}$ ℛ

Blochmann, H. A., praktische Anleitung zur ökonomischen Buchführung nach einem einfachen und übersichtlichen Plane. 2. Aufl. Fol. (40 S.) Dresden 856, Meinhold und Söhne. *

—— Mittheilungen aus d. Gebiete d. Landwirthschaft f. bäuerl. Wirthe u. angeh. Oeconomen. 1. Hft. Ackerbau. gr. 8. ($11\frac{3}{4}$ B.) Dresden u. Leipzig 840, (Arnoldische Buchh.) *

— **Jo. Ehrenfried** (Lauban), De differentia et convenientia inter obligationem ad carceres et literas cambiales. Vom Unterscheid u. Gleichförmigkeit einer Verschreibung zum Gehorsam / und Wechsel-Briefs. Diss. jur. Präs. Tob. Jac. Reinharth. Erfurt (J. Ch. Hering) 3. IV. 1731. 40 S., teilw. deutsch. (5.—) 2900

Blochmann, Jo. Gttl. (Resp.): De morbis ex atonia cerebri nervorumque nascentibus, s. Hoffmann, Fr. (Praes.)

— **Johann Wilhelm** (Lauban), De curatore mulieris utrum in causa ejus cui datus est testimonium dicere possit? Diss. jur. Präs. Martin Gottlieb Pauli, Mai 1767. Wittenbg. (C. Ch. Dürr) 1768. 24 S. (4.80) 2901

Blochmann, K. G.: Heinrich Pestalozzi, s. Blochmann, Karl Justus

Blochmann, (K. J.) üb. d. Grundsätze, Zwecke u. Mittel meiner Erziehungsanstalt. gr. 8. Dresd. 826. (Leipz., Hinrichs.)

Blochmann u. Otto, zwei Schulreden, s. Otto, Christ. Traug.

Blochmann, Karl Justus

— **Carl Justus**, Ad examen annivers. in gymnasio Vitzthumiano. — Praem. est: Wagner, Friedr. Wilh., De Graecae poesis indole et praestantia commentariolum. Dresden (Ernst Blochmann) 30./31. VIII. u. 1. IX. 1841. 87 S., mit Namen. (4.—) 2897

Blochmann, Carl Justus s. Israel, A[ugust]. ([Johann] Heinrich) Pestalozzis Institut in Iferten. Gotha 1900.

Blochmann, K. J., Heinrich Pestalozzi, s.a. **Quellenschriften, pädagog.**

Blochmann, Carl Just., Heinrich Pestalozzi. Züge aus dem Bilde sein. Lebens u. Wirkens, nach Selbstzeugnissen, Anschauungen u. Mittheilungen. gr. 8. (12 B. nebst P's Bildn. u. 5 lith. Abbild.) Leipzig 846, Brockhaus. *

[F.] Heinrich Pestalozzi. Züge a. d. Bilde s. Lebens u. Wirkens nach Selbstzeugnissen ... v. Dr. Karl Justus Blochmann, weil. Geh. Schulr. (Neue Ausg.) *(Langensalza: F. G. L. Gressler 1897.)* (x, 169 S.) 1 Bd 8. = Quellenschriften, Pädagogische. Bd 1. [97. 3032]

Blochmann, K. J., Heinrich Pestalozzi. (170 S.) Langensalza 1897. Schulbuchhandlung. 1.80

— — **Philologis Germaniae congressis Dresdae m. octobri a. 1844. Dresd. (Blochmann). 50 Seiten.** (4.50) 2898
Curtius, Gg., De verbi latini futuro exacto et perfecti conjunctivo. — Schäfer, Arnold, De locis nonnullis Ciceronis Plinii Frontonis. — Bezzenberger, Georg, Emendationum delectus.

Blochmann, R.: Erste Anl. z. qualitativen chem. Analyse, s. Blochmann, Reinhart

Blochmann, R., die Aufnahme letztwilliger Verordnungen im Geltungsgebiete des Allgemeinen Landrechts f. die Preußischen Staaten. Ein Hilfsbuch. 8. (VIII, 95 S.) Berlin 878. Guttentag. cart. n. 1. 60

Blochmann, R., Bericht über das Lehrlingswesen. gr. 8. Jena 876, Fischer.

Blochmann, R., Bericht über das Lehrlingswesen, dem thüring. Städtetage am 14. Octbr. 1876 in Weimar erstattet. gr. 8. (21 S.) Jena 876. C. Frommann. — 80

Blochmann, R.: Grundlagen der Elektrotechnik, s. Blochmann, Rudolf

Blochmann, R., Grundzüge f. den Unterricht in der Chemie u. Mineralogie, s.: Baenitz, C.

— Handlexikon zur Civilprozeßordnung des deutschen Reichs, dem Gerichtsverfassungs- u. den Einführungsgesetzen, nebst Anmerkungen aus den Motiven der Gesetzentwürfe u. Verhandlungen des Reichstages. 8. (IV, 190 S.) Jena 879. Fischer. n. 1. 80; geb. n. 2. 25

Blochmann, R., Leitfaden für den Unterricht in der Chemie, s.: Baenitz, C.

Blochmann, R.: Die Schätze der Erde, s. Blochmann, Richard

— über Verfälschung der Nahrungs- u. Genußmittel, sowie über die Prüfung des Wassers, des Leuchtgases, der Luft in den Schulen, mit besonderer Berücksicht. der Königsberger Verhältnisse. Ein Vortrag, geh. am 6. April 1881 in dem Polytechn. u. Gewerbeverein zu Königsberg i/Pr. gr. 8. (56 S.) Königsberg 881. Hartung. n. — 60

Blochmann, R. H.: Licht und Wärme, s. Blochmann, Richard Hermann

Blochmann, Reinhart

Blochmann, Rhart., Anleitg. z. Darstell. chem. u. anorgan. Präparate f. Chemiker u. Pharmazeuten. 8. (VIII, 76 S. m. Abb.) Leipzig 895. Veit & Co. Geb. in Leinw. n. 2. 20

Blochmann, Rhart., Anleitung zur Darstellung chemischer anorganischer Präparate f. Chemiker u. Pharmazeuten. 2., verb. u. verm. Aufl. (VIII, 96 S. m. 29 Fig.) 8. Leipzig 911. Veit & Co. Geb. in Leinw. 2. 50

Blochmann, Rhart. Erste Anleitung zur qualitativen chemischen Analyse. 8. (VI, V, 116 S.) Nebst 3 Tabellen. gr. 8. Königsb. i. Pr. 890, Hartung. cart. * 4 50
Die Tabellen als besonderer Band in gr. 8. cart.

Blochmann, Rhart., erste Anleitung zur qualitativen chemischen Analyse. Für Studierende der Chemie, Pharmacie u. Medicin. 2., verm. Aufl. 8. (VIII, 136 S. m. 3 Tab.) Leipzig 892. Veit & Co. Geb. in Leinw. n. 3. 50

BLOCHMANN, REINHARDT.
Erste Anleitung zur Darstellung chemischer anorganischer Präparate für Chemiker und Pharmaceuten. Leipzig, 1895. 8vo. Ill.

Blochmann, Rhart., Luft, Wasser, Licht u. Wärme, s.a. Aus Natur u. Geisteswelt. 5. Bdchn.

Blochmann R, Luft, Wasser, Licht und Wärme. 8 Vortr. aus der Experimental-Chemie. (137 S) (Aus Natur- und Geisteswelt 5) Leipzig 1899

Luft, Wasser, Licht und Wärme. 9 Vorträge aus d. Geb. d. Experimental-Chemie von Prof. Dr. Reinhart Blochmann. 3. Aufl. Mit zahlr. Abb. Leipzig: B. G. Teubner 1907. (VI, 149 S.) 8° [F.]
— Natur, Aus, u. Geisteswelt. Bdch. 5.

Blochmann, Reinhart. Ueber die Vorgänge im Innern der nichtleuchtenden Flamme des Bunsen'schen Brenners. Königsberg i. Pr., 1873. Diss.

— Vortrag üb. die Verwendung des Leuchtgases zum Heizen u. Kochen, s.: Niemann, M., ist das Heizen u. Kochen m. Gas noch zu theuer?

Blochmann, Richard

Blochmann, Rich., Schätze der Erde. Entstehung, Gewinnung. u. Verwertung der interessantesten Stoffe aus allen Gebieten der Natur. Ein Handbuch f. jedermann, insbesondere für die reifere Jugend. Mit 4 Tondr.-Bildern u. zahlreichen Textillustr. (VII, 318 S.) gr. 8. Stuttgart 903. Union. Geb. in Leinw. n. 6. —

Blochmann R, die Schätze der Erde. Entstehung, Gewinnung und Verwertung der interessantesten Stoffe der Natur. 2. Auflage. (318 S 4 T) Stuttgart (1903)

Schätze der Erde. Entstehung, Gewinnung u. Verwertung d. interessantesten Stoffe aus allen Gebieten d. Natur. Ein Handbuch f. jedermann, insbes. f. d. reifere Jugend von Dr. Richard Blochmann. Mit 4 Tondruckbild. u. zahlr. Textill. 3. Aufl. *Stuttgart, Berlin, Leipzig: Union [1904].* (318 S.) 8° [F.]

Blochmann, Richard Hermann

Blochmann, Rich. Herm., Licht u. Wärme. Gemeinfasslich dargestellt. gr. 8. (VII, 272 S. m. 81 Abbildgn.) Stuttgart 902. [Strecker & Schröder.] Leipzig, C. E. Poeschel. n. 3. 80; geb. in Leinw. n. 4. 60; in Orig.-Bd. n. 5. —

Blochmann, RH: Licht u. Wärme. Gemeinfasslich dargest. (272 m. Abb.) 8° Stuttg., Franckh'02. 3.80; L. 4.60; in Orig.-Bd 5 —

Blochmann, RH: Physik. (In 3 Bdn.) I. Mechanik u. Akustik. 8° (249 m. Abb.) Stuttg. 1900, Strecker & Schröder. Geb. in L. 5 —

— Physik. Gemeinfasslich dargestellt in 3 Bdn. I. Mechanik u. Akustik. (Naturwissenschaftlicher Hausschatz.) gr. 8. (XXIII, 249 S. m. 87 Abbildgn.) Ebd. 900. Geb. in Leinw. n. 5. —
Auch desselb. Verfassers „Sternkunde" ist in obigen Verlag übergegangen.

! — Physik. Jetzt: Stuttgart: Franckh.

Blochmann, Rich. Herm., Die Sternkunde. Gemeinfassl. dargest. M. 69 Abb., 3 Taf., 2 Sternkarten. gr. 8. (XVI, 315 S) Stuttgart 899. Strecker & Moser. Geb. in Leinw. n. 5. —

Blochmann, Rich. Herm., Sternkunde (KBL 31.) Jetzt: Stuttgart, Franckh.

Blochmann, Rich(ard) Herm(ann): Untersuchungen über die o-Hydrazinbenzoësäure. *Berlin [1903]: A. Gottwald.* (42 S.) 8°
Rostock, Phil. Diss. v. [27. Febr.] 1903

Blochmann, Rudolf

Blochmann, Rud., Die Entwickelg. der asymptotischen Telegraphie, d. sog. elektr. „Telegraphie ohne Draht", in allgem. verständl. Darstellg. sachl. u. histor. erläut. Mit 17 Skizzen. [Erweit. Sonderabdr. aus: „Marine-Rundschau".] gr. 8. (31 S.) Berlin 898. E. S. Mittler & Sohn. n. — 60

Blochmann, Rud.: Grundl. d. Elektrotechnik, s.a. Aus Natur u. Geisteswelt 168.

Grundlagen der Elektrotechnik. Von Dr. Rudolf Blochmann in Kiel. Mit 128 Abb. Leipzig: B. G. Teubner 1907. (IV, 106 S.) 8° [F.]
— Natur, Aus, u. Geisteswelt. Bdch. 168.

Blochmann, R., der moderne Schiffbau, s.a. Neudeck, G.

Blochmann, Rud., die drahtlose Telegraphie in ihrer Verwendg. f. nautische Zwecke. Nach e. auf der 34. Jahresversammlg. des deutschen naut. Vereins in Berlin geh. Vortrage dargestellt. (24 S.) gr. 8. Leipzig 903. B. G. Teubner. n. — 60

Blocht, E., die griechisch-dorische Architektur s.: Taschenbibliothek, deutsche bautechnische.

Blocht, Ed.

—— Façaden-Album, enthaltend 85 Entwürfe zu Villen, eingebauten und freistehenden Wohn-, Miet- und Geschäftshäusern, versehen mit Grundriss-Skizzen oder erläut. Text. 1. und 2. Aufl. 7 Hefte. 4. (à Heft 5 Stnt.) Leipzig 875,78, Scholtze. à Heft * M 1,20.; geb. *

Blocht, Ed., Fassaden-Album, enth. 85 Entwürfe zu Villen, eingebauten u. freisteh. Wohn-, Miet- u. Geschäftshäusern, versehen m. Grundriss-Skizzen u. erläut. Text. 3. Aufl. 4. (85 Taf. m. 8 S. Text.) Leipzig 892. K. Scholtze. In Mappe. n. 6. —

Blocht's, Ed., Fassaden-Album. 32 Entwürfe zu Stadt- u. Landhäusern m. Grundrissskizzen u. kurzem Text. 4. gänzlich neu bearb. Aufl. Entworfen u. hrsg. v. Frz. O Hartmann. (32 z. Tl. farb. Taf. m. III S. Text.) gr. 4. Leipzig (903). C. Scholtze. In Mappe n. 12. —

Blocht, Ed., Façaden-Buch, s. Schuffenhauer, W.

Blochwitz, A., der Verein f. innere Mission zu Frankfurt a. O. 1850—1900. Ein Gedenkblatt zur Feier seines 50jähr. Bestehens am 9. V. 1900. Im Auftrage des Vorstandes verf. gr. 8. (20 S.) Frankfurt a/O. 900. G. Harnecker & Co. n. — 30

Blochwitz, Hans: Die Vision im französischen Drama des 17. Jahrhunderts. Borna-Leipzig 1908: Noske. 76 S. 8°
Leipzig, Phil. Diss. v. 17. Dez. 1908, Ref. Birch-Hirschfeld, Wülker
[Geb. 22. Sept. 85 Dresden; Wohnort: Dresden; Staatsangeh.: Sachsen; Vorbildung: Annen-Realgymn. Dresden Reife O. 05; Studium: Leipzig 6 S.; Rig. 26. Okt. 08.] [U 09. 2925

Blochwitz, s.: Wettiner-Jubelfeier.

Blochwitz, J., d. Bau d. menschl. Körpers, s.: Fiedler, A.

—— Leitfaden für den Schulunterricht beim Gebrauche der anatom. Wandtafeln, s. Fiedler, A.

— d. Türken, s. Blochwitz, Johannes

Blochwitz, J. G., Vorlegeblätter zum Unterricht im Schönschreiben in Bürger-, Real-, Sonntags-, Handels- und Gewerbschulen, sowie für den Privatgebrauch. Heft II b. in 22 (lithogr.) Blättern. qu. 4. Chemnitz 853, Ernesti. *

Blochwitz, Joh. Die Verhältnisse an der deutschen Ostgrenze zwischen Elbe und Donau zur Zeit der ersten Karolinger. (58.) 8. Dresden 1872

Blochwitz, Johannes

Blochwitz, Johs., Farbenspiele. Aesthetische und kulturgeschichtl. Betrachtungen. 8. (VII, 122 S.) Leipzig 880, [Schlicke.] Elischer. * M 2,40.; geb. *

— kulturgeschichtliche Studien. Bilder aus Mythe u. Sage, Glaube u. Brauch. 8. (VII, 256 S.) Ebend. 882. n. 4. 50; geb. n. 6. —

— die Türken. Kurzer Abriß ihrer Geschichte. gr. 8. (124 S.) Berlin 877. Habel. n. 2. —

Erläuterung des Rituals und der Symbole der Arbeit im Lehrlingsgrad. Zwei Vorträge von W[ilh.] **Blochwitz.** Auf Wunsch der Brr und Beschluss der Meisterschaft der Loge zum goldenen Kreuz im Or. Merseburg als Ms. gedruckt. Merseburg: Stollberg 1908. 55 S. 8°
cf. Bbl. 23 (1909) S. 280 (G. Diercks); L. 32 (1909) S. 96 (P. Fischer); R. 37 (1910) S. 40 (G. Schauerhammer).
Nach dem Gebrauchtum der Gr. Nat. M. L.

Blociszewski, Stanislaus v., Referendar in Rüdesheim a. Rh.: Die Vermengung von Vertragstypen. Borna-Leipzig 1905: R. Noske. (IX, 54 S.) 8°
Leipzig, Jur. Fak., Diss. v. 10. Juli 1905
[Geb. 27. Mai 82 Ostrowo; Wohnort: Wiesbaden; Staatsangeb.: Preußen; Vorbildung: Gymn. Wiesbaden Reife O. 01; Studium: Freiburg i. B. 1, Berlin 2, Bonn 3 S.; Rig. 23. Dez. 04.]

Blociszewski, Thaddäus v., Referendar in Wiesbaden: Die Bestimmung des Leistungsinhaltes eines Schuldverhältnisses ⟨§§ 315—319 B.G.B.⟩. Borna-Leipzig 1908: R. Noske. (63 S.) 8°
Leipzig, Jur. Fak., Diss. v. 23. April 1908
[Geb. 16. Sept. 78 Ostrowo (Posen); Wohnort: Wiesbaden; Staatsangeb.: Preußen; Vorbildung: Gymn. Ostrowo Reife O. 99; Studium: Freiburg i. B. 1, Berlin 1, München 2, Freiburg i. B. 1, Berlin 1, Bonn 2 S.; Rig. 4. Okt. 04.]

Block: Die belgischen Bergwerks-Gesetze, s. Block, Moritz

Block, die Einführung des Motors in die deutsche Segelfischerei, s.: Stolpelds.

Block: D. Quintessenz d. Kathedersocialismus, s. Block, Maurice

Block: Resultate d. Versuche üb. Erzeugung u. Gewinnung d. Düngers ..., s. Block, Albrecht

Block: Untersuchungen über die Produktionskosten..., s. Bloeck, Richard

Block, Untersuchungen üb. den Schiffahrtsbetrieb auf dem Rhein-Weser-Kanal, s.: Symphor.

Block, juristische Zurechtstellung u. Beantwortung der im 11. Hefte des „Frauenarzt" v. 1907 v. Hrn. Dr. Mensinga in Flensburg behandelten Frage: „Hat der Arzt das Recht, bei e. tuberkulösen schwangeren Frau im 2. Monat den Abort einzuleiten?" (5 S.) Lex. 8. Leipzig 908. B. Konegen. 1. —
Sonderabdruck aus: „Der Frauenarzt".

Block, A.: Beiträge zur Landgüter-Schätzungskunde ..., s. Block, Albrecht

Block, A., Roms Kampfesweise auf dem Gebiete der Mischehen. Ein Mahnwort an alle evangel. Christen. Als Referat erstattet. gr. 8. (20 S.) Prenzlau 886. Biller. n. — 80

— der Stadknecht v. Prenzlau. Ein Zeitbild aus dem 15. Jahrh. 8. (V, 163 S.) Ebend. 886. n. 2. —; geb. n. 2. 75; m. Goldsch. n. 3. —

Block, A. S., s. Block, Aug. Sim.

Block, Adalbert, approb. Arzt aus Kröben: **Beiträge zur Litteraturgeschichte der Augenheilkunde im Mittelalter unter besonderer Berücksichtigung der Augenheilkunde des Alkoatim.** *Leipzig 1901: B. Georgi.* (25 S.) 8° ¶ (Enth. d. Uebers. v. Alkoatims Augenheilk., Traktat 5, T. 4.)
Leipzig, Med. Diss. v. (20. Febr.) 1901

Block, Adolf, cand. med. aus Hildesheim: **Einige atypische Fälle von Tabes dorsalis.** *München 1898: M. Ernst.* (25 S.) 8°
München, Med. Diss. v. 1898

Block, Albrecht

— Beiträge zur Landgüter-Schätzungskunde, Behufs der Vereinfachung und Erleichterung des Verfahrens bei Ertrags- und Werths-Veranschlagungen von Dominial-Gütern, bäuerlichen Besitzungen u. einzelnen ländlichen Grundstücken; eine Fortsetzung d. Mittheilungen landwirthschaftl. Erfahrungen u. Ansichten. gr. 4. Breslau 840. W. G. Korn. n. 2 ℛ︁

Block, Albr., die einfache landwirthschaftl. Buchführung u. Rechnungslegung, zur Erleichterung des Rechnungsführers u. Gewinnung einer schnellen Uebersicht sämmtl. zu berechnenden landwirthschaftl. Gegenstände, durch Beispiele dargestellt und empfohlen. gr. 4. Breslau 837. W. G. Korn. 5/6 ℛ︁

— über d. thierischen Dünger, seine Vermehr. u. vollkommenere Gewinnung vermittelst Einstreuen mit Erde in die Viehstallungen; beschrieben u. anempfohlen. gr. 8. (2 B.) Breslau 835, W. G. Korn.

Block, Albr., über den thierischen Dünger, seine Vermehrung und vollkommenere Gewinnung vermittelst Einstreuen mit Erde in die Viehstallungen, beschrieben und anempfohlen. 2. Aufl. 8. (36 S.) Breslau 852, Korn.

Block, Albr., Mittheilungen landwirthschaftl. Erfahrungen, Ansichten u. Grundsätze. Ein Handbuch f. Landwirthe u. Kameralisten. 3 Bde. gr. 4. Breslau, W. G. Korn. 13 Thlr. 12 Gr., fein Pap.
1. Bd., enth. d. wichtigst. Gegenstände d. Ackerbaues. (62½ B. u. Tabn.) 830.
2. Bd., enth. d. wichtigst. Gegenst. d. Wiesenbaues u. d. Viehzucht. M. 3 Stnt. (57 B.) 832.
3. Bd., enth. Grundsätze z. Abschätzungen landwirthschaftl. Gegenstände. (69½ B.) 834.
} à 4 Thlr. 12 (Gr.), f. Pap. à 5 Thlr.

— Mittheilungen, landwirthschaftl. Erfahrungen, Ansichten u. Grundsätze. Ein Handbuch für Landwirthe u. Kameralisten. 1r Bd. Enthaltend die wichtigsten Gegenstände d. Ackerbaues. 2e mit d. neuen Erfahrungen verm. Aufl. gr. 4. Bresl. 837. W. G. Korn. 4½ ℛ︁ — 2r Bd. Enthalt. die wichtigsten Gegenstände des Wiesenbaues u. der Viehzucht. 2e mit d. neuesten Erfahrungen verm. Aufl. Mit 3 Steinzeichn. gr. 4. Ebd. 837. 4½ ℛ︁ — 3r Bd. Enthalt. Grundsätze zu Abschätzungen landwirthschaftl. Gegenstände. 2e verb. u. verm. Aufl. gr. 4. Ebd. 839. 4½ ℛ︁ (1—3. 13½ ℛ︁ fein Papier 17 ℛ︁)

Block, Albr., Mittheil. landwirthschaftl. Erfahrungen, Ansichten und Grundsätze. 1. Bd. Die wichtigsten Gegenstände des Ackerbaues. 3. Aufl. Mit Portr. gr. 4. Breslau 841, W. G. Korn. 4½ ℛ︁

Block, Albr., Mittheilungen landwirthschaftlicher Erfahrungen, Ansichten und Grundsätze im Gebiete der Veranschlagung und Rechnungsführung. Ein Handbuch für Landwirthe und Verwaltungsbeamte. In 4. Aufl. bearb. von Karl Birnbaum. Mit (Lichtdr.-)Bildniß und Biographie von A. Block. 3 Bde. gr. 8. Breslau, Korn. *ℳ 20.—; geb. **
Inhalt:
Bd. 1. Ueber Veranschlagungen und Rechnungsführung im Allgemeinen. (XX, 379 S.) 885. *ℳ 6.—.
" 2. Ueber die Betriebseinrichtungen des Acker-, Wiesen-, Garten-, Wein- und Obstbaues, nebst Mittheilungen über die Betriebssysteme und Fruchtfolgen. (IV, 408 S.) 886. *ℳ 6.—.
" 3. Ueber die Betriebseinrichtungen der Viehzucht und über Reinertrags-Berechnungen. (IV, 505 S.) 887. *ℳ 8.—.

— s. Monatsschrift, Schlesische.

Block: Resultate d. Versuche üb. Erzeugung u. Gewinnung d. Düngers ... M. e. Vorw. u. Anmerk. v. Thaer. Berl. 1823. 100 S.
(Beilage z. Möglinschen Annalen Bd. 11). 373.

Block, Albrecht: „Resultate der Versuche über Erzeugung und Gewinnung des Düngers ....". Mit Vorwort und Bemerkungen von Albrecht Daniel Thaer. Berlin 1823 (Rücker).

Block, Aug.

Block, A, u. B **Block,** d. Kanarienvogel. Anl. f. Vogelfreunde u. Züchter. 8° (27) Gnes. 90, JB Lange. — 50

Block, Aug., u. Bruno Block, der Kanarienvogel. Anleitung für Vogelfreunde u. Züchter. 8. (27 S.) Gnesen 890. (Leipzig, Streller.) n. — 50

Block, Aug. Sim.

— die Bürger Athens. Ein Gedicht in 6 Gesängen. m. K. gr. 8. Hamburg, Hans. 810.

Block, Aug. Sim., († d. 11. Mai 1814.) die Bürger Athens. Ein Gedicht in 6 Gesängen. gr. 8. Hamb. 810. 2e Aufl. 8. Leipz. Steinacker. 16 gl.

Block, A. S., die Bürger Athens. 2te Aufl. 8. Leipz. Steinacker u. W. 816.

— s. a. Hiob, das Buch.

Block, A. S., d. Buch Hiob metr. übers. Ratzeburg. (Willaume, Hamb.) 799.

Block, B., s.: Wohnungs-Anzeiger f. Mühlhausen in Thür.

Block, Bernh., nötige Anweisg., wie e. Christ d. Schein u. Kraft d. Christenthums, d. Gebrauch u. Mißbrauch der Gnadengüter des Hauses Gottes wohl unterscheiden, wie auch d. falschen Trost u. gefährl. Selbstbetrug in sich erkennen könne. Zur Erweckg. f. Gemeine z. rechtschaff. Wesen, d. in Christo Jesu ist, einfältigst abgebildet. 3. Ausg. v. W. Wöbking. 8. (181 S.) Hermannsburg 895. Missionshandlg. n. — 70

Block, C.: Archiv f. d. mehrstimm. Männergesang, s. Block, Clem.

Block, C.: Lehr- u. Übungsbuch für den planimetrischen Unterricht an höheren Schulen, s. Block, Carl

Block, C[arl]: [Bericht über die von den einzelnen Klassen unternommene Turnfahrt.] S. 28—34 der Schuln. 4. Progr.
Städt. Realschule mit gymnas. Nebenklassen *Cöpenick* 1904

Block, K[arl], Dir.: Lehr- und Übungsbuch für den planimetrischen Unterricht an höheren Schulen. T. 1: Quarta. Leipzig 1904: B. G. Teubner. (70 S.) 8° [F.]
Cöpenick, st. R OP 1904 (145)

Block, C[arl], Direktor: Lehr- und Übungsbuch für den planimetrischen Unterricht an höheren Schulen. T. 2. Unter-Tertia. Leipzig 1906: B. G. Teubner. (S. 71—128.) 8° [F.] ¶(Forts. d. P-Beil. 1904.)
Cöpenick, st. R OP 1906 (152)

Block, C[arl]: Lehr- und Übungsbuch für den planimetrischen Unterricht an höheren Schulen. T. 3. Ober-Tertia. Leipzig 1910: Teubner. IV, 129—198 S. 8° ¶(Forts. d. P-Beil. 1904. 06. Ersch. auch als Buch ebd.)
Köpenick, Körner-S, st. R OP 1910 (178) [S 10. 31

Block, Clem.

Block, C, Archiv f. d. mehrstimm. Männergesang. 1. u. 2. Hft. 8. (à 48) Lpzg 62. 63. (Cob., Sendelbach.) à n. — 5

Block, Clem., Archiv für den mehrstimmigen Männergesang bearb. nach Melodien u. Chören der classischen u. vorclassischen Zeit. 1. u. 2. Hft. Leipzig 862, 63. Wengler. qu. 8. Jedes Heft (à 48 S.) n. 5 ngr.

Block, Curt, Hilde. Ein Münchener Karnevalsbild. (60 S.) 8. Leipzig (910). Leipziger Verlags- u. Kommissions-Buchh. 1.20; geb. 2.—

Block, Eduard (Osnabrück), Impotentiae virilis causarum in classes, ordines, familias et genera distributionem. Diss. med. Göttingen (F. E. Huth) 27. IV. 1830. 28 S. (4.20) 2902

Block, Er., Beiträge z. Verbesser. d. deutschen Landbaues. Mit 2 Kpf. 8. Liegnitz 817. Kuhlmey. 1 rℓ 4 gl.

Block, Erich, die Betriebseinrichtungen des Teltowkanals. (31 S.) 36,5×26 cm. Berlin (906). J. Springer, Sonderabdruck aus „Elektrotechn. Ztschr." nn 1.50

Block, Eugen: Hilfstafeln zur Berechnung der Polaris-Azimute, zunächst mit Rücksicht auf die Zeitbestimmung im Verticale des Polarsterns. St. Petersburg 1875. 39 S. 4°.

Block Eugen: Schreiben an die Kaiserliche Akademie der Wissenschaften, betreffend einige Unrichtigkeiten in dem Nordlichter-Kataloge des Herrn Dr. A. Boué. S. 64. II. 575 . . . . vgr.
Separatabdruck

Block, F.: Die Kasernierung der Prostitution in Hannover, s. Block, Felix

Block, F. A., Einführung in die Literatur. 12 Vorträge zur ersten Orientirung in unserer poet. National-Literatur bis auf Lessing. Mit 2 lith. Beilagen. 8. (IV, 116 S.) Dresden 878. Ehlermann. n. 1. 20

Block, F. A., Erfahrungen und Winke. Beantwortung der von der Redaction des Schulblattes für die Provinz Brandenburg gestellten Preisfrage: „Welche Mängel unserer Lehrerbildung und unseres Schulunterrichts sind in den Bewegungen der letzten Jahre hervorgetreten, und was kann geschehen, diese Mängel zu beseitigen?" Eine gekrönte Preisschrift. 8. (68 S.) Magdeburg [und Leipzig] 854, Gebr. Baensch. Thlr. **

Block, F. A., Erfahrungen und Winke. Beantwortung der von der Redaction des Schulblattes für die Provinz Brandenburg gestellten Preisfrage: „Welche Mängel unserer Lehrerbildung u. unseres Schulunterrichts sind in den Bewegungen der letzten Jahre hervorgetreten, u. was kann geschehen, diese Mängel zu beseitigen?" Eine gekrönte Preisschrift. Magdeburg 854. Baensch. (Leipzig, Gräbner.) 8. (68 S.) 7½ ngl

Block, FA, Erfahrgn u. Winke. 8. (68) Magdeb. 54. (Lpzg, Klinkhardt.) n.n. — 7½

Block, F. A., Feierstunden der Schule. Eine Auswahl v. Schulreden, den Kollegen in Stadt u. Land dargeboten. 8. (III, 164 S.) Wittenberg 884. Herrosé Verl. n. 1. 80

— Geschichte d. städtischen Schulwesens zu Merseburg. Zur Einweihg. der neuen Mädchenschule zusammengestellt. gr. 8. (115 S.) Merseburg 885. Stollberg. n. 1. 20

Block, F. A., der Katechismusunterricht. Skizzen zur Entwickelg. d. Lehrinhalts d. luther. Katechismus, gegründet auf bibl. Geschichte, Bibelspruch u. Kirchenlied. Ein Handbüchlein u. Leitfaden f. die Lehrenden, sowie e. Lern- u. Wiederholungsbuch f. die Lernenden. gr. 8. (VI, 125 S.) Leipzig 873. Merseburger. n. 1. —

— der Katechismusunterricht. Skizzen zur Entwickelung des Lehrinhalts d. luther. Katechismus, gegründet auf bibl. Geschichte, Bibelspruch u. Kirchenlied. Ein Handbüchlein u. Leitfaden f. die Lehrenden, sowie e. Lern- u. Wiederholungsbuch f. die Lernenden. 2. verb. Aufl. gr. 8. (VI, 126 S.) Leipzig 877. Merseburger. n. 1. —

Block, F. A., der Katechismusunterricht. Skizzen zur Entwickelg. d. Lehrinhalts d. luther. Katechismus, gegründet auf bibl. Geschichte, Bibelspruch u. Kirchenlied. 4. Aufl. 8. (IV, 147 S.) Leipzig 887. Merseburger. n. 1. —

—— der Katechismusunterricht. Skizzen zur Entwickelung des Lehrinhalts des luther. Katechismus, gegründet auf bibl. Geschichte, Bibelspruch und Kirchenlied. Ein Handbüchlein und Leitfaden für die Lehrenden, sowie ein Lern- und Wiederholungsbuch für die Lernenden. 4. Aufl. 8. (IV, 147 S.) Leipzig 888, Merseburger. *

Block, F. A., der Katechismusunterricht. Skizzen zur Entwickelg. des Lehrinhalts des luther. Katechismus, gegründet auf bibl. Geschichte, Bibelspruch u. Kirchenlied. Ein Handbüchlein u. Leitfaden f. die Lehrenden, sowie e. Lern- u. Wiederholungsbuch f. die Lernenden. 5. Aufl. gr. 8. (IV, 147 S.) Leipzig 893. C. Merseburger. n. 1. —

Block, F. A.: Spezialisierter Lehrplan . . ., s. Block, Friedrich Andreas

Block, Felix

Block, Felix [pract. Arzt]: Dreitausend Fälle von Hautkrankheiten aus Prof. Dr. H. Köbner's dermatologischer Poliklinik zu Berlin. Klinische Analyse nebst therapeutischen Bemerkungen .... Breslau, Buchdr. Lindner (1887); 2 Bl. + 59 S. + 1 Bl. 8°.
Breslau, Med. Fak., Inaug.-Diss. v. 27. Jul. 1887.

Block, Fel. 3000 Fälle von Hautkrankheiten. gr. 8. Bresl. 887. Berl., Fischer's medicin. Buchh. * 1 —

Block, Fel., 3000 Fälle von Hautkrankheiten aus Prof. Dr. H. Köbner's dermatologischer Poliklinik zu Berlin. Klinische Analyse, nebst therapeut. Bemerkungen. Inaugural-Dissertation. gr. 8. (59 S.) Breslau 887, (Köhler.) *

Block, F., 3000 Fälle von Hautkrankheiten aus der dermatologischen Poliklinik v. Prof. Dr H. Köbner. Klinische Analyse, nebst therapeut. Bemerkgn. gr. 8. (III, 57 S.) Berlin 888. Fischer's medicin. Buchh. n. 1. 80

Block, Fel., die Kasernierung der Prostitution in Hannover. (15 S.) 8. Hannover 907. M. & H. Schaper. — 50

Die Syphilis. Belehrg über Wesen u. Heilg dieser Krankheit. Seinen Patienten gewidmet v. Dr. med. Felix Block. Arzt f. Hautkrankhtn. *Hannover: Vereinsbuchdr. 1898.* (32 S.) 1 Bd 8. [98. 6061 Go

Block, Fel., welche Massnahmen können behufs Steuerung der Zunahme der Geschlechtskrankheiten ergriffen werden, s.a. Sammlung klinischer Vorträge.

Welche Massnahmen können behufs Steuerung der Zunahme der Geschlechtskrankheiten ergriffen werden? Von Felix Block, (Hannover). *Leipzig: Breitkopf & Härtel 1901.* (S. 577–606.) 4°(8°)
= Sammlung klinischer Vorträge. N. F. No 317. [01. 10344

Block, Fel., wie schützen wir uns vor den Geschlechtskrankheiten u. ihren üblen Folgen?, s.a. Flugschriften der deutschen Gesellschaft zur Bekämpfung der Geschlechtskrankheiten. 3. Hft.

Wie schützen wir uns vor den Geschlechtskrankheiten und ihren üblen Folgen? Ein Vortrag f. junge Männer geh. 1903 von Dr. med. Felix Block, Hannover. *Leipzig: J. A. Barth 1904.* (32 S.) 8°
= Flugschriften d. Deutschen Gesellschaft z. Bekämpfung d. Geschlechtskrankheiten. H. 3. [04. 1119

Block, Feodor, appr. Tierarzt: Aus d. pharmakol. Inst. d. Tierärztl. Hochsch. zu Hannover. Leiter: Künnemann. Untersuchungen über Aspirin, Novaspirin und Aspirophen. Borna-Leipzig 1909: Noske. 42 S. 8°
Gießen, Veterinär-Med. Diss. v. 19. Juni 1909, Ref. Geppert
[Geb. 11. Juli 76 Westercappeln; Wohnort: Westercappeln; Staatsangeh.: Preußen; Vorbildung: Realgymn. Quakenbrück Reife O. 95; Studium: Tierärztl. Hochschulen Hannover 5, Berlin 2 S.; Rig. 14. Mai 09.] [U 09. 1136

Block, Franc. Joseph. (geb. Büren 17. 12. 1827): De morbis dentium eorumque curatione. Berolini (1855). (32 S.) 8°
Berlin, Med. Diss. v. 9. Aug. 1855

Block, Friedrich Andreas

Lebensführung und Lebensarbeit. Tatsachen u. Erinnerungen aus e. langen Lehrerleben ... hrsg. von F(riedrich) A(ndreas) Block, Rektor. Mit 1 Bildn. d. Verf. Merseburg: F. Stollberg 1906. (114 S.) 8° [F.] [07. 8077

—— spezialisirter Lehrplan für die sechsstufige erste Bürgerschule und die mit derselben verbundene Selekta zu Merseburg. Ausgearb. und als Grundlage zu Konferenzverhandlungen dargestellt. gr. 8. (144 S.) Leipzig 878, Siegismund und Volkening. *

Block, F[riedrich] A[ndreas]: Spezialisierter Lehrplan für die neunstufige höhere Töchterschule zu Merseburg [gegr. 1862]. — Leipzig: Siegismund & Volkening (1888). 104 S. 8° (Pädagog. Sammelmappe. H. 119.)

— spezialisierter Lehrplan für die neunstufige höhere Töchterschule zu Merseburg. gr. 8. (103 S.) Leipzig 889. Siegismund & Volkening. n. 1. 50; cart. n. 1. 70

— dasselbe. s.a. Sammelmappe, pädagogische.

Block, G.: Der treu bewährte Rathgeber ..., s. Block, Geo.

Block, Gabr. Magn., Buch wider die Zauberei, aus d. Schwedischen [Linköping 708. 4.] ins Deutsche übertr. von Dietr. v. Stade. Stade 711. 8.

Block, Geo., neuer Gewichtsmesser, od. genaue Anweis., das Gewicht v. Schlacht- u. a. Vieh auf e. leichte Art mit Sicherheit bestimmen zu können. 16. (½ B.) Nebst Gewichtsmesser in Etui. Leipzig 841, (Polet.) *

Block, G., der treu bewährte Rathgeber in der Haus- und Landwirthschaft, oder prakt. und durch vieljährige Erfahrungen bewährte Belehrungen, sich in der Haus- u. Landwirthschaft vor Schaden zu bewahren, aus Schaden selbst noch Nutzen zu ziehen, einen sichern Ertrag der Produkte zu erzielen und denselben in den meisten Fällen zu verdoppeln, ja zu verdreifachen. Ein nothwendiges und nützliches Hilfsbüchlein für Hausväter und Hausmütter. 8. Coburg 840. Riemann. ½ Rthlr.

Block, Georg, appr. Arzt a. Ratibor: Zur Morbidität und Mortalität im Wochenbett. Statistische Beiträge aus dem Material der Universitätsfrauenklinik zu Freiburg i. B. von den Jahren 1899—1903. Freiburg ⟨Baden⟩ 1906: E. Kuttruff. (25 S.) 8°
Freiburg i. B., Med. Fak., Ref. Krönig, Diss. v. 16. Febr. 1906
[Geb. 12. Juni 82 Ratibor; Wohnort: Freiburg i. B.; Staatsangeh.: Preußen; Vorbildung: Gymn. Ratibor Reife O. 01; Studium: Berlin 4, München 3, Freiburg i. B. 3 S.; Coll. 19. Jan. 06.]

Block, Georg Wilhelm

Block, Geo. Wlh., die Fehler der Philosophie. gr. 8. Braunschw. 804. Vieweg. 12 gr.

Block, Geo. Wilh., Fortsetzung d. Reformation, od. Beiträge z. Verbesser. d. Theologie, Religion u. Kirche. 3 Thle. gr. 8. Altona, [Aue.]
1. Thl. Verbesserung d. Religionslehre. (16 B.) 828. 1 Thlr. — 2. u. 3. Thl. Verbess. d. Gottesverehrung. (17½ B.) 829. 1 Thlr. 8 Gr.

G. W. Block's neue Grundleg. z. Metaphysik d. Sitten mit beständ. Rücks. auf d. Kant. *Brschw.*, Vieweg. 802. 8° 1 Rthlr.

— neue Grundlegung z. Philosophie d. Sitten etc. gr. 8. (Braunschw.) 802. Vieweg. 1 Rthlr.

— neue Grundlegung z. Theorie d. Heilkunde. gr. 8. Braunschw. 803. Vieweg. 20 gr.

— neues Handbuch der Algebra, oder allgem. Rechnenkunst, z. Erleichterung für Lehrer u. Lernende. 1r Thl. gr. 8. Hannov. 810. Hahn. 1 Rthlr. 12 gr.

Block, G. W., neues Handbuch der Algebra oder allgemeine Rechenkunst, zur Erleichterung für Lehrer und Lernende. 1r Theil. gr. 8. Hannover, Gebr. Hahn. 820.

— allgem. Katechisationen über Religion u. Sittenlehre. 1r Bd. gr. 8. Hannov. 806. Hahn. 1 Rthlr. 16 gr.

— Lehrbuch d. allgem. Naturkenntniß, für Bürger- u. Landschulen. 8. Götting. 823. Vandenhoeck u. R. 16 gr.

— Revision der Katechisirkunst, zur Verbess. ihrer Theorie u. Ausübung. gr. 8. Hannov. 805. Hahn. 8 gr.

— üb. d. Selbstmord. 8. Aurich. (Müller in Bremen.) 792.

— vom Selbstmord, dessen Moralität, Ursachen u. Gegenmitteln. 8. Aurich 792. (Müller in Br.) 5 gr.

BLOCK GEORG WILHELM: Vom Selbstmord, dessen Moralität, Ursachen und Gegenmitteln. Aurich, August Friedrich Winter 1792, XVI u. 168 S. 12°. — Rec.: Allg. Lit. Ztg. 1795 Nr. 70 — Goth. gel. Ztg. 1792 III. 830 — Würzb. gel. Anz. 1792 Nr. 82 Beil. — Neue Allg. Deutsche Bibl. I. 1793 S. 486—93 (Pockels) — Neue Allg. Deutsche Bibl. II. 1793 S. 444—46 (Scholtz).

— über d. Ursprung uns. Erkenntniß, s. L. Bendavid.

— Versuch vollständ. Prolegomene zur Philosophie. 8. Ratzeb. 790. Verfass. 14 gr.

Block, George G. Kurzgefaßtes Handbuch der parlamentarischen Praxis. NY. 1884.

Block, H. G., die singuläre Curve der hyperbolischen Bewegung. (S 467—479 m. 8 Fig.) gr. 8. Stockholm 904. (Berlin, R. Friedländer & Sohn.) n.n. — 70
Sonderabdr. aus: „Arkiv f. matematik, astronomi och fysik".

Tafeln zur Berechnung der Störungen einer Gruppe kleiner Planeten durch Saturn. Von H. G. **Block**. Uppsala & Stockholm 1907: Almqvist & Wiksell. (20 S.) 4°
— Iakttagelser, Astronomiska, och undersökningar å Stockholms observatorium. Bd 8, No 5. [07. 10794]

Block, H. G., Tafeln zur Berechnung der Störungen e. Gruppe kleiner Planeten durch Saturn. (Astronomiska iakttagelser och undersökningar å Stockholms observatorium. 8. Bd. Nr. 5.) (20 S.) Lex. 8. Uppsala 907. (Berlin, R. Friedländer & Sohn.) nn 1. 60

Block, Heinrich, appr. Arzt: Aus d. Psychiatr. u. Nervenklinik zu Kiel. Beitrag zur Alkoholneuritis mit Korsakowschem Symptomenkomplex. Kiel 1910: Schmidt & Klaunig. 26 S. 8°
Kiel, Med. Diss. v. 4. März 1910, Ref. Siemerling
[Geb. 9. Dez. 78 Büren i. W.; Wohnort: Kiel; Staatsangeh.: Preußen; Vorbildung: Gymn. Brilon Reife O. 98; Studium: Würzburg 1, Berlin 1, Kiel 10 S.; Coll. 26. Febr. 10; Approb. 19. März 08.] [U 10. 2423

— **Heinrich** (Esena Frisius), De conditione: Si non nupserit, ultimis voluntatibus adjecta. Diss. jur. Präs. Jo. Salomon Brunquell. Jena (Marggraf) Mai 1722. 60 S. (5.—) 2903
— — Dasselbe. Oder: Von der Bedingung: Nicht wieder zu Heyrathen, welche denen letzten Willen angehänget wird. Jena (J. F. Ritter) 1736. 64 S. (5.—) 2904

— — De jure novo Hadrianeo in prima digestorum parte comprehenso. Disp. jur. Präs. Jo. Christ. Schroeter (Wickerstädt). Jena (Müller) Nov. 1726. 48 S. (4.80) 2905

Block, Heinr.: Die erkenntnistheoretische Rolle d. Äthers in d. Entwickelg d. Elektromagnetismus. (07) gr8° Bonn, C Georgi '12. 2 —

Block, Hermann [aus Zscherben]: Über die Bestandteile der Epheupflanze. . . . Berlin, Druck d. Norddeutsch. Buchdr. u. Verlagsanst., 1888; 36 S. 8°
Erlangen, Phil. Fak., Inaug.-Diss. v. 1888

Block, J., s.a. B l o c k , Justus

Block, J.: Die B e l a g e r u n g und Eroberung der Festung Bonn . . . , s. B l o c k , Jos.

Block, J.: Über die R e c h t s s t e l l u n g d. Pächters in Beziehung auf Inventar eines gepachteten Grundstückes, s. B l o c k , Johannes

Block, J. C. Jeremias Falck, sein Leben und seine Werke, m. vollständ. alphabet. u. chronolog. Register sämmtl. Blätter, sowie Reproductionen nach des Künstlers besten Stichen. Lex.-8. (V, 262 S.) Danzig 890, [Hinstorff] Kafemann. * 25 —

Block, J. C., das Kupferstich-Werk d. Wilhelm Hondius. Mit alphabet. u. chronolog. Register, sowie m. Reproductionen nach d. Künstlers besten Stichen hrsg. Lex.-8. (III, 80 S.) Danzig 891. Kafemann. n. 10. —

Block, Johann August Friedrich

— Antwort auf d. Anmerk. Beneckens, wegen Baumgarten u. Nicolai. 8. Wittenb. 762. Zimmermann. 5 gr.

BLOCK, Johann August Friedrich: Fünf und zwanzig für den Staat interessante Aufgaben, aufgelöst von Johann August Friedrich Block. - Berlin 1776. 281 S.

Block, Jh. Aug. Fr., († 177..) fünf u. zwanzig erläuterte, f. d. Staatinteress. Aufgaben. 8. Berl. 776. Rottmann. 16 gr.

Block, Jh. Aug. Fr., Lehrb. d. Landwirthschaft. 4 Thle. 8. Leipz. 774. (Aue in Alt.) 16 gr.

— Lehrbuch d. Landwirthschaft. 4 Thle. 8. Leipzig. Jacobäer. 774.

— **Johann Georg** (Jever Frisius), De sanitatis praesidiis rite adhibendis. Diss. med. Präs. Christian Vater. Wittenberg (Aug. Koberstein) 6. XI. 1717. 24 S. (5.—) 2907

Block, Johannes, Dr.: **Beiträge zur Kritik und Erklärung** zweier Kreuzlieder Walthers von der Vogelweide. *Stralsund 1901: k. Reg.-Buchdr.* (29 S.) 4° [F.]
Stralsund, RG, OP 1901 (165)

Block, Johannes Lehrproben aus dem deutschen Unterrichte der unteren und mittleren Klassen. 20 S. Progr. Rg. *Stralsund* 1885.

Block, Johannes, aus Flensburg, Referendar am kgl. Amtsgericht Sonderburg: Über die Rechtsstellung des Pächters und des Verpächters in Beziehung auf Inventar eines gepachteten Grundstücks. Borna-Leipzig 1905: R. Noske. (VI, 67 S.) 8°
Erlangen, Jur. Fak., Diss. v. 17. Jan. 1905
[Geb. Flensburg; Wohnort: Sonderburg; Staatsangeh.: Preußen; Rig. 17. Jan. 05.]

Block, Johannes, Referendar aus Marienburg (Westpr.): Die **Voraussetzungen** der mora creditoris nach gemeinem Rechte und dem Rechte des Bürgerlichen Gesetzbuchs für das Deutsche Reich. *Greifswald 1904: J. Abel.* (IX, 30 S.) 8° [F. u. Ant.]
Greifswald, Jur. Diss. v. [18. Juli] 1904

Block, John

Block, John [aus Danzig]: Beiträge zu einer Würdigung Diderots als Dramatiker . . . . Königsberg in Pr., Buchdr. v. R. Leupold, 1888; 78 S. + 2 Bl. 8°
Königsberg, Phil. Fak., Inaug.-Diss. v. 27. Jul. 1888

Block, J., Beiträge zu e. Würdigung Diderot's als Dramatiker. Inaug.-Diss. gr. 8. (78 S.) Königsberg 888. (Leipzig, Fock.) n. 1. 50.

Block, John, Beiträge zur Würdigung Diderots als Dramatiker. Inaugural-Dissertation. 8. (78 S.) Königsberg i. Pr. 888, (Koch's Antiq.) **

Block, Jos.

Die Belagerung und Eroberung der Festung Bonn durch Kurfürst Friedrich III. von Brandenburg im Jahre 1689 von J[os.] **Block,** Apotheker. Vortrag im Verein Alt-Bonn 1903. *Bonn 1904: (P. Hauptmann).* (30 S.) 8° [Umschlagt. F.] [04. 8403 B

Über eine Reise in Südfrankreich und Spanien mit besond. Berücks. einiger Produkte Spaniens von J[os.] **Block,** Bonn. Bonn: C. Georgi 1905. (60 S.) 8°
Erw. Abdr. aus: Festschrift z. Feier d. 70. Geburtst. von J. J. Rein. [05. 7111 B

Beiträge aus Archiven des In- und Auslandes zur Waldeckischen Landes- und Regentengeschichte mit Berücks. d. Grenzgebiets. Von J[osef] **Block** in Bonn. Mengeringhausen 1907: Weigel. (S. 151–255.) 8° [F.]
Aus: Geschichtsblätter f. Waldeck u. Pyrmont. Bd 7. [07. 10633 B

Block. Justus [aus Neuenhaus, Grafschaft Bentheim]: A. Ueber die aus Laevulinsäure mit Blausäure und Salzsäure entstehenden Säuren γ-Methylhydroxyglutarsäure u. Methylglutolactonsäure. B. Ueber einige Salze der Laevulinsäure . . . . Göttingen, Druck d. Univ.-Buchdr. v. E. A. Huth, 1886; 39 + 1 S. 8°.
Göttingen, Phil. Fak., Inaug.-Diss. v. 30. Jul. 1886.

Block, Just., *A.* Ueber die aus Laevulinsäure m. Blausäure u. Salzsäure entstehenden Säuren γ-Methylhydroxyglutarsäure u. Methylglutolactonsäure. *B.* Ueber einige Salze der Laevulinsäure. Inaug.-Diss. gr. 8. (39 S.) Göttingen 886. (Vandenhoeck & Ruprecht's Verl.) n. — 80

Block, Karl, s. Block, Carl

Block, L., Anleitung zur Landes-Pferde-Zucht. Mit 1 lith. Abbildung. Neubrandenburg 861. Brünslow. qu. 4. (VI, 34 S.) n. 20 ngr.

Block, M.: Die belgischen Bergwerksgesetze, s. Block, Moritz

Block, M.: Bevölkerung Spaniens und Portugals . . . , s. Block, Maurice

Block, M. Dictionnaire de l'administration française. 1. éd. 8°. Paris, Berger, Levrault et fils, 1855—56. (3. tirage 1862.) 2. éd. gr. 8°. Nancy, Berger, Levrault et Co., 1875—1878, et Suppléments annuels — 1886. 3. édit. gr. 8°. Ebd. 1891.

-- das Kaiserthum Frankreich, s. Stein, C. G. D., u. F. Hörschelmann, Handbuch der Geographie.

—— die Machtstellung der europäischen Staaten. gr. 16. (IV und 206 S. mit einem Atlas von 18 chromolithogr. Karten in gr. Fol.) Gotha 862, J. Perthes. geb. *

— Pachtrecht u. Pachtverträge. Ein Handbuch d. preuß. u. sächs. Pachtrechts m. krit. Erörtergn. üb. die gesammten Pachtrechtsverhältnisse u. dem Entwurf zu e. Pachtvertrag üb. e. größeres Landgut. gr. 8. (IV, 343 S.) Berlin. 873. Wiegandt, Hempel & Parey. n. 6. —

—— Puissance comparée des divers États de l'Europe. Édition française. gr. 8. (IV und 180 S. mit einem Atlas von 18 chromolithogr. Karten in gr. Fol.) Gotha 862, J. Perthes. *

Block, M. Sterblichkeit und Lebensdauer. Handbuch der Statistik. Teil 2. Leipzig 1879.

Block, M.: Ein Streik und seine Folgen, s. Block, Moritz

— **Matthaeus Albert** (Hamburg), De inimicitiis judici non imputandis. Disp. circul. Präs. Matth. Benoni Hering. Rostock (J. J. Adler) 5. III. 1735. 40 S. (4.80) 2908
Gew.: Albert Block, Pet. Theod. Wiese.

Block, Maurice

Block, M., Bevölkerung des französischen Kaiserreichs in ihren wichtigsten statistischen Verhältnissen dargestellt. Gotha 861. J. Perthes. 16. (III, 62 S. u. 12 lith. Karten in 4.) n. 28 ngr.

—— Bevölkerung Spaniens und Portugals nach den Original-Quellen in ihren wichtigsten Verhältnissen statistisch dargestellt. gr 16. (IV und 65 S. mit 12 chromolithogr. Karten in 4.) Gotha 861, J. Perthes. geb. *

Block, Maurice, kleines Handbuch der National-Oekonomie oder Volkswirthschaftslehre. Aus dem Franz., nach der 5. Aufl. d. Originals übers. von A. v. Kaven. gr. 8. (XII, 147 S.) Aachen 878. Mayer. n. 1. 50

— dasselbe. 2. deutsche Aufl., m. Zusätzen d. Verf. 8. (VIII, 112 S.) Ebend. 879. n. 1. —

Block, Maurice, kleines Handbuch der National-Oekonomie oder Volkswirthschaftslehre. Aus dem Französ. nach der 5. Aufl. des Originals übers. von A. v. Kaven. 3. deutsche Aufl., mit Zusätzen des Verf. gr. 8. (VIII, 112 S.) Aachen 882, Mayer. *ℳ 1.; geb. *

Block, Maurice, kleines Handbuch der National-Oekonomie od. Volkswirthschaftslehre. Nach der 5. französ. Aufl. bearb. von A. v. Kaven. 4. deutsche Aufl., m. Zusätzen d. Verf. 8. (VIII, 112 S.) Aachen 885. Mayer. n. 1. —

Block, Maurice. Kleines Handbuch der National-Oekonomie oder Volkswirthschaftslehre. Nach der 5. französ. Aufl. bearb. von A. v. Kaven. 5. deutsche Aufl., m. Zusätzen d. Verf. 8. (VIII, 112 S.) Aachen 890, C. Mayer. * 1 —

® Block, M., kl. Handb. der Nationalökonomie. 890. (KBL 25.) Jetzt: Berlin, M. Kravn.

— Handbuch der Statistik. Deutsche Ausg., zugleich als Handbuch der Statistik d. Deutschen Reichs von H. v. Scheel. gr. 8. (VII, 344 S.) Leipzig 879. Veit & Co. n. 6. —

Block, M[aurice], die Quintessenz des Kathedersozialismus. gr. 8. (IV, 56 S.) Berlin 878, Herbig.
Aus: Vierteljahrsschrift für Volkswirthschaft, Politik und Kulturgeschichte, besonders abgedruckt.

Block, Maximilian

Block, M, s.a. Plan v. Danzig.

Plan von Danzig. [Verf.: [Maximilian] Block, [Vermessungs-Dir.].) Masst. 1:10,000. Danzig: A. W. Kafemann (1906); Lith. A. Winter. (1 Kartenbl. 27×34 cm.) [lith.] [kol.]

Block, Moritz (Berlin)
Ueber die passende Ausstattung der Gotteshäuser. Predigt in der Synagoge zu Simmern.
Simmern 1841.
[Zur Promotion eingesandt.]
Dr. phil. Giessen 2.12.1841.

Block, M., über die passende Ausstattung des Gotteshauses. Predigt, gehalt. am Sabbath Chanuka 5601 (am 26. Decbr. 1840) in der Synagoge zu Simmern. gr. 8. Simmern 841, Koblenz, Hölscher. 1/6 ℛ

Block, Moritz: „Die belgischen Bergwerksgesetze. Mit einem Vorwort von Friedrich Harkort", Berlin 1849. — Vorh.: Preuß. Oberbergamt Dortmund — E. h. 190.

Block, Mor., Lieder für die Freiheit. I. gr. 12. (22 S.) Köln 848, Greven.

Block, Moritz, israelitische Schulzeitung, s. Schulzeitung.

Block, Mor., e. Streik u. seine Folgen. Deutsch v. Adf. Schwarz. Autoris. Uebersetzg. 8. (VII, 118 S.) Berlin 891. R. Siegismund. n. 2. 50

—— Zusammenstellung der preuß. Verfassungsurkunde rc., s.a Zusammenstellung.

Block, Moritz. Vergleichende Zusammenstellung der Verfassungs-Urkunde für den preußischen Staat vom 5. Dezember 1848 mit der Regierungsvorlage vom 20. Mai 1848 und dem Entwurfe der Verfassungskommission vom 26. Juli. Berlin, G. H. Schröder 1848. 46 S. 4.

Block (O.). Unters. ueber die Verzweigung fleischiger Phanerogamen-Wurzeln. Berlin, 1880. 8°.

Block, P. J., Professor der niederländischen Geschichte zu Leiden Geschichte der Niederlande. (Aus: „Heeren und Ukert. Geschichte der europ. Staaten.") Verdeutscht durch Pastor O. G. Houtrouw zu Neermoor. I. Band (Bis 1300.) 8. Gotha 1902.

Block, P. J., Niederlande, s.a. Gesch. d. europ. Staaten.

Block, Paul: Uns. lieben Feinde. Pariser Bilder u. Geschichten. (292) 8° Berl., Concordia '11. 3 —; geb. 4 — d

— Gesch. d. deut. Arbeiterbewegg, s: Handbücherei, Politische.

– Geschichte d. Koalitionsrechts, s.a. Volksschriften d. Nationalvereins f. d. liberale Deutschland.

Block, Paul, Geschichte des Koalitionsrechts. 8°. München, Buchhdlg. Nationalverein, 1911. (Volksschriften d. Nationalvereins f. d. liberale Deutschl., Heft 23.)

— Die christl. Gewerkschaften. — Die freien (sozialdemokrat.) Gewerkschaften. — Die deut. Gewerkvereine, s: Volksschriften d. Nationalvereins f. d. liberale Deutschld.

Block, Paul, der Graumönch von Königsberg. Eine alte Stadtgeschichte. gr. 16. (93 S.) Leipzig 886, [Denicke.] Brebse. *

—— für Jedermann. Novellen. 8. (135 S.) Leipzig 887, Werther. *

Block, P., zur Kritik d. Petrus de Ebulo. 2 Tle. in 1 Bd. gr. 8. (68 u. 56 S.) Prenzlau 888. Vincent. n. 1. 50

Block, Paul. Am Leuchtturm, s.a. Preisausschreiben, ein. — Unterwegs.

—— am Leuchtturm. Eine Geschichte aus Preußens traurigen Tagen. Mit einem Briefe Felix Dahns als Einleitung. 8. (195 S.) Ebendas. 888. *

Block, Paul Petrus de Ebulo und seine Nachrichten über die Gemahlin Kaiser Heinrich VI. 40 S. Progr. *Prenzlau* 1883.

Block, P., s.: Preisausschreiben, e.

—— Anno Sturm. Historischer Roman. 8. (311 S.) Berlin 888, Janke. *

Block, Paul (Red.), s. Von Nah und Fern.

Block, R., der Pessimismus u. die Erziehung, s.: Sammlung pädagogischer Vorträge. XVIII, 6.

Block, R., kleine Schulgeographie. Heimatskunde der Provinz Preußen. [Nebst einer Spezialkarte.] gr. 8. (39 S.) Schleswig 870, Schulbuchh. [Halle, Buchh. des Waisenhauses.]

Block (R. A.). Beitr. zur Kenntn. der Pilzbildung . . . Stettin, 1870. 8°.

Block, Rudolf

Titel-, Rang- und Gehaltsverhältnisse der Juristen und Philologen sämtlicher deutscher Bundesstaaten ... zsgest. nach Angaben d. Landes- u. Provinzialvereine ak. geb. Lehrer von Rudolf Block. Darmstadt 1906: Herbert. 6 Bl. 4° ... 5

Block, Theodor

Block, Thdr., mein Austritt aus dem Central-Verein deutscher Zahnärzte. 1—5. Aufl. Breslau 862. (Ziegler.) gr. 8. (72 S.) n. 5 ngr.

Block, T, mein Austritt a. d. Central-Ver. deut. Zahnärzte. 5. Afl. 8. (72) Bresl. 62. (Ratib., Thiele.) n. — 5

—— Denkschrift zur zahnärztlichen Reformfrage. Mit 8 Beilagen. 2. Aufl. gr. 8. (68 S.) Breslau 865, (Schletter'sche Buchh.) *

Block, Theodor *(geb. Strepsch in Westpr. 12. 3. 1849)*: Ein Fall einer traumatischen, praefemoralen Kniegelenks-Verrenkung. Breslau (1873). (30 S.) 8°

Breslau, Med. Diss. v. 12. [vielmehr 11.] Aug. 1873

Block, Thdr: Rosen u. Dornen. Dichtgn. (46) 8° Lpzg, Modernes Verl.-Bureau '12. 1.50 d

— das moderne Vulkanit-Gebiß [Tampon] u. der Vandalismus in der Zahnheilkunde. 2. Aufl. Ebend. 865. 8. (29 S.) n. 7½ ngr.

—— das moderne Vulkanit-Gebiß (Tampon) und der Vandalismus in der Zahnheilkunde. 2. Aufl. gr. 8. (29 S.) Breslau 866, (Schletter'sche Buchh.) *

— zahnärztliche Winke für sorgsame Mütter. 2. Aufl. Ebend. 865. 8. (23 S.) n. 5 ngr.

—— zahnärztliche Winke für sorgsame Mütter. 2. Aufl. gr. 8. (23 S.) Breslau 866, (Schletter'sche Buchh.) *

Block, W., die kirchlichen u. politischen Zustände Oesterreichs seit den letzten 120 Jahren hauptsächlich nach glaubwürd. kathol. Autoren Oesterreichs dargestellt. gr. 8. (VI, 361 S.) Lippstadt 870. Staats. n. 1. —

Block, W. D., die arithmetische Bestimmung der jährlichen reellen Course der Prämienscheine d. K. Preuß. Seehandlungs-Societät. 8. Berlin 843. (Logier.) n. ½ ß

— das wahre Geburtsjahr Christi, oder wir sollten 1862 anstatt 1843 schreiben. Nebst Anhang, enthaltend die Berechnung der Mondfinsterniß am 16. October im Jahre 16 vor Chr., nebst 1 tabellar. Uebersicht des 76jährigen Kallippischen Cykel vom Jahre 728 bis zum Jahre 804 der Stadt Rom. gr. 8. (Mit 1 lithogr. Taf.) Berlin 843, Berliner Verlagsbuchh. ⅔ ß

—— das wahre Geburtsjahr Christi, od. wir sollten 1862 anstatt 1843 schreiben. Nebst Anhang, enth. die Berechnung der Mondfinsterniss am 16. Octob. im J. 16 vor Chr., nebst 1 tabellar. Uebersicht des 76jähr. Kallippischen Cykel vom J. 728 bis zum Jahre 804 der Stadt Rom. gr. 8. (5½ B. u. 1 Stnt.) Berlin 843. [Stuhr'sche Buchh.]

—— neue Methode, den Zins vermittelst Decimalbrüchen zu berechnen. Ein Beitr. zum kaufmänn. Rechnen, nebst den dazu gehör. Decimal-Tabellen. Ein Handb. f. Kaufleute u. öffentl. Kassen-Verwaltungen. gr. 8. (5 B.) Berlin 842, Burmeister. (r)

Block, W. D., Sammlung von geometrischen und trigonometrischen Formeln z. Berechnung der Flächen u. der Körper. Ein Handbuch für Gymnasialschüler bei dem Uebertritt ins Geschäftsleben, aus den besten mathemat. Schriften zusammengetragen. gr. 8. Berlin 846, Held. $^{5}/_{12}$ ß

— die gregorianische Zeitrechnung v. Jahre 1845 bis zum Jahre 2000 in einem Tableau dargestellt. (Nebst Text.) Berlin 845, Oehmigke's Buchh. n. ⅓ ß

—— die gregorianische Zeitrechnung v. J. 1845 bis zum Jahre 2000 in einem Tableau dargest. gr. Fol. (u. ¼ B. Text.) Berlin 846, Oehmigke's Buchh. *

Block, Walt.: Masse u. Messen, s: Aus Natur u. Geisteswelt 385.

Block, Walter, a. Wehlau: Studien über die Methoden zur Bestimmung des inneren Widerstandes und der Spannung stromliefernder galvanischer Elemente mit besonderer Berücksichtigung des Daniell-Elementes. Königsberg i. Pr. 1906: Hartung. (53 S.) 8°

Königsberg, Phil. Fak., Ref. Volkmann, Diss. v. 25. Mai 1906

[Geb. 1. Okt. 83 Wehlau; Wohnort: Königsberg i. Pr.; Staatsangeh.: Preußen; Vorbildung: Gymn. Insterburg Reife O. 02; Studium: Königsberg 8 S.; Rig. 4. Mai 06.]

Block, Wilhelm [Referendar in Hildesheim '(Hannover)']: Das Hannoversche Höferecht ... Erlangen, k. b. Hof- u. Univ.-Buchdr. v. F. Junge, 1896; IV, 46 S. 8.

Erlangen, Jur. Fak., Inaug.-Diss. v. 1896

Block-Birnbaum, die wichtigsten Klassenbeschreibungen. Ein Hilfsbuch zum Bonitiren. Aus der Werth- und Preis-Ermittelung von Grund und Boden in „Mittheilungen landwirthschaftl. Erfahrungen, Ansichten und Grundsätze im Gebiete der Veranschlagung und Rechnungsführung". 4. Aufl. gr. 8. (V, 70 S.) Breslau 886, Korn. *

Block Tören's, Hauptsprachenbuch, enthalt. ein dänisch-deutsch-engl.-französ. Lesebuch in Denksprüchen u. Grundsätzen, Wort für Wort u. Wort unter Wort übersetzt. 8. Kopenh. 819. Schubothe. 14 ℛ

Bloeck, R.: A n f a n g zu geordneter landwirtschaftlicher Buchführung, s. B l o e c k , Richard

Bloeck, Richard

[F.] Anfang zu geordneter, landwirtschaftlicher Buchführung. Bearb. v. Dr. R[ichard] Bloeck, Landwirtschaftslehrer ... zu Eldena i. P. *Greifswald: J. Abel 1898.* (48 S.) 1 Bd 8. [98. 9933 Gr

B l o e c k , R., Untersuchungen über die Productionskosten der Getreidekörner, s.a. S t u d i e n , staatswissenschaftliche.

Bloeck, Richard: Untersuchungen über die Produktionskosten der Getreidekörner .... Jena, Gustav Fischer, 1888; 1 Bl. + 54 S. 8° Jena, Phil. Fak., Inaug.-Diss. v. 1888

Die **Blockade** der Festung Luxemburg durch die Hessen 1814. Nach franz. u. deutschen Aktenstücken. Luxemburg 1890. 137 S.

Die **Blockade** von Philippsburg im Jahre 1799. Mit Beilagen. o. O. 1799. 51 S.

Blockade der nordamerikanischen Südstaaten. Berlin 1900. 27 S.

Bloc-Kalender, s.a. B l o c k - K a l e n d e r .

— — Salon-Ausg. 1 fl.
Wien: Moritz Perles 1881.

Bloc-Kalender, k. k. priv. Universal, pro 1882. XII. Jahrg. 60 kr. Wien: Moritz Perles.

Bloc- oder Abreißkalender pro 1883. Groß-8 Format 50 kr.
Prag: A. Haase.

Bloc-Kalender, Fromme's kleiner, pr. 1882. 3. Jahrg. 50 kr.
Wien: Carl Fromme

Bloc-Kalender, Kleiner pro 1883. II. Jahrg. Mit Pariser Chromo-Unterlage. 50 kr.
Wien: Moritz Perles.

Die **Blockbücher** des **Codex Palat.** germ. 438 der Heidelberger Universitätsbibliothek. Zum 1. Male vollst. in getreuer Nachbildung hrsg. [1.] *(Leipzig: K. W. Hiersemann 1900.)* 4° [F.] [01. 1939

Blocken, Felix von

Blocken, Fel. v., Kubik-Tafeln zur Bestimmung d. Inhaltes der runden Hölzer u. Kreisflächen in Kubikmetern m. drei Decimalstellen f. 0,1 bis 40 Meter Länge bei 1 bis 140 Centimeter Durchmesser. Mit e. Anh. enth.: den Kubikinhalt der Walzen, der Pflöckhölzer, der behauenen u. geschnitt. Hölzer rc. gr. 8. (XXIII, 183 S.) Regensburg. 871. Forchthammer. n. 3. —

—— die neuen **Maße** und Gewichte in Tabellen und bildlichen Darstellungen mit sämmtl. für Bayern gesetzl. Bestimmungen. 4 Lfgn. gr. 8. Regensburg 871,72, Forchthammer. [1. Lfg. (S. 1—127.) *M. 1.; 2. Lfg. (S. 128—201.) *M. 1,20.; 3. Lfg. (205—255.) *M. 1,20.; 4. Lfg. (XX, S. 256—459 mit 1 Chromolithogr. in gr. Fol. und 1 Stnt. in gr. 8.) *M. 4,30.] *

— der neue **Münz-Rechner** f. Deutschland gr. 16. (VII, 152 S.) Regensburg 872. Wunderling. n. 1. 50

—— **Wandtafel** für metrisches Mass und Gewicht. 1. und 2. Aufl. Lithogr. Imp.-Fol. (1 Bl.) Regensburg 871, Forchthammer. *

—— dass. — 3. Aufl. gr. Fol. (2 Bl. lithogr. und chromolithogr.) Ebendas. 872. **

Blockhaus, das, — das Ferienhaus der Zukunft. (81 S.) 15,5×24 cm. Lüdenscheid (910). A. Frech. — 60

Von der **Blockhütte** zum **Palast!** Das Leben James ⟨Jakob⟩ **Garfields** als Pächterjunge, Lehrer, Soldat u. Präsident. Für d. reifere Jugend übers. von Emmy v. **Feilitzsch**. *Cassel: J. G. Oncken [1900].* (120 S.) 8° [F.]
— Jugendheim. 22. [01. 4588 4

Blockhuys, J., u. A. Gervais, das Kunstgewerbe od. die Kunst in ihren Beziehungen zur Industrie. Volksbuch zur Entwickelg. des Kunstgeschmacks der Handwerker. Autoris. deutsche Übersetzg. v. Fr. Falk. (In ca. 10 Lfgn.) 1.—6. Lfg. gr. 8. (S. 1—192.) Neuwied 895. A. Schupp. à n. — 50

Blockhuys, J., u. A. Gervais, das Kunstgewerbe od. d. Kunst in ihren Beziehgn. z. Industrie. Volksbuch z. Entwickolg. d. Kunstgeschmacks d. Handwerker. Autor. deutsche Übersetzg. v. Fr. Falk. 7.—10. (Schluss-)Lfg. gr. 8. (S. 193—308.) Neuwied. München 895. A. Schupp. à n. — 50 (kplt.: n. 6. —; geb. n.n. 7. 50)

Block-Kalender, s.a. B l o c - K a l e n d e r .

Block-Kalender für das J. 1867. Wien, Beck'sche U.-B. (A. Hölder.) 64 kr.
Block-Kalender für 1867. Min. Form. Wien, Leykum's Wwe. 60 kr.

Block-Kalender für das Jahr 1868. Wien, Beck'sche Univ.-B. (Hölder.) 64 kr.

Block-Kalender für das Jahr 1869. Wien, Beck'sche Univ. Buchh. (Hölder.) 64 kr.

Block-Kalender (zum Abreissen) für 1870. (Comptoir-Kalender 1870.) Enthaltend: Die Wochen-, Sonn- und Feiertage. Die Namenstage der Heiligen. Die Nummer jedes Tages in auf- und absteigender Linie. Die Mondesviertel. Die Ziehungstage von Lotterie-Effecten. 64. Wien, Dirnböck's B. (Georg Draudt.) 64 kr.

Block-Kalender für 1871. Wien, Dirnböck's B. (G. Draudt.) 64 kr. (Nur baar!)

Block-Kalender pro 1892 netto baar —.30
Wien: Sieger.

— **Akademischer**, für die österr. Hochschulen für das Studienj. 1892/93. XIV. Jahrgang. Neue Folge. IV. Jahrgang. Nach amtlichen Daten bearbeitet von Max Hermann. 16. (189 S. mit Notizblättern.) Eleg. geb in Leinw. Wien: Perles 1892. 1.—

— — feiner, pro 1885. Nr. 1. Familie auf d. Söller Nr. 2. Mutter an d. Wiege d. Kindes. Nr. 3. Reichs-Herold. Nr. 4. Malerin in d. Alpen. Nr. 5. Heimkehrende Touristen. Nr. 6. Fiaker u. Lehrjunge. Nr. 7. Hund und Katze. Nr. 8. Der schlaue Fuchs. Nr. 9. Reiterin. Nr. 10. Steeple-chase. Nr. 11. Schlechter Empfang. Nr. 12. O weh! die Schwiegermutter kommt. Nr. 13. Tableau mit Engeln. Ebds. à 80 kr. Derselbe Nr. 13 feine Ausgabe 1 fl.

Block-Kalender, feiner, pro 1887. V. Jahrg. Mit verschiedenen humoristischen und ernsten Sujets. Wien, Perles. fl. —.80.
— Derselbe, feine Ausgabe mit Goldpressung. Ebd. fl. 1.—.

Block-Kalender, Feiner, pro 1888, mit verschied. humorist. u. ernst. Sujets. IV. Jahrg. Wien, Moritz Perles. 80 kr. 3600

Block-Kalender, feiner, pro 1888 mit verschiedenen humoristischen u. ernsten Sujets, als: Genrebilder, Damenporträts etc. VI. Jahrg. Wien, Perles. fl. —.80.
— — Derselbe. Ausgabe mit Goldpressung. Ebd. fl. 1.—.

Blockkalender, Feiner, pro 1890 —.60
— — Bessere Ausgabe —.80
— — Mit Goldpressung 1.—
— — Katholischer, pro 1890 —.80
— — Mit Goldpressung Ebd. 1.—

Block-Kalender, Feiner, pro 1891, mit verschiedenen humoristischen und ernsten Sujets. IX. Jahrgang —.60
— — Feinere Ausgabe —.80
— — Feinere Ausgabe mit Goldpressung Ebd. 1.—

Block-Kalender, Feiner, pro 1892, mit verschiedenen humoristischen und ernsten Sujets. X. Jahrg. —.60
Feinere Ausgabe —.80
Feinere Ausgabe mit Goldpressung Ebd. 1.—

Block-Kalender, Feiner, pro 1893 mit verschiedenen humoristischen und ernsten Sujets. VII. Jahrgang. —.60
Feine Ausgabe —.80
Feinere Ausgabe mit Goldpressung Ebd. 1.—

Block-Kalender, Feiner, pro 1894, mit verschiedenen humoristischen und ernsten Sujets. XII. Jahrg. .60, feinere Ausg. —.80
Feinere Ausgabe mit Goldpressung 1.—
— — Katholischer, pro 1891. VIII. Jahrgang. Deckblatt mit reichen Zeichnungen religiösen Inhalts —.80. Ausgabe mit Goldpressung 1.— Ebd.

Blockkalender, Feiner, pro 1895. XIII. Jahrg. In verschiedenen Nummern à —.60
— — In feiner Ausgabe —.80
— — In feiner Ausgabe mit Goldpressung 1.—
— Katholischer, pro 1895. IX. Jahrg. —.50
— — In Goldpressung Ebd. —.80

Block-Kalender, Feiner, pro 1897. XV. Jahrg. in verschiedenen Nummern —.60
Derselbe in feiner Ausgabe —.80
Derselbe in feiner Ausgabe mit Goldpr. 1.—
Ebd.

Block-Kalender, Feiner, für 1898, XVI. Jahrgang, in verschiedenen Nummern —.60
Derselbe in feiner Ausgabe —.80
Derselbe in feiner Ausg. m. Goldpressung 1.—
Ebd.

Blockkalender, kleiner, Fromme's. V. Jahrg. pro 1884. Wien, Carl Fromme. 50 kr., elegante Ausgabe 80 kr.

— — kleiner, pro 1885. VI. Jahrg. Ebds. 50 kr., eleg. Ausgabe 80 kr.

— Kleiner, pro 1886. VII. Jahrg. Wien, Carl Fromme. 50 kr., elegante Ausgabe. Ebds. 80 kr.

— kleiner. 8. Jahrg. 1887. Wien, Fromme. fl. —.50.
— Derselbe, elegante Ausgabe. Ebd. fl. —.80.

— Fromme's kleiner, für das Jahr 1888. IX. Jahrg. Auf fein satinirtem Papier mit rothem Schnitt. Wien, C. Fromme. fl. —.50.

Block-Kalender, Fromme's Kleiner. 12. Jahrg. 1891. Wien: Fromme. —.50

Block-Kalender, Fromme's Kleiner. 14. Jahrgang. Wien: Fromme 1892. —.50

Block-Kalender, Fromme's kleiner, für 1894. 15. Jahrg. —.50

Block-Kalender, Kleiner, für 1895. 16. Jahrgang. Blockformat 7×4½ *cm* —.50

Block-Kalender, Fromme's kleiner, 17. Jahrg. 1896. Blockformat 7×4½ *cm* —.50

Block-Kalender, kleiner, Fromme's, pro 1897. 18. Jahrgang * —.50

Block-Kalender, Kleiner. 20. Jahrgang. Block-Format 7×4½ *cm* 1898 * —.50

Block-Kalender, Fromme's Küchen—, s. Küchen-Block-Kalender, Fromme's.

Block-Kalender, Fromme's Tages-, s. Tages-Block-Kalender, Fromme's

Block-Kalender, Wochen-Notiz, Fromme's, s. Wochen-Notiz-Block-Kalender, Fromme's

Block-Kalender, Grosser —.40
Wien: Engel 1890.

— katholischer, pro 1887. I. Jahrg. Ebd. fl. —.80.
— Derselbe, feine Ausgabe fl. 1.—.

— katholischer, pro 1888. II. Jahrgang. Deckblatt mit reichen Zeichnungen religiösen Inhalts Ebd. fl. —.80.
— — Derselbe. Ausgabe mit Goldpressung. Ebd. fl. 1.—.

— — **Katholischer,** pro 1892. VI. Jahrg. Deckblatt mit reichen Zeichnungen religiösen Inhalts —.80
Ausgabe mit Goldpressung. Wien: Perles. 1.—

— — **Katholischer,** pro 1893. VII. Jahrgang. Deckblatt mit reichen Zeichnungen religiösen Inhalts. —.80
Ausgabe mit Goldpressung. Ebd. 1.—

Block-Kalender, kleiner, für 1882. 50 kr. Wien: Perles.

Blockkalender, kleiner, pro 1884. Wien, Moritz Perles. 50 kr.

Block-Kalender, kleiner, pro 1885. IV. Jahrg. Wien, Moritz Perles. 50 kr.

— Kleiner, pro 1886. V. Jahrg. Ebds. 50 kr.

— Kleiner pro 1887. VI. Jahrg. Mit Chromo-Unterl. Ebd. fl. —.50.

— Landwirthschaftl., pro 1885. I. Jahrgang. kl. Fol. Ebds. 80 kr.

— Landwirthschaftlicher, pro 1886. II. Jahrg. kl. Fol. Wien, Moritz Perles. 80 kr.

Block-Kalender, Musikalischer, pro 1897. (Das Jahr in Tönen.) Zusammengestellt von F. A. Eichström. Wien: Perles. 1.20

Block-Kalender, Musikalischer. (Das Jahr in Tönen). Zusammengestellt von F. A. Eichström, Clavier-Professor in Wien. 1898. II. Jahrgang 1.—

Block-Kalender. Neuer pro 1882, 50 kr.
Prag: Fuchs.

Block-Kalender, Neuer, pro 1883. 50 kr. Ebd.

— neuer. Prag, Ign. Fuchs. 50 kr. 1884

Blockkalender, Der vaterländische, pro 1899. IV. Jahrgang. Sehr schön adjustirt —.75
Wien: König & Ebhart 1898.

Block-Liedersammlung. (Für 25 Personen.) Für Gesellschaften, Hochzeiten, Vereine, Ausflüge, Commerse ꝛc. Nr. 1—50. (Je 25 Bl.) gr. 16. Mülheim a/R. (902). J. Bagel. à — 10

1. Aennchen v. Tharau.
2. An den Rhein, an den Rhein, zieht nicht an den Rhein.
3. Angezapft! Rheinwein od. Bier aus Flandern.
4. Bekränzt m. Laub den lieben vollen Becher.
5. Das war der Graf v. Rüdesheim.
6. Der Mai ist gekommen.
7. Deutschland, Deutschland üb. alles.
8. Dort wo der Rhein m. seinen grünen Wellen.
9. Ein lust'ger Musikante.
10. Es blies e. Jäger wohl in sein Horn.
11. Es braust e. Ruf wie Donnerhall.
12. Es liegt e. Krone im grünen Rhein.
13. Es streuet Blüten jedes Jahr.
14. Es war e. Sonntag hell u. klar.
15. Es zogen drei Burschen wohl üb. den Rhein.
16. Heil Dir im Siegerkranz.
17. Hier sind wir versammelt zu löblichem Thun.
18. Ich schieß' den Hirsch im wilden Forst.
19. Ich weiß nicht, was soll es bedeuten.
20. Ihr mögt den Rhein, den stolzen, preisen.
21. Im Wald u. auf der Heide.
22. Keinen Tropfen im Becher mehr.
23. Laßt tönen laut den frohen Sang.
24. Nun leb wohl, du kleine Gasse.
25. O alte Burschenherrlichkeit.
26. Sah e. Knab' e. Röslein stehn.
27. Sind wir nicht zur Herrlichkeit geboren.
28. Sitz' ich in froher Becher Kreise.
29. Stolz weht die Flagge schwarz, weiß, rot.
30. Strömt herbei, ihr Völkerscharen.
31. Verlassen bin i.
32. Von allen den Mädchen so blink u. so blank.
33. Von der Alpe ragt e. Haus.
34. Was die Welt morgen bringt.
35. Was ist des Deutschen Vaterland?
36. Wer hat dich, du schöner Wald.
37. Wie hat das Gott so schön bedacht.
38. Wohlauf die Luft geht frisch u. rein.
39. Wohlauf, noch getrunken den funkelnden Wein.
40. Zwischen Felsen, die voll Schnee.
41. Dem jungen Paare. (Hochzeitslied.)
42. Dasselbe.
43. Grüß dich Gott, du junges Paar. (Hochzeitslied.)
44. Den Eltern. (Hochzeitslied.)
45. Dasselbe.
46. Den Gästen. (Hochzeitslied.)
47. Dasselbe.
48. Damengruß. (Hochzeitslied.)
49. Den Damen. (Hochzeitslied.)
50. Hochzeits-Potpourri. (Hochzeitslied.)

Block-Liedersammlung. (Für 25 Personen.) Für Hochzeiten, Gesellschaften, Vereine, Kommerse, Ausflüge etc. Nr. 51 bis 65. (Je 25 Bl.) 8. Mülheim a/R. 905. J. Bagel. Jede Nr. — 10

51.52. Dem jungen Paare. — 53. Hochzeits-Tafellied. — 54. Hochzeits-Festlied. — 55. Den Frauen. — 56. Der Sang ist verschollen. — 57. O wonnevolle Jugendzeit. — 58. Im schwarzen Wallfisch. — 59. Am Brunnen vor dem Tore. — 60. Im Krug zum grünen Kranze. — 61. Als ich schlummernd lag heut' Nacht. — 62. Es saßen beim schäumenden funkelnden Wein. — 63. Als wir jüngst in Regensburg waren. — 64. Stimmt an mit hellem hohen Klang. — 65. Mein Lebenslauf ist Lieb u. Lust.

Altalános Block-naptár 1883 évre. III. Jahrg. 75 kr.
Wien: Perles 1882.

Blocksberg, der, od. d. Mann ohne Kopf. 8. Wien. (Liebeskind in Leipz.) 799.

(Blocksberger), Abhandl. des Daseyns der Gespenster, nebst e. Anhange vom Vampyrismus. Augsb. 4°. 1768

Blocksberger, F. N. (Beneficiat zu T.), *Glückwünschungsschreiben an den hochw. P. Angelus März* über s. Vertheidigung der Hex- u. Zauberey. Straubingen, im Jahre 1767. 4°. Beibd.
8 Bll., unpag. Zur Hälfte satyr. Schrift, selten!

Blocksberger, F. N., Beneficiat(en) zu Straubing, Sendschreiben an den Pater Agnellus März über seine Vertheydigung wider die schwulstige Vertheydigung der betrügenden Zauberey und Hexerey von — im Jahre 1767. 4.

Blocksberger, F. N., (Andr. Ubalr. Mayer,) Sendschreiben an März, wegen Hexerei und Zauberei. 4. Nürnb. 767. Grattenauer. 9 K

Blocksdorf, G. N., Versöhnung Christi in 130 Passions-Predigt. 4 Tble. 4. Stockholm 727.

Blockx, Jan

Herbergsprinzessin [Princesse d'auberge]. Oper in 3 Akten (4 Bilder). Flämische Dichtung von Nestor de Tière, Musik von Jan **Blockx**. Deutsche Übertr. von C. Hebbel. Berlin, Köln, Leipzig: Ahn [1899]. 46 S. 8°
(Ahns Operntext-Bibliothek. Nr 107.) [09. 9130]

Die **Meeresbraut**. Oper in 3 Aufz. Flämische Dichtung von Nestor de Tière. Musik von Jan **Blockx**. Deutsch von Henriette Marion. *Berlin, Köln, Leipzig: A. Ahn [1904].* (48 S.) 8°
— **Operntext-Bibliothek, Ahns.** No 92[a.] [04. 9340]

Bloc Notes médical. Notizheft für ärztliche Recepte. Herausgegeben von *P. Brandt*, Apotheker. In-24°, 12 S., 20 S. mit Fig. u. 120 S. leeres Papier. Genf, Basel, Lyon, H. Georg.
1888! cart. in Lwd. — 50

Bloc Notes médical, publié par *P. Brandt*, pharmacien-chimiste à Genève. 2e édition augmentée. Petit in-12°. Genève et Bâle, Georg & Cie. — 40
1894! Par 50 exemplaires 15 —
100 „ 25 —

Blocc. P. s.: Atlas d. patholog. Histologie d. Nervensystems.

Blocus de Prague capitale de Bohème par les troupes Prussiennes sous le commandement du roi depuis le 7 Mai jusqu'au 20 Juin 1757. 8. 13 S.

Bloedau, Carl (Sondershausen), Quaedam de fistulae sacci lacrymalis curatione. Diss. chirurg. Berlin (Brüschck) 13. III. 1827. 27 S., mit Biogr. (M.: Schneidewind.) (4.50) 2910
Oppon.: F. Michaelis, G. Reinhardt, G. Ohrtmann. — Gew.: Günth. v. Ziegeler.

Bloedau, Carl August (Hrsg.), s. Lenau, Nikolaus: Werke in 2 Tlen.

Bloedau, Carl Aug. v., Grimmelhausens Simplicissimus u. seine Vorgänger, s.a. Palaestra. LI.

Bloedau, Carl August von, a. Bromberg: Grimmelshausens Simplicissimus und seine Vorgänger. Beiträge zur Romantechnik des siebzehnten Jahrhunderts. Abschn. 1—4. (Berlin: Mayer & Müller 1906.) (62 S.) 8° ¶(Erscheint vollst. als Palaestra Bd 51.)
Berlin, Phil. Fak., Ref. E. Schmidt, Diss. v. 3. Febr. 1906
[Geb. 9. Mai 77 Bromberg; Wohnort: Berlin; Staatsangeh.: Preußen; Vorbildung: Gymn. Sondershausen Reife O. 97; Studium: Göttingen 2, Leipzig 2, Lausanne 2, Berlin 8 S.; Rig. 12. Jan. 05.]

Grimmelshausens Simplicissimus u. seine Vorgänger. Beiträge z. Romantechnik d. 17. Jhs. Von Carl August v. **Bloedau**. Berlin: Mayer & Müller 1908. (VI, 145 S.) 8°
— **Palaestra.** 51. [08. 11478 4]

Bloedau, Guntherus Carolus Ricardus de: De echinococcis hepatis. Halis (1856): Orphanotropheum. 31 S. 8°
Halle-Wittenberg, Med. Diss. v. 9. Aug. 1856
Geb. Sondershausen 26. 4. 1832. V.

von Bloedau, Hugo [app. Arzt aus Nordhausen]: Über verkalkte Kropfcysten … Marburg, Univ.-Buchdr. '(R. Friedrich)', 1892; 51 S., 1 Bl. 8.
Marburg, Med. Fak., Inaug.-Diss. v. [6. Okt.] 1892

Blödau

— **Johann Ehrenfr. Emanuel** (Heringen), De glossitide ranula glossanthrace. Diss. med. Präs. Christ. Gottfr. Gruner. Jena (Goepferdt) 26. IX. 1795. 40 S. (4.50) 2911

Blödau

— **Johann Ludwig Friedrich** (Schwarzburg), De hydrope. Diss. med. Präs. Georg August Langguth. Wittenbg. (A. Ch. Charisius) 13. XI. 1780. 24 S. Verkauft. 2912

Bloedau, Otto [aus Nordhausen a. H. (Prov. Sachsen)]: Über die acute gelbe Leberatrophie mit specieller Berücksichtigung der pathologischen Anatomie und Ätiologie.... Würzburg, Becker's Univ.-Buchdr., 1887; 41 + 1 S. + 1 Bl. 8°.
Würzburg, Med. Fak., Inaug.-Diss. v. 1887.

Bloedau, Otto, über die acute gelbe Lederatrophie mit specieller Berücksichtigung der pathologischen Anatomie und Ätiologie. Diss. Würzburg 1887, Stahelsche Univ.-Buchh. 8°. 41 S.

Blöde, Gottlob

Blöde. Tabelle über die in den öffentlichen Museen zu St. Petersburg befindlichen Aërolithen und kurze Charakteristik derselben, so wie Angabe der hierüber vorhandenen Nachrichten. (Aus d. Bull. de l'Acad. imp. des Sciences. Vol. VI.) St. Petersbourg. 1843. 4.

Blöde, Glo., über die Uebergangs-Gebirgsformation im Königr. Polen; nebst e. vorangeh. Uebersicht der sämmtl. Gebirgsformationen von Polen u. e. nachfolg. Aufstell. d. in Polen vorkomm. Mineralien. Mit 1 petrograph. Karte. gr. 8. Bresl. 830. W. G. Korn. 1 ℛ 18 gr

Blöde, G. v. Ueber das stetige Verbundensein von Sandstein, Kalkstein und Thon in den Gebirgsformationen und den nothwendigen Einfluss dessen auf die naturgemässe Begrenzung der letzteren. (Aus d. Bull. de la Soc. imp. des Naturalistes.) Moscou. 1842. 8.

Blöde. G. v. Versuch einer Darstellung der Gebirgsformationssysteme im europäischen Russland. (Aus dem Bull. de la Soc. imp. des Nat.) Moskau. 1854. 8.

Blöde, Gust., Darstellung d. neuen Münzverfassung im Königr. Sachsen u. der durch sie herbeigeführten Verändern. im öffentl. u. Privat-Geldverkehr. Vollständ. systemat. geord., erläut. u. erklär. Zusammenstell. d. bis z. 28. Nov. 1840 üb. d. fragl. Gegenstand erschien. Gesetze u. Verordn., nebst d. Tabellen zur Umrechn. d. Werthe nach Conventionsgeld in Cour. d. 14thalerfußes, mit e. Agioaufschlag v. 2⁷⁄₈ % u. z. Uebertrag. d. Groschen- u. Pfennigrechn. nach Duodecimalcour. in die nach Decimalcour. d. 14thalerfußes, so wie d. Scala d. Ablösungssätze, nach welchen die d. Landrentenbank überwies. Renten von d. Verpflichteten abgelöst werden können. 8. (6 B. u. 1 Tab.) Dresden u. Leipzig 841, Arnoldische Buchh.

Blöde, Gust., Carl Otto Strehle, der am 28. Juli 1847 zu Dresden hingerichtete Mutter- u. Schwester-Mörder. Eine psycholog. Darstellung, v. dessen Vertheidiger. gr. 8. (30 S.) Leipzig 847, Blum & Co. n. 4 ngr

Blöde, Gust., Carl Otto Strehle, der am 28. Juli 1847 zu Dresden hingerichtete Mutter- und Schwester-Mörder. Eine psycholog. Darstellung, von dessen Vertheidiger. gr. 8. (30 S.) Leipzig 847, [Matthes.] *

Blöde, Karl August, s. Berzelius: Lehrbuch.

– s. Brocchi: Abhandlung

– s. Hisinger: Mineral. Geographie.

(Blöde, Karl August): F.J.Galls Lehre über die Verrichtungen des Gehirns, nach dessen zu Dresden gehaltenen Vorlesungen...dargestellt. Dresden: 1805

s.a.: Gall, F(ranz) J(oseph): Lehre über die Verrichtungen des Gehirns.

K. A. Blöde: *Gall's* Lehre üb. d. Verrichtt. d. Geh., nach dessen zu Dresden gehalt. Vorless. in e. fassl. Ordn. m. gewissenh. Treue dargest. *Dresd.*, Arnold. (805.) 806. 8° 18 gr

Blöde, Karl Aug(ust): F.J.Galls Lehre über die Verrichtungen des Gehirns, nach dessen zu Dresden gehaltenen Vorlesungen...dargestellt. 3.verbess.Aufl. Dresden: 1812

s.: Gall, F(ranz) J(oseph): Lehre über die Verrichtungen des Gehirns. 3.verbess. Aufl.

– s. Register über d. Codex Aug.

Blöde, Marie, bunte Bilder. Ein Festbüchlein für Kinder von 3 bis 8 Jahren. 4. (III und 47 S. mit eingedr. Holzschn.) Dessau 851(52,) Katz.

Blodget, Lorin, die commerzielle u. finanzielle Stärke der Vereinigten Staaten. Nachgewiesen in den Bilanzen des auswärtigen Handels u. in der vermehrten Production einheimischer Handelsartikel. Nach d. Engl. von C. Gilbert Wheeler. Nürnberg 865. Korn. gr. 8. (VI, 33 S.) 6 ngr.

Blodig, Carl. Zur Erinnerung an Walther Flender. * 11. Januar 1880, † 26. Februar 1902. Ein Lebensabriss von Dr. Karl Blodig. Als Manuskript gedruckt. [Mit 15 Tafeln.] VIII + 168 S. 8. Leipzig, Fischer & Wittig, [1903].

Blodig, Carl: Durch's Montafon. (16 u. 1 Karte.) gr8° Breg., JN Teutsch (06). — 75

Blodig, Herm., die vier ersten Bücher des allgemeinen deutschen Handelsgesetzbuches. Revidirt auf Grund des österreichischen Einführungsgesetzes vom 17. Decbr. 1862. Mit e. Anh. enthltd. die Ministerial-Verordnung vom 9. März 1863 über die Anlegung u. Führung der Handelsregister u. e. Sachregister. Wien 865. Braumüller. gr. 8. (VIII, 215 S.) n. 28 ngr.

Blodig, Herm., Darstellung der österreichischen Zoll- und Staatsmonopolsordnung für die k. k. Realschulen. 2. Aufl. der 1852 erschienenen „Grundlinien der österr. Zoll- u. Staatsmonopolsordnung." Wien 854. Prandel u. Meyer. 8. (XIII, 138 S.) n. 12 ngr

— Darstellung der österreichischen Zoll- und Staatsmonopolsordnung für Real- und Handelsschulen. 3. verm. etc. Aufl. Ebend. 856. 8. (153 S.) n. 12 ngr

Blodig, Hermann, *Dr. Prof. am k. k. polit. Institute etc.* Darstellung der österr. Zoll- und Staatsmonopolsordnung für Real- und Handelsschulen. IV. verm. Aufl. *Wien* 1858. *Prandel & Mayer*. Druck von *Alfred Trassler* in *Troppau*. 152 S. 8°. 36 kr.

—— Darst. d. österr. Zoll- u. Staatsmonopolsordng f. Real- u. Handelssch. 5. Afl. 8. (150) Wien 61, Gronemeyer. n. — 15

Blodig, Herm., Darstellung der österreichischen Zoll- u. Staatsmonopolsordnung für Real- und Handelsschulen. 5. Aufl. Wien 861. Prandel & Ewald. gr. 8. (150 S.) n. 15 ngr.

Blodig, Herm., Erfindungspatente. Rede, gehalten bei einer feierl. Inauguration als Rector des k. k. polytechn. Instituts am 12. Octbr. 1870. gr. 8. (34 S.) Wien 871, Gerold's Sohn. *

Blodig, Herm., Grundlinien d. österreichischen Zoll- u. Staatsmonopolsordnung für die k. k. Realschulen. 8. (VIII u. 405 S.) Wien 852, Kaulfuß Wwe., Prandel & Co. ⅓ ℛ

—— Grundlinien der österreichischen Zoll- und Staatsmonopolsordnung für die k. k. Realschulen. 8. (VIII und 105 S.) Wien 852, [Prandel und Meyer.]

— Handels-Gesetzbuch für das Fürstenthum Serbien, s.a. Handels-Gesetzbuch.

—— Handels-Gesetzb. f. d. Fürst. Serbien. 8. (57) Wien 61, Braumüller. n. — 10

—— Fischer-Ellinger's Lehrbuch d. österr. Handelsrechts, s.: Fischer-Ellinger's Lehrbuch d. österr Handelsrechts. 1860.

Blodig, Herm., ordinamento delle dogane e dei generi di privativa nella monarchia austriaca ad uso delle scuole reali e di commercio. Wien 861. Gerold. gr. 8. (IV, 124 S.) 15 ngr.

Blodig, Dr. Hermann, Reden gehalten bei der feierlichen Inauguration des für das Studienjahr 1870—71 gewählten Rectors des k. k. polytechnischen Institutes am 12. October 1870. gr. 8. (48 S.) Wien, Gerold. 1870. 50 kr.

Blodig jun., Herm., die Selbstverwaltung als Rechtsbegriff. Eine verwaltungsrechtl. Monographie. gr. 8. (XIV, 400 S.) Wien 894. W. Braumüller. n. 8. —

—— d. Wechselkunde f. Real- u. Handelssch. 8. (130) Wien 58, Gronemeyer. n. — 12

—— die Wechselkunde für Real- und Handelsschulen bearb. Mit einem Anhange, enthaltend: Die allgemeine österreichische Wechselordnung mit den wichtigsten Wechselgesetzen und einer Zusammenstellung der Gesetze über den Wechselstempel. 8. (IV und 130 S.) Wien 858, [Prandel und Ewald.] *

— der Wucher u. seine Gesetzgebung, historisch u. dogmatisch bearb. Eine socialpolit. Studie. gr. 8. (VI, 79 S.) Wien 892. A. Hölder. n. 1. 80

Blodig, Herm. Die österr. Zoll- und Staatsmonopolsordnung. Nach dem gegenwärtigen Stande der Gesetzgebung bearb. Mit einer geschichtl. Einleitung. 2 Hefte. 8⁰. Wien, Prandel u. Meyer, 1854. 2. vollst. umgearb. Aufl. gr. 8⁰. Wien, Prandel u. Ewald, 1863.

Blodig, Dr. Hermann —. Die österreichische Zoll- und Staatsmonopols-Ordnung. Nach dem gegenwärtigen Stande der Gesetzgebung bearbeitet von — —. Mit einer geschichtlichen Einleitung. 2. Heft. (Schluß.) Wien. 1855. Druck von Keck und Pierer. Bei Prandel und Meyer. (LXX, S. 157 308 und 1 Bl. Inhalt. 8.) geh. (Vgl. 3782/1854.)

— die österreichische Zoll- und Staatsmonopolsordnung. Nach dem gegenwärtigen Stande der Gesetzgebung bearb. Mit einer geschichtl. Einleitung. 2., vollständig umgearb. u. verm. Aufl. Wien 863. Prandel u. Ewald. gr. 8. (LXXXIX, 416 S.) n. 2 ₰

Blödner, Cyriacus, Württ. Ing.-Lt.: Carte particulière et rélative, contenant tous les mouvements, marches et expéditions de l'armée Impériale et des hauts alliées en Bavière et Souabe commandé par le prince Louis Guillaume de Bade, le duc de Marlborough, le prince Eugène de Savoye etc. [1705.]
Pergtblatt: 65:200 cm. in Papprolle.
Mit Widmung Blödners an den LEAusschuss.

Bloedorn, Max [Referendar]: Ist nach römischem Rechte eine einzelne Nutzung als Inhalt von Personalservituten möglich? ... Greifswald, Druck v. F. W. Kunike, 1895; 44 S. 8.
Greifswald, Jur. Fak., Inaug.-Diss. v. 1895

Blödsinn, allerneuester. Aktuelle Couplets. (8 S.) 8. Bernburg (Karlstr. 7.) (904.) E. Struppeck. n. — 50

Blödsinn, blühender. Orgelklänge u. Flötentöne aus dem Hain der kom. Muse. Mit feinstem Hochgeschmack zusammengestellt v. e. uralten Hause. 2. Aufl. gr. 16. (88 S.) Berlin 877. Eckstein's Nachf. n. 1. —

Bloger, B.: Liedersammlung für den gemischten Chor, s. Bogler, Bernh.

Blogg, S., lehrreiche Erzählungen u. Anekdoten, gesammelt aus dem Talmud, den Medraschim u. andern jüdischen Schriften. 2. Aufl. gr. 8. (IV, 63 S.) Hannover 877. (Schulbuchh.) n. 1. —

Blogg, Salomon Ephraim

Blogg, Sal. Ephr., Aedificium Salomonis. Enthalt.: eine vollständ. Geschichte d. hebräischen Sprache d. Thalmuds u. vieler merkwürd. Begebenheiten d. Alterthums, die bis dahin gänzlich unbekannt geblieben; nebst e. Anh. d. Tergumen betreff., u. d. Biographien d. größten Gelehrten aller Confessionen, die sich um d. hebr. Sprache u. d. Thalmud verdient gemacht haben. 4. (18 B.) Hannover 831, (Hahn.)

—— אלף בית Erster Unterricht in d. hebräischen Sprache, od. Anweis., dies. in kurzer Zeit lesen zu lernen. Fol. (1 B.) Hannover 823, Hahn.

Blogg, S. E., israelitisches Andachtsbuch bei Krankheitsfällen, in e. Sterbehause u. beim Besuche der Gräber v. Verwandten, zugleich alle Gebräuche, Vorschriften u. Gebete m. hebr. Texte u. deutscher Uebersetzg. enth. 7., verb. Aufl., durchgesehen v. S. Kayserling. gr. 8. (VIII, 388 S.) Hannover. Frankfurt a/M. 893. J. Kauffmann. Geb. in Leinw. 3. —

—— Collectiones Salomonides, s. Collectiones.

Blogg, S. E., Gesch. d. hebr. Sprache u. Literatur; nebst e. Anhange, d. Targumen betreffend. 2e verm. u. verb. Aufl. 4. Hannov. 826. Helwing. 16 gGr.

— s. Hagada

Blogg, S. J., Koheleth Schelomo. Ein Familienbuch f. die häusl. Andacht u. zur religiösen Belehrg. Neu bearb. u. m. e. Anh. versehen v. A. Sulzbach. (VII, 162 S.) 8. Rödelheim 908. (Frankfurt a/M., J. Kauffmann.) Geb. in Leinw. 2. —

Blogg, S. E., ספר החיים Sefer Hachajim. Israelitisches Andachtsbuch bei Krankheitsfällen, in e. Sterbehause u. beim Besuche der Gräber v. Verwandten, worin zugleich alle Gebräuche, Observanzen u. Gebete nebst dem hebr. Text in's Deutsche übertragen sind. 6. verb. Aufl., durchgesehen v. J. J. Krimke. gr. 8. (VIII, 388 S.) Hannover 884. Frankfurt a/M., Kauffmann. geb. 3. —

Blogg, S. E., Sefer Hachajim. Israelitisches Gebet- u. Erbauungsbuch. 8. verm. u. verb. Aufl. Deutscher Anh., hrsg. v. A. Sulzbach. (III, 47 u. VIII, 292 S.) gr. 8. Frankfurt a/M. 905. J. Kauffmann. Geb. in Leinw. n. 3. —

Bloh, Friedrich: Zur Reform des Unterrichtswesens mit besonderer Berücksichtigung der Mädchenschule. Vortrag. — Hamburg: Boysen 1900. 48 S. 8⁰

Blöhbaum, Emil

Blöhbaum, E., Christentum od. Monismus? Ein Wort der Verständigg. an alle, die aus den unerquickl. religiösen Verhältnissen unserer Zeit heraus wollen. Vier Vorträge, in Jena vor Versammlgn. v. religiös Interessierten aller Stände geh. (VII, 81 S.) 8. Jena 906. H. W. Schmidt. 1. 50

Blöhbaum, E: Christentum od. Monismus? Ein Wort d. Verständigg an alle, d. a. d. unerquickl. relig. Verhältn. uns. Zeit heraus wollen. 4 Vortr. (81) 8⁰ Jena, HW Schmidt '07. 1.50 d

Blöhbaum, Emil, Christus redivivus. d. i. Wie der Stifter unserer Religion sein religiöses System d. heut. geist. Entwicklungsstande der gebildeten Welt entsprechend darstellen würde. Zugleich e. Nachweis des völl. Gegensatzes zwischen dem Lehrsysteme der Orthodoxie u. demjenigen Jesu u. seiner Apostel. 1. Tl.: Die Voraussetzgn. aller Wissenschaft. 8. (XI, 209 S.) Berlin 899. C. A. Schwetschke & Sohn. n. 3. —

Blöhbaum, Emil, „Notgedrungene Enthüllungen" üb. die Art, wie heute im Namen des Kaisers die preußische Landeskirche regiert wird. Sr. Maj. dem deutschen Kaiser u. dem ganzen deutsch-evang. Volke unterbreitet. 8. (63 S.) Heidelberg 901. Selbstverlag. (Auslieferung durch den Ev. Verlag.) n. — 60

Blohm, Bogislav: Über Vereiterung subcutaner Fracturen. *Berlin (1898): G. Schade.* (30 S.) 8⁰
Berlin, Med. Diss. v. 12. Aug. 1898

Blohm, Ernst [aus Hamburg]: Untersuchungen über die Dicke des assimilirenden Gewebes bei den Pflanzen ... Kiel, Druck v. H. Fiencke, 1895; 2 Bl., 43 S., 1 Bl. 8.
Kiel, Phil. Fak., Inaug.-Diss. v. [17. Dez.] 1895

Blohm, Friedrich

Blohm, Frdr.: Leitf. f. d. Zeichen-Unterr. an Volks- u. Mittelsch., Freihandzeichnen, Skizzieren, Pinselzeichnen u. Linearzeichnen. Zusammengest. a. photogr. Nachbildgn v. 186 Schülerarbeiten. (88 m. 4 farb. Taf.) 17×26 cm. Hannov., Hannov. Zeichenblock-verl. J Schlöbcke (09). Kart. 3 —

Blohm, Frdr., Leitfaden f. den Zeichen-Unterricht an Volks- u. Mittelschulen. Freihandzeichnen, Skizzieren, Pinselzeichnen u. Linearzeichnen. Zusammengestellt aus photograph. Nachbildgn. v. 186 Schülerarbeiten. Erläutert durch beschreib. Text u. 4 farb. Lithogr. v. Schülerzeichngn. in Orig.-Grösse auf Zeichenpapier. (88 S.) 17×26,5 cm. Hannover (910). Hannoverscher Zeichenblock-Verlag. Geb. 3. —

Blohm, G., s. Blohm, Gustav

Blohm, Georg [aus Hamburg]: Evictionsleistung bei Schenkungen und Vermächtnissen. ... Göttingen, Druck d. Univ.-Buchdr. v. W. F. Kaestner, 1891; 53 S. 8°
Göttingen, Jur. Fak., Inaug.-Diss. v. [12. Mai] 1891

Blohm, Geo., Evictionsleistung bei Schenkungen u. Vermächtnissen. gr. 8. (53 S.) Göttingen 891. (Vandenhoeck & Ruprecht.) n. 1.20

Blohm, Gustav

Blohm, G: Illustr. Hdb. d. Zimmermannskunst, s.: Promnitz, J.

Blohm, Gust., s.: Zimmerhandwerk, das.

Blohm, H., Versuch einer näheren Erörterung d. Mittel, durch welche d. Handelsverkehr in d. Elbgegenden d. Fürstenthums Lüneburg erhalten u. gehoben werden kann. gr. 4. (15½ B.) Göttingen 841, Vandenhoeck u. Ruprecht.

Blohm, Hans Hugo, Medizinalprakt.: Aus d. chir. Klinik d. Univ. zu Kiel: Über Hernia funiculi umbilicalis congenita. Berlin: Trenkel 1908. 25 S. 8°
Kiel, Med. Diss. v. 10. Okt. 1908, Ref. Helferich
[Geb. 20. Jan. 81 Lübeck; Wohnort: Hamburg; Staatsangeh.: Hamburg: Vorbildung: Realgymn. d. Johanneums Hamburg Reife O. 02; Studium: Kiel 5, Berlin 1, Freiburg i. B. 1, Kiel 3 S.; Coll. 22. Aug. 07; Approb. 1. Okt. 08.]
[U 09. 2253

Blohm, Heinr., Philosophische Dichtungen u. Gedichte. (159 S.) 8. Leipzig 905. M. Spohr. n. 2. —

— s. Homeri Ilias.

Blohm, Louis. Handbuch für die deutschen Frei-Maurer des Staates Illinois. Chicago. Rohr. 1872. 12. 61 S.

Blohm, Michael Dieterich

Blohm, Mich. Dietr.: De affectu spasmodico vago, maligno, epidemico, vernaculo, Grübelkrankheit, s. Ludolf, Hier.

Blohm, Mch. Dietr., († ,..) verm. Gedichte. 8. Altona 750. Hellmann. 12 gr.

BLOHM, Mich. Dieterich, Vermischte GEDICHTE. .... Altona, verlegts D. Iversen, 1756. (Nebst Kupfertitel.) Kl. 8°. (In Warmbrunn.)
v. Maltzahn III. p. 406.

BLOHM, MICH. DIET., Die Verbindung der Wissenschaften mit der Kriegsübung in einer Ode besungen. Altona. 1740. 4. P. (Skoleprogr.).

Blohm, Richard: Zur Kasuistik der malignen Limbustumoren. Greifswald 1905: J. Abel. (26 S.) 8°
Greifswald, Med. Fak., Ref. Schirmer, Diss. v. 5. Aug. 1905
[Geb. 15. April 79 Groß-Zarnewanz, Kr. Grimmen; Wohnort: Greifswald; Staatsangeh.: Preußen; Vorbildung: Gymn. Greifswald Reife M. 99; Studium: Greifswald 10 S.; Coll. 4. Aug. 05; Approb. 23. Apr. 05.]

Blöhm-Bawerk, E.v.
Einige strittige Fragen der Capitalstheorie. 3 Abhandlungen. (Aus: Zeitschrift f. Volksw., Soz.-Pol. u. Verw.) gr.8°.–
Wien, Braumüller, 1900.

– Kapital und Kapitalzins. 2. Aufl. 2 Bde. 8°.–
Insbruck, Wagner, 1900 - 1902.

– Zur neuesten Literatur über Kapital und Kapitalzins. (Aus: Zeitschr. f. Volksw., Soc.-Pol. u. Verw.) Lex.-8°
Wien, W. Braumüller, 1907.

Bloijs van Treslang, C. E., s. Bloys van Treslang, C. E.

Blois, der Graf von, ein Feen-Roman nach dem Franz. des Herrn le Grand, 8. Eisenach, 784. Krumbhaar. 10 sgl.

Blois, der Graf v., ein Feen-Roman nach d. Franz. des le Grand. 8. Eisenach, Wittekind. 784.

de **Blois,** Franciscus (geb. am 18 Aug. 1800 in Hückeswagen Rgbz. Düsseldorf): Rarior quidam casus ex policlinico obstetricio Bonnensium applicatus ad doctrinam de perforatione ... Bonnae, typ. Thormannianis (1823). 1 Bl., 42 S., 2 Bl. 8.
Bonn, Med Fak., Diss. v. 22 [nach d. Akten v. 25] Aug. 1823

Blois, Rich. de, Be ons derrheem! Lustige Geschichten in oberlausitzer Mundart. (95 S.) 8. Reichenau 907. A. Wehner. 1.20

Blois, Rich. de: Be ons derrheem. Jetzt: Löb., J G Walde. 1 —; L 1.25

Blois, Rich. de, Sonnengold u. Wetterwolken. (64 S. m. Bildnis.) 8. Potsdam (905). E. Stein. n. 1.50; geb. n. 2. —

— Wie ons der Schnoabl gewachsen ös. Lustige Geschichten in oberlausitzer Mundart. (62 S.) 8. Löbau (908). A. G. Walde. 1. —

Blois, Robert v., s.: Robert v. Blois.

Blok, Pieter Joh.

Blok, P. J., Friesland im Mittelalter. Social-politische Studie. Mit Genehmigg. d. Verf. übers. v. O. G. Houtrouw. gr. 8. (50 S.) Leer 891. W. J. Leendertz. — 75

Blok, P. J., Geschichte der Niederlande, s.a. **Geschichte der europäischen Staaten. 61.**

Blok, P. J., Geschichte der Niederlande, s.a. **Staatengeschichte, allgemeine. 66.**

Blok, P. J., Geschichte der Niederlande. Im Auftr. des Verf. verdeutscht durch O. G. *Houtrouw*. Bd 1—3. Gotha 1902—1907. 8°.
1: (Bis 1300.) 1902.
2: Bis 1559. 1905.
3: Bis 1609. 1907.
(Gesch. d. europ. Staaten, hrsg. von A. H. L. *Heeren* u. F. A. *Ukert*.)

Geschichte der Niederlande. Von P[ieter] J[oh.] Blok, Prof. zu Leiden. Im Auftr. d. Verf. verdeutscht durch Pastor O. G. Houtrouw zu Neermoor. Bd 1. *Gotha: F. A. Perthes 1902.* 8° [J.]
— Geschichte d. europäischen Staaten. [Abt. 35.]

Blok, P. J.: Geschichte der Niederlande. Verdeutscht durch O. G. Houtrouw. Bd. 3-6. Gotha. 1907 - 1918. 8°
3: Bis 1609. 1907.
4: Bis 1648 . 1910 (1909).
5: Bis 1702. 1912.
6: Bis 1795. 1918.
= Geschichte der europäischen Staaten hrsgg. v. Heeren, Ukert (u.a.) (37.)

Blok, Therese, Kochbuch für die bürgerliche Haushaltung. Deutliche Anweisung, nahrhafte u. wohlschmeck. Speisen auf gute u. doch sparsame Art zu bereiten, nebst einem Anh. v. nützl. u. f. jede Hauswirthschaft wicht. Mittheilungen u. Vorschriften. 12. neubearb. Aufl. v. K. Bergmann u. Selma Schneider. 12. (XXVI, 318 S.) Glogau 879. Flemming. geb. 2. 50

Blok, Therese, Kochbuch f. d. bürgerl. Haushaltg. Deutl. Anweisg., nahrhafte u. doch wohlschmeck. Speisen auf gute u. doch sparsame Art zu bereiten, nebst e. Anh. v. nützl. u. f. jede Hauswirthschaft wicht. Mittheilungen u. Vorschriften. 14., neubearb. Aufl. v. K. Bergmann u. Selma Schneider. gr. 16. (XXVI, 318 S.) Glogau (892). C. Flemming. Geb. in Leinw. 2. 50

Kochbuch für die bürgerliche Haushaltung. Deutliche Anweisung, nahrhafte u. wohlschmeckende Speisen auf gute u. doch sparsame Art zu bereiten, nebst e. Anh. von nützl. u. f. jede Hauswirtsch. wichtigen Mitteilungen u. Vorschriften von Therese Blok. 15. Aufl. Glogau: C. Flemming [1904]. (XXVI, 313 S.) 8° [J.]

Blok, Therese, neues einfaches Kochbuch f. Mädchen u. Hausfrauen, od. deutl. Anweis., nahrhafte u. wohlschmeck. Speisen auf gute u. doch spars. Art zu bereiten, nebst e. Anh., allerhand nützl. u. für jede Haushaltung wicht. Mittheiln. u. Vorschriften enthalt. 1. Aufl. 16. (18½ B.) 838., 2., verb., u. 3. unveränd. Aufl. gr. 16. (à 16 B.) Glogau 841, 42, Flemming. à

Blok, Therese, neues einfaches Kochbuch für Mädchen u. Hausfrauen, od. deutl. Anweis. nahrhafte u. wohlschmeckende Speisen auf gute u. doch sparsame Art zu bereiten, nebst e. Anh. allerhand nützl. u. wicht. Mittheilungen u. Vorschriften. 3. u. 4., unveränd. Aufl. 16. (à 16 B.) Glogau 842, 47, Flemming. à

Block, Eug., Schreiben an die kaiserl. Akademie der Wissenschaften. [Aus „Sitzungsber. d. k. Akad. d. Wiss."] Lex.-8. (2 S.) Wien 872. (Gerold's Sohn.) — 15

Blokade, die, von Genf, od. die treuen Republikaner. Eine histor. Novelle d. Verf. v. Otto u. Pauline. 1. Aufl. 835. 1 Thlr., 2. Ausg. (neu. Titl.) 8. (à 10 B.) Eisenberg 841, Schöne'sche Buchh.

Blokade, die, von Metz im Herbst 1870. Mit Angabe der deutschen und französ. Befestigungen und der Stellungen der einzelnen Corps und Divisionen. 1 : 50,000. Fol. Metz 874, Deutsche Buchh.

Blokuzewski, Hans (Königsberg/Pr.), Beitrag zur Lehre der freien Gelenkkörper des Kniegelenks. Diss. med.-chir. Bln. (H. S. Hermann) 25. IV. 1885. 32 S., mit Biogr. (3.50) 2915
Oppon.: Ernst Scheurlen, Paul Krauss, Heinr. Merten.

Blom's, Engros- u. Export-Adressbuch von Berlin u. Vororten. (1904/5. Mit Fremdenführer u. Pharus-Plan v. Berlin.) (48, 30, 239 u. 20 S.) kl. 8. Berlin (904). (Stuttgart, Deutsche Verlags-Anstalt.) Kart. n. 1. —; engl. u. französ. Ausg. à n. 1. —

Blom's Engross u. Export-Adressbuch v. Berlin u. Vororten 1907/8. 3. Aufl. 2 Bde. (XVI, 71, 196, 181, 52, 18, 79 u. 28 S. m. 1 farb. Plan.) 8. Berlin (907). Deutsche Export-Revue. Kart. 6.—; in 1 Bd. kart. 5. —

Blom, Heftige Hüftschmerzen durch aconitum Napelli, ½ Gr. pro die, mit starkem Schweiße in 3 Wochen geheilt. Abhdl. der Schwed. Acad. d. Wiss., übers. v. G. Kaestner. 35. Bd. Lpz. 8°. Richter, Chir. Bibl. VII, 102. 1780

Blom, A. H., Disputatio theologica de τοῖς ἀδελφοῖς et ταῖς ἀδελφαῖς τοῦ Κυρίου. 8maj. Lugduni-Batav. 839. Luchtmans. (Lipsiae, libr. Weidmann; T. O. Weigel.) n. 1⅓ ß

Blom, Albert: **Albert Blom. Gedenkblatt gewidmet von seiner dankbaren □ z. d. 3 Rosen [in Hamburg]. Hamburg 1902: [Krüger & Nienstedt.] 31 S. 1 Bild. 8°**
Beschreibung der Trauerfeier des Br Blom, sowie die anlässlich der Feier gehaltenen Ansprachen.

Blom, Axel. Versuche zur Synthese des Fisetols und über das 3-Methoxy-cumaranon. Diss. Phil. Bern. 38 S. 8. Bern, Büchler & Co., 1907.

Blom, D van, s: Schriften d. Vereins f. Sozialpolitik, Ansiedelg v. Europäern.

Blom, G.B., s. Blom, Gust. Peter

Blom, Gust. Peter

Blom, Gust. Pet., Geschichte der Staatsveränderung Norwegens im Jahre 1814. Mit Aktenstücken. Leipzig 858. Weber. gr. 8. (X, 220 S.) n. 1 ß 10 ngr

Blom, Gust. Peter, das Königreich Norwegen. Statistisch beschrieben. Mit ein. Vorw. v. Carl Ritter. 2 Thle. gr. 8. (35 B. u. 2 ill. Karten.) Leipzig 843. [Lorck.] Thlr.

Blom, G. P., Das Königreich Norwegen statistisch beschrieben. Mit einem Vorwort von C. Ritter. 2 Theile mit 2 color. Karten. Leipzig 1875. 1 Bd. 8°.

Blom, H. O., solution du problème de diviser l'angle en trois parties égales par des lignes droites et circulaires. gr. 8. (6 S. m. e. Steintaf.) Christiania 871. (Leipzig, Brockhaus' Sort.) n. — 50

Blom, M. Oker-, s. Oker-Blom

(Blom, Oscar.) Die Förderung der Majolika-Industrie in Heimberg-Steffisburg-Thun durch das kant. Gewerbe-Museum in Bern. Mit 4 Tafeln. (Separatabzug aus dem Jahresbericht pro 1907 des kantonalen G'-Museums Bern.) II + 9 S. 8. Bern, Büchler & Co., 1908.

Blom, Oscar. Kunstgewerbe. Sonderabdruck [aus:] Handwörterbuch der Schweizerischen Volkswirtschaft, Sozialpolitik und Verwaltung.... Band 2. II + 16 S. 8. Bern, Verlag Encyklopädie, 1905.

Blom, O[scar]. Gewerbliches Unterrichtswesen. Sonderabdruck [aus:] Handwörterbuch der Schweizerischen Volkswirtschaft, Socialpolitik und Verwaltung. Hrg. von Dr. jur. N[aum] Reichesberg.... Band 2. II S. + S. 333—339. 8. Bern, Verlag Encyklopädie, 1904.

Blom, P.J.

— Abhandlung über die Auscultation, od. den Gebrauch des Lännerschen Stethoskops, angewandt auf die Geburtshülfe; mit Beobachtungen. Aus d. Holländ. übersetzt durch Dr. F. W. Schröder. gr. 8. Emden 837. Rakebrand. ⅞ ß

Blom, P. J., medicin. Beobachtungen u. Beiträge über die Salicine. Aus d. Holländ. übersetzt u. mit Anmerkk. versehen von D. Salomon. gr. 16. Potsdam 835. (Bethge.) ½ ß

van Blom, Petrus, dissertatio exhibens casum Typhi exanthematici cum adnotat. nonnullis. gr. 8. (65 S.) Groningae 847. (Leer, Prätorius & Seyde.) n. 5/12 ß

Blom, Waldemar. Durch Spanien. Reiseeindrücke. (Separat-Abdruck aus dem «Solothurner Tagblatt», Oktober 1906.) 28 S. 8. [Solothurn, Zepfel'sche Buchdr.]

Blöm J. Samml. v. Musterblatt. f. Schlosser u Schmiede. (65 T) fol [VS] Düsseldorf 1888

Bloem, Walter

Bloem, Walt., Caub. Schausp. in 5 Akten. gr. 8. (179 S.) Elberfeld 897. Baedeker. n. 2. 40; geb. in Leinw. n. 3. 20

Bloem, Walt.: Das Ende d. gr. Armee, s: Ullstein-Jugend-Bücher.

Walter Bloem. Es werde Recht. Drama in 3 Akten. Elberfeld: Baedeker 1903. (100 S.) 8° [F.] 03. 38

Walter Bloem. Es werde Recht. Drama in 3 Akten. 2. Aufl. *Elberfeld: Baedeker 1903.* (104 S.) 8° [F.] 04. 4742 5

— es werde Recht. Drama in 3 Akten. (100 S.) gr. 8. Elberfeld 903. A. Martini & Grüttefien. n. 2. —; geb. n. 3. —

Bloem, Walt., der krasse Fuchs. Roman. 4. Aufl. (350 S.) 8. Berlin (906). Vita. n.n. 3. 50; geb. n.n. 4. 50

Bloem, Walt., der krasse Fuchs. Roman. 8.—12. Tauf. Wohlfeile Ausg. (256 S.) 8. Berlin-Ch. (910). Vita. 1. 50

— Das jüngste Gericht (Der Paragraphen-Lehrling), s: Aus Zeit u. Leben.

Das eiserne Jahr. Roman von Walter Bloem. Leipzig: Grethlein (1910). 400 S. 8° A 12.13783 5

— Das eiserne Jahr. Roman. (501) 8° Lpzg, Grethlein & Co. ('11). 5 —; geb. 6 —

— Der Jubiläumsbrunnen. Drama. (169) 8° Berl., Vita (05). 2 — d

— der Jubiläumsbrunnen. Drama in 4 Akten. (178 S.) 8. Ebd. (906.) n. 2. —

— Der Väter Not. Bühnenfestspiel zur Feier der 300jähr. Wiederkehr des Tages der Verleihg. der Stadtrechte an die Freiheit Elverfeldt. (10.VIII.1610.) 1. u. 2. Aufl. (Je 142 S.) 8. Elberfeld 910. A. Martini & Grüttefien. nn 1.20; auf Büttenpap. nn 3. —

Der Paragraphenlehrling. Roman von Walter Bloem. 1.–3. Taus. Berlin: Vita (1907). (396 S.) 8° [F.] 08. 4478

Der Paragraphenlehrling. Roman von Walter Bloem. 6. Taus. Berlin-Ch.: Vita (1907). 396 S. 8° 1907. 11

Bloem, Walt., Heinrich v. Plauen. Tragödie. gr. 8. (107 S.) Elberfeld 902. Baedeker. n. 2. —

Walter Bloem. Religion und Kunst. Eine Abwehr gegen d. Schrift: 'Noch einmal der Neptunbrunnen auf d. Neumarkt zu Elberfeld. Einige Zwischenbemerkungen von Lic. theol. O. Stoltenhoff.' 3. Aufl. *Elberfeld: Baedeker 1902.* (16 S.) 8° [Umschlagt. F.] 02. 8955 5

— Schnapphähne. Ein Sommerspiel vom Rhein in 4 Akten. (109 S.) gr. 8. Ebd. 902. n. 2. —

— Sommerleutnants. Die Geschichte e. achtwöch. Übg. (294 S.) 8. Leipzig (910). Grethlein & Co. 4.—; geb. 5. —

— Sonnenland. Roman. 1—4. Taus. (328) 8° Lpzg, Grethlein & Co. ('09). 4 —; L. 5 — d

— Das lockende Spiel, s.a. Ullstein-Bücher.

Bloem, Walt., Das lockende Spiel. Roman. 1.—4. Tauf. (401 S.) 8. Berlin-Ch. (908). Vita. 4.—; geb. 5. —

— An heimischen Ufern, s: Stunden, Leuchtende.

— Volk wider Volk. Roman. 26—40. Taus. (514) 8° Lpzg, Grethlein & Co. ('12). 5 —; L 6 — d

Der neue Wille. Drama in 4 Akten von Walter Bloem. Berlin: Vita (1906). (208 S.) 8° [F.] 06. 4895

— Der neue Wille. Drama in 4 Akten. (208 S.) 8. Berlin-Ch. (907). Vita. 2. —

Blomberg, Barbara, vorgebl. Maitresse Kaiser Karls V., (v B. Naubert). 2 Thle. 8. Leipz. 789. Weygand. 2 ₰ 8 gr

Blomberg, Barbara, vorgebliche Maitresse Kaiser Carls des Fünften, eine Originalgeschichte, in zwey Theilen, mit 1 Kupf. 8. Leipzig, 790 Weygand. 2 Rthl. 10 gl.

Blomberg, v., u. v. Lrószczynski, Geschichte d. 6. westfälischen Infanterie-Regiments Nr. 55. von seiner Errichtung bis zum 2. Septbr. 1877. Lex.-8. (X, 592 S. m. 8 Steintaf.) Detmold 877. Meyer. n. 12. —; geb. n. 16. 50

Katalog von vortrefflichen Gemälden vorwiegend aus dem Nachlasse der Frau Baronin v. Blomberg verw. Mrs Mortimer, geb. Picton, u. aus and. bekannten Nachlässen. 1. Gemälde alter Meister. 2. Gemälde neuerer u. moderner Meister. Versteigerung zu Köln ... bei J. M. Heberle (H. Lempertz' Söhne) ... Köln 1903: M. Dumont Schauberg. (43 S., 7 Taf.) 4° 04. 4183

Blomberg, A.: Ein Fels im Meer, s. B l o m b e r g , Anna

Blomberg, Adelheid Maria von

Blomberg, A. M. v., Schlüssel, s. Eysenbach's Grammatik der deutschen Sprache für Engländer.

Blomberg, Adelh. Maria Freiin v.: Bacon-Shakespeare? Der Wahrh. d. Ehre! Beitr. z. Bacon-Shakespeare-Frage, (111) Lex8° Karlsr., F Gutsch ('12). 3 —

v. Blomberg, Alex., († d. 21. Febr. 1813.) hinterlass. poetische Schriften, mit Lebensbeschreib. u. e. Vorspiele v. Freih. de la Motte Fouqué. gr. 8. Berl. 820. Maurers B. 1 ₰ 8 gr.

v. Blomberg, Alex., hinterlass. poet. Schriften. gr. 8. Berlin 820. (jetzt Heymann.) 1 1/3 ₰

Blomberg, Anna v., die Bergpredigt. Eine Reihe von Romanen. 1. u. 2. Bd. 8. Leipzig, E. Ungleich. à n. 3. —; geb. à n. 4. —
1. Höhenluft. (IX, 227 S.) 901. — 2. Gegen d. Strom. (286 S.) 902.

Blomberg, Anna v., die Bergpredigt. Eine Reihe v. Romanen. 3. Bd.: Deutsche Treue. (293 S.) 8. Leipzig 904. E. Ungleich. n. 3. —; geb. n. 4. —

Blomberg, A. v., Dornröschen. Roman. 8. (IV, 295 S.) Leipzig 896. E. Ungleich. n. 3. —; geb. n.n. 4. —

— Dornröschen. Roman. 2. Aufl. (VIII, 287 S.) 8. Ebd. (906.) n. 3. —; geb. n. 4. —

— er trug sein Kreuz. — Gewissen. 2 Novellen. (205 S.) 8. Ebd. 904. n. 2. 50; geb. n. 3 50

— Ein Fels im Meer. Kulturhistor. Roman. 8° (289) Ebd. 98. 3 —; geb. 4 —

— das vornehmste Gebot. Roman. 8. (292 S.) Ebd. 900. n. 3. —; geb. n. 4. —

Blomberg, Anna v., bis ins dritte u. vierte Glied. Roman. (262 S.) 8. Leipzig (907). E. Ungleich. 2.50; geb. n 3. 50

— Reggfield's Tochter. Roman. 1. u. 2. Aufl. 8. (à 309 S.) Ebd. 900. 902. n. 3. —; geb. n. 4. —

Blomberg, A. v., Waldstille u. Weltleid. Roman. 8. (298 S.) Leipzig 894. E. Ungleich. n. 3. 50; geb. n. 4. 50

— Waldstille u. Weltleid. Roman. 2. u. 3. Aufl. 8. (à 298 S.) Ebd. 899. 902. n. 3. 50; geb. n. 4. 50

— Waldstille u. Weltleid. Roman. 4. Afl. (298) 8° Ebd. '04. 3.50; geb. 4.50 d

— Waldstille u. Weltleid. Roman. 5. Aufl. (298 S.) 8. Ebd. (907.) 3.50; geb. n 4. 50

— Wer ist mein Nächster? s.: Lebenswogen. 2.

von Blomberg, Carl Freiherr: 101 Kephalogramme. Eine psychiatrische Studie und Beitrag zur Anthropologie. . . . Weimar, Druck v. R. Wagner, 1889; 2 Bl. + 116 S. u. 1 Taf. 8°
Jena, Med. Fak., Inaug.-Diss. v. [7. Aug.] 1889

Blomberg, Karl Frhr. von. 101 Kephalogramme. Eine psychiatr. Studie u. Beitrag zur Anthropologie. Diss. 8. (116 S.) Weimar 889, (Jena, Dabis.) * 1 60

Blomberg, K. Frhr. von, 101 Kephalogramme. Eine psychiatr. Studie u. Beitrag zur Anthropologie. Inaug.-Diss. 8. (116 S.) Weimar 889. (Rudolstadt, Dabis.) n. 1. 60

v. Blomberg, Frhrr. Geo. Mor. Fr., († d. 28. Aug. 1818.) Aussichten in die friedl. Gefilde Galliens u. Germaniens. Ein poet. Gemälde. 8. Minden 795.

— s. Ode auf Semler.

Blomberg, H.v.: Studien zur Kunstgeschichte . . . , s. Blomberg, Hugo v.

Blomberg, Hans Herm. v., Gedanken der Stille. (VIII, 247 S.) kl. 8. Altenburg 905. St. Geibel. Geb. in Leinw. n. 3. —

Blomberg, Hugo Frhr. v., Album der Niederländer, s. Album.

Blomberg, Hugo, approb. Arzt aus Dortmund: Aus d. Universitäts-Frauenklinik zu Kiel. Ueber die diagnostische Bedeutung der Menstruationscurve bei Tubenschwangerschaft. *Kiel 1901: P. Peters.* (44 S.) 8°
Kiel, Med. Diss. v. [3. Jan.] 1902

Blomberg, Hugo v., Bilder und Romanzen. Dichtungen. Breslau 860. Trewendt. 16. (VIII, 370 S.) 1 ℛ 7½ ngr.; geb. 1 ℛ 22½ ngr.

—— Correggio-Album, s. Correggio-Album.

Blomberg, Hugo v., nagelneue, höchst wunderbare, aber dennoch wahrhaftige Historia v. dem Prinzen Augentrost u. der schönen Wunderholde. In 12 Kapituln nebst dazu gehörig. 12 Bildern v. etlichen lustigen Malern. gr. 4. (4 B.) Berlin 840. Ed. Krause.

v. Blomberg, Hugo, Psyche. Berlin 869. C. Duncker. 16. (87 S.) 15 ngr.; geb. 22½ ngr.

—— s. Sprüche, altdeutsche.

Blomberg, Hugo v., Stimmen aus dem Kunst-Publikum. Studien. Berlin 853. J. Springer. 16. (24 S.) n. 5 ngr.

—— Studien zur Kunstgeschichte und Aesthetik. I. Der Teufel und seine Gesellen in der bildenden Kunst. gr. 8. (VII und 133 S.) Berlin 867, C. Duncker. * -
Vgl.: Raphael.

—— Treu zum Tod. Vaterländische Dichtungen. 16. (VIII, 112 S.) Berlin [Breslau] 872, Hoffmann. geb. mit Goldschn. *

Blomberg, Karl Frhr. von: 101 Kep'halogramme, s. Blomberg, Carl Frhr. von

v. Blomberg, Frau Kathr. S. Fried., geb. Schott v. Schottenstein, († d. 19. Dec. 1819.) s. Thom. v. Kempis, v. d. Nachfolge Christi.

Blomberg, Paula Dorothea

Blomberg, P. D. v., Allerlei a. Süd-Afrika. gr. 8. (VII, 184 S.) Gütersloh 899. C. Bertelsmann. n. 2. —; geb. n. 2. 80

Blomberg, P. D. v., Bruder Bartel. Erzählung. 8. (90 S.) Berlin (900). Deutsche ev. Buch- u. Tractatgesellschaft. n. — 60

— E. kl. Büchlein v. d. großen Liebe Gottes. 12. (55 S.) Barmen 898. E. Biermann. n. — 50

— Diener u. Streiter Jesu Christi. 8. (59 S.) Barmen (896). Wupperthaler Traktat-Gesellschaft. n. — 80; geb. n. 1. 20

[F.] Diener und Streiter Jesu Christi. Von P. D. v. Blomberg . . . *Barmen: Wupperthaler Traktat-Ges. [1897].* (59 S.) 1 Bd 8. [97. 3710

— Gemeinschaftsleben f. d. Arbeit i. Reiche Gottes. 8. (23 S.) Berlin 898. (Deutsche ev. Buch- u. Tractat-Gesellschaft.) n. — 25

— drei Geschichten v. einfachen Leuten. (Des Threcsschuster's Jokele. — Der Spielmann. — Getraute Treue.) 8. (III, 230 S.) Ebd. 899. n. 1. 50

— zwei Geschwister, s.a. Schneeflocken. 27. Hft.

Zwei Geschwister. Erzählung von P[aula] D[orothea] v. Blomberg. *Berlin: M. Warneck [1901].* (16 S.) 8° [Umschlagt. F.]
— Schneeflocken. 27. [03. 1839

Blomberg, PD v., Irmentrude. Erzählg. 2. Afl. 8° (90) Lpzg 06, A Deichert Nf. 1.35; geb. 2 —
Die 1. Afl. erschien 1874 anonym.

— Gödekes Jungen, s.a. Bücherschatz, Barmer. 11. Bd.

Gödekes Jungen. Eine Weihnachtsgesch. von P[aula] D[orothea] v. Blomberg. Mit Bild. von J. F. Frankenbach. *Barmen: Wupperthaler Trakt.-Ges. [1901].* (80 S.) 8° [F.]
(Barmer Bücherschatz. Bd 11.) [01. 12640

— Lea Theodora, s.a. Volksbücher, neue.

Lea Theodora. Eine Geschichte aus Süd-Afrika von P. D. v. Blomberg. Mit 3 Ill. *Berlin: Schriftenvertriebsanst. 1898.* (132 S.) 8° [F.]
— Volksbücher, Neue. Bdch. 53. [98. 9908

— Mutterliebe. Samuel Franklins Schatzkammer, s.a. Tannenzweige. 11. Hft.

Mutterliebe. Samuel Franklins Schatzkammer. 2 Erzählungen von P. D. v. Blomberg. Mit Bild. *Barmen: Wupperth. Trakt.-Ges. [1900].* (40 S.) 8° [F.]
— Tannenzweige. H. 12. [01. 3490 B

[F.] Ein wohlgefälliges Opfer. E. Erzählg v. P. D. v. Blomberg, Vf. v. „Licht in d. Finsternis" etc. *Berlin: Deutsche Ev. Buch- u. Tractat-Ges. 1896.* (51 S.) 1 Bd 8. [98. 2293

— ein Prophetenspruch u. seine Erfüllung, s.: Missionstraktate, kleine.

— aus dem Sturm in den Hafen. Erzählung. 8. (III, 40 S.) Berlin 902. Deutsche ev. Buch- u. Tractat-Gesellschaft. n. — 30

— d. Familie Thompson u. Meester Martje, s.a. Bücherschatz, Barmer.

[F.] Die Familie Thompson und Meester Martje. Zwei Geschichten aus Südafrika. Von P. D. v. Blomberg. M. 3 Bild. v. Maler R. Sterl. *Barmen: Wupperthaler Traktat-Ges. [1898].* (107 S., 2 Taf.) 1 Bd 8.
— Büchorschatz, Barmer. Bd 5. [98. 11734 Bo

— ein Trostwort f. Blinde u. solche, die es zu werden fürchten. 8. (29 S.) Ebd. 901. n. — 30

— Verschlungene Wege. E. Erzählg. 8. (182 S.) Basel 897. P. Kober. n. 1. 20; geb. in Leinw. n. 2. —

— Weihnachtsgedanken. 8. (86 S.) Barmen 900. Wupperthaler Traktat-Gesellschaft. Kart. n. — 80

v. Blomberg, (W. Freihr.,) Hermans Tod, Trauersp. in 5 Akten. Mit 1 Kpfr. 8. Hamm 824. Schulz.

— Thomas Aniello. Jetzt Ebendas.

Blomberg, Wilh., Choral-Buch f. Schulen. Eine Auswahl v. 135 d. gebräuchl. Kirchenmelodieen mit unterlegten Liederversen, zum Einüben vom Leichtern zum Schwerern, mit Rücksicht auf d. kirchl. Feste rc. geordn. u. in 3 Jahrg. vertheilt. Mit e. Anh. 8. (3¼ B.) Elberfeld 839, Büschler. *

v. Blomberg, Wlh. Frhr., Gedichte. gr. 8. Stuttg. 826. v. Cotta. 1 ℛ

— das Leben Jh. Fr. Reinerts, zuletzt Director des Gymnasiums zu Soest. gr. 8. Lemgo 822. Meyer. 1 ℛ Schrbp. 1 ℛ 6 ngr.

— das Leben J. F. Meinerts, zuletzt Directors des Gymnasiums zu Soest. gr. 8. Lemgo 823, Meyer.

— die Satiren üb. das göttl. Volk. Nebst d. gewaltsamen Anmerkk. des Dr. Pt. Rüppel zu D**. 2 Abtheill. gr. 8. Lemgo 811—17. 2e A. 823. Meyer. 2 ℛ 16 gGr Schrbp. 3 ℛ 16 gGr Hbg. Pr. 2 ℛ

Blomberg-Liebthal, R. Frhr. v., üb. Futterbau auf leichtem Boden nebst e. Anh. üb. einige landläuf. Wirthschaftsfehler. 2. veränderte u. verm. Aufl. 8. (40 S.) Berlin 873. Wiegandt, Hempel & Parey in Comm. n. — 75

Blomberg-Liebthal, R. Frhr. v., Winke u. Rathschläge f. den kleinen Landwirth. gr. 8. (89 S.) Crossen a. O. 879. (Breslau, Schletter.) n. 1. —

Blome, Graf, zeitgemäße Betrachtungen. Vortrag, gehalten im Wiener gesell. Vereine (Ressource). gr. 8. (24 S.) Wien 868, Sartori. *
Vgl.: Stimmen, katholische, aus Oesterreich.

Blome, v.: Über Gemeindewesen. . . , s. B l o m e , Otto von

Blome, August, aus Warburg: Über Carcinomentwicklung in versprengten Brustdrüsenkeimen. *Warburg 1898: F. Quick.* (64 S.) 8°
Würzburg, Med. Diss. v. 1898

Blome, Bernd Frdr.: Meine Weltanschaug, gipfelnd in d. Frage „Was ist d. Daseinszweck d. Menschen?" u. hinüberführ. v. d. glaub. Heidentum zu d. wiss. Christentum. (144) 8° Lennep, (R Schmitz) ('11). 1.30; L 1.80

Blome, Carl Ludwig. Über zwei neue Wurmspezies: Trichosomum papillosum und Heterakis cylindrica. Diss. Vet.-Med. Bern ... von ... Karl L' B' .... Mit 15 Abbildungen auf 3 Tafeln. IV + 16 S. 8. Berlin, E. S. Mittler & Sohn, 1909.

Blome, Frdr., s.: Köhler's Taschenliederbuch f. d. deutsche Volk.

Blome, Hermann: Beiträge zur Konstitution der Thomasschlacke. Halle Knapp [1910]. 21 S. 4° ¶ Auch in: Metallurgie. Jg. 7.
Berlin, Dr.-Ing.-Diss. v. 13. 5. 1910

Blome, Karl Ludwig, s. B l o m e , Carl Ludwig

Blome, Louis, die Gerichtsvollzieherei d. königl. sächs. Amtsgerichts Leipzig, nebst e. Ortsentfernungsverzeichniß u. e. Uebersicht der Geschäftsvertheilg. bezüglich der streit. Civil-Sachen. gr. 16. (48 S.) Leipzig 893. A. Berger. n. — 70

Blome, Louis, die Gerichtsvollzieherei b. d. königl. sächs. Amtsgerichte Leipzig, nebst e. Ortsentfernungsverz. u. e. Uebersicht d. Geschäftsverteilg. bezügl. d. streit. Sachen. 2. Aufl. 12. (35 S.) Leipzig 898. (Alb. Berger.) n. — 40

Blome, L: Die Gerichtsvollzieherei bei d. kgl. sächs. Amtsgerichte Leipzig, nebst e. Ortsentferngsverz. u. e. Uebers. d. Geschäftsvertheilg bezüglich d. streit. Sachen. 2. Afl. 12° (35) Lpzg 98. (Rossberg & Berger). — 40

Blome, L., Sach-Register zu den rücksichtlich des Dienstes der Gerichtsschreiber und Gerichtsvollzieher, sowie des Kostenwesens halber von dem königl. sächs. Ministerium der Justiz erlassenen Verordnungen, mit Hinweis auf desfalls in Kraft bestehende Gesetze und Verordnungen und unter Berücksicht. zur Veröffentlichung gelangter Entscheidungen. Abgeschlossen am 15. Aug. 1883. gr. 8. (57 S.) Dresden 883, Heinrich. *

— Verzeichnis d. f. d. Bezirk d. kgl. Amtsgerichts Leipzig ernannt. Friedensrichter, sow. d. verpflicht. Ortsgerichtspersonen je m. Angabe ihres Amtsbezirks, nebst Uebersicht d. Geschäftsverteilg. u. e. Ortsentfernungs-Verz. 2. Aufl. 12. (48 S.) Ebd. 898. n. — 50

Blome, Otto von

Augustus dux gloriosae memoriae in Carolo duce redivivus. Oratio panegyrica, qua ... principi iuventutis in spem successionis nato, duci Brunsvico-Luneburgensi ... Carolo Wilhelmo Ferdinando ... diem natalitium 17 ad diem 9 Octobr. 1751 ... gratulatur, qui eam ex promta memoria in Collegio Carolino Brunsvici recitavit, **Otto a Blome.** 15 S. 2° *Wolfenbüttel HzglB*

Zeitgemäße Betrachtungen. Vortrag geh. im Wiener geselligen Vereine <Ressource> v. Graf [Otto Paul Julius Gustav] Blome. 2. Aufl. Wien & Gran. 1868. 8°
(Katholische Stimmen aus Oesterreich. 1.)

v. Blome, Graf, über Gemeindewesen, mit besond. Rücksicht auf die Herzogth. Schleswig u. Holstein. gr. 8. Hamb. 832. Perthes u. Besser. 12 gGr

—— über d. Organismus d. Staatsverwaltung, insbesond. üb. d. Trennung d. richterl. u. administrat. Gewalt. gr. 8. (3¼ B.) Hamburg 832, Perthes u. Besser.

Blome, Otto Paul Julius Gustav v., s. B l o m e , Otto

Blome, Peter: D i s s e n t a t i o juridica de transactione . . ., s. H e r t , Joh. Nik [Praes.]

Blome, Rich., Beschr. v. America rc. m. K. 12. Leipzig, 742.

Blome, Rud.: Die kongregationalistische Kirche und die Erziehung in den Vereinigten Staaten von Nord-Amerika. *Jena 1900: A. Kämpfe.* (43 S.) 8°
Jena, Phil. Diss. v. (14. Juli) 1900

Blömeke, Conrad

Blömeke, C., über die amerikanischen Erz-Aufbereitungsverfahren nach dem Richardsschen Aufbereitungs-Lehrbuche. (75 S. m. 1 Taf.) Lex.-8. Halle 905. W. Knapp. n. 5. —
Sonderabdruck aus: „Metallurgie".

Blömeke, Conr., die Erzlagerstätten des Harzes und die Geschichte des auf demselben geführten Bergbaues. gr. 8. (144 S. mit 1 autogr. Taf.) Wien 885, Hölder. *
Aus: Berg- und hüttenmännisches Jahrbuch, besonders abgedruckt.

Blömeke, C: Ueber die Fortschritte in der Erzaufbereitung. Wien 1898

Blömeke, Eduard (Hrsg.), s. K a t a l o g der Bibliothek des Reichstages

Blomen ut Annmariek-Schulten ehren Goren. (Von Alwine Wuthenow, geb. Balthasar.) Hrsg. v. Marx Möller. gr. 8. (XV, 96 S.) Greifswald 896. J. Abel. n. 2. —; geb. n.n. 3. —

Blomen, Nige, ut Annmariek Schulten ehren Goren von A. W. Greifswald 1861. V: *Wuthenow, Alwine.* (DARP)

Blomen, nige, ut Annmariek Schulten ehren Goren von A. W. 16. (VIII und 356 S.) Greifswald 861, Koch's Verlagsbuchh.

Blomen, en poa, ut Annmariek Schulten ehren Goahren von A. W. Herausg. von Fritz Reuter. Greifswald 858. Koch. 16. (1 Bl., X, 196 S.) 15 ngr

Blomen, en poa, ut Annmariek Schulten ehren Goahrn v. A. W. N. Asg. v. F Reuter. 16. (227) Greifsw. 60, Koch. — 20 || Nige Blomen. (356) 61. 1. —

Blomen, en por, ut Annmarieke Schulten ehren (Goren v. A. W. Hrsg. v. Fritz Reuter. 3. Aufl. 8. (VI, 104 S.) Greifswald 874. Bindewald. 3. — geb. 4. —

Blomen, En poar, ut Annamariek Schulten ehren Goahren von A. W. Hg. von Fritz Reuter. Greifswald 1858. 1860. *1874. V: *Wuthenow, Alwine.*

Blomenkemper, O, u. Heuss: Kl. Lehrb. f. d. landwirtschaftl. Unterr. im Heere. (135 m. Abb.) 8° Berl., ES Mittler & S., '11. 1.25 (Pp.) d

Bloemer, Friedrich

Bloemer, Frdr., Ergänzungen eines Glaubensbekenntnisses. Berlin 867. C. Duncker. gr. 8. (80 S.) n. 12 ngr

Bloemer, F, z. Gesch. d. Bestreb. d. preuss. Regierg f. e. polit. Ref. Deutschl. 8. (290) Berl. 60, Bath. n. — 28

— zur Geschichte der Bestrebungen der Preußischen Regierung für eine politische Reform Deutschlands, vom Mai 1849 bis Anfangs Novbr. 1850. Mit beigefügten Anlagen. Berlin 860. Mittler's Sortbdlg. gr. 8. (VI, 290 S.) n. 28 ngr

Bloemer, Frdr., Gotthold Ephraim Lessing. Lichtstrahlen aus seinen Schriften u. Briefen. Mit e. Einleitung. Leipzig 869. Brockhaus. 8. (VIII, 244 S.) n. 1 ℛ; geb. n. 1 ℛ 10 ngr

— Lessing, Schiller und Goethe. Erörterungen in Folge des Widerspruchs gegen die Vereinigung ihrer Standbilder in Berlin u. gesammelte Blätter zu Lessings Andenken. 2 Abthlgn. Mit Beilagen. Berlin 863. G. Reimer. gr. 8. (VIII, 318 S.) n. 1 ℛ

Bloemer, Friedr., zur Literatur des Kölner Doms. Berlin 857. G. Reimer. gr. 8. (VI, 142 S.) 20 ngr

Bloemer, Frdr., an den Wahlkreis Montjoie. Malmedy, Schleiden. Aachen 859. Mayer. gr. 8. (114 S.) n. 10 ngr

Bloemer, Peter Vie et satires de Mathurin Régnier. 23 S. Progr. Montabaur 1880.

Bloemertz, Walther: Die Personenschilderung in Heines journalistischen Berichten. Düsseldorf 1909: (Ohligschläger). 71 S. 8°

Bonn, Phil. Diss. v. 22. Dez. 1909, Ref. Litzmann

[Geb. 3. Okt. 82 Kaldenhausen; Wohnort: Düsseldorf-Gerresheim; Staatsangeh.: Preußen; Vorbildung: Kgl. Gymn. Düsseldorf Reife O. 03; Studium: Bonn 5, Berlin 1, Bonn 7 S.; Rig. 14. Juli 09.] [U 10. 351

Blomeyer, Adph., die mechanische Bearbeitung des Bodens m. Rücksicht auf Erfahrung u. Wissenschaft. 8. (216 S. m. eingedr. Holzschn.) Leipzig 879. H. Voigt. n. 3. 50; geb. n. 4. —

—— dass. — s.a. Bibliothek, landwirthschaftliche.

Blomeyer, Prof. Dr. (Leipzig), Bericht, die Fortsetzung der Wetterprognosen betreffend, an die XV. Session des Landeskulturraths am 31. Mai und 1. Juni 1880. Auszug aus den Protokollen. Dresden 1880.

Blomeyer, A., die Cultur der landwirthschaftlichen Nutzpflanzen. 1. Bd. 8. (XII, 604 S.) Leipzig 888, Winter'sche Verlagsh. *

Blomeyer, A., die Cultur der landwirthschaftlichen Nutzpflanzen. 1. Bd. Mit 113 Orig.-Abbildgn. gr. 8. (XII, 604 S.) Leipzig 889. C. F. Winter. n. 15. —

Blomeyer, Adph., die Cultur der landwirtschaftlichen Nutzpflanzen. Nach dem Tode des Verf. vollendet u. hrsg. v. Henry Settegast. 2. Bd. Mit 78 Orig.-Abbildgn. gr. 8. (XII, 544 S.) Leipzig 891. C. F. Winter. n. 15. —; geb. n. 16. — (2 Bde. n. 30. —; geb. n. 32. —)

Blomeyer, Adph., s.: Mittheilungen d. landwirthschaftl. Instituts der Universität Leipzig.

Blomeyer, Adph., Pachtrecht und Pachtverträge. Ein Handbuch des preuß. und sächs. Privatrechts mit krit. Erörterungen über die gesammten Pachtrechtsverhältnisse und dem Entwurf zu einem Pachtvertrag über ein größeres Landgut. gr. 8. (IV, 343 S.) Berlin 873, (Wiegandt, Hempel und Parey.) *

Blomeyer, Carl, Schussbuch. (293 S.) Lex.-8. Kreuzburg (905). J. Lebek. Geb. in Leinw. n. 4. —

Blomeyer, Carl: Schussb. 2. Afl. (199) Lex8° Kreuzburg O/S., J Lebek ('11). L 4 —

Blomfield, Charles James, a manual of family prayers. A new edit., to which are added short forms of prayer for particular occasions, and also forms of intercession. 18. (0 B.) Frankfort o. M. 843, Jugel. *

Bloemfontein [Schlagwort]

Bloemfontein, s.: Kriegsschauplatzkarten.

Bloemker, A.

— W **Klussmann** u. W **Wessel:** Lehr- u. Ubgsb. 1. Deut. Sprachlehre. 2. Geschäftsaufsatz. 3. Briefwechsel. 4. Post- u. Eisenb.-Verkehr. 5. Wrtrverz. m. Erklärg v. Fremdausdrücken. (208) gr8° Ebd. ('04). 1 — d

— — Postheft u. Geschäftsaufsatz. 2 Hefte. 8° Ebd. ('09). nn — 45 d
I. Mittelst. 5. Afl. (16) nn — 15 | II. Oberst. 6. Afl. (44) nn — 30.

Bloemker, A: Einheitl. Sprachb. 3. Afl. (90) 8° Bielef., W Plator ('08). nn — 50 d

! Bloemker, A: Einheitl. Sprachb. Jetzt: Berl., FAshelm.

Blomquist, A. W., de genetivi apud Plautum usu. Diss. gr. 8. (VIII, 166 S.) Helsingfors 892. (Berlin, Mayer & Müller.) n. 3. —

Blomquist, Gustav

Zur Weihe der Gustav Adolf-Kapelle auf dem Lützener Schlachtfeld am 6. Nov. 1907. Ein Gedenkblatt von Gustaf **Blomquist.** o. O. (1907). 43 S. 8° [08. 1119

Blomqvist, D. M., Svensk-tysk ordbok, s.: **Auerbach, Carl.**

Blomqvist, M.: Schwedisch-deutsches Wörterbuch, s. Auerbach, Carl.

Blomstedt, Yrjö, u. Vict. Sucksdorff, Karelische Gebäude u. ornamentale Formen aus Zentral-Russisch-Karelien. Erläuternder Text v. Yrjö Blomstedt. Mit 90 ganzseit. u. 120 Textbildern. (Hrsg. von der finn. Altertumsgesellschaft.) (VI, 196 S.) gr. 4. Helsingfors 902. (Leipzig, K. F. Koehler.) n. 25. —

Finnische Altertumsgesellschaft. Karelische Gebäude und ornamentale Formen aus Zentral-Russisch-Karelien von Yrjö **Blomstedt** u. Victor Sucksdorff, Archit. Erl. Text von Yrjö Blomstedt. Mit 90 ganzseit. u. 120 Textbild. *Helsingfors 1902: F. Tilgmann.* (191 S.) 4° [02. 1083

Blomstrand, de initiis Episcopati. Varia 36

Blomstrand, Christian Wilhelm

Blomstrand, CW, d. Chemie d. Jetztzeit v. Standp. d. electrochem. Auffassg a. Berzelius Lehre entwick. 8. (417) Heidelb. 69, C Winter. 2. 12

Blomstrand, C. W., die Chemie der Jetztzeit vom Standpunkte der electrochemischen Auffassung aus Berzelius Lehre entwickelt. Heidelberg 869. C. Winter. gr. 8. (XXII, 417 S.) 2 ℛ 12 ngr

Zur Frage über die Constitution der aromatischen Diazoverbindungen und ihrer Isomere v. C[hristian] W[ilh.] **Blomstrand.** *Lund: E. Malmströms Buchdr. 1895.* (1 Bl., 30 S.) 4.
— Acta Universitatis Lundensis. Lunds Univ. års-skrift. T. 31. (Afd. 2. [No] 1.) [96. 5490

– Zur Kenntniss der Doppelsäuren des siebenatomigen Jods. Hamburg, 1892. 8vo.

Blómstrvallasaga Thdr. Möbius edidit. Lipsiae 855. Engelmann. 8. (XXVIII, 2 Bl., 80 S.) 22½ ℊ

Blessy, S., s. Annales de Jurisprudence.

Blonay. Symon de Blonay ou Le Combat des Mariés et des Non-Mariés s. [Bridel, Philippe].

Blond, le, s.a. Le Blond

Blond, Alex., Gärtner-Academie od. d. Kunst, Pracht- u. Lustgärten anzulegen. Aus d. Französ. v. Frz. Ant. Danreiter. 4 Thle. Mit Kpf. gr. 8. Augsburg (1731). Neue Aufl. 1753. 1764. Neuere Aufl. 1769. 71. Felssecker. 1. 20

Blond, Alex., Gärtneracademie, od. Kunst, Lustgärten anzulegen. gr. 8. Nürnb. 764. Felßecker. 1 ℛ 16 ℊ

Blond A.: Neueröfnete Gärtner-Akademie, od. die Kunst Pracht- u. Lust-Gärten sammt dererselben Auszierungen u. Wasserwerken wohl anzulegen. Aus d. Franz. ins Deutsche übers. v. F. A. Danreitter Augsb. 1764. 368 S. 33 Tvl.

Blond, Alex., die *Gärtnerey*, sowohl in ihrer Theorie od. Betrachtung, als Praxi od. Übung . . . . (Titel sehr lang.) Aus d. Frantzösischen übers. durch *F. A. Danreitter*, Hoch-Fürstl. Saltzburg. Garten-Inspector u. Cammer-Diener. Mit allegor. Titelkpf. (worauf 1 Portr.) u. vielen (gefalt.) Kpftaf. Augspurg, verlegts J. A. Pfeffel, der Röm. Kays. Maj. Hofkupfferstechern, 1731. 8°. Alter gepr. Holzb. m. Schl. (wie es scheint, weit älter als das Buch).

8 Bll. (incl. gefalt. Titel) u. 3(8 S. Die Tafeln enth. in Kupf. gestoch. Entwürfe zu allen erdenkl. gärtnerischen Kunststücken. Das ziemL seltene Buch ist dem Erzbischof von Salzburg, Leopold Frhrn. v. Firmian, vom Uebersetzer gewidmet.

Blond, H.

— Anfangsgr. d. Fortification ꝛc. v. Jäger. ist 4r Thl. v. Grdsätz. d. Kriegskunst.

Blond, H., Angriff d. Vestungen, ist d. 2te Thl. v. Grds. d. Kriegskunst.

— Artilleriewissenschaft. a. d. Franz. v. Jäger. m. K. ist d. 1 Thl. v. d. Grdsätz. d. Kriegskunst.

le Blond, H., vollständ. Grundsätze d. Kriegskunst; aus d. Französ. v. Jäger. 4 Thle. M. Kpf. 8. Nürnb. 766—72. (Frkf. a. M., Jäger). 5 ℛ 8 ℊ (1r Thl. A. u. d. T.: Abhandelnde Artillerie, mit 31 Kpft. 2 ℛ 2r Thl. A. u. d. T.: Abhandl. v. Angriff d. Festungen, mit 18 Kpft. 1 ℛ 8 ℊ 3r Thl. A. u. d. T.: Vertheidigung d. Festungen, mit 5 Kpft. u. 17 Tabb. 1 ℛ 4r Thl. A. u. d. T.: Anfangsgr. d. Befestigungskunst, mit 19 Kpft. 1 ℛ)

— Versuch üb. die Lagerkunst, oder Anleit., e. Feldlager abzustecken; aus d. Französ. v. H. M. Graf v. Brühl. M. Kpf. 8. Colmar 767. Straßb. 770. König. 1 ℛ 8 ℊ

— Vertheid. d. Vestungen, ist 3r Theil v. d. Grundsätzen der Kriegskunst.

le Blond, J. B., Reise nach den Antillen u. nach Süd-Amerika v. 1767—1802. Herausg. von E. A. W. v. Zimmermann. 1r Thl. 8. Hamb. 815. Bohn. 1 ℛ 16 ℊ

Blondchen. (Ausgestanzt.) 12. (8 S. m. z. Tl. farb. Bildern.) Stuttgart 893. F. Loewe. — 25

Blondchen, der Zigeuner-Findling. 8. Leipz. 804. Joachim. 20 ℊ

BLONDCHEN der Zigeunerfindling. Eine romantische Geschichte. Neue Aufl. Reichs-Commissions- u. Industrie-Bureau, o. J. (Leipzig, Joachim, c. 1808). 8°.

216 S. Freien Inhalts. — Zuerst gedr. Zofingen (ebd.) 1805. 8°. (Weller, fing. Dr.) (2 Mk. Franz Teubner, c. 1895.)

— — Dasselbe. Leipzig 1825. 8°.
Behrendt, Berlin, Lhbiblcat. p. 104.

Blondchens Geschichte, e. überaus wahrscheinl. Roman (von Vulpius). 8. Halle, Heller. (Küff). 787.

Blondeau: Ueber d. zurückwirk. Kraft d. Gesetzes; a. d. Franz. *Düsseld.*, Schreiner. 810. 8. (8 Gr.)

Blondeau, klassische Schriften in 24 (lith.) Blättern f. Zeichner, Architecten, Dekorationsmaler, Goldarbeiter, Graveure u. Lithographen. qu. gr. 8. Leipzig 852, E. H. Mayer. n. ⅔ ℛ

Blondeau, klassische Schriften in 24 (lith.) Blättern für Zeichner, Architekten, Dekorationsmaler etc. 3. verb. Aufl. Leipzig 862. E. H. Mayer. qu. 4. n. 20 ngr.

Blondeau, klassische Schriften in 24 Blättern für Zeichner, Architekten, Decorationsmaler etc. 4.—6. verb. Aufl. qu. 8. (24 Stnt.) Leipzig 869, 71, 74, E. H. Mayer.

Blondeau, klassische Schriften in 24 (lith.) Blättern für Zeichner, Architekten, Decorationsmaler etc. 4. verb. Aufl. Leipzig 870. Mayer. qu. 4. 22½ ngr.

Blondeau, klassische Schriften in 24 (lith.) Blätter f. Zeichner, Architekten, Decorationsmaler ꝛc. 7. verb. Aufl. qu. gr. 8. Leipzig 876. Mayer. 2 25

Blondeau, klassische Schriften in 24 Blättern f. Zeichner, Architekten, Decorationsmaler, Goldarbeiter, Graveure u. Lithographen. 8. verb. Aufl. Lith. schmal gr. 8. Köln 879. Mayer. 2. 25

Blondeau, klassische Schriften in 24 Blättern für Zeichner, Architekten, Decorationsmaler, Goldarbeiter, Graveure und Lithographen. 9. verb. Aufl. qu. schmal gr. 8. Köln 885. Leipzig, Mayer.

Blondeau, ..., Versuch üb. d. zurückwirkende Kraft d. Gesetzes. 8. Düsseld. 811. Hofbuchh. 6 ℊ

Blondeau, Ant. Max (Hrsg.), s. Nachrichten, Außerlesene historisch-bayrische alt und neue, von allerhand gesammelten Staatsmerkwürdigkeiten.

Blondein, Karoline, s.: Wandtafeln, Wiener, f. den Unterricht in weiblichen Handarbeiten.

Blondel, ausgewählte Erzählungen, s.: Conteurs modernes.

Blondel, A. R. Tœpffer. Paris 1856.

Blondel, A. L., über die militairischen Pflichten u. den militair. Geist. Aus d. Franz. übersetzt von e. Preuß. Officier. gr. 8. Berlin 837. Dümmler. ⅓ ℛ 2e Aufl. 838. ⅓ ℛ

Blondel, C., der selbstlehrende Feuerwerker ꝛc. M. Kpf. gr. 8. Leipz. (802). Joachim. 1 ℛ 8 ℊ

Blondel, Georges, le drame de la passion à Oberammergau. Étude historique et critique. Avec des renseignements pratiques, un plan du théâtre et 2 cartes. 12. (VI, 70 S.) Paris 900. München, C. v. Lama's Nachf. n. 1. —

Blondel, Georges, Etudes sur les populations rurales de l'Allemagne et la crise agraire. Avec la collaboration de Charles Brouilhet, Ed. Julhiot, Lucien de Sainte Croix, Louis Quesnel. Avec 9 cartes et plans. gr. 8. (XII, 522 S.) Paris 897. Berlin, R. L. Prager. n. 10. —

— Die landwirtschaftlichen Zustände im Deutschen Reiche. Nach dem Franz. bearb. v. Alb. Ahn u. Prosper Müllendorff. gr. 8°. Köln, A. Ahn, 1898.

Die landwirtschaftlichen Zustände im Deutschen Reiche v. Dr. jur. et phil. **Georges Blondel**, Prof. an d. Univ. Paris. Nach d. Französ. bearb. v. Dr. jur. Albert Ahn u. Prosper Müllendorff. *Köln, Berlin, Leipzig: A. Ahn 1899.* (XII, 264 S., 1 Bl.) 1 Bd 8. 190 .83

Blondel, Jac. (Pseud.), s. Mauclerc, John Henry

Blondel, James (Augustus): Abhandlung über die Einbildungskraft der schwangern Weiber in ihre Leibesfrucht. (The Strength of the imagination of pregnant women examin'd, and the opinion that marks and deformities in children arise from thence demonstrated to be a vulgar error. Dt.) 216 S., gbd.

Stuttgart: König 1756
(Drey merkwürdige physikalische Abhandlungen von der Einbildungskraft der schwangern Weiber... 1)

Blondel de Nesle, Lieder, hrsg. v. Leo Wiese, s.a. Gesellschaft f. romanische Literatur. 11. 3.

Die Lieder des Blondel de Nesle [Neele]. Krit. Ausg. nach allen Hss. von Dr. Leo Wiese. Dresden: Gesellsch. f. roman. Lit. 1904. (XLIV, 210 S.) 8°
— Gesellschaft f. romanische Literatur. Bd 5.

Blondheim, Wilhelmine von, Trauersp. 8. Gotha, Ettinger. 774.

Blondheim, Eduard, geheimes Tagebuch od. Lebensgesch. 8. Leipz. 777. Dyck. 12 gr

Blondin, Der, von Namur: Der Sammler. Wien 1814, Nr. 70/81. V: (bzw. Bearb.): *Zschokke, Joh. Heinr. Daniel.* Nachdruck aus dessen »Erheiterungen«, Jg. 1813, 2, 417. 481. (DARP)

Blondine, la, ou Aventures nocturnes entre les hommes & les femmes. 8. Amsterd. (Linke, Leipz.) 790.

Blondlot, N., zur Physiologie d. Galle, s.: Handbibliothek des Auslandes für die Heilkunde. VI. u. VII.

Blondus, Michael Angelus

s.: Biondo, Michelangelo

Bloney's Reisen, s. Reisen d. Engländer.

Blönsdorf [Schlagwort]
Blönsdorf, s.: Preussen. Messtischblätter.

Błoński, Justin
— die Finanzgesetzkunde des österreichischen Kaiserstaates, s.: Konopásek, A., u. V. Ritter v. Mor.

Błoński, J., s.a. Gesetze, die österreichischen.

Blonski, österreich. Gesetze betr. Gefällsübertretungen erläut. 3. Aufl. Wien 893.

Błoński, J.: Indirecte Steuern, s. Gesetze, die österreichischen.

Błoński, Justin, Strafgesetz üb. Gefällsübertretungen, s.a. Gesetze, österreichische. 15. Bd.

BŁOŃSKI Justin
(F) Strafgesetz über Gefällsübertretungen vom 11. Juli 1835 sammt Amtsunterricht und den Vorschriften über die Anwendung dieses Gesetzes erläutert und durch Aufnahme aller Nachtragsbestimmungen und Judicate ergänzt von Dr. Justin Błoński. 4. gänzlich umgearbeitete und ergänzte Auflage. Wien. 1899. Manz. 8°. III, 714 S. fl. 3.—, geb. fl. 3.50

Blonski, d. öster. Civil-Pensionsvorschriften. Wien 879.

Błoński, Justin, der österreichische Civil-Staatsdienst. Ein systemat. Handbuch, enth. sämmtl., die Anstellung im österr. Civil-Staatsdienste, sowie die dadurch begründeten Rechte u. Pflichten betr. Bestimmungen m. Inbegriff der Pensions- u. Disciplinar-Vorschriften, sammt den einschläg. Erkenntnissen des Reichsgerichtes u. des Verwaltungsgerichtshofes. gr. 8. (IV, 430 S.) Wien 882. Manz. n. 7. 20

— systematische Zusammenstellung der österreichischen Civil-Pensionsvorschriften. gr. 16. (112 S.) Wien 879. Manz. n. 1. 60

Bloom, s.a. Vanderbloom.

Bloom, Gottfried von der

von der Bloom, Gttfr.; ein Beitr. zur Gesch. des neuen Reformationsgeistes. 8. Leipz. 782. (Andrä). 21 gr

Bloom, Gottfried van der, ein Beytrag zur Gesch. des neuen Reformationsgeistes in uns. Tagen. 8. Leipz. Weygand. (auch Bauer). 782.

Bloom, J. S. Warum wir Demokraten sind. Cincinnati, 1884.

Bloomfield, Georgina
— the Atharvaveda, s.: Grundriss der indo-arischen Philologie. II, 1. B.

— europäische Höfe u. deren Diplomatie seit 1842. Autoris. Übersetzg. aus dem Engl. v. Ida Goeken. 2 Thle. in 1 Bd. 2. (Titel-)Aufl. gr. 8. (XIII, 217 u. VII, 308 S.) Berlin 894. H. Steinitz' Verl. n. 5. --

Bloomfield, Baronin Georgiana, Mitteilungen üb. europäische Höfe u. deren Diplomatie seit 1842. Autoris. Übersetzg. aus dem Engl. v. Ida Goeken. 2 Bde. gr. 8. Berlin, C. Malcomes. n. 8. 50
1. (XIII, 217 S.) 891. n. 4. —. — 2. (VII, 308 S.) 892. n. 4. 50

Bloomfield, Baronin G, Mitteilgn üb. europ. Höfe u. deren Diplomatie s. 1842. Aus d. Engl. v. I Goeken. 1. Bd. 8° (217) Berl. 91, H Steinitz. 4 — ‖ 2. Bd. (308) 92. 4.50 ‖ 2. Afl. 2 Tle in 1 Bd. (525) 94. 5 —

Bloomfield, Georgiana Baroness, Reminiscences of Court and diplomatic Life, s. Collection of British Authors.

Bloomfield, Heinrich S. v. Heins Gedicht; oder, Hoffnung und Erfüllung nebst andere Kleinigkeiten. Marburg, 1880.

Bloomfield, M: The Atharvaveda, s.: Grundriss d. indo-arischen Philol.

Bloomfield, M., s.: Atharva-Veda, the Kashmirian.

Bloomfield, M., der kleine Engländer, od. Anweis. die engl. Sprache ohne Lehrer in 8 Stunden theoret. u. praktisch zu erlernen. Des „englischen Trichters" 3., verm. u. verb. Aufl. 12. ($4\frac{1}{2}$ B.) Dresden 844. [Bromme's Verlh.]

Bloomfield, M., das Gṛhyasaṃgrahapariçishṭa d. Gobhilaputra. [Aus: „Zeitschr. d. Deutschen Morgenländ. Gesellsch."] gr. 8. (55 S.) Leipzig 882. (Matthes.) n. 1. 20

Bloomfield, M., englischer Trichter, oder Anweisung, die engl. Sprache in acht Stunden theoret. u. prakt. zu erlernen. 8. Leipzig 838. (Friese.) $\frac{1}{4}$ ₰

Bloomfield, R., s. Bloomfield, M.

Bloomfield, Rob., the Farmers Boy, a rural Poem. Ed. IV. M. 1 Kpf. 8. Lpz. 803. Er. Fleischer. (Collection 1r.) 12 gr

Bloomfield, Rob., the Farmers Boy: A Rural Poem. Mit Bildn. 32. London et Berlin 837. Asher. n. $\frac{1}{2}$ ₰

Bloomfield, Rob., rural Tales, Ballads and Songs. 8. Lpz. 801. Er. Fleischer. (Collection 2r.) 12 gr

Die Bloomfield Germania: Jahrgang 1—19, no. 32, Sept. 1896—May 28, 1914.

Independent weekly. Published supplement entitled DER SONNTAGSGAST. Circulation: 1910, 1000; 1913, 675. Edited & published by J. H. Lohmann & M. T. Liewer, 1896?—Aug. 27, 1909; by M. T. Liewer & Wiedemann, Sept. 2, 1909—Sept. 8, 1910; by Wiedemann, Sept. 15, 1910—May 4, 1911; by John D. Reins & Reiners, May 11, 1911—June 5, 1913; edited by R. W. Thomas, June 29, 1911—June 5, 1912; by Theo. H. Jensen, June 12, 1912—May 28, 1914; published by John D. Reins, June 12, 1913—May 28, 1914.
Bloomfield, NE

Bloomgarden, Sol.: Yiddish dictionary, s: Spivak, CD.

Bloomingdale Turner: 1888—1894+.

Weekly. Organ of the Bloomingdale Turnverein. Circulation: 1200. **New York, NY**

Bloomington Journal: 1878—1928.

Independent weekly (Republican, 1878—91). Circulation: 1880, 950; 1890, 1300; 1900, 1800; 1912,110. Edited & published by Frederick A. Schmitt, 1878; by Heinrich Meyer, 1878?—?; by Julius Dietrich, ?; by John B. Gummermann, 1913—28. **Bloomington, IL**

Bloomington Post: Jan. 1874—1878?

Democratic weekly. For Tilden. Edited & published by H. J. Stierlin, 1874—77; by Hugo Elmer, 1878. **Bloomington, IL**

Bloomville, Miß Arabella, e. rhapsodistischer Roman vor Harriet Marrlow, a. d. Engl. übers. 2 Thle. 8. Weißenfels Böse. 798.

* **Bloomville, Miß Arabella**, ein rhapsodistischer Roman, ist jetzt Verlag d. Weygandschen Buchhandlung in Leipzig.

Bloos, Richard

Der 'Taxator' soll ein Ratgeber sein für Baumeister ... Groß-Berlins. Richard **Bloos**, Architekt. Berlin: Taxator-Verl. [1906]. (204 S.) 8° [07.44?]

Bloos, Rich., Taxator. (Wert v. Quadratrute, Beleihg., Miete u. Feuerkasse pro Quadratfuss bebauter Fläche, Bebaubarkeit nach der Bauordng., Gesamtbreite, Gerichtszuständigkeit etc. v. jeder Strasse Gross-Berlins.) (XII, 204 S.) 21,5×12,5 cm. Berlin (907). (Anders & Bufleb.) Geb. in Leinw. 5. —

Bloos, Rich.: Der „Taxator". 7—8. Taus., enth. Angaben üb. d. Bodenwerte, Beleihgn u. Bauordngn sämtl. Strassen Gross-Berlins. (12, 226 m. 4 farb. Pl.) 8° Berl. (W. 57. Bülowstr. 7), Taxator-Verl. '11. L 10 —

Blore, F., Tante Anna's Briefe an ihre Nichten u. Neffen. Für Kinder von 10 bis 14 Jahren. Neu-Ruppin 866. Oehmigke. 4. (32 S. u. 7 lith. u. color. Bilder.) 12 ngr.

Blorr, Hans von, der letzte seines Stammes; eine Geschichte aus der jetzigen Ritterwelt. Zerbst 1795. V: *Heidrich.* (Ky) (MGT)

Blorr, Hans v., d. letzte seines Stammes, eine Gesch. a. d. jetzigen Ritterwelt. 8. Zerbst, Füchsel. 795.

Blos Bottermelk. [Plattdeutsches Gedicht.] (Königsberg i. Pr.: R. Kemmesies [um 1900].) (1 Bl.) 8° [Kopft. F.] [05.3945] 10

Blos, Edwin, prakt. Arzt in Karlsruhe: Ueber tuberkulöse Lymphome und ihr Verhältnis zur Lungentuberkulose. *Jena: G. Fischer 1899.* (IV, 45 S.) 8°
Heidelberg, Med. Diss. v. [8. Dez.] 1898

Blos, Wilhelm

Pater Ambrosius. Charakterbild aus d. fränk. Bauernkrieg. Eine hist. Studie von Wilhelm **Blos**. München: G. Birk & Co. (1906). (61 S.) 8° [F.] [07.13890]

Blos, Wilh., Pater Ambrosius. Charakterbild aus dem fränk. Bauernkrieg. Eine histor. Studie. (61 S.) 8. München (907). G. Birk & Co. — 50

— Großer deutscher Bauernkrieg, s.: Zimmermann, W.

Blos, volksthüml. Darstellg. d. französ. Revolution von 1789—1804. Stuttgart 889.

Blos, Wilh., das Ende vom Lied. Sozialer Roman. 8. (345 S.) Dresden 892. H. Minden. n. 3. —

Blos, Wilhelm (Hrsg.), s. E u l e n s p i e g e l , Mainzer.

— Die Geächteten. Sozialpolitischer Roman aus der Zeit des Sozialistengesetzes. 1. Bd. (VII, 182 S. m. Abb.) 8. Frankfurt a/M. (908). Buchh. Volksstimme. 1.20; geb. in Leinw. 2.—; auch in 6 Heften à — 20

Bloss W, zur Geschichte der Kommune von Paris. Nürnberg

Blos, Wilh., zur Geschichte der Kommune v. Paris 2. Aufl. gr. 8. (40 S.) Braunschweig 876. Bracke jr. — 60

Blos, Geschichte der deut. Revolution v. 1848 u. 1849. Illustrirt. (Neue Ausg.) Stuttgart 898.

— unsere Preßzustände. 8. (40 S.) Leipzig 875. Genossenschaftsbuchdr. — 40

Blos, Wilh., der Prinzipienreiter. Eine Geschichte aus d. J. 1848. 8. (193 S. m. 1 Bildnis.) Leipzig 902. Bernh. Meyer. n. 2. —; geb. n. 3. —

Blos, Wilh.: Der Prinzipienreiter. Gesch. a. d. J. 1848. 2. Afl. (200) kl8° Berl., Buchh. Vorwärts ('12). L 1 — d

— die deutsche Revolution. Geschichte der deutschen Bewegg. v. 1848 u. 1849. Illustrirt v. Otto E. Lau. 21 Hfte. gr. 8. (VIII, 670 S. m. 1 Fksm.) Stuttgart 892. J. H. W. Dietz. à — 20 (kplt. geb.: n. 5. 70)

– Die deutsche R e v o l u t i o n . Geschichte der deutschen Bewegung von 1848 und 1849. gr8°. Stuttgart, J. W. H. Dietz, 1893.

Blos, Wilh., d. deutsche Revolution. Geschichte d. deutschen Bewegg. v. 1848 u. 1849. Ill. v. Otto E. Lau. (Neue Ausg.) gr. 8. (VIII, 670 S. m. 3 Fksms.) Stuttgart 898. J. H. W. Dietz Nachf. n. 4. 20; geb. n. 5. 70

Blos, Wilh., die deutsche Revolution. Geschichte der deutschen Bewegg. v. 1848 u. 1849. Illustriert v. Otto E. Lau. 36. u. 37. Taus. (VI, 670 S.) gr. 8. Stuttgart (906). J. H. W. Dietz Nachf. Geb. in Leinw. n. 4. —

Blos, Wilh., die französische Revolution. Volksthümliche Darstellung der Ereignisse und Zustände in Frankreich von 1789 bis 1804, s. a. B i b l i o t h e k, internationale.

Blos, W, d. franz. Revolution. Volksthüml. Darstellg d. Ereignisse u. Zustände in Frankreich v. 1789—1804. 8. (632 m. Illustr.) Stuttg. 88. 89, Dietz. 4. —; geb. n. 5. 50; auch in 20 Hftn à — 20

— die französische Revolution. Volksthümliche Darstellg. der Ereignisse u. Zustände in Frankreich von 1789—1804. Mit vielen Porträts u. histor. Bildern. 36. u. 37. Taus. (VI, 632 S.) gr. 8. Ebd. (906). Geb. in Leinw. n. 4. —

— die Revolution zu Mainz, 1792 u. 1793. Nach Quellen dargestellt. 8. (92 S.) Nürnberg. 874. (Braunschweig, Bracke jr.) n. 1. —

—— die Revolution zu Mainz, 1792 und 1793. Nach Quellen dargestellt. 8. (92 S.) Nürnberg 875. (Braunschweig, Bracke jun.) *

Blos, W, d. Revolution zu Mainz, 1793 u. 1792. 8. (92) Nürnb. 75. Lpzg. Goldhausen. n. 1. —

— Badische Revolutionsgeschichten aus den J. 1848 u. 1849. (167 S.) gr. 8. Mannheim 910. Partei-Buchh. 1.—; geb. 1. 50

— s.: Sigel, General Frz., Denkwürdigkeiten.

— Rothenburger Tage. Eine Geschichte aus stürm. Zeit. 8. (227 S.) Rothenburg o/T. 892. C. H. Trenkle. à n. 1. 50; geb. n. 2. —

Blos, Wolfgang, aus Erlangen: Die Quellen der fränkischen Schweiz. *Erlangen 1903: E. Th. Jacob.* (43 S.) 8°
Erlangen, Phil. Diss. v. 26. Juni 1902

Bloesch: Edouard B'.... Berne 1851 – Eduard B'.... St. Gallen 1851 s.a. [Lauterburg, Ludwig].

Blösch, Eduard, Regierungspräsident v. Bern. Ein Lebensbild aus unserer Zeit. 8. (38 S.) St. Gallen 851, Scheitlin & Zollikofer. ¹/₆ ℔

Bloesch, C. A., Beitr. zur Pathologie u. Therapie der gastrischen Krankheiten. gr. 8. Bern 832. Jenni. (Frankf. a. M., Streng). 12 ℊ

Bloesch, C.A.: Geschichte der Stadt Biel...,
s. Bloesch, Cäsar Adolf

Bloesch, C. A., s. Pugnet, Beobachtungen aus dem Gebiete der Heilkunst.

*Blösch, [Carl] E[duard], Pfarrer [von Biel, Kt. Bern. Archiv-Adjunct in Bern]: Eduard Blösch und Dreissig Jahre Bernischer Geschichte. Bern J. Dalp 1872. X, 479 S. m. Porträt. 8°.
Promotion v. 27. Nov. 1875.

(Blösch, C[äsar] A[dolf].) Bern und Biel. Eine Erinnerung an die grosse Vorzeit. Dargebracht zum fünften Sekularfeste von Berns Eintritt in den Schweizerbund (1853). [Mit 12 Tafeln und illustriertem Umschlag.] 8. Biel 1853.

Bloesch, C[äsar] A[dolf]. Die Folgen der Revolution. Anhang zur Geschichte der Stadt Biel, als zugewandter Ort der schweizerischen Eidgenossenschaft. 8. Biel 1855.

Blœsch, C[äsar] A[dolf]. Geschichte der Stadt Biel und ihres Panner-Gebietes. [Mit Karte und 1 Tafel.] 3 Theile. 8. Biel 1855–1856.
Theil 3. ([Mit Anhang.] Generalregister zum Archive der Stadt Biel, ausgefertigt von Dr. C. A. B'. 1810.)

Bloesch, C. A., Geschichte der Stadt Biel und ihres Panner-Gebietes. 3 Thle. Biel 855, 56. (Bern, Dalp.) 8. (1 Bl., 320; 316; XVI, 260 S., 1 Lithogr. u. 1 lith. Karte in Fol.) n. 3 ℔ 6 ℊ

Bloesch, E., s. Bloesch, Eduard

Bloesch, E., s. Bloesch, Emil

Blösch, Ed. (Hrsg.), s. Kinder-Sonntagsblatt.

Blösch, Ed., 260 zweistimmige Lieder für Kindergottesdienste u. Sonntagsschulen. Bern 868. — Basel, Bahnmaier in Comm. 16. (XIX, 251 S.) n. 8 ℊ

(Blösch, Ed[uard].) Bericht über die gerichtliche Untersuchung der mit dem allgemeinen Reaktionsversuche verbundenen Werbung eines bewaffneten Corps in der Stadt Bern, an die (damalige) Kriminal-Kommission des Obergerichts. (Burgdorf, den 12. Jenner 1833.) SA. 8. Bern 1840.

Blösch, Ed.: Die grosse Eiszeit in d. Nordschweiz, s: Beiträge z. geolog. Kte d. Schweiz.

Blösch, Eduard. Zur Tektonik des schweizerischen Tafeljura. Diss. Phil. [II.] Univ. Zürich. (Mit Taf. XX, XXI und 6 Textfiguren. Separat-Abdruck aus dem Neuen Jahrbuch für Mineralogie etc. Beil.-Bd. 29.) II S. + S. 593–680 + 1 S. 8. Stuttgart, E. Schweizerbart, 1910.

Blösch, Ed., Votum in der Angelegenheit der Berufung Dr. Zeller's auf den Lehrstuhl der neutestamentl. Exegese an der Hochschule zu Bern, abgeg. in der Sitzung des Gr. Rathes vom 24. Merz 1847. gr. 8. (22 S.) Bern 847. (Zürich, Schultheß.) 2 ℊ

Bloesch, Emil

Bloesch, E., Valerius Anshelm u. seine Chronik, s.a. Vorträge, öffentliche, geh. in der Schweiz.

Bloesch, E[mil]. Valerius Anshelm und seine Chronik. Vortrag, gehalten im Saale des Grossen Rathes zu Bern am 13. Februar 1880. 8. Basel 1881.
(Oeffentliche Vorträge gehalten in der Schweiz. Band 6, Heft 6.)

Blösch, E., der Leutpriester Diebold Baselwind, s. Volksschriften, Berner.

Blösch, E[mil]. Bern und die Waldenser im Jahre 1686. Eine Säkular-Erinnerung. SA. 8. Bern 1886.

Blösch, E., Eduard Blösch u. dreißig Jahre bernischer Geschichte. gr. 8. (479 S.) Bern 872. Dalp. n. 9. —

Blösch, [Emil]. Der Brudermord im Schlosse Thun. Oeffentlicher Vortrag. 2. Aufl. 8. Bern 1898.

[Blösch, Emil.] Zwei bernische Bischöfe (Burchard von Haseuburg [und] Burchard von Oltingen). [Mit 1 Tafel. SA.] 8. [Bern 1881.]

Blösch, E[mil]. Der eigenartige Charakter der Reformation in Bern. Akademische Antrittsvorlesung. (SA.) 8. Bern 1885.

Blösch, E[mil]. Die Geschichtliche Entwicklung der Stadt Bern zum Staate Bern. [Mit 9 Karten.] 4. Bern 1891.
Festschrift zur VII. Säkularfeier der Gründung Berns. (Theil 1.)

Blösch, Emil (Dr., Oberbibliothekar in Bern). Die Erbauung der Stadt Versoix, s.a. *Jahrbuch für schweizer. Geschichte, IV.*

Blösch, Emil. Die Erbauung der Stadt Versoix, vorzüglich nach den Acten des Berner Archives. [Mit 1 Tafel. SA.] 8. [Zürich 1879.]

Blösch, E., Rudolf v. Erlach bei Laupen. Eine Antwort. gr. 8. (45 S.) Bern 890. Wyss. n. — 80

Blösch, E., Zur kirchl. Frage. Bern 1871. 8. Varia 99.

Bloesch, E., Geschichte d. schweiz. reform. Kirchen. 1.—10. Lfg. gr. 8. (1. Bd. III, 500 S. u. 2. Bd. S. 1—320.) Bern 898/99. Schmid & Francke. à n. 1. 25 (1. Bd. kplt.: n. 9.—)

Bloesch, E., Geschichte der schweizerisch-reformierten Kirchen. 11. Lfg. gr. 8. (2. Bd. III, S. 321—399 u. XXVII S.) Bern 899. A. Francke. Subskr.-Pr. n. 1.25 (2. Bd. kplt.: n. 9.—)
Lfg. 1—10. Ebd. 898. 899. à 1. 25.

Blösch, Em[il]. Die Geschichte von Laupen. [SA.] 8. Bern 1875.

Blösch, Emil. Albrecht von Haller. Sein (*Nachtitel:* A' von Haller's) Lebenslauf. SA. 8. Bern 1877.

Blösch, Emil. Die Haller-Ausstellung vom 11. bis 16. Dezember 1877. 4. Bern 1877.

Bloesch, E., siehe: *Katalog der Handschriften.*

— Bernhard Friedrich Kuhn, e. bern. Staatsmann z. Zeit d. Helvetik, s.a. Neujahrsblatt, hrsg. v. histor. Verein d. Kantons Bern.

Bernhard Friedrich Kuhn, ein bernischer Staatsmann zur Zeit d. Helvetik von E[mil] Bloesch, Prof. *Bern: K.J. Wyss 1894.* (31 S.) 4°
— Neujahrsblatt. Hrsg. v. Hist. Verein d. Kantons Bern. 1895.

Blösch, Dr. E., das kirchliche Programm. Vertheidigt und begründet. 24 S. 8. Bern, B. F. Haller.
1877?

— **Bloesch, E.** Eine neue Quelle zur Geschichte der Berner Disputation. 1891?
„ In „Theologische Zeitschrift aus der Schweiz. 1891. Heft 3."

Blösch, Emil. Siehe: *Taschenbuch, Berner.*

Blösch, E., die Umgebung v. Bern vor Gründung der Stadt. Ein öffentl. Vortrag. gr. 8. (23 S.) Bern 893. K. J. Wyß. n. — 40

Blösch, Emil. Die Vorreformation in Bern. [A.] 8. [Zurich 1884.]

Blösch, Gustav. Chronik von Biel von den ältesten Zeiten bis zu Ende 1873. Gesammelt und chronologisch geordnet von G' B', Oberrichter. [Umschlag mit 2 Vignetten.] 8. Biel 1875.

Bloesch, G., die Jurabahnen u. ihre Zukunft. Mit Berücksichtigung der Verhältnisse der Stadt Biel. Biel 865. (Steinheil.) gr. 8. (23 S.) n. 5 *ngr.*

Blœsch, Hans. Als der Grossvater die Grossmutter nahm. [SA. aus der Festzeitung für das Eidg. Schützenfest in Bern 1910. Nr. 5.] II + 16 S. 8. Bern, Stämpfli & Cie., [1910].

[Blösch, Hans.] Berne et ses environs. Guide illustré. Publié par la Société de développement de la ville de B'. [Traduit de l'allemand par Franz et Rose Mieg-Périllard. Avec 2 planches et 1 carte.] 105 p. 8. Bümpliz, S^{té} A^{nme} Benteli, 1909. [fr. 1. 50]

[Blösch, Hans.] Berne and its surroundings. Illustrated guide book. Published by the Berne Society for the development of tourist traffic. [Translated from the German by Friedrich Alexander Thormann. With 2 plates and 1 map.] 103 p. 8. Bümpliz-Berne, Benteli, 1910. [fr. 2.—]

Bloesch, Hans: Bern u. Umgebg, s.a. Beckmann-Führer.

[Blösch, Hans.] Bern und Umgebung. Illustrierter Führer. Hrg. vom Verkehrsverein für B' und U'. [Mit 2 Tafeln und 1 Karte.] 104 S. 8. Bümpliz-Bern, A. Benteli & Co., 1908. [fr. 1.50]

Bloesch, Hans, das junge Deutschland in seinen Beziehungen zu Frankreich, s.a. **Untersuchungen zur neueren Sprach- u. Literaturgeschichte. 1. Hft.**

Blœsch, Hans. Das junge Deutschland in seinen Beziehungen zu Frankreich. Diss. Phil. Bern. IV + 90 S. 8. Bern, Büchler & Co., 1903.

Das Junge Deutschland in seinen Beziehungen zu Frankreich. Von Dr. **Hans Blœsch.** *Bern: A. Francke 1903.* (136 S.) 8°
T. 1 erschien als Inaug.-Diss. Bern 1903.
= **Untersuchungen** z. neueren Sprach- u. Literaturgeschichte. H. 1.

Bloesch, Hans, mein Rom. Wanderungen. (VII, 182 S.) kl. 8. Frauenfeld (908). Huber & Co. 2.80; geb. 3. 50

Blosenberg [Schlagwort]

Blosenberg, s.: Sachsen. Karte.

Blosenberg, s.: Sachsen. Messtischblätter.

Blosfeld, G., Organostathmologie oder Lehre von den Gewichtsverhältnissen der wichtigsten Organe des menschlichen Körpers zu einander und zum Gesammtgewichte; zunächst in gerichtsärztlicher Beziehung. (Abdr. aus A. Henke's Zeitschrift für die Staatsarzneikunde.) Erlangen 861. Palm & Enke. gr. 8. (68 S. u. 6 Tab. in 4.) n. 12 *ngr.*

Blosfeld, H., Lehrbuch der russischen Grammatik. 6. Aufl. (IV, 223 S.) gr. 8. Mitau 905. (F. Besthorn.) Kart n. 3. —

-- Uebungsbuch zu der russischen Grammatik. 3. Aufl. (VIII, 197 S.) gr. 8. Ebd. 905. Kart. n. 2. 75

Blosfeld, Paul [aus Kurland]: Über den Einfluss von Säuren, Basen, Salzen und anderen Stoffen auf die Drehung des Asparagins ... Berlin, Druck v. A. Sayffaerth, *1894:* 29 S., 1 Bl., 1 Taf. 8.
Berlin, Phil. Fak., Inaug.-Diss. v. 1. Aug. 1894

Blosius, Ludwig

Blosius, Ludovikus, Anleitg. z. innerl. Leben. E. Spiegel f. Mönche u. alle, d. nach d. Vollkommenheit trachten. A. d. Lat. (Aszet. Bibliothek.) 12. (XXIII, 128 S.) Freiburg i/B. 898. Herder. n. 1. —; geb. in Leinw. n. 1. 60

Blosius, L., vollständiges Gebetbuch aus seinen Schriften, s. Jocham, Magnus.

—— Gebete zum leidenden Erlöser. Aus des Verf. Schriften hrsg. von Magnus Jocham. 16. (112 S. mit 20 Vign. in Holzschn.) Sulzbach 848, v. Seidel'sche Buchh.

– s. Jocham, M.: Psalmen u. Kirchengebete.

Blosius, Ludw., Lichtstrahlen aus seinen Werken, s.: Lichtstrahlen aus den Schriften kathol. Mystiker.

Blosius, Ludov., **manuale vitae spiritualis, s.:** Bibliotheca ascetica mystica.

— Opera stud. et cura A. de Winghe. Folio. Ingolst. 1726. u. andere Ausgaben: 3–4 Thlr. — 4–6 fl.

— geistlicher Perlenkranz. Aus den Schriften der hl. Gertrud, Mechtildis, Katharina v. Siena u. Brigitta. Aus dem Lat. übers. v. J. Weißbrodt. 8. (VIII, 126 S.) Freiburg i/Br. 876. Herder. — 75

Blosius, Ludw., O. S. B., geistlicher Perlenkranz. Aus den Schriften der hll. Gertrudis, Mechthildis, Katharina v. Siena u. Brigitta. Aus dem Lat. übersetzt v. Joh. Weißbrodt. 2., vielfach veränd. Aufl., hrsg. v. Heinr. Molitor, O. S. B. (Aszetische Bibliothek.) (X, 151 S.) kl. 8. Freiburg i/B. 904. Herder. n. 1. —; geb. in Leinw. n. 1. 50

—— Psalmen u. Kirchengebete, s. Jocham, M.

Blosius, Ludw., Regeln des geistl. Lebens. Uebers. v. Mich. Sintzel. 16. (22 B.) Neuburg a. d. D. 845, Prechter.

Blosius, Ludov., Regeln d. geistl. Lebens; übers. v. J. M. Sintzel. 16. Neuburg 1846, Prechter. 10 Ngr. — 36 kr.

Blosius, Ludov., ausgewählte Schriften. A. d. Lat. v. Magnus Jocham. 7 Bdchn. 16. Sulzbach, v. Seidel.
A. u. d. Titln.:
Bdchn. 1. Trost f. Kleinmüthige, e. Krankenbüchlein ꝛc. 1. Aufl. 835., 2., verm. A. (à 19 B.) 840. [illegible] Gr.
" 2. Geistliche Anleitung f. Alle, d. nach d. christl. Vollkommenheit streben. (19 B.) 835. 9 Gr.
" 3. Betrachtung d. bittern Leidens u. Sterbens uns. Herrn Jesu Christi, nach Tauler bearb. (25 B.) 836. 12 Gr.
" 4. Heiligthum f. gläubige Seelen; enth.: I. eine kurze Anweis. zur Gottseligkeit, II. Gebete zu Jesus Christus u. zur Mutter Gottes, III. goldene Aussprüche v. heil. Männern. (24 B.) 836. 12 Gr.
" 5. Geistlicher Spiegel z. Selbstprüfung u. Selbsterkenntniß anleitend. (17½ B.) 837. 8 Gr.
" 6. Trostreicher Wanderstab auf d. Reise in d. himml. Heimath (im Orig. Psychagogie gen.), genommen aus d. Schriften d. HH. Augustin u. Gregorius. (34 B.) 837. 16 Gr.
" 7. Lebensgeschichte d. ehrwürd. Ludovikus Blosius, Benediktiner-Abt v. Liesse. Mit ausführl. Nachrichten üb. dess. sämmtl. Schriften. (23 B.) 837. 12 Gr.

—— ausgewählte Schriften. A. d. Latein. v. Magnus Jocham. 8. u. 9. Bdchn. 16. Sulzbach, v. Seidel'sche Buchh.
A. u. d. Titln.:
Bdchn. 8. Handbüchlein f. Kinder Gottes. (21 B.) 844. 15 Ngr.
" 9. Unterweisung in den Anfangsgründen d. christl. Vollkommenheit. (21 B.) 846. 15 Ngr.
Bdchn. 1—7. Ebendas. 1835—40. 3 Thlr. 7½ Ngr.

—— dass. — 3. Bdchn. A. u. d. T.: Betrachtungen des bittern Leidens und Sterbens unsers Herrn Jesu Christi nach Tauler bearb., und übers. von Magnus Jocham. 2., verb. und verm. Aufl. 16. (XIV und 368 S. mit 1 Titkpfr.) Ebds. 848

—— ausgewählte Schriften. 2. Bdchn. A. u. d. T.: Geistliche Anleitung zur christl. Vollkommenheit. Uebers. von Magn Jocham. 2., neurevid. Ausg. gr. 16. (XVI und 260 S.) Sulzbach 851, v. Seidel'sche Buchh.

—— dass. — 4. Bdchn. A. u. d. T.: Das Heiligthum einer gläubigen Seele. Uebers. von Magnus Jocham. 2. Aufl. 16 (XVI und 312 S.) Ebds. 851.

Blosius, L, ausgew. Schriften, übers. v. M Jocham. 2. Afl. 2. 16. Sulzb., v. Seidel. 1. 16¼
Anleitg z. christl. Vollkommenh. (260) 56.

Blosius, Ludov., ausgewählte Schriften. 6. Bdchn. gr. 16. Sulzbach 861. v. Seidel. 20 ngr.
Inhalt: Geistlicher Wanderstab auf der Reise in die himmlische Heimath [im Orig. Psychagogie genannt], genommen aus den Schriften der hh. Augustin u. Gregorius u. übers. von Magn. Jocham. 2. revid. Aufl. (XVI, 541 S.)

Blosius, Ludw. (Louis de Blois, Benediktinerabt, † 1566), ausgewählte Schriften u. Lebensgeschichte; nebst ausführl. Nachrichten üb. dess. sämmtl. Schriften. Uebers. u. herausg. von Magn. Jocham (Prof.) 9 Bdchn. (18 in 2r Auflage.) 12. Sulzbach 1835—46, Seidel. 4¼ Thlr. — 6 fl. 33 kr.
Lebensgeschichte (oder 7s Bdchn.) einzeln ¾ Thlr. — 45 kr.

—— Scintillulae, s.a. Bibliotheca ascetica.

— divini amoris scintillulae, seu preculae admodum piae etc. ex operibus excerpta per J. M. Sintzel. 18. maj. Solisb. 1847, Seidel. 1 Thlr. — 1 fl. 30 kr.

Blosius, Ludovikus, Geistl. Spiegel z. Selbstprüfg. u. Selbsterkenntnis. Mit Anh.: D. untrügl. Spiegel od. d. Lehre u. Uebg. d. Selbsterkenntnis v. P. Johs. Pinamonti, S. J. 16. (VI, 224 S.) Paderborn 897. Bonifacius-Druckerei. Geb. in Leinw. n. — 50

Blosius, Ludw.: Trost u. Ermutigg im geistl. Leben. Nach d. Latein. bearb. v. Plazidus Friedrich. (Aszet. Bibliothek.) (15, 213) kl8° FreiburgB., Herder ('11). 1.60; Kunstldr 2.20 d

—— Trost für Kleinmüthige, s.a. Trost.

v. Blosius, Ldw., Trost d. Kleinmüthigen; genommen a. d. heil. Schrift u. a. d. Werken d. heil. Augustinus, Bernhardus, Ambrosius u. A. Mit e. Vorrede v. J. Madlohner. Deutsch herausg. v. G. Passy. 18. Wien 823. Wallishaußer. 10 gr.

—— Trost der Kleinmüthigen. Genommen aus d. heil. Schriften, und aus den Werken d. heil. Augustinus, Bernhardus, Ambrosius rc., nebst einer Zugabe aus den Schriften des heil. Alphons Maria Liguori. Mit e. Vorrede begleit. v. Johannes Madlener; deutsch hrsg. v. Geo. Passy. 2. Ausg. 12. (10½ B.) Wien 842. (Leipzig, Fr. Fleischer.)

—— Trost f. Kleinmüthige. Neu in's Deutsche übers. 24. (225) Rgsbg 57, Manz. — 6

Blosius, Ludwig von, Trost der Kleinmüthigen. Genommen aus den heiligen Schriften und aus den Werken des heil Augustinus, Bernhardus, Ambrosius, des seligen Heinrich von Seuß, des ehrwürdigen Johannes Thauler, Florentius des Karthäusers, Johannes Landsberg u. Anderer. Nebst einer Zugabe aus den Schriften des heil. Alphons Maria Liguori. Mit einer Vorrede begleitet von Johannes Madlener. Deutsch herausgegeben von Georg Passy. Mit 1 Stahlstich. 3. Aufl. 8. (322 S.) Wien. Ueberreuter. 1861 60 kr.

— Trost im innern Leiden. Lehr- u. Erbaugsschrift f. Seelen, d. v. Versuchgn u. Geistesdürre heimgesucht werden. Hrsg. v. Joh. Jak. Hansen. (295) 16° Steyl, Missionsdr. '12. L — 80 d

Blösl Joachim: Die Mundart der Orte: Deutsch-Brodek, Döschna, Schwannenberg.
H. 1909 PN 2659 Diss. Wien Univ. 292

Bloss

Vesta-Lied. [Unterz.:] Bloss. [Leipzig o. J.: Böhme & Lehmann.] 1 Bl. 8°. [Kopftit.]
„Quält dich, o Maurerherz . . ."

Bloss, AE: Das Eisenbahngleis auf starrem Unterbau. (5,70 m. 9 Taf.) Lex8° Dresd., A Dressel '12. 4.60

Bloss, J. C., de precibus cum jejunio factis. Numb. 1711. 4.

Bloss, Karl

Gedenk-Blatt zur Feier des 25jährigen Bestehens der ger. und vollk. St. Joh.-Loge Günther zur Eintracht zu Rudolstadt am 14. Sept. 1884. [Von Karl Bloss.] [Rudolstadt 1884: Hofbuchdr.] 16 S. 8°
Tt. 474 a. Gesch. der Loge nebst Übersicht der Gesch. der Loge Günther zum stehenden Löwen 1785—1829.

Bloss, Ludwig Christoph

Bloss, Ludw. Christoph, Programma de historia poeseos Germanicae, quo ad festa natalitia Ludovici Friderici, comitis Schwarzburgi . . atque conjugis Annae Sophiae, principis Saxoniae . . Rudolstadt (Urban) 11. I. 1705. 8 S. (3.—) 2920

— — Programma alterum de historia poeseos Germanicae, quo ad comitis Alberti Antonii Schwarzburgi . . natalitia festa. Rudolstadt (Heinr. Urban) 1706. (2.—) 2922

— — Progr. de admirandis nonnullis memoriae artificialis speciminibus . . ad . . comitis Ludovici Friderici, comitis Schwarzburgi natales. Rudolstadt (Heinr. Urban) 1706. 12 S. (3.—) 2921

Bloss, W.: Zur Geschichte der Kommune von Paris. s. Blos, Wilhelm

Bloss, Herm., Adressbuch der sämtlichen bahnamtlich angestellten Rollfuhr-Unternehmer der königl. preussischen Staatsbahn, der königl. bayerischen Staatsbahn, der königl. sächsischen Staatsbahn, der grossherzogl. badischen Eisenbahn, der grossherzogl. mecklenburg. Friedrich-Franz-Eisenbahn, der grossherzogl. oldenburg. Eisenbahn, der pfälzischen Eisenbahn. 1903. Nach amtl. Quellen bearb. u. hrsg. (24 S.) gr. 8. Altona (Schlüter). n. 1. 50

Blösse, Unleugbare, des Pabstthums in Wiederlegung einer übel gerathenen Schrifft, P. Flotto, aufgedeckt. Nürnberg 1735. V: *Oeder, Georg Ludwig.* (Jes III, Sp. 812)

Blößen, einige, d. heutig. Philosophie. 8. Berl. 800. Ferd. Oehmigke. 4 gr.

— der protestant. Theologie. Ein nothwendiger Präliminar-Unterr. für Alle, die sich dem Studium d. Theologie widmen wollen. Von e. Antisupernaturalisten in Heidelberg, (K. Chr. v. Langsdorf). gr. 8. Manh. 829. Schwan u. G. 2 rf 12 gr

Blossfeld, H. G., Predigten auf die dritte Jubelfeier der Kirchenverbesserung. Nebst kurzem Abriß v. Luthers Leben. gr. 8. Augsb. 817. (Ulm, Ebner). 4 gr

Blossfeldt, Wilh., s: Monisten-Kongress, Der 1. internat., in Hamburg.

Blossfeldt, Wilhelm (Red.), s. Zeitung, Illustrierte, für Blechindustrie.

Blößl, Jh. Cph., s. Rousseau's Geist.

Blößner, Geo., die Aebte des oberpfälzischen Prämonstratenserklosters Speinshart nach der Kirchenspaltung bis zur Säkularisation (1691—1803). Nach archival. Quellen. Mit 8 Abbildgn. u. 8 Beilagen. (VII, 92 S.) gr. 8. Regensburg 904. Verlagsanstalt vorm. G. J. Manz. n. 2. —

Blößner, Geo., Geschichte der Georgskirche (Malteserkirche) in Amberg. Mit Grundriß u. mehr. Abbildgn. Größtenteils nach archival. Quellen bearb. gr. 8. (63 S.) Stadtamhof 899. (Amberg, F. Pustet.) n. 1.20
Sonderabdruck aus „Verhandlgn. d. hist. Vereines v. Oberpfalz u. Regensburg".

Bloest, Carl Friedrich Ludwig: De E c t r o p i o . Landeshuti Bav. 1824: Stornus. 19 S. 8°
Landshut, Med. Diss. v. 1824.

Blößt, J. L. W., Predigt im Uebungslager bei Augsburg über Matth. 27, 54. gehalten den 30. August 1840. 2. Aufl. 8 Augsburg 847, Schlosser's Buchh.

Bloest, Joh. Adam: Quaeritur num ex tabulis . . . , s. P f a f f , Christoph Matthäus [Praes.]

Bloest, Max., s. Bibliothek von Vorlesungen rc. über Medicin. No. 21. 22. 24. 27. 29. 31. 34. 40.

BLOEST, Maximilian (Kempten): De staphylomate corneae.- Monachii: Poessenbacher 1831. 30 S. 26.11.1830 - Urk; F 39 Diss.Ingolst.-Landsh.-Mchn.

Blot, F. X.

Blot, ein Blick in das Jenseits. Trostworte für Trauernde über den Verlust geliebter Angehörigen. Nach dem Französ. Nebst einem Anhang erbaulicher Gebete. Leipzig 864. Wilfferodt. 16. (VIII, 181 S.) n. 16 ngr.

Blot, S. J., im Himmel erkennen wir uns wieder. Trostbriefe. Aus dem Französ. übers. 10. Aufl. (VII, 147 S.) kl. 8. Straßburg (904). F. X. Le Roux & Co. n. — 50; geb. in Halbleinw. n. — 80; in Leinw. n. 1.20

Blot, F. X., das Leben Mariä, s.: Handbibliothek der Frömmigkeit.

Blot, F. X., der Monat zum Herzen Jesu in Todesangst. Uebersetzt von J. B. Kempf. 16. (192 S.) Mainz 877, Kirchheim.

— ein Monat am Oelberge. Betrachtungen u. Uebgn. üb. die Todesangst Jesu Christi. Aus dem Franz. 16. (VIII, 200 S.) Mainz 876. Kirchheim. — 90

— der Monat zur hl. Todesangst Jesu. Uebers. v. J. B. Kempf. 32. (176 S.) Ebend. 878. — 90

—— die Stimme einer Mutter. Mit einer Vorrede. Den christl. Müttern als Vade mecum für ihre Kinder gewidmet. Autoris. Uebersetzung. gr. 16. (IV, 108 S.) Mainz 877, Kirchheim.

— der der Mutter Gottes geweihte Tag. Mit Gutheißg. d. französ. Hrsg. nach der 11. Aufl. ins Deutsche übertragen. Nebst e. Anh. der nothwendigsten Gebete. gr. 16. (130 S.) Paderborn 876. Junfermann. n. — 40

— das Wiedererkennen im Himmel. Trostbriefe. Aus dem Französ. Mainz 863. Kirchheim. 16. (VIII, 139 S.) 10 ngr.

Blot, das Wiedererkennen im Himmel. Trostbriefe. Aus d. Französ. 2. Aufl. 866. — 3. Aufl. Mainz 869. Kirchheim. 16. (VIII, 139 S.) 10 ngr.

—— das Wiedererkennen im Himmel. Trostbriefe. Aus dem Französ. 3. Aufl. 1869, und 4. Aufl. 16. (VIII, 139 S.) Mainz 874, Kirchheim.

Blot, das Wiedererkennen im Himmel. Trostbriefe. Aus dem Französ. 5. Aufl. gr. 16. (VIII, 139 S.) Mainz 881, Kirchheim. 1 —

Blot, das Wiedererkennen im Himmel. Trostbriefe. Aus dem Franz. 6. Aufl. 16. (VIII, 139 S.) Mainz 887. Kirchheim. 1.—

Blot, d. Wiedererkennen i. Himmel. Trostbriefe. Aus d. Franz. 9. Aufl. 16. (VIII, 139 S.) Mainz 898. F. Kirchheim. n. — 75; geb. in Leinw. n. 1.—

Blot, S. J., das Wiedererkennen im Himmel. Trostbriefe. Aus dem Franz. 10. Aufl. gr. 16. (VIII, 139 S.) Mainz 900. F. Kirchheim. n. — 75; geb. in Leinw. n. 1.—

— das Wiedererkennen im Himmel. Trostbriefe. Aus dem Franz. 11. Aufl. (VIII, 139 S.) kl. 8. Mainz 905. Kirchheim & Co. n. — 75; geb. in Leinw. n. 1.—

Blot, S. J., das Wiedererkennen im Himmel. Trostbriefe. Aus dem Franz. 12. Aufl. (VIII, 139 S.) 16. Mainz 909. Kirchheim & Co. — 75; geb. in Leinw. 1.—

— Wiedersehen im Jenseits, s.a. Ritz, Herm.

— Wiedersehen i. Jenseits. E. Trost b. Verluste geliebter Angehörigen. N. B. bearb. u. hrsg. v. P. Herm. Ritz, S. J. 2., vollst. umgearb. Aufl. 16. (IV, 127 S.) Würzburg 895. F. X. Bucher's Verl. n. — 80

Blöte, J. F. D., das Aufkommen der Sage v. Brabon Silvius, dem brabantischen Schwanritter. (Verhandelingen der koninkl. akademie van wetenschappen te Amsterdam.) (V, 127 S. m. 1 Tab.) Lex.-8. Amsterdam 904. J. Müller. n. 5.—

Blotnicki, Jos., kleines Wörterbuch fremder Wörter u. Ausdrücke; zugleich Wendgn. u. fremde Sprichwörter enth., die in der poln. period. Presse u. Umgangssprache gebräuchlich sind. (In poln. Sprache.) 12. (135 S.) Berlin 891. B. Behr's Verl. 1.20

⊕ Blotnicki, Jos., kl. Wörterb. fremder Wörter. 891. (KBL 27.) Jetzt: Berlin, Neufeld & Henius.

Blotnitzki, L . Bericht über den Föhn und dessen Einfluss auf die Wasserverheerungen an das eidg. Departement des Innern und des Bauwesens. Mit 2 Tafeln in Farbendruck. 8. Bern 1869.

Blotnitzki, L. Über die Bewässerungskanäle in den Alpen. Bern 1871.

Blotnitzki, L. und Hartmann. Expertenberichte über die Rhone-Correction von 1861—62.

Blotnitzki, L. Rapport betreffend Brunner's Dampfomnibus. 1876—77. Aut. fol.

Blottner, Carl Ludwig

Blottner, Karl Ldw., († d. 25. Febr. 1802.) s. a Apollonius, d. entblößte.

(Carl Ludw. Blottner) Der entblösste Apollonius (v. Tyana) dargestellt aus neueren Magieen, von einem Freunde der Natur. Leipz. 1794. 8. *Cum figg.* (Auctoris medici.)

Blottner, Karl Ludw. (Hrsg.), s. M o n a t s s c h r i f t , Glätzische.

Blottner, Carl Ludwig (Schlesien), De fungorum origine. Diss. botanica. Präs. Jo. Christian Reil. Halle (Bathe) 12. IV. 1797. 47 S. (5.—) 2923
Gew.: F. Stiller (Breslau).

Blottner, Karl Ludwig, s. B l o t t n e r , Carl Ludwig

Bloettner, Jo. Georg (Alstad. Saxo-Palat.), De gravi latinitatis et pilosophiae in sui contemtores. Diss. philos. Präs. Jo. Gotthelf Rosa. Jena (Nis) 15. X. 1712. 32 S. (5.—) 2913
Gew.: Christian v. Griesheim, Barthol. Kellner, Jo. Casp. Lichtenbach-Zeichart.

Blotz, der in Schuldbaustheil. u. Concursfach. accurate Beamte. 4. Frankf. Eßlinger. 780.

Blotz, ..., der in Schuldbaustheil. u. Concursfachen accurate Beamte. 4. Frankf. a. M. 780. (Schäfer). 16 gr

Blotz, J. C., s. B l o t z , J. E.

Blotz, J. E., prakt. Anweis. z. Flachs, Hanf und Hirsenbau. 8. Leipzig, Böhme. 788.

Bloß, J. C., (F. C. Louchy,) prakt. auf Erfahr. gegründete Anweis., wie der Landwirth den Flachs-, Hanf- u. Hirsenbau mit mehr Vortheil, als zeither, betreiben 2c. 8. Lpz. 788. (Snobloch). 6 gr

— die Gartenkunst, oder ein auf vieljähr. Erfahrung gegründ. Unterricht, sowohl große als kleine Lust-, Küchen-, Baum- u. Blumengärten anzulegen 2c. (1r, 2r Bd. mit Kpf. u. Pl. gr. 8. Lpz. 795. 2e Aufl. v. J. L. Christ 797. 3e A. v. G. W. Becker u. C. F. Kühns ... 4e A. 819. 3r u. 4r Bd. 804. 2e A. 815.) 4 Bde. Mit 28 Kpf. u. Sachregister v. C. B. Stieglitz. gr. 8. Ebd. 815 — 19. Voß. 5 ₰ 16 gr

Bloß, J. F., die Gartenkunst, umgearb. v. Christ. m. K. u. Pl. m. Beschr. v. Christ u. Stieglitz. 4 Thle. gr. 8. Leipzig, Voß. 798. 804. (1r 20gr. 2r 1 Rthlr. 3r 20. 4r 3 Rthlr.)

Bloß, J. F. und J. L. Christ, die Gartenkunst, oder Unterricht, Lust-, Küchen-, Baum- und Blumengärten anzulegen 2c. 3te Aufl. Herausg. von D. G. W. Becker und C. F. Kühns. 1r, 2r, 3r Theil. 8. Leipzig, Voß, 819 — 820. (1r 2r Th. 1 Rthlr. 20 gr. 3r Th. 20 gr.)

— auf zwanzigjähr. Erfahr. gegründeter Unterr., wie man durch gehörige Behandl. des Hopfen-, Spargel- u. Meerrettigbaues sehr vielen Vortheil ziehen kann 2c. 8. Leipz. 788. (Snobloch). 4 gr

Blotz, J. F., s. Blotz, J. E.

Bloetz, C., s. Bloetz, K.

Bloetz, K.
Auf dem Rade durch Norwegen. Reiseschilderung von K. Bloetz. In vereinf. deutscher Stenogr. (Einigungssystem Stolze-Schrey). Berlin: F. Schulze 1905. (39 S.) quer-8°

Bloetz, C., s.: Schulbibliothek Stolze-Schrey.

Blötzer, Joseph

Blötzer, Jos., S. J., die Katholikenemanzipation in Großbritannien u. Irland, s.a. Stimmen aus Maria-Laach, 88. u. 89. Erg.-Hft.

Die Katholikenemanzipation in Großbritannien und Irland. Ein Beitrag z. Gesch. religiöser Toleranz. Von Joseph Blötzer S.J. Freiburg i. Br.: Herder 1905. (XIII, 293 S.) 8° [F.]
— Stimmen aus Maria-Laach. Erg.H. 88. 89.

Blouet, G. Abel, Supplemente zu Joh. Rondelet's theoret. und pract. Abhandlung über die Kunst zu bauen. Aus dem Franz. übers. von C. F. Vogel. (In 4 Abthlgn. Text und 4 Abthlgn. Atlas.) 1. und 2. Abthl. gr. 8. (VIII S. und S. 1—224.) Mit Atlas 1. und 2. Abthl. (50 Stnt. in Imp.-Fol.) Leipzig 849. [Meißen, Romberg.] à Abthl

Bloum, ..., neue Gedichte. 8. Wien 783. v. Mösle. 6 gr

Blount, Ch., s. *Philostrate*, Vie d'Apollonius de Tyane.

Blount, Marg., das Geheimniß des roten Zimmers, s.: Berlepsch, Lina Freifrau v., Romanbibliothek. 35.

Blount, Thom. Pope, Censura celebrior. autor. 4. Genev. 710.

Blousen, s. a.: Blusen.

Blousen, neueste. Fol. (8 S. m. Abb.) Wien 808. (Leipzig, A. Twietmeyer.) n. — 80

Blousen, neueste, des „Wiener Chic". Jahrg. 1900 u. 1902. à 4 Hfte. Fol. (à Hft. ca. 16 S. Abbildgn. m. Text.) Wien, F. Finkelstein & Bruder. à Jahrg. 8. 50; einzelne Hfte. 2. 50

Blousen, neueste, des „Wiener Chic". Jahrg. 1903—1905. 4 Nrn. (à ca. 16 farb. Taf. m. 8 S. Abbildgn. u. 2 S. deutschem u. franz. Text auf dem Umschlag.) Fol. Wien, B. Finkelstein & Bruder. à Jhrg. n. 12. — einzelne Nrn. n. 3. 50

— dasselbe. Jahrg. 1906. 4 Nrn. (à ca. 20 farb. Taf. m. 8 S. deutschem u. französ. Text) Fol. Ebd. n. 14. —; einzelne Nrn. n. 4. —

— Neueste, des „Wiener Chic", Fortsetzg., s.: Album de blouses „Le Chic".

Blousen-Album, Pariser. 1. Jahrg. Juli 1903—Juni 1904. 4 Hfte. (à ca. 16 S. m. Abbildgn.) gr. 4. Homburg, M. Stubenrauch. n. 7. 50; Saison-Abonnement n. 3. 80; einzelne Hfte. n. 2. —
Fortsetzg., s.: Blouses et Modes parisiennes.

Blouses modernes. Nr. 1 u. 2. (16 u. 19 S. m. Abbildgn. u. je 1 farb. Taf.) gr. Fol. Leipzig (903. 904). Hoffmann & Ohnstein. à n. 1. —
Erscheint nicht mehr.

— nouveaux. Album de la mode. Editeur: Gust. Fournés. (15 S. m. Abbildgn. u. Text in deutscher u. französ. Sprache.) Fol. Wien (904). Wiener Mode-Fachblätter. n. 1. 75

— et Modes parisiennes. Jahrg. 1905. 4 Hfte. (à ca. 8 Taf. m. 1 Schnittbogen.) gr. 4. Homburg, M. Stubenrauch. n. 7. 50; Saison-Abonnement n. 3. 80; einzelne Hfte. n. 2. —

— robes de chambres etc. Hrsg.: Gust. Lyon. Jahrg. 1909. 4 Nrn. (à 16 S. farb. Abb. m. 2 S. deutschem Text auf dem Umschlag.) 40×29,5 cm. Berlin. (Leipzig, W. Opetz.) 5. —; einzelne Nrn. 1. 50

— robes de chambre etc. Dernières créations. Administration et réd.: Établissements Gustave Lyon, société anonyme. J. '10—12 je 4 Hefte. ('10, 16 m. Text auf d. Umschl.) 40×30,5 cm. Paris ('10). Berl., G Lyon.
Heft 1 u. 3 farbig je 2 —; Heft 2 u. 4 schwarz je 1 —

Blouses, les, de la saison. La tailleuse parisienne. Jahrg. 1910. 2 Hefte. (Je 16 S. Abb. m. 2 S. französ., deutschem u. engl. Text auf dem Umschl.) 42,5×32 cm. Wien, Palais, de la mode „Le grand Chic". à 1. —

Blouses, Les, de la saison. Frühjahrs- u. Sommer-Saison '12 u. Herbst u. Winter '12/13. (16 m. z. Tl farb. Abb.) 41,5×31,5 cm. Wien, Mode-Verl. „Le grand Chic". — Für Deutschld: Berl., „Le grand Chic". je 1 —

Bloxam, M. H., die mittelalterl. Kirchen-Baukunst in England. Nach der 7. Aufl. übers. u. mit Anmerkungen versehen. Nebst 56 Stein- u. Holzschn.-Taf. 12. (180 S.) Leipzig 847, Haendel. n. 2 ₰

Bloys van Treslong, C. E., Amsterdam-Rheinkanal. Festschrift zur Erinnerg. an die 1. Fahrt auf dem vollendeten Teile d. Merwedekanals u. die erstmal. Benutzg. d. verbesserten Fahrwassers v. Amsterdam nach dem Rhein. Im Auftrage der Kamer van Koophandel en Fabrieken in Amsterdam bearb. gr. 4. (56 S. m. 1 farb. Karte in Futteral.) Amsterdam 892. J. H. de Bussy. Kart. n.n. 4. 50

— die Rheinschiffahrt, in Bezug auf Industrie u. Landwirtschaft. gr. 8. (64 S.) Dortrecht 891. J. P. Revers. — 90

Blozyusza, Ludw., Ustaw życia pobożnego, s.: Zbiór.

Blücher. Ein Festgesang ... Hamb. 1822. V: *Lebrun, Carl August.* (schr)

Blücher, Feldmarschall, und der deutsche Befreiungskrieg. Eine Gedenkschrift an die großen Tage der Erhebung vor 50 Jahren. Mit 22 Illustr. (Holzschn. im Text.) Dresden 863. Meinhold & Söhne. 4. (40 S.) 5 ngr

Blücher. – Gebhard Leberecht Blücher, s. Blasendorff, K.

Blücher, Gebhard Leberecht v., s. Taute, Rhold.

Blücher, Geschichte der Familie von, s. Wigger, Fr.

Blücher in Kreuznach. Beigegeben ist die Nachbildung eines Briefes von Blücher. Kreuznach 1894. V: *Kohl, Otto.* (Berl)

Blücher von Wahlstatt, s. Aus d. Reiche f. d. Reich.

Blücher von Wahlstatt, s. Blasendorff, Karl

Blücher von Wahlstatt, s. Flemming's, Carl: Vaterländische Jugendschriften.

Blücher von Wahlstadt, Fürst. [Lauenburg 1819.] V: *Egestorff, Georg Heinrich Christoph.* (Schr)

Blücher's v. Wahlstatt, Feldmarschall Fürst, Biographie, s.: Wigger, F.

Blücher, von Wahlstadt, Fürst, Heldenthaten u. Skizze, s. Rumpf.

— seine Zeit u. sein Leben, s.: Scherr, J.

Blücher, Carl v., Anna Boleyn. Drama in 5 Acten. 8. (V, 159 S.) Schwerin 890. Stiller. n. 2. —

Blücher, Carl v., des Pilgers Heimkehr. Vaterländisches Schauspiel aus Mecklenburgs Vorzeit in 4 Aufzügen. gr. 8. (II, 139 S.) Neustrelitz 893. (Neubrandenburg, C. Brünslow.) n. 1. —

Blücher, K. J., מרפא לשון ארמי sive Grammatica Aramaica in qua non solum de Aramaismo biblico, sed etiam de illis idiomatibus, quae in variis Targumim et Talmud uti etiam in aliorum scriptorum vetere rabbinorum libris occurrunt, agitur, ita, ut a quolibet, qui non plane rudis est Ebraeae, tribus mensibus feliciter arripi possit. — Marpe leschon Arami. Mit 4 Tabellen. 8maj. Viennae 838. (Lipsiae, Fritzsche.) n. 5/6 ℔

Blücher, E. J., die Synagogenfrage für deutsche Israeliten. Kosten 860. (Posen, Merzbach.) gr. 8. (15 S.) n. 6 ngr.

Blücher, F. v., zwanzig Jahre Ulan. 1855—1875. Aus meinem Tagebuche. gr. 8. (IV, 146 S.) Berlin 884, v. Decker's Verlag. * 2 20

Blücher, G. Annotations au Livret de Paul-Louis, vigneron, pendant son séjour à Paris, en mars 1823. Charlottenburg, Kais. Augusta-G., 1891. 20 S. 4.

Blücher, Gebhard Leberecht, s. Blücher von Wahlstatt, Gebhard Leberecht

Blücher, *Georg:* Livret de Paul-Louis, vigneron, pendant son séjour à Paris, en mars 1823. Berlin, Druck v. Gebr. Unger, 1891; 1 Bl., 20 S. 4°
Charlottenburg, k. Kaiserin-Augusta-G, OP 1891 (70)

Blücher, Gustav Gotthard (Hrsg.), s. Acten den Verkauf von Lindewitt an die Königlich Dänische Rentekammer betreffend.

Blücher, Gustel v., eine Festrede zu Kaisers Geburtstag, geh. am Teeabend der Dresdner Ortsgruppe des deutschen Bundes abstinenter Frauen am 27. I. 1909. (16 S.) kl. 8. Dresden (909). C. Heinrich. — 20

Blücher, H.v. : Chemische Untersuchungen der Soolquellen ..., s. Blücher, Hellm. v.

Blücher, H. A.: Die Analyse der Biere, Spitiruosen und des Essigs, s. Blücher, Hellmut

Blücher, Hellmut von

Blücher, H., die Abstammung des Menschen, s.: Miniatur-Bibliothek.

BLÜCHER, H. A.
Analyse (Die) der Biere, Spirituosen und des Essigs. Leitfaden zur Beurtheilung und Begutachtung von Bieren, Spirituosen und Essig. Kassel, 1894. 8vo. Ill.
Sammlung chemisch-analytischer Taschenbücher.

– dasselbe , s.a. Sammlung chemisch-analytischer Taschenbücher

Analyse (Die) der Weine, Verschnittweine, Süssweine, Schaumweine, Obstweine und Beerenobstweine. Leitfaden zur Beurtheilung und Begutachtung von Weinen, weinhaltigen und weinähnlichen Getränken. Kassel, 1894. 8vo. Ill.
Sammlung chemisch-analytischer Taschenbücher. Vol. 1.

– dasselbe, s.a. Sammlung chemisch-analytischer Taschenbücher.

Blücher, H., s.a. **Auskunftsbuch f. d. chem. Industrie.**

Blücher, H: Auskunftsb. f. d. chem. Industrie. 8. Afl. '12/13. (14, 1392 u. 37) gr8° Berl., F Siemenroth '13. L 15 —

— Technische Betriebe. Die Kakao-, Schokoladen- u. Zuckerwarenfabrikation, s.: Miniatur-Bibliothek.

– Die Bierbrauerei, s. Miniatur-Bibliothek.

– Organische Chemie, s. Miniatur-Bibliothek.

— Modern industrial chemistry. From the German translated by J. P. Millington, M. A. (XVI, 779 S. m. 1 Taf.) gr. 8. Berlin 911. F. Siemenroth. Geb. in Leinw. 25. —

– Dampfkessel u. Dampfmaschinen, s. Miniatur-Bibliothek.

– Düngemittel u. Futtermittel, s. Miniatur-Bibliothek.

– Eisenhüttenkunde, s. Miniatur-Bibliothek.

– Elektrochemie, s. Miniatur-Bibliothek

– Die Entwicklung der Erde (Geologie), s. Miniatur-Bibliothek

— Die Farben, s.: Miniatur-Bibliothek.

— Prakt. Führer durch die heimische Pflanzenwelt, s.: Oswald, A.

— Gifte u. Vergiftungen, sowie die erste Hilfe in Vergiftungsfällen. Mit 7 Abbildgn. im Text u. 4 Taf. in Farbenlith. 8. (XV, 199 S.) Leipzig 899. O. Wigand. Geb. in Leinw. 3. —

— die Herstellung des Leuchtgases, s.: Miniatur-Bibliothek.

– Die Kakao-, Schockoladen - u. Zuckerwaren fabrikation, s. Miniatur-Bibliothek

— Luft (Die). Ihre Zusammensetzung und Untersuchung, ihre Einfluss und ihre Wirkungen, sowie ihre technische Ausnutzung. Leipzig, 1899. 8vo. Ill.

— die Luft. Ihre Zusammensetzg. u. Untersuchg., ihr Einfluss u. ihre Wirkgn sowie ihre techn. Ausnutzg. gr. 8. (XI, 322 S. m. 34 Abbildg.) Leipzig 900. O. Wigand. 6. —

– praktische Maschinenlehre , s. Miniatur-Bibliothek

Blücher, H., d. prakt. Mikroskopiker. Allgemeinverständl. Anleitg. z. Gebr. d. Mikroskops u. z. Anfertigg. mikroskop. Präparate n. bew. Methoden, zugl. e. prakt. Hilfsbuch f. Pharmaceuten, Droguisten, Gärtner, Landwirte, Fleischbeschauer u. Naturfreunde. M. 120 Beobachtgn. u. 85 Abb. i. Text. gr. 8. (VIII, 103 S.) Leipzig 898. Leipziger Lehrmittel-Anstalt. 1. 50

— der praktische Mikroskopiker. Allgemeinverständliche Anleitg. zum Gebrauche des Mikroskops u. zur Anfertigg. mikroskop. Präparate nach bewährten Methoden, zugleich e prakt. Hilfsbuch f. Pharmazeuten, Drogisten, Gärtner, Landwirte, Fleischbeschauer u. Naturfreunde. 2. Aufl. m. 120 Beobachtgn. u. 85 Abbildgn. im Text. (VIII, 100 S.) gr. 8. Leipzig 900. Leipziger Lehrmittel-Anstalt. n. 1.50; geb. n. 2. 25

— Der prakt. Mikroskopiker. Anleitg z. Gebr. d. Mikroskops u. z. Anfertigg mikroskop. Präparate. 3. Afl. (8, 104 m. Abb.) gr8° Lpzg, Leipz. Lehrmittel-Anst. '11. 1.50; geb. 2.25

– praktische Pflanzenkunde, s.a. Miniatur-Bibliothek

Blücher H, Prakt. Pflanzenkunde. (107 S) (Min.-Bibl. 250-254) 32° Leipzig (1901)

— Eßbare u. giftige Pilze Mittel-Europas, s.: Oswald, A.

— praktische Pilzkunde, s.a. Miniatur-Bibliothek.

Blücher H, Praktische Pilzkunde. (32 S 32 T) (Miniaturbibliothek 200-204) 32° Leipzig (1901)

– die Spiritusbrennerei, sowie die Fabrikation von Spirituosen, s. Miniatur-Bibliothek

– der Steinkohlenteer u. seine Verarbeitung, s. Miniatur-Bibliothek

— s: Technik, Moderne.

v. Blücher, H., chemische Untersuchung der Soolquellen bei Sulz im Großherzogth. Mecklenburg-Schwerin, nebst e. Uebersicht der wicht. Gebirgsverhältnisse Mecklenburgs u. Neu-Vorpommerns. Mit 1 lithogr. Ansicht u. 1 Karte. Berl. 829. Hirschwald. 1 ₰

— das Wasser. Seine Zusammensetzg. u. Untersuchg., sein Einfluss u. seine Wirkgn., sowie seine techn. Ausnutzg. Mit 20 Abbildgn. im Text u. 2 lith. Taf. gr. 8. (XIII, 405 S.) Leipzig 900. O. Wigand. 6. —

— die Zuckerfabrikation, s.: Miniatur-Bibliothek.

v. Blücher, Helmuth, Bemerkungen über den ritterschaftlichen Credit-Verein der Großherzogth. Mecklenburg. .. Rostock 838. Schmidtchen. n. 5/12 ₰

Blücher, J. v., Siegfried v. Wildenstein. 12. (III, 185 S.) Frankfurt a/M. 895. A. Foesser Nachf. Geb. in Leinw. m. Goldschn. n. 3. —

Blücher, J. E., *Dr.*, *Rabbiner etc.* Interims-Lieferung auf das Lehrbuch: Systematische hebräische Grammatik mit Rücksicht auf den neuesten Lehrplan für israelitische Schulen im österr. Kaiserstaate. *Wien* 1858. *Mechitharisten.* 22 S., 8°. Gratis.

Blücher, L. Bruno, die Altenburger Feuerwehr. Denkschrift zum 25jähr. Stiftungsfeste. Nach den vorhandenen Quellen, Urkunden u. Akten bearb. u. hrsg. 8. (58 S. m. 1 Tab.) Altenburg 879. Blücher. n. — 50

Blücher, L. G. E. v.

— über die Erleichterung d. Geldzahlungen. 8. Rost. 811.

v. Blücher, L. G. E., üb. landschaftl. Credit-Vereine, in besond. Bezieh. auf Mecklenburg. 8. Rostock 817. Stiller. 8 gr.

Blücher, Lebrecht, s. Blücher von Wahlstatt, Gebhard Leberecht

Blücher, Luise v., Lieb' und Leben. Zwei Erzählungen für junge Mädchen. 8. (152 S.) Berlin 884, Parrisius. * 2 50
geb. * 3 50

Blücher-Altona, C. D. v., Das Leben desselben in seinen Hauptmomenten dargestellt. gr. 8. (2 B. u. B's Bildn.) Altona 845. (Heilbutt.)

Blücher-L'Hombre, ein willkommenes Geschenk für Freunde u. Verehrer des L'Hombrespiels. 8. Berl. 818. Mittler. 4 gr.

Blücher-L'Hombre, ein willkommenes Geschenk für Freunde u. Verehrer des L'Hombrespiels. 8. Berlin, Mittler. 821.

Blücher von Wahlstatt, Gebhard Leberecht

Blücher, Des Feldmarschalls Lebrecht v., ausgew. Briefe, hrsg. v. Frdr. Schulze, s: Voigtländer's Quellenbb.

Blücher [Gebhard Leberecht v.] in Briefen aus den Feldzügen 1813--1815. Hrsg. von E. v. Colomb. Stuttgart: Cotta 1876.

— Briefe an s. Frau. Hrsg. v. Adf Saager. (1—3. Afl.) (151) 8° Stuttg., R Lutz ('12). 2 —; geb. in Seide n 3.50 d

Blücher, Gebhard Leberecht Fürst v., Kameraden! Mein Vermächtnis an das Heer, m. einleit. Briefe v. W. v. Unger, Berlin, 27 S., 8°.

Bluecher, G. L. v. Kampagne-Journal d. Jahre 1793 u. 1794. Berlin 1796. 134 S.
— — Kampagne-Journal d. J. 1793 und 1794. hrsg. v. Knorr. Hamburg 1866. 163 S.

Vater **Blücher's** Scheidewort und Vermächtniss an Preussens Krieger. Berlin und Breslau. (1819.) 8°.

Blücher's Lebensabriß, s. Kluckhohn, A.

Blücher's Lebensbild, s. Blasendorff, K.

Bluckert, G., s. Rebes Gemälde.

Bludau: Influence des éléments germaniques . . ., s. Bludau, H.

Bludau, Alois: Die flächentreue Azimut-Projektion Lamberts für die Karte von Afrika. ([S.-A.] Petermann's Geographische Mitteilungen. 1892. Heft 3.) Gotha 1892. 5 S. 4°.

Bludau, A: Erdumrissk. in flächentreuer Planisphäre. 1: 30,000,000. 63×123 cm. Lith. Berl. 1900, C Chun. 1.40

Bludau, Alois, de fontibus Frontini. Dissertatio inauguralis. gr. 8. (44 S.) Brunsbergae 883. (Königsberg, Beyer's Buchh.)

Bludau, A: Hand-Atlas üb. alle Teile d. Erde, s.: Sohr, K.

— u. Otto **Herkt**: Kte d. Balkan-Halbinsel, s.a. Flemming's, Carl, namentreue Länderktn.

Carl Flemmings Karte des Eisenbahnnetzes der Vereinigten Staaten ⟨Railroad Map of the United States of America⟩ nebst Übersicht d. wichtigsten Dampferlinien zwischen Europa u. Nordamerika. Entw. von Prof. Dr. A[lois] **Bludau**. Bearb. von Otto Herkt. Mittelpunktmaßst. 1 : 10,000,000. [Mit 2 Nebenkarten.] *Glogau: C. Flemming [1903].* (1 Kartenbl. 63×38 cm.) 8° [kol.]
[Umschlagt.:] Carl Flemmings Karte d. Eisenbahnnetzes d. Ver. Staaten. [04. 138]

— Karte z. brandenb.-preuss. Gesch., s.: Porschke, E.

— u. O **Herkt**: Karte v. Nord-Amerika (Map of North-America) a. Sohr-Berghaus' Hand-Atlas. 9. Afl. Mit 11 Kartons. 1 : 10,000,000. 84×69 cm. Farbdr. Glog., C Flemming ('04). (4 —) 2 —

— — Karte v. Ostafrika a. Sohr-Berghaus' Hand-Atlas, IX. Afl., m. Karton: Polit. Übersicht v. Afrika. 1 : 10,000,000. 42,5×35 cm. Farbdr. Ebd. ('04). 1 —

— Karte v. Ost-Preussen, s.: Sicker, G.

– u. O. Herkt:

— — Karte v. Süd-Amerika (map of South America) a. Sohr-Berghaus' Hand-Atlas, 9. Afl. 1:10,000,000. Mit 10 Kartons. 84,5×68,5 cm. Farbdr. Ebd. ('05). 2 —

Bludau, Alois, Leitfaden der Kartenentwurfslehre, s.: Zöppritz, Karl.

— Oberland, Ermeland, Natangen u. Barten. Eine Landes- u. Volkskunde. Mit 58 Abbildgn. u. 5 farb. Karten. (Deutsches Land u. Leben in Einzelschildergn., Landschaftskunden u. Städtegeschichten. I. Landschaftskunden.) gr. 8. (XII, 339 S.) Stuttgart 901. Hobbing & Büchle. n. 9.—; geb. n. 10. 50

— Oberland, Ermeland, Natangen u. Barten. 901. (332 Bl.) Jetzt: Stuttgart, [illegible] Verl.

Die Oro- und Hydrographie der preussischen und pommerschen Seenplatte, insbes. im Stromgebiete d. Weichsel. Von Dr. Alois Bludau. *Gotha: J. Perthes 1894.* (1 Bl., 63 S., 1 Kt.) 4.
— Mitteilungen, Dr. A. Petermanns, aus J. Perthes' Geogr. Anstalt. Ergänzgsh. No 110. [94. 635

— Russld, s.: Flemming's namentreue Länderkarten.

Bludau, Alois: Ueber die Wahl der Projektionen für die Länderkarten der Hand- und Schulatlanten. (Geographische Zeitschrift. Jahrg. 1. 1895. S. 497—516.) Leipzig 1895. 20 S., 1 Tf. 8°.

Bludau, Alois (Hrsg.), s. Zöppritz, Karl: Leitfaden der Kartenentwurfslehre. 2. Aufl.

Bludau, August (Hrsg.), s. Abhandlungen, Neutestamentliche.

Ein Ausflug nach Baalbek und Damaskus. Von Dr. August Bludau. *Hamm i. W.: Breer & Thiemann 1904.* (32 S.) 8° [F.]
— Broschüren, Frankfurter zeitgemäße. N. F. Bd 23, H. 11. [04. 11484

Die beiden ersten Erasmus-Ausgaben des Neuen Testaments und ihre Gegner. Von Prof. Dr. Aug. Bludau. *Freiburg i. Br.: Herder 1902.* (VI, 145 S.) 8°
— Studien, Biblische. Bd 7, H. 5. [02. 11380

Bludau, Augustinus *Jos.* [Presb. dioec. Warm.]: De Alexandrinae interpretationis libri Danielis indole critica et hermeneutica. P. I. . . . Monasterii Guestf., ex typogr. Aschendorffiana, 1891; 2 Bl., 75 S., 2 Bl. 8°
Münster, Kath.-theol. Fak., Inaug.-Diss. v. 16. Febr. 1891

— Juden u. Judenverfolgungen im alten Alexandria. (V, 128 S.) gr. 8. Münster 906. Aschendorff. n. 2. 80

— s.: Revue, theologische.

Bludau, Aug., d. alexandrin. Übersetzg. d. Buches Daniel u. ihr Verhältniss z. massoret. Text, s. a. Studien, biblische.

Die alexandrinische Übersetzung des Buches Daniel u. ihr Verhältniss zum massorethischen Text. Von Prof. Dr. August Bludau ... *Freiburg i. B.: Herder 1897.* (XII, 218 S.) 8.
— Studien, Biblische. Bd II. H. 2 u. 3. [97. 1714

Bludau, Augustinus Jos., s. Bludau, August

Bludau, Franz *Martin* [aus Deutsch-Krone]: Beitrag zum Capitel der intrauterin erfolgten Fracturen bei Neugeborenen ... Greifswald, Druck v. J. Abel, 1893; 28 S., 2 Bl. 8.
Berlin, Med. Fak., Inaug.-Diss. v. 17. Nov. 1893

Bludau, H. Influence des éléments germaniques sur le vieux français proprement dit relativement aux autres éléments. Deutsch-Crone, G., 1866. 22 S. 4.

Bludau, Henr. (geb. Mehlsack in Ostpr. 9. 4. 1827): De senatu Romano. Berolini (1853). (55 S.) 8°
Berlin, Phil. Diss. v. 19. Dez. 1853

Bludau, Karl, appr. Arzt: Ein Fall von Aneurysma dissecans aortae. (Aus d. Anat. d. Johannstädter Krankenh. zu Dresden.) Dresden 1909: Saxonia-Buchdr. 31 S. 8°
Halle, Med. Diss. v. 24. Juli 1909, Ref. Eberth
[Geb. 31. Okt. 70 Wormditt; Wohnort: Dresden; Staatsangeh.: Preußen; Vorbildung: Gymn. Braunsberg Reife M. 91; Studium: Theol. u. Phil. Braunsberg 3, Med. Greifswald 6, Leipzig 10 S.; Coll. 23. Juni 09; Approb. 1. Juni 01.] [U 09. 1600

Bludenz [Schlagwort]

Bludenz, s.: Woerl's Reisehandbücher.

Bludjaščij, Fedor Feodorowitsch

Bludjästschij, Feodor Feodorowitsch: Der Revisor, s. a. Radermacher's. J. Herrenbühne.

Der Revisor. Lustsp. in 5 Aufz. Nach d. Russ. des Nikolaj Wassiljewitsch Gogol bearb. von Fedor Feodorowitsch Bludjästschij [Bludjaščij]. *Duisburg: J. Hoffmann 1894.* (127 S.) 8° [F.]
— Vereins-Theater, Katholisches. Bdch. 41. [94. 3176

Blüdorn, Christian (Pyritz/Pomm.), De generatione mortis in morbis. Präs. Friedr. Hoffmann. Halle (Chph. Andr. Zeitler) 31. XII. 1715. 32 S. (5.—) 2924

Blue Islands News: 1909—1912
Independent weekly, published in English and German. Edited by Peter W. Pettet (or, Petlet?), & published by Blue Island News Co., 1909—12.
Chicago, IL

Blüetten, academische. I. 8. Wien 890. Weiß. n. — 50
Das corpus juris canonici. Academischer Scherz in 1 Aufzuge von Hans v. d. Jahde. (16 S.)

Bluff, Math. Joseph (Köln/Rh.), De absorptione cutis. Diss. med. Bln. (Brüschck) 14. XII. 1825. 30 S., mit Biogr. (M.: Heinzen.) (4.—) 2395
Oppon.: F. W. Dolff, E. Koenen, J. P. H. Reimbold.

Bluff (N. J.), & C. A. Fingerhuth. Compendium florae Germanicae. Norimb. 1821–3. 4 vols. 12°. Ed. 2. 2 vols. 1836.

— et C. Ant. Fingerhuth, Florae German. compend. Sect. I. T. I et II. Mit 2 Kpft. 12. Nürnb. 825. 26. Schrag. 4 Rthlr Sect. II. T. III. IV. Plantae cryptogamicae s. collect. scrips. Fr. Wlh. Wallroth. 12. Ibid. 831, 32. 6 Rthlr Vol. I — IV. compl. 10 Rthlr Schrbp. 13 Rthlr

— et Karl Ant. Fingerhuth, Compendium florae Germanicae. Sect. I. Plantae phanerogamicae seu vasculosae. Edit. II. aucta et amplificata, curante M. J. Bluff, C. G. Nees ab Esenbeck et J. C. Schauer. Tom. I. et II. et Index Generum, Specierum et Synonymorum. 12maj. Nürnb. 836—38. Schrag. 6 Rthlr

Bluff, Math. Jos., Entwickelungs-Combinationen organischer Wesen. gr. 8. Köln 827. Bachem. 8 gGr

— s. Esquirol, ..., Bemerkk.

— über die Heilkräfte d. Küchengewächse. 8. Nürnb. 828. Schrag. 12 gGr

— Helkologie. Lehre von Erkenntniß u. Behandlung der Geschwüre. 8. Berl. 832. Rücker. 1 Rthlr

—— über d. Krankheiten als Krankheits-Ursachen. 8. (5 B.) Aachen 829, Mayer.

Bluff, Math. Jos., die Leistungen u. Fortschritte der Medicin in Deutschland. 1r—3r Bd. 1r—3r Jahrg. 1832—34. gr. 8. Berlin 833, 34, 36, 37. Hirschwald. 1r—3r Jahrg. 4 5/6 Thlr 4r u. 5r J. Leipzig, Engelmann. à 2 Thlr — 9r Bd. 6r Jahrg. im erweiterten Umfange fortgesetzt von Dr. J. J. Sachs. A. u. d. T.: Jahrbuch für die Leistungen der gesammten Heilkunde im Jahre 1837. Von Sachs. 1r u. 2r Bd. Die Heilkunde Deutschlands. gr. 8. Ebd. 838, 39. 3 Thlr — 7r Jahrg. 1r Bd. (Repertorisches) Jahrbuch f. die Leistungen &c. im Jahre 1838. gr. 8. Ebd. 840. n. 1 5/6 Thlr — 2r Bd. A. u. d. T.: Uebersicht d. vorzügl. Ergebnisse aus d. medicin. Literatur des Auslandes im J. 1838. Ebd. 840. n. 1 Thlr — dass. für die Leistungen im J. 1839. 8r Jahrg. 1r Bd. Die Heilkunde Deutschlands. 2r Bd. unt. d. T.: Uebersicht der vorzügl. Ergebnisse &c. Ebd. 840. n. 4 Thlr

— Pastoral-Medicin. gr. 8. Köln 827. Bachem. 20 gr

Bluff, Matth. Jos., Reform der Heilkunst. 1r u. 2r Bd. gr. 8. Leipzig 837. Engelmann. (à 1 Thlr) 2 Thlr

— Synonymia medicaminum. Medicorum nec non Pharmacopolarum usui. 12 maj. Leipz. 831. Nauck. 18 gr

— s. Velpeau, die Convulsionen in der Schwangerschaft.

Bluff, N.J.: Compendium florae Germanicae, s. Bluff, Mathias Joseph.

Bluegel, Ernestus: De Agobardi archiepiscopi Lugdunensis vita et scriptis. P. 1. Halae (1865): Ploetz. 40 S. 8°
Halle-Wittenberg, Phil. Diss. v. 25. Aug. 1865
Geb. Mülheim (Rhein) 27 5. 1841. V.

Blügel, Friedr. Wilh., hundert kurze Orgelsätze in d. gebräuchlichsten Tonarten, als Einleitungen für die Mittel- u. Schlußgesänge des evangelischen Gottesdienstes. Essen 853. Bädeker. 4. (3 Bl., 45 S.) 12 Ngr

Blügel, Frdr. Wilh., 100 kurze Orgelsätze in den gebräuchlichsten Tonarten, als Einleitungen für die Mittel und Schlußgesänge des evangelischen Gottesdienstes. 2., unveränd. Aufl. Essen 862. Bädeker. 4. (VI, 45 S.) 12 Ngr

Blügel, Frdr. Wilh., hundert kurze Orgelsätze in den gebräuchlichsten Tonarten, als Einleitgn. f. d. Mittel- u. Schlußgesänge d. evang. Gottesdienstes. 3. unveränd. Aufl. hoch 4. (IV, 45 S.) Essen 873. Bädeker n. 1. 20

Blügel, Frdr. Wilh., 100 kurze Orgelsätze i. d. gebräuchlichsten Tonarten, als Einleitgn. f. d. Mittel- u. Schlußgesänge d. evang. Gottesdienstes. 6. Aufl., bearb. v. A. Eckardt. Lex.-8. (VI, 46 S.) Essen 897. G. D. Baedeker. n. 1.20

Blügel, Wilh., dreistimmiges Schul-Choralbuch, enth. die gebräuchlichsten Melodien der evangel. Kirche mit untergelegtem Texte. Lex.-8. Barmen u. Schwelm 834. Falkenberg'sche Buchh. 6 1/2 gr

Blühdorn, J.E.: Von Übung im Lateinschreib . . ., s. Blühdorn, Jh. Er.

Blühdorn, J. E. C., de oraculorum graecorum origine et indole. 8. Berl. 791. (Nauck). 4 gr

Blühdorn, J. E. Chr., de oraculorum Graecorum origine et indole. Progr. Brandenb. 791. 4. (28 S.) 4 gr.

Blühdorn, Johann Ernst

Blühdorn, Jh. Er., Altarrede u. Antrittspredigt. gr. 8. Magdeb. 806. Creutz. 4 gr

— Beantwortung der Frage: Ob es nöthig sei, auf Schulen die hebräische Sprache zu lehren &c. gr. 8. Berl. 793. Mylius. 4 gr

— Gottes Fürsorge in d. Bedrängn. uns. Zeit &c. gr. 8. Magdeb. 807. Heinrichshofen. 3 gr

— einige Gedanken üb. d. Vortrag der Geschichte auf Schulen. 8. Berl. 792. (Mylius). 2 gr

(Blühdorn, Joh. Er.,) Lehrbuch d. christl. Religion, s. Lehrbuch.

– s. Magazin v. Kasual . . . Reden.

Blühdorn, J. Ern., de natura Epodorum Horatii. Progr. Brandenb. 795. 4. (16 S.)

— v. Redeübungen auf gelehrten Schulen. gr. 8. Berl. 790. Mylius. 3 gr

— Religionsvorträge; nebst e. Abhandl. üb. Simplicität d. Ausdrucks in Predigten. gr. 8. Magdeb. 801. 2e A. 807. Creutz. 1 Thlr

— Religionsvorträge, meistens üb. Epistel-Texte; n. e. Untersuch. üb. d. Wesen d. Beredsamkeit. gr. 8. Magdeb. 803. 2e A. 809. Heinrichshofen. 1 Thlr 8 gr

Blühdorn, Jh. Er., Religionsvortr., meist üb. Epistel-Texte; nebst einigen Gedanken üb. die Bestimm. d. Menschen zur Glückseligkeit. 8. Brandenb. 805. (Hessenland in Magdeb.) 1 Thlr 8 gr

— zwei Religionsvorträge, bei seiner Amtsveränderung gehalten. gr. 8. Zerbst 822. (Magdeb., Heinrichshofen). 6 gr

— die ernste Stimme des bedrängten Vaterlandes, an seine Söhne u. Töchter &c. gr. 8. Magdeb. ... 2e A. 807. Creutz. 3 gr

— v. Uebung im Lateinschreib. auf Schulen. gr. 8. Berl. 794. Mylius. 3 gr

— Vergessen u. Hoffen &c. gr. 8. Magdeb. ... 2e A. 808. Heinrichshofen. 3 gr

— Warnung vor unkeuschem Sinn u. Leben; e. Predigt. 8. Berl. 806. (Creutz in Magdeb.) 3 gr

Blühdorn, Kurt: Aus d. Pathol. Inst. d. Univ. Breslau. Die Bedeutung des Traumas für die Ätiologie von Hirntumoren. Breslau 1909: Breslauer Genossensch.-Buchdr. 49 S. 8°
Breslau, Med. Diss. v. 28. Juni 1909, Ref. Ponfick
[Geb. 2. März 84 Strehlen i. Schl.; Wohnort: Breslau; Staatsangeh.: Preußen; Vorbildung: König-Wilhelms-Gymn. Breslau Reife O. 03; Studium: Breslau 2, Freiburg i. B. 1, Breslau 3, München 1, Breslau 3 S.; Coll. 10. Mai 09; Approb. 25. Juni 09.] [U 09. 542

Blühdorn, Kurt: Versuche m. Chinosol u. Formaldehyd bei Tuberkulose, s: Veröffentlichungen d. Robert Koch-Stiftg z. Bekämpfg d. Tuberkulose.

Blühe dem Herrn! Ein Blütenkranz v. Bibelsprüchen u. geistlichen Poesien. 16. (11 S. m. 5 farb. Illustr.) Lahr 889. Kaufmann. n. — 40

Blühe Oestreich, ein Volkslied nach dem engländischen National-Gesange: Rule Britania fürs Pianoforte. 8. Prag, Enders. 813.

Blüher, (Red.), s. Fleischer-Zeitung, internationale.

Blüher, über den Kirchengesang, seine Entstehung u. s. w. I—III. Görlitz 1817—23. 4.

Blüher: Meisterwerke der Speisen und Getränke, s. Blüher, P.M.

Blüher: Der Schutz d. Arbeitswilligen. Rechtsgutachten. (112) gr8° Dresd., FE Boden '12. nn 1.50

Blüher, A., allgem. Choralbuch, zum Gebr. in Kirchen u. Schulen; mit untergelegtem Texte u. beziffertem Basse, 4stimmig gesetzt. Nebst e. Anh. alter u. neuer deutscher Gesänge. qu. gr. 8. Görlitz 825. (Bresl., Leukart). 2 Thlr

Blüher, (A.,) allgem. Choralbuch, zum Gebr. in Kirchen u. Schulen, mit untergelegtem Texte u. beziffertem Baß. 4stimmig gesetzt. Breslau 827, Leukart.

— kurzer Elementarunterricht im Gesange. Leipz. 817. Breitkopf. 8 gl.

Blüher, Carl August (Wildenfels), Viro Moritz Wilhelm Schlesier (Zwickau) summos in theologia honores März 1782 Lipsiae gratulatur. Schneeberg (Fuld). 20 S. (4.—) 2925
De assensu populari in rebus sacris.

Blüher

— **Carl Friedrich** (Schlettau), Origines vicariatus S. R. Imperii ex ducum Francorum et Saxonum principatu deductae jur. German. publ. comment. Präs. Joh. Christian Knoetzschker. Lpz. (Sommer) 10. XI. 1792. 16 S. (3.—) 2926
Gew.: Chn. Gottlob Kempe, Christ. Gotth. Nitzsche.

Blüher, Christoph Heinrich (Schneeberg), Aequitatem a justitia naturali diversam. Präs. Heinr. Gottfr. Bauer. Lpz. (Langenheim) 8. X. 1760. 8 S. (3.—) 2927

Blüher, Friedr. Gust., Geschichte der Kirchen-Reformation in der Bergstadt Geyer. Ein Beitr. zur Geschichte d. Reformation in Heinrichs des Frommen Landen. gr. 8. (1 1/4 B.) Leipzig 844. (Serig'sche Buchh.)

Blüher, F. G., Nachricht üb. das traurige Ereigniß am 13. Aug. 1836, wo zu Geyer ein Vater seine drei Kinder in einen gegen 90 Ellen tiefen Bergschacht stürzte. Nebst zwei bei dieser Gelegenheit gehalt. geistl. Reden. gr. 8. Chemnitz 836. Starke. 1/8 ß

Blüher, Hans: Die Theorie d. Religionen u. ihres Untergangs. Preisschr. d. kgl. Friedrich-Wilhelms-Univ. zu Berlin üb. d. Grundlage d. Relig., betrachtet in d. Optik d. schopenhauer. Metaphysik (131) 8° Berl.-Tempelh., B Weise '12. 1.80

— Wandervogel. Geschichte e. Jugendbewegg. 1. Tl: Heimat u. Aufgang. 2. Afl. (8, 156) 8° Ebd. '12. 2 —

Blüher, J.A.: Ueber den Werth der Musik, ihren Einfluß auf Ausbildung des menschl. Geistes und Herzens und die Mittel, ersteren noch zu erhöhen. 12 S.
Progr. Görlitz 1836.

Blüher, J.A.: Einige Worte über den Kirchengesang, seine Entstehung u.s.w. (Forts. der Einladungsschrift zu dem von Gersdorf. Gedächtnißaktus vom Jahre 1822) 9 S.
Progr. Görlitz 1832.

Blüher, Johann August

Blüher, Jh. Aug., Betrachtt. über die Absichten d. Vorsehung bei Anordn. verheer. Naturbegebenheiten rc. gr. 8. Dresd. 784.

— Betrachtt. u. Andachten, auf alle Tage im Jahre, aus d. Schr. d. ber. Gottesgelehrt. gesammelt. 2 Thle. 8. Dresd. 793.

Blüher, Johs., Abschiedspredigt üb. 1. Tim. 1, 12—17 geh. am 1. u. 2. Adventssonntage 1872. gr. 8. (16 S.) Annaberg 873. Graser. n. — 25

Blüher, M. (Red.), s. Kellner-Freund, Der.

Blüher, Magn. Ad., neueste kirchliche Ereignisse. Geschichte der lutherischen Parochien Hönigern u. Kaulwitz. Mittheilungen d. Betheiligten. gr. 8. Nürnberg 835. (Raw.) 1/3 ß

Blüher, Magn. Adph., David Samuel Rollers, weil. Pastors zu Lausa bei Dresden, Leben u. Wirken. Nebst dem (lith.) Bilde des Seligen u. einem Anh., in welchem hauptsächlich eine Auswahl aus seinen Gedichten befindlich ist. gr. 8. (VIII u. 279 S.) Dresden 852, Naumann. n. 24 ngl

Blüher, Max *Wilhelm* [aus Oberalbertsdorf]: Die intrakranielle operative Behandlung der Trigeminusneuralgien ... Berlin, C. Vogts Buchdr., *1895;* 33 S., 1 Bl. 8.
Berlin, Med. Fak., Inaug.-Diss. v. 8. Febr. 1895

Blüher, P., s. Blüher, Paul Martin

Blüher, Paul Martin

Blüher's Kollektion d. Hotel-Litt. 11. Bd. gr8° Lpzg, PM Blüher. d
Zimmer, Frz: Unterr.-Briefe d. französ. Umgangssprache f. Hotel-Angestellte u. verw. Berufsgenossen. Mit bes. Berücks. d. Gasthaus-Industrie. In 15 Briefen. (244) (1891) [11] geb. 5.50; L nn 6.50

Blüher u. Petermann, Meisterwerk der Speisen u. Getränke. Französisch-Deutsch-Englisch. 2., gänzlich umgearb. u. bedeutend verm. Aufl. der „Rechtschreibung der Speisen u. Getränke". 1.—27. Lfg. gr. 8. (S. 1—1312 m. Abbildgn.) Leipzig 893. 894. P. M. Blüher. à 1. — (1. Bd. = Lfg. 1—20. kplt. geb.: 20.—)

— **u. Petermann,** Meisterwerk d. Speisen u. Getränke. Franz.-Deutsch-Englisch (u. and. Sprachen). 2., gänzl. umgearb. u. bedeutend verm. Aufl. d. Werkes „Rechtschreibg. d. Speisen u. Getränke". 2. Bd. gr. 8. Ebd. 896. Geb. in Halbfrz. 10. — (kplt. geb.: 40. —)
Getränke. Zuverläss. u. grösstes Fachwerk, enth.: Sämtl. Weine u. Schaumweine d. Erde, n. Ländern u. alphabet. geordnet, Obst- u. Beeren-Weine, Limonaden, Liköre, Branntweine (Schnäpse), Biere u. bierähnl. Getränke, Tafel- u. Medizinal-Wässer, Bowlen, Punsche u. amerikan. Getränke (mixed drinks), Punsch- u. Grog-Essenzen, heisse u. kalte Getränke anderer Art, Kaffees, Thees, Kakaos (Schokoladen). (Hierzu 1 Lichtdruck-Bild u. e deutsche Weinbau-Karte.) (S. 1525—2016.)

— dasselbe. 28.—42. Lfg. gr. 8. (S 1521—1536 u. 1313—2016 m. Abb.) Ebd. 895/896. à 1. —

Blüher, P. M., Meisterwerk der Speisen u. Getränke. (Blühers Sammel-Ausg. v. Gasthaus- u. Küchen-Werken. Bd. 22 u. 23.) Französisch-deutsch-englisch u. andere Sprachen. 3., wesentlich verb. Ster.-Aufl. 2 Bde. gr. 8. (VIII, 2016 S. m. Abbildgn., 1 Bildnis u. 1 Taf.) Ebd. 901. Geb. in Halbfrz. à 20. —

Einzelausgaben:

1. Speisen. Zuverlässigstes u. grösstes Fachwerk üb. Verdeutschg., Rechtschreibg., Aussprache, Abstammg. u. Einteilg. sämtl. in der einfachsten wie feinsten Küche u. dem Gasthauswesen aller Völker vorkommender Speisen und Fachausdrücke zum Verständnis, zur richt. Aufstellg. u. Übersetzg. deutscher, französ., engl. (u. anderer) Tafel- u. Speise-Karten etc. (Hierzu 20 Holzschn. u. 2 Lichtdr.-Bilder.) (VIII u. S. 1—1520.) 30. —
2. Getränke. Zuverlässigstes und grösstes Fachwerk enth.: Sämtl. Weine u. Schaumweine der Erde, nach Ländern u. alphabetisch geordnet, Obst- u. Beeren-Weine, Limonaden, Liköre, Branntweine (Schnäpse), Biere u. bierähnl. Getränke, Tafel- u. Medizinal-Wässer, Bowlen, Punsche u. amerikan. Getränke (mixed drinks), Punsch- u. Grog-Essenzen, heisse u. kalte Getränke anderer Art, Kaffees, Thees, Kakaos (Schokoladen). (Hierzu e. Portr. u. eine deutsche Weinbaukarte. (S. 1521—2016.) 10. —

Bluher, P. M., und Petermann: Meisterwerk der Speisen und Getränke. Französ.—Deutsch—Engl. (und andere Sprachen). 4. Aufl. von P. M. Blüher. Leipzig 1904
Bd 1. Speisen.
Bd 2. T. 1. Speisen.
T. 2. Getränke.

Blüher, P., u. P. Petermann, Rechtschreibung der Speisen u. Getränke. Französisch — Deutsch — Englisch. (392 S. m. 1 Taf.) Leipzig 888. Blüher. n. 8. —; geb. n. 4. —

Blüher's Rechtschreibg. d. Speisen u. Getränke. Alphabet. Fachlexikon. Franz.-Deutsch-Englisch (u. and. Sprachen). (Hilfsbuch z. Meisterwerk d. Speisen u. Getränke.) Geg. 15000 Fachausdrücke m. Erklärg. Muster v. Menüs, Speise- u. Getränk-Karten. Abhandlgn., Tabellen u. s. w. 2., gänzl. umgearb. Aufl. Nebst 1 Autotypie, 1 Landkarte, 3 Holzschn. u. 1 Zinkogr. Dictionnaire des termes culinaires. — Dictionary of culinary terms. 8. (II, 666 S.) Leipzig 898. P. M. Blüher. Geb in Leinw. n. 7. 50

Bluher: Rechtschreibung der Speisen und Getränke. Alphabetisches Fachlexikon. Französisch, Deutsch, Englisch (und andere Sprachen). 3. Aufl. Leipzig 1908

Blüher's Sammel-Ausgabe v. Gasthaus- u. Küchen-Werken. 12. u. 13. Bd. kl. 8. Leipzig, P. M. Blüher. Geb. n. 5. —
12. Handbuch der Mehlspeisen. Anleitung zur leichten Bereitg. der besseren Mehlspeisen, Gallerten, Sülzen u. Gefrorenen. Von E. Petermann. 5., neu bearb. u. verm. Aufl. (174 S.) 905. n. 1. 50; geb. n. 2 —
13. Geschäfts-Korrespondenz (Briefsteller) f. Gasthaus-Gewerbetreibende. Ein Musterbuch zur Abfassg. der im Geschäfts- u. Privatleben der Gasthaus-Gewerbetreibenden u. ihrer Gehilfen vorkomm. Briefe u. Eingaben, sowie Ratgeber f. Stellesuchende. Von F. de Lacroix. 1. Tl.: Deutsch. 4. neu bearb. Aufl. (245 S.) (906.) Geb. in Leinw n. 3.—

Blüher's Sammel-Ausgabe v. Gasthaus-Werken. 13. u. 14. Bd. 8. Leipzig, P. M. Blüher. Geb. in Leinw. n. 5. —
13. Geschäfts-Korrespondenz (Briefsteller) für Gasthaus-Gewerbetreibende. Ein Musterbuch zur Abfassung aller im Geschäftsleben der Gasthaus-Gewerbetreibenden u. ihrer Gehilfen vorkommenden Briefe u. Eingaben, sowie Ratgeber f. Stellensuchende. Von F. de Lacroix. 1. Tl.: Deutsch. 3., verb. u. verm. Aufl. (232 S.) (902.) n. 3. —
14. Dasselbe. II. Tl.: Französisch u. englisch. Nebst Wörter-Verzeichnis zu den darin enth. Briefen. 3., verb. Aufl. (168 S.) 901. n. 2. —

Blüher's Sammel-Ausgabe v. Gasthaus-Werken. 14. u. 26. Bd. 8. Leipzig, P. M. Blüher. Geb. in Leinw. 10. —
14. Geschäfts-Korrespondenz f. Gasthaus-Gewerbetreibende. Ein Musterbuch zur Abfassg. aller im Geschäftsleben der Gasthaus-Gewerbetreibenden u. ihrer Gehilfen vorkomm. Korrespondenzen. Von F. de Lacroix. II. Tl.: Französisch u. englisch. Mit e. französisch-deutschen u. e. englisch-deutschen Wörterverzeichnis u. e. Auszug aus den f. die Gasthaus-Gewerbetreibenden u. deren Gehilfen hauptsächlich in Betracht komm. engl., französ. u. belg. wie italien. gesetzl. Bestimmgn. 4. neu bearb. u. wesentlich verm. Aufl., besorgt v. Rhold. Anton. (216 S.) 908. Geb. 2. 50
26. Blüher's, Rechtschreibung der Speisen u. Getränke. Alphabetisches Fachlexikon. Französisch-deutsch-englisch (u. andere Sprachen). Muster v. Menüs, Speise- u. Getränk-Karten usw. Gegen 20000 Fachausdrücke m. Erklärg. 3., gänzlich umgearb. Aufl. Nebst 1 Autotyp., 1 Landkarte, 1 Taf. u. e. Anzahl Abbildgn. — Dictionnaire des termes culinaires. — Dictionary of culinary terms. (Hilfsbuch zum Meisterwerk der Speisen u. Getränke.) (II, 802 S.) 908. Geb. 7. 50

— Taschen-Wörterbuch d. Speisen u. Getränke. Franz.-Deutsch-Englisch (u. and. Sprachen.) Enth.: d. gebräuchl. (etwa 4000) Fachausdrücke, Speisen- u. Getränke-Namen, wie sie i. d. Küche, a. d. Tafel u. i. Wirtschaftsbetriebe vorkommen, wie sie richtig anzuwenden u. zu schreiben sind, nebst kurzen Erklärgn. u. e. Anleitg. z. Schreiben v. Speise-Karten. Dictionnaire de poche des termes culinaires. Pocket dictionary of culinary terms. 12. (143 S.) Ebd. 898. n. 2. —

Bluhm
— — Vereinigte Art.- u. Ing.-Schule. Inhalts-Verzeichnis über den Unterricht im Festungskrieg für den einjährigen Kursus der Fuß-Artillerie. Berlin 1880. 93 S. — Dass. 1881.
— — Vereinigte Art.- u. Ing.-Schule. Inhalts-Verzeichnis über den Unterricht i. Festungskrieg für den unteren Coetus der Fuß-Artillerie. Berlin 1882. 100 S.
— Anh. hiezu. Mit Taf. 1882. 132 S. Dass. 1883
Erweit. Inh.-Verzeichnis ꝛc. 1883.

Bluhm: fünfzig Jahre Eisenbahn . . . , s. Bluhm, Joh. Glieb.

Bluhm, über mangelhafte Entwickelung der Genitalien beim Weibe. Königsberg 28 p.
Schul-/Univ. Schrift 1867

Bluhm. Notizen zur Charakteristik der Kampfmittel des Festungskrieges (Autogr.) Berlin 1880. 34 S. 4°

Bluhm, A. F. A., s.a. Rechenbuch nach Anleit. d. Kees. Regel.

Bluhm, A. F. A., Rechenbuch f. deutsche Schulen. 8. Quedlinburg, Ernst. 787.

Bluhm, Agnes, med. pract., Charlottenburg bei Berlin. Preussen (aus Constantinopel): "Zur Aetiologie des Morbus Brightii. [S.A. aus: Deutsches Archiv f. klinische Medicin. Bd 47, S. 183–225]. Leipz. J. B. Hirschfeld Dr. 1890. 2 Bl., 34 S. 8°.
Zürich, Med. Diss. [v. 16. Dec. 1890].

Bluhm, Agnes: Statistischer Beitrag zur Kenntniss der Gesundheitsverhältnisse der Handlungs- und Gewerbegehilfinnen. 7 S. 8°
Aus: Archiv für Unfallheilkunde. Bd 1. [1896.]

Bluhm, Agnes, der Einfluß der gewerblichen Gifte auf den Organismus der Frau, s.a. Schriften des ständigen Ausschusses zur Förderung der Arbeiterinnen-Interessen. 3. Hft.

Bluhm A, der Einfluss der gewerblichen Gifte auf den Organismus der Frau. (30 S) (Schriften des Ausschusses zur Förderung der Arbeiterinnen-Interessen 3) Jena 1910

Bluhm, Agnes: Die Entwicklung und der gegenwärtige Stand des medicinischen Frauenstudiums in d. europ. u. aussereurop. Ländern. — Berlin: Sittenfeld 1895. 8 S. 8°
Aus: Deutsche medicin. Wochenschrift. 1895. No. 39.

— s.: Frauenbewegung u. Sexualethik.

Bluhm, Agnes, allgemeine Gewerbehygiene u. Fabrikgesetzgebung, s.: Roth, Em.

— Leben u. Streben der Studentinnen in Zürich. Vortrag. — Vortrag d. Frl. Sophie Baranius, die Frau in Finnland u. Skandinavien. gr. 8. (32 S. m. 1 Portr.) Wien 891. (Bermann & Altmann.) n. — 60

Bluhm, Agnes, über Mädchenturnen, ärztl. Randbemerkungen (Aus „Die Lehrerin in Schule und Haus", Jg. 10, H. 18, S. 550/53), Gera u. Leipzig 1894, 4 S., 8°.

— Die Stillungsnot, ihre Ursachen u. die Vorschläge zu ihrer Bekämpfung. Eine krit. Übersicht. (70 S.) gr. 8. Leipzig 909. F. C. W. Vogel. 2. —

— Die Strafbarkeit der Vernichtung des keimenden Lebens ⟨§ 218 R.St.G.B.⟩ vom Standpunkte d. Mediziners. Referat, erst. auf d. 8. Generalversamml. d. Bundes Dt. Frauenvereine ... 1908. — Dresden: [Scheven] 1909. 8 S. 8°
(Abolitionistische Flugschriften. H. 9.)

Bluhm, Anton. Ludov. Harmannus [!] (geb. Marienburg in Westpr. 19. 10. 1836): De tetano. Berolini (1862). (32 S) 8°
Berlin, Med. Diss. v. 27. März 1862

Bluhm, Arno, Referendar: Die Bestimmungen des Strafgesetzbuches über den Strafantrag im Verhältnis zu § 380 StPO. Borna-Leipzig 1908: Noske. VIII, 41 S. 8°
Breslau, Jur. Diss. v. 14. Sept. 1908, Ref. Gretener-Fischer
[Geb. 1. Juni 87 Greiz; Wohnort: Breslau; Staatsangeh.: Preußen; Vorbildung: Gymn. Ohlau Reife O. 05; Studium: Königsberg 1, Breslau 5 S.; Rig. 23. Juni 08.] [U 09. 460

Bluhm, Arno: Strafantrag im Verhältnis zu § 380 StPO. 1908. Jur. Diss.

Bluhm, Carl. Ein Beitrag zur Kenntnis des Cantharidins in der Cantharis vesicatoria Latreille. Dorpat, 1865. Diss. G. S.

Bluhm, Carl Armin, Curonus. De temperamentis quatenus ad morbos gignendos conferunt. Diss. Dorpat. 16°. 48 pp. 1836

Bluhm, E.: Polizei-Vorschriften für Rixdorf. Im amtl. Auftr. hrsg. Rixdorf 1904.

Bluhm, Emil, Referendar: Die 'Positiven Vertragsverletzungen' in Literatur und Praxis und ihre Behandlung nach dem Gesetze. Borna-Leipzig 1910: Noske. XII, 63 S. 8°
Heidelberg, Jur. Diss. v. 1. Juli 1910, Ref. Endemann
[Geb. 18. April 83 Ruhrort; Wohnort: Dortmund; Staatsangeh.: Preußen; Vorbildung: Gymn. Krefeld Reife O. 04; Studium: Freiburg i. B. 3, Leipzig 1, Kiel 1, Münster 2 S.; Rig. 6. Mai 10.] [U 10. 1840

Bluhm, F.: De geminatis..., s. Bluhme, Friedrich

Bluhm, Ferd., la proposition grammaticale. Manuel de répétition des leçons traitant de la construction, de la proposition et de la syntaxe du verbe d'après la grammaire méthodique de M. Ploetz. Berlin 867. Herbig. 16. (VII. 88 S.) n. 10 ngr

Bluhm, Gustav Richard, s. Bluhm, Richard

Bluhm, Hermann (Reval), **De gelatinosorum humorum corporis humani coagulis. Lpz. (Langenheim) 28. VIII. 1767. 40 S. (5.—) 2936**
Gew.: Alexand. Frh. v. Czerkassow.

Bluhm, Herm. (Resp.): De luxatione vertebrarum colli..., s. Ludwig, C. G. (Praes.)

Bluhm, Herm., († d. 17. März 1810.) Versuch e. Beschreib. d. Hauptsächl. in Reval herrsch. Krankheiten. 8. Marb. 790. Krieger. 10 gr

Bluhm, J. G., s. Bluhm, Joh. Glieb.

Bluhm, J. L., über d. Seebad auf d. Insel Norderney u. seine Heilkräfte. 8. Hannov. 824. Hahn. 4 gr

Bluhm, J. L., die Seebade-Anstalten auf d. Insel Norderney in ihrem gegenwärt. Zustande. M. 1 lith. Ansicht u. 1 Grundrisse (in qu. ½ Fol.) gr. 8. (4¼ B.) Bremen 834, Kaiser.

Bluhm, J. L., die Seebade-Anstalten auf d. Insel Norderney in ihrem gegenwärt. Zustande. M. 1 lith. Ansicht u. 1 Grundr. 2. Aufl. gr. 8. (4⅛ B.) Bremen 840, Kaiser.

Bluhm, J. L., die Seebade-Anstalten auf der Insel Norderney in ihrem gegenwärt. Zustande. 2. Aufl. gr. 8. (4 B. u. 2 lith. Ans.) Bremen 842, Heyse.

Bluhm, Joh. Glieb., fünfzig Jahre Eisenbahn in Preußen. Eine statist. Darstellung der Entwicklung des Bahnnetzes und des Verkehrs, sowie Ergebnisse des Betriebes der preuß. Bahnen. gr. 8. (VII, 67 S. mit 4 Tab.) Berlin 888, Moeser. *

Bluhm, Johannes [Arzt]: Die Aetiologie des Magencarcinoms.... München, k. Hof- u. Univ.-Buchdr. v. Dr. C. Wolf & Sohn, 1889; 17 + 1 S. 8°
München, Med. Fak., Inaug.-Diss. v. 1889

Bluhm, Julius

Bluhm, Jul., kurzgefaßte Darstellung des gegenwärt. Standpunktes des Kriegsmarinewesens in Europa u. Amerika. Zur Würdigung der deutschen Marinefrage u. Flottenentwürfe. gr. 8. (32 S.) Berlin 848, Springer. n. ⅙ ₰

Bluhm, Karl Eduard, Gesellenstück e. Friseurs, s.: Berufsaufsatz, der, in der Fortbildungsschule.

Bluhm, Osk., Bluhm-Album. 80 Bilder aus der Gesellschaft. Fol. (III S. u. 80 Bl. m. eingedr. Text.) Eßlingen (900). J. F. Schreiber. Kart. n. 7. 50

Bluhm, Osk., Bluhm-Album. 80 Bilder aus der Gesellschaft. Neue Folge. (III S. u. 80 Bl. m. eingedr. Text.) 4. Eßlingen (904). J. F. Schreiber. Kart. n. 6. —

Bluhm, *Gustav* Richard: Autobiographisches in David Copperfield. Reichenbach i. V., Druck v. Haun & Sohn, 1891: 74 S., 1 Bl. 8°
Leipzig. Phil. Fak., Inaug.-Diss. v. [31. Jul.] 1891

Bluhm, Rich., Autobiographisches in David Copperfield. Diss. gr. 8. (74 S.) Reichenbach i/V. (Leipzig, G. Fock.) n. 1. —

Blühm, Erich. aus Schleusingen: Über 'The Knight of Malta' und seine Quellen. *Halle a. S. 1903: Wischan & Wettengel.* (111 S.) 8°
Halle. Phil. Diss. v. 1903

Bluhme

Apostille zu einer Depesche an die Königlichen Gesandten in Wien und Berlin, d. d. 29. Januar 1852 betr. Uebertragung eines angemessenen Antheils an den gemeinsamen Angelegenheiten auf den besonderen Minister, sowohl für Schleswig als für Holstein und Lauenburg während des Uebergangszustandes. Gez. **Bluhme.** o. O. (1852.) 4°.

Bluhme, Bericht über eine im Jahre 1863 ausgeführte Instructionsreise nach England und Schottland. (Preufsische Zeitschr., Bd. 12.) Berlin 1864. 4.

Bluhme, Bericht über einige neue in Belgien übliche Wettermaschinen. (Preufsische Zeitschr., Bd. 13.) Berlin 1865. 4.

Bluhme: Deutsches Kirchenrecht, s. Bluhme, Friedrich

Bluhme, Die photoelektrische Sicherheitslampe. (Preufsische Zeitschr., Bd. 13.) Berlin 1865. 4.

Bluhme: Übersicht der in Deutschland geltenden Rechtsquellen, s. Bluhme, Friedrich

Bluhme, Ueber Wasserhaltung in den englischen Kohlengruben. (Preufs. Zeitschr., Bd. 20.) Berlin 1872. 4.

Bluhme, W. H., Examen üb. die Universalhistorie des A. u. N. Bundes bis gegenw. Zeit. 8. Kopenhagen. 754. –

Bluhme, Dietrich Heinrich: Der am Allerheiligen-Tage 1768. feierlich vollzogene Einweihung der Neu erbauten Kirche zu Horst im Herzogthum Holstein, wollte mit diesen ungekünstelten Zeilen ein zwar ganz unansehnliches und geringes doch überaus wohlgemeintes und christliches Andenken stiften, und zugleich öffentlich seine ganze mit Jesu Blut erkaufte Gemeine aufs zärtlichste bitten und ermuntern, ihre Kirche und zugleich ihre Herzen dem Herrn zu weihen, der für uns gestorben und auferstanden ist. Dieterich Henrich Bluhme, Diaconus bey besagter Kirche. Hamburg (1768.) 2 Bl. Fol.

Bluhme, Dietrich Heinrich (Hamburg), **De eo quod circa curam pauperum generatim observandum est. Diss. philos. Präs. Joh. Pet. Miller. Göttingen (Hager) 4. X. 1749. 28 S. (5.—) 2937**
Gew.: Lorenz Christoph Pfeiffer, Joh. Sigismund v. Schulin. — Widm. v.: Adolph Friedr. Kindt (Holstein), Friedr. Gotthard Schrader (Braunschweig), Präs.

Bluhme, F., s. B l u h m e , Friedrich

Bluhme, F. A.

Rechenbuch für deutsche Schulen, besonders auf dem Lande, nach Anleitung der allgemeinen de Reesischen Regel entworfen von *F. A. Bluhme.* Neue Aufl. Quedlinburg, Ernst. 9 B. 8. 1787.
Alg. deut. Bibl. B. 82. St. 1. p. 153.

Q. F. F. F. S. Viro amplissimo ... collegae carissimo Friderico Blvhme ... eivs diei qva ab ordine ivrecons. Ienensi svmmis in vtroqve ivre honoribvs decoratvs est, memoriam semisaecvlarem ... congratvlantvr ... rector et senatvs vniversitatis Fridericiae Gvilelmiae Rhenanae ... d. III m. Ian. a. 1870. [Bonnae], form. C. Georgi (1870). 1 Bl. 2.

Bluhme, Friedrich, s.a. B l u m e , Friedrich

- R. Schröder, H. Loersch, drei Abhandlungen zur Geschichte d. deutschen Rechts. Festgruss aus Bonn an Carl Gustav Homeyer zur Feier seiner 50jähr. Doctorwürde am 28. Juli 1871. gr. 8. (70 S.) Bonn. 871. A. Marcus. n. 1. 20

Bluhme, Frdr., Codex des rheinischen evangelischen Kirchenrechts. Elberfeld 870. Friderichs. gr. 8. (IX, 378 S.) n. 2 ℛ

Bluhme, Frid.: Edictus ceteraeque Langobardorum leges. Cum constitutionibus et pactis principum Beneventanorum ex maiore ed. Monumentis Germaniae inserta correctiores rec. cur. Hanoverae 1869.

Bluhme, Friedr., Encyclopädie der in Deutschland geltenden Rechte. 1. Abth. Aeussere Encyclopädie. A. u. d. T.: Uebersicht der in Deutschland geltenden Rechtsquellen. Mit einer encyclopaedischen Einleitung. 2. verm. u. verb. Ausg. Bonn 854. Marcus. gr. 8. (VIII, 175 S.) 27½ ngr

— — 2. Abth.: Das Privatrecht mit Einschluss des Civilprocesses. A. u. d. T.: System des in Deutschland geltenden Privatrechts mit Einschluss des Civilprocesses. 2. verm. u. verb. Aufl. Ebend. 855. gr. 8. (13, 632 S.) 3 ℛ

— — 3. Abth.: Das öffentliche Recht. 1. Liefg. Zur 1. u. 2. Ausg. gehörig. A. u. d. T.: System des in Deutschland geltenden Strafrechts mit Einschluss des Strafprocesses. Ebend. 854. gr. 8. (VIII, 175 S.) 27½ ngr

— — 3. Abth. 2. Liefg. A. u. d. T.: System des in Deutschland geltenden Kirchenrechts. Ebend. 858. 8. (1 Bl., VIII, 258 S.) 1 ℛ 10 ngr

Bluhme, Frdr., Encyclopädie der in Deutschland geltenden Rechte. 1. Abth. A. u. d. T.: Uebersicht der in Deutschland geltenden Rechtsquellen. Mit einer encyclopädischen Einleitung. 3. verm. u. verb. Ausg. Bonn 863. Marcus. gr. 8. (VIII, 228 S.) 1 ℛ 7½ ngr

— Encyclopädie der in Deutschland geltenden Rechte. Bonn 865, 69. Marcus. gr. 8.
3. Abth. Das öffentliche Recht. 1. Liefg.: System des in Deutschland geltenden Strafrechts mit Einschluss des Strafprocesses. 2. verb. Ausg. (VIII, 207 S.) 1 ℛ
2. Liefg.: System des in Deutschland geltenden Kirchenrechts. 2. verb. Ausg. (VIII, 288 S.) 1 ℛ 15 ngr

— Friedrich (Hamburg), De geminatis et similibus quae in digestis inveniuntur capitibus. Dissert. jur. Jena (Frommann & Wesselhoeft) 1820. 68 S. (4.50) 2938

Bluhme, F., de geminatis et similibus quae in digestis inveniuntur capitibus. Jen. 821. 8. 6 gr.

Bluhme, Friedr., die Gens Langobardorum und ihre Herkunft. Festgruss zum 12. Septbr. 1868 an M. A. v. Bethmann-Hollweg, nunmehr seit funfzig Jahren Doctor beider Rechte. gr. 8. (35 S.) Bonn 868, Marcus. *

— dass. — 2. Heft: Ihre Sprache. gr. 8. (VI, 54 S.) Ebendas. 874. *

— das rheinpreußische Gesetz vom 14. März 1845 in besonderer Anwendung auf Pfarrwohnungen. Seine Meinung u. seine Ergänzung im Geiste confessioneller Parität. Bonn 859. Marcus. gr. 8. (VII, 60 S.) n. 10 ngr

— Kirchenordnung für die evangelischen Gemeinden der Provinz Westphalen und der Rheinprovinz vom 5. März 1835. In der aus späteren Ergänzungen und Abänderungen sich ergeb. Fassung. 3., verm. und verb. Ausg. 8. (VIII und 90 S.) Bonn 867, Marcus. *

— Kirchenordnung für die evangelischen Gemeinden der Provinz Westphalen u. der Rheinprovinz vom 5. März 1835. In der aus späteren Ergänzungen u. Abänderungen sich ergebenden Fassung. 3. verm. u. verb. Ausg. Ebend. 868. 8. (VIII, 90 S.) n. 10 ngr

Bluhme, Frdr., Kirchenordnung für die evangelischen Gemeinden der Prov. Westfalen u. der Rheinprovinz vom 5. März 1835. In der aus späteren Ergänzungen u. Abänderungen sich ergeb. Fassung hrsg. 4., verm. u. verb. Aufl., besorgt v. H. Hälschner. 8. (VIII, 118 S.) Bonn 878. A. Marcus. cart. n. 1. 50

Bluhme-Hälschner, Kirchenordnung f. die evangelischen Gemeinden der Provinz Westfalen u. der Rheinprovinz vom 5. März 1835. In der aus den späteren Ergänzgn. u. Abändergn. sich ergeb. Fassg. in 5. Aufl. neu bearb. v. Wilh. Kahl. 8. (XII, 254 S.) Bonn 891. A. Marcus. Geb. in Leinw. n. 3. —

Bluhme, deut. Kirchenrecht. Bonn 858.

Die Competenz des Reichsgerichts (v. **Bluhme.** Bonn. 1849.) 4°.

[Bluhme], Frid.: Lex dei sive Mosaicarum et Romanarum legum collatio. E codicibus mss. Vindobonensi et Vercellensi nuper repertis auctam atque emendatam ed. Bonnae 1833.

Bluhme, Fridericus, Stendaliensis: **De Ioannis Laurentii Lydi libris περὶ μηνῶν observationum capita duo. Halis Sax. 1906: Wischan & Burkhardt.** (121 S.) 8°
Halle, Phil. Fak., Ref. Dittenberger, Diss. v. 12. Dez. 1906
[Geb. 24. Aug. 81 Kabelitz, Kr. Jerichow II; Wohnort: Stendal; Staatsangeh.: Preußen; Vorbildung: Gymn. Stendal Reife O. 02; Studium: Marburg 1, Berlin 1, Halle 6 S.; Rig. 6. Nov. 06.]

Bluhme, F(riedr.): Omnis parentilla. Bonn 1871. (in: Drei Abhandlungen z. Gesch. d. dt. Rechts. Festgruss aus Bonn für C. G. Homeyer.)

— Quellen und Literatur des in Deutschland geltenden Strafprocessrechts. Zugabe zu akadem. Vorträgen. Bonn 854. Marcus. gr. 8. (1 Bl., 32 S.) n. 5 ngr

Bluhme, Friedr.: Q u e l l e n und Literatur der in Deutschland geltenden territorialen Civilproceßrechte. Bonn 1856.

Bluhme, Friedrich: S y s t e m des in Deutschland geltenden Kirchenrechts. (Bluhme, Encyklopädie der in Deutschland geltenden Rechte. 3. Abth. Das öffentliche Recht. 2. Lief.) Bonn 1858.

Bluhme, System d. Privatrechts. 2. Aufl. Bonn 855.

— System d. i. Deutschld. gelt. Str. R. mit Einschluss d. Str. Proz. (III. Th. d. Encyclopädie). Bonn 1854. 8°.

— zur Texteskritik d. Westgothenrechts u. Reccard's leges antiquae. gr. 8. (IV, 28 u. XXVI, 47 S.) Halle 872. Anton. n. 1. 50

Bluhme, Frdr., Übersicht der in Deutschland geltenden Rechtsquellen mit einer encyklopaedischen Einleitung. 3. Aufl. Bonn 1863. 8. . . . . (D.)

BLUHME, HENR., (autor), Diss. inaug. med. sistens morborum curationes per frigus. Gottingae. 1773. 4. P.

Bluhme, Otto: Ueber die Behandlung der mit placenta praevia complicirten Geburten. Halle (1874): Plötz. 38 S. 8°
Halle-Wittenberg, Med. Diss. v. 1. Aug. 1874
Geb. Halberstadt 31. 3. 1852. V.
Verf. erlebte die Diplomerneuerung 1924 als Sanitätsrat in Nordhausen am Harz, vgl. Anh. Nr. 465.

Bluhme, R.

— Die Handbohrmaschine von Liebet. (Preufs. Zeitschr., Bd. 13.) Berlin 1865. 4.

Bluhme (R.), Notiz über ein Schachtabteufen mit maschinellem Diamantbohrbetrieb. (Preufsische Zeitschr., Bd. 21.) Berlin 1873. 4.

Notizen über einige englische Schrämmaschinen. (Preufsische Zeitschrift, Bd. 14.) Berlin 1866. 4.

Bluhme - Hälschner: K i r c h e n o r d n u n g f. d. ev. Gemeinden . . . , s. B l u h m e , Friedrich.

Bluhmenlese, s. B l u m e n l e s e

Blum

— lebt, s.: Aus Olmütz.

Blum macht die Butter theuer! Poetische Herzensergießung der Frau Dollmatzen. (Gedicht.) 1 Bl. in gr. 8. Leipzig 848, Naumburg. n. 1 ngr

Blum, Robert. Ein Charakterbild f. Freunde u. Gegner. 8. (3 B.) Leipzig 848, Exped. d. Leuchtthurms. *

Blum.– R o b e r t Blum. Sein Leben und seine Hinrichtung. Ein Charakterbild unserer Zeit. 8° (16 S. m. 1 lith. Portr.) Bremen: Kaiser 1848.– 2. Aufl. 8°. Ebd. 1848.

Blum, Robert. Ein biograph. Denkmal. Mit Blum's (lith.) Porträt. [Abdr. aus „J. Günther's Zeitgenossen."] 4. (16 S.) Jena 848, Mauke. 3 ngr

— Sein Leben, Wirken u. Ende. Eine biograph. Skizze nach den besten Quellen zusammengestellt v. F. W. Mit dessen (lith.) Portr. u. Facsimile. 8. (16 S.) Nürnberg 848, Endter. 2 ngr

— Sein Leben, Wirken u. seine Ermordung. Einzige nach den zuverlässigsten Quellen bis auf die letzten Augenblicke bearb. Berichterstattung v. Freundeshand. 8. (45 S.) Leipzig 849, Naumburg. 3 ngr

—— Deutschlands politischer Erlöser. Ein Denkmal seiner Ehren zur Begeisterung Aller für die Sache der Freiheit. 4. (8 S.) Leipzig 849, (Siegel.)

Blum, Robert. Deutschlands politischer Erlöser. Ein Denkmal seiner Ehren zur Begeisterung Aller für die Sache der Freiheit. 4. (8 S.) Leipzig 849, Stoll in Comm. 1 1/2 ngr

—— und sein Tod für Deutschland. Ein Aufruf an das deutsche Volk. Nebst Blum's Berichten über seinen Aufenthalt in Wien. 1—4. Aufl. 4. (8. S.) Leipzig 848, Matthes.

Blum, Dr. med., Ueber die gesundheitliche und sittliche Bedeutung der Wohnungsfrage mit besonderer Berücksichtigung der Bekämpfung der Tuberkulose. Köln 1901. J. P. Bachem

Blum, Feier d. kirchl. Trauung d. Prinzessin Pauline v. Württemberg m. d. Erbprinzen Friedrich z. Wied a. Samstag d. 29. X. 1898 i. großen Marmorsaal d. k. Residenzschlosses. 8. (14 S.) Stuttgart 898. J. F. Steinkopf. n. — 20

Blum, v. d. kaiserl. Hofgericht in Deutschl. 4. Frankf. -

Blum: K a l e n d e r f. d. württ. Verwaltungs-Beamten . . . , s. B l u m , Carl

Blum, Commissionsbericht über den Gesetzentwurf die öffentliche Armenpflege betreffend. 4°. Carlsruhe 1870.

Blum: Lehrbuch der Physik . . ., s. B l u m , Ludwig

Blum: L i n i e n f ü h r u n g u. Bahngestaltung im Eisenbahn-Bau, s. B l u m , Alfred

Blum, Nachrichten von der Reise des marokkanischen Bottschafters (so!) nach dem k. k. Hofe zu Wien. Mit 1 Portr. Wien. 1783. 8°.
Karajan's Bibl. Wien II., no. 1274.

Blum, ..., Nachr. von d. Reise des Marokkan. Gesandten Ben Abdu Meleck nach Wien, nebst Beschreib. s. Aufenthalts zu Livorno ꝛc. 8. Wien 784.

Blum, Sozialpolitik, s. Fortschritt, sozialer.

Blum: S t ä d t e b a h n e n m. besond. Berücksichtigung . . . , s. B l u m , Otto

— über Verschiebebahnhöfe. gr. 8. (78 S. m. 27 Abb.) Wiesbaden 901. C. W. Kreidel. n. 2.—
Sonderabdruck a.: „Organ f. d. Fortschr. d. Eisenbahnwesens".

Blum: V o l k s - u. Kranken k ü c h e n , s. B l u m, Josef

Blum s: Zentralblatt f. allg. Pathol. u. patholog. Anatomie, General-Reg.

Blum, Ad., (Jos. A. Gleich), der Eheteufel auf Reisen. 8. Leipz. 821. Hartknoch. 1 ₰ 4 gr Velinp. 2 ₰

— s. Sydonie oder Leidenschaft ꝛc.

Blum, Agnes, die Strafbarkeit der Vernichtung des keimenden Lebens vom Standpunkte des Mediziners, s.: Flugschriften, abolitionistische.

Blum, Alb.: Die sozialpolit. Aufg. d. Zweckverbandes Gross-Berlin, s: Schriften d. Gesellsch. f. soz. Reform, Ortsgruppe Berlin, Fragen.

— Gemeinde-Betriebe d. Haupt- u. Residenzstadt Karlsruhe i. B. u. deren Beamten- u. Arbeitersch. (7, 137) gr8° Karlsr., G Braun'sche Hofbdr. '12. 3.60

— Der Verkehr, d. Grundlagen d. künft. Gross-Berlin, s: Goecke, Thdr: Welche Erwartgn dürfen wir an d. Ergebn. d. Wettbewerbs „Gross-Berlin" knüpfen?

Blum, Alfred, s.a. B l u m , Otto

Blum, Alfred, s.a. B l u m , Robert

Blum, Alfred

Blum, Alfr., Berechnung etc. d. Oberbaues, s.: Zimmermann, Herm.

Blum, A. (Hrsg.), s. E i s e n b a h n b a u

— s.: Eisenbahn-Technik, die, d. Gegenwart.

— Linienführung u. Bahngestaltung im Eisenbahn-Bau der Gegenwart, s.: Paul.

— Schubert, Himbeck, Fraenkel: Oberbau u. Gleisverbindgn, s.: Eisenbahn-Technik. d., d. Gegenwart.

Blum, Alfred. Ueber Silicovanadinmolybdate. Diss. Phil. Bern. 55 S. 8. Bern, Gottfr. Iseli, 1904.

Blum, Alfred (Hrsg.), s. Unterhaltung u. Betrieb der Eisenbahnen

Blum, Andreas (Arolsen/Waldeck), De existentia dei atque creatione ex nihilo ex contingentia in mundo totius mundi. Diss. philos. Präs. Daniel Strachler. Halle (Joh. Chn. Hendel) Dez. 1726. 60 S. (5.50) 2939

Blum, Anna, s.a. Blum-Erhard, Anna

Blum, Anna
Hat die Schule die Aufgabe über sexuelle Verhältnisse aufzuklären? Von Anna Blum. (Minden i. W.: C. Marowsky [1904].) (31 S.) 8°
= Sammlung pädagogischer Vorträge. Bd 14, H. 5. fos. 4458 6

Blum, Anna, ohne Heimat. Roman. (185 S.) 8. Leipzig 905. E. Polz. n. 1. 50; geb. n.n. 2. —

Blum, Anna, ohne Heimat. Roman. 2. [Titel-]Aufl. (185 S.) 8. Leipzig [905] (907). B. List. 1.50; geb. 2. 50

Blum, C., s.a. Blum, Karl

Blum, C., der Bauhandwerker, s.: Rosenkranz, Fr.

Blum, C., Christus unser Leben. Epistel-Predigten f. d. ganze Kirchenjahr. gr. 8. (547 S.) Jurjew (Dorpat) 896. (Reval, F. Kluge.) n. 5. —

v. Blum, C. Geschichte des kgl. preuss. 20. Infanterie-Regiments. Torgau 1842.

Blum, C., himmelan. Tägliche Morgen- u. Abendandachten f. den Familien-Gottesdienst. Nach dem Kirchenjahr geordnet. gr. 8. (VII, 1008 S.) Riga 891. N. Kymmel's Sort. Geb. in Halbfrz. n. 8. —

— der Johannistag. Eine Erzählung. 8. (82 S.) Zwickau 871. (Döhner.) — 30

Blum, C., Naturgeschichte des Tierreichs. Biologische Einzelbilder u. zusammenfass. Allgemein-Betrachtgn. unter Berücksicht. der Grundgesetze des Tierlebens. Tierkunde m. besond. Hervorhebg. der Beziehgn. zwischen Körperbau u. Lebensweise der Tiere sowie ihrer Entwicklungsverhältnisse u. der Anpassungserscheingn. an die natürl. Daseinsbedinggn. 1. Tl.: Wirbeltiere. (VIII, 302 S. m. Abbildgn.) 8. Frankfurt a/M. (910). Kesselring. Geb. in Leinw. 2. 20

Blum, C., Tierkunde, s.: Grundriß der Naturgeschichte f. Volks- u. Mittelschulen. 1. Tl.

Blum, C. L., s. Blum, Karl Ludwig

Blum, Carl, s. Blum, Karl

Blum, Carl Ludwig, s. Blum, Karl Ludwig

Blum, C[hatzkel]. Zur operativen Behandlung des Dickdarmkrebses ⟨mit Ausschluss des Mastdarmcarcinoms⟩. Diss. Med. Basel. *Kopftitel:* Aus der Basler Chirurgischen Universitäts-Klinik.... 47 S. 8. Basel, Brin & Cie., 1909.

Blum, Conr. Hard., Diss. do ischuriao causis. 38 pp. Helmst. 4°. 1736

Blum, David, approb. Arzt aus Frankfurt a. M.: Aus d. Universitäts-Augenklinik zu Giessen. Zur Casuistik der Geschwulstbildungen der Conjunctiva mit besonderer Berücksichtigung der Neubildungen in der Carunkelgegend. *Giessen 1902: v. Münchow.* (49 S.) 8°
Giessen, Med. Diss. v. 1902

Blum, E.: Chicago und die Columbische Weltausstellung, s. Blum, Emil

Blum, E.: Die Feldbereinigung, s. Blum, Ernst

Blum, E. (I.), der Johannistag. Eine Erzählung. 8. (82 S.) Zwickau 871. (Döhner.)

Blum, E., u. Jos. Blum, politischer Katechismus zum Verständniß politischer Fragen für das katholische Volk. 1. Thl.: Vom Staate. gr. 8. (160 S.) Wien 876. (Amberg, Habbel.) n. 1. —

Blum, E.: Schönröschen, s. Blum, C.

Blum, E. (II.), Schönröschen, s. Theater, neues Wiener.

Blum, E.: Die Ursachen der Dampfkesselexplosionen, s. Blum, Emil

Blum, E: Sachliche Würdigung der in Deutschland ertheilten Patente. Klasse 31. Gießerei und Formerei. Berlin (1880)

Blum, Ed., (Benj. Silber), die getäuschte Liebe, eine Autobiograph. 8. Weißenf. 802. Severin. 20 gr 1805 unt. d. T.: die deutsche Xantippe, od. der zerstörte Hausfriede. Ebd. 1 ℳ

Blum, Emil, dio hydraulischen Aufzüge im Eisenbahn-Hôtel zu Borlin. [Aus: „Verhandlgn. d. Vor. zur Befördorg. d. Gowerbfleisses".] 4. (8 S. m. 3 Steintaf. in qu. Fol.) Borlin 880. Polytechn. Buchh. n. 2. 50

— Botrachtungen über die Calculation im Maschinenbau u. doron Einführung als Lehrgegenstand an den techn. Hochschulen. [Aus: „Zeitschr. d. Vereines deutscher Ingonioure".] gr. 8. (20 S.) Ebend. 881. n. — 60

Blum, E, Chicago u. d. columb. Weltausstellg 1893, s.a. Welt- u. Reisebibliothek, illustr.

Blum, Emil. Chicago und die Columbische Weltausstellung 1893. Mit 85 Illustrationen, darunter 8 Aquarell-Farbendrucke, 29 farbige Voll- und 48 Textbilder [19 Tafeln] nach Originalen von E[rnst] Schlemo und W Oertel, ferner einem in Farbendruck ausgeführten Panorama der Stadt [Tafel], einer Ansicht der Ausstellung aus der Vogelschau [Tafel], einem Stadt- und Ausstellungsplane [und 1 Karte]. 8. München, Zürich, New-York [1893]. P
(Illustrirte Welt- und Reisebibliothek. Hrg. von Julius Laurencic. № 81—33 ...) Amerikanische Städtebilder. Serie 1.

Blum, E., Die Ursachen der Dampfkesselexplosionen. Chemnitz 1866. 8°.

Blum, Emil, die Ursachen der Dampfkesselexplosionen. Chemnitz 867. Focke. gr. 8. (29 S.) n. 6 ngr

Blum, Emil, u. S. B. Alexander, wer lügt? Ein soziales Fragezeichen. 8. (VIII, 228 S.) Zürich 892. Verlags-Magazin. n. 2. 40

Blum, Erich. 1809 [Pseud.] s.a. Pfau, Karl Fr. fu. 1505

Blum, Erich, Blut u. Nerven. Deren Reinigg., Pflege u. Heilg. gr. 8. (16 S.) Chemnitz 897. A. Seyffert. n. — 50

Blum, Erich (Karl Frdr. Pfau), populär-medizinische Hausbibliothek. 1.—6. Bdchn. 1.—5. Tauf. gr. 8. Leipzig (901). O. Borggold. à n. — 40
1. Wie pflegen u. schützen wir am besten unsere Säuglinge? (15 S.)
2. Die Pflege des Gemütes u. der Seele unserer Kinder. (15 S.)
3. Die Wochenstube vor u. nach der Geburt. (16 S.)
4. Das Schlafen unserer Kinder. Winke u. Mahng. (15 S.)
5. Wie ernähren wir unsere Kinder gut u. zweckmäßig? (16 S.)
6. Wie verhüten wir die Krankheiten unserer Säuglinge u. Kinder? (16 S.)

Blum, Erich (Hrsg.), s. Lassalle, Ferdinand: Gesamtwerke

Blum, Erich (K. Frdr. Pfau), Die Pflege des Gemütes u. der Seele unserer Kinder. »Populär-medizin. Hausbibliothek.« (15 S.) Leipzig 1901. O. Borggold. —.40

— Warum sterben viele Menschen oft so rasch u. unerwartet? Beobachtgn. u. Gedanken e. Laien. gr. 8. (16 S.) Leipzig 897. Hygiela-Verlag. n. — 50

— warum sterben viele Menschen oft so rasch u. unerwartet? gr. 8. (16 S.) Leipzig 897. [Hygiela-Verl.] Leipzig-Th., E. Kunze. — 50; erm. Pr. — 30

Blum, Ernst

Die Feldbereinigung auf der Gemarkung Merdingen. E. agrarpolit. Studie v. Ernst Blum. M. 3 lith. Taf. u. 2 Abb. im Text. *Freiburg i. B., Leipzig & Tübingen: J. C. B. Mohr 1899.* (VII, 59 S., 3 Pl.) 1 Bd 8.
— Abhandlungen, Volkswirtsch., d. Badischen Hochschulen. Bd 2. H. 3. [vi. 188]

Memoires (sol) der Rigolboche, ersten Tänzerin vom Theater Délassements-Comiques in Paris. Aus d. Französ. (der *Ernst Blum* u. *Louis Huart*). Geziert mit ihrem Portrait. Berlin 1861. 12°. 164 S. (8 Sgr. Scheible, c. 1870; jetzt höher!)
Orig.: Mémoires de Rigolboche. Paris, Dentu, 1860. 16°. 192 pp. (1 fr. 50 c.) — 6ème éd. Ibid. cod. a. 12°. Avec photogr. (12 Sgr. Scheible, c. 1870.)
— — Dasselbe. 2. Aufl. Mit Portrait. Ebd. 1862. 12°. (1 Mk. 50 Pfg. O. Richter, Lpz., vor 1885; 4 Mk., schönes Expl., R. Levi, Stuttgart, 1904.)
— — Dasselbe. Ebd. 1867. 12°.

Blum, F.: De Antonio Liberali, s. Blum, Friedrich,

Blum, F: Weitere Mittheilungen zur Lehre von dem Nebennierendiabetes. Bonn 1902

Blum, F.: Ueb. d. Privatlektüre junger Leute in d. oberen Klassen d. Gymn. 8 S.
Progr. Magdeburg D. 1825.

Blum, F.: Rhein-, Wein-u. Liebeslieder, s. Blum, Frz.

Blum, F.: Tabellen zur Lohnberechnung . . . , s. Blum, Friedrich

Blum, Ferdinand [cand. med.]: Experimentaluntersuchungen über die Salzsäurebindung bei künstlicher Verdauung. (Aus d. chem. Laboratorium d. Herrn Prof. Dr. Baumann.) . . . Frankfurt a. M., Druck v. Gebr. Knauer, 1889: 30 S. + 1 Bl. 8°
Freiburg i. B., Med. Fak., Inaug.-Diss. v. 1889

Blum, Ferdinand [cand. med. aus Durlach, Baden]: Die Schwanzmuskulatur des Menschen . . . [Aus: Anat. Hefte, Abt. I Bd 4.] Wiesbaden, J. F. Bergmann, 1894; 34 S. 8.
Freiburg i. B., Med. Fak., Inaug.-Diss. v. 1894

Untersuchungen über Bleivergiftungen und ihre Verhütung in industriellen Betrieben. Ausgeführt im Auftr. d. Metallurg. Gesellsch. A.-G. von Dr. med. F[erdinand] Blum, Frankfurt a. M. Nebst: 1. Zusammenfassung d. Äußerungen verschiedener in- u. ausländ. Betriebsleiter ... *Frankfurt a. M. 1900: (C. Adelmann).* (57 S.) 8° [04. 11083

Blum, Fr.: Tabelle z. Lohnberechnung, s. Blum, Friedrich

Blum

— **Franz Joseph** (Hildesheim), De filiofamilias in genere paciscente, in specie mutuum contrahente, et muliere intercedente. Diss. jur. Präs. Jo. Georg Brückmann. Erfurt (Joh. Chph. Hering) 11. IX. 1748. 39 S. (4.—) 2940
Widm. v.: Joh. Theod. Budden (Hildesheim), Aloys v. Plettenberg (Salzkotten/Westf.), J. A. Diestelmann (Hildesheim), F. J. Witte (Paderborn), Joh. Franz Fincke (Attendorn/Westf.), J. Wittenberg (Hildesheim).

Blum, Friedrich

Blum, Frdr., prakt. Anleitg. z. Vermessg. u. Inhaltsberechng. ungeaicht., sow. nur teilweise gefüllter Gefäße unt. Anwendg. d. beigegeb., amtlich geprüften Tabellen. schmal 8. (71 u. 94 S.) Stuttgart 898. (O. Gerschel.) n 1.80

Blum, Fridericus [Durlacensis]: De Antonino Liberali ... Frisingae, *typ. cur. F. P. Datterer*, 1892; 2 Bl., 55 S. 8.
Strassburg, Phil. Fak., Inaug.-Diss. v. 1892

Blum, Friedrich: Die infinitesimale Biegung von Flächen bei vollständiger Starrheit eines Kurvensystems. Borna-Leipzig 1909: Noske. 41 S. 8°
Tübingen, Naturwiss. Diss. v. 29. Juli 1909, Ref. v. Brill
[Geb. 12. Febr. 82 Crailsheim; Wohnort: Stuttgart; Staatsangeh.: Württemberg; Vorbildung: Ev.-Theol. Sem. Urach Reife 00; Studium: Tübingen Theol. 2, Math. 9 S.; Coll. 29. Juli 09.] [U 10. 4233

Blum, Friedrich, (Direktor) Dr.: Zur Gestaltung des in Tertia beginnenden lateinischen Unterrichts. Mannheim 1906: G. Jacob. (16 S.) 4°
Mannheim, R u. RPG P 1906 (781)

Blum F, Hilfstabellen zur Berechnung des Weinumgeldes nach den Literpreisen. 4° Stuttgart 1872

Blum F, Hilfstabellen zur Ermittlung des Getränke-Inhalts nur teilweise gefüllter Fässer im Wege des Abstichs-Verfahrens. 4° Stuttgart 1872

Blum, Fr., Hilfstabellen zur Umrechnung des württemberg. Helleichmaaßes in das Litermaaß für den Gebrauch der Organe der Steuerverwaltung, der Eichbehörden, Kellereiverwaltungen, Geschäfts- und Gewerbetreibenden, Weinhändler, Wirthe, Küfer rc. 8. Stuttgart 871, Metzler's Verlag. *

Blum F, Mustereinträge in die Formularien zu dem Branntweinsteuergesetz vom 18. Mai 1885. Stuttgart 1885

Blum, F, Tabelle z. Ermittlg d. Getränke-Inhalts nur theilweise gefüllter Fässer im Wege d. Abstichs-Verfahrens. 2. Afl. 8. (40) Stuttg. 80. (Metzler's Sort.). geb. n.n. 1. 50

Blum, Frdr., Tabelle zur Lohnberechnung f. 1 bis 180 Stunden u. f. 15 bis 70 Pfennig, Heller, Cents etc. Neue verm. Aufl. (19 S.) gr. 8. Stuttgart (903). (W. Nitzschke. — A. Brettinger.) n.n. — 75

Blum, Fr., Tabelle z. Lohnberechnung f. 1—160 Stunden u. f. 11—60 Pfennig. gr. 8. (17 S.) Stuttgart 891. (Glaser & Sulz.) n. — 60

Blum, Frdr., Tabelle zur Lohnberechnung f. 1—160 Stunden u. 15—70 Pfg., Heller, Cents etc. Neue verm. Aufl. (19 S.) Lex. 8. Stuttgart (910). W. Nitzschke. — A. Brettinger. 1. —

Blum, Fr., ausführliche Tabellen zur Umrechnung der bisherigen süddeutschen Münzen in die neuen Reichsmünzen u. umgekehrt. Für den allgemeinen, sowie insbesondere f. den amtl. Gebrauch bearb. 4. (23 S.) Stuttgart 874. Levy & Müller. — 50

— Tabellen zur Berechnung der Branntweinabgaben nebst Prozenttabelle zur Inhaltsberechnung nur teilweise gefüllter Fässer. Stuttgart 1888

Blum, Fr., Tabellen zur Ermittlg. d. Getränke-Inhalts nur theilweise gefüllter Fässer im Wege des Abstichs-Verfahrens. 2., unveränd. Aufl. gr. 8. (VI, 49 S.) Stuttgart 880. (Metzler's Sort.) In Leinw. cart. n.n. 1.50

— **Tabellen zur Ermittlung d. Getränkeinhalts nur teilweise gefüllter Fässer im Wege d. Abstichsverfahrens. Zum amtl. u. Privatgebrauch bearb. u. hrsg. Neue, vollständig umgerechnete u. vermehrte Ausg. schmal 8. (XII, 83 S.) Stuttgart 891. (J. B. Metzler's Sort.) Kart. n. 1.75**

— Tabellen z. Ermittlg. d. Getränkinhalts nur theilweise gefüllt lieg. Fässer i. Wege d. Abstichverfahrens. Z. amtl. u. Privatgebr. bearb. u. hrsg. 2., unveränd. Aufl. d. neuen Ausg. v. 1891. 8. (XII, 85 S) Ebd. 897. Kart. n. 1.80

Blum F, Tabellen zur Umwandlung der bisherigen württ. Flüssigkeitsmasse in das Litermass und zur Berechnung der hierauf bezügl. Preise. 2. A. Stuttgart 1872

Blum, Fr., Tabellen zur Umwandlung des württemberg. Längen-, Quadrat- und Kubikmaßes in das metrische Maß, sowie der bisher. Preise für die alten Maße in Preise nach Reichswährung für die neuen Maße und umgekehrt nebst angehängter Lohnberechnungstabelle von 1/4 bis 14 Tage. Mit besond. Rücksicht auf die nach diesen Maßen arbeitenden Geschäfte zusammengestellt und berechnet. 8. (IV, 31 S.) Stuttgart 875, Levy und Müller.

Blum, Friedrich, (Dir.) Dr.: Der gemeinsame Unterbau der höheren Schulen in seiner geschichtlichen Entwicklung. Mannheim 1904: J. Ph. Walther. (27 S.) 4°
Mannheim, R m. RPG (Reformschule) P 1904 (731)

— Systematische Zusammenstellung der wesentlichen Bestimmungen des Reichsgesetzes, betreffend die Besteuerung des Branntweins vom 24. Juni 1887 und die Vollzugsvorschriften. Stuttgart 1887

— systematische Zusammenstellung der wesentlichsten Bestimmungen d. Reichs-Gesetzes betr.: die Besteuerung des Branntweins v. 24. Juni 1887 u. der dazu erlassenen Vollzugsvorschriften. Unter vergleich. Hinweisg. auf das bisherige württemberg. Branntweinsteuer-Gesetz vom 18. Mai 1885 bearb. 8. (35 S.) Ebd. 888. n. — 50

Blum, Frz., Rhein-, Wein- u. Liebeslieder. Gedichte. gr. 16. (119 S.) Bern 874. Jent & Reinert. n. 2.40

Blum, Frz. Ant., Gesch. des Fürstenth. Hildesheim. 2 Bde. 8. Wolfb. Albrecht. 805, 808. (a. u. d. Tit. Blums Gesch. des Bisthum Hildesheim im 9ten Jahrhundert) (1r 1 Thlr. 2r 1 Thlr. 4 gr.)

— comment. de vero situ vet. Palatii Regalis et Imperialis Werlae fide diplomat. et veter. scriptor. 4. Helmst. 786. Fleckeisen. 6 gr.

(Blum, G.,) sacramentalisches Abendmahl, s. Siniscalchi.

Blum, G.(Mitarb.), s. Abenteuer zur See.

(——) neuntägige Andacht z. Verehrung d. h. Herzens Jesu, s. Andacht.

(——) Antwort ein. alten Pfarrers rc., s. Kleinigkeiten, 1., 2. u. 4. Bdchn.

(——) Belehrung üb. d. heil. Altarssacrament, s. 8. Bd.: Belehrung.

(——) Betrachtungsreden üb. d. vier letzten Dinge, s. Betrachtungsreden.

(——) Betrachtungsreden auf alle Sonntage rc., s. Betrachtungsreden.

(——) Ermahnungsrede üb. d. christl. Ehestand, s. Ermahnungsrede.

(——) Ermahnungsreden an d. kathol. Christenvolk, s. Ermahnungsreden.

(——) gelobt sei d. allerheil. Altarssacrament, s. Gelobt.

(——) Herr! bleib bei uns, s. : Herr.

(——) Herr! dein Wille geschehe, s. Herr.

(——) Herr! den Du lieb hast, s. Herr.

(——) Herr! erhöre mein Gebet, s. Herr.

(Blum, G.,) Herr! gieb ihnen d. ewige Ruhe, s. Herr.

(——) Jesus Christus, d. wahre Gott u. Mensch, s. Jesus.

(——) im kathol. Glauben stirbt man getrost, s. Im kathol. Glauben.

(——) kathol. Kanzelberedsamkeit a. d. vorigen Jahrh., s. Kanzelberedsamkeit.

(——) Kleinigkeiten v. großem Werthe, s. Kleinigkeiten.

(——) Kostbarkeiten zum Mitnehmen in d. Ewigkeit, s. Kostbarkeiten.

(——) O Maria, ohne Sünde empfangen, s. O Maria.

(——) möchtest du gesund werden rc., s. Möchtest.

(——) der heiligste Name Jesus, s. Name Jesus.

(——) des heil. Rosenkranzgebet, s. Rosenkranzgebet.

(——) Schreiben ein. alt. Pfarrers an einen jungen Theologen rc., s. Kleinigkeiten, 3. Bdchn.

(——) Schritte zur vollkommenen Liebe Gottes, s.a. Schritte.

Blum, G., Schritte zur vollkommenen Liebe Gottes durch die Vereinigung mit Jesus, sowohl bei der heil. Messe als in der heil. Communion. Meß- und Communionbuch für fromme Katholiken, enthaltend 13 verschiedene Anweisungen, der heil. Messe beizuwohnen, Beicht- und Ablaßgebete rc. 23., einzig rechtmäßige Orig.-Aufl. Verb. und verm. von F. X. Himmelstein. 8. (508 S. mit 1 Stahlst.) Würzburg 859, Stahel'sche Buchh. -

—— dass. — 24., einzig rechtmäßige Orig.-Aufl. 16. (VIII und 528 S. mit 2 Stahlst.) Ebendas. 859.

Blum, G., Schritte zur vollkommenen Liebe Gottes durch die Vereinigung mit Jesus, sowohl bei der h. Messe als in der h. Communion. Meß- und Communionbuch für fromme Katholiken rc. 27., einzig rechtmäß. Orig.-Aufl. Verb. und verm. von F. X. Himmelstein. 8. (508 S. mit 1 Stahlst.) Würzburg 864, Stahel'sche Buchh.

(——) Unterricht u. Beispiele d. h. Väter, s. Unterricht.

(——) Unterricht in kurzer Zeit fromm rc. zu werden, s. Unterricht.

(——) einige Worte üb. d. Frage: Sollte man nicht in uns. aufgeklärten Zeit. d. Messe in deutscher Sprache lesen? s. Kleinigkeiten 5. Bdchn.

Blum, G. F., s. Blum, Georg Franz

Blum, G.W. Frhr. von Kempen: Geographisch-statistische Übersicht ..., s.a. Blum, H. W.

Blum, G. W. v., Freyh. v. Kempen, geogr. stat. Uebers. d. Oesterreich. deutsch. Staat. in 7 Tab. gr. Fol. Wien, (Feind, L.) 796.

Blum, Georg

Blum, Gg. (Hrsg.), s. Antwort eines alten Pfarrers auf die Frage eines jungen Geistlichen: Wie er sich bei jetzig. Zeiten zu verhalten habe.

Blum, Georg, Meerblumen. Liederkranz f. Seeleute. 2. Aufl. 12. (1 1/12 B.) Hamburg, St. Pauli 845. (Perthes-Besser u. Mauke.)

Blum, Geo., Meerblumen. Liederkranz für Seeleute. 3. Aufl. Hamburg 855. (Leipzig, Gerhard.) 12. (100 S.) n. 12 ngr

— die Möwe. Eine Sammlung von Liebes-, Scherz- und Schelmenliedern. Mit Originalbeiträgen &c. Hamburg 857. (Leipzig, Gerhard.) 32. (128 S.) 3¾ ngr

Blum, Georg (geb. Tuckum in Kurland 25. 8. 1847): Ueber Perforation und Cephalotripsie in ihren Beziehungen zum Kaiserschnitt. Berlin (1873). (31 S.) 8°
Berlin, Med. Diss. v. 22. Aug. 1873

Blum, Geo., Strand und See. Sagen, Märchen und Erzählungen aus dem See- und Fischerleben. 2. Aufl. 1858 und 3. (Titel-)Ausg. 8. (III und 155 S. mit 8 Chromolithogr.) Hamburg (857)58, Richter.

Blum, Geo., Strand und See. Sagen, Märchen und Erzählungen aus dem See- u. Fischerleben. 3. Ausg. Hamburg 859. Richter. 8. (2 Bl., 155 S. u. 8 color. Lithogr.) 22½ ngr

— der Todtengräber. Eine Erzählung. Altona 863. Verlagsbureau. 8. (192 S.) 25 ngr

Blum, Georg (Hrsg.), s. W e l t m e e r , Das.

Blum, Georg Franz
— tabellar. Darstell. d. Reichs-Matrikularanschläge z. Behuf einer Reichs-Usual-Matrikel. 4. Frankf. (Fr. Fleischer in Leipz.) 1 Thlr 4 gr

Blum, Georg Franz v., hochfürstl. strassburgischer Hofrath. Tabellarische Darstellung der Reichs-Matrikularanschläge zum Behuf einer Reichs-Usual-Matrikel sammt Berichtigung der Reichs- und Kreis-Mannschafts-Anschläge nach dem Sinne des Reichsgutachtens vom 28. März 1795. Als ein Nachtrag zu der pragmatischen Erörterung der Grundsätze der deutschen Reichs-Kriegs-Verfassung und den patriotischen Gedanken zur Vermehrung der deutschen Reichsarmee. 8. Frankfurt und Leipzig 1795.

— tabellar. Darstell. d. Reichs-Matrikularanschläge z. Behuf ein. Reichs-Usual-Matrikel. 4. Frankf. (B. Fleischer, L.) (Doll in Augsburg.) 795.

B l u m , G. Fr.: „Pragmatische Erörterung der Grundsätze der teutschen Reichskriegsverfassung", Frankfurt a. M. und Leipzig 1799 (Wien 1795; Wappler).

— pragmat. Erörterung d. Grundsätze d. deutschen Reichsverfassung. 8. Rastadt 799. (Ist blos e. neuer Titel zu des Verf. anonym. erschien. Gedanken &c. Augsb. 794.)

s. G e d a n k e n zur Vermehrung.—

— Gedank. u. Vorschl. zur Vermehr. der deutschen Reichsarmee. gr. 8. Augsburg, Doll. 794.

— neueste deutsche Kriegskanzlei. 2 Stcke. gr. 8. Regensb. 796. (Fr. Fleischer in Leipz.) 16 gr

— die Lage d. Köln. Kirche in den 1n Jahrhh. bis auf die Regier. Hildebolds im J. 1782. 8. Bonn 788.

—s.a. U n t e r s u c h u n g d. Elsäss. Grenze.

(v. Blum, G. Fr.): Krit. Untersuch. d. mitternächtl. Elsasser Gränze, zur Erläut. d. 4ten Artikels des Ryswiker Friedens u. d. 7ten der Wiener Friedenspräliminarien. *Frankenth.* 791. 8.

v. Blum, Geo. Frz., Versuch e. Geschichte der zwischen d. deutschen u. französ. Reich errichtet. Friedensschlüsse. gr. 8. Salzb. 796. Mayr. 1 Thlr

Blum, G. F. v., kritische Versuche d. mitternächtlichen Elsasser Gränze. Zur Erl. des 4ten Art. des Riswiker Friedens, u. d. 7ten d. Wiener Friedens-Präliminarien mit 28 Urkunden. 1r Bd. 8. Mannh. Löffler. 814.

Blum, H., s. B l u m , Hans

Blum, H., s. B l u m, Heinrich

Blum, H., s. B l u m, Hermann

Blum, H. (Red.), s. F l o t t e , Die.

Blum, H. Balth.: C o m m e n t a t i o juris publici ..., s, B l u m, Henr. Balth.

Blum, H. W. Frhr. von Kempen: Geographisch-statistische Ü b e r s i c h t . . . , s.a. B l u m , G. W. Frhr. von Kempen.

Blum, H. W. Frhr. von Kempen, s.a. Uebersicht, geograph.-statist. d. Oesterreich. Deutsch. Staaten.

Blum, Hans, die Äbtissin von Säckingen. Roman aus der Reformationszeit. 2 Bde. 8. (XIII, 282; V, 356 S.) Jena 887, Costenoble. *

Blum, Hans. Aus geheimen Akten. Heitere u. ernste Erzählungen aus d. Rechtsleben. 8. (VI, 337 S.) Berl. 889, Gebr. Paetel. * 6 —; geb. * 7 50

— Aus geheimen Akten. Jetzt: Berl., H Michel.

Blum, Hans, Herzog Bernhard. Eine Geschichte vom Oberrhein aus den J. 1638, 1639. 8. (X, 260 S.) Leipzig 885. C. F. Winter. n. 5. —

Blum, Hans. Ein Besuch bei Konrad Ferdinand Meyer. Sonderabdruck aus »Deutsche Revue« August 1909, hrg. von Richard Fleischer. 12 S. 8. <Stuttgart, Deutsche Verlags-Anstalt.>

Blum, Hans: Das Bevölkerungsproblem im Stillen Weltmeer. *Berlin 1902: Deutscher Verlag.* (77 S.) 8°
Heidelberg, Phil. Diss. v. 1902

Blum, Hans, Bismarck. Ein Buch f. Deutschlands Jugend u. Volk. gr. 8. (XVI, 819 S. m. Abbildgn. u. 1 Bildnis.) Heidelberg 903. C. Winter, Verl. Geb. in Leinw. n. 5. —

Blum, Hans, Fürst Bismarck u. seine Zeit. Eine Biographie f. das deutsche Volk. 1.—6. Halbbd. gr. 8. (1. Bd., 524; 2. Bd. X, 419 u. 3. Bd. XIV, 462 S.) München 894. C. H. Beck. à n. 2. 50 (à Bd. kplt.: n. 5. —; geb. in Leinw. n. 6. —)

— dasselbe. 1. Halbbd. 2. Abdr. gr. 8. (278 S.) Ebd. 894. n. 2. 50

— Fürst Bismarck u. s. Zeit. E. Biographie f. d. deutsche Volk. 7.—12. Halbbd. gr. 8. (4., 5. u. 6. Bd. XI, 444 S., XV, 430 u. XIV, 521 S.) München 895. C. H. Beck. à n. 2. 50 (4., 5. u. 6. Bd. kpl.: à n. 5. —; geb. in Leinw. à n. 6. —)

— dasselbe. 3. Abdr. 2. Subskr.-Ausg. 1. Halbbd. gr. 8. (1. Bd. S. 1—278.) Ebd. 895. n. 2. 50

— dasselbe. Anhang- u. Registerbd. 1895—1898. gr. 8. (VIII, 261 S.) Ebd. 899. n. 3. —; geb. n. 4. — (Kplt. m. Anhang- u. Registerbd., ermäss. Pr.: Geb. n. 25. —)

Blum, Hans, Robert Blum. Ein Zeit- u. Charakterbild für das deutsche Volk. Mit e. Portr. in Stahlst. u. dem Facsm. d. letzten Briefes Robert Blum's. 8. (XVIII, 690 S.) Leipzig 878. Keil. n. 6. —

— Rob. Blum. Jetzt: Stuttg., Union.

— persönliche Erinnerungen an den Fürsten Bismarck. 1. u. 2. Aufl. gr. 8. (à VI, 323 S.) München 900 A. Langen. n. 6. —; geb. in Leinw. n. 7. —; in Halbfrz. n. 8. —

— heitere Erzählungen aus dem Leben. 8. (V, 340 S.) Berlin 900. Gebr. Paetel. n. 5.—; geb. in Leinw. n. 6.—

– Heitere Erzählungen. Jetzt: Berl. H. Michel.

— die erste Frucht d. deutschen Staatssozialismus. Kritik d. Entwurfs e. Arbeiter-Unfallversicherungs-Gesetzes f. das Deutsche Reich. 8. (63 S.) Leipzig 881. Thiel. n. 1.—

—— Geheimnisse e. Vertheidigers. Heitere u. ernste Erzählgn. aus d. Rechtsleben. 8. (VIII, 330 S.) Ebd. 889. * 6 —; geb. ** 7 50

– Geheimnisse e. Verteidigers. Jetzt: Berl. H. Michel.

Blum, Hans, dunkle Geschichten. gr. 8. (XI, 319 S.) Berlin 874. Gebr. Paetel. n. 5. —

Blum, Hans. Spannende Geschichten. Criminalnovellen und andere Erzählungen. 334 S. 8. Berlin, Gebrüder Paetel, 1902. [M. 5. —, geb. M. 6. —]

– Spann. Gesch. Jetzt: Berl. H. Michel.

—— Hallwyl und Bubenberg. Erzählung aus den Freiheitskämpfen wider Karl den Kühnen. 8. (XIII, 416 S.) Leipzig 886, C. F. Winter'sche Verlagsh. *

— d. Heiligen uns. Sozialdemokratie u. d. Pariser Kommune v. 1871 i. ihrer wahren Gestalt. Geschichtl. Erinnergn. z. Warng. aller guten Deutschen. gr. 8. (79 S. m. Titelbild.) Wurzen 898. E. Kiesler. n. — 80

Blum, H: Die Heiligen uns. Sozialdemokratie. Jetzt: Chemn.-Gabl., Thüringer Verl.-Anst.

Aus dem tollen Jahr. Eine Erzählung aus 1849 von Hans Blum. *Heidelberg: C. Winter 1901.* (VII, 330 S.) 8° [F.] [04. 4784

— Junius. Schausp. i. 4 Akten. 8. (158 S.) Leipzig 884. Duncker & Humblot. n. 2.—

— Juvalta. Sozialer Roman. 2 Bde. 8. (IV, 363 u. IV, 300 S.) Berlin 892. Gebr. Paetel. n. 12.—; geb. in Leinw. n.n. 15. —

– Juvalta. Jetzt: Berl., H. Michel.

— der Kanzler v. Florenz. 8. (343 S.) Ebd. 891. n. 6.—; geb. in Leinw. n.n. 7. 50

– Der Kanzler v. Florenz. Jetzt: Berl., H. Michel.

Blum, Hans, aus Leben u. Praxis. Ernste u. heit. Erzählgn. 8. (V, 292 S.) Berlin 896. Gebr. Paetel. n. 5.—; geb. in Leinw. n. 6. 50

– Aus Leben u. Praxis. Jetzt: Berl., H. Michel.

Blum, Hans, Lebenserinnerungen. 2 Bde. gr. 8. Berlin 907. 08. Vossische Buchh. à 6.—; geb. à 7. 50
1. 1841—1870. (VIII, 336 S.) — 2. 1870—1907. (IV, 308 S.)

— die Lügen unserer Sozialdemokratie. Nach amtl. Quellen enthüllt u. widerlegt. gr. 8. (III, 422 S.) Wismar 891. Hinstorff's Verl. n. 2. —

— Bismarcks Mahnworte a. d. deutsche Volk. Zusammengest. u. erläut. gr. 8. (VII, 189 S.) Erlangen 895. Palm & Enke. n. 1. 20; geb. in Leinw. n. 2. —

—— Menschenrechte. Erzählung aus d. Zeit d. 1. französ. Revolution. 2 Bde. 8. (à Bd. 325 S.) Jena 889, Costenoble. * 9 — geb. * 11 —

— Neu-Guinea u. der Bismarckarchipel. Eine wirtschaftl. Studie. Mit Bildnis des Landeshauptmanns Curt v. Hagen. († 14. 8. 1897). 16 Illustr.-Taf. nach Orig.-Aufnahmen, 14 wirtschaftl. Übersichtstab. u. e. geograph. Spezialkarte. gr. 8. (XV, 225 S.) Berlin 900. Schoenfeldt & Co. n. 5. —; geb. n. 6. 25

Blum, Hans, neue Novellen. (Aus dem Leben.) (215 S.) 8. Berlin 904. [Gebr. Paetel.] H. Michel. n. 3. —; geb. in Leinw. n. 4. —

– Neue Novellen. Jetzt: Berl., H. Michel.

— auf dunklen Pfaden. Heitere u. ernste Erzählgn. aus dem Rechtsleben. 8. (V, 341 S.) Berlin 892. Gebr. Paetel. n. 6. —; geb. in Leinw. n.n. 7. 50

– Auf dunklen Pfaden. Jetzt: Berl., H. Michel.

—— a. d. alten Pitaval. Franz. Rechts- u. Culturbilder a. d. Tagen Ludwig XIII., XIV. u. XV. Ausgewählt u. erläut. 1. u. 2. Bd. 8. (631) Lpzg 85, CF Winter. à n. 5.

Blum, Hans (Hrsg.), s. Pitaval, Deutscher.

— das Deutsche Reich zur Zeit Bismarcks. Politische Geschichte von 1871 bis 1890. gr. 8. (XX, 708 S. m. Bismarcks Bildnis.) Leipzig 893. Bibliograph. Institut. 6. —; geb. in Halbfrz. 7. 50

Blum, d. deut. Reich zur Zeit Bismarcks. Polit. Geschichte 1871—1890. Leipzig 894.

Blum, Dr. Hans, Das deutsche Reich zur Zeit Bismarck's. Politische Geschichte von 1871 bis 1890. Gr.-8. (XX, 708 S.) In Lnwd. geb. 3.— Wien: Bibl. Inst. 1897

Blum, Hans (Hrsg.), s. Reichsgerichts-Correspondenz.

[F.] Hans Blum. Die deutsche Revolution 1848—49. E. Jubiläumsgabe f. d. deutsche Volk. 1.—5. Taus. M. 266 authent. Facsimilebeil., Karikat., Portr. u. Ill. (In 10 Lfgn.) *Florenz & Leipzig: E. Diederichs 1897.* (XIV, 480 S., 97 Portr., Taf. u. Facs.) 1 Bd 8. [97. 7410

— die deutsche Revolution 1848—49. E. Jubiläumsgabe f. d. deutsche Volk. 10. u. 11. Taus. M. 256 authent. Fksm.-Beilagen, Karrikaturen, Porträts u. Ill. gr. 8. (XIV, 480 S.) Florenz 898. E. Diederichs. n. 10. —; geb. in Halbfrz. n. 12. —
Erschien auch in 10 Lfgn. à n. 1. —.

— dasselbe. Ausg. f. Österreich. gr. 8. (XIV, 480 S.) Ebd. 898. n. 10. —; geb. in Halbfrz. n. 12. —; auch in 10 Lfgn. à n. 1. —

— die deutsche Revolution 1848—49. Eine Jubiläumsgabe f. das deutsche Volk. 12. Taus. Mit 256 authent. Fksm.-Beilagen, Karikaturen, Porträts u. Illustr. gr. 8. (XIV, 480 S.) Florenz 898. Leipzig, E. Diederichs. n. 10. —; geb. in Halbfrz. n. 12. —

— die deutsche Revolution 1848—1849. Mit 256 authent. Fksm.-Beilagen, Karikaturen, Porträts u. Illustr. 13. Taus. [Titel-Ausg.] (XII, 480 S.) Lex.-8. Jena [898] 906. E. Diederichs. n. 10. —; geb. n. 12. —

Blum, H., schwer errungen, s.: Köhler's illustr. Jugend- u. Volksbibliothek. Volkserzählgn. 29.

Blum, Hans, die erste Session der ersten Gesetzgebungsperiode des norddeutschen Reichstags. Ein Bericht an Wähler u. Freunde. Leipzig 868. O. Wigand. 8. (39 S.) 3 ngr.

— unsere Sozial-Demokraten auf dem Parteitage in Halle. Rede, geh. in der Versammlg. d. Nationalliberalen Vereins f. das Königreich Sachsen zu Leipzig am 24. Novbr. 1890. 12. (30 S.) Leipzig 890. (Moltke.) — 30

— unsere Sozialdemokratie im Spiegel der ersten französischen Revolution. 8. (62 S.) München 893. C. H. Beck. n. — 60

— die Sozialpolitik Bismarck's, s.a. Fortschritt, sozialer. Nr. 11.

Blum, Hans. Die Sozialpolitik ([Otto] v.) Bismarck's. Von Dr. H' B' ⟨Rheinfelden⟩. 2. Tausend. IV+16 S. 8. Leipzig, Felix Dietrich, 1904. (M. —. 15)

Sozialer Fortschritt. Hefte und Flugschriften für Volkswirtschaft und Sozialpolitik. Eingeleitet von Professor Dr. W(erner) Sombart... No. 11.

—— Staatlos. Eine lust. Zeitgeschichte auf ernstem Hintergrunde. 8. (VI, 463 S.) Jena 888, Costenoble. *
geb. *

— das Strafgesetzbuch für den norddeutschen Bund nebst dem Einführungsgesetz. Ein zuverlässiger u. leichtfaßlicher Rathgeber für praktische Criminalisten, Richter, Vertheidiger, Staatsanwälte u. besonders für Geschworene u. Schöffen. Unter Mittheilung der wichtigsten Amendements, Motive u. Reden, sowie der ursprünglichen Regierungsvorlage erläutert. (In 6 Liefgn.) 1—3. Liefg. Zürich 870. Schultheß. gr. 8. (XI, S. 1—192.). Jede Liefg. 6 ngr

— das Strafgesetzbuch f. den norddeutschen Bund nebst dem Einführungsgesetz. Ein zuverläss. u. leichtfaßl. Rathgeber f. prakt. Criminalisten, Richter, Vertheidiger, Staatsanwälte und besonders f. Geschworene u. Schöffen. Unter Mittheilg. der wichtigsten Amendements, Motive u. Reden, sowie der ursprüngl. Regierungsvorlage erläut. 4—7. (Schluß-)Lfg. gr. 8. (S. 193—523.) Zürich 870. Schultheß. à — 60

— ein Tag in Varzin beim Fürsten Bismarck. [Aus: „Leipz. Neueste Nachrichten".] gr. 8. (23 S.) Leipzig 893. E. Herfurth & Co. n.n. — 30

— aus unsern Tagen. 2 Bde. 8. (IX, 284 u. 260 S.) Magdeburg 870. Faber. n. 7. 50

— Eine dunkle Tat, s.a. Volkes, des, Lieblingsbücher.

Blum, Hans. Eine dunkle Tat. Nach alten Akten erzählt. [Mit illustriertem Umschlag.] 80 S. 8. Dessau, Mohr, 1908. (M. —. 20)

Des Volkes Lieblingsbücher. Sammlung bester und spannendster Volksschriften. Herausgeber: Dr. Adrian Mohr. No. 5.

Blum, Hans, die Tat der Johannisnacht, s.a. Volkes, des, Lieblingsbücher.

Blum, Hans. Die Tat der Johannisnacht. Erzählung von H' B' [Rheinfelden]. [Mit illustriertem Umschlag.] 80 S. 8. Dessau, Mohr, [1908]. (M. —. 20)

Des Volkes Lieblingsbücher. Sammlung bester und spannendster Volksschriften. Herausgeber: Dr. Adrian Mohr. Nr. 7.

— die Überbande. Kriminalroman, frei nach den Akten erzählt. (274 S.) 8. Berlin 904. Gebr. Paetel. n. 4. —; geb. in Leinw. n. 5. —

—— der Überläufer. Erzählung für die reifere Jugend aus der Geschichte des nordamerikan. Befreiungskampfes unter George Washington. Mit 4 Illustr. in Holzschn. nach Zeichnungen von W. Claudius. gr. 8. (V, 218 S.) Leipzig 884, Gebhardt's Verlag. geb. 5 —

Blum, Hans (Hrsg.), s.a. Urtheile und Annalen des Reichsgerichts in Civilsachen.

Blum, Hans: Urtheile und Annalen des Reichsgerichts in Civilsachen. Sammlung aller wichtigen civilrechtlichen Entscheidungen des Reichsgerichts sowie aller auf die Reichsrechtsprechung in Civilsachen bezüglichen Erlasse und Verfügungen. Bd. 1-3. Berlin u. Leipzig 1885 - 1886.

— d. erste Vierteljahrhundert des Deutschen Reiches (1871 bis 1895). Braunschweig 895.

— d. erste Vierteljahrhundert d. Deutschen Reiches (1871—1895). gr. 8. (XII, 222 S.) Braunschweig 896. A. Limbach. n. 1. 80; geb. n. 2. 40; erm. Preis n. 1. —; geb. n. 1. 60

— Vorkämpfer der deutschen Einheit. Lebens- u. Charakterbilder. Berlin 898.

— Vorkämpfer d deutschen Einheit. Lebens- u. Charakterbilder. M. 14 Portr. gr. 8. (III, 298 S.) Berlin 899. H. Walther. n. 5. —; geb. n.n. 6. —

Volkstümliche geschichtliche Vorträge. Von Hans Blum. Berlin: Gebr. Paetel 1904. (VI, 459 S.) 8° [F.]

— die Wahrheit üb. die Emser Depesche vom 13. Juli 1870. Entstehung, Wortlaut, Folgen der Depesche. Vortrag im Nationalliberalen Vereine der Stadt Leipzig. [Aus: „Leipz. Neueste Nachrichten".] gr. 8. (24 S.) Ebd. 892. n.n. — 30

Allg. Bücher-Lexikon. XXVII. Band. (XI. Supplement-Band 1.)

— s.: Wallner, Agnes, Lebenserinnerungen.

Blum, Hans, auf dem Wege zur deutschen Einheit. Erinnerungen u. Aufzeichngn. e. Mitkämpfers aus den J. 1867 bis 1870. 2 Bde. gr. 8. (VII, 377 u. 360 S. Jena 893. H. Costenoble. n. 10. —; geb. in Leinw. n.n. 12. 40; in 1 Halbfrzbd. n.n. 12. 50

— York. Vaterländisches Schauspiel in 5 Aufzügen. 8. (136 S.) Leipzig 884. Duncker & Humblot. n. 2. —

Blum, Heinrich [aus Mülhausen i./E.]: Beitrag zur Kenntnis der Farbstofftheorie. Strassburg i./E. 1900. 56 S. 8°.

Basel. Phil. Diss. 1900/1901.

Blum, Heinr.: Mucki Stein, d. Bräutigam. Humorist. Studie a. d. modernen Ghetto. (55) 8° Wien, Th. Daberkow ('11). 1 — d

Blum, Heinr., Salomon Breier's Werdegang. Humoristisches Lebensbild. (43 S.) 8. Brünn 905. L. & A. Brecher. n. — 80

Blum, Heinr.: Salomon Breier's Werdegang. Humoristisches Lebensbild. 2. Afl. (44) 8° Brünn, L & A Brecher '07. — 80 d

Blum, Heinr. Balth. Edler v.: Zufällige Gedanken über das mit der Kölnischen Kirche verbunden gewesene Erz-u. Herzogtum Lotringen. Hrsg. von Ge. Franz Edler v. Blum. – Bonn 1786.

— **Heinrich Balthasar** (Kempis), Comment. juris publ. de judicio curiae imperialis Germanico, von dem kayserlichen Hof-Gericht in Teutschland . . adjecta de judicio curiae imperialis Rottwilensi, vom Kayserl. Hof-Gericht zu Rottweil. Frankfurt/M. (J. B. Eichenberg sen.) 1745. 144 Seiten. (6.50) 2941

Blum, Helene, Jeanne Mithône. Dichtung. gr. 8. (35 S.) Berlin 893. L. Oehmigke's Verl. n. — 60

Blum, Hermann

Blum, Gesetze, Verordnungen u. Verfügungen, betr. das niedere Unterrichtswesen in Elsass-Lothringen. Strassburg 895.

Blum, H., Gesetze, Verordngn. u. Verfüggn., betr. d. nied. Unterrichtswesen i. Elsaß-Lothringen. M. Genehmigg. d. kaiserl. Oberschulrats f. Elsaß-Lothringen hrsg. gr. 8. (VIII, 192 S.) Straßburg 896. F. Bull. n. 2. 40

Blum, H., Gesetze, Verordnungen u. Verfügungen, betr. das niedere Unterrichtswesen in Elsaß-Lothringen. Mit Genehmigg. des kaiserl. Oberschulrats f. Elsaß-Lothringen hrsg. 2. umgearb. u. verm. Aufl. gr. 8. (XI, 190 S.) Straßburg 903. F. Bull. n. 2. 40; geb. n. 3. 20

Blum, H., Gesetze, Verordnungen u. Verfügungen, betr. das niedere Unterrichtswesen in Elsaß-Lothringen. Mit Genehmigg. des kaiserl. Oberschulrats f. Elsaß-Lothringen hrsg. 3. umgearb. u. verm. Aufl. (III, 193 S.) gr. 8. Straßburg 911. F. Bull. 2.50; geb. in Halbleinw. 3. 20

Blum, Hubert Anton Franz: Die St. Ursula-Schützen-Bruderschaft zu Dürboslar. Linnich, 1861, 59 S.

Blum, Hubertus Antonius Franciscus, in convict. theol. cath. theol. repetens ⟨geb. am 12 Juli 1814 in Zingsheim i. d. Eifel⟩: Theses theologicae controversae ... ad S. S. theologiae licentiati gradum ... obtinendum ... Bonnae, typ. C. & F. Krügeri 1842. 4 Bl. 8.
Bonn, Kath.-theol. Fak., Thes. v. 13 Mai 1842

Blum, J., kathol. Bilderpostille für Kirche, Schule u. Haus. Enth. in röm. Reihenfolge sämmtl. Episteln u. Evangelien d. Kirchenjahres nach Allioli rc. 1—7. Lfg. Lex.-8. (45½ B., 7 Stahlst. u. 1 Holzschn.) Leipzig 846, Baumgärtners Buchh. à Lfg. * 10 Ngr. *

Blum, J., u. W. Jännicke, botanischer Führer durch die städtischen Anlagen in Frankfurt am Main. (Promenaden u. Nizza in Frankfurt a/M.) Hrsg. m. Unterstützg. d. Vereins zur Förderg. d. öffentl. Verkehrslebens [Verschönerungs-Verein]. 8. (VI, 188 S. m. 7 Planskizzen.) Frankfurt a/M. 892. Mahlau & Waldschmidt. In Leinw. kart. n. 2. —

Blum, J., die Gaben d. heil. Geistes. Ein Pfingstgesang. gr. 8. Bonn 826. Habicht. 2 gGr

Blum, J.: G e b e t e u. Gesänge . . ., s. B l u m , Josef

Blum, J., die Kreuzotter u. ihre Verbreitg. in Deutschland. Mit 1 Karte u. 9 Textfig. [Aus: „Abhandlgn. d. Senckenberg. naturf. Gesellsch."] gr. 4. (S. 119 bis 278.) Frankfurt a/M. 888. (Diesterweg.) n. 6. —

Ⓢ Blum, J., d. Kreuzotter. 888. (KBL 25.) Jetzt: Frankf. a/M. (Viktoria-Allee 7), Senckenberg. naturforsch. Gesellsch. Erm. Pr. nn 2. —

Blum, J., das Leben des hl. Vaters Papst Pius IX. Ein Volksbuch, 2. Aufl. Mit Portrait und Holzschnitt. 191 Stn. 8. Einsiedeln, Gebr. C. und N. Benziger. cart. 1876 ? 1. 50

Blum, J.: L e h r b u c h der Mineralogie, s. B l u m , J. Reinhard

Blum, J.: M a r i a unser Vorbild, s. B l u m , Josef

Blum, J. Der Rechneigraben in den städtischen Anlagen zu Frankfurt a/M. in botanischer Beziehung. (Mit einem Orientierungsplane.) 40 S. Progr. R. isr. Gem. *Frankfurt a/M.* 1880.

Blum, J., praktisches Taschenwörterbuch der Umgangssprache m. d. Aussprache sämtlicher Wörter. Deutsch-englisch. (299 S.) 16. Paris 907. Garnier frères. In Leinw. kart. 1. 60

— Wissenschaftliche Veröffentlichungen (1826—1897) der Senckenbergischen naturforschenden Gesellschaft. Zusammengestellt u. m. e. Sach- u. Namenregister versehen. (S. 17—80.) gr. 8. Frankfurt a/M. (Viktoria-Allee 7) (897). Senckenbergische naturforsch. Gesellschaft. nn — 50
Sonderabdruck aus „Bericht üb. d. Senckenberg. naturforsch. Gesellsch."

— New vocabulary containing all the usual words with their prononciation noted. English-German. (409 S.) 16. Ebd. 907. In Leinw. kart. 1. 60

Blum, J. B., Bilder aus Afrika, oder Beschreibung der franz. Stadt Bona an der nordafrikan. Küste u. ihre Umgebungen, nach seinem Tagebuche entworfen. 12. Kempten 834. Dannheimer. ⅟₆ ₰

Blum, J. C., s. B l u m , Joachim Christian

Blum, J. C.: De g e n t i l i u m , s. B l u m , Jo. Chr.

Blum, J. L., Versuch e. Geschichte d. Kirche Jesu Christi in d. Schweiz. 1r Thl. 1s u. 2s Buch. gr. 8. Luzern 822. Anich. 18 gGr

Blum, J. Reinhard

Blum, R. Der Epidot in petrographischer und genetischer Beziehung. (Aus Leonh. u. Bronn's Jahrb.) Heidelberg. 1862. 8.

Blum, J. Reinhard, Grundzüge der Mineralogie u. Geognosie. [Aus der „Neuen Encyklopädie für Wissenschaften u. Künste" Bd. III. abgedr.] Lex. 8. (IV u. 162 S.) Stuttgart 850, Franckh. 24 Ngr

Blum, J. Reinhard, Handbuch der Lithologie oder Gesteinlehre. Mit 50 Fig. (Holzschn. im Text.) Erlangen 860. Enke. Lex.-8. (XII, 356 S.) n. 2 ₰

Blum, J. Reinh., Lehrbuch der Mineralogie [Oryktognosie.] 4. verb. u. verm. Aufl. gr. 8. (XV, 642 S.) Stuttgart 874. Schweizerbart. n. 12. —

Blum, J. Reinhard, Lehrbuch der Oryktognosie. (A. u. d. T.: Naturgeschichte der drei Reiche rc. 2r Bd.) Mit 261 eingedr. Holzschn. gr. 8. Stuttgart 833. Schweizerbart. 2 ₰ s. auch Naturgeschichte der drei Reiche.

Blum. J. R. Lehrbuch der Oryktognosie. 2. A. Stuttgart 1845.

— Lehrbuch der Oryctognosie. Dritte vermehrte und verbesserte Auflage. Stuttgart. 1854. 8.

Blum (R.), Lehrbuch der Oryktognosie. Stuttgart 1845. 8.
Desgl. 4. Aufl. Stuttgart 1874. 8.

— Lithurgik oder Mineralien und Felsarten, nach ihrer Anwendung in ökonomischer, artistischer u. technischer Hinsicht systematisch abgehandelt. Mit 53 Fig. u. 3 Stahlst. gr. 8. Stuttg. 839. Schweizerbarts Verlagsbuchh. 2 ₰ s. auch Naturgeschichte der drei Reiche. 4te Lfrg.

Blum, J. Reinhard, Lithurgik, od. Mineralien u. Felsarten nach ihrer Anwend. in ökonom., artist. u. techn. Hinsicht systemat. abgehandelt. M. 53 in d. Text eingedr. Fig. u. 3 Stahlst. gr. 8. (31¼ B.) Stuttgart 840, Schweizerbart's Vrlsh.

Blum. J. R. Lithurgik. Stuttgart 1846.

—— dass., s. a. Naturgeschichte d. drei Reiche.

Blum, J. Reinh., die Mineralien nach den Krystallsystemen geordnet. Ein Leitfaden zum Bestimmen derselben vermittelst ihrer krystallographischen Eigenschaften. Leipzig 866. C. F. Winter. gr. 8. (VI, 32 S.) n. 10 Ngr

Blum, R., das Mineralien-Cabinet der Universität Heidelberg. Ein Führer durch dasselbe. gr. 8. (V, 40 S. m. 1 Steintaf. in Imp.-Fol.) Heidelberg 869. Emmerling. n. — 30

Blum, J. Reinh., die Pseudomorphosen d. Mineralreichs. Mit 17 (eingedruckt.) Holzschn. gr. 8. (24¼ B.) Stuttgart 843, Schweizerbart'sche Buchh. Thlr.

— Nachtrag zu den Pseudomorphosen des Mineralreichs, nebst einem Anhange über die Versteinerungs- u. Vererzungs-Mittel organischer Körper. gr. 8. (VIII u. 213 S.) Stuttgart 847, Schweizerbart. 1¼ ℛ (das Hauptwerk: Ebd. 843. 2 ℛ)

—— zweiter Nachtrag zu den Pseudomorphosen des Mineralreichs. gr. 8. (XII und 140 S.) Heidelberg 852, J. Groos Verlag. *
1. Nachtrag. Stuttgart 1847, Schweizerbart'sche Vrlgsh. 1 Thlr. 7½ Ngr.

dritter Nachtrag zu den Pseudomorphosen des Mineralreichs. Ebend. 863. gr. 8. (XIV, 294 S.) n. 1 ℛ 18 ngr.

Blum, J. Rhard., die Pseudomorphosen des Mineralreichs. 4. Nachtrag. gr. 8. (XX, 212 S.) Heidelberg 879, C. Winter's Universitäts-Buchh. *
Hauptwerk und 1. Nachtrag. Stuttgart 1843,47, Schweizerbart'sche Buchh.; herabges. Pr. *ℳ 5. — 2. Nachtrag. Heidelberg 1852, Jul. Groos; vergriffen. — 3. Nachtrag. Stuttgart 1863, Enke. *ℳ 4,80.

—— die Schmuck-Steine u. deren Bearbeit. Inaug.-Abhandl. gr. 8. (4½ B. u. 4 Stnt.) Heidelberg 828, Mohr.

Blum, Rhard, Taschenbuch der Edelsteinkunde, neue Bearbeitg., s.a. Rau, Wilh., Edelsteinkunde.

— Taschenb. d. Edelsteinkunde für Mineralogen, Techniker, Künstler u. Liebhaber der Edelsteine. Mit 5 Taf. Abbildg. 16. Stuttg. 832. Hoffmann. 2 ℛ

—— Taschenbuch d. Edelsteinkunde f. Mineralogen, Techniker, Künstler u. Liebhaber d. Edelsteine. 1. Aufl. 832. 2 Thlr., 2. A. (N. Tit.) 834. (à 23½ B. u. 6 Kpfr.) 16. Stuttgart, [Weise.]

—— Taschenbuch d. Edelsteinkunde f. Mineralogen, Techniker, Künstler u. Liebhaber d. Edelsteine. (Mit e. Vorw. v. K. C. v. Leonhard.) 2. Ausg. 16. (23½ B. u. 6 Stnt.) Stuttgart 835, [Weise u. Stoppani.]

Blum, J. R., Taschenbuch der Edelsteinkunde f. Mineralogen, Techniker u. Juweliere. 3., verb. Aufl. Mit in den Text gedr. Holzschn. u. 6 Steindr.-Taf. 8. (X, 341 S.) Leipzig 887. Wilfferodt. n. 4. 50

Blum, Jacob, Ein Wort zur Zeit über die Verhältnisse der bürgerlichen Gesellschaft

Blum, Ida, Goldmarie u. Pechmarie. Dramatisirtes Märchen in 3 Aufzügen. 8. (72 S. m. 4 S. Musikbeilage.) Leipzig 889. (Lorentz.) n 1.—

Blum, Jo. Christian

Blum, Jo. Chr., Dissertatio de δενδροφορίᾳ gentilium. Lips. 711. 4. (24 S.)

Blumii, J. C. (sive Olearii) Dissertatio de poetriis Graecis. Lips. 708. 4. (56 S.)

— Jo. Christian, Florum consecrandorum antiquum ritum exponentes virojuveni Jo. Christian Moerlin (Baalsdorf) philos. baccal. . . gratul. Lpz. (Goez) (1709). 6 Bl. (3.80) 2942

Blum, Joachim Christian

— lyrische Gedichte. 8. Berl. 765. 2e A. 769. 3e A. 771. 4e A. Riga 779. (Hartknoch in Leipz.) 4 gr.

— neuere Gedichte. 8. Züllich. 785. (Frommann in Jena). 14 gr.

Blum, Joach. Chr., († d. 28. Aug. 1790.) sämmtliche Gedichte. 2 Thle. 8. Leipz. 776. Weygand. 1 ℛ

— vermischte Gedichte. 8. Berl. 771. Himburg. 7 gr.

— zwei Gedichte. 8. Berl. 771. Himburg. 3 gr.

— Idyllen. gr. 12. Berl. 773. Himburg. 8 gr.

Das befreyte Ratenau ein Schsp. in 5 A. Leipzig, in der Weygandschen Buchhandlung. 1775. 8°.
Verf. J. C. Blum.

— Reden, 2 Thle. 8. Leipz. 777, 78. Weygand. 1 ℛ 2 gr.

— Spaziergänge. 2 Thle. 8. Berl. 774. Himburg. 1 ℛ 8 gr. 3e Ausg. 3 Thle. 8. Stendl. 785. Franzen u. Gr. 16 gr.

— Spaziergg. 2 Thle. Leipzig, Weygand, 775.

— neue Spaziergänge. 8. Leipz. 784. Weygand. 16 gr. N. A. 8. Stendl. 790. Franzen u. Gr. 16 gr.

— deutsches Sprüchwörterbuch. 2 Bde. 8. Leipz. 780—82. Weygand. 1 ℛ 10 gr.

Blum, Johann Georg Wilhelm

Blum, Jh. Geo. Wlh., Gesch. d. Stadt u. des Amtes Babenhausen während des 30jähr. Krieges. gr. 8. Hanau 778.

— Nachr. von d. Reformation in Babenhausen. gr. 8. Hanau 779.

Blum, Josef [aus Crefeld]: Aus d. med. Klinik zu Bonn. Bewirkt die Suspension des Armes eine Aenderung der Zahl der roten Blutkörper in den Blutgefässen der Hand? ... Bonn, Buchdr. Jos. Bach Wwe., 1890; 51 + 1 S. + 1 Bl. 8°
Bonn, Med. Fak., Inaug.-Diss. v. [5. März] 1890

Blum, Josef

Blum, M. J., das hohe C. Lustspiel in 3 Acten. gr. 8. (48 S.) Berlin 899. M. Böhm. 3.—

Blum, Jos., kurzes Gebetbuch, s. Kempis.

— u. J. Kremers, Gebete u. Gesänge zum Schul-Gottesdienste. 5. Aufl. 16. (240 S.) Aachen 880. Kaatzer. geb. in Halbleinw. n.n. —75; in Leinw. m. Goldschn. n.n. 1. 50

Blum, M. J., ungeschriebenes Gesetz. Schauspiel in 3 Handlgn. (III, 79 S.) 8. Dresden 906. E. Pierson. n. 1.—

Der neue Hilfslehrer. Schwank in 1 Akt von M. J. Blum. *Mühlhausen i. Th.: G. Danner [1901].* (39 S.) 8° [J.]
— Vereinstheater. 107. [et. 8593

Freund Hirschmann. Schwank in 1 Akt von M. J. Blum. *Mühlhausen i. Th.: G. Danner [1901].* (36 S.) 8° [J.]
— Vereinstheater. 108. [et. 8594

s. Th. v. Kempis, von d. Nachfolge Christi:

Kunigunde Kirchner. Volksstück in 4 Aufz. mit e. Vorspiel von [M.] Joseph Blum. München: C. Fritsch [1897]. (68 S.) 8° [J.] [cd. 1087

— Kunigunde Kirchner. Schauspiel in 5 Handlgn. 2. Aufl. 8. (III, 127 S.) Dresden 901. E. Pierson. n. 2.—

Blum, J., Maria, unser Vorbild. Ein vollständ. Gebetbuch für das andächtige Frauengeschlecht. Mit Titelkpfr. gr. 12. Köln 836. Schmitz. ⅚ ℛ 2e Aufl. Mit 1 Stahlst. 839. ⅚ ℛ

Blum, Jos., Maria. Ein vollständiges Gebetbuch für das andächtige Frauengeschlecht. 6. verm. Aufl. Aachen 870. Jacobi & Co. 16. (488 S. u. 1 Stahlst.) 22½ ngr.

—— Maria, unser Vorbild. Ein vollständ. Gebetb. f. d. andächt. Frauengeschlecht. 1. u. 2. Aufl. (à 13 B. u. 1 Stahlst.) 836, 39., 3. Aufl., verm. mit e. Lebensbeschreib. Maria. (M. 2 Stahlst.) gr. 12. (18⅝ B.) Köln 840, J. G. Schmitz. à Thlr.

—— der Schutzengel. Ein Andachtsb. f. Jünglinge u. Jungfrauen, zugleich f. Erstkommunizirende. (M. 1 Stahlst.) gr. 12. (15 B.) Köln 841, J. G. Schmitz.

Blum, Jos., der Schutzengel. Ein Andachtsbuch f. Jünglinge u. Jungfrauen, zunächst f. Erstkommunizirende. 3. Aufl. 32. (III, 576 S. m. 1 Stahlst.) Aachen 880. Jacobi & Co. 1. 50

— d. Studentin, s.: Danner's, G., Theater-Abend.

Totschlag. Schwank in 1 Aufzug von [M.] Joseph Blum. München: C. Fritsch 1897. (37 S.) 8° [J.]

Volks- und Krankenküchen. Von Oberarzt Dr. Josef Blum (M.Gladbach). *Leipzig: Duncker & Humblot 1903.* (112 S.) 8° [J.]
= Schriften d. deutschen Vereins f. Armenpflege u. Wohltätigkeit. H. 66.

[Blum, Joseph Leonz.] Der Goldene Bund. Ein Neujahrs Geschenk für 1827. 8. Ury, Z'graggen, 1827.

Blum, J[oseph] L[eonz]. Versuch einer Geschichte der Kirche Jesu Christi in der Schweiz. Theil 1. Erstes und zweites Buch. 8. Luzern 1822.
Alles was erschienen.

Blum, I[saak]: Formol als Konservierungsmittel für Schulsammlungen. S. 1—12. 8. Progr.
In: Festschrift z. Jahrhundertfeier der Realschule der israelit. Gemeinde (Philantropin) 1804—1904. Teil II. *Frankfurt a. M.* 1904.

Blum, Julius [app. Arzt aus Sinsheim (Baden)]: Zur Operativen Behandlung der grossen Bauchhernien ... München, kgl. Hof- u. Univ.-Buchdr. v. Dr. C. Wolf & Sohn, 1894; 36 S., 1 Taf. 8.
München, Med. Fak., Inaug.-Diss. v. 1894

Blum, K., Auszug aus der baltischen Geschichte f. Schulen. (41 S.) gr. 8. Riga 909. (G. Löffler). 1. —

Blum, K. L.: Franz Lefort, s. Blum, Karl Ludwig

Blum, Karl
— die musik. Anleit., sich die nöthigen Kenntnisse zu verschaffen, um über alle Gegenstände der Musik richtige Urtheile fällen zu können. Handbuch für Freunde u. Liebhaber dieser Kunst. Nach d. Franzöf. d. Fétis. 8. Berl. 830. Schlesinger. 1 ß 8 gr

Blum, C.: Der Ball zu Ellerbrunn, s. Universal-Bibliothek Nr. 601.

Blum, Karl, Bilder des Schicksals, oder: Spiegel des Schauplatzes interess. Ereignisse zur Belehrung u. Warnung für die reifere Jugend gebildeter Stände. 12. Wien 829. Mausberger. (Leipzig, P. Baumgärtner.) 1/3 ß

Blum, Carl, (II.) Bilder d. Schicksals, od.: Spiegel d. Schauplatzes interess. Ereignisse z. Belehr. u. Warnung f. d. reif. Jugend gebild. Stände. 12. (7 B.) Wien 829. Mausberger. (Leipzig, Hunger.)

Blum, Carl, neue Bühnenspiele, nach d. Engl., Franz. u. Ital., für d. deutsche Theater frei bearb. gr. 8. (13½ B.) Berlin 828, Th. Enslin. Thlr.
Inh.: Stadt u. Land, Schausp. (16 Gr.) — Die Mäntel, od. der Schneider in Lissabon, Lustsp. (6 Gr.) — Herr von Ich, Lustsp. (6 Gr.) — Mirandolina, Lustsp. (10 Gr.)

Blum, C.: Erziehungs-Resultate, s. Universal-Bibliothek, Nr. 612.

Blum, Carl, (I.) das laute Geheimniß, s. Gozzi.

Blum, Karl, neue vollständ. Guitarrenschule. 2 Thle. Berl., Schlesinger. 2 ß 16 gr

— neue vollständige Guitarrenschule. 2 Thle. 2e Aufl. gr. Fol. Berlin 836. Schlesinger. 2⅔ ß

Blum, C.: Ein Herr und eine Dame, s. Universal-Bibliothek Nr. 776.

Blum, K., ich bleibe ledig, s.: Meyer's Volksbücher.

Blum, C.: Ich bleibe ledig, s. Universal-Bibliothek Nr. 637.

— Jucunde, s. Jucunde.

Blum, Carl, s: Kalender f. d. württ. Verwaltgs-Beamten u. -Kandidaten.

Blum, (C.) Lustspiele für deutsche Bühnen, zunächst f. das Königl. Theater zu Berlin, nach d. Französ. bearb. 8. Berl. 824, Enslin.

Blum, C., die Mäntel, s. Bloch's, E., Dilettanten-Bühne.

Blum, C.: Die Mäntel, s. Universal-Bibliothek Nr. 835.

— Mirandolina. Lustsp. in 3 Aufz., nach Goldoni's „Locandiera" für d. deutsche Theater frei bearbeitet. Neuer unveränd. Abdr. (Mit Charlotte v. Hagn's Portr.) 16. (3¼ B.) Berlin 844, Th. Enslin.

— die Musik. Anleitung, sich d. nöth. Kenntnisse zu verschaffen, um üb. alle Gegenstände d. Musik richtige Urtheile fällen zu können. Handbuch f. Freunde u. Liebhaber dies. Kunst. N. d. französ. Werke d. Hrn. Fétis: „La musique mise à la portée de tout le monde." 8. (17½ B.) Berlin 830, Schlesinger.

Blum, C.: Schönröschen, s. Blum, E.

— Schönröschen, s.: Theater, neues Wiener.

— Theater. 1. u. 2. Bd. 8. Berlin 830, Schlesinger.
Bd. 1. Das laute Geheimniß. Lustsp. — Der Ball zu Ellerbrunn. Lustsp. (18½ B.) 839. 1 Thlr. 8 Gr.
„ 2. Die Herrin v. der Else. — Ich bleibe ledig. (20 B.) 841. 1 Thlr. 8 Gr.
Der 2. Bd. erschien bereits 1839 a. u. d. T.: Theater-Almanach f. 1840. (Mit Titelbild.) 1 Thlr. 12 Gr.

— Theater. 3. u. 4. Bd. 8. Berlin 844, Schlesinger'sche Buchh.
A. u. d. Titn.:
Bd. 3. Schwärmerei nach d. Mode. Erziehungs-Resultate. (13¼ B.) 25 Ngr.
„ 4. Tempora mutantur, od.: Die gestrengen Herren. Vicomte von Letorières, od.: Die Kunst zu gefallen. (17¼ B.) 1 Thlr.
1. u. 2. Bd. Ebendas. 1839, 40. 2 Thlr. 20 Ngr.

— neue Theaterspiele, zunächst f. d. Kgl. Schaubühne zu Berlin bearb. 8. (16 B.) Berlin 830, Th. Enslin.
Inh.: Der schönste Tag d. Lebens. — Die Nachtwandlerin. — Ein Abend vor d. Potsdamer Thore. — Riquet d. Haarbüschel. (à 8 Gr.)

— des Goldschmieds Töchterlein, s. Jahrbuch deutscher Bühnenspiele, v. Gubitz. 14r Jahrg.

— Vaudevilles f. deutsche Bühnen u. gesellige Zirkel; nach d. Französ. bearb. 1r Bd. Enthält: Der Schiffskapitän. — André. — Die Heirath im 12ten Jahre. — Gänserich u. Gänschen. — Der Bär u. der Bassa. Nebst 2 Musikbeilag. gr. 12. Berlin 824, Duncker u. H.

— dessen 2r Bd. Enthält: Der Oberst. — Der Secretair u. der Koch. — Blanchefleur. — Die beiden Turenne. — Canonicus Schuster. 12. Berl. 825, Duncker u. H.

— dramatische Werke. — A. u. d. T.: Friedrich August in Madrid. Orig.-Schausp. in 5 Aufz. — Der Fächer. Lustsp. in 3 Aufz. (Nach d. Idee d. Goldoni.) 8. (13 B. u. Titkpfr.) Leipzig 832, Leo.

Blum, Karl Ludwig

Blum, K. L., ein Bild aus d. Ostsee-Provinzen od. Andreas v. Löwis of Menar. 8. (12 B.) Berlin 846, Duncker u. Humblot.

—, Heinrichs Dichten u. Trachten. (Gedichte.) 8. ... Berlin 819, Voß.

Blum, Carl Ludw., Einleitung in Roms alte Geschichte. 8. (14 B.) Berlin 828, Nicolai.

Blum, Karl Ludw., Gedichte. Heidelberg (Leipzig) 853. C. F. Winter. gr. 12. (VIII, 358 S.) n. 1 ß 4 ngr

Blum, Karl Ldw., Herodot u. Ktesias, die frühesten Geschichtsforscher des Orients. gr. 12. Heidelberg 836. Winter. 1⅓ ß

Blum, Karl Ludw. (Hrsg.), s. Jahrbücher, Dorpater, für Literatur, Statistik und Kunst, besonders Russlands.

Blum, (C. L.) Klagen Griechenlands. gr. 8. Berlin 822, Christiani in Hamburg.

Blum, Karl Ludw., Franz Lefort, Peter's des Großen berühmter Günstling. Heidelberg 867. K. Groos. gr. 8. (76 S.) n. 12 ngr

Blum, Car. Ludov. (geb. Hanau 25. 7. 1796): Prolegomenorum ad Demosthenis orationem Timocrateam tria capita priora. Berolini (1823). (1. S.) 8°
Berlin, Phil. Diss. v. 25. Jan. 1823

Blum, Karl Ludw., Graf Jakob Johann von Sievers und Rußland zu dessen Zeit. Mit 4 Kpfrst. Leipzig 864. C. F. Winter. gr. 8. (XVI, 543 S.) n. 3 Thlr

Blum, Karl Ludwig. Ein russischer Staatsmann. Des Grafen Jakob Sievers Denkwürdigkeiten zur Geschichte Russlands. Mit Bildnissen. (Mit 23 Bildern und 1 Taf.) (4 Bde.)
8. Leipzig und Heidelberg 1857—1858.

Blum, Carl Ludw., ein russischer Staatsmann. Des Grafen Jak. Joh. Sievers Denkwürdigkeiten zur Geschichte Rußlands. (In 4 Bdn.) 1. und 2. Bd. gr. 8. (XI und 996 S. mit 13 Portr. in Stahlst.) Leipzig 857, C. F. Winter'sche Verlagsh. *

—— ein russischer Staatsmann. Des Grafen Jakob Johann Sievers Denkwürdigkeiten zur Geschichte Rußlands. 3. und 4. Bd. gr. 8. (VIII und 1157 S. mit 13 Stahlst.) Leipzig 858, C. F. Winter'sche Verlagsh. *
1. und 2. Bd. Ebendas. 1857. * 4 Thlr. 24 Ngr.

Blum, L., s.: Essays, medizinische.

Blum, L.: Grundriß der Physik ..., s. Blum, Ludwig

Blum, L. F., das Wesen u. der Beruf der deutschen Litteratur, eine Rede, gesprochen bei der Entlassung der Studenten des pädagog. Hauptinstituts (in St. Petersburg.) gr. 8. (30 S.) Frankfurt a. M. 849, Zimmersche Sort.-B. (Völcker.) 6 ngr

Blum, Leo: Die steuerl. Ausnutzg d. Aktiengesellsch. in Deutschld, s: Studien, Münchener volkswirtschaftl.

Blum, Leon, prakt. Arzt aus Mülhausen i. E.: Ueber den Nährwerth der Heteroalbumose des Fibrins und der Protoalbumosen des Caseins. *Strassburg i. E.: J. Singer 1901.* (32 S.) 8°
Strassburg, Med. Diss. v. 1901

Blum, Frau Lodoiska v., s.a. Waldow, Ernst v.

[F.] Der Doppelgänger. Kriminal-Novelle v. Ernst v. Waldow (d. i. Lodoiska v. Blum). 2. Aufl. *Berlin: A. Goldschmidt 1899.* (124 S.) 1 Bd18.
= Bibliothek, Goldschmidts, f. Haus u. Reise. Bd 77. [99. 630

Der Ehrenpunkt. Novelle von Ernst v. Waldow [d. i. Lodoiska v. Blum]. Mit Ill. von H. Binde. Berlin, Leipzig: Hillger [1908]. 94 S. 8°
(Kürschners Bücherschatz. Nr 632.) [09. 6403

Der gläserne Pantoffel. Kriminalroman von Ernst v. Waldow (d. i. Lodoiska v. Blum). Berlin, Eisenach, Leipzig: H. Hillger [1905]. (128 S.) 8° [F.]
— Bücherschatz, Kürschners. No 471. [07. 19089

In eigener Schlinge. Roman von Ernst v. Waldow [d. i. Lodoiska v. Blum]. Mit Ill. von W. Roegge. Berlin, Leipzig: H. Hillger [1907]. (108 S.) 8° [F.]
— Bücherschatz, Kürschners. No 546. [07. 15360

Blum, Ludwig von

v. Blum, Ludw., die Armee u. die Gegenwart. Ein Wort zur Beherzigung. 8. (32 S.) Erfurt 848, Müller'sche Sort.-B. — 2—6. Aufl. gr. 8. (24 S.) Ebd. 848. 3 ngr

—— die Germaniade. Ein Heldengedicht. gr. 8. (752 S.) Erfurt 851, Müller'sche Sortiments-Buchh. *

v. Blum, Ludw., Glückkind u. Wilddieb. Geschichte aus dem Leben gegriffen. 3 Bde. Leipzig 865. Kollmann. 8. (3 Bll., 773 S.) 2 Thlr

Blum, Ludw., Grundriß der Physik u. Mechanik für gewerbliche Fortbildungsschulen. 859. (VIII, 138 S. u. 12 Holzschntaf.) — 2. verb. Aufl. Leipzig 862. C. F. Winter. gr. 8. (VIII, 140 S. u. 16 Holzschntaf.) n. 16 ngr

Blum, Ludw., Grundriß der Physik u. Mechanik für gewerbliche Fortbildungsschulen. Im Auftrage der königl. Commission für gewerbliche Fortbildungsschulen in Württemberg ausgearb. 3. verm. u. verb. Aufl. Leipzig 869. C. F. Winter. 8. (VIII, 146 S. u. 16 Holzschntaf.) n. 16 ngr

Blum, Ludw., Grundriß der Physik u. Mechanik f. gewerbliche Fortbildungsschulen. Im Auftrage der königl. Commission f. gewerbl. Fortbildungsschulen in Württemberg ausgearb. 4. verm. u. verb. Aufl. gr. 8. (VIII, 154 S. m. 17 Holzschntaf.) Leipzig 873. C. F. Winter. n. 1. 80

Blum, Ludw., Grundriß der Physik und Mechanik für gewerbliche Fortbildungsschulen. Im Auftrage der königl. Kommission für gewerbl. Fortbildungsschulen in Württemberg ausgearb. 5. verm. und verb. Aufl. gr. 8. (VIII, 155 S. mit 99 Abbild. auf 17 Taf.) Leipzig 876, C. F. Winter'sche Verlagsh. *

Blum's, Ludw., Grundriß der Physik u. Mechanik für gewerbliche Fortbildungsschulen. Verf. im Auftrage der königl. Kommission für gewerbl. Fortbildungsschulen in Württemberg. 6. verb u. verm. Aufl., bearb. von W. Dietrich. Mit 96 Abbildgn. in Holzschn. (auf 16 Taf.). gr. 8. (VIII, 162 S.) Leipzig 880. C. F. Winter. n. 2. —

Blum, L., Grundriß der Physik u. Mechanik f. gewerbl. Fortbildungsschulen. 7., verb. Aufl., bearb. v. R. Blum. gr. 8. (XII, 171 S. m. 16 S. Abbildgn.) Leipzig 890. C. F. Winter. n. 2. 60

Blum, Ludw. v., Harz-Strauß. Wernigerode 853. (Magdeburg, Baensch.) 8. (32 S.) n. 5 ngr

— Lehrbuch der Physik und Mechanik für gewerbliche Fortbildungsschulen. Im Auftrage der Königl. Commission für gewerbliche Fortbildungsschulen in Württemberg ausgearbeitet. Ebend. 859. gr. 8. (VIII, 496 S. m. Holzschn. im Text.) n. 1 Thlr 20 ngr

Blum (L.), Lehrbuch der Physik und Mechanik für gewerbliche Fortbildungsschulen. 3. Aufl. Leipzig, Heidelberg, Stuttgart 1868. 8.

—— Lehrbuch der Physik und Mechanik für gewerbliche Fortbildungsschulen. 2. verm. Aufl. gr. 8. (VIII, 522 S.) Leipzig 868, C. F. Winter'sche Verlagsh. *

Blum, L. Lehrbuch der Physik und Mechanik. Heidelberg. 1868.
dgl. 3. Auflage. Ebend., 1869.

Blum, Ludw., Lehrbuch der Physik und Mechanik für gewerbliche Fortbildungsschulen. Im Auftrage der königl. Kommission für gewerbl. Fortbildungsschulen in Württemberg ausgearb. 3. verm. Aufl., bearb. von Rich. Blum. gr. 8. (VIII, 539 S.) Leipzig 885, C. F. Winter'sche Verlagsh. *

— Leitfaden der ebenen Geometrie für mittlere Realklassen, sowie für Bürger- u. gewerbl. Fortbildungsschulen. Mit 90 in den Text eingedr. Holzschn. gr. 8. (VI, 122 S.) Stuttgart 878. Metzler's Verl. n. 1. 80

Blum, Ludw., populäre Meteorologie. Nach englischen und deutschen Quellen frei bearbeitet. Mit 13 Holzschn. (im Text). Stuttgart 853. J. B. Müller. (Leipzig, C. F. Winter.) gr. 8. (2 Bl., 83 S.) 9 ngr

Blum, Ludw. v., Mittheilungen zur christlichen Erziehung. 8. (97 S.) Berlin 861(62), Wohlgemuth. *

—— Mittheilungen für die Unterhaltungsstunde der Unteroffiziere und Soldaten. 8. (24 S.) Erfurt 851, Müller'sche Sortiments-Buchh.

—— Mittheilgn f. d. Unteroffiz. u. Soldaten. 8. (24) Erf. 51, (Bartholomaeus.) — $1^1/_2$

—— Monarchie und Republik. Ein Sendschreiben an das deutsche Volk. 8. (31 S.) Berlin 848, Springer.

Blum, Ludwig von, Verfasser der Schrift „die Armee und die Gegenwart". Monarchie und Republik. Ein Sendschreiben an das deutsche Volk. Erfurt, W. Müller, 1848. 31 S. 8°.

— die Reorganisation der Armee des Hrn. Hugo v. Hasenkamp. gr. 16. (24 S.) Berlin 849, Mittler & Sohn in Comm. 3 ngr

— Schulbuch der ebenen Geometrie f. mittlere Realklassen sowie f. höhere Bürger- u. gewerbl. Fortbildungsschulen. Mit 192 in den Text eingedr. Holzschn. gr. 8. (VIII, 156 S.) Stuttgart 875. Metzler. n. 3. 40

— Vergißmeinnicht. Torgau 861. Wienbrack in Comm. gr. 8. (41 S.) n. 10 ngr

(Blum, Ludwig von.) Vertheidigung der Stände und deren Nothwendigkeit. Potsdam, Riegel 1852. 26 S. 8.

— Volks-Naturlehre für Schule und Haus, mit besonderer Rücksicht auf Gewerbe, Künste und die Bedürfnisse des bürgerlichen Lebens. 3 Bücher. Stuttgart 854, 55. J. B. Müller. (Leipzig, C. F. Winter.) gr. 8. Jedes Buch 16½ ngr
1. Buch: Die Materie, ihre Eigenschaften und Kräfte. Mit 69 Holzschn. (im Text.) (VIII, 136 S.)
2. Buch: Mechanik der festen Körper. Mit 109 Holzschn. (im Text). (IV, 128 S.)
3. Buch: Mechanik flüssiger und luftförmiger Körper. Mit 108 Holzschn. (im Text). (IV, 170 S.)

Blum, M., s. Blum, Max

Blum, M. J., s. Blum, Josef

Blum, Mart., der fromme Pilger zur Mutter Jesu, s.: Amherd, Aloys.

Blum, Max, vom Felde der Liebe. Gedichte. 8. (56 S.) Rostock 887, Verlag der Album-Stiftung. (C. Hinstorff's Verlag.) *

Blum, Max, lettlich' Kinner. 8. (VII, 104 S.) Leipzig 891. Dresden, C. Reißner. n. 1. 50; geb. n. 2. 50

Blum, Max, lettlich' Kinner. 2. Aufl. gr. 8. (V, 104 S.) Leipzig 895. O. Lenz. n. 1. 50; geb. n. 2. 50

— Krut un Rüben. Rimels. 8. (VIII, 118 S.) Berlin 894. Liebel. 2. 50; geb. in Leinw. n. 3. 25

Blum, M: Spassig Läuschen, s.a. Eckstein's Miniaturbibliothek

— spaßig Läuschen. gr. 8. (128 S.) Berlin 892. M. Hochsprung. n. 2. —; geb. n. 3. —

— spassig Läuschen. Meckelborg'sch Geschichten. 1.—5. Dusend. gr. 16. (127 S. m. Titelb.) [Berlin 897. R. Eckstein Nachf.] Leipzig, G. Müller-Mann. n. 1. —

Blum, Max, de dulle Prinz. Sin Lewen un sin Driwen. 8. (VIII, 502 S.) Berlin 900. Concordia. n. 6. —; geb. in Leinw. n. 7. —

Blum, Max, de dulle Prinz. Sin Lewen un sin Driwen. Neue [Titel-]Ausg. (VIII, 502 S.) 8. Berlin [900] 904. Concordia. n. 4. —; geb. n. 5. —
Erschien auch in 10 Lfgn. à n. —40.

— de Prügelreis'. 8. (VII, 187 S.) Berlin 892. M. Hochsprung. n. 3. —; geb. n. 4. —

— de Prügelreis'. 2., veränd. Aufl. 8. (VIII, 196 S.) Leipzig 896. O. Lenz. n. 2. 50; geb. n. 3. 50

— de Puppenspäler. Humoreske in Mecklenburger Platt. Illustr. v. Hans Looschen. 8. (111 S.) Leipzig 898. A. Fischer. Geb. n. 3. —

Blum, Max, approb. Arzt aus Fürstenberg: Die Tuberculin-Frage einst und jetzt. *Würzburg 1902: C. J. Becker.* (138 S.) 8°
Würzburg, Med. Diss. v. 1902

— Possen fün Polterabend. Humoreske in Meckelborg'sch Platt. 8. (182 S.) Berlin 897. A. Deubner. n. 1. 50; geb. n. 2. —

— wat de Wind vertellt. Läuschen in Meckelborgsch Platt. 8° (137) Lpzg 96. O Lenz. 2.50: geb. 3.50

[Umschlagt.:] [S.] Unser Heldenkaiser Wilhelm der Grosse, der Siegreiche. Sein Leben, Wirken u. s. Bedeutg f. d. deutsche Volk. E. histor. Denkschrift z. 100jähr. Geburtstage Kaiser Wilhelms I., ... teilweise nach autoris. Quellen bearb. v. Max Blum. *Berlin: M. Liemann [1897].* (15 S.) 1 Bd 8. [99. 1130

Blum, O v.: Trauerreden, s: Holder, Aug.: Kommerzienrat Robert Vollmöller.

Blum, O. F., Anleitung zum Studium der Botanik, s.a. Bildungsbibliothek. 2. Bd.

Blum, *O. F.*
—— Anleitung zum Studium der Botanik oder Pflanzenkunde. (Bildungsbibliothek, Band 2.) Leipzig, O. Wigand. 1849. 8. v, 112 p. (⅓ th.)

Blum, Osw., Papa Windbeutel, s. Volks-Schaubühne.

Blum, Otto, s.a. Blum, Alfred

Blum, Otto

Blum, O., Abstellbahnhöfe, s.: Oder, M.

Blum, Otto, Fahrzeuge f. Schmalspur-, Förder- u. Strassenbahnen, s.: Rimrott, F.

Blum, Otto, Gerichtsreferendar: In welchen Fällen kann der Dritte, von dessen Zustimmung die Wirksamkeit eines Rechtsgeschäfts abhängt, die bereits erteilte Einwilligung nicht zurücknehmen? Berlin 1907: W. Pilz. (42 S.) 8°
Heidelberg, Jur. Fak., Ref. Buhl, Diss. v. 27. Mai 1907
[Geb. 11. Okt. 81 Essen (Ruhr); Wohnort: Essen; Staatsangeh.: Preußen; Vorbildung: Gymn. Mülheim (Ruhr) Reife M. 02; Studium: Freiburg i. B. 2, München 1, Münster 5 S.; Rig. 30. Apr. 07.]

— Schubert, Himbeck, Fraenkel, Oberbau u. Gleisverbindungen, s.: Eisenbahn-Technik der Gegenwart.

Blum, Otto, Reg.-Baumeister: Reibungsbahnen und Bahnen gemischten Systems. Ein Vergleich ihrer wirtschaftlichen Verhältnisse. 1903. 41 S. 4° ¶ Aus: Zeitschrift f. Bauwesen. Jg. 53.
Berlin, Dr.-Ing.-Diss. v. 12. 6. 1903

Blum, Otto, approb. Arzt aus Berlin: Über die blutige Reposition von traumatischen Ellenbogen-Luxationen. *Berlin-Weißensee 1903: M. Schmidt.* (29 S.) 8°
Leipzig, Med. Diss. v. (21. Okt.) 1903

Blum, Otto, Rimrott, v. Borries, Abt, Stadtbahnen. Lokomotiven u. Triebwagen f. Schmalspur-, Förder-, Strassen- u. Zahn-Bahnen, s.: Eisenbahn-Technik, die, der Gegenwart.

Blum, Otto: Städtebahnen ..., s.a. Blum, Robert

— Städtebahnen m. besond. Berücksicht. des Entwurfs f. e. elektrische Städtebahn zwischen Düsseldorf u. Köln. (91 S. m. 7 Abbildgn. u. 1 lith. Taf.) gr. 8. Berlin 909. J. Springer. 1. —

— u. Erich Giese, wie erschliessen wir unsere Kolonien? Im Auftrage der deutschen Kolonialgesellschaft bearb. (VII, 136 S. m. Abbildgn. u. 5 Karten.) gr. 8. Berlin 907. D. Reimer. 2. —

Blum, P., Trier und seine Umgebungen. Für Fremde und Einheimische geschildert: Mit 10 Stahlst. Trier, 854. Troschel. Lex.-8. 2 *rf*

Blum Paul: Die Geschichte vom träumenden Bauern.
1906 PN 2056 Diss. Wien Univ. 186

Blum, Paul: Die Geschichte vom träumenden Bauern in der Weltliteratur. S. 3—36. 8. Progr. K. k. Staats-Oberrealschule *Teschen* 1908.

I. Der träumende Bauer in der epischen Literatur. II. Shakespeare. III. Hollonius und die Jesuiten. IV. Die Bühne der Wandertruppen. — Christian Weise. V. Das Lustspiel des XVIII. u. XIX. Jahrhunderts. (Langendijk.-Holberg.-Ploetz.) VI. Christian Felix Weisse. — Oper und Operette. VII. Calderon. VIII. Gerhart Hauptmann. IX. Heinrich Mann.

Blum, Paula, a. Ortelsburg: Die Sauerstoffentwicklung aus Kaliumchlorat und Kaliumperchlorat unter dem Einfluß von Katalysatoren. Berlin: R. Trenkel 1908. (28 S.) 8°
Gießen, Phil. Fak., Ref. Naumann, Diss. v. 27. Juli 1908
[Geb. 2. Okt. 81 Ortelsburg; Wohnort: Gießen; Staatsangeh.: Preußen; Vorbildung: Luisen-Gymn. Berlin Reife M. 02; Studium: Freiburg i. B. 6, Gießen 2 S.; Rig. 2. Juni 08.]

Blum, Peter (Bearb.), s. Erhebungen, Statistische über die Erwerbungsverhältnisse...

Blum, Peter Joseph (Mitarb.), s. Actenstücke, neueste, aus der oberrheinischen Kirchenprovinz

Blum, Pet. Jos., s.: Bedeutsamkeit, über die hohe eines kathol. Gotteshauses.

Blum, P. J., über die hohe Bedeutsamkeit eines kathol. Gotteshauses, s. Ueber.

Blum, Peter Jos., Predigt üb. das Verhältniß d. Secte, welche sich deutsch-kathol. Kirche nennt, zu der Einen wahren kathol. Kirche. gr. 8. (1 B.) Mainz 845, Kirchheim, Schott u. Thielmann.

— Pet. Jos. (Bischof v. Limburg) über das Verhältniß der Sekte, welche sich deutsch-kathol. Kirche nennt, zu der einen, wahren, kathol. Kirche. (In Predigtform.) gr. 8. Mainz 1845, Kirchheim. 2 Ngr. — 8 kr.

Blum, Phil., Gedichte eines Proletariers nach dem Muster der Buchenblätter. 8. (47 S.) Fulda 850. (Müller.) n. 12 *ngl*

Blum, R., kurze Abhandl. üb. die Straßenbeleuchtung, zum Gebrauch der städt. Polizei- u. Verwaltungsbehörden; nebst Erläuterungen üb. das allgemeine Unternehmen der Straßenbeleuchtung. gr. 8. Berl. 829. (Recht). 8 *gl*

Blum, R.: Die Pseudomorphosen des Mineralreichs, s. Blum, J. Reinhard

Blum, Rhard.: Taschenbuch der Edelsteinkunde, s. Blum, J. Reinhard

Blum, Richard

Blum, Rich., August Bebel, der Jakobiner u. seine Bebeleien. Eine zeitgemäße Betrachtg. m. besond. Berücksicht. des Sozialdemokratenparteitags. (Umschlag: 3. verm. Aufl.) (15 S.) kl. 8. Stuttgart 903. Heimdall. n. — 20

Blum, Richard, appr. Arzt: Die Bedeutung der Roentgenstrahlen für die Erkenntnis der anatomischen, physiologischen und pathologischen Verhältnisse des menschlichen Körpers. Berlin 1907: (Preuss). 44 S. 8°
Freiburg i. B., Med. Diss. v. 1907, Ref. Kraske
[Geb. 6. Juni 78 Posen; Wohnort: Berlin; Staatsangeh.: Preußen; Vorbildung: Sophien-Gymn. Berlin Reife M. 98; Studium: Berlin 5, Freiburg i. B. 6 S.; Coll. 31. Juli 03; Approb. Juli 03.] [U 09. 907

Blum, Richard, Prof.: Cykloiden und Cykloidalen als Umhüllungskurven und deren Zusammenhang mit den Fußpunktkurven der Kegelschnitte. *Stuttgart 1902: C. Liebich.* (III, 56 S.) 4° [Umschlagt.]
Stuttgart, k. Wilhelms-R, P 1902 (673)

— Eheschutz u. Mutterschutz! Ein offenes Wort an Ruth Bré u. ihre Helfershelfer. Weckruf an Deutschlands Frauen u. Männer. (14 S.) 8. Ebd. 905. n. — 25

Blum, Rich., die Entwicklung der Vereinigten Staaten v. Nordamerika, s.a. **Petermann's A., Mitteilungen aus Justus Perthes' geographischer Anstalt. 142. Erg.-Hft.**

Blum, Rich., die Entwickelung der Vereinigten Staaten v. Nord-Amerika, in Hinsicht ihrer Production auf landwirthschaftl. Gebiete m. besond. Berücksicht. der Einwanderung, nach den officiellen Berichten der Regierung der Vereinigten Staaten dargestellt. gr. 8. (40 S.) Leipzig 882. Thiel. 1. —

Die Entwicklung der Vereinigten Staaten von Nordamerika. Nach d. amtl. Berichten über d. Volkszählungen d. Vereinigten Staaten von 1880, 1890 u. 1900 u. z. Teil zurück bis 1790. Bearb. u. zsgest. von Richard Blum. Mit 10 Karten auf 1 Taf. *Gotha: J. Perthes 1903.* (VI, 105 S.) 4°
— Mitteilungen, Petermanns, aus J. Perthes' Geogr. Anstalt. Erg.H. No 142.

— akademische Freiheit u. Charakterbildung. Offene Worte an Studierende, Eltern u. Erzieher, an Männer u. Frauen. (Nach öffentl. Vorträgen des Verf. in Stuttgart u. Karlsruhe.) (80 S.) kl. 8. Ebd. 905. n. — 50

Blum, Rich.: Die Gesamtorganisation d. Berlin-Anhalt. Maschinenbau-A.-G. [Aus: „Technik u. Wirtsch."] (44) gr8° Berl., J Springer '11. 1.50

Blum, Rich., deutsche Scholarenlieder, s.: Bibliothek, polysophische. Nr. 5.

— das Schwert hoch, Germanensproß! Lieder u. Gedanken eines Deutschvölkischen. 2. Aufl. (45 S.) kl. 8. Ebd. 904. n. 80

— Träume der Jugend. (Irrende Seele. Vom Born des Mittags. Mein Kleinod. Vom Baum der Erkenntnis.) (71 S.) 8. Ebd. 904. n. 1. 60

— s.: Volksschriften zur Aufklärung üb. natürliche Lebensweise.

Blum, Robert

Blum's, Robert, Abschiedsworte u. letzter Wille. 1 lith. Bl. in Golddr. Lex. 8. Leipzig 849. (Joachim.) 2 *ngl*

— siehe: Amnestirte der Zeit.

Blum, Rob., die Befreiung von Candia. Schauspl. in 5 Aufz. 8. Leipzig 836. Hartmann, (jetzt Klinkhardt.) 1/2 *rf*

—— letzte Briefe, welche unter seinen Effecten am 9. Dec. 1848, an den Rath der Stadt Leipzig adressirt, vorgefunden worden. gr. 8. (3 S.) Leipzig 849, (Joachim's Separat-Conto.)

Blum, Rob, Giovanni Cerrachi, od.: eine Verschwörung unter dem Consulat. Historische Novelle. 2. Orig.-Ausg. 16. (92 S.) Philadelphia 849, Schäfer & Koradi. 12 *ngl*

Blum, Rob., die vierte Dimension. (VII, 71 S.) 8. Leipzig 906. M. Altmann. n. 1. —

— dasselbe. (2. Tl.) Die Irrtümer moderner Theosophie. (VII, 63 S.) 8. Ebd. 906. n. 1. —

Blum, Rob., die vierte Dimension. (3. Tl.) Im Reiche der Vibrationen. (76 S.) 8. Leipzig (907). M. Altmann. 1. —

Blum, Rob. (Hrsg.), s. Freizüge, Politische.

Blum, Rob., Gebet- u. Gesangbuch f. deutschkathol. Christen, s. Gebet- u. Gesangbuch.

— Geschichte des neueren Occultismus, s.: Kiesewetter, Karl.

Blum, Rob., volksthüml. Handbuch der Staatswissenschaften, s. Handbuch.

— Handschrift, in seinen letzten Zeilen an den Abgeordneten Vogt geschrieben am 9. Nov. früh halb 6 Uhr, eine Stunde vor seinem Tode. qu. gr. 4. (3 lith. S.) Frankfurt a. M. 849, Oehler in Comm. ¼ ℛ

Blum, Rob. Kirchenversammlung, s. Kirchenversammlung.

— u. Franz Wigard, die zweite allgem. christkathol. Kirchenversammlung. Abgehalten zu Berlin, Pfingsten 1847. Authentischer Bericht. Im Auftrage d. Kirchenversammlung hrsg. gr. 8. (XII u. 247 S.) Leipzig 847, G. Wigand. n. ⅔ ℛ

— Entschleierte Mysterien aus alter u. neuer Zeit. (VII, 172 S. m. Abbildgn.) 8. Leipzig 910. M. Altmann. 2.—; geb. 2. 80

— — Rede am Grabe d. Hrn. Jos. Della Porta, d. ersten Leiche der deutsch-kathol. Gemeinde zu Leipzig. gr. 8. (½ B.) Leipzig 845, Friese.

Blum, Rob., ausgewählte Reden und Schriften. Hrsg. von Herm. Nebel. 1.—3. Heft. 8. Leipzig 879, (Genossenschafts-Buchdruckerei.)

Inhalt:

Heft 1. Rede über die deutschen Grundrechte, gehalten vor einer Wählerversammlung im Schützenhaus zu Leipzig am 16. Aug. 1848. (16 S.) 10 Pf.

„ 2. Rede über den Waffenstillstand mit Dänemark, gehalten im deutschen Parlament am 16. Septbr. 1848. (16 S.) 10 Pf.

„ 3. Der Tod des Pfarrers Dr. Friedr. Ludw. Weidig. Abhandlung, veröffentlicht in den „Sächs. Vaterlandsblättern". (29 S.) 20 Pf.

Blum, Rob., ausgewählte Reden u. Schriften. Hrsg. von Herm. Nebel. 10 Hfte. 8. Leipzig 879—81. Stuttgart, Fink. 2. 10; geb. 2. 50

1. Rede über die deutschen Grundrechte, geh. vor e. Wählerversammlung im Schützenhaus zu Leipzig am 16. Aug. 1848. (16 S.) — 10
2. Rede über den Waffenstillstand m. Dänemark, geh. im deutschen Parlament am 16. Sept. 1848. (16 S.) — 10
3. Der Tod d. Pfarrers Frdr. Ludw. Weidig. Abhandlung, veröffentlicht in den „Sächs. Vaterlandsblättern". (29 S.) — 20
4. Aus Blum's letzten Lebenstagen. (28 S.) — 20
5. Blum u. die polnische Frage. Enth. Blum's Rede in der Sitzung d. deutschen Parlaments am 24. Juni 1848. (16 S.) — 10
6. Reden über die Centralgewalt, geh. im deutschen Parlament am 20. u. 24. Juni 1848. (16 S.) — 10
7. Blum u. die deutsch-katholische Bewegung. (47 S.) — 30
8. 6 kleinere Reden Blum's, geh. im deutschen Parlament. (32 S.) — 20
9. Robert Blum. Eine biograph. Skizze. (55 S.) — 30
10. Robert Blum. Eine biograph. Skizze. 2. Thl. (88 S. m. Portr. in Lichtdr.) — 50

Blum, Rob., ausgewählte Reden und Schriften. Hrsg. von Herm. Nebel. 4.—10. (Schluß-)Heft. 8. [Leipzig.] Gera 880,81, M. Fink. ℳ 1,70.; compl. geb. 2 50

Inhalt:

Heft 4. Aus Blum's letzten Lebenstagen. (28 S.) 20 Pf.

„ 5. Blum und die polnische Frage. Enthaltend Blum's Rede in der Sitzung des deutschen Parlaments am 21. Juli 1848. (16 S.) 10 Pf.

„ 6. Reden über die Centralgewalt, gehalten im deutschen Parlament am 20. und 24. Juni 1848. (16 S.) 10 Pf.

„ 7. Blum und die deutsch-katholische Bewegung. (47 S.) 30 Pf.

„ 8. Sechs kleinere Reden Blum's, gehalten im deutschen Parlament. (32 S.) 20 Pf.

„ 9. Robert Blum. Eine biograph. Skizze. 1. Thl. (55 S.) 30 Pf.

„ 10. —— dass. — 2. Thl. (83 S. mit Portr. in Lichtdr.) 50 Pf.

1.—3. Heft. Ebendas. 1879. 40 Pf.

Blum, R, ausgew. Reden u. Schriften. 8—10. (Schl.-)Hft. 8 Lpzg 81. Stuttg., Dietz. 1. — (cplt.: 2. 10; geb. 2. 50)

8. 6 kleinere Reden Blum's, geh. im deut. Parlament. (32) — 20
9. Robert Blum. Eine biograph. Skizze. (55) — 30
10. Dass. 2. Thl. (83) — 50

Blum, Robert, Rechtspraktikant a. Frankenthal ⟨Pfalz⟩: Die Schuldseite des einfachen und betrüglichen Bankrutts. Frankenthal ⟨Pfalz⟩ 1907: L. Göhring & Co. (46 S.) 8° [J.]

Würzburg, Jur. Fak., Ref. Oetker, Diss. v. 10. März 1907

[Geb. 5. Juni 83 Frankenthal; Wohnort: Frankenthal; Staatsangeh.: Bayern; Vorbildung: Gymn. Frankenthal Reife Juli 01; Studium: München 3, Heidelberg 1, Würzburg 4 S.; Rig. 12. Juni 07.]

— Selbstbiographie u. dessen Ermordung in Wien am 9. Novbr. 1848. Hrsg. v. einem seiner Freunde. Mit Blums (lith.) Bildniß u. Handschrift, sowie der Ermordungsscene. 8. (30 S.) Meißen 849, Goedsche. ⅙ ℛ

Blum, Robert: Städtebahnen . . . , s.a. Blum, Otto

Städtebahnen mit besond. Berücks. d. Entwurfs f. e. elektr. Städtebahn zwischen Düsseldorf u. Köln. Von Dr.-Ing. [Robert] Blum, Prof., Hannover. Mit 7 Textabb. u. 1 Taf. Berlin: Springer 1909. 71 S. 8° [09. 6197

Blum, Robert, die Stellung der Soldaten in Deutschland. Rede, gehalten zu Leipzig den 6. März 1848. gr. 8. (4 S.) Leipzig 848, Hoßfeld. 1 ngr

— Das Stoffproblem „Alles fliesst". (120) 8° Stuttg., G Geiger '11. 2 —

—— Theater-Lexikon, s. Theater-Lexikon.

– u. Friedr. Steger, der Verfassungsfreund, s. Verfassungsfreund.

—— Vorwärts! Volks-Taschenbuch, s. Vorwärts.

Blum, Rob.: Weihnachten, a. „Ernst Moritz Arndt" 1847, s: Vorkämpfer deut. Freih.

—— letzte Worte. (Gedicht.) gr. 8. (4 S.) Leipzig 849, (Joachim's Separat-Conto.)

[J.] Blum, Rudolf [Steuerassessor]: (Statistische Untersuchungen über die Entwicklung und Ausbreitung des Giro-Verkehrs der deutschen Reichsbank.) . . . [Aus: Ann. d. deutsch. Reichs f. Gesetzgeb. etc., Jg. 1896.] München, Druck v. Knorr & Hirth, 1896; 3 Bl., 57 S. 8.

Giessen, Phil. Fak., Inaug.-Diss. v. 1896

Blum, Silvester [app. Arzt aus Landau '(Pfalz)']: Ueber absteigende secundäre Degeneration in den Hintersträngen des Rückenmarks ... Strassburg i. E., Buchdr. C. Goeller, 1895; 54 S. 8.

Strassburg, Med. Fak., Inaug.-Diss. v. 1895

Blum, Th., s. Edgeworth, Emilie.

Blum, Theodor

Blum, Thdr, s: Anschauungstafeln, Wirtschafts- u. staatsbürgerkundl.

Blum, Th., u. M. Kröter, Geschäftsgänge f. den handelskundigen Unterricht an kaufmännischen Lehranstalten (Buchführung, Korrespondenz, Handelswissenschaft). Ausg. A: Kolonialwarenhandlung. I. Tl. Detailgeschäft — einfache Buchführg. (56 S. m. 8 Beilagen.) 8. Leipzig 909. Dieterich. 1. —

— Das deut. Handelsschulwesen, s: Sammlung Göschen 558.

— u. Frz Völker: 38 kurze systemat. Uebgsgänge z. Einführg in d. dopp. Buchführg. 1—3. Afl. (32) gr8° Lpzg, E Wiegandt '10—12. — 50;
Übgsheft dazu. 4. Afl. (57) 33×21 cm. (1.50) 1 —

Blum, Theodor (Hrsg.), s. Zeitschrift für das gesamte kaufmännische Unterrichtswesen.

Blum, Viktor

Die Harnvergiftung. (Urotoxämie u. Urosepsis.) Von Viktor Blum, Wien. Leipzig: Breitkopf & Härtel 1904. (56 S.) 8°
= Sammlung Klinischer Vorträge. N. F. No 365. [04. 3497

Blum, Vikt., Symptomatologie u. Diagnostik der urogenitalen Erkrankungen. 1. u. 2. Tl. gr. 8. Wien 908. 09. F. Deuticke. 11. —

1. (VIII, 218 S.) 6.—. 2. (IV, 178 S.) 5.—.

Blum, Werner, Referendar in Posen: Veräußerungsverbot und Vormerkung. Breslau 1906: H. Fleischmann. (63 S.) 8°
Breslau, Jur. Fak., Ref. Leonhard-Fischer, Diss. v. 2. Okt. 1906
[Geb. 10. Juni 83 Säckingen a. R. (Baden): Wohnort: Posen; Staatsangeh.: Preußen; Vorbildung: Friedrich-Wilhelms-Gymn. Posen Reife O. 02; Studium: Freiburg i. B. 2, München 1, Berlin 1, Breslau 2 S.; Rig. 23. Nov. 05.]

Blum, Wilhelm, appr. Arzt a. Essen-Ruhr: Über angeborene Halsgeschwülste und über einen Fall von Hygroma colli congenitum cysticum. Essen-Ruhr [1905]: Fredebeul & Koenen. (22 S.) 8°
Freiburg i. B., Med. Fak., Ref. Kraske, Diss. v. 1905
[Geb. 9. Juni 78 Essen a. d. Ruhr; Wohnort: Essen a. d. Ruhr; Staatsangeh.: Preußen; Vorbildung: Gymn. Recklinghausen, Westf., Reife O. 99; Studium: Freiburg 4. Bonn 2, Freiburg 3 S.; Coll. 9. Dez. 04; Approb. 4. Mai 04.]

Blum, Wilh., natürliche und künstliche Mineralwasser. Separatabdr. aus d. Handwörterbuche d. reinen u. angew. Chemie von Liebig, Poggendorff, Wöhler und Kolbe. Mit 17 in den Text eingedr. Holzschn. Braunschweig 853. Vieweg u. Sohn. Lex.-8. (VI, 50 S. u. 7 Tab. in Fol.) n. 20 ngl

Blum

— Wilh. Arnim, Viro . . Chn. Gottfr. Schuetz . . solemnia . . 12. IV. 1818 quo die ante hos quinquaginta annos doctoris philos. dign. et honores . . gratul. Insunt: Quaedam de Platonis liberorum educandorum disciplina. Halle (Grunert & Sohn) 20 S., mit 2 S. Namensverz. der Gratulanten. (4.—) 2944

Blum-Erhard, Anna, s.a. B l u m , Anna

Blum-Erhard, Anna: Ohne Heimat. Roman. 2. [Tit.-]Afl. (185) 8° Lnzg, P List [06] [07]. 1.50; geb. 2.50 d

Blum-Erhard, Anna, das schönste Land. Märchen u. Geschichten. (95 S. m. Abbildgn.) 8. München (910). C. A. Seyfried & Co. Geb in Leinw. 1.20

— Sommertage. Novellen. (128 S.) kl. 8. München (-Schwabing) (908). E. W. Bonsels & Co. 2.—

Blum, Ferdinand

Blum, Ferd., Aulus Persius Flaccus dritte Satyre, im Versm. des Orig. m. Anm. gr. 8. Würzb. Kienner. 801. –

Blumann, Arnold, a. Hamburg: Zur Kenntnis des Nopinons. Hildesheim 1907: A. Lax. (43 S.) 8°
Göttingen, Phil. Fak., Ref. Wallach, Diss. v. 6. Nov. 1907
[Geb. 9. Juli 85 Osnabrück; Wohnort: Hamburg; Staatsangeh.: Hamburg; Vorbildung: Oberrealsch. Uhlenhorst Hamburg Reife M. 03; Studium: Göttingen 8 S.; Rig. 10. Juli 07.]

Blumann, Elise: Word' ich zum Augenblicke sagen . . . . Gedichte. (63) 8° Lpzg, Verl. f. Lit., Kunst u. Musik '10. 1 —; geb. 1.75 d

Blumau, C., der brave Fritz. Bunte Bilder u. Erzählungen zur angenehmen Unterhaltg. f. gute Kinder. Mit 8 (lith. u.) illum. Abbildgn. Imp. 4. (16 S.) Nürnberg 849, Renner & Co. 1 ℛ 12 ngl

(——) der Tugendspiegel oder moral. Beispiele den Kindern zur Anschauung und Belehrung gewidmet. Mit 12 (lith. und) gemalten Bildern. Imp. 4. Nürnberg 840, Renner und Comp.

—— das Vater unser in Bildern mit Erklärgn. in Versen, für die Jugend. 4. (10 S. und 9 ill. Stnt.) Nürnberg 840, Renner und Comp.

BLUMAUER. — A n H e r r n B l u m a u e r. Eine Fabel über die vom Prof. *Schaber* travestirten 4. Theil der Aeneis. Wien 1784. 8°. (l. c., Beibd. 2.)

BLUMAUER. — B l u m a u e r b e y d e n G ö t t e r n i m O l y m p u s ü b e r d i e T r a v e s t i r u n g d e r A e n e i s a n g e k l a g t : oder Tagsatzung im Olympus, Virgilius Maro contra Blumauer in puncto labefactae Aeneidos. (Streitgedicht.) Hrsg. von einem P*** *(Wolfg. Anselm v. Edling?).* Leipzig und Grätz, bei Franz Ferstl, 1792. 8°. (7 Mk. 50 Pfg., Expl. auf starkem Papier im Ppbd. der Zeit, F. Waldau, Fürstenwalde, 1907.)
Anon.-Lex. I. p. 248 (nach Goedeke).
— — Dasselbe. 2. Aufl. Gräz und Leipzig 1796. 8°. (6 Mk. L. Rosenthal, 1907.)
— — Dasselbe. Mit Anhang. 3. Aufl. Leipzig 1810. 8°.
Prof. v. Karajan's Bibl. I. no. 3916.

Blumauer bei den Göttern in Olympus üb. d. Aeneis angekl. 8. Grätz 796. Ferstl. 9 ℊ

Blumauer's Glaubensbekenntniß, dem ein anderes entgegengesetzt, von e. Landpfarrer. 8. Münst. 788. Coppenrath. 3 ℊ

Blumauer: L e g e n d e n zur religiösen und sittlichen Bildung ..., s. B l u m a u e r , Karl

Blumauer's u. and. ber. Dichter auserles. erotische Liebesgedichte rc. gr. 8. Ulm 793. Stettin. 10 ℊ

ZWERCHFELLERSCHÜTTERUNGEN v o n *Blumauer, Langbein, Voß* (wohl *Julius v. Voss*) etc., oder A u s w a h l d e r b e s t e n k o m i s c h e n L i e d e r f ü r f r o h e G e s e l l s c h a f t e n. Hamburg, Vollmer, 1808. 8°. (1/6 Rthl.)

Blumauer, A., Panorama vom Schöpfl. (893 m) K –.50
Wien: Freytag & Berndt 1907

Blumauer, A., Panorama von der Wienerwald-Warte am Jochgrabenberg (646 m) bei Rekawinkel Wien: Freytag & Berndt 1907

Blumauer, A., Erwine v. Steinheim. 8. Leipz., Sommer. (Nauck). 6 ℊ

BLUMAUER, Aloys, D i e A b e n t h e u e r d e s f r o m m e n H e l d e n A e n e a s oder: D a s z w e y t e B u c h v o n V i r g i l s A e n e i s. Travestiert. Mit Titelvign. Wien u. Prag 1782. 8°.
Seltener Druck! E r s t e P r o b e v o n B l u m a u e r s T r a v e s t i e als Fortsetzung folgender Arbeit (von *Joh. Benj. Michaelis):* Leben und Thaten des theuren Helden Aeneas. Erstes (einz.) Mährlein. Halberstadt 1771. 8°. (5 Mk. 50 Pfg. Bernh. Liebisch, Lpz. 1907.)

Blumauer's, Alois, travestirte Aeneide oder Abenteuer und Fahrten des frommen Helden Aeneas. Neue Min.-Ausg. 16. (224 S.) Berlin 860, Reymann. *

travestirte Aeneide oder Abenteuer u. Fahrten des frommen Helden Aeneas. Neue Miniat.-Ausg. 860. — 4. Aufl. Berlin 863. Reymann. 16. (221 S.) n. 10 ngl

Blumauer, Aloys, Virgil's Aeneis travestirt, s.a. Bibliothek der deutschen Nationalliteratur d. 18. u. 19. Jahrh.

BLUMAUER, V i r g i l s A e n e i s. Erstes Buch. Travestirt. Wien 1783. 8°.
Erster seltener Separatdruck. — Haydinger's Bibl. I. 2. Wien 1876. no. 59.

— Virgils Aeneis, oder Abentheuer des frommen Helden Aeneas. Travestirt. 3 Thle. 8. Wien 784—88. Gräffer. 1 ℛ Dass. die 3 letzten Bücher. Fortges. u. herausg. v. ... Schaber. 8. Frkf. 794. Brönner. 12 ℊ

Blumauer, Alo., Virgils Aeneis travest. 3 Thle. 8. Wien, Gräffer. 789.

Blumauer, Aloys, Virgil's Aeneide travestirt. 32. (288 S.) Schw. Hall 844, Haspel'sche Buchh. *

Blumauer, Aloys, Virgil's Aeneide travestirt. Mülheim a. d. R. (Berlin) 856. Reymann. 32. (278 S.) n. 10 ngl
— — Schw. Hall 854. Haspel. (Fischhaber.) 32. (282 S.) 12 ngl; geb. n. 20 ngl

Blumauer, Aloys, Virgils Aeneis travestirt. Neue wohlfeile Ausg. 16. (213 S.) Leipzig 868, Dyk'sche Buchh.

Blumauer, Alois: Vergil's Aeneis, travestiert Illustr. v. Heinr. Kley. (144) Lex8° Münch., Verl.-Gesellsch. München '10. HPerg. 20 —; Liebh.-Ausg., Perg. 40 —; Luxusausg. 75 —

— dasselbe, s.a. Meyer's Volksbücher.

—— dass., s.a. Universal-Biblioth.

— Beobachtungen üb. Oesterr. Aufklärung u. Litteratur. 8. Wien 783. Schönfeld. 3 gr.

— Buchdruckerkunst. gr. 4. Wien, Camesina. 786.

— Buchdruckerkunst; e. Gedicht. gr. 4. Wien 786. (Heubner). 2 gr.

Blumauer, Alois. Mein Dank an Stoll. Wien 1786. H: *Wittwer, D.* (BrMm) (GGr)

— Freimaurer-Gedichte. 8. Wien 785. N. A. 791. (Leipz., Knobloch; a. Kummer). 16 gr.

Freymaurergedichte von [Aloys] **Blumauer.** Wien: Gräffer 1786. 169 S. 8° [Kupfertit.]

[Dasselbe.] Frankfurt u. Leipzig 1786. 154 S. 8°
[Dasselbe.] 2. verm. Aufl. Wien: Gräffer & Co. 1791. 180 S. 8°

Recens. f. Ausg. Wien 1786: D. Teutsche Merkur. 54, 2 (1786) S. LIII–LIV.

Kl. 491, Tt. 2335—2336. Als 1. Orig. Ausg. erwähnt der Kösslingsche Antiquariats-Kat. No 2 [1880] eine Ausg. Wien: [Gräffer] 1785 mit Vignetten v. Adam.

[N. Ausg. u. d. Tit.:]

Freimaurer-Lieder von A[loys] Blumauer. Bonn: Liter. Comptoir 1809. 152 S. 8°

Tt. 2337. Ohne Noten.

Blumauer, (Aloys.) Freimaurer-Lieder. Bonn. Liter.Comptoir. 1809. 16. 3Bl. 152S.
Diese beiden letzteren Ausgaben sind bei Kloss nicht aufgeführt. Alle Ausgaben enthalten das Gleiche.

Freymaurer-Lieder, der Bruderfreundschaft und dem Frohsinne geweihet. [Bdch. 3:] Gedichte. Von Aloys **Blumauer.** Köln: Rommerskirchen 1802. 135 S. 8°

(Sammlung d. Lieblingsdichter Deutschlands. 19.)

[Andere Ausg. u. d. Tit.:]

Gedichte von Aloys Blumauer. Bdch. 3 [von Blumauer's Freymaurerliedern]. Köln: Rommerskirchen 1802. 135 S. 8°

(Sammlung d. Lieblingsdichter Deutschlands. 19.)

— Gedichte. 2 Thle. gr. 8. Wien 782—87. Blumauer. (Gräffer). 1 ℛ Mit Kpf. gr. 8. Ebd. 1 ℛ 12 gr.

— Gedichte. 2 Thle. gr. 8. Wien, Gräffer. 789.

—— dies. m. K. gr. 8. Ebend.

— Gedichte. 4 Theile. Leipzig 1801/02, bey Salomo Lincke. 8°.
Nicht bei Goedeke.

Gedichte von Aloys **Blumauer.** In 4 Theilen. Neue verb. Aufl. Königsberg 1816. XII, 408 S. 8°.

Enthält auch freimaur. Gedichte.

. Gedichte. [Von Aloys Blumauer.] Abth. 2. Königsberg: Universitäts Buchh. 1827. 162 S. 8°

(Aloys Blumauer's sämmtliche Werke. Königsberg 3.)

Hauptsächlich Frmrgedichte.

A[loys] **Blumauer's** sämmtliche Gedichte. Hrsg. von A. Kistenfeger. Bdch. 4. München: Fleischmann 1827. 96 S. 8°

37 frmrische Gedichte.

— Glaubensbekenntniß. 8. Ebend. 787.

— Glaubensbekenntniß, dem ein andres von einem Landpfarrer entgegengesetzt ist. 8. Münster, Coppenrath. 788.

— Glaubensbekenntniß eines nach Wahrheit ringenden Katholiken. 8. Wien 786. Gräffer. (Ulm, Wohler). 2 gr.

Glaubensbekenntniss eines nach Wahrheit Ringenden. Von [Aloys] Bl[umaue]r [?]. Herrnhuth 1786. 16 S. 8° [Umschlagtit.]

Gedicht: „Zwo Kraefte sind es, die den Menschen lenken, . . ."

— Joseph II., Beschützer d. Freimaurerordens. 8. Wien 786. (Mayrsche B. in Salzb.) 4 gr.

Lieder, Gedichte von Al[ois] **Blumauer** für die Freimaurer Loge in Wien. [Um 1786.] 76 S. Quer-8°.

Sehr selten.

Dem vorliegenden Exemplar fehlt das gedruckte Titelblatt. Der Titel ist wörtlich so auf dem ersten leeren Blatte mit Tinte eingeschrieben. Es handelt sich um die Loge „Zur wahren Eintracht" in Wien. Enthält 38 Lieder mit Noten, komponiert ven Enslin, Vogler und Weisse.

Blumauer, Aloys: M a n i f e s t einer nicht geheimen . . ., s. F o u r n i e r, Aug.

— u. Ratschky, Wiener Musenalmanach, s. Musenalmanach.

— s.: National-Litteratur, deutsche.

Blumauer, (A.) Orsini u. Olivieri, od. d. Macht wahrer Freundschaft. Sittengemälde aus d. Vorzeit in 5 Aufz. 8. Eichstädt 824, Beyer.

– s. J. P e z z l: Denkmal an Stoll.

BLUMAUER. — Probeblätter aus A. Blumauer's sämmtlichen Werken. Mit Nachlass, Biographie, Porträt u. 16 Bildern. Verlag v. Moriz Stern, Wien. Druck v. M. Bettelheim, Wien.

Verboten v. L.-G. Wien, 9. Juni 1884. § 516.

– s. P r o c e ß zwischen Hrn. Fr. Nicolai . . .

Blumauer's, Aloys, gesammelte Schriften. Neueste Gesammt-Ausg. in 3 Thln., mit dem Bildnisse des Verf. und 9 humorist. Illustr. von Th. Hosemann. 9 Lfgn. gr. 16. (762 S.) Stuttgart 862,63, Rieger'sche Verlagsbuchh. à Lfg. 4 Ngr.

Blumauer's, Aloys, gesammelte Schriften. Neueste Gesammtausg. in 3 Thln. m. dem Bildnisse d. Verf. (in Stahlst.) u. 9 humorist. Illustrat. v. Th. Hosemann. gr. 16. (308, 255 u. 199 S.) Stuttgart 871. Rieger. 3. 60

— gesammelte Schriften. Neue Gesammt-Ausg. m. dem Bildnisse des Verf. (in Holzschn.) u. 9 humorist. (Holzschn.-) Illustr. v. Th. Hosemann. 8. (616 S.) Stuttgart 877. Rieger. 3. 60

— — s.a. Universal-Bibliothek.

— Virgil, 3 Theile. Augsburg, Burglen. 802.

— Werke. 8 Bde. 8. Leipzig, (Nicolovins in Königsberg.) 801 — 802.
Schreibp. m. K.
Velinp. m. K.

Blumauer, Aloys, gesamm. Werke. Vollst. in 3 Thln. Mit d. Bildn. d. Verf. 16. (47 B.) Stuttgart 830, [Scheible, Rieger u. Sattler.]

—— ders. 4. u. 5. Bd. Ergänzt von seinen Freunden. 16. (47 B.) Ebds. 840.

—— gesamm. Werke. Miniaturausg. in 1 Bde. Ebds. 840.

Blumauer's, Alois, gesammelte Werke. Neueste vollständ. Ausg. in 3 Bdn. m. dem Bildnisse d. Verf. 12. (255, 194 u. 304 S.) Wien 882. Wiener Verlags-Anstalt. 2. 50

— sämmtliche Werke, 8 Bde. 8. Leipz. Linke. 800—802. (1r 2r 3r Band enthalt d. Aeneis, 1 Rthlr., m. K. 2 Rthlr. Schreibp. m. K. 2 Rthlr. 16 gr., Velinp. 4 Rthlr.; 4r 5r 6r. Band enthalt. d. Gedichte, 1 Rthlr. 12 gr., m. K. 2 Rthlr. Schreibp. 2 Rthlr. 8 gr., Franz. P. 2 Rthlr. 20 gr., Velinp. 3 Rthlr. 12 gr.; 7r Bd. enth. die Gedichte, 4r Bd. 8 gr. Schreibp. 12 gr., Franz. P. 14 gr., Velinp. 16 gr.; 8r Bd. enth. prosaisch. Aufsätze, 1 Rthlr. Schreibp. 1 Rthlr. 8 gr. Franz. P. 1 Rthlr 16 gr., Velinp. 2 Rthlr.) compl.
die 6 erst. Bde. m. K.
compl. Schreibp.
4r bis 8r Thl. Franz. P.
compl. Velinp.

Blumauer, Aloys, († d. 16. März 1798.) sämmtl. Werke, 8 Bde. (1r Bd. N. A. 803. v. K. L. M. Müller.) Mit Kpf. 8. Leipz. 801 — 3. Linke. 3 ß 20 gr Schrbp. 6 ß 20 gr Velinp. 10 ß 4 gr 2e A. . . . 3e Aufl. 7 Bde. 8. Königsb. 806 — 12. 3 ß 4 gr Schrbp. 5 ß 12 gr 4e Aufl. 8. Ebd. 824. N. Aufl. 8. Ebd. 832. Bornträger. 2 ß Schrbp. 2 ß 8 gr Schrbp. mit Kpf. 3 ß 8 gr Velinp. 6 ß Taschen-Ausg. in 4 Bdchn. 12. Ebd. 827. 1 ß 16 gr Schrbp. 2 ß Velinp. 3 ß 8 gr 1r — 3r Bd. A. u. d. T.: Virgils Aeneis. 3 Bde. 8. Ebd. 832. 1 ß Schrbp. 1 ß 8 gr Mit Kpf. 1 ß 16 gr Velinp. mit Kpf. 3 ß 4r — 7r Bd. A. u. d. T.: Gedichte. 4 Bde. 8. Ebd. 832. 1 ß 4 gr Schrbp. 1 ß 12 gr Mit Kpf. 2 ß Velinp. mit Kpf. 3 ß

— sämmtl. Werke, herausg. v. A. Kistenfeger. 9 Bdchen. gr. 12. Münch. 827. Fleischmann. 1 ß 4 gr 2e A. 830. Ebd. 1 ß 12 gr

Blumauer's, Alois, sämmtliche Werke u. handschriftlicher Nachlaß. 1., vollständ. Gesammt-Ausg. m. Vorwort, Einleitg. u. Anmerkgn., dem Portr. d. Dichters u. 16 Orig.-Federzeichngn. 16 Hfte. 12. (1. Bd. XXI, 256; 2. Bd. 195, 3. Bd. 304 u. 4. Bd. 274 S.) Wien 884. M. Stern. à n. — 40

— sämmtl. poetische Werke, herausg. u. mit Anmerkk. erläutert v. A. Kistenfeger. 4 Lfrr. in 2 Bdn. 3e Aufl. (Mit Weglassung d. prosaischen Theiles.) .. München 839, 40. Fleischmann. 1½ ß

Blumauer, C., s. Blumauer, K.

Blumauer, Carl, s. Blumauer, Karl

Blumauer, Johann Alois

Büchlschreiber, Die Wiener, nach dem Leben geschildert . . . . (von *Joh. Alois Blumauer*). (Leipzig 1783.)
Anon.-Lex. I. p. 287.

KLAGELIED eines Geometers über den Verfall der Reize seiner Frau (von Joh. Alois Blumauer?). O. O. u. J. (ca. 1885).
Aeusserst selten! Witziges Gedicht von 12 Strophen. Cursirte auch in Abschriften. — Anon.-Lex. II. p. 362. (Eigenbericht.) — S. auch Klagen eines Ingenieurs . . . 1786.

— — Dasselbe. (13 sechszeil. Strophen.) In: Priaps (s. d.) Pomadenbüchschen. . . . . S. 17—21.

Blumauer, J.A. (Hrsg.), s. Musenalmanach, Wienerischer (auch: Wiener), auf d. J. 1777 (-1803).

Blumauer, Joh. Aloys (Hrsg.), s. Realzeitung, Kais.königl. allergnädigst privilegierte, der Wissenschaften, Künste und der Commerzien.

Blumauer, Joh. Alois (Hrsg.), s. Zeitung, Die schwarze.

Blumauer, K.

Blumauer, C., der Possenreißer. Neueste Schnurren u. Schwänke f. fidele Brüder. 8. (80 S.) Oberhausen 880. Spaarmann. n. — 50

Blumauer, K., der Possenreißer. Neueste Schnurren u. Schwänke f. fidele Brüder. 5. Aufl. 8. (80 S.) Oberhausen 885. Spaarmann. n.n. — 50

Blumauer, Karl, neueste Blätter des Befreundens und der Erinnerung. Lieben Bleibenden und Scheidenden gewidmet. Mit Titelbild. 16. Wien 840. Klang. (Leipzig, Herbig.) 5/12 ß

— Odo's u. Rosa's Blumenkranz. Darstellungen für das gebildetere Kindesalter, sowohl der Knaben als Mädchen. Mit (6) ill. Kpfr. 8. Leipzig 834. Fischer u. Fuchs. 1½ ß

— der Blumenstrauß. Ein Bund neuer Idyllen, Sagen, Mährchen u. Geschichten, der Jugend beiderlei Geschlechts dargereicht. Mit 6 ill. Kpf. 8. Magdeburg 836. Wagner u. Richter. 1½ ß

Blumauer, Carl, Carl u. Erdmuthe u. ihre Spielgenossen. Ein Erzählungsbuch f. d. Jugend mittl. Alters. M. 7 ill. Stndr. 8. (11 B.) Leipzig 833, Gebr. Reichenbach.

—— Carl u. Erdmuthe u. ihre Spielgenossen. Ein Erzählungsb. f. d. Jugend mittl. Alters. M. 7 ill. Stndr. 2. Aufl. 8. (11 B.) Leipzig 836, Gebr. Reichenbach.

—— Dämmerstunden, od. d. neue Märchen-Erzähler unt. Kindern. 8. (8¾ B. u. 1 col. Kpfr.) Aachen 835. [Düsseldorf, Roschütz u. Comp.]

Blumauer, Karl, die kleinen Enkel am Knie d. erzählenden Großvaters. Mit 18 ill. Abbildd. 8. Gotha 830. 2e A. Mit 11 ill. Kpf. 831. 3e A. mit 17 ill. Kpf. 833. (Neumann). 12 gr

Blumauer, Carl, die kleinen Enkel am Knie d. erzähl. Großvaters. 4., unveränd. Aufl. M. 17 ill. Kpfr. 8. (9 B. u. Titvign.) Gotha 837, [Gläser.] Thlr.

— die kleinen Enkel am Knie des erzählenden Großvaters. 4e unv. Aufl. Mit 17 ill. Kpfr. 8. Gotha 837. Neumann. ½ ß

— die kleinen Enkel auf dem Schooße der erzählenden Großmutter. Mit 3 ill. Kpf. gr. 12. Altona 831. Aue. 12 gr

— die kleinen Enkel auf d. Schooße der erzählenden Großmutter, ein Gegenstück der kleinen Enkel am Knie des erzählenden Großvaters. Mit (4) ill. Bildern. 2e Aufl. gr. 12. Altona 836. Aue. 5/8 ß

— Erzählungen. 8. Merseb. 826. Sonntag. 16 gr

Blumauer, Karl, Ehrichs Erzählungen im gesellschaftl. Abendkreise. 8. Cassel 823. 2e A. 825. Bohné. 1 ß 8 gr

Blumauer, Karl, unterhaltende, belehrende Erzählungen f. die reifere Jugend. Mit 4 color. Bildern (in Kpfrst.) (Neue Titelausg.) 8. (IV u. 144 S.) Nürnberg (832) 850, Lotzbeck. 1/3 ß

— **Ferienreise** der Frohmannschen Zöglinge nach den vier Hauptresidenzstädten Deutschlands: München, Wien, Dresden, Berlin. Zur Erholung und Bildung wohlunterrichteter Knaben von 11 bis 15 Jahren, durch Leben, Wissenschaft und Kunst. 1s Bdchn.: München. Mit ill. Titelkpfr. 8. Nürnb. 834. Geh. 1 ß — 2s Bdchn.: Wien. Mit 1 Ansicht. 8 Ebd. 834. 1 ß — 3s Bdchn.: Dresden u. Berlin. Mit 2 Ansichten. 8. Ebd. 835. 1 ß

— **Gedenke** mein! Blätter der Ehre, Liebe u. Freundschaft für Wohlgewogene u. Scheidende. (Eine Auswahl v. 400 Stammbuchs-Aufsätzen aus den Werken der vorzügl. ältern u. neuern Schriftsteller.) Mit 6 lithogr. Ansichten. 16. Gotha 833. Neumann. 1/4 ß ill. 3/8 ß 2e verm. Aufl. Mit 6 Kpfr. 836. 1/4 ß — 2e Abtheil. A. u. d. T.: Der Freundschaft Immergrün. Mit e. Souvenir u. 6 Kpfr. 16. Ebd. 834. 3/8 ß

— der **Hase** hat gelegt! Eine Kinderfreude der ersten Frühlingszeit. Mit ill. Titelbild. 8. Altenburg 838. Helbig. 1/2 ß jetzt n. 1/4 ß

— das **Huhn** u. seine Küchlein. Ein fabelhaftlustiges u. erbauliches Bilderbüchlein in Knittelversen u. Reimen für kleine Kinder. M. 16 ill. Bildern. 8. Gotha 832. Neumann. 15 ℊ

— das **Huhn** und seine Küchlein. Ein fabelhaft-lustiges u. erbauliches Bilderbüchlein in gereimten Knittelversen für gute Kinder. 2e verb. u. verm. Aufl. Mit 15 ill. Bildern. 8. Gotha 838. Neumann. 3/8 ß

— **Karl** u. Erdmuthe u. ihre Spielgenossen. Ein Erzählungsbuch f. d. Jugend mittl. Alters. Mit 8 Kpf. 8. Gotha 832. Flinzer. 18 ℊ ill. 1 ß

— **Karl** u. Erdmuthe u. ihre Spielgenossen. Ein Erzählungsbuch für die Jugend mittlern Alters. Mit 7 ill. Steindr. 8. Leipzig 833. Gebr. Reichenbach. 1 1/6 ß — 2e Aufl. Mit 7 ill. Steindr. 8. Ebd. 836. 2/3 ß

Blumauer, Karl, der Kinderkreis in Trautmannshain, in Erzähll. für größere Kinder. Mit e. Vorrede v. Dinter. Mit 4 ill. Kpf. gr. 12. Leipz. 832. Cnobloch. 16 ℊ

BLUMAUER. *Legenden* zur religiösen und sittlichen Bildung der reiferen Jugend auswählend bearbeitet, und mit einem Vorworte Herders über die Legende, im Auszuge, versehen von Karl Blumauer. Mit fünf [handkolor.] Abbildungen [Frontispiz, gez. v. J. BOEHMER, lith. v. C. POHLMANN, u. 4 Lithographien v. C. G. H. GEISSLER]. Magdeburg, Ernst Wagner und Richter [c. 1825]. 3 Bll. 168 SS. Kl.-8°. Pappbd. d. Z. 36.—
Seltene, den Bibliographen unbekannte Sammlung v. 66 Legenden in Prosa u. Versen mit kuriosen Stichen. Jahreszahl mit Tinte a. d. Titel, einige Bll. etw. fleckig.

— **Legenden** zur religiösen u. sittl. Bildung der reifern Jugend auswählend bearbeitet, u. mit e. Vorworte Herders über die Legende, im Auszuge, versehen. Mit 4 ill. Abbildd. gr. 12. Magdeburg 835. Wagner u. Richter. 1 1/3 ß

— kleines Lehrbuch d. Sinnbildnerei f. Künstler, Kunstjünger, Kunstfreunde, besond. f. neuere Real-, Polytechnische u. Gewerb-Schulen. 16. (6 B.) Wien 840, Klang.

— kleines Lehrbuch der **Sinnbildung**, für Künstler, Kunstjünger, Kunstfreunde, besond. f. neuere Real-, Politechnische u. Gewerbschulen. 16. Wien 841. J. Klang. 1/4 ß

— Leselust in Spiel-Stunden, s. Leselust.

— Mährchen f. Kinder. 3., m. Holzschn. verm. Ausg. 8. (8 1/2 B.) Aachen 840. [Düsseldorf, Roschütz u. Comp.]

— **Medaillons**, od. Gemälde aus d. Gallerie des Lebens im verjüngten Maaßstabe. 8. Leipz. 823. Weygand. 1 ß 8 ℊ

— Medaillons od. Gemälde aus der Gallerie des Lebens im verjüngten Maasstabe. 8. Leipz. 824. Weygand.

— die fromme **Mutter**, welche ihr Kind zu Bette bringt u. sein Erwachen behütet. Mit Titelkpfr. gr. 12. Essen 835. Bädeker. 7/12 ß

— die Mutter an d. Wiege, od. d. Mutter erste Liebe u. Lust. Nebst Wiegenliedern. Ein Weihgeschenk f. Bräute, Frauen u. Mütter. gr. 12. (8 1/4 B. u. Ttlkpfr.) Altona 835. [Dessau, Aue.]

— **Naturbilder**, oder Parabeln zur Bildung d. erwachsenen Jugend u. zur Erbauung ihrer Freunde. 8. Magdeb. 826. Rubach. 10 ℊ

— Orakel des Geistes u. Herzens für Lehre u. Leben, insbesondere für Freundschaftsbücher. Mit 3 Vign. gr. 12. Magdeb. 828. Rubach. 1 ß 6 ℊ

— die wunderbaren **Rheinsagen**. Zu anmuthiger Erbauung u. moral. Nutzanwendung der erwachsenen Jugend bearbeitet. Mit 6 ill. Steindr. 8. Leipzig 835. Fischer u. Fuchs. 1 1/4 ß

— die wunderbaren Rheinsagen. Zu anmuth. Erbauung u. moral. Nutzanwend. d. erwachsenern Jugend bearb. M. 6 ill. Stndr. u. verziert. Ttl. 8. (11 B.) Leipzig 835, [Serig'sche Bh.]

— der kleine **Robert** u. sein Steckenpferd, oder des Knaben Lust u. Leben. Ein Gegenstück zu: „Die kleine Stella u. ihre Puppe." Mit 6 color. Kpfr. qu. gr. 12. Leipz. 833. Cnobloch. 3/4 ß

— kleine Sittenlehre in 1000 zweizeiligen Denkreimen, für Kinder u. Kinderlehrer zum Haus- u. Schulgebrauch; nebst einigen die Anwendung dieses Buchs erweisenden Erzählungen. Mit 3 ill. Steindr. gr. 12. Gotha 832. Müller. 12 ℊ

— die kleine Stella u. ihre Puppe. Ein ergötzliches u. belehrendes Büchlein für kleine Mädchen, die lesen können u. mit der Puppe spielen. (Mit 6 ill. Kpf.) qu. 12. Leipz. 832. Cnobloch. 18 ℊ

— Rosaurens Strickkörbchen. Ein bildend. u. unterhalt. Erzählungsbuch f. d. kleinere weibl. Jugend. Mit 7 Kpf. 8. Gotha 832. Flinzer. 12 ℊ ill. 18 ℊ

— **Rosaurens** Strickkörbchen. Ein bildend. u. unterhalt. Erzählungsbuch f. d. kl. weibl. Jugend. M. 6 ill. Stndr. 8. (8 B.) Leipzig 833, Gebr. Reichenbach.

— **Rosaurens** Strickkörbchen. Ein bildendes u. unterhalt. Erzählungsb. f. d. klein. weibl. Jugend. M. 6 ill. Stndr. 2. Aufl. 8. (8 B.) Leipzig 836, Gebr. Reichenbach.

— **Theresa** u. Theodor. Ein Prämienbüchlein für fleißige, wohlgesittete Kinder (Knaben und Mädchen.) Mit 4 Bildern. gr. 12. Prag 839. Haase Söhne. 1 ß color. 1 1/3 ß

— **Tulpen**. Bunte Erzählungen für die frühere Jugend beiderlei Geschlechts. Mit (3) ill. Bildern. (Wohlf. Ausg.) 8. Altenburg 838. Helbig. n. 5/12 ß — dass. (Auch in 3 Sträußchen. Heften à 1/4 ß) 3/4 ß jetzt 5/12 ß

— **Veilchen**. Kleine Genre-Bilder aus d. zartern Kinderwelt, z. Belehr. u. Ergötzung d. Kleinen. M. 8 col. Bild. 12. (5 B.) Wesel 838, Bagel.

— der **Blume Wort**, oder die Sprache des Gesichts. Zur symbolisch-schönen Darstellung künstlerischer Ideen für Dichter, Maler, Bildhauer rc. 16. Wien 841. Klang. 2/3 ß

Blumauer, Stephan, Professor. Die Baiern und Franzosen in St. Pölten im Jahre 1741. (Aus:) „25. Jahresbericht des nied.-österr. Landes-Lehrerseminars in St. Pölten." 8. St. Pölten 1900.

Blumauer Stephan: Zur Geschichte der Anstalt. 16. 15. Klosterneuburg 03. 04 Progr.

Blumauer Stephan: Aquilin Josef Hacker, ein Geograph des XVIII. Jahrh. St. Pölten Lehr. Sem. 96. Progr.

Blumbach; e. Gemälde für Gottesverehrer u. Tugendfreunde, (v. Jh. Fr. Geisler). 8. Leipz. 792. Wienbrack. 18 ℊ

Blumbacher, C. L., Anleitrecht., jus Laudemii. 4. Salzb. 721.

Blumenbach, J. Fr. Handbuch der Naturgeschichte. Göttingen 1779.

Blumbach, Johann Heinrich, De senatusconsulto Q. Septimio Flor. presbytero et jureconsulto Tertullianis liber viro Gottfried Leonhard Baudis dedicatus. Lpz. (J. Chn. Langenheim) 1735. 20 S. (4.—) 2945

Blumberg [Schlagwort]
Blumberg, s.: Geologische Karten. Spezialkarte (Baden).

Blumberg [Verfasser]
Blumberg. Bericht üb. d. Besuch einig. Schulen in Deutschland. Dorp. Schul-/Univ.-Schrift 1864.

Blumberg, die beiden Foscari, eine historische Tragödie von Lord Byron. Progr. des Progymn. Warendorf 1842. 4°. 24 S.

Blumberg C.: Altera pars non semper auditur. (Erwiderung auf den Artikel »Audiatur et altera pars«). (Kasan 1878). 7 S. P.
(Mod F. Unterberger; angaaende den estniske Hest og Stutteriet i Torgel).

Blumberg, C., Über den Bau des Amphistoma conicum. (Inaugural-Dissertation.) Dorpat 71.

Blumberg C.: Experimenteller Beitrag z. Kenntniss d. putriden Intoxication. (Berl. 1885). (39) S. (Særtr.). P.

Blumberg C.: Fractur eines Hauers bei einem wilden Eber. [Leipz. 1886]. (4) S. 2 Tvl. (Særtr.). P.

Blumberg C.: Ueber einen neuen Parasiten beim Hunde u. der Katze *(Cysticercus elongatus)*. (1883?) [Krabbes Saml.].

Blumberg C.: [Særtryk]. P.
(Ueber Wurmknoten auf der Tracheal- u. Bronchialschleimhaut d. Hundes. U. St. (1883?). (3) S. — Ueber das Vorkommen v. Parasiten bei Haussäugethieren in Kasan. U. St. o. A. (2) S.).

Blumberg, C. G., Abbildung des Kalands. Chemn. 1721. 4.

Blumberg, C. G., Antisincerus evangelicus. 8. Chemn. Stössel.

— Fundamenta linguae Copticae. 8. 716.

— Gedanken üb. S. u. Fest- Evangelien. 4.

— Veritas fidei justificantis. 8. Chemn. Stössel. 722.

Blumberg, Carl. Die wahre Wirksamkeit des Mainzer Vereins für die Auswanderung nach Texas ... Photostat of the orig letter belonging to Mr. Alex. Brinkman of Comfort, Texas. U of Texas Lib.

Blumberg, Christian Gotthelf

Christian Gotth[elf] Blumbergs Kurtze Abbildung des Kalandes, oder derer so genannten Kaland-Brůderschafften, welche vor der Reformation an vielen Orten in- und ausserhalb Sachsen und Meissner-Landes, sonderlich auch zu Zwickau bekannt gewesen, darinnen von ihren Nahmen, Ursprung, Gliedern, Ordnungen, Ausbreitung, Siegel, Statuten und Ende gehandelt wird, nebst beygefůgten Uhrkunden, auch nöthigen Kupffern. Chemnitz: Stössel 1721. 328 S. 8°

Blumberg, Conrad, prakt. Arzt: Aus d. Kgl. mediz. Universitätsklinik zu Königsberg i. Pr. Casuistisches zur Aetiologie des Pneumothorax. *Königsberg i. Pr. 1899: M. Liedtke.* (38 S.) 8°
Königsberg, Med. Diss. v. 25. März 1899

Blumberg, Constantin: Über den Bau des Amphistoma conicum. Mit 1 Taf. Dorpat 1871. 39 S. 4°
Dorpat, Vet. med. Diss. v. 1871.

Blumberg, Friedrich, Referendar am Landgericht zu Duisburg: Die Annahme des Gläubigers, eine civilistische Abhandlung nach dem deutschen bürgerlichen Gesetzbuche. Oberhausen (1904): R. Kühne Nachf. (62 S.) 8°
Marburg, Jur. Fak., Ref. Leonhard, Diss. v. 18. Nov. 1904
[Geb. 28. Juni 81 Oberhausen (Rheinl.); Wohnort: Oberhausen; Staatsangeh.: Preußen; Vorbildung: Gymn. Mülheim a. d. Ruhr Reife O. 00; Studium: Heidelberg, München, Berlin, Göttingen, zus. 6 S.; Rig. 24. Okt. 03.]

Blumberg, F[riedrich], Referendar: Welche Folgen entstehen, wenn ein Mitglied einer Offenen Handelsgesellschaft sich in einen Kommanditisten und weiterhin in einen Stillen Gesellschafter verwandelt? Göttingen 1909: Kaestner. VI, 53 S. 8°
Göttingen, Jur. Diss. v. 29. April 1909, Ref. Ehrenberg
[Geb. 17. Aug. 86 Hannover; Wohnort: Hannover; Staatsangeh.: Preußen; Vorbildung: Gymn. Hannover Reife O. 05; Studium: Freiburg i. B. 3, Berlin 2, Göttingen 1 S.; Rig. 8. Febr. 09.] [U 09. 1269

Blumberg, G., Bericht über den Besuch einiger Schulen in Deutschland im J. 1864. Dorpat 864. (Gläser.) 8. (43 S.) n. 8 ngr.

Blumberg, G., Heimathskunde. Stofflich begrenzt und methodisch bearb. Mit 1 (lithogr.) Plan (in qu. 4.) und 2 (lithogr.) Charten (in 8. und qu. 4.) 8. (78 S. mit eingedr. Holzschn.) Dorpat 869, Gläser's Verlag. *

— baltische Heimathskunde. Stofflich begrenzt und methodisch bearb. Mit 1 (lithogr.) Plan und 2 (lithogr.) Charten (in 8. und qu. 4.) 2. verb. Aufl. 8. (80 S.) Dorpat 874, Gläser's Verlag. cart. *

Blumberg, G., baltische Heimathskunde. Stofflich begrenzt u. methodisch bearb. Mit e. (lith.) Plan u. zwei (lith.) Charten. (in 8. u. qu. 4.) 2. verb. Aufl. 8. (80 S.) Dorpat 874. Schnakenburg. n. 1. 60

Blumberg, G., baltische Heimathskunde. Stofflich begrenzt u. methodisch bearb. Mit 2 (lith.) Plänen u. 2 (lith.) Karten. 3. ergänzte u. bericht. Aufl. 8. (86 S.) Dorpat 878. Schnakenburg. cart. n. 1. 80

Blumberg, Heinr., Gedichte. 8. (VI, 139 S.) Berlin 874, Springer'sche Buchh. *

Blumberg, Heinr., Gedichte. 8. (VI, 139 S.) Berlin 874. Winckelmann & Söhne. n. 3. —

Blumberg, John. Ueber die vitalen Eigenschaften isolirter Organe. Diss. gr. 8. (86 S.) Dorpat 889, (Karow). * 1 —

Blumberg, John: Leitf. f. d. chirurg. Krankenpflege. (9, 129 m. Abb.) gr8° Wiesb., JF Bergmann '11. geb. 2.60 (Pp.)

Blumberg, Joseph, Untersuchungen über die Hemmungsfunction des Nervus laryngeus superior. Diss. Dorpat. 48 pp. 1805

Blumberg, J., Untersuchungen über die Hemmungs-Function des Nervus laryngeus superior. Dorpat. 48 S 1865.
Schul-/Univ.-Schrift

Blumberg, M.: Beiträge zur Händedesinfektion, s. Krönig, B.

Blumberg, M., zur Technik der Gipsverbände (Drahtgipsbinden). (8 S.) 8. Berlin 906. J. Goldschmidt. n. — 60
Sonderabdruck aus: „Deut. medizin. Presse".

Blumberg, Marie. Die in der Züricher Frauenklinik von 1888—1903 ausgeführten Kraniotomien. Diss. Med. Univ. Zürich. *Kopftitel:* Aus der Frauenklinik Zürich. II + 53 S. 8. Horn, Klein & Kast, 1907.

Blumberg, Max. Synthese des 3. 4. Dioxy-β-Methyl-Chromons. Diss. Phil. Bern. [Mit 1 Tabelle.] 26 S. 8. Bern, W. Wälchli. 1904.

Blumberg, Moritz: Aus der Königl. Dermatologischen Universitäts-Klinik zu Breslau. Experimentelle Untersuchungen über Desinfektion im Gewebe tierischer Organe. *Breslau 1897: Bresl. Gen.-Buchdr.* (30 S.) 8°
Breslau, Med. Diss. v. 15. Dez. 1897

Blumberg, Mor., experiment. Untersuchgn. üb. Desinfektion i. Gewebe tier. Organe. Diss. gr. 8. (28 S.) Breslau 897. (Schletter.) n. — 80

Blumenberg, Mor., Experimentelle Untersuchung über Desinfektion im Gewebe tierischer Organe. Diss. (28 S.) Breslau 98. Schletter. M. —.80

Blumberg, Olga, Rhythmen. Gedichte. (VIII, 100 S.) gr. 8. Moskau 910. A. Lang. nn 3. 25

Blumberg, Paul: Über die Augenlieder einiger Hausthiere mit bes. Berücks. des Trachoms. Mit 1 Taf. Dorpat 1867. 64 S. Dorpat, Med. Diss. v. 1867.

Blumberg, Paul: Über das Kohlensuboxyd. Über das Cholesterin. (Berlin 1909: A. W. Schade.) 31 S. 8°
Berlin, Phil. Diss. v. 24. Juli 1909, Ref. Fischer
[Geb. 24. Aug. 85 Pforzheim; Wohnort: Charlottenburg; Staatsangeh.: Oesterreich-Ungarn; Vorbildung: Gymn. Prag Reife O. 04; Studium: Prag Deutsche Univ. 4. Berlin 5 S.; Rig. 24. Juni 09.] [U 09. 145

Blumberg
— **Paul Gottlieb (Schneeberg), Emendationem sacrorum per D. Martinum Lutherum, a primis ejus primordiis usque ad editam formulam concordiae. Comment. eccles.-litter. Präs. Gottfr. Christian Goetz (Annaberg). Lpz. (Scholvin) 5. IV. 1724. 76 S., tlws. dtsch. (6.50)** 2949
Gew.: Chph. Gensch v. Breitenau (Gronhoff), Alex. Tilemann v. Hespen.

Blumberg, Theodor. Ein Beitrag zur Kenntniss der Mutterkorn-Alkaloide. Mag. Diss. Dorpat. 43 pp. 1878.

Blumberger: Abhandlungen über einige Eigenschaften des Vierecks mit besonderer Berücksichtigung der Theoreme des Menelaos und Ceva. 12 S. Fgt.– Neuss, Progr. 1853.

Blumberger, F.W.: Ueber Mathematik als Unterr.-Gegenstand auf Gymn.
Gymn. I. II. 13 S. 7 S.
Progr. Neuß 1828, 1829.

Blumberger, Fr. Altdüsseldorf. Erster Teil. Die niederrheinische Fehde bis zur Erhebung Düsseldorfs zur Stadt. — Jakobe von Baden. 28 S. **Progr.** Rg. *Düsseldorf* 1881.

Blum, Friedrich
Altkreuznach. Roman aus d. Nahetal von Dr. Friedrich **Blumberger**. Berlin, Köln, Leipzig: A. Ahn [1907]. (273 S.) 8° [F.]
= **Jugend- u. Volksschriften**, Neue. Bd 1. [08. 16380

Blumberger Friedrich: Bedenken gegen die gewöhnliche Ansicht von Wiens Identität mit dem alten Faviana. Ar. 3. 351 . . . .
Separatabdruck

— Bedürfnisse bezüglich der im vatikanischen Archive befindlichen Handschrift: *Autographum rescatum literarum apostolicarum felicis recordationis Joannis papae VIII.* S. 17. 3 . . . .
Separatabdruck

Blumberger, Frdr., patriotische Dichtungen u. Wanderbilder m. Erinnerungen an die Schweiz u. den Rhein. gr. 8. (VII, 62 S.) Düsseldorf 882. Voß & Co. in Comm. n. 1. —

Blumberger, Frdr., Einführung in die Haushaltungskunde. 3 Tle. in e. Bde. 1. Vorbegriffe u. Abriß der unorgan. Chemie. 2. Die menschl. Nahrg. 3. Anleitung zur Errichtg. v. Schulküchen. Mit 19 erläut. Abbildgn. im Texte, 12 Taf. in Schwarzdr. u. 8 Farbendr.-Taf. (272 S.) gr. 8. Breslau 903. F. Hirt. n. 3. 50

Einführung in die Pädagogik. Bearb. von Dr. Friedrich **Blumberger**. T. [1]–3. Köln: Du Mont-Schauberg 1893–1907. 8°
[1.] Blumberger: Einführung in d. Psychologie, allgem. Unterrichtslehre u. Schulkunde. 1893.
2 Blumberger: Methodik d. einzelnen Unterrichtsfächer. 1904.
3 Blumberger. Übersicht über d. Geschichte d. Pädagogik u. allgem. Schulkunde. 1907. [09. 13813

Einführung in die Pädagogik. Bearb. von Schulrat Dr. Friedrich **Blumberger**. (2., umgearb. Aufl.) T. 1. Cöln: Du Mont-Schauberg 1907. 8° [09. 13142

Einführung in die Psychologie, allgemeine Unterrichtslehre und Schulkunde. Bearb. von Dr. Friedrich **Blumberger**. Köln: DuMont-Schauberg 1893. VIII, 122 S. 8°
(Blumberger: Einführung in d. Pädagogik. [T. 1.]) [09. 13218

— **Neue Fabeln, Parabeln u. Erzählungen f. d. Jugend, s.: Jugend- u. Volksschriften, neue. 4. Bd.**

— Über die Frage, ob der heilige Rupert das Apostelamt in Bayern bis an sein Lebensende geübt habe. Ar. 16. 435 . . . .
Separatabdruck

Blumberger, Friedr., über die Frage vom Zeitalter des heiligen Rupert. (Aus dem Archiv f. Kunde österreich. Geschichtsquellen abgedr.) (Wien 853. Gerold.) gr. 8. (40 S.) n. 6 ngr

Blumberger, Frdr.: Neue vaterländ. Gedichte, Wanderbilder u. Mären, s: Jugend- u. Volksschriften, Neue.

—— über den Gehalt des österreichischen Pfenniges im 14. Jahrh., als Beitrag zur Geschichte des österreich. Münzwesens. Lex.-8. (16 S.) Wien 853, (Gerold's Sohn.) *
Letztere zwei Schriften wurden aus: Archiv für Kunde österreich. Geschichtsquellen etc. besonders abgedruckt.

— **üb. Jugendspiele. Beitrag zur Würdigg. der Bewegg. zur Verbreitg. der Jugend- u. Volksspiele. gr. 8. (34 S.) Köln 894. Kölner Verlags-Anstalt u. Druckerei.** n. — 50

Methodik der einzelnen Unterrichtsfächer. Bearb. von Friedrich **Blumberger**. Cöln. Cöln: M. Du Mont-Schauberg 1904. (IX, 177 S.) 8° [F.]
= **Blumberger**: Einführung in d. Pädagogik. T. 2. [05. 14909

1. Seelenlehre und Denklehre (Psychologie u. Logik) u. ihre Anwendung auf d. Aufgaben d. Erziehung u. d. Unterrichtes. 2. Allgem. Erziehungs- u. Unterrichtslehre. Bearb. von Schulrat Dr. Friedrich **Blumberger**. 2., umgearb. Aufl. Cöln: Du Mont-Schauberg 1907. VIII, 190 S. 8°
(Blumberger: Einführung in d. Pädagogik. T. 1.) [09. 13143

Übersicht über die Geschichte der Pädagogik u. Allgemeine Schulkunde. Bearb. von Dr. Friedrich **Blumberger**. Cöln: Du Mont-Schauberg 1907. V, 96 S. 8°.
(Blumberger: Einführung in d. Pädagogik. T. 3.) [09. 13219

Blumberger, Friedrich (geb. am 24 Okt. 1849 in Kreuznach): Die stationäre Wärmebewegung in dem gleichmässig leitenden, rechtwinkligen Parallelepipedum ... Bonn, Druck v. C. Georgi 1873. 19 S. 4.
Bonn, Phil. Fak., Diss. v. 8 [nach d. Akten v. 7] Juli 1873

Blumberger, J., Moselwein u. Mosellied. Ein fröhl. Büchlein. 12. (124 S.) Köln 886. Heyn. n. 1. 20

Blumberger, J., Moselwein u. Mosellied. E. fröhl. Büchlein. 2 Aufl. 8. (124 S.) Köln 895. F. Heyn. Geb. n. 1. 50

(B) **Blumberger, J.**, Moselwein u. Mosellied. 8K. (KVL 20.) Jetzt: Köln, Hoursch & Bechstedt.

Blumberger, Josef (geb. am 13 Aug. 1843 in Neuss): Über die metallische Reflexion der Anilinfarben ... Bonn, gedr. bei J. F. Carthaus 1867. 2 Bl., 30 S., 1 Bl. 8.
Bonn, Phil. Fak., Diss. v. [31 Juli] 1867 [404 = II 108

Blumberger, W.: Die St. Quirinskirche in Neuß. 8 S.
Progr. Neuß 1837.

Blumberger, Wilh., Grundzüge einiger Theorieen aus der neueren Geometrie in ihrer engeren Beziehung auf die ebene Geometrie. Mit 21 (lith.) Taf. Halle 858. Schmidt. gr. 8. (VI, 164 S.) n. 1 th 26 ngr

Blumblacher, Chr.: Commentarius in K. Karls V. n. des heil. R. Reichs peinl. Halsger.-Ordnung. *Salzburg*, 670. 4.

Blümchen auf dem Altar d. Freundschaft. s. Offenbach, Calender.

Blümchen, e., d. Andacht, an jedem Abende d. heil. Herzen Jesu darger. 2. Aufl. 24. (23 S.) Paderborn 806. Bonifacius-Druckerei. — 15

Blümchen finsterer Freuden von Albrecht. 8. Penig, Diene mann. 802.

— aus dem Garten Gottes. Ein Lese-, Lehr- u. Erbauungsbuch in 4 Abtheill., auf alle Sonn- u. Festtage des ganzen Jahres u. auf die Tage besond. Schulfeierlichkeiten. Der Jugend rc. gewidmet v. C. A. K. 2 Bdchen. Mit Titelkpf. 8. Wien 827. (Mechitaristen-Congreg.-B.) 15 gr.

— aus englischen Gärten. s. Meyer.

Blümchen aus den Gärten des gottgeweihten Lebens. Für jeden Tag des Jahres gesammelt zum Lobe Gottes u. zur Stärkung frommer Seelen im Kloster u. in der Welt. Mit 1 Stahlst. Regensburg 860. Manz. 8. (VII, 336 S.) 27 ngr.

—— für Kinder. Eine Samml. lehrr. Denksprüche v. L. St. mit e. Vorr. v. Chr. Schmid. 18. (1½ B.) Augsburg 831, Wolff. (Kollmann.)

—— dass. nur auf einer Seite bedruckt. 18. (3 B.) Ebds. 831.

— der Liebe und Freundschaft z. Gebr. in Stammbücher. 8 Bremen, Müller. 810.

— der Liebe u. Freundschaft, zum Gebrauch für Stammbücher. 8. Berl. 810. (Lüderitz). 4 gr.

— der Liebe u. Freundschaft, z. Gebr. in Stammbücher. 8. Brem. 810. 2e A. 814. Kaiser. 6 gr.

Blümchen d. Liebe u. Freundsch. zu Aufsätzen in Stammbücher. 2te Aufl. 8. Bremen, Comt. f. Lit. (in Comm.) 814.

— d. Liebe u. Freundschaft. E. Samml. Sentenzen u. Sprüche rc. 4e Aufl. 8. Leipz. 823. Taubert. 8 gr. (NB. Vorsteh. 3 Bücher sind ein u. dasselbe u. in Bremen zuerst erschienen.)

Bluemchen, Erich *Lothar Adolf* [aus Neu-Körtnitz '(Brandenb.)']: '(Aus d. II. medicin. Univ.-Klinik zu Berlin.)' Über Sandbäder. Physiologische u. klin. Beobachtgn ... Berlin, Buchdr. v. G. Schade, *1895*; 47 S., 1 Bl. 8.
Berlin, Med. Fak., Inaug.-Diss. v. 28. März 1895

Blümcke: D. Handwerkszünfte im mittelalterl. Stettin, s. Blümcke, Otto

Blümcke, A., der Strumpf. Anleitung zum Stricken desselben; f. Anfängerinnen zusammengestellt. gr. 16. (15 S.) Flensburg (901). (G. Soltau.) n. — 20

Bluemcke, A.: Mein Weihnachtsspiel. Dresden. 32 S. Rk 16

Blümcke, Adolf

Blümcke, A., u. S. Finsterwalder, zeitliche Änderungen in der Geschwindigkeit der Gletscherbewegung. (S. 109—131.) gr. 8. München 905. (G. Franz' Verl.) n. — 40
Sonderabdruck aus: „Sitzungsber. d. bayer. Akad. d. Wiss."

Blümcke, Adolf: Beitraege zur Kenntnis der Lyrik Johann Andreas Cramer's ⟨1742—1761⟩ ... Greifswald 1910: Adler. 128 S. 8°
Greifswald, Phil. Diss. v. 16. März 1910, Ref. Ehrismann
[Geb. 10. Febr. 86 Märkisch-Friedland; Wohnort: Stettin; Staatsangeh.: Preußen; Vorbildung: Gymn. Köslin Reife O. 06; Studium: Greifswald 3, Berlin 3, Greifswald 1 S.; Rig. 15. Dez. 09.] [U 10. 1601

Blümcke, Adolf: Die Nachmessungen am Vernagtferner in d. Jahren 1891, 1892 u. 1895, s. Finsterwalder, Sebastian: Der Vernagtferner. Anh.

Blümcke, A., u. H. Hess, d. Nachmessgn. am Vernagtferner, s.: Zeitschrift d. deutschen u. österr. Alpenvereins.

Blümcke, Ad., und Hans **Hess**: Studien am Hintereisferner. Wien 1896. 8 S. = Berichte über die wissenschaftlichen Unternehmungen des D. u. Oe. Alpenvereins. 2. 8°.

Blümcke, Adf., u. Hans Hess, Untersuchungen am Hintereisferner, s.a. **Zeitschrift des deutschen u. österr. Alpenvereins. I. 2.**

Untersuchungen am Hintereisferner von Dr. Adolf **Blümcke** u. Dr. Hans Heß. Mit 1 Karte d. Hintereisferners u. 9 Taf. München: Deutscher u. Österr. Alpenver. 1899. (85 S.) 4°(8°)
=**Zeitschrift** d. D. u. Ö. Alpenvereins. Wissenschaftl. Erg. H. Bd 1, H. 2. [illegible]

Blümcke, Carl *Ernst Wilhelm* [aus Parnow bei Cöslin]: Ueber maligne Tumoren der vulva.... Halle a. S., G. Schröter, Buchdr., 1891; 41 S., 1 Bl. 8°
Halle, Med. Fak., Inaug.-Diss. v. 22. Jul. 1891

Blümcke, Kurt. Der Aufstand in Deutsch-Ostafrika u. seine Niederwerfung im nördl. Theil, m. e. Nachwort üb. die engl. Emin Pascha-Expedition. Mit e. Spezialkarte d. Kriegsschauplatzes u. der Emin Pascha-Expedition. 1. u. 2. Aufl. gr. 8. (96 S. m. Abbildgn.) Berl. 890, Tonger's Kunstverlag. 2 —; ohne Karte * 1 25

Blümcke, K. Übersichtskarte d. Kriegsschauplatzes v. Ost-Afrika, der engl. u. deutschen Emin Pascha-Expedition u. der europ. Besitzgn. nach den neuesten Grenzabmachgn. vom 18. VI. 1890. 1 : 3,000,000. Imp.-Fol. Berl. 890, A. Tonger's Kunst Verlag. 1 —

Blümcke, Ludw.

— Die Brüder v. Försterhaus u. was sie in Krieg u. Frieden erlebten, s: Woywod's Volks- u. Jugend-Bibliothek.

— Das Dokument im Ofen. — Höhere Gewalten, s: Roman-Bibliothek „Mein Ideal".

Blümcke, Ludw., der alte Einsiedler. Ein rettender Junge, s.: Rosen-Knospen. Nr. 18.

— Des Wunderdoktors Geheimnis, s: Weber's moderne Bibliothek.

Blümcke, Ludw., Schloß Greifental. Eine Erzählg. aus bewegter Zeit. (64 S.) kl. 8. Konstanz (909). Christl. Buch- u. Kunstverlag C. Hirsch. Kart. — 25

— In d. Herzogs Jagdgründen, s: Dietrich's Bibliothek f. d. reifere Jugend u. deren Freunde.

— Ich will Vergelter sein, s.: Sammlung, Bunte, interessanter Erzählungen.

— Die Macht des Unrechts, s.: Weber's moderne Bibliothek

— Mutterliebe, s.: Knapp, W, siehe ich stehe vor d. Tür.

— Mutterliebe, s.: Kornblumen. Nr. 10.

— Bezahltes Recht, s: Vitus-Bücher.

— der wiedergefundene Schatz. Auf der Bahn des Verderbens, s.: Rosen-Knospen. Nr. 19.

— In Schuldennot, s: Sammlung, Bunte, interessanter Erzählgn.

Blümcke, Ludw.: Master Brooklins Smaragd, s: Weber's moderne Bibliothek.

— Hendrik Storms Söhne, s: Woywod's Volks- u. Jugend-Bibliothek.

— Des Waldmüllers Söhne, s: Sammlung, Bunte, interessanter Erzählgn.

— Die Sühne des Fischers, s.a. Volksbücherei.

(F) **Blümcke,** L. Die Sühne des Fischers. Eine Erzählung. [Volksbücherei, Nr. 159.] 8°. (77 S.) K — .20
Graz: Styria 1907

— Schloss Uhlenforst (Umschl.: Uhlenhorst). — Und dennoch ward es Morgen, s: Weber's moderne Bibliothek.

— Der Zigeunergraf, s: Dietrich's Bibliothek f. d. reifere Jugend u. deren Freunde.

Blümcke, Otto [prakt. Arzt aus Pommern]: Beitrag zur Statistik der Echinococcen-Krankheit in Vorpommern nach Fällen, die an der hiesigen Medicinischen Klinik, sowie zufällig bei Sectionen beobachtet sind.... Greifswald, Druck v. Julius Abel, 1888; 41 S. 8°
Greifswald, Med. Fak., Inaug.-Diss. v. 21. Jul. 1888

Blümcke, Otto, Berichte u. Akten der hansischen Gesandtschaft nach Moskau im J. 1603, s.: Geschichtsquellen, hansische.

Blümcke, Otto, die Handwerkszünfte im mittelalterlichen Stettin. gr. 8. (V, 167 S.) Stettin 884, (Herrcke und Lebeling.) *
Aus: Baltische Studien, besonders abgedruckt.

Blümcke, Otto. Pommern während d. nordischen siebenjähr. Krieges. gr. 8. (VII, 445 S.) Stettin 890, Saunier. * 5 —

– Stettins hansische Stellung und Heringshandel in Schonen. Stettin 1887. Verlag der Gesellschaft für Pommersche Geschichte und Alterthumskunde.– A. m. d. Umschlagtitel: Festschrift der Gesellschaft für Pommersche Geschichte und Alterthumskunde zur Begrüssung der XVII. Versammlung des Vereins für Hansische Geschichte in Stettin am 31. Mai und 1. Juni 1887. ib. 1887. Druck von Hessenland. 8°

Blümcke, Otto Über eine Stettiner Zollrolle des 13. Jahrhunderts. 21 S. Progr. St. G. Stettin 1879.

Blümcke, Reinhard, Gerichtsassessor: Die große Haverei des Binnenschiffahrtsrechts im Vergleich mit der des Seerechts. Greifswald 1910: Adler. 55 S. 8°
Greifswald, Jur. Diss. v. 27. April 1910, Ref. Frommhold
[Geb. 16. Dez. 81 Stettin; Wohnort: Stettin; Staatsangeh.: Preußen; Vorbildung: Stadtgymn. Stettin Reife M. 00; Studium: Göttingen 4, Berlin 1, Greifswald 2 S.; Rig. 9. Febr. 10.] [U 10. 1504

Blume, Die, der Aischach. Von *****. Berlin 1846. V: *Häring, Georg Wilhelm Heinrich* (pseud. *Wilibald Alexis*) (?). (GGr IX, 483)

Blume, die, der Aischach. Roman in 3 Bdn. von *****. 8. (61⅞ B. u. 6 lith. Ttlbl.) Berlin 846. [Adolf u. Comp.]

Blume, Die blaue. Romantikererzählgn. Ausgew. u. eingel. v. Jos. Theele, s: Aus Welt u. Leben.

Blume, Die, der Eintracht im Kranze des Sommer-Joh.-Festes in der Loge zur Freimüthigkeit ... Frankenthal 5835. V: *Razen, Franz Joseph.* (Kl)

Blume, Eine, auf das Grab Hw. A. S. O. M. Br. Baumann in der Loge zu den drei Triangeln zu Glatz. O. O. [ca. 1805.] V: *Carnall, von.* (Kl)

Blume auf das Grab des Hochw. Bischofs von Basel oder dessen Nekrolog, aus der „Kathol. Kirchenzeitung der Schweiz" abgedr. Solothurn 854. Scherer. 8. (23 S.) n. 4 ngl

Blume, Eine, auf das Grab unsers seligen Bodmers. Zürich 1832. V: *Pfenninger, J. Caspar.* (AarK)

Blume auf das Grab Lechners, des kön. bayer. Kreisschulraths. München 1813. V: *Weiller, Cajetan.* (Bücher-Samml. d. hist. Ver. v. u. f. Oberbayern. München 1867.)

Blume, eine, auf das Grab Ludwigs XVI.; aus d. Französ. (v. J. J. Herwich). 8. Nürnb. 793. Grattenauer. 8 gl.

— eine, auf das Grab d. sterbenden Mönchthums. 8. Augsb. 803. v. Jenisch u. Stage. 6 gl.

Blume auf das Grab des salzburgischen Stadtrathes ... Siegmund Triendl. [Salzburg] 1809. V: *Kirchdorfer, Johann Baptist.* (Hr)

Blume, e., f. d. Himmel. Leonie Naboud, s.: Nimm u. lies.

Blume, e., v. Karmel. Schwester Theresia vom Kinde Jesu, Karmeliterin 1873—1897. Frei nach ihrer Selbstbiographie bearb. (von M. v. Greiffenstein). (IV, 72 S. m. 3 Bildnissen.) kl. 8. Essen 908. Fredebeul & Koenen. —60; geb. in Leinw. 1. —

Blume, Eine, aus dem goldenen Lande oder Los-Angeles. Prag 1878. V: *Ludwig Salvator Erzherzog von Österreich.* (KA)

Blume, Eine, aus dem Liebfrauengarten. Wien 1897. V: *Freudhofmeier, Alois.* (EB)

Blume, die, im Lied, s.: Gerlach's Jugendbücherei. 16.

Blume, die, von Magdeburg herag. von Hugo Boehlau. Weimar 800. Boehlau. gr. 8. (2 Bll., 190 S.) n. 1 ℳ

— u. Ornament. Studien f. d. Kunstgewerbe. (20 Taf.) 33,5×47,5 cm. Plauen, CF Schulz & Co. in HL-M 30 —

—— unverwelkliche, od. auserlesene Andachtsübungen u. heilsame Unterweisungen des heil. Franz v. Sales. Nach dem in der Abtei zu Puit d'Orbe in Frankreich aufbewahrtem Original übers. u. verm. v. Mich. Sintzel. 12. (18 B., 1 Stahlst. u. lith. Ttl.) Landshut 815, Thomann'sche Buchh. *.

Blume, v., s: Archiv f. d. zivilist. Praxis.

Blume: Atlas üb. alle Theile Europas, s. Blume, J.

(Blume.) Die Bekehrung der Thaitier, s. Bekehrung.

(Blume, v.) Bericht über die Entwickelung der deutschen Kriegsverfassung von den Zeiten des Deutschen Bundes bis zur Gegenwart. (Berlin 1874.) 8°. (Aus: v. Löbells Jahresber. 1874.)

Blume, Frontinus de controversiis agrorum, mit seinen Nachfolgern und Commentatoren. S.-A. O. J. 86 S. 1.

Blume, Ueber die Handschriften der Agrimensoren. S.-A. O. J. 76 S. 1.50

Blume: 1. Hilfe bei Unfällen bis z. Ankunft d. Arztes. (1 Bl. m. Abb.) 68×51,5 cm. Karlsr., G Braun'sche Hofbdr. ('11). —10

(Blume.) Das preussische Landesvertheidigungssystem und die Befestigung von Berlin. (137) 8. Berlin 1859. 2.00

Blume: Zur Methodik d. Geschichtsunterrichts in Seminarien, s. Blume, E.

v. Blume, Novation, Delegation u. Schuldübertragung. Abhandlungen aus dem röm. Rechte. Göttingen 895.

Blume, Zu der öffentlichen Prüfung d. Zöglinge des hiesig. Kgl. Gymnasiums. — Inh.: Reimnitz, Fr. W., Über die Geschichte der Sprache. Jahresbericht v. Director. Potsdam (Decker) 1. IV. 1833. 34 S., mit Namen. (3.50) 2950

— Der Samariter. Leitf. f. d. 1. Hilfe bei Unglücksfällen. 2 Hefte. 1. u. 2. Afl. (8, 60 bezw. 8, 56 u. 31 bezw. 30 S. Abb.) 8° Ebd. '11'12. 1 — d

Blume: Selbstthätigkeit der Führer, s. Blume, Wilhelm v.

Blume, deut. Strafrecht u. Strafprozessrecht. 2. Ausg. Bonn 865.

Blume: Strategie, s. Blume, Wilhelm v.

Vertheidigungsschrift für die verwittwete .... Charlotte Sophie Elisabeth Ursinus, geb. von Weiss. (Vf.: *Blume.*) Berlin 1803.
Anon.-Lex. IV. p. 316 (nach Nentwig).

Blume, ..., Vertheidigungsschr. f. die verwittw. Geh. Räthin Ursinus etc. 8. Leipz. 803. Schmidt. 8 gr.

Blume, d. Zukunfts-Staat u. d. Lösg. d. social. Frage. 2. Aufl. Hann. 884.

Blume (A.), Die artesischen Brunnen. Dresden und Leipzig 1831. 8

Blume, A. (Hrsg.), s. Theater-Journal, Münchener, für dramatische und bildende Kunst, Literatur, Musik, Geselligkeit und für die Gesammtinteressen der Bühnenwelt.

Blume (A.), Ueber mineralogisch-ökonomische Untersuchungen auf und in der Erde. Leipzig 1829. 8.

Blume, Albert. Ferd. Maria (geb. Münster in Westf. 24. 7. 1836): De entozois corporis humani. Berolini (1857). (32 S.) 8°
Berlin, Med. Diss. v. 6. Aug. 1857

Blume, Alfr., Ansiedlungen von Landarbeitern in Norddeutschland, s.: Gerlach, Otto.

Blume, Arthur, prakt. Arzt aus Cassel: Bis zu welchen Grenzwerten sind Wasserverunreinigungen sichtbar? *Würzburg 1902: A. Boegler.* (31 S.) 8°
Würzburg, Med. Diss. v. 1902

Blume, Bartholomäus, s. Volksbücher, preußische.

Blume, C., Lernstoff f. den Religions-Unterricht in evang. Schulen. Mit e. Vorworte d. Hrn. Schultze. A. [Vollständige Ausg.] 8. (III, 90 S.) Halle 889. Schroedel. n. — 40

— dasselbe. B. [Ausg. in 3 Hftn.] 8. Ebd. 889. n. — 57
1. Katechismus, Spruchbuch u. Anh. (16 S. u. S. 65—90.) n. — 25
2. 120 Kirchenlieder. (S. 17—64.) n. — 20
3. Katechismus, Spruchbuch u. Einmaleins. (16 S.) n. — 12

Blume, C.: Wolstan von Winchester..., s. Blume, Clemens

Blume, Carl, die Vertreibung der evangelischen Salzburger, s.: Festschriften f. Gustav-Adolf-Vereine. 86. Hft.

Blume, Carl Ludwig

Blume, Car. Lud., Enumeratio plantarum Javae et Insularum adjacentium minus cognitar. vel novar. ex herbariis Reinwardtii, Kuhlii, Hasseltii et Blumii. Fasc. I et II. Edit. nova. 8 maj. (18¼ B.) Hagae 830, H. Hartmann.

—— Flora Javae nec non Insularum adjacentium. Adjutore Jo. Bapt. Fischer. Cum tab. lap. aerique incisis. Fasc. I—XXXV. Fol. maj. (126½ B., 185 ill. u. 10 schw. Taf.) Bruxelles 828, 29. [Hagae, Frank.] à 2 Thlr. 18 Gr., ill. à
Das ganze Werk ist auf 100 Fasc. od. 4 Bde. berechnet.

Blume, Cl. v., flora Javae nec non insul. adjac. Fasc. 39—42. Fol. (25—40 m. 24 L.) Leyd. 51, Brill. à n. 2. 22½; col. à n. 3. 15

Blume, Carol. Ludov., Flora Javae nec non insularum adjacentium. Fasc. 36—42. gr. Fol. (.. Bd. S. 153—184 m. 23 lith. Taf. .. Bd. S. 25—40 m. 24 lith. Taf.) Lugduni-Batavorum 849—51. Bruxellis, Muquardt. à n. 2⅔ ß; color. à n. 3½ ß

— Museum botanicum Lugduno-Batavum, sive stirpium exoticarum novarum vel minus cognitarum ex vivis aut siccis brevis expositio et descriptio. Tom. I. Cum 24 tab. (lith.) ad illustranda 60 plantarum exoticarum genera. Lex. 8. (396 S.) Lugduni-Bat. 849—51, Brill. n. n. 8⅓ ß

Blume, Carol. Ludov., museum botanicum Lugduno-Batavum, sive stirpium exoticarum novarum vel minus cognitarum ex vivis aut siccis brevis expositio et descriptio. Tom. II. (Fasc. 1—16.) Cum tab. ad genera plantarum exoticarum minus cognita illustranda. Lugd. Batav. 856. Brill. gr. 8. (256 S. u. 32 lith. Taf.) nn. 5 ß 4 ngr

Blume, C. L., Prolegomenorum ad Demosthenis orationem Timocrateam tria capita priora. Diss. 1828. 50 S. 1.50

Blume, Car. Lud., Rumphia, sive commentat. botan. imprimis de plantis Indiae orient., tum penitus incognitis tum quae in libris Rhedii, Rumphii, Roxburghii, Wallichii, alior., recensentur. Tom. I. (Fasc. 1—15. enth. Tab. 1—85. col. u. schw. in Stndr., Text Pag. 1—204.) Fol. maj. Lugduni-Batavorum 835, 36; Dusseldorfiae, Arnz et Soc. *

Blume, C. L., Rumphia, sive commentationes botanicae imprimis de plantis Indiae orientalis, tum penitus incognitis tum quae in libris Rhedii, Rumphii, Roxburghii, Wallichii, aliorum, recensentur. Tom. I. (seu Fasc. 1—15.) Tab. 1—85.) Mit 3 lithogr. Ansichten, 40 color. u. 9 schwarze Taf. Fol. maj. Lugduni-Batav. 835—38; Dusseldorfiae, Arnz et soc. In 3 Mappen n. 50 ß

Blume, Carolus Ludovicus: * Lucius Annaeus Seneca de deo. 22 S. 8° (4°)
Halle-Wittenberg, Phil. Diss. v. 12. Sept. 1818

Blume, Clemens
Blume, Clem., S. J., s.: Analecta hymnica modii aevi.

Blume, Clemens (Hrsg.), s. Beiträge, Hymnologische.

Der Cursus s. Benedicti Nursini u. Die liturgischen Hymnen des 6.–9. Jahrhunderts in ihrer Beziehung zu den Sonntags- und Ferialhymnen unseres Breviers. Eine hymnolog.-liturg. Studie auf Grund hs. Quellenmaterials hrsg. von Clemens **Blume** S. J. Leipzig: O. R. Reisland 1908. (134 S.) 8°
— Beiträge, Hymnologische. Bd 3.

Blume, Clem., das apostolische Glaubensbekenntniß. Eine apologetisch-geschichtl. Studie, m. Rücksicht auf den „Kampf um das Apostolicum". gr. 8. (XVI, 304 S.) Freiburg i/B. 893. Herder. n. 3. —

— **Die Hymnen der Thesaurus hymnologicus H. A. Daniels u. und. Hymnen-Ausgaben, s.: Analecta hymnica medii aevi.**

Blume, Clemens: Die Hymnen des Thesaurus..., s. Hymnen, Die, des Thesaurus Hymnologicus...

Blume, Clemens (Hrsg.), s. Hymnodia Gotica, s. Hymnodia Gotica

— Ein Jahrtausend latein. Hymnendichtung, s.: Dreves, Guido Maria.

Repertorium Repertorii. Krit. Wegweiser durch U. Chevalier's Repertorium Hymnologicum. Alphab. Register falscher, mangelhafter oder irreleitender Hymnenanfänge u. Nachweise mit Erört. über Plan u. Methode d. Repertor. hrsg. von Clemens **Blume**, S. J. *Leipzig: O. R. Reisland 1901.* (315 S.) 8°
— Beiträge, Hymnologische. 2.

— s: Thesauri hymnologici prosarium.

Blume, Clemens (Hrsg.): Tropi graduales, s. Tropi graduales.

— Krit. Wegweiser durch U Chevalier's Repertorium hymnologicum, s.: Beiträge, hymnolog.

Wolstan von Winchester und Vital von Saint-Evroult, Dichter der drei Lobgesänge auf die Heiligen Athelwold, Birin u. Swithun. Von Clemens **Blume**. *Wien: C. Gerold's Sohn in Komm. 1903.* (23 S.) 8°
— Sitzungsberichte der Kais. Akademie d. Wiss. in Wien. Philos.-hist. Kl. Bd 146, 3.

Blume, D. W. H., Deutschland und die Republik. Herausgegeben vom patriotischen Verein zu Brandenburg. Brandenburg, Müller, 1848. 13 S. 8°.

Blume, E.: Die Eisenbahnverkehrsordnung..., s. Blume, Ernst

Blume, E., Heinrich I., Graf v. Ascharien u. Fürst v. Anhalt. gr. 8. (67 S.) Cöthen 895. O. Schulze's Verl. n. 1. —

Blume, E., zur Methodik des Geschichtsunterrichtes in Seminarien. gr. 8. (61 S.) Köthen 881, Schettler's Verlag. * — 40

Blume, E., Quellensätze zur Geschichte unseres Volkes. 1. u. 2. Bd. gr. 8. Cöthen, Schulze. n. 12. —
1. Urzeit. Merovingische Zeit. Karolingische Zeit. (VII, 401 S.) 883. n. 5. 50
2. Von der Zeit Konrads I. bis zum Ende d. Zwischenreiches. 2 Abtlgn. (V, 111 u. 374 S.) 886. n. 6. 50

Blume, E., Quellensätze zur Geschichte unseres Volkes. 3. Bd. Von der Zeit Rudolfs v. Habsburg bis zum Schlusse d. Mittelalters. 1. Abtlg. gr. 8. (IV, 365 S.) Cöthen 891. Otto Schulze Verl. n. 6. 50
(1—3.: n. 18. 50)

Blume, E., Quellensätze zur Geschichte unseres Volkes. Fortgeführt v. L. Arndt. IV. Bd. Von der Reformation bis zur Gegenwart. Von Ludw. Arndt. 1. Abtlg. Schicksale unseres Volkes. Zusammenfassende Darstellg. der staatl. Zustände unseres Volkes. (XVI, 536 S.) gr. 8. Cöthen 904. O. Schulze Verl. n. 7. — (I—IV, 1.: 25.50)

Blume, E., Quellensätze zur Geschichte unseres Volkes. I. Bd. Urzeit. Merowingische Zeit. Karolingische Zeit. (In 2 Abtlgn.) 1. Abtlg.: Schicksale unseres Volkes. Zusammenfassende Darstellung der Zustände unseres Volkes. 2. Aufl. (VII, 344 S.) gr. 8. Cöthen 910. O. Schulze Verl. 6. 50

Blume, E., was würde uns ein vollständiger Sieg Roms kosten?, s.: Flugschriften d. Evangel. Bundes.

Blume, E., der prakt. Zahnarzt, oder kurzgefaßte Lehre der gesammten Zahnarznei-Wissenschaft. Nach den besten Quellen u. eigenen Erfahrungen dargestellt. gr. 8. Berlin 836. Heymann. 1 ⅓ß

Blume, Erich: Die german. Stämme u. d. Kulturen zwischen Oder u. Passarge z. röm. Kaiserzeit, s: Mannus-Bibliothek.

Verzeichnis der Sammlungen des Uckermärkischen Museums- und Geschichts-Vereins in Prenzlau ... bearb. von Erich Blume. Prenzlau: Mieck 1908. 101 S. 8° [o). 503 3

Blume, Ernst: Beiträge zur Siedelungskunde der Magdeburger Börde. Halle a. S. 1908: Kaemmerer. 109 S. 8° ¶(Aus: Archiv f. Landes- u. Volkskunde d. Prov. Sachsen. Jg. 18.)
Halle, Phil. Diss. v. 12. Febr. 1909, Ref. Philippson
[Geb. 29. März 82 Magdeburg; Wohnort: Magdeburg; Staatsangeh.: Preußen; Vorbildung: Realgymn. Magdeburg Reife M. 03; Studium: Halle 8 S.; Rig. 26. Okt. 08.] [U 09. 1634

Blume, Ernst: Die Eisenb.-Verkehrsordng v. 23. XII. 08, s. a. Guttentag's Sammlg deut. Reichsges.

Blume, Ernst. Die Eisenbahn-Verkehrsordnung vom 23. Dez. 1908 nebst allg. Ausführungsbestimm. Text-Ausg. m. Anmerk., vergleich. Paragraphenübersicht u. Sachreg. Berlin 1909. 8°.
(Guttentag'sche Sammlung Deutscher Reichsgesetze. Nr 91.)

Blume, Ernst, aus Luisenthal b. Saarbrücken: Ueber Phenyltolylisodithiobiazolon. Beiträge zur Kenntniß d. Anlagerung von Jodalkyl an Thioketoverbindungen. *Erlangen 1902: H. Vollrath.* (44 S.) 8°
Erlangen, Phil. Diss. v. 14. Febr. 1902

Blume, Ernst, Gerichtsassessor a. Bonn: Tatbestandskomplemente. Breslau: A. Kurtze 1906. (48 S.) 8°
Tübingen, Jur. Fak., Ref. Frank, Diss. v. 5. Sept. 1906
[Geb. 23. Dez. 77 Cöthen; Wohnort: Bonn; Staatsangeh.: Anhalt; Vorbildung: Ludwigs-Gymn. Cöthen Reife O. 96; Studium: Tübingen 2, Leipzig 3, Halle 3 S.; Rig. 2. Aug. 06.]

Tatbestandskomplemente. Von Dr. Ernst Blume, Ger.Ass. Breslau: Schletter 1906. (XI, 48 S.) 8°
— Abhandlungen, Strafrechtliche. H. 73. [06. 1493] 6

— Internationales Übereinkommen üb. den Eisenbahn-Frachtverkehr vom 14. X. 1890, m. den Ändergn. u. Ergänzgn. in der Zusatzvereinbarg. vom 16. VII. 1895 u. in den Zusatzübereinkommen vom 16. VI. 1898 u. vom 19. IX. 1906 u. Zusatzerklärg. vom 20. IX. 1893, vereinbart zwischen Belgien, Dänemark, Deutschland, Frankreich, Italien, Luxemburg, den Niederlanden, Österreich u. Ungarn, Rumänien, Russland, Schweden u. der Schweiz. Vom 22. XII. 1908 an gült. deutscher Text in der vom Central-Amt in Bern veröffentlichten Fassg. m. Bemerkgn. u. Sachregister. (XVI, 288 S.) 8. Berlin 910. J. Springer.
Geb. in Leinw. 4. 80

Blume, Ethel, approb. Aerztin aus Berlin: Aus d. pathol.-anat. Anstalt d. städt. Krankenhauses am Urban (Prosektor Prof. Dr. Benda). Zur Kenntnis der tuberculösen Blutgefäßerkrankungen. *Leipzig 1902: B. Georgi.* (28 S.) 8°
Leipzig, Med. Diss. v. (3. Okt.) 1902

Blume, F.: Beitrag zur Frage über die Möglichkeit europäischer Colonisation in Ostindien. Vortrag in der öffentlichen Sitzung des Berliner Vereins zur Centralisation deutscher Auswanderung und Colonisation am 5. Nov. 1851. Berlin 1851. 35 S. 8°.

Blume, F.: Ein Beitrag z. Statistik der Serumtherapie, s. Blume, Friedrich

Blume, F.: Bemerkungen über die Missions-Thätigkeit mit Rücksicht auf die Auswanderungs- und Colonisationsfrage. Vortrag in der öffentlichen Sitzung des Central-Vereins für die deutsche Auswanderungs- und Colonisations-Angelegenheit am 7. Juli 1852. Berlin 1852. 15 S. 8°.

Blume, F.: Grundriß d. Pandektenrechts, s. Blume, Friedrich

Blume, F., neueste Heilmethode d. Stotterübels. 8. (13 B.) Quedlinburg 841, Basse.

Blume, F., neueste Heilmethode des Stotterübels. 2. Bdchn. 8. (5 B.) Quedlinburg 844, Basse.
1 Bdchn. Ebendas. 1841. 1 Thlr.

Blume, F.: Metrik Froissarts, s. Blume, Franz

Blume, F.: Mitteilungen über Venezuela mit Bezugnahme auf die Auswanderung Dt. dahin. ... — Bln: (Central-Verein für die dt. Auswanderungs- und Colonisations-Angelegenheit) 1853. 33 S. (Vortrag in der öffentl. Sitzung des Central-Vereins für die dt. Auswanderungs- und Colonisations-Angelegenheit.)

Blume, Fr., einfache Beinbruch-Maschine z. Heilung d. Schenkelbrüche in gebogener Lage. M. 1 Abbild. gr. 8. (2 B.) Würzburg 831, (Strecker.)

Blume, Fr., Beiträge zur operativen Behandlung der pleuritischen Exsudate im Kindesalter, besonders der eiterigen. Inaugural-Dissertation. gr. 8. (29 S.) Göttingen 877. (Vandenhoeck & Ruprecht.) n. — 60

Blume, Fr.: Iter Italicum, s. Blume, Friedrich

— s. 1) Literaturzeitung, Hall., allgem. 2) Museum, Rhein., f. Jurisprudenz.

Blume, Franz [aus Hannover]: Metrik Froissart's. I. Silbenzählung. Hiatus. Reim. ... Greifswald, Druck v. Julius Abel, 1889; 3 Bl. + 84 S. 8°
Greifswald, Phil. Fak., Inaug.-Diss. v. 13. Jun. 1889

Blume, F. Metrik Froissart's. I. Silbenzählung. Hiatus. Reim. Diss. Greifswald 1889. 84 S.

Blume, Frido v.
[R.] Die Beschiessung von Paris 1870/71 und die Ursachen ihrer Verzögerung. Von [Frido] v. Blume, General d. Inf. z. D. ... *Berlin: E. S. Mittler 1899.* (1 Bl., 82 S.) 1 Bd 8. [99. 5430

Blume, Friedrich, s.a. Bluhme, Friedrich
— s.a.: Antiqua, die Westgothische.

Blume, Friedrich: Die Westgotische Antiqua oder das Gesetzbuch Reccared des Ersten. Bruchstücke eines Pariser Palimpsesten. Halle 1847.

Blume, *Friedrich* [app. Arzt aus Alfeld a/Leine]: Ein Beitrag zur Statistik der Serumtherapie bei Diphtherie ... Göttingen, Druck d. Dieterich'schen Univ.-Buchdr., 1896; 42 S. 8.
Göttingen, Med. Fak., Inaug.-Diss. v. [27. Juni] 1896

Blume, F., e. Beitrag z. Statistik d. Serumtherapie b. Diphtherie. Diss. gr. 8. (42 S.) Göttingen 896. (Vandenhoeck & Ruprecht.) n. 1. 20

Blume, (richtiger **Bluhme**) Frider., Bibliotheca libror. manuscriptor. italica. Indices Bibliothecar. Italiae ex schedis Maieri Eslingensis, Haenelii Lipsiensis, Gottlingii Ienensis, Car. Wittii, suisque propriis in suplementum itineris Italici congessit. 8 maj. (17¾ B.) Gottingae 834, Dieterich.

Blume, Friedr., Encyclopädie der in Deutschland geltenden Rechte. I. Abthl. Aeussere Encyclopädie. A. u. d. T.: Uebersicht der in Deutschland geltenden Rechtsquellen. Mit einer encyclopäd. Einleitung. gr. 8. (148 S.) Bonn 847, Marcus.

—— dass. — 2. Abthl.: Innere Encyclopädie, oder System der in Deutschland geltenden Rechte. 1. Lfg. gr. 8. (224 S.) Ebds. 848.

—— dass. — 2. Abthl.: Innere Encyclopädie, oder System der in Deutschland geltenden Rechte. 2. Lfg. A. u. d. T.: System des in Deutshland geltenden Privatrechts. gr. 8. (S. 225—418.) Ebds. 850.

Blume, Friedr., Encyclopädie der in Deutschland geltenden Rechte. 2. Abthl. A. u. d. T.: System des in Deutschland geltenden Privatrechts mit Einschluss des Civilprocesses. 3. Lfg. gr. 8. (XII und S. 417—580.) Bonn 852, Marcus.
1. Abthl. und 2. Abthl. 1. und 2. Lfg. Ebendas. 1847—50. 2 Thlr. 27½ Ngr.

—— dass. — 1. Abthl.: Aeussere Encyclopädie. 2., verm. und verb. Ausg. A. u. d. T.: Uebersicht der in Deutschland geltenden Rechtsquellen. Nebst einer encyclopäd. Einleitung. 2., verm. und verb. Ausg. gr. 8. (VIII und 175 S.) Bonn 854, Marcus.

—— dass. — 2. Abthl.: 2., verm. und verb. Ausg. A. u. d. T.: System des in Deutschland geltenden Privatrechts mit Einschluss des Civilprocesses. 2., verm. und verb. Ausg. gr. 8. (13 und 632 S.) Ebds. 855.

—— dass. — 3. Abthl.: Das öffentl. Recht. 1. Lfg. (Zur 1. und 2. Ausg. gehörig.) A. u. d. T.: System des in Deutschland geltenden Strafrechts mit Einschluss des Strafprocesses. gr. 8. (VIII und 175 S.) Ebds. 854.

Blume, Fr.: D. de geminatis et similibus, quae in Digestis inveniuntur, capitibus. *Jena*, Frommann. 820. gr. 8. (6 Gr.)

— Diss. inaug. de geminatis et similibus, quae in digestis inveniuntur. 8 maj. Jena 821. Frommann. 6 gr.

Blume, Friedr. (I.), die Gerichtsordnung für das Oberappellationsgericht der 4 freien Städte Deutschlands, nebst den darauf bezügl. Gesetzen der einzelnen Städte u. den allgemeinen Verfügungen des Gerichts. gr. 8. (13½ B.) Hamburg 843, Fr. Perthes. * 1 Thlr. — in 4. auf Schreibpap. *

— Grundriß d. Kirchenrechts, f. Juden u. Christen, besonders in Deutschland. gr. 8. Halle 826. Anton. 20 gr. 2e A. 831. 10 gr.

—— Grundriss d. Pandectenrechts. Mit ein. Quellenregister. gr. 8. (13 B.) Halle 829, Anton.

Blume, (Bluhme) Friedr. (II.), Grundriss des Pandektenrechts. Mit ein. Quellenregister. 2., erweiterte Ausg. gr. 8. (12 B.) Halle 844, Anton.

—— Iter Italicum. 3. Bd.: Archive, Bibliotheken u. Inschriften in d. Stadt Rom. 8. (15 B.) Halle 830, Anton.
1. Bd. Archive etc. in d. Sardin. u. Oesterr. Provinzen. Berlin, Nicolai. 1824. 1 Thlr. 12 Gr., 2. Bd. dergl. in Parma, Modena, Massa, Lucca, Toscana, d. Kirchenstaat u. S. Marino. Halle, Anton. 1827. 1 Thlr. 8 Gr.

Blume, (eigentl. **Bluhme**) Friedr., Iter Italicum. 4. (letzt.) Bd. Königreich Neapel, nebst Nachträgen u. Regist. zu allen 4 Bdn., u. zur Bibliotheca libror. Mss. italica. 8. (23½ B.) Halle 836, Anton.
1—3. Bd. Ebendas. 1824—30. 4 Thlr. 2 Gr.

—— das Kirchenrecht d. Juden u. Christen, besond. in Deutschland. Ein Grundriss. 2., verb. Aufl. gr. 8. (7 B.) Halle 831, Anton.

—— Quellen und Literatur des in Deutschland geltenden Strafprocessrechts. Zugabe zu akadem. Vorträgen. gr. 8. (32 S.) Bonn 854, Marcus. *

—— das Quellenregister besond. abgedruckt.

Blume, Friedrich, a. Wiesbaden: Das gesetzliche Rücktrittsrecht beim Kauf nach gemeinem Recht und dem Bürgerlichen Gesetzbuch. Borna-Leipzig 1906: R. Noske. (X, 99 S.) 8° [F.]
Erlangen, Jur. Fak., Ref. Siber, Diss. v. 29. Juni 1906
[Geb. 20. Okt. 78 Barr i. Els.; Wohnort: Wiesbaden; Staatsangeh.: Preußen; Vorbildung: Gymn. Wiesbaden Reife O. 99; Studium: Straßburg 2, München 1, Bonn 3 S.; Rig. 7. März 06.]

Blume, Fritz, M. v. Egidy's christliches Bestreben. Abendgespräche ländl. Arbeiter. Aufgezeichnet v. B., hrsg. v. Paul Dörfling. 2., erweit. Aufl. gr. 8. (59 S.) Heidelberg 895. J. Hörning. n. — 60

Blume, G. A., de Platonis liberor. educandor. disciplina. Gratulatur C. G. Schützio. Hal. 818. 4. (18 S.)

Blume, Georg [Referendar aus Magdeburg]: Remuneratorische Schenkungen. Nach gemeinem bürgerlichen Recht.... Magdeburg, Robert Wapler, Buchdr., 1890; IV + 47 S. 8°
Freiburg i. B., Jur. Fak., Inaug.-Diss. v. 1890

Blume, Georg

Blume, G., das Veranschlagen f. Hochbauten, s.a. Unterricht, der, an Baugewerkschulen.

Das Veranschlagen für Hochbauten. Leitfaden f. d. Gebr. an techn. Fachschulen u. f. d. Baupraxis von Architekt G[eorg] **Blume,** Magdeburg. Mit 2 Taf. u. 17 Fig. Leipzig & Berlin: B. G. Teubner 1909. (99 S.) 8°
— **Unterricht,** Der, an Baugewerkschulen. 26. (08. 17370

Das Veranschlagen von Hochbauten. Leitfaden f. d. Gebrauch an techn. Fachschulen u. f. d. Baupraxis. Von Architekt G[eorg] **Blume.** 2. verm. Aufl. Mit 3 Taf. u. 17 Fig. Leipzig & Berlin: Teubner 1910. 104 S. 8°
(Der Unterricht an Baugewerkschulen. 26.) (10. 10730

Blume, Gustav, Leutnant a. D. a. Barr i. E.: Zur Kenntnis der Carbodiimide. Erlangen 1907: Junge & Sohn. (48 S.) 8°
Erlangen, Phil. Fak., Ref. Fischer, Diss. v. 26. Juli 1907
[Geb. 3. Okt. 80 Barr i. Els.; Wohnort: Erlangen; Staatsangeh.: Preußen; Vorbildung: Gymn. Wiesbaden Reife O. 00; Studium: Erlangen 6 S.; Rig. 27. Juni 07.]

Blume, Gustav, a. Zehdenick: ⟨Aus d. Bakteriol. Laboratorium d. Städt. Krankenhauses am Friedrichshain. Vorsteher: Herr Dr. Wolff-Eisner.⟩ Über die Methoden und die bisherigen Ergebnisse der Komplementbindung. Leipzig 1907 (Naumburg a. S.: Lippert & Co.). (23 S.) 8°
Leipzig, Med. Fak., Ref. Hofmann, Diss. v. 22. Okt. 1907
[Geb. 9. Juli 82 Zehdenick; Wohnort: Berlin; Staatsangeh.: Preußen; Vorbildung: Gymn. Lichterfelde Reife O. 01; Studium: Berlin 4, München 1, Berlin 5 S.; Coll. 23. Dez. 07; Approb. 19. März 07.]

Blume, Gust., die Pflege der Zähne u. des Mundes. Eine populäre Mittheilung für alle Schichten u. Bildungsstufen des Volkes. Bern 865. Heuberger. 16. (VIII, 60 S.) 7½ ngr.

Blume, H., Rede zur Trauerfeier d. Geburtstags Friedrich Wilhelm III. am 3. Aug. 1840, im Saale der Ritterakademie zu Brandenburg an d. H. gr. 8. Brandenburg 840. Müller. ¼ ngr.

Blume, H. Alex., der Passagier auf der Reise durch Deutschland und die Schweiz, mit besond. Berücksichtigung der Gebirgsreisen, Stromfahrten u. Badeörter. Ein Reise-Handbuch für Jedermann. (1e Lfrg.) A. mit d. Umschlagstitel: Panorama von Deutschland und der Schweiz in maler. Ansichten. 1e Lfrg.: Die Sächs. Schweiz. (Ansicht 1—3.) gr. 8. Naumburg 837. Zimmermann. n. 1/12 Thlr. — 2e Lfrg.: Die Sächs. Schweiz. (Ansicht 4—6.) gr. 8. Ebd. 838. n. 1/12 Thlr.

Blume Heinrich: Jacob Maurillous und Ludwig August Unzers: „Ueber den Wert einiger deutschen Dichter und über andere Gegenstände den Geschmack und die schöne Literatur betreffend. Ein Briefwechsel."
H. 1901 PN 1378 Diss. Wien, Univ. 105

Blume, Heinrich: Jakob Mauvillons und Ludwig August Unzers: „Ueber den Werth einiger Deutschen Dichter und über andere Gegenstände den Geschmack und die schöne Litteratur betreffend. Ein Briefwechsel." 2 Stücke. Frankfurt und Leipzig, 1771, 1772. Als Vorläufer der Sturm- und Drangperiode. S. 3—36. 8.
Progr. Kaiser Franz Josef-Staatsgymn. *Freistadt i. Oberöst.* 1908.

Althildesheimer Baudenkmäler. Kultur- u. kunsthist. Einzelbilder von Hermann Blume. Hildesheim: H. Olms 1908. (88 S.) 8° [G.] 08, 14861

Blume, Herm., aphoristische Beiträge zur lateinischen Grammatik 1. Hft. (Programm der Ritterakad. zu Brandenburg.) gr. 4. Brandenburg 846, Müller. n. 1/3 Thlr.

Blume, Hugo, Vater Jahn, Festsp. z. 50. Stiftungsf. d. T. V. Apolda, Apolda 1906, 23 S., 8°.

Blume, Hugo: Der neue Ratgeber f. Handwerksmeister, s: Voigt, Kurt.

Blume, J., allgemeiner Atlas üb. alle Theile d. Erde, f. Schulen. 36 lithogr. u. ill. Bl. qu. Fol. Magdeb. 828. Mazzuchi. (Rubach). 3 Thlr. Ders. in 18 Karten. gr. 4. Ebd. 832. 1 Thlr. 4 Ngr.

Blume, J., Atlas des Königreichs Preussen, in 27 Blättern. Entw. u. gez. Erfurt 1831. Fol. . . . . (Br. Mus.)

Blume, J., Atlas üb. alle Theile Europa's, mit Benutz. d. neuesten u. besten Hülfsmittel f. Freunde d. Erdkunde u. besond. z. Gebr. f. Schulen entworf. u. hrsg. Lithogr. v. Bernh. Wohlmuth. (8 Lfgn. à 3 Bl.) Fol. Neuhaldensleben (832—34), Eyraud. à 6 Gr. Thlr.

Blume, J. Die Anhaltinischen Herzogthümer Bernburg, Dessau, Cöthen. Magdeburg 1820. 1 Bl. c. L. Ff.

Blume, J., die Anhaltischen Herzogthümer Bernburg, Dessau, Cöthen mit Benutzung der besten Hülfsmittel u. nach amtl. Benachrichtigungen entworfen u. gezeichnet. 5. Aufl. Lith. u. color. Imp. Fol. Magdeburg 850, Quednow. u. 11/12 Thlr.; in Futteral n. 1 Thlr.; auf Leinwand n. 1 1/3 Thlr.

Blume, I., Die Deutschen Bundes-Staaten. Lith. von B. Wohlgemuth. Magdeburg, Mazzucchi, 1839. Imp.-Fol. Kolor. (1/3 Thlr.)

Blume, J., Karte des Preussischen Staates. 1 : 1800000. Magdeburg 1829. Kupf., kol. (RPA.)

Blume, J. Der Regierungsbezirk Magdeburg. Magdeburg 1823. 1 Bl. c. L. Ff.

— d. Regierungsbezirk Magdeb., herausg. v. K. v. Seidlitz. 2 Bl. gr. Roy.-Fol. Magdeb. 824. Rubach. 2 Thlr.

Blume, J. Der Regierungs-Bezirk Magdeburg. 1 : 250000. Magdeburg 1841. 1 Bl. c. L. Ff.

Blume, J. A.: Die artesischen Brunnen, s. Blume, Jh. Aug.

Blume, J. M., neue Blumensprache, od. sinnbildl. Deutungen der bekanntesten Blumen, Pflanzen, Blätter u. Früchte. Nebst einem Blumen-Orakel, einer Blumen-Uhr, einer Deutung der Farben, ein. nachweis. Register u. Devisen zu Bouquets, Kränzen, Sträußen, Stammbüchern rc. Der Liebe u. Freundschaft gewidmet. 16. (8 B.) Magdeburg 842. [Baensch.] *

Blume, J. W., Selam, die Sprache der Blumen in Liebe und Freundschaft rc. (Neue Ausg.) 16. (120 S.) Magdeburg 847, Baensch. n. 1/6 Thlr.

Blume, Iac.: Processus cameralis ex ordinationibus cameralibus, recessibus imperii . . . compilatus. Ed. nov. Coloniae Agripp. 1718.

Blume, Jh. Aug.

Blume, J. A., die artesischen Brunnen. Ein Versuch. 8. (2 B.) Dresden 831, Arnold.

Blume, Jh. Aug., über mineralog.-ökonomische Untersuchungen auf u. in der Erde. Mit 13 lithogr. Abbildd. gr. 8. Leipz. 829. (Hartmann). 18 Ngr.

—— über mineralog.-ökonom. Untersuchn. auf u. in d. Erde. M. 13 lith. Abbild. auf 3 Taf. gr. 8. (10½ B.) Leipzig 829, Rauck.

Blume, Joh. Phil. Jul.: Vertheidigungsschrift für die verwittwete Geh. Räthin Charl. Sophie Elisabeth Ursinus geb. v. Weiß.– Berlin 1803.

Blume, Julius (geb. Berlin 18. 5. 1846): Die Untersuchung des Urins in Bezug auf Diagnose und Prognose. Berlin (1872). (30 S.) 8°
Berlin, Med. Diss. v. 6. Apr. 1872

Blume, K. L., s. Blume, Karl Ludw.

Blume, K. W. H.v., s. Blume, Karl Wilhelm Hermann von

Blume, Karl Ldw., Enumeratio Plantarum Javae et Insularum adjacentium minus cognitarum vel novarum ex herbariis Reinwardtii, Kuhlii, Hasseltii et Blumii. Fasc. I et II. Editio nova. 8 maj. Haag 830. Hartmann. 2 Thlr.

— Flora Javae nec non Insularum adjacentium. Adjutore Jh. Bapt. Fischer. Fasc. I—XXXV. Mit 195 Kpft. Fol. maj. Bruxellis 828—30. Frank. (Leipz., Barth). (ill. à Fasc. 3 Thlr. 8 Ngr.) 116 Thlr. 16 Ngr., schwarz à 2 Thlr. 18 Ngr. 96 Thlr. 6 Ngr.

Blume, Karl Wilhelm Hermann

Geschichte des Infanterie-Regiments Herwarth v. Bittenfeld (1. Westfäl.) Nr. 13 im 19. Jahrhundert. Verf. u. dem Reg. gewidmet von s. Chef [Karl Wilhelm Hermann] v. Blume. Mit Abb., Karten u. Pl. *Berlin: E. S. Mittler & Sohn 1902.* (Getr. Pag.) 4°(8°) [G.] 02, 1117

Blume, Klemens, s. Blume, Clemens

Blume, Ludwig

Blume, Ludw., praktische Anleitung zu deutschen Aufsätzen. Ein Hilfsbuch f. Gymnasiasten u. Schüler verwandter Lehranstalten. 8. (XXII, 320 S.) Wien 895. A. Hölder. n. 2. 80

Blume, Ludw. Goethe als Student in Leipzig. 19 S. 8. Ak. G. Wien 1884. Progr.

Blume, L.: Das Ideal des Helden und des Weibes bei Homer. Mit Rücksicht auf das deutsche Alterthum. 49 S.
Progr. Wien Ak. 1874.

Blume, Ludw., das Ideal d. Helden u. d. Weibes bei Homer. Mit Rücksicht auf das deutsche Alterthum. gr. 8. (VI, 55 S.) Wien 874. Hölder. n. 1. 20

Blume, Ludw., über den Iwein d. Hartmann v. Aue. Ein Vortrag. gr. 8. (31 S.) Wien 879. Hölder. n. — 72

Blume, Ludwig Rede, gehalten bei der Grillparzer-Feier im Festsaale des Gymnasiums am 14. Januar 1891. 8 (S. 25—32). Progr. K. k. Akademisches G. *Wien* 1891.

Blume Ludwig: Hölderlins Uebersetzung der Antigone im Vergleich mit früheren Uebersetzungen und dem Original.
H. 1907 PN 2285 Diss. Wien, Univ. 219

*Blume, Ric., der verlohrne und wiedergefundene Sohn oder historische Erzählung von einem besessenen Studenten zu Prag, wie selbiger endlich zu Pirna erlöset worden. Leipz. 603. 8. 605. 4. u. in d. Unsch. Nachr. 716. p. 961 sq. 1211 sq.

Blume, Osc., der Dom zu Erfurt. B. M. V. Ein kleiner Wegweiser für Fremde und Einheimische. 12. (15 S. mit 1 lithogr. Ansicht vom Dom.) Erfurt 887, Körner'sche Buchh. *

—— der Doppelgeburtstag, s. Körner's Vortragsbibliothek.

Blume, Osc., die drei Gleichen. Wachsenburg. Gleichen. Mühlberg. Historisch u. topographisch geschildert. Ein Erinnerungsblatt f. Fremde u. Einheimische. Mit 2 Illustr. 8. (19 S.) Erfurt 886. Körner'sche Buchh. — 25

Blume, Osc. Die drei Gleichen. Wachsenburg — Gleichen — Mühlberg. Histor. u. topograph. geschildert. 12. (24 S. m. 4 Illustr.) [Erfurt 890, Körner.] Lüneburg, Biedermann. — 30

— Humor verloren, Alles verloren, s.: Körner's Vortragsbibliothek.

Blume, Osc. (Osk. Biedermann), Mi-ma-pi-tu od. D. fidele Harikiri od. Das Leben ist doch wunderschön, s.: Fastnachts-Bühne.

—— Mi-ma-pi-tu, s. Wallner's Thespiskarren.

– Parodien, Travestien u. Quodlibets, s. Körner's Vortragsbibliothek.

—— Turnerfeste, s.a. Körner's Vortragsbibliothek.

Blume, Oskar, Turnerfeste, E. kl. Sammlung v. Ansprachen, Vortr., Liedern usw. f. Vereinsf., Erfurt 1888, 19 S., Kl.-8°.

Blume, Paul Die Entwickelung der Balladendichtung in der deutschen Poesie. 34 S. Progr. *Lauenburg a/E.* 1879.

Blume, Paul (geb. Lagow in d. Mark 7. 2. 1857): Die weibliche Urethritis in ihrer klinischen Bedeutung. Berlin (1882). (30 S.) 8°
Berlin, Med. Diss. v. 1. Aug. 1882

Blume, Richard, Apotheker, a. Hannover: Ueber die Einwirkung von Benzylamin und Methylbenzylamin auf das Chlormethylat des 1-Phenyl 3-Methyl 5-Chlorpyrazols. Rostock 1904: C. Boldt. (60 S.) 8°
Rostock, Phil. Fak., Ref. Michaelis, Diss. v. 28. Dez. 1904
[Geb. 8. Sept. 74 Cöln-Deutz; Wohnort: Leipzig; Staatsangeh.: Preußen; Vorbildung: Realgymn. Hannover O. 96 n. 1/2 jähr. Besuch d. Unter-Prima; Studium: München 2, Rostock 7 S.; Rig. 18. Juli 04.]

Blume, Robert, d. geraubte Kind. D. verwegensten Zigeunerhauptmanns d. Gegenwart Leben, Fahrten u. Abenteuer z. Wasser u. z. Lande. Sensations-Roman a. d. Gegenwart. 105 Hfte. gr. 8. (2516 S. m. je 1 Bild.) Dresden (895. 96). A. Auber. à — 10

Blume, Rudolf
Blume, Rud.: Dichtgn. (186) 8° Lpzg, F Eckardt ('11). 2.80; geb. 3.50 d

Blume, Rudolf, Referendar: Der Eintritt neuer Gesellschafter in eine offene Handelsgesellschaft. Greifswald 1908: Abel. 51 S. 8°
Greifswald, Jur. Diss. v. 5. Nov. 1908, Ref. Frommhold
[Geb. 24. März 87 Freilstedt; Staatsangeh.: Preußen; Vorbildung: Wilhelms-Gymn. Stettin Reife O. 05; Studium: Heidelberg 1, Freiburg i. B. 3, Greifswald 2 S.; Rig. 7. Juli 08.] [U 09. 1443

Blume, Rud. Über die Sprache der Pastonletters. Beitrag zur historischen Grammatik des Englischen. 51 S. Progr. Dov. R. *Bremen* 1882.

Blume, Rud., über den Ursprung u. die Entwickelung d. Gerundiums im Englischen. Inaugural-Dissertation. 8. (63 S.) Bremen 880. (Jena, Deistung.) n. 1. 20

— **Rudolf August** (Braunschweig), De servitiis vasallorum militaribus vulgo Ritter-Diensten / Ritter-Pferden /. Diss. jur. feudalis. Präs. Georg Engelbrecht. Helmstedt (G. W. Hamm) 4. IX. 1706. 80 S. (5.50) 2959

— — Dasselbe. Halle (Hendel) 1736. 64 Seiten. (5.—) 2960

Blume, S.G., s. Blume, Samuel Otto Theodor

Blume

— **Samuel Otto Theodor** (Borusso-Pomeranus), De ani fistulae curatione. Diss. med.-chir. Gött. (J. G. Rosenbusch) 28. VIII. 1792. 50 S. (3.50) 2961
Gew.: Joh. Hermann Vogel (Hamburg), Joh. Sam. Blume (Schlawe).

Blume, S. G., de ani fistulae curatione. 8 maj. Gütting. 792. Brose. 4 gl.

Blume, Th., der Hildesheimer Silberfund. Unter Benutzg. der grundleg. Schriften v. Heinr. Holzer, sowie der Arbeiten v. Jul. Lessing, Hans Graeven u. Ed. Baumann. Mit 46 Abbildgn. auf 23 Farbendr.-Taf. (47 S.) 8. Hildesheim (906). (A. Lax.) Geb. in Leinw. n. 2. —

Blume, Th., the silver treasure-trove of Hildesheim. A description based on the writings of Heinr. Holzer, and the works of Jul. Lessing, Hans Graeven, and Ed. Baumann. With 47 illustr. and 28 coloured plates. (47 S.) 8. Hildesheim (907). (A. Lax.) Geb. in Leinw. 2. —

Blume, Th., der Zukunfts-Staat u. die Lösung der socialen Frage. Allen Berufsständen, insbesondere den Arbeitgebern u. Arbeitnehmern gewidmet. 2. Aufl. gr. 8. (VIII, 118 S.) Hannover 884. Meyer. n. 2. —

Blume, W. v., Anlieger, siehe Festgabe f. Schirmer.

Blume, W.: Familienrecht, s. Blume, Wilhelm

Blume, W.: Feldzug..., s. Blume, Wilhelm

Blume, W., Kubik-Tabelle für runde Hölzer nach dem Meter-System. Düsseldorf 869. Gestewitz. 16. (15 S.) n. 6 ngr.

Blume, W., Kubik-Tabelle für runde Hölzer nach dem Meter-System. 2. und 3. Aufl. 8. (15 S.) Wiesbaden 879, Gestewitz' Verlag.

Blume, W., Kubik-Tabelle für runde Hölzer nach dem Meter-System. 4.—7. Aufl. (15 S.) 1881—84. 60 Pf.; 8. Aufl. 8. (15 S.) [Wiesbaden 884.] Frankfurt a. M., Gestewitz Verlag. * — 70

Blume, W., Kubik-Tabelle f. runde Hölzer nach dem Meter-System. 6. Aufl. 8. (15 S.) Wiesbaden 881. Gestewitz. — 60

Blume, W., Kubik-Tabelle für runde Hölzer nach dem Meter-System. 9.—17. Ster.-Aufl. 8. (15 S.) Frankfurt a. M. 885—88. Gestewitz. **

Blume, W., Kubik-Tabelle f. runde Hölzer nach dem Meter-System. 12. Ster.-Aufl. 8. (15 S.) Frankfurt a/M. 885. Gestewitz. n. — 70

Blume, W., Kubik-Tabelle f. runde Hölzer nach dem Meter-System. 19. Ster.-Aufl. 8. (15 S.) Berlin 890. Gestewitz. n.n. — 70

Blume W.: Kubik-Tabelle für runde Hölzer nach dem Meter-System. 21. Stereotyp-Aufl. Frankf. a. M. 1891. (12) S. P.

Blume, W. Kubik-Tabelle f. runde Hölzer nach d. Meter-System. 24. u. 25. Ster.-Aufl. 12. (15 S.) Lpz. 892, F. A. Berger. * — 70

Blume, W., Kubik-Tabelle f. runde Hölzer n. d. Meter-System. 26. Ster.-Aufl. 8. (14 S.) Leipzig 896. F. A. Berger. n. — 70

Blume, W., Kubik-Tabelle f. runde Hölzer nach dem Meter-System. 27.—29. Ster.-Aufl. (à 14 S.) 12. Leipzig 899—902. F. A. Berger. n. — 70

Blume, W., Kubik-Tabelle f. runde Hölzer nach dem Meter System. 82. Ster.-Aufl. (15 S.) kl. 8. Leipzig (910). F. A. Berger. — 70

Blume, W. A., s. B l u m e , Wilhelm Hermann

Blume, W. H., s. B l u m e , Wilhelm Hermann

Blume, Wilhelm

Blume, W., die Armee und die Revolution in Frankreich von 1789—1793. Brandenburg 863. Wiesike. gr. 8. (VII, 271 S.) 1 ₰ 7½ ngr.

Militärpolitische Aufsätze. Von W[ilhelm] v. Blume, Gen. d. Inf. z. D. Berlin: E. S. Mittler & Sohn 1906. (166 S.) 8° [F.]

Blume, W. v., die Beschießung v. Paris 1870/71 u. die Ursachen ihrer Verzögerung. gr. 8. (II, 82 S.) Berlin 899. E. S. Mittler & Sohn. n. 1. 50; geb. in Leinw. n.n. 2. 50

[F.] von Blume, Wilhelm [Referendar]: Der Erbschaftskauf des Preussischen Landrechtes ... Brandenburg a. H., J. Wiesikes Buchdr., 1892; 32 S. 8.
Göttingen, Jur. Fak., Inaug.-Diss. v. [1. Aug.] 1892

Blume, Wilh. v., der Erbschaftskauf d. preußischen Landrechtes. Diss. gr. 8. (32 S.) Brandenburg 892. (Göttingen, Vandenhoeck & Ruprecht.) n. — 80

Blume, W. v., Familienrecht, s. Kommentar z. B.G.B.

Blume, Wilh. v., Familienrecht, s.: Opet, O.

Blume W, Feldzug 1870-71 von der Schlacht bei Sedan bis zum Ende des Krieges. Berlin 1872

— Geschichte des Infanterie-Regiments Herwarth v. Bittenfeld (1. westfäl.) Nr. 13 im 19. Jahrh. Verf. u. d. Regiment gewidmet v. seinem Chef v. B. Mit Abbildgn., Karten u. Plänen. (IX, 430, 35 u. 24 S. m. 1 Fksm.) gr. 8. Ebd. 902. n. 13. 50; geb. n.n. 15. 50

Blume, W. v., Geschichte des Infanterie-Regiments Herwarth v. Bittenfeld. (1. Westfäl.) Nr. 13 im 19. Jahrh. Unveränd. Neuabdr. (IX, 452 u. 35 S. m. z. Tl. farb. Taf., Karten u. Plänen.) Lex. 8. Berlin 910. E. S. Mittler & Sohn. 14.—; geb. n 15. 50

Die Grundlagen unserer Wehrkraft. Von W[ilh.] v. Blume, General d. Inf. z. D. *Berlin: E. S. Mittler & Sohn 1899.* (IV, 177 S.) 8° [F.]

Blume, W. v., s. Komment z. B. G. B.

Die Militärrevolte in Nancy 1790 und ihre Ursachen. Von W[ilhelm] v. Blume, Gen. d. Inf. z. D. Berlin: E. S. Mittler & Sohn (1906). (S. 58–86.) 8° [Umschlagt. F.]
— Militär-Wochenblatt. 1906, Beiheft 3, [1.]

Moltke von W[ilhelm] v. Blume, Gen. d. Inf. Berlin: B. Behr 1907. (127 S.) 8° [F.]
— Erzieher d. Preußischen Heeres. Bd 10.

— Novation, Delegation u. Schuldübertragung. Abhandlungen aus dem röm. Rechte. gr. 8. (VI, 168 S.) Ebd. 895. n. 3. 80

Blume, Wilh., die Operationen der deutschen Heere von der Schlacht bei Sedan bis zum Ende des Krieges. Nach den Operations-Akten d. großen Hauptquartiers dargestellt. Mit e. (lith.) Uebersichtskarte (in Imp.-Fol.) u. Beilagen. — 3. Aufl. gr. 8. (IV, 209 S.) Berlin 872. Mittler & Sohn. n. 5. —

Blume, W. Die Operationen der deutschen Heere von der Schlacht bei Sedan bis zum Ende des Krieges. 1. u. 2. Aufl. (VI. 268) 8. M. 1 Krte. Berlin 1872. — 3. Aufl. 1873. 5.00.

Blume, W. v. Politik und Strategie. Bismarck und Moltke 1866 und 1870/71. (Berlin 1903.) 8°. (Aus: Preuß. Jahrbücher.)

(Blume, preuss. Lieut.) Die Politik der Zukunft vom preussischen Standpunkte. 2 Aufl. 8. Berlin 1858.

— das Recht der Anlieger an öffentlichen Strassen, s.a. Festgabe der juristischen Fakultät zu Königsberg f. Johann Theodor Schirmer.

Selbstthätigkeit der Führer im Kriege. Von [Wilhelm] v. Blume, Gen. d. Inf. z. D. *Berlin: E. S. Mittler & Sohn (1896).* (S. 479–534.) 8° [F.]
— Beihefte z. Militär-Wochenblatt. 1896. H. 10.

Blume, Strategie. Eine Studie. gr. 8. (IV, 261 S.) Berlin 882. Mittler & Sohn. n. 5. —

Blume, Strategie. Eine Studie. 2. Aufl. gr. 8. (VI, 262 S) Berlin 886. Mittler & Sohn. n. 5. —

Blume, Wilh. v.: Strategie, ihre Aufg. u. Mittel. Zugleich 3. Afl. d. „Strategie, e. Studie". (10, 430) gr8° Berl., ES Mittler & S. '12. 8.75; geb. 10 — d

— Tatbestandskomplemente, s. Abhandlg., strafrechtl.

— das Vormundschaftsrecht des bürgerlichen Gesetzbuchs. Erläutert von v. B. (VIII, 189 S.) gr. 8. Berlin 904. C. Heymann. n. 4. —

Kaiser Wilhelm der Große und Roon von W[ilhelm] v. Blume, Gen. d. Inf. z. D. Berlin: B. Behr 1906. (295 S.) 8° [F.]
— Erzieher d. Preußischen Heeres. Bd 11/12.

— Kaiser Wilhelm der Große u. sein Kriegsminister Roon als Bildner des preußisch-deutschen Heeres. Mit 2 Porträts u. 2 Fksm.-Beilagen. (VII, 295 S.) 8. Berlin 906. B. Behr's Verl. n. 5. —; geb. in Leinw. n. 6. —

— Kaiser Wilhelm der Große u. sein Kriegsminister Roon als Bildner des preußisch-deutschen Heeres. Mit 2 Porträts u. 2 Faksm.-Beilagen. 2. [Titel-]Aufl. (VII, 295 S.) 8. Oldenburg [906] (909). G. Stalling's Verl. Geb. in Leinw. 4. —

Blume, Wilhelm Armin

Blume, Guilielmus Arminius: Quaedam de Platonis liberorum educandorum disciplina. Halis Saxonum (1818): Grunert. 18 S. 8° (4°)
Halle-Wittenberg, Glückwunsch der Studentenschaft der Universität zum 50jährigen Dr.-Jubiläum von Christian Gottfried Schütz am 21. März 1818
Nach Engelmann-Preuß in Stralsund bei Löffler. — Ist zugleich Phil. Diss. v. 17. Sept. 1818, vgl. Nr. 2453.

Blume, Wilhelm Arn.

— s. 1) Demosthenis oratio in Midiam. 2) Lycurgi oratio.

Blume, Wlh. Arn., in Polyaenum observationes criticae. 8 maj. Lund. 824. Trinius. 6 gr.

Blume, Wilhelm Hermann

Blume, W.A.: Animadversiones ad Popponis de ll. quibusd. Thucyd. atque capp. graecae gramm. aliquot codem pertinentia. 26 S. Progr. Stralsund 1825

Blume, Wlh. Herm., Animadvers. ad Popponis de locis quibusdam Thucydidis judicia atque capita graecae grammaticae aliquot eodem pertinentia. 4. Strals. 826. Löffler. 4 gr.

— Anleitung zum Uebersetzen aus dem Deutschen in d. Griechische. 8. Leipzig 837. Wuttig. 2 ₰

Blume, Wilh. Herm., Anleitung zum Uebersetzen aus dem Deutschen in das Griechische. 2. verb. Aufl. Göttingen 856. Vandenhoeck u. Ruprecht. gr. 8. (VIII, 203 S.) n. 20 ngr.

Blume, Wilh. Herm., Anleitung zum Uebersetzen aus dem Deutschen in das Griechische. 3., verb. Aufl. Göttingen 865. Vandenhoeck & Ruprecht. gr. 8. (VI, 194 S.) n. 20 ngr.

Blume, Wilh. Herm., Anleitung zum Übersetzen aus dem Deutschen in das Griechische f. die Quarta u. Tertia d. Gymnasiums. 4. verb. Aufl., bearb. v. M. Böttger. gr. 8. (IV, 238 S.) Göttingen 881. Vandenhoeck & Ruprecht's Verl. n. 2. 40

— Anleit. z. Uebersetzen a. d. Latein. in d. Griechische, f. d. obern Classen d. Gymnasien. 8. Stralf. 820. Löffler. 18 gGr

—— **Anleitung z. Uebersetzen aus d. Latein. in d. Griech., f. obere Gymnasial-Classen. 2., verb. u. verm. Aufl. 8. (15 1/4 B.) Stralsund 838, Löffler'sche Buchh.**

Blume, W.A.: Antrittsrede des Direkt. W.A. Blume (Lat.). 12 S.
Progr. Potsdam 1828.

Blume, W. Herm.: Aphoristische Beiträge zur lateinischen Grammatik. Erstes Heft. 22 S.
Progr. Brandenburg R. 1845.

Blume, Wilh. Herm., aphorist. Beiträge zur latein. Grammatik. 1. Hft. (Programm der Ritterakad. zu Brandenburg.) gr. 4. (35 S.) Brandenburg 846, Müller. n. 1/3 Thlr

Blume, W. Herm.: Aphoristische Beiträge zur lateinischen Grammatik. Zweites Heft. 16 S.
Progr. Wesel 1850.

—— **Preußens Beruf zum Schutz u. Schirm d. evangel. Kirche. Eine Rede, geh. am 26. Jun. 1830 z. 3. Säcularfeier. d. augsburg. Glaubensbekenntn. gr. 8. (1 1/4 B.) Potsdam 831, (Riegel.)**

— **Deutschland u. die Republik, hrsg. vom patriot. Verein zu Brandenburg. gr. 8. (13 S.) Brandenburg 848. (Müller.)** 3 ngr

Blume, W.H.: Disciplinargesetze, und Gesetze für die Bibliothek. 4 S.
Progr. Potsdam 1831.

— lateinisches Elementarbuch. 8. Potsd. 829. Riegel. 10 gGr

Blume, Wlh. Herm., latein. Elementarbuch. 2 Thle. Zum Uebersetzen aus dem Latein. in das Deutsche u. umgekehrt. 2e verm. Aufl. (des 1n Thls.) 8. Potsdam 835. u. 832. Riegel. 1/2 Thlr 3e verm. Aufl. 2 Thle. 8. Ebd. 838. 1/2 Thlr

—— latein. Elementarbuch. 3. Thl. Kleine latein. Schulgrammatik, od. kurzgefaßte Formenlehre d. latein. Sprache. (7 1/2 B.) 843.

—— latein. Elementarbuch. 1. u. 2. Thl. 6—8., verb. u. verm. Aufl. (à 10 1/2 B.) 843—46. à Aufl.

—— lateinisches Elementarbuch. 1. Thl., zum Uebersetzen aus dem Latein. in das Deutsche. 9., verb. Aufl. gr. 8. (VIII und 158 S.) Potsdam 850, Riegel's Verlag.

—— dass. — 2. Thl., welcher die Uebungen im Uebersetzen aus dem Deutschen in das Latein. enthält. 9., verb. Aufl. gr. 8. (VI und 90 S.) Ebds. 850.

— **lateinisches Elementarbuch. 1. Thl., zum Uebersetzen aus dem Latein. in das Deutsche. 12. verb. Aufl. Ebend. 858. gr. 8. (VI, 170 S. und: Vorübungen zum latein. Elementarbuche. 2., verb. Aufl. 2 Bl., 42 S.)** n. 12 1/2 ngr; **die Vorübungen allein** n. 4 ngr

— — **2. Thl., zum Uebersetzen aus dem Deutschen in das Lateinische. 11., sehr verm. rc. Aufl. Ebend. 857. gr. 8. (VI, 93 S.)** n. 6 ngr
3. Thl. (Potsdam 852.) jetzt Ebend.

Blume, Wilh. Herm., lateinisches Elementarbuch. 1. Thl., zum Uebersetzen aus dem Lateinischen in das Deutsche. 13. verb. Aufl. Göttingen 862. Vandenhoeck & Ruprecht, gr. 8. (XLIV, 166 S.) n. 12 1/2 ngr

— — 2. Thl., zum Uebersetzen aus dem Deutschen in das Lateinische. 12. revid. Aufl. Ebend. 863. gr. 8. (VI, 88 S.) n. 6 ngr

—— lateinisches Elementarbuch. 3 Thle. gr. 8. Göttingen, Vandenhoeck und Ruprecht's Verlag. *

Inhalt:
Thl. 1. Zum Uebersetzen aus dem Latein. in das Deutsche. 14. verb. Aufl. (XLIV, 164 S.) 868. * ℳ 1,25.
„ 2. Zum Uebersetzen aus dem Deutschen in das Lateinische. Hrsg. von Gust. Schmidt. 13. revid. Aufl. (VI, 88 S.) 870. * 60 Pf.
„ 3. Kleine lateinische Schulgrammatik oder kurzgefaßte Formenlehre der latein. Sprache. 3. Thl. des vollständ. latein. Elementarbuchs. Hrsg. von Gust. Schmidt. 6. verb. Aufl. (IX, 108 S.) 871. * 80 Pf.

Blume, Wilh. Herm., lateinisches Elementarbuch. 2. Thl., zum Uebersetzen aus dem Deutschen in das Lateinische. Hrsg. v. Gust. Schmidt. 13. rev. Aufl. gr. 8. (VI, 88 S.) Göttingen 871. Vandenhoeck & Ruprecht. n. — 60

Blume, Wilh. Herm., lateinisches Elementarbuch. 1. Thl., zum Uebersetzen aus dem Lateinischen in das Deutsche. 15. revid. Aufl. gr. 8. (VI, 152 S.) Göttingen 878, Vandenhoeck und Ruprecht's Verlag. *
2. und 3. Thl. Ebendas. 1870,71. * ℳ 1,40.

—— **evangel. Gesangbuch f. Schule u. Haus. gr. 12. (13 3/4 B.) Brandenburg 842, Müller.**

—— **evangelisches Gesangbuch für Schule und Haus. 2., neu bearb. Aufl. von Ludw. Ruprecht. gr. 8. (VI und 180 S.) Göttingen 863, Vandenhoeck und Ruprecht's Verlagsh.** *

Blume, W.H.: Ueber Gymnasien und ihre Tadler. 17 S.
Progr. Glogau c. 1830.

— Jahresbericht üb. das Gymnasium in Potsdam, s. H. C. P. Schmidt, über d. Geschichtsunterr. in Gymnasien.

— **Lehr-Cursus der latein. Sprache für die untern Classen d. Gymnasien u. höheren Bürgerschulen. 3 Thle., welche enthalten: I. Die Schulgrammatik. II. Das Elementarbuch zum Uebersetzen aus d. Latein. ins Deutsche, nebst Wörterbuch. III. Das Elementarbuch zum Uebersetzen aus d. Deutschen ins Lateinische. (2r Thl.) 8. Potsd. 833. Riegel.** 1 Thlr — **3r Thl. 2e verm. u. verb. Aufl. 836. Alle 3 Thle.** 11/12 Thlr

— **Lehr-Cursus der Latein. Sprache od. vollständ. Latein. Elementarbuch. 3 Thle. gr. 8. (XXII u. 360 S.) Potsdam 850, Riegels Verl.** 3/4 Thlr

— **ders. einzeln unter folg. Titeln. Lateinisches Elementarbuch. 1. Thl., zum Uebersetzen aus dem Latein. in das Deutsche. 9. verb. Aufl. gr. 8. (VIII u. 158 S.) Potsdam 850, Riegels Verl. — 10. sehr verb. u. stark verm. Aufl. gr. 8. (VIII u. 76 S.) Ebd. 852.** 1/3 Thlr — **2. Thl., welcher die Uebungen im Uebersetzen aus dem Deutschen in das Latein. enthält. 9. verb. Aufl. gr. 8. (VI u. 90 S.) Ebd. 850.** 1/6 Thlr — **3. Thl., welcher das grammatische Pensum für untere Classen enthält. 3. Aufl. A. u. d. T.: Kleine lateinische Schulgrammatik, od. kurzgefaßte Formenlehre der latein. Sprache. 3. Aufl. gr. 8. (VIII u. 112 S.) Ebd. 852.** 1/3 Thlr

—— dass. — 3. Thl., welcher das grammatische Pensum für untere Classen enthält. 3. Aufl. A. u. d. T.: Kleine lateinische Schulgrammatik, oder kurzgefaßte Formenlehre der latein. Sprache. 3. Aufl. gr. 8. (VIII und 112 S.) Ebds. 853.

Blume, W.A.: Narratio de Lycurgo oratore 22 S.
Progr. Postdam 1834.

—— **Narratio de Lycurgo oratore. 4. (4 B.) Bostampil 834, Riegel.**

Blume, W. H., Quaedam de Platonis liberorum educandorum disciplina. Gel. 1818. 16 S. 4°. —.90

Blume, W.H.: Rede gehalten am 15. October 1849. 4 S.
Progr. Wesel 1850.

—— **Rede z. Trauerfeier d. 3. Aug. 1840 in d. Ritter-Akademie zu Brandenburg. gr. 8. (1 1/4 B.) Brandenburg 840, Müller.**

— s. Sagen u. Gesch. aus d. Alterthume.

Blume, W.H.: Ueber höh. Schulen überh. u. d. Ritterakademie insbes. 16 S.
Progr. Brandenburg R. 1837.

— kleine lateinische Schulgrammatik oder kurzgefaßte Formenlehre der lateinischen Sprache. Des vollständ. lateinischen Elementarbuchs 3. Thl. 5., verb. u. verm. Aufl. Ebend. 860. gr. 8. (VIII, 108 S.) n. 8 ngr.

— kleine lateinische Schulgrammatik od. kurzgefaßte Formenlehre der latein. Sprache. 3. Thl. d. vollständ. latein. Elementarbuchs. Hrsg. v. Gust. Schmidt. 6., verb. Aufl. gr. 8. (IX, 108 S.) Ebend. 871. n. — 80

— Lateinische Schulgrammatik für die untern Classen der Gymnasien u. höhern Bürgerschulen. 8. Potsdam 833. Riegel. 1/2 Thlr — 2e umgearb. u. verm. Aufl. gr. 8. Ebd. 839. 3/4 Thlr

— praktische Schulgrammatik der lateinischen Sprache für Gymnasien, Realschulen und Progymnasien. Mülheim a. d. R. 856. Bagel. gr. 8. (X, 266 S.) n. 18 ngr.

— — 2. verb. u. verm. Aufl. Göttingen 858. Vandenhoeck u. Ruprecht. gr. 8. (XVI, 266 S.) n. 20 ngr.

— praktische Schulgrammatik der lateinischen Sprache. 3. verb. u. verm. Aufl. Ebend. 869. gr. 8. (XII, 275 S.) n. 20 ngr.

— praktische Schulgrammatik der lateinischen Sprache. Hrsg. v. Gust. Schmidt. 4. verb. Aufl. gr. 8. (IX, 275 S.) Ebend. 871. n. 2. —

— vier Schulreden. gr. 8. Potsdam 840. Riegel. 1/3 Thlr

— synchronist.-ethnograph. Tabellen d. Geschichte d. Mittelalters u. seiner Kultur. (Mit besond. Berücksichtigung d. vaterländ. Geschichte.) Für Gymnasien u. höh. Bürgerschulen ausgearb. gr. 4. (11 B.) Köln 836, Eisen.

— synchronist.-ethnograph. Tabellen d. Geschichte d. Alterthums u. seiner Kultur. Nach d. Quellen u. mit steter Hinweis. auf dieselb., f. d. obern Klassen gelehrter Schulen bearb. gr. 4. (26 B.) Köln 837, Eisen.

— synchronist.-ethnograph. Tabellen d. Geschichte d. Alterthums u. seiner Kultur. Für Gymnas. u. höh. Bürgerschulen ausgearb. Mit (6) Karten. gr. 4. (6 1/2 B.) Köln 838, Eisen.
Auszug aus dem vorhergehenden Werke.

— synchronist.-ethnograph. Tabellen d. neueren u. neuesten Geschichte, mit ein. Uebersicht d. Kultur- u. Handelsgeschichte. Für Gymnas. u. höh. Bürgerschulen ausgearb. gr. 4. (14 1/2 B.) Köln 839, Eisen.

— Trost und Mahnung in Thatsachen christlicher Erfahrung. Brandenburg 863. Wiesike. 8. (2 Bl., 101 S.) n. 12 1/2 ngr.; cart. n. 13 1/2 ngr.; geb. nn. 20 ngr.; geb. m. Goldschn. nn. 22 1/2 ngr.

— Trost u. Mahnung in Thatsachen christlicher Erfahrung. 2. Bdchn. Brandenburg 864. Wiesike. 8. (2 Bll., 213 S.) n. 12 1/2 ngr.

— — 3. Bdchn. A. u. d. T.: Altes u. Neues zu Trost u. Mahnung. Göttingen 869. Vandenhoeck u. Ruprecht. 8. (IV, 216 S.) n. 12 ngr.

— — 1. 2. Bdchn. 2. Aufl. Ebend. 870. 8. (IV, 191 S.; 2 Bll., 213 S.) Jedes Bdchn. n. 12 ngr.; cart. n. 14 ngr.; geb. n. 22 ngr.

Blume, W. H., Übungen im Übersetzen aus dem Deutschen ins Griechische zur gründlichen Erlernung der Formenlehre. Strals. 820 Theil I. 8. 12 gr. Theil II. 821. 8. 12 gr.

— Uebungen im Uebersetzen aus dem Deutschen in das Griechische, zur gründl. Erlernung der griech. Formenlehre, 1e Abtheil. 8. Stralſ. 821, Löffler, 12 gGr 2e A. 827. 3e Aufl. 829. 12 gGr 2e Abtheil. 821. Ebd. 12 gGr 2e Aufl. 829. Ebd. 12 gGr

— Uebungen im Uebersetzen aus d. Deutschen in das Griechische, zur Befestigung in der griech. Formenlehre. 1e Abthl. 4e, aufs neue durchgesehene u. berichtigte Ausg. 8. Stralsund 835. Löffler. 1/2 Thlr (Vgl. Thl. I. S. 291.)

Blume, Wilh. Herm., Uebungen im Uebersetzen aus dem Deutschen in d. Griechische zur Befestigung in d. griech. Formenlehre. 2 Abthlgn. 8. 1. Abth. 5. durchgeseh. u. bericht. Ausg. (XIV u. 215 S.) 2. Abth. 3. verb. Ausg. (IV u. 163 S.) Stralsund 847. 52, Löffler. (à 1/2 Thlr) 1 Thlr

Blume, W.H.: Ueber d. Verbindung einer höheren Realschule m.d. Gymn. 24 S.
Progr. Potsdam 1835.

— über die Verbindung einer höheren Realschule mit dem Königl. Gymnasium d. Residenzstadt Potsdam. (Aus d. Osterprogramm besond. abgedr.) 4. Potsdam 835. Riegel. 1/4 Thlr

Blume, W. Herm.: Verfassung der Ritterakademie zu Brandenburg. 16 S.
Progr. Brandenburg R. 1844.

Blume, W.H.: Poetische Versuche des hiesigen K. Gymn., bevorwort. u. hersg.
Progr. Potsdam 1834.

— latein. Vorschule. gr. 8. (15 B.) Leipzig 840, Melzer.

Blümeling, Frz. Anselm, Leitfaden f. d. ersten Unterr. in d. Geschichte. gr. 12. (1 B.) Köln 837, Eisen.

— Lateinische Vorschule. gr. 8. Leipzig 840. Melzer. 2/3 Thlr

— Vorübungen zum lateinischen Elementarbuche. 2. verb. Aufl. Ebend. 858. gr. 8. (2 Bl., 42 S.) n. 4 ngr.

— Vorübungen zum lateinischen Elementarbuche. 3. unveränd. Aufl. 860. (IV, 52 S.) — 4. verb. u. verm. Aufl. Göttingen 861. Vandenhoeck & Ruprecht. gr. 8. (44 S.) n. 4 ngr.

— Vorübungen zum lateinischen Elementarbuche. 5. und 6. verb. Aufl. gr. 8. (48 S.) Ebendas. 868, 79. *

— Vorübungen zum lateinischen Elementarbuche. 5. verb. Aufl. Ebend. 869. gr. 8. (XLVI S.) n. 5 ngr.

— Vorübungen zum lateinischen Elementarbuche. 6. verb. Aufl. gr. 8. Ebend. 879. n. — 60

Blümegen, Hermann Graf, Circularschreiben des Bischofs zu Königgrätz an die Geistlichkeit seiner Diöcese. Gegeben zu Brünn 18. März 1774. A. d. Lat. übersetzt. Wien. Ü: *Creibert, Jos.* (Gilhofer 10/6971 »O. O. 1781«) (Geissau, Verzeichniss, S. 17) (wrztg 1782, Beil. bei Nr. 21) (biblrort)

Blumegg-Tannegg. Eine Sage aus dem Wutachtal. Von Hermann aus der Zelle. (19 S.) gr. 16. Donaueschingen (903). O. Mory. n. — 25

Blümel: A u f g a b e n zum Zifferrechnen, s. B l ü m e l, Ernst

Blümel: A u f g a b e n zum Ziffernrechnen, s. B l ü m e l, J.

Blümel: Die v. Pirquet'sche kutane Tuberkulinreaktion, s: Klinik, Berliner.

Blümel: Versicherung von Erziehungsgeldern. 36 S.
Progr. Hohenstein 1862.

Blümel, A. F., der praktische Frauenarzt. Anleitung um die beim weibl. Geschlecht am häufigsten vorkomm. Krankheiten durch einheim. Heilpflanzen u. bewährte Hausmittel ohne Arzt gründlich heilen zu können. 8. (144 S.) Wien 873. Benedikt. n. 2. 10

— der unfehlbare Selbstarzt. Ein unentbehrl. Handbuch für Jedermann um durch einheim. Heilpflanzen und die bewährtesten Hausmittel die meisten Krankheiten ohne Arzt gründlich heilen zu können. Aus den besten populären Schriften und aus eigener Erfahrung gesammelt und hrsg. 8. (VIII, 238 S.) Wien 873, Wenedikt.

Blümel, Anton: Über elektrische Entladungsfiguren auf photographischen Platten. M. 2 Figurentaf. *Berlin: R. Gaertner 1898.* (21 S. mit Taf.) 4°
Berlin, Siebente R ⟨HB⟩, OP 1898 (123)

Blümel, Ant., üb. elektr. Entladungsfiguren auf photograph. Platten. Progr. 4. (21 S. m. 2 Taf.) Berlin 898. R. Gaertner. n. 1. —

Blumel, D: Gründliche Anweisung zur Lust-Feuerwerkerey. 2. Aufl. von H. Hückoly. Straßburg 1771

Blümel, Ernst, s.a. B l ü m e l , J.

Bluemel, E., Aufgaben u. Lehrsätze aus der ebenen Geometrie. gr. 4. (18 S. m. 1 Steintaf.) (Berlin 872. Calvary & Co.) n. 1. 20

— Aufgaben u. Lehrsätze aus der ebenen Trigonometrie. 4. (18 S. m. e. Steintaf.) Königsberg i. P. 870. Hübner & Matz in Comm. n. — 40

[Ernst] **Blümel**-[Emil] Pflügers Aufgaben zum Zifferrechnen. Neubearb. von J[ulius] Walter, Gymn.-Vorschullehrer. Neubearb. von 1905. H. 1–7. [Nebst] Auflösungen H. 2–7. Breslau: E. Morgenstern [1905]. 13 Bde 8° [Umschlagt. J.]
1. Das Rechnen im Zahlenraume von 1 bis 10, von 1 bis 20. u. von 1 bis 100.
2. Die 4 Grundrechnungsarten im unbegrenzten Zahlenraume.
3. Die 4 Grundrechnungsarten mit mehrfach benannten Zahlen.
4. Die 4 Grundrechnungsarten mit unbenannten u. benannten ganzen Zahlen u. Dezimalzahlen.
5. Die 4 Grundrechnungsarten mit Brüchen. Verwandlung d. Brüche in Dezimalzahlen u. umgekehrt. Einfacher Dreisatz.
6. Zusammengesetzter Dreisatz nebst Kettensatz. Die verschiedenen Prozentrechnungen. Termin-, Gesellschafts- u. Mischungsrechnung.
7. Ausziehen d. Quadrat- u. Kubikwurzel. Flächen- u. Körperberechnung.
[Auflösungen zu H. 1 sind nicht erschienen] [05. 4491

Blümel, Ernst, die Ausflüge des Vereins f. Geschichte u. Altertümer der Grafsch. Mansfeld, s.: Größler, Herm.

Blümel, Ernst. Die neueste Geschichte in d. Volksschule, s. Sammlung pädagog. Vorträge.

Blümel, Ernst, Geschichte der Revolutionsjahre 1848 u. 49. Dem deutschen Volke zur Belehrung u. Warng. erzählt. (VIII, 223 S.) 8. Eisleben 898. Christl. Verein im nördl. Deutschland. Geb. —80; in Leinw. 1.80

Geschichte der Revolutionsjahre 1848 u. 49. Dem deutschen Volke z. Belehrg u. Warng erzählt v. Ernst **Blümel**, Vf. v. 'Gustav Adolf' . . ., Hrsg. v. christl. Ver. im nördl. Deutschland. *Eisleben: P. Klöppel; Leipzig: G. E. Schulze 1898.* (VII, 223 S.) 1 Bd 8. [98. 11029

Blümel, Ernst, Gustav Adolf, König v. Schweden. Ein Gedenkbuch z. 300jähr. Geburtstagsfeier d. Retters der deutschen evang. Kirche. 8. (III, 226 S. m. Bildn.) Eisleben 894. Christl. Verein. Geb. in Halbleinw. 1. 50

[F.] Die Kommune von Paris. '(18. März bis 29. Mai 1871.)' E. Erinnergs- u. Warngsbild f. d. deutsche Volk v. Ernst **Blümel**, '(Vf. v. 'Gustav Adolf . . .')' Hrsg. v. christl. Ver. im nördl. Deutschland. *Eisleben: P. Klöppel; Leipzig: G. E. Schulze 1896.* (2 Bl., 163 S.) 1 Bd 8. [96. 7661

— Luthers Lebensende. Widerlegung der durch den röm. Priester Majunke hervorgesuchten u. verarbeiteten Lügenberichte. 12. (80 S.) Barmen 890, Klein. * — 75

Blümel, Ernst, Naucke u. Nappian. Bergmännisches Volksstück. 8. (27 S.) Eisleben 891. Winkler. n. — 75

— das Rechnen mit Brüchen. Bearbeitet zum Gebrauch für die Schüler von untern Klassen höherer Lehranstalten und von Elementarschulen. Graudenz 856. Röthe. 8. (8 S.) n. 1 ngr

Blümel, E, d. Rechnen m. Brüchen. 8. (8) Graud. 57, G Röthe. n. — 1

— Reise-Taschenbuch f. junge Handwerker u. Kaufleute, s.: Bocke, Karl.

— volkstümliche Vorträge u. Ansprachen an reichs- u. kaisertreue Arbeitervereine. gr. 8. (VIII, 192 S. m. 1 Bildnis.) Eisleben 891. (Kuhnt.) 2. 40

— volkstüml. Vorträge u. Ansprachen f. reichs- u. kaisertreue Vereine, Krieger-, Arbeiter-, Jünglings-, Volksbildungs- etc. Vereine. 2. (Titel-)Aufl. gr. 8. (III, 192 S. m. 1 Bildn.) Leipzig (891) 895. B. Franke. n. 2. 50

Blümel, Franz

— u. R **Gotthart**, Liederbuch f. d. Jugend. Sammlg v. 112 ein-, zwei- u. dreistimm. Liedern f. allg. Volksschulen u. f. Bürgerschulen. 6. Afl. 8. (110) Wien 91. Pichler's Wwe. & S. n.—76

Blümel, Franz, und **Raimund Gotthart**, Liederbuch für die Jugend. Eine Sammlung von 112 ein-, zwei- und dreistimmige Liedern für allgemeine Volksschulen und für Bürgerschulen. 11. Auflage. 16. (111 S.) Cart. —.38
Wien: Pichlers Witwe & Sohn 1895. ?

Blümel, Franz, und **Reimund Gotthardt**, Liederbuch für die Jugend. 12. Aufl. 8. (110 S.) Cartonnirt —.36
Wien: Pichler's Witwe & Sohn 1896. ?

Blümel, Franz, u. **Raimund Gotthart**. Liederbuch für die Jugend. Eine Sammlung von 112 ein-, zwei- und dreistimmigen Liedern für allgemeine Volksschulen und für Bürgerschulen. 13. Aufl. 8. (110 S.) Cart * —.38
Wien: Pichler's Witwe & Sohn 1897. ?

— u. Raim. **Gotthart**, Liederbuch f. die Jugend. Eine Sammlg. v. 112 1-, 2- u. 3stimm. Liedern f. allgemeine Volksschulen u. f. Bürgerschulen. 14. Aufl. Unveränd. Abdr. d. 1. Aufl. 8. (III, 110 S.) Wien 898. A. Pichler's Wwe. & Sohn. Kart. n. — 76

Blümel, Frz., u. Raim. **Gotthart**, Liederbuch f. die Jugend. Eine Sammlg. v. 112 1-, 2- u. 3stimm. Liedern f. allgemeine Volksschulen u. f. Bürgerschulen. 15. u. 16. Aufl. Unveränd. Abdr. der 1. Aufl. 8. (à 110 S.) Wien 900. 901. A. Pichler's Wwe. & Sohn. Kart. n. — 76

— u. Raim. **Gotthart**, Liederbuch für die Jugend. Eine Sammlg. v. 112 1-, 2- u. 3-stimm. Liedern f. allgemeine Volksschulen u. für Bürgerschulen. 18. Aufl. Unveränderter Abdr. der 17. Aufl. (110 S.) 8. Wien 905. A. Pichler's Wwe. & Sohn. Kart. n. — 76

Blümel, Frz., u. Raim. **Gotthart**, Liederbuch f. die Jugend. Eine Sammlg. v. 112 1-, 2- u. 3stimm. Liedern f. allgemeine Volksschulen u. f. Bürgerschulen. 20. Aufl. Unveränderter Abdr. der 17. Aufl. (110 S.) 8. Wien 909. A. Pichlers' Wwe. & Sohn. Geb. — 76

Blümel, F. und Gotthart, R.: L i e d e r b u c h für die Jugend. 21. Aufl. Gr.- 8° (110 S.). Wien: Pichler 1910.

Blümel, Frz, u. Raim. **Gotthart**: Liederb. f. d. Jugend. Sammlg. v. 112 1-, 2- u. 3stimm. Liedern f. allg. Volksschulen. u. f. Bürgersch. 22. Afl. (110) 8° Wien, A Pichler's Wwe & S. '12. geb. — 76 d

Blümel, F., Steirerlieder f. die Jugend. Gesammelt u. bearb. 12. (65 S.) Graz 889. Pechel. n. — 60

Blümel, Frz., Steirerlieder. 2., verb. Aufl. 12. (68 S.) Graz 895. F. Pechel. n. - 60

Blümel, Frz., Steirerlieder. (Der Jugend gewidmet.) Gesammelt u. bearb. 3., verm. u. verb. Aufl. (65 S.) kl. 8. Graz 905. F. Pechel. n. — 60

Blümel, Gottfried, Thomae von Kempen // Erbauliche // Bücher // Von der // Nachfolge // Christi // In Teutsche Verse // Uebersetzet /// Nebst dem IVten Buche // vom H. Abendmahl// vermehret // von // Gottfried Blümeln. // Leipzig und Breßlau /// zu finden // Bey Michael Hubert /// 1717. - 6 Blatt (nicht paginiert) Titelkupfer, Titelblatt, Widmung und Vorrede. - 360 S.
Auf dem vordern Einbanddeckel steht in Golddruck:
M. JOH. FR. MEY
ZITT. LUSAT.
SOCIET. PHILOT.
POETICAE
D. D. D.
1 7 2 3.

Blümel, J., s.a. Blümel, Ernst

Blümel, J., Aufgaben zum Zifferrechnen. 1—3. Heft. 8. Breslau 853, Max und Comp. à Heft * 4 Ngr. *
Inhalt:
Heft 1. Die vier Species in unbenannten Zahlen. (79 S.)
" 2. Die vier Species in benannten Zahlen. (56 S.)
" 3. Die Brüche. (46 S.)

— Auflösungen der Aufgaben zum Zifferrechnen. 1—3. Heft. Ebend. 853. 8. (31; 31; 32 S.) Jedes Heft 2½ ngr

—— dass. — Facitbuch zum 1. Hefte. (20 S.) Ebendas. 865. **

Blümel, J., Aufgaben zum Zifferrechnen. 1. 2. 4. Heft. Fortgesetzt von R. E. Pflüger. Breslau, Max & Co. 8. n. 11 ngr
Facitbuch zum 1. Heft. (20 S.) n. 3 ngr
1. Die vier Species in einfach benannten Zahlen. 5. Aufl. 865. — 6. Aufl. 866. (66 S.) n. 3 ngr
2. Die vier Species in mehrfach benannten Zahlen. 4. Aufl. 866. — 5. Aufl. 869. (56 S.) n. 3 ngr
4. Regel de tri, Zins-, Gesellschafts- u. Mischungs-Rechnung, Decimalbrüche. 4. Aufl. 867. (111 S.) n. 5 ngr

— — Fortgesetzt u. mit Berücksichtigung der neuen Maß- u. Gewichtsordnung vom 17. Aug. 1868 neu bearb. von R. E. Pflüger. 1—6. Hft. Breslau 870. Lichtenauer. 8. n. 18⅓ ngr
1. 8. Aufl. (50 S.) n. 2½ ngr — 2. 8. Aufl. (69 S. u. 1 Holzschnitaf.) n. 3 ngr — 3. 6. Aufl. (79 S.) n. 3 ngr — 4. 5. Aufl. (84 S.) n. 4 ngr — 5. 5. Aufl. (62 S.) n. 3 ngr — 6. 5. Aufl. (72 S.) n. 3 ngr

Blümel's, J. (I.), Aufgaben zum Zifferrechnen. Fortgesetzt und mit Berücksicht. der neuen Maß- und Gewichtsordnung vom 17. Aug. 1868 neu bearb. von R. E. Pflüger. 6 Hefte. 8. Breslau 869—72, Morgenstern. [1. Heft. 7.—10. Aufl. (48 S.) ** 25 Pf.; 2. Heft. 5.—9. Aufl. (64 S.) ** 30 Pf.; 3. Heft. 6.—8. Aufl. (79 S.) ** 30 Pf.; 4. Heft. 5.—12. Aufl. (84 S.) ** 40 Pf.; 5. Heft. 5.—7. Aufl. (62 S.) ** 30 Pf.; 6. Heft. 5. und 6. Aufl. (72 S.) ** 30 Pf.] cart. **

— — Facitbuch zum 2—6. Hft. Ebend. 870. 8. (36; 50; 50; 31; 31 S.) Jedes Heft n. 5 ngr

— dasselbe. Facitbuch. 5. u. 6. Hft. 6. Aufl. gr. 8. (à 31 S.) Ebend. 872. à n.n. — 50

—— Facit-Bücher hierzu. 6 Hefte. 8. (20; 36; 50; 50; 31; 31 S.) Ebendas. 872. à Heft ** 50 Pf. *

Blümel's, J., Aufgaben zum Zifferrechnen. Nach dem Münz-, Maß- u. Gewichts-System d. deutschen Reiches neu bearb. v. R. E. Pflüger. 1—6. Hft. 8. Breslau 873. Morgenstern. n. 2. 30
1. Das Rechnen im Zahlenraume von 1—100. 11. Aufl. (40 S.) n. — 30
2. Die 4 Grundrechnungsarten im unbegrenzten Zahlenraume. 11. Aufl. (64 S.) n. — 40
3. Die 4 Spezies in mehrfach benannten Zahlen. 9. Aufl. (64 S.) n. — 40
4. Die Brüche. 9. Aufl. (64 S.) n. — 40
5. Einfache u. zusammengesetzte Regel de tri u. Prozentrechngn. 8. Aufl. (68 S.) n. — 40
6. Gesellschafts-, Termin- u. Mischungsrechngn., Ausziehen der Quadrat- u. Kubikwurzel, Raumrechng. 7. Aufl. (71 S.) n. — 40

Blümel's, J., Aufgaben z. Zifferrechnen. Neu bearb. v. RE Pflüger. 1. Hft. 12. Afl. 8. (40) Bresl. 74, Morgenstern. n. — 30 ‖ 2. Hft. 12. Afl. (64) 74. ‖ 3. Hft. 10. Afl. (69) 74. ‖ 4. Hft. 12. Afl. (64) 74. ‖ 5. Hft. 8. Afl. (68) 74. ‖ 6. Hft. 7. Afl. (71) 73. à n. — 40

Blümel's, J., Aufgaben zum Zifferrechnen. Nach dem Münz-, Maß- und Gewichtssystem des deutschen Reichs bearb. von R. E. Pflüger. 6 Hefte. Neue mit Berücksicht. der vorgeschriebenen abgekürzten Maß- und Gewichtsbezeichnungen verb. Ster.-Aufl. 8. Breslau 875—79, Morgenstern. *
Inhalt:
Heft 1. Das Rechnen im Zahlenraum von 1—100. 13.—42. Tausend der 3. Bearbeitung. (40 S.) * 30 Pf.
" 2. Die vier Grundrechnungsarten im unbegrenzten Zahlenraume. 13.—41. Tausend der 3. Bearbeitung. (64 S.) * 40 Pf.
" 3. Die vier Species in mehrfach benannten Zahlen. 11.—37. Tausend der 3. Bearbeitung. (64 S.) * 40 Pf.
" 4. Die Brüche. 13.—39. Tausend der 3. Bearbeitung. (64 S.) * 40 Pf.
" 5. Einfache und zusammengesetzte Regel de tri und Procentrechnungen. 9.—29. Tausend der 3. Bearbeitung. (68 S.) * 40 Pf.
" 6. Gesellschafts-, Termin- und Mischungsrechnungen, Ausziehen der Quadrat- und Kubikwurzeln, Raumrechnung. 6.—17. Tausend der 3. Bearbeitung. (71 S.) * 40 Pf.

—— dass. — Auflösungen. 6 Hefte. 8. Ebendas. 875—79. [1. Heft. (18 S.) * 25 Pf.; 2.—6. Heft. (32; 42; 39; 32; 34 S.) à Heft * 50 Pf.] *

Blümel's, J., Aufgaben zum Zifferrechnen. Nach dem Münz-, Maß- und Gewichtssystem des deutschen Reichs bearb. von R. E. Pflüger. 6 Hefte. Neue Ster.-Aufl. 3. Bearbeitung. 8. Breslau 879—82, Morgenstern. * 2 30
Inhalt:
Heft 1. Das Rechnen im Zahlenraum von 1—100. 43.—53. Tausend. (40 S.) * 30 Pf.
" 2. Die vier Grundrechnungsarten im unbegrenzten Zahlenraume. 42.—52. Tausend. (64 S.) * 40 Pf.
" 3. Die vier Species in mehrfach benannten Zahlen. 38.—52. Tausend. (64 S.) * 40 Pf.
" 4. Die Brüche. 40.—52. Tausend. (64 S.) * 40 Pf.
" 5. Einfache und zusammengesetzte Regel de tri und Procentrechnungen. 30.—58. Tausend. (64 S.) * 40 Pf.
" 6. Gesellschafts-, Termin- und Mischungsrechnungen, Ausziehen der Quadrat- und Kubikwurzeln, Raumrechnung. 18.—20. Tausend. (71 S.) * 40 Pf.

—— dass. — Auflösungen. 6 Hefte. 8. Ebendas. 881,83. [1. Heft. (18 S.) * 25 Pf.; 2.—6. Heft. (32; 42; 39; 32; 34 S.) à Heft * 50 Pf.] * 2 75

Blümel's, J., Aufgaben zum Zifferrechnen. Nach dem Münz-, Maß- und Gewichtssystem des deutschen Reiches neu bearb. von R. E. Pflüger. 6 Hefte. Dritte Bearbeitung. Neue, nach der vorgeschriebenen Orthographie berichtigte Ster.-Aufl. 8. Breslau 885—88, Morgenstern. *
Inhalt:
Heft 1. Das Rechnen im Zahlenraume von 1 bis 100. (40 S.) 54.—75. Tausend. * 30 Pf.
" 2. Die vier Grundrechnungsarten im unbegrenzten Zahlenraume. (64 S.) 53.—77. Tausend. * 40 Pf.
" 3. Die vier Species in mehrfach benannten Zahlen. (64 S.) 53.—75. Tausend. * 40 Pf.
" 4. Die Brüche. (64 S.) 53.—75. Tausend. * 40 Pf.
" 5. Einfache und zusammengesetzte Regel de tri und Procentrechnungen. (68 S.) 59. Tausend. * 40 Pf.
" 6. Gesellschafts-, Termin- und Mischungsrechnung, Ausziehen der Quadrat- und Kubikwurzel, Raumrechnungen. (72 S.) 21.—29. Tausend. * 40 Pf.

—— Auflösungen dazu. 6 Hefte. 8. Ebendas. 885—88. [1. Heft. (16 S.) * 25 Pf.; 2.—6. Heft. (32; 36; 39; 32; 32 S.) à Heft * 50 Pf.] *

Blümel's, J., Aufgaben zum Zifferrechnen. Neu bearb. v. R. E. Pflüger. 6 Hfte. Neue Ster.-Aufl. 8. Breslau 898. E. Morgenstern's Verl. n. 2. 30
1. 81. Tauf. (40 S.) n. — 30. — 2. 87. Tauf. (64 S.) n. — 40. — 3. 85. Tauf. (64 S.) n. — 40. — 4. Nach den neuen Lehrplänen neu bearb. v. Aug. Otto. 90. Tauf. (64 S.) n. — 40. — 5. 69. Tauf. (68 S.) n. — 40. — 6. 35. Tauf. (71 S.) n. — 40.

— dass. Auflösgn z. 4. Hft v. A Otto. 8° (32) Ebd. 98. — 50

Blümel's, J., Aufgaben zum Zifferrechnen. 1., 2. u. 4. Hft. 8. Breslau, E. Morgenstern, Verl. n. 1.10
1. Bearb. v. R. E. Pflüger. Das Rechnen im Zahlenraume von 1—100. Neue Ster.-Aufl. (88.—90. Tauf.) (40 S.) (902.) n. — 30
2. Bearb. v. R. E. Pflüger. Die vier Grundrechnungsarten im unbegrenzten Zahlenraume. Neue durchgeseh. u. bericht. Aufl. (97.—99. Tauf.) (64 S.) (902.) n. — 40
4. Nach den neuen Lehrplänen neu bearb. v. Aug. Otto. Die Brüche. Neue durchges. u. bericht. Aufl. (68 S.) (901.) n. — 40

Blümel's, J., Aufgaben zum Zifferrechnen. Bearb. v. R. E. Pflüger. Gedruckt in neuer Rechtschreibg. 3—6. Heft. 8. Breslau (903). E. Morgenstern Verl. n. 1. 60
3. Die vier Grundrechnungsarten in mehrfach benannten Zahlen. Neue durchgeseh. u. bericht. Aufl. 99.—101 Taus. (64 S.) n. — 40
4. Die Brüche. 90 Taus. (64 S.) n. — 40
5. Einfache u. zusammengesetzte Regeldetri u. Prozentrechnungen. Neue durchgeseh. u. bericht. Aufl. 85.—87. Taus. (68 S.) n. — 40
6. Gesellschafts-, Termin- u. Mischungsrechnung, Ausziehen der Quadrat- u. Kubikwurzel, Raumrechnungen. Neue durchgeseh. u. bericht. Aufl. 42.—43. Taus. (74 S.) n. — 40

— u. Pflüger's Aufgaben z. Zifferrechnen. Neubearbeitg. von 1905. 1.—3. Heft neu bearb. von J. Walter; 4.—7. Heft neu bearb. v. K. Türk. 7 Hfte. 8. Ebd. (904). n. 2. 60
1. Das Rechnen im Zahlenraume von 1 bis 10, von 1 bis 20 u. von 1 bis 100. (48 S. m. Fig.) n. — 30
2. Die vier Grundrechnungsarten im unbegrenzten Zahlenraume. (62 S.) n. — 40
3. Die vier Grundrechnungsarten m. mehrfach benannten Zahlen. (64 S.) n. — 40
4. Die vier Grundrechnungsarten m. unbenannten u. benannten ganzen Zahlen u. Dezimalzahlen. (80 S.) n. — 40
5. Die vier Grundrechnungsarten m. Brüchen. Verwandlung der Brüche in Dezimalzahlen u. umgekehrt. Einfacher Dreisatz. (80 S.) n. — 40
6. Zusammengesetzter Dreisatz nebst Kettensatz. Die verschiedenen Prozentrechngn. Termin-, Gesellschafts- u. Mischungsrechng. (80 S.) n. — 40
7. Ausziehen der Quadrat- u. Kubikwurzel. Flächen- u. Körperberechng. (48 S.) n. — 30

Blümel's, J., u. Pflüger's Aufgaben z. Zifferrechnen. Neubearbeitung v. 1905. 1.—3. Heft neu bearb. v. J. Walter; 4.—7. Heft neu bearb. v. K. Türk. Auflösungen zu Heft 2—7. (20, 22, 27, 24, 18 u. 14 S.) 8. Breslau 905. E. Morgenstern Verl. à n. — 50

Blümel u. Pflüger's Aufgaben zum Zifferrechnen. Neubearbeitung v. 1905. 1. u. 6. Heft. 8. Breslau, E. Morgenstern, Verl. — 70
1. Das Rechnen im Zahlenraum von 1—10, von 1—20 u. von 1—100. 6—8. Taus. (48 S. m. Fig.) Neu bearb. v. J. Walter. (910.) · 30
6. Zusammengesetzter Dreisatz nebst Kettensatz. Die verschiedenen Prozentrechngn. Termin-, Gesellschafts- u. Mischungsrechng. Neu bearb. v. K. Türk. 6—8. Taus. (80 S.) (0.9.) · 40

— dass. Neubearb. v. K Türk. Neubearbeitg v. '05. I. u. IV. Heft. 8° Ebd. d
I. 6—8. Taus. (48 m. Fig.) ('10) — 30 ‖ IV. 9—11. Taus. (80) ('11) — 40

Blümel u. Pflüger's Aufg. z. Zifferrechnen. V. Heft. Bearb. v. RE Pflüger. NAfl (68) 8° Bresl., E Morgenstern V. ('12). — 40 d

Blümel, J., ein furchtbares Geheimniß, s.: Bibliothek, blaue.

Blümel, J. D., s. Blümel, Jh. Dn.

Blümel, J.E.: Das Rechnen mit Brüchen, s. Blümel, Ernst

Blümel, Jacob, Die schwarzen Brüder; s.: Zwei Kreuzer-Bibliothek, neue.

Blümel, Jak., Geschichte der Entwickelung der Wiener-Vorstädte, nach authent. Quellen bearb. Mit zahlreichen Illustr. (In ca. 20 Lfgn.) 1. und 2. Lfg. gr. 8. (II, S. 1—62.) Wien 884, Vetter. à Lfg. * 50 Pf. * 1 —

Blümel, Jak., Geschichte der Entwickelung der Wiener Vorstädte, nach authent. Quellen bearb. Mit zahlreichen Illustr. 3.—21. (Schluß-)Lfg. gr. 8. (1. Bd. VI, S. 63—110; 2. Bd. 342 S.; 3. Bd. 231 S.) Wien 885,86, Vetter. à Lfg. * 50 Pf. *
1. und 2. Lfg. Ebendas. 1884. à * 50 Pf.

Blümel, Jh. Dn.
Bluemel, J. D. Deutliche u. gründliche Anweisung zur Lust Feuerwerkeren. Mit Kpf. Straßburg 1765. 140 S.

Blümel, Jh. Dn., gründl. Anweis. z. Lustfeuerwerkerei. M. 10 Kpf. 4. Straßb. 771. König. 1 ₰

Blümel, Karl, appr. Arzt: Die ätiologische Bedeutung der Syphilis für die Tabes dorsalis. Berlin 1909: G. Schade. 55 S. 8°
Berlin, Med. Diss. v. 15. Juni 1909, Ref. Ziehen
[Geb. 28. Mai 82 Mainz; Wohnort: Berlin; Staatsangeh.: Preußen; Vorbildung: Lyzeum Metz Reife O. 03; Studium: Freiburg i. B. 1, Leipzig 1, Straßburg 1, Berlin K. W. A. 7 S.; Coll. 14. Juni 09; Approb. 12. Juni 09.] [U 09. 32

Blümel, Karl, appr. Arzt a. Rostock: ⟨Aus dem physiologischen Institut der Universität Rostock.⟩ Giebt es ein Pseudopepsin? Rostock 1905: C. Hinstorff. (41 S.) 8°
Rostock, Med. Fak., Ref. Müller, Diss. v. 1. Okt. 1904
[Geb. 11. März 80 Neubuckow; Wohnort: Rostock; Staatsangeh.: Mecklenburg-Schw.; Vorbildung: Gymn. Rostock Reife M. 99; Studium; Rostock 4, Jena 1, Rostock 4 S.; Coll. 18. Juli 04; Approb. 14. Juli 04.]

Blümel, Magnus, kurzgefaßtes Lehrbuch der englischen Sprache, s.: Reichel, Kurt.

Blümel, Magn., Lehrgang d. englischen Sprache, s.: Reichel, Kurt.

Blümel, Magnus: Die Unterhaltungen Lord Byron's mit der Gräfin Blessington als ein Beitrag zur Byronbiographie kritisch untersucht. *Breslau 1900: R. Galle.* (90 S.) 8°
Breslau, Phil. Diss. v. 16. Juli 1900

Blümel, Rudolf: Neuhochdeutsche Appositionsgruppen. Vorbereitender T. 1. Abgrenzung und Gliederung des Gebietes. Würzburg 1910: Stürtz. 48 S. 8°
Würzburg, k. Neues G P 1910* [S 10. 32

Blümel, Rudolf, a. Augsburg: Die Aufgaben der nhd. Wortstellungslehre. Halle a. S. 1909: Karras. 44 S. 8° ¶ (Aus: Beiträge z. Gesch. d. dtsch. Sprache u. Liter. Bd 35.)
München, Phil. Diss. v. 22. Juli 1909, Ref. H. Paul, Streitberg
[Geb. 6. Nov. 76 Kempten; Wohnort: Würzburg; Staatsangeh.: Bayern; Vorbildung: Gymn. Augsburg Reife Juli 95; Studium: Augsburg Lyz. 2, München 8 S.; Rig. 22. Juli 09.] [U 10. 3623

Blümel, Waldemar: Aus d. landwirtschaftl.-technol. Institut d. Universität Breslau. Über einige Nebenprodukte bei der Anilinfabrikation. *Breslau 1903: H. Fleischmann.* (37 S.) 8°
Breslau, Phil. Diss. v. 29. Mai 1903

— Hans Dollinger u. Krako, e. Legende nach einer Legende. Regensb. 816.

Blumelhuber, Thom. Jos.

Blumelhuber, Thom. Jos., Rede z. Feier des ersten Meßopfers d. Hrn. Nik. Märkl. 8. 810. (Regensb.) Daisenberger. 4 K

Blümelhuber, Michael, Eine ethische Reform der Quotenfrage des österr.-ungar. Ausgleiches. 12. (8 S.) In Comm. —.20
Linz: Marcis 1897.

— Seil — freier Gedanke, d. nichts erbittet — d. Heute erfassend d. Guten gewidmet. gr. 8. (63 S.) Linz 898. E. Marcis. n. 3. —

Blümelhuber, Michel, ein lenkbares Luftfahrzeug. gr. 8. (91 S. m. 4 Taf.) Weimar 899. C. Steinert. n. 2. 40

Blümeling, Frz. Anselm
Blümeling, F. A.: „Ueber den Handel Cölns in den früheren Jahrhunderten bis auf die Zeiten der Hansa", Cölln 1840. — Vorh.: Com. Bibl. Hamburg.

Blümeling, Frz. Anselm, Leitfaden für den ersten Unterricht in der Geschichte. gr. 12. Köln 837. Eisen. 1/8 ₰

Blümeling, F. A., Leitfaden f. den ersten Unterricht in der Geschichte, nebst e. Anhang üb. die Brandenburgisch-Preuß. Geschichte u. e. geographisch-statist. Uebersicht Preußens. 2. verb. u. stark verm. Aufl. 12. (107 S.) Köln 852, F. C. Eisen. n. 1/6 ₰

Blümeling, Frz. Anselm, synchronistisch-ethnographische Tabellen der Geschichte des Mittelalters und seiner Kultur. (Mit besond. Berücksichtigung der vaterländ. Geschichte.) Für Gymnasien u. höhere Bürgerschulen ausgearbeitet. gr. 4. Köln 836. Eisen. 3/4 ₰

— synchron.-ethnogr. Tabellen d. Gesch. d. Alterthums und seiner Kultur. Nach den Quellen u. mit steter Hinweisung auf dieselben, für die obern Klassen gelehrter Schulen bearbeitet. gr. 4. Köln 837. Eisen. 2 ₰

— synchron.-ethnogr. Tabell. d. Gesch. d. Alterthums u. s. Kultur. Für Gymnasien u. höhere Bürgerschulen ausgearbeitet. (Auszug aus dessen Tabellen d. Gesch. d. Alterthums u. s. Kultur.) Mit 5 (6) Karten. gr. 4. Köln 838. Eisen. 3/4 ₰

— synchron.-ethnogr. Tabellen d. neueren u. neuesten Geschichte, mit e. Uebersicht d. Kultur- u. Handelsgeschichte. Für Gymnasien u. höhere Bürgerschulen ausgearbeitet. gr. 4. Köln 839. Eisen. 3/4 ₰

Blümelius, Gottlieb: De eo, quod verum et imaginarium est . . ., s. Siegartus, Christianus Gottlob [Praes.]

Blumen s. a.: Blomen.

Blumen s. a.: Blummen.

Blumen. Erzählungen, Mährchen, Gedichte u. Gespräche üb. die Schönheiten des Blumenreichs. Ein Unterhaltungsbuch f. d. Jugend. Mit col., nach der Natur gezeichn. Abbild. (auf 8 Taf.) 8. (13 B.) Leipzig 846, Kretzschmar. *

Blumen. Die Schönheiten d. Blumenreiches in Erzählungen, Märchen u. Gedichten. Ein Unterhaltungsbuch f. die Jugend. Neue Ausg. Mit (4 lith. u.) color., nach der Natur gezeichn. Abbildungen. 8. (XVI u. 194 S.) Leipzig 849, C. Kretzschmar. 1 ₰

Blumen. Von Jena bis Neisse. 1806—1819. Tagebuch-Aufzeichnungen. — Leipzig 1901.

Blumen. Leichte Malvorlagen. (4 farb. u. 4 schwarze Bl.) gr. 8. Mainz (905). J. Scholz. — 40

Blumen, achtzehn, nach d. Natur gezeichnete u. gemalte. Für angehende Zeichner u. f. Stickerinnen, auch f. Personen, welche im Blumenzeichnen Unterricht geben. Fol. Leipz. Sommer. 816.

— m. Alpenlandschaften. (8 farb. Bl.) qu. gr. 8. Berlin (908). W. Schultz-Engelhard Nachf. n. 4. —

Blumen a. d. Altar d. Freundsch. u. Liebe. 12. Stuttgard, Mag. f. L.

Blumen an dem Altare d. Freundschaft u. Liebe. 12. Stuttg., (Sonnewald). (Leipz., Central-Compt.) 9 gr.

Blumen auf den Altar der Grazien. Leipzig 1787. V: *Schatz, Georg.* (BrMm) (ML) (Mn) (JL)

— u. Zierpflanzen, d. beliebtesten, s.a. Universalbibliothek f. Obst- u. Gartenbau.

Blumen und Zierpflanzen, die beliebtesten. Mit kolor. Abbild. 24 Hefte. gr. 8. Leipzig 876—79, Dresden, Oehlmann. à Heft *
geb. in 2 Bde. à

Blumen u. Zierpflanzen, die beliebtesten, u. die bei uns als Zierpflanzen eingeführten Arten, deren Varietäten u. Hybriden. Anleitung zur Zucht derselben im Garten, Zimmer, Gewächshause 2c. u. zu deren Vermehrg. durch Samen od. Knollen. Nebst genauen Angaben üb. Geschichte, symbol. Bedeutg., naturgeschichtl. Kennzeichen, chem. Bestandtheile, Vaterland, Nutzen od. Schaden derselben. Mit je e. naturgetreuen (lith. u.) color. Abbildg. 1—8. Hft. gr. 16. Leipzig 876. Ruhl. à n. — 75

1. Das Alpenveilchen od. die Erdscheibe [Cyclamen]. (15 S.)
2. Die Magnolie [Magnolia Lin.]. (16 S.)
3. Primel od. die Schlüsselblume [Primula Tournef.]. (15 S.)
4. Der Cactus [Cactus Lin.]. (32 S.)
5. Die Nelke [Dianthus Lin.]. (19 S.)
6. Der Oleander od. die Lorbeerrose [Nerium]. (15 S.)
7. Der Phlox od. die Flammenblume [Phlox Lin.]. (16 S.)
8. Die Gloxinie [Gloxinia Lin.]. (15 S.)

— u. Zierpflanzen, die beliebtesten, u. die bei uns als Zierpflanzen eingeführten Arten, deren Varietäten u. Hybriden. Anleitung zur Zucht derselben im Garten, Zimmer, Gewächshause 2c. u. zu deren Vermehrung durch Samen, Stecklinge 2c. Nebst genauen Angaben über Geschichte, symbol. Bedeutung, naturgeschichtl. Kennzeichen, chem. Bestandtheile, Vaterland, Standort u. Nutzen derselben. Mit je einer naturgetreuen (lith. u.) color. Abbildung. 9—24. Hft. gr. 16. Leipzig 877—79. Ruhl. à n. — 75

9. Die Myrte [Myrtus Lin.]. (15 S.)
10. Die Passionsblume [Passiflora Lin.]. (16 S.)
11. Der Granatbaum [Punica Turn.]. (16 S.)
12. Die Georgine od. Dahlie [Georgina variabilis]. (14 S.)
13. Die Balsamine [Impatiens Balsamina]. (15 S.)
14. Die Kamellie [Camellia japonica].
15. Die Hortensie [Hydrangea hortensis]. Ihre Vermehrung u. Behandlung. Nebst Anweisung zur leichtesten u. sichersten Ueberwinterung u. zur Erzeugung blaublühender Hortensien. (16 S.)
16. Die Aster [Aster sinensis]. Ihre Vermehrung u. Cultur. Nebst Anweisung zum Trocknen der Blumen. (19 S.)
17. Die Hyazinthe [Hyacinthus orientalis]. Ihre Vermehrung u. Behandlung. Nebst Anweisung zum Treiben der Hyazinthe für den Winterflor. (20 S.)
18. Die Lilie [Lilium L.]. Anleitung zu ihrer Cultur u. Vermehrung. (20 S.)
19. Die Begonie [Begonia L.]. Anleitung zu ihrer Cultur u. Vermehrung. (24 S.)
20. Die Waldrebe [Clematis L.]. Anweisung zu ihrer Cultur u. Vermehrung sowie Beschreibung der schönsten Arten u. Varietäten. (19 S.)
21. Die Erika [Erica L.]. Anleitung zu ihrer Vermehrung u. Behandlung. (20 S.)
22. Der Epheu [Hedera]. Anleitung zu seiner Behandlung u. Vermehrung. (16 S.)
23. 24. Die Rose [Rosa L.]. Anleitung zu ihrer Anpflanzung, Freiland- u. Topfkultur, Vermehrung u. Treiberei. Mit 2 (lith. u.) color., naturgetreuen Abbildungen. (50 S.)

Blumen u. Blätter, von Fr. Laun. 8. Leipz. Hinrichs. 815.

Blumen u. Blätter v. Silvio Romano. 8. Leipzig, Cnobloch. 816. Rthlr.

— — dieselben, von Silvio Romano, s. im Alphabet Blumen.

Blumen und Blätter. Leipzig 1816. 1819. V: *Riemer, Friedr. Wilh.* (MGT)

Blumen und Blätter, von Silvio Romano. 2 Theile. 8. Leipzig, Cnobloch. 816. 819. (1r 18 Gr. 2r Theil 1 Rthlr.)

Blumen, blühende. Mit Versen v. F. Dittmar. 8 (12 Chromolith.) Dresden 888. Schwager. In Mappe n. 3. —

Blumen, Blümchen u. Blätter, statt eines Prager Musenalmanachs. Zusammengelesen v. Joh. D. John. (1787). 170 S. Prag u. Wien.

Blumen und Blüthen. Gedichte von A. H. 8. (16 S.) Salzburg. Druck von Franz Xaver Duyle. 1854.

— u. Blüthen. 4 Blatt Naturstudien. Farbendr. 4. Teplitz 890. Willner & Pick. n. 2. 50; einzelne Blatt à — 90

— Blüthen u. Blätter zu Inschriften in Gärten, so wie zum Andenken an verblichene Freunde. gr. 12. Manh. 824. Löffler. 8 gGr.

— auf fremden Boden, für die heimathliche Jugend gesammelt von einem Luzerner. Mit 1 Steindr. 8. Luzern 832. (Augsb., Himmer). 12 gGr.

Blumen auf fremden Boden f. d. heimathl. Jugend gesam. v. ein. Luzerner. 8. (15½ B. u. 1 Stndr.) Luzern 832. (Augsburg, M. Rieger'sche Buchh.

Blumen deutscher Dichter aus der ersten Hälfte des 17. Jahrh., s. Gramberg, G. A. H. (Hrsg.),

Blumen, Braunschweigische, gepflückt bei der höchst erfreulichen Ankunft des Herzogs Friedr. Wilh. zu Braunschweig. Braunschweig 1813. V: *Frühling.* (Scholz, Braunschweig. Mittheil. für Bücherfreunde. Nr. 34 sub 110.)

— u. Disteln aus Jean Pauls Werken, s. Alexis.

— und Dornen in Erzählungen von C. Nicolai. 8. Nordhausen, Landgraf. 821.

Blumen, Einfache, aus dem Garten der Natur ... Heidelberg 1818. V: *Pattberg, Auguste.* (GGr)

— einfache, aus d. Garten der Natur, gesammelt von Auguste P. 8. Heidelb. 818. Oßwald. 12 gGr.

— z. Erhebung u. Erheiterung d. Gemüths u. z. Gebr. f. Stammbücher. Gesammelt v. C. Hubert. 12. Bonn 826. Habicht. 14 gGr.

Blumen, eucharistische. Verf. v. d. Eucharistinern. 1.—4. Hft. 16. Lindau 897. Verlag d. Pelikan. à n. — 10
1. Tharsicius, d. hl., erster Märtyrer d. allerheil. Sakramentes u. Patron d. Erstkommunikanten. (22 S.)
2. Ludwig, d. hl., König v. Frankreich. (18 S.)
3. Lambertini, d. sel. Imelda. (24 S.)
4. Neri, d. hl. Philipp. (30 S.)

— eucharistische. 5. u. 6. Heft. 16. Buchs, Verlag des Emmanuel. à p — 12
5. Salle, der hl. Johann Baptist de la, e. Apologet des hochheiligsten Altarsakramentes u. Apostel der öfteren hl. Kommunion. (32 S. m. 1 Abbildg.) (907.)
6. Briefe an e. Erstkommunikanten vor u. nach der ersten hl. Kommunion. (32 S.) (908.)

Blumen, eucharistische. Verleger zu ändern in: Jacob Lutz.

— im Felde d. Weisheit gepflückt. 8. 818. (Münch., Fleischmann). 2 gGr.

— fliegende, d. Mark Brandenburg. Plauderei üb. 10 märk. Schmetterlinge v. e. Landpfarrer. (E. Handtmann-Seedorf.) gr. 8. (20 S.) Berlin 809. G. Hempel. n. — 80

Blumen aus der Fremde. Poesien von Gongora, Manrique, Camoens, Milton ꝛc. Neu übertragen von P. Heyse, K. Krafft, E. Mörike, F. Notter, L. Seeger. Stuttgart 862. Schweizerbart. 16. (VIII, 221 S.) n. 1 Thlr 6 ngr.

—— d. Freundschaft u. Liebe. Eine Samml. d. schönsten u. auserlesensten Stammbuchverse. Gesammelt v. F. A. 2. Aufl. 813 u. 3. Aufl. 32. (à 64 S.) Cöln 840, Lenzfeld. à

— der Freundschaft u. Liebe. Eine Sammlg. 200 der schönsten u. auserlesensten Stammbuchverse. Gesammelt v. F. A. 4. Aufl. 32. (62 S.) Köln 849. Lenzfeld. n. ⅙ Thlr

Blumen u. Früchte. Blätter zur Unterhaltung u. Belehrung. Mit 26 Kpfr. 4. Augsburg 834. Schlosser. ½ Thlr

—— und Früchte. Leichte, angenehme Uebungen für Elementarzeichner, zugleich als Vorschule für's Naturzeichnen. 3. Heft von Herm. Preusker und 4. Heft von Cramer. gr. 4. (à 12 lithogr. Bl.) Langensalza 862, [Schulbuchhandlung von Greßler.] à Heft 9 Ngr.
1. und 2. Heft, von Herm. Preusker. Ebendas. 1854. 15 Ngr.

—— —— Leichte, angenehme Uebungen für Elementarzeichner, zugleich als Vorschule für's Naturzeichnen von Herm. Preusker. 5. Heft. gr. 4. (12 lithogr. Blatt.) Langensalza 864, Schulbuchh. von Greßler.
1.—4. Heft. Ebendas. 1854—62. 1 Thlr. 3 Ngr.

Blumen u. Früchte. Familienb. z. Unterhaltg in Feierst. 4. (254 m. 16 Chromol.) Löbau 67—69, Walde. 1. 10

Blumen u. Früchte. Ein Familienbuch zur Unterhaltung in Feierstunden. Eine Sammlung von Orig.-Erzählungen, Novellen, Gedichten ꝛc. Löbau 868. Walde. 4. (254 S. u. 16 lith. u. color. Bilder.) 1 Thlr 10 ngr.

— u. Früchte. Vorlagen f. Brandmalerei. 4. (12 Blatt.) Leipzig 898. E. Haberland. n. 3. —; à Blatt n. — 30

Blumen und Früchte
—— —— deutscher Dichtung, s. Burow, Julie.

— u. Früchte, Deutschlands Töchtern gewidmet. Vom Verf. des neuen Abälard. 8. Berl. Litfaß. (Leipz. Bruder.) 812.

— u. Früchte, f. Zeichner, s. a. Unterweisung in Blumenzeichnen. 5 s Hft.

Blumen und Früchte für Zeichner ... Dresden 1802. V: *Seyfried, Carl Heinrich.* (Ky)

— u. Früchte, f. Zeichner ꝛc., e. Unterr. in d. Blumenmahlerei. 2 Thle. M. 32 Kpf. Fol. Dresd. 802. 3e Aufl. ... Arnold. 0 Thlr 8 gGr.

— u. Fruchtlese, s. Elrods Calender.

Blumen im Garten Gottes. Kleine Heiligen-Legende f. die christl. Jugend, s. a. Weber, Mart.

Blumen im Garten Gottes. Kleine Heiligen-Legende f. die christl. Jugend. Monate Januar—Dezember. 16. (à 32 S. 27 m. je 1 Farbendr.) Frankfurt a/M. 892—894. A. Foesser Nachf. à Monat n.n. — 15

— aus Gotthold's Garten, oder mehrere neu bearbeit. Gleichnisse Chr. Scrivers. 8. Nürnberg 834. Raw. ⅛ Thlr

Blumen aus Gottholds Garten, od. mehr. neu bearbeit. Gleichnisse Chrstn. Scrivers. Neue Aufl. gr. 12. (2 B.) Nürnberg 840, Raw'sche Buchh.

Blumen, gepflückt für fröhliche Botaniker. O. O. [1869]. V: *Heer, Osw.* (Cat. d. Stadtbibl. Zürich. Zürich 1864—97.)

— gesamm. v. Klein, s. Klein, Ludwig.

— gesammelte, in Stammbücher, f. Freunde u. Freundinnen. 8. Landsh. 813. Krüll. 5 gr 3e A. 8. Ulm 817. Ebner. 8 gr

— gesammelte, auf d. Wege d. Wahrheit u. Freude, v. C. v. B. (K. v. Beulwitz). 2 Thle. 8. Frankf. a. M. 801, 2. 2e A. 811. Brönner. 1 rthl 8 gr

— gesammelte auf dem Wege nach Wahrheit u. Freude von C. von B. 2 Bde. 2te Aufl. 8. Frankfurt. Brönner. 812.

— aus d. alten Geschichte. 8. Hamb. 802. Nestler. 20 gr

Blumen auf das Grab unsers früh vollendeten Schmidt's gestreut, von seinen Freunden. O. O. 1795. H: *Lorsch, Christian Gottfried.* (will) (MGT)

Blumen auf Elisens Grab. O. O. 1798. V: *Schulthess, Johann Gg.* (Cat. d. Stadtbibl. Zürich. Zürich 1864—97.)

— auf Leopolds Grab, Grafen v. Wurzach. Bregenz, Brentano.

— auf Leopolds Grab, (v. J. W. L. Gleim). 8. Halberst. 785.

Blumen auf Linas Grab. Nebst Zugabe. Sulzbach 1837. V: *Schiestl, Jos.* (Kn) (Mitth. A. Rosenbaum.)

— auf Linas Grab. Nebst Zugabe. (Gedichte.) 12. Sulzbach 837. v. Seidelsche Buchh. 3/8 rthl

— auf d. Grab d. Schauspielerin Luise v. Holtei, geb. Rogee, (Herausg. v. K. v. Holtei.) Mit Portr. 8. Berl. 821. Vereinsbuchh. 1 rthl

Blumen auf das Grab der Schauspielerin Luise von Holtei geb. Rogée. Berlin 1825. V: *Häring, Georg Wilhelm Heinrich* (pseud. *Willibald Alexis*). (StadtBibl Berlin XIII, S. 134)

Blumen auf Sophiens Grab. Halberstadt 1789. V: *Kramer, Carl Siegmund.* (GGr) (MGT) (Adel)

Blumen auf unsers Spiegels Grab ... Halberstadt den 7. Jun. 1785. V: *Gleim, Joh. Wilh. Ludwig.* (Körte, Gleims Leben. Halberst. 1811. S. 528.)

Blumen auf Spiegels Grab ... Berlin 1786. V: *Gleim, Johann Wilhelm Ludwig.* (BrMm) (Ky) (MGT) (GGr)

— auf Spiegels Grab. 8. Berlin. Maurer. 786.

Blumen auf Ulrichs Grab. O. O. [181?]. V: *Nüscheler, Joh. Conr.* (Zuwachsverz. d. Bibliotheken in Zürich 1898 ff.)

Griechische Blumen, ein Uebersetzungsversuch von Wilhelm Schröer. — Berlin: Nauck in Comm. 1803. 52 S.
1: Ve 634. 12: 4° A. gr. C. 15 l. 10. 11.
5.2893

— des Guten, Schönen u. Wahren, z. Erheiterung in Stürmen des Lebens u. zu Denkschriften in Stammbücher, ges. v. J. Schwaldopler. 3te verb. Aufl. 8. Pesth, Hartleben.

— des Guten, Schönen u. Wahren, z. Erheiterung in Stürmen d. Lebens u. zu Denkschriften in Stammbücher, ges. v. J. Schwaldopler. 3e verb. Aufl. 8. Pesth 815. Hartleben. 10 gr

— des Guten, Wahren u. Schönen. M. Kpf. 8. Leipz. 802. Liebeskind. 18 gr

— der Heiligen od. erbaul. Erzählungen aus dem Leben der Heiligen aller Zeiten u. aller Länder, von mehreren kathol. Geistlichen. Hrsg. v. W. Reithmeyer. A. u. d. T.: Geschichte der heil. Martyrer. 1. Bdchn. 8. (336 S.) Schaffhausen 847, Hurter. 1/2 rthl

— der Heimath in Bild und Lied. Der erste Frühling, wilde Rosen, Wald, Wiese, Feld u. Alpe. Dichtung von Joh. Nep. Vogl. Oelfarbendruck nach den Orig. von A. Lach. Olmütz 863. Hölzel. Fol. (VI, 6 Bl. u. 7 Lithogr. in Farbendr.) n. 6 rthl 20 ngr; geb. nn. 8 rthl; Prachtbd. nn. 9 rthl

Blumen, Historische; ein Unterhaltungs- und Trostbüchlein. Jena 1800. V: *Kayser, Georg Heinrich.* (Ky) (MGT) (Adel)

— historische, e. Unterhaltungsbüchl., (v. G. H. Kayser). 8. Jena 800. Voigt. 8 gr

— u. Immergrün, od. moral. Erzähll. für meine Töchter. 8. Ronneb. 816. Hahn.

Blumen f. deutsche Jünglinge u. Mädchen. Mit Kpf. Quedlinb. 794. Ernst. 1 rthl

— u. Kanten zum Sticken, e. Beitrag zum Unterr. in Zeichnen- u. Stickschulen. 33 Bl. gr. 4. Küneb., Herold u. W. 2 rthl

Blumen, kleine, kleine Blätter. Ein Bilderstrauß in (10) Photographien mit Gedichten von K. Fröhlich. Berlin 861. Schauer. 4. (10 Bl. Text.) 4 rthl; Ausg. in gr. 4. geb. 8 rthl

— kleine, kleine Blätter. Widmungsgaben. 8. (12 farb. S. mit eingedr. Text.) Leipzig 890. Baldamus, Sep.-Cto. cart. mit Goldschn. n. 1. 20

Blumen u. Knospen gesammelt zur Würze trüber Stunden. Hg.: A. Mausberger.
1824. 135 S.
Wien. Goed. VIII, 115, 269.

Blumen, der, Königin. 12. (4 Chromolith.) Leipzig 880. Baldamus. n. 1. —

— in Körben. (10 farb. Bl.) gr. 8. Ebd. (908). n. 5. —

— u. Früchte, die köstl., als Geschenk bei frohen Gelegenheiten zu einem Kranz gewunden. 8. Leipz. 811. Joachim. 20 gr

Blumen aus Krain für das Jahr 1781. Laybach. V: *Linhard, Anton Th.* (Mitth. Custos Stefan-Laibach.)

Blumen und Kraut aus dem Blödengarten zu Volmerdingsen. Wittekindshof 1893. V: *Krekeler, H.* (Berl)

— in Krügen. (12 farb. Bl.) qu. gr. 8. Ebd. (908). n. 6. —

— künstliche, für Mode u. Decoration. Illustrierte Fachzeitschrift f. die kunstgewerbl., techn. u. wirtschaftl. Interessen der Blumen- u. Schmuckfeder-Fabrikanten, Grossisten u. Detaillisten. Hrsg. von Eduard Riesen unter Mitwirkung erster Fachleute. 1. Jahrg. Septbr.—Dezbr. 1903. 8 Nrn. (à ca. 16 S.) gr. 4. Dresden [E. Riesen.] Dresden-A. (4. Güterbahnhofstr. 12.) E. Oettler. n. 2. —

— künstl., f. Mode u. Decoration. Illustr. Fachzeitschrift. Hrsg. v. E Riesen. 1. Jahrg. Septbr—Dezbr 1903. 8 Nrn. (Nr. 1. 16) 4° Dresd., E Riesen. (?) (Nur dir.) ‖ 2. u. 3. Jahrg. 1904 u. 5 je 52 Nrn. Viertelj. 2 —

— dasselbe. Illustrierte Fachzeitschrift für die kunstgewerbl., techn. u. wirtschaftl. Interessen der Fabrikanten, Grossisten u. Detailisten künstl. Blumen, Blätter, Früchte u. Schmuckfedern nebst derjenigen präparierter Pflanzen, sowie der m. diesen Branchen Hand in Hand geh. Geschäftszweige. Insertions- u. Export-Journal dieser Industrien. Offertenblatt für Blumenbindereien, Putzgeschäfte, Warenhäuser, Ateliers f. Innen-Dekoration etc. Hrsg. unter Mitwirkg. erster Fachleute u. Autoritäten von Eduard Riesen. 3. Jahrg. 1905. 52 Nrn. (à ca. 16 S.) Lex.-8. Ebd. n. 8. —

— dasselbe. Hrsg. unter Mitwirkg. erster Fachleute u. Autoritäten v. Emil Naumann. Red.: Caesar Krause. 4. Jahrg. 1906. 52 Nrn. (à ca 16 S.) Lex.-8. Dresden-A. (4. Güterbahnhofstr. 12) E. Oettler. 8. —

— künstliche, f. Mode u. Dekoration. Mit e. period. Beiblatt: „Für die Schmuckfedern-Branche". Fachzeitschrift f. die kunstgewerbl., techn. u. wirtschaftl. Interessen der Fabrikanten, Grossisten, Detaillisten, Importeure u. Exporteure künstl. Blumen, Blätter u. Früchte, ferner präparierter Pflanzen u. v. Schmuckfedern, sowie der m. diesen Branchen Hand in Hand geh. Geschäftszweige, speziell auch Rohmaterial-Lieferanten. Insertions- u. Export-Journal dieser Industrien. Offertenblatt f. Blumenbindereien, Putzgeschäfte, Warenhäuser, Ateliers f. Innen-Dekoration etc. Hrsg. u. red. unter Mitwirkg. erster Fachleute u. Autoritäten v. Emil Naumann. 5—8. Jahrg. 1907

—1910 à 52 Nrn. (1040, 1058, 1094 u. 1264 S. m. Abbild.) Lex. 8. Dresden-A., E. Oettler. à Jhg. 8. —

Blumen, Künstliche, f. Mode u. Dekoration. Mit e. period. Beibl.: „Für d. Schmuckfedern-Branche". Hrsg. u. red. v. Emil Naumann. 8—10. J. '10—12 je 52 Nrn. ('12, Nr 1 u. 2: 43) Lex8° Dresd.-A., E Oettler. viertelj. 2 —

— Landschaften, Figuren. Decorative Motive in modernem Styl. gr. 8. (12 farb. Bl.) Berlin (900). W. Schultz-Engelhard. 4. 50

Blumen der Liebe. Ein Festgeschenk für die deutsche Frauenwelt. Leipzig 854. Weber. 16. (XII, 412 S., 1 Stahlst. u. Titel in Stahlst.) n. 2 ₰

Blumen der Liebe. Sammlung lyr. Gedichte, im Garten neuerer deutscher Dichtg. ausgewählt v. Frauenhand. Mit 4 Bouquets in Oelfarbendr. nach Orig.-Aquarellen, 6 Orig.-Vollbildern in Holzschn. u. zahlreichen Illustr. als Initialen im Text. 7. Aufl. 8. (XII, 516 S.) Leipzig 884. Gräbner. geb. m. Goldschn. n. 6. —

Blumen der Liebe. Ein Strauß lyr. Blüten a. d. Garten neuerer deutscher Dichtkunst, ausgewählt v. Frauenhand. Mit 12 Vollbildern, 20 Blumenvignetten u. zahlr. Textillustr. in Ein- u. Mehrfarbendr. nach Originalen v. Niczky, Schweninger, Weinert, Wimmer usw. sowie e. illustr. Familien-Chronik. 8. verm. u. verb. Aufl. (V, 215 S.) Lex. 8. Leipzig (908). G. Gräbner. Geb. in Leinw. 9. —

—— der Liebe u. Freundschaft. (Stammbuch-Aufsätze.), s. a. Conversations-Bibliothek, VII u. VIII.

— der Liebe u. Freundschaft, eine Auswahl kleiner Gedichte auf die beliebt. Blumen, u. e. Samml. vorzügl. Aufsätze in Stammbücher. 2e verm. Aufl. 12. Glog. (Cr. Günter in Lissa). 12 ℊℊ (vergl. Conversationsbibl. VII.)

— d. Liebe u. Freundschaft, od. Aufsätze in Stammbücher. 8. Glogau, Günther. 815.

Blumen kindlicher Liebe und Dankbarkeit. Salzburg 1886. V: *Schwarz, Heinrich.* (Hr)

Blumen u. Lieder. Photographien nach der Natur u. Gedichte von Geibel, Goethe, Lenau ꝛc. 1. Sammlg. hrsg. von Ernst Leistner u. Osc. Heese. Berlin 867. Kuntsmann & Co. gr. 4. (32 S. u. 12 photogr. Bll.) 7 ₰

Blumen und Lieder. 12. (32 S. mit Illustr.) Berlin 888, Toussaint und Comp.

—— u. Lieder. 16. (32 m. z. Th. farb. Illustr.) Berl. 88, Zoberbier. cart. m. G. 2. —

— u. Lieder. qu. 12. (32 S. mit z. Thl. farb. Illustr.) Berlin 890. Zoberbier. cart. mit Goldschn. 2. —

— einige, in die verdienten Lorbeerkränze groß. Fürsten u. Helden. 8. Quedlinb. 813. Basse. 8 ℊℊ

Blumen, Einige, in die verdienten Lorbeerkränze grosser Fürsten und Helden... Quedlinburg 1815. V: *Meinecke, Johann Heinrich Friedr.* (Ky) (MGT) (GGr)

Blumen aus dem gläubigen Mittelalter. Seinen lieben Landsleuten gewidmet v. J. M. Alsaticus. 12. (IV, 79 S.) Straßburg (896). (F. X. Le Roux & Co.) n. — 80

— aus d. Nachlasse des k. Preuß. Artill.-Lieutenants v. Wink gesammelt u. mit e. Anzahl fremder Gedichte vermehrt; herausg. von C. W. S. 16. Berl., Krause. (Leipz., Lauffer). 1 ₰ 8 ℊℊ Hbg. Pr. 16 ℊℊ

— naturalistische, als Muster-Compositionen. 60 Taf. Fol. Plauen (904). Ch. Stoll. In Halbleinw.-Mappe n. 24. —

Blumen und Nesseln aus dem Hausgärtlein der Wittwe Germania... Karlsruhe 1850. V: *Schöchlin, Carl Friedr.* (Ky)

— u. Nesseln aus dem Hausgärtlein der Wittwe Germania. Vom Verf. des Adolph Sander ꝛc. (Gedichte.) 12. (IV u. 62 S.) Karlsruhe 850, Malsch & Vogel. n. 8 ngr

— Obst- u. Küchengarten, e. Lesebuch f. d. Jugend, mit 25 illum. K. 2te Aufl. 12. Dresd. Beger. 811.

— poetische u. philosoph. Aufsätze. M. 1 Kpf. 8. Straubing 804. Heigl. (Schorner). 12 ℊℊ

— poetische, und botanische Studien. 1. Berlin 864. Bittkow. 8. (14 S.) n. 5 ngr
Inhalt: Die Rose. Warum heißt die Rose die Blume der Liebe?

— am Rain. Christliche Erzählgn. f. jung u. alt. 1. Heft. kl. 8. Elberfeld 906. Luther. Büchervereln. n. — 20
Der Wind bläset, wo er will. Novelle. Von Klara Düsterhoff. (82 S.)

— am Rain. Christliche Erzählgn. f. jung u. alt. 2—6. Heft. kl. 8. Elberfeld, Luther. Bücherverein. à — 20
Brüggemann, A., Gottes Hand reicht über Meer u. Land. Erzählung. (76 S.) 907. (Hft. 2. 3)
Fahrenkrug, H., die Liebe höret nimmer auf. Erzählung. (18 S.) 908. (Hft. 4. 5)
Die kleine Sünderin. Erzählung. (22 S.) 908. (Hft. 6)

Blumen, Roth' und blaue; ein Liederstrauss für meine Freunde. Zürich 1865. V: *Hess-Füssli, Theod.* (Cat. d. Stadtbibl. Zürich. Zürich 1864—97.)

— die sprechenden. Zur Belohnung des Fleißes f. die artige Jugend. Mit 12 (lith. u.) color. Bildern. 8. (92 S.) Guben 850. (Leipzig, E. Schäfer.) n. 12 ngr

— die sprechenden, des Florilegii amorosi. 16. Karlsr. 2e A. 820. 3e A. verm. u. verbess. von dessen Herr Vetter 827. Müller. 8 Kr

— u. Sterne. 6 Hfte. 12. (à 16 S.) Reutlingen (902). Enßlin & Laiblin. à — 10; in 1 Leinw.-Bd. — 75
1. Anderen zum Segen leben. Erzählg. Von Ottilie Schwahn.
2. Gerechtfertigt. Eine schles. Geschichte. Von M. Ulbrich.
3. Ein Weihnachtsgeschenk. Erzählung. Von Fanny Tuxen. Aus dem Dän. übers. von Frdr. v. Känel.
4. Käthe Wredens Klagebuch. Erzählung. Von Ottilie Schwahn.
5. Um e. Pflaume. Erzählung. Von Elisab. Postler.
6. Der rote Vogel. Eine Bergmannsgeschichte. Von A. Linden.

— u. Sterne. Erzählungen. 7.—30. Heft. (à 16 S. m. Titelbild.) kl. 8. Reutlingen, Enßlin & Laiblin. à n. —. 10; je 6 Hfte. in 1 Leinw.-Bd. n. — 75
Andreae, F., aus dem Leben e. Arztes. (904.) (Hft. 17.)
Bauck, Elisab., das Bergmannskind. (904.) (Hft. 24.)
— breit aus die Flügel beide. (905.) (Hft. 27.)
— eine Weihnachtsfeier. Erzählung. (903.) (Hft. 9.)
Brüder, zwei. Von E. v. W. (904.) (Hft. 18.)
Dorn, Käthe, das tat Ich f. dich, was tust du f. Mich? (904.) (Hft. 22.)
— Ein Weihnachtsabend. (905.) (Hft. 25.)
Hermes-Gnevkow, Anna, Wohltun trägt Zinsen. (904.) (Hft. 16.)
Ideler, Lucie, d. Bitte um Vergebung. Erzählg. (903.) (Hft. 10.)
— der Dank des Geretteten. (905.) (Hft. 26.)
— die Umkehr. (904.) (Hft. 21.)
— die Wege des Herrn. (901.) (Hft. 14.)
Kinkel, Alice, wie Lieschen wieder e. Mutter fand. (906.) (Hft. 29.)
— die Pfarrwaise. Wahre Erzählg. (903.) (Hft. 8.)
— der Segen des Glaubens. (904.) (Hft. 15.)
Kronoff, F. v., Heino. (905.) (Hft. 30.)
Niebelschütz, S., größer als der Helfer, ist die Not ja nicht. (904.) (Hft. 20.)
Rau, Olaf, der alte Gott lebt noch. Erzählung. (903.) (Hft. 7.)
Schwahn, Ottilie, Allerleirauh. (904.) (Hft. 23.)
— Bitten u. danken. Erzählung. (903.) (Hft. 11.)
— Gottes Hand. (905.) (Hft. 28.)
— Wunderhilfe. (904.) (Hft. 13.)
Stephan, Marie, Rege Hände. Erzählungen. (903.) (Hft. 12.)
Weihnachtslicht. Von E. v. W. (904.) (Hft. 19.)

— — dasselbe. Frohmut, M., unser Weihnachtsjunge, u. andere Erzählgn. v. F. Andreae, S. v. Niebelschütz, E. v. W., O. Schwahn, E. Bauck. (96 S. m. 4 Vollbildern.) kl. 8. Reutlingen (906). Enßlin & Laiblin. Geb. in Leinw. n. — 75; auch in 6 Heften (31—36) à n. — 10

— u. Sterne. Drei Weihnachtsabende u. 12 andere Erzählgn. von E. v. W., M. v. Panitza, F. Andreae, Ernst Evers, Käthe Dorn, M. Rüdiger. (96 S. m. Abbild. u. Titelbild.) kl. 8. Reutlingen (907). Enßlin & Laiblin. Geb. in Leinw. —75; auch in 6 Heften [37—42] à — 10

— — dasselbe. Fröhliche Weihnachten u. 7 andere Erzählgn. v. O. Schwahn, F. Andreae, M. Frohmut, L. Ideler, M. Rüdiger, E. v. W. (96 S. m. 6 Vollbildern.) kl. 8. Ebd. (908.) Geb. in Leinw. —75; auch in 6 Heften [43—48] à — 10

— aus Tirol. Ein Büchlein zur Erbauung u. Unterhaltung. Gesammelt v. e. Priester der Diözese Brixen. gr. 16. (234 S.) Innsbruck 852, F. Rauch. 1/3 Thlr

— den Verehrern d. Weisheit des Alten, insonderheit des Orients gewidm. v. H. J. P**, J. F. G**** u. S. W***. 8. Münster 793. Coppenrath; (a. W. Rauck in Leipz.) 1 Thlr 4 Kr

— d. Verehrern d. Weish. d. Alte. gew. 8. Münst. Coppenrath. (Sommer in Leipzig.) 793.

— u. Blumengärtnerei, verjüngte, od. Unterr., Blumen u. Bäumchen in 2 Zoll hohen Töpfchen zu ziehen. Von M. J. v. C. 1e Lief. Straubing 808. (Schorner). 6 Kr

— u. Vögel. 4 (farb.) Blatt Malvorlagen. 4. Plauen i/V. 892. Ch. Stoll. n. 4. —

— u. Vögel, II. Serie. 4 Blatt (farb.). Malvorlagen. gr. 4. Plauen 895. Ch. Stoll. n. 3. — (I. u. II.: n. 6. —)

— u. Vögel. I. u. II. Serie. Malvorlagen. 4° (à 4 farb. Bl.) Plauen 92.95, C Stoll. à 3 —; Fol.-Asg. d. I. Serie 6 —

— die, u. die Familie Wolnis. Zwei Novellen von d. Frau von Genlis, f. Deutsche von Theod. Hell. 8. Leipz. Hinrichs. 811. Rthlr. Velinp.

— die, des Waldes. Eine Erzählung für junge Töchter. Aus d. Engl. 2e Aufl. gr. 12. Dresden 840. Naumann. 1/4 Thlr

Blumen, die, des Waldes. Eine Erzählung für junge Töchter. Aus dem Engl. 3. Aufl. Mit 1 (lith.) Titel-Bilde. Greiz (Leipzig) 856. Henze. 8. (1 Bl., 79 S.) 7½ ngr

— auf den Weg der Freundschaft u. Liebe gestreut. Eine Sammlung von Stammbuch-Aufsätzen aus den vorzügl. Schriftstellern Deutschlands. Herausg. v. J. B. R. 8. Stuttgart 837. Autenrieth'sche Buchh. 1/4 Thlr

— am Wege. 12. (40 S. m. farb. Abbildgn.) Leipzig 893. Meissner & Buch. Geb. in Leinw. m. Goldschn. n. 3. —

BLUMEN, Wilde, im Irrgarten der Liebe. (Gedichte.) O. O. u. J. (c. 1850). 8°.
Sehr selten! (1 Rthlr. Schletter, Breslau, vor 1870; jetzt viel theurer!)

— der Zeit. Magazin der neuesten Erzählungen, Gedichte u. Humoresken. 1847. 2 Bde. à 12 Hfte. gr. 8. (d. Hft. à 48 S. m. 3 Stahlst.) Leipzig, Engl. Kunstanstalt v. A. H. Payne. à Bd. n. 2 Thlr; einzelne Hfte. à 1/3 Thlr

— dass. Magazin vortreffl. Erzählungen, Gedichte, Novellen, Phantasiestücke u. Humoresken von den vorzüglichsten Schriftstellern, nebst interess. Mittheilgn. aus d. Vergangenheit u. Gegenwart. Ein Vierteljahrbuch f. 1848. 1. Abth. Mit 4 Stahlst. gr. 16. (IV u. 156 S.) Ebd. n. 1/3 Thlr

—— d. Zeit. Mag. d. neuesten Erz., Ged., Nov. etc.; m. e. Beibl.: „Die Bühne". 2 Bde. N. Asg. 8. (1042 m. 60 K.) Lpzg 53. 54, Payne. n. 4. —

Blumen der Zeit. Magazin der neuesten Erzählungen, Gedichte, Novellen, Phantasiestücke und Humoresken von den vorzüglichsten Schriftstellern nebst interessanten Mittheilungen aus der Vergangenheit und Gegenwart. Mit einem Beiblatt: Die Bühne. Mittheilungen aus dem Gebiete der Musik und Theaterwelt. 2. Bde. mit 60 Stahlst. (Neue Ausg.) Leipzig (854.) Payne. Lex.-8. (1042 S.) n. 4 Thlr

— die zertretenen, s.: Kindertraktate.

Blumen unter Cypressen . . . Halberstadt 1793. V: *Tiedge, Christoph August.* (BrMm) (Ky) (MGT)

— unter Cypressen, d. Frau v. Stedern gewidmet, (v. C. A. Tiedge). 8. Halberst. 793.

Blumen, Carl Frdr. v., von Jena bis Neiße. Militär- u. kulturgeschichtl. Bilder aus den J. 1806—1819. Tagebuch-Aufzeichngn. Hrsg. von Ed. R. v. Unruh. (262 S.) gr. 8. Leipzig 904. G. Wigand. n. 3. 80; geb. n. 5. —

Blumen, Iac., Chilias sententiar. cameral. 4. Wetzlar. 720.

— Supplicationes camerales, od. Formularb. auserles. Supplicationen. 4. Cölln, Metternich. 716.

Blumen, K. F., s. Blumen, Carl Friedrich

Blumen-Album, das, s.a. Reich der Flora.

Blumen-Album. Elf Tafeln in Farbendr. Für Blumenliebhaber u. als Vorlagen zum Aquarelliren. 4. u. Fol. Berlin 874. Wiegandt, Hempel & Parey. n. 6. —

Blumen-Album. 4. (6 Chromolithogr.) Dresden 889. Schwager. In Mappe. n. 2. —

Blumen-Album für Damen. Eine Anleitung zur Erziehung der schönsten Modeblumen in jeder Jahreszeit mit vorausgehender Erörterung der Natur der Pflanzen. Mit 8 (lith. u.) color. Taf. Stuttgart (857.) Becher. qu. 4. (2 Bl., 312 S.) 3 ℛ

Blumen-Album f. Damen. Anl. z. Erziehg d. Modeblumen. qu. 4. (312 m. 8 K.) Stuttg. 57, Conradi. geb. 3. —

Blumen-Alphabet, das. Ein System, m. welchem ein Name oder eine Zahl durch die Vermittlung von Blumen oder Blättern v. 6 verschiedenen Farben od. Formen deutlich ausgedrückt werden kann. Von J. S. gr. 8. (5 S. auf Carton m. 2 farb. Scheiben.) Dresden 881. Meinhold & Söhne in Comm. n. 1. 50

— ein Strauß gemüthlicher Erzählungen zur Bildung jugendlicher Seelen gewunden. Eine freundliche Gabe für gehorsame u. fleißige Kinder. Mit 24 fein ill. Blumenabbildd. 4. Nürnb. Renner u. Comp. 1 1/3 ℛ

Blumen-Alphabet, neues, (in 22 lithogr. u. ill. Abbildd.) 16. (Fulda 836. Müller.) 1/3 ℛ

Asyl Blumenau bei Steg. Grundsätze. Hausordnung. Basel 1891. 4 Seiten.

Blumenau 50 Jahre: 1900 Blumenau
Edited by Dr. Jose Bonifacio da Cunha.

Blumenau, d. deut. Kolonie, in d. südbrasil. Prov. Sta. Catharina. 12. (39) Rudolst. 51, Froebel. n.n. — 2 1/2

Blumenau, Aloysia von, eine junge reiche Wittwe, eine konzentrirte Jesuitengeschichte, 8. Konstantinopel, (Prag) 784. (Widtmann). 10 sgl.

v. Blumenau, Aloysia; e. wahre Jesuitengeschichte, (v. Jos. Grossing). 8. Frankf. u. Leipz. (Wien) 785. (Widtmann in Prag). 12 𝒦

Blumenau, Aloisia v., e. junge u. reiche Wittwe, e. concentrirte Jesuitengesch. 8. Prag, Widtmann. 785.

Blumenau, Clara, die Biene. Eine neue Mustersammlg. für schöne u. nützl. Arbeiten im Stricken, Häkeln u. Sticken verschied. Art. 1—12. Hft. od. 1 u. 2. Bd. gr. 8. (1: 134 S. m. 17 lith. Tfln. in gr. 4 u. Fol. — 2. .... Aarau 847—50, Christen. (Hft. 1–4. 7—12. à n. 1/6 ℛ — Hft. 5 u. 6. à n. 6 ngr) n. 2 ℛ 2 ngr — (3 u. 4.) Jahrg. 1851 u. 1852. à 12 Nrn. gr. 8. (à 1 Bog. m. lith. Musterbog.) Ebd. à Jahrg. 1 1/2 ℛ

Blumenau, David (Danzig), De velorum submissione vulgo von Segelstreichen. Disp. jur. Präs. Joh. Sibrand. Rostock, 2. IX. 1691. (Jac. Richel) 1705. 12 Bl., teilw. deutsch. (4.80) 2962
Widm. v.: Präs., Daniel Grade (Danzig).

Blumenau, E., Cantares. Aus dem Span. in d. Deutsche übertr. 8. (VIII, 79 S.) Minden 887. Bruns. n. 1. 80; cart. n. 2. 40

Blumenau, E., Spezialkarte des Bodethals von Thale bis Treseburg. 1:25,000. Chromolithogr. qu. 4. Nebst kurzer Beschreibung der Haupttour. 8. (1 S.) Leipzig 880, Blumenau's Selbstverlag.

Blumenau, E. B.: Zur Frage der Einwirkung des Alkohols auf die Magenfunktion Gesunder. D. St. Petersburg. 8°. 1889.

Blumenau, Friedrich Wilhelm. Geographisch-topographisch-statistische Beschreibung von Aegypten. Halle 1792. H: *Bratring, Friedr. Wilh. Aug.* (Hitzig)

Blumenau, F. W., statist., geogr., topogr. Beschr. v. Aegypten. 8. Halle, Hendel. 792.

Blumenau, F. W., (Fr. Wlh. Bratring,) statist.-geograph.-topograph. Beschreibung v. Aegypten. 8. Halle 793. Hendel. 1 ℛ 6 ℊ

Blumenau, Gertr. v., Gedichte. (55 S.) 8. Leipzig 910. Modernes Verlagshaus. 1. 50

Gedichte von Gertrud v. Blumenau. Berlin-Leipzig: C. Wigand 1910. 55 S. 8° [10. 1914]

Blumenau, Hermann

Blumenau, Herm., leitende Anweisungen f. Auswanderer nach der Provinz Sta. Catharina in Südbrasilien. 8. (IV u. 59 S.) Rudolstadt 851. Froebel. 1/6 ℛ

(Blumenau, Herm[ann]): Die dt. Kolonie Blumenau in der südbrasilischen Provinz Sta. Catharina. Eine genaue Beschreibung für Auswanderungslustige. Rudolstadt: Froebel 1851. 39 S.

Blumenau, Herm., deutsche Kolonie Blumenau in der Provinz Santa Catharina in Süd-Brasilien. Bericht bis Juni 1855 u. Aufforderung zum Anschluß. Nebst Bemerkungen über deutsch-brasilianische Kolonisation im Allgemeinen, Beschreibung des Itajahy-Gebietes u. 1 (lith.) Karte (in Fol.). Rudolstadt 856. Fröbel. 8. (2 Bl., 60 S. u. 1 Bl. in 4.) 7 1/2 ngr

— die deutsche Kolonie Blumenau in der Provinz Sta. Catharina in Süd-Brasilien. Bericht über das Jahr 1857. Mit 1 (lith.) Karte (in 4.) Rudolstadt 858. (Leipzig, Wagner.) gr. 8. (24 S.) n. 5 ngr

— Jahresbericht über die Ereignisse und Fortschritte der deutschen Kolonie Blumenau im Jahre 1856. Nebst einem Anhang, enthltd.: Aufsätze, Zeitungscorrespondenzen u. Briefauszüge von Ansiedlern in Blumenau und anderen Verwandten in Deutschland, sowie eine Karte des Itajahyflußgebietes. Hamburg 857. Kittler. Fol. (16 S.) n. 7 1/2 ngr

Blumenau, (Herm.), die deutsche Kolonie, in der südbrasil. Provinz Sta. Catharina. Eine genaue Beschreibung für Auswanderungslustige. 12. (39 S.) Rudolstadt 851, Froebel. **

Blumenau, Herm[ann]: Dt. Kolonisation in Süd-Brasilien. — Eingabe . . . an die betr. hohen Ministerien derjenigen dt. Staaten, in welchen die Auswanderung nach Brasilien durch Ausnahmemaßregeln und bes. Verordnungen gehemmt und erschwert wird. — (Rudolstadt 1867: Hofbuchdruckerei.) 6 S.

—— Südbrasilien in seinen Beziehungen zu deutscher Auswanderung und Kolonisation. Abgerissene Nachrichten, Bemerkungen und Winke, besonders für Auswanderer. Nebst einem Anhange, Auszüge aus der brasilischen Reichsverfassung und verschiedene Gesetze enth. gr. 8. (IV und 101 S.) Rudolstadt 850, Froebel.

Blumenau, Henriette von; od. die Liebe aus Dankbarkeit. Lustsp. 8. Prag, Gerle. 771.

Blumenau, S., s.a. Blumenau, Salomon

Blumenau, S., israelitisches Gesangbuch f. die Synagoge u. die Religionsschule. 2. Aufl. 8. (VI, 111 S.) Bielefeld 888. (Frankfurt a/M., Kauffmann.) n. 1. —; Melodien dazu (96 S.) n. — 80

Blumenau, S. Israelit. Gesangbuch f. d. Synagoge u. d. Religionsschule. 2. Aufl. 8. (VI, 111 S.) Bielefeld 890. (Frankf. a. M., Kauffmann.) * 1 —; Melodien dazu (96 S.) * — 80

Blumenau, S., israelitisches Gesangbuch f. Synagoge u. Religionsschule. 3. Aufl. (IV, 111 S.) 8. Frankfurt a/M. 909. J. Kauffmann. Geb. 1. —

Blumenau, S., Gott u. der Mensch. In Aussprüchen der Bibel alten und neuen Testaments, d. Talmud u. d. Koran, systematisch in Parallelen dargestellt. Lex.-8. (VIII, 272 S.) Bielefeld 885. (Helmich.) n. 6. —; Einbd. n.n. 1. 25

— Lessing-Perlen. Eine systemat. geordn. Blumenlese aus Lessing's sämmtl. Werken. 8. (VII, 49 S.) Bielefeld 887. Helmich. n. 1. 25; geb. m. Goldschn. n. 2. —

— dasselbe. 2. (Titel-)Aufl. 8. (VII, 49 S.) Ebd. 889. geb. mit Goldschn. n. 2. —

Blumenau, S., u. M. Edler, zwei Reden zur Einweihung der neuen Synagoge in Minden, s. Edler, M.

Blumenau, S., Schillergarten. Eine systematisch geordnete Blumenlese aus Schillers sämmtl. Werken. 2. Aufl. 8. (XI, 124 S.) Bielefeld 883, Helmich. * 2 25

— Hannovers Spartaner, s.: Universal-Bibliothek.

— s.: Vorträge, drei.

Blumenau, Salomon

Zur Orientirung in der Freimaurer-Frage. In Briefen an einen Freund. Von S[alomon] Blumenau. (Gekr. Preisschr.) Hrsg. von der Loge „Humboldt" [in Budapest]. Budapest 1878: Khór & Wein. 16 S. 8⁰

Auszug erschien bereits in: Hn. 4 (1877) S. 107 110, 137- 141.
5. Brief abgedr. in: Blumenau, S.: D. Schwestern Heil. 3. Aufl. 1878 S. 56—60; 4. Aufl. o. J. S. 56 - 60.
cf. Hn. 4 (1877) S. 80; Bh. 22 (1879) S. 150 bis 151 (L. Rosenberg).
Tt. 1470. 6 Briefe üb. Wesen, Ziel, Religion, Geheimnis usw. d. Frmrei.

Den Schwestern Heil! Reden und Dichtungen maurerischen Inhalts, im Bruderkreise vorgetragen und für Schwesternhand ausgewählt von S[alomon] Blumenau. Bielefeld: Selbstverl., Leipzig: Findel in Comm. 1873. VIII, 96 S. 8⁰

°[Dasselbe.] 2. Aufl.

[Dasselbe.] 3. verm. u. verb. Aufl. Ebendas. [1878.] 107 S. 8⁰

[Dasselbe.] 4. Aufl. Leipzig: Kössling o. J. VIII, 107 S. 8⁰

Recens f. 1. Aufl.: FZ. 27 (1873) S. 397; f. 3. Aufl.: HL. 12 (1879) S. 894.
cf. Z. 3 (1878) S. 175.
Tt. 1846.

Blumenau, S., den Schwestern Heil! Reden und Dichtungen maurer. Inhalts, im Bruderkreise vorgetragen u. f. Schwesternhand ausgewählt. 8. (VIII, 96 S.) Bielefeld 874. Leipzig, Findel. n. 1. 75

Blumenau, S., den Schwestern Heil! Reden u. Dichtgn. maurerischen Inhalts, im Bruderkreise vorgetragen u. f. Schwesternhand ausgewählt. 4. verm. u. verb. Aufl. 8. (VIII, 107 S.) Leipzig 882. Kössling. n. 1. 75; geb. n. 2. 50

— d. Schwestern Heil! Reden u. Dichtgn. maurer. Inhalts. 4. Afl. 8. (107) Lpzg 82, G Wolf. n. 1. 75: geb. n. 2. 50

Ohne Schwestern keine Brüder! Toast bei der Fest-Tafel-Loge zur Einweihung des neuen Logen-Lokals im O. Bielefeld am 1. Mai 1864. Gedichtet und gesprochen von [Salomon] Blumenau. Bielefeld [1864]: Küster. 2 Bl. 8⁰ [Umschlagtit.]

Abgedr. in: Blumenau, S.: D. Schwestern Heil. 3. Aufl. 1878 S. 1—3; 4. Aufl. o. J. S. 1—3.

Blumenau, Salomon: Welches ist der religiöse Gedanke in der Freimaurerei. Hamburg 1881.

[Allgem. Handbuch d. Frmrei. 3. Aufl. 1 (1900) S. 111.]

Blumenauer, s.: Plan d. Residenzstadt Cassel.

Blumenauer: Plan der Residenzstadt Cassel und Umgebung, s. Höpfner

Plan der Residenzstadt Cassel und des Dorfes Wehlheiden. Angefert. im Stadtbauamte d. Resid. in d. J. 1881 bis 90 durch **Blumenauer**, Stadt- u. Vermessgsinsp. ... [Massst.: 1:4000.] *Cassel:* (aufgest.: *E. Höhn*); *Artist. Anst. v. Th. Fischer (1896).* 1 Ktnbl. gr.-2.(□) in 9 Bl.

Blumenbach u. Born, zwei Abhandlung. üb. d. Nutritionskraft rc., nebst Erläuter. v. C. F. Wolf. 4. Petersb. (Hartknoch. Leipz.)

Blumenbach: Die Gemeinde der Stadt Riga ..., s. Blumenbach, Eugen

Blumenbach, s. Jubelfeste, dem 100jähr., d. Georgia Augusta geweiht. (Gedicht.)

Blumenbach: Der bürgerliche Stand, s. Blumenbach, Eugen

Blumenbach, A., Riga, s. Carlberg.

Blumenbach, C. W., (Wenz. Jos. Wabraschek,) neueste Landeskunde des Erzherzogth. Oesterreich unter der Enns. 8. Wien 817. Rehm. 1 Rthl 16 gr

Blumenbach, D. J. Fr., De sinubus frontalibus. 25 pp. c. tab. Gott. 4°. 1779

Blumenbach, Edmund. Beitrag zum forensisch-chemischen Nachweis des Thallin und Antipyrin im Thierkörper. Dorpat, 1885. S. I. Diss.

Blumenbach, Edm., Beitrag zum forensisch-chemischen Nachweis d. Thallin u. Antipyrin im Thierkörper. gr. 8. (38 S.) Dorpat 885. (Karow.) n. 1. —

Blumenbach, Edm., zur Hygiene der Schuljugend im Elternhause. (182 S.) 8. Riga 908. Jonck & Poliewsky. 2. —

Blumenbach, Eugen

Blumenbach, Eug., die Gemeinde der Stadt Riga in 700 Jahren. 1201—1901. Lex.-8. (VIII, 86 S.) Riga (Bei der Petri-Kirche) 901. Ernst Plates. n. 8. —

Blumenbach, E., die Gemeindesteuer u. die v. derselben befreiten Personen nach der Praxis der Rigaschen Steuer-Verwaltung. Bearb. f. die Stadt- u. Landgemeinden Russlands. 12. (71 S.) Riga 892. (J. Deubner.) n.n. 1. 20; in russ. Sprache n.n. 1. 20

Die ständische Stadtgemeinde in der Vergangenheit, Gegenwart und Zukunft. Vortrag geh. 1908 von Eugen Blumenbach. Riga 1908: Häcker. S. 183–198. 8°
(Hefte d. Gesellschaft f. kommunale Sozialpolitik in Riga. N. S.)

Blumenbach, E: Der bürgerl. Stand in Russl., s. Rechte u. Pflichten. 8° (64) Riga (bei d. Petri-Kirche) 99, E Plates. 1.50

Blumenbach, H., antiquitates epiphaniorum. Lips. 1737. 4.

Blumenbach, H. G. (Resp.): Diss. de consuetudine et insuetudine aegrotandi, s. A l b e r t i, M. (Praes.)

Blumenbach, J. C., s. B l u m e n b a c h , J. K.

Blumenbach, J. F., s. B l u m e n b a c h , Johann Friedrich

Blumenbach, J. K.
Blumenbach, J. C., aller Sing- und Stubenvögel Fang, Wartung und Zähmung. Mit einer Abhandlung über die Vögel im Allgemeinen und einer Anweisung, dieselben vollkommen auszustopfen, daß sie wie im lebenden Zustande aussehen. Mit vielen Abbildungen. gr. 8. (143 S. mit 2 ill. Stat.) Wien 854(55,) Wenedikt.

Blumenbach, J. K., aller Sing- u. Stubenvögel Fang, Wartung u. Zähmung. Mit besond. Rücksicht auf Kanarienvögel u. Schwarzblatten. Nebst e. Naturgeschichte der Singvögel im Allgemeinen u. e. Anweisg. dieselben so vollkommen auszustopfen, daß sie wie im lebenden Zustande aussehen. gr. 16. (110 S. m. 2 color. Steintaf.) Wien 874. Wenedikt. 1. 80

Blumenbach Ioanni Fr(iderico)
Ioanni Fr(iderico) Blumenbach,...viro illustri, Germaniae decori, diem semisecularem physiophili Germanici laete gratulantur. Inest index numismatum in virorum de rebus medicis vel physicis meritorum memoriam percussorum. 131 S., gbd., Abb.

Borolini: typ.Starck 1825

Blumenbach, Jo. Fr., rector et senatus academiae Borussicae Rhenanae. Bonnae 1825. V: *Schlegel*, *Aug. Wilhelm von.* (Hauptkat. d. Univ.-Bibl. Tübingen. K. S. 92.)

[*Kopft.*] Viro Clarissimo Ioanni Friderico **Blumenbach** ... in academia Georgia Augusta Gottingensi professore [!] medicinae primario ... [honorum doct. med. sacra semisaecularia celebranti] S. P. D. rector et senatus academiae Borussicae Rhenanae [interprete Augusto Guilelmo a Schlegel]. (*Am Ende:* D. Bonnae d. XIX Sept. 1825.) [Bonnae, typ. C. F. Thormanni 1825.] 3 Bl. 4. ¶ Wieder abgedr. in des Verf. Opusc. lat. ed. Böcking 1848 S. 397 ff.

Blumenbach, Johann Friedrich

Blumenbach, Jh. Fr., Abbildg. naturhistor. Gegenstände. 10 Hefte, mit 100 Abbildg. gr. 8. Götting. 796—810. (1s Hft. 2e A. 810. 8e A. 827. 3s H. 2e A. 827.) Dieterich. 5 Thl 12 gr

Blumenbach, J. F., Abbild. naturhistor. Gegenst. 10 Hfte. m. K. gr. 8. Gött. Dieterich. 797—810. (16—18 à 12 gr. 9 gr, 10 à 18 gr.)

— de anomalis et vitiosis, quib. nisus formativi aberrationibus. C. tab. aen. 4 maj. Götting. 813. Dieterich. 6 gr

— Beitrr. z. Naturgesch. 2 Thle. (1r Thl. 790. 2e A. 806. 2r Thl. 811.) Mit 5 Vign. 8. Götting. 806, 11. Dieterich. 1 Thl 2 gr

Blumenbach, Joh. Friedrich (Hrsg.), s.a. B i b l i o t h e k , Medicinische.

— medicin. Bibliothek. 3 Bde zu 4 Stck. 8. Götting. 783—95. Dieterich. (à 8 gr) 4 Thl Hbg. Pr. 1 Thl

Blumenbach, J. F., Ueb. d. Bildungstrieb. 176 S. Gött. 8°.
Ins Engl. v. A. *Crichton.* 84 pp. Lond. 8°. 1791

— üb. d. Bildungstrieb u. d. Zeugungsgeschäft. M. Kpf. 8. Götting. 781. 2e A. 789. N. A. (3e) 791. Dieterich. 12 gr

– s. B l a u e : Elemente.

– s. B r u c e : Reisen.

– s. C h e s e l d e n , W.: A n a t o m i e .

— de quorundam animantium coloniis, sive sponte migratis, sive casu aut studio ab hominibus aliorsum translatis. Comment. 4 maj. Götting. 823. Dieterich. 4 gr

— de quorundam animalium colonis sive sponte migratis sive casu, aut studio ab hominibus aliorsum translatis. Comment. 4 maj. Gottingae 824, Dieterich.

Blumenbach, Joh(ann) Friedrich: Decas collectionis suae craniorum diversarum gentium illustrata. 16 S., gbd., 40 Taf.

Gottingae: Dieterich 1790

Blumenbach, Johann Friedrich: D e c a s ... collectionis suae craniorum diversarum gentium illustr.
Decas 1–6 (nebst) Complementum.
Gottingae: Dietrich 1793-1820.
Decas 1 : 1820.
Decas 2 : 1793.
Decas 3 : 1795.
Decas 4 : 1800.
Decas 5 : 1808.
Decas 6 : 1820.
Complementum : s. Blumenbach: Nova pentas...

Blumenbach, Jo. Frider., collectio cranior. diversar. gentium illustr. C. figuris. Dec. VII. 4 maj. ... Gottingae 828, Dieterich.
Dec. I—VI. Ebendas. 1790—1820. 8 Thlr. 8 Gr.

Blumenbach, Joh(ann) Friedr(ich): Geschichte und Beschreibung der Knochen des menschlichen Körpers. 480 S., gbd., 2 Taf.

Göttingen: Dieterich 1786

Blumenbach, Joh(ann) Friedr(ich): Geschichte und Beschreibung der Knochen des menschlichen Körpers. 2...verm.Aufl. 496 S., gbd.

Göttingen: Dieterich 1807

Blumenbach, Johann Friedrich: Handbuch der vergleichenden Anatomie.– Göttingen: Dieterich 1805. XVI, 549 S. 8°

— Handb. d. vergleich. Anatomie u. Physiologie. Mit 8 Kpf. gr. 8. Götting. 804. 2 Thl 4 gr 2e A. 815. 3e A. mit 8 Kpf. 824. Dieterich. 2 Thl 8 gr

— Handb. d. Naturgeschichte. 2 Thle. 8. Götting. 779, 80. 2e A. 782. 8e A. 787. 4e—11e A. 791—825. 12e A. mit 2 Kpf. 830. Dieterich. 2 Thl 12 gr

Blumenbach, Johann Friedrich: H a n d b u c h der Naturgeschichte. 3., sehr verb. Ausg. Göttingen: Dieterich 1788. XVI, 715 S. 8°.

— institutiones physiologicae, c. tab. aen. 8 maj. Götting. 786. Ed. n. 798. Ed. III. auct. et emend. 810. Ed. IV. 821. Dieterich. 1 Thl 18 gr Dass. französ. 12. Strasb. 797. König. 1 Thl

Blumenbach J. F.: Institutiones physiologicae. Götting. 1787. 511 S. 4 Tvl.

Blumenbach, Joh(ann) Fried(rich): Introductio in historiam medicinae litterariam. 462 S., gbd.

Göttingen: Dieterich 1786

(Blumenbach, Joh. Friedr.,) dem 100jähr. Jubel-Feste d. Georgia Augusta geweiht. (Gedicht.) s. Jubel-Fest.

Jo. Frid. Blumenbach de veterum artificum anatomicae peritiae laude limitanda, celebranda vero eorum in charactere gentilitio exprimendo accuratione. Gotting. 1828. 4. — *Etiam in* Comment. soc. Gotting. Vol. VI.

— Memoria L. de Crellii. 4maj. Götting. (820). Dieterich. 2 gr

Blumenbach, J. Fr. Memoria J. T. Mayer. 1831. 4.

— Memoria F. B. Osiandri, in consensu societ. reg. scient. de XV. Jun. 1822 commendata. gr. 4. Gottingae (822) Dieterich.

— Memoria A. G. Richteri. 4maj. Götting. (812). Dieterich. 4 gr

— Memoria Aug. Gottl. Richteri. 4maj. ibid. 813.

— s. Neergaard, W.: Anatomie.

— nuperae observationes de nisu formativo et generationis negotio, cum icon. 4. Götting. 787. Dieterich. 6 gr 32 S.

— de oculis Leucaethiopum et iridis motu, c. tab. aen. 4maj. Götting. 786. Dieterich. 8 gr 38 S.

—— nova pentas collectionis suae craniorum diversar. gentium tanquam complement. prior. decad. 4maj. (1½ B. u. 5 Kpfrt.) Gottingae 828, Dieterich.

Blumenbachii, Jo. Friedr., nova pentas collectionis suae craniorum diversarum gentium tamquam complementum priorum decadum. Nach dem Tode d. Verf. hrsg. von H. v. Ihering. gr. 4. (8 S. m. 5 Kpfrst.) Göttingen 873. (Wien, Manz.) n. 6. —

— Physiologie d. menschl. Körpers; aus d. Latein. u. mit Zusätzen verm. v. J. Eyerel. M. Kpf. gr. 8. Wien 796. (Beck). 1 rℓ 12 gr

— u. Born, Preisschr. von der Nutritionskraft. Nebst Erläuter. v. C. F. Wolf. 4. St. Petersb. 789. (Knobloch in Leipz.) 1 rℓ 21 gr

Blumenbach, Jo(hann) Friedr(ich): Prolusio anatomica de sinibus frontalibus. 27 S., gbd.

Gottingae: typ. Dieterich 1779

— kleine Schriften; aus d. Latein. v. J. G. Gruber. Mit 1 Kpf. 8. Leipz. 800. N. T. 804. (W. Rauck). 14 gr

Blumenbach (J. F.). Specimen archaeologiae telluris terrarumque inprimis Hannoveranarum. Goettingae 1803. 4. Mit 3 Tafeln. — Ferner: Specimen etc. alterum. Desgl. 1816. 4. Mit 1 Tafel.

— Specimen archaeologiae telluris terrarumque imprimis Hannover. c. tab. 4. ibid. 804.

Blumenbach, J. F., Specimen archaeologiae telluris terrarumque inprimis Hannoveranarum, pars altera. 4maj. Göttingen, Dieterich. 817.

— — specimen historiae naturalis ex auctoribus classicis illustratae eosque vicissim illustrantis. Gotting. 1816. 4.

— — Specimen historiae naturalis ex auctoribus classicis praesertim poetis illustratae eosque vicissim illustrantis c. 1. Tab. aenea. Göttingen, Dietrich. 817.

Jo. Frid. Blumenbach specimen historiae naturalis, antiquae artis operibus illustratae eaque vicissim illustrantis. Gotting. 1808. 4. (Bonne disquisitiones cum 2 tabb. aen., varia artis antiquae opera minora, et vas antiquum cum hermaphrodito repraesentantibus.)

Blumenbach, Johann Friedrich: Specimen physiologiae comparatae inter animantia calidi et frigidi sanguinis. 36 S., gbd., Abb.

Gottingae: Dieterich 1787
an: Blumenbach, J.F.: De nisu formativo et generationis negotio nuperae observationes. 1787

— specim. physiolog. compar. int. animant. calidi sanguin., vivipara et ovipara. 4. Götting. 789. Dieterich. 3 gr 24 S.

Jo. Frid. Blumenbach synopsis systematica scriptorum, quibus inde ab inauguratione academiae Georgiae Augustae d. XVII. Sept. MDCCXXXVII usque ad sollemnia istius inaugurationis semisaecularia MDCCLXXXVII disciplinam suam augere et ornare studuerunt professores medici Gottingenses. Gotting. 1788. 4. (Secundum doctrinarum ordinem)

— synopsis systemat. scriptor. professor. medicor. Gött. 4. Götting. 788. Dieterich. 3 gr

Blumenbach, Johann Friedrich: De generis humani varietate nativa. Gottingae 1775: Rosenbusch. 96 S.

— de generis humani varietate nativa. c. icon. 4. Götting. Ed. n. aucta. 8maj. ibid. 776. Ed. n. aucta 781. Ed. III. multo auct. 795. Vandenhöck et R. 18 gr

Blumenbach, Joh(ann) Friedr(ich): De generis humani varietate nativa liber. Editio altera ...auctior... 128 S., gbd., 2 Taf.

Goettingae: Vandenhoek 1781

— üb. die natürl. Verschiedenheiten im Menschengeschlechte, nach d. 3n Ausg. übers., mit Zusätzen v. J. G. Gruber, M. Kpf. 8. Leipz. 798. Breitkopf u. H. 1 rℓ

— Comment. de vi vitali sanguinis. 4. Gött. Dieterich. 788.

— de vi vitali sanguinis neganda etc. 4maj. Götting. 795. Dieterich. 3 gr

Blumenbach, Karl Hnr.
Blumenbach, Dr. K. H. (Hermesianer), Beleuchtung einer Schrift des Herrn Bischofs Ziegler: „16 Thesen, welche der Erzbischof Klem. August &c. &c." gr. 8. Köln 1839 10 ggr. — 45 kr.

Blumenbach, Karl Hnr., Darstellung der philosoph. u. theolog. Gelehrsamkeit des Dr. Gregorius Thomas Ziegler. Oder: Beleuchtung d. Schrift desselb. u. d. T.: „Sechszehn Thesen &c." gr. 8. Köln 838. Bachem. 5/12 rℓ

Blumenbach
— **Martin** (Posen), Nonnulla quae de cholerae diagnosi et curatione in Romanis Graecisque medicis inveniuntur. Diss. med.-litter. Bln. (Gebr. Unger) 31. XII. 1831. 31 S., mit Biogr. (M.: A. Boehme.) (3.50) 2964
Oppon.: H. Bresler, S. Liebinger, M. Kalisch.

Blumenbach, R., Aussaat und Erndte. Vaterländisches Schauspiel aus der Zeit Friedrich Wilhelm's von Braunschweig-Oels, in 4 Aufzügen. [Mit freier Benutzung eines Roman's.] Hamburg 860. (Boyes & Geisler.) gr. 8. (2 Bl., 68 S.) n. 15 ngr.

Blumenbach, S. F., Collectio Craniorum. Decas IV. Gott. 4°. 1799

Blumenbach, W. C. W., kurzer geograph. Abriß d. österreich. Kaiserthums. gr. 8. (8 B.) Wien 840, Gerold.

Blumenbach, W.C.W. (Hrsg.), s. Blätter für Kunst, Industrie und Handel.

Blumenbach, W. C. W.: Systematische Darstellung der neuesten Fortschritte..., s. Keess, St

Blumenbach, W. C. W., neuestes Gemälde d. Oesterr. Monarchie, 1—3. Thl., s.a. Schütz's Erdkunde, 13., 14. u. 28. Bd.

—— neuestes Gemälde d. österreich. Monarchie, od. Beschreib. d. Lage, d. Klimas, d. Naturprodukte, Landeskultur, merkwürdigsten Städte, Gegenden, Kunstwerke, Ruinen u. Denkmäler; dann d. Einwohner, deren Lebensart, Kleidung, Handel, Künste, Wissenschaften, Religion u. Staatsverfass. 3 Thle. 2., v. Verf. durchaus verb. u. bedeut. verm. Ausg. M. 16 Kpfr. (incl. d. Ansicht v. Wien, 27" lang.) gr. 8. (91¾ B.) Wien 837, Sammer. * Thlr.
Daraus apart:
Bd. 1. Oesterreich ob u. unt. d. Enns, Steiermark, Tirol u. Vorarlberg. * 1 Thlr.
» 3. Ungarn, Polen, Mähren u. Schlesien. * 20 Gr.

Blumenbach, W. C. W., Handbuch der technischen Materialwaarenkunde, od. Anleit. z. Kenntniß der Rohstoffe, welche in d. Gewerben, Manufacturen u. Fabriken verarb. u. verwendet werden. 10 Lfgn. Lex.-8. (52¾ B. u. 1 Stnt.) Pesth 845, 46, Hartleben's Vrls.-Exped. à L. 11¼ Ngr. Thlr.

Blumenbach, W. C. W., (Dr. Wawrusch) neueste Landeskunde von Oesterreich unter d. Ens. 1r Bd. 2e verm. u. verb. Aufl. gr. 8. Güns 834, Reichard. (Leipzig, Volkmar.) 2 Thlr. Vgl. Jos. V. Schütz, Erdkunde.

—— neueste Landeskunde v. Oesterreich unt. d. Ens. 2 Bde. 2., sehr verb. u. verm. Aufl. gr. 8. Güns, Reichard. [1. (25 B.) 834., 2. (26 B.) 835. à 2 Thlr.]

Blumenbach, W. C. W., der wallachisch-banatische Regiments-Distrikt in d. Militärgränze, s.a. Oesterreich. Nr. 10.

Blumenbach, W. Der walachisch-banatische Regimentsdistrikt in der Militärgrenze. 4. Wien 1840. 5,25.

Blumenberg u. Julie, ein Roman. 8. Zwickau 805, Schumann. 16 gr.

Blumenberg, Albert, a. Tribsees: Die Konzentration im deutschen Bankwesen. Leipzig-Reudnitz 1905: A. Hoffmann. (111 S.) 8°
Heidelberg, Phil. Fak., Ref. Gothein, Diss. v. 11. Apr. 1905
[Geb. 30. Aug. 69 Tribsees i. Pommern; Wohnort: Friedenau-Berlin; Staatsangeh.: Preußen; Vorbildung: Realgymn. Bützow i. Meckl. Reife O. 90; Studium: Rostock 4, Berlin 5 S.; Rig. 6. Dez. 04.]

Blumenberg, A., Die Konzentration im deutschen Bankwesen. Diss. Leipzig-Reudnitz, 1905. 111 S.

Blumenberg, Carl, Gebet Gott was Gottes ist! Amtspredigt gehalten am 23. Sonnt. nach Trin. über Ev. Matth. 22, 15—22 nach der am 12. Novbr. 1854 erfolgten Einäscherung der Kirche zu S. Salvator ꝛc. 1. u. 2. Aufl. Breslau, (Leuckart.) gr. 8. (15 S.) nn. 2½ Ngr.

Blumenberg, Carl, Gebet Gott was Gottes ist! Amtspredigt gehalten am 23. Sonnt. n. Trin. über Ev. Matth. 22, 15—22 nach der am 12. Nov. 1854 erfolgten Einäscherung der Kirche zu S. Salvator. 2. Aufl. gr. 8. (15 S.) Breslau 855, (Leuckart.) **

Blumenberg, Karl, eine tragikom. Gesch. 2 Thle. s.a. neue Originalromane d. Deutschen 2br 26r.

Blumenberg, Carl, eine tragisch-komische Geschichte, 2 Theile, 8. Leipzig, 786. Lincke. 1 Rthl.

Blumenberg, Carl, Mondschein-Nächte. Träumereien. 8. (55 S.) Oldenburg 851, Schulze in Comm. n. ⅓ Thlr.

Blumenberg, Karl, s. Blumenberg, Carl

Blumenberg, Wilh.: Jacobus Sackmann u. s. Zeit. [Aus: „Hannov. Geschichtsbl."] (19 m. Bildn.) 8° Hann., E Geibel '11. — 60 d

Blumenblatt, das, eine epische Dichtung der Chinesen, aus dem Original übersetzt v. Heinr. Kurz. Nebst einleitenden Bemerkungen über die chinesische Poesie u. einer chines. Novelle als Anhang. gr. 8. St. Gallen 836, Scheitlin u. Zollikofer. 1 Thlr.

Blumenblätter
Blumenblätter in d. Gefilden d. Phantasie, von J. C. Fr. u. Dankelmann. 2 Bde. 8. Nürnb. Schrag. 810.

Blumenbotschaft. Gaben der Freundschaft. 8. (12 farb. S. mit eingedr. Text.) Leipzig 890. Baldamus, Sep.-Cto. cart. mit Goldschn. n. 1. 20

Blumenbotschaft. Ein Postkarten-Malbuch. (12[6 farb.] perforierte Bl.) 18×28,5 cm. Nürnberg (908). Th. Stroefer. 1. 20

Blumenbriefe. 3 Sorten. gr. 8. (à S. m. 1 eingedr. Chromolith.) Bonn 883. Scheraens. à n. — 20

Blumen-, Kräuter-, Frucht- u. Gartenbuch, s. a. Knorr, Gg. Wolfg.

Blumen-, Kräuter-, Frucht- u. Garten-Buch, allgem., in deutsch. od. lat. Texte u. ill. K. Fol. Nürnb. Knorr. 788, 89. 4

Blumenbuch: Blumen- und Insecten-Buch, darinnen auf das fleissigste nicht allein die Blumen . . . vor Augen gestellet; sondern auch jede Blume nach ihren eigentlichen Namen genennet . . . werden. Nürnberg: Höflich (um 1710): Froberg. 1 14 S., 66 Taf. 4°

Blumenbuch, neues, für junge Personen. qu. Fol. Nürnb. 791. Bauer u. Raspe. 1 Thlr.

Blumenbüschen, neuvermehrt., worin Morgen-, Abend- u. and. Gebete ꝛc. 12. Mariazell 788. (Mayr in Salzb.) 3 gr.

Blumenbüschlein, geistl. Gebetb. 12. (192) Neuh. 63, Landfrass & S. (?) n. — 16½

Blumenbüschlein, Einsiedlisches, worin sehr nützl. Gebete, als: Morgen-, Abend-, Meß-, Beicht-, Kommunion- u. Vespergebete, nebst Besuchung des heil. Kreuzweges enthalten sind. Mit 6 Holzschn. 18. Einsiedeln 826. (Augsb., Kollmann. Zürich, Orell). 6 gr.

Blumenbüschlein, einsiedlisches, gepflückt zur Ehre Gottes zum Preise der seligsten Jungfrau Maria und zur Freude und Erbauung für kathol. Christen. 1. Aufl. (288 S. und 1 Stnt. mit eingedr. Vign.) 848. und 2., mit einer Mai- und Aloysiaandacht verm. Aufl. 24. (288 S. mit 2 Stnt. und eingedr. Holzschn.) Einsiedeln 851, Gebr. Benziger.
Vlnp.

Blumenbüschlein, Einsiedlisches, gepflückt zur Ehre Gottes, zum Preise der seligen Jungfrau Maria und zur Freude und Erbauung für katholische Christen. 10., mit einer Mai- u. Aloysiandacht verm. Aufl. Einsiedeln 862. Gebr. Benziger. 24. (288 S. m. Holzschn. u. 3 lith. Taf.) 4½ Ngr.

Blumenbüschlein, Einsiedlisches, gepflückt zur Ehre Gottes, zum Preise der sel. Jungfrau Maria und zur Freude und Erbauung für kathol. Christen. 10. Aufl. 1862. und 11., mit einer Mai- und Aloysiandacht verm. Aufl. 24. (288 S. mit eingedr. Holzschn. und 3 Stnt.) Einsiedeln 864, Gebr. Benziger.

Blumenbüschlein, geistliches. Katholisches Gebetbuch für gefühlvolle Christen. Neuhaus 863. Landfraß & S. 12. (192 S. m. Holzschn. im Text u. 1 Stahlst.) n. 16½ Ngr.

Blumenbüschlein, gepflückt zur Ehre Gottes, zum Preise der sel. Jungfrau Maria ꝛc. 14. Aufl. 18. (288 S. mit 2 Bildern und Vignetten.) Einsiedeln 869, Gebr. Benziger.

Blumenbüschlein, großzellerisches, oder Marianischer Blumenstrauß, worin überaus anmuthige Gebete zur Morgens- und Abendszeit, zur heil. Messe, Beichte ꝛc. 8. (384 S. mit 1 Stahlst.) Maria-Zell 858(61.) (Graß, Wießner.) *

JOHANNEISCHES Blumen-Büschlein aus dem Mayen-Gärtlein. o. O. 1882. o. Dr. (78 S.) - gr. 8°

Blumencabinet, s. Blumenkabinet

Blumen-Deutung, Auszug aus d. neuesten Blumensprachen. Taschenbüchlein z. Unterhaltg. 8. Dresd. 822, Hilscher.

Blumen-Deutung, Auszug aus d. neuesten Blumensprachen. Taschenbüchlein z. Unterhalt. 8. Dresd. 824. Hilscher. 12 gr. (Braunschw., Meyer). Hdg. Pr. 8 gr.

— s. auch C. Hubert.

Blümener, J. G., Abhandl. üb. d. menschl. Haupthaar, in histor., physiolog., patholog. u. therapeut. Hinsicht. gr. 8. 823. (Berl., Th. Enslin). 4 gr.

Blumenfahrten. 4 Chromolith. 12. Leipzig 883. (Baldamus.) n. 1. 20

Blumenfeld, oder Gemählde unserer Tage, wahre Geschichten, ein Ersatz für Romane, mit 1 Kupf. 8. Berlin u. Leipz. (Dresden) 794. (Miller). 18 sgl.

Blumenfeld: Das B a g a t e l l v e r f a h r e n nach d. neuen Civilprocessordnung, s. B l u m e n f e l d , Emil

Blumenfeld, A., Festrede zur Geburtstagsfeier Sr. Maj. unseres erhabenen Kaisers u. Königs Wilhelm II. 8. (11 S.) Schweidnitz 891. Heege. n.n. — 80

Blumenfeld, Agnes, s.: César, P., die Speisung armer Schulkinder.

Blumenfeld, Arthur [aus Gleiwitz]: Die Lendenkrümmung der Wirbelsäule bei verschiedenen Menschenrassen ... Berlin, Buchdr. v. H. Lesser, *1892;* 42 S., 1 Bl. 8.
Berlin, Med. Fak., Inaug.-Diss. v. 13. Apr. 1892

Blumenfeld, B., Zum Konkurrenzkampf der deutschen und englischen Steinkohlen auf dem Hamburger Markte. Hamburg, 1886. 8 S.

Blumenfeld, E., Paulinens Reise nach Deutschland, oder Verbrechen der Liebe. Eine romant. Geschichte. 2 Thle. 8. Braunschw. 826. Meyer. 2 ƒ 12 gr.

Blumenfeld, Emil, Das Bagatellverfahren nach d. neuen Civilproceßordnung. E. Handbuch f. d. Praxis. 8. (104 S.) Wien 897. M. Breitenstein. n. 1. 86

Blumenfeld, Eugen, aus Jalta (Russland): Zur chirurgischen B e h a n d l u n g der Cholelithiasis. (80 Fälle der Basler Chirurgischen Klinik. Vorsteher Prof. Wilms.) Basel 1908. 44 S. 8°.
Basel. Med. Diss. 1907/08.

Blumenfeld, Eugen. Zur Chirurgischen Behandlung der Cholelithiasis ‹30 Fälle der Basler Chir' Klinik› ‹Vorsteher: Prof. M[ax] Wilms›. Diss. Med. Basel. 44 S. 8. Basel, Brin & Cie., 1908.

Blumenfeld, F.: Die staatsrechtliche S t e l l u n g ..., s. B l u m e n f e l d , Fritz

Blumenfeld, Felix, approb. Arzt: Aus d. chirurg. Abteilung d. Kaiser- und Kaiserin Friedrich-Kinder-Krankenhauses zu Berlin. Dirig. Arzt: Herr Prof. Dr. Th. Gluck. 50 Fälle von Acuter Osteomyelitis im Kindesalter. *Marburg 1899* (übergekl. *1900): (H. Grünbaum, Weimar).* (50 S.) 8°
Marburg, Med. Diss. v. 13. Febr. 1900

Blumenfeld, Fel., Specielle Diätetik u. Hygiene des Lungen- u. Kehlkopf-Schwindsüchtigen. gr. 8. (VIII, 108 S.) Berlin 897. A. Hirschwald. n. 2. 80

Blumenfeld, Fel., spezielle D i ä t e t i k u. Hygiene des Lungen- u. Kehlkopf-Schwindsüchtigen. 2. verm. u. verb. Aufl. (VIII, 108 S. m. 2 Tab.) gr. 8. Berlin 909. A. Hirschwald. 2. 80

Blumenfeld, Felix [pr. Arzt in Osnabrück]: Ueber den Einfluss meteorologischer Vorgänge auf den Verlauf der bacillären Lungenschwindsucht ... Osnabrück, Druck v. J. G. Kisling, 1892; 33 S., 18 autogr. S., 4 Taf. 8.
Würzburg, Med. Fak., Inaug.-Diss. v. 1892

Blumenfeld, Fel., s: Handbuch d. spez. Chirurgie d. Ohres u. d. ob. Luftwege.

Blumenfeld, Fel., s.: Handbuch der Therapie der chronischen Lungenschwindsucht.

— Das K l i m a v. Wiesbaden. Eine klimatotherapeut. Studie, verf. u. zur Eröffng. des neuen Kurhauses hrsg. (60 S.) gr. 8. Wiesbaden 907. J. F. Bergmann. 1. —

Blumenfeld, Felix (Hrsg.), s. V e r h a n d l u n g e n des Vereins deutscher Laryngologen.

— s.: Zeitschrift f. Laryngologie, Rhinologie u. ihre Grenzgebiete.

Blumenfeld, Fritz [aus Beuthen]: Beiträge zur Casuistik der Basilarthrombose ... Berlin, Buchdr. v. G. Schade, *1896;* 29 S., 1 Bl. 8.
Berlin, Med. Fak., Inaug.-Diss. v. 12. Juni 1896

Blumenfeld, Fritz, Kammergerichtsreferendar: Die staatsrechtliche Stellung des Reichskanzlers. Berlin 1904: A. W. Hayn's Erben. (72 S.) 8°
Heidelberg, Jur. Fak., Ref. Jellinek, Diss. v. 14. Sept. 1904
[Geb. 16. Aug. 83 Neu-Ruppin; Wohnort: Neu-Ruppin; Staatsangeh.: Preußen; Vorbildung: Friedrich-Wilhelms-Gymn. Neu-Ruppin Reife O. 01; Studium: Heidelberg 1, Berlin 5 S.; Rig. 11. Juli 04.]

Blumenfeld, Fritz, die staatsrechtliche Stellung des Reichskanzlers. Diss. (72 S.) 8. Berlin 904. (H. Streisand) n. 1. —

Blumenfeld, Hermann, Tierarzt: Aus d. Chir. Klinik d. Tierärztl. Hochsch. zu Dresden. Über den Spat der Rinder. Mit 3 Taf. Dresden-A. 1909: Klemich. 31 S. 8°
Leipzig, Veterinär-Med. Diss. v. 1. Juli 1909, Ref. Röder
[Geb. 11. März 84 Salzkotten; Wohnort: Salzkotten; Staatsangeh.: Preußen; Vorbildung: Gymn. Paderborn Reife O. 05; Studium: Tierärztl. Hochschulen Hannover 1, Berlin 2, München 1, Berlin 4 S.; Coll. 23. Juli 09; Approb. 6. März 09.] [U 09. 3755

Blumenfeld, Ignaz

Blumenfeld, J., Ozar Nechmad, s.a. O z a r Nechmad.

Blumenfeld, Ignaz — Ozar Nechmad. Briefe und Abhandlungen jüdische Literatur betreffend von den bekanntesten jüdischen Gelehrten. Herausgegeben von — —. Erster Jahrgang Wien, 1856. Verlag von J. Knöpflmacher's Buchhandlung. Preßburg, 1856. Gedruckt in der vormals Schmid'schen Buchdruckerei. (182 S. 8.) (In hebräischer Sprache.)

Blumenfeld, J., „Ozar Nechmad" אוצר נחמד Briefe u. Abhandlungen jüd. Literatur betreffend, von den berühmtesten jüd. Gelehrten. 3. Jahrg. 8. (190 S.) Wien, Knöpflmacher. 1860. 1 fl. 20 kr.

Blumenfeld, J. B., Perenna, oder die Freiheit jetzt und einst. 8°. Dijon 1833.

Blumenfeld, M., Deutsches Lesebuch f. d. Oberklassen der Volksschule, s.: Haesters, Alb.

Blumenfeld, Richard: Aus der Königlichen Augenklinik zu Kiel. Ein Fall von geheilter sympatischer Ophtalmie. *Kiel 1898: P. Peters.* (21 S.) 8°
Kiel, Med. Diss. v. [17. Febr.] 1808

Blumenfeld Siegfried: Über Cinchomeronsäurederivate. S. 104. II b. 33 ...... vgr.
Separatabdruck

Blumenfeld, Toni, a. Berlin: Zwei Fälle von peripapillärem Sarkom der Chorioidea. Berlin 1905: E. Ebering. (36 S.) 8°
Freiburg i. B., Med. Fak., Ref. Axenfeld, Diss. v. 1905
[Geb. 27. Juni 78 Berlin; Wohnort: Berlin; Staatsangeh.: Preußen; Vorbildung: Luisen-Gymn. Berlin Reife M. 99; Studium: Berlin 3, Freiburg i. B. 5, München 2 S.; Coll. 21. Juli 05.]

Blumenfeld, W. A., Laub und Blumen zum Ehrenkranze f. das glänzend erstandene deutsche Reich. gr. 16. (IV, 112 S.) Kassel 872. Wigand. n. 1. 50

Blumenfeld, Guil. (geb. Oppeln 31. 1. 1840): De hypertrophia cordis. Berolini (1863). (32 S.) 8°
Berlin, Med. Diss. v. 20. Aug. 1863

Blumenflor, Der Schönheit, eine Huldigung Deutschlands Frauen dargebracht. ... Berlin 1840. V: *Symanski, Johann Daniel.* (GGr)

Blumenflor, der Schönheit, eine Huldigung, Deutschlands Frauen dargebracht. Vom Verfasser des Werkes: Der Selam des Orients. gr. 12. Berlin 840. Burmeister. 1 1/6 ℔

Blumenflor, der, im Zimmer, s.: Wissen, eigenes, 10. Bd.

Blumenfreud — Blumenleid. Ein dramat. Märchen-Versspiel v. Lu u. Jo. Buchschmuck u. Illustr. v. Frz. Staffen. (188 S. m. 1 Bildnistaf.) 8. Berlin (906). Musikbücherei Weißenturn. Geb. in Leinw. n. 6.—

Blumenfreund
—s.a. Winkler, Christ. Gottl.

Blumenfreund, der, od. vollst. auf Theorie u. Erfahr. gegründ. Unterricht üb. die Behandl. des Bodens, Erziehung u. Pflege d. Gewächse im Blumengarten. Aus d. Papier. e. erfahr. Blumisten; herausg. v. A. M***. 8. Kitzingen 829. Gundelach. 12 gr

Blumenfreund, od. vollständ. auf Theorie u. Erfahr. gegründ. Unterricht üb. d. Behandl. d. Bodens, Erziehung u. Pflege d. Gewächse im Blumengarten. Aus d. Papieren e. erfahr. u. berühmt. Blumisten. Hrsg. v. A. M***. 8. Kitzingen, 1829. (Nürnberg, Lotzbeck.) — 15

Blumenfreund, d. erfahrene. Ratgeber f. alle Blumen- u. Pflanzen-Liebhaber u. Besitzer kleinerer Gärten. Hrsg. v. M. Bächtold. 1. Jahrg. Mai 1897—April 1898. 24 Nrn. (à ca. 8 S.) gr. 8. Zürich, K. Henckell & Co. n. 2. 50

Blumenfreund, d. erfahrene. Ratgeber f. alle Blumen- u. Pflanzen-Liebhaber u. Besitzer kleinerer Gärten. Hrsg. v. M Bächtold. 1. Jahrg. Mai 1897—Apr. 1898. 24 Nrn. 8° (Nr. 1. 8) Zür. Aar., E Wirz. 2.50
Erscheint nicht mehr.

Vick's Blumenführer: 1874f—1880f
Quarterly. Illustrated. Edited & published by James Vick. Advertised in AMERIKANISCHER AGRICULTURIST, 1874; Rochester, NY

Blumengärtchen angelegt von Julie Caroline Tlantlaquatlapatli geb. von Ipsilischnipsilischnipsi. Berlin 1789—90. H (1—4): *Seyfried, Heinrich Wilhelm.* (ML)

Blumengärtchen, angel. v. Tlantlaquatlapatli. 4 Stck. 8. Berl. Schöne. 789—91.

Blumengarten, der, s.a. Wochenbände.

Blumengarten, der, oder zweckmäßigste Vorlegeblätter zum Blumenzeichnen. Ein Geschenk für angehende Zeichner und die richtigste u. natürlichste Schatten-Construction praktisch zu erlernen. (12 Bl.) 12. Carlsruhe 836. Cabinet für Literat. 7/12 ℔

Blumengarten, d. Aus d. Engl. v. Th. Roth. (No. 47 d. Wochenbände f. d. geistige u. materielle Wohl d. deutschen Volkes). Mit Abb. kl. 8. Stuttgart, 1851. Rieger. — 1

Blumengarten, der, z. Bildung d. guten Geschmacks u. z. Vergnügen f. d. Jugend. Mit vielen in Kpfr. gest. ill. u. ausgeschn. Blumen, Bäumen, Gebüschen etc., womit auf mancherley Art die reizendsten Gartenparthien aufgestellt werden können. schmal gr. 4. ... Wien (831), Müller.

— geistlicher, od. erweckliche Lotterie. In Denksprüche verfaßt zum allgem. Gebrauch. 5. Aufl. 64. (120 Bl.) Schaffhausen 848, Schalch. In Futteral 4 1/2 ngr In Etui 7 ngr

Blumengarten, geistlicher, d. i.: Fromme Uebungen und Andachten zum Gebrauche kathol. Christen. Bearbeitet von einem Seelsorgs-Priester. Mit 1 Titelbilde (Stahlst.). Innsbruck 855. C. Rauch. gr. 12. (VI, 388 S.) 15 ngr

Blumengarten, geistlicher, oder erweckliche 103 Loostexte in Denksprüche verfaßt. Zum allgemeinen Gebrauch der Erweckten. Von Freunden der Wahrheit. 8. (103 Bl.) Stuttgart 870, Rupfer. In Futteral
Auf Cartonpapier in Leinw.-Futteral

— himmlischer rc. 2 Thle. 4. Ausg. Weith.

—— himmlischer. Ein Gebetbuch für das kathol. Volk vom ehrw. P. Gelasius di Cilia. Neu bearb. von A. Meier. gr. 18. (432 S. mit 3 Bildern.) Einsiedeln 871, Gebr. Benziger.
Feine Ausg. mit 3 Stahlst.

Blumengarten, Christoph Lehmanns, frisch ausgejätet, aufgeharkt und umzäunt von einem Liebhaber alter deutscher Sprache und Weisheit. Berlin 1879. H: *Forck, L.* (Kürschners Deutscher Literatur-Kalender XV [1890]) (Hdrsch. Mitth. von Friedrich Müller, München.)

Blumen-, Obst- u. Küchengarten, der, e. Lesebuch f. d. Jugend. M. 25 ill. Kpf. 12. Dresd. ... 2e A. 810. Beger. (Leipz., Weygand). 1 ℔ 12 gr

— d. im schönsten Flor stehende, s.: Trew, Christ. Jac.

Blumengarten, der, u. seine Unterhaltung. Kurze illustr. Anleitg. zur richtigen u. zeitigen Bepflanzg. der Blumenbeete m. besond. Berücksicht. der Teppichgärtnerei. Mit 30 xylograph. Abbildgn. Hrsg. v. der Verwaltg. d. pomolog. Instituts zu Ringelheim. (In deutscher, engl. u. französ. Sprache.) gr. 4. (31 S.) Braunschweig 871. J. H. Meyer. n. 1. 60

Vick's Blumen- und Gemüsegarten.
Advertised in AMERIKANISCHER AGRICULTURIST, 1876: Octavo, 150 pages. Highly praised garden magazine. Rochester, NY

Blumengarten, Samuel (Warschau), De tetano. Diss. med. Bln. (C. Feister) 1. IX. 1837. 32 S., mit Biogr. (3.50) 2965
Oppon.: Ed. Hildebrand, Jos. Bergsohn, Sig. Gottheil.

Blumen-, Kräuter-, Frucht- u. Gartenbuch, allgem., s. G. W. *Knorr,* Thesaurus.

Blumengärtlein, das, s.a. Jugend-Bibliothek, aus d. Engl.

Blumengärtlein, das. Festgeschichten. Aus dem Engl. 2. Bdchn.: Der Aschermittwoch. Das Fest Mariä Verkündigung rc. 2. Aufl. gr. 16. (176 S.) Regensburg 877, Manz.
1. Bdchn. Ebendas. 1856. 80 Pf.

—— Vollständiges Gebet- und Andachtsbuch für kathol. Christen. 32. (320 S. mit 1 Chromolithogr.) Einsiedeln 879, Gebr. Benziger.

Blumengärtlein. Vollst. Gebet- u. Andachtsbuch f. kath. Christen. Mit d. gebräuchlichsten rheinischen Andachten. 15. Aufl. *Einsiedeln, Köln: Benziger & Co. [um 1902].* (320 S.) 8° [F.]
[02. 10400]

Blumengärtlein, christl., inniger Seelen, od. kurze Schlußreimen, Betrachtt. u. Lieder über allerhand Wahrheiten d. inwend. Christenth. rc. 13e Aufl. gr. 12. Elberfeld 826, Hassel.

Blumengärtlein, geistl., darin nützl. u. and. Morgen-, Abend-, Meß-, Beicht- u. Kommuniongebete enth. sind. Mainz, Müller. 1 ½ gr

Geistliche Blumen-Gärtlein. Germantown, 1791.

Blumengärtlein, geistliches. Trost- und Erhebungsworte für alle Tage im Jahre. 16. (255 S.) Minden 888, Köhler.
geb. mit Goldschn. *

Blumengärtlein, geistliches, inniger Seelen. 12. Basel, Turneysen.

Blumengärtlein, Geistliches, Inniger Seelen, oder kurtze Schluss-Reimen, Betrachtungen und Lieder ... nebst der frommen Lotterie. Frankfurt u. Leipzig 1729. 3. Edition. Frankfurt u. Leipzig 1738. V: *Tersteegen, Gerhard.* (MN) (GGr)

Geistliches | Blumen-Gärtlein | Jnniger Seelen: | Oder kurze | Schluß-Reimen, | Betrachtungen und Lieder | Uber allerhand Wahrheiten des | Jnnwendigen Christenthums; | Zur Erweckung, Stärckung | und Erquickung | in dem | Verborgenen Leben | Mit Christo in GOtt; | Vierdte und vermehrte *Edition* | Nebst der | Frommen Lotterie. | BERN, | zu finden bey Gabriel Gaudard. | 1766.

TB – Bern 1766, [V:] G. Gaudard – 12° – (12) 477 (7) (8) 12, 23 Sn. R

◌ CH BEm (def.), BEs – PL Wu

[wie Asc Terst-Be 1766, nur:] ... | BJEL, | in Verlag der Heilmannischen Buchh. | 1766.

TB – Biel 1766, [V:] Heilmannische Buchhandlung – 12° – (12) 477 (7) (8) 12, 23 Sn.

Geistliches | Blumengärtlein | inniger Seelen: | oder: | Kurze Schlußreimen, | Betrachtungen und Lieder | über allerhand Wahrheiten des | inwendigen Christenthums: | zur | Erweckung, Stärkung und Erquickung | in dem | verborgenen Leben | mit CHristo in GOTT: | nebst der | Frommen Lotterie. | Achte Auflage, | worinnen den Liedern zu erst Melodien beigesetzt worden sind. | Z | P | Z | Frankfurt und Leipzig, | bei Pet. Dan. Schmitz, Buchh. in Solingen. | 1778.

[darin S. 245:] Des | geistlichen | Blumengärtleins | drittes Büchlein | oder, | geistliche | Lieder und Andachten | mit Noten versehen. | B | Achte Auflage. | Z | Frankfurt und Leipzig, | bei Pet. Dan. Schmitz, Buchh. in Solingen. | 1779.

TB – Frankfurt/M und Leipzig 1778/79, [V:] P. D. Schmitz, Solingen – kl. 8° – (16) 568 (12) Sn.

Geistliches | Blumengärtlein | inniger Seelen; | oder: | Kurze Schlußreimen, | Betrachtungen und Lieder | über allerhand Wahrheiten des | inwendigen Christenthums; | zur | Erweckung, Stärkung und Erquickung | in dem | verborgenen Leben | mit CHristo in GOTT: | nebst der | Frommen Lotterie. | Neunte Auflage. | P | Z | Frankfurt und Leipzig, | bei Pet. Dan. Schmitz, Buchh. in Solingen. | 1786. – [DV:] Z | Mülheim am Rhein, | gedruckt bei J. C. Eyrich.

TB – Solingen 1786, [V:] P. D. Schmitz; [D:] J. C. Eyrich, Mülheim [Köln-Mülheim] – kl. 8° – (16) 568 (6) Sn.

Geistliches | Blumengärtlein | inniger Seelen; | oder: | Kurze Schlußreimen, | Betrachtungen und Lieder | über allerhand Wahrheiten des | inwendigen Christenthums; | zur | Erweckung, Stärkung und Erquickung | in dem | verborgenen Leben | mit CHristo in GOTT: | nebst der | Frommen Lotterie. | Zehnte Auflage. | P | Z | Frankfurt und Leipzig, | bei Pet. Dan. Schmitz, Buchh. in Solingen. | 1793.

TB – Frankfurt/O und Leipzig 1793, [V:] P. D. Schmitz, Solingen – 12° – (18) 568 (12) Sn.

—— geistliches, inniger Seelen; oder kurze Schluß-Reimen, Betrachtungen und Lieder über allerhand Wahrheiten des inwendigen Christenthums zur Erweckung 2c. in dem verborgenen Leben mit Christo in Gott. Nebst der Frommen-Lotterie. 12. (522 S.) Harrisburg 849. (Philadelphia, Schäfer.) *

Blumen-Gärtner, der, eine Zeitschr. für Blumenfreunde; herausg. v. Fr. L. Finckh u. G. Fr. Ebner. 1r u. 2r Jahrg. 1830, 31. à 6 Hfte. M. Abbildd. gr. 8. Stuttg., Hoffmann. u J. 3 ₰

— d., e. Zeitschrift f. Blumenfreunde. Hrsg. v. Friedr. Ludw. Finckh u. G. Fr. Ebner. 1. u. 2. Jahrg. 1830 u. 31. à 6 Hfte. Mit Abb. gr. 8. Stuttgart (Stoppani). à Jahrg. 3. —

Blumengärtner, der, e. Zeitschr. f. Blumen-Freunde, hrsg. v. Fr. L. Finckh u. G. Fr. Ebner. 1. u. 2. Jahrg. 1830, 31. à 6 Hfte. Mit schw. u. ill. Kpfrn. gr. 8. Stuttgart, [Weise.] à J.

Blumen-Gärtner, Historischer und verständiger, ... Leipzig 1715. V: (Unterred.): *Gentil, François.* (BrMm)

Blumengärtner, d. kleine künstl., f. Haus- u. Zimmergarten, od. Anweis., Hyazinthen, Tazetten etc. im Winter z. ziehen. Aus d. Franz. v. Korth. 8. Berlin, 1814. Hasselberg. — 11¼. Leipzig, 1817. Joachim. — 10

— der kl. künstliche, für Haus- u. Zimmergarten, od. Anweis., Hyacinthen, Tazetten 2c. im Winter zu ziehen. Aus d. Französ. v. Dr. Korth. 8. Leipz. 817. Central-Compt. 10 K

Blumengärtner, neuester allgem., od. vollständ. Anweis., wie alle fremde u. einheim. Blumen, Gewächse u. Zierpflanzen im Freien, im Zimmer, in Glas- u. Treibhäusern erzogen, gepflanzt u. fortgepflanzt werden; nebst e. Blumisten-Kalender 2c. auch e. Anh. üb. d. angenomm. Sinndeutung d. Blumen, u. e. alphabet. Register. Von e. prakt. Blumenfreunde, 2c. 1. Aufl. 829. 1 Thlr., neue, wohlf. Ausg. (à 16 B.) gr. 8. München 832, Lindauer. Thlr.

—— neuester, allgem., von e. prakt. Blumenfreunde, nach eigenen u. fremden Erfahrn., dann den neuesten, besten Gartenschriften verfaßt. Neue wohlf. Ausg. gr. 8. (16 B.) München 835, Lindauer'sche Buchh.

Blumen-, Zier- und Zimmergärtner, der unterweisende, oder Belehrungen über Anlagen, Ausschmückung u. Unterhaltung der Gärten; Anleitung, Blumen u. Zierpflanzen in Gärten, vor den Fenstern u. in Zimmern zu ziehen, so wie überhaupt aller bei der Gärtnerei nöthigen Vorkenntnisse, Arbeiten u. Vortheile. Hamburg 853. Berendsohn. 16. (2 Bl., 172 S.) 10 ngr.

— d., wie er sein soll u. muss, od. vollständ. auf Theorie u. Erfahr. gegründ. Unterricht üb. d. Behandl. d. Bodens, Erziehung u. Pflege d. Gewächse im Blumengarten. 8. Kitzingen, 1826. Neue Ausg. 1840. (Nürnberg, Lotzbeck.) (— 15) — 7½

—der, wie er sein soll u. muß, oder vollständiger auf Theorie und Erfahrung gegründeter Unterricht über die Behandlung des Bodens, Erziehung u. Pflege der Gewächse im Blumengarten. 8. Kitzingen 840. Köplingersche Buchh. ½ ₰

Blumengärtner, der, auf d. Zimmer. 8. Leipzig, Centralcomptoir 817.

Blumen- u. Baumgärtnerei, verjüngte, s.: Coulon, M. J. v.

VILMORIN's illustrirte Blumengaertnerei. Berlin, 1872. 8°.
Edited by J. Groenland & T. Ruempler.

Blumengeplauder. 4 Chromolith. 16. Leipzig 888. (Baldamus.) n. — 80

Blumen-, Kinder- u. Vogelgeschichten, allerlei. 12 Blatt Farbdr.-Bilder nach Aquarellen v. Ant. v. Werner. Mit Text von Frau v. Freydorf, geb. Freiin v. Cornberg. gr. 4. (12 S. u. eingedr. Text.) Stuttgart 887. Süddeutsches Verlags-Institut. geb. n. 6. —

Blumen-, Kinder- und Vogelgeschichten, allerlei. 12 Bl. Farbdr.-Bilder nach Aquarellen von Ant. v. Werner. Mit Text von Frau v. Freydorf, geb. Freiin v. Cornberg. gr. 4. (12 S. und eingedr. Text.) Stuttgart 888, Süddeutsches Verlags-Institut. geb. *

Blumengeschichten für denkende Mädchen von 10—12 Jahren. Von der Verf. der „Mädchenträume 2c." St. Gallen 863. Scheitlin & Zollikofer. 8. (2 Bl., 147 S.) 18 ngr.

Blumengewinde in lehrreichen u. unterhaltenden Erzählungen für die wißbegierige Jugend (v. J. Bermann). Mit 8 color. Bildern. gr. 8. Wien 838. Bermann u. Sohn. 1 ℛ

Blumengrüsse aus Garten u. Flur. gr. 8. (4 Chromolith.) Leipzig 879. Baldamus. n. 2. —

Blumengrüsse aus dem heiligen Land. 12 (chromolith.) Karten m. Bibelsprüchen u. Liederversen. qu. gr. 16. Basel 876. Spittler. n. 2. —

Blumenguirlanden

— 137, zum Sticken in Seide, so wie zum Zeichnen u. Malen. Eisleb. 829. Reichard. 4 ℊ

Blumenguirlanden, z. Sticken für Damen. Bresl. 809. J. F. Korn. 16 ℊ

Blumenhagen, ..., romantische Erzählungen. Inhalt: Der Verlobungsring. — Das Blumenorakel. — Das Mädchen von Colombe. 8. (Berlin 831. Bade.) 1 ℛ

Blumenhagen, H.C., s.a. Blumenhagen, Karl Jul.

Blumenhagen, H. C., Reduction des franz. Geldes auf Hannöv. Cassenmünze ꝛc. gr. 4. Hannov. Hahn. 809.

Blumenhagen, Karl, aus Hannover: Sir Walter Scott als Übersetzer. *Rostock 1900: Adlers Erben.* (75 S.) 8°
Rostock, Phil. Diss. v. [2. Juni] 1900

Blumenhagen, Karl Jul., s.a. Blumenhagen, H.C.

Blumenhagen, Karl Jul., Reduction des Französ. Geldes auf Hannov. Kassenmünze ꝛc. gr. 4. Hannov. 809. Hahn. 8 ℊ

— Jägerlied. 8. Götting. 813. Vandenhöck u. R. 1 ℊ

Blumenhagen, Ph. Wlh. Aug., menstruatio physiol. et pathol. spectata. 4. Götting. 803. Brose. 4 ℊ

Blumenhagen, Ph. Wlh. Geo. Aug., s. Blumenhagen, Wilhelm

Blumenhagen, Th., der Naturfreund. Novelle, s. Leßmann, Dan.

Blumenhagen, W, Luthers Ring, s.: Universal-Biblioth.

Blumenhagen, Wilhelm

Akazienblüthen. Eine Sammlung Aufsätze, Vorträge und Gedichte für Freymaurer, hrsg. von Wilh. **Blumenhagen.** Als Ms. gedr. f. Mstr. Frmr. Bdch. 1. 2. Hannover 1815. 276 S. 8°
1. S. 1—132; 2. S. 133—276.
Kl. 682. Selten.

Blumenhagen, Ph. Wlh. Geo. Aug., Akazienblüthen, Aufsätze, Vorträge u. Gedichte für Freimaurer. 8. Hannov. 815.

— s. 1) Bürgersinn, deutscher. 2) in Romanen u. Schauspielen.

— s. auch Deutschland, das maler. u. romant. 4e Section.

— Freia; Dichtungen, mit 1 Kpf. 8. Erfurt 806. Knick. 1 ℛ 12 ℊ Wohlf. Ausg. 811. (Müller). 1 ℛ

Blumenhagens, W., Gedichte, 2 Bände. 8. Hannover, Gebr. Hahn. (in Comm.) 816.

— Gedichte. 2 Bde. 8. Hannov. 817. 2e verb. Aufl. 826. Hahn. 1 ℛ 8 ℊ

Der Geist der Liebe und seine Widersacher. Eine Festrede für den Johannistag 5818 gearbeitet und in der Loge zum schwarzen Bär zu Hannover gesprochen von Wilh. **Blumenhagen.** Als Ms. f. Fr.Mr. und auf Kosten genannter Loge gedr. Hannover 1818. 16 S. 8°
[Umschlagtit.]
Abgedr. in: AZ. 1823 S. 444—462; Blumenhagen, W.: Mr. Nachlass. 1840 S. 31—41.
Zweck u. Ziel d. Frmrei, deren Feinde.

— das Georgsfest u. d. Weltfriede. 2 Festgesänge. gr. 8. Hannov. 814. Hahn. 2 ℊ

WILHELM BLUMENHAGEN, Ein Haus der Väter. Hierbei 1 Lithographie. Für die Mitglieder des historischen Vereins für Niedersachsen besonders abgedruckt aus dem »Vaterl. Archiv«, herausgegeben von Adolph Broennenberg. Hannover 1839. Gedruckt in der Königl. Hofbuchdruckerei der Gebr. Jänecke. 8°.

Der frische Kranz auf das alte Haus. Eine Cantate zur Feier des funfzigjährigen Stiftung-Jubiläums der g. u. v. Loge zum schwarzen Bär im Or. von Hannover gedichtet vom Br. Wilh. **Blumenhagen.** Am 17ten März des Jahres 1824. [Hannover 1824.] 4 Bl. 8° [Umschlagtit.]
Abgedr. in: AZ. 1827—1831 S. 119—122.
Kl. 1822. Ohne Noten.

— Schloß Leuenrode, s.: Novellen-Bibliothek, klassische.

Liederbuch des Logenbundes im Königreiche Hannover. [Zsgest. von Wilh. **Blumenhagen.**] Hannover 1835: [Kius]. 251 S. 8°

Blumenhagen, Ph. Wilh. G. A., der Mann u. sein Schutzengel. Roman. 8. Leipz. 823. Er. Fleischer. 1 ℛ

Wilh. Blumenhagen's maurerischer Nachlass. [Hrsg. von d. □ Z. schwarzen Bär in Hannover.] Ms. f. Frmr. Hannover: Thiemann 1840. XXII, 434 S. 8°
Recens: Archiv f. Frmrei. 1, 1 (1841) S. 101 bis 102.
Kl. 676, Tt. 1847. Fest- u. Logenreden, Gedichte. Mit e. mrischen Biogr. Blumenhagens von F. Voigts.

— Novellen u. Erzählungen. 1r u. 2r Bd. gr. 8. Hannov. 826. Hahn. (à 1 ℛ 16 ℊ) 3 ℛ 8 ℊ 3r u. 4r Bd. A. u. d. T.: Höhe u. Tiefe, od. so sind sie! Roman in Briefen, in 2 Bden. 1e Abtheil. Schwärmerei u. Uebereilung. 1 ℛ 8 ℊ 2e Abtheil. Frevel u. Sühnung. 2 ℛ 8. Hannov. 827. Hahn. 3 ℛ 8 ℊ

Blumenhagen, Wilh., Novellen u. Erzählungen. Volks- u. Familien-Ausg. 4 Bde. gr. 8. (391, 388, 397 u. IV, 404 S.) Hannover 878. 79. Kniep's Verl. 9. —; in 2 Bde. geb. 10. —

— dasselbe. Neue wohlf. Ausg. 1—10. Lfg. gr. 8. (1. Bd. S 1—391. u. 2. Bd. S. 1—96.) Ebend. 878. à n. — 30

Blumenhagen, Wilh., vaterländische historische Novellen, vornehmlich der Lande Hannover und Braunschweig. Jubiläums-Ausg. 4 Bde. 8. Hannover 879. Magdeburg, Rathke. geb. in 2 Bde. *

Blumenhagen, Phil. Wilh. Geo. Aug., neuer Novellenkranz. 1. u. 2. Bd. 16. Braunschweig, Vieweg. [1. (28½ B.) 829., 2. (25 B.) 830. à 2 Thlr.]

Blumenhagen, (Phil.) Wilh. (Geo. Aug.), sämmtl. Schriften. 2., verb. Aufl. 10 Bde. 8. (475⅛ B. u. 17 Stahlst.) Stuttgart 843, 44, Scheible, Rieger u. Sattler. à Bd. 22½ Ngr.

— Simson, e. dramat. Gedicht in 4 Gesängen. gr. 8. Hannov. 816. Hahn. 1 Thlr

Blumenhagen, W., Hannovers Spartaner, s. Universal-Bibliothek Nr. 1002.

— Wanderung durch den Harz. Mit 30 Stahlst. Roy.-8. Leipz. 838. G. Wigand. n 3½ Thlr

Blumenhagen, Wilh., Wanderung durch den Harz. Mit 30 Stahlst. 3. Aufl. 8. (IV u. 192 S.) Leipzig 850, Händel. 1 Thlr 6 Ngr; geb. 1 Thlr 16 Ngr (siehe auch: Deutschland, d. maler. u. romant.)

Blumenhagen, (Phil.) Wilh. (Geo. Aug.), gesammelte Werke. 2 Samml. od. 25 Bde. M. d. Verf. Bildn. in Stahlst. 18. u. 8. Stuttgart 836—40, [Scheible, Rieger u. Sattler.] à Bd. 18 Gr., zus. genomm.

1. Sammlung 1—12. Bd. 18. (144⅔ B.) 836—39.

Bd. 1. Der letzte Kreuzzug. — Lorbeer u. Myrthe. — Männertreue. — Graf Hackelberg. — Der Hagestolz.
- 2. Jahn der Büßende. — Schuld gebiert Schuld. — Der finstere Retter. — Soldatenglück. — Die letzte Liebe.
- 3. Die Kaplaner v. Katzenstein. — Hannovers Catilina. — Schloß Leuenrode. — Der Wilddieb.
- 4. Weiß-Hütchen. — Eva von Troth. — Fürst u. Bürger. — Die Freunde.
- 5. Die Heilquelle. — Treue gewinnt. — Prinz und Krämer als Nebenbuhler. — Künstlers Rosen- und Dornenkrone. — Der Egoist.
- 6. Die Schmuggler. — Fürstenherzen od. die Prinzen v. Lüneburg. — Der Convent zu Hildesheim im Jahre 1640. — Das Gewissen.
- 7. Wer von Euch hat das gethan? — Hannovers Spartaner. — Die Heldin v. Bassano. — Der Mann u. sein Schutzengel.
- 8. Die Bürger zu Wien. — Heiliger Liebe Triumph. — Schatten auf Bergen. — Die schwarzen Tage. — Spanische Rache.
- 9. Kain. — Der Musensohn. — Der Postillon. — Lebensräthsel. — Die neue Penelope.
- 10. Der Unthat Ernte. — Der Bruder. — Die Stiefmutter. — Der Mutter Grab.
- 11. Blöde Liebe u. kecke Freundschaft. — Die Melonenschlacht. — Wat-Tyler. — Die Tochter der Haide.
- 12. Der Stern v. Prerau. — Wolfson. — Adler u. Greif. — Die Nobler.

2. Sammlung 13—25. Bd. 8. (282⅓ B.) 839, 40.

Bd. 13. Die Warnungen. — Luthers Ring. — Die Schlacht bei Sieversbausen. — Das Bild.
- 14. Die Gräfinnen v. Schauenstein. — Höhe u. Tiefe. 1. Thl.
- 15. Höhe u. Tiefe. 2. Thl.
- 16. Die Colonisten. — Des Schicksals Rache. — Das Schlachtfeld. — Der Märtyrer weiblichen Leichtsinns. — Die Reise nach der Westung.
- 17. Gedichte.
- 18. Simson. — Die Schlacht bei Termopylä.
- 19. Die Wächter des Throns. — Schloß Kaltenbach. — Kaiser Sigmunds Hof. — Uebermuth u. Menschlichkeit.
- 20. Die Königin. — Der Ausgestoßene. — Der deutsche Helot. — Arabella. — Der Roßtrapp.
- 21. Die Fremde. — Vanina. — Akazienblüten.
- 22. Der Arzt in der Fremde. — Das Vermächtniß. — Der Vertraute. — Mensch, Schicksal u. Glaube.
- 23. Der Mönch. — Liota. — Der Herenteich.
- 24. Gedichte u. Prologe bei verschied. Veranlassungen.
- 25. Graf Herrmann. — Die verderbliche Begegnung. — Der Erbschleicher. — Lebensskizze Blumenhagens.

Blumenhagen, Wlh., (Ph. Wlh. G. A.) gesammelte Werke. 1e Samml. in 12 Bden. 18. Stuttgart 836—39. Scheibles Buchh. (à Bd. ¾ Thlr) 9 Thlr — 2e Samml. 12 Bde. 18. Ebd. 839—41. (à ¾ Thlr) 9 Thlr

. Wo ist der Platz der Freimaurerei in der Menschheit? Eine Beleuchtung des in der Loge zur Ceder im O. von Hannover abgegebenen Votums über die Zulassung der Israeliten zum Maurerbunde. [Von Wilh. Blumenhagen.] Als Ms. gedr. f. Frmr. Hannover: Kius 1838. 28 S. 8⁰ [Umschlagtit.]
Kl. 2721, Tt. 1471. Für Zulassung der Israeliten.

BLUMENHAIN, Carl, und Amanda von Morgenroth. Ein Roman. Quedlinburg, Ernst, 1793. 8⁰. (⅝ Rthl.)

Blumenhain, Eugen Heinr.

Blumenhain, E. H., (Domain.-Secret. Diesing,) d. Bau d. Safrans in Oesterreich u. Frankreich. Mit 1 ill. Abbild. 8. Brünn 826. Traßler. 3 kr.

Blumenhain, (E. H.,) der Bau d. Safrans in Oesterreich u. Frankreich. Mit 1 Abbild. 8. Brünn 827, Traßler.

— die krautartige Baumwollenpflanze (Gossypium herbaceum,) mit d. Beweise d. Möglichkeit, dieselbe in d. Oesterr. Monarchie zu kultiviren. Mit 2 ill. Abbildd. 8. Brünn 826. Traßler. 8 kr.

— die krautartige Baumwollenpflanze (Gossypium herbaceum). 8. Brünn 827, Traßler.

— die Pflanzenuhr im Garten u. Zimmer, oder Beschreib. u. Behandl. derjenigen Blumen u. Pflanzen, an welchen zu bestimmt. Stunden d. Tages auffallende Veränderungen zu bemerken sind 2c. 8. Brünn 826. Traßler. 3 kr.

— die Pflanzenuhr im Garten u. Zimmer, od. Beschreibung u. Behandl. derjenigen Blumen 2c. 8. Brünn 827, Traßler.

Blumenhain, Eugen Heinr., die Pflanzen-Uhr im Garten und Zimmer, oder Beschreibung u. Behandlung derjenigen Blumen und Pflanzen, an welchen zu bestimmten Stunden des Tages auffall. Veränderungen zu bemerken sind. Mit e. Anzeiger derjenigen Gewächse, welche vermöge ähnl. Veränderungen als Wetter-Anzeiger zu gebrauchen sind. N. Ausg. 8. Leipzig 838. Kupfer. ⅙ Thlr

Blumenharp, od. Gemälde der Zeitgenossen, e. wahre Gesch. Mit Kpf. 8. Freiberg 788. Craz u. G. 17 kr.

Blumenharn, Karl. u. Amanda v. Morgenroth. 8. Quedlnb. 793. Ernst. 5 kr.

Blumen-Heer, J. J., der Kanton Glarus, s. Gemälde der Schweiz.

Blumenhofer, M., neue ökonomische Bibliothek f. den Boden u. d. Klima Oestreichs. 1r Bd.
Auch unter d. Titel:
Theoretisch-praktische Darstellung d. Pferde- u. Maulthierzucht. 1r u. 2r Thl. Grätz. Kerstl. 811.

Blumenjahr, christliches, in Wort u. Bild. 32. (12 Farbendr.-Taf.) Reutlingen 889. Enßlin & Laiblin. — 50

Blumenkabinet, od. Abbildd. d. schönsten Blumen u. exot. Pflanzen aus d. deutschen Gartenmagazin. 6 Lief., mit 25 ill. Kpft. gr. 4. Weimar, Ind.-Compt. 6 Thlr 16 kr.

Blumenkarten, 60, m. Bibelsprüchen. Chromolith. 32. Basel 883. Spittler. n. 4. —

Blumenkatechismus, kl., oder Naturgeschichte d. Blumen- oder Ziergewächse kl. Gärten. 8. Jena 802. Gabler, (Leipz., Cnobloch). 8 kr.

Blumenkette für die gebildete Lesewelt. Taschenbuch für 1836. gr. 12. Suhl 835. Müller. (Leipzig, Wienbrack.) 1 Thlr

Blumenknospen, in e. Reihe angenehmer u. lehrr. Erzähll., für folgsame Kinder, mit 7 ill. Kpf. 8. Leipz. 819. Magaz. f. Ind. 1 ₰ 8 gl

Blumen- oder Käskohl gross zu ziehen. [1802.] V: *Koenig, Joh. Zach.* (MGT)

Blumenkorb, der, Samml. d. best. Ged. 1s Bdchn. 12. Hamburg. Hoffmann. 784.

Das | Blumenkörbchen. | Eine | lehrreiche Erzählung | aus dem | Mittelalter. | Reutlingen, | Verlag von Enßlin und Laiblin. | (Hebsaker.). (= *Reutlinger Volksbücher*, 59).
Kol.: Druck von Gustav Laiblin.
o. J., 64 S., 160 × 104, 1 Fig. S. 45.
LBS d. D. oct K 3213.
Die 3. Auflage (LBS. d. D. oct K 3314) hat als U. - Fig.: *Erscheinung auf dem Friedhof*, 60 × 76; die sechste (LBS d. D. oct K 3215) trägt den Vermerk »Druck und Verlag von Enßlin und Laiblin«, die Reihennummer fehlt. Verfasser des ursprünglichen (hier aber bearbeiteten) Textes ist Christoph von Schmid: *Gesammelte Schriften* VI, ²Augsburg 1858, S. 5 bis 170.

Blumenkörbchen, Das, ein Büchelchen zur Unterhaltung für Kinder. Freiberg 1786. V: *Liebe, Joh. Crstl. Glob.* (Ky)

Blumenkörbchen, das, ein Büchelchen zur Unterhalt für Kind. 1s Stck. 8. Freyberg, Craz u. Gerlach. 786.

— das, oder Sträußchen zur Geburts- od. Namenstagsfeier, am Neujahr u. an andern feierl. Tagen, f. gute Kinder gefüllt v. W. G. Birnbach. Mit ill. Kpf. u. Musikbeilagen. 8. Prag 816. Enders. 16 gl

— d., eine Erzählung, d. blühenden Alter gewidmet, v. d. Verf. d. Ostereier (Cph. Schmid). Mit 1 Titelkpf. 8. Landsh. 823. Krüll. 6 gl Feine Ausg. 1 ₰ Mit 1 Kpf. 8. Prag 826. Neureutter. 5 gl

Das Blumenkörbchen. Erzählung, dem blühenden Alter gewidmet von dem Verf. der Ostereyer. 2. Aufl. Mit 1 Titelkupfer. 1828
s. Schmid, Christof [Verf.]

Blumenkörbchen, das, eine Erzählung dem blühenden Alter gewidmet von d. Verf. d. Ostereier (Cph. Schmid). 3e Orig.-Aufl. Mit Titelkpfr. 8. Regensb. u. Landsh. 835. Manz. 1/3 ₰

Blumenkörbchen, das, eine Erzählung, dem blühenden Alter gewidmet von dem Verfasser der „Ostereier." 4. Orig.-Aufl. 8. (10 B, u. 1 Stahlst.) Regensburg 842, Manz.

Blumenkörbchen. Eine Sammlung gediegener Erzählungen, Novellen, Aphorismen und Anecdoten zur Unterhaltung für Jung und Alt. Löbau (854.) (Walde.) 8. (2 Bl., 312 S.) 20 ngr

Das | Blumenkörbchen | oder | Die hart verfolgte, aber wieder zu Ehren ge- | kommene Unschuld. | Eine Erzählung aus dem 14. Jahrhundert. | (Fig.: *Marie und Gräfin Amalie am Grabe des alten Jakob*, 72 × 87) | Reutlingen. | Druck und Verlag von R. Bardtenschlager. (= *Reutlinger Volksschriften*, 4).
o. J. (1866), 64 S., 164 × 103.
LBS d. D. oct K 3212.

Blumenkörbchen, das. Eine Erzählung dem blühenden Alter gewidmet von dem Verf. der Ostereier (Chrph. v. Schmid). 8. Orig.-Aufl. Mit 1 Titelkpfr. Regensburg 868. Manz. 8. (156 S.) 10 ngr.

— — Neue illustr. Orig.-Aufl. Mit (1) Stahlst. u. feinen Holzschn. (im Text). Ebend. 867. 8. (226 S.) 15 ngr.

Blumenkörbchen, das. Eine lehrreiche Erzählung aus dem Mittelalter. 3.—5. Aufl. gr. 16. (64 S.) Reutlingen 870—74, Enßlin und Laiblin.

(F) Das Blumenkörbchen. 8. Aufl. [Christoph von Schmids ausgewählte Erzählungen für die Jugend. 33. Bd.] 8°. (132 S.) K —.80
Wien: Pichlers Witwe & Sohn 1909. ?

—— geistliches, od. erbaul. Betrachtn. auf alle Tage im Jahre, gesamm. aus ält. Erbauungs-Schriften; hrsg. v. einig. christl. Freunden. 1. Thl., u. 2. Thl. 2. verm. u. verb. Aufl. 12. (30⅝ B.) Nürnberg 841, 42, Raw'sche Buchh. *

Blumenkörbchen, Ida's. Monatsschrift für Damen. Berlin 1792—93. H: *Koch, Erdm. Julius & Meltzer.* (Ky) (MGT)

Blumenkörbchen, neues, kl. Erzähll. ꝛc. 2 Bde. Mit Kpf. 8. Leipz., Joachim, 2 ₰

neues, kleine interessante Erzählungen, Anecdoten, Gedichte und andere Aufsätze. Gesammelt von Ida und ihren Freunden. Eine Lektüre für die elegante Welt. 2 Bde. m. K. 8. Leipz. Joachim. 802.

Blumenkörbchen, romantisch-poetische, von M. A. Spieß. 8. Wien, Gerold. 806.

— d. pract. Verfeiner. d. Lebens. 8. Hamb. Hoffmann. 785.

— d. prakt. Verfeiner. d. Lebens bestimmt, (v. A. F. Cranz). 2 Quart. 8. Leipz. 793. 16 gl

BLUHMENKRANZ (!), Der. Eine Nationalwochenschrift. Zelle 1773. 4°. Rar!
Bibl. J. J. Schwabii.

Blumenkranz, Der. Eine Scene aus der Barbarey. Prag und Leipzig 1779. V: *Steinsberg, Carl Franz Guolfinger Ritter von.* (BIBLPORT)

Blumenkranz, Der, ein kleines Liederbüchlein für Kinder. Marburg 1810. V: *Zeis, Adam.* (GGr) (Ky)

— der, ein kleines Liederbüchlein für Kinder. 2 Bde. 12. Marb. 810. Krieger. 4 gl

Blumenkranz, der, ein kleines Liederbüchlein für Kinder. 2 Bde. 12. Marb. Krieger. 812.

BLUMENKRANZ, Der. Wochenblatt ernsthaften, lustigen und launigen Inhalts (hrsg. von Joh. Peter Christian Geier, geb. 15. Aug. 1767 in Hamburg, † das. 5. Juli 1846). Hamburg, 1826. 8°.

—— der, ein Lesebuch f. Deutschlands Töchter u. Frauen. 2 Bde 8. ... Nürnberg 832. (Leipzig, Fr. Fleischer.)

— der, eine kleine Samml. von Liedern für gute u. fröhliche Kinder. 12. Marburg 836. Elwert. 1/2 ₰

—— der, e. Samml. schöner Züge aus d. Leben frommer Kinder. Ein Geschenk f. d. christl. Jugend. (M. 1 Stahlst.) gr. 12. (7 B.) Neuburg a. d. D. 841, Prechter.

— der. Eine Erzählg. f. Kinder u. Kinderfreunde nach dem Schauspiele gleichen Namens [von Chrph. v. Schmid.] Mit Stahlst. u. feinen (eingedr.) Holzschnittbildern. gr. 8. (91 S.) Regensburg 871. Manz. — 75

Blumenkranz, zur Belehrung u. Erheiterung der deutschen Jugend, enth.: Erzählungen, Märchen, Aufsätze u. Gedichte. Hrsg. vom Berliner Communal-Lehrer-Verein. Mit 6 (lith. u.) color. Bildern (in Tondr.) br. 8. (IV u. 176 S.) Berlin 851, Winckelmann & Söhne. 2/3 ₰

— s. auch Bilderbuch, erstes, für kl. Knaben u. Mädchen.

— für häusliche Feste ꝛc. s. Gärtner, F. W.

— geselliger Freude u. unschuldigen Frohsinnes ꝛc., oder neue Auswahl von Gesängen. 4e Aufl. 8. Leipz. 820. (Weygand). 8 gr

Blumenkranz der Freundschaft und Liebe ... für Stammbücher ... Coburg 1803. H: *Birkner, C. F.* (Ky) (MGT)

Blumenkranz, Ein, meiner Freundin gepflückt. O. O. 1786. V: *Lang, Friedrich Carl.* (GGr) (MGT)

— gewunden für die Freundschaft und Liebe, oder Aufsätze zum Andenken in Stammbücher. Mit 14 Abbildungen, Muster zu Stammbuchzeichnungen. gr. 12. Ulm 839. Ebner. 1/4 Thlr

Blumenkranz gewunden für die Freundschaft und Liebe, oder Aufsätze zum Andenken in Stammbücher. 2. (Titel-)Aufl. 12. (VIII und 128 S. mit 1 Stnt.) Tuttlingen (839)60, Kling.

Blumenkranz gewunden für die Freundschaft und Liebe. 3. Aufl. 128 Stn. gr. 16. Bern, Heuberger's Verlag. 1871? 1. 50

Blumenkranz gewunden f. die Freundschaft u. Liebe od. Aufsätze u. Gedichte zum Andenken in Stammbücher u. Albums. 3. verm. Aufl. gr. 16. (128 S.) Bern 872. Heuberger. 1. 20

Blumenkranz, gewunden f. die Freundschaft u. Liebe, oder Aufsätze u. Gedichte zum Andenken in Stammbücher u. Albums. 4. Aufl. 12. (128 S.) Bern 887. Heuberger. 1. 20

Blumenkranz, gewunden für die Freundschaft und Liebe oder Aufsätze und Gedichte zum Andenken in Stammbücher und Albums. 4. Aufl. In-8°, 128 S. Bern, J. Heubergers Verlag. 1 50 1888?

Blumenkranz, gewunden aus Novellen, Sagen, Erzählungen, Witzworte, Anekdoten, Räthsel ꝛc. 2 Bdchen. 8. Troppau 846, 47. Traßler. 3/4 Thlr

Blumenkranz, Glyzerens, für teutsche Mädchen; ... Zittau u. Leipzig 1791–92. V: *Gersdorf, Charlotte Eleonore Wilhelmine.* (MGT) (OL) (Schl)

Blumenkranz, griechischer, e. Auswahl aus d. lyr. Poesie d. Griechen, in Uebersetzungen v. J. Erichson, mit d. Originaltext u. 4 Kpf. gr. 8. Wien 810. (Gräffer u. Schmidl). 1 Thlr 6 gr

Blumenkranz, griechischer, übersetzt von Erichson, mit dem Originaltext und 4 Kupf. gr. 8. 810. — hat jetzt Meyer und C. in Wien und Preiß.

— helvetischer. 8. Bern 798. Haller. 16 gr

— f. liebende Herzen. Ein Herzensbote od. Briefsteller f. Liebende auf die gewöhnlichsten im Leben vorkommenden Fälle. 8. (48 S.) Crefeld 852. Klein. 1/12 Thlr

Blumenkranz für liebende Herzen. Ein Herzensbote oder Briefsteller für Liebende auf die gewöhnlichsten im Leben vorkommenden Fälle. 3. Aufl. Crefeld (857.) Klein. 8. (48 S.) 2 1/2 Ngr

— Jesu, od. goldene Perlen der Vorzeit, als Hauslegende f. christl. Familien. Gesammelt und mit einer andächtigen Betrachtung der heil. Messe herausg. von e. kathol. Geistlichen. Mit Titelb. 8. Landshut 839. Attenkofer. (Thomann.) 5/12 Thlr

Karolinens festlicher Blumenkranz für das Jahr 1795. Halle, beym Kunsthändler Dreyßig. 8°. M. Melodieen.

— d. Liebe u. Freundschaft, od. Aufsätze in Stammbücher; in deutscher, engl., französ. u. italien. Sprache, (v. C. F. Birkner). 8. Kob. 803. Sinner. 12 gr

— literar., für deutsche Damen. 8. Marb. 785. Krieger. 16 gr

— maurerischer, s. Frz. J. Kazen.

Blumenkranz religiöser Poesien aus Sprachen des Südens. Uebers. im Versmaße der Originale von C. B. Schlüter. Paderborn 855. Schöningh. 16. (X, 111 S.) 21 Ngr

Blumenkranz, prosaischer, f. d. Jugend mittlern Alters. 8. Kitzingen 825, Gundelach.

— prosaischer, f. d. Jugend mittlern Alters. 8. Kitzingen 826. Gundelach. 3 gr

— aus Deutschlands classischen Schriftstellern. Eine geschmackvolle Samml. von Aufsätzen in Stammbücher. 8. Nürnb. N. A. [illegible] Campe. 16 gr

Blumenkranz aus Deutschlands classischen Schriftstellern. Eine geschmackvolle Samml. von Aufsätzen in Stammbücher. 3e verb. Aufl. 8. Nürnberg 834. Campe. 2/3 Thlr

—— aus Deutschlands class. Schriftstellern. Eine geschmackvolle Sammlung von Aufsätzen in Stammbücher. 4., verb. Aufl. 8. (IV und 100 S.) Leipzig 849, G. Senf.

Blumenkranz, R., die Wirkung indifferenter u. schweisstreibender Bäder bei Nephritis, s.: Strasser, A.

Blumenkränzchen, das. Ein kleines Lustspiel f. junge Mädchen, hrsg. v. e. Freundin der Jugend. 12. (29 S.) Halberstadt 891. (Ernst.) — 60

Blumenkränzchen, ein, auf den Altar der Otto-Kapelle in Kiefersfelden. gr. 12. Ingolstadt 837. (Regensb., Manz.) 5 gr

— das nie welkende, für die Jugend u. für Jugendfreunde, in einer sinnigen Anreihung neuer, frommer u. gemüthl. Lieder, v. d. Verfasserin der Maiblümchen, der Unterhaltung für die reifere Jugend ꝛc. (1/2 lithogr. Bl.) 8. Regensburg 834. Reitmayr. 1/12 Thlr

Blumenkränze gesell. Freude; e. Auswahl von Gesängen. 8. Brem. (808–10.) Müller. (1s Bdchen 3e u. 4e A. 2s u. 3s Bdchen à 16 gr) 2 Thlr Schrbp. 2 Thlr 12 gr 1s Bdchen 4e Aufl. Ebd. 813. (Leipz., Taubert). 8 gr

Blumenkränze von H. v. Hundt-Radowsky. 1r 2r Kranz. 8. Leipzig, Klein. 818 — 20. à 1 Rthlr.

Blumenkränze f. d. reif. Jugend. Eine Auswahl unterhalt. u. belehr. Erzähln., Anekdoten, Dichtn., Fabeln, Räthseln u. Charaden. Hrsg. v. e. Jugendfreunde. 2 Bdchn. M. 4 Kpfrn. 16. (16 1/2 B.) Prag 850, Bohmanns Erben. (Leipzig, Magazin f. Industrie.) à 5 Gr.

Blumenkrone, romantische, od. auserles. Erzähll. von Demme, Ebel, Engel, Fischer, v. Göthe ꝛc. 12. Leipz. 826. Lit. Centr.-Compt. 16 gr (vergl. Aehrenlese.)

Blumenkrone, romantische, von Pracht und Duft, aus d. Garten der deutschen Literatur. 3e verm. Aufl. 16. Leipzig 838. Central-Comptoir. 5/6 Thlr

Blumenleben, ..., Carlo, 8. Penig 804. Dienemann. (Leipzig ...) 1 Thlr

Blumenleben, Karlo, 8. Penig, Dienemann. 804.

Blumenlese

— e. Samml. d. auserlesensten Gesänge deutscher Dichter, vorzügl. Chor- u. Rundgesänge. 8. Brem. 810. Kaiser. 1 Thlr Schrbp. 1 Thlr 8 gr

— oder sinnreiche Sprüche f. alle Stände, z. Erbauung u. Belehr. in den mannichfachen Lagen d. Lebens. gr. 12. Ebnat 823. Keller. (Leipz., Kaysers B.) 12 gGr.

Blumenlese. 25 feine Karten m. Bibelsprüchen. 32°. Basel, Spittler. 1878? 5 —

— allgem. d. Deutschen. Herausg. (v. H. H. Füßli). 6 Bde. 8. Zürich 782—85. Orell. 4 Thlr (1r, 2r Bd. A. u. d. T.: heil. Gesang d. Deutschen. 1 Thlr 3r Bd. Oden u. Elegien. 16 gGr 4r, 5r Bd. A. u. d. T.: Lieder d. Deutschen. 1 Thlr 8 gGr 6r Bd. A. u. d. T.: Sinngedichte d. Deutschen 2c. 1 Thlr)

— aus Schlesiens Alpenthälern. Eine Samml. romant.-histor. Gemälde u. Weihgesänge, besond. in Bezug auf d. neueste Geschichte d. Sudeten. Vom Verf. d. Ehrendenkmals, (C. G. Lischke). 8. Hirschb. 832. (Berl., Plahn). 12 gGr

Blumenlese für d. kindl. Alter, s. Fr. Heldmann, Kinderbibl.

Blumenlese f. d. kindl. Alter. In e. Reihe erwählt. Parabeln, Fabeln, Legenden u. kl. Erzählungen. 2 Bdchn. (A. d. „neuen Kinder-Bibliothek" abgedr.) 16. (16 B. u. 2 Kpfr.) Darmstadt 828, Leske. 10 Gr., ill.

— f. d. zarte Alter. 8. 2e Aufl. Breslau, Graß, Barth u. C.

Blumenlese für das zartere Alter. Breslau [1814]. V: *Oelsner, Johann Wilhelm.* (Ky) (MGT)

— für d. zartere Alter. 8. Bresl. 814. 2e A... Graß, B. u. C. 6 gGr

Blumenlese, ascetische und moralische, aus den Schriften der Heiligen, welche nicht zu den Vätern und Lehrern der Kirche zählen. Nach dem Französ. bearb. von Theophil. Presbyter. 1. Abthl.: Geist heiliger Männer. 2. Bdchn. 16. (III, 545 S. mit 1 Stahlst.) Schaffhausen 868, Hurter'sche Buchh. [Regensburg, Manz.]

— ästhetische, aus d. letzten Quinquennium d. allgem. deutschen Bibliothek. Eine unentbehrl. Beilage zu derselben, (v. Chr. Fr. Sander, ob. Kl. Ed. L. Schmidt?). gr. 8. Quedlinb. 789. (Bonnier; auch Brummer in Kopenh.) 10 gGr

Blumenlese, ästhetische, a. d. allg. deutsch. Bibl. gr. 8. Quedlinb. (Prost, Copenh.) 789.

— zur Beförder. d. Haushaltungskunst 2c. 12. Ruppin 793. Kühn. 6 gGr

Blumenlese, belletristische. Belle Rose von A. Achard. Lieferung 1—10. Wien, J. B. Wallishausser 1852. 8.

— Berlin., s. F. W. A. Schmidt.

— biblische, enthalt. tausend Aussprüche aus der heil. Schrift. 2e Aufl. .. Berlin u. Züllichau ... Eyssenhardt. $^1/_6$ Thlr

— biblische, enthaltend Tausend auserlesene Aussprüche d. heil. Schrift 2c. 2te Aufl. 8. Züllichau, Darnmann. 812.

Blumenlese, biblische, enthalt. tausend auserles. Aussprüche d. heil. Schrift 2c. 8. Züllichau.. 2e A. 813. Darnmann. 4 gGr

Blumenlese, Biblisch-talmudisch-rabbinische, mit Uebersetzung und Erklärung ... von Bernard Fischer. 1. Lieferung. Leipzig 1875.

Blumenlese a. d. Briefen der heil. Joh. Franziska von Chantal gezogen. 8. Innsbruck 1830, Wagner. ⅓ Thlr. — 24 kr.

— brittische, aus ältern u. neuern Dichtern. Mit biograph. u. liter. Notizen u. Erklärr. schwier. Stellen u. Wörter, v. L. Rubens. 2 Bde. 8. Dessau 820, 823. Ackermann. 1 Thlr 6 gGr

— dänische, s. L. Lübker.

— deutsch. Originalged. u. Uebers. f. 1794. 16. Thor. (Vollmer, Hamb.)

— deutsche, aus niederländ. Dichtern, nebst e. Abhandl. über d. niederländ. Poesie, v. P. F. L. v. Eichstorff. gr. 12. 827. (Leipz., Wienbrack). 1 Thlr

— deutsche, f. Schulen, (v. F. L. Walther). 8. Hof 784. Grau. 10 gGr

Blumenlese aus dem teutschen Dichtergarten. Eine gewählte Samml. von Stammbuch-Aufsätzen zu Denkmalen der Freundschaft, Liebe, Dankbarkeit u. Verehrung. 16. (6½ B.) Prag 843. Leitmeritz, Medau.

Blumenlese aus alten Lateinischen Dichtern in Übersetzungen. Leips. 797. 8. Bamb. 799. 8. (Unter dem Titel: Kleine poëtische Blumenlese aus Horaz, Catull u. a.)

— aus alten latein. Dichtern, in Uebersetzungen u. Nachahmungen deutscher Dichter. 8. Leipz. 797. Linke. (Centr.-Compt.) 14 gGr

Blumenlese aus deutschen Dichtern. Zum Memorieren f. Schüler höh. Lehranst. 2. Aufl. (Neu bearb. von F. Böckelmann.) 12. (V, 108 S.) Herford 890. W. Menckhoff. Kart. n. 1. —
2. Aufl. s.: Böckelmann, F., Auslese deutscher Gedichte.

Blumenlese a. deut. u. röm. Dichtern. 8. (117) Bielef. 64, Velhagen & K. n. — 10

Blumenlese aus deutschen und römischen Dichtern. Zum Memoriren für Gymnasialschüler. Bielefeld 864. Velhagen & Klasing. 8. (VI, 117 S.) n. 10 ngr.

— aus Deutschlands vorzügl. Dichtern, für Schulen. 2 Sammll. 8. Altenb. 814, 17. Schnuphase. 14 gGr Schrbp. 20 gGr

— aus französ. class. Dichtern u. Prosaikern. 8. Basel 808. Flick. (Neukirch). 21 gGr

Blumenlese aus 101 deutschen Dichtern neuerer u. neuester Zeit. Zum Deklamiren für die reifere Jugend in Gymnasien, Seminarien, höheren Bürgerschulen 2c., so wie zum Privatgebrauch für alle Freunde deutscher Dichtkunst u. Dichter. Herausg. von e. der 101. 8. Iserlohn 834. Langewiesche. 1 Thlr

— aus ungrischen Dichtern, in Uebersetzungen von Gruber, Graf Mailáth u. A. gesammelt u. mit e. einleit. Geschichte d. ungrischen Poesie begl. v. Frz. Toldy. gr. 8. Pesth 828. (L. Oehmigke in Berl.) 1 Thlr 8 gGr

Blumenlese aus Dichtern neuerer und neuester Zeit, s. Nicolas, Friedr. D.

—— komischer deutscher Dichtungen. Mit einer Einleitung von O. L. B. Wolff, und einem Vorwort und den gesammelten Biographien der Dichter von Ant. Füster. 5 Lfgn. gr. 12. (IV und 532 S.) New-York 858—61. (Philadelphia, Schäfer und Koradi.) à Lfg. * 12 Ngr.

— Dresdner, auf d. J. 1784, 85. 8. Dresd., Gerlach. 1 Thlr

Blumenlese aus Ehrungsbüchern von Bad Gastein. Salzburg 1854. H: *Riedlsperger, Franz Xaver.* (Hr)

Blumenlese aus Ehrungsbüchern vom Bad Gastein. Salzburg 1854. V: *Schöberl, M.* (H. F. Wagner, Anonymes und Pseudonymes in der Salzburger Literatur 1910, S. 23)

Blumenlese aus den Ehrungsbüchern von Bad-Gastein. Salzburg 854. Oberer. 16. (XXXVIII, 247 S.) n. 1 Thlr 26 ngr

— epigrammatische, (v. Jh. André). In 3 Sammll. Herausg. v. C. F. Kühl. 8. Offenb. 776—78. Brede. 1 rß 6 gr

Blumenlese, Esthländische poetische, für das Jahr 1779 u. 1780. Wesenberg, Reval u. Leipzig. H: *Albrecht, Johann Friedrich Ernst.* (GGr)

— Esthländische poetische, auf d. J. 1779 u. 80. 8. Wesenberg 778, 79. Albrecht. 20 gr

Blumenlese, Fränkische s. a.: Musenalmanach, Fränkischer.

— Fränkische, (v. J. F. Degen), auf 1785—87, 8. Nürnb., Grattenauer. 1 rß 5 gr

Blumenlese, Freymaurerische. Ein Johannisgeschenk für alle ächten Maurer vom Redner der Loge zum flammenden Stern. Berlin 1799. V: *Klischnigg, Carl Friedrich.* (SJL)

— freimaurerische, für ächte Maurer. 16. Berl. 799. W. Vieweg. 12 gr

— u. Fruchtlese f. Knaben u. Mädchen, auf d. J. 1796 u. 97. Mit Kpf. 16. Bair., Lübecks Erb. (Grau). (à 16 gr) 1 rß 8 gr ill. (à 1 rß 4 gr) 2 rß 8 gr

Blumenlese zum Gebrauch für Stammbücher. 1—2. Bdchen. Altona. 1804.

— z. Gebr. f. Stammbücher. 2 Bdchen. 8. Hamb. 804. Kratzsch. 12 gr Schrbp. 14 gr

— deutscher u. verdeutschter Gedichte, auf 1795, (v. F. K. Fulda). gr. 16. Leipz., (W. Rauck). 16 gr (Dass. auf 1796, 97 ist nur ein neuer Titel!)

Blumenlese deutsch. u. verdeutscht. Gedichte a. 1795. 12. Leipzig, Sommer. Rthlr. -

— — dieselb. nur m. N. T. 1796 u. 97.

— geistliche, aus d. Briefen d. heil. Johanna Fr. v. Chantal, Stifterin d. Klosterfrauen von d. Heimsuchung Mariens, gezogen. Eingetheilt auf alle Tage im Jahre, u. zunächst d. Freundinnen christl. Vollkommenheit gewidmet. Mit e. kurzen Lebensbeschreib. d. Heiligen. 8. Insbr. 830. (Landsh., Krüll). 7 gr

Blumenlese, geistliche, frommer Gebete u. Betrachtungen. Vollständiges Gebet- u. Andachtsbuch f. Katholiken. Nach dem Franz. bearb. v. N. U. 16. (543 S. m. e. Stahlst. u. e. lith. u. color. Titelbl.) Einsiedeln 872. Wyß, Eberle & Co. 1. —; Velinpap. 1. 80

Blumenlese, geistliche, aus den Schriften des heil. Alph. Maria v. Liguori u. einiger anderen Heiligen. Ein vollständiges Gebet- u. Erbauungsbuch mit Unterrichten rc. Gesammelt u. bearb. vom Verf. der „Marien-Kapelle", rc. 24. (574 S. m. 1 Lith. u. lith. Titel.) Einsiedeln 852, Gebr. Benziger. 13 ngr

— geistliche, aus d. Werken des heil. Franziskus von Sales. Aus d. Italien. übersetzt u. alphabet. geordnet. Mit e. kurzen Lebensbeschreib. dies. Heiligen. 8. Innsbr. 836. Wagner. 1/4 rß

—— geistliche, aus den Werken des heil. Frz. v. Sales. Nebst den Lobsprüchen d. heil. Johanna Franziska v. Chantal. Gesamm. u. hrsg. von ein. kathol. Geistlichen. 2 Bde. M. Anh. u. Register. 12. Augsburg 840, Kollmann'sche Buchh. [1. (10⅚ B.), 2. (13¼ B.)]

—— geographische, enthalt.: Beschreibungen schöner Gegenden, merkwürd. Naturscenen, selt. Thiere u. vorzügl. Kunstwerke; Schilderungen d. Völker, ihr. Sitten u. Gebr. u. Erzählungen v. denkwürd. Schlachten. (Von Fr. A. Menadier.) 1 Bdchn. — A. u. d. T.: Merkwürdigkeiten a. d. Schweiz. 8. (9 B.) Quedlinburg 828, Ernst.

—— dass. 2. Bdchn. 2 Abthl. — A. u. d. T.: Merkwürdigkeiten a. Italien. 2 Abthln. 8. Ebds. [1. (10 B.) 828. 10 Gr., 2. (13 B.) 829. 12 Gr.]

—— dass. 3. Bdchn. 2 Abthln. — A. u. d. T.: Merkwürdigkeiten a. d. Europ. Türkei. 2 Abthln. 8. Ebds. [1. (14 B.) 12 Gr., 2. (12 B.) 830. 10 Gr.]

— Göttinger, poetische, v. Bürger. 12. s. Musenalmanach.

— von Grabschriften u. Denkmälern, welche auf dem Gottesacker d. k. k. Hauptst. Linz befindlich sind. 8. Linz 811. Academ. B. (Schmidt in Leipz.) 6 gr

— grammatische, zur Belehrung u. Erbauung. Dem „kalten Loch" in Offenburg gewidmet v. e. warmen Mitgliede. gr. 16. (60 S.) Offenburg 874. Trube. n. — 75; cart. n. 1. —; geb. m. Goldschn. n. 2. —

— griechische, in deutschen Uebersetzungen, (v. Jh. G. Brieger). 12. Grotkau 788. Schulanst. 6 gr

Blumenlese, Hamburg., auf 1808, v. Jos. Scholz. 8. Hamb., Vollmer. (Herold Jun.) 20 gr

— Hamburg. poet. s. a. J. H. Voß, Musenalmanach.

— Hamburg., poetische, v. Voß u. Göcking. 12. Hamb. Bohn. 777—98. (77—96. à 12 gr., 97, 98. à 1 Rthlr.) 1

— feiner weibl. Handarbeiten rc., s. a. Amalia.

Blumenlese feiner weiblicher Handarbeiten ... Leipzig 1810. V: *Gürnth, Christ. Dorothea geb. Hentschel.* (MGT) (schl)

— aller edlen, komischen u. thörichten Handlungen unsrer Zeit. 8. Frberg 788. (Craz u. G.) 22 gr

— hist. poet., v. Eschstruth. 2 Thle. 8. Marb. Bayerhöfer. 783—84.

Blumenlese fürs Jahr 1793. Hrsg. Gotthold Friedrich Stäudlin. Stuttgart.

Blumenlese, Friedrich Jakobs griechische poetische, nebst Fr. Thiersch lyrischem Anhange zu derselben in deutschen metrischen Übersetzungen. 2. Auflage. Lpz. 1834. H: *Weikert, Joh. Carl.* (Ky)

Blumenlese nützlicher und angenehmer Kenntnisse aus der Natur. Leipzig 1788—89. V: *Weise, Chr. Gottlob.* (Ky)

— nützl. u. angenehm. Kenntnisse a. d. Natur. 2 Jahrg. 8. Leipz. W. Fleischer. 788. 89.

— classische, d. Deutschen. 2 Bde. 8. Berl. 798. (Leipz., Steinacker). 2 rß 8 gr

Blumenlese für K l a v i e r l i e b h a b e r, eine musikalische Wochenschrift. 1.-2. T. Hrsg. H.P. Bossler. Speier: 1782. 2 vol. 4°, 104 S., 84 S.

– Speier: 1783. 2 vol. 4° 104 S.

– Speier: R. Bossler 1784, s. Blumenlese, Neue

– Speier: Rath Bossler 1785, 2 vol. 4°, 104 S., 100 S.

– Speier: Rath Bossler 1787. 2 vol. 8°, 104 S.

— kleine, aus deutschen Dichtern, ein Weihnachtsgeschenk für Kinder. Berl. 810. Hasselberg. 8 gr

— kleine, f. d. leselustige Jugend mittlern Alters. Enthält e. sorgfältig gewählte Auswahl aus Deutschlands class. Schriftstellern zum Deklamiren rc. 8. Kitzingen 825. Gundelach. 4 gr

— kl. poet. 8. Prag, Calve. 790.

Blumenlese aus der böhmischen Kunst- und Naturpoesie neuerer und älterer Zeit. In deutschen Uebertragungen, von Jos. Wenzig. 1. Bdchn. (Auch für sich ein Ganzes.) 16. (161 S.) Prag 854, (Hess.) Thlr. *

Blumenlese, Lateinische, aus Wolfgang Heidern und einigen andern gleichzeitigen Dichtern gesammlet. Weimar 1786. H: *Heermann, Glob Ephraim.* (Schles)

Blumenlese für Lehrer, v. einem Erziehungsfreunde P. A. A. Mit Erlaubniss der geistlichen Obern. In-8°, 47 S. Sitten, K. Gosslar. 1885?

— Leipziger, Musenalmanach v. 1770—787. 8. Leipzig, Schwickert. 1

— Leipziger, od. Almanach d. deutschen Musen f. 1776—81. (Herausg. v. Chr. H. Schmid.) 8. Leipz., Weygand. 4 fl 12 gr

— litterarische, od. Anthologie littéraire, deutsch-französ. Unterhaltungsblatt f. d. J. 1820. 8. Frankf. a. M. 820. Sauerländer. 3 fl 8 gr

— lutherische, oder Auswahl d. Urtheile Luthers über Erziehung, Gelehrsamkeit rc., (v. Ph. H. Schuler). 8. Tübing. 792. (Osiander.) 8 gr

(Karl Wilhelm Ramler:) Lyrische Bluhmenlese. [Mit Kupf. v. Johann Wilhelm Meil.] (Buch 1—9.)
Leipzig: Weidmann & Reich 1774—1778. 8°
[Tit.-Kupf.-Vign.]
1: Buch 1—5. 1774. XVI, 444 S., 6 Bl.
2: Buch 6—9. 1778. XXXII, 404 S., 6 Bl.

— militärische. 16. Hamb. 785, 86. Möller. 2 fl

Blumenlese der Musen. Hg.: Joh. K. v. Lackner u. Cajetan Schink.
(1790).
(1791).
Wien. Goed. IV, 368/69, 32

Blumenlese, Musikalische, für das Jahr 1795. Hrsg. J.F. Reichardt. Berlin: Neue Berlinische Musikhandlung 1794. 4°, 32 S.

Blumenlese, Musikalische, für Liebhaber des Gesangs und Claviers, enthaltend geistliche Gedichte von den besten Dichtern und Componisten Deutschlands, gesammelt und herausgegeben von J. H. Egli. 1. Ausg. Zürich: D. Bürkli 1786. 8°, 78 S.

Blumenlese, Musikalische, für Liebhaber des Gesangs und Claviers, enthaltend moralische Gedichte von den besten Dichtern und Componisten Deutschlands, gesammelt und herausgegeben von J.H. Egli.– Zürich: D.Bürkli 1789, 8°, 71 S.

Blumenlese aus den teutschen Musterschriftstellern. Bdchn. I. Klopstock. Darmstadt 1827. H: *Baur, Carl Christian.* (HS)

— neue, oder Flora's Stammbuch. 160 d. bekannt. Feld- u. Gartengewächse mit ihren botan. u. verschied. provinziellen Benennungen. Sinnreich gedeutet als Gedenksprüche in Erinnerungsbücher. Mit 1 Vign. 16. Gotha 831. Krug. 9 gr

Neue dänische Blumenlese; oder Sammlung prosaisch-poetischer Stücke zum Gebrauch für höhere Classen, und für Freunde der dänischen Literatur. Mit einem vollständigen Wortregister hrgg. von Detlev Lorenz Lübker. Altona. 1826. 8°.

Blumenlese, Neue, deutscher und verdeutschter Gedichte. Leipzig 1795. Thorn 1794. V: *Fulda, Fürchteg. Christian.* (Ky) (MGT)

Blumenlese, Neue, deutscher u. verdeutschter Gedichte. Hg.: F. Chr. Fulda.
(1795).
Leipzig. Goed. IV, 369, 36 b.

BLUMENLESE, Neue, teutscher und verteutschter Gedichte. Leipzig 1803. 8°.
Bratring's Büch.-Samml. Berlin 1832. S. 33, no. 223.

Blumenlese, Neue, für Klavierliebhaber. Eine musikalische Wochenschrift. 1.-2. Speier: Bossler 1784. 2 vol. 104 S.

Blumenlese, Neue, deutscher Originalgedichte und Übersetzungen für das Jahr 1794. Thorn. V: *Fulda, Fürchtegott Christian.* (Ky) (MGT) S. a. Nr. 7215.

Blumenlese (Neue) Schweitzerische. Hg.: J. Bürkli.
(1780). I. Teil.
(1781). II. Teil.
(1783). III. Teil.
(1798). I. Teil, XXX, 366 S.
Zürich, Winterthur, St. Gallen. Goed. IV, 367, 13.

— neue Schweizerische, v. Jh. Bürkli. 1r Thl. 8. St. Gallen 798. Huber u. Comp. 1 fl 4 gr

Blumenlese, Neue vaterländische, für Deutschlands Musensöhne. Halle 1796. V: *Eichholtz, Frdr. Wilh.* (GGr)

— neueste deutsche, f. Freunde d. wahren Guten u. Schönen. m. K. 8. Wien, Camesina. 803.

Blumenlese, neueste, deutsche, für Freunde des Wahren, Guten und Schönen. 2te Aufl. 8. Wien, Wolke. 816.

— amerikanischer Novellen, Jagd- und Reiseskizzen. 1. Bd. Göttingen 855. Wigand. 16. (2 Bl., 184 S.) 1 15 ngr

—— auf d. Gebiete ausgezeichn., deutsch. u. ausländ. Novellen-Dichter u. Historiker. Eine Samml. interessanter, erheit. u. belehr. Erzählungen; hrsg. v. G. v. Krämer. 1. Bdchn. 8. (15 B.) München 831, Fleischmann.

— zum Nutzen u. Vergnügen, (v. ... Briegleb). 12. Kob. 801. Meusel. 12 gr

— nützl. u. angenehmer Kenntnisse aus d. Natur, (v. Chr. Glo. Weiße). 5 Vierteljahre. 8. Leipz. 788, 89. Fr. Fleischer. 4 fl

— aus Klopstocks Oden s. a. Fr. Heldmann, Jugendbibl.

—— aus Klopstocks Oden. Für d. reif. Jugend ausgewählt. Mit e. kurz. Biographie d. Dichters. (A. d. „neuen Jugend-Bibliothek" abgedr.) 16. (8 B. u. Klopstocks Bildn.) Darmstadt 828, Leske.

— deutscher Originalgedichte u. Uebersetzungen f. 1793, (v. Fr. K. Fulda). 8. Thorn (Herold jun. in Hamb. mit Jahrg. 1795.) 12 gr

— poet., von Winfried s. a. Musenalmanach, nordischer.

Blumenlese, Poetische, a. J. . . . . (1770/1804 Göttingen) s. a.: → Musenalmanach, Göttinger.

Poetische Blumenlese. 1773—1802
s. Musenalmanach [Göttinger].

Poetische Blumenlese für das Jahr . . . von d. Verfassern d. bisherigen Göttinger Blumenlese, nebst einem Anh. die Freymaurerey betr. hrsg. v. J(ohann) H(einrich) Voß.
Lauenburg: Berenberg 1776.

Poetische Blumenlese. 1776—1779
s. Musenalmanach [Hamburger].

Blumenlese, Poetische, f. d. J. 1782. 1783. Nürnberg 1782—83.

H: *Koenig, Justus Christian Gottlieb.* (BH) (EE) (Ky) (ML) (Will)

Blumenlese, Poetische f. . . . . Hg.: J. Chr. G. König.
1782. M. 1 Silh. u. 3 Musikb.
1783.
S. a.: Musenalmanach, Fränkischer.
Nürnberg. Goed. IV, 368.

— poet., v. Stäudlin. 16. Tüb. Cotta. 783.

BLUMENLESE, Poetische, fürs Jahr 1784 und 1785. Mit 2 Titelvign. Dresden 1784—85. 8°. (4 Mk. Friedr. Klüber, c. 1905.)
183 + 176 S. „Auserlesene, reiche Sammlung zumeist pikanter Gedichte."

— poet., auf 1788 u. 89. s. a. J. J. Rausch, Bardenopfer.

— poet., a. 1788 u. 89. v. Kausch. m. K. gr. 8. Breslau, Korn d. ält. u. Gutsch. 788. 89.

— poetische, (herausg. v. Fr. K. Fulda). 8. Thorn 794.

— poet., v. Auffenberg u. a. 8. Wien, Doll. 794.

Poetische Blumenlese für das Jahr . . . (Hrsg.: Karl Reinhard.)
Göttingen, Münster: Waldeck 1804.

Blumenlese, Poetische, für 1817. Leipzig 1817. H: *Hinsche, Nicolaus Daniel.* (LS)

Blumenlese, Poetische, f. d. J. . . . . Hg.: Winfried. (s. a. — Musenalmanach, Nordischer.)
1817. VI, 143 S.
Leipzig u. Hamburg. Goed. VIII, 95, 188.

Poetische Blumenlese. 1822
s. Nordischer Musenalmanach.

— poetische, aus Deutschlands besten Dichtern, zur Erweck. edler Gefühle. 8. Nürnb. 821. Monath u. K. 20 gr.

— poet., zur Erklär. u. Deklamation f. Schulen. 8. Ansb. 804. Gassert. 20 gr.

— poet. Nürnberger, f. d. J. 1782, 83. (v. Just. Chr. Gli. König). 16. Nürnb., Grattenauer. 1 Rthlr.

Blumenlese, Poetische, d. preuss. Staaten f.
1788 *) u. 1789.
*) auch unter d. Titel: Schlesiens Bardenopfer für 1788 s. dort.
o. O. (Breslau). Goed. IV, 368, 27.

— Preßburger, auf 1785. 16. Preßb. Weber. 785.

— Preußische, v. J. 1780 u. 81., (v. J. J. Dörk u. F. S. Mohr). 16. Königsb., Hartung. 1 Rthlr. 12 gr.

Blumenlese, Preussische, für das Jahr 1780—82. 1793. Königsberg. H (1780. 81.): *Dörk, J. J. & F. S. Mohr.* H (1782): *John, Geo. Frdr.* H (1793): *Funk, Joh. Dan. & Aug. Sam. Gerber.* (Ky) (GGr)

BLUMENLESE, Preußische, fürs Jahr 1782. Hrsg. v. Georg Friedr. John. Mit Portr.-Vign. des Dichters Simon Dach (Medaillenform mit Umschrift, Endner sc.). Königsberg, bey Gfr. Lebr. Hartung. 8°.
Tit., 1 Bl. Vorw., 172 S. — S. 46—82: Die Brautnacht, e. Erzählg. 1780 (in 2 Abschn., enth. 119 + 58 vierzeil. Stroph.), unterz.: Herklots.
Auch die früheren Jahrg. von 1780—81 (hrsg. v. J. J. Dörk und F. S. Mohr, sowie der viel später ersch. Jahrg. 1793 (hrsg. v. Joh. Dan. Funk und Aug. Sam. Gerber) dürften hierher Gehöriges enthalten.
Anon.-Lex. I. p. 250 (nach Kayser u. Goedeke).

Blumenlese, Preussische, f. d. J. . . . . Hg.: J. J. Doerk u. F. S. Mohr. 1782 = G. F. John, 1783 = J. D. Funk u. A. S. Gerber.
1780—1783.
Königsberg. Goed. IV, 367, 14.

— Preußische, auf 1793. s. Funk.

— preußische auf das J. 1811 u. 12, s. a. A. Krause.

Blumenlese, Preussische, a. d. J. . . . . .
1810.
1811. 192 S. Hg.: A. Krause.
1813. VI, 170 S. Hg.: Gg. K. Haberland.
Königsberg. Goed. VIII, 69, 123

— aus den vorzüglichsten Prosaikern u. Dichtern Frankreichs. Herausg. v. Fr. Herrmann. 2 Bde. 12. Pegau 803. (Lauffer in Leipz.) 20 gr.

—— aus den Reden und Abstimmungen des Prinzen Adolph zu Hohenlohe-Ingelfingen-Oehringen, früheren Präsidenten des Herrenhauses, jetzigen interimist. Vorsitzenden des Staats-Ministeriums. gr. 8. (15 S.) Berlin 862, [Grote'sche Verlagsh.]

— aus den Reden und Abstimmungen des Prinzen Adolph zu Hohenlohe-Ingelfingen-Oehringen, früheren Präsidenten des Herrenhauses, jetzigen interimistischen Vorsitzenden des Staats-Ministeriums. Berlin 862. M. Hirsch. gr. 8. (15 S.) 2½ ngr.

— aus den Reden bei der Generalversammlung des evangelischen Bundes in Amsterdam vom 18. bis 28. Aug. 1867, übers. von Wilh. Wortmann. Elberfeld 868 Langewiesche. 8. (116 S.) n. 10 ngr.

— religiöser Reden zur Erbauung katholischer Christen zusammengestellt aus den Sitzungs-Berichten des Wiener Gemeinderathes u. d. ersten österreich. Lehrertages. Wien 868. Mayer & Co. gr. 8. (76 S.) 2½ ngr.

— religiöse, aus Pfeffels Gedichten. 8. Straßburg, Heitz.

— Rheinische, auf 1798. v. Leplane. Taschenf. Mannh. Kaufmann.

Romantische Blumenlese. Aus verschiednen Sprachen. (Mit Titelkupf. v.] W[ilhelm] Chodowiecki.)
Berlin: Christian Friedr. Himburg 1789. 3 Bl., 368 S., 1 Titelkupf. 8°

— romantische, aus verschied. Sprachen. 8. Berl. 789. (Reimer) 1 Rthlr.

— Salzburger, v. Hübner auf 1787 u. 88. 12. Salzburg, Mayr. 787. 88.

Blumenlese, Schlesische s. a.: Anthologie, Schlesische.

— Schlesische, 3 Sammll. 8. Bresl. 777—80. Gutsch. 1 Rthlr. 12 gr.

Blumenlese aus der heiligen Schrift und aus christlichen Liedern. Zwölf Karten in Farbendr. zu Neujahrs- und Geburtstagswünschen und als Lesezeichen zu gebrauchen qu. 16. Berlin 877, (Beck's Verlag.) *

— aus Schiller's poetischen und prosaischen Schriften. Mit Portr. und Vignette. Hamburg 859. (Altona, Verlagsbureau.) 16. (VIII, 176 S.) n. 15 ngr.

Blumenlese aus französischen Schriftstellern, s. Grimm, Charlotte.

Schwäbische Blumenlese auf das Jahr ... Hrsg. v. Gotthold Friedrich Stäudlin.
Tübingen: Joh. G. Cotta (1782). 12°
1783: (1782.) 3 Bl., 245 S., 2 Bl., 1 Titelkupf.

Blumenlese, Schwäbische, a. d. J. (fürs J.) .... Hg.: Gotth. Fr. Stäudlin.
1782—1787.
Tübingen. Goed. IV, 368, 17.

— Schwäb., poet. s. Stäudlin.

— Schweizerische, (v. Jh. Bürkli). 3 Thle. 8. Zürich 780—84. Biealer u. S. 2 rℬ

Blumenlese, Schweitzerische. Zürich und Winterthur 1780. Zürich 1781. 1783. H: *Bürkli, Joh.* (EE) (MGT) (Ky)

— schweizer., poet. 8. Bas. Schweighäuser. 785.

— ein Sittenspiegel aller edlen ꝛc. Handl. s. Blumhain.

— südlicher Spiele im Garten deutscher Poesie, s.a. Raßmann. Fr.

Blumenlese südlicher Spiele im Garten deutscher Poesie. Hsgbn. von Friedrich Raßmann. Mit dem Vorwort eines bekannten deutschen Dichters. Berlin 1817. V (Vorwort): *Loeben, Otto Hch Graf von.* (GGr IX, 356)

Blumenlese aus dem Stammbuche der deutschen mimischen Künstlerin, Frauen Henrietten Hendel-Schütz geb. Schüler. Leipzig 1815. H: *Schütze, Friedrich Carl Justus.* (BrMm) (MGT)

— aus dem Stammbuche d. deutschen mimischen Künstlerin, Frau Henr. Hendel-Schütz, geb. Schüler. Mit Kpf. 12. Leipz. 815. Brockhaus. 1 rℬ 8 g.

Blumen-Lese aus dem altenburger Volksblatt für Freunde dieser charaktervollen und wahrheitsliebenden Zeitschrift in humorist. Gegensätzen, geistreichen Aussprüchen und geograph. Neuigkeiten alphabetisch zusammengestellt. gr. 8. (16 S.) Ronneburg 850, Hofmeister.

Blumen-Lese aus dem Altenburger Volksblatt f. Freunde dieser charaktervollen u. wahrheitsliebenden Zeitschrift in humorist. Gegensätzen, geistreich. Aussprüchen u. geograph. Neuigkeiten alphabetisch zusammengestellt. gr. 8. (16 S.) Ronneburg 851. Hofmeister. 1½ ngr.

— aus den Werken eines nicht genug gekannten Agricultur-Chemikers. Zusammengestellt durch einige Freunde wahrer Wissenschaft. 1. Strauß [einer beliebig großen Reihe]. Leipzig 807. Fries. gr. 8. (18 S.) 3 ngr.

— — aus d. Werken des heil. Franz von Sales; mit dessen Lebensbeschreibg. 8. Ebd. 1835. ⅙ Thlr. — 30 kr.

— a. Hervey's Werken; franz. u. deutsch. 8. Zürich, Orell, Füßli u. C. 810.

—— aus d. vorzügl. Werken deutsch. Schriftsteller. Ein Lesebuch f. Bürger- u. Mädchenschulen, auch z. Gebr. f. bürgerl. Familien in Stunden d. Erholung. 2., verb. Aufl. 12. (11½ B.) Preßburg 826, Landes. (Leipzig, Andrä.)

— Wienerische, Musenalmanach v. Ratschky u. Blumauer, v. 1781—88. Wien, Gräffer. (à 12 gr.)

— — ders. v. 1790—94. Ebend. (à 12 gr.)

— — ders. v. 1795 u. 96. (à 12 gr.) v. 1802. (18 gr.) 1803. (1 Rthlr. 12 gr.) gr. 12. Wien, Camesina.

Blumen-Lexicon, s. Obermüller, Wilh.

Blumenlust, e. Zeichenbuch für fleißige Knaben u. Mädchen, mit schwarz. u. ill. Kpf. 4. Leipz., Tauchnitz. 20 g.

Blumenmädchen, das, Operette in 1 A., v. Fr. Rochlitz. 8. Züllichau, Darnmann, 803.

Blumenmädchen, das, oder seltsame Schicksale und Liebschaften einer reizenden Berlinerin der neuesten Zeit, von Ad. v. Schaden. 8. Berlin, Schmidts Wittwe und Sohn. 821. Rthlr.

Blumenmahnung. 6 christl. Sinnsprüche. Chromolith. 24. Leipzig 882. Böhme. n. — 50

Blumen-Malbuch. qu. gr. 4. (8 farb. u. 21 schwarze Taf.) Nürnberg 898. Th. Stroefer. Geb. 3. —

Blumen-Malbuch. (8 feine Farbdr.-Taf. u. 8 Taf. zum Ausmalen, nebst e. Anleitg. zur Selbstausbildg. im Blumen-Malen.) gr. 4. (2 S.) Eßlingen (902). J. F. Schreiber. Geb. n. 1. 50

— dasselbe (8 feine Farbendr.-Taf. u. 8 Taf. zum Ausmalen nebst e. Anleitg. zur Selbstausbildg. im Blumen-Malen.) (2 S.) 4. Eßlingen (904). J. F. Schreiber. Geb. 1. 50

— dasselbe. (16 S. m. z. Tl. farb. Abbildgn.) qu. kl. 8. Nürnberg (904). Th. Stroefer. — 75

Blumen-Malbuch. (4 farb. u. 4 schwarze Bl.) 8. Mainz (906). J. Scholz. — 20

Blumen-Malbuch. (8 feine Farbendr.-Taf. u. 8 Taf. zum Ausmalen, nebst e. Anleitg. [2 S.] zur Selbstausbildg. im Blumen-Malen.) 30,5×23 cm. Eßlingen 907. J. F. Schreiber. Kart. 1. 50

— m. Künstlerkarten. (8 [4 farb.] perforierte Bl.) 19×30 cm. Nürnberg (908). Th. Stroefer. 1. —

— neues. (8 farb. Bl.) Lex. 8. Eßlingen (908). J. F. Schreiber. 1. —

Blumen-Mal- u. Zeichenbuch. 8° (20 m. z. Tl farb. Bildern.) Nürnb. 95, T Stroefer. — 75

Blumen- u. Landschafts-Maler, d. kleine, e. Weihnachtsgeschenk f. Kinder. 8. Meißen 809. Godsche. 14 g.

Blumen- u. Landschafts-Maler, der kleine. Ein Weihnachtsgeschenk f. Knaben u. Mädchen. 8. Meißen, Gödsche. 811.

Blumen-Mappe. 12 Blatt. 8. Berlin-Steglitz (903). Neue photogr. Gesellschaft. In Umschlag 6. —

Blumen-Monde, die. 12 Blumen-Bilder, nach der Natur photographirt v. Carl Grafen Brandis, m. Orig.-Dichtgn. v. Fel. Dahn, dessen Gemalin u. Schwester. gr. Fol. (13 Bl. in Heliograv. m. eingedr. Text.) Wien 891. R. Lechner's Sort. In Leinw.-Mappe. n. 40. —

Blumen-Motive aus alten Gobelins u. Druckstoffen. (24 farb. Taf. m. III S. Text.) 32×24 cm. Plauen (909). Ch. Stoll. In Mappe 18. —

v. Blumenroek, (K. H. Lobreich,) geoffenbarter Einfluß in d. allgem. Wohl d. Staaten d. ächten Freimaurerei ꝛc.; sammt Unterr.; das Rosenkreuzerische Astralpulver ächt zu bereiten, (v. J. J. J. K. v. Ecker v. Eckhofen.) 8. Amsterd. 777. 2e Aufl. 780. Regensb.; Montag u. W. 12 gr.

Blumenornamentik, s.: Sonderpublikation der Zierform.

— moderne. (24 Taf.) 33×48,5 cm. Plauen (907). Ch. Stoll. In Mappe 24.—; kolor. Ausg. 30. —

— dasselbe. II. Serie. (14 Taf.) 33×48,5 cm. Ebd. (910). In Mappe 16.—; farb. Ausg. 20. —

Blumenpflege im Zimmer, s.: Miniatur-Bibliothek.

Blumen-Ranken. (10 farb. Bl.) 8. Berlin (903). W. Schultz-Engelhard Nachf. n. 5. —

Blumenranken, kleine. 8. (10 Farbdr.) Berlin 898. W. Schultz-Engelhard. n. 2. 50

— neue. 3 Hfte. hoch 4. (à 4 Farbdr.) Ebd. 898. à 2. —

Blumenreich, Frau Franziska, s.: Kapff-Essenther, F. v.

Blumenreich, Paul, s. a.: Wille, Hellmuth.

Blumenreich, Paul (Hrsg.), s. Alt-und Neu-Berlin.

Blumenreich, Paul, die Andere, s.: Theater-Bibliothek f. Vereine.

Blumenreich, Paul, Artikel 47, s. Universal-Bibliothek Nr. 1879.

— es brennt! Theaterfragen. (31 S.) gr. 8. Berlin 904. Berliner Verlag. n. — 60

Eine glückliche Hand und andere Erzählungen von Paul **Blumenreich**. Bonn: Rhein. Union [1905]. (174 S.) 8° [F.]
— **Viktoria-Sammlung** spannender u. interess. Erzählungen. No 9. [05. …

— Humor u. Leben. Humoristische Erzählgn., gesammelt. 5 Hfte. 1.—5. Taus. 8. (155, 184, 123, 116 u. 123 S.) Leipzig 892. B. Elischer Nachf. Kart. à n. 1. —

—— ich bin Wittwe, s. Kühling's, A., Album für Liebhaberbühnen.

Die höchste Instanz. Kriminal-Roman von Paul **Blumenreich**. Berlin: A. Weichert [1904]. (175 S.) 8° [F.]
— **Sammlung** interessanter Criminal- u. Detectiv-Romane. Bd 14. [05. 4836

Blumenreich, Paul (Hrsg.), s. Kapff-Essenther, Franziska v.: Dienstboten-Geschichten.

— Kartenhäuser. Wiener Roman. (347 S.) 8. Berlin (905). A. Weichert. n. 3. —

—— die Compagniemutter, s. Kühling's, A., Volks-Schaubühne.

— harte Köpfe. Knopp & Sohn, s.: Weichert's Wochen-Bibliothek.

— Prinzeß Mabel. Roman. (328 S.) 8. Berlin (905). A. Weichert. n. 3. —

Blumenreich, Paul, D. Prinz v. Arkadien. Lustspiel in 3 Aufz. gr. 8. (VII, 64 S.) Berlin 897. H. Steinitz. n. 1. 50

Der Privatsekretär. Roman von Hellmut Wille [d. i. Paul **Blumenreich**]. Bonn: Rhein. Union [1905]. (316 S.) 8° [F.]
— **Viktoria-Sammlung** spannender u. interess. Erzählungen. No 6. [05. …

Der Selbstmörder. Ein Berliner Roman von Paul **Blumenreich**. Berlin: A. Weichert [1904]. (174 S.) 8° [F.]
— **Sammlung** interessanter Criminal- u. Detectiv-Romane. Bd 17. [05. 4830

— d. Theater d. Westens. Festschrift u. Epilog. 4. u. 5. Taus. gr. 8. (IV, 68 S.) Berlin 896. (R. Engländer.) 1. —

Theaterfragen. Paul **Blumenreich**. Es brennt. *Berlin: Berl. Verl. 1904.* (31 S.) 8° [F.] [04. 16196

Blumenreich, Paul: Vorbestraft, s. a. Klambt's Bücherschatz. — Zwanzigpfennig-Bibliothek, moderne.

[F.] Vorbestraft. E. Criminalgeschichte v. Paul **Blumenreich**. *Berlin: H. Steinitz 1897.* (182 S., 1 Bl.) 1 Bd 8.
— **Bibliothek,** Naturalistische. Bd 29. [99. 9971

[F.] Vorbestraft. E. Criminalgesch. v. Paul **Blumenreich**. *Berlin: H. Steinitz 1897.* (182 S.) 1 Bd 8.
— **Bibliothek,** Realistische. Bd 70. [97. 4991

Vorbestraft. Eine Kriminalgeschichte von Paul **Blumenreich**. *Neurode: Zehnpfennig-Bibliothek 1903.* (135 S.) 8° [F.]
— **Zehnpfennig-Bibliothek,** Kaufmann's moderne. Jg. 2, Bd 5. [04. 10615

Blumenreich, Robert, prakt. Arzt aus Berlin: **Über die Thymus-Dämpfung.** *Berlin (1901): G. Bernstein.* (30 S.) 8° ¶(Erschien mit ausführl. Tabellen, Text-Abb. u. Figuren in: Archiv f. pathol. Anat. u. Physiol., Bd 160, H. 1.)
Berlin, Med. Diss. v. 1. Febr. 1901

Blumenreigen. Postkarten-Malbuch. (12 [6 farb.] perfor. Bl.) 18×29 cm. Nürnberg (907). Th. Stroefer. 1. 20

Blumenreisinger. Neue Versicherungszweige. Prag 1905.

Blumenröder, (A.,) Gedichte. 16 Bdch. 8. Erfurt, Kaiser. 815. 8 Rthlr.

Blumenröder, (G.,) Morano, s. Morano.

Blumensaat, Carl, aus Hagen i. W.: **Zur Casuistik des schweren Icterus bei Neugeborenen.** *Würzburg 1898: N. Seubert.* (30 S.) 8°
Würzburg, Med. Diss. v. 1898

BLUMENSALE d. k. k. Gartenbaugesellschaft. Edentheater. Placat-Druck u. Verlag v. J. Weiner.
Verboten v. L.-G. Wien, 16. November 1888. § 516.

Blumensath, August Benedict (Paderborn), **De veneni in botulis origine.** Diss. med. Bln. (A. Petsch) 22. XII. 1827. 24 S., mit Biogr. (M.: E. M. Rottger.) (3.50) 2966
Oppon.: J. Dunker, F. Puellenberg, B. Ferrari. — Gew.: J. N. Rust.

Blumensath, Fritz, approb. Arzt aus Magdeburg (Prov. Sachs.): **Aus d. med. Klinik zu Kiel. Statistisch-klinische Mitteilungen über das runde Magengeschwür.** *Kiel 1902: Schmidt & Klaunig.* (26 S.) 8°
Kiel, Med. Diss. v. [9. Aug.] 1902

Blumensath, Joan. Augustus Ern. (geb. Guttstadt in Ostpr. 29. 8. 1837):
De oesophagi stenosibus. Berolini (1860). (32 S.) 8°
Berlin, Med. Diss. v. 16. März 1860

Blumensath, Reinhold: Die Religion und ihr strafrechtlicher Schutz. Nach deutschem Reichsstrafrecht. *Berlin 1898: G. Pintus.* (36 S.) 8° [F.]
Erlangen, Jur. Diss. v. 19. Jan. 1898

Blumenschein, Anselm: Bearbeitg d. Potentialgefällsregistriergn in Kremsmünster '02—11, s. a. Beiträge z. Kenntn. d. atmosphär. Elektrizität.

Blumenschein Anselm, Pater: [1]) Beiträge zur Kenntnis der atmosphärischen Elektrizität: 46. Bearbeitung der Potentialgefällsregistrierungen in Kremsmünster in den Jahren 1902 bis 1911 (mit 5 Textfiguren). 8. 121. IIa. 5 . . . . 1.60
Separatabdruck

Blumenschein, Max Georg, s.a. Blumschein, Max Georg

— Erfahrungen und Beobachtungen aus der Tierarzneikunde. 1. Bändchen Kopfkrankheiten. 8. Salzburg 791. Mayr. M. —.50

Blumenschein, Max. Geo., Erfahr. u. Beobachtr. aus d. Thierarzneikunde. 1s Bdchen.: Kopfkrankheiten. 8. Salzb. 798. Mayr. 4 gr

– s. H. Ed. v. Klobb.

– s. Pius VI. Bulle.

— Samml. prakt. Heilungsarten aller Viehseuchen, aus Beobachtt. u. Erfahrr. gezogen. 8. Münch. 787. Fleischmann. (Lpz., Wienbrack). 4 gr

Blumenschein M. G.: Vollständige Sammlung praktischer Heilungsarten aller Viehseuchen ... Z. Besten d. Landmanns ... herausg. Münch. 1787. 110 S.

Blumenschein, Max. Geo., († d. .. 179..) vollständ. Unterr. f. den Landmann, wie er sich bei Viehseuchen u. and. Krankheiten des Pferde-, Horn-, Schwein- u. Schafviehes zu verhalten hat. 8. Münch. 787. Lentner. 12 gr

Blumenschule für Anfänger. Lithograph. von Alexander Kaiser. (15 Blätter.) gr. 4. Grätz 832. (Leipz., Weygand). In Etui 12 gr

Blumensohn, Boruch, aus Witebsk (Russland): Metastatische maligne Geschwülste im Herzen. Befunde bei 1078 Carcinomen und 160 Sarcomen, seziert in der pathol.-anat. Anstalt Basel. (Vorsteher: Professor Dr. E. Kaufmann.) Basel 1907. 37 S. 8°.
Basel. Med. Diss. 1906/1907.

Blumensohn, Boruch. Metastatische maligne Geschwülste im Herzen. Befunde bei 1078 Carcinomen und 160 Sarcomen, seziert in der pathol.-anat. Anstalt Basel. ⟨Vorsteher: Professor Dr. E[duard] Kaufmann.⟩ Diss. Med. Basel. 37 S. 8. Basel, Friedrich Reinhardt, 1907.

Blumenspende

—— die, e. Samml. v. Stammbuch-Aufsätzen u. schönen ausgewählten Stellen aus d. besten u. neuesten deutschen Dichtern, gesamm. v. Julius. (Mit Ttlbb. u. lith. Titel.) 16. (9 B.) Wien 841. (Leipzig, Einhorn.)

Blumenspende für das reiferblühende Alter. Augsburg 1836. V: *Bauberger, Wilhelm.* (Zeitschr. f. Büch. 1923, S. 80)

Blumenspende für das reifer blühende Alter. (Gedichte.) Von d. Verfasser der Beatushöhle. Mit Titelkpfr. 8. Augsburg 836. M. Riegers Buchh. (Himmer.) 1/3 Thlr

Blumenspende für d. reiferblühende Alter. Von d. Verf. d. Beatushöhle. (W. Bauberger.) 2. verm. Aufl. Mit 1 Stahlst. 8. (190 S.) Regensburg 848. Manz. 3/8 Thlr

Blumenspende für das reiferblühende Alter. Von dem Verf. der Beatushöhle (W. Bauberger). 5., verm. Aufl. Mit (1) Stahlst. Regensburg 870. Manz. 8. (176 S.) 11¼ ngr.

Blumenspende für das reiferblühende Alter. Von dem Verf. der Beatushöhle. 6. verm. Aufl. Mit 1 Stahlst. 8. (176 S.) Regensburg 876. Manz. 1. 15

Blumenspende für das reiferblühende Alter. Lektüre für Jung und Alt. Von dem Verfasser der Beatushöhle. 8. Aufl. Regensburg 1881. V: *Bauberger, Wilhelm.* (Russell IX, 413)

Blumenspende f. das reiferblühende Alter. Von dem Verf. der Beatushöhle. 9. Aufl. Mit 1 Stahlst. 8. (176 S.) Regensburg 886. Verlags-Anstalt. 1. 15

Blumen-Spende d. Liebe u. Freundschaft. Vollständ. Sammlung auserwählter Stammbuchverse v. Moritz Constantin. 16. (5¾ B.) Hamburg 844, Hamburg-Altonaer Buchh.

Blumen-Spenden. Belletristischen Inhalts. Gewidmet Deutschlands Frauen. Eine Sammlung interessanter Novellen, Character- u. Zeit-Gemälde etc., sowie Uebersetzungen der beliebtesten französ. u. span. Schriftsteller von Frz. v. Carnéville. 2 Bde. gr. 8. (960 S.) München 851. (Leipzig, H. Fritzsche.) n. 1 Thlr 24 ngr

Blumen-Spenden. Belletrist. Inhalts. Gewidmet Deutschl. Frauen v. Carnéville. 2 Bde. 8. (960) Münch. 51. (Augsb., Jaquet.) (?) n. 1. 24

Blumenspenden. 4 Chromolith. 8. Leipzig 883. (Baldamus.) n. 1. 50

Blumenspenden, dem Andenken Ihrer Maj. der Kaiserin Augusta dargebracht nach Ihrem Hinscheiden am 4. Jan. 1890. gr. 8. (61 S.) Berlin 890. H. Paetel. 1. 50

Blumenspiel, das, oder d. Blumensprache. Neues Gesellschafts-Unterhaltungsspiel für alle Zirkel. Mit 24 ill. Blumenkarten u. 24 Spielkarten. 32. Nürnb. 832. Renner (u. Schuster). In Etui 12 gr

Blumenspiele

—— s.a. Reich der Flora.

Blumenspiele. ... Berlin 1842. V: *Symanski, Johann Daniel.* (GGr)

Blumenspiele. Vom Verfasser des Werks: der Selam des Orients. gr. 12. (11 B.) Berlin 843, Burmeister (?).

Blumensprache

Blumensprache, die, hrsg. v. G. Cith, s.a. Bildungs-Bibliothek 2. Bd.

—— s.a. Etui-Blumensprache.

Blumensprache, d., od. d. Deutg d. Blumen. (48) 8° Neuweissens., E Bartels (o. J.). — 50 d

— die, oder Bedeutung der Blumen, nach oriental. Art. 5te Aufl.. 12. Berlin, Enslin. 820.

— die; neueste deut., Nebst e. Vorwort. 16. Zerbst 825, Kummer.

— die, od. Bedeutung d. Blumen nach oriental. Art. 10e Aufl. 16. Berlin 826, Enslin.

— od. Bedeutung d. Pflanzen, Blumen u. Kräuter nach occidental. Art. 2e Aufl. 12. Berlin 827, Flittner.

— od. Bedeutung d. Pflanzen, Blumen u. Kräuter nach occidental. Art. 2e Aufl. 12. Berl. 827. (Sander). 10 gr

Blumensprache, die, od. Bedeutung d. Blumen nach oriental. Art. Ein Toilettengesch. Mit ill. Titlkpfr. 11—13. Orig.-Ausg. (11. u. 12. A. à 2 B. 16., 13. A. 32 S. 32.) Berlin 828, 30, 34, Th. Enslin. à

— die. Neueste Deutung. Nebst e. Vorwort. 12. Zerbst. 825. 2e A. 830. Kummer. 5 gr

Blumensprache, die, oder Bedeutung der Blumen nach oriental. Art. Ein Toilettengeschenk. Mit 1 ill. Kpfr. 13e Orig.-Ausg. 32. Berlin 834. Th. Enslin. 1/3 Thlr

Blumensprache, Die, oder Deutung der Blumen und Blüthen. Hamburg 1836. V: *Hoffmann, Peter Friedrich Ludwig.* (schr)

— die, oder Bedeutung d. Blumen nach oriental. Art. Nebst e. Anhange, das Binden der Blumenkränze u. Sträußer und die Deutung der Farben enthaltend. Der Liebe u. Freundschaft gewidmet. Mit 1 ill. Abbild. 32. Jüterbogk 836. Coldiz. $\frac{1}{2}$ ℛ

—— die, neueste Deutung. Nebst e. Vorw. 3. Aufl. 835. 4. Aufl. 16. (à 2 B.) Zerbst 836. [Trautwein u. Comp.] à

—— die, od. Bedeutung der Blumen nach oriental. Art. Ein Toilettengeschenk. 14. Orig.-Ausg. 16. (2 B. u. ill. Titkpfr.) Berlin 842, Th. Enslin.

—— Mit einem Register, um das Auffinden der passenden Blumen zu erleichtern. 16. ($3\frac{1}{4}$ B.) Magdeburg 842, Baensch.

—— die, od. Bedeutung der Blumen nach oriental. Art. Nebst ein. Anh. 2. Aufl. Mit 1 ill. Abbild. 16. (4 B.) Jüterbog 844, Coldiz.

Blumensprache. 16. (4 B.) Brandenburg 846, Müller.

—— die. Ein Gesellschaftsspiel. 12. (24 Blätt. u. 2 Bl. Text.) Stuttgart 846, Köhler. *

—— dass. Allen Jungfrauen u. Jünglingen zugeeignet 5. u. 6. Aufl. 16. ($2\frac{1}{4}$ B.) Weißenfels 846, Sueß. à *

Blumen-Sprache. Allen Jungfrauen und Jünglingen zugeeignet. 7. Aufl. (34 S.) 849. und 8. Aufl. 12. (36 S.) Weißenfels 850, Sueß.

Blumensprache 16. (64) Brand. 52. (Lpzg, Holtze.) — 5

Blumensprache. 16. (24 S.) Brandenburg 852, Müller. $\frac{1}{6}$ ℛ

Blumensprache, die. Eine Gabe, dem blühenden Alter gewidmet von einem Diener Flora's. Tübingen 853. (Ulm, Nübling.) 16. (24 S.) 3 ngr

Blumensprache, die. Nebst Blumen-Orakel, Blumen-Uhr, Blumen-Kalender rc. 4. Aufl. Leipzig 869. Fr. Voigt. 16. (64 S.) n. 5 ngr

Blumensprache, früher L. V. Enders in Neutitschein, nun Wien. H. Winkler. 10 kr. ca. 1883. Ins. 1333

— die, od. die Deutung der Blumen. Nebst e. Verzeichniß dessen, was man durch Blumen sagen kann. Als Anh. Orakelsprüche der Blumen u. die Bedeutg. der Farben bei Busenschleifen. Verf. von Eva v. Lohengrin. 32. (48 S.) Berlin 891. Gebr. Radetzki. — 25

— die. Der Liebe u. Freundschaft gewidmet. 16. (48 S.) Styrum 891. A. Spaarmann. — 20

Blumensprache, die. Oder die Bedeutung der Blumen anzuwenden in gesellschaftl. Kreisen. 16. (31 S.) Hainichen 893. G. C. Hoffmann. — 25

Blumensprache, E. Festspiel i. Versen a. Hochzeits- resp. Polter-Abende. 12. (5 S.) Berlin (895). M. Böhm. 1. —

— die. Die ganze Blumensprache, z. 1. Male i. Versen gebracht v. Euphrosine. 16. (86 S.) Reutlingen 898. R. Bardtenschlager. — 20;
feine Ausg. m. farb. Umschlag — 40

Blumensprache, die, od. die Deutg. der Blumen. (48 S.) 8. Neuweißensee (905). E. Bartels. — 50

Blumen- u. Adressen-Sprache, die. 1. Thl.: Blumensprache. 2. Thl.: Adressensprache. gr. 16. (27 u. 88 S.) Hainichen (900). G. C. Hoffmann. — 50

— allgemeine, nach d. neuesten Deutung. 16. Speyer u. Grünstadt 837. Neidhardt's Buchh. $\frac{1}{11}$ ℛ

—— die, nach ihrer oriental. Bedeutung. 32. (32 S.) Frankfurt a. O. 842. (Harnecker u. Comp.)

— die, nach ihrer oriental. Bedeutung. 32. (32 S.) Frankfurt a. d. O. 848, Koscky & Co. m. Goldschn. n. $\frac{1}{6}$ ℛ — 2. verm. Aufl. 32. (44 S.) Ebd. 850. n. $\frac{1}{12}$ ℛ

— die beste. 16. Berlin 837. Plahn'sche Buchh. (Mitze.) n. $\frac{2}{3}$ ℛ Wohlf. Ausg. 839. $\frac{5}{12}$ ℛ

—— beste u. neueste. 32. (32 S.) Erfurt 844, Bartholomäus.

—— u. Blumenorakel. Der Liebe u. Freundschaft gewidmet. 16. (2 B.) Bern 843, Jenni, Sohn.

—— deutsche, eine Tabelle mit Einfassung gr. Fol. Stuttgart 843, Köhler.

—— deutsche, für Jungfrauen u. Jünglinge. Neue Bearb. v. J. M. B. 2., verb. Abdr. gr. 16. (2 B.) Stuttgart 843, Köhler.

— Deutsche, f. Jungfrauen u. Jünglinge. 3. Aufl. Mit 1 (lith. u. color.) Titelkpfr. gr. 16. (22 S.) Stuttgart 849 Köhler. 4 ngr

— deutsche, f. alle Monate der Sommersaison. München 870. L. Finsterlin. 16. (39 S.) 5 ngr

— die, in neuester Deutung. Nebst e. Auswahl kleiner sinnreicher Gedichte auf die beliebtesten Blumen. 3e Aufl. 12. Glogau 834. Flemming. $\frac{1}{6}$ ℛ

— die, neueste Deutung. Nebst e. Vorwort. 3e Aufl. 16. Zerbst 835. (Kummer.) $\frac{1}{6}$ ℛ — 4e Aufl. 836. $\frac{1}{6}$ ℛ

— die, in neuester Deutung. Nebst e. Auswahl kleiner sinnreicher Gedichte auf die beliebtesten Blumen. 5. verm. Aufl. 12 (48 S.) Glogau 851, Flemming's Verl. 3 ngr

Blumensprache nach neuester Deutung. Jena 862. (Mauke.) 16. (76 S.) $7\frac{1}{2}$ ngr; geb. n. 12 ngr

— nach neuester Deutung. 2. Aufl. Jena 870. Kanoldt. 32. (76 S.) $7\frac{1}{2}$ ngr

— die, nach orientalischer Deutung von J. Piccolo. Pesth, (855.) Lampel. 64. (64 S.) n. 4 ngr

— die, nach orientalischer Deutung von Jean Piccolo. 4. Aufl. 128. (64 S.) Budapest 880. Lampel. n. — 40

Blumensprache nach neuester Dichtung. 16. (76 S.) Jena 861 (62,) Mauke. $7\frac{1}{2}$ Ngr.; geb. *

Blumensprache, die, nach vaterländischen Dichtungen. Eine Frühlingsgabe. 2. stark verm. Ausg. Altona. 1823.

— die, nach vaterländ. Dichtungen. Eine Frühlingsgabe. 3e stark verm. Aufl. Mit 1 Kpf. gr. 12. Hamm 825. Wundermann. 12 K Fein Pap. 16 K

Blumensprache, Die, und vaterländische Dichtungen. 3. Aufl. Hamm 1826. V: *Blumauer, K.* (Mitth. Dr. G. Herzfeld-Berlin.)

—— die, nach vaterländ. Dichtungen. Eine Frühlingsgabe. 8. (1 B.) Wesel 830, Becker.
Aus: Kleines Geschenk für Jünglinge rc. abgedruckt.

— die, m. Einschluß d. Frucht- u. Blättersprache. Nach d im großherrl. Serail üblichen Blumensprache des Achmet Bei Mustapha bearb. 16. (39 S.) Nordhausen 852, Förstemann n. $\frac{1}{6}$ ℛ

— die, eine Gabe d. Liebe u. Freundschaft geweiht. Gelegenheitsgedichte bei Hochzeiten, Kindtaufen rc. 12. Köln, Imhof-Schwarz. 20 K

— die, d. Liebe, s.: Miniatur-Bibliothek.

— die, der Liebe u. Freundschaft gewidmet. 16. Quedlinburg, 825, Basse.

— die, der Liebe und Freundschaft geweiht. 16. Düren 838. Fallenstein. 1/12 ℛ

Blumensprache, die, der Liebe und Freundschaft. 1.—3. Aufl. 32. (43 S.) Teschen 874—78, Feitzinger. *
feine Ausg. *

— die, der Liebe u. Freundschaft. 3. Aufl. 32. (43 S.) Teschen 877. Feitzinger. n. — 20; feine Ausg. n. — 50

Blumensprache, die, der Liebe u. Freundschaft. Mit e. Anh., enth.: Blumen-Orakel, Blumen-Uhr, Orakel der Ringel-Blumen, Zeichensprache u. Fächersprache. 16. (32 S.) Oberhausen 884. Spaarmann. — 15

Blumensprache, die, der Liebe u. Freundschaft. 4. Aufl. 32. (43 S.) Wien 887. Daberkow. n. — 40; feine Ausgabe n. — 50

— dasselbe. Mit e. Anh., enth.: Blumen-Orakel, Blumen-Uhr, Orakel der Ringel-Blume, Zeichensprache u. Fächersprache. 2. Aufl. 16. (32 S.) Styrum 890. Spaarmann. — 15

— die, der Liebe u. Freundschaft. 12. (47 S.) Mülheim a. d. R. 894. J. Bagel. n. — 25

Blumensprache, die, der Liebe u. Freundschaft. 5. Aufl. 32. (44 S.) Wien (899). C. Daberkow. — 15

Blumensprache, die, der Liebe u. Freundschaft, jetzt Verlag von H. Winkler in Wien.

— neue, oder Flora's Stammbuch. 460 d. bekannt. Feld- u. Gartengewächse mit ihren botan. u. verschied. provinziellen Benennungen sinnreich geordnet. 12. Gotha 831. Krug. 9 gr

— neue, oder Floras Blumenbeet. Enthalt. die Symbolik und Sprache d. Blumen; ihre Geschichte u. ihren mytholog. Ursprung; so wie eine Auswahl vorzügl. deutscher Gedichte über diesen Gegenstand. Aus d. Franz. übers. u. herausg. von Karl Vetter, dem Verf. des „Blumenfreundes." Mit ill. Kpfr. 8. Würzburg 834. Etlinger. 2/7 ℛ

— neue, nebst Deutung der Farben- u. Zeichensprache. Mit e. Anh., enth.: Blumen-Gedichte, der Liebe u. Freundschaft gewidmet. 16. (80 S.) Coblenz 844, Müller. 1/6 ℛ

— neue. Ein Weihgeschenk f. das Herz m. seinen verborgenen Leiden u. Freuden. 4. Aufl. 16. (48 S. m. 1 Lith.) Schneeberg 851, Goedsche. — 5. Aufl. 16. (48 S. m. 1 Lith. u. lith. Titel.) Ebd. 852. 1/8 ℛ

Blumen- u. Blättersprache, neue, ein Weihgeschenk f. d. Herz mit seinen verborg. Leiden u. Freuden. 16. (3 B.) Schneeberg 831, Schumann.

Blumen- u. Blättersprache, neue, ein Weihgeschenk für das Herz mit seinen verborgenen Leiden u. Freuden. 2e Aufl. 16. Schneeberg 837. Schumann. 1/6 ℛ

Blumen- u. Blättersprache, neue. Ein Weihgeschenk f. d. Herz mit seinen verborgenen Leiden u. Freuden. 3. Aufl. 16. (3 B. u. 1 Stnt.) Chemnitz 843. [Gödsche'sche Buchh.]

Blumen- u. Blättersprache, neue. 4. Aufl. 16. (48 S. u. 1 Lith.) Chemnitz u. Schneeberg 847, Goedsche. (Leipzig, Hermann.) m. Goldschn. n. 1/6 ℛ

Blumen- und Blättersprache, neue. Ein Weihgeschenk für das Herz mit seinen verborgenen Leiden und Freuden. 4. Aufl. 16. (48 S. mit 1 Stnt.) Schneeberg 851, Goedsche.

Blumen- und Blättersprache, neue. Ein Weihgeschenk für das Herz mit seinen verborgenen Leiden und Freuden. 5. Aufl. 16. (48 S. mit 1 Stnt. und lithogr. Titel.) Schneeberg 852, Goedsche'sche Buchh.

— die neue herrliche, der zwölf italienischen Gärtnermädchen. Nebst e. Anh. von Stammbuch-Versen. Mügeln 865. (Leipzig, Senf.) 32. (32 S.) 2½ ngr

Blumen-Sprache, die neue herrliche, der zwölf italienischen Gärtnermädchen. 16. (16 S.) Mügeln 878. (Leipzig, G. Senf.) — 20

—— neue vervollständigte, d. Liebe u. Freundschaft gewid. 3. u. 4., verm. Aufl. (à 5 B.) 16. Quedlinburg 827, 29, Basse. à

—— neue vervollständigte, d. Liebe u. Freundschaft gew. 5—7. Aufl. 16. (à 5 B.) Quedlinburg 835, 37, 42, Basse. à

—— neue vervollständigte, der Liebe u. Freundschaft gewidmet. 7. u. 8. Aufl. 16. (à 5 B.) Quedlinburg 845, Basse.

— (neue) vollständ., oder (sinnbildl.) Bedeutung der bekanntesten Pflanzen, Blumen u. Kräuter. 32. Nordhausen 834. (Leipzig, Fort.) 1/6 ℛ — 2e Aufl. 12. Nordhausen 835. Müller. 1/8 ℛ — 3e verb. Aufl. 16. Ebd. 837. (Leipzig, Fort.) 1/8 ℛ N. Aufl. 838. 1½ gr

— neue vollständige. 2. Aufl. 16. (16 S.) Leipzig 847, O. Klemm. n. 3 ngr

— neue vollständige. Ein Geschenk für Jünglinge und Jungfrauen. 4. Aufl. Dresden 860. Breyer. 32. (31 S.) 1 ngr; mit 1 color. Lithogr. 2 ngr

—— neue vollst. 4. Afl. 32. (31) Dresd. 60, Tittel. — 1; m. 1 L. — 2

— neue vollständige. Ein Geschenk f. Jungfrauen u. Jünglinge, welche die sinnreichen Bedeutgn. der Blumen u. ihre Sprache kennen lernen u. anwenden wollen. 16. (16 S.) Chemnitz 871. Hager. — 10

— neue vollständige. Ein Geschenk für Jungfrauen u. Jünglinge, welche die sinnreichen Bedeutungen der Blumen u. ihre Sprache kennen lernen und anwenden wollen. 4. Aufl. 16. (16 S.) Chemnitz 880. Hager. — 10

— neue vollständige. Der Liebe u. Freundschaft gewidmet. 9. Aufl. 16. (76 S.) Quedlinburg 889. Basse. n. — 50

—— neueste, s.a. Helmhorst, R. v.

— neueste. s.a. Volksbibliothek, deutsche.

Blumensprache, neueste, eine Gabe d. Liebe u. Freundschaft von Rich. v. Helmhorst. 32. Nordh. 821. Landgraf. 4e A. 16. 832. (Leipz., Rein). 6 gr

— die neueste, eine Gabe der Liebe u. Freundschaft geweihet; von R. v. Helmhorst. 3e verm. Aufl. 12. Nordh. 826, Landgraf.

— neueste; gedrängter Auszug d. neuesten Schriften darüber. Eine Frühlingsgabe f. d. schöne Geschlecht, v. K. W. Ewald. gr. 12. Leipz. 826. Serig. 8 gr

— neueste. Eine sinnreiche Deutung der Blumen, Blätter und Blüthen, nach ihrer oriental. Auslegung. Der Liebe u. Freundschaft geweihet von H. E. 2. Aufl. Neuhaldensleben, Eyraud. 32. (122 S.) n. 5 ngr

Blumensprache, neueste, der Liebe u. Freundschaft gewid. 16. (2 B.) Bern 836, Jenni Sohn. Thlr.

— neueste, mit einem Anhange von Stammbuchversen. Der Liebe und Freundschaft geweiht, von B. 16. Elbing 837. (Berlin, Nicolaische Buchh.) n. 1/4 ℛ

— neueste, herausg. von Dr. T.... Mit ill. Titelb. 32. Bonn 840. Dunst. $^1/_3$ ℛ

—— neueste, nebst Blumenorakel, Farbensprache, Blumenuhr u. ein. Samml. von Blumencharaden. 16. ($3^1/_2$ B.) Berlin u. Graudenz 843, Oehmigke's Buchh. *

—— neueste, hrsg. von T... 2. Aufl. 36. ($^1/_2$ B. u. Titkpfr.) Cöln 843, Dunst. (?)

—— neueste. 2. Aufl. 16. (32 S.) Reutlingen 847, Fleischhauer und Spohn.

— neueste. Der Liebe u. Freundschaft gewidmet. 16. (47 S.) Grünberg 847, Weiß. n. 2 ngr

— neueste. Ein Band der Liebe u. Freundschaft. gr. 16. (48 S.) Eilenburg 848, Schreiber. $^1/_6$ ℛ — 2. (Titel-)Aufl. gr 16. (48 S.) Ebd. (848) 852. 3 ngr

— neueste, oder die Sprache des Herzens u. Gefühls zur Verständigung liebender Herzen. Nebst Anh. m. 135 Stammbuchversen, Trinksprüchen 2c. 16. (32 S.) Bautzen 851, Reichel. n. $^1/_8$ ℛ

Blumensprache, neueste. Eine sinnreiche Deutung der Blumen, Blätter u. Blüthen nach ihrer oriental. Deutung. Der Liebe u. Freundschaft geweihet v. H. E. 32. (112 S.) Neuhaldensleben 851, Eyraud. n. $^1/_6$ ℛ

— neueste. 2. Aufl. 16. (32 S.) Reutlingen 847, Fleischhauer u. Spohn. — In morgen- u. abendländ. Deutung u in Reimen; auch zur Auswahl f. Stammbücher. 3. Aufl. 32 (32 S.) Ebd. 852. 3 ngr

— neueste, oder Blumendeutungen der Liebe u. Freundschaft u. anderen Lebensverhältnissen. 32. (80 S.) Augsburg 852, Jaquet. $4^1/_2$ ngr

—— neueste. 2. Afl. 16. (48) Eilenb. 52. (Lpzg, O Klemm.) — 3

—— neueste. Ein Band der Liebe und Freundschaft. 2. (Titel-) Aufl. gr. 16. (48 S.) Eilenburg 852, Schreiber.

— neueste. Ein Taschenbuch der Liebe u. Freundschaft. 12. (24 S.) Leisnig 852. (Leipzig, H. Fritzsche.) $1^1/_2$ ngr

—— neueste. 12. (24) Leisnig 52. (Lpzg, Kessler.) — $1^1/_2$

—— neueste. Eine sinnreiche Deutung der Blumen, Blätter und Blüthen, nach ihrer oriental. Auslegung. Der Liebe und Freundschaft geweihet von H. E. 2. Aufl. 32. (112 S.) Neuhaldensleben 856, Eyraud. *

—— neueste, nebst Farbenspr. 2. Afl. 32. (64) Neurode 57, Fischer. (?) — 2

— neueste, oder sinnreiche Deutung der bekanntesten Blumen und Blätter. 7. verm. Aufl. Einbeck 859. Ehlers. 24. (36 S.) $2^1/_2$ ngr

— neueste, oder Blumendeutungen der Liebe und Freundschaft und anderen Lebensverhältnissen. 2. Aufl. Augsburg 860. Jaquet. 16. (80 S.) $4^1/_2$ ngr

—— neueste, in morgen- und abendländischer Deutung und in Reimen; auch zur Auswahl für Stammbücher. 4. Aufl. 16. (32 S.) Reutlingen 860, Fleischhauer und Spohn.

— neueste. Der Liebe und Freundschaft geweiht. Osterburg 861. Doeger. 16. (23 S.) n. 1 ngr

— neueste. Eine sinnreiche Deutung der Blumen, Blätter, Blüthen und Früchte, nach ihrer orientalischen Auslegung. Der Liebe und Freundschaft geweiht von H. E. 3. Aufl. Neuhaldensleben 863. Eyraud. 32. (112 S.) n. 5 ngr

— neueste. Eine sinnreiche Deutung der Blumen, Blätter, Blüthen u. Früchte, nach ihrer orientalischen Auslegung der Liebe u. Freundschaft geweihet von H. E. 3. Aufl. Neuhaldensleben 865. Eyraud. 32. (112 S.) n. 5 ngr

— neueste. 9. Aufl. Osterburg 868. Doeger. 16. (23 S.) n. 1 ngr

Blumensprache, neueste. Neueste Aufl. 32. (61 S.) Leipzig 875. Matthes. cart. n. — 50

— neueste, od. die Kunst, m. Hilfe der Blumen u. deren Bedeutg. e. anderen Person jede gewünschte Mittheilung zu machen. 12. (32 S.) Wien 894. (Leipzig, Literar. Anstalt, A. Schulze.) n. — 40

— dass. s. Volksbibliothek, deut.

— neueste, in poetischer Auslegung. Ein Toiletten-Geschenk für Damen. Hrsg. von Felicitas. Berlin 868. Kießling. 16. (44 S.) n. 4 ngr

—— neueste, in morgen- u. abendländ. Deutung, u. in Reimen; auch zur Auswahl f. Stammbücher. 16. (2 B.) Reutlingen 843, Fleischhauer u. Spohn.

—— neueste, in morgen- und abendländ. Deutung und in Reimen; auch zur Auswahl für Stammbücher. 3. Aufl. 32. (32 S.) Reutlingen 852, Fleischhauer und Spohn.

— neueste, in morgen- und abendländischer Deutung und in Reimen; auch zur Auswahl für Stammbücher. 4. Aufl. Reutlingen 860. Fleischhauer & Spohn. 16. (32 S.) 2 ngr

— neueste, der Liebe und Freundschaft gewidmet. 16. Bern 836. Jenni Sohn. $^1/_6$ ℛ

— neueste, für Liebende, nebst Farbensprache und Deutung der Farben. Zusammengestellt u. herausgegeben von F. W. F. 2. Aufl. Neurode 857. Fischer. 32. (64 S.) 2 ngr

— neuste vollständige, ein Denkmal der Liebe u. Freundschaft. Mit ill. Kranz 12. Nordhausen 836. Fürst. $^1/_3$ ℛ

Blumensprache, neueste vollständige, mit einem alphabet. Verzeichnisse der Deutungen von C. H. Nebst einem Anhange verwandter Dichtungen von Pauline Jonas, geb. Ewald. 32. Königsberg 837. Bon. $^1/_3$ ℛ

—— neueste, vollständige, eine Gabe der Liebe u. Freundschaft. Nebst ein. Anh. der Zeichensprache. 16. ($2^1/_2$ B. u. 1 Stahlst.) Berlin 842, Hübenthal u. Comp.; Recht.

— neueste vollständige. Ein Geschenk f. Jünglinge u. Jungfrauen. 32. (31 S.) Löbau 850, Breyer. — 2. Aufl. 32. (30 S.) Ebd. 852. 1 ngr

—— neueste vollständige. Ein Geschenk für Jünglinge und Jungfrauen. 32. (31 S.) Löbau 851, Breyer.

— neueste vollständigste, ein Geschenk für Liebende vom kleinen Cupido. 2e Aufl. 16. Wesel 838. 3e Aufl. 840. Klönne. $^1/_6$ ℛ

— neueste u. vollständigste, f. Liebe u. Freundschaft. Mit e. Anh.: Farbensprache, Bedeutg. der Taufnamen u. Akrosticha. Neue Ster.-Ausg. 16. (64 S.) Reutlingen 890. Enßlin & Laiblin. — 15; feine Ausg. — 50

— neueste u. vollständigste, f. Liebe u. Freundschaft. Mit e. Anh.: Farbensprache, Bedeutg. der Taufnamen u. Akrosticha. Neue Ster.-Ausg. 16. (64 S.) Reutlingen 891. Enßlin & Laiblin. — 50

— poetische, oder sinnige Deutung der Blumen in Versen. Von Arthur. Hamburg 864. Schardius. 32. (64 S.) 3 ngr

—— poetische, oder sinnige Deutung der Blumen in Versen. Von Arthur. 32. (64 S.) Hamburg 864, Zeitungsladen der Neustadt.

— poetische, od.: Bedeutg. der Blumen nach morgenländ. Art, nebst e. Anh. der schönsten Album- u. Stammbuch-Aufsätze. Ein Toiletten-Geschenk. 32. (32 S.) Reutlingen 872. Enßlin & Laiblin. — 20

Poetische | Blumensprache | oder | Bedeutung der Blumen | nach | morgenländischer Art. | Motto. | Den Strauss, den ich gepflücket, | Er grüsse Dich vieltausendmal. | Ich habe mich gebücket, | Ach wohl ein tausendmal | Und ihn an's Herz gedrücket, | Wohl hunderttausendmal. | Göthe. | Zweite Auflage. | REUTLINGEN. | Druck und Verlag von Ensslin & Laiblin.
o. J. (1877). 32 S., 108 × 79.
LBS d. D. oct K 3216.

— in christlicher Uebersetzung. 2. sehr verm. Aufl. 16. (127 S. m. 1 Stahlst.) München 848. (Henzel.) 6 ngr

— die, in ihrem ganzen Umfange, durch 240 nach d. Natur gezeichneten Blumen, Pflanzen u. Gewächse erläutert. 12. Eisleben ... (Berlin, Hermes.) 2/3 ngr

— die, in ihrem ganzen Umfange, durch 240 nach d. Natur gezeichn. Blumen, Pflanzen u. Gewächse erläutert. Mit e. Anhange: Die Blumen in gemessenen Dichtungen über Liebe u. Freundschaft. 16. Eisleben 829. Reichardt. 16 gr (Aus: Schule d. schönen Künste rc. abgedruckt.)

—— vollständige, od. Bedeutung d. bekannt. Pflanzen, Blumen u. Kräuter. 32. (32 Seit.) Nordhausen 834. (Leipzig, Drobisch.)

—— vollständige, oder sinnreiche Deutung der Blumen. Ein Toilettengeschenk. 12. (1 B.) Osterode u. Goslar 842, Sorge.

— vollständige, oder sinnreiche Deutung der Blumen. Ein Toilettengeschenk. 12. (33 S.) Osterode 850, Sorge. 1/4 ngr

— vollständige, oder sinnreiche Deutung der Blumen. Ein Toilettengeschenk. Osterode (854.) Sorge. 12. (33 S.) 7 1/2 ngr

—— vollständigste, d. i.: deren Sinn und Bedeutung in Worten ausgedrückt. 24. (48 S.) Brünn 854, Winiker's Buchh.

—— vollständ. 16. (60) Dessau 63, Barth. — 3

— vollständige, oder die Deutung der Blumen u. Blüthen. Schwiebus 870. Wagner. 64. (43 S.) 2 ngr.

Blumensprache, vollständige. 16. (48 S.) Freiwaldau 891. B. Titze. — 35

—— vollständige, d. Liebe u. Freundschaft gewidmet, od. neuester Selam d. Occidents. Für Alle, welche sich mit Zeichnen, Sticken u. Sammeln der Blumen beschäftigen. Mit einem Anh. 12. (2 1/2 B.) Nürnberg 842. [Lotzbeck.]

—— vollständige, der Liebe und Freundschaft gewidmet, oder neuester Selam des Occidents. Für Alle, welche sich mit Zeichnen, Sticken und Sammeln der Blumen beschäftigen. Mit einem Anh., enth.: Das Orakel der Ringelblume; die Blumenuhr rc. 2. (Titel-)Aufl. 12. (58 S.) Nürnberg 840, Lotzbeck.

— vollständigste, das ist: deren Sinn und Bedeutung in Worten ausgedrückt. Brünn 854. Winiker. 24. (48 S.) 3 ngr

—— vollständigste, oder die Deutung der Blumen. 32. (96 S.) Regensburg 878, Coppenrath.

— vollständigste, oder die Deutung der Blumen. 2. Aufl. 32. (96 S.) Regensburg 880. Coppenrath. — 60; geb. n. 1. —

— vollständigste, od. die Deutg. der Blumen. 3. Aufl. 32. (96 S.) Regensburg 893. A. Coppenrath's Verl. — 60

— vollständigste, od. die Deutung der Blumen. 4. Aufl. (96 S.) 16. Regensburg (904). A. Coppenrath's Verl. — 60

— vollständigste, in neuester und sinnvollster Deutung. Dessau 863. Central-Verlag. 16. (62 S.) 3 ngr.

Blumenstein: Die verschiedenen Eidesarten nach ..., s. Blumenstein, J.

Blumenstein, Eißig Hirsch, das Lied vom Mazes ouder Geld un kah Geld, ä Raritäts-Fantasie uf die Messumen rc. 12. (2 1/2 B.) Würzburg 844, Voigt u. Mocker. Thlr. *

Blumenstein, Ernst, Handbuch des schweizer. Schuldbetreibungsrechtes. (In 8 Lfgn.) 1.—6. Lfg. (S. 1-672.) gr. 8. Bern 909. 10. K. J. Wyss. à 2. 50

Blumenstein, Ernst: Handb. d. schweiz. Schuldbetreibgsrechtes. 4—9. Lfg. (20 u. 337—994) gr8° Bern, KJWyss '09—11. je 2.50 (vollst.: 22.50)

Blumenstein, E., s.: Monatsschrift f. bernisches Verwaltungsrecht u. Notariatswesen.

Blumenstein, E., Schweizer. Schuldbetreibgsrecht. 2. Lfg. Bern, Wyss. 2. 50. 1909.

Blumenstein, E., Schweizer. Schuldbetreibgsrecht. 3. Lfg. Bern, Wyss. 2. 50. 1909.

Blumenstein, E., Schweizer. Schuldbetreibungsrecht. 4. Lfg. Bern, Wyss. 1. 50. 1910.

Blumenstein, E., Schweizer. Schuldbetreibgsrecht. 5. Lfg. Bern, Wyss. 2. 50. 1910.

— die Stellung der öffentlichen Verurkundung im bundesrätlichen Entwurf zu e. schweizer. Civilgesetzbuch. Zugleich e. Beitrag zur Untersuchg. der sachl. Kompetenz des Berufsnotariats im künft. schweizer. Civilrecht. (49 S.) 8. Bern 904. (A. Francke.) n. 1. —
Sonderabdruck aus: „Monatsschr. f. Bern. Verwaltungsrecht u. Notariatswesen".

Blumenstein, E[rnst]. Die Stellung der öffentlichen Verurkundung im bundesrätlichen Entwurf zu einem Schweizer. Civilgesetzbuch. Zugleich ein Beitrag zur Untersuchung der sachlichen Kompetenz des Berufsnotariats im künftigen schweizer. Civilrecht. Separatabdruck aus der Monatsschrift für Bernisches Verwaltungsrecht und Notariatswesen, Heft Nr. 12, 1904. II + 49 S. 8. Bern, Genossenschafts-Buchdr., 1904. [fr. 1. —]

Blumenstein, Ernst [Fürsprecher von Niederbipp]: Verwirkung und Ablauf der Befristung als Endigungsgründe von Privatrechten nach modernen Gesetzen. Bern 1901. 103 S. 8°.
Bern. Jur. Diss. 1900/1901.

Blumenstein, Ernst, Verwirkung u. Ablauf der Befristung als Endigungsgründe v. Privatrechten nach modernen Gesetzen. Diss. gr. 8. (104 S.) Bern 901. (A. Francke.) n. 2. —

Blumenstein, J., die verschiedenen Eidesarten nach mosaisch-talmudischem Rechte und die Fälle ihrer Anwendung. Ein Beitrag zur ältern Rechtsgeschichte, nach den Orig.-Quellen bearb. gr. 8. (31 S.) Frankfurt a. M. 883, Kauffmann. *

Blumenstein, Isaac: * Darstellung der Individualität des „Knechtes Gottes" in Iesaias 40—66. [z. T. lat.] 44 S. 4°
Halle-Wittenberg, Phil. Diss. v. 21. Sept. 1869
Geb. [Merchingen (Baden) 26. 9. 1843]

Blumenstein, Karl [gepr. Rechtspraktikant in München]: Der Erbschaftsanspruch nach dem bürgerlichen Gesetzbuche ... *München*, Druck v. Knorr & Hirth, *1897*; 35 S. 8.
Erlangen, Jur. Fak., Inaug.-Diss. v. 1897

v. Blumenstein, Baron Wlh., s. W. *Gilpin*, Voyages pittoresques.

Bernstengel, A.

Fest-Cantate zur Feier der Einweihung des neuen Logengebäudes der Loge Carl zur gekrönten Säule in Braunschweig am 7. Febr. 1875, gedichtet von W[ilh.] Mühe, comp. von A. Blumenstengel. [Braunschweig 1875.] 2 Bl. 8° [Kopftit.]
Ohne Noten: „Heil! Heil! Heil!"

Johannis-Fest-Cantate. Text von [W.] Herrmann. In Musik gesetzt von [A.] Blumenstengel. [Braunschweig] o. J. 2 Bl. 8° [Kopftit.]
Ohne Noten: „Geweihter Tag! du trägst auf hehren Schwingen . . ."

Blumenstetter, Jos., Bienen Büchlein. Hechingen 859. (Walther.) 12. (61 S.) n. 8 ngr.

Blumenstimmen. 4 Chromolithogr. 12. Leipzig 883, (Balbamus.)

Blumenstock, Dr. Alfred, Der päpstliche Schutz im Mittelalter. 8. (168 S.) 1.60
Wagner, Innsbruck 1890. ?

Blumenstock, Gottfried, appr. Arzt a. Nürnberg: Ein Fall von Myelocystocele. Freiburg ⟨Baden⟩ 1905: E. Kuttruff. (27 S.) 8°
Freiburg i. B., Med. Fak., Ref. Kraske, Diss. v. 1905
[Geb. 5. Mai 79 Nürnberg; Wohnort: Cöln; Staatsangeh.: Bayern; Vorbildung: Gymn. Marzellen Cöln Reife 00; Studium: Freiburg i. B. 4, München 3, Freiburg i. B. 3 S.; Coll. 19. Mai 05.]

Blumenstock, Heinrich, Die Sommernacht. Aus d. Polnischen des Sigmund Graf Krasinski. (Sep.-Abdr. a. Dioskuren. X. Jahrg.) gr. 8. (34 S.) geh. 50 kr. nur baar.
Wien: Toeplitz & Deuticke 1881. ?

Blumenstock, L., Lehre von den Verletzungen in gerichtsärztlicher Beziehung, s. Handbuch der gerichtlichen Medicin.
—— Tod durch Erfrieren, s. Handbuch der gerichtlichen Medicin.

Blumenstok, Alfr. Der päpstliche Schutz im Mittelalter. gr. 8. (III, 169 S.) Innsbr. 890, Wagner. * 3 20

Blumenstok, Alfr. Halban, Entstehung des deutschen Immobiliareigenthums. 1. Bd. Grundlagen. gr. 8. (V, 375 S.) Innsbruck 894. Wagner. n. 7. 20

Blumenstraus, s. Blumenstrauß

Blumenstrauss, Der. V: *Escherich, Carl.* (Neue Annalen der Literatur 1814, 1/401.) (biblPort)

Blumenstrauß, ein. Gebunden für Frauen und Jungfrauen von Frauenhand. Jena 856. Mauke. 16. (XVI, 240 S.) 18 ngr.

Blumenstrauß. Geschichten, Fabeln und Lieder für Kinder von 5–8 Jahren. Mit 12 color. Bildern (in Holzschn.) Berlin (863.) Riese. 8. (32 S.) 10 ngr.

Blumenstrauß, e., Geschichten f. junge Leser. 16. (80 S.) Cleveland 871. (Philadelphia, Schäfer & Koradi.) geb. n — 80

Blumenstrauss, Der, am Penkler-risch-Toussäntischen Brauttage. Wien 1774. V: *Denis, Joh. Nepom. Cosm. Mich.* (P. Hofmann-Wellenhof: Mich. Denis. Innsbruck 1881. S. 53.) (biblPort)

— christlicher. Ein Gebetbüchlein für Kinder. Innsbruck 863. Wagner. 8. (64 S. u. 1 color. Lithogr.) 3 ngr.

Blumenstrauß aus unsern zwei größten Dichtern f. Deutschlands Jugend. Aus Friedrich v. Schiller. — Aus Wolfgang v. Goethe. Für deutschgesinnte Jünglinge u. Jungfrauen zur Förderg. des Idealismus u. Patriotismus. Von W. H(offmann). 8. (46 u. 39 S.) Rothenburg o. T. 899. J. P. Peter. n. — 80

Blumenstauss, (erster - dritter) musikalischer, zum neuen Jahr. (Hrsg. von J. F. Reichardt). Berlin: Neue Berlinische Musikhandlung. (1792 - 1794) 3 vol. 8°, 39 S., 45 S., 32 S.

—— von kleinen Erzählungen, s.a. Bibliothek der Belletristiker I. Serie.

— von kleinen Erzählungen; aus d. Engl. 16. Stuttgart 836. Liesching. 10½ gr

Blumenstrauss f. Freunde u. Freundinnen zum Neujahrsgeschenk a. J. . . 1796. M. Titelk., 12 Monatsk., 12 kol. Modek., 2 Bl. Mus. O.-Seidenbd. m. 2 kol. Fig.
Wien.

—— d. geistl. Gebet- u. Andachtsb. N. Asg. 12. (633) Cobl. 61, Hölscher. — 15

—— christl. Gebetbüchl. f. Kinder. 8. (64 m. 1 L.) Innsbr. 63, Wagner. — 3

Blumenstraus, gebunden am St. Johannis-Tage und geweihet den Treuen des Bundes von K. H. Offenbach a. M. o. J.: André. 7. S. quer 2° [Umschlagtit.]
2 Lieder mit Noten.

Blumenstrauß, der geistliche. Ein vollständ. Gebet- u. Andachtsbuch für römisch-kathol. Christen. Bearb. m. Benutzg. der Werke der Väter u. berühmter Heiligen, wie des h. Franz v. Sales, Vincenz v. Paul, Alphons Liguori 2c. 8. (XXX u. 633 S. m. lithochrom. Titel.) Coblenz 849, Hölscher. 21 ngr. Ausg. m. 4 Lithochrom. 27 ngr. Ausg. m. 24 Lithochrom. Subscr.-Pr. n. 1 rf 18 ngr. Ladenpr. 2 rf

— der geistliche. Ein vollständiges Gebet- und Andachtsbuch für römisch-katholische Christen. Bearbeitet, mit Benutzung der Werke der Väter und berühmter Heiliger, wie des heiligen Franz von Sales, Vinzenz von Paul, Alph. v. Liguori 2c. Neue wohlfeilere Ausg. mit 1 Titelkpfr. Coblenz 861. Hölscher. 12. (XXX, 633 S.) 15 ngr.

—— geistl., d. heil. Herzen Jesu gewidmet. 16. (94) Münst. 70, Aschendorff. n. — 25

Blumenstrauß, geistlicher s.a. M. Diepenbrock.

Blumenstrauß, geistlicher, eine Auswahl von Gebeten f. fromme Katholiken, herausg. von e. Missionär der Gesellschaft Jesu. 24. Augsburg 836. K. Doll. (A. Herzog.) (Regensb. u. Landshut, Manz; Wien, Mechitaristen-Congreg.-Buchh. $^1/_{12}$ rf — 3e Aufl. 18. Mit 2 Holzschn. Ebd. 840. (Ebd.) $^1/_{12}$ rf

Blumenstrauß, geistlicher, e. Auswahl v. Gebeten f. fromme Katholiken, hrsg. v. e. Missionär d. Gesellsch. Jesu. 1. Aufl. 24. (141 Seit. incl. Ttlbld.) 836. 2. u. 3. A. 18. (108 S. u. 2 Holzschn.) Augsburg 838, 40. (Regensburg, Manz.) à

Blumenstrauß, geistlicher. Eine Auswahl von Gebeten für fromme Katholiken. Hrsg. von ein. Missionär d. Gesellschaft Jesu. 4., verb. u. verm. Aufl. 18. (4 B.) Augsburg 843. (Regenburg, Manz.)

— geistlicher, aus christlichen Dichter-Gärten den Freunden heil. Poesie dargeboten v. Melchior v. Diepenbrock. 2. verm. Aufl. 16. (XXXII u. 496 S.) Sulzbach 852, v. Seidel. 1 1/3 Thlr

— geistlicher, aus christlichen Dichter-Gärten den Freunden heiliger Poesie dargeboten von Melchior Diepenbrock. 2. Aufl. 1852. und 3. Aufl. Mit dem Bildniss des Verf. gr. 16. (XXXII und 496 S. mit 1 Stahlst.) Sulzbach 854, v. Seidel'sche Buchh.

Blumenstrauß, geistlicher, aus span. u. deutsch. Dichter-Gärten, d. Freunden d. christl. Poesie dargeboten v. M. Diepenbrock. gr. 12. (14½ B. u. 1 Vign.) Sulzbach 829, v. Seidel. Postp. 1 Thlr., Blnp.
Enth.: Ein allegorisch-religiöses Festspiel v. Calderon de la Barca. — Geistliche Lieder v. span. u. deutsch. Dichtern.

Blumenstrauss, Geistlicher, dem hl. Herzen Jesu gewidmet . . . A. d. Franz. . . . Münster 1870. V: *Desjardins, Eugène.* Ü: *Dosenbach, Stephan.* (Jes)

— geistlicher, dem heiligsten Herzen Jesu gewidmet, od.: kleiner Herz-Jesu-Monat v. e. Priest. der Gesellschaft Jesu. 16. (94 S.) Münster 870. Aschendorff. n. — 25

Blumenstrauß, gepflückt im Garten Mariens. Eine Standes-Unterweisung für Vereins-Jungfrauen. Gratz, 1857. Gedruckt bei C. Tanzer. (23 S. 8)

Blumenstrauß, ein kleiner, zum 25jährigen Bischofsjubiläum unseres hochwürdigsten u. vielgeliebten Oberhirten Franz Joseph Rudigier, Sr. päpstl. Heil. Hausprälaten u. Thronassistenten zc. gr. 8. (32 S.) Linz 878. Haslinger in Comm. n. — 50

Blumenstrauss für Musen und Menschen zum Neujahrsgeschenke 1798. Mit Titelkupf., 12 Monatsbild., 12 Modekupf. u. 1 Musikbeilage. Wien, bey G. F. Kraus. 12°. (90 Kr., Orig.-Seidenbd. [etwas ramponiert]. Gilhofer & Ranschburg, 1912:)
Sehr interessanter Almanach von grösster Seltenheit. Das Titelblatt stellt Vertreter der sieben Wiener Freiwilligenkorps dar. Die in Punktiermanier gestochenen und sorgfältig kolorierten 12 Modekupfer sind vom grössten Interesse. Sie stellen 3 Herren- u. 9 Damenmoden dar, darunter: Chevalier im Sommeranzug, Modemuff, Galakleid, Modehut etc.

Blumenstrauss für Musen u. Menschen-Freunde zum Neujahrsgeschenke. 1801. M. Titelk., 12 Monatsk., 12 kol. Modek. u. 1 Musikb. Wien.

Blumenstrauss, Musikalischer, zum neuen Jahr. Berlin: Neue berlinische Buchhandlung. 1792. 2, 39 S. 8°

—— neuer, für Sänger und Gesangesfreunde. Eine Auswahl der schönsten und beliebtesten Volkslieder. 4. Aufl. 32. (320 S.) Reutlingen 869, Enßlin und Laiblin. geb.

—— dass. — I. 3.–5. Aufl. 32. (160 S.) Ebendas. 868–71.

Blumenstrauß, ein, für Sänger u. Sangesfreunde. Eine Sammlung auserlesener Lieder aus alter u. neuester Zeit. 9. verm. Aufl. Reutlingen 865. (Stuttgart, Fischhaber.). 8. (88 S.) 3¾ ngr

Blumenstrauß, e., fürs Schweizerhaus. Sammlg. auserles. Romane u. Novellen aus Heimat u. Fremde. 1. Hft. gr. 8. (48 S.) Zürich 896. W. Krüger-Römer. n. n. — 45

— e., fürs Schweizerhaus. Sammlg auserles. Romane u. Novellen a. Heimat u. Fremde. 1. Hft. 8° (48) Zür. 96, Müller & Zeller. nn — 45
Wird ausschliesslich durch d. Verlagshandlg direkt vertrieben.

Blumenstrauss, Zweiter musikalischer. Berlin: Neue berlinische Buchhandlung 1793. Zi 45 S. 8°

Blumensträußchen, das, eine Gedicht-Samml. f. Jedermann. Dieses Sträußchen wand zum Besten seiner Pflegetochter K. G. Just, Schulmeister zu Somsdorf bei Tharand. 8. Dresden 826, Arnold.

Blumensträuschen im zärtlichen Herzen gepflegt. Auserlesene Glückwünsche für Kinder zu allen häuslichen Festen zc. (Von J. A. Gleich.) 8. Wien 833. Bermann u. Sohn. ¼ Thlr

Blumensträußchen, an den Busen sein. Freunde gesteckt, von J. Perinet. 8. Wien, Rehm. 814. Rthlr. –

Blumensträußchen f. die liebe Jugend. Eine Sammlung lehrreicher Geschichten, Erzählungen, Mährchen zc. v. einem Kinderfreunde. Neue verm. Aufl. 12. (128 S. m. 2 Lith.) Nürnberg 851, Raw. 8 ngr color. ½ Thlr

Blumensträußchen für die liebe Jugend. Eine Sammlung lehrreicher Geschichten, Erzählungen, Märchen zc. von einem Kinderfreunde. Neue wohlfeile Ausg. Mit 2 Kpfrn. Nürnberg (853.) Raw. 12. (128 S.) 6 ngr; color. 7½ ngr

Blumensträußchen, literarisches, in d. Strickkörbchen d. Damen. 6 Bde., mit Kpf. 12. Wien 811. Gerold. 4 Thlr 16 kr Hbg. Pr. 2 Thlr

Blumensträußchen, e., der lieben Mutter Gottes gewidmet. Kleiner Marienmonat in 81 Betrachtgn. f. die Jugend. Nach dem Franz. von C. v. P. 12. (64 S.) Passau 894. Paradiesdruckerei u. Verlagsanstalt. — 30

— in das Strickkörbchen d. Damen, siehe im Alphabet.

Blumensträuße, e. Gesch. f. Fühlende auf 1799. 8. Bresl. Gehr.

Blumensträuße, e. Gesch. für Fühlende, auf d. J. 1799. Vom Verf. d. Kartenblätter, (K. Gli. Kapf.) 8. Bresl., (J. F. Korn). 18 kr

BLUMENSTRAUSSE, ein Geschenk für Fühlende auf 1799. Mit 1 Kpf. Hamburg, Schniebes, 1779. 16°. (In Warmbrunn.)

Blumensträuße nach ihrer Bedeutung. Der Liebe u. Freundschaft gewidmet. 2e Ausg. Mit ill. Titelb. 12. Leipzig 838. Reimann, jetzt Melzer. ¼ Thlr

Blumensträuße, geistliche, auf den Marienaltar. Aus dem Französ. 16. (86 S.) Dülmen 885, Laumann'sche Verlagsh. *

Blumen-, Frucht- u. Dornenstücke zc. s.a. Richter, J. P. Fr. im Alphabet.

Blumen-, Frucht- u. Dornenstücke, od. Ehestands Leben u Tod Siebenkees im Reichsmarktflecken Kuhschnappel, vor J. P. F. Richter. 3 Thle. 8. Berlin, Matzdorf. (Realschulbuchhdl.) 796. 97. (I. 18 gr. II. III. 1 Rthlr. 16 gr.) Schreibp. (I. 21 gr. II. III. 2 Thle.)

Blumenstücke aus d. Natur u. d. Menschenleben. Ein Geschenk f. Frauen, (v. A. Gebauer). gr. 8. Manh., Schwan u. G. 1 Thlr 12 kr

Blumenstücke aus der Natur und dem Menschenleben . . . Mannheim 1821. V: *Gebauer, Chn Aug.* (Ky) (MGT)

Blumenstücke aus der Natur und dem Menschenleben v. A. Gebauer. 8. Manheim, Schwan und G. 821.

Blumenstücke aus der Natur und dem Menschenleben. . . . Mannheim 1822. 2. Aufl. Mannheim 1827. V: *Gebauer, Chn August.* (GGr IX, 237)

Blumenstücke nach Photographien. Fol. (6 Farbendr.-Taf.) Leipzig 890. Baldamus, Sep.-Cto. n. 6. —; einzelne Blatt à 1. 50

Blumenstücke nach Photographien. Fol. (6 Farbendr.-Taf.) Lpzg 90. Wezel & N. 6 —; einz. Bl. 1.50

Blumen-Studien nach der Natur. 4 (farb.) Blatt Malvorlagen. schmal Fol. Plauen 893. Ch. Stoll. n. 2. 40

Blumenthal [Sachliches OW]

Blumenthal; e. Geschichte in psycholog. Hinsicht. 8. Berl. 787 Rellstab. 7 gr

— Franz, oder Handlung. u. Begeb. einer ansehnl. Familie in L°. 8. Frankf. (Böhme in Leipz.) 782.

Blumenthal, Franz, od. Handlungen u. Begebenheiten einer angesehenen Familie in L. 8. . . . 782. (Knobloch in Lpz.) 4 gr

v. **Blumenthal,** Wilhelm; od. das Kind der Natur. (v. J. G. Schummel) 2 Thle. 8. Leipz. 780 u. 81. Weygand. 2 rf 8 gr

Blumenthal [Schlagwort]

Blumenthal, s.: Mark. — Wanderkarten.

Blumenthal, s.: Strausberg.

Blumenthal, Kreis [Schlagwort]

Blumenthal, Kreis. Mussmann, A., u. C. Bohnhardt, Karte der Kreise Blumenthal, Geestemünde u. Osterholz sowie der Städte Bremen, Bremerhaven u. Vegesack. 1:125,000. 48×36 cm. Farbdr. Lehe (903). F. Brüning. — 35; auf Leinw. — 80; lackiert m. Stäben 1. 30

— — — Schulwandkarte der Kreise Blumenthal, Geestemünde u. Osterholz. 1:25,000. 6 Bl. je 68×88,5 cm. Farbdr. Ebd. (903). Auf Leinw. m. Stäben 18. —

Blumenthal [Verfasser]

Blumenthal: Preussische Kommunal-Gesetzgebung . . ., s. Blumenthal, Max

Blumenthal: Lebensbeschreibung Hans Joachims von Zieten, s. Blumenthal, Louise Joh. Leop.

Blumenthal (Hrsg.), s. Mittheilungen aus dem Gebiete der Heilkunde.

Blumenthal: Die Stellung Adalberts von Bremen . . ., s. Blumenthal, Max

Blumenthal v.: Tagebücher . . ., s. Blumenthal, Leonh. v.

Blumenthal, v., Teufeleien. Sammlung v. Gedichten meist humorist. Inhalts v. einem Teufel aus Teufelshausen. 12. (IV, 59 S.) Halberstadt 882. Bauae. n. — 50

Blumenthal, Verfassungs- u. Verwaltungs-Geschichte v. Genua im 12. Jahrh. Calbe a./S. 872.

Blumenthal, A. (Hrsg.), s.a. Blumenthal, Leonh. v.: Tagebücher aus den Jahren 1866 und 1870/71.

Blumenthal, A., Vorlegeblätter zur Uebung im Zeichnen u. Illuminiren f. d. Jugend. 12. Leipz. 826. Mag. f. Ind. 9 gr

Blumenthal, A. S. Schweizerischer Turn-Kalender. Almanach suisse de Gymnastique. 1888. In-24°, 109 S. Aarau, H. R. Sauerländer. in Lwd. 1 50

Blumenthal, Adolf

—— Die geschichtl. Bedeutung v. Samson Raphael Hirsch f. d. Judenthum. Vortrag, geh. am 2. Febr. 1889 [1. Adar I 5649] im Verein „Mekor Chajim" zu Hamburg. gr. 8. (32 S.) Ebd. 889. * — 60

Blumenthal, Adf. Offener Brief an Hrn. Prof. Franz Delitzsch, Geh. Oberkirchenrath zu Leipzig. 8. (28 S.) Frankf. a. M. 889, Hofmann. * — 50

Festpredigten von Dr. Adolf **Blumenthal,** Rabbiner. Aus s. Nachlasse hrsg. von Dr. S(amuel) Freund, Rabbiner. Breslau: J. B. Brandeis 1906. (255 S.) 8° [J.] [o8. 14264

Blumenthal, Adolf, a. Dömitz i. Meckl.: Aus der Poliklinik für Haut- und Geschlechtskrankheiten in Rostock. ⟨Direktor: Professor Dr. Wolters.⟩ Über Gelenkerkrankungen im Frühstadium der Syphilis. Rostock 1906: Adlers Erben. (32 S.) 8°

Rostock, Med. Fak., Ref. Wolters, Diss. v. 30. Dez. 1906

[Geb. 8. Sept. 82 Dömitz i. M.; Wohnort: Berlin; Staatsangeh.: Mecklenburg; Vorbildung: Gymn. Schwerin Reife O. 01; Studium: Berlin 4, München 2, Rostock 3 S.; Coll. 19. Jan. 06; Approb. 13. Sept. 06.]

Blumenthal, Adolf: Rabbi Meïr. Leben und Wirken eines jüdischen Weisen aus dem zweiten nachchristlichen Jahrhundert, nach den Quellen dargestellt . . . . Berlin, Druck v. H. Itzkowski, 1888; 2 Bl. + 48 S. + 2 Bl. 8°

Leipzig, Phil. Fak., Inaug.-Diss. v. 12. März 1888

— Rabbi Meïr. Leben u. Wirken e. jüd. Weisen aus dem 2. nachchristl. Jahrh., nach den Quellen dargestellt. gr. 8. (VIII, 148 S.) Frankfurt a/M. 888. Kauffmann. n. 2. —

Blumenthal, Adolph Oswald

Blumenthal, Adph. Oswald, über Ablösung der Reallasten u. Errichtung v. Rentenbanken. Noch ein Wort vor der Entscheidung. gr. 8. (15 S.) Breslau 849, Trewendt in Comm. 3 ngr

Blumenthal, Adolf Oswald (Mitarb.), s. Aufhebung, Über, des gutsherrlich-bäuerlichen Verhältnisses.

Blumenthal, Alex., experimentelle Untersuchungen üb. den Lungengaswechsel bei den verschiedenen Formen d. Pneumothorax. Diss. Lex.-8. (63 S.) Jurjew (Dorpat) 892. (E. J. Karow.) n. 1. 20

Blumenthal, Arthur, aus Nordhausen a. H.: Ueber die Produkte der Darmfäulnis im Urin bei Tuberkulose. *Berlin (1899): E. Ebering.* (31 S.) 8°

Berlin, Med. Diss. v. 2. Mai 1899

Blumenthal, Arthur: Über die Wirkung verwandter chemischer Stoffe auf den quergestreiften Muskel. *Tübingen: (E. Strauss, Bonn) 1898.* (513—542 S. mit Taf.) 8° ¶(Aus: Archiv für die gesammte Physiologie, Bd 62.) [Umschlagt.]

Tübingen, Med. Diss. v. 1898

Blumenthal, B [Dr med., aus Darmstadt]: Über Sycosis vulgaris et parasitaria . . . . Darmstadt, C. F. Winter'sche Buchdr., 1886; 32 S. + 1 Bl. 8°.

Würzburg, Med. Fak., Inaug.-Diss. v. 1886.

Blumenthal, B., über Sycosis vulgaris et parasitaria. Diss. Würzburg 1886, Stahelsche Univ.-Buchh. 8°. 82 S.

Blumenthal, Benno, a. Bromberg: Die Aussteuer nach dem Bürgerlichen Gesetzbuche. Rostock 1909: Adler. IX, 76 S. 8°

Rostock, Jur. Diss. v. 20. März 1909, Ref. Bernhöft

[Geb. 10. Aug. 76 Prinzenthal; Wohnort: Rostock; Staatsangeh.: Preußen; Vorbildung: Gymn. Bromberg Reife O. 96; Studium: München 1, Berlin 3, Königsberg 4 S.; Rig. 11. Febr. 09.] [U 09. 3644

Blumenthal, Berthold, Kammergerichtsrefer.: Die Sachlegitimation im Eheprozeß nach geltendem Reichsrecht. Rostock 1908: Adler. 43 S. 8°

Heidelberg, Jur. Diss. v. 19. Jan. 1909, Ref. Heinsheimer

[Geb. 26. Febr. 86 Berlin; Wohnort: Berlin; Staatsangeh.: Preußen; Vorbildung: Luisenstädt. Realgymn. Berlin Reife O. 04; Studium: Berlin 2, Genf 1, Heidelberg 3 S.; Rig. 4. Aug. 08.] [U 09. 1747

Blumenthal, C., Kriegs-Erinnergn. aus den J. 1870/71. Nach Tagebuch u. Briefen aus dem Felde. (V, 229 S. m. Titelbild.) gr. 8. Dresden (-A., Reitbahnstr. 23) 902. (Buchdr. u. Verl. d. Kamerad.) Geb. in Leinw. nn 2. 75

Blumenthal, C. A., s. Blumenthal, Karl Aug.

Blumenthal, Conr. v., d. Tochter Salomos. E. dramat. Gedicht i. 5 Akten. 8. (108 S.) Braunschweig 893. C. A. Schwetschke & Sohn. n. 2. —

Blumenthal, Conr. v., die Tochter Salomos. Ein dramat. Gedicht in 5 Akten. (117 S.) 8. Leipzig 907. M. Altmann. 1.20; geb. 2. —

Blumenthal, Curt, Referendar in Magdeburg: Von dem Inventar und der Bilanz des Einzelkaufmanns und der offenen Handelsgesellschaft. Ein Beitrag zu den §§ 39, 40 des Handelsgesetzbuchs vom 10. Mai 1897. Borna-Leipzig 1908: R. Noske. (44 S.) 8° [J.]
Leipzig, Jur. Fak., Diss. v. 21. Mai 1908
[Geb. 5. Dez. 82 Nordhausen a. H.; Wohnort: Magdeburg; Staatsangeh.: Preußen; Vorbildung: Gymn. Nordhausen Reife M. 01; Studium: München 3, Berlin 1, Halle 2 S.; Rig. 27. Mai 05.]

Blumenthal, Ed. v., enthüllte Geheimnisse des Roulette-Spiels. Stuttgart 862. Fischhaber. 32. (24 S.) 18 ngr.

Blumenthal, Erich: Die Wirkung der Anfechtung innerhalb und außerhalb des Konkurses. Berlin 1909: Weinberg. 60 S. 8°
Heidelberg, Jur. Diss. v. 9. Dez. 1909, Ref. v. Lilienthal
[Geb. 31. Okt. 87 Berlin; Wohnort: Spremberg; Staatsangeh.: Preußen; Vorbildung: Friedrichs-Werdersches Gymn. Berlin Reife O. 06; Studium: Freiburg i. B. 1, Berlin 5 S.; Rig. 2. Aug. 09.] [U 10. 1841

Blumenthal, Ernst [Heinrich], Medizinal-Praktikant a. Berlin: Alkaleszenz- und Ammoniak-Bestimmungen in menschlichen Fäces. Halle a. S. 1908: C. A. Kaemmerer & Co. (20 S. einschl. Titelbl. u. Tab.) 8°
Straßburg, Med. Fak., Ref. Moritz, Diss. v. 15. Mai 1908
[Geb. 31. Jan. 83 Berlin; Wohnort: Straßburg i. E.; Staatsangeh.: Preußen; Vorbildung: Französ. Gymn. Berlin Reife M. 01; Studium: Berlin 1, Heidelberg 1, Berlin 8 S.; Coll. 28. Febr. 08; Approb. 20. März 07.]

Blumenthal, F., s.a. Blumenthal, Felix

Blumenthal, F.: De Ciceronis et Platonis aliquot locis comment. crit. (Cic. de Or. I.III. Plat. Meno. Alcib.) 17 S.
Progr. Stendal 1829.

Blumenthal, F., Ueb. einige Stellen des Cicero u. des Platon. Pr. 1829. 19 S. 4°. 1.—

Blumenthal, FE, s.: Ernst, F.

Blumenthal, F. R., Curonus. De cura perinaei in partu. Diss. Dorpat. 16°. 48 pp. 1835.

(**Blumenthal,** Felix, Major à la suite des 2. Leib-Husaren-Reg.) Zur Geschichte des 1. und 2. Leib-Husaren-Regiments. Das ungetheilte Regiment 1741—1812. Eine archivalische Studie.
gr. 8. Berlin 1884.

Blumenthal, Ferdinand [aus Wiesbaden]: Ueber Dichinoyltrioxim und Tetranitrophenol. Wiesbaden 1897. 36 S. 8°.
Basel. Phil. Diss. 1897/98.

Blumenthal, Ferdinand [aus Berlin]: Ueber den Einfluss des Alkali auf den Stoffwechsel der Mikroben ... (Aus: Zeitschr. f. klin. Med., Bd. XXVIII Heft 3 u. 4.) Freiburg i. Br., 1895; 2 Bl., 33 S. 8.
Freiburg i. B., Med. Fak., Inaug.-Diss. v. 1895

Über nichtdiabetische Glykosurien. Von Prof. Dr. Ferdinand Blumenthal, Berlin. Halle a. S.: Marhold 1909. 40 S. 8°
(Sammlung zwangloser Abhandlungen aus d. Geb. d. Verdauungs- u. Stoffwechsel-Krankheiten. Bd 2, H. 2.) [09. 1106]

Blumenthal, Ferd., Pathologie d. Harnes am Krankenbett f. Ärzte u. Studierende. Mit 41 z. Thl. farb. Illustr. gr. 8. (XII, 448 S.) Wien 903. Urban & Schwarzenberg. n. 9. —; geb. in Leinw. n. 11. —

Blumenthal, Ferdinand, Plan der Stadt Wien sammt neuestem, alphabetisch geordnetem Straßen- und Gassen-Verzeichnisse zum Plane der Stadt Wien mit der neuen Bezirks-Eintheilung, nebst einem Führer durch Groß-Wien 8. (36 S. Plan in 11 Farben und auf der Rückseite in einer Farbe colorirt) —.40, cartonnirt .50
Wien: Blumenthal 1892.

Blumenthal, F., Stoffwechselkrankheiten. [Medizinische Handbibliothek. XIII. Bd.] 8°. (X, 180 S.) geb. K 2.80
Wien: Hölder 1905

Blumenthal, Ferdinand: Der Tetanus. s. Leyden, E. von

— Die chemischen Vorgänge bei der Krebskrankheit. (Aus der chem. Abteilg. des patholog. Instituts u. d. Abteilg. f. Krebsforschg. in Berlin.) 2. Aufl. (S. 363—428.) gr. 8. Wiesbaden 910. J. F. Bergmann. 1.60
Sonderabdruck aus „Ergebn. d. Physiol."

Blumenthal, Ferd., neuester u. vollständigster Wegweiser u. Führer durch Groß-Wien. M. e. alphabetisch-geordneten Verzeichnisse sämmtl. Straßen, Gassen u. Plätze, nebst Angabe der nächsten Zugänge zu denselben in allen 19 Bezirken v. Wien u. den außerhalb d. Wiener Gemeindegebietes lieg., jedoch zum Polizeirayon Wien gehör. Ortschaften. 16. (185 S.) Wien 892. (Leipzig, Literar. Anstalt, Aug. Schulze.) Geb. n. — 50;
m. farb. Plan n. 1. —

Blumenthal, Franz, aus Berlin: Zur Lehre von der Assimilationsgrenze der Zuckerarten. *Straßburg i. E.: J. Singer 1903.* (26 S.) 8°
Straßburg, Med. Diss. v. 1903

Blumenthal, Frz., die Serodiagnostik der Syphilis. (Aus der Klinik f. Hautkrankheiten der Universität Berlin [Direktor: Geh. Medizinalrat Prof. Lesser] u. aus der Poliklinik f. Hautkrankheiten d. Universität Halle [Direktor: E. Hoffmann].) (53 S.) gr. 8. Berlin (910). S. Karger. 2.50
Sonderabdruck aus „Dermatol. Ztschr."

Blumenthal, Friedrich: Lord Byron's mystery "Cain" and its relation to Milton's "Paradise Lost" and Gessner's "Death of Abel." Oldenburg, Druck v. G. Stalling, 1891; 1 Bl., 12 S. 4°
Oldenburg, st. OR u. VS, OP 1891 (664)

Blumenthal, Joannes Gebhardus **Friedericus:** Commentationes criticae in Platonis Alcibiadem priorem atque Menonem itemque in aliquot Ciceronis et Taciti locos.
Halle-Wittenberg, Phil. Diss. v. 13. Sept. 1826
Geb. [Münster (Westf.) 2. 3. 1805]
Ms. fehlt. — Verf. hatte Thesen verteidigt. Die Diss. ist vielleicht z. T. identisch mit des Verf.: De Ciceronis et Platonis aliquot locis commentatio critica [Cic. de Or. I. III. Plat. Meno, Alcib.] Stendal 1829: Franzen & Große. 19 S. 8° (4°) Gymn.-Progr.

Blumenthal, Fritz Ernst, s.: Ernst, Fritz.

Blumenthal, H.: Die politischen Einrichtungen der Vereinigten Staaten v. Amerika, s. Blumenthal, Hans

Blumenthal, H.: Fürsorge für den Bau von Arbeiterwohnungen, s. Blumenthal, Hermann

Blumenthal, H., Lieder-Kranz. Der Freundschaft gewidmet. gr. 8. (VIII. 121 S.) Moskau 876. Lang. n. 3. —

Blumenthal, Hans, die wichtigsten Arbeiten des Sortimenters. Ein Handbuch für Buchhandlungs-Gehilfen, namentlich für jene, welche erst die Lehre verlassen, in kurzen Abrissen, nach prakt. und langjähr. Erfahrungen, den modernsten Anforderungen entsprechend, zusammengestellt. 11 Lfgn. 8. (VII, 360 S.) Iglau 886,87, Blumenthal. à Lfg. **
compl. geb. **

Blumenthal, Hans, die wichtigsten Arbeiten d. Verlegers. Ein Handbuch f. Buchhändler, insbesondere aber f. Verlags-Gehilfen u. hauptsächlich f. alle Jene, welche aus dem Sortiment in den Verlag übertreten. 1. Lfg. 8. (V u. S. 1—32.) Iglau 891. H. Blumenthal. n.n.n. — 60

— das Auszeichnen der Bücher im Allgemeinen. Eine prakt. Anleitg., wie dasselbe am besten u. zweckmäßigsten vorzunehmen sei. Nebst e. Anh. [Aus: „Universal-Nachschlagebuch d. ganzen buchhändler. Wissens".] 1. u. 2. Aufl. 8. (15 S.) Ebd. 890. n.n. — 40

— unser künftiges Bestellbuch, nebst prakt. Winken, wie man bei Vorschreibg. v. Büchern, Musikalien u. s. w. vorzugehen hat, um sich vor Schaden zu schützen. Als Anh.: Die Arbeitseintheilg. im Sortiment im Laufe eines Rechnungsjahres. 1. u. 2. Aufl. Fol. (10 S.) Iglau 890. Blumenthal's Selbstverl. n.n. 1.—; geb. n.n. 2.—

—— Russlands Buchhandel. Eine Skizze über die derzeit. Verhältnisse des russ. Buchhandels, nach eigenen Erfahrungen gezeichnet. 8. (12 S.) Ebendas. 887. **

Blumenthal's, Hans (Frz. Kroh), vereinfachte Buchhändler-Strazze. (100 liniierte Bog.) Fol. Nebst Text: Die vereinfachte praktische Führung der Buchhändler-Strazzen. Ein unentbehrl. Handbuch f. jeden Sortimenter. (2. Aufl.) (16 S.) gr. 8. Iglau (903). Th. Nessl. In Klappkarton n.n.n. 3. 50

— das Buch-Sortiment u. der Colportage-Buchhandel. Sehr zeitgemäße Betrachtgn. 8. (26 S.) Ebd. 894. n.n.n. 1. 40; geb. in Leinw. n.n.n. 2.—

Blumenthal, Hans, d. prakt. Buch- u. Musik-Sortimenter. E. Handbuch f. Buchhandlungsgehilfen, namentl. f. alle Jene, welche erst d. Lehre verlassen, i. kurzen Abrissen, nach prakt. u. langjähr. Erfahrgn., m. vielen Ill. u. instruct. Formularien ausgestatt., d. neuesten Fortschritten entsprechend, zusammengest. 2., gründlich umgearb., mit vielen Formularien u. Ill. stark verm. Aufl. 8. (IX, 565 S.) Iglau 896. H. Blumenthal. Geb. n.n.n. 11. 50
Erschien auch in 18 Lfgn. à n. — 60.

— d. bildl. Darstellg d. wichtigsten Arbeiten im Buch- u. Musik-Sortiment. 1—3. Lfg. 4° (7 m. 6 Holzschntaf.) Ebd. 95. à n.n.n. 1 —

— die bildl. Darstellg d. wichtigsten Arbeiten im Buch- u. Musik-Sortiment. 4—7. Lfg. 4° (9 Holzschntaf.) Ebd. 96. à nnn 1 —

— die praktische Einrichtung u. Führung d. Musik-Sortiments. Ein Handbuch f. Buch- u. Musik-Sortimenter. Nach langjähr. Erfahrgn. dargestellt. Mit vielen Holzschn. u. mehreren auf die Buchführg. im Musik-Sortiment bezughab. Formularien. 1.—3. Aufl. 8. (63 S.) Ebd. 891. n.n.n. 1. 50; geb. n.n.n. 2.—

Blumenthal, Hans, die politischen Einrichtungen der Vereinigten Staaten v. Amerika. (Union u. Imperium.) Staatsrechtliche Gedanken. (IV, 103 S.) gr. 8. Berlin 904. F. Vahlen. n. 2. 50

— die fortschreitende Entwicklung der Abrechnungs-Arbeiten bis zum Abschluss der Buchhändler-Conti im Sortiment. 4 (Holzschn.-)Taf. m. kurzen Anmerkgn. 1. u. 2. Aufl. qu. Fol. Ebd. 894. n.n.n. 2.—

— die praktische Erledigung v. Rechnungsdifferenzen aller Art, welche sich bei den Abrechnungsarbeiten vor Abschluss der Buchhändler-Conti ergeben. qu. gr. 4. (3 Holzschntaf.) Ebd. 894. n.n.n. 1. 50

—— die Papier ersparende vereinfachte praktische Führung der Kundenstrazza, sowie die Arbeit ersparende vereinfachte praktische Führung der Strazza für Musiklehrer, welche einen gewissen Rabatt von denjenigen Piezen erhalten, welche dieselben für ihre Schüler besorgen oder bei der Buchhandlung bestellen. 8. (24 S.) Ebendas. 887. **

—— die vereinfachte praktische Führung der Buchhändler-Strazzen. Ein unentbehrl. Handbuch für jeden Sortimenter. gr. 8. (16 S.) Ebendas. 887. **

—— die vereinfachte, praktische und übersichtliche Führung des Cassa- [Losungs-] und Spesenbuches. Ein unentbehrl. Handbuch für jeden Sortimenter. 1. und 2. Aufl. 8. (12 S.) Ebendas. 888. **

Geschichte des Geschlechts der Grafen und Herren von Blumenthal. Zsgest. durch Hans Graf Blumenthal, Hauptm., Mainz. Bielefeld: Velhagen & Klasing (1903). (VIII, 270 S.) 4°(8°) [F.] [07. 1397]

— die Instandhaltung des Lagers im Colportage-Geschäft. Ein Handbüchlein f. Colportage-Buchhändler. Mit 3 in den Text gedr. Holzschn. nach Zeichngn. des Verf. 8. (15 S.) Ebd. 894. n.n.n. — 60; geb. in Leinw. n.n.n. 1. 20

— d. Colportage-Buchhandel u. das buchhändl. Reisegeschäft. E. Handbuch f. Buch- u. Colportage-Sortimenter. 8. (137 S.) Ebd. 896. Geb. in Leinw. n.n.n. 3. 50

—— unsere künftigen Continuations-Listen für Journale und Lieferungswerke in losen Blättern mit beigefügten Formularien in ihrer natürl. Grösse. Ein unentbehrl. Handbuch für den Sortimenter. Fol. (12 S.) Ebendas. 888. **

Blumenthal, H., unsere künftigen Continuations-Listen f. Journale u. Lieferungswerke in losen Blättern m. beigefügten Formularien in ihrer natürl. Grösse. 2. Aufl. Fol. (11 S.) Iglau 889. Blumenthal's Selbstverl. n n. 1. —

— d. Correspondenz des Buch- u. Musik-Sortimenters. E. Handbuch f. jeden Sortimenter. (Aus: „B., d. prakt. Buch- u. Musik-Sortimenter.") gr. 8. (87 S.) Ebd. 896. n.n.n. 3. —; geb. in Leinw. n.n.n. 3. 50

— nimm mich mit! E. Bilderbuch f. d. Jungbuchhandel i. 15 Bild. in Quer-Quart u. 2 Bogen Text. Billige Ausg. v. „Die bildl. Darstellg. d. wichtigsten Arbeiten im Buch- u. Musik-Sortiment". qu. gr. 4. (7 S.) Ebd. 896. n.n.n. 3. —

— Novitäten-Versendungsliste. Enth.: Alle jene Firmen d. Buch-, Kunst- u. Musikalienhandels, welche im Allgemeinen Novitäten aus diesen Geschäftszweigen unverlangt annehmen. Nach den Städtenamen [alphabetisch] zusammengestellt, mit genauer Angabe der sämmtl. Commissionäre. Ausg. A: Oesterreich-Ungarn. Fol. (16 S.) Ebd. 890. n.n. 1. —

**Blumenthal, Hans. Offertbriefe der Gehilfen, nebst e. prakt. Anleitg., um baldigst einen Posten zu erlangen. 3. Aufl. gr. 8. (29 S.) Iglau 891, Blumenthal. ** 1 —

— Offertbriefe der Gehilfen nebst e. praktischen Anleitung, um baldigst e. Posten zu erlangen. Ein Handbuch f. Gehilfen u. Lehrlinge. 5. Aufl. (29 S.) gr. 8. Ebd. 903. n. 1. 40
Sonderabdruck aus: „Die wicht. Arbeiten des Sortimenters".

— D. ges. Ostermess-Arbeiten i. bildl. Darstellg. qu. gr. 4. (7 Holzschn-Taf. auf Pappe.) Ebd. 896. n.n.n. 3. 50

— immerwährendes ärztliches Tagebuch. qu. 12. (50 Formulare.) Ebd. 892. In Leinw.-Mappe. n.n. 3. —

*Blumenthal, Hans. Theorie u. Praxis d. reinen od. eigentl. Antiquar-Buchhandels. 1.—3. Aufl. 8. (23 S.) Iglau 889,90, Blumenthal. ** — 60

—— Universal-Nachschlagebuch des ganzen buchhändlerischen Wissens, sowie der verwandten Geschäftszweige, nach Schlagworten streng alphabet. geordnet und nach dem heut. Standpunkte der Theorie und Praxis unter Mitwirkung hervorragender Theoretiker und Praktiker zusammengestellt. Als Anhang ein Bezugsquellen-Adreßbuch [ebenfalls nach Schlagworten streng alphabet. geordnet] derjenigen Artikel, mit welchen heute noch ein lucratives Geschäft zu erzielen ist; ferner: Specialgeschäfte und Materialien für den buchhändler. Geschäftsverkehr. 1. und 2. Lfg. 8. (S. 1—64.) Iglau 888, Blumenthal. à Lfg. **

—— Universal-Nachschlagebuch d. ganzen buchhändler. Wissens, sowie der verwandten Geschäftszweige. 3.—6. Lfg. 8. (S. 65—184 m. 1 Tab.) Ebd. 889,90. à Lfg. ** — 50; ** 2 —
1. u. 2. Lfg. Ebd. 1888. ** 1 10.

— Universal-Nachschlagebuch d. ganzen buchhändlerischen Wissens, sowie der verwandten Geschäftszweige. 7. Lfg. gr. 8. (S. 185—216.) Ebd. 891. n.n.n. — 50

— der directe Verkehr d. Colportage-Buchhandels m. den Verlegern üb. Wien, Leipzig u. s. w., sowie dessen indirecter Verkehr m. dem Colportage-Grosso-Buchhandel. Ein Handbuch f. Colportage-Buchhändler. Mit vielen Formularien. 8. (28 S.) Ebd. 894. n.n.n. 1. —; geb. in Leinw. n.n.n. 1. 50

— der Verkehr zwischen Verleger u. Sortimenter, sowie das Verhältniß derselben zu ihren Gehilfen. Zeitgemäße Betrachtgn. [Aus: „Die wichtigsten Arbeiten d. Verlegers".] 1. u. 2. Aufl. 8. (32 S. m. Bildnis.) Ebd. 891. n.n.n. 1. —

—— Der prakt. Verlags-Auslieferer. 1.—3. Aufl. 8. (24 S.) Ebd. 889,90. ** — 65

—— Wie richtet man e. Journal-Lesezirkel praktisch ein? 1.—3. Aufl. 8. (31 S. m. 2 Tab.) Ebd. 890. ** 1 —; geb. ** 1 50

— d. Wissen d. Buch- u. Musik-Sortimenters i. Notiz-Taschenbuch. gr. 16. (15 Taf. in qu. gr. 4. u. Schreibpap.) Ebd. 896. Geb. in Leinw. n.n.n. 1. 50

— Zwiegespräche im Buch- u. Musik-Sortiment. Wahre, lust., aber sehr lehrreiche Geschichten z. Nutz u. Frommen d. lieben Buchhandels. 12. (81 S.) Ebd. 897. n.n.n. 1. —; geb. in Leinw. n.n.n. 2. —

— Zwiegespräche im Buch- u. Musik-Sortiment. Wahre, lust., aber sehr lehrreiche Geschichten zu Nutz u. Frommen des lieben Buchhandels. (Umschlag: 3. Aufl.) (81 S.) 8. Ebd. (908). n. 1. 40

Blumenthal, Heinr.
Blumenthal, Hnr., ein Wort liebevoller Erwiederung an Chr. Heinr. D. Girgensohn auf seine in die Dorpater Jahrbücher (Bd. 3. Heft 4. Jahrg. 1834) eingerückte Beurtheilung d. Dorpater Evangel. Blätter. gr. 8. St. Petersburg 835. (Riga u. Dorpat, Kranzen.) n. 1/4 ℛ

Blumenthal, Heinr., ein Wort liebevoller Erwiderung an Hrn. Pastor Chr. Heinr. D. Girgensohn auf seine in die Dorpater Jahrbücher (Bd. 3. Hft. 4, Jahrg. 1834) eingerückte Beurtheil. d. Dorpater Evangel. Blätter. gr. 8. (1½ B.) St. Petersburg 835. (Riga, Kymmel.)

Blumenthal, Hnr. Ldw. Jh. Fr., Diss. inaug. de febrium divisione succincta expositio. Mit 1 Tab. 8. Mitau 826.

— oratio de cruuli perforatione in praxi obstetricia evitanda. gr. 8. Charkow 828.

— über d. Wendung auf den Kopf. 8. Mitau 826.

Blumenthal, Herbert, a. Berlin: Synthese und Derivate der α-Amino-γ-oxy-buttersäure. (Berlin 1907: H. Bergmann.) (29 S.) 8°
Berlin, Phil. Fak., Ref. Fischer, Diss. v. 21. Dez. 1907
[Geb. 1. Aug. 85 Berlin; Wohnort: Gr. Lichterfelde; Staatsangeh.: Preußen; Vorbildung: Gymn. Gr. Lichterfelde Reife M. 03; Studium: Berlin 7 S.; Rig. 7. Nov. 07.]

Blumenthal, Hermann
Blumenthal, H., Arbeiterwohnungen, s. Kultur u. Fortschritt 188. 189.

Blumenthal H, Fürsorge für den Bau von Arbeiterwohnungen auf dem Lande. (32 S) (Kultur und Fortschritt 188/189) Gautzsch 1908

Hermann **Blumenthal**. Jünglingsjahre. Roman. Köln & Leipzig: Jüd. Verl. 1910. 144 S. 8°
(Blumenthal: Der Weg d. Jugend. 3.) [10. 17743 B

Knabenalter. Roman von Hermann **Blumenthal**. Berlin: Marquardt & Co. [1908]. (232 S.) 8° [F.]
— **Blumenthal**: Der Weg d. Jugend. 2. [08. 17809

Blumenthal, Hermann (Mitarb.), s. Sabbath, Prinzessin

Blumenthal, Herm., D. princip. Unterschied zw. d. evang. u. röm.-kathol. Ethik. E. theologisch-eth. Untersuchg. gr. 8. (23 S.) Halle 899. C. A. Kaemmerer & Co. n. — 60

Blumenthal, Hermann: Die Vorgeschichte des Constanzer Concils bis zur Berufung. *Halle a. S. 1897: C. A. Kaemmerer & C.* (131 S.) 8° ¶ (Soll vollständig erscheinen.)
Halle, Phil. Diss. v. [16. Okt.] 1897

Blumenthal, Herm., der Weg der Jugend. Roman. (228 S.) 8. Berlin 907. J. Bard. n. 3. —; geb. n. 4. —

Blumenthal, Herm., der Weg der Jugend. II. Knabenalter. Roman. (232 S.) 8. Berlin (908). Marquardt & Co. 3.—; geb. in Leinw. 4. —

— dasselbe. 3 Romane. III. Jünglingsjahre. Roman. (144 S.) 8. Köln 910. Jüdischer Verlag. 3.—; geb. 4. —

Allgemeine Weltgeschichte. Von Hermann **Blumenthal**, Dr. phil. *Berlin, Eisenach, Leipzig: H. Hillger [1904].* (94 S.) 8° [F.]
— Volksbücher, Hillgers illustrierte. No 4. [04. 5403

Blumenthal, Hugo, ein Fall von „spastischer" amyotrophischer Bulbärparalyse, complicirt mit amyotroph. Lateralsclerose. Inaugural-Dissertation. gr. 8. (57 S.) Dorpat 881. (Karow.) *

Blumenthal, Johann Christian Wilhelm (Görlitz), Caput jur. controv. de jure thesauri in fundo vendito non tradito. Präs. Christian Heinr. Breuning. Lpz. (Rumpf) 11. III. 1769. 11 S. (2.50) 2967

Blumenthal, Julius, aus Aufenau: Über den feineren Bau und das Wachstum der Lymphangiome. *Würzburg 1900: C. J. Becker.* (40 S.) 8°
Würzburg, Med. Diss. v. 1900

Blumenthal, Iulius (geb. Croppenstedt in d. Prov. Sachs. 2. 3. 1836): De medullae spinalis sensorio. Berolini (1862). (40 S.) 8°
Berlin, Med. Diss. v. 29. Juli 1862

Blumenthal, Karl Aug.
— eine verbess. Medicinal-Verfass. ist d. vorzügl. Mittel, d. großen Sterblichkeit, besonders auf d. Lande abzuhelfen; herausg. mit Zusätzen v. J. K. Sybel. gr. 8. Berl. 806. (Mittler). 16 gr.

Blumenthal, Karl Aug., nähere Prüfung d. Aetiologie d. Zahnarbeit d. Kinder, gegen Wichmann. gr. 8. Stend. 799. Franzen u. Gr. 8 gr.

— Uebersicht d. natürl. Geschichte d. Zähne, d. Aetiologie, Diagnosis rc. d. Kinder. 8. Stendal 789. Franzen u. Gr. 6 gr.

Blumenthal, L., Beiträge z. Behandlg. trachomatöser Hornhauterkrankungen, insbes. d. Geschwüre, s.: Beiträge z. Augenheilkunde.

Blumenthal, L., der rationelle Bierbrauer. Darstellung eines verbesserten, auf rationellen Grundsätzen beruhenden Verfahrens beim Brauen der Malzbiere und der Bereitung aller Bierarten aus Gerstenmalz, mit Anwendung von einem Theil ungemalzten Getreides. Nebst einem Anhang, die Hefenfabrikation zur Bereitung einer triebkräftigen Hefe zum Gebrauch für die Weißbrodbäckerei rc. Nach eigenen vieljährigen Erfahrungen bearbeitet. Berlin 858. (Geelhaar.) gr. 8. (VIII, 168 S.) n. 1 ℛ 15 ngr.

Blumenthal, L., Bierbrau-Geräthe neuester Konstruktion und ihre Bedeutung auf dem Gebiete des Betriebes der Bier-Brauerei in national- und privatöconomischer Beziehung. Mit 3 Abbildgn. (Holzschn.) Berlin 864. — Leipzig, Roßberg. gr. 8. (18 S.) n. 10 ngr.

— die Entfuselung von Kartoffel- und Rüben-Melasse-Spiritus in industrieller und technischer Beziehung. Mit 3 Abbildgn. (Holzschn.) Berlin 861. Bosselmann. (Wiegandt & Hempel.) gr. 8. (15 S.) n. 10 ngr.

— der Führer des Branntweinbrenners oder Anleitung zum rationellen Betriebe der Spiritus-Fabrikation aus Getreide, Mais (Kukuruz), Kartoffeln rc., zur Erzeugung der Hefen u. zum Dickmaischen bei vollständiger Verwerthung des Rohmaterials sowie zur Bereitung u. Anwendung einer Emaille zum Verhindern der Bildung schädlicher Säure in den Gährungsgefäßen rc. Nach eigenen Erfahrungen. 856. (VIII, 118 S. u. 5 Tab.) — 2. verb. Aufl. Ebend. (858.) gr. 8. (VIII, 120 S. u. 5 Tab. in 4. u. Fol.) n. 3 ℛ︀

—— der Führer des Branntweinbrenners oder Anleitung zum rationellen Betriebe der Spiritus-Fabrikation aus Getreide, Mais (Kukuruz), Kartoffeln rc. zur Erzeugung der Hefen und zum Dickmaischen bei vollständiger Verwerthung des Rohmaterials sowie zur Bereitung und Anwendung einer Emaille zum Verhindern der Bildung schädlicher Säure in den Gährungsgefäßen rc. Nach eigenen Erfahrungen. 2., verb. Aufl. gr. 8. (VIII und 120 S. mit 5 Tab. in qu. gr. 4., qu. Fol. und Imp.-Fol.) Berlin 857, (Geelhaar). geb. Thlr. *

Blumenthal, L. v.: Tagebücher, s. B l u m e n t h a l , Leonh. v.

Blumenthal, L. J.: La v i e J. J. de Zieten, s. B l u m e n t h a l, Louise Joh. Leop. von

Blumenthal, Leonh. v.
Tagebücher des Generalfeldmarschalls [Leonh.] Graf v. Blumenthal aus d. J. 1866 u. 1870/71. Hrsg. von Albrecht Graf v. Blumenthal. Mit 2 Portr. u. 1 Brief Kaiser Friedrichs. *Stuttgart & Berlin: J. G. Cotta 1902.* (XII, 286 S.) 8° [F.] [02. 25

Blumenthal, Louis [aus Samotschin]: Kritische Emendationen zu Kalilag und Damnag. I. . . . (Aus: Zeitschr. d. deutsch. Morgenländ. Ges. Bd. XLIV.) Halle a.S., Druck v. G. Kreysing in Leipzig. 1890; 1 Bl. + 54 S. + 1 Bl. 8°
Halle, Phil. Fak., Inaug.-Diss. v. [14. Jul.] 1890

Blumenthal, Louise Joh. Leop. von, geb. von Platen, Lebensbeschreibung Hans Joachims von Zieten, Königl. Preuss. Generals der Kavallerie. Mit einer Abbildung und einem Plane. Berlin 1797. 8.
— 2. Aufl. ibid. 1800 (mit einer Abbildung und 2 Plänen)
— Lebensbeschreibung Hans Joachims von Zieten. Mit Titeln Kupfern u. Plänen. Auflage 3. Berlin 1805. 8.

(v. Blumenthal, L. J.) Lebensbeschreibung Hans Joachims v. Ziethen, K. Preuss. Generals der Kavallerie. 8. M. K. u. Pl. Berlin 1797. — 2. Aufl. 8. ib. 1800. — 3. Aufl. 8. M. 2 K. u 2 Pl. ib. 1806. 6,00.

— The life of General de Zieten, colonel of the Royal Prussian Regiment of Hussar-Lifegards. Translated from the German by B. Beresford. Berlin 1803 (mit 3 Tafeln) 8.

Blumenthal, Mdme. de, Life of General de Zieten, second edition 2 Volumes. With cuts and plans. gr. 8. 810. jetzt Liebeskind in Leipzig.

de Blumenthal, Madame, the Live of general de Ziethen; Translated from the German by the Rev. B. Beresford. 2 Voll. II. edit. gr. 8. Berlin 810. (Kecht.) 1 ℛ︀

Blumenthal, Mad. La vie de Jean Joachim de Zieten, Général de la Cavallerie au service de Prusse ... Berlin 1803. H: *Catel, Samuel Heinrich.* (MGT) (Pr)

Blumenthal, Mad. de, Vie de Jean. Joach. de Ziethen. 2 Vol. gr. 8. Berl. Himburger. 810.

— le même. gr. 8. Lagarde in Berl. in Commiss. 802.

Blumenthal, Lucius Johannes Friedrich Wilhelm, s. B l u m e n t h a l , Friedrich

Blumenthal, Ludw. (geb. Lippusch in Westpr. 9. 9. 1855): Zwei Fälle von primären malignen Lungentumoren. Berlin (1881). (30 S.) 8°
Berlin, Med. Diss. v. 9. Juli 1881

Blumenthal, M., üb. Acenaphtylen. Inaugural-Dissertation. gr. 8. (37 S.) Göttingen 875. (Vandenhoeck & Ruprecht's Verl.) n. — 80

Blumenthal, Max [aus Egeln (Prov. Sachsen)]: Beitrag zu den Frakturen der Halswirbel ... Würzburg, P. Scheiner's Buchdr., 1895; 45 S. 8.
Würzburg, Med. Fak., Inaug.-Diss. v. 1895

Blumenthal, Max [app. Arzt aus Czarlin]: Ein Fall von Porro Operation bei Osteomalacie ... Würzburg, P. Scheiner's Buchdr., 1891; 23 S. 8.
Würzburg, Med. Fak., Inaug.-Diss. v. 1891

Blumenthal, Max [aus Driesen]: Ist Pemphigus chronicus von Erkrankungen des Nervensystems abhängig? . . . Erlangen, Druck v. A. Vollrath's k. b. Hofbuchdr., 1891; 28 S. 8°
Erlangen, Med. Fak., Inaug.-Diss. v. 11. Nov. 1890

Blumenthal, Maximilian
Blumenthal, Max: Bausteine zur preußischen Geschichte hrsg. unt. Mitw. von ... Jg. 1—3. Berlin 1901—1903. 8° *[Mit Sondertit.]*
1. 1901 — 3, 1. 1903.

Blumenthal, Maximilian: Wilhelm v. Humboldt und Varnhagen v. Ense. Mit e. bisher unbekannten Biogr. W. v. Humboldts von Varnhagen. 4°
Aus: Westermanns Ill. Deutsche Monatshefte. 1904. [04. 9011

Preussische Communal-Gesetzgebung in der Reformperiode. Von Dr. M[aximilian] Blumenthal, Kgl. Bibliothekar in Berlin. *Hamburg: Verlagsanst. u. Dr. A.-G. 1900.* (87 S.) 8° [F.]
— Sammlung gemeinverständl. wiss. Vorträge. N. F. Ser. 15, H. 341/42. [00. 6010

Die Konvention von Tauroggen von Dr. Maxim. Blumenthal, Kgl. Bibliothekar. *Berlin: R. Schröder 1901.* (56 S.) 8° [F.]
— Bausteine z. Preussischen Geschichte. Jg. 1, H. 1. [01. 4785

— der preußische Landsturm von 1813. Auf archival. Grundlagen dargestellt. 8. (IV, 191 S.) Berlin 900. R. Schröder. n. 4. —; geb. n. 5. —

! Blumenthal, M: Der preuss. Landsturm v. 1813. Reste jetzt: Cöpenick, R Schön.

Blumenthal, Max, die Stellung Adalbert's v. Bremen in den Verfassungskämpfen seiner Zeit u. seine Finanzreform. Inaugural-Dissertation. gr. 8. (42 S.) Stargard i/Pomm. 882. (Göttingen, Vandenhoeck & Ruprecht.) n. 1. 20

Aus Hardenberg's letzten Tagen. Von Dr. Max(imilian) Blumenthal, Kgl. Bibliothekar in Berlin. *Berlin: H. Costenoble 1902.* (54 S.) 8° [F.]
— Bausteine z. Preussischen Geschichte. Jg. 2, H. 1. [02. 6030

Blumenthal, Mor.: Der Calanda. — Geol. d. Ringel-Segnes-gruppe, s: Beiträge z. geolog. Kte d. Schweiz.

Blumenthal, Oskar
Blumenthal, Osk., Abu Seid. Lustsp. i. 1 Akt. gr. 8. (31 S.) Charlottenburg 898. M. Simson. n. 2. —

Blumenthal, O: Abu Seid. Lustspiel. 8° (31) Charlttnbg 98. Berl., H Steinitz. 2 —

Abu Seid. Lustsp. in 1 Akt von Oskar Blumenthal. *Charlottenburg: M. Simson [1899].* (31 S.) 8° [F.] [99. 1658

Als ich wiederkam ... Schwank in 3 Aufz. von Oscar Blumenthal u. Gustav Kadelburg. (Forts. d. Lustspiels 'Im weissen Röss'l'.) *Berlin: H. Steinitz (1901).* (117 S.) 8° [F.] [01. 5949

— u. Gust. Kadelburg, als ich wiederkam . . . Schwank in 3 Akten. (Fortsetzung des Lustspiels „Im weißen Rößl".) gr. 8. (117 S.) Ebd. (902). n. 3. —

Ⓑ — u. G. Kadelburg, als ich wiederkam. 902.
Jetzt: Berlin, E. Bloch.

Blumenthal, Osc., Aufrichtigkeiten. 12. (XI, 98 S.) Berlin 887. Freund & Jeckel. n. 2. —

Blumenthal, Osc., v der Bank der Spötter. Allerlei Glossen. 8. (IV, 108 S.) Berlin 884. Freund & Jeckel. n. 2. —

Blumenthal, Osc., unerbetene Briefe. 8. (184 S.) Stuttgart 902. Deutsche Verlags-Anstalt. n. 2.—; geb. n. 3.—

— unerbetene Briefe. 2. Aufl. (184 S.) 8. Stuttgart 902. Deutsche Verlags-Anstalt. n. 2. —; geb. n. 3. —

Blumenthal, Osk., Buch der Sprüche. (247 S.) kl. 8. Berlin (909). Concordia. 3.—; geb. 4.—

Buchhändler-Freuden. Ein szenischer Gelegenheitsscherz von Oscar Blumenthal. Berlin: [Verein d. Berliner Buchh.] 1908. 21 S. 8° [09.2307

Blumenthal, O, Bummelbriefe. Heiteres u. Grilliges. 12. (143) Danz. 60, Gruihn. n. 2. —

Blumenthal, Osc., Bummelbriefe. Heiteres u. Grilliges. 12. (IV, 143 S.) Danzig 880. Gruihn. n. 2.

— die Fee Caprice. Lustspiel in 3 Akten. 1. u. 2. Aufl. 8. (à 140 S.) Stuttgart 901. J. G. Cotta Nachf. n. 2. —; geb. n. 3. —

Blumenthal, Osc., zum Dessert. Geplauder. 8. (164 S.) Bern 879, Frobeen und Comp. *

Blumenthal, Osc., zum Dessert. 8. Bern 879. Leipzig, Glaser und Garte.

Blumenthal, Osc., zum Dessert. Geplauder. 2. Aufl. gr. 8. (164 S.) [Leipzig 882, Glaser und Garte.] Berlin, Freund und Jeckel. (*ℳ 3.) *

Blumenthal, Oskar (Hrsg.), s. Dichterhalle, Deutsche.

— an Diesen u. Jenen. Episteln u. Ansichtskarten. (VIII, 207 S.) kl. 8. Berlin 906. F. Fontane & Co. n. 3. —; geb. n. 4. —

— theatralische Eindrücke. 8. (351 S.) Berlin 885. Hofmann & Co. n. 5. —

—— theatralische Eindrücke. 8. Berlin 885. Hamburg, Verlagsanstalt und Druckerei, A.-G. *

Blumenthal, Osc., gesammelte Epigramme. 12. (IX, 128 u. XI, 98 S.) Berlin 890. Freund & Jeckel. Geb. n. 3. —

Blumenthal, Oscar, Excelsior. Textdichtung zu *Luigi Manzotti's* Ballet. 2. Aufl. Berlin, R. Boll, o. J. (188*). 8⁰. Cart.*)
47 S. In Versen.

— Federkrieg. gr. 8. (126 S.) Berlin 901. H. Steinitz. n. 2. —

— Eine Frauenbeichte u. Anderes. (191 S.) 8. Berlin 908. G. Stilke. 2. —

— Satir. Gänge. (197) 8⁰ Berl., F Fontane & Co. '05. 3 —; geb. 4 —

— Paula's Geheimniß, s.: Bloch's, E., Theater-Correspondenz.

— s.: Geschichten, heitere.

— nachdenkliche Geschichten. Buchschmuck v. Joh. Martini. (IV, 169 S.) 8. Ebd. 904. n. 3. —; geb. n. 4. -

— gemischte Gesellschaft. Heitere Plaudereien. 2. Aufl. gr. 8. (V, 234 S.) Leipzig 877. Abel. n. 1. —; geb. n. 2. —

—— gemischte Gesellschaft. Heitere Plaudereien. 1. und 2. Aufl. gr. 8. (V, 234 S.) Leipzig 877, C. J. Günther Nachf. *ℳ 3.; geb. *

Blumenthal, O., gemischte Gesellschaft. 2. Aufl. gr. 8. Leipzig 877. Wien, Moritz Stern.

— D. zweite Gesicht. Lustspiel i. 3 Akten. m. e. Vorwort „D. Recht z. lachen". gr. 8. (128 S.) Ebd. 898. n. 2. —

! Jetzt: Berlin: H. Steinitz.

— ein Tropfen Gift. Schauspiel in 4 Akten. 8. (147 S.) Berlin 886. Lassar. n. 4. —; geb. n. 5. —

-- das Glashaus. Lustspiel in 3 Aufzügen. (118 S.) 8. Berlin (906). E. Bloch. n. 3. —

-- die große Glocke. Lustspiel in 4 Akten. 8. (III, 124 S.) Berlin 885. Freund & Jeckel. n. 2. —

— u. Rud. Lothar, die drei Grazien. Lustspiel. (111 S.) 8. Berlin (910). E. Bloch. 3. -

— u. Gust. Kadelburg, die Großstadtluft. Schwank in 4 Akten. (141 S.) 8. Ebd. (905). n. 3. —

Blumenthal, Osc. aus heiterm Himmel. Gesammelte Epigramme. 12. (XI, 128 S.) Bern 880, Frobeen und Comp. Verlag. *ℳ 3.; geb. *

—— dass. — 2. Aufl. 12. (IX, 128 S.) [Leipzig 882, Glaser und Garte.] Berlin, Freund und Jeckel. (*ℳ 3.) *

Hans Huckebein. Schwank in 3 Akten von Oscar Blumenthal u. Gustav Kadelburg. Berlin: E. Bloch [1905]. (132 S.) 8° [F.] [c4. 9687

— Zwischen Ja u. Nein. Komödie in 3 Aufzügen. (99 S.) 8. Berlin (907). E. Bloch. 3. —

Zwischen Ja und Nein. Komödie in 3 Aufz. von Oscar Blumenthal. Berlin: E. Bloch [1908]. (99 S.) 8° [F.] [08. 14590

— Die Kunst zu lächeln u. anderes. (180 S.) 8. Berlin 910. G. Stilke. 2.—; geb. 3. —

— der tote Löwe. Drama in 4 Aufzügen. 1.—4. Aufl. (Je 122 S.) gr. 8. Berlin 904. F. Fontane & Co. n. 2. —

Mauerblümchen. Lustspiel in 4 Akten. Von Oscar Blumenthal u. Gustav Kadelburg. Berlin: (F. Bloch Erben) 1893 (1894). (141 S.) 8° [F.] [07. 6444

— auf der Mensur. Federkrieg. gr. 8. (IV, 220 S.) Leipzig 878. Abel. n. 1. —; geb. n. 2. —

Merkzettel v. Osc. Blumenthal ... *Charlottenburg: M. Simson [1898].* (127 S.) 1 Bd 8. [98. 10630

— Merkzettel. 2. [Titel-]Aufl. gr. 8. (127 S.) Ebd. [898.] 900. n. 2. —

! Jetzt: Berlin: H; Steinitz.

Blumenthal, Oscar (Hrsg.), s. Monatshefte, Neue, für Dichtkunst und Kritik.

— Niobe. (Nach Harry Paulton u. E. A. Paulton.) gr. 8. (104 S.) Ebd. 898. n. 3. —

! Jetzt: Berlin: H. Steinitz.

Die Orientreise. Schwank in 4 (vielm. 3) Akten von Oscar Blumenthal u. Gustav Kadelburg. Berlin: E. Bloch [1905]. (132 S.) 8° [F.] [16.9688

Der blinde Passagier. Lustspiel in 3 Akten von Oscar Blumenthal u. Gustav Kadelburg. Berlin (F. Bloch Erben) 1902. (145 S.) 8° [F.] [07.6445

— klingende Pfeile. Buchschmuck v. Joh. Martini. (VIII, 198 S.) 8. Ebd. 904. n. 3. —; geb. n. 4. —

— die Philosophie d. Unbewußten. Lustspiel in 1 Act. gr. 16. (43 S.) Wien 876. Wallishausser. n. 1. 80

Blumenthal, Osk., der Probepfeil. Lustspiel in 4 Akten. 8. Berlin 884, Ed. Bloch. [*ℳ 2.—.] *

—— der Probepfeil. Lustspiel in 4 Akten. 8. (VII, 127 S.) Berlin 884, Freund und Jeckel. *ℳ 2.; geb. *

— d. Probepfeil. Lustsp. i. 4 Akten. 2. Aufl. 8. (VII, 128 S.) Berlin 897. E. Bloch. n. 4. —

— u. Gust. Kadelburg, im weißen Rößl. Lustsp. i. 3 Aufzügen. gr. 8. (130 S.) Charlottenburg 898. M. Simson. n. 3. —; geb. n. 4. —

— — dasselbe. 10 Lichtdr. qu. gr. 4. Ebd. 898. 1. —

— u. G. Kadelburg: Im weissen Rössl. Lustspiel. 4. Afl. 8° (180) Ebd. 1900. 3 —; geb. 4 —

! Jetzt: Berlin: Bloch.

— u. G. Kadelburg, im weißen Rößl. Verleger zu ändern in: Berlin, H. Steinitz.

Der schlechte Ruf. Ein Rokoko-Scherz in 1 Akt von Oscar Blumenthal. Berlin: E. Bloch (1910). 42 S. 8° A 19. 5548

— Schachminiaturen. Eine Problemsammlg. 8. (VII, 412 S. m. Diagrammen.) Leipzig 902. Veit & Co. n. 7. 50; geb. in Leinw. n. 9. —

— Schachminiaturen. Neue Folge. (VII, 458 S. m. Diagr.) gr. 8. Leipzig 903. Veit & Co. n. 7. 50; geb. in Leinw. n. 9. —

— der schwarze Schleier. Schauspiel in 4 Akten. 8. (131 S.) Dresden 887. Pierson. n. 2. —; geb. n. 3. —

(B) — Der schwarze Schleier. 887. (ABZ 25.) Jetzt: Berlin, Verlag Berlin-Wien.

— der Schwur der Treue. Lustspiel in 3 Akten. (104 S.) 8. Berlin (905). E. Bloch. n. 3. —

— verbotene Stücke. gr. 8. (64 S.) Berlin (900). H. Steinitz. n. 1. 20
Sonderabdruck aus: „Deutsche Revue".

— die Teufelsfelsen, s.: Universal-Bibliothek.

Blumenthal, O, allerhand Ungezogenheiten. 8. (214) Lpzg 75, EJ Günther. n. 3. —

—— allerhand Ungezogenheiten. 1. Aufl. (214 S.) 1875; 2.—5. Aufl. gr. 8. (X, 243 S.) Leipzig 876,77, E. J. Günther Nachf. *ℳ 3.; geb. *

— allerhand Ungezogenheiten. Neue Ausg. 8. (III, 240 S.) Ebd. 898. n. 3. —

— Frau Venus, s.: Pasqué, Ernst.

—— vom Hundertsten in's Tausendste. Skizzen. 2. Afl. 8. (223) Lpzg 76. Abel. n. 3. —; geb. n. 4. 50

Blumenthal, Osc., vom Hundertsten in's Tausendste. Skizzen. 2. Aufl. gr. 8. (IV, 223 S.) Leipzig 876. E. J. Günther. n. 3. —; geb. n. 4. 50

— Ein Waffengang. Lustsp. (128) 8° Ebd. ('12.) 3 — d

— für alle Wagen- u. Menschen-Classen, s.a.: Günther's Eisenbahn-Bibliothek.

—— für alle Wagen- und Menschen-Classen. Plaudereien von Station zu Station. 1.—3. Classe. 8. (107; 108; 127 S.) Ebendas. 875. à *ℳ 1. *

Blumenthal, Osc., wann wir altern. Eine dramat. Plauderei. (46 S.) 8. Berlin 904. F. Fontane & Co. n. 1. 50

— Wann wir altern. Eine dramat. Plauderei. 2. Aufl. (3. u. 4. Taus.) (48 S.) 8. Berlin 908. F. Fontane & Co. 1. 50

Zwei Wappen. Schwank in 4 Akten von Oscar Blumenthal u. Gustav Kadelburg. Berlin: E. Bloch [1905]. (130 S.) 8° [F.] 1¢. 9690

— Vom Weib u. vom Manne. Satiren u. Skizzen. (208 S.) 8. Berlin 909. G. Stilke. 2.—; geb. 3. —

— Wellenringe. (187) 8° Berl., G Stilke '12. 2 —; L 3 — d

— wie Baron Uebersatt gestorben ist, s.: Volksbibliothek d. Lahrer Hinkenden Boten.

Blumenthal, Otto, s.: Annalen, mathematische.

Blumenthal, Otto, aus Frankfurt a. M.: Ueber die Entwicklung einer willkürlichen Funktion nach den Nennern des Kettenbruches für $\int_{-\infty}^{0} \frac{\varphi(\xi)\,d\xi}{z-\xi}$. *Göttingen 1898: Dieterich.* (57 S.) 8°
Göttingen, Phil. Diss. v. [16. Aug.] 1898

Fortschritte der mathematischen Wissenschaften in Monographien. Hrsg. von Otto Blumenthal. H. 1. Leipzig & Berlin: Teubner 1910. 8° 10. 13596

Blumenthal, Paul, appr. Arzt a. Ilfeld a. H.: Beitrag zur Kasuistik von Gehirntumoren. (Gliosarkom des Cerebellum.) München 1907: C. Wolf & Sohn. (47 S.) 8°
München, Med. Fak., Ref. v. Bollinger, Diss. v. 6. Juni 1907
[Geb. 7. Juni 78 Ilfeld a. H.; Wohnort: Ilfeld; Staatsangeh.: Preußen; Vorbildung: Gymn. (Klostersch.) Ilfeld Reife M. 99; Studium: Göttingen 5, München 5 S.; Coll. 6. Juni 07; Approb. 9. März 05.]

Geschichte der Musik. Selbst-Unterrichts-Briefe, Methode Rustin. Bearb. von Prof. Paul Blumenthal, Kgl. Musikdir. Hrsg. vom Rustinschen Lehrinst. f. briefl. Unterricht. Red. von Prof. Carl Ilzig. 3. Aufl. (In 7 Lfg.) Potsdam & Leipzig: Bonneß & Hachfeld [1909–10]. 222 S. 4°(8°)
(Das Konservatorium. Schule d. gesamt. Musiktheorie. Lfg. 3. 9. 16. 21. 35. 42. 48.) 11. 11309

Blumenthal, Paul, Referendar: Der Scheinkaufmann. *Hannover 1901: F. Culemann.* (48 S.) 8°
Göttingen, Jur. Diss. v. [7. Okt.] 1901

Blumenthal, Paul, der Scheinkaufmann. Diss. gr. 8. (48 S.) Hannover 901. (Göttingen, Vandenhoeck & Ruprecht.) n. 1. 20

Blumenthal, Paul, was können wir v. Amerika bei der Behandlung unserer verwahrl. u. verbrecherischen Jugend lernen? Ergebnisse e. Studienreise. (XI, 108 S.) gr. 8. Berlin 909. F. Vahlen. 2. 60

Blumenthal, Philipp M., die klinische Ausbildung der Aerzte in Russland, s.: Posner, Carl.

— die soziale Bekämpfung der Tuberkulose als Volkskrankheit in Europa u. Amerika. Denkschrift, der Tuberkulose-Kommission d. Pirogoff-Gesellschaft russ. Aerzte vorgelegt u. dem VIII. Pirogoff-Aerztekongress gewidmet. (Frankreich—Belgien—England—Deutschland.) Deutsche Bearbeitg. v. A. Dworetzky. (XI, 192 S. m. 1 Tab.) Lex.-8. Berlin 905. A. Hirschwald. n. 5. —

Blumenthal, Richard, a. Frankfurt a./M.: Gleichgewichte im System K_2O-CrO_3-H_2O. (Berlin 1906: A. W. Schade.) (81 S.) 8°
Berlin, Phil. Fak., Ref. Nernst, Diss. v. 24. Nov. 1906
[Geb. 22. Apr. 83 Frankfurt a. M.; Wohnort: Berlin; Staatsangeh.: Preußen; Vorbildung: Wilhelms-Gymn. Berlin Reife M. 01; Studium: Berlin 1, Freiburg i. B. 1, München 1, Berlin 7 S.; Rig. 30. Juli 06.]

Blumenthal, Robert, Kammergerichtsreferendar a. Berlin: Die Theorie der Erteilungs- und Widerrufserklärung bei den Vollmachten des Zivil- und Prozeßrechts. Borna-Leipzig 1906: R. Noske. (35 S.) 8°
Freiburg i. B., Rechts- u. staatsw. Fak., Ref. Schmidt, Diss. v. 25. März 1906
[Geb. 21. Dez. 81 Berlin; Wohnort: Berlin; Staatsangeh.: Preußen; Vorbildung: Französ. Gymn. Berlin bis O. 00; Studium: Berlin 2, Heidelberg 2, Berlin 2 S.; Rig. 21. Nov. 04.]

Blumenthal, S. Alb., Diss. de externis oculorum integumentis, inprimis de membrana nictitante quorundam animalium, c. tab. aen. 4maj. Berl. 812. Maurers B. 8 gr.

Blumenthal, Salomon Sigism. (geb. Wongrowitz in Posen 8. 6. 1832): De dysenteria. Berolini (1858). (32 S.) 8°
Berlin, Med. Diss. v. 11. Okt. 1858

Blumenthal, Siegmund, approb. Arzt aus Berlin: **Aus d. psychiatr. u. Nervenklinik zu Kiel. Beitrag zur Lehre vom** puerperalen Irresein. *Kiel 1903: F. Piepgras.* (31 S.) 8°
Kiel, Med. Diss. v. [10. Sept.] 1903

Blumenthal, W. v., wer geht mit? Wider Umsturz u. Classenverhetzg. Für Mittelstandsreformen u. Zusammenschluß der verschiedenen Classen. Nach seinen Vorträgen in den konservativen Vereinen zu Dresden u. Leipzig am 10. u. 12. Novbr. 1894 zusammengestellt. Vom konservativen Landesverein f. das Königr. Sachsen in Druck gegeben. 1.–11. Taus. gr. 8. (29 S.) Dresden 894. H. Henkler. n. — 50

Blumenthal, W. v., wer geht mit? Wider Umsturz u. Classenverhetzg. F. Mittelstandsreformen u. Zusammenschluß d. verschied. Classen. N. s. Vorträgen i. d. konservativen Vereinen z. Dresden u. Leipzig a. 10. u. 12. Novbr. 1894 zusammengest. V. konservativen Landesverein f. d. Königr. Sachsen in Druck gegeben. 12. Taus. gr. 8. (29 S.) Dresden 895. H. Henkler. n. — 50

Blumenthal, Walther: Beitrag zur Lehre vom gekreuzten Riesenwuchs. Leipzig 1909: **Lehmann.** 27 S. 8°
Leipzig, Med. Diss. v. 27. Nov. 1909, Ref. Curschmann
[Geb. 6. Aug. 84 Hannover; Wohnort: Berlin; Staatsangeh.: Preußen; Vorbildung: Kaiser-Wilhelms-Gymn. Hannover Reife O. 03; Studium: Heidelberg 1, Würzburg 1, München 4, Rostock 1, Berlin 4 S.; Coll. 30. Nov. 09; Approb. 15. Jan. 10.] [U 10. 2944

Blumenthal, Walt., der blaue Drache, s.: Enßlins interessante Bibliothek.

Blumenthal, Guernerus Frider[icus] Guilielmus de: Cuius fundus eius ferae. P. prior. Halae 1859: Hendel. 34 S. 8°
Halle-Wittenberg, Jur. Diss. v. 18. Aug. 1859
Geb. [Köslin (Pommern) 16. 9. 1834]

Blumenthal, W[ilhelm]: Die Stände Vorpommerns von 1648 bis 1720. T. 1. *Lüneburg 1903: v. Stern.* (VI, 46 S.) 8°
¶ (Der Rest erscheint später.)
Göttingen, Phil. Diss. v. [20. Okt.] 1903

Blumenthal, Willy [aus Prenzlau]: Über Graviditas tubaria . Greifswald, Buchdr. C. Sell, 1896; 28 S., 2 Bl. 8.
Greifswald, Med. Fak., Inaug.-Diss. v. 1. Aug. 1896

Blumenthal
— **Wolffgang Wilh. Ignaz Frh. von,** De beneficio excussionis, hypothecarum possessoribus competente. Exercit. jur. Rector Tob. Jac. Reinharth. Präs. Jo. Mich. Rotermundt. Erfurt (Hering) 30. IX. 1734. 36 S. (5.—) 2968
Widm. v.: Joh. Philipp Strahl, J. G. Brickman, J. Heinr. Gerlach, Joh. Phil. Liel, B. M. Blum, F. W. Haber, Ferd. Wilh. Strahl.

Blumentopf, der. 8. Frankf. u. Leipz. 783. Hilscher. 15 Kr.

Blumentritt, Ferdinand
— Holländische Angriffe auf die Philippinen im 16. 17. und 18. Jahrh. 38. ibd. 80. Progr.

(**Blumentritt,** Ferdinand): Bibliotheca Philippina. Alphabetisch geordnete Sammlung einer Anzahl von Druckschriften und Manuscripten linguistischen, geographischen, ethnographischen, historischen und naturwissenschaftlichen Inhalts, die auf die Philippinen Bezug haben. (16. Jahresbericht der Communal-Ober-Realschule in Leitmeritz. 1882. S. 91—132.) (Leitmeritz 1882.) 42 S. 8°.

Blumentritt Ferd.: Die Chinesen auf den Philippinen. Hist. Skizze. 31. Leitmeritz R. 79. **Progr.**

— Einiges über Juan Valera. 12. ibd. 94. **Progr.**

Blumentritt Ferdinand: Das Kaiserbild. Leitmeritz R. 99. **Progr.**

Blumentritt Ferd.: Katechismus der kath. Glaubenslehre in der Ilongotensprache verfasst von P. Fray Francisco de la Zarza, in Druck gelegt und mit Aequivalenten des Ilongottextes in spanischer, bezw. tagalischer und maguindanauischer Sprache herausgegeben. 29. Leitmeritz R. 98. **Progr.**

Blumentritt Ferd.: Einige Manuskripte aus dem XVII. und XVIII. Jahrhunderte. 8. Leitmeritz. R. 04. **Progr.**

Die **Philippinen.** Eine übersichtl. Darstellung d. ethnogr. u. hist.-polit. Verhältnisse d. Archipels. Von **Ferdinand Blumentritt**, Prof. in Leitmeritz. Mit e. Anh.: Die wichtigsten Paragraphen d. Verfassung d. philippin. Republik. *Hamburg: Verlagsanst. u. Dr. A.-G. 1900.* (77 S.) 8° [Ö.]
= **Sammlung gemeinverst. wiss. Vorträge.** N. F. Ser. 15, H. 337 38.

Blumentritt, Ferdinand: Die Seelenzahl der einzelnen eingebornen Stämme der Philippinen. ([S.-A.] Bijdragen tot de Taal-, Land- en Volkenkunde van Nederlandsch-Indië. Volgr. 5. Deel 5.) 's Gravenhage 1890. 3 S. 8°.

Blumentritt, Ferdinand: Die Sprachgebiete Europas am Ausgange des Mittelalters, verglichen mit den Zuständen der Gegenwart. (Sammlung gemeinnütziger Vorträge. No. 82.) (Prag 1883.) 24 S. 8°.

Blumentritt Ferd.: Der Tratado anónimo' über den Aufstand der Comuneros gegen Kaiser Karl den V. aus dem Spanischen übersetzt. (Einleit. 13 S.) 57. Leitmeritz R. 78. **Progr.**

Blumentritt, F., Versuch einer Ethnographie der Philippinen, s.a. **Petermann's, A.,** Mittheilungen aus J. Perthes' geographischer Anstalt.

Blumentritt, Ferdinand: Versuch einer Ethnographie der Philippinen. Nebst einem Anhange: Die maritimen Entdeckungen der Spanier im Archipel der Philippinen. Gotha 1882. 70 S.
= Ergänzungsheft zu Petermann's Geographischen Mittheilungen. No. 67. 8°.

— Verzeichnis philippin. Sachwörter a. d. Gebiete der Ethnographie u. Zoologie, s.: **Abhandlungen** u. Berichte des königl. zoologischen etc. Museums zu Dresden.

— Vocabular spanisch-philippinischer Ausdrücke und Redensarten mit einer bibliotheca philippina. 138. 66. ibd. 82. 85. **Progr.**

— Vocabular einzelner Ausdrücke u. Redensarten, welche dem Spanischen der Philippinischen Inseln eigenthümlich sind. Mit e. Anh.: Bibliotheca Philippina. Alphabetisch geordnete Sammlg. e. Anzahl v. Druckschriften u. Manuscripten linguist., geograph., ethnograph., histor. u. naturwissenschaftl. Inhalts, die auf die Philippinen Bezug haben. gr. 8. (VI, 64 S.) Leitmeritz 885. (Wien, Pichler's Wwo. & Sohn.) n. 1. 40

Blumentritt, Friedrich: Zweckmäßige Einrichtungen im Pflanzenreiche. S. 3—13, 1 Taf. 8. K. k. deutsches Staatsgymn. *Budweis* 1905. **Progr.**

Blumentritt, Günther
Blumentritt, G., das ehemalige Benediktinerkloster Rott am Inn u. seine Stiftskirche. (24 S. m. 87 Abbildgn. u. 5 Taf.) gr. Fol. Berlin 905. W. Ernst & Sohn. In Mappe n. 8. —
Sonderabdruck aus: „Ztschr. f. Bauwesen".

Blumentritt, Jul., Adreßbuch sämmtlicher Advokaten des deutschen Reiches. 8. (VI, 208 S.) Gera 872, Griesbach's Verlag. geb. *

—— s. Adreß-Buch der Haupt- und Residenzstadt Gera.

Blumentritt, Steph., Handb. d. allgem. Taxnormen sammt den hierzu nachträglich erschienenen Gesetzen u. Declaratorien 2c. Mit alphabet. Sachregister. gr. 8. (12⅔ B.) Wien 845, Braumüller u. Seidel.

Blumentritt, St., Sammlung d. vom Anfang des Jahres 1832 bis Ende März 1839 hinsichtlich des österr. Gesetzbuches über Verbrechen nachträglich erschienenen Verordnungen u. Gesetze. gr. 8. Wien 840. Braumüller u. Seidel. 5/12 Thlr.

—— das österreichische Strafgesetz über schwere Polizei-Uebertretungen vom 3. Septbr. 1803, sammt den hierzu bis Mai 1844 nachträglich erschien. Gesetzen u. Verordnungen. 2 Thle. 2., umgearb. u. verm. Aufl. gr. 8. (40 B.) Wien 840, Braumüller u. Seidel.

— das österr. Strafgesetzbuch über schwere Polizeiübertretungen. gr. 8. Wien 841, v. Mösle Witwe u. Braumüller. 1⅓ Thlr.

Blumentrost, L., Haus- u. Reiseapotheke, verm. v. Hoyer. 8. Leipz. 716.

„Blumen-Vase" Farbendruck-Wandkalender pro 1883.
Prag: Ignatz Fuchs Verlag 1882.

Blumen-Vase-Wandkalender 1882. 50 kr.
Prag: Fuchs 1881.

Blumen-Vignetten. 8 (farb.) Blatt Malvorlagen. gr. 8. Plauen 896. Ch. Stoll. n. 2. 50

Blumenvorlagen, kolorierte, v. Girardin, Jullien u. A. (18 Bl.) fol.auf Pappe in Mappe.– Paris

Blumenweg, der, durch d. ABC. Ein Bilderbuch f. Kinder. Mit ill. Kpf. 16. Berl. 825. Boicke. (Recht). 12 gr.

Blumenweg, der, durch das ABC. Mit 24 ill. Kpfr. (N. Ausg.) 8. Berlin 839. Recht. 1/4 Thlr.

Blumenwelt, die, eine Samml. unterhalt. Erzählungen für die Kindheit u. Jugend, von d. Verf. des Buches: „die Weihe der Jungfrau" (Th. Huber). Mit Titelkpfr. 8. Leipzig 833. Schaarschmidt. 1 1/8 Thlr.

Blumenwelt, die, e. Samml. unterhalt. Erzählungen f. d. Kindheit u. Jugend, v. d. Verfasserin d. Buches: „Die Weihe d. Jungfrau" 2c. (Th. Huber.) 8. (18 B. u. ill. Titlkpfr.) Leipzig 834, [Günz.]

Blumenwelt, die duftende, od. die lieblichen Kinder d. Flora, besungen u. in Kränze gewunden von e. ihrer Verehrer. 8. Halberst. 822. Vogler in Potsd. 18 gr.

Blumenwelt, Die duftende, oder die liebliche Kinder der Flora, besungen . . . Halberstadt 1823 [1822]. V: *Rose, Dietr. Ant. Carl.* (MGT)

— die duftende, od. die liebl. Kinder d. Flora. 2e Ausg. 8. Potsdam 833. Vogler. 1/3 Thlr.

Blumenwitz, Ferdinand
— Anleit. z. lebendigen Straßenbau durch Weidenzweige. Mit 1 Abbild. gr. 8. Gießen 821. Heyer. 4 gr.

—, Anleitung zum lebendigen Strassenbau durch Weidenzweige. Giessen. 1822. 8. ¼ Thlr.

Blumenwitz, Fd., Geschichte einer im J. 1814 an 4658 Schafen versuchten Schafpocken-Impfung auf d. Herrsch. Rabensburg. gr. 4. Prag 815. Calve. 4 gr.

— Kulturgeschichte d. wallachischen Roggens (Secale cereale Vallachicum). 4. Brünn 816. Gastl. 4 gr.

— d. lebendigen od. vegetabil. Straßen, od. Anleit., in niedern, feuchten, sumpfigen u. morastigen Gegenden d. Privatstraßen, Land- u. Communicationswege mittelst Zweigen u. Aesten von Weiden auf e. leichte, wohlfeile u. anhaltend dauerhafte Art herzustellen. Mit 1 Steindr. 8. Brünn 820. Gastl. 16 gr.

BLUMENWITZ, Otto: Über die Jonisierung der Luft beim Hindurchperlen durch Wasser. — 1909. 31 Bl., X Taf. Diss. Graz, Univ.

Blumenzeichenbuch, auserles. f. Frauenz. 2 Thlr. m. K. Nürnberg, Knorr.
illum.

Blumenzeichenbuch u. Malerei. Eine prakt. Anweis. zum Zeichnen u. Malen f. Damen, vorzügl. in Hinsicht auf Stickerei. Mit 9 Kpft. gr. 4. Hof 800. Grau. 2 Thlr.

Blumen-Zeichenbuch, Neues, für Damen . . . Hof 1800. V: *Meynier, Johann Heinrich.* (Fiker) (MGT)

Blumenzeichenbuch, neues, f. Damen, vorzügl. in Hins. a. Stickerey. m. K. gr. 4. Hof, Grau. 800.

Blumen-Zeichnenschule. Gez. und lith. von A. Hartinger. I—VII. Jedes Heft enthält 6 Bl. Wien, 1855. Druck von Reifenstein und Rösch. Verlag von F. Paterno. (kl. Fol.)

Blumenzeichner, der, enthaltend 24 (lithogr.) Blätter leicht gezeichneter Blumen. qu. 8. Berlin (833.) Winkelmann u. Söhne. 1/3 Thlr. — 2s Hft., enthält 16 (lithogr.) Blätter kleine Blumen u. Blumensträuße. 4. Ebd. 837. 1/2 Thlr. — 3s Hft., enthält 12 Blumen u. Blumensträuße (auf 12 lithogr. Bl.) Roy.-4. Ebd. 837. 1 Thlr. (1—3. 1 5/6 Thlr.)

Blumen- u. Fruchtzeichner, der, für Kinder u. Anfänger in d. Zeichnenkunst. 32. (Erfurt 830. Andrä). 8 gr.

Blumen- u. Fruchtzeichner u. Maler, in 14 schwarzen, 14 getuschten u. 14 gemalten Blättern. Nebst e. kurzen Anweis. zum Zeichnen, Tuschen u. Malen d. Blumen u. Früchte 2c. 4. Meißen, Goedsche. 3 Thlr. 16 gr.

— Derselbe, neuer, in 42 schwarzen, getuschten u. gemalten Blättern. Schönere Ausg. 4. Ebd. In Futteral 4 Thlr. 8 gr.

Blumenzeichner, der kleine, ein method. Unterricht im Blumen-Zeichnen. 3 Hfte. qu. 16. (à 16 lith. Bl.) Berlin 849. Hermes. à 6 ngr.

Blumen-, Blumenkörbchen- u. Frucht-Zeichner, d. kleine, od. Anweis. zum Selbstunterricht im Blumenzeichnen, Malen u. Coloriren, auch als Vorlegeblätter z. Gebr. in Schulen, mit 16 Kpf. qu. 8. Halle 812. (Schwetschke u. S.) 16 gr.

— u. Maler, d. kleine, od. angenehme n. nützl. Beschäftigung für d. Jugend. Mit Kpf. 3e Aufl. Leipz., Mag. f. Ind. 2 Thlr.

— z. Malen u. Sticken. Halle, Dreyssig.

Blumenzeichner, d. nöthige, f. Damen 2c. 2 Bdchn. 16. Leipz. 795, 97. Mag. f. Ind. (à 3 Thlr.) 6 Thlr. Hbg. Pr. 5 Thlr.

Blumen-Zeichnung und Mahlerey . . . Hof 1800. V: *Meynier, Johann Heinrich.* (Fiker) (MGT)

Blumenzeichnungen, od. Samml. geordneter u. nach d. Natur gemalter Bouquets u. einzelner Blumen, vorzügl. f. Zeichner u. Stickerinnen. Fol. Leipz. 810. Leo. 8 Thlr.

— f. Frauenzimmer u. Liebhaber, z. Erlernung u. angenehmen Unterhaltung im Zeichnen. qu. Fol. Ulm 815. Jak. Ebner. 1 Thlr. 4 gr. ill. 2 Thlr. 8 gr.

— neue, zu Stickereien. qu. 4. Erl. 802. (Heyder). 2 Thlr.

Blumen Zeitung. Weissensee, 1828–63. 36 vols. 4°.
Edited by F. Haessler, vols. i.-xxvii.; T. Irmisch, xxviii.-xxxii.; J. Sckell, xxxiii.-xxxvi.

Blumen-Zeitung. Hrsg. v. Fr. Häßler. 1. Jahrg. 1828. July—Decbr. 12 Nrn. Mit Vign. 4. Weißensee. (Nordhausen, Cupel.)

—— dies. 2—7. Jahrg. 1829—34. Mit Beil. 4. Ebds. [829. (24 Nrn., ½ B.), 30. (26 Nrn., ½ B.) à J. 1 Thlr., 31—34. (à 26 Nrn., ½ B.) à J. 1 Thlr. 4 Gr.]

Blumenzeitung, Hamburger, s. Garten- und Blumenzeitung.

Blumen- und Garten-Zeitung, hamburger, s. Garten- und Blumen-Zeitung.

Blumenzeitung, neue. Herausg. von Fr. Häßler. 6r—13r Jahrg. 1833—1840. Mit Beilagen u. Titelvign. gr. 4. Weißensee. (Leipz., Friese. 6r u. 7r J. à 1 1/6 Thlr. 8r—10r J. à 2 1/6 Thlr.

Blumen-Zeitung, neue, redig. v. Friedr. Häßler. 8—15. Jahrg. 1835—42. Mit Beilagen. gr. 4. Weißensee, Großmann. [J. 835—40. (à 26 Nrn., ½ B.), J. 41., 42. (à 52 Nrn., ½ B.) à J. * 2 1/3 Thlr.]
1—7. Jahrg. 1828—34. Ebendas. * 7 Thlr. 4 Gr.

Blumen-Zeitung, neue, redig. v. Fr. Häßler. 10—20. Jahrg. 1843—47. 52 Nrn. (½ B.) Mit Beilagen. gr. 4. Weißensee, Großmann. à J. *
1—15. Jahrg. 1828—42. Ebendas. * 27 Thlr. 5 Ngr.

Blumen-Zeitung, neue. Redakt.: Friedr. Häßler. 21—25. Jahrg. 1848—52. à 52 Nrn. (½ Bog.) Mit Beilagen. gr. 4. Weißensee, Großmann. à Jahrg. *
Vgl. 10. Bd. 1. Abthl. S. 108.

Blumen-Zeitung, neue. Redakt.: Friedr. Häßler. 26—29. Jahrg. 1853—56. à Jahrg. 52 Nrn. (½ Bog.) Mit Beilagen. gr. 4. Weißensee, Großmann. à Jahrg. *
Vgl. 11. Bd. 1. Abthl. S. 119.

Blumen-Zeitung, neue. Redig. von Th. Irmisch. 30—34. Jahrg. 1857—61. à Jahrg. 52 Nrn. (½ Bog.) Mit Beilagen. gr. 4. Weißensee, Großmann. à Jahrg. *

—— neue. Redig. von J. Eckell. 35. und 36. Jahrg. 1862 und 1863. à Jahrg. 52 Nrn. (½ Bog.) Mit Beilagen. 4. Weißensee, Großmann. à Jahrg. *

Blumen-Zierrat, moderner. gr. 8. (24 farb. Bl.) Plauen (900). Ch. Stoll. n. 5. —

Blumenzucht, Die praktische. Anleitung zur Aussaat und Behandlung der meisten ... Blumen. Wien [1882]. V: *Ryba*, *Franz*. (EB)

Blumenzucht, die praktische. Kurze, populäre Anleitung zur Aussaat und Behandlung der meisten im Handel befindl. Blumen. Zusammengestellt von einem prakt. Gärtner zum Gebrauche für Laien. 16. (82 S.) Wien 883, (Frick.) *

Blumenzweige, leichte. 4 Blatt (farb.) Malvorlagen. Fol. Plauen 95. C Stoll. 4 —

Blumenzwiebeln, Die, in deutschen Gärten. Quedlinburg 1821. V: *Gürcker*, *E.* (Engoec)

Blumenzwiebeln, die, in deutschen Gärten, oder Anweisung, Zwiebeln v. Hyacinthen, Tulpen rc. eben so groß wie in Holland zu ziehen rc. 8. Quedlinburg 821, Basse.

Blumer, Dr. J. J., sein Leben und Wirken dargestellt ... 2. Aufl. Glarus 1877. V: *Heer*, *Joach*. (Cat. d. Stadtbibl. Zürich. Zürich 1864—97.)

Blumer, Müller & Co., Neuhausen. Fabrik-Ordnung. (1901 Juli 1/10.) 4 S. 8. [Schaffhausen, H. Meier & Cie.]

Blumer, Arthur [aus Glarus '(Schweiz)']: Hydrazinhydrat auf Benzoin und Desoxybenzoin ... Kiel, Druck v. Schmidt & Klaunig, 1893; 33 S., 1 Bl. 8.
Kiel, Phil. Fak., Inaug.-Diss. v. [20. März] 1893

Blumer, Carl, med. pract. [von] Mühlehorn '(Ct. Glarus)': Erbliche Anlage zur Blasenbildung. Hereditäre Dermatitis bullosa '(Valentin)'. Epidermolysis bullosa hereditaria '(Köbner)'. Eine Dysplasia Vasorum '(Klebs)'. Mit 4 Tafeln. [Erschien unter dem Titel: Hereditäre Neigung zu traumatischer Blasenbildung '(Epidermolysis bullosa hereditaria)' in: Archiv f. Dermatologie u. Syphilis, Jg. 1892, Ergzgsheft II. S. 105—170]. Prag A. Haase Dr. 1892. 70 S., 1 Bl., Taf. III—VI. 8°.
Zürich, Med. Diss. [v. 6. Aug. 1892].

Blumer, E., s.: Reden zur Gedächtnißfeier der Schlacht bei Näfels.

Blumer, Ernst (Mitarb.), s. Heim, Albert: Das Säntisgebirge.

Blumer, Ernst. Geologische Monographie vom Ostende der Säntisgruppe. ⟨Mit 19 Textfiguren, 2 Tafeln und 1 Tabelle im Text, 1 geologischen Karte, 1 Profiltafel und 4 Photolithographien [auf 1 Tafel].⟩ Diss. Phil. [II.] Univ. Zürich. Teil 3 der Liefg. 16, Neue Folge der »Beiträge zur geologischen Karte der Schweiz«. IX S. + S. 518—638. 4. Bern, Stämpfli & Cie., 1905.

Blumer, Esaias [von Nitfurn (Glarus)]: Ueber alkylirte Orthotoluidine. Zürich 1898. 91 S. 8°.
Zürich. Phil. Diss. II. S. 1897/98.

Blumer, F. Imhoof, s. Imhoof-Blumer

Blümer, [Gustav], Stadtbauinspektor: Der Neubau des Gymnasiums. Esslingen 1910: Bechtle. S. 53—67. 8°
Eßlingen, k. G. u. Elementar-S, in Festschr. z. Einweihung d. neuen Gymnasialgebäudes P 1910 (812) [S 10. 33

Blumer, H., Stammbaum des altritterlichen und freiherrl. Geschlechts von Glarus gnt. Tschudi. 28 Bll.

Blumer, Heinrich. Derivate des Auramins. Ueber die Konstitution des Benzoresorcins. Bern, 1894. Diss. G. S., S. I.

Blumer, H. Derivate des Auramins. Über die Konstitution des Benzoresorcins. In-8°. 38 S. Bern. These. 1895?

Blumer, J., zum Geschlechtswandel der Lehn- u. Fremdwörter im Hochdeutschen. Lex.-8. (82 S.) Leitmeritz 890. (Leipzig, Fock.) n. 1. 50

Blumer, J., zum Geschlechtswandel der Lehn- u. Fremdwörter im Hochdeutschen. 2. Tl. gr. 8. (69 S.) Leitmeritz 891. (Leipzig, G. Fock.) n. 1. 50
(1. 2.: n. 3. —)

Blümer, JFW, Antrittspredigt geh. 1873. 8. (16) Hamb. 73, Gräfe. n. — 80

Blumer, J. H., der Liebe Duldung. Drama in 5 Akt. 8. (7½ B.) Braunschweig 841, G. C. E. Meyer sen.

Blumer, JJ, Handb. d. schweiz. Bundesstaatenrechtes. 2 Bde. 8. (850) Schaffh. 63. 64, Baader. n. 4. 4: Her. Pr. n. 2. 20

Blumer, J. J., Handbuch des schweizerischen Bundesstaatenrechtes. 2 Bde. Schaffhausen 863, 64. Hurter. gr. 8. (XXVIII, 850 S.) n. 4 ℛ 4 ngr

Blumer, J. J., Handbuch des schweizerischen Bundesstaatsrechtes. 1. Bd. 2. auf Grundlage der Bundesverfassung v. 1874 durchaus umgearb. Ausg. Nach dem Tode des Verfassers vollendet u. hrsg. v. J. Morel. gr. 8. (XII, 594 S.) Schaffhausen 877. Basel, Schwabe. n. 10. —

Blumer, J. J., Handbuch des schweizerischen Bundesstaatsrechtes. 2. Bd. 1. Abth. gr. 8. (VIII, 403 S.) Schaffhausen 880. Basel, Schwabe. n. 6. 40

Blumer, J. J., Handbuch d. schweizerischen Bundesstaatsrechtes. 2. Bd. 2. Abth. od. 3. (Schluss-)Bd. 2. auf Grundlage der Bundesverfassg. v. 1874 umgearb. Aufl. Nach dem Tode d. Verf. vollendet u. hrsg. v. J. Morel. gr. 8. (XII, 648 S.) Basel 887. Schwabe. n. 10. — (cplt.: n. 26. 40)

Blumer, J. J., Handbuch d. schweizerischen Bundesstaatsrechtes. 1. Bd. 3., umgearb. Aufl. Hrsg. v. J. Morel. gr. 8. (XI, 618 S.) Basel 891. B. Schwabe. n. 9. 60

Blumer, J. J. Siehe: *Jahrbuch des histor. Vereins Glarus, 16. Heft.*

Blumer, J. J., Staats- u. Rechtsgeschichte der schweizer. Demokratien od. der Katone Uri, Schwyz, Unterwalden, Glarus, Zug u. Appenzell. 1. Thl.: Das Mittelalter. 4 Lfgn. gr. 8. (XVI u. 608 S.) St. Gallen 848—50, Scheitlin & Zollikofer. (à ¾ ℛ) 3 ℛ

Blumer, J. J., Staats- und Rechtsgeschichte der schweizerischen Demokratien, oder der Kantone Uri, Schwyz, Unterwalden, Glarus, Zug u. Appenzell. 2. Thl. Die neuere Zeit. (1531—1798). 1. Bd. St. Gallen 858. Scheitlin u. Zollikofer. gr. 8. (XVI. 392 S.) 2 ℛ

— Staats- und Rechtsgeschichte der schweizerischen Demokratien oder der Kantone Uri, Schwyz, Unterwalden, Glarus, Zug und Appenzell. 2. Thl. Die neuere Zeit (1531—1798.) 2. Bd. St. Gallen 859. Scheitlin & Zollikofer. gr. 8. (X, 258 S.) 1 ℛ 15 ngr.

[Blumer (Jak. M. O.)] — Kurze, geographisch-statistische Darstellung des Kantons Glarus. (*Helvetischer Almanach. – XI. S. 2-156*). *Zürich, Orell, Füssli et Comp.*, 1809, Kl. in-12.
1 frontispice non signé, 6 vues gravées par *J. H. Weber* et 2 pl. de costumes d'après *F. N. König* et 1 carte gravée par *J. Scheurmann*.

Blumer, Johann Jacob (Glarus/Schweiz), Criticen theoriae vomitus. Diss. med. Jena (Prager & Co.) 30. IX. 1801. 24 S. (4.—) 2970

Blumer, Joh[ann] Jacob. Das Thal Glarus unter Seckingen und Oesterreich und seine Befreiung. Ein rechtsgeschichtlicher Versuch von Joh. Jakob B'.... SA. 8. Zürich 1844.

Blumer, Johann Jacob *s.* Heer, Oswald, und Blumer, Johann Jacob.

Blumer, Josef

— Die Familiennamen von Leitmeritz und Umgebung. 34. 40. 36. 13. Leitmeritz R. 95–98. Progr.

Blumer Josef: Zum Geschlechtswandel der Lehn- und Fremdwörter im Hochdeutschen. 81. 68. Leitmeritz R. 90. 91. Progr.

Blumer, Leonhard. Beiträge zur Kenntnis der Urticaria pigmentosa. Diss. Med. Univ. Zürich. (*Kopftitel:* Aus der Privatpoliklinik für Hautkrankheiten von Dr. E[rnst] Heuss, Privatdozent in Zürich. — Sonder-Abdruck aus Monatshefte für Praktische Dermatologie.... Band 34, Heft 5.) 31 S. 8. Hamburg und Leipzig, Leopold Voss, 1902.

Blumer, L[eonhard]. Als Schiffsarzt nach Chile. (Reise-Aufzeichnungen.) [Sep.-Abdr. aus: Glarner Nachrichten.... Jahrg. 29, Nr. 258—283. 1903 November 4 — Dezember 3.] II + 47 S. 8. [Glarus, Dl. Tschudy-Aebly, 1903.]

Blumer, O., Paraden gegen die anonyme Brochüre: die neue Militärorganisation und das Büdget des schweiz. Militärdepartements. 8. Winterthur, Bleuler-Hausheer. 1877? —. 70

Blumer, Othmar

Blumer, Oth., Erinnerungen an die Grenzbesetzung 1870/71. gr. 8. (107 S.) Winterthur 891. (M. Kieschke.) n. — 90

Blumer, Paul, bacc. jur.: Das Landgericht und die gräfliche Hochgerichtsbarkeit der Landgrafschaft im Thurgau während des spätern Mittelalters. Winterthur 1908: Binkert. VIII, 117 S. 8°
Leipzig, Jur. Diss. v. 8. Dez. 1908
[Geb. 26. Jan. 82 Embrach; Wohnort: Winterthur; Staatsangeh.: Schweiz; Vorbildung: Gymn. Winterthur Reife M. 00; Studium: Lausanne 2, Zürich 2, Berlin 1, Leipzig 6 S.; Rig. 27. Juli 05.] [U 09. 2454

Blumer, Paul. Das Landgericht und die gräfliche Hochgerichtsbarkeit der Landgrafschaft im Thurgau während des spätern Mittelalters. Diss. Jur. Leipzig. [Mit 1 Karte.] VIII + 120 S. 8. Winterthur, Buchdr. W', 1908.

Blumer, R., die mythologischen Denkmäler Dresdens. Dichtungen. 12. (62 S.) Dresden 902. W. Baensch. Geb. n. 1. —

Blumer, S: Method. Lehr- u. Übgsb. f. d. 1. Unterr. in Algebra. 1. Tl. (5. 04) 8° Zür., Schulthess & Co. '12. 1 —

Blumer, Samuel. Zur Entstehung der Glarnerischen Alpenseen. Diss. Phil. Basel. Juni 1901. (Mit 4 Tafeln. — Extrait des Eclogæ geologicæ Helvetiæ, Vol. 7, N° 3. Février 1902.) II S. + S. 203 —244. 8. Lausanne, Georges Bridel & Cie, 1902.

Blumer, S[amuel]. Ueber Pliocän und Diluvium im südlichen Tessin, von Dr S. B', Basel. ([Mit Figuren, sowie einem] Anhang: Vivianit in den Diluvialtonen von Noranco bei Lugano. Von C[arl] Schmidt, Basel. Separatabdruck aus Eclogæ geologicæ Helvetiæ, Vol. 9, No 1.) II S. + S. 61—76. 8. [Lausanne, Georges Bridel & Cie, Avril 1906.]

Blumer, Theodor

Der Fünfuhrtee. Musiklustspiel in 3 Aufz. von Wilhelm Wolters. Musik von Theodor **Blumer**. Op. 29. [Textbuch.] Bonn, Berlin [usw.]: Ahn [1910]. 63 S. 8°
(Ahns Text-Bibliothek. Nr 157.) [11. 22604

Blumer-Egloff, J., Bonneterie, Lingerie etc., s.a. Weltausstellung, internationale, 1878 in Paris.

Blumer-Egloff, J: Bonneterie, Lingerie, Kravatten, Korsets, Lederhandschuhe, elastische Gewebe, Knöpfe, Schirme, Stöcke, Fächer. Zürich 1879

Blumer-Egloff, J[ohannes]. Die modernen Grossbazare oder Warenhäuser, nebst einigen Streiflichtern über andere dunkle Punkte im Schweiz. Kleinhandel und Kleingewerbe. Referat. Gehalten am Veteranentag Schweiz. reisender Kaufleute 16. Dezember 1900 in Zürich. Gedruckt auf Wunsch des Aktionskomite des zweiten Veteranentages. [Sep.-Abdr. aus: Erinnerungsblätter an den Zweiten Veteranentag.... Bearb. ... von Wilhelm Niedermann.] 30 S. 8.
Ausg. A: ... 16. Dezember 1900.... Zürich, Arnold Bopp, 1901.
Ausg. B: ... 16. Dez' 1901 [*d. i.* 1900].... (Zürich, A' B', 1901.)

Blumer-Zweifel, P., Französisch u. Deutsch. Eine vergleich. Studie üb. d. Weltausstellg. 1900. gr. 8. (183 S.) Bern 902. K. J. Wyss. n. 2. —

Blumer-Zweifel, P., sporadische Orientierung üb. das Patent in der chemischen Industrie. (7 S.) 8. Bern 904. K. J. Wyss. n — 20

Blümer, Joh. Frdr. Wilh., Antrittspredigt geh. am Dienstag, den 18. März 1873. 8. (16 S.) Hamburg 873. Gräfe. n. — 30

Blümerhuber (M.): Ein lenkbares Luftfahrzeug. 1899. Weimar, Steinert. 8⁰. (91 S. m. Tafeln)

Blueme-Strüßli us im Vereinshus Gaertli im Baselbiet als Bazar-Grüßli. Decbr. 1873. gr. 16. (80 S.) Basel 874. Spittler. — 50

Blumeyer, Joh. Hch. Programma de fatis Galli, imperatoris orientalis. 4. Hannoviae 1714.

Blumgrund, Johanna, ungarische Dorfgeschichten; moderne Märtyrerinnen; Weibergeschichten, s.: Zehnpfennig-Bibliothek.

Blumhagen, Hugo: Der Begriff der Geldschuld nach gemeinem Rechte. *Greifswald 1898: J. Abel.* (41 S.) 8° [F.]
Greifswald, Jur. Diss. v. 1898

BLUMHAIN oder Gemählde der Zeitgenossen. Wahre Geschichten. Mit (5) Kupfern (interess. Radirungen, incl. erot. Titelkpf., sämmtl. unsign.). Berlin u. Leipzig (Freiberg) 1788. 8⁰. (In Hamburg, Stadtbibl.) Aeusserst selten!
Erot. Titelkpf. (alter Mönch magnetisirt eine in der Klosterzelle in sehr freier Haltung und mit entblösstem Busen auf dem Bettrande sitzende, noch junge Aebtissin), Tit., 1 Bl. „Erinnerung", 1 Bl. „Erklärung der Kupfer", 239 S. — Kayser hat unrichtig „Blumenhayn".
Unter der famosen Auswahl wirklich interess. Geschichten hervorzuheben: Lina, ein Beispiel von Weibergelehrsamkeit (S. 134—147). — Ueber Hamburgs Söhne und Töchter. (Pikanter Auszug aus e. Briefe aus Hamburg, S. 170—177.) — Magnetismus (S. 194—204). — Avanturen einer magnetischen Reise, oder die Wallfahrt der heiligen drey Könige von Hamburg. (Satirisch-komisch.)

Blumhardt: Vom Frieden Gottes..., s. Blumhardt, Christoph

Blumhardt und A. D. Volkening, geistliche Tonhalle, s. Volkening.

Blumhardt, C., über die Lehre von den Engeln nach Massgabe der h. Schrift. Stuttgart. 35 S.
Schul-/Univ.-Schrift 1865.

Blumhardt, C: Preisliste über Schlachthaus-Geräthe. Vohwinkel-Simonshaus (1904?)

Blumhardt, C: Prospect über den Schweinebetäubungsapparat (System Koch). Vohwinkel-Simonshaus 1900

Blumhardt, C. M., s. Blumhardt, Cph. M.

Blumhardt, Christ., Samml. älter. Choräle, s. Sammlung.

Blumhardt, Christian Gottlieb

— vergleichende Bemerkk. über d. Familien-Verwandtschaft d. indischen Sprachen, in besond. Bezieh. auf 33 beigefügte orienta. Uebersetzungsproben d. Gebets d. Herrn. Nach d. neuesten Memoires d. indischen Bibelübersetzer. gr. 8. Basel 819. Neukirch. 16 gGr

— s. Bogue: Versuch üb. d. Ansehn.

— s. Buchauan: Untersuchungen.

Blumhardt, Chr. Gli., Lazarus d. Kranke, Sterbende u. Auferweckte. In e. Reihe v. Homilien. 2e Aufl. Mit 1 Kpf. u. 1 Vign. gr. 8. Basel 827. Schneider. 14 gGr

—— Magazin f. d. neueste Geschichte d. evangel. Missions- u. Bibelgesellschaften, s. Magazin.

— Versuch e. allgemeinen Missionsgeschichte d. Kirche Christi. 1r Bd. A. u. d. T.: Die Missionsgesch. d. Kirche Christi im apostol. Zeitalter, von ihrem Stiftungstage an bis zum Tode des Apostel Johannes. Mit 1 Kärtchen. gr. 8. Basel 828. Neukirch. 2 Rthlr 8 gGr 2r Bd., 1e u. 2e Abtheil. A. u. d. T.: Missionsgesch. d. Kirche Christi vom Schlusse d. apostol. Zeitalters bis auf Constantin d. Großen. gr. 8. Ebd. 829, 32. 5 Rthlr 8 gGr

Blumhardt, Chr. Gli., Versuch einer allgem. Missionsgeschichte der Kirche Christi. 3r Bd. 1e u. 2e Abthl. gr. 8. Basel 833 u. 837. Neukirch. (1e A. $2^{1}/_{4}$ Rthlr 2e A. $3^{1}/_{3}$ Rthlr) $5^{7}/_{12}$ Rthlr (Vgl. Thl. I. S. 295.)

*Blumhardt, Chr. G., Versuch e. allgem. Missionsgeschichte der Kirche Christi. 3 Bde. in 5 Abthlgn. gr. 8. Basel 1828—37. Neukirch $13^{1}/_{4}$ Thlr. — 19 fl. 50 kr. Cf. *Sondermann's Tabellen. Nürnberg 1846.

Blumhardt, Christoph

Blumhardt, Abend-Predigt in der Hospitalkirche zu Stuttgart am letzten Abende des evangel. Kirchentags Freitag [auch Buß- und Bettag] den 3. Septbr. 1869 gehalten und nach Nachgeschriebenem vervollständigt. 8. (24 S.) Stuttgart 870, J. F. Steinkopf.

Blumhardt, Christoph. Zum Andenken an Frau Charlotte Zäslein-Falkeisen [von Basel], geboren den 31. März 1802, gestorben den 27. März 1883. Beerdigungsfeier [gehalten in] Bad Boll. 8. Stuttgart.

[F.] Bekenne Einer dem Andern seine Sünden. E. Wort üb. Privatbeichte u. Privatabsolution v. Chr[istoph] Blumhardt, weil. Pfarrer in Möttlingen ... *Elberfeld: Buchh. d. Ev. Ges. [1895].* (27 S.) 1 Bd 8. (98. 477

— kurze Betrachtungen über Schriftworte zu Trost u. Erbauung [aus den Morgenandachten]. 1. 2. Heft. Bad Boll 867. (Berlin, C. Beck.) 8. (48; 48 S.) Jedes Heft n. 3 ngr

—— 2 Bibelvorträge, gehalten im Mai 1867 in der Bethlehemskirche zu Berlin. 16. (82 S.) Berlin 867, Beck. *

—— Bleibet in meiner Liebe! Abendpredigt über Evang. Joh. 15, Vers 9 und 10, gehalten am 11. Aug. 1864 in der ersten reformirten Kirche zu Elberfeld. gr. 8. (14 S.) Barmen 864, Langewiesche's Verlag. *

—— der Blindgeborne nach Joh. 9, 1—7. Eine Predigt gehalten zu Bad Boll. 8. (20 S.) Berlin 867, Beck. *

Blumhardt, Chrph., täglich Brod aus Bad Boll für 1878, bestehend in einem Bibelwort m. kurzer erbaulicher Betrachtung auf alle Tage des Jahres, nach stenograph. Aufzeichnungen hrsg. v. seinem Sohne Theophil Blumhardt. 8. (IV, 365 S.) Bad Boll. Heilbronn 878. Henninger in Comm. n. 2. 50; geb. n. 3. 70

— dasselbe, für 1880. 8. (1. Lfg. 82 S.) Ebend. 880. n. 2. 50

—— d. Freundlichkeit d. Herrn. Hochzeitpred. 8. (8) Stuttg. 63. (Gütersl., Bertelsmann's V.) n. — 2

— vom Frieden Gottes nach Phil. 4, 7. Eine Abendstunde gehalten im Bad Boll den 8. Aug. 1857. Von e. Zuhörer nachgeschrieben. 5. Aufl. Stuttgart 870. Ullrich. 16. (14 S.) 1 ngr

— Friederike Hahn, s. Hahn, Friederike.

— die Freundlichkeit des Herrn, nach Klagl. 3, 25. Eine Hochzeitpredigt gehalten zu Bad Boll. Stuttgart 863, S. G. Liesching. gr. 8. (8 S.) n. 2 ngr

— Handbuch der Missionsgeschichte u. Missionsgeographie. 2 Bde. Mit 6 (lith. u. color.) Karten (in Fol.) 3. Ausg. Calw 863. — Stuttgart, J. F. Steinkopf. 12. (XV, 1160 S.) n. 1 Rthlr 4 ngr

—— Handbüchlein der Weltgeschichte für Schulen und Familien. Mit Abbildungen (in eingedr. Holzschn.). Hrsg. von dem Calwer Verlagsverein. 7. verb. Aufl. 8. (322 S.) Calw und Stuttgart 877, Vereinsbuchh. * M 1.; geb. *

— Handbüchlein der Weltgeschichte f. Schulen u. Familien. Mit Abbildungen (in eingedr. Holzschn.). Hrsg. v. dem Calwer Verlagsverein. 8. verb. Aufl. 8. (318 S.) Calw 881. Vereins-Buchhandlung. n 1 —

—— Handbüchlein der Weltgeschichte. 8. verb. Aufl. 8. (318 S. mit eingedr. Holzschn.-Abbild.) Calw 882, Vereinsbuchhandlung.

Blumhardt, Chrph. Handbüchlein d. Weltgeschichte. Mit 88 Abbildgn. Hrsg. v. Calwer Verlagsverein. 9. verb. Aufl. 8. (III, 308 S.) Calw u. Stuttg. 889, Vereinsbuchh. * 1 —

— Handbüchl. d. Weltgeschichte. Hrsg. v. Calwer Verlagsverein. 10., verb. Aufl. 8. (320 S. m. 90 Abb.) Calw u. Stuttgart 899. Vereinsbuchh. Geb. in Leinw. n.n. 1. 80

Blumhardt, Christoph, über die Heilung leiblicher Kranken durch die Kraft des Geistes u. des Gebets. Ein Auszug aus der Verteidigungsschrift B.'s (in Bad Boll) gegen de Valenti. Mit e. kurzen Lebenslauf Pfr. Blumhardts. (45 S.) Lex. 8. Lorch 910. K. Rohm. — 75

— Ihr seid das Licht der Welt! Abendpredigt üb. Matth. 5, 14—16, gehalten in der ersten luther. Kirche zu Elberfeld am 14. August 1863. 1—6. Aufl. Elberfeld, Hassel's Sortbdlg. gr. 8. (12 S.) $1^{1}/_{2}$ ngr

—— Ihr seid das Licht der Welt! Abendpredigt über Matth. 5, 14—16, gehalten in der ersten luther. Kirche zu Elberfeld, am 14. Aug. 1863. 5. Aufl. 1863. und 6. Aufl. gr. 8. (12 S.) Elberfeld 864, Hassel's Sortiment.

—— Lebensbild, s. Zündel, Friedr.

Blumhardt, Chrph., über die Lehre von den Engeln nach Maßgabe der heiligen Schrift mit besonderer Berücksichtigung der Erscheinung des Engels bei Zacharias [Luk. 1, 11—13]. [Abdr. aus Vilmars pastoral-theolog. Blättern.] Stuttgart 865. S. G. Liesching. (Gütersloh, Bertelsmann). gr. 8. (35 S.) n. 5 ngr

—— 15 Pred. üb. d. drei ersten Adv.-Evangel. 8. (219) Stuttg. 64. (Gütersl., Bertelsmann's V.) — 15

— 15 Predigten über die drei ersten Advents-Evangelien, zur Beförderung christlicher Erkenntniß. Stuttgart 864. S. G. Liesching. 8. (X, 219 S.) 15 ngr

— Predigten u. Vorträge. 2. verm. Aufl. Ebend. 867. (Berlin, C. Beck.) 8. (128 S.) n. 20 ngr

Blumhardt, Christoph. Predigten und Vorträge, gehalten in der Schweiz 1886. Herausgegeben von einigen Freunden. In-8°, 112 S. Zürich, S. Höhr. — 60

Blumhardt, Chrph., Prophetenlieder nach Jesaia, nebst ausgewählten Psalmliedern nach dem bibl. Text bearb. gr. 16. (IV u. 139 S.) Reutlingen 850, Kurtz. (Leipzig, Herbig.) n. 8 ngr

— Psalmlieder, oder die Psalmen, in singbare Lieder umgesetzt. 8. (VIII u. 314 S.) Ebd. 847. n. ⅜ ℛ

—— Psalmlieder, oder die Psalmen in singbare Lieder umgesetzt. 8. (VIII und 314 S.) Reutlingen 848, Kurtz'sche Buchh. (Leipzig, Herbig.) * –

— Psalmlieder, oder die Psalmen in singbare Lieder umgesetzt. 2. verb. Aufl. Ebend. 861. 8. (V, 328 S.) n. 16 ngr

—— Psalmlieder, oder die Psalmen, in singbare Lieder umgesetzt. 2., verb. Aufl. 8. (V und 328 S.) Stuttgart 864, S. G. Liesching.

— Sammlung von Morgen-Andachten nach Losungen u. Lehrtexten der Brüdergemeine, gehalten zu Bad Boll. [Als Mscr. für Freunde gedr.]. Bad Boll 865. (Gütersloh, Bertelsmann.) 8. (IV, 380 S.) n. 20 ngr

—— Sammlung von Morgen-Andachten nach Losungen und Lehrtexten der Brüdergemeine gehalten [in den J. 1862 und 1863] gehalten zu Bad Boll. 2. wenig veränd. Ausg. 8. (384 S.) Barmen 878, Klein. *

—— Vertheidigungsschrift gegen Hrn. Dr. de Valenti. gr. 8. (200 S.) Reutlingen 850, Kurtz'sche Buchh.

Blumhardt, Johann Christoph

Blumhardt, übersichtliche Auslegung der Bergpredigt Jesu, Matth. 5—7, in kurzen Vorträgen. 16. (84 S.) Bad Boll 872. (Barmen, Klein.) n. — 60

—— übersichtl. Auslegg d. Bergpredigt Jesu, Matth. 5—7: Neu hrsg. v. O Blumhardt. 2. Afl. 8. (84) Ebd. 86. n. — 35

—— Besprechung wichtiger Glaubensfragen. gr. 8. Ebd. 888. [* 4 —; geb. * 5 —] * 2 80; geb. * 3 60

—— kurze Besprechung des Vaterunsers oder des Reichsgebets. Matth. 6, 5 ff. Neu hrsg. von dessen Sohn Theophil Blumhardt. 2. Aufl. 8. (73 S.) Ebendas. 886. * — 35

—— Evangelien-Predigten. gr. 8. Ebd. 888. [* 4 50; geb. * 6 —] * 3 —; geb. * 4 —

— Hausandachten f. alle Tage des Kirchenjahres. 2 Thle. gr. 8. Ebd. 886,87. à Tl. [* 3 —; geb. * 4 —] * 2 —; geb. * 2 80

— Predigt-Blätter aus Bad Boll. Nachgelassene Predigten u. Vorträge, hrsg. v. seinem Sohne Theophil Blumhardt. Jahrg. 1880. 12 Hfte. (2 B.) 8. Bad Boll 880. (Heilbronn, Henninger.) n.n. 3. —

—— Predigt-Blätter aus Bad Boll, enthaltend nachgeschriebene Predigten und Vorträge, hrsg. von seinem Sohne Theophil Blumhardt. 3. Bd. 1881. 8. (IV, 390 S.) Karlsruhe 886, Evangel. Schriftenverein für Baden. *

Blumhardt, Joh. Chrph., gesammelte Werke. Hrsg. von dessen Sohn Chrph. Blumhardt. 1. Bd.: Haus-Andachten, in 12 Lfgn. oder 2 Abtlgn. gr. 8. Karlsruhe, Evangel. Schriftenverein für Baden. à Lfg. * 50 Pf.; à Abtl. *ℳ 3.—. * geb. à Abtl. *ℳ 4. *

Inhalt:

Abtl. 1. Betrachtungen nach alttestamentlichen Texten auf alle Tage des Kirchenjahres. (379 S.) 886.

" 2. —— dass. — nach neutestamentlichen Texten auf alle Tage des Kirchenjahres. (417 S.) 887.

—— dass. — 2. Bd. 9 Lfgn.: Evangelien-Predigten auf alle Sonn- und Festtage des Kirchenjahres nach dem 2. Jahrg. der württembergischen Pericopen. 9 Lfgn. gr. 8. (XV, 646 S.) Ebendas. 888. à Lfg. * 50 Pf. * geb. *

—— dass. — 3. Bd.: Gesammelte Aufsätze. 1. Tl.: Besprechung wichtiger Glaubensfragen, aus der Seelsorge hervorgegangen. gr. 8. (VII, 376 S.) Ebendas. 888. * geb. *

Blumhardt, Eph. M., Formenlehre d. latein. Declinationen u. Conjugationen, für d. ersten Anfänger d. latein. Sprache. 8. Stuttg. 820. Steinkopf. 6 ℊ

Blumhardt, G., vergleichende Bemerkungen über die Familien-Verwandtschaft der indischen Sprachen, in besonderer Beziehung auf 33 beigefügte orientalische Uebersetzungsproben des Gebets des Herrn. Nach den neuesten Memoires der indischen Bibelübersetzer. gr. 8. Basel, Neukirch. 819.

Blumhardt, H., die stehende Befestigung für Offiziere aller Waffen und für Kriegsschulen nach den neuesten Erfahrungen und Ausführungen bearb. Mit 230 in den Text gedr. Holzschn. 2 Thle. Darmstadt 864. Zernin. gr. 8. (VIII, 334 S.; VIII, 327 S.) 2 ℛ

Blumhardt, H., die stehende Befestigung für Offiziere aller Waffen u. für Kriegsschulen nach den neuesten Erfahrungen u. Ausführungen bearb. 3. [Supplem.-]Thl. Der Festungskrieg oder Ausrüstung, Approvisionirung, Armirung, Angriff u. Vertheidigung der festen Plätze. Mit 37 Holzschn. Darmstadt 866. Zernin. gr. 8. (XI, 247 S.) 1 ℛ 18 ngr

Blumhardt, Hermann, Assistenzarzt d. Heilanst. Stetten i./R.: Beitrag zur diätetischen Behandlung der Epilepsie. *Cannstadt 1904: G. F. Rapp.* (47 S.) 8°
Tübingen, Med. Diss. v. 1904

Blumhardt, Herrm., Beitrag zur diätetischen Behandlung der Epilepsie. Diss. (47 S.) gr. 8. Cannstatt 904. (Tübingen, F. Pietzcker.) n.n. 1.—

Blumhardt, J.F. (Hrsg.), s. Correspondenzblatt, Medicinisches, des württembergischen ärztlichen Vereins.

Blumhardt, J.F., üb. d. baldige künstl. Entfernen d. Nachgeburt. N. d. amtl. Tagebüchern d. Geburtshelfer Würtembergs. Mit Vorw. v. L. S. Riecke. gr. 8. (7¼ B.) Stuttgart 829, Brodhag. Thlr.

Blumhardt, J.F. (Hrsg.) ,s. Mittheilungen des württembergischen ärztlichen Vereins.

Blumhof, Johann Georg Ludolph

– s. Af Uhr: Anleitung und dessen Bericht.

– s. d'Arcet: Bronzevergoldung.

Blumhof und Stünkel. Beobachtungen auf einer Fussreise von der Rothen Hütte in's Anhaltische nach Mägdesprung, der Rosstrappe, Thale und den Blankenburgischen Eisenhütten besonders in Rücksicht auf Eisenhüttenwerke. Freyberg 1800. 8.

Blumhof, Jh. Geo. Ludolph, († d. 9. Mai 1825.) ökonom. Bemerk. u. Erfahrr. für Liebhaber u. Freunde d. Landwirthschaft 1s Stck. 8. Götting. 801. Brose. 8 ℊ Hpa. Pr. 4 ℊ

— u. J. G. Stünkel, Beobachtt. auf e. Fußreise von d. rothen Hütte nach Mägdesprung, d. Roßtrappe, Thale u. d. Blankenburg. Eisenhütten, besond. in Rücksicht auf Eisenwerke, mit 1 Kpf. 8. Frberg 809. Craz u. G. 8 ℊ

Blumhof, J. G. und Stünkel, J. G. Beobachtungen auf einer Reise ins Anhaltische, besonders in Rücksicht auf Eisenhüttenwerke. Freiberg, 1800.

– s. S. Rinmanns Bergwerkslexicon.

Blumhof, J. G. L., ökonomische Blätter f. Liebh. u. Fr. d. Landwirthsch. ꝛc. 2 Bde. 8. Gött. Brose, 800. (à 12 gr.)

– s. Brisson: Über Gewichte.

– s. Broling: Bemerkungen.

– s. Dülau: Versuche.

Blumhof, J. G. L., Encyclopädie d. gesammten Eisenhüttenkunde. 1r Bd. m. K. gr. 8. Gießen, Heyer. 816.

Blumhof's, J. G. L., Encyclopädie d. gesammten Eisenhüttenkunde ꝛc. 2r, 3r und 4r Thl. gr. 8. Gießen, Heyer. 817 — 821. (2r Thl. 3 Rthlr. 3r Th. 4 Rthlr. 4r. Th. 3 Rthlr.)

– s. Euphrasen: Reise.

– s. Evenstad: Preisschrift.

– s. G a r n e j i : Abhandl.

— Grundlinien d. ökonom.-techn. Mineralogie, oder kurze Darstell. d. Benutzung d. verschied. mineralog. einfachen u. gemengten Fossilien. 8. Gießen 820. (Ferber). 4 Gr.

— Grundlinien d. oeconomisch-technischen Mineralogie, oder kurze Darstellung der Benutzung der verschiedenen mineralogischen einfachen und gemengten Fossilien. 8. Giessen, Müller. 820.

– s. H a u n , R. J.: Grundlinien.

– s. H e r m e l i n : Minerographie.

— über d. rechte Construction d. Wellfüße oder Kämme zu e. gleichförm. Gebläse, besonders bei Hochöfen etc. Mit Zusätzen v. C. H. Stünkel. Mit 2 Kpf. gr. 4. Leipz. 800. (W. Vogel). 18 Gr.

— Lehrbuch d. Lithurgik od. d. angewandten Mineralogie; f. Kameralisten, Oekonomen, Technologen, Metallurgen u. Forstmänner. Zum Gebr. bei Vorlesungen. gr. 8. Frankf. 822. Varrentrapp. 1 Thlr. 22 Gr.

Blumhof, Jh. Geo. Ludolph, vollständ. systemat. Literatur vom Eisen etc. (A. u. d. T.: Bibliotheca ferri, s. collectio libror. scriptor. etc.) gr. 8. Braunschw. 803. Vieweg. 20 Gr.

— einige Nachrr. üb. d. Stadium d. Alten, z. Erläuter. e. Messung d. Eratosthenes. 4. Götting. 796. (Vandenhöck u. R.) 2 Gr.

– s. N o r b e r g , J. F.: Produktion.

– s. N o r d w a l l , E.: Maschinenlehre.

– s. S v e d e n s t j e r n e : Reise.

— mineralogisches T a s c h e n b u c h d. Eisenhüttenkunde etc. 8. Ebend. 816.

— Versuch e. Encyklopädie d. gesammten Eisenhüttenkunde. 4 Bde, mit 56 Kpft. gr. 8. Gießen 816—21. Heyer. 20 Thlr. 8 Gr. Hbg. Pr. 12 Thlr.

B l u m h o f, J., ökonom. Vers. 8. Gött. Vandenhök. 794. -

— Versuche über landwirthschaftl. Gegenstände. 8. Götting. 794. Vandenhöck u. R. 4 Gr.

B l u m h o f, T. G. L., v. alt. Mathemat. D a s y p a d i u s. gr. 8. Gött. Schneider. 796.

Blumhof, T. G. L., vom alten Mathemat. Konr. Dasypodius. Mit e. Vorrede v. A. G. Kästner. gr. 8. Götting. 798. (Vandenhöck u. R.) 2 Gr.

Blumhofer, M.

— Anleit., wohlfeile, hell u. sparsam brennende Talglichter zu verfertigen. 12. Grätz 818. Ferstl. 2 Gr.

Blumhofer, M., neue ökonom. Bibliothek etc. 1r Bd. A. u. d. T.: Theoret.-prakt. Darstell. d. Pferde- u. Maulthierzucht u. d. Pferdearzneiwissenschaft. Mit 9 Kpft. 8. Grätz 80.. 2e Aufl. 811. Ferstl. 21 Gr. Hbg. Pr. 8 Gr.

Blumhofer, M., Theoretisch-praktische Darstellung der Pferde- u. Maultierzucht und der Pferdearznei-Wissenschaft, nebst einer Anweisung zur genauen Kenntnis der Fehler und Mängel der Pferde und die Kunstgriffe und Betrügereien der Rosshändler. Mit 9 in Kupfer gestochenen Abbildungen. 2. ganz neu umgearbeitete, sehr vermehrte u. verbesserte Aufl. Grätz 11. Ferstl. M. —.50

B l u m h o f e r, Pferde- u. Maulthierzucht etc. m. K. 8. Grätz, Ferstl. 811.

(Blumhofer, Maxim.) Die *geistliche Braut als weltliche Hochzeiterinn.* Ein Lustspiel in 5 Aufz. von dem Verfasser der Schweden in Bajern (!). (Motto aus Pope.) München, bey Joh. Bapt. Strobel. 1784. 8⁰. Beibd., geles. 169 S.

(Blumhofer, Maxim.) Die *Schweden in Baiern*, oder die Bürgertreue. Ein Schauspiel in 5 Aufz. (Vign.) München, bei Joh. Bapt. Strobel. 1783. 8⁰. Ppb. m. Pgmteck.
111 S. — Kayser hat die unrichtige Jahrz. 1788.

Blumhofer, (auch Blaimhofer), Max., über d. Theaterdichter. 8. Düsseld. 786. Wizepky. 6 Gr.

Blumhoffer, H., Handbuch f. Gerichtsvollzieher in der Königl. Preuß. Rheinprovinz, nebst den zweckmäß. Formularen für alle bei ihren Dienstverrichtungen vorkomm. Acten, unter Bezugnahme der betreff. gesetzlichen Bestimmungen u. Einschaltung der bisheran ergangenen Allerhöchsten u. höhern Verordnungen. Bearbeitet nach Lepage u. Lavasseur. Mit 1 Tabelle. gr. 12. Aachen 836. Roschütz u. Comp.; Köln, Kohnen.) 1½ Thlr.

— Handbuch für Vormünder, oder kurzgefaßte Darstellung ihrer Pflichten und Rechte, sowohl nach den in der Rheinprovinz bestehenden franz. Gesetzen, als auch nach den bisheran erfolgten umfass. Bestimmungen bearbeitet. 8. Aachen 836. Köln, (Kohnen.) ⅓ Thlr.

(B l u m h o l z), Lieder mit Melodien für die Schule u. das Leben. 1. Hft. enth. 55 Lieder. gr. 8. (1 B.) Berlin 846. (G. Bethge.) *

Blumholz, F., 100 Millionen. Entwurf e. Spiritus-Monopol-Gesetzes. gr. 8. (45 S.) Dresden 894. Druckerei Glöß. n. 1. —

B l u m i s t, der deutsche, als zuverläß. Rathgeber, üb. d. Anlegung d. Mist- u. Treibebeete, so wie von d. Zubereitung d. Erde in d. Blumentöpfen, als in d. Beeten. Nebst e. auf Theorie u. Erfahr. gegründ. Anweis. üb. d. Behandl. d. Bodens, Erziehung u. Pflege d. vorzügl. Blumen, welche sowohl in offenen Gärten als in d. Treibehäusern erzogen werden können. 8. Kitzingen 833, Gundelach.

Blumist, der Deutsche, als zuverläss. Rathgeber über die Anlegung der Mist- u. Treibebeete, so wie von der Zubereitung der Erde, sowohl in Töpfen als in Beeten etc. 8. Litz 833. Wien, Sammer.) 11 Gr.

Blumisten-Almanach oder die beliebtesten Modepflanzen neuerer Zeit . . . hrsg. v. Ferd(inand) Frhrn. von Biedenfeld. Weimar: Voigt. Reihe I. 1856.

Blumii, J. C., s. B l u m , Jo. Christian

Blümke, A., u. Otto Schumann, der Kreis Arnswalde. gr. 8. (29 S.) Arnswalde 899. O. Wendt. n.n. — 50; m. Kreiskarte n. — 80

Blüml, Cl.: Bemerkungen über das philosophische Drama Platons in seinem Verhältnisse zum mythischen Drama der Griechen im Hinblick auf Aristoteles Poetik. 22 S. Progr. Waidhofen a./Th. 1874.

Blüml Clemens: Geschichte des n.-ö. LROG. in H o r n von 1872/3—1896/7. 59. H o r n 97. Progr.

Blüml, Clemens Waren die römischen Legionen seit Marius Söldnerscharen? War Kaiser Augustus der Schöpfer des stehenden Heeres im römischen Reiche? 8 (26 S.). Landes-R.- u. Oberg. *Horn* 1889. Progr.

B l u m l a c h e r, Chr., v. Anleitrecht. 4. Salzb. Mayr. 721.

Blumlacher, Chr., Commentarius in K. Karls peinl. Halsgerichtsordnung. 4. Salzb. 752. Mayr. 13 Gr.

— de jure emphiteutico vitalitio, jure precareo. 8. Salzb. 765. Mayr. 8 Gr.

— de retractu gentilitio et conventionali. 8. Salzb. 773. Mayr. 8 Gr.

— de servitutibus praedial. et realib. 8. ibid. 719.

— Traktatus von Vormundschaften, mit statutar. Anmerkk. v. J. G. Scopp. 4e Aufl. 8. Salzb. 763.

— libellus de tutelis, V o r m u n d s c h a f t s b. 8. Ebend. 741. -

B l u m l a c h e r, J., Op. 137. Neuestes vollständiges theoretisch-practisches Lehr- u. Unterhaltungs-Buch f. Zitherspieler (Schüler u. Lehrer) mit Rücksicht auf d. Selbstunterricht. (In Commission) 5 fl. Wien: F. Wessely 1881.

Blümlein, Die, d. hl. Franziskus v. Assisi. (Aus d. Ital. v. Rud. G Binding.) (6, 236) 8° Lpzg, Insel-Verl. '11. Pappbd 3 —; Ldr 8 —

[F.] Delft und seine Fayencen. Von Carl Blümlein in Frankfurt a. M. *Hamburg: Verlagsanst. u. Dr. A.-G. 1899.* (45 S.) 8.
== Sammlung gemeinverständl. wiss. Vorträge. N. F. Ser. 13. H. 300.
[99 1899

Blümlein, Carl, Schloß Fechenbach. Eine wahre Geschichte aus dem Bauernkriege. Mit 8 Bildern v. H. Grobet. (IV, 152 S.) 8. Stuttgart (906). Union.
Geb. in Leinw. n. 3. —

— Die Floia u. and. deut. maccaron. Gedichte, s.: Drucke u. Holzschnitte d. XV. u. XVI. Jahrh.

Blümlein, Carl (Hrsg.): Die F l o i a und andere deutsche maccaronische Geschichte, s. F l o i a , Die und andere . . .

Blümlein, Karl, das holländische Gymnasium. [Aus: „Das humanist. Gymnasium".] gr. 8. (30 S.) Heidelberg 893. C. Winter. n. 1. —

Blümlein, Carl: Zur Heimatkde v. Hessen-Nassau, s: Porger, Gust., u. Eleonore Lemp: Deut. Leseb. f. höh. Mädchensch.

— im Kampf um die Saalburg. Eine Geschichte v. der röm.-germ. Grenze f. die reifere Jugend. Mit Illustr. v. W. Planck u. vielen photograph. Orig.-Aufnahmen. (VII, 151 S.) 8. Stuttgart (905). Loewe. Geb. n. 3. —

Blümlein, Carl, im K a m p f um die Saalburg. Eine Geschichte v. der römisch-germ. Grenze f. d. reifere Jugend u. f. Erwachsene. Mit Illustr. v. W. Planck u. vielen photograph. Orig.-Aufnahmen. 2. Aufl. (VII, 152 S.) 8. Stuttgart (908). Loewe. Geb. in Leinw. 3. —

— Im Kampf um d. Saalburg. Eine Gesch. v. d. römisch-german. Grenze f. d. reif. Jugend u. f. Erwachsene. 3. Afl. (8, 160 m. Abb.) 8° Stuttg., Loewe ('12). L 3 — d

— Die Organisation d. höh. Unterr. im Kgr. d. Niederlande, s.: Wenzelburger, T.

— Um Rhein u. Reich, s.: L o h m e y e r ' s , Jul., vaterländische Jugendbücherei.

Blümlein, Friedrich Otto, [von Passau]: Ueber das Benzoylcarbinol und einige andere Abkömmlinge des Acetophenons. — Ueber gebromte Phtalsäuren. [Abschnitt II auch in: Berichte der deutsch. chem. Ges. 18, S. 2485—2497, 2578—2581]. Zür. o. Dr. 1884. 63 S. 8°.
Zürich, Phil. Diss. [v. 25. Juli 1884].

Bluemlein, J(oan.) Lud(ov.) Guil. (geb. Walbeck bei Geldern 21. 5 1819): De delirio tremente. Berolini (1843). (20 S.) 8°
Berlin, Med. Diss. v. 31. Juli 1843

— S a a l b u r g s t ü r m e. Eine Geschichte aus den letzten Tagen der Römerherrschaft am german. Grenzwall. Für die reifere Jugend u. f. Erwachsene. Mit Illustr. v. W. Planck u. d. Verf., sowie vielen photogr. Aufnahmen nach Originalen aus der Römerzeit. (VII, 228 S.) 8. Stuttgart (908). Loewe. Geb. in Leinw. 4. 50

Bluemlein, J. L. G.: De delirio tremente. D. 8°. 29 S. Berolini. 1843.

Blümlein, Karl, s. B l ü m l e i n , Carl

Blühmler, M. F., d. kleine Bibel, od. Luthers Katechismus erklärt. 12. Halle 751. Schwetschke u. S. 2 gl

Blümlinger, Floridus, Guckkastenbilder, s.: A l l e r h a n d a. Volk u. Land.

Blumm, Fd., s. Aul. Fl. Persius, dritte Satyre.

Blumm, Rich.: Gesundheits-Brevier f. Mütter u. Töchter. (95) 8° Bayreuth (Maxstr. 60), L Ellwanger '12. nn — 90 d

Blumm, Richard [cand. med. aus Bamberg]: Aus d. Syphilidoklinik zu Würzburg. Ueber die Behandlung der Psoriasis m. bes. Berücks. d. Merkazols . . . Bamberg, gedr. in d. Handels-Dr., *1896;* 22 S., 1 Bl. 8.
Würzburg, Med. Fak., Inaug.-Diss. v. 1896

Blumm, V., s.a. B l u m m , Vincenz

Blumm, B., über die Pflege der Zähne, ihre Erhaltung u. ihren Ersatz. gr. 16. (18 S.) Bamberg 879. (Hepple.) n. — 50

— Stickstoffoxydul als Anaestheticum, s.: Mittheilungen u. Auszüge aus dem ärztlichen Intelligenzblatt.

Blumm, Vincenz

Gerst, Moritz: Trauerrede an der Bahre des Br. Moritz Gerst gehalten von [Vincenz] Blumm am 31. Dez. 1909. Bamberg [1909]: Handelsdruckerei. 10 S., 1 Bildn. 8°. [Umschlagtit.]

Manz, Franz: Eine maurerische Feuerbestattung. Von [V.] Blumm. [Leipzig 1893: Metzger & Wittig.] 13 S. 8° [Kopftit.]
Aus: FZ. 47 (1893) S. 242—245. [Ohne das Gedicht.]
Bericht üb. die Feuerbestattung von F. Manz, Rede von V. Blumm bei dieser Gelegenheit: Gedächtnis des Verstorbenen, u. Gedicht von F. Heigl

Reuder, Franz: Trauer-Rede an der Bahre des Br.·. Franz Reuder gehalten zu Bamberg am 2. Mai 1895 von V. Blumm. Bamberg [1895]: Handels-Dr. 8 S. 8°

Rosenwald, Maro: Trauer-Rede an der Bahre des Br.·. Maro Rosenwald gehalten von V. Blumm am 17. März 1903. [Bamberg 1903: Handels-Dr.] 8 S. 1 Taf. 8°
Mit Bildn. des Verstorbenen.

Schmidt, Bonifaz: Trauer-Rede an der Bahre des Br.·. Bonifaz Schmidt gehalten zu Schwandorf am 31. März 1903 von V. Blumm. [Bamberg 1903: Handels-Dr.] 10 S. 8°

Treumann, Samuel: Trauer-Rede an der Bahre des Br. Samuel Treumann gehalten von [Vincent] Blumm am 31. Dez. 1899. Bamberg [1899]: Handelsdruckerei. 1 Bild, 7 S. 8°. [Umschlagtit.]

Trauer-Reden [von V. Blumm und M. R. Schulz] für Ferd. Heigl. [Bamberg 1903: Handels-Dr.] 26 S. 8° [Umschlagtit.]

Blümm, Guido, aus Kleinwallstadt a. M.: Ueber ein Adamantinom des Oberkiefers. *Würzburg 1901: A. Borst.* (60 S.) 8°
Würzburg, Med. Diss. v. 1901

Blümm, J. J., comment. medica de hydrothorace. 8. Würzb. 806. Stahel. 6 gl

Blümmel, Emil Karl [Red.], s. V o l k s l i e d , Das deutsche

Blümmel, Franz (Hrsg.), s. L i e d e r b u c h für die Jugend.

Blummen, s.a. B l o m e n

Blummen a Blieder. Lidder a Gedichter fum W. L. Letzeburich 1905. V: *Goergen, W.* **(Berlzu 1915, I/188)**

Blummen a Blieder. Lidder a Gedichter fum W. G. (Wilh. Goergen.) 2. Aufl. (151 S. m. Abbildgn.) 8. Letzeburech 906. (Stuttgart, W. Violet.) nn 2. 50

Blümmer, Minna, auf verschiedenen Wegen. Eine Erzählg. f. die Jugend u. ihre Freunde. 8. (III, 166 S.) Basel 888. Spittler. n. 1. 20

Blümml, Emil Karl (Hrsg.), s. B e i t r ä g e zur deutschen Volksdichtung.

Blümml, Emil Karl, Beiträge zur deutsch. Volksdichtung, s.a. Quellen u. Forschungen zur deutschen Volkskunde. 6. Bd.

Blümml, E. K., Beiträge zur deutschen Volksdichtung. [Quellen und Forschungen zur deutschen Volkskunde. Bd. VI.] Gr.-8°. (197 S.) K 8.64
Wien: Ludwig 1909.

Futilitates. Beiträge z. volkskundl. Erotik. Gesammelt u. hrsg. von E[mil] K[arl] **Blümml** (2 u. 4: von Josef Polsterer). Bd 1–4. (Wien 1908: Röttig in Ödenburg; 3 u. 4: Wien: Dr. R. Ludwig). 8°
1. Schamperlieder. Deutsche Volkslieder d. 16.–19. Jhs. Mit Singweisen.
2. Schwänke u. Bauernerzählungen aus Nieder-Österreich.
3. Aus d. Liederhs. d. Studenten Clodius, 1669, u. d. Fräuleins v. Crailsheim, 1747–49. Mit Singweisen.
4. Militaria. Eine Samml. d. typischen hs. Literatur d. deutsch-österr. Soldatenstandes. [10. 3107

Blümml, Emil Karl, s: Lieder u. Reime in flieg. Blättern d. 16. u. 17. Jahrh., Uhland.

Blümml, Emil Karl, aus den Liederhandschriften d. Studenten Clodius 1669 u. d. Fräuleins v. Crailsheim 1747–49, s.: Futilitates. III.

— Die Liederhandschr. d. Weingartner Benediktiners P. Meingosus Gaelle a. d. J. 1777, s: Quellen u. Forschungen z. deut. Volkskde.

Blümml, Emil Karl (Hrsg.), Zwei Leipziger L i e d e r h a n d s c h r i f t e n , d. 17. Jh., s. L i e d e r h a n d s c h r i f t e n , Zwei Leipziger . . .

— 2 Leipziger Liederhandschr. d. 17. Jahrh., s: Teutonia.

Blümml Emil: Zur Motivgeschichte des deutschen Volksliedes.
D: Berlin, 1906.
1909 PN 2733 **Diss.** Wien Univ. 306

Blüml, E. K. (Hrsg.), s. M o n t a n u s : Der Wegkürzer des Martin . .

Blüml, E. K. (Hrsg.): Quellen und Forschungen zur deutschen Volkskunde, s. Q u e l l e n und Forschungen . . .

— Schamperlieder. Deutsche Volkslieder des 16.–19. Jahrh., s.a. Futilitates. I.

— — S c h a m p e r l i e d e r , d e u t s c h e V o l k s l i e d e r d e s 16.–19. J a h r h u n d e r t s. Mit Singweisen. Gesammelt u. hrsg. von E(mil) K(arl) B l ü m m l. (Auch tit.: F u t i l i t a t e s [s. d.]. B e i t r ä g e z u r v o l k s k u n d l i c h e n E r o t i k. Bd. I.) Gedruckt bei G. Röttig und Sohn in Ödenburg. Wien 1908. 8⁰. (Mk. 12—.) (In Wien, Stadtbibl.: Secr. A 531, Bd. I.) P r i v a t d r u c k in 550 num. Expll. Titelbll. ornamentiert.

Ausseer und Ischler Schnaderhüpfel. Als Anh.: Vierzeiler aus d. bayrisch-österr. Sprachgebiet. Mit Singweisen gesammelt u. hrsg. von E. K. **Blümml** u. Friedrich S[alomo] Krauss. Leipzig: Deutsche Verlagsaktiengesellsch. 1906. (IX, 159 S.) 8° [F.]
— Volksmund, Der. Bd 3. [06. 8970

Schnurren und Schwänke des französischen Bauernvolkes. Deutsch von E[mil] K[arl] **Blümml**. Leipzig: Deutsche Verlagsactienges. 1900. 214 S. 8°
(Romanische Meistererzähler. Bd 10.) [10. 5271

— s. S c h w ä n k e , deut. , d. 16. Jahrh.

— Frz Fr. Kohl u. Jos. Reiter: Die Volksliedbewegg in Deutschösterr. (147) 8° Wien, Dr. R Ludwig '10. 2 —· d

Erotische Volkslieder aus Deutsch-Österreich mit Singnoten, gesammelt u. hrsg. von E. K. **Blümml.** Privatdr. [o. O.] (1906). (183 S.) 8° [07. 980

— Erotische Volkslieder aus Deutsch-Osterreich m. Singnoten. Gesammelt u. hrsg. (188 S.) 8. Wien (907). (F. Malota.) 10. —

— Frz. Fr. Kohl u. Jos. Reiter, die Volksliedbewegung in Deutschösterreich. (147 S.) 8. Wien 910. Dr. R. Ludwig. 2. —

— Schottky's Volksliedernachlass, s: Quellen u. Forschungen z. deut. Volkskde.

Blümml, E. K., österreichische Volksmärchen, s.: Kiska, Frz.

— s.: Warte, die freie.

Blumner, Gesch. des Leipz. Theater rc. s. Geschichte.

Blumner, F. Imhoof-, s. I m h o o f - B l u m n e r

Blumner, M., Abraham, s. Breitkopf und Härtel's Textbibliothek Nr. 46.

Blumner, Marie
Um Heimat und Eigentum. Eine Erzählung von Marie **Blumner.** Mit Bild. Barmen: Wuppertaler Traktat-Gesellsch. [1903]. (39 S.) 8° [F.]
— Tannenzweige. H. 27. [06. 6676

Um Heimat und Eigentum. Eine Erzählung von Marie **Blumner.** Schäfers Margareth. Eine Erzählung von Ottilie Wildermuth. Mit Bildern. Barmen: Wuppertaler Traktat-Gesellsch. [1905]. (58 S.) 8° [F.]
— Christblumen. Bdch. 16. [06. 6470

Blumner, Marie, Grube Morgenrot u. andere Erzählungen. (III, 320 S.) 8. Altenburg 906. St. Geibel. n. 3. 20; geb. n. 4. —

Blumner, Martin (Hrsg.), s. B a c h , Johann Sebastian: Cantatencyclus

Blumner, Martin. — Columbus. Cantate von — — aufgeführt durch den Cäcilien-Verein in Prag. Prag, 1856. Druck von Fr. Rohliček. (15 S. 8.)

Blumner, Martin. Geschichte der Sing-Akademie zu Berlin. Berlin 1891. Nachtrag s. Kawerau; s. a. Lichtenstein.

Blumner, Mart. Geschichte d. Sing-Akademie zu Berlin. Eine Festgabe zur Säcularfeier am 24. Mai 1891. Mit d. Bildniß d. Stifters Fasch nach e. Radirg. v. Gfr. Schadow. 4. (X, 256 S.) Berl. 891, Horn u. Raasch. * 6 —; geb. ** 7 50

Blumner, Mart., Rede bei der Gedächtnissfeier f. Eduard Grell, in der Sing-Akademie am 19. Septbr. 1886 geh. gr. 4. (7 S.) Berlin 886. Trautwein. — 30

Blumner, O. (Red.), s. W o c h e n b l a t t , Kirchliches, für die Provinz Sachsen.

Blümner, der bildliche Ausdruck in den Reden Bismarcks. Leipzig 891.

Blümner: L e h r e von böswilligen Rechtsmißbrauch . . . , s. B l ü m n e r , Rudolf

Blümner, Ernst (Leipzig), Scabini judiciorum criminalium ad legem Carolinam poenalem descr. Präs. Heinr. Blümner (Bruder). Lpz. (C. Tauchnitz) 22. I. 1799. 82 S., z. Tl. dtsch. (5.—) 2930

Blümmer, F., Ueb. Alexander den Grossen, den Sohn des Jupiter Ammon. Pr. 1868. 47 S. 4°. 1.25

Blümner, Frz., Renata von Ferrara. Ein Lebensbild aus der Zeit der Reformation. Frankfurt a. M. 870. Alt. gr. 8. (VIII, 251 S.) n. 24 ngr.

Blümner, H., Bemerkungen zu Gellius II, 26. S.-A. s. a. 14 S. 1.—

Blümner, H., von Hottingen bis Jeddo. Zur Erinnerg. an die Orientfahrt des Lesezirkels Hottingen. Text v. B., Illustr. v. M. Annen nach Photographien v. J. Meiner. qu. Fol. (62 S.) Zürich 899. Verlag d. Lesezirkels Hottingen. Geb. n. 8. —

Blümner, H.: Dilettanten. Kunstliebhaber und Kenner im Altertum, s. Blümner, Hugo

Blümner, H., Zu Apuleius Metamorphosen. Gel. 1894. 19 S. 1.—

Blümner, H. Siehe: „Vorträge."

— **Heinrich** (Leipzig), Elector Saxoniae juris Saxonici defensor. Exercit. jur. Präs. Christian Rau. Lpz. (Klaubarth) 7. VII. 1785. 40 S. (4.80) 2931

(Blümner, H.:) **Entwurf e. Literatur d. Criminalrechts in systemat. Ordn.** *Lpz.*, Grieshammer. 794. gr. 8. (12 Gr.)

– s. Etwas über d. Landtag.

– s. Euripidis Medea.

– s. Gesch. d. Leipz. Theaters.

Blümner, Hnr., über d. Idee d. Schicksals in den Tragödien des Aeschylos. gr. 8. Leipz. 814. Tauchnitz. 20 gr.

– s. Land- u. Ausschußtagsordnung.

— über d. Medea v. Euripides, gr. 8. Leipz. 790. (Wi Rauck). (Kam nicht in den Buchhandel.)

— — u. **Christian Friedrich Ludwig Senft v. Pilsach**, De Sophoclis Oedipo rege. Lpz. (Breitkopf) 12. III. 1788. 50 S. (4.80) 2932
Gew.: Joh. Gottfried Blümner (Frohburg u. Loebnitz).

— — De raptu. Diss. jur. criminalis. Lpz. (Breitkopf) 27. XI. 1788. 34 S. (4.80) 2933

— Diss. Scabini judiciorum criminalium ad legem Carolinam poenalem descripti. 4. Leipz. 799.

Blümner, Hugo, Amor u. Psyche. Ein antikes Märchen, nach Apuleius in freie metr. Form übertr. (VII, 81 S.) kl. 8. Zürich 907. A. Müllers Verl. Geb. in Leinw. m. Goldschn. 8. —

Blümner, Hugo, der bildliche Ausdruck in den Reden d. Fürsten Bismarck. 8. (VII, 198 S.) Leipzig 891. S. Hirzel. n. 2. 80

Blümner, Hugo, über die Bedeutung der antiken Denkmäler als kultur-historische Quelle. Rede, gehalten am 28. April 1888 beim Antritte des Rektorats. gr. 8. (28 S.) Zürich 888, Meyer und Zeller. * — 80

Blümner, H[ugo]. Aus Briefen an J[ohann] J[acob] Horner ⟨1773–1831⟩. Mitgetheilt von Prof. Dr. H. B. (SA.) 8. [Zürich 1891.]

Blümner H, Dilettanten, Kunstliebhaber und Kenner im Altertum. (Sammlung gemeinverständlicher wissenschaftlicher Vorträge 176) Berlin 1873

— die Farbenbezeichnungen bei den römischen Dichtern, s.: Studien, Berliner, f. classische Philologie.

Blümner, Hugo. Festspiel zur 25jährigen Jubelfeier des Lesezirkels Hottingen. [Mit 1 Vignette.] 27 S. 8. Zürich, Verlag des L' H'... ([Druck:] J. Frank), 1907.

Bluemner, Hugo: De Vulcani in veteribus artium monumentis figura. Vratislaviae (1870). (35 S.) 8°
Breslau, Phil. Fak., Hab.-Schr. v. 3. März 1870

— de Vulcani in veteribus artium monumentis figura. Dissertatio. gr. 8. (35 S.) Breslau 870. (Maruschke & Berendt.) n. 1. —

Zum Gedächtnis von Professor Dr. Arnold Hug. Von H[ugo] Blümner. Zürich 1895: Neue Zürcher-Zeitung. 14 S. 8° [illegible]

— und Ov Schorn, Geschichte des Kunstgewerbes. Bd 1-4. (Wissen der Gegenwart 30. 32. 33. 65) Leipzig 1885-87

—— zum westlichen Giebelfelde des Parthenon, s. Studien, gesammelte, zur Kunstgeschichte.

Blümner, Hugo s. Hermann, Carl Friedrich. Lehrbuch der griechischen Privatalterthümer. Freiburg i. B.... 1882 – Maximaltarif. Der M' des Diocletian. Berlin 1893.

Blümner, Hugo: Kte v. Griechenld z. Zeit d. Pausanias (sowie in d. Gegenwart). 1:500,000. 66,5×76,5 cm. Farbdr. Nebst Vorwort u. Ortsverz. (12) gr8° Bern, Geograph. Ktnverl. ('11). 3.20

Ovids Kunst zu lieben in freier metrischer Uebertragung v. H. Blümner. Berlin 1902. 8°. (3 Mk., neu, Max Jaeckel, Potsdam, 1910.)

Blümner, H. Das Kunstgewerbe im Altertum. Mit 133 und 143 in den Text gedruckten Abbildungen. 2 Bde. (Das Wissen der Gegenwart.) Leipzig, Prag 1885. 8°.

Blümner, Hugo, das Kunstgewerbe im Altertum, s.a. Wissen, das, der Gegenwart.

Blümner, H. Das Kunstgewerbe im Altertum ... Leipzig, G. Freytag. Prag, F. Tempsky 1885.
2 Abt. 8°.
I: Das antike Kunstgewerbe nach seinen verschiedenen Zweigen: 4 Bl., 267 S. m. 133 Abb.
II: Die Erzeugnisse des griechisch-italienischen Kunstgewerbes: 4 Bl., 234 S. m. 143 Abb.

—— Laokoon-Studien. 1. und 2. Heft. gr. 8. Freiburg i. Br., Mohr. *M 5.; geb. *
Inhalt:
Heft 1. Ueber den Gebrauch der Allegorie in den bildenden Künsten. (VI, 91 S.) 881. *M 2.; geb. *M 3,50.
» 2. Ueber den fruchtbaren Moment und das Transitorische in den bildenden Künsten. (VI, 99 S.) 882. *M 3.; geb. *M 4,60.

—— Leben u. Sitten d. Griechen, s.a. Wissen, d., d. Gegenwart.

Blümner, H.: Leben und Sitten der Griechen. Leipzig 1887. 3 Bde m. Abb. (Das Wissen der Gegenwart. 60, 62, 63.) Xb 14/1—3

Blümner, H. Leben und Sitten der Griechen ... Leipzig, G. Freytag. Prag, F. Tempsky 1887.
3 Abt. 8°.
I: Tit., 2 Bl., 196 S. m. 92 Abb.
II: Tit., 2 Bl., 184 S. m. 58 Abb.
III: Tit., 190 S., 1 Bl. m. 58 Abb.

—— Lebens- und Bildungsgang eines griechischen Künstlers, s.a. Vorträge, öffentliche, gehalten in der Schweiz.

— Lebens- u. Bildungsgang eines griechischen Künstlers. Gel. 1887. 84 S. 1.—

Blümner H, Leben u Bildungsgang ein. griech. Künstlers. (Vortr. Öff. IX, 8) Basel 1887

Blümner, H. (Hrsg.), s. Literaturzeitung, Leipziger.

Bluemner, Hugo (geb. Berlin 9. 8. 1844): De locis Luciani ad artem spectantibus. Particula prima. Berolini (1866). (55 S.) 8° * Fortges. u. d. T.: Archäologische Studien zu Lucian. Breslau: Mälzer 1867.
Berlin, Phil. Diss. v. 12. März 1866

Bluemner, Hugo, de locis Luciani ad artem spectantibus. Particula I. Dissert. inaug. archaeologica. Berlin 866. (Calvary & Co.) gr. 8. (55 S.) n. 10 ngr.

— s.: Maximaltarif, der, des Diocletian.

Blümner, H[ugo]. Mittheilungen aus Briefen an Leonhard Usteri. [SA.] 8. [Zürich 1884.]

Theodor Mommsen. Von H[ugo] Blümner. Zürich 1903: Neue Zürcher Zeitung. 23 S. 8°
Aus: Neue Zürcher Zeitung v. 4.–6. Nov. 1903. A 11.6971 7

Blümner, Hugo, s.: Ovid's Kunst zu lieben.

Blümner, Hugo, und Sartoris, Spyridon. Zürcher Plutarch. Heitere Verse und Zeichnungen. (Zum Donaufest des Lesezirkels Hottingen, 13. März 1909.) [52 S.] 8. Zürich, Verlag des L' H' ([Druck:] J. Frank), 1909. [cart. fr. 1. 50]

— Die röm. Privataltertümer, s: Handbuch d. klass. Altertumswissensch.

Blümner H, technische Probleme aus Kunst und Handwerk der Alten. (Sammlung gemeinverständlicher wissenschaftlicher Vorträge 278) Berlin 1877

—— die archaeologische Sammlung im eidgenössischen Polytechnikum zu Zürich. 8. (XVI, 201 S. mit 4 Lichtdr.) Zürich 881, Schmidt. *ℳ 2,50.; ohne Taf. *

Blümner, Hugo, Satura. Ausgew. Satyren d. Horaz, Persius u. Juvenal in freier metr. Übertragg. 8. (XIX, 268 S. m. 19 Abb.) Leipzig 897. B. G. Teubner. n. 5. —

— zum schweizerischen Schriftdeutsch. Glossen e. Laien zu Wustmanns Schrift „Allerhand Sprachdummheiten". 8. (56 S.) Zürich 892. Alb. Müller's Verl. n. — 80

Blümner, H., archaeologische Studien zu Lucian. Breslau. *100 p.* Schul-/Univ.-Schrift 1867.

— archaeologische Studien zu Lucian. Breslau 867. Mälzer. gr. 8. (100 S.) n. 20 ngr

·— Studien zur Geschichte der Metapher im Griechischen. 1. Heft: Ueber Gleichniss u. Metapher in der attischen Komödie. gr. 8. (XIX, 287 S.) Lpz. 891, Teubner. * 8 —

— die gewerbliche Thätigkeit der Völker des klassischen Alterthums, s. a. Preisschriften.

Blümner, H., Die gewerbliche Thätigkeit der Völker des klassischen Alterthums. (Von d. Jablonowski'schen Ges. gekr. Preisschrift.) Leipzig 1869. lex. 8°.

—— Technologie und Therminologie der Gewerbe und Künste bei Griechen und Römern. 1. Bd. 2 Hälften. Enth. die Bearbeitung des Brotes und die Verarbeitung der Gespinnstfasern. gr. 8. Leipzig, Teubner. [1. Hälfte. (1—194.) 874. *ℳ 5,60.; 2. Hälfte. (XII, S. 195—361.) 875. *ℳ 5,20.] *

—— Technologie und Terminologie der Gewerbe und Künste bei Griechen und Römern. 2. Bd. gr. 8. (VIII, 396 S. mit 60 in den Text gedr. Holzschn.) Leipzig 879, Teubner. *
1. Bd. Ebendas. 1874,75. *ℳ 10,80.

—— Technologie und Terminologie der Gewerbe und Künste bei Griechen und Römern. 3. Bd. gr. 8. (VIII, 343 S. mit 44 in den Text gedr. Holzschn. und 1 Taf. in Lichtdr.) Leipzig 884, Teubner. *
1. und 2. Bd. Ebendas. 1874—79. à *ℳ 10,80.

—— Technologie und Terminologie der Gewerbe und Künste bei Griechen und Römern. 4. Bd. 1. und 2. Abthl. (Schluss.) Mit zahlreichen Abbild. gr. 8. Leipzig, Teubner. [1. Abthl. (S. 1—378.) 886. *ℳ 10.80.; 2. Abthl. (XI, S. 379—629.) 887. *ℳ 7.20.] * 18 —
1.—3. Bd. Ebendas. 1874—81. à *ℳ 10,80.

— Technol. u. Terminol. d. Gewerbe u. Künste bei Griechen u. Römern. I. Bd. 2. Afl. (12, 364 m. 135 Holzschn. u. 1 Taf.) gr8° Lpzg, BG Teubner '12. 14 —; HF 17 — d

—— Technologisches [Schwefel, Alaun und Asphalt im Altertum], s. Festschrift zur Begrüssung der XXXIX. Versammlung deutscher Philologen und Schulmänner, dargeboten von der Universität Zürich.

Blümner, Rudolf, aus Zürich: Die Lehre vom böswilligen Rechtsmissbrauch ⟨Chikane⟩ nach gemeinem Rechte und nach dem Rechte des Bürgerlichen Gesetzbuchs. Ein Beitrag zur Lehre von d. Ausübung d. Rechte. T. 1. *Berlin (1899): E. Ebering.* (38 S.) 8° ¶(Erscheint vollst. als H. 3 d. Rechts- u. Staatswiss. Studien.)
Berlin, Jur. Diss. v. 20. Juli 1899

Die Lehre vom böswilligen Rechtsmissbrauch ⟨Chikane⟩ nach gemeinem Rechte u. nach d. Rechte d. Bürgerl. Gesetzbuchs. Von Dr. Rudolf Blümner. *Berlin: E. Ebering 1900.* (206 S.) 8°
= Studien, Rechts- u. Staatswissenschaftliche. H. 3. 199 u 670

Bluemner, Rudolph Moritz (Breslau), De variis stricturas tollendi methodis. Diss. med.-chir. Bln. (Nietack) 15. VII. 1833. 48 S., mit Literatur u. Biogr. (M.: C. Rühl.) (3.60) 2934
Oppon.: C. A. Roepke, E. Wagner, C. P. Welzel. — Gewidmet: Th. Bluemner, E. Henschel, A. Burchard.

Blumreich, L., Gefrierdurchschnitt durch den Körper e. in der Austreibungsperiode gestorbenen Gebärenden, s.: Bumm, Ernst.

Blumreich, Ludwig [aus Berlin]: Die Entwicklung der Fallopischen Tube beim Menschen ... Berlin, Buchdr. v. F. Cynamon, *1895;* 36 S. 8.
Berlin, Med. Fak., Inaug.-Diss. v. 23. Apr. 1895

Blumrich, G., die Anatomie in einer Nuss. 1. u. 2. Aufl. 32. (64 Seit.) Nürnberg 834, 35, Schneider u. Weigel. à

Blumrich, G., die Anatomie in einer Nuß. 32. Nürnberg 834. Schneider u. Weigel. 7/12 ₰ — 2e verb. Aufl. 1/2 16. Ebd. 835. Ebd. (Merz.) 7/12 ₰

Blumrich, G., die Anatomie in e.-Nuss. 2., verb. Aufl. kl. 1/2 16. (4 B.) Nürnberg 835, [Bauer u. Raspe.]

Blumrich Josef: Bestimmungstabellen der um Bregenz häufigeren Laub- und Lebermoose. 20. Bregenz 02. Progr.

Blumrich Josef: Der Pfänder. Eine geol. Skizze. 21. Bregenz 01. Progr.

Blumrich, Josef: Die Phonolithe des Friedländer Bezirkes in Nordböhmen.
Phil. Diss. Prag 1893/94.

Blumrich, Karl (Hrsg.), s. Ostmark, Die.

Blumröder: Verwahranstalten, s. Blumröder, Joh. Sam. Ferd.

Blumenröder, A. v., s. Droz, Jos: Eudämonia.

§ MEPHISTOPHELES im Hof-Frack und in der Blouse. Eine Reihe skizzirter Schilderungen aus dem socialen u. politischen Leben der Gegenwart (von *A. v. Blumroeder*). Mit 9 famosen satir. Lithographien. Leipzig, Ch. E. Kollmann, 1847. 8°. VIII, 557 S. 8°. (6 Mk. Friedr. Klüber, 1898; 5 Mk. Dieterich, 1907; 10 Mk. Osk. Rauthe, 1908.)

Blumröder, August

Blumroeder, Aug. v., Ansprache an das deutsche Volk und insbesondere an die patriotischen Volksfreunde, denen die Würde und Ehre ihres Vaterlandes am Herzen liegt. Leipzig 859. Kollmann. 8. (68 S.) n. 10 ngr

v. Blumröder, Aug., der verhüllte Bote aus d. Heimath, oder das unsichtbare Gängelband. Eine biograph. Skizze. 2 Thle. 8. Sondershaus. 821. Eupel. 1 ₰ 12 gr

—— m. Erlebnisse im Krieg u. Frieden. 8. (212) Sondersh. 57. (Lüb., Bolhoevener u. S.) — 24

Blumröder, Aug. v., meine Erlebnisse im Krieg und Frieden, in der großen Welt u. in der kleinen Welt meines Gemüths. Sondershausen 857. Eupel. gr. 8. (VII, 212 S.) 24 ngr

Blumröder, (Aug.,) Gedichte. 2e Aufl. 8. Sondershausen 822. (Ilmenau, Voigt.)

Blumröder, Aug. v., der lebendigmachende Geist der christl. Religion in 95 Sätzen; od. unumstößl. Beweis, daß das Wesen der Religion nicht in der gewöhnlichen, mit Dogmenglauben u. Mysterien getriebenen Abgötterei bestehe rc. gr. 8. (10 B.) Sondershausen 845, F. A. Eupel.

— Gott, Natur, Freiheit, in Beziehung auf d. sittl. Gesetzgebung d. Vernunft. gr. 8. Leipz. 827. Klein. 1 ₰ 6 gr

— Irene, nebst einigen Bausteinen z. Tempel dieser schönen Göttin, gebrochen in d. Ruinen d. nächsten Vergangenheit. Ein Gedicht in 3 Gesängen. gr. 8. Sondersh. 816. Voigt in Ilm. 8 gr

— Lebenserfahrungen und Lebensanschauungen im Lichte der Vernunft, in Beziehung auf die wichtigsten Anliegen unseres inneren u. äußeren Lebens in den verschiedenen Gesellschaftskreisen, denen wir eingefügt sind. 2 Bde. Leipzig 858. Kollmann. 8. (2 Bl., XI, 365; 2 Bl., 266 S.) 2 ₰ 20 ngr

— Lebenserfahrungen und Lebensanschauungen im Lichte der Vernunft, in Beziehung auf die wichtigsten Anliegen unseres inneren und äußeren Lebens in den verschiedenen Gesellschaftskreisen, denen wir eingefügt sind. 2 Thle. in 1 Bde. 2., billige Volks-Ausg. Ebend. 860. 8. (XIV, 633 S.) 1 ℛ 15 ngr.

v. Blumröder, Aug., literarische Plänkler auf dem Felde der Philosophie, Politik, Religion, Kirche u. des socialen Lebens. gr. 8. (VI u. 399 S.) Leipzig 847, Kollmann. 1⅓ ℛ

v. Blumröder, Aug., die Religion nach ihrer Idee u. geschichtlichen Erscheinung, in einer Uebersicht der vorzüglichsten Religionen, besonders des Christenthums u. der christl. Kirche nach ihren verschiedenen Erscheinungsformen. Ein Handbuch für Gebildete zur Orientirung üb. die wichtigste Angelegenheit der Menschheit. gr. 12. Sondershausen 839. Eupel. 1½ ℛ

— der Selbstmord, psychologisch erklärt u. moralisch gewürdigt, mit besond. Berücksichtigung d. Ursachen von d. gegenwärtigen Frequenz dieses Uebels u. mit beigefügten Beispielen aus der alten u. neuen Geschichte rc. 2 Thle. A. u. d. T.: Unterhaltungen über den Selbstmord, v. M. R. Sylvestre Guillon. — Der Selbstmord im Spiegel der Geschichte u. in Bezug auf die Strafgesetzgebung; nebst einigen Beiträgen zur Lebenskunst u. zur Berichtigung d. Urtheile über Zweikampf u. Todesstrafe. 8. Weimar 837. Voigt. 1¾ ℛ

[Blumroeder, August v.]: Die Trennung der Schule und der Kirche. E. Schriftlein f. Jedermann, sowohl in Städten als auf d. Lande . . . [Verf.: August v. Blumröder.] Ansbach 1848. 8°

—— Teutschland's Vergangenheit, Gegenwart u. Zukunft; Blätt. der Erinnerung, veranlaßt durch d. tausendjährigen Bestand des teutschen Reichs im J. 1843, gewidm. allen patriot. Freunden d. Lichtes u. des gesetzl. Fortschrittes. gr. 8. (7 B.) Sondershausen 843, Eupel.

—— das Verhältniß der Revolution zur Religion. Blätter der Warnung und Belehrung für diejenigen, welche in der Revolutionszeit ihren Gott verloren haben, oder in Gefahr sind, ihn zu verlieren. gr. 8. (63 S.) Sondershausen 849, Eupel.

—— Was hat Deutschland in der gegenwärtigen Situation zu hoffen oder zu fürchten? Eine Ergänzung meiner „Ansprache an das deutsche Volk und Mahnung zur Vorkehr gegen künftige Gefahren." 8. (79 S.) Leipzig 859, Kollmann. *

Blumröder, G., Morano. Ein Roman aus den Papieren des Baron D—n. 2e Ausg. 8. Nürnb. 834. v. Ebner ⅔ ℛ

Blumröder, Gust. (Hrsg.), s. Blätter für Psychiatrie.

Geist und Welt bei Tische. Humorist. Vorlesungen über Eßkunst von Gustav Blumröder ⟨Antonius Anthus⟩. Neu hrsg. unter Benutzung der v. Verf. durchges. 1. Aufl. von Oskar Steinel, Reallehrer. Bd 1. 2. Berlin: H. Neelmeyer [1906]. 2 Bde 8° [F.]
= Bücherei, Deutsche. Bd 53. 54. [06. 7880

Geist und Welt bei Tische. Humorist. Vorlesungen über Eßkunst von Gustav Blumröder ⟨Antonius Anthus⟩. Neu hrsg. unter Benutzung der v. Verf. durchges. 1. Aufl. von Oskar Steinel. Bd 1. 2. Berlin: Deutsche Bücherei [1909]. 8°
1. 2. Aufl
(Deutsche Bücherei. Bd 50/60. 51 [aufgestempelt 91/92].) [09. 4170

Blumröder, Gust., über das Irresein, oder anthropologisch-psychiatrische Grundsätze. Für Aerzte u. Psychologen. gr. 8. Leipzig 836. O. Wigand. 2¼ ℛ

Blumröder, H., die Vollblütigkeit und Blutarmuth die Quellen der meisten Volkskrankheiten, besonders der Hämorrhoiden, des Rheumatismus, der Gicht; der Hysterie, Bleichsucht und Blutwassersucht nebst deren rationaler Behandlung. Eine populäre Schrift für Jedermann, nach den neuesten Beobachtungen u. physiologisch-patholog. Thatsachen bearb. und herausgegeben. Leipzig 854. O. Wigand. 8. (144 S.) 15 ngr

Blumröder, J. S. F., zwei Pfingstpredigten. Im J. 1849 gehalten. gr. 8. (32 S.) Sondershausen 849, Eupel. 3 ngr

Blumroeder, Joh. Ernst (Ellebia-Schwarzburg), Brutorum actiones mechanice inexplicabiles. Diss. philos. Präs. Jo. Heinr. Müller. Altdorf (J. W. Kohles) 27. VI. 1719. 16 S. (4.60) 2971

(Blumröder, Joh. Sam. Ferd.,) die Verwahranstalt f. kleine Kinder, s. Verwahranstalt.

Blumröder, L. v., Wiesengrün u. Waldesnacht. 8. (VI, 343 S.) Berlin 887. Parrisius. n. 3. 50; geb. 4. 50

Blumröder, Martin Andreas (Longoprato-Thüring.), Disquisitio cur heroum filii interdum noxae. German.: Warum vornehmer Leute Kinder gemeiniglich übel gerathen. Präs. Joh. Andr. Schmidt. Jena 1689. Halle (J. Ch. Hendel) 1721. 32 S. (5.—) 2972

Blums

— Leben, Wirken u. Sterben. Wien, den 9. Novbr. 1848. 8. (16 S.) Bautzen 849, Reichel. n. 2 ngr — Mit Blums lith. Portr. n. 1/12 ℛ

— letzte Lebensstunden u. die Todtenfeier in Bremen. Nebst der dabei gehalt. Rede des Hrn. C. H. C. Wischmann. 8. (16 S.) Bremen 848, Kaiser. n. 2 ngr

—— Tod. Gedicht eines Lebendigen. (Geo. Herwegh.) 8. (4 S.) Herisau 849, [Schläpfer und Meisel.]

— Tod, über, u. die Paulskirche. Auch eine Anrede an das deutsche Volk. [Deutsche Flugschriften. I.] gr. 8. (32 S.) Aschaffenburg 848, Pergay. n. ⅙ ℛ

[F.] Blumschein, Gustav [Dr.]: Ueber die Germanisierung der Länder zwischen Elbe und Oder. Köln, Druck: Gebr. Brocker, 1894; 3—16 S. 4.
Köln, OR u. VS sowie Fortbildungs-S, P 1894 (494)

Blumschein, Gust., Streifzüge durch uns. Muttersprache. (D. sprachbild. Kraft d. Bedeutungsübertragg. Über Wort-Wandergn. u. Wort-Wandelgn. Uns. Personennamen i. Lichte d. Geschichte. D. deutschen Familiennamen. — Mundartliches. Kulturgesch. i. uns. Muttersprache.) gr. 8. (VIII, 238 S.) Köln 898. P. Neubner. n. 2. 40

[F.] Blumschein, Gustav [Dr.]: Über Übertragung und Entwickelung von Wortbedeutungen. Köln, Druck: Gebr. Brocker, 1897; 26 S. 4.
Köln, OR u. VS, P 1897 (509)

Blumschein, Gust., aus dem Wortschatze der Kölner Mundart, s.: Festschrift zum 11. deutschen Neuphilologentage.

Blumschein, J. G., Die Begräbnisskassen. Anleitung zu ihrer zweckmässigen Verfassung und Verwaltung, nebst einer Uebersicht ihrer Vorzüge gegen Lebensversicherungs-, Renten- u. Sparkassen-Anstalten. 8°. Leipzig 1846.

Blumschein, J. G., Handbuch für Capitalisten und Capitalienverwalter, Vormünder, Gemeinde- und Kirchenrechnungsführer, Cassirer von Vereinen und Corporationen, Verwalter des eignen Vermögens nach den Grundsätzen der doppelten Buchführung. 2. Aufl. 4. Langensalza 869, Schulbuchh. von Greßler. In Mappe

Blumschein, J. G., vollständ. Commentar zur revid. Städte-Ordnung v. 17. März 1831. Mit besond. Rücksicht auf die, dies. ergänz. u. erläut. Gesetze, Rescripte u. Verordnn. u. nach e. mehrjähr. prakt. Erfahr. bearb. 2 Thle. gr. 8. (19 B.) Quedlinburg 841, Basse.

Blumschein, J. G., die Communal-Steuer in den Städten. Nach den Städte-Ordnungen von 1808 u. 1811 u. den darüber besonders ergang. Gesetzen u. Verordnungen — welche dem Werke in einem Anhange beigefügt sind — bearbeitet. gr. 8. Quedlinburg 840. Basse. ½ ℛ

Blumschein, J. G., theoret.-prakt. Lehrb. f. die Dorfgerichte des preuß. Staats, üb. die von denselben vorzunehmenden gerichtl. Handlungen. Nebst Muster-Protok. gr. 8. (10¼ B.) Quedlinburg 846, Basse.

Blumschein, J. G., Vorsichtsmaßregeln für Kapitalisten bei Ausleihung, Verwaltung und Wiedereinziehung ihrer Kapitalien. Nebst Zins- und andern Tab. 4. (56 S.) Langensalza 800, [Schulbuchhandlung von Greßler.]

— Was ist Krämerei u. Bürger-Vermögen und wem gebührt die Nutzung desselben? gr. 8. Quedlinb. 840. Basse. ⅓ ngß

— alphabetische Zusammenstellung aller in der Städte-Ordnung vom 17. März 1831 enthaltenen Bestimmungen. 8. Quedlinburg 840. Basse. ⅓ ngß

Blumschein, Karl Gustav, s. Blumschein, Gustav

Blumschein, Ludwig: Beobachtungs-Ergebnisse der mit der K. Realschule Traunstein seit 1. Januar 1879 verbundenen meteorologischen Station dritter Ordnung. pg. 3 - 36. 8°. E. Leopoldseder.
Progr. Traunstein 1896/97

Blumschein, Ludw., Schulsdora v. Traunstein, s.: Schneider, Jos.

Blumschein, Max Georg,
s. a. Blumenschein, Max Georg

Blumschein, Mr. G., Erfahr. u. Beobacht. a. d. Thierarzneykunde. 8. Salzb. Mayr. 791.

— — ebendasselbe. 8. Grätz, Tusch. 791.

– s. J. F. Gmelin: Geschichte der thierischen Gifte.

— Samml. practisch. Heilungsart. aller Viehseuchen. 8. Münch. Fleischmann. (Gräff, Leipz.) 787.

Blumschein, M. G., Unterricht f. d. Landmann v. Viehseuchen ꝛc. München, Lentner. 787. Rthlr. –

Blümlinger, Floridus, Guckkasten-Bilder. Mit dem Poträt des Verfassers, zwei Vollbildern und vielen Original-Illustrationen von Bertrand Zallinger. 8. (244 S.) Geb. 1.25
Linz-Urfahr: Verlag des kathol. Press. Vereines 1897.

Blumstein, Felix
La bibliothèque municipale de Strasbourg et son histoire. Par F[élix] Blumstein. Rixheim 1900 (1903): Sutter & Cie. (115 S.) 8°
Aus: Revue catholique de l'Alsace. [illegible]

Blumstein, F., la bibliothèque municipale de Strasbourg et son histoire. (115 S.) gr. 8. Rixheim 900. (Strassburg, Treuttel & Würtz.) n. 1. 50
Sonderabdruck aus: „Revue catholique d'Alsace".

Blumstein, Fel., Excerpta a catalogo bibliotheca civitatis Argentinensis. 8. (IV, 164 S.) Strassburg 897. (J. Noiriel.) n.n. 1. 25

Felix Blumstein jun. Excerpta ⟨nova⟩ e catalogo bibliothecae Civitatis Argentinensis. *Argentorati 1901: Off. Typ. Alsat.* (IV, 299 S.) 8° [illegible]

Blumstein fils, Félix, Glanes sur la cathédrale de Strasbourg. gr. 4. (IV, 45 S. m. 11 Lichtdr.-Taf.) Rixheim 901. (Strassburg, J. Noiriel.) n. 10.—

Blumstein fils, F: Glanes sur la cathédrale de Strasbourg. (45 m. 11 Lichtdr.) 4° Rixh.'01. Schilligheim b/Strassburg i/E. (Eivolistr. 1b), Selbstverl. 10 —

Glanes sur la cathédrale de Strasbourg. Félix Blumstein Fils. *Rixheim 1901: F. Sutter & Cie.* (44 S.) 4° [illegible]

F. Blumstein & Ad[olf] Seyboth. Urkunden des Stifts genannt Unser-Lieben-Frauen-Werk. Auszüge betr. der Stadt Strassburg zukommende Rechte in d. Verwaltung des Werkes. *Strassburg: Els. Dr. u. Verlagsanst. 1900.* (XIV, 432 S.) 4°(8°) [illegible]

Blumstein, Jeruchim. Ueber das 2, 3 - Dioxyflavon. Diss. Phil. Bern. 39 S. 8. Bern. Wälchli & Hauri, 1901.

Blumstein-Judina, Frau Beila. Die Pneumatisation des Markes der Vogelknochen. Diss. Med. Bern. Mit 5 Figuren auf den Tafeln 1/3. ([Sep.-Abdr. aus:] Anatom[ische] Hefte, Abteilung I, Heft 87 = Bd. 29, H. 1.) 54 S. 8. Wiesbaden, J. F. Bergmann, 1905.

Blumstengel, K. G., Christenlehre in Frage u. Antwort. Ein Handbüchlein f. die christl. Gemeinde. 8. (VII, 120 S.) Dresden 891. Höckner's Sort. n. 1. 20

Blumstengel, K. G., die Grundsätze der häuslichen Erziehung, für Väter u. Mütter dargestellt. gr. 16. (35 S.) Leipzig 877. Buchhandlung des Vereinsh. n. — 50

Blumstengel, KG, Leibniz's aegypt. Plan. 8. (119) Lpzg 69, H Fritzsche's Bh. n. — 15

Blumstengel, K. G., Leibniz's aegyptischer Plan. Eine historisch-kritische Monographie. Leipzig 869. Lorentz in Comm. gr. 8. (119 S.) n. 15 ngr

Blumstengel, K. G., d. Predigt u. d. relig. Bedürfniß d. Gegenwart. Betrachtgn. e. Kirchgängers. 8. (24 S.) Leipzig 895. F. Richter. n. — 40

— vom Sohne Gottes. Eine Begründung f. die christl. Gemeinde. gr. 8. (24 S.) Dresden 890. J. Naumann. n. — 80

— die Trauung im evangelischen Deutschland nach Recht u. Ritus dargestellt. gr. 8. (VI, 152 S.) Weimar 879. Böhlau. n. 2. 60

Blumstock, Emil, die Buchhaltung des Gewerbtreibenden u. Handwerkers in Theorie u. praktischen Beispielen. Ein Hilfsmittel f. den Gewerbe- u. Handwerksschüler. gr. 8. (48 S.) Dresden 900. G. A. Kaufmann. n. — 60

Blumstock, Emil, praktisches Handbuch der Deutschen Bekleidungs-Akademie zu Dresden zum Unterricht in der Buchführung f. Schneider, einschließlich der Kontorwissenschaften, als da sind prakt. Unterweisgn. in der Korrespondenz, Anleitgn. zur ordnungsmäßigen Ausstellg. v. Rechngn., Quittgn., Schuldscheinen, Wechseln u. s. w., Erläutergn. d. kaufmänn. Rechnungswesens, der Prozent- u. Zinsrechng. gr. 8. (VI, 166 S.) Dresden 894. Expedition der Europ. Modenzeitg. 2. 50; geb. n. 3. 25

— praktisches Handbuch d. Buchführung f. Schneider einschliesslich der Kontorwissenschaften, als da sind prakt. Unterweisgn. in der Korrespondenz, Anleitgn. z. ordnungsgemässen Ausstellg. v. Rechngn., Quittgn., Schuldscheinen, Wechseln etc., Erläutergn. d. Prozent-, Zinsen- u. Wertpapierberechng. Bearb. u. hrsg. als Lehrmittel der deutschen Bekleidungs-Akademie zu Dresden sowie zum Selbstunterricht f. Schneider. 2. verm. u. verb. Aufl. 2 Tle. gr. 8. Dresden 900. Expediton der europ. Modenzeitg. In 1 od. 2 Bde. geb. 3. 75
1. Buchführung. (IX, 158 S.) 2. 50
2. Der schriftliche Verkehr. (S. 159—230.) 1. 25

Blumstock, Emil, neuer Ubungs-Lehrgang zur Erlernung der einfachen u. doppelten gewerblichen Buchhaltung verbunden m. Wechsellehre u. Kalkulation. Zum Gebrauche an Fortbildungs-, Handwerker- u. Gewerbeschulen. Nr. 1 u. 2. gr. 8. Dresden 903. A. Huhle. à n. — 40
1. Für Tischler. (16 S.) — 2. Für Schlosser. (16 S.)

Blumtritt, Heinr.: Heimatk. Rumburg-Warnsdorf. 1:50,000. 43× 41 cm. Farbdr. Warnsdf ('08). (Rumbg, H Pfeifer.) nn — 25

Blumtritt, W., s. Fortschritt.

Blunck, A.
L'Enseignement des formes ornementales. Les éléments de l'ornement. L'ornement proprement dit. L'ornement appliqué. Par A. Blunck. Ouvr. ill. de 104 pl. Éd. franç. par Geo. Lechevallier-Chevignard. Berlin: Ornamentverl. 1910. 124 S. 4° [illegible]

Blunck, A., das Fachzeichnen f. Tischler. Ein Leitfaden f. den Unterricht. Hrsg. im Auftrage u. m. Unterstützg. des königl. preuss. Ministeriums f. Handel u. Gewerbe. II. Thl. 1., 2., 4. u. 5. Hauptstück u. III. Thl. 1.—3. gr. 4. Berlin, B. Hessling. n. 65. 90
I. Der Lehrplan. (VIII, 15 u. 5 S.) 900. n. —60
II, 1. Die Konstruktionslehre f. Bau- u. Möbeltischler. Mit 865 Textabbildgn. (228 S.) 901. n. 8.—; geb. in Leinw. n. 9.60
II, 2. Die Kunstform d. Tischlerarbeiten. M. 871 Textabbildgn. (119 S.) 901. n. 4.80; geb. in Leinw. n. 6.—
II, 4. (Das Fachzeichnen.) (55 S. m. Abbildg. 900. n. 2.50
II, 5. 1. Hälfte. (Der Unterricht.) (169 S. m. Abbildgn.) 900. n. 8.—

Blunck, A., das Fachzeichnen f. Tischler. Ein Leitfaden f. den Unterricht. Hrsg. im Auftrage u. m. Unterstützg. des königl. preuss. Ministeriums f. Handel u. Gewerbe. II. Tl. 1. Hauptstück u. 5. Hauptstück 2. Hälfte. Lex.-8. Berlin, B. Hessling. Geb. in Leinw. n. 17. 10
II, 1. Die Konstruktionslehre f. Bau- u. Möbeltischler. Mit 865 Textabbildgn. 2. Aufl. (226 S.) 905. n. 9. 60
5. 2. Hälfte. Die Formenlehre. Grundlagen des Ornaments, Formen des Ornaments als solchen u. angewandtes Ornament. Mit 104 S. Abbildgn. auf Netzuntergrund. (2. Aufl.) (III, 124 S.) 906. n. 7. 50
II, 5. 2. Hälfte. Die Formenlehre. Grundlagen des Ornaments, Formen des Ornaments als solchen u. angewandtes Ornament. Mit 105 S. Abbildgn. auf Netzuntergrund. (S. 45—169.) 901. n. 6.—
III. (Musterzeichnen.) 1. Mappe. Imp.-Fol. (58 Taf.) (900.) In Mappe n. 12.—
2. Mappe. gr. Fol. (120 Taf.) (900.) In Mappe n. 12.—
3. Mappe. Imp.-Fol. (24 Taf.) (900.) In Mappe n. 12.—

Lessons on form [Formenlehre]. By A. Blunck, architect. Written and drawn at special request of the Prussian ministry of commerce and industry. Transl. from the German by David O'Conor. Berlin, New York: B. Hessling [1905]. (124 S.) 4° [06. 8845 11

Blunck A, Modelle für das Fachzeichnen der Tischler. I. Serie: 12 Modelle für das Projektionszeichnen. Berlin

Blunck, Detl.: Ritter Frau Minne's. Gedichte. (55) 8° Lpzg, Modernes Vorl.-Bureau '12. 1.50 d

Blunck, E: Lehr- u. Leseb. d. engl. Sprache, s: Pünjer, J.

Blunck, F. P. C., die Bruchrechnung mit ihren Anwendungen auf Verhältnisse, Proportionen und Regel-de-Tri. gr. 8. (IV und 80 S. und Facite 16 S.) Hamburg 854(59). (Nolte und Köhler.) geb. *

Blunck, F. P. C., deutsches kaufmännisches Rechenbuch. 1. Thl. 5. Aufl. u. 2. Thl. 4. Aufl. gr. 8. (IV, 84 u. VIII, 56. S.) Hamburg 874. 75. Nolte. à n. 1. 50

Blunck's, F. P. C., deutsches kaufmännisches Rechenbuch. 1. Thl. 5. Aufl. Facite hrsg. von A. Meyer. gr. 8. (30 S.) Hamburg 877, Nolte. *
Deutsches kaufmänn. Rechenbuch.. 2 Thle. Ebendas. 1874,75. à °M 1,50.; cart. °M 1,80.

Blunck, F. P. C., deutsches kaufmännisches Rechenbuch. 1. Thl. 6. Aufl. gr. 8. (IV, 84 S.) Hamburg 880. Nolte. n. 1. 50; cart. n. 1. 80

— dasselbe. 2. Thl. 5. Aufl. gr. 8. (III, 56 S.) Ebend. 881. n. 1. 50; cart. n. 1. 80

— dasselbe. Facite. 1. Thl. 5. Aufl. v. A. Meyer. gr. 8. (30 S.) Ebend. 877. n. 1. —

—— kaufmännisches Rechenbuch. 1. und 2. Thl. gr. 8. (X und 190 S. und Facite zum 1. Thl. 8 S.) Hamburg 857. 59, Nolte und Köhler. geb. à Thl. * 20 Ngr. *

Blunck, JPC, kaufmänn. Rechenbuch. 2. Thl. 3. Afl. 8. (96) Hamb. 71, Nolte. geb. n. 2. —

Blunck, F. P. C., kaufmännisches Rechenbuch. 1. Thl. 5. Aufl. gr. 8. (IV, 84 S.) Hamburg 874, Nolte. *

—— dass. — 2. Thl. 3. Aufl. (VIII, 96 S.) 1871. geb. *M 2., und 4. Aufl. gr. 8. (VIII, 56 S.) Ebendas. 875. *

Liederbuch für gesellige Kreise. Hrsg. im Auftr. d. Kieler Lehrervereins (von H. Blunck, H[artwig] Kaack, W[ilhelm] Suhr). *Kiel & Leipzig: Lipsius & Tischer 1900.* (VIII, 158 S.) 8° [F.] [00. 8391 8

Blunck, Hans Frdr.: Nordmark. Balladen. (78 m. 3 Taf.) 8° Hambg, R. Hermes ('12). Pappbd 3 — d

— Die Zukunft Mazedoniens. Handb. f. Kaufleute, Journalisten u. Reisende. (52) gr8° Ebd. ('12). 1.50 d

Blunck, J. P. C., s. Blunck, F. P. C.

Blunck, [Richard], Gemeinde-Baurat: Beschreibung des Neubaues des Paulsen-Realgymnasiums. Steglitz 1910: Werner. S. 24—27. 4°
Steglitz, Paulsen-RG OP 1910 (149) [S 10. 34

Blundell, James, Vorlesungen üb. Geburtshülfe, s.a. Bibliothek von Vorlesungen üb. Medizin, VI. Bd.

Blundell, James: Vorlesungen über Geburtshilfe. Mit Anmerkungen und Erklärungen von Thomas Castle. (The Principles and practice of obstetricity, as at present taught. To which are added notes and illustrations by Thomas Castle. Dt.) Übers. von Ludwig Calmann. Bd 1 - 2, gbd., Abb.

Leipzig: Kollmann 1836 - 1838

JB 4.024

Blundell, Mary E.
s. Francis, M. E [Pseud.] [11. 5161

Blundell, Walther, die schmerzlose Extraction der Zähne ohne Chloroform. Nebst allgemeinen Bemerkungen über die durch Kälte erzeugte locale Anästhesie und deren Bedeutung für die Chirurgie. Nach der 2. engl. Originalausgabe deutsch von Hugo Hartmann. Mit 19 Abbildgn. (auf 2 lith. Taf. in 8. u. qu. Fol.) Weimar 857. Voigt. 8. (VIII, 64 S.) 10 ngl.

Blunk, Carl, Referendar in Hamburg: Die Bevollmächtigung, nach gemeinem und bürgerlichem Recht dargestellt. *Rostock 1903: C. Hinstorff.* (78 S.) 8° [F.]
Rostock, Jur. Diss. v. [23. Okt.] 1903

Blunk, Karl, Ernst u. Freude. Gedichte. M. Orig.-Ill. v. Alex. Zick. 8. (IV, IV, 240 S.) Berlin 898. H. Friedrich n. 3.—; geb. in Leinw. n. 4. —

Blunk, Karl, der Freiheitskampf der Dithmarscher im J. 1500. Ein vaterländ. Schauspiel in 5 Aufzügen. (Festspiel zur Erinnerungsfeier im J. 1900.) Mit 3 Orig.-Illustr. v. Alex. Zick. 8. (138 S.) Heide (899). [F. Pauly.] Meldorf, M. Hansen. Geb. in Leinw. n. 3.—; erhöht. Pr. 4.—

Blunk, Paul, Gerichtsass.: Das Kündigungsrecht der Reichsbeamten bei Versetzungen ⟨§ 570 B.G.B.⟩ und ihr Anspruch auf Mietzinsentschädigung gegen den Fiskus. Tilsit 1909: v. Mauderode. 31 S. 8°
Rostock, Jur. Diss. v. 15. April 1909, Ref. Bernhöft, Hübner
[Geb. 24. Febr. 80 Maldeuten; Wohnort: Domnau; Staatsangeh.: Preußen; Vorbildung: Gymn. Wehlau Reife M. 00; Studium: Königsberg 7 S.; Rig. 11. Febr. 09.] [U 09. 3645

Blunk, Paul, a. Hamburg: Studien zum Wortschatze des altfranzösischen Rolandsliedes ⟨O⟩. Wismar 1905: Eberhardt. (126 S.) 8°
Kiel, Phil. Fak., Ref. Körting, Diss. v. 2. Aug. 1905
[Geb. 29. Juli 81 Hamburg; Wohnort: Hamburg; Staatsangeh.: Hamburg; Vorbildung: Gelehrtensch. des Johanneum Hamburg Reife M. 00; Studium: Marburg 3, Berlin 1, Rostock 1, Kiel 3 S.; Rig. 25. Febr. 05.]

Blunk, Theodorus, Segebergensis: De septimae epistulae q. f. Platonicae adnominationibus. Berolini 1906: G. Schade. (35 S.) 8°
Greifswald, Phil. Fak., Ref. Gercke, Diss. v. 8. Juli 1906
Geb. 17. Aug. 77 Segeberg; Wohnort: Wilmersdorf b. Berlin; Staatsangeh.: Preußen; Vorbildung: Gymn. Lübeck Reife O. 97; Studium: Halle 6, Greifswald 3 S.; Rig. 8. Mai 05.]

Blunschy, Albert. Die Fälle von künstlicher Lösung der Placenta in der Zürcher Universitätsfrauenklinik während der Jahre 1888—1900. Diss. Med. Univ. Zürich. 27 S. 8. Einsiedeln, Eberle & Rickenbach, 1901.

Blunschy, Franz. Beiträge zur Lehre der Viscosität des Blutes. Diss. Med. Univ. Zürich. [Mit 5 graphischen Tafeln.] 43 S. 8. Einsiedeln, Eberle & Rickenbach, 1908.

Blunschy, Joseph. Untersuchungen über die Veränderungen der Schleimhaut bei der Magen-Darmstrongylose des Rindes. Diss. Vet.-Med. Univ. Zürich. Mit 2 Tafeln und 1 Holzschnitt. [Sep.-Abdr. aus dem Schweizer-Archiv für Tierheilkunde, Band 48, Heft 5.] *Kopftitel:* Aus dem pathologischen Institut der veterinär-medizinischen Fakultät der Universität Zürich. 39 S. 8. Zürich, Orell Füssli, 1906.

Blunt, Ehrenreich, od. Abentheuer eines Friseurs. 2 Thle. 8. Weißenf. 795. (Engelmann in Leipz.) 20 gr.

Blunt, oder der Gast. Ein Schauspiel in einem Akt. Berlin 1781. V: *Moritz, Karl Philipp.* (GGr)

Blunt; od. der Gast. Schsp. v. Moritz. 8. Berl. Sander. 781.

Blunt [Schulthess, S. W.], Kubik-Tabellen. Hamburg 1861. lg. Fol.

Blunt, Tabellen zur Berechnung des Kubikinhalts aller Arten Kisten und Fässer. Aus dem Englischen von S W Schulthess. Hamburg 1861

Blunt, Charles, der Weltuntergang, ſ.: Falb, Rud.

Blunt, Henry, das Leben des Apostel Paulus. 24 Betrachtungen. Aus dem Englischen übersetzt von C. v. H. und C. v. W. 1. Hft.: 1—3. Vortrag. Meißen 861. Mosche. 16. (59 S.) n. 5 ngr.

— eine Skizze der Reformation in England. Aus dem Englischen übers. von Heinr. Fick. Frankfurt a. M. 863. Sauerländer. 8. (XII, 371 S.) n. 17½ ngr.

Blunt, J, Bestimmgn üb. Handel u. Schiff. d. Ver. Staaten v. N.-America, s.: Loosey, CF.

Blunt, J., Ursprung alterthüml. Sitten u. Gebräuche in dem römisch-kathol. Gottesdienste, besonders in Italien u. Sicilien. Aus dem Englischen übersetzt. 8. Darmstadt 1820. Leske 18 ggr. jetzt ⅓ Thlr. — 36 kr.

Blunt, J. J.: Eine Skizze der Reformation ..., s. Blunt, Henry

Blunt, John James. Ursprung religiöser Ceremonien und Gebräuche der röm.-katholischen Kirche ... Aus dem Engl. Darmstadt 1826. Ü: *Wiener, Jac.* (WINER)

Blunt, J. J., Ursprung religiöser Ceremonien u. Gebräuche d. röm.-kathol. Kirche, besond. in Italien u. Sicilien. Aus d. Engl. 8. Darmst. 826. Leske. 18 gr.

Blunt, Wilfried Scawen

India under Ripon. A private diary. By Wilfrid Scawen **Blunt.** Continued from his 'Secret history of the English occupation of Egypt'. London & Leipsic: Unwin 1909. V, 343 S. 8°

Blüntschle (Hrsg.), s. Blätter für politische Kritik.

Bluntschli, Familie, 1499—1899. [Zürich 1900.] V: *Bluntschli, Frdr.* (Zuwachsverz. d. Bibl. in Zürich 1898 ff.)

Bluntschli (Mitarb.), s. Aufgaben des Christenthums in der Gegenwart.

Bluntschli (Prof. Dr.), über die *Bildung der ersten Kammern u. die Adelsreform in Deutschland.* Ein Vortrag, geh. in dem constitut.-monarch. Verein f. Freiheit u. Gesetzmässigkeit zu München, d. 5. Juli 1850 .... München, J. Rösl. Kl. 8°. 32 S. Cart.

Bluntschli, Heeresorganisation, s. Handbuch für schweizer. Artillerie-Offiziere.

Bluntschli. Vide: Kommissionalbericht.

Bluntschli: Der neue Physikbau ..., s. Bluntschli, F.

Bluntschli: Deutsches Staatswörterbuch, s. Bluntschli, Joh. Casp.

Bluntschli, A. F., Bericht üb. Gruppe 11 der schweizerischen Landesausstellung Zürich 1883: Möbel u. Hausgeräthe. gr. 8. (26 S.) Zürich 884. Orell Füssli & Co. Verl. n. 1. —

Bluntschi, C. (Red.), s. Blätter, Schweizerische militärische.

Bluntschli, C., s. Bluntschli, Johann Caspar

Bluntschli (Hrsg.), s. Zeitschrift für die schweizerische Artillerie.

(Bluntschli, C. F.), Bemerkungen über die neuesten Vorschläge zur deutschen Verfassung. Eine Stimme aus Bayern. München, Chr. Kaiser, 1848. 50 S. 8°.

Bluntschli, C. F., siehe: *Zeitschrift, Schweizer.*

Gebäude für **Verwaltung** und Rechtspflege. Von F. Bluntschli, Prof. in Zürich [u. a.]. 2. Aufl. Mit 493 Abb. im Text u. 14 Taf. *Stuttgart: A. Bergsträsser 1900.* (500 S.) 4° (8°)
= Handbuch d. Architektur. T. 4, Halbbd 7, H. 1.

Bluntschli, F., s.a. *Laboratorien.*

Bluntschli, F., G. Lasius u. G. Lunge. Die chemischen Laboratorien d. Eidgenössischen Polytechnikums in Zürich. Mit Unterstützg. d. schweizer Schulrates hrsg. Fol. (39 S. m. eingedr. Fig. u. 11 Taf.) Zür. 889, Orell, Füssli u. Comp., Verlag. cart. * 10 —

Bluntschli u. Lasius, der neue Physikbau f. das eidgenössische Polytechnikum zu Zürich. [Aus: „Schweiz. Bauzeitg."] Fol. (6 S. m. 8 Taf.) Zürich 887. Meyer & Zeller. n. 3. 50

Bluntschli, F., u. G. Lasius, Stadt- u. Rathäuser, s.: Handbuch der Architektur. IV. 7.

[Bluntschli, Friedrich Carl.] Familie Bluntschli von 1499 bis 1899. ([Stammbaum, konstruiert von F' C' B', gezeichnet von Alfred] F[riedrich] Bluntschli 1899, [mit Ergänzungen] 1900.) *in Farben, lithogr.* 1 Bl. fol. [1901.]

Ex. A: Mit hsr. Ergänzungen bis 1904; auf Lwd. aufgez. Beilage zu: (Bluntschli, Friedrich Carl.) Das Geschlecht der Bluntschli.... Frauenfeld ... 1905.
Ex. B:

(Bluntschli, Friedrich Carl.) Das Geschlecht der Bluntschli. ⟨Ergänzung zum Stammbaum.⟩ 43 S. 4. Frauenfeld, Huber & Co., 1905.

Mit Beilage: Familie Bluntschli von 1499 bis 1899. [Stammbaum.] *in Farben, lithogr.* 1 Bl. fol. [1901.] *auf Lwd. aufgez.* s. [Bluntschli, Friedrich Carl]

Bluntschli, F. C., Karl Johann Herzog, General u. eidg. Waffenchef d. Artillerie, s.a. **Neujahrsblatt d. Feuerwerker-Gesellschaft i. Zürich.**

Bluntschli, F[riedrich] C[arl]. Karl Johann (= Hans) Herzog. General und eidg. Waffenchef der Artillerie. [Mit Porträt-Tafel und tabellarischer Beigabe.] Njbl. Feuerw. Zürich 1895. 4. Zürich.

Bluntschli, F. C., siehe: *Monatsschrift* und *Zeitschrift für Artillerie.*

Bluntschli, F[riedrich] C[arl]. Nekrolog über Br∴ J[ohann] C[aspar] Bluntschli, geboren den 7. März 1808 in Zürich, gestorben den 21. October 1881 in Carlsruhe, gehalten in der Trauerloge der Modestia cum Libertate im Or∴ Zürich, am 28. Januar 1882. von Br∴ F. C. Bluntschli. 8. Zürich 1882.

Bluntschli, F. C. (Hrsg.), s. Z e i t s c h r i f t , Schweizerische, für Artillerie und Genie.

Bluntschli, H.: Die B e d e u t u n g der Leibesübungen . . . , s. B l u n t s c h l i , Hans

Bluntschli, H. H.: M e r k w ü r d i g k e i t e n der Stadt und Landschaft Zürich, s. B l u n t s c h l i , Hans Heinrich

Bluntschli, Hans. Die Arteria femoralis und ihre Äste bei den niederen catarrhinen Affen. Eine vergleichend-anatomische Untersuchung. [Habilitationsschr.] Med. Univ. Zürich. Mit 85 Figuren im Text. Sonderabdruck aus dem Morphologischen Jahrbuch, Bd. 36, Heft 2 u. 3. *Kopftitel:* ⟨Aus dem Anatomischen Institut der Universität Zürich.⟩ III S. + S. 276—461. 8. Leipzig, Wilhelm Engelmann, 1906.

Bluntschli, Hans, der feinere Bau der Leber v. Ceratodus forsteri, s.a. Denkschriften der medicinisch-naturwissenschaftlichen Gesellschaft zu Jena. IV, 4.

Bluntschli, Hans, Approb. Arzt aus Frankfurt a. M. [übergeklebt: Zürich], Assist. am Anat. Inst. d. Univ. Heidelberg: **Der feinere Bau der Leber von Ceratodus forsteri, zugleich ein Beitrag zur vergleichenden Histologie der Fischleber. Mit 24 Textabb.** *Jena: G. Fischer 1903.* (41 S.) 4° ¶(Aus: Semon, Zool. Forschungsreisen in Australien u. d. Malayischen Archipel, Bd 1, Lfg 4. ⟨Jenaische Denkschriften, Bd 4.⟩ — Ohne Taf.)
Heidelberg, Med. Diss. v. 1903

Bluntschli, H., die Bedeutung der Leibesübungen f. die gesunde Entwickelung des Körpers. Anatom. Betrachtgn. in gemeinverständl. Darstellg. (III, 86 S. m. 25 Abb.) 8. München 909. E. Reinhardt. 1. 80

Bluntschli, Hans, s: Gegenbaur's, Carl, morpholog. Jahrb., Namen- u. Sachreg.

— Die Herkunft d. Menschengeschlechtes in d. Anschaugn verschied. Zeiten. (43) 8° Münch., E Reinhardt '11. — 60

— Über die individuelle Variation im menschlichen Körperbau u. ihre Beziehgn. zur Stammesgeschichte. Nach e. akadem. Rathausvortrag. (29 S.) Lex. 8. Leipzig (910). Quelle & Meyer. — 80

Bluntschli, H[an]s Heinr[ich]. Memorabilia Tigurina. Das ist: Kurze / nach Alphabetischer Ordnung eingetheilte Erzellung der merkwürdigsten Sachen der Statt und Landschaft Zürich: Darinn zufinden was... Vom Ursprung an der Statt bis auf das Jahr 1704... sich merkwürdiges begeben. Samt einem Zürichischen Geschlechter-büchlein / wie auch einer Beschreibung aller Kirchendiensten und Kirchendieneren.... Durch Hs. Heinr. Bluntschlj. [Mit Kupfertafeln.] 8. Zürich 1704.

Bluntschli, Hans Heinrich. Memorabilia Tigurina, Oder Merckwürdigkeiten. Der Stadt und Landschafft Zürich, In Alphabetischer Ordnung Enthaltend, was sich vom Ursprung der Stadt, biß auf An. 1710... merckwürdiges zugetragen...; Vormahls zum zweytenmahl in dem Druck mitgetheilt Von Hrn. H' H' Bluntschli. Anjezo aber... vermehret, und biß auf gegenwärtiges 1741te Jahr fortgesezt; Deßgleichen einer Chronologischen Vorstellung deren hierinnen enthaltenen Merckwürdigkeiten..., darzu dienlichen Kupffern [vielen Tafeln], und einer neuen Land-Carte des Zürich-Gebiets, versehen, Zum drittenmahl heraus gegeben (**Vortitel:* Memorabilia Urbis et Agri Tigurini). 4. Zürich 1742.

— Memorabilia Tigurina, oder Merkwürdigkeiten der Stad und Landschaft Zürich. In alphabetischer Ordnung enthaltend was sich von Ursprung der Stadt bis auf 1710 in das Regiment, Kirche und Schule... zugetragen. Samt einen Geschlechter, Bürgerlich Dienst- und Aemtler-Büchlein. 3. Ausg. — *Zürich, Heidegger u. Comp.*, 1742. In-4°.
Titre rouge et noir, 1 front. gravé et ... pl. gravées non signées (attribuables à *J. B. Bullinger*, et une carte gravée par *J. Heinrich Freytag* et coloriée.

Bluntschli, Memorabilia Tigurina. Mit vielen kupfern. Zür. 1752: gbn. 4. Selten. fr. 10. —

Bluntschli, Hans Heinrich. Merckwürdigkeiten Der Statt Zürich Und Dero Landschafft... Samt Einem Geschlechter- Pfrunden- Burgerlichen Dienst- und Aemter-Büchlein. Zum andern mal aufgelegt / und um die helfte vermehrt und verbesseret / auch mit schönen Kupferen [Tafeln] gezieret (**Vortitel:* Memorabilia Urbis et Agri Tigurini). 8. Zürich 1711.

Bluntschli, H. H., Merkwürdigkeiten d. Stadt u. Landschaft Zürich. 3 Bde. Mit Kpf. 4. Zürich 742—90. Orell, 4 ₰ Hbg. Pr. 2 ₰

Bluntschli, J., s. B l u n t s c h l i , Johann Caspar

Bluntschli, J. H.: Memorabilia tigurina, s. B l u n t s c h l i , Hans Heinrich

Viro iurium consultissimo ... Joanni Caspari Bluntschli ... qui per hos quinquaginta annos iuris ... scientiam ... promovit doctoralis laureae solemnia semisaecularia die 3. m. Aug. 1879 feliciter celebranda pie gratulatur ... Academiae Friderico Guilelmae Berolinensis Ordo Jureconsultorum. [o. O.] (1879). (1 Bl.) 2°

[Bluntschli, Johann Caspar.] Fünf Artikel: Zur Ueberlegung in der deutschen Frage. 8. München 1849.

—— d. Bedeutg u. d. Fortschr. d. mod. Völkerrechts, s.a. Sammlg wiss. Vortr.

Bluntschli JC, die Bedeutung und die Fortschritte des modernen Völkerrechts. (Sammlung gemeinverständlicher wissenschaftlicher Vorträge 2) Berlin 1866

—— die nationale Bedeutung des Protestanten-Vereins für Deutschland. Vortrag gehalten im Unions-Verein am 15. Mai 1868. gr. 8. (16 S.) Berlin 868, F. Lobeck. [Anders.]

Bluntschli, J. C., das Beuterecht im Krieg u. das Seebeuterecht insbesondere. Eine völkerrechtliche Untersuchung. gr. 8. (V, 168 S.) Nördlingen 878. Beck. n. 2. —

— Charakter u. Geist der politischen Parteien. Nördlingen 869. Beck. gr. 8. (VII, 165 S.) n. 27 ngr

– s. C o r p u s juris Antejustianei.

Bluntschli, J[ohann] C[aspar]. Denkwürdiges aus meinem Leben von J. C. B. Auf Veranlassung der Familie durchgesehen und veröffentlicht von Dr. Rudolf Seyerlen. 3 Teile. 8. Nördlingen 1884.
Teil 1. Die schweizerische Periode. 1808—1848. — *A. u. d. T.:* Denkwürdiges.... Band 1. Zürich. ⟨1808—1848⟩.
Teil 2—3. Die deutsche Periode. 2 Hälften: Hälfte 1. München 1848—1861; Hälfte 2. Heidelberg 1861—1881. — *A. u. d. T.:* Denkwürdiges.... Band 2—3.

— Denkwürdiges aus meinen Leben. Im Auftrage der Familie. hrsg. von Dr R. Seyerlen. – *Nördlingen, Beck*, 1884, 3 vol. in-8°.

Bluntschli, J. C., discours dans la séance du grand conseil de Zürich du 25. Mars 1846: sur la réclamation du canton de Vaud. gr. in-8. (1 B.) Zürich 846, Meyer u. Zeller.

[s.] **Bluntschli**, J[ohann] C[aspar] ⟨geb. am 7 März 1808 in Zürich⟩: Entwicklung der Erbfolge gegen den letzten Willen nach Römischem Recht mit besonderer Rücksicht auf die Novelle 115 ... Umarbeitung einer von der Berliner Juristenfacultät gekrönten Preisschrift. Bonn, A. Marcus 1829. X, 310 S. 8.
[Bonn, Jur. Fak., Diss. v. 29 Aug. 1829]

(Bluntschli, [Johann Caspar].) Erinnerung an Friedrich Ludwig [von] Keller. ⟨SA.⟩ 8. München 1861.

Bluntschli, [Johann Caspar]. Eröffnungsrede im Grossen Rathe des Kantons Zürich [4. Februar 1845] durch seinen Präsidenten, Herrn Staatsrath Dr. B. 8. Zürich [1845].

—— s. Festgabe zum 50jährigem Doctorjubiläum.

– s. Ulpiani f r a g m e n t a .

Freimaurergespräche 1. über Gott und Natur, 2. über Unsterblichkeit. Ein Vermächtniss an die Brüder von [Joh. Kaspar] **Bluntschli.** Als Ms. gedr., vorzüglich f. Frmr. [Nördlingen] 1878: [Beck]. 99 S. 8°

[Dasselbe.] 2. Aufl. Ebendas. 1879. IV, 99 S. 8°

cf. Bh. 22 (1879) S. 9—13 (J. G. Findel); FZ. 33 (1879) S. 23 (K. Pilz); FZ. (Wien) 6 (1879) S. 109—110, 119—120 (K. v. Gagern); Z. 9 (1879) S. 70.

Tt. 1473.

[3. Aufl. u. d. Tit.:]

Gespräche über Gott und Natur und über Unsterblichkeit. Von J[oh.] C[aspar] Bluntschli. Nördlingen: Beck 1880. VI, 85 S. 8°

— Froimaurergespräche. [I. Ueber Gott u. Natur. II. Uober Unsterblichkeit.] Ein Vermächtniss an dio Brüder. 2. Aufl. gr. 8. (IV, 99 S.) Heidelborg 879. Köbol. n. 2. —

Bluntschli (Joh. Kasp.). — Geschichte des schweizerischen Bunderrechtes von den ersten ewigen Bünden bis auf die Gegenwart. — *Zürich*, 1840-52, 2 Vol. in-8°.
Edition originale.

—— Geschichte d. schweizerischen Bundesrechtes von den ersten ewigen Bünden bis auf die Gegenwart. 1. Lfg. gr. 8. (8 B.) Zürich 846, Meyer u. Zeller.

Bluntschli, (J. C.), Geschichte des schweizerischen Bundesrechtes von den ersten ewigen Bünden bis auf die Gegenwart. 1. Bd.: Geschichtliche Darstellung. 2—4. (letzte) Lfg. gr. 8. (IV S. und S. 129—504.) Zürich, Meyer und Zeller. [2. Lfg. 847. 1 Thlr. 5 Ngr., 3. 848. 1 Thlr., 4. 849. 1 Thlr. 5 Ngr.]
1. Bd. 1. Lfg. Ebendas. 1846. 21 Ngr.

—— dass. — 2. Bd.: Urkundenbuch des schweizer. Bundesrechts. 1. und 2. Lfg. gr. 8. (S. 1—320.) Ebds. [1. Lfg. 850. 24 Ngr., 2. 851. 1 Thlr. 6 Ngr.]

Bluntschli, J. C., Geschichte des schweizerischen Bundesrechtes von den ersten ewigen Bünden bis auf die Gegenwart. 2. Bd.: Urkundenbuch. 3. (letzte) Lfg. gr. 8. (S. 321—450.) Zürich 852, [Meyer und Zeller's Verlag.]
1. Bd. und 2. Bd. 1. und 2. Lfg. Ebendas. 1846—51. 6 Thlr. 1 Ngr.

— Goschichto d. schweizerischen Bundesrochtes von den ersten ewigen Bünden bis auf die Gegonwart. 1. Bd. 2. Aufl. gr. 8. (IV, 571 S.) Stuttgart 875. Meyer & Zeller. n. 15. —

Bluntschli, J. C., Geschichte des schweizerischen Bundesrechtes, von den ersten ewigen Bünden bis auf die Gegenwart. 2 Bde. 2. Aufl. gr. 8. Stuttgart 875. Berlin, R. L. Prager.

— Geschichte des Rechts der religiösen Bekenntnißfreiheit. Ein öffentlicher Vortrag. Elberfeld 867, Friderichs. 8. (36 S.) n. 10 ngr

Bluntschli, Geschichte des allgemeinen Staatsrechts und der Politik. (Geschichte der Wissenschaften in Deutschland, Bd. 1.). München 1864. 8.

— Geschichte der neueren Staatswissenschaft, allgemeines Staatsrecht u. Politik, s.a. Geschichte der Wissenschaften in Deutschland.

— Geschichte d. neueren Staatswissenschaft, allgem. Staatsrecht u. Politik. 3. Aufl. München 881.

—— Geschichte der Republik Zürich. 1. Bd. (2 Abthlgn.) gr. 8. (516 S.) Zürich 847, Schultheß.

—— dass. — 2. Bd. 1. Abthl.: Die Zeiten Waldmanns bis zur Reformation. gr. 8. (256 S.) Ebds. 848.

—— dass. — 2. Bd. 2. Abthl.: Von der Reformation bis nach dem Kappelerkriege. gr. 8. (S. 257—530.) Ebds. 848.

Bluntschli, J. C., Geschichte der Republik Zürich. Fortgesetzt u. beendigt von J. J. Hottinger. 3. Bd. 1. Abth. (Von der Reformation bis zum Ausbruch des 30jähr. Krieges.) Zürich 856. Schultheß. gr. 8. (VIII, S. 1—256.) 24 ngr

Bluntschli, J. C., Geschichte der Republik Zürich. Fortgesetzt u. beendigt von J. J. Hottinger. 3. Bd. 2. Abth. (Vom Ausbruch des 30jähr. Krieges bis zur helvet. Staatsumwälzung.) 2. unveränd. Ausg. Zürich 857. Schultheß. gr. 8. (S. 257—567.) 24 ngr

Bluntschli, (J. C.), Geschichte der Republik Zürich. Fortgesetzt und beendigt von J. J. Hottinger. 3. Bd. 2. Abthl.: Vom Ausbruche des 30jähr. Krieges bis zur helvetischen Staatsumwälzung. gr. 8. (S. 257—567.) Zürich 858, Schultheß.
1. und 2. Bd. und 3. Bd. 1. Abthl. Ebendas. 1847—56. 4 Thlr. 4 Ngr.

—— Geschichte der Republik Zürich. Neue unveränd. wohlfeile Ausg. 3 Bde. in 12 Lfgn. 8. Zürich 869,70, Schultheß. à Lfg. 60 Pf.

Bluntschli, Joh. Kasp.: Privatrechtliches Gesetzbuch für den Kanton Zürich. Mit Erl. Zürich. 5 Bde.
Bd. 1: Das zürcherische Personen-u. Familienrecht. 2. Aufl. 1854.
Bd. 2.: Das zürcherische Sachenrecht. 3. Aufl. 1861.
Bd. 3. Das zürcherische Obligationenrecht. 1855.
Bd. 4. Das zürcherische Erbrecht. 1856.
Bd. 5. Sachreg. und Inhaltsverzeichniß zum Privatrechtl. Gesetzbuch für den Kanton Zürich. 1856.

— Gespräche über Gott u. Natur u. über Unsterblichkeit. 8. (VI, 85 S.) Nördlingen 880. Beck. n. 1. 50

— alt-asiatische Gottes- u. Weltideen in ihren Wirkungen auf das Gemeinleben der Menschen dargestellt. Fünf öffentliche Vorträge. Nördlingen 866. Beck. 8. (IV, 168 S.) 26 ngr

— über die Gründung einer schweizerischen Akademie der Wissenschaften. Drei Briefe an einen schweizerischen Staatsmann. Ebend. 858. gr. 8. (16 S.) 4 ngr

Bluntschli, J[ohann] C[aspar]. Die Gründung der Amerikanischen Union von 1787. 8. Berlin 1868.
(Sammlung gemeinverständlicher wissenschaftlicher Vorträge, hrg. von Rud. Virchow und Fr. v. Holtzendorff. Serie 3.... Heft 54.)

—— s. Holtzendorff, Frz. v.

[Bluntschli, Johann Caspar, und Laurent, François.] Der Kampf der liberalen und der katholischen Partei in Belgien, eine Warnung für Deutschland. Briefe eines Belgiers [François Laurent] an einen Süddeutschen [Dr. Bluntschli]. [Hrg. von Dr. Bluntschli.] 8. Zürich 1857.

— Die Kommunisten in der Schweiz. Kommiss.-Ber. Zür. 1843. vide Theologie: Kommun. u. Soc.

— das moderne Kriegsgericht der civilisirten Staaten. 2. Aufl. 8. (145 S.) Nördlingen 874. Beck. n. 1. 60

— das moderne Kriegsrecht der civilisirten Staaten als Rechtsbuch dargestellt. Nördlingen 866. Beck. gr. 8. (IV, 69 S.) n. 14 ngr

Bluntschli, Rohmer's Leben u. Entwicklungsgang. 2 Bde. Nördlingen 892.

— Lehre vom modernen Stat. 1—3. Thl. 5. umgearb. Aufl. gr. 8. Stuttgart 875. 76. Cotta. n. 29. —
1. Allgemeine Statslehre. (XII, 686 S.) n. 9. —
2. Allgemeines Statsrecht, (VIII, 675 S.) n. 10. —
3. Politik als Wissenschaft. (X, 604 S.) n. 10. —

— Lehre vom modernen Staat. 1. u. 2. Tl. 6. Aufl. Durchgesehen v. E. Loening. gr. 8. Stuttgart, Cotta. à n. 10. —
1. Allgemeine Staatslehre. (XX, 639 S.) 886.
2. Allgemeines Staatsrecht. (VIII, 690 S.) 885.

Bluntschli. J. C. Motion betreffend die Reorganisation des Erziehungsrathes und Aufhebung der Schulsynode. Zürich 1844.

— die Nachbesteuerung des Tabaks u. die Rechtsordnung. Ein Gutachten. Als Mscr. gedr. gr. 8. (15 S.) Frankfurt a/M. 879. (Heidelberg, Koester.) n.n. — 50

— deutsche Naturalisation e. separirten Französin u. Wirkungen der Naturalisation. Beleuchtung e. Frage d. internationalen Rechts bei Gelegenheit d. Streites zwischen dem Prinzen v. Bauffremont u. der Fürstin Bibesco. gr. 8. (52 S.) Heidelberg 876. Bassermann. n. — 80

[Bluntschli. Johann Caspar.] Die Neugestaltung von Deutschland und die Schweiz. 8. Zürich 1867.

— opinion impartiale sur la question de la Alabama et sur la manière de la résoudre, suivie d'une lettre de M. Lieber sur l'arbitrage international. [Aus „Revue de droit internat. et de legislat. comp."] gr. 8. (58 S.) Berlin 870. Puttkammer & Mühlbrecht. n. 1. —

v. Bluntschli, opinion impart. sur la question de l'Alabama. Berlin 871.

— d. Parthei d. Gemäßigten in ihrem Sein u. Wollen. Ein polit. Aufsatz. gr. 8. Zürich 832. Orell. 2 ℛ

— das zürcherische Personen- und Familienrecht, s.a. Gesetzbuch, privatrechtl., für den Kanton Zürich.

Bluntschli, d. Zürcherische Personen- u. Familienrecht, erläut. 4 Bde. u. Reg. Zürich 865—72.

Bluntschli JC, das zürcherische Personen- und Familienrecht mit Erläuterungen. 4. Auflage, bearbeitet von JH Gwalter. Zürich 1871

— das zürcherische Personen- u. Familienrecht m. Erläutergn. hrsg. 4. Aufl., bearb. unter Berücksicht. der neueren Gesetzgebg. u. der gerichtl. Praxis v. J. H. Gwalter. gr. 8. (XXXII, 446 S.) Zürich 872. Schultheß. n. 4. —

Bluntschli, Politik als Wissenschaft. Stuttgart

— Prisenrecht und Prisenrechtspflege. Leipzig 1881.

— deutsches Privatrecht. 2 Bde. München 853, 54. Literar.-artist. Anstalt. 8. (XXVIII, 520; VIII, 487 S.) n. 3 ℛ 20 ngr

Bluntschli, Deutsches Privatrecht. 2 Bde. München 1853—54. Hfzbde. 8. 5. —

Bluntschli, (J. C.), deutsches Privatrecht. 2. Aufl. Lex.-8. (XXVII und 596 S.) München 860, Literarisch-artistische Anstalt. Thlr. *

— deutsches Privatrecht. 2. Aufl. 860. (XXVII, 596 S.) n. 3 ℛ 10 ngr — 3. durch Aufnahme des Handels- und Wechselrechts erweit. Aufl., besorgt von Fel. Dahn. München 864. Literar.-artist. Anstalt. gr. 8. (XXXI, 770 S.) n. 3 ℛ 24 ngr

Bluntschli, Dr. J., deutsches Privatrecht. 3. Auflage. München 1874. 8.

Bluntschli. [Joh. Kasp.]: Der Rechtsbegriff. Vortr. 1. 2. (Braunschweig 1858.) (Aus: Wissenschaftl. Vorträge, gehalten zu München im Winter 1858.)

Bluntschli. J. C. Rechtsgutachten i. Sachen d. Gebrüder Rothschild wider die schweiz. Nordostbahn. Zürich 1859.

Bluntschli, J. C. und *H. Fick*. Zwei Rechtsgutachten für die Schweizerische Rentenanstalt. Zürich 1876.

— Zwei Rechtsgutachten über die Revision der Statuten von *C. Bluntschli* und *H. Fick*. 1876.

Bluntschli, J. C., die neueren Rechtsschulen d. deutschen Juristen. gr. 8. (4½ B.) Zürich u. Frauenfeld 841, Beyel.

— die neueren Rechtsschulen der deutschen Juristen. 2., mit Reformvorschlägen erweiterte Aufl. Zürich 862. Beyel. gr. 8. (VIII, 102 S.) n. 18 ngr

—— d. neueren Rechtsschulen d. deut. Juristen. 2. Aufl. 8. (102) Zür. 62. (Born, Heuberger.) n. — 18

—— s. Rechtssprichwörter, deutsche.

Bluntschli. [Johann Caspar]. Rede über die Aargauische Klosterfrage, gehalten im Grossen Rathe zu Zürich den 21. Juni 1843. 8. Zürich und Frauenfeld [1843].

Ritual des Gesellen-Grades. [Entworfen von Joh. Kaspar Bluntschli.] Mannheim 1874: Schneider. 17 S. 4°
(Ritual d. Bundes- u. Gr.-L. z. Sonne i. Or. Bayreuth. 2.)

[Autogr.] Ritual des Meistergrades, entworfen von J[oh.] C[aspar] Bluntschli. [Dat.:] Heidelberg 1867. 15 S. 2° [Umschlagtit.]
(Bluntschli, J. K.: Rituale. 3.)
Tt. 1299.

Ritual des Meister-Grades. [Entworfen von Joh. Kaspar Bluntschli.] Mannheim 1874: Schneider. 25 S. 4°
(Ritual d. Bundes- u. Gr.-L. z. Sonne i. Or. Bayreuth. 3.) 140. 328.

[Autogr.] Rituale. Entworfen von J[oh.] C[asp.] Bluntschli. [H. 1—3.] [Dat.:] Heidelberg 1857—1867. 2°
[1.] f. d. I. Grad. 31 S. 1857.
[2.] f. d. Gesellen-Aufnahme. 12 S. 1867.
[3.] Ritual d. Meistergrades. 15 S. 1867.
cf. Bh. 11 (1868) S. 13—14, 21—22 (J. G. Findel).
Tt. 1299.

[Autogr.] Rituale für die Gesellen-Aufnahme. Entworfen von J[oh.] C[aspar] Bluntschli. [Dat.:] Heidelberg 1867. 12 S. 2° [Umschlagtit.]
Tt. 1299.

[Autogr.] Rituale für den I. Grad. Entworfen von J[oh.] C[aspar] Bluntschli. [Dat.:] Heidelberg 1857. 31 S. 2° [Umschlagtit.]
(Bluntschli, J. K.: Rituale. 1.)
Tt. 1299.

Bluntschli, Joh. Casp. u. Rud. Seyerlen, s. Rohmer's, Friedr., Wissenschaft u. Leben.

Bluntschli JC, Rom und die Deutschen. I: Römische Weltherrschaft und deutsche Freiheit. II: Der Jesuitenorden und das Deutsche Reich. (Zeit- und Streitfragen, Deutsche 7. 8) Berlin 1872

Bluntschli, J. C., der Staat Rumänien u. das Rechtsverhältniss der Juden in Rumänien. Ein Rechtsgutachten. 8. (27 S.) Berlin 870. Löwenthal. — 50

Sätze zur Überlegung. [Unterz.: Joh. Kaspar] Bluntschli. [Dat.:] Heidelberg 1873. [Neu hrsg. von Reinhold Taute. Leipzig 1909: Zechel.] 2 S. 8° [Kopftit.]
Aus: MitthVdF. 46 (1908/1909) S. 170—171.
D. Thesen sind schon früher veröffentlicht in: DrL. 3 (1873—1874) S. 157.
cf. MitthF. (NF.) 26 u. 27 (1874) S. 63—73; Mandello, K.: Gesammelte frmrische Vorträge. 1905 S. 7 bis 9.
Rundschreiben der Grloge „Zur Sonne" 1873. Die Thesen betreffen das Arbeitsgebiet der Logen.

— Herr Seminardirektor und Erziehungsrath Ignaz Theodor Scherr und seine Lehrmittel. Eine Streitschrift. 2e verb. Aufl. mit Berücksichtigung der Scherrischen Beleuchtung dieser Streitschrift. gr. 8. Frauenfeld 837. Beyel. n. 1/6 ℳ Vgl. Scherr.

— gesammelte kleine Schriften. 2 Bde. gr. 8. Nördlingen 879. 81. Beck. à n. 6. —
1. Aufsätze über Recht u. Stat. (IV, 317 S.)
2. Aufsätze über Politik u. Völkerrecht. (III, 312 S.)

Bluntschli, [Johann Caspar]. Sendschreiben an Herrn Eduard Sulzer von Winterthur. 8. (Zürich [1831].)

—— der Sieg des Radikalismus über die katholische Schweiz und die Kirche im Allgemeinen. Vom Standpunkte des Rechtes und der Politik. gr. 8. (IV und 502 S.) Schaffhausen 850, Hurter'sche Buchh.

Bluntschli JC, die nationale Staatenbildung und der moderne deutsche Staat. (Sammlung gemeinverständlicher wissenschaftlicher Vorträge 105) Berlin 1870

— die nationale Staatenbildung u. der moderne deutsche Staat. Ein öffentl. Vortrag, geh. im Frühjahr 1870. 2. ergänzte Aufl. gr. 8. (48 S.) Berlin 881. Habel. n. — 75

—— Staats- u. Rechtsgeschichte d. Stadt u. Landschaft Zürich. 2 Thle. gr. 8. Zürich, Orell, Füssli u. Comp.
Thl. 1. Die Zeit d. Mittelalters. (31½ B.) 838. 4 Thlr.
- 2. Die neuere Zeit. (27 B.) 839. 3 Thlr. 16 Gr.

— Staats- und Rechtsgeschichte der Stadt und Landschaft Zürich. 2. Aufl. 2 Thle. Zürich 856. Orell, Füssli u. Co. gr. 8. (XV, 504; 2 Bl., 390 S.) 6 ℳ 20 ₰

Bluntschli, J. C., deutsche Staatslehre f. Gebildete. gr. 8. (XII, 447 S.) Nördlingen 874. Beck. geb. n. 6. —

— deutsche Statslehre u. die heutige Statenwelt. Ein Grundriß mit vorzüglicher Rücksicht auf die Verfassung v. Deutschland u. Oesterreich-Ungarn. 2. umgearb. Aufl. der „deutschen Statslehre für Gebildete". gr. 8. (XII, 479 S.) Nördlingen 880. Beck. n. 7. —; geb. n. 8. —

— allgemeines Staatsrecht. 2. Aufl. 2 Bde. München 857. Literar.-artist. Anstalt. gr. 8. (VI, 502; VI, 550 S.) n. 4 ℳ 8 ₰

Bluntschli, Allg. Staatsrecht. 3. umgearb. Aufl. München 1862. 2 Bde. 8°.

—— allgem. Statsrecht. 2 Bde. 3. Afl. 8. (1124) Münch. 63. (Stuttg., Cotta.) n. 4. 8

— allgemeines Statsrecht. 2 Bde. 3. umgearb. Aufl. München 863. Literar.-artist. Anstalt. gr. 8. (XVI, 1124 S.) n. 4 ℳ 8 ₰

—— allgemeines Staatsrecht. 4. Aufl. 2 Bde. gr. 8. (à Bd. VIII, 571 S.) München 868,69, Literarisch-artistische Anstalt. [Stuttgart, Cotta'sche Buchh.] (* ℳ 14,40.) *

Bluntschli, J. C. Allgemeines Staatsrecht. 6. Aufl. Von *E. Loening*. Gr. in-8°, 690 S. Stuttgart, Cotta. 1885? 13 35

— allgemeines Staatsrecht, geschichtlich begründet. 2 Abthlgn. 1. Abth. 1—5. Buch. 2. Abth. 6—12. Buch. Lex. 8. (VIII u. 717 S.) München 851. 52, Literar.-artist. Anstalt. (1: n. 1 ℳ 12 ₰ 2: 1 ℳ 26 ₰) n. 3 ℳ 6 ₰ In Engl. Einb. n. n. 3 ℳ 16 ₰

Staats-Wörterbuch. In Verbindung mit deutschen Gelehrten hrsg. von Dr. *J. C. Bluntschli*, ord. Prof. an d. Univers. München. Unter Mitredaction von *Karl Brater*. 11 Bde. (Cplt.) Stuttgart u. Leipzig 1857—70. Gr. 8°. Hfrzbde. Hübsches Expl.

— Staatswörterbuch in 3 Bdn. auf Grundlage des deutschen Staatswörterbuchs von Bluntschli u. Brater in 11 Bdn., in Verbindung mit andern Gelehrten bearb. u. hrsg. von Löning. (In 30 Liefgn.) 1—10. Liefg. Zürich 869, 70. Schultheß. gr. 8. (1. Bd.: 815 S.) Jede Liefg. n. 8 ₰

— Staatswörterbuch in 3 Bdn. Auf Grundlage d. deutschen Staatswörterbuchs v. Bluntschli u. Brater in 11 Bdn., in Verbindg. m. mehreren Gelehrten bearb. u. hrsg. v. Löning. 11—34. (Schluß-)Lfg. gr. 8. (2. Bd. 810 u. 3. Bd. 1089. S.) Zürich 871—75. Schultheß. n. 20. —

Bluntschli's Staatswörterbuch in 3 Bänden mit Nachträgen auf Grundlage des deutschen Staatswörterbuches von Bluntschli und Brater herausgegeben von Loening. 2. Ausgabe. Leipzig und Stuttgart 1875/76.

—— deutsches Staats-Wörterbuch, s.a. Staats-Wörterbuch, deutsches.

— u. **Brater**, Deutsches Staatswörterbuch. In Verbindung mit deutschen Gelehrten herausgegeben. Stuttgart und Leipzig 1857—70. Band 1—11. 8°.

[Bluntschli, Johann Caspar.] Hans Konrad Stadler von Zürich, Architekt s. [Hess, Jacob.] I. Das Malerbuch....

Bluntschli, Joh. Casp., psychologische Studien über Staat u. Kirche. Lex.-8. (20 B.) Zürich u. Frauenfeld 844, Beyel.

[Bluntschli, Johann Caspar.] Aus Johann(es) Zellers Studienzeit. [Mit Porträt-Tafel.] Njbl. Waisenh. Zürich 1842. 4. [Zürich.]

— die kritische Theologie, s. Aufgaben des Christenthums.

Bluntschli, I(oannes) C(asparus) ⟨geb. am 7 März 1808 in Zürich⟩: Theses . . . Bonnae, 1829. 2 Bl. 4.
[Bonn], Jur. Fak., Thes. v. 29 Aug. 1829

Bluntschli, J. C. (Hrsg.), s. Überschau, Kritische, der deutschen Gesetzgebung und Rechtswissenschaft.

—— üb. d. Unterschied d. mittelalt. u. d. mod. Staatsidee. 8. (35) Münch. 55. (Stuttg., Cotta.) n. — 8

— über den Unterschied der mittelalterlichen und der modernen Staatsidee. Ein wissenschaftl. Vortrag gehalten zu München am 5. Febr. 1855. München 855. Literar.-artist. Anstalt. 8. (35 S.) n. 8 ₰

— die rechtliche Unverantwortlichkeit u. Verantwortlichkeit d. römischen Papstes. Eine völker- u. statsrechtl. Studie. Beigabe: das italien. Garantiegesetz. gr. 8. (36 S.) Nördlingen 876. Beck. n. 1. —

Bluntschli, [Johann Caspar]. Die drei Länder Uri, Schwyz und Unterwalden und ihre ersten ewigen Bünde. [SA.] 8. Zürich 1846.

—— das Volk u. d. Souverän, im Allgemeinen betrachtet u. mit besond. Rücksicht auf d. Schweizer. Verhältnisse. Für Gebildete. 8. (8½ B.) Zürich 831, Orell, Füßli u. Comp.

— das moderne Völkerrecht in dem französisch-deutschen Kriege v. 1870. Eine Rectoratsrede am 22. Novbr. 1870. gr. 8. (31 S.) Heidelberg 871. Bassermann. — 60

— das moderne Völkerrecht der civilisirten Staaten als Rechtsbuch dargestellt. Nördlingen 868. Beck. gr. 8. (XIII, 520 S.) n. 3 ₰ 5 ngr.

— das moderne Völkerrecht der civilisirten Staaten als Rechtsbuch dargestellt. 2. m. Rücksicht auf die Ereignisse von 1868 bis 1872 ergänzte Aufl. gr. 8. (XIV, 528 S.) Nördlingen 872. Beck. n. 9. 75.

—— d. mod. Völkerrecht d. civilis. Staaten als Rechtsbuch dargestellt. 2. Afl. 8. (528) Nördl. 74, Beck. n. 9. 75

— das moderne Völkerrecht der civilisirten Staten, als Rechtsbuch dargestellt. 3. mit Rücksicht auf die neueren Ereignisse bis 1877 ergänzte Aufl. gr. 8. (XII, 541 S. m. Portr. d. Verf. in Stahlst.) Ebend. 878. n. 10.40

—— das zürcherische Vormundschaftsgesetz v. 21. Brachmonat 1841. Mit Erläut. 8. (6¼ B.) Zürich 841, Schultheß. *

—— die zürcherische Vormundschaftsordnung, s. Vormundschaftsordnung.

Vortrag in der □ Ferdinande Caroline [in Hamburg]. Wider die Jesuiten. [Von Joh. Kaspar Bluntschli.] 2. Aufl. Elberfeld: Friderichs 1871. 20 S. 8⁰ [Umschlagtit.]
1. Aufl. hat nicht vorgelegen.

Vier Vorträge über Natur und Gott aus dem Nachlass des in den ew.·. O.·. heimgegangenen [Joh. Kaspar] Bluntschli. (Als Ms. f. d. Logen gedr.) [Nördlingen 1882: Beck.] 41 S. 8⁰
Handelt von den altgermanischen Naturgöttern, christlichen Vorstellungen von Gott, dem pantheistischen u. makrokosmischen Gottesbegriff.

—— allgemeine deutsche Wechselordnung mit dem k. bayer. Einführungsgesetze rc., s.a. Gesetzgebung, die, des Königr. Bayern.

Bluntschli, J. C.: „Allgemeine Deutsche Wechselordnung mit dem bayerischen Einführungsgesetze", Erlangen 1852. — Vorh.: Com. Bibl. Hamburg.

Bluntschli, [Joh.] Caspar: Wesen, und Zweck Geschichte der Freimaurerei. im Umrisse. [Stuttgart 1860.] 32 S. 8⁰
[Dasselbe.] Kaiserslautern 1865: Rohr. 28 S. 8⁰ Abgedr. in: FZ. 14 (1860) S. 361—363, 371 bis 373, 379—382.
Tt. 1472.

Bluntschli, Johann Kaspar, s. Bluntschli, Johann Caspar

[Bluntschli, Jonas Carl.] Geschichte des Jesuitenkampfes in der Schweiz. Von einem Züricher. 8. Zürich 1845.

Bluntschli, P. C. (Hrsg.), s. Monatsschrift, Schweizer. für Offiziere aller Waffen.

Bluse, die. Red.: B. Auskerin. 1. Jahrg. 1904. 12 Nrn. (à ca. 16 Taf.) Lex.-8. Berlin, Verlag Die Bluse. n. 12. —

— dasselbe. 2. Jahrg. 1905. 12 Nrn. (à ca. 14 Taf.) Lex.-8. Ebd. n. 10. —

Blusen s. a.: Blousen.

Blusen-Album d. Modenwelt u. ill. Frauen-Zeitg. Die neuesten französ., engl. u. deut. Blusenmodelle m. e. Schnittmusterbeil. (6 [2 farb.] Taf. m. 8 S. ill. Text.) 39,5×24 cm. Berl., F Bruckmann (09). || Winter '09. (6 [2 farb.] Taf. m. 8 S. ill. Text.) Je 1 —; französ. u. span. Ausg. je 1 — d

Blusen-Album der Modenwelt u. illustrierten Frauen-Zeitung. Die neuesten französ. u. deutschen Blusen- u. Rockformen m. e. Schnittmusterbeilage u. e. ausgeschnittenen Blusengrundform. (Winter 1910/11.) (8 [4 farb.] Taf. m. 8 S. illustr. Text.) 33×25 cm. Berlin, F. Bruckmann. 1. —

Blusen-Album d. Modenwelt u. Illustr. Frauen-Zeitg. Die neuesten französ. u. deut. Blusenmodelle m. e. Schnittmusterbeil. u. e. ausgeschnittenen Blusengrundform. (Sommer '11.) (8, [4 farb.] Taf. m. 8 S. illustr. Text.) 33×25 cm. Berl., Ullstein & Co. 1 — d

Bluszcze. Poezye przez Młoda Polkę. Wydanie J. N. Bobrowicza. 8. (17⅛ B.) Leipzig 840, Libraire étrangère.

Blut, deutsches u. wälsches. Sammlung heiterer u. ernster Zwischenfälle sowie charakteristischer Anekdoten aus dem glorreichen Vertheidigungskriege Deutschlands gegen Frankreich. 8. (IV, 52 S.) Neustadt a. d. H. 871. Gottschick-Witter. — 30

Blut, das, u. s. Erkrankgn., s.: Miniatur-Bibliothek.

Blut, d. spanische, oder d. Eroberung u. Wesel am 19. Aug. 1629. Eine geschichtl.-romant. Darstell. aus d. Zeit d. clevischen Erbfolgestreits; v. †††. Herausg. v. Fr. Bird. Mit 1 Bildn. 8. Wesel 826. Becker. 16 ₰

Blut, Spanisch-korsisches. — Die Messaline der Tuilerien. Mit farbigem Bilde. Leipzig 1903. 8⁰.
Bildet Bd. 4 von: Romantisch-historisches Weltpanorama.

Blut mit Thränen ungleich vergolten: oder dreytägige Betrachtungen über das Leiden und den Tod des Erlösers. Brixen 1800. V: *Oberrauch, Herkulan.* (MARGR)

Blut, W., Electrische Signal- u. Kraftanlagen: Preisliste über »Electresor« Sicherungs-Einrichtungen. Berlin 1905

Blutbad, Das, unter den Christen in Syrien und die Zustände der christlichen Sekten unter der muhammedanischen Herrschaft im Orient ... Zwickau 1861. V: *Hofmann, Rudolph.* (ZU)

Blutbad, das, unter den Christen in Syrien und die Zustände der christlichen Sekten unter der muhammedanischen Herrschaft im Orient. Ein Aufruf zur Unterstützung der bedrängten syrischen Christen. Zwickau 861. Buchhdlg. des Volksschriften-Vereins. 8. (32 S.) n. 2 ngr.

Blutbad, d., unt. d. Christen in Syrien u. d. Zust. d. christl. Sekten unt. d. muhammed. Herrsch. im Orient. 8. (32) Zwick. 61, Döhner. n. — 2

Donawerthisches Blut-Bad, oder der mit Blut vermischte Donau-Strom; 4. M. 2 Pl. Leipzig 1704.

Blutbad, das Dresdner. Oder des Volkes Erhebung u. Fall zu Dresden. Eine parteilose Schilderung des im Mai 1849 zu Dresden stattgehabten Kampfes. Von einem Augenzeugen. 8. (16 S.) Bautzen 849, Reichel. — 2. Aufl. 8. (16 S.) Ebd. 849. n 2 ngr

Das grosse Hoechstädtische Blutbad. 4. Leipzig 1704.

Blutbad, d., v. Peking od.: Die Geheimnisse d. chines. Kaiserhofes. (In 100 Hftn.) 1—20. Hft. 8⁰ (1—440 m. je 1 Vollbild.) Neusalza 1900, H Oeser. à — 10

Blutbad, d., v. Peking od.: Die Geheimnisse d. chines. Kaiserhofes. Histor. Roman a. d. Gegenwart. 21—60. Heft. (1. Bd. 441—652 u. 2. Bd. 482 m. je 1 Vollbild.) 8⁰ Neusalza, H Oeser (01). Je — 10 (Vollst.: 6 —) d

—— das prager. Genaue Beschreibung der denkwürd. Ereignisse zu Prag im Juni 1848, oder der Kampf der Aristokratie, Demokratie und der Czechen und Deutschen. 8. (16 S.) Bautzen 848, Reichel. *

Blutbeschuldigung, Die, gegen die Juden von christlicher Seite beurtheilt. Wien 1883. H: *Baumgarten, Emanuel.* (Pop. wiss. Monatsbl. des Jud., hg. v. »Mendelssohn-Verein«, III. Jg. Nr. 3, S. 71.)

Blutbeschuldigung, die, gegen die Juden. Von christl. Seite beurtheilt. gr. 8. (VII, 62 S.) Wien 883. (Hölder.) n. — 72

Blutbeschuldigung, die, gegen die Juden. Von christl. Seite beurtheilt. 2. Aufl. Wien 1883. Druck u. Verl. „Steyrermühl". Gr. 8°. Cart. 70 S. Darin u. a.: Strack, Prof. Dr. H. L. (in Berlin), Tisza Eszlar, od. gebrauchen die Juden Christenblut? S. 50—56.

Die BLUTBESCHULDIGUNG gegen die Juden. Die Bullen der Päpste. Simon von Trient. Stimmen christlicher Theologen, Orientalisten und Historiker. Zagreb (Agram) 1910.

Blutbraut, die, Trauerspiel in 4 Akten von W. Smets. 12. Coblenz, Hölscher. 818.

Blutbrüder, die, Trauersp., frei nach Oehlenschläger, v. G. Lotz. gr. 12. Leipz. 822. Leo.

Blütchen, Th., Unterstützg. d. Tierschutzsache durch d. Erziehg. d. Jugend. Vortrag. gr. 8. (42 S.) Liegnitz 896. C. Seyffarth. n. — 40

Von dem teuren **Blute** Christi. *(Cassel: J. G. Oncken Nachf. [um 1900].)* (4 S.) 8° [Kopft. F.]
— [Traktate d. Christl. Traktat-Gesellschaft.] Neue Serie. No 94. [05. 11373 4

Blüte, s. Blüthe

Blüten, s. a. **Blüthen.**

— u. **Aehren.** Ein Schatzkästlein f. die junge Mädchenwelt von 14 Jahren an. Mit Orig.-Beiträgen der hervorragendsten Schriftsteller u. Schriftstellerinnen hrsg. v. Marie Beeg. 8. (VI, 287 S. m. 1 Illustr.) Stuttgart 884. Richter & Kappler. n. 3. —; geb. n. 4. —

— u. **Ähren.** Ein Schatzkästlein f. die junge Mädchenwelt von 14 Jahren an. Mit Orig.-Beiträgen der hervorragendsten Schriftsteller u. Schriftstellerinnen hrsg. v. Marie Beeg. 2. Bd. 8. (III, 287 S. m. Illustr.) München 886. Richter & Kappler. n. 3. —; geb. n. 4. — (1. 2.: n. 6. —; geb. n. 8. —)

— **aus dem deutschen Dichterwalde,** s.: Büchersammlung f. Gabelsberger'sche Stenographen.

Blüten geistlicher Dichtkunst aus allen Zeiten der Kirche f. jeden Tag d. Jahres. Eine Mitgabe auf die Lebensreise. 6. m. dem evangel. Namenkalender verm. Aufl. 16. (420 S.) Stuttgart 874. J. F. Steinkopf. 2. 10 geb. m. Goldschn. n. 3. —

— **duftende.** Illustr. Witz- u. Unterhaltungsblatt für Gabelsberger Stenographen. Red.: Otto Landsmann. 1. Jahrg. Apr. 1894—März 1895. 24 Nrn. (Bog.) gr. 4. München, Verlag der Duftenden Blüten. n. 5. 60

Blüten, duftende. Ill. Witz- u. Unterhaltungsblatt f. Gabelsberg. Stenographen. Red.: Otto Landsmann. 2. Jahrg. 1895. 24 Nrn. (à ca. 1 Bog.) gr. 4. München, Verlag d. Duft. Blüten. n. 5. 60

Blüten, duft. Blumen-Malb. (8 farb. u. 8 schwarze Bl. ohne Text.) 4° Nürnbg. T Stroefer (01). 1.50 d

Blüten, duftende, aus Deutschlands Dichtergarten. 8. (III, 344 S.) Langensalza 881, Schulbuchh. v. Greßler. 1 50 geb. 2 25

—— dass. — 2. und 3. verm. Aufl. (III, 356 S.) Ebendas. 883,84. geb. mit Goldschn. 2 75

Blüten, duftende, aus Deutschlands Dichtergarten. 4. Aufl. (III, 356 S.) Langensalza 884. Schulbuchh. geb. m. Goldschn. 2. 75

Blüten, duftende, aus Deutschlands Dichtergarten. 4. und 5. Aufl. 8. (III, 356 S.) Langensalza 886,88, Schulbuchhandlung. geb. 2 75

Blüten, duftende, aus Deutschlands **Dichtergarten.** 6. u. 7. Aufl. 12. (III, 356 S.) Langensalza 891. 893. Schulbuchh. Geb. in Leinw. 2. 75

Blüten, duftende, aus Deutschlands **Dichtergarten.** 8. Aufl. 8. (III, 356 S.) Langensalza (900). Schulbuchh. Geb. in Leinw. 2. 75

—— duftige. Lieder des Lenzes, s. a. Geschenkwerke.

— **duftige.** 6 Hftchn. in ausgestanzter Blumenform. (à 4 Bl.) München 889. Stroefer. In Couvert. n. 1. 35

— **duftige.** Ein Blumen-Malbuch. gr. 4. (8 farb. u. 8 schwarze Bl. ohne Text.) Nürnberg (901). Th. Stroefer. 1. 50

— der **Frömmigkeit.** Gebet- u. Erbauungsbuch f. römisch-kathol. Christen. Von e. kathol. Priester im Exil. 24. (726 S.) Paderborn 884. Bonifacius-Druckerei. 1. —

— u. **Früchte.** Erzählgn f. d. christl. Volk. Nr. 1—18. 8° (Mit Abb.) Stuttg. 96—1900, Bh. d. ev. Gesellsch. à — 20; je 2 in 1 Bd kart. als 1—9. Bd, m. je 2 Farbdr. à — 50
Enth. Erzählgn v. CG Barth, A Dalwig-Hohenrode, F v. Ell, H Fahrenkrug, M Grabl, C Hagen, M Liebrecht, J Palmer, D Schlatter, E Schöne, M Titelius, B Turovius, M Ulbrich, A Vollmar, G Weitbrecht u. A.

Blüten u. Früchte. Erzählungen f. das christl. Volk. Nr. 1—10. 8. (M. Abb.) Stuttgart, Buchh. d. Evang. Gesellschaft. à n. — 20; je 2 in 1 Bd. kart. m. je 2 Farbdr. à n. — 50
1. D. drei i. Brautstuhl. E. Erzählg. a. d. Volksleben v. Chr. G. Barth. (47 S.) 897.
2. A. stürm. Zeit. E. Erzählg. a. d. J. 1848 u. 1849 v. G. Weitbrecht. (48 S.) 897.
3. Nicht allein! Erzählg. v. A. Vollmar. — Auf d. Lotsenwache. E. Bild a. d. Volksleben a. Rügen von F. v. Ell. (56 S.) 897.
4. Seemann, der. E. Familiengeschichte. Übers. a. d. Engl. v. E. O. (56 S.) 897.
5. Doppelt gerettet. Erzählg. v. M. Titelius. — Herumgeworfen. Erzählg. v. Dora Schlatter. (48 S.) 897.
6. Arm u. reich. Erzählg. v. Maria Liebrecht. (48 S.) 897.
7. Verschied. Wege. Erzählg. v. J. Palmer. (39 S.) 898.
8. Leute, fahrende. Von E. M. (48 S.) 898.
9. I. d. Welt hinaus v. H. Fahrenkrug. (50 S.) 898.
10. Jecha. Erzählg. a. Thüringens Vergangenheit v. Adf. Dalwig-Hohenrode. — Frau Tippolt u. ihre Uhr. Von E. Schöne. (48 S.) 898.

— — Sammlg. v. gedieg. Erzählgn. u. Novellen. Hrsg. v. kathol. Preßvereine in Linz. 1. Bdchn. 8. Linz-Urfahr 898. Verlag d. kathol. Preßvereines. n. 1. —
D. Ring d. Mörders u. D. Geisterschloß. 2 Erzählgn. von Gondry du Jardinet, übers. v. Frdr. Dewa. (V, 83 u. 68 S.)

— u. **Früchte.** Nr. 11—20. 8. (Mit Abbildgn.) Stuttgart, Buchh. der ev. Gesellschaft. à n. — 20; je 2 in 1 Bd. kart. als 6.—10. Bd. m. je 2 Farbdr. à n. — 50
11. Haben! Haben! Erzählung. Von A. Vollmar. — Friedensstifterin, e. Erzählung v. A. M. (48 S.) 899.
12. In der Fremde. Erzählg. Von M. Titelius. (47 S.) 899.
13. Die Wahrheit über alles. Von M. Grabl. (48 S.) 899.
14. Gnadenwege. Erzählg. Von H. Fahrenkrug. (48 S.) 899.
15. Der Hofprediger. Eine Geschichte aus dem J. 1725. Von Bernh. Turovius. (47 S.) 900.
16. Die beiden Postler. Erzählung aus Breslaus Vergangenheit. Von M. Ulbrich. — Vetter Christen. Von Dora Schlatter. (47 S.) 900.
17. Das Röschen v. Bärenthal. V. Maria Liebrecht. (48 S.) 900.
18. Der Weg des Gehorsams. Erzählung. Von Clara Hagen. — Ein verwöhntes Kind. Erzählung. Von H. Fahrenkrug. (48 S.) 900.
19. Am Rande d. Abgrunds. Erzählung. Von Bernh. Turovius. (48 S.) 901.
20. Der Deserteur. Erzählung. Von M. Titelius. — Ein letzter Versuch. Erzählung. Von P. Klaiber. (48 S.) 901.

— u. **Früchte.** 1—20. Heft. (Je 3—4 Bog.) kl8° Reutl., Ensslin & L. (07.08). Je — 15 d

Blüten und Früchte vom Baume der Inneren Mission in Ostpreußen. Gepflückt ... von M[artin] **Graf,** Vereinsgeistl. H. i. Königsberg i. Pr.: Ev. Buchh. 1907. 8° [F.] [07. 9070 10

Blüten u. Früchte v. Baume d. inn. Mission in Ostpreussen. Dargereicht v. d. ostpreuss. Prov.-Verein f. inn. Mission. 2. Heft. 8° Königsbg, Ev. Bh. d
Das 1. Heft bildet Kat. 06/09: Graf, M: Blüten u. Früchte.
Borrmann: Das Lepraheim in Memel. (16) '11 [2] nn — 10

— — v. heimatl. u. auswärt. Missionsfelde. Dargeboten v. d. Oblaten d. unbefleckten Jungfrau Maria. 1—6. Bdchn. 8° Fulda, Fuldaer Actiendr. je — 30 d
Kassiepe, Max: Ernstes u. Heiteres a. uns. Volksmissionen. I. (61) '11 [3]
Streit, Rob.: Maddu. Geschichte e. Heiligtums in d. Urwäldern v. Ceylon. (63 m. 4 Vollbild.) '11 [4]
Wallenborn, Joh.: Gehet hin u. lehret alle Völker. (59) '11 [1]
— Was e. jeder f. d. Mission tun soll. (84) '12 [6]
— Vom Reisekoffer, d. gern in d. Missionen gegangen wäre. (51) '11 [2]
Weber, Alois: Das Karolinum, Missionskolleg d. Oblaten d. unbefleckten Jungfrau Maria. (77 m. 6 Vollbild.) '12 [5]

— a. d. Garten Gottes. Sammlg v. Erzählgn a. d. Reiche Gottes. 5. Afl. 8° (228) Eisl. 83, Christl. Ver. im nördl. Deutschland. Geb. — 60

— der Gottseligkeit. Ein vollständ. Gebet- u. Andachtsbuch f. kathol. Christen aller Stände. Hrsg. v. e. Priester des Bisth. Chur. 16. (448 S. m. Abbildgn., farb. Titel u. 1 Farbdr.) Einsiedeln (900). Eberle, Kälin & Co. Geb. von n. 1. — bis n. 4. —
32

Blüten aus dem Himmelsgarten. Nr. 1—60. gr. 16. (Mit farb. Umschlag.) Straubing, M. Hirmer. à n. — 12
Inhaltsübersicht in alphabetischer Ordnung:
Arens, Bernard, S. J., die acht Seligkeiten. Kurze Erläutergn. (32 S.) (902.) (Nr. 53.)
— Weltdienst u. Gottesdienst. Einige Kreuzfahrergedanken. (32 S.) (902.) (Nr. 36.)
Auer, Wilh., O. Cap., Anmutungen der Liebe zu Jesus im Altarssakramente. Nach dem hl. Alphons v. Liguori. (32 S.) (902.) (Nr. 41.)
Bitschnau, Otto, O. S. B., die Andacht zur schmerzhaften Mutter Maria. (32 S.) (902.) (Nr. 39.)
— Beicht- u. Communion-Andacht f. Kinder. (32 S.) (900.) (Nr. 28.)
— Marienkind, siehe Deine Mutter! (32 S.) (902.) (Nr. 54.)
— die Osterfreude des katholischen Christen. (16 S.) (900.) (Nr. 6.)
Egger, Augustin, zwei Besuchungen des heiligsten Altarssakramentes nebst e. Communionandacht. (31 S.) (900.) (Nr. 2.)
Falk, Frz., St. Anna, die Mutter Mariens. (16 S.) (900.) (Nr. 14.)
— wie du Gott am ehesten gefallen magst. (32 S.) (902.) (Nr. 53.)
Fischer, Ed., das arbeitsame Kind. (32 S.) (902.) (Nr. 40.)
Freund, Geo., C. Ss. R., vor dem Tabernakel. (31 S.) (902.) (Nr. 38.)
Giehrl, Emmy, Anmutungen vor der Krippe. (32 S.) (902.) (Nr. 52.)
— du sollst Vater u. Mutter ehren! (15 S.) (900.) (Nr. 18.)
— die hl. Engel, unsere himmlischen Freunde u. Beschützer. (32 S.) (900.) (Nr. 22.)
— lasset die Kleinen zu mir kommen! (16 S.) (900.) (Nr. 30.)
— Maria, Du Mutter der Schmerzen, Du Heil der Kranken! Kurze Lesgn. u. Gebete f. Kranke. (30 S.) (900.) (Nr. 7.)
— schließ in dein göttlich Herz mich ein! Kommunion-Betrachtgn. (32 S.) (902.) (Nr. 47.)
— stelle das Christkindlein auf den Altar deines Herzens! (30 S.) (900.) (Nr. 26.)
Hammer, Phpp., Myrthensträußchen zu Ehren der lieben Gottesmutter. (16 S.) (900.) (Nr. 25.)
Hättenschwiller, Jos., S. J., das Herz-Jesu-Bild als Erziehungsbuch. (32 S.) (902.) (Nr. 42.)
Hattler, Frz., S. J., das goldene Ave Maria. (16 S.) (900.) (Nr. 21.)
— beim Mutterherzen. Belehrung u. Gebete. (16 S.) (900.) (Nr. 17.)
— des Christen Heimweh. (32 S.) (902.) (Nr. 57.)
— Herr! bleib' bei uns! (32 S.) (902.) (Nr. 32.)
— Lebensweisheit des hl. Ignatius v. Loyola in Sprüchen. (32 S.) (900.) (Nr. 19.)
— 6 Sonntage zur Verehrung des hl. Aloisius v. Gonzaga. (16 S.) (900.) (Nr. 16.)
— die Weihe an das göttliche Herz Jesu — die Krone u. Vollendung der Herz-Jesu-Andacht. (31 S.) (900.) (Nr. 1.)
— zum Andenken an die hl. Taufe. (32 S.) (902.) (Nr. 45.)
Kerschbaumer, Ant., die Erdenreise. (32 S.) (902.) (Nr. 37.)
— Novene zum göttlichen Jesuskind. (32 S.) (900.) (Nr. 3.)
Krebs, Jos. Alois, C. S. S. R., Rüstung zur großen Reise in die Ewigkeit. (32 S.) (902.) (Nr. 31.)
Lerch, Wenzel, S. J., zur christlichen Tagesordnung. (32 S.) (902.) (Nr. 51.)
Meschler, M., S. J., die sieben Bitten des Vaterunsers. (31 S.) (900.) (Nr. 8.)
Müllendorff, Jul., S. J., das schönste Christgeschenk, die Kommunion. (32 S.) (902.) (Nr. 55.)
— Meßopfer u. Kommunion. Gebete um m. besond. Andacht die heilige Messe zu hören u. die heilige Kommunion zu empfangen. (32 S.) (900.) (Nr. 4.)
Muzarelli, Alfons, S. J., beim Christkindlein zur Schule. Neuntägige Andacht zum Christkindlein. (32 S.) (900.) (Nr. 11.)
Peregrina, Cordula (C. Wöhler), „geht zu Joseph". (32 S.) (900.) (Nr. 29.)
— mit Jesus auf Gethsemane. (31 S.) (902.) (Nr. 34.)
— kommt, laßt uns anbeten! Ein Lockruf zum Tabernakel. (32 S.) (902.) (Nr. 44.)
— Marienpreis. (16 S.) (900.) (Nr. 23.)
— ein schlichter Strauß f. das christliche Haus. (16 S.) (900.) (Nr. 13.)
— voll Dank empfunden in stillen Stunden. (32 S.) (902.) (Nr. 59.)
— was wir unserm lieben hl. Schutzengel danken. (32 S.) (902.) (Nr. 50.)
— der Weg zum Frieden. Ein Wort f. Arm u. Reich. (30 S.) (900.) (Nr. 5.)
— Weihnachtsweise zu Christkinds-Preise. (16 S.) (900.) (Nr. 20.)
Prattes, Markus, C. Ss. R., drei Meßandachten. (32 S.) (900.) (Nr. 9.)
Puntigam, Ant., S. J., bete u. arbeite. Ein Wort an die christl. Familie. (32 S.) (902.) (Nr. 46.)
Seeböck, Philib., O. F. Min., süßes Herz Mariä, sei meine Rettung! (31 S.) (902.) (Nr. 43.)
— Jesus der gute Hirte. (32 S.) (902.) (Nr. 48.)
— St. Joseph beliebt bei Gott u. den Menschen. (16 S.) (900.) (Nr. 24.)
— Maria Immaculata. Betrachtungen üb. die Jungfräulichkeit. (32 S.) (902.) (Nr. 33.)
— das Mutterbild Mariens. (16 S.) (900.) (Nr. 12.)
— Weihnachtsglocken. Gedanken u. Betrachtgn. an der Krippe. (31 S.) (902.) (Nr. 60.)
Stolz, Alban, die 8 Seligkeiten, wie sie sich an der hl. Theresia erfüllt haben. (16 S.) (900.) (Nr. 27.)
Toussaint, Joh. Pet., neuntägige Andacht zu Ehren des hl. Antonius v. Padua. (31 S.) (900.) (Nr. 15.)
— „dein Heiland kommt". Worte zur Belehrg. an Erstkommunikanten. (32 S.) (902.) (Nr. 35.)
— d. hl. Joseph an d. Krippe od. d. zwölf Wohlthaten, welche d. beste Pflegevater d. Jesuskinde erwiesen hat. (32 S.) (902.) (Nr. 49.)
Toussaint, Joh. Pet., Weihnachtsoktave od. gute Gedanken u. fromme Bitten auf die acht Tage nach dem Hochfeste der Geburt Christi. (32 S.) (902.) (Nr. 56.)
— zwölf Worte des hl. Franziskus v. Assisi. (29 S.) (900.) (Nr. 10.)

— deutscher Kunst u. Dichtung. 4. (48 S. m. farb. Abbildgn.) Leipzig 893. Meissner & Buch. Geb. in Leinw. m. Goldschn. n. 5. —

Blüten vom Lebensbaum. 12 Hefte christl. Erzählgn. f. Kinder v. H. v. R., H. Andrae, M. Rüdiger, F. Stockhausen u. a. m. feinem Umschlagtitelbild. (Je 8 S.) 16. Lengerich (909). Bischof & Klein. — 40

— aus dem himmlischen Palmgarten des Wilhelm Nakatenus. Der neuen Bearbeitung v. Th. Wollersheim 31. Aufl. Ausg. VIII. Volksausg. 18. (464 S. m. 1 Stahlstich.) Köln 892, Bachem. 1 —

— dass. — Miniatur-Ausgabe (IX.) mit Linien-Einfassung. 30. Aufl. 32. (640 S.) Ebd. 891. * 1 50

— aus dem Paradiese der Kirche. Ein vollständ. Gebet- und Andachtsbuch. Von einem kathol. Priester. 7. Aufl. 24. (XVI, 528 S. mit chromolithogr. Titel und 1 Stahlst.) Dülmen 881, Laumann'sche Verlagsh. * 1 —
geb. von * M 2. bis * 20 —

— dass. — 8. Aufl. 32. (XVI, 512 S. mit chromolithogr. Titel und 1 Stahlst.) Ebendas. 882. * 1 —
geb. von * M 1,50. bis * 20 —

— dass. — 9. Aufl. 32. (XVI, 512 S. mit chromolithogr. Titel und 1 Stahlst.) Ebendas. 883. * 1 20
geb. von * M 2. bis * 20 —

— aus dem Paradiese der Kirche. Vollständiges Gebet- u. Andachtsbuch v. e. kathol. Priester. 11. Aufl. 16. (XVI, 512 S.) Dülmen 890. Laumann. 1. 20

— aus dem Paradiese der Kirche. Vollständiges Gebet- u. Andachtsbuch v. e. kathol. Priester. 12. Aufl. 16. (XVI, 516 S. m. farb. Titel u. 1 Stahlst.) Dülmen 893. A. Laumann. 1. 20

Blüten aus dem Paradiese der Kirche. Kathol. Gebet- u. Andachtsbüchlein. 16. (330 u. III S. m. farb. Titel u. 1 Stahlst.) M.-Gladbach (895). A. Riffarth. Geb. in Ldr. m. Goldschn. 1. 20

— a. d. Paradiese d. Kirche. Vollst. Gebet- u. Andachtsbuch. V. e. kathol. Priester. 13. Aufl. gr. 16. (XVI, 496 S. m. farb. Titel u. 1 Stahlst.) Dülmen 898. A. Laumann. Geb. n. 1. —

— aus dem Paradiese der Kirche. Vollständiges Gebet- u. Andachtsbuch. Von e. kathol. Priester. 14. Aufl. (XVI, 528 S. m. farb. Titel u. Titelbild.) 11×7 cm. Dülmen, (908.) A. Laumann. Geb. in Leinw. 1. —

—— u. Perlen in Bild u. Dichtg. 16. (12) Lpzg 89, Baldamus, Sep.-Cto. cart. m. G. n. — 70

—— und Perlen deutscher Dichtung. Für Frauen ausgewählt von Frauenhand. Illustr. Ausg. mit 14 Holzschn. nach Zeichnungen von Edm. Koken, Randzeichnungen von Molthan. Nebst Titelbilde von C. Oesterley, in Stahl gestochen von Adrian Schleich und Titel in Farbendr. nach Zeichnung von C. Scheuren. 21., 23. und 26. Aufl. 12. (XIV, 480 S.) [Hannover 874—80, Rümpler.] Halle, Gesenius. geb. mit Goldschn. 6 —

— u. Perlen deutscher Dichtung. Für Frauen ausgewählt v. Frauenhand. Min.-Ausg. 28. Aufl. 12. (XVI, 464 S.) Halle 884. Gesenius. geb. m. Goldschn. n. 5. —

—— und Perlen deutscher Dichtung. Für Frauen ausgewählt von Frauenhand. Neue Min.-Ausg. 29. Aufl. 16. (XVI, 464 S. mit 10 Illustr.) Halle 887, Gesenius. geb. mit Goldschn. * 5 —

— u. Perlen deutscher Dichtung. Für Frauen ausgewählt v. Frauenhand. 30., völlig neu bearb. Aufl. Mit 20 Bildern in Holzschn. nach Orig.-Zeichngn. v. Ferd. Leeke u. J. G. Füllhaas. Lex.-8. (VII, 160 S.) Halle a/S. 892. H. Gesenius. Geb. in Leinw. m. Goldschn. n. 10. —

— u. Perlen deutscher Dichtung. Für Frauen ausgewählt v. Frauenhand. Oktav-Ausg. Mit e. Titelbild u. 19 Bildern nach Orig.-Bildern v. Ferd. Leeke u. J. G. Füllhaas. 31. u. 33., m. der 31. zusammengedr. Aufl. 8. (VIII, 480 S.) Halle (899. 902). H. Gesenius. Geb. in Leinw. m. Goldschn. n. 6. —

— — dasselbe. 32. Aufl. Mit 4 Photogravüren u. 16 Bildern in Holzschn. nach Orig.-Zeichngn. v. Ferd. Leeke u. J. G. Füllhaas. gr. 8. (VII, 160 S.) Ebd. (899). Geb. in Leinw. m. Goldschn. n. 10. —; in Celluloid n. 14. —

— u. Perlen deut. Dichtg. Für Frauen ausgew. v. Frauenhand. Oktav-Ausg. 33. Afl. (480 m. Abb. u. Titelbild.) 8° Halle, H Gesenius (02). L. m. G. 6 — || 34. Afl. Lex. 8°-Ausg. (200 m. Abb.) (05.) L. m. G. 10 — d

—— und Perlen aus dem Kinderleben. 1. und 2. Aufl. gr. 8. (12 Chromolithogr. mit eingedr. Text.) Wesel 883,84, Dums. cart. — 50

Blüten und Perlen
— — deutscher Kunst u. Dichtung. kl. 4. (40 S. m farb. Abbildgn.) Leipzig 890. Meissner & Buch. geb m. Goldschn. n. 6. —
Bilder allein ohne Text geb. m. Goldschn. n. 6. —
s.: Blüthen.

—— aus dem Treibhause der Lyrik. Eine Mustersammlung 3. von Max Klinger illustr. Aufl. 16. (VIII, 83 S. mit eingedr. Holzschn. und 1 Stnt.) Leipzig 882, Barth. cart. * 2 50

Blüten aus dem Treibhause der Lyrik. Eine Mustersammlg. Mit 49 Illustr. v. Max Klinger. 4. Aufl. (91 S.) gr. 16. Leipzig 904. J. A. Barth. Geb. in Leinw. n. 2. 50

— d. Witzes u. Humors aller Nationen. 1. u. 2. Bd. [Titel-Ausg. v. „D. lachende Welt", 1.–3. Sammlg, u. „Allerlei Scherze u. Witze".] 8. (144, 156 u. 144, 144 S.) Berlin (894. 95.) 897. H. Steinitz. Geb. in Leinw. à n 2. —

Blütengärtlein des hl. Franziskus v. Assisi u. einiger Gefährten, übertr. v. Geo. Muhr, s.: Volksbücherei.

Blütenkranz, s.a. Blüthenkranz.

Blütenkranz. Ein kurzes aber vollständ. Gebetbüchl. 32° (208 m. farb. Titel u. 1 St.) Dülm. 96, A Laumann. Geb. in Ldr m. G. — 65

Blütenkranz. Ein kurzes aber vollständ. Gebetbüchlein. Dülmen: A. Laumann 1905. (208 S.) 8° [F.] [illegible]

Blütenkranz deut. Dichtgn in (z. Tl. farb.) Bildern. 8° (12) Lpzg 91, Wezel & N. Mit G. 1.25

Blütenkranz des hl. Franciscus v. Assisi. (Aus dem Ital. übers. v. Otto Frhr. v. Taube. Mit Einführg. v. Henry Thode. Mit Initialen v. F. H. Ehmcke.) (XXVI, 247 S.) 8. Jena 905. E. Diederichs. n. 6. —; geb. n. 8. —; Liebhaberausg. n 30. —

Blütenkranz des hl. Franciscus v. Assisi. Aus dem Ital. übers. von Otto Frhrn. v. Taube. Mit Einführg. v. Henry Thode. Mit Initialen v. F. H. Ehmcke. 3. Taus. (XXII, 247 S.) 8. Jena 908. E. Diederichs. 6.—; geb. 8.—; Liebhaberausg. 30. —

Blütenstrauß. Ausgewählte Erzählgn. f. die reifere Jugend v. Mitarbeitern der „Kinderlaube". Mit 4 Farbendr.-Bildern v. Th. Hosemann u. 10 Illustr. im Text. gr. 8. (III, 208 S.) Dresden 887. Meinhold & Söhne. geb. 3. —

Blütenstrauß, e., christlich-socialer Parteithätigkeit. Gepflückt, zierlich gebunden u. den christlich-socialen Volksmännern in entsprech. Werthschätzg. dargebracht v. e. Freunde der Wahrheit. 12. (47 S.) Wien (899). Wiener Volksbuchh. n.n. — 10

Blütenzweige. gr. 8. (8 Farbdr.) Berlin 899. W. Schultz-Engelhard. 1. —

— Nr. 1—8. 8. (à 16 S. m. Abbildgn.) Witten, Buchh. der Stadtmission. à — 15
1. Händchen, fleißige, u. andere Geschichtchen von F. F. (900).
2. Herzen, willige, u. andere Geschichtchen v. F. F. (900).
3. Vor dem Sturm u. andere Geschichtchen v. F. F. (900).
4. Ferienzeit, die schöne, u. andere Geschichtchen v. F. F. (900).
5. Auf dem Felsen u. andere Geschichtchen v. F. F. (900).
6. Im Schnee u. andere Geschichtchen v. F. F. (900).
7. Hinaus in die Ferne u. andere Geschichtchen v. F. F. (900).
8. Heimkehr, fröhliche, u. andere Geschichtchen v. F. F. (902).

Blutgericht, Das, im Thurme Daliborka am Hradschin zu Prag. Historisch-romantischer Beitrag zur älteren Geschichte Böhmens. ... Wien 1839. V: *Gleich, Jos. Alois.* (GGr)

Bluth, praktische Anleitung zum Unterricht im Hiebfechten. Nach der bei der königl. Central-Turn-Anstalt eingeführten Lehrmethode bearb. Mit 18 in den Text gedr. Holzschn. 8. (48 S.) Berlin 878. Mittler & Sohn. n. — 60

Bluth, prakt. Anl. z. Unterricht im Hiebfechten. 8. (48 m. H.) Berl. 78, Schroeder. n. — 60

Bluth, praktische Anleitung zum Unterricht im Hiebfechten. Nach der bei der königl. Militär-Turn-Anstalt eingeführten Lehrmethode bearb. Mit 18 in den Text gedr. Holzschn. 2. verb. Aufl. 8. (48 S.) Berlin 883. Mittler & Sohn. n. — 60

Diätvorschriften und Kochbuch für Zuckerkranke von Dr. Friedrich Bluth. (2. erw. Aufl.) Berlin: R. Skrzeczek 1907. (116 S.) 8° [F.] 07. 10798

*Bluth, Frdr.: Essb. f. Zuckerkranke (m. Diabetiker-Kochb.). Berl., Schweizer & Co. ca 1.80

Bluth, Friedrich [pr. Arzt aus Gross-Chelm in Oberschl.]: Statistik der im Jahre 1888 in der Universitäts-Augen-Klinik zu Berlin behandelten Augenverletzungen. ... Berlin, Druck v. Carl Koepsel, 1889; 32 S. 8°
Berlin, Med. Fak., Inaug.-Diss. v. 4. Okt. 1889

Bluth, H.: Wandervögel, s. Bluth, Hugo

Bluth, [Herm.], Stadtbaurat: Die neue Oberrealschule zu Bochum. ([Umschlagt.:] Beschreibung des neuen Schulgebäudes.) *Bochum 1899: W. Stumpf.* (S. 1–7.) 4°
Bochum, st. OR, P 1899 (399)

Bluth, *Hermann* (Stadtbaumstr.) und Broicher, *Ernst Jakob* Das neue Schulhaus des Gymnasiums zu Bochum mit Vorderansicht des Gebäudes in Lichtdruck und Lageplan sowie Grundrissen in Steindruck. 4 (31 S.). Progr. Städt. G. *Bochum* 1892

Bluth, H: Wandervögel. Bilder u. Gedanken a. Amerika u. China. (8, 167 m. 6 Vollbildern.) 8° Berl., Heimat- u. Welt-Verl. '10. 2 —; L 2.80 d

Wandervögel. Bilder u. Gedanken aus Amerika u. China von H[ugo] Bluth, Divisionspfarrer. Mit 6 Abb. Berlin: Weicher 1910. 167 S. 8°

Bluth, Johannes [appr. Arzt]: Über einen Fall von Hämatocele des Samenstranges .... Stettin, Buchdr. v. Hugo Siemssen (1887); 30 S. + 1 Bl. 8°
Strassburg, Med. Fak., Inaug.-Diss. v. 1887

Bluth, Johannes, über einen Fall von Hämatocele des Samenstranges. Diss. Strassburg i. Els 1887, Trübners Buchh. u. Antiqu. (E. d'Oleire). 30 S.

Bluthársch, Karl, die Ursache der Völkerkriege u. die Grundlage f. den Weltfrieden. Dargestellt nach den Ereignissen der Weltgeschichte u. nach den Ergebnissen der exakten Wissenschaften. (VIII, 182 S. m. 12 Zeichngn.) 8. Stuttgart 905. Strecker & Schröder. n. 2.40; geb. n. 3.20

Bluthársch, Karl, was ist Wahrheit? Vortrag. Geh. unt. d. Auspicien d. Vereins f. harmon. Philosophie i. Chicago v. d. freisinn. Gemeinde daselbst im Febr. 1895. gr. 8. (24 S.) Leipzig 895. W. Besser. n. — 30

Bluthársch, Karl F., reine Erkenntnis der Dinge od. die Wissenschaft aller Wissenschaften. Ein philosophisch-wissenschaftl. Nachweis des ganzen Kreislaufes der Materie in e. fortlauf. Kette v. Ursachen u. Wirkgn., beginnend bei der Grundursache alles Seins u. im Höchsten der Gottheit endend. 1. Heft. (40 S.) 8. Dresden 909. E. Pierson. 1.50

Blutharsch, K. F.: Die Weltfriedensfrage in ihrer unanfechtbaren wissenschaftlichen Lösung. (IV, 37 S.) gr8°.– Dresden, E. Pierson. 1907. –.60.

Blüthe u. Kern des evangel. Liedes älterer u. neuerer Zeit, gesammelt zur häusl. Erbauung. 12. (23 B.) Elberfeld 842, (Hassel.)

Blüthe und Kern des evangelischen Liedes, gesammelt zur häuslichen Erbauung. Iserlohn (854.) Bädeker. 8. (3 Bl., 578 S.) n. 1 ₰ 10 ngr

Blüthe, Hugo, Rechtspraktikant a. Kaiserslautern: Die Unzulänglichkeitseinrede ⟨§§ 1990—1992 B.G.B.⟩ Würzburg 1906: V. N. Seubert. (75 S.) 8°
Würzburg, Jur. Fak., Ref. Mendelssohn-Bartholdy, Diss. v. 24. Okt. 1906
[Geb. 25. Febr. 81 Kaiserslautern; Wohnort: Kaiserslautern; Staatsangeh.: Bayern; Vorbildung: Gymn. Kaiserslautern Reife Juli 00; Studium: München 2, Berlin 1, Würzburg 5 S.; Rig. 23. Mai 06.]

Blüthe, Ludwig: Zur Kenntnis des recidivirenden Hypopyons. Heidelberg 1908: Straus. 78 S. 8°
Heidelberg, Med. Diss. v. 1909, Ref. Leber
[Geb. 1. Aug. 82 Frankfurt a. M.; Wohnort: Frankfurt; Staatsangeh.: Preußen; Vorbildung: Goethe-Gymn. Frankfurt Reife O. 01; Studium: Heidelberg 5, München 2, Heidelberg 5 S.; Coll. 14. Jan. 08; Approb. 3. Mai 09.] [U 09. 1951

Blüthen, s. a. Blüten.

— Eine Sammlung der gewähltesten schönwissenschaftlichen Literatur des In- u. Auslandes, 1r Bd. 8. Stuttgart 840. Weise u. Stoppani. 1 ₰

Blüthen aus Albion. Vermischte Piecen aus d. Engl. des Kapit. Marryat, Warren, J. P. R. James u. A. gr. 12. (9 B.) Leipzig 842, Rein'sche Buchh.

Blüthen, dem blühenden Alter gewidmet von d. Verf. d. Ostereier. (Cph. Schmid.) 8. Landsh. 819. 2e A. 820. Krüll. 6 gl Postp. 12 gl

Blüthen dem blühenden Alter gewidmet, von d. Verfasser der Ostereier (Cph. Schmid). 3e Orig.-Aufl. Mit 1 Bildn. 8. Regensb. u. Landsh. 836. Manz. ⅓ ₰

Blüthen, dem blühenden Alter gewidmet von dem Verfasser der Ostereier. 4. Aufl. Regensburg 1842. V: *Schmid, Christoph.* (Russell IX, 413)

—— dem blühenden Alter gewidmet v. d. Verfasser der „Ostereier." (Gedichte.) 4. Orig.-Aufl. 8. (11 B. u. d. Verf. Bildn.) Regensburg 842, Manz.

Blüthen, dem blühenden Alter gewidmet von dem Verf. der Ostereier. (Von Chrph. v. Schmid.) Neue illustr. Orig.-Aufl. Mit dem Bildniß des Verf. (in Stahlst.) u. feinen Holzschnittbildern (im Text). Regensburg 869. Manz. 8. (212 S.) 15 ngr

Blüthen dem herannahenden Alter gewidmet; aus Liedern und versifizirten Erzählungen bestehend ... Landshut 1819. V: *Schmid, Johann Christoph.* (Ky) (MGT)

— der Andacht. Ein Gebetbüchlein für kathol. Christen. Mit Titelkpfr. 18. Thannhausen ... 3e Aufl. 836 (Augsburg) Kollmann. $^1/_{12}$ ₰

— heiliger Andacht. Vollständiges Gebet- u. Erbauungsbuch für katholische Christen. Größtentheils entnommen den salbungsvollen Gebeten der Kirche u. den Schriften der Heiligen. 865. — 2. Aufl. Mit 18 (lith.) Bildern. Einsiedeln 867. Gebr. Benziger. 16. (414 S. m. Holzschn. im Text.) 21⅔ ngr

Blüthen heiliger Andacht. Vollständiges Gebet- und Erbauungsbuch für kathol. Christen. Größtentheils entnommen den salbungsvollen Gebeten der Kirche und den Schriften der Heiligen. Ausg. Nr. 1. 3. Aufl. 1870. ℳ 2,25, und 4. Aufl. 24. (414 mit 2 Stahlst. und 16 eingedr. Holzschn.) Einsiedeln 872, Gebr. Benziger.

Blüthen heiliger Andacht. Vollständiges Gebet- u. Erbauungsbuch f. kathol. Christen. Größtentheils entnommen den salbungsvollen Gebeten der Kirche u. den Schriften der Heiligen. 4. Aufl. 2. Ausg. Mit 18 feinen Bildern (wovon 2 in Stahlst. u. 16 in eingedr. Holzschn.) 16. (414 S.) Einsiedeln 872. Benziger. 1. 65

Blüthen der Andacht für die katholische Jugend. Von einem Priester der Diözese Brixen. 16. (XVI, 234 S.) Innsbruck 877. Wagner. — 40; geb. — 68; — 84; 1. 4 u. 1. 12

Blüthen des Auslandes, eine Sammlung von Uebersetzungen vorzüglicher besonders didaktischer und erzählender Gedichte. Osnabrück 1798. H: *Broxtermann, Theob. Wilh.* (JL)

—— baltische, für Geist u. Herz. 1. u. 2. Jahrg. 1836 u. 37. gr. 4. Wismar, Schmidt u. v. Cossel'sche Rathsbuchh. [J. 836. (52 Nrn., Bog.), 37. (152 Nrn., Bog.) à * 3⅓ Thlr.]

—— dass. — 3. Jahr. s. Blätter, baltische.
1. Jahrg. redig. v. J. H. L. Fischer, 2. v. † Friedr. Penzlin.

— vom Baume des Lebens, das ist des heil. Kreuzes. Gebetbuch im Geiste der heil. kathol. Kirche mit vielen Gebeten der Kirche u. der Heiligen. Von e. kathol. Priester. Cöln 866. Schwann. 32. (IV, 608 S. u. 2 color. Holzschnitttaf.) 12½ ngr; Velinp. 20 ngr

— vom Baume des Lebens, das ist d. h. Kreuzes. Gebetbuch im Geiste der kath. Kirche, mit vielen Gebeten der Kirche u. der Heiligen. Von einem kathol. Priester. 32. (512 S. m. 1 Stahlst. u. Farbendr.-Titel.) Düsseldorf 877. Schwann. 1. 25

— aus Bethanien, Zur Beförderung e. wahren evangel. Christenthums u. zum weitern Nachdenken. (Herausg. v. L. C. Kehr.) 1r Thl. gr. 8. Kreuznach 830. Kehr. 16 gr

Blüthen und Blätter. Neisse und Leipzig 1804. V: *Geckert, Franz Peter.* (GGr)

Blüthen und Blätter. Neue Sammlung [von Gedichten u. Aufsätzen] zur Unstützung Hülfsbedürftiger. Naumburg 1825. H: *Schmidt, Karl Chn. Gtli.*

—— u. Blätter, gesammelt zur Erinnerung an d. Gesangfest in Schweinfurt am 30. Juli 1843, u. seinen lieben Sängergästen dankbar gewidmet vom Liederkranze. gr. 8. (9¾ B. u. 2 Stnt.) Schweinfurt 844. (Wetzstein.) * 15 Ngr. — ohne Stnt. *-

—— und Blätter deutscher Poesie und Kunst, s. Blätter und Blüthen.

—— und Blumen heil. Andacht u. Frömmigkeit f. kathol. Geistliche zur eig. u. d. Volkes Erbauung, 1. Bdchn. — A. u. d. T.: Von d. wahren u. echten Frömmigkeit u. von d. Gebethe. Zwei geistl. Betrachtn. v. Fenelon. Zum ersten Male a. d. Franz. übers. u. mit e. Lebensgeschichte d. Verf. begl. v. d. Hrsgeb.: „Lombez, üb. d. innern Frieden." gr. 12. (4½ B.) Landshut 832, Manz.

—— dass. 2. Bdchn. — A. u. d. T.: Das Allen verständl. u. erbaul. Psalterium. Ein Erbauungsbuch für Alle. Od.: Betrachtungs-, Buß-, Bitt- u. Preisgebete d. Psalmen Davids, in gereimten Versen nach d. Uebersetzung v. Fr. Jos. Weinzierl, gesamm. u. verbess. v. Sim. Buchfelner. gr. 12. (5½ B.) Ebds. 832.

—— dass. 3. Bdchn. — A. u. d. T.: Die wahre Selbsterkenntniß. Nebst d. Uebungen d. Demuth, welche man daraus ziehen soll. Von Segneri. A. d. Ital. v. d. Hrsgeb.: „Lombez, üb. d. innern Frieden." gr. 12. (4 B.) Ebds. 833.

—— dass. 4. Bdchn. — A. u. d. T.: Nur Gott allein! Od.: Von d. vorzügl. zu befolgenden Lehren u. Bestrebungen zur alleinigen Verherrlich. Gottes durch d. ungetheilte Liebe. Ein Spiegel f. jeden wahren Christen in allen Ständen. A. d. Franz. d. Heinr. Maria Boudon. Hrsg. v. Sim. Buchfelner. gr. 12. (4½ B.) Ebds. 833.

—— dass. 5. u. 6. Bdchn., (zusamm.) — A. u. d. T.: Die Vergegenwärtigung Gottes. Ein Inbegriff d. ganzen inneren Lebens. Von Gonnelieu. A. d. Franz. übers. v. d. Hrsgeb.: „Lombez, üb. d. innern Frieden." Mit e. Vorw. v. G. Schwab. gr. 12. (11 B.) Ebds, 835.

—— und Blumen heil. Andacht u. Frömmigkeit f. kathol. Geistliche zur eigenen u. des Volkes Erbauung. 7. u. 8. Bdchn. — A. u. d. T.: Stiller, traul. Umgang mit Gott, d. kürzeste Weg zu Gott. Von d. großen Cardinal Johs. Bona. A. d. Latein. übers. v. d. Hrsg.: „Lombez, üb. d. innern Frieden." gr. 12. (9½ B.) Regensburg 836, Manz.
1—6. Bdchn. Ebendas. 1832—35. 1 Thlr. 12 Gr.

Blüthen und Blumen von H. A. Eb. von Egloffstein. Mit 1 Kupf. 8. Nürnberg, Seb. 819.

— u. Blumen d. Geistes u. d. Gefühls, aus Kotzebue's Schriften, gesammelt v. A. Freund. 16. Wien 819. N. A. 824. Tendler. 8 gr

Blüthen des Dankes und der Verehrung ! dem Br. Wendt hochachtungsvoll dargebracht von der neubegründeten St. Johannis-Loge Friedrich Wilhelm zur Gerechtigkeit Ratibor den 23. April 1835. »Heil Bruder, es weilt aus der Ferne ...« Breslau 1835. V: *Kudrass, Karl Immanuel.* (wolfstieg I, 954)

—— deutscher Dichter für Gymnasien u. höhere Bürgerschulen, nebst e. geschichtl. Abriß d. neuern poet. Literatur d. Deutschen. Von J. Schenkel. Als Anh. Grundzüge d. deutschen Poetik v. G. C. Dieffenbach. 8. (15 B.) Darmstadt 840, Papst. Thlr. *

Blüthen deutscher Dichter, für Kinder von 7 bis 10 Jahren. Ausgew. von J. Schenkel. 8. (7 B.) Ebds. 845. *

— griech. Dichter; übers, v. F. K. L. Frhrn. v. Seckendorf. 8. Berl. 800. Sädicke. 20 gr Schrbp. 1 Thlr

Blüthen Griechischer Dichter. Übersetzt von K. F. L. von Seckendorff. Weim. 800. 8. 20 gr.

— — aus Goethe's Dichtergarten. br. 8. (IV u. 56 S.) Frankfurt a. M. 849, Zimmer's Sort.-B. (Völcker.) — Gesammelt v. Joh. Carl Passavant. 2. vermehrte Aufl. 16. (IV u. 94 S. nebst: Ein Brief an eine Freundin zur Empfehlung des Buchs v. Vict. Strauß. 6 S.) Ebd. 850. n. ⅓ Thlr; in Engl. Einb. n. ⅔ Thlr

—— der griechischen Dichtkunst in deutscher Nachbildung. Mit ein. geschichtl. Ueberblicke u. den nöth. Erläutern. begleitet v. A. Baumstark. 6 Bdchn. 16. Karlsruhe, Groos.
A. u. d. Titln.:
Bd. 1., 2. Blüthen d. epischen Dichtkunst. 2 Abthln. (29 B.) 840. à 8 Gr.
Bd. 3. Blüthen d. elegischen Dichtkunst d. Griechen. (13½ B.) 840. 8 Gr.
„ 4. —— d. lyrischen Dichtkunst d. Griechen. (18½ B.) 840. 8 Gr.
„ 5. —— d. dramat. Dichtkunst d. Griechen. (18 B.) 840. 8 Gr.
„ 6. Geschichte d. griech. Dichtkunst in darstell. Uebersicht. Von A. Baumstark. (15⅓ B. u. 1 Tab.) 841. 8 Gr.

— christlicher Dichtung aus allen Zeiten der Kirche für jeden Tag des Jahres. Eine Mitgabe auf die Lebensreise. 5. Aufl. Stuttgart 866. J. F. Steinkopf. 16. (397 S. u. 1 Lithogr.) 17 ngr; geb. n. 27 ngr

— deutscher Dichtung. schmal gr. 8. (12 Chromolith.) Leipzig 879. Baldamus. n. 2. 80

Blüthen, dramatische, der Ceres Zum Besten des ersten Knaben-Instituts des Vereins Concordia. 1e Sammlung. Mit d. lithogr. Zeichn. d. 3n Jahrg. der Ceres. gr. 8. Leipz. 827, Cnobloch.

—— dramatische, der Ceres. M. 1 Stnt. 2. Ausg. gr. 8. (15¼ B.) Ronneburg 832, Weber.
Inh.: Des Zufalls Launen, v. H. König. — Die Gaben d. Peri, v. Wilhme. v. Gersdorf. — Die Rose aus Palästina, v. ders. — Der Verräther, v. Teut. v. Westerburg.

—— dramatische, in Mittheiln. deutsch. Dichter. 1—5. Bdchn. 16. (23¼ B.) Braunschweig 833, 34, Busse. à 18 Gr. zusamm. genomm.
Inh.: 1. Bdchn. Flachshannchen. Romant. Schausp. in 3 Abthln. Nach e. Erzähl. gleichen Namens f. d. Bühne bearb. v. Bernh. Neustädt. (8½ B.) — 2. Ludwig XI. letzte Tage. Histor.-romant. Drama in 5 Act. mit Gesang u. Tanz. Nach C. Delavigne v. Frh. v. Biedenfeld. (14½ B.) — 3. Der wilde Onkel. Lustsp. in 5 Aufz. Nach d. Engl. d. Th. Morton v. W. Vogel. (12½ B.) — 4. Karls XII. Tod. Vorsp. in 1 Aufz. Die Söhne d. Nacht od. d. Königsmörder. Schausp. in 4 Aufz. (12 B.) — 5. Der Criminalprozeß. Schausp. in 3 Act. Nach e. Erzähl. v. Blumenhagen frei bearb. v. Heinr. Matte. Der dumme Streich. Originallustsp. in 1 Aufz. v. Gustav Gellen. (12½ B.)

— d. Empfindung u. Früchte einiger d. Musen gewidmeten Stunden, herausg. v. J. W. Ziehen. 8. Götting. 801. Brose. 6 gr

— der Erinnerung an Carl Thdr. v. Dalberg u. J. H. v. Wessenberg. Bühl 867. (Carlsruhe, Bielefeld.) 8. (VIII, 174 S.) n. 18 ngr

— die, des heil. Franziskus von Assisi. Aus dem Italien. übersetzt u. mit Anmerkungen versehen von Pius Heinrizi. Regensburg 870. Manz. gr. 8. (540 S.) 1 Thlr 15 ngr

— d. Frohsinns, zerstreut z. würzreichen Genuß f. gute Mädchen. 8. Bresl., Gosohorsky. 12 gr. (Erschien bereits 1800 unt. d. T.: der wilde Acacienbaum; (v. K. Th. Chr. Gerhard).)

Blüthen und Früchte: 1877? - ? Milwaukee, WI

—— und Früchte aus Goethe's Dichtergarten. Gesammelt von Joh. Carl Passavant. 1. Aufl. br. 8. (30 S.) 7½ Ngr. und 2., verm. Aufl. 16. (III und 94 S. nebst: Ein Brief an eine Freundin zur Empfehlung des Buchs von Vict. Strauß. 6 S.) Frankfurt a. M. 850, Zimmer.

— u. Früchte aus dem Garten des Lebens. Eine Reihe unterhaltender u. belehrender Jugend- u. Volks-Erzählungen. Von Fr. Ahlfeld, W. O. v. Horn (W. Oertel), Wilh. Müller u. A. Mit 1 Stahlst. (IV u. 159 S.) Leipzig 851, Wöller. n. ½ ℔; in Engl. Einb. n. ⅔ ℔

Blüthen und Früchte für die liebe Jugend. Hamburg 860. Oncken. gr. 16. (IV, 114 S. m. Holzschn. im Text und 1 Holzschntaf.) n. 10 ngr.

Blüthen, Früchte und Kreuzesdornen der katholischen Missionen ... Wien 1844. V: *Silbert, Joh. Peter.* (Kalemklar)

—— Früchte u. Kreuzesdornen der kathol. Missionen in verschied. Ländern des Erdkreises. gr. 8. (24⅛ B.) Wien 844, Mechitaristen-Congreg.-Buchh.

—— und Früchte für das ewige Leben. Ein vollständ. Andachts-Buch für Katholiken. 2., umgearb. Aufl. von J. B. Buohler. 8. (500 S. mit 3 Stahlst. und lithochrom. Titel.) Wiesensteig 818, Schmid'sche Buchh.

Blüthen u. Früchte, einige, aus dem Leben eines Kindes. 8. Aufl. Nonnenweier 870. (Barmen, Klein.) 64. (16 S.) 1½ ngr.

Blüthen und Früchte aus dem Leben eines evangelischen Seelsorgers. Erinnerungen an Joh. Konr. Maurer, Diakon an der Münsterkirche zu Schaffhausen. Ein Denkmal der Bruderliebe. (Von Maurer-von Constant.) 8. (X und 164 S.) Schaffhausen 851, Hurter'sche Buchh. Thlr.

Blüthen aus dem Garten Gottes. Eine Sammlung von Erzählungen aus dem Reiche Gottes. Herausg. von dem christl. Verein im nördl. Deutschland. Eisleben 861. Christlicher Verein. 8. (VI, 228 S.) 9 ngr.

— aus dem Garten Gottes. Vollständiges Gebetbuch für kathol. Christen mit einem Anh. von Kirchenliedern. 24. (480 S. m. 2 Chromolith.) Einsiedeln 878. Benziger. — 70

Blüthen aus dem Garten Gottes. Eine Sammlg. v. Erzählgn. aus dem Reiche Gottes. 5. Aufl. 8. (VIII, 228 S.) Eisleben 883. Christl. Verein im nördl. Deutschland. Geb. — 90

Blüthen aus dem Garten Gottes. Vollständ. Gebetbuch f. kath. Christen Nebst e. Anh. von Kirchen-Liedern. *Einsiedeln, Köln: Benziger & Co. [um 1902].* (480 S.) 8° [J.]

— geistliche, aus Heinrich Suso. gr. 12. Bonn 834. Marcus. ¼ ℔

Blüthen gesamm. [von Franz Jos. Razen] zur Forts. des Maurer-Archivs von J[oh.] H[einr.] Bürmann.
in: Razen, F. J.: Mr. Blüthenkranz. 1 (1822) S. 1—50; 2. Aufl. 1841.

Blüthen gesammelt für meine Brüder zum Gedächtniss der Feier des Johannisfestes. [Erlangen] 1806. V: *Walter, J. S.* (wolfstieg I, 67)

— aus d. Geschichte; kurze Lehren u. Betrachtt. aus guten Geschichtswerken. A. 16. Nürnb. 831. Leuchs. 6 gr.

— des Glaubens, der Liebe und der Hoffnung, gepflückt am Lebenswege von E. v. P. Berlin 864. v. Decker. 8. (IV, 95 S.) 15 ngr.

— der Gottseligkeit. Ein vollständiges Gebet- und Erbauungsbuch für kathol. Christen. Herausg. von einem kathol. Priester. 2. Aufl. Trier 861. Braun. 32. (672 S. u. 1 Stahlst.) 15 ngr.

— der Gottseligkeit. Ein vollständiges Gebet- u. Erbauungsbuch für kathol. Christen. Hersg. von e. kathol. Priester. 3. Aufl. Trier 868. Braun. 32. (672 S. u. 1 Stahlst.) n. 15 ngr.

Blüthen, um das Haupt Johannis des Täufers am 24. Junius 1819 gesammelt in der g. u. v. □ z[um] g[oldnen] Apfel [in Dresden]. [Dresden: 1819.] 16 S. 8° [Umschlagtit.]
Gedichte u. Trinksprüche.

Blüthen, die, der Heiligen. Akten der heil. Martyrer, nach chronolog. Reihenfolge geordnet u. hrsg. v. J. B. Saint-Victor, im Einvernehmen mit Desgenettes, Dumarsais, Ratisbonne, Maret, Cazalus etc. Aus den Original-Documenten zusammengetragen u. übers. v. einem Vereine Priester u. kathol. Schriftsteller, m. 127 Pariser Orig.-Illustr. (in Holzschn.) Nebst einer Lobrede auf alle berühmten heil. Martyrer, u. einem Auszuge aus dem röm. Martyrologium. Aus dem Franz. übers., m. einem Vorworte von E. v. Moy. 2 Bde. (12 Lfgn.) Lex. 8. (352 u. 271 S. m. eingedr. Holzschn.) Regensburg 847—49, Manz. (à Lfg. ¼ ℔) 3 ℔

— der Heiligen. Gebet- und Erbauungsbuch aus den Schriften der Heiligen Alph. von Liguori, Ludwig von Granada, Frz. v. Sales, Augustinus etc. Zusammengetragen, übers. u. bearb. von einem katholischen Priester. Aachen 854. Hensen u. Co. 64. (XI, 704 S. u. 1 Stahlst.) 12 ngr.

—— d. Heiligen. Gebet- u. Erbauungsb. 32. (704) Aachen 64, Jacobi u. Co. — 12

— des Heiland, gesammelt u. herausgeg. von K. Mächler. N. A. 12. Berlin, Oehmigke. 816.

— herrliche, der franz. Romantik. Inhalt: Metella, von George Sand. — Das maurische Armband, v. S. C. A. Lastu. 8. Nordhausen 837. Fürst. 1⅙ ℔

— für's fromme Herz. 48 geistliche Gedenkblättchen. 1. u. 2. Sammlg. 2. Aufl. Regensburg 865. Pustet. 16. 2 ngr.

— humoristische, aus dem Füllhorn des Witzes u. der Laune. Verfaßt von e. wohlthätigen Dichter. 8. Leipzig 838. (Teubner.) 1⅙ ℔ Wohlf. Ausg. 1 ℔

— der Jesuiten-Moral, s.: Flores theologiae moralis jesuitarum.

BLÜTHEN der Jesuitenmoral in ihren Gärten gesammelt. (Text lat. u. deutsch.) Celle 1873. 8°. (1 Mk. G. Fritzsche, Hamburg, 1896.)

BLÜTHEN der Jesuiten-Moral in ihren Gärten gesammelt und allen gebildeten Katholiken, besonders den Priestern, gewidmet von einem Katholiken. Halle 1873. 8°. (Deutsch und lateinisch.) [B. III, 395.]

— aus Italien, s.a. J. J. Paul.

— aus Italien, (v. Mark. Th. v. Haupt). 2 Bde. 8. Frankf. a. M. 803. Körner. 1 ℔ Schrbp. 1 ℔ 8 gr.

— s. auch Th. v. Kobbe.

— aus d. Kranze deutscher Freiheit, gesammelt von e. Freunde d. guten Sache. 12, Manh. 815, Schwan u. G. 8 gr

— aus dem paradiesischen Lebensgarten. Ein vollständ. Gebet- u. Erbauungsbuch für kathol. Christen. 4. Aufl. Crefeld 867. Klein. 32. (540 S. u. 1 Stahlst.) 12½ ngr

— a. d. Gebiete d. Lebensphilosophie u. d. Schön. m. K. 8. Wien, Ant. Doll. (Liebeskind, Leipz.) 809.

Blüthen der Liebe u. Freundschaft. Taschenbuch f. 1826—35. 1—10. Jahrg. (Jeder m. 7 Kpfr.) kl. 16. (à 7½ B.) Wien, Pfautsch. à Thlr.

—— der Liebe u. Freundschaft. Ein Stammb. in 30 Stahlst. Rheingegenden darstellend, u. 30 Blätter weisses Vlnp. nebst Titel in Gold- u. Silberdr. qu. gr. 16. Mainz 842, Kunze. *

— der Liebe u. Freundschaft. Ein Stammbuch in 30 Stahlst. Rheinansichten darstellend. qu. 8. Mainz 850, Kunze. n. 1 ß 12 ngr

—- heil. Liebe u. Andacht. Gesammelt f. Kenner u. Liebhaber des inneren Lebens. Aus den Schriften der Giovanna Maria vom Kreuze von Beda Weber. 12. (4½ B.) Innsbruck 845, Wagner'sche Buchh.

—— aus dem Gebiete d. neueren franz. Literatur. Eine Auswahl der gediegensten Bruchstücke aus den Klassikern des 17., 18. u. 19. Jahrh. Eingeleitet durch einen kurzen Umriß der franz. Literaturgeschichte von d. ältesten Zeit bis auf Malherbe. Zum Gebr. für Deutschlands höhere Schulen von G. H. F. Castres de Tersac. — A. u. d. T.: Beautés de la littérature française moderne etc. gr. 8. (25 B.) Altona 843, Blatt.

Blůthen der Maurerei. [Von Br. B.] Bdch. 1. Lůbeck u. Leipzig: Bohn 1800. 212 S. 8°
cf. ALZ. 1801 Nr 35; 1802 Nr 196.
Kl. 546, Tt. 1845. Nicht mehr erschienen.
9 Reden, 2 Gedichte.

— der Maurerey. 1s Bdch. 8. Lübeck, Niemann u. N. 800.

— aus den Meisterwerken der königl. Pinakothek zu München. Gesammelt von Fr. Wagner. Mit 12 Stahlst. u. 13 Bl. Text.) Regensburg 867. Manz. gr. 4. n. 1 ß 26 ngr

Blüthen d. Muse. Erzählungen u. Novellen von Gustav Rheinbeck. 1r Bd. Die weibl. Hagestolzen; die Rache; die Findlinge; Graf Mamonow. 8. Duisburg, Bädecker und K. 813.

— Anhalt. Muse (v. J. A. Aue). 8. Cöthen 792. Aue. 12 gr

— der Natur, von K. Kladr. 8. Meissen, Gödsche. 815

—— nordische, s. a. Kobbe, Th. v.

— nordische, eine Samml. von Aufsätzen, Erzählungen und Novellen, von einigen d. besten neueren Romantiker Rußlands. Aus d. Russ. übersetzt u. herausg. von E. v. O. J. gr. 12. Leipzig 837. Barth. 1½ ß

— aus dem Paradiese der Kirche. Vollständiges Gebet- und Andachtsbuch. Hrsg. von einem kathol. Priester. 4.—6. Aufl. 16. (VIII, 544 S. mit 1 Stahlst.) Dülmen 874—79, Laumann'sche Buchh. *
geb. * M 1,50. bis *

— dasselbe. 8. Aufl. 24. (XVI, 512 S. m. chromolith. Titel u. 1 Stahlst.) Ebend. 882. n. 1. —; geb. von n. 2. — bis n. 20. —

Blüthen aus dem Paradiese der Kirche. Vollständiges Gebet- u. Andachtsbuch. Von e. kathol. Priester. 9. Aufl. 32. (XVI, 512 S. m. chromolith. Titel u. 1 Stahlst.) Dülmen 883. Laumann. n. 1. 20; geb. von n. 2. — bis n. 20. —

[B.] Blüthen aus dem Paradiese der Kirche. Vollständ. Gebet- u. Andachtsb. Von e. kathol. Priester. 13. Aufl. ... *Dülmen: A. Laumann 1898.* (1 Bl., XVI, 496 S., 1 Taf.) 1 Bd 8. 199. 403

—— (Blüten) u. Perlen. (Lyrische Gedichte.), s. Stolle, F.

— u. Perlen deutscher Belletristik. Unter Mitwirkg. v. Elise Polko etc. gr. 8. (93 S.) München 874. Beck. (?) 2. 50. geb. m. Goldschn. 4. —

—— und Perlen deutscher Belletristik. Unter Mitwirkung von Elise Polko etc. gr. 8. (93 S.) München 874, Wurm. geb. mit Goldschn.

Blüthen u. Perlen in Bild u. Dichtung. 16. (12 S.) Leipzig 889. Baldamus, Sop.-Cto. cart. m. Goldschn. n. — 70
s.: Blüten.

Blüthen u. Perlen deutscher Dichtung. Für Frauen ausgewählt von Frauenhand. (XVI u. 478 S.) Hannover 851, Rümpler. — 2. verm. Aufl. 16. (XVI u. 478 S. m. 1 Stahlst). — 3. verm. Aufl. 16. (XVI u. 478 S. m. 1 Stahlst.) Ebd. 851. — 4. verm. Aufl. 16. (XVI u. 478 S. m. lithochr. Titel u. 1 Stahlst.) Ebd. 852. 1½ ß; in Engl. Einb. m. Goldschnitt 2 ß

Blüthen und Perlen deutscher Dichtung. Für Frauen ausgewählt von Frauenhand. 5—8. Aufl. 854—57. — 9. Aufl. Hannover 858. Rümpler. 16. (XVI, 486 S., lith. Titel in Farbendr. u. 1 Stahlst.) 2 ß

Blüthen und Perlen deutscher Dichtung. Für Frauen ausgewählt von Frauenhand. 10—13. Aufl. 860—63. 2 ß — 14. Aufl. Hannover 864. C. Rümpler. 16. (XVI, 488 S., 1 Stahlst. u. lith. Titel.) 1 ß 20 ngr

— — Illustr. Ausgabe mit 14 Holzschn. nach Zeichnungen von Edm. Koken, Randzeichnungen von Molthan. Nebst Titelbilde von C. Oesterley, in Stahl gest. von Adr. Schleich und Titel in Farbendr. nach Zeichnungen von C. Scheuren. Ebend. 862. 16. (XVI, 490 S.) 2 ß

—— und Perlen deutscher Dichtung. Für Frauen ausgewählt von Frauenhand. 15. Aufl. Illustr. Ausg. mit 14 Holzschn. nach Zeichnungen von Edm. Koken, Randzeichnungen von Molthan. Nebst Titelbilde von C. Oesterley, in Stahl gest. von Adrian Schleich und Titel in Farbendr. nach Zeichnung von C. Scheuren. gr. 16. (XVI und 462 S.) Hannover 864, C. Rümpler. geb. mit Goldschn.

Blüthen u. Perlen deutscher Dichtung. Für Frauen ausgewählt von Frauenhand. Miniatur-Ausg. Mit Titelbild von C. Oesterley, in Stahl gest. von Adr. Schleich u. Titel in Farbendr. 19. Aufl. Hannover 870. Rümpler. 16. (XV, 462 S.) 1 ß 20 ngr

— u. Perlen deutscher Dichtung. Für Frauen ausgewählt v. Frauenhand. Illustr. Ausg. m. 14 Holzschn. nach Zeichnungen von Edm. Koken, Randzeichnungen v. Molthan. Nebst Titelbilde v. C. Oesterley, in Stahl gestochen von Adrian Schleich u. Titel in Farbendr. nach Zeichnung v. C. Scheuren. 26. Aufl. 12. (XIV, 480 S.) Hannover 880. Halle, Gesenius. geb. m. Goldschn. 6. —

-- deutscher Poesie. Hrsg. u. den deutschen Frauen u. den Jungfrauen zugeeignet v. Ferd. Schmidt. Mit 1 Titelkpfr. 16. (X u. 284 S.) Berlin 850, Simion. n. ½ ß In Engl. Einb. m. Goldschn. n. 1 ß

—— der Poesie aus Hellas u. Italien, übers., erläut. u. mit Abhandln. üb. klass. u. romant. Dichtkunst u. Dichter begleitet v. J. Pol u. K. G. Korte. 8. (18 B.) Essen 828, Bädeker.

—— neuböhmischer Poesie, übertragen v. Jos. Wenzig. 8. (10½ B.) Prag 833, (Kronberger u. Weber.)

— slavischer Poesie. Herausg. von A. Bahn. 1. Bd. (in 2 Abth.) Die Polen. Berlin 855. Faudel. 32. (XVI, 103; VI, 110 S.) n. 20 ngr

Inhalt. 1. Abth.: Konrad von Wallenrod. Ein episches Gedicht von Ad. Mickiewicz. Im Versmaße des Originals übers. von Otto Koniecki. — 2. Abth.: Der Kirgise. Aus dem Poln. des Gust. Zielinski, in's Deutsche übertr. von A. Bahn. 3. Aufl.

—— slav. Poesie. Hrsg. v. A Bahn. 1. Bd.: Die Polen. 32. Berl. 55, A Friedländer. (?) n. — 20
Mickiewicz, A, Konrad v. Wallenrod. (103)
Zielinski, G, d. Kirgise. 3. Afl. (110)

—— spanischer Poesie. Metrisch übertr. v. Friedr. Wilh. Hoffmann. gr. 12. (11 B.) Magdeburg 841, Baensch.

—— spanischer Poesie. Metrisch übertr. von Fried. Wilh. Hoffmann. 2., verm. Aufl. gr. 12. (12 B.) Magdeburg 844, Baensch.

— spanischer Poesie. Metrisch übertragen von Friedr. Wilh. Hoffmann. 2. verm. Aufl. Leipzig 855. Gebr. Baensch. 12. (X. 280 S.) n. 1 Rthlr 20 ngr

—— dass. — 3., stark verm. Aufl. 16. (XIX und 472 S.) Ebds. 856(57.)

—— d. Victoria Regia. Samml. v. Orig.-Nov. hrsg. v. L Fliss. 8. (576) Magdeb. 56. (Lpzg, Fernau.) 1. 18

— aus dem Reiche Gottes. Eine Gabe für die Freunde der Erziehungsanstalt armer Kinder zu Niederwörresbach. Mit 1 Abbildg. der Basilika zu Trier (in Stahlst.). Kreuznach 857. Voigtländer in Comm. 8. (VIII, 132 S.) n. 15 ngr

— romantische von Louise Brachmann. 2 Bdchn. 12. Wien, Gerold. 817

— aus Salem. Ein kathol. Gebet- u. Erbauungsbuch in Prosa u. Poesie, hrsg. aus Eigenem u. Fremden v. Ludw. Diernacher. Neue Ausg. 8. (VI u. 838 S. m. 1 Kpfr. u. Tit. in Buntdr.) Passau 847, Pustet. 1 1/3 Rthlr

— deutscher Sänger. Samml. von Balladen, Legenden, Sagen u. e. launigen Gedichten. Mit Beitrr. mehrerer ausgezeichn. deutscher Dichter, herausg. v. Fr. Wallishausser. 8. Wien 832. (Wallishausser). 20 gr

SCHWEIZERISCHE BLÜTHEN für Geist und Herz. Festgabe für die liebe Jugend. Gesammelte Erzählungen, Gedichte und historische Skizzen. Mit 7 Kupfern [DANZER del., Nilson sc.]. Basel, J. C. Schabelitz [c. 1841]. 2 Bll. 106 SS. 1 Bl. Anzeigen. Kl.-8°. Grüner Or.-Karton. Mit schönen Aquatintabll. Selten. 35.—

—— schweizerische, für Geist u. Herz. Festgabe f. die liebe Jugend. Gesammelte Erzählungen, Gedichte u. histor. Skizzen. 8. (7 B. u. 7 Kpfr.) Basel 845, Schabelitz.

Blüthen aus dem Treibhause der Lyrik. Eine Mustersammlung. Leipzig 1855. H: *Drucker, Martin & Adolf Zander.* (BRÜ II*, 66) (Zeitschr. f. Büch. 1923, S. 80)

— aus dem Treibhause der Lyrik. Eine Mustersammlung. Leipzig 855. Barth. 32. (VII, 79 S.) n. 15 ngr

— aus dem Treibhause der Lyrik. Eine Mustersammlung. 2. veränd. Aufl. 16. (VII, 83 S.) Leipzig 877. Barth. cart. m. Goldschn. 1. 80

— dasselbe. 3. v. Max Klinger illustr. Aufl. 16. ((VIII, 83 S. m. eingedr. Holzschn. u. 1 Steintaf.) Ebend. 882. cart. n. 2. 50

— der Victoria Regia. Eine Sammlung auserlesener Original-Novellen und Erzählungen herausg. von L. Fliß. 12 Hefte (à 3 Bgn.). Magdeburg 856. Duednow in Comm. Lex.-8. 1 Rthlr 18 ngr

Blüthen aus dem cherubinischen Wandersmann des Angelus Silesius. Herausg. von J. W. J. Braun. Trier 855. Braun. 16. (XXVIII, 80 S.) n. 20 ngr

— d. Zeit, bei d. Wiedergeburt d. deutschen Vaterlandes. 4 Hfte. 8. Köln 813. Rommerskirchen. 20 gr

Blüthenalter, das, der Empfindung. (v. Sophie Brentano). 8. Gotha 794. Perthes. 12 gr

Blüthenblätter, vom Verf. der Heliodora. (v. W. A. Lindau). Mit 1 Kpf. 8. Leipz. 807. Hartknoch. 1 Rthlr 18 gr

Blüthen-Diagramme der europäischen Flora. Ausgewählte, von Gottl. Marktanner-Turneretscher. gr 8°(IV u. 75 S. mit 192 Diagrammen auf 16 photolith. Taf.) – Wien, Alfr. Hölder. 2 fl. B 3520. 1884.

Blüthendüfte aus Augusti's Feierstunden. 8. Sondersh. (u. Ilm.) 815. Voigt. 18 gr

Blüthenklänge. Breslau 854. Düller. 16. (93 S.) n. 12 ngr

Blüthenknospen christl. Andacht. Aus ein. christl. Blumengarten gepflückt u. frommen Kindern z. Weihnachts- od. Neujahrsgabe in ein Blumensträuschen gewunden, v. e. christl. Kinderfreunde. 8. ... Nürnberg 830, Raw. 12 Gr., brosch. Pr.

Blüthenkranz, s.a. B l ü t e n k r a n z

Blüthenkranz. Vollständiges Gebets- u. Andachtsbuch für kathol. Christen. Mit den in den rhein. Diöcesen beliebten Andachten. Von einem Priester der Diöcese St. Gallen. 32. (478 S. m. 2 Stahlst.) Einsiedeln 879. Benziger. — 75

Blüthenkranz. Ein kurzes, aber vollständ. Gebetbüchlein. 64. (160 S. m 1 Stahlst. u. farb. Titel.) Dülmen 887. Laumann. geb. in Chagrin m. Goldschn. n. — 75; in Saffian n. 1. 25; in Kalbldr. n. 1. 50

Blütenkranz. E. kurzes aber vollständ. Gebetbüchlein 32. (208 S. m. farb. Titel u. 1 Stahlst.) Dülmen 896. A. Laumann. Geb. in Ldr. m. Goldschn. n. — 65

Blüthenkranz. Ein kurzes aber vollständ. Gebetbüchlein. *Dülmen: A. Laumann 1899.* (208 S.) 8° [J.]

Blüthenkranz. Ein kurzes aber vollst. Gebetbüchlein. *Dülmen: A. Laumann 1902.* (208 S.) 8° [J.]

Blüthenkranz deutscher Dichtungen in (z. Tl. farb.) Bildern. 8. (12 S.) Leipzig 891. E. Baldamus, Sep.-Cto. Mit Goldschn. n. 1. 25

Blüthenkranz, geistl., in e. auserles. Samml. religiöser Früchte u. Blüthen, als d. zweckmäß. Schul-Christenlehre u. Volksschankungen in 36 Blüthen, mit Kpf. 1e—6e Blüthe. Mit 37 Kpf. 32. Augsb. 831. Schlosser. 6 gr

Blüthenkranz, geistl., in e. auserles. Samml. religiös. Früchte u. Blüthen als d. zweckmäß. Schul-, Christenlehr- u. Volks-Schankungen rc. Von e. Vereine kathol. Geistlichen. 1—6. Blüthe. Mit Kpfrn. 6. Aufl. 32. ... Augsburg 834, Schlosser.

Blüthenkranz, geistlicher, e. Lese religiös. Poesien. Gebet- u. Erbauungsb. f. gebild. Katholiken. (M. 1 Stahlst.) 16. (10 B.) Luzern 840, Meyer.

Blüthenkranz, geistlicher, f. katholische Christen. Katholisches Gebetbüchlein m. e. Auswahl vorzüglichster Andachten. Besonders der Jugend gewidmet. 16. (250 S. m. 2 Steintaf.) Einsiedeln 875. Eberle, Kälin & Co. — 34

Blüthenkranz gewunden von den deutschen Dichtern und Gelehrten ... Köln 1824. H: *Spitz, Wilhelm.* (GGR)

Blüthenkranz neuer deutscher Dichtung. Hrsg. von Rud. Gottschall. 16. (XVI und 583 S. mit 1 Stnt.) Breslau 856, [Trewendt.] Thlr.

Blüthenkranz neuer deutscher Dichtung. Hrsg. von Rud. Gottschall. 3—5. Aufl. 16. (XVI und 576 S. mit 1 Stnt.) Breslau 857—61, E. Trewendt. geb.

— gewunden aus Klopstock's Dichtungen. Mit Klopstocks Bildn. 8. Quedlinb. 824, Ernst. 9 gℓ, ohne Bildn. 8 gℓ

— maurerischer, s.a. Razen, Frz. J.

Blüthenkranz, maurerischer, aus den Archiven deutscher Logen. Gesammelt / von Franz Joseph Razen. 3 Bände. Mannheim u. Dresden 1822—1830. 8. 1. Band, Mannheim 1822. 1 Bl. X. 259 S. und 4 Quartbl. Musiknoten. 2. Band, Mannh. 1823. X. 280 S. u. 1 Quartbl. Musiknoten. 3. Band. Dresden, Hilscher 1830. VIII. 324 S. u. 1 Musikbl.
Kloss 618.

Blüthenkranz, maurerischer, aus den Archiven deutscher Logen. Gesammelt v. Frz. Jos. Razen. 3 Bde. 2. unveränderte Aufl. [Als Manuscript f. Br. Br. ∴] gr. 8. (XXVIII u. 863 S. m. 4 Musikbeilagen in qu. 4.) Mannheim 5841. (Leipzig, Weinedel.) baar n. 2⅔ ℳ

Blüthenkranz, maurerischer, aus den Archiven deutscher Logen. Gesammelt von Franz Joseph Razen. 2. unveränd. Aufl. 3 Bände. Mannheim, Verlag des Herausg. 1841. 8. (Die Seitenzahl wie bei der 1. Aufl.)
Diese Aufl. führt Kloss (Nr. 618) nicht auf. — Eine schätzbare Sammlung von Arbeiten (Abhandlungen, Reden, viele Gedichte etc.) verschiedener Logen, besonders im südl. Deutschland. Band I. S. 88 ist die Geschichte der Loge in Giessen, Band II. S. 92 die Geschichte der Loge in Worms enthalten. Eine Anzahl schon früher gedruckter Reden sind hier wieder abgedruckt. Vgl. Nr. 2085. — Liter. Conversat.-Blatt 1824. S. 1089. Handb. d. Frmrei III. S. 29.

— maurerischer, gewählt aus d. neuesten Unterhaltungsschriften d. Auslandes. Wohlf. Ausg. 8. Berl. u. Leipz. 824. (Calve in Prag). 2 ℳ

Blüthenkränze, geistige, oder Maifest-Gesänge auf die Maienfeste der Kinder. 16. Stuttgart 838. Fritz. 1/12 ℳ

Blüthen-Kränze, geistige, od. Maifest-Gesänge auf d. Maienfeste d. Kinder. 16. (1½ B.) Stuttgart 838, [Gärtner.]

Blüthenkränze, von Theod. Haupt. s. Hemk. Wollmer. 811.

Blüthenkränze der Phantasie von Franz von Kiesch. 8. Berlin, Rücker. 818.

Blüthenkränze in Poesie u. Prosa, aus d. Leben d. deutschen Improvisators, A. Böhringer. gr. 8. Magdeb. 829. (Rubach). 1 ℳ 8 gℓ

Blüthenlese für Geist und Herz. Wien 1851. V: *Koch, Ludwig Wilhelm.* (Mell)

Blüthenlese aus dem Leben der heil. Birgitta v. Schweden. Nach histor. Quellen bearb. u. hrsg. v. Schwester Maria Bernardina. Neue (Titel-) Ausg. 8. (VIII, 316 S.) Augsburg 888. Literar. Institut v. Dr. M. Huttler. n. 1. 50

Blüthenlese aus den Schriften der heil. Brigitta von Schweden, von der Verf. ihrer Lebensgeschichte. 8. (VI, 316 S.) Mainz 877. Kirchheim. n. 3. —

Blüthenlese aus den Schriften der heil. Birgitta von Schweden. Nach histor. Quellen bearb. und hrsg. von Schwester Maria Bernardina. Neue (Titel-)Ausg. 8. (VIII, 316 S.) Augsburg 888, Literar. Institut von Dr. M. Huttler. * 1 50

— aus Fred. W. Faber's Schriften für jeden Tag des Jahres. Aus dem Engl. Nebst einer Lebensskizze d. Verf. 16. (191 S.) Regensburg 877. Manz. 1. —

Blüthenlese aus der Deutschen Christlichen Unterhaltungs-Literatur: Jahrgang 1, no. 1, Fall 1876—?
Monthly. Sub-title: Eine Auswahl der Schönsten und Besten von Schätzen deutsch-christlicher Erzählungen, Dichtungen, usw. Octavo, each issue 32 pages. Edited & published by Louis Lange.
St. Louis, MO

BLÜTHENLESE spanischer Volkspoesie. (16 sotad. Holzsch.-Vollbilder auf Cartonpap., mit entsprechenden Reimen in altbayer. Dialekt [Romanzenton]. In erotisch-illustr. Orig.-Umschl., rosa Pap. (ca. 1895). 8°. (Antiquarisch 5—6 Mk.)

Blüthenranken aus d. Brieftasche d. unglückl. Victors. 8. Gieß. 811. Tasché. 20 gℓ

Blütenstrauss. Ausgew. Erzählgn f. d. reif. Jugend v. Mitarbeitern d. „Kinderlaube". 8. (208 m. Illustr.) Dresd. 87, Meinhold & S. geb. 3. —

(F) Ein Blüthenstrauss christlich-socialer Parteithätigkeit. Gepflückt, zierlich gebunden und den christlich-socialen Volksmännern in entsprechender Werthschätzung dargebracht von einem Freunde der Wahrheit. Wien. 1899. Volksbuchhandlung Brand. 16°. 48 S. fl. —.05

Blüthensträuße aus den Dichtergärten des Morgenlandes, s.a. Riendorf.

Blüthensträuße aus den Dichtergärten des Morgenlandes. Gesammelt von M. Ant. Niendorf. 16. (XXIII und 330 S.) Berlin 853, Hempel.

Blüthenzweige. 6 (chromolith.) Blumenkarten mit Initialen u. sinnigen Sprüchen. 24. Leipzig 870. Böhme. n. — 60

Blüthenzweige. 4 Chromolith. 12. Leipzig 883. (Baldamus.) n. 1. 20

Blüthgen, Clara, s.: Blüthgen, Frau Vict.

Blüthgen, Fritz, u. F Schwenk: Anl. z. Studium d. Corpus iuris f. junge Juristen. Mit bes. Berücks. d. BGB. 1. u. 2. [Tit.-]Afl. (152) 8° Berl., Erich Weber '07.'09. 3 —; geb. 3.60 d

Blüthgen, Fritz, Referendar a. Charlottenburg: Schadensersatzansprüche aus Verletzungen in studentischen Schlägermensuren. Jena 1905: H. Costenoble. (45 S.) 8°
Jena, Jur. Fak., Ref. Thon, Diss. v. 6. Juni 1905
[Geb. 3. Dez. 81 Berlin; Wohnort: Charlottenburg; Staatsangeh.: Preußen; Vorbildung: Sophien-Gymn. Berlin Reife O. 01; Studium: Berlin 6 S.; Coll. 6. Juni 05.]

Blüthgen, Fritz, die studentischen Schlägermensuren in civil- u. strafrechtlicher Beleuchtung. (V, 45 S.) 8. Berlin 905. E. Weber. n. 1. —

Bluethgen, Klara [wirkl. Name],
s.a. Eysell-Kilburger, Clara

Blüthgen, Vikt., Amoretten. I/II. Kleine Novellen. 16. (104 u. 108 S.) Anklam 897. H. Wolter, Verl. Geb. in Leinw. à n. 1. —

Aus der Art geschlagen. Novellen von Clara Eysell [d. i. Klara Blüthgen]. Leipzig: Friedrich 1893. 180 S. 8° [10. 9603

[F.] Badekuren. Novelle v. Victor Blüthgen. *Anklam: W. Wolter [1897].* (93 S.) 1 Bd 8. [98. 2296

Vom Baume der Erkenntnis. Eine Zinnowitzer Saison-Novelle von C[lara] Eysell-Kilburger ⟨Frau Victor Blüthgen⟩. 2. Aufl. Wolgast & Zinnowitz: F. Cleppien [1905]. (64 S.) 8° [F.] [05. 9341

Blüthgen, Vict., Bekenntnisse eines Häßlichen u. andere Geschichten, s.: Engelhorn's allgemeine Roman-Bibliothek. XXI. 11.

Das böse Buch. Moderne Skizzen von C. Eysell-Kilburger ⟨Frau Victor [Klara] Bluthgen [vielm. Blüthgen]⟩. 1. bis 10. Taus. *Berlin: R. Eckstein Nachf. [1902].* (96 S.) 8°
— Bibliothek, Ecksteins Moderne. Bd 13. [02. 17393

Blüthgen, Vict., im Flügelkleide, s.: Kleinmichel, J.

Dilettanten des Lasters. Roman von C. Eysell-Kilburger ⟨Frau Victor [d. i. Klara] Blüthgen⟩. 2. Aufl. Leipzig: Seemann 1902. 294 S. 8° [10. 9603

Dreiklang. 3 Novellen von C[lara] Eysell-Kilburger ⟨Frau Viktor Blüthgen [Klara Blüthgen]⟩. Berlin: Unterborn [1907]. 224 S. 8°
(Deutsche Erzähler. Bd 12.) [09. 18106 II

Blüthgen, V, im Flügelkleide, s.: Kleinmichel, J.

— Frauenehre. Zwischen Gräbern. Nur e. Episode, s.a. Kürschner's, J, Bücherschatz.

Frauenehre. Zwischen Gräbern. Nur eine Episode. Von Clara Blüthgen. ⟨C. Eysell-Kilburger.⟩ Mit Ill. von Braune. *Berlin, Eisenach, Leipzig: H. Hillger [1901].* (124 S.) 8° [F.]
— Bücherschatz, Kürschners. No 255. [01 11407

— Ein Friedensstörer, s.a. Kürschner's, J, Bücherschatz.

Blüthgen, Vict., e. Friedensstörer. Erzählung. 8. (276 S.) Berlin 883. Gebr. Paetel. n. 5. —: geb. n. n. 6. 50

[F.] Ein Friedensstörer. Erzählg v. Victor Blüthgen. M. 25 Ill. v. H. Albrecht. *Berlin, Eisenach, Leipzig: H. Hillger [1897].* (127 S.) 1 Bd 8.
— Bücherschatz, Kürschners. No 36. [97. 6099

Blüthgen, Vict., der Froschmäusekrieg. Ein Helden-Gedicht. Mit 12 Farbendr.-Bildern von Fedor Flinzer. gr. 4. (II, 22 S.) [Frankfurt a. M. 878, May Söhne.] Wiesbaden, Nicol. geb. *

Geburtstags-Vorbereitungen. Plauderei in 1 Aufzuge von C[lara] Eysell-Kilburger. ⟨Frau Victor [Klara] Blüthgen.⟩ *Mühlhausen i. Th.: G. Danner [1903].* (20 S.) 8° [F.]
= Damen-Bühne, G. Danner's. No 21. [04. 8103

— Gedankengänge e. Junggesellen, s.: Universal-Bibl.

—— Gedichte. 8. (XII, 250 S.) Leipzig 880, [Schloemp.] Gebr. Senf. geb. mit Goldschn. * 5 —

Gedichte von Victor Blüthgen. Neue verm. Ausg. *Berlin: G. Grote 1901.* (214 S.) 8° [F.]
= Sammlung, Grote'sche, von Werken zeitgenöss. Schriftsteller. Bd 74. [01. 74

Neue Gedichte von C[lara] Eysell-Kilburger ⟨Frau Victor Blüthgen⟩ (auf d. Umschl.: ⟨Frau Clara Blüthgen⟩). Berlin: C. A. Schwetschke & Sohn 1907. (132 S.) 8° [F.] [08. 3318

[F.] Kleines Geflügel. Novelletten v. Victor Blüthgen. *Anklam: H. Wolter [1897].* (106 S.) 1 Bd 8. [98. 6099

— Kleines Geflügel. Novelletten. 16. (106 S.) Anklam 898. H. Wolter, Verl. Geb. in Leinw. n. 1. —

Das Geheimnis des dicken Daniel und anderes. 4 Erzählungen f. d. Jugend von Victor Blüthgen. Mit 4 Bildern von Ernst Zimmer. 4. Aufl. von 'Zum Nachtisch'. *Stuttgart, Berlin, Leipzig: Union [1902].* (220 S.) 8° [F.]
(Victor Blüthgens gesammelte Jugendnovellen.) [03. 1800

Blüthgen, Vict., Frau Gräfin. Roman. 2 Bde. 8. (266 u. 253 S.) Dresden 892. Verlag d. Universum. n. 7. —; geb. n. 9. —

Blüthgen, Vict.: Guckaus, s: Pletsch, Osc.

— u. C Blüthgen (C Eysell-Kilburger): Hand in Hand, s.a. Kürschner's, J, Bücherschatz.

Hand in Hand. Novellen von Victor Blüthgen u. Clara Blüthgen. ⟨C. Eysell-Kilburger.⟩ Mit Ill. von A. v. Schrötter. *Berlin, Eisenach, Leipzig: H. Hillger [1899].* (128 S.) 8° [F.]
= Bücherschatz, Kürschners. No 149. [99. 9777

— Heimkehr. Am Tage d. gold. Hochzeit, s.a. Universal-Bibliothek 5235.

Heimkehr. Drama in 2 Aufz. Am Tage d. goldenen Hochzeit. Eine Alltagstragödie in 1 Aufz. Von Clara Blüthgen ⟨C. Eysell-Kilburger⟩. Leipzig: Reclam (1910). 103 S. 8°
(Universal-Bibliothek. 5235.) [11. 149

— Henzi u. andere Humoresken, s.a. Novellenschatz, illustrierter.

Blüthgen, Victor, Henzi und andere Humoresken. Illustrirt von O. Gerlach, René Reinicke, F. Czabran und M. Flaschar. 8. (162 S.) 1.55
Dresden: Verlag des „Universum" (Hauschild) 1894.

Blüthgen, Vict., Henzi u. andere Humoresken. Illustr. v. O. Gerlach, René Reinicke, F. Czabran u. M. Flashar. 2. Aufl. (160 S.) 8. Leipzig (910). Ph. Reclam jun. 1.50

— Hesperiden. Märchen für Jung u. Alt. Mit Holzschn. (eingedr. u. 1 Taf.) nach Orig.-Zeichnungen v. F. Flinzer, W. Friedrich, A. v. Heyden rc. Lex.-8. (XI, 209 S.) Leipzig 878. A. Dürr. geb. n. 6. —

Hesperiden. Victor Blüthgens Märchen f. jung u. alt. Vollst. Ausg. Mit Textbild. 2. Aufl. *Stuttgart, Berlin, Leipzig: Union [1900].* (326 S.) 8° [F.] [00. 488

— Hesperiden. Märchen f. jung u. alt. Vollständige Ausg. Mit 20 ganzseit. u. 20 Textbildern v. Ludw. Berwald, Rob. Engels, Paul Heydel rc. 3. Aufl. 4. (VII, 326 S.) Ebd. (900). Geb. in Leinw. n. 5 —

— Hesperiden. Märchen f. jung u. alt. Vollständ. Ausg. 5. Afl. (7, 326 m. Abb.) 8° Stuttg., Union ('10). L 5 — d

—— s. Hoeppner, J., Blumen am Wege.

— Die schwarze Kaschka, s.: Reclams Novellen-Bibliothek.

—— die schwarze Kaschka, s. Universal-Bibliothek Nr. 1597.

— Im Kinderparadiese. Kinder-Lieder u. Reime. Mit dem Portr. des Dichters, sowie 12 Zeichngn. v. Osk. Pletsch u. faksimiliertem Text. [2. Titel-]Aufl. (VIII, 182 S.) gr. 8. Gotha [905] 908. F. A. Perthes. Kart. 2. 50

—— s. Kinderspiegel.

— Kinderscenen f. Haus u. Schule, s.: Jugend- u. Volksbühne.

Blüthgen, Clara, Königin der Nacht u. andere Novellen. (V, 218 S.) 8. Berlin (906). C. Duncker. n. 3. —; geb. n. 4. —

— Lebensfrühling, s.a. Universalbibliothek f. die Jugend.

— Lebensfrühling. Erzählungen f. die Jugend. Mit 6 Bildern in Farbendr. von Alex. Zick. 8. (303 S.) Stuttgart 885. Kröner. geb. 4,50

— Lebensfrühling. 4 Erzählungen für Mädchen. Mit 4 Bildern in Farbendr. v. Rich. Gutschmidt. 4. Aufl. (Gesammelte Jugendnovellen.) 8. (III, 218 S.) Ebd. (900). Geb. in Leinw. n. 2. —

— junge Liebe, s.: Schüler-Novellen.

— Königin Luise. Festakt zur Feier ihres 100. Todestages. Dichtung v. B. Musik v. Arth. Egidi. op. 12. (19 S.) 8. Berlin-Groß-Lichterfelde (910). Chr. F. Vieweg. — 50

— ein „ehrlicher Makler". Köra, s.: Universal-Bibliothek.

— Mama kommt!, s.a. Eckstein's Miniaturbibliothek.

— Mama kommt! s.a. Hesse's, M, Volksbücherei 311.

— Mama kommt! Humoreske. Ill. v. Edm. Brüning. 1.—3. Taus. schmal 12. (116 S.) [Berlin 898. R. Eckstein Nachf.] Leipzig, G. Müller-Mann. n. 1. —

— Das Märchen u. die Relig., s.a. Christentum, d. moderne.

Das Märchen und die Religion. Von Victor Blüthgen. Berlin: Hüpeden & Merzyn 1906. (63 S.) 8° [F.]
— Christentum, Das moderne. Ser. 1. H. 6. [06. 9485

—— der Märchenquell. Eine Auswahl der schönsten Märchen aus aller Welt, für die Jugend gesammelt. 8. (VIII, 336 S. mit 70 in den Text gedr. Holzschn.-Illustr., 8 Tonbildern und 8 buntfarb. Lithogr. nach Orig.-Zeichnungen von Wold. Friedrich, Paul Thumann, Ludw. Richter, Osc. Pletsch u. A.) Leipzig 887, Abel. geb. *

Blüthgen, Vict., der Märchenquell. Eine Auswahl der schönsten Märchen aus aller Welt, für die Jugend gesammelt. 2. Aufl. 8. Leipzig 888, Abel und Müller. geb. *

—— Der Märchenquell. Eine Auswahl der schönsten Märchen aus aller Welt f. die Jugend. 3. u. 4. Aufl. gr. 8. (VIII, 336 S. m. 70 Holzschn.-Illustr., 8 Tonbildern u. 8 Farbendr.) Lpz. 889,90, Abel u. Müller. geb. * 3 —

— D. Märchenquell. E. Ausw. d. schönsten Märchen aus aller Welt f. d. Jugend. M. 70 in d. Text gedr. Holzschn.-Ill., 8 Tonbild. u. 4 buntfarb. Lith. n. Orig.-Zeichngn. v. Wold. Friedrich, Ludw. Richter, Osc. Pletsch u. A. 9. Aufl. gr. 8. (VIII, 336 S.) Leipzig 897. Abel & Müller. Geb. in Leinw. n. 3. —

— der Märchenquell. Eine Ausw. der schönsten Märchen aus aller Welt f. die Jugend. Mit 70 in den Text gedr. Holzschn.-Illustr., 8 Tonbildern u. 4 buntfarb. Lith. nach Orig.-Zeichngn. v. Wold. Friedrich, Ludw. Richter, Osc. Pletsch u. A. 10. u. 11. Aufl. gr. 8. (à VIII, 336 S.) Leipzig, 899. 902. Abel & Müller. Geb. in Leinw. n. 3. —

— der Märchenquell. Eine Auswahl der schönsten Märchen aus aller Welt f. die Jugend. Mit 70 in den Text gedr. Holzschn.-Illustr., 8 Tonbildern u. 4 buntfarb. Lith. nach Orig.-Zeichngn. v. Wold. Friedrich, Ludw. Richter, Osc. Pletsch u. A. 12. Aufl. (VIII, 336 S.) 8. Leipzig (904). Abel & Müller. Geb. in Leinw. n. 3. —

Victor Blüthgen, Mein Marstall. Berlin: Romanwelt 1897. (S. 44–75.) 8° [F.]
— Geschichten, Kurze. 1, 2. [2.] [04. 3318

Meine Frau hintergeht mich. Schwank in 1 Akt von C. Eysell-Kilburger. ⟨Frau Victor [Klara] Blüthgen.⟩ *Mühlhausen i. Th.: G. Danner [1901].* (32 S.) 8° [F.]
— Thalia. 86. [01. 637. 3

— Jung Mieze, s.: Werkmeister, F.

— zum Nachtisch. Erzählungen f. die Jugend. Mit 6 Bildern in Farbendr. von L. Blume-Siebert. 8. (286 S.) Stuttgart 886. Kröner. geb. 4. 50

—— z. Nachtisch. Erzählgn f. d. Jugend. 8. (286 m. 6 Chromol.) Stuttg. 86, Union. geb. 4. 50

— bunte Novellen, s.a. Roman-Bibliothek der Deutschen Illustrirten Zeitung.

—— bunte Novellen. 2 Bde. 8. (493) Lpzg 79, Schlicke. n. 10. —; geb. n. 12. — || 2. Asg. 2 Bde. (493) Lpzg 80, Reissner. à n. 1. 50; geb. à n. 2. —

— dasselbe. 2 Bde. 2. (Titel-)Ausg. 8. (260 u. 233 S.) Leipzig (1879) 881. Reißner. à n. 1. 50; geb. à n. 2. —

—— bunte Novellen. 2. Afl. 8. (318) Berl. 87, Bazar-Act.-Gesellsch. n. 5. —; geb. n. 6. —

Blüthgen, Vict., Novellenstrauß. Allerhand Geschichten. 8. (338 S.) Leipzig (902). E. Keil's Nachf. 3. —; geb. in Leinw. n. 4. —

! Jetzt: Stuttgart: Union.

—— s. Pletsch, Osk., kleine Sippschaft.

— Poirethouse, s.a. Kürschner's, J, Bücherschatz.

— Poirethouse. Eine Erzählung. 8. (248 S.) Groß-Lichterfelde b/Berlin 884. Wicke. n. 3. —; geb. n.n. 3. 50

[F.] Poirethouse. Roman v. Victor Blüthgen. M. 25 Ill. v. H. Albrecht. *Berlin, Eisenach, Leipzig: H. Hillger [1897].* (128 S.) 1 Bd 8.
= Bücherschatz, Kürschners. No 13. [97. 6099

— der Preuße. Erzählung. 8. (233 S.) Berlin 884. Goldschmidt. n. 3. —; geb. n. 4. 50

—— Der Preuße. Erzählung. Volks-Ausg. 8. (233 S.) Berl. 889, Alb. Goldschmidt. 1 —

— Der Preuße. Erzählg. 3. Aufl. (233 S.) 8. Berlin (907). A. Goldschmidt. 2.—; geb. 3. —

— Der Preusse. Erzählg. 4. Afl. (233) 8° Berl., A Goldschmidt '11. 2 —; L 3 — d

— Der Rezensent, s.a. Kürschner's, J, Bücherschatz.

Der Rezensent. Erzählung von Victor Blüthgen. *Berlin, Eisenach, Leipzig: H. Hillger [1903].* (110 S.) 8° [F.]
— Bücherschatz, Kürschners. No 382. [04. [illegible]

— Sang u. Klang fürs Kinderherz, s.: Humperdinck, Engelb.

Blüthgen, Vict., Joh. Trojan u. Egon H. Strassburger, unser Schatzkästlein. Kinder-Lieder. 1.—10. Tausend. (60 S. m. 3 Bildnissen.) 8. Berlin (906). Schall & Rentel. n. — 50

— u. Fed. Flinzer, Schelmenspiegel oder Nehmt Euch ein Exempel dran! Ein lustiges Bilderbuch. gr. 4. (28 S. m. 1 Chromolith.) Stuttgart 877. Kröner. cart. 6. —

— der deutsche Schriftstellerstand u. seine Zukunft. Vortrag, geh. auf dem Verbandstage des deutschen Schriftsteller-Verbandes 1898 zu Wiesbaden. gr. 8. (24 S.) Leipzig, C. F. Müller. n. 1. 40
Sonderabdruck aus: „Internat. Litteraturberichte".

— Der deut. Schriftstellerstand u. s. Zukunft. Vortr. 8° (24) Lpzg 99, CF Müller. 1.40

— Bruder Serafin. Auf Kriegsfuß, s.: Deva-Roman-Sammlg.

Im Sonnenschein. Lustspiel in 1 Akt von C. Eysell-Kilburger ⟨Frau Viktor [Klara] Blüthgen⟩. *Mühlhausen i. Th.: G. Danner [1902].* (27 S.) 8° [F.]
— Thalia. 93. [02. 14688 3

— die Spiritisten. Roman. 8. (VI, 405 S.) Leipzig (902). H. Seemann Nachf. n. 3. —; geb. n. 4. —

— harte Steine; Kater Murr, s.: Universal-Bibliothek für die Jugend.

— Die Stiefschwester, s.a. Kürschner's, J, Bücherschatz.

— die Stiefschwestern, s.a. Roman-Bibliothek der Deutschen Illustrirten Zeitung.

—— d. Stiefschwester. Erzählg. 8. (316) Berl. 87, Bazar-Act.-Gesellsch. n. 5. —; geb. n. 6. —

Die Stiefschwester. Erzählung von Victor Blüthgen. Bd 1. 2. Mit Ill. von W. Roegge. *Berlin, Eisenach, Leipzig: H. Hillger [1903].* 2 Bde 8° [F.]
= Bücherschatz, Kürschner's. No 355. 356. [04. [illegible]

— Am Tage der goldenen Hochzeit, s.: Universal-Bibliothek.

— s.a. Tagebuch, mein.

Mein Tagebuch. Mit 12 Monatsbildern u. Umrahmungen von R. E. Kepler. Gedichte von Victor Blüthgen. 3. Aufl. *Stuttgart, Berlin, Leipzig: Union [1901].* (84 Bl.) 8° [F.] [illegible]

— Teresita, die Zwergin, u. anderes, s.: Lohmeyers, Jul., vaterländische Jugendbücherei.

— Eine Tierschule, s.: Flinzer, Fedor.

— Die kl. Vorsehg, s.a. Bücher, d., d. deut. Hauses.

Die kleine Vorsehung. Roman von Victor Blüthgen *Berlin, Leipzig, Wien, Stuttgart: Bong & Co. [1901].* (371 S.) 8° [F.] [illegible]

Die kleine Vorsehung. Roman von Victor Blüthgen. Berlin: Buchverlag fürs Deutsche Haus 1909. 304 S. 8°
(Die Bücher d. Deutschen Hauses. Bd 85.) [09. 11323

— Der Weg z. Glück, s.a. Universal-Bibliothek f. d. Jugend.

—— der Weg zum Glück. Erzählungen für die reifere Jugend. 8. (III, 340 S. mit 6 Bildern in Farbendr. von Fritz Bergen.) Stuttgart 888, Gebr. Kröner. geb.

—— d. Weg z. Glück. Erzählgn f. d. reif. Jugend. 8. (340 m. 6 Chromol.) Stuttg. 88, Union. 4. 50

— der Weg zum Glück. 5 Erzählgn. f. Knaben. Mit 4 Bildern in Farbendr. v. E. Zimmer. 3. Aufl. (Gesammelte Jugendnovellen.) 8. (III, 227 S.) Stuttgart (900). Union. Geb. in Leinw. n. 2. —

— das Weihnachtsbuch. Allerlei Weihnachtliches in Vers u. Prosa. Mit 7 Kunstbeilagen u. zahlreichen Textbildern. gr. 8. (VI, 240 S.) Leipzig (899). E. Keil's Nachf. Geb. in Leinw. n. 5. —

! Jetzt: Stuttgart: Union.

— Weinsegen, s.: Volksbibliothek des Lahrer Hinkenden Boten.

Wenn die Flocken fallen. Dramat. Weihnachtsscene von C. Eysell-Kilburger (Frau Viktor [Klara] Blüthgen.) *Mühlhausen i. Th.: O. Danner [1902].* (32 S.) 8° [F.]
— Aufführungen f. Weihnachten u. Neujahr. No 9. [02. 1364

— weshalb Fritz Hedrich nicht umkehrte, s.: Volks-Bibliothek d. Lahrer hinkenden Boten.

— Aus gär. Zeit, s.a. Universal-Bibliothek.

— aus gährender Zeit. Roman. 2 Bde. 8. (272 u. 294 S.) Groß-Lichterfelde 884. Wicke. 6. —

— Zigeunerweisen. D. Onkel a. Amerika, s.a. Weichert's Wochen-Bibliothek.

[F.] Zigeunerweisen. Der Onkel aus Amerika. Zwei Erzählgn v. Victor Blüthgen. M. 3 Vollb. *Berlin: A. Weichert [1897].* (96 S., 3 Taf.) 1 Bd 8.
— Wochen-Bibliothek, Weichert's. Bd 7. [97. 1459

Bluethgen, Victor [Pseud.], s. Bluethgen, Klara

Blüthner, J., s. Blüthner, Julius

Blüthner, Joh. Chr. Fr., evangelische Predigten zum Vorlesen in Landkirchen so wie zur häuslichen Erbauung. Gera 858. Kanitz. gr. 8. (XI, 300 S.) n. 1 ₰

Blüthner, Julius, in Leipzig, Königlich Sächsische Hofpianofortefabrik 1853—1903. Festschrift. Leipzig (1903)

Blüthner, jr., Jul., der angehende Klavierstimmer, s.: Wohlfahrt, Heinr.

Blüthner, Jul., und H. Gretschel, Lehrbuch des Pianofortebaues, s.a. Schauplatz, neuer, der Künste und Handwerke.

Blüthner u. Gretschel. Lehrbuch des Pianofortebaues in seiner Geschichte, Theorie und Technik oder Bau u. Zusammenfügung der Flügel, Pianinos u. tafelförmigen Pianoforte's, nebst einer Darstellung der hierauf bezüglichen Lehren der Physik und einem kurzen Abriss der Entwickelungsgeschichte des Pianoforte's. Weimar 1872. Text 8°. Atlas von 17 Tfln. 4°.

Blüthner, Jul., u. Heinr. Gretschel, Lehrbuch des Pianofortebaues in seiner Geschichte, Theorie u. Technik od. Bau u. Zusammenfügg. der Flügel, Pianinos u. tafelförm. Pianofortes, nebst e. Darstellg. der hierauf bezügl. Lehren der Physik u. e. kurzen Abriss der Entwickelungsgeschichte d. Pianofortes. Für angeh. Pianofortebauer u. Musiker bearb. 2. verb. u. verm. Aufl., hrsg. v. Wilh. Fischer. Mit e. Atlas, enth. 16 Foliotaf. gr. 8. (VIII, 207 S.) Weimar 886. B. F. Voigt. 8. 50

Blüthner, Jul. u. H. Gretschel, der Pianofortebau. Theorie u. Praxis des Baues der Flügel u. Pianinos, nebst e. Einführg. in die Geschichte des Pianofortes u. e. kurzen Abriss der musikal. Akustik. 8. vollständig neubearb. Aufl. Hrsg. v. R. Hannemann. (VIII, 159 S. m. 116 Abbildgn.) Lex. 8. Leipzig 909. B. F. Voigt. 10.—; geb. 11. 50

Blüthner, W., das Reitpferd u. d. Kunst, es abzurichten. 8. (7 B.) Leipzig 832, Hartmann.

Die Bluthochzeit oder die Bartholomäusnacht zu Paris den 25. August 1572. Beschrieben von dem Augenzeugen Armin d'Rith. Reutlingen. Druck und Verlag von Rob. Bardtenschlager. o. J. (1881), 64 S.

Bluthochzeit, die berliner. Von einem Augenzeugen. 1. und 2., verb. und verm. Aufl. 8. (56 S.) Leipzig 848, [Keil.]

Bluthochzeit, d. französ., in d. Bartholomäusnacht, mit allen ihren Gräueln u. Grausamkeiten; aus d. sichersten Nachrr. gezogen. 8. Neuburg, o. Jahrz. (Joachim in Leipz.) 20 Kr

Bluthochzeit, die, der Königin v. England. Ein Kampfruf v. Titus. gr. 8. (11 S.) Berlin 900. H. Walther. n. — 20

Bluthochzeit, Die Pariser. Für Leser aller Stände dargestellt nach Ernestus Varamundus (= Hotoman). Leipz. 1851. V: *Minckwitz, Johannes.* (Russell VII, 2, 397)

— die Preußische. Oder die neuesten Berliner Ereignisse nach authentischen Berichten. 8. (16 S.) Bautzen 848, Reichel. 1½ ngr

Bluthund, Vater, u. Mutter Aurora; e. Forts. d. Heirath durchs Wochenblatt. 8. Lpz. Bauer. 793.

Bluthunde, die durch, entdeckte mordgierige u. blutdurst. Menschenfresserfamilie u. der. gräßl. Ende. Breslau, Buchheister.
m. 2 color. K. -
m. 1 color. K. -
ohne K. -

Blüting, Joachim

Vom Erbgangs-Recht nach dem Jütschen Land-Recht oder Lovbuch in eine gute Ordnung gebracht und dem gemeinen Mann im Herzogthumb Schleswig zu Gute erklähret durch Joachimum Blüting. Hrgg. v. H. R. Hjort-Lorenzen. Kopenhagen. 1859. 8°.

Glossa, oder Gründliche Erklährung des in hiesigen Landen, absonderlich im Hertzogthum Schlesswig, introducirten und gebräuchlichen Low- oder Rechts-Buchs, über alle desselben drey Theile beschrieben durch Joachimum Blüting. Flensburg. 1717. Bei: Das Jütische Low-Buch, zum 3. mahl zum Druck befördert durch Emanuel Wölffel. Flensburg. 1717. 4° k.
—— Mit Papier durchschossen und mit handschriftlichen Zusätzen und Register. 4° k.

Blutknappengericht, das, oder Otto der Vatermörder, eine Sage aus dem Buche der Vorwelt, erzählt von E. N—d—g, 2 Theile, 8. Frankfurt an der Oder, 794. Kunze.

Blutlaus. Die Anleitung z. Untersuchung u. Desinfection der von derselben befallenen Aepfelbäume. Offiziell herausgegeben von der aarg. Staatswirthschaftsdirection. In-8°, 12 S. Aarau, H. R. Sauerländer. 1884?

Blutlaus, die. Farbendr.-Plakat mit Text. Berlin 888. Parey. n.n. — 50

Blutlaus, die. Veröffentlicht im Auftrage d. k. Ministeriums f. Landwirtschaft, Domänen u. Forsten in Berlin. Plakat in Farbendr. m. erklär. Text. 38×46 cm. Berl. 889, Parey. ** — 50

Blutlaus, die. Veröffentlicht im Auftrage d. k. Ministeriums f. Landwirtschaft, Domänen u. Forsten in Berlin. Plakat in Farbendr. m. erklär. Text. 38×46 cm. Berlin 891. P. Parey. n.n. — 50

Blutlaus, die. Plakat m. 1 Farbdr. u. erläut. Text. 56,5×46 cm. Dresden 897. C. Heinrich. n. 1. —

Blutmedizin. 8. Görl. Gampert. 762.

Blutmord, d., in Konitz, m. Streiflichtern auf d. staatsrechtl. Stellg d. Juden im Deut. Reiche. Von e. besorgten Vaterlandsfreunde. Vorwort v. M Liebermann v. Sonnenberg. 8° (78 m. Abb.) Berl. 1900, Deutschnat. Bh. u. Verl.-Anst. — 50

Der Blutmord in Konitz mit Streiflichtern auf die staatsrechtliche Stellung der Juden im Deutschen Reiche. Nach authent. Quellen dargest. von e. besorgten Vaterlandsfreunde. Vorwort von Max Liebermann v. Sonnenberg, M. d. R. 12. Aufl. *Berlin: Deutschnat. Buchh. u. Verlagsanst. (1901).* (VII, 79 S.) 8° [F.] [01. 1591

Blutmord, der, in Konitz, m. Streiflichtern auf die staatsrechtliche Stellg. der Juden im Deutschen Reiche. Nach authent. Quellen dargestellt v. e. besorgten Vaterlandsfreunde. Vorwort v. Max Liebermann v. Sonnenberg. 13. Aufl. gr. 8. (VIII, 79 S. m. Abbildgn.) Berlin (902). Deutschnationale Buchh. u. Verlagsanstalt. — 60
1.—6. Aufl. (à VI, 79 S.) Ebd. 900. 901. — 50; 7.—12. Aufl. (à VI, 81 S.) Ebd. 901. 902. — 60.

— der Konitzer, vor d. Berliner Gericht. Die Verhandlgn. des Preßprozesses gegen die „Staatsbürger-Zeitg." vor der Strafkammer des königl. Landgerichts I, 30. IX.—11. X. 1902. hoch 4. (IV, 58 S.) Berlin (902). (G. A. Dewald). n. — 20

Der Konitzer Blutmord vor dem Berliner Gericht. Die Verhandlungen d. Preßprozesses gegen d. 'Staatsbürger-Zeitung' vor d. 2. Strafkammer d. Kgl. Landger. I. 30. Sept. bis 11. Okt. 1902. *Berlin: Staatsbürger-Zeitung [1902].* (54 S.) 4° [F.]

Blutnelken, Die, am Falkenstein bei Tambach. Novelle. [ca. 1829.] V: *Fleischhauer, Johann Heinrich.* (Heindl, Gallerie 1859, 1, 135.) (Zeitschr. f. Büch. 1923, S. 80)

Blutopfer, d., v. Moskau od. d. Riesenunglück b. d. Krönung d. Zaren. N. d. Berichten v. Augenzeugen u. authent. Quellen bearb. M. bildl. Darstellgn. gr. 8. (32 S.) Dresden 896. A. Wolf. — 20

Blutrache, Hussens, unter der Kelchfahne von der Oder ... Breslau 1845. V: *Schücking, P. L.* (zu)

Blutrosen. Schauer-Erzählungen, frei n. d. Französ. d. E. Sue, Dumas, Balzac, Hugo u. A. 2 Thle. 8. (27½ B.) Breslau 837, Verlags-Comtoir.

—— dass. 3. u. 4. Bd. — A. u. d. T.: Nachtschatten. Frei n. d. Franz. u. Engl. v. St. Friedrich, Francois Robert u. A. 2 Bde. 8. (33½ B.) Ebds. 840.

Bluts-Anverwandschafft, Die hohe, des königlich pohlnischen und chur-fürstlichen Hauses mit dem ... kayserlichen und ertz-herzoglichen Hause Österreich, so wohl mit eigen andern ... königlichen Häusern in Europa in 10 schematibus genealogicis und besonders ... dessen Abstammung ... aus dem königlich pohlnischen Piastischen und Jagellonischen Geschlecht ... angezeugt ... Dressden und Leipzig 1734. V: *Hauschild, J. Leonhard.* (Bem I, 1, S. 96)

Blutsauger, Die. Roman. Quedlinburg und Leipzig 1821. V: *Nodier, Charles Em.* (»Lord Ruthwen ou les vampires«. Paris 1820.) Vgl. St. Hock, Die Vampyrsage 1900, S. 90 f. (DARP)

Blutsauger, die. Roman. 8. Quedlinburg. Basse. 821.

Blutsauger, der, 8. Quedlinb. 823. Basse. 1 ⁄ 4 gr

Blutschwert, das, auf der Gerosburg, od. die strafenden Geister; Rittergeschichte aus d. 13. Jahrhund., vom Verf. des Romans: Albert v. Reinstein rc. 3 Thle. 8. Quedlinb. 823. Basse. 3 ⁄ 4 gr

Blutstudien I. Hrsg. v. Frdr. Freytag. 1. Heft. (65 S.) gr. 8. Magdeburg 909. Verlag „Erika". 2. —

Blutstudien II. Hrsg. v. Frdr. Freytag. 2. Heft. (67—130 m. 1 Tab. u. 5 farb. Taf.) gr8° Magdeb., Verl. „Erika" '09. (je) 2 —

Bluttage, die 4 schrecklichen, in Paris [23. bis 26. Juli 1848] nebst ausführl. Darstellg. d. hochherz. Friedensstiftungs-Versuches u. Todes d. Erzbischofs v. Paris. gr. 16. (31 S.) Crefeld 849, Klein. 1½ ngr

Bluttat, die, in Serbien u. die Ermordung des Königs Alexander u. der Königin Draga am 11. VI. 1903. Nach authent. Quellen. (16 S. m. 8 Bildnissen.) gr. 8. Leipzig (903). J. Milde. — 30; Kolportage-Ausg. (ohne Umschlag) — 10

Die schreckliche **Blutthat** in Turin am 3. Juli 1874, wo ein Vater seine Frau, seinen sechszehnjährigen Sohn und zwei kleine Töchter gräßlich zerstückelte und dann spurlos verschwand. Nach den besten Quellen beschrieben und mit einem passenden Liede versehen. Eigenthum von Florenz Harder. Hamburg. Druck von H. A. Kahlbrock, Hütten 63.
o. J. 4 Bl., n. n., 180 x 110.
LBO Bänkelsängerlit. III, 97.

Blut- und Wunden theologie. 8°.– Berlin 1750.

Bluturtheil (Das). Die am 14. Sept. 1887 abgegebene Entscheidung des Oberstaatsgerichts von Illinois in dem Monstre-Process gegen die Chicagoer Anarchisten, nebst Commentar zu demselben. (Beilage zum „Vorbote".) 8° Chicago 1887.

Blutvergiftung, geistige. Eine Kulturkampfs-Novelle. Hrsg. v. G. F. Dasbach. 16. (69 S.) Trier 887. Paulinus-Druckerei. — 50

Blutwurst u. Sauerkraut, das Leibessen der Schwaben. Ausgewählte Sammlung der beliebtesten Gedichte u. Erzählungen in schwäbischer Mundart, sowie der belustigendsten Schwabenstreiche, Witze u. Dummheiten. Nebst einem Anhang von schwäbischen Sprüchwörtern u. Redensarten mit ihrer Erklärung. 1—3. Aufl. Stuttgart 867. Fischhaber. 16. (283 S.) 12 ngr

Blutzeugen, Die drei heiligen, vom Nonsberge: Sisinius, Martyrius und Alexander. Brixen 1834. V: *Forer, Valentin.* (margr)

Die SELIGEN Blutzeugen von Kaschau von einem Priester der Gesellschaft Jesu. (Alois Schweykart). Wien 1905. Druck und Verl. v. Rudolf Brzezowsky & Söhne. 63 S. - 132 mm

Bluwstein, J: Die Weltanschaug Roberto Ardigo's. Aus d. modernen italien. Philosophie. (122 m. Bildn.) gr8° Lpzg, F Meiner '11. 1.50

Blyth, E., Catalogue of the birds in the Museum of the Asiatic Society (of Bengal.) Published by order of the Society. 8. (437 S.) Calcutta 849. (London, Williams & Norgate.) n. 4 ⁄

Blytt, Axel

Zur Geschichte der Nordeuropäischen, besonders der Norwegischen Flora v. Axel **Blytt.** Separat-Abdruck aus Engler's botan. Jahrbüchern. Bd. 17, Heft 3/4, Beiblatt Nr. 41. Leipzig. 1893. 8°.

Über zwei Kalktuffbildungen in Gudbrandsdalen (Norwegen), mit Bemerkungen über die postglaciale Geologie unserer Gebirgsthäler v. Axel **Blytt.** (Separat-Abdruck aus: Engler. Botan. Jahrbücher. Bd. 16. Heft 2. Beiblatt Nr. 36.) Leipzig. 1892. 8°.

Die Theorie der wechselnden kontinentalen und insularen Klimate v. Axel **Blytt.** (Mit Taf. I). Separatabdruck aus Engler's Botan. Jahrbüchern. Bd. 2. Leipzig. 1881. 8°.

Axel **Blytt.** Kurze Uebersicht meiner Hypothese von der geologischen Zeitrechnung. Geol. fören. Förhandl. Nr. 127. Bd. 12. Häft. 1 (Stockholm) o. J. 8°.

Blytt. A. Ueber Wechsellagerung und deren mutmassliche Bedeutung für die Zeitrechnung der Geologie und für die Lehre von der Veränderung der Arten. 1883.

Blyvers (G.): Andere Antwort auf Monsieur Weichmanns Schreiben vom 28. Julii, betreffend dessen über den Herrn Capell-Meister M., Hn. Cantor T., ihn selber, andere und vornemlich einer gewissen Opera hauptlächerlich gefälleten Urtheile.– Hamburg. 1722. 8° 4 Bl.

Blyvers, G.: Hefftiger Frösch-Mäuse-Krieg de Lana Caprina, zwischen mir, G. Blyvers und F. Weichmann entstanden. Erstes Detachement. – (Hamburg): 1722. 4°

Bne Zion. Ein religiös-moralisches Lesebuch für die Jugend israelitischer Nation. Wien 1810. 1812. B: *Homberg, Herz.* (Sulamith. 3. Jg. 359. 4, 2. 4. Jg. 182.)

Bne-Zion. Ein religiös-moralisches Lehrbuch für die Jugend israelitischer Nation. Bene-Zion. Libro d'istruzione religioso morale per la gioventu della nazione israelitica. Mit deutschem und italienischem Text.) 8. (400 S.) Wien. Gedruckt bei Georg Ueberreuter. 1823. Ungebunden 25 kr. Gebunden 32 kr. C. M.

Bne-Zion. Ein religiös-moralisches Lehrbuch für die Jugend israelitischer Nation. 8. (90 S.) Wien. Gedruckt bei L. Grund. 1849. Gebunden 16 kr. CM.

v. Bnimick, G. T.: Prüfnng d. Erörter. d. Frage: Ob ein protest. Landesherr s. kathol. Unterthanen zum Mitfeiern der protest. Busstage anhalten könne? *Duisburg*, Böttger. 753. 4. (10 Gr.)

Board, Hermann: S. Maria im Kapitol zu Köln. Ein Beitrag zur Geschichte d. frühroman. Baukunst am Niederrhein. *Düsseldorf 1904: E. Lintz.* (60 S.) 8°
Heidelberg, Phil. Diss. v. 1904

Boardmann,..., über d. vortheilhafte Bauart d. Eggen. Mit 1 Kpf. 4. Leipz. 803. Baumgärtner. [illegible]

Boas: Zusammenstellg. v. Vorschrift. a. d. Reichsjustizgesetzen, s. Boas, Felix

Boas, Arthur [aus Schwerin a./Warthe]: Aus d. Laboratorium d. pharmakolog. Instituts d. Univ. in Würzburg. Methoden der Alkalescenzbestimmung im Blut ... Würzburg, P. Scheiner's Buchdr., 1895; 29 S. 8.
Würzburg, Med. Fak., Inaug.-Diss. v. 1895

Boas, Eduard

Boas, Ed., Deutsche Dichter. Novellen. 1r Bd. 8. Berlin 837. Heymann. 1⅔ ℛ

Boas, Ed., die deutsche Flagge, s. Flagge.

Boas, E. Schillers Jugendjahre. Herausg. durch W. v. Maltzahn. Berlin 1855. 2 Bde.

—— Schiller's Jugendjahre. Hrsg. von Wendelin v. Maltzahn. 2 Bde. 8. (VIII und 563 S. mit dem lithogr. Bildnisse Schiller's nach einer Originalsilhouette.) Hannover 856, Rümpler.
Vgl.: Schiller's und Goethe's Xenien-Manuscript.

Leben und Weben auf Helgoland v. Eduard Boas. Leipzig. 1847. 8°.

— Literaturstoffe. 1s Hft. A. u. d. T.: Namen-Symbolik in der deutschen Poesie. gr. 8. Landsberg a. d. W. 840. Schulz u. Volger. n. ⅓ ℛ

Boas, Eduard, Nachträge zu Göthe's sämmtl. Werken. Gesammelt u. hrsg. Neue Ausg. 3 Thle. (6 Lfgn.) 16. (58 B., 1 Stahlst. u. 2 Silhouetten.) Leipzig 846, Verlags-Magazin. (à Lfg. * 5 Ngr.) *

Boas, Ed., Nachträge zu Schiller's sämmtlichen Werken, s. a. Nachträge.

—— Nachträge zu Schiller's sämmtl. Werken, s. a. Schiller.

Nachträge zu Schillers sämmtlichen Werken. ... von Eduard Boas. Erster Band. Mit einem Stahlstich. Neue Ausgabe. Stuttgart. E. Schweizerbart'sche Verlagshandlung. — ... Zweiter Band. 1853. 12°. 2 Bde.
Die erste Ausgabe erschien 1839—1840 in drei Bänden.

—— Pepita. Italienische Idylle. 8. (4½ B.) Leipzig 844, Voß.

—— des Kriegscommissär Pipitz Reise nach Italien. Ein kom. Roman. 4 Thle. M. 12 Bild. (wovon 11 auf 1 Bl. in qu. ½ Fol.) gr. 16. (83¾ B.) Stuttgart 841, [Scheible, Rieger u. Sattler.]

— Reiseblüthen aus der Oberwelt. 2 Bde. gr. 12. Grimma 834. Gebhardt. 2¾ ℛ Herabges. Pr. 1 ℛ

— Reiseblüthen aus der Sternenwelt und Mond-Novelle. gr. 12. Altenburg 836. Expedition d. Eremiten. 1¼ ℛ

—— Reiseblüthen aus d. Sternenwelt u. Mond-Novelle. gr. 12. (10½ B.) Altenburg 836, [Pierer.]

— Reiseblüthen aus der Unterwelt. gr. 12. Altenb. 836. Expedition d. Eremiten. 2 ℛ

— s. Fr. v. Schiller, sämmtl. Werke. Nachträge.

— Schiller u. Goethe im Xenienkampf. 2 Thle. gr. 8. (1: VI u. 308 S. 2: VI u. 300 S.) Stuttgart 851, Cotta. 2 ℛ 12 ngr

—— Schriften. 1—3. Bd. gr. 8. Leipzig, B. Tauchnitz jun. [1. u. 2. (40⅞ B.) 846, 3. (22½ B.) 847. à 1 Thlr.]
Bd. 1. Heitere Novellen.
" 2. Italienerinnen.
" 3. Literaturgeschichte im Salon.

—— Schriften. 4. und 5. Bd. 8. Leipzig, B. Tauchnitz jun. à Bd.
Bd. 4. Leben und Weben auf Helgoland. (324 S.) 847.
" 5. Dramatische Schriften. 1. Bd. (VI und 340 S.) 848.
1—3. Bd. Ebendas. 1846—47. 3 Thlr.

Boas, Ed., († d. 29. Juni 1853), Schriften. 5. Bd.: Dramatische Schriften. 1. Bd. 8. (VI u. 340 S.) Leipzig 848, B. Tauchnitz. 1 ℛ

—— in Scandinavien. Nordlichter. 8. (21½ B.) Leipzig 845, Herbig.

—— Sprüche u. Lieder eines nordischen Braminen. 8. (17 B. u. B's. Portr.) Leipzig 842, [Verlags-Magazin.] *

—— französische Thronfolger. Eine Vision. (Gedichte.) gr. 8. (5¾ B.) Stuttgart 844, Hallbergersche Vrlsbuchh.

— Schiller's und Goethes Xenien-Manuscript, s. Schiller.

Boas, F.: Baffin-Land, s. Boas, Franz

Boas, F., Beiträge zur Erkenntniss der Farbe des Wassers. Inaugural-Dissertation. gr. 8. (42 S. m. 4 Tab. u. 1 Steintaf.) Kiel 881. (Minden, Körber & Freytag.) n. 1. 60

Boas, Felix, der Kampf um's Recht e. Pflichtgebot? Antwort u. Entgegng. an Herrn Prof. Dr. Rud. v. Ihering. gr. 8. (82 S.) Berlin 870. C. Heymann's Verl. n. 1. 50

Boas, Fel., zur Lehre vom Miteigenthum. Berlin 864. Guttentag. gr. 8. (108 S.) n. 18 ngr.

Boas, Fel., der Sturm u. das Wintermärchen, zwei Shakespeare'sche Dramen, in ihrer symbolischen Bedeutung. 8. (40 S.) Stettin 882. Dannenberg. n. — 50

— die Vormundschafts-Ordnung vom 5. Juli 1875. Kurze Zusammenstellg. ihrer wesentl. Vorschriften zum prakt. Gebrauch f. Jedermann. 8. (15 S.) Arnswalde 876. Wendt. n. — 25

Boas, Felix, die Vormundschafts-Ordnung vom 5. Juli 1875. Kurze Zusammenstellung ihrer wesentlichsten Vorschriften zum praktischen Gebrauch für Jedermann. 8. (15 S.) Arnswalde 877. Wendt. — 25

— reichsgesetzliche Vorschriften, welche neben den Reichsjustizgesetzen in Kraft bleiben u. dieselben ergänzen. gr. 8. (IV, 116 S.) Berlin 879. C. Heymann's Verl. n. 2. —

— Zusammenstellung von Vorschriften aus den Reichsjustizgesetzen zum praktischen Gebrauche für die Gerichte. gr. 8. (IX, 216 S.) Ebend. 878. n. 4. —

Boas, Fel.: Zusammenstellung von Vorschriften aus den Reichsjustizgesetzen zum praktischen Handgebrauche für die Gerichte. Berlin 1879.

Boas, Fr.: Der Kampf um's Recht ..., s. Boas, Felix

Boas, Franz

Boas, Franz: Zur Anthropologie der nordamerikanischen Indianer. (Verhandlungen der Berliner Anthropologischen Gesellschaft. Sitzung vom 18. Mai 1895. S. 367 --411.) (Berlin 1895.) 45 S. 8°.

Boas, F., Baffin-Land, s.a. **Petermann's, A., Mitteilungen aus Just. Perthes' geographischer Anstalt.**

Boas, Franz: Baffin-Land. Geographische Ergebnisse einer in den Jahren 1883 und 1884 ausgeführten Forschungsreise. Mit zwei Karten und 9 Skizzen im Text. Gotha 1885. (II), 100 S.
— Ergänzungsheft zu Petermann's Geographischen Mittheilungen. No. 80. 8°.

— s.: Beiträge, ethnographische.

Boas, Dr. F. Die Eisverhältnisse des südöstlichen Theiles von Baffin Land. Nach den Beobachtungen amerikanischer Wallfischfänger. 1 : 6 000 000. Gotha 1888. 1 Bl.

Boas, Frz., der Eskimo-Dialekt des Cumberland-Sundes. I. [Aus: „Mittheilgn. d. anthropolog. Gesellsch. in Wien".] gr. 4. (16 S.) Wien 894. (A. Hölder.) n. 8. —

Boas, Dr. F. Die Indianerstämme von Vancouver Jd. und an der Küste von Britisch Columbia. 1 : 2 000 000. Gotha 1887. 1 Bl. c. A.

Boas, Franz: Reise an die pacifische Küste. (Verhandlungen der Berliner Anthropologischen Gesellschaft. 1891. S. 158—172.) Berlin 1891. 15 S. 8°.

Boas, Frz., indian. Sagen v. d. nord-pacif. Küste Amerikas. [A.: „Verhandlgn. d. Berliner Gesellsch. f. Anthropologie etc."] gr. 8. (VI, 363 S. m. 1 Karte.) Berlin 895. A. Asher & Co. n. 8. —

Boas, Hans, Kammergerichtsreferendar: Über l. 24. D. de fideiussoribus 46,1. Ein Beitrag zur Lehre vom Kreditauftrage nach römischem Recht und nach B.G.B. Borna-Leipzig 1907: R. Noske. (x, 52 S.) 8°
Heidelberg, Jur. Fak., Ref. Bekker, Diss. v. 17. Jan. 1907
[Geb. 18. Apr. 83 Berlin; Wohnort: Berlin; Staatsangeh.: Preußen; Vorbildung: Kgl. Französ. Gymn. Berlin Reife M. 01; Studium: München 2, Berlin 5 S.; Rig. 12. Dez. 06.]

Boas, Harald, die Wassermann'sche Reaktion m. besond. Berücksicht. ihrer klinischen Verwertbarkeit. Mit e. Vorwort v. A. Wassermann. (VI, 186 S.) Lex. 8. Berlin 911. S. Karger. 5.60; geb. 6.80

Boas, J.: Diagnostik und Therapie der Magenkrankheiten, s. Boas, Isidor

Boas, Johan Erik Vesti
— [Særtryk]. P.
(Zur vergleichenden Anatomie d. Ohrknorpels d. Säugetiere. (Vorläufige Mitteilung). Jena 1907. (9) S. Fig. —

Boas J. E. V.: Ein Beitrag z. Morphologie d. Nägel, Krallen, Hufe u. Klauen d. Säugethiere. (Leipz.) [1884]. (12) S. 1 kol. Tvl. (Særtr.). P.

Boas, J. E. V.: (Sonderdruck): Einige Bemerkungen üb. die Metamorphose d. Insecten. Jena 1899. (18) S. Fig. 1 kol. Tvl.).

Boas J. E. V.: Ueber den Conus arteriosus bei *Butirinus* u. bei anderen Knochenfischen. [Leipz. 1880]. (8) S. 1 Tvl. (Særtr.). P.

Boas, J. E. V.: (Sonderdruck): Über eine den Maikäfern analoge Erscheinung bei Saperda populnea. 1907. (8) S. 1 Tvl.–

— Ein Fall v. vollständiger Ausbildung d. 2. u. 5. Metacarpale beim Rinde. [1890]. (4) S. (Særtr.). P.

Boas, J. E. V. (Sonderdruck): Über einen Fall v. Brutpflege bei einem Bockkäfer. 1900 (12) S. Fig. I Tvl.– Bogenonnen i 1901. 1901. (3) S.–

Boas J. E. V.: [Særtryk]. P.
(Die Gattung *Synaxes Sp. Bate.* 1882. 3 S. –

— & Sim. Paulli, the elephant's head. Studies in the comparative anatomy of the organs of the head of the Indian elephant and other mammals. 1. part. The facial muscles and the proboscis with 17 plates in colours. Published at the cost of the Carlsberg-Fund, Christiania. (VII, 80 Sp. m. 2 Taf. u. 17 Bl. Erklärgn. m. Abbildgn.) 57,5×40,5 cm. Ebd. 908. In Mappe 100. —

Boas, J. E. V., Lehrbuch der Zoologie. Für Studierende u. Lehrer. Lex.-8. (VIII, 578 S. m. 378 Abbildgn.) Jena 890. Fischer. n. 10. —; geb. n. 11. —

Boas, J. E. V., Lehrbuch der Zoologie. Für Studirende u. Lehrer. 2., verm. Aufl. gr. 8. (X, 608 S. m. 427 Abbildgn.) Jena 894. G. Fischer. n. 10. —; geb. n. 11. —

Boas, J. E. V., Lehrbuch der Zoologie f. Studierende. 3. verm. u. verb. Aufl. gr. 8. (X, 617 S. m. 498 Abb.) Jena 901. G. Fischer. n. 10. —; geb. n. 12. —

Boas, J. E. V., Lehrbuch der Zoologie f. Studierende. 4. verm. u. verb. Aufl. (X, 651 S. m. 577 Abbildgn.) gr. 8. Jena 906. G. Fischer. n. 10. —; geb. n. 12. —; erhöht. Pr. n. 11. —; geb. n. 13. —

Boas, J. E. V., Lehrbuch der Zoologie f. Studierende. 5. verm. u. verb. Aufl. (X, 668 S. m. 608 Abbildgn.) Lex. 8. Jena 908. G. Fischer. 12.—; geb. 14. —

Boas, JEV: Lehrb. d. Zool. f. Studierende. 6.Afl. (10, 690 m. Abb.) Lex8° Jena, G Fischer '11. 12.50; HF 14.50

Boas J. E. V.:
Über den Metatarsus d. Wiederkäuer. [Leipz. 1890]. (5) S. (Særtr.). P.

— Kleinere carcinologische Mittheilungen. 1. Eine neue Art d. Gattung *Apseudes*. [1886]. (8) S. (Særtr.). 4°.

Boas J. E. V.: Ueber die Mittelkralle d. Vögel. 1898. [Rostr. Saml.].

Boas J. E. V.: Zur Morphologie d. Begattungsorgane d. amnioten Wirbelthiere. Leipz. 1891. (17) S. Fig. 1 Tvl. (Særtr.). P.

— Zur Morphologie d. Magens d. Cameliden u. d. Traguliden u. üb. die systemat. Stellung letzterer Abtheilung. (Leipz. 1890). (31) S. 1 Tvl. (Særtr.). P.

Boas, J. E. V., üb. Neotenie, s.: Festschrift z. 70. Geburtstage v. Carl Gegenbaur.

Boas J. E. V.: Ueber mehrzehige Pferde. [Leipz. 1882]. (14) S. 1 Tvl. (Særtr.). P.

— u. **Paulli S.:** Ueber den allgemeinen Plan d. Gesichtsmuskulatur d. Säugetiere. Jena 1908. (16) S. Fig. (Særtr.). P.

Boas, J. E. V.: (Sonderdruck): Über einen eigentümlichen Sack, in dem gewisse Ichneumoniden-Puppen stecken. 1907. (8) S. 1 kol. Tvl.–

Boas, J. E. V.: (Sonderdruck): Über die Stigmen d. Mololontha-Larve. Vorläufige Mitteilung. – (Leipz.) 1893. 3 S. Fig.

Boas J. E. V.: *Triplolaenia mirabilis*. Jena 1902. (6) S. 1 Tvl. (Særtr.). P.

Boas, Ismar, s. Boas, Isidor

Boas, Isidor

Boas, J, s.: Archiv f. Verdauungs-Krankheiten.

Boas, I: Anzeigen u. Grenzen f. chirurg. Eingriffe am Magen, s.a. **Bibliothek, moderne ärztl.**

Anzeigen und Grenzen für chirurgische Eingriffe am Magen. Von Dr. I[smar] **Boas** in Berlin. Berlin: L. Simion Nf. 1905. (30 S.) 8°
— **Bibliothek,** Moderne ärztliche. H. 21. [od. 9788

Boas, Isidor (Eduardsfelde/Posen), Ein Beitrag zur Lehre von der paroxysmalen Hämoglobinurie. Diss. med.-chir. Halle (Plötz [R. Nietschmann]) 3. VIII. 1881. 57 S., mit Biogr. (3.50) 2973
Oppon.: H. Pauschardt. L. Popke.

— s.: Beiträge, gesammelte, aus dem Gebiete der Physiologie, Pathologie u. Therapie der Verdauung.

— Beiträge zur Kenntnis der Rektumkarzinome nebst Bemerkungen zur Frühdiagnose. (32 S.) gr. 8. Berlin 906. S. Karger. n. — 80
Sonderabdruck aus: „Archiv f. Verdauungskrankh."

Boas, J., allgemeine Diagnostik u. Therapie der Magenkrankheiten nach dem heut. Stande der Wissenschaft bearb. Mit 23 Holzschn. gr. 8. (VIII, 272 S.) Leipzig 890. Geo. Thieme. n. 8. —

— Diagnostik u. Therapie d. Darmkrankheiten. N. d. heut. Stande d. Wissenschaft bearb. (In 2 Tln.) I. Allgem. Diagnostik u. Therapie d. Darmkrankheiten. M. 22 Abb. gr. 8. (VII, 207 S.) Leipzig 898. G. Thieme. n. 7. —

— Diagnostik u. Therapie der Darmkrankheiten. Nach dem heut. Stande der Wissenschaft bearb. II. Specielle Diagnostik u. Therapie der Darmkrankheiten. Mit 24 Abbildgn. gr. 8. (XI, u. S. 209—207.) Leipzig 899. G. Thieme. n. 11. —
I. Bd. 898. n. 7. —. Beide Teile in 1 Bd. geb. n. 19. —.

— dasselbe. 2. unveränd. Aufl. gr. 8. (XII, 607 S. m. 46 Abb.) Ebd. 901. n. 18. —; geb. in Leinw. n. 19. —

Boas, I., Diagnostik u. Therapie der Magenkrankheiten. Nach dem heut. Stande der Wissenschaft bearb. 2 Thle. gr. 8. Leipzig, G. Thieme. n. 16. —
1. Allgemeine Diagnostik u. Therapie der Magenkrankheiten. 2., neu bearb. Aufl. (XI, 314 S. m. 28 Holzschn.) 891. n. 8. —
2. Specielle Diagnostik u. Therapie der Magenkrankheiten. (VII, 238 S. m. 8 Holzschn.) 893. n. 8. —

— dasselbe. 1. Thl. Allgemeine Diagnostik u. Therapie der Magenkrankheiten. 3., verm. u. umgearb. Aufl. gr. 8. (XI, 348 S. m. 38 Holzschn.) Ebd. 894. n. 9. —; geb in Leinw. n. 10. —

— Diagnostik u. Therapie d. Magenkrankheiten. N. d. heut. Stande d. Wissenschaft bearb. II. [Schluss-] Thl. 3., unveränd. Aufl. gr. 8. Ebd. 896. n. 8. —; geb. in Leinw. n. 9. — (Kplt.: n. 17. —; geb. n. 19. —)
Spec. Diagnostik u. Therapie d. Magenkrankheiten. (VII, 291 S.)

— dasselbe. 1. Thl. 4., verm. u. neubearb. Aufl. gr. 8. Ebd. 897. n. 10. —; geb. in Leinw. n. 11. —
Allgem. Diagnostik u. Therapie d. Magenkrankheiten. (XI, 390 S. m. 41 Holzschn.)

— Diagnostik u. Therapie der Magenkrankheiten. Nach d. heut. Stande d. Wissensch. bearb. II. Thl. Specielle Diagnostik u. Therapie der Magenkrankheiten. 4., gänzlich neubearb. u. verm. Aufl. gr. 8. (VII, 328 S. m. 7 Abbildgn.) Ebd. 901. n. 8. —; geb. in Leinw. n. 9. —
Thl. I. Ebd. 897. n. 10. —; geb. n. 11. —.

— Diagnostik u. Therapie der Magenkrankheiten. Nach dem heutigen Stande der Wissenschaft bearb. 1. Thl. Allgemeine Diagnostik u. Therapie der Magenkrankheiten. 5. verm. u. neubearb. Aufl. (XI, 435 S. m. 54 Abb.) gr. 8. Leipzig 903. G. Thieme. n. 10. 50; geb. in Leinw. n. 11. 50

— Diagnostik u. Therapie der Magenkrankheiten. Nach dem heut. Stande der Wissenschaft bearb. II. Tl. Spezielle Diagnostik u. Therapie der Magenkrankheiten. 5. verm. u. umgearb. Aufl. (VII, 397 S. m. 10 Abbildgn.) gr. 8. Leipzig 907. G. Thieme. 8.50; geb. in Leinw. 9.50

— Diagnostik u. Therapie d. Magenkrankh. 6. Afl. (7, 679 m. 62 z. Tl farb. Abb., 6 farb. Taf. u. 3 Bl. Erklärgn.) Lex8° Lpzg, G Thieme '11. L 17 —

[F.] Diät und Wegweiser für Darmleidende von Dr. I[smar] Boas, Specialarzt ... in Berlin. M. mehr. Holzschn. 3. u. 4. Taus. *Berlin: H. Steinitz 1895.* (VIII, 91 S.) 1 Bd 8.
— Sammlung medizinischer Wegweiser. Bd IX. X.

Diät und Wegweiser für Darmleidende. Von Dr. I[sidor] Boas, Spezialarzt in Berlin. Mit mehreren Holzschn. 5. u. 6. Taus. *Berlin: H. Steinitz (1904).* (109 S.) 8°
— Sammlung medizinischer Wegweiser. Bd 9/10.

— Diät u. Wegweiser f. Magenkranke, s. a. Sammlung medizin. Diät u. Wegweiser.

[F.] Diät und Wegweiser für Magenkranke v. Dr. I[smar] Boas, Spezialarzt ... M. mehr. Holzschn. 4. Aufl. *Berlin: H. Steinitz (1896).* (4 Bl., 95 S.) 1 Bd 8.
— Sammlung medizinischer Wegweiser. Bd I u. Ia.

— Dieta y guía práctico para los enfermos del estómago. Traducción autorizada hecha de la última ed. alemana por Rafael Aya. (VI, 90 S.) 8. Berlin 905. Horn & Raasch. n. 3. —

— Ueb. nervöse Dyspepsie, s. a. Klinik, Berliner.

Über nervöse Dyspepsie mit bes. Berücks. d. Diagnose u. Therapie von Dr. J[smar] Boas in Berlin. *Berlin: Fischer (1901).* (22 S.) 8° [F.]
— Klinik, Berliner. H. 161.

— Grundlinien der therapeutischen Methodik in der inneren Medizin f. Ärzte u. Studierende. (101 S.) 8. Ebd. 909. 2. 80

Boas, Isidor, zur Lehre von der paroxysmalen Hämoglobinurie. gr. 8. (55 S.) Halle 881. Hofstetter. n. 1. 20

— Üb. occulte Magen- u. Darmblutgn, s. a. Sammlung klin. Vortr.

Über occulte Magen- und Darmblutungen von Isidor Boas, Berlin. Leipzig: Breitkopf & Härtel 1905. (24 S.) 8°
— Sammlung klinischer Vorträge. N. F. No 387.

Boas, Israel (geb. Königsberg in d. Neum. 6. 10. 1818): De apoplexia cerebri. Berolini (1843). (26 S.) 8°
Berlin, Med. Diss. v. 18. Aug. 1843

Boas, Julius (Ign. Siegfr.) (geb. Beelitz in d. Mark 11. 11. 1832): De spina bifida. Berolini (1856). (27 S.) 8°
Berlin, Med. Diss. v. 4. Aug. 1856

Die Augenerscheinungen der Tabes dorsalis und der multiplen Sclerose. Von Dr. med. K[arl] Boas ... *Halle a. S.: K. Marhold [1898].* (29 S.) 8.
— Sammlung zwangloser Abhandlungen a. d. Gebiete d. Augenheilkunde. Bd II. H. 6.

Boas, Ludwig [aus Bromberg]: Friedrichs des Grossen Massnahmen zur Hebung der wirtschaftlichen Lage Westpreussens. ... Berlin, Mayer & Müller, 1890; 2 Bl. + 32 S. + 1 Bl. 8°
Berlin, Phil. Fak., Inaug.-Diss. v. 11. Aug. 1890

Boas, M., de epigrammatis Simonideis. Pars I: Commentatio critica de epigrammatum traditione. (XVI, 256 S.) Lex.-8. Groningen 905. J. B. Wolters. n.n. 6. 50

Boas

— Meyer (Lübbecke / Westf.), De cordis aneurysmate rarissimo. Diss. anat.-med. Bln. (A. Petsch) 31. VII. 1826. 16 S., mit Biogr. u. 1 Abb. (C. L. Müller del. Guimpel jun. sc.) (1.50) 2974
Oppon.: S. Heyne, S. H. Michelsen, S. L. Weiss.

Boas

— Samuel (Posen), De vomitu cruento. Diss. med. Bln. (Kraus) 30. IX. 1825. 26 S., mit Biograph. (4.—) 2975
Opponenten: Herzberg, Moehring, Neustadt. — Gew.: D. Benda.

Boässon, S. [Arzt aus Middelburg in Holland]: Zur Ätiologie der Bronchopneumonie bei Diphtherie. Aus d. Kaiser- u. Kaiserin-Friedrich-Kinderkrankenhaus zu Berlin. '(Direktor Prof. Dr. A. Baginsky)' ... Middelburg, J. C. & W. Altorffer, 1895; 3 Bl., 32 S. 8.
Freiburg i. B., Med. Fak., Inaug.-Diss. v. 1895

v. Boaton, Hauptm., († d. 3. Juni 1794.), s. 1) Sal. Gesner, la mort d'Abel. 2) Wieland's Oberon, französ.

Boaton, P. de

Discours prononcé dans l'assemblée extraordinaire de la Grande-Loge des francs-maçons teutons, pour célébrer la faveur signalée que Sa Majesté a daigné lui accorder, en lui donnant un acte formel et public de sa protection royale émané du trône le 16 juillet 1774. [Von P. de Boaton.] Impr. par ordre de la Grande-Loge Berlin 1774. 24 S. 8⁰ [Umschlagtit.]
Kl. 908.
[Deutsche Übers. u. d. Tit.:]
Rede gehalten in der Versammlung der grossen Freymäurer-Loge von Deutschland zu Berlin, zur Feyer des von Sr. Kônigl. Majestât ihr allergnädigst ertheilten und allerhöchst selbst vollzogenen Protectorii de Dato den 16ten Julii 1774. Gedr. auf Verlangen oben genannter Grossen Landes-Loge. Berlin 1774. 15 S. 8⁰ [Umschlagtit.]
Kl. 909.

Bob, A., die Geschlechter der Menschen. Roman. 8. (282 S.) Leipzig 901. Lotus-Verlag. n. 4.—; geb. n. 5.—

Bob, Charles, englisch-deutsches Conversations-Taschenbuch, od. leichtfaßliche u. sichere Anleitung das Englische nach Walker's System bald u. richtig lesen, sprechen u. verstehen zu lernen. Ein vorzügl. Begleiter auf Reisen. Neueste verb. Aufl. gr. 12. (11 B.) Wien 810, Lechner's Univ.-Buchh.

Bob, Franz Josef
Bob, Frz. Jos., († d. 19. Febr. 1802.), erste Anfangsgründe der deutschen Sprache, mit e. orthograph. Wörterbuche. 8. Frburg 780. Wagner. 9 gl. D. Wörterb. apart 6 gl.

— erste Anfangsgr. d. deutsch. Spr. 8. Freyburg, Wagner. 781.

— Anleit. z. deutschen Rechtschreibung. gr. 12. Wien 768. Trattner. 4 gl.

— Ausz. d. Grunds. d. deutsch. Spr. 8. Ulm, Stettin. 780.

— philosoph. Betrachtt. von dem, was die Menschen Humor nennen. 8. Freiburg 769. Dass. neue philosoph. Betrachtt. 2 Thle. gr. 8. Ebd. 779.

Bob, Frz. Jos., Einleit. z. deutsch. Rechtschreib. gr. 12. Wien, Tendler. 768.

— die nothwendigsten Grundsätze d. deutschen Sprachkunst. 8. Frburg 771. Wagner. 12 gl. Dass. im Auszuge. 8. Ulm 778. Stettin. 6 gl.

UEBER den (!) Pracht. Eine akademische Abhandlung (von *Franz Jos. Bob*, 1802 Direktor der Normalschule zu Freyburg i. Br., geb. am 31. Oct. 1733 zu Dauchingen). Freyburg 1789, 8⁰. 72 S.
Gradmann, d. gelehrte Schwaben. (Tübingen) 1802. 8⁰. p. 43.
— Fehlt im Anon.-Lex.

— Sendschreiben an Erich Servati, über seine Frage: Warum soll ich e. Freimaurer werden? im Orient. Frburg 5780. Wagner. 4 gl.

Bob, Franz Josef: „Von dem Systeme der Polizeywissenschaft", Freiburg 1767; 2. Auflage ebenda 1779.

— v. d. System d. Polizeywissensch. 8. Ebend. 780.

— von d. Vorurtheile über d. Neuerungen in d. Wissenschaft. gr. 8. Frburg 779. Wagner. 4 gl.

Bob, Nikolaus: Festgedicht, Ihren Majestäten, dem vielgeliebten Königspaare, Ludwig und Therese, bei Allerhöchst Deren Ankunft in Edenkoben, am 3. Juni 1854, in allertiefster Ehrfurcht dargebracht von den Schülern der latein. Schule zu Edenkoben. 5 achtzeil. Stroph. auf 1/2 Bog. kl. Fol.
Progr. Edenkoben.

Bob, Nikolaus: Festgedicht, Seiner Majestät dem vielgeliebten Könige Ludwig bei Allerhöchstdessen Ankunft in Edenkoben, am 7. Juni 1856, in allertiefster Ehrfurcht dargebracht von den Schülern der latein. Schule zu Edenkoben. 4 achtzeil. Stroph. auf 1/2 Bog. kl. Fol. quer.
Progr. Edenkoben.

Bob, Nicolaus [Prof.]: Zur Kritik und Erklärung der Satiren Juvenals. Kaiserslautern, Buchdr. v. Ph. Rohr, 1889; 35 S. 8⁰
Kaiserslautern, k. StA, P 1889 •

Bobbe, Augustus Ernestus Franciscus: • De quaestione: An debitor pignoratitius rem creditori pignori traditam eidemque surreptam possit usucapere?
Halle-Wittenberg, Jur. Diss. v. 22. Sept. 1820
Geb. [Dessau 30. 11. 1796]

Bobbe, F., Nicolaus Hausmann u. die Reformation in Dessau, s.a. Neujahrsblätter aus Anhalt. 2.

Nicolaus Hausmann und die Reformation in Dessau von F. Bobbe, Pastor in Dornburg a. E. Dessau: P. Baumann 1905. (32 S.) 8° [F.]
— Neujahrsblätter aus Anhalt. 2.

Bobbe, F. H. Ephr., († 182..), Auswahl vermischter Aufsätze u. Gedichte, verfaßt während e. 39jähr. Blindheit. 8. Dessau 822. (Ackermann). 20 gl.

— die Gräber auf den Gefilden d. neuen Gottesackers bei Dessau. gr. 8. Dessau 793. Verlagsges. 8 gl.

Bobbe, F. L., Tagebuch bei d. Vorbereitung d. Inquisitin T. Ph. Grunert zum Tode. 8. Leipz. 812. Steinacker. 8 gl.

— d. frühe Tod guter Menschen. Ein Beitr. zur Beruhigung u. Ermunterung derer, die ihn erlebten. gr. 8. Ebd. 814. 4 gl.

Bobbe, Heinrich Friedrich (Dessau), De nonnullis tracheae morbis. Diss. med. Halle (Schimmelpfennig) 22. XII. 1830. 33 S., mit Biogr. (M.: Grill.) (4.—) 2977
Gew.: Pet. Krukenberg. — Widm. v.: Joh. Friedr. Meckel.

Bobby, Nähmamsell, Schreiber und Corporal, s. Historien und Schnurren, weimarische.

Bobé: On english and french versification. 16 S.
Progr. Mühlhausen 1857.

Bobe, Carl Jul.
—— ausgeführtes Gutachten üb. den vom Kirchenjahre 18³⁶/₃₇ — 18³⁹/₄₀ im Königr. Sachsen verord. vierjähr. Textcyclus. gr. 8. (1½ B.) Leipzig 840, Klinkhardt.

Bobe, Carl Jul., die Confirmationshandlung. Mit erklär. Bemerkn. u. e. Auswahl v. Reden. Ein Beitr. zur Liturgik. 8. (6 B. incl. ¼ B. Musikbeil.) Leipzig 839, Klinkhardt.

Bobe, Carl Jul., die Confirmationshandlung. Mit erklär. Bemerkungen u. einer Auswahl von Reden. Ein Beitrag zur Liturgik. 2. verm. Aufl. 8. (VI u. 143 S.) Leipzig 847, Klinkhardt. ½ ng

— Luther in Ringethal. Geschichtl. Vorlesung bei der Gedächtnißfeier am 7. März 1848 gehalten. 8. (34 S.) Mittweida 848, Billig. 3 ngr

Bobe, Carl Jul., zeitgemäße Mahnungen am diesjähr. Stiftungsfeste der evang.-luther. Kirche. Reformationspredigt, den 31. Oct. 1845 gehalt. 8. (1 B.) Leipzig 846. (Klinkhardt.)

— zur Revision des Sächs. Volksschulgesetzes. Beitrag aus den Erfahrungen des ländl. Amtslebens. gr. 8. (VIII u. 78 S.) Leipzig 847, Klinkhardt. n. 1/3 ℛ

Bobe, Geo.: Wichtige Regeln u. Grundsätze z. Aufstellg v. Futterrationen f. Milchvieh. (12) 8° Oberschaar ('12). (Meiss., L Mosche). nn — 50 d

Bobé, Louis, s.: Ahlefeldt's, Geheimrat Detlev v., Memoiren.

Findlinge aus dänischen Privatarchiven v. Louis Bobé. (Leipzig. 1908.) 8° Separatabdruck aus: Euphorion. Bd. 15, H. 1/2.

Bobek, Carl, s. Bobek, Karl

Bobek, Josef: Über die Valenz. S. 3—28. 8. Progr. K. k. Staats-Oberrealschule *Teschen* 1905.

Bobek, K. J., s. Bobek, Karl

Bobek, Karl, über metrische Beziehungen, die in einer Congruenz linearer Complexe stattfinden. [Mit 5 (eingedr.) Holzschn.] [Aus: „Sitzungsber. d. k. Akad. d. Wiss."] Lex.-8. (17 S.) Wien 881. (Gerold's Sohn.) n. — 40

— üb. Dreischaarcurven. [Aus: „Sitzungsber. d. k. Akad. d. Wiss."] Lex.-8. (32 S.) Ebd. 880. n. — 60

—— Einleitung in die projektivische Geometrie der Ebene. Ein Lehrbuch f. höhere Lehranstalten u. f. den Selbstunterricht. Nach den Vorträgen d. Hrn. C. Küpper bearb. gr. 8. (VI, 210 S. m. Fig.) Lpz. 889, Teubner. * 4 80

Bobek, Karl, Einleitg. i. d. projektiv. Geometrie d. Ebene. E. Lehrbuch f. höh. Lehranst. u. f. d. Selbstunterr. N. d. Vorträgen v. C. Küpper bearb. 2., wohlf. [Titel-]Ausg. gr. 8. (VI, 210 S. m. 90 Fig.) Leipzig (880) 897. B. G. Teubner. n. 2. —

—— Einleitung in die Theorie der elliptischen Funktionen. gr. 8. (XII, 274 S. mit in den Text gedr. Fig.) Leipzig 884, Teubner. * 4 80

— über Flächen 4. Ordnung m. e. Doppelkegelschnitte. 1. u. 2. Mittheilg. Lex. 8. Wien 885. (Gerold's Sohn.) n. 1. 60
1. Mit 1 (lith.) Taf. u. 1 (eingedr.) Holzschn. (31 S.) n. 1. 20
2. Mit 2 (eingedr.) Holzschn. (18 S.) n. — 40

Bobek, KJ, d. Invarianten d. allg. Fläche 3. Ordng. 8° (4) Wien 94, (C. Gerold's S.). — 20

Bobek, K., die Invarianten der allgemeinen Fläche 3. Ordnung. [Aus: „Sitzungsber. d. k. Akad. d. Wiss."] Lex.-8. (4 S.) Wien 894. (F. Tempsky.) n. — 20

Bobek, Karl, zur Classification der Flächen 3. Ordnung. Lex.-8. (32 S. mit 18 Holzschn.) Wien 887, (Tempsky.) *

—— über das verallgemeinerte Correspondenzprincip. Lex.-8. (13 S.) Wien 886, (Gerold's Sohn.) **
Vorstehende zwei Schriften sind aus: Sitzungsberichte der k. Akademie der Wissenschaften, besonders abgedruckt.

— über hyperelliptische Curven. Lex.-8. (17 S.) Ebend. 886. n. — 40

— üb. hyperelliptische Curven. 2. und 3. Mittheilg. [Aus: „Sitzungsber. d. k. Akad. d. Wiss."] Lex.-8. Ebd. 887. n.n. — 50 (1—3.: n.n. — 90)
2. (13 S.) n.n. — 30. — 3. (11 S.) n. — 20.

— üb. Curven 4. Ordnung vom Geschlechte 2, ihre Systeme berührender Kegelschnitte u. Doppeltangenten. [Aus: „Denkschr. d. k. Akad. d. Wiss."] Imp.-4. (38 S.) Ebd. 887. n. 1. 80

Bobek, Carl, über ebene rationale Curven. Lex.-8. (36 S. mit 3 lithogr. Taf.) Wien 879, (Gerold's Sohn.) *
Aus: Sitzungsberichte der k. Akademie der Wissenschaften, besonders abgedruckt.

Bobek, Karl. Lehrbuch der Ausgleichsrechnung nach der Methode der kleinsten Quadrate. Mit 52 gelösten u. ungelösten analogen Aufgaben, m. den Ergebnissen der ungelösten Aufgaben, 29 Erklärgn. u. 17 in den Text gedr. Fig. Nach System Kleyer. gr. 8. (VII, 176 S.) Stuttg. 891, Maier. * 5 —

—— Lehrbuch der Wahrscheinlichkeitsrechnung. Mit 303 gelösten u. ungelösten analogen Aufgaben, m. den Ergebnissen der ungelösten Aufgaben, 68 Erklärgn. u. 27 in den Text gedr. Fig. Nach System Kleyer. gr. 8. (VIII, 296 S.) Stuttg. 891, Maier. * 6 —

— Über das Maximalgeschlecht von windschiefen Flächen gegebener Ordnung. S. 86. Separatabdruck

— über das Maximalgeschlecht von algebraischen Raumcurven gegebener Ordnung. [Aus: „Sitzungsber. d. k. Akad. d. Wiss."] Lex.-8. (15 S.) Ebend. 886. n.n. — 30

—— üb. d. Maximalgeschlecht v. algebr. Raumcurven gegebener Ordng. 8. (15) Wien 86, (Tempsky). n. — 30

—— Ueber die Steiner'schen Mittelpunktscurven. I.—III. Mittheilg. Lex.-8. Prag 889, (Tempsky). [I. (23 S.) * — 50. — II. (25 S. m. 2 Textfig.) * — 50. — III. (10 S.) * — 30.] * 1 30
Aus: Sitzungsber. d. k. Akad. d. Wissenschaften, besonders abgedruckt.

— üb. Raumcurven m-ter Ordnung m. (m—2)-fachen Secanten. [Aus „Sitzungsber. d. k. Akad. d. Wiss."] Lex.-8. (6 S.) Wien 887. Tempsky. n. — 20

— über gewisse eindeutige involutorische Transformationen der Ebene. [Aus: „Sitzungsber. d. k. Akad. d. Wiss."] Lex.-8. (48 S.) Wien 885. (Gerold's Sohn.) n.n. — 70

Böbel, Jh. Geo.

— s. A B C-, Syllabir- u. Lesebuch.

Böbel, J. G., Feldmeßkunst. m. K. 8. Tüb. Heerbrand.
[illegible]

Böbel, Jh. Geo., prakt. Feldmeßkunst, f. Landfeldmesser. Mit Kpf. 8. Tüb. 784. 2e A. 789. 3e A. 798. 4e A. 809. (Osiander). 16 gr. — 2r Thl. A. u. d. T.: Fortsetz. d. prakt. Feldmeßkunst, welche d. Theilung d. Triangel, d. Trapezen u. einige andere Aufgaben enthält, nebst e. Anh. über d. Gebrauch d. kleinen logarithm. Tafeln. Mit 3 Kpft. 4. Ebd. 818. 20 gr.

Böbel, J. G., praktische Feldmeßkunst für Landfeldmesser, oder für diejenigen, welche sich in der Feldmeßkunst selbst unterrichten wollen. 2r Th. mit 3 Kupfert. 4. Tübing. Osiander, 818.
Auch unter d. Titel:
Fortsetzung der practischen Feldmeßkunst, welche die Theilung der Triangel, der Trapezen und einige andere Aufgaben enthält, nebst e. Anhang über den Gebrauch der kleinen logarithmischen Tafeln.

— Vergleichung d. Würtemberg. Maaße u. Gewichte mit d. französ. u. jedem andern. 8. Stuttg. 810. Metzler. 4 gr.

— die Verzeichnung d. geometr. Figuren. 1r Curs., mit 3 Kpft. 8. Stuttg. 799. Metzler. 6 gr.

Böbel, L.: Tabellarische Uebersicht der deutschen Literaturgeschichte. I-V. Zeitraum. Als Leitfaden beim Unterrichte. 33 S. Progr. Gleiwitz 1829.

Böbel, L.: Forts. (Von Opitz bis Klopstock. 27 S.; 2te Forts. Von Haller bis 1839.). 29 S.: 3te Forts. (Forts. des 7ten Zeitraums, von Klopstock bis auf unsere Zeit: Prosaische Litt.). 31 S. Progr. Gleiwitz 1834/39/40.

Boebel, L.: Wie können die Schüler eines Gymn. Beweise einer wahren Vaterlandsliebe geben? 15 S.
Progr. Gleiwitz 1826.

Boebel, Theodor

Boebel, T, d. Haus- u. Feldweisheit d. Landwirths. 16. (147) Berl. 54. (Lpzg, Felix.) — 18

Boebel, Thdr., die Haus- und Feldweisheit des Landwirths. Die Kalendernamen, Bauernregeln, Sprichwörter u. s. w. in landwirthschaftlicher Beziehung. Nach den dem Königl. Landes-Oekonomie-Kollegium von den landwirthschaftlichen Vereinen des Preuß. Staates erstatteten Berichten bearbeitet. Mit einem Vorworte von F. W. Luedersdorff. Berlin (Leipzig.) 854. Förstner. 16. (4 Bl., 147 S.) 18 ngr

Bobelina

— s. auch Bubline?

Bobelina u. Theodor, d. Truggefuß; e. Familiengeschichte unserer Zeit. Nach griechisch-poln. u. französ. Originalpapieren. 8. Hamb. 822. Herold. 1 ℛ

Bobelka, Franz Javier, s. B o b e l k a , Franz Xavier

Bobelka, Franz Xavier

Bobelka, Frz. X., Beiträge zum Religionsunterricht f. das 3. u. 4. Schulj. 8. (VIII, 287 S.) Graz 903. U. Moser. Geb. in Leinw. n. 3. —

Bobelka, Frz. Javier, Gewissenserforschung u. Sündenbekenntnis. 2., verb. Aufl. 16. (16 S.) Graz 897. U. Moser. n. — 10

BOBELKA, Franz X.

(F) Katechismus der biblischen Geschichte des alten Bundes oder der letzte Unterricht hierüber, synoptisch, pragmatisch und apologetisch dargestellt. Zunächst für Volks- und Bürgerschulen von Franz X. Bobelka. Mit fürstbischöflicher Druckerlaubnis. Graz. 1902. Moser's Buchh. Gr.-8°. XI. 73 S. Geb. K 1.20

Bobelka, Frz. X., Katechismus der biblischen Geschichte des Alten u. Neuen Bundes f. Volks- u. Bürgerschulen. 2., verb., um den Neuen Bund bereicherte Aufl. (VIII, 124 S.) 8. Graz 909. U. Moser. Geb. 1.60

— Katechismus der Kirchengeschichte f. Volks- u. Bürgerschulen. (III, 78 u. II S.) 8. Ebd. 908. Geb. 1.40

Bobelka, Frz X: Kommuniongebete. (8) 16° Graz, U Moser '10. 100 Stück nn 2 —d

— Kommunion-Unterr. f. Schule u. Christenlehre. (4, 143) 8° Ebd. '11. 1. 2 — d

— Religionsunterricht fürs erste Schuljahr. 12. (VIII, 184 S.) Ebd. 897. Kart. n. 1.40

— Religionsunterricht f. d. erste Schuljahr. 2., umgearb. Aufl. 8. (VI, 151 S.) Ebd. 900. Geb. in Leinw. n. 1.60

— dasselbe f. das 2. Schulj. 8. (X, 189 S.) Ebd. 901. Geb. in Leinw. n. 2. —

Bobelka, Frz. X., Religionsunterricht f. das 1. Schuljahr 3., umgearb. Aufl. (VIII, 167 S.) 8. Graz 906. U. Moser. Geb. n. 2. —

Bobenneukirchen [Schlagwort]

Bobenneukirchen, s.: Sachsen. Karte.

Bobenneukirchen, s.: Sachsen. Messtischblätter.

Bobenneukirchen - Gattendorf, s.: Geolog. Karten (Sachsen).

Bober, Dislokations-Karten d. ges. russ. Armee. (2 [lith.] Bl. 88×72,5, resp. 81×52 cm) u. tabellar. Uebersichten d. Eintheilg d. russ. Armee in Europa u. in Asien. (1 Bl. 60,5×41 cm). Berl. 95, ES Mittler & S. 3 —

Bober: Gesch. d. Infant.-Regts Freiherr Hiller v. Gaertringen, s: Hollmann, Otto.

Bober, Geschichte d. Infanterie-Regiments Freiherr Hiller v. Gaertringen Nr. 59, s.: Steinmann.

Bober, G., neue Zeit- u. Streitgedichte. (40 S.) kl. 8. Weißenfels (907). M. Lehmstedt. — 80

Schlesische Reime ei mittelschlesischer Mundoart ... Gereimt u. geschrieba von Theo am Bober bis Eende Oktober 1903. Schweidnitz: G. Brieger [1904]. (72 S.) 8° [F.] 1·-, 1,80 2

. Auswahl von Freymåurerliedern. Durch die e. Loge Muse Urania [in Petersburg] gesamm. [Von Joh. Böber.] [Petersburg]: 1788. 272 S. 8°
Kl. 1591. 200 Lieder ohne Noten.

. Freymåurerlieder zum Gebrauch der vereinigten Logen in Russland. [Von Joh. Böber.] Samml. 1. St. Petersburg: 1780. 14 S 8° [Umschlagtit.]
Kl. 1550. 13 Lieder ohne Noten.

Boberau, Osk. v. der, Zündnadeln. Gedichte. 12. (111 S.) Leipzig 885. Wartig's Verl. n. 1.60

Boberfeld, Mof. v., wunderb. Sohn ohne Vat. u. Mut. 8. Dresden. 754. —

Boberg, Paul Erich (Upsala), Commentatio de Philippa regina Sueciae, Daniae atque Norvegiae Angliae principe. Präs. Joh. Philipp Murray. Gött. (Barmeier)) 30. XI. 1774. 54 S. (6.—) 2978

Bobersberg [Schlagwort]

Bobersberg, s.: Preussen. Messtischblätter.

Böbert, Carl Wilh., s. B ö b e r t , Karl Wilh.

Böbert, Karl Wilh.

Böbert, K. Der geschwind und richtig rechnende Markscheider. Leipzig, 1796.

Böbert, Karl With. I., der geschwind u. richtig rechnende Markscheider, oder Tafeln f. d. Markscheider rc. Mit 1 Kpf. gr. 4. Leipz. 797. (Frohberger). (Ernst in Quedlinb.) 1 ℛ 8 gl

Böbert, Karl Wilh., der geschwind u. richtig rechnende Markscheider, od. Taf. f. d. prakt. Markscheider. 2., verm. u. verb. Aufl. gr. 4. (12½ B. u. 1 Kpfrt.) Quedlinburg 842, Ernst'sche Buchh.

Böbert, Carl Wilh., der geschwind u. richtig rechnende Markscheider, od. Tafeln f. den prakt. Markscheider. Mit 1 Kpfrtaf. 3. (Titel-)Aufl. gr. 4. (IV u. 93 S.) Quedlinburg (842) 849, Ernst. n. 1⅓ ℛ

Böbert, Carl Wilh., der geschwind und richtig rechnende Markscheider oder die für den praktischen Markscheider vollständige tabellarische Berechnung der Seigerteufen und Sohlen, wie auch die der Streichsinusse u. Streichcosinusse rc. Nebst Verhältniß-Tabelle der Lachter-Längen und ferner Tafeln zur Berechnung der Theile eines Lachters von ¼ Zoll bis 1 Lachter. Mit 1 (lith.) Kpfrtaf. 3. Aufl. Quedlinburg 858. Ernst. gr. 4. (IV, 93 S.) n. 1 ℛ 10 ngr
Allg. Bücher-Lexikon. IV. Supplement-Band. 1.

Böbert, Karl Wilh. II., Tafeln d. Quadratzahlen aller natürl. Zahlen von 1—25200, der Kubikzahlen v. 1—1200, d. Quadrat- u. Kubikwurzeln v. 1—1000. 4. Leipz. 812. Gr. Fleischer, 1 ℛ 12 gl

Bobertag: Die Handwerkerfrage, s. B o b e r t a g , Georg

Bobertag. Rückblick auf die 1. Allgem. Pferde-Ausstellung zu Berlin 1890. (Vortrag.) Berlin 1891. 8.

Bobertag: Synodalpredigt . . . , s. B o b e r t a g , J. Gt.

Bobertag: Über den U n t e r r i c h t in der Geographie . . . , s. B o b e r t a g , Paul

Bobertag, Aug. Bernh. Moritz (Glogau/Schles.), De periculis, quae e sectione caesarea puerperis contingunt. Diss. med.-chir. Bln. (A. Petsch) 22. X. 1827. 24 S., mit Biogr. (M.: Ludwig.) (4.—) 2979
Oppon.: H. Grimm, L. Nisle, J. Bruberger. — Gew.: Carl Alex. Ferd. Kluge.

Bobertag, Bianca [wirkl. Name], s.a. V a l e n t i n , Vict. [Pseud.], W a s s e r v o g e l , Irenäus [Pseud.]

Bobertag, Bianca, schlesische Dorfgeschichten. 8. (III, 259 S.) Berlin 901. Concordia. n. 4.—; geb. n. 5.—

Eheglück. Roman von Bianca Bobertag. *Berlin: Concordia 1899.* (156 S.) 8° [F.] [04. 4453

— Eheglück. Roman. 8. (156 S.) Ebd. 900. n. 2.50; geb. in Leinw. n. 3.50

Bobertag, Bianca (Vict. Valentin), die Erbinnen. Roman. 8. (294 S.) Leipzig 894. Dresden, C. Reißner. n. 4.—; geb. n. 5.—

Bobertag, Bianca, Die Flucht. Erzählg. 8. (125 S.) Berlin 898. Concordia, Deutsche Verlags-Anstalt. n. 2.—; geb. in Leinw. n. 3.—

— die Hochzeit v Ellersbrunn u. andere Novellen. 8. (247 S.) Dresden 893. E. Pierson. n. 3.—; geb. in Leinw. n. 4.—

! Bobertag, B: Die Hochzeit v. Ellersbrunn, Jetzt: Berl., Verl. Berlin-Wien. 91/95

— moderne Jugend. Roman i. 3 Büchern. 8. (452 S.) Stuttgart 890. J. G. Cotta Nachf. n. 4.—; geb. n. 5.—

Bobertag, Bianca (V. Valentin), die Kentaurin. Roman. 2 Bde. (196 u. 180 S.) 8. Berlin 904. Concordia. n. 6.—

— dasselbe. 2 Tle. in 1 Bde. (196 u. 180 S.) 8. Ebd. 904. n. 4.—; geb. n. 5.—

— dasselbe. 3. Aufl. (196 u. 180 S.) 8. Ebd. 905. n. 4.—; geb. n. 5.—

Roderich Klinghart. Eine Abenteurergeschichte aus d. höchsten u. allerhöchsten Bildungskreisen von *** (Verf.: [Irenäus] Wasservogel [d. i. Bianca Bobertag].) 2. [Titel-]Aufl. Leipzig: C. Reißner 1893. (288 S.) 8° [F.] [07. 1331 11

— Sommermärchen. Novelle. 8. (327 S.) Bielefeld 898. Velhagen & Klasing. Geb. in Leinw. n. 5.—

— der Sprung auf die Klippe. Roman. 8. (199 S.) Ebd. 893. n. 3.—; geb. in Leinw. n. 4.—

– Der Spung auf d. Klippe. 91/95; Jetzt: Berl., Verl. Berlin-Wien.

— m. allen Waffen. Roman in 3 Büchern. 8. (V, 255; 202 u. 299 S.) Ebd. 894. n. 12.—; geb. n. 15.—

— m. allen Waffen. Roman i. 3 Büchern. 3 Bde. 2. (Umschlag-)Aufl. 8. (V, 255; 262 u. 299 S.) Dresden (894) 896. E. Pierson. n. 8.—

!Bobertag: Mit allen Waffen. 896. Jetzt: Berlin, Verlag Berlin-Wien.

Bobertag, Elisabeth, aus meiner Dichtermappe. Poetische Erzählungen u. Lieder. 8. (IV, 216 S.) Breslau 887. Max & Co. n. 2.—; geb. n. 3.—

Bobertag, F. (Hrsg.), s. S c h w ä n k e , Vierhundert, des 16. Jahrhunderts.

Bobertag, Felix (Hrsg.), s. A b r a h a m a Santa Clara: Judas, der Ertz-Schelm.

Bobertag, Felix, Geschichte d. Romans u. der ihm verwandten Dichtungsgattungen in Deutschland. 1. Abth. Bis zum Anfange d. 18. Jahrh. 1. Bd. 1. Hälfte. gr. 8. (IV, 232 S.) Breslau 876. Gosohorsky. n. 5.—

Bobertag, Fel., Geschichte des Romans u. der ihm verwandten Dichtungsgattungen in Deutschland. 1. Abth. Bis zum Anfange des 18. Jahrh. 1. Bd. 2. Hälfte. gr. 8 (S. 233—457.) Breslau 876. Berlin, Simion. n. 5.—

B o b e r t a g, Felix, Geschichte des Romans und der ihm verwandten Dichtungsgattungen in Deutschland. 1. Abthl.: Bis zum Anfange des 18. Jahrh. 1. Bd. 2 Hälften. gr. 8. (IV, S. 1—232; S. 233—457.) Breslau 877, Gosohorsky. à Hälfte * *M* 5. *

— dasselbe. 2. Bd. 1. Hälfte. gr. 8. (VII, 272 S.) Ebend. 879. n. 5.— (I. u. II. 1.: n. 15.—)

B o b e r t a g, Felix, Geschichte des Romans und der ihm verwandten Dichtungsgattungen in Deutschland. 1. Abthl. und 2. Abthl. 1. Hälfte. gr. 8. Breslau 877,79. Berlin, Simion. *

Bobertag, Fel., Geschichte d. Romans u. der ihm verwandten Dichtungsgattungen in Deutschland. 1. Abth. Bis zum Anfange d. XVIII. Jahrh. 2. Bd. 2. Hälfte. gr. 8. (IV, 211 S.) Berlin 884. Simion. n. 5.— (I. u. II.: n. 20.—)

Bobertag, Felix [Hrsg.], s. G r i m m e l s h a u s e n , Hans Jakob Christoffel: Simplicius simplicissimus.

Bobertag, Felix *(geb. Groß-Läswitz bei Liegnitz 19. 5. 1841)*: De materia Platonica, quam fere vocant, meletemata. Vratislaviae (1864). (48 S.) 8°
Breslau, Phil. Diss. v. 18. Febr. 1864

Bobertag, Felix: Ueber Grimmelshausens Simplicianische Schriften. Breslau 1874. (34 S.) 8°
Breslau, Phil. Fak., Hab.-Schr. v 14. Dez. 1874

Bobertag, G: Der Plan einer großen allgemeinen Ausstellung zu Berlin. Berlin 1891 Vortrag. (Sonder-Abdruck aus »Nachrichten aus dem Klub der Landwirthe« 1891)

Bobertag, G. (Hrsg.), s. Z e i t s c h r i f t für Handel und Industrie.

Bobertag, Georg

B o b e r t a g, Geo., die Handwerkerfrage im J. 1880. Beiträge zur Beurtheilung des Verlangens nach Abänderung der Reichsgewerbeordnung. 8. (221 S.) [Bernstadt i. Schl. 880.] Hirschberg, Oertel. * 3 —

Bobertag, Geo., e. Weltausstellung in Deutschland. Beiträge zur Geschichte d. Berliner Weltausstellungsplanes in 4 Vorträgen. gr. 8. (III, 100 S.) Berlin 892. Maschning, Winkler & Co. n. —.50

Bobertag, J., Isaak August Dorner. Sein Leben u. seine Lehre m. besond. Berücksichtig. seiner bleib. Bedeutg. f. Theologie u. Kirche. (134 S. m. 1 Bildnis.) gr. 8. Gütersloh 906. C. Bertelsmann. n. 1.50; geb. n. 2.—

Bobertag, J. Gf.

— s. Samml.; christl., f. d. kirchl. Andacht.

— Synodalpredigt üb. d. Worte: Habt Salz bei euch! aus Marci Cap. 9. V. 50. 8. Züllich. 819. (Leipz., Gerig). 5 gGr. Hbg. Pr. 3 gGr.

Bobertag, J. Gf., wie kann d. gesunkenen Religiosität wieder aufgeholfen werden? Eine Synodalrede. 8. Züllich. 818. (Gerig in Leipz.) 6 gGr. Hbg. Pr. 3 gGr.

Bobertag, Johs: Die Mission in häusl. Andachten. (79) 8° Herrnh., Missionsbh. '12. 1 — d

Bobertag, Otto: Aus d. chemischen Institut d. Universität Breslau. Über partielle Racemie. *Breslau 1903: Bresl. Genoss.-Buchdr.* (36 S.) 8°
Breslau, Phil. Diss. v. 4. Juli 1903

Ansichten über den Unterricht in der Geographie auf Gymnasien v. Paul **Bobertag.** Ratzeburg. 1867. 4°. Gymn.-Progr.

Zur Erinnerung an die ersten fünf und zwanzig Jahre des Bestehens des Lauenburgischen Gymnasiums v. Paul **Bobertag.** Ratzeburg. 1871. 4°. Gymn.-Progr.

Die arithmetischen Grundoperationen im Anschlusse an E. Heis Aufgabensammlung zum Gebrauche für Schüler dargestellt v. Paul **Bobertag.** Ratzeburg. 1854. 4°. Gymn.-Progr.

Ueber Stellung und Methode des mathematischen Unterrichts auf Gymnasien v. Paul **Bobertag.** Ratzeburg. 1848. 4°. Gymn.-Progr.

Bobertag, über den Unterricht in der Geographie am Gymnasium. Ratzeb Schul-/Univ.-Schrift 1867.

Die Weltstellung Europas, eine geographische Skizze v. Paul **Bobertag.** Ratzeburg. 1860. 4°. Gymn.-Progr.

Bobertag, R.: Ueber den Unterricht in der Philosophie auf Gymn. 26 S.
Progr. Brieg 1827.

Bobertag, R. E. L., s.a. B o b e r t a g , Reinholdus Eberhardus Ludovicus

Bobertag, Reinhold

Bobertag, R., evangel. Katechumenenunterricht. gr. 8. Liegnitz 840. Reisner n. 1/18 Thlr.

Bobertag, Reinhold, evangel. Katechumenen-Unterr. 8. (4 1/2 B.) Liegnitz 841, Reisner. *

Bobertag, Reinhold, das evangelische Kirchenjahr zur Begründung eines unbeschränkten Schriftgebrauchs im öffentlichen Gottesdienste in sämmtlichen Perikopen des Neuen Testamentes dargestellt. Nebst einer vergleichenden Uebersicht der gebräuchlichsten Perikopenordnungen. Breslau 853. Hirt. Lex.-8. (XXII, 224, 567 S.) 3 Thlr. 22 1/2 Ngr.

— das evangelische Kirchenjahr in sämmtlichen Perikopen des Neuen Testaments dargestellt. Zur Erweiterung, Berichtigung und Belebung des Schriftgebrauchs in allen Zweigen der geistlichen Amtsführung ꝛc. Nebst einer vergleichenden Uebersicht der vorliegenden Perikopenbildung mit der herkömmlichen und einigen neueren namentlich der von Lisco u. Ranke entworfenen und der in Weimar, Sachsen, Baden u. Rheinpreußen eingeführten. 2. Ausg. Ebend. 857. gr. 8. (XLV, 704 S.) 3 Thlr.

Bobertag, R, d. ev. Kirchenjahr. 2. Asg. 8. (794) Bresl. 57, Hirt's V. 3. —

Bobertag, R. E. L., über d. Religionsunterricht auf Gymnasien. Ein pädagog. Versuch. gr. 8. Berl. 828. Reimer. 22 gGr.

Bobertag, Reinhold, üb. die Verfassung der evangel. Kirche. Reden an die Frommen unter ihren Gegnern. 8. (4 3/8 B.) Liegnitz 844, Reisner'sche Buchh.

Bobertag, Reinholdus (Eberhardus Ludovicus) *(geb. Glogau 14. 9. 1801)*: De ratione inter spiritum sanctum et mentem humanam ex Platonis philosophia intercedente. P. 1., mentem humanam ex Platonis doctrina et sacrorum scriptorum dictis inter se comparatis describens. Vratislaviae (1824). (63 S.) 8°
Breslau, Phil. Diss. v. 1. Sept. 1824

Boberthal, Ed. v., Schniegelöckla. Eine Sammlung Gedichte im schles. Bauerndialect mit besond. Berücksicht. der Gebirgsmundarten. 1. Sträußchen. 16. (X und 101 S.) Schweidnitz 848, Heege. *

v. Boberthal, Ed., Schniegelöckla. Eine Sammlung Gedichte in schles. Bauerndialect mit besond. Berücksichtigung der Gebirgsmundarten. 1. Sträußchen. 16. (X u. 101 S.) Schweidnitz 849, Heege. n. 1/3 Thlr.

Boberthal, Ed. v., Schniegelöckla. Gedichte in schles. Bauerndialekt. (70 S.) 8. Schweidnitz (909). L. Heege. — 80; kart. 1. 20

Bober-Viadukt, der, bei Bunzlau. gr. 8. (1/2 B. u. 2 Abbild.) Bunzlau 846, Appun's Buchh. *

Boberykin, P.

Collection Hartleben. VI. Jahrgang. XIV. Band. Inhalt: P. Boberykin, Die Fürstin. Roman in 3 Bänden. I. Band. (160 S.) In Leinwand geb. —.40
Wien: Hartleben 1898

Collection Hartleben. VI. Jahrgang. XV. Band. Inhalt: P. Boberykin, Die Fürstin. II. Band.) 8. (160 S.) In Leinwand geb. —.40
Wien: Hartleben 1898

Collection Hartleben. VI. Jahrgang. XVI. Band. Inhalt: P. Boberykin, Die Fürstin. Roman in drei Bänden. III. Band. 8. (160 S.) In Leinwand geb. Wien: Hartleben 1898 —.40

Boboth, Johs: Die Zeitschriften d. Romantik. (10, 431 m. 16 Fksms.) 8° Lpzg, H Haessel V. '11. 8 —; HF n 10.50 d

Boboth, Walter, Lipsiensis: De indicibus deorum. *Rudolphopoli 1904: F. Mitzlaff.* (79 S.) 8°
Leipzig, Phil. Diss. v. 1904

v. Bobics, M., Entwurf zu einer Abänderung der bisher gebräuchlichen Reitstangen, sowohl in Bezug auf die allgemeine, als auf die militärische Zäumungsart, auch auf die Zäumung der Wagenpferde anwendbar. Mit 3 Steintaf. gr. 8. Wien 837. Schaumburg u. Comp. n. 2/3 Thlr.

Bobios, F., Wien u. Umgebungen, s.: **Grieben's Reise-Bibliothek.**

BOBIK, GUSTAV: Rede zur Feier des 100jährigen Bestandes der Gemeinde und r. k. Seelsorge Mercyfalva. Temesvár 1884.

Bobisch, Ed.: Das Etatswesen, s.a. L e i t f ä d e n f. den Selbstunterricht u. den Unterricht an Eisenbahnschulen.

Bobisch, Etatswesen im Staatseisenbahndienst. No. 1. Breslau 892.

Bobisch, E.: D. Rechnungswesen, s. L e i t f ä d e n f. d. Selbstunterricht u. d. Unterricht an Eisenbahnschulen.

Bobisch, Ed.: Verwaltung der Materialien, Inventarien, Drucksachen, Werkstätten u. Gasanstalten, s. L e i t f ä d e n f. den Selbstunterricht u. den Unterricht an Eisenbahnschulen.

Bobisch, Rudolf, Referendar: Die Befugnisse aus §§ 325 und 326 BGB. bei dem Vertrage auf Leistung an einen Dritten. Borna-Leipzig 1910: Noske. V, 52 S. 8°
Breslau, Jur. Diss. v. 7. Juni 1910, Ref. Leonhard, Meyer
[Geb. 17. April 84 Simijaca, Kolumbien; Wohnort: Breslau; Staatsangeh.: Preußen; Vorbildung: Johannes-Gymn. Breslau Reife O. 05; Studium: Freiburg i. B. 1, Kiel 1, Breslau 6 S.; Rig. 22. Juli 09.] [U 10. 469

Bobisch, Rudolf: Vertrag auf Leistung an e. Dritten. 1910. Jur. Diss.

Bobisut, Ottokar

Bobisut, O., zur Anatomie einiger Palmenblätter. (34 S. m. 4 Taf.) gr. 8. Wien 904. (A Hölder.) n. 1.40
Sonderabdruck aus: „Sitzungsber. d. k. Akad. d. Wiss."

BOBISUT, Ottokar: Beitrag zur Anatomie einiger Palmenblätter. — 1904. 28 S., IV Taf. Diss. Graz, Univ.

Bobisut, O., über den Funktionswechsel der Spaltöffnungen in der Gleitzone Nepenthes-Kannen. (8 S. m. 1 Taf.) gr. 8. Wien 910. A. Hölder. — 50
Sonderabdruck aus „Sitzungsber. d. k. Akad. d. Wiss."

Bobke, Geo.: Beitrag z. Erteilg e. zeitgemässen naturkundl. Unterr. in einklass. Volkssch. m. ausschliessl. od. überwieg. deut. Kindern. (32) 8° Bromb, F Ebbecke '12. — 50 d

Boblenz, H. Kritische Anmerkungen zu Lysias Reden gegen Theomnestos, Eratosthenes, Agoratos. 18 S. Progr. *Jever* 1881.

Böblingen [Schlagwort]

Böblingen, s.: Geognostische Karten (Württemberg.)

Böblingen, s.: Württemberg. Bauser, W.

Böblingen, s.: Württemberg. Höhenkurvenkarte.

BOBOK, Josephus: Succincta historia concilii Tridentini relate ad Hungariam; item hujus concilii in Hungaria promulgationem et obligationem. — (1862) 56 S. 8° (Handschr.) Diss. Wien Univ.

Boborykin, Petr. Dmitrievic

Boborykin, P., D. Fürstin, s.: Collection Hartleben.

— Kitai-Gorod. Roman a. d. Moskauer Kaufmannsleben. A. d. Russ. v. Erwin Bauer. 2 Bde. 8. (III, 240 u. 371 S.) Leipzig 895. A. Bieler. n. 9. —

— d. Leiche, s.a. Malcomes' internat. russ. Unterhaltungsbibliothek.

— d. Leiche. Erzählg. (In russ. Sprache.) 12. (67 S.) Stuttgart 895. C. Malcomes. n. — 50

Boborykin, P., abendliches Opfer. Roman. 2 Bde. 8. (226 u. 252 S.) Stuttgart 893. Deutsche Verlags-Anstalt. n. 6. —; geb. in 1 Bd. n. 8. —

— am Scheidewege; die Leiche, s.a. Malcomes' internationale russische Unterhaltungsbibliothek.

Boborykin, P., am Scheidewege. Die Unverbesserlichen, s.a. **Kürschner's Jos., Bücherschatz.**

— am Scheidewege. Roman. 2 Bdchn. (In russ. Sprache.) 12° (165) Stuttg. 95. C Malcomes. à — 50

Am Scheidewege. Roman. Die Unverbesserlichen. Erzählung. Von P[etr Dmitrievič] Boborykin. Aus d. Russ. übers. von E. God. Mit Ill. von A. von Schrötter. *Berlin, Eisenach, Leipzig: H. Hillger [1900].* (128 S.) 8° [F.]
= Bücherschatz, Kürschner's. No 185. [00. 1366]

— A. d. Seite d. Mörders. D. Leichnam, s.a. Kürschner's Bücherschatz.

Boborykin, P: An d. Seite d. Mörders, s.a. Willkommen.

[F.] An der Seite des Mörders. Der Leichnam v. P. Boborykin. A. d. Russ. übs. v. Eugen Gad. M. 25 Ill. v. H. Albrecht. *Berlin, Eisenach, Leipzig: H. Hillger [1897].* (128 S.) 1 Bd 8.
= Bücherschatz, Kürschners. No 23. [97. 6299]

Bobowski, Nicolaus (*geb. Kosten in Pos. 7. 9. 1856*): Die polnische Dichtung des XV. Jahrhunderts. 1. Mariengedichte. Breslau (1883). (105 S.) 8° *[Als Forts. ist anzusehen d. Verf. Schrift: „Polska poezya kościelna od najdawniejszych czasów aż do wieku XVI." Warszawa 1885.]*
Breslau, Phil. Diss. v. 16. März 1883

Bobowski, Nic., die polnische Dichtung d. XV. Jahrh. I. Mariengedichte. gr. 8. (105 S.) Breslau 883. (Köhler.) n. 1. —

Bobrecker, Gustav (*geb. Beuthen in Oberschles. 24. 5. 1854*): Ueber die traumatischen Luxationen der sechs unteren Halswirbel. Breslau 1876. (30 S.) 8°
Breslau, Med. Diss. v. 2. [vielmehr 4.] Nov. 1876

Bobrick: Briefwechsel zwischen Herrn Kanzelei-Direktor Söckingk, Herrn Inspektor Bobrick, und Gomperz, s. Briefwechsel...

Bobrick, Dan. Fr., Predigten üb. Tugend u. Laster. 4. Danz. (Gleditsch in Leipz.) 786.

Böbrick, J., Worte des ewig. Lebens. 4. Danz. 782.

Bobrik, lingua latina in integrum est restituenda. gr. 4. (8 S.) Königsberg 875. (Braun & Weber.) n. — 50

Bobrik (H.), die Planschrift für Schule und Arbeitstisch des Technikers. Als Seitenstück zur Sönnecken'schen Rundschrift. qu. 4. (8 Stnt. mit 9 S. Text.) Essen 878, Bädeker.

Bobrik, die Planschrift für Schule u. Arbeitstisch des Technikers. Als Seitenstück zur Sönneken'schen Rundschrift. qu. 4. (8 Steintaf. m. 9 S. Text.) Essen 879. Bädeker. 1. —

Bobrik, D. E.: Allgemeines nautisches Wörterbuch..., s. Bobrik, Eduard

Bobrik, Dan. Fr., Predigten über Tugend u. Laster. 4. Danz. u. Leipz. 788. (Breitkopf). 2 ₰

Bobrik, E.: De ideis innatis sive puris pro principiis habitis, Regiomonti. 8°

Bobrik, E. Vorträge über Aesthetik. Zürich 1834.

Bobrik, Eduard

Auswanderungs-Komitee: Die Bildung eines freimaurerischen Central-Comités zu[r] Leitung und Unterstützung deutscher Auswanderer, beantragt den 24. Juni 1840 in einem Festschreiben an die ehrw. Grossloge und die fünf ger.·. und v.·. St. Johannislogen Absalom, St. Georg, Emanuel, Ferdinande Caroline, Ferdinand zum Felsen zu Hamburg von Edu. **Bobrik.** Zürich: Orell, Füssli & Co. 1840. 24 S. 8°
Kl. 677.

(Bobrik, Ed.,) Geschichte, Grundidee u. Verfassung d. Freimaurerei, s.a. **Geschichte.**

Geschichte, Grundidee und Verfassung der Freimaurerei. Zeitgemäss dargest. von einem Freimaurer [d. i. Edu. **Bobrik**]. Zürich: Orell, Füssli & Co. 1838. XVI, 372 S. 8°

Recens: LBl. 1838 No 90.
cf. Neueste ZfFr. 1838 S. 379—381, Fussnote (E. Bobrik), 486—498.
Kl. 2868, Tt. 264.

Bobrik, Eduard, Handbuch der prakt. Seefahrtskunde mit ein. vollständ. Sammlung logarithmischer, geograph. u. astronom. Tabellen, Karten, Abbildungen u. geometr. Figuren, u. einem Wörterbuche d. nautischen Kunstausdrücke in den verschiedenen europ. Seesprachen. Zum Selbstunterr. u. für Lehrer. 3 Bde. Lex.-8. Zürich, Fröbel u. Comp. u. Hamburg, Hoffmann u. Campe. [1. (95 B. u. 11 Stnt.) 2. (25 B. u. 47 Taf.) 845, 3. (30 B., nautische Tabb., Karten u. Abbild.) 46.] **

Bobrik, Ed., Handbuch der prakt. Seefahrtskunde. 2. Bd. 2. Abthlg. (Schluß-Liefrg.), enth. Schifferkunde, oder Stereometrie; Statik u. Hydrostatik; Dynamik u. Hydrodynamik; Schiffsgebäudekunde; Zurüstungskunde; Manövrirkunde; Ankerkunde. Lex. 8. (X S. u. S. 1809—2688.) Leipzig 848, Verlagsbureau. Subscr.-Pr. n. 6 ℛ (3 Bde. cplt. Laden-Pr. n. 20 ℛ) (Die übrigen Bde. sind in denselb. Verlag übergeg.)

— neues prakt. System der Logik. 1r Thl. 1r Bd. Ursprüngliche Ideenlehre. gr. 8. Zürich 838. Ziegler u. S. 1 1/4 ℛ

Bobrik, Ed., Text, Uebersetzung u. Beleuchtung der Cölner Urkunde. Mit 1 lithogr. Facsimile der Unterschriften. gr. 12. Zürich 840. Orell, Füßli u. Comp. n. 2/3 ℛ

Maurerisches Vorspiel zum Friedensfeste von Ed. Bobrik. Ms. f. Brr. Danzig: Sannier in Comm. 1867. 18 S. 8°
Recens: Bh. 11 (1868) S. 206—207 (J. G. Findel). Tt. 2682. Mrisch-didaktisches Vorspiel, das zwischen dramatischer Aufführung u. der Darstellung lebender Bilder die Mitte hält. Gleichsam ein Programm der Ideen, die der Verf. des weitern zu behandeln u. in der Bh. den Brrn vorzuführen gedenkt.

Bobrik, Ed., maurerisches Vorspiel zum Friedensfeste. [Mscr. für Brüder.] Danzig 868. Saunier in Comm. gr. 8. (18 S.) n. 10 ngr

Bobrik, Ed., freie Vorträge über Aesthetik gehalten zu Zürich 1834. gr. 8. Zürich 834. Ziegler u. S. 1 1/2 ℛ

Bobrik, Eduard, allgemeines nautisches Wörterbuch mit Sacherklärungen; Deutsch; Englisch; Französisch; Spanisch; Portugiesisch; Italienisch; Schwedisch; Dänisch; Holländisch. Zu des Verf. Handbuch der „Prakt. Seefahrtskunde" gehörig. (2 Hälften.) Lex.-8. (752 S.) Leipzig 848—50, Verlagsbureau. Thlr. *

Bobrik, Ed., allgemeines nautisches Wörterbuch mit Sacherklärungen: Deutsch; Englisch; Französisch; Spanisch; Portugiesisch; Italienisch; Schwedisch; Dänisch; Holländisch. 2. wohlf. Ausg. Zu des Verf. Handbuch der „prakt. Seefahrtskunde" gehörig. Leipzig 858. Hoffmann. Lex.-8. (1 Bl., 752 S.) 2 ℛ 15 ngr

Bobrik, Frdr., Gedichte. 8. (XLII u. 282 S.) Leipzig 851, Brockhaus. n. 1 ℛ 22 ngr; geb. n. 2 ℛ

Bobrik, Konrad *Friedrich Wilhelm* [aus Königsberg in Ost-Pr.]: Ueber Erwerbs-Verminderung bei Augenverletzungen ... Berlin, Druck v. E. Ebering, *1897*; 44 S., 1 Bl. 8.
Berlin, Med. Fak., Inaug.-Diss. v. 23. Juli 1897

Bobrik, Günther: Wielands Don Sylvio und Oberon auf der deutschen Singspielbühne. Königsberg i. P. 1909: Kümmel. 84 S. 8°
München, Phil. Diss. v. 8. März 1909, Ref. Muncker, H. Paul
[Geb. 5. Febr. 88 Königsberg i. P.; Wohnort: Königsberg; Staatsangeh.: Preußen; Vorbildung: Wilhelms-Gymn. Königsberg Reife O. 06; Studium: Königsberg 1, München 5 S.; Rig. 8. März 09.] [U 10. 3624

Bobrik, Herm., Geographie des Herodot, vorzugsweise aus dem Schriftsteller selbst dargestellt. Mit 1 Atlasse von zehn Karten. gr. 8. Königsberg 838. Unzer. 3 ℛ

Bobrik, Herm., Griechenland in altgeograph. Beziehung. Für Gymnasien u. zum Selbstunterr. dargest. Mit 1 (illum.) Karte von Griechenland (in Roy.-Fol.). gr. 8. (13 1/4 B.) Leipzig 842, Engelmann. Thlr. *

— de Sicyoniae topographia. Addita est tabula geograph. 8maj. Königsberg 839. (Graefe et Unzer.) n. 1/3

Bobrik, Joh. Friedr. Ludwig (Hrsg.), s. Zeitschrift für Theorie und Praxis des Preußischen Rechts in seinem ganzen Umfange.

Bobrik, Karl Wilh. Fd., Gedichte. 1s u. 2s Bdchn. Enthaltend kleine Gedichte, und Kamilla Sasso, Trauerspiel in 3 Akten. 8. Königsberg 835. (Gräfe u. Unzer.) 1 ℛ

Bobrik, Karl Wilh. Ferd., Gedichte. 2. Bdchn., enth. kleine Gedichte, u. Kamilla Sasso, Trauersp. in 3 Akt. 8. (18 1/2 B.) Königsberg 836. (Gräfe u. Unzer.) Thlr.
1. Bdchn. wahrscheinl. nicht in d. Buchhandel gekommen.

Bobrik, Konrad Friedrich Wilhelm, s. Bobrik, Friedrich Wilhelm

Bobrik, R., Horaz. Entdeckungen und Forschungen. 1. Tl. hoch 4. (VI, 498 S.) Leipzig 885, (Teubner.) *
Vgl.: Oursehmann, Fritz, Horaz.

Bobrik, R., Entstehung, Begründung und Entwicklung der höheren Bürger- und Töchter-Schule zu Wollin bis Ostern 1867. Wollin
Schul-/Univ.-Schrift 1867.

Bobrik, R. Lehrplan des Gymnasiums zu Belgard. 53 S. *Belgard* 1876. Progr.

Bobrik, V., Quid in aede sacra altare significet, quid emblemata symbolica, ornamenta, decus, ornatus. Gel. 1859. 15 S. 4°. 1.—

Bobrinski, comte de, Rapport suivi d'un mémoire. Documents relatifs à la question de libre confession en Livonie, presentès le 18/30 Avril. 1864. Première édition du texte russe, accompagné d'une traduction française. Lex.-8. (18 S.) Berlin 870. Behr. — 75

Bobrinski, Alexis, das Reiben u. die Maceration der Runkelrübenpülpe. [Abdr. aus Löffler's „Zeitung für Zuckerfabrikanten".] Leipzig 864. Friese in Comm. gr. 4. (31 S. m. Holzschn. im Text u. 1 Tab. in Fol.) n. 2 ngr

Bobrow, N., üb. das Verhalten einiger pathogenen Mikroorganismen im Wasser. Diss. gr. 8. (63 S.) Jurjew (Dorpat) 893. (E. J. Karow.) n. 1. 20

Bobrowicz, Jana Nep.

v. Bobrowitz, Jana Nep., s. 1) Biblioteka kieszonkowa. 2) Meliteles. 3) Napoleon Bonaparte czyli Obrazy etc. 4) Naruszewicz.

Bobrowicz, J. N., s.: Bibliothèque illustrée des contes. — Herbarcz Polski.

—— Opisanie historyczno-statytyczne wielkiego Hcieztwa. Poznańskiego. gr. 8. (38 1/2 B.) Leipzig 846, Librairie étrangère. *

Bobrowska, Alice. Zur Casuistik erfolgreicher Exstirpation von Hirntuberkeln. Diss. Med. Univ. Zürich. *Kopftitel:* Aus der chirurgischen Klinik in Zürich.... 27 S. 8. Zürich, Schereschewsky, 1909.

Bobrowski, P. O.
— Vorschriften für die Freiwilligen aller Truppen, für die Prüfungen behufs Beförderung zu Unter-Offizieren und Offizieren etc. St. Petersburg 1876.

Bobrowsky, A. Leo. Poesien. Blüthen aus Oesterreichs vaterländischen Gauen. *Brünn* 1858. Druck v. *W. Burkart.* 85 S. 1 Bl. 8°. 48 kr. CM.

Bobrzyk's Ratgeber und Buchführung in der Rocktasche. (168 S) Reutlingen 1898

Bobrzyk, August (Red.), s. Handwerk, Das deutsche.

BOBRZYNSKI, Johann: Beiträge zur Frage der optischen Aktivität des Erdöls. — 1910. 101 Bl. Diss. Graz, Univ.

Bobrzyński, Karl, Zur literar. Plagiatfrage. Progr. gr. 8. (34 S.) Krakau 898. (L. Zwoliński & Co. n.n. — 20

Bobrzyński, M., s. Scriptores rerum polonicarum.

Bobs, Fr. Jos., erste Anfangsgründe d. deutschen Sprache, mit e. orthograph. Wörterbuche. Augsb. 780. Wagner. 8 ℛ

— Einleit. zur deutschen Rechtschreibung. gr. 12. Wien 768. Trattner. 4 ℛ

Bobsin, Otto, aus Rostock: Shakespeare's Othello in englischer Bühnenbearbeitung. *Rostock 1904: C. Hinstorff.* (99 S.) 8°
Rostock, Phil. Diss. v. [4. März] 1904

Bobsin, Otto, Shakespeares Othello in engl. Bühnenbearbeitung. Diss. (99 S.) gr. 8. Rostock 904. (H. Warkentien.) n. 2. —

Bobtschew, Nikola: Die Gefühlslehre in ihren hauptsächlichsten Gestaltungen von Kant bis auf unsere Zeit historisch-kritisch beleuchtet.... Leipzig, Druck v. Oswald Mutze, 1888; 90 S. + 1 Bl. 8°
Leipzig, Phil. Fak., Inaug.-Diss. v. 25. Apr. 1888

BOBU, Johannes: Dissertatio super unione s. cum ecclesia Romano-catholica Romanorum in Transilvania eidemque contiguis Hungariae partibus habitantium. — (1862) 128 S. 4° (Handschr.) Diss. 213
Diss: Wien Univ.

Bobynin, V., elementare Geometrie, s.: Vorlesungen üb. Geschichte der Mathematik.

Bocace, J., Contes. X Vols. 12. Londres. (Leipsic, Sommer.)

Bocace; I. d., Cont. trad. nouv. X Vol. 12. Londres. (Sommer à Leipz.) 791.

du Bocage, Mad., d. Columbiade, od. d. in d. neuen Welt übergebene Glaube. Ein Heldengedicht. 8. Glogau 762. C. F. Günther. 14 ℛ Dass. französ. 8. Leipz. 758. Gleditsch. (Brockhaus). 20 ℛ

— lettres et mémoires cont. ses voyages en Angleterre, en Holland et en Italie. 8. Dresd. 771. Walther. 20 ℛ

— Reisen durch Frankreich; aus d. Französ. 8. Dresd. 776. Hilscher. 5 ℛ

Bocage, Paul
Bocage, P., die Puritaner von Paris, s.a. Salon, belletristischer.

Bocage, Paul, die Puritaner von Paris. Ein socialer Roman. Aus dem Französ. übers. von A. Scarneo. 3 Thle. 8. (316, 291 und 288 S.) Wien 863, Markgraf und Müller.

Bocaz
— — Erzählungen, Joviale. Pentameron zum Bocaz. Florenz o. J. (ca. 1860). Kl. 8°. 304 S.

BOCAZ, Der neue, in scherzhaften Erzählungen. A. d. Franz. übersetzt. Mit Kupfern (1 Titelkupfer u. 61 in den Text gedruckte halbseit. Kupfer). 2 Teile in einem Bd. Leipzig 1772. 8°. 309 S. u. 3 S. Inh. (ab S. 169: II. Teil).
[B. I, 402.]
61 Schwankerzählungen, keine Übersetzungen aus dem Decameron. Die Kupfer von Romain de Hooghe, gest. v. C. G. Z. Selten. Am Ende: »Die Liebe wird für nichts geacht, wenn sie der Spaß nicht schätzbar macht.« (1925. G. Ecke, Berlin. M. 35.—.)

Boccaccio, s.a. Kuhfuss, Max.

Der Boccaccio von Berlin. (Die Brillantwanze. Die Pension etc.) Mit zahlr. Orig.-Ill. *Berlin: 'Kleines Witzblatt' [1902].* (64 S.) 8°
— (Kleine Witzblatt-Bibliothek. Bd 7.

Boccaccio, G., s. Leben u. s. Werke, s.: Landau, M.

Boccaccio, Giov.
—— sein Leben und seine Werke, s. Landau, M.

BOCCACCIO, Der Moderne. Eine Sammlung pikanter und heiterer Erzählungen. 20 Bdchn. Mit 20 (freien) Titelbildern. Budapest, Gust. Grimm's Verlag, 1884 ff. 8°. Eleg. br. (à Mk. 1.—) (1—15: 9 Mk. G. Priewe.)
Verboten wurden vom L.-G. Lemberg, 22. Decbr. 1889, auf Grund des § 516 des Strafgesetzbuches die Nrn. 3, 6, 9, 10, 11, 16, 17, 20. — Hier Inhalt von I—XX laut Anzeige des Verlegers:
I. Die Probe. — Der glückliche Fischer. — Das Gelübde. — II. Der Hexensabbat. — III. Der Strike der Ehemänner. — Liebesglück. — IV. Wie man den Teufel bändigt. — Hans und Grethe. — V. Der kleine Herzog. — VI. Der Blinde. — VII. Der Kasus des Fräulein Susanne. — VIII. Das Mieder. — Janina. — IX. Die Tugendwächter. — X. Eine Brautfahrt mit Hindernissen. — XI. Wem gehört der Sohn? — Ohne Schnürleib und ohne Aussteuer. — XII. Der erste Kuß. — Das Elixir. — XIII. Eine Evastochter. — Weder Thiere noch Kinder. — XIV. Liebesunterricht. — XV. Strike der Frauen. — Der Vogel Greif. XVI. Mein Freund Ulysses. — XVII. Johannistrieb. — XVIII. Der Geprellte. — XIX. Die erste Reise. — XX. Meine Tante Irene.

Boccaccio, der moderne. Eine Sammlung pikanter und heiterer Erzählungen. 20 Bdchn. 8. (à Bdchn. 64 S. m. je 1 Titelbild.) Budapest 885—887. Grimm's Verl. à Bdchn. n. 1. —
1. Die Probe. — Der glückliche Fischer. — Das Gelübde. — 2. Der Hexensabbat. — 3. Der Strike der Ehemänner. — Liebesglück. — 4. Wie man den Teufel bändigt. — Hans und Grethe. — 5. Der kleine Herzog. — 6. Der Blinde. — 7. Der Kasus des Fräulein Susanne. — 8. Das Mieder. — Janina. — 9. Die Tugendwächter. — 10. Eine Brautfahrt mit Hindernissen. — 11. Wem gehört der Sohn. — Ohne Schnürleib und ohne Aussteuer. — 12. Der erste Kuß. — Das Elixir. — 13. Eine Evastochter. — Weder Thiere noch Kinder. — 14. Liebesunterricht. — 15. Strike der Frauen. — Der Vogel Greif. — 16. Mein Freund Ulysses. — 17. Johannistrieb. — 18. Der Geprellte. — 19. Die erste Reise. — 20. Meine Tante Irene.

Boccaccio, der Münchener. Reproduction der 91 Miniaturen des berühmten Mscr. der k. Hof- u. Staats-Bibliothek zu München. Historisch-kritische Studie m. ausführl. Erklärg. der Tafeln (in franz. Sprache) v. Graf Paul Durrieu. — Le Boccaccio de Munich. (180 S. m. 28 Taf.) 42,5×31 cm. München 909. J. Rosenthal. In Mappe nn 100. —

Boccaccio, Giovanni
BOCCACCIO. — Album zu den Hundert Erzählungen des Dekameron von *Boccaccio.* (24 Originalradirungen von Max Berthold.) O. O. u. J. (Leipzig, literar. Bureau.) Längl. 4°.

BOCCACCIO, — Auswahl der pikantesten Liebesgeschichten aus dem Decameron des *Boccaccio.* Mailand. O. J. (19. Jh.) Gr. 8°.
Mit 24 erot. Kpfrn. — Eine Gallerie von 48 erot. Kpfrn. erschien Paris 1850. Gr. 8°.

— Auswahl der besten Novellen, mit Anmerkk. von G. H. J. Stöckhardt rc. 8. Leipz. 794. Köhler. 16 ℛ Italienisch. 16 ℛ

— — ebendasselbe, italienisch. Ebend.

— Auswahl der besten Novellen, mit Anmerkk. u. Wortregister v. C. F. v. Werther. 8. Lemgo 798. Meyer. 16 ℛ

Boccaccio, Giovanni: Il Decamerone.
Boccaccio, il Decameron, s.a. Biblioteca d'autori italiani.

Boccaccio, Giovanni, Decameron, s.a. Bibliotheca romanica.

— di Decamerone. IV Tomi, s. Bibliotheca italiana; Tom. VIII — XI.

— il Decamerone. V Tom. Leipz. ... (Nauck). 6 ℛ 12 ℛ

— il Decamerone. V Tom. Leips. Sommer.

— il Decamerone. II Tmi. 12. 726.

— del Decamerone. V Tomi. 8. Leipz. 768. (Hinrichs). 4 ℛ

Boccaccio, G., il Decamerone. ed. di Valenti. 3 Vol. (ob. 5 Thle a. Valenti scuola.) 8. Berl. Lange 797.

— il Decamerone, ed. di G. de Valenti. III Vols. (ob. 3 Thle aus Valenti scuola), 8. Berl. 797. (Reimer). 3 ℛ

Boccaccio, Giov., il Decameron. Tratto dall' ottimo testo scritto da Fr. Mannelli sull' originale dell' autore. III Vol. 12. (40 B.) Berolino 829, Fincke. 2 Thlr., hrbgs. Pr.

Boccacio, Giovanni, il decamerone. Ornato col ritratto dell' autore. Lex.-8. (20 B. u. Titbild.) Lipsia 843, Fr. Fleischer.

Boccaccio, Giov., Decamerone ripurgato con somma cura da ogni cosa nocevole al buon costume e corredato con note etc. per Aless. Bandiera. 2 Vol. in 12. Venezia, 818 (Vienna, Volke).

Boccaccio, Giovanni : Das Dekameron.

— das Decameron, s. a. Bibliothek class. Romane, 20—22. Bd.

— dass. — s. a. Classiker des In- und Auslandes.

— Decamerone, s. a. Sammlung galanter Hof- u. Liebesabenteuer.

BOCCACCIO, Dekameron. Hrsg. von G. Körner. 4 Thle. in 1 Bde. 7. Aufl. . . . . 8°. (Mk. 4.—.) (1 Mk. 60 Pfg., Expl. im Orig.-Lwdbd., Lipsius & Tischer, Kiel, 1906.)

— Dass. aus d. Italien. unter Aufsicht A. G. Meißners. 4 Bde. 8. Leipz. 782 u. 83. Dyck. 4 ℛ 8 gr

— — Dasselbe. 2 Bde. Ebd. 1874. 8°. (3 Kr. Halm & Goldmann, 1907.)

— — Dasselbe. 3 Thle. 4. Aufl. Ebd. 1878. 8°. (Mk. 3,50.) (1 Mk. 80 Pfg., Expl. in Orig.-Lwdbd., H. Hugendubel, 1905.)

Boccaz Decameron, aus dem Italiänischen unter der Aufsicht Hrn. Prof. Meißners neu übersetzt, 4 Theile, m. K. 8. Leipz 782-84. Dyck. 4 Rthl. 10 ggl.

BOCCACCIO. — Der Decameron des Boccaz. Aus dem Italiänischen neu übersetzt. 4 Bde. Mit 4 schönen Tkpfrn. u. 4 reizenden TVign., nach (Cochin u. Eisen, gest. v. Geyser). St. Petersburg (Leipzig, Dyk) 1782—84. 8°. (Im British Museum.) (30 Mk. Adolf Weigel, 1906.) XVI, 388, 344, 346. 504 S.

Aeusserst seltene Uebersetzung; Goedeke unbekannt. Die Vorrede, an A. G. Meissner, und die zahlreichen Randanmerkungen sind mit „U" unterzeichnet. Anon.-Lex. I. p. 251 nennt August Gottlieb Meissner als Uebersetzer.

— das Decameron; übers. v. D. W. Soltau. 3 Bde. 8. Berl. 803. Duncker u. H. 6 ℛ Hbg. Pr. 4 ℛ 12 gr

Boccaccio's Dekameron. Neu übers. v. J. D. H. Schaum. 2—6. Bdchn. 16. Quedlinburg, Basse. [2. (12 B.), 3. (12¼ B.) 828, 4. (13 B.) 830., 5. (11½ B.) à 9 Gr., 6. (28½ B.) 831. 1 Thlr. 3 Gr.]
1. Bdchn. Ebendas. 1827. 9 Gr.

Boccaccio, Giovanni, Das Decamerone. Aus dem Italien. übers. Leipzig 1830. III. Ü: *Witte, Karl* (Tag 1/4) & *Lüdemann, Wilh. v.* (Tag 5 ff.). Vgl. Blätter f. liter. Unterh. 1843, S. 1093 f. — Die 2. Aufl. (1843) und die 3. (1859) stammt von dem auf dem Titelbl. genannten Karl Witte allein. (DARP)

Boccaccio, der Decamerone. Neu übersetzt. 1s—9s Bdchn. 12. Münch. —835. Jaquet. (1s—6s B. ¾ ℛ 7s—9s B. à 1/6 ℛ) 1¼ ℛ

— dass. übers. v. Er. Ortlepp, s. Bibliothek des Frohsinns. Neue Folge. 1. Section. 1s—3s Bdchen.

— der Decamerone. Neu übersetzt. 10—13. Bdchn. (Schluß.) 12. (23⅙ B.) München 843. [Augsburg, Jaquet, Vrlsbuchh.]
1—9. Bdchn. Ebendas. 1835. 1 Thlr. 7½ Ngr.

Boccaccio, das Dekameron. Neu übersetzt von E. Ortlepp. 1. Thl. Neue Ausg. (1. Bdchn.) Stuttgart 853. H. Köhler. (Leipzig, Baensch.) gr. 16. (S. 1—128.) 6 ngr

BOCCACCIO, Das Decameron. O. O. 1854. Gr. 8°.
Mit 24 erot. Kpfrn. (24 Mk. Ackermann, München.)

Boccaccio, Giovanni di, das Dekameron. Aus dem Italienischen übersetzt von Karl Witte. 3 Thle. 3. verb. Aufl. Leipzig 859. Brockhaus. 12. (CXXV, 977 S.) n. 2 ℛ

— — Decameron. Überfetzt von H. Steinhöwel. Herausgegeben v. Adelb. v. Keller. 1860. (704 S.)

Deutfche Überfetzung von Boccaccios Dekamerone, nach einer fehr alten und wertvollen Ulmer Inkunabel abgedruckt. Unter dem »Arrigo«, der fich als Überfetzer bekennt, verfteht Keller wie Panzer, Jakob Grimm u. a. den durch mancherlei derartige Werke bekannten Eßlinger, fpäter Ulmer Arzt Heinrich Steinhöwel, der um die Mitte des 15. Jahrhunderts lebte. (Bibl. d. lit. Vereins Stuttgart Nr. 51.)

Boccaccio's, Giovanni, Dekameron. Aus dem Ital. v. D. W. Soltau. Mit 26 Illustr. von Boucher u. Gravelot. 3 Bde. 8. (XVI, 382; XIX, 344 u. VIII, 329 S.) München 881. Bibliographisch-artist. Institut. n. 10. —; geb. n. 12. —

— dass. — Aus dem Italien. von D. W. Soltau. Mit 26 Illustr. von Boucher und Gravelot. 3 Bde. 8. (XVI, 382; XIX, 344; VIII, 329 S.) [München 881, Bibliographisch-artist. Institut.] Leipzig, Unflad. *ℳ 10.; geb. * 12 —

— dass. — Auswahl. Mit 26 Illustr. von Boucher und Gravelot. 8. (VI, 257 S.) Ebendas. 881. * 4 —
geb. * 4 80

— — Dasselbe. Deutsch von D. W. Soltau. 3 Thle. 5. Aufl. Berlin 1883. 8°. (Mk. 2.70.) (1 Mk. 50 Pfg. B. Liebisch, Lpz., 1907.)

Boccaccio's, Giov., Dekameron oder die hundert Erzählungen. Deutsch von D. W. Soltau. 1. und 2. Aufl. 8. (XII, 626 S.) Berlin 884, [Jacobsthal.] Neufeld. 2 50

Boccaccio's, Giovanni, Dekameron oder die 100 Erzählungen. Deutsch von D. W. Soltau. 20. Tausend. 8. (XII, 626 S.) Berlin 885. Jacobsthal. 2. 50

— — Decameron. Deutfch von D. W. Soltau. Berlin, E. Bartels (1886).

— — oder die hundert Erzählungen. Deutfch von D. W. Holtan (!). Berlin, G. Goldbach, o. J. (1889).

— — Das Decameron. 100 Erzählungen überfetzt von Guftav v. Joanelli. Mit 60 Illuftrationen, z. T. farbig in Blattgröße. 3 Bde. 8°. Prag o. J. (ca. 1890).

— Dekameron od. die 100 Erzählgn. Deutsch v. D. W. Soltau. gr. 8. (XII, 624 S.) Berlin 891. Neufeld & Henius. n. 3. —

Boccaccio, Giov., das Dekameron. Von D. W. Soltau. 3 Thle. in 1 Bd. 8. Ster.-Aufl. 12. (XIV, 251; XIV, 230 u. VI, 218 S.) Hamburg 894. Verlagsanstalt u. Druckerei. 2. 70; geb. in Leinw. n. 3. 50

Boccaccio's, Giovanni, Dekameron od. Die 100 Erzählgn. Deutsch v. D. W. Soltau. 12. Ster.-Aufl. 56. bis 60. Taus. 8. (XII, 624 S.) Leipzig (900). [Bibliograph. Anstalt A. Schumann.] Berlin, Schreiter. 3. —

— Decamerone. Aus dem Ital. (205 S.) schmal 8. Berlin (901). Berliner Zeitschriften-Vertrieb. n. 2. —

— dasselbe. Aus dem Ital. (205 S. m. Abb.) schmal 8. Berlin (905). Norddeutsche Verlags-Anstalt L. Hohenstein & Co. n. 2. —

— dasselbe. (144 S. mit Abbildgn.) kl. 8. Berlin (906). Berliner Verlags-Institut. Kart. n. 2. —

— Decamerone. (144 m. Abb.) kl8° Berl., Photogr. Verl.-Instit. ('06). Kart. 2 — d

— das Dekameron. Neue vollständ. Taschenausgabe. Aus dem Ital. übers. v. Schaum. Durchgesehen u. vielfach ergänzt v. K. Mohring. Mit Titelrahmen u. Rückentitel v. W. Tiemann. 1. u. 2. Aufl. 3 Bde. (à 416, 395 u. 375 S.) kl. 8. Leipzig 904. 906. Insel-Verlag. n. 10. —; geb. in Ldr. n 15. —

Giovanni Boccaccio's Dekameron oder die 100 Erzählungen. Deutsch von D[ietrich] W[ilhelm] Soltau. 16. Ster.Aufl. Berlin: Schreiter [um 1905]. XII, 624 S. 8° [II. 13014 4

— Das Dekameron. (Für die 3. Aufl. [das 6—10. Taus.] dieser vollständ. Taschenausg. d. Dekameron wurde der Text neu aus dem Ital. übers. v. Alb. Wesselski. Titel u. Einbd. zeichnete Walt. Tiemann.) 3 Bde. (XX, 392, 371 u. 340 S.) kl. 8. Leipzig (910). Insel-Verlag. 7.— ; geb. i. Leinw. 10.— ; in Ldr. 14. —

— Das Dekameron. Mit e. Vorwort v. Hanns Heinz Ewers übers. u. bearb. v. Christian Kraus. (21—30. Taus. d. Ausg. ohne Illustr.) (485) 8° Berl., F Lehmann ('12). 2 —; L 3 — d

— dass. 1—35.Taus. Illustr. v. F v. Bayros. (612) 8° Ebd. ('12). 4 —; HLdr 6 —; Luxusausg., Kalbldr 12 — d

— dass. (Aus d. Ital. v. Alb. Wesselski. 4.Afl.) 3 Bde. (22, 608 u. 650) kl8° Lpzg, Insel-Verl. '12. HPerg. 10 —; in 3 Ldr-Bde 14 —

— dass. (5, 417 m. Abb.) 31,5×23 cm. Ebd. ('12). HPerg. 40 — Rindldr 75 —
Lt Angabe d. Verlegers: Jubiläums-Ausg. Mit Wiedergabe d. 104 Holzschn. a. d. italien. Ausg., Venedig 1492. Übertr. v. Alb. Wesselski.

— Der Decamerone. Deutsch v. Heinr. Conrad. In 5 Bdn m. den Kupfern u. Vign. v. Boucher u. Eisen d. Ausg. v. 1757. 1.Bd. (264) 8° Münch., G Müller & H v. Weber ('12) kart. 12.50; HF 15 —; Luxusausg. 40 —; Subskr. bis Okt. '12 kart. 10 —; HF n 12.50; Luxusausg. 30 —

— Erzählungen, s.a. Vignetten, 98.

— Erzählungen d. Dekameron-Dichters. Aus dem Ital. v. E. Rottweil. [Wie man der Frauen Gunst gewinnt. Der Irrgarten der Liebe. Weibertreue.] 8. (141 S.) Berlin 888. Siegfried Frankl. n. 1. 50

— drei größere Erzählungen d. Dekameron-Dichters. Aus dem Ital. v. Emil Rottweil. 2., verb. Aufl. 8. (141 S.) Berlin 892. [S. Frankl.] Neufeld & Henius. n. 1. 50

BOCCACCIO, Die hundert Erzählungen des Dekameron. 2 Thle. Leipzig, o. J. 12°.
Mit 12 erot. Kpfrn.

— die hundert Erzählungen des Dekameron. Aus dem Italien. 2 Bdchn. Neue Ausg. 16. (VIII und 571 S.) Leipzig 861, Dyk'sche Buchh. * —

BOCCACCIO, Die 100 Erzählungen des Dekameron. Aus d. Italien. 2 Thle. Neue Ausgabe. Mit 9 Illustrationen. Leipzig, Dyk'sche Buchhandlung, o. J. (vor 1885). Kl. 8°. (3 Kr. Halm & Goldmann 1907; 4 Mk. F. Waldau, 1909.)
Ziemlich freie Uebersetzung.

— die hundert Erzählungen des Dekameron. Aus dem Italien. 2 Thle. in 1 Bde. 96.—99. Aufl. 8. (IV, 332; IV, 239 S.) Leipzig 886—88, Schumann. *
geb. *

BOCCACCIO, Hundert Erzählungen des Decameron. Uebersetzt von G. v. Joanelli. Vollständige Ausgabe. 30 Lfrgn. in 3 Bdn. Mit 30 Bildertafeln (wovon 1 in Farben) u. 1 Textabbildg. Prag, Hynek, o. J. (1897). Gr. 8°. (Orig.-Lwd. Mk. 18.—.) (12 Mk. H. Hugendubel, 1905: 7 Mk. 50 Pfg. Rich. Bertling, Dresden, 1907; 18 Mk., Ausg. mit der Jahrz. „1898", eleg. Lwdbde., Jürgensen & Becker, Hamburg, 1898.)

— die 100 Erzählungen des Decameron. Illustrirt von Ferd. Wagner. Holzschn. von Jos. Walla. (In 8 Bdn.) Ausg. A. (Prachtausg.) Nr. 1—8. gr. 4. (1. Bd. S. 1—24 m. eingedr. Holzschn.) Leipzig 879. 81. Dunsky. à n. — 80; in Heften à 3 Nrn. à n. — 90; Ausg. B. (Luxusausg. auf Kupfrdr.-Pap.) in Hftn. à 3. —

— dasselbe. Deutsche Volksausg. Hrsg., m. e. Einleitg. u. Lebensbeschreibung versehen von Gust. Körner. gr. 8. (610 S.) Leipzig 881. (Jena, Neuenhahn.) n. 1. —

— die hundert Erzählungen des Dekameron. Deutsche Volksausg. Hrsg., mit einer Einleitung und Lebensbeschreibung versehen von Gust. Körner. gr. 8. (610 S.) Leipzig 881. (Berlin, Neufeld.) * 1 —

Boccaccio, G., die hundert Erzählungen d. Dekameron. Aus dem Ital. 98. u. 99. Aufl. 2 Bdchn. in 1 Bd. 12. (IV, 332 u. IV, 239 S.) Leipzig 887. 888. Schumann. n. 1. —; geb. n. 1. 40

— dasselbe. Hrsg., m. e. Einleitg. u. Lebensbeschreibung versehen von G. Körner. 5. Aufl. 4 Thle. in 1 Bd. gr. 8. (XXVII, 185; 126, 128 u. 196 S.) Ebd. 890. 2. —; cart. 2. 40

Boccaccio, Giov., 100 Erzählgn. d. Decameron. Übers. v. Gust. v. Joanelli. Vollst. Ausg. m. vielen Ill. 3 Bde. gr. 8. (310, 318 u. 331 S. m. 60 [1 farb.] Bildertaf.) Prag 897. A. Hynek. à n. 4. —; geb. n.n. 6. —
Erschien auch in 30 Hftn. à n. — 40.

— die 100 Erzählungen des Dekameron. Aus dem Ital. Neue Ausg. (Umschlag: 108. Aufl.) 2 Tle. in 1 Bd. (IV, 332 u. IV, 239 S.) kl. 8. Leipzig (906). W. Radestock. n. 1. —

— Fiametta, a. d. Italien. v. Soph. Brentano. 8. Berlin, Realschulb.

— Fiametta; aus d. Italien. von Sophie Brentano, 8. Berl. 800. Reimer. 1 ℛ 16 ℊ. Velinpap. 3 ℛ

BOCCACCIO, Fiametta. Aus dem italienischen (!) des übers. von Sophie Brentano. (+ 1806). Berlin 1806. In der Realschulbuchhandlung. 8°. VIII, 382 S., 1 Bl. Inh.
Vgl. Steig, Arnim und Brentano. 1894. S. 158 ff. 162. 171. 182. 212. — Aeusserst selten!
Das Anon.-Lex. I. p. 251 nennt Christoph Bretzner als Uebersetzer (nach Jördens).

BOCCACCIO, Fiametta. Neue vollständige Taschenausgabe. Aus dem Italienischen übersetzt von Sophie Brentano. Durchgesehen und vielfach ergänzt von K. Berg. Mit Titelrahmen und Rückentitel von Walter Tiemann. Leiwzig, Insel-Verlag, 1906. 8°. Br. (Mk. 3,50.)
— — Dasselbe. Biegsamer Ldrbd., ob. Schn. vergold., in Etui. (Mk. 5.—.) (3 Mk. 75 Pfg. B. Liebisch, 1907.)
— — Dasselbe. Luxusexemplar auf holländischen Büttenpapier mit Inselwasserzeichen, sowie einer besonderen Einbandzeichnung v. W. Tiemann. In Pergament geb., numerirt. (16 Mk. Adolf Weigel, 1906.)
Vergriffen! Die Fiametta des Boccaccio, der Roman der verlassenen Frau, bildet die Ergänzung der dreibändigen Decamerone-Ausgabe des Inselverlages.
Folgende höchst seltene französ. Uebersetzung besitzt die Wolfenbütteler Bibl.: Flammette. Côplainte des tristes amours de Fla'mette a son amy Pa'phile, Transl. Ditalien (sic!) [de Giovanni Boccaccio] en vulgaire Francoys. Lyo' Cl. Nourry, dict Le Prince (1532). 8°.

Die liebende Fiametta
— — s.a. Classiker des In- und Auslandes.

— die liebende Flammetta. Deutsch von E. Soltau. 3. Aufl. 8. (181 S.) Berlin 888. Neufeld & Henius. n. 2. —

— die liebende Fiammetta. Deutsch v. E. Soltau. 4. Aufl. [13.—15. Taus.] 8. (181 S.) Ebd. 892. n. 2. —

— Die lieb. Fiammetta. Deutsch v. E Soltau. 6. Afl. 8° (181) Berl. 99. Lpzg, Bibliograph. Anst. A Schumann. 2 —

— die liebende Fiammetta. Deutsch v. E. Soltau. 6. Aufl. 8. (181 S.) Berlin (899). [Neufeld & Henius.] Schreiter. 2. —

BOCCACCIO, Die liebende Fiammetta(!), deutsch von E. Soltau. (So kurz citirt in J. Taussig's in Prag Cat. 129. (1904.) No. 59: Mk. 1,30.)

—— die verliebte Fiammetta. Deutsch von Gust. Diezel. Neu hrsg. und mit einer Vorrede versehen von Joh. Friedr. Gildenmeister. 1.—10. Tausend. 8. (V, 167 S.) Berlin 888, [Goldbach.] S. Frankl.

—— dass. — 2. Aufl. 8. (V, 167 S.) Berlin 888, S. Frankl. *

BOCCACCIO, Il Filostrato (Troilus und Kressida): epische Dichtung zum erstenmale verdeutscht von Kr. Frhrn. von Beaulieu-Marconnay. Berlin 1884. 8°. (XXIII, *240 S.) Br. (5.—) (2 Mk. 50 Pfg. Adolf Weigel, 1905; 5 Mk. Ernst Geibel, Hannover, 1907.)
Einzig existirende Uebersetzung dieser erotischen Dichtung.

Des Giovanni Boccaccio Buch: Von den berühmten Frawen. [De claris mulieribus.] Deutfch von Stainhövel, Herausgegeben v. K. Drefcher. Tübingen 1895. 8°. LXXVI, 341 S.

BOCCACCIO. — Gallerie zum Decameron. Verboten vom L.-G. Wien, 1. December 1864. § 516.

Boccaccio, Giovanni: Der Irrgarten d. Liebe. (Übers. u. bearb. v. Wolfg. Sorge auf Grund d. Originals.) (156) 8° Berl., F Lehmann ('12). 2 —; L 3 —

• **BOCCACCIO,** Kern der lustigen und scherzhaften haften Erzählungen des *Boccaz*, aus d. Italiän. übers. 3 Thle. O. O. 1762. 8°. (8 Mk., nur 1—2, F. Waldau, Fürstenwalde, 1909.)
(In Berlin nur Th. 1 u. 2; in München nur Th. 3; cplt. in Stralsund, Rathsbibl.) 26½ Bog. Mit vielen Text-Kpfrn. in schlechten Abdrücken. — Vollständige Expll. dieser u. der folgenden Ausgabe höchst selten!

• **BOCCACCIO,** Kern der lustigen und scherz-Erzählungen des *Bocaz* aus dem Italiänischen übersetzt, mit (zahlreichen, zum Theil freien) Kupfern (nach Romain de Hooghe, ebenfalls in schlechten Abdrücken). 3 Thle. O. O. 1772. 8°. (In Berlin nur Th. 1—2; in München nur Th. 1.) (10 fl., cplt., Gilhofer & Ranschburg, Wien, 1888, aus Julius Krone's Bibl.)
Die Uebersetzung stellenweise mehr als frei u. urwüchsig. — Th. 1—2: Titelkupfer, 224 fortlaufend pag. Seiten (Th. 2 beginnt mit S. 95). — Th. 3: 200 Seiten.

— Das Labyrinth der Liebe. Il corbaccio. Eine Schmähschrift gegen e. übles Weib. (Titel- u. Einbd.-Zeichng. v. Walt. Tiemann.) (XX, 159 S.) kl. 8. Leipzig 907. J. Zeitler. 3.—; geb. 4.50; Luxusausg. 7.50

— Das Leben Dantes. (Deutsche Übertragg. v. Otto Frhrn. v. Taube. Titel, Initiale u. Einbd. zeichnete F. H. Ehmcke.) (73 S.) Lex. 8. Leipzig 909. Insel-Verlag. Geb. in Halbperg. 8.—; in Ldr. 15. —

— De claris mulieribus, deutsch v. Stainhöwel, s.a. Bibliothek d. litterar. Ver. in Stuttgart.

[Giovanni] Boccaccio. De claris mulieribus. Deutsch übs. v. (Heinrich) Stainhöwel [Steinhöwel]. Hrsg. v. Karl Drescher. *Tübingen: Litt. Ver. in Stuttgart 1895.* (LXXVI, 341 S.) 1 Bd 8.
— Bibliothek d. litt. Vereins in Stuttgart. [Bd] 205. [94. 1378

— — Die Nachtigall. Eine Erzählung in Verfen nach dem Bocaz. O. O. (Berlin) 1755. 4°. 16 S.

BOCCACCIO. — Nathan. (Aus dem Decam. des Boccaz.) Von Sofie Mereau: Schiller's Horen 1796. Bd. 7. St. 9. S. 85—94.

— novelle scelte, s.: Bibliothek gediegener klassischer Werke der italienischen Literatur.

— — trenta Novelle scelte dal suo Decamerone, ad uso principalmente de' modesti Giovani e Studiosi della Toscana favella. in 12. Venezia. 817. (Vienna, Volke).

— Novellen, aus dessen Decameron ausgewählt mit Wörterverzeichnisse f. Italienischlernende. 8. Hannov. 815. Hahn. 20 ℊ

— 6 Novellen. Für Anfänger d. italien. Sprache bearb., mit e. Wortverzeichnisse. gr. 8. Nürnb. 825. (v. Ebner). 12 ℊ

Boccaccio, Giovanni: Opere. (Il Corbaccio o il laberinto d'amore. — La Fiammetta. — Il filostrato.), s: Bibliotheca romanica.

Boccaccio, G., Raccolta delle più eleganti Novelle, c. ann. detesche etc. da Penzenkuffer. 8. Nürnb. 798. (Fr. Fleischer in Leipz.) 22 ℊ

— Romane und Novellen, übersetzt von Diezel, s.a. Bibliothek der italien. Classiker.

BOCCACCIO. — *Boccaccio's* Romane und Novellen. Zum ersten Male getreu übersetzt von G. Diezel. 4 Bde. Stuttgart 1855. Kl. 8°.
C. G. Boerner (Lpz.) März-Auct. 1906, Nr. 40.
— — Dasselbe. 3. neu bearb. Aufl. Ibid. eod. a. Kl. 8°. (4 Mk., Expl. im Orig.-Umschl., Adolf Weigel, Lpz., 1907.)

Boccaccio's sämmtl. Romane u. Novellen, v. W. Röder, s.a. Classiker.

—— sämmtl. Romane u. Novellen. Zum ersten Mal getreu übers. v. W. Röder. 4 Bde. 2., durchaus mit Registern versehene Aufl. gr. 16. (79 B.) Stuttgart 844, Griesinger'sche Buchh.

—— Troilus und Kressida. [Il Filostrato.] Epische Dichtung. Zum ersten Male verdeutscht von Karl Frhrn. v. Beaulieu Marconnay. 8. (XXIII, 239 S.) Berlin 884, Hofmann und Comp. geb. *

Boccaccio, Giov., Troilus und Kressida. 8. Berlin 884. Hamburg, Verlagsanstalt und Druckerei, A.-G. geb. *

Boccaccio's sämtliche Werke. Neu übers. Bd. 1 - 6.
Ausg. u.d.T.: Boccaccio's Decameron. Neu übers. von J.O.H. Schaum. Bd. 1 - 6.
Quedlinburg, Leipzig: Basse 1827 - 1831. 8°

1.	1. Tag bis 2. Tag, 6. Novelle	1827.
2.	2. Tag, 7. Nov. bis 3. Tag, 5. Nov.	o. J.
3.	3. Tag, 6. Nov. " 4. Tag, 7. Nov.	o. J.
4.	4. Tag, 8. Nov. " 6. Tag, 2. Nov.	1830.
5.	6. Tag, 3. Nov. " 7. Tag, 10. Nov.	1831.
6.	8. Tag, 1. Nov. " 10. Tag, 10. Nov.	1831.

Boccaccio, J., s. Boccaccio, Giovanni

Boccalini pietra del paragone politico. 8. Berl. 726.

§ **BOCCALINUS,** Trajanus (ps.), Die wohl-gewehlte Wahl eines Königes unter den menschlichen Gliedern, welche auf dem Parnaß von denen Priestern der Natur preißlich erwogen u. von Apollo weißlich vollzogen worden, getreulich mitgetheilet von des Parnassus Secretario, *Trajano Boccalini*, 1715. 8°. Sehr rar!
In Versen. — Ohne Angabe eines Druckorts im Frf. u. Lps. O. M. V. 1715. H. 3b; Weller, Lex. Pseud. p. 77. — Wohl sotad. Inhalts.

Boccard, L. Plan-Karte von Coblenz und Ehrenbreitstein. Coblenz 1837. 1 Bl. L.

Boccard, R. de. A travers les professeurs d'arboriculture. In-12°, 22 p. Fribourg, imprimerie du St-Paul. 1885 2 — 20

Boccaz, s.a. Boccaccio, Giovanni

Boccaz, der deutsche, od. Erzähll. der Liebe u. Freundschaft. 2 Bde. Mit ill. Kpf. 8. Hamb. 802. Vollmer. (Herold jun.) 1 ₰ 12 ℊ

BOCCAZ, Der Deutsche, oder Erzählungen der Liebe. Voller Anspielungen auf unsere Zeiten. Th. 1. Mit 13 illum. Kpfrn. Hamburg u. Mainz, in Commission bey G. Vollmer. 1803. — Th. 2. Mit 9 illum. Kpfrn. Ibid. eod. anno. 12°. ($1^1/_2$ Rthl.) Höchst selten cplt.! (2 Rthl., incplt, Scheible, vor 1870; 8 Kronen, nur Th. 1, Halm & Goldmann, Wien, 1904.)
I: 234 S. incl. XIV S. Vorst. Inh.: Vorrede. — Epilogirender (!) Anfang. — Erklärung d. Titelkupfers. Dann 12 satyr. Erzähl. u. Dialogen, betitelt: Die geizige Liebe. — Platonische Liebe. — Sympathetische Liebe. — Wahnsinnige Liebe. — Schmollende Liebe. — Versöhnende Liebe. — Israeliten-Liebe. — Geistige Liebe. — Abgelebte Liebe. — Geizgierige Liebe (Druckf. auf d. Kupfer statt „Geldgierige"). — Trunkene Liebe. — Landliebe. —
II: 132 S. Inh.: Einleit. Dann 9 satyr. Erz. u. Dialoge, überschrieben: Orangeboven. — Der geheimde Rath. — Herr von Scheerbeutel etc.

BOCCAZ, Der neue, in scherzhaften Erzählungen. Aus d. Französ. übers. 2 Thle. Leipzig 1772. 8°. (4 Mk. 25 Pfg. Auction G. Salomon, Dresden, März 1875; 10 Mk. Scheible, Stuttg., c. 1880; jetzt theurer!)
Mit TKpf. u. vielen Kpfrn. im Texte, nach Romain de Hooghe (in schlechten Abdrücken). Sehr selten! (10 Mk. Scheible.)

Boccella, Marchese Cesare, Eleonore von Toledo. Poet. Erzähl., n. d. Ital. v. Sigm. Schlesinger. gr. 8. ($3^1/_2$ B.) Wien 833, (Beck.)

Boccella, Cäsar, Eleonore von Toledo. Poet. Erzählung, nach d. Italien. v. Siegm. Schlesinger. gr. 8. Wien 833. (v. Ghelen's Erben.) $^1/_3$ ℔

Boccherini, Giov. Gastone: Tobias' Heimkehr, s. Haydn, Josef

Boccius, F. Bemerkungen über eine allgemeine Reichs-Biersteuer. Annalen des Deutschen Reiches, 1897.

Boccius, F. Zur Reform der Bierbesteuerung im Deutschen Reich. Annalen des Deutschen Reiches für Gesetzgebung etc., 1876.

Boccius, F. W., Bericht üb. die Anwendung d. sog. Berzelius-Schreiber'schen Branntwein-Cur in Neustrelitz. gr. 8. ($1^1/_2$ B.) Neustrelitz 846, Barnewitz.

Boccius, Gllieb., die Fluß-, Bach- u. Teich-Fischerei oder über das künstl. Ausbrüten u. Auferziehen der wichtigsten, schmackhaftesten u. beliebtesten Fische in Flüssen, Bächen u. Teichen, u. über die Ursachen der Abnahme dieser schwimmenden Bevölkerungen, welcher auf die gedachte Weise wieder abgeholfen werden kann. Aus d. Engl. übers. u. mit einem Anh., enth.: Loudon's Fischcultur in Großbritannien; A. de Quatrefages Abhandlung üb. künstl. Befruchtungen behufs der Fischzucht, namentlich die Lachszucht betreffend; Milne Edward's, über die Anreicherung der Flüsse mit Fischen 2c.; Chinesisches Verfahren, die Fischbrut zum Auskriechen zu bringen; Bloch's Monographie des Karpfengeschlechtes. Von Arn. Gunderlich. br. 12. (IV u. 82 S.) Weimar 851, Voigt. $^1/_3$ ℔

Boccius, Glieb., die Fluß-, Bach- und Teich-Fischerei oder über das künstliche Ausbrüten und Auferziehen der wichtigsten, schmackhaftesten und beliebtesten Fische in Flüssen, Bächen und Teichen, und über die Ursachen der Abnahme dieser schwimmenden Bevölkerungen, welcher auf die gedachte Weise wieder abgeholfen werden kann. Aus dem Englischen von Arn. Gunderlich. 2. verm. Aufl. Weimar 861. Voigt. 12. (IV, 94 S.) 10 ngr.

Boccius, Gottlieb, die Fluß-, Bach- und Teich-Fischerei oder über das künstl. Ausbrüten und Auferziehen der wichtigsten, schmackhaftesten und beliebtesten Fische in Flüssen, Bächen und Teichen, und über die Ursachen der Abnahme dieser schwimmenden Bevölkerungen, welcher auf die gedachte Weise wieder abgeholfen werden kann. Aus dem Engl. übers. und mit einem Anhange, enth.: Loudon's Fischkultur in Großbritannien; A. de Quatrefages Abhandlung über künstl. Befruchtungen behufs der Fischzucht, namentlich die Lachszucht betreffend; Milne Edwards, über die Anreicherung der Flüsse mit Fischen 2c.; chinesisches Verfahren, die Fischbrut zum Auskriechen zu bringen; Bloch's Monographie des Karpfengeschlechtes. Von. Arn. Gunderlich. br. 12. (IV und 82 S.) Weimar 851, Voigt.

— 5 sehr anmut. Gesch., s: Insel-Bücherei.

Boccius, L.: Repertorium der in der Herz. Mecklenb.-Strelitz gelt. Verordn. s. a. Kamptz, Cp. H. K. Alb. v.

Boccius, L., Repertorium d. in d. Großherzogth. Mecklenburg-Strelitz geltenb. Verordnungen. 4. Neubrandenb. 820. Dümmler. 2 ℔ 12 𝔤

Boccius, Ludw., hinterlass. Gedichte. 8. ($5^1/_4$ B. u. 1 B. Musikbeil.) Neu-Brandenburg 833, Dümmler.

Boček, Ant., Přehled knížat a markrabat i jiných nejvyšších úřstojníků zemských v markrabství Moravském. Nákladem jednoty národní S. Cyrilla a Methuda. Číslo II. Imp. Fol. (15 S.) Brünn 850. (Buschak & Irrgang.) n. 12 ngr

Bockaus, H.: Tr. de jure et commodo senioris s. domini itemque vasalli quod ipsis constituti et acquisiti feudi nomine competat. *Tubing.* 715. 8.

Boch, Ernst Friedrich (Durlach), De lege non obligante. Diss. acad. Präs. Caspar Achatius Beck. Jena (Fickelscherr) Sept. 1719. 48 S. (5.—) 2981

Boch, Jh. Geo., die Landwirthschaft in Baiern u. Schwaben, wie sie größtentheils noch ist u. wie sie sein könnte. Eine Parallele. 8. Ulm 809. Stettin. 2 𝔤

— **Joh. Burckh.** (Durlach), Diss. de regula juris: agere non valenti non currit. praescriptio. Präs. Mich. Grass. Tübingen (Jos. Sigmund) März 1718. 70 S. (5.50) 2982

Boch, R v.: Gesch. d. Töpferarbeiter v. Staffordshire im 19. Jahrh., s. a. Studien, Münch. volksw.

Boch, Roger von: Geschichte der Töpferarbeiter von Staffordshire im 19. Jahrhundert. T. 1. Entstehung der Arbeiterbewegung und Zustände vor dem Eingreifen der Fabrikgesetzgebung. *Stuttgart 1899: Union.* (60 S.) 8° ¶(Erschien vollst. als No 31 d. Münchener Volkswirtschaftl. Studien.) München, Staatswirtsch. Diss. v. 1899

Boch, Roger v., Geschichte der Töpferarbeiter von Staffordshire im 19. Jahrhundert. gr. 8°. Stuttgart, J. G. Cotta Nachf., 1899. (Münchener volkswirtsch. Studien, 31. Stück.)

v. **Boch**, Siegm., der Feldjägerdienst. 2 Thle. Mit 12 Plänen. gr. 8. Wien 779. Trattner. 1 ℔ 8 𝔤

Bochalli, Uebersichts-Karte von dem Terrain des Kaiser-Manövers des X. Armee-Corps im J. 1881. Lithogr. qu. Fol. Hannover 881, (Schmorl und v. Seefeld.) *

Bochalli, Alfred, Kammergerichts-Ref. in Potsdam: Die Ausnahmen vom Vertretungsprinzip des Bürgerlichen Gesetzbuches. *Potsdam 1900: A. W. Hayn's Erben.* (54 S.) 8° Rostock, Jur. Diss. v. [25. März] 1900

Bochalli, Richard, Assistenzarzt im 4. Niederschlesischen Inf.-Reg. Nr. 51 in Breslau: Weitere Untersuchungen über das Vorkommen von Meningokokken im Nasenrachenraum Gesunder aus der Umgebung von Kranken. Breslau 1906: Breslauer Genossenschafts-Buchdruckerei. (46 S.) 8°
Breslau, Med. Fak., Ref. Flügge, Diss. v. 24. Okt. 1906
[Geb. 22. Juni 78 Schöneberg: Wohnort: Breslau; Staatsangeh.: Preußen; Vorbildung: Victoria-Gymn. Potsdam Reife O. 98; Studium: Berlin K. W. A. 9 S.; Coll. 9. Okt. 06; Approb. 22. Juli 04.]

Bochardt, Louis, über d. Aetiologie u. Therapeutik d. Lähmungen. gr. 8. Stuttg. 826. Löflund u. S. 14 𝔤

— die Blasenrose im Gesicht u. ihre Heilung. 8. Karlsr. 825. Braun. 8 𝔤

— d. Bleikrankheit u. ihre Heilung. Mit 2 Abbildd. von Gesichts-Muskeln. 8. Karlsr. 825. Braun. 8 gr

— über d. Wirkung d. Mercurial-Präparate auf d. menschl. Organismus überhaupt u. in verschied. acuten u. chron. Krankheiten. Nebst e. Anh. u. 2 Abbildd. gr. 8. Stuttg. 827. (Löflund u. S.) 16 gr

Bocharti, Sam., Hierozoikon sive de animalibus sacrae scripturae. Recens. suas not, adj. E. F. K. Rosenmüller. III Tom. 4 maj. Leipz. 793—96. Weidmann. 19 ₰ Schrbp. 23 ₰

Bochdalek, Adf., vollständiger Beamten-Schematismus der Land- u. Forstwirthschaft u. landwirthschaftlichen Industrie im Königreich Böhmen alphabetisch nach den Besitzern unter Anführung der vollen Titel derselben geordnet u. mit genauer Angabe der Central-Oekonomie-, Forst- u. Industrial-Directionen u. deren Postbestellungsort. Nebst e. Anh. enthltd.: Die sämmtlichen landwirthschaftlichen Kreis- u. Bezirks-Vereine, u. die land- u. forstwirthschaftlichen Anstalten Böhmens. Prag 870. Dominicus. gr. 8. (VII, 402 S.) n. 2 ₰

Bochdanetzky. Life and writings of Thomas Babington Macaulay. Magdeburg, R., 1862. 17 S. 4. Progr.

Boche, C. G., s. Boche, K. G.

Boche, K. G., kurze Bibellehre f. den evangel.-christl. Religionsunterricht in Schulen u. zur Vorbereitung d. Confirmanden. Zum 3ten Male verbess. u. vollständiger herausg. 8. Steinkirch 830. (Berl., Lüderitz). 4 gr

Boche, K. G., 120 nach ihrem Inhalte völlig verschiedene Formulare zu Konfirmations-Scheinen. Görlitz 849. Köhler. qu. gr. 8. 22½ ngr

Boche, C. G., 120 nach ihrem Inhalte völlig verschiedene Formulare zu Konfirmations-Scheinen. qu. gr. 8. Görlitz 854, Köhler's Buchh.

Boche, KG, 120 nach ihrem Inh. versch. Formulare zu Konfirm.-Scheinen. qu. 8. Görl. 54, Wollmann. — 22½

Boche, K. G., Glaube, Liebe, Hoffnung. Bibellehre für den evangel. Religionsunterr. 8. (Prenzl. ... Kalbersberg.) n. 1/12 ₰

— Glaube, Liebe, Hoffnung. Bibellehre für d. evangel. Religions-Unterr. 8. Steinkirch 826. (Graz u. G. in Frberg.) 14 gr

— kasuistisch-liturgisch-prakt. Hand- u. Hülfsbuch f. evangel. Pfarrer u. Prediger. 8. Steinkirch u. Görlitz 829. (Halle, Schwetschke u. S.) 16 gr

Boche, K. G., kasuistisch-liturg.-prakt. Hand- u. Hülfsbuch für evangel. Pfarrer u. Prediger, zum 2. Mal hrsg. 8. (25 B.) Halle 846, Schwetschke u. Sohn. *

— Materialien zu Uebungen im Kopfrechnen f. Lehrer an Stadt- u. Landschulen. 8. (Prenzlau ... Kalbersberg.) n. ½ ₰

— Materialien zu Uebungen im Kopfrechnen, f. Lehrer in Stadt- u. Landschulen. 8. Steinkirch 827. (Graz u. G. in Frberg). 12 gr

— d. Preuß. legale, evangel. Pfarrer. Eine faßlich geordn., auszugsmäß. Darstell. u. Nachweis. bisher. erschien., annoch gültiger Gesetze rc., über d. pastorellen Amtspflichten u. Verbindlichkeiten, Befugnisse rc. d. Preuß. evangel. Pfarrgeistlichen. 8. Steinkirch 830. (Berl., Lüderitz; Halle, Schwetschke u. S.) 16 gr

— der Preußische legale evangel. Pfarrer. Eine faßlich-geordnete, auszugsmäß. Darstellung und Nachweisung gültiger Gesetze, Verordnungen u. Vorschriften über die pastorellen Amtspflichten u. Verbindlichkeiten, Befugnisse u. Gerechtsame u. anderweit amtliche Verhältnisse d. Preuß. evangel. Civil- u. Militär-Pfarrgeistlichen. Zum 2ten Male ergänzt u. berichtigt herausg. gr. 8. Halle 836. Schwetschke u. Sohn. 7/8 ₰

Boche, K. G., der Preussische legale evangelische Pfarrer. Eine Darstellung u. Nachweisung gültiger Gesetze, Verordnungen u. Vorschriften für die Amtspflichten, Rechte u. Verbindlichkeiten der Preuss. evangel. Geistlichen an Civil- u. Militair-Gemeinden. 3. verb. u. verm. Ausg. gr. 8. (VI u. 435 S.) Halle 852, (Braunschweig) Schwetschke & Sohn. 1 ₰ 24 ngr

Boche, C. G., der preußische legale Pfarrer. Eine übersichtl. Darstellung des preuß. evangel. Kirchenrechts. 4., umgearb. Aufl. Nach dem Tode des Verf. unter Mitwirkung von Wilh. Altmann besorgt von Albr. Altmann. (In 3 Lfgn.) 1. und 2. Lfg. gr. 8. Braunschweig 867, Schwetschke und Sohn. [1. Lfg. (S. 1—160.) * 25 Ngr., 2. Lfg. (S. 161—352.) * 28 Ngr.] *

Boche, K. G., der preußische legale Pfarrer. Eine übersichtl. Darstellung des preuß. evangel. Kirchenrechts. 4. umgearb. Ausg. Nach dem Tode des Verf. unter Mitwirkung des Pastor Wilh. Altmann besorgt von Albr. Altmann. 3. (Schluß-)Lfg. gr. 8. (VIII, S. 353—642.) Braunschweig 869, Schwetschke und Sohn. *

1. und 2. Lfg. Ebendas. 1867. *M 5,30.

—— dass. — 5. umgearb. Aufl. 1. Hälfte. gr. 8. (S. 1—352.) Ebendas. 872. *

Boche, K. G., der preußische legale evangelische Pfarrer. Eine übersichtl. Darstellg. d. preuß. evangel. Kirchenrechts. 5. Ausg. Nach dem Tode d. Verf. unter Mitwirkg. von Wilh. Altmann besorgt v. Albr. Altmann. gr. 8. (XI, 692 S.) Braunschweig 875. Schwetschke & Sohn. n. 10. —

Boche, K. G., der preußische legale Pfarrer. Eine übersichtliche Darstellung des preußischen evangelischen Kirchenrechts. 4. umgearb. Ausg. Nach dem Tode des Verf. unter Mitwirkung von Wilh. Altmann besorgt von Albr. Altmann. Braunschweig 869. Schwetschke & S. gr. 8. (VIII, 642 S.) n. 2 ₰ 24 ngr

— d. Preuß. legale, evangel. Volksschullehrer, Kantor, Organist u. Küster. Eine sachlich geordn. auszugsmäß. Darstell. u. Nachweis. bisher erschienener, annoch gültiger Gesetze rc. üb. d. Amtspflichten rc. d. Preuß. Volksschullehrer u. Kirchenbedienten. 8. Steinkirch 831. (Berl., Lüderitz; Halle, Schwetschke u. S.) 12 gr

—— der preußische legale, evangel. Volks-Schullehrer, Kantor, Organist u. Küster. Eine sachlich geordn., auszugsmäßige Darstellung u. Nachweis. bisher erschienener annoch gültiger Gesetze, Verordnungen u. Vorschriften über Schul-Amtsverhältnisse rc. Zum 2. Male bericht. u. ergänzt hrsg. gr. 8. (9 B.) Halle 844, Schwetschke u. Sohn. *

Boche, P., Rechnen u. Raumlehre. Ein Lehrbuch zum Selbstunterricht f. jedermann, besonders f. Militär- u. Zivilanwärter. Enth.: Das Addieren, Subtrahieren, Multiplizieren u. Dividieren m. unbenannten u. benannten Zahlen, m. gemeinen Brüchen u. Dezimalbrüchen. — Münzen, Maße u. Gewichte. Zeitrechnung. Aufgaben m. Klammern. Einfache u. zusammengesetzte Regeldetri. Durchschnittsrechng., Prozent-, Promille-, Zins-, Kurs-, Rabatt-, Wechsel-, Termin-, Gesellschafts- u. Mischungsrechnung. — Tara u. Brutto. Wertpapiere. Einfache Gleichungen. Flächen- u. Körperberechnung. Quadrat- u. Kubikwurzel. Arbeiterversicherungen u. a. Alles m. erklär. Beispielen, vielen Aufgaben u. dazu gehör. Auflösungen. (256 S.) gr. 8. Berlin 905. Liebel. n. 2. —; in Schulbd. n. 2. 20

Bochel, A. (Hrsg.), s. Imker, Der schlesische.

Bochenek, Johs., das Gesetz der Formenschönheit. Allgemeine Verhältnis-Lehre, erfunden u. systematisch dargestellt. Unter Mitarbeit v. Paul Lerch. Mit e. Vorwort v. Gust. Eberlein. 2 Tle. (III, 45 S. m. Abbildgn. u. 70 Taf.) gr. 4. Leipzig 903. Dieterich. In Mappe n. 25. —

Bochenek, Johs., Canon aller menschlichen Gestalten u. der Thiere. Erfunden u. ausführlich dargestellt v. J. B. Mit e. Vorwort v. C. Jessen. Mit 74 Abbildgn. Fol. (VII, 83 S.) Berlin 885. Polyt. Buchh. cart. n. 18. —

Bochenek, Johs., die männliche u. weibliche Normal-Gestalt nach e. neuen System. gr. 8. (46 S. m. eingedr. Holzschn. u. 2 Steintaf. in gr. Fol.) Berlin 875. Haack. n. 5. —

Bochenek, Mich., Liederbuch f. das katholische Volk, insbesondere auch f. Mitglieder der katholischen Sammelvereine. Nebst e. reichhalt. Anh. beliebter u. allbekannter Lieder. 3. Aufl. 16. (112 S.) Berlin 890. (Germania.) In Wachstuch. n.n. — 25

Bochenin, W. (Red.), s. Zeitschrift für historische Waffenkunde.

Bocheński, Adolf *Joseph:* Beitrag zur Geschichte der gutsherrlich-bäuerlichen Verhältnisse in Polen auf Grund archivalischer Quellen der Herrschaft Kock ... Krakau, Buchdr. d. k. k. Jagellonischen Univ., 1895; 2 Bl., 250 S., 1 Bl., 5 Tab. 8.
Göttingen, Phil. Fak., Inaug.-Diss. v. [10. Aug.] 1895

Bocheński, Adf., Beitrag z. Geschichte d. gutsherrl.-bäuerl. Verhältn. i. Polen auf Grund archival. Quellen d. Herrschaft Kock. 1. Tl. gr. 8. (VI, 250 S. m. 5 Tab.) Krakau 895. (Buchh. d. poln. Verlags-Gesellschaft.) n.n. 4. —

Böcher, Maxime, Einführung in die höhere Algebra. Deutsch v. Hans Beck. Mit e. Geleitwort v. E. Study. (XII, 348 S.) gr. 8. Leipzig 910. B. G. Teubner. Geb. in Leinw. 7. —

Böcher, Maxime [aus Cambridge (Mass.) U. S.]: Ueber die Reihenentwickelungen der Potentialtheorie. . . . Von der philosophischen Fakultät der Universität Göttingen gekrönte Preisschrift. Göttingen, Druck d. Dieterich'schen Univ.-Buchdr., 1891; IV, 66 S., 1 Bl. 4°
Göttingen, Phil. Fak., Inaug.-Diss. v. [17. Jun.] 1891

Böcher, Maxime, über die Reihenentwickelungen der Potentialtheorie. Am 4. Juni 1890 v. der philosoph. Fakultät der Universität Göttingen gekrönte Preisschrift. Diss. gr. 4. (66 S. m. Fig.) Göttingen 891. (Vandenhoeck & Ruprecht.) n. 2. 80

— üb. die Reihenentwickelungen der Potentialtheorie. Mit e. Vorwort v. Fel. Klein. Lex.-8. (VIII, 258 S. m. 113 Fig.) Leipzig 894. B. G. Teubner. n. 8. —

Böcher, Philipp [aus Södel]: Zur Kenntnis der m-Chlor-p-toluylsäure und ihrer Nitroderivate. . . . Freiburg i. B., Buchdr. v. Chr. Ströcker, 1891; 45 S., 1 Bl. 8°
Freiburg i. B., Phil. Fak., Inaug.-Diss. v. 1891

Böcherer, Ch., Hilfstabellen zu Ratenberechnungen v. Besoldungen, Gehalten, Aversen, Zinsen, Jahres-Beiträgen jeder Art etc., ferner zur Berechnung v. Tagesgebühren [Diäten], tägl. Bezügen, Beiträgen, Unterstützgn. etc. 4., unveränd. Aufl. schmal Fol. (II, 158 S.) Karlsruhe 888. (Macklot's Verl.) cart. 3. —

Bochert, Alfred (*geb. Liebau in Schles. 27. 8. 1852*): Zur Theorie der mehrwerthigen Functionen von n Elementen. Breslau 1877. (69 S.) 8°
Breslau, Phil. Diss. v. 6. Aug. 1877

Bochert, Paul [pract. Arzt]: Untersuchungen über das Netzhaut-Gliom .... Königsberg i. Pr., Lith., Buch- u. Steindr. H. Herrmann (1888); 2 Bl. + 39 + 1 S. + 2 Bl. u. 1 Taf. 8°
Königsberg, Med. Fak., Inaug.-Diss. v. 20. Jan. 1888

Bochert, Paul, Untersuchungen über das Netzhaut-Gliom. Inaugural-Dissertation. 8. (39 S. mit 1 Taf.) Königsberg i. Pr. 888, (Koch's Antiq.) **

Bochetus, de Salivatione Mercuriali. 4. Basel, Flick. 736.

Bochkoltz, August, der patentirte, mittelst comprimirter Luft wirkende Kraft-Regenerator zur Beseitigung der durch selbstthätige Pumpenventile veranlassten erheblichen Arbeitsverluste. Mit 1 Figurentafel gr. 8. (107 S.) Wien, Seidel & Sohn in Comm. 1 fl. 20 kr 1869.

Bochholtz-Falconi, A., Morgenstunde des Sängers oder vollständige Studien für Tonbildung und Kehlfertigkeit. Wien, Spina. 1 fl. 65 kr. 1869.

Bochinger, Jh. Jak., (†d. 12. Aug. 1831.) Anleit. zum Lesen d. heil. Schrift, für d. reifere Jugend u. d. Volk. Eine gekr. Preisschr. Mit 2 Karten u. 1 Plane. gr. 8. Tübing. 829. Fues. 1 ₰ 12 K

Bochinger, J. J., Anleitung zum Lesen d. heil. Schrift f. d. reif. Jugend u. d. Volk. Eine gekr. Preisschr., veranlaßt durch d. Einladung e. Gesellsch. v. Bibelfreunden. M. 2 Karten u. 1 Plane. gr. 8. (21 B. u. 1 Tab.) Tübingen 830, Fues.

— de originis allegoricae scripturae sacrae interpretatione. III Ptes. Strassb. 829, 30.

— la vie contemplative, ascétique et monastique chez les Indous et chez les peuples Buddhaistes. 8. Strassb. 831. Levrault.

Bochkoltz, Aug., der patentirte, mittelst comprimirter Luft wirkende Kraft-Regenerator zur Beseitigung der durch selbstthätige Pumpenventile veranlassten erheblichen Arbeitsverluste. Mit 1 (lith.) Figuren-Taf. (in Fol.) Wien 869. (Seidel & S.) gr. 8. (IV, 107 S.) n. 24 ngr.

Bochkoltz, F. D. J., Verhandlungen der Versamml. deutscher Wein- u. Obst-Producenten zu Trier, s. Verhandlungen.

Bochkovitch, Stojan, La mission du peuple Serbe dans la question d'Orient. Considerations sur le passé et sur l'avenir des pays Balkaniques. Deuxième édition. gr. 8°. (XV, 106 S.) Wien, Gerold & Cie. In Comm. baar mit 20% fl. 1.—. 1886.

Bochmann: Gesetzessammlung..., s. Bochmann, J.

Bochmann, E., u. A. Agthe, Beschreibung der gegenwärtig zur Reinigung u. Entwässerung der Städte angewendeten Systeme. gr. 8. (57 S.) Riga 887. (Kymmel's Buchh.) n. 2. 40

Bochmann, E., die Geschichte der Gesellschaft praktischer Aerzte zu Riga v. 1822—1872. Nach den Acten der Gesellschaft bearb. gr. 4. (145 S.) Riga 872. Kymmel. n. 6. —

Bochmann, E, d. Geschichte d. Ges. prakt. Aerzte zu Riga v. 1822—1872. 4. (145) Riga 74, Kymmel. n. 6. —

Bochmann, E. v., d. Postmarken d. Russ. Kaiserreichs, s.: Krötzsch, Hugo, perman. Beibuch m. Lichtdrucktaf. z. philatelist. Permanent-Sammelwerk.

Bochmann, E., Programm zu einem Centralschlachthaus u. Viehmarkt in Riga. Im Auftrage d. Rigaschen Stadtamts entworfen. gr. 8. (IV, 137 S.) Riga 882. (Kymmel.) n. 3. —

Bochmann, E., die Reinigung u. Entwässerung der Städte. Eine hygiein. Studie. Mit 1 lith. Taf. gr. 8. (58 S.) Riga 877. (Bruhns.) n. 1. 20

Bochmann, Emil: Antrittsrede. S. 7—13. 4. Gymn. *Bautzen* 1907 Progr.

Bochmann, Emil [Oberl. Dr.]: Zusammenhänge zwischen den Bevölkerungen des Obererzgebirges und des Oberharzes. Dresden, Druck v. B. G. Teubner, 1889; 20 S. 4°
Dresden-Neustadt, k. G, OP 1889 (510)

von **Bochmann,** Eugen, Ein Beitrag zur Histologie des Rückenmarkes. Diss. Dorpat. 4°. 37 pp. mit 1 lithographirten Tafel.

Bochmann, F., Programm zu e. Centralschlachthaus u. Viehmarkt in Riga. 8. (137) Riga 82, (Kymmel). n. 3. —

Bochmann, Felix. Beiträge zur Entwicklungsgeschichte officineller Samen und Früchte. Diss. Phil. Bern. [Mit 3 Tafeln.] 88 S. 8. Bern, Büchler & Co., 1901.

Bochmann, Friedrich Ferdinand Ed.

Bochmann, Frdr. Ferd. Ed., über die Benutzung der Roßkastanien u. Eichen in staatsoeconom., medicin., gewerbl. u. hauswirthschaftl. Hinsicht. Nebst einer Anleitung zur Anpflanzung dieser Bäume. Mitgetheilt auf Grund pract. Erfahrungen u. wissenschaftlicher Quellen. 8. (X u. 75 S.) Bautzen 848, Helfer. 12 ngr

Bochmann, H. E., De Cornificii auctoris ad Herennium qui vocatur rerum Romanarum scientia. Diss. 1875. 58 S.

Bochmann, J., die Baupolizei im Gebiete d. Allgemein. Landrechts, unter Berücksicht. der neuesten Gesetzgebung und Rechtsprechg. der höchsten preuß. Gerichtshöfe dargestellt. 8. (VI, 120 S.) Berlin 887. J. J. Heine. cart. n. 1. 60

Bochmann, d. Baupolizei im Gebiete d. Allgem. Landrechts dargest. Berl. 888.

Bochmann, J., Gesetz-Sammlung f. den Gast- u. Schankwirthschaftsbetrieb u. den Kleinhandel m. Branntwein u. Spiritus im Deutschen Reiche, nebst den wichtigsten in den einzelnen deutschen Bundesstaaten erlassenen Gesetzen, Rescripten, Verordngn. u. Entscheidgn. d. höchsten Gerichtshöfe. 8. (XII, 208 S.) Berlin 884. Liebheit & Thiesen. 1. 50

— Gesetz-Sammlung f. den Gast- und Schankwirthschaftsbetrieb und den Kleinhandel mit Branntwein und Spiritus im Deutschen Reiche. Ergänzungs-Band. 12. (XVI, 107 S.) Berlin 887. Liebheit & Thiesen. 1. 20 (Hauptwerk m. Ergänzungsbd.: 2. 70)

— dasselbe, nebst den wichtigsten in den Bundesstaaten erlassenen Gesetzen, Reskripten, Verordngn. u. ergangenen Entscheidgn. der höchsten Gerichtshöfe. Mit e. Vorworte v. L. Wreschner I. 3., bis auf die Neuzeit verm. u. verb. Aufl. 8. (LXXXII, 800 S.) Ebd. 891. n. 6. —

Bochmann, J. (Hrsg.), s. Mitteilungen aus der Rechtssprechung des Oberverwaltungsgerichts, des Reichs-Versicherungsamtes, des Kammergerichts . . .

Bochmann, J., s.: Mitteilungen a. d. Rechtsprechg. d. Verwaltungsgerichte.

Bochmann, Rechtsgrundsätze aus den in d. offiziellen Sammlung der Entscheidungen des Oberverwaltungsgerichts nicht veröffentlichten Entscheidungen dieses Gerichtshofes f. 1888 bis 1891. Berlin 895.

— Rechtsgrundsätze a. d. i. d. offiz. Sammlung d. Entscheidgn. d. Ober-Verwaltungsgerichts nicht veröffentl. Entscheidgn. dieses Gerichtshofes f. 1888–1891. gr. 8. (VIII, 673 S.) Berlin 895. Siemenroth & Troschel. n. 12. —; geb. in Halbfrz. n. 14. —

Bochmer, Go. Ldwg, Dissertationem de provocationibus juris Germanici examini subjicit. Halae Magd. 1738. 4. . . . . (D.)

Boehmer, J. F., s. Codex Moenofrancofurtanus.

Bochner, Benno, approb. Arzt aus Schoenlanke: Zur **Behandlung** der akuten Mittelohreiterung. *Leipzig 1901: B. Georgi.* (25 S.) 8°
Leipzig, Med. Diss. v. (23. März) 1901

Bochner jun., Th., Wolle, Wollwaaren u. bei deren Fabrication verwendete Maschinen, s.: Bericht über die Weltausstellung in Philadelphia 1876.

Bocholt [Schlagwort]

Bocholt, s.a. Deutschland. Karte (Abt. Preussen.) — Westfalen. Grundkarte.

Bocholt. Uebersichts-Plan v. Bocholt. Entworfen 1901 im Stadt-Bauamt. 1 : 7500. 66×66 cm. Lith. Bocholt (902). E. Grote. Auf Leinw. n.n. 1. 35; auf Pappe n.n. 1. 50

Bocholtz-Asseburg, J. Graf, Beiträge z. Geschichte d. Ortschaften u. Sitze d. Corveyer Landes. [Aus: „Ztschr. f. vaterl. Geschichte u. Alterthumskde. Westfalens" 54. Bd.] gr. 8. (436 S. m. 1 Karte.) Münster 896. Regensberg. n. 8. —

Bocholtz-Asseburg, J. Graf v., s.a. Urkundenbuch, Asseburger.

Bocholtz-Asseburg, J. Graf, Asseburger Urkundenbuch zur Geschichte des Geschlechts Wolfenbüttel-Asseburg. 1. Bd. bis z. J. 1300. Mit 14 Stamm- u. Siegeltfln. 2. Bd. bis z. J. 1400. Hannover 1876—87. 4.

Bochow, Karl: Der Differentialquotient zu beliebigem Index. Uebersicht ueber die bisherige Entwickelung dieser Theorie und ausfuehrliche Darstellung der reellen Differentiation zu beliebigem reellem Index. Halle a. S. 1885: Ploetz. 33 S. 4°
Halle-Wittenberg, Phil. Diss. v. 22. Juli 1885

Bochow, Karl, D. Formeln f. d. Summe d. natürl. Zahlen u. ihre ersten Potenzen, abgeleitet an Figuren. [Aus: „Jahrb. d. naturwiss. Vereins zu Magdeburg".] gr. 8. (45 S. m. 17 Fig.) Berlin 898. O. Salle. n. 1. —

Bochow, Karl, Dr.: Die Funktionen rationaler Winkel, besonders die numerische Berechnung der Winkelfunktionen ohne Benutzung der trigonometrischen Reihen und ohne Kenntnis der Zahl π. Magdeburg 1905: E. Baensch. (S. 1—40.) 4°
Magdeburg, st. R OP 1905 (317)

Bochow, Karl, die Funktionen rationaler Winkel. Insbesondere über die numer. Berechnung der Winkelfunktionen ohne Benutzg. der trigonometr. Reihen u. der Zahl π. Progr. (40 S.) Lex.-8. Magdeburg 905. (Leipzig, Buchh. G. Fock.) n. 1. —

Grundsätze und Schemata für den Rechen-Unterricht an höheren Schulen. M. e. Anh.: Die period. Decimalbrüche nebst Tabellen f. dieselben. Von Dr. Karl Bochow, Oberl. . . . zu Magdeburg. *Berlin: O. Salle 1898.* (VIII S., 1 Bl., 74 S.) 1 Bd 8. [9f. 1009]

Bochow, Karl: Grundsätze u. Schemata f. d. Rechen-Unterr. an höh. Schulen. Anh.: Die period. Dezimalbrüche nebst Tabellen. 2. Afl. (6, 102) gr8° Berl., O Salle '12. 2 —

Bochow, Karl: Ausgewählte Mascheronische Konstruktionen. Einige nach Mascheronis Art, d. h. mit d. Zirkel allein ausgeführte geom. Konstruktionen, z. Einführung in d. Methode stufenweise entwickelt. Nordhausen 1909: Nordh. Allg. Zeitung. 18 S. 4°
Nordhausen, k. RG OP 1909 (354)

Bochow, Karl [Dr.]: Eine einheitliche Theorie der regelmässigen Vielecke. Tl 1. Magdeburg, Druck v. E. Baensch jun., 1895; 1 Bl., 14 S., 1 Taf. 4.
Magdeburg, st. R, OP 1895 (278)

Bochow, Karl [Dr.]: Eine einheitliche Theorie der regelmässigen Vielecke. Tl 2. [Forts. d. P-Beil. 1895.] Magdeburg, Druck v. E. Baensch jun., 1896; 1 Bl., 20 S., 1 Taf. 4.
Magdeburg, st. R, OP 1896 (279)

— e. einheitl. Theorie d. regelmäss. Vielecke. Allgem. Untersuchgn. nebst Berechng. d. Seiten, Diagonalen u. Flächen d. i. elementaren Unterr. verwendb. regelmäss. Vielecke n. d. Reihen 2, 3, 5, 15, 17, 51, 85, 255. 4. (34 S. m. 2 Taf.) Magdeburg. Leipzig 896. (G. Fock.) n. 1. —

Die Bedeutung der Gemeinschaftspflege für die Erbauung des einzelnen u. der Gemeinde. Aus d. Verhandlungen d. 4. Hauptversamml. d. freien kirchl.-soz. Konferenz zu Berlin 1899. Referate von Seminaroberl. **Bochterle-Kornthal** u. Prof. [Friedrich] Krieg-Kaiserslautern, u. Diskussion. *Berlin: Berl. Stadtmiss. 1899.* (S. 99–152.) 8° [F.]
— Hefte d. freien kirchl.-sozialen Konferenz. H. 3. [oo. 7199]

Die Bedeutung der Gemeinschaftspflege für die Erbauung des einzelnen u. der Gemeinde. Referate von Sem.Oberl. [Samuel] Bochterle-Kornthal u. Prof. [Friedrich] Krieg-Kaiserslautern, u. Diskussion. Berlin: Berliner Stadtmiss. 1899. (S. 99–152.) 8° [F. u. Ant.]
— Verhandlungen d. Haupt-Versammlung d. freien kirchl.-soz. Konferenz.

Bochtler, Karl, die Arbeit, ihre sittliche u. soziale Bedeutg., s.a. Volksbibliothek, kathol. Nr. 15.

Bochtler, K., 1. Die Arbeit, ihre sittliche und sociale Bedeutung. 8°. Ravensburg, Dorn, 1901. (Katholische Volksbibliothek, 15.)

Bochtler, K.: Die Arbeit, ihre sittliche u. soziale Bedeutung. 2. Aufl. (140 S.) kl8°.– Ravensburg, F. Alber. 1910.

— Christentum u. Sozialismus oder der Kampf zwischen der christl. u. heidn. Weltanschaug., s.a. Volksbibliothek, katholische. Nr. 22.

-- 2. Christentum und Socialismus, oder der Kampf zwischen der christlichen und heidnischen Weltanschauung. 16°. Ravensburg, Dorn, 1902. (Katholische Volksbibliothek, 22.)

Bochum [Schlagwort]
— s. a.: Arnsberg, Reg.-Bez. — Umgebungskarten.

Bochum. Hölling, W., Wandkarte vom Stadt- u. Landkreise Bochum, f. Schul- u. Privatgebrauch entworfen u. gezeichnet. 1:10,000. 191×172 cm. Farbdr. Arnsberg (903). J. Stahl.
Auf Leinw. m. Stäben n.n. 25. —

Bochum. Plan d. Stadt Bochum. 1:5000. 62,5 × 89,5 cm. Farbdr. Nebst Verzeichniss der Strassen u. öffentl. Gebäude (am Rande). Bochum 897. A. Stumpf Nachf. n. 3. —: aufgez. n.n. 4. 25

Bochum, Kreis [Schlagwort]
Bochum, Kreis, s.: Ruhrgebiet.

Bochum, Kreis, s.: Westfalen. Wegekarte.

Bocion, François, s.a. Neujahrsblatt d. Künstlergesellschaft in Zürich 1892.

Bocion, François. Otto Frölicher. [Zürich 1892.] V: *Furrer, Conr.* (Berl)

Prozess '(E.) Bock-Oelmann'. Ein Beitrag z. Schulaufsichtsfrage. Hrsg. v. Vorstande d. Braunschw. Landes-Lehrervereins. Braunschweig 1903: Appelhans. 90 S. 8° (10. 6489 3

Bock, s.a. Bok

Bock, Der, und die Ziege, ... Wien 1783. V: *Blumauer, Joh. Alois.* (GGr)

Bock s: Abhandlungen üb. d. mathemat. Unterr. in Deutschld, Unterricht, Der mathemat., in Süddeutschld.

Bock, Altes und Neues über das ritterschaftliche Schulwesen in Mecklenburg. Wismar. *51 p.*
Schul-/Univ.-Schrift 1867.

Bock, Altes u. Neues über das ritterschaftliche Schulwesen in Mecklenburg. Wismar 867. Hinstorff. gr. 8. (51 S.) 5 *ngr.*

Bock, die Bekenntnißpflicht d. Christen. Vortrag, gehalten zu Wittenburg, den 25. April 1877. 2. Aufl. gr. 8. (16 S.) Stavenhagen 877. Beholtz. n. — 20

Bock, Dr., statist.-medicin. Bericht über die Kranken- u. Versorgungs-Anstalten Nürnbergs, s. Lochner, Dr.

Bock s: Es ward Licht!

Bock, s.: Handbuch f. Blumenpfleger.

Bock: Handbuch zum Nachschlagen der ... geltenden Landes- und wichtigeren Reichsgesetze ..., s. Bock, Wilhelm

v. Bock, ..., histoire de la guerre de sept ans de 1756—63. 11 Vols. 8. Strassb. 789. Academ. B. 1 *rthl.*

Bock u. Hasenknopf, Kriegschirurgen u. Feldärzte d. ersten Hälfte des 19. Jahrh. (1795—1848), s.: Veröffentlichungen aus dem Gebiete des Militär-Sanitätswesens. 18. Hft.

Bock et Pelach, Josef Ferd. Ritter von, Totius Regni Bohemiae Mappa Chorographico-Mineralogico-Hydraulico-Commercialis, cum Comitatu Glacensi et Districtu Egrano. [Wien,] Artaria, 1809. 4 Bll.................. (Br. Mus.)

— mémoire historique sur Zoroastre et Confucius. 4. Halle, Curt. 787.

— mémoire historique sur Zoroastre et Confucius. 4. Halle 787. (Laue in Berl.) 4 *gr.*

Bock. Siehe *Mythologie ancienne.*

Bock: Ueber den Mythos der Pallas Athene. 28 S. Progr. Neustadt i/W. 1872.

Bock: Wirtschaftliche Naturgeschichte ..., s. Bock, Friedrich Samuel

Bock, über die Pflege der körperlichen und geistigen Gesundheit des Schulkindes, Leipzig 1871, 48 S., 8°.

Bock: Probe einer Übersetzung des Homer, s. Bock, Wilhlem

Bock's Ratgeber vor u. in der Sommerfrische. Ein unentbehrl. Taschenbuch für jedermann. (84 S.) kl. 8. Leipzig (904). E. Müller. n. 1. —

Bock, Pastor, ... u. Arnheim, 2 Reden, gehalten bei Gelegenheit d. Einweih. einer israelit. Elementarschule zu Glogau am 20. Juni 1827. 8. Glogau 829. Heymann. 2 *gr.*

— Relation d'un voyage philosoph. gr. 8. Leips. Sommer. 788.

Bock (Hrsg.), s. Schulblatt der evangelischen Seminare Schlesiens.

Bock, Frh. v., die Stellung der Provinzialverbände zu einem neu anzulegenden Vicinalbahnnetz. gr. 8. (69 S.) Nordhausen 877. (Magdeburg, Klotz.) n. 1. 50

Bock: Im Streite wider die Homöopaten, s. Bock, Carl Ernst

Bock: Turnhallenpläne nach Maß d. württemberg. Turnordnung ..., s. Jäger

Bock, Unfall- u. Kranken-Versicherung der Betriebs u. Werkstätten-Arbeiter bei der Staats-Eisenbahn-Verwaltung. M. Anmerkgn. Königsberg 886.

Bock, wesentl. Verschiedenh. d. Bedeutg, Wirkg u. Tragweite gleichnam. Factore d. öff. Lebens in Preussen u. in d. deut. Ostseeprov. Russl. 8. (53) Berl. 68, Stilke & v. M. n. — 6

Bock, d. Vorgeschichte d. kurischen Nehrung, ihre Festlegg. u. Aufforstg. Vortrag, geh. i. d. XXV. Jahresversammlg. d. preuß. Forstvereins z. Königsberg i/Pr. Hrsg. v. literar. Bureau i. Königsberg i/Pr. gr. 8. (10 S.) Königsberg 896. (F. Beyer.) n. — 20

Bock, Frau: Was jede Dame wissen muß, s. Bock, Elis

Bock d. jüng., Cyriak., s.: Schneider-Büchlein.

Bock, A.: Das Armenwesen ..., s. Bock, Adolph

Bock, A. (Red.) s. Blätter, Freie, aus Göttingen.

Bock, A.: De delirio tremente, s. Bock, August

Bock, A.: Feldzugserlebnisse eines Einjährig-Freiwilligen ..., s. Bock, Arnold

Bock, A., Pompeji u. seine Ausgrabungen, s.: Petersen, Hans.

Bock, A., Vorschläge zur Verbesser. d. israelit. Gottesdienstes. 8. Magdeb. 823. (Rubach). 4 gl

Bock, A., Aachener Wanderbuch. 50 Ausflüge in Aachens nähere u. weitere Umgebung. (VIII, 96 S.) kl. 8. Aachen 905. G. Schmidt. n. — 75

Bock, A. C., s. Bock, August Carl

Bock, A. G. L.: De statu..., s. Boeck, Adolph Guil. Leop.

Bock, Adalbert. (Aloysius Franc.) (geb. Berlin 12.11.1820): De hydrocephalo acuto. Berolini (1843). (27 S.) 8°
Berlin, Med. Diss. v. 12. Aug. 1843

Bock, Adalbert M., s. Bock, M.

Bock, Adolph

Bock, Adph., das Armenwesen, die milden Stiftungen und sonstigen Wohlthätigkeitsanstalten zu Magdeburg. Magdeburg 860. (Berlin,) Schäfer. gr. 8. (VIII, 352 S. u. 9 lith. Taf. in 8., 4. u. Fol.) n. 1 ₰ 10 ngr.

Bock, Adolf: Beitrag zur Elektrolysenbehandlung, speziell für Nase und Nasenrachenraum. *Göttingen 1898: E. A. Huth.* (37 S.) 8°
Göttingen, Med. Diss. v. [9. März] 1898

Bock, Adf., die thüringische Eisenbahn. 8. (III und 144 S.) Leipzig 850, Brockhaus.
Aus: Brockhaus' Reise-Bibliothek.

—— Rußlands Entwickelung bis zum Frieden vom 30. März 1856. gr. 8. (XII und 211 S.) Leipzig 856, Brockhaus.

Bock, Adolf, Schlözer. Ein Beitrag zur Literaturgeschichte des 18. Jahrhunderts. gr. 8. (11¼ B. u. S's. Bildn.) Hannover 844, Klus.

—— der Tribun. Geschichtliches Taschenbuch für das deutsche Volk. 8. (10 B.) Hannover 840, Klus.

Bock, Adolf [app. Arzt aus Kiel]: Aus d. Augenklinik zu Kiel. Untersuchungen über die Erblichkeit der Myopie ... Kiel, Druck v. L. Handorff, 1892; 17 S., 1 Bl. 8.
Kiel, Med. Fak., Inaug.-Diss. v. [24. März] 1892

Bock, Alfons, Geschichte der Pädagogik, s.: Helgenmooser, Jos.

Bock, Alfons, Hellas u. Rom. Kleines Lehr- u. Lesebuch f. den Unterricht in der griech. u. röm. Geschichte. Nach Maßgabe der Allerhöchsten Bestimmgn. v. 30. VII. 1898 für die bayer. Lehrer- u. Lehrerinnenbildungsanstalten bearb. (VIII, 178 S. m. 14. Abbildgn.) gr. 8. Leipzig 906 A. Deichert Nachf. n. 2.20; geb. n. 2.60

— Hellas u. Rom. Kleines Lehr- u. Lesebuch f. den Unterricht in der griech. u. röm. Geschichte. Nach Maßgabe der Allerhöchsten Bestimmgn. vom 30. VII. 1898 f. die bayer. Lehrer- u. Lehrerinnenbildungsanstalten bearb. 2., durchgeseh. Aufl. (VIII, 178 S. m. 14 Abbildgn.) gr. 8. Erlangen 909. Leipzig, A. Deichert Nachf. 2.20; geb. n 2.60.

— Hellas u. Rom. Kl. Lehr- u. Leseb. f. d. Unterr. in d. griech. u. röm. Gesch. 3.Afl. (8, 178 m. Abb.) gr8° Erlangen '11. Lpzg, A Deichert Nf. 2.20 d

— Zur Lehr' u. Freud'. Leseb. f. d. höh. Mädchensch. d. Kgr. Bayern. 1.Bd. (1.Kl.) (230) 8° Münch., OA Seyfried & Co. '12. geb. nn 1.80 d

— Deutsches Lesebuch f. höh. Bildungsanstalten. Zunächst f. die Lehrer- u. Lehrerinnen-Bildungsanstalten des Königr. Bayern hrsg. 4 Bde. gr. 8. Nürnberg, F. Korn. Geb. 14. —
1. (VII, 416 S.) 907. 2.80. — 2. (VII, 391 S.) 907. 2.80. 3. (VII, 504 S.) 907. 3.20. — 4. (VII, 632 S.) 908. 5.20.

Bock, Alfr., deutsche Dichter in ihren Beziehungen zur Musik. 8. (XI, 264 S.) Leipzig 893. Dresden, C. Reißner. n. 4. —; geb. n. 5. —

Bock, Alfr., deutsche Dichter in ihren Beziehungen zur Musik. Klopstock. Wieland. Lessing. Schiller. Goethe. Herder. Jean Paul. Romantiker Hoffmann. Lenau. Heine. Grillparzer. Neue [Titel-]Ausg. gr. 8. (VII, 264 S.) Gießen [893.] 900. J. Ricker. n. 2. —; geb. in Leinw. n. 2.60

Bock, A: Der Flurschütz. Roman. (96) 8° Berl., E Fleischel & Co. '01. 1 —; geb. 2 — d

— der Flurschütz. Roman. 8. (96 S.) Berlin 901. F. Fontane & Co. n. 1. —; geb. n. 2. —

Bock, Alfr., Gedichte. 12. (IV, 68 S.) Dresden 889. Pierson. n. 1.50; geb. n. 2.50

Bock, Alfr., Albertine v. Grün. Eine Liebesgeschichte aus der Genieperiode. (22 S.) 8. Gießen (910). v. Münchow. — 75

Bock, Alfr., d. Gymnasialdirektor, s.: Habel, Eug.

Kantor Schildkötens Haus. Roman von Alfred Bock. *Berlin: E. Fleischel & Co. 1903.* (186 S.) 8° [F.]

— Hessenluft. Novellen. (198 S.) 8. Berlin 907. E. Fleischel & Co. 2.—; geb. 3. —

— Kinder des Volkes. Roman. 8. (145 S.) Ebd. 902. n. 2. —; geb. n. 3. —

!Bock, Alfred: Kinder des Volkes. Jetzt: Verlag v. Eg. Fleischel & Co. in Berlin

Bock, Alfr., der Kuppelhof. Roman. 1. u. 2. Aufl. (à 227 S.) 8. Berlin 906. E. Fleischel & Co. n. 3. —; geb. n. 4.50

— Die Messfahrt u. and. Novellen, s: Universal-Bibliothek 5435.

— Die Oberwälder. Roman. (218) 8° Berl., E Fleischel & Co. '12. 3 —; geb. 4.50 d

— Die Pariser. Ein Roman aus Hessen. Umschlagzeichnung v. Otto Ubbelohde.) (203 S.) 8. Ebd. 909. 3.—; geb. 4.50

— die Pflastermeisterin. (Roman.) 8. (170 S.) Berlin (899). Vita. n. 3. —

— dasselbe. Neue [Titel-]Ausg. 8. (170 S.) Berlin [899.] 901. F. Fontane & Co. n. 2. —; geb. n. 3. —

— die Pflastermeisterin. Roman. 2. Aufl. (175 S.) 8. Ebd. 906. n 2. —; geb. n. 3. —

!Bock, Alfred: Die Pflastermeisterin. Jetzt: Verlag v. Eg. Fleischel & Co. in Berlin.

— Die Prinzessin v. Sestri. Lustspiel. 8° (80) Berl. 1900, F Fontane & Co. 1.50

!Bock, Alfred: Die Prinzessin v. Sestri. Jetzt: Verlag v. Eg. Fleischel & Co. in Berlin.

— Bodo Sickenberg. Roman. 8. (183 S.) Ebd. 900. n. 2. —; geb. n. 3. —

!Bock, Alfred: Bodo Sickenberg. Jetzt: Verlag v. Eg. Fleischel & Co. in Berlin.

Bock, Alfr., aus e. kleinen Universitätsstadt. Kulturgeschichtl. Bilder. I. gr. 8. (IV, 116 S. m. 1 Bildn.) Giessen 896. E. Roth. n. 1.50; geb. n. 2. —

Bock, Alfr., Wo d. Straßen enger werden. Geschichten. 8. (V, 246 S.) Großenhain 898. Baumert & Ronge. n. 2. 50

— wo die Straßen enger werden. Geschichten. Neue [Titel=]Ausg. 8. (V, 246 S.) Ebd. [898.] 901. n. 2. —; geb. n. 3. —

! Bock, Alfr.: W o die Straßen enger werden. Jetzt: Verlag v. Eg. Fleischel & Co. in Berlin.

Bock, Alice, wie der Hirsch schreiet nach frischem Wasser... Lieder der Liebe. (VI, 48 S.) 8. Dresden (907). E. Pierson. 1.—; geb. n 2. —

Bock, Alwine, wie zu Riga d. Mädchengewerbeschule entstand. gr. 8. (118 S.) Riga 901. (Jonck & Poliewsky). n.n. 2. 50

Bock, Anna, Selam. Ein Novellenstrauß. 8. (IX, 369 S.) Dresden 890. Pierson. n. 4. —

Bock, Annie, s.a. Neumann=Hofer, Annie.

Bock, Annie (Frau Otto Neumann=Hofer), der Auserwählte. Deckelornament u. Zeichng. v. Hans Baluschek. 12. (V, 98 S.) Berlin 895. Bibliographisches Bureau. n. 1. 50; geb. in Damast m. Goldschn. n. 2. 50

Bock, A (Frau A Neumann-Hofer), d. Auserwählte. 12° (98) Berl. 95. E Ebering. 1.50; geb. in Damast m. G. 2.50

Bock, Annie (Annie Neumann=Hofer), Einsamkeit. Roman. 8. (439 S.) Berlin 898. Vita, Deutsches Verlagshaus. n. 3. —; geb. n. 4. —

— „Ellen", s.: Roman=Gallerie f. Salon u. Reise.

— führe uns in Versuchung. Roman. 8. (734 S.) Berlin 896. Deutsches Verlagshaus Bong & Co. n. 6. —; geb. n. 7. 50

— Dora Peters. Zwei d. sich liebten. Roman. 8. (VII, 467 S.) Berlin 896. F. Fontane & Co. n. 5. —

Ⓑ Bock, Annie, Dora Peters. 896. Jetzt: Berlin. E. Fleischel & Co Ladenpr. aufgeh.

— d. Familie Alzzoni. Roman. 8. (600 S.) Berlin 898. Vita. n. 4. —

— Robert, s.: Kürschner's Bücherschatz.

— Simson u. Delila, s.: Engelhorn's Romanbibliothek.

— Tarantella. Roman. 2 Bde. 8. (309 u. 268 S.) Berlin 894. Bibliograph. Bureau. n. 5.—

— Tarantella. Roman. 2 Bde. 8° (577) Berl. 94, E Ebering. 5 —

– die T o t e , s. K ü r s c h n e r ' s Bücherschatz

— d. Zug n. d. Osten. Roman. 8. (430 S.) Berlin 898. Vita. n. 3. —; geb. n. 4. —

Bock, Anton, appr. Arzt: Aus d. Elisabethkrankenh. zu Aachen (inn. Abt. d. Städt. Krankenhäuser). Beiträge zur Kenntnis der angeborenen Herzfehler. Giessen 1910: v. Münchow. 42 S. 8°
Gießen, Med. Diss. v. 13. Aug. 1910, Ref. Bostroem
[Geb. 24. Juli 81 Aachen; Wohnort: Aachen; Staatsangeh.: Preußen; Vorbildung: Gymn. Emmerich Reife O. 03; Studium: Bonn 1, München 6, Berlin 3 S.; Coll. 26. Febr. 09; Approb. 16. Juli 09.] [U 10. 1130

Bock, A. Feldzugserlebnisse eines Einjährig-Freiwilligen im 3. Garde-R. z. F. Leipzig (1903). 8°.

Bock, Arnold, 1870—71. Feldzugserlebnisse u. Erinnergn. e. Einjährig=Freiwilligen im 3. Garde=Regiment zu Fuß. (VIII, 144 S. m. 29 Abbildgn.) gr. 8. Wien (903). C. Konegen. n. 1. 50

Bock, Arthur, Referendar am Kgl. Oberlandesgericht in Düsseldorf: Das dingliche Vorkaufsrecht nach dem B.G.B. Düsseldorf 1908: F. Dietz. (62 S.) 8°
Leipzig, Jur. Fak., Diss. v. 18. April 1908
[Geb. 27. Sept. 81 Stapleton, New York, U. S.; Wohnort: Düsseldorf-Grafenberg; Staatsangeh.: Preußen; Vorbildung: Gymn. Neiße Reife O. 01; Studium: Leipzig 4, Bonn 2 S.; Rig. 26. Juli 04.]

Bock, Aug., Beschreibung u. Abbildung d. mißgebildeten Geschlechtstheile eines 7jährigen Kindes, welches bis jetzt f. ein Mädchen gehalten, am 18. Januar 1811 aber von ein. Gesellschaft prakt. Aerzte als Knabe erklärt worden, m. 2 K. gr. 8. Berl. Hitzig. 811.

Bock, Aug. Ludw. Theod., s. B o c k , August Ludw. Theod.

BOCK, August (Schongau): De delirio tremente.- Augustae Vindelicorum: Wirth 1836. 23 S. 29.3.1833 - Urk; F 60

Diss. Ingolst.-Landsh.-Mchn.

Bock, August Karl

Bock, Aug. Karl, († d. 30. Jan. 1833.) Beschreib. d. 5ten Nervenpaares u. seiner Verbindung mit andern Nerven, vorzügl. mit dem Ganglienfysteme, mit Kpftt., gezeichnet v. Hrn. Hofr. J. C. Rosenmüller. gr. Fol. Meiß. 817. Goedsche. 4 ℛ 20 ℊ Mit ill. Kpf. 6 ℛ 10 ℊ mit schw. Kpf. 7 ℛ Mit ill. Kpf. 9 ℛ Nachtr. zu seiner Beschreib. d. 5ten Nervenpaares. Mit 4 Kpft. gr. Fol. Ebd. 822. 2 ℛ 14 ℊ ill. 4 ℛ 12 ℊ Velinp. 4 ℛ 18 ℊ

Bock, Aug. Karl, Darst. d. weibl. Geburtsorgane, s. Encyklop. d. Anat. 5r Bd. 2e Abthl. Darstell. d. Gehirns rc., s. Ebd. 8r Bd. 1e Abthl. Darstell. d. Organe d. Respiration, s. Ebd. 8r Bd. 2e Abthl. Darstell. d. Saugadern, s. Ebd. 6r Bd. Darstell. d. Venen, s. Ebd. 5r Bd. 1e Abthl.

— Darstell. d. weibl. Geburtsorgane, sowohl im unbeschwängerten, als beschwängerten Zustande. Mit 1 Kpft. gr. 8. Leipz. 825. Baumgärtner. 2 ℛ ill. 2 ℛ 16 ℊ (Aus d. Encyklop. d. Anatomie 8r Bd. abgedruckt.)

— Darstell. d. Gehirns rc., s. Encyclopädie d. Anatomie 8r Bd. 1e Abtheil.

— Darstell. d. Organe d. Respiration, s. Encyclopädie d. Anatomie 8r Bd. 2e Abtheil.

Bock, Aug. Carl, Darstellung der Saugadern, s. Encyclopädie, allgem., d. Anatomie, 6. Bd.

— Darstell. d. Venen, s. Encyclopädie d. Anatomie 5r Bd. 1e Abtheil.

— accurata nervorum spinalium descriptio. Latine vertit Alb. Fr. Haenel, Mit 7 ill. Kpft. 8maj. Lpz. 824. Baumgärtner. 14 ℛ schwarz 10 ℛ

—— accurata n e r v o r u m spinal. descript. Latine vertit Alb. Fr. Haenel. Acced. tabb. a R. J. A. Martinio delin. et a Schrötero in aes incisae. 8 maj. (10 B. u. 1 Hft. m. 7 ill. Taf. in Roy.-Fol.) Lipsiae 828, Baumgärtner. 14 Thlr., schw.

— Handbuch d. prakt. Anatomie d. menschl. Körpers, od. vollständ. Beschreib. desselben nach d. natürl. Lage seiner Theile. 2 Bde. gr. 8. Meißen 819, 22. Goedsche. 4 ℛ 14 ℊ 2e mit e. Nachtr. verm. Ausg. 2 Bde. Ebd. 831. 3 ℛ 20 ℊ Der Nachtr. auch apart unt. d. T.: über gerichtl. Sectionen d. menschl. Körpers, mit Darstell. d. wichtigsten Theile desselben, auf 4 color. Kpft. gezeichn. u. gestoch.; für Aerzte, Wundärzte u. Juristen. gr. 8. Ebd. 831. 1 ℛ 10 ℊ

— Katechismus d. prakt. Anatomie, f. angehende Aerzte u. Wundärzte, als Anleit. z. Selbststudium d. anatom. Wissensch. 1r u. 2r Bd. 1e u. 2e Abthl. gr. 8. Leipz. 826—28. Baumgärtner. 3 ℛ 6 ℊ

— d. menschl. Körper nach seinem äußern Umfange, od. d. Eintheilung u. d. Regionen dess. Mit 3 Abbildd. gr. 4. Lpz. 824. Baumgärtner. 12 ℊ

— Nachtrag zu seiner Beschreib. d. 5n Nervenpaares. M. Kpf. gr. Fol. Meißen 821, Goedsche.

—— der Prosector, od. Unterr. z. prakt. u. techn. Zergliederungskunst f. Solche, welche sich vorzügl. d. prakt. Zergliederung widmen wollen, u. z. Gebr. beim Präpariren menschl. Theile. M. 1 Kpfrt. v. Schröter. gr. 8. (35½ B.) Leipzig 829, Fest.

— d. Rückenmarksnerven nach ihrem ganzen Verlaufe, Vertheilungen u. Verbindungen. Nebst Abbildd. auf 7 Fol. Kpft. gr. 8. Leipz. 827. Baumgärtner. 10 ℛ︀ color. 14 ℛ︀

Bock, A. C.: Ueber gerichtliche Sectionen des menschl. Körpers, mit Darstell. der wichtigsten Theile desselben auf 4 color. Kupfertafeln v. *Schröter*; für Aerzte, Wundärzte u. Juristen. *Meissen*, Goedsche. 831. gr. 8. (1 Thl. 10 Gr)

Bock, A. C., gerichtl. Sectionen des menschl. Körpers. 2., verm. u. verb., zum Gebr. für Aerzte, Wundärzte u. Juristen bearb. Aufl. von C. E. Bock. gr. 8. (12 B. u. 4 col. Kpfrt.) Leipzig 843, Jackowitz. *

— Tabulae chirurgico-anatomicae, seu icones partium corporis humani etc. Chirurg.-anatom. Tafeln, oder Beschreib. d. Theile d. menschl. Körpers in Bezug auf chirurg. Krankh. u. Operationen. Latein. u. deutsch. M. 13 Kpft. gr. Fol. Leipz. 831, 32. Voß. 10 ℛ︀ Ausg. mit color. Abbildd. 12 ℛ︀

—— Tabulae chirurgico-anatomicae, seu Icones partium corporis humani, ratione perpetua habita morbor. et operation. chirurgicar. Edidit et figuras, tum Germanicam tum Latinam descriptionem adjecit. — A. u. d. T.: Chirurgisch-anatom. Tafeln, od. Abbildung d. Theile d. menschl. Körpers in Bezug auf chirurg. Krankheiten u. Operationen, mit latein. u. deutsch. Erklärung. Roy.-Fol. (13 v. J. F. Schröter n. d. Natur gez. u. gestoch. Kpfr. u. 40 B. Text.) Leipzig 833, Voss. ganz col. 12 Thlr., halb col.
Die Erklärung d. 5—13. Kpfrt. wurde nach d. Verf. Tode († d. 20. Jan. 1833) von dess. Sohne Carl Ernst Bock besorgt.

—— ausführl. Text hierzu (zu beiden Ausgaben passend) u. d. T.: Chirurgisch-anatom. Tafeln, mit Beschreib. d. Theile nach ihr. Structur u. Lage in Bezug auf chirurg. Krankheiten und Operationen. 1. Lfg. gr. 8. (18 B.) Ebds. 830.
Ist nicht mehr im Buchhandel. — Die Fortsetzung unterblieb.

— — tabellarische Uebersicht der gesammten Anatomie, nach der Lage der Theile abgefaßt. Fol. Leipz. Franz. 817.

— tabellar. Uebersicht d. gesammten Anatomie, nach d. Lage d. Theile. Fol. Leipz. 817. (Taubert). 9 Gr

Bock, August Ludw. Theod.

Bock, Aug. Ludw. Theod. (Sandau), De phthisi tracheali. Diss. med. Bln. (Brüschck) 6. IV. 1825. 32 S., mit Biogr. (M.: Juengken.) (4.—) 2985
Oppon.: C. Klewitz, F. Friebezeiser, C. Bahn.

Bock, Boris v.

50 Jahre des Technischen Vereins zu Riga, 1858 bis 1908. Mit Benutz. d. Rückblicke von J. v. Hagen u. B. Becker Von B[oris] v. Bock. — Riga 1908: Häcker. 24 S. 4° 1.

Rigaer Technischer Verein. Zum 75jähr. Jubiläum. Bericht von 1908—1933. Von B[oris] v Bock. — (Riga 1933: Ussleber.) 12 S. 4° Forts. von: Bock· 50 Jahre d. Techn. Vereins zu Riga, 1858 bis 1908. 1.

Bock, C., historische Ergebnisse eines archäologischen Fundes in Croatien. Mit 1 (lith.) Taf. (in Fol.) (Aus d. Sitzungsberichten d. k. Akad. d. W.) Wien 858. Gerold in Comm. gr. 8. (34 S.) n. 14 Ngr

Bock, C., der echte wiener Meerschaumkopf als Schmuck des Tabakrauchers. Theoretisch-prakt. Anweisung Meerschaumköpfe anzurauchen, wie überhaupt Pfeifen gehörig zu behandeln. 8. (4½ B. u. Titelkpfr.) Wien 843, Haas'sche Buchh.

Bock, C., Studien über Febris recurrens, s. Wyss, O.

Bock, C. E.: Bau, Leben u. Pflege des menschlichen Körpers, s. Bock, Carl Ernst

Bock, C.: De metris Horatii Lyricis, s. Bock, Carl

Bock, C.: Gerichtliche Sektionen des menschlichen Körpers, s. Bock, Carl Ernst

Bock, C. P., der Bildercyclus in der Vorhalle des Freiburger Münsters. (Aus den christl. Kunstblättern abgedr.) Freiburg im Br. 862. (Herder.) gr. 8. (52 S. u. 2 lith. Taf. in Fol.) n. 15 Ngr

Bock, C. P., das Rathhaus zu Aachen. Schutzschrift für die unverletzte Erhaltung des deutschen Krönungssaales. gr. 8. (12⅛ B.) Aachen 843, Hensen u. Comp. *

Bock, C. W., Abbildung verschied. Gel. n. Biogr. 6 Hefte. 8. Erlang. Palm. 791.

Bock, C. W., Bildnisse gelehrter Männer u. Künstler, nebst Biographien, 1r Bd. 12 Stcke. u. 2n Bds. 1s—8s Stck. gr. 8. Nürnb. 791—98. Verfass. (à 16 Gr) 13 ℛ︀ 8 Gr

Bock, C. W.: Erklärung des Baus der berühmtesten u. merkwürdigsten älteren u. neueren Sprachen Europas . . ., s. Bock, Carl Wilh.

Bock, Car. (geb. Breslau 1. 3. 1842) De degeneratione grisea funiculorum medullae spinalis posteriorum. Berolini (1865). (32 S.) 8°
Berlin, Med. Diss. v. 21. Juli 1865

Bock, Carl, u. Fridr. Alb. Hoffmann, Experimental-Studien üb. Diabetes. gr. 8. (IV, 70 S.) Berlin 874. Oliven. n. 2. —

BÖCK, Carl von (Kempten): Ueber die Hypochondrie.- München 1853. 52 S. 20.7.1853 - Urk (Titel: De hypochondria.); P 67
Diss. Ingolst.-Landsh.-Mchn.

Bock, Carl, unter den Kannibalen auf Borneo. Eine Reise auf dieser Insel u. auf Sumatra. Einzig autorisirte deutsche Ausgabe. Aus dem Englischen v. Rob. Springer. Mit einleit. Vorwort von Alfr. Kirchhoff. Mit 30 Taf. in Farbendr., 7 Holzschn.-Illustr. u. einer (chromolith.) Karte v. Borneo. Lex.-8. (XX, 407 S.) Jena 882. Costenoble. n. 21. —; geb. n. 23. 50

Bock, Carl, unter den Kannibalen auf Borneo. Eine Reise auf dieser Insel u. auf Sumatra. Einzig autoris. deutsche Ausg. Aus dem Engl. Mit einleit. Vorwort von A Kirchhoff. Mit 30 Tafeln in Farbendr., 7 Holzschn.-Illustr. u. 1 Karte v. Borneo. 2. (Titel-) Aufl. Lex.-8 (XX, 407 S.) Jena 887. Costenoble. n. 10. —; geb. n. 12. 50

Bock, Carl, de metris Horatii lyricis. Dissertatio inauguralis. gr. 8. (71 S.) Kiel 880. Rendsburg, Ehlers. n. 1. 60

Bock, Carl, im Reiche des weißen Elephanten. Vierzehn Monate im Lande u. am Hofe des Königs von Siam. Deutsche Ausg., besorgt durch F. M. Schröter. Autoris. Ausg. Mit vielen Holzschn. im Text, 1 Farbendr. und Karte. gr. 8. (326 S.) Leipzig 885. Hirt & Sohn. n. 8. —; geb. n. 10. —

Bock's, Carl Ernst, offenes Antwortschreiben auf das offene Sendschreiben des Vereins von Freunden der Homöopathie in Württemberg. gr. 8. (14 S.) Leipzig 869, (Magazin für Literatur.) *

Bock, Carl Ernst, Atlas der pathologischen Anatomie mit besonderer Rücksicht auf die Diagnostik. Mit 146 gemalten Abbildgn. auf 24 (Kpfr.-) Taf. Leipzig 855. G. Wigand. Imp.-4. (2 Bl., 18 S.) n. 16 ℛ︀

—— Bau, Leben und Pflege des menschlichen Körpers in Wort und Bild. Unter Mitwirkung von Schulmännern für Schüler dargestellt. gr. 8. (III, 175 S.) Leipzig 868, Keil. *
geb. *

Bock, CE, Bau, Leben u. Pflege d. menschl. Körpers in Wort u. Bild. 12. Afl. 8. (220 m. H.) Lpzg 79, Keil. — 60; geb. n. — 90

Bock, Carl Ernst, Bau, Leben und Pflege des menschlichen Körpers in Wort und Bild. Nach vorher. Begutachtung durch Schulmänner für Schüler hrsg. 12. und 13. durchgeseh. und verm. Aufl. (VIII, 216 S. mit eingedr. Holzschn.) 1877; 14. durchgeseh. Aufl. 8. (VIII, 220 S. mit eingedr. Holzschn.) Leipzig 880, Keil. 60 Pf.; geb. *

Bock, Carl Ernst, Bau, Leben u. Pflege des menschlichen Körpers in Wort u. Bild. Nach vorheriger Begutachtung durch Schulmänner für Schüler hrsg. 14. durchgesehene u. verm. Aufl. 8. (VIII, 216 S. mit eingedr. Holzschn.) Leipzig 880. Keil. — 60; geb. n. — 90

Bock, Carl Ernst, Bau, Leben u. Pflege d. menschlichen Körpers in Wort u. Bild. Nach vorher. Begutachtung durch Schulmänner für Schüler hrsg. 15. Aufl., neu durchgesehen v. Max Zimmermann. 8. (VIII, 220 S.) Leipzig 884. Keil's Nachf. — 60; geb. n.n. — 90

Bock, Carl Ernst. Bau, Leben u. Pflege d. menschlichen Körpers in Wort u. Bild. 16. Aufl. Neu durchgesehen von Max v. Zimmermann. 8. (VIII, 207 S.) Lpz. 891, Keil's Nachf. — 75; geb. * 1

Bock, Carl Ernst, Bau, Leben u. Pflege des menschlichen Körpers in Wort u. Bild. Nach vorher. Begutachtung durch Schulmänner f. Schüler hrsg. 17. Aufl. Neu durchgesehen v. W. Camerer. 8. (VIII, 208 S. m. Abb.) Leipzig 900. E. Keil's Nachf. — 75; geb. in Leinw. n. 1. —

— s. A. C. Bock, gerichtl. Sectionen.

Bock, Carl Ernst, Bau, Leben u. Pflege des menschlichen Körpers in Wort u. Bild. Nach vorher. Begutachtg. durch Schulmänner f. Schüler hrsg. 18. Aufl. Neu bearb. v. W. Camerer. (VI, 154 S. m. 2 farb. Taf.) 8. Stuttgart (908). Union. Kart. 1. 20

—— das Buch vom gesunden und kranken Menschen. Mit 25 feinen Abbild. (in Holzschn.) 1. Aufl. (XVII und 537 S.) 854. und 2., verb. Aufl. gr. 8. (XI und 537 S.) Leipzig 855, Keil. *

— das Buch vom gesunden und kranken Menschen. Mit 25 feinen Abbildgn. (Holzschn. im Text.) 855. (4 Bl., X, 537 S.) — 2. verb. Aufl. Leipzig 855. Keil. 8. (XI, 537 S.) n. 25 ngr

Bock, Carl Ernst, das Buch vom gesunden und kranken Menschen. Mit 25 Abbildgn. (in Holzschn.) 3. verb. und verm. Aufl. Leipzig 859. Keil. 8. (XII, 655 S.) 1 Thlr 22½ ngr

Bock, Carl Ernst, das Buch vom gesunden und kranken Menschen. 3. Aufl. 1859. und 4., verb. und verm. Aufl. 7 Lfgn. br. 8. (X und 659 S. mit 88 Abbild. in eingedr. Holzschn.) Leipzig 861, Keil. à Lfg. 7½ Ngr. 1

Bock, Carl Ernst, das Buch vom gesunden und kranken Menschen. Supplement Band zu allen Ausg. Der Gartenlaube entnommen. Ebend. 862. 8. (256 S.) 22½ ngr

Bock, Carl Ernst, das Buch vom gesunden und kranken Menschen. 5.—7., bedeutend verm. Aufl. br. 8. (XII und 689 S. mit 78 Abbild. in eingedr. Holzschn.) Leipzig 863—66, Keil. 1

—— dass. — Supplement-Band. (Der Gartenlaube entnommen.) 1. Aufl. 1862. 22½ Ngr. und 2. Aufl. br. 8. (VIII und 276 S.) Ebendas. 866.

—— das Buch vom gesunden und kranken Menschen. 8. bedeut. verm. Aufl. gr. 8. (XII, 859 S. mit gegen 90 feinen Abbild. in eingedr. Holzschn.) Leipzig 870, Keil. *

—— dass. — 9. Aufl. 10 Lfgn. gr. 8. (XIV, 1002 S. mit gegen 120 Abbild.) Ebendas. 872,73. à Lfg. 75 Pf.

—— das Buch vom gesunden und kranken Menschen. 10. bedeutend verm. Aufl. Mit gegen 120 Abbild. (in eingedr. Holzschn.). 9. und 10. (Schluß-)Heft. gr. 8. (XIV, S. 673—878.) Ebendas. 875. à Heft 75 Pf.
1.—8. Heft. Ebendas. 1874,75. à 75 Pf.

Bock, Carl Ernst, das Buch vom gesunden u. kranken Menschen. Mit gegen 120 feinen (eingedr. Holzschn.-) Abbildgn. 11. m. der 10. gleichlaut. Aufl. gr. 8. (XIV, 878 S.) Leipzig 876. Keil. 7. 50; geb. n. 8. 75

— das Buch vom gesunden u. kranken Menschen. Mit gegen 142 (eingedr. Holzschn.-)Abbildungen. 12. umgearb. u. verm. Aufl. Mit dem Portr. des Verf. in Stahlst. gr. 8. (XVI, 996 S.) Ebend. 878. 9. —; geb. n. 10. —

—— das Buch vom gesunden und kranken Menschen. 13. verb. und vielfach verm. Aufl. Mit über 150 feinen (eingedr. Holzschn.-) Abbild., 1 anatom. Taf. in Bunt-[Stein-]Druck und dem Portr. des Verf. in Stahlst. Hrsg. von Max Jul. Zimmermann. 16 Lfgn. oder 2 Bde. gr. 8. (704; VI, 516 S.) Ebendas. 883,84. à Lfg. 75 Pf. geb.

— das Buch vom gesunden und kranken Menschen. 13. verb. u. vielfach verm. Aufl. Mit üb. 150 feinen (eingedr. Holzschn.-) Abbildgn., einer anatom. Taf. in Bunt-[Stein]Druck u. dem Portr. d. Verf. in Stahlst. Hrsg. v. Max Jul. Zimmermann. 2 Bde. gr. 8. (704 u. XVI, 516 S.) Leipzig 884. Keil's Nachf. 12. —

Bock, Carl Ernst, das Buch vom gesunden und kranken Menschen. 14. neu umgearb. Aufl. Mit zahlreichen Abbild. in Holzschn. und mehreren Farbtaf. Hrsg. von Max v. Zimmermann. (In 20 Lfgn.) 1.—11. Lfg. gr. 8. (S. 1—544.) Leipzig 888, Keil's Nachf. à Lfg. * 50 Pf. * 5 50

—— Das Buch vom gesunden u. kranken Menschen. Mit Abbildgn. in Holzschn. u. farb. Taf. 14. Aufl. Hrsg. v. Max v. Zimmermann. 12.—20. (Schluß-)Lfg. gr. 8. (XII, S. 545—963.) Ebd. 889. à Lfg. * — 50; * 4 50
1.—11. Lfg. Ebd. 1888. * 5 50.

Bock, Carl Ernst, das Buch vom gesunden u. kranken Menschen. 15., stark verm. Aufl. Mit zahlreichen Abbildgn. in Holzschn. u. mehreren Farbtaf. Hrsg. v. Max v. Zimmermann. 20 Lfgn. gr. 8. (XII, 946 S.) Leipzig 893. E. Keil's Nachf. à n. — 50 (kplt. geb. in Halbfrz.: n. 12. —)

Bock, C. E., d. Buch v. gesunden u. kranken Menschen. 16., umgearb. Aufl. M. zahlr. Abb. in Holzschn. und mehr. Farbentaf. Neu bearb. v. W. Camerer. gr. 8. (XII, 971 S.) Leipzig 898. E. Keil's Nachf. 10. —; geb. in Halbfrz. 12. —

Bock, C. E., das Buch vom gesunden u. kranken Menschen. 17., vollständig umgearb. u. verm. Aufl. Mit zahlreichen Abbildgn. im Text u. 6 Farbtaf. Neu bearb. v. Joh. Wilh. Camerer. (VIII, 990 S.) gr. 8. Stuttgart (903, 904). Union. n. 6. —; geb. in Halbfrz. n. 8. —
Erschien auch in 20 Lfgn. à n. — 30

— Das Buch vom gesunden u. kranken Menschen. Neu hrsg. u. bearb. v. Just. C. Bertholt. Nebst e. Anh. üb. „Die Stärkg. der Lebenskraft des Menschen" v. Woldem. Schnée. (4 u. 780 S. m. fast 400 Abb.) gr. 8. München 910. M. Kupferschmid. Geb. in Leinw. 6.—; in Halbfrz. 7. —

— dass. Neu bearb. von Paul v. Hase u. Leop. Katz. (16, 328 u. 20 m. Abb.) gr8° Berl., W Herlet '12. L 3 — d

— medicinische Diagnostik. 4., vollständig umgearb. Aufl. Mit 73 in den Text eingedr. Holzschn. Leipzig 861. G. Wigand. 8. (XI, 676 S.) 3 Thlr

Bock, C. E., kleine Gesundheitslehre. Zum Kennenlernen, Gesunderhalten und Gesundmachen d. Menschen. 7. Aufl. Neu bearb. v. M. v. Zimmermann. gr. 8. (VI, 182 S.) Leipzig 890. Keil's Nachf. geb. n. 1. —

—— Hand-Atlas d. Anatomie d. Menschen, nebst e. tabellar. Handb. d. Anatomie. 1 — 7. Hft. Lex.-8. (28 Stnt. u. 12½ B. Text.) Leipzig 840. 41. Volckmar. à H. *

Bock, Carl Ernst, Hand-Atlas der Anatomie des Menschen. Nebst ein. tabellar. Handbuche der Anatomie. 2. Aufl. mit durchaus neuen u. theilweise col. Stahlst. 7 Lfgn. Roy.-4. (17¼ B. u. 28 Kpfr.- u. Stahlst.) Leipzig 844, 45. [Renger'sche Buchh.] à Lfg. * 22½ Ngr. *

Bock, Carl Ernst, Hand-Atlas der Anatomie des Menschen. Nebst einem tabellar. Handbuche der Anatomie. 3. Aufl. 4 Liefrgn. Fol. (IV u. 76 S. u. 28 Kpfrtaf. m. 28 Bl. Erklärung.) Leipzig 850, Renger. (à 1½ ß) 6 ß

—— Hand-Atlas der Anatomie des Menschen. Nebst einem tabellar. Handbuche der Anatomie. 4., verm. und mit durchaus neuen Stahlst. verseh. Aufl. 1. Heft: Knochen- und Bänderlehre. gr. Fol. (30 S. mit 8 ill. Kpfrt. und 8 Bl. Erklärungen.) Berlin 856, Renger'sche Buchh. Thlr.

Bock, Carl Ernst, Hand-Atlas der Anatomie des Menschen. Nebst einem tabellar. Handbuche der Anatomie. 4., verm. Aufl. 2. Heft: Muskellehre. gr. Fol. (S. 31—48 mit 7 ill. Kpfrt. und 7 Bl. Erklärungen.) Berlin 856, Rengersche Buchh.

—— Hand-Atlas der Anatomie des Menschen. Nebst einem tabellarischen Handbuche der Anatomie. 4. Aufl. verm. und mit 36 durchaus neuen Stahlst. versehen. 3—5. Heft. gr. Fol. Berlin 860, Renger'sche Buchh.

Inhalt:
Heft 3. Gefässlehre. (S. 49—70 mit 7 ill. Kpfrt. und 7 Bl. Erklärungen.) 857. 2 Thlr. 15 Ngr.
» 4. Hirn- und Nervenlehre. (S. 71—88 mit 8 ill. Kpfrt. und 8 Bl. Erklärungen.) 859. 2 Thlr. 15 Ngr.
» 5. Eingeweidelehre. (XIII und S. 89—106 mit 6 ill. Kpfrt. und 6 Bl. Erklärungen.) 860. 2 Thlr. 7½ Ngr.
1. und 2. Heft. Ebendas. 1856. 4 Thlr.

—— Hand-Atlas der Anatomie des Menschen. Nebst einem tabellar. Handbuche der Anatomie. 5., verb. und mit mehreren neuen Fig. und Taf. verseh. Aufl. 5 Hefte. Fol. (XIII und 110 S. mit 88 ill. Kpfrt. und 88 Blatt Erklärungen.) Berlin 864—66, Renger'sche Buchh.

—— Hand-Atlas der Anatomie des Menschen nebst einem tabell. Handbuche der Anatomie. 6. Aufl., im Texte zeitgemäss verändert und verb. In 5 Heften. Mit 38 color. Kpfrt. und 50 Bog. Text. Fol. Berlin 870,71, Renger'sche Buchh.

Inhalt:
Heft 1. Knochen- und Bänderlehre. Mit 8 (color.) Kpfrt. und 12 Bog. Text. ℳ 6.
» 2. Muskellehre. Mit 7 Kpfrt. und 8 Bog. Text. ℳ 6.
» 3. Gefässlehre. Mit 8 Kpfrt. und 13 Bog. Text. ℳ 9.
» 4. Nervenlehre. Mit 8 Kpfrt. und 8½ Bog. Text. ℳ 9.
» 5. Eingeweidelehre. Mit 7 Kpfrt. und 9 Bog. Text. ℳ 6.

— Hand-Atlas der Anatomie d. Menschen. Nebst e. tabellar. Handbuche der Anatomie. 6. Aufl. Mit 36 Kpfrtaf. u. 36 Bl. Tafelerklärgn. Neue Ausg. Fol. (136 S.) Leipzig 883. Renger. n. 36. — ; geb. n.n. 45.—

—— Hand-Atlas der Anatomie des Menschen. 7. Aufl. Vollständig umgearb., verb., erweitert und mit erläut. Zwischentext versehen von Arnold Brass. 1.—7. Lfg. hoch 4. (S. 1—248 mit 59 Chromolithogr. und 32 Bl. Erklärungen.) Leipzig 888, Renger'sche Buchh. à Lfg. * ℳ 3.—. * 21 —

—— Hand-Atlas der Anatomie d. Menschen. 7. Aufl. Vollständig umgearb., verb., erweitert u. m erläut. Zwischentext u. Haupttext versehen v. Arnold Brass. 8.—11. (Schluss-) Lfg. hoch 4. (IV, S. 249—463, Taf.-Erklärgn. Bl. 33—74 m. 31 Chromolithogr.) Lpz. 889, Renger. à Lfg. * 3 —; * 12 —
1.- 7. Lfg. Ebd. 1888. * 21 —; compl. geb. * 36 —.
Auch in 5 Abtlgn.: 1. Knochen, Gelenke u. Bänder. * 8 —. — 2. Muskeln. * 6 —. — 3. Haut, Sinnesorgane, Nervensystem. * 9 —. — 4. Gefässsystem. * 7 —. — 5. Eingeweide. * 3 —.
Suppl. dazu, s. Brass, Arnold. Tafeln z. Entwickelungsgesch. u. topogr. Anat. d. Menschen.

—— Handbuch d. Anatomie d. Menschen, mit Berücksichtigung d. Physiologie u. chirurg. Anatomie. 2 Bde. 1. Aufl. (61¾ B.) 838., 2., verm. u. verb. A. (70 B.) 840, gr. 8. Leipzig, Volckmar. à

—— Handbuch der Anatomie des Menschen, mit Berücksicht. der neuesten Physiologie u. chirurg. Anatomie. 2 Bde. 3., nach fremden u. eigenen Erfahrungen verm. u. verb. Aufl. gr. 8. Leipzig 842. [Renger'sche Buchh.] [1. (41 B.) 2. (38 B.)]

Bock, Carl Er., Handbuch der Anatomie des Menschen, mit Berücksichtigung der neuesten Physiologie und chirurg. Anatomie. 2 Bde. 3., nach fremden u. eigenen Erfahrungen bedeutend verm. u. verb. Aufl. gr. 8. Leipzig 842, Volckmar. 4 ß

—— Handbuch der Anatomie des Menschen. 2 Bde. 4., verm. und veränd. Aufl. gr. 8. (1. Bd. XIII und 850 S.) Leipzig 849, Renger'sche Buchh.

— die Homöopathie, ein Gewebe von Täuschungen, Unwissenheit und Unwahrheiten, im Interesse der Volksaufklärung beleuchtet. (Abdr. aus der „Gartenlaube".) Leipzig 855. Keil. gr. 8. (23 S.) 6 ngr

— der gereimte und ungereimte Krankheitslehrer, s. Krankheitslehrer.

Bock, Carl Ernst, Der Lebensretter od. die erste Hilfe bei Unglücksfällen. (Umschlag: Erste Hilfeleistg. u. lebensrett. Mittel bei Unglücksfällen, bei plötzl. Erkrankgn., Verletzgn., Vergiftgn. u. s. w.) (80 S.) 8. Leipzig (908). Modernmedizin. Verlag. 1.—

Bock, Carl Ernst: Lehrbuch der pathologischen Anatomie, mit Rücksicht auf die Anwendung am Krankenbette. Leipzig 1847. XIV 747 S.

— Lehrbuch der patholog. Anatomie mit Rücksicht auf die Anwendung am Krankenbette. gr. 8. (XVI u. 747 S.) Leipzig 848, G. Wigand. 2½ ß

—— Lehrbuch der patholog. Anatomie und Diagnostik. 1. Aufl. (XVI und 747 S.) 1847—48. 2 Thlr. 15 Ngr. und 2., verm. Aufl. gr. 8. (XVI und 736 S.) Leipzig 849, G. Wigand.

—— dass. — 3., umgeänd. und verm. Aufl. 1. Bd. A. u. d. T.: Lehrbuch der pathologischen Anatomie. gr. 8. (XII und 830 S.) Leipzig 851(52,) G. Wigand.

— Lehrbuch der patholog. Anatomie u. Diagnostik. 2. verm. Aufl. gr. 8. (XVI u. 736 S.) Ebd. 849. 2⅔ ß — 3. umgeänd. u. bedeutend verm. Aufl. 2 Bde. gr. 8. 1. Bd.: Lehrbuch der pathologischen Anatomie. (XII u. 839 S.) 2. Bd.: Lehrbuch der Diagnostik m. Rücksicht auf Pathologie u. Therapie. (320 S. m. eingedr. Holzschn.) Ebd. 852. (1.: 3 ß 2.: 1½ ß) 4½ ß

—— Lehrbuch der pathologischen Anatomie und Diagnostik. 2. Bd. (2 Abthlgn.) A. u. d. T.: Lehrbuch der Diagnostik mit Rücksicht auf Pathologie und Therapie. 2 Abthlgn. (Schluß.) gr. 8. (XI und 624 S. mit eingedr. Holzschn.) Leipzig 853, G. Wigand.
1. Bd. Ebendas. 1852. 3 Thlr.

— Lehrbuch der pathologischen Anatomie. 4., vollständig umgearb. Aufl. Mit 71 in den Text eingedr. Holzschn. Leipzig 864. G. Wigand. 8. (X, 672 S.) 3 ß

—— Lehrb. d. pathol. Anat. u. Diagnostik. 2 Bde. 8. Lpzg, G Wigand. à 3. —
Lehrb. d. pathol. Anatomie. 4. Afl. (672) 64.
— d. Diagnostik. 3. Afl. (624) 53.

— Carl Ernst, De arteriarum ligatura. Diss. med. Lpz. (C. G. Naumann) o. J. (19. Jahrh.) 34 Seiten. (4.—) 2986

Bock, Car. Ernest., de arteriarum ligatura. Dissertat. inaug. 8maj. (2¼ B.) Lipsiae 836, (Volckmar.) *

— über die Pflege der körperlichen u. geistigen Gesundheit d. Schulkindes. Eine Mahng. an Eltern, Lehrer u. Schulbehörden. br. 8. (48 S.) Leipzig 871. Keil. — 30

—— gerichtliche Sectionen des menschlichen Körpers. 3., verm. und verb., zum Gebrauch für Aerzte, Wundärzte und Juristen bearb. Aufl. gr. 8. (X und 285 S. mit 4 ill. Kpfrt.) Leipzig 850, Jackowitz. *
Vlnp. *

— gerichtliche Sectionen des menschlichen Körpers. 3. bedeutend verm. u. verb., zum Gebrauch für Aerzte, Wundärzte u. Juristen bearb. Aufl. Mit 4 color. Kpfrtaf. gr. 8. (X u. 285 S.) Leipzig 850, Jackowitz. — 4. verm. u. verb. Aufl. (XII u. 320 S. m. 4 color. Kpfrtaf.) Ebd. 852. n. 1 1/3 ℛ; Velinp. n. 2 ℛ

Bock, Professor Dr. (Carl Ernst), im Streite wider die Homöopathen. 1. und 2. Aufl. 8. (32 S.) Leipzig 855, Naumburg. *

—— Studien über Febris recurrens, s. Wyss, O.

—— anatomisches Taschenbuch, enthalt. d. Anatomie d. Menschen, systemat., im ausführl. u. übersichtl. Auszuge zur schnellern u. leichtern Repetition bearb. 1. Aufl. (25 1/8 B.) 839. 1 1/2 Thlr., 2., verm. u. verb. A. 16. (32 B.) Leipzig 841, Volckmar.

—— anatomisches Taschenbuch, enthaltend die Anatomie des Menschen, systematisch, im ausführl. u. übersichtl. Auszuge zur schnellern u. leichtern Repetition bearb. 3., verm. u. verb. Aufl. 16. (30 3/8 B.) Leipzig 844. [Renger'sche Buchh.]

— anatomisches Taschenbuch, enth. die Anatomie des Menschen, systematisch, im ausführl. u. übersichtl. Auszuge zur schnellern u. leichtern Repetition bearb. 4. verm., verb. u. m. 260 erläut. (eingedr.) Holzschn. verseh. Aufl. gr. 16. (XII u. 659 S.) Leipzig 851. Renger. 2 1/3 ℛ

— anatomisches Taschenbuch. 5. nach dem neuesten Stande der Wissenschaft bearb. Aufl. Berlin 864. Renger. 8. (VII, 570 S.) 2 ℛ

—— Volks-Gesundheits-Lehrer. Zum Kennenlernen, Gesunderhalten und Gesundmachen des Menschen. 1.—4., unveränd. Abdr. 16. (240 S.) Leipzig 865,66, Keil. *

—— Volks-Gesundheits-Lehrer. Zum Kennenlernen, Gesunderhalten und Gesundmachen des Menschen. 6. verm. Aufl. 16. (242 S.) Leipzig 870, Keil. *
Vgl. Hahn, Thdr.

Bock. Carl Friedrich (Erbach)
Thesen, welche zur Erlangung der Würde eines Doctors beider Rechte auf der Ludewigs-Universität den 14. März 1828 öffentlich vertheidigen wird C. Fr. Bock.
Giessen 1828. 6 S.
Thesen 1 - 12. vorh. 26.
Dr. jur. 14.3.1828.

Gedichte
— — eines Preussen (von *Carl Gottlieb Bock*). Mit schöner Titelvignette, gestoch. v. Geyser. Danzig, bey Jobst Herrmann Flörke. 1775. 8°. 48 S. (12 Mk., tadelloses Expl., Adolf Weigel, ca. 1908.)
Darin u. a. anakreontische Lieder, Uebersetzgn. aus d. Horaz etc. — Das Anon.-Lex. II. p. 160 hat (nach Meusel u. Jördens) „Königsberg 1774". (Im British Museum.)

Bock, Carl Wilh., Analysis Verbi, od. Nachweisung d. Entstehung der Formen des Zeitwortes für Person, Tempus, Modus, Activum, Medium u. Passivum; namentl. im Griechischen, Sanskrit, Latein. u. Türkischen. gr. 8. (11 1/2 B.) Berlin 844, Asher u. Comp. *

Bock, Carl Wilh., die ältesten Bewohner Aegyptens, v. denen die Geschichte uns Nachricht gibt, deren Sprache u. Hauptgottheiten; nebst d. Analysis u. Erklär. 40 der wichtigsten altägyptischen Wörter. gr. 8. (1 1/2 B. u. 1 Stnt.) Berlin 845, Asher u. Comp. Thlr.*

Bock, C. W., Erklärung des Baues der berühmtesten und merkwürdigsten älteren und neueren Sprachen Europa's, Asien's, Afrika's, Amerika's und der Südsee-Inseln. Berlin 853. Plahn. gr. 8. (VIII, IV, 98; III—VIII, 172; 24 S., 1 lith. Taf. u. 4 Tab. in gr. qu. 4.) n. 20 ngr
Zum Theil u. d. T.: „Analysis Verbi etc." schon 1844 veröffentlicht.

—— verstehen u. sprechen die neueren Völker ihre Sprachen noch richtig? od. Nachweis. d. Entstehung u. Bedeutung der Person-, Zeit-, Sprechweise-, Thätigkeits- u. Leidensform der Verba, in d. indogermanischen u. vorzugsweise in den deutschen Sprachen. gr. 8. (6 1/2 B.) Berlin 846, Nicolai'sche Buchh. *

— Christian Elias, Disp. philol. exhib. illustrationem idylli Theocritei 'ΑΑΙΕΙΣ' dicti. Präses Friedr. Andr. Stroth (Rektor d. Quedlinburger Gymnas.) Stolberg/Harz (Friedr. Adolf Loehr) März 1776. 10 Bl. (4.—) 2987

— Christian Friedr. (Stollberg/Misn.), De judicio circa abortum concitatum ferendo. Diss. med.-for. Präs. Mart. Gotthelff Loescher. Wittenberg (Ww. Gerdes) 1. IX. 1726. 40 S. (4.—) 2988
Gew.: Präs. — Widm. v.: Präs.

Bock, Conr.
Bock, C, de Baccharum Euripideae prologo et parodo. Particula 1. 8. (23) Colb. 71. (Belgard, Heerde.) n. — 60

Bock, Conr., de Baccharum Euripideae prologo et parodo. Commentatio philologica. Particula prior. gr. 8. (23 S.) Colberg 871. (Belgard, Post.) n. — 60

— lateinische Metrik u. Prosodik. Für die Schule dargestellt. gr. 8. (IV, 112 S.) Berlin 875. Weidmann. n. 1. —

—— die wichtigsten Punkte der lateinischen Rechtschreibung für Schulen. Nebst einem orthograph. Register. gr. 8. (19 S.) Berlin 872, Weidmann'sche Buchh. *

Bock, E.: Die Brille und ihre Geschichte, s. Bock, Emil

Bock, E.: Die Bruchgefahr der Drahtseile, s. Bock, Ernst

Bock: Nachrichten über das königl. evangel. Schullehrer-Seminar zu Münsterberg, s. Bock, Eduard

Bock, E.: Staatsrecht des deutschen Reiches, s. Bock, Eduard

Wahrheit und Recht. Ein Wort notwendiger Aufklärung von E. Bock, Lehrer in Linse. Braunschweig 1900: Appelhans. 54 S. 8° [illegible]

Bock, E. J., Aeneas auf der Flucht aus Troja. Die ersten sechs Gesänge der Aeneis Virgils, zur Veranschaulichg. der poet. Kunst des Dichters übers. 8. (IV, 139 S.) Berlin 885. Ißleib. n. 1.50

Bock, Ed., Rabatt-Ausrechner für Buchhändler. Enthaltend: die Ladenpreise von 2 1/2, 3, 4 etc. u. 30 Silbergroschen bei 1—50 Exempl. mit 25, 30, 33 1/3 % Rabatt etc. Zum practischen Gebrauche bearb. Mülheim a. d. R. 867. Bagel in Comm. gr. 8. (28 S.) 15 ngr

Bock, Eduard
Bock, Ed., methodische Anleitung zum Schreib- und Lese-Unterricht. Unter Mitwirkung prakt. Schulmänner bearb. Im Anschluß an E. Bock's Schreib- und Lese-Fibel in deren verschiedenen Ausgaben, wie an die nach der Schreib- und Lese-Methode bearb. Fibeln überhaupt. 2. vielseitig verb. und erweit. Aufl. Mit in den Text gedr. Anschauungsbildern nach Orig.-Zeichnungen. gr. 8. (VI, 39 S.) Breslau 877, F. Hirt. *

Bock, Ed., methodische Anleitung zum Schreib- u. Lese-Unterricht. Unter Mitwirkung prakt. Schulmänner bearbeitet. Im Anschluß an E. Bock's Schreib- u. Lese-Fibel in deren verschiedenen Ausgaben wie an die nach der Schreib- u. Lese-Methode bearb. Fibeln überhaupt. 3., vielseitig verb. u. erweiterte Aufl. Mit in den Text gedr. Anschauungsbildern nach Orig.-Zeichnungen. gr. 8. (VI, 39 S.) Breslau 880. F. Hirt. n. — 50

Bock, Ed., methodische **Anleitung** zum Schreib- u. Lese-Unterricht. Unter Mitwirkg. prakt. Schulmänner bearb. Im Anschluß an E. Bocks Schreib- u. Lese-Fibel in deren verschiedenen Ausgaben, wie an die nach der Schreib- u. Lese-Methode bearb. Fibeln überhaupt. 4., vielseitig verb. u. erweit. Aufl. Mit in den Text gedr. Anschauungsbildern nach Orig.-Zeichngn. gr. 8. (47 S.) Breslau 885. F. Hirt. n. — 50

— dasselbe. Für die Benutzg. der Lepke'schen „Schreib- u. Lesefibel" eingerichtet v. Fr. W. **Bürgel**. Mit in den Text gedr. Anschauungsbildern nach Orig.-Zeichnungen. gr. 8. (39 S.) Ebend. 886. n. — 35

Bock, Ed., methodische **Anleitung** zum Schreib- u. Lese-Unterricht. Unter Mitwirkg. prakt. Schulmänner bearb. 5. Aufl. Mit in den Text gedr. Anschauungsbildern nach Orig.-Zeichngn. gr. 8. (48 S.) Breslau 889. F. Hirt. n. — 50

Bock, Ed., **Anweisung** zum Schreib- u. Lese-Unterricht. Unter Zugrundelegg. der deutschen Fibel. Mit Anschauungsbildern f. Sprechübgn. 1. Theil. 1. Abtheilg. d. deutschen Lesebuches. gr. 8. (32 S.) Breslau 873. F. Hirt. n. — 30

Bock, Ed., zweckmäßige **Einrichtung** der Schultische. [Aus dem Volksschulfreund.] Königsberg 868. Koch. gr. 8. (19 S.) n. 2⅔ ngr.

Bock, Ed. u. **Glob. Schurig**, Geographie und Geschichte sämmtlicher Provinzen des Preußischen Staats. Breslau 858. Hirt. gr. 8. n. 12 ngr.
Einzeln: Provinz Brandenburg, Pommern, Posen, Preußen, Rheinprovinz, Sachsen, Schlesien, Westphalen (32 S.), Hohenzollersche Lande (à 16 S.) à 1½ ngr.

— und Glob. **Schurig**, Geographie und Geschichte sämmtlicher Provinzen des preuß. Staates. 2. verb. Ausg. Ebend. 862. gr. 8. (VI, 272 S.) nn. 12 ngr.

—— **Geschichte** der Reformation. (Zugleich ein Anhang zu Bock's Deutsches Lesebuch. Ausg. C. 3. Thl.) 8. (24 S.) Ebendas. 879. **

— **Geschichte** der Reformation. Ein Anhang zu Ed. Bock's neuem deutschen Lesebuch für die Mittel- u. Oberstufe der Volksschule beider Confessionen. [Ed. Bock's deutsches Lesebuch. Ausg. C. Thl. III.] gr. 8. (24 S.) Ebend. 880. n.n. — 10

Bock, Ed., **Hilfsbuch** f. die gemeinsame Wirksamkeit derer, welche als Lehrer, Leiter u. Laien zur Mitarbeit an der Volksschule berufen sind. gr. 8. (VIII, 168 S.) Leipzig 893. Verlag d. Akadem. Buchh. (W. Faber). n. 3. —; geb. n. 4. —

— s.: **Hirt's, Ferd.**, Lesebuch f. Volksschulen.

— **Lehrbuch** d. Schulunterrichts m. Berücksicht. d. Erlasses Sr. Maj. d. Königs u. Kaisers Wilhelm II. vom 1. Mai 1889, betr. die sozialist. Ideen der Gegenwart. gr. 8. (VIII, 293 S.) Breslau 892. F. Hirt. n. 5. —

Bock, Ed.: Deutsches Lesebuch, s.a. Hirt, Ferd.

— **deutsches Lesebuch**. Für das Bedürfniß ein- u. mehrklassiger Stadt- u. Land-Schulen in entsprechender Stufenfolge bearb. Zur Förderg. der Anschaug. m. e. Reihe nach Originalzeichngn. ausgeführter (eingedr.) Abbildgn. Unter Mitwirkg. prakt. Schulmänner hrsg. 1—4. Thl. gr. 8. Ebend. 871—76. n. 5. 60

I. Deutsche Fibel u. Lesebuch f. die untere Stufe, als gemeinsame Grundlage f. Lese-, Sprach-, Schreib-, Anschauungs-, Zeichen- u. Gesangübgn. 6. Aufl. (VIII, 80 S.) n. — 40
II. Deutsches Lesebuch f. d. mittlere u. obere Stufe, als Grundlage f. den Sprach- u. Sach-Unterricht. (XIV, 300 S.) n. 1. —
III. Für die mittlere Stufe mehrklassiger Schulen. 1. Abth. 2. Aufl. (VIII, 152 S.) n. — 60
III. — 2. Abth. 2. Aufl. (VIII, 200 S.) n. — 80
IV. Für die obere Stufe mehrklassiger Schulen. 1. Abth. 2. Aufl. (XVI, 352 S.) n. 1. 40
IV. — 2. Abth. 2. Aufl. (VIII, 328 S.) n. 1. 40

—— **deutsches Lesebuch**. Für die Bedürfnisse des Volksschul-Unterrichts, für einfache Schulverhältnisse, wie für mehrklassige Volks- und Mittelschulen in entsprechender Stufenfolge bearb. Zur Förderung der Anschauung mit einer Reihe nach Orig.-Zeichnungen ausgeführter Abbildungen. 4 Thle. gr. 8. Breslau, F. Hirt's Verlag. *

Inhalt:

Thl. 1. Deutsche Fibel und Lesebuch für die untere Stufe als Grundlage für Lese-, Schreib-, Anschauungs-, Sprach-, Zeichen- und Gesang-Uebungen. Mit Anschauungsbildern für Sprechübungen zur Fibel, wie mit naturgeschichtl. Abbildungen und Anschauungsbildern der vier Jahreszeiten zum Lesebuche für die untere Stufe. 2 Abthlgn. 1.—6. Aufl. (84 S. mit eingedr. Holzschn.) 871—74. * 40 Pf. — 1. Abthl. (Fibel) apart * 20 Pf.; 2. Abthl. (Lesebuch) apart * 30 Pf.

" 2. Deutsches Lesebuch für die mittlere und obere Stufe, als Grundlage für den Sprach- und Sach-Unterricht. (XIV, 300 S.) 871. (*M 1.) *M 1,10.

" 3. Deutsches Lesebuch für die mittleren Stufen mehrklassiger Schulen. 2 Abthlgn. Mit erläut. Abbild. aus den Gebieten der Naturkunde, der Vaterlandskunde und der Geschichte wie mit Portr. nach Hugo Bürkner's Orig.-Zeichnungen. 873. *M 1,40. [1. Abthl. (VIII, 120 S. mit eingedr. Holzschn.) (* 50 Pf.) * 60 Pf.; 2. Abthl. (VIII, 200 S. mit eingedr. Holzschn.) * 80 Pf.]

Bock, Ed., deutsches Lesebuch ꝛc.

Thl. 4. Deutsches Lesebuch für die oberen Stufen mehrklassiger Schulen. 2 Abthlgn. Mit erläut. Abbild. aus den Gebieten der Naturkunde, der Gewerbe, Geographie und Geschichte, wie mit geschichtl. Charakterköpfen nach Hugo Bürkner's Orig.-Zeichnungen. (XVI, 312 S. mit eingedr. Holzschn.; XVI, 327 S. mit eingedr. Holzschn.) 873. à Abthl. *M 1,40.

—— **deutsches Lesebuch**. Für die Bedürfnisse des Volksschul-Unterrichts in entsprech. Stufenfolge bearb. Unter Mitwirkung prakt. Schulmänner hrsg. Zur Förderung der Anschauung mit einer Reihe nach Orig.-Zeichnungen ausgeführter Abbild. A. Erste Gruppe: Kleinere Ausgabe. Für die ein- und zweiklassige Volksschule, wie für einfache Schulverhältnisse überhaupt. 2 Thle. oder 3 Abthlgn. gr. 8. Ebendas. *

Inhalt:

Thl. 1. Deutsche Fibel und Lesebuch für die untere Stufe, als Grundlage für Lese-, Schreib-, Anschauungs-, Sprach-, Zeichen- und Gesang-Uebungen. Mit Anschauungsbildern für Sprechübungen und Uebungen im Zeichnen zur Fibel, wie mit naturgeschichtl. Abbild. und Anschauungsbildern der vier Jahreszeiten zum Lesebuche für die untere Stufe. 2 Abthlgn. 7.—16. Aufl. (VIII, 56; 84 S.) 873—79. * 40 Pf.; 1. Abthl. (Fibel.) allein * 20 Pf.; 2. Abthl. (Lesebuch.) allein. * 30 Pf.

" 2. Deutsches Lesebuch für die mittlere und obere Stufe der ein- und zweiklassigen Volksschule, wie für einfache Schulverhältnisse überhaupt. Illustrirt durch erläut. Abbild. aus den Gebieten der Natur-, Erd- und Völkerkunde, der Geschichte, wie aus den Tagen deutscher Erhebung: 1870 und 1871. 2.—16. Aufl. Durch „Ergänzende Beigaben" erweitert. (XVI, 451 S.) 871—79. *M 1,20.; Beigaben (S. 401—451.) allein * 10 Pf.

—— **deutsches Lesebuch**. Für die Bedürfnisse des Volksschulunterrichts in entsprechender Stufenfolge und 3 Ausgaben [A. B. C.] bearb. Kleinere Ausg. [A.] für einfache Schulverhältnisse. 2 Tle. gr. 8. Ebendas. *

Inhalt:

Tl. 1. Deutsche Fibel und Lesebuch für die untere Stufe, als Grundlage für Lese-, Schreib-, Anschauungs-, Sprach-, Zeichen- und Gesang-

Bock, Ed., deutsches Lesebuch ꝛc.

Übungen. Mit Anschauungsbildern für Sprechübungen und Übungen im Zeichnen zur Fibel, wie mit naturgeschichtl. Abbild. und Anschauungsbildern der vier Jahreszeiten zum Lesebuche für die untere Stufe. 17.—19. Aufl., in der vom königl. preuß. Kultusministerium angeordneten Orthographie. (VIII, 56, 84 S.) 879, 80. * 40 Pf. — 1. Abthl. (Fibel) allein * 20 Pf. — 2. Abthl. (Lesebuch) allein * 30 Pf.

Tl. 2. Deutsches Lesebuch für die mittlere und obere Stufe der ein- und zweiklassigen Volksschule, wie einfacher Schulverhältnisse überhaupt. Mit erläut. Abbild. aus den Gebieten der Naturkunde, der Gewerbe, der Erd- und Völkerkunde, der Geschichte, wie aus den Tagen deutscher Erhebung: 1870 und 1871. 17. Aufl., in der vom königl. preuß. Kultusministerium angeordneten Orthographie. (XVI, 461 S.) 880. *M 1,20.

— **deutsches Lesebuch**. Für die Bedürfnisse des Volksschulunterrichts in entsprechender Stufenfolge u. 3 Ausgaben [A. B. C.] bearbeitet. Kleinere Ausgabe [A.] für einfache Schulverhältnisse. In 2 Tln. 8. Ebend. 880. n. 1. 60

1. Deutsche Fibel u. Lesebuch für die untere Stufe, als Grundlage für Lese-, Schreib-, Anschauungs-, Sprach-, Zeichen- u. Gesang-Übungen. Mit Anschauungsbildern für Sprechübungen u. Übungen im Zeichnen zur Fibel, wie mit naturgeschichtlichen Abbildungen u. Anschauungsbildern der vier Jahreszeiten zum Lesebuche für die untere Stufe. 18. Aufl., in der vom königl. preuß. Kultusministerium angeordneten Orthographie. (VI, 84 S.) n. — 40

2. Deutsches Lesebuch für die mittlere u. obere Stufe der ein- u. zweiklassigen Volksschule, wie einfacher Schulverhältnisse überhaupt. Mit erläuternd. Abbildungen aus den Gebieten der Naturkunde, der Gewerbe, der Erd- u. Völkerkunde, der Geschichte, wie aus den Tagen deutscher Erhebung: 1870 u. 1871. 17. Aufl., in der vom königl. preuß. Kultusministerium angeordneten Orthographie. (XVI, 461 S.) n. 1. 20

— deutsches Lesebuch. Für die Bedürfnisse d. Volksschulunterrichts in entsprech. Stufenfolge u. 3 Ausgaben [A. B. C.] bearb. Kleinere Ausg. [A.] f. einfache Schulverhältnisse. In 2 Tln. 8. Breslau 885. F. Hirt. n. 1. 60; Einbde. n.n. — 37

I. Besondere Ausg. in 2 Abtlgn. 1. Abtlg.: Deutsche Fibel, als Grundlage für Lese-, Schreib-, Anschauungs-, Sprach- und Zeichen-Übgn. Mit Anschauungsbildern für Sprechübgn. u. Übgn. im Zeichnen. 24. Ster.-Aufl. (IV, 60 S.) n. — 20; Einbd. n.n. — 9. — 2. Abtlg. Lesebuch für die untere Stufe. Mit naturgeschichtl. Abbildgn. u. Anschauungsbildern zu den 4 Jahreszeiten. 23. Ster.-Aufl. (IV, 84 S.) n. — 30; Einbd. n.n. — 9; 1. Tl. in 1 Bd. 25. Ster.-Aufl. n. — 40; Einbd. n.n. — 12

II. Deutsches Lesebuch für die mittlere u. obere Stufe der ein- u. zweiklassigen Volksschule, wie einfacher Schulverhältnisse überhaupt. Mit erläut. Abbildungen aus den Gebieten der Naturkunde, der Gewerbe, der Erd- und Völkerkunde, der Geschichte, wie aus den Tagen deutscher Erhebg.: 1870 und 1871. 24. [Ster.-]Aufl. (XVI, 451 S.) n. 1. 20; Einbd. n.n. — 25

—— deutsches Lesebuch. Für die Bedürfnisse des Volksschulunterrichts in entsprechender Stufenfolge und 3 Ausgaben [A. B. C.] bearb. Kleinere Ausg. [A.] für einfache Schulverhältnisse. In 2 Tln. 8. Ebendas. * 1 60

Inhalt:

Tl. 1. Besondere Ausg. in 2 Abtlgn. 1. Abtl.: Deutsche Fibel, als Grundlage für Lese-, Schreib-, Anschauungs-, Sprach- und Zeichenübungen. Mit Anschauungsbildern für Sprechübungen und Übun-

Bock, Ed., deutsches Lesebuch zc.

gen im Zeichnen. 21.—25. Ster.-Aufl. (IV, 60 S.) 881—86. * 20 Pf. — 2. Abtl.: Lesebuch für die untere Stufe. 20.—25. Ster.-Aufl. Mit naturgeschichtl. Abbild. und Anschauungsbildern zu den vier Jahreszeiten. (IV, 84 S.) 881—87. * 30 Pf.; 1. Tl. in 1 Bd. 22.—25. Ster.-Aufl. 882—86. * 40 Pf.

" 2. Deutsches Lesebuch für die mittlere und obere Stufe der ein- und zweiklassigen Volksschule, wie einfacher Schulverhältnisse überhaupt. Mit erläut. Abbild. aus den Gebieten der Naturkunde, der Gewerbe, der Erd- und Völkerkunde, der Geschichte, wie aus den Tagen deutscher Erhebung: 1870 und 1871. 21.—25. Ster.-Aufl. (XVI, 451 S.) 881—86. * ℳ 1.20.

— deutsches Lesebuch. Für die Bedürfnisse des Volksschulunterrichts in entsprechender Stufenfolge u. 3 Ausgaben [A. B. C.] bearb. Kleinere Ausg. [A.] für einfache Schulverhältnisse. In 2 Tln. 8. Ebd. n. 1. 60

1. Besondere Ausg. in 2 Abtlgn. 1. Abtl.: Deutsche Fibel, als Grundlage für Lese-, Schreib-, Anschauungs-, Sprach- und Zeichen-Übungen. Mit Anschauungsbildern f. Sprechübungen und Übungen im Zeichnen. 25. Ster.-Aufl. (IV, 60 S.) 886. — 20; — 2. Abtl.: Lesebuch für die untere Stufe. 25. Ster.-Aufl. Mit naturgeschichtl. Abbildgn. u. Anschauungsbildern zu den vier Jahreszeiten. (IV, 84 S.) 887. — 30; 1. Tl. in 1 Bd. 25. Ster.-Aufl. 886. n. — 40

2. Deutsches Lesebuch für die mittlere u. obere Stufe der ein- u. zweiklassigen Volksschule, wie einfacher Schulverhältnisse überhaupt. Mit erläut. Abbildgn. aus den Gebieten der Naturkunde, der Gewerbe, der Erd- u. Völkerkunde, der Geschichte, wie aus den Tagen deutscher Erhebung: 1870 u. 1871. 26. Ster.-Aufl. (XVI. 451 S.) 888. n. 1. 20

—— dass. — B. Zweite Gruppe: Größere Ausgabe. Für mehrklassige Schulen. 4 Thle. oder 6 Abthlgn. Unter Mitwirkung prakt. Schulmänner hrsg. Zur Förderung der Anschauung mit einer Reihe nach Orig.-Zeichnungen ausgeführter (eingedr. Holzschn.-)Abbild. gr. 8. Ebendas. *

Inhalt:

Thl. 1. Schreib- und Lese-Fibel. Neue, erweit. Bearbeitung der Deutschen Fibel. Mit 64 eingedr. Holzschn.-Abbild. nach Zeichnungen namhafter Künstler. Unter gleichzeit. Berücksicht. der Bedürfnisse utraquist. Schulen für leichtes Erlernen des Lesens und Verstehens der deutschen Sprache. 1.—4. Aufl. (XVI, 100 S.) 877—79. * 40 Pf.

" 2. Lesebuch für das erste Kindesalter. Neue, erweit. Bearbeitung des Lesebuchs für die untere Stufe. Mit 56 eingedr. Holzschn.-Abbild. nach Zeichnungen namhafter Künstler. Unter gleichzeit. Berücksicht. der Bedürfnisse utraquist. Schulen für leichtes Erlernen des Lesens und Verstehens der deutschen Sprache. 1.—3. Aufl. (XVI, 128 S.) 877—79. * 50 Pf.

Bock, Ed., deutsches Lesebuch zc.

Thl. 3. Deutsches Lesebuch für die mittlere Stufe mehrklassiger Schulen. In 2 Abthlgn. Mit erläut. (eingedr. Holzschn.-)Abbild. der Erd- und Naturkunde und der Geschichte, wie mit geschichtl. Charakterköpfen. 1. Abthl. 2.—4. Aufl. (VIII, 152 S.) * 60 Pf.; 2. Abthl. 2. und 3. Aufl. (VIII, 200 S.) 875—79. * 80 Pf.

" 4. Deutsches Lesebuch für die obere Stufe mehrklassiger Schulen. In 2 Abthlgn. Mit erläut. (eingedr. Holzschn.-)Abbild. aus den Gebieten der Erd- und Naturkunde und der Geschichte, wie mit geschichtl. und literargeschichtl. Charakterköpfen nach Orig.-Zeichnungen. 1. Abthl. 2. und 3. Aufl. (XVI, 352 S.); 2. Abthl. 2.—4. Aufl. (XVI, 392 S.) 876—79. à Abthl. * ℳ 1,40.

— dasselbe. Größere Ausg. [B.] f. mehrklass. Schulen. In 4 Teilen. Unter gleichzeit. Berücksicht. der Bedürfnisse utraquist. Schulen f. leichtes Erlernen des Lesens u. Verstehens der deutschen Sprache. In der vom königl. preuß. Kultusministerium angeordneten Orthographie. 8. Ebend. 880. n. 5. 10

1. Schreib- u. Lese-Fibel. Neue, erweit. Bearbeitg. der deutschen Fibel. Mit 64 Abbildungen nach Zeichnungen namhafter Künstler. 5. Aufl. (XI, 100 S.) n. — 40

2. Lesebuch für das erste Kindesalter. Neue, erweit. Bearbeitung des Lesebuchs für die untere Stufe. Mit 56 Abbildungen nach Zeichnungen namhafter Künstler. 4. Aufl. (VIII, 128 S.) n. — 50

3. Lesebuch für die mittlere Stufe. 1. Abth. 5. Aufl. (VI, 152 S.) n. — 60. — 2. Abth. 4. Aufl. (VI, 200 S.) n. — 80

4. Lesebuch für die obere Stufe. 1. Abth. 4. Aufl. (XV, 352 S.) n. 1. 40. — 2. Abth. 5. Aufl. (XI, 392 S.) n. 1. 40

—— dass. — Größere Ausg. [B.] für mehrklass. Schulen. In 4 Tln. 8. Breslau, Hirt. * 5 10

Inhalt:

Tl. 1. Schreib- und Lese-Fibel. Neue, erweit. Bearbeitung der deutschen Fibel. Mit 64 Abbild. nach Zeichnungen namhafter Künstler. Unter gleichzeitiger Berücksicht. der Bedürfnisse utraquist. Schulen für leichtes Erlernen des Lesens und Verstehens der deutschen Sprache. 7.—10. Ster.-Aufl. (XI, 100 S.) 882—87. * 40 Pf.

" 2. Lesebuch für das erste Kindesalter. Mit 56 Abbild. nach Zeichnungen namhafter Künstler. Unter gleichzeitiger Berücksicht. der Bedürfnisse utraquist. Schulen für leichtes Erlernen des Lesens und Verstehens der deutschen Sprache. 7.—10. Ster.-Aufl. (VIII, 128 S.) 882—86. * 50 Pf

" 3. Lesebuch für die mittlere Stufe. In 2 Abtlgn. 1. Abtl.: Mit vielen erläut. Abbild. 7.—11. Ster.-Aufl. (VI, 152 S.) 881—86. * 60 Pf. — 2. Abtl.: Mit vielen erläut. Abbild. 6.—10. Ster.-Aufl. (VI, 200 S.) 881—87. * 80 Pf.

" 4. Lesebuch für die obere Stufe. In 2 Abtlgn. 1. Abtl. Mit vielen erläut. Abbild. 6.—8. Ster.-Aufl. (XV, 352 S.) 882—86. * ℳ 1.40. — 2. Abtl. 7. und 8. Aufl. (XVI, 392 S.) 884,85. * ℳ 1.40.

Bock, Ed., deutsches Lesebuch. Für die Bedürfnisse des Volksschulunterrichts in entsprech. Stufenfolge u. 3 Ausgaben [A. B. C.] bearb. Größere Ausg. [B.] für mehrklass. Schulen. In 4 Tln. 1—3. Tl. u. 4. Tl. 1. Abtlg. 8. Breslau 885. F. Hirt. n. 3. 70; Einbde. n.n. — 74

1. Schreib- u. Lese-Fibel. Neue, erweit. Bearbeitg. der deutschen Fibel. Mit 64 Abbildgn. nach Zeichngn. namhafter Künstler. Unter gleichzeit. Berücksicht. der Bedürfnisse utraquist. Schulen f. leichtes Erlernen d. Lesens u. Verstehens d. deutschen Sprache. 8. Ster.-Aufl. (XI, 100 S.) n. — 40; Einbd. n.n. — 12

2. Lesebuch für das erste Kindesalter. Mit 56 Abbildgn. nach Zeichngn. namhafter Künstler. Unter gleichzeit. Berücksicht. d. Bedürfnisse utraquist. Schulen f. leichtes Erlernen d. Lesens u. Verstehens der deutschen Sprache. 9. Ster.-Aufl. (VIII, 128 S.) n. — 50; Einbd. n.n. — 12

3. Lesebuch für die mittlere Stufe. In 2 Abtlgn. 1. Abtlg.: Mit vielen erläut. Abbildgn. 10. Ster.-Aufl. (VI, 152 S.) n. — 60; Einbd. n.n. — 12. — 2. Abtlg. Mit vielen erläut. Abbildgn. 9. Ster.-Aufl. (VI, 200 S.) n. — 80; Einbd. n.n. — 16; in 1 Bd. cplt. n. 1.40; Einbd. n.n. — 25

4. Lesebuch f. die obere Stufe. In 2 Abtlgn. 1. Abtlg. Mit vielen erläut. Abbildungen. 7. Ster.-Aufl. (XV, 352 S.) n. 1. 20; Einbd. n.n. — 25

-- dasselbe. Größere Ausg. [B.] für mehrklass. Schulen. In 4 Tln. 8. Ebd. n. 5. 10

1. Schreib- u. Lese-Fibel. Neue, erweit. Bearbeitg. der deutschen Fibel. Mit 64 Abbildgn. Unter gleichzeit. Berücksicht. der Bedürfnisse utraquist. Schulen für leichtes Erlernen des Lesens u. Verstehens der deutschen Sprache. 10. Ster.-Aufl. (XI, 100 S.) 887. n. — 40

2. Lesebuch für das erste Kindesalter. Mit 56 Abbildgn. Unter gleichzeit. Berücksicht. der Bedürfnisse utraquist. Schulen für leichtes Erlernen des Lesens u. Verstehens der deutschen Sprache. 10. Ster.-Aufl. (VIII, 128 S.) 886. n. — 50

3. Lesebuch für die mittlere Stufe. In 2 Abtlgn. 1. Abtl.: Mit vielen erläut. Abbildgn. 11. Ster.-Aufl. (VI, 152 S.) 886. — 60; — 2. Abtl.: Mit vielen erläut. Abbildgn. 10. Ster.-Aufl. (VI, 200 S.) 887. n. — 80

4. Lesebuch für die obere Stufe. In 2 Abtlgn. 1. Abtl.: Mit vielen erläut. Abbildgn. 8. Ster.-Aufl. (XV, 352 S.) 886. n. 1. 40. — 2. Abtl. 8. Aufl. (XVI, 392 S.) 885. n. 1. 40

—— daſſ. — C. Dritte Gruppe: Beſondere Ausgabe für Schulen beider Confeſſionen. Unter gleichzeit. Berückſicht. utraquiſt. Schulen. Für die ein-, zwei- und dreiklaſſige Volksſchule, wie für einfache Schulverhältniſſe überhaupt. 3 Thle. gr. 8. Breslau, F. Hirt. *

Inhalt:

Thl. 1. Neue Schreib- und Leſe-Fibel. Erweit. Bearbeitung der Deutſchen Fibel (1. Abthl. von Thl. 1 der kleineren Ausg. des Bock'ſchen Leſebuchs). Unter Berückſicht. der Bedürfniſſe utraquiſt. Schulen für leichtes Erlernen des Leſens und Verſtehens der deutſchen Sprache. 1.—3. Aufl. (XVI, 100 S. mit 64 Abbild.) 877—79. * 40 Pf.

„ 2. Neues Leſebuch für das erſte Kindesalter. Erweit. Bearbeitung des Leſebuchs für die untere Stufe (2. Abthl. von Thl. 1 der kleineren Ausg. des Bock'ſchen Leſebuchs). 1. und 2. Aufl. (XVI, 128 S. mit 56 Abbild.) 877,78. * 50 Pf.

„ 3. Neues Deutſches Leſebuch für die mittlere und obere Stufe der ein-, zwei- und dreiklaſſigen Volksſchule beider Confeſſionen, wie für einfache Schulverhältniſſe derſelben überhaupt. Illuſtrirt durch erläut. Abbild. aus den Gebieten der Natur-, Erd- und Völkerkunde, der Geſchichte, wie mit geſchichtl. Charakterköpfen und Bildniſſen, deutſcher Dichter, nach Orig.-Zeichnungen. 1. und 2. Aufl. (XXIV, 128, 320 S.) 877,78. * ℳ 1,20.

Bock, Ed., deutſches Leſebuch. Für die Bedürfniſſe des Volksſchulunterrichtes in entſprechender Stufenfolge u. 3 Ausgaben [A. B. C.] bearbeitet. Beſondere Ausg. [C.] für deutſche u. utraquiſt. Schulen beider Konfeſſionen. In 3 Teilen. Unter gleichzeit. Berückſicht. der Bedürfniſſe utraquiſt. Schulen für leichtes Erlernen des Leſens u. Verſtehens der deutſchen Sprache. In der vom königl. preuß. Kultusminiſterium angeordneten Orthographie. 8. Breslau 880. Hirt. n. 2. 10

1. Neue Schreib- u. Leſe-Fibel. Mit 64 Abbildungen nach Zeichnungen namhafter Künſtler. 4. Aufl. (XI, 100 S.) n. — 40

2. Neues Leſebuch für das erſte Kindesalter. Mit 56 Abbildungen nach Zeichnungen namhafter Künſtler. 3. Aufl. (VIII, 128 S.) n. — 50

3. Leſebuch für die mittlere u. obere Stufe. Illuſtrirt durch erläut. Abbildungen. 3. Aufl. (XXIII, 320 S.) n. 1. 20

— daſſelbe. 3. Teil. Leſebuch für die mittlere Stufe. (In 2 Abteilungen.) 2. Abteilung. Mit vielen erläut. (eingedr. Holzſchn.-)Abbildungen. 4. Aufl., in der vom königl. preuß. Kultusminiſterium angeordneten Orthographie. gr. 8. (VI, 200 S.) Ebend. 880. n. — 80

— daſſelbe. ſ.: Verzeichnis der „Orthographiſchen Änderungen“.

—— daſſ. — Beſondere Ausg. [C.] für deutſche und utraquiſt. Schulen beider Konfeſſionen. 3 Tle. Unter gleichzeitiger Berückſicht. der Bedürfniſſe utraquiſt. Schulen für leichtes Erlernen des Leſens und Verſtehens der deutſchen Sprache. In der vom königl. preuß. Kultusminiſterium angeordneten Orthographie. 8. Ebendaſ. *

Inhalt:

Tl. 1. Neue Schreib- und Leſe-Fibel. Mit 64 Abbild. nach Zeichnungen namhafter Künſtler. 4. Aufl. (XI, 100 S.) 880. * 40 Pf.

„ 2. Neues Leſebuch für das erſte Kindesalter. Mit 56 Abbild. nach Zeichnungen namhafter Künſtler. 3. Aufl. (VIII, 128 S.) 880. * 50 Pf.

„ 3. Neues deutſches Leſebuch für die mittlere und obere Stufe der ein-, zwei- und dreiklaſſigen Volksſchule beider Confeſſionen, wie für einfache Schulverhältniſſe derſelben überhaupt. Mit vielen erläut. (eingedr. Holzſchn.-)Abbild. 3.—5. Ster.-Aufl. (XXIV, 128, 320 S.) 880—82. * ℳ 1,20.

—— daſſ. — Beſondere Ausg. [C.] für deutſche und utraquiſt. Schulen beider Konfeſſionen. In 3 Tln. 8. Ebendaſ. * 2 10

Inhalt:

Tl. 1. Neue Schreib- und Leſe-Fibel. Mit 64 Abbild. nach Zeichnungen namhafter Künſtler. Unter gleichzeitiger Berückſicht. der Bedürfniſſe utraquiſt. Schulen für leichtes Erlernen des Leſens und Verſtehens der deutſchen Sprache. 6.—10. Ster.-Aufl. (XI, 100 S.) 882—87. * 40 Pf.

„ 2. Leſebuch für das erſte Kindesalter. Mit 56 Abbild. nach Zeichnungen namhafter Künſtler. Unter gleichzeitiger Berückſicht. der Bedürfniſſe utraquiſt. Schulen für leichtes Erlernen des Leſens und Verſtehens der deutſchen Sprache. 6.—9. Ster.-Aufl. (VIII, 128 S.) 882—86. * 50 Pf.

„ 3. Leſebuch für die mittlere und obere Stufe. Illuſtriert durch erläut. Abbild. aus den Gebieten der Natur-, Erd- und Völkerkunde, der Geſchichte, wie mit geſchichtl. Charakterköpfen und Bildniſſen deutſcher Dichter. 6. und 7. Ster.-Aufl. (XXIII, 320 S.) 885,87. * ℳ 1.20.

— daſſelbe. Beſondere Ausg. [C.] f. deutſche u. utraquiſt. Schulen beider Confeſſionen. In 3 Tln. 8. Ebend. 885. n. 2. 10; Einbde. n.n. — 40

1. Neue Schreib- u. Leſe-Fibel. Mit 64 Abbildgn. nach Zeichnungen namhafter Künſtler. Unter gleichzeit. Berückſicht. der Bedürfniſſe utraquiſt. Schulen f. leichtes Erlernen d. Leſens und Verſtehens der deutſchen Sprache. 8. Ster.-Aufl. (XI, 100 S.) n. — 40; Einbd. n.n. — 12

2. Leſebuch für das erſte Kindesalter. Mit 56 Abbildgn. nach Zeichngn. namhafter Künſtler. Unter gleichzeit. Berückſicht. der Bedürfniſſe utraquiſt. Schulen für leichtes Erlernen des Leſens u. Verſtehens der deutſchen Sprache. 8. Ster.-Aufl. (VIII, 128 S.) n. — 50; Einbd. n.n. — 12

3. Leſebuch f. die mittlere u. obere Stufe. Illuſtriert durch erläut. Abbildungen aus den Gebieten der Natur-, Erd- und Völkerkunde, der Geſchichte, wie m. geſchichtl. Charakterköpfen und Bildniſſen deutſcher Dichter. 6. Ster.-Aufl. (XXIII, 320 S.) n. 1. 20; Einbd. n.n. — 25

— daſſelbe. Beſondere Ausg. [C.] für deutſche u. utraquiſt. Schulen beider Konfeſſionen. In 3 Tln. 8. Ebd. n. 2. 10

1. Neue Schreib- u. Leſe-Fibel. Mit 64 Abbildgn. Unter gleichzeit. Berückſicht. der Bedürfniſſe utraquiſt. Schulen für leichtes Erlernen des Leſens u. Verſtehens der deutſchen Sprache. 10. Ster.-Aufl. (XI, 100 S.) 887. n. — 40

2. Leſebuch für das erſte Kindesalter. Mit 56 Abbildgn. Unter gleichzeit. Berückſicht. der Bedürfniſſe utraquiſt. Schulen für leichtes Erlernen des Leſens u. Verſtehens der deutſchen Sprache. 9. Ster.-Aufl. (VIII, 128 S.) 886. n. — 50

3. Leſebuch für die mittlere u. obere Stufe. Illuſtriert durch erläut. Abbildgn. aus den Gebieten der Natur-, Erd- u. Völkerkunde, der Geſchichte, wie mit geſchichtl. Charakterköpfen u. Bildniſſen deutſcher Dichter. 7. Ster.-Aufl. (XXIII, 320 S.) 887. n. 1. 20

— neues deutſches Leſebuch für die mittlere u. obere Stufe der 1-, 2- u. 3klaſſigen Volksſchule beider Confeſſionen, wie für einfache Schulverhältniſſe derſelben überhaupt. Unter Mitwirkung prakt. Schulmänner beider Confeſſionen hrsg. Illuſtrirt durch erläut. (eingedr. Holzſchn.-)Abbildungen aus den Gebieten der Natur-, Erd- u. Völkerkunde ꝛc. nach Orig.-Zeichngn. Unter gleichzeit. Berückſicht. der Bedürfniſſe utraquiſt. Schulen. gr. 8. (XXIII, 320 S.) Ebend. 877. n. 1. 20

— Lesebuch f. Volksschulen, s.: Hirt, F.

— ſ.: Leſeſtoffe, die, in E. B.'s Volksſchulleſebüchern.

— fortgeſetzte Nachrichten über das Königl. evangel. Schullehrer-Seminar zu Münſterberg pro 1851. gr. 8. (64 S.) Ebd. 851. in Comm. n. 1/6 ₰

— fortgeſetzte Nachrichten über das Königl. evangel. Schullehrer-Seminar zu Münſterberg (für 1852.) 8. (68 S.) Ebd. 852. in Comm. n. 1/6 ₰ (1 — 3.: n. 1/2 ₰)

Bock, (Eduard), Nachrichten über das Königl. evangel. Schullehrer-Seminar zu Münſterberg. gr. 8. (79 S.) Breslau 850, Hirt in Comm. n. 1/6 ₰

— Schulkunde. Unter Mitwirkg. mehrerer Schulmänner hrsg. 2 Tle. Evangeliſche Ausg. gr. 8. Breslau 884. F. Hirt. n. 4. 50; in 1 Bd. geb. n. 5. 50

1. Allgemeines. (VII, 232 S.) n. 2. —

2. Spezielle Unterrichtslehre. (VIII, 302 S.) n. 2. 50

— daſſelbe. Katholiſche Ausg., bearb. v. Frdr. Wilh. Bürgel. 2 Tle. gr. 8. Ebend. 884. n. 4. 50; in 1 Bd. geb. n. 5. 50

1. (VII, 248 S.) n. 2. —. — 2. (VIII, 302 S.) n. 2. 50.

— Schulkunde. Unter Mitwirkg. mehrerer Schulmänner hrsg. 2 Tle. Katholiſche Ausg., bearb. v. F. W. Bürgel. 2. Abdr. gr. 8. Ebd. 886. n. 4. 50; geb. n. 5. 50

1. Allgemeines. (VII, 248 S.) n. 2. —

2. Spezielle Unterrichtslehre. (VIII, 302 S.) n. 2. 50

Bock, E., Das Staatsrecht des Deutschen Reiches. (XIV, 895 S.) gr. 8. Stuttgart, O. Gerschel. 1902. Geb. in Halbfrz. 12. —

Das Staatsrecht des Deutschen Reiches. Von Eduard Bock. *Stuttgart: Glaser & Sulz 1902.* (XIV, 895 S.) 8° [F.]

Bock, Ed., das Staatsrecht des Deutſchen Reiches. gr. 8. (XIV, 895 S.) Stuttgart 902. (E. Leupoldt's Verl.) Geb. in Halbfrz. n.n. 12. 80

Bock, Eduard, das Staatsrecht d. Deutſchen Reiches. 2. Aufl. (XXII, 792 u. 104 S.) gr. 8. Stuttgart 903. Weil im Dorf, Ed. Bock's Verl. (Nur direkt.) n. 12. —; geb. in Halbfrz. n. 13. 50

Bock, E., Das Staatsrecht des Deutschen Reiches. 2. Aufl. (1. Lfg. VIII, 192 S.) gr. 8. Stuttgart, O. Gerschel. 1903. Für vollständig 12. —

Bock, Eduard: Das Staatsrecht d. Deut. Reiches. 4. Afl. (Volksausg.) (22, 792 u. 104) gr8° Stuttg., (O Gerschel) '10. HF nn 12.50 d

— Stimmen hervorragender Schulmänner dieses Jahrhunderts, zur Beachtg. f. Lehrer u. Laien bei der Erziehg. u. dem Unterrichte der Jugend gesammelt u. hrsg. gr. 8. (VIII, 160 S.) Leipzig 893. Verlag d. Akadem. Buchh. (W. Faber). n. 3. —; geb. in Halbfrz. n.n. 4. 20

Bock, Eduard, Turnunterricht (Lehrbuch d. Schulunterrichts), Breslau 1892, 2 S., 8°.

— Unterricht im kleinen Katechismus Luthers, s.a. Hilfsbuch beim evangelischen Religionsunterricht.

Bock, Ed., Unterricht im kleinen Katechismus Luthers für Schule und Haus. 860. (VIII, 383 S.) n. 25 ngr — 2. verb. Aufl. Breslau 863. Dülfer. gr. 8. (XV, 270 S.) n. 1 ₰

— Unterricht im kleinen Katechismus Luthers für Schule u. Haus. 3. verb. Aufl. Breslau 868. Dülfer. gr. 8. (284 S.) n. 24 ngr; geb. n. 1 ₰

—— Unterricht im kleinen Katechismus Luthers für Schule und Haus. 4. verb. Aufl. gr. 8. (284 S.) Breslau 872. Dülfer. *
geb. **

— Unterricht im kleinen Katechismus Luthers f. Volks- u. höhere Schulen, sowie f. Seminare u. kirchl. Unterweisg. 5., umgearb. Aufl. gr. 8. (275 S.) Breslau 893. F. Hirt. n. 3. —

— der Volksschul-Unterricht. Methodische Anweisg. zur Einrichtg., Ertheilg. u. Leitg. d. Unterrichts in der Volksschule, auf Grundlage der amtl. Bestimmgn. f. den preuß. Staat, m. vergleich. Hinweis auf die Verordngn. anderer Staaten d. deutschen Reiches, wie d. österr. Staates. Unter Mitwirkg. prakt. Schulmänner bearb. Mit in den Text gedr. Holzschn. nach Orig.-Zeichngn. 2 Thle. in 1 Bd. gr. 8. (VIII, 272 u. VIII, 276 S.) Breslau 875. F. Hirt. n. 5. 50

— der Volksschul-Unterricht. Methodische Anweisung zur Einrichtung, Ertheilung u. Leitung des Unterrichts in der Volksschule, auf Grundlagen der amtlichen Bestimmungen für den preuß. Staat, m. vergleich. Hinweis auf die Verordnungen anderer Staaten des Deutschen Reiches, wie der österreichisch-ungar. Monarchie. Unter Mitwirkung prakt. Schulmänner bearb. 2., verm. u. verb. Aufl. gr. 8. (XI, 681 S.) Ebend. 879. n. 6. —

Bock, Ed. (II.), was halten Sie von den höheren Töchterschulen? Oeffentlicher Vortrag, am 21. Novbr. 1867 in der Aula des Friedrichs-Collegiums gehalten. gr. 8. (32 S.) Königsberg 867, Koch. *

— was halten Sie von den höheren Töchterschulen? Oeffentlicher Vortrag, am 21. Nov. 1867 in der Aula des Friedrichs-Collegiums gehalten. Ebend. 868. gr. 8. (32 S.) n. 5 ngr

— Wegweiser für Volksschullehrer. Methodische Anleitung zur Ertheilung u. Einrichtung des Volksschul-Unterrichtes. 2 Thle. 3. Aufl. 866. (XII, 407 S. u. 5 Tabb.) n. 1 ₰ 15 ngr — 4. allseitig verb. u. verm. Bearbeitung. Breslau 869. Hirt. gr. 8. n. 1 ₰ 20 ngr

1. Thl. 1. Abth.: Lehrgänge für die einzelnen Unterrichtsgegenstände der Unter-, Mittel- u. Oberklasse d. Volksschule. Nebst entsprechenden Lehrproben. Mit e. Einleitung im Allgemeinen für den Unterricht maßgebender Grundsätze. (II, 242 S.) n. 22½ ngr

1. Thl. 2. Abth.: Lehrgänge für die einzelnen Unterrichtsgegenstände der Unter-, Mittel- u. Oberklasse der Volksschule ꝛc. (S. 243—364.) n. 12½ ngr

2. Thl.: Lehrpläne für ein-, zwei- u. dreiklassige Volksschulen. Nebst Stoffverzeichnissen u. Stundenplänen. Mit e. Anh.: Materialien für Jugend- u. Volksbibliotheken, Lehrer-Lesevereine u. musikal. Fortbildung. (VIII, 93 S. u. 5 Tabb. in Fol.) n. 15 ngr

—— Wegweiser für Volksschullehrer. Methodische Anleitung zur Ertheilung und Einrichtung des Volks-Schul-Unterrichtes. 4. allseitig verb. und verm. Bearbeitung. 1. Thl. in 2 Abthlgn. und 2. Thl. gr. 8. Breslau, F. Hirt's Verlag. *

Inhalt:

Thl. 1. Lehrgänge für die einzelnen Unterrichtsgegenstände der Unter-, Mittel- und Oberklasse der Volksschule. Nebst entsprechenden Lehrproben. Mit einer Einleitung: Allgemeine, für den Unterricht maßgebende Grundsätze. 1. Abthl. (II, S. 1—242.) 868. *ℳ 2,25.; 2. Abthl. (S. 243—364.) 869. *ℳ 1,25.

„ 2. Lehrpläne für ein-, zwei- und dreiklassige Volksschulen. Nebst Stoffverzeichnissen und Stundenplänen. Mit einem Anh.: Materialien für Jugend- und Volksbibliotheken, Lehrer-Lesevereinen und musikal. Fortbildung. (VIII, 93 S. mit 5 Tab. in Fol.) 869. *ℳ 1,50.

— Wegweiser f. Volksschullehrer 2 Thle. 5. Aufl. gr. 8. Ebend. 871. n. 4. 50

1. Thl. Methodische Anleitg. zur Ertheilg. d. Volksschul-Unterrichts od. Lehrpläne u. Lehrproben f. die einzelnen Unterrichtsgegenstände der Unter-, Mittel- u. Oberklasse der Volksschule m. e. Einleitg.: Allgemeine, f. den Unterricht maßgebende Grundsätze. (VIII, 353 S.) n. 3. —

2. Thl. Methodische Anleitg. zur Einrichtg. d. Volksschul-Unterrichts od. Lehrpläne, Stoffverzeichnisse u. Stundenpläne f. ein-, zwei- u. dreiklass. Volksschulen. Mit e. Anh.: Materialien f. Jugend- u. Volks-Bibliotheken u. Lehrer-Lesevereine, wie f. musikal. Fortbildg. (IV, 103 S.) n. 1. 50

Bock, Ed., Wegweiser für evangelische Volksschullehrer. Zugleich als Anleitung zum Gebrauche des von dem Kgl. evangel. Schullehrer-Seminar zu Münsterberg herausgegebenen Volksschul-Lesebuches. Breslau 858. Hirt. gr. 8. (4 Bl., 353 S. u. 17 Tab. in 4. u. Fol.) n. 1 ₰ 20 ngr

— Wegweiser für evangelische Volksschullehrer. Methodische Anleitung zur Ertheilung und Einrichtung des Volksschul-Unterrichts überhaupt, wie zum Gebrauche des von dem königl. evangelischen Schullehrer-Seminar zu Münsterberg herausgegebenen Volksschul-Lesebuches. 2 Thle. 2. Bearbeitung. Breslau 862. Hirt. gr. 8. n. 1 ₰ 25 ngr

Inhalt: 1. Lehrgänge für die einzelnen Unterrichtsgegenstände der Unter-, Mittel- und Oberklasse der Volksschule. Nebst entsprechenden Lehrproben. (XVI, 343 S.) n. 1 ₰ 5 ngr — 2. Lehrpläne für ein-, zwei- und dreiklassige Volksschulen. Nebst entsprechenden Stoffverzeichnissen und Stundenplänen. Mit einem Anh.: Materialien für Volksschriften-Bibliotheken und Lehrer-Lesevereine. (88 S. u. 18 Tab. in Fol.) n. 20 ngr

v. Bock, Eleon. Artem. Frdke., († d. 10. Dec. 1798.) allgem. Erbauungsbuch zum Privatgebrauch; enthalt. Betrachtt. u. Gebete über alle Gegenstände d. christl. Sittenlehre ꝛc. 2 Thle. 8. Hamb. 796.

Bock, Elfried [aus Braunschweig]: Florentinische und venezianische Bilderrahmen aus der Zeit der Gotik und Renaissance. (Mit zahlreichen Abbildungen.) München 1902. 143 S. 8°.
Basel. Phil. Diss. 1901/1902.

Bock, Elfried, florentinische u. venezianische Bilderrahmen aus der Zeit der Gotik u. Renaissance. gr. 8. (143 S. m. Abbildgn.) München 902. Verlagsanstalt F. Bruckmann. n. 8. —

Bock, Frau Elis., s.: Intimstes vom Intimen.

— s.: Philantropina.

— Moderne Toilettenkunst! „Was jede Dame wissen muss". (86 S. m. Abbildgn.) 8. Dresden (905). Welt-Reform-Verlag. 1.20

Bock, Frau, „was jede Dame wissen muss". Moderne Toilettenkunst. (59 S. m. Abbildgn.) 8. Berlin (904). (Leipzig, Schlichting.) n. 1. 50

Bock, Emil, pathologische Anatomie des Auges, s. Wedl, C.

Bock, Emil, Anatomie d. menschlichen Orbitalinhaltes nach Enucleation d. Augapfels. gr. 8. (27 S. m. 3 lith. Taf. u. 3 Bl. Erklärgn.) Wien 892. J. Šafář. n. 1. 60

Bock, Emil, die Brille u. ihre Geschichte. Mit e. Titelbilde u. 32 Abbildgn. (63 S.)-gr. 8. Wien 903. J. Šafář. Kart. n. 4. 20; geb. in Ldr. m. Goldschn. n. 12. 50

Bock, Emil, Erfahrungen auf dem Gebiete d. Augenheilkunde. Bericht über 1641 Augenkranke u. 70 Staroxtractionen. Mit 11 Gesichtsfeldaufnahmen. gr. 8. (III, 89 S.) Wien 891. Šafář. n. 2. 70

Bock, Emil, das erste Jahrzehnt der Abtheilung f. Augenkranke im Landesspitale zu Laibach. gr. 8. (III, 127 S. m. 6 Fig. u. 1 Taf.) Wien 902. J. Šafář. n. 3. 60

— zur Kenntniss der bandförm. Hornhauttrübung. Mit 3 Taf. gr. 8. (47 S.) Wien 887. Braumüller. n. 2. —

Bock, Emil, zur Kenntnis d. gesunden u. kranken Thränendrüse. gr. 8. (90 S.) Wien, 890. J. Šafář. n. 2. 50

— die angeborenen Kolobome des Augapfels. Eine anatom. u. klin. Studie. gr. 8. (III, 212 S. m. 20 Abbildgn. auf 6 Lichtdr.-Taf. u. 6 Fig.) Ebd. 893. n. 8. —

Bock, Emil, die Pfropfung v. Haut u. Schleimhaut auf oculistischem Gebiete. gr. 8. (V, 82 S.) Wien 884. Braumüller. n. 2. 40

Bock, Emil: Aus meinem Tagebuch als Soldat in Algerien. 1880–81. Pfeningen 1883. 68 S., 1 Krt. 8°.

— über Trachom. Mit besond. Berücksicht. seines Vorkommens in Krain. gr. 8. (43 S. m. 1 Kartenskizze.) Ebd. 900. n. 1. 50

Bock, *Emil Julius* Probe einer Uebersetzung des Homer. [Hektor und Andromache. (Il. VI.) Odysseus und Penelopeia (Od. XIX.)] 1 (30 S.). Progr. G. Carolinum *Neustrelitz* 1890

Geschichte der Kirche und Pfarre zu Rüper. Von Erich **Bock.** (Peine: Heuer) 1906: (23 S.) 8° [Umschlagt. F.] [ug. 7314 7

Bock, Erich, Geschichte der Kirche u. Pfarre zu Rüper. (23 S. m. Titelbild.) 8. Peine 906. (C. Mother.) n. — 60

Bock, Ernst: Die Bruchgefahr der Drahtseile. 1909. 42 S. 4° ¶ Aus: Glückauf. Jg. 45.
Hannover, Dr.-Ing.-Diss. v. 12. 7. 1909

Bock, Ernst, Experimente üb. die Wirkungsweise der Radix valerianae. Inaugural-Dissertation. 8. (35 S. m. 1 lith. Curventaf. in Imp.-Fol.) Göttingen 874. (Vandenhoeck & Rupprecht's Verl.) n. 1. —
Allg. Bücher-Lexikon. VII. Supplement Band I.

Bock, Ernst: Geschäftsordng f. d. Gerichtsschreibereien d. preuss. Amtsgerichte. Erläutert. (8, 408) gr8° Berl., P Nitschmann '12. 9.50; geb. 10.50 d

Mein Schwanengesang. Gesprochen den 2ten Mai 1856. [Von Ernst Gottfr. Bock.] Glogau [1856]. Flemming. 8 S. 4° [Umschlagtit.]
Rückblick auf Verfs Tätigkeit als M. v. St.; Ausblick in die Zukunft des Bundes.

Bock, F.
— Ba'albek. Eine archaeologische Wanderung. S.-A. 1889. 11 S. —.80

Bock, F. Beitrag zur Methodik des grammatischen Unterrichtes im Französischen, vornehmlich in den obersten Klassen der Realschulen. Teschen, R., 1887. 35 S.

Bock, F., der Fortschritt unserer Zeit auf religiösem Gebiete. Vortrag. gr. 8. (23 S.) Bremen 886. Roussell. n. — 30

Bock, F.: Katalog der Ausstellung von neueren Meisterwerken. . . , s. Bock, Franz

Bock, F. Wesentliche Merkmale der verbesserten Sprachunterrichtsmethode. Teschen, R., 1891. 17 S.

Bock, F: Neuerungen im Rettungsdienste nach Schlagwetterexplosionen. Wien 1905

Bock, F.: Aristoteles Theophrastus Seneca de matrimonio, s. Bock, Felix

Bock, F. Unters. zu Plutarchs Schrift *περὶ τοῦ Σωκράτους Δαιμονίου.* Diss. 1910. 70 S. 2.50

Bock, F.: Experimentelle Untersuchungen üb. d. Folgen . . . , s. Bock, Franz

Bock, F. R.: Geschichte der liturgischen Gewänder, s. Bock, Fr.

Bock, F. S., s. Bock, Friedrich Samuel

Bock, Felix, Dr.: Mendelssohns Phädon und sein Platonisches Vorbild. Plauen i. V. 1906: M. Wieprecht. (30 S.) 4°
Plauen i. V., k. G OP 1906 (680)

Bock, Felix, Dr.: Mendelssohns Phädon und sein Platonisches Vorbild. Plauen i. V. 1906: M. Wieprecht. (30 S.) 4°
Plauen i. V., k. G OP 1906 (680)

Bock, Felix, Lipsiensis: Aristoteles Theophrastus Seneca de matrimonio. Accedit scriptoris christiani liber nuptialis. *Lipsiae 1898: J. B. Hirschfeld.* (70 S.) 8° (= Leipziger Studien zur class. Philologie, 19.)
Leipzig. Phil. Diss. v. [17. Okt.] 1808

Bock, Felix [aus Nakel a. d. Netze]: Ueber die Wirkung der Ortho-Oxydiphenylcarbonsäure '(Phenylsalicylsäure)' … Berlin, Buchdr. v. G. Schade, *1892;* 28 S., 2 Bl. 8.
Berlin, Med. Fak., Inaug.-Diss. v. 10. Aug. 1892

Bock, Fr. Catalogus pannulorum holosericorum textura et antiquitate memorabilium. Coloniae 8.

Bock, Fr.: Katalog der Ausstellung von neueren Meisterwerken . . . , s. Bock, Franz

Bock, Franz

Bock, Frz., Album mittelalterlicher Ornament-Stickerei zur Zierde für Kirche u. Haus, in Autographien nach älteren u. neueren Mustervorlagen, mit erklärenden technischen Anweisungen hrsg. 1. Heft. Aachen 866. Henson. (Jacobi & Co.) Fol. (VI, 20 S. in gr. 8. u. 5 lith. Taff. in Fol.) n. 1 *Thlr* 10 *Ngr.*

Bock, Frz., s. a. Baudenkmale Rheinlands.

Bock, Fr., Rheinlands Baudenkmale des Mittelalters. Ein Führer zu den merkwürdigsten mittelalterl. Bauwerken am Rheine und seinen Nebenflüssen. Mit einer grossen Zahl (eingedr.) erklärenden Holzschn. herausg. Serie 1. 2. Cöln u. Neuss 1869—1871. gr. 8. . . . . (D.)

— Rheinlands Baudenkmale des Mittelalters. Ein Führer zu den merkwürdigsten Bauwerken am Rheine u. seinen Nebenflüssen. Cöln u. Neuss. (1870–74.) 3 Bde. 8. [2 Ex.]

Bock F, Rheinlands Baudenkmale des Mittelalters. Serie I-III. Köln 1874

Bock, Franz (geb. am 18 Juli 1859 in Düren): Beitrag zur Kenntniss der Elephantiasis Arabum … Bonn, Univ.-Buchdr. v. C. Georgi 1885. 31 S. 8.
Bonn, Med. Fak., Diss. v. 10 Aug. 1885

[Umschlagt.:] [F.] Aachener Bildhauer-Werkstätten ehemals und heute. Von Dr. **Franz Bock.** Aachen im Mai 1898. *Aachen: La Ruelle'sche Accidenzdr. (1898).* (7 S.) 1 Bd 8. [ug. 6262

Bock, Frz., die textilen Byssus-Reliquien d. christl. Abendlandes, aufbew. in d. Kirchen z. Köln, Aachen, Cornelimünster, Mainz u. Prag. gr. 8. (26 S.) Aachen 895. (Cremer.) n. — 50

Bock, Frz., Choix de lettres françaises. Recueillies et annotées. (55 S.) kl. 8. Nürnberg 907. C. Koch. Geb. — 80

– Collection of English letters. With introduction and notes (62 S.) kl. 8. Ebd. 907. Geb. — 80

Die Ungarische Königskrone 'Corona St. Stephani' in der Krontruhe der Königl. Burg zu Ofen. Z. Feier d. Millenariums hrsg. v. Dr. Franz Bock ... *Aachen: La Ruelle'sche Accidenzdr. 1896.* (30 S.) 1 Bd 8. [97. 7106

—: Echos Dijonnais. 90 S. 8.
Progr. Kgl. Bayer. Realgymn. mit Reformschule *Nürnberg* 1908.

Echos Dijonnais. — Von Dr. Franz Bock, G.-P. — 1908, Nürnberg, Bieling-Dietz. — P. 3—90.

Bock, Fr., Geschichte der liturgischen Gewänder des Mittelalters oder Entstehung und Entwicklung der kirchlichen Ornate und Paramente in Rücksicht auf Stoff, Gewebe, Farbe, Zeichnung, Schnitt u. rituelle Bedeutung nachgewiesen u. durch 110 (lith.) Abbildgn. in Farbendr. erläutert. Mit einem Vorwort von Geo. Müller. (In 2 Bdn. à 3 Liefgn.) 1. Bd. 1. u. 2. Liefg. Bonn 856, 58. Henry u. Cohen. Lex.-8. (8 Bl., XIII, S. 1—322 u. 20 Taf.) n. 3 ℛ 10 ngr; Velinp. n. 4 ℛ

Bock, Fr., Geschichte der liturgischen Gewänder des Mittelalters, oder Entwickelung der kirchlichen Ornate und Paramente in Rücksicht auf Stoff, Gewebe, Farbe, Zeichnung, Schnitt und rituelle Bedeutung nachgewiesen und durch zahlreiche Abbildungen erläutert. 1. Bd. 3. Liefg. Bonn 859. Cohen & Sohn. Lex.-8. (XX, S. 323—453 u. 10 lith. Taf.) n. 1 ℛ 20 ngr; Velinp. n. 2 ℛ

— — 4. Liefg. (oder Bd. II. Liefg. 1.) Ebend. 862. Lex.-8. (S. 1—130 u. 18 lith. Taf.) n. 1 ℛ 20 ngr; Velinp. n. 2 ℛ

Bock, Frz., Geschichte der liturgischen Gewänder des Mittelalters oder Entstehung u. Entwickelung der kirchlichen Ornate u. Paramente in Rücksicht auf Stoff, Gewebe, Farbe, Zeichnung, Schnitt u. rituelle Bedeutung nachgewiesen u. durch zahlreiche Abbildungen erläutert. Mit e. Vorwort von Geo. Müller. 5. 6. Liefg. [Bd. II. Liefg. 2. 3.] Bonn 866. Cohen & Sohn. Lex.-8. (XII, S. 131—382 u. 33 lith. Taff.) n. 3 ℛ 10 ngr; Prachtausg. n. 4 ℛ

—— Geschichte der liturgischen Gewänder des Mittelalters oder Entstehung und Entwickelung der kirchl. Ornate und Paramente in Rücksicht auf Stoff, Gewebe, Farbe, Zeichnung, Schnitt und rituelle Bedeutung nachgewiesen und durch zahlreiche Abbild. erläut. Mit einem Vorworte von Geo. Müller. 3. Bd. Lex.-8. (XV, 228 S. mit 27 Stnt., wovon 1 in Tondr. und 1 in Buntdr.) Bonn 871, Cohen und Sohn. *
1. und 2. Bd. Ebendas. 1856—66. *ℳ 30.; Prachtausg. *ℳ 36.

Bock, F[ranz]: Glimpses at my Diary - my experiences in England. 39 S. 8. Kgl. Bayer. Realgymn. *Nürnberg* 1906.
Progr.

[Umschlagt.:] [F.] Aachener Goldschmiedekunst ehemals und heute v. Dr. Franz Bock. Unt. bes. Berücks. d. neuen Altars d. h. h. Eucharistie f. d. Domgruft in Hildesheim. SA. a. d. hies. Tagesblättern. *Aachen: La Ruelle'sche Accidenzdr. 1897.* (19 S.) 1 Bd 8. [97. 7418

Bock, Frz., Matthias Grünewald, 1. Tl. (Grünewalds Ruhm, Werke u. Bedeutg.) (VIII, 128 S. m. 29 Abbildgn. u. 19 Vollbildern.) gr. 8. München 909. G. D. W. Callwey. 4.—; geb. 5.50

-- das Heiligthum zu Aachen. Kurzgefaßte Angabe u. Abbildung sämmtlicher „großen u. kleinen Reliquien" des ehemaligen Krönungs-Münsters, sowie der vorzüglichsten Kunstschätze daselbst. Allen Besuchern der Karolingischen Heiligthümer als Erinnerung an die „Heiligthumsfahrt des J. 1867" zu Nutz u. Frommen gewidmet. Köln 867. Schwann. 4. (48 S. m. Holzschn. im Text u. 1 color. Holzschntaf.) n. 10 ngr

—— Karl's des Großen Heiligthümer zu Aachen. Kurze Beschreibung derselben nebst Betrachtungen und Gebeten bei der öffentlichen Zeigung. Zur Erinnerung an die Aachener Heiligthumsfahrt im J. 1867 mit 80 erklärenden (eingedr.) Holzschn. hrsg. 8. (56 S.) Köln und Neuß 867, Schwann'sche Verlagsh. *

Bock, Franz, aus Bielefeld: Memlings Jugendwerke. *Düsseldorf: Schaub 1900.* (87 S.) 8°
Göttingen. Phil. Diss. v. [18. Mai] 1900

Bock, Fr. Der Kaisermantel Otto's IV., kürzlich wieder aufgefunden in Braunschweig. Druck von M. DuMont-Schauberg in Köln [um 1850].
4 S. 4°.
Die Tafeln fehlen.

—— Katalog der Ausstellung von neuern Meisterwerken mittelalterlicher Kunst, aus dem Bereiche der kirchl. Nadelmalerei und Weberei, der Goldschmiedekunst und Skulptur, zu Aachen eröffnet bei Gelegenheit der XIV. General-Versammlung kathol. Vereine, nebst einer kunstgeschichtl. Einleitung. 12. (74 S.) Aachen 862. (Leipzig, Wengler.) *

Bock, F[ranz]. Beschreibender Katalog einer Sammlung von Spitzen und Kanten, darstellend den geschichtlichen Entwickelungsgang der gesammten Spitzen-Industrie vom XVI. bis zum XIX. Jahrhundert, nebst kurzem Abriß der Geschichte der Fabrikation der „passements, dentelles und guipures". Von ... Fr. Bock ... 1874. Wien, Selbstverlag des k. k. Oesterreichischen Museums.
XXVII + 66 S. 8°.

Bock, Franz. Katalog der ehemaligen Bock'schen Sammlung von Webereien und Stickereien des Mittelalters und der Renaissance. Wien, k. k. österr. Museum 1865.
V + 54 S. 4°.

Bock, Fr., Katalog frühchristlicher Textilfunde des Jahres 1886. Düsseldorf 1887. 4°.

—— Katech. d. Ausst. v. neuern Meisterw. mittelalterl. Kunst, a. d. Bereiche d. kirchl. Nadelmal. u. Web., d. Goldschmiedekst u. Skulptur, zu Aachen. 12. (74) Aachen 62. (Lpzg, Wengler.) (?) n. — $7^1/_2$

Bock, Franz. Die Kleinodien des heil. Römischen Reiches Deutscher Nation nebst den Kroninsignien Böhmens, Ungarns und der Lombardei. Mit kunsthistorischen Erläuterungen. Wien 1856 Fol.

—. Die Kleinodien des Heil-Römischen Reiches Deutscher Nation nebst den Kroninsignien Böhmens, Ungarns und der Lombardei. Wien 1860. k. k. Hof- und Staatsdruckerei.
46 Bl. Aquarelle. gr 2°.

— die Kleinodien des heil. römischen Reichs deutscher Nation nebst den Kroninsignien Böhmens, Ungarns u. der Lombardei. Mit kunsthistor. Erläuterungen. Wien 864. (Leipzig, T. O. Weigel.) gr. Fol. (XVII, 270 S. m. Holzschn. im Text u. 48 lith. Taff. in Farbendruck.) n. 220 ℛ

— das heilige Köln. Beschreibung der mittelalterlichen Kunstschätze in seinen Kirchen und Sakristeien, aus dem Bereiche des Goldschmiedegewerkes und der Paramentik. Auf Wunsch des Vorstandes des christlichen Kunstvereins der Erzdiöcese Köln herausg. (In 4 Liefgn.) 1. Liefg. Leipzig 858. T. O. Weigel. Lex.-8. (5 Bl.. VI. 24. 14. 26, 28, 50 S. u. 12 lith. Taf.) n. 3 ℛ

— das heilige Köln. Beschreibung der mittelalterlichen Kunstschätze in seinen Kirchen und Sakristeien, aus dem Bereiche des Goldschmiedegewerkes und der Paramentik. 2—4. Liefg. Leipzig 859—61. T. O. Weigel. 4. (271 S. und 36 lith. Taf.) Jede Liefg. n. 3 ℛ

Bock, Fr., Commentar zu der mittelalterl. Kunst-Ausstellung zu Crefeld, worin niedergelegt ist die Geschichte der Paramentik u. der kirchl. Gefäße vom 10—16. Jahrh. chronologisch geordnet. 2. Aufl. 8. (80 S.) Crefeld 852, Klein. 1/4 ℛ

—— der Kronleuchter Kaisers Friedrich Barbarossa im Karolingischen Münster zu Aachen und die formverwandten Lichterkronen zu Hildesheim und Comburg, nebst 20 erklärenden Holzschn. und 16 von den Orig.-Kupferplatten des Aachener Kronleuchters abgezogenen Darstellungen. Fol. (56 S.) Leipzig 864, T. O. Weigel. *

Bock, Franz (Hrsg.), s. Kunstblatt, Bielefelder

—— der Kunst- und Reliquienschatz des Kölner Domes, mit vielen (eingedr.) Holzschn. erläut. und mit beschreibendem Text versehen. gr. 8. (80 S. mit 4 Holzschntaf.) Köln und Neuß, Schwann's Verlag. *

— der Kunst- u. Reliquienschatz des Kölner Domes, mit vielen Holzschn. (im Text) erläutert u. mit beschreibendem Text versehen. Köln 870. Schwann. gr. 8. (80 S. u. 4 Holzschntaff.) n. 20 ngr.

—— und M. Willemsen, die mittelalterlichen Kunst- und Reliquienschätze zu Maestricht, aufbewahrt in den ehemal. Stiftskirchen des heil. Servatius und Unserer Lieben Frau daselbst, archäologisch und historisch beschrieben und durch 66 (eingedr.) Holzschn. erläut. gr. 8. (XI, 166 S.) Köln und Neuss 872, Schwann's Verlag. *

— Kyllburg u. s. kirchl. Bauwerke d. Mittelalters. 8. (96 S. m. 14 Abb. u. 1 Grundriss.) Kyllburg 895. (Aachen, Cremer.) Geb. in Leinw. n. 2. —

— das Liebfrauen-Münster zu Aachen in seiner ehemaligen baulichen Entstellung u. in seiner theilweise vollzogenen Wiederherstellung. Aachen 866. Hensen. (Jacobi & Co.) 4. (22 S.) n. 5 ngr.

Bock, Frz., Memling-Studien. gr. 8. (X, 201 S.) Düsseldorf 900. Schaub. n. 4. —

Bock, Frz., über Mißbräuche u. Unordnungen d. Handwerksgesellen, besond. unt. d. Hutmachern. gr. 8. Potsd. 795. Horvath. 2 K

Bock, Franz: Un Mois à Grenoble. (Pâques 1903.) Feuilles détachées de mon Journal. 24 S. 8. Progr. K. Bayer. Realgymn. *Nürnberg* 1903

—— das karolingische Münster zu Aachen und die St. Godehards Kirche zu Hildesheim in ihrer beabsichtigten inneren Wiederherstellung. Praktische Beiträge zur Lösung der Frage: welche Grundsätze sind bei der inneren Ausstattung und Einrichtung älterer roman. Kirche massgebend? gr. 8. (39 S.) Bonn 859, [Cohen und Sohn.] *

—— die Musterzeichner des Mittelalters. Anleitende Studienblätter für Gewerb- und Webeschulen, für Ornamentzeichner, Paramenten-, Teppich- und Tapetenfabrikanten nach alten Originalstoffen eigner Sammlung. (In 8 Lfgn.) 1—3. Lfg. gr. 4. (XI und S. 1—48 mit 12 Chromolithogr. in Imp.-Fol.) Leipzig 859—61, T. O. Weigel. (à Lfg. * 2 Thlr. 20 Ngr.) *

! — Musterzeichner d. M.-A. Jetzt: CH Tauchnitz. 8 — 56/65

Bock, Frz: Die Neuordng d. Kasseler Gallerie. Museumstechn. u. kunstpädagog. Studie. (4, 45 m. 2 Taf.) 8° Marbg, A Ebel '12. 1.20 d

Bock, Franz. Karls des Grossen Pfalzkapelle u. ihre Kunstschätze. Kunstgeschichtl. Beschreibung des Karolingischen Octogons zu Aachen, der späteren gothischen Anbauten u. sämmtlicher im Schatze daselbst befindlicher Kunstwerke des Mittelalters. Aachen 1866 u. Cöln-Neuss 2 Bde. 8. [2 Ex., das eine in 1 Bde.]

— Karl's d. Grossen Pfalzkapelle u. ihre Kunstschätze. Kunstgeschichtliche Beschreibung d. Karolingischen Octogons zu Aachen, der späteren gothischen Anbauten u. sämmtl. im Schatze daselbst befindlichen Kunstwerke des Mittelalters. Mit zahlreichen erklärenden Holzschn. (im Text) nach photograph. Aufnahmen. (In 4 Thln.) 1. u. 2. Thl. Cöln 867. Schwann. 4. (IV, 160 S.; 144 S. u. 6 Holzschntaff.) Jeder Thl. n. 3 ₰

Bock, Franz — Prospectus zu dem in Lieferungen erscheinenden kunst-historischen Prachtwerke: Die Kleinodien des heiligen römisch-deutschen Reiches. Historisch-artistische Beschreibung der altehrwürdigen Krönungsinsignien deutscher Kaiser, aufbewahrt im Schatze der kaiserl. Hofburg zu Wien, mit stylgetreuen Abbildungen in Gold- und Farbendruck und vielen erläuternden Holzschnitten im Text, herausgegeben von — — Wien, 1857. Mechitharisten-Buchdr. (2 Bl. Halbf.)

—— d. Reliquienschatz d. Liebfr.-Münst. zu Aachen in s. kunstr. Behältern. 8. (88 m. 3 L.) Aachen 60. (Bonn, Cohen u. S.) n. 1. 10

— die Reliquienschätze der ehemaligen gefürsteten Reichs-Abteien Burtscheid u. Cornelimünster, nebst den Heiligthümern der früheren Stiftskirche St. Adalbert u. der Theresianer-Kirche zu Aachen. Zur Erinnerung an die Heiligthumsfahrt von 1867 mit vielen Abbildungen hersg. Ebend. 867. gr. 8. (47 S. mit Holzschn. im Text u. 3 Holzschntaff.) n. 6 ngr.

[Kopft.:][F.] Nochmals die musivischen Restaurationsarbeiten im hiesigen Oktogon. (Unterz.: Dr. Franz Bock.) Separatabdr. a. Nr. 273. 274. 276 des Polit. Tagebl. im Nov. 1895. *(Aachen 1895.)* (8 S.) 1 Bd 8. [96. 229]

Bock, Franz. Das monumentale Rheinland. Autographische Abbildungen der hervorragendsten Baudenkmale des Mittelalters am Rhein u. seinen Nebenflüssen in kurzgefasster Beschreibung. Cöln u. Neuss. (1866.) Fol. [2 Ex.]

— das monumentale Rheinland. Autographische Abbildungen der hervorragendsten Baudenkmale des Mittelalters am Rhein u. seinen Nebenflüssen in kurzgefasster Beschreibung herag. (In 10 Liefgn.) 1—4. Liefg. Ebend. 867, 68. gr. Fol. (17 lith. Taff. u. 6 Bll. Text.) Jede Liefg. n. 1 ₰

—— der Reliquienschatz des Liebfrauen-Münsters zu Aachen in seinen kunstreichen Behältern, zum Andenken an die Heiligthumsfahrt von 1860 beschrieben und mit vielen (eingedr.) Holzschn. erläutert. Mit einer Einleitung von J. Th. Laurent. Lex.-8. (XXXIV und 88 S. mit 3 Stnt. und chromolithogr. Titel.) Aachen 860. (Bonn, Cohen und Sohn.) *

—— die Reliquienschätze der ehemaligen gefürsteten Reichs-Abteien Burtscheid und Cornelimünster, nebst den Heiligthümern der früheren Stiftskirche St. Adalbert und der Theresianer-Kirche zu Aachen. Zur Erinnerung an die Heiligthumsfahrt von 1867 mit vielen Abbild. hrsg. gr. 8. (47 S. mit eingedr. Holzschn. und 3 Holzschntaf.) Köln und Neuß 867, Schwann'sche Verlagsh. *

—— das monumentale Rheinland. Autographische Abbildgn. der hervorragendsten Baudenkmale des Mittelalters am Rhein und seinen Nebenflüssen in kurzgefasster Beschreibung hrsg. (In 10 Lfgn.) 1. und 2. Lfg. Imp.-Fol. (à Lfg. 5 Stnt. und 2 Bl. Text.) Köln und Neuss 867, Schwann'sche Verlagsh. à Lfg. * 1 Thlr. *

[F.] Die St. Helena-Teppiche angefertigt von Frauen und Jungfrauen Triers. (Unterz. Dr. B. [d. i. Franz Bock].) *Trier: Dr. d. Paulinus-Dr. 1893.* (21 S., 2 Taf.) 1 Bd 8. [97. 7619]

Bock, Frz., der Schatz der Metropolitankirche zu Gran in Ungarn. (42 S. m. 18 Holzschn. u. 8 Taf.) 4. Wien 859. (A. Schroll & Co) n.n. 2. 80
Sonderabdruck aus: „Jahrb. d. k. k. Central-Comm. z. Erforschg. u. Erhaltg. d. Baudenkmale".

— die kirchliche Stickkunst ehemals u. heute unter besond. Beobachtung der betreffenden Leistungen der Genossenschaft vom armen Kinde Jesu zu Döbling bei Wien. Mit mehreren Abbildgn. Wien 865. Mayer & Co. in Comm. gr. 8. (30 S. m. Holzschn. im Text u. 2 lith. Taff.) n. 15 ngr.

Bock, Franz: Metrische Studien zu Thomas Hoccleves Werken. I - VI und pg. 1 - 68 und Inhaltsv. 8°. Gebr. Bögler'sche B. (Rud. Martin).
Progr. Weilheim 1899/1900.

Bock, Franz, Kgl. Reallehrer an d. Realsch. Weilheim: Metrische Studien zu Thomas Hoccleves Werken. *Weilheim 1900: Gebr. Bögler.* (VI, 68 S.) 8° [F.]
München, Phil. Diss. v. 1900

[F.] Figurale, kirchliche Teppichwerke, angefertigt in den letzten Jahrzehnten. M. bes. Berücks. d. St. Rochus-Teppichs, in Ausführg genommen v. Frauen u. Jungfrauen Bingens. Unt. Beigabe e. gröss. Abb. v. Dr. Franz Bock. *Aachen: Buchdr. d. 'Volksfreunds' 1898.* (11 S., 1 Taf.) 1 Bd 8. [98. 9034]

Bock, Franz. Experimentelle Untersuchungen über die Folgen der langandauernden Chloroform-Narkosen. Aus dem pathologischen Institut des städt. Krankenhauses zu Wiesbaden .... Diss. Vet.-Med. Bern. 99 S. 8. Wiesbaden, Vereinigte Druckereien Isselbächer & Zingel Nachf., 1910.

Verzeichniss von Schriften über mittelalterliche Kunst- und Alterthumswissenschaft veröffentl. in d. Jahren 1852 bis 1898 v. Dr. Franz Bock. Als Ms. f. engere Kreise gedr. *Aachen: La Ruelle'sche Accidenzdr. 1898.* (42 S.) 1 Bd 8. [98. 9135

Bock, F: Die Werke d. Mathias Grünewald, s.a. Studien z. deut. Kunstgesch.

Bock, Franz, Dr.: Die **Werke** des Mathias Grünewald. (Kap. 2.) *Straßburg 1904: J. H. E. Heitz.* (51 S.) 8° ¶(Erscheint vollst. als: Studien zur Deutschen Kunstgesch., H. 54.)
Marburg, Phil. Hab.-Schr. v. [27. Apr.] 1904

Die Werke des Mathias Grünewald von Franz Bock. Mit 31 Lichtdr. *Straßburg: J. H. E. Heitz 1904.* (VIII, 178 S.) 8°
= Studien z. Deutschen Kunstgeschichte. H. 54. [04. 5419

— die projektirte Wiederaufnahme d. musivischen Restaurations-Arbeiten im Aachener Münster. 2 Thle. 8. (19 u. 8 S.) Aachen 895. (Cremer.) n. — 60

Die byzantinische Zellenschmelze der Sammlung Dr. Alex v. Swenigorodskoï u. das darüber veröffentl. Prachtwerk. Archäolog.-kunstgesch. Studie v. Dr. Franz Bock. Als Ms. gedr. *Aachen: La Ruelle'sche Accidenzdr. 1896.* (1 Bl., XIII, 3—448 S., 33 Taf.) 1 Bd 8. [97. 7197

Bock, Friedrich, aus Wellersen, ⟨Hannover⟩: Über **Alkyläther** des Brenzkatechin-Methylketons. *Freiburg i. B. 1899: Ch. Lehmann's Nachf.* (57 S.) 8°
Freiburg i. B., Phil. Diss. v. 1899

Bock, Frdr.: Die Christnacht d. Mister Scrooge. Geisterstück n. d. Christmas Carol d. Charles Dickens. (6, 89) kl8° Wien, C Konegen '10. — 40 d

Bock, Friedrich: Französische Einflüsse in Goethes Sprache. S. 3—15. 8.
K. k. Staatsrealschule im VI. Bezirke (vormals Gumpendorfer Progr. Kommunal-Oberrealschule) *Wien* 1903.

Bock, F[riedrich]: Die kroupöse **Pneumonie** auf der I. med. Klinik und Abteilung des Herrn Geheimrats v. Ziemssen in den Jahren 1892—95 incl. *München 1901: Kastner & Lossen.* (16 S.) 8° ¶[Aus: Annalen d. städt. allgem. Krankenhäuser zu München, Bd 11.]
München, Med. Diss. v. 1901

Bock, Friedrich, a. Gunzenhausen: Untersuchungen zu Plutarchs Schrift Περι του Σωκρατους δαιμονιου. München 1910: Wolf. 68 S. 8°
München, Phil. Diss. v. 21. Juli 1909, Ref. Rehm, Crusius
[Geb. 26. Mai 86 Ellingen i. B.; Wohnort: München; Staatsangeh.: Bayern; Vorbildung: Altes Gymn. Nürnberg Reife Juli 04; Studium: München 4, Berlin 1, München 4 S.; Rig. 21. Juli 09.] [U 10. 3625

Bock, Friedrich Ludwig
Bock, Frid. Ludov. (Augustus) (geb. Havelberg 18. 11. 1818): De carditide exsudativa. Berolini (1845). (29 S.) 8°
Berlin, Med. Diss. v. 29. Sept. 1845

Bock, Friedrich Samuel
– s. Beckher, W. H.: Kirchenregistratur.

Bock, Fr. Sam., († ... Sept. 1786.) Betrachtt. über d. Anmuthige u. Nutzbare d. Naturgeschichte. 8. Königsb. 767. (Unzer). 2 gr.

— Betrachtt. über d. weise Haushaltung Gottes in d. Natur. gr. 8. Königsb. 767. (Unzer). 2 gr.

— wohlunterwies. Dorf- u. Landschulmeister. 8. Züllichau. (Frommann in Jena.) 744.

— Einleit. in d. Staat. v. Preußen. 8. Berl. Haude. 749.

Bock, Friedr. Sam. (Hrsg.), s. Der Einsiedler.

— Gedichte. gr. 8. Berlin. 758.

Bock, F. S., Gesch. d. Auferstehung Jesu in Ges. 8. Königsberg, Hartung. 743.

(Bock, Frdr. Sam.) Grundriss von dem merkwürdigen Leben Albrechts des Älteren, Markgrafen zu Brandenburg. 8. Königsberg 1745.

— Grundriß e. Vertheidigung d. Wahrheit d. christl. Religion. 2 Thle. gr. 8. Königsb. 767, 68. (Unzer). 1 Rthlr.

— historia Antitrinitarior. maxime Socinianismi. II Tom. 8maj. Königsb. 774—85. (Unzer). 5 Rthlr.

— historia Socinianismi Prussici. 4. Königsb. 754. Zeisen. 6 gr.

(Bock, Frdr. Sam.) Leben und Thaten des durchlauchtigsten Fürsten und Herrn, Herrn Albrecht des ältern, Marggrafen zu Brandenburg, und Ersten Herzogs in Preussen. 8. Königsberg 1750.

— Lehrbuch d. Erziehungskunst. 8. Königsb. 780. (Unzer). 12 gr.

– s. Lehrbuch d. Polemik.

– s. Lehrbuch, Wirthschaftliches.

— Liederconcordanz. 8. Königsb. Hartung. 745.

— memorabilia Socinianor. 4. Gedani. 756.

— Missionsgesch. 8. Ebend. 743.

— Nachricht von e. Preuß. Naturalienkabinet, so sich in dem Saturgischen Garten in Königsberg befindet. 8. Königsb. 764.

Bock (F. S.). Naturgeschichte des Bernsteins. Koenigsberg, 1767. 8°.

Bock, Wirthschaftliche Naturgeschichte von Ost- und Westpreußen (Königsberg, 1767) Bd. 2, S. 637 (Bernsteingräberei bei Großhubnicken).

— wirthschaftl. Naturgesch. v. Ost- u. Westpreußen. 5 Bde. m. K. gr. 8. Köthen, Aue. 782—84.

Bock, F. S., quod J. Chr. convenientissimo tempore hunc orbem salutaverit. I—III. Regiom. 1756. 1761—62. 4.

— erbaul. Reden zur Befestigung d. Wahrheit u. Beförderung d. Gottseligkeit. 8. Königsb. 751. Zeisen. 8 gr.

Bock, F. S., de resurrectione Jesu Chr. hostium testimoniis confirmata. I—VIII. Regiom. 1764—69. 4.

Bock, Fr. Sam. (Hrsg.), s. Sammler, Der preussische, eine Wochenschrift.

— Versuch e. Naturgeschichte d. Preuß. Bernsteins. gr. 8. Königsb. 766. (Unzer). 6 gr.

Bock F. S.: Versuch einer kurzen Naturgeschichte d. preussischen Bernsteins u. einer neuen wahrscheinlichen Erklärung seines Ursprungs. Königsb. 1767. 146 S.

— Versuch e. Natur- u. Handlungsgeschichte d. Häringe. gr. 8. Königsb. 769. (Unzer). 4 gr.

Bock, Friedrich Samuel: Versuch einer vollständigen Natur- und Handlungsgeschichte der Heringe, zum Nutzen und Vergnügen. Von Friedrich Samuel Bock. Königsberg : Zeis & Hartung 1769. 101 S. 8°

— Versuch e. wirthschaftl. Naturgeschichte von Ost- u. Westpreußen. 5 Bde, mit Kpf. gr. 8. Dessau 782—84. (Aue in Cöthen, Riemann in Coburg). 7 Rthlr. 12 gr.

Bock, Friedrich Wilhelm Oscar
Bock, Frid. Guil. Osc. (geb. Szumilowo bei Graudenz 18. 12. 1834): De febri flava Americana. Berolini (1859). (32 S.) 8°
Berlin, Med. Diss. v. 21. Dez. 1859

Bock, Fritz Beitrag zur Methodik des grammatischen Unterrichtes im Französischen vornehmlich in der obersten Classe der Realschule. 8 (35 S.). Progr. Staats-Rsch. *Teschen* 1887.

Bock, Fritz Welche englische Aussprache sollen wir lehren? 8 (S. 3—22). Progr. K. k. Staats-Oberrsch. *Teschen* 1895.

Bock, G.: Das A u f f ü h r u n g s r e c h t . . . , s. B o c k , Gustav

Bock, G. Beitrag zur Kenntnis der Wirkung des Digitaleïn. Kiel 1892.

Bock, G. J., es giebt nur ein Geheimnis — das Leben. Naturwissenschaftliche Gedanken in christl. Gewande. 8. (151 S.) Leipzig 893. A. Deichert Nachf. n. 1, 80

Bock, G. J., Naturwissenschaft u. Bibel. Nur e. Gesetz in Natur u. Schrift. Naturwissenschaftlich-theolog. Studie nach Drummond. 8. (67 S.) Leipzig 892. A. Deichert Nachf. n. 1. —

Bock, G. Otto

Bock, GO: Eine einheitl. musterhafte Buchführg f. Hôtels u. Restaurants. 3 Hefte. 4° Köln ('02). (Lpzg, PM Blüher.) 6.75
1. Das Brouillon-Journal. (20) 1.25 | 2. Der kaufmänn. Tl. (44) 2.50 | 3. Die Nebenbücher, sowie Anh. üb. Restaurationsbuchführg. (54) 3 —

Bock, G. Otto, eine einheitliche musterhafte Buchführung f. Hôtels u. Restaurants, bearb. nach wirklich prakt. Erfahrgn. u. hrsg. in 3 Hftn. gr. 4. Köln a/Rh. 902. Hotelbuchh. Dir. G. Otto Bock. 6. 75
1. Das Brouillon-Journal. (20 S.) 1. 25
2. Der kaufmännische Teil. (44 S.) 2. 50
3. Die Nebenbücher, sowie Anh. üb. Restaurationsbuchführung. (54 S.) 3. —

— Taschen-Nachschlageb. üb. Eierspeisen. (92) 12° Ebd. ('01). 2 —

— Taschen-Nachschlagebuch üb. Eierspeisen. Unentbehrlich f. jeden Kellner u. Koch. 12. (X, 92 S.) Ebd. (902). 2. —
32*

(G. Otto) Bock's Taschen-Nachschlagebuch über Eierspeisen. Unentbehrlich f. jeden Kellner u. Koch. *Köln: Selbstverl. [1903].* (X, 92 S.) 8° [F.] ('03. 3039

Bock, (Georg) Max *(geb. Breslau 18. 7. 1843)*: Ueber einige Schlesische Mineralien, deren Constitution und einige andere analytische Resultate. Breslau (1868). (26 S.) 8°
Breslau, Phil. Diss. v. 23. Nov. 1868

Bock, George [app. Arzt aus Ottensen]: Aus d. Laboratorium d. pharmakognost. Sammlung in Kiel. Beitrag zur Kenntnis der Wirkung des Digitaleïn ... Kiel, Druck v. A. F. Jensen, 1892; 21 S., 1 Bl. 8.
Kiel, Med. Fak., Inaug.-Diss. v. [23. Juni] 1892

Bock, Gerh.: Moderne Faustfeuerwaffen u. ihr Gebrauch. (8, 318 m. Abb.) kl8° Neud., J Neumann '11. L 5 —

Bock, Gerhard [app. Arzt]: Ueber käsige Pneumonie ... Göttingen, Druck d. Dieterich'schen Univ.-Buchdr., 1891; 40 S. 8.
Göttingen, Med. Fak., Inaug.-Diss. v. [17. Nov.] 1891

Bock, Gerh., üb. käsige Pneumonie. Diss. gr. 8. (40 S.) Göttingen 891. (Vandenhoeck & Ruprecht.) n. — 80

Bock, Gustav, bacc. iur. a. Berlin: Das Aufführungsrecht an dramatischen und musikalischen Werken. Leipzig 1906: C. G. Röder. (80 S.) 8°
Leipzig, Jur. Fak., Diss. v. 12. Dez. 1906
[Geb. 17. Juli 82 Berlin; Wohnort: Berlin; Staatsangeh.: Preußen; Vorbildung: Französ. Gymn. Berlin Reife O. 01; Studium: Heidelberg 1, Berlin 4, Leipzig 2, Berlin 2 S.; Rig. 12. Dez. 05.]

Bock, Gust., das Aufführungsrecht an dramat. u. musikal. Werken. (80 S.) gr. 8. Berlin 907. C. Heymann. 2. —

Bock, Gust. (Hrsg.), s. M u s i k - Z e i t u n g , Neue Berliner.

Bock, H: Die Diagnose d. Herzmuskelerkrankgn. (54) 8° Stuttg., F Enke '02. 2 —

Bock, H.: F e s t p r e d i g t zur Feier. . . , s. B o c k , Herm.

Bock, H., deutsche Grammatik. gr. 8. (VI, 55 S.) Hamburg 878, Boysen. *

Boeck, H. v., Handbuch der Intoxicationen, s.: H a n d b u c h der speciellen Pathologie u. Therapie.

Bock, H: Leichenverbrenng od. Leichenbestattg, was ist Christenrecht u. Christenpflicht? Vortr. (28) 8° Königsbg, Ev. Bh. '11. — 60 d

Lohn- und Arbeitsverhältnisse im deutschen Weißgerbergewerbe i. J. 1891. Ergebniß der vom deutschen Weißgerberverbande veranstalteten statist. Erhebungen. Zsgest. u. bearb. von H. Bock. Altenburg [1892]: Schuster. 23 S. 8° [92. 1,70

Bock, H., deutsche Schulgrammatik. gr. 8. (VI, 55 S.) Hamburg 878. Boysen. n. — 80

Bock, H.: Die U h r , s. B o c k , Hermann

Bock, H., Vorlesungen üb. Herzkrankheiten. 1. Heft. Die Erkrankgn. des Herzmuskels. Histologie, patholog. Anatomie, Diagnose u. Therapie. (VII, 86 S. m. Abbildgn.) gr. 8. München 908. (J. J. Lentner). 1. 60

Bock, H. C., Roggen- u. Weizen-Einfuhr durch das Deutsche Reich. [Aus: „Tägl. Rundschau".] gr. 8. (8 S.) Berlin 893. B. Brigl. — 20

BOECK, Hans (Augsburg): Ueber einen Fall von croupöser Pneumonie mit Ausgang in Carnification.- München: Wolf 1893. 30 S.
1.5.1893 - Chr 1892/93,17; Jv 1892/93,201 Diss. Ingolst.-Landsh.-Mchn.

Bock, Heinrich

Bock, Heinr., die Diagnose d. Herzmuskelerkrankung. gr. 8. (VIII, 54 S.) Stuttgart 902. F. Enke. n. 2. —

Bock, Heinrich [pract. Arzt in München]: Die Papillome des Kehlkopfes in ätiologischer, anatomischer und operativer Beziehung. . . . Leipzig, Druck v. J. B. Hirschfeld, 1886; 2 Bl. + 15 S. u. 5 Taf. 8°.
München. Med. Fak., Inaug.-Diss. v. 1886.
(Die Tafeln nicht für den Austausch.)

B o c k , H e i n r i c h , die Papillome des Kehlkopfes in ätiologischer, anatomischer und operativer Beziehung. Diss. München 1886, A. Buchholz. 8°. 15 S. mit 5 Taf.

Bock, Hermann

Bock, H., Festpredigt zur Feier d. 91. Geburtstages Sr. Maj. d. Kaisers u. Königs, geh. am 22. März 1887 in der Schloßkirche zu Ploen. gr. 8. (14 S.) Ploen 887. Hahn. n.n. — 30

Bock, Herm., Festpredigt zum 25jährigen Regiments-Jubiläum des Füsilier-Regiments Königin (Schleswig-Holstein'schen) Nr. 86. Geh. vor dem Regiment in der St. Marien-Kirche zu Flensburg am 27. Septbr. 1891 (18. post Trin.). gr. 8. (10 S.) Berlin 894. E. S. Mittler & Sohn. n. — 20

—— unseres Kaisers seliger friedevoller Heimgang. Predigt über Lucas 2, Vers 28—32 aus Anlaß des Scheidens Sr. Maj. weiland Kaiser Wilhelm I. am 9. März 1888 gehalten in der Schloßkirche zu Ploen am 11. März 1888 Sonntag Lätare. gr. 8. (14 S.) Ebendas. 888. ** — 30

Bock, Herm., „der Herr ist d. rechte Kriegsmann!" Predigten u. Reden a. d. Militär-Pfarramt. E. Abschiedsgabe a. s. Königsberger Gemeinde. gr. 8. (VI, 163 S.) Königsberg 896. Graefe & Unzer's Sort. n. 1. 60

Bock, Herm. „Kindlein, bleibet bei Ihm!" Konfirmations-Rede. gr. 8. (15 S.) Plön 889, Hahn. ** — 30

Bock, Herm., Confirmations-Rede, gehalten am Sonntag Judica den 27. März 1887 bei der Einsegnung der Cadetten in der Schloßkirche zu Ploen. gr. 8. (13 S.) Ploen 887, Hahn. ** — 30

Bock, Herm.: Der Lamprechtsofen bei Lofer. (Aus d. Unterwelt Salzburgs.) [Aus: „Mittlgn f. Höhlenkde".] (14 m. 14 Taf. u. 1 Ktnsk.) 16,5×20,5 cm. Graz, P Cieslar ('12). nn — 70 d

Bock, Herm., kritische Theorie der freien Riefler-Hemmung. (Diss.) (68 S. m. 14 Fig.) 8. Berlin 910. J. Springer. 2. 40

Bock, H: Die Uhr. Grundl. u. Technik d. Zeitmessg, s.a. Aus Natur u. Geisteswelt 216.

Die Uhr. Grundlagen u. Technik d. Zeitmessung. Von Reg.Bauführer a. D. H[ermann] Bock, Lehrer zu Hamburg. Mit 47 Abb. Leipzig: B. G. Teubner 1908. (IV, 136 S.) 8° [F.]
— Natur. Aus, u. Geisteswelt. Bdch. 216. 08. 1083

Zur Erinnerung an die im Br- und Schwesterkreise am Johannis-Fest 1896 in Marienbad unter Vorsitz von [Rich.] Wolkenhauer verlebten fröhlichen Stunden. Zwei Vorträge, gehalten von Herm. Bock. Marienbad [1896]: Gschihay. 8 S. 8⁰ [Umschlagtit.]
In Versen: 1. Gruss der Schwestern an die Brr; 2. Toast auf die Schwestern.

Bock, H: Jak. Wegelin als Gesch.-Theoretiker, s.a. Studien, Leipz., a. d. Geb. d. Gesch.

Bock, Hermann: Jakob Wegelin als Geschichtstheoretiker [T. 1: Einl.] *Leipzig 1902: B. G. Teubner.* (37 S.) 8°
Leipzig, Phil. Diss. v. [29. März] 1902

Jakob Wegelin als Geschichtstheoretiker. Von Hermann Bock, Dr. phil. *Leipzig: B. G. Teubner 1902.* (VI, 115 S.) 8°
Ein Teil erschien auch als Inaug.-Diss. von Leipzig 1902.
— Studien, Leipziger, aus d. Geb. d. Geschichte. Bd 9, H. 4. 03. 1870

Bock, Hugo, Gerichtsass.: Die gegenseitige Unterhaltspflicht der Ehegatten. Borna-Leipzig 1909: Noske. VIII, 81 S. 8°
Heidelberg, Jur. Diss. v. 6. Aug. 1909, Ref. Heinsheimer
[Geb. 14. Dez. 78 Frankfurt a. M.; Wohnort: Frankfurt; Staatsangeh.: Preußen; Vorbildung: Kaiser-Friedrichs-Gymn. Frankfurt Reife O. 99; Studium: München 2, Heidelberg 2, Marburg 2 S.; Rig. 29. Juni 09] [U 09. 1748

Bock, J.: Der Eisenbahn-Werkmeister, s. Bock, Jul.

Bock, J.: Der Heimweg, s. Bock, Ida.

Bock, J.: Übersicht über die Eigenschaften der wichtigsten Zuckerarten, s. Bock, Joh.

Bock, J. A., s. Bock, Jh. Aug.

Böck, J. B.: Naturgetreue Abbildungen der in Deutschland einheimischen wilden Holzarten nebst erläuterndem Texte hierzu. Augsburg: 1844 - 1859. Lfg. 1-18.

Böck, J. B., naturgetreue Abbildungen der in Deutschland einheimischen wilden Holzarten nebst erläut. Texte. 10—16. Liefrg gr. 4. (S. 29—48 u. 28 color. Kpfrtaf.) Augsburg 847—50 Rieger. à n. 1/3 ꝛ (1—16: n. 15 1/4 ꝛ)

Böck, J. B., naturgetreue Abbildungen der in Deutschland einheimischen wilden Holzarten nebst erläuterndem Texte hiezu. 17. Liefg. Augsburg 853. Rieger. gr. 4. (S. 49—52 u. 4 color. Kpfrtaf.) n. 26 1/4 ngr

Böck, J. B., naturgetreue Abbildungen der in Deutschland einheimischen wilden Holzarten nebst erläuterndem Texte hiezu. 18. Liefg. Augsburg 859. Rieger. gr. 4. (S. 53—56 u. 4 color. Kpfrtaf.) n. 26 1/4 ngr

BOCK, J. C., Erstlinge meiner Muse. Leipzig, Holle, 1770. Kl. 8⁰. (In Warmbrunn.)

— komische Opern d. Ital. 2 Thle. 8. Leipz. Comt. f. Liter. 81.

— verm. Theater d. Ausländ. 4 Thle. 8. Ebend. 778. 79. (1r 14 gr. 2r 16 gr. 3r u. 4r à 12 gr.)

Bock, J. Chr., Hanno, Fürst in Norden. Ein Schauspiel in drey Aufzügen. Mit einer Einleitung v. E. Mentzel. Festgabe zur Saecularfeier des Frankfurter Schauspielhauses, gedruckt nach einer Ausg. v. 1781. Leipzig, bey Christian Gottlob Hilscher. 8. (VIII, 70 S.) Frankfurt a/M. 882. Koenitzer. n. 1. —

— metrische Uebersetz. a. d. Virgil. u. Ovid. 8. Stendal, Franzen. 784.

Bock, J. F. K., der Kreis. Eine geometrische Betrachtung. Bezeichnung des Weges den Kreis zu quadriren. Rudolstadt 869. Müller. gr. 8. (16 S. u. 1 lith. Taf. in 4.) n. 7 1/2 ngr

Bock, J. G.: Gedichte, s. Bock, Jh. Geo.

Bock, J. G., landwirthschaftl. Lehrbuch für die Landjugend. m. K. 8. Berlin, W. Oehmigke. 792.

Bock, J. H. D., s. Bock, Joh. Heinr. Dan.

Bock, J. W. D., s. Bock, Joh. Heinr. Dan.

Bock, Ida, die Bernhardmädeln. (Roman.) 8. (288 S.) Leipzig (902). H. Seemann Nachf. n. 3. —

Bock, Ida, der Heimweg, s.a. Pohl's allgemeine Volksbücherei deutsch-österreichischer Schriftsteller.

Bock, Ida, der Heimweg. Roman. (Fortsetzung des Romanes: „Die Bernhardmädeln".) (186 S.) 8. Wien 904. M. Perles. n. 3. —

BOCK, (Ign. Frdr.) Raphael (geb. 30. Nov. 1779 zu Marienwerder, ertrank zu Königsb. [zuletzt Sekretär an d. dortigen kgl. Bibl.] beim Baden im Pregel, am 17. Aug. 1837). Aura. Ein romantisches Gedicht (in 6 Ges.). Frankf. a. M. 1817, bei Heinr. Ludw. Brömer. 8⁰. Zahm.
Tit. (m. kl. Ornam.-Vign.), 1 Bl. Widm. an die Prinzessin Wilhelm v. Preussen), 266 S. (in 8 zeil. jamb. Stanzen). Schauplatz der Hauptbegebenheit ist Persien zu der Zeit, als die Portugiesen daselbst erobernd landeten. — Ueber den merkw. Lebensgang d. Vf. s. Brümmer I. p. 71.

Bock, Ign. Raph., Aura; e. romant. Gedicht in 6 Gesängen. 8. Frankf. a. M. 817. Brönner. 18 gr Velinp. 1 ꝛ

Bock, Jh. Aug., Beschreib. u. Abbild. d. mißgebildeten Geschlechtstheile eines 7jähr. Kindes, welches bis jetzt f. ein Mädchen gehalten, am 18. Jan. 1811 aber von e. Gesellsch. prakt. Aerzte als Knabe erklärt worden. Mit 2 Kpf. gr. 8. Berl. 811. Hitzig. (Dümmler). 8 gr

— Beschreib. d. neuen Pariser Entbindungs- u. Findelanstalt ꝛc. 8. Berl. 804. Maurers B. 10 gr

— s. J. R. Gilbert, üb. d. Krankheiten.

Bock, Jh. Gant., über d. Studium d. Rechtsgelehrsamkeit u. ihre Vorbereitungs- u. Hülfswissenschaften. 4. Eichstädt 783.

— s. Was Seltenes

Bock, Jh. Chr., s. 1) Fielding, Tom Jonas. 2) Tagereise, die.

Bock, Jh. Fr., an Hagen in Berlin, über dessen Sendschreiben an Stark in Jena, zwei merkwürd. u. schwere Geburtsfälle betr. 8. Berl. 791.

Bock, Jh. Geo., († d. 7. Juli 1762.) Gedichte. gr. 8. Königsb. 756. Hartung. 1 ꝛ

— Idioticon prussicum, od. Entwurf e. Preuß. Wörterbuchs, darin d. deutschen Redensarten u. Ausdrücke, die allein in dies. Lande gebräuchl. sind, zusammengetragen erörtert werden sollen: 8. Königsb. 759. (Unzer). 3 gr

Bock, Jh. Hnr. Dn., s. Bock, Joh. Heinr. Dan.

— **Jo. Christian** (Grimmensis), Quaestionem theolog. utrum Christus fuerit in lumbis Adami peccantis? Präs. Jo. Fried. Mayer. 1. X. 1686. Wittbg. 1700. 10 Bl. (4.—) 2990

— — Dasselbe. 1710. 8 Bl. (3.80) 2991

Bock, Joh., s.: Jahres-Bericht üb. die Untersuchungen u. Fortschritte auf dem Gesammtgebiete der Zuckerfabrikation.

Bock, Joh., s.: Jahres-Bericht üb. rc. Zuckerfabrikation.

Bock, J., Übersicht über die Eigenschaften der wichtigsten Zuckerarten, s.: Rathke's Bibliothek für Zuckerinteressenten.

Bock, Joh. Chr. (Hrsg.), s. Wochenblatt, Theatralisches.

Bock, Joh. Christian
REISEN, Empfindsame, durch die Visiten-Zimmer am Neu-Jahrs-Tage, am Ostertage, am Pfingst-Tage, am Johannes-Tage, am Weihnachts-Tage. Von einem deutschen Yorick angestellet *(Joh. Chrn. Bock)*. 5 Teile. (I. in 2. Aufl.) Cosmopolis (Hamburg) 1772—73. 12°. 64, 70, 62, 64, 64 S. So cplt. sehr rar!

Unschuld, Freundschaft und Liebe. Ein Schsp. in 5 A. ... Leipzig, bey C. G. Hilschern, 1771. 8°.
Verf. Joh. Christian Bock zu Dresden.

Bock, Joh. Heinr. Dan.
Bock, J. H. D., der vollkomm. Buchhalter, od. leichtfaßl. Anleit. zur Selbsterlern. d. einfachen u. doppelt. Buchhaltung. Ein Handb. f. angeh. Kaufleute u. a. Geschäftsmänner, so wie auch z. Vortrag f. Lehrer. gr. 8. (16 B.) Berlin 835, Hayn.

Bock, Joh. Heinr. Dan., der wohlerfahr. Buchhalter, od. leichtfaßl. Anleit. in d. Kunst d. Buchhaltens f. angeh. Kaufleute, besond. auch z. Gebr. beim Selbstunterr. gr. 8. (7½ B.) Berlin 834, Amelang.

Bock, J. H. D. (Hrsg.), s.a. Nelkenbrecher, J. C.: Allgemeines Taschenbuch.

Bock, J. H. D., J. C. Nelkenbrecher's allgemeines Taschenbuch der Münz-, Maass- und Gewichtskunde für Banquiers und Kaufleute, u. s. w. Mit Münztabellen versehen von H. C. Randelhardt. 15. Aufl. Berlin 1832.

Bock, J. H. D.: „Ausführliches Rechenbuch für Kaufleute, Oekonomen und Cameralisten, für Lehrer und Lernende", Berlin 1810 (Saalfeld). — 2. verm. und umgearbeitete Auflage, 2 Bände, Berlin 1822 (Cristiani).

— ausführl. Rechenbuch f. Kaufleute, Geschäftsmänner, Oekonomen u. Kameralisten, für Lehrer u. Lernende. 4. Berl. 811. (Rücker). 3 rtl 12 gr Hbg. Pr. 1 rtl 6 gr (bei Brandenburg das.) 1 rtl

Bock, (J. H. D.,) ausführliches Rechenbuch üb. d. vorzügl. niederen u. höheren Geschäftszweige; zum Vertrag wie zum Selbstunterricht. 2 Bde. 4. Berlin 822, Christiani in Hamb.

Bock, J. W. D., ausführl. Rechenbuch f. Kaufleute, Geschäftsmänner, Oekonomen u. Kameralisten, für Lehrer u. Lernende. 4. Berl. Rücker. 811.

— Rechenbuch für Töchter-Schulen und als Leitfaden für Erzieherinnen, auch z. Selbstunterricht. gr. 8. Berlin 838. Plahnsche Buchh. (Nitze.) ¼ rtl

Bock, J. H. D. Vers. e. gründl. Anweis. des ital. Buchhalt. 2 Bde. 4. Berlin, Dunker u. H. 804—806, (1r 3 Rthlr. 8 gr. 2r in 2 Abth. 4 Rthlr. 16 gr.)

Bock, J. H. D., Versuch e. gründlichen Anweisung des italien. Buchhaltens, 2 Thle. gr. 8. 806. Berlin, jetzt auch Breslau. J. F. Korn d. ä.

Bock, Joh. Pet.: Die Brotbitte d. Vaterunsers. Beitrag z. Verständn. dieses Universalgebotes u. einschläg. patristisch-liturg. Fragen. (16, 339) gr8° Paderb., Bonifacius-Dr. '11. 5 —

BOCK, Johann (ps.), Neues deutsches Lied von einem Schneider, der sich mit zwey Weibern auf einmal verschustert hat. Von — —. O. O. u. J. (c. 1790?). 8°. (Besaß Prof. v. Karajan.)
4 unpag. Bll., enth. 25 sechszeil. Stroph. — Sehr selten!

Bock, (Johann August) (Übers.):

s.: Gilbert, (Nicolas Pierre): Ueber die Krankheiten, welche während des Preussisch-Polnischen Feldzuges bey der grossen französischen Armee herrschten. (Tableau historique des maladies internes...qui ont affligé la Grande Armée. Dt.) Mit einer Vorrede und mit Anmerkungen versehen von (Johann Ludwig) Formey. Erfurt: 1808

Bock, Johann Christian (Hrsg.), s. Dramaturgisches, Etwas.

Bock, Johann Georg (Hrsg.), s. Pietschen, Johann Valentin: Schriften . . .

Bock, Jul.
— und W. Scholz, der Eisenbahn-Werkmeister. Ein Lehr- und Handbuch zur Vorbereitung für die Ablegung der Prüfung zum Werkmeister bei den Staats-Eisenbahn-Verwaltungen, sowie zum prakt. Dienstgebrauche für Eisenbahn-Werkmeister, Maschinentechniker, Materialien-Verwaltungsbeamte, Vorarbeiter rc. Nach den vom Herrn Minister der öffentl. Arbeiten erlassenen Vorschriften zum Selbststudium systemat. zusammengestellt und bearb. gr. 8. (VIII, 590 S. mit ca. 300 Abbild.) Königsberg i. Pr. 885, Bon's Buchh. *

— u. W **Scholz**, d. Eisenbahn-Werkmeister. Ein Lehr- u. Handb. z. Vorbereitg f. d. Ablegg d. Prüfg z. Werkmeister bei d. Staats-Eisenbahn-Verwaltgn. 2. Afl. 8. (568 m. Il.) Lpzg 88, Gebhardt. *n.* 8. —; Einbd. *n.n.* 1. —

— dass. — 2. verm. und verb. Aufl. gr. 8. (XII, 568 S. mit ca. 300 eingedr. Holzschn. und 7 Taf.) Leipzig 888, (Graubner und Larsen.) *ℳ 8.—.; geb. **

Bock, Jul., die Unfall- u. Kranken-Versicherung der Betriebs- u. Werkstätten-Arbeiter bei der Staats-Eisenbahn-Verwaltung. Nebst e. Anh.: Die Pensions-Versicherung der Werkstätten-Arbeiter. Zusammengestellt u. m. Anmerkgn. versehen. 12. (IV, 179 S.) Königsberg 880. (Leipzig, Larsen.) n. 1. —; geb. n. 1. 60

Bock, Julius, a. Nürnberg: Zwei Fälle von Adamantinom. Wien (1906): Mechitharisten-Buchdruckerei. (34 S.) 8° ¶ (Aus: Vierteljahrs-Schrift f. Zahnheilkunde.)
Erlangen, Med. Fak., Ref. Graser, Diss. v. 7. Juni 1906
[Geb. 6. Aug. 78 Nürnberg; Wohnort: Nürnberg; Staatsangeh.: Bayern; Vorbildung: Gymn. Schwäbisch-Hall Reife 99: Studium: Breslau 4, Erlangen 6 S.; Coll. 9. Juni 05; Approb. 30. März 05.]

Bock, K.: Lateinische Metrik, s. Bock, Konrad

Bock, K. E., s. Bock, Carl Ernst

Bock, Karl, aus Jena: **Beiträge zur Kenntnis des Tetramethyldiaminomethans und verwandter Basen.** *Jena 1903: G. Neuenhahn.* (44 S.) 8°
Jena, Phil. Diss. v. (1. Aug.) 1902

Bock, Karl Kritische Bemerkungen zur Metrik Wolframs von Eschenbach. S. 53—65. Progr. Wi. G. *Hamburg 1885.

Bock, Karl, aus Straßburg i. E.: Über die Kondensation von Benzaldehyd mit Itakonsäure. *Straßburg 1902: Buchdr. des 'Elsässer'.* (55 S.) 8°
Straßburg, Math.-naturw. Diss. v. 1902

Bock, Karl: Der Straßburger Schulgarten. Strassburg i. E. 1910: Du Mont Schauberg. 37 S. 4°
Straßburg i. E., OR b. Kaiserpalast P 1910 (737) [S 10. 35

Bock, Karl [aus Neustadt am Rübenberge]: Die Syntax der Pronomina und Numeralia in König Alfreds Orosius . . . . Göttingen, Druck d. Dieterichschen Univ.-Buchdr. W. Fr. Kästner, 1887; 46 S. + 2 Bl. 8°.
Göttingen, Phil. Fak., Inaug.-Diss. v. 23. Jul. 1886.

Bock, Karl, die Syntax der Pronomina und Numeralia in König Alfreds Orosius. Inaugural-Dissertation. gr. 8. (47 S.) Göttingen 887, (Vandenhoeck und Ruprecht.) *

Bock, Karl Er., s. Bock, Carl Ernst

Bock, Karl Gli., s. 1) Gedichte e. Preußen. 2) Virgils Georgika. 3) Uebersetzungen aus Virgil u. Ovid.

Bock, Konr., lateinische Metrik und Prosodik. Für die Schule dargestellt. gr. 8. (IV, 112 S.) Berlin 875, Weidmann'sche Buchh. *

Bock, K., Die wichtigsten Punkte der latein. Rechtschreib. f. Schulen. 1872. 19 S. —.50

Bock, L.

— Wolframs v. Eschenbach Bilder u. Wörter für Freude u. Leid, s.: Quellen u. Forschungen zur Sprach- u. Culturgeschichte der germanischen Völker.

Bock, L., über einige Fälle des Conjunctivs im Mittelhochdeutschen, s.: Quellen u. Forschungen zur Sprach- u. Culturgeschichte der germanischen Völker.

Bock, L., München, s. Weber's illustrirte Reisebibliothek.

Bock, L. H. F., s. Bock, Ludw. H. F.

Bock, Lambert v., s. Bock, Ph. Lambert v.

Bock, Ldw., über Analogien d. Knochen u. Muskeln. Inaug. Abhandl., d. medic. Facultät zu Erlangen im Mai 1820 vorgelegt. gr. 8. Mit 1 Steint. Nürnb. 832. Riegel u. W. 8 gr.

Bock, Ludwig: Ueber einige Fälle des mittelhochdeutschen Conjunctivs. (Separat-Abdruck aus den Quellen und Forschungen zur Sprach- und Culturgeschichte der germanischen Völker, hrsg. von Bernhard ten Brink, . . . Heft XXVII.) Strassburg, Karl J. Trübner. London, Trübner & Comp., 1878. II, 44 S.
Diss. Strassburg

Bock, Ludw. H. F., Gedanken u. Erfahrungen eines Laien über rationelle Gesundheitslehre. Heilung aller Verschleimungen des Magens u. Krankheiten die daraus entstehen, als Katarrhe, Hämorrhoiden, Rheumatismus &c., sowie Abwehr der Diphtheritis; ferner den Scheintod zu erkennen u. zu heben. 2. verm. Aufl. 8. (IV, 215 S.) Hamburg 881. (Boysen) n. 2. 50

Bock, Ludw. H. F., Gedanken und Erfahrungen über rationelle Gesundheitslehre. Enthaltend: Verschiedene Diät- und Entfettungskuren, Lebensweise der Trappisten, Vegetarianer, der alten Aegypter und Griechen, sowie anderer Völker, Heilmittel des Magens, Leber, Nieren, Milz, der Diphtheritis, Schwindsucht, Trunksucht, Malaria, Tannin besser denn Chinin, ein neues Fiebermittel, Indigo, das alte heil. Mittel der Aegypter &c. 2. Thl. gr. 8. (XIV, 448 S. mit 2 Illustr.) Hamburg 887, (Boysen.) *ℳ 5.50.; geb. *
[1. Thl.] (Ebendas.) 1881. *ℳ 2.50

Bock, M.: Der Ausbau d. Eisenbahnbrücke . . ., s. Bock, Moritz

Bock, M. Ueber den Gebrauch der Pronomina in „Amis et Amiles." Linz, R., 1889. 36 S.

Bock, *Adalbert* M.: Die Theorie der Gravitation von Isenkrahe in ihrer Anwendung auf die Anziehung und Bewegung der Himmelskörper ... München, k. Hof- u. Univ.-Buchdr. v. Dr. C. Wolf & Sohn, 1891; 48 S. 8.
München, Phil. Fak., Inaug.-Diss. v. [4. Juli] 1892

Bock, M. H., († . . .) hebräisches ABC-Buch. gr. 8. Berl. 812. Waisenh.-B. in Halle. 5 gr.

— Katechismus d. israelit. Religion. 8. Berl. 814. Nicolai. 10 gr.

— Israelitischer Kinderfreund, od. Handb. d. gemeinnütz. wissenschaftl. Kenntnisse. Elementarwissensch. in hebr., deutscher u. französ. Sprache, f. den Schul- u. Privatunterricht d. israelit. Jugend. 3 Bde, oder deutscher, französ. u. hebr. Theil. (Der französ. Theil mit d. T. : L'ami des enfans d'Israel ou manuel des sciences les plus necessaires.) gr. 8. Berl. 811. Büreau f. Litt. 4 ß

Bock, (M. H.,) der israelitische Kinderfreund, od. Handbuch d. gemeinnütz. wissenschaftl. Kenntnisse. 3 Bde. Berlin 822, Büreau f. Lit.

— s. Mose, d. 5 Bücher.

— Nachr. von d. Lehr- u. Bildungsanstalt jüdischer Familien. 8. Berl. 807.

— Predigten zur kirchl. u. häusl. Erbauung; herausg. v. seinem Bruder A. Bock. 8. Berl. 824.

— u. F. Zuckschwert d. junge Redner &c. s. a. Redner.

— u. Fr. Zuckschwerdt, d. junge Redner, ein Hülfsbuch z. Beförd. d. Wohlredenheit. 16 Bdchn. Berl. 814. Stuhr. 2e A. 820. 12 gr.

— Vocabulaire français; oder Materialien z. Beförderung d. mündl. Ausdrucks in d. französ. Sprache. 1r Curs. od. 1e, 2e u. 3e Samml. 12. Berl. 814. Maurers B. 6 gr.

— Vorübungen z. deutschen Lesen f. kleine Kinder. gr. 8. Berl. 812. (Waisenh.-B. in Halle). 3 gr.

Bock, Max von: Ueber die Knospung von Chaetogaster diaphanus Gruith. *Jena: G. Fischer 1897.* (42 S.) 8°
München, Phil. Diss. v. 1897

Bock, Mich.

Bock, M, Krautgarten f. d. kranken Seelen. Hrsg. v. T Kliefoth. 32. (83) Schwer. 62. (Halle, Schwabe.) n. — 5

Bock, Mich., Krautgarten für die kranken Seelen. Herausg. von Th. Kliefoth. Schwerin 862. Stiller. 32. (83 S.) n. 5 ngr.

Bock, Mich., Krautgarten f. die kranken Seelen. Hrsg. v. Th. Kliefoth. 2. Aufl. 16. (90 S.) Zwickau (901). Schriftenverein. Kart. — 30; geb. in Leinw. n. — 50

Bock, Mich., Krautgarten f. die kranken Seelen. Hrsg. v. Th. Kliefoth. 3. Aufl. (90 S.) 16. Zwickau (907). Schriften-Verein. Geb. in Leinw. — 50

Bock, Moritz

Bock, Mor., der Ausbau der Eisenbahnbrücke üb. die Save bei Brod 1882—1884. Im Auftrage d. k. k. Reichs-Kriegs-Ministeriums beschrieben. Mit 7 Taf., 1 photogr. Lichtdr. u. 1 Fig. im Texte. 8. (72 S.) Wien 885. (v. Waldheim.) n. 4. —

Bock, Mor. Eiserne Dach-Constructionen. gr. 8. (69 S. m. 4 Taf.) Wien 889, (v. Waldheim). * 2 40
Aus: Mittheilgn. üb. Gegenstände d. Artillerie- u. Genie-Wesens, besonders abgedruckt.

Bock, Mor., u. Wilh. **Neumann**: Lehrg. d. französ. Sprache f. Realsch., Realgymn. u. verw. Lehranst. 1. u. 2. Tl. gr8° Wien, A Hölder d
1. (5, 124) '11. geb. 1.40 ‖ 2. (6, 189) '12. geb. 1.90

Bock Moriz: Vergleiche und Gleichnisse bei einigen altfranzösischen Dichtern. 63. 92. 96. Linz R. 01. Wien IV. R. 03. 04. Progr.

Bock, Nathan [aus Nakel]: Molière's Amphitryon im Verhältnis zu seinen Vorgängern . . . . Marburg, *Druck v. Erdmann Raabe in Oppeln*, 1887; 2 Bl. + 52 S. 8°
Marburg, Phil. Fak., Inaug.-Diss. v. [9. Febr.] 1888

Bock, Nathan, Molière's Amphitryon im Verhältniss zu seinen Vorgängern. Diss. Marburg 1887, N. G. Elwertsche Univ.-Buchh. 8°. 52 S.

Kriegschirurgen und Feldärzte der ersten Hälfte des 19. Jahrhunderts ⟨1795–1848⟩ von Dr. [Oskar] **Bock**, Stabsarzt, u. Dr. [Hermann] Hasenknopf, Stabsarzt. Mit e. Einl. von Prof. Dr. Albert Koehler, Oberstabsarzt. Mit 17 Portr., 8 Abb. u. 7 Taf. Berlin: A. Hirschwald 1901. (VIII, 336 S.) 8°
= Kriegschirurgen, Die, u. Feldärzte Preußens. Th. 2.
= **Veröffentlichungen** aus d. Geb. d. Militär-Sanitätswesens. H. 18. [05. 44

Bock, Otto

Bock O, Über Feldbahnen für Ziegeleien. (21 S) o. O. 1901

Bock, Otto Über verschiedene Konstruktionen zur Übertragung von Figuren von einer gegebenen Oberfläche auf eine andere. 21, 26 SS. u. 2 Taf. **Progr.** *Lyck* 1884. 1885.

Bock, O, u. R. Schulze, geomotr. Konstruktions- u. Rechenaufgaben f. Volks- u. Fortbildungsschulen. 8° (64) Lpzg 05, E Wunderlich. — 40

— u. Rich. Schulze, Geometr. Konstruktions- u. Rechenaufgaben f. Volks- u. Fortbildungsschulen. 2., verb. Aufl. gr. 8. (IV, 61 S.) Ebd. 898. n. — 40; Lösgn. (36 S.) n. — 60

Bock, Otto, die Reform der Erfurter Universität während des dreissigjähr. Krieges, s.a. Abhandlungen, Hallesche, zur neueren Geschichte.

Bock, Otto, a. Erfurt: Die Reform der Erfurter Universität während des dreissigjährigen Krieges. ⟨Teildr.⟩ Halle a. S. 1907: E. Karras. (37 S.) 8° ¶ (Erscheint vollst. als: „Hallesche Abhandlungen z. neueren Geschichte" H. 46.)
Halle, Phil. Fak., Ref. Droysen, Diss. v. 20. Dez. 1907
[Geb. 28. März 85 Erfurt; Wohnort: Halle a. S.; Staatsangeh.: Preußen; Vorbildung: Gymn. Erfurt Reife O. 03; Studium: Halle 4, Tübingen 1, Berlin 1, Halle 3 S.; Rig. 7. Nov. 07.]

Die Reform der Erfurter Universität während des dreißigjährigen Krieges von Otto **Bock**. Halle a. S.: M. Niemeyer 1908. (105 S.) 8°
= **Abhandlungen**, Hallesche, z. neueren Geschichte. H. 46. [08. 7616 3

Bock, Otto, deutsche Sprachlehre. Ein Hilfs-, Wiederholungs- u. Übungsbuch m. Berücksicht. d. fremdsprachl. Unterrichtes f. Schüler kaufmänn. u. gewerbl. Fortbildungsschulen, sow. z. Selbstunterr. gr. 8. (IV, 108 S.) Leipzig 896. E. Wunderlich. n. — 80; geb. n. 1. —

Bock, Otto, deutsche Sprachlehre. Ein Hilfs-, Wiederholungs- u. Übungsbuch m. Berücksicht. des fremdsprachl. Unterrichtes, f. Schüler kaufmänn. u. gewerbl. Fortbildungsschulen, sowie zum Selbstunterrichte. 2. u. 3., verb. u. verm. Aufl. gr. 8. (VI, 115 S.) Leipzig 901. E. Wunderlich. n. — 80; geb. n. 1. —

Bock, Otto, deutsche Sprachlehre. Ein Hilfs-, Wiederholungs- u. Übungsbuch m. Berücksicht. des fremdsprachl. Unterrichts, f. Schüler kaufmänn. u. gewerbl. Fortbildungsschulen, sowie zum Selbstunterrichte. 4. u. 5 verb. Aufl. (VI, 115 S.) gr. 8. Leipzig 904. E. Wunderlich. n. — 80; geb. n 1. —

Bock, Otto, deutsche Sprachlehre. Ein Hilfs-, Wiederholungs- u. Übungsbuch m. Berücksicht. des fremdsprachl. Unterrichts, f. Schüler kaufmänn. u. gewerbl. Fortbildungsschulen, sowie zum Selbstunterrichte. 6. u. 7. verb. u. verm. Aufl. (VI, 119 S.) gr. 8. Leipzig 907. E. Wunderlich. — 80; geb. n 1. —

Bock, Otto: Deut. Sprachlehre. Hilfs-, Wiederholgs- u. Übgsb. m. Berücks. d. fremdsprachl. Unterr. 8. u. 9. Afl. (6, 125) gr8° Lpzg, E Wunderlich '12. — 80; geb. n 1 — d

Bock, Otto, u. Rich. Schulze, der geometrische Unterricht in konzentrischen Kreisen f. mittlere u. höhere Volksschulen u. Fortbildungsschulen. 2 Schülerhfte. (Tl. I u. II, resp. III.) 2. Aufl. 8. (76 u. 71 S. m. Fig.) Leipzig 893. A. Abel. à n.n. — 60

— — **d. geometr. Unterricht in koncentr. Kreisen f. mittl. u. höh. Volksschulen u. Fortbildungsschulen. 2 Schülerhfte. (Tl. I u. II, resp. III.) 2. Afl.** (76 u. 71 m. Fig.) Lpzg 93, JA Barth. à n.n. — 60

Bock, Otto, u. Rich. Schulze, der geometrische Unterricht in einfachen Volksschulen u. m. denselben verbundenen Fortbildungsschulen. Schülerheft. gr. 8. (VI, 79 S.) Leipzig 883. Abel. n.n. — 60

Bock, Otto, u. Rich. Schulze, der geometrische Unterricht in mittleren u. höheren Volksschulen, Fortbildungsschulen u. den unteren Klassen v. Seminarien. 1—3. Schülerheft. 8. (38, 49 u. 49 S. m. eingedr. Holzschn.) Leipzig 882. Abel. à n.n. — 30

Bock, Otto, u. Rich. Schulze, der geometrische Unterricht in mittleren u. höheren Volksschulen, Fortbildungsschulen u. den unteren Klassen v. Seminarien. Ausg. f. die Hand d. Lehrers m. 238 in den Text gedr. Fig. gr. 8. (XVI, 302 u. Ergänzungsblatt, Lösungen der Aufgaben im Schülerhefte f. einfache Volksschulen u. Fortbildungsschulen enth., 7 S.) Leipzig 883. Abel. n.n. 3. —

Bock, Otto, die Ziegelei als landwirtschaftl. u. selbständ. Gewerbe. s.a. Thaer-Bibliothek.

Bock, Otto, die Ziegelei als landwirtschaftliches u. selbständiges Gewerbe. Mit 194 Textabbildgn. u. 9 Taf. 8. (IV, 196 S.) Berlin 893. P. Parey. Geb. in Leinw. n. 2.50

Bock, Otto: **Die Ziegelei als landwirtschaftliches und selbständiges Gewerbe.** 2. Aufl. Berlin 1898

Die Ziegelei als landwirtschaftliches und selbständiges Gewerbe von Otto **Bock**, Ziegelei-Ingen. in Berlin. 3., neubearb. Aufl. Mit 167 Textabb. u. 5 Taf. Berlin: P. Parey 1905. (VI, 183 S.) 8° [F.]
= **Thaer-Bibliothek**. Bd 7. [05. 6036

— die Ziegelfabrikation. Handbuch bei Anlage u. Betrieb v. Ziegeleien. 8. Aufl. v. Fr. Neumanns Ziegelfabrikation in völl. Neubearbeitg. Mit e. Atlas, enth. 22 Foliotaf. gr. 8. (XI, 336 S.) Weimar 894. B. F. Voigt. 10. 50

Bock, Otto, die **Ziegelfabrikation.** Ein Handbuch, umfassend die Herstellg. aller Arten v. Ziegeln, sowie die Anlage u. den Betrieb v. Ziegeleien. 9., gänzl. neu bearb. Aufl. Lex.-8. (X, 396 S. m. 358 Abbildgn. u. 12 Taf.) Leipzig 901. B. F. Voigt. 10. 50; geb. n. 13. —

— der **Ziegelofen.** Konstruktion u. Bauausführg. v. Brennöfen, Ofengebäuden u. Schornsteinen f. Ziegeleien. 2., neubearb. Aufl. v. A. Eckhart: Die Konstruktion v. Brennöfen etc. gr. 8. (IV, 58 S. m. 22 Abbildgn.) Leipzig (902). C. Scholtze. n. 1. 50

Bock, Otto: Der Ziegelofen. 3. Afl. (4, 39 m. Abb.) Lex8° Lpzg, C Scholtze '11. geb. 2.25

Bock, P.

[J.] Die Vorgeschichte der Kurischen Nehrung, ihre Festlegg u. Aufforstg. Vortr. d. Herrn Regiergs- u. Forstrates [P.] **Bock**-Königsberg i. Pr. geh. in d. XXV. Jahresvers. d. Preuss. Forstver. zu Königsberg i. Pr. Hrsg. v. litt. Bur. in Königsberg i. Pr. *Bromberg: O. Grunwald [1896].* (10 S.) 1 Bd 8. [97. 1596

— Die Vorgesch. d. kur. Nehrg, ihre Festlegg u. Aufforstg. Vortr. 8° (10) Köngsbg 96. (F Beyer). — 20

Bock, P. V., kleine Familie. Die Beschränkg. allzureichen Kindersegens ohne Verletzg. der Sittengesetze. Ein Beitrag zur Lösg. der sozialen Frage. (180. Taus.) 12. (18 S.) Leipzig 898. G. Klötzsch. — 30

! Bock, PV: Kleine Familie. Beschlagnahmt. 96/00

Bock, P. V., Liebe ohne Kinder. D. Beschränkg. allzureichen Kindersegens ohne Verletzg. d. Sittengesetze. E. Beitrag z. Lösg. d. soz. Frage. (70. Taus.) 12. (16 S.) Leipzig 895. (G. Klötzsch.) — 80

Bock, Paul, aus Remschütz, Assist. am chem. Laborat. d. Univ. Jena: Ueber das Anhydrid des Diazobenzoylacetons. *Jena 1902: G. Neuenhahn.* (38 S.) 8°
Jena, Phil. Diss. v. (31. Juli) 1902

Bock, Paul, Handbuch des deutschen Dünenbaues, s.: Gerhardt, Paul.

Bock, Paul: Zur Kenntnis der Isobernsteinsäure. 1905. 34 S. 8⁰ ¶ Ausz. in: J. Liebig's Annalen d. Chemie. Bd 347. 1906. Braunschweig, Dr.-Ing.-Diss. v. 8. 3. 1905

Bock, Ph. Lambert v., der Glücksritter. Schauspiel in 4 Akten. (Den Bühnen gegenüber als Manuscript gedr.) Leipzig 856. Matthes. gr. 8. (2 Bl., 44 S.) n. 10 ngr

Bock, R., Aura ein romantisches Gedicht in 6 Gesängen. 8. Frankfurt a. M., Brönner, 817. ord. Pap. Vel. Pap.

Bock, R. De codicis Isocratei urbinitatis (Γ) auctoritate. Diss. 1883. 44 S. 2.—

Bock, Richard, s.a. B ö c k , Richard

Bock, Richard [(Dr. med.) aus Zeitz '(Prov. Sachsen)']: Über artificielle Abkapselungen in der Bauchhöhle bei der Operation vereiterter Abdominaltumoren ... Würzburg, F. Scheiner's Buchdr., 1894; 1 Bl., 28 S. 8.
Würzburg, Med. Fak., Inaug.-Diss. v. 1894

Bock, Rich.: Die Glaubwürdigk. d. Nachrichten Bonithos v. Sutri im liber ad amicum u. deren Verwertg in d. neueren Gesch.-Schreibg, s.a. Studien, histor.

Bock, Richard: Die Glaubwürdigkeit der Nachrichten Bonithos von Sutri im liber ad amicum und deren Verwertung in der neueren Geschichtsschreibung. (T. 1.) (Berlin 1909: Ebering.) 51 S. 8⁰ ¶ (Ersch. vollst. in: Histor. Studien b. Ebering, Berlin.)
Berlin, Phil. Diss. v. 24. Juli 1909, Ref. Schäfer
[Geb. 22. Mai 86 Berel; Wohnort: Berel; Staatsangeh.: Braunschweig; Vorbildung: Gymn. Braunschweig Reife M. 05; Studium: Leipzig 2, München 1, Berlin 4 S.; Rig. 27. Mai 09.] [U 09. 146

Die Glaubwürdigkeit der Nachrichten Bonithos von Sutri im Liber ad amicum u. deren Verwertung in d. neueren Geschichtsschreibung. Von Dr. Richard Bock. Berlin, Ebering 1909. 103 S. 8⁰
[Im T. erschien als Inaug.-Diss. Berlin 1909.]
(Historische Studien. H. 73.) [09. 16572 2

Bock, Rich., Kubik-Preisrechner für beschlagene und runde Hölzer, Latten, Bretter und Läden, Stollen, Erdschichten, Erz, Steine, Kies, Mauern 2c. Berechnet nach der neuen deutschen Reichswährung und dem Metersystem nach Kubikmeter und Kubikdecimeter von Pf. zu Pf. resp. $^1/_{10}$ zu $^1/_{10}$ und $^1/_2$ zu $^1/_2$ Pfennigen bis 1000 Mark, nebst einer Preisvergleichung und Umrechnung der alten Kubikmaaße in das Meter-System und umgekehrt; der bayr., württemberg., bad., preuß. und österreich. Kubikmaaße, nebst einem Anhang von Münzumrechnungs-Tabellen und Prozentrechnungs-Tabellen. Ein unentbehrl. Hilfsbuch für Forstbeamte, Holzhändler, Werkmeister 2c. gr. 16. (IV, 218 S.) Leipzig 877, H. Voigt. cart. *

Geologischer Wegweiser durch das Dresdner Elbthalgebiet zwischen Meissen und Tetschen v. Dr. R[ichard] Bock, Prof. ... zu Freiberg. M. 1 Karte. *Berlin: Gebr. Borntraeger 1897.* (VIII, 162 S.) 8⁰
-- [Sammlung geologischer Führer. 1.]

— Robert (Stoeben/Sachs.-Mein.), Ergebn. e. Untersuchung über Zu- resp. Abnahme der Lungenschwindsucht. Diss. med.-chir. Bln. (G. Schade [O. Francke]) 24. VIII. 1888. 60 S., mit Biogr. (4.—) 2993
Oppon.: Bernh. Riedel, Rud. Bock, Vollrad Kettler. — Gew.: Rud. Bock (Bruder).

Bock, Rob.: Wegen Sittlichkeitsverbrechen verurteilt! Meine Erlebn. als Rektor e. Berliner Mädchensch. u. d. Gesch. meiner unschuld. Verurteilg. 1.u.2.Afl. (140) gr8⁰ Lissa, O Eulitz '12. — 50 d

Bock, Rudolf, in Hamburg: Beiträge zur Biologie der Uredineen. Mit 2 Figuren. Jena 1908. IV + 29 S. 8⁰. S.-A. aus dem Centralblatt f. Bakteriologie, Parasitenkunde u. Infektionskrankheiten. II. Abteilung. Band 20. 1908. [16. XII. 07.]
Bern. Phil. Diss. 1907/08.

Bock, Rudolf. Beiträge zur Biologie der Uredineen. Diss. Phil. Bern. Mit 2 Figuren. (Abdruck aus dem Centralblatt f. Bakteriologie, Parasitenkunde u. Infektionskrankheiten. Abteilung II.... Band 20. 1908.) IV + 30 S. 8. Jena, Gustav Fischer, 1908.

Bock, S, s: Ergebnisse, Zoologische, d. schwed. Exped. n. Spitzbergen '08.

Bock, S.: Zoologische E r g e b n i s s e der schwedischen Expedition nach Spitzbergen ..., s. H o f s t e n , Nils v.

Bock, Samuel (geb. am 4 Nov. 1807 in Hersel bei Bonn): Dissertatio ... de membrana decidua Hunteri ... Bonnae, typ. C. Georgii (1831). 3 Bl., 32, IV S., 1 Taf. 4. ¶ In Komm. bei Habicht in Bonn.
Bonn, Med. Fak., Diss. v. 6 Sept. 1831

Bock, Sam., Dissert. de membrana decidua Hunteri. 4 maj. ($4^1/_4$ B. u. 1 Stndr.) Bonnae 831, (Habicht.)

Bock, W., zwei Advents- u. Visitationsfragen. Predigt üb. 5. Mos. 18, 18 u. 19, am 4. Advent 1887, als am Tage der Kirchenvisitation in der Kirche zu Maxen geh. 2. Aufl. 8. (15 S.) Dresden 888. (J. Naumann.) n. — 20

Bock, W.: Evangelische A l l i a n z ..., s. B o c k , Woldemar

v. Bock, W., livländische Beiträge, s. Beiträge, livländische.

Bock, W.(Red.), s. F a c h z e i t s c h r i f t .

Bock, W. v., zur Geschichte des Kriminalprocesses in Livland. gr. 8. ($8^1/_2$ B.) Dorpat 845. (Gläser's Verl.)

Bock, W.: G o e t h e in seinem Verhältnis ..., s. B o c k , Waldemar.

Bock, W.: H a n d b u c h zum Nachschlagen der ... geltenden Landes-und wichtigeren Reichsgesetze ..., s. B o c k , Wilhelm

— der deutsch-russische Konflikt an der Ostsee. Zukünftiges, geschaut im Bilde der Vergangenheit u. der Gegenwart. Leipzig 860. Duncker & Humblot. gr. 8. (IX, 117 S.) n. 24 ngr

Bock, W. v., Cardinal Lavigerie, Erzbischof von Carthago, u. Albert v. Buxhöwden, Bischof v. Livland, od. die Kirche gestern (1201) u. heute (1892) eine u. dieselbe, s.: Broschüren, Frankfurter zeitgemäße.

—— die Lossprechung v. d. ersten Instanz u. ihr letzter Ritter. Keine Defensionsschrift; Supplheft z. 4. Bde. Die theoretisch-prakt. Erörterungen aus den in Liv-, Esth- u. Curland geltenden Rechten. gr. 8. (8 B.) Dorpat 840, Gläser's Verl.

Bock, W. de, matériaux pour servir à l'archéologie de l'Égypte chrétienne. Éd. posthume. Avec XXXIII planches en phototypie et 100 dessins dans le texte. 2 vols. qu. Fol. (VI, II, 94 S.) St. Pétersbourg 901. (Leipzig, K. W. Hiersemann.) n.n. 20.—

— Moskau u. St Petersburg im Wettkampfe f. Bekenntnißfreiheit. Für Kenner fittl. Gepräges als Avers u. Revers derselben Medaille dargestellt. gr. 8. (62 S.) Quedlinburg 871. Basse. 1. 20

— alphabetisches Namen- u. Sachregister zu den livländischen Beiträgen Bd. III. [Neue Folge I.] Hft. 1—5. gr. 8. (V, 26 S.) Leipzig 871. Duncker & Humblot. n. — 80

— Die Naturdenkmalpflege, s.a. Wegweiser, Naturwissenschaftl.

Bock, W.: Die N a t u r d e n k m a l p f l e g e . – Stuttgart 1909. 109 S.

Bock, W.: Die Naturdenkmalpflege. Die Bestrebungen zur Erhaltung der Naturdenkmäler und ihre Durchführung. Mit Abbild. (Naturwissenschaftl. Wegweiser A 10.) Stuttgart: Strecker & Sch. (1910).

— die nordische Post im Lichte der Kollektiv-Erklärung der Ritterschaften Livland's, Ehstland's, Kurland's u. Oesel's oder ein nordisches Soll u. Haben. Berlin 869. Stilke & van Muyden. 8. (15 S.) n. 3 ngr.

Bock, W. (Red.), s. Schuhmacher-Fachblatt.

Bock, W.: Staatskirchenthum in der Sackgasse, s. Bock, Waldemar

Bock, W. v.: Kirchliche Streiflichter..., s. Bock, Wilhelm v.

Bock, W., Subjecta rei cum actionis verbis conjungendi usus quo modo in prisca, quae vocatur, latinitate sit exortus et prolatus usque ad tempora Ciceroniana. Diss. 1889. 99 S. 1.50

— wesentliche Verschiedenheit der Bedeutung, Wirkung u. Tragweite gleichnamiger Factore des öffentlichen Lebens in Preußen u. in den deutschen Ostseeprovinzen Rußlands. Vortrag gehalten in Quedlinburg am 3. Janr. 1868. Berlin 868. Stilke & van Muyden. gr. 8. (53 S.) n. 6ngr.

Bock, Walter [Unterarzt im 4. Pommerschen Inf.-Reg. No. 21]: Zur Symptomatologie der Railwayspine .... Berlin, Buchdr. v. Georg Klemm (1886); 28+3 S. 8°.
Berlin, Med. Fak., Inaug.-Diss. v. 10. Mai 1886.

Bock, Walter, zur Symptomatologie der Railwayspinne. Diss. Berlin 1886, Mayer & Müller. 8°. 28 S.

Bock, Wilhelm: Zur Destruction of Troy, eine Sprach- und Quellenuntersuchung. Halle a/S. 1883: Karras. 59 S. 8°
Halle-Wittenberg, Phil. Diss. v. 11. Juli 1883
Geb. Oschersleben a. d. Bode 10. 10. 1859. V.

Bock, Wilh., Gott war m. uns, Ihm sei die Ehre. Predigt üb. Psalm 40, 9—12, an der allgemeinen Friedensfeier den 18. Juni 1871 geh. in der Kirche zu Maxen. gr. 8. (12 S.) Pirna 871. Diller & Sohn in Comm. n. — 25

Bock, Wilh., Handbuch zum Nachschlagen der im Großherzogth. Sachsen-Weimar-Eisenach geltenden Landes- u. Reichsgesetze, sowie der Verordngn. u. Bekanntmachgn. der Reichs-, Landes- u. sonst. öffentl. Behörden. Abgeschlossen den 1. Juli 1886. gr. 8. (VII, 262 S.) Weimar 886. Böhlau. geb. n.n. 4. 60; Ausg. in 4., geb. n.n. 5. 60

Bock's, Wilh., Handbuch zum Nachschlagen der im Großherzogth. Sachsen-Weimar-Eisenach geltenden Landes- u. wichtigeren Reichsgesetze, sowie der Verordnungen u. Bekanntmachungen d. Reichs- u. Landes-Behörden. 2. Aufl., neubearb. v. Herm. Ortloff. Abgeschlossen am 1. VII. 1900. gr. 8. (XII, 870 S.) Weimar 900. H. Böhlau's Nachf. Geb. in Leinw. n. 8. —

Bock's, Wilh., Handbuch zum Nachschlagen der im Großherzogt. Sachsen-Weimar-Eisenach geltenden Landes- u. wichtigeren Reichsgesetze, sowie der Verordnungen u. Bekanntmachungen d. Reichs- u. Landes-Behörden. 2. Aufl., neubearb. v. Herm. Ortloff. 1. Nachtrag. Abgeschlossen am 1. VII. 1903. (58 S.) gr. 8. Weimar 903. H. Böhlau's Nachf. n. 1. 60
Hauptwerk. Ebd. 900. geb. n. 8. —

Bock's, Wilh., Handbuch zum Nachschlagen der im Großherzogt. Sachsen-Weimar-Eisenach geltenden Landes- u. wichtigeren Reichsgesetze, sowie der Verordnungen u. Bekanntmachungen der obersten Reichs- u. Landes-Behörden. 2. Aufl., neubearb. v. Herm. Ortloff. 2. Nachtrag. Abgeschlossen am 1. VII. 1908. (63 S.) 8. Weimar 908. H. Böhlau's Nachf. 1. 80
Hauptwert u. 1 Nachtr. Ebd. 900. 903. 9. 60

v. Bock, Wilhelm, aus Livland, Methodo physiologica investigetur, quomodo vulnera prima intentione sanentur.
Preisschrift Dorpat. 1846.

Bock, Wilh. Homerische Poesie mit vergleichender Berücksichtigung des Epos von andern Völkern. Erster Teil. 35 S.
Progr. *Marienburg* 1882.

Bock [Oberl.]: Probe einer Uebersetzung des Homer. Neu-Strelitz, Druck d. Hellwig'schen Hofbuchdr., 1890; 1 Bl.. 30 S. 4°
Neu-Strelitz, G Carolinum, OP 1890 (648)

von Bock, Guil., De pure. Diss. Dorpat. 31 pp. 1848.

Bock, Wilh. v., Kirchliche Streiflichter in bündlerische Winkel. 1. Paderborn, Bonif.-Druckerei, 1889, gr. 8°, 64 S., 75 Pf.

Bock, Guilelmus [Coesfeldiensis]: Subiecta rei cum actionis verbis coniungendi usus quo modo in prisca, quae vocatur, latinitate sit exortus et prolatus usque ad tempora Ciceroniana. . . . Lipsiae, *Frommannsche Buchdr.* (*Hermann Pohle*) *in Jena*, 1889; 2 Bl.+99+1 S. 8°
Leipzig, Phil. Fak., Inaug.-Diss. v. 22. Jan. 1890

Bock, Wilh., Taschenflora v. Bromberg (das Netzegebiet). Tabellen zur Bestimmg. der Gefässpflanzen des Reg.-Bez. Bromberg nebst Standortsangaben; zum Gebrauche auf Ausflügen, in Schulen u. zum Selbstunterricht. (XX, 214 S.) kl. 8. Bromberg 908. Mittler. Geb. in Leinw. 2. —

Bock, Wilhelm, aus Schweinfurt a. M.: Über das Zusammentreffen von Lebercirrhose mit Tuberkulose. *Freiburg i. B. 1901: Ch. Lehmann's Nachf.* (78 S.) 8°
Freiburg i. B., Med. Diss. v. 1901

Bock, Wold. v., zwölf Choralstudien für die Orgel, comp. u. mit einem Vorwort über die alten Tongeschlechter versehen. Erfurt, Körner's Verlag. qu. 4. (XIV S. u. 20 S. Notenbeil.) 1 ₰

Bock, Woldemar
Bock, W[oldemar] von: Evangel. Allianz und Russische Diplomatie. Ein Beitrag zur neuesten Geschichte Beider, zugleich auch zur Geschichte der Baltischen Landvolksschule .... — Bln: Schneider 1872. XVI, 324 S.

Bock, W v.: Goethe u. Bismarck, s.a. Broschüren, Frankf. zeitgemässe.

'Goethe und Bismarck'. Parallele oder Kontrast? Zur Erwägung gest. von Woldemar v. Bock, Vicepräs. d. Livländ. Hofgerichts a. D. *Frankfurt a. M.: P. Kreuer 1899.* (58 S.) 8° [F.]
— Broschüren, Frankfurter zeitgemässe. N. F. Bd 19, H. 8/9.

—— Goethe in seinem Verhältnisse zur Musik. gr. 8. (XI, 103 S.) Berlin 871, Schneider und Comp. *

Bock, Woldemar v., Staatskirchenthum in der Sackgasse. Erneuerte und verm. Aufl. des 1874 erschienenen Werkes: Russische Bekehrungen 2c. von einem stillen Beobachter. gr. 8. (LXIV, 338 S.) Leipzig 876, Bidder. *

Bock, X.
Glimpses at my Diary my experiences in England, — By X. Bock, ph. d., G.-P. — 1906, Nürnberg, Bieling-Dietz. — P. 3—39.

Bock-Hufeland's hausärztliches Buch vom gesunden und kranken Menschen, s.: Hand- und Hausschatz zur Pflege der Gesundheit u. ärztlicher Ratgeber in Krankheitsfällen.

Bock v. Wülfingen, Adf., drei Dramen. Kaiser Friedrich II. Ein Totentanz. Ein Vampir unserer Tage. (III, 175 S.) 8. Dresden 910. C. Höckner. 2. —

Bock v. Wülfingen, Adf., Prinz Frühling. Dramatisches Märchen in 5 Aufzügen. (44 S.) gr. 8. Dresden 904. E. Damm. n. 1. —

Bock v. Wülfingen, Adf., Herbstblumen. Skizzen. 8. (64 S.) Dresden 895. A. Beyer. n. 2. —

Bock v. Wülfingen, Adf., die geschmähten Kadettenkorps. Ein Wort der Entgegng. zu der Schrift „Unsere Kadettenkorps" v. *** gr. 8. (23 S.) Dresden 894. W. Baensch. — 75

Lose Blätter aus dem Notizbuch eines Infanteristen von Ernst Bock von Wülfingen, Generalmajor z. D. *Hannover: H. Lindemann 1890.* (60 S.) 8° [F. u. Ant.] [90 7519 7

Bock v. Wülfingen, Ernst, lose Blätter a. d. Notizbuch e. Infanteristen. 12. (60 S.) Hannover 899. H. Lindemann. n. — 75

Bock v. Wülfingen, F., General v. Katzler. Eine Lebensbeschreibg. gr. 8. (VII, 97 S.) Berlin 892. E. S. Mittler & Sohn. n. 2. —; geb. n.n. 2. 75

Bock v. Wülfingen, G., Die Grafen von Poppenburg und ihre agnatischen Beziehungen zu dem Uradelsgeschlechte derer von Wülfingen, später Bock von Wülfingen genannt. Celle 1888.

[F.] Geschichte der Bock von Wülfingen. Aus Urkunden u. sonst. Nachrichten zsgest. v. Georg Wulbrand Bock v. Wülfingen, Erbkämm. ... d. Fürstenth. Hildesheim. *Hannover: Göhmannsche Buchdr. 1896.* (3 Bl., 202 S., 3 Taf.) 1 Bd 8. [96. 4380

Bock v. Wülfingen, GW: Gesch. d. Bock v. Wülfingen. 8° (202 m. Abb.) Hannov. 96. (F Pech). nn 6 —

Bock v. Wülfingen, Jul., Tagebuch vom 11. Juni bis 3. Juli 1866. Nach der Erinnerg. niedergeschrieben im J. 1870. gr. 8. (62 S.) Hannover 876. (Schulbuchh.) n. 1. —

Bock v. Wülfingen, Wulbrand, s. Bock v. Wülfingen, Georg Wulbrand

Böck, s.a. Bök

Böck v. der: Ausblicke auf die nächste Militärvorlage, s. Böck, Fritz v. der

Böck: Ideen üb. die Ausgleichung der unmittelbaren Kriegsschäden..., s. Böck, G. Alex.

Boeck: Städteordnung..., s. Boeck, A.

Böck, Verzeichn. v. d. in u. ausländ. Blumen, Sträuchen rc. Bremen, Müller. Rthlr.

Boeck, A.: De skandinaviske og arktiske Amphipoder, s. Boeck, Axel

Boeck, A., die Städteordnung vom 30. Mai 1853 in vergleichender Zusammenstellung mit den desfallsigen Bestimmungen des Allgemeinen Landrechts, der Städteordnungen vom 10. Novbr. 1808 u. 17. März 1831, so wie der Gemeindeordnung vom 11. März 1850. Berlin 854. C. Heymann. gr. 8. (XXIV, 300 S.) 1 ₰ 15 ngr

***Böck*, A. Fr., s. Aug. Fr. *Bök*.**

Böck, Adf: Die Berufsgliederg d. Reichstagswahlkreise. Polit.-statist. Studie. 22,5×29,5 cm. Memmingen, Th. Otto ('11). — 50 d

Boeck, Adolph. Guil. Leop. (geb. Virchow 12. 3. 1793): De statu quodam cordis abnormi. Berolini: Maurer 1818. (49 S.) 8°
Berlin, Med. Diss. v. [24. Febr. 1818]

***Boeck*, A. G. L., de statu quodam cordis abnormi. 8. Berl. 818. Maurers B. 4 gl**

BÖCK, Albert von (Oberglinzburg): Ueber den gastrischen Rheumatismus.- München: Wild 1838. 23 S. 27.8.1838 - Urk; (Titel: De rheumatismo gastrico.); F 64
Diss. Ingolst.-Landsh.-Mchn.

Böck, Aug., Musikmeister im Königl. Preuß. 24. Infanterie-Regiment, Leben u. Schicksale. Von ihm selbst beschrieben. 8. Erfurt 822. (Neu-Ruppin, Oehmigke u. Riemschneider.) 1/3 ₰

Boeck, Aug. Leben und Schicksale des ehemaligen Musikmeisters August Boeck, im Kgl. Preuss. 24. Infanterie-Regiment, früher Trompeter im Schill'schen Corps. Von ihm selbst. (7½ B.) 8. Erfurt 1822. 1,00. — 5. Aufl. (5 B.) 8. ib. 1844. 0,75.

Böck, August Friedrich

s. a. **Bock, Aug. Friedr.**

— — De eo quod rei novitas in animis hominum efficit. Dissert. prior. Tübing. (Fues) Sept. 1780. 36 S. (5.—) 3070
Verteidigt von: David Immanuel Scholderer (Neuweiler), Christian Wendel Bilfinger (Stuttgart), Christian Aug. Knapp (Kirchheim/Teck), Joh. Christoph Binder (Wangen), Joh. Gottlieb Helfferich (Kirchheim/Teck).

— — Dasselbe. Diss. altera. Tübingen (Fues) Sept. 1781. 24 S. (4.80) 3071
Verteidigt v.: Joh. Eberh. Heinr. Scholl (Beilstein), Victor Matthäus Bührer (Moettlingen), Jacob Friedr. Mayer (Kirchheim/Teck).

— — Dasselbe. Diss. tertia. Tübingen (Fues) Sept. 1783. 36 S. (5.—) 3072
Verteid. v.: Chph. Fried. Wild (Beben-Haus.), Joh. Carl Chph. Waechter (Tuttlingen), Joh. Jacob Baur (Ebingen), Joh. Fried. Roesslin (Heutingsh.), Chn. Ludw. Baur (Tübingen), Carl Fried. Paulus (Balingen), Carl Gottlob Beurlin (Unterwisach), Joh. Phil. Aug. Georgi (Urach).

— — Dasselbe. Supplementum. Tübingen (Fues) Aug. 1786. 36 S. (5.—) 3073
Verteidigt v.: Joh. Georg Huber (Nagold), Christoph Aug. Klett (Detting./Teck), Carl Christoph Binder (Brackenheim), Joh. Friedr. Baumann (Stuttgart), Joh. Christian Roller (Rosenfeld).

— — De limite officiorum humanorum seposita animorum immortalitate. Sectionem priorem. Tübing. (Fues) Aug. 1709. 28 S. (50.—) 3078
Verteidigt v.: Gg. Wilh. Friedr. Hegel (Stuttgart), Joh. Chph. Friedr. Fink (Königsbronn), Chn. Friedr. Authenrieth (Stuttgart), Joh. Chn. Friedr. Hoelderlin (Lauffen).

— — Dasselbe. Sect. posterior. Tübing. (Fues) Aug. 1792. 40 S. (6.—) 3079
Verteidigt v.: Chn. Friedr. Dav. Spindler (Infra-Eisishem), Chn. Ludw. Aug. Wezel (Ludwigsburg), Ludw. Aug. Neubert (Ludwigsburg), Phil. Conr. Lang (Lorch).

— — De nisu mentis humanae qui omnium sit fundamentum. Comment. I. Tübingen 1786. 32 S. (4.50) 3074

— — Dasselbe. Tübingen (Fues) Aug. 1785. 32 S. (5.—) 3075
Verteidigt v.: Joh. Friedr. Loebert (Vaihingen), Joh. Christian Gottlieb Ziller (Blaubeuren), Christian Gottlob Hoermann (Weinsberg), Ludw. Friedr. Jacob Haas (Grötzingen), Aug. Friedr. Christmann (Seeburg).

— — Dasselbe. Comment. II. Tübingen 1788. 32 Seiten. (4.—) 3076

— — (Präs.), Dasselbe. Tübingen (Fues) August 1788. 32 S. (4.80) 3077
Verteidigt v.: Gottfr. Ulrich David Kapff (Goeppingen), Christoph Heinr. Roesslin (Heutingsheim), Joh. Friedr. Breitschwerdt (Unterrietting.), Wilhelm Friedr. Ostertag (Urach-Mezing.), Friedr. Wilh. Duttenhofer (Stuttgart), Georg Friedr. Gollmar (Rohracker).

Boe(c)k, August Friedrich (Präs.), De ratione aestimandi felicitatem hominum. Diss. prior. Tüb. (Fues) Sept. 1777. 40 S., z. Tl. dtsch. (5.—) 3065
Verteidigt v.: Heinr. Immanuel Klüpfel (Stuttgart), Theoph. Fried. Schlaich (Dagersheim), Carl Phil. Conr. Braun (Altotwielanus), Simeon Friedr. Wurster (Grünthal), Christoph Lud. Dobelmann (Ludwigsburg).

— — Dasselbe. Diss. altera. Tübing. (Fues) Sept. 1778. 24 S., tlws. dtsch. (4.80) 3066
Verteidigt v.: Andreas Heinr. Schott (Tübing.), Joh. Heinr. Duttenhofer (Bulach), Christoph Friedr. Schott (Blaubeuren).

— — Dasselbe. Diss. tertia. Tübing. (Fues) Sept. 1778 32 S., tlws. dtsch. (4.80) 3067
Verteidigt v.: Carl Friedr. Hofacker (Nagold), Joh. Chph. Gottl. Hopfenstock (Beilst.), Gottfr. Adam Speidel (Bessigheim), Joh. Theophor Rues (Husanus ad Veren.).

— — De socialitate et hostilitate hominum maxime ad quaestiones homianas comment. Tübing. 1779. 52 S., z. Tl. dtsch. (4.60) 3068

— — Dasselbe. Tübing. (Fues) Sept. 1779. 52 S. (5.20) 3069
Disp.: Gottfr. Heinr. Breyer (Mark-Gröningen), Heinr. Friedr. Zeller (Weiltingen), Joh. Lang (Blaubeuren), Joh. Georg Fried. Maerklin (Moessingen), Joh. Christian Schott (Nürtingen), Joh. Friedr. Schmoller (Schiltach), Albrecht Friedr. Henseler (Vaihingen), Phil. Heinr. Poths (Stuttgart). — Dasselbe vgl. Zeller, Heinr. Friedr.

Böck, August Friedrich. Wie kann die Seele durch das Studium der schönen Wissenschaften und Künste zum wahren Guten geführet werden? Stuttgart 1771. 4°.

Boeck, Axel

Boeck, A., de skandinaviske og arktiske Amphipoder. Hoft 1 og 2. 4. (711 S. m. 32 Steintaf.) Christiania 876. Dybwad. n.n. 25. —

Boeck, Axel, Crustacea amphipoda borealia et arctica. gr. 8. (VIII, 200 S.) Christiania 871. (Leipzig, Brockhaus' Sortiment und Antiquarium.) ✱ ✱
Aus: Vidensk.-Selsk. Forhandlinger, besonders abgedruckt.

Boeck, C. v. der (C. B. Derboeck), s. a.: Derboeck, C. B.

— Sewa's Abenteuer in Westafrika. Orig.-Erzählg. aus deutsch-afrikan. Missions- u. Kolonialgebieten. Mit 4 farb. Illustr. gr. 8. (219 S.) Ebd. 889. cart. 3. —

Boeck, C. v. der [C. B. Derboeck], buntes Allerlei f. die Jugend. gr. 4. (12 S. m. eingedr. Illustr. u. 9 Chromolith.) Berlin 884. Drewitz. geb. 3. —

— Feld- u. Waldtiere. Nach Originalen berühmter Maler f. das erste Jugendalter bearb. gr. 4. (12 S. m. eingedr. Illustr. u. 9 Chromolith.) Ebend. 884. geb. 3. —

Boeck, C., die Folgen der Unzucht f. den Körper. Ein populärer Vortrag. 8. (36 S.) Christiania 897. (Hamburg, Herold). n. — 50

Boeck, C. v. der [†C. B. Derboeck], Prinz Heinrich in Central-Amerika. Orig.-Erzählung für die Jugend. 1.—7. Aufl. [Wohlf. Ausg. von: Die Westindienfahrt des Prinzen Heinrich von Preußen.] 8. (220 S. mit 5 Farbendr.-Illustr. nach Orig.-Aquarellen von O. Woite.) Berlin 885—88, Drewitz Nachf. cart. ✱ 2 —

— Jungdeutschland in Westafrika. Orig.-Erzählg. aus deutsch-afrikan. Missions- u. Kolonialgebieten. Mit 5 farb. Illustr. gr. 8. (III, 219 S.) Ebd. 887. geb. 6. —

— Jungdeutschland in Westafrika. Orig.-Erzählg. aus deutsch-afrikan. Missions- u. Kolonialgebieten. Mit 5 farb. Illustr. 3.—6. Aufl. gr. 8. (III, 219 S.) Leipzig 893. 894. O. Drewitz Nachf. Kart. 4. 50

— Kaiser Wilhelm's Lebenslauf. Ein Angebinde f. Alldeutschlands Jugend. Mit (5) Farbendr.-Illustr., gezeichnet u. lith. v. W. Schäfer. gr. 8. (III, 220 S.) Ebend. 882. geb. 4. 50

— die Königin Luise von Preußen. Ein Vorbild weibl. Tugenden. Historische Erzählg. f. die Jugend. Mit Farbendr.-Illustr. nach Orig.-Zeichngn. v. Gust. Annemüller. 8.—10. Aufl. gr. 8. (III, 218 S.) Ebd. 893. 894. Kart. 4. 50

— die Pflegetochter der Königin. Historische Erzählg. nach e. wahren Begebenheit. Mit 1 Farbendr.-Illustr. nach Orig.-Aquarelle v. Marie Koch. 8. (218 S.) Ebend. 885. geb. 3. —

— die Pflegetochter der Königin. Historische Erzählg. f. die Jugend. Mit (5) Farbendr.-Illustr. nach Orig.-Zeichngn. v. G. Annemüller. 4. Aufl. 8. (218 S.) Ebd. 887. cart. n. 2. —

—— Prinz Heinrich's Reise um die Welt. Orig.-Erzählung für die Jugend. 1.—10. Aufl. [Wohlf. Ausg. von: Des Prinzen Heinrich von Preußen Weltumsegelung.] 8. (220 S. mit 5 Farbendr.-Illustr. nach Orig.-Zeichnungen von W. Schäfer.) Ebendas. 885—88. cart. ✱ 2 —

— die Westindienfahrt d. Prinzen Heinrich v. Preußen. Orig.-Erzählg. f. die Jugend. Mit (5) Farbendr.-Illustr. nach Orig.-Aquarellen v. O. Woite. gr. 8. (220 S.) Ebend. 884. geb. 4. 50

— Kaiser Wilhelm I. u. seine Zeit. Ein Buch f. Alldeutschlands Jugend. Mit Farbendr.-Illustr., gezeichnet u. lith. v. W. Schäfer. 2. Aufl. gr. 8. (III, 228 S.) Ebd. 893. Kart. 4. 50

Boeck, Car. Gust. (Ottomar) (geb. Schlochau 23. 1. 1823): De malismo sive typho maliode. Berolini (1848). (31 S.) 8°
Berlin, Med. Diss. v. 8. Dez. 1848

Boeck, Carl, approb. Arzt aus Bremerhaven: **Aus d. Augenklinik zu Jena. Ein Fall von Cysticercus cellulosae subretinalis.** *Berlin (1899): W. Röwer.* (28 S.) 8°
Jena, Med. Diss. v. (29. Juli) 1899

DAUER, Carl (d. i. *Carl von der Boeck*), Die Mörderin aus Wollust oder Giftküche und Giftkost. Nach den Akten des berühmtesten Criminal-Prozesses bearbeitet. 2 Bde. Berlin, o. J. (1870). 8°. (1 Mk. 50 Pfg. G. Priewe, 1895; 5 Mk. v. Zahn & Jaensch, 1909.)

Boeck, Christian, Johann Hinrich Fehrs. (54 S.) 8. Garding 908. H. Lühr & Dircks. — 75

Boeck, Curt, s. Boeck, Kurt

Böck, E. v.: Mein Austritt aus d. röm. Kirche . . . , s. Böck, Eug. v.

Böck Ernst: Eine Prüfung des Beweises für die Apriorität der Raumvorstellung aus der Evidenz der Geometrie. Diss. Wien, Univ.
II. 1881 PN 211 15

Boeck, Eug. v., mein Austritt aus der römischen Kirche und aus dem Stifte St. Stephan in Augsburg. Kurz dargestellt. Lex.-8. (60 S.) Ansbach 852, Junge.

—— die tylonische Blutschuld und ihre Folgen. gr. 8. (34 S.) Augsburg 852, Kollmann'sche Buchh.

Böck, Franz, Assistenzarzt im k. b. 4. Inf.-Reg. in Metz: **Ueber die Funktionsfähigkeit nach Oberarmluxationen.** *Metz 1902: Gebr. Lang.* (31 S.) 8°
Erlangen, Med. Diss. v. 20. Dez. 1901

Böck Friedrich: Über die Alkylierung des Anthragallols. S. III. IIb. 88 . . . . . .
Separatabdruck

Böck, Friedrich: Über Alkylierung des Anthragallols. 73 S. Diss. TH Wien 1902.

Böck, Friedrich: Atmungsapparat, s. Bamberger, Max

Böck, Frdr., Chemie der Küche, s.: Vorträge des Vereines zur Verbreitg. naturwissensch. Kenntn. in Wien. 44. Jhrg. 13. Hft.

— Einiges aus der Chemie u. Technik der Explosionen u. Sprengstoffe, s.: Vorträge des Vereines zur Verbreitung naturwissenschaftl. Kenntnisse in Wien. 48 Jhrg. 8. Hft.

— und Moser L.: Die Einwirkung dunkler elektrischer Entladungen auf ein Gemisch von Wasserstoff und Titantetrachloriddampf. 1. Mitteilung (mit 6 Textfiguren). S. 121. IIb. 971 . . .
— — — 2. Mitteilung: Über ein polymorphes Titantrichlorid (mit 2 Textfiguren). S. 122. IIb 1067 . . .
Separatabdruck

— und Tomíček F.: Über die Einwirkung von Schwefelwasserstoff auf Arsensäure. S. 96. II. 950 . . . vgr.
Separatabdruck

— Neuerungen im Rettungsdienste nach Schlagwetterexplosionen, s.a. Vorträge des Vereines zur Verbreitung naturwissenschaftl. Kenntnisse in Wien. 45. Jhrg. 15 Hft.

Böck, Fr., Neuerungen im Rettungsdienste nach Schlagwetterexplosionen. [Vorträge des Vereines zur Verbreitung naturwissenschaftlicher Kenntnisse in Wien. 45. Jahrg. Heft 15.] 8°. (21 S. mit 5 Tafeln.) † K 1.—
Wien: Wilhelm Braumüller, 1905

Böck, Frdr., über Selbstentzündung, s.: Vorträge des Vereines zur Verbreitung naturwiss. Kenntnisse in Wien.

Böck, Frdr.: Ub. d. Silicium u. s. wichtigsten Verbindgn, s.: Vorträge d. Vereines z. Verbreitg naturwissenschaftl. Kenntn. in Wien.

Boeck, Friedrich K.R.v.d. s. B o e c k , Fritz von der

Boeck, Fritz von der
Boeck, F. v. d., s.: Armee, die.

Ausblicke auf die nächste Militär-Vorlage von [Fritz] v. der Boeck, Gen.Lt. z. D. Berlin: Liebel 1903. (100 S.) 8° [J.]

Boeck, F v. d.: Boyen, s.a. Erzieher d. preuss. Heeres.

Boyen von F[ritz] v. der Boeck, Gen.Lt. z. D. Berlin: B. Behr 1900. (113 S.) 8° [J.]
— Erzieher d. Preußischen Heeres. Bd 7.

Deutschland. Das Heer. Von [Fritz] v. der Boeck. Gen.Lt. z. D., unter Mitw. von ... 3. Ausg. Berlin: A. Schall [1904]. (XVI, 414 S.) 4°(8°) [J.]
Verf. der 1. u. 2. Aufl.: Albert v. Boguslawski.
= Heere, Die, u. Flotten d. Gegenwart. [Bd 1.]

— das Heer Deutschlands, 3. Ausg. des A. v. Boguslawski'schen Werkes, s.: Heere u. Flotten, die, der Gegenwart.

— der deutsche Infanterie-Angriff. Ein Beitrag z. Frage der Aenderg. des Exerzier-Reglements f. d. Infanterie. gr. 8. (20 S.) Mülheim a/Rh. (902). J. Bagel. n. — 50
Sonderabdruck aus: „Die Armee".

Boeck, v. der, die Kämpfe der französischen Armee gegen die pariser Kommune im Jahre 1871. [Militär-Wochenblatt. Beiheft 1879. 4. Hft.] Hierzu 1 (lith.) Karte Paris u. Umgebung (in Fol.). gr. 8. (42 S.) Berlin 879. Mittler & Sohn. n. — 80

Boeck, Fritz v. der (Hrsg.), s.a. K r i e g e , Preußen-Deutschlands, von der Zeit Friedrichs des Großen . . .

Boeck, [Friedrich K. R.] v. d.: Preußen-Deutschlands Kriege von der Zeit Friedrichs des Großen bis auf die Gegenwart. Militär-polit. Gesch. in Einzeldarst. hrsg. [Bd 1]—5. Berlin, München, Wien 1907—1912. 8° [Mit Sondertit.]

Böck, G. Alex.
— s. Archiv sämmtl. f. Warschau erlass. Gesetze.

Böck, G. Alex., Ideen über d. Ausgleich. d. unmittelbaren Kriegsschäden im Preuß. Staate. 8. Bresl. 814. W. G. Korn. 4 K

Boeck, Hans [cand. med. aus Augsburg]: Ueber einen Fall von croupöser Pneumonie mit Ausgang in Carnification ... München, k. Hof- u. Univ.-Buchdr. v. Dr. C. Wolf & Sohn, 1893; 50 S. 8.
München, Med. Fak., Inaug.-Diss. v. 1893

Boeck, Hans, approb. Arzt aus Stettin: Über die Wirksamkeit des Antistreptococcenserums bei septischen Puerperalerkrankungen. *Halle a. S. 1903: C. A. Kaemmerer & Co.* (40 S.) 8°
Halle, Med. Diss. v. 4. Aug. 1903

Boeck, Hermann
Boeck, Herm. v., Handbuch der Intoxicationen, s.: Handbuch der speciellen Pathologie u. Therapie.

BÖCK, Hermann von (München): Untersuchungen über die Zersetzung des Eiweisses im Menschen unter dem Einflusse von Quecksilber und Jod.- München: Schurich 1869. 17 S. 18.7.1868 - Urk (Titel: De hydrargyri et jodi in organismum effectu.); F 72; Chr 1868/69,13
Diss. Ingolst.-Landsh.-Mchn.

— Untersuchungen üb. die Zersetzung d. Eiweisses im Thierkörper unter dem Einflusse v. Morphium Chinin u. arsen. Säure. gr. 8. (52 S.) München 871. Rieger. n. 1. 20

Böck, J.: Die P a p i e r s t e r e o t y p i e , s. B ö c k , Jos.

Böck, J. B., s.a. B ö c k , Jos. Blas.

Böck, J. B., naturgetreue Abbildungen der in Deutschland einheimischen wilden Holzarten, s.a. Abbildungen.

Boeck, J. B., sieh: Naturgetreue Abbildungen der in Deutschland einheimischen wilden Holzarten. 1844—59.

Böck, J. B., naturgetreue Abbildungen der in Deutschland einheimischen wilden Holzarten nebst erläut. Texte hiezu. 17. Lfg. gr. 4. (S. 49—52 mit 4 ill. Kpfrt.) Augsburg 853, Rieger'sche Buchh. *—
1—16. Lfg. Ebendas. 1844—50. * 14 Thlr.

Böck, J. B., naturgetreue Abbildungen der in Deutschland einheimischen wilden Holzarten nebst erläuterndem Texte hiezu. 18. Lfg. gr. 4. (4 ill. Kpfrt.) Augsburg 859, Rieger'sche Buchh. *
1—17. Lfg. Ebendas. 1844—55. * 14 Thlr. 26½ Ngr.

Böck, J. G., Beyträge z. medicin. Electricität. 8. Erl. 791.

Boeck, Joh. H.: Der Exportbetrieb. Demmin 1908: W. Gesellius. (78 S.) 8° [J.]
Heidelberg, Phil. Fak., Ref. Gothein, Diss. v. 9. März 1908
[Geb. 23. Okt. 69 Demmin (Pommern); Wohnort: Heidelberg; Staatsangeh.: Preußen; Vorbildung: Gymn. Demmin Reife O. 89; Studium: Berlin 13, Rostock 1, Heidelberg 2 S.; Rig. 12. Febr. 08.]

Boeck JH, der Exportbetrieb. (78 S) Demmin 1908

Böck, Jos., die Papier-Stereotypie. Ein Lehr- u. Nachschlagebuch. Anh.: Die Celluloid-Stereotypie. Mit 47 Abbildgn. 8. (XI, 147 S.) Leipzig 886. M. Schäfer. n. 4. —

Böck, Jos., die Zinkographie in der Buchdruckerkunst. gr. 8. (V, 87 S.) Leipzig 885, Waldow. *
Aus: Waldows illustrirte Encyklopädie der graphischen Künste, besonders abgedruckt.

Böck, Jos. Blas.
Böck, Jos. Bl., Gottes-Blumen. Christkatholisches Gebet- u. Erbauungsbuch. Gesammelt u. herausg. zc. 3. verb. zc. Aufl. Würzburg 856. Etlinger. (Berlin, Henrich.) 8. (3 Bl., 418 S. u. 1 Stahlst.) 15½ ngr; Velinp. m. 2 Stahlst. u. 2 Lithogr. in Farbendr. 25 ngr

Böck, Jos. Bl., Gottes-Blumen. Christkathol. Gebet- und Erbauungsbuch. 3., verb. und verm. Aufl. 8. (VI und 418 S. mit 1 Stahlst.) Würzburg 856. [Berlin, Henrich's Verlagsbuchh.]
Vlnp. mit 2 Chromolithogr. und 2 Stahlst.

Böck, JB, Gottes-Blumen. Gebet- u. Erbauungsb. 3. Aft. 8. (418) Würzb. 56. (Pass., Waldbauer.) — 13½; Vel. — 27

Böck, Jos. Blas., Jesus, der gute Hirt. Vollständ. Gebet- u. Erbauungsb. f. kathol. Christen jed. Standes, ganz nach d. Geiste uns. heil. kathol. Kirche bearb.; nebst e. Anh. v. Lytaneien. 12. (18 B. u. 1 Stahlst.) Friedberg 841. (Augsburg, v. Jenisch u. Stage'sche Buchh.) 12 Gr., Vlnp.

Böck, Jos. Blasius, Jesus der gute Hirt. Vollständiges Gebet- u. Erbauungsbuch f. kathol. Christen jeden Standes nebst ein. Anh. von Litaneien. 2., verm. u. verb. Aufl. 8. (19 B. u. Titkpfr.) Neuburg 840, Prechter.

Boeck, Jos. Phileas, die Marmorirkunst. Ein Lehr-, Hand- und Musterbuch für Buchbindereien, Buntpapierfabriken und verwandte Geschäfte. 8. (III, 68 S. mit 80 Marmorpapier-Mustern und 6 eingedr. Holzschn.-Abbild.) Wien 880, Hartleben's Verlag. *

Boeck, Jos.Phileas

Böck Ph, die Marmorierkunst. (Bibliothek Chemisch-technische 68) Wien 1880

Boeck, Jos. Phileas, d. Marmorirkunst. E. Lehr- u. Handbuch f. Buchbindereien, Buntpapierfabriken u. verw. Geschäfte. 2., vollst. umgearb. u. verm. Aufl. 8. (VIII, 148 S. m. 44 Abb.) Wien 896. A. Hartleben. n. 1. 80 geb. n. 2. 60

Böck, Josef. Ludwig van Beethoven's Aufenthalt in Döbling. Ober-Döbling bei Wien 1889.

Böck, Isidor [aus Ung. Brod, Oesterr.]: Die ethischen Anschauungen von Salomon Maimon in ihrem Verhältniss zu Kants Morallehre ... Ung. Brod, Druck v. K. Graffe, 1897; 46 S., 3 Bl. 8.
Würzburg, Phil. Fak., Inaug.-Diss. v. 1897

Boeck, K., über eine Disulfosäure des Anthracens u. deren Umwandlung in Anthrarufin. Inaugural-Dissertation. gr. 8. (38 S.) Berlin 879. (Göttingen, Vandenhoeck & Ruprecht.) n. 1. —

Boeck, Karl: Die Bildung des Gefühls nach A. H. Niemeyers 'Grundsätzen der Erziehung und des Unterrichts.' Paderborn 1908: Schöningh. 46 S. 8° ¶ (Aus: Zeitschr. f. christl. Erziehungswiss. Jg. 1, H. 23. 24.)
München, Phil. Diss. v. 30. Nov. 1906, Ref. v. Müller
[Geb. 29. Nov. 82 Siegertsbrunn; Wohnort: Rott a. Inn; Staatsangeh.: Bayern; Vorbildung: Gymn. Freising Reife Juli 02; Studium: Theol. u. Phil. München 9 S.; Rig. 30. Nov. 06.] [U 09. 3444

Boeck, Karl, die Bildung des Gefühls nach A. H. Niemeyers „Grundsätze der Erziehung u. des Unterrichts". (VIII, 82 S.) gr. 8. Paderborn 908. F. Schöningh. 1. 40

Boeck, Kurt, indische Gletscherfahrten. Reisen u. Erlebnisse im Himalaja. Mit 8 Karten u. 6 Situationsskizzen u. m. 4 Panoramen, 50 Separat- u. ca. 150 Textbildern nach photograph. Aufnahmen d. Verf. gr. 8. (XII, 470 S.) Stuttgart 900. Deutsche Verlags-Anstalt. n. 9.—; geb. in Leinw. n. 10.—; auch in 18 Lfgn. à n. — 50

Boeck, Kurt, Himalaya-Album. Bilder aus den ind. Alpen. 20 heliogr. Kupferdrucke nach Orig.-Aufnahmen des Hrsg., nebst erläut. Text u. 3 Kartenskizzen. Fol. (VII, 7 S.) Baden-Baden 894. F. Spies. In Leinw.-Mappe. n. 24. —

Boeck, Kurt, in „besseres" Land! Die Maulkorbgeschichte des preuss. Pessimisten B. (47 S.) gr. 8. Zürich 907. Bürdeke & Herwig. n. 1. —

In 'besseres' Land! Die Maulkorbgeschichte d. Preuss. Pessimisten Kurt Boeck. Zürich & Leipzig: Th. Schröter 1907. (47 S.) 8° [illegible]

— durch Indien ins verschlossene Land Nepal. Ethnographische u. photograph. Studienblätter. Mit 36 Sep.-Bildern, e. Panorama u. 240 Abbildgn. im Text, sämtlich nach photograph. Aufnahmen des Verf., sowie einer Kartenskizze. gr. 8. (XV, 319 S.) Leipzig 903. F. Hirt & Sohn. Geb. in Leinw. n. 10. —

Boeck, Kurt, auf Reisen im Himalaja, s.: Jugend-Bibliothek, stenographische, 18. Bd.

Böck, Ludwig (Hrsg.), s. Khevenhüller - Metsch: Zur Geschichte des Theaters am Wiener Hofe.

Boeck, Ludwig Friedrich (Tübingen), De reductione metallorum via humida ope combustibilium stricte sic dictorum perficienda. Diss. med. Präs. Carl Friedrich Kielmayer. Tübingen (Reis & Schmid) Okt. 1804. 56 S. (5.—) 3081

BÖCK, Martin (Lauingen): Ueber akute und chronische Bleikrankheit.- München: Pössenbacher 1847. 16 S.
11.8.1847 - Urk (Titel: De colica saturnina.); P 66 Diss. Ingolst.-Landsh.-Mchn.

BÖCK, Max (München): Siebzehn Krankengeschichten.- München: Weiss 1868. 31 S.
26.10.1865 - Urk (Titel: De morborum historiis septemdecim.); P 71
Diss. Ingolst.-Landsh.-Mchn.

Boeck, Max, u. Curt Schaefer, Deutsche Sprachlehre. gr. 8. (IV, 104 S.) Hamburg 898. O. Meissner's Verl. n. 1. 20

Boeck, Max u. Curt Schaefer, Übungsbuch zur deutschen Sprachlehre. 1. Tl. gr. 8. (V, 74 S.) Hamburg 899. O. Meissner's Verl. n. — 80

Boeck, Max, u. Curt Schaefer, Übungsbuch zur deutschen Sprachlehre. 1. u. 2. Tl. gr. 8. Hamburg, O. Meissner's Verl. n. 1. 80
1. 2. Aufl. (Nach der neuen Rechtschreibg.) (III, 70 S.) 905. n. 1. —
2. Bearb. v. Herm. Schulze. (VI, 172 S.) 903. n. 1. 80

Boeck, Maximilian [Oberl.]: Der deutsche Aufsatz in der höheren Mädchenschule. *Hamburg*, gedr. bei Lütcke & Wulff, *1893*; 1—14 S. 4.
Hamburg, Unterr.-A d. Klost. St. Johannis. HM u. Sm f. Lehrerinnen an HM, OP 1893**

Boeck, Oscarus: De cephalaematomate subpericranico. Halis Saxonum (1861): Ploetz. 41 S., 1 Taf. 8°
Halle-Wittenberg, Med. Diss. v. 21. Aug. 1861

Böck, P. A.: „Ueber die Laurischen Silberbergwerke in Attika", o. O. 1816. — Vorh.: Verein zur Wahrung der bergbaulichen Interessen, Essen-Ruhr —

v. Böck, P. M., die sieben freien Künste im 11. Jahrh. Ein Beitrag zu den Studien des Mittelalters. 8. (88 S.) Donauwörth 847, Veith. 1/3 Rthlr

Boeck, P. M. v. (Ordin. S. B.)
die sieben freien Künste im 11. Jahrhundert. Beitrag zu den Studien d. Mittelalters. 8. Donauwörth 1848, Veith. 30 kr.

Böck, Ph.: Die Marmorierkunst, s. Böck, Jos. Phileas

Boeck, R. (Hrsg.), s. Zeitschrift für Zeichen- und Kunstunterricht.

Böck, Richard, s.a. Bock, Richard

Böck, Rich., Kubik-Preisrechner für beschlagene u. runde Hölzer, Latten, Bretter u. Läden, Stollen, Erdschichten, Erz, Steine, Kies, Mauern etc. Berechnet nach der neuen deutschen Reichswährung u. dem Metersystem nach Kubikmeter u. Kubikdecimeter von Pf. zu Pf. resp. 1/10 zu 1/10 u. 1/2 zu 1/2 Pfennigen bis 1000 Mark, nebst einer Preisvergleichung u. Umrechnung der alten Kubikmaaße in das Meter-System u. umgekehrt; der bayr., württemberg., bad., preuß. u. österr. Kubikmaaße, nebst einem Anh. v. Münzumrechnungs-Tabellen u. Prozentrechnungs-Tabellen. Ein unentbehrl. Hilfsbuch f. Forstbeamte, Holzhändler, Werkmeister etc. gr. 16. (IV, 218 S.) Leipzig 877. H. Voigt. cart. n. 2. 50

— Kubik-Schnellrechner f. beschlagene u. runde Hölzer, Latten, Bretter, Läden etc., mit einer leichtfaßlichen Anleitung zum Rechnen mit Dezimalbrüchen u. dem Metersystem nach Länge-, Quadrat- u. Kubikmaß, nebst Umrechnungs-Tabellen f. bayer. Fuße in Meter, sowie hess., bad., württemberg., österreich., sächs. u. rhein. (preuß.) Fuße in Meter u. Meter in Fuße. Zum praktischen Gebrauch für Forstbeamte, Holzhändler, Werkmeister etc. gr. 16. (VII, 175 S.) Ebend. 877. cart. n. 2. 50

Böck Rudolf: Der Mangel an Lehrern für das Freihandzeichnen an Mittelschulen. — Die Mittel zur Behebung dieses Mangels: Stipendien und Zeichenlehrer-Seminare. 10. Troppau R. 97. [illegible]

Böck Rudolf: Synchronistische Tabellen kunsthistorischer Daten bis zur byzantinischen Zeit. 5. Troppau R. 03. Progr.

Böok, Rudolf: Das Zeichnen als Lehr- und Lernbehelf am Gymnasium und an der Hochschule. 8 (S. 3—15).
Progr. Staats-Oberg. Mähr.-Trübau 1896.

Böck, Simon (Giengen), De affectibus. Präs. Joh. Eberhard Roesler. Tübing. (Jos. Sigmund) Aug. 1716. 24 S. (3.50) 3082
Widm. v.: Andr. Adam Hochstetter, Präs., Jo. Christian Neu, Christian Hochstetter (Bebenh.), Phil. Heinr. Weissensee (Blaubeuren), Abrah. Honold (Giengen).

Boeck, W., Erfahrungen üb. Syphilis. gr. 8. (VII, 282 S.) Stuttgart 875. Enke. n. 8. 80

Boeck, W., das Mitleid bei Kindern. Ergebnisse e. Umfrage. (Diss.) (114 S.) gr. 8. Giessen 909. v. Münchow. 2. 50

Boeck, W., die Syphilisation bei Kindern. Mit 1 Steindrucktaf. (in qu. Fol.) Christiania 856. Feilberg u. Landmark. (Leipzig, Lorck.) 8. (1 Bl., 54 S.) nn. 10 ngr

Boeck, Waldemar [pr. Arzt aus Liegnitz]: Ein Beitrag zur Casuistik der Unterbindung der Carotis communis. . . . Berlin, Buchdr. v. Gustav Schade (Otto Francke) (1888): 28 S. + 2 Bl. 8°
Berlin, Med. Fak., Inaug.-Diss. v. 24. Dez. 1888

Boeck, W(ilhelm), Oberlehrer: Das Mitleid bei Kindern. Ergebnisse e. Umfrage. Giessen 1909: v. Münchow. 108 S. 8°
Gießen, Phil. Diss. v. 21. April 1909, Ref. Groos
[Geb. 29. Juli 80 Gießen; Wohnort: Gießen; Staatsangeh.: Hessen; Vorbildung: Gymn. Gießen Reife O. 99; Studium: Gießen 2, München 2, Gießen 4 S.; Rig. 19. Okt. 08.] [U 09. 1194

Böck-Ernst, M. A., s. Beck-Ernst, Maximilian

Bocka [Schlagwort]
Bocka, s.: Preussen. Messtischblätter. — Sachsen. Karte. Messtischblätter.

Bock-Arabeske. In der Mitte ein von Bockgläsern gebildetes Rondell, auf diesem eine feuchtfröhliche Gesellschaft, umgeben von zechenden u. bezechten Figuren, Radiweib, Harfenspielerin etc. Lithographie, C. Grünwedel fec. 1839. 27:21 cm. (10 Mk., aufgezog., Th. Ackermann, München, 1913.)
Sehr selten!

Bock-Blatt, Münchener. Orig.-Bock-Journal etc. Redig. u. hrsg. von *F. Fränkel*. Druck von Gebr. Haertel. (1887.) Schmal hoch-8°. Cart. 3 Bll. (blaues Papier). Prosa u. Verse. Mit Holzschnitten.

Böcke, Medizinische. Pragmatisch bearb. für angehende Ärzte. Frankfurt a. M.: Körner 1801. 131 S.

Böcke, medicin. pragm. bearb. f. angeh. Aerzte. 2 Thle. 8. Frankf. Körner. 802. 803. (à 10 gr.)

Böcke, Medicinische, von Ärzten . . . in der Cholera geschossen . . . Bocksdorf u. Schussbach [Nürnberg] 1831. V: *Örtel, Eucharius Ferd. Chn.* (call)

— medicinische, von Aerzten, welche sich f. infallible Herren über Leben u. Tod halten, in d. Cholera geschossen; XXXX weniger 1. Mit 3 Tit.-Vign. gr. 4. Bocksd. u. Schußbach 832. (Nürnb., Campe). 8 gr

Bockel, Franz

Bockel's, Frz., ausgewählte Gedichte. Für die Freunde dieses Volksmannes hrsg. von Wilh. Röseler. 1. Bd.: Plattdeutsche Gedichte. 8. (VI, 142 S.) Hamburg 878, J. F. Richter. *

Franz Bockel's Ausgewählte Gedichte. Für die Freunde dieses Volksmannes hrgg. v. Wilhelm Röseler. Bd. 1. Plattdeutsche Gedichte. Hamburg. 1879. 8°

Bockel, F, Gedichtesammlg. 2. Afl. 8. (96) Rendsb. 54. (Hamb., Haendcke u. L.) n. — 12

Bockel, Frz., Gedichtesammlung. 2., veränd. Aufl. 8. (96 S.) Rendsburg 854. (Altona, Lehmkuhl und Comp.) *

Bockel, Frz., Jnstippen. Eine plattdütsche Novelle. Mit (2 lithogr.) smukke Biller. 16. (172 S.) Altona 868, Verlags-Bureau.

⊙ Das Lied von dem Schiffe. Eine Nachahmung nach Schillers Gedicht: „Das Lied von der Glocke" v. Franz Bockel. Itzehoe. 1835. 8°.

Bockel, Franz, das Lied v. dem Schiffe. Eine Nachahm. nach Schillers Gedicht: Das Lied v. der Glocke. 2., veränd. Aufl. 8. (3¼ B.) Jtzehoe 841. (Hamburg, Schuberth u. Comp.) *

—— Polterabendged. u. Stammbuchv. 8. (32) Preetz 55. (Hamb., Haendcke u. L.) — 6

—— Polterabendgedichte und Stammbuchverse. 8. (32 S.) Preetz 855. (Altona, Lehmkuhl und Comp.)

Bockel, Hermann [pr. Arzt in Neumünster i. H.]: Aus d. Augenklinik zu Kiel. Über Buphthalmus . . . Neumünster i. H., Druck v. R. Hieronymus, 1895; 16 S., 1 Bl. 8.
Kiel, Med. Fak., Inaug.-Diss. v. [30. Juli] 1895

Valentin Daniel Bockel Arithmetisches Lust- und Nutzgärtlein. Braunschw. 8. 1679.
— Braunschw. 8. 1700.
— Braunschw. 17 Bog. 8 1713.
Braunschw. 8. 1717.

(Böckel...), sa + Barba, J. H.

Böckel: Die Güterschlächterei in Hessen, s. Böckel, Otto

Böckel: Plan der Kurhessischen Residenzstadt Cassel. 1:3000. 1840. 1 Bl. L.

Boeckel: Trad. rais. d'un fragm. de l'Ecole des Medisans p. Sheridan. Görl: 1863. Schul-/Univ.-Schrift.

Böckel. Versuch eines allgemeinen Hülfswörterbuchs der französischen Sprache für Deutsche. Breslau, R. z. h. Geist, 1854. 43 S.

Böckel, Adolph

Dem Geburtsfeste Seiner Majestät, Friedrich Wilhelm's des Dritten, im Nahmen der Königl. Deutschen Gesellschaft zu Königsberg geweiht von ADOLPH BÖCKEL. 1808, den 3. August. ib., — 4°.

Böckel, Aug., s.: Marine-Taschenbuch.

Boeckel, C., Komus am häuslichen Herd. 5 Jugend-Schauspiele für das Alter von 8 — 14 Jahren. Görlitz 862. Remer. 8. (XIII, 129 S.) 12 ngr

Boeckel, Carl, approb. Arzt aus St. Petersburg: Ein Beitrag zur Lehre vom Malum suboccipitale. *Leipzig 1902: B. Georgi.* (35 S.) 8°
Leipzig, Med. Diss. v. (18. März) 1902

Unser Gebet! [Unterz.:] Carl Böckel. [Augsburg] o. J. 1 Bl. 8° [Kopftit.]
Gedicht: „O Vater unser! Ueber jenen Sternen . . ."

Unser Gebet. Von Carl Böckel. Nürnberg o. J.: Jordis. 8 S. 8°. [Umschlagtit.]

Johannisfestlieder: St. Johannis-Fest [Unterz.:] Carl Böckel. o. O. u. J. 1 Bl. 8°. [Kopftit.]
Gedicht: „Ihr Männer auf dem Erdenrund" . . .

Johannisgruss! (Zum 24. Juni.) [Unterz.:] Carl Böckel. o. O. u. J. 1 Bl. 8°. [Kopftit.]
„Lasst uns in der Kette Brüder" ...

Boeckel, Caspar Wilhelm (Falcob. Neo-March.), De potentiore cessionario. Disp. jur. Präs. Joh. Sam. Stryk. Halle (Chph. Salfeld) 16. II. 1693. 89 S. (5.50) 3083

— — **Dasselbe.** Halle (Joh. Gruner) 1706. 78 S. (5.—) 3084

Böckel, Dagobert, Zu Cicero de finibus bonorum et malorum. Frauenfeld 1868.
Progr.-Schr.

Böckel, Dagob., Uebungsbuch zur griechischen Formenlehre mit etymologisch geordneten Vocabularien zu den griechischen und deutschen Uebungsstücken. Nach Curtius' griech. Grammatik. gr. 8. (VIII, 168 S.) Berlin 869, Weidmann'sche Buchh. *

Böckel, Dagobert, Uebungsbuch zur griechischen Formenlehre, mit etymologisch geordneten Vocabularien zu den griech. und deutschen Uebungsstücken. Nach den griech. Schulgrammatiken von Curtius und Koch. 2. Aufl. gr. 8. (XII, 191 S.) Berlin 879, Weidmann'sche Buchh. *

— **Dagobert Ernst Fried.,** De hebraismis novi testamenti specimen. — De nominibus substantivis et adjectivis in N. T. usitatis, quae ab hebraicis vim suam repetunt, part. prior. Lpz. (Wilh. Vogel) 1840. 38 S., mit Biogr. (M.: J. E. Günther.) (4.—) 3087

Böckel, E.: Exercitationum Plautinarum specimen. 46 S.
Progr. Karlsruhe 1872.

Böckel, Ernst

—: [Professor Dr. Adolf Ausfeld † 15. August 1905.] S. 1—2. 4.
Progr. Großh. Gymn. *Heidelberg* 1905

Böckel, Ernst, Dr., Dir.: [**Bericht** über den Lebensgang des verstorbenen Prof. Dr. Hermann Müller.] *Heidelberg 1903: E. Geisendörfer.* (S. 1—2.) 4°
Heidelberg, großh. G, P 1903 (697)

Böckel, E(rnst), Dr.: [Prof. Dr. Peter **Egenolff,** gestorben in der Nacht vom 5. zum 6. September 1901.] *Heidelberg 1902: E. Geisendörfer.* (S. 1—2.) 4°
Heidelberg, G, P 1902 (680)

Böckel, Ernst [Dir. Dr.]: *Direktor Gottfried Emanuel Forster, gest. am 23. Sept. 1896.* Konstanz, Druck v. F. Stadler, 1897; 3—4 S. 4.
Konstanz, grossh. G, MP 1897 (633)

—: [Professor Dr. Walter Gaß † am 16. Februar 1904.] S. 1—2 der Schuln. 4. **Progr.** Großh. Gymn. *Heidelberg* 1904

Böckel, Ernst, Hermann Köchly. Ein Bild seines Lebens u. seiner Persönlichkeit. (VII, 427 S. m. 1 Bildnis.) gr. 8. Heidelberg 904. C. Winter, Verl. n. 10. —; geb. n. 11. —

Böckel, E[rnst]: [Professor Dr. Hermann Müller, gestorben am 28. Oktober 1902.] S. 1—2. 4. Großh. Gymn. *Heidelberg* 1903
Progr.

—: [Professor Dr. Hugo Stadtmüller † am 25. Januar 1906.] S. 1 bis 3. 4. **Progr.** Großh. Gymn. *Heidelberg* 1906

Böckel, Ernst Gottfried Adolf

— Abschiedspredigt in d. Ansgariikirche zu Bremen am 28. Aug. 1836 gehalt. gr. 8 Oldenb. 836. (Hamb., Herold.) 1/6 ℛ

Böckel, Ernst Gtfr. Ado., Abschiedspredigt, in d. Jacobikirche zu Hamburg am 19. April 1833. gehalten. gr. 8. (1¼ B.) Hamburg. (Bremen, Heyse.)

— **Ernst Gottfried Adolf** (Danzig), Adumbratio quaestionis de controversia inter Paulum et Petrum Antiochiae oborta ad ill. locum Gal. II, 11—14. — Adj. est carmen Hebr. alphabet. celebr. merita Lutheri. Lpz. (Staritz) 1817. 44 S. (5.—) 3088
Gew.: Ludwig Nicolovius.

Böckel, Ernst Gottfr. Ado., Almanach f. evangel. Prediger, s. Almanach.

—— das glückl. Alter. Eine (Jubelfeier-)Predigt. gr. 8. (1 B.) Bremen 833, Heyse.

—— Andachtsbuch f. denkende Christen. (Mit d. Verf. Bildn.) 8. (14½ B.) Hamburg 833, (Herold.)

—— Andachtsbuch f. denkende Christen. Wohlf. Origausg. 8. (14½ B.) Hamburg 838, Herold'sche Buchh. 12 Gr., m. d. Verf. Bildn.

— Anfangsgründe d. hebr. Sprache. 8. Berl. 824. Rücker. 10 ℊℊ

—— Antrittspredigt in d. Ansgariikirche in Bremen am 12. Mai 1833 gehalten. gr. 8. (1½ B.) Bremen, Heyse.

– s. Archiv f. Pastoralwissenschaft.

Böckel, Ernst Gfried. Adolf, die Bekenntnißschriften der evang. reformirten Kirche. Mit Einleitungen u. Anmerkungen hrsg gr. 8. (X u. 884 S.) Leipzig 847, Brockhaus. n. 2⅔ ℛ

—— Betrachtungen u. Gebete f. Communicanten. 8. (8 B.) Hamburg 828, Herold.

—— die Buchdruckerkunst u. die Kirchenverbess. Predigt, am Reformationsfeste 1840 gehalt. 8. (1 B.) Oldenburg 841. (Leipzig, Böhme.) *

Böckel, E. G. A., novae clavis in graecos interpretes veteris testamenti scriptoresque apocryphos ita adornatae, ut etiam Lexici in novi foederis libros usum praebere possit atque editionis LXX interpretum hexaplaris specimina. 4. Vinniae, Geistinger. (Lipsiae, F. A. G. Vogel in C.) 820.

— nova clavis in graecos interpretes vet. testam. scriptoresque apocryphos etc. Wien 820. (Berl., Rücker). 12 ℊℊ

— Theophaniarum Homericarum et in sacro codice antiquissimarum comparatio. 8. Königsb. 807.

Boeckel, E. G. A., de controversia inter Paulum et Petrum Antiochiae oborta. Lips. 1817. 4.

Böckel, (Ernst Gottfr. Adam,) Epistelpredigten. gr. 8. Halle 823, Rengers Verlagshandl.

– s. Erich, Handb.

—— Erklärung, veranlaßt durch d. zudringl. Frage e. Hamburgers in Beziehung auf d. Jubelpredigt. gr. 8. (1 B.) Hamburg 850, (Herold.)

– s. Ersch: Handbuch.

— Festpredigten. gr. 8. Berl. 822, Rücker. 1 Rthlr. 8 gr. Fein Pap.

—— das Gebet d. Herrn in zehn Umschreib. (Mit d. Zugabe: Nun aber bleibet Glaube, Hoffnung, Liebe diese drei; aber d. Liebe ist d. größte unt. ihnen.) gr. 16. (3 B.) Hamburg 834, (Herold.)

—— das Gebet d. Herrn in zehn Umschreibungen. Mit e. Zugabe. Wohlf. Origausg. 8. (3 B.) Hamburg 837, Herold'sche Bh.

— Hiob, s. Hiob.

Boeckel, E. G. A., Hoseas. gr. 8. Königsb. Unzer. 808.

– s. Journal, Homilet.

–s. a. Ireneon.

— Ireneon. Eine d. evang. Kirchenvereinig. gewidmete Zeitschr. 2 Bde. gr. 8. Berlin 821 — 25. Rücker.

—— Jubelpredigt, zur Feier d. 27. Nov., des Tages, an welchem vor 25 Jahren d. Durchl., nunmehr in Gott ruh. Herzog Peter Friedrich Ludwig in Seine Staaten zurückkehrte, gehalt. gr. 8. (1 B.) Oldenburg 838. (Leipzig, Böhme.)

Böckel, Ernst Gottfr. Ado., evangel. Kirchen- u. Schulblatt, s. Kirchen- u. Schulblatt.

— Jul. Aug. Koch; eine Vorlesung z. Andenken an d. Verstorbenen rc. Danzig 819.

— Communionbuch. 8. Hamb. 828. (Herold jun.) 1 ℛ

— Confirmationsfeier, in der Ansgariikirche am 3. Mai gehalten. 8. Bremen 835. (Heyse.) n $^1/_{11}$ ℛ

—— das Leben Jesu. Ein Erbauungsb. 2 Hlftn. Lex.-8. (40½ B.) Berlin 838, 40, Rücker u. Püchler.

—— Leitfaden bei d. Religionsunterr. nach d. Grundsätzen d. evangel. Kirche. 8. (10¾ B.) Bremen 836, Heyse.

— s. Magazin v. Casual- besond. kleinern geistl. Amtsreden.

Böckel, Ernst Gottfried Adolf (Hrsg.), s. Morgenzeitung...

— Orgelweihpredigt, am 16. Sonnt. n. Trin. zu Greifswald gehalten 8. Greifswald 822, Acad. Buchhandl.

— Orgelweihpredigt am 16. Sonntage nach Trinitatis in der Jacobikirche zu Greifswald gehalten. 8. (Greifswald 822. Koch.) ¼ ℛ

—— Passionspredigten. 4 Bdchn. gr. 8. Hamburg, (Herold.) [1. (7½ B.) 829. 18 Gr., 2. Aufl. (7⅛ B.) 835. 12 Gr.; 2. u. 3. (à 7½ B.) 830, 31., 4. (7¾ B.) 832. à 18 Gr.]

—— Passionspredigten. 1 — 3. Bdchn. (2., verb. Aufl.) 5. u. 6. Bdchn. gr. 8. (Hamburg, Herold'sche Buchh. [1. (7¼ B.) 835., 2. (8 B.), 3. (7½ B.) 840., 5.... 835. à ½ Thlr., 6. (10½ B.) 837. ⅔ Thlr.]
A. u. d. Titln.:
Bdchn. 5. Predigten üb. d. Worte Jesu am Kreuz.
" 6. Predigten üb. Abschnitte a. d. Leidensgeschichte nach Johannes.
4. Bdchn. Ebendas. 1832. 18 Gr.

— Passionspredigten. Neue (Titel-)Ausg. 4 Bdchn. in 1 Bd 8. (XXIV u. 499 S.) Hamburg (835—40) 851, Herold n. 1⅓ ℛ

Böckel, EGA, Passionspredigten. N. Asg. 8. (499) Hamb. 51, Nolte. n. 1. 10

— Passionspredigten im Auszuge. gr. 8. Hamburg 833. (Herold.) $^5/_{12}$ ℛ

– s. Pauli epist. ad Romanos.

— Predigt bei der Aufnahme in das geistliche Ministerium in d. Kirche U. L. Frau zu Bremen am 5. Mai 1833. gr. 8. Bremen, Heyse. ⅛ ℛ

Böckel, Ernst Gtfr. Ado., Predigt am Bußtage 1834, in d. Ansgariikirche zu Bremen gehalt. 8. (1⅛ B.) Bremen 835, Geisler. Thlr.

—— Predigt, am 12. Febr. 1832 als dem angeord. allgemeinen Dankfeste wegen Befreiung v. d. Cholera, gehalten. (Nebst: Umschreib. d. Gebetes d. Herrn am Dankfeste.) gr. 8. (1¼ B.) Hamburg 832, (Herold.)

—— Predigt, zum Gedächtniß der am 27. Jan. selig entschlafenen durchlauchtigsten Fürstin u. Frau, Cäcilie, regierenden Großherzogin von Oldenburg, geb. Prinzessin von Schweden, kgl. Hoheit, am 11. Febr. gehalten. gr. 8. (1¼ B.) Oldenburg 844, Sonnenberg.

—— Predigt, an d. 3. Jubelfeste d. augsburg. Confession gehalten. gr. 8. (1¼ B.) Hamburg 830, (Herold.)

—— Predigt, am Reformationsfest 1839 gehalt. 8 (1 B.) Oldenburg 840. (Leipzig, Böhme.)

—— Predigt am Reformationsfeste 1842 üb. 1. Corinther 3, 11—13. gr. 8. (1 B.) Oldenburg, Sonnenberg.

—— Predigt am Reformationsfeste 1843 gehalten. 8. (1 B.) Oldenburg, Sonnenberg.

—— Predigt zur 3. Säcularfeier des Todes Luthers am 22. Febr. 1846. gr. 8. (1 B.) Oldenburg. (Sonnenberg.)

—— Predigten, zum Theil bei besond. Veranlassn. gehalten. 1. u. 2. Thl. gr. 8. Hamburg, Meißner. [1. (24 B.) 828. 2 Thlr., 2. (17¼ B.) 834. 1 Thlr. 18 Gr.]

Böckel, Ernst Gfried. Adolf, Predigten, zum Theil bei besond. Veranlassungen gehalten. Neue Folge. 1. Bdchn. gr. 8. (VIII u. 244 S.) Oldenburg 851, Schulze. n. 1⅓ ℛ

— Predigten, im Jahre 1834, gehalten. (Biblische Sittengemälde 1r Bd.) 8. Bremen 835. (Heyse.) 1⅙ ℛ Schreibp. 2¼ ℛ

— Predigten, im Jahre 1835, gehalten. (Biblische Sittengemälde 2r und letzter Bd.) 8. Bremen 836. Heyse. 1⅙ ℛ Schreibp. 2¼ ℛ

— 20 Predigten, z. Theil bei besond. Veranlassungen gehalten. gr. 8. Hamb. 828. Meißner. 1 ℛ 18 ℊ

— zwei Predigten bei einer Amtsveränderung gehalten. gr. 8. Greifsw. 820.

— zwei Predigten, bei seiner Amtsveränderung gehalten. 2e mit einigen Zugaben verm. Aufl. gr. 8. Leipzig 836. (Wuttig.) ¼ ℛ

— Predigtentwürfe. Neue Folge. 1r — 6r Bd. gr. 8. Hamb. 827 — 32. (Herold jun.) à 1 ℛ 14 ℊ 9 ℛ 12 ℊ

— Predigtentwürfe. Neue Folge. 7r Bd. 1833. gr. 8. Hamb. 833. (Herold.) ⅔ ℛ Vgl. Thl. 1. S. 298.

— Predigtentwürfe über Episteln u. Evangelien. 2 Bde. 4. Greifsw. 824, 25. Koch. (à 1 ℛ 8 ℊ) 2 ℛ 16 ℊ

—— Rede, bei der Confirmation Ihr. Hoheit, d. Herzogin Elisabet Marie Friederike, am 9. April auf d. Schlosse zu Oldenburg gehalt. gr. 8. (1 B.) Oldenburg 838. (Leipzig, Böhme.)

— Rede bei der Confirmation Ihrer Hoheit, der Herzogin Elisabet Marie Friederike, am 9. April auf dem Schlosse zu Oldenburg gehalten. gr. 8. Oldenburg 839. (Leipz., Wuttig.) $^1/_{12}$ ℛ

—— Rede, bei der Confirmation des Erbgroßherzogs Nicolaus Friedrich Peter am 18. März auf dem Schlosse zu Oldenburg gehalten. gr. 8. (1 B.) Oldenburg 845, Sonnenberg.

Freudentheil, Herm. Gottlieb Wolter: Rede, am Sarge des Br. H. G. W. Freudentheil am Karfreitage 5827 in einem Kreise von Bbr. und nahen Verwandten gehalten von E[rnst] G[ottfr.] A[dolf] Böckel. Vervielfältigtes Ms. f. Brr. Hamburg [1827]: Appel. 8 S. 8°
Kl. 1463.

— Religionsvorträge bei besond. Gelegenheiten gehalten. gr. 8. Berl., Gädicke. 1 ℛ 12 ℊ

– s. Salomo's Denksprüche.

[Lied.] An die Schwestern. Gedichtet von [Ernst Gottfr. Adolf] Böckel. [Hamburg] o. J. 1. Bl. 8° [Kopftit.]
Ohne Noten: „Kennst du es wohl . . .“

[Dasselbe u. d. Tit.:]
[Lied.] Den Schwestern. Von [Ernst Gottfr. Adolf] Böckel. [Hamburg: 1836.] 1 Bl. 8° [Kopftit.]

[Dasselbe.] 1857. 1 Bl. 8°

[Dasselbe u. d. Tit.:]
Schwesterlied. [Von Ernst Gottfr. Adolf Böckel.] [Hamburg ca 1836: Menck.] 1 Bl. 8° [Kopftit.]
Rekt. Kneisner, Hamburg.

—— bibl. Sittengemählde, s. dess. Predigten im J. 1834 u. 35 gehalten.

Böckel, E. G. A., Specimina duo, alterum novae clavis in graecos V. T. interpretes nec non libros N. T., exhibens literam Z, alterum editionis LXX interpretum hexaplaris. Lips. 820. 4. 16 gr.

– s. Testament, D. neue.

— die Todtenfeier Imm. Kant's. 8. Königsb. 804. Unzer. 4 gr

— Todtenfeier des Prof. Chr. Jak. Kraus. 8. Königsb. 807.

—— Traurede, bei d. Vermähl. Ihrer Hoheit, d. Herzoginn Amalie v. Oldenburg, mit Sr. Maj. d. Könige Otho v. Griechenland, am 22. Nov. gehalt. gr. 8. (½ B.) Oldenburg 836. (Leipzig, Böhme.)

— Traurede, bei der Vermählung Ihrer Hoheit, der Herzogin Amalie von Oldenburg, mit Sr. Maj. dem Könige Otho von Griechenland, am 22. Nov. gehalten, und auf Allerhöchstem Befehl dem Druck übergeben. gr. 8. Oldenburg 836. (Leipzig, Wuttig.) 1/12 ℛ

— üb. Verwandtschaft d. Laster; eine Predigt am Tage vor d. Hinricht. e. Raubmörders u. Brandstifters gehalten. 8. Berlin 822, Rücker.

Vortrag, am Johannisfeste 1828 gehalten von Ernst Gottfr. Adolf Böckel. [Hamburg 1828]: Appel. 4 Bl. 4° [Umschlagtit.]
Tt. 1966. In Versen. Deutung der Worte: Bedenke, dass du ein Mensch bist.

— die letzten Worte d. sterbenden Jesus ꝛc., Trost am Grabe unsrer Lieben. Zwei metr. Predigten. 8. Königsb. 808. Unzer. 9 gr

Boeckel, Eug., de la galvanocaustique thermique. Avec 3 planches lith. gr. 8. (116 S.) Paris 873. Berger-Levrault & Co. n. 3. 50

Boeckel, Feodor. Leo Gualterus (geb. Berlin 13. 5. 1850): De fructibus rei pignoratae. Berolini (1875). (45 S.) 8°
Berlin, Jur. Diss. v. 14. Juli 1875

Böckel, Fritz, Alkoholismus u. Recht. (VII, 140 S.) gr. 8. Jena 908. H. Costenoble. 2. —

Böckel, Fritz: Die Grundstücksübereigng in Sachsen-Weimar-Eisenach, s: Untersuchungen z. deut. Staats- u. Rechtsgesch.

*Böckel, Fritz: Landesprivatrecht d. thüring. Staaten. Halle, Buchh. d. Waisenhauses. ca 20 —

Detlev von Liliencron im Urteil zeitgenössischer Dichter. Dem Dichter der „Adjutantenritte“ und des „Poggfred“ überreicht v. Fritz Böckel. Berlin u. Leipzig. 1904. 8°.

Böckel, Fritz, Detlev v. Liliencron im Urteil zeitgenössischer Dichter. Dem Dichter der „Adjutantenritte“ u. des „Poggfred“ überreicht. (144 S. m. 2 Bildnissen.) 8. Berlin 904. Schuster & Loeffler. n. 1. 50; geb. n. 2. 50

Böckel, Fritz, Referendar in Jena: Die Sicherungshypothek. *Jena 1901: B. Vopelius.* (91 S.) 8°
Jena, Jur. Diss. v. (4. Okt.) 1901

Böckel, Fritz, die Sicherungshypothek. Diss. gr. 8. (92 S.) Jena 901. (O. Rassmann). n. 2. —

Böckel, Godwin, Aufzählung und Beschreibung aller im Oldenburgischen und in der Umgegend von Bremen wild wachsenden cryptogamischen Gefäßpflanzen nebst Angabe ihrer Standörter. Als Nachtrag zu Hagena's Bearbeitung der Flora von Trentepohl bearb. Oldenburg 853. Schulze. gr. 8. (36 S.) n. 10 ngr

Böckel, Godwin u. Wilh., d. Gemüsebau f. Bürger u. Landmann nebst einem vollständ. Gartenkalender nach den neuesten u. besten Quellen bearb. 8. (5⅞ B.) Oldenburg 846, Sonnenberg.

Böckel, J.: Anleitung zur Rechenkunst, s. Aufschläger, Johann Friedrich

Böckel, Joh., s.a. Böckel, Jonas

Böckel, (Joh.,) die Gesch. d. Leidens u. Todes, d. Auferstehung u. Himmelfahrt Jesu Christi. 12. Strasb., Heitz.

— Verfass. d. evangel. Kirche augsburg. Confess. u. d. reform. Kirche in Frankreich im J. 1824. gr. 8. Strasb. 824. Heitz.

Böckel, (Joh.,) Versuch e. deutsch. Sprachlehre f. d. elsässische Jugend. 12. Strasburg, Heitz. Rthlr.

– Johann Daniel (Roehrsdorf/Misn.), De quaestione pneumatica, an deus lux sit proprie dicta, diss. V. Präs. Christian Bernhard Bücher (Danzig). Wittenberg (Gerdes Ww.) 20. IV. 1715. 8 Bl. (3.50) 3089

Böckel, Jonas, s.a. Böckel, Joh.

Böckel, Jonas
—— grammat. Abänderungen d. deutschen Wörter, s. Uebersicht.

– s. J. F. Aufschlager, Mscu.

Böckel, Jonas, Meister Bernhards Kalender-Gespräche; od. gemeinfaßl. Erklär. alles dess., was im Kalender vorkommt, u. was z. Verfertigung dess. erford. wird. Für denk. Bürger, Landleute, u. besond. f. d. Jugend. 12. (8¼ B., 3 Stnt. u. 3 Tab.) Straßburg 830, Levrault.

— Verfass. d. evangel. Kirche Augsb. Confess. u. d. reform. Kirche in Frankreich im J. 1824. gr. 8. Strasb. 824. Heitz. 12 gr

— Versuch e. deutschen Sprachlehre f. d. elsässische Jugend. 12. Strasb. 820. Heitz. 12 gr

Boeckel, Jules, nouvelles considérations sur l'ostéotomie dans les incurvations rachitiques des membres. gr. 8. (103 S.) Paris 880. (Strassburg, Treuttel & Würtz.) n.n. 2. 40

Boeckel, Jules, étude clinique et expérimentale sur les battements du tissu médullaire des os. gr. 8. (53 S.) Strassburg 872. Treuttel & Würtz. 1. 20

—— Examen critique des doctrines de la trépanation dans les plaies de tête. Avec 4 (eingedr.) gravures. gr. 8. (VI, 70 S.) Strassburg 874, Treuttel und Würtz. *
Aus: Mémoire lu à la Société de médecine de Strasbourg, besonders abgedruckt.

Böckel, K. Traduction raisonnée d'un fragment de l'École de la Médisance, Comédie par Sheridan, Scène I, Acte I. Görlitz, R., 1863.

Böckel, Ludwig *Friedrich* [app. Arzt aus Boitze '(Prov. Hannover)']: Aus d. patholog. Institute zu Kiel. Beitrag zur pathologischen Anatomie des Processus vermiforims [!] ... Kiel, Druck v. Ch. Donath, 1894; 24 S. 8.
Kiel, Med. Fak., Inaug.-Diss. v. [1. Sept.] 1894

Böckel, O. Philippe de Vigneulle's Bearbeitung des Hervis de Mes. Diss. Marburg 1883. 39 S.

Böckel, Otto, Dorfbilder aus Hessen u. der Mark. (241 S.) 8. Gießen (908). E. Roth. 1.60; geb. 2.—

Böckel, O., Germania. Eine Frühlingselegie. 2. Aufl. 12. (26 S.) Marburg i/H. 887. (Leipzig, Th. Fritsch.) n. —25

Böckel, Otto, Germania. Eine Frühlingselegie. 2. Aufl. 12. (26 S.) Marburg i. H. 887, Verlag des Reichsherold. *

— die Güter-Schlächterei in Hessen, s.a. Fragen, brennende.

Böckel, Dr., Die Güterschlächterei in Hessen. (5. Aufl.). (Brennende Fragen, Nr. 21, 1887.)

— Handbuch des deutschen Volksliedes. Zugleich 4. gänzlich neu gestaltete Ausg. u. A. F. C. Vilmar's Handbüchlein f. Freunde des deutschen Volksliedes. (VII, 393 S.) gr. 8. Marburg 908. N. G. Elwert's Verl. 5.—; geb. 6.—

— Heimatluft. Altheimische Stätten u. Menschen, gezeichnet. (VIII, 262 S.) 8. Berlin 910. G. Grube. Geb. in Leinw. nn 2.—

Heimatluft. Altheimische Stätten u. Menschen gezeichnet von Dr. Otto Böckel. Michendorf (Mark): Dr. O. Böckel 1910. VIII, 262 S. 8°
[10. 18401

Böckel, Otto, die Juden — die Könige unserer Zeit, s.a. Kreuzspinne, die.

— die Juden, die Könige unserer Zeit. Rede, geh. in der öffentl. Versammlung d. Deutschen Antisemiten-Bundes auf der Bockbrauerei zu Berlin am 4. Oktober 1886. 13. Aufl., 72. Tausend. gr. 8. (15 S.) Leipzig 887. Th. Fritsch. n. —5

Böckel, Otto, die Juden, die Könige unserer Zeit. Rede, geh. auf der Bockbrauerei zu Berlin am 4. Oktbr. 1886. 123. Aufl. 8. (15 S.) Marburg i/H. 892. (Berlin, G. A. Dewald.) —10

— nochmals: „Die Juden — die Könige unserer Zeit"! Eine neue Ansprache an d. deutsche Volk. gr. 8. (40 S.) Berlin 901. Deutsche Hochwacht. n. —10

— dasselbe, s.a. Flugschrift d. „deutsch. Volks-Bund." Nr. 1.

— Die Napoleoner v. 1812. Geschichtsbilder aus Deutschlands schwerster Zeit, frei entworfen. (VIII, 323 S.) kl. 8. Michendorf 909. (Berlin, G. Grube.) 3.—

— Die Napoleoner v. 1812. Geschichtsbilder a. Deutschlds schwerster Zeit. 2.Afl. (8, 326) 8° Michendorf '12. (Berl., G Grube.) L 3 — d

Psychologie der Volksdichtung. Von Dr. Otto Böckel. Leipzig: B. G. Teubner 1906. (V, 432 S.) 8° [F.] [06. 14609

— Die Quintessenz d. Judenfrage, s.a. Volksbibliothek, deutsche. 1. Reihe. 1. Heft.

— die Quintessenz der Judenfrage. Ansprache an seine Wähler und alle deutsch-nationalen Männer im Vaterlande. 5. Aufl. gr. 8. (24 S.) Ebendas. 887.

— Rede, s. Parteitag, der antisemitische, zu Erfurt.

— Rede gegen die Handelsverträge, s. Aufklärungsschriften, kleine.

— deutsche Volkslieder aus Oberhessen. Gesammelt und mit kulturhistorisch-ethnograph. Einleitung hrsg. gr. 8. (IV, CLXXXVIII, 128 S.) Marburg 885, Elwert's Verlag. *

— Die deut. Volkssage, s.a Aus Natur u. Geisteswelt 262.

Die deutsche Volkssage. Übersichtlich dargest. von Dr. Otto Böckel. Leipzig: Teubner 1909. IV, 102 S. 8°
(Aus Natur u. Geisteswelt. Bdch. 262.) [09. 8891

Der deutsche Wald im deutschen Lied. Ein nationales Erbauungsbuch von e. deutschen Waldfreund. [Verf.: Otto Böckel.] *Berlin: H. Walther 1899.* (308 S.) 8° [F.] [01. 1491

Bockelberg [Schlagwort]
Bockelberg, s.: Wollard-Bockelberg.

Bockelberg s.: Wollard-Bockelberg.

Bockelberg [Verfasser]
Bockelberg (E.), Das Längengefälle der Kunststrassen und dessen Einfluss auf die Nutzleistung der Zugthiere. Hannover 1855. 8.

Bockelberg, Stephanie v., aus Gottes Garten. Gedichte. (156 S.) 8. Dresden 904. F. Sturm & Co. Geb. in Leinw. n. 1.75

Bockelb, Joh., Dichtungen. Den Freunden d. Muse u. d. schön. Geschlechte gewid. 12. (6½ B.) Bamberg 829, (Drausnick.)

Böckeler, Heinrich
Böckeler, H. Beitr. z. Glockenkunde. 8. (151 m. 28 L.) Aach. 81. A Jacobi & Co. n. 2.—

Böckeler, H., Beiträge zur Glockenkunde. Festgabe zur Weihe der von Petit & Gebr. Edelbrock in Gescher umgegossenen Marienglocke der Münsterkirche in Aachen. Mit 28 lith. Taf. 8. (VII, 151 S.) Aachen 882. Jacobi & Co. n. 3.—

Boeckeler, H., Beschreibung der neuen Orgel im Kurhaussaale zu Aachen, erbaut v. G. Stahlhut, Orgelbaumeister in Burtscheid bei Aachen, nebst e. geschichtl. Uebersicht üb. die Orgelbaukunst in Deutschland. 8. (86 S. m. 2 lith. Plänen in qu. Fol.) Aachen 876. Jacobi & Co. n. 1. 50

Böckeler, Heinr., Gebet- u. Gesangbuch f. höhere Schulen, s.: Degen, Phpp.

Böckeler, Heinr., Gesangbuch für die Mitglieder der Marianischen Congregationen, im Anschlusse an das Regel- u. Gebetbuch von Jos. Schneider. Aachen 867. Hensen. (Jacobi & Co.) 16. (IV. 228 S.) n. 10 ngr.

— Gesangbuch f. die Mitglieder der marianischen Congregationen im Anschlusse an das Regel- u. Gebetbuch v. Jos. Schneider, S. J. 2. Aufl. 12. (IV, 228 S.) Aachen 889. A. Jacobi & Co. n. 1.—

Boeckeler, Heinrich (Red.), s. Gregoriusblatt.

Böckeler, H.(Red.), s. Gregoriusbote für katholische Kirchensänger.

— Gregoriusbuch. Wesen u. Eigenschaften der kathol. Kirchenmusik im Anschlusse an die Verordngn. d. Kölner Provinzial-Concils vom J. 1860. [Pars II, Tit. II, cap. XX, p. 121.] Nebst e. Anh.: „Zur Geschichte der Singschulen". Festgabe zum 1300jähr. Jubiläum der Thronbesteigg. d. h. Gregor d. Großen. 3. Septbr. 1890. gr. 8. (IV, 148 S. m. 3 Taf.) Aachen 891. A. Jacobi & Co. n. 2. —; Anh. allein (30 S. m. 2 Taf.) n. 1. —

— Lieder f. die verschiedenen Zeiten des Kirchenjahres, aus alten katholischen Gesangbüchern gesammelt u. f. 4 Männerstimmen bearb. 4., gänzl. umgearb. Aufl. gr. 8. (IV, 68 S.) Aachen 900. A. Jacobi & Co. n. — 60

— Liederbuch f. Schule u. Haus. Unt. Mitwirkg. ein. Lehrer hrsg. 2 Hfte. 12. Aachen 896. A. Jacobi & Co. n. — 50
1. Einstimm. Lieder f. d. Unter- u. Mittelstufe d. Volksschule. (VI, 41 S.) n. — 20
2. Ein- u. mehrstimm. Lieder f. d. Oberstufe d. Volksschule. (VIII, 90 S.) n. — 30

— dasselbe. Ein- u. mehrstimm. Lieder f. d. einklass. Volksschule. 12. (VIII, 92 S.) Ebd. 896. n. — 80

Böckeler, H., Liederbuch für Schule u. Haus. Unter Mitwirkung einiger Lehrer hrsg. 2 Hefte. 2. Aufl. kl. 8. Aachen (906). A. Jacobi & Co. n. — 50
1. Ein- u. mehrstimmige Lieder für die Unter- u. Mittelstufe der Volksschule. (VII, 49 S.) n. — 20
2. Ein- u. mehrstimmige Lieder f. die Oberstufe der Volksschule. (VIII, 117 S.) n. — 30

— Motetten berühmter alter Meister, ausführbar sowohl v. e. gemischten Chore als v. e. Männerchore. gr. 8. (III, 56 S.) Ebd. 888. n. — 80

— die Mutter-Gottes-Glocke der Münsterkirche in Aachen. Festgabe zur Glockenweihe am 24. März 1882. Auszug aus „Beiträge zur Glockenkunde". 8. (40 S.) Ebend. 882. n. — 40

—— Processionale sive ordo in processionibus cum ss. sacramento servandus nec non cantiones cantandae. Edit. altera. Fasc. 2 et 3. gr. 8. (à 44 S.) Ebendas. à Fasc. * 50 Pf. *
Inhalt:
Fasc. 2. Cantiones IV vocibus concinendae. 876.
» 3. Cantiones IV paribus vocibus concinendae. 874.
1. Fasc. Ebendas. 1866. * 40 Pf.

—— Processionale sive ordo in processionibus cum Ss. Sacramento servandus, necnon cantiones cantandae. Edit. III. Fasc. 3. Cantiones IV paribus vocibus concinendae. gr. 8. (44 S.) Ebendas. 882. * — 50
Fasc. 1. und 2. Ebendas. 1866,76. * 90 Pf.

—— processionale sive ordo in processionibus cum ss. sacramento servandus necnon cantiones cantandae. Fasc. II et III. gr. 8. Ebendas. *
Inhalt:
Fasc. II. Cantiones IV vocibus imparibus concinendae. Edit. III. (44 S.) 885. * 50 Pf.
» III. Cantiones IV paribus vocibus concinendae. Edit. IV. (44 S.) 888. * 50 Pf.
Fasc. 1. Ebendas. 1866. * 40 Pf.

—— Sammlung zweistimmiger Gesänge zum Gebrauche beim Schulgottesdienste. 12. (IV und 108 S.) Aachen 860, Hensen. *

— Sammlung zweistimmiger Gesänge zum Gebrauche beim Schulgottesdienste hersg. 866. (IV, 108 S.) — 2. verm. Aufl. Aachen 869. Jacobi & Co. 16. (IV, 128 S.) n. 5 ngr.

— Sammlung zweistimmiger Gesänge zum Gebrauche beim Schulgottesdienste. 3. Aufl. 8. (IV, 128 S.) Ebend. 875. n. — 50

—— Sammlg zweistimm. Gesänge z. Gebrauche beim Gottesdienste. 2. Afl. 12. (128) Ebd. 82. n — 50

— Sammlung zweistimmiger Gesänge zum Gebrauche beim Schulgottesdienste. 4. Aufl. 12. (IV, 128 S.) Ebend. 883. n. — 50

—— Schullieder, unter Anwendung der Solmisationsmethode bearb. für die mittleren und oberen Klassen der Volksschule. 2 Hefte. 8. Ebendas. * — 50
Inhalt:
Heft 1. Einstimmige Lieder. (28 S.) 883. * 20 Pf.
» 2. Mehrstimmige Lieder. (76 S.) 884. * 30 Pf.

—— Schullieder, unter Anwendung der Solmisationsmethode bearb. 2 Hefte. 2.—8. Aufl. 8. Ebendas. 884—88. *
Inhalt:
Heft 1. Einstimmige Lieder für die unteren und mittleren Klassen der Volksschule. (40 S.) * 20 Pf.
» 2. Mehrstimmige Lieder für die mittleren und oberen Klassen der Volksschule. (76 S.) * 30 Pf.

— Schullieder, unter Anwendung der Solmisationsmethode bearb. 2 Hfte. 8. Ebd. 890. n. — 50
1. Einstimmige Lieder f. die unteren u. mittleren Klassen der Volksschule. 11. Aufl. (40 S.) n. — 20
2. Mehrstimmige Lieder f. die mittleren u. oberen Klassen der Volksschule. (76 S.) n. — 30

—— Schullieder, unter Anwendg. der Solmisationsmethode bearb. 2 Hefte. 12. Ebd. * — 50
1. Einstimmige Lieder f. die unteren u. mittleren Klassen der Volksschule. 11.—14. Aufl. (40 S.) 890—91. * — 20.
2. Mehrstimmige Lieder f. die mittleren u. oberen Klassen der Volksschule. 11.—12. Aufl. (IV, 76 S.) 891—92. * — 30.

— Schullieder, unter Anwendg. der Solmisationsmethode bearb. 2 Hfte. 12. Ebd. 891. n. — 50
1. Einstimmige Lieder f. die unteren u. mittleren Klassen der Volksschule. 14. Aufl. (40 S.) 891. n. — 20
2. Mehrstimmige Lieder f. die mittleren u. oberen Klassen der Volksschule. 13. Aufl. (76 S.) 893. n. — 30

— Uebungsstücke f. Kirchensänger zur Erlangung der Treffsicherheit im Figuralgesange. gr. 8. (31 S.) Ebd. 888. n. — 40

Boeckeler, H., zweistimmige Volkslieder f. Schule u. Haus. gr. 16. (IV, 80 S.) Aachen 876. Jacobi & Co. n. — 40

Böckeler, O., s.: Botanik v. Ost-Afrika.

Böckelman, Friedrich (Ostrobotniensis), De impunitate vitiorum in re publica. Diss. polit. Präs. Joh. Ihre. Upsala, 20. XII. 1746. 48 S. (5.—) 3093
Gew.: Adam Fredenstierna. — Dtsche. Widm. v.: Carl Gustav Melartopoeus.

Bockelmann, Ueber die Mittel zur Unterdrückung der vagabondirenden Bettelei. 8°. Berlin 1881.

Bockelmann, Albrecht v.

Bockelmann, A. v., Versuch e. Monographie des Kivu-Sees u. sein. Umgebg., s.: Kandt, R., Karte des Kivu-Sees (i. Anhang Karten u. Pläne).

Wirtschaftsgeographie von Niederländisch Ost-Indien. Von Albrecht v. Bockelmann, Prof. Halle a. S.: Gebauer-Schwetschke 1904. (88 S.) 8°
— Geographie, Angewandte. Ser. 2. H. 2. [05. 3637]

Bockelmann, Albrecht v.: Sechs Wochen auf Java. Bericht e. Kolonialfreundes. *Danzig 1903: A. Müller.* (27 S.) 4°
[F. u. Ant.]
Danzig, k. G, OP 1903 (28)

Bockelmann, J.F.: Ruhmkorff's Inductions-Apparat..., s. Bromeis, C.

Bockelmann, Karl

Einladung zur öffentlichen Prüfung der höhern Bürgerschule ... Voran steht: Zur Erklärung und Beurtheilung von Bürgers Lenore, von Karl Bockelmann, ... Halberstadt, 1837. 8°.

Bockelmann, Otto, s. Ruthenia. — Zeitschrift für Reussische Landeskunde.

Bockelmann, Peter [aus Wipperfürth in Rheinpreussen]: Ueber Ohrpolypen .... Würzburg, Druck d. A. Memminger's Buchdr., 1887; 24 S. 8°.
Würzburg, Med. Fak., Inaug.-Diss. v. 1887.

Böckelmann: Karte d. Herford-Salzufler Waldes, s.: Berger.

Böckelmann, Friedrich

Auslese deutscher Gedichte zum Memorieren nebst e. Abriss d. Poetik f. höh. Schulen. 3. Aufl. d. früher als Blumenlese bezeichn. Sammlung. Von F[riedrich] Böckelmann, Oberl. zu Herford. *Herford: W. Menckhoff 1901.* (VIII, 161 S.) 8° [F.]

Böckelmann, F., s.: Blumenlese a. deutschen Dichtern.

Böckelmann, F., Blumenlese deutscher Gedichte. Nebst e. Abriß der Poetik, s.: Velhagen & Klasing's Sammlung deutscher Schulausgaben.

Böckelmann, Fritz: Der Tag von Sedan im Licht unserer heimatlichen Geschichte. Ansprache z. Feier d. Sedantages. Herford 1910: Heidemann. S. 11—13. 4°
Herford, ev. Friedrichs-G P 1910 (477) [S 10. 36

(Jo. Frid. Boeckelmann ICt.) Medicus Romanus servus sexaginta solidis aestimatus, sive tractatus de veterum medicorum nominibus, functionibus et vili conditione prorsus aliena ab arte statuque recentioris aevi medicorum doctissimorum clarissimorumque virorum. Lugd. Bat. 1671. 12.; ibid. 1681. (12. Kal. Februar.) 12.; Lips. 1741. 8. cum Jugleri diss. de nundinatione servorum. — *Quarta impressio anno 1746 facta est cura Mich. Gli. Agnethler, recudi enim fecit primam editionem anni 1671 sub dato et loco antiquo „paucis exemplis in usum societatis quae impensas contulit ... rum hanc impressionem ab originali editione numero paginarum agnosces, cum nova impressio 46, vetus 55 paginas habeat.* (Contra Drelincourtium.)

Böckelmann, Johann Friedrich, Tractatus postumus de differentiis juris civilis, canonici & hodierni. Cornelius van Eck edidit. Utrecht (Anton Schouten) 1694. 153 S. (6.50) 3094
— — Dasselbe. Ed. tertia. Utrecht (Ger. Kribber) 1721. 169 S. (6.—) 3095

Böckelmann, Karl, approb. Arzt aus Bielefeld: 'Gleichzeitiges Vorkommen von Carcinom der Ovarien und des Uteruskörpers.' *Leipzig 1901: B. Georgi.* (30 S.) 8°
Leipzig, Med. Diss. v. (29. Nov.) 1901

Böckelmann, Otto, Gerichtsref. aus Magdeburg: Über die Stellung des Bürgerlichen Gesetzbuches für das Deutsche Reich zu der Frage des Selbstkontrahierens des Stellvertreters im Vergleich zum römischen und gemeinen Recht. *Magdeburg 1898: Faber.* (30 S.) 8°
Erlangen, Jur. Diss. v. 16. Okt. 1898

Böckelmann, Theodor, appr. Arzt a. Bielefeld: Aus dem pathologischen Institut zu Greifswald. Über ein Angiom der Milz. Greifswald 1906: H. Adler. (42 S.) 8°
Greifswald, Med. Fak., Ref. Grawitz, Diss. v. 17. Mai 1906
[Geb. 27. März 78 Bielefeld; Wohnort: Greifswald; Staatsangeh.: Preußen; Vorbildung: Gymn. Herford Reife O. 99; Studium: Bonn 4, Freiburg i. B. 4, Greifswald 2 S.; Coll. 15. Mai 04; Approb. 13. Mai 06.]

Böckelmanus, Joh. Frid.: Compendium institutionum Caes. Justiniani sive elementa juris civilis in brevem et facilem ordinem redacta. Ed. nov. Acc. tituli Pandectarum de verborum significatione, & de regulis juris. Gissae 1706.

Bockeloh, Bernhard: Ueber Empyem. Halle [1868]: Lipke. 31 S. 8°
Halle-Wittenberg, Med. Diss. v. 22. [Diplom vom 21.] Aug. [1868]
Geb. Bösensell (Westf.) 24. 4. 1844. V.

Bockeloh, Karl, appr. Arzt a. Lüdinghausen i. W., Oberarzt beim Telegr.-Bat. No 3.: Über Nabelschnurvorfall. ⟨Nach den von 1895—1900 in d. Geburtshilfl. Klinik d. Kgl. Charité-Krankenhauses beobachteten Fällen.⟩ Berlin (1905): G. Schade. (40 S.) 8°
Berlin, Med. Fak., Ref. Gusserow, Diss. v. 27. Juni 1905
[Geb. 24. März 75 Lüdinghausen i. W; Heimatsort: Lüdinghausen; Staatsangeh.: Preußen; Vorbildung: Gymn. Warendorf Reife O. 96; Studium: Berlin, K. Wilh.-Akad. 9 S.; Coll. 24. Juni 05; Approb. 29. März 02.]

Bockemühle, G. [cand. med. aus Berge in Hannover]: Ueber die Flexionen des Uterus mit besonderer Berücksichtigung der Anteflexionen in Bezug auf ihre Pathologie .... Würzburg, Paul Scheiner's Buchdr., 1887; 30 S. + 1 Bl. 8°
Würzburg, Med. Fak., Inaug.-Diss. v. 1868

Bockemühl, Erich: Aus d. Kindheitsland. Erinnergn, Geschichten, Märchen u. Gedichte v. d. Kindern e. Volksschulkl. (7, 139) 8° Osterw., AW Zickfeldt '13. 2 —; geb. n 2.60 d

Bockemühl, O., unterrichtl. Behandl. d. Reg.-Bez. Düsseldorf a. d. Mittelstufe. Zusammenhäng. Einzelbilder, m. ausgef. Lektionen. gr. 8. (84 S.) Essen 897. G. D. Baedeker. n. 1. —

— dasselbe. Frageheft f. d. Hand d. Schüler. gr. 8. (1 l., 20 S.) Ebd. 897. n.n. — 15

Bockemühl, O., unterrichtliche Behandlung des Reg.-Bez. Düsseldorf auf der Mittelstufe. Zusammenhängende Einzelbilder, m. ausgeführten Lektionen. 2., verb. u. verm. Aufl. m. e. Anhang von 8 Bildern. gr. 8. (97 S.) Essen 901. G. D. Baedeker. n. 1.20

Bockemühl, O., unterrichtliche Behandlung des Reg.-Bez. Düsseldorf auf der Mittelstufe. Zusammenhängende Einzelbilder, m. ausgeführten Lektionen. 3. verb. u. verm. Aufl. m. e. Anh. v. 14 Bildern. (127 S.) 8. Essen 910. G. D. Baedeker. 1.20

Vaterländisches Festspiel für Schulen und Vereine von O. Bockemühl. Mettmann: Frickenhaus (1906). 20 S. 8°

— Vaterländisches Festspiel f. Schulen u. Vereine. (20 S.) 8. Mettmann (907). A. Frickenhaus. — 50

Bockemüller, F., De elisione, quae in versu Romanorum hexametro admittitur. Pr. 1860. 67 S. 2.50

Bockemüller, F., Horatii sat. II, 4, 88. S.-A. 1888. 19 S. 1.—

Bockemüller, Fr.

Bockemüller, F, Erzählgn a. d. Reiche d. alten Gesch. f. d. Jug. 8. (212) Stade 51, Steudel. n. — 16

Bockemüller, Fr., Erzählungen aus dem Reiche der alten Geschichte für die Jugend bearb. Völker des Orients und Hellenen. Stade 861. Steudel. gr. 8. (IV, 212 S.) n. 16 ngr.

Bockemüller, Fr.: Lucretiana. 26 S.
Progr. Stade 1869.

Bockemüller, Friedr.

Bockemüller, Frdr., Vergils Georgica nach Plan u. Motiven erklärt. gr. 8. (II, 84 S.) Stade 874. Steudel. n. 2. —

Bockemüller, Friedr., s. Geschichtszahlen.

Bockemüller, Geschichtszahlen f. die Schüler d. Gymnasiums u. der höheren Bürgerschule zu Stade. 2. Aufl. 8. (16 S.) Stade 888. Steudel sen. n. — 25

— dass. Frageheft f. d. Hand d. Schüler. 2. Afl. (23) 8° Ebd. '11. — 20 d

Bocken, Alexander

Bocken, Alex., Chronik der Stadt Berlin vom ersten Bekanntwerden des Ortes bis zur Gegenwart. (44 S.) kl. 8. Berlin (906). E. Müller's Verl. n. — 20

Bocken, Alex., Lehrbuch der Gedächtniskunst (Mnemotechnik). 3., verb. u. verm. Aufl. gr. 8. (76 S.) Ottmachau 894. Leipzig-R., A. Bocken. n. 2. —

Lehrbuch der Gedächtniskunst ⟨Mnemotechnik⟩ von Alexander Bocken. 3. verb. u. verm. Aufl. Leipzig: Bocken 1895. 76 S. 8°

Böcken

— s. auch Böcken.

Böcken, J. Chr.

Böcken, J. Chr., notae ad Blumii process. cameralem. 4. Köln 756. (Helwing in Hannov.) 1 ₰ 12 ℊ

Boecken, Io. Casp. de, Deductio fundamentalis theologico-scripturistico-iuridica, qua argumentis manifestis demonstrative ostenditur, soli summo Pontifici Romano supremam in universam Ecclesiam potestatem et de fide definiendi ius competere nec ab illo ad concilium generale recte appellari posse. Salzburg, Mayr, 1728, 4°.

Bockendahl, s.: Aus uns. Mäßigkeitsarbeit.

Bockendahl, Bericht üb. d. öffentl. Gesundheitswesen der Prov. Schlesw.-Holst., d. J. 1883, 1884 u. 1885 umfassend. Kiel 887.

Bockendahl. Die Einwirkung des Missbrauchs geistiger Getränke auf Gesundheit und Lebensdauer. Bordesholm 1890.

Bockendahl, s. Mäßigkeitsarbeit, Aus unserer ...

Bockendahl: Die Schule u. ihr Einfluss auf d. natürl. Schutzeinrichtgn d. menschl. Körpers gegen d. Tuberkulose. Vortr. (29) gr8° Kiel, WG Mühlau '12. — 50

— Tuberkulose u. Schule. 3 Vortr. (30) gr8° Ebd. '11. — 50 d

Bockendahl, A., s.: Studien über Regeneration der Gewebe.

Bockendahl, Adolf Wilhelm

Vortrag des Stadtarztes [Adolf Wilhelm] **Bockendahl** auf dem 15. Schleswig-Holsteinischen Städtetage in Glückstadt am 17. Juni 1910 über Ausdehnung der Lungen-Fürsorgestellen auf die kleineren Städte und das flache Land. o. O. (1910.) 4°

Bockendahl, B, s.: Studien üb. Regeneration d. Gewebe.

Bockendahl, Ernst, approb. Arzt aus Kiel: **Aus d. Universitäts-Frauenklinik zu Kiel. Zur Differentialdiagnose zwischen kleinem submukösen Uterusmyom und chronischer Metritis.** *Kiel 1902: Schmidt & Klaunig.* (46 S.) 8°
Kiel, Med. Diss. v. [10. Nov.] 1902

Bockendahl, Johannes: Die Amtstätigkeit des Medizinal-Inspektors Dr. Peter Anton Schleisner, s. Rüppel, Julius

Karl Heinrich Christian Bartels, Professor der innern Klinik an der Universität Kiel und geheimer Medicinalrath. Ein Gedenkblatt v. Johannes Bockendahl. Kiel. [1878.] 8°.
Aus der Kieler Zeitung. Beilage zu Nr. 6429 vom 7.. Nr. 6431 u. 6432 vom 9. Juli 1878; gleichfalls abgedruckt in: Chronik der Universität Kiel vom Jahre 1878.

Bockendahl, J., Karl Heinr. Chrstn. Bartels, Prof. d. innern Klinik an d. Univ. Kiel u. geh. Medicinalrath. Ein Gedenkblatt. 16. (30) Kiel 78. (Haeseler). n.n. — 50

Bockendahl, J., Geh. Med.-R. Dr. Bericht über Ursachen und Besserung des Branntweinelends im Gewerbeleben. Kiel 1888.

Bockendahl, J. Das Erd-, Gruben-, Eimer- und modificirte Wasser-Closet in England. (Nach dem Public Health Report für 1869 übersetzt). Kiel 1871.

Bockendahl, Joh., zur Erhaltung von Gesundheit u. Leben. Eine Kritik des Entwurfs einer Bau-Polizei-Ordnung für die Stadt Kiel. Kiel 868. Schwers. gr. 8. (VI, 59 S.) n. 12 ngr.

Bockendahl, J., General-Bericht üb. das öffentl. Gesundheitswesen der Provinz Schleswig-Holstein f. d. J. 1870. Fol. (75 autogr. S.) Kiel 872. (Schwers.) n.n. 3. 60

— dass. — für die J. 1871 und 1872, s. General-Bericht.

— dasselbe f. d. J. 1872. 4. (36 S. m. 10 Steintaf.) Kiel 874. Universitäts-Buchh. n. 2. —

— dasselbe f. d. J. 1873. gr. 4. (39 S. m. 8 Tab.) Kiel 874. v. Wechmar. n. 3. —

— dasselbe f. d. J. 1874, nebst e. Rückblick auf die verflossenen Verwaltungsjahre. gr. 4. (68 S. m. 1 Tab. u. 2 graph. Steintaf. in qu. gr. Fol.) Kiel 875. (Homann.) n. 3. —

— Generalbericht über das öffentliche Gesundheitswesen der Provinz Schleswig-Holstein für das Jahr 1875. gr. 4. (40 S. m. 3 Tab. in qu. Fol.) Kiel 876. (Homann.) n. 3. —

— dasselbe, für das Jahr 1876. gr. 4. (48 S. m. 2 Tab.) Kiel 877. (Haeseler.) n. 3. —

— dasselbe, für das Jahr 1877. gr. 4. (54 S. m. 2 Tab.) Ebend. 878. n. 3. —

— dasselbe, f. d. J. 1878. gr. 4. (62 S. m. 2 Tab.) Kiel 879. (Universitäts-Buchh.) n. 3. —

Bockendahl, J., Generalbericht über das öffentliche Gesundheitswesen der Provinz Schleswig-Holstein f. d. J. 1879. gr. 4. (64 S. m. 2 Tab.) Kiel 880. (Lipsius & Tischer.) n. 3. —

— dasselbe f. d. J. 1880. gr. 4. (72 S. m. 2 Tab.) Kiel 881. (Universitäts-Buchh.) n. 3. —

Bockendahl, J., Generalbericht üb. das öffentliche Gesundheitswesen der Prov. Schleswig-Holstein f. d. J. 1881. gr. 4. (80 S. m. 3 Tab.) Kiel 882. (Universitäts-Buchh.) n. 2. —

Bockendahl, J., Gesammt-Bericht über das öffentliche Gesundheitswesen der Prov. Schleswig-Holstein, die J. 1883, 1884 u. 1885 umfassend. gr. 4. (231 S.) Kiel 887. (Lipsius & Tischer.) n. 13. 60

— dasselbe, umfassend die J. 1886, 1887 u. 1888. gr. 4 (176 S.) Kiel 889. (Haeseler's Sort.) n. 9. —

Bockendahl, J., das Sumpfgebiet und die Cloaken der Vorstadt Kiels. An die herzogl. holstein. Landesregierung erstattetes Gutachten. gr. 8. (IV und 48 S.) Kiel 866, Schwers'sche Buchh. *

— Die Thätigkeit von Ortsvereinen. Vortrag. Kiel (1890?) 4 S.

Bockenheim [Sachliches OW]

Bockenheim. Seine Entwicklung, gegenwärtigen Einrichtungen und sonstigen Verhältnisse ... Bockenheim 1892. V (Vorrede): *Weismüller, E.* (Berl)

Bockenheim [Schlagwort]

Bockenheim, s.: Deutschland. Kürschner-Pelp.

Bockenheim, s.: Frankfurt a/M.

Bockenheim [Verfasser]

Bockenheim, Franz v.

Bockenheim, Frz. v., u. Carl v. Arz, Vorträge über Grundbegriffe d. Strategie. gr. 8. (V, 115 S.) Wien 895. L. W. Seidel & Sohn. n. 2. —

— — Vorträge üb. Grundlehren d. Taktik. gr. 8. (VI, 156 S.) Ebd. 896. n. 2. —

Bockenheimer: Atlas chirurgischer Krankheitsbilder, s. Bockenheimer, Philipp

Bockenheimer, ein kleiner Beitrag zur Ovariotomie. gr. 8. (37 S.) Frankfurt a/M. 876. Winter n. 1. —

Bockenheimer, Carl Georg s. Bockenheimer, Karl Georg

Bockenheimer, J. H., die Cholera in ihren Erscheinungen u. in ihrem Wesen populär dargestellt. Frankfurt a. M. 865. Knatz. gr. 8. (24 S.) 9 ngr.

Bockenheimer, Jakob Hermann

Beitrag zur Therapie tuberculöser Erkrankungen der Gelenke und Knochen von San.R. Dr. [Jakob Hermann] **Bockenheimer** u. Dr. [Viktor] **Seckbach**. Frankfurt a. M. 1890: Schirmer & Mahlau. (48 S.) 8° [os. 1139] 10

Bockenheimer, Jakob Hermann (Hrsg.), s. Bockenheimer, Philipp: Gedenkschrift zur Erinnerung an das 30 jährige Bestehen der chirurgischen Klinik ...

Bockenheimer, Karl Georg

Bockenheimer, K. G., das ehemalige Armen-Klaren-Kloster zu Mainz. gr. 8. (16 S.) Mainz 876. Diemer. n. — 40

— C. Th. v. Dalberg's Aufenthalt in Paris in den J. 1807—1808. Vortrag, gehalten im Vereine f. Erforschg. rhein. Geschichte u. Alterthümer am 24. Febr. 1870. gr. 8. (25 S.) Mainz 870. v. Zabern. n. — 50

Bockenheimer, K. G., Beiträge zur Geschichte der Stadt Mainz. gr. 8. (56 S.) Mainz 874, Diemer's Buchh. *

—— Beiträge zur Geschichte der Stadt Mainz. 2.—4. Thl. gr. 8. Ebendas. *
Inhalt:
Thl. 2. Die Uebergabe der Stadt Mainz an die Franzosen im Decbr. 1797. (IV, 58 S.) 875. *M 1,60.

Bockenheimer, K. G., Beiträge zur Geschichte der Stadt Mainz rc.
Thl. 3. Mainz in den J. 1813 und 1814. (IV, 44 S.) 877. *M 1,30.
" 4. Die Mainzer Geschlechter nach dem Todienbuche der Dominikaner. (36 S.) 878. * 80 Pf.
1. Thl. Ebendas. 1874. *M 1,60.

Bockenheimer, K. G., Beiträge zur Geschichte der Stadt Mainz. 5. und 6. Heft. gr. 8. Mainz 882, Diemer. * 3 60
Inhalt:
Heft 5. Das Zunftwesen in Mainz. (III, 167 S.) *M 2.
" 6. Die Belagerung von 1793. Briefe und Aktenstücke. (III, 59 S.) *M 1,60.
1.—4. Heft. Ebendas. 1874—78. *M 5,30.

Bockenheimer, KG, Bemerkgn üb. d. künft. Gerichtsverfassg d. Prov. Rheinhessen. 8. (15) Mainz 79, Diemer. n. — 40

— Bemerkungen zu dem hessischen Gesetzesentwurfe betreffs Ausführung der deutschen Civilproceß- u. Konkurs-Ordnung. gr. 8. (19 S.) Ebend. 879. n. — 50

— die Mainzer Bischöfe d. 19. Jahrh. gr. 4. (25 S. m. Illustr.) Mainz 886. (Müller.) n. 1. 20

Bockenheimer, K. G., Johann Brito a. Brügge, d. angebl. Erfinder d. Buchdruckerkunst. gr. 8. (IV, 46 S.) Mainz 898. Mainzer Verlagsanstalt & Druckerei. n.n. — 50

— der Dom zu Mainz. gr. 8. (IV, 71 S. m. lith. Titelbl. u. 8. autogr. Taf.) Ebend. 879. n. 3. 50

— der Eichelstein bei Mainz. gr. 8. (14 S. m. 1 Steintaf. in gr. 4.) Ebend. 880. n. 1. 20

Bockenheimer, K. G., die Einnahme d. Mainz durch die Franzosen am 22. Octbr. 1792. gr. 4. (III, 37 S. u. 2 Bl. m. 5 Bildnissen, 1 Farbendruck u. 1 Plan.) Mainz 892. F. Kupferberg. n. 1. 50

Bockenheimer, C. G., Erinnerungen an die Geschichte der Stadt Mainz in den Jahren 1813 und 1814. Mainz 863. v. Zabern. gr. 8. (IV, 60 S.) n. 10 ngr.

Bockenheimer, Karl Georg (Hrsg.), s. Festschrift. Gutenberg-Feier.

— Georg Forster in Mainz. gr. 8. (14 S.) Ebend. 880. n. — 20

Bockenheimer, K. G., Geschichte der Stadt Mainz in den J. 1813 u. 1814. 3. Aufl. 8. (III, 192 S. m. 9 Taf.) Mainz 887. Frey. n. 3. —

Bockenheimer, KG, Geschichte d. Stadt Mainz in d. J. 1813 u. 1814. 3. Afl. 8. (192 m. 9 Taf.) Mainz 87, F Schöningh. n. 3. —

— Geschichte der Stadt Mainz während der 2. französischen Herrschaft [1798—1814]. gr. 8. (VII, 446 S. m. Plan u. 2 Illustr.-Taf.) Mainz 890. Kupferberg. n. 6. 50

— Geschichte der Stadt Mainz während der 2. französischen Herrschaft. [1798—1814]. 2. (Titel-)Aufl. gr. 8. (VII, 446 S. m. 1 Illustr.-Taf.) Ebd. 891. n. 6. 50
geb. in Halbfrz. n. 10. —

— Guttenberg's Grabstätte. gr. 8. (IV, 21 S. m. 1 Steintaf. in gr. 4.) Mainz 876. Diemer. n. — 80

— die Mainzer Hospizien. Geschichtliche u. rechtl. Betrachtgn. gr. 8. (IV, 39 S.) Mainz 872. Kupferberg. n. — 30

— d. Mainzer Klubisten d. J. 1792 u. 1793. 8. (VII, 372 S.) Mainz 896. F. Kupferberg. n. 2. —

Bockenheimer, K. G.: Die Competenz der Rheinischen Friedensgerichte bei einseitigen Handelsgeschäften. Mainz 1876.
(Zeitschrift für französ. Civilrecht. Bd 7.1. Extra-Beil.)

— die Competenz der rheinischen Friedensgerichte bei einseitigen Handelsgeschäften. 2. Aufl. gr. 8. (16 S.) Ebend. 876. n. — 40

Bockenheimer, K. G., Kurmainz im Fürstenbunde. (86 S.) 8. Mainz 905. Kirchheim & Co. n. — 50
Sonderabdruck aus: „Der Katholik".

— Franz Konrad Macke, Bürgermeister v. Mainz (1756—1844). (128 S.) 8. Mainz 904. Mainzer Verlagsanstalt & Druckerei. n. 1. —

Bockenheimer, KG: Mainz im J. 1812. (4, 131) 8° Mainz, J Diemer '13. 2.80 d

Mainz in den Jahren 1848 und 1849. Von K[arl] G[eorg] **Bockenheimer**. Mainz: Mainzer Verlagsanst. u. Dr. A.-G. 1906. (200 S.) 8° [J.] [06. 3138

Bockenheimer, K. G. Mainz zur Römerzeit. 8. M. 1.—. Mainz 1877.

— Mainz u. Umgebung. Unter Zugrundlegung u. gänzl. Umarbeitung des gleichnam. Werkes von K. Klein. 8. (IV, 206 S. m. 1 Plan von Mainz in Lichtdr.) Ebend. 880. n. 2. 50

— die rechtliche Natur d. Mainzer Universitätsfonds. gr. 8. (IV, 45 S. m. 1 Tab. in qu. 4.) Mainz 875. Diemer. n. 1. 50

Bockenheimer, K. G., die Mainzer Patrioten in den J. 1793—1798. Historische Skizze. gr. 8. (48 S.) Mainz 873, (Diemer's Buchh.) *

— die Restauration der Mainzer Hochschule im J. 1784. Lex.-8. (III, 64 S. m. eingedr. Zinkogr.) Mainz 884. Diemer. n. 3. —

Bockenheimer, K. G.: Mainzer Schützengesellschaften. Mainzer Journal, 1882, Nr. 119—127. 1867

K. G. BOCKENHEIMER, Zwei Sitzungen der Mainzer Clubisten vom 10. und 11. Januar 1793. Vortrag, gehalten im Vereine für Erforschung rheinischer Geschichte und Alterthümer am 25. November 1868. Mainz 1868. Comm.-Verlag von Victor v. Zabern. 8°.

Bockenheimer, K. G., zwei Sitzungen der Mainzer Clubisten vom 10. u. 11. Janr. 1793. Vortrag gehalten im Vereine für Erforschung rheinischer Geschichte u. Alterthümer am 25. Novbr. 1868. Mainz 809. v. Zabern in Comm. gr. 8. (32 S.) 5 ngr

— die rechtliche Stellung der Mainzer Hospitien nach französ. und großherzogl. hessischer Gesetzgebung. gr. 8. (IV, 89 S.) Mainz 874, Diemer's Buchh. *

Die Wiedereroberung von Mainz durch die Deutschen im Sommer 1793. Von K[arl] G[eorg] **Bockenheimer.** Mainz: V. v. Zabern 1893. (116 S.) 8° [F.]
— Zeitschrift d. Vereins z. Erforschung d. Rheinischen Geschichte u. Alterthümer in Mainz. Bd 4, H. 1.

— die Zinsbücher des Spitals zum heiligen Geist am Rhein in Mainz. gr. 8. (20 S.) Ebend. 877. n. — 40

Bockenheimer, Philipp

Bockenheimer, Ph., Atlas chirurgischer Krankheitsbilder in ihrer Verwertung f. Diagnose u. Therapie f. praktische Ärzte u. Studierende. 150 farb. Abbildgn. auf 120 Taf. nebst erläut. Text. Die Abbildgn. nach Moulagen des pathoplast. Instituts (Ateliervorstand: F. Kolbow), Berlin. 8 Abtlgn. (XII, 458 S. Text.) Lex. 8. Wien 907. 08. Urban & Schwarzenberg. 36.—; geb. in Halbfrz. n 42.—

— dasselbe. 2. verb. Aufl. 150 farb. Abbildgn. auf 120 Taf. nebst erläut. Text. Die Abbildgn. nach Moulagen des pathoplast. Instituts (Ateliervorstand: F. Kolbow), Berlin. (In 12 Lfgn.) 1.—6. Lfg. (62 farb. Taf. u. Text XII u. S. 1—164.) Lex. 8. Ebd. 910. à Lfg. 3.—

Bockenheimer, Ph.: Atlas chirurg. Krankheitsbilder in ihrer Verwertg f. Diagnose u. Therapie f. prakt. Ärzte u. Studierende. 2. Afl. 120 Taf. nebst Text. (452) Lex8° Wien, Urban & Schw. '10'11. 36—; geb. n 42—; auch in 12 Lfgn zu je 3—

Bockenheimer, Ph., u. Fritz Frohse, Atlas typischer chirurgischer Operationen für Ärzte u. Studierende. Nach Aquarellen v. Frz. Frohse. Mit e. Vorwort von Ernst v. Bergmann. Mit erläut. Text u. Abbildgn. der gebräuchlichsten Instrumente. (60 Taf. m. VIII S. u. 101 Bl. illustr. Text.) 4. Jena 904. 905. G. Fischer. n. 30.—; geb. n. 34.—
Erschien auch in 5 Lieferungen à n. 6.—.

Atlas typischer chirurgischer Operationen für Ärzte und Studierende von Dr. Ph[ilipp] **Bockenheimer** u. Dr. Fritz Frohse. Nach Aquarellen von Franz Frohse, Berlin. Mit e. Vorw. von Prof. Dr. Ernst v. Bergmann. Mit erl. Text u. Abb. d. gebräuchlichsten Instrumente. Taf. 1–60. Jena: G. Fischer 1906. (60 Taf. mit je 1 Erl.Bl.) 4°

— s.: Essays, medizinische.

Gedenkschrift zur Erinnerung an das 30jährige Bestehen der chirurgischen Klinik von San.R. Dr. med. [Jakob Hermann] Bockenheimer. [Verf.: Philipp **Bockenheimer.**] Frankfurt a. M. 1890: Mahlau & Waldschmidt. 29 S. 8°

Gedenkschrift zur Erinnerung an das 30jährige Bestehen der Chirurgischen Klinik von San.R. Dr. med. [Jakob Hermann] Bockenheimer. (Verf.: [Philipp] **Bockenheimer.**) Frankfurt a. M. 1908: Mahlau & Waldschmidt. 29 S. 8°

Gedenkschrift zur Erinnerung an das 40jährige Bestehen der Dr. Bockenheimerschen Klinik, Frankfurt a. M., 1866–1906. [Verf.: Dr. Philipp **Bockenheimer.**] Berlin [1907]: W. Büxenstein. (20 S.) 8°

— Leitfaden der Frakturen-Behandlung f. praktische Ärzte u. Studierende. (XX, 268 S. m. 280 Abbildgn. u. 1 Bildnis.) Lex. 8. Stuttgart 909. F. Enke. 8.40; geb. in Leinw. n 9.60

— s.: Leitfaden der praktischen Medizin.

Bockenheimer, Ph., erstes Lesebuch f. Elementarschulen, mit ein. Fibel von F. M. Schnepf. 8. (10 B. u. Xtlogn.) Frankfurt a. M. 842, Andreäische Buchh.

— Plastische Operationen. 1. Bd. (6, 160 m. Abb. u. 12 z. Tl farb. Taf.) Lex 8° Würzbg, C Kabitzsch '12. 9—

— Rund um Asien. (XV, 479 S. m. 200 Abbildgn. u. 1 Karte.) Lex. 8. Leipzig 909. Klinkhardt & Biermann. 11.—; geb. 12.—

Bockenheimer, Philipp, über Schleich'sche Wundbehandlung s.a. Sammlung klinischer Vorträge.

Uber Schleich'sche Wundbehandlung von Philipp Bockenheimer. *Leipzig: Breitkopf & Härtel 1902.* (10 S.) 8°
= Sammlung klinischer Vorträge. N. F. No 344.

— s: Zentralblatt f. Röntgenstrahlen, Radium usw.

Bockenheimer, Philipp [Cand. med. aus Frankfurt a. M.]: Die Congenitale Cystenniere ... Würzburg, F. Scheiner, kgl. bayer. Hoflief., 1897; 24 S. 8.
Würzburg, Med. Fak., Inaug.-Diss. v. 1897

Böckenhof, J. W.

Der fromme Wallfahrer. Gebete u. Lieder z. Gebr. f. d. Wallfahrten z. hl. Kreuze, z. hl. Mutter Gottes u. z. hl. Mutter Anna. (Verf.: J. W. Böckenhof.) [Neue Ausg.] *Dülmen: A. Laumann (1900).* (192 S.) 8° [F.]

Boeckenhoff, Carolus, dioec. Monast. Presb.: De individuitate matrimonii. *Berolini 1901: 'Germania'.* (60 S.) 8°
Münster, Kath.-theol. Diss. v. (1. Mai) 1901

Boeckenhoff, Karl: Ehret d. Ehe! Predigten. (7, 91) gr8° Strassbg, Herder '12. 1.50 d

— Kathol. Kirche u. moderner Staat. Das Verhältn. ihrer gegenseit. Rechtsansprüche. (144) gr8° Köln, JP Bachem '11. 2.40; geb. 3.20

— Reformehe u. christl. Ehe. (124) gr8° Ebd. '12. 2.40

Böckenhoff, Karl, das apostolische Speisegesetz in den ersten 5 Jahrhunderten. Ein Beitrag zum Verständnis der quasi-levit. Satzg. in älteren kirchl. Rechtsquellen. (VII, 142 S.) gr. 8. Paderborn 903. F. Schöningh. n. 4.—

Böckenhoff, Karl, Speisesatzungen mosaischer Art in mittelalterl. Kirchenrechtsquellen des Morgen- u. Abendlandes. (VII, 128 S.) gr. 8. Münster 907. Aschendorff. 2.50

— Die Unauflöslichk. d. Ehe, s.a. Glaube u. Wissen.

Böckenhoff, K., Die Unauflöslichkeit der Ehe. (94 S.) kl. 8. München, Münchener Volksschriftenverlag. 1908. —. 50.
„Glaube u. Wissen", H. 18.

Böckenholt, Frz: Zur Gesch. d. kgl.-preuss. Prov.-Verwaltgsbehörde d. ehemal. Grafsch. Mark zu Hamm (Westf.), s: Beiträge, Münstersche, z. Geschichtsforschg.

Böcker: Beiträge zur praktischen Heilkunde, s. Böcker, Friedrich Wilhelm

Böcker: Über das Prinzip der Enthaltsamkeitsvereine, s. Böcker, F. W.

Böcker, Ant.

Böcker, A, F Quante u J Böcker, Gedichte d. Dreisängerbundes. 13. (180) Warendorf 54. (Düsseld., Deiters.) n. — 15

Böcker, Ant., Frz. Quante und Jul. Böcker, Gedichte des Dreisängerbundes. Warendorf 854. (Düsseldorf, Kampmann.) 12. (XII, 180 S.) n. 15 ngr

Böcker, Aug., über die Natur der Dinitrobenzoësäure aus Metanitrobenzoësäure. Inaugural-Dissertation. gr. 8. (32 S.) Göttingen 877. (Vandenhoeck & Ruprecht). n. — 60

Boecker, August (geb. Uhrsleben in d. Prov. Sachs. 1. 11. 1841): Zur Statistik der Echinococcen. Berlin (1868). (32 S.) 8°
Berlin, Med. Diss. v. 15. Aug. 1868

Boecker, Emil

Boecker, Aemil. (Ludolph.) (geb. Neuhaldensleben 18. 9. 1830): De fistulis urethrae. Berolini (1854). (31 S.) 8°
Berlin, Med. Diss. v. 16. Aug. 1854

Böcker, Erich, aus Göttingen: Über die Einwirkung von Cyankalium auf Nitrophenole. *(Heidelberg) 1904: Heidelb. Verlagsanst. u. Druckerei.* (77 S.) 8°
Göttingen, Phil. Diss. v. [30. Apr.] 1904

Böcker, Erich, über die Einwirkung v. Cyankalium auf Nitrophenole. Diss. (77 S.) 8. Heidelberg 904. (Göttingen, Vandenhoeck & Ruprecht.) n. 1. 60

Böcker, Ewald: Anneli, s. Kürschner's, Jos.: Bücherschatz.

Böcker, Ewald, die neue Durchlaucht. Schauspiel in 5 Aufzügen m. Benutzg. e Riehlschen Novelle. gr. 8. (III, 124 S.) Frankfurt a/M. 893. Mahlau & Waldschmidt. n. 2. —

Böcker Ewald, Burggraf Friedrich. Schauspiel in 4 Aufzügen. Nebst einem Nachwort u. 2 Prologen. 8. (159 S.) Frankfurt a/M. 881. Koenitzer. n. 2. —

—— die Huldigung der Künste, s. Universal-Bibliothek Nr. 139

— Lalage. Lustspiel in 3 Aufzügen m. Benutzung eines Motivs der Novellette „Die Visitenkarte" v. Levin Schücking. 8. (III, 91 S.) Frankfurt a/M. 879. Diesterweg. n. 1. 60; geb. n. 2. 20

Boecker, Ew., de quibusdam politicorum Aristotelicorum locis. Dissert. philolog. Greifswald 867. (Scharff.) 8. (45 S.) n. 10 ngr

Böcker, Ewald, Melitta. Ein lyrisch-episches Gedicht. 12. (V, 158 S.) Frankfurt a/M. 884. Jügel's Nachf. geb. m. Goldschn. 3. —

Böcker, Ewald, Periander. Tragödie in 3 Acten. 8. (100 S.) Brandenburg 878. Wiesike. n. 1. 50; geb. mit Goldschn. n.n. 2. 75

— Periander. Eine Trilogie. gr. 16. (IV, 365 S.) Ebend. 875. n. 3. 50; geb. n.n. 4. 50

Böcker, Ewald, Vision. Ein vaterländ. Gedicht. 8. (11 S.) Frankf. a. M. 892. Mahlau u. Waldschmidt. — 75

Böcker, Ewald: Waldasyl, s.a. Kürschner's Jos.: Bücherschatz.

Waldasyl. Anneli. Novellen von Ewald Böcker. Mit Ill. von Martin Ränike. *Berlin, Eisenach, Leipzig: H. Hillger [1901].* (126 S.) 8° [F.]
= Bücherschatz, Kürschners. No 239. [[illegible]]

Böcker, F., üb. die Bestandtheile der Bohnen v. Soja hispida, s.: Meissl, E.

Böcker, F.: Damme als der mutmaßliche Schauplatz ..., s. Böcker, Frz.

Böcker, F., über Condensationsproducte der Gallussäure, s.: Oser, J.

Böcker, F. W., s.a. Böcker, Friedrich Wilhelm

Böcker, F. W. üb. das Princip d. Enthaltsamkeitsvereine od. was thut den Enthaltsamkeitsvereinen Noth? gr. 8. (4½ B.) Elberfeld 840, Bädeker.

Boecker, F.W.: Über eine Ursache des Branntweingenusses. Braunschweig: Vieweg 1845. X, 146 S.

—— üb. eine Ursache des Branntweingenusses, als Anmerk. zu Liebigs Thierchemie, Seite 216 u. 217, nebst Mitteln z. Beseitig. derselben u. gerichtl. medicin. Beurtheilung der in der Trunkenheit verübten gesetzwidrigen Handlungen. gr. 8. (9¾ B.) Braunschweig 840, Vieweg u. Sohn. *

Böcker, Frdr.

Böcker, Frdr., Resultate e. Statistik der oberen Luftströmungen hinsichtlich der Niederschläge f. den Zeitraum vom 1. Dezbr. 1881 bis 30. Novbr. 1882. gr. 8. (8 S.) Halle 883. Schmidt. n. — 50

— die aspiratorische Thätigkeit der Niveauflächen als Entstehungsursache der barometrischen Minima u. Maxima u. deren Folgen der Anticyklonen u. Cyklonen. gr. 8. (16 S.) Ebend. 883. n. — 50

Böcker, Friedrich Wilhelm

Böcker, Friedr. Wilh., Beiträge zur Heilkunde, insbesond zur Krankheits-Genussmittel- und Arzneiwirkungs-Lehre nach eigenen Untersuchungen. 1. und 2. Bd. Mit mikroskop. Abbildungen. gr. 8. Crefeld 849, [Funke'sche Buchh.] *

Bd. 1. Genussmittel. (XV und 317 S. mit 1 Stnt. in 4.) * 1 Thlr. 15 Ngr
2. Arzneimittel. (XVI und 402 S.) * 2 Thlr. 10 Ngr.

Böcker: Beiträge zur praktischen Heilkunde. Crefeld. 1846.

—— Lehrb. d. prakt. medic. Chemie. 12. (272) Weim. 55. (Lpzg, EJ Günther.) 1. 7½

Böcker, Friedr. Wilh., Lehrbuch der praktischen medicinischen Chemie für prakt. Aerzte und Studirende der Medicin, oder Anleitung zur qualitativen und quantitativen zoochem. Analyse. gr. 12. (XVI und 272 S. mit 4 Kpfrt. und 16 eingedr. Abbild. in Holzschn.) Weimar 855, Landes-Industrie-Comptoir. Thlr.

Böcker, Friedr. Wilh., Lehrbuch der gerichtlichen Medicin mit Berücksicht. der gesammten deutschen, und rheinischen Gesetzgebung als Leitfaden zu seinen Vorlesungen und zum Gebrauche für Aerzte und Juristen bearb. 2., sehr verm. und verb. mit (eingedr.) Holzschn. bereicherte Aufl. gr. 8. (X und 437 S.) Iserlohn 857, Bädeker. *

—— Memoranda der gerichtlichen Medicin mit besond. Berücksicht. der neuern deutschen, preuss. und rhein. Gesetzgebung als Leitfaden zu seinen Vorlesungen und zum Gebrauche für Aerzte und Juristen bearb. 8. (XVI und 351 S.) Iserlohn 853, Bädeker. *

Böcker, F. Memoranda d. gerichtl. Medizin mit besond. Berücksicht. d. neueren dtsch., preuß. u. rhein. Gesetzgebung. Iserlohn 1854. — 2. Aufl. 1857. (Je 1 Bd.) 2 Bde.

Boecker, Frid. Guil. (geb. Grimberg in Westf. 1. 4. 1818): De ischiadis nervosae natura, diagnosi. Berolini (1841). (56 S.) 8°
Berlin, Med. Diss. v. 21. Jan. 1841

—— C. Hertz und F. Richarz, Reiner Stockhausen, s. Stockhausen.

—— Untersuchungen über die Wirkung des Wassers. (Für die k. Leopold.-Carol. Akad. der Naturforscher.) gr. 4. (104 S.) Bonn 854, Weber. *

—— die Vergiftungen in forensischer und klinischer Beziehung dargestellt. gr. 8. (XII und 151 S. mit eingedr. Holzschn.) Iserlohn 857, Bädeker. *

Böcker, Frz., Damme als der mutmaßliche Schauplatz der Varusschlacht, sowie der Kämpfe bei den „Pontes longi" im J. 15 und der Römer mit den Germanen am Angrivarierwalle im J. 16. gr. 8. (72 S. mit 2 Taf.) Köln 887, (Bachem.) *

— Geschichte von Damme und des Gaues Dersaburg. A. 8. (246 S. mit Illustr. und 4 Taf.) Quakenbrück 887, (Rackhorst'sche Buchh.) *

Böcker, J. (Red.), s. Zeitschrift für rheinische Justiz-Subalternbeamte.

Böcker, Johs., die maßgebenden Gesetze u. Verordnungen üb. die Eingehung der bürgerlichen Ehe. Zusammengestellt u. erläutert. gr. 8. (86 S.) Köln (901). J. P. Bachem. n. — 60

Boecker, P. J., de statu justitiae originalis ac de peccato originali, quae disserit S. Thomas Aquinas collegit disposuit notisque illustravit. Cöln 868. Schwann. gr. 8. (2 Bll., 60 S.) n. 10 ngr

Böcker, Rudolf, Godesberg: Über Acetylmandelsäure und Acetylmandelsäurechlorid und über γ-Phenyltetronsäure. Bonn 1905: J. Trapp. (79 S.) 8°
Bonn, Phil. Fak., Ref. Anschütz, Diss. v. 28. Juni 1905
[Geb. 26. Mai 80 Betzdorf a. d. Sieg; Heimatsort: Godesberg; Staatsangeh.: Preußen; Vorbildung: Realgymn. Witten Reife O. 99; Studium: Heidelberg 3, Bonn 9 S.; Rig. 10. Mai 05.]

Böcker, Th(eodor), stud. chem. aus Hildesheim: Beiträge zur Kenntnis des Verhaltens cyklischer Oxime. *Hildesheim 1898: A. Lax.* (54 S.) 8°
Göttingen, Phil. Diss. v. [14. Jan.] 1899

Böcker, Th., Beiträge zur Kenntnis des Verhaltens cyklischer Oxime. Diss. gr. 8. (54 S.) Hildesheim 898. (Göttingen, Vandenhoeck & Ruprecht.) n. 1.60

Böcker, Theodor Beiträge zur Kenntnis des Verhaltens cyklischer Oxime. (Göttingen). Hildesheim, 1898. Diss.

Boecker, W., s. Boecker-Wetzlar, W

Böcker, Werner [aus Uhrsleben (Prov. Sachsen)]: Kasuistische Beitraege zur Hirn-Chirurgie ... Würzburg, J. M. Richter's Buchdr., 1892; 1 Bl., 47 S. 8.
Erlangen, Med. Fak., Inaug.-Diss. v. 1892

Boecker, Wilhelm, Medizinalprakt.: Beiträge zur Kasuistik der eingeklemmten Leisten- und Schenkelhernien. Lüdenscheid 1908: Crone. 55 S. 8°
Göttingen, Med. Diss. v. 1. Juni 1909, Ref. Braun
[Geb. 16. Juni 84 Lüdenscheid; Wohnort: Lüdenscheid; Staatsangeh.: Preußen; Vorbildung: Gymn. Ilfeld Reife O. 03; Studium: Erlangen 1, Marburg 5, Bonn 1, Göttingen 3 S.; Coll. 26 Okt. 08; Approb. 1 Juni 09.] [U 09. 1300

Boecker, Willibald *Theodor* [aus Lauenburg in Pomm.]: Aus d. pharmakolog. Institut d. Univ. Greifswald. Zur Kenntnis der Wirkung des Schwefels ... Greifswald, Druck v. J. Abel, 1895; 37 S. 8.
Greifswald, Med. Fak., Inaug.-Diss. v. 14. Aug. 1895

Boecker-Wetzlar, W., St. Andreasberg und seine Kanarienzucht. 8. (IV, 56 S.) Ilmenau 886, Schröter. *

— Beiträge zur Kenntniß der Kanarien, mit besond. Berücksicht. der Zucht und Pflege der Harzer Edelroller. 1.—3. Aufl. 8. (VII, 197 S.) Ebendas. 886,87. *

Böcker-Wetzlar, W., Beiträge zur Kenntniß d. Kanarien mit besond. Berücksicht. der Zucht u. Pflege der Harzer Edelroller. 4. Aufl. 8. (VII, 197 S.) Ilmenau 890. Schröter. n. 2. —; geb. n. 2. 80

Boecker-Wetzlar, W., Beiträge zur Kenntnis der Kanarien, m. besond. Berücksicht. der Zucht u. Pflege der Harzer Edelroller. 5.—9. Aufl. 8. (VIII, 193 S.) Ilmenau 891—894. A. Schröter. n. 2. —; geb. n. 2. 80

Boecker, W., Beiträge z. Kenntnis d. Kanarien m. bes. Berücksicht. d. Zucht u. Pflege d. Harzer Edelroller. 10. Aufl. 8. (VIII, 193 S.) Ilmenau 895. A. Schröter. n. 2. —

— der wilde Kanarienvogel und seine Veredelung in der Gefangenschaft. 8. (XI, 52 S.) Ebendas. 886. *

— der Sprosser od. die Au-Nachtigall [Luscinia major]. Vollständ. Naturgeschichte u. faßl. Anleitg. zur Pflege u. Behandlg. d. Sprossers in der Gefangenschaft. 8. (16 S.) Minden 889. Köhler. n. — 40

— unsere beliebtesten einheimischen Stubenvögel, ihre Wartung und Pflege, nebst Nachrichten über An- und Verkauf, Fang, Versandt, Züchtung und Krankheiten derselben. 1. und 2. Aufl. 8. (VIII, 223 S.) Ebendas. 887. *

— Unsere beliebtesten einheimischen Stubenvögel, ihre Wartung u. Pflege, nebst Nachrichten üb. An- u. Verkauf, Fang, Versandt, Züchtung u. Krankheiten derselben. 3. u. 4. Aufl. 8. (VIII, 223 S.) Ilmenau 889,90, Schröter. * 2 —; geb. * 2 80

— uns. beliebtesten einheim. Stubenvögel, ihre Wartg. u. Pflege, nebst Nachrichten üb. An- u. Verkauf, Fang, Versandt, Züchtg. u. Krankheiten derselben. 5. [Titel-] Aufl. 8. (VIII, 223 S.) Ebd. [890]. 890. n. 2. —; geb. n. 2. 80

— der Wellensittich, seine Zucht u. Pflege. 8. (46 S.) Ebd. 889. n. — 80

— Der Wellensittich, seine Zucht u. Pflege. 1. Aufl. (46 S.) 890. * — 80; 2. Aufl. 8. (46 S.) Ebd. 891. * 1 —

— der Wellensittich, seine Zucht u. Pflege. 2. Aufl. 8. (46 S.) Ebd 891. n. 1. —

Diakonissen Mutterhäuser und freiere Schwestern-Organisationen. Referat beim 35. Kongress f. innere Mission in Stuttgart 1909. Von Kirchenrat Boeckh-Augsburg. Kaiserswerth a. Rh.: Diakonissen-Anst. 1910. 19 S. 8°
Aus: Armen- u. Krankenfreund Dezemberh. 1909 [illegible] 5

Böckh: Die Staatshaushaltung der Athener, s. Böckh, August

Böckh: Sterblichkeitstafel f. Preussen, s. Böckh, Richard

Boeckh, welches Maß v. Einfluß auf die Jugenderziehung muß die evangel. Kirche fordern? Synodal-Vortrag. (22 S.) 8. Rothenburg o/T. 907. (J. P. Peter.) — 15

Böckh, August

[Boeckh, Augustus De ψευδομαρτυριῶν et ψευδοκλητείας actione ad Andocidis de mysteriis locum p. 35 ed. Reisk.] Berolini (1817) (S. 3-5) 4° ¶ Wieder abgedr. in d. Verf. Ges. klein. Schriften IV 1874 S. 120-124
Berlin, Ind. lect. S. S. 1817-18

[Boeckh, Augustus Additamenta disquisitionum metrologicarum.] Berolini (1843). (S. 3-10) 4° ¶ Wieder abgedr. in d. Verf. Ges. klein. Schriften IV 1874 S. 534-547
Berlin, Ind. lect. W. S. 1843-44

[Boeckh, Augustus Commilitonum adhortatio.] Berolini (1833) (S. 3-4) 4° ¶ Wieder abgedr. in d. Verf. Ges. klein. Schriften IV 1874 S. 383-384.
Berlin, Ind. lect. W. S. 1833-34

[Boeckh, Augustus Admonitio ad commilitones adhibito fragmento Pindarico.] Berolini (1820). (S. 3-4) 4° ¶ Wieder abgedr. in d. Verf. Ges. klein. Schriften IV 1874 S. 159-160.
Berlin, Ind. lect. W. S. 1820-21

Oratio natalitiis quadragesimus septimis Friderici Guilelmi III ... auctoritate univ. litt. Berolinensis d. 3. m. Aug. a. 1816 habita [ab Augusto Boeckhio de Alberto, Marchione Brandenburgensi, principe Borussiae universitatis Regiomontanae conditore] Berolini (1816) (4 S.) 4° ¶ Wieder abgedr. in d. Verf. Ges. klein. Schriften I 1858 S. 27-30

Böckh, Aug., D'Alembert u. Friedrich der Große über das Verhältniß der Wissenschaft zum Staat. Akademische Einleitungsrede. (Vorgetragen in der öffentl. Sitzung der Königl. Preuß. Akademie der Wissenschaften zur Feier des Jahrestages Friedrichs des Großen, am 25. Jan. 1838.) 4. Berlin 838. Veit u. Comp. 1/4 ₰

Augusti **Boeckhii** oratio nataliciis Friderici Guilelmi IV. . . . auctoritate univ. litt. Frid. Guil. d. 15. m. Oct. a. 1842 habita. [De patriae et principis amore.] Berolini (1842). (16 S.) 4° ¶ Wieder abgedr. in d. Verf. Ges. klein. Schriften I 1858 S. 290-300, erschien auch in deutscher Übersetzung v. Ludw. Driesen. Berlin: J. Springer 1842.

— Sophokles Antigone, s. Sophokles.

— C. H. Toelken, Fr. Förster, über die Antigone d. Sophokles u. ihre Darstellung auf d. kgl. Schloßtheater im neuen Palais bei Sanssouci. 3 Abhandlungen. gr. 12. (5 B.) Berlin 842, Schroeder's Verl.

— De archontibus Atticis pseud-eponymis. Ak. 1827. 81 S. 4°.

[**Boeckh,** Augustus: Commentatio de archontibus Atticis qui vulgo nominantur pseudeponymi.] Berolini (1827). (S. 2-5) 4° ¶ Wieder abgedr. u. vervollständigt in d. Verf. Ges. klein. Schriften IV 1874 S. 266-300; ebenso in: Abhandlungen d. Kgl. Akad. d. Wiss. zu Berlin 1827 S. 129-159.
Berlin, Ind. lect. W. S. 1827-28

[**Boeckh,** Augustus: De Areopago dissertatio prior.] Berolini (1826). (S. 3-9) 4° ¶ Wieder abgedr. in d. Verf. Ges. klein. Schriften IV 1874 S. 245-253; Diss. II im Ind. lect. 1828-29.
Berlin, Ind. lect. W. S. 1826-27

[**Boeckh,** Augustus: De Areopago dissertatio altera.] Berolini (1828). (S. 2-9) 4° ¶ Wieder abgedr. in d. Verf. Ges. klein. Schriften IV 1874 S. 308-321; Diss. I im Ind. lect. 1826-27.
Berlin, Ind. lect. W. S. 1828-29

[Augusti **Boeckhii**] Oratio nataliciis Friderici Guilelmi III . . . auctoritate univ. litt. Frid. Guil. d. 3. m. Aug. a. 1837 habita [de principis benevolentia]. Addita est renuntiatio praemiorum . . . decretorum et quaestionum novarum in annum 1838 propositarum. Berolini (1837). (24 S.) 4° ¶ Wieder abgedr. in d. Verf. Ges. klein. Schriften I 1858 S. 244-254.

Festrede auf der Universität zu Berlin am 15. Oct. 1857 gehalten von A[ugust] **Böckh.** [Vom Beruf des Königthums, die Einheit aller Glieder der Gesellschaft zu vermitteln.] Berlin 1858. (22 S.) 4° ¶ Wieder abgedr. in d. Verf. Ges. klein. Schriften II 1859 S. 148-164.

Boeckh, (Ernst Mart.) August (geb. Potsdam 5. 2. 1859): Ueber Bleilähmung. Berlin (1882). (39 S.) 8°
Berlin, Med. Diss. v. 7. Aug. 1882

Boeckh, Aug., s.a. Briefwechsel zwischen A. B. u. Karl Otfried Mueller.

— u. K. O. Mueller, Briefwechsel üb. e. attische Inschrift aus dem J. 1835. Als Ergänzg. des 1883 erschienenen Briefwechsels der beiden Gelehrten mitgeteilt von A. Frhr. Hiller v. Gaertringen. (VI, 44 S. m. 22 Abbildgn.) gr. 8. Ebd. 908. 2. —
Hauptwerk u. d. T.: Briefwechsel zwischen August Boeckh u. Karl Otfried Mueller. Ebd. 883. 9. —

Böckh, Aug., u. Ludolf Dissen, Briefwechsel, Pindar u. anderes betr. Hrsg. v. Max Hoffmann. (V, 288 S.) gr. 8. Leipzig 907. B. G. Teubner. 5.—; geb. in Leinw. 6. —

— s.a. : Bruchstücke, neuaufgefundene, aus Reden des Hypereides.

(Böckh, Aug.,) neu aufgefundene Bruchstücke aus Reden des Hypereides. gr. 8. (48 S.) Halle 848, Schwetschke und Sohn.
Aus: Allgemeine Literatur-Zeitung. Jahrg. 1848, besonders abgedruckt

[**Boeckh,** Augustus: De Arati canone commentatio.] Berolini (1828). (S. 2-5) 4° ¶ Wieder abgedr. in d. Verf. Ges. klein. Schriften IV 1874 S. 301-307.
Berlin, Ind. lect. S. S. 1828

[**Boeckh,** Augustus: De primis in Sophoclis Oedipo Coloneo canticis.] Berolini (1843). (S. 3-8) 4° ¶ Wieder abgedr. in d. Verf. Ges. klein. Schriften IV 1874 S. 527-533.
Berlin, Ind. lect. S. S. 1843

[**Boeckh,** Augustus: De mutua docentium et discentium caritate.] Berolini (1832). (S. 3-4) 4° ¶ Wieder abgedr. in d. Verf. Ges. klein. Schriften IV 1874 S. 373-374.
Berlin, Ind. lect. W. S. 1832-33

[Augusti **Boeckhii**] Oratio in nataliciis Friderici Guilelmi III. . . . auctoritate univ. litt. Frid. Guil. d. 3. m. Aug. a. 1831 habita [de mutua quae intercedat inter principem et populum caritate]. Addita est renuntiatio praemiorum . . . decretorum et quaestionum novarum in annum 1832 propositarum. Berolini (1831). (20 S.) 4° ¶ Wieder abgedr. in d. Verf. Ges. klein. Schriften I 1858 S. 185-194.

[Augusti **Boeckhii**] Oratio in nataliciis Friderici Guilelmi III. . . . auctoritate univ. litt. Frid. Guil. d. 3. m. Aug. a. 1830 habita [de litterarum et artium cognatione]. Addita est renuntiatio praemiorum . . . decretorum et quaestionum novarum in annum 1831 propositarum. Berolini (1830). (24 S.) 4° ¶ Wieder abgedr. in d. Verf. Ges. klein. Schriften I 1858 S. 174-184.

Boeckhii, A., Commentatio in Platonis, qui vulgo fertur, Minoëm ejusdemque libros priores de legibus ad F. A. Wolf. Halis. 806. 4. 21 gr.

— comment. in Platon. qui vulgo fertur Minoëm etc. 8 maj. Halle 806. Schwetschke u. S. 21 gr. Schrbp. 1 ₰

[**Boeckh,** Augustus: Commentatio qua docetur singulas quoque fabulas a tragicis Graecis doctas esse.] Berolini (1841). (S. 3-12) 4° Wieder abgedr. in d. Verf. Ges. klein. Schriften IV 1874 S. 505-518.
Berlin, Ind. lect. W. S. 1841-42

[**Boeckh,** Augustus: Commentatio qua Platonis de republica libri I locus explicatur.] Berolini (1829). (S. 3-6) 4° ¶ Wieder abgedr. in d. Verf. Ges. klein. Schriften IV 1874 S. 326-330.
Berlin, Ind. lect. W. S. 1829-30

Augusti **Boeckhii** oratio nataliciis Friderici Guilelmi IV. . . . auctoritate univ. litt. Frid. Guil. d. 15. m. Oct. a. 1846 habita [de litterarum, philosophiae imprimis et antiquitatis studiorum, condicione praesenti]. Berolini (1846). (15 S.) 4° ¶ Wieder abgedr. in d. Verf. Ges. klein. Schriften I 1858 S. 324-334.

[Augusti **Boeckhii**] Oratio nataliciis quinquagesimis septimis Friderici Guilelmi III. . . . auctoritate univ. litt. Berolinensis d. 3. m. Aug. a. 1826 habita [de philosophiae et historiae cum ceteris disciplinis coniunctione]. Accedit renuntiatio praemiorum . . . decretorum et quaestionum novarum in annum 1827 propositarum. Berolini (1826). (19 S.) 4° ¶ Wieder abgedr. in d. Verf. Ges. klein. Schriften I 1858 S. 138-146.

Boeckhius, Aug., Corpus inscriptionum graecarum, s. Corpus.

Böckh, Aug., s. Curtius, Ernst.

— Simonis Socratici, ut videtur, dialogi quatuor, de lege, de lucri cupidine etc. 8. maj. ibid. 810.

—Dass., s.a. Simonis Socratici Dialogi.

Boeckh, A., De delectu in studiis instituendo (Quint. I, 8.) Pr. 1889. 2 S. 4°.

[**Boeckh,** Augustus: De delectu in studiis instituendo.] Berolini (1840). (S. 3-4) 4° ¶ Wieder abgedr. in d. Verf. Ges. klein. Schriften IV 1874 S. 471-473.
Berlin, Ind. lect. W. S. 1839-40

[**Boeckh,** Augustus: De Doriis epitritis commentatio.] Berolini (1825). (S. 3-10) 4° ¶ Wieder abgedr. in d. Verf. Ges. klein. Schriften IV 1874 S. 213-227.
Berlin, Ind. lect. S. S. 1825

Festrede auf der Universität zu Berlin am 15. Oct. 1849 gehalten von August **Böckh.** [Ueber die Einheit der Preussischen Monarchie und über die Einheit Deutschlands.] Berlin 1849. (20 S.) 4° ¶ Wieder abgedr. in d. Verf. Ges. klein. Schriften II 1859 S. 34-49.

Boeckh, Aug., Encyklopädie u. Methodologie der philologischen Wissenschaften. Hrsg. v. Ernst Bratuscheck. gr. 8. (X, 824 S.) Leipzig 877. Teubner. n. 12. —

Boeckh, Aug., Encyklopädie u. Methodologie der philologischen Wissenschaften. Hrsg. v. Ernst Bratuscheck. 2. Aufl., besorgt v. Rud. Klussmann. gr. 8. (X, 884 S.) Leipzig 886. Teubner. n. 14. —

Boeckh, A., De ephebia Attica diss. I. Pr. 1819. 8 S. 4°. 8.
— — Diss. II. De militaribus epheborum tirociniis. Pr. 1890. 8 S. 4°.

[**Boeckh,** Augustus: De ephebia Attica dissertatio prior.] Berolini (1819). (S. 3-8) 4° ¶ Wieder abgedr. in d. Verf. Ges. klein. Schriften IV 1874 S. 137-148; Diss. II im Ind. lect. 1819-20.
Berlin, Ind. lect. S. S. 1819

Böckh, Aug., Erklärung einer ägyptischen Urkunde auf Papyrus in griechischer Cursivschrift vom Jahre 104 vor der christlichen Zeitrechnung. Mit 1 Tafel in Steindruck. gr. 8. Berlin, Reimer. 821.

[**Boeckh,** Augustus: De epigrammate Graeco lapide Ithacensi servato commentatio.] Berolini (1823). (S. 3-5) 4° ¶ Wieder abgedr. in d. Verf. Ges. klein. Schriften IV 1874 S. 185-197.
Berlin, Ind. lect. W. S. 1823-24

[**Boeckh,** Augustus: De epigrammate in Orsippum Megarensem lapide servato commentatio.] Berolini (1822). (S. 3-6) 4° ¶ Wieder abgedr. in d. Verf. Ges. klein. Schriften IV 1874 S. 173-182.
Berlin, Ind. lect. S. S. 1822

[**Boeckh,** Augustus: De Simonidis Cei in Megarenses epigrammate lapide servato.] Berolini (1818). (S. 3-6) 4° ¶ Wieder abgedr. in d. Verf. Ges. klein. Schriften IV 1874 S. 125-133.
Berlin, Ind. lect. S. S. 1818

— De Platonica corporis mundani fabrica conflati ex elementis geometrica ratione concinnatis. Pr. 1810. 82 S. 4°. 1,20

— de Platonica corporis mundani fabrica conflati etc. 4. Heidelb. 810. Mohr. 8 ℊ

Orationes natalitiis quadragesimis quintis Friderici Guilelmi III. ... auctoritate univ. litt. Berolinensis d. 3. m. Aug. 1814 habitae. Berolini (1814). (18 S.) 4° (Inest I. Oratio Augusti **Boeckhii** [de Borussiae felicitate Friderici Guilelmi Tertii virtutibus stabilita]. II. Oratio Car. Guil. Ferd. **Solgeri,** ordinis philos. tum Decani.) ¶ Boeckhs Rede ist wieder abgedr. in d. Verf. Ges. klein. Schriften I 1858 S. 16-26. Solger verkündet die Ehrenpromotion der Fürsten Hardenberg u. Blücher, der Grafen Tauentzien, York, Kleist, Bülow und Gneisenau.

Böckh, Aug., Festrede auf der Universität zu Berlin am 15. Octbr. 1849 gehalten. gr. 4. (20 S.) Berlin 849, Dümmler. n. ¼ ℛ

Augusti **Boeckhii** oratio in dedicatione universitatis litterariae Berolinensis d. 26. m. April. a. 1817 habita. [De fine et ingenio doctrinae disciplinaeque academicae, praecipue universitatis Berolinensis a Friderico Guilelmo III certo consilio conditae]. Berolini (1817). (11 S.) 4° ¶ Wieder abgedr. in d. Verf. Ges. klein. Schriften I 1858 S. 37-45.

— De inscriptionis Atticae fragmento, quo notae numerales continentur, et de abaco Pythagorico Pr. 1841. 12 S. 4°. —,90

[**Boeckh,** Augustus: Commentatio de fragmento inscriptionis Atticae rationes operum publicorum continentis.] Berolini (1837). (S. 3-8) 4° ¶ Wieder abgedr. in d. Verf. Ges. klein. Schriften IV 1874 S. 420-425.
Berlin, Ind. lect. S. S. 1837

[**Boeckh,** Augustus: De fragmento inscriptionis prope Carystum reperto.] Berolini (1842). (S. III-VI) 4° ¶ Wieder abgedr. in d. Verf. Ges. klein. Schriften IV 1874 S. 519-523.
Berlin, Ind. lect. S. S. 1842

[**Boeckh,** Augustus: De fragmento Pindarico a Polybio servato.] Berolini (1831). (S. 3-6) 4° ¶ Wieder abgedr. in d. Verf. Ges. klein. Schriften IV 1874 S. 346-349.
Berlin, Ind. lect. S. S. 1831

Gedächtnissrede am 3. Aug. 1860 gehalten von A[ugust] **Boeckh,** d. Z. Rector der K. Friedrich-Wilhelms-Universität. [Friedrich Wilhelms III Führung der politischen, äusseren und inneren Verhältnisse und seine Sinnesart und Handlungsweise in derselben.] Berlin 1860. (19 S.) 4° ¶ Wieder abgedr. in d. Verf. Ges. klein. Schriften III 1866 S. 45-59.

Boeckh, Aug., zur Geschichte der Mondcyclen der Hellenen. Abdr. aus den Jahrbüchern für classische Philologie. Leipzig 855. Teubner. gr. 8. (2 Bl., 107 S.) 22½ ngr.

— graecae Tragoediae principum Aeschyli, Sophoclis, Euripidis, num ea, quae supersunt, et genuina omnia sint, et forma primitiva servata, an eorum familiis aliquid debeat tribui. 8maj. Heidelb. 808. Mohr. 1 ℛ 12 ℊ

[Augusti **Boeckhii**] Oratio natalitiis quinquagesimis Friderici Guilelmi III. ... auctoritate univ. litt. Berolinensis d. 3. m. Aug. a. 1819 habita [de homine ad humanitatem perfectam conformando]. Berolini 1819. (15 S.) 4° ¶ Wieder abgedr. in d. Verf. Ges. klein. Schriften I 1858 S. 68-77.

[**Boeckh,** Augustus: De ὅροις Atticis commentatio.] Berolini (1821). (S. 3-6) 4° ¶ Wieder abgedr. in d. Verf. Ges. klein. Schriften IV 1874 S. 161-165.
Berlin, Ind. lect. S. S. 1821

[**Boeckh,** Augustus: Commentatio de ὑποβολῇ Homerica.] Berolini (1834). (S. 3-12) 4° ¶ Wieder abgedr. in d. Verf. Ges. klein. Schriften IV 1874 S. 385-396.
Berlin, Ind. lect. S. S. 1834

— s.: Jahrbuch, statistisches, der Stadt Berlin.

Böckh, Aug. (Red.), s. J a h r b ü c h e r, Heidelbergische, der Literatur.

— Ueber die von Herrn v. Prokesch in Thera entdeckten Inschriften. S. A. 1836. 71 S. m. 4 Taf. 4°. 2.—

[**Boeckh,** Augustus: De inscriptione Attica res sacras spectante commentatio.] Berolini (1835). (S. 2-8) 4° ¶ Wieder abgedr. in d. Verf. Ges. klein. Schriften IV 1874 S. 404-412.
Berlin, Ind. lect. W. S. 1835-36

[**Boeckh,** Augustus: De inscriptione Attica Fourmontiana catalogi militaris fragmentum continente.] Berolini (1816). (S. 3-7) 4° ¶ Erweitert hrsg. in d. Verf. Ges. klein. Schriften IV 1874 S. 98-112.
Berlin, Ind. lect. W. S. 1816-17

[**Boeckh,** Augustus: De Hermae Attici inscriptione Fourmontiana commentatio.] Berolini (1824). (S. 3-6) 4° ¶ Wieder abgedr. in d. Verf. Ges. klein. Schriften IV 1874 S. 198-207.
Berlin, Ind. lect. S. S. 1824

Gedächtnissrede gehalten am 3. Aug. 1847 von August **Boeckh,** d. Z. Rector der Königl. Friedrich-Wilhelms-Universität. [Über die Lage und Verhältnisse der Preuss. Universitäten, vorzüglich der Berliner, während der Regierung Friedrich Wilhelms III.] Berlin 1847. (22 S.) 4° ¶ Wieder abgedr. in des Verf. Ges. klein. Schriften II 1859 S. 1-18.

[**Boeckh,** Augustus: De laudibus patriis cum antiquitate comparatis.] Berolini (1814). (S. 3-6) 4° ¶ Wieder abgedr. in d. Verf. Ges. klein. Schriften IV 1874 S. 71-75.
Berlin, Ind. lect. S. S. 1814

— Philolaos des Pythagoräers Lehren nebst d. Bruchstücken seines Werkes. gr. 8. Berl. 819. Voss. 20 ℊ; Schrbp. 1 ℛ 4 ℊ

[**Boeckh,** Augustus: De libertate animi in artium studiis tuenda.] Berolini (1842). (S. 3-5) 4° ¶ Wieder abgedr. in d. Verf. Ges. klein. Schriften IV 1874 S. 524-526.
Berlin, Ind. lect. W. S. 1842-43

[**Boeckh,** Augustus: De Andocidis de mysteriis orationis loco p. 18 ed. Reisk. commentatio.] Berolini (1817). (S. 3-6) 4° ¶ Wieder abgedr. in d. Verf. Ges. klein. Schriften IV 1874 S. 113-119.
Berlin, Ind. lect. S. S. 1817

[**Boeckh,** Augustus: De Demosthenis Philippicae primae loco, praesenti patriae statui aptissimo.] Berolini (1813). (S. 3-4) 4° ¶ Wieder abgedr. in d. Verf. Ges. klein. Schriften IV 1874 S. 68-70.
Berlin, Ind. lect. W. S. 1813-14

[**Boeckh,** Augustus: De Herodoti loco lib. VII c. 137 commentatio.] Berolini (1815). (S. 3-5) 4° ¶ Wieder abgedr. in d. Verf. Ges. klein. Schriften IV 1874 S. 80-84.
Berlin, Ind. lect. W. S. 1815-16

Boeckh, A., De Euripideae Iphigeniae Aulidensis loco emendando. (v. 835—836 ed. Markl) Pr. 1823. 6 S. 4°. —.75

[**Boeckh,** Augustus: De Euripideae Iphigeniae Aulidensis loco emendando commentatio.] Berolini (1823). (S. 3-6) 4° ¶ Wieder abgedr. in d. Verf. Ges. klein. Schriften IV 1874 S. 188-194.
Berlin, Ind. lect. S. S. 1823

[**Boeckh,** Augustus: De Pausaniae loco VI, 19, 5 commentatio.] Berolini (1822). (S. 3-6) 4° ¶ Wieder abgedr. in d. Verf. Ges. klein. Schriften IV 1874 S. 183-187.
Berlin, Ind. lect. W. S. 1822-23

[**Boeckh,** Augustus: De Platonis loco de re publ. II p. 365 A. B. et de Pindari fragmento ibi servato.] Berolini (1812). (S. 3-5) 4° ¶ Wieder abgedr. in d. Verf. Ges. klein. Schriften IV 1874 S. 61-64.
Berlin, Ind. lect. W. S. 1812-13

[**Boeckh,** Augustus: De Taciti loco Hist. I, 52 commentatio.] Berolini (1830). (S. 3-8) 4° ¶ Wieder abgedr. in d. Verf. Ges. klein. Schriften IV 1874 S. 340-345.
Berlin, Ind. lect. W. S. 1830-31

Boeckh, A., In Pausaniae locum VI 19, 5. Pr. 1822. 6 S. 4°.

—— Manetho u. die Hundsternperiode, ein Beitr. z. Geschichte der Pharaonen. gr. 8. (24⅞ B.) Berlin 845, Veit u. Comp.

[Boeckh, Augustus: Commentatio de miratione philosophiae initio.] Berolini (1829). (S. 4-6) 4° ¶ Wieder abgedr. in d. Verf. Ges. klein. Schriften IV 1874 S. 322-325.
Berlin, Ind. lect. S. S. 1829

[Augusti Boeckhii] Oratio nataliciis Friderici Guilelmi III. ... auctoritate univ. litt. Frid. Guil. d. 3. m. Aug. a. 1832 habita [de moribus litterisque et artibus publica institutione propagandis]. Addita est renuntiatio praemiorum ... decretorum et quaestionum novarum in annum 1833 propositarum. Berolini (1832). (20 S.) 4° ¶ Wieder abgedr. in d. Verf. Ges. klein. Schriften I 1858 S. 194-204.

Augusti Boeckhii oratio nataliciis Friderici Guilelmi IV. ... auctoritate univ. litt. Frid. Guil. d. 15. m. Oct. a. 1847 habita [de rei publicae motu]. Berolini (1847). (16 S.) 4° ¶ Wieder abgedr. in d. Verf. Ges. klein. Schriften I 1858 S. 335-346.

Boeckh, A. (Hrsg.), s. Museum, Rheinisches, für Jurisprudenz, Philologie, Geschichte und griechische Philosophie.

— Observationes criticae in Pindari primum Olympicum carmen. Heidelb. 811. 4

— oratio natalitiis quadrages. tertiis Frider. Guilelmi III. Regis Boruss. celebr. auct. Univers. Berolinens. 4. Berl. 813. (Dümmler). 4 gr.

— oratio natalitiis quadrages. tertiis Fridr. Guilelmi III. Regis Boruss. celebr. auct. Univers. Berolinens. 4. Berolini, Hitzig. 814.

Augusti Boeckhii oratio in sollemnibus parentalibus quibus Friderico Guilelmo III. universitas litt. ... Berolinensis pie parentavit d. 27. m. Iunii a. 1840 habita. Berolini (1840). (18 S.) 4° ¶ Wieder abgedr. in d. Verf. Ges. klein. Schriften I 1858 S. 266-278; erschien auch in deutscher Übersetzung v. F. A. Maercker. Berlin: W. Besser 1840.

[Augusti Boeckhii] Oratio natalitiis quinquagesimis secundis Friderici Guilelmi III. ... auctoritate univ. litt. Berolinensis d. 3. m. Aug. a. 1821 habita [de Pericle artium et litterarum statore felicissimo]. Berolini (1821). (15 S.) 4° ¶ Wieder abgedr. in d. Verf. Ges. klein. Schriften I 1858 S. 89-100.

Augusti Boeckhii oratio nataliciis Friderici Guilelmi IV. ... auctoritate univ. litt. Frid. Guil. d. 15. m. Oct. a. 1841 habita [qua Friderici Guilelmi IV. ingenium cum virtute regia comparatur]. Berolini (1841). (16 S.) 4° ¶ Wieder abgedr. in d. Verf. Ges. klein. Schriften I 1858 S. 279-289.

Festrede auf der Universität zu Berlin am 15. Okt. 1855 gehalten von August Böckh. [Ueber die Pflichten der Männer der Wissenschaft gemäss der bisherigen Entwickelung und dem gegenwärtigen Standpunkt derselben.] Berlin 1855. (20 S.) 4° ¶ Wieder abgedr. in d. Verf. Ges. klein. Schriften II 1859 S. 115-130.

Boeckh, A., Ueb. den Plan der Atthis des Philochorus. Ak. 1832. 30 S. 4°.

[Boeckh, Augustus: Prooemium quo docetur, cavendum esse, ne in artium studiis nimium distrahatur animus.] Berolini (1836). (S. 2-3) 4° ¶ Wieder abgedr. in d. Verf. Ges. klein. Schr. IV 1874 S. 413-414.
Berlin, Ind. lect. S. S. 1836

[Boeckh, Augustus: Prooemium, quo Parmenidis libri de natura exordium emendatur.] Berolini (1836). (S. 3-5) 4° ¶ Wieder abgedr. in d. Verf. Ges. klein. Schriften IV 1874 S. 415-419.
Berlin, Ind. lect. W. S. 1836-37

[Augusti Boeckhii] Oratio nataliciis Friderici Guilelmi III. ... auctoritate univ. litt. Frid. Guil. d. 3. m. Aug. 1835 habita [de providentia res humanas administrante]. Addita est renuntiatio praemiorum ... decretorum et quaestionum novarum in annum 1836 propositarum. Berolini (1835). (23 S.) 4° ¶ Wieder abgedr. in d. Verf. Ges. klein. Schriften I 1858 S. 224-234.

[Augusti Boeckhii] Oratio natalitiis quinquagesimis primis Friderici Guilelmi III. ... auctoritate univ. litt. Berolinensis d. 3. m. Aug. a. 1820 habita [qua quaeritur, quae sit universitatum litterariarum vis et qui docendi in illis finis]. Berolini (1820). (14 S.) 4° ¶ Wieder abgedr. in d. Verf. Ges. klein. Schriften I 1858 S. 78-88.

Augusti Boeckhii oratio nataliciis Friderici Guilelmi IV. ... auctoritate univ. litt. Frid. Guil. d. 15. m. Oct. a. 1845 habita [qua exponitur qualis sit principalis benignitas et quam vim habeat]. Berolini (1845). (15 S.) 4° ¶ Wieder abgedr. in d. Verf. Ges. klein. Schriften I 1858 S. 313-323.

—.75 Augusti Boeckhii oratio nataliciis Friderici Guilelmi IV. ... auctoritate univ. litt. Frid. Guil. d. 15. m. Oct. a. 1843 habita. [Quaeritur, quatenus principes de litteris bene mereri possint et praecipue, quid principis de singulis litterarum partibus iudicia conferre ad doctrinarum florem vel queant vel nequeant. Haec quaestio Friderici Magni de litteratura Germanica commentarioli exemplo illustratur.] Berolini (1843). (16 S.) 4° ¶ Wieder abgedr. in d. Verf. Ges. klein. Schriften I 1858 S. 301-312, erschien auch in deutscher Übersetzung v. Ludw. Driesen. Berlin: J. Springer 1844.

[Augusti Boeckhii] Oratio nataliciis Friderici Guilelmi III. ... auctoritate univ. litt. Frid. Guil. d. 3. m. Aug. a. 1834 habita [qua, quibus consiliis Fridericus Guilelmus III. universitatem Berolinensem condiderit, servaverit, auxerit, demonstratur]. Addita est renuntiatio praemiorum ... decretorum et quaestionum novarum in annum 1835 propositarum. Berolini (1834). (23 S.) 4° ¶ Wieder abgedr. in d. Verf. Ges. klein. Schriften I 1858 S. 214-224.

[Augusti Boeckhii] Oratio natalitiis duodequinquagesimis Friderici Guilelmi III. ... auctoritate univ. litt. Berolinensis d. 3. m. Aug. a. 1817 habita, [qua quid bonae artes ad ecclesiam Christianam purgandam profuerint et quid ecclesia emendata artibus praestiterit, exponitur]. Berolini (1817). (14 S.) 4° ¶ Wieder abgedr. in d. Verf. Ges. klein. Schriften I 1858 S. 46-56.

[Augusti Boeckhii] Oratio natalitiis undequinquagesimis Friderici Guilelmi III. ... auctoritate univ. litt. Berolinensis d. 3. m. Aug. a. 1818 habita [qua quaeritur, quid sit potissimum, quod litterarum studia reipublicae utilitatis afferant et quamobrem maxime a sapientibus civitatum moderatoribus impensiore cura ali et foveri videantur]. Berolini (1818). (16 S.) 4° ¶ Wieder abgedr. in d. Verf. Ges. klein. Schriften I 1858 S. 56-68.

[Augusti Boeckhii] Oratio nataliciis Friderici Guilelmi III. ... auctoritate univ. litt. Frid. Guil. d. 3. m. Aug. a. 1839 habita [qua quaeritur quid sit, quod quoque tempore et in quoque rei publicae statu princeps conferre ad litterarum florem possit, quid ne summa quidem diligentia adhibita possit]. Addita est renuntiatio praemiorum ... decretorum et quaestionum novarum in annum 1840 propositarum. Berolini (1839). (26 S.) 4° ¶ Wieder abgedr. in d. Verf. Ges. klein. Schriften I 1858 S. 255-265

Die erste Feier des Geburtstages König Friedrich Wilhelms IV. unterblieb auf höhere Anordnung.

[Boeckh, Augustus: De ratione quae inter artes et patriam intercedat apud Graecos a nostra diversa.] Berolini (1811). (S. 3-5). 4° ¶ Wieder abgedr. in des Verf. Ges. klein. Schriften IV 1874 S. 39-42.
Berlin, Ind. lect. W. S. 1811-12

[Augusti Boeckhii] Oratio nataliciis undesexagesimis Friderici Guilelmi III. ... auctoritate univ. litt. Frid. Guil. d. 3. m. Aug. a. 1828 habita [de ratione, quae intercedit inter doctrinam et rempublicam]. Accedit renuntiatio praemiorum ... decretorum et quaestionum novarum in annum 1829 propositarum. Berolini (1828). (22 S.) 4° ¶ Wieder abgedr. in d. Verf. Ges. klein. Schriften I 1858 S. 156-164.

[Augusti Boeckhii] Oratio nataliciis sexagesimis Friderici Guilelmi III. ... auctoritate univ. litt. Frid. Guil. d. 3. m. Aug. a. 1829 habita [de ratione, quae sit inter bellicum et militarem statum atque inter artium disciplinas]. Addita est renuntiatio praemiorum ... decretorum et quaestionum novarum in annum 1830 propositarum. Berolini (1829). (22 S.) 4° ¶ Wieder abgedr. in d. Verf. Ges. klein. Schriften I 1858 S. 165-174.

[Boeckh, Augustus: De recta artium studiorum ratione.] Berolini (1835). (S. 3-5) 4° ¶ Wieder abgedr. in d. Verf. Ges. klein. Schriften IV 1874 S. 400-403.
Berlin, Ind. lect. S. S. 1835

[Boeckh, Augustus: De nostrorum studiorum ratione a veteribus, Graecis praesertim, abhorrente.] Berolini 1811. (S. 3-5) 4° ¶ Wieder abgedr. in des Verf. Ges. klein. Schriften IV 1874 S. 35-38.
Berlin, Ind. lect. S. S. 1811

— Ueber zwei attische Rechnungsurkunden. Ak. 1846. 55 S. u. 4 Taf. 4°.

Böckh, August, Rede zur Eröffnung der XI. Versammlung deutscher Philologen, Schulmänner und Orientalisten den 30. Sept. 1850 zu Berlin gehalten.

—— Rede, zur Feier d. Geburtsfestes Sr. Maj. d. Königs Friedrich Wilhelm d. Dritten in d. öffentl. Sitzung d. kgl. preuß. Akad. d. Wissenschaften am 22. Oct. 1840 gehalt. gr. 4. (2½ B.) Berlin 840, Besser.

—— Rede zur Feier des Geburtsfestes Sr. Maj. des Königs Friedrich Wilhelm IV. in d. Universität zu Berlin am 15. Oct. 1842 geh. (Aus d. Latein. u. mit Vorw. v. Ludw. Driesen.) Roy.-4. (2½ B.) Berlin 843, Springer.

Böckh, Aug., Rede zur Feier des allerhöchsten Geburtsfestes Sr. Maj. des Königs Friedrich Wilhelm IV. in der Friedrich-Wilhelms-Universität zu Berlin am 15. Octbr. 1843 geh. 8 (2½ B.) Berlin 844, Springer. Thlr. *

—— Rede zur Feier d. Jahrestages Friedrichs II. in d. öffentl. Sitzung der kgl. preuß. Akademie d. Wissenschaften am 27. Jan. 1842 geh. gr. 4. (2¼ B.) Berlin, Duncker u. Humblot.

— Rede, zur Trauerfeier Sr. Hochseligen Maj. des Königs Friedrich Wilhelm III. auf der Berliner Friedrich Wilhelms-Universität am 27. Juni 1840 gehalten. gr. 4. Berlin 840. Besser. ¼ ℛ

[Augusti **Boeckhii**] Oratio nataliciis Friderici Guilelmi III. ... auctoritate univ. litt. Frid. Guil. d. 3. m. Aug. a. 1833 habita [qua docetur, res humanas oppositorum contentione et reconciliatione augeri et ali]. Addita est renuntiatio praemiorum ... decretorum et quaestionum novarum in annum 1834 propositarum. Berolini (1833). (24 S.) 4° ¶ Wieder abgedr. in d. Verf. Ges. klein. Schriften I 1858 S. 204-213.

[**Boeckh**, Augustus: De Graecorum sacerdotiis commentatio.] Berolini (1830). (S. 2-8) 4° ¶ Wieder abgedr. in d. Verf. Ges. klein. Schriften IV 1874 S. 331-339.
Berlin, Ind. lect. S. S. 1830

[**Boeckh**, Augustus: Commilitonum ex bello reducum salutatio a Bacchylidae loco profecta.] Berolini (1814). (S. 3-4) 4° ¶ Wieder abgedr. in d. Verf. Ges. klein. Schriften IV 1874 S. 75-76.
Berlin, Ind. lect. W. S. 1814-15

Boeckh, Aug., gesammelte kleine Schriften. 1. Bd. A. u. d. T.: Orationes in Universitate Litteraria Friderica Guilelma Berolinensi habitae. Edid. Ferd. Ascherson. Leipzig 858. Teubner. gr. 8. (VIII, 346 S.) n. 2 ℛ 20 ngr

Boeckh, Aug., gesammelte kleine Schriften. 2. Bd. A. u. d. T.: Reden, gehalten auf der Universität und in der Akademie der Wissenschaften zu Berlin. Herausg. von Ferd. Ascherson. Leipzig 859. Teubner. gr. 8. (X, 486 S.) n. 3 ℛ

Boeckh's, Aug., gesammelte kleine Schriften. 3. Bd. Leipzig 866. Teubner. gr. 8. (XII, 448 S.) n. 3 ℛ
Inhalt: Reden, gehalten auf der Universität u. in der Akademie der Wissenschaften zu Berlin 1859—1862 u. Abhandlungen aus den J. 1807—1810 u. 1863—1865. Herausg. von Ferd. Ascherson.

Boeckh's, Aug., gesammelte kleine Schriften. 4—7. Bd. gr. 8. Leipzig 871—74. Teubner. n. 48 — (I—VII.: n. 74. —)
4. Opuscula academica Berolinensia. Ediderunt Ferd. Ascherson, Ernest Bratuscheck, Paul Eichholtz. (VIII, 547 S.) n. 14. —
5. Akademische Abhandlgn. vorgetragen in den J. 1815—1834 in der Akademie der Wissenschaften zu Berlin. Hrsg. Paul Eichholtz u. Ernst Bratuschek. (V, 478 S. m. e. Steintaf. in qu. Fol.) n. 10. —
6. Akademische Abhandlungen, vorgetragen in den J. 1836—1858 in der Akademie der Wissenschaften zu Berlin nebst e. Anh. epigraph. Abhandlgn. aus Zeitschriften enth. Hrsg. v. Bratuschek u. Paul Eichholtz. (VIII, 469 S. m. 14 Taf. in gr. 8., gr. 4., qu. 4., Fol., qu. u. gr. Fol.) n. 12. —
7. Kritiken nebst e. Anh. Hrsg. v. Ferd. Ascherson u. Paul Eichholtz. (VII, 616 S.) n. 12. —

— gesammelte kleine Schriften, Suppl., s.: Sophokles, d., Antigone, griechisch u. deutsch.

Festrede auf der Universität zu Berlin am 22. März 1861 gehalten von A[ugust] **Boeckh**. [Ueber die Schwierigkeiten, unter denen Seine Majestät der König Wilhelm den Thron bestiegen hat.] Berlin 1861. (21 S.) 4° ¶ Wieder abgedr. in d. Verf. Ges. klein. Schriften III 1866 S. 75-90.

[Augusti **Boeckhii**] Oratio nataliciis quinquagesimis quintis Friderici Guilelmi III. ... auctoritate univ. litt. Berolinensis d. 3. m. Aug. a. 1824 [de vegeta et valida scientia] habita. Berolini (1824). (15 S.) 4° ¶ Wieder abgedr. in d. Verf. Ges. klein. Schriften I 1858 S. 119-128.

[**Boeckh**, Augustus: De tribus vitae sectis, activa, contemplativa voluptaria recte temperandis.] Berolini (1837). (S. 3-5) 4° ¶ Wieder abgedr. in d. Verf. Ges. klein. Schriften IV 1874 S. 426-429.
Berlin, Ind. lect. W. S. 1837-38

[**Boeckh**, Augustus: De Ciceronis sententia, oratorem perfectum esse neminem posse nisi virum bonum.] Berolini (1813). (S. 3-4). 4° ¶ Wieder abgedr. in d. Verf. Ges. klein. Schriften IV 1874 S. 65-67.
Berlin, Ind. lect. S. S. 1813

[**Boeckh**, Augustus: De Pindari sententia Olymp. II v. 94 sqq. ad litterarum quoque studia spectante.] Berolini (1820). (S. 3-4) 4° ¶ Wieder abgedr. in d. Verf. Ges. klein. Schriften IV 1874 S. 157-158.
Berlin. Ind. lect. S. S. 1820

[**Boeckh**, Augustus: De Atheniensium, qui bello obierint sepultura publica.] Berolini (1815). (S. 3-4) 4° ¶ Wieder abgedr. in d. Verf. Ges. klein. Schriften IV 1874 S. 77-80.
Berlin, Ind. lect. S. S. 1815

Böckh, Aug. Ueber die Laurischen Silberbergwerke. Abhandlung der Berliner Akademie, 1814/15. 4°. Berlin 1815.

— De simultate quam Plato cum Xenophonte exercuisse fertur. Gel. 1811. 83 S. 4°.

Natalitia quadragesima secunda ... Friderici Guilelmi III. Borussiarum Regis ... die 3. Aug. ... celebranda indicit universitatis litterariae Berolinensis Rector et Senatus. Disputatur [ab Augusto **Boeckhio**] de simultate, quam Plato cum Xenophonte exercuisse fertur. Berolini 1811. (39 S.) 4° ¶ Wieder abgedr. in d. Verf. Ges. klein. Schriften IV 1874 S. 1-34.

Boeckh, Aug., Commentatio acad. de simultate, quae Platoni cum Xenophonte intercessisse fertur. 4. Berolini, Realschulbuchh. 811.

— commentatio acad. de simultate, quae Platoni cum Xenophonte intercessisse fertur. 4. Berl. 811. Reimer. 8 gr

—— über die vierjährigen Sonnenkreise der Alten, vorzüglich den Eudoxischen. Ein Beitrag zur Geschichte der Zeitrechnung und des Kalenderwesens der Aegypter, Griechen und Römer. gr. 8. (XXVI und 434 S.) Berlin 863, G. Reimer. *

— s. Sophokles: Antigone.

Oratio natalitiis quadragesimis tertiis Friderici Guilelmi III. ... auctoritate univ. litt. Berolinensis d. 3. Aug. a. 1812 habita. [ab Augusto **Boeckhio** de Sparta et Athenis, rebus publicis inter Graecos clarissimis]. Berolini: J. E. Hitzig (1812). (15 S.) 4° ¶ Wieder abgedr. in d. Verf. Ges. klein. Schriften I 1858 S. 1-15.

Der Druck eines vom Prof. Imm. Bekker verfassten Programms zur Feier des 3. Aug. 1813, die Ausgabe einer Elegie des Theognis enthaltend, unterblieb, da es inhaltlich für diesen Zweck dem vorgesetzten Ministerium ungeeignet schien.

— specim. edit. Timaei Platonis dialogi. 4. Heidelb. 807. Mohr. 8 gr

— Specimen emendationum in Pindari Carmina. Heidelb. 810. 4.

— Commentationes acad. II continent. specimen emend. in Pindari Carmina. 4maj. Lipsiae, J. A. G. Weigel. 811.

[**Boeckh**, Augustus: De titulis Melitensibus spuriis.] Berolini (1832). (S. 3-11) 4° ¶ Wieder abgedr. in d. Verf. Ges. klein. Schriften IV 1874 S. 362-372.
Berlin, Ind. lect. S. S. 1832

— die Staatshaushaltung d. Athener. 4 Bücher. Mit 21 Inschriften. 2 Bde. gr. 8. Berl. 817, 18. Reimer. 6 ℛ 16 gr

— die Staatshaushaltung der Athener. 2. Ausg. (In 3 Bdn.) 1. Bd. Buch I — IV. gr. 8. (XX u. 792 S.) 2. Bd. 21 Beilagen. Mit 7 Taf. (in gr. Fol.), enth. die Grundtexte v. Inschriften. gr. 8. (VIII u. 764 S.) Nebst: Verbesserungen u. Nachträge u. Register über alle 3 Bde. gr. 8. (82 S.) Berlin 851, G. Reimer. (1.: 3⅓ ℛ 2.: 3⅔ ℛ) 7 ℛ

— die Staatshaushaltung der Athener. 3. Aufl., hrsg. u. m. Anmerkgn. begleitet v. Max Fränkel. 2 Bde. gr. 8. (XXVIII, 711 u. VII, 517 S., nebst Anmerkgn. d. Hrsg. 217 S. m. rad. Portr. d. Verf.) Berlin 886. G. Reimer. n. 30. —

Festrede auf der Universität zu Berlin am 15. Oct. 1859 gehalten von A[ugust] **Boeckh.** [Ueber Preussens Stellung in dem wissenschaftlichen Leben Deutschlands.] Berlin 1859. (19 S.) 4° ¶ Wieder abgedr. in d. Verf. Ges. klein. Schriften III 1866 S. 19-32.

[**Boeckh,** Augustus: De Pausaniae stilo Asiano commentatio.] Berolini (1824). (S. 3-6) 4° ¶ Wieder abgedr. in d. Verf. Ges. klein. Schriften IV 1874 S. 208-212.
Berlin, Ind. lect. W. S. 1824-25

— epigraphisch-chronologische Studien. Zweiter Beitrag zur Geschichte der Mondcyclen der Hellenen. Abdr. aus den Jahrbüchern für classische Philologie. Leipzig 856. Teubner. gr. 8. (176 S. u. 2 Tab. in 4.) 1 ₰ 3 ngr

Böckh, Aug., üb. Friedrich d. Gr. classische Studien. Academische Einleitungsrede. Vorgetr. in d. öffentl. Sitzung d. kgl. preuss. Academie d. Wissenschaften zur Feier des Jahrestages, am 20. Jan. 1846. 4. (3¼ B.) Berlin, Veit u. Comp.

[Augusti **Boeckhii**] Oratio nataliciis quinquagesimis tertiis Friderici Guilelmi III. ... auctoritate univ. litt. Berolinensis d. 3. m. Aug. a. 1822 [de antiquitatis studio] habita. Berolini (1822). (14 S.) 4° ¶ Wieder abgedr. in d. Verf. Ges. klein. Schriften I 1858 S. 100-110.

[**Boeckh,** Augustus: De Socratis rerum physicarum studio.] Berolini (1838). (S. 3-8) 4° ¶ Wieder abgedr. in d. Verf. Ges klein. Schriften IV 1874 S. 430-436.
Berlin, Ind. lect. S. S. 1838

Boeckh, A., De Platonico systemate coelestium globorum et de vera indole astronomiae Philolaicae II. Pr. 1810. 32 S. 4°. 1.20

[Augusti **Boeckhii**] Oratio nataliciis Friderici Guilelmi III. ... auctoritate univ. litt. Frid. Guil d. 3. m. Aug. a. 1836 habita [de principis temperantia]. Addita est renuntiatio praemiorum ... decretorum et quaestionum novarum in annum 1837 propositarum. Berolini (1836). (24 S.) 4° ¶ Wieder abgedr. in d. Verf. Ges. klein. Schriften I 1858 S. 234-244.

[**Boeckh,** Augustus: De Sophoclis Oedipi Colonei tempore dissertatio prior.] Berolini (1825). (S. 3-8) 4° ¶ Wieder abgedr. in d. Verf. Verf. Ges. klein. Schriften IV 1874 S. 228-234; Diss. II im Ind. lect. 1826.
Berlin. Ind. lect. W. S. 1825-26

[**Boeckh,** Augustus: De Sophoclis Oedipi Colonei tempore dissertatio altera]. Berolini (1825). (S. 3-10) 4° ¶ Wieder abgedr. in d. Verf. Ges. klein. Schriften IV 1874 S. 235-244; Diss. I im Ind. lect. 1825-26.
Berlin, Ind. lect. S. S. 1826

[**Boeckh,** Augustus: De pugnae Marathoniae tempore.] Berolini (1815). (S. 3-7) 4° ¶ Wieder abgedr. in d. Verf. Ges. klein. Schriften IV 1874 S. 85-97.
Berlin, Ind. lect. S. S. 1816

[**Boeckh,** Augustus: De tempore quo Plato rempublicam peroratum finxerit, dissertatio I.] Berolini (1838). (S. 3-12) 4° ¶ Wieder abgedr. in d. Verf. Ges. klein. Schriften IV 1874 S. 437-449; Diss. II u. III in den Ind. lect. 1839 u. 1840.
Berlin, Ind. lect. W. S. 1838-39

[**Boeckh,** Augustus: De tempore, quo Plato rempublicam peroratam finxerit, dissertatio II.] Berolini (1839). (S. 3-15) 4° ¶ Wieder abgedr. in d. Verf. Ges. klein. Schriften IV 1874 S. 450-470; Diss. I im Ind. lect. 1838-39; diss. III im Ind. lect. 1840.
Berlin, Ind. lect. S. S. 1839

[**Boeckh,** Augustus: De tempore quo Plato rempublicam peroratam finxerit, dissertatio III.] Berolini (1840). (S. 3-13) 4° ¶ Wieder abgedr. in d. Verf. Ges. klein. Schriften IV 1874 S. 474-490; Diss. I u. II in den Ind. lect. 1838-39 u. 1839.
Berlin, Ind. lect. S. S. 1840

[**Boeckh,** Augustus: De Timocreonte Rhodio commentatio.] Berolini (1833). (S. 3-8) 4° ¶ Wieder abgedr. in d. Verf. Ges. klein. Schriften IV 1874 S. 375-382.
Berlin, Ind. lect. S. S. 1833

[**Boeckh,** Augustus: De titulo Delphico.] Berolini (1821). (S. 3-6) 4° ¶ Wieder abgedr. in d. Verf. Ges. klein. Schriften IV 1874 S. 166-172.
Berlin, Ind. lect. W. S. 1821-22

[**Boeckh,** Augustus: Commentatio de tribubus Jonicis.] Berolini (1812). (S. 3-9). 4° ¶ Wieder abgedr. in d. Verf. Ges. klein. Schriften IV 1874 S. 43-60.
Berlin, Ind. lect. S. S. 1812

Festrede auf der Universität zu Berlin am 15. Oct. 1854 gehalten von August **Böckh.** [Von der Uebereinstimmung der Herrschenden und der Beherrschten.] Berlin 1854. (25 S.) 4° ¶ Wieder abgedr. in R. Prutz' Deutschem Museum 1855 No 2 und in d. Verf. Ges. klein. Schriften II 1859 S. 99-114.

Festrede auf der Universität zu Berlin am 15. Oct. 1850 gehalten von August **Böckh.** [Ueber die Umbildung der Deutschen Universitäten.] Berlin 1850. (23 S.) 4° ¶ Wieder abgedr. in d. Verf. Ges. klein. Schriften II 1859 S. 50-66.

[Augusti **Boeckhii**] Oratio nataliciis quinquagesimis sextis Friderici Guilelmi III. ... auctoritate univ. litt. Berolinensis d. 3. m. Aug. a. 1825 habita [de universitate Berolinensi a Friderico Guilelmo III. in regni urbe primaria novo consilio condita, aucta, ornata]. Accedit renuntiatio praemiorum victoribus certaminis litterarii universitatis decretorum et quaestionum novarum in annum 1826 propositarum. Berolini (1825). (21 S.) 4° ¶ Wieder abgedr. in d. Verf. Ges. klein. Schriften I 1858 S. 129-138.

Böckh, August. Festrede auf der Universität zu Berlin am 15. October 1848 gehalten (über den öffentlichen Unterricht). Berlin, Akademie der Wissenschaften 1848. 21 S. 4.

— metrologische Untersuchungen über Gewichte, Münzfüße und Maße des Alterthums in ihrem Zusammenhange. gr. 8. Berlin 838. Veit u. Comp. 2⅚ ₰

— Untersuchungen über das kosmische System des Platon, mit Bezug auf Hrn. Gruppe's kosmische Systeme der Griechen. Sendschreiben an Hrn. Alex. v. Humboldt. gr. 8. (VI u. 152 S.) Berlin 852, Veit & Co. ⅚ ₰

— Urkunden über das Seewesen des Attischen Staates, hergestellt und erläutert. Mit 18 Taf., enthalt. die von Ludwig Roß gefertigten Abschriften. Beilage zur Staatshaushaltung d. Athener. gr. 8. Berlin 840. Reimer. 5 ₰ (Mit dem Hauptwerke 10⅔ ₰)

[**Boeckh,** Augustus: De armorum recto usu ad commilitones admonitio.] Berolini (1818). (S. 3-4) 4° ¶ Wieder abgedr. in d. Verf. Ges. klein. Schriften IV 1874 S. 134-136.
Berlin, Ind. lect. W. S. 1818-19

[**Boeckh,** Augustus: De genuina artium studiorum utilitate.] Berolini (1844). (S. 3-4) 4° ¶ Wieder abgedr. in d. Verf. Ges. klein. Schriften IV 1874 S. 397-399.
Berlin, Ind. lect. W. S. 1834-35

[**Boeckh,** Augustus: De vasis Etruscis, falso Panathenaicis.] Berolini (1831). (S. 3-12) 4° ¶ Wieder abgedr. in d. Verf. Ges. klein. Schriften IV 1874 S. 350-361.
Berlin, Ind. lect. W. S. 1831-32

Festrede auf der Universität zu Berlin am 22. März 1862 gehalten von A[ugust] **Boeckh.** [Ueber das Verhältniss des Staates zum Erziehungs- und Unterrichtswesen.] Berlin 1862. (20 S.) 4° ¶ Wieder abgedr. in d. Verf. Ges. klein. Schriften III 1866 S. 91-105.

Die Rede von August Böckh vom 22. März 1863 „über das Verhältniss von Staat und Wissenschaft" ist nicht amtlich gedruckt worden; auch in des Verfassers Ges. klein. Schriften ist sie nicht erschienen. Ein Referat darüber findet sich im Königlich Preussischen Staatsanzeiger 1863 No 73.

—— üb. das Verhältniss d. Wissenschaft zum Leben. Akadem. Einleitungsrede. 4. (3¼ B.) Berlin 844, Veit u. Comp.

— über das Verhältniß der Wissenschaft zum Leben. Akademische Einleitungsrede. 4. Berlin 845, Veit u. Comp. n. ⅓ ₰

Boeckh, A., De versibus antispastico-iambicis recte constituendis. Pr. 1827. 11 S. 4°.

— üb. d. Versmaße d. Pindaros. gr. 8. Berl. Realschulb. 809.

— üb. d. Versmaße d. Pindaros. gr. 8. Berl. 809. Reimer. 1 ₰

[Augusti **Boeckhii**] Oratio nataliciis duodesexagesimis Friderici Guilelmi III. ... auctoritate univ. litt. Berolinensis d. 3. m. Aug. a. 1827 [de regia virtute] habita. Accedit renuntiatio praemiorum ... decretorum et quaestionum novarum in annum 1828 propositarum. Berolini (1827). (22 S.) 4° ¶ Wieder abgedr. in d. Verf. Ges. klein. Schriften I 1858 S. 147-155.

[Augusti **Boeckhii**] Oratio nataliciis quinquagesimis quartis Friderici Guilelmi III. ... auctoritate univ. litt. Berolinensis d. 3. m. Aug. 1823 [de eruditorum virtute] habita. Berolini (1823). (41 S.) 4° ¶ Wieder abgedr. in d. Verf. Ges. klein. Schriften I 1858 S. 110-119.

Festrede auf der Universität zu Berlin am 15. Oct. 1852 gehalten von August **Böckh.** [Die Vorsehung, nicht der Zufall regiert die Welt.] Berlin 1852. (19 S.) 4° ¶ Wieder abgedr. in d. Verf. Ges. klein. Schriften II 1859 S. 67-80.

Festrede auf der Universität zu Berlin am 15. Oct. 1858 gehalten von A[ugust] **Boeckh.** [Ueber den Werth der Verbindung des Dynastischen mit dem Volksthümlichen, besonders im Hinblick auf die Bestrebungen zu einer Gesammtherrschaft.] Berlin 1858. (22 S.) 4° ¶ Wieder abgedr. in d. Verf. Ges. klein. Schriften II 1859 S. 165-182.

Rede zur Jubelfeier der Königl. Friedrich-Wilhelms-Universität zu Berlin gehalten in der St. Nicolai-Kirche am 15. Okt. 1860 von August **Böckh.** [Die Zeitumstände, unter welchen und der Geist, in welchem die Universität gestiftet wurde.] Berlin: J. Guttentag 1860. (28 S.) 8° [F.] ¶ Wieder abgedr. in d. Verf. Ges. klein. Schriften III 1866 S. 60-74.

Böckh, C. Fr., s. Böckh, Christ. Friedr.

Böckh, C. Gf., s. Böckh, Christian Gottfried

Boeckh, Car. Iul. Alexander (geb. Berlin 1813): De spinis hystricum. Berolini (1834). (25 S.) 4°
Berlin, Med. Diss. v. 15. März 1834

Boeckh, Car. Jul. Alex., de spinis Hystricum. Acced. tab. lithogr. 4maj. (3½ B.) Berolini 834, (Dümmler.)

Böckh, Chr. E.

— s. C. Bonnet, üb. d. Blätter d. Pflanzen.

Böckh, Chr. E., Verzeichniß v. in- u. ausländ. Bäumen, Sträuchern 2c. Bremen ... Müller. 10 gr

Böckh, Chr. Gf., s. Böckh, Christian Gottfried

Boekh, Christ. Friedr.

v. Boeckh, Chrn. Frdr., evangelisch-lutherische Agenda. 2 Thle. Nürnberg 870. Sebald. 4. Jeder Thl. n. 1 Rthl 12 ngr
1. Thl.: Die öffentlichen Gottesdienste. (VIII, 279 S.)
2. Thl.: Die kirchlichen Handlungen. (IV, 250 S.)

—— s. Bevölkerungs- u. Wohnungs-Aufnahme, die, vom 1. Decbr. 1880 in der Stadt Berlin.

Böckh, Chr. Fr., daß wir uns als Christen zu e. geistl. Leben erheben sollen. Eine Predigt. gr. 8. Nürnb. 825. Riegel u. W. 2 gr

Boeckh, Chr. Freder., le **Décalogue** expliqué, ou les dix Commandements de Dieu. Trad. de l'allemand. 12. (3 B.) Strasbourg et Paris 842, Levrault'sche Buchh.

Boeckh, Christ. Friedr., Erklärung d. kleinen Katechismus Luthers. Zum Gebr. b. d. evangel. Religionsunterr. in Kirchen u. Schulen. gr. 12. (6 B.) Kempten 839, Dannheimer. *

— Erklärung des kleinen Katechismus Luthers. 3. verb. u. verm. Aufl. 12. Kempten 841, Dannheimer. ⅛ Rthl

Boeckh, Chrn. Friedr., Erklärung des kleinen Katechismus Luther's. Zugleich als Leitfaden zum leichteren Gebrauche der in der evangelisch-luther. Kirche Bayerns diesseit des Rheins eingeführten bibl. Spruchbuches. 7., verb. Aufl. gr. 12. (IV und 144 S.) Kempten 854, Dannheimer. *

Boeckh, Chrn. Friedr., Erklärung des kleinen Katechismus Luthers. Zugleich als Leitfaden zum leichteren Gebrauche des in der evangel.-luther. Kirche Bayerns diesseits des Rheins eingeführten biblischen Spruchbuches. 8., von Neuem durchgeseh. Aufl. gr. 12. (IV und 152 S.) Kempten 857, Dannheimer. *

Boeckh, Christ. Frdr. v., Erklärung d. kleinen Katechismus Luthers. Zugleich als Leitfaden zum leichtern Gebrauche d. in der evangelisch-luther. Kirche Bayerns diesseits d. Rheins eingeführten bibl. Spruchbuches. 15. Aufl. 8. (III, 151 S.) Kempten 871. Dannheimer. — 40

Boeckh, Chrn. Friedr. v., Erklärung des kleinen Katechismus Luthers. Zugleich als Leitfaden zum leichtern Gebrauche des in der evangelisch-luther. Kirche Bayerns diesseit des Rheins eingeführten bibl. Spruchbuches. 20. und 21. verb. Aufl. 8. (160 S.) Kempten 883,84, Dannheimer. * — 43

Boeckh, Chrn. Friedr. v., Erklärung des kleinen Katechismus Luthers. Zugleich als Leitfaden zum leichtern Gebrauche des in der evangelisch-luther. Kirche Bayerns diesseits des Rheins eingeführten bibl. Spruchbuches. 22.—24. verb. Aufl. 8. (160 S.) Kempten 885,87, Dannheimer. * 43 Pf.; geb. *

Boeckh, Chrn. Friedr. v. Erklärung d. kleinen Katechismus Luthers. Zugleich als Leitfaden zum leichteren Gebrauche d. in der evangelisch-luther. Kirche Bayerns diesseits d. Rheins eingeführten bibl. Spruchbuches. 25. verb. u. 26. Aufl. 8. (160 S.) Kempten 890,92, Dannheimer. ** — 43; geb. ** — 60
Im Auftrage der städt. Deputation f. Statistik bearb. 1. u. 2. Heft. Imp.-4. (VIII, 102; IV, 114, 110 S.) Berl. 890,91, (Simion). à Heft * 6 —; * 12 —

Boeckh, Chrn. Frdr. v., Erklärg. d. kl. Katechismus Luthers. Zugl. als Leitfaden z. leicht. Gebr. d. i. d. evang.-luther. Kirche Bayerns diesseits d. Rheins eingef. bibl. Spruchbuches. 27., verb. Aufl. 8. (159 S.) Kempten 896. T. Dannheimer. n.n. — 43; geb. n.n. — 60

— das christliche Familienleben. Predigt am 1. Sonntage nach Epiphanias 1834. gr. 8. München, Jacquet. 1½ gr

—— 100 Fragen und Antworten mit untergesetzten Bibelsprüchen, Versen und Denksprüchen. Ein Lehr- und Lernbüchlein für die ersten Jahre des christl. Religionsunterrichtes. gr. 8. (31 S.) Kempten 870, Dannheimer.

—— Glück zu dem Könige! Rede am Geburts- u. Namensfeste d. Königs Ludwig v. Bayern, zugleich am Tage der glücklichen Entbind. der Kronprinzessin v. Bayern in der protest. Stadtpfarrkirche in München geh. 8. (¾ B.) München 845, Kaiser.

– s. Jahrbuch, statistisches, d. Stadt Berlin.

Boeckh, Chrn. Frdr., Luthers kleiner Katechismus, erläutert zum Gebrauch beim Schul- u. Confirmations-Unterricht. 6. verb. Aufl. gr. 12. (VIII u. 144 S.) Kempten 852, Dannheimer. ⅛ Rthl

— Nacht u. Licht in d. jetzigen Heidenwelt. Eine Predigt. 8. Nürnb. 824. Raw. 2 gr

—— l'oraison dominicale expliquée, ou la prière du Seigneur. Trad. de l'allem. 12. (1½ B.) Strasbourg 843, Levrault'sche Buchh.

—— 14 agendarische Passions-Andachten zunächst für den kirchlichen, dann aber auch für den häuslichen Gebrauch. Zugleich als eine, jedoch auch für sich bestehende Zugabe zu der von demselben hrsg. evangelisch-luther. Agenda. 4. (V, 87 S.) Nürnberg 873, Sebald'sche Buchdr.

— daß Prediger d. Evangeliums die Bedürfnisse ihrer Gemeinden nicht besser befriedigen können, als wenn sie diese zu Christo führen. Eine Predigt. gr. 8. Nürnb. 825. Riegel u. W. 2 gr

— Predigt in d. protestant. Hof- u. Pfarrkirche zu München, am 28. Febr. 1831 gehalten. gr. 8. Münch. 831. (Jaquet). 1½ gr

– Predigt über freie Texte, s. Predigten, zwölf.

— s. Predigten 2c. über Episteln.

Böckh, Chr. Fr., Predigten, in Nürnberg und München gehalten. gr. 8. München 835. Jaquet. 1½ Rthl Velinp. 2 Rthl

—— 7 Predigten in der heil. Passionszeit gehalten. gr. 8. (5¼ B.) München 843, Fleischmann.

— zwei Predigten bei d. Wechsel seiner Amtsstellen. gr. 8. Nürnb. 826. Riegel u. W. 5 gr

——, Edelmann, Faber, (u.) Fuchs, zwölf Predigten, in d. evangel. Stadtkirche zu München während d. Kirchenjahres 18³⁹/₄₀ üb. freie Texte gehalten. gr. 8. (12 B.) München 841, Fleischmann.

— Rede vor den versammelten Baier. Kriegern, gehalten im Lager bei Nürnberg d. 12. Sept. 1824. gr. 8. Nürnb. 824. Riegel u. W. 2 gr

—— Rede am 27. Mai 1843 bei dem zur Feier des 25. Jahrestages der Verfassungs-Urkunde veranstalteten Fest-Gottesdienste in der protest. Pfarrkirche zu München gehalten. gr. 8. (¾ B.) München 843, Franz.

— Rede bei d. feierl. Schlußacte d. öffentl. Schulprüfungen am 23. Juni 1826. gr. 8. Nürnb. 826. Riegel u. W. 2 gr

— Reformationspredigt über 1 Korinth. 10, V. 13, 14. gr. 8. Münch. 831. (Jaquet). 1½ ℊ

—— les sacrements expliqués, ou le Baptême et la Sainte-Cène. Trad. de l'allem. 12. (2 B.) Strasbourg 843, Levrault'sche Buchh.

— Samml. von Predigten u. Reden, gehalten in den Jahren 1824—1830. gr. 8. Nürnb. 830. Riegel u. W. 9 ℊ

—— le Symbole des Apotres expliqué. Trad. de l'allem. 12. (4½ B.) Strasbourg et Paris 842, Levrault'sche Buchh.

Böckh, Christian Gottfried

Böckh, Christian Gottfried, s.a. Bragur.

Böckh, Chr. Gottfr. (Hrsg.), s. Bibliothek, Allgemeine, für das Schul- und Erziehungswesen in Deutschland.

Böckh, Chr. Gottfr. (Hrsg.), s. Chronik für die Jugend.

Böckh, Chr. Gf., († d. 31. Jan. 1792.) die Dichtkunst im heiligen Schmuck; oder d. Schönheiten d. Psalm 45, nach d. Regeln d. Dichtkunst. 4. Wertheim 759.

— Erweis, daß d. Besuchung latein. Schulen jungen Leuten, wenn sie auch nicht eigentlich studiren wollen, nöthig u. nützlich sei. 4. Eßlingen 765.

– s. Geographie in Tabellen.

– s. Hand- u. Reisebuch, Neues.

— von den Haupthindernissen d. Kinderzucht. 4. Nördl. 796.

Böckh, Chr. G. (Hrsg.), s. Kinderalmanach, Nürnbergischer.

Böckh, Christian Gottfried (Hrsg.), s. Kinderzeitung.

— Leben Gottfr. Salzmanns, Rectors zu Eßlingen. 8. Schwabach 764.

Böckh, C. Gf., u. Gräter Bragur. s. Magazin d. Vorzeit.

— Materialien zum öffentl. Vortrage über d. Sonn-, Fest- u. Feiertags-Evangelien. 6 Thle. (1r—6r, herausg. v. G. F. C. Böckh.) 8. Nördl. 791—96. Beck. 3 𝑓 8 ℊ Hbg. Pr. 1 𝑓 12 ℊ

– s. Muret: Sittensprüche.

— Predigten f. d. Jugend über d. Sonn- u. Festtägl. Evangelien. 2 Thle. 8. Nürnb. 773. Felssecker. 1 𝑓 4 ℊ

— Rathgeber junger Leute beiderlei Geschlechts. 2 Bde, (v. G. F. C. Böckh vollendet). Mit Kpf. u. Kart. 8. Leipz. 791—93. (Wienbrack). 1 𝑓 22 ℊ

– s. Schöpperlin, J. F.: Kl. Histor. Schriften.

— d. Seligkeit d. Todten, die in dem Herrn sterben. 4. Nördl. 773.

– s. Taschenbuch f. Kinder u. Kinderfreunde.

— kurze Unterweisung in d. Wissenschaften, f. d. Jugend u. Erwachsene. 8. Stuttg. 774.

Böckh, Chr. Gottfr. (Hrsg.), s. Wochenschrift zum Besten der Erziehung der Jugend.

Boeckh, Ernst Mart. August: Über Bleilähmung, s. Boeckh, August.

Böckh, F.: Wiens lebende Schriftsteller, s. Böckh, Franz Heinrich

Boeckh, Fr., mußte nicht Christus solches leiden? Biblische Betrachtgn. f. die Passionszeit. (VII, 101 S.) 8. München 908. C. H. Beck. 1.25; geb. in Leinw. m. Goldschn. 2.25

Boeckh, Fr., Rede, f. den Fest-Gottesdienst d. Gymnasiums bei St. Anna in Augsburg am Tage der 400jährigen Jubelfeier der Geburt Luthers verfaßt. 8. (15 S.) Augsburg 883. Preuß. — 20

Boeckh, Fr., der Religions-Unterricht in den höheren Lehranstalten. Vortrag, gehalten auf der XI. allgem. evangelisch-luther. Konferenz in Rostock am 29. IX. 1904. (31 S.) gr. 8. Wismar 905. H. Bartholdi. n. — 80

Böckh, Fr.: Vorlesungen zum Gebrauch bei Kinderleichen, s. Böckh, Geo. Fr. Chr.

Böckh, Franz Heinrich

— Gesch. d. Kirche Maria-Stiegen in Wien. Mit 1 Kpf. 8. Wien 821. (Härter). 10 ℊ

Böckh, Frz. H., Geschichts- u. Erinnerungs-Kalender, s. Geschichts- u. Erinnerungs-Kalender.

Böckh, Frz. H., Merkwürdigkeiten d. Haupt- u. Residenzstadt Wien u. ihrer nächsten Umgebungen. A. u. d. T.: Wiens lebende Schriftsteller, Künstler u. Dilettanten. Neue wohlf. Ausg. Mit 2 Kpf. gr. 12. Wien 823. (Tendler). 1 𝑓 8 ℊ

Böckh F., Wiens lebende Schriftsteller. Künstler u. Dilettanten etc. Wien 1821. 8°. (Ebd.)

Böckh, Franz Heinrich. Wiens lebende Schriftsteller, Künstler und Dilettanten im Kunstfache. Dann Sehenswürdigkeiten dieser Haupt- und Residenz-Stadt. Wien 1822. 8°.

Boeckh, Friedrich

Boeckh, Frdr., Dein Wort ist die Wahrheit. Predigt üb. Ev. Joh. 17, 17, geh. am Bibelfeste zu Nürnberg in der St. Aegidienkirche am 28. Juni 1886. gr. 8. (11 S.) Nürnberg 886. Raw. n. — 20

Boeckh, Frdr., hat die Kirche e. Recht auf die Schule? (29 S.) gr. 8. Ansbach 903. Nürnberg, F. Korn. n. — 40
Sonderabdruck aus: „Blätter f. d. Schulpraxis".

v. Böckh, Friedr., s.: Heer, stehendes, u. Volksbewaffnung.

Boeckh, Frdr., Predigt am letzten Abend d. J. 1870, gehalten in der Barfüßer-Kirche zu Augsburg. 8. (14 S.) Augsburg 871. v. Jenisch & Stage in Comm. — 15

— 4 Predigten üb. das Gleichniß vom 4fachen Ackerfeld. Luc. VIII, V. 4—15. gr. 16. (51 S.) Ebend. 874. — 60

— Vortrag üb. Ziel u. Wesen der Konfirmation. (29 S.) gr. 8. Nürnberg 908. Schriften-Niederlage des Vereins f. innere Mission. n — 40
Sonderabdruck aus: „Bericht üb. d. 28. allg. Pastoralkonferenz ev.-luth. Geistl. Bayerns".

Böckh, G. (Hrsg.), s. Bragur.

Boeckh, G.: Ehefragen, s. Boeckh, Georg

Böckh, Geo. Fr. Chr.

– s. Böckh, Christian Gottfried: Materialien u. dessen Rathgeber.

Böckh, Geo. Fr. Chr., kurze Fragen, an d. Confirmanden, z. Uebersicht u. Wiederholung d. empfangenen Religions-Unterrichts. 8. Ansbach 807. 2 ℊ

– s. Platonis Critio

— Vorlesungen zum Gebrauch bei Kinderleichen. 8. Ansb. 801. Gassert. 14 ℊ

Boeckh, Georg

Boeckh, G., Ehefragen. Ärztliche Winke f. Braut- u. Eheleute. (220 S.) 8. Hamburg (906). Agentur des Rauhen Hauses. Kart. n. 1. 80; geb. n. 3. —

Boeckh, G., Ehefragen. Ärztliche Winke f. Braut- u. Eheleute. 3.—6. Aufl. 6.—35. Tauf. (240 S.) kl. 8. Hamburg, (906—10.) Agentur des Rauhen Hauses. 1.80; geb. 3. —

Boeckh, G: Ehefragen. Ärztl. Winke f. Braut- u. Eheleute. 9.Afl. (240) kl8° Hambg, Ag. d. Rauhen H. ('11). 1.80; geb. 3 — d

Die Entartung der Ehe in naturwissenschaftlicher, ärztlicher und biblischer Beleuchtung. Ein Vortrag, vor den verheiratheten Mitgl. d. Christl. Ver. Junger Männer zu Berlin 1902 geh. von Dr. G[eorg] Boeckh, Arzt, Cannstatt. *Berlin: Bund v. Weissen Kreuz 1902.* (24 S.) 8° [F.]

Boeckh, G., die Entartung der Ehe in naturwissenschaftlicher, ärztlicher u. biblischer Beleuchtung. Ein Vortrag, vor den verheiratheten Mitgliedern des christl. Vereins junger Männer zu Berlin am 8. II. 1902 geh. 8. (24 S.) Berlin 902. (Leipzig, H. G. Wallmann.) n. — 20

Boeckh, G.: Die G e f a h r einer Entartung der Ehe in naturwissenschaftlicher, ärztlicher und biblischer Beleuchtung. Ein Vortrag vor den verheirateten Mitgliedern des Christlichen Vereins Junger Männer zu Berlin.
2. nur wenig veränderte Auflage. Berlin 1904. Verlag der Geschäftsstelle der deutschen Sittlichkeitsvereine. 8°

Boeckh, H., Ansprache b. Jahresfest d. Landesvereins f. inn. Mission i. d. evang.-luther. Kirche Bayerns in Nürnberg, s.: **Bibliothek, kl., f. innere Mission.**

Boeckh, Hans: Arbeiten aus d. med. Veterinärklinik d. Univ. Giessen. Dir.: Gmeiner. Untersuchungen über die Haut-Temperatur der Tiere. Mit 6 Abb. Giessen 1910: v. Münchow. 95 S. 8°
Gießen, Veterinär-Med. Diss. v. 10. Febr. 1910, Ref. Garten
[Geb. 7. April 87 Metzingen; Wohnort: Metzingen; Staatsangeh.: Württemberg: Vorbilduug: Realgymn. Ulm Reife O. 05; Studium: Tierärztl. Hochschulen Stuttgart 3, Hannover 1, Stuttgart 3 S.; Rig. 17. Dez. 09.] [U 10. 1180

Böckh, Hugo: Orca Semseyi, e. neue Orca.-Art, aus dem unteren Miocän v. Salgó-Tarján, s. M i t t e i l u n g e n aus d. Jahrbuche der königl. ungar. geolog. Anstalt. XIII.

Böckh, Hugo, diplom. Gymn.-Prof. u. Assist. am kgl. ung. Josephs-Polytechnicum: Die geologischen Verhältnisse der Umgebung von Nagy-Maros. *Budapest 1899: Franklin-Verein.* (62 S.) 4°(8°) [Umschlagt.] ¶ (Aus: Mitth. a. d. Jahrb. d. kgl. ung. geol. Anst., Bd 13, H. 1.)
hen, Phil. Diss. v. 1899

Böckh, Hugo, die geologischen Verhältnisse des Vashegy, des Hradek u. der Umgebung dieser (Comitat Gömör), s.: Mitteilungen aus dem Jahrbuche der königl. ungar. geologischen Anstalt, XIV, 3.

Böckh, Jh. Geo., s. B ö c k h , Johann Georg

Böckh, Johann

Böckh, Joh., die königl. ungarische geologische Anstalt u. deren Ausstellungs-Objecte. Zu der 1885 in Budapest abgeh. allgemeinen Ausstellg. zusammengestellt. Lex.-8. (42 S.) Budapest 885. (Kilián.) n. 1. —

Die königlich ungarische geologische Anstalt. Im Auftr. d. kgl. ungar. Ackerbauministers I. Darányi geschrieben v. Johann **Böckh** u. Thomas v. Szontagh. Budapest 1900: (Franklin-Verein). (75 S.) 8°

Böckh, Joh., Bemerkungen zu der „Neue Daten zur geologischen u. palaeontolog. Kenntniss d. südlichen Bakony“ [von M. v. Hantken 1876] betitelten Arbeit. [Aus: „Mittheilgn. aus d. Jahrb. d. k. ung. geolog. Anstalt“.] gr. 8. (22 S.) Budapest 877. (Berlin, Friedländer & Sohn.) n. 1. —

— Brachydiasthematerium transilvanicum Bkh. et Maty, s.: Mittheilungen aus dem Jahrbuche der königl. ungarischen geologischen Anstalt.

Böckh, Johs., de cura cholerae indicae in Europa. 8. (28 S.) Posonii 831. (Pressburg, G. Heckenast's Nachf.) — 60

Böckh, Joh., Daten z. Kenntniss d. geolog. Verhältnisse i. ob. Abschnitte d. Iza-Thales m. bes. Berücksicht. d. dort. Petroleum führ. Ablagerungen, s.: Mitteilungen a. d. Jahrbuche d. kgl. ungar. geolog. Anstalt.

— u. Alex Gesell, die in Betrieb stehenden u. im Aufschlusse begriffenen Lagerstätten v. Edelmetallen, Erzen, Eisensteinen, Mineralkohlen, Steinsalz u. anderen nutzb. Mineralien auf d. Territorium der Länder der ungar. Krone. Nach den v. den königl. ung. Berghauptmannschaften erhaltenen ämtl. u. anderen Daten nach den berghauptmannschaftl. Bezirken zusammengestellt. (Publicationen der kgl. ungar. geolog. Anstalt.) Lex.-8. (69 S.) Nebst 1 Karte. 1 : 900,000. 2 Bl. à 77,5×59 cm Farbdr. Budapest 898. (F. Kilián's Nachf.) n. 8. —

Böckh, J. Auf den südlichen Theil des Comitates Szörény bezügliche geologische Notizen. Budapest 1879.

Böckh, Joh. v., der Stand der Petroleumschürfungen in den Ländern der ungar. hl. Krone, s.: Mitteilungen aus dem Jahrbuche der kgl. ungar. geolog. Reichsanstalt. XVI, 6.

Böckh, Joh., die geolog. Verhältnisse v. Sósmező u. Umgebung, s.: Mittheilungen aus dem Jahrbuche der königl. ungar. geolog. Anstalt. XII. 1.

Böckh, Johann: Geologische und Wasser- V e r h ä l t n i s s e der Umgebung der Stadt Fünfkirchen, s. M i t t h e i l u n g e n aus dem Jahrbuche der Königl. ungar. geologischen Anstalt.

— geologische u. Wasser-Verhältnisse der Umgebung der Stadt Fünfkirchen. Mit einer geolog. (chromolith.) Karte. Lex.-8. (181 S. m. 1 Tab.) Budapest 881. (Kilian.) n. 4. —

Böckh, Johann Georg

Böckh, Jh. Geo., Beitrr. zur Anwendung d. Elektricität. 8. Erlang. 791. Heyder. 12 K

Böckh, Johann Georg: Beiträge zur Anwendung der Elektrizität auf den menschlichen Körper. 127 S., Tab.

Erlangen: Walther 1791

— **Johann Georg** (Karlsruhe), De vere non saluberrimo. Diss. med. Erlangen. (Kunstmann) Nov. 1790. 30 S. (4.50) 3098

Böckh, Karl. Jul. Alex., de spinis Hystricum. Accedit tabula lithogr. 4maj. Berolini 834. (Dümmler.) 1/3 ß

Boeckh, L., Ueber den Zusammenhang der Schriften, welche der Pythagoreer Archytas hinterlassen haben soll. Pr. 1841. 28 S. 4.—

Boeckh, L. A. H. Georg [aus Karlsruhe]: Über Zwergbecken ... Leipzig, Druck v. A. Th. Engelhardt, 1892; 1 Bl., 26 S. 8.
Heidelberg, Med. Fak., Inaug.-Diss. v. [16. Juni] 1893

Böckh, P. A.: Über die laurischen S i l b e r b e r g w e r k e ..., s. B ö c k h , August

Böckh, Richard

Die Alters- und Sterblichkeitsverhältnisse der Direktoren und Oberlehrer in Preussen. Denkschrift der vom Herrn Minister d. Unterrichts-Angeleg. eingesetzten Kommission. Im Auftr. d. Komm. verf. u. hrsg. von Richard **Böckh** u. Max Klatt. Mit 20 Tab. *Halle a. S.: Buchh. d. Waisenhauses 1901.* (VI, 36 S.) 8° [F.]

Böckh, Rich., die statistische Bedeutung der Volkssprache als Kennzeichen der Nationalität. [Aus der Zeitschrift für Völkerpsychologie u. Sprachwissenschaft.] Berlin 866. Dümmler's Verlhdlg. gr. 8. (144 S.) n. 25 ngr.

Böckh, Rich., die Bevölkerungs-, Gewerbe- u. Wohnungs-Aufnahme vom 1. Decbr. 1875 in der Stadt Berlin. Im Auftrage der städt. Deputation für Statistik bearb. 1—4. Hft. Imp.-4. (VII, 197; VIII, 72, 84. 138 u. III, 183 S. m. 1 chromolith. Karte in Imp.-Fol. u. 2 Steindrtaf.) Berlin 878—80. Simion in Comm. n. 26. —

—— s.a. Bevölkerungs- u. Wohnungs-Aufnahme, d., v. 1. Decbr 1880 in d. Stadt Berlin.

Böckh, R, d. Bevölkerungs- u. Wohnungs-Aufnahme v. 1. Decbr. 1885 in d. Stadt Berlin. 1. Hft. 4. (102) Berl. 90, (Simion). n. 6. —

Böckh, R., die Bevölkerungs- u. Wohnungs-Aufnahme vom 1. Decbr. 1885 in der Stadt Berlin. (Die Berliner Volkszählung v. 1885.) Im Auftrage der städt. Deputation f. Statistik bearb. 2. Hft. Imp.-4. (IV, 114 u. 110 S.) Berlin 891. (L. Simion.) n. 6. —; (1. 2.: n. 12. —)

— dasselbe vom 1. Decbr. 1890. (Die Berliner Volkszählung v. 1890.) Im Auftrage der städt. Deputation f. Statistik bearb. 1. Hft. Imp.-4. (III, XXIV, 122 S.) Ebd. 893. n. 8. —

Böckh, Rich., die Bevölkerungs- u. Wohnungs-Aufnahme vom 2. XII. 1895 in der Stadt Berlin. Im Auftrage der städt. Deputation f. Statistik bearb. (Umschlag: Die Berliner Volkszählg. v. 1895.) 2 Thle. Imp.-4. (VI, XVII, 114 S. u. VI, 78 S.) Berlin 900. 901. (L. Simion.) n. 8. —

—— s.a. Bewegung, die, der Bevölkerung der Stadt Berlin in den J. 1869 bis 1878.

Boeckh, Rich.: Die B e w e g u n g der Bevölkerung der Stadt Berlin in d. J. 1869 - 78. Berlin 1884.

Boeckh, Rich., die geschichtliche Entwickelung der amtlichen Statistik des preussischen Staates. Eine Festgabe für den internationalen statistischen Congress in Berlin. Berlin 863. v. Decker. gr. 4. (2 Bl., 105 S.) n. 20 ngr.

Boeckh, R. Halley als Statistiker. Zur Feier des 200jährigen Bestehens von Halleys Sterblichkeitstafel. Bulletin de l'Institut intern. de statistique. Bd. 7. Rom 1893.

Böckh, Richard (Hrsg.), s. J a h r b u c h , Berliner statistisches, für Volkswirthschaft und Statistik.

— s.: Jahrbuch, statistisches, der Stadt Berlin.

Boeckh, Rich., und Heinr. Kiepert, historische Karte von Elsass-Lothringen zur Uebersicht der territorialen Veränderungen im 17. und 18. Jahrh. Nach Original-Quellen bearb. 1 : 666,666. 1. und 2. bericht. Aufl. Fol. Berlin 870,71. D. Reimer.

— Ortschafts-Statistik des Regierungs-Bezirks Potsdam mit der Stadt Berlin. Bearbeitet im Auftrage der königl. Regierung zu Potsdam unter Beifügung einer historisch-geographisch-stastist. Uebersicht desselben Landestheils. Berlin 861. D. Reimer. gr. 4. (2 Bl., 374 S.) n. 3 ℛ 10 ngr.

— Sprachkarte vom preussischen Staat nach den Zählungsaufnahmen vom J. 1861 im Auftrage des königlichen statist. Bureaus bearb. Berlin 864. D. Reimer in Comm. (2 lith. Bl. in gr. Fol. mit 2 S. Text in 4.) nn. 2 ℛ

—— Sterblichkeitstafel f. d. preuss. Staat im Umfange v. 1865. 8. (54) Jena 75, Fischer. 1. 50

Böckh, R., Sterblichkeitstafel f. den preussischen Staat im Umfange v. 1865. Bearb. aus den Materialien f. das genannte Jahr. [Aus: „Hildebrand's Jahrb. f. Nat.-Oek. u. Stat."] gr. 8. (54 S. m. 1 Tab. in gr. Fol.) Jena 875. Mauke. 1. 50

Boeckh, R. Die Sterblichkeitsverhältnisse der Kurmark. Ein Beitrag für Altersversorgungskassen. Arbeiterfreund 1. Berlin 1863.

— der Deutschen Volkszahl u. Sprachgebiet in den europäischen Staaten. Eine statistische Untersuchung. Berlin 870. Guttentag. gr. 8. (VII, 308 S.) n. 2 ℛ 20 ngr.

Boeckh-Arnold, Ella, Gottes Wege sind wunderbar. (23 S.) kl. 8. Stuttgart (910.) A. Klein. — 15

— „Lieb' ist Wunder" ... (376) 8° Stuttg., JF Steinkopf '11. 3 —; L 4 — d

— Nüsse zum knacken. (24 S. m. Fig.) 15,5×7,5 cm. Ebd. (910.) — 20

Böckheler, N: Theodor Christaller, d. 1. deut. Reichsschullehrer in Kamerun, s.a. Familien-Bibliothek, illustr.

Theodor Christaller, der erste deutsche Reichsschullehrer in Kamerun. Ein Lebensbild erzählt von N. **Böckheler**. Mit 8 Vollbild. u. vielen Textill. Schwäb. Hall: Buchh. f. Innere Mission (1897). (156 S.) 8° [J.]
— **Familien-Bibliothek**, Illustrirte. 1.

Böckhn, Plac.: Commentarius in jus canonicum universum, sive in quinque libros ac titulos decretalium Gregorii IX. Pontif. Max. et concordantes alios tam ejusdem juris canonici quam civilis, in tres tomos distributus. T. 1-3. Salisburgi 1735 - 39.

Boeckhn, (a. Boecken), **Placid.**, (†d. 9. Febr. 1752.) commentar. in jus canon. univ, III Tom. Fol. Salzb. 735. N. A. Paris 776. (Wolf in Augsb.) 13 ℛ 8 ℊ

Bockhoff, A. u. S **Singer**: Heinrichs v. Neustadt Apollonius v. Tyrland u. s. Quellen, s: Sprache u. Dichtung.

Bockhoff, Bernh.

Bockhoff, Bernh. De expeditionibus M. Aurelii Antonini Caracallae Romanorum imperatoris. (60.) 8. Monasterii 1868.

Bockhoff, H. Der syntaktische Gebrauch der Tempora im Oxforder Texte des Rolandsliedes. (Gekrönte Preisschrift.) Diss. Münster 1880. 89 S.

Bockholts (A.), Der patentirte mittelst comprimirter Luft wirkende Kraft-Regenerator zur Beseitigung der durch selbstthätige Pumpenventile veranlaßten erheblichen Arbeitsverluste. Wien 1869. 8.

Bockholtz, F. D. J., s. Verhandlungen d. Versamml. deutscher Wein- u. Obst-Producenten zu Trier.

Bockhorn, Ernst Hermann Beziehungen zwischen Thetafunctionen mit verschiedenen Jacobischen Moduln. Eine mathematische Studie. 4 (15 S.). Progr. Rprg. u. Vsch. *Solingen* 1891.
Nicht im Tauschverkehr.

Bockhorn, Ernst Herm., die Elementar-Mathematik, f. den Schulunterricht bearb. 1. Tl.: Planimetrie. 8. (VII, 140 S. m. eingedr. Fig.) Leipzig 883. Mayer. n. 1. 20

— mathematische Grundbegriffe. [Aus: „Lehrbuch der Planimetrie".] Für den geometr. Anschauungs-Unterricht bestimmt. 8. (28 S.) Ebend. 883. n. — 40

Bockhorn, Fr. Ant., die Quadratur d. Kreises durch geometr. Construction realisirt. Mit 1 Kpft. 4. Mitau 821.

Bockhorn, Hermann

Bockhorn, Herm., Abschieds-Predigt, geh. in der St. Marienkirche zu Ülzen am 2. Septbr. 1883. gr. 8. (13 S.) Ülzen 883. (Starcke.) n.n. — 25

Bockhorn, Hermann [aus Zellerfeld]: Beitrag zu dem inducierten Irresein ... Göttingen, Druck d. Dieterich'schen Univ.-Buchdr., 1892; 22 S. 8.
Göttingen, Med. Fak., Inaug.-Diss. v. [17. Nov.] 1892

Bockhorn, Herm., Beitrag zu dem inducierten Irresein. Diss. gr. 8. (22 S.) Göttingen 892. (Vandenhoeck & Ruprecht.) n. — 60

— des Christen Leben e. Lauf u. Kampf. Predigt, geh. am Sonntage Septuagesimä 1883. gr. 8. (8 S.) Ebend. 883. n.n. — 25

Bockhorn, Herm., merket auf die Zeichen der Zeit! Eine Zeitpredigt über Matth. 16, 1—3, geh. am Sonntage Oculi 1881. gr. 8. (15 S.) Hannover 881. Feesche. n.n. — 25

Bockhorn, M: Die Wirkg d. Seeklimas u. sr Kurmittel auf Gesunde u. Kranke, m. kurzer Anweisg f. kalte u. warme Seebäder sowie Luftbäder. (41) kl8° Oldenbg, G Stalling's V. ('11). — 80 d

Bockhorn, Max: Ein Fall von Tuberculose der Parotis. 〈Beitrag zur chirurgischen Pathologie der Parotis.〉 *Berlin 1897: L. Schumacher.* (26 S.) 8°
Berlin, Med. Diss. v. 12. Nov. 1897

Bocklade, die, oder Fragment üb. d. Ton in Streitschriften deutscher Gelehrten 2c., (v. A. F. Cranz). 8. Frankf. 779. Die neue u. verm. Bocklade. 2 Stcke, mit Beilagen. 8. Berl. 781. Rauck. 1 ₰

Bocklade, neue u. vermehrte. s.a. Cranz.

Bocklade, Neue und vermehrte, in Briefen über den Ton in der Litteratur . . . Berlin 1781—82. V: *Cranz, Aug. Friedrich.* (BrMm) (GGr) (MGT) (Schr)

Böcking: Institutionen, s. Böcking, Eduard

Böcking, A, F Linde, F Seelbach: Sprachhefte f. Schulen d. mitteldeut. Sprachgebietes. 1.Heft. Unterst. (Für Ausg. A u. B.) 2.Afl. (16) 8° Hilchenb., Neuzeitverl. v. L Wiegand '12. — 20 d

— — — dass. Ausg. A. 2. u. 3. Heft. 8° Ebd. '12. d
2. Mittelst. 3., 4. u. 5. Schulj. 2. Afl. (64) — 40 ‖ 3. Oberst. 6., 7. u. 8. Schulj. (100) — 50

— — — dass. Ausg. B. 2.Heft. Mittel- u. Oberst. 2.Afl. (96) 8° Ebd. '12. — 50 d

Böcking, Adolphvs (geb. am 14 Juni 1831 in Bonn): De Rhea Americana . . . Bonnae, typ. C. Georgi (1863). 3 Bl., 31 S. 8.
¶ Deutsch im Arch. f. Naturgesch. XXIX (1) 1863 S. 213 ff.: Monographie des Nandu oder südamerik. Strausses (Rhea americana).
Bonn, Phil. Fak., Diss. v. 14 Febr. 1863

Böcking, Alex, a. Brebach 〈Saar〉: Beiträge zur Kenntnis des Methylcyclopentantrions. (Berlin 1907: G. Schade.) (34 S.) 8°
Berlin, Phil. Fak., Ref. Fischer, Diss. v. 21. Dez. 1907
[Geb. 22. Nov. 82 Brebach; Wohnort: Berlin; Staatsangeh.: Preußen; Vorbildung: Gymn. Saarbrücken Reife O. 02; Studium: Genf 1, Techn. Hochsch. Aachen 1, Univ. Berlin 8 S.; Rig. 14. Nov. 07.]

Gaii institutionum commentarii IV. Emend. *Ed. Böcking.* Ed. IV. prioribus adcuratior. Lipsiae, Sal. Hirzel, 1855. 8°. Hlwdb.
XVIII S., 1 Bl., 341 S., 10 Tabb., 9 S. Anmerk.

Böcking, Eduard

Böcking, Ed., drei Abhandlungen über reformationsgeschichtliche Schriften. I. Orationes de decimis. 1518. II. Oratio Christi pro Luthero. 1521. III. Responsio ad apologiam Croti Rubeani. 1532. Leipzig 858. Teubner. gr. 8. (2 Bl., 102 S.) n. 20 ngr

Böcking, Ed., Abriß der Institutionen des römischen Privatrechts. Bonn 860. Cohen & Sohn. 8. (IX, 326 S.) n. 1 ₰ 10 ngr.

– s. Ausonius.

Böcking, Eduard, bonner Briefe, s.a. Briefe.

Böcking, Ed.: Bonner Briefe über den Entwurf des Strafgesetzbuchs für die preußischen Staaten von 1847. Bonn 1848.

Böcking, Ed., de mancipii causis commentatio. 8maj. Berl. 826. Dümmler. 14 gr

– s. Corpus juris Romani.

–s.a. Corpus legum.

Böcking, corpus legum sive Brachylogus jur. civ. Berol. 829. (5. 25)

– s. Gaji

Böcking, Eduard, Grundriß zu Pandekten-Vorlesungen (mit Ausschluß d. Erbrechts nebst Quellen- u. Literatur-Angaben u. ein. Quellen-Chrestomathie.) 3. Aufl. gr. 8. (9½ B.) Bonn 845, Marcus. *

—— Grundriß zu Vorlesungen über das gemeine civile Erbrecht. (Schluß des Grundrisses zu Pandekten-Vorlesungen.) gr. 8. (72 S.) Bonn 848, Marcus. *
Des Verf. Grundriß zu Pandekten-Vorlesungen 2c. erschien in 3. Aufl. ebendas. 1845 und kostet * 25 Ngr.

Böcking, Ed., Grundriß zu Vorlesungen über den gemeinen deutschen Civilproceß, mit Berücksichtigung des sächsischen u. preußischen. Nebst Quellen- u. Litteratur-Angaben. Statt handschriftl. Mittheilung. gr. 8. (70 S.) Bonn 852, Marcus. n. ½ ₰

Böcking, Ed., Grundriß zu Vorlesungen über den gemeinen deutschen Civilproceß, mit Berücksicht. des sächsischen und preußischen. Nebst Quellen- und Litteratur-Angaben. Statt handschriftl. Mittheilung. gr. 8. (70 S.) Bonn 853, Marcus. *

— Index bibliographicus Huttenianus. — Verzeichniss der Schriften Ulrichs von Hutten. Leipzig 858. Teubner. Lex.-8. (2 Bl., 104 S.) n. 1 ₰

Böcking, Ed., Institutionen. Ein Lehrb. d. röm. Privatrechts aus d. Standpuncte uns. heutigen Rechtssystems. Nebst ausführl. Einleit. in d. Studium d. röm. Rechts. 1. Hft. (B. 1—11.) gr. 8. Bonn 841, Marcus. *

—— Institutionen. Ein Lehrbuch des röm. Privatrechts aus d. Standpunkte unseres heutigen Rechtssystems. Nebst Einleit. in das Studium d. röm. Rechts. 1. Bd. Die Einleit. u. die Lehre von den Voraussetzungen d. Privatrechte. gr. 8. (30¼ B.) Bonn 843, Marcus. *

– s. L. Maeciani Volussi.

— Moselgedichte des Ausonius u. Venantius, s. Jahrbücher des Vereins von Alterthumsfreunden im Rheinlande.

—— Notitia dignitatum, s.a. Notitia.

Böcking, Ed., über die Notitia dignitatum utriusque imperii Eine Abhandlung z. Literaturgeschichte u. Kritik. gr. 8. Bonn 834. Marcus. ⅔ ₰

Böcking, Ed.: Notitia dignitatum et administrationum omnium tam civilium quam militarium in partibus orientis et occidentis. T. 1.2. Bonnae 1839.53. 2 Bde.

— Pandekten. Ein Lehrbuch des gemeinen auf das römische Recht gegründeten Civilrechts im Grundrisse. Mit Quellen- u. Litteratur-Angaben. 4. Ausg. gr. 8. (II u. 313 S.) Ebd. 852. n. 1⅔ ₰

– Pandekten. Grundriß eines Lehrbuches des gemeinen auf das römische Recht gegründeten Civilrechts. Mit Quellen- und Litteratur-Angaben nebst Chrestomathie. 5. umgearb. Aufl. Ebend. 861. gr. 8. (1. Hälfte: XIV, 328 S.) n. 2 ₰

— Pandekten des römischen Privatrechts aus dem Standpunkte unseres heutigen Rechtssystems oder Institutionen des gemeinen deutschen Civilrechts. Nebst Einleitung in das Studium des römischen Rechts. 1. Bd. Einleitung in die Pandekten des gemeinen Civilrechts. 2. verm. Aufl. Bonn 853. Marcus. gr. 8. (3 Bl., XVIII, 528. 94 S.) n. 3 ₰

— — 2. Bd. 1. Liefg. §§. 133—171. Die Lehre vom Eigenthum und den größten Theil der von den Servituten enthaltend. Leipzig 855. Hirzel. gr. 8. (S. 1—304.) 1 ₰ 15 ngr.

Böcking, Ed., römisches Privatrecht. Institutionen des röm. Civilrechts. 2., verb. Ausg. gr. 8. (VIII und 352 S.) Bonn 862, Cohen und Sohn. *

Quaestiones iuris publici Romanorum. Ad Plinii Epp. lib. X 4. 5. 22. 23. commentariolum. Quo ad audiendam orationem de natura et potestate poenae, ut professionem iuris ordinariam in universitate litt. Fridericia Wilhelmia Rhenana rite auspicaretur d. XIV Sept. ... habendam ... invitat Eduardus Böcking, ... Bonnae, excudit C. Georgi 1835. 15 S. 4.

– s. Schlegel, A.W.v.: Sämtl. Werke.

– s. Theater, Spanisch.

– s. Ulpian fragmenta.

Böcking, Ed., die Zähne u. ihre Pflege in Haus u. Schule. (16 S.) 8. Berlin (904). F. Hillessen. n. —. 10

Böcking, H. (Mitverf.), Denkschrift, betreffend die Einfuhr des ausländischen Eisens, s. Glaser, J.C.

Boecking, Johann Carl (Trarbach/Mosel), De morborum temporibus eorumque diversa indicatione et prognosi. Dissert. med. Präs. Andreas Elias Büchner. Halle (Hendel) 5. IV. 1757. 64 Seiten. (5.—)

Böcking, Max., Analysen einiger Mineralien. Inaug.-Dissert. Göttingen 855. (Vandenhoeck u. Ruprecht.) 8. (1 Bl., 20 S.) n. 6 ngr

BOECKING, OTTOKAR. Zur Kenntnis des β-Diazonaphtalins. (Basel) Zürich, 1894. Diss.

Boecking, O. Zur Kenntnis des β-Diazo-Naphtalins. In-8°. 48 S. Basel (Georg & Co.). These. 1895?

Böcking, Rud., & Cie., von Abt. 3 ab: Rudolph Böcking & Cie., Erben Stumm-Halberg und Rud. Böcking, G. m. b. H.: (Kanalisationskataloge) Halbergerhütte bei Saarbrücken
Abt. 1. Abfluß-Leitungen. 1906
Abt. 2. Abort-Anlagen. 1908
Abt. 3. Vorrichtungen zur Einleitung der Regen- und Brauchwasser in die Kanäle. 1908

Böcking, Rud. & Cie. ... (Forts.)
Abt. 4. Straßensinkkasten, Einlaufgitter, Schachtabdeckungen usw. 1908
Abt. 5. Stau-, Spül- und Absperrvorrichtungen für Kanäle, Kläranlagen usw. 1909

Böcking, Rud., & Co.: Taschenkatalog über Hausentwässerungs- und Kanalisationsgegenstände. Halbergerhütte bei Saarbrücken 1895

Böcking, Rud., & Cie., Erben Stumm-Halberg und Rud. Böcking, G. m. b. H.: Taschenkatalog über Röhren, Wasser- und Gas-Leitungs-Gegenstände. Halbergerhütte und Brebach 1908

Böcking, Wilhelm: Rede bey der Todtenfeyer des Joh(ann) Alexander, Reichsritters von Brambilla, ehemaligen Directors der k.k.Josephinischen medicinischen chirurgischen Akademie etc., gehalten in dem Hörsaale dieser Akademie. 21 S., gbd.

Wien: mit Albertischen Schriften 1801

Bockisch, Fritz. Ueber Additionsverbindungen mehrwertiger Alkohole mit Metallsalzen. Diss. Phil. [II.] Univ. Zürich. 74 S. 8. Zürich, J. F. Kobold-Lüdi, 1908.

Bockius, Fritz, Referendar: Die strafrechtliche Bedeutung der internationalen Verträge über das Urheberrecht an Werken der Literatur und Kunst. Berlin: Heymann 1910. 68 S. 4° ¶(Aus: Gewerbl. Rechtsschutz u. Urheberrecht. Jg. 15, Nr 5—7.)
Gießen, Jur. Diss. v. 25. April 1910, Ref. Mittermaier
[Geb. 11. Mai 82 Bubenheim, Kr. Bingen; Wohnort: Gießen; Staatsangeh.: Hessen; Vorbildung: Gymn. Bensheim Reife Aug. 00; Studium: Gießen 6 S.; Rig. 29. Sept. 09.] [U 10. 1113

Boeckl: Ausführliche und leichtfassliche Lehre von der Addition u. Subtraction der Brüche. 41 S.
Progr. Pilsen 1865.

Boeckl: Theorie der Construction der Kreisgleichungen. 13 S. 8°
Progr. Pilsen 1868.

Boeckl: Allgemeines Verfahren, zwei beliebige ganze Zahlen schneller als gewöhnlich und ohne Partialprodukte zu multiplizieren. 37 S.
Progr. Pilsen 1854,1855.

Boeckl: Leichtes und zuverlässiges Verfahren ein Grundstück bloss mittels dreier Stangen mit oder ohne Messkette aufzunehmen, davon einen Plan zu ziehen.... nebst einem Anhange über Grenzregulierung. 27 S. u. Taf.
Progr. Pilsen 1856/57.

Böckl, Leopold. Zur Errichtung einer Staatsgewerbeschule in Klgft. Klgft., Leon, 1896. 23 S.

Böckl, Leop., Vorlagen f. Schmiede. Zum Gebrauche an gewerbl. Fortbildungsschulen, Handwerker-, Bürger- u. Fachschulen f. Eisenbearbeitung. Mit Unterstützg. des hohen k. k. Ministeriums f. Cultus u. Unterricht hrsg. (36 z. Tl. farb. Taf.) gr. Fol. Nebst erklär. Text. gr. 8. (10 S.) Wien 902. C. Graeser & Co. In Mappe n. 18.—

Boeckl, Leop.: Vorl. f. Schmiede. 2. Afl. (36 Taf.) 57×41 cm. Mit Text. (10) 8° Wien, K Graeser & Co.'08. In M. 18—

Böcklein, Karl, d. Touristen-Ausrüstung. Prakt. Winke erfahrener Touristen f. Bergtouren u. Thalwandergn. 3., verb. u. erweit. Aufl. 8. (48 S. m. Abb. u. 1 Tab.) München (Reichenbachstr. 39) 895. Selbstverlag. Kart. n. — 50

Boecklen, Christoph Wilh. Ludw. (Königsbronn/Württ.), De commissario imperiali in caussis feudalibus. Diss. jur. Präs. Christian Gottlieb Buder. Jena (Jo. Fr. Ritter) 11. V. 1743. 40 Seiten. (5.—) 3099

— Matth. Christoph Gottl. (Königsbronn/Württ.), Diss. de feudo jurisdictionis. Präs. Christian Gottlieb Buder. Jena (Jo. Fr. Ritter) Mai 1743. 40 S. (5.—) 3100

Böcklers. a. Böcler.

Boeckler, s.: Entwürfe ausgeführter städt. Gebäude.

Böckler: Gesetze in Kirchensachen in Hannover, s. Böckler, K. F. W.

Boeckler, Stellung der Geistlichen zum Aberglauben resp. den abergläubischen Gebräuchen in unseren Gemeinden. Vortrag. gr. 8. (34 S.) Cottbus 887. (Differt.) n. —50

Boeckler, Albert: Die geographische Lehrmittel-Sammlung der Realschule zu Gardelegen und ihre Verwendung beim Unterricht. *Gardelegen 1901: J. Könecke.* (S. 43—96.) 8°
Gardelegen, st. R m. lat. Neben-Abt., OP 1901 (285)

Boeckler, August [aus Neustadt a. H.]: Ueber den Dioxalbernsteinsäureester ... Würzburg, Druck d. Stahel'schen k. Hof-Buchdr., 1895; 52 S. 8.
Würzburg, Phil. Fak., Inaug.-Diss. v. 1895

Böckler, C. J., Anleit. z. Catechesiren. 2 Stck. 8. Rostock, Stiller. 784.

Böckler, Georg Andreas

Böckler, G. And., Architectura curiosa. m. K. Fol. Nürnb. Monath u. K. 701.

Böckler, Georg Andreas. Architectura curiosa nova, d. i. neue ergötzliche sinn- u. kunstreiche auch nützliche Bau- u. Wasserkunst. Nürnberg (1664). Kl. Fol. — Neue Aufl. 1704. Fol. [Desgl. ein 2. Ex., ins Lateinische übertragen von Johann Christoph Sturm. Nürnberg 1701. Kl. Fol.]

— Bau- u. Wasserkunst. Fol. Nürnb.

— deutsche Heroldskunst. 8. Ebend.

— de jure hospitiorum; v. Gastrecht. 4. Ebend.

— Schauplatz mechan. Künste. Fol. Ebend.

Böckler, G. A: Theatrum machinarum novum. Nürnberg 1703. Fol.

Böckler, G. A. Theatrum machinarum novum. Nürnberg, 1763.

Böckler, J. D., vermischte Betracht. üb. einige Kirchengebr. 8. Berl. Lange. 780.

Böckler, K. F. W.

Böckler, Gesetze in Kirchensachen für Hannover. 1878–83. Hann. 884.

Böckler, K. F. W., Gesetze, Verordnungen u. Ausschreiben in Kirchensachen für den Bezirk des königl. Provinzial-Consistorium zu Hannover, 3. Folge der Ebhardt'schen Sammlung, den Zeitraum von 1869 bis 1877 umfassend. gr. 8. (XI, 1076 S.) Hannover 878. Helwing's Verl. n. 22. —

Böckler, K. F. W., Gesetze, Verordnungen u. Ausschreiben in Kirchensachen f. den Bezirk d. königl. Provinzial-Consistoriums zu Hannover. 4. Folge der Ebhardt'schen Sammlg., den Zeitraum von 1878 bis 1883 umfassend. [6. Bd. der ganzen Sammlg.] gr. 8. (VIII, 920 u. alphabet. Reg. 108 S.) Hannover 884. Helwing's Verl. n. 19. 60

BÖCKLER Karl Joachim von. Verschiedene kleine Aufsätze philosophischen, historischen u. politischen Inhalts. Wien.

Böckler, Otto Heinrich

Böckler, Otto Heinr., s: Johannsen, Otto Heinr.

Böckler, Otto Heinr., Jatschko v. Köpenick. Ein vaterländ. Schauspiel in 1 Vorspiel u. 3 Aufzügen. 3. Aufl. (79 S.) 16. Schöneberg-Berlin 899. (Berlin, R. Rossius.) n. — 25

Böckler, O. H., Presse u. Judentum, s.: Giese, W., die Judenfrage am Ende des XIX. Jahrh.

— die letzte Schlacht. Ein vaterländ. Schauspiel in 4 Aufzügen. 2. u. 3. Taus. (81 S.) 16. Berlin 903. (R. Rossius.) n. — 25

— Markgraf Waldemar. Ein vaterländ. Schauspiel in 1 Vorspiel u. 5 Aufzügen. Teilweise unter Benutzg. des Romans „Der falsche Waldemar" v. Willibald Alexis. (114 S.) 16. Ebd. 904. n. — 30

Boeckler, Paul Die Polychromie in der antiken Skulptur. 20 S. Progr. *Aschersleben* 1882.

Boeckler, Paul: Über einige Spuren des Altfranzösischen im Neufranzösischen. Aschersleben, lithogr. Anst., Buch- u. Steindr. v. K. Wedel, 1880; 1 Bl, 20 S. 4°
Aschersleben, RG u. G, OP 1880 (246)

Boeckler, Th(eod. Friedr. Dietr. Eman.) (geb. Dransee bei Wittstock 11. 8. 1855): Ueber die Schein-Reductionen bei eingeklemmten äusseren Leistenbrüchen. Berlin (1879). (40 S.) 8°
Berlin, Med. Diss. v. 11. Okt. 1879

Böckler, W., u. L. Fritze, deutsches Lesebuch f. die Mittelstufe der Volksschule u. die Unterstufe der Mittelschule zusammengestellt nach Maßgabe der Ministerialbestimmgn. f. die preuß. Volksschule vom 15. Octbr. 1872. gr. 8. (VIII, 280 S.) Breslau 874. Hoffmann. n.n. — 75

— dasselbe, f. die Oberstufe der Volksschule u. die Mittelstufe der Mittelschule, zusammengestellt nach Maßgabe der Ministerialbestimmungen f. die preuß. Volksschule vom 15. Octbr. 1872. gr. 8. (XII, 636 S.) Ebend. 874. n.n. 1. 50

Verordnungen betreffend das Volksschulwesen im Regierungsbezirk Potsdam. Aus amtl. Material zsgest. u. mit amtl. Zustimmung hrsg. von Wilhelm Böckler. Breslau: F. Hirt 1905. (VIII, 810 S.) 8° [J.] 1–4. 80–6

Boeckler, (Wilhelm Theodor), Oberarzt, Kurhess. Train.-Bat. No. 11, Cassel: Beiträge zur Osteomyelitis-Frage auf Grund einer Zusammenstellung aus den Sanitätsberichten der Königl. preußischen, würtembergischen und sächsischen Armee. Leipzig 1905: B. Georgi. (82 S.) 8°
Leipzig, Med. Fak., Ref. Trendelenburg, Diss. v. 2. März 1905
[Geb. 9. Mai 76 Himmelpfort, Prov. Brandenburg; Wohnort: Cassel; Staatsangeh.: Preußen; Vorbildung: Humboldtgymn. Berlin Reife O. 95: Studium: Greifswald 1, Berlin, K.-Wilh.-Akad. 8 S.; Coll. 21. März 05; Approb. 11. Sept. 01.]

Bocklet, über den Kurort, Mineralbrunnen u. d. Bad zu, (v. .. Baumhämel). Mit Kpf. 8. ... 793.

Bocklet, Heinr. v., Neue populäre Klavierschule (vollständige Umarbeitung der früheren Ausgabe). Mit naturgroßer Klaviaturtabelle und fünf photographischen Abbildungen der wichtigsten Hand- und Fingerstellungen brosch. K 4.20 no., geb. K 5.40 no.

v. Bocklet, Karl Joach. Mar., verschied. kleine Aufsätze, philosoph., histor. u. polit. Inhalts. 18 Heft. 8. Linz 794. (Wien, Rehm). 4 K

— Einleit. in d. allgem. Welt- u. Völkergeschichte, f. Studirende. 8. Prag 804.

Bockleth, Jacob Franz (Erfurt), De fideicommisso ejusque legitima probatione. Exercit. jur. Rector Hieron. Friedr. Schorch. Präs. Jo. Georg Brückmann. Erfurt (J. Chph. Hering) 13. IX. 1752. 36 S. (2.50) 2998
Gew.: Anselm Franz Ernst Frh. v. Warsberg.

Bockleth, Karl v.

Kultur und Freimaurerei: Plan zu einer immer fortgehenden allgemeinen Weltstatistick und Geographie zur Beförderung einer beständigen Übersicht des Zustandes der Menschheit in all den verschiedenen Verhältnissen und Situazionen, in welchen sich selbe befindet. Gewidmet der erhabenen Maurerverbrüderung von Bruder Karl von B.. [d. i. von **Bockleth**]. Redner der □ zu den 7 Weisen im Orient von L ... [d. i. Linz]. o. O. 1785. 18 S. 8°. [Umschlagtit.]

[Ebenso.] [Andere Aufl.] o. O. 1785. 27 S. 8°. [Umschlagtit.]
Äusserst selten.

Bock- und Salvator-Lieder, sämmtl. Münchener. Zu haben in A. Gradinger's Buchdr., München, Neuthurmstr. 3a. 12°. Titelbl. nicht rein. Cart. 30 S., 38 Nrn. enthaltend.

Böcklin.– Arnold Böcklin

—— in seiner histor. u. künstlerischen Entwickelung, s. Haendcke, Berth.

Böcklin, Arnold, in Zürich.
[Zürich 1902.] V: *Frey, Adolph.* (Berl) (Zuwzür)

Böcklin, Arnold. Eine Auswahl der hervorragendsten Werke d. Künstlers in Photogravüre. gr. Fol. (40 Bl. m. III u. VII S. Text.) München 892. Verlagsanstalt f. Kunst u. Wissenschaft. Ausg. m. d. Schrift, geb. in Ldr. od. in Mappe n. 100. —; Ausg. vor der Schrift, geb. od. in Mappe n. 200. —

— Eine Auswahl der hervorragendsten Werke d. Künstlers in Heliogravure. Neue Folge. gr. Fol. (40 Taf. m. 9 S. Text.) Ebd. 894. A. Ausg. vor der Schrift, geb. in Ldr. n. 200. —; B. Ausg. m. d. Schrift n. 100. —

Böcklin, Arnold, e. Ausw. d. hervorragendsten Werke d. Künstlers i. Heliogravuren. 3. Folge. E. Festgabe z. 70. Geburtstage d. Künstlers. gr. Fol. (40 Taf. m. 2 S. Text.) München 897. Verlagsanstalt F. Bruckmann. A. Ausg. v. d. Schrift, in Ldr.-Bd. od. in Ldr.-Mappe n. 200. —; B. Ausg. m. d. Schrift, in Ldr.-Bd. od. in Ldr.-Mappe n. 100. —

Böcklin, Arnold. Eine Auswahl der hervorragendsten Werke des Künstlers in Photograv. 4. Folge. (Schlussbd.) Mit e. Vorwort über Böcklins Leben u. Schaffen v. Heinr. Alfr. Schmid. gr. Fol. (29 Taf. m. 77 u. XVIII S. illustr. Text.) München (901). Verlagsanstalt F. Bruckmann. Geb. in Ldr. od. in Ldr.-Mappe n. 100.— Ausg. v. d. Schrift n. 200. —

Böcklin. Arnold Böcklin. Auswahl von 100 Werken in Lichtbildern. [Verzeichnis; mit illustriertem Umschlag.] 12 S. 8. Berlin. Dr. Franz Stoedtner, [1903]. [M. —. 25]
Künstler-Kataloge. [Heft] 8.

(Böcklin, Arnold.) Böcklin-Heft [des:] Kunstwart. Rundschau über Dichtung, Theater, Musik und bildende Künste. Herausgeber: Ferdinand Avenarius. Jahrg. 14, Heft 9. 1. Februarheft 1901. [Mit Porträt.] II (+ 40) S. 8. München, Georg D. W. Callwey. (Einzelnes Heft M. —. 60)

Böcklin-Mappe. Hrsg. vom Kunstwart. Fol. (6 Bl. u. III S. Text m. 1 Bildnis.) München (901). G. D. W. Callwey. 1. 50

Böcklin, (Arnold). Böcklin-Mappe. Hrg. vom Kunstwart. [Mit Titelporträt] nach einer Photographie der Brüder Alinari in Florenz. Neue Ausgabe mit Tonunterdruck. [Titelblatt + 1 Bl. Text + 6 Tafeln in Holzschnitt, in Umschlag.] fol. München, Georg D. W. Callwey..., [1907]. (M. 1.50)

Böcklin, A[rnold]. 15 Heliogravüren nach den Originalen. Mit begleit. Text v. O. J. Bierbaum. Fol. (VIII S. Text.) Münch. 890, [Münchener Kunst- u. Verlagsanstalt E. Albert u. Comp.]. Photographische Union. In Mappe 45 —
Nicht mehr im Handel.

— 15 Holzschnitte n. Gemälden, m. e. Einleitg. v. Aemil Fendler, s.a. Meisterwerke d. Holzschneidekunst 28

— Werke in der Nationalgalerie der königl. Museen zu Berlin. 6 Photograv., m. begleit. Text von Hugo v. Tschudi. gr. Fol. (V, 17 S.) Ebd. (901.) Geb. in Leinw. n. 30. —

— Werke in der kaiserl. Schackgalerie zu München. 12 Photograv., m. begleit. Texte v. Paul Seidel. gr. Fol. (16 S. m. Abb.) Ebd. 902. In Leinw.-Mappe n. 50.—

Böcklin, Baron, Anleitung zur systematischen Ausbildung im Felddienste. 3. Aufl., nach dem Dienst-Reglement II. Thl. vom J. 1874 umgearb. Lex.-8. (51 S.) Teschen 874. Prochaska. n. 1. 20

Boecklin, Baron, das Auftreten der Compagnie u. des Bataillons im Gefecht grösserer Körper. Sechs Uebungs-Entwürfe zur Einschulung des § 78 des Exerzir-Reglements. Lex.-8. (XI, 84 S.) Teschen 882. Prochaska. n. 2. —

— über die Befestigung von Paris, mit besonderer Bezugnahme auf die Schrift: „Betrachtungen eines Militärs über einen bevorstehenden Krieg zwischen Deutschland und Frankreich". 8. Cassel 1842.

Böcklin: Beiträge z. Geschichte d. Musik, s. Böcklin v. Böcklins-Au, Frz. Fr. Siegm. Aug. Frhr. v.

— das Beurtheilen der Schuß-Distanzen im Gefechte. 10 Uebungs-Entwürfe. Mit 3 (eingedr.) Holzschn. 8. (64 S.) Wien 882. Seidel & Sohn. n. 1. —

Böcklin, Maj. Baron, und Oberstlieuten. Ritter v. Schönowsky, Darlegung der Thätigkeit der Unterabtheilungs-Commandanten. Erste und zweite Lösung der vom militär-wissenschaftl. Vereine zu Wien gestellten Preis-Aufgabe pro 1876. gr. 8. (151 S.) Wien 877, (Seidel und Sohn.) *
Aus: Organ der militär-wissenschaftlichen Vereine, besonders abgedruckt.

— die Detail-Ausbildung unserer Infanterie. Ein Wort an die jüngeren Kameraden. 4. verm. Aufl. nach dem Exerz.-Reglement vom J. 1874 rektifizirt. gr. 16. (IV, 90 S.) Wien 876. Seidel & Sohn. n. 1. 20

Boecklin u. Bonus: Kasperl-Bilderbb. Hrsg.: Frdr. Mich. Schiele. 1—4. Bilderb. (Je 16 m. farb. Abb. u. Text auf d. Umschl.) 31×23 cm. HalleS. ([Schillerstr.4], P. Siegmund). je 1.25 d
1. Der hohle Zahn. ('11) ‖ 2. Freund Hein. ('11) ‖ 3. Der Schatz. ('11) ‖ 4. Der Höllenkasten. ('11)

—— d. Schule d. Gefechtes. Uebgs-Entwürfe f. d. Ausbildg d. Rekruten u. f. d. 14 täg. Waffenübg. 8. (50) Wien 74, Seidel u. S. n. 1. 20

Böcklin, Angela, Böcklin-Memoiren. Tagebuchblätter v. Böcklins Gattin. Mit dem gesamten briefl. Nachlass hrsg. v. Ferd. Runkel. (VII, 356 S. m. Abbildgn. u. Taf.) Lex. 8. Berlin (910.) Internationale Verlagsanstalt f. Kunst u. Literatur. 5.—; geb. in Leinw. 6. —

Böcklin, Arnold

Böcklin, Arnold. Neben meiner Kunst. Flugstudien, Briefe und Persönliches von und über A' B'. Hrg. von Ferdinand Runkel und Carlo Böcklin. Mit 125 Illustrationen. 1.—4. Tausend. 316 S. 8. Berlin, Vita, Deutsches Verlagshaus, (1909). [Subscr. M. 10.—; im Buchh. 12. —, Liebhaberausg. 30. —]

Böcklin, Arnold, neben meiner Kunst. Flugstudien, Briefe u. Persönliches von u. üb. B. Hrsg. v. Ferd. Runkel u. Carlo Böcklin. 1—4. Taus. (316 S. m. 125 [1 farb.] Abbildgn.) Lex. 8. Berlin-Ch. (910.) Vita. Geb. 12.—; Luxus-Ausg., in Perg. 30. —

— Die Toteninsel, s.a. Meisterbilder 178 Bl.

Böcklin, Arnold. Die Toteninsel. 1 Bl. + IV S. (Umschlag mit Text). fol.
Meisterbilder. Hrg. vom Kunstwart. Neue Reihe. Blatt 178. München, Georg D. W. Callwey, (1907). M. —. 25

Boecklin, August. Schwarz, weiß, roth; humoristische Erzählungen. Chi, 1890.

Boecklin, Aug., Wanderleben in den Vereinigten Staaten. Nach den Erinnergn. e. ehemal. Offiziers. 8. (355 S.) Leipzig (902). H. Lautenschläger. n. 3.—

Böcklin, Carlo, u. Karl Storck, die florentinische Landschaft. Toskanische Wandergn. Mit 15 farb. Wiedergaben nach Gemälden u. 29 Zeichngn. Carlo Böcklins. (96 S.) kl. 8. Stuttgart 910. Greiner & Pfeiffer. Geb. in Leinw. 3. —

Böcklin, Ernst Frhr. v., die vormalige Mädchenschule der Oberstadt in Freiburg. gr. 8. (35 S.) Freiburg i/Br. 881. Herder. n. — 30

— Replik betr. die vormalige Mädchenschule der Oberstadt in Freiburg. gr. 8. (31 S.) Ebend. 881. n. — 40

BÖCKLIN, Franz Fr. Frhr. v.: Vermischte freye Gedanken eines Forstliebhabers bei den Klagen über Holzmangel und Holztheurung. - Straßburg 1778. 43 S.

Böcklin v. Böcklinsau, Friedr. Frhr., rechtsbegründende Denkschrift zur gerichtlichen Reklamation der lehenbaren, mit Stammgutseigenschaft versehenen Zugehörden des dem Erstgeborenen seiner Familie zustehenden, in seinem Besitz befindlichen allodialen Stammschlosses und Stammgutes der Grundherrschaft zu Rust, Amts Ettenheim, im Großherzogth. Baden. Mit ausführlichen in die dahin gehörigen Rechtsmaterien einschlagenden allgemeinen staatsrechtlichen und privatrechtlichen Erörterungen rc., mit besond. Rücksicht auf den ehemaligen Reichsadel und adelige Lehen und Stammgüter überhaupt. Nebst beiliegenden 37 Urkunden und 2 Stammt. (in Imp.-Fol. und qu. Imp.-Fol.) Lex.-8. (XII und 476 S.) Carlsruhe 856(58), Malsch und Vogel. *

Böcklin v. Böcklins-Au, Frz. Fr. Siegm. Aug. Frhr. v.

— Beytr. z. Gesch. d. Musik. gr. 8. Heilbr. Eckebrecht. 791.

v. **Böcklin v. Böcklins-Au**, Frhr. Frz. Fr. Siegm. Aug., († d. 2. Jan. 1813.) Beiträge zur Geschichte d. Musik, besonders in Deutschland. 8. Frburg 790. Wagner. 8 gr.

Böcklin, zu Rust, Freyh. v. Beiträge z. Geschichte Musik, bes. in Deutschland. 8. Mannh. Löffler. 790.

— Betrachtt. über d. sogen. Allmenden oder Gemeingüter. 8. Frankf. a. M. 776.

— Briefe zum Nachdenken üb. d. Allvater u. seine Geschöpfe rc. 8. Manh. 808. Löffler. 10 gr.

– s. Briefwechsel üb. d. Neubruchzehnten.

— etwas über das Forstwesen, nur f. Stadt- u. Landschulen. 8. Frankf. u. Leipz. 806.

— etwas über d. Schulwesen, nur f. Stadt- u. Landschulen. 8. Frburg 808. Wagner. 9 gr.

- Fragmente zur höheren Musik u. f. ästhetische Tonliebhaber. Freyburg 1790.

— Fragmente z. höhern Musik u. f. ästhetische Tonliebhaber. gr. 8. Freiburg, Herder. 810.

— Fragmente zur höhern Musik u. f. ästhet. Tonliebhaber. gr. 8. Frburg 811. Herder. 8 gr.

– s. Gedanken e. Forstliebhabers.

— Inschriften f. schöne Gartenplätze u. Gartenanlagen rc. gr. 12. Manh. 808. Löffler. 6 gr.

— Kern deutscher Haus- u. Feldwirthschaft, für d. Jugend in Realschulen. 8. Karlsr. 811. Müller. 6 gr.

— 16 Lieder f. Junggesellen, mit Musik. 4. Manh. 775. Löffler. 10 gr.

— Lob d. Bienen. 8. Frankf. a. M. 786. Hermann'sche B. 3 gr.

— dendrologische u. andere Miszellen zur Landökonomie rc. 8. Manh. 806. Löffler. 8 gr.

— über d. Neubruchzehend d. Deutschen. 8. Frburg 789. Wagner. 3 gr.

— Paragraphen, theils philos., theils histor. Inhalts. 8. Münch. 809. Fleischmann. 1 Rthlr. 4 gr.

– s. a. Prüfung d. Vortheile inländ. Reisen.

— Prüfung d. Vortheile innländ. Reisen. 8. Frankf. Hermann. 788.

— Unterr. für Deutsche, zur reinen Erkenntniß u. Ausübung d. landwirthschaftl. Oekonomie. gr. 8. Leipz. 810. (Brockhaus). 1 Rthlr. 12 gr.

Böcklin, Freih. v., Unterr. f. Deutsche z. rein. Erkennt. u. Ausüb. d. landw. Oekonomie. gr. 8. Leipz. Gleditsch. 0 Rthlr.

— vom Ursprung, v. d. Vorzügen u. Hindernissen d. Getreidebaus. 8. Frankf. a. M. 786. Hermann. 8 gr.

– s. Patriot. Vorschläge z. Verbess. d. Rinderzucht.

Böckling, Frz. F. Sg. A., s. Böckling v. Böcklings-Au, Frz. Fr. Siegm. Aug.

Böckling, Gottlieb Erich (Stade/Bremen), De moralitate cogitationum humanarum. Präs. Michael Gottlieb Hansch. Lpz. (Ww. Just. Reinhold) 15. III. 1704. 24 S. (5.—) 3101

Boeckling, Th., s.: Radfahrers Taschenliederbuch.

Bockmann, Emil: Experimentelle Beiträge zur Bakterienanaphylaxie. Hannover 1910. 28 S. Giessen, Vet.-med. Diss. v. 1910.

Bockmann, Fritz, aus Gartz a. O.: Ueber den Werth der Methylenprobe für die Prüfung der Function der Niere. *Leipzig (1898): A. Edelmann.* (33 S.) 8°
Leipzig, Med. Diss. v. 24. Okt. 1898
(Nur in beschränkter Zahl für den Austausch)

Bockmann, K. W., Physikalische Beschreibung d. Gesundbrunnen u. Bäder Griesbach, Petersthal u. Antogast im Kinzig-Kreis d. Herzogthum Badens. Mit 3 K. gr. 8. Frankf. Hermann. (in Comm.) 811.

— Leitfaden zum Gebr. bei Vorles. üb. d. Naturlehre. 2te Aufl. gr. 8. Carlsruhe, Braun, 813.

Bockmann, K. W., Vers. üb. d. Verhalt. d. Phospor. in versch. Gasarten, v. Fr. Hildebrand. gr. 8. Erl. Gredy u. Br. 800.

— Versuche üb. die Erwärmung verschied. Körper durch d. Sonnenstrahlen (eine Preisschrift). 8. Frankfurt, Hermann. (in Comm.) 811.

— — dasselbe. Karlsruhe, Macklot. (auch Braun.)

Böckmann, s. a. Bäckmann.

Böckmann, v.: Ausbildg d. Rekruten e. Maschinengewehr-Kompagnie in 12 Wochenzetteln. 1. u. 2. Afl. (16) kl8° Berl., Liebel '12'13. — 40 d

Böckmann, die Baulichkeiten d. zoologischen Gartens in Berlin, s.: Ende.

Böckmann: Entwurf zu einem Gebäude der Königlichen Akademischen Hochschule für die bildenden Künste, s. Ende.

Böckmann: Die explosiven Stoffe..., s. Böckmann, Frdr.

Böckmann, A., Beschreib. eines höchst einfachen u. wohlfeilen Höhenmessers, mit 1 Kpft. 8. Gießen 815. Heyer. 3 gr.

Boeckmann, August, appr. Arzt: Über Hydrops processus vermiformis. Mit 2 Taf. Giessen 1910: Kindt. 38 S. 8°
Gießen, Med. Diss. v. 25. April 1910, Ref. Bostroem
[Geb. 16. März 82 Münster i. W.; Wohnort: Münster; Staatsangeh.: Preußen; Vorbildung: Paulin. Gymn. Münster Reife O. 04; Studium: Freiburg i. B. 1, München 1, Kiel 1, Freiburg i. B. 2, München 1, Kiel 1, Berlin 1, Gießen 2 S.; Coll. 14. Mai 09; Approb. 7. April 10.] [U 10. 1131

Böckmann, C. W., s. Böckmann, Karl Wilhelm

Böckmann, F, d. Baulichkeiten d. zoolog. Gartens in Berlin, s.: Ende.

Böckmann, Frdr.

— kurzgefaßtes Lehrbuch der unorganischen Chemie, für den ersten chem. Unterricht an Baugewerks-, Gewerbe-, Real- u. Handelsschulen, landwirthschaftl. Lehranstalten u. Schullehrerseminarien, sowie zum Selbstunterricht bearb. Nebst einem Anh., enth. die Chemie der Baumaterialien m. den Abschnitten: Luftmörtel, Ziegelthon, Wassermörtel, Kitte, Oele, Farbstoffe, Holz. gr.8. (X, 134 S.) Leipzig 878. Knapp. n. 2. 60

— dasselbe. 2. verb. Ausg. gr.8. (140 S.) Ebend. 880. cart. n. 2. —

Böckmann F, die explosiven Stoffe. (Bibliothek, Chemisch-technische 60) Wien 1880

BÖCKMANN, FR.
Explosiven (Die) Stoffe, ihre Geschichte, Fabrikation, Eigenschaften, Prüfung und praktische Anwendung in der Sprengtechnik. Mit einem Anhange, enthaltend: Die Hilfsmittel der submarinen Sprengtechnik (Torpedos und Seeminen). Bearbeitet nach den neuesten wissenschaftlichen Erfahrungen. Wien, Pest, Leipzig, 1880. 8vo. Ill.

— die explosiven Stoffe, ihre Geschichte, Fabrikation, Eigenschaften, Prüfung u. prakt. Anwendung in der Sprengtechnik. Mit einem Anh., enth.: Die Hilfsmittel der submarinen Sprengtechnik [Torpedos u. Seeminen]. Ein Handbuch für Fabrikanten u. Verschleißer explosiver Stoffe, Chemiker u. Techniker rc. Nach den neuesten Erfahrungen bearb. Mit 31 (eingedr. Holzschn.-)Abbildungen. 8. (IV, 431 S.) Wien 880. Hartleben. 5. —

Böckmann, F: Die explosiven Stoffe, ihre Geschichte, Fabrikation, Eigenschaften, Prüfung und praktische Anwendung in der Sprengtechnik. 2. Aufl. Wien, Pest und Leipzig 1895

Böckmann, Fr., d. explos. Stoffe, ihre Geschichte, Fabrikation, Eigenschaften, Prüfg. u. prakt. Anwendg. i. d. Sprengtechnik. E. Handbuch f. Fabrikanten u. Verschleißer explos. Stoffe, Chemiker u. Techniker, Berg-, Eisenbahn- u. Bau-Ingenieure, Steinbruchs- u. Bergwerksbesitzer, Forst- u. Landwirthe, sow. f. d. Ingenieur-Offiziere d. Landheeres u. d. Marine u. z. Selbststud. N. d. neuesten Erfahrgn. bearb. M. 67 Abb. 2., gänzlich umgearb. Aufl. 8. (XI, 420 S.) Wien 895. A. Hartleben. n. 5. —; geb. n. 5. 80

Böckmann, Frdr., s.a. Untersuchungsmethoden, chemisch-technische.

Böckmann, Fr., chemisch-technische Untersuchungsmethoden der Gross-Industrie, der Versuchsstationen u. Handelslaboratorien. Unter Mitwirkg. v. C. Balling, M. Barth, C. Bischof etc. hrsg. Mit 62 in den Text gedr. Abbildgn. 2 Bde. gr. 8. (XVIII, XII, 753 S.) Berlin 884. Springer. n. 16. —; geb. n. 18. —

Böckmann F, chemisch-technische Untersuchungsmethoden der Grossindustrie, der Versuchsstationen und Handelslaboratorien. 1. u 2. Aufl. 2 Bde Berlin 1885. 88

BÖCKMANN, FR.
Chemisch-technische Untersuchungsmethoden der Grossindustrie, der Versuchsstationen und Handelslaboratorien. Unter Mitwirkung von C. Balling, M. Barth, Th. Beckert, etc., herausgegeben. Zwei Bände. Mit 155 in den Text gedruckten Abbildungen. Zweite vermehrte und umgearbeitete Auflage. Berlin, 1887. pp. 1222, 8vo.
First edition. Berlin, 1883. 8vo.

Böckmann, Fr., chemisch-technische Untersuchungsmethoden der Gross-Industrie, der Versuchsstationen u. Handelslaboratorien. Unter Mitwirkg. v. C. Balling, M. Barth, Th. Beckert etc. hrsg. 2 Bde. Mit 155 in den Text gedr. Abbildgn. 2., umgearb. Aufl. gr. 8. (VIII, 1214 S.) Berlin 888. Springer. n. 22. —; geb. n. 24. 40

— chemisch-technische Untersuchungsmethoden der Gross-Industrie, der Versuchsstationen u. Handelslaboratorien. Unter Mitwirkg. v. C. Balling, M. Barth, Th. Beckert etc. hrsg. 2 Bde. 3., verm. u. umgearb. Aufl. gr. 8. (XII, 1144 u. IV, 799 S. m. 194 Abbildgn.) Berlin 893. J. Springer. n. 32. —; geb. in Halbfrz. n. 36. —

Böckmann, F. Chemische Untersuchungsmethoden. 4. Aufl. I—III., bearbeitet von G. Lunge. Berlin 1899.

Böckmann F, das Celluloid. 1. u 2. A. (Bibl. Chem.-techn. 70) Wien 1880. 94

BÖCKMANN, FR.
Celluloid (Das), seine Rohmaterialien, Fabrikation, Eigenschaften und technische Verwendung. Für Celluloid- und Celluloidwaaren Fabrikanten, für alle Celluloid verarbeitenden Gewerbe, Zahnärzte und Zahntechniker. Wien, Pest, Leipzig, 1880. Ill.

Böckmann, Fr., das Celluloid, seine Rohmaterialien, Fabrikation, Eigenschaften u. techn. Verwendung. Für Celluloid- u. Celluloidwaaren-Fabrikanten, für alle Celluloid verarbeit. Gewerbe, Zahnärzte u. Zahntechniker. Mit 9 (eingedr. Holzschn.-) Abbildgn. 8. (IV, 87 S.) Wien 880. Hartleben. n. 1. 80

Böckmann, Fr., das Celluloid, seine Rohmaterialien, Fabrikation, Eigenschaften u. technische Verwendung. Für Celluloid- u. Celluloidwaaren-Fabrikanten, f. alle Celluloid verarbeit. Gewerbe, Zahnärzte u. Zahntechniker. 2., gänzlich umgearb. Aufl. 8. (VIII, 128 S. m. 45 Abbildgn.) Wien 894. A. Hartleben. n. 1. 80; geb. n. 2. 60

Böckmann, Fr., das Celluloid, seine Rohmaterialien, Fabrikation, Eigenschaften u. technische Verwendung. Für Celluloid- u. Celluloidwarenfabrikanten, f. alle Celluloid verarbeit. Gewerbe, Zahnärzte u. Zahntechniker. 3., gänzlich umgearb. Aufl. (VIII, 132 S. m. 49 Abbildgn.) 8. Wien (906). A. Hartleben. n. 1. 80; geb. n. 2. 60

[J. u. Ant.] Bürgerbuch der Stadt Bocholt. Nach amtl. Quellen bearb. u. hrsg. von Dr. jur. G[eorg] Böckmann. *Bocholt: J. & A. Temming 1897.* (143 S., 2 Bl., 1 Pl.) 1 Bd 8. [98. 6494

Böckmann, H[einrich] J[ohannes], Bacc. jur.: Der Aval. Leipzig: Wigand 1910. 68 S. 8°
Leipzig, Jur. Diss. v. 28. Juni 1910
[Geb. 28. April 86 Dresden; Wohnort: Berlin-Wilmersdorf; Staatsangeh.: Sachsen; Vorbildung: Kreuz-Gymn. Dresden Reife O. 06; Studium: Genf 2, Leipzig 5 S.; Rig. 21. Jan. 10.] [U 10. 2665

Böckmann, J.L.: Eine Schweizerreise des Marktgrafen Karl Friedrich v. Baden . . . ,s. Böckmann, Johann Lorenz

Boeckmann, Jo. Br., Ueb. Anwend. d. Electric. b. Kranken, nebst Beschreibung der neuen Maschine z. pos. u. negat. Electric., auch e. neuen electr. Bettes. Durlach. 8°. A. D. B., LXXXII, 403. A. L. Z., 1786, n. 214. 1786

Boeckmann, Jo. Conrad (Zerbst), De capite ecclesiae. Disp. theol. Präs. Georg Fried. Schroeer. Wittenberg (Ww. Gerdes) 29. VIII. 1724. 50 S. (5.—) 3102

Böckmann, Johann Lorenz

— Abhandl. über d. Anwendung d. Elektricität bei Kranken. gr.8. Durlach 787. Schneider. 4 gr

Böckmann, Jh. Lor., († d. 15. Dec. 802.) Abhandl. über d. Blitzableiter. 8. Dessau 783. N. Aufl. 8. Karlsr. 791. Macklot. (Gebhardt u. K. in Frankf.) 6 gr N. Aufl. v. G. Fr. Wucherer. Mit 1 Steindr. gr. 8. Ebd. 830. Braun. 14 gr

— Abhandl. über e. ganz neue Erscheinung an den sogenannten Glasbomben. Mit 1 Kpf. gr. 4. Münch. 783. (G. Franz). 4 gr

— s. Archiv f. Magnetismus.

— Beitrr. zur Geschichte d. Mathematik u. Naturlehre in Baden. 8. Karlsr. 787. (Gebhardt u. K. in Frankf.) 6 gr

— Beitrr. zur neuesten Geschichte d. Witterungslehre; erster Versuch. 8. Frankf. a. M. 781. Gebhard u. K. 3 gr

— Karlsruher Beitrr. zur phys. Geschichte d. außerord. Winters v. Nov. 1783 bis 1784. 4. Karlsr. 784. (Gebhardt u. K. in Frankf.) 3 gr

Böckmann, Joh. Lor., über Blitzableiter. Eine Abhandl. auf Höchsten Befehl ausgearb. Neue Aufl. v. G. Fr. Wucherer. gr. 8. (6¼ B. u. 1 Taf. ill. Abbild. in Stndr. gr. 4.) Karlsruhe 830, Braun. Thlr.

– s. de la Chapelle, Abhandl.

— Einladungsschr. von d. Nutzen d. Physik. 4. Karlsr. 776.

— Entwurf ein. Leitfad. z. Gebr. b. Vorles. üb. d. Naturlehre. gr. 8. Carlsruhe, Macklot. 805.

Böckmann, J. L. Examen virium machinarum mechanicarum geometricum et physicum. Jenae 1764. 4.

— Flor d. Wissenschaften u. Künste in unserm Jahrh. 8. Karlsr. 772. Macklot. (Gebhardt u. K. in Frankf.) 3 gr

— Fortschritte d. mathemat. u. phys. Wissenschaften in d. Badischen Landen. 8. Durlach 787. Schneider.

Johann Lorenz Böckmann. Kurze Gedanken über die erste Erlernung der Buchstaben-Rechnung, wodurch der Verfasser zugleich seine Vorlesungen über die Mathematik und Naturlehre auf dem hiesigen Gymnasio illustri seinen geliebten Zuhörern bekannt macht. 4°. 16 S.

Progr. Karlsruhe 1765.

– s. Genete, Anweis.

— erste Gründe d. Mechanik. 8. Karlsr. 769.

– s. Günderode, Idyllen.

— Naturlehre, s. J. F. Maier, Physik.

— kleine Schriften, phys. Inhalts. 1r Thl, mit 3 Kpf. 8. Stuttg. 789. Metzler. 1 Thlr

Böckmann, JL: Eine Schweizerreise d. Markgrafen Karl Friedrich v. Baden im Juli 1775. Aufzeichngn, mitgeteilt v. F v. Weech. [S.-A.] (54) 8° Hdlbg, C Winter, V.'03. — 80

— Versuch üb. Telegraphie u. Telegraphen, mit Kpf. 8. Karlsr. 794. Macklot. 16 gr

Johann Lorenz Böckmann. Welche Fortschritte machten Mathematik und Naturlehre in den badischen Ländern, beantwortet von Johann Lorenz Böckmann, Hofrath und Professor. Carlsruhe, gedruckt mit Macklots Schriften. 1787. 80 S.

Progr. Karlsruhe 1787.

— Wünsche u. Aussichten z. Erweiterung d. Witterungslehre. 8. Karlsr. 778. (Gebhardt u. K. in Frankf.) 2 gr

Böckmann, Karl Wilhelm

Böckmann, Carl Wilhelm, Einige Bemerkungen über die wärmende Kraft der Sonnenstrahlen und die Zusammensetzung gefärbter Gläser zu Perspektiven, um die Sonne zu betrachten. (Annalen der Physik.) (Mit einer Tafel.)

Böckmann, Carl Wilhelm, Dr., Gleichzeitige Beobachtungen der Hygrometer von Leslie, Saussure und de Luc. (Aus: „Annalen der Physik", Bd. 15, St. 3, Jahrg. 1803, St. 11.)

Böckmann, Karl Wlh., († d. 18. Juni 1821.) physik. Beschreib. d. Gesundbrunnen u. Bäder: Griesbach, Petersthal u. Antogast im Kinzig-Kreise d. Herzogth. Baden. Mit 3 Kpf. gr. 8. Karlsr. 810. Müller. 1 Thlr

Böckmann, Carl Wilh., s.: Cadet de Vaux, Ant. Alex.

– s. Chaptal, üb. Weine

— Entwurf e. Leitfadens zum Gebr. bei Vorles. üb. d. Naturlehre. 8. Karlsr. 805. 2e A. unt. d. T.: Leitfaden z. Gebr. bei Vorles. üb. d. Naturlehre. gr. 8. Ebd. 813. Braun. 18 gr

– s. K. v. Gimberndt, Anleit.

Böckmann, Karl Wilh., Leitfaden zum Vortrag d. Anfangsgr. d. angewandten Mathematik. 8. Karlsr. 816.

Böckmann, Versuche über die Erwärmung verschiedener Körper durch die Sonnenstrahlen. Carlsruhe 1811. 8.

— Versuch über d. Verhalten d. Phosphorus in verschied. Gasarten, herausg. (v. G. Fr. Hildebrand). Mit 3 Kpf. gr. 8. Erl. 800. (Heyder). 1 Thlr 12 gr

— Versuche über d. Wärmeleitung verschied. Körper; e. gekrönte Preisschr. Mit 2 Kpf. 8. Karlsr. 811. Braun. (Müller). 1 Thlr 14 gr

— Versuche über die Wärmeleitung verschiedener Körper. Carlsruhe 1812.

Böckmann, Kurt v.: Die Geltg d. Reichsverfassg in d. deut. Kolonien, s: Abhandlungen, Freiburger, aus usw. des öffentl. Rechts.

Böckmann, M. (Hrsg.), s. Friedrichs, Hermine (Hrsg.): Lehrbuch für den Handarbeitsunterricht.

Böckmann, Wilh., der Kurhaus-Neubau f. Wiesbaden. Beitrag zur Lösg. dieser Frage. (2. verm. Aufl.) Fol. (12 S. m. 4 Taf.) Berlin 900. (Wiesbaden, M. Voetz.) 1. —

Umschlagt.:] [F.] Die deutschen Nationalfeste und der Kyffhäuser als Feststätte. Vorträge geh. in d. konstituirenden Versammlg d. Ausschusses f. deutsche Nationalfeste am 31. Jan. 1897 ... zu Berlin v. W[ilh.] Böckmann, Kgl. Baurath, u. Bruno Schmitz, Prof. ... *Berlin: Verl. d. Deutsch. Bauzeitg 1897.* (12 S., 3 Taf.) 1 Bd quer-8. [98. 19

Böckmann, W., u. Bruno Schmitz, d. deutschen Nationalfeste u. d. Kyffhäuser als Feststätte. Vorträge, geh. i. d. konstituir. Versammlg. d. Ausschusses f. deutsche Nationalfeste. qu. gr. 4. (12 S. m. 8 Taf.) Berlin 897. (E. Toeche.) n. 1. —

Böckmann, W., u. Schmitz, Bruno, Die deutschen Nationalfeste und der Kyffhäuser als Feststätte, Vortr., Berlin 1897 u. 1898, Quer-4°. Nachtr. — 2 Bde.

Bockmühl, August: Ueber die Einwirkung von Hydrazinhydrat auf Diazoessigester und Diazoacetamid. Heidelberg 1909: Rössler & Herbert. 55 S. 8°

Heidelberg, Naturw.-math. Diss. v. 14. Juli 1909, Ref. Curtius

[Geb. 2. Jan. 81 Schedewitz; Wohnort: Dresden; Staatsangeh.: Sachsen; Vorbildung: Gymn. Zwickau Reife O. 00; Studium: Heidelberg 11 S.; Rig. 12. Mai 09.] [U 09. 2034

Bockmühl, Max: Studien in der Eugenol- und Isoeugenolreihe. Erlangen 1909: Jacob. 82 S. 8°

München, Phil. Diss. v. 9. Juni 1909, Ref. v. Baeyer

[Geb. 2. Sept. 82 Barmen; Wohnort: Barmen; Staatsangeh.: Preußen; Vorbildung: Realgymn. Barmen bis M. 97, Pharm. Staatspr. Juni 05; Studium: München 11 S.; Rig. 9. Juni 09.] [U 10. 3626

Bockmühl, Peter

Johannes Christianus, genannt Otzenrath, ein treuer Zeuge aus d. Kampfeszeit d. reformierten Kirche am Niederrhein aus d. Zeitalter d. Reformation. Ein Versuch z. Darstellung s. Lebens u. Wirkens ... dargeboten von P. **Bockmühl**, Pastor. Odenkirchen: J. Rummel 1905. (29 S.) 8° [F.] [05. 19564

Bockmühl, P., patriotischer Festabend f. vereinigte Gesang- u. Posaunenchöre evangelischer Jünglings- u. Männervereine, m. Programmvorschlag u. verbind. Textdichtgn. (15 S.) gr. 8. Barmen (905). Elberfeld, Westdeutscher Jünglingsbund. n. — 25

Bockmühl, P., Gedenkbuch zur 300jährigen Gedächtnisfeier der 1., in Duisburg am 7—10. IX. 1610 geh. Generalsynode der reformierten Gemeinden in den Herzogtümern Jülich, Cleve u. Berg. Im Auftrage der 29. rhein. Prov.-Synode zusammengestellt. (Umschlag: Festschrift zur 300jähr. Gedächtnisfeier der Tagg. der 1. Generalsynode der ref. Gemeinden in Jülich, Cleve, Berg, geh. zu Duisburg vom 7—10. IX. 1610.) (113 u. IX S. m. Abbildgn.) gr. 8. Duisburg (910.) (Dietrich & Hermann.) 1. 20

Bockmühl, P., Jünglingsvereine u. Familie in ihrer Beziehung zu einander u. ihre Bedeutung f. einander. Referat, erstattet bei der General-Versammlg. d. Westdeutschen Jünglingsbundes am 1. Aug. 1891. 12. (23 S.) Elberfeld 891. Schriftenverl. d. Westdeutschen Jünglingsbundes. — 15

Ein kurtzer Wegweiser, wie jetz die lauffende irthumb zu meiden, und die wahrheit Christi zu vinden sei etc.' Eine wiedergefundene Schrift d. Johannes Anastasius Veluanus, Superint. in Bacharach, aus d. J. 1564, besprochen von P[eter] Bockmühl, Pastor. ('s Gravenhage 1910.) 26 S. 8° [Umschlagt.]
Aus: Nederlandsch Archief voor Kerkgeschiedenis. D. 7. (II. 2228 4

Bockmühl, P. E., im Licht der Ewigkeit. Gedichte. 8. (XVI, 146 S.) Gotha 886. (Bonn, Schergens.) geb. n. 2. 75

Bockmühl, Peter Engelb., Predigten. Nach seinem Tode hrsg. von P. W. Stursberg. Nebst dem Lebenslauf des Entschlafenen. gr. 8. (XXIII und 231 S.) Düsselthal 852, Rettungs-Anstalt. *

Bockmühl, PE, Predigten, hrsg. v. PW Sturaberg. 8. (231) Düsselth. 52. (Lpzg, GE Schulze.) n. — 15

Boeckner, August Daniel (Prettin), De successione legitimati per rescriptum principis si concurrat cum antea legitimatis per subsequens matronium in hered. paterna. Präs. Christian Heinr. Breuning. Lpz. (Langenheim's Erb. & Klauberth) 20. X. 1779. 8 S. (1.80) 3103

Boeckner, Otto: Der Kriegsschauplatz. Beitrag z. neuzeitl. Völkerrecht. (208) gr8° Berl., E Ebering '11. 5 —

Böokner, Rud., s. Beyer, Heinr., Geschichte der Stiftskirche zu Erfurt.

Bockornius (ps.), Blumauer travestirt. 1784. 8⁰. (l. c., Beibd. 1.)

Bock-Pyramiden. I. Heft. qu. 16. Leipzig, Rauh & Pohle. n. 1. —
8 Pyramiden f. 24 u. 25 Turner an 1 Bock. Entworfen von K. Thomas. Gezeichnet v. G. Völker. (7 Blatt.) Probstheida (004).

Bocks, Arnulf, München: Wesen und Vollstreckung des gerichtlichen Verweises. Borna-Leipzig 1906: R. Noske. (IX, 81 S.) 8° [F.]
Würzburg, Jur. Fak., Ref. Oetker, Diss. v. 27. Juli 1906
[Geb. 23. Nov. 78 München; Wohnort: München; Staatsangeh.: Bayern; Vorbildung: Gymn. München Reife Juli 98; Studium: Berlin 1, München 5, Würzburg 3 S.; Rig. 27. Juni 06.]

Böck's, Aug., Leben u. Schicksale, s. Leben.

Bocksbart, Meppen, oder wundersame Ebentheuer eines peregrinirenden Kandidaten ... Leipzig 1783—85. V: *Cramer, Carl Gottlob.* (GGr) (Ky) (MGT)

Bocksbart, Meppen, oder wundersame Abentheuer eines peregrinirenden Kandidaten, eine wahre Geschichte, 2 Theile, 8. Leipzig, 783:85. Lincke, 1 Rthl. 10 sgl.

Bocksbart, Abentheuer u. Weiber, von Vetter Jacob d. j. Ir Thl. 8. Leipz. 800. Linke. 1 ℛ

Böcksberger, ..., s. Leop. Fr. u. Edw. Frz. Schutz.

Bocksch, Carolus Gustavus Otto, s. B o c k s c h , Otto

Bocksch, Frider(icus) Guil(elmus) Alex(ander): De superfoetatione. Halis (1844): Ploetz. 34 S. 8°
Halle-Wittenberg, Med. Diss. v. 13. Sept. 1844
Geb. Kupferberg (Niederschlesien) [5. 7. 1817]. V.

Bocksch, Henricus *(geb. Krotoschin in Pos. 22. 9. 1841)*: De casuum quam dicunt attractione apud Plautum et apud Terentium. Vratislaviae (1865). (41 S.) 8°
Breslau, Phil. Diss. v. 13. [vielmehr 14.] Nov. 1865

Bocksch, Hugo, Gerichtsref., aus Bromberg ⟨Prov. Posen⟩: Die rechtliche Natur der gemeinrechtlichen Schmerzensgeldklage. *Bromberg 1898: A. Dittmann.* (VII, 61 S.) 8° [15.]
Erlangen, Jur. Diss. v. 17. Okt. 1898

Bocksch, *Carolus Gustavus* Otto [Schleizensis]: De fontibus libri V et VI antiquitatum Romanarum Dionysii Halicarnassensis quaestiones variae ... (Aus: Leipz. Studien z. class. Philol., XVII.) Lipsiae, typ. I. B. Hirschfeldi, 1895; 1 Bl., 167—212 S. 8.
Leipzig, Phil. Fak., Inaug.-Diss. v. [27. März] 1895

Bocksch, Rudolf [aus Pyritz]: Zur Raumtheorie Hermann Lotzes. . . . Greifswald, Druck v. Julius Abel, 1889; 2 Bl. + 62 S. 8°
Greifswald, Phil. Fak., Inaug.-Diss. v. 1. Apr. 1889

Bocksdorf, Louise von, geborne von Blankenscheid, ein Gemählde der verfeinerten Cultur, 2 Theile, m. 1 Kupf. 8. London, 788. (Weißenfels, Severin) 2 Rthl

v. Bocksdorf, Louise, geb. v. Blankenschelt, Gemälde der verfeinerten Kultur u. Aufklärung aus d. höhern Menschenklasse. 2 Bde. 8. London 788. (Weygand in Leipz.) 2 ℛ

Bocksdorf, Louise von, geborne von Blankenschnit. Gemälde d. verfeinerten Cultur aus d. höhern Menschenklasse. 2 Bde. mit K. neue Ausgabe. 8. Leipzig, Weygand. 812.

§ BOCK-SEUFZER. O. O. (München) u. J. 8⁰.

Bocksfeldt, C., Aristokratie und Demokratie. Zeitskizze. gr. 8. (111 S.) Arnstadt 849, Meinhardt.

Bockshammer: Das I n d i g e n a t des Art. 3 ..., s. B o c k s h a m m e r, Otto

Bockshammer, die sittlich-religiöse Weltanschauung des Thukydides. Tübingen 862. (Fues' Sortbhdlg.) 4. (28 S.) n. $8\frac{1}{2}$ ngr.

Bockshammer, Die sittlich-religiöse Weltanschauung des Thukydides. Pr. 1882. 28 S. 4⁰. 1.20

Bockshammer, Gust. F.

— die Freiheit d. menschl. Willens. gr. 8. Stuttg. 821. Metzler. 16 gr

Böckshammer, Gust. F., (✝ d. 9. Oct. 1822.) Offenbarung u. Theologie, e. wissenschaftl. Versuch. gr. 8. Stuttg. 822. Metzler. 1 ℛ

Böckshammer, Jh. Chr., (✝ d. 12. Nov. 1804.), s. 1) Unterr. in d. christl. Glauben. 2) Unterr. vom Kalender.

Bockshammer, Johann Christian: Astronomischer K i n d e r - f r e u n d . 4. verb. Ausg. Berlin: Sander 1814. 108 S. 8⁰

Bockshammer, L. C. K., Predigten über d. Sonn-, Fest- u. Feiertägl. Evangelien. 2 Thle. 8. Stuttg. 804. (Steinkopf). 1 ℛ 12 gr

Bockshammer, Ludw. Ernst Carl, kurzgefaßter Confirmations-Unterricht, e. Lehr- u. Lese-Buch f. Confirmanden u. Confirmirte. Nebst e. Confirmationspred. u. Denksprüchen f. Confirmanden. 1. u. 2. Aufl. (à 8¾ B.) 830, ... à * 5/12 Thlr., 3. Aufl. 8. (8¾ B.) Blaubeuren 840, Mangold'sche Buchh.

[F.] **Bockshammer**, Otto: Das Indigenat des Art. 3 der deutschen Reichsverfassung ... Tübingen, H. Laupp, 1896; VIII, 80 S. 8.
Tübingen, Staatswiss. Fak., Inaug.-Diss. v. 1896
(Nicht für den Austausch)

Bockshammer, Otto, d. Indigenat d. Art. 3 d. deutschen Reichsverfassung. gr. 8. (VIII, 80 S.) Tübingen 896, H. Laupp. n. 1. 60

[F. u. Ant.] **Bockshammer**, Richard [Justizref. I. Kl. in Stuttgart]: Über die Anwendung des Grundsatzes Ne bis in idem auf dem Gebiete des fortgesetzten und Kollektivdelikts ... Stuttgart, Druck v. W. Kohlhammer, 1896; VI, 72 S. 8.
Tübingen, Jur. Fak., Inaug.-Diss. v. 1896

BOCKS-KELLER, Der, in München, nach geschauten Spektakeln. O. O. 1829. 8°.

Bockskopff, Joannes Adam (Medebach)
Disputatio inauguralis de juribus conjugum.
Giessae 30. Sept. 1704: Joh. Reinh. Vulpius. (4), 48 S. 4°

BOCKSSPRÜNGE. Allen Münchner Bockfreunden. 1834. O. O. u. J. 8°.

BOCKSPRÜNGE, 100 lustige, oder Possen über Possen gewidmet dem Orden lustiger Brüder zu X. Prag 1801. 8°. (2 Mk. Taussig, c. 1905.)

Bocksprünge und Narrenstreiche der menschlichen Vernunft. Ein komischer Roman vom Verfasser des Teppichkrämers. Prag u. Leipzig 1800. V: *Polt, Joh. Joseph.* (wrztg 1800, S. 2591) (biblport)

Bockssprünge u. Narrenstreiche der menschl. Vernunft. 8. Prag 800. (Joachim in Leipz.) 16 gr

Bockstein, Der, das Fohlenhaus, das Salzbühl, drei prähistorische Wohnstätten im Lonethal. Ulm 1892. V: *Bürger.* (Kat. d. ständ. Bibl. Stuttg. 1907. S. 508.) (Berl)

v. **Bockum**, gen. v. Dolffs-Magni, Ed. Ad., Urania, eine Samml. von Gedichten ernsten u. religiösen Inhalts. 2e Aufl. A. u. d. T.: Gedichte des Frhrn. v. Dolffs-Magni. 8. Leipzig 834. (Festsche Buchh.) 1 ℛ

Bockum-Dolffs, v., Aufzucht u. Pflege v. Jungvieh, dessen Krankheiten, Verhütg. u. Heilg., bearb. f. den prakt. Landwirth. 8. (88 S.) Trier 901. Paulinus-Druckerei. n. — 50.

Goldene Winke über Schweinezucht und -Haltung nebst Anh. d. wichtigsten Krankheiten d. Schweines, deren Verhütung u. Heilung. Für d. prakt. Landwirth von v. **Bockum-Dolffs**, Thierarzt, Hermeskeil. *Trier: Paulinus-Dr. 1901.* (26 S.) 8° [F.] [illegible]

Bockum-Dolffs, v., goldene Winke üb. Schweinezucht u. -Haltung, nebst Anh. der wichtigsten Krankheiten des Schweines, deren Verhütg. u. Heilg. Für den prakt. Landwirt. 2. Aufl. (31 S.) 8. Trier 909. Paulinus-Druckerei. — 40

— goldene Worte üb. Schweinezucht u. -Haltung, nebst Anh. der wichtigsten Krankheiten des Schweines, deren Verhütg. u. Heilg. Für den prakt. Landwirth. gr. 8. (26 S.) Ebd. 901. n. — 40

Bockwitz, Hans H: Jean Jacques Gourd's philosoph. System, s: Abhandlungen z. Philos. u. ihrer Gesch.

Bockwoldt, Georg

Bockwoldt, Geo., über die Enneper'schen Flächen m. constantem primitivem Krümmungsmaass, bei denen die eine Schaar der Krümmungslinien von ebenen Curven gebildet wird. Inaugural-Dissertation. gr. 8. (32 S.) Göttingen 878. (Vandenhoeck & Ruprecht.) n. — 80

Bockwoldt, *Georg* [Dr.]: Die analytische Geometrie in der Prima des Gymnasiums. '(Tl 1.)' Neustadt Westpr., Druck v. E. H. Brandenburg & C., 1894; 16 S., 4 Taf. 8.
Neustadt in Wpr., k. G, OP 1894 (38)

Bockwoldt, *Georg* [Dr.]: Die analytische Geometrie in der Prima des Gymnasiums. '(Tl 2.)' [Forts. d. P-Beil. 1894.] Neustadt Westpr., Druck v. H. Brandenburg, 1895; 16 S., 2 Taf. 8.
Neustadt in Wpr., k. G, OP 1895 (38)

Bockwoldt, *Georg* [Dr.]: Die analytische Geometrie in der Prima des Gymnasiums. '(Tl 3.)' [Forts. d. P-Beil. 1894. 95.] Neustadt Westpr., Druck v. H. Brandenburg, 1896; 18 S., 2 Taf. 8.
Neustadt in Wpr., k. G, OP 1896 (37)

Bockwoldt, J. C., d. Buchführung i. Verbindg. m. d. Comptoirordng. auf d. Höhe d. Zeit. Prakt. Leitfaden (übersichtl., einfach, leicht), bearb. f. Kaufleute jeder Branche, insbes. f. Detail-Geschäfte (d. grössten schriftl. Teil d. Detailgeschäftes enth.). 8. (V, 49 S. m. 18 ausgef. Formularen.) Kiel 895. (E. Marquardsen.) Kart. u. geh. in Futteral n. 0. 70

— Ueberzeugung von d. Wahrheit u. Göttlichkeit d. heil. Schrift aus eigner innerer Erfahrung. 8. Rostock 774.

Böcler, Eckh. Jh., († 1808.) Anleit. zum Katechisiren. 2 Stcke. 8. Rostock 784. Stiller. 10 gr

Boeclerus, J. B. Unvorgreifliche Gedanken, wie im gesammten römischen Reiche das Stadt- und Landbetteln abgeschafft werden könne. 8. *Nürnberg.* 1716

Böcler, J. D., vermischte Betrachtt. über e. Kirchengebräuche. 8. Strasb. u. Berl. 780. Lange. 3 gr

Boecler, I. H., Bibliographia critica. 4. Lips. 715.

— institutiones et dissertat. politicae. 8. ibid. 706.

— libell. memorial. ethicus. 8. Argent. 712.

— notitia S. R. Imperii. 8. ibid. 723.

— tractatus posthumi. 8. Francf. Andreae. 709.

Boecler

— **Joh. Goth. von,** Tractatio synopt. jur. Polit. materia valde utilis necessaria de jure hospitiorum. Germanice von Gast-Recht / item Joh. **Schilter dissertationes de jure hospitis.** Quedlinburg u. Aschersleben (Gottlob Ernst Struntz) 1721. 80 S. (4.80) 3105
Ohne Schilter. — Vergl. Boeckellen, J. G. (Nr. 3091).

Boecler, Jo. Heinrich [Praes.] s. Bernhold, Anton Sigfrid von: De personis feudi capacibus ...

Boecler, Johann Wolfgang

Boecler, Joh. Wolfg., der Ehsten abergläubischen Gebräuche, Weisen und Gewohnheiten. Mit auf die Gegenwart bezügl. Anmerkungen beleuchtet von Fr. R. Kreutzwald. Lex.-8. (VIII und 161 S.) St. Petersburg 854. (Leipzig, Voss.) **

Boecler, Joh. Wolfg., der Esthen abergläubische Gebräuche, Weisen und Gewohnheiten. Mit auf die Gegenwart bezüglichen Anmerkungen beleuchtet von Fr. R. Kreutzwald. St. Petersburg 855. (Leipzig, Voss.) gr. 8. (VIII, 161 S.) nn. 20 ngr

Boclo, B.: Fußreise aus d. Gegend v. Kassel . . ., s. Boclo, Ludw.

Boclo, C., s. Boclo, Ludw.

Boclo, Dion. Thdr., († d. 6. Mai 1791.) de commotione coeli ac terrae. 4. Schmalkald. 785. Hanisch. 4 gl

Boclo (D. Th.), Schmalkaldens Stahl- und Eisenberge als der größte Segen Gottes für diese Stadt; eine Predigt gehalten am IX. Sonntage Trinitatis 1783. Schmalkalden 1784. 8.

Boclo, D. Th., die Verbindlichkeit der zehn Gebote für Christen. Schmalkald. 1785. 8.

Boclo, Ludw.

Boclo, Edw., Apologie d. moral. Gefühls. 8. Leipz. 813. Engelmann. 16 gl

Boclo, Ludw., der Begleiter auf dem Weser-Dampfschiffe von Münden nach Bremen. 12. (11½ B. u. 2 Kart.) Göttingen 844, Vandenhoeck u. Ruprecht.

Boclo's, Ludw., Beschreibg e. Schülerwanderg 1813, s: Volksbücher, Hessische.

— etwas über den Dekalogus, oder von d. Verbindlichkeit d. zehn Gebote für d. Christen. 8. Gotha 790. Ettinger. 6 gl

— Fußreise aus d. Gegend von Cassel über d. Vogelsberg nach Heidelberg u. Koblenz im J. 1813. 8. Darmst. 815. Leske. 1 rthl 12 gl Schrbp. 1 rthl 20 gl

Boclo, Edw., das Fußreisen als sicherstes Beförderungs-Mittel des Unterrichts in der Erdkunde und als eine den jugendlichen Menschen körperlich und geistig erfassende Ascetik dargestellt. 8. Hannover 837. (Hahn'sche Hofbuchh.) n. ⅓ rthl

— Lehrbuch d. deutschen Geschichte, für höhere Schulanstalten u. f. Freunde d. Wissensch. gr. 8. Hannov. 825. Hahn. 1 rthl 12 gl Dass. nach dem Plane seines größern Werks (im Ausz.) gr. 8. Hannov. 828. Hahn. 12 gl

Boclo, Ludw., kürzeres Lehrbuch d. deutsch. Geschichte f. Schulen, nach d. Plane seines größ. Werks. gr. 8. (15 B.) Hannover 827, Hahn.

— vierwöchige Wanderung von Rinteln üb. Mühlhausen, Gotha, Wunsiedel nach dem Fichtelgebirge und von da zurück üb. Baireuth, Kulmbach, Koburg 2c. 8. Hannover 840. Hahn. 1 rthl

Boclo, L., Über die Wichtigkeit des Studiums der Geschichte auf Schulen. Hannover 818. 8. 4 gr.

— über d. Wichtigkeit d. Studiums d. Geschichte auf Schulen. 8. Hannov. 819. Hahn. 3 gl

Boclo, Rudolph Wilhelm (Kassel), De gentilium philosophis atheismi falso suspectis. Diss. philos. Präs. Jacob Hasaeus. Bremen (Herm. Brauer) 20. III. 1716. 38 S. (5.—) 3000
Gew.: Theod. Hasaeus, Mart. Martens, Phil. v. Erberfeld, Rud. von dem Velde, Gg. u. Joh. Loening, Dionysius Schombart. — Widm. v.: Theod. u. Jacob Hasaeus.

Bocris, G. C., Beschreibung aller im Handel vorkommenden Tabaksgattungen, deren Produktions-Länder, Kultur, Eigenschaften u. Gebrauch. gr. 8. Bremen 833. Schünemann. ½ rthl (NB. Der Name des Verf. ist auf dem Titel geschrieben.)

Bocris G. C.: Aufrichtige u. gründliche Unterweisung guten Rauch- u. Schnupftabak auf holländ. Art zu verfertigen. 2. verbess. Aufl. Brem. 1799. 107 S. 1 Tvl. mgl.

Bocris, G. C., Unterweis., guten Rauch- u. Schnupftabak auf Holländ. Art zu verfertigen. Mit 1 Kpf. 8. 2e A. Bremen 799. 3e A. 801. Fr. Wilmanns in Frankf. 8 gl

Bocris, G. Ch., üb. d. Verbesserung d. Tobaks-Kultur in Europa. 8. Bremen, Heyse. (in Comm.) 803. —

— über d. Verbesserung d. Tabaks-Kultur in Europa. 8. Brem. 812. (Heyse). 4 gl

Bocris, Johann Caspar (Everbach/Frk.), De retorsione in moratorio non competente. Exercit. jur. Präs. Jo. Philipp Slevogt. Jena (Müller) Jan. 1717. 48 S. (5.—) 3001
Gew.: Baron v. Ingelheim (Everbach . .). — Widm. v.: Nic. Wilh. Dressel, Carl Sigemund v. Nimptsch (deutsch), Fried. Ernst von Bobenhaussen (deutsch).

Bocris, J.H.

Bocrisius, J. H., de doctis apostatis. I—II. Suinof. 1716. 4.

Bocris, Johann Heinrich

Bocrisius, Joh. Heinrich (Präs.), s. Baner, Peter Willibald: De eruditione Caroli Magni . . .

Bocris, Johann Heinrich: Kurtz gefaßter Beweiß, daß die suitas heredis in Teutschland wenig oder keinen Nutzen zeige, dahingegen zur Verwirrung mitwürcke. Nebst e. responso juris der Jur. Fac. zu Bamberg. Altdorff 1744.

— — De eo quod circa protectionem subditorum alterius domini territorialis inter status imp. justum est. Oder: von dem Schutz-Recht eines Reichs-Standes über des andern seine Unterthanen, wie weit solches gültig, u. was der eine oder der andere dabey gewinne oder verliehre. Comment. jur. publ. Bamberg 1755. 52 S., tlws. deutsch. (5.—) 3004

— **Johann Heinrich** (Schweinfurt), De exemtione bonorum ordini equestri immediato collectabilium illicita. Diss. jur. publ. Präs. Conr. Wilh. Strecker. Erfurt 12. VII. 1736. Frkft. u. Lpz. 1752. 68 S., z. gr. Tl. dtsch. (4.80) 3002

Bocris, Joh. Heinr.: De Germania, iurisprudentia sua domestica nunquam destituta, comm. Bambergae 1749.

— — De indole ac natura judiciorum Germaniae tam antiquorum, quam recentiorum ad statum juris publici moderni, succincte explicata. Comment. jur. publ. Bamberg 1752. 108 S. u. Abb.: bulla plumbea Chuonr. II. imp. Salici. (6.50) 3003

B[ocrisius], J. H.: Reichsgesäzliche Prüfung der Frage: Ob nicht denen Remediis Revisionis et Supplicationis nach dem eignen Sinn derer Reichsgesäze noch heut zu Tag der Effectus Suspensivus ordnungs-mäßig zu vergönnen, und in welchen Fällen auch an solcher Würckung die Berufungen auf den Reichs-Tag Theil nehmen. Leipzig 1751.

Bocrisius, J. H. De regali monetae, in specie in mitra bicorni in episcopis Germaniae hujus regalis criterio. 4°. Lipsiae 1739.

Boczek, Anton

Boczek, A., s.a. Codex diplomaticus Moraviae.

Boczek, Ant., Codex diplomat. et epistolaris Moraviae. Tom. I—III. Ab an. 396—1267. 4maj. Olomucii. (Brünn, Winiker.) à * 4 Thlr. *

Tom. I. Ab annis 396—1199. (47⅝ B.) 836.
- II. — 1200—1240. (49 B.) 839.
- III. — 1241—1267. (52 B.) 841.

Boczek, Ant., Codex diplomaticus et epistolaris Moraviae. Tom. IV. Ab annis 1268—1293. 4 maj. (52 B.) Olomucii 845. (Brünn, Winiker's Buchh.) à *

Tom. I—III. Ibid. 1836—41. * 12 Thlr.

Boczek, Ant., Mähren unter König Rudolph dem Ersten. Ein Beitrag zur Geschichte des 5jähr. Zwischenreiches in den böhmischen Kronländern nach Otokars Tode 1278—1283, aus bisher unbenutzten Quellen. Nebst e. Urkunden-Anhange. Aus d. Abhandll. der k. böhm. Gesellsch. d. W. gr. 8. Prag 835. Haase Söhne. 7/12 Thlr.

Boczek, J. Romuald, das falsche u. gefährl. System d. gegenwärtigen Eisenbahnwagen u. ihre Verbesserung. Neue Aufl. gr. 8. (2⅝ B. u. 1 Kpfrt.) Leipzig 840, Bamberg. *

FSC
www.fsc.org
MIX
Papier | Fördert gute Waldnutzung
FSC® C083411

Kolibri 360 GmbH
Ferdinand-Jühlke-Straße 7
99095 Erfurt, Deutschland
produktsicherheit@kolibri360.de